MATLAB/PYTHON
코드 포함

6th EDITION

구조동역학

김두기 저

DYNAMICS OF STRUCTURES

도서출판
구미서관

머리말

제6판

시간에 따른 변화를 다루는 동역학은 자연의 원리도 담겨 있고, 응용분야도 다양하고 넓습니다. 급격하게 변하는 현대에 적합합니다. 동역학을 전문분야로 다루기 위해서는 많은 시간과 노력이 필요합니다.

과거는 계산기 덕분에 정역학이 발달했고, 현재는 컴퓨터 해석 SW 덕분에 동역학이 발달했습니다. 미래는 인공지능(AI)과 함께 급변하는 세상을 살아가야 합니다.

10.5절 인공지능을 추가하였습니다. 인공지능의 도움을 받는다면 동역학 분야의 지식과 경험을 얻는데 필요한 많은 시간과 노력을 줄일 수 있습니다. 인공지능을 효율적으로 활용하기 위해 기존의 컴퓨터 해석 SW와 함께 Python과 시간에 따라 변하는 빅데이터도 함께 다루어야 합니다.

MATLAB 외에도 Python, ABAQUS, 동영상 예제를 추가하였고, 오류를 수정하였습니다. 홈페이지 외에도 공학공식집과 YouTube를 통해 온라인 소통을 추구하고자 하였습니다.

공학의 미래를 준비하고 싶었습니다. 바라건대 자연의 원리를 다루는 공학기술자들이 격변하는 시대에 학문을 융합하고 응용하는 전문가로서 즐겁고 보람 있고 풍요롭게 살아가기를 소망합니다.

"영의 생각은 생명과 평안이니라(로마서 8:6)."

2025. 8. 김두기 배상

※ 구조시스템연구실 홈페이지의 게시판을 통해 질의하고 조언해 주시면 감사하겠습니다.

1) 구조동역학 자료 (MATLAB, PYTHON, 강의자료, 연습문제 풀이, 동영상 강의 포함)

2) 구조동역학 S/W 및 공학공식집 (설계응답스펙트럼 작성, 지진생성, 부지응답해석, 구조해석 S/W 포함)

제5판

자료와 내용을 갱신하고 동영상 등을 추가하였으며 오류를 수정하였습니다.

구조동역학은 자연의 원리를 배우는 살아있는 학문으로 건축, 토목 및 기계분야에 다양하고 방대하게 응용할 수 있습니다. 고단한 시대에 동료 전문가들과 함께 이 분야의 먹거리를 발전시켜 후학들에게 조금이라도 도움이 될 수 있기를 소망합니다.

"그가 복을 베푸시어, 우리 땅이 열매를 내리라(시편 85:13)."

2021. 8. 김두기 배상

제4판

내공부족을 알면서도 아쉬움과 두려움을 갖고 부족한 개정판을 냅니다. 이 판은 자료와 내용을 갱신하고 오류를 수정하였으며 예제와 연습문제를 보완하였습니다.

출간에 용기와 도움을 주신 주위의 많은 분들께 깊은 감사를 드립니다. 특히, 쉽지 않은 개정판을 허락하고 독려해 주신 임정대 부장님을 포함한 구미서관 분들, 헌신으로 연구실을 안팎에서 지켜온 연구실원들, 오랫동안 함께 같은 분야를 고민해 온 동지들, 그리고 사랑으로 무정함을 인내해 준 아내와 딸들에게 감사를 전합니다.

구조동역학은 살아 움직이는 방대한 학문분야입니다. 바라건대 고단한 시대를 사는 동료기술자들과 이 분야를 함께 헤쳐 나가면서, 선학들에게 진 마음의 빚을 조금이라도 갚을 수 있다면 좋겠습니다.

"자애와 진실이 서로 만나고, 정의와 평화가 입을 맞추리라. (시편 85:11)"

2017. 8. 김두기 배상

제3판

무언의 책임감과 두려움에 그 동안 스스로 미뤄오던 3판을 감히 출간하게 되었습니다. 방대한 내용에 비해 미천한 지식으로 부끄러운 흔적을 남긴 것 같습니다. 향후 보완된 4판이 나올 수 있도록 긍정의 질책과 조언을 부탁 드립니다.

주요 개정 내용은 다음과 같습니다.

1. 예제와 연습문제 추가, 2. 자료 갱신과 오류 수정, 3. 주요 내용 보완

운동방정식의 근간(1.3절), 기계 진동 및 진동 기초(2.2절), 계단 및 램프하중(2.3절), 룬게-쿠타방법(2.4절), 비례 및 비비례감쇠(3.1절), 레일리방법(3.1절), 신뢰구간(4.1절), 랜덤 가진에 의한 다자유도계 응답(4.3절), 신뢰성 해석(4.5절), 환경진동(5장), 지진현상(6.2절), 입력지진(6.3절), 지반-구조물 상호작용해석(6.7절), 지진위험도평가(6.11절), 진동제어(9장)

출간에 용기와 도움을 주신 주위의 많은 분들께 깊은 감사를 드립니다. 특히, 쉽지 않은 개정판을 허락해 주신 기인수 상무님을 포함한 구미서관 분들, 다사다난한 연구실을 흔들림 없이 지켜준 고성혁군과 국성오군을 포함한 연구실 가족들, 오랫동안 함께 같은 분야를 연구해 온 친구같은 동료분들, 그리고 긍정과 사랑으로 인내해 준 아내와 딸들에게 감사를 전하고 싶습니다. 저의 삶과 힘이 된 이 분들이 이 개정판을 만들었습니다. 마지막으로 살아있는 실용학문을 좋은 친구로 만들어 주신 은사님께 마음의 빚이 많은 제자가 깊은 감사를 드립니다.

"여호와를 경외(敬畏)하는 것이 지혜(智慧)의 근본이요, 거룩하신 자를 아는 것이 명철(明哲)이니라 (잠언 9:10)"

2013. 10. 김두기 배상

제2판

초판에 대한 그 동안 독자들의 값진 조언과 질책에 깊은 감사를 드립니다. 기본에서 전문적인 내용까지 누구나 쉽게 이해하고 적용할 수 있도록 구성하기 위해, 최선을 다하고자 노력하였습니다.

개정된 책의 특징과 구성은 다음과 같습니다.

1. 다양한 적용 분야
2. MATLAB 코드의 저자 홈페이지를 통한 공개
3. SI 단위계, 마인드맵, <예제>, <수학>, [MATLAB], [인물], [이야기]의 보강

우둔한 필자의 능력 및 관련 자료의 부족 등으로 미뤄오던 개정판을, 주위의 과분한 격려로 출간하게 되었으며, 이에 도움을 주신 많은 분들께 깊은 감사를 드립니다. 특히, 첫 출간부터 언제나 긍정적으로 조언해주시는 기인수 상무님을 포함한 구미서관 분들, 전문가 칼럼으로 개정의 계기를 주신 최원호 박사님 등을 포함한 MIDAS사 분들, 좌충우돌하는 저를 늘 묵묵히 지원해주시고 마무리해 주시는 도정윤 박사님 등을 포함한 연구실 가족들, 무지한 저를 최선을 다해 가르쳐 주시는 주위 전문가 분들, 자격미달인 남편과 아빠를 위해 오랜 시간 묵묵히 인고해 온 사랑하는 아내와 딸들, 돌이켜보니 이 모든 분들의 따뜻함으로 이 개정판을 만들었습니다. 마지막으로 구조동역학 분야를 시작하고 즐길 수 있도록, 인생의 매 단계마다 사랑과 인내심을 가지시고, 기회와 기대 그리고 용기를 주신 KAIST 은사님께 마음의 빚이 많은 제자가 깊은 감사를 드립니다.

"Commit to the LORD whatever you do, and your plan will succeed. (Proverbs 16:3, NIV)"

2009. 7. 김두기 배상

제1판

구조동역학의 기본을 쉽게 설명하는 강의 교재 및 참고서로 적절한 책을 만들고자 집필을 시작을 했으나, 구조동역학은 적용성이 매우 넓으며, 이해에 많은 시간이 필요하므로, 필자의 짧은 경륜과 지식으로 방대한 내용의 책을 쓰는 것이 쉽지 않았다. 더욱이 주위에 다양한 경륜의 많은 전문가 분들이 계셨고, 많은 관련 원서와 번역서를 쉽게 접할 수 있었기에, 책을 쓰는 것에 대해 더욱 두려워하고 망설였다. 혼란스러운 생각 중에 주위 많은 분들의 문의와 격려가 집필의 의미 부여에 큰 도움을 주었고, 미흡한 책이지만 동역학 소개와 학습에 조금이라도 도움이 되었으면 하는 바램을 갖고 집필을 시작하였다.

본 서는 동역학의 기본 개념(1장 및 2장)부터 시작하여, 이론부분으로 단자유도계(3장), 다자유도계(4장) 및 지진해석(5장)을 설명하였고, 응용부분으로 내진설계(6장), 면진, 제진(7장)으로 구성되었다. 이해와 응용에 필요한 내용(배경 이론, 인물, MATLAB 코드 등)을 매 절의 뒤 편에 부록으로 실었다. 실무자를 포함한 다양한 독자들을 대상으로 집필을 시작 하였으나, 상대적으로 짧은 시간에 서둘러 집필하였으므로, 부족한 필자 자신을 위한 노트가 되어 버린 것은 아닌지 두렵기만 하지만, 향후 강의 및 독자의 조언 등을 통해 꾸준한 보강을 약속 드리고자 한다.

마지막으로 책이 나오기 전까지 큰 도움을 주신 임해진 사장님, 기인수 상무님, 그리고 편집부 관계자 여러분들, 오랜 시간 인고해 온 사랑하는 아내와 딸, 그리고 끝까지 흔들림 없이 성실한 모습으로 자리를 지켜준 군산대학교 구조시스템 연구실의 서형렬군 및 장성규군에게도 큰 감사의 뜻을 전한다. 동역학을 처음 시작할 때, 흥미를 갖고 접할 수 있게 학문적 토대, 용기, 그리고 배움의 기회를 주신 한국과학기술원에 계신 은사님께 잊을 수 없는 깊은 감사를 드린다.

"나의 힘이 되신 여호와여! 내가 주를 사랑하나이다(시편 18:1)"

2005. 8. 군산시 미룡동에서 김두기

차례

제2장 단자유도계

제7장 바람진동

제8장 파랑진동

제9장 진동제어

제10장 유지관리

DYNAMICS OF STRUCTURES

제1장 개 론

1.1 구조동역학을 배우는 이유?

1.2 동적 해석이 정적 해석과 다른 점?

1.3 운동방정식의 근간은 하나!

1.4 동적 계측자료를 보는 방법?

제 1 장

개론

1.1 구조동역학을 배우는 이유?

1.1.1 진동

근래 초고층 건물과 초장대 교량 등과 같이 세장(細長, slender)한 구조물의 설계와 시공에 고강도(高强度) 경량(輕量) 재료의 수요가 증가하게 되었다. 이로 인해 강성(剛性, stiff)이 크게 중요했던 과거 구조물에 비해 상대적으로 가볍고 유연(柔軟, ductile, flexible)해진 현대구조물은 진동에 취약하게 되었다. 따라서 구조물의 진동 등 구조물의 동적(動的, dynamic) 특성을 해석에 고려하는 동적 해석(解析, analysis)이 과거에 비해 더욱 중요하게 되었다.

(a) Tower Bridge (London, 1894, 61m) (b) Russky Bridge (Vladivostok, 2012, 1,104m)

그림 1.1.1a 근대 및 현대구조물의 설계개념 (소재지, 준공연도, 경간) [animation]

(a) 강성은 크지만 연성이 작은 나무 (b) 강성은 작지만 연성이 큰 나무

그림 1.1.1b 근대 구조물의 강성(剛性, stiff)과 현대구조물의 연성(軟性, ductile) 설계개념

질량(mass)과 강성(stiffness)을 갖는 구조물은 진동을 한다. 진동과 관련하여 구조물의 진동을 다루는 학문을 진동공학(振動工學) 또는 운동학(運動學, kinematics)이라 하고, 구조물의 진동에 영향을 주는 하중(외력)을 함께 다루는 학문을 구조동역학(構造動力學, structural dynamics)이라 한다. 모든 구조물은 어느 정도 진동을 하며, 공진(共振: 함께 공+떨칠 진, resonance)과 같이 구조물의 동적 특성(즉, 외적 특성)과 외력의 동적 특성(즉, 내적 특성)이 일치할 경우 구조물의 진동은 크게 증폭될 수 있으므로, 구조물의 설계에 구조물과 외력의 동적 특성을 함께 반영할 필요가 있다. 참고로 음향학에서는 공진을 공명(共鳴: 함께 공+울 명, resonance)이라고도 한다.

구조동역학에 사용되는 진동은 2가지 한자인 振動(진동)과 震動(진동)으로 구분할 수 있다. 영어로 振動(진동)은 vibration 또는 oscillation으로, 震動(진동)은 shake, quake, 또는 tremor로 표현할 수 있다. 참고로 내진(耐震, seismic), 제진(制振, vibration control), 면진(免震, seismic isolation) 등 진동 관련 용어는 사용되는 한자에 따라 의미도 다르다.

표 1.1.1 진동 관련 한자의 의미

한자	뜻과 음	의미
動	움직일 동	뜻을 나타내는 力(힘 력)部와 음을 나타내는 重(무거울 중)이 합하여 '움직이다'를 뜻
振	떨칠 진	손수 변(手)과 '떨며 움직이다'의 뜻을 가진 辰(진)으로 구성됨. 손을 떨며 움직이는 뜻
震	벼락 진	비 우(雨)와 '진동하다'의 뜻(振)을 가진 辰(진)으로 구성됨. 사물을 진동하게 하는 천둥의 뜻

1.1.2 설계와 유지관리

1970년대 이후 복잡한 구조물에 대한 동적 해석은 컴퓨터 및 수치해석법의 발달 덕분에 급격하게 진보하였다. 이러한 경향에 맞추어 근래에는 다양한 복잡한 구조물에 대해서도 동적 해석은 일반적인 설계 도구로써 사용되고 있다.

그림 1.1.2a 구조동역학과 관련된 각종 S/W

동적 하중을 받는 구조물의 설계와 평가에 있어서 동적 해석은 다음 경우에 특히 중요하다.

(1) 공진

동적 하중의 진동수(振動數, frequency) 또는 주기(週期, period)가 구조물의 고유진동수 또는 주기와 유사하거나 일치할 경우, 작은 크기의 동적 하중에 대해서도 구조물의 변위와 응력 등을 포함한 동적 응답은 크게 증폭될 수 있다.

(a) 붕괴직전 중앙 경간의 비틀림 거동 (b) 상판구조에서 본 비틀림 거동

그림 1.1.2b Tacoma Narrows교(1940, 853m)의 동적 하중인
64km/h (즉, 18m/s) 풍속의 바람에 의한 붕괴[animation]*

(2) 피로

구조물의 부재가 오랫동안 변동하는 응력을 받을 경우, 피로에 의한 재료파괴를 일으킬 수도 있고, 또한 구조물의 동적 응답은 구조물 내부기기의 마모와 오작동 및 사용자의 작업능률저하 등을 유발할 수도 있다.

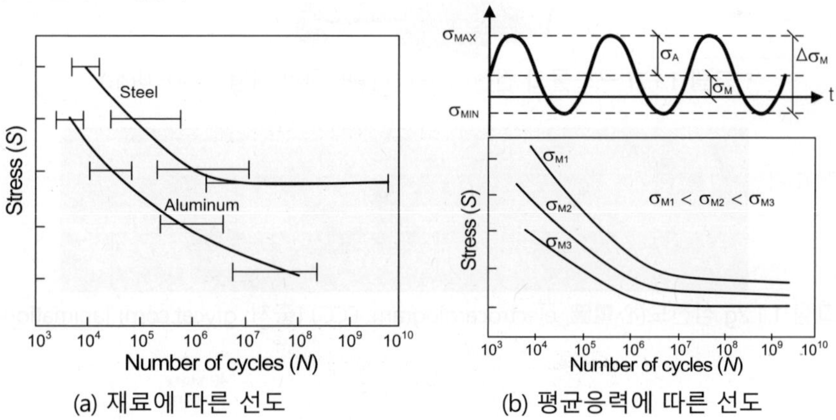

(a) 재료에 따른 선도 (b) 평균응력에 따른 선도

그림 1.1.2c 반복하중과 부재의 피로파괴 (S-N 선도)

---

* [나무위키] 타코마 다리(Tacoma Narrows Bridge)
[YouTube] 런던 밀레니엄 교량과 공진 (London Millennium Bridge Opening)
[YouTube] 공진과 공탄성 플러터에 의한 교량 붕괴 (Tacoma Narrows Bridge Collapse)
[YouTube] 진동대 시험을 통한 단자유도계의 공진 현상 (SDOF Resonance Vibration Test)
[YouTube] 교량의 공탄성 플러터 현상 모의 (Tacoma Bridge Animation)

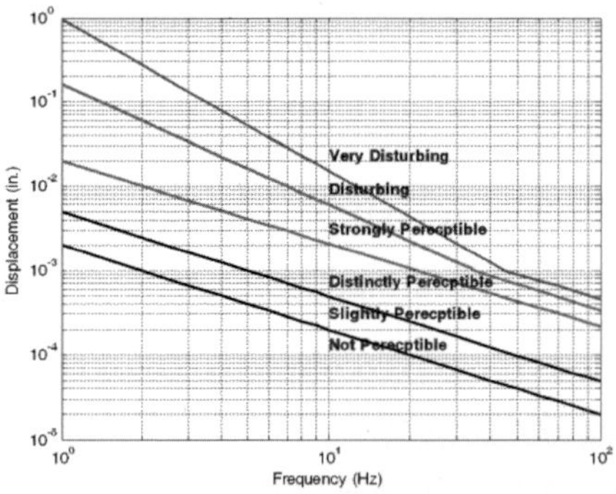

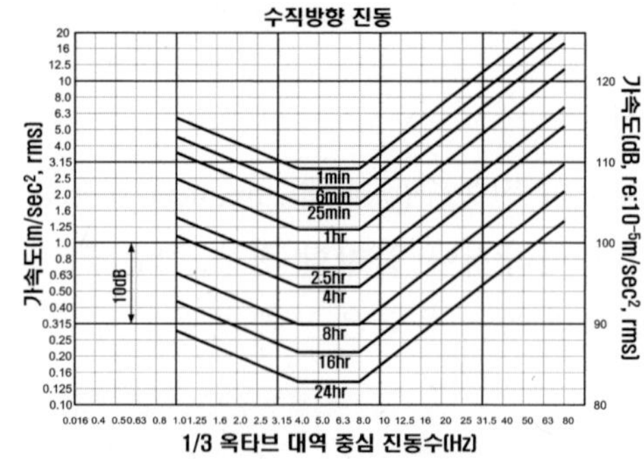

(c) 수정 Meister 진동감각곡선(1966)　　(d) ISO 피로·능률감퇴한계

그림 1.1.2d 진동과 인체

(3) 진단 및 유지관리

구조동역학은 구조물의 건전성을 진단하고, 유지 관리하며 보수하기 위한 목적으로도 사용된다. 구조물의 고유한 진동 특성이 비정상적으로 변했다면, 구조물의 건전성에 변화가 생겼음을 의미한다. 따라서 구조물의 동적 거동을 계측하고 분석하여, 구조물의 건전성을 모니터링하고, 적합한 유지관리 및 보수 방법을 제시할 수 있다.

그림 1.1.2f 구조물의 건전성 모니터링(SHM) 개념 (출처: 미상)

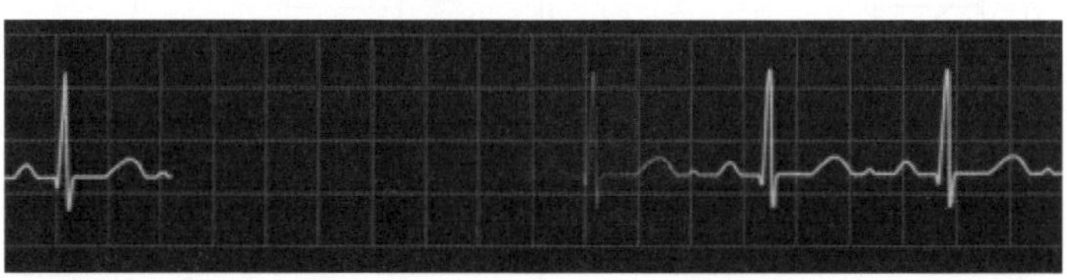

그림 1.1.2g 심전도(心電圖, electrocardiogram, ECG) (출처: gfycat.com) [animation]

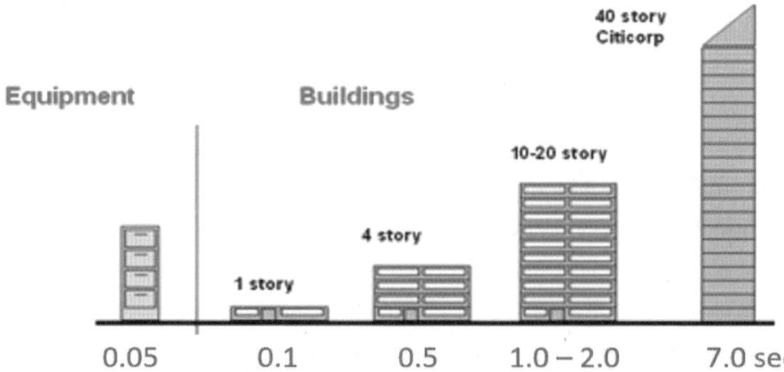

그림 1.1.2h 내진설계를 위한 일반 건물의 첫 번째 고유주기 근삿값 (출처: www.wbdg.org)

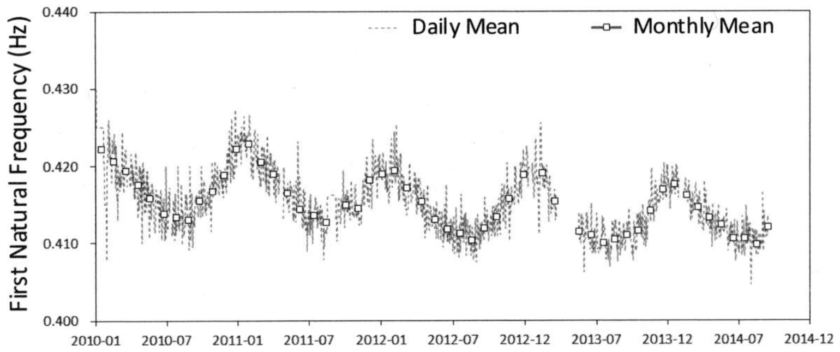

그림 1.1.2i 장경간 교량의 첫 번째 고유진동수 (출처: KALIS)

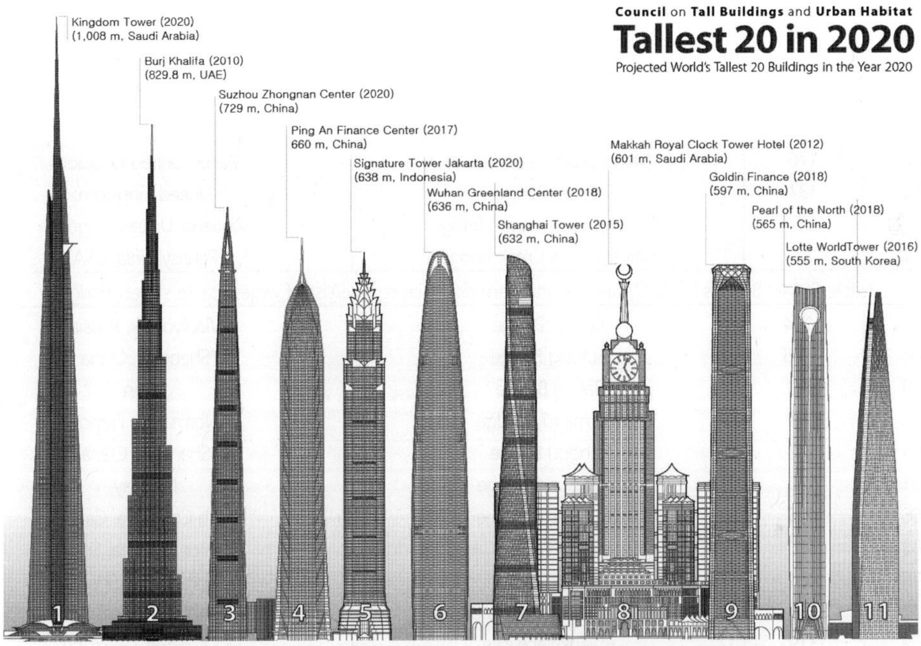

그림 1.1.2j 세계 초고층 빌딩 Top 11 (참조 자료: CTBUB, 2014. 11)

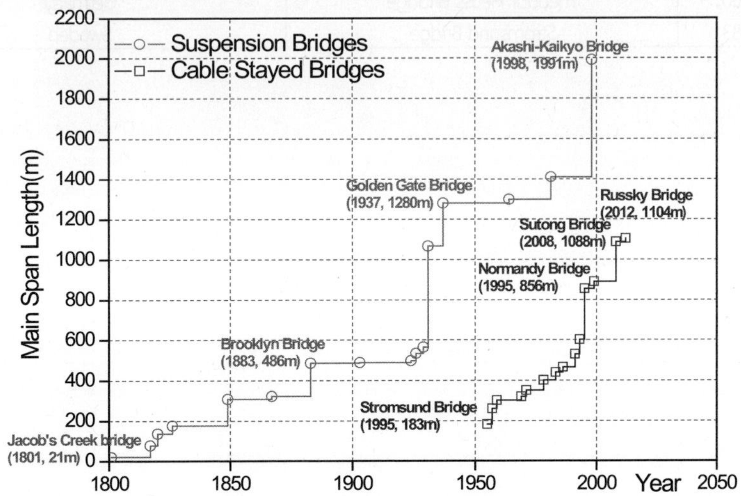

그림 1.1.2k 현수교와 사장교의 역사

표 1.1.2 현수교와 사장교의 역사

Completed Year	Main Span Length (m)	Bridge Name	Location
Suspension Bridges (출처: Wikipedia, http://en.wikipedia.org/wiki/List_of_longest_suspension_bridge_spans)			
1998	1991	Akashi-Kaikyō Bridge	Kobe- Awaji Route, Japan
1981	1410	Humber Bridge	United Kingdom
1964	1298	Verrazano-Narrows Bridge	New York City (Brooklyn–Staten Island), USA
1937	1280	Golden Gate Bridge	San Francisco-Marin County, CA, USA
1931	1067	George Washington Bridge	Fort Lee, NJ - New York, NY, USA
1929	564	Ambassador Bridge	Michigan, USA – Ontario, Canada
1926	533	Benjamin Franklin Bridge	Pennsylvania – New Jersey, USA
1924	497	Bear Mountain Bridge	Peekskill, NY, USA
1903	488	Williamsburg Bridge	New York, NY, (Brooklyn - Manhattan) USA
1883	486	Brooklyn Bridge	New York, NY, (Brooklyn - Manhattan) USA
1867	322	John A. Roebling Suspension Bridge	Cincinnati, OH, USA
1849	308	Wheeling Suspension Bridge	Wheeling, WV, USA
1826	176	Menai Suspension Bridge	Wales, United Kingdom
1820	137	Union Bridge	United Kingdom
1817	79	Dryburgh Suspension Bridge	Scotland, United Kingdom
1801	21	Finly's Jacob's Creek bridge	Pennsylvania, USA
Cable-Stayed Bridges (출처: Wikipedia, http://en.wikipedia.org/wiki/List_of_largest_cable-stayed_bridges)			
2012	1104	Russky Bridge	Vladivostok, Russia
2008	1088	Sutong Bridge	Shanghai, China
1999	890	Tatara Bridge	Japan
1995	856	Normandy Bridge	Normandy, France
1993	602	Yangpu Bridge	Shanghai, China
1991	530	Skarnsund Bridge	Norway
1986	465	Alex Fraser Bridge	British Columbia, Canada
1983	440	Ingeniero Carlos Fernández Casado Bridge	Barrios de Luna, Spain
1978	401	Rande Bridge	Pontevedra, Spain
1971	350	Duisburg-Neuenkamp Bridge	Duisburg, Germany
1969	319	Rheinkniebrücke	Düsseldorf, Germany
1959	302	Severinsbrücke	Cologne, Germany
1957	260	Theodor Heuss Briddge	Germany
1955	183	Strömsund Bridge	Sweden

이야기: 공진 vs. 플러터

Tacoma Narrows 교량의 붕괴는 공진(resonance)과 공탄성 플러터(aeroelastic flutter) 효과를 모두 고려할 필요가 있는 예시로 많이 사용된다.

(1) 공진(resonance)

주기적 외력에 의해 구조물의 주기적 응답이 특정 진동수에서 크게 나타나는 경우를 말한다.

(2) 공탄성 플러터(aeroelastic flutter)

입력은 주기적 힘이 아니라 공기와 구조물의 상대 속도이므로 특별히 공진이 아니다. 공탄성 플러터는 구조물의 출력이 주기적으로 반복되는 진동이다. 공진에 의해 진동이 쉽게 만들어질 수 있지만 공진이 반드시 요구되지 않는다.

예: 항공기 날개의 플러터는 날개의 공진진동수 부근에 있을 수 있지만, 공기울림악기(Bullroarer)의 플러터는 공진진동수가 없다.

구분	공진(Resonance)	플러터(Flutter)
원인	외력의 주기와 구조물 고유주기의 일치	유체 흐름(속도)과 구조물(속도)의 동적상호작용
외부 가진	일정한 주기의 외부 가진이 필요	외부 가진이 없이 일정한 유체 흐름(속도)에서 발생
진동 모드	단일 자유진동모드(주로 휨모드)로 발생	휨과 비틀림의 복합 자유진동모드로 발생
진폭 변화	선형적으로 증가. 감쇠구조물의 경우 비발산 진동	비선형적으로 급격히 증가. 발산 진동
발생 조건	외력의 주기와 구조물 고유주기가 일치	특정한 유체 속도 이상에서 발생
방지 방법	외력 또는 구조물 주기 변경; 감쇠장치 설치	공기역학적 설계; 구조 강성 증가; 감쇠장치 설치

1.2 동적 해석이 정적 해석과 다른 점?

1.2.1 정적 해석과 동적 해석의 구분

구조물의 동적 해석과 정적 해석은 크게 두 가지 측면에서 구분할 수 있다.

첫 번째로 동적 해석은 정적 해석과 달리 시간에 따라 변하는 작용 하중(외력)과 이에 의한 시간에 따라 변하는 구조물의 응답(변위, 응력 등)을 다룬다. 따라서 정적 해석에서는 한 개의 고정된 해를 구하지만, 동적 해석에서는 일정 시간 동안 구조물의 응답을 구한 후, 최댓값, 평균값, 주기 등의 동적 특성을 조사하여야 하므로, 일반적으로 정적 해석보다는 많은 해석 시간이 소요된다.

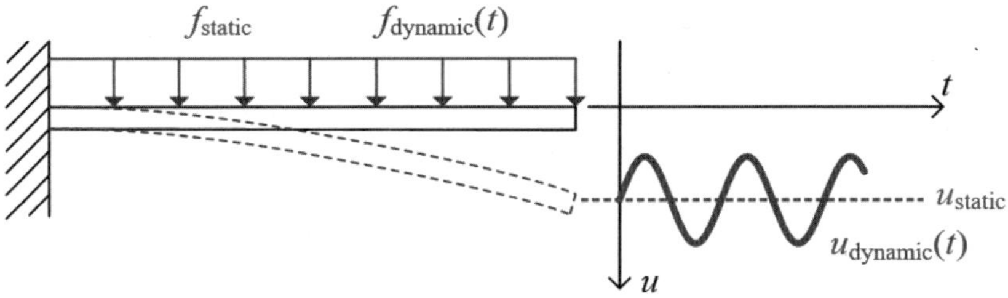

그림 1.2.1a 정적 응답 vs. 동적 응답

두 번째로 구조물에 동적 하중이 작용할 경우, 동적 해석에서는 구조물의 응답에 따라 변하는 관성력을 추가로 고려해야 한다는 것이다. 여기서 관성(inertia)이란 힘의 평형상태에 있는 어떤 물체가 자신의 운동상태를 그대로 유지하려고 하는 성질을 말하며, 물체의 질량이 클수록 관성도 크다. 예를 들어 정지한 물체는 계속 정지해 있으려 하고, 운동하는 물체는 원래의 속력과 방향을 그대로 유지하려고 한다. 관성력(inertia force)이란 이러한 관성에 의해 관찰되는 가상의 힘을 말한다.

그림 1.2.1b 우리는 버스가 출발할 때와 멈출 때 관성을 느낄 수 있다 (출처: 두산백과사전) [animation]*

* [YouTube] 뉴턴의 운동 제1법칙 (Newton's First Law of Motion)

1.2.2 시간에 따라 변하는 작용 하중

구조물에 작용하는 가진 하중은 정적 하중과 동적 하중으로 구분 할 수 있다.

정적 하중(static load)이란 고정하중, 상재하중 등 그 특성이 시간에 따라 변하지 않는 하중이다.

동적 하중(dynamic load)이란 지진하중, 충격하중 등 하중의 크기, 방향, 위치 등이 시간에 따라 변하는 것을 일컫는다. 동적 하중이 작용하면 결과적으로 구조물의 응답인 변위와 응력도 시간에 따라 변한다.

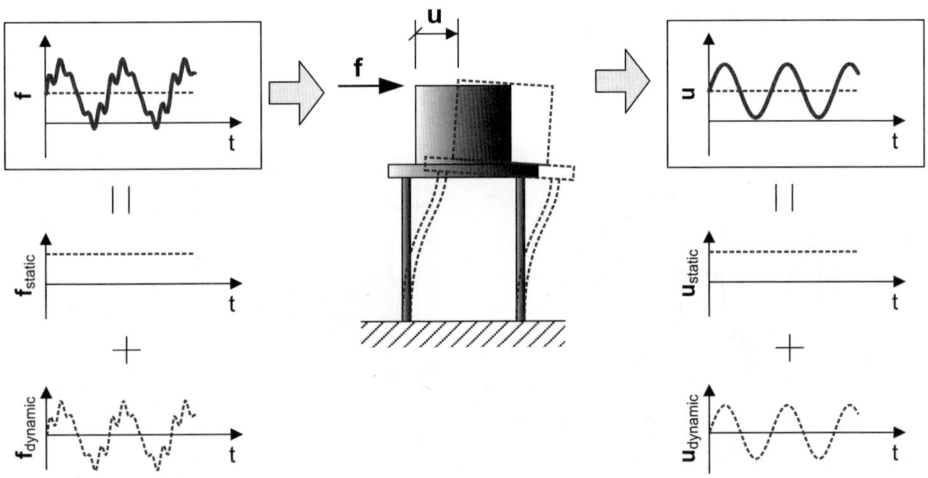

where
f(t) = external load
= $\mathbf{f}_{static} + \mathbf{f}_{dynamic}$
u(t) = displacement response
= $\mathbf{u}_{static} + \mathbf{u}_{dynamic}$
$\mathbf{f}_{static}$, $\mathbf{f}_{dynamic}$ = static and dynamic components of external load
$\mathbf{u}_{static}$, $\mathbf{u}_{dynamic}$ = static and dynamic components of displacement response

그림 1.2.2a 작용 하중과 구조물 응답의 상관 관계 [animation]*

동적 하중은 시간에 따른 특성에 따라 주기하중과 비주기하중으로 구분한다.

반복되는 특성을 갖는 하중을 주기 하중(periodic load)이라 하며, 정현파(正弦波, sine wave) 곡선으로 나타나는 조화하중(harmonic load), 또는 기계 진동, 선박이나 터빈의 프로펠러 회전 등에 의해 발생하는 주기성을 가진 하중이 주기 하중에 속한다.

시간에 따라 반복되지 않는 특성을 갖는 하중을 비주기 하중(non-periodic load)이라 하며, 충격, 폭발, 지진, 파랑, 풍속의 변동성분, 교통하중 등과 같이 주기성이 없는 하중이 비주기 하중에 속한다.

* [YouTube] 정적과 동적 운동 (Static vs. Dynamic, Linear vs, Nonlinear, Implicit vs. Explicit FEA)

참고로 만약 동적 하중의 진동수(=1/주기)가 구조물의 가장 작은 고유진동수(기본 고유진동수라고 함)의 약 $\frac{1}{4}$보다 작다면 (즉, 동적 하중의 주기가 구조물의 기본 고유주기의 4배 이상 크다면), 일반적으로 구조물의 동적 응답은 정적 응답보다 거의 크지 않다. 여기서 비감쇠 단자유도계의 경우 동적 변위응답의 경우 정적 변위 응답에 비해 약 7% 정도가 증폭됨을 알 수 있다 (참조: 2.2.2절 동적증폭계수).

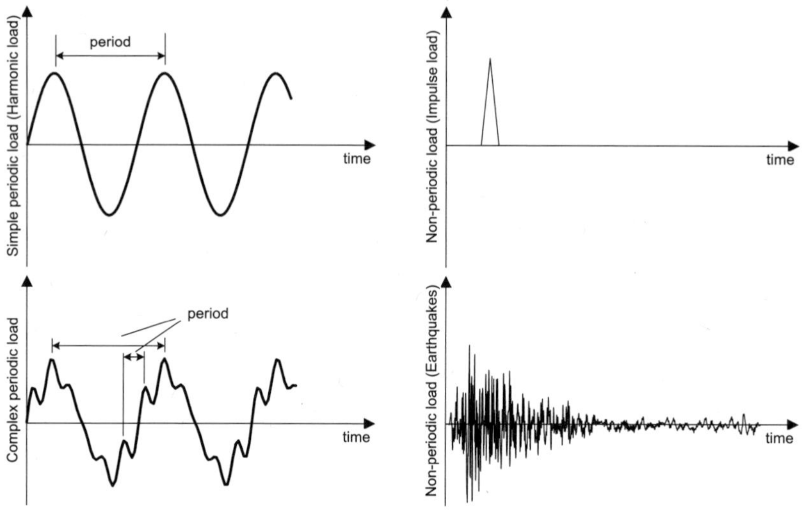

그림 1.2.2b 주기 하중과 비주기 하중

1.2.3 시간에 따라 변하는 구조물 응답

동적하중에 의한 구조물의 동적 거동을 해석하는 방법으로 동적해석과 유사동적해석이 있다.

동적해석(dynamic analysis)은 정적해석 시 고려하는 구조물의 변위응답에 비례하는 복원력뿐만 아니라, 구조물의 가속도 응답에 비례하는 관성력과 시간의 경과에 따른 운동에너지의 손실과 관련된 감쇠력도 함께 고려하여 구조물의 동적 응답을 정밀하게 구한다. 이와 같이 관성력과 감쇠력을 고려한 동적 응답은 복원력 만을 고려한 정적 응답에 비하여 증폭되는 경우가 많으며, 이러한 동적 효과를 분석하는 것은 동적 해석을 수행하는 목적 중에 하나이다.

유사동적해석(quasi-dynamic analysis)은 동적해석에 비해 간편하고 효율적인 해석이다. 시간에 따라 변하는 하중특성을 고려하여, 매 시점에서 하중에 의한 구조물의 변위를 정적해석으로 구한다. 따라서 시간에 따라 변하는 구조물의 응답을 구할 수 있으나, 동적 시스템의 관성력과 감쇠력을 고려하지 않으므로 하중과 구조물의 공진과 같은 동적 효과를 정밀하게 고려하기 힘들다.

여기서 사용된 접두어 유사(類似)는 의사(擬似)는 서로 의미가 비슷하지만 다르다.

구분	유사	의사
한자	類似 (무리 류 + 비슷할 사)	擬似 (흉내낼 의 + 비슷할 사)
뜻	같은 종류처럼 닮은 것	닮은 척 흉내 낸 것
영어	quasi-	pseudo-
실체	있음 (부분적으로 진짜)	없음 (가짜, 흉내)
유사 접두어	준(準) = 어떤 기준에 맞춰 거의 동일한	

이러한 접두어를 사용하여 해석법을 분류하면 다음과 같다.

구분		영문	뜻
유사 (quasi)	유사동적	quasi-dynamic	부분적으로 동적인
	유사정적	quasi-static	거의 정적인 (천천히 변하는)
의사 (pseudo)	의사동적	pseudo-dynamic	동적인 척하지만 실제로는 아닌
	의사정적	pseudo-static	정적인 척하지만 실제로는 아닌

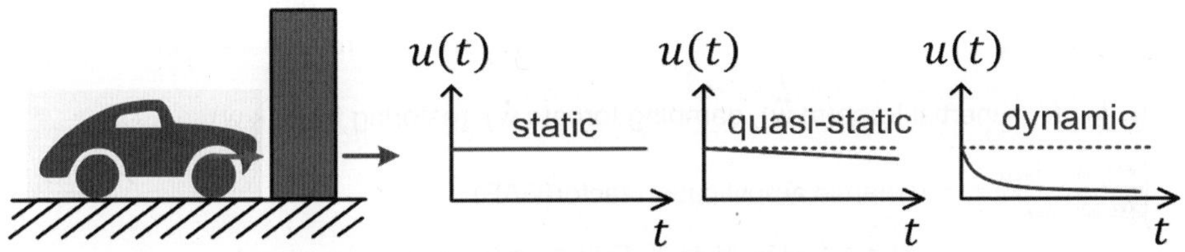

그림 1.2.3 정적, 유사정적 및 동적 응답의 개념

내진설계 등에 널리 사용되는 등가정적해석이 있다. 이 해석은 지진 시 지진하중의 시간에 따른 변화를 고려하지 않고, 구조물에 작용하는 최대 관성력을 구조물에 작용하는 정적 하중으로 환산하여 정적 해석을 수행한다. 따라서 이 해석은 동적해석과 유사한 결과를 나타내는 정적해석으로 유사정적해석(quasi-static analysis)에 가깝다.

1.2.4 동적 해석을 위한 전략

다음 그림에 정적 해석과 동적 해석을 비교하였다.

정적 해석과 달리 동적 해석에서는 하중과 응답의 크기와 방향 그리고 위치 등이 시간의 함수이며, 내부 저항력으로 관성력과 감쇠력을 추가로 고려해야 한다.

또한 구조물의 강성 이외에도 질량과 감쇠를 고려해야 하며, 공진 등 응답의 동적 증폭도 검토하여야 하므로, 실제 구조물의 동적 해석은 정적 해석에 비하여, 해석을 위한 준비작업, 전산해석시간, 소요 전산기 용량, 결과분석 시간 등이 많이 소요된다.

따라서 상세한 동적 해석을 수행하기에 앞서, 해당 구조물의 정적 해석을 통해 동적 특성을 근사적으로 파악하는 것이 매우 중요하다.

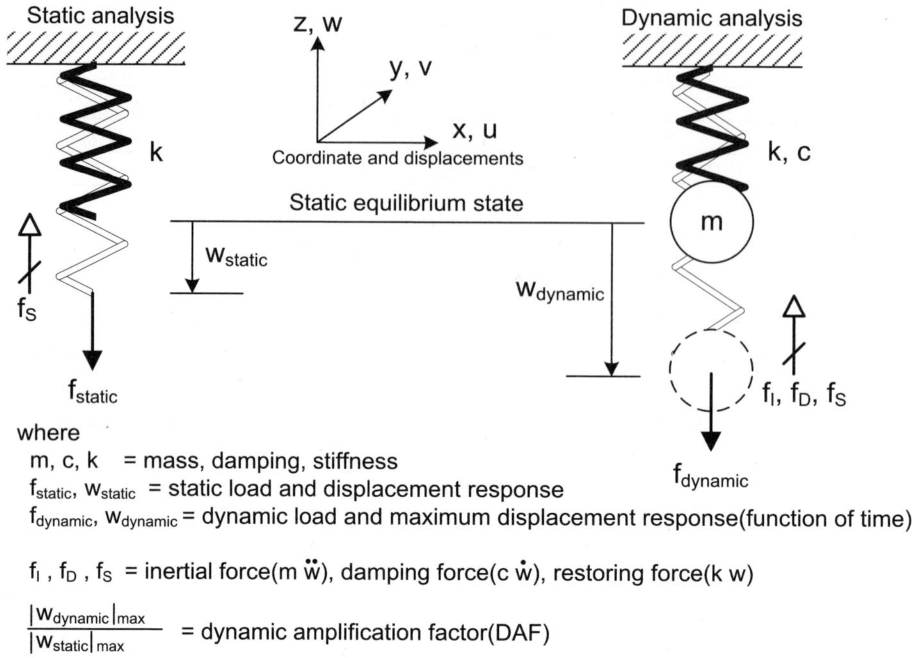

그림 1.2.4 정적 해석과 동적 해석의 비교 [animation]*

1.2.5 선형 동적 시스템과 중첩의 원리

선형 동적 시스템에서 정적 하중(f_{static})과 동적 하중(f_{dynamic})이 동시에 작용할 경우, 변위(u_{total})도 정적 변위성분(u_{static})과 동적 변위성분(u_{dynamic})으로 구분하여 다음과 같이 나타낼 수 있다.

$$f_{\text{total}}(t) = f_{\text{static}} + f_{\text{dynamic}}(t)$$

$$u_{\text{total}}(t) = u_{\text{static}} + u_{\text{dynamic}}(t)$$

여기서 u_{static}는 정적성분($\dot{u}_{\text{static}} = \ddot{u}_{\text{static}} = 0$)이므로 다음과 같다.

$$u_{\text{static}} = \frac{f_{\text{static}}}{k}$$

정정 변위성분이 발생한 후의 위치를 기준으로 하여 동적 하중(f_{dynamic})에 의한 동적 변위성분(u_{dynamic})을 운동방정식을 통해 구할 수 있다. 예를 들어, 연직 거동에 대한 동적 해석을 수행할 때, 중력에 의한 자중은 정적 하중이므로 이 영향은 동적 하중과 분리시켜 정적으로 해석을 하고, 동적 해석으로는 자중의 영향을 제외한 동적 하중에 대해서만 고려하는 것

---

* [YouTube] 질량-스프링 시스템의 진동 (Oscillations Demo- Mass Spring System)
[YouTube] 질량-스프링 시스템의 복원력 (Restoring Force)

이 효과적이다. 참고로 비선형 시스템의 경우, 정적 응답과 동적 응답을 구분하고자 한다면, 중첩원리의 적용여부에 대한 주의가 필요하다.

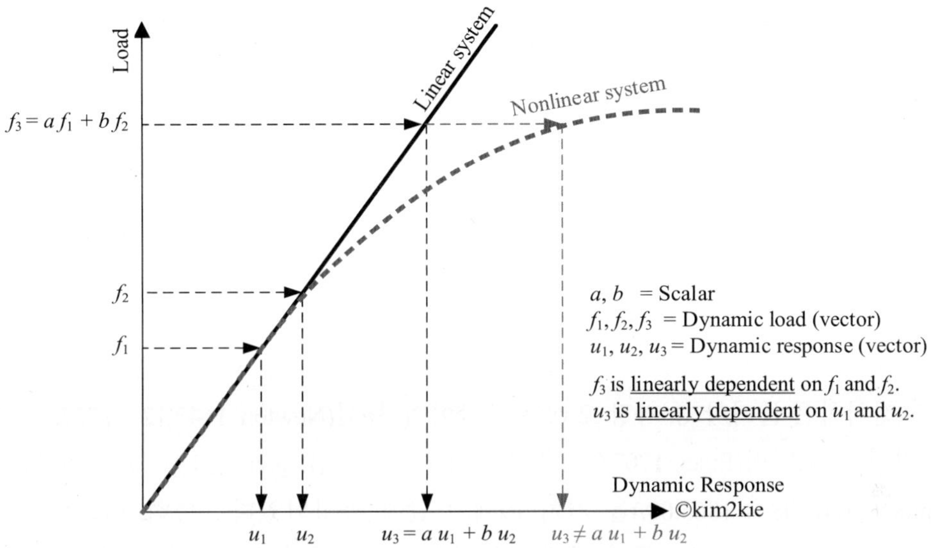

그림 1.2.5 선형 및 비선형 시스템의 비교: 중첩의 원리

이야기: 버스운동 vs. 지진운동

버스가 출발할 때 사람들이 뒤로 넘어지는 현상이 건물과 비교하면 지진이 와서 지반을 흔들 경우와 비슷할 것이라는 생각이 드는데?

질문한 바와 같이 버스와 지진에서의 지진하중은 동일한 개념이다. 버스에 탄 사람(즉, 구조물)의 입장에서 보면, 버스가 출발하는 방향(즉, 지반의 운동방향)과 반대방향으로 눈에 보이지 않는 힘(즉, 지진하중)이 작용하여, 버스가 출발하는 방향과 반대방향으로 넘어지게 된다. 한편, 구조물에 직접적으로 작용하는 바람하중과 지반운동을 통해 간접적으로 작용하는 지진하중은 개념이 약간 다르다. 지진하중이 작용하는 경우의 운동방정식을 고려하면 좋다. 절대운동이 아닌 상대운동으로 나타낸 운동방정식에서 지진하중은 $-ma$로, (−)부호가 바람하중을 포함한 다른 하중과의 차이점으로 지반의 운동방향과 지진하중의 방향이 반대임을 뜻한다.

1.3 운동방정식의 근간은 하나!

1.3.1 고전역학과 현대물리학

고전역학(classical mechanics)은 뉴턴의 운동법칙을 기본으로 하는 결정론적 물리학(물체의 이치를 다루는 학문) 이론으로, 질량이 일정한 입자의 어떤 시각에서의 위치와 속도를 정하면, 이 입자의 운동을 완전하게 결정할 수 있다.

고전역학은 구조물의 거동, 물체의 운동, 천체의 궤도 등 거의 모든 거시적(macroscopic, 눈으로 관찰할 수 있는) 역학현상을 매우 정확하게 설명할 수 있어, 공학의 핵심 이론으로 널리 활용되고 있다. 특히 속도가 느리고, 크기가 큰 물체에 대한 해석에 탁월하다.

고전역학은 물리학 중 가장 오래된 분야이며, 뉴턴(Newton, 1642.12. - 1727.03.) 이후 급속히 발전하여, 오일러(Euler, 1707.04. - 1783.09.), 라그랑주(Lagrange, 1736.01. - 1813.04.), 해밀턴(Hamilton, 1805.08. - 1865.09.)을 거쳐 19세기 말에 완성되었다. 특히, 라그랑주, 라플라스(Laplace, 1749.03. - 1827.03.) 등에 의해 해석적으로도 발전하였는데, 그 근본적인 입장은 뉴턴의 입장과 같다.

(1) 고전역학의 유효 범위

고전역학이 유효한 조건은 다음과 같다.

- 물체의 속도가 (1초에 지구 7.5바퀴는 돌 수 있는) 빛의 속도에 비해 매우 느릴 때
- 물체의 크기가 (너무 작아서 눈으로 관찰할 수 없는) 원자의 크기보다 훨씬 클 때
- 중력, 마찰, 탄성 등 거시적 힘이 지배적인 상황일 때

이러한 조건에서는 뉴턴의 운동 법칙($f = ma$), 에너지 보존법칙, 운동량 보존법칙 등이 매우 정확하게 적용되며, 고전역학은 구조동역학에서도 주요 해석 도구로 사용된다.

(2) 고전역학의 한계

20세기에 들어서며, 고전역학으로 설명되지 않는 다음과 같은 현상들이 발견되었다.

1) 고속 운동

빛에 가까운 속도로 움직이는 입자의 (시간, 길이, 질량) 변화

2) 중력과 시공간

중력은 물체가 서로를 당기는 단순한 힘이 아니라, 무거운 물체가 시간과 공간을 휘게 만들어 생기는 현상

3) 미시 세계(quantum world)

전자(electron)나 광자(photon, 빛)의 운동은 결정론적이 아니며, 파동성과 입자성을 동시에

가짐

4) 에너지 불연속성

원자 내 에너지는 연속이 아니라, 특정한 양자 단위로(즉, 불연속적으로) 변함

(3) 현대물리학의 등장과 극복

고전역학의 한계를 극복하고자 현대물리학(modern physics)이 등장하였다.

1) 고속 운동 → 특수 상대성 이론(Special Relativity, 1905, 아인슈타인)

빛에 가까운 속도로 움직이는 물체의 변화(시간 지연, 길이 수축, 질량 증가 등)를 설명할 수 있다.

2) 중력과 시공간 → 일반 상대성 이론(General Relativity, 1915)

중력을 공간의 곡률로 해석하며, 빛의 휘어짐, 블랙홀, 중력파, 우주 팽창 등을 설명할 수 있다. 이 이론을 침대 위의 공으로 비유한다. 무거운 볼링공을 매트리스 위에 놓으면 매트리스가 휘어지고, 그 주변에 작은 구슬을 굴리면, 구슬은 휘어진 매트리스를 따라 볼링공 쪽으로 이동한다.

3) 미시 세계, 에너지 불연속성 → 양자역학(quantum mechanics, 1900 ~ 1925)

미시적 입자의 불확정성(예: 확률론적) 운동, 에너지의 양자화(예: 전자가 높은 에너지 궤도에서 낮은 궤도로 내려올 때 광자를 방출하여 빛이 나옴), 파동-입자 이중성, 불확정성(예: 확률론적) 원리 등을 설명할 수 있다.

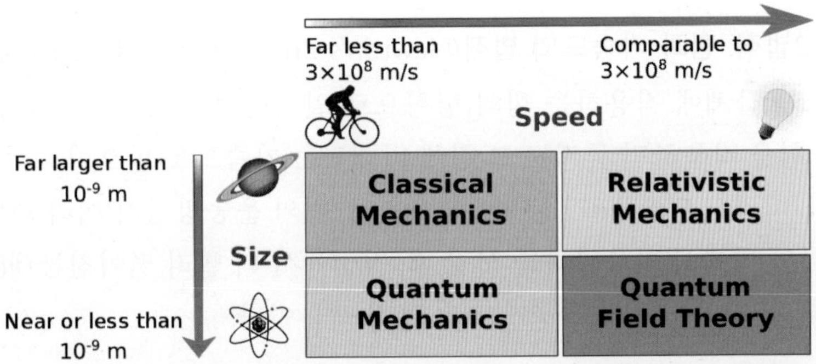

그림 1.3.1a 입자의 운동 속도와 크기에 따른 역학 이론 (출처: Wikipedia)

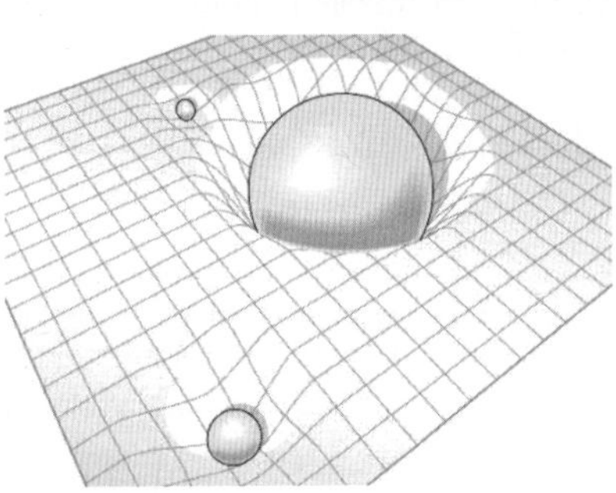
그림 1.3.1b 휘어진 4차원 시공간

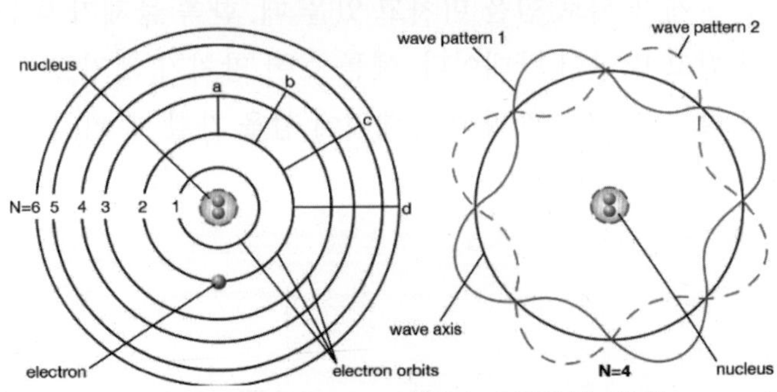

그림 1.3.1c 전자 모델: 보어(Bohr) 이론과 파동역학 (출처: Britannica)

1.3.2 운동방정식의 근간은 고전역학

구조물의 운동을 나타내는 방정식을 운동방정식(equation of motion; EOM)이라 하며, 일반적으로 시간의 함수로 나타낸다. 구조물의 운동방정식은 고전역학에 근거할 경우 뉴턴의 제 2법칙에 의해 유도되며, 시간에 대한 2계 상미분방정식(second order ODE)으로 표현된다. 여기서 일반적으로 구조물의 운동을 기술하기 위해서 구조물의 변위(displacement), 속도(velocity), 가속도(acceleration) 등의 물리량(quantity)을 사용한다.

1.3.3 뉴턴의 운동법칙

뉴턴은 운동법칙을 3개로 정리하여, 1687년 자신의 저서인 프린키피아(Principia Mathematica)에 발표하였다. 이를 통해 물체의 질량과 힘의 개념이 명백해졌고, 고전역학의 기초가 확립되었다.

(1) 뉴턴의 제 1법칙: 관성법칙(Newton's 1st law: law of inertia)

모든 물체는 관성을 가지며, 관성의 크기는 질량과 비례한다. 여기서 관성이란 어떤 운동 중인 물체가 자신의 운동상태를 계속 유지하려는 성질을 말한다. 즉, 정지하고 있는 물체는 계속 정지해 있으려 하고, 운동하고 있는 물체는 계속 운동하려는 성질이다. 관성의 예로는 이불의 먼지가 털리는 현상, 버스의 급정거 또는 급출발 시 몸이 쏠리는 현상 등이 있다.

(2) 뉴턴의 제 2법칙: 힘과 가속도의 법칙(Newton's 2nd law: law of acceleration)

물체의 가속도는 물체에 작용하는 힘의 방향으로 일어나며, 그 크기는 힘의 크기에 비례한다. 즉, 물체에 힘을 작용하면 물체는 그 힘에 비례하는 가속도를 받으며, 이 때의 비례상수를 질량이라 하다. 따라서 $F = ma$가 되며, 이 식을 '뉴턴의 운동방정식'이라 한다. 예를 들어 같은 물체를 지구와 달에서 자유낙하를 시킬 때, 지구에서 더 빨리 떨어지는데(a), 이는 물체에 작용하는 힘(중력, F)이 달보다 지구에서 더 크기 때문이다.

(3) 뉴턴의 제 3법칙: 작용과 반작용의 법칙(Newton's 3rd law: law of reciprocal actions)

두 물체가 서로 힘을 미치고 있을 때, 한쪽 물체가 받는 힘과 다른 쪽 물체가 받는 힘은 크기가 같고 방향이 반대이다. 예를 들어 망치가 쐐기를 치면서 망치가 멎으면서 쐐기를 땅 속으로 박는다. 이것은 망치가 쐐기에 힘을 가할 때 쐐기도 망치에 역시 힘을 가하기 때문이다.

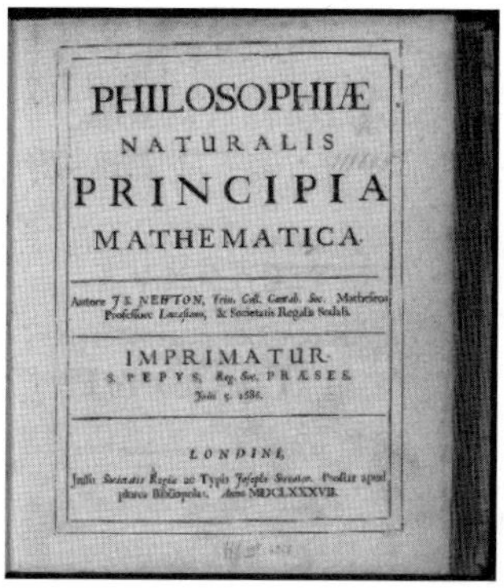

그림 1.3.3 라틴어로 쓰여진 1687년판 Principia Mathematica* (출처: Wikipedia) [animation]†

1.3.4 운동방정식의 다양한 유도방법

운동방정식을 유도하기 위한 다양한 방법들이 있지만, 이 방법들은 모두 뉴턴의 운동법칙이 기본인 고전역학을 근거로 하므로, 결국 동일한 방정식이 유도된다. 즉, 구조물의 운동상태와 형상 등을 고려하여, 편리하거나 쉬운 다양한 유도방법과 좌표계를 사용하여 운동방정식을 유도할지라도, 결국 표현방식만 다를 뿐 유도방법과 좌표계와는 상관없는 동일한 운동방정식으로 유도된다.

1.3.5 운동방정식의 유도와 등가 단자유도계

구조물의 운동방정식의 유도는 동적 해석의 가장 근간이 되며, 복잡하고 어려운 절차 중에 하나이다. 구조물의 운동방정식을 유도하기 위해, 먼저 구조물을 이상화(idealization)한 후, 이상화된 구조물에 대해 (1) 뉴턴의 운동방정식, (2) 달랑베르의 원리, (3) 가상일의 원리, (4) 해밀턴의 원리, (5) 라그랑주의 방정식, (6) 에너지 방법, (7) 레일리 방법 등의 고전역학이 근간이 된 여러 가지 방법들 중에서 적절한 유도방법을 선택하여 운동방정식을 유도한다.

일반적인 단자유도계(single degree of freedom system; SDOF계) 운동방정식은 다음과 같다.

$$m\ddot{u}(t) + c\dot{u}(t) + ku(t) = f(t)$$

여기서 m은 구조물의 무거움을 나타내는 질량(mass), c는 구조물의 빽빽함을 나타내는 감쇠(damping), k는 구조물의 단단함을 나타내는 강성(stiffness), 그리고 f와 $\ddot{u}$, $\dot{u}$, u는 각각 시간에 따라 변하는 구조물에 작용하는 하중과 하중에 의한 구조물의 가속도, 속도, 변위 응답이다.

---

* 원제: mathematical principles of natural philosophy

† [YouTube] 뉴턴의 제1법칙 (First Law of Motion)
[YouTube] 뉴턴의 제2법칙 (Galileo's Famous Gravity Experiment)
[YouTube] 뉴턴의 제3법칙 (Newton's 2nd & 3rd Law of Motion)

$m\ddot{u}, c\dot{u}, ku$는 구조물의 응답에 의해 구조물 내부에서 발생하는 관성력(inertial force), 감쇠력(damping force), 복원력(restoring force 또는 spring force)이다. 참고로 구조물 외부에서 작용하는 하중 f와 관성력($m\ddot{u}$)을 외력(external force)이라 하고, 구조물 내부에서 발생하는 힘인 감쇠력($c\dot{u}$)과 복원력(ku)을 내력(internal force)이라 한다.

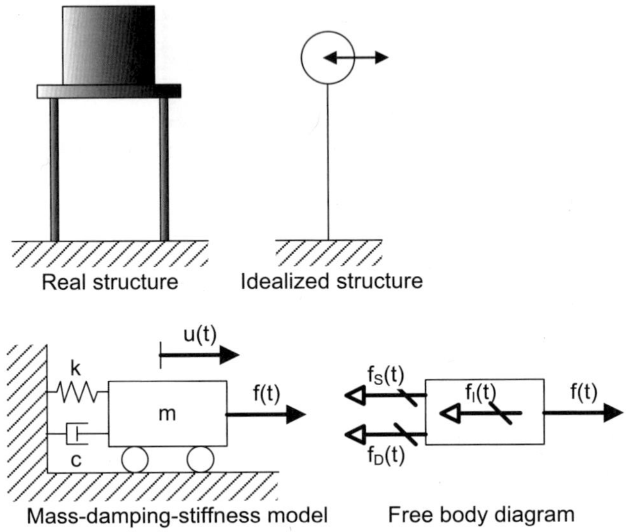

그림 1.3.5a 단자유도계로 이상화한 구조물의 운동

(1) 뉴턴의 운동방정식(Newton's equation of motion, 1687)

힘의 평형 방정식은 다음과 같다. 즉, 구조물에 작용하는 외력(f)에 구조물은 관성력(f_I), 감쇠력(f_D), 복원력(f_S)으로 저항한다.

$$f_I(t) + f_D(t) + f_S(t) = f(t)$$

단자유도계의 경우, 관성력, 감쇠력 및 복원력은 각각$f_I(t) = m\ddot{u}(t), f_D(t) = c\dot{u}(t)$ 및 $f_S(t) = ku(t)$이므로, 운동방정식은 다음과 같다.

$$m\ddot{u}(t) + c\dot{u}(t) + ku(t) = f(t)$$

여기서 m, c 및 k는 단자유도계의 질량, 감쇠 및 강성이며, $u, \dot{u}$ 및 $\ddot{u}$는 단자유도계의 변위, 속도 및 가속도 응답으로 시간의 함수이다.

(2) 달랑베르의 원리(d'Alembert's principle, 1743)

질량에 작용하는 모든 힘은 관성력에 의해 저항을 받고 있으며, 동적 평형을 이루고 있다고 본다. 뉴턴의 운동법칙과 같은 내용을 관점을 달리해서 나타낸 것으로, 가속도운동을 하고 있는 물체 위(f_I)의 관측자의 입장에서 힘의 (동적) 평형을 생각할 경우 편리하다.

$$f(t) - f_S(t) - f_D(t) = f_I(t)$$

단자유도계의 경우, $f_I(t) = m\ddot{u}(t), f_D(t) = c\dot{u}(t)$ 및 $f_S(t) = ku(t)$이므로, 운동방정식은 다음과 같다.

$$m\ddot{u}(t) + c\dot{u}(t) + ku(t) = f(t)$$

(3) 가상일의 원리(principle of virtual work)

가상일의 원리란 평형상태에 있는 시스템에 경계조건을 만족하는 가상변위(virtual displacements, δu)를 가하면, 그 시스템 내의 모든 힘에 의해 이루어진 일은 0인 된다는 것이다.

$$\delta W_I + \delta W_E = 0$$

단자유도계의 경우, 임의의 가상변위(δu)에 대해 내력이 한 일은 $\delta W_I = -f_D\delta u - f_S\delta u$ 이고, 외력이 한 일은$\delta W_E = f\delta u - f_I\delta u$이므로, 운동방정식은 다음과 같다.

$$\{(-f_D - f_S) + (f - f_I)\}\delta u = 0 \quad \Rightarrow \quad f_I + f_D + f_S = f(t)$$

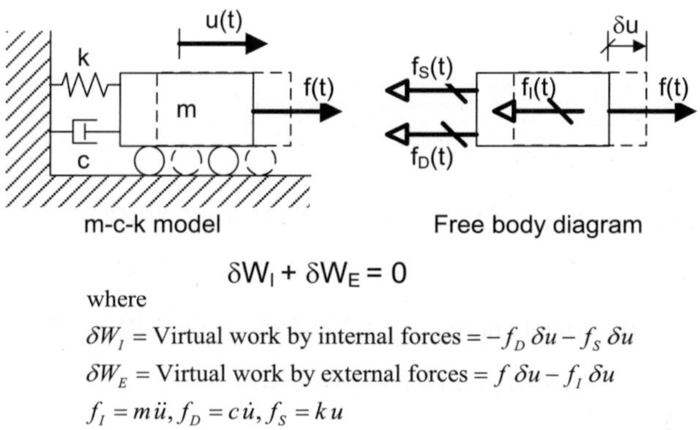

그림 1.3.5b 가상일의 원리에 의한 운동방정식의 유도

(4) 해밀턴의 원리(Hamilton's principle, 1834)

임의의 시간동안 시스템 내의 운동에너지(T, kinetic energy)와 위치에너지(V, potential energy)의 변화량에, 시스템에 작용하는 비보존력에 의한 일(W_{NC})의 변화량을 더하면, 이들 스칼라(scalar)의 합은 반드시 0이 된다. 이 원리는 외력(벡터)을 명시적으로 사용하지 않고, 에너지와 일의 변분(variation, 스칼라) 만을 사용하므로, 달랑베르의 원리 및 가상일의 원리보다 좀 더 포괄적으로 사용할 수 있으며, 변분을 사용하므로 변분원리(principle of variation)라고도 한다.

$$\int_{t_1}^{t_2} \delta(T - V)dt + \int_{t_1}^{t_2} \delta W_{NC} dt = 0$$

단자유도계의 경우, $T = \frac{1}{2}m\dot{u}^2, V = \frac{1}{2}ku^2$ 및 $\delta W_{NC} = f\delta u - c\dot{u}\delta u$이므로,

$$\int_{t_1}^{t_2} \delta\left(\frac{1}{2}m\dot{u}^2 - \frac{1}{2}ku^2\right)dt + \int_{t_1}^{t_2}(f\delta u - c\dot{u}\delta u)dt = 0$$

이며, 부분적분 $\int_{t_1}^{t_2} m\dot{u}\,\delta\dot{u}\,dt = [m\dot{u}\,\delta u]_{t_1}^{t_2} - \int_{t_1}^{t_2} m\ddot{u}\,\delta u\,dt$을 사용하면,

$$\int_{t_1}^{t_2}[-m\ddot{u} - c\dot{u} - ku + f]\delta u dt + [m\dot{u}\,\delta u]_{t_1}^{t_2} = 0$$

이고, $\delta u(t_2) - \delta u(t_1) = 0$를 가정할 때, 임의의 가상변위($\delta u$)에 대해 성립하는 운동방정식은 다음과 같다.

$$m\ddot{u} + c\dot{u} + ku - f = 0$$

(5) 라그랑주의 방정식(Lagrange's equation of motion)

에너지와 일을 속도와 변위의 항으로 나타낼 수 있다고 가정한 후, 해밀턴의 원리를 직접 적용한 결과로 다음과 같다.

$$\frac{d}{dt}\left(\frac{\partial T}{\partial \dot{u}}\right) - \frac{\partial T}{\partial u} + \frac{\partial D}{\partial \dot{u}} + \frac{\partial V}{\partial u} = f$$

단자유도계 운동에너지, 감쇠에너지(또는 소산에너지), 위치에너지를 속도와 변위의 항으로 나타내면 각각 $T = \frac{1}{2}m\dot{u}^2, D = \frac{1}{2}c\dot{u}^2, V = \frac{1}{2}ku^2$이므로, 운동방정식은 다음과 같다.

$$\frac{d}{dt}\left(\frac{\partial T}{\partial \dot{u}}\right) = m\ddot{u}, \quad -\frac{\partial T}{\partial u} = 0, \quad \frac{\partial D}{\partial \dot{u}} = c\dot{u}, \quad \frac{\partial V}{\partial u} = ku$$

$$\rightarrow \quad m\ddot{u} + c\dot{u} + ku = f$$

(6) 에너지 방법(Energy method)

보존 시스템(conservative system, 에너지 소산이 없는 시스템)의 경우, 시스템의 전체 에너지(total energy)는 모든 시간에서 일정하다. 즉, 시스템의 전체 에너지를 운동에너지(kinetic energy, T)와 위치에너지(potential energy, V)로 나타낼 수 있다면, 다음 식이 성립한다.

$$T + V = \text{total energy} = \text{constant}$$

이 식의 양변을 시간으로 미분하면 보존 시스템의 운동방정식을 구할 수 있다.

$$\frac{d}{dt}(T + V) = 0$$

단자유도계 운동에너지와 위치에너지는 각각 $T = \frac{1}{2}m\dot{u}^2$와 $V = \frac{1}{2}ku^2$이므로, 운동방정식은 다음과 같다.

$$\begin{aligned}\frac{d}{dt}(T + V) &= m\dot{u}\ddot{u} + ku\dot{u} \\ &= (m\ddot{u} + ku)\dot{u} = 0 \\ &\rightarrow \quad m\ddot{u} + ku = 0\end{aligned}$$

(7) 레일리 방법(Rayleigh method)

보존 시스템의 경우 (즉, $T + V = \text{constant}$), 위치에너지가 0일 경우($V = 0$) 운동에너지가 최대가 되며($T = T_{\max}$), 운동에너지가 0일 경우($T = 0$) 위치에너지가 최대가 된다($V = V_{\max}$). 이 식을 사용하면 시스템의 고유진동수를 쉽게 구할 수 있다.

$$T + V = T_{\max} + 0 = 0 + V_{\max} = \text{total energy} = \text{constant}$$

$$\rightarrow \quad T_{\max} = V_{\max}$$

(8) 영향계수법(influence coefficient method)

강성행렬의 역행렬은 유연도행렬(flexibility matrix)이다. 강성영향계수(stiffness influence coefficient) k_{ij}를 j점에 가해진 단위변위에 의해 i점에서 발생하는 하중으로 정의하면, 2층 전단구조물의 강성행렬을 구하면 다음 그림과 같다.

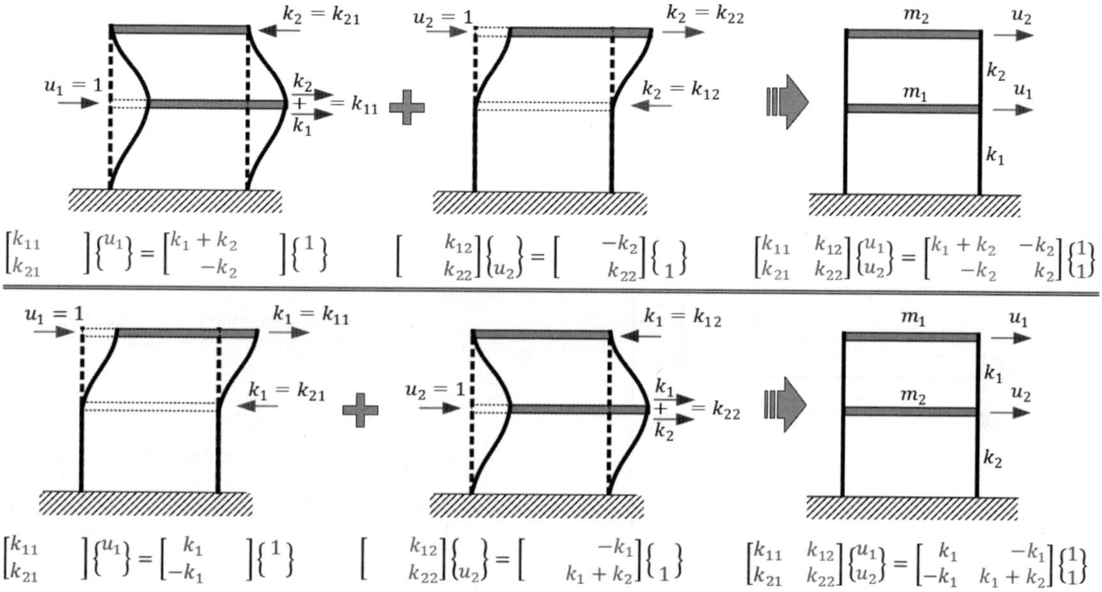

그림 1.3.5c 2층 전단구조물의 자유도의 정의에 따른 강성영향계수

표 1.3.5 보와 일방향 슬래브의 등가 단자유도 모델

Type of structural member	Type of dynamic loading	Equivalent parameters of a SDOF system				Equivalent SDOF system
		α_f	α_m Concentrated load	α_m Uniform load	k_e	
1. Simply supported beam EI, L EI = flexural regidity of the span L = length of the span	(1) Uniform load (w)	0.64	–	0.50	$\frac{49.2EI}{L^3}$	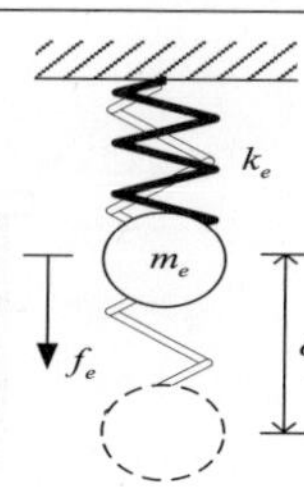 $\delta = \frac{f_e}{k_e} = \frac{f}{k}$ m_e = equivalent mass $= \alpha_m m$ k_e = equivalent stiffness $= \alpha_f k$ f_e = equivalent force $= \alpha_f f$ where m = total mass of the span k = real stiffness of the span f = total load (i.e., P or wL)
	(2) One concentrated load (P; $\frac{1}{2}L$, $\frac{1}{2}L$)	1.0	1.0	0.49	$\frac{48.0EI}{L^3}$	
	(3) Two equal concentrated loads ($\frac{1}{2}P$, $\frac{1}{2}P$; $\frac{1}{3}L$, $\frac{1}{3}L$, $\frac{1}{3}L$)	0.87	0.76	0.52	$\frac{49.1EI}{L^3}$	
2. Fixed ends beam EI, L	(1) Uniform load (w)	0.53	–	0.41	$\frac{203.5EI}{L^3}$	
	(2) One concentrated load (P; $\frac{1}{2}L$, $\frac{1}{2}L$)	1.0	1.0	0.37	$\frac{192.0EI}{L^3}$	
3. Simply supported and fixed end beam EI, L	(1) Uniform load (w)	0.58	–	0.45	$\frac{107.3EI}{L^3}$	
	(2) One concentrated load (P; $\frac{1}{2}L$, $\frac{1}{2}L$)	1.0	1.0	0.43	$\frac{107.0EI}{L^3}$	
	(3) Two equal concentrated loads ($\frac{1}{2}P$, $\frac{1}{2}P$; $\frac{1}{3}L$, $\frac{1}{3}L$, $\frac{1}{3}L$)	0.81	0.67	0.45	$\frac{106.9EI}{L^3}$	

[예제] 1.3.5 운동방정식: 외팔보

다음과 같은 외팔보의 연직방향 자유진동에 대한 운동방정식을 유도하고, 고유진동수를 구하라. 여기서 보의 강성은 EI로 가정하고, 보의 자중은 무시하라.

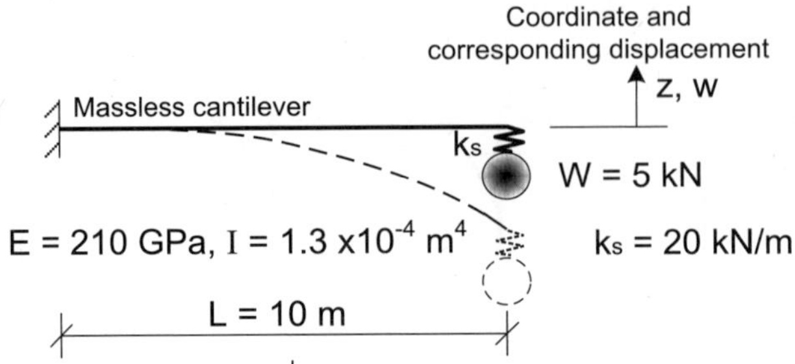

[풀이]

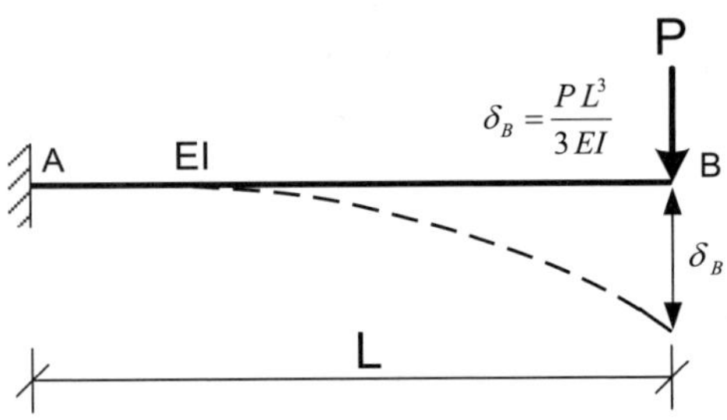

$$m\ddot{w} + k_{total}w = 0$$

$$m = \frac{W}{g} = \frac{5\times10^3\text{kg}\cdot\frac{\text{m}}{\text{sec}^2}}{9.81\frac{\text{m}}{\text{sec}^2}} = 509.7\text{kg}$$

$$k_{beam} = \frac{P}{\delta_B} = \frac{3EI}{L^3} = \frac{3\left(210\times10^9\frac{N}{m^2}\right)(1.3\times10^{-4}\text{m}^4)}{(10\text{m})^3} = 81.9\frac{\text{kN}}{\text{m}}$$

$$\rightarrow k_{total} = \frac{k_{beam}k_s}{k_{beam}+k_s} = \frac{81.9\times20}{81.9+20} = 16.1\frac{\text{kN}}{\text{m}}$$

$$\therefore f_n = \frac{\omega_n}{2\pi} = \frac{1}{2\pi}\sqrt{\frac{k}{m}} = \frac{1}{2\pi}\sqrt{\frac{16.1\times10^3\frac{\text{kg}\cdot\frac{\text{m}}{\text{sec}^2}}{\text{m}}}{509.7\text{kg}}} \approx 0.894\text{Hz}$$

$$\therefore T_n = \frac{1}{f_n} \approx 1.118\text{ sec}$$

[예제] 1.3.5 운동방정식: 지진하중

다음의 지진하중을 받는 물탱크 지지구조물을 나타내는 단자유도 운동방정식을 구하라.

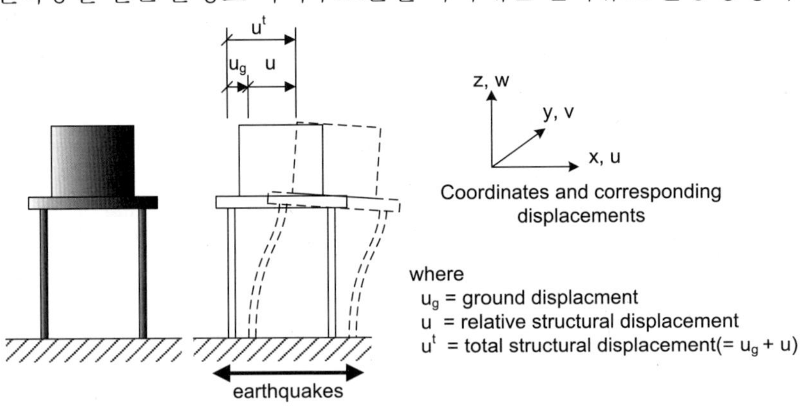

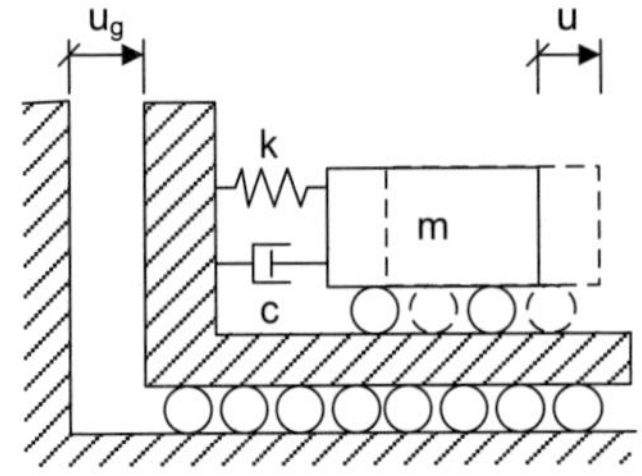

m-c-k model

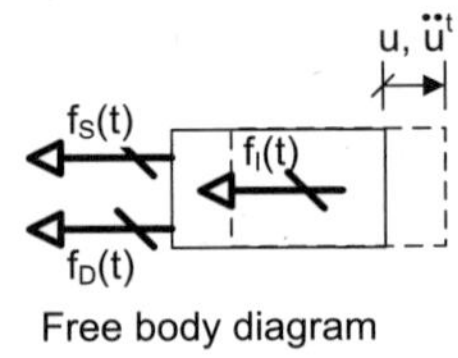

Free body diagram

$f_I = m\ddot{u}, f_D = c\dot{u}, f_S = ku$

[풀이]

지반의 변위를 u_g라 하고, 지반의 변위에 대한 구조물의 상대 변위를 u라 할 때, 지반이 움직이기 전의 지지점으로부터 구조물의 절대변위 u^t는 아래와 같다.

$$u^t = u_g + u$$

자유물체도에 보인 힘의 동적평형을 이용하여, 절대 변위 u^t를 사용하여 운동방정식을 구하면 다음과 같다.

$$m\ddot{u}^t + c(\dot{u}^t - \dot{u}_g) + k(u^t - u_g) = 0$$
$$m\ddot{u}^t + c\dot{u}^t + ku^t = c\dot{u}_g + ku_g$$

여기서 지진해석을 위해 위 식을 사용할 경우, 구조물에 작용하는 하중으로 지진시 지반의 변위(u_g)와 속도($\dot{u}_g$)가 필요하며, 이를 구하기 위해 지진시 계측된 지반가속도($\ddot{u}_g$)를 한 번 그리고 두 번 적분하여야 하는 번거로운 절차를 거쳐야 한다. 또한, 구조물의 응답은 절대변위로 나타나므로, 구조물의 설계에 직접적으로 이용하기 위해 상대변위로 변환해야 한다. 따라서 구조물의 상대변위 u에 대하여 운동방정식을 나타내면 다음과 같다.

$$m\ddot{u} + c\dot{u} + ku = -m\ddot{u}_g$$

통상 구조물의 지진해석에서는 위 식을 주로 사용하며, 이 경우 구조물에 작용하는 하중은 지반이 정지되어 있는 상태에서 질량이 존재하는 점에(즉, 구조물에) 지반가속도의 유효지진력($f_{eff} = m\ddot{u}_g$)을 작용한 경우와 같으며, 구조물의 응답은 지반에 대한 구조물의 상대변위로 나타난다.

[예제] 1.3.5 운동방정식: 단진자

다음과 같이 점 O에 대해 회전하는 단진자의 자유운동에 대한 운동방정식을 유도하라. 여기서 미소 회전각에 대하여 방정식을 선형화하라.

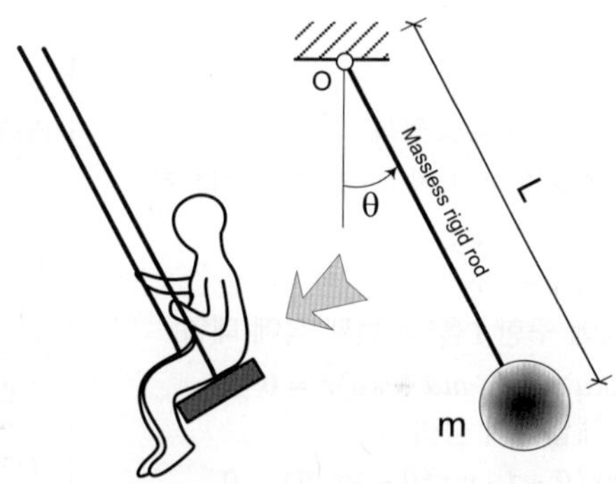

[풀이]

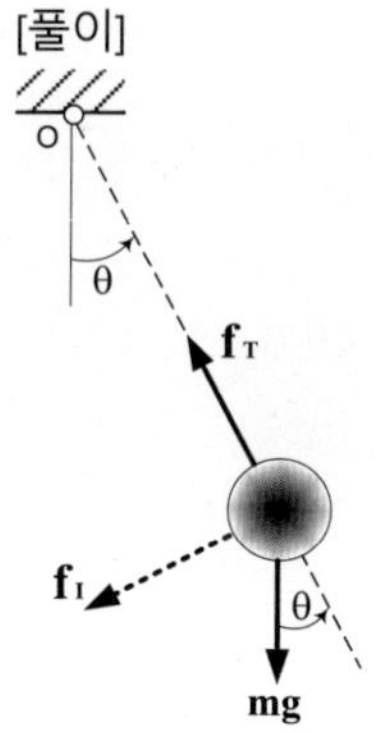

O점에 대한 모멘트 평형은 다음과 같다.

$$f_I = mL\ddot{\theta}, f_W = mg$$
$$f_I \times L + f_W \sin\theta \times L = 0$$
$$\therefore mL^2\ddot{\theta} + mgL\sin\theta = 0$$

미소 회전각에 대해 $\sin\theta \approx \theta$이므로, 선형화된 운동방정식은 다음과 같다.

$$\therefore \ddot{\theta} + \frac{g}{L}\theta = 0$$

검토) 단진자의 고유진동수($\omega = \sqrt{\frac{g}{L}}$)는 질량과는 무관하며, 길이의 제곱근에 반비례한다.

[예제] 1.3.5 운동방정식: 롤러

다음과 같이 롤러와 질량 m, 스프링 k로 구성된 단자유도 시스템이 있다. 이 시스템의 등가 질량과 등가강성을 구하여 고유진동수 식으로 표현하여라. (소음진동기술사, 2013년)

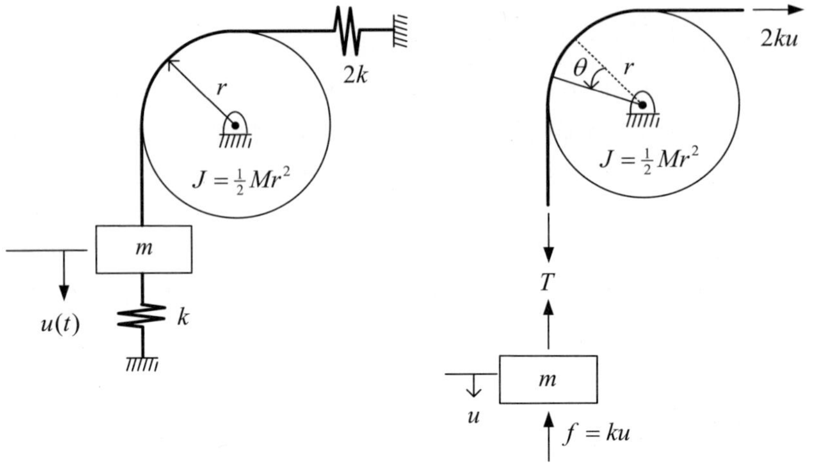

[풀이]

[방법 1] 뉴턴의 운동방정식

m과 롤러에서 힘의 평형 (T: 장력, θ: 회전각)

$$m\ddot{u} + ku = -T \rightarrow T = -m\ddot{u} - ku$$
$$J\ddot{\theta} + (2ku)r = Tr$$

첫 번째 식에 구한 T를 두 번째 식에 대입

$$J\ddot{\theta} + (2ku)r - (-m\ddot{u} - ku)r = 0$$

$u = r\theta$를 대입하여 정리

$$J\ddot{\theta} + 2kr^2\theta - \left(-mr^2\ddot{\theta} - kr^2\theta\right) = 0$$
$$\rightarrow (J + mr^2)\ddot{\theta} + 3kr^2\theta = 0$$

고유진동수

$$\therefore \omega_n = \sqrt{\frac{3kr^2}{J+mr^2}}$$

[방법 2] 에너지 방법

(1) 운동에너지(T)와 위치에너지(V)

$$T = \frac{1}{2}m\dot{u}^2 + \frac{1}{2}J\dot{\theta}^2 = \frac{1}{2}mr^2\dot{\theta}^2 + \frac{1}{2}J\dot{\theta}^2 = \frac{1}{2}(mr^2 + J)\dot{\theta}^2$$
$$V = \frac{1}{2}ku^2 + \frac{1}{2}(2k)u^2 = \frac{3}{2}ku^2 = \frac{3}{2}kr^2\theta^2$$

(2) 시간에 따라 전체 에너지($T + V$)는 일정하므로

$$\frac{d}{dt}(T + V) = 0$$
$$\rightarrow \frac{d}{dt}\left\{\frac{1}{2}(mr^2 + J)\dot{\theta}^2 + \frac{3}{2}kr^2\theta^2\right\} = 0$$
$$\rightarrow (mr^2 + J)\ddot{\theta} + 3kr^2\theta = 0$$

(검토) M: 롤러 질량 → $J = \frac{1}{2}Mr^2$: 관성질량

$$\omega_n = \sqrt{\frac{3kr^2}{\frac{1}{2}Mr^2+mr^2}} = \sqrt{\frac{3k}{\frac{1}{2}M+m}}$$

즉, 롤러의 질량으로 고유진동수는 감소함

[예제] 1.3.5 운동방정식: 차량

다음처럼 울퉁불퉁한 조도(u_g)를 갖는 노반을 속도 v로 주행하는 차량의 연직방향 운동방정식을 구하라.

$$m\ddot{u}(t) + c\dot{u}(t) + ku(t) = f(t)$$

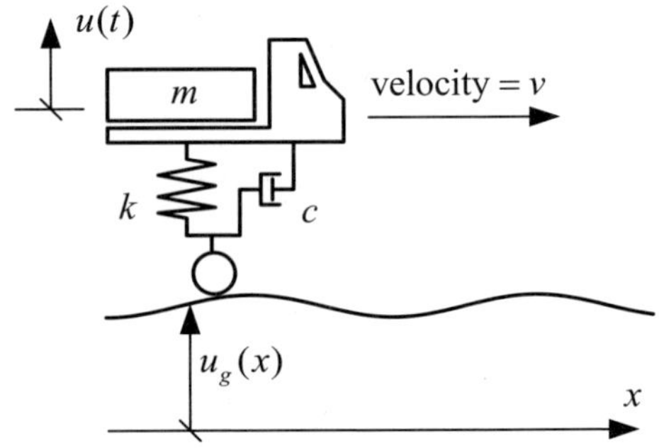

[풀이]

뉴턴의 운동방정식

$$f_I(t) + f_D(t) + f_S(t) = f(t)$$

차량에 직접 작용하는 하중은 0.

$$f(t) = 0 \rightarrow f_I(t) + f_D(t) + f_S(t) = 0$$

임의 시간(t)에서 차량운동과 지반의 조도는 $u(t)$와 $u_g(vt)$.

$$f_I(t) = m\ddot{u}(t)$$
$$f_D(t) = c\{\dot{u}(t) - \dot{u}_g(vt)\}$$
$$f_S(t) = k\{u(t) - u_g(vt)\}$$

이 식을 뉴턴의 운동방정식에 대입.

$$f_I(t) + f_D(t) + f_S(t) = 0$$
$$\rightarrow m\ddot{u}(t) + c\{\dot{u}(t) - \dot{u}_g(vt)\} + k\{u(t) - u_g(vt)\} = 0$$
$$\rightarrow \therefore m\ddot{u}(t) + c\dot{u}(t) + ku(t) = c\dot{u}_g(vt) + ku_g(vt)$$

[예제] 1.3.5 등가강성: 복합스프링

다음과 같이 복합스프링을 갖는 단자유도계의 등가강성(k_e, equivalent stiffness)을 구하라.

$$m\ddot{u}(t) + k_e u(t) = f(t)$$

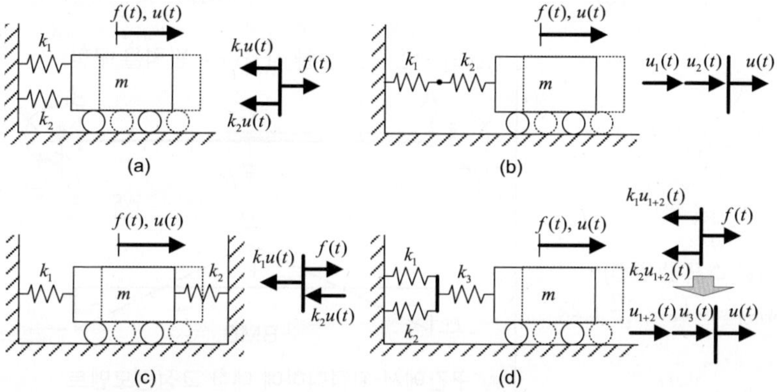

[풀이]

(a) 병렬 스프링

$$f = k_1u + k_2u = (k_1 + k_2)u = k_eu$$
$$\therefore k_e = \frac{f}{u} = k_1 + k_2$$

(b) 직렬 스프링

$$u = u_1 + u_2$$
$$\frac{f}{k_e} = \frac{f}{k_1} + \frac{f}{k_2}$$
$$\frac{1}{k_e} = \frac{1}{k_1} + \frac{1}{k_2} = \frac{k_1+k_2}{k_1k_2}$$
$$\therefore k_e = \frac{k_1k_2}{k_1+k_2}$$

(c) 병렬 스프링 ((a)의 경우와 동일)

$$f = k_1u + k_2u = (k_1 + k_2)u = k_eu$$
$$\therefore k_e = \frac{f}{u} = k_1 + k_2$$

(d) 복합 스프링

병렬 스프링에 대해

$$f = k_1u_{1+2} + k_2u_{1+2} = (k_1 + k_2)u_{1+2} = k_{1+2}u_{1+2}$$
$$\therefore k_{1+2} = \frac{f}{u_{1+2}} = k_1 + k_2$$

직렬 스프링에 대해

$$u = u_{1+2} + u_3$$
$$\frac{f}{k_e} = \frac{f}{k_{1+2}} + \frac{f}{k_3}$$
$$\frac{1}{k_e} = \frac{1}{k_{1+2}} + \frac{1}{k_3} = \frac{k_{1+2}+k_3}{k_{1+2}k_3}$$
$$\therefore k_e = \frac{k_{1+2}k_3}{k_{1+2}+k_3} = \frac{(k_1+k_2)k_3}{k_1+k_2+k_3}$$

[예제] 1.3.5 등가강성: 보

다음과 같이 질량 m이 놓인 보의 등가강성(k_e, equivalent stiffness)을 구하라. 여기서 보의 휨강성은 EI이고 길이는 L이며, 보의 질량은 무시한다.

$$m\ddot{w}(t) + k_e w(t) = f(t)$$

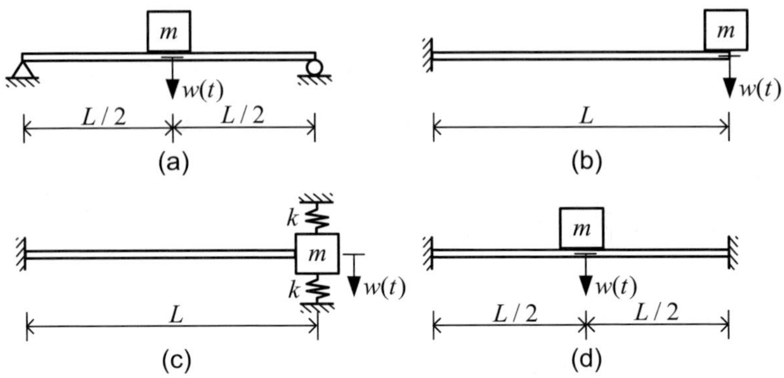

[풀이]

(a) 단순보

$$w = \frac{PL^3}{48EI} = \frac{P}{k_e} \rightarrow \therefore k_e = \frac{48EI}{L^3}$$

(b) 외팔보

$$w = \frac{PL^3}{3EI} = \frac{P}{k_e} \rightarrow \therefore k_e = \frac{3EI}{L^3}$$

(c) 스프링 외팔보 (병렬 스프링 연결)

$$k_e = k_{beam} + k_{spring} \rightarrow \therefore k_e = \frac{3EI}{L^3} + 2k$$

(d) 양단 고정보

$$w = \frac{PL^3}{192EI} = \frac{P}{k_e} \rightarrow \therefore k_e = \frac{192EI}{L^3}$$

(참조) 처짐각법 등을 사용하여 반력을 구함

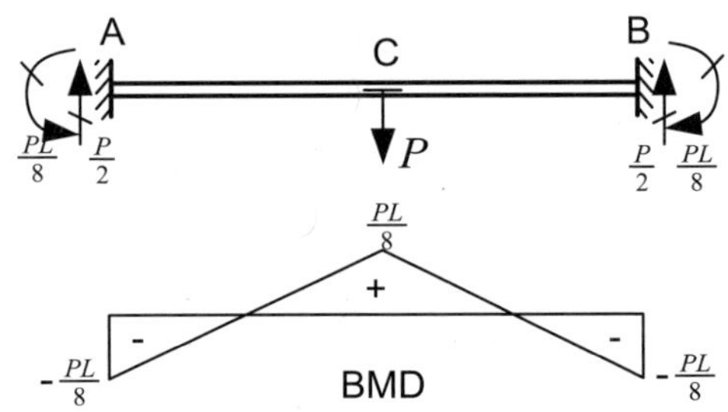

AC구간에서 지점침하에 대한 고정단모멘트

$$\frac{PL}{8} = \frac{6EI}{\left(\frac{L}{2}\right)^2}\Delta \rightarrow P = \frac{192EI}{L^3}\Delta = k_e\Delta \rightarrow \therefore k_e = \frac{P}{\Delta} = \frac{192EI}{L^3}$$

[예제] 1.3.5 등가강성: 기둥

그림과 같이 힌지 지점 및 고정 지점을 갖는 기둥으로 지지된 구조계의 등가강성을 구하라. 여기서 기둥부재의 질량은 무시하고, 수평부재는 강체($EI_b = \infty$)로 가정한다.

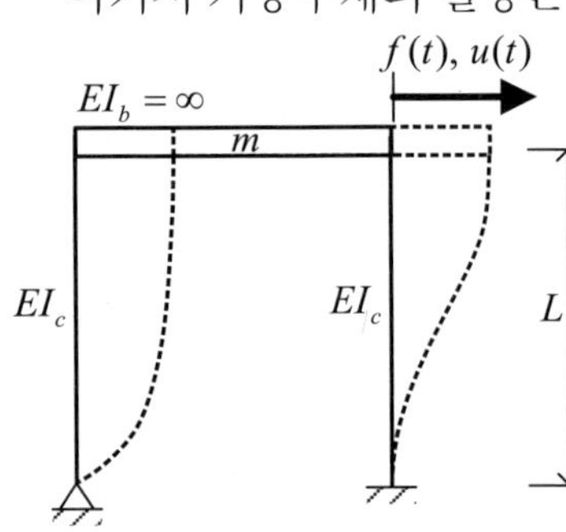

$$m\ddot{u}(t) + k_e u(t) = f(t)$$

[풀이]

(a) 좌측 기둥의 강성

$$k_{left} = \frac{3EI_c}{L^3}$$

(b) 우측 기둥의 강성

$$k_{right} = \frac{12EI_c}{L^3}$$

(c) 병렬로 연결된 기둥의 등가강성

$$k_e = k_{left} + k_{right} = \frac{3EI_c}{L^3} + \frac{12EI_c}{L^3} = \frac{15EI_c}{L^3}$$

[참조] 기둥의 강성 유도

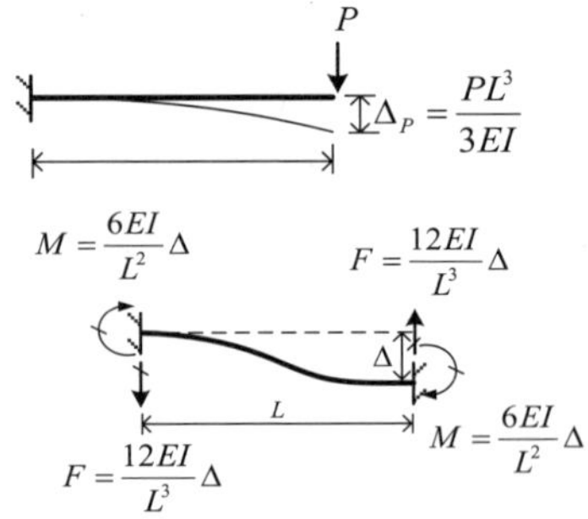

[예제] 1.3.5 등가질량: 보

다음과 같이 질량이 m인 구조물에 질량 M이 매달려 있는 시스템이 있다. 이 시스템을 단자유도계로 모델링하고자 할 때, 단자유도계의 등가질량(m_e, equivalent mass)을 유도하라.

$m_e\ddot{u}(t) + ku(t) = f(t)$

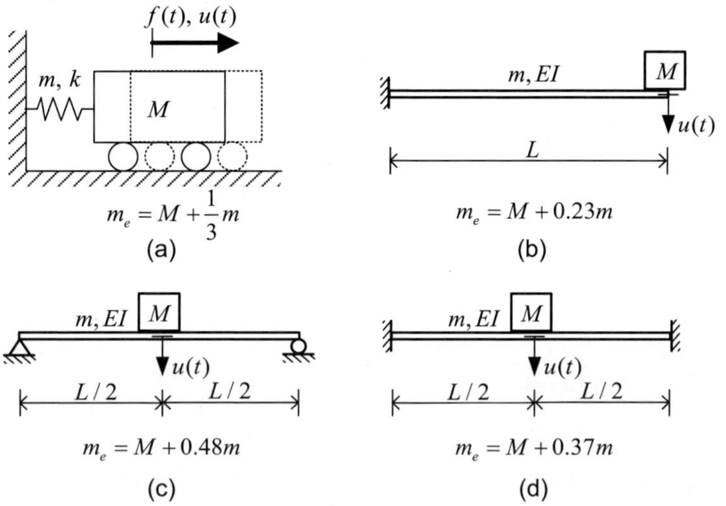

[풀이]

(a) 질량을 갖는 스프링

길이가 L인 스프링 구간의 임의의 위치(x)에서 질량(m_{spring})의 균등분포와 변위(u_{spring})의 선형 변화를 가정한 미소구간(dx)의 질량과 변위

$$m_{spring} = m\frac{dx}{L}, u_{spring} = u\frac{x}{L}$$

이에 대응하는 미소 운동에너지(dT)

$$dT_{spring} = \frac{1}{2}m_{spring}\dot{u}_{spring}^2 = \frac{1}{2}\left(m\frac{dx}{L}\right)\left(\dot{u}\frac{x}{L}\right)^2$$

스프링 전체구간에서의 운동에너지

$$T_{spring} = \int_0^L dT_{spring} = \int_0^L \frac{1}{2}\left(m\frac{dx}{L}\right)\left(\dot{u}\frac{x}{L}\right)^2$$
$$= \frac{m\dot{u}^2}{2L^3}\int_0^L x^2 dx = \frac{1}{6}m\dot{u}^2$$

전체 운동에너지와 등가질량

$$T = T_M + T_{spring}$$
$$= \frac{1}{2}M\dot{u}^2 + \frac{1}{6}m\dot{u}^2 = \frac{1}{2}\left(M + \frac{1}{3}m\right)\dot{u}^2 = \frac{1}{2}m_e\dot{u}^2$$
$$\therefore m_e = M + \frac{1}{3}m$$

(b) 질량을 갖는 외팔보

집중하중(P)에 의한 변위는 $u_{beam} = \frac{Px^2}{6EI}(3L - x)$이므로, 변위 형상을 $u_{beam} = u\frac{x^2}{2L^3}(3L - x)$로 가정

$$dT_{beam} = \frac{1}{2}m_{beam}\dot{u}_{beam}^2$$
$$= \frac{1}{2}\left(m\frac{dx}{L}\right)\left\{\dot{u}\frac{x^2}{2L^3}(3L - x)\right\}^2$$

외팔보 구간의 운동에너지

$$T_{beam} = \int_0^L dT_{beam} = \int_0^L \frac{1}{2}\left(m\frac{dx}{L}\right)\left\{\dot{u}\frac{x^2}{2L^3}(3L - x)\right\}^2$$
$$= 0.117857m\dot{u}$$

(c) 질량을 갖는 단순보

집중하중(P)에 의한 변위 $u_{beam} = \frac{Px}{48EI}(3L^2 - 4x^2)\left(0 \le x \le \frac{L}{2}\right)$이므로, 변위 형상 $u_{beam} = u\frac{x}{L^3}(3L^2 - 4x^2)$로 가정

$$dT_{beam} = \frac{1}{2}m_{beam}\dot{u}_{beam}^2$$
$$= \frac{1}{2}\left(m\frac{dx}{L}\right)\left\{\dot{u}\frac{x}{L^3}(3L^2 - 4x^2)\right\}^2$$

좌우 대칭을 이용한 단순보 구간의 운동에너지

$$T_{beam} = 2\int_0^{\frac{L}{2}} dT_{beam}$$
$$= 2\int_0^{\frac{L}{2}} \frac{1}{2}\left(m\frac{dx}{L}\right)\left\{\dot{u}\frac{x}{L^3}(3L^2 - 4x^2)\right\}^2$$
$$= 0.242857m\dot{u}$$

전체 운동에너지와 등가질량

$$T = T_M + T_{beam} = \frac{1}{2}M\dot{u}^2 + 0.242857m\dot{u}^2$$
$$= \frac{1}{2}(M + 0.4857m)\dot{u}^2 = \frac{1}{2}m_e\dot{u}^2$$
$$\therefore m_e = M + 0.4857m \approx M + \frac{1}{2}m$$

(d) 질량을 갖는 양단 고정보

집중하중(P)에 의한 변위는 $u_{beam} = \frac{Px^2}{48EI}(3L - 4x)\left(0 \le x \le \frac{L}{2}\right)$이므로, 변위 형상 $u_{beam} = u\frac{4x^2}{L^3}(3L - 4x)$로 가정

$$dT_{beam} = \frac{1}{2}m_{beam}\dot{u}_{beam}^2$$
$$= \frac{1}{2}\left(m\frac{dx}{L}\right)\left\{\dot{u}\frac{4x^2}{L^3}(3L - 4x)\right\}^2$$

좌우 대칭을 이용한 단순보 구간의 운동에너지

$$T_{beam} = 2\int_0^{\frac{L}{2}} dT_{beam}$$

전체 운동에너지와 등가질량은

$$T = T_M + T_{beam} = \frac{1}{2}M\dot{u}^2 + 0.117857m\dot{u}^2$$
$$= \frac{1}{2}(M + 0.2357m)\dot{u}^2 = \frac{1}{2}m_e\dot{u}^2$$
$$\therefore m_e = M + 0.2357m \approx M + \frac{1}{4}m$$

$$= 2\int_0^{\frac{L}{2}}\frac{1}{2}\left(m\frac{dx}{L}\right)\left\{\dot{u}\frac{4x^2}{L^3}(3L - 4x)\right\}^2$$
$$= 0.185714m\dot{u}$$

전체 운동에너지와 등가질량

$$T = T_M + T_{beam} = \frac{1}{2}M\dot{u}^2 + 0.185714m\dot{u}^2$$
$$= \frac{1}{2}(M + 0.371428m)\dot{u}^2 = \frac{1}{2}m_e\dot{u}^2$$
$$\therefore m_e = M + 0.371428m \approx M + \frac{2}{5}m$$

인물: 뉴턴(Newton), 달랑베르(d'Alembert), 해밀턴(Hamilton), 라그랑주(Lagrange)

• 뉴턴 [Newton, Isaac, 1642.12.25 ~ 1727.03.20]

물리학자·천문학자·수학자·근대이론과학의 선구자

국적: 영국

활동분야: 물리학, 천문학, 수학

출생지: 영국 잉글랜드 동부 링컨셔의 울즈소프

주요저서: 광학 (1704), 자연철학의 수학적 원리(프린키피아)(1687)

잉글랜드 동부 링컨셔의 울즈소프에서 태어났다. 아버지는 그의 출생 전에 사망하였고, 어머니는 그가 3세 때 재혼하는 등 불운한 소년시절을 보냈다. 수학에서 미적분법 창시, 물리학에서 뉴턴역학의 체계 확립, 이것에 표시된 수학적 방법 등은 자연과학의 모범이 되었고, 사상면에서도 역학적 자연관은 후세에 커다란 영향을 끼쳤다.

1661년 케임브리지대학교 트리니티칼리지에 입학, 수학자 I.배로의 지도를 받아 케플러의 '굴절광학', 데카르트의 '해석기하학', 월리스의 '무한의 산수' 등을 탐독하였으며, 1664년 학사학위를 얻었다. 1664～1666년 페스트가 크게 유행하자 대학이 일시 폐쇄되어 뉴턴도 고향으로 돌아와 대부분의 시간을 사색과 실험으로 보냈다. 그의 위대한 업적의 대부분은 이때 싹트게 된 것이라고 하며, 사과의 일화도 이때 있었던 일이다. 1667년 재개된 대학에 돌아와 이 대학의 펠로(특별연구원)가 되고 이듬해에는 메이저펠로(전임특별연구원)가 됨과 동시에 석사학위를 받았다. 1669년 배로의 뒤를 이어 루카스교수직에 부임하였다. 케임브리지대학에서 최초의 강의도 광학이었다. 광학에 대해서는 1668년 뉴턴식 반사망원경을 제작했다. 이 망원경은 천체관측 등에 크게 공헌하여 이 공적으로 1672년 왕립협회회원으로 추천되었다. 그 해에 '빛과 색의 신이론(新理論)'이라는 연구서를 협회에 제출하였는데, 그 내용은 백색광이 7색의 복합이라는 사실, 단색(單色)이 존재한다는 사실, 생리적 색과 물리적 색의 구별, 색과 굴절률과의 관련 등을 논한 것이었다. 1675년 박막(薄膜)의 간섭현상인 '뉴턴의 원무늬'를 발견하였으며, 빛의 성질에 관한 연구로 광학 발전에 크게 기여하였고, '광학(1704)'을 저술했다. 수학에서는 1665년 이항정리의 연구를 시작으로, 무한급수로 진전하여 1666년 유분법(流分法)을 발견하고, 이것을 구적(求積) 및 접선(接線) 문제에 응용하였다. 이것은 오늘날의 미적분법에 해당하는 것으로, 그 성과를 1669년에 논문으로 발표하였다. 1676년 그와 동일한 미분법을 발견한 라이프니츠와 우선권 논쟁이 격렬하게 벌어졌는데, 이 무렵부터 그의 사고방식도 실험적 방법에서 수학적 방법으로 그 중점이 옮겨져 스스로를 수학자라고 하였다. 뉴턴의 최대 업적은 역학에 있다. 1670년대 말로 접어들면서 당시 사람들도 행성의 운동중심과 관련된 힘이 거리의 제곱에 반비례한다는 사실을 어렴풋이 알고는 있었지만, 수학적 설명이 곤란해 손을 대지 못하고 있었는데, 뉴턴은 자신이 창시해낸 유율법(流率法)을 이용하여 이 문제를 해결하고 '만유인력의 법칙'을 확립하였다. 1687년 이 성과를 포함한 대저서 '자연철학의 수학적 원리(프린키피아)'가 출판되었으며, 이로써 이론물리학의 기초가 쌓이고 뉴턴역학의 체계가 세워졌다. 3부로 된 이 라틴어 저서는 간단한 유율법의 설명에서 시작하여 역학의 원리, 인력의 법칙과 그 응용, 유체(流體)의 문제, 태양행성의 운동에서 조석(潮汐)의 이론 등에 이르기까지 계통적으로 논술되어 있다. 또 방정식론 등의 대수학(代數學) 분야의 여러 업적은 'Arithmetica universalis sive de compositione et resolutione arithmetica liber(1707)'로 간행되었다. 1688년 명예혁명 때는 대학 대표의 국회의원으로 선출되고, 1691년 조폐국(造幣局)의 감사가 되었으며, 1699년 조폐국 장관에 임명되었다. 1703년 왕립협회 회장으로 추천되고 1705년 나이트 칭호를 받았다.

한편 신학(神學)에도 관심을 보여 성서의 사실을 입증하기 위해 고대사 해석을 검증하고, 천문학적 고찰을 첨가해 연대기를 작성하였다. 이 성서 연구를 통해 삼위일체설을 부정하는 입장을 가지게 되었다. 평생을 독신으로 보냈으며, 런던에서 죽었다. 장례는 웨스트민스터사원에서 거행되고 그 곳에 묻혔다. 근대과학 성립의 최고의 공로자이며, 그가 주장한 '자연은 일정한 법칙에 따라 운동하는 복잡하고 거대한 기계'라는 역학적 자연관은 18세기 계몽사상의 발전에 지대한 영향을 주었다. <출처: 네이버 백과사전>

• 달랑베르(Jean Le Rond d'Alembert ; 1717.11.16 ~ 1783.10.29)

프랑스의 수학자 ·물리학자 ·철학자이다. 계몽사조기(啓蒙思潮期)를 대표하는 문인의 한 사람으로 과학 아카데미 회원이며, 그 종신서기(終身書記)였다. 그는 섭정 오를레앙공(公) 시대에 저명한 살롱을 가진, 사교계의 꽃 드 탕생 후작부인의 사생아로 출생하여, 생후 곧 노트르담 성당 옆의 작은 교회 계단에 버려졌다 한다. 근처에서 살던 유리 직공 달랑베르의 아내가 주워다 길렀다. 그의 이름은 그가 20세 때 스스로 지은 이름이다. 그의 친아버지인 데투시 장군이 그를 경제적으로 돌보았고, 죽은 후 거액의 유산을 남겼으며, 또 장군의 유력한 친지가 그를 비호하여 23세에 아카데미 회원에 선출되었다. 12세 때 콜레즈 드 카틀 나시옹에 입학하여 신학 ·법률 ·의학을 공부하였으나, 얼마 후 철학 ·수학 ·물리학으로 방향을 바꾸었고, 특히 역학(力學)에서는 훌륭한 업적을 남겼다. 주저 《역학론 Trait暴 de dynamique》(1743)은 26세 때 공간(公刊)한 것인데, 그는 이 저서에서 그 당시

에 프랑스에서 주류를 이루던 데카르트주의를 배척하고, 물체와 그에서 독립된 공간을 생각하는 뉴턴주의의 입장을 취하였다. 또, 물체의 운동을 정역학(靜力學)의 경우와 같은 평형상태(平衡狀態)로 옮겨서 고찰하는 '달랑베르의 원리'를 설명하고, 역학의 일반화의 기초를 닦아 해석역학으로의 전개를 마련함으로써 역학발전의 한 단계를 이룩하였다. 그리고 1754년 해석학의 기초를 튼튼히 하기 위하여 확실한 극한 이론이 필요하다는 중요한 제안을 하였으나 대부분의 동시대인은 그의 제안에 거의 유의하지 않았다. 달랑베르는 오늘날 프랑스에서 달랑베르의 정리로 알려진 대수학의 기본 정리(복소 계수를 가지는 1차 이상의 모든 대수방정식 f(x)=은 적어도 하나의 복소 근을 가진다)를 증명하려고 매우 열심히 연구하였다. 위에서 살펴본 미분방정식을 리카티 미분방정식이라 명명한 사람도 바로 달랑베르였다. 이 밖에 세차(歲差)와 장동(章動)의 문제(1749), 달의 운동론에 관련된 3체(三體)문제의 연구 등, 천체역학 방면에도 공헌하였다. 사상가로서도 계몽사상가의 중심인물로 여러 방면에서 활동하였으며, 특히 D.디드로와 공동으로 편집 ·간행한 《백과전서》는 유명하다. 이 전서에서 수학 ·물리학 ·천문학 항목을 집필하였으며, 이 점은 백과전서파의 주장이었던 수학과 자연과학에 역점을 둔 데서 비롯되었으며, 이 《백과전서》의 주류를 이루는 부분이었다. 그가 쓴 서론 속에 이 취지를 강조하였는데, 여기서 그는 동시에 F.베이컨의 사상을 기초로 과학의 기원과 역사적 발전을 고찰하고, 과학의 분류를 시도함으로써 과학편(科學編)에 큰 전망을 부여하였다. 그러나 그의 철학적 입장은 감각적 인식론에 머물러 종교적 견해에는 많은 의문을 제시하면서도 디드로처럼 철저하지도 못해 일종의 물심이원론에 시종하였다. <출처: 두산대백과사전>

• 해밀턴 [Hamilton, William Rowan, 1805.08.04 ~ 1865.09.02]
수학자·이론물리학자
국적 : 영국
활동분야 : 수학, 이론물리학
출생지 : 아일랜드 더블린

아일랜드 더블린 출생. 변호사의 아들로 태어나 어릴 때부터 신동으로 통하였다. 백부(伯父)의 외국어 교육으로 13세 때에 이미 10여 가지 외국어를 익혔다고 한다. 수학에 흥미를 가지고 뉴턴·라그랑주·라플라스 등의 저서를 읽어, 대학 입학 당시에는 이미 수학을 거의 통달하였으며, 또 광학계(光學系)에 관한 뛰어난 이론과 아이디어를 창안하였다.

1824년 더블린대학의 트리니티 칼리지에 입학, 1827년 재학 중인 칼리지의 천문학 교수로 선임되었으며, 던싱 천문대장을 겸하였다. 이듬해 《광선계의 이론》 제1부를 발표하였는데 이것은 해밀턴의 특성함수(特性函數)를 도입한 것으로, 광학계에 대한 일반적인 대수적 이론을 세운 것이며, 기하광학(幾何光學)의 기초이론이었고, 후년의 역학이론을 출발시키는 기본이 되었다. 이어 원뿔굴절[圓錐屈折]을 예견하였는데(1832), 이것은 H.로이드에 의하여 실증되었다. 그 무렵부터 광학을 도입한 역학의 모든 분야에 이를 확장시키려는 시도에서 특성함수를 사용한 빛의 전파(傳播)와 질점(質點)의 운동을 통일, 1834년 변분원리(變分原理)라고 하여 '해밀턴의 원리'를 확립하였다. 또한 '해밀턴의 정준운동(正準運動) 방정식'을 수립함으로써, 해석역학(解析力學)의 기초를 확립하기도 하였다. 한편, '4차원법'을 착상하여 그 이론의 전개에 노력하였고, 이론물리학의 모든 것을 포괄하는 유용성을 밝히려 하였으나 실현되지 않았다. 그러나 그에 의하여 대수계(代數系)에 대한 다양한 길이 열렸고, 그 후의 대수학 및 물리학에 대한 응용에 커다란 영향을 끼쳤다. 워즈워스·콜리지 등과도 교유하였다. <출처: 네이버 백과사전>

• 라그랑주 [Lagrange, Joseph Louis, 1736.01.25 ~ 1813.04.10]

수학자 ·천문학자
국적 : 프랑스
활동분야 : 수학, 천문학
출생지 : 이탈리아의 토리노
주요저서 : 《해석역학》(1788)

이탈리아의 토리노 출생. 19세 때 그곳 왕립육군학교 수학 교수가 되었다. 1766년 프리드리히(2세) 대왕에게 초청되어 L.오일러의 후임으로 베를린 과학아카데미 수학부장에 취임하였다. 대왕 서거 후 1787년 파리로 이사하여 혁명정부의 미터법 제정위원장으로 일하였다. 1795년 신설된 고등사범학교(에콜 노르말 쉬페리외르)의 교수가 되고, 그후 파리의 이공과대학 초대 학장이 되었다. 학문적인 초기의 업적에는 등주문제(等周問題)에서 시작한 변분법(變分法)이 있으나, 이것은 오일러의 방법을 순수하게 해석적인 것으로 발전시킨 방법으로, 라그랑주는 이 변분법을 역학의 여러 문제에 응용하였다. 그가 해명한 해석역학은, I.뉴턴의 미적분에 의한 운동방정식이 확립된 후 100년만의 일로, 그때까지 발전한 해석학을 역학에 응용한 것이며, 그의 저서 《해석역학》(1788)에 의해, 역학은 하나의 새로운 발전의 단계로 들어서게 되었다. 라그랑주의 해석역학에 의한 운동방정식은 뉴턴의 방법에 비해 보다 일반적으로 운동의 미분방정식을 유도할 수 있다. 대수(代數)에 있어서의 그의 일반화 방향은 5차 이상의 대수방정식 해법에 대한 연구로서, 이 연구는 근(根)의 치환군(置換群)에 착안한 것으로, N.H.아벨과 E.갈루아의 업적의 선구자 역할을 한 것이다. 이외에도 정수론·타원함수론·불변식론(不變式論) 등에 관해 많은 연구 업적이 있으며, 천체역학 분야에도 기여하였다. 특히 삼체문제(三體問題)의 연구는 유명하다. <출처: 네이버 백과사전>

이야기: 진자의 등시성과 시계의 발명

갈릴레오(Galileo Galilei, 1564-1642)가 16세기 말에 처음 발견한 "진자의 등시성(等時性; isochronism) 원리"는 동일한 길이의 진자는 진폭과는 상관없이 진동 주기가 일정하다는 것이다. 호이겐스(Christian Huygens, 1629-1695)는 1656년 갈릴레오의 초기 연구를 바탕으로 진자시계를 발명하였다.

그림 I-1.5 1657년 호이겐스가 고안한 최초 진자시계의 디자인에 기반한 진자시계 모델
(출처: 시카고 박물관, 게티 이미지 [animation]*)

* [YouTube] 진자시계의 조속기(regulator)와 탈진기(escapement) (Pendulum Clock, 출처: Mechanisms)

1.4 동적 계측자료를 보는 방법?

1.4.1 진폭, 진동수(주기) 및 위상각

구조물의 운동은 시간에 따라 반복되는 응답 특성을 갖는 주기 운동(periodic motion)과 시간에 따라 반복되지 않는 응답 특성을 갖는 비주기 운동(non-periodic motion)으로 구분할 수 있다. 기계 진동, 선박이나 터빈의 프로펠러 회전 등 주기 하중에 의해 발생하는 구조물의 운동이 주기 운동에 속한다. 충격, 폭발, 지진, 파랑, 풍속의 변동성분, 교통하중 등 비주기 하중에 의해 발생하는 구조물의 운동이 비주기 운동에 속한다.

주기 운동을 하는 구조물 응답이 등시간 간격 T로 반복이 될 때, T를 주기(period)라 하며 단위는 초(sec)를 주로 사용하고, 주기의 역수($f = 1/T$)를 진동수(frequency) 또는 주파수(frequency)라 하며 단위는 Hz $(= 1/\text{sec})$를 주로 사용한다. 즉, 진동수란 1초 동안에 완전한 주기가 반복되는 회수(number of cycles)를 의미한다.

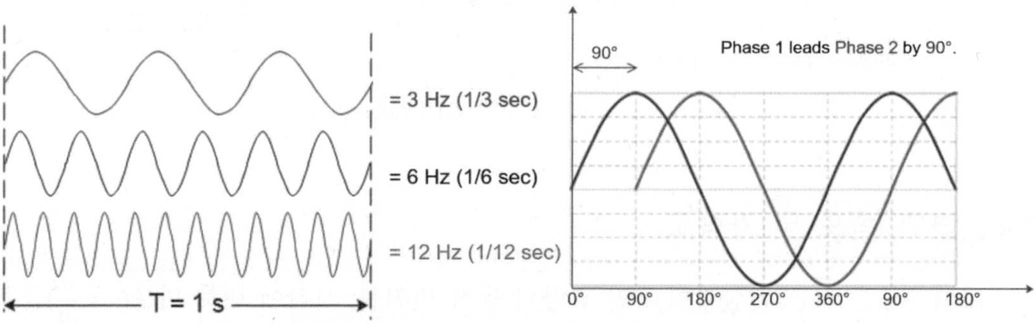

그림 1.4.1a 주기운동의 진동수(주기)와 위상각

주기 운동 의 가장 간단한 예로 정현파 곡선(sine 곡선)으로 나타나는 조화운동(harmonic motion)을 들 수 있다. 예를 들어 가벼운 스프링에 매달린 질량이 있고, 정적 평형상태에 있는 질량을 A만큼 잡아당겼다가 놓으면 질량은 위 아래로 진동할 것이다. 질량에는 기록장치인 펜이 함께 매달려 있고, 원통형 기록지는 일정한 회전 속도(ω)로 회전을 한다면, 기록지에 다음과 같은 조화진동을 기록할 수 있을 것이다.

기록지에 기록된 질량의 동적 변위는 다음과 같다.

$$w = A\sin(\omega t - \phi)$$

여기서 A를 진폭(amplitude), ϕ를 위상각(phase angle; phase lag), 그리고 ω를 각속도(angular speed) 또는 각진동수(angular frequency)라 하며, 단위는 $\frac{\text{rad}}{\text{sec}}$를 사용한다.

주기(T) 및 진동수(f)와는 다음 관계를 갖는다.

$$\omega = \frac{2\pi}{T} = 2\pi f$$

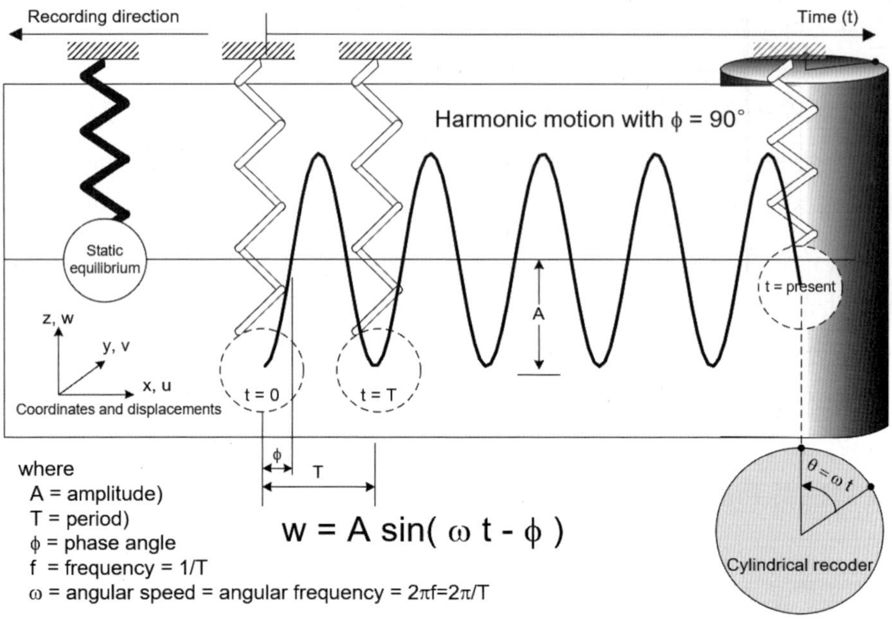

그림 1.4.1b 조화운동(ϕ = 90°) [animation]*

1.4.2 변위, 속도 및 가속도

조화운동을 하는 위상각이 0°인 질량의 동적 변위를, 시간에 대해 미분($\cdot = \frac{d}{dt}$)을 하면, 조화운동의 속도와 가속도를 구할 수 있다.

$$w = A\sin\omega t,\quad \dot{w} = A\omega\sin\left(\omega t + \frac{\pi}{2}\right),\quad \ddot{w} = -A\omega^2\sin\omega t$$

여기서 조화운동의 변위, 속도 및 가속도는 같은 진동수를 갖고 있으나, 진폭과 위상각이 서로 차이가 나는 것을 알 수 있으며, 위상각의 차를 위상차(phase difference)라 한다.

가속도의 크기는 변위의 크기에 비례하며, 방향은 서로 반대인 것을 알 수 있다. 뉴턴의 제 2법칙($F = m\ddot{w}$)에 의하면, 가속도($\ddot{w}$)는 힘에 비례한다. 따라서 kw로 변화하는 힘을 받는 선형스프링 시스템은 가속도($\ddot{w}$)의 크기와 변위(w)의 크기가 서로 비례하므로, 조화운동을 할 가능성이 크다는 것을 알 수 있다.

변위, 속도 및 가속도의 관계는 다음과 같다.

---

* [YouTube] 지진의 수직진동 계측 (Vertical Seismograph)
[YouTube] 지진의 수평운동 계측 (SeismoGraph)

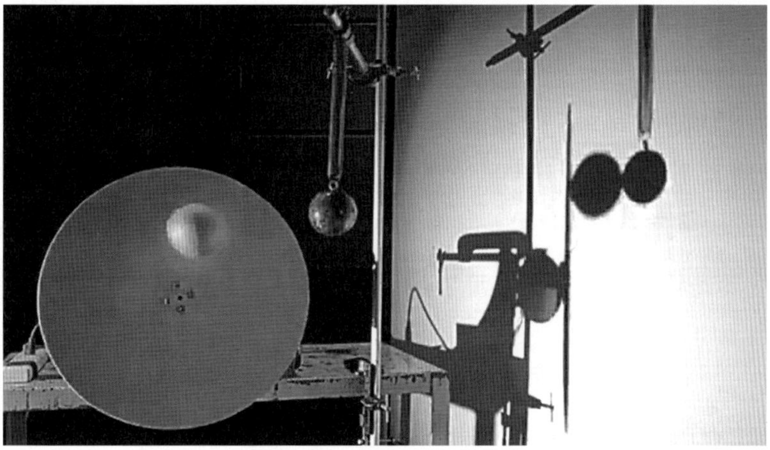

그림 1.4.2a 회전운동과 조화진동의 관계[animation]*

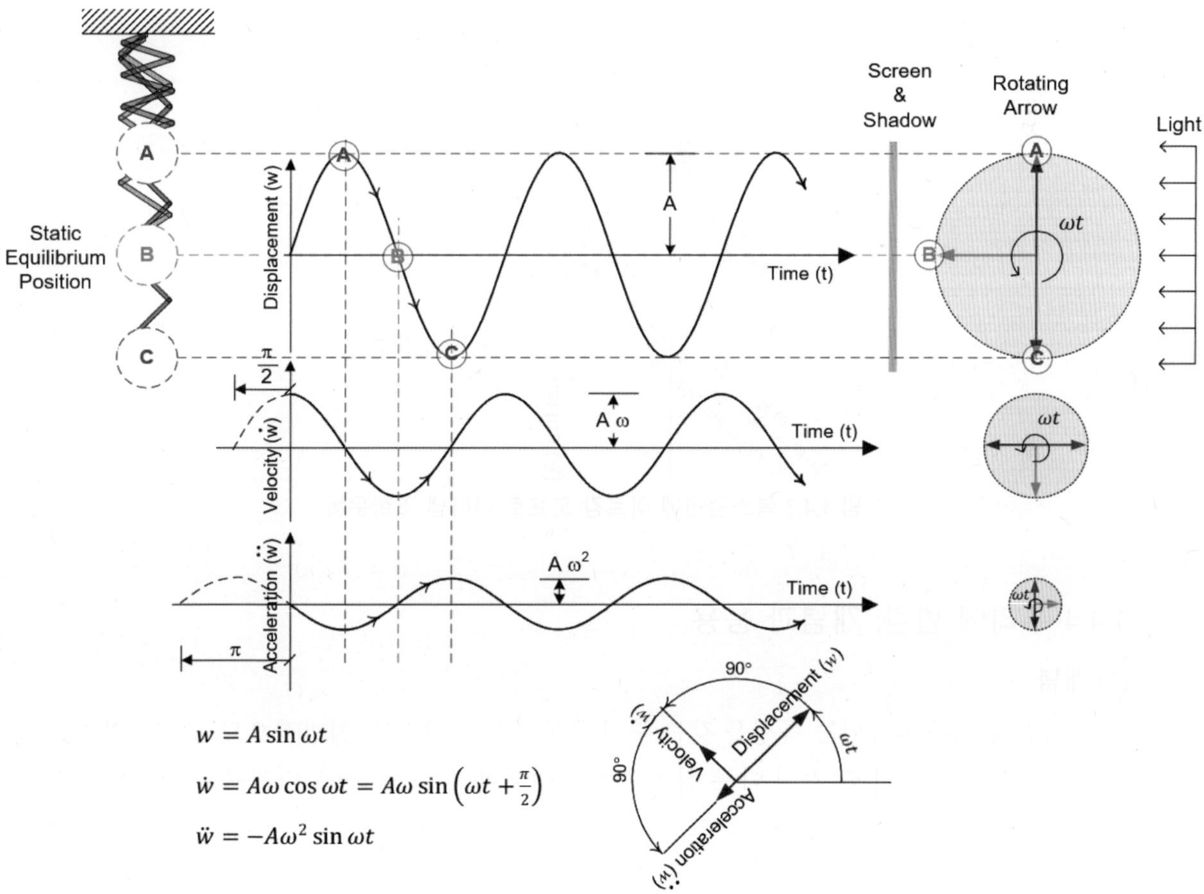

$$w = A \sin \omega t$$

$$\dot{w} = A\omega \cos \omega t = A\omega \sin\left(\omega t + \frac{\pi}{2}\right)$$

$$\ddot{w} = -A\omega^2 \sin \omega t$$

그림 1.4.2b 변위, 속도 및 가속도 관계

* [YouTube] 회전운동과 단자유도 운동 (Circular Motion vs Mass on Spring)

1.4.3 복소평면

조화운동을 지수형태의 복소수로 표시하면 삼각함수보다 수학적으로 쉽게 연산을 할 수 있다. 다음에 변위, 속도 및 가속도를 복소수로 나타냈다.

$$z = A\,e^{i\omega t},\qquad \dot{z} = Ai\omega\,e^{i\omega t},\qquad \ddot{z} = -A\omega^2\,e^{i\omega t}$$

일정한 각속도(=각진동수) $\omega\ \left(=\frac{2\pi}{T}\right)$로 회전하는 진폭($A$)을 복소수 z로 다음과 같이 표시할 수 있다.

$$z = A\,e^{i\omega t} = A\cos\omega t + iA\sin\omega t = z_R + iz_I$$

여기서 z_R은 실수부($A\cos\omega t$)이고, z_I는 허수부($A\sin\omega t$)이다.

조화운동일 경우 일정한 진폭(A)과 일정한 각진동수를 가지므로, 다음과 같이 복소평면(complex number plane)에 아르강 도표(Argand diagram)로 나타낼 수 있다.

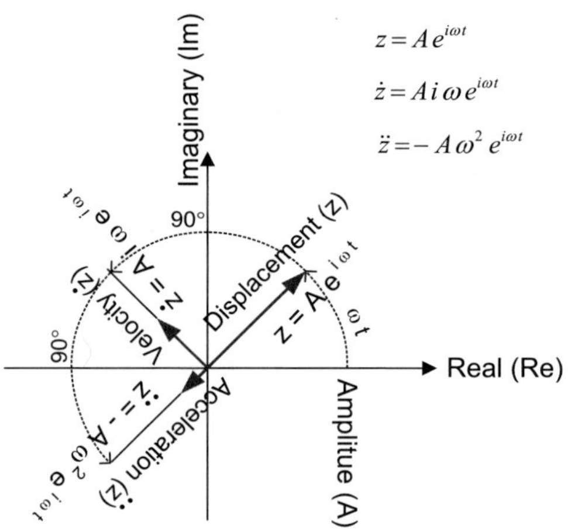

그림 1.4.3 복소평면에 아르강 도표로 나타낸 조화운동

1.4.4 푸리에 변환: 개념과 응용

(1) 개념

비록 시간에 따라 반복되는 특성을 갖는 주기 운동이라 할지라도, 일반적으로 구조물의 운동은 조화운동과는 달리 몇 가지 다른 진동수들이 존재한다. 예를 들어, 다자유도 시스템의 경우 여러 개의 고유진동수가 존재하고, 각각 구조물의 응답에 영향을 미친다. 이러한 하중과 응답의 주기적 특성을 분석하기 위해, 푸리에 변환(Fourier transform)을 사용한다.

라플라스 변환(Laplace transform)이나, 푸리에 변환(Fourier transform)은 선형 미분방정식의 해를 구하는 강력한 도구 중에 하나이다. 두 변환은 개념이 유사하므로 여기서는 진동수영역 해석법(또는 주파수영역 해석법)의 근거가 되는 푸리에 변환의 개념에 관해서만 언급하였다. 두 변환에 관한 자세한 내용은 2.3.1절(수학: 2.3.1 라플라스 변환 vs 푸리에 변환)을 참조할 수 있다.

$$U(\omega) = \mathcal{F}\{u(t)\} = \int_{-\infty}^{\infty} u(t)e^{-i\omega t}dt \qquad : \text{푸리에 변환}$$

$$F(s) = \mathcal{L}[f(t)] = \int_{0}^{\infty} f(t)e^{-st}dt \qquad : \text{라플라스 변환}$$

1965년에 개발된 FFT(fast Fourier transform, 고속 푸리에 변환) 알고리즘을 이용하여, DFT(discrete Fourier transform, 이산 푸리에 변환)를 적용하면, 푸리에 변환에 사용되는 적분을 쉽고 빠르게 처리할 수 있다.

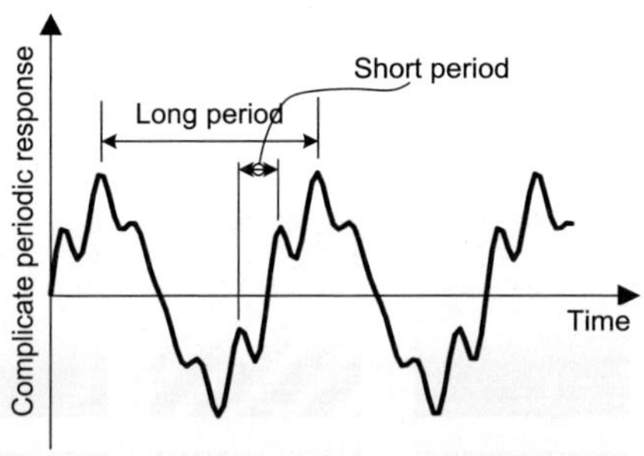

그림 1.4.4a 복잡한 주기 운동

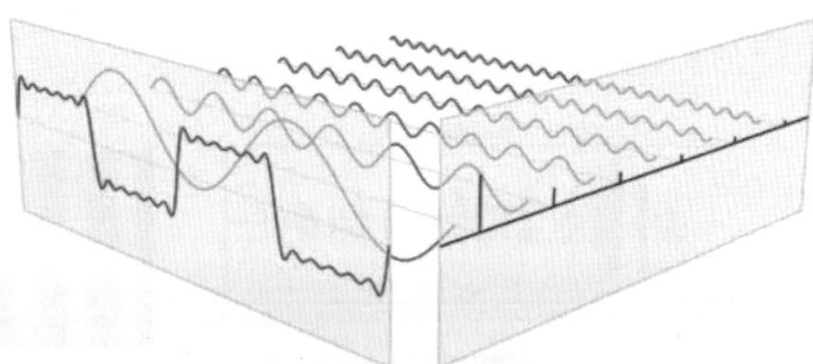

그림 1.4.4b 시간영역과 진동수영역 개념 [animation]*

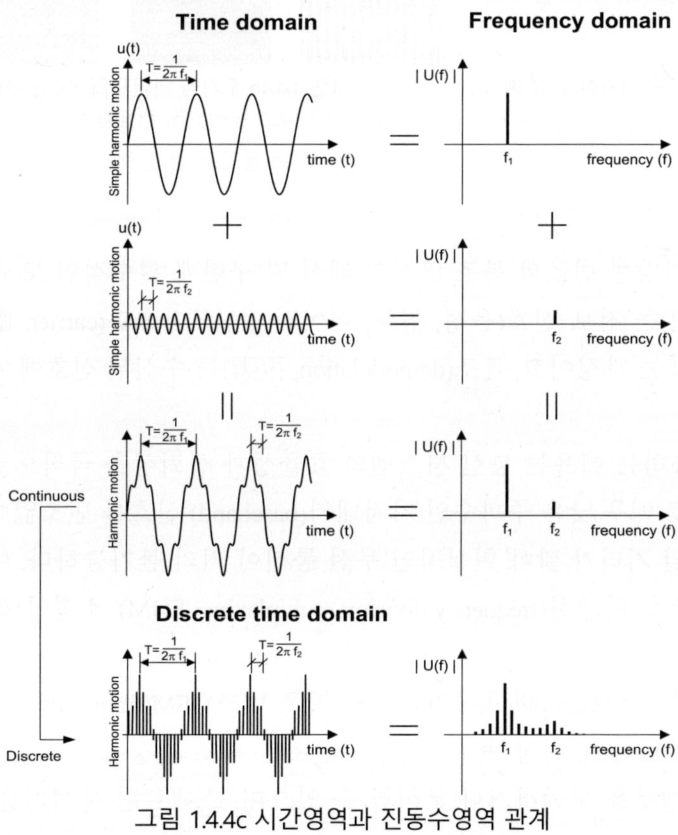

그림 1.4.4c 시간영역과 진동수영역 관계

* [YouTube] 시간과 진동수영역의 관계 (Fourier transform time and frequency domains)

(2) 응용

1) 음성과 이미지

푸리에 변환은 음성 및 이미지 신호를 주파수 성분으로 분석하여 다양한 신호 처리 작업에 사용된다. 음성(audio) 처리의 경우, 푸리에 변환은 잡음 제거, 오디오 압축(MP3), 음성 인식 등에 응용된다. 예를 들어, 특정 주파수 대역의 잡음을 제거하고 역변환을 수행함으로써 원래의 신호를 복원할 수 있다. 이미지(image) 처리의 경우, 2차원 푸리에 변환을 통해 이미지의 주파수 성분을 분석하고, 이를 기반으로 이미지 압축(JPEG), 필터링(에지 디텍션), 복원 등의 작업을 수행할 수 있다.

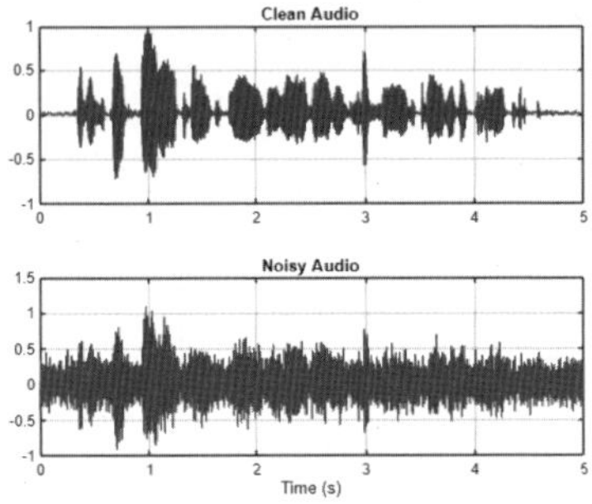

그림 1.4.4d 잡음을 제거한 음성 예
(출처: https://www.mathworks.com/)

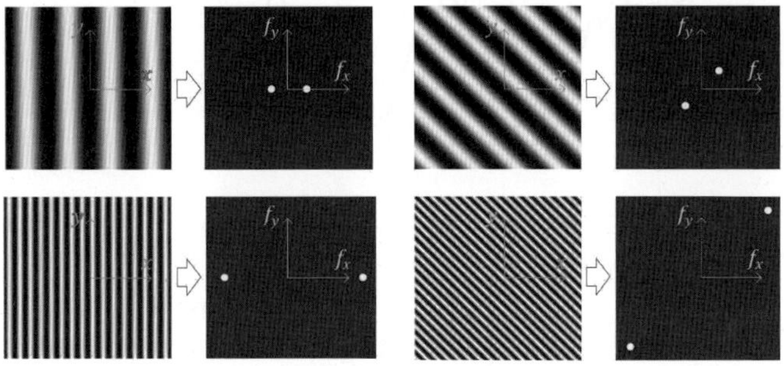

그림 1.4.4e 주기성 이미지의 2차원 푸리에 변환 예
(저주파 성분은 이미지의 전체적인 형태나 부드러운 변화를, 고주파 성분은 윤곽선, 경계, 텍스처 등 세부 구조를 나타낸다)

2) 통신

푸리에 변환은 다양한 변조와 복조 방식의 해석 및 구현에 필수적인 도구이다. 여기서 변조(modulation, 變調)는 정보 신호(음성, 영상, 데이터 등)를 반송파(carrier, 搬送波)라는 고주파 신호에 실어 보내는 과정이고, 복조(demodulation, 復調)는 수신된 신호에서 원래의 정보를 꺼내는 과정이다.

변조를 사용하는 이유는 통신 시스템의 효율성과 신뢰성을 극적으로 향상시키기 위함이다. 일반적으로 매우 낮은 주파수인 기저대역(baseband) 신호를 변조없이 그대로 전송하면 손실이 크고 도달 거리가 짧아 현실적인 무선 통신이 거의 불가능하다. 이러한 장점 외에도 변조는 주파수 분할 다중화(frequency division multiplexing; FDM), 소형안테나, 보안 등이 가능하다.

변조 방식에는 AM(amplitude modulation, 진폭 변조), FM(frequency modulation, 주파수 변조), PM(phase modulation, 위상 변조)가 있다. 변조와 복조 과정에서 푸리에 변환을 사용하여 복잡한 주파수 성분을 분리하거나 분석할 수 있으며, 스펙트럼 분석기를 통해 채널 상태를 평가할 수 있다.

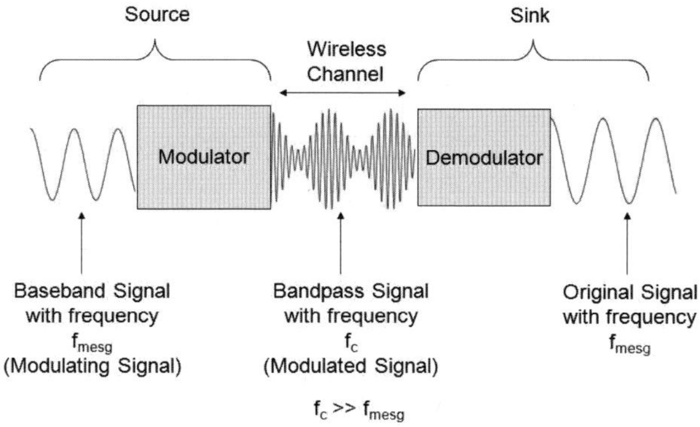

그림 1.4.4d1 통신 신호 전송 과정 예(출처: https://slideplayer.com)

1. 기저대역 신호 (baseband signal, 변조전 원래 신호, f_{mesg})
2. 대역통과 신호 (bandpass signal, 전송용 신호, $f_c \gg f_{mesg}$)
3. 복원된 신호 (original signal, 복조된 원래 신호,, f_{mesg})

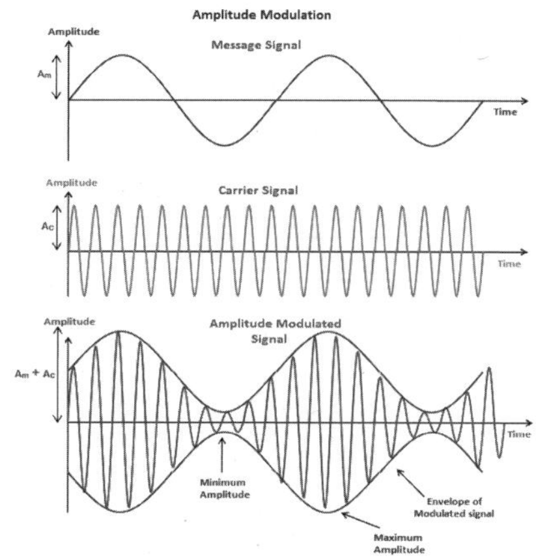

그림 1.4.4d2 진폭 변조(AM)의 예
(출처: https://www.knowelectronic.com)
(진폭 변조에서는 반송파의 진폭만 변하고 반송파의 주파수와 위상은 일정하게 유지된다)

3) 시간-주파수 분석

푸리에 변환은 전체 신호의 주파수 정보를 알려주지만 시간에 따른 주파수의 변화를 알 수 없다. 예를 들어, 신호의 특정 구간에서 고주파 성분이 등장하고 다른 구간에서는 저주파 성분이 우세하다면, 푸리에 변환만으로는 이 변화를 파악할 수 없다. 시간-주파수 분석(time-frequency analysis)은 신호의 시간과 주파수 정보를 동시에 표현한다. 음성 등의 비정상 신호(non-stationary signal)와 같이 시간에 따라 주파수 성분이 달라지는 신호를 분석하는데 적합하다.

일반적인 시간-주파수 분석방법은 다음과 같다.

구분	단시간 푸리에 변환 short-time Fourier transform (STFT)	웨이블릿 변환 wavelet transform
개념	신호를 짧은 (고정된) 구간으로 자르고 각 구간마다 푸리에 변환을 수행	다양한 크기의 윈도우(스케일, 웨이브릿)를 사용하여 분석
해상도	고정 해상도 (윈도우 길이 고정)	다중 해상도 (고주파 성분은 짧은 윈도우, 저주파 성분은 긴 윈도우로 분석)
주파수 표현	명확한 주파수 단위 (Hz)	스케일(Scale) 단위로 표현 (해석이 덜 직관적)
계산량	FFT로 매우 효율적	연속 웨이블릿은 계산량 많음, DWT는 상대적으로 효율적
비정상 신호 분석	제한적 (고정 창 크기 한계)	우수 (시간에 따라 다양한 스케일 분석 가능)
실시간성	상대적으로 우수	연속 웨이블릿은 느림
경계효과	존재하지만 비교적 작음	경계 처리 민감 (패딩 필요)
결과 분석	스펙트로그램(spectrogram)을 사용한 2차원 시각화 가능	스케일로그램(scalogram), 웨이블릿 계수 시각화 등
예시	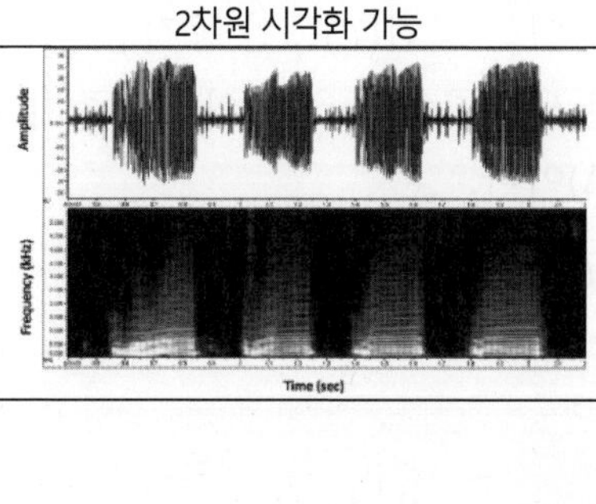	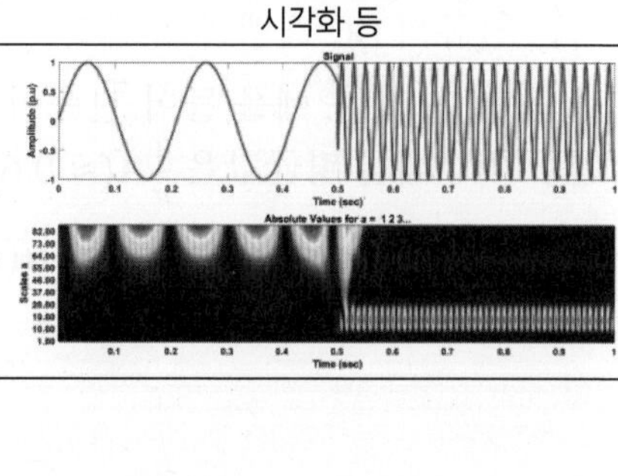

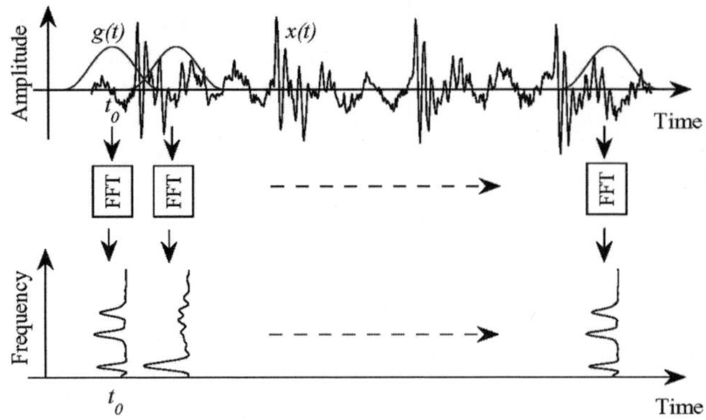

그림 1.4.4e1 STFT 개념
(출처: Gao and Yan, 2006)

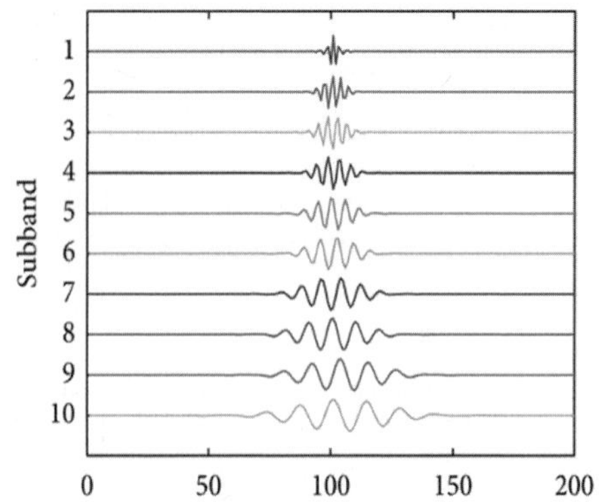

그림 1.4.4e2 웨이브릿 개념
(출처: Zhang et al., 2020)

4) 인공지능 (AI)

다음과 같이 푸리에 변환은 딥러닝, 컴퓨터 비전, 자연어 처리, 시계열 분석 등 다양한 AI 영역에서 기반 기술로 사용되고 있다.

- 시계열 데이터에서 주파수 특성을 추출하여 AI 모델의 입력 피처(feature, 특성)로 활용
- 주요 주파수 성분만을 선택함으로써 차원을 축소하고 모델의 성능을 개선
- 푸리에 계수나 스펙트럼 피크를 기반으로 하는 이상 탐지 및 분류
- 노이즈 제거 및 데이터 정제

1.4.5 RMS값

진동의 크기를 나타내는 진폭은 피크값(최댓값; 첨두값), 피크-피크값, 평균값, RMS값 등으로 정량화 될 수 있다. 피크값(peak value) 또는 최댓값(maximum value)은 파형의 가장 큰 값(u_p)을 나타내며, 짧은 시간의 충격 등의 크기를 나타내는데 유용하다. 여기서 어떤 하중이나 응답이 시간에 따라 변하는 모습을 파형(waveform)이라 하며, 파형의 최댓값은 파형의 시간에 대한 변화량을 나타내지는 않는다.

피크-피크값(peak-to-peak value)은 진동 파형의 양의 최댓값과 음의 최댓값 사이의 값(u_{p-p})으로 파형의 최대 변화를 나타내기가 편리하다. 예를 들어 진동제품의 진동변위의 최대 공차(tolerance)가 중요할 경우 사용할 수 있다.

평균값(average value)은 정적(static) 응답 또는 정상(steady) 응답을 나타내며, 전기분야에서는 전류의 DC 레벨과 유사하고, 관심있는 시간(T)동안 동적응답(u)의 시간에 관한 적분으로 구할 수 있다. 예를 들어 진폭이 A인 사인파(sine wave)의 1개 주기에 대한 평균값은 0이고, 반주기에 대한 평균값은 $\frac{2}{\pi}$A($\approx$ 0.637A)이다.

$$u_{avg} = \frac{1}{T}\int_0^T u(t)dt$$

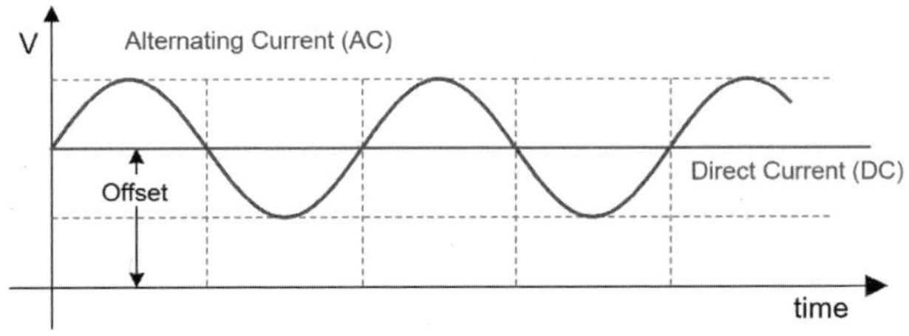

그림 1.4.5a AC(교류)와 DC(직류)

RMS값(root mean square value; 실홋값)은 관심있는 시간(T)동안 파형의 제곱 평균에 제곱근을 씌운 값으로, 특정시간(T) 동안의 진폭의 평균 크기를 나타낸다. 이 값은 파형의 시간에 대한 변화량을 고려하되, 진동의 파괴적 능력을 나타내는 에너지량(power)과 직접 관련된 진폭을 표시하므로, 진동크기의 표현에 가장 널리 사용된다.

$$u_{rms} = \sqrt{\frac{1}{T}\int_0^T u^2(t)dt}$$

u가 사인(sin) 또는 코사인(cos) 형태의 정현파일 경우에 RMS값과 피크값은 다음 관계식이 성립한다*.

$$u_{\mathrm{p}} = \sqrt{2}u_{\mathrm{rms}}$$

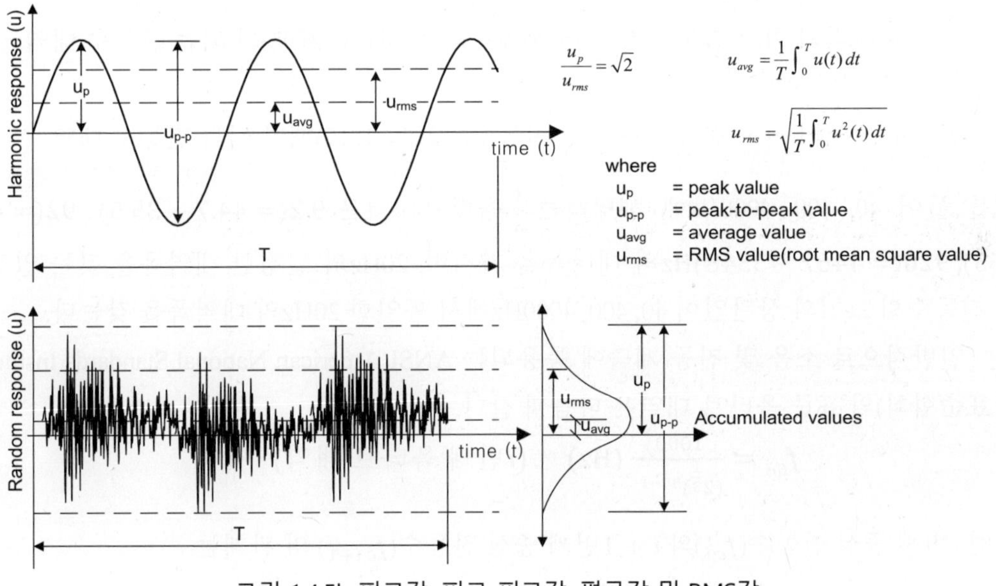

그림 1.4.5b 피크값, 피크-피크값, 평균값 및 RMS값

$^*\int_0^T u^2dt = \int_0^T (u_{\mathrm{p}}\sin\omega t)^2dt = u_{\mathrm{p}}^2\int_0^T \sin^2\omega t\,dt = u_{\mathrm{p}}^2\int_0^T \frac{1}{2}(1-\cos 2\omega t)dt = \frac{1}{2}u_{\mathrm{p}}^2\left[t - \frac{1}{2\omega}\sin 2\omega t\right]_0^T = \frac{1}{2}u_{\mathrm{p}}^2T$

$\Rightarrow u_{\mathrm{rms}} = \sqrt{\frac{1}{T}\int_0^T u^2dt} = \sqrt{\frac{1}{T}\left(\frac{1}{2}u_{\mathrm{p}}^2T\right)} = \frac{1}{\sqrt{2}}u_{\mathrm{p}}$

1.4.6 옥타브대역(octave band) 분석

파형을 진동수영역(frequency domain, 주파수영역)에서 나타내면 시간영역(time domain)보다 파형의 특성을 이해하는데 편리한 점이 많다. 시간영역에서의 표현은 정확한 파형의 특성을 이해하기 어려우며, 무한 시간에서의 파형을 표현하는 것은 불가능하다. 진동수영역에서 파형을 표현할 경우, 파형에 포함된 진동수 성분과 그 크기만을 표현하므로 파형의 특성을 간단하고 이해하기 쉽다. 파형을 진동수영역에서 정량화된 진폭으로 나타낸 것을 스펙트럼(spectrum) 또는 진동수 스펙트럼(frequency spectrum)이라 하고, 이와 관련된 분석을 스펙트럼 분석(spectrum analysis)이라 한다.

주로 진동수 축으로는 일정대역, $\frac{1}{1}$ 옥타브대역, $\frac{1}{3}$ 옥타브대역 등이 사용된다. 참고로 음향학 등에서 옥타브에 관심을 가지는 이유는 가청 진동수 범위인 20Hz ~ 20kHz의 넓은 진동수 범위를 쉽게 나타낼 수 있고, 또한 인간의 귀가 느끼는 진동수 변동이 옥타브와 밀접한 관련을 가지고 있기 때문이다.

1) 일정대역(constant band)

전 진동수 대역에서 일정한 대역폭(band width)

2) $\frac{1}{1}$ 옥타브대역($\frac{1}{1}$ octave band)

진동수 대역의 최고 진동수가 최저 진동수의 두 배(즉, $2^{\frac{1}{1}}$배)가 되는 진동수 대역

3) $\frac{1}{3}$ 옥타브대역($\frac{1}{3}$ octave band)

진동수 대역의 최고 진동수가 최저 진동수의 $2^{\frac{1}{3}}$(≈ 1.26)배가 되는 진동수 대역

예를 들어 40, 400, 4000Hz에 해당하는 $\frac{1}{3}$ 옥타브대역은 $9.2(= 44.7 - 35.5)$, $92(= 447 - 355)$, $920(= 4467 - 3548)$Hz의 대역폭을 가지며, 20Hz의 일정한 대역폭을 갖는 일정대역은 진동수의 크기와 상관없이 40, 400, 4000Hz에서 동일한 20Hz의 대역폭을 갖는다.

일반적으로 소음 및 진동 계측에 통용되는 ANSI(American National Standards Institute, 미국표준협회)의 표준 옥타브 대역은 다음과 같다.

$$f_{c,i} = \frac{1000}{(2^{\frac{1}{3}})^{30-i}} \text{ (Hz)} \quad (i\text{번째 옥타브 대역})$$

또한 i번째 중심 진동수($f_{c,i}$)와 $i+1$번째 중심 진동수($f_{c,i+1}$) 의 관계는

$$f_{c,i+1} = 2^{\frac{1}{1}} f_{c,i} \ (\tfrac{1}{1}\text{ 옥타브 대역});\ f_{c,i+1} = 2^{\frac{1}{3}} f_{c,i} \ (\tfrac{1}{3}\text{ 옥타브 대역})$$

이며, 중심 진동수(f_c)와 하한 진동수(f_l) 및 상한 진동수(f_u)와 관계는 다음과 같다.

$$f_u = 2^{\frac{1}{1}} f_l \ \longrightarrow \ f_u = 2^{\frac{1}{1}} f_c,\ f_l = \frac{f_c}{2^{\frac{1}{2}}} \quad : \tfrac{1}{1}\text{ octave band}$$

$$f_u = 2^{\frac{1}{3}} f_l \ \longrightarrow \ f_u = 2^{\frac{1}{6}} f_c,\ f_l = \frac{f_c}{2^{\frac{1}{6}}} \quad : \tfrac{1}{3}\text{ octave band}$$

표 1.4.6 옥타브 및 1/3 옥타브 대역 (ANSI, 단위: Hz)

대역	$\frac{1}{1}$ 옥타브			$\frac{1}{3}$ 옥타브		
	하한(f_l)	중심(f_c)	상한(f_u)	하한(f_l)	중심(f_c)	상한(f_u)
12	11	16	22	14.1	16	17.8
13				17.8	20	22.4
14				22.4	25	28.2
15	22	31.5	44	28.2	31.5	35.5
16				35.5	40	44.7
17				44.7	50	56.2
18	44	63	88	56.2	63	70.8
19				70.8	80	89.1
20				89.1	100	112

1.4.7 필터

가시광선이 파란색 유리를 통과하는 경우를 생각해보자. 인간의 눈으로 볼 수 있는 가시광선은 약 3.8×10^{14}Hz에서 7.5×10^{14}Hz에 이르는 진동수 성분을 갖고 있으며, 진동수 스펙트럼으로 나타내면 3.8×10^{14}Hz에서 7.5×10^{14}Hz사이에서 연속적인 값을 갖는다. 가시광선은 여러 색의 빛이 합쳐져 있는, 즉 여러 종류의 진동수 성분인 전자기파가 합쳐져 있는 파형이다. 그런데 파란색 유리를 통과한 후에는 파란색 빛만이 남는다. 그 이유는 파란색 유리가 파란색 이외의 빛(파란색에 해당하는 진동수 이외의 전자기파)을 차단하고 파란색 빛(파란색에 해당하는 진동수를 갖는 전자기파)만을 통과시키는 역할을 하기 때문이다. 이와 같이 특정의 진동수 성분만을 통과시키거나 차단하는 것을 필터(filter)라 부른다.

필터의 종류에는 진동수가 낮은 파형만을 통과시키는 "저역통과필터(low pass filter)", 진동수가 높은 파형만을 통과시키는 "고역통과필터(high pass filter)", 특정 진동수 대역 사이의 파형만을 통과시키는 "대역통과필터(band pass filter)", 그리고 특정 진동수 대역 사이의 파형만을 차단하는 "대역소거필터(band elimination filter)" 등이 있다.

필터를 통과한 출력파형($U_O(f)$)의 진동수 스펙트럼은 필터를 통과하기 전 입력파형($U_I(f)$)과 필터의 진동수 스펙트럼($T(f)$)을 곱한 것과 같다.

$$U_O(f) = T(f)U_I(f)$$

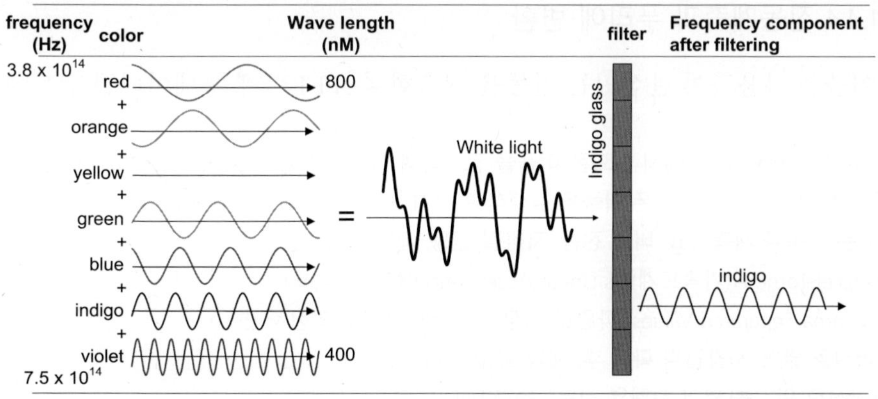

그림 1.4.7a 파란색 유리는 파란색 빛만을 통과 시키는 필터

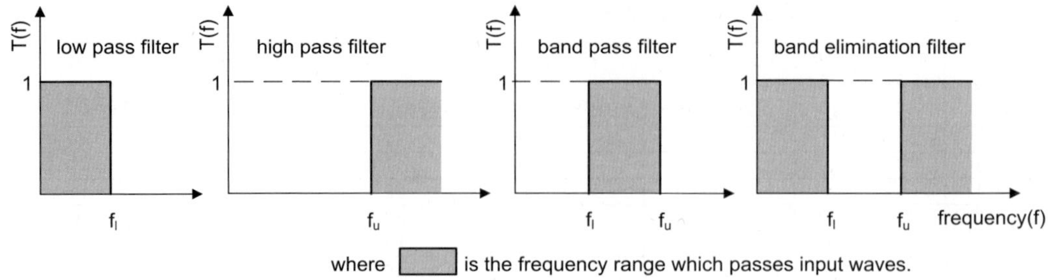

그림 1.4.7b 필터의 종류

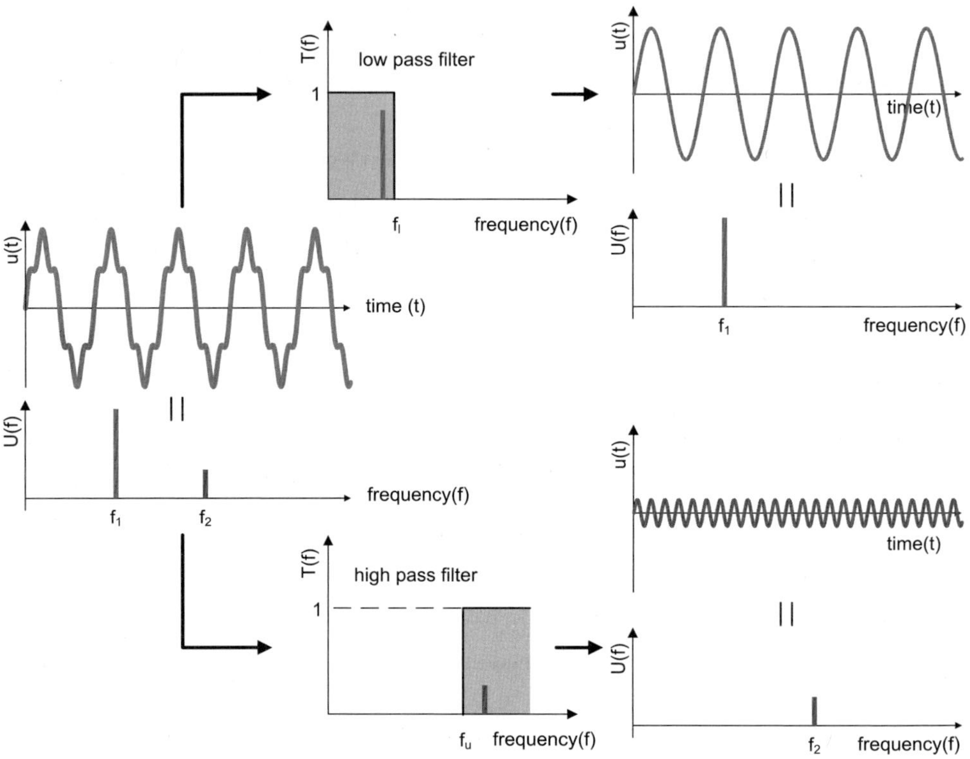

그림 1.4.7c 필터의 적용과 결과

[예제] 1.4.4 진동계측과 푸리에 변환

핸드폰 어플을 사용하여 관심있는 진동을 계측한 후, FFT로 계측 데이터를 검토하여라.

[풀이]

1a. 안드로이드: [Play Store]에서 핸드폰 어플을 검색하여 설치 (e.g., Accelerometer Meter)

1b. 애플: [Play Store]에서 핸드폰 어플을 검색하여 설치 (e.g., Accelerometer Meter)

2. 관심있는 진동을 계측 (e.g., 버스 진동, 지하철 진동, 세탁기 진동)

 참조) Accelerometer(가속도계) vs Linear Acceleration(선형 가속도)

3. CSV(Comma Separated Values) 파일로 저장 (e.g., csv 파일로 확장자 변경)

4. CSV 파일을 열어, 시간간격 확인 후, 계측 열을 복사

5. "공학공식집"의 ""를 열어 시계열 검토 [YouTube]

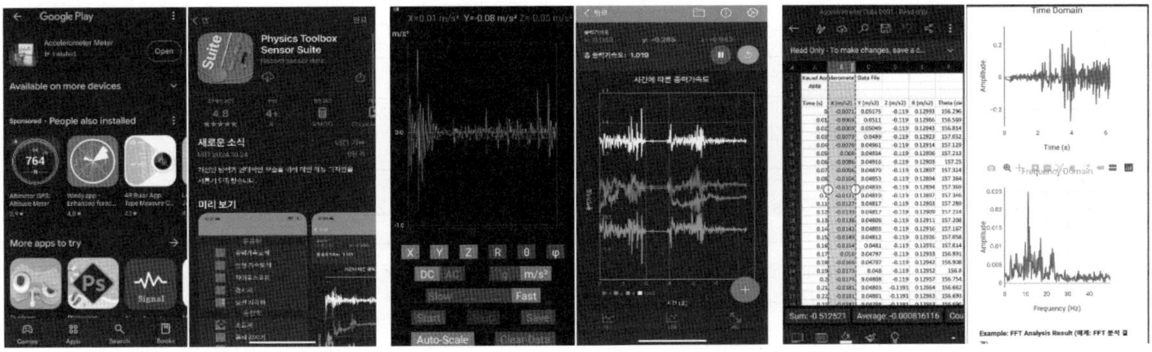

[예제] 1.4.4 푸리에 급수와 고조파

기계비구조요소인 HVACR의 원심팬(centrifugal fan)에 날개 회전체(impeller blade)가 회전하면서 날개가 지나는 각 지점마다 공기 충격을 받는다. 이 충격의 진동수(frequency)는 회전체의 회전속도(n)와 회전체의 날개 수(N)에 의해 결정된다. $n = 100$ rpm이고 $N = 4$인 경우, 다음 그림에 보인 압력 변동의 첫 번째 3가지 고조파(高調波; harmonics)를 구하시오. 여기서 "수학: 1.4.4 푸리에 급수와 깁스현상"의 수식과 이론을 참조한다.

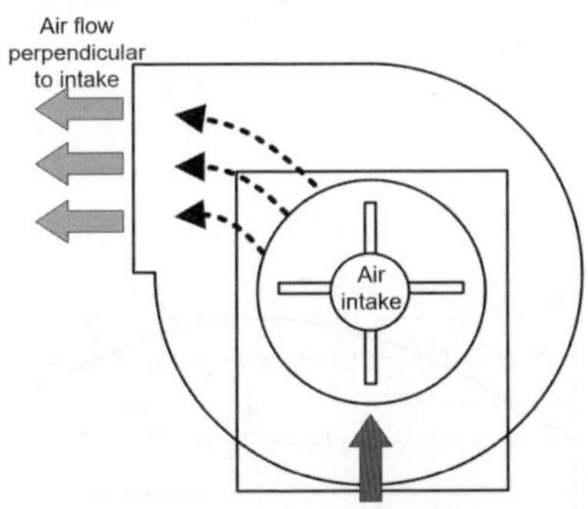

HVACR 실외기의 원심팬

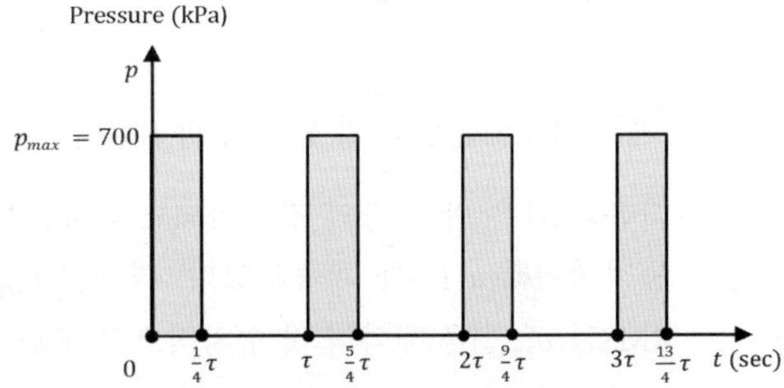

임의 지점에서 받는 공기 충격

[풀이]

1분안에 임의 지점은 $100 \times 4 = 400$번의 최대 압력 $A = p_{max} = 100$ psi을 받는다.

따라서 주기는 $\tau = \frac{1\text{ min}}{n \times N} = \frac{60\text{ sec}}{400\text{ cycles}} = 0.15$초이다.

$$p(t) = \begin{cases} A, & 0 \le t \le \frac{\tau}{4} \\ 0, & \frac{\tau}{4} < t < \tau \end{cases}$$

$$a_0 = \frac{2}{\tau}\int_0^{\tau} p(t)dt = \frac{2}{\tau}\int_0^{\tau/4} 700dt = \frac{2}{\tau}[700t]_0^{\tau/4} = \frac{700}{2} = 350$$

$$a_n = \frac{2}{\tau}\int_0^{\tau} p(t)\cos n\omega t\, dt = \frac{2}{\tau}\int_0^{\tau/4} 700\cos n\omega t\, dt = \frac{2}{\tau}\left[\frac{700}{n\omega}\sin n\omega t\right]_0^{\tau/4} = \frac{700}{n\pi}\sin\frac{n\pi}{2}$$

$$b_n = \frac{2}{\tau}\int_0^{\tau} p(t)\sin n\omega t\, dt = \frac{2}{\tau}\int_0^{\tau/4} 700\sin n\omega t\, dt = -\frac{2}{\tau}\left[\frac{700}{n\omega}\cos n\omega t\right]_0^{\frac{\tau}{4}} = \frac{700}{n\pi}\left(1 - \cos\frac{n\pi}{2}\right)$$

a_n과 b_n의 산정

n	1	2	3
a_n (kPa)	$a_1 = \frac{700}{\pi}\sin\frac{\pi}{2} = 222.81$	$a_2 = \frac{700}{2\pi}\sin\frac{2\pi}{2} = 0$	$a_3 = \frac{700}{\pi}\sin\frac{\pi}{2} = 222.81$
b_n (kPa)	$b_1 = \frac{700}{\pi}\left(1-\cos\frac{\pi}{2}\right) = 222.81$	$b_2 = \frac{700}{2\pi}\left(1-\cos\frac{2\pi}{2}\right) = 222.81$	$b_3 = \frac{700}{3\pi}\left(1-\cos\frac{3\pi}{2}\right) = 74.27$

$\therefore p(t) = \frac{1}{2}a_0 + \sum_{n=1}^{\infty}(a_n\cos n\omega t + b_n \sin n\omega t)$ (kPa)

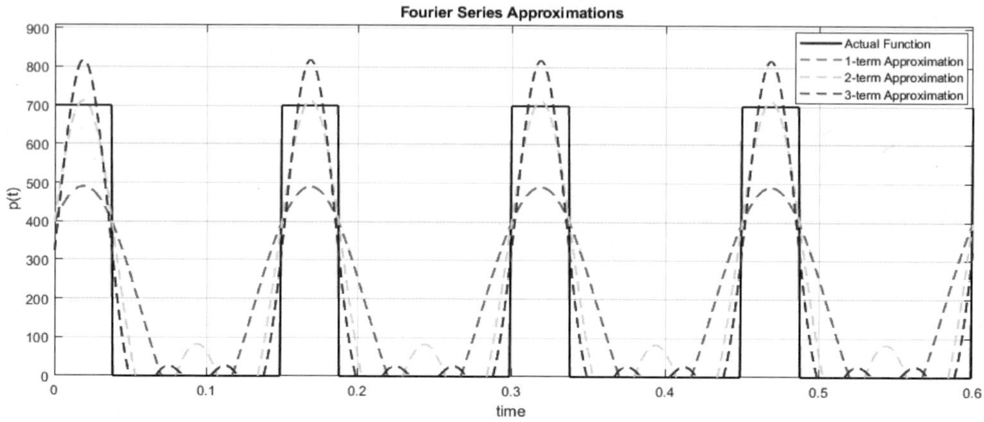

[예제] 1.4.5 정현파의 평균값과 RMS값

다음과 같은 반 파장의 정편파(sine wave) 형태의 동적데이터($u(t)$)를 계측하였다. 평균값(u_{avg})과 RMS값(u_{rms})을 해석적 및 수치적으로 구한 후 비교하여라.

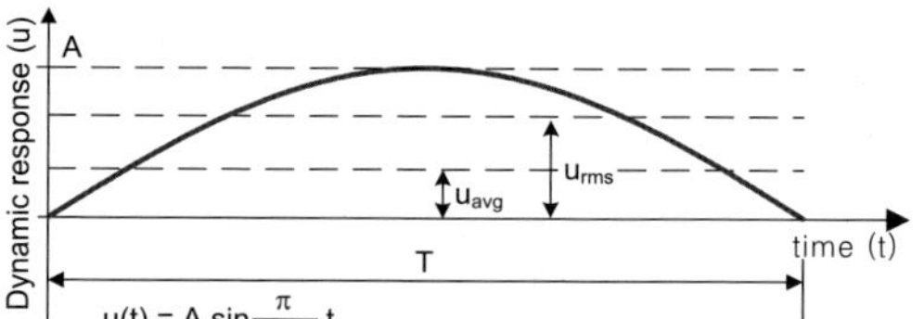

$u(t) = A\sin\frac{\pi}{10.23}t$
where
A = 10 m
T = N·dt = (1023) · (0.01sec) = 10.23 sec

[풀이]

1) 해석적 풀이

$$u_{avg} = \frac{1}{T}\int_0^T u(t)dt = \frac{1}{10.23}\int_0^{10.23} 10\cdot\sin\frac{\pi}{10.23}t\,dt$$
$$= \frac{1}{10.23}\left[-10\cdot\frac{10.23}{\pi}\cos\frac{\pi}{10.23}t\right]_0^{10.23} = \frac{20}{\pi} \approx 6.37\text{m}$$

또는 본문의 식을 사용하면,

$$u_{avg} = \frac{2}{\pi}\text{A} = \frac{2}{\pi}\times\text{A} \approx 6.37\text{m}$$

$$u_{rms} = \sqrt{\frac{1}{T}\int_0^T u^2(t)dt} = \sqrt{\frac{1}{10.23}\int_0^{10.23} 10^2\cdot\sin^2\frac{\pi}{10.23}t\,dt}$$
$$= \sqrt{\frac{100}{10.23}\int_0^{10.23}\left(\frac{1}{2}-\frac{1}{2}\cos\frac{2\pi}{10.23}t\right)dt} = \frac{10}{\sqrt{2}} \approx 7.07\text{m}$$

또는 본문의 식을 사용하면,

$$u_{rms} = \frac{u_p}{\sqrt{2}} = \frac{10}{\sqrt{2}} \approx 7.07\text{m}$$

2) 수치적 풀이(MATLAB 사용)

```
A  = 10;
T  = 10.23;
dt = 0.01;
t  = 0:0.01:10.23;
u  = A*sin(pi/T*t);
```

```
u_avg = sum( u*dt )/T
u_rms = sqrt( sum( (u.^2)*dt )/T )
```

[결과]

```
u_avg  = 6.3662
u_rms  = 7.0711
```

[예제] 1.4.6 옥타브대역 분석

중심주파수가 800Hz일 때 $\frac{1}{12}$옥타브밴드의 상한 및 하한주파수 밴드폭을 구하라. (소음진동기술사, 2012)

[풀이]

$f_u = 2^{\frac{1}{12}} f_l \qquad \rightarrow f_u = 2^{\frac{1}{24}} f_c = 2^{\frac{1}{24}} \times 800 = 823.44\text{Hz}$

$\qquad\qquad\qquad \rightarrow f_l = \frac{f_c}{2^{\frac{1}{24}}} = \frac{800}{2^{\frac{1}{24}}} = 777.22\text{Hz}$

수학: 1.4.3 복소수 연산

• 복소수

복소수 z는 다음과 같은 꼴을 갖는다.

$$z = x + iy$$

여기서 i를 허수단위(imaginary unit), 실수 x를 z의 실수부(real part), 실수 y를 z의 허수부(imaginary part)라 하며, 각각 다음과 같이 나타낸다.

$$i^2 = -1, \quad \text{Re}\{z\} = x, \quad \text{Im}\{z\} = y$$

• 복소평면

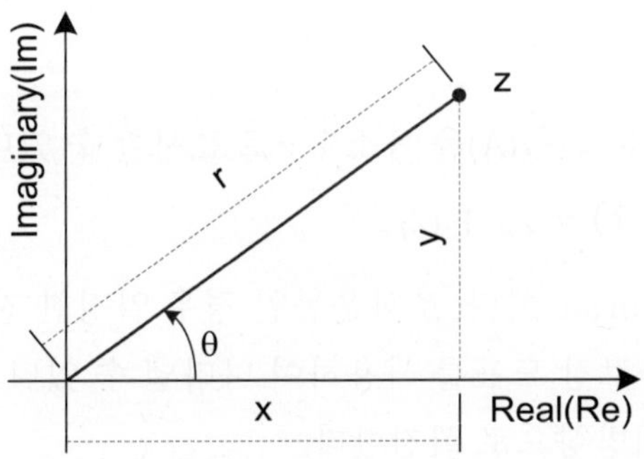

$$z = x + iy = r(\cos\theta + i\sin\theta) = r^{i\theta}$$

즉

$$x = r\cos\theta\,, \quad y = r\sin\theta$$

$$r = |z| = \sqrt{x^2 + y^2}, \ \ \text{Arg}\, z = \theta$$

• 오일러(Euler) 공식

$$e^{\pm i\theta} = \cos\theta \pm i\sin\theta$$

$$\sin\theta = \frac{e^{i\theta} - e^{-i\theta}}{2i}, \quad \cos\theta = \frac{e^{i\theta} + e^{-i\theta}}{2}$$

$$e^{i(\theta + 2k\pi)} = e^{i\theta}, \ \ 1 = e^{i2k\pi}, \ \ k = 0, \pm 1, \pm 2, \cdots$$

여기서 θ는 실수이고, k는 정수이다.

• 드 므와브르(De Moivre) 정리

$(\cos\theta + i\sin\theta)^n = \cos n\theta + i\sin n\theta$ 여기서 n은 정수

- 평행사변형 법칙

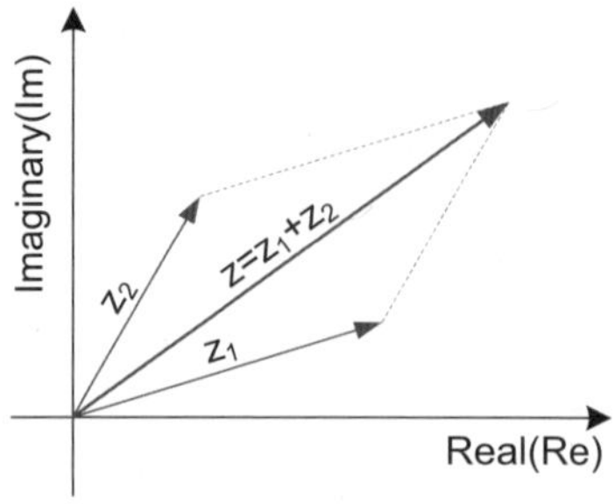

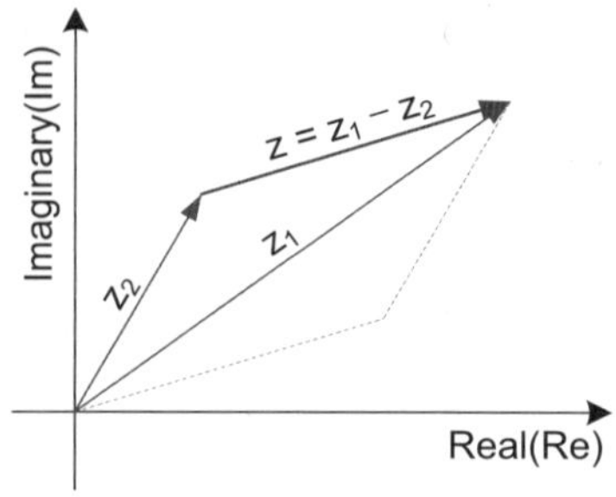

- 곱셈/나눗셈

직교좌표계

$$(x_1 + iy_1)(x_2 + iy_2) = (x_1x_2 - y_1y_2) + i(x_1y_2 + y_1x_2)$$
$$\frac{x_1+iy_1}{x_2+iy_2} = \frac{x_1+iy_1}{x_2+iy_2} \cdot \frac{x_2-iy_2}{x_2-iy_2} = \frac{x_1x_2+y_1y_2}{x_2^2+y_2^2} + i\,\frac{y_1x_2-x_1y_2}{x_2^2+y_2^2}$$

극좌표계

$$[r_1(\cos\theta_1 + i\sin\theta_1)][r_2(\cos\theta_2 + i\sin\theta_2)]$$
$$= r_1r_2[\cos(\theta_1+\theta_2) + i\sin(\theta_1+\theta_2)]$$
$$\frac{r_1(\cos\theta_1+i\sin\theta_1)}{r_2(\cos\theta_2+i\sin\theta_2)} = \frac{r_1}{r_2}[\cos(\theta_1-\theta_2) + i\sin(\theta_1-\theta_2)]$$

- 아르강 도표(Argand diagram)

일정한 각속도(=각진동수) $\omega\left(=\frac{2\pi}{T}\right)$로 회전하는 진폭(A)을 복소수 z로 표시할 수 있다.

$$z = \mathrm{A}e^{i\omega t} = \mathrm{A}(\cos\omega t + i\sin\omega t) = z_R + iz_I$$

여기서 z_R은 실수부($\mathrm{A}\cos\omega t$)이고, z_I는 허수부($\mathrm{A}\sin\omega t$)이다. 조화운동일 경우 일정한 진폭(A)과 일정한 각진동수를 갖으므로, 다음과 같이 아르강 도표를 사용하여 나타낼 수 있다. 참고로 z의 공액복소수인 z^*는 각속도 $-\omega$로 z와 반대방향으로 회전한다.

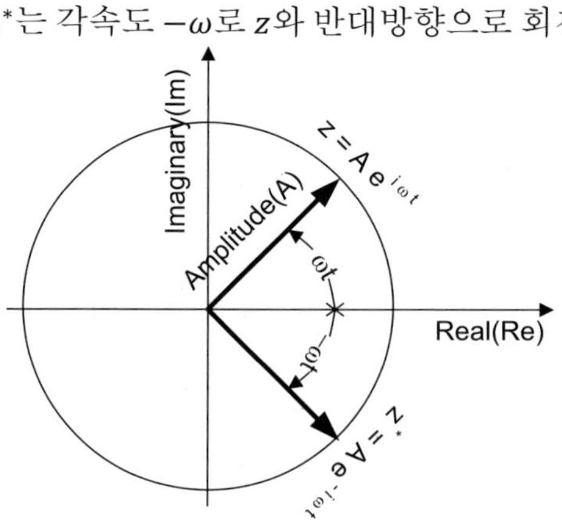

수학: 1.4.4 푸리에 급수와 깁스현상

푸리에 변환(Fourier Transform)과 푸리에 급수(Fourier Series)는 모두 주기적 또는 비주기적 신호를 분석하고 표현하기 위한 방법이다. 푸리에 급수는 주기 신호를 분석하기 위한 방법인 것에 비해, 푸리에 변환은 비주기 신호를 분석하기 위해 푸리에 급수의 개념을 확장한 방법이다. 실제로 푸리에 급수는 주기함수의 푸리에 변환으로 간주될 수 있다.

조화진동(harmonic motion, 참조: 2.2절 조화진동과 응용)은 가장 다루기 쉬운 진동이다. 실제로 많은 구조시스템의 진동은 조화진동은 아닌 주기진동(periodic motion)이다. 다행히도 이러한 주기운동을 사인(sine)과 코사인(cosine) 항의 무한급수로 표현되는 푸리에 급수(Fourier Series)로 나타낼 수 있다. 즉, 조화진동의 무한급수로 표현되는 푸리에 급수로 나타낼 수 있다.

만약 $u(t)$가 주기가 τ인 주기운동인 경우, 다음과 같이 푸리에 급수로 나타낼 수 있다.

$$u(t) = \frac{1}{2}a_0 + a_1 \cos\omega t + a_2 \cos 2\omega t + \cdots$$
$$+ b_1 \sin\omega t + b_2 \sin 2\omega t + \cdots$$
$$= \frac{1}{2}a_0 + \sum_{n=1}^{\infty}(a_n \cos n\omega t + b_n \sin n\omega t)$$

여기서 $\omega = 2\pi/\tau$는 기본진동수이고, $a_0, a_1, a_2, \cdots, b_1, b_2, \cdots$는 상수이다.

푸리에 급수의 물리적 의미는 모든 주기진동은 조화진동의 합으로 표현될 수 있다는 것이다. 정확하게는 무한급수일지라도, 대부분의 주기진동은 몇 개의 조화진동만으로 근사할 수 있다. 예를 들어, 다음에 보인 삼각파(triangular wave)는 단지 3개의 조화진동의 합으로 근사할 수 있다.

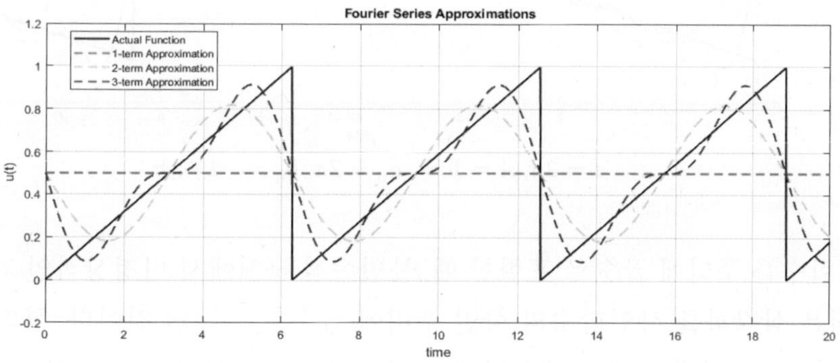

$\tau = 2\pi,\ A = 1 \rightarrow\ a_0 = 2\pi,\ b_1 = -1/\pi,\ b_2 = -1\ /\ 2\pi$

a_n과 b_n을 결정하기 위해 앞 식에 $\cos n\omega t$과 $\sin n\omega t$를 각각 곱한 후, 한 주기 $\tau = 2\pi/\omega$ 동안(즉, 0에서 $2\pi/\omega$까지) 적분을 한다. 독립된 두 성분의 곱은 0이므로, 다음과 같이 앞 식의 오른쪽에 한 개의 항만을 남기고 다른 모든 항들은 0이 된다.

양변에 한 주기 동안에 대해 적분을 하여 a_0를 구할 수 있다.

$$\int_0^{\tau} u(t)dt = \int_0^{\tau} \frac{1}{2}a_0 dt + \sum_{n=1}^{\infty} \int_0^{\tau}(a_n \cos n\omega t + b_n \sin n\omega t)dt$$

$\int_0^\tau u(t)dt = \frac{1}{2}a_0 \int_0^\tau dt$

$\therefore a_0 = \frac{2}{\tau}\int_0^\tau u(t)dt$

양변에 $\cos n\omega t$를 곱한 후 한 주기 동안에 대해 적분을 하여 a_n를 구할 수 있다.

$\int_0^\tau u(t)\cos n\omega t\, dt = \int_0^\tau \frac{1}{2}a_0 \cos n\omega t\, dt + \sum_{n=1}^{\infty}\int_0^\tau (a_n \cos n\omega t + b_n \sin n\omega t)\cos n\omega t\, dt$

$\int_0^\tau u(t)\cos n\omega t\, dt = a_n \int_0^\tau \cos^2 n\omega t\, dt$

$\therefore a_n = \frac{2}{\tau}\int_0^\tau u(t)\cos n\omega t\, dt$

양변에 $\sin n\omega t$를 곱한 후 한 주기 동안에 대해 적분을 하여 b_n를 구할 수 있다.

$\int_0^\tau u(t)\sin n\omega t\, dt = \int_0^\tau \frac{1}{2}a_0 \sin n\omega t\, dt + \sum_{n=1}^{\infty}\int_0^\tau (a_n \cos n\omega t + b_n \sin n\omega t)\sin n\omega t\, dt$

$\int_0^\tau u(t)\sin n\omega t\, dt = b_n \int_0^\tau \sin^2 n\omega t\, dt$

$\therefore b_n = \frac{2}{\tau}\int_0^\tau u(t)\sin n\omega t\, dt$

푸리에 급수는 사인함수 또는 코사인함수 만으로도 표현할 수 있다. 예를 들어, 앞서 보인 삼각파를 사인함수만을 사용하는 급수로 다음과 같이 표현할 수 있다.

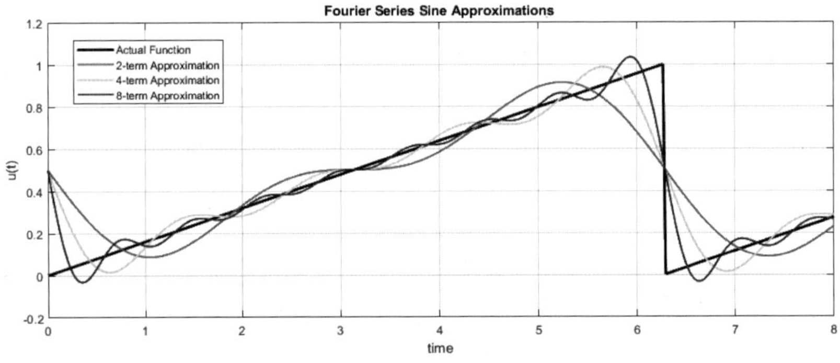

$\tau = 2\pi,\ A = 1 \rightarrow\ a_0 = 2\pi,\ b_n = -1\ /\ n\pi$

주기함수를 푸리에 급수로 표현할 때, 불연속점 근처에서 비정상적인 거동이 나타난다. 앞의 그림은 삼각파를 사인함수의 항인 푸리에 급수로 나타낸 것이다. 항의 수가 증가하면서, 불연속점인 꼭지점 근처를 제외하고는 전체적으로 근사되는 것을 볼 수 있다. 하지만 불연속점 근처에서는 실제 파형과의 차이가 더 좁아지지만, 진폭에 관한 오차는 전혀 감소하지 않았다. 이 진폭에 관한 오차는 급수 항을 증가하여도(즉, $n \to \infty$), 약 9%로 남아 있는 것으로 관찰되었다. 이 현상을 발견한 사람의 이름을 따서 "깁스현상(Gibbs Phenomenon)" 이라 한다.

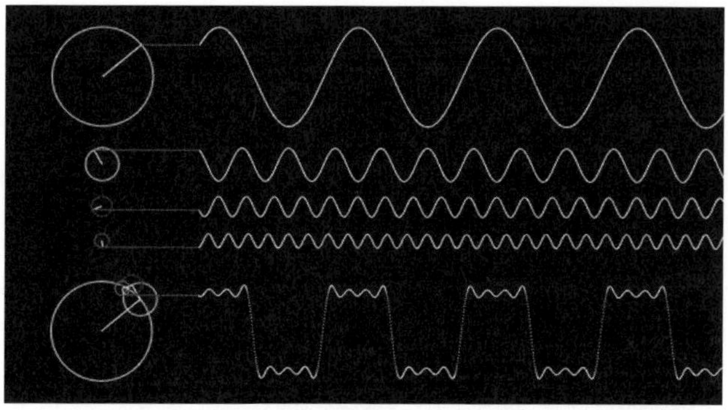

푸리에 급수와 깁스현상 (출처: https://imgur.com/) [animation]

MATLAB/PYTHON: 1.4.1 MATLAB/PYTHON 기본 활용 (ch01_xer)

MATLAB S/W가 없는 경우, GNU Octave 등과 같은 MATLAB 무료 프로그램을 사용할 수 있다. PYTHON은 Anaconda 등을 설치하여 무료로 사용할 수 있다.

- MATLAB 이란?
  - 행렬(matrix) 연산 프로그램
  - 과학 및 공학계산을 위한 프로그래밍 언어
  - 데이터 분석 기능
  - GUI(graphical user interface)를 사용한 시뮬레이션 기능

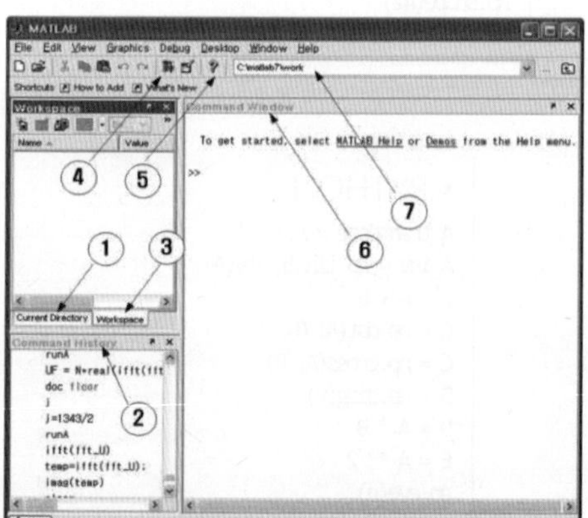

① 현재 디렉터리(current directory)
② 명령어 기록(command history)
③ 변수 공간(workspace)
④ Simulink
⑤ 도움말(help)
⑥ 명령창(command window)
⑦ 작업 폴더(working folder)

- MATLAB 파일

*.m : 매트랩 구문을 저장한 파일
*.mat : workspace를 저장한 파일
*.mdl : simulink를 저장한 파일
*.fig : GUI를 저장한 파일

- PYTHON 파일

*.py : 파이썬 구문을 저장한 파일

• MATLAB 기본 명령어

```
help, doc                   : 도움말
clear, clc, clf             : 변수와 화면 삭제
lookfor                     : 키워드 검색
dir, cd, delete, is, pwd    : 디렉터리, 파일 관련 명령어
who, whos                   : 변수 출력
!                           : MATLAB/PYTHON을 이탈한 shell 명령어(예: dir) 실행
;                           : 명령 결과를 출력하지 않는 끝맺음
...                         : 줄 바꾸기 연속 문자
simulink                    : simulink 실행
guide                       : GUI 실행
deploytool                  : Execution 파일을 작성하기 위한 compiler 실행
```

• PYTHON 기본 명령어

```
help()
del(), os.system('cls'), plt.clf()
help()
os.listdir, os.chdir, os.remove, is, os.getcwd()
dir(), type()
! 예) !dir
;
\
패키지
PyQt 패키지
Pyinstaller 패키지
```

• 숫자

```
x = 3.14
z = 2 + 3j
```

• MATLAB

```
x = real(z); % 실수부 반환
y = imag(z); % 허수부 반환
abs_z = abs(z); % 절댓값 계산
conj_z = conj(z); % 켤레복소수 계산
```

• PYTHON

```
x = z.real # 실수부 반환
y = z.imag # 허수부 반환
abs_z = abs(z) # 절댓값 계산
conj_z = z.conjugate() # 켤레복소수 계산
```

• MATLAB 행렬

```
>> A=[1 2 3; 4 5 6; 7 8 9]
   A = 1    2    3
       4    5    6
       7    8    9
>> r = [11 12 13]
   r = 11   12   13
```

```
>> A1=[A; r]
   A1 = 1    2    3
        4    5    6
        7    8    9
       11   12   13
>> A2 = [A1(1:2,:)]
   A2 = 1    2    3
        4    5    6
>> size(A1)
   ans = 4    3
>> size(A2)
   ans = 2    3
```

• PYTHON 행렬

```
import numpy as np

A = np.array([[1, 2, 3], [4, 5, 6], [7, 8, 9]])
r = np.array([11, 12, 13])

A1 = np.vstack([A, r])
A2 = A1[:2, :]

np.shape(A1)
np.shape(A2)
```

• 행렬

전치행렬(transpose)
역행렬(inverse)
덧셈(addition)
스칼라곱(dot product)
벡터곱(cross product)
대각성분(diagonal)
원소연산(element operation)

단위행렬(identify matrix)
1 행렬
0 행렬

• MATLAB

```
A_transpose = A';
A_inv = inv(A);
C = A + B;
C = dot(A, B);
C = cross(A, B);
D = diag(v);
D = A .* B;
E = A .^ 2;
eye(n)
ones(n)
zeros(n)
```

• PYTHON

```
A_transpose = A.T
A_inv = np.linalg.inv(A)
C = A + B
C = np.dot(A, B)
C = np.cross(A, B)
D = np.diag(v)
D = A * B
E = A ** 2
np.eye(n)
np.ones(n)
np.zeros(n)
```

• 증분

1씩 증가(예: x = 1 2 3)
0.5씩 증가(예: x = 1.0 1.5 2.0 2.5 3.0)

• MATLAB

```
x = 1:3
x = 1:0.5:3
```

• PYTHON

```
x = np.arange(1, 4)
x = np.arange(1, 3.5, 0.5)
```

• 그래픽

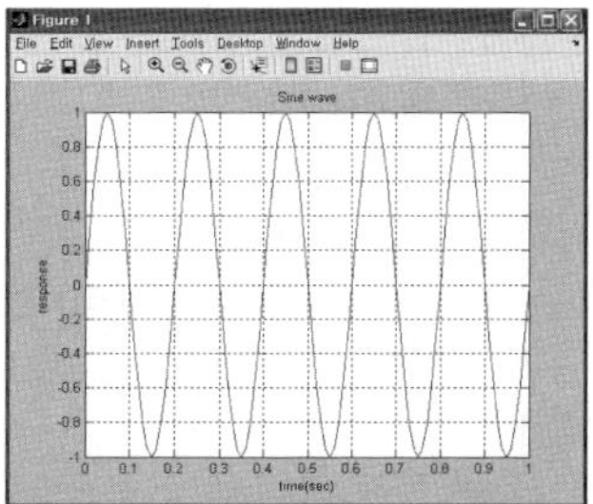

• MATLAB

```
t=0:0.01:1;
y=sin(2*pi*5*t);
plot(t,y)
grid
xlabel('time(sec)')
ylabel('response')
title('Sine wave')
```

• PYTHON

```
t = np.arange(0, 1.01, 0.01)
y = np.sin(2 * np.pi * 5 * t)
plt.plot(t, y)
plt.grid()
plt.xlabel('time(sec)')
plt.ylabel('response')
plt.title('Sine wave')
```

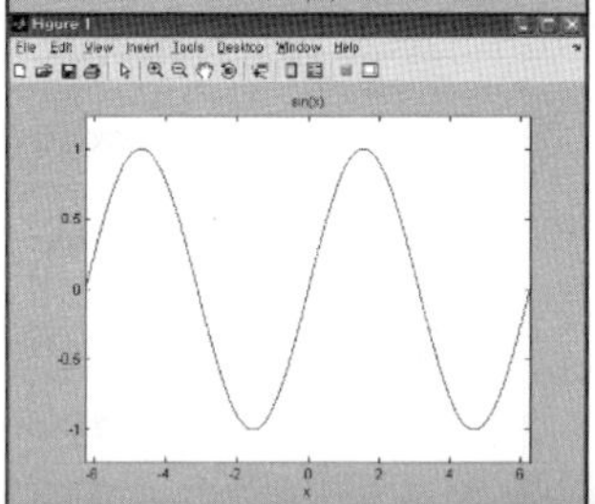


```
ezplot('sin(x)')
```

```
import sympy as sp

x = sp.symbols('x')
f = sp.sin(x)
sp.plot(f, show=True)
```

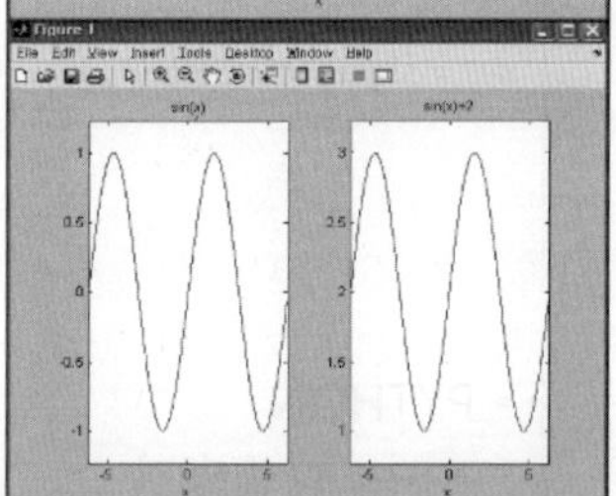


```
subplot(2,2,1)
subplot(2,2,2)
subplot(2,2,3)
subplot(2,2,4)
```

```
fig, axs = plt.subplots(2, 2)
plt.subplot(2, 2, 1)
plt.subplot(2, 2, 2)
plt.subplot(2, 2, 3)
plt.subplot(2, 2, 4)
```

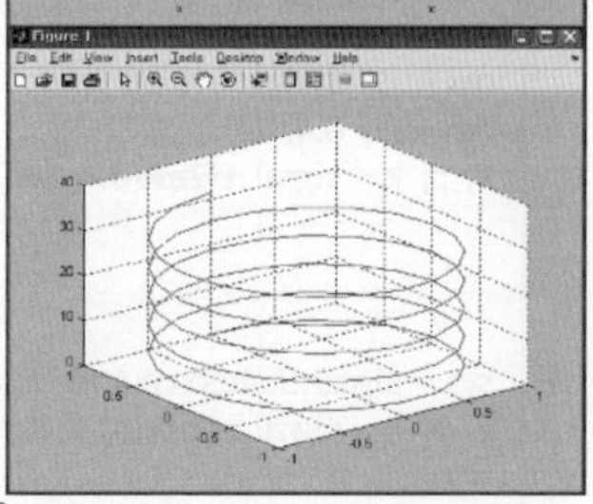


```
t=0:0.1*pi:10*pi;
plot3(sin(t),cos(t),t)
grid
```

```
import numpy as np
import matplotlib.pyplot as plt

t = np.arange(0, 10*np.pi, 0.1*np.pi)
fig = plt.figure()
ax = fig.gca(projection='3d')
ax.plot(np.sin(t), np.cos(t), t)
ax.grid(True)
```

– 기타: loglog, semilogx, semilogy

• MATLAB 함수 정의

```
function [add, minus] =
addminus(a, b)
add = a + b;
minus = a - b;
```

function의 이름과 M-파일명을 동일하게 한다. 다음 예제의 경우, 파일명은 addminus.m이다.

```
>> a=3;
>> b=2;
>> [r_add,r_minus] = addminus(a,b)
r_add =   5
r_minus =   1
```

• PYTHON 함수 정의

```
def addminus(a, b):
    add = a + b
    minus = a - b
    return add, minus
```

```
>>> a = 3
>>> b = 2
>>> r_add, r_minus = addminus(a, b)
```

• for, while, if문

- 참조: MATLAB/PYTHON: 1.4.1 MATLAB, PYTHON, C++ 및 Fortran 비교

• 시스템 모델링

- 다항식(polynomial)

  $f = ax^2 + bx + c$

  ⇓

  $f = [a\ b\ c]$

  예) $f = x^2 + 2x + 1$
- 연립방정식

  $3x_1 + 2x_2 - x_3 = 10$

  $-x_1 + 3x_2 + 3x_3 = 5$

  $x_1 - x_2 - x_3 = 1$
- 방정식의 수치해

  $1/x - \log x - \log 0.001 = 0$
- 전달함수

  $G(s) = \frac{B(s)}{A(s)} = \frac{b_2 s^2 + b_1 s + b_0}{s^3 + a_2 s^2 + a_1 s + a_0}$

  → $\text{num} = [b_2\ \ b_1\ \ b_0]$

  $\text{den} = [1\ \ a_2\ \ a_1\ \ a_0]$

  예) $H(s) = \frac{s+1}{s^2+2s+1}$
- 상태공간(state space)

  $\dot{x} = Ax + Bu$

  $y = Cx + Du$

  → A, B, C, D 행렬

• MATLAB

```
>> f=[1 2 1];
>> roots(f)
ans = -1
      -1

>> A=[3 2 -1; -1 3 3; 1 -1 -1];
>> B=[10; 5; -1];
>> X=inv(A)*B
X = 1.0000, 3.0000, -1.0000
>> f = @(x) 1/x - log10(x) - log10(0.001)
>> z = fzero(f,[500 1500])
z = 1.0023e+03

num = [1 1];
den = [1 2 1];
H = tf(num, den);

sys = ss(A, B, C, D);
```

• PYTHON

```
f = [1, 2, 1]
r = np.roots(f)

A = np.array([[3,2,-1], [-1,3,3], [1,-1,-1]])
B = np.array([[10], [5], [-1]])
X = np.dot(np.linalg.inv(A), B)

def f(x):
    return 1/x - np.log10(x) - np.log10(0.001)

z = opt.root_scalar(f, bracket=[500, 1500],
method='brentq').root
import scipy.signal as signal

num = [1, 1]
den = [1, 2, 1]
H = signal.TransferFunction(num, den)

sys = signal.StateSpace(A, B, C, D)
```

• 극점(poles)과 영점(zeros)

- 전달함수

  $H(s) = \frac{B(s)}{A(s)} = K\frac{(s-z_1)(s-z_2)\cdots}{(s-p_1)(s-p_2)\cdots}$

  ⇓

  [z, p, k]=tf2zp(num, den)

  예: $H(s) = \frac{2s+3}{s^2+0.4s+1}$
- 상태공간

  $\dot{x} = Ax + Bu$

  $y = Cx + Du$

• MATLAB

```
>> num=[2 3];
>> den=[1 0.4 1];
>> [z,p,k]=tf2zp(num,den)
z =  -1.5000 % zeros
p = -0.2000 + 0.9798i  % poles
    -0.2000 - 0.9798i
k =  2  % gain

[z, p, k]=ss2zp(A, B, C, D, iu)
```

• PYTHON

```
from scipy import signal

num = [2, 3]
den = [1, 0.4, 1]
z, p, k = signal.tf2zpk(num, den)

sys = signal.StateSpace(A, B, C, D)
z, p, k = signal.ss2zpk(A, B, C, D, iu)
```

• 모델링 변환

- 상태공간방정식(state space equation) ⇒ 전달함수(transfer function)
- [num, den] = ss2tf(A, B, C, D, iu)
- 전달함수(transfer function) ⇒ 상태공간방정식(state space equation)
- [A, B, C, D] = tf2ss(num, den)

• 시간영역 해석

- 충격응답(impulse response)

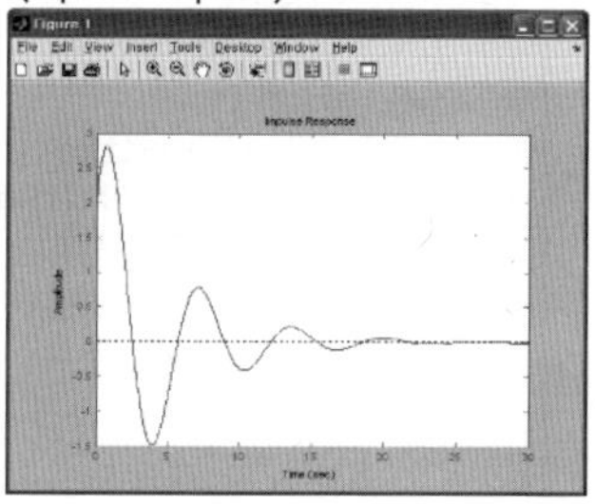

• MATLAB

```
t=0:0.1:30;
num=[2 3];
den=[1 0.4 1];
impulse(num,den,t)
```

• PYTHON

```
import numpy as np
import matplotlib.pyplot as plt
from scipy import signal

t = np.arange(0, 30, 0.1)
num = [2, 3]
den = [1, 0.4, 1]
_,y = signal.impulse((num, den), T=t)

plt.plot(t, y); plt.xlabel('Time')
plt.ylabel('Amplitude');
plt.title('Impulse Response')
plt.grid(True); plt.show()
```

- 스텝응답(step response)

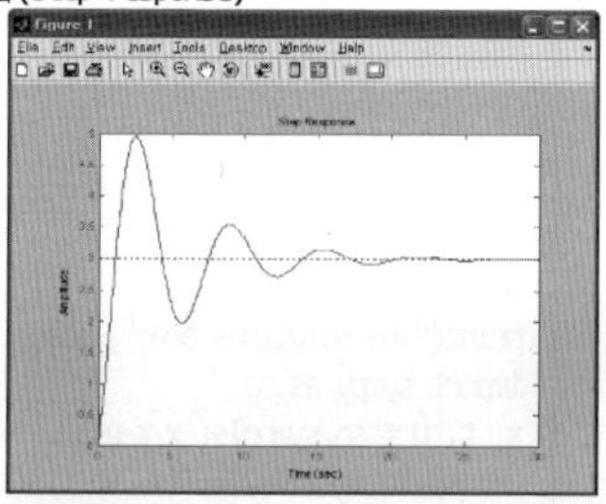

```
t=0:0.1:30;
num=[2 3];
den=[1 0.4 1];
step(num,den,t)
```

```
t = np.arange(0, 30, 0.1)
num = [2, 3]
den = [1, 0.4, 1]
_, y = signal.step((num, den), T=t)

plt.plot(t, y); plt.xlabel('Time')
plt.ylabel('Amplitude')
plt.title('Step Response')
plt.grid(True); plt.show()
```

- 임의 입력 응답(arbitrary input response)

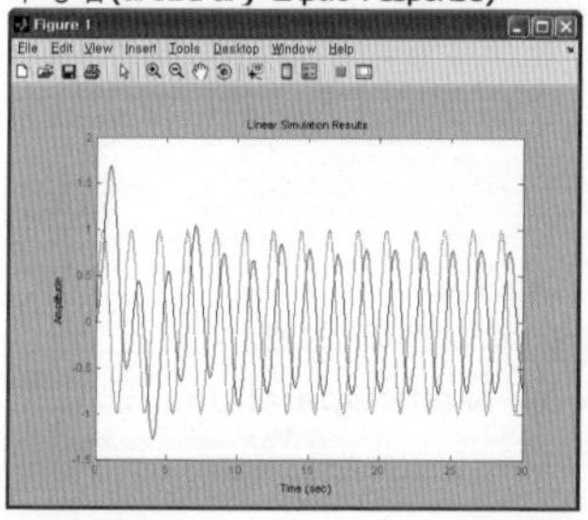

```
t=0:0.1:30;
u=sin(2*pi*0.5*t);
num=[2 3];
den=[1 0.4 1];
lsim(num,den,u,t)
```

```
t = np.arange(0, 30, 0.1)
u = np.sin(2 * np.pi * 0.5 * t)
num = [2, 3]
den = [1, 0.4, 1]
_, y, _ = signal.lsim((num, den), u, t)

plt.plot(t, y); plt.xlabel('Time')
plt.ylabel('Amplitude')
plt.title('Output Signal')
plt.grid(True); plt.show()
```

• 진동수영역 해석

- 보드 선도(Bode plot)

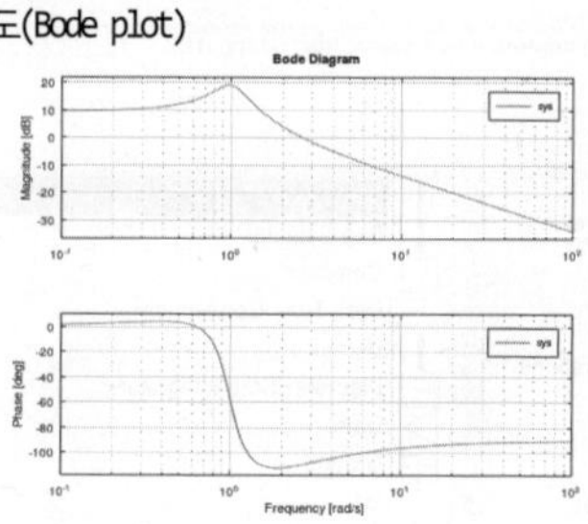

• MATLAB

```
% Define the transfer function
num = [1 0.2];
den = [1 0.5 1];
sys = tf(num, den);

% Generate the Bode plot
bode(sys)
```

• PYTHON

```
num = [1, 0.2]
den = [1, 0.5, 1]
sys = signal.TransferFunction(num, den)

w, mag, phase = signal.bode(sys)

plt.semilogx(w, mag)  # Plot magnitude response
plt.xlabel('Frequency [rad/s]')
plt.ylabel('Magnitude [dB]')
plt.semilogx(w, phase)  # Plot phase response
plt.xlabel('Frequency [rad/s]')
plt.ylabel('Phase [deg]')
```

- 나이퀴스트 선도(Nyquist plot)

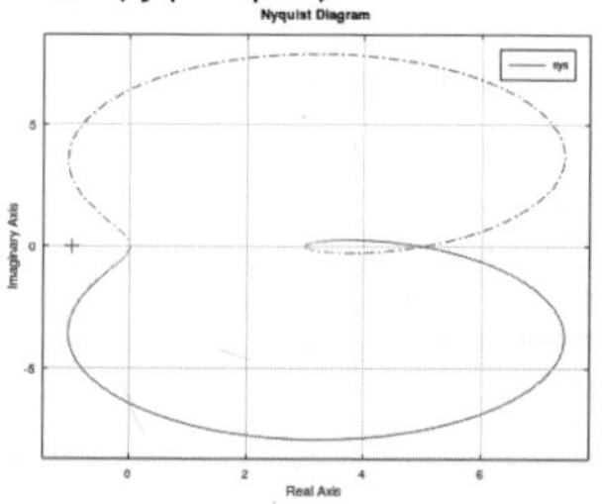


```
num=[2 3];
den=[1 0.4 1];
sys = tf(num, den);
nyquist(sys)
```

```
num=[2, 3];
den=[1, 0.4, 1];
sys = signal.TransferFunction(num, den)

w, h = signal.freqresp(sys)

plt.plot(h.real, h.imag)
plt.plot(h.real, -h.imag)
plt.xlabel('Real axis')
plt.ylabel('Imaginary axis')
plt.title('Nyquist Diagram')
```

• Symbolic 연산

$\ddot{u}(t) + 8\dot{u}(t) + 2u(t) = \cos t,\ u(0) = 0, \dot{u}(0) = 1$

$\rightarrow u(t) = \frac{1}{65}\cos t + \frac{8}{65}\sin t + \frac{1}{1820}(-14 + 53\sqrt{14})e^{(-4+\sqrt{14})t} + \frac{1}{1820}(-14 - 53\sqrt{14})e^{(-4-\sqrt{14})t}$

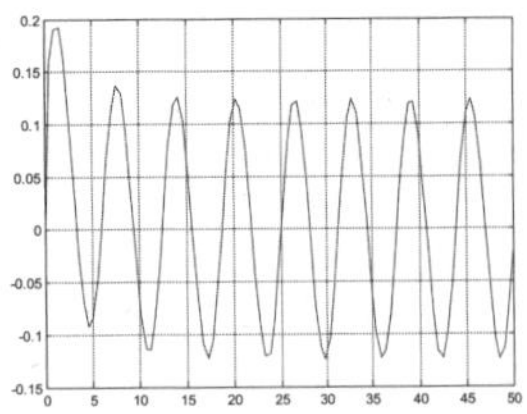

• MATLAB

```
syms u(t) t;
eqn2 = diff(u,t,2) + 8*diff(u,t) + 2*u == cos(t);
inits2 = [u(0) == 0, diff(u)(0) == 1];
uSol(t) = simplify(dsolve(eqn2, inits2));

uSol_fn = matlabFunction(uSol);  % Convert symbolic function to function handle
fplot(uSol_fn, [0, 100]);
xlabel('t');
ylabel('u(t)');
title('Solution of ODE');
grid on;
```

• PYTHON

```
from sympy import *

t = symbols('t')
u = symbols('u', cls=Function)
deq = Eq(u(t).diff(t,2) + 8*u(t).diff(t) + 2*u(t),cos(t)) # 방정식 세우기
usol = dsolve(deq,ics={u(0):0, u(t).diff(t).subs(t,0):1}) # 초기 조건(2개)

plot(usol.rhs,(t,0,50))
```

$au^2 + bu + c = 0$

$\rightarrow u = \frac{-b \pm \sqrt{b^2 - 4ac}}{2a}$

```
syms a b c u
[u] = solve(a*u^2 + b*u + c == 0,u)
```

```
import sympy as sp
a, b, c, x = sp.symbols('a b c x')
eqn = a*x**2 + b*x + c
sol = sp.solve(eqn, x)
print("The solutions are:", sol)
```

$u = \int_{\sin t}^{1} 2x dx$

$\rightarrow u = \cos^2 t$

```
syms x t u
u = int(2*x, [sin(t), 1])
```

```
import sympy as sp
x, t, u = sp.symbols('x t u')
u = sp.integrate(2*x, (x, sp.sin(t), 1))
```

• Simulink 사용

- 동적 시스템을 시각화하여 모델링하고, 시뮬레이션하며, 해석
- MATLAB과 통합된 소프트웨어
- 연속·이산 시간영역에서 모델링한 선형·비선형 시스템에 대해 적용가능
- Simulink는 MATLAB을 실행한 후, 아이콘(, Simulink Library)을 클릭하여 실행
- Simulink Library Browser에 Sinks, Sources, Linear, Nonlinear, Math Operations 등 포함
- 각각의 라이브러리에는 블록 아이콘(block icon) 내장

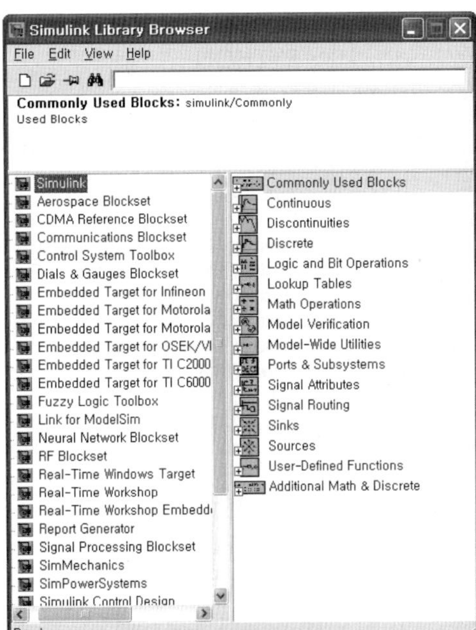

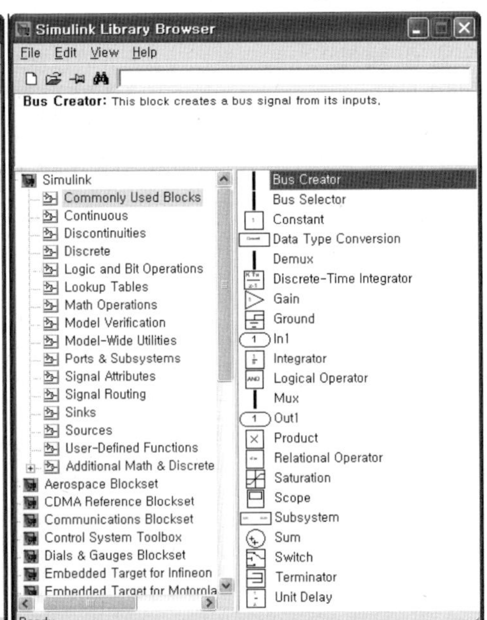

- Simulink Library Browser에서 [File/New/Model]을 선택 → Simulink 작업창을 설정

- 모델링에 필요한 아이콘을 Simulink 작업창에 마우스로 드래그(drag & drop)하여 모델링

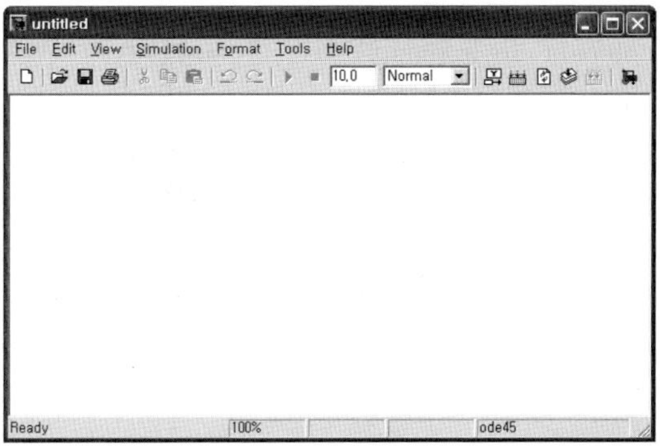

- 블록 함수를 Simulink 작업창으로 드래그한 후, 더블 클릭하여 변수 입력

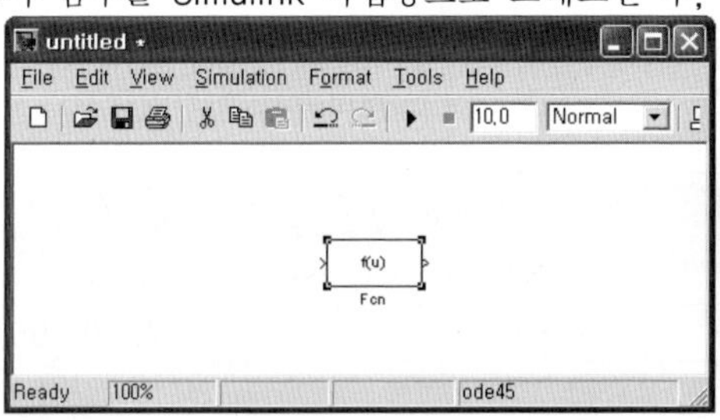

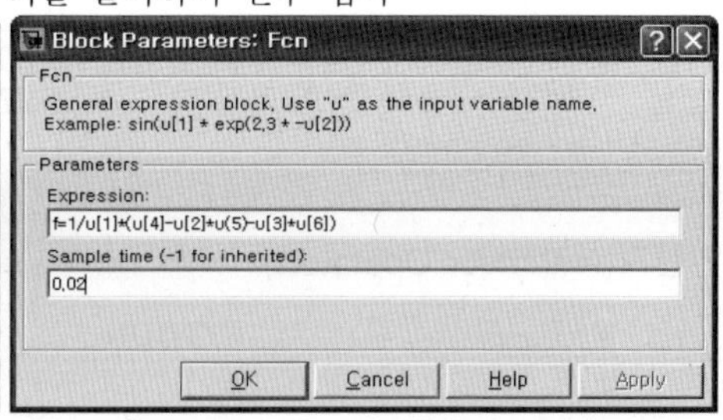

- Simulink Library에 있는 해당 블록을 Simulink 작업창으로 이동
- 각 연결점을 마우스로 클릭하여 연결
- 각각의 블록에 대해 변수 입력

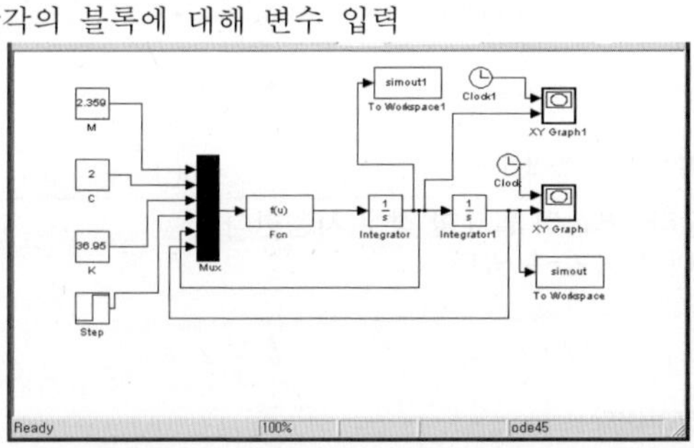

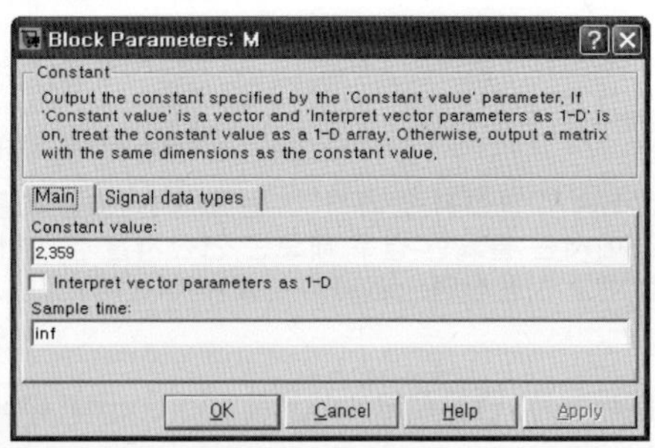

- 적분된 결과 값은 Graph 블록을 이용해서 그래프 출력 가능
- 모델링을 저장을 하고 Simulation에서 Start를 눌러 Simulink를 실행
- MATLAB의 Workspace에서도 변수 검토 가능
- sldebug 명령어를 사용하여 Simulink 파일을 디버깅

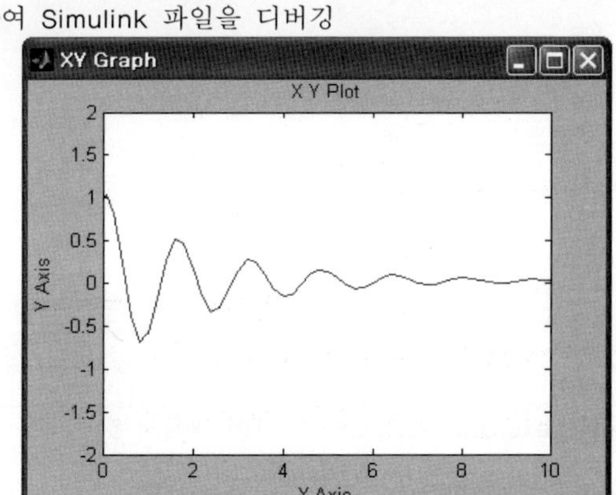

- GUI 사용
  - MATLAB GUI는 ① GUIDE(GUI Development Environment) 또는 ② MATLAB 에디터를 사용한 코딩으로 작성할 수 있다.
  - MATLAB command window에서 guide를 타이핑하거나 관련 아이콘을 클릭하여 GUIDE Quick Start를 다음과 같이 실행시킨다.
  - GUI의 자세한 활용을 위해 사용자 설명서 또는 저자의 홈페이지를 참조할 수 있다.

MATLAB/PYTHON: 1.4.1 MATLAB, PYTHON, C++ 및 Fortran 비교

- 설명문(주석, Comment Syntax)

언어	구문	언어	구문
MATLAB	% comment (행의 끝까지)	F90	! comment (행의 끝까지)
PYTHON	# comment (행의 끝까지)	F77	* comment (행의 끝까지)
C	/* comment */		

- 산술연산자(Arithmetic Operators)

기능	MATLAB[(1)]	PYTHON	C++	F77, F90/95[(2)]
덧셈	+	+	+	+
뺄셈	−	−	−	−
곱셈	* 및 .*	*	*	*
나눗셈	/ 및 ./	/	/	/
지수	^ 및 .^	**	pow[(3)]	**
나머지		%	%	
증가분		i+= 1	i + +	
감소분		i−= 1	i − −	
그룹 구분	( )	( )	( )	( )

(1) MATLAB에서 연산자 앞의 '.' 는 요소별(또는 스칼라) 연산이 필요할 경우 사용한다.
(2) F90/95에서는 필요한 경우 새로운 연산자를 정의하여 사용할 수 있다.
(3) x^y는 함수를 사용하여, pow(x, y)로 나타낸다.

- 관계 및 논리 연산자(Relational and Logical Operators)

기능	MATLAB	PYTHON	C++	F90/95	F77
Equal to	==	==	==	==	.EQ.
Not equal to	~=	!=	!=	/=	.NE.
Less than	<	<	<	<	.LT.
Less than or equal to	<=	<=	<=	<=	.LE.
Greater than	>	>	>	>	.GT.
Greater than or equal to	>=	>=	>=	>=	.GE.
Object identity		is			
Negated object identity		is not			
Logical NOT	~	not	!	.NOT.	.NOT.
Logical AND	&&	and	&&	.AND.	.AND.
Logical inclusive OR	||	or	||	.OR.	.OR.
Logical exclusive OR	xor	^		.XOR.	.XOR.
Logical equivalent	==	==	==	.EQV.	.EQV.
Logical not equivalent	~=	!=	!=	.NEQV.	.NEQV.

(1) Bit logical AND, exclusive OR, OR, NOT에 대해서 &, ^, |, ~를 사용한다.

- 콜론연산자 구문(Colon Operator Syntax)

구문	F90/95	MATLAB/PYTHON	용법	F90/95	MATLAB/PHTHON
기본 형식	B:E:I[(1)]	B:I:E	1. 배열 요소 위치	사용가능	사용가능
≥B	B:	B:	2. 문자열에서 문자위치	사용가능	사용가능
≤E	:E	:E	3. 반복문 제어	사용불가	사용가능
전체 영역	:	: 또는 ...(생략 기호)[(2)]	4. 배열요소 생성	사용불가	사용가능
마지막 인덱스		−1[(3)]			

[(1)] B = 시작값(beginning), E = 끝값(ending), I = 증분값(increment)

[(2)] 생략 기호(ELLIPSIS): 배열의 모두를 나타낼 때 Python에서는 '...'를 사용할 수 있다.

```
예) c = array([[1, 2, 3], [4, 5, 6]])
>>> c[...]
    Out[13]: array([[1, 2, 3], [4, 5, 6]])
```

[(3)] 배열의 마지막 인덱스: Python에서는 '−1'를 사용할 수 있다.

```
예) c = array([[1, 2, 3], [4, 5, 6]])
>>> c[−1,:]
    Out[14]: array([4, 5, 6])
>>> c[:,−1]
    Out[15]: array([3, 6])
```

- 선언문: 내장형 변수선언(Intrinsic Data Types of Variables)

변수(저장)	MATLAB	PYTHON	C++	F90/95	F77
byte	실수/복소수	(1) 정수/실수/복소수	char	character::	character
정수	문자	(2) 문자열:“”, 리스트:[], 튜플:()	int	integer::	integer
실수		(3) dictionary: {:, …}	float	real::	real
배정도 실수		(4) set: {}	double	real*8::	double precision
복소수		(5) Boolean: True, False	[(1)]	complex::	complex
논리자(Boolean)		(6) Binary: bytes, bytearray, memoryview	bool	logical::	logical
Parameter				parameter::	parameter
포인터			*	pointer::	
구조문			struct	type::	

[(1)] C++에는 복소수형 변수에 대한 특별한 내장형 변수형태가 없다.

- 반복문

기능	MATLAB	PYTHON	C++	F90/95	F77
유한 반복문	for k=1:n end	for i in range(n):	for k=1:n { }	do k=1,n end do	do # k=1,n # continue
무한 반복문	while end	while True:	while { }	do while end do	– –
반복문 종료 및 탈출	break	break	break	exit	go to
반복문 1회 건너뜀	–	continue	continue	cycle	go to
메시지 출력 후 멈춤	error	except	error()	stop	stop
호출함수로 환원	return	return	return	return	return

조건부 반복문	initialize test
	while l_express
	true group
	change test
	end
		initialize test
		while True:
		key = input()
		print(key)
			initialize test
			while (l_express)
			{
			true group
			change test
			}
				initialize test
				do while (l_express)
				true group
				change test
				end do
					initialize test
					# continue
					if (l_express) then
					true group
					change test
					go to #
					end if

기능	MATLAB	PYTHON	C++	F90/95

색인 반복문	for index=matrix
	statements
	end
		for i in range(10):
		
		xdata = [0.1,4,3]
			for (init;test;inc) {
			statements
			}
				do index=b,e,i
				statements
				end do

Pretest 반복문	while (test)
	statements
	end
		for x in xdata:
		
		items = [9,5,4,10]
			while (test) {
			statements
			}
				do while (test)
				statements
				end do

Posttest 반복문		for idx, val in enumerate(items):	do {
			statements
			} while (test)
				do
				statements
				if (test) exit
				end do

- 조건문

기능	MATLAB	PYTHON	C++	F90/95	F77
조건부 실행	if end	if a > 0:	if { }	if then end if	if then end if
조건부 교체	else elseif	else: elif:	else else if	else elseif then	else elseif then
조건부 선택	switch/case 문이 없으므로, if 문 사용	switch/case 문이 없으므로, if 문 사용	switch { }	select case end select	if then end if

기능	MATLAB	PYTHON	C++	F90/95

논리형
IF문
	if l_express
	true group
	end
		if (l_express):
		true group
			if (l_express) {
			true group
			}
			if (l_express)
			true statement;
				if(l_express) then
				true group
				end if
				if(l_express) true statement

논리형
내부 IF문
(nested)
	if l_express1
	true group A
	if l_express2
	true group B
	end
	true group C
	end
	statement group D
		if l_express1:
		true group A
		if l_express2:
		true group B
		true group C
		statement group D
			if (l_express1) {
			true group A
			if (l_express2) {
			true group B
			}
			true group C
			}
			statement group D
				if (l_express1) then
				true group A
				if (l_express2) then
				true group B
				end if
				true group C
				end if
				statement group D

논리형
IF-ELSE문
	if l_express
	true group A
	else
	true group B
	end
		if l_express:
		true group A
		else:
		true group B
			if (l_express1) {
			true group A }
			else {
			true group B
			}
				if (l_express1) then
				true group A
				else
				true group B
				end if

논리형
IF-ELSE-IF문
	if l_express1
	true group A
	elseif l_express2
	true group B
	else
	default group C
	end
		if l_express1:
		true group A
		elif l_express2:
		true group B
		else:
		default group C
			if (l_express1) {
			true group A }
			else if
			(l_express2) {
			true group B }
			else {
			default group C
			}
				if (l_express1) then
				true group A
				else if (l_express2) then
				true group B
				else
				default group C
				end if

- 배열

기능	MATLAB	C++	F90/95	F77
조건부 배열 제어	if	–	where	–
조건부 배열 교체	else	–	elsewhere	–
	elseif	–	–	–

기능	MATLAB	F90/95
배열이름 생성	( )	( )
성분들 구분	,	,
성분들 자동 생성	:	:
구분	;	;
성분들 생성	[ ]	(/ /)
줄간 연결	...	&
출력 금지	;	default

기능	수식	MATLAB	F90/95	前크기	後크기
스칼라+스칼라	$c=a\pm b$	c=a±b;	c=a±b	1×1	1×1
요소+스칼라	$c_{jk}=a_{jk}\pm b$	c=a±b;	c=a±b	m×n, 1×1	m×n
요소+요소	$c_{jk}=a_{jk}\pm b_{jk}$	c=a±b;	c=a±b	m×n, m×n	m×n
스칼라×스칼라	$c=a\times b$	c=a*b;	c=a*b	1×1	1×1
요소×스칼라	$cjk=ajk\times b$	c=a*b;	c=a*b	m×n, 1×1	m×n
요소×요소	$cjk=ajk\times b_{jk}$	c=a.*b;	c=a*b	m×n, m×n	m×n
스칼라/스칼라	$c=a/b$	c=a/b;	c=a/b	1×1	1×1
요소/스칼라	$c_{jk}=a_{jk}/b$	c=a/b;	c=a/b	m×n, 1×1	m×n
요소/요소	$c_{jk}=a_{jk}/b_{jk}$	c=a./b;	c=a/b	m×n, m×n	m×n
스칼라 멱승	$c=a^b$	c=a^b;	c=a**b	1×1	1×1
요소 멱승	$c_{jk}={a_{jk}}^b$	c=a^b;	c=a**b	m×n, 1×1	m×n
요소 멱승	$c_{jk}={a_{jk}}^{bjk}$	c=a.^b;	c=a**b	m×n, m×n	m×n
전치배열	$C_{kj} = A_{jk}$	C=A';	C=transpose(A);	m×n	n×m
배열×배열	$C_{ij} = \sum_k A_{ik}B_{kj}$	C=A*B;	C=matmul(A,B);	m×r, r×n	m×n
스칼라곱	$c = \sum_k A_k B_k$	c=sum(A.*B);	c=sum(A*B);	m×1, m×1	1×1
		c=A*B';	c=dot_product(A,B);	m×1, m×1	1×1

기능	MATLAB	PYTHON	C++	F90/95
1차원 배열 초기화	A(100)=0 for j=1:100 A(j)=12 end 또는 A=12*ones(1,100)	np.ones([3,3]) np.ones([3,3],dtype='int32') np.zeros([3,3]) np.empty([3,3]) mx1 = np.array([[5, 10], [15, 20]])	int A[100]; for (j=0(1); j<100; j++) A[j]=12; (1) C++에서는 0부터 시작	integer A(100) A=12
2차원 배열 초기화	A=ones(10,10)		int A[10][10]	integer A(10,10)
배열 초기화 및 할당	A=zeros(2,3) A=[1,7,2; 3,4,6];		int A[2][3]; int A[2][3]={ {1,7,2} {3,4,6} }	integer, dimension(2,3):: A A(1,:)=(/1,7,2/) A(2,:)=(/3,4,6/)

덧셈
C=A+B
	C=A+B	요소별 계산
		C=A+B
		C=A*B
		C=A**2
		C=A+2
		C= 10*np.sin(A)
		A<3
		A *= B
		A[0:2,]
			for (i=0; i<10; i++) {
			for (j=0; j<10; j++) {
			C[i][j]=A[i][j]+B[i][j];
			}
			}
				C=A+B

곱셈
C=AB
	C=A*B	행렬 연산
		C1=np.dot(A,B)
		C2=np.matmul(A,B)
		C3 = A@B
		A.T
		np.transpose(A)
		[D,V] = np.linalg.eig(A)
			for (i=0; i<10; i++) {
			for (j=0; j<10; j++) {
			C[i][j]=0;
			for (k=0; k<10; k++) {
			C[i][j] += A[i][k]*B[k][j];
			}
			}
			}
				C=matmul(A,B)

스칼라곱
C=aB
	C=a*B	Z = X.copy() # deep copy
		Y = X # shallow copy
			for (i=0; i<10; i++) {
			for (j=0; j<10; j++) {
			C[i][j]=a*B[i][j];
			}
			}
				C=a*B

역행렬 B=A^{-1}	B=inv(A)	import scipy.linalg as linalg Ainv = linalg.inv(A)		

- 부프로그램

기능	MATLAB[(1)]	PYTHON	C++	F90/95

프로그램	statements
	[y1⋯yn]=f(a1,⋯,am)
	[end of file]
		statements
		y1,⋯, yn = f(a1,⋯,am)
			main(ac, char **av) {
			statements
			y = f(a1,l,am);
			}
				program main
				type y
				type a1,⋯,type am
				statements
				y=f(a1,⋯,am)
				call s(a1,⋯,am)
				end program

서브루틴			void f (type a1,⋯,type am) {
			statements
			}
				subroutine s (a1,⋯,am)
				type a1,⋯,type am
				statements
				end

함수	function [r1⋯rn]
	=f(a1,⋯,am)
	statements
		def computeProps(n,p,q):
		a,b,c=n,p,q
		return (a,b,c)
			type f
			(type a1,⋯,type am) {
			statements
			}
				function f(a1,⋯,am)
				type f
				type a1,⋯,type am
				statements
				end

단일 인수	funtion out = name (in)		name (in, out)	function name (in) function name (in) result (out)
다중 인수	function [inout, out2] = name (in1,in2,inout)		neme (in1,in2,inout,out2)	subroutine name (in1,in2,inout,out2)

(1) MATLAB의 경우 모든 함수 및 프로그램은 각각 독립된 파일로 작성되어야 한다.

기능	MATLAB	PYTHON	C++	F90/95	F77
전역변수 선언	global variables	global variables	external variables	module name save type(t):: variables end module name	common /name/ variables
전역변수 호출	global variables	global variables	external variables	use name	common /name/ variables

MATLAB/PYTHON: 1.4.4 FFT함수를 사용한 푸리에 변환 (ch01_fft)

- MATLAB 함수: $U = \text{fft}(u)$

  FFT(고속 푸리에 변환) 알고리듬을 사용한 DFT(이산 푸리에 변환)

  u = 실수 벡터

  U = 복소수 벡터

  MATLAB 이론식: $U(k) = \frac{1}{N}\sum_{j=1}^{N} u(j)e^{-i\frac{2\pi(j-1)(k-1)}{N}}$

- MATLAB 함수: $u = \text{ifft}(U)$

  FFT(고속 푸리에 변환) 알고리듬을 사용한 역 DFT(이산 푸리에 역변환)

  U = 복소수 벡터

  u = 보통 허수부가 0인 복소수 벡터이므로, 실수부 만을 취함

  MATLAB 이론식: $u(j) = \frac{1}{N}\sum_{k=1}^{N} U(k)e^{i\frac{2\pi(j-1)(k-1)}{N}}$

- 예제(문제)

다음과 같은 정현파 함수를 FFT(fast Fourier transform, 고속 푸리에 변환)를 사용하여 분석하라.

$$u(t) = u_1(t) + u_2(t)$$

여기서 $u_1(t) = \sin(2\pi f_1 t), u_2(t) = \sin(2\pi f_2 t), f_1 = 15\text{Hz}, f_2 = 40\text{Hz}$이다.

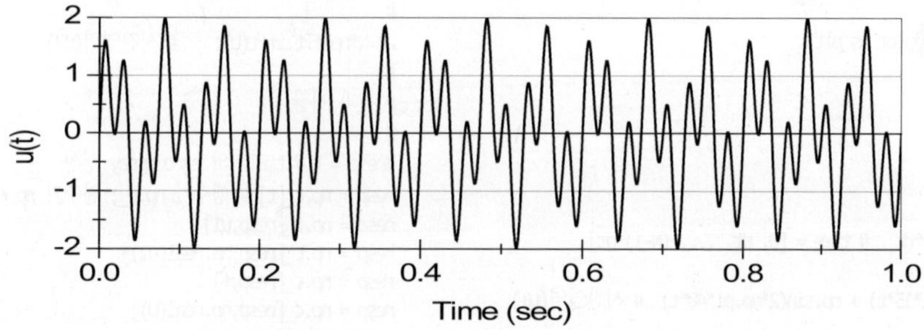

- 예제(풀이)

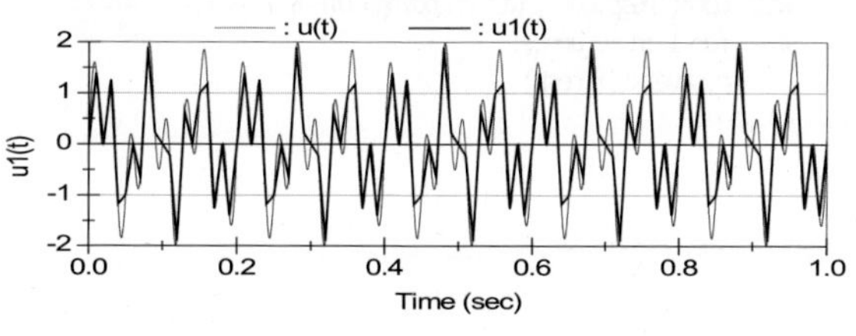

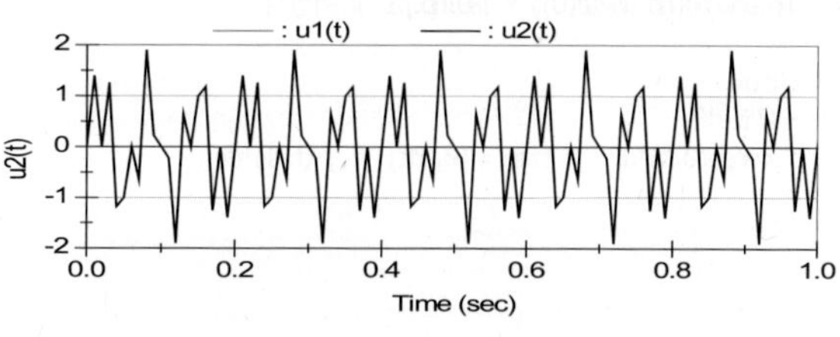

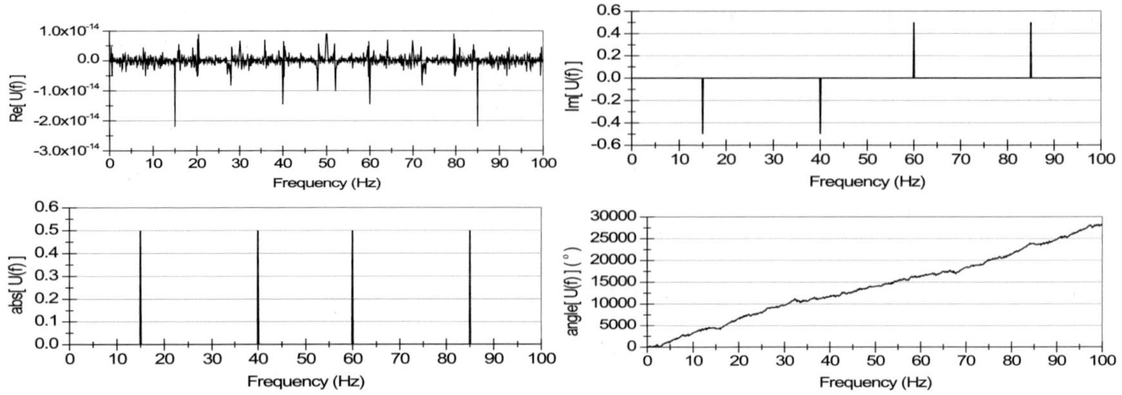

• MATLAB

```
%
% 푸리에 변환
%
tmax = 10;
dt = 0.01;
%
N = tmax/dt;
t = 0:dt:(tmax-dt);
%
u1 = sin(2*pi*15*t) + sin(2*pi*40*t);          % 시간영역(u1)
%
U = (1/N)*fft(u1);                              % 진동수영역(U)
amp = abs(U);                                   % 진폭
pha = unwrap(angle(U)) * 180/pi;                % 위상각
%
df = 1/tmax;
fmax = 1/dt-df;
f = 0:df:fmax;
%
% 푸리에 역변환
%
u2=N*ifft(U);                                   % 시간영역(u2)
%
% 결과 저장
%
resp = [t; u1; real(u2); f; real(U); imag(U); amp; pha]';
save resp.dat resp -ascii
```

• PYTHON

```
#
# 푸리에 변환
#
import matplotlib.pyplot as plt
import numpy as np
#
tmax = 10
dt = 0.01
#
N  = tmax/dt
t  = np.arange(0,N)*dt   # time = [0, dt, ..., (N-1)*dt]
#
u1 = np.sin(2*np.pi*15*t) + np.sin(2*np.pi*40*t)  # 시간영역(u1)
#
U = (1/N)*np.fft.fft(u1)          # 진동수영역(U)
amp = abs(U)                      # 진폭
pha = np.unwrap(np.angle(U)) * 180/np.pi  # 위상각
#
df = 1/tmax
fmax = 1/dt-df
f = np.arange(0,N)*df   # time = [0, dt, ..., (N-1)*dt]
#
# 푸리에 역변환
#
u2=N*np.fft.ifft(U);    # 시간영역(u2)
#
# 결과 저장
#
#resp = t # t 크기의 zero array 생성
resp = np.c_[t] # 행추가 np.r_; 열추가 np.c_
resp = np.c_[resp,u1]
resp = np.c_[resp,np.real(u2)]
resp = np.c_[resp,f]
resp = np.c_[resp,np.real(U)]
resp = np.c_[resp,np.imag(U)]
resp = np.c_[resp,amp]
resp = np.c_[resp,pha]
with open('resp.dat','wt',encoding='UTF-8') as f:
#    for i in my_array:
    np.savetxt(f,resp)
```

PYTHON: 1.4.4 FFT: 스펙트럼 누설 (FFTtimefreq)

"1.4.4절 그림에 보인 시간영역과 진동수영역 관계"를 코딩하고 검토하라.

[풀이]

(1) CASE 1: Low Frequency (저진동수)

$a(t) = \sin(2\pi f_1 t)$ 여기서 $0\ \text{sec} \leq t \leq 1\ \text{sec}$, $f_1 = 5\ \text{Hz}$, $dt = 0.001\ \text{sec}$

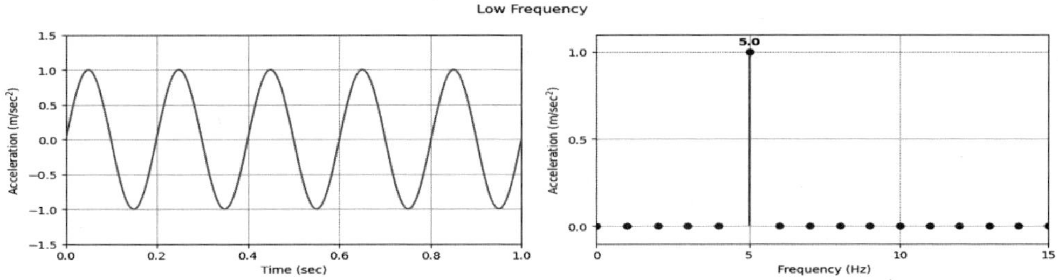

검토) 최대지속시간 $t_{max} = 1\ \text{sec}$이므로, 진동수간격 $df = 1/t_{max} = 1\ \text{Hz}$이다.
시간영역에서의 최대 진폭과 진동수영역에서의 최대 진폭이 1로 동일하다.

(2) CASE 2: High Frequency (고진동수)

$a(t) = \sin(2\pi f_2 t)$ 여기서 $0\ \text{sec} \leq t \leq 1\ \text{sec}$, $f_1 = 10\ \text{Hz}$, $dt = 0.001\ \text{sec}$

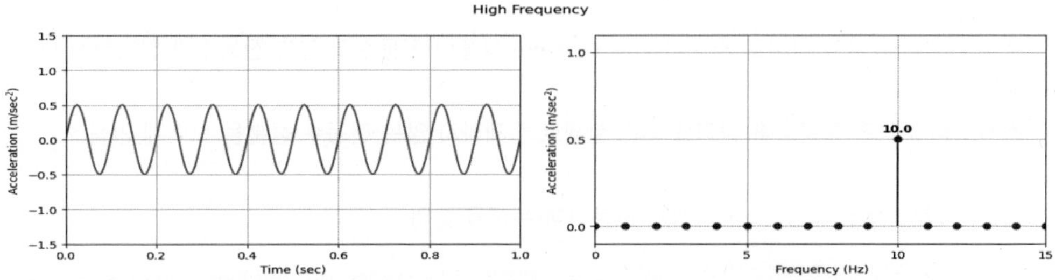

검토) 시간영역에서의 최대 진폭과 진동수영역에서의 최대 진폭이 0.5로 동일하다.

(3) CASE 3: Combined Frequencies (조합진동수)

$a(t) = \sin(2\pi f_1 t) + \sin(2\pi f_2 t)$ 여기서 $0\ \text{sec} \leq t \leq 1\ \text{sec}$, $f_1 = 5\ \text{Hz}$, $f_2 = 10\ \text{Hz}$, $dt = 0.001\ \text{sec}$

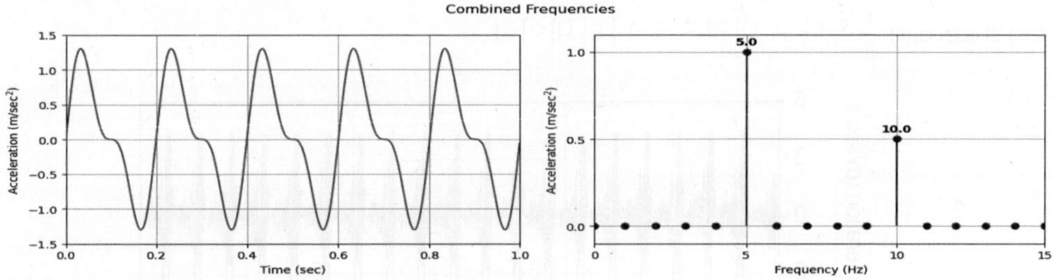

검토) 시간영역에서의 최대 진폭 1.3은 진동수영역에서의 최대 진폭의 합 $1.5(= 1 + 0.5)$보다 작다.

(4) CASE 4: 샘플링 간격 $dt = 0.03\ \text{sec}$

$a(t) = \sin(2\pi f_1 t)$ 여기서 $0\ \text{sec} \leq t \leq 1\ \text{sec}$, $f_1 = 5\ \text{Hz}$, $dt = 0.03\ \text{sec}$

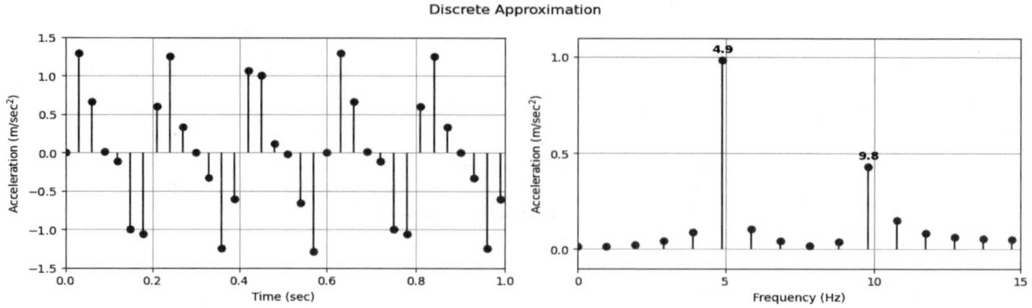

검토) 최대지속시간 $t_{max} = dt \times 34 = 1.02$ sec이므로, 진동수간격 $df = 1/t_{max} = 0.98$ Hz이다.
따라서 샘플링 진동수 $f_1 = 5 \times 0.98 = 4.9$ Hz이고 $f_2 = 10 \times 0.98 = 9.8$ Hz이다.
샘플링 진동수는 신호 진동수 5 Hz 및 10 Hz와 정확하게 일치하지 않기에, 누설(leakage)이 발생한다.

[용어] 스펙트럼 누설(spectral leakage) 또는 진동수 누설(frequency leakage)

1) 정의

이산푸리에변환(DFT) 또는 고속푸리에변환(FFT)을 사용할 때 발생하는 현상으로, 신호의 에너지가 실제 진동수 성분 주변으로 '새어나가는(leaking)' 현상

2) 원인

주로 신호를 유한한 길이로 자르거나(windowing) 샘플링 진동수와 신호 진동수가 일치하지 않을 때 발생

3) 영향

스펙트럼 분석의 정확도를 떨어뜨리고, 실제로 존재하지 않는 진동수 성분을 보이게 만듬

4) 해결

윈도우 함수, 제로 패딩, 보간 기법을 사용하여 누설을 줄임

MATLAB/PYTHON: 1.4.6 진동가속도의 옥타브 대역 분석 (ch01_oct3, oct3dsgn)

연행하중에 의한 구조물의 수직방향 진동가속도를 0.02초 간격으로 다음과 같이 계측하였다 (acc120km.dat). $\frac{1}{3}$ 옥타브 대역으로 나타내어라.

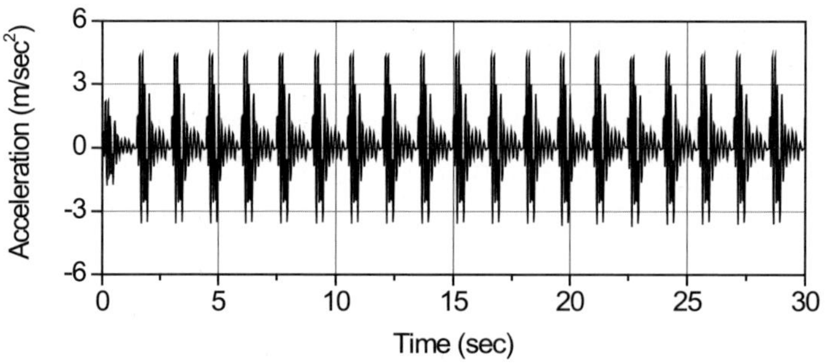

[풀이]

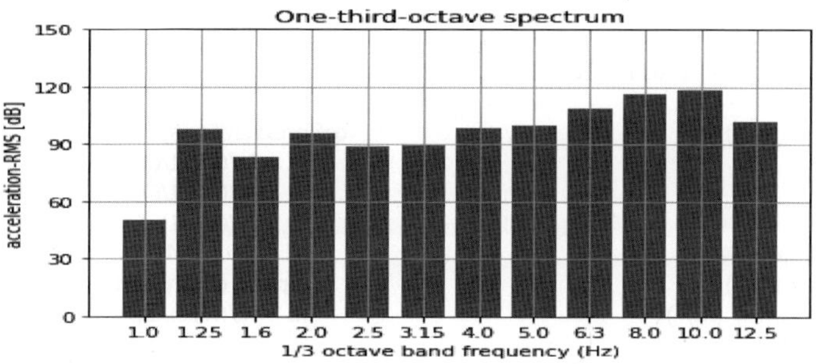

• MATLAB

```
xt = load('acc120km.dat');
dt = 0.02;
Fs = 1/dt;        % Sampling Frequency
No = 3;           % Order of filters
FL = [1.0  1.25   1.6, ...
      2.0   2.5  3.15, ...
      4.0   5.0   6.3, ...
      8.0  10.0  12.5]';       % Preferred labeling freq.
Fc = (1000./(2^(1/3)).^[(30-0):-1:(30-14)])';% Exact center fq.
RMSw = zeros(12,1);
[ms,ns] = size(xt);
%
% Implement filters to compute RMS in 1/3-oct. bands
%
for j = 3:-1:0
%
   idxl=j*3+1;           %idx to lower  filter
   idxc=j*3+2;           %idx to center filter
   idxu=j*3+3;           %idx to upper  filter
%
   [Bl,Al] = oct3dsgn(Fc(idxl),Fs,No); % last lower  1/3-oct.
   [Bc,Ac] = oct3dsgn(Fc(idxc),Fs,No); % last center 1/3-oct.
   [Bu,Au] = oct3dsgn(Fc(idxu),Fs,No); % last upper  1/3-oct.
%
   y = filter(Bl,Al,xt);
   RMSw(j*3+1) = sum(y.^2)/ms;
   y = filter(Bc,Ac,xt);
   RMSw(j*3+2) = sum(y.^2)/ms;
   y = filter(Bu,Au,xt);
   RMSw(j*3+3) = sum(y.^2)/ms;
end
%
% Convert to decibels.
%
ref = 1e-6; % Ref acceleration for dB scale (ISO R1683)
idx = (RMSw >0);
RMSw(idx) = 20*log10(RMSw(idx)/ref);
%
% Generate the plot
%
bar(RMSw);
title('One-third-octave spectrum')
xlabel('1/3 octave band frequency (Hz)');
ylabel('acceleration-RMS [dB]');
set(gca,'XTick',[1:1:12]);        % Frequency label
set(gca,'XTickLabel',FL(1:1:12));  % MATLAB 4.1c
---------------------------------------------
function [B,A] = oct3dsgn(Fc,Fs,N)
  f1 = Fc/(2^(1/6));
  f2 = Fc*(2^(1/6));
  Qr = Fc/(f2-f1);
  Qd = (pi/2/N)/(sin(pi/2/N))*Qr;
  alpha = (1 + sqrt(1+4*Qd^2))/2/Qd;
  W1 = Fc/(Fs/2)/alpha;
  W2 = Fc/(Fs/2)*alpha;
  [B,A] = butter(N,[W1,W2]);
```

• PYTHON

```
import matplotlib.pyplot as plt
import numpy as np
from scipy.signal import lfilter

import oct3dsgn as oc
#
xt = np.loadtxt('acc120km.dat')
dt = 0.02;
Fs = 1/dt;          # Sampling Frequency
No = 3;             # Order of filters
FL =([[1.0, 1.25,  1.6],
     [2.0,  2.5, 3.15],
     [4.0,  5.0,  6.3],
     [8.0, 10.0, 12.5]]);       # Preferred labeling freq.
FL = np.array([1.0, 1.25, 1.6, 2.0,  2.5, 3.15, # Preferred
labeling freq.
               4.0,  5.0, 6.3, 8.0, 10.0, 12.5]).reshape(-1, 1)
Fc = (1000./(2**(1/3))**np.arange(30,30-12,-1)).reshape(-1, 1)
# Exact center freq.
RMSw = np.zeros((12, 1))
ms = xt.shape[0] # No. of rows
#
# Implement filters to compute RMS in 1/3-oct. bands
#
for j in range(3,int(3-12/3),-1):
#
    idxl = j*3    # idx to lower filter
    idxc = j*3+1  # idx to center filter
    idxu = j*3+2  # idx to upper filter
#
    Bl,Al = oc.oct3dsgn(Fc[idxl],Fs,No) # lower 1/3-oct. band
    Bc,Ac = oc.oct3dsgn(Fc[idxc],Fs,No) # center 1/3-oct. band
    Bu,Au = oc.oct3dsgn(Fc[idxu],Fs,No) # upper 1/3-oct. band
#
    y = lfilter(Bl,Al,xt,axis=0)
    RMSw[j*3  ] = np.sum(y**2, axis=0)/ms
    y = lfilter(Bc,Ac,xt,axis=0)
    RMSw[j*3+1] = np.sum(y**2, axis=0)/ms
    y = lfilter(Bu,Au,xt,axis=0)
    RMSw[j*3+2] = np.sum(y**2, axis=0)/ms
```

```
#
# Convert to decibels.
#
ref = 1e-6  # Reference acceleration for dB scale (ISO R1683)
idx = RMSw > 0
RMSw[idx] = 20*np.log10(RMSw[idx]/ref)
#
# Generate the plot
#
plt.bar(np.arange(1,13), RMSw[:,0])
plt.title('One-third-octave spectrum')
plt.xlabel('1/3 octave band frequency (Hz)')
plt.ylabel('acceleration-RMS [dB]')
plt.xticks(np.arange(1,13), FL[:,0])  # Frequency label
plt.ylim(0, 150); plt.yticks(np.arange(0, 150.1, 30))
plt.grid(True)
plt.show()
---------------------------------------------
import numpy as np
from scipy.signal import butter

def oct3dsgn(Fc,Fs,N):
    f1 = Fc/(2**(1/6))
    f2 = Fc*(2**(1/6))
    Qr = Fc/(f2-f1)
    Qd = (np.pi/2/N)/(np.sin(np.pi/2/N))*Qr
    alpha = (1 + np.sqrt(1+4*Qd**2))/2/Qd
    W1 = Fc/(Fs/2)/alpha
    W2 = Fc/(Fs/2)*alpha
    B,A = butter(N,[W1,W2],btype='bandpass')
    return B,A
```

MATLAB/PYTHON: 1.4.7 주요 필터 함수: freqs, freqz, filter (ch01_filter)

- freqs: 진동수영역: $H = \text{freqs}(b, a, w)$

여기서 H = 아날로그 필터의 진동수 응답(frequency response of analog filters), b = 분자의 계수 벡터, a = 분모의 계수 벡터, w = 진동수

이론

아날로그 필터의 라플라스 변환(즉, 복소 진동수 응답) $H(j\omega)$는 다음과 같다.

$$H(s) = \frac{B(s)}{A(s)} = \frac{b(1)s^n + b(2)s^{n-1} + \cdots + b(n+1)}{a(1)s^m + a(2)s^{m-1} + \cdots + a(m+1)}$$

[예제]

다음과 같은 전달함수의 진동수 응답을 아날로그 필터를 사용하여 나타내라.

$$H(s) = \frac{0.2s^2 + 0.3s + 1}{s^2 + 0.4s + 1}$$

- MATLAB

```
a = [1 0.4 1]';
b = [0.2 0.3 1]';
w = (0:0.05:10)';
H = freqs(b,a,w);
mag = abs(H);
phase = angle(H);
```

- PYTHON

```
import numpy as np
from scipy import signal

a = np.array([1, 0.4, 1])
b = np.array([0.2, 0.3, 1])
w = np.arange(0, 10.05, 0.05)
w, H = signal.freqs(b, a, w)
mag = abs(H)
phase = np.angle(H)
```

[결과]

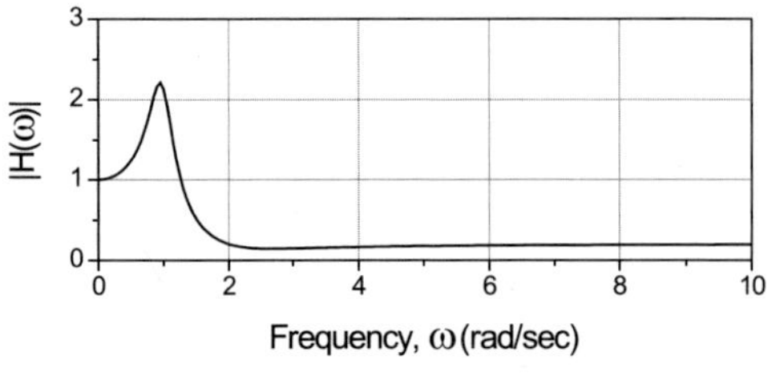

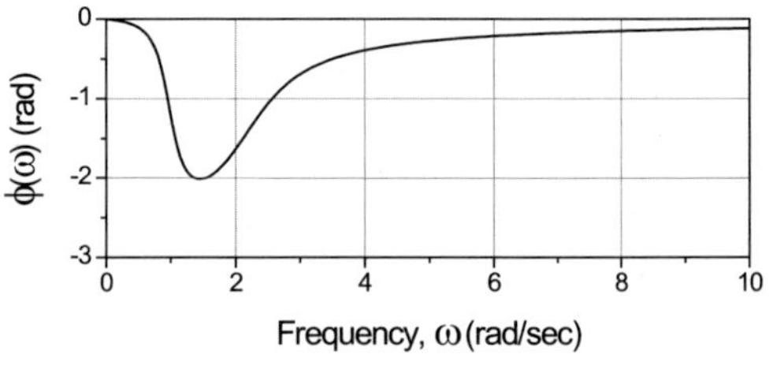

• freqz: 진동수영역: $H\ =\ \text{freqz}(b,a,w)$

여기서 H = 디지털 필터의 진동수 응답(frequency response of digital filters), b = 분자의 계수 벡터, a = 분모의 계수 벡터, ω = 진동수, $(0 \leq \omega \leq 2\pi)$

[이론]

디지털 필터의 z 변환(즉, 복소 진동수 응답) $H(j\omega)$는 다음과 같다.

$$H(z) = \frac{B(z)}{A(z)} = \frac{b(1)+b(2)z^{-1}+\cdots+b(nb+1)z^{-nb}}{a(1)+a(2)z^{-1}+\cdots+a(na+1)z^{-na}}$$

[예제]

5차 및 10차의 'Butterworth 필터'을 사용하여, 진동수영역 $0 \leq \omega \leq 2\pi$ 에서 $f_l = 0.2\pi$인 저역통과필터

• MATLAB

```
w = (0:pi/200:pi)';
n = 5; % order n
[b,a] = butter(n,0.2);
H = freqz(b,a,w);
mag = abs(H);
phase = unwrap(angle(H));
```

• PYTHON

```
import numpy as np
from scipy.signal import butter, freqz

w = np.arange(0, np.pi + np.pi/200, np.pi/200)
n = 5
b, a = butter(n, 0.2, btype='low', fs=None)
w, h = freqz(b, a, w)

mag = np.abs(h)
phase = np.unwrap(np.angle(h))
```

[결과]

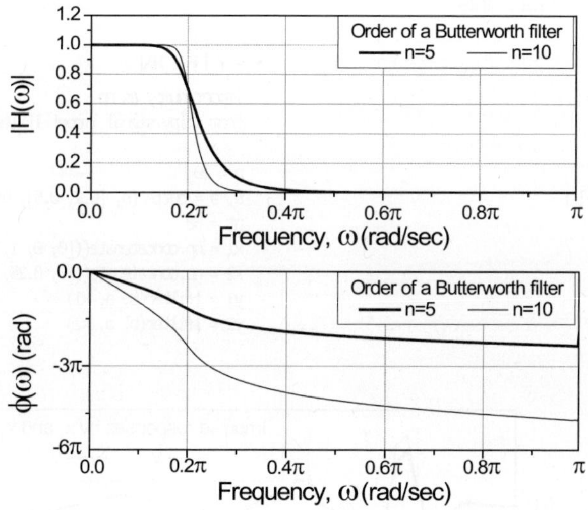

• filter: 시간영역: $y\ =\ \text{filter}(b,a,x)$

여기서 y = 필터 처리된 출력 데이터, b = 계수 벡터, a = 계수 벡터, x = 필터 처리되지 않은 입력 데이터

[이론]

$$y(n) = b(1)x(n) + b(2)x(n-1) + \cdots + b(nb+1)x(n-nb) \\ -a(2)y(n-1) - \cdots - a(na+1)y(n-na)$$

위 필터 변환에 해당하는 z변환(즉, 복소 진동수 응답)은 다음과 같다.

$$Y(z) = \frac{b(1)+b(2)z^{-1}+\cdots+b(nb+1)z^{-nb}}{1+a(2)z^{-1}+\cdots+a(na+1)z^{-na}}X(z)$$

[예제]

다음과 같은 데이터의 개수가 50인 2개의 충격하중(impulse loads)이 있다. 여기서 두 개의 충격하중의 충격량(impulse, $\mathbf{I} = \int \mathbf{F}dt$)은 동일하다. 위의 충격 하중이 다음과 같은 특성을 갖는 필터를 통과했을 때의 충격응답(impulse responses) 을 구하라. 여기서 필터는 10차의 Butterworth 필터설계를 사용하였으며, $0.1f_c$~$0.5f_c$구간을 통과하는 대역통과필터이다. 또한, f_c는 '샘플 진동수(sample frequency)'의 $\frac{1}{2}$이며, 'cutoff 진동수(cutoff frequency)' 또는 'Nyquist 진동수(Nyquist frequency)'라고 한다.

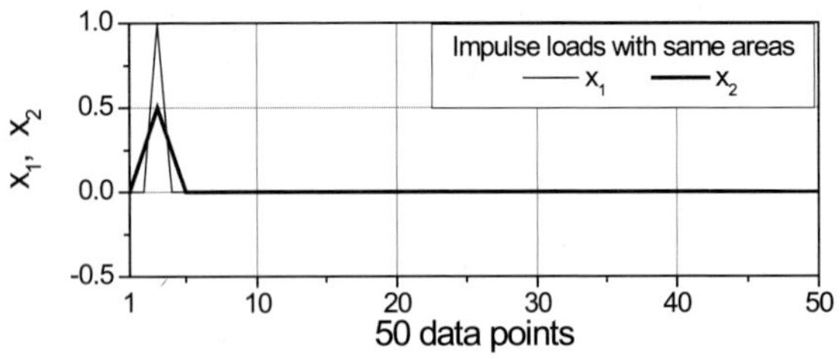

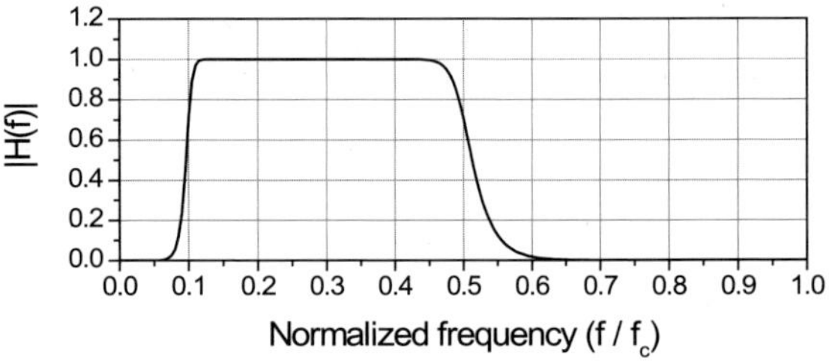

• MATLAB

```
n = 10; % order n
[b,a] = butter(n,[0.1 0.5]);
nt = 50; % size of x1,x2
x1 = [1 zeros(1,nt-1)]';
x2 = [0.5  0.25  zeros(1,nt-2)]';
y1 = filter(b,a,x1);
y2 = filter(b,a,x2);
```

• PYTHON

```
import numpy as np
from scipy.signal import lfilter

n = 10
b, a = butter(n, [0.1, 0.5], btype='bandpass')
nt = 50
x1 = np.concatenate(([0, 0, 1, 0], np.zeros(nt-4)))
x2 = np.concatenate(([0, 0.25, 0.5, 0.25], np.zeros(nt-4)))
y1 = lfilter(b, a, x1)
y2 = lfilter(b, a, x2)
```

[결과]

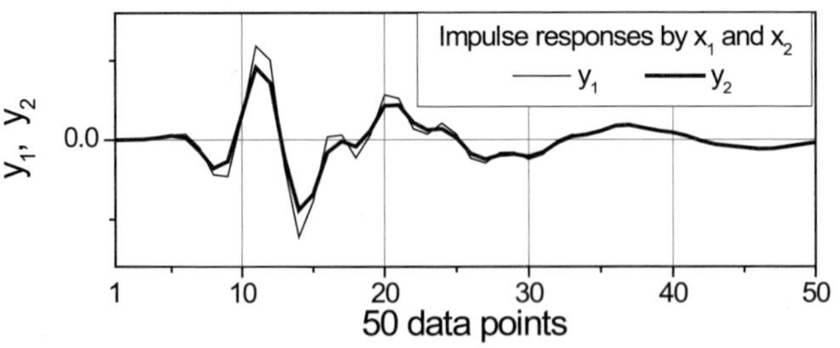

[참조]

$X_1(f) = \mathcal{F}\{x_1(t)\}$ 및 $X_2(f) = \mathcal{F}\{x_2(t)\}$을 다음 그림에 나타냈다. 즉, $X_2(f)$는 $X_1(f)$에 비해 고진동수 성분이 작으며, 이로 인해 $x_2(t)$는 $x_1(t)$에 비해 응답이 작게 나타났다. 따라

서 구조물의 동적 해석시에 구조물의 동적특성(즉, 필터특성)을 고려하여 시간간격(dt)를 적절히 선정하여야 한다.

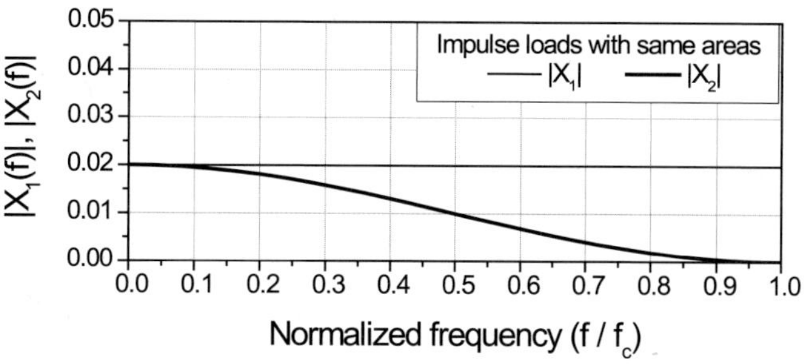

인물: 푸리에(Fourier), 오일러(Euler), 아르강(Argand)

• 푸리에 [1768.03.21 ~ 1830.05.16]

수학자 ·수리과학자. 원어명 : Jean Baptiste Joseph, Baron de Fourier

국적 : 프랑스 활동분야 : 수학, 수리과학

출생지 : 프랑스 오제르

프랑스 오제르 출생. 8세 때에 고아가 되어, 베네딕투스파(派)의 성직자에게 맡겨져 양육되었는데, 군인이 되는 학교에 입학하였다. 신분상의 장애 때문에 군인이 되는 길을 단념하고 성직에 뜻을 두었다. 그러나 1789년 혁명이 일어나자 다시 뜻을 바꾸어 1794년 나폴레옹 집권하에 설립된 사범학교 교사가 되었고, 이어 고등이공학교에서 수학을 강의하였다. 1798년 나폴레옹의 이집트 침공에 수행하였다가 나폴레옹이 귀국한 후에도 카이로에 체류하여 행정관으로서의 공적을 인정받았다. 1801년 귀국한 후 이제르현(縣)의 지사로 임명되었고, 그르노블에서 살았다. 그곳에서 행정업무를 수행하는 한편, 열전도론(熱傳導論)을 연구하여 1807년 '열의 해석적 이론'을 제출하였고, 1812년 프랑스 학사원의 대상(大賞)을 획득하였다. 1822년 완성된 이 이론에는 '푸리에의 정리'가 포함되어 있으며, '푸리에급수'의 전개에 따라서 그 후의 수리물리학 발전에 크게 공헌하였다. 1816년 프랑스 학사원 회원으로 추천되었다. 또 실계수방정식의 해법에 관한 연구로도 알려져 있다. <출처: 네이버 백과사전>

• 오일러 [Euler, Leonhard, 1707.04.15 ~ 1783.09.18]

수학자·물리학자. 국적 : 스위스

활동분야 : 수학, 물리학 출생지 : 스위스 바젤

바젤 출생. 주로 독일·러시아의 학사원을 무대로 활약하였고, 해석학의 화신(化身), 최대의 알고리스트(algorist:數學者) 등으로 불렸다. 그의 연구는 수학·천문학·물리학뿐만 아니라, 의학·식물학·화학 등 많은 분야에 광범위하게 걸쳐 있다. 처음에는 목사가 되기 위하여 바젤대학에서 신학과 헤브라이어를 공부하였으나, 수학에서 J.베르누이의 관심을 끌어 곧 D.베르누이, N.베르누이와 사귀었다. 이와 같이 베르누이가(家) 사람들의 조언과 상트페테르부르크학사원에 간 베르누이 형제의 소개로, 처음에는 그 학사원의 의학부에 이어서 수학부에 적을 두었다. 1740년 프리드리히대왕의 초청을 받아 베를린으로 이주하였다. 그 후 24년간 베를린학사원의 수학부장으로서 연구에 몰두하였으나 점차 궁정에서의 인기가 떨어져 다시 예카테리나 여제(女帝)의 청을 받자 1766년에 상트페테르부르크로 돌아왔다. 후에 시력을 잃고 장님이 되었으나 천부적인 기억력과 강인한 정신력으로 연구를 계속하였다.

수학자로서의 연구를 시작한 시기는 뉴턴이 죽은 시기에 해당하여 해석기하학·미적분학의 개념은 갖추어져 있었으나 조직적 연구는 초보단계로 특히 역학·기하학의 분야는 충분한 체계가 서 있지 않았다. 이러한 미적분학을 발전시켜 《무한해석 개론 Introduction in Analysis Infinitorum》(1748) 《미분학 원리 Institutiones Calculi Differontial》(1755) 《적분학 원리 Institutiones Calculi Integrelis》(1768～1770), 변분학(變分學:극대 또는 극소의 성질을 가진 곡선을 발견하는 방법)을 창시하여 역학을 해석적으로 풀이하였다. 이 밖에도 대수학·정수론(整數論)·기하학 등 여러 방면에 걸쳐 큰 업적을 남겼다. 그 중에도 삼각함수의 생략기호(sin, cos, tan)의 창안이나 '오일러의 정리' 등은 널리 알려져 있다. 베를린 시대에 프리드리히 대왕의 질녀에게 자연과학을 가르치기 위하여 쓴 《독일 왕녀에게 보내는 편지》는 당시 계몽서로서 유명하였으며 7개 국어로 번역 출판되었다. <출처: 네이버 백과사전>

• 아르강 [Jean Robert Argand;1768-1822]

스위스 제네바 출생한 후 프랑스 파리에서 사망. 아르강은 파리에서 회계사로 근무한 아마추어 수학자였으며, 그의 배경과 교육과정에 대해 거의 알려진 바가 없다. 아르강은 전문적 수학자가 아니었으므로, 1809년 복소수에 대한 복소평면을 사용한 기하학적 해석을 출간할 때, 자신의 비용을 들여 개인적으로 책을 출간하였으나, 큰 주목을 받지는 못하였다. 오늘날 복소평면은 수학을 가르치는 대부분 학교에서 아르강의 이름으로 가르치고 있다.

이야기: 옥타브(octave)와 피타고라스(Pythagoras)

Oct-나 octo-라는 접두어는 8을 뜻한다. 예를 들어 octopus(다리가 8개인 문어), octave(8도 음점), octagon(8각형), octahedron(8면체) 등이 모두 8과 연관이 있다. 그런데 October는 왜 8월이 아닌 10월이고, decade(10년) 등 10을 뜻하는 접두어 dec-나 deca-를 갖는 December는 왜 10월이 아닌 12월일까? 로마황제 Julius Caesar(BC100-BC44)와 Augustus(BC63-AD14)가 각각 July와 August를 차지하면서, October와 December가 두 계단 밀려서 10월과 12월이 된다.

음의 높낮이는 연속적인 성질을 가진다. 이러한 높낮이를 악기로 구현하려면 몇 개의 이산적인 계단으로 만들어야 하는데, 그 계단의 수에 따라 5음계, 7음계, 12음계 등으로 음계를 구분하게 된다. 그런데 그 계단을 만드는 작업이 그리 쉬운 것은 아니다. 이 작업을 가장 먼저 한 사람으로 기원전 6세기 그리스 철학자 피타고라스(Pythagoras, BC582? ~ BC497?)가 있다.

하나의 현(또는 팽팽하게 당겨진 실)을 튕겼을 때를 생각하자. 만약 현의 길이를 반으로 줄여서 튕기면 소리는 어떻게 달라질까? 소리의 높고 낮음은 진동수(frequency)로 나타내는데, 이때 진동수는 2배가 된다. 즉, 현의 길이와 진동수는 서로 역수관계이다. 따라서 원래의 현의 진동수가 1 이면, $\frac{1}{2}$길이의 현의 진동수는 2가 된다. 그리고 이 두음은 1 옥타브의 차이가 난다고 말한다. 즉 원래 음이 도이면, 나중의 음은 8도 높은 도가 된다.

피타고라스는 현의 길이가 1, $\frac{2}{3}$, $\frac{1}{2}$이 될 때 나는 세 음이 가장 잘 어울린다는 사실을 발견하였다. 소리의 진동수는 현의 길이에 반비례하므로, 진동수가 1, $\frac{3}{2}$, 2일 때 세 음이 조화를 이루게 된다. 이러한 사실은 피타고라스가 아니더라도 음악에 관심이 있는 사람은 어렵지 않게 발견할 수가 있었을 것이다.

피타고라스는 두 음의 진동수가 2:1의 관계에 있을 때 공명이 가장 잘 되기 때문에 이를 1 옥타브 높은 같은 계명으로 정하였다. 피타고라스는 도, 레, 미, 파, 솔, 라, 시의 7개의 음을 선정하여, 진동수가 2배가 되는 음을 '높은 도'로, 진동수가 $\frac{3}{2}$배가 되는 음을 '도'보다 5도 높은 '솔'로 정하였다. 이렇게 되면 '도'는 진동수 1, '솔'은 진동수 $\frac{3}{2}$, '높은 도'는 진동수 2가 되므로, 나머지 각각의 음(레, 미, 파, 라, 시)에 해당되는 진동수는 '솔'에서 시작하여 5도 증가하거나(즉, 진동수를 $\frac{3}{2}$배 하거나), 1옥타브를 내려서(즉, 진동수를 $\frac{1}{2}$배 하여) 계산할 수 있다.

(출처: Frontispiece to Theorica Musice, Franchino Gafurio, 1492)

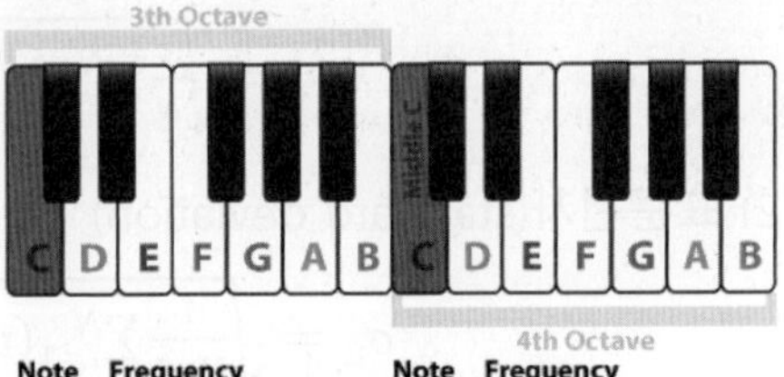

Note	Frequency	Note	Frequency
C3	130.81	C4	261.63
D3	146.83	D4	293.66
E3	164.81	E4	329.63
F3	174.61	F4	349.23
G3	196	G4	392
A3	220	A4	440
B3	246.93	B4	493.88

(출처: https://piano-music-theory.com/)

Note) 음계는 $\frac{1}{1}$ 옥타브대역으로 진동수 대역의 최고 진동수는 최저 진동수의 두 배(즉, $2^{\frac{1}{1}}$배)가 된다. 즉, 한 옥타브 올라가면 진동수가 $2^{\frac{1}{1}}$배 올라간다. 예를 들어 C3(도)에서 C4(도)로 한 옥타브 올리면, 진동수는 **130.81** Hz에서 **261.63** Hz로 2배 증가한다.

이야기: 각도의 단위: 라디안(radian)

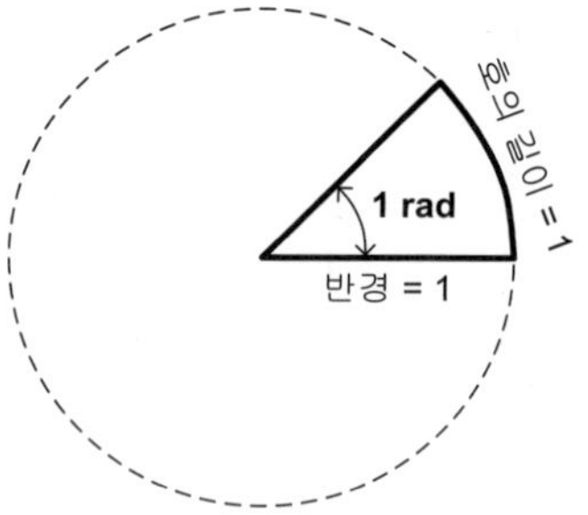

진동을 표현하기 위해 삼각함수가 매우 유용하게 사용되며, 삼각함수에 사용되는 각도의 단위로 라디안(radian)을 사용한 경우, 계산이 매우 간편해진다. 일반적으로 자주 사용하는 각도는 1회전을 360°로 하는 각도이다. 그런데 왜 360°라는 어중간한 수를 사용할까? 1회전을 360°로 하는 것은 관습으로, 본래는 1회전을 360°로 하든 100°로 하든 관계가 없다. 그러나 가능한 편리한 정의가 좋다.

각도(角度, angle)는 흔히 원호(圓弧)의 길이로 나타내기도 한다. 원 1회전의 각도는 360°이므로, 360°와 원둘레를 대응시키는 것이다. 예를 들어 원의 중심각이 60°인 부채꼴을 생각해 보자. 60°의 부채꼴은 원 전체의 $\frac{60}{360}$, 즉, $\frac{1}{6}$에 해당한다. 즉, 이 부채꼴의 호(弧, arc) 길이는 (원둘레× $\frac{1}{6}$)이 되며, 각도도 이 값으로 나타낸다.

그런데 이 방법을 사용하는 경우, 원의 반지름이 달라지면 같은 중심각이어도 값이 달라진다. 언제나 같은 반지름인 원을 사용해 측정할 필요가 있으므로, 반지름 1인 원을 사용해서 각도를 나타낸다. 이것을 '호도법(弧度法 또는 라디안법)'이라 한다. 여기에서 각도의 단위는 도(度; °; degree)가 아니라 '라디안(rad)'이다.

1회전 360°는 반지름 1인 원의 원둘레($2 \times 1 \times \pi = 2\pi$)에 해당하므로 2π rad라고 표현한다. 반회전(180°)은 원둘레의 절반 길이의 호에 대응해 π rad, 90°는 다시 그 절반인 $\frac{\pi}{2}$ rad이 된다. <참조: 파동의 사이언스, 뉴턴코리아, 2010; Wikipedia>

이야기: RMS값과 표준편차(σ)

(1) RMS값(root mean square value; 실효값)

$$u_{rms} = \sqrt{\frac{1}{T}\int_0^T u^2(t)dt}$$

$$= \sqrt{\frac{1}{N}\sum_{i=1}^{N} u_i^2}$$

(2) 표준편차(standard deviation)

$$\sigma_u = \sqrt{\frac{1}{N-1}\sum_{i=1}^{N}(u_i - \mu_u)^2}$$

(3) 비교

평균이 0인(즉, $\mu_u = 0$인) 이산자료로 구성된 표본의 경우에 RMS값과 표준편차는 산정절차에서 차이는 분모를 각각 N과 $N-1$을 사용하는 것뿐이다. 표준편차에선 N 대신에 $N-1$를 사용하는 이유는 작은 표본(sample)의 크기를 보정하기 위함이므로 표본의 크기가 클 경우 이 차이는 무시할 수 있다. 따라서 $\mu_u = 0$이고 N이 큰 이산 표본의 경우에 RMS값과 표준편차는 같다고 할 수 있다.

$$u_{rms} = \sigma_u$$

이야기: 지진가속도를 지진속도와 지진변위로 변환하기*

변위의 시간적 변화를 측정하기 위한 기준점(reference point, 움직이지 않는 고정점)을 설정하기 어렵기 때문에, 가속도의 시간적 변화를 계측한 후, 두 번 적분하여 변위를 산정할 수 있다. 그러나 계측오차를 포함한 가속도를 두 번 적분하여 변위로 변환할 경우, 변위는 두 번의 적분변환에 따른 증폭된 추가 오차를 포함하게 된다. 따라서 이러한 가속도 계측에 따른 오차를 줄이기 위해 현재의 지진계측기는 내부적으로 속도를 계측한 후, 한 번 미분하여 가속도로 변환하는 가속도계와, 한 번 적분하여 변위로 변환하는 변위계를 주로 사용한다.

[방법 1] Fourier 변환을 사용하여 가속도를 속도와 변위로 변환

이 방법을 적용하는 절차는 다음 순서도와 같다. 여기서 $H_2(\omega)$는 가속도를 적분함으로써 속도와 변위에서 발생하는 기저선 이동(baseline drift)을 보정하기 위한 필터이다(Penzien 등, 2010). 이외에서 기저선 보정(baseline correction) 방법으로 코사인 보정 등을 사용할 수도 있다. 이 알고리즘을 사용하여 El Centro 지진가속도를 속도와 변위로 변환하면 다음과 같다.

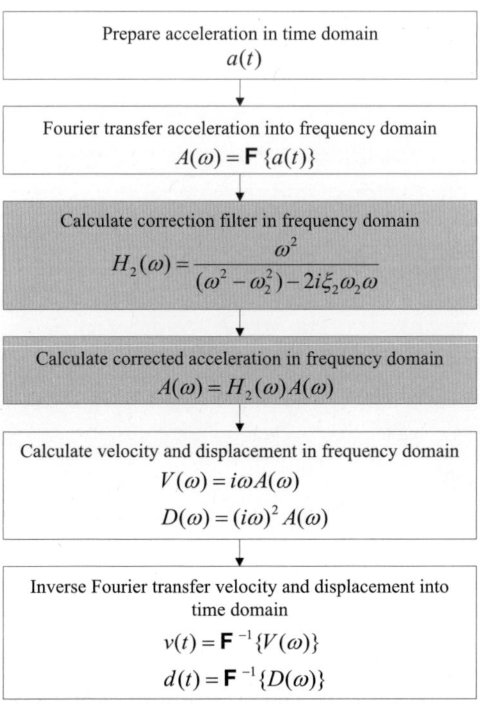

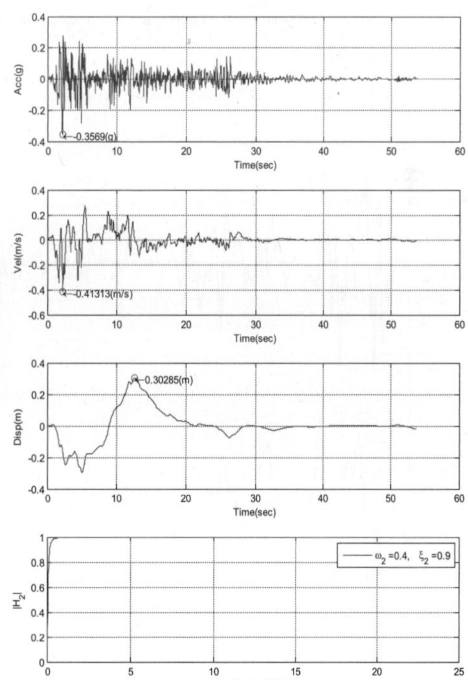

---

* [link] 홈페이지 S/W인 'AVD (Acceleration-Velocity-Displacement)'에서 Fourier 방법을 사용할 수 있다.
[link] 홈페이지 공학공식집(Engineering Formula)에서 직접 적분 방법을 사용할 수 있다.

엘센트로지진에 대해 홈페이지 S/W인 'AVD (Acceleration-Velocity-Displacement)'를 실행한 결과

[방법 2] 가속도를 직접 적분하여 속도와 변위로 변환

이 방법은 적분상수로 인한 "편향(bias)"이 발생한다. 이를 방지하기 위해 다음과 같은 저역통과필터(low pass filter)와 고역통과필터(high pass filter)를 순차적으로 적용한 "대역통과필터(band pass filter)"를 사용할 수 있다.

$$y[i] = \alpha_{low} \cdot x[i] + (1 - \alpha_{low}) \cdot y[i-1] \qquad : \text{저역통과필터}$$

$$y[i] = \alpha_{high} \cdot \{y[i-1] + x[i] - x[i-1]\} \qquad : \text{고역통과필터}$$

여기서

$y[i], y[i-1]$ = 현재와 이전 필터링된 값 (출력 신호)

$x[i], x[i-1]$ = 현재와 이전 입력 값 (원 신호)

$\alpha_{low} = \frac{RC_{low}}{RC_{low}+\Delta t}, RC_{low} = \frac{1}{2\pi f_{low}}$: 저역통과필터의 필터계수

$\alpha_{high} = \frac{RC_{low}}{RC_{high}+\Delta t}, RC_{high} = \frac{1}{2\pi f_{high}}$: 고역통과필터의 필터계수

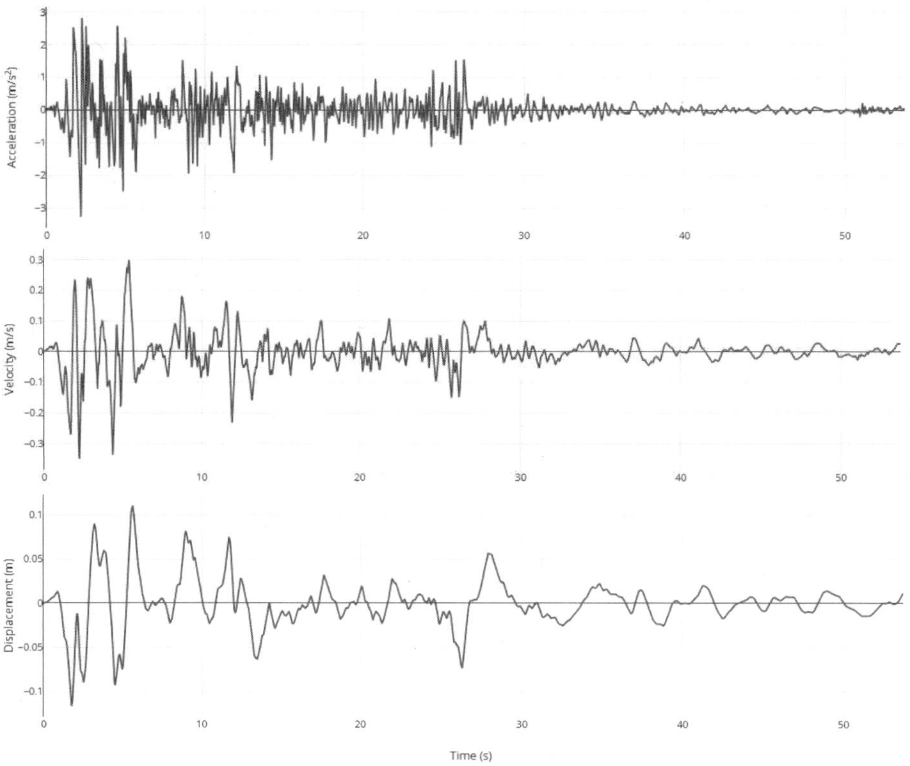

엘센트로지진에 대해 홈페이지 공학공식집(Engineering Formula)을 실행한 결과(필터 대역 0.2~50Hz)

연습문제: 제1장 개론

1.1 구조동역학을 배우는 이유?

• 1.1.1 진동과 구조동역학 (소음진동기술사, 2011)
접촉공진에 대하여 설명하라.

1.2 동적 해석이 정적 해석과 다른 점?

• 1.2.2 시간 변동 하중 (기술사, 건축구조, 2014)
시간의 변동성에 따른 하중의 종류를 분류하고 설명하라.

1.3 운동방정식의 근간은 하나!

• 1.3.5 등가강성 (토목구조기술사, 2012)
질량 m인 물체가 2개의 선형스프링($k_1 = k, k_2 = 2k$)에 의해 양단고정점 사이에 지지되어 있는 경우, 질량 m의 평형위치 y를 스프링 상수 k의 항으로 계산하라. (단, 변형 발생전 스프링의 길이는 k_1, k_2에 대해 각각 l_1, l_2로 가정한다.)

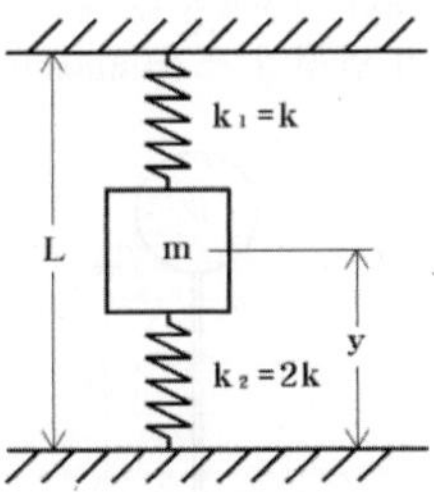

• 1.3.5 운동방정식 (공무원 7급, 2017)
그림과 같이 길이 L인 단순보의 중앙에 질량이 m인 물체가 매달려 있다. 시스템 (A)에서는 보가 스프링과 물체의 가운데에 연결되어 있고, 시스템 (B)에서는 물체가 보의 중앙에 매달린 스프링의 끝에 연결되어 있다. 두 시스템의 고유진동수 비($\omega_A : \omega_B$)는? (단, 보와 모든 스프링의 자중은 무시하며, 보의 휨강성은 EI이고, 물체의 질량 m과 스프링 상수 k는 두 시스템의 경우 모두 동일하며, 스프링 상수 $k = 24EI/L^3$이다)

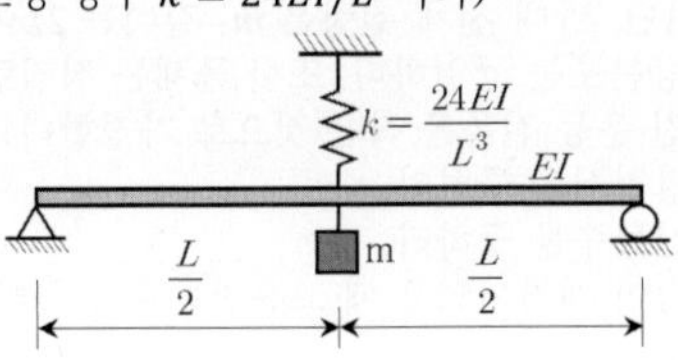

(A)

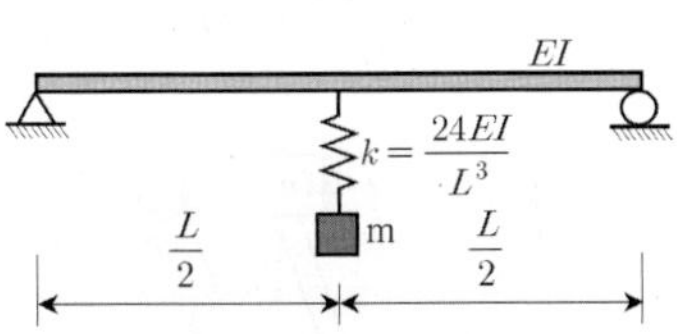

(B)

• 1.3.5 운동방정식 (토목구조기술사, 2007)
다음 구조물의 고유진동수와 고유주기를 구하라. (단, $k_1 = 100\ \text{N/cm}$, $W = 2{,}000\text{N}$, $E = 21{,}000\text{MPa}$, 중력가속도 $g = 9.81\ \text{m/sec}^2$, 보의 자중은 무시)

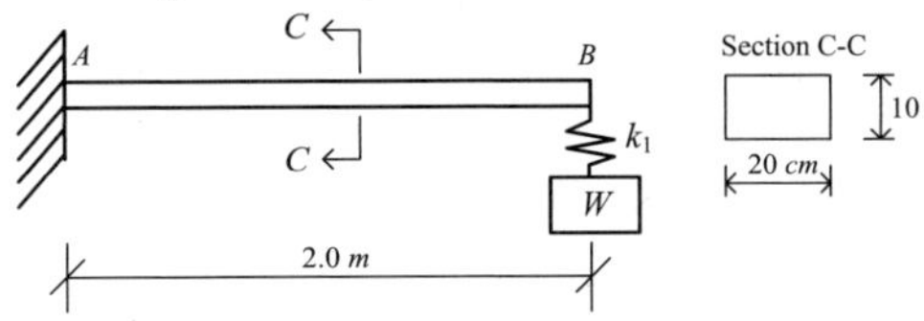

• 1.3.5 운동방정식 (건축구조기술사, 2015)
다음 구조물의 고유진동수 및 주기를 구하라. (단, 부재의 질량은 무시함)

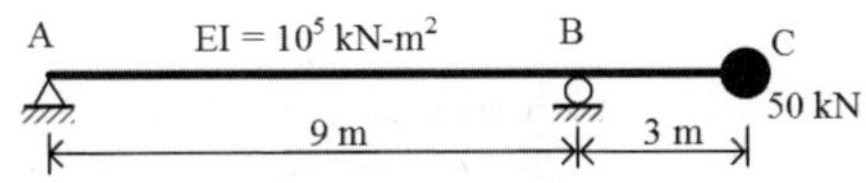

• 1.3.5 운동방정식
다음 구조물의 고유진동수 및 주기를 구하라. (단, 부재의 질량은 무시함)

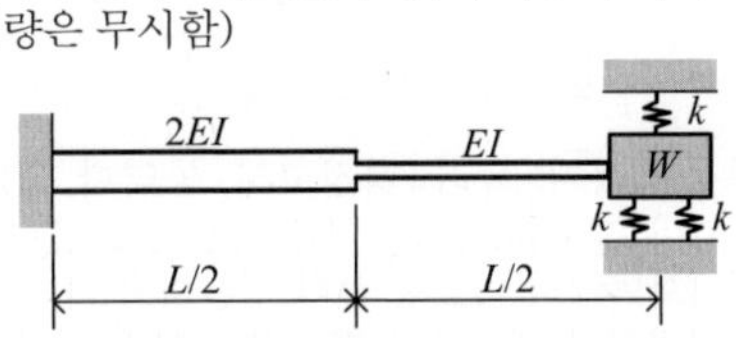

• 1.3.5 강선 보강 구조물의 등가강성
다음과 같은 강선 보강 구조물의 횡방향 등가강성을 구하라. 여기서 가로보는 휨강성이 $EI_b = \infty$인 강체이며 질량은 m이고, 기둥은 휨강성이 EI_c이며 질량은 무시하고, 강한 힘으로 프리텐션(T) 되어 있는(즉, 횡방향 거동 시 2개의 강선이 모두 구조물의 등가강성에 영향을 미침) 강선은 인장 강성이 EA이며 질량은 무시한다.

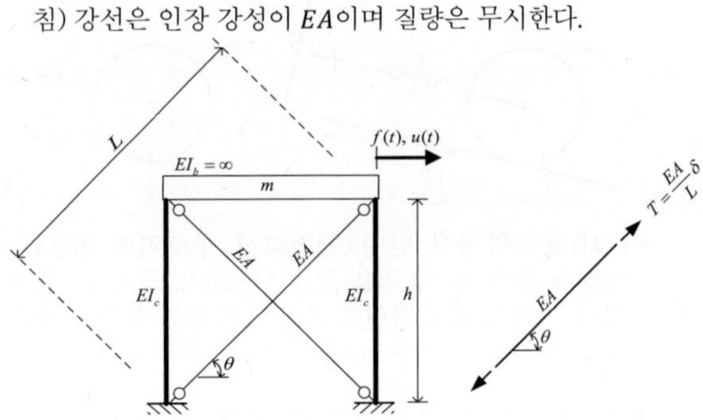

• 1.3.5 단자유도계의 등가질량
다음과 같이 질량이 m인 구조물에 질량 M이 매달려 있는 시스템이 있다. 이 시스템을 단자유도계로 모델링하고자 할 때, 단자유도계의 등가질량(m_e)과 고유진동수를 구하라. 여기서 구조물의 등가강성(k_e)은 $48EI/L^3$이고, 가운데 집중하중을 받는 보의 변위는 다음과 같다.

$$u_b = u\left\{3\frac{x}{L} - 4\left(\frac{x}{L}\right)^3\right\}, \qquad 0 \le x \le \frac{L}{2}$$

$$m_e\ddot{u}(t) + k_e u(t) = f(t)$$

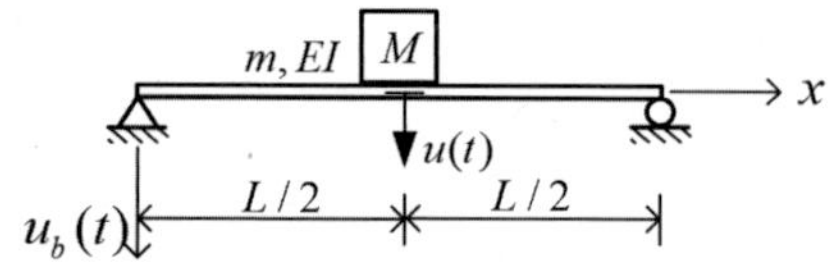

• 1.3.5 운동방정식: 롤러 (행정고시, 동역학, 2014)
그림과 같이 질량 10 kg, 직경 1 m인 균질 원통과 질량 6 kg, 길이 1 m인 균일한 가는 막대, 그리고 질량 4 kg인 질점이 서로 고정되어 하나의 강체를 이루고 있다. 이 강체는 A점을 통과하는 축에 대하여 회전이 가능하고, 막대의 중점에는 800 N/m의 강성을 가지는 선형스프링이 부착되어 있다. 그림과 같은 수평 위치에서 스프링의 힘과 중력은 정적인 평형을 이루고 있다. 다음 물음에 답하라. (단, 모든 마찰과 감쇠는 없다)
1) A점을 통과하는 회전축에 대한 이 강체의 질량관성 모멘트를 구하라.
2) 이 강체의 미소 각운동에 대한 고유진동주기를 구하라.

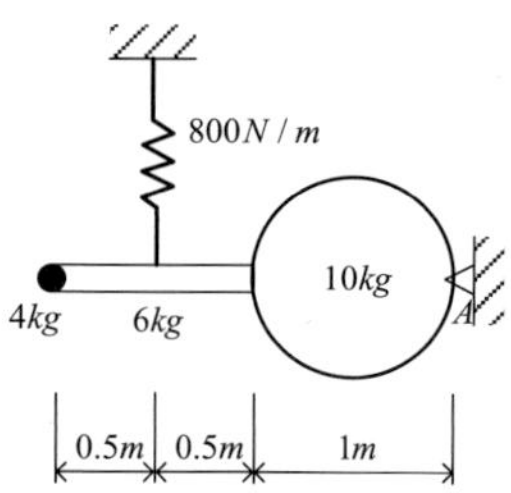

• 1.3.5 운동방정식: 롤러 (행정고시, 동역학, 2013)
그림과 같이 질량 m, 반경 r인 균질한 원통이 스프링에 매달려 경사면에서 미끄럼 없이 구른다고 가정한다. 원통을 정적평형 상태로부터 경사면을 따라 u_o만큼 아래로 당겼다가 놓는다고 할 때, 다음 물음에 답하라.
1) 정적평형 위치로부터의 변위를 u라고 할 때, 원통의 운동방정식을 u의 미분방정식으로 구하라.
2) 진동의 주기를 구하라.
3) 원통 중심 A의 최대 속도를 구하라.

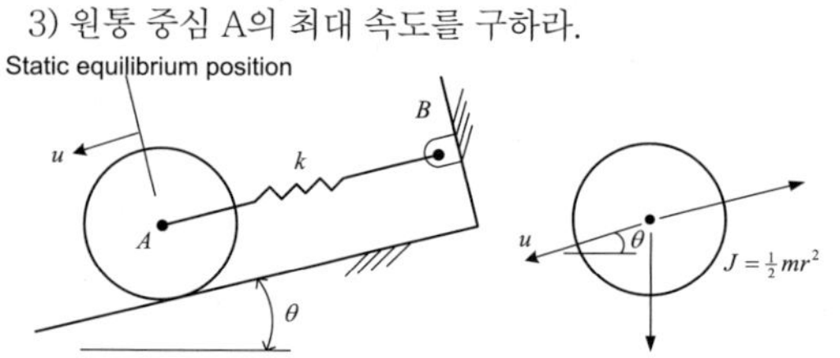

• 1.3.5 운동방정식: 안정 (행정고시, 구조역학, 2014)
아래와 같이 회전운동을 하는 단자유도 구조시스템이 있다. 여기서 강체 막대의 끝에 달려 있는 볼의 무게는 W, 강체막대의 길이는 L이다. 지점 O에는 회전강성 k_θ의 회전스프링이 연결되어 있으며, 지점 O로부터 a만큼 떨어진 곳에 강성 k의 스프링이 연결되어 있다. 이 구조시스템이 작은 회전각을 가지고 조화운동을 한다고 가정할 때, 에너지법을 이용하여 다음 물음에 답하라. (단, 중력가속도는 g이고, 구조계의 감쇠효과 및 스프링과 강체 막대의 질량은 무시한다)
1) 회전운동에 대한 각진동수를 계산하라.
2) 구조시스템이 안정일 조건(stability condition)을 설명하라.

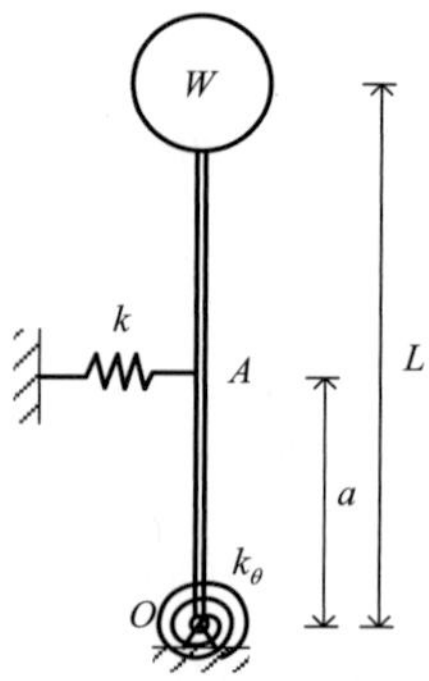

• 1.3.5 운동방정식: 안정
다음과 같이 강체 막대 OA, OB, OC가 강결되어 지점 O를 중심으로 회전운동을 하는 단자유도 구조시스템이 있다. 여기서 각 강체 막대의 길이는 L이고, 강체 막대 OA와 OB의 끝에는 강성 k의 스프링이 연결되어 있고, 강체 막대 OC의 끝에 달려 있는 볼의 무게는 W이다. 이 구조시스템이 작은 회전각을 가지고 조화운동을 한다고 가정할 때, 에너지법을 이용하여 다음 물음에 답하라. (단, 중력가속도는 g이고, 구조계의 감쇠효과 및 스프링과 강체 막대의 질량은 무시한다.)
1) 회전운동에 대한 각진동수를 계산하라.
2) 구조시스템이 안정일 조건(stability condition)을 설명하라.

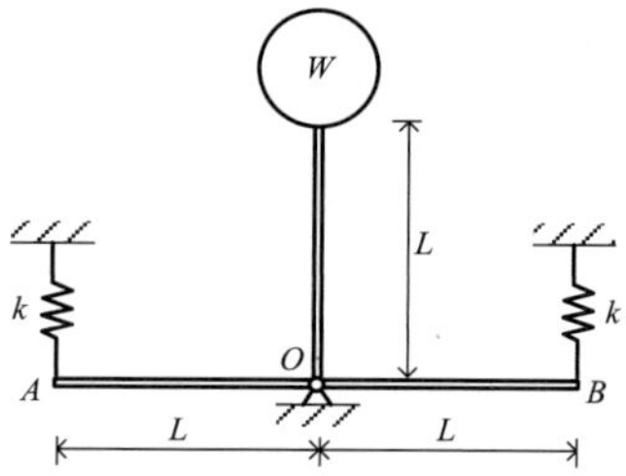

• 1.3.5 운동방정식 (행정고시, 동역학, 2014)
아래 그림과 같이 점 O를 중심으로 회전하는 강체 막대 상부 끝에 스프링 상수 k를 갖는 스프링이 연결되어 있으며, 하부 끝에는 질량 M을 갖는 물체가 연결되어 있다. 수직선과 막대가 이루는 각 θ가 0일 때, 스프링의 변형은 없으며, 스프링과 막대는 직각을 이룬다. 다음 물음에 답하라. (단, 막대 전체 질량은 m, 길이는 $2L$이며, 길이 방향 질량분포는 균일하다. 또한 물체는 점질량으로, 막대의 회전 운동 진폭은 작은 것으로 가정한다)
1) 운동방정식을 구하라.
2) 고유진동수를 구하라.
3) 스프링이 제거되었을 때 고유진동수를 구하라.

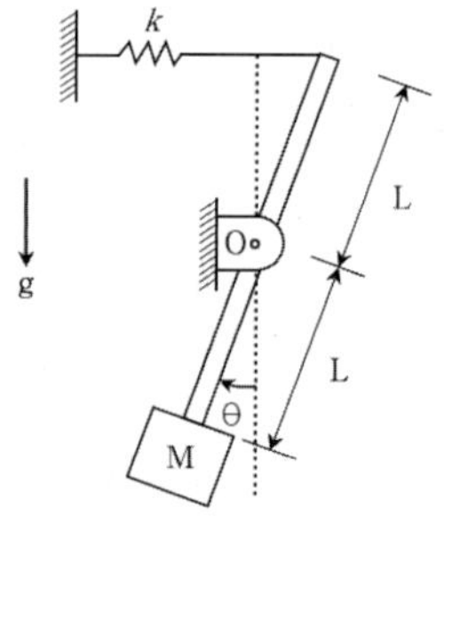

1.4 동적 계측자료를 보는 방법?

- 1.4.2 변위, 속도, 가속도 (소음진동기술사, 2011)
  정현파 형태의 진동 변위가 $\mathrm{A}\sin\left(\omega t+\frac{\pi}{2}+\phi\right)+k$일 때 속도와 가속도를 구하라.

- 1.4.5 RMS값 (소음진동기술사, 2013)
  $\theta=\theta_0\sin\omega t$일 때, $\sqrt{\frac{1}{T}\int_0^T\theta^2dt}$를 구하고, 그 의미를 설명하라.

DYNAMICS OF STRUCTURES

제2장 단자유도계

제2장

단자유도계

2.1 자유진동과 구조물의 동적 특성?

2.1.1 자유도

구조물의 자유도(DOF; degree of freedom, 自由度)란 구조물의 운동이 자유로운(free) 정도(degree)를 의미한다. 구조물의 모델링 과정에서 자유도는 구조물의 운동을 표현하는데 필요한 독립된(independent) 응답성분의 개수이다. 예를 들어 질점(質點; particle)* 의 3차원 공간에서 이동하는 운동을 표현하기 위해서는 x, y, z방향으로 각각 1개의 이동변위 성분이 필요하므로 3자유도가 필요하며, 회전운동도 가능한 강체(rigid body)의 3차원 운동을 표현하기 위해서는 x, y, z방향으로의 각각 1개의 이동변위 성분과 회전변위 성분이 필요하므로 6자유도가 필요하다.

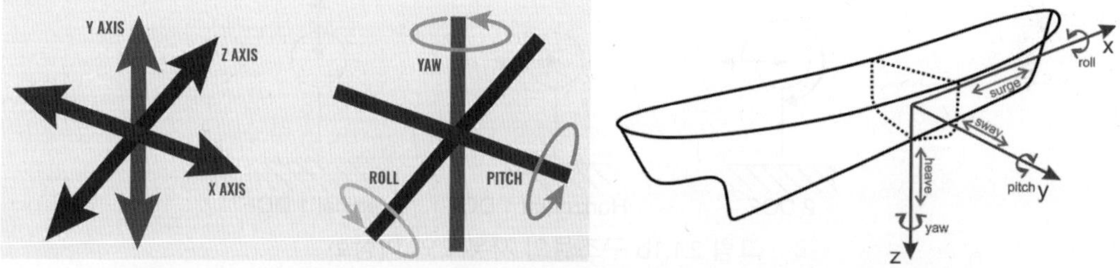

그림 2.1.1a 강체의 6자유도 운동과 예 (출처: www.worldmaritimeaffairs.com)

초기설계나 해석단계에서 구조물을 적절히 이상화하고, 적은 자유도로 모델링하여 구조물의 기본적인 동적 특성을 파악하는 것은 매우 중요한 일이다. 이 때 주로 고려하여야 할 사항은 구조물의 형태와 하중과 응답의 위치 등이다. 질점이나 강체가 아닌 복잡한 연속체 구조물을 해석할 경우에는 연속체 구조물을 무한히 작은 강체의 조합으로 가정하므로 무한히 많은 자유도가 필요하다. 그러나 실제 연속체 구조물의 동적 해석을 위해서는 등가의 유한 개 자유도로 이상화(idealization)하여 모델링하며, 자유도의 개수도 해석 관점에 따라 달라진다.

---

* 질점(質點; particle; material point): 물체의 크기를 무시하고 질량이 모여 있다고 보는 점
절점(節點; joint; nodal point): 물체의 마디가 진 부분. 부재(部材)를 고정하거나 이은 부분

다음 그림에 나타낸 물탱크 지지구조물을 생각할 때, 많은 자유도를 사용하여 구조물을 매우 정밀하게 모델링을 하여 해석을 수행할 수도 있다. 그러나 구조물의 동적 특성만을 간단히 확인하고자 할 경우 구조물을 간략하게 이상화하여, 1개의 자유도를 갖거나 또는 2개의 자유도를 갖는 구조물로 모델링 할 수 있다.

(1) 수평방향 1개 자유도로 이상화

지진하중과 같은 수평하중만이 작용할 경우에 기둥의 축방향 변형은 수평방향 변형에 비하여 상대적으로 중요하지 않다고 가정할 수 있다. 따라서 기둥의 축방향 자유도를 무시하고 수평방향 자유도만을 선택하여 모델링하여도 합리적인 결과를 얻을 수 있다.

(2) 수직방향 1개 자유도로 이상화

교통하중이나 발파하중으로 인한 연직 지반진동에 의한 구조물의 동적 영향을 검토할 경우에는 기둥의 수평방향 변형보다는 축방향의 변형이 중요하다. 따라서 기둥의 수평방향 자유도를 무시하고 기둥의 축방향 자유도만을 선택하여 모델링할 수 있다.

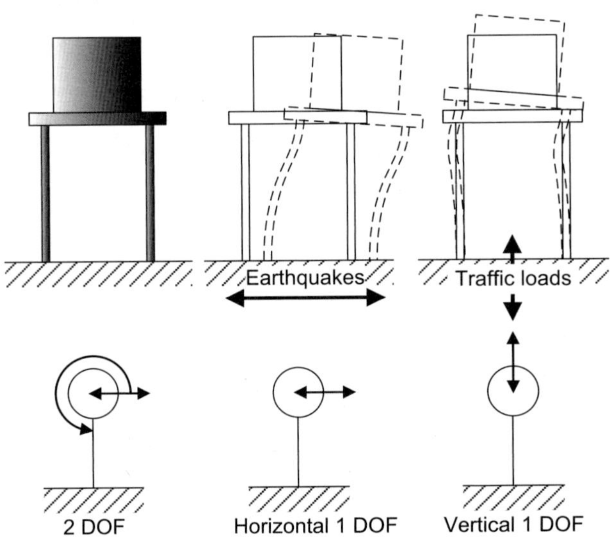

그림 2.1.1b 구조물의 자유도와 이상화

1개 자유도를 갖는 구조물을 단자유도계(SDOF system; single-degree-of-freedom system)라 하며, 2개 이상의 자유도를 갖는 구조물을 다자유도계(MDOF system; multi-degree-of-freedom system)라 한다.

다음 그림의 빌딩과 교량은 무한히 작은 강체의 조합인 연속체 구조물로 무수히 많은 (infinite) 자유도를 갖는다. 그러나 실제 연속체 구조물의 동적 해석을 위해서는 유한 개의 (finite) 자유도를 갖는 구조물로 이상화하여 모델링하여야 한다. 자유도의 개수도 해석 관점에 따라 다르다. 물리 좌표계(physical coordinate)에서 5개 자유도를 사용하여 (즉, 5개의 실제 변형을 사용하여) 구조물의 전체 변형을 나타내거나, 일반 좌표계(general coordinate)에서 1개 대표 변형만을 사용하여(즉, 1개 자유도만을 사용하여) 구조물의 전체 변형을 나타낼 수 있다.

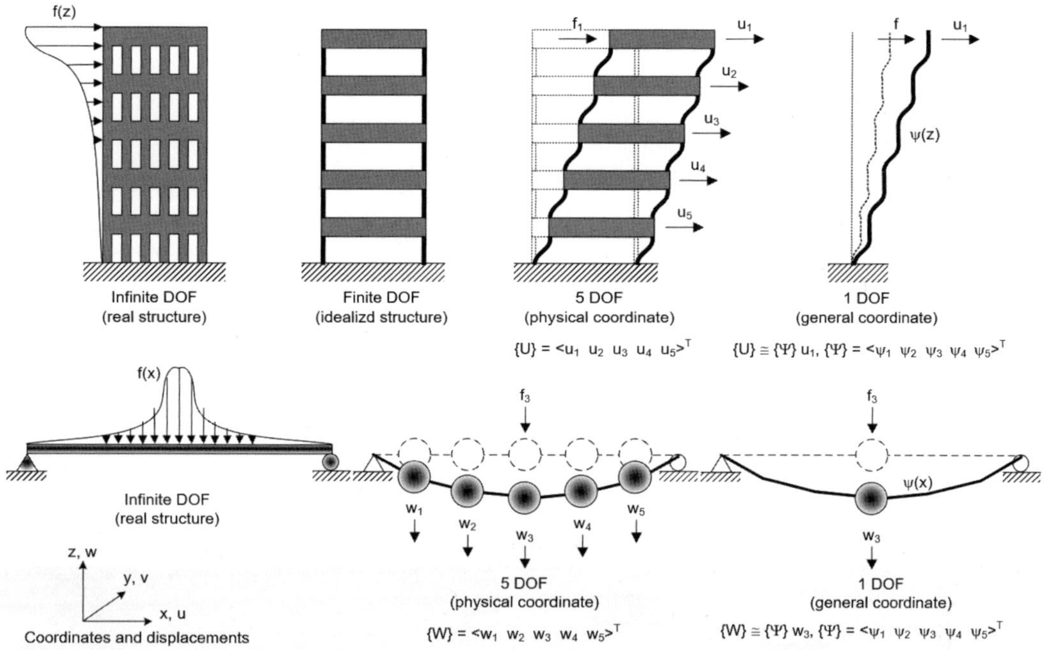

그림 2.1.1c 물리 좌표계와 일반 좌표계를 사용한 구조물의 이상화 예

2.1.2 자유진동과 강제진동

단자유도계(SDOF system: single degree of Freedom system)의 운동방정식은

$$m\ddot{u}(t) + c\dot{u}(t) + ku(t) = f(t)$$

이다. 여기서 $f(t) = 0$ (하중이 작용하지 않은 경우)인 경우의 진동을 자유진동(free vibration)이라 한다*. 하중이 작용되지 않는데도 자유진동이 발생하는 이유는 초기조건(initial condition)이 영(0)이 아니기 때문이다.

구조물의 진동은 자유진동과 강제진동으로 구분할 수 있다.

(1) 자유진동(free vibration)

구조물에 작용하는 외력이 없는 상태(즉, free한 상태)에서 구조물에 내재된 힘(관성력, 감쇠력, 복원력)만으로 진동하는 것을 의미하며, 이 경우 구조물의 진동은 외력의 영향을 받지 않

---

* 자려진동(自勵진동; 스스로 自 + 격려할 勵; self-excited vibration; self-induced vibration)
자유진동의 특수한 형태로 외부의 가진이 전혀 없어도, 또는 가진 원인이 불분명한 상태에서 발생하여 지속되는 진동이다. 진동이 일정한 상태에 다다르면 에너지의 유입으로 진동형태가 바뀌는 것이 강제진동과 다른 점이다.
예) 바람진동에서 플러터와 갤로핑

는 구조물만의 고유한 동적 특성인 하나 이상의 고유진동수(natural frequency)로 진동한다*.

(2) 강제진동(forced vibration)

구조물에 작용하는 외력에 의한 구조물의 진동을 말하며, 이 경우 구조물의 진동은 주로 가진하중(외력)의 동적 특성인 가진진동수(exciting frequency)로 진동한다.

참고로 구조물의 자유진동 응답에는 하중(외력)보다 구조물의 고유한 특성이 주로 반영되기 때문에, 구조물의 자유진동 응답을 분석함으로써 구조물의 동적 특성을 추정할 수 있다. 또한, 강제진동일 경우, 외력의 가진진동수와 구조물의 고유한 동적 특성인 고유진동수가 서로 일치하거나 근접할 경우에 구조물의 진동응답은 크게 증폭되는 공진현상이 발생할 수 있으므로, 구조물의 동적 해석과 설계에 구조물의 동적 특성인 고유진동수를 계산하는 것은 매우 중요하다.

(a) 진동대 실험을 통한 Sweep 진동 [animation]

(b) Impulse 진동 [animation]

그림 2.1.2a 단자유도계의 공진 (출처: YouTube)

구조물의 동적 특성인 고유진동수는 구조물의 질량(mass), 감쇠(damping), 그리고 강성(stiffness)을 사용하여 구할 수 있다.

---

* 건축물의 층고(높이)별 고유주기 (출처: 건축물 내진설계기준 (KDS 41 17 00 : 2019), $T_a = C_t\,(h_n)^x$, $T_a = 0.1N$)

층고 (층)	높이 (m)	RC모멘트골조 (초)	철골모멘트골조 (초)	철골 편심가새골조 및 철골 좌굴방지가새골조 (초)	RC전단벽구조, 기타골조 (초)	근사식 (초)
C_T		0.0466	0.0724	0.0731	0.0488	
x		0.9	0.8	0.75	0.75	
1	3	0.13	0.17	0.17	0.11	0.1
5	15	0.53	0.63	0.56	0.37	0.5
10	30	0.99	1.10	0.94	0.63	1.0

여기서 1. 강성에 영향을 줄 수 있는 비보강채움벽이 있는 RC모멘트골조, 철골모멘트골조의 주기는 상기식에 2/3를 곱하여 산정

2. 콘크리트 전단벽체가 주요 횡저항 시스템인 경우에는 기타골조의 주기식을 적용

3. 근사식은 RC와 철골 모멘트저항골조에서 12층을 넘지 않고 층의 최소높이가 3m 이상일 때 적용

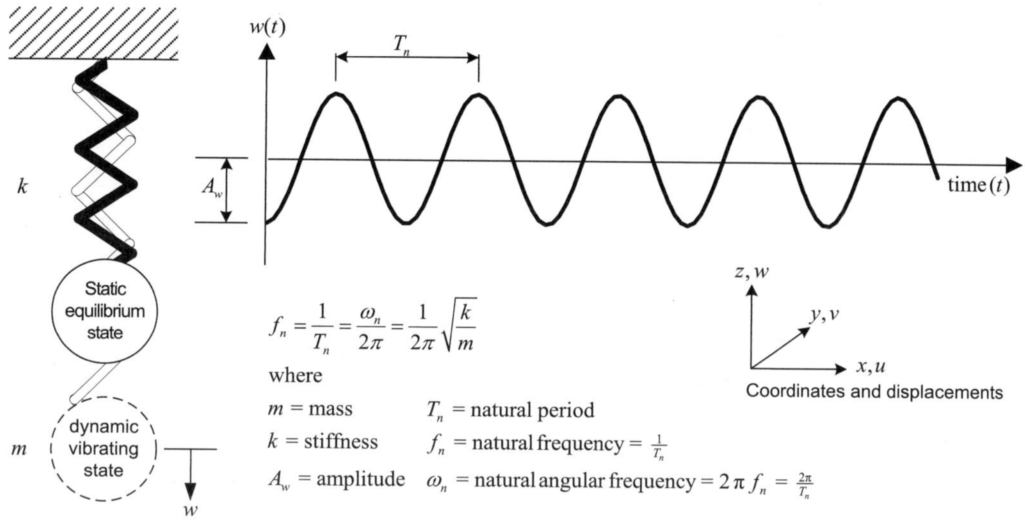

그림 2.1.2b 구조물의 자유진동과 고유진동수

(a) 고유주기(= 1/고유진동수) [animation] (b) 정적 응답과 동적 응답 [animation]

그림 2.1.2c 단자유도계의 자유진동 (출처: YouTube)

2.1.3 비감쇠, 저감쇠, 임계감쇠, 과감쇠

동적 시스템은 마찰을 포함한 자연계에 존재하는 저항으로 인해 에너지가 발산되며, 이로 인해 시간이 지남에 따라 구조물의 응답은 점차 감소한다. 이와 같은 동적 시스템의 에너지 발산 현상을 감쇠(damping; 減衰: 덜 감 + 쇠할 쇠) 또는 감쇄(減殺: 덜 감 + 덜 쇄)라고 한다*. 구조물의 감쇠가 작을 경우에는 구조물의 고유진동수에 미치는 영향이 매우 작으므로, 감쇠의 영향을 무시하고 구조물의 고유진동수를 계산하기도 한다. 또한 구조물의 큰 동적 응답을 감소하고자 할 경우, 구조물의 감쇠를 크게 하여 구조물의 응답을 감소시킬 수도 있다.

감쇠가 없는 자유진동은 자연계에서는 찾아보긴 힘든 이상적인 경우이다. 감쇠가 없는

---

* 구조물 운동의 시간에 따른 감쇠(damping)에 대비하여 (예: 감쇠력),
지반 운동의 거리에 따른 감쇄(attenuation)를 구분하여 사용하기도 한다 (예: 감쇄식(GMPE)).

자유진동에서는 시간이 지나더라도, 초기조건에 의한 운동의 진폭은 감소하지 않는다. 그러나 실제 자연계에서는 감쇠가 존재하여, 하중이 지속적으로 작용되지 않을 경우, 시간이 지남에 따라 초기조건에 의한 자유진동의 진폭은 감소하여 결국에는 정지한다. 이처럼 진폭이 시간에 따라 감소하는 주된 이유는 내부마찰 등으로 인하여 에너지 손실, 즉, 감쇠(damping)가 발생하기 때문이며, 이를 고려하기 위해 운동방정식에 감쇠력을 포함시켜 모델링 한다.

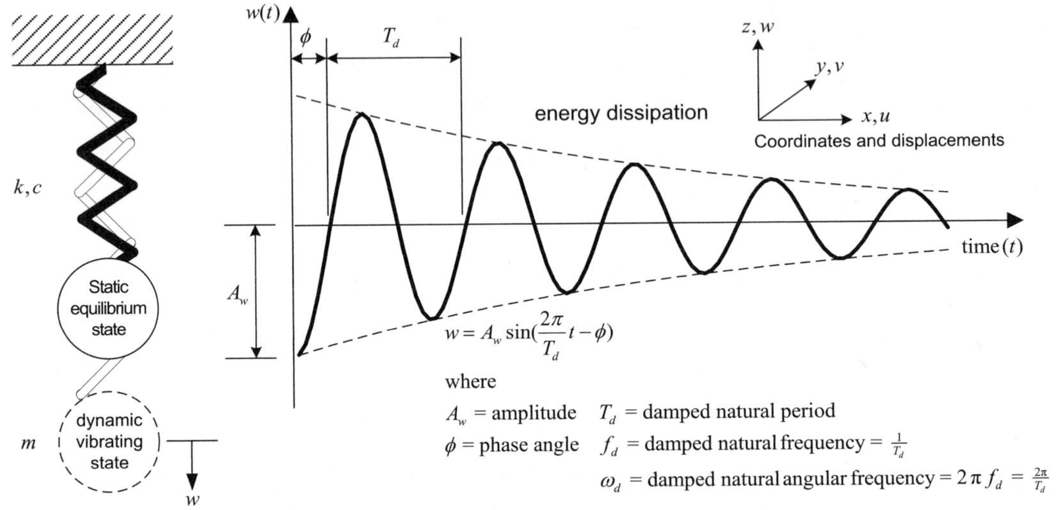

그림 2.1.3a 구조물의 감쇠와 동적 응답의 감소

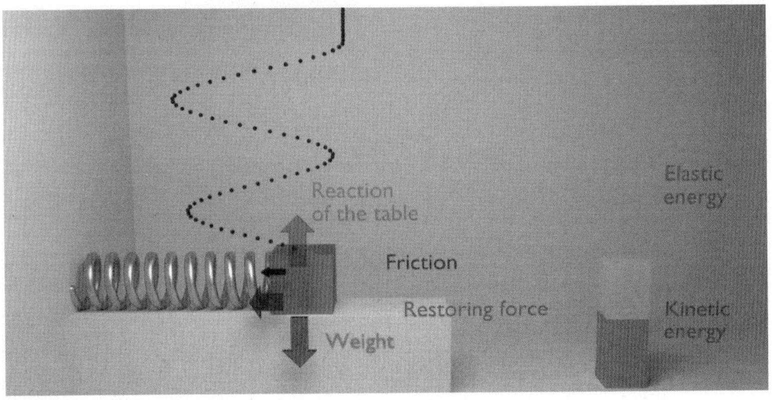

그림 2.1.3b 감쇠 조화진동 (출처: YouTube) [animation]

단자유도계의 자유진동 운동방정식과 초기 조건은 다음과 같다.

$$m\ddot{u}(t) + c\dot{u}(t) + ku(t) = 0,\ u(0) = u_0, \dot{u}(0) = \dot{u}_0$$

(1) 감쇠가 없는 경우($c = 0$)를 비감쇠(undamped) 자유진동이라 한다.

(2) 감쇠가 있는 경우($c \neq 0$)를 감쇠(damped) 자유진동이라 한다.

감쇠 자유진동의 경우, 감쇠의 크기에 따라, 저감쇠(under-critical damping; 부족감쇠)와 과감쇠(over-critical damping, 초과감쇠)로 구분할 수 있으며, 저감쇠와 과감쇠의 경계가 되는 감쇠를 임계감쇠(critical damping, c_c)라고 한다.

자유진동 운동방정식의 해를 구하면, 비감쇠, 저감쇠, 임계감쇠, 그리고 과감쇠에 해당하는 구조물의 동적 변위 응답은 각각 다음과 같다.

1) 비감쇠의 경우

$$u(t) = u_0 \cos \omega_n t + \frac{\dot{u}_0}{\omega_n} \sin \omega_n t = A_u \cos(\omega_n t - \phi)$$

$$A_u = \sqrt{u_0^2 + \left(\frac{\dot{u}_0}{\omega_n}\right)^2},\ \phi = \tan^{-1}\left(\frac{\dot{u}_0}{\omega_n u_0}\right)$$

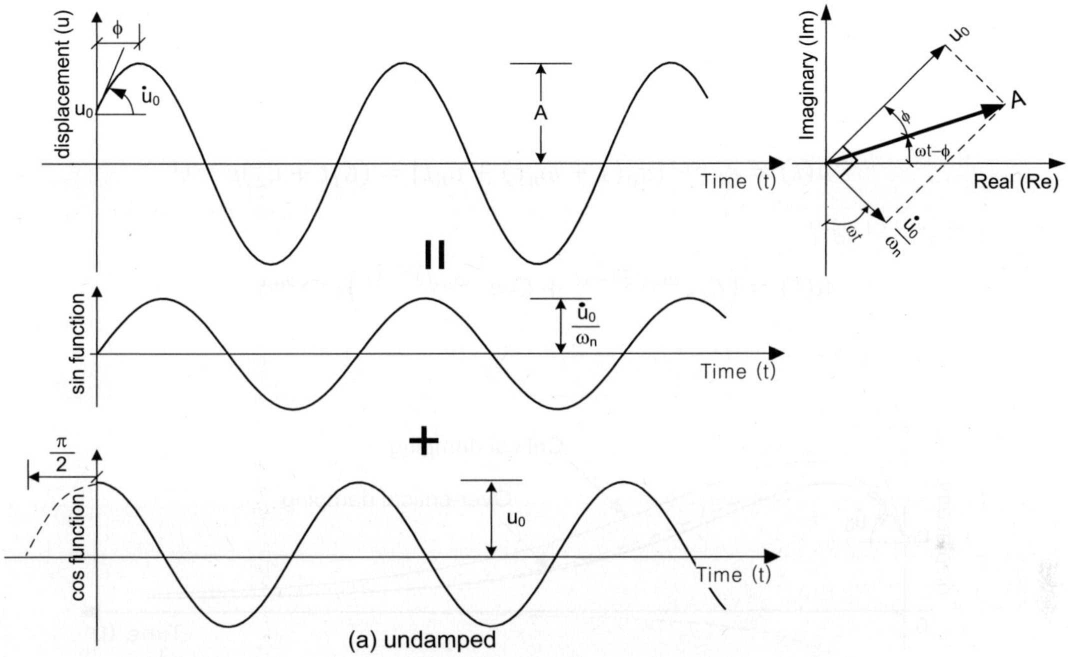

그림 2.1.3c 자유진동 변위 응답: 비감쇠

2) 저감쇠의 경우

$$\begin{aligned} u(t) &= e^{-\xi\omega_n t}\left[u_0 \cos \omega_d t + \frac{\dot{u}_0 + u_0\xi\omega_n}{\omega_d} \sin \omega_d t\right] \\ &= A_u e^{-\xi\omega_n t} \cos(\omega_d t - \phi) \end{aligned}$$

$$A_u = \sqrt{u_0^2 + \left(\frac{\dot{u}_0 + u_0\xi\omega_n}{\omega_d}\right)^2},\ \phi = \tan^{-1}\left(\frac{\dot{u}_0 + u_0\xi\omega_n}{\omega_d u_0}\right)$$

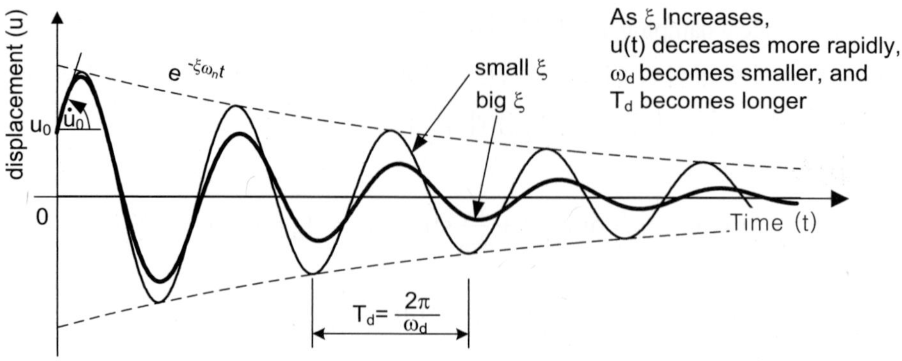

(b) under-critically damped

그림 2.1.3d 자유진동 변위 응답: 저감쇠

3) 임계감쇠의 경우

$$u(t) = e^{-\omega_n t}[u_0(1 + \omega_n t) + \dot{u}_0 t] = (C_1 t + C_2)e^{-\omega_n t}$$

4) 과감쇠의 경우

$$u(t) = \left(C_1 e^{\omega_n \sqrt{\xi^2 - 1} t} + C_2 e^{-\omega_n \sqrt{\xi^2 - 1} t}\right) e^{-\xi \omega_n t}$$

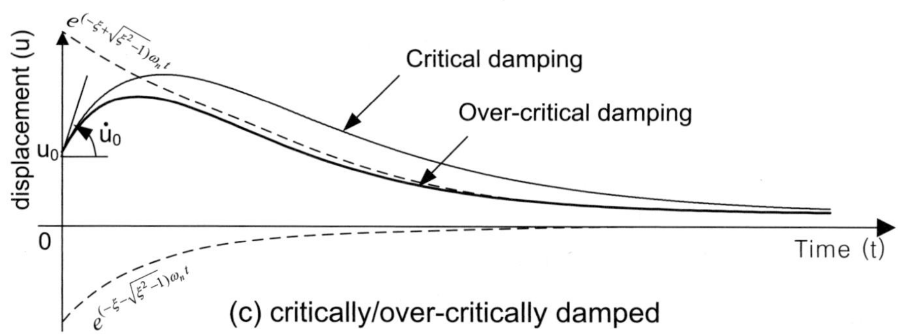

(c) critically/over-critically damped

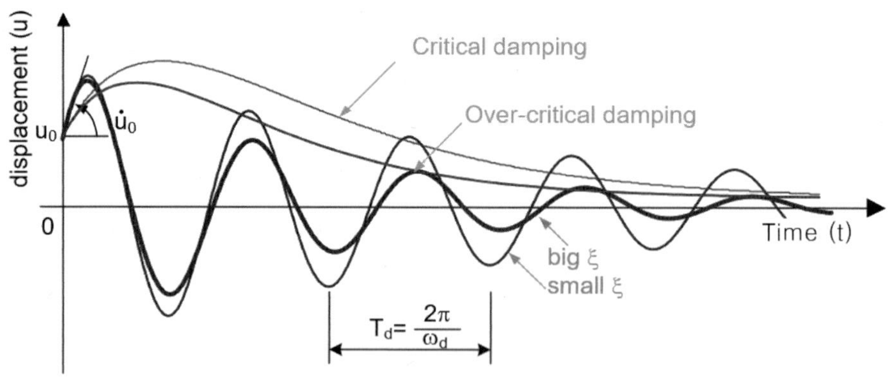

(d) under-critically/critically/over-critically damped

그림 2.1.3e 자유진동 변위 응답: 임계감쇠 및 과감쇠

여기서 A_u, C_1, C_2는 진폭을 나타내는 상수; ϕ는 위상각; $\omega_n = \sqrt{\frac{k}{m}}$은 고유진동수; $\xi = \frac{c}{c_c} = \frac{c}{2m\omega_n} = \frac{c}{2\sqrt{mk}}$는 임계 감쇠비(critical damping ratio) 또는 감쇠비(damping ratio); 그리고 $\omega_d = \omega_n\sqrt{1-\xi^2}$는 감쇠 고유진동수(damped natural frequency)이다.

대부분 구조물의 감쇠비는 저감쇠이며, 에너지 소산효과가 작으므로, 구조물의 고유진동수와 감쇠고유진동수의 크기는 매우 비슷하다. 즉, 근사적으로 구조물의 고유진동수를 추정하기 위해서는 구조물의 감쇠에 의한 효과를 무시할 수 있다. 구조물의 감쇠비(ξ)는 재료와 구조형식에 따라 다르며, 일반적으로 사용되는 일반 구조물의 추천 감쇠비(%)는 다음과 같다. 참고로 지반은 일반 구조물보다 감쇠비가 크며, 장대교량이나 고층건물은 일반 구조물보다 감쇠비가 작다.

표 2.1.3a 일반 구조물의 추천 감쇠비(%)*

응력수준	구조물	감쇠비(%)
항복점의 1/4 미만인 비례한계 미만인 낮은 응력 수준일 경우	균열이 없으며, 이음부 미끄러짐이 없는 강재, 철근콘크리트, 프리스트레스트 콘크리트, 목재	0.5-1
항복점의 1/2 미만인 사용 응력 수준일 경우	용접으로 접합된 강재 프리스트레스트 콘크리트 (약간의 균열만을 갖고 있는)양질의 철근콘크리트	2-3
	상당한 균열을 갖고 있는 철근콘크리트	3-5
	볼트 그리고/또는 리벳으로 접합된 강재 못 또는 볼트로 접합된 목조 구조물	5-7
항복점 근방일 경우	용접으로 접합된 강재 (프리스트레스가 남아 있는) 프리스트레스트 콘크리트	5-7
	(프리스트레스가 남아 있지 않은) 프리스트레스트 콘크리트	7-10
	철근콘크리트	7-10
	볼트 그리고/또는 리벳으로 접합된 강재 볼트로 접합된 목조 구조물	10-15
	못으로 접합된 목조 구조물	15-20
항복점 한계 변형률 보다 큰 영구 변형률을 갖는 항복점 이상일 경우	용접으로 접합된 강재	7-10
	철근콘크리트구조물, 프리스트레스트 콘크리트	10-15
	볼트 그리고/또는 리벳으로 접합된 강재 및 목재	10-15

* [출처] N.M. Newmark, and W.J. Hall, Developement of Criteria for Seismic Review of Selected Nuclear Power Plants, Nuclear Regulatory Commission Report NUREG/CR-0098, May 1978.

표 2.1.3b 원자력발전소 구조물의 추천 감쇠비(%)*

구조형태	안전정지지진(SSE)	운전기준지진(OBE)
철근콘크리트구조	7	4
보강된 조적 구조	7	4
프리스트레스트 콘크리트구조	5	3
용접된 강구조 또는 마찰형 볼트 접합된 강구조	4	3
지압형 볼트 접합된 강구조	7	5

Note:

1. 안전정지지진(safe shutdown earthquake, SSE): 광역 및 국지 지질과 지진자료, 부지의 지질특성을 고려할 때 발전소 부지에서 발생 가능한 최대지진으로서, 발전소의 안전에 중요한 시설물은 이러한 지진이 발생하더라도 그 기능을 유지할 수 있도록 설계·건설되어야 한다.
2. 운전기준지진(operating basis earthquake, OBE): 광역 및 국지 지질과 지진자료, 부지의 지질특성을 고려할 때 발전소 시설물에 영향을 줄 수 있을 것으로 예상되는 발전소 수명기간동안 부지에서 발생 가능한 크기의 지진으로서, 발전소의 안전에 중요한 시설물은 이러한 지진이 발생하더라도 공중의 안전과 건강에 영향 없이 정상적인 운전이 가능하도록 설계·건설되어야 한다.
3. 다른 형태의 연결 방식이 조합된 강구조물의 경우는 가장 낮은 감쇠비를 사용하거나 구조물에 사용된 연결 방식의 수에 근거한 가중평균 감쇠비를 사용한다.

감쇠로 인해 고유진동수는 ω_n는 감쇠 고유진동수 ω_d로 감소하고, 각각의 고유진동수에 대응하는 고유주기는 T_n에서 T_d로 증가한다. 그러나 일반 구조물의 감쇠비는 20% 미만이므로, 다음 그림에서 보인 바와 같이 고유진동수의 감소효과와 고유주기의 증가효과는 무시할 만큼 작다.

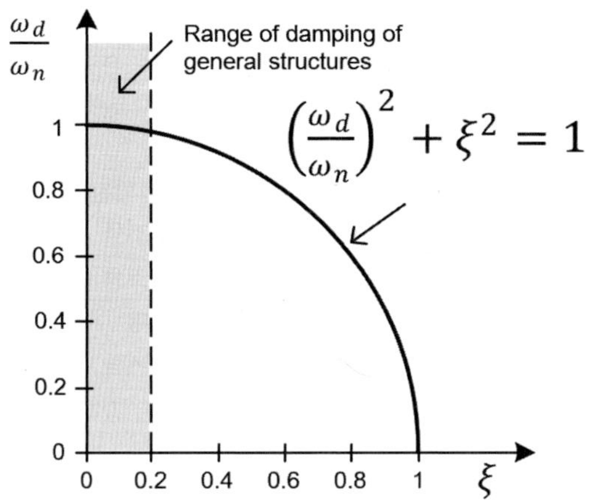

그림 2.1.3f 감쇠비의 증가에 따른 고유진동수의 감소

* [출처] U.S. Nuclear Regulatory Commission, Damping Values for Seismic Design of Nuclear Power Plants, Regulatory Guide 1.61, March 2007.

2.1.4 감쇠비 추정

저감쇠 구조물의 자유진동 시간기록에서 구조물의 감쇠비를 추정할 수 있다*.

$$\delta = \ln\frac{u_1}{u_2} = \frac{2\pi\xi}{\sqrt{1-\xi^2}} \approx 2\pi\xi \quad \rightarrow \quad \xi = \frac{\delta}{\sqrt{4\pi^2+\delta^2}} \approx \frac{\delta}{2\pi}$$

여기서 δ는 대수감소(logarithmic decrement)라고 하며, 자유진동의 한 주기(T_d)가 지난 후 진폭이 감소되는 비율을 나타낸다. 참고로 감쇠비가 작은 경우($\xi < 0.2$), $\sqrt{1-\xi^2} > 0.9798 \approx 1$으로 근사할 수 있다.

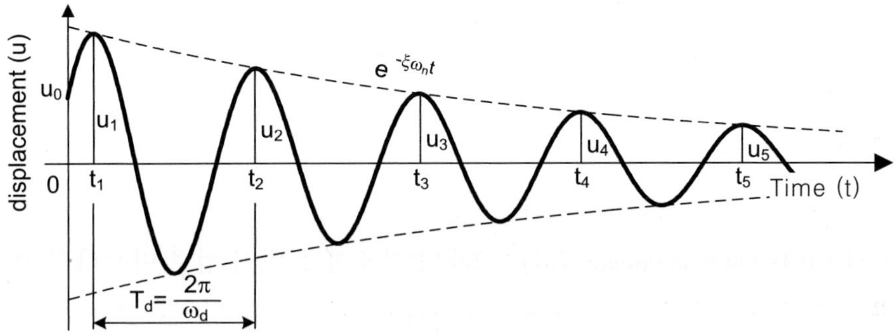

그림 2.1.4a 저감쇠 자유진동 기록

n주기 후의 대수감소는 다음 식으로 일반화하여 나타낼 수 있다.

$$\delta = \frac{1}{n}\ln\frac{u_1}{u_{n+1}} = \frac{2\pi\xi}{\sqrt{1-\xi^2}} \approx 2\pi\xi \rightarrow \therefore \xi = \frac{\delta}{\sqrt{4\pi^2+\delta^2}}$$

다음 식과 그림은 초기의 진폭이 50%로 감소하기 위하여(즉, $\frac{u_1}{u_{n+1}} = 2$), 몇 주기가 지나야 하는지를 여러 감쇠비(ξ)에 대하여 보인 것이다. 예를 들어, 구조물의 감쇠비가 5%인 경우에는 약 2주기가 지나야 진폭이 50%로 감소하며, 감쇠비가 2%인 경우에는 약 5주기가 지나야 함을 알 수 있다.

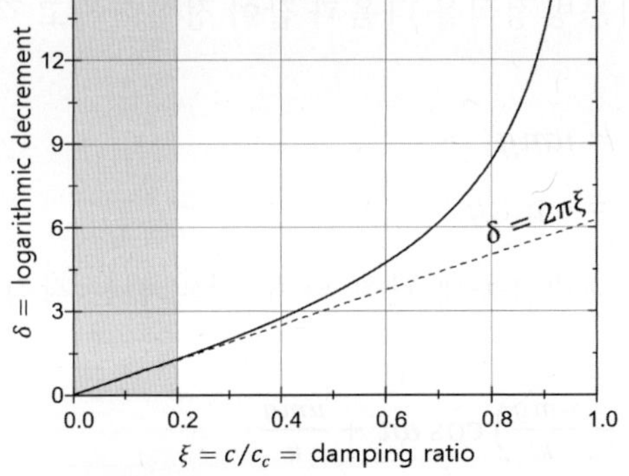

그림 2.1.4b 대수감소와 감쇠비

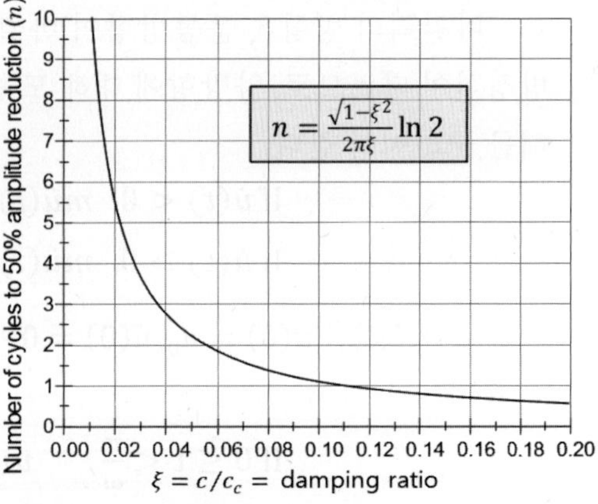

그림 2.1.4c 50% 진폭감소 주기 수(N)와 감쇠비(ξ)

* 유도: $\delta = \ln\frac{u_1}{u_2} = \ln\frac{e^{-\xi\omega_n t_1}}{e^{-\xi\omega_n t_2}} = \xi\omega_n t_2 - \xi\omega_n t_1 = \xi\omega_n(t_2 - t_1) = \xi\omega_n T_d = \xi\omega_n\frac{2\pi}{\omega_d} = \frac{2\pi\xi}{\sqrt{1-\xi^2}}$

2.1.5 기타 감쇠: 쿨롱, 등가점성 및 구조감쇠

• 쿨롱감쇠 (Coulomb damping)

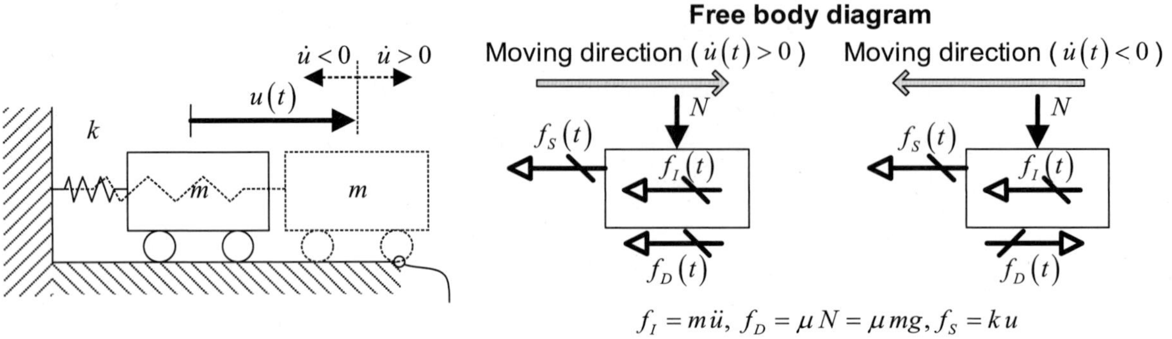

그림 2.1.5a 쿨롱감쇠

쿨롱감쇠(Coulomb damping; 1781)는 2개의 건조한 표면이 서로 미끄러질 때 발생하는 마찰로 인해 발생하므로, 마찰감쇠(friction damping)라고도 한다. 마찰력 $F = \mu N$이다. 여기서 μ는 정지마찰계수(μ_s) 또는 운동마찰계수(μ_d)로서 두 계수의 값이 같다고 가정하고, N은 미끄러지는 면에 연직방향으로 작용하는 법선력(수직력)으로 구조물의 자중(mg)과 같다고 하자. 초기 상태에서 운동을 시작하려면, $ku > \mu mg$이어야 한다. 일단 운동을 시작하면, 마찰력은 속도의 크기와는 무관하고, 운동방향(즉, 속도의 부호)과는 반대방향으로 작용한다.

$$m\ddot{u}(t) + \mu mg\ \mathrm{sgn}\big(\dot{u}(t)\big) + ku(t) = 0$$

여기서

$$\mathrm{sgn}\big(x\dot{u}(t)\big) = \begin{cases} 1, & \dot{u}(t) > 0 \\ -1, & \dot{u}(t) < 0 \\ 0, & \dot{u}(t) = 0 \end{cases}$$

마찰력의 방향은 운동방향이 바뀔 때마다 따라 바뀐다. 운동방향에 따라서 유효한 미분방정식이 다르므로, 양방향에 대해 모두 2개의 미분방정식을 다음과 같이 정식화하고 각각의 해를 구하여야 한다.

$$\text{If } \dot{u}(t) < 0,\ \ m\ddot{u}(t) + ku(t) = \mu mg$$
$$\text{If } \dot{u}(t) > 0,\ \ m\ddot{u}(t) + ku(t) = -\mu mg$$

초기조건을 $u(0) = u_0, \dot{u}(0) = 0$이라 하면, 자유진동에 관한 위 두 식의 해는 각각 다음과 같다.

$$\text{If } 0 \le t < \frac{\pi}{\omega},\qquad u(t) = \left(u_0 - \frac{\mu mg}{k}\right)\cos\omega t + \frac{\mu mg}{k}$$
$$\text{If } \frac{\pi}{\omega} \le t < \frac{2\pi}{\omega},\quad u(t) = \left(u_0 - \frac{3\mu mg}{k}\right)\cos\omega t - \frac{\mu mg}{k}$$

운동이 정지할 경우는 운동의 방향이 바뀔 때, 정지 마찰력($\mu_s mg$)이 복원력(ku)보다 클 경우이다. 쿨롱감쇠는 점성감쇠와 달리 감쇠고유진동수(ω_d)와 고유진동수(ω_n)가 동일하며, 진폭감소도 대수감소가 아닌 선형감소(linear decrement)이고, 시간에 따른 진폭감소의 기울기는 다음과 같다.

$$\frac{\mathrm{d}u(t)}{\mathrm{d}t} = \frac{\frac{\mu mg}{k} - \frac{3\mu mg}{k}}{\frac{\pi}{\omega}} = -\frac{2\mu mg}{k}\frac{\omega}{\pi}$$

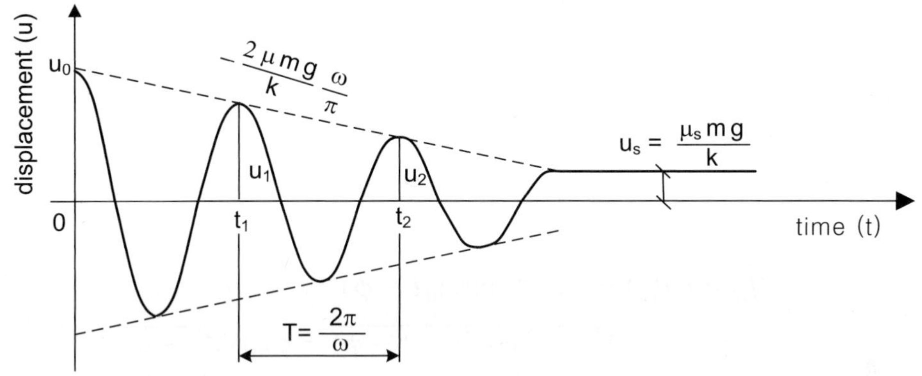

그림 2.1.5b 쿨롱감쇠에 의한 응답의 선형감소 (출처: YouTube) [animation]

• 등가점성감쇠 (equivalent viscous damping)

점성감쇠를 제외한 다른 종류의 감쇠들은 비선형성을 갖고 있으므로, 동적 시스템의 모델링에 자주 사용되지 않는다.

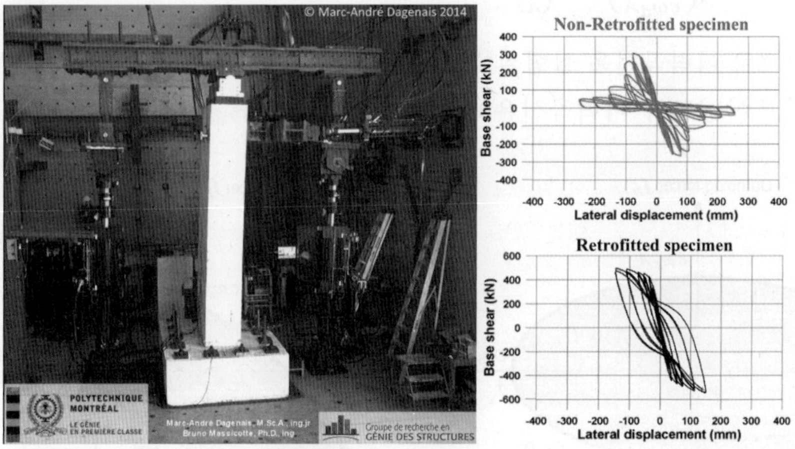

그림 2.1.5c 교량 교각의 보강 전과 후의 이력거동 (출처: YouTube) [animation]

감쇠는 에너지를 소산(dissipation)하는 특징을 갖고 있으므로, 이러한 특징을 서로 비교함으로 다른 종류의 감쇠를 등가의 점성감쇠로 변환시킨 것을 등가감쇠(equivalent damping) 또는 등가점성감쇠(equivalent viscous damping)라고 한다. 등가점성감쇠를 정의하는 일반적인 방법은 실제 구조물에서 한 주기 동안 소산된 에너지와 이론적인 등가점성감쇠 시스템에서 한

주기 동안 소산된 에너지가 서로 같다고 가정하는 것이다.

감쇠력(f_D)에 의한 한 주기(cycle)당 소산에너지(dissipated energy, E_D)* 은 다음과 같으며, 여기서 $\oint du$는 한 주기 변위응답 동안의 적분을 의미한다.

$$E_D = \oint f_D \mathrm{d}u$$

예를 들어, 정현파 형태의 자유진동으로 인한 점성감쇠의 경우 감쇠력 $f_D = c\dot{u}(t)$와 변위응답 $u(t) = A\cos(\omega_d t - \phi)$를 앞 식에 대입하여 한 주기당 소산에너지를 구하면 다음과 같다.

$$E_D = \oint f_D \mathrm{d}u = \oint c\dot{u}\mathrm{d}u = \oint c\dot{u}(\dot{u}\mathrm{d}t)$$

$$= c\omega_d^2 A^2 \int_0^{\frac{2\pi}{\omega_d}} \sin^2(\omega_d - \phi)dt = \pi c\omega_d A^2$$

정현파 형태의 자유운동으로 인한 점성감쇠의 경우, 이력곡선(hysteretic loop; hysteresis loop)으로 나타낸 하중과 변위의 관계는 다음과 같다.

$$f_D = c\dot{u}(t) = c\omega_d A\sin(\omega_d t - \phi)$$

$$= c\omega_d\sqrt{A^2 - A^2\cos^2(\omega_d t - \phi)} = c\omega_d\sqrt{A^2 - u^2}$$

따라서

$$\left(\frac{f_D}{c\omega_d A}\right)^2 + \left(\frac{u}{A}\right)^2 = 1$$

감쇠력에 복원력까지 더한 힘($f_R = f_D + f_S$)으로 앞의 이력곡선을 나타내면 타원형으로 다음과 같다.

$$\left(\frac{f_R - f_S}{c\omega_d A}\right)^2 + \left(\frac{u}{A}\right)^2 = 1$$

일반적으로 이력곡선은 실험실에서 동적 실험을 수행하여 구하며, 구조물의 감쇠가 선형점성감쇠가 아닌 경우 이력곡선은 타원형이 아니다.

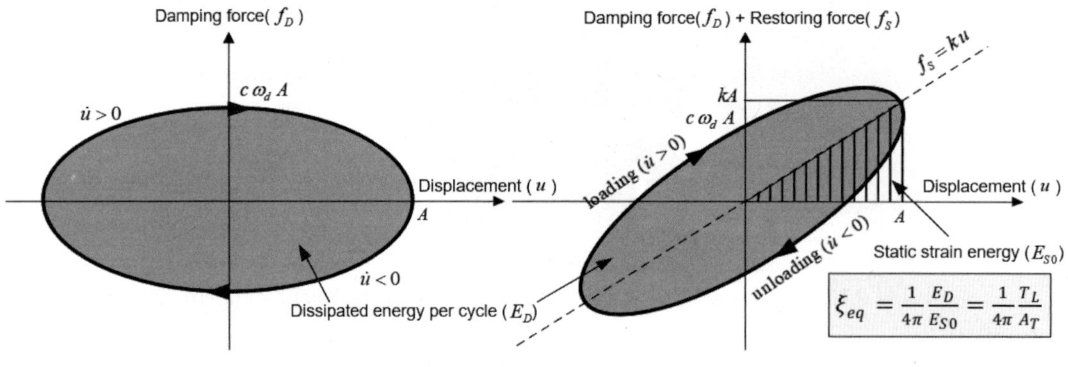

그림 2.1.5c 점성감쇠의 경우 이력곡선

---

* E_D를 EDC (Energy dissipated per cycle)라고 하며, 그 크기는 이력곡선의 내부 면적과 같다.

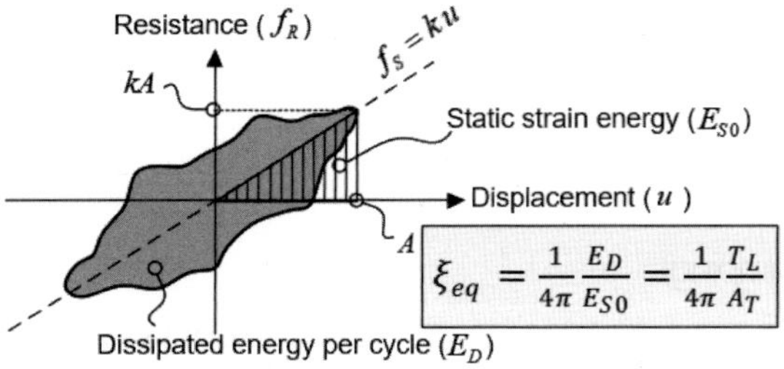

그림 2.1.5d 일반감쇠의 경우 이력곡선

가진주기가 ω_e인 조화하중에 의한 진동실험으로 얻은 일반 이력곡선의 면적인 한 주기당 소산에너지(E_D)가 등가점성감쇠에 의한 소산에너지를 나타내는 타원의 면적과 같다고 하여 등가점성감쇠를 구할 수 있다. 앞에서 자유진동에서 구한 E_D에서 ω_d를 ω_e로 치환하여 조화하중에 의한 E_D를 구한다.

$$E_D = \pi c_{eq}\omega_e A^2 = \pi\left(2m\xi_{eq}\omega_n\right)\omega_e A^2 = 2\pi\xi_{eq}\beta k A^2$$

여기서 ω_e=가진진동수; $\beta = \frac{\omega_e}{\omega_n}$=진동수비이다.

앞 식에 정적 변형에너지(E_{S0})를 대입하여, 공진시($\beta = 1$) 일반 이력곡선에 대한 등가점성감쇠비에 관하여 정리하면 다음과 같다.

$$\xi_{eq} = \left.\frac{E_D}{2\pi\beta k A^2}\right|_{\beta=1} = \left.\frac{E_D}{4\pi\beta\left(\frac{1}{2}kA^2\right)^2}\right|_{\beta=1} = \left.\frac{1}{4\pi\beta}\frac{E_D}{E_{S0}}\right|_{\beta=1}$$

$$= \frac{1}{4\pi}\frac{E_D}{E_{S0}} \quad \text{또는} \quad = \frac{1}{4\pi}\frac{A_L}{A_T}$$

여기서 $E_{S0}(= A_T = \frac{1}{2}kA^2)$와 $E_D(= A_L)$는 각각 이력곡선의 한 주기에서 삼각형(triangle)의 면적과 루프(loop)의 면적이다.

참고로 쿨롱감쇠의 경우도 동일한 절차를 사용하면, 마찰력 크기가 μmg로 일정하므로, 한 주기당 움직인 거리(Δ)를 힘에 곱하면 일이 되고, 이것은 쿨롱감쇠에 의한 주기당 소산에너지와 동일하다.

$$E_D = f_D \cdot \Delta = (\mu mg)\cdot(4A) = 4\mu mgA$$

두 감쇠의 소산에너지가 같다고 가정하여 쿨롱감쇠를 등가점성감쇠, c_{eq}로 변환한다.

$$\pi c_{eq}\omega_e A^2 = 4\mu mgA$$

따라서 쿨롱감쇠에 대응하는 등가감쇠와 등가감쇠비(equivalent damping ratio) 또는 등가점성감쇠비(equivalent viscous damping ratio)는 다음과 같다.

$$c_{eq} = 2m\xi_{eq}\omega_n = \frac{4\mu mg}{\pi\omega_e A}, \quad \xi_{eq} = \frac{2\mu g}{\pi\omega_e\omega_n A}$$

일반적으로 등가점성감쇠 방법은 다자유도시스템에서의 모드별 등가점성감쇠비를 할당하는데 적용할 수 있다. 시스템을 모드별 고유진동수로 진동할 때, 모드별 시스템에서 소산되는 실제 에너지와 점성감쇠로 인해 소산되는 에너지를 각각 일치시켜 각 모드별 등가점성 감쇠비를 구할 수 있다.

• 구조감쇠 (structural damping)

점성감쇠와 쿨롱감쇠 이 외에 가장 많이 사용되는 감쇠 모델은 구조감쇠(structural damping)가 있다. 이 감쇠는 이력감쇠(hysteretic damping)라고도 하며, 한 주기당 소산에너지는 다음과 같은 형태이고, 점성감쇠에 의한 소산에너지와 달리 고유진동수와는 무관한 함수이다.

$$E_D = \pi\eta k A^2$$

여기서 η = 감쇠손실계수(damping loss factor)이다. 따라서 소산에너지가 동일하다는 것을 사용한 점성 등가감쇠는 다음과 같다.

$$\pi c_{eq}\omega_d A^2 = \pi\eta k A^2 \;\rightarrow\; c_{eq} = \frac{\eta k}{\omega_d}$$

구조감쇠를 사용한 운동방정식은 다음과 같다.

$$m\ddot{u} + c_{eq}\dot{u} + ku = 0 \;\rightarrow\; m\ddot{u} + \frac{\eta k}{\omega_d}\dot{u} + ku = 0$$

위 방정식의 해는 다음과 같은 지수함수의 형태를 갖는다.

$$u(t) = Ue^{i\omega_d t}$$
$$\dot{u}(t) = i\omega_d Ue^{i\omega_d t} = i\omega_d u(t)$$

따라서 위 식을 운동방정식에 대입하여 정리하면 다음과 같다.

$$m\ddot{u} + k(1 + i\eta)u = 0 \;\rightarrow\; m\ddot{u} + k_c u = 0$$

여기서 $k_c u$는 복원력과 감쇠력을 함께 나타내며, k_c를 복소강성(complex stiffness)으로 다음과 같이 정의한다.

$$k_c = k(1 + i\eta)$$

구조감쇠에 의한 소산에너지는 속도와는 무관하므로, 속도무관감쇠(rate-independent damping)라고도 한다. 조화진동의 경우를 고려할 때 구조감쇠는 진동수영역에서 해석할 경우 매우 편리한 장점이 있지만, 시간영역으로 변환하기가 어려운 단점을 갖고 있다.

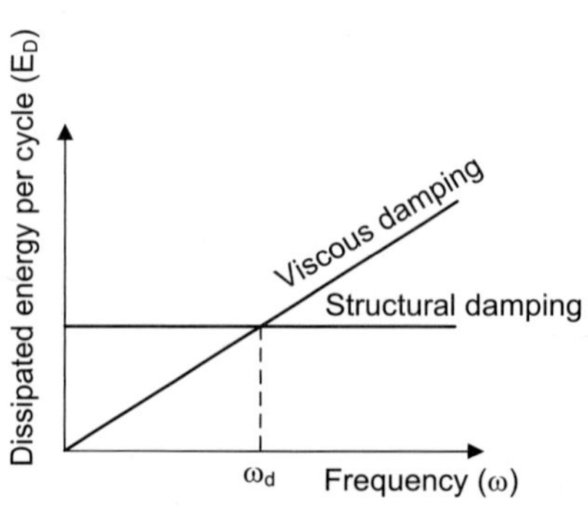

그림 2.1.5e 속도점성감쇠의 경우 이력곡선

[예제] 2.1.1 자유도: 트러스 구조물

평면 트러스의 전체 자유도를 구하라.

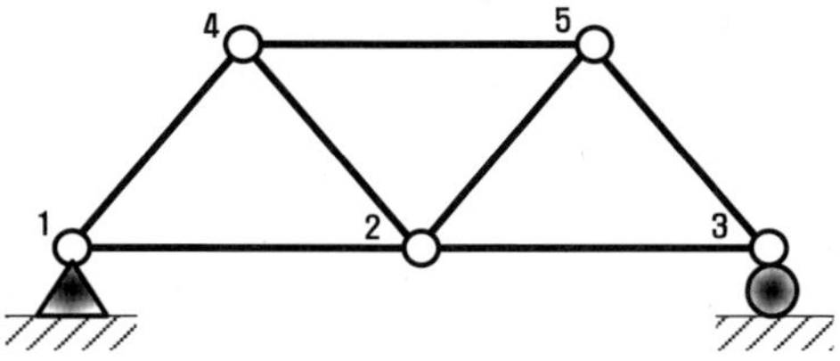

[풀이]

전체 절점수 = 5, 절점당 자유도수 = 2,

전체 절점변위 개수 = 2×5 = 10

알고 있는 절점변위 개수 = 3, ∴ 전체 자유도 = 10-3 = 7

[예제] 2.1.2 자유진동: 질량과 강성 추정

다음 동영상을 본 후, 자유진동하는 단자유도계의 질량과 강성을 추정하라.

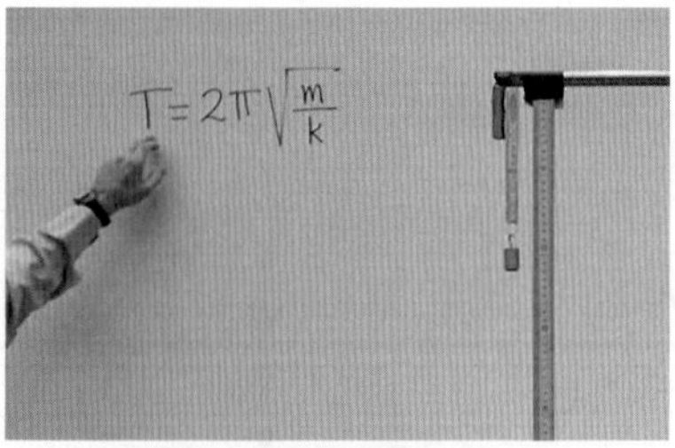

[YouTube]

[풀이]

1a. 질량 m_1의 고유주기 T_1

1b. 질량 m_2의 고유주기 T_2

1c. 질량비 $\frac{m_1}{m_2} = \frac{T_2^2}{T_1^2}$

2a. 질량 m_1의 처짐 δ_1

2b. 질량 m_2의 처짐 δ_2

2c. 질량비 $\frac{m_1}{m_2} = \frac{\delta_1}{\delta_2}$

3a. $f = k\delta$ 그래프

3b. 그래프에서 k 산정

3c. m_1, m_2 산정

(참조)

연습문제 풀이집

[예제] 2.1.3 비감쇠 자유진동: 단자유도계1

고유진동수와 고유주기를 구하라.

[풀이]

$$f = \frac{\omega}{2\pi} = \frac{1}{2\pi}\sqrt{\frac{k}{m}}$$

$$= \frac{1}{2\pi}\sqrt{\frac{2000\frac{\text{N}}{\text{m}}}{20\text{kg}}}$$

$$= \frac{1}{2\pi}\sqrt{100\frac{1}{\text{sec}^2}}$$

$$\approx 1.59\text{Hz}$$

$$T = \frac{1}{f}$$

$$= \frac{\pi}{5}$$

$$\approx 0.628\text{sec}$$

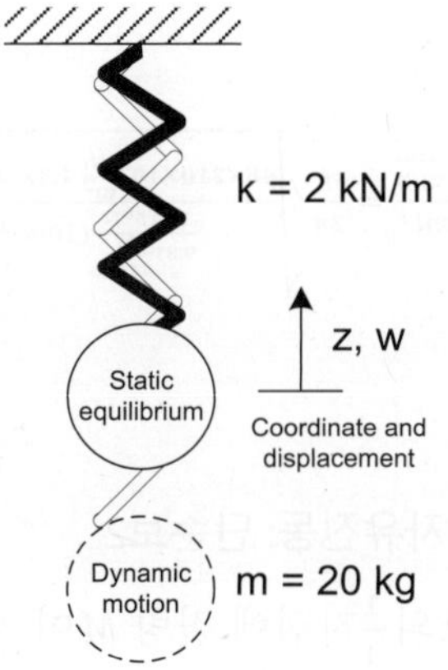

[예제] 2.1.3 비감쇠 자유진동: 단자유도계2

자중에 의한 정적 처짐이 3cm인 다음과 같이 스프링-질량으로 구성된 비감쇠 단자유도계가 있다. 질량의 변위와 속도 응답에 대한 초기조건을 각각 2cm와 0cm/sec라고 할 때, 질량의 시간에 변위 응답은? 여기서 "공학공식집"의 "조화하중 동적 응답"에서 변위 응답을 검토한다.

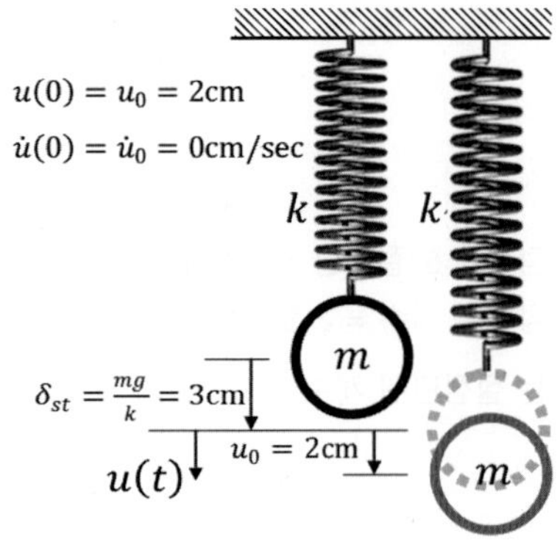

[풀이]

$$\omega_n = \sqrt{\frac{k}{m}} = \sqrt{\frac{\frac{mg}{\delta_{st}}}{m}} = \sqrt{\frac{g}{\delta_{st}}} = \sqrt{\frac{9.81}{0.03}} = 18.08\text{rad/sec}$$

$$u(t) = e^{-\xi\omega_n t}\left[u_0 \cos\omega_d t + \frac{\dot{u}_0 + u_0\xi\omega_n}{\omega_d}\sin\omega_d t\right]$$

$$= 2\cos 18.08t \text{ cm}$$

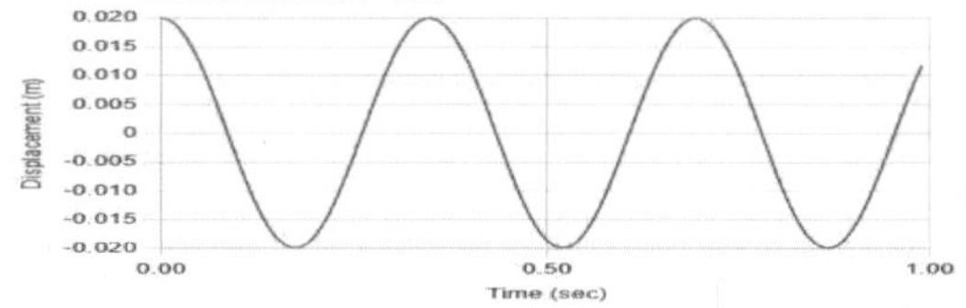

[예제] 2.1.3 비감쇠 자유진동: 단순보1

다음과 같은 단순보의 연직방향 고유진동수와 고유주기를 구하라. 여기서 보의 강성은 EI로 가정하고, 보의 자중은 무시 하여라.

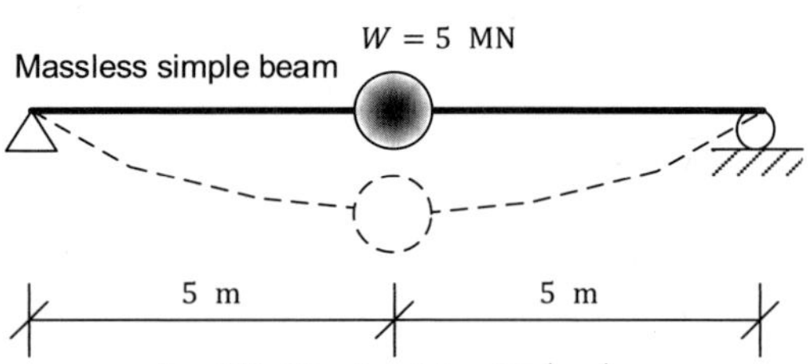

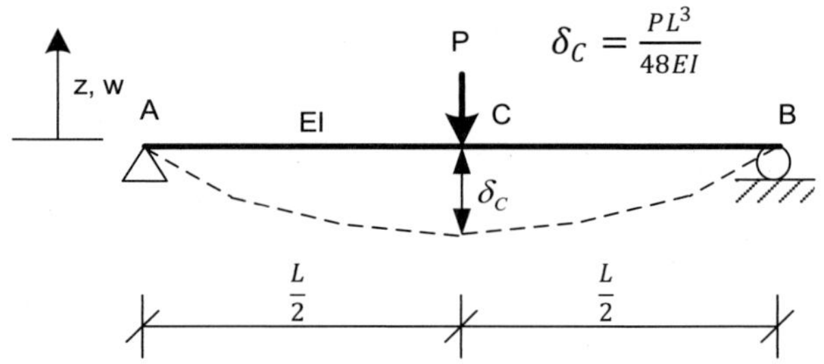

$E = 210$ GPa, $I = 1.3 \times 10^{-4}$ m^4

[풀이]

$$k = \frac{P}{\delta_C} = \frac{48EI}{L^3}$$

$$f = \frac{\omega}{2\pi} = \frac{1}{2\pi}\sqrt{\frac{k}{m}} = \frac{1}{2\pi}\sqrt{\frac{48EI}{mL^3}} = \frac{1}{2\pi}\sqrt{\frac{48\times 210\times 10^9\frac{\text{N}}{\text{m}^2}\cdot 1.3\times 10^{-4}\text{m}^4}{\frac{5\times 10^6\text{N}}{9.81\frac{\text{m}}{\text{sec}^2}}\cdot(10\text{m})^3}} = \frac{1}{2\pi}\sqrt{\frac{2.57}{\text{sec}^2}} \approx 0.255 \text{ Hz}$$

$$T = \frac{1}{f} \approx 3.92 \text{ sec}$$

[예제] 2.1.3 비감쇠 자유진동: 단순보2

다음과 같이 단순보의 $\frac{1}{4}$지점에 질량 M이 재하된다고 가정할 경우, 단순보의 연직방향 고유진동수를 구하라. 여기서 보의 강성은 EI로 가정하고, 자중은 무시하라.

[풀이]

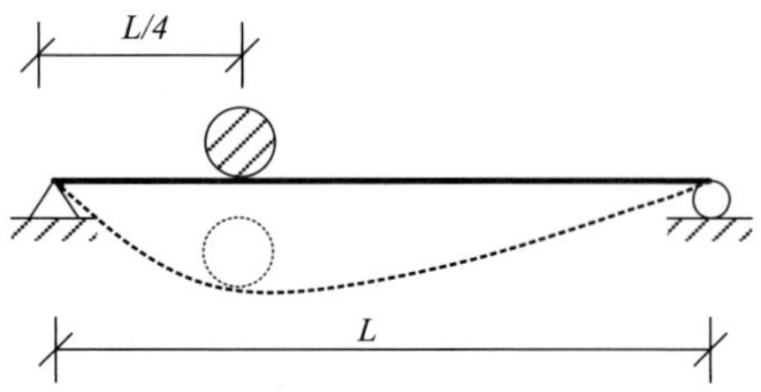

(1) 재하지점의 처짐: $\Delta = \frac{3}{256}\frac{WL^3}{EI}$

여기서 $W = Mg$이고, g는 중력가속도

(2) 스프링 강성: $K = \frac{W}{\Delta} = \frac{256}{3}\frac{EI}{L^3}$

(3) 고유진동수

$$f = \frac{\omega}{2\pi} = \frac{1}{2\pi}\sqrt{\frac{K}{M}} = \frac{1}{2\pi}\sqrt{\frac{\frac{256}{3}\frac{EI}{L^3}}{M}} = \frac{1}{2\pi}\sqrt{\frac{256}{3}\frac{EI}{ML^3}}$$

[예제] 2.1.3 비감쇠 자유진동: 수조

다음과 같은 수조(water tank) 구조물이 있다. 수조의 용량은 20×10^3kg이며, 빈 경우와 만수일 경우 수조의 횡방향 진동 주기는 각각 1.0 sec 및 2.5 sec이다. 수조의 무게(W)와 횡방향 강성(k)을 구하여라.

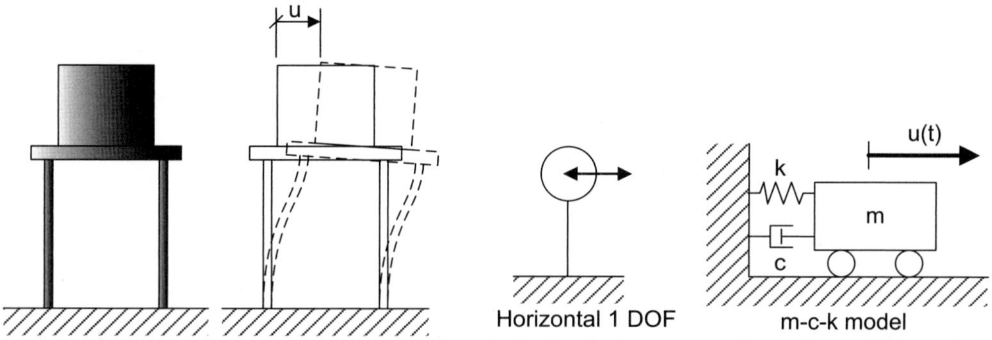

[풀이]

(1) 빈 수조의 고유진동수, ω_E: $\omega_E = \frac{2\pi}{T_E} = \sqrt{\frac{k}{m}}$

(2) 만수 수조의 고유진동수, ω_F: $\omega_F = \frac{2\pi}{T_F} = \sqrt{\frac{k}{m+20{,}000}}$

(3) 수조의 무게, W: $\frac{\omega_E}{\omega_F} = \frac{T_F}{T_E} = \sqrt{\frac{m+20{,}000}{20{,}000}}$

$$\left(\frac{T_F}{T_E}\right)^2 = \frac{m+20{,}000}{m} \rightarrow \left(\frac{2.5}{1.0}\right)^2 = \frac{m+20{,}000}{m} \rightarrow m = 3{,}809\text{kg}$$

$$\therefore W = mg = 3{,}809\text{kg} \cdot 9.81\frac{\text{m}}{\text{sec}^2} = 37.4\text{kN}$$

(4) 횡방향 강성, k: $\omega_E = \frac{2\pi}{1.0} = \sqrt{\frac{k}{3{,}809}} \rightarrow \therefore k = 150.4\frac{\text{kN}}{\text{m}}$

[예제] 2.1.3 비감쇠 자유진동: 트러스

모든 부재들의 $\frac{L}{EA}$값이 동일한 다음과 같은 트러스의 연직방향 고유진동수를 계산하시오. 단, 트러스의 자중은 무시하고 질점 b에 질량 M이 집중됨. (기술사, 토목구조, 76회, 2005년)

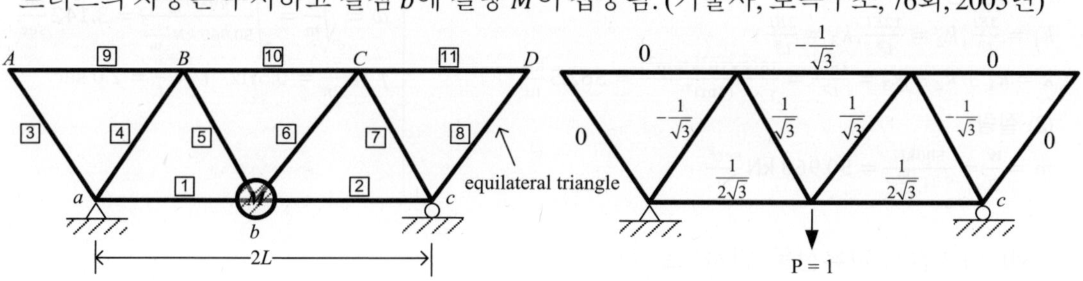

[풀이]

(1) 단위하중법을 사용한 b점의 수직변위 산정

member	n_i	N_i	$\frac{L_i}{E_iA_i}$	$n_iN_i\frac{L_i}{E_iA_i}$	member	n_i	N_i	$\frac{L_i}{E_iA_i}$	$n_iN_i\frac{L_i}{E_iA_i}$
1	$\frac{1}{2\sqrt{3}}$	$\frac{1}{2\sqrt{3}}$	일정	$\frac{1}{12}\frac{L}{EA}$	6	$\frac{1}{\sqrt{3}}$	$\frac{1}{\sqrt{3}}$	일정	$\frac{1}{3}\frac{L}{EA}$
2	$\frac{1}{2\sqrt{3}}$	$\frac{1}{2\sqrt{3}}$		$\frac{1}{12}\frac{L}{EA}$	7	$-\frac{1}{\sqrt{3}}$	$-\frac{1}{\sqrt{3}}$		$\frac{1}{3}\frac{L}{EA}$
3	0	0		0	8	0	0		0

4	$-\frac{1}{\sqrt{3}}$	$-\frac{1}{\sqrt{3}}$		$\frac{1}{3}\frac{L}{EA}$	9	0	0		0
5	$\frac{1}{\sqrt{3}}$	$\frac{1}{\sqrt{3}}$		$\frac{1}{3}\frac{L}{EA}$	10	$-\frac{1}{\sqrt{3}}$	$-\frac{1}{\sqrt{3}}$		$\frac{1}{3}\frac{L}{EA}$
					11	0	0		o
					$\sum$				$\frac{11}{6}\frac{L}{EA}$

$\delta_b = \sum_{i=1}^{11} n_i N_i \frac{L_i}{E_i A_i} = \frac{11}{6}\frac{L}{EA} \;\rightarrow\; P = k\delta_b \;\rightarrow\; k = \frac{1}{\delta_b} = \frac{6}{11}\frac{EA}{L}$

(2) 고유진동수

$$f = \frac{1}{2\pi}\sqrt{\frac{k}{m}} = \frac{1}{2\pi}\sqrt{\frac{6}{11}\frac{EA}{ML}}$$

[예제] 2.1.3 비감쇠 자유진동: 프레임(골조)

다음 그림에 나타낸 골조구조물에서 수평보의 휨강성이 기둥에 비해 매우 커서 거의 강체처럼 거동한다고 하자. 이 골조구조물의 수평방향 고유진동수를 구하라. 여기서 모든 기둥의 자중은 무시하고, $EI = 2 \times 10^3 \mathrm{kN \cdot m^2}$이며, 수평보의 총 무게 $W = 500\mathrm{kN}$이다. (행정고등고시, 구조역학, 2009년)

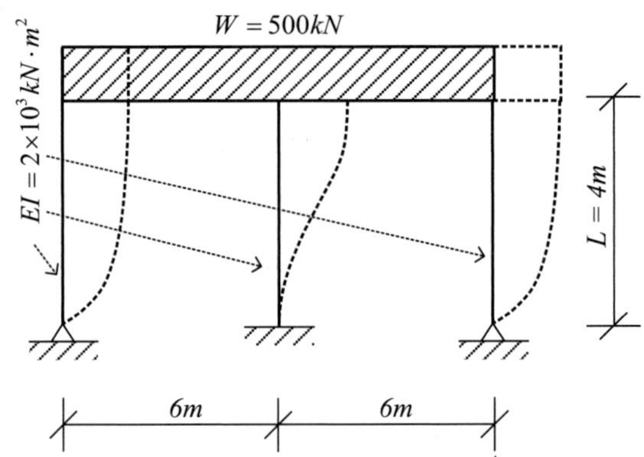

[풀이]

(1) 기둥 강성

$k_1 = \frac{3EI}{L^3}, k_2 = \frac{12EI}{L^3}, k_3 = \frac{3EI}{L^3}$

$k = k_1 + k_2 + k_3 = \frac{18EI}{L^3} = \frac{18(2\times10^3 \mathrm{kN \cdot m^2})}{(4\mathrm{m})^3} = 562.5\,\frac{\mathrm{kN}}{\mathrm{m}}$

(2) 질량

$m = \frac{W}{g} = \frac{500\mathrm{kN}}{9.81\frac{\mathrm{m}}{\mathrm{sec^2}}} = 50.968\ \mathrm{kN}\frac{\mathrm{sec^2}}{\mathrm{m}}$

(3) 고유진동수

$\omega = \sqrt{\frac{k}{m}} = \sqrt{\frac{562.5\frac{\mathrm{kN}}{\mathrm{m}}}{50.968\ kN\frac{\mathrm{sec^2}}{\mathrm{m}}}} = 3.142\,\frac{\mathrm{rad}}{\mathrm{sec}}$

$f = \frac{\omega}{2\pi} = 0.5\mathrm{Hz},\ T = \frac{1}{f} = 2.0\ \mathrm{sec}$

[예제] 2.1.3 감쇠 자유진동: 단자유도계

자유진동하는 감쇠 단자유계 구조물이 있다. 초기조건이 $u(0) = u_0, \dot{u}(0) = \dot{u}_0$일 경우, 변위 $u(t)$를 구하시오. 여기서 $c < 2\sqrt{mk}$인 저감쇠 구조물이다.

$$m\ddot{u}(t) + c\dot{u}(t) + ku(t) = 0$$

[풀이]

(a) 특성방정식:

변위의 형태를 $u(t) = \mathrm{D}e^{\lambda t}$라고 가정한 후, 이 식을 운동방정식에 대입하면,

$(m\lambda^2 + c\lambda + k)e^{\lambda t} = 0$

$m\lambda^2 + c\lambda + k = 0 \rightarrow \lambda_1 = \frac{-c+\sqrt{c^2-4mk}}{2m}, \; \lambda_2 = \frac{-c-\sqrt{c^2-4mk}}{2m}$

(b) 일반해:

λ_1과 λ_2를 고유진동수($\omega_n = \sqrt{\frac{k}{m}}$)와 감쇠비($\xi = \frac{c}{2\sqrt{mk}}$)로 나타내면 다음과 같다. 여기서 $i = \sqrt{-1}$이다.

$\lambda_1 = -\omega_n\xi + i\omega_n\sqrt{1-\xi^2}, \; \lambda_2 = -\omega_n\xi - i\omega_n\sqrt{1-\xi^2}$

$\omega_d = \omega_n\sqrt{1-\xi^2}$로 정의하면, 식 (a)의 일반해는 다음과 같다.

$u(t) = e^{-\xi\omega_n t}\left(\mathrm{D}_1 e^{i\omega_d t} + \mathrm{D}_2 e^{-i\omega_d t}\right)$

위 식은 다음과 같은 2가지 형식으로 쓸 수도 있다.

$u(t) = e^{-\xi\omega_n t}(\mathrm{C}_1\cos\omega_d t + \mathrm{C}_2\sin\omega_d t)$ 또는 $u(t) = \mathrm{A}e^{-\xi\omega_n t}\sin(\omega_d t - \phi)$

여기서 C_1과 C_2 또는 A와 ϕ는 초기조건에 의하여 정해지는 계수이다.

(c) 초기조건 적용:

앞 식에 $u(0) = u_0, \dot{u}(0) = \dot{u}_0$의 초기조건을 적용하면,

$\mathrm{C}_1 = u_0$

$-\xi\omega_n\mathrm{C}_1 + \omega_d\mathrm{C}_2 = \dot{u}_0$

이고, 위의 두 식을 풀면

$\mathrm{C}_1 = u_0, \; \mathrm{C}_2 = \frac{\dot{u}_0 + \xi\omega_n u_0}{\omega_d}$

이다. 따라서

$u(t) = e^{-\xi\omega_n t}\left(u_0\cos\omega_d t + \frac{\dot{u}_0+\xi\omega_n u_0}{\omega_d}\sin\omega_d t\right)$

(d) 진폭(A)과 위상각(ϕ):

앞 식을 sin함수 만을 사용하여 진폭과 위상각으로 나타내면 다음과 같다.

$u(t) = \mathrm{A}e^{-\xi\omega_n t}\cos(\omega_d t - \phi)$

$A_u = \sqrt{u_0^2 + \left(\frac{\dot{u}_0+\xi\omega_n u_0}{\omega_d}\right)^2}, \; \phi = \tan^{-1}\left(\frac{\dot{u}_0+\xi\omega_n u_0}{\omega_d u_0}\right)$

[예제] 2.1.4 감쇠 자유진동: 자유낙하

다음 그림과 같이 높이 h에서 단단한 표면으로 낙하하는 질량은 m, 스프링 상수는 k, 감쇠계수는 c, 낙하높이는 h 및 중력가속도는 g인 저감쇠(under-critical damping) 진동 시스템이 있다. 다음 물음에 답하시오. (기술사, 소음진동, 96회, 2012년)

(가) 진동 시스템이 바닥에 접촉되는 순간의 질량의 변위 w를 구하시오.

(나) (가)와 같은 조건이고 감쇠계수가 무시될 수 있는 경우, 질량변위를 구하시오. (단, 바닥에 접촉되는 순간에서의 초기조건: $w_0 = 0, \dot{w}_0 = \sqrt{2gh}$)

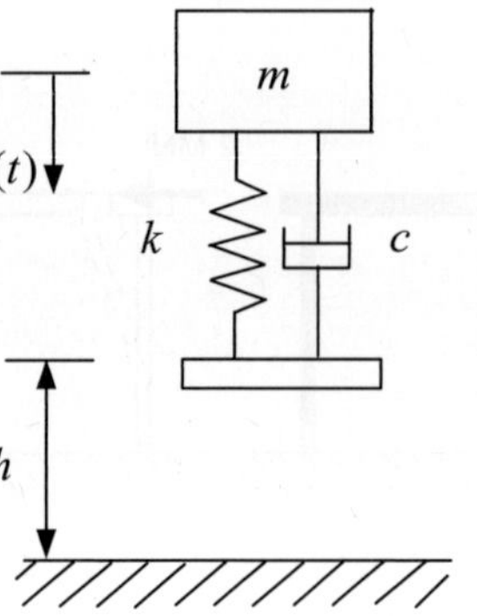

[풀이]

(가) 바닥에 접촉되는 순간의 변위

(1) 운동방정식

$m\ddot{w}(t)+c\dot{w}(t)+kw(t)=0$

(2) 고유진동수: $\omega_n=\sqrt{\frac{k}{m}}$

(3) 감쇠비

$c_c=2m\omega_n,\ \ \xi=\frac{c}{c_c}=\frac{c}{2m\omega_n}=\frac{c}{2\sqrt{mk}}$

(4) 감쇠 고유진동수

$\omega_d=\omega_n\sqrt{1-\xi^2}$

(5) 바닥에 접촉되는 순간

- 속도: $T=V\rightarrow\frac{1}{2}m\dot{w}^2=mgh\rightarrow\dot{w}_0=\sqrt{2gh}$
- 변위: $w_0=\frac{\dot{w}_0}{\omega_d}=\frac{\sqrt{2gh}}{\omega_n\sqrt{1-\xi^2}}$
- 정적 변위: $w_{st}=\frac{mg}{k}$

(나) 동적 변위

(1) 저감쇠 자유진동 운동방정식

$w(t)=e^{-\xi\omega_n t}\left(w_0\cos\omega_d t+\frac{\dot{w}_0}{\omega_d}\sin\omega_d t\right)$

문제의 조건과 같이 바닥에 접촉되는 순간에서의 초기조건을 가정할 경우. 즉, 충격에 의한 초기 변위를 무시하고 ($w_0=0$), 동적 변위 만을 고려할 때, $\dot{w}_0=\sqrt{2gh}$를 운동방정식에 대입하면,

$w(t)=e^{-\xi\omega_n t}\frac{\dot{w}_0}{\omega_d}\sin\omega_d t$

(2) 비감쇠 자유진동 운동방정식

$\xi=0,\omega_d=\omega_n$을 운동방정식에 대입하면,

$w(t)=\frac{\dot{w}_0}{\omega_d}\sin\omega_d t=\frac{\sqrt{2gh}}{\omega_n}\sin\omega_n t$

[예제] 2.1.4 감쇠 자유진동: 1층 전단건물

1층 건물을 다음 그림과 같은 무게가 없는 탄성기둥과 무게가 있는 강체 거더로 모델링 하였다. 이 구조물의 동특성을 산정하기 위하여 지붕(강체 거더)에 유압식 잭(Jack)을 사용하여 수평방향으로 변위를 가한 후 놓아서 자유진동이 발생하도록 하였다. 이 때 작용한 수평방향 힘은 2 MN이었고, 측정된 변위는 2 cm였다. 잭을 분리시킨 후 되돌아 오는 지붕의 최대 변위는 1.6 cm였고, 이 때 걸리 시간인 주기(T)는 1.4 sec였다. 구조물의 다음 특성들을 추정하시오.

(a) 유효강성(k)
(b) 감쇠비(ξ)
(c) 감쇠고유진동수(ω_d) 및 고유진동수(ω_n)
(d) 유효 질량(m)
(e) 임계감쇠(c_c) 및 감쇠계수(c)
(f) 6 cycle 후의 진폭(u_7)

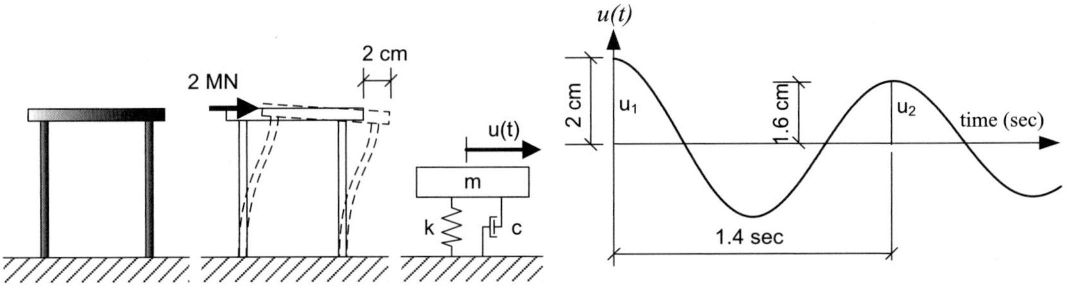

[풀이]

(a) 유효강성(k): $k=\frac{f}{u_1}=\frac{2\text{MN}}{0.02\text{m}}=100\frac{MN}{m}$

(b) 감쇠비(ξ): $\xi\approx\frac{\delta}{2\pi}=\frac{\ln\frac{2.0}{1.6}}{2\pi}=0.0355$

(c) 감쇠고유진동수(ω_d) 및 고유진동수(ω_n)

$\omega_d=\frac{2\pi}{T_d}=\frac{2\pi}{1.4}=4.488\frac{\text{rad}}{\text{sec}},$

$\omega_n=\frac{\omega_d}{\sqrt{1-\xi^2}}=4.490\frac{\text{rad}}{\text{sec}}\approx\omega_d$

(e) 임계감쇠(c_c) 및 감쇠계수(c):

$c_c=2m\omega_n=2(4.960\times10^6\text{kg})\left(4.490\frac{\text{rad}}{\text{sec}}\right)=44.54\times10^6\text{kg}\frac{\text{rad}}{\text{sec}}$

$=44.54\times10^6\left(\text{kg}\cdot\frac{\text{N}}{\text{kg}\cdot\frac{\text{m}}{\text{sec}^2}}\right)\frac{\text{rad}}{\text{sec}}=44.54\frac{\text{MN}}{\frac{\text{m}}{\text{sec}}}$

$c=\xi c_c=(0.0355)\left(44.54\frac{\text{MN}}{\frac{\text{m}}{\text{sec}}}\right)=1.581\frac{\text{MN}}{\frac{\text{m}}{\text{sec}}}$

(f) 6 cycle 후의 진폭(u_7):

(d) 유효 질량(m): $\omega_n = \sqrt{\frac{k}{m}} \rightarrow m = \frac{k}{\omega_n^2}$

$$m = \frac{k}{\omega_n^2} = \frac{100\frac{\text{MN}}{\text{m}}}{\left(4.490\frac{\text{rad}}{\text{sec}}\right)^2} = \frac{100\times10^6\frac{\text{kg}\cdot\text{m}}{\text{sec}^2}\frac{1}{\text{m}}}{\left(4.490\frac{\text{rad}}{\text{sec}}\right)^2}$$
$$= 4.960\times10^6\text{kg}$$

$$\delta = \frac{1}{n}\ln\frac{u_1}{u_{n+1}}$$

여기서 $n = 6$, $u_1 = 2.0cm$, $u_2 = 1.6cm$, $\delta = \frac{1}{1}\ln\frac{u_1}{u_2} = \ln\frac{2.0}{1.6}$이므로

$$\ln\frac{2.0}{1.6} = \frac{1}{6}\ln\frac{u_1}{u_7} \rightarrow \frac{2.0}{1.6} = \left(\frac{2.0}{u_7}\right)^{\frac{1}{6}} \rightarrow \frac{u_7}{2.0} = \left(\frac{1.6}{2.0}\right)^6 \rightarrow u_7 = 0.52\text{cm}$$

[예제] 2.1.4 감쇠 자유진동: 감쇠비 추정

차량에서는 경감쇠 충격 흡진기를 설계하여야 한다. 초기진폭이 처음 반사이클에서 $\frac{1}{4}$로 줄어들어야 한다(그림에서 $u_{1.5} = \frac{1}{4}u_1$). 차량의 질량은 500 kg이고 감쇠 진동주기는 1초이다. 충격 흡진기 설계에 필요한 강성과 감쇠상수를 구하시오. (기술사, 소음진동, 98회, 2012년)

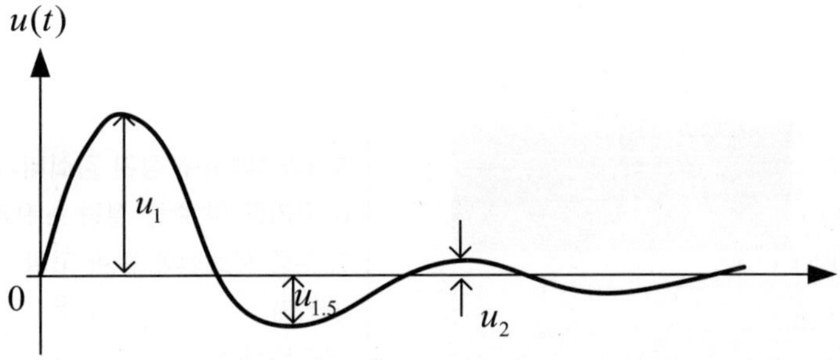

[풀이]

(1) 감쇠비

$$\delta = \frac{1}{n}\ln\frac{u_1}{u_{n+1}} = \frac{2\pi\xi}{\sqrt{1-\xi^2}} \approx 2\pi\xi$$

where $\delta = \frac{1}{\frac{1}{2}}\ln\frac{u_1}{u_{1.5}} = \frac{1}{\frac{1}{2}}\ln\frac{1}{\frac{1}{4}} = 2\ln 4$

(a) $2\pi\xi \approx \delta$

$$\rightarrow\therefore \xi \approx \frac{\delta}{2\pi} = \frac{2\ln 4}{2\pi} = 0.4413 > 0.2 \text{ (N. .)}$$

(b) $\frac{2\pi\xi}{\sqrt{1-\xi^2}} = \delta$

$$\rightarrow\therefore \xi = \sqrt{\frac{\delta^2}{4\pi^2+\delta^2}} = \sqrt{\frac{(2\ln 4)^2}{4\pi^2+(2\ln 4)^2}} = 0.4037 \text{ (O.K.)}$$

(2) 강성

$$T_d = \frac{2\pi}{\omega_d} = \frac{2\pi}{\omega_n\sqrt{1-\xi^2}} = \frac{2\pi}{\sqrt{1-\xi^2}}\sqrt{\frac{m}{k}}$$

$$\rightarrow\therefore k = \frac{4\pi^2}{1-\xi^2}\frac{m}{T_d^2} = \frac{4\pi^2}{1-0.4037^2}\frac{500}{1^2} = 23.583\,\frac{\text{kN}}{\text{m}}$$

(3) 감쇠상수

$$c = 2\xi\sqrt{mk} = 2\cdot0.4037\sqrt{500\cdot23.583\times10^3}$$
$$= 2.772\text{ kN}\cdot\frac{\text{sec}}{\text{m}}$$

[예제] 2.1.4 감쇠 자유진동: 질량 및 강성 추정

1층 전단건물에 부가질량을 추가한 후, 구조물의 고유진동수를 계측하였다. 구조물의 질량과 강성을 구하라. 여기서 기둥의 질량은 무시하라.

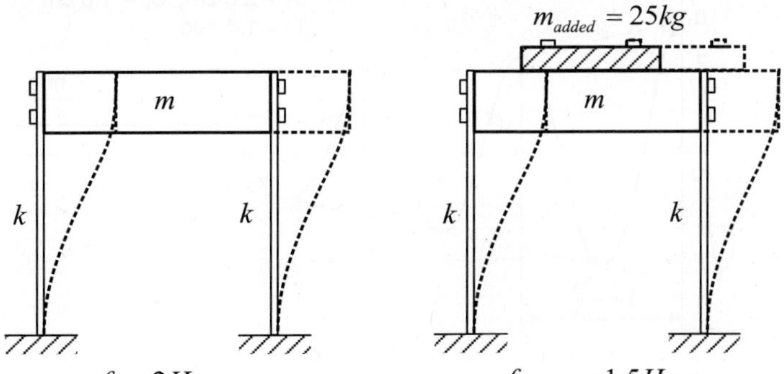

$f_n = 2Hz$ $\qquad$ $f_{n,added} = 1.5Hz$

[풀이]

(a) 질량:

$$f_n = \frac{1}{2\pi}\sqrt{\frac{k}{m}} \;\rightarrow\; \frac{f_{n,0}}{f_{n,1}} = \sqrt{\frac{m_1}{m_0}} \;\rightarrow \frac{2}{1.5} = \sqrt{\frac{m_0+25}{m_0}} \;\rightarrow \therefore m_0 = \frac{25}{\left(\frac{2}{1.5}\right)^2 - 1} = 32.14\text{kg}$$

(b) 강성:

$$f_n = \frac{1}{2\pi}\sqrt{\frac{k}{m}} \;\rightarrow\; k = (2\pi f_n)^2 m = \left(2\pi \cdot 2\frac{1}{\text{sec}}\right)^2 \times 32.14\text{kg} = 5{,}072\text{kg}\cdot\frac{\text{m}}{\text{sec}^2}\cdot\frac{1}{\text{m}} = 5{,}072\,\frac{\text{N}}{\text{m}}$$

[예제] 2.1.4 감쇠 자유진동: 수중 감쇠비 추정

다음 동영상을 본 후, 공기중 및 수중에서 자유진동하는 단자유도계의 감쇠비를 추정하라.

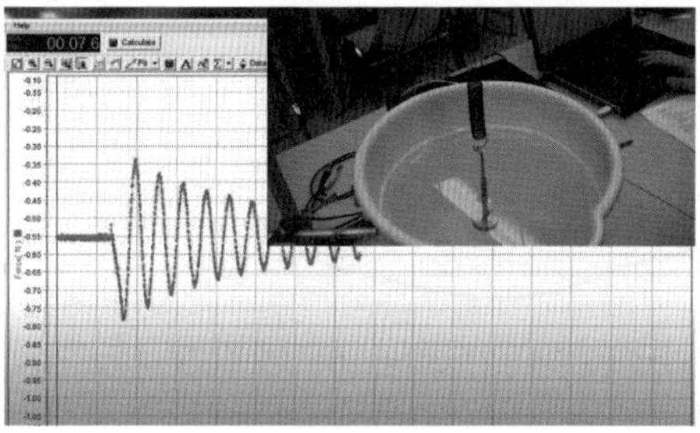

[YouTube]

[풀이]

1. 정적하중과 변위 $F-\delta$ 그래프에서 강성 k 추정
2. 공기중 및 수중 고유진동수 $f_n^{(1)}$과 $f_n^{(2)}$
3. 공기중 및 수중 감쇠비 $\xi^{(1)}$과 $\xi^{(2)}$
4. 감쇠진동 vs 비감쇠진동 관계식으로 구한 감쇠비 $\xi^{(3)}$
5. 3과 4에서 산정된 감쇠비가 서로 다른 이유 고찰
6. 공기중 및 수중 질량 $m^{(1)}$과 $m^{(2)}$
7. 수중 시스템에 관한 고찰

(참조)

연습문제 풀이집

[예제] 2.1.5 감쇠 자유진동: 쿨롱감쇠

앞 예제에서 사용한 1층 건물이 쿨롱감쇠(또는 마찰감쇠)를 갖는다고 가정할 때, 구조물의 다음 특성들을 추정하시오. 여기서 마찰계수(μ)는 정지마찰계수(μ_s)와 운동마찰계수(μ_d)로서 동일하다고 가정하라.

(a) 유효강성(k)　　(b) 감쇠고유진동수(ω_d) 및 고유진동수(ω_n)

(c) 유효 질량(m)　　(d) 마찰계수(μ)

(e) 6 cycle 후의 진폭(u_7)　　(f) 진동이 멈추기 전까지의 cycle 수(N)

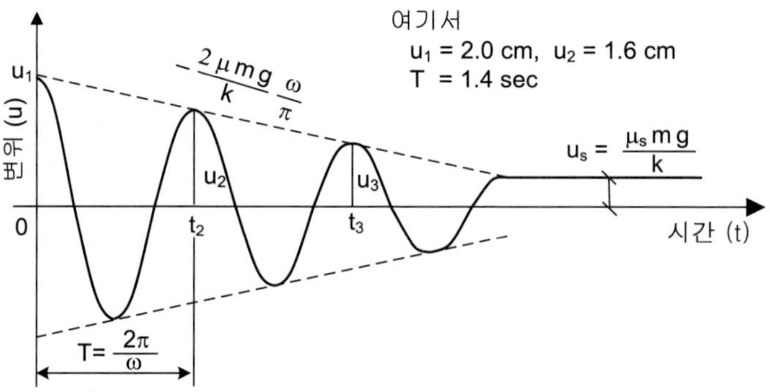

[풀이]

(a) 유효강성(k): $k = \frac{f}{u_1} = \frac{2\mathrm{MN}}{0.02\mathrm{m}} = 100\,\frac{\mathrm{MN}}{\mathrm{m}}$

(b) 감쇠고유진동수(ω_d) 및 고유진동수(ω_n):

$$\omega_d = \omega_n = \frac{2\pi}{T} = \frac{2\pi}{1.4} = 4.488\,\frac{\mathrm{rad}}{\mathrm{sec}}$$

(c) 유효 질량(m):

$$\omega_n = \sqrt{\frac{k}{m}} \rightarrow m = \frac{k}{\omega_n^2} = \frac{100\frac{\mathrm{MN}}{\mathrm{m}}}{\left(4.488\frac{rad}{\mathrm{sec}}\right)^2}$$

$$= \frac{100\times10^6\frac{\mathrm{kg\cdot m}}{\mathrm{sec}^2}\frac{1}{\mathrm{m}}}{\left(4.488\frac{rad}{\mathrm{sec}}\right)^2} = 4.965\times10^6\mathrm{kg}$$

(d) 마찰계수(μ):

$$\frac{du}{dt} = -\frac{2\mu mg}{k}\cdot\frac{\omega}{\pi}$$

$$\rightarrow \frac{1.6-2.0}{1.4}\frac{\mathrm{cm}}{\mathrm{sec}} = -\frac{2\mu\left(4.965\times10^6\mathrm{kg}\right)\left(9.81\frac{\mathrm{m}}{\mathrm{sec}^2}\right)}{100\times10^6\frac{\mathrm{kg\cdot m}}{\mathrm{sec}^2}\frac{1}{\mathrm{m}}}\cdot\frac{4.488\frac{rad}{\mathrm{sec}}}{\pi}$$

$$\rightarrow -0.2857\,\frac{\mathrm{cm}}{\mathrm{sec}} = -139.2\mu\,\frac{\mathrm{cm}}{\mathrm{sec}}$$

$$\rightarrow \therefore \mu = 0.0021$$

(e) 6 cycle 후의 진폭(u_7):

$$u_7 = u_1 + \frac{du}{dt}\cdot 6T = 2.0 - 0.2857\times6\times1.4 \approx -0.4 < 0 \rightarrow u_7 = u_s$$

$$\therefore u_7 = \frac{\mu_s mg}{k} = \frac{0.0021\left(4.965\times10^6\mathrm{kg}\right)\left(9.81\frac{\mathrm{m}}{\mathrm{sec}^2}\right)}{100\times10^6\frac{\mathrm{kg\cdot m}}{\mathrm{sec}^2}\frac{1}{\mathrm{m}}} = 0.0010\mathrm{m} = 0.10\mathrm{cm}$$

(f) u_s에 도달하기까지 cycle수(N):

$$u_s = u_1 + \frac{du}{dt}\cdot N\cdot T \rightarrow \therefore N = \frac{u_s - u_1}{\frac{du}{dt}\cdot T} = \frac{0.10-2.0}{-0.2857\times1.4} = 4.75 \approx 5$$

[예제] 2.1.5 감쇠 자유진동: 등가점성감쇠

파랑하중에 의한 구조물의 운동을 나타내는 모리슨방정식에는 다음과 같은 비선형 감쇠가 사용된다. 이 비선형 감쇠를 등가점성감쇠로 나타내어라. 여기서 c는 상수이다.

$$f_D = c\dot{u}^2\mathrm{sign}(\dot{u})$$

[풀이]

감쇠력(f_D)에 의한 한 주기(cycle)당 소산에너지(dissipated energy, E_D)은

$$E_D = \oint f_D du = \oint c\dot{u}^2\mathrm{sign}(\dot{u})du = \oint c\dot{u}^2\mathrm{sign}(\dot{u})(\dot{u}dt) = \oint c\dot{u}^3\mathrm{sign}(\dot{u})dt$$

이며, $\oint du$는 한 주기 변위응답 동안의 적분을 의미한다. 조화진동으로 인한 변위응답 $u(t) = A\cos(\omega_d t - \phi)$를 앞 식에 대입하여 한 주기당 소산에너지를 구하면 다음과 같다.

$$E_D = \oint c\dot{u}^3\mathrm{sign}(\dot{u})dt = 2c\omega_d^3\mathrm{A}^3\oint_0^{\frac{\pi}{\omega_d}}\sin^3(\omega_d t - \phi)\,dt = \frac{8}{3}c\omega_d^2\mathrm{A}^3$$

따라서 이 소산에너지를 등가점성감쇠에 의한 소산에너지와 같다고 놓으면

$$\frac{8}{3}c\omega_d^2\mathrm{A}^3 = \pi c_{eq}\omega_d\mathrm{A}^2 \rightarrow \therefore c_{eq} = \frac{8}{3\pi}c\omega_d\mathrm{A}$$

이다. 즉, 등가점성감쇠는 ω_d와 A에 비례하는 것을 알 수 있다.

수학: 2.1.3 미분방정식의 기초와 해법

• 함수

함수(function)의 개념은 수학에서, 특히 미적분학에서 가장 근본이 되는 개념이다. 전통적인 미적분학에서 함수란 값이 변하기 때문에 변수(variable)라고 불리는 두 값의 관계라고 정의되었다. 이 두 항을 x와 y라 하고, 만약 모든 x값에 대해 y값이 정확히 하나 대응된다면, y는 x의 함수라고 한다. 독립변수(independent variable)에 x를 사용하고, x값에 의해 값이 변하는 종속변수(dependent variable)에는 y를 사용하는 것이 관례이다. 상수(constant)란 방정식에서 고정된 값을 갖는 항을 말한다. 전통적으로 변수에는 알파벳 끝에 있는 글자를 쓰고, 상수에는 다른 글자(보통 a, b, c 같은 알파벳 앞쪽에 있는 글자)를 사용한다.

[예] $y = \mathrm{a}x + \mathrm{b}$ 에서 x, y는 변수이고, a, b는 상수이다.

• 도함수

도함수(derivative)란 어떤 함수를 미분하여 얻은 함수를 말하며, 일반적으로 $f(x)$의 미분계수라고도 한다. x의 함수로 나타낸 것을 도함수라고 하고, $f'(x)$로 나타낸다. 함수 $y = f(x)$의 도함수는 $f'(x)$이외에

$$y',\ \frac{dy}{dx},\ \{f(x)\}',\ \frac{df(x)}{dx},\ \frac{d}{dx}f(x)$$

등으로 나타낸다.

• 방정식

방정식(equation)이란 문자를 포함하는 등식(equals, =)에서, 문자에 어떤 특정한 수를 대입할 때만 성립하는 등식이다. 이 때 등식을 성립시키는 특정한 수를 방정식의 해라 하고, 해를 구하는 것을 '방정식을 푼다'고 한다. 이를테면, x에 관한 방정식 $3x + 2 = 14$에서 x가 4일 때 이 등식은 성립하므로 4가 해이다. x의 값은 처음부터 알고 있던 수가 아니므로 미지수(unknown)라 하고, 미지수 이외의 문자나 수를 기지수(known)라 한다.

방정식에서 미지수의 종류가 하나이면 1원방정식(一元方程式), 둘이면 2원방정식이라 하고, 그 미지수에 대한 차수가 1차이면 1차방정식, 2차이면 2차방정식이라 한다. 따라서 2원 1차 방정식이란 미지수의 최고차수가 1차이고, 미지수가 2개인 방정식을 말한다. 미지수에 어떤 값을 대입하여도 그 등식이 성립하지 않을 때 방정식은 불능(不能; impossible)이라 하고, 미지수의 값이 무한히 많을 때 방정식은 부정(不定; indeterminate)이라 한다

• 미분방정식

미분방정식(differential equation)이란 한 개 또는 그 이상의 독립변수에 대하여 한 개 또는 그 이상의 종속변수인 도함수 또는 편도함수 또는 미분을 포함하는 방정식을 말한다. 미분방정식

을 형태와 계수 및 선형성에 따라 통상 다음과 같이 분류한다.

형태에 의하여 미분방정식을 분류하면, 상미분방정식(ODE; ordinary differential equation)과 편미분방정식(PDE; partial differential equation)으로 구분한다.

[예] 상미분방정식: $\frac{dy}{dx} - 5y = 1$, 편미분방정식: $\frac{\partial u}{\partial y} = -\frac{\partial v}{\partial x}$

계수에 의하여 미분방정식을 분류할 수 있다. 주어진 미분방정식에 포함된 최고계 도함수의 계수를 그 미분방정식의 계수(order)라 하고, 최고계 도함수의 제곱승을 그 미분방정식의 차수(degree)라 한다.

일반적인 n계 상미분방정식은 다음과 같은 형태로 표현할 수 있다.

$$F\left(x, y, \frac{dy}{dx}, \cdots, \frac{d^n y}{dx^n}\right) = 0$$

[예] $\frac{d^2y}{dx^2} + 5\left(\frac{dy}{dx}\right)^3 - 4y = x$: 2계 (1차) 상미분방정식

선형성에 따라 미분방정식을 분류할 수 있다. 다음과 같은 형태를 갖는 상미분방정식을 선형 상미분방정식(linear ODE)이라 한다.

$$a_n(x)\frac{d^n y}{dx^n} + a_{n-1}(x)\frac{d^{n-1}y}{dx^{n-1}} + \cdots + a_1(x)\frac{dy}{dx} + a_0(x)y = g(x)$$

즉, 선형 미분방정식은 다음 2가지 성질을 갖는다. 1) 종속변수 y와 y의 모든 계의 도함수는 1차이고, 2) 각 계수는 독립변수 x에만 의존하는 함수이다. 선형이 아닌 방정식을 비선형 미분방정식(linear DE)이라 한다.

[예] $x^3\frac{d^3y}{dx^3} - x^2\frac{d^2y}{dx^2} + 3x\frac{dy}{dx} + 5y = e^x$: 3계 선형 상미분방정식

$yy'' - 2y' = x$: 2계 비선형 상미분방정식

n계 미분방정식의 해가 n개의 임의의 상수를 포함할 때, 일반해(general solution)라 하고, 일반해의 상수에 특별한 값을 대입하여 얻은 것을 특수해(particular solution)라고 한다. 따라서 특수해는 일반해에 포함되는 하나의 해라고 볼 수 있다. 이와는 달리 일반해에 포함되지 않은 해가 있는데, 이런 해를 특이해(singular solution)라고 한다. 참고로 주어진 x의 모든 범위에서 함수값이 0인 미분방정식의 해를 자명해(trivial solution)라고 한다.

[예] $\frac{d^2y}{dx^2} = 0$ → 일반해 : $y = c_1x + c_2$, 특수해 : $y = x$, $y = 2x - 1$

선형 미분방정식에서 우변 항($g(x)$)의 유무에 따라 제차(homogeneous)와 비제차(nonhomogeneous) 미분방정식으로 구분한다.

$$a_n(x)\frac{d^n y}{dx^n} + a_{n-1}(x)\frac{d^{n-1}y}{dx^{n-1}} + \cdots + a_1(x)\frac{dy}{dx} + a_0(x)y = 0$$: 제차 미분방정식

$$a_n(x)\frac{d^n y}{dx^n} + a_{n-1}(x)\frac{d^{n-1}y}{dx^{n-1}} + \cdots + a_1(x)\frac{dy}{dx} + a_0(x)y = g(x)$$: 비제차 미분방정식

• $y'' + ay' + by = 0$

방정식 해의 형태를 $y = ce^{\lambda x}$라고 가정한 후, 2계 미분방정식에 대입하면

$$(\lambda^2 + a\lambda + b)e^{\lambda x} = 0$$

이다. 즉, 2계 미분방정식의 특성방정식(characteristic equation)은 다음과 같다.

$$\lambda^2 + a\lambda + b = 0,\ \lambda = \frac{-a \pm \sqrt{a^2 - 4b}}{2}$$

따라서 미분방정식의 일반해는 다음과 같이 정리할 수 있다.

경우	특성방정식의 해	기저(basis)	일반해
경우 I ($a^2 - 4b > 0$)	서로 다른 실근: λ_1, λ_2	$e^{\lambda_1 x}$, $e^{\lambda_2 x}$	$y = c_1 e^{\lambda_1 x} + c_2 e^{\lambda_2 x}$
경우 II ($a^2 - 4b < 0$)	켤레 복소근: $\lambda = p \pm iq$	$e^{px}\cos qx$, $e^{px}\sin qx$	$y = e^{px}(\mathrm{A}\cos qx + \mathrm{B}\sin qx)$
경우 III ($a^2 - 4b = 0$)	이중근: $\lambda = -\frac{a}{2}$	$e^{\lambda x}$, $xe^{\lambda x}$	$y = (c_1 + c_2 x)e^{\lambda x}$

• 예제

다음 미분방정식의 일반해를 구하고, 주어진 초기값 문제를 풀어라.

$$y'' + y' - 2y = 0, \qquad y(0) = 1,\ y'(0) = 2$$

[풀이] 특성방정식

$y = ce^{\lambda x}$라고 가정한 후, 2계 미분방정식에 대입하여 구한 특성방정식은

$$\lambda^2 + \lambda - 2 = 0$$

이므로, 근은 $\lambda_1 = 1, \lambda_2 = -2$이다. 따라서 경우 I에 해당하고, 일반해는

$$y(x) = c_1 e^x + c_2 e^{-2x}$$

이며, 초기조건을 대입하면 다음과 같다.

$$y(0) = c_1 + c_2 = 1, \quad y'(0) = c_1 - 2c_2 = 2$$

이들 방정식의 해는 $c_1 = \frac{4}{3}$과 $c_2 = -\frac{1}{3}$이므로, 초기값문제의 해는 다음과 같다.

$$y(x) = \frac{4}{3}e^x - \frac{1}{3}e^{-2x}$$

• 예제

다음 미분방정식의 일반해를 구하고, 주어진 초기값 문제를 풀어라.

$$m\ddot{u} + ku = 0,\ \ u(0) = u_0, \dot{u}(0) = \dot{u}_0$$

[방법 1] 특성방정식

$u = ce^{\lambda t}$라고 가정한 후, 2계 미분방정식에 대입하여 구한 특성방정식은

$$m\lambda^2 + k = 0$$

이므로, 근은 $\lambda = \pm i\sqrt{\frac{k}{m}} = \pm i\omega_n$이다. 여기서 $\omega_n = \sqrt{\frac{k}{m}}$이다. 경우 II에 해당하므로 일반해는

$$u(t) = \mathrm{A}\cos\omega_n t + \mathrm{B}\sin\omega_n t$$

이며, 초기조건을 대입하면 다음과 같다.

$$u(0) = \mathrm{A} = u_0,\ \ \dot{u}(0) = \mathrm{B}\omega_n = \dot{u}_0$$

이들 방정식의 해는 $\mathrm{A} = u_0$과 $\mathrm{B} = \frac{\dot{u}_0}{\omega_n}$이므로, 초기값문제의 해는 다음과 같다.

$$u(t) = u_0 \cos\omega_n t + \frac{\dot{u}_0}{\omega_n}\sin\omega_n t$$

[방법 2] 라플라스 변환*

시간영역 운동방정식의 양변에 라플라스 변환을 적용하면,

$$\mathcal{L}[m\ddot{u} + ku] = 0$$
$$\rightarrow m\{s^2U - su_0 - \dot{u}_0\} + kU = 0$$
$$\rightarrow (ms^2 + k)U = mu_0 s + m\dot{u}_0$$
$$\rightarrow U = \frac{mu_0 s + m\dot{u}_0}{ms^2 + k} = \frac{u_0 s + \dot{u}_0}{s^2 + \frac{k}{m}} = \frac{u_0 s}{s^2 + \omega_n^2} + \frac{\dot{u}_0}{s^2 + \omega_n^2}$$

여기서 $\omega_n^2 = \frac{k}{m}$이다. 각 항에 대해 라플라스 역변환을 수행하여 구한 시간영역 운동방정식의 해는 다음과 같다.

$$u(t) = \mathcal{L}^{-1}[U(s)]$$
$$= \mathcal{L}^{-1}\left[\frac{u_0 s}{s^2 + \omega_n^2} + \frac{\dot{u}_0}{s^2 + \omega_n^2}\right]$$
$$= u_0 \mathcal{L}^{-1}\left[\frac{s}{s^2 + \omega_n^2}\right] + \frac{\dot{u}_0}{\omega_n}\mathcal{L}^{-1}\left[\frac{\omega_n}{s^2 + \omega_n^2}\right]$$
$$= u_0 \cos\omega_n t + \frac{\dot{u}_0}{\omega_n}\sin\omega_n t$$

• 예제

다음 미분방정식의 일반해를 구하라 (단, $c^2 > 4mk$).

$$m\ddot{u} + cu + ku = 0$$

[방법 1] 특성방정식

$u = ce^{\lambda t}$라고 가정한 후, 2계 미분방정식에 대입하여 구한 특성방정식은

$$m\lambda^2 + c\lambda + k = 0$$

이 특성방정식의 해는 다음과 같다.

$$\lambda = \frac{-c \pm \sqrt{c^2 - 4mk}}{2m} = -\xi\omega_n \pm i\omega_d$$

여기서

$$\xi\omega_n = \frac{c}{2m}, \omega_d = \frac{\sqrt{4mk - c^2}}{2m}$$

일반해는 다음과 같다.

$$u(t) = e^{-\xi\omega_n t}[\mathrm{A}\cos\omega_d t + \mathrm{B}\sin\omega_d t]$$

* 참조: 수학: 2.3.1 라플라스 변환

MATLAB/PYTHON: 2.1.3 운동방정식 풀이 (ch213_dsolve, ch213_ode)

• 해석적 방법

$\ddot{u}(t) + 8\dot{u}(t) + 2u(t) = \cos t,\ u(0) = 0, \dot{u}(0) = 1$

$\rightarrow u(t) = \frac{1}{65}\cos t + \frac{8}{65}\sin t + \frac{1}{1820}(-14 + 53\sqrt{14})e^{(-4+\sqrt{14})t} + \frac{1}{1820}(-14 - 53\sqrt{14})e^{(-4-\sqrt{14})t}$

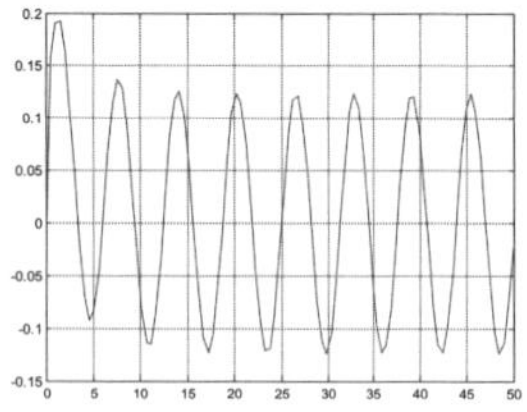

• MATLAB

```
syms u(t) t;
eqn2 = diff(u,t,2) + 8*diff(u,t) + 2*u ==
cos(t);
inits2 = [u(0) == 0, diff(u)(0) == 1];
uSol(t) = simplify(dsolve(eqn2, inits2));

uSol_fn = matlabFunction(uSol); % symbolic →
handle
fplot(uSol_fn, [0, 100]);
xlabel('t');
ylabel('u(t)');
title('Solution of ODE');
grid on;
```

• PYTHON

```
from sympy import *

t = symbols('t')
u = symbols('u', cls=Function)
deq = Eq(u(t).diff(t,2) + 8*u(t).diff(t) +
2*u(t),cos(t)) # 방정식 세우기
usol = dsolve(deq,ics={u(0):0,
u(t).diff(t).subs(t,0):1}) # 초기 조건(2개)

plot(usol.rhs,(t,0,50))
```

• 수치적 방법: 룬게-쿠타방법*

$\ddot{u} + 8\dot{u} + 2u = \cos t,$
$u(0) = 0, \dot{u}(0) = 1$

$$\rightarrow \begin{Bmatrix} \dot{u}_1 \\ \dot{u}_2 \end{Bmatrix} = \begin{Bmatrix} u_2 \\ \cos t - 8u_2 - 2u_1 \end{Bmatrix}$$

$$\begin{Bmatrix} u_1(0) \\ u_2(0) \end{Bmatrix} = \begin{Bmatrix} u(0) \\ \dot{u}(0) \end{Bmatrix} = \begin{Bmatrix} 0 \\ 1 \end{Bmatrix}$$

$\Delta t = 0.1$

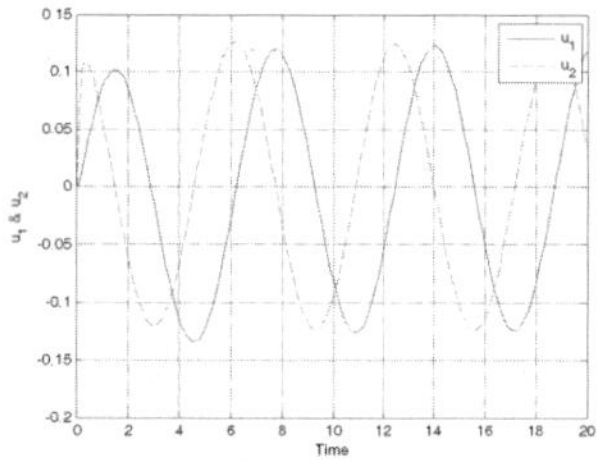

• MATLAB

```
clc; clear;
dt = 0.1; n  = 200; time = [0:dt:n*dt];

uv0 = [0; 0];
[time,uv] = ode23('dfunc213',time,uv0);

plot(time,uv(:,1),'-',time,uv(:,2),'--');
xlabel('Time'); ylabel('u_1 & u_2');
legend('u_1','u_2')
grid on;

function uv = dfunc213(time,uv)
u = uv(1,1);
v = uv(2,1);

m = 1; c = 8; k = 2;
omega0 = 1;

dudt = v;
dvdt = (1/m)*(cos(omega0*time) - c*v - k*u);
uv = [dudt; dvdt];
```

• PYTHON

```
import numpy as np
from scipy.integrate import odeint
import matplotlib.pyplot as plt

import dfunc213 as df

dt = 0.1; n = 200
time = np.arange(0, n*dt+dt, dt)

uv0 = [0,0] # initial condition, [u0,v0]
uv = odeint(df.dfunc213, uv0, time)

plt.plot(time, uv[:,0], '-', time, uv[:,1], '--')
plt.xlabel('Time'); plt.ylabel('u_1 & u_2')
plt.legend(['u_1', 'u-2'])
plt.grid(); plt.show()


import numpy as np
def dfunc213(uv,time):
    u,v = uv
    m = 1.; c = 8; k = 1.
    omega0 = 1
    dudt = v
    dvdt = (1/m) * (np.cos(omega0*time)-c*v-k*u)
    return [dudt,dvdt]
```

---

* 참조: 2.4절 수치해석기법: 시간영역(Time Domain), 9.2절 제진: 상태공간방정식

정역학: 2.1.3 휨부재의 고정단모멘트와 반력

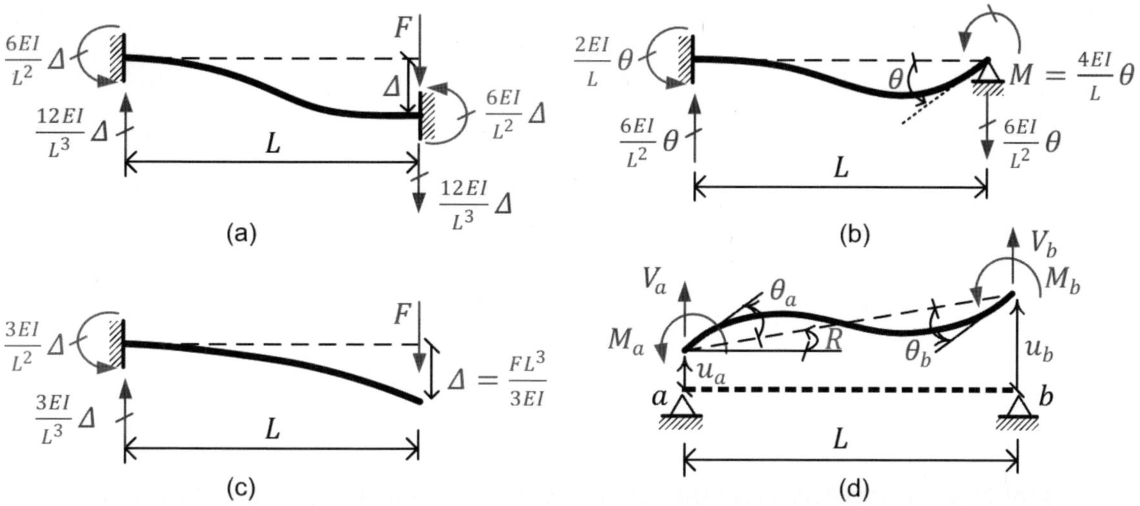

그림 (d)의 보는 휨변형만을 고려하였으며, 각 절점에서 2개(이동과 회전)의 자유도를 갖는다. 이 경우 휨모멘트와 전단력의 관계는 다음과 같다(참조: 처짐각방정식).

$$M_a = \frac{2EI}{L}(2\theta_a + \theta_b - 3R)$$

$$M_b = \frac{2EI}{L}(\theta_a + 2\theta_b - 3R)$$

$$V_a = \frac{M_a + M_b}{L}$$

$$V_b = -V_a$$

여기서

$$R = \frac{u_b - u_a}{L}$$

인물: 쿨롱(Coulomb)

• 쿨롱 [Coulomb, Charles Augustin de, 1736.06.14 ~ 1806.08.23]

토목학자 ·물리학자 ·전기학자. 국적 : 프랑스

활동분야 : 토목학, 물리학, 전기학 출생지 : 프랑스 앙굴렘

앙굴렘 출생. 파리에 유학하고 공병단의 기술장교가 되어 서인도 제도의 마르티니크섬에서 근무했다. 퇴역 후 과학 연구에 전념하여 파리로 돌아와 파리대학 총장에 취임하였다. 1781년 파리 과학아카데미 회원이 되었다. 파리로 돌아와 초기에는 토목공학에 관련한 토압론(土壓論)을 연구하였고, 그로부터 마찰에서의 쿨롱의 법칙, 비틀림 현상, 재료강약(材料强弱)의 문제를 다루었다. 전기현상의 연구는 아카데미에서 현상모집한 나침반의 제작법이 동기가 되었다. 즉 비틀림 현상을 기초로 하여 1784년 정밀한 비틀림저울을 제작, 이것을 이용하여 하전간(荷電間)과 자극간(磁極間)에 작용하는 인력(引力)·척력(斥力)에 관한 정전기(靜電氣)에서의 '쿨롱의 법칙'을 발견하였다(1785). 이것은 후에 이루어진 정자기(靜磁氣)의 법칙과 함께 전자기학의 정량적 연구의 계기가 되었다. 전기량의 단위(MKS)로 사용되는 '쿨롬'은 그의 이름을 딴 것이다. <출처: NAVER 백과사전>

이야기: 고유진동수(ω_n) vs 고유진동수(f_n)

고유진동수(natural frequency)를 ω_n와 f_n로 표현하는데 차이점은?

ω은 각진동수($\frac{\text{rad}}{\text{sec}}$)이다. 라디안(radian)은 삼각함수에서 각도(예: 180°)를 실수(2π)로 편리하게 나타내기 위해 사용된다. 그러나 보통 한 바퀴 회전에 해당하는 2π radian을 개념으로 이해하기 어려우므로, 좀더 이해하기 쉽게 한 바퀴 회전을 1번으로 하여 회전하는 횟수로 나타낸다.

ω과 f는 동일한 개념으로 이해할 수 있다. ω의 단위는 $\frac{\text{rad}}{\text{sec}}$로 1초에 몇 radian을 회전했는지를 나타내지만, f는 $\frac{\text{cycles}}{\text{sec}}$로 1초에 몇 바퀴를 돌았는지를 나타낸다. 예를 들어, 1초에 1.5바퀴를 회전했다고 하면, ω는 $3\pi\ \frac{\text{rad}}{\text{sec}} =\ 3 \times 3.14\frac{\text{rad}}{\text{sec}} = 9.42\frac{\text{rad}}{\text{sec}}$이고, f는 $1.5\frac{\text{cycles}}{\text{sec}} = 1.5\frac{1}{\text{sec}}$=1.5 Hz이다. 여기서 $\frac{1}{\text{sec}}$ = Hz라고 정의한다. 그러므로 ω와 f의 관계는 $2\pi\ \frac{\text{rad}}{\text{sec}} = 1\frac{\text{cycle}}{\text{sec}} = 1$ Hz이다. 다시 말하면, $f = 1$ Hz는 $\omega = 2\pi\ \frac{\text{rad}}{\text{sec}}$로 $2\pi f = \omega$이다. 여기서 f와 ω의 단위는 각각 Hz와 $\frac{\text{rad}}{\text{sec}}$이다.

ω와 f는 각각 각진동수와 진동수라고 해야 하나, 일반적으로 모두 진동수라고 하고, ω_n과 f_n은 각각 각 고유진동수와 고유진동수라고 해야 하나, 일반적으로 모두 고유진동수라 한다. ω_d와 ω_n은 각각 감쇠 각 고유진동수와 비감쇠 각 고유진동수라고 해야 하나, 일반적으로 모두 고유진동수라고 한다. 마찬가지로 f_d와 f_n은 각각 감쇠 고유진동수와 비감쇠 고유진동수라고 해야 하나, 일반적으로 모두 고유진동수라고 한다.

이야기: 고유진동수(f_n) vs 고유주기(T_n)

질량(m)과 강성(k)을 갖는 구조물은 진동한다. 사람에 비유하면 삶의 무게를 지탱하려고 저항하는 사람은 살아있다는 것을 심장박동수(heart rate)로 증명한다. 휴식 중인 성인의 심장박동수는 분당 60 ~ 100회이므로, 고유진동수(즉, 초당 진동수)로 나타내면 1 ~ 1.7 Hz이다. 이러한 사람의 고유진동수는 사람의 심적 상태에 따라 변한다. 구조물도 마찬가지로 구조물의 진동모드(즉, 구조물의 찡그린 형상)에 따라 고유진동수가 다르다.

고유진동수(f_n; natural frequency)의 역수를 고유주기(= 1/고유진동수; T_n; natural period)라고 한다. 기계 분야의 구조물은 질량에 비해 강성이 크므로 고유진동수가 1 Hz이상이고 고유주기는 1 sec이하이다. 이에 반하여 고층건물과 장대교량과 같이 유연한(즉, 질량에 비해 강성이 작은) 건설 분야의 대형 구조물은 고유주기가 1 sec이상이고 고유진동수는 1 Hz이하이다.

사람은 1이상의 양의 정수를 나타내는 자연수(natural number)에 익숙하다. 따라서 기계분야 구조물의 동적 특성은 1 Hz 이상인 고유진동수로 나타내며, 건설 분야 대형 구조물의 동적 특성은 1 sec 이상인 고유주기로 나타낸다.

참고로 우리가 일상에서 사용하는 365일/년과 24시간/일은 지구의 공전주기와 자전주기를 나타낸다. 지구의 공전주기(revolution period)는 365.25일이지만, 우리는 지구의 공전하는 방향으로의 고유주기를 자연수인 365일로 기억한다. 또한 지구의 자전주기(rotation period)는 23시간 56분이지만, 우리는 지구의 자전하는 방향으로의 고유주기를 자연수인 24시간으로 기억한다. 이처럼 고유주기는 한 사이클을 완성하는데 걸리는 시간을 나타내며, 365일과 24시간과 같이 우리 일상에도 늘 사용하는 용어이다.

질량과 강성을 갖는 구조물의 동적 특성을 나타내는 고유진동수 또는 고유주기는 일상에서 구조물의 시간에 따른 궤적(trace)를 나타내는데 널리 사용되고 있다. 여기서 궤적(軌跡)이란 수레바퀴가 지나간 자국이라는 뜻으로, 물체가 움직이면서 남긴 움직임을 알 수 있는 자국이나 자취를 이르는 말이다. 따라서 구조물 운동의 '시간 궤적(time trace)'은 구조물의 과거 움직임의 자국이며, 이를 통해 현재 시점에서 미래 시점의 거동을 예측할 수 있으므로 미래를 준비하는데 매우 중요하다.

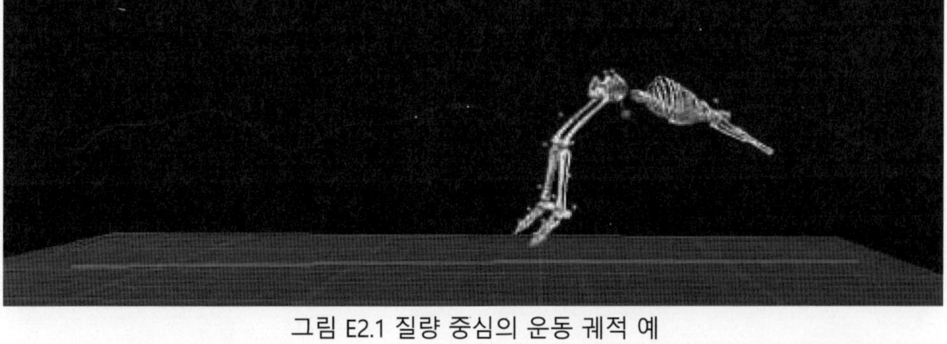

그림 E2.1 질량 중심의 운동 궤적 예

(출처: [YouTube] Cincinati Children's Hospital - Human Performance Lab)

2.2 조화진동과 응용

2.2.1 조화하중에 의한 동적 응답

조화하중(harmonic load)이란 하중 진폭의 시간에 따른 변화가 정현파(sin파) 형태를 가지고 주기적으로 반복되는 하중을 의미한다.

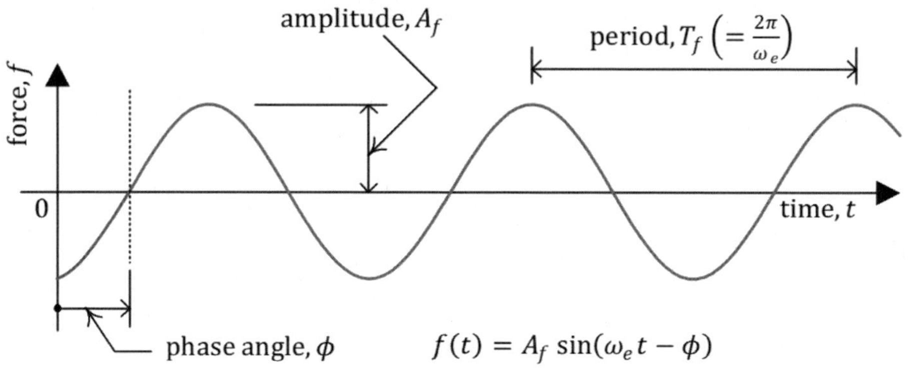

그림 2.2.1a 진폭이 A_f이고 각진동수가 ω_e이며 위상각이 ϕ인 조화하중 $f(t)$

조화하중이 구조물에 작용될 때, 동적 평형방정식과 동적 응답은 다음과 같다.

$$m\ddot{u}(t) + c\dot{u}(t) + ku(t) = \mathrm{A}_f \sin\omega_e t$$
$$u(t) = u_h(t) + u_p(t)$$

여기서

$$u_h(t) = e^{-\xi\omega_n t}\mathrm{A}_{uh}\sin(\omega_d t - \phi_h) \rightarrow 0$$
$$u_p(t) = \mathrm{A}_{up}\sin(\omega_e t - \phi_p)$$
$$\text{여기서 } \mathrm{A}_{up} = \frac{\mathrm{A}_f}{k}\frac{1}{\sqrt{(1-\beta^2)^2+(2\xi\beta)^2}}, \phi_p = \tan^{-1}\frac{2\xi\beta}{1-\beta^2}$$

또는

$$u_h(t) = e^{-\xi\omega_n t}[\mathrm{A}_{uh1}\cos\omega_d t + \mathrm{A}_{uh2}\sin\omega_d t] \rightarrow 0$$
$$u_p(t) = \mathrm{A}_{up}[(-2\xi\beta)\cos\omega_e t + (1-\beta^2)\sin\omega_e t]$$
$$\text{여기서 } \mathrm{A}_{up} = \frac{\mathrm{A}_f}{k}\frac{1}{(1-\beta^2)^2+(2\xi\beta)^2}$$

이 식에서 A_f는 작용하중의 진폭; ω_n과 ω_d는 구조물의 고유진동수와 감쇠 고유진동수; ω_e는 하중의 가진진동수(exciting frequency); $\beta = \omega_e/\omega_n$ =진동수비이다.

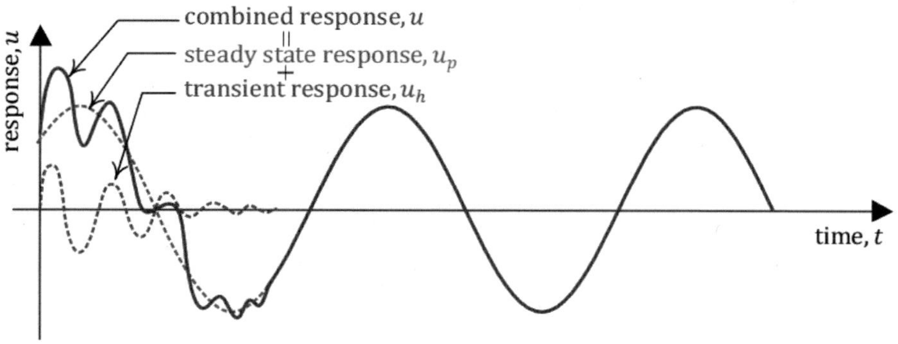

그림 2.2.1b $u(t) = u_h(t) + u_p(t)$

동적 응답인 $u_h(t)$와 $u_p(t)$은 다음과 같은 특성을 갖는다.

(1) $u_h(t)$는 초기 동적 응답에만 영향을 미치고 사라지는, 즉, 일시적 응답인 과도진동(transient vibration, 過渡振動)이며, 천이해(transient solution), 제차해(homogeneous solution) 또는 보조해(complementary solution)이다.

(2) $u_p(t)$는 시간에 따라 동적 특성이 변하지 않는, 즉 안정상태 응답인 정상상태진동(steady state vibration, 定常狀態振動)이며, 정상해(steady state solution) 또는 특수해(particular solution)이다.

(3) 따라서 일반적으로 조화하중의 경우 동적 응답은 천이해($u_h(t)$)를 무시하고 정상해($u_p(t)$)만을 의미한다.

(4) 자유진동과 같이 구조물은 자기의 고유진동수(ω_d)로 움직이려 한다(천이해). 그러나 강제진동에서 외력은 구조물에게 외력 자신의 진동수인 가진진동수(ω_e)로 흔들리게 만든다(정상해)*.

(5) ϕ_p는 외력과 외력에 의한 응답의 위상차(phase difference)를 나타내며, 감쇠진동($\xi \neq 0$)의 경우에 진동수비($\beta = \omega_e/\omega_n$)가 클수록 위상차는 증가한다.

일반해에 초기조건 $u(0) = u_0$와 $\dot{u}(0) = \dot{u}_0$을 대입하면,

$$u(0) = u_h(0) + u_p(0) = \mathrm{A}_{uh1} - \frac{\mathrm{A}_f}{k}\frac{2\xi\beta}{(1-\beta^2)^2+(2\xi\beta)^2} = u_0$$

$$\dot{u}(0) = \dot{u}_h(0) + \dot{u}_p(0)$$

$$= -\xi\omega_n\mathrm{A}_{uh1} + \omega_d\mathrm{A}_{uh2} + \omega_e\frac{\mathrm{A}_f}{k}\frac{1-\beta^2}{(1-\beta^2)^2+(2\xi\beta)^2} = \dot{u}_0$$

이므로, 천이해의 미지계수 A_{uh1}과 A_{uh2}는 각각 다음과 같다.

---

* 가진진동수가 ω_e인 주기성 왜곡파(distorted wave, 歪曲波)에는 가진진동수 ω_e 이외에 $2\omega_e, 3\omega_e, 4\omega_e$ 등 고조파(superharmonic wave, 高調波) 성분과 $\frac{1}{2}\omega_e, \frac{1}{3}\omega_e, \frac{1}{4}\omega_e, \frac{3}{5}\omega_e$ 등 저조파(subharmonic wave, 低調波) 성분이 포함되어 있다. 실제 왜곡파에는 저조파의 영향이 비교적 적으므로 저조파를 따로 구분하지 않는 경우가 많다. 비선형 시스템은 입력 가진에 대해 선형으로 응답하지 않으므로, 원래 가진진동수 ω_e 이외의 추가 진동수(즉, 고조파와 저조파 진동수)가 생성된다.

$$\mathrm{A}_{uh1} = u_0 + \frac{\mathrm{A}_f}{k}\frac{2\xi\beta}{(1-\beta^2)^2+(2\xi\beta)^2}$$

$$\mathrm{A}_{uh2} = \frac{\mathrm{A}_f}{k}\frac{2\xi^2\beta\frac{\omega_n}{\omega_d}-(1-\beta^2)\frac{\omega_e}{\omega_d}}{(1-\beta^2)^2+(2\xi\beta)^2} + \frac{\dot{u}_0+u_0\xi\omega_n}{\omega_d}$$

$$= \frac{\mathrm{A}_f}{k}\frac{\beta}{\sqrt{1-\xi^2}}\frac{\beta^2+2\xi^2-1}{(1-\beta^2)^2+(2\xi\beta)^2} + \frac{\dot{u}_0+u_0\xi\omega_n}{\omega_d}$$

두 개의 진동수(즉, ω_d와 ω_e)가 일치하면 할수록 구조물 응답의 진폭은 커지지만, 두 개의 진동수가 상이 할수록 응답은 점점 감소한다. 즉, 구조물은 가진진동수에 따라 흔들리며, 가진진동수가 구조물 자신의 고유진동수와 근접하면 구조물의 응답은 증폭되고, 가진진동수가 고유진동수와 상이하면 구조물은 반응하지 않는다.

표 2.2.1 정상해(steady state solution)

$f(t)$	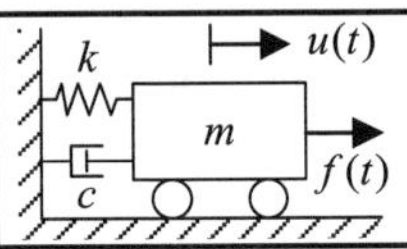	$u(t)$	$f(t)$	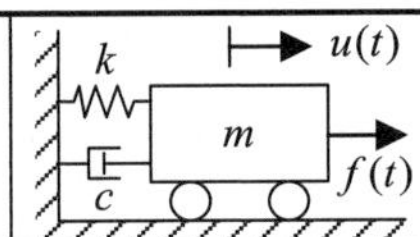	$u(t)$
A_f	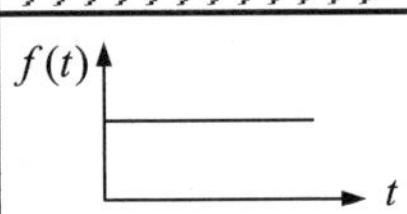	$\frac{\mathrm{A}_f}{k}$	$\mathrm{A}_f e^{-st}$	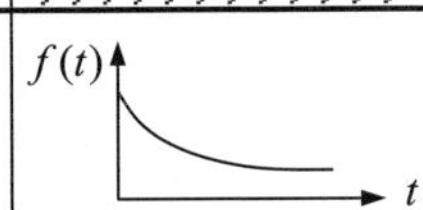	$\frac{\mathrm{A}_f}{ms^2-cs+k}e^{-st}$
$\mathrm{A}_f t$	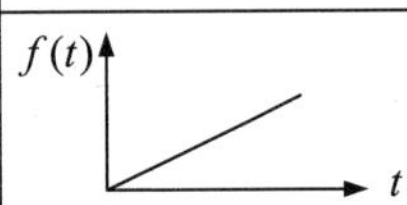	$\frac{\mathrm{A}_f}{k}\left(t-\frac{c}{k}\right)$	$\mathrm{A}_f e^{st}$	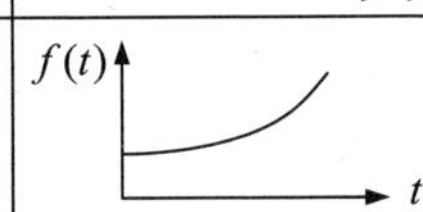	$\frac{\mathrm{A}_f}{ms^2+cs+k}e^{st}$
$\mathrm{A}_f t^2$	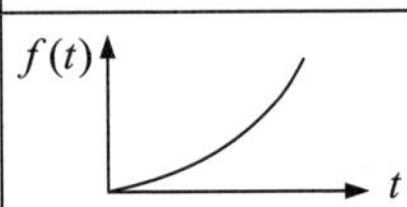	$\frac{2\mathrm{A}_f}{k}\left(\frac{1}{2}t^2-\frac{c}{k}t-\frac{m}{k}+\frac{m^2}{k^2}\right)$	$\mathrm{A}_f \sin\omega_e t$	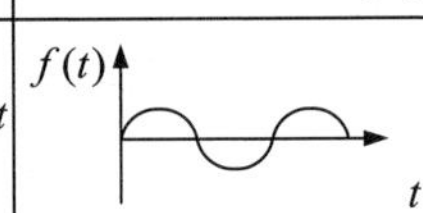	$\mathrm{A}_f \frac{(k-\omega_e^2 m)\sin\omega_e t+(\omega_e c)\cos\omega_e t}{(k-\omega_e^2 m)^2+(\omega_e c)^2}$
$\mathrm{A}_f t^3$	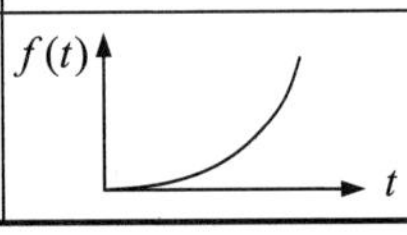	$\frac{3\mathrm{A}_f}{k}\left(\frac{1}{3}t^3-\frac{c}{k}t^2\right.$ $\left.-2\frac{m}{k}t+2\frac{m^2}{k^2}t+4\frac{mc}{k^2}-2\frac{c^3}{k^3}\right)$	$\mathrm{A}_f \cos\omega_e t$	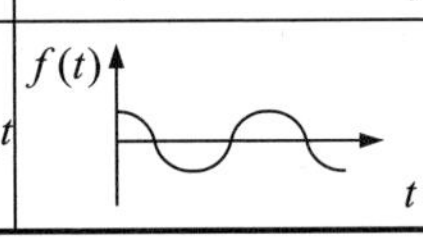	$\mathrm{A}_f \frac{(k-\omega_e^2 m)\cos\omega_e t+(\omega_e c)\sin\omega_e t}{(k-\omega_e^2 m)^2+(\omega_e c)^2}$

2.2.2 동적증폭계수(DAF/DMF/DRF)

일반적으로 조화하중에 대한 동적 응답의 크기는 정상상태에 도달한 동적 응답의 최대 진폭(A_{up})을 최대 정적응답($|u_{static}|_{\max}$)에 대한 비율로 나타내며, 이를 동적증폭계수(dynamic amplification factor; dynamic magnification factor; dynamic response factor: DAF, DMF, DRF)라 한다.

$$\mathrm{DAF}_d \equiv \frac{A_{up}}{|u_{static}|_{\max}} = \frac{1}{\sqrt{(1-\beta^2)^2+(2\xi\beta)^2}} \leftarrow \frac{u_p}{\frac{A_f}{k}}$$
$$= \mathrm{DAF}_d \sin(\omega_e t - \phi_p)$$

여기서 $|u_{static}|_{\max} = \frac{A_f}{k}$ =정적 최대변위, $\beta = \frac{\omega_e}{\omega_n}$ =진동수비이다*. 참고로 동적증폭계수가 최대가 될 때의 진동수비를 공진 진동수비(resonant frequency ratio)라고 한다.

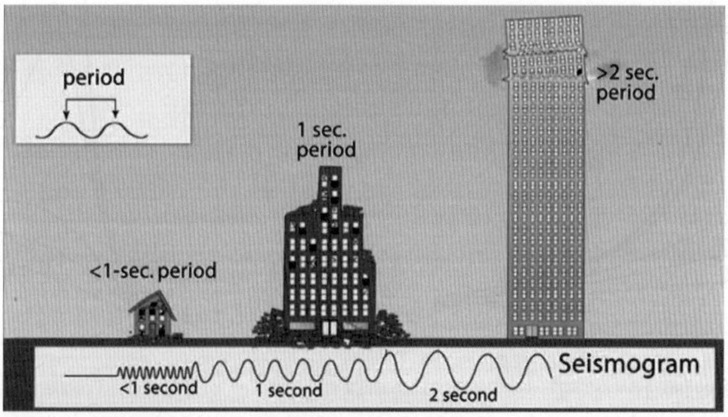

그림 2.2.2a 공진 진동수와 구조물의 동적 거동 (출처: YouTube) [animation]

일반구조물의 경우 감쇠비가 0.2보다 작으며, 동적증폭계수의 최댓값은 $\beta = 1$에서의 동적증폭계수와 매우 유사하다.

$$\mathrm{DAF}_{d,\max} = \frac{1}{2\xi\sqrt{1-\xi^2}} \approx \frac{1}{2\xi} = \mathrm{DAF}_{d,\beta=1}$$

즉, 일반구조물의 감쇠비가 0.5 ~ 10%정도의 값임을 감안할 때, 이 근사식을 사용하여 구한 공진시($\beta = 1$) 동적증폭계수는 5 ~ 100로 매우 큰 값이 되므로, 구조설계시 공진이 발생되지 않도록 각별히 주의하여야 한다.

참고로 변위, 속도 및 가속도 응답에 대한 동적증폭계수를 각각 DAF_d, DAF_v, DAF_a로 구분하여 다음과 같이 나타낼 수 있다.

$$\frac{\dot{u}_p}{\frac{A_f}{\sqrt{mk}}} = \mathrm{DAF}_v \cos(\omega_e t - \phi_p) \rightarrow \mathrm{DAF}_v \equiv \frac{\omega_e A_{up}}{\omega_n \frac{A_f}{k}} = \beta \mathrm{DAF}_d$$
$$\frac{\ddot{u}_p}{\frac{A_f}{m}} = \mathrm{DAF}_a \sin(\omega_e t - \phi_p) \rightarrow \mathrm{DAF}_a \equiv \frac{\omega_e^2 A_{up}}{\omega_n^2 \frac{A_f}{k}} = \beta^2 \mathrm{DAF}_d$$

---

* $\beta < 1$인 경우를 저동조(undertuned), $\beta > 1$인 경우를 과동조(overtuned)라고 함.

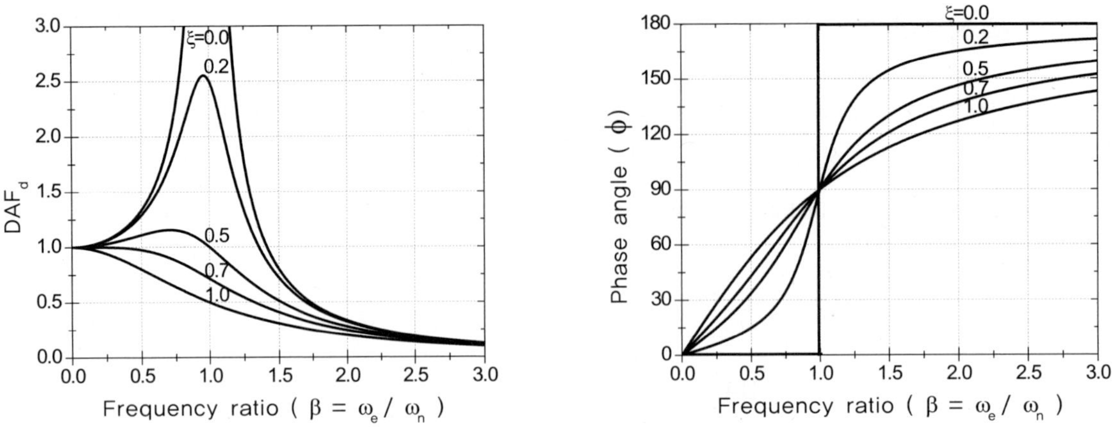

그림 2.2.2b 변위응답에 대한 동적증폭계수

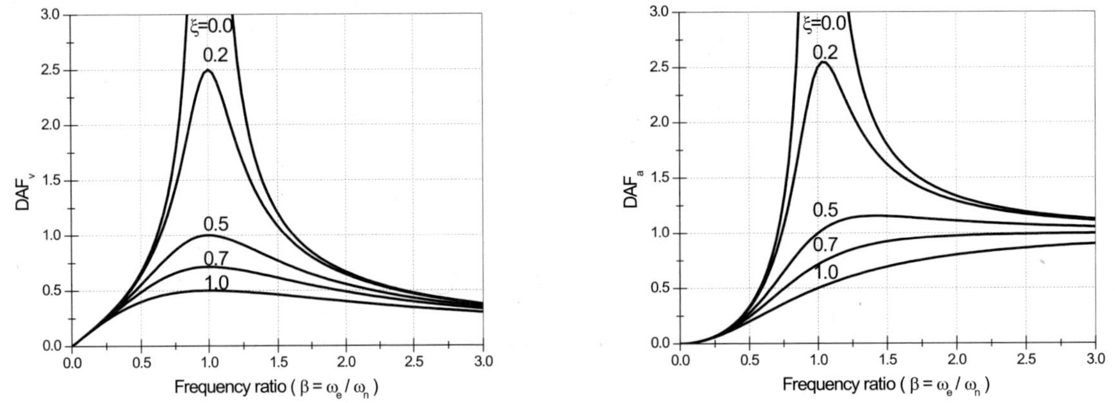

그림 2.2.2c 속도 및 가속도응답에 대한 동적증폭계수

표 2.2.2a 감쇠수준에 따른 변위응답에 대한 동적증폭계수

감쇠수준	공진 진동수비(β)	DAF의 최댓값
무감쇠 ($\xi = 0$)	1	$\frac{1}{1-\beta^2}$
저감쇠 ($0 < \xi < \frac{1}{\sqrt{2}} \approx 0.7071$)	$\sqrt{1-2\xi^2}$	$\frac{1}{2\xi\sqrt{1-\xi^2}}$
임계감쇠 및 과감쇠 ($\xi \geq \frac{1}{\sqrt{2}} \approx 0.7071$)	0	1

표 2.2.2b 변위, 속도, 가속도 응답에 대한 동적증폭계수

저감쇠 응답 ($0 < \xi < \frac{1}{\sqrt{2}} \approx 0.7071$)	공진 진동수비(β)	DAF의 최댓값
변위 DAF_d	$\sqrt{1-2\xi^2}$	$\frac{1}{2\xi\sqrt{1-\xi^2}}$
속도 DAF_v	1	$\frac{1}{2\xi}$
가속도 DAF_a	$\frac{1}{\sqrt{1-2\xi^2}}$	$\frac{1}{2\xi\sqrt{1-\xi^2}}$

조화하중에 의한 응답의 위상각을 하중의 가진진동수의 고유진동수에 대한 비(β)와 감쇠비(ξ)와의 관계를 보면, 공진이 발생하는 점에서 위상각은 90°이고, 구조물의 고유진동수에 비하여 하중의 가진진동수가 작을 때(즉, β가 작을 때)는 위상각이 0°에 근접하며, 하중의 가진진동수가 클 경우에는 180°에 근접한다. 이 때 위상각이 0°라 함은 정적 거동의 경우처럼 하중이 작용되는 방향과 구조물이 움직이는 방향이 일치하는 것을 의미하며, 반면에 180°일 때는 하중의 작용방향과 구조물의 변위 방향이 반대인 경우를 나타내며, 이를 그림으로 나타내면 다음과 같다.

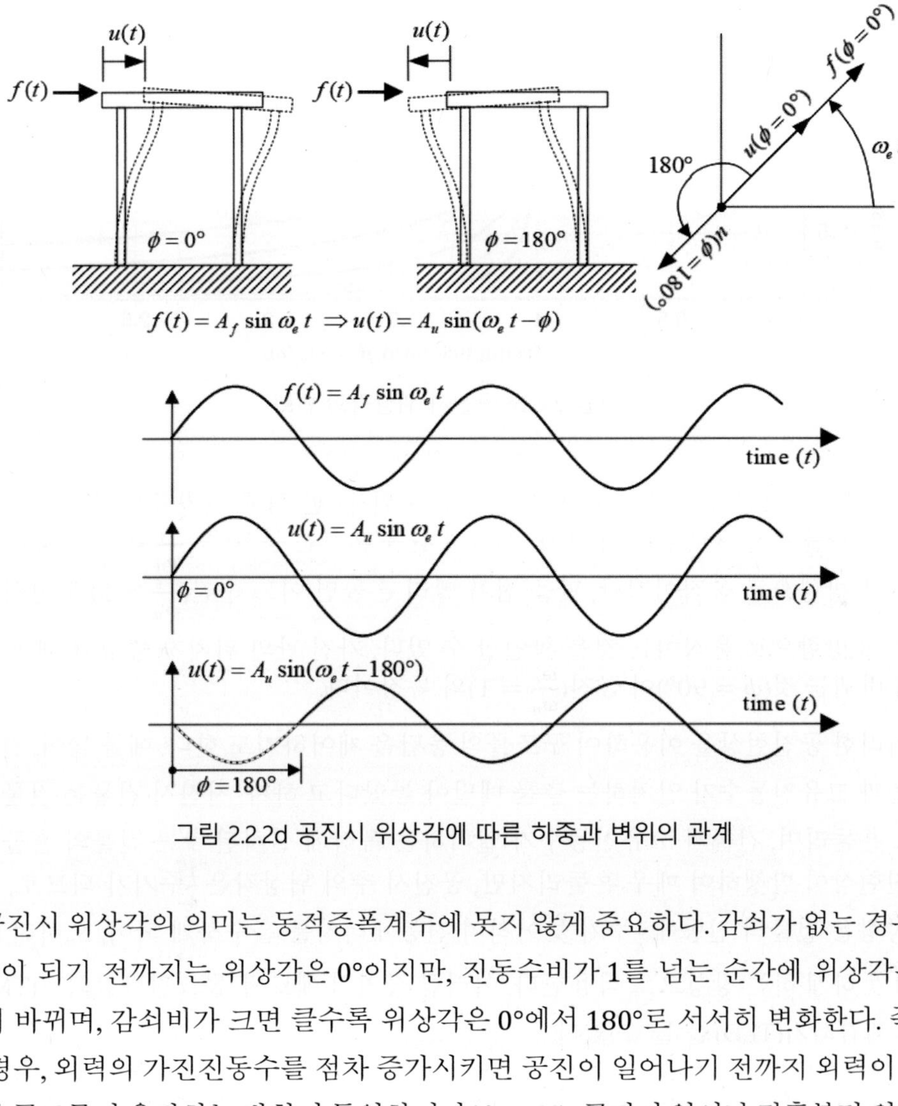

그림 2.2.2d 공진시 위상각에 따른 하중과 변위의 관계

공진시 위상각의 의미는 동적증폭계수에 못지 않게 중요하다. 감쇠가 없는 경우, 진동수비가 1이 되기 전까지는 위상각은 0°이지만, 진동수비가 1를 넘는 순간에 위상각은 180°로 갑자기 바뀌며, 감쇠비가 크면 클수록 위상각은 0°에서 180°로 서서히 변화한다. 즉, 감쇠가 없는 경우, 외력의 가진진동수를 점차 증가시키면 공진이 일어나기 전까지 외력이 작용하는 방향과 구조물이 응답하는 방향이 동일하지만($\phi = 0°$), 공진이 일어난 직후부터 외력의 방향과 응답의 방향이 갑자기 반대가 된다($\phi = 180°$).

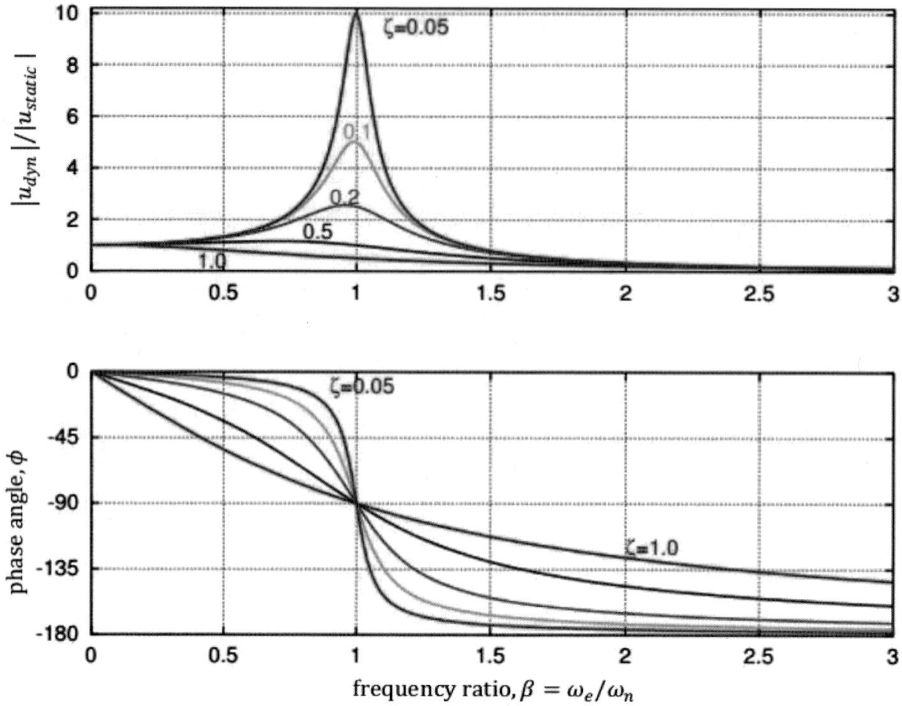

그림 2.2.2e 공진시 위상각의 변화

예를 들어, 지진시 건물의 거동을 알아보기 위해, 판 위에 단자유도계 전단건물 모형을 올려 놓고 판을 수평으로 흔들어 보자. 천천히 판을 흔드는 동안(즉, $\frac{\omega_e}{\omega_n} < 1$) 모형은 판의 움직임과 같은 방향으로 움직이지만, 판을 점차 빨리 흔들면 어느 순간($\frac{\omega_e}{\omega_n} > 1$) 모형의 흔들림이 판과 반대 방향으로 움직이는 것을 확인할 수 있다. 가진 판의 위치가 중앙일 때 모형의 운동 방향이 바뀌는 것($\phi = 90°$)이 공진($\frac{\omega_e}{\omega_n} = 1$)의 특징이다.

이러한 공진현상을 이용하여 구조물의 응답을 제어하기도 한다. 예를 들어, 건물의 옥상에 건물과 고유진동수가 일치하는 추를 매달아 놓았다고 하자. 지진시 건물은 건물의 고유진동수로 흔들리며, 건물과 고유진동수가 일치하는 옥상에 설치된 추는 건물의 흔들림으로 인해 공진현상이 발생하여 매우 흔들리지만, 공진시 추의 위상각은 $\frac{1}{4}$주기가 되므로, 추가 움직이는 방향은 건물의 진동에 $\frac{1}{4}$주기 늦어지며 진동에너지를 흡수하게 되어, 오히려 건물을 흔들리지 못하게 하는 방향으로 작용한다. 이러한 장치의 예로써 동조질량감쇠기(TMD) 또는 동조액체감쇠기(TLD)를 들 수 있다.

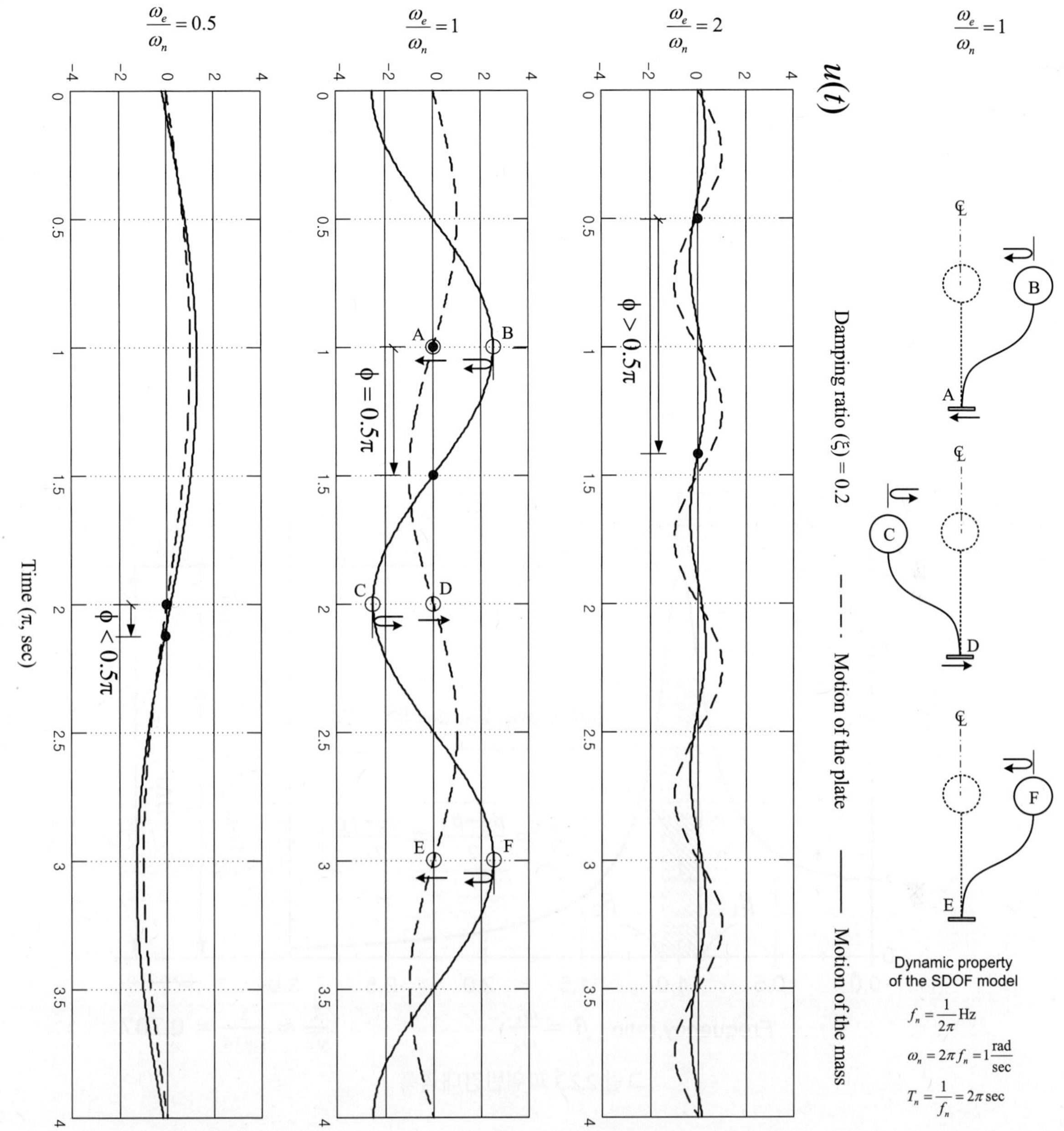

그림 2.2.2f 진동수비에 따른 움직이는 바닥판 위에 놓인 전단건물의 운동 (바닥판 운동 = 점선; 건물 운동 = 실선)

2.2.3 파워반감대역폭 (3 dB 대역폭)

파워반감대역폭(half-power bandwidth), 3 dB 대역폭(3 dB bandwidth)*, 또는 Q 방법(Q method)을 사용하면, 감쇠비가 0.2보다 작은 일반구조물에 대해, 가진 하중의 특성을 몰라도 강제진동시험결과 등으로부터 구한 구조물의 응답만으로 다음과 같이 구조물의 감쇠를 추정할 수 있다(참조: 공식 유도 예제).

$$\xi = \frac{\beta_2-\beta_1}{2}$$

$$= \frac{f_2-f_1}{2f_n}$$

$$= \frac{1}{2Q} \text{ 여기서 } Q = \frac{f_n}{f_2-f_1} = \frac{f_n}{\Delta f} = \frac{\text{공진진동수}}{\text{대역폭}}$$

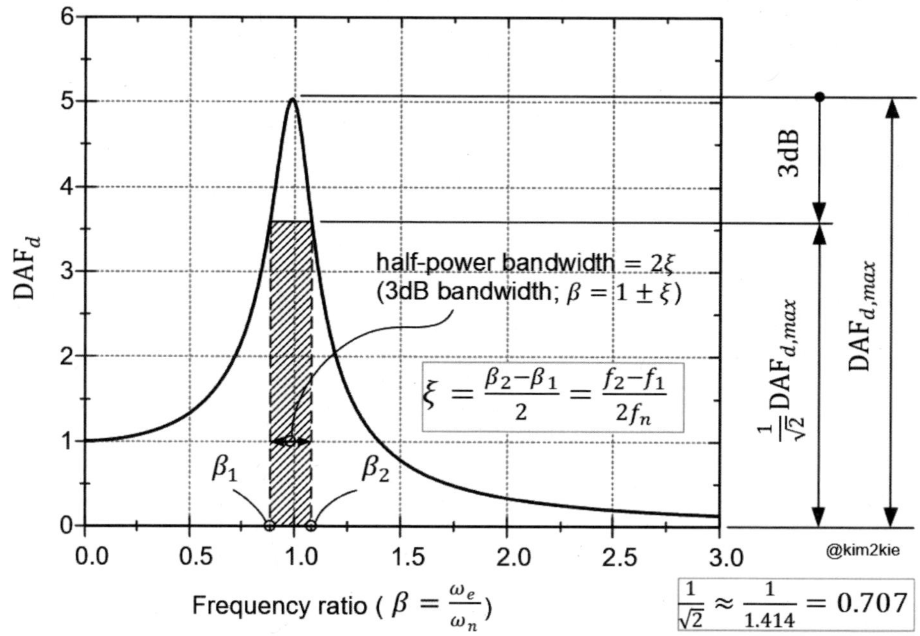

그림 2.2.3 파워반감대역폭

* 최댓값보다 3 dB가 떨어진 지점에서 파워(power)가 최대 파워의 1/2)이 된다(참조: 5장 환경진동).
  - 파워수준: $10\log_{10}\left(\frac{1}{2}\right) \approx -3.0103$ dB
  - 진동수준: $20\log_{10}\left(\frac{1}{\sqrt{2}}\right) \approx -3.0103$ dB

2.2.4 진동수영역에서 하중과 응답 간의 관계

구조물에 작용하는 가진 하중과 구조물의 동적 응답 간의 관계는 구조물의 동적 특성을 파악하는데 중요하다. 일반적으로 진동수영역에서의 강성($=\frac{\text{가진 하중}}{\text{동적 응답}}$)을 임피던스 (impedance) * 라 하고, 진동수영역에서의 응답($=\frac{\text{동적 응답}}{\text{가진 하중}}$)을 진동수 응답함수(frequency response function, FRF) 또는 주파수 응답함수 라고 하며, 주로 컴플라이언스($H(\omega)$)를 진동수 응답함수로 사용한다.

진동수영역에서 가진 하중과 동적 응답 간의 관계를 정리하면 다음과 같다.

$$S(\omega) = k - \omega^2 m + i\omega c \Longrightarrow H(\omega) = \frac{1}{k-\omega^2 m+i\omega c}$$

표 2.2.4a 진동수영역에서 하중과 응답 간의 관계

응답	임피던스 $=\frac{\text{가진 하중}}{\text{동적 응답}}$ (Inverse FRF = F/R)		진동수응답함수 $=\frac{\text{동적 응답}}{\text{가진 하중}}$ (Standard FRF = R/F)	
가속도	동적 질량 (dynamic mass)	$\frac{F(\omega)}{\ddot{u}(\omega)}$	액셀러런스 (accelerance; Inertance)	$\frac{\ddot{u}(\omega)}{F(\omega)}$
속도	임피던스 (impedance)	$\frac{F(\omega)}{\dot{u}(\omega)}$	모빌리티 (mobility)	$\frac{\dot{u}(\omega)}{F(\omega)}$
변위	동적 강성, $S(\omega)$ (dynamic stiffness)	$\frac{F(\omega)}{u(\omega)}$	컴플라이언스, $H(\omega)$ (compliance;admittance;flexibility;receptance)	$\frac{u(\omega)}{F(\omega)}$

표 2.2.4b 진동수응답함수(FRF)와 질량과 강성의 관계

FRF	질량	강성	log|FRF|	질량	강성
$\frac{\ddot{u}(\omega)}{F(\omega)}$	$\frac{1}{m}$	$-\frac{\omega^2}{k}$	$\log\left\|\frac{\ddot{u}(\omega)}{F(\omega)}\right\|$	$-\log m$	$2\log\omega - \log k$
$\frac{\dot{u}(\omega)}{F(\omega)}$	$-i\frac{1}{\omega m}$	$-i\frac{\omega}{k}$	$\log\left\|\frac{\dot{u}(\omega)}{F(\omega)}\right\|$	$-\log m - \log\omega$	$\log\omega - \log k$
$\frac{u(\omega)}{F(\omega)}$	$-\frac{1}{\omega^2 m}$	$\frac{1}{k}$	$\log\left\|\frac{u(\omega)}{F(\omega)}\right\|$	$-\log m - 2\log\omega$	$-\log k$

* 엄밀하게 임피던스란 진동수영역에서 가진 하중에 대한 동적 속도응답의 비율 만을 나타낸다.

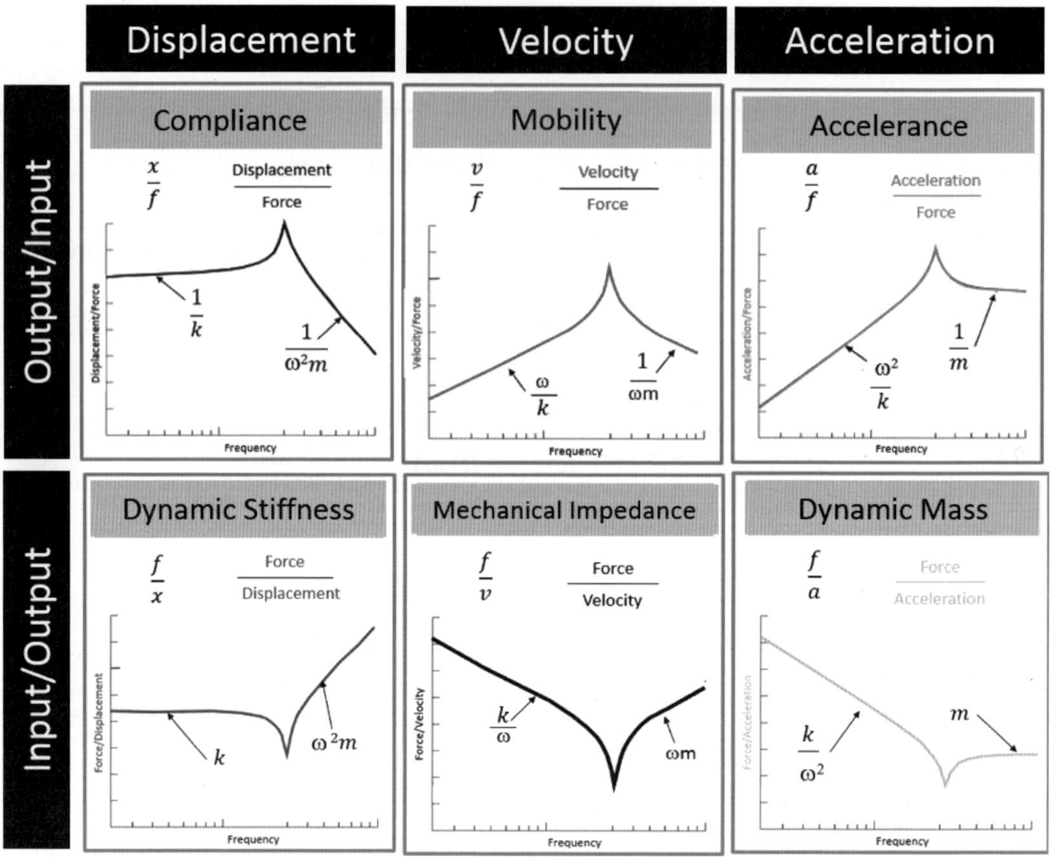

그림 2.2.4a 일반적인 FRF의 형태와 질량과 강성의 추정 (출처: www.siemens.com)

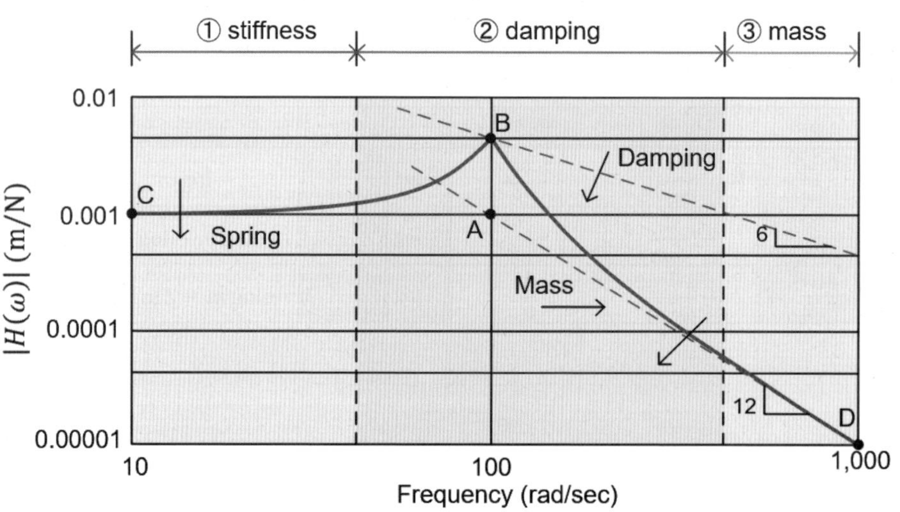

그림 2.2.4b 단자유도계 $H(\omega)$에서 질량과 강성의 추정

앞 그림에 보인 $H(\omega)$을 사용하여 단자유도계의 강성과 질량을 추정할 수 있다.

(1) 강성 추정(C점)

진동수가 작을 경우 $H(\omega)$는 $\frac{1}{k}$로 수렴한다.

따라서 C점의 작은 진동수 10 rad/sec에서 수렴된 강성을 산정한다.

$$\frac{1}{k} = 0.001 \rightarrow \therefore k = 1{,}000 \text{ N/m}$$

(2) 질량 추정($\overline{\text{AD}}$, D점)

$\overline{\text{AD}}$의 기울기는 도표에 보인 식과 같이 -2임을 알 수 있다.

$$\frac{\Delta \log H}{\Delta \log \omega} = \frac{\log(0.00001) - \log(0.001)}{\log 1{,}000 - \log 100} = \frac{-5-(-3)}{3-2} = -2$$

따라서 D점의 큰 진동수 1,000 rad/sec에서 수렴된 질량을 산정한다

$$\log|H| = -\log m - 2\log\omega$$
$$\rightarrow \log(0.00001) = -\log m - 2\log(1{,}000)$$
$$\rightarrow -5 = -\log m - 2 \times 3$$
$$\rightarrow \log m = -1 \quad \therefore m = 0.1 \text{ kg}$$

2.2.5 기계 진동: 회전편심질량

조화하중이 발생되는 경우의 실제 문제로 다음과 같이 회전편심질량(rotating unbalanced mass)을 갖는 모터에 의한 진동문제를 들 수 있다.

(a) 교량용 수평 가진기 (출처: Univ. of California, Irvine) (b) 선박용 수직 가진기 (출처: ANCO, YouTube) [animation]

그림 2.2.5a 듀얼 캠(dual cam)의 회전편심질량을 이용한 가진기(shaker; excitor; vibrator)

회전반경 e인 회전편심질량 m_0가 일정한 각속도(rad/sec) ω_e로 회전한다고 하자.

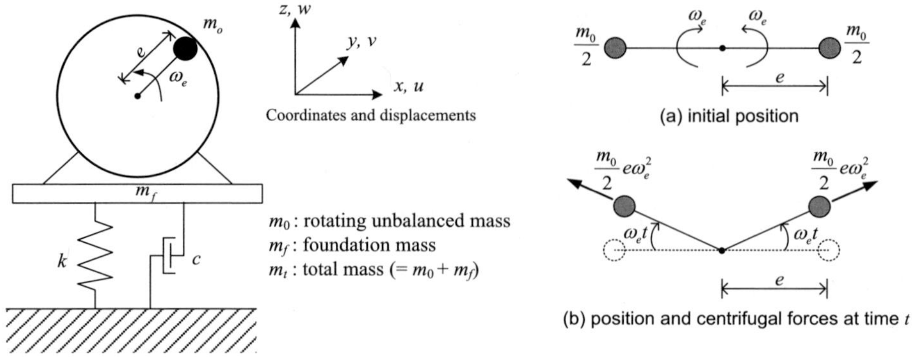

그림 2.2.5b 모터에 의한 가진과 회전편심질량의 개념

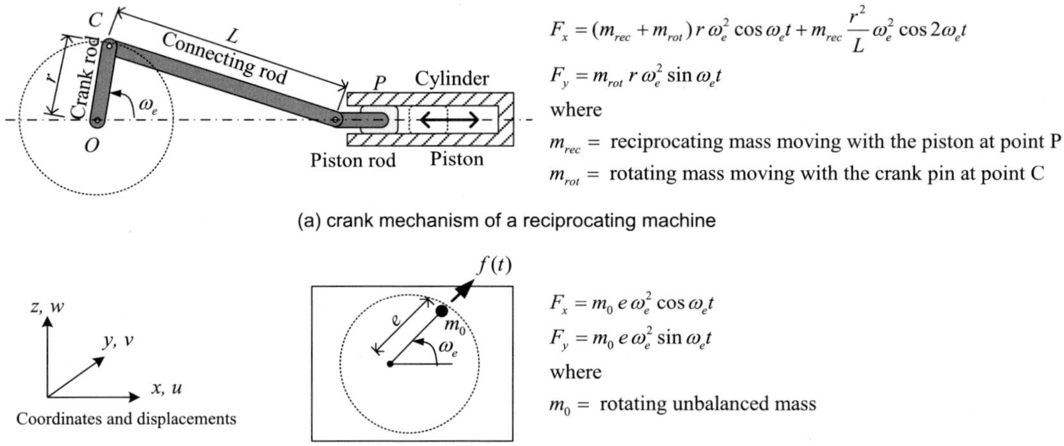

(b) forces from a centrifugal machine (rotating mass excitation)

그림 2.2.5c 회전편심질량에 의한 가진 예

모터의 수직진동만을 고려할 때, 정상상태 운동방정식과 정상해는 다음과 같다.

$$m_t\ddot{w}(t) + c\dot{w}(t) + kw(t) = \mathrm{A}_f \sin\omega_e t$$
$$w(t) = \mathrm{A}_w \sin(\omega_e t - \phi)$$

여기서 A_f 는 일정하지 않고 가진 진동수에 따라 변하며($\mathrm{A}_f = m_0 e\omega_e^2$), $\mathrm{A}_w = e\frac{m_0}{m_t}\frac{\beta^2}{\sqrt{(1-\beta^2)^2+(2\xi\beta)^2}}$이다. 이 경우 구한 증폭비($\overline{\mathrm{DAF}}_d = \frac{\mathrm{A}_w}{e\frac{m_0}{m_t}}$)는 앞서 구한 일정한 진폭을 갖는 하중($\mathrm{A}_f$ = 일정)에 대해 구한 동적증폭계수에 β^2을 곱한 값이다. 즉, 앞서 언급한 가속도 응답에 대한 동적증폭계수 $\mathrm{DAF}_a(=\beta^2\mathrm{DAF}_d)$와 동일함을 알 수 있다.

$$\overline{\mathrm{DAF}}_d = \frac{\mathrm{A}_w}{e\frac{m_0}{m_t}} = \frac{\beta^2}{\sqrt{(1-\beta^2)^2+(2\xi\beta)^2}} = \beta^2\mathrm{DAF}_d = \mathrm{DAF}_a$$

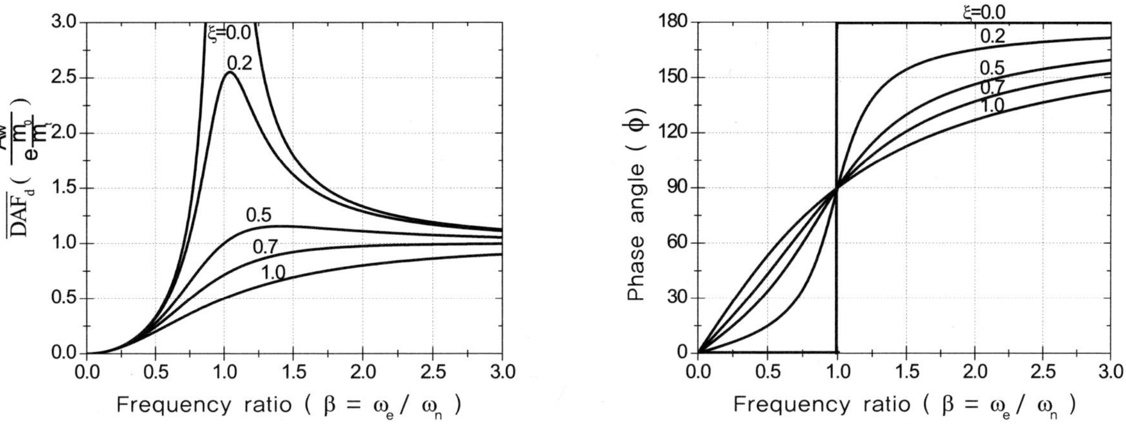

그림 2.2.5d 모터 진폭의 증폭비

2.2.6 기계 진동: 하중 전달률과 변위 전달률

• 하중 전달률 (force transmissibility, TR_f)

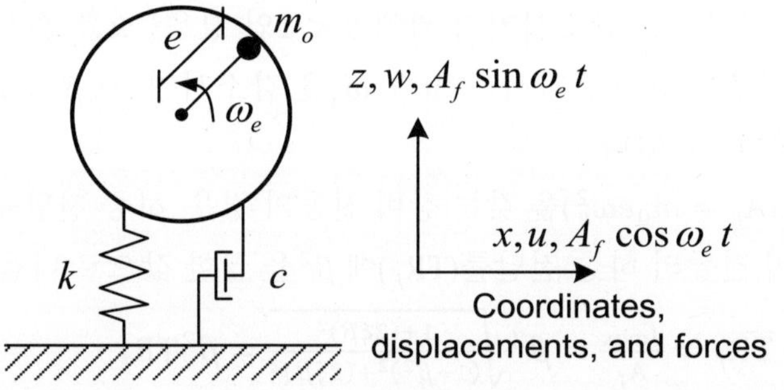

그림 2.2.6a 일정 하중(A_f = 일정) 또는 회전편심질량($A_f = m_0 e\omega_e^2$)을 갖는 장비의 진동

일정 하중(A_f = 일정)을 갖는 장비 진동의 연직운동에 대한 운동방정식과 기초에 전달되는 최대 하중은

$$m\ddot{w}(t) + c\dot{w}(t) + kw(t) = \mathrm{A}_f \sin\omega_e t$$
$$f_{\max} = \mathrm{A}_f \mathrm{A}_0 \sqrt{1 + (2\xi\beta)^2}$$

이다. 여기서 $\mathrm{A}_0 = \frac{1}{\sqrt{(1-\beta^2)^2 + (2\xi\beta)^2}}$이며, 앞서 구한 동적증폭계수와 같다. 작용하중의 크기(A_f)에 대한 기초에 전달되는 최대 하중($f_{\max}$)의 비를 진동 기초의 하중 전달률(force transmissibility, TR_f) 이라한다.

$$\mathrm{TR}_f = \frac{f_{\max}}{\mathrm{A}_f} = \mathrm{A}_0\sqrt{1 + (2\xi\beta)^2} = \sqrt{\frac{1 + (2\xi\beta)^2}{(1-\beta^2)^2 + (2\xi\beta)^2}}$$

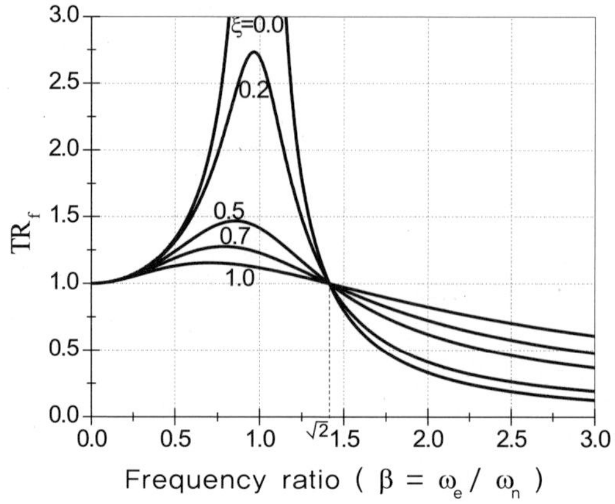

그림 2.2.6b 일정 하중을 갖는 장비의 진동과 하중 전달률

앞 그림은 진동수비와 감쇠비에 따른 장비의 진동의 구조물로의 하중 전달률을 나타낸 것이다. 진동 격리시스템은 진동수비 $\beta \geq \sqrt{2}$에서 효과적이고, 이 범위에서는 감쇠가 클수록 전달률이 증가하므로 감쇠가 매우 작은 격리 시스템이어야 한다. 즉, $\beta \geq \sqrt{2}$인 경우에 $\mathrm{TR}_f \leq 1$이 되고 ξ가 작을수록 TR_f이 작아진다. 만일 $\xi = 0$이면, $\mathrm{TR}_{f,\xi=0} = \frac{1}{|1-\beta^2|} = \frac{1}{\left|1-\left(\frac{\omega_e}{\omega_n}\right)^2\right|}$의 관계가 있다. 또한 하중 전달률을 감소시키기 위해 $\beta < 1$인 경우는 k를 증가시키고(즉, ω_n을 증가시키고), $\beta > 1$인 경우는 m을 증가시키며(즉, ω_n을 감소시키며), $\beta \approx 1$인 경우는 c을 증가시키는 것이 적합함을 알 수 있다.

회전편심질량($\mathrm{A}_f = m_0 e \omega_e^2$)을 갖는 장비 진동의 경우, 하중 전달률($\overline{\mathrm{TR}}_f$)은 앞서 구한 일정하중을 갖는 장비 진동의 하중 전달률(TR_f)에 β^2을 곱한 값으로 다음과 같다.

$$\overline{\mathrm{TR}}_f = \frac{f_{\max}}{\mathrm{A}_f} = \beta^2\sqrt{\frac{1+(2\xi\beta)^2}{(1-\beta^2)^2+(2\xi\beta)^2}} = \beta^2 \mathrm{TR}_f$$

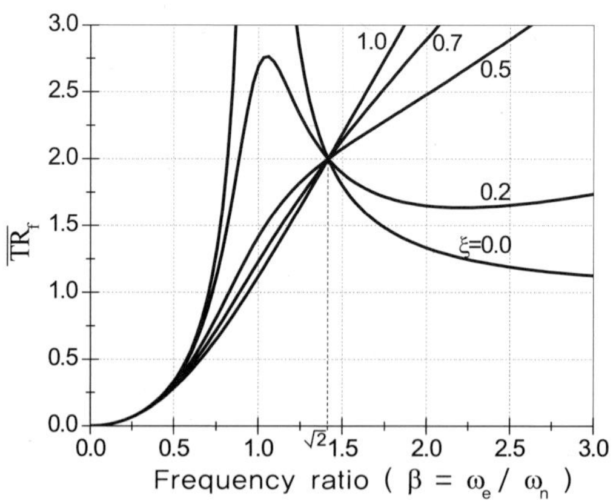

그림 2.2.6c 회전편심질량을 갖는 장비의 진동과 하중 전달률

• 변위 전달률 (displacement transmissibility, TR_d)

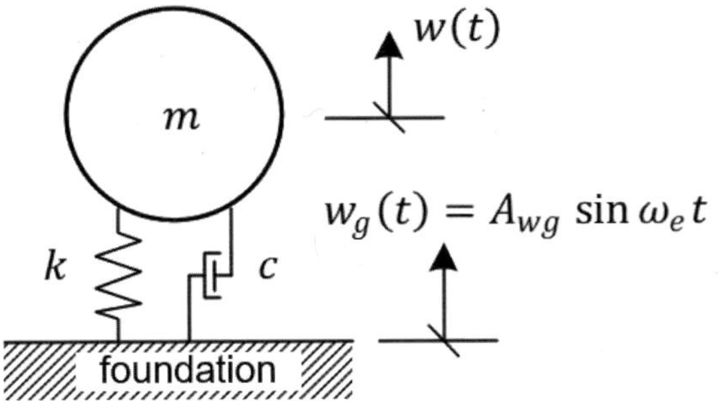

그림 2.2.6d 기초 진동

격리된 질량 m은 조화수직운동을 하는 기초구조물 위에 스프링-감쇠 시스템에 의해서 지지된다. 이때 운동방정식, 기초에 대한 질량의 상대변위(w) 및 전체변위(w^t)는 다음과 같다.

$$m\ddot{w}(t) + c\dot{w}(t) + kw(t) = \mathrm{A}_f \sin\omega_e t$$
$$w(t) = \mathrm{A}_w \sin(\omega_e t - \phi),\quad w^t(t) = \mathrm{A}_{wt} \sin(\omega_e t - \bar{\phi})$$

여기서 $\mathrm{A}_w = \beta^2 \mathrm{A}_0 \mathrm{A}_{wg}, \mathrm{A}_{wt} = \mathrm{A}_{wg}\mathrm{A}_0\sqrt{1+(2\xi\beta)^2}$이다.

A_f를 일정하다고 가정할 경우(A_f = 일정), 변위 전달률(displacement transmissibility, TR_d)을 기초운동의 진폭(A_{wg})에 대한 질량운동의 절대변위 진폭(A_{wt})의 비율로 정의한다.

$$\mathrm{TR}_d \equiv \frac{\mathrm{A}_{wt}}{\mathrm{A}_{wg}} = \sqrt{\frac{1+(2\xi\beta)^2}{(1-\beta^2)^2+(2\xi\beta)^2}} = \mathrm{TR}_f$$

이 식은 앞서 구한 일정 하중을 갖는 장비의 진동으로 인한 구조물로의 하중 전달률(TR_f)과 동일함을 알 수 있다. 앞 경우와 마찬가지로 $\xi = 0$이면, $\mathrm{TR}_{d,\xi=0} = \frac{1}{|1-\beta^2|} = \frac{1}{\left|1-\left(\frac{\omega_e}{\omega_n}\right)^2\right|}$의 관계가 있다.

A_f를 일정하지 않고 회전각속도에 따라 변하는 회전편심질량으로 가정할 경우($\mathrm{A}_f = m_0 e\omega_e^2$), 변위 전달률($\overline{\mathrm{TR}}_d$)은 앞서 구한 회전편심질량을 갖는 장비의 진동으로 인한 구조물로의 하중 전달률($\overline{\mathrm{TR}}_f$)과 동일하다.

$$\overline{\mathrm{TR}}_d = \frac{\mathrm{A}_{wt}}{\mathrm{A}_{wg}} = \beta^2\sqrt{\frac{1+(2\xi\beta)^2}{(1-\beta^2)^2+(2\xi\beta)^2}} = \beta^2\mathrm{TR}_d = \overline{\mathrm{TR}}_f$$

표 2.2.6 진동 기초의 동적 변위 응답

항목	일정하중	회전편심질량
동적증폭계수	$\mathrm{DAF}_d \equiv \frac{\mathrm{A}_{up}}{\lvert u_{static}\rvert_{\max}} = \frac{1}{\sqrt{(1-\beta^2)^2+(2\xi\beta)^2}}$	$\overline{\mathrm{DAF}}_d = \frac{\mathrm{A}_w}{e\frac{m_0}{m_t}} = \beta^2\mathrm{DAF}_d = \mathrm{DAF}_a$
진폭	$\mathrm{A}_{up} = \mathrm{DAF}_d \cdot \lvert u_{static}\rvert_{\max} = \mathrm{DAF}_d \cdot \frac{\mathrm{A}_f}{k}$	$\mathrm{A}_w = \overline{\mathrm{DAF}}_d \cdot e\frac{m_0}{m_t}$
공진진동수	$\omega_e = \omega_n\sqrt{1-2\xi^2}$	$\omega_e = \omega_n\frac{1}{\sqrt{1-2\xi^2}}$

공진진동수에서 진폭	$\mathrm{A}_{up} = \mathrm{DAF}_d \cdot \frac{\mathrm{A}_f}{k} = \frac{1}{2\xi\sqrt{1-\xi^2}} \cdot \frac{\mathrm{A}_f}{k}$	$\mathrm{A}_w = \overline{\mathrm{DAF}}_d \cdot e\frac{m_0}{m_t} = \frac{1}{2\xi\sqrt{1-\xi^2}} \cdot e\frac{m_0}{m_t}$
하중 전달률	$\mathrm{TR}_f = \frac{f_{\max}}{\mathrm{A}_f} = \sqrt{\frac{1+(2\xi\beta)^2}{(1-\beta^2)^2+(2\xi\beta)^2}}$	$\overline{\mathrm{TR}}_f = \frac{f_{\max}}{\mathrm{A}_f} = \beta^2\mathrm{TR}_f$
변위 전달률	$\mathrm{TR}_d = \frac{\mathrm{A}_{wt}}{\mathrm{A}_{wg}} = \sqrt{\frac{1+(2\xi\beta)^2}{(1-\beta^2)^2+(2\xi\beta)^2}} = \mathrm{TR}_f$	$\overline{\mathrm{TR}}_d = \frac{\mathrm{A}_{wt}}{\mathrm{A}_{wg}} = \beta^2\mathrm{TR}_d = \overline{\mathrm{TR}}_f$

2.2.7 진동 기초 모델과 연계(coupling) 운동

- 진동기초 모델

보통 집중질량을 사용하여 진동기초모델을 작성하며, 집중질량의 위치는 다음과 같이 결정한다.

1) (동적) 하중이 작용하는 위치
2) (동적) 응답을 구하려는 위치
3) 최대 정적변위가 발생하는 위치
4) 보와 기둥의 접합점
5) 유한요소모델의 절점
6) 단자유도계 모델링일 경우, 모든 질량의 중심(즉, 질량 중심)

일반적으로 사용되는 진동기초모델은 다음과 같다(Arya et al., 1979).

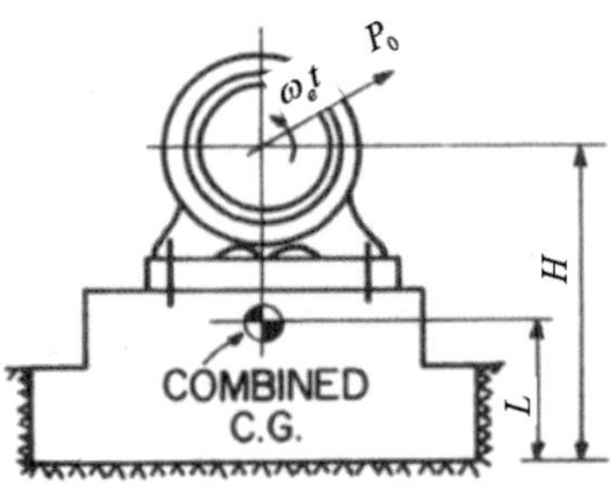

(1) Vertical mode

$$m\ddot{w}(t) + c_w\dot{w}(t) + k_w w(t) = f_w(t)$$

(2) Horizontal mode

$$m\ddot{u}(t) + c_u\dot{u}(t) + k_u u(t) = f_u(t)$$

(3) Rocking mode (Coupling between horizontal and rocking motions)

$$m\ddot{u} + c_u\dot{u} + k_u u - Lc_u\dot{\phi} - Lk_u\phi = P_0 e^{i\omega_e t}$$

$$I_\phi\ddot{\phi} + (c_\phi + L^2 c_u)\dot{\phi} + (k_\phi + L^2 k_u)\phi - Lc_u\dot{u} - Lk_u u = M_0 e^{i\omega_e t} = P_0 H e^{i\omega_e t}$$

(a) Vibrating machine supported by Block-type foundation (Model 1)

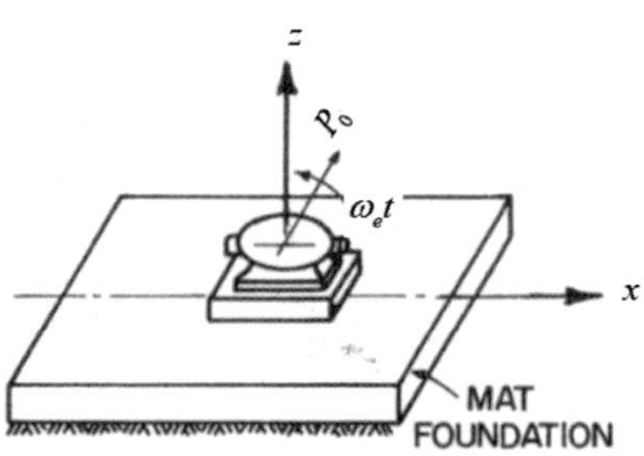

(1) Vertical mode (Relatively rigid foundation)

$$m\ddot{w}(t) + c_w\dot{w}(t) + k_w w(t) = f_w(t)$$

(2) Vertical mode (Relatively flexible foundation)

The discrete finite element model is required.

(b) Vibrating machine supported by Mat-type foundation (Model 2)

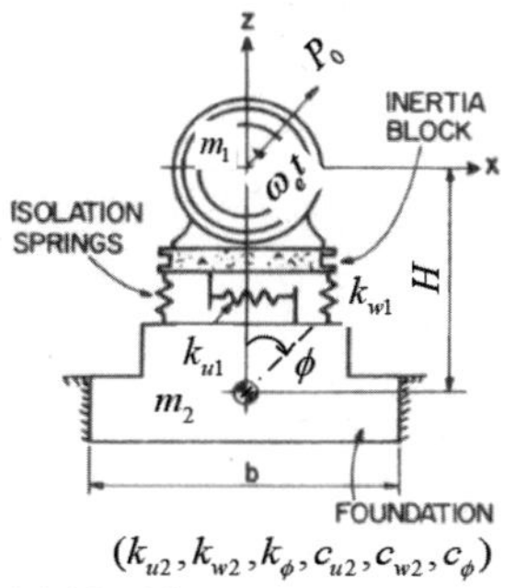

(1) Vertical mode

$$m_1\ddot{w}_1(t) + k_{w1}w_1(t) - k_{w1}w_2(t) = f_w(t)$$
$$m_2\ddot{w}_2(t) + c_{w2}\dot{w}_2(t) - k_{w1}w_1(t) + (k_{w1}+k_{w2})w_2(t) = 0$$

(2) Horizontal mode

$$m_1\ddot{u}_1(t) + k_{u1}u_1(t) - k_{u1}u_2(t) = f_u(t)$$
$$m_2\ddot{u}_2(t) + c_{u2}\dot{u}_2(t) - k_{u1}u_1(t) + (k_{u1}+k_{u2})u_2(t) = 0$$

(3) Rocking mode (Coupling between horizontal and rocking motions)

$$m_1\ddot{u}_1(t) + k_{u1}u_1(t) - k_{u1}u_2(t) - Hk_{u1}\phi = f_u(t)$$
$$m_2\ddot{u}_2(t) + c_{u2}\dot{u}_2(t) - k_{u1}u_1(t) + (k_{u1}+k_{u2})u_2(t) + Hk_{u1}\phi = 0$$
$$I_\phi\ddot{\phi} + c_\phi\dot{\phi} + k_\phi\phi + Hm_1\ddot{u}_1(t) = f_u(t)H$$

(c) Machine supported on Inertia-Block and vibration isolated from the foundation (Model 3)

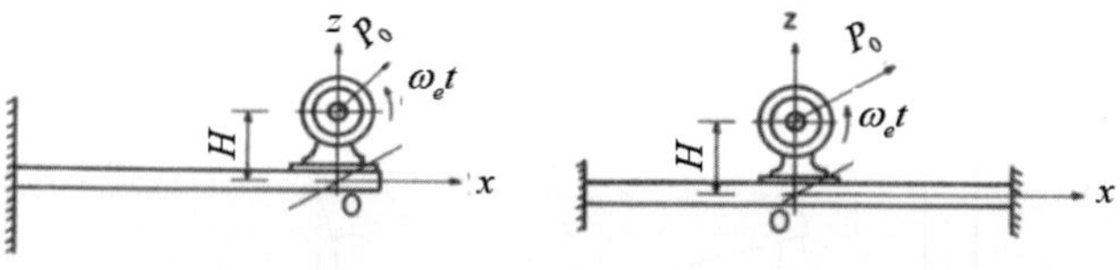

(1) Vertical mode

$$m\ddot{w}(t) + k_w w(t) = P_0 \sin\omega_e t$$

(2) Rocking mode

$$I_\phi\ddot{\phi} + k_\phi\phi = M_0\cos\omega_e t = P_0 H\cos\omega_e t$$

(d) Vibrating machine supported by a cantilever or a fixed beam (Models 4 and 5)

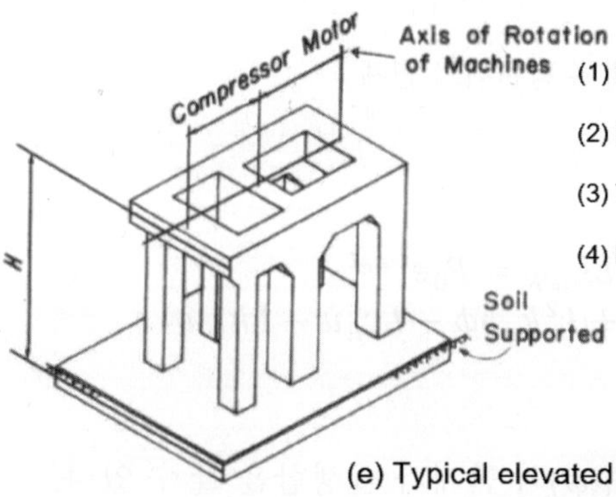

(1) Single-Lumped Mass (Uncoupled Superstructure and Foundation)

(2) Multi-Lumped Mass (Uncoupled Superstructure and Foundation)

(3) Two-Lumped Mass with Coupled Soil-Structure Interaction

(4) Multi-Lumped Mass with Coupled Soil-Structure Interaction

(e) Typical elevated pedestal foundation (Model 6)

그림 2.2.7a 진동기초 모델

- 수평축 회전(rocking)과 수평변위의 연계

구조물 바닥면에서의 수평변위와 수평축 회전에 대한 복원력은 각각 다음과 같다.

$$P_R = c_u\dot{u}_0 + k_u u_0 = c_u(\dot{u} - L\dot{\phi}) + k_u(u - L\phi)$$
$$= c_u\dot{u} + k_u u - Lc_u\dot{\phi} - Lk_u\phi$$
$$M_R = c_\phi\dot{\phi} + k_\phi\phi$$

따라서 수평변위와 수평축 회전에 대한 구조물의 운동방정식은 각각 다음과 같다.

$$m\ddot{u} + P_R = P_0 e^{i\omega_e t}$$
$$I_\phi\ddot{\phi} + M_R - LP_R = M_0 e^{i\omega_e t}$$

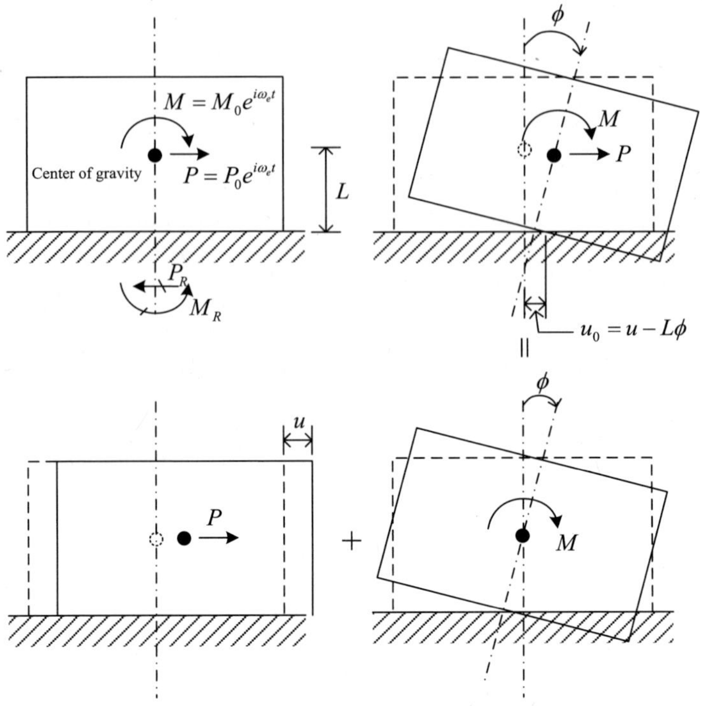

그림 2.2.7b 수평축 회전과 수평변위의 연계

즉,

$$m\ddot{u} + c_u\dot{u} + k_u u - Lc_u\dot{\phi} - Lk_u\phi = P_0 e^{i\omega_e t}$$
$$I_\phi\ddot{\phi} + (c_\phi + L^2 c_u)\dot{\phi} + (k_\phi + L^2 k_u)\phi - Lc_u\dot{u} - Lk_u u = M_0 e^{i\omega_e t}$$

여기서 $L \neq 0$일 경우, 수평변위(u)와 회전축 변위(ϕ)의 연계가 발생함을 알 수 있다.

수평변위와 회전축 변위가 연계된 운동방정식의 특수해를 다음과 같이 가정할 수 있다.

$$u = \mathrm{A}_u e^{i\omega_d t}$$
$$\phi = \mathrm{A}_\phi e^{i\omega_d t}$$

이 응답을 자유진동(즉, $P = M = 0$) 연계 운동방정식에 대입하여 정리하면 다음과 같은 고유진동수에 관한 방정식을 구할 수 있다.

$$\left[\omega_d^4 - \omega_d^2\left(\omega_{n,u}^2 + 4\xi_u\xi_\phi\omega_{n,u}\omega_{n,\phi} + \omega_{n,\phi}^2\right)\frac{1}{\gamma} + \omega_{n,u}^2\omega_{n,\phi}^2\frac{1}{\gamma}\right]^2 + \frac{4}{\gamma^2}\left[\xi_u\omega_{n,u}\omega_d\left(\omega_{n,\phi}^2 - \omega_d^2\right) + \xi_\phi\omega_{n,\phi}\omega_d\left(\omega_{n,u}^2 - \omega_d^2\right)\right]^2 = 0$$

여기서

ω_d = 연계 운동방정식의 감쇠 고유진동수

$\omega_{n,u} = \sqrt{\dfrac{k_u}{m}}$

= 수평변위 운동방정식($m\ddot{u} + c_u\dot{u} + k_u u = P_0 e^{i\omega_e t}$)의 고유진동수

$\omega_{n,\phi} = \sqrt{\frac{k_\phi}{I_\phi}}$

$=$ 수평축 회전 운동방정식($I_\phi\ddot{\phi} + c_\phi\dot{\phi} + k_\phi\phi = M_0e^{i\omega_e t}$)의 고유진동수

$\xi_u =$ 수평변위에 관한 감쇠비

$\xi_\phi =$ 수평축 회전에 관한 감쇠비

$\gamma = \frac{I_\phi}{I_{\phi,base}}$

$I_\phi =$ 구조물 무게중심에 대한 구조물의 단면2차 모멘트(관성모멘트)

$I_{\phi,base} = I_\phi + mL^2$

$=$ 구조물 바닥면에 대한 구조물의 단면2차 모멘트(관성모멘트)

감쇠를 무시할 경우(즉, $\xi_u = \xi_\phi = 0, \omega_d \rightarrow \omega_n$), 연계 시스템의 고유진동수에 관한 방정식은 다음과 같이 간략하게 나타낼 수 있으며,

$$\omega_n^4 - \omega_n^2(\omega_{n,u}^2 + \omega_{n,\phi}^2)\frac{1}{\gamma} + \omega_{n,u}^2\omega_{n,\phi}^2\frac{1}{\gamma} = 0$$

이 식을 풀어 연계 시스템의 고유진동수를 구하면 다음과 같다.

$$\omega_n^2 = \frac{(\omega_{n,u}^2+\omega_{n,\phi}^2)\mp\sqrt{(\omega_{n,u}^2+\omega_{n,\phi}^2)^2-4\gamma\omega_{n,u}^2\omega_{n,\phi}^2}}{2\gamma}$$

여기서 구한 ω_n는 연계 운동방정식의 (비감쇠) 고유진동수이며, 2개의 고유진동수(ω_{n1}과 ω_{n2})는 서로 동일하거나 다른 위상을 가질 수 있다.

수평력($P = P_0e^{i\omega_e t}$)에 의해 발생하는 수평변위와 수평축 회전의 크기는 각각 다음과 같이 구할 수 있다.

$$\mathrm{A}_u = \frac{P_0}{mI_\phi}\sqrt{\frac{(-I_\phi\omega_e^2+k_\phi+L^2k_u)^2+(2\omega_e)^2(L^2\xi_u\sqrt{k_u m}+\xi_\phi\sqrt{k_\phi I_{\phi,base}})^2}{\Delta}}$$

$$\mathrm{A}_\phi = \frac{P_0L}{I_\phi}\sqrt{\frac{(\omega_{n,u}^2)^2+(2\xi_u\omega_{n,u}\omega_e)^2}{\Delta}}$$

여기서

$$\Delta = \left[\omega_e^4 - \omega_e^2(\omega_{n,u}^2 + 4\xi_u\xi_\phi\omega_{n,u}\omega_{n,\phi} + \omega_{n,\phi}^2)\frac{1}{\gamma} + \omega_{n,u}^2\omega_{n,\phi}^2\frac{1}{\gamma}\right]^2 + \frac{4}{\gamma^2}\left[\xi_u\omega_{n,u}\omega_e(\omega_{n,\phi}^2 - \omega_e^2) + \xi_\phi\omega_{n,\phi}\omega_e(\omega_{n,u}^2 - \omega_e^2)\right]^2$$

참고로 A_u에서 ϕ와 관련된 항을 무시하면 비연계 수평변위 운동방정식의 동적증폭계수(DAF_d)를 구할 수 있다.

$$\mathrm{A}_u = \frac{P_0}{k_u}\frac{1}{\sqrt{\left(1-\frac{\omega_e^2}{\omega_{n,u}^2}\right)^2+\left(2\xi_u\frac{\omega_e}{\omega_{n,u}}\right)^2}} = \frac{P_0}{k_u}\frac{1}{\sqrt{(1-\beta_u^2)^2+(2\xi_u\beta_u)^2}}$$

$$= \mathrm{DAF}_u \times \frac{P_0}{k_u}$$

또한, $\omega_e = 0$이고, $L \geq 0$일 경우에, 연계효과에 의해, 다음과 같이 정적 응답이 증가함을 알 수 있다.

$$A_u = \frac{P_0}{k_u}\left(1 + L^2 \frac{k_u}{k_\phi}\right) \geq \frac{P_0}{k_u}$$

수평축 회전모멘트($M = M_0 e^{i\omega_e t}$)에 의해 발생하는 수평변위와 수평축 회전의 크기는 각각 다음과 같이 구할 수 있다.

$$A_u = \frac{M_0 L}{I_\phi}\sqrt{\frac{\left(\omega_{n,u}^2\right)^2 + \left(2\xi_u \omega_{n,u}\omega_e\right)^2}{\Delta}}$$

$$A_\phi = \frac{M_0}{I_\phi}\sqrt{\frac{\left(\omega_{n,u}^2 - \omega_e^2\right)^2 + \left(2\xi_u \omega_{n,u}\omega_e\right)^2}{\Delta}}$$

참고로 A_ϕ에서 u와 관련된 항을 무시하면 비연계 수평축 변위 운동방정식의 동적증폭계수(DAF_d)를 구할 수 있다.

$$A_\phi = \frac{M_0}{k_\phi}\frac{1}{\sqrt{\left(1 - \frac{\omega_e^2}{\omega_{n,\phi}^2}\right)^2 + \left(2\xi_\phi \frac{\omega_e}{\omega_{n,\phi}}\right)^2}} = \frac{M_0}{k_\phi}\frac{1}{\sqrt{\left(1-\beta_\phi^2\right)^2 + \left(2\xi_\phi \beta_\phi\right)^2}}$$

$$= \mathrm{DAF}_\phi \times \frac{M_0}{k_\phi}$$

또한, $\omega_e = 0$이고, $L \geq 0$일경우에, 연계효과에 의해, 다음과 같이 정적 응답이 증가함을 알 수 있다.

$$A_\phi = \frac{M_0}{k_\phi}\frac{I_{\phi,base}}{I_\phi} = \frac{M_0}{k_\phi}\frac{I_\phi + mL^2}{I_\phi} \geq \frac{M_0}{k_\phi}$$

만약 수평력과 수평축 회전모멘트가 함께 작용할 경우에 응답은 앞서 구한 각기 하중에 대한 응답을 선형조합하여 구할 수 있으며, 연계 운동방정식의 좀더 정확한 해를 구하거나 반무한 지반 강성과 감쇠의 진동수 의존성을 고려하기 위해 수치해석법을 사용하여 운동방정식을 풀 수 있다.

[예제] 2.2.1 고유진동수와 기둥의 높이

강제진동하는 단자유도계 공진을 나타내는 다음 동영상을 본 후, 기둥의 높이비를 구하라.

[YouTube]

[풀이]

좌측부터 경우 1, 2, 3으로 명명하고, 높이는 h_1, h_2, h_3으로 가정한다. 모든 경우에 대해 질량, 기둥의 재질과 단면적은 동일하다고 가정한다.

(1) 공진으로 구한 강성비, $\frac{k_1}{k_2} = \left(\frac{f_1}{f_2}\right)^2$

(2) 휨강성으로 구한 높이비, $\frac{k_1}{k_2} = \left(\frac{h_2}{h_1}\right)^3$

(참조) 연습문제 풀이집

[예제] 2.2.1 조화하중에 의한 공진응답

조화하중 $f(t) = \mathrm{A}_f \sin\omega_e t$가 작용되는 단자유도 구조물이 있을 때, 하중의 가진진동수(ω_e)와 구조물의 고유진동수(ω_n)가 일치하여 공진이 발생하였다. 즉, $\omega_e = \omega_n$이며, 진동수비($\beta = \omega_e/\omega_n$, frequency ratio)가 1이다. 초기조건이 정지상태일 경우, 두 가지 저감쇠 $\xi = 0.05$일 때와 $\xi = 0.10$일 때의 동적 응답을 각각 시간, 공진진동수, 그리고 정적 변위성분의 함수로 나타내어라.

[풀이]

(a) 저감쇠 공진응답: $\beta = 1, 0 < \xi < 1$

$\beta = 1$과 초기조건 $u_0 = \dot{u}_0 = 0$을 대입하여 구한 $u_h(t)$의 미지계수 A_{uh1}과 A_{uh2}는

$$\mathrm{A}_{uh1} = \frac{\mathrm{A}_f}{k}\frac{1}{2\xi}$$

$$\mathrm{A}_{uh2} = \frac{\mathrm{A}_f}{k}\frac{1}{2\sqrt{1-\xi^2}}$$

이므로, $u_h(t)$와 $u_p(t)$는 각각 다음과 같다.

$$u_h(t) = \frac{\mathrm{A}_f}{k}e^{-\xi\omega_n t}\left[\frac{1}{2\xi}\cos\omega_d t + \frac{1}{2\sqrt{1-\xi^2}}\sin\omega_d t\right]$$

$$u_p(t) = -\frac{\mathrm{A}_f}{k}\frac{1}{2\xi}\cos\omega_e t$$

$$u(t) = u_h(t) + u_p(t)$$

(b) 감쇠비가 5%인 경우: $\xi = 0.05$

$\xi = 0.05$와 $\omega_d \approx \omega_n = \omega_e$를 앞서 구한 해에 대입하면

$$\frac{u_h(t)}{\frac{\mathrm{A}_f}{k}} = e^{-0.05\omega_n t}[10\cos\omega_d t + 0.5\sin\omega_d t]$$

$$\frac{u_p(t)}{\frac{\mathrm{A}_f}{k}} = -10\cos\omega_e t$$

(c) 감쇠비가 10%인 경우: $\xi = 0.1$

$\xi = 0.1$과 $\omega_d \approx \omega_n = \omega_e$를 앞서 구한 해에 대입하면

$$\frac{u_h(t)}{\frac{\mathrm{A}_f}{k}} = e^{-0.1\omega_n t}[5\cos\omega_d t + 0.5\sin\omega_d t]$$

$$\frac{u_p(t)}{\frac{\mathrm{A}_f}{k}} = -5\cos\omega_e t$$

이 해를 ωt축에 대하여 그리면 다음과 같다. 감쇠가 작을 경우, 전체적으로 응답의 진폭이 커지고 초기조건에 의한 천이 응답(transient response, 과도 응답)의 영향이 상대적으로 커지는 것을 알 수 있다. 또한, $t = 0$일 경우에 천이해와 정상해의 변위와 속도가 각각 0이 아니고, 천이해와 정상해를 더했을 경우 변위와 속도가 각각 0이 되어야 한다.

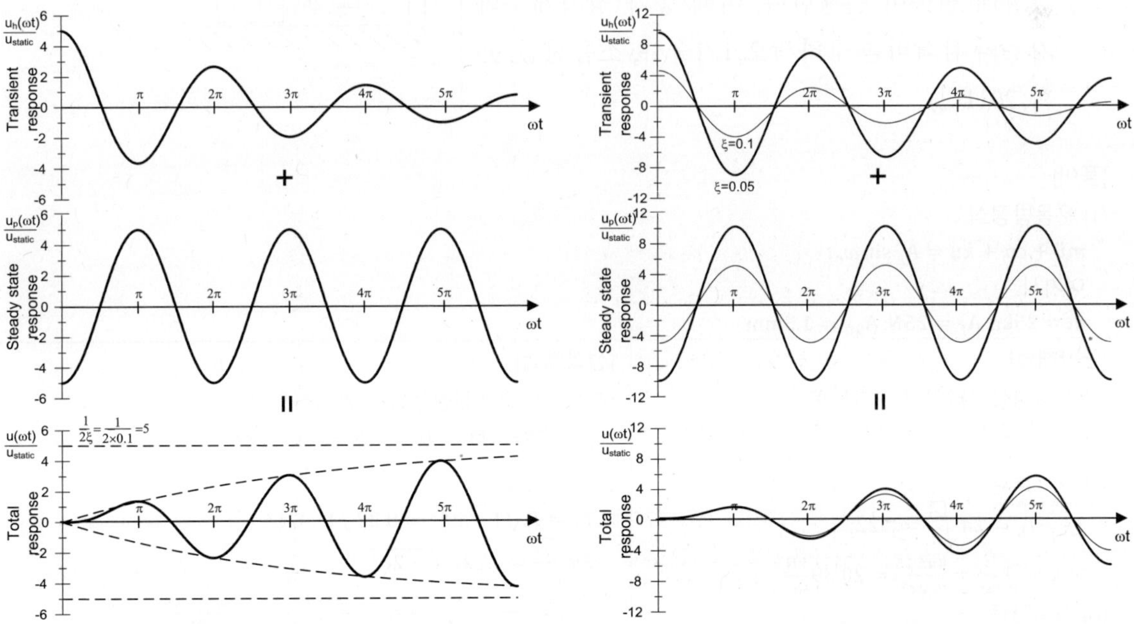

(a) $\xi < 1.0$　　(b) $\xi = 0.05, 0.10$

감쇠비에 따른 저감쇠 공진응답($\beta = 1$)

[예제] 2.2.1 조화하중에 의한 정상상태응답

질량이 100 kg인 단자유도계에서 정상상태의 진폭이 0.01 m가 되도록 감쇠계수 c를 구하시오. (단, 마찰은 없는 것으로 가정한다.) (기술사, 소음진동, 93회, 2011년)

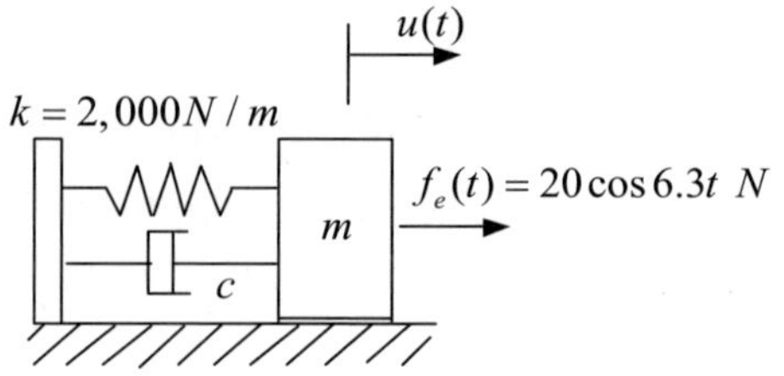

[풀이]

(1) 운동방정식

$m\ddot{u} + c\dot{u} + ku = \mathrm{A}_f \sin\omega_e t$

여기서 $m = 100\mathrm{kg}, k = 2{,}000\,\frac{\mathrm{N}}{\mathrm{m}}$,

$\mathrm{A}_f \sin\omega_e t = 20\sin 6.3t\ \mathrm{N}$

(2) 정적 최대응답

$|u_{static}|_{\max} = \frac{\mathrm{A}_f}{k} = \frac{20\mathrm{N}}{2{,}000\frac{\mathrm{N}}{\mathrm{m}}} = 0.01\mathrm{m}$

(3) 고유진동수와 진동수비

$\omega_n = \sqrt{\frac{k}{m}} = \sqrt{\frac{2{,}000\frac{\mathrm{N}}{\mathrm{m}}}{m100\mathrm{kg}}} = 4.472\,\frac{\mathrm{rad}}{\mathrm{sec}},\quad \beta = \frac{\omega_e}{\omega_n} = \frac{6.3}{4.472} = 1.408$

(4) 동적증폭계수 및 감쇠비

$\mathrm{DAF}_d \equiv \frac{\mathrm{A}_{up}}{|u_{static}|_{\max}} = \frac{1}{\sqrt{(1-\beta^2)^2+(2\xi\beta)^2}} = \frac{0.01}{0.01} = 1$

$\rightarrow \sqrt{(1-\beta^2)^2+(2\xi\beta)^2} = 1 \quad \rightarrow \beta^4 + (4\xi^2 - 2)\beta^2 = 0$

$\therefore \xi = \sqrt{\frac{2-\beta^2}{4}} = \sqrt{\frac{2-1.408^2}{4}} = 0.0622$

(5) 감쇠계수

$c = 2m\omega_n\xi = 2 \times 100 \times 4.472 \times 0.0622 = 55.63\mathrm{N}\,\frac{\mathrm{sec}}{\mathrm{m}}$

[예제] 2.2.1 공진시 강성 및 감쇠 추정

질량 25 kg의 기계가 탄성지지(기초)에 놓여 있으며 크기 25 N의 정현파 힘이 기계에 작용하고 있다. 응답주기가 0.22 sec일 때, 1.3 mm의 최대 정상상태 진폭이 발생한다. 이때 등가 강성계수와 기초의 감쇠비를 구하시오. (기술사, 소음진동, 95회, 2011년)

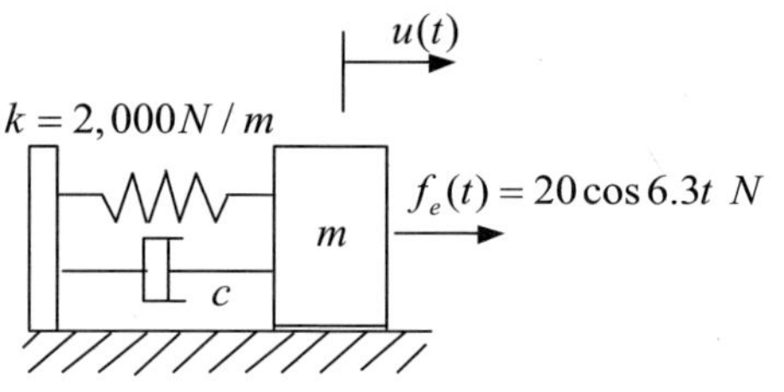

[풀이]

(1) 운동방정식

$m\ddot{u} + c\dot{u} + ku = \mathrm{A}_f \sin\omega_e t$

여기서

$m = 25\mathrm{kg}, \mathrm{A}_f = 25\mathrm{N}, \mathrm{A}_{up} = 1.3\mathrm{mm}$

[근사해법]

(2) 최대정상응답이 발생하므로

$\beta = \frac{\omega_e}{\omega_n} \approx 1$

(a) 등가강성

$T_e = T_n = 2\pi\sqrt{\frac{m}{k}} = 0.22$

$\rightarrow k = \frac{4\pi^2 m}{0.22^2} = \frac{4\pi^2 \cdot 25}{0.22^2} = 20.39\,\frac{\mathrm{kN}}{\mathrm{m}}$

(b) 최대진폭

$\mathrm{A}_{up} = \frac{\mathrm{A}_f}{k}\frac{1}{\sqrt{(1-\beta^2)^2+(2\xi\beta)^2}} \approx \frac{\mathrm{A}_f}{k}\frac{1}{2\xi}$

[정확해법]

(2) (변위) 최대정상응답이 발생하므로

$\beta = \frac{\omega_e}{\omega_n} = \sqrt{1-2\xi^2} \rightarrow \frac{T_n}{T_e} = \sqrt{1-2\xi^2}$

(a) 등가강성

$T_n = T_e\sqrt{1-2\xi^2} = 0.22\sqrt{1-2\xi^2}$

$2\pi\sqrt{\frac{m}{k}} = 0.22\sqrt{1-2\xi^2}$

$\rightarrow k = \frac{4\pi^2 m}{0.22^2 \times (1-2\xi^2)} = \frac{4\pi^2 \times 25}{0.22^2 \times (1-2\xi^2)} = \frac{20.392}{1-2\xi^2}\,\frac{\mathrm{kN}}{\mathrm{m}}$

(b)에서 구한 ξ를 대입하면

$\rightarrow 1.3 \times 10^{-3} = \frac{25}{20.39 \times 10^3} \frac{1}{2\xi}$

$\therefore \xi = \frac{25}{(20.39 \times 10^3)(2)(1.3 \times 10^{-3})} = 0.471$

$\therefore k = 28.02 \ \frac{\text{kN}}{\text{m}}$

(b) 최대진폭

$\text{DAF}_d = \frac{1}{2\xi\sqrt{1-\xi^2}}$

$\text{A}_{up} = \frac{\text{A}_f}{k} \frac{1}{2\xi\sqrt{1-\xi^2}}$

(a)에서 구한 k를 대입하면

$\rightarrow 1.3 \times 10^{-3} = \frac{25}{20.392 \times 10^3} \frac{1-2\xi^2}{2\xi\sqrt{1-\xi^2}}$

$\rightarrow \frac{1-2\xi^2}{2\xi\sqrt{1-\xi^2}} - \frac{20.392 \times 10^3}{25} \times 1.3 \times 10^{-3} = 0$

수치해석법으로 ξ를 구하면

$\therefore \xi = 0.369$

Note: 일반 구조물의 경우 감쇠비가 20% 미만인데 비해, 이 예제의 경우 감쇠비가 40% 정도로 크므로, 근사해와 정확해가 차이가 크게 나타남.

[예제] 2.2.2 공진시 등가점성감쇠의 추정

다음과 같이 단자유도계로 모델링한 구조물에 대해, 등가점성감쇠를 구하기 위해 실험실에서 동적 실험을 수행하였으며, 실험으로 구한 공진시 하중-변위그래프는 다음과 같다. 등가점성감쇠를 구하라.

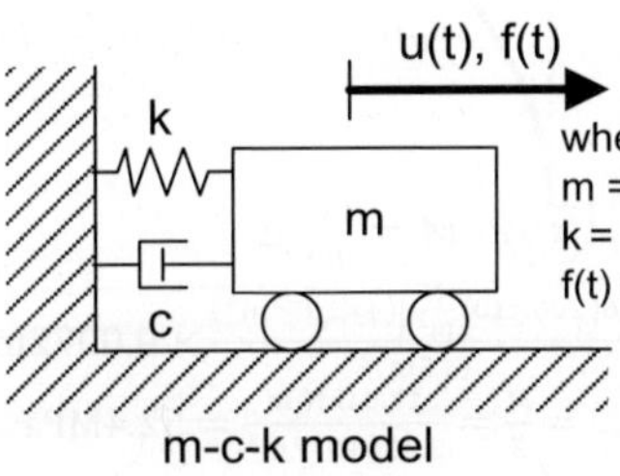

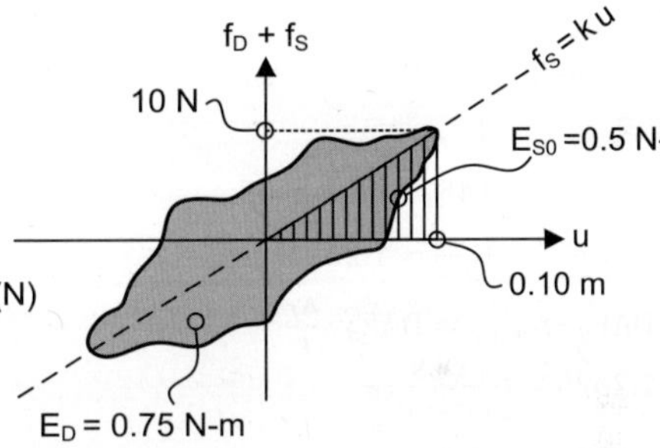

[풀이]

(방법 1) 공진시 동적증폭계수, $\text{DAF}_{d,\max}$

$|u_{static}|_{\max} = \frac{\text{A}_f}{k} = \frac{2.5}{100} = 0.025\text{m}$

$\text{DAF}_{d,\max} = \frac{\text{A}_{up}}{|u_{static}|_{\max}} = \frac{0.10}{0.025} = 4 \rightarrow \text{DAF}_{d,\max} \approx \frac{1}{2\xi}$

$\therefore \xi = \frac{1}{2 \cdot \text{DAF}_{d,\max}} = \frac{1}{2 \cdot 4} = 0.125 = 12.5\%$

(방법 2) 공진시 이력곡선

$\beta = 1$

$E_D = 0.75\text{N} \cdot \text{m}, E_{S0} = 0.5\text{N} \cdot \text{m}$

$\therefore \xi_{eq} = \frac{1}{4\pi\beta} \frac{E_D}{E_{S0}} = \frac{1}{4\pi \cdot 1} \frac{0.75}{0.5} = 0.119 = 11.9\%$

[예제/PYTHON] 2.2.2 동적증폭계수와 운동방정식: 프레임(골조)

다음 그림과 같은 강재프레임 구조 상부 거더상에 수평력 $f_e(t) = 12 \sin 6.0t$ kN을 일으키는 회전기계(rotating machine)가 작용하고 있다. 이 회전기계에 의하여 발생하는 정상(steady) 상태의 진폭, 고유주기, 수학적 모델 및 기둥상에 작용하는 최대 동역학 응력을 구하시오. (단, 감쇠비는 5%로 가정하고 거더는 회전에 대해 강결 상태이며, 기둥 질량은 무시한다. 강재는 SM400이고, 피로는 상시 허용 응력의 80%로 하며, 좌굴효과는 무시하고 거더 상면의 중량은 $15 \frac{\text{kN}}{\text{m}}$가 작용) (기술사, 토목구조, 92회, 2010년)

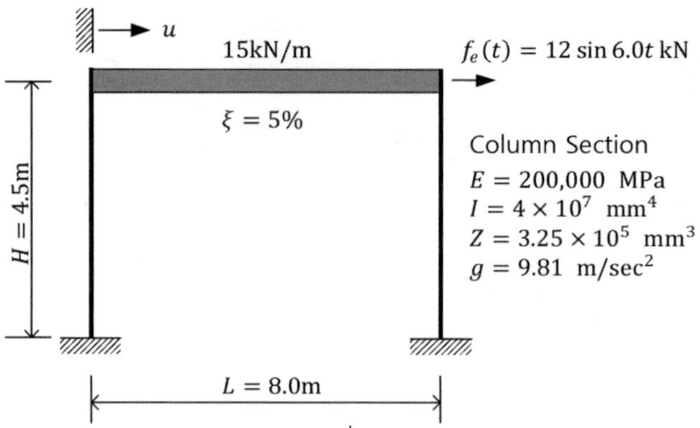

[풀이 1] 최대 응력

(1) 구조물 강성

$$k = 2\frac{12EI}{H^3} = 2\frac{12(200\times10^9\frac{\text{N}}{\text{m}^2})(4\times10^{-5}\text{m}^4)}{(4.5\text{m})^3} = 2.107\times10^3\,\frac{\text{kN}}{\text{m}}$$

(2) 구조물 질량

$$m = \frac{W}{g} = \frac{\left(15\frac{\text{kN}}{\text{m}}\right)(8\text{m})}{9.81\frac{\text{m}}{\text{sec}^2}} = 12.232\text{ kN}\frac{\text{sec}^2}{\text{m}}$$

(3) 고유진동수

$$\omega_n = \sqrt{\frac{k}{m}} = \sqrt{\frac{2.107\times10^3\frac{\text{kN}}{\text{m}}}{12.232\text{ kN}\frac{\text{sec}^2}{\text{m}}}} = 13.124\,\frac{\text{rad}}{\text{sec}}$$

$$f = \frac{\omega_n}{2\pi} = 2.0878\text{Hz}$$

(4) 변위 증폭

$$\beta = \frac{\omega_e}{\omega_n} = \frac{6.0}{13.124} = 0.4572,\ \ \xi = 0.05$$

$$\text{DAF}_d = \frac{1}{\sqrt{(1-\beta^2)^2+(2\xi\beta)^2}} = 1.2621$$

$$\delta_{\max} = \text{DAF}_d\cdot\delta_{\text{static}} = \text{DAF}_d\cdot\frac{\text{A}_f}{k}$$
$$= 1.2625\times\frac{12\text{kN}}{2.107\times10^3\frac{\text{kN}}{\text{m}}}$$
$$= 0.0072\text{m} = 7.2\text{mm}$$

(5) 수학적 모델

$$m\ddot{u}(t) + 2\xi\omega_n m\dot{u}(t) + ku(t) = 12\sin 6.0t$$

(6) 기둥 1개에 작용하는 최대 동역학 (휨)응력

최종 변위응답만을 고려하여 응력을 산정함

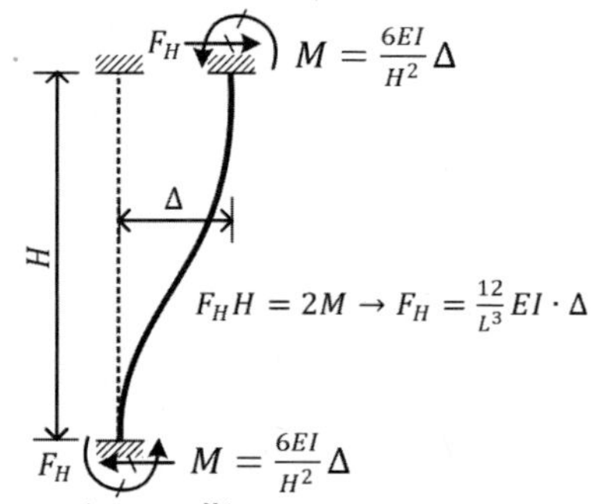

$$M = \frac{6\left(200\times10^9\frac{\text{N}}{\text{m}^2}\right)(4\times10^{-5}\text{m}^4)}{(4.5\text{m})^2}\times0.0072\text{m} = 17.04\text{kN}\cdot\text{m}$$

$$\therefore\ \sigma_{\max} = \frac{M}{Z} = \frac{17.04\text{kN}\cdot\text{m}}{3.25\times10^{-4}\text{m}^3} = 52.4\text{MPa}$$

[풀이 2] 운동방정식 풀이

(방법 1: 공식) 미정계수법(未定係數法; method of undetermined coefficients)

운동방정식: $m\ddot{u} + c\dot{u} + ku = f_e(t)\ \rightarrow\ \ddot{u} + 2\xi\omega_n\dot{u} + \omega_n^2 u = \frac{A_f}{m}\sin\omega_e t$

전체 응답(u) = 일시적 응답(u_h) + 안정상태 응답(u_p)

$$= e^{-\xi\omega_n t}[\text{A}_{uh1}\cos\omega_d t + \text{A}_{uh2}\sin\omega_d t] + \text{A}_{up}[(-2\xi\beta)\cos\omega_e t + (1-\beta^2)\sin\omega_e t]$$

여기서 초기조건 $u_0 = 0$과 $\dot{u}_0 = 0$으로 가정하면, 공식을 사용하여 u_h와 u_p의 미정계수를 결정할 수 있다.

$$\text{A}_{uh1} = u_0 + \frac{\text{A}_f}{k}\frac{2\xi\beta}{(1-\beta^2)^2+(2\xi\beta)^2} = \frac{12\times10^3}{2.107\times10^6}\frac{2\times0.05\times0.4572}{(1-0.4572^2)^2+(2\times0.05\times0.4572)^2} = 0.00041476$$

$$\text{A}_{uh2} = \frac{\text{A}_f}{k}\frac{\beta}{\sqrt{1-\xi^2}}\frac{\beta^2+2\xi^2-1}{(1-\beta^2)^2+(2\xi\beta)^2} + \frac{\dot{u}_0+u_0\xi\omega_n}{\omega_d} = \frac{12\times10^3}{2.107\times10^6}\frac{0.4572}{\sqrt{1-0.05^2}}\frac{0.4572^2+2\times0.05^2-1}{(1-0.4572^2)^2+(2\times0.05\times0.4572)^2} = -0.0032641$$

$$\text{A}_{up} = \frac{\text{A}_f}{k}\frac{1}{(1-\beta^2)^2+(2\xi\beta)^2} = \frac{12\times10^3}{2.107\times10^6}\frac{1}{(1-0.4572^2)^2+(2\times0.05\times0.4572)^2} = 0.0090723$$

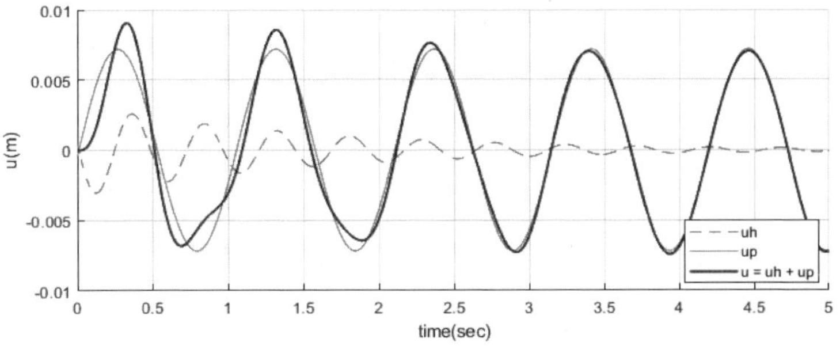

(방법 2: Python) 미정계수법(未定係數法; method of undetermined coefficients)

```
from sympy import symbols, sin, cos, exp, sqrt, lambdify, linsolve
import numpy as np
import matplotlib.pyplot as plt

# 변수 선언
t, Auh1, Auh2 = symbols('t Auh1 Auh2')
f = 12*sin(6*t)

# Part 1
H = 4.5
…

# Part 2
Aup = Af/k*1/((1-beta**2)**2+(2*xi*beta)**2)
uh = exp(-xi*om_n*t)*(Auh1*cos(om_d*t)+Auh2*sin(om_d*t))
up = Aup*((-2*xi*beta)*cos(om_e*t)+(1-beta**2)*sin(om_e*t))
u = uh + up

# 초기 조건을 만족하는 Auh1, Auh2 값 찾기
eqs = [
    u.subs(t, 0),
    u.diff(t).subs(t, 0)
]
const = list(linsolve(eqs, (Auh1, Auh2)))

# Auh1과 Auh2 값을 대입하여 최종 해 구하기
u_final = u.subs(Auh1, const[0][0]).subs(Auh2, const[0][1])

# sympy 표현식을 lambda 함수로 변경
uh_func = lambdify(t, uh.subs(Auh1, const[0][0]).subs(Auh2, const[0][1]), "numpy")
up_func = lambdify(t, up, "numpy")
u_func = lambdify(t, u_final, "numpy")

# 시간 배열 생성 및 해 계산
t_vals = np.linspace(0, 5, 5001)  # 0부터 5까지 5001개의 점 (dt = 0.001)
u_vals = u_func(t_vals)
uh_vals = uh_func(t_vals)
up_vals = up_func(t_vals)
```

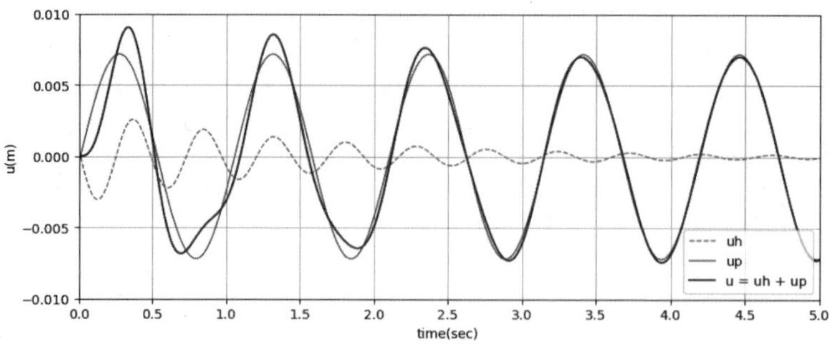

(방법 3: Python) 해석적 방법으로 방정식 풀기

```
from sympy import symbols, sin, cos, sqrt, Function, Eq, Derivative, dsolve, lambdify, solve
import numpy as np
import matplotlib.pyplot as plt

# Variables and symbols
t = symbols('t')
u = Function('u')(t)
Af, xi, om_n, om_e = symbols('Af xi om_n om_e')
…

# Differential equation (second-order motion equation)
eq = Eq(Derivative(u,t,t) + 2*xi*om_n*Derivative(u,t) + om_n**2*u, Af/m*sin(om_e*t))

# Solve the differential equation without specific constants
sol = dsolve(eq, u)

# Substitute known values into the general solution
u_gen = sol.subs({Af: Af_val, xi: xi_val, om_n: om_n_val, om_e: om_e_val})

# Extract the general solution and its first derivative
u_rhs = u_gen.rhs.evalf()
v_rhs = u_rhs.diff(t)  # Velocity
a_rhs = v_rhs.diff(t)  # Acceleration

# Define initial conditions (t=0, u=0, u'(0)=0)
initial_conditions = [
    Eq(u_rhs.subs(t, 0), 0),        # u(0) = 0
    Eq(v_rhs.subs(t, 0), 0)    # u'(0) = 0
]

# Solve for the const
const = solve(initial_conditions)
…
```

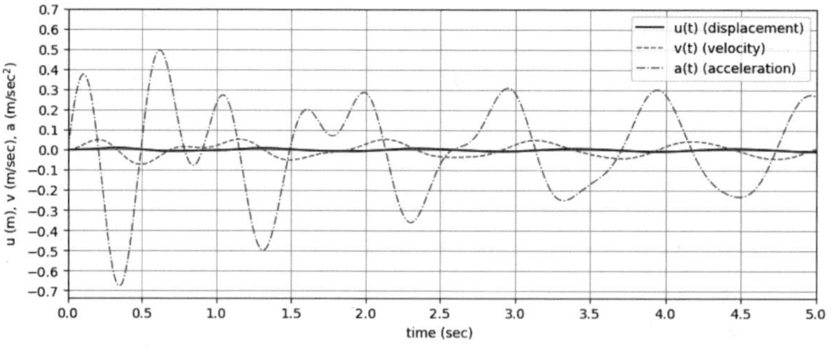

(방법 4: Python) 수치적 방법으로 방정식 풀기

```
import numpy as np
import matplotlib.pyplot as plt
from scipy.integrate import solve_ivp
```

```
…

# Define the 2nd order ODE system
def ode_system(t, u_v):
    u, v = u_v  # u = displacement, v = velocity
    a = -2 * xi_val * om_n_val * v - om_n_val**2 * u + Af_val/m * np.sin(om_e_val * t)
    return [v, a]

# Initial conditions: u(0) = 0, v(0) = 0
initial_conditions = [0, 0]

# Time array
t_vals = np.linspace(0, 5, 5001)

# Solve the ODE using solve_ivp
sol = solve_ivp(ode_system, [0, 5], initial_conditions, t_eval=t_vals)

# Extract the solution
u_vals = sol.y[0]  # Displacement (u)
v_vals = sol.y[1]  # Velocity (du/dt)
…
```

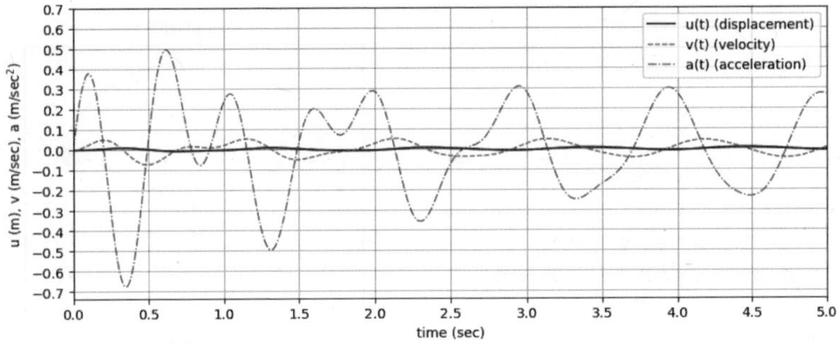

[예제] 2.2.3 파워반감대역폭과 점성감쇠의 추정

파워반감대역폭(half-power bandwidth, $\beta_2 - \beta_1$)을 사용하여, 구조물의 점성감쇠비(ξ)를 구하는 식($\xi = \frac{\beta_2-\beta_1}{2}$)을 유도하라. 여기서 구조물은 감쇠비가 0.2보다 작은 일반 구조물로 가정하여라.

[풀이]

공진시 동적증폭계수(DAF_d)는 최대가 되며, 최대 동적증폭계수의 $\frac{1}{\sqrt{2}}$에 해당하는 2개의 진동수비(β_1, β_2)를 구하면

$$\mathrm{DAF}_d = \frac{1}{\sqrt{2}}\mathrm{DAF}_{d,\max} \rightarrow \frac{1}{\sqrt{(1-\beta^2)^2+(2\xi\beta)^2}} = \frac{1}{\sqrt{2}}\cdot\frac{1}{2\xi\sqrt{1-\xi^2}}$$

이고, 양변의 역수를 취한 후, 자승을 하여 β에 관한 방정식으로 정리하여, 해를 구하면

$$(1-\beta^2)^2 + (2\xi\beta)^2 = 2\cdot 4\xi^2(1-\xi^2)$$
$$\rightarrow \beta^4 - 2(1-\beta^2)\beta^2 + 1 - 8\xi^2(1-\xi^2) = 0$$
$$\rightarrow \beta^2 = (1-2\xi^2) \pm 2\xi\sqrt{1-\xi^2}$$

이고, 감쇠가 작을 경우($\xi < 0.2$), $\xi^2 \approx 0$이므로, 해는

$$\beta^2 \approx 1 \pm 2\xi \rightarrow \beta \approx \sqrt{1\pm 2\xi}$$

이고, 테일러 급수(Taylor series)의 첫 번째 항만 취하여 근사하면 다음과 같다.

$$\beta = \sqrt{1\pm 2\xi} \approx 1 \pm \xi \rightarrow \beta_1 = 1-\xi,\ \ \beta_2 = 1+\xi \quad \therefore \xi = \frac{\beta_2-\beta_1}{2}$$

[참조] 테일러 급수(Taylor series)

$$(1+x)^{\frac{1}{2}} = 1 + \frac{1}{2}x - \frac{1}{2\cdot4}x^2 + \frac{1\cdot3}{2\cdot4\cdot6}x^3 - \cdots \quad \text{where } -1 < x \le 1$$

[예제] 2.2.5 회전편심질량: 모터

다음 단순보 위에 회전하는 편심질량을 갖는 모터가 설치되어 있다. 이 시스템의 고유진동수와 정상상태에서의 최대 진폭을 구하시오.

<조건>

- 편심질량을 포함한 모터의 중량(W): 70 kN
- 모터의 가진진동수(ω_e): 300 rpm
- 편심중량(W_0): 200 N
- 축차 편심(e): 0.25 m
- 단자유도계의 등가점성감쇠비(ξ): 0.1
- 단순보의 질량(m_b): 무시
- 단순보의 길이(L): 3.6 m
- 단순보의 탄성계수(E): 200,000 MPa
- 단순보 단면2차 모멘트(I): 5.35×10^{-5} m^4

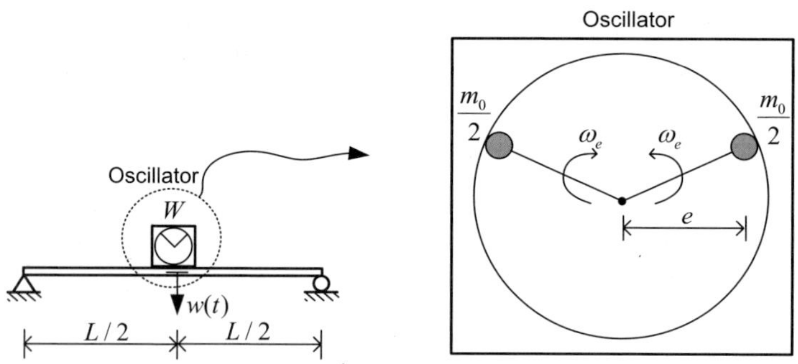

[풀이]

운동방정식

$$m_t\ddot{w}(t) + c\dot{w}(t) + kw(t) = \mathrm{A}_f \sin\omega_e t$$

(1) 강성

$$k = \frac{48EI}{L^3} = \frac{48(200\times10^9\frac{\mathrm{N}}{\mathrm{m}^2})(5.35\times10^{-5}\mathrm{m}^4)}{(3.6\mathrm{m})^3} = 11.0\,\frac{\mathrm{MN}}{\mathrm{m}}$$

(2) 질량: 편심질량을 포함한 모터의 질량

$$m = \frac{W}{g} = \frac{70{,}000\mathrm{N}}{9.81\frac{\mathrm{m}}{\mathrm{sec}^2}} = 7{,}135\ \mathrm{kg}$$

(3) 고유진동수

$$\omega_n = \sqrt{\frac{k}{m_t}} = \sqrt{\frac{11\times10^6\frac{\mathrm{N}}{\mathrm{m}}}{7{,}135\ \mathrm{N}\frac{\mathrm{sec}^2}{\mathrm{m}}}} = 39.26\,\frac{\mathrm{rad}}{\mathrm{sec}}$$

(4) 동적증폭계수

$$\beta = \frac{\omega_e}{\omega_n} = \frac{300\ \mathrm{rpm}\frac{1\ \mathrm{min}}{60\ \mathrm{sec}}\frac{2\pi\ \mathrm{rad}}{1\ \mathrm{round}}}{39.26\frac{\mathrm{rad}}{\mathrm{sec}}} = \frac{31.416\frac{\mathrm{rad}}{\mathrm{sec}}}{39.26\frac{\mathrm{rad}}{\mathrm{sec}}} = 0.8$$

$$\mathrm{DAF}_d = \frac{1}{\sqrt{(1-\beta^2)^2+(2\xi\beta)^2}} = \frac{1}{\sqrt{(1-0.8^2)^2+(2\times0.1\times0.8)^2}} = 2.5384$$

(5) 동적 변위 (또는 최대 진폭)

$$\mathrm{A}_w = \overline{\mathrm{DAF}}_d \cdot e\frac{m_0}{m_t} = \beta^2\mathrm{DAF}_d \cdot e\frac{m_0}{m_t}$$

$$= (0.8^2)(2.5384)\left(250\mathrm{mm} \times \frac{\frac{200}{9.81}}{\frac{70{,}000}{9.81}}\right) = 1.16\mathrm{mm}$$

[참조] 정적 변위를 사용한 풀이

$$\Delta_{st} = \frac{W_0}{k} = \frac{m_0 e\omega_e^2}{k} = \frac{\left(\frac{200}{9.81}\right)(250\mathrm{mm})(31.416^2)}{11\times10^6} = 0.457\mathrm{mm}$$

$$\mathrm{A}_w = \mathrm{DAF}_d \times \Delta_{st} = 2.5384 \times 0.457\mathrm{mm} = 1.16\ \mathrm{mm}$$

[예제] 2.2.5 회전편심질량: 풍력발전기(wind turbine)*

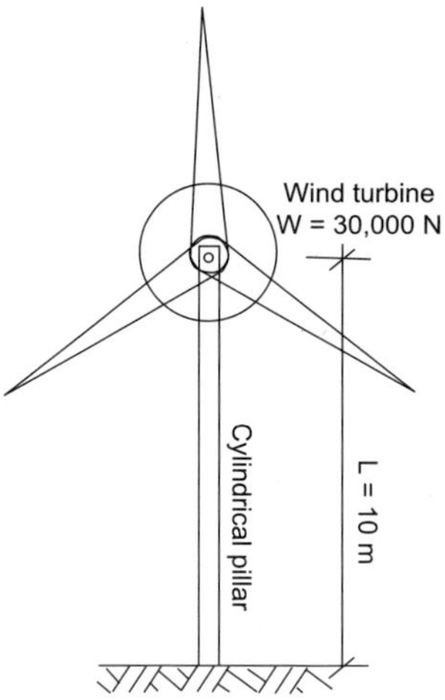

그림과 같이 원통형 지주 상에 풍력발전기가 설치되어 있다. 구조계의 고유진동수와 허용진폭을 구하시오. (토목구조기술사, 94회, 2011)

- 블레이드 편심질량을 포함한 풍력발전기 중량(W): 30,000 N
- 블레이드 회전에 의한 편심질량(m_0): 300 kg
- 블레이드 회전에 의한 축차 편심(e): 50 mm
- 지주 질량(m_p): 무시 • 지주 외경(d_0): 1,000 mm
- 지주 두께(t_p): 50 mm • 지주의 허용 휨응력(f_{ba}): 100 MPa
- 지주의 탄성계수(E): 200,000 MPa

[풀이]

운동방정식

$$m_t\ddot{u}(t) + c\dot{u}(t) + ku(t) = A_f \sin\omega_e t$$

(1) 강성

$$I = \pi\frac{d_o^4 - d_i^4}{64} = \pi\frac{1^4 - 0.9^4}{64} = 0.01688\text{m}^4$$

$$k = \frac{3EI}{L^3} = \frac{3(200\times10^9\frac{\text{N}}{\text{m}^2})(1.688\times10^{-2}\text{m}^4)}{(10\text{m})^3} = 10.128\frac{\text{MN}}{\text{m}}$$

(2) 질량

편심질량: $m_0 = 300\text{kg}$

편심질량을 포함한 풍력발전기의 전체 질량

$$m_t = \frac{W}{g} = \frac{30{,}000\text{N}}{9.81\frac{\text{m}}{\text{sec}^2}} = 3.061\text{ kg}$$

(3) 고유진동수

$$\omega_n = \sqrt{\frac{k}{m_t}} = \sqrt{\frac{10.128\times10^6\frac{\text{N}}{\text{m}}}{3{,}061\text{ N}\frac{\text{sec}^2}{\text{m}}}} = 57.52\frac{\text{rad}}{\text{sec}}$$

(4) 최대 허용 수평하중

$$f_{ba} = \frac{M_{ba}\frac{d}{2}}{I} = \frac{(P_{ba}L)\frac{d}{2}}{I} = \frac{P_{ba}Ld}{2I}$$

$$\rightarrow P_{ba} = \frac{2I}{Ld}f_{ba} = \frac{2(1.688\times10^{-2}\text{m}^4)}{(10\text{m})(1.0\text{m})}\left(100\times 10^6\frac{\text{N}}{\text{m}^2}\right) = 337.6\text{kN}$$

(5) 최대 허용 수평진폭

$$\Delta_{ba} = \frac{1}{3}\frac{P_{ba}L^3}{EI} = \frac{1}{3}\frac{(337.6\text{kN})(10\text{m})^3}{(200\times10^9\frac{\text{N}}{\text{m}^2})(1.688\times10^{-2}\text{m}^4)} = 0.0333\text{m}$$

(6) 허용 가진진동수 (허용 운전속도)

증폭비($\frac{P_{ba}}{e\frac{m_0}{m_t}}$)를 구한 후, 풍력발전기의 허용 가진진동수 (허용 운전속도)를 구함

---

* 타워의 고유진동 설계/해석에 있어서 가장 중요한 것은 풍력발전기에서 가장 주요한 동적 하중 유발체인 풍력터빈 블레이드의 회전수와 공진을 피하는 것이다. 이를 위해서는 아래의 두 식을 만족하여야 한다.

$\frac{f_R}{f_{0,1}} \le 0.95$ (a) $\frac{f_{R,m}}{f_{0,n}} \le 0.95$ or $1.05 \le \frac{f_{R,m}}{f_{0,n}}$ (b)

여기서 $f_R =$ Maximum rotating frequency of the rotor in the normal operating range

$f_{0,1} =$ First natural frequency of the tower

$f_{R,m} =$ Transition frequency of the m rotor blades

$f_{0,n} = n$ th natural frequency of the tower

이때 타워의 고유진동수는 blade transition 진동수의 20%이상의 크기를 갖는 고유진동수까지 충분한 수가 계산되어야 한다. 또한 타워의 고유진동수를 구할 때에는 타워가 세워지는 지면의 특성도 같이 고려되어야 한다. 식 (a)는 정상운전(normal operating range) 상태에서의 로터의 회전수가 타워의 1차 고유진동수의 95%이어야 함을 의미하고, 식 (b)는 타워의 모든 고유진동수는 모든 운전 상태에서 블레이드 개수를 고려한 블레이드 통과진동수의 5%를 벗어나야 함을 의미한다. 고유진동수 설계요구조건을 만족시키기 위해서는 흔히 '캠벨선도(공진선도, Campbell diagram)'를 사용한다 (최신 풍력터빈의 이해, 황병선 편저, 2010).

[예제] 2.2.5 모터 진동과 지지구조물의 응답 증폭

다음과 같이 강체(rigid body)인 탁자 위에 설치된 모터를 3 m길이의 4개 철골 기둥이 지지하고 있다. 각 기둥은 W200 × 17 부재로 이루어져 있으며, 지지점은 단단하게 고정되어(즉, 강결되어) 있다. 모터에서 편심질량(m_0)은 200 kg이고, 편심(e)은 50 mm이며, 강체 탁자의 무게(W_t)는 25 kN이다. 기둥에서 허용휨응력(σ_a)이 100 MPa일 때, 모터의 허용 회전속도의 범위를 구하라. (단, 기둥의 질량은 무시하고 감쇠는 없는 것으로 가정하며, 강체탁자와 기둥은 완전하게 용접되어 있는 것으로 가정한다.)

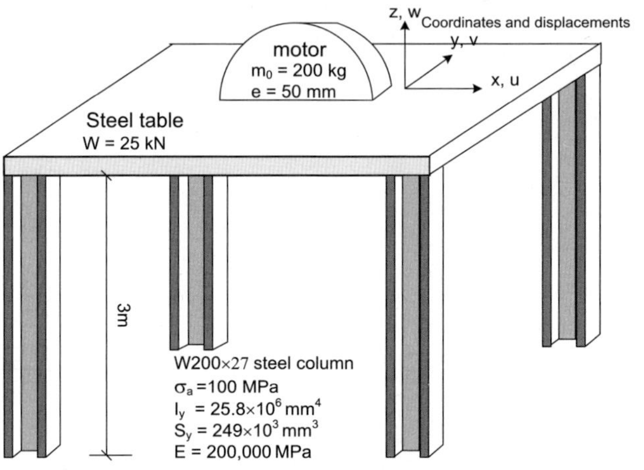

그림 E1. 모터 지지 구조물

[풀이]

(1) 4개 기둥의 수평강성

$$k = 4 \times \frac{12EI}{L^3} = 4 \times \frac{12(200{,}000\frac{\mathrm{N}}{\mathrm{mm}^2})(25.8\times10^6\mathrm{mm}^4)}{(3000\mathrm{mm})^3} = 9.173\,\frac{\mathrm{MN}}{\mathrm{m}}$$

(2) 구조물의 수평방향 고유진동수

$$\omega_n = \sqrt{\frac{k}{m}} = \sqrt{\frac{9.173\times10^6\frac{\mathrm{N}}{\mathrm{m}}}{\frac{25\times10^3\mathrm{N}}{9.81\frac{\mathrm{m}}{\mathrm{sec}^2}}}} = 60.00\,\frac{\mathrm{rad}}{\mathrm{sec}} \rightarrow f = 9.55\mathrm{Hz}$$

(3) 휨응력(σ)과 수평변위(Δ) 사이의 관계식

$$M = \frac{6EI}{L^2}\Delta \rightarrow \sigma = \frac{M}{S} \rightarrow \sigma = \frac{6EI}{L^2 S}\Delta$$

(4) 허용휨응력(σ_a)에 대응되는 허용수평변위(Δ_a)

$$\Delta_a = \frac{L^2 S}{6EI}\sigma_a = \frac{(3{,}000\mathrm{mm})^2(249\times10^3\mathrm{mm}^3)}{6\left(200{,}000\frac{\mathrm{N}}{\mathrm{mm}^2}\right)(25.8\times10^6\mathrm{mm}^4)}\left(100{,}000\,\frac{\mathrm{N}}{\mathrm{mm}^2}\right) = 7.24\mathrm{mm}$$

(5) $\xi = 0$일 경우 허용수평변위(Δ_a)에 대응되는 한계진동수비(β_c)

$$\mathrm{A}_w = \overline{\mathrm{DAF}}_d \cdot e\frac{m_0}{m_t} = \beta^2\mathrm{DAF}_d \cdot e\frac{m_0}{m_t} = \frac{\beta^2}{\sqrt{(1-\beta^2)^2}} \cdot e\frac{m_0}{m_t}$$

(a) $\beta < 1$인 경우,

$$\mathrm{A}_w = \frac{\beta_{c1}^2}{1-\beta_{c1}^2} \cdot e\frac{m_0}{m_t} = \frac{\beta_{c1}^2}{1-\beta_{c1}^2} \cdot (50\mathrm{mm})\frac{200\mathrm{kg}}{\frac{25\times10^3\mathrm{N}}{9.81\frac{\mathrm{m}}{\mathrm{sec}^2}}} = 7.24\mathrm{mm} \rightarrow \beta_{c1} = 0.805$$

(b) $\beta > 1$인 경우,

$$\mathrm{A}_w = \frac{\beta_{c2}^2}{\beta_{c2}^2-1} \cdot e\frac{m_0}{m_t} = \frac{\beta_{c2}^2}{1-\beta_{c2}^2} \cdot (50\mathrm{mm})\frac{200\mathrm{kg}}{\frac{25\times10^3\mathrm{N}}{9.81\frac{\mathrm{m}}{\mathrm{sec}^2}}} = 7.24\mathrm{mm} \rightarrow \beta_{c2} = 1.478$$

(6) 허용운전속도 (그림 참조)

$$\beta_{c1} = 0.805 \rightarrow \beta_{c1}\omega_n = 0.805 \times 60.00 \frac{\text{rad}}{\text{sec}} \frac{1\text{min}}{2\pi\,\text{rad}} \frac{60\text{sec}}{1\text{min}} = 461\text{rpm}$$

$$\beta_{c2} = 1.478 \rightarrow \beta_{c2}\omega_n = 1.478 \times 60.00 \frac{\text{rad}}{\text{sec}} \frac{1\text{min}}{2\pi\,\text{rad}} \frac{60\text{sec}}{1\text{min}} = 847\text{rpm}$$

따라서 모터의 회전각속도는 464 rpm 보다 작게하거나 865 rpm 보다 크게 하여야 기둥에서 허용 휨응력을 초과하지 않는다.

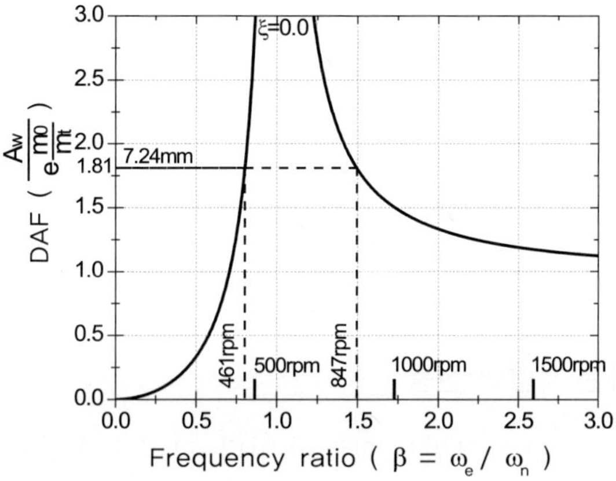

그림 E2. 모터 지지 구조물의 증폭비

[예제] 2.2.6 하중 전달률: 진동기계

진동기계의 총 무게(W)가 200 kN이고, 진동하중이 $A_f \sin\omega_e t$일 때, 바닥에 전달되는 힘을 800 N로 줄이기 위한 스프링상수(k)를 구하라(여기서 $A_f = 5\text{ kN}, \omega_e = 40\text{ Hz}$이고, 감쇠는 무시할 것).

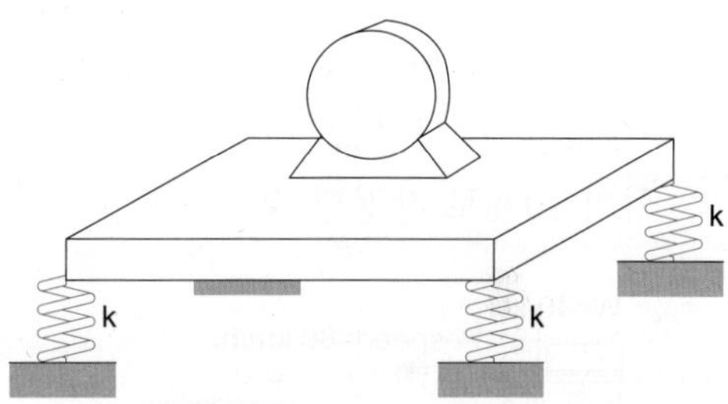

[풀이]

$\xi = 0$

$$\text{TR}_f = \frac{800\text{ N}}{5{,}000\text{ N}} = 0.16 \rightarrow \text{TR}_f = \frac{1}{\beta^2 - 1} = 0.16 \rightarrow \beta^2 = 7.25$$

$$\therefore \beta^2 = 7.25 = \left(\frac{\omega_e}{\omega_n}\right)^2 = \frac{\omega_e^2}{\frac{4k}{\frac{W}{g}}}$$

$$\therefore k = \frac{\left(2\pi \times 40\frac{\text{rad}}{\text{sec}}\right)^2}{4 \times 7.25} \frac{200\text{kN}}{9.81\frac{\text{m}}{\text{sec}^2}} = 44.4\frac{\text{MN}}{\text{m}}$$

[예제] 2.2.6 하중 전달률: 전동기

무게가 5 kN의 전동기가 외팔보 단부에 설치되어 진동수 $\omega = 16\frac{\text{rad}}{\text{sec}}$의 420 kN의 상하운동을 한다. 외팔보의 자중은 무시하고 감쇠계수를 10%로 가정하여 상하운동으로 발생하는 외팔보의 최대처짐량과 지지부에 전달되는 힘의 크기를 산정하시오.

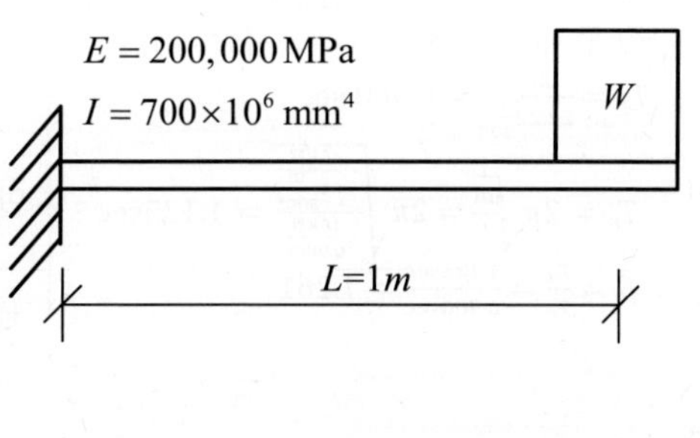

(기술사, 건축구조, 88회, 2009년)

[풀이]

운동방정식

$m\ddot{u} + c\dot{u} + ku = \mathrm{A}_f \sin \omega_e t$

여기서 $\mathrm{A}_f = 420\ \mathrm{kN}, \omega_e = 16\frac{\mathrm{rad}}{\mathrm{sec}}$

(1) 강성

$$k = \frac{3EI}{L^3} = \frac{3(200\times10^9\frac{\mathrm{N}}{\mathrm{m}^2})(7\times10^{-4}\mathrm{m}^4)}{(1\mathrm{m})^3} = 420\times10^6\,\frac{\mathrm{N}}{\mathrm{m}}$$

(2) 질량

$$m = \frac{W}{g} = \frac{5\times10^3\mathrm{N}}{9.81\frac{\mathrm{m}}{\mathrm{sec}^2}} = 509.68\ \mathrm{N}\frac{\mathrm{sec}^2}{\mathrm{m}}$$

(3) 고유진동수

$$\omega_n = \sqrt{\frac{k}{m}} = \sqrt{\frac{420\times10^6\frac{\mathrm{N}}{\mathrm{m}}}{509.68\ \mathrm{N}\frac{\mathrm{sec}^2}{\mathrm{m}}}} = 907.76\,\frac{\mathrm{rad}}{\mathrm{sec}}$$

(4) 변위 증폭

$$\beta = \frac{\omega_e}{\omega_n} = \frac{16}{907.76} \approx 0.01762,\quad \xi = 0.1$$

$$\mathrm{DAF}_d = \frac{1}{\sqrt{(1-\beta^2)^2+(2\xi\beta)^2}} = 1.0003$$

$$\delta_{\max} = \mathrm{DAF}_d\cdot\delta_{\mathrm{static}} = \mathrm{DAF}_d\cdot\frac{F}{k}$$

$$= 1.0003\times\frac{420\times10^3\mathrm{N}}{420\times10^6\frac{\mathrm{N}}{\mathrm{m}}} = 0.0010\mathrm{m} = 1.0\mathrm{mm}$$

(5) 하중 전달

$$\mathrm{TR}_f = \frac{f_{\max}}{\mathrm{A}_f} = \sqrt{\frac{1+(2\xi\beta)^2}{(1-\beta^2)^2+(2\xi\beta)^2}} \approx 1$$

$\rightarrow\ f_{\max} = \mathrm{TR}_f\cdot\mathrm{A}_f \approx 420\mathrm{kN}$

or $f_{\max} = k\delta_{\max} \approx \left(420\times10^6\,\frac{\mathrm{N}}{\mathrm{m}}\right)(1\times10^{-3}\mathrm{m}) = 420\mathrm{kN}$

[예제] 2.2.6 교량을 주행하는 차량의 진동

동일한 경간의 연속보로 구성된 콘크리트 교량이 있다. 크리프로 인한 거더의 변형에 의해 일정 속도로 주행하는 자동차에 조화운동을 유발시킨다. 자동차의 스프링과 감쇠장치는 교량으로부터 발생하여 자동차 탑승자에게 전달되는 수직운동을 줄이는 격리시스템의 역할을 한다. 여기서 자동차의 무게는 40 kN이고, 스프링강성은 10 kN를 가하여 발생한 변형 0.08 m를 사용하여 구하였다. 교량의 종단면도는 경간 20 m와 진폭 1.2 cm의 형태를 갖는 정현 곡선이다. 자동차가 80 $\frac{\mathrm{km}}{\mathrm{hr}}$속도로 주행할 때, 자동차의 정상상태 수직운동을 구하라(감쇠는 한계감쇠의 40%로 가정할 것).

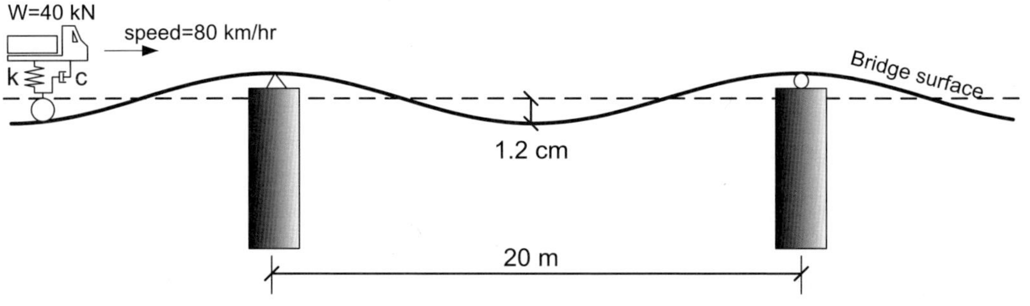

[풀이]

자동차가 80 $\frac{\mathrm{km}}{\mathrm{hr}} = 22.22\,\frac{\mathrm{m}}{\mathrm{sec}}$로 주행할 때,

가진 주기(T_e)와 자동차의 고유주기(T_n)

$$T_e = \frac{20\mathrm{m}}{22.22\frac{\mathrm{m}}{\mathrm{sec}}} = 0.900\ \mathrm{sec}$$

$$T_n = 2\pi\sqrt{\frac{m}{k}} = 2\pi\sqrt{\frac{\frac{40\mathrm{kN}}{9.81\frac{\mathrm{m}}{\mathrm{sec}^2}}}{\frac{10\mathrm{kN}}{0.08\mathrm{m}}}} = 1.135\mathrm{sec}$$

$$\beta = \frac{T_n}{T_e} = \frac{1.135\mathrm{sec}}{0.900\mathrm{sec}} = 1.261$$

$\xi = 0.4$이므로 변위 전달률 공식을 이용하여 수직운동의 진폭을 구함

$$A_{wt} = A_{wg}\sqrt{\frac{1+(2\xi\beta)^2}{(1-\beta^2)^2+(2\xi\beta)^2}}$$

$$= (1.2\mathrm{cm})\sqrt{\frac{1+(2\times0.4\times1.261)^2}{(1-1.261^2)^2+(2\times0.4\times1.261)^2}} = 1.459\mathrm{cm}$$

만약 자동차에서 감쇠가 없을 경우($\xi = 0$), 진폭

$$A_{wt} = A_{wg}\frac{1}{\beta^2-1} = (1.2\mathrm{cm})\frac{1}{1.261^2-1} = 2.034\mathrm{cm}$$

차량 감쇠장치는 탑승자에게 전달되는 수직운동을 줄이는 역할을 함

[예제] 2.2.6 변위 전달률: 차량의 임계속도

울퉁불퉁한 길을 일정한 속도 v로 달리는 자동차의 모델을 그림과 같이 도시했을 때 차의 상하진동의 진폭 및 이론상 한계(임계)속도를 구하시오. (기술사, 소음진동, 96회, 2012년)

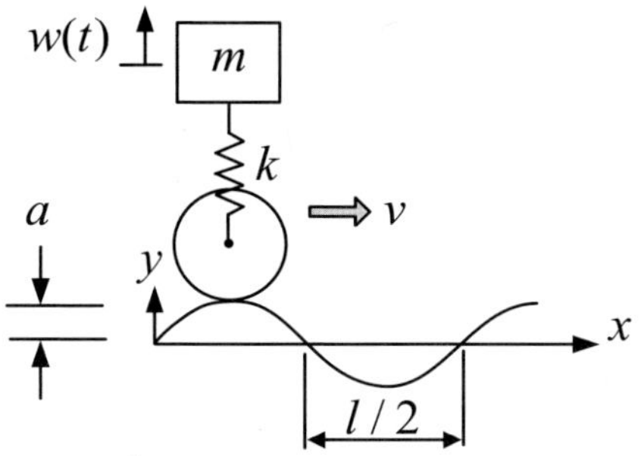

[풀이]

운동방정식: 수직방향

$$m\ddot{w}(t)+c\dot{w}(t)+kw(t)=\mathrm{A}_f\sin\omega_e t$$

여기서 $w=\mathrm{A}_w\sin(\omega_e t-\phi)$

(1) 바닥의 가진 주기

$$T_e=\frac{l}{v}$$

(2) 자동차의 고유주기

$$T_n=2\pi\sqrt{\frac{m}{k}}$$

(3) 진동수비

$$\beta=\frac{\omega_e}{\omega_n}=\frac{T_n}{T_e}=2\pi\frac{v}{l}\sqrt{\frac{m}{k}}$$

(4) 비감쇠 (변위) 전단률

$$\mathrm{TR}_d=\frac{\mathrm{A}_w}{a}=\frac{1}{|1-\beta^2|}=\frac{1}{\left|1-\left(\frac{\omega_e}{\omega_n}\right)^2\right|}=\frac{1}{\left|1-4\pi^2\frac{v^2}{l^2}\frac{m}{k}\right|}$$

(a) 상하운동의 진폭

$$\mathrm{A}_w=\mathrm{TR}_d\cdot a=\frac{a}{\left|1-4\pi^2\frac{v^2}{l^2}\frac{m}{k}\right|}=\frac{al^2k}{|l^2k-4\pi^2v^2m|}$$

(b) 임계속도

$$\mathrm{TR}_d=\frac{1}{|1-\beta^2|}\to\infty$$

즉,

$$\beta=2\pi\frac{v}{l}\sqrt{\frac{m}{k}}=1\to\therefore v=\frac{l}{2\pi}\sqrt{\frac{k}{m}}=\frac{l}{T_n}$$

자동차의 고유주기가 클수록, 노면의 주기가 짧을수록 임계속도에 빨리 도달

[예제] 2.2.6 변위 전달률: 차량

자동차의 suspension 시스템을 다음과 같이 단자유도계로 모델링하였다. Suspension 시스템이 $52\,\frac{\mathrm{m}}{\mathrm{sec}}$로 진행할 때 차의 진폭을 계산하시오. (단, 바퀴는 강체로 가정하고 도로형상을 그대로 따라서 진행한다고 가정한다) (기술사, 소음진동, 99회, 2013년)

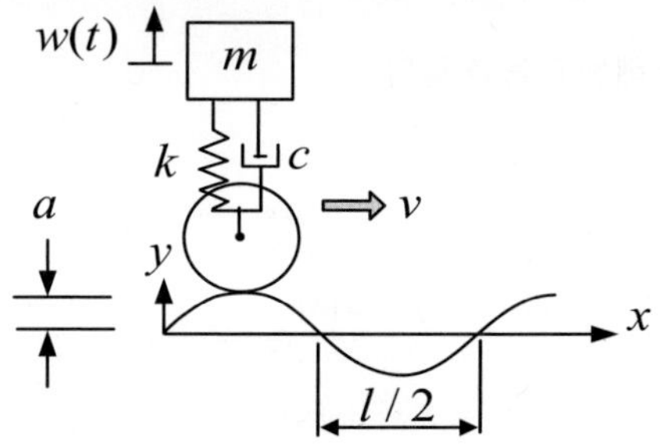

$m=300\mathrm{kg}$

$c=3{,}000\mathrm{N}\frac{\mathrm{s}}{\mathrm{m}}$

$k=5\times10^5\frac{\mathrm{N}}{\mathrm{m}}$

$v=52\frac{\mathrm{m}}{\mathrm{s}}$

$l=2.5\mathrm{m}$

$a=0.01\mathrm{m}$

[풀이]

운동방정식: 수직방향

$m\ddot{w}(t)+c\dot{w}(t)+kw(t)=A_f\sin\omega_e t$

여기서 $w=A_w\sin(\omega_e t-\phi)$

(1) 바닥의 가진 주기

$T_e=\frac{l}{v}=0.0481\text{sec}$

(2) 자동차의 고유주기

$T_n=2\pi\sqrt{\frac{m}{k}}=0.1539\text{sec}$

(3) 진동수비

$\beta=\frac{\omega_e}{\omega_n}=\frac{T_n}{T_e}=2\pi\frac{v}{l}\sqrt{\frac{m}{k}}=3.2012$

(4) 감쇠비

$c=2\xi\omega_n m\rightarrow\xi=\frac{c}{2\sqrt{mk}}=0.1225$

(5) 감쇠 (변위) 전단률

$\text{TR}_d=\frac{A_w}{a}=\sqrt{\frac{1+(2\xi\beta)^2}{(1-\beta^2)^2+(2\xi\beta)^2}}=0.1369$

(6) 상하운동의 진폭

$A_w=\text{TR}_d\cdot a=0.1369\times0.01=0.0014\text{m}$

[예제] 2.2.6 진동 계측기기의 원리

기계적 운동을 신호로 변환하는 장치를 변환기(transducer)라 하며, 인장과 압축에 대한 저항 변화를 이용한 스트레인 게이지(strain gauge), piezo 압전현상(piezo-electric effect, 壓電現像)을 이용한 가속도계 등이 있다. 다음과 같은 piezo 형태 가속도계의 동적 특성을 유도하여라.

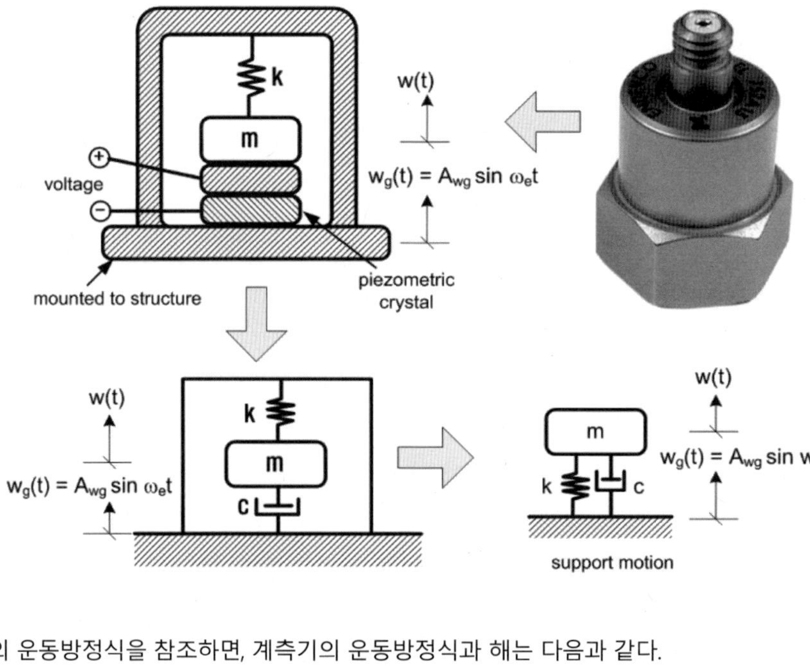

[풀이]

기초 진동의 운동방정식을 참조하면, 계측기의 운동방정식과 해는 다음과 같다.

$m\ddot{w}+c\dot{w}+kw=m\omega_e^2A_{wg}\sin\omega_e t$

$w(t)=A_w\sin(\omega_e t-\phi)$

$A_w=\frac{\beta^2}{\sqrt{(1-\beta^2)^2+(2\xi\beta)^2}}A_{wg}\rightarrow\frac{A_w}{A_{wg}}=\frac{\beta^2}{\sqrt{(1-\beta^2)^2+(2\xi\beta)^2}}\equiv\beta^2\text{DAF}_d=\text{DAF}_a,\ \ \phi=\tan^{-1}\frac{2\xi\beta}{1-\beta^2}$

여기서 w는 지반운동에 대한 질량의 상대운동(relative displacement)이다. 앞 식에서

$\beta\gg1$이면, $A_w\approx A_{wg}$, 즉, $w\propto w_g$ (기초 변위에 비례)

$\beta\ll1$이면, $A_w\approx\beta^2A_{wg}$, 즉, $w\propto\ddot{w}_g$ (기초 가속도에 비례)

위 식은 계측기의 고유진동수(ω_n)에 비해 측정 대상체(즉, 구조물)의 진동수(ω_e)가 아주 높으면(즉, $\beta\gg1$), 계측되는 값은 측정 대상체의 변위와 근사적으로 일치하며, 그 반대로 계측기의 고유진동수가 측정 대상체의 진동수보다 매우 크다면(즉, $\beta\ll1$), 계측되는 값은 측정 대상체의 가속도 값과 근사적으로 일치한다는 것을 의미한

다. 일반적으로 첫 번째 경우 대표적인 계측기는 지진계(seismometer, seismograph, 통상 $\beta > 3$)이고, 두 번째 경우는 가속도계(accelerometer, accelerograph, 통상 $\beta < 0.2$)이다.

다음 그림은 $\mathrm{DAF}_a \left(= \frac{\mathrm{A}_w}{\mathrm{A}_{wg}}\right)$와 $\mathrm{DAF}_d \left(= \frac{1}{\sqrt{(1-\beta^2)^2+(2\xi\beta)^2}}\right)$를 β의 함수로 나타냈다. DAF_a에 관한 그림에서 $\beta > 3$일 경우, DAF_a는 1에 근접하는 것을 볼 수 있으며, DAF_d에 관한 그림에서 $\beta < 0.2$일 경우, DAF_d는 1에 근접하는 것을 볼 수 있다. 특히, $\xi = 0.7$일 경우 두 경우 모두 1에 좀 더 근접하는 경향을 나타낸다.

$w(t)$에 관한 식에서 알 수 있듯이 계측되는 신호와 측정 대상체의 신호는 위상차(ϕ)를 나타낸다. 이러한 위상차는 1개의 진동수 성분만을 계측할 경우는 문제가 없으나, 2개 이상의 진동수를 계측한다면, 진동수 성분별로 다른 위상차로 인해, 원래의 신호와는 다른, 일그러진 신호가 계측된다. 감쇠가 0이면(즉, $\xi = 0.0$), 이러한 일그러짐 현상을 방지할 수 있으나, 현실적으로 불가능하므로, 다른 동적 특성을 이용한다. 가속도계의 경우($\beta < 0.2$), 다음의 위상차(ϕ)에 관한 그림을 참조하면, $\xi = 0.7$일 경우 ϕ는 ω_e에 비례하는 것을 알 수 있다. 따라서 $\beta < 0.2$의 범위에서 서로 다른 두 진동수 성분(ω_{e1}과 ω_{e2})이 주어진다면, 원래의 신호는

$$w_g(t) = \mathrm{A}_{wg1} \sin \omega_{e1} t + \mathrm{A}_{wg2} \sin \omega_{e2} t$$

이고, 이로 인해 계측된 신호는 다음과 같다.

$$w(t) = \mathrm{A}_{w1} \sin(\omega_{e1} t - \phi_1) + \mathrm{A}_{w2} \sin(\omega_{e2} t - \phi_2)$$

$\xi = 0.7$일 경우 ϕ는 ω_e에 비례하므로

$$\frac{\phi_1}{\omega_{e1}} = \frac{\phi_2}{\omega_{e2}} = c = \text{slope (constant)}$$

이고, 위 식을 $w(t)$에 관한 식에 대입하면 다음과 같다.

$$w(t) = \mathrm{A}_{w1} \sin \omega_{e1} (t - c) + \mathrm{A}_{w2} \sin \omega_{e2} (t - c)$$

즉, 계측되는 두 진동수 성분은 동일한 시간만큼 위상이동을 하므로, 신호의 일그러짐이 발생하지 않는다. 일반적으로 계측기는 $\xi = 0.7$의 값이 되도록 생산된다.

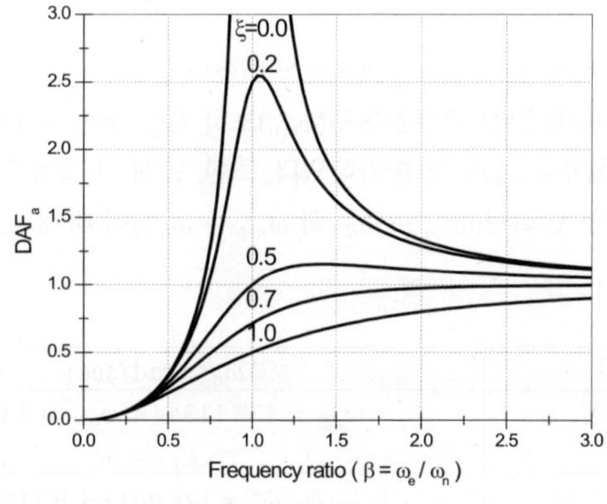

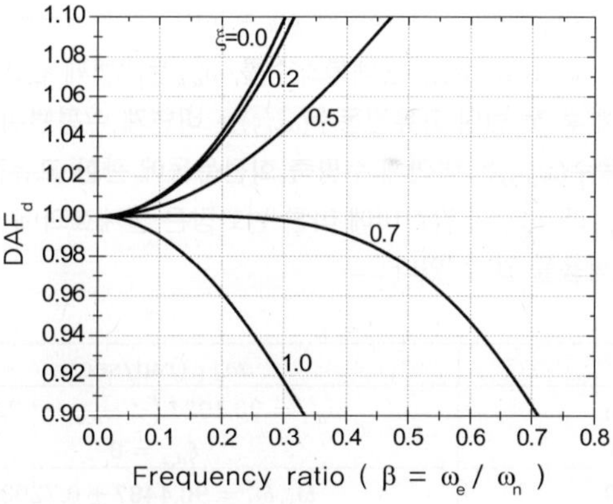

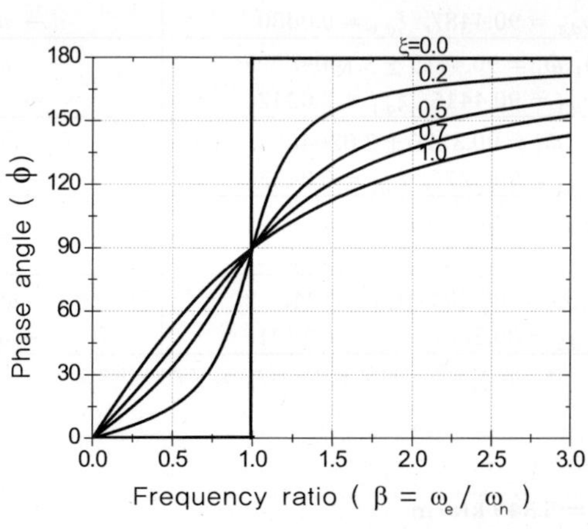

MATLAB: 2.2.7 진동 기초의 연계 운동 (ch02_couple, ch02_rotAu, ch02_rotAph)

다음과 같이 수평변위와 수평축 회전이 연계된 진동 기초가 있다. 각 변수에 대한 설명은 2.2.7 절(진동 기초 모델과 연계 운동)을 따른다.

$$m = 73.50\text{kN} \cdot \frac{\text{sec}^2}{\text{m}},\ \ k_u = 7.3280 \times 10^5 \frac{\text{kN}}{\text{m}},\ \ k_\phi = 1.8289 \times 10^6 \text{kN} \cdot \text{m},$$

$$L = 0.72\text{m},\ \ I_\phi = 98.646\text{kN} \cdot \text{sec}^2 \cdot \text{m},\ \ P_0 = 7.43\text{kN}$$

(1) 감쇠비에 따른 감쇠 고유진동수(ω_d)를 구하라.

(2) 감쇠비에 따른 응답의 진폭(A_u와 A_ϕ)을 구하라.

[풀이]

(1) 감쇠비에 따른 감쇠 고유진동수

$$\omega_{n,u} = \sqrt{\frac{k_u}{m}} = \sqrt{\frac{7.3280\times10^5 \frac{kN}{m}}{73.50\text{kN}\cdot\frac{\text{sec}^2}{\text{m}}}} = 99.85\frac{\text{rad}}{\text{sec}}$$

$$\omega_{n,\phi} = \sqrt{\frac{k_\phi}{I_\phi}} = \sqrt{\frac{1.8289\times10^6\text{kN}\cdot\text{m}}{98.646\text{kN}\cdot\text{sec}^2\cdot\text{m}}} = 136.16\frac{\text{rad}}{\text{sec}}$$

$$I_{\phi,base} = I_\phi + mL^2 = 98.646 + 73.50 \times 0.72^2 = 136.748\ \text{kN} \cdot \text{sec}^2 \cdot \text{m}$$

$$\gamma = \frac{I_\phi}{I_{\phi,base}} = \frac{98.646}{136.748} = 0.721$$

수평변위와 수평축 회전에 관한 연계방정식을 풀어 구한 감쇠 고유진동수(ω_d)는 다음 표와 같다.

$$\left[\omega_d^4 - \omega_d^2\left(\omega_{n,u}^2 + 4\xi_u\xi_\phi\omega_{n,u}\omega_{n,\phi} + \omega_{n,\phi}^2\right)\frac{1}{\gamma} + \omega_{n,u}^2\omega_{n,\phi}^2\frac{1}{\gamma}\right]^2 + \frac{4}{\gamma^2}\left[\xi_u\omega_{n,u}\omega_d\left(\omega_{n,\phi}^2 - \omega_d^2\right) + \xi_\phi\omega_{n,\phi}\omega_d\left(\omega_{n,u}^2 - \omega_d^2\right)\right]^2 = 0$$

이 방정식의 해 $\widehat{\omega}_k$와 $\widehat{\omega}_k^*$는 복소수이며, 감쇠 고유진동수와는 다음과 같은 관계를 갖는다.

$$\widehat{\omega}_k, \widehat{\omega}_k^* = \omega_{d,k} \pm i\xi_k\omega_k \rightarrow \omega_k = |\widehat{\omega}_k|,\ \ \xi_k = -\frac{\text{Im}(\widehat{\omega}_k)}{|\widehat{\omega}_k|}$$

여기서 *(asterisk)는 공액복소수를, $\omega_{d,k}$는 k번째 진동모드의 감쇠고유진동수를 의미한다.

연계 후 첫 번째 고유진동수($\omega_{d,1}$)는 비연계 수평변위운동에 관한 고유진동수($\omega_{n,u}$)보다 감소하며, 두 번째 고유진동수($\omega_{d,2}$)는 비연계 수평축 회전운동에 관한 고유진동수($\omega_{n,\phi}$)보다 증가하였다. 또한, 연계 후 고유진동수($\omega_{d,1}$과 $\omega_{d,2}$)의 감쇠비에 따른 변화량은 연계효과에 의한 변화량($\omega_{n,u} \rightarrow \omega_{d,1}$과 $\omega_{n,\phi} \rightarrow \omega_{d,2}$)에 비해 상대적으로 적음을 알 수 있다.

ξ	$\omega_{d,1}$ (rad/sec)	$\omega_{d,2}$ (rad/sec)
$\xi_u = 0$ $\xi_\phi = 0$	$\omega_{d,1} = 90.4021\ (< \omega_{n,u} = 99.85)$ $\xi_{d,1} = 0$	$\omega_{d,2} = 177.1134\ (< \omega_{n,\phi} = 136.16)$ $\xi_{d,2} = 0$
$\xi_u = 0$ $\xi_\phi = 0.05$	$\widehat{\omega}_1, \widehat{\omega}_1^* = 90.4487 \pm 0.7293i$ $\rightarrow \omega_{d,1} = 90.4487,\ \xi_{d,1} = 0.0080$	$\widehat{\omega}_2, \widehat{\omega}_2^* = 176.8017 \pm 8.7130i$ $\rightarrow \omega_{d,2} = 176.8017,\ \xi_{d,2} = 0.0492$
$\xi_u = 0.05$ $\xi_\phi = 0$	$\widehat{\omega}_1, \widehat{\omega}_1^* = 90.4415 \pm 3.1004i$ $\rightarrow \omega_{d,1} = 90.4415,\ \xi_{d,1} = 0.0342$	$\widehat{\omega}_2, \widehat{\omega}_2^* = 176.8908 \pm 3.8239i$ $\rightarrow \omega_{d,2} = 176.8908,\ \xi_{d,2} = 0.0216$
$\xi_u = 0.05$ $\xi_\phi = 0.05$	$\widehat{\omega}_1, \widehat{\omega}_1^* = 90.3276 \pm 3.8264i$ $\rightarrow \omega_{d,1} = 90.3276,\ \xi_{d,1} = 0.0423$	$\widehat{\omega}_2, \widehat{\omega}_2^* = 176.6559 \pm 12.5404i$ $\rightarrow \omega_{d,2} = 176.6559,\ \xi_{d,2} = 0.0708$
$\xi_u = 0.1$ $\xi_\phi = 0.1$	$\widehat{\omega}_1, \widehat{\omega}_1^* = 90.1040 \pm 7.6535i$ $\rightarrow \omega_{d,1} = 90.1040,\ \xi_{d,1} = 0.0846$	$\widehat{\omega}_2, \widehat{\omega}_2^* = 175.2764 \pm 25.0801i$ $\rightarrow \omega_{d,2} = 175.2764,\ \xi_{d,2} = 0.1416$
$\xi_u = 0.2$ $\xi_\phi = 0.2$	$\widehat{\omega}_1, \widehat{\omega}_1^* = 89.2047 \pm 15.3124i$ $\rightarrow \omega_{d,1} = 89.2047,\ \xi_{d,1} = 0.1691$	$\widehat{\omega}_2, \widehat{\omega}_2^* = 169.6446 \pm 50.1549i$ $\rightarrow \omega_{d,2} = 169.6446,\ \xi_{d,2} = 0.2835$

Note: $\sum \xi^{uncoupled} = \xi_u + \xi_\phi \approx \sum \xi^{coupled} = \xi_{d,1} + \xi_{d,2}$

(2) 감쇠비에 따른 응답의 진폭

$$M_0 = P_0 \cdot L = 7.43 \times 0.72 = 5.349\ \text{kN} \cdot \text{m}$$

ξ	A_u (m)	A_ϕ (rad)
$\xi_u = 0$ $\xi_\phi = 0$	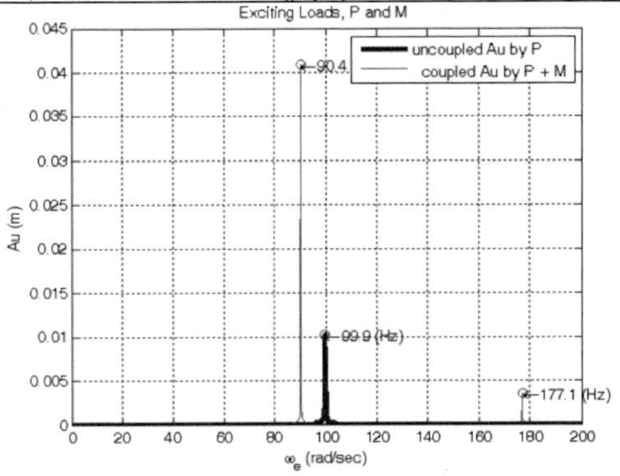	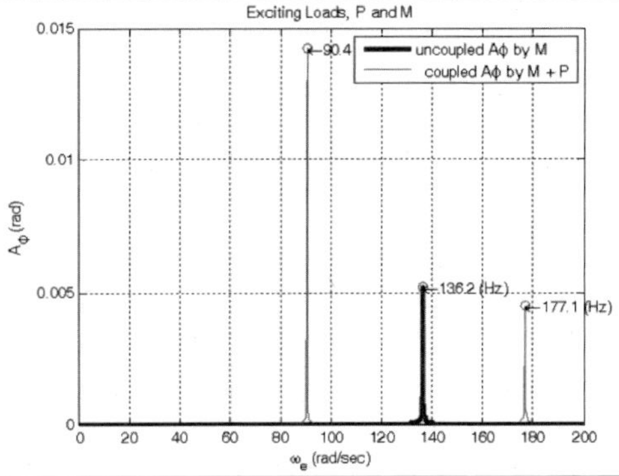
$\xi_u = 0.1$ $\xi_\phi = 0.1$	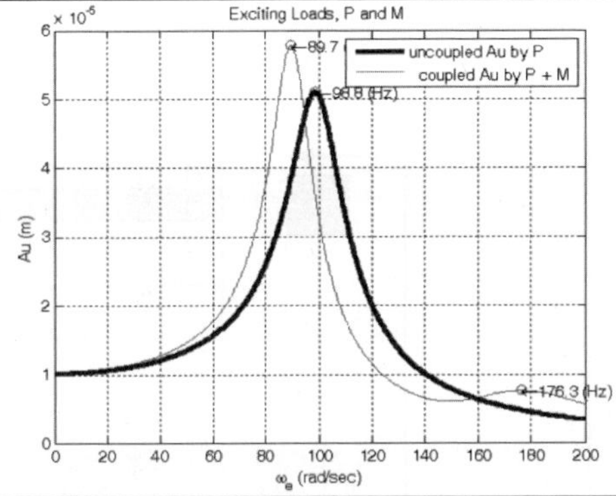	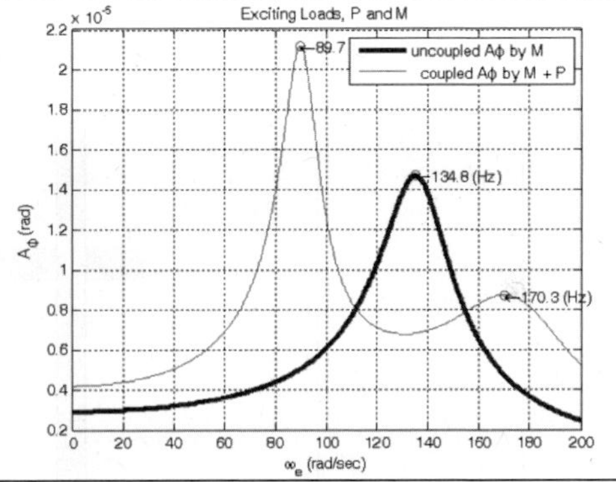
$\xi_u = 0.2$ $\xi_\phi = 0.2$	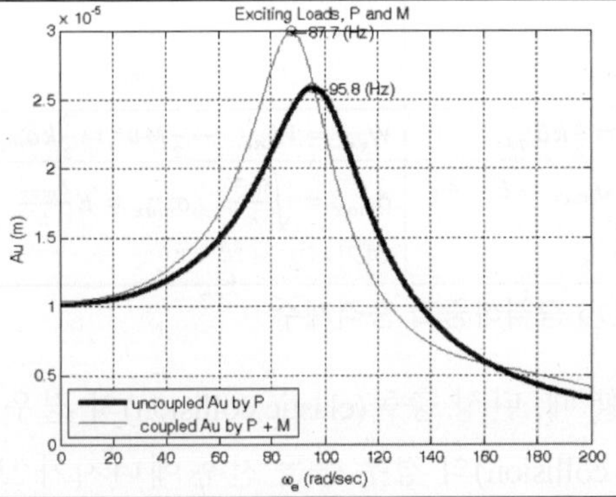	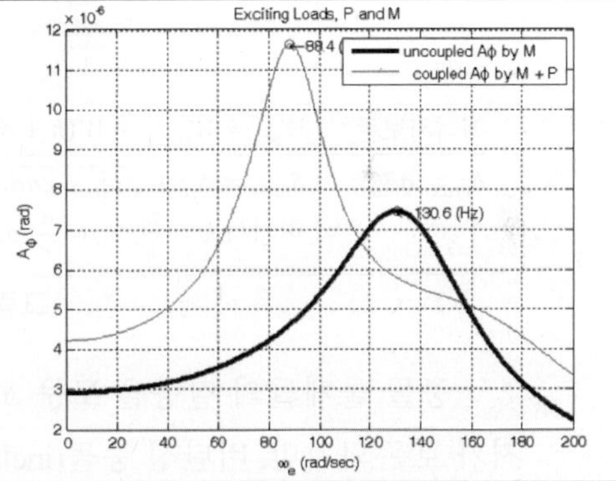

[코딩]

(1) 감쇠비에 따른 감쇠 고유진동수 (ch02_couple.m)

(2) 감쇠비에 따른 응답의 진폭 (ch02_rotAu.m, ch02_rotAph.m)

2.3 충격하중과 응용

2.3.1 단위충격하중, 계단하중, 램프하중

• 충격하중과 충격계수

대표적인 동적하중인 충격하중이 구조물의 응답에 미치는 동적효과를 정적응답에 대한 동적 응답의 비율인 충격계수(impact coefficient)로 나타낸다. 다음에 질량 M인 물체가 자유낙하(또는 속도 v)로 막대에 충격하중을 가할 때, 에너지 보존법칙으로 산정한 최대변위와 최대응력을 나타냈다. 여기서 물체의 질량만을 고려하고, 막대의 질량은 무시하였다.

문제	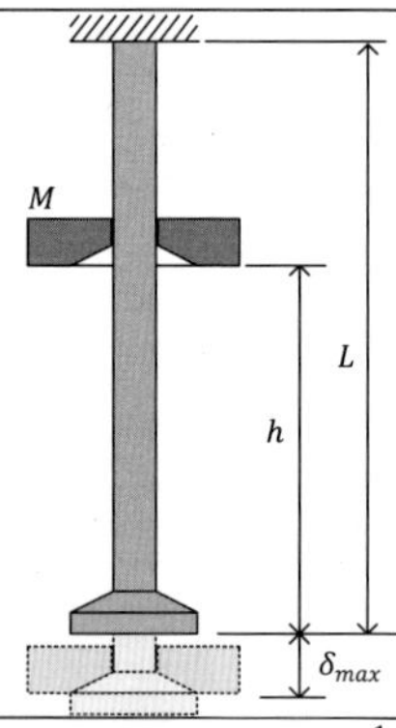	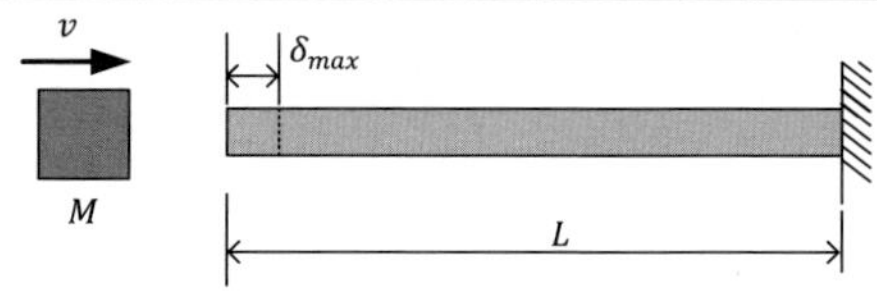
에너지보존	$W_{ext} = W_{int} \quad \rightarrow W(h+\delta_{max}) = \frac{1}{2}k\delta_{max}^2$	$W_{ext} = W_{int} \quad \rightarrow \frac{1}{2}Mv^2 = \frac{1}{2}k\delta_{max}^2$
$\delta_{max}, \sigma_{max}$	$\delta_{max} = \delta_{st} + \sqrt{\delta_{st}^2 + 2h\delta_{st}}$, $\sigma_{max} = E\frac{\delta_{max}}{L}$ 여기서 $k = \frac{EA}{L}, \delta_{st} = \frac{W}{k}, \sigma_{st} = \frac{W}{A}$	$\delta_{max} = \sqrt{\frac{Mv^2}{k}}$, $\sigma_{max} = E\frac{\delta_{max}}{L}$ 여기서 $k = \frac{EA}{L}$

그림 2.3.1a 충격하중과 충격계수

충돌 물체들의 질량을 모두 고려할 때, 탄성 충돌(elastic collision)의 경우 충돌 전후 에너지가 보존되지만, 비탄성 충돌(inelastic collision)의 경우 충돌 전후 에너지가 보존되지 않는다.

(a) 반발계수(coefficient of restitution, $e = \sqrt{\frac{h}{H}} = \sqrt{\frac{1}{2}}$)

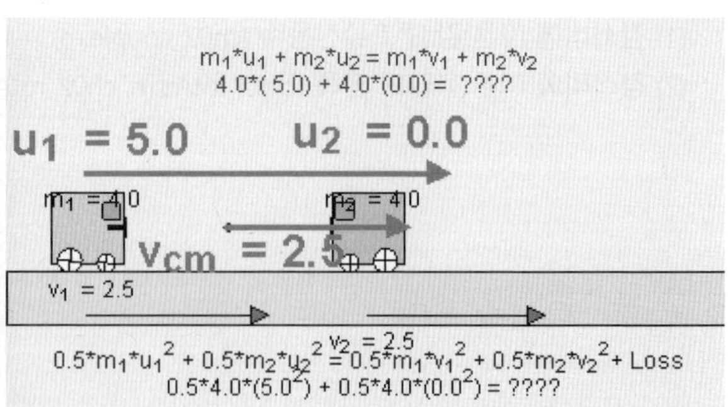

(b) 운동량(momentum) 보존과 에너지 보존 [animation]

그림 2.3.1b 비탄성 충돌의 에너지 소산 (출처: Wikipedia)

• 단위충격하중

충격하중이란 크기는 있으나, 시간적 지속성이 없는 매우 짧은 순간에 작용되는 하중이며, 단위충격하중은 '디랙델타함수(Dirac delta function, $\delta(t)$)'를 사용하여 표현 할 수 있다. 디랙델타함수는 '델타함수(delta function)' 또는 '단위 충격함수(unit impulse function)'라 부르기도 하며, 다음과 같이 정의한다.

$$\text{If } t \neq \tau, \delta(t-\tau) = 0$$

$$\int_0^\infty \delta(t-\tau)dt = 1$$

$$\int_0^\infty \delta(t-\tau)f(t)dt = f(\tau)$$

여기서 디랙델타함수의 전체구간에 대한 정적분 값이 1이라는 의미는, 다음 그림과 같은 사각형 형태의 함수가 있을 때, 사각형의 면적이 1이라는 의미이다. 즉, 디랙델타함수는 한 시점(τ)에서만 함수값을 가지므로, $\varepsilon \to 0$인 경우에 힘의 크기는 무한대가 된다.

시점 τ에서 단위충격하중이 작용될 경우, 시점 t에서의 운동방정식과 이 방정식의 해인 변위충격응답함수(displacement impulse response function, displacement IRF, $h(t-\tau)$)*는 다음과 같다.

$$m\ddot{u}(t) + c\dot{u}(t) + ku(t) = \delta(t-\tau)$$

$$h(t-\tau) = \begin{cases} \dfrac{1}{m\omega_d} e^{-\xi\omega_n(t-\tau)} \sin\omega_d(t-\tau) & t \geq \tau \\ 0 & t < \tau \end{cases}$$

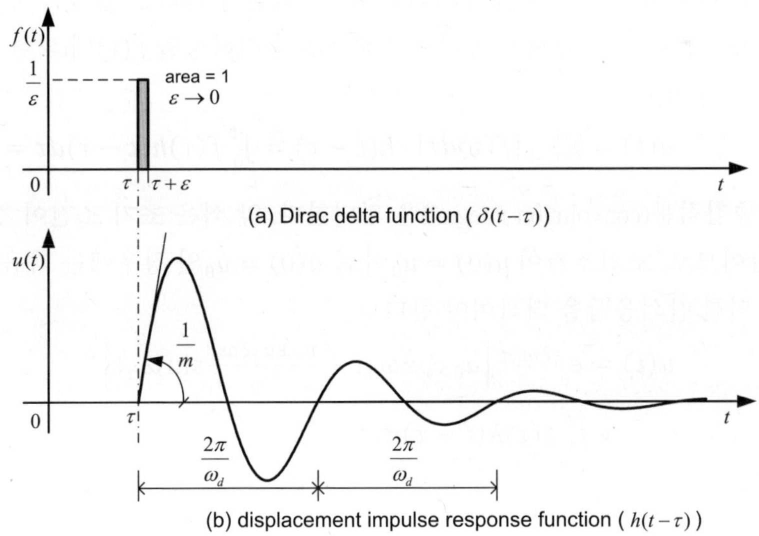

그림 2.3.1c 디랙델타함수와 변위충격응답함수

---

* 속도충격응답함수(velocity IRF): $h_v(t-\tau) = h'(t-\tau) = \frac{dh(t-\tau)}{dt}$

가속도충격응답함수(acceleration IRF): $h_a(t-\tau) = h''(t-\tau) = \frac{d^2h(t-\tau)}{dt^2}$

만약 진폭이 A_f인 충격하중이 시간 τ에 작용할 때, 이 충격하중은 $\mathrm{A}_f \cdot \delta(t-\tau)$로 나타낼 수 있으며, 이 충격하중에 의한 구조물의 응답은 충격응답함수 $h(t-\tau)$보다 A_f배 만큼 증가된 $\mathrm{A}_f \cdot h(t-\tau)$가 된다. 따라서 단위충격하중 $\delta(t-\tau)$와 충격응답함수 $h(t-\tau)$ 사이의 이러한 성질을 이용하면, 임의 형태의 일반적인 하중(예: 지진하중, 파랑하중 등)에 대한 구조물의 동적 응답을 구할 수 있다.

일반 하중 $f(t)$가 작용하는 단자유도 구조물의 운동방정식은 다음과 같다.

$$m\ddot{u}(t) + c\dot{u}(t) + ku(t) = f(t)$$

충격응답함수를 사용하여 위 식의 해를 구하는 대표적 방법으로 '뒤아멜적분방법(Duhamel's convolution integral method)'이 있다. 뒤아멜적분방법은 충격응답함수와 구조계의 선형성에 기초한 중첩의 원리(principle of superposition)를 사용한다. 따라서 다음 그림과 같이 과거에 작용한 작용된 하중을 미소 시간구간으로 나눈 후, 각 미소 시간구간에서 연속적으로 발생한 충격하중의 조합으로 간주한다. 즉, 동적 응답 $u(t)$는 과거의 여러 시점에서 연속으로 작용한 충격하중에 의한 연속적인 충격응답의 조합이다. 참고로 시점 t에서의 구조응답 $u(t)$는 시점 t보다 과거인 시간구간에서 작용된 하중에 의하여 발생된 것이며, 이러한 원인(하중)과 결과(구조응답)에 관한 관계를 '인과율(the law of causality)'라고 한다.

일반 하중 $f(t)$을 미소 시간구간들($d\tau$)에 작용하는 충격하중들의 합으로 가정할 경우, 과거시점 τ의 미소시간구간($d\tau$)에서 작용하는 충격하중의 크기는 $[f(\tau)d\tau] \cdot \delta(t-\tau)$이다. 이 충격하중에 의한 시점 t에서의 응답은 $[f(\tau)d\tau] \cdot h(t-\tau)$이므로, 이러한 충격하중들에 의한 응답들을 일반 하중이 작용한 시점인 시간 0에서 응답을 구하려는 시점인 시간 t까지 합하면, 다음과 같이 $0 \le \tau \le t$구간에서 연속적으로 작용한 충격하중들 $f(\tau)$에 의한 시점 t에서의 응답 $u(t)$을 구할 수 있다.

$$u(t) = \sum_{\tau=0}^{t} [f(\tau)d\tau] \cdot h(t-\tau) = \int_0^t f(\tau)h(t-\tau)d\tau = (f * g)(t)$$

여기서 *는 중첩적분(convolution integral)을 의미한다. 앞 식은 초기 조건이 정지상태일 경우에 구한 응답이므로, 초기조건이 $u(0) = u_0$이고, $\dot{u}(0) = \dot{u}_0$일 경우에는 다음과 같이 위 식에 자유진동에 의한 감쇠응답을 더하여야 한다.

$$u(t) = e^{-\xi\omega_n t}\left[u_0 \cos\omega_d t + \frac{\dot{u}_0 + u_0\xi\omega_n}{\omega_d}\sin\omega_d t\right] + \int_0^t f(\tau)h(t-\tau)d\tau$$

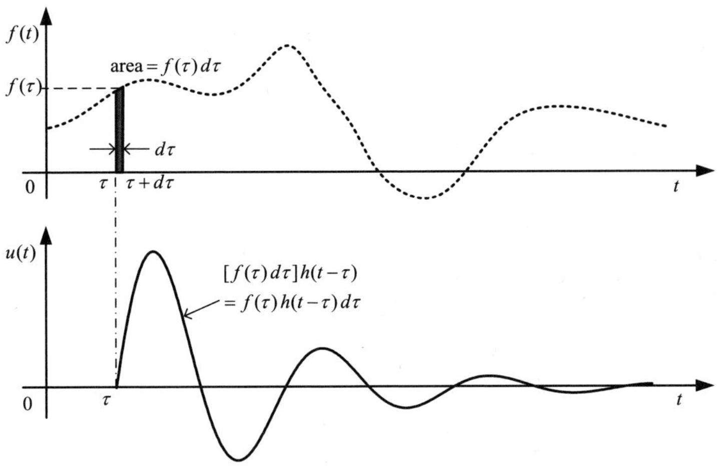

그림 2.3.1d 뒤아멜적분(중첩적분)의 개념

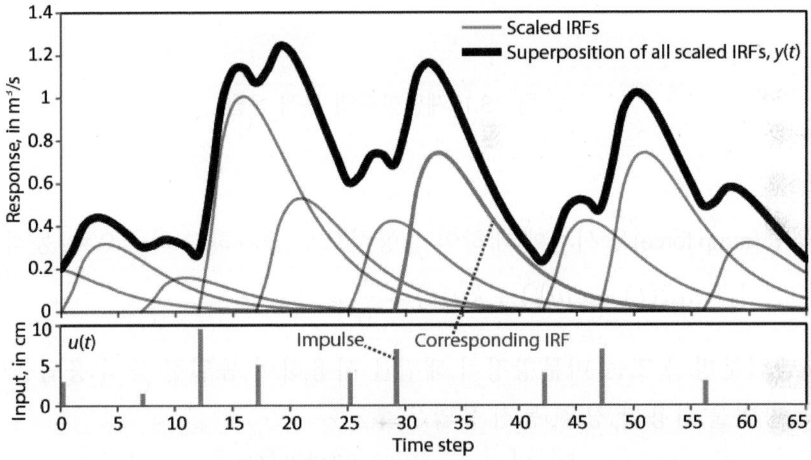

그림 2.3.1e 뒤아멜적분(중첩적분)의 개념 (출처: RRAWFLOW, 2015)

• 계단하중

계단하중(step force)이란 0초에서 일정한 크기의 하중 A_f에 도달하는 하중으로, 동적평형방정식은 다음과 같다.

$$m\ddot{u}(t) + c\dot{u}(t) + ku(t) = A_f \sin\omega_e t$$

뒤아멜적분방법 또는 미분방정식 해법을 사용하여 동일한 동적 응답을 구할 수 있다. 미분방정식 해법을 사용할 경우, 일반해는 다음과 같다.

$$u(t) = u_h(t) + u_p(t)$$

$$u_h(t) = e^{-\xi\omega_n t}(A\cos\omega_d t + B\sin\omega_d t)$$

$$u_p(t) = u_{static} = \frac{A_f}{k}$$

정지상태인 초기조건 $u_0 = \dot{u}_0 = 0$을 고려하여 A와 B를 구하면 동적 응답은 다음과 같다.

$$u(t) = u_{static}\left\{1 - e^{-\xi\omega_n t}\left(\cos\omega_d t + \frac{\xi}{\sqrt{1-\xi^2}}\sin\omega_d t\right)\right\}$$

$\xi > 0$ 인 경우(즉, 감쇠구조물), $u_h(t) \to 0$ 이므로, 구조물의 동적 응답은 정적응답 $u_{static}\left(=\frac{A_f}{k}\right)$ 으로 접근하고, $\xi = 0$ 인 경우(즉, 비감쇠구조물), 동적 응답은 $u(t) = u_{static}\{1-\cos\omega_n t\}$으로, $u_{max} = 2u_{static}$이다.

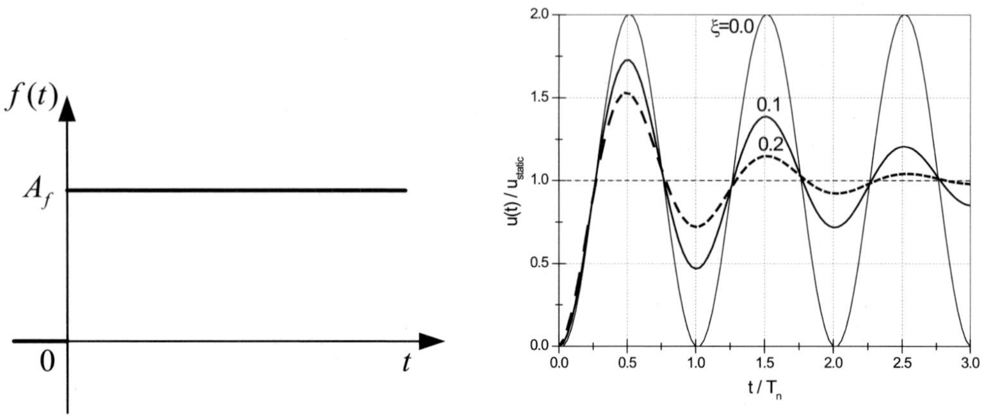

그림 2.3.1f 계단하중과 동적 응답

• 램프하중

램프하중(ramp force)은 시간에 대하여 선형적으로 증가하는 하중으로, 동적평형방정식은

$$m\ddot{u}(t) + c\dot{u}(t) + ku(t) = \frac{A_f}{t_r}t$$

이고, 뒤아멜적분방법 또는 미분방정식 해법을 사용하여 동일한 동적 응답을 구할 수 있다. 뒤아멜적분방법을 사용할 경우, 동적 응답은

$$u(t) = e^{-\xi\omega_n t}\left[u_0\cos\omega_d t + \frac{\dot{u}_0 + u_0\xi\omega_n}{\omega_d}\sin\omega_d t\right] + \int_0^t f(\tau)h(t-\tau)d\tau$$

이고, 정지상태인 초기조건 $u_0 = \dot{u}_0 = 0$을 고려한 동적 응답은 다음과 같다.

$$u(t) = \int_0^t f(\tau)h(t-\tau)d\tau = \int_0^t \left\{\frac{A_f}{t_r}\tau\right\}\left\{\frac{1}{m\omega_d}e^{-\xi\omega_n(t-\tau)}\sin\omega_d(t-\tau)\right\}d\tau$$

$$= \frac{1}{m\omega_d}\frac{A_f}{t_r}\int_0^t \tau e^{-\xi\omega_n(t-\tau)}\sin\omega_d(t-\tau)\,d\tau$$

$$= \frac{1}{m\omega_d}\frac{A_f}{t_r}\int_0^t (t-\tau)e^{-\xi\omega_n(t-\tau)}\sin\omega_d(t-\tau)\,(-d\tau)$$

$$-\frac{1}{m\omega_d}\frac{A_f}{t_r}t\int_0^t e^{-\xi\omega_n(t-\tau)}\sin\omega_d(t-\tau)\,(-d\tau)$$

$$= \frac{1}{k}\frac{A_f}{t_r}\left[t - \frac{2\xi}{\omega_n} + e^{-\xi\omega_n t}\left\{\frac{2\xi}{\omega_n}\cos\omega_d t - \frac{\omega_d^2 - \xi\omega_n^2}{\omega_n^2\omega_d^2}\sin\omega_d t\right\}\right]$$

$\xi = 0$인 경우(즉, 비감쇠구조물), 동적 응답은 다음과 같이 단순화 할 수 있다.

$$u(t) = \frac{1}{k}\frac{A_f}{t_r}\left[t - \frac{1}{\omega_n}\sin\omega_n t\right] = \frac{A_f}{t_r}\left[\frac{t}{t_r} - \frac{\sin\omega_n t}{\omega_n t_r}\right]$$

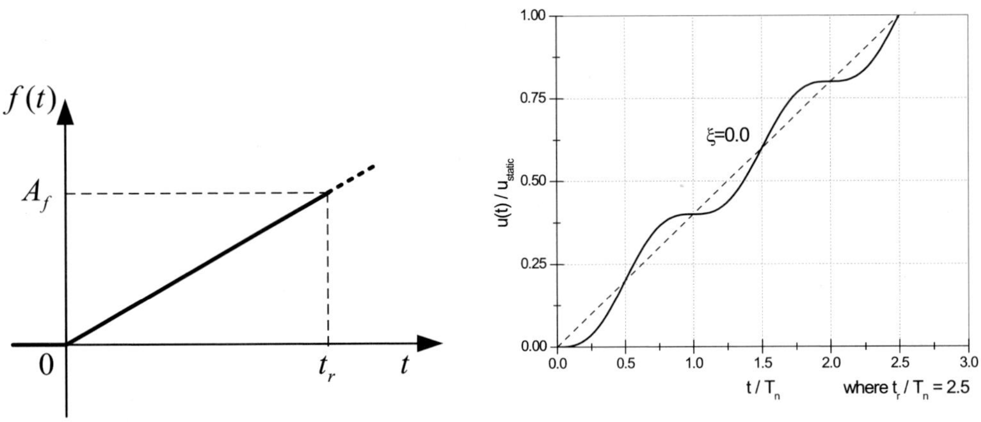

그림 2.3.1g 램프하중과 동적 응답

• 램프하중을 갖는 계단하중

실제 하중처럼 하중이 유한 시간동안 선형적으로 증가한 후, 일정하게 유지되는 경우, 동적평형방정식은

$$m\ddot{u}(t) + c\dot{u}(t) + ku(t) = \begin{cases} \dfrac{A_f}{t_r}t & t \le t_r \\ A_f & t > t_r \end{cases}$$

이고, 앞서 계단하중과 램프하중에서 구한 결과를 조합하여 동적 응답을 구할 수 있다. $\xi = 0$ 인 경우(즉, 비감쇠구조물), 동적 응답은 다음과 같이 단순화 할 수 있다.

$$u(t) = \begin{cases} \dfrac{A_f}{t_r}\left[\dfrac{t}{t_r} - \dfrac{\sin\omega_n t}{\omega_n t_r}\right] & t \le t_r \\ \dfrac{A_f}{t_r}\left[1 - \dfrac{1}{\omega_n t_r}\{\sin\omega_n t - \sin\omega_n(t - t_r)\}\right] & t > t_r \end{cases}$$

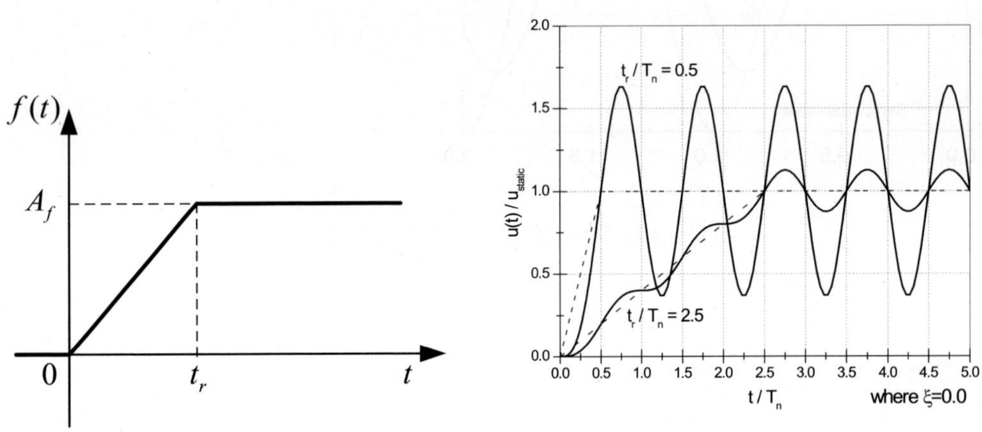

(c) Ramped step force

그림 2.3.1h 램프하중을 갖는 계단하중과 동적 응답

2.3.2 충격하중: 직사각형, 삼각형, 정현파

가장 간단한 충격하중의 형태로, 비감쇠 단자유도계에 작용하는 직사각형, 삼각형, 정현파 충격하중들 $f(t)$를 고려하자. 이 경우 단자유도계의 최대응답(u_{max})은 단자유도계의 고유주기(T_n)와 충격지속시간(t_d)의 비(t_d/T_n)에 따라, 충격하중이 작용하는 강제진동구간($0 \le t \le t_d$)에서 발생할 수도 있으며, 뒤이은 충격하중이 작용하지 않는 자유진동구간($t_d < t$)에서 발생할 수도 있다.

각각의 충격하중들에 대응하는 비감쇠 단자유도계의 응답 $u(t)$는 다음과 같다. 여기서 초기조건은 $u(0) = \dot{u}(0) = 0$라고 가정하였으며, $u_{st} = \frac{f_0}{k}$는 정적 응답, $\omega_e = \frac{\pi}{t_d}$는 가진진동수, $\omega_n = \frac{\pi}{T_n}$는 고유진동수, 그리고 $\beta = \frac{\omega_e}{\omega_n} = \frac{T_n}{2t_d}$는 진동수비이다.

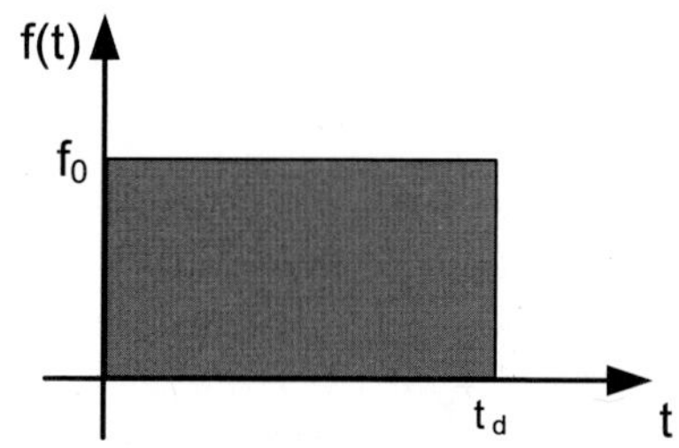

$$f(t) = \begin{cases} f_0 & 0 \le t \le t_d \\ 0 & t_d < t \end{cases}$$

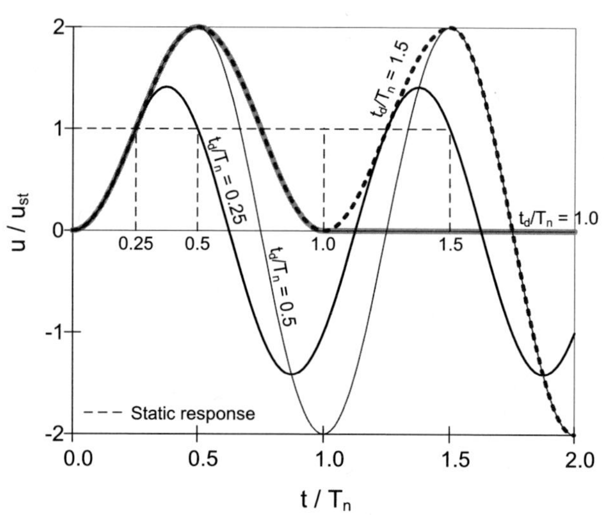

$$\frac{u(t)}{u_{st}} = \begin{cases} 1 - \cos\omega_n t & 0 \le t \le t_d \\ \cos\omega_n (t - t_d) - \cos\omega_n t & t_d < t \end{cases}$$

그림 2.3.2a 직사각형 충격하중과 동적 응답

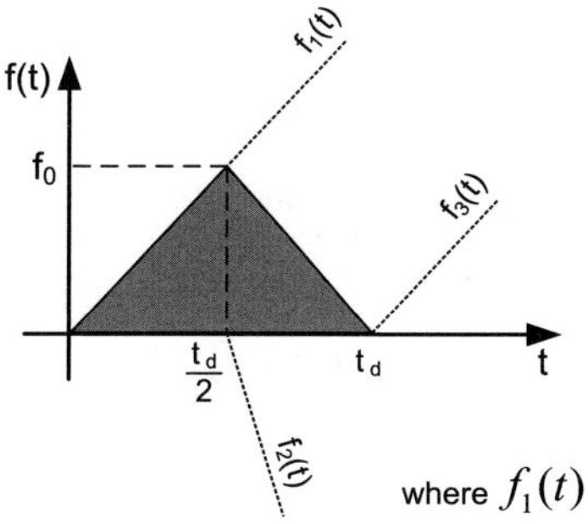

$$f(t) = \begin{cases} f_1(t) & 0 \le t \le t_d/2 \\ f_1(t) + f_2(t) & t_d/2 < t \le t_d \\ f_1(t) + f_2(t) + f_3(t) & t_d < t \end{cases}$$

where $f_1(t) = \dfrac{2 f_0 t}{t_d}$, $f_2(t) = -\dfrac{4 f_0 (t - t_d/2)}{t_d}$, $f_3(t) = \dfrac{2 f_0 (t - t_d)}{t_d}$

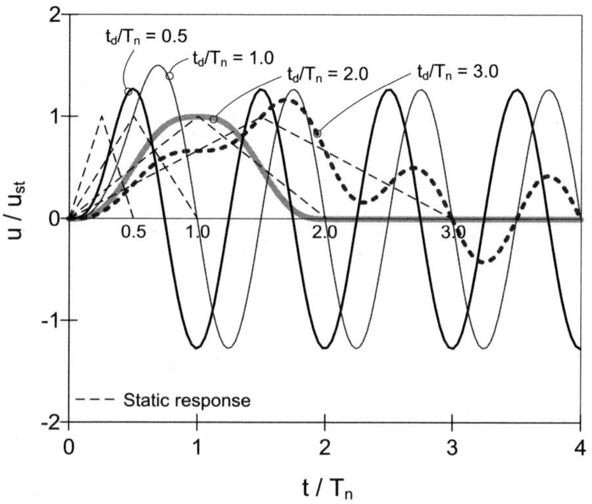

$$u(t) = \begin{cases} u_1(t) & 0 \le t \le t_d/2 \\ u_1(t) + u_2(t) & t_d/2 < t \le t_d \\ u_1(t) + u_2(t) + u_3(t) & t_d < t \end{cases}$$

where $u_1(t), u_2(t),$ and $u_3(t)$ are the responses by $f_1(t), f_2(t),$ and $f_3(t)$.

$$\frac{u_1(t)}{u_{st}} = 2\left(\frac{t}{t_d} - \frac{\sin\omega_n t}{\omega_n t_d}\right)$$

$$\frac{u_2(t)}{u_{st}} = -4\left\{\frac{t - \frac{t_d}{2}}{t_d} - \frac{\sin\omega_n (t - \frac{t_d}{2})}{\omega_n t_d}\right\}$$

$$\frac{u_3(t)}{u_{st}} = 2\left\{\frac{t - t_d}{t_d} - \frac{\sin\omega_n (t - t_d)}{\omega_n t_d}\right\}$$

그림 2.3.2b 삼각형 충격하중과 동적 응답

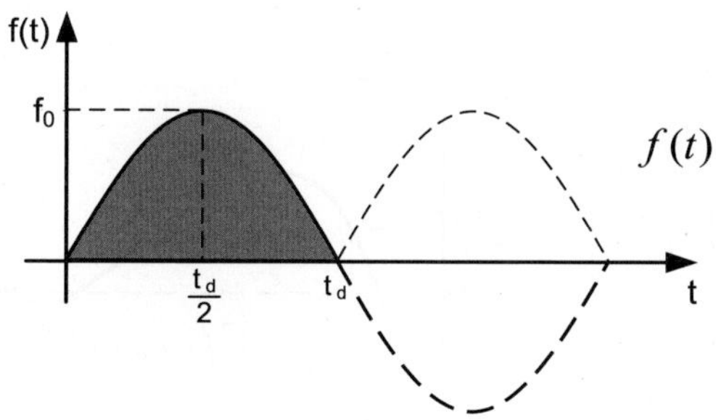

$$f(t) = \begin{cases} \sin(\dfrac{\pi}{t_d} t) & 0 \le t \le t_d \\ 0 & t_d < t \end{cases}$$

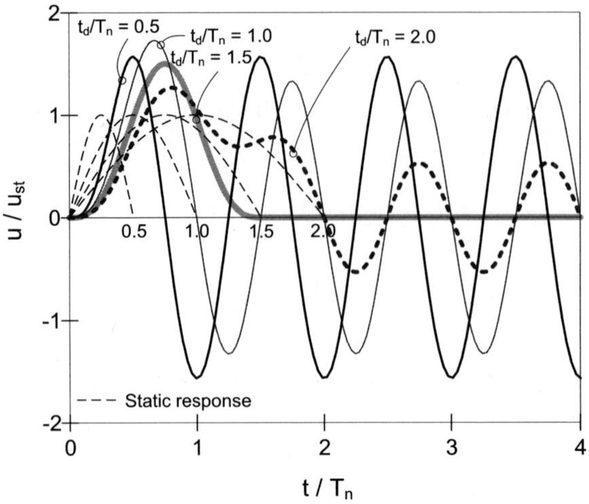

$$\frac{u(t)}{u_{st}}=\begin{cases}\dfrac{1}{1-\beta^2}[\sin\omega_e t-\beta\sin\omega_n t] & 0\le t\le t_d\\ \dfrac{1}{1-\beta^2}[\{\sin\omega_e t-\beta\sin\omega_n t\} \\ \quad +\{\sin\omega_e(t-t_d)-\beta\sin\omega_n(t-t_d)\}] & t_d<t\end{cases}$$

where

$$\beta=\frac{1}{2}\frac{T_n}{t_d}$$

그림 2.3.2c 정현파 충격하중과 동적 응답

구조물의 동적 응답을 미분하여, 최대응답을 구하면 다음과 같다. 이와 같이 단위충격하중이 작용할 경우, 구조물의 최대응답을 고유주기($\frac{t_d}{T_n}$)별로 나타낸 스펙트럼을 충격스펙트럼(shock spectrum; impact spectrum)이라 한다. 여기서 $\frac{t_d}{T_n}\le\frac{1}{2}$인 경우, 최대응답은 자유진동구간에서 발생하고, $\frac{1}{2}<\frac{t_d}{T_n}$인 경우, 최대응답은 강제진동구간에서 발생한다. 또한, 직사각형 충격하중에 대한 동적 응답에서 알 수 있듯이 $\frac{t_d}{T_n}\le\frac{1}{2}$인 경우, 충격하중이 가해지는 동안 시간에 따라 응답도 계속 증가한다. 따라서 강제진동구간에서의 최대응답은 $\frac{1}{2}<\frac{t}{T_n}\le 1$구간 강제진동응답에서 발생한다.

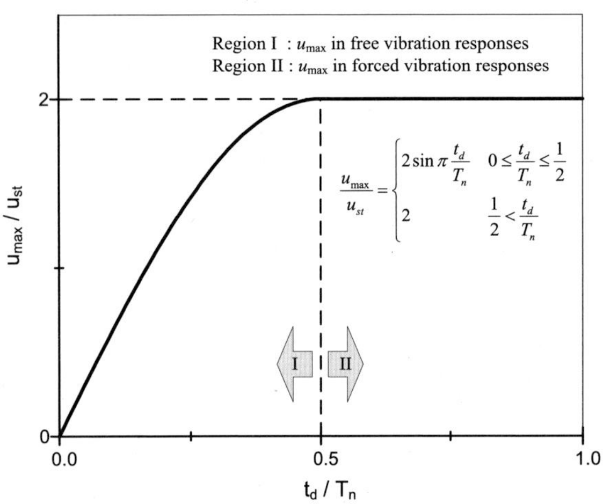

(a) Rectangular pulse

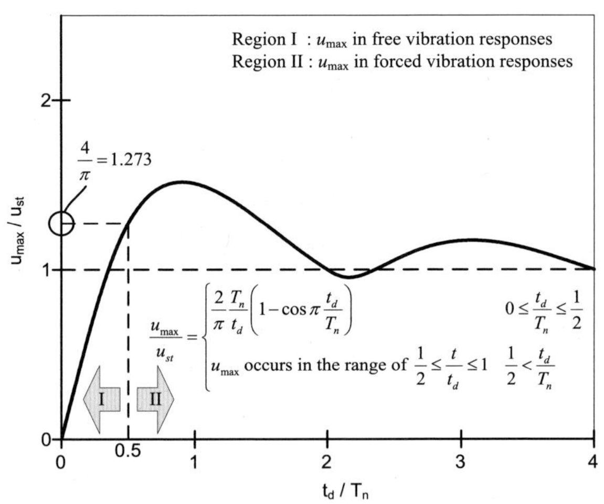

(b) Triangular pulse

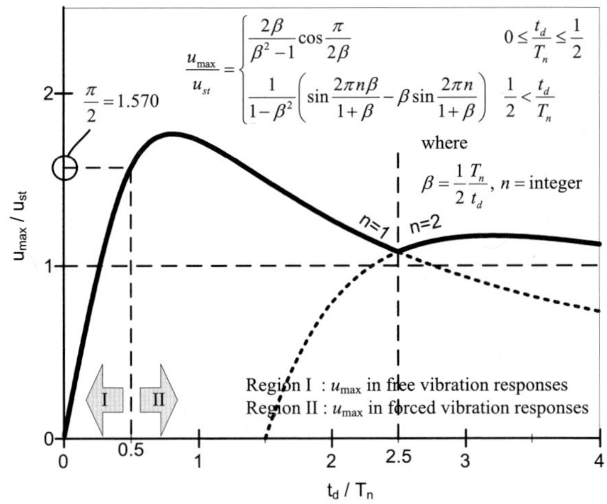

(c) Half-sine pulse

그림 2.3.2d 충격하중에 대한 충격스펙트럼

구조물의 동적설계에 있어 중요한 설계 변수 중에 하나는 구조물의 최대변위이다. 충격하중이 작용할 경우, 구조물의 감쇠가 최대 변위에 미치는 영향은 다른 하중에 비해 상대적으로 작다. 이것은 충격하중의 경우 최대 변위는 응답의 초반부에서 발생하며, 초반부 응답에서 감쇠에 의한 에너지 소산은 매우 작기 때문이다.

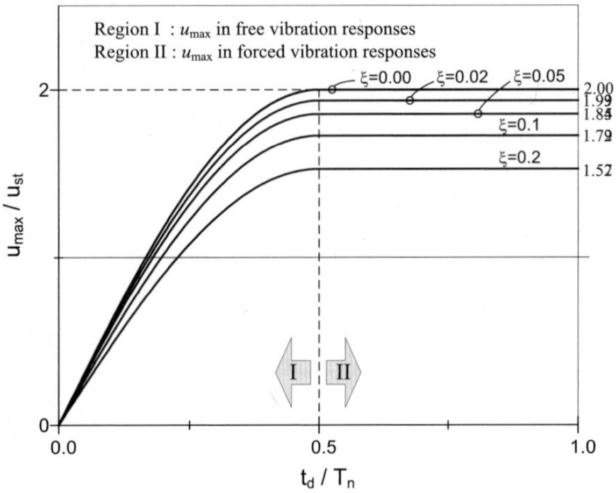

그림 2.3.2e 직사각형 충격하중에 대한 감쇠비에 따른 충격스펙트럼

충격량(impulse, I)을 충격하중의 시간에 관한 적분(즉, 면적)으로 정의할 때, 직사각형, 삼각형, 정현파 충격하중에 대한 충격량(I)은 각각 $f_0 t_d, \frac{1}{2} f_0 t_d, \frac{2}{\pi} f_0 t_d$이다. 충격하중의 지속시간이 짧으면($0 \le \frac{t_d}{T_n} \le \frac{1}{2}$), 충격하중에 의한 구조물의 최대응답은 자유진동구간에서 발생한다. 즉, 충격하중의 지속시간이 매우 짧을 경우($\frac{t_d}{T_n} \rightarrow 0$), 충격하중을 순수한 충격하중으로 고려할 수 있으므로, 충격응답함수를 사용하여 자유진동응답을 구할 수 있다. 따라서 $t = 0$에 집중

된 충격량 I에 대한 비감쇠 단자유도계의 응답과 최대변위를 충격응답함수를 사용하여 다음과 같이 근사할 수 있다.

$$u \approx \frac{I}{m\omega_n}\sin\omega_n t \quad \text{or} \quad u \approx \frac{I\omega_n}{k}\sin\omega_n t$$

여기서 최대변위 $u_{max} = \frac{I\omega_n}{k}$이므로, 직사각형, 삼각형, 정현파 충격하중에 대한 충격량을 대입하여 구한 최대변위는 각각 $2\pi\frac{t_d}{T_n}u_{st}, \pi\frac{t_d}{T_n}u_{st}, 4\frac{t_d}{T_n}u_{st}$이다. 이를 동일한 최대하중크기$f_0$와 동일한 충격량 $I = \frac{1}{2}f_0 t_d$에 대한 충격스펙트럼으로 나타내면 다음과 같다. $0 \leq \frac{t_d}{T_n} \leq \frac{1}{4}$인 경우, 충격하중에 대한 최대변위의 근삿값과 정확해는 잘 일치한다.

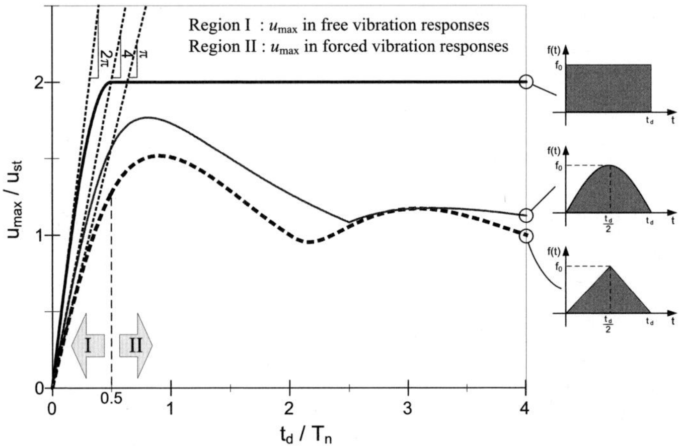

그림 2.3.2f 최대변위의 근삿값과 충격스펙트럼

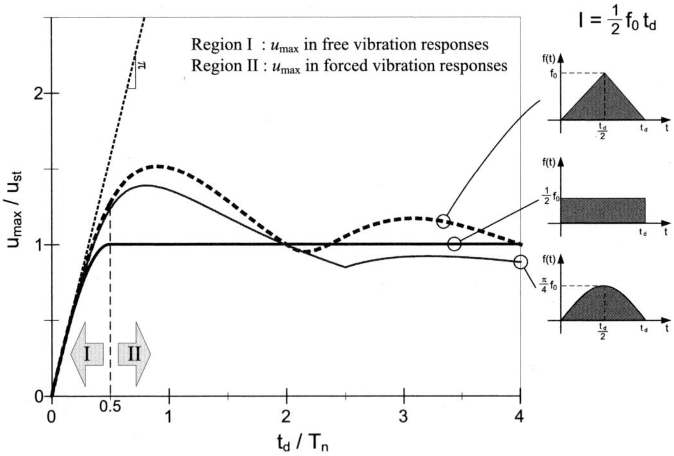

그림 2.3.2g 동일 충격량에 대한 최대변위의 근삿값과 충격스펙트럼

[예제] 2.3.1 라플라스 변환과 충격응답함수의 유도

라플라스 변환으로 단자유도 구조물에 시점 τ에서 단위충격하중을 가하였을 때 응답 $u(t)$를 구하시오.

[풀이]

(a) 운동방정식

$$m\ddot{u}(t) + c\dot{u}(t) + ku(t) = \delta(t-\tau)$$

(b) 라플라스 변환

운동방정식의 양 변에 라플라스 변환을 적용하면,

$$\begin{aligned}\mathcal{L}[m\ddot{u} + c\dot{u} + ku] &= m\{s^2U(s) - su(0) - \dot{u}(0)\} + c\{sU(s) - u(0)\} + kU(s) \\ &= \{ms^2 + cs + k\}U(s) - \{ms + c\}u(0) - m\dot{u}(0)\end{aligned}$$

$$\mathcal{L}[\delta(t-\tau)] = \int_0^\infty \delta(t-\tau)e^{-st}dt = e^{-s\tau}$$

이므로, 운동방정식은 다음과 같다.

$$\{ms^2 + cs + k\}U(s) = e^{-s\tau} + \{ms + c\}u(0) + m\dot{u}(0)$$

정지상태인 초기조건($u(0) = \dot{u}(0) = 0$)을 적용하면 s영역에서의 응답은 다음과 같다.

$$U(s) = H(s)F(s) \qquad \text{where } H(s) = \frac{1}{ms^2+cs+k}, F(s) = e^{-s\tau}$$

여기서 전달함수(transfer function) $H(s)$는 목적에 따라 극점-영점(pole-zero) 형식 $H(s) = \frac{\frac{1}{m}}{(s-p_1)(s-p_1^*)}$ 또는 부분분수(partial fraction) 형식$H(s) = \frac{a_1}{s-p_1} + \frac{a_1^*}{s-p_1^*}$으로 나타낼 수도 있다.

(c) 라플라스 역변환: $u(t) = \mathcal{L}^{-1}[U(s)]$

라플라스 변환 공식

$$e^{-as}u(s) \leftrightarrow \begin{cases} U(t-a) & t > a \\ 0 & t < a \end{cases} \quad \text{and} \quad \frac{1}{(s-b)^2+a^2} \leftrightarrow \frac{1}{a}e^{bt}\sin at$$

을 사용하면 t영역에서의 응답을 다음과 같이 구할 수 있다.

$$u(t) = \begin{cases} \frac{1}{m\omega_d}e^{-\xi\omega_n(t-\tau)}\sin\omega_d(t-\tau) & t \ge \tau \\ 0 & t < \tau \end{cases}$$

[예제] 2.3.1 다중충격하중에 의한 응답

질량이 m, 고유진동수가 ω_n, 감쇠비가 ξ인 단자유도 구조물에 시점 $\frac{2}{3}T$와 $\frac{3}{2}T$에서 크기가 각각 $f_0, 2f_0$인 충격하중이 작용될 때,

(1) 구조물의 변위를 구하라.

(2) $m = 1, \xi = 0.05, \omega_n = 1, f_0 = 1, T = \frac{3}{4}\frac{2\pi}{\omega_n}$일 때, 변위를 구하라.

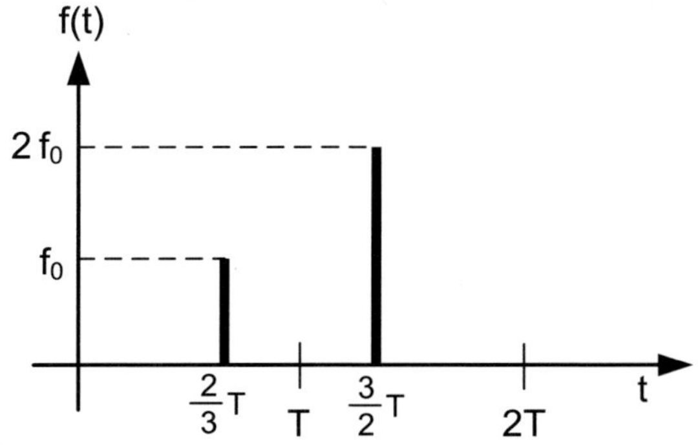

[풀이]

(1) 하중함수

$f(t) = f_0\delta\left(t - \frac{2}{3}T\right) + 2f_0\delta(t - \frac{3}{2}T)$

(2) 응답함수:

중첩적분을 사용하면 다음과 같다.

$u(t) = \int_0^t f(\tau)h(t-\tau)d\tau = \int_0^t f_0\left\{\delta\left(\tau - \frac{2}{3}T\right) + 2\delta\left(\tau - \frac{3}{2}T\right)\right\} h(t-\tau)d\tau$

$\quad = f_0\left\{h\left(\tau - \frac{2}{3}T\right) + 2h\left(\tau - \frac{3}{2}T\right)\right\}$

(3) $m = 1$, $\xi = 0.05$, $\omega_n = 1$, $f_0 = 1$, $T = \frac{3}{4}\frac{2\pi}{\omega_n}$일 때, 응답함수

$0 \le t \le \frac{2}{3}T$일 경우, $u(t) = 0$

$\frac{2}{3}T \le t \le \frac{3}{2}T$일 경우, $u(t) = e^{-0.05(t-\pi)}\sin(t-\pi)$

$\frac{3}{2}T \le t \le \infty$일 경우, $u(t) = e^{-0.05(t-\pi)}\sin(t-\pi) + 2e^{-0.05\left(t-\frac{9}{4}\pi\right)}\sin(t-\frac{9}{4}\pi)$

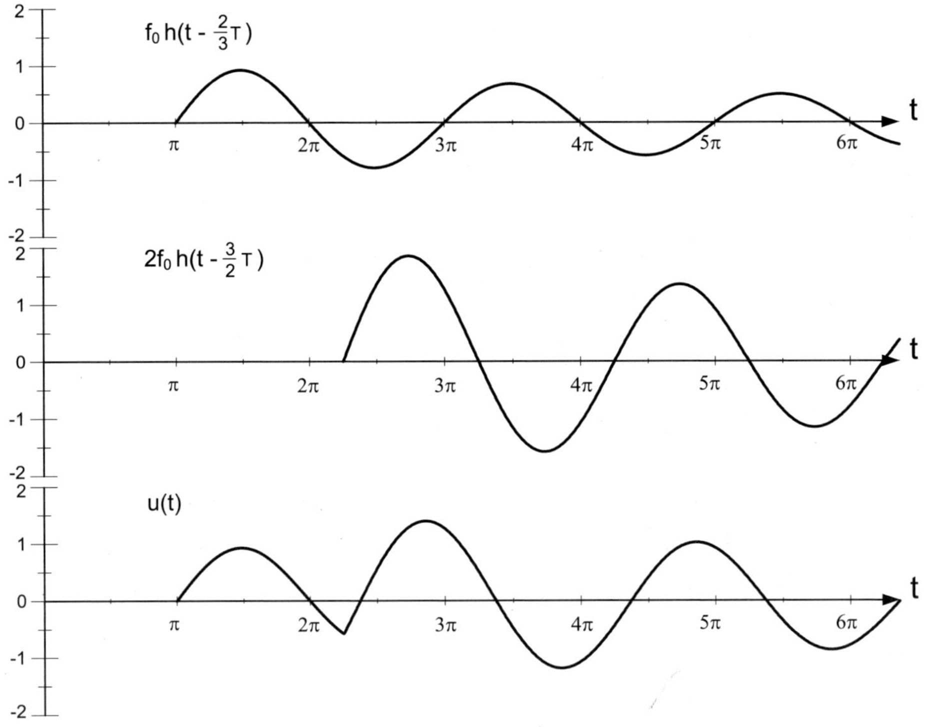

[예제] 2.3.2 삼각형 충격하중과 수조의 응답

수조구조물에 다음과 같은 충격하중이 작용하였다. 수조를 지지하는 프레임의 밑면에 작용하는 최대밑면전단력(V_{b})과 최대휨모멘트(M_{b})를 구하라. 여기서 수조구조물의 횡방향 진동주기(T_{n})는 2.5 sec이고, 횡방향 강성(k)은 $150.4\frac{\text{kN}}{\text{m}}$로 가정하여라.

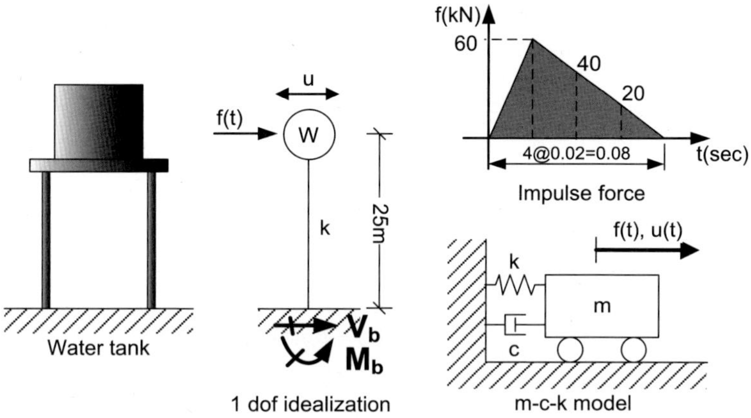

[풀이]

(1) 수조의 고유주기(T_n): $T_n = 2.5\ \text{sec}$

(2) 충격하중의 지속시간(t_d): $t_d = 0.08\ \text{sec}$

(3) $\frac{t_d}{T_n} = \frac{0.08}{2.5} = 0.032 < 0.25$이므로, 순수 충격하중으로 근사할 수 있음

(4) 충격량(I): $I = \int_0^{0.08} f(t)dt = 0.5 \times 0.08 \times 60 = 2.4\ \text{kN} \cdot \text{sec}$

(5) 최대변위(u_{max}): $u_{max} = \frac{I\omega}{k} = \frac{(2.4\ \text{kN}\cdot\text{sec})\left(\frac{2\pi\ 1}{2.5\text{sec}}\right)}{150.4\frac{\text{kN}}{\text{m}}} = 0.04\ \text{m} = 4\ \text{cm}$

(6) 최대밑면전단력(V_b): $V_b = ku_{max} = \left(150.4\frac{\text{kN}}{\text{m}}\right)(0.04\text{m}) = 6\ \text{kN}$

(7) 최대휨모멘트(M_b): $M_b = V_b h = 6\ \text{kN} \times 25\ \text{m} = 150\ \text{kN} \cdot \text{m}$

수학: 2.3.1 라플라스 변환 vs 푸리에 변환

라플라스 변환(Laplace transform)이나, 푸리에 변환(Fourier transform)은 선형 미분방정식의 해를 구하는 강력한 도구 중에 하나이다. 라플라스 변환을 사용하면 t영역 고계 미분방정식을 s영역 저차 대수방정식으로 변환하여 쉽게 해를 구할 수 있다. 라플라스 변환은 미분방정식의 해법 일 뿐만 아니라, 동적 시스템의 동특성 분석, 상태공간방정식 계수 도출 등 구조동역학 분야에 활용성이 높고 중요하다. 단자유도계 연습문제와 풀이를 통해, 라플라스 변환을 이해하고 MATLAB 기능을 실습할 수 있도록 하였다.

라플라스 변환의 정의는 다음과 같다.

$$F(s) = \mathcal{L}[f(t)] = \int_0^{\infty} f(t)e^{-st}dt$$

여기서 t는 실수이고, s는 복소수이다. 위 식을 참조하면, 라플라스 변환은 t영역으로부터 s영역으로의 변환이고, t의 구간은 $[0, \infty)$임을 알 수 있다. 기본적인 라플라스 변환과 중요한 특성을 정리하면 다음과 같다.

$f(t)=\mathcal{L}^{-1}[F(s)]$	$F(s)=\mathcal{L}[f(t)]$	$f(t)=\mathcal{L}^{-1}[F(s)]$	$F(s)=\mathcal{L}[f(t)]$
$\delta(t)$	1		
1	$\frac{1}{s}$	$\cos at$	$\frac{s}{s^2+a^2}$
t	$\frac{1}{s^2}$	$\sin at$	$\frac{a}{s^2+a^2}$
t^n	$\frac{n!}{s^{n+1}}$	$\cosh at$	$\frac{s}{s^2-a^2}$
t^{na}	$\frac{\Gamma(a+1)}{s^{a+1}}$	$\sinh at$	$\frac{a}{s^2-a^2}$
e^{at}	$\frac{1}{s-a}$		
$t^n e^{at}$	$\frac{n!}{(s-a)^{n+1}}$		

구분	$f(t)=\mathcal{L}^{-1}[F(s)]$	$F(s)=\mathcal{L}[f(t)]$
선형성	$\alpha f(t)+\beta g(t)$	$\alpha F(s)+\beta G(s)$
이동	$e^{at}f(t)$	$F(s-a)$
	$f(t-a)$	$e^{-as}F(s)$
확대	$f(at)$	$\frac{1}{a}F(\frac{s}{a})$
적분	$\frac{f(t)}{t}$	$\int_s^\infty F(\tau)d\tau$
미분	$f'(t)$	$sF(s)-f(0)$
	$f''(t)$	$s^2F(s)-sf(0)-f'(0)$
디랙델타(Dirac delta)	$\delta(t)$	1
중첩적분(convolution)	$(f*g)(t)=\int_0^t f(\tau)g(t-\tau)d\tau$	$F(s)G(s)$

푸리에 변환의 정의는 다음과 같다.

$$F(\omega)=\mathcal{F}[f(t)]=\int_{-\infty}^{\infty} f(t)e^{-i\omega t}dt$$

여기서 t는 실수이고, ω는 실수이다. 위 식을 참조하면, 푸리에 변환은 t영역으로부터 ω영역으로의 변환이고, t의 구간은 $(-\infty,\infty)$임을 알 수 있다.

라플라스 변환과 푸리에 변환은 밀접한 관계가 있다. 특정 조건 하에서, 푸리에 변환은 라플라스 변환의 특별한 경우로 볼 수 있다. 예를 들어, 라플라스 변환에서 $s=i\omega$로 두면 푸리에 변환이 된다. 이 관계를 통해, 시간 함수의 진동수 특성을 분석할 수 있다.

인물: 라플라스(Laplace), 뒤아멜(Duhamel), 디랙(Dirac)

• 라플라스 [Laplace, Pierre Simon de, 1749.03.23 ~ 1827.03.05]

국적: 프랑스 활동분야: 천문학 ·수학

출생지: 프랑스 칼바도스 보콩타노주

주요저서: 천체역학 (전 5권, 1799~1825), 세계계도설(世界系圖說) (1796)

칼바도스의 보몽타노주에서 태어났다. 1765년 육군학교 위탁학생으로 있을 때부터 수학의 재능을 나타냈다. 1767년 파리에서 달랑베르의 인정을 받고 고등사범학교와 에콜폴리테크니크 교수로 취임하여 행렬론 ·확률론 ·해석학 등을 연구하였다. 1773년 수리론(數理論)을 태양계의 천체운동에 적용하여 태양계의 안정성을 발표하였다. 또한 오일러와 라그랑주 이래 미해결문제로 남아 있던 목성과 토성의 상호섭동(相互攝動)에 의한 궤도의 이심률과 경사각은 오랫동안 변화하지 않고 장주기변동을 한다는 사실을 증명하였다. 그 후 이 변동 한계에 관해 라그랑주와 서로 반론이 거듭되었으나, 1784～1786년 라플라스가 '파리과학아카데미 기요(紀要)'라는 잡지에 3편의 논문을 발표함으로써 해결되었다. 1787년 달의 공전가속도는 지구 궤도의 이심률 변동에 기인하는 것으로 결론지었다. 이와 같은 획기적 성과를 체계화하여 1799~1825년 '천체역학(전 5권)'을 출판하였다. 1796년 간행된 일반인을 위한 저서 '세계계도설(世界系圖說)'은 태양계의 기원에 관한 성운설의 구상을 내용으로 담고 있으며, 이것은 칸트의 설을 보충 ·개정하는 구실을 하기도 하였다. <출처: NAVER 백과사전>

• 뒤아멜 [Duhamel, Jean Marie Constant, 1797.2.5~1872.4.29]

출생지: 프랑스 생말로

뒤아멜은 에콜 폴리테크닉(Ecole Polytechnique, 파리공과대학)의 학생이었으며, 1830년 그 학교의 수학교수가 되었다. 편미분방정식에 관해 연구하였고, 열확산 이론, 유리수학, 음향학 등에 그의 이론을 응용하였다. 특히, 음향학에서 진동하는 끈과, 실린더와 콘형태의 관에서 공기진동 등을 연구하였다.

• 디랙 [Dirac, Paul Adrien Maurice, 1902.8.8~1984.10.20]

이론물리학자 활동분야: 이론물리학

출생지: 영국 브리스틀 주요수상: 노벨물리학상(1933)

브리스틀 출생. 브리스틀대학에서 전기공학을 공부하고, 1925년 케임브리지대학교로 옮겨 R.H.파울러에게 통계역학을 배우고, 1926년에는 코펜하겐으로 가서 N.H.D.보어의 지도로 양자론(量子論)을 연구하여 1932년 케임브리지 대학교 교수가 되었다. 주요업적은 양자역학과 전자스핀 연구이다. 1925년 W.K.하이젠베르크가 내놓은 양자역학의 기초 논문을 보고, 비가환(非可換)대수학을 기초로 하여 별도의 양자역학 이론체계를 건설했다. 이 사이 보어의 지도 아래 대륙파(大陸派) 연구자와 접촉, 복사장(輻射場)의 양자론을 발표(1926), E.P.요르단과 함께 변환이론을 제출, 행렬역학과 파동역학의 통일에 공헌하였다. 또 모순이 있는 것처럼 보이는 상대성이론과 양자론과의 통합 문제에 따라, 전자론(電子論)(1928)과 구멍이론(1930)을 잇달아 발표, 디랙방정식이라는 상대론적 파동방정식을 세워 상대론적 양자역학을 개척하였다. 디랙이 존재를 예상한 양전자(陽電子)는 C.D.앤더슨에 의해 발견되었고(1932), 또 브래킷 및 오키알리니에 의해 양음전자쌍의 생성 및 소멸도 관측되어(1933), 그 예측의 정확성이 실증되었다. 그 후에는 전자기장의 양자론 완성에 힘써, 다시간이론(多時間理論)으로 장(場)의 이론 형성에 크게 공헌하였다. 양자역학 연구의 업적으로 1933년 E. 슈뢰딩거와 함께 노벨물리학상을 받았다. <출처: NAVER 백과사전>

2.4 수치해석기법: 시간영역방법 - 직접적분법

2.4.1 명시적 방법과 묵시적 방법

운동방정식의 해를 구하기 위해, 수치해석법을 사용하여 속도 응답과 가속도 응답을 직접 적분하여 변위 응답을 구하는 방법을 '직접적분법(direct integration method)'이라 한다. 여기서 직접(direct)이란 운동방정식을 (Fourier 변환 또는 Laplace 변환 등을 사용하여) 변환시키지 않은 상태에서(즉, 직접적인 상태에서) 적분값을 구하는 것을 의미한다.

직접적분법을 적용하기 위해, 점진적으로(step-by-step) 수치적분을 수행하여야 한다. 여기서 점진적이란 운동방정식의 해를 전체 시간구간 $(0 \le t \le n\Delta t)$에서 한 번에 구하는 것이 아니라, 현재 시점 $t = n\Delta t$ 에서 해$({}^{n\Delta t}u)$를 Δt간격으로 알고 있을 때, 다음 $t = (n+1)\Delta t$시점에서의 해 $({}^{(n+1)\Delta t}u)$를 계산하고, 이를 다시 반복하여 점진적으로 그 다음 $t = (n+2)\Delta t$ 시점에서의 해 $({}^{(n+2)\Delta t}u)$를 계산하는 것을 의미한다.

한 단계 미래 $t = (n+1)\Delta t$시점에서의 해$({}^{(n+1)\Delta t}u)$를 계산하기 위한 직접적분법은 명시적 방법과 묵시적 방법으로 구분할 수 있다. 여기서 명시적 방법은 구현 방식에 따라 묵시적 방법으로 분류될 수도 있다.

'명시적 방법(explicit method, 양역법)'은 다음과 같은 현재 시점 $t = n\Delta t$에서의 평형방정식을 풀어 그 다음 $t = (n+1)\Delta t$시점에서의 해 ${}^{(n+1)\Delta t}u$를 구하는 방법이다.

$$m\,{}^{n\Delta t}\ddot{u} + c\,{}^{n\Delta t}\dot{u} + k\,{}^{n\Delta t}u = {}^{n\Delta t}f$$

여기서 ${}^{n\Delta t}\dot{u}$와 ${}^{n\Delta t}\ddot{u}$를 ${}^{(n-1)\Delta t}u$, ${}^{n\Delta t}u$, ${}^{(n+1)\Delta t}u$의 항으로 나타낸 후, ${}^{(n+1)\Delta t}u$에 대해 정리하면 다음과 같다.

$$\begin{aligned} {}^{(n+1)\Delta t}u &= \alpha \times {}^{(n-1)\Delta t}u + \beta \times {}^{n\Delta t}u + \gamma \times {}^{n\Delta t}f \\ &= func\left({}^{(n-1)\Delta t}u, {}^{n\Delta t}u, {}^{n\Delta t}f\right) \end{aligned}$$

여기서 α, β, γ는 상수이다. 즉, 이미 알고 있는 현재와 과거의 응답 ${}^{(n-1)\Delta t}u$, ${}^{n\Delta t}u$ 와 현재 하중 ${}^{n\Delta t}f$를 순차적으로 수식에 대입하기만 하면 미래 응답 ${}^{(n+1)\Delta t}u$을 구할 수 있다. 명시적 방법으로는 뒤아멜적분방법, 선형하중법, 유한차분법, 중앙차분법, 룬게-쿠타방법 등이 있다.

'묵시적 방법(implicit method, 음역법)'은 다음과 같은 한 단계 미래 시점 $t = (n+1)\Delta t$ 에서의 평형방정식을 풀어 $t = (n+1)\Delta t$시점에서의 해 ${}^{(n+1)\Delta t}u$를 구하는 방법이다.

$$m\,{}^{(n+1)\Delta t}\ddot{u} + c\,{}^{(n+1)\Delta t}\dot{u} + k\,{}^{(n+1)\Delta t}u - {}^{(n+1)\Delta t}f = 0$$

여기서 ${}^{(n+1)\Delta t}\dot{u}$와 ${}^{(n+1)\Delta t}\ddot{u}$를 ${}^{n\Delta t}u$와 ${}^{(n+1)\Delta t}u$의 항으로 나타낸 후 정리하면, 다음과 같은 미지수 ${}^{(n+1)\Delta t}u$에 관한 방정식을 구할 수 있으며, 이 방정식을 수치해석기법으로 풀어 ${}^{(n+1)\Delta t}u$를 구한다.

$$func\left({}^{n\Delta t}u, {}^{(n+1)\Delta t}u, {}^{(n+1)\Delta t}f\right) = 0$$

묵시적 방법으로는 Houbolt방법, 윌슨방법, 뉴마크방법 등이 있다.

일반적으로 명시적 방법은 묵시적 방법에 비해 계산이 간단하여 상대적으로 계산량은 적으나, 수치적 안정성을 확보하기 위해 Δt를 작게 하여야 한다. 명시적 방법은 충격하중을 받는 구조물의 응답을 해석하기에 좋으나, Δt의 크기가 구조물의 관심 있는 중요한 고유주기(T_n)에 대해 구한 임계시간간격(critical time interval, $\Delta t_{cr} = \frac{T_n}{\pi}$)보다 작아야 하는 조건을 동반하므로, '조건 안정(conditionally stable)'이라 한다. 명시적 방법은 묵시적 방법에 비해 계산이 간단하지만, 명시적 방법의 조건 안정은 고차 진동수를 갖는 다자유도계의 동적 해석에 안정성 문제를 유발할 수 있다.

묵시적 방법은 명시적 방법에 비해 안정성이 좋아 상대적으로 Δt를 크게 할 수는 있지만 추가 계산량이 많으며 알고리즘이 복잡하다. 묵시적 방법은 더 개선된 정확성을 위해서만 Δt 크기의 조절이 필요할 뿐, Δt 크기와는 무관하게 항상 안정하므로 '무조건 안정(unconditionally stable)'이라 한다.

수치해석기법을 적용하기 위해, 먼저 가진 하중을 일정 시간간격(Δt)으로 추출하여야 하며, 이것을 샘플링(sampling)이라 한다. Δt의 크기는 해석의 정확성, 안정성, 계산량 등에 직접적으로 영향을 미치므로 신중하게 결정하여야 하며, 일반적으로 $\Delta t \le \frac{1}{10}T_n$이 되도록 샘플링 간격을 정하여, 하중과 응답을 구한다. $\Delta t \le \frac{1}{10}T_n$로 선택한 시간간격($\Delta t$)의 적절성을 평가하기 위해, 근접한 시간간격들을 각각 직접적분법에 적용한 해석결과가 근사하다면, 그 해석결과가 정확해로 수렴한다고 판단할 수 있다.

다음에 대표적인 직접적분법으로 유한차분법, 중앙차분법, 룬게-쿠타방법, Houbolt방법, 윌슨방법, 뉴마크방법에 대해 설명하였다.

2.4.2 명시적 방법: 뒤아멜적분방법과 선형하중법

• 뒤아멜적분방법(Duhamel's integral method)

시간구간을 여러 개의 미소시간구간으로 분할한 후, 각 구간에서 하중이 선형으로 변화한다고 가정하여 정확해를 구하는 방법이다. 일반적인 하중 $f(t)$가 작용하는 단자유도 구조물의 운동방정식과 뒤아멜적분방법에 의한 변위응답은 다음과 같다.

$$m\ddot{u}(t) + c\dot{u}(t) + ku(t) = f(t)$$

$$\begin{aligned} u(t) &= \frac{1}{m\omega_d}\int_0^t f(\tau)e^{-\xi\omega_n(t-\tau)}\sin\omega_d(t-\tau)d\tau \\ &= \frac{1}{m\omega_d}\int_0^t f(\tau)e^{-\xi\omega_n(t-\tau)}(\sin\omega_d t\cos\omega_d\tau - \cos\omega_d t\sin\omega_d\tau)d\tau \\ &= C_1e^{-\xi\omega_n t}\sin\omega_d t + C_2e^{-\xi\omega_n t}\cos\omega_d t \end{aligned}$$

여기서

$$C_1 = \frac{1}{m\omega_d}\int_0^t f(\tau)e^{\xi\omega_n\tau}\cos\omega_d\tau\, d\tau\ ,\ \ C_2 = -\frac{1}{m\omega_d}\int_0^t f(\tau)e^{\xi\omega_n\tau}\sin\omega_d\tau\, d\tau$$

여기서 뒤아멜적분에 의한 응답을 구하기 위해 C_1과 C_2를 구해야 하며, 이를 위해 관련 적분값을 근사적으로 구하는 수치적분방법으로는 '사다리꼴방법(trapezoidal method, $A_n = \frac{f_{n-1}+f_n}{2}\Delta\tau$)'과 '심슨방법(Simpson's method, $A_n = \frac{f_{n-1}+4f_n+f_{n+1}}{3}\Delta\tau$)'을 사용할 수 있다.

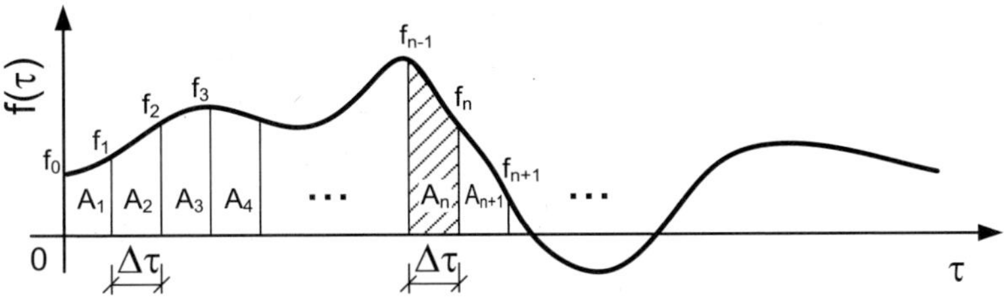

그림 2.4.2a 뒤아멜적분을 사용한 수치적분

• 선형하중법(piecewise exact method)

시간구간을 여러 개의 미소시간구간으로 분할한 후, 각 구간에서 하중이 선형으로 변화한다고 가정하여 선형 시스템의 정확해를 구하는 방법이다. 이 방법은 하중의 구간별 선형 변화와 선형 시스템의 가정에서 오차가 발생하므로, 하중을 정확히 나타낼 수 있는 적절한 시간간격을 정해야 한다.

시간간격 Δt인 구간 내에서 변위응답과 속도응답에 관한 초기조건을 각각 ${}^0u$와 ${}^0\dot{u}$라고 하고, 하중 $f(t)$의 시점과 종점에서의 크기를 각각 f_0와 f_1라고 하자. 이 경우 선형하중과 이에 대응하는 변위 응답은 각각 다음과 같다.

$$f(\tau) = f_0 + \alpha\tau \quad \text{여기서 } 0 \le \tau \le \Delta t,\ \ \alpha = \frac{f_1 - f_0}{\Delta t}$$

$$u(\tau) = C_1 e^{-\xi\omega_n\tau}\sin\omega_d\tau + C_2 e^{-\xi\omega_n\tau}\cos\omega_d\tau + \frac{\alpha k\tau + kf_0 - \alpha c}{k^2}$$

$\tau = 0$일 때 초기조건 ${}^0u$와 ${}^0\dot{u}$을 대입하면,

$$u(0) = C_2 + \frac{f_0}{k} - \alpha\frac{c}{k^2} = {}^0u, \quad \dot{u}(0) = C_1\omega_d - \xi\omega_n C_2 + \frac{\alpha}{k} = {}^0\dot{u}$$

이다. $u_{static} = \frac{f_0}{k}$과 $\Delta u_{static} = \frac{f_1 - f_0}{k}$을 정의하여 C_1과 C_2을 나타내면 다음과 같다.

$$C_2 = {}^0u + \frac{2\xi}{\omega_n}\frac{\Delta u_{static}}{\Delta t} - u_{static}, \quad C_1 = \frac{1}{\omega_d}\left({}^0\dot{u} + \xi\omega_n C_2 - \frac{\Delta u_{static}}{\Delta t}\right)$$

이것을 사용하여 종점($\tau = \Delta t$)에서 응답을 구하면 다음과 같다.

$$u(\Delta t) = C_1 e^{-\xi\omega_n\Delta t}\sin\omega_d\Delta t + C_2 e^{-\xi\omega_n\Delta t}\cos\omega_d\Delta t$$
$$+ u_{static} + \Delta u_{static} - \frac{2\xi}{\omega_n}\frac{\Delta u_{static}}{\Delta t}$$

$$\dot{u}(\Delta t) = C_1 e^{-\xi\omega_n\Delta t}(\omega_d\cos\omega_d\Delta t - \xi\omega_n\sin\omega_d\Delta t)$$
$$- C_2 e^{-\xi\omega_n\Delta t}(\omega_d\sin\omega_d\Delta t + \xi\omega_n\cos\omega_d\Delta t) + \frac{\Delta u_{static}}{\Delta t}$$

대부분 지진하중은 시간구간별 (보간을 하지 않은) 선형으로 나타낸 가속도 시간이력으로 표현되므로, 이 방법을 사용하면 응답스펙트럼과 같은 선형 단자유도계의 지진응답을 정확하고 빠르게 구할 수 있다. 그러나 이 방법은 비선형 시스템에 적용하기 어렵고, 다자유도계로 확장할 경우에 매 시간마다 초기조건을 산정하는데 있어 효율적이지 못하다.

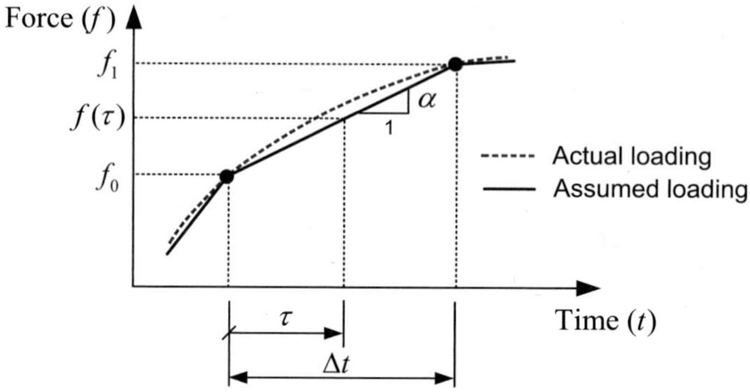

그림 2.4.2b 선형하중법

2.4.3 명시적 방법: 유한차분법과 중앙차분법

• 유한차분법(finite difference method)

유한차분법의 기본 원리는 미분 항(즉, 속도와 가속도)을 여러 개의 항들(즉, 변위들)로 근사하는 것이다. 주로 많이 사용되는 세 가지 유한차분법은 전향차분법(forward difference method), 후향차분법(backward difference method), 중앙차분법(central difference method)이다. $(n+1)\Delta t$ 시점과 $(n-1)\Delta t$ 시점에서 변위응답인 ${}^{(n+1)\Delta t}u$ 와 ${}^{(n-1)\Delta t}u$ 를 $n\Delta t$ 시점에서 응답들(${}^{n\Delta t}u, {}^{n\Delta t}\dot{u}, {}^{n\Delta t}\ddot{u}, {}^{n\Delta t}\dddot{u}, \cdots$)을 사용한 테일러급수(Taylor's series)로 다음과 같이 근사할 수 있다.

$$ {}^{(n+1)\Delta t}u = {}^{n\Delta t}u + (\Delta t){}^{n\Delta t}\dot{u} + \frac{(\Delta t)^2}{2}{}^{n\Delta t}\ddot{u} + \frac{(\Delta t)^3}{3!}{}^{n\Delta t}\dddot{u} + \cdots $$

$$ {}^{(n-1)\Delta t}u = {}^{n\Delta t}u - (\Delta t){}^{n\Delta t}\dot{u} + \frac{(\Delta t)^2}{2}{}^{n\Delta t}\ddot{u} - \frac{(\Delta t)^3}{3!}{}^{n\Delta t}\dddot{u} + \cdots $$

테일러급수의 첫 2개 항만을 사용하여 구한 $n\Delta t$시점에서 속도응답(${}^{n\Delta t}\dot{u}$)은 다음과 같다.

$$ \begin{aligned} {}^{(n+1)\Delta t}u &= {}^{n\Delta t}u + (\Delta t){}^{n\Delta t}\dot{u} \\ {}^{(n-1)\Delta t}u &= {}^{n\Delta t}u - (\Delta t){}^{n\Delta t}\dot{u} \end{aligned} \quad \rightarrow \quad {}^{n\Delta t}\dot{u} = \frac{{}^{(n+1)\Delta t}u - {}^{(n-1)\Delta t}u}{2\Delta t} $$

테일러급수의 첫 3개 항으로 구한 $n\Delta t$시점에서 가속도응답(${}^{n\Delta t}\ddot{u}$)은 다음과 같다.

$$ \begin{aligned} {}^{(n+1)\Delta t}u &= {}^{n\Delta t}u + (\Delta t){}^{n\Delta t}\dot{u} + \frac{(\Delta t)^2}{2}{}^{n\Delta t}\ddot{u} \\ {}^{(n-1)\Delta t}u &= {}^{n\Delta t}u - (\Delta t){}^{n\Delta t}\dot{u} + \frac{(\Delta t)^2}{2}{}^{n\Delta t}\ddot{u} \end{aligned} \quad \rightarrow \quad \begin{aligned} {}^{n\Delta t}\ddot{u} &= \frac{\frac{{}^{(n+1)\Delta t}u - {}^{n\Delta t}u}{\Delta t} - \frac{{}^{n\Delta t}u - {}^{(n-1)\Delta t}u}{\Delta t}}{\Delta t} \\ &= \frac{{}^{(n+1)\Delta t}u - 2\,{}^{n\Delta t}u + {}^{(n-1)\Delta t}u}{(\Delta t)^2} \end{aligned} $$

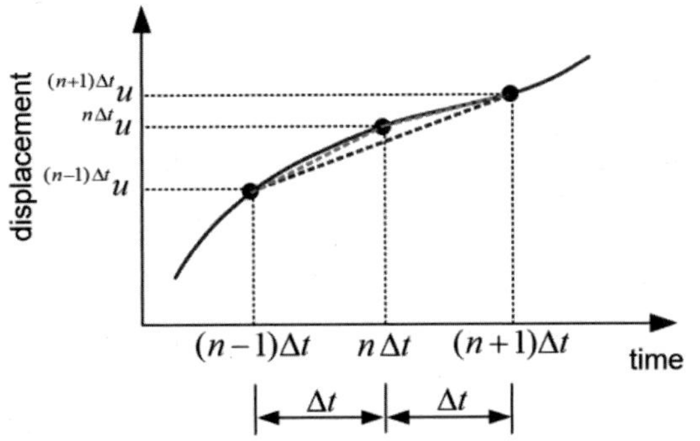

그림 2.4.3a 유한차분법의 변위 가정

• 중앙차분법(central difference method)

$n\Delta t$시점에서의 구조응답인 속도와 가속도를 3개 시점인 $(n-1)\Delta t, n\Delta t, (n+1)\Delta t$에서의 변위를 사용하여 다음과 같이 정의한다.

$$^{n\Delta t}\dot{u} = \frac{v_1+v_2}{2} = \frac{^{(n+1)\Delta t}u - {}^{(n-1)\Delta t}u}{2\Delta t}$$

$$^{n\Delta t}\ddot{u} = \frac{v_2-v_1}{\Delta t} = \frac{^{(n+1)\Delta t}u - 2\,{}^{n\Delta t}u + {}^{(n-1)\Delta t}u}{(\Delta t)^2}$$

$^{n\Delta t}\dot{u}$와 $^{n\Delta t}\ddot{u}$를 $n\Delta t$시점의 운동방정식에 대입한 후, $(n+1)\Delta t$ 시점의 변위 $^{(n+1)\Delta t}u$를 구하면 다음과 같다.

$$m\,{}^{n\Delta t}\ddot{u} + c\,{}^{n\Delta t}\dot{u} + k\,{}^{n\Delta t}u = {}^{n\Delta t}f$$

$$\left[\frac{m}{(\Delta t)^2} + \frac{c}{2\Delta t}\right]{}^{(n+1)\Delta t}u = {}^{n\Delta t}f - \left[k - \frac{2m}{(\Delta t)^2}\right]{}^{n\Delta t}u - \left[\frac{m}{(\Delta t)^2} - \frac{c}{2\Delta t}\right]{}^{(n-1)\Delta t}u$$

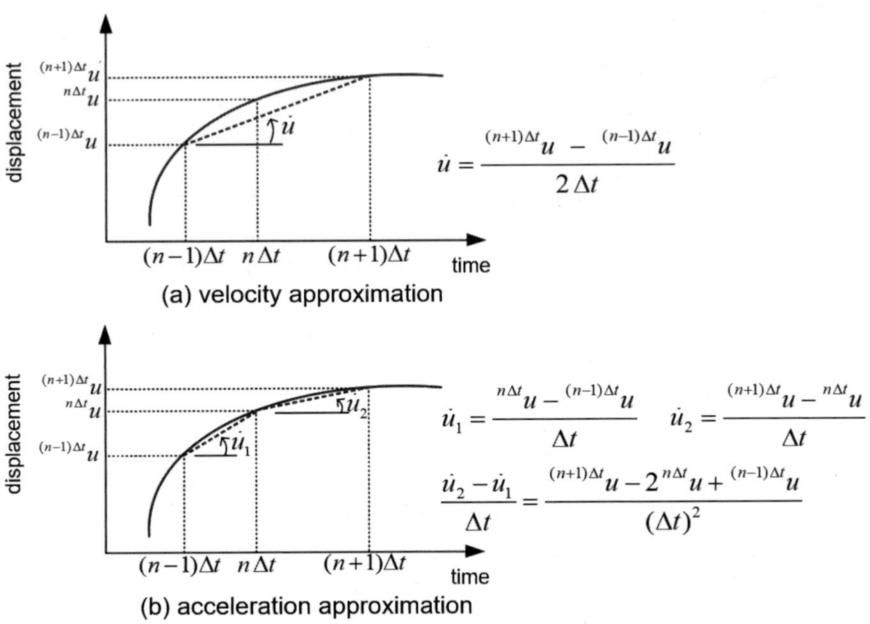

그림 2.4.3b 중앙차분법의 변위 가정

표 2.4.1 중앙차분법의 계산절차

예비계산(단계 1)

1.1 질량(m), 감쇠(c), 강성(k)을 구한다.

1.2 초기조건 ${}^{0}u,\ {}^{0}\dot{u},\ {}^{0}\ddot{u}$을 할당한다.

$$m\,{}^{0}\ddot{u} + c\,{}^{0}\dot{u} + k\,{}^{0}u = {}^{0}f$$

$$\rightarrow\ {}^{0}\ddot{u} = m^{-1}\left({}^{0}f - c\,{}^{0}\dot{u} - k\,{}^{0}u\right).$$

1.3 Δt를 결정한다. 여기서 $\Delta t \le \Delta t_{cr}\left(=\frac{T_n}{\pi}\right)$.

1.4 시간 $-\Delta t$에서 변위를 구한다.

$${}^{-\Delta t}u = {}^{0}u - \Delta t\,{}^{0}\dot{u} + \frac{(\Delta t)^2}{2}\,{}^{0}\ddot{u}$$

1.5 유효강성(k_{eff})을 계산한다.

$$k_{eff} = \frac{m}{(\Delta t)^2} + \frac{c}{2\Delta t}$$

매 시간구간마다 계산(단계 2)

2.1 시간 $n\Delta t$에서 유효하중을 계산한다.

$${}^{n\Delta t}f_{eff} = {}^{n\Delta t}f - \left\{k - \frac{2m}{(\Delta t)^2}\right\}{}^{n\Delta t}u - \left\{\frac{m}{(\Delta t)^2} - \frac{c}{2\Delta t}\right\}{}^{(n-1)\Delta t}u$$

2.2 시간 $(n+1)\Delta t$에서 변위를 구한다.

$$k_{eff}\,{}^{(n+1)\Delta t}u = {}^{n\Delta t}f_{eff}$$

2.3 시간 $n\Delta t$에서 속도와 변위를 구한다.

$${}^{n\Delta t}\dot{u} = \frac{{}^{(n+1)\Delta t}u - {}^{(n-1)\Delta t}u}{2\Delta t}$$

$${}^{n\Delta t}\ddot{u} = \frac{{}^{(n+1)\Delta t}u - 2\,{}^{n\Delta t}u + {}^{(n-1)\Delta t}u}{(\Delta t)^2}$$

2.4.4 명시적 방법: 룬게-쿠타방법(Runge-Kutta method)

• 룬게-쿠타방법(Runge-Kutta method; RK method)

$(n+1)\Delta t$시점의 변위응답 ${}^{(n+1)\Delta t}u$를 구하기 위해 $n\Delta t$시점에서 응답들(${}^{n\Delta t}u,\ {}^{n\Delta t}\dot{u},\ {}^{n\Delta t}\ddot{u},\ {}^{n\Delta t}\dddot{u}$, …)을 사용한 테일러급수(Taylor's series)로 다음과 같이 근사할 수 있다.

$${}^{(n+1)\Delta t}u = {}^{n\Delta t}u + (\Delta t)\,{}^{n\Delta t}\dot{u} + \frac{(\Delta t)^2}{2}\,{}^{n\Delta t}\ddot{u} + \frac{(\Delta t)^3}{3!}\,{}^{n\Delta t}\dddot{u} + \cdots$$

룬게-쿠타방법은 테일러급수에서 1계 미분항들(1st order derivatives) 만을 사용한다. 따라서 2계 미분방정식인 운동방정식(u)을 이 방법으로 풀기 위해 연립된 1계 미분방정식(u_1, u_2)으로 변환한다.

2계 미분방정식인 운동방정식은 다음과 같다.

$$m\ddot{u}(t) + c\dot{u}(t) + ku(t) = f(t)$$

$$\rightarrow \ddot{u}(t) = \frac{1}{m}\{f(t) - c\dot{u}(t) - ku(t)\}$$

$$= f_{eq}(u, \dot{u}; t)$$

여기서 변수 $u(t)$ 대신 다음과 같이 $u_1(t)$과 $u_2(t)$를 새로 정의한다.

$$u_1(t) = u(t)$$
$$u_2(t) = \dot{u}(t) = \dot{u}_1(t)$$

따라서 새로 정의된 연립된 1계 미분방정식은 다음과 같다.

$$\begin{aligned} \dot{u}_1(t) &= u_2(t) \\ \dot{u}_2(t) &= f_{eq}(u_1, u_2; t) \end{aligned} \quad \rightarrow \quad \dot{U}(t) = F(t)$$

여기서

$$\dot{U}(t) = \begin{Bmatrix} \dot{u}_1(t) \\ \dot{u}_2(t) \end{Bmatrix}, \qquad F(t) = \begin{Bmatrix} u_2(t) \\ f_{eq}(u_1, u_2; t) \end{Bmatrix}$$

$(n+1)\Delta t$시점의 응답 ${}^{(n+1)\Delta t}U$를 구하기 위해 $n\Delta t$시점에서 응답 ${}^{n\Delta t}U$을 사용한 4개 항들로 다음과 같이 근사할 수 있다 (4th order Runge-Kutta method).

$${}^{(n+1)\Delta t}U = {}^{n\Delta t}U + \frac{1}{6}\{K_1 + 2K_2 + 2K_3 + K_4\}$$

여기서

$$K_1 = \Delta t\, F\left({}^{n\Delta t}U; n\Delta t\right)$$
$$K_2 = \Delta t\, F\left({}^{n\Delta t}U + \frac{1}{2}K_1; \left(n + \frac{1}{2}\right)\Delta t\right)$$
$$K_3 = \Delta t\, F\left({}^{n\Delta t}U + \frac{1}{2}K_2; \left(n + \frac{1}{2}\right)\Delta t\right)$$
$$K_4 = \Delta t\, F\left({}^{n\Delta t}U + K_3; (n+1)\Delta t\right)$$

이 방법은 안정적이며, $n\Delta t$시점의 응답 ${}^{n\Delta t}U$만 있으면 $(n+1)\Delta t$시점에서 응답 ${}^{(n+1)\Delta t}U$을 구할 수 있다. 참고로 MATLAB의 ODE 함수를 사용하면 이 방법을 쉽게 적용할 수 있다*.

상태공간방정식(참조: 9.2 제진)을 사용하여 다음과 같이 다자유도계에 적용할 수 있다.

$$\begin{aligned} \mathbf{M\ddot{u} + C\dot{u} + Ku} &= \mathbf{f} \\ \mathbf{M\dot{u} + Mu} &= \mathbf{0} \end{aligned} \quad \rightarrow \quad \mathbf{A\hat{u} + B\hat{u} = \hat{f}}$$

여기서 ^(hat) 기호는 상태공간방정식의 변수를 나타내며, 각각 다음과 같다.

$$\mathbf{\hat{u}} = \begin{Bmatrix} \mathbf{\dot{u}} \\ \mathbf{u} \end{Bmatrix}, \quad \mathbf{\hat{f}} = \begin{Bmatrix} \mathbf{0} \\ \mathbf{f} \end{Bmatrix}, \quad \mathbf{A} = \begin{bmatrix} \mathbf{0} & \mathbf{M} \\ \mathbf{M} & \mathbf{C} \end{bmatrix}, \quad \mathbf{B} = \begin{bmatrix} -\mathbf{M} & \mathbf{0} \\ \mathbf{0} & \mathbf{K} \end{bmatrix}$$

즉, 이 방법을 적용하는 형태는 다음과 같이 정리할 수 있다.

$$\mathbf{\hat{u}} = \mathbf{A}^{-1}\left(-\mathbf{B\hat{u}} + \mathbf{\hat{f}}\right) = \begin{bmatrix} -\mathbf{M}^{-1}\mathbf{C} & -\mathbf{M}^{-1}\mathbf{K} \\ \mathbf{I} & \mathbf{0} \end{bmatrix}\mathbf{\hat{u}} + \begin{Bmatrix} \mathbf{M}^{-1}\mathbf{f} \\ \mathbf{0} \end{Bmatrix}$$

---

* 초기치(initial value) 상미분방정식(ordinary differential equation)을 수치적으로 풀 수 있다.
많이 사용되는 ode23과 ode45는 룬게-쿠타방법의 2nd/3rd-order와 4th/5th-order를 사용한다.
(참조: 2.6절 수치해석기법(비선형시스템) MATLAB 예제)

• 룬게-쿠타-길방법(Runge-Kutta-Gill method; RKG method)

룬게-쿠타방법을 개량한 것으로 계산할 때 차지하는 기억 용량이 적어지고 반올림 오차(round error)도 적다. 단자유도계의 상미분방정식의 수치해를 룬게-구타방법와 룬게-쿠타-길방법으로 각각 풀면 다음과 같다.

(1) 룬게-구타방법

$$\frac{dy}{dx} = f(x, y),\ \text{시작점}(x_0, y_0)$$

독립변수 x의 증분을 h로 하여, 종속변수 y를 다음 식으로 구한다.

$$y = y_0 + \frac{1}{6}(k_1 + 2k_2 + 2k_3 + k_4)$$

여기서

$$k_1 = h\,f(x_0, y_0)$$
$$k_2 = h\,f\left(x_0 + \frac{h}{2}, y_0 + \frac{k_1}{2}\right)$$
$$k_3 = h\,f\left(x_0 + \frac{h}{2}, y_0 + \frac{k_2}{2}\right)$$
$$k_4 = h\,f(x_0 + h, y_0 + k_3)$$

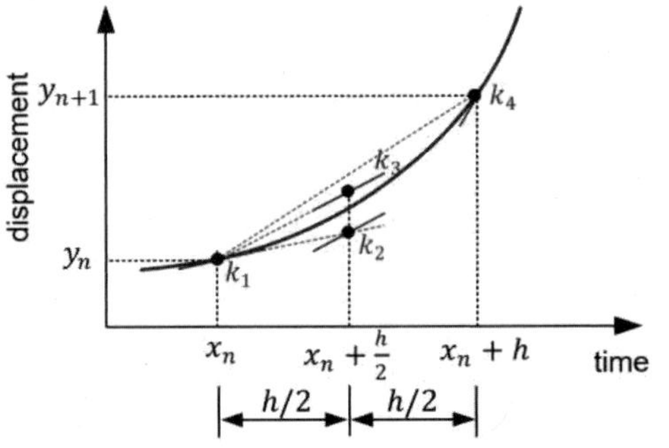

그림 2.4.4 룬게-쿠타방법의 가정

(2) 룬게-구타-길방법

초기값 $f(x_0, y_0)$이 주어진 경우, RK법을 개량한 RKG법에서 y_4를 계산하여 상미분방정식을 해결한다.

$$\frac{dy}{dx} = f(x, y)$$

계수

$$c_q = \{2,1,1,2\}$$
$$c_h = \left\{\frac{1}{2}, 0, \frac{1}{2}, 0\right\}$$
$$c_{kq} = \left\{\frac{1}{2}, 1 - \frac{1}{\sqrt{2}}, 1 + \frac{1}{\sqrt{2}}, \frac{1}{6}\right\}$$
$$c_k = \left\{\frac{1}{2}, 1 - \frac{1}{\sqrt{2}}, 1 + \frac{1}{\sqrt{2}}, \frac{1}{2}\right\}$$

초기값 $\quad x = x_0, y_4 = y_0, q_4 = 0$

계산절차

$k_1 = h\,f(x, y_4)$ ak=h*di[k];

$y_1 = y_4 + \frac{1}{2}(k_1 - 2q_4)$ r=(ak-cq[j]*q[k])*ckq[j]; y[k] += r;

$q_1 = q_4 + 3\frac{1}{2}(k_4 - 2q_4) - \frac{1}{2}k_1$ q[k]+=3.0*r-ck[j]*ak;

$k_2 = h\,f\left(x + \frac{h}{2}, y_1\right)$ ak=h*di[k];

$y_2 = y_1 + \left(1 - \frac{1}{\sqrt{2}}\right)(k_2 - 1q_1)$ r=(ak-cq[j]*q[k])*ckq[j]; y[k] += r;

$q_2 = q_1 + 3\left(1 - \frac{1}{\sqrt{2}}\right)(k_2 - q_1) - \left(1 - \frac{1}{\sqrt{2}}\right)k_2$ q[k]+=3.0*r-ck[j]*ak;

$k_3 = h\,f\left(x + \frac{h}{2}, y_2\right)$ ak=h*di[k];

$y_3 = y_2 + \left(1 + \frac{1}{\sqrt{2}}\right)(k_3 - 1q_2)$ r=(ak-cq[j]*q[k])*ckq[j]; y[k] += r;

$q_3 = q_2 + 3\left(1 + \frac{1}{\sqrt{2}}\right)(k_3 - q_2) - \left(1 + \frac{1}{\sqrt{2}}\right)k_3$ q[k]+=3.0*r-ck[j]*ak;

$k_4 = h\,f(x + h, y_3)$ ak=h*di[k];

$y_4 = y_3 + \frac{1}{6}(k_4 - 2q_3)$ r=(ak-cq[j]*q[k])*ckq[j]; y[k] += r;

$q_4 = q_3 + 3\frac{1}{6}(k_4 - 2q_3) - \frac{1}{2}k_4$ q[k]+=3.0*r-ck[j]*ak;

2.4.5 묵시적 방법: Houbolt방법과 윌슨방법

• Houbolt방법(Houbolt method)

구조응답인 속도와 가속도를 변위를 사용하여 정의한다는 점에서 중앙차분법과 개념이 유사하지만, $n\Delta t$시점이 아닌 $(n+1)\Delta t$시점에서 속도와 가속도를 4개의 시점인 $(n-2)\Delta t$, $(n-1)\Delta t$, $n\Delta t$, $(n+1)\Delta t$에서 변위를 사용하여 정의한다.

$$^{(n+1)\Delta t}\dot{u} = \frac{-2\,^{(n-2)\Delta t}u + 9\,^{(n-1)\Delta t}u - 18\,^{n\Delta t}u + 11\,^{(n+1)\Delta t}u}{6\Delta t}$$

$$^{(n+1)\Delta t}\ddot{u} = \frac{-\,^{(n-2)\Delta t}u + 4\,^{(n-1)\Delta t}u - 5\,^{n\Delta t}u + 2\,^{(n+1)\Delta t}u}{(\Delta t)^2}$$

$^{(n+1)\Delta t}\dot{u}$와 $^{(n+1)\Delta t}\ddot{u}$를 $(n+1)\Delta t$시점에서의 운동방정식에 대입한 후, $(n+1)\Delta t$시점에서 변위 $^{(n+1)\Delta t}u$를 구하면 다음과 같다.

$$m\,^{(n+1)\Delta t}\ddot{u} + c\,^{(n+1)\Delta t}\dot{u} + k\,^{(n+1)\Delta t}u = {}^{(n+1)\Delta t}f$$

$$\left\{\frac{2}{(\Delta t)^2}m + \frac{11}{6\Delta t}c + k\right\}\,^{(n+1)\Delta t}u = {}^{(n+1)\Delta t}f + \left\{\frac{5}{(\Delta t)^2}m + \frac{3}{\Delta t}c\right\}\,^{n\Delta t}u - \left\{\frac{4}{(\Delta t)^2}m + \frac{3}{2\Delta t}c\right\}\,^{(n-1)\Delta t}u + \left\{\frac{1}{(\Delta t)^2}m + \frac{1}{3\Delta t}c\right\}\,^{(n-2)\Delta t}u$$

참고로 이 방법은 $(n+1)\Delta t$시점에서의 운동방정식이므로, 이 방법을 적용하기 위해서는 $(n-2)\Delta t$, $(n-1)\Delta t$ 및 $n\Delta t$ 시점에서의 변위를 미리 알고 있어야 한다. 즉, 처음 시작할 때는 ${}^{\Delta t}u$을 구하기 위해, ${}^{0}u$, ${}^{-\Delta t}u$ 및 ${}^{-2\Delta t}u$에서의 변위가 필요하며, ${}^{0}u$는 지정된 값이지만, ${}^{-\Delta t}u$와 ${}^{-2\Delta t}u$는 중앙차분법 등 다른 방법을 사용하여 구하여야 시작할 수 있다.

표 2.4.2 Houbolt방법의 계산절차

예비계산:

1. 질량(m), 감쇠(c), 강성(k)을 구한다.
2. 초기조건${}^{0}u, {}^{0}\dot{u}, {}^{0}\ddot{u}$을 할당한다. 여기서 $m{}^{0}\ddot{u} + c{}^{0}\dot{u} + k{}^{0}u = {}^{0}f \rightarrow {}^{0}\ddot{u} = m^{-1}({}^{0}f - c{}^{0}\dot{u} - k{}^{0}u)$.
3. Δt를 결정한다. 여기서 $\Delta t \le \Delta t_{cr} \left(= \frac{T_n}{\pi}\right)$.
4. 적분상수($a_0, a_1, a_2, a_3, a_4, a_5, a_6, a_7$)를 계산한다.
   $a_0 = \frac{2}{(\Delta t)^2}$, $a_1 = \frac{11}{6\Delta t}$, $a_2 = \frac{5}{(\Delta t)^2}$, $a_3 = \frac{3}{\Delta t}$, $a_4 = -2a_0$, $a_5 = -\frac{1}{2}a_3$, $a_6 = \frac{1}{2}a_0$, $a_7 = \frac{1}{9}a_3$
5. 중앙차분법을 사용하여, 시간 $-\Delta t$와 $-2\Delta t$에서 변위를 구한다.
6. 유효강성(k_{eff})을 계산한다.
   $k_{eff} = a_0 m + a_1 c$

매 시간구간마다 계산:

1. 시간 $(n+1)\Delta t$에서 유효하중을 계산한다.
   ${}^{(n+1)\Delta t}f_{eff} = {}^{(n+1)\Delta t}f + (a_2 m + a_3 c)\,{}^{n\Delta t}u + (a_4 m + a_5 c)\,{}^{(n-1)\Delta t}u + (a_6 m + a_7 c)\,{}^{(n-2)\Delta t}u$
2. 시간 $(n+1)\Delta t$에서 변위를 구한다.
   $k_{eff}\,{}^{(n+1)\Delta t}u = {}^{(n+1)\Delta t}f_{eff}$
3. 시간 $n\Delta t$에서 속도와 변위를 구한다.
   ${}^{(n+1)\Delta t}\dot{u} = a_1\,{}^{(n+1)\Delta t}u - a_3\,{}^{n\Delta t}u - a_5\,{}^{(n-1)\Delta t}u - a_7\,{}^{(n-2)\Delta t}u$
   ${}^{(n+1)\Delta t}\ddot{u} = a_0\,{}^{(n+1)\Delta t}u - a_2\,{}^{n\Delta t}u - a_4\,{}^{(n-1)\Delta t}u - a_6\,{}^{(n-2)\Delta t}u$

- 윌슨방법(Wilson method)

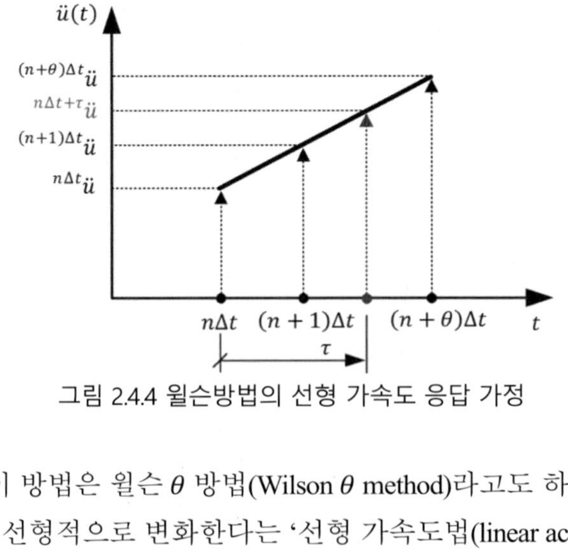

그림 2.4.4 윌슨방법의 선형 가속도 응답 가정

윌슨에 의해 제시된 이 방법은 윌슨 θ 방법(Wilson θ method)라고도 하며, 구조응답의 가속도가 관심의 미소구간에서 선형적으로 변화한다는 '선형 가속도법(linear acceleration method)'에 기초한 방법이다(Wilson 외, 1973). 시점 $n\,\Delta t$ 에서의 응답이 주어졌을 때, 이를 바탕으로 시점 $(n+1)\Delta t$의 응답을 구하기 위하여 시간구간 $[n\,\Delta t, (n+\theta)\Delta t]$에서 가속도 응답이 선형적으로 변한다고 가정한다. 여기서 $\theta > 1$이다. 따라서 시점 $n\,\Delta t + \tau$에서의 가속도는

$$^{n\Delta t+\tau}\ddot{u} = {}^{n\Delta t}\ddot{u} + \frac{^{(n+\theta)\Delta t}\ddot{u} - {}^{n\Delta t}\ddot{u}}{\theta\,\Delta t}\tau, \qquad 0 \le \tau \le \theta\Delta t$$

이고, 이 식을 τ에 대하여 적분하여, 시점 $n\,\Delta t + \tau$에서 속도와 변위를 구하면

$$^{n\Delta t+\tau}\dot{u} = {}^{n\Delta t}\dot{u} + {}^{n\Delta t}\ddot{u}\,\tau + \frac{^{(n+\theta)\Delta t}\ddot{u} - {}^{n\Delta t}\ddot{u}}{2\,\theta\,\Delta t}\tau^2$$

$$^{n\Delta t+\tau}u = {}^{n\Delta t}u + {}^{n\Delta t}\dot{u}\,\tau + \frac{^{n\Delta t}\ddot{u}}{2}\tau^2 + \frac{^{(n+\theta)\Delta t}\ddot{u} - {}^{n\Delta t}\ddot{u}}{6\,\theta\,\Delta t}\tau^3$$

이다. 이 두 식을 사용하여 시점 $(n+\theta)\Delta t$에서의 속도와 변위를 나타내면

$$^{(n+\theta)\Delta t}\dot{u} = {}^{n\Delta t}\dot{u} + \frac{^{(n+\theta)\Delta t}\ddot{u} + {}^{n\Delta t}\ddot{u}}{2}\theta\,\Delta t$$

$$^{(n+\theta)\Delta t}u = {}^{n\Delta t}u + {}^{n\Delta t}\dot{u}\,\theta\,\Delta t + \frac{^{(n+\theta)\Delta t}\ddot{u} + 2\,{}^{n\Delta t}\ddot{u}}{6}(\theta\,\Delta t)^2$$

이고, 이 두 식을 시점 $(n+\theta)\Delta t$에서의 가속도와 속도로 나타내면 다음과 같다. 여기서 시점 $(n+\theta)\Delta t$에서의 변위의 항으로 표현하였다.

$$^{(n+\theta)\Delta t}\ddot{u} = \frac{6}{(\theta\,\Delta t)^2}\left\{^{(n+\theta)\Delta t}u - {}^{n\Delta t}u\right\} - \frac{6}{\theta\,\Delta t}{}^{n\Delta t}\dot{u} - 2\,{}^{n\Delta t}\ddot{u}$$

$$^{(n+\theta)\Delta t}\dot{u} = \frac{3}{\theta\,\Delta t}\left\{^{(n+\theta)\Delta t}u - {}^{n\Delta t}u\right\} - 2\,{}^{n\Delta t}\dot{u} - \frac{\theta\,\Delta t}{2}{}^{n\Delta t}\ddot{u}$$

시점 $(n+\theta)\Delta t$에서 구한 가속도와 속도를, 시점 $(n+\theta)\Delta t$에서의 평형방정식에 대입하여, 시점 $(n+\theta)\Delta t$에서의 변위를 구할 수 있다. 여기서 하중은 선형보간(linear interpolation)을 사용하여 구한다.

$$m\,{}^{(n+\theta)\Delta t}\ddot{u} + c\,{}^{(n+\theta)\Delta t}\dot{u} + k\,{}^{(n+\theta)\Delta t}u = {}^{(n+\theta)\Delta t}f$$

$$^{(n+\theta)\Delta t}f = {}^{n\Delta t}f + \theta\left\{^{(n+1)\Delta t}f - {}^{n\Delta t}f\right\}$$

즉, 평형방정식에서 구한 $^{(n+\theta)\Delta t}u$는

$$\left\{\frac{6}{(\theta\,\Delta t)^2}m + \frac{3}{\theta\,\Delta t}c + k\right\}{}^{(n+\theta)\Delta t}u = {}^{(n+\theta)\Delta t}f$$
$$+\; m\left\{\frac{6}{(\theta\,\Delta t)^2}{}^{n\Delta t}u + \frac{6}{\theta\,\Delta t}{}^{n\Delta t}\dot{u} + 2\,{}^{n\Delta t}\ddot{u}\right\}$$
$$+\; c\left\{\frac{3}{\theta\,\Delta t}{}^{n\Delta t}u + 2\,{}^{n\Delta t}\dot{u} + \frac{\theta\,\Delta t}{2}{}^{n\Delta t}\ddot{u}\right\}$$

이며, 이것을 사용하여 다시 구한 $^{(n+\theta)\Delta t}\ddot{u}$와 $^{(n+\theta)\Delta t}\dot{u}$는 다음과 같다.

$$^{(n+\theta)\Delta t}\ddot{u} = \frac{6}{(\theta\,\Delta t)^2}\left\{^{(n+\theta)\Delta t}u - {}^{n\Delta t}u\right\} - \frac{6}{\theta\,\Delta t}{}^{n\Delta t}\dot{u} - 2\,{}^{n\Delta t}\ddot{u}$$

$$^{(n+\theta)\Delta t}\dot{u} = \frac{3}{\theta\,\Delta t}\left\{^{(n+\theta)\Delta t}u - {}^{n\Delta t}u\right\} - 2\,{}^{n\Delta t}\dot{u} - \frac{\theta\,\Delta t}{2}{}^{n\Delta t}\ddot{u}$$

마지막으로 ${}^{(n+\theta)\Delta t}\ddot{u}$를 사용하여 구한 ${}^{(n+1)\Delta t}\ddot{u}$는

$${}^{(n+1)\Delta t}\ddot{u} = {}^{n\Delta t}\ddot{u} + \frac{{}^{(n+\theta)\Delta t}\ddot{u} - {}^{n\Delta t}\ddot{u}}{\theta}$$

이고, 이것을 사용하여 구한 ${}^{(n+1)\Delta t}\dot{u}$와 ${}^{(n+1)\Delta t}u$는 다음과 같다.

$${}^{(n+1)\Delta t}\dot{u} = {}^{n\Delta t}\dot{u} + \frac{{}^{(n+1)\Delta t}\ddot{u} + {}^{n\Delta t}\ddot{u}}{2}\Delta t$$

$${}^{(n+1)\Delta t}u = {}^{n\Delta t}u + {}^{n\Delta t}\dot{u}\,\Delta t + \frac{{}^{(n+1)\Delta t}\ddot{u} + 2\,{}^{n\Delta t}\ddot{u}}{6}(\Delta t)^2$$

참고로 $\theta \geq 1.37$이어야 Δt의 크기와 관계없이 '수치적 안정성(unconditional stability)'을 보장하는(즉, 발산하지 않는) 결과를 얻을 수 있다. 참고로 θ의 최적값은 1.420815로 알려져 있으나, 통상 1.4를 근사적으로 사용한다.

표 2.4.3 윌슨방법의 계산절차

예비계산:

1. 질량(m), 감쇠(c), 강성(k)을 구한다.
2. 초기조건 ${}^0u$, ${}^0\dot{u}$, ${}^0\ddot{u}$을 할당한다. 여기서 $m\,{}^0\ddot{u} + c\,{}^0\dot{u} + k\,{}^0u = {}^0f \rightarrow {}^0\ddot{u} = m^{-1}({}^0f - c\,{}^0\dot{u} - k\,{}^0u)$.
3. Δt와 θ를 결정한다. 여기서 $\theta \geq 1.37$, 통상 1.4를 사용.
4. 적분상수($a_0, a_1, a_2, a_3, a_4, a_5, a_6, a_7, a_8$)를 계산한다.
   $a_0 = \frac{6}{(\theta\Delta t)^2}$, $a_1 = \frac{3}{\theta\Delta t}$, $a_2 = 2a_1$, $a_3 = \frac{\theta\Delta t}{2}$, $a_4 = \frac{a_0}{\theta}$, $a_5 = -\frac{a_2}{\theta}$, $a_6 = 1 - \frac{3}{\theta}$, $a_7 = \frac{\Delta t}{2}$, $a_8 = \frac{(\Delta t)^2}{6}$
5. 유효강성(k_{eff})을 계산한다.
   $k_{eff} = k + a_0\,m + a_1\,c$

매 시간구간마다 계산:

1. 시간 $(n+\theta)\Delta t$에서 유효하중을 계산한다.
   ${}^{(n+\theta)\Delta t}f_{eff} = {}^{n\Delta t}f + \theta\{{}^{(n+1)\Delta t}f - {}^{n\Delta t}f\} + m\{a_0\,{}^{n\Delta t}u + a_2\,{}^{n\Delta t}\dot{u} + 2\,{}^{n\Delta t}\ddot{u}\} + c\{a_1\,{}^{n\Delta t}u + 2\,{}^{n\Delta t}\dot{u} + a_3\,{}^{n\Delta t}\ddot{u}\}$
2. 시간 $(n+\theta)\Delta t$에서 변위를 구한다.
   $k_{eff}\,{}^{(n+\theta)\Delta t}u = {}^{(n+\theta)\Delta t}f_{eff}$
3. 시간 $(n+1)\Delta t$에서 가속도, 속도, 변위를 구한다.
   ${}^{(n+1)\Delta t}\ddot{u} = a_4\{{}^{(n+\theta)\Delta t}u - {}^{n\Delta t}u\} + a_5\,{}^{n\Delta t}\dot{u} + a_6\,{}^{n\Delta t}\ddot{u}$
   ${}^{(n+1)\Delta t}\dot{u} = {}^{n\Delta t}\dot{u} + a_7\{{}^{(n+1)\Delta t}\ddot{u} + {}^{n\Delta t}\ddot{u}\}$
   ${}^{(n+1)\Delta t}u = {}^{n\Delta t}u + {}^{n\Delta t}\dot{u}\,\Delta t + a_8\{{}^{(n+1)\Delta t}\ddot{u} + 2\,{}^{n\Delta t}\ddot{u}\}$

2.4.6 묵시적 방법: 뉴마크방법

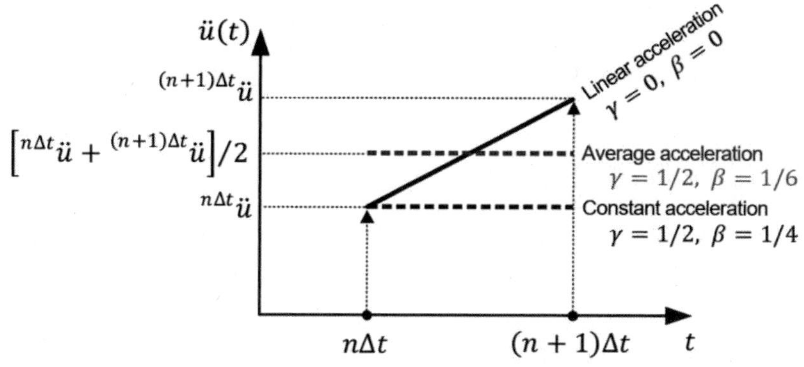

그림 2.4.5 ${}^{(n+1)\Delta t}\dot{u}$와 ${}^{(n+1)\Delta t}\ddot{u}$를 ${}^{n\Delta t}u$와 ${}^{(n+1)\Delta t}u$의 항으로 나타내기 위해 뉴마크방법에서 가정한 두 시점에서의 가속도 변화

1959년 뉴마크가 제안한 이 방법은 뉴마크 β방법(Newmark β method)이라고도 하며, 윌슨방법과 유사하며, 다음 가정을 사용한다(Newmark, 1959).

$$ {}^{(n+1)\Delta t}\dot{u} = {}^{n\Delta t}\dot{u} + \left[(1-\gamma)\,{}^{n\Delta t}\ddot{u} + \gamma\,{}^{(n+1)\Delta t}\ddot{u}\right]\Delta t $$

$$ {}^{(n+1)\Delta t}u = {}^{n\Delta t}u + {}^{n\Delta t}\dot{u}\,\Delta t + \left[\left(\frac{1}{2}-\beta\right){}^{n\Delta t}\ddot{u} + \beta\,{}^{(n+1)\Delta t}\ddot{u}\right](\Delta t)^2 $$

이 때 β와 γ는 해의 정확도와 수치적 안정성을 보장하는 범위 내에서 사용자가 정하는 계수들이다.

1) $\gamma = 0$과 $\beta = 0$: 일정 가속도법(constant acceleration method)과 동일
2) $\gamma = \frac{1}{2}$과 $\beta = \frac{1}{6}$: 선형 가속도법(linear acceleration method)과 동일
3) $\gamma = \frac{1}{2}$과 $\beta = \frac{1}{4}$: 평균 가속도법(average acceleration method)과 동일

참고로 선형 가속도법($\gamma = \frac{1}{2}$과 $\beta = \frac{1}{6}$)은 $\theta = 1$을 사용한 윌슨방법과 동일하다.

$(n+1)\Delta t$시점에서 평형방정식은 다음과 같다.

$$ m\,{}^{(n+1)\Delta t}\ddot{u} + c\,{}^{(n+1)\Delta t}\dot{u} + k\,{}^{(n+1)\Delta t}u = {}^{(n+1)\Delta t}f $$

앞서 가정한 ${}^{(n+1)\Delta t}\dot{u}$와 ${}^{(n+1)\Delta t}u$를 사용하여, ${}^{(n+1)\Delta t}\dot{u}$와 ${}^{(n+1)\Delta t}\ddot{u}$를 ${}^{n\Delta t}u$와 ${}^{(n+1)\Delta t}u$의 항으로 나타낸 후, 평형방정식에 대입하면 ${}^{(n+1)\Delta t}u$를 구할 수 있다. 여기서 구한 ${}^{(n+1)\Delta t}u$를 다시 ${}^{(n+1)\Delta t}u$만의 항으로 나타낸 ${}^{(n+1)\Delta t}\dot{u}$와${}^{(n+1)\Delta t}\ddot{u}$에 관한 식들에 대입하여 ${}^{(n+1)\Delta t}\dot{u}$와 ${}^{(n+1)\Delta t}\ddot{u}$를 구한다.

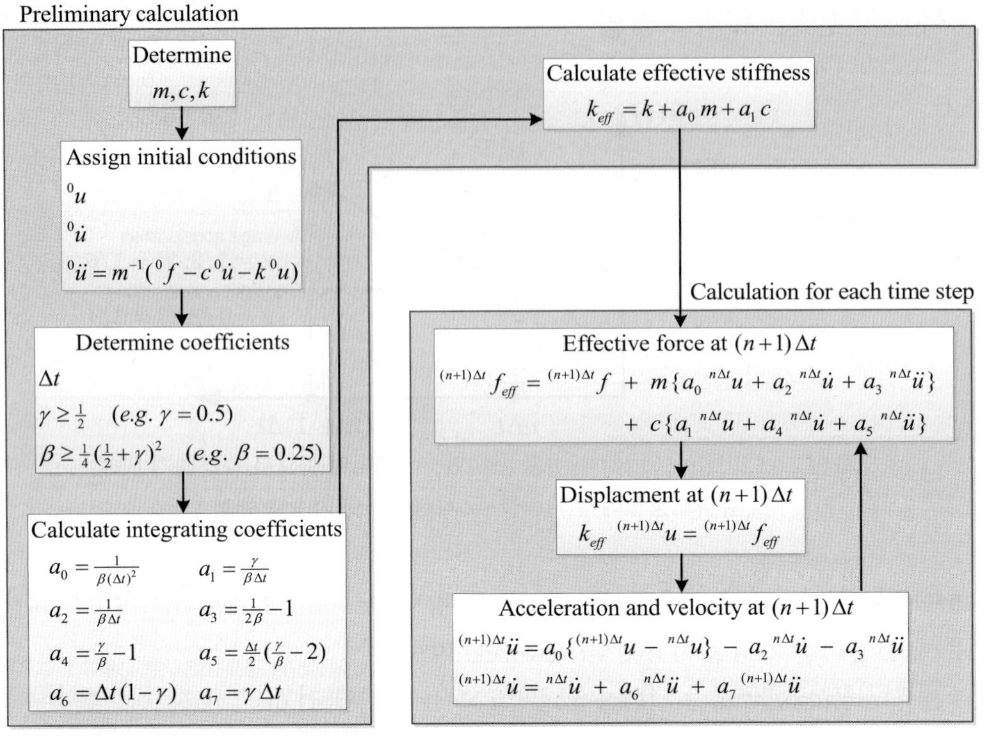

그림 2.4.6 뉴마크방법의 계산절차

2.4.7 직접적분법의 오차

미분방정식의 직접적분법과 관련된 오차는 크게 세 가지로 구분할 수 있다.

• Round-off error (반올림 오차, E_r)

작은 시간구간을 사용한 반복계산으로 유발된 오차를 말한다. Round-off error는 랜덤특성을 가지므로 통계분석을 통해 고려해야 하며, 통계분석을 통해 구한 오차의 범위는 실제 오차를 과대평가하는 경향이 있다. 수치계산에서는 이 오차를 줄이기 위해, 높은 정도(higher precision)의 계산을 사용할 수 있다.

• Truncation error (잘라버림 오차, E_t)

Taylor 급수전개에서 유한 개의 항들로 $^{(n+1)\Delta t}u$와 $^{(n+1)\Delta t}\dot{u}$를 나타냄으로써 발생하는 오차를 말한다(이것을 전 절에서는 R로 표기하였음). Truncation error는 매 계산단계마다 누적되며, 직접적분법이 발산하지 않는다면, 이 오차는 수치 결과의 정확도를 나타내므로, 여러 직접적분법의 상대적인 정확도를 평가하는 중요한 척도로 사용될 수 있다.

• Propagated error (전파오차, E_p)

미분방정식을 차분형태로 변환함으로써 발생하는 오차를 말하며, 이 오차는 수치 안정성에 영향을 미친다.

Truncation error를 사용하여 직접적분법의 정확도를 알아보기 위해, 다음과 같은 비감쇠 자유진동 운동방정식에 대해 직접적분법으로 구한 결과를 이 식의 정확해와 비교해 보자.

$$\ddot{u}(t) + \omega^2\, u(t) = 0$$

여기서 $u(0) = 1, \dot{u}(0) = 0, \ddot{u}(0) = -\omega^2$이다. 이 식의 정확해는

$$u(t) = \cos \omega t$$

이고, truncation error는 일반적으로 다음과 같은 형태로 나타낼 수 있다.

$$E_t = C\, \Delta t^p\, u^{(p)}$$

여기서 C는 상수; p는 적분공식의 차수이다. 앞 식의 경우, u의 p번째 미분 $u^{(p)}$는 ω^p를 포함하므로, truncation error는 $(\omega\Delta t)^p$에 비례한다. 즉, 이 truncation error를 줄이기 위해, $\omega\Delta t$가 1보다 작도록 Δt를 선정하여야 한다. 직접적분법에서 Δt의 크기는 적분결과에 영향을 주므로, 결과의 정확성과 안정성을 고려하여 경제적으로 선택하여야 한다.

2.4.8 직접적분법의 안정성

• 직접적분법의 안정성

Truncation error 때문에 수치 결과에는 오차가 포함되고, 이 오차가 시간이 증가함에 따라 점차 커지는 경향을 나타낼 경우, 결과는 의미가 없거나 발산하게 되는데, 이러한 경우를 '불안정(unstable)'하다고 한다. 이러한 직접적분법의 안정성을 행렬을 사용하여 편리하게 설명할 수 있다.

행렬 $\mathbf{A}$를 N차 정방행렬(square matrix)이라 할 경우, 행렬에 관한 필요한 연산을 요약하면 다음과 같다.

(1) 행렬 $\mathbf{A}$의 'trace'란 $\mathbf{A}$의 대각성분 요소들의 합이다. 따라서 $\mathbf{A}$의 trace의 $\frac{1}{2}$을 α_1이라 하면 α_1은 다음과 같다.

$$2\alpha_1 = a_{11} + a_{22} + \cdots + a_{NN}$$

(2) 행렬 $\mathbf{A}$의 minor M_{ij}란 $\mathbf{A}$의 i행 j열을 삭제한 $(N-1) \times (N-1)$행렬의 determinant이며, 만약 $i = j$일 경우에 구한 minor M_{ij}를 principal minor라 한다.

(3) 정방행렬 $\mathbf{A}$의 eigenvalue(고유치, λ)는 다음의 특성방정식(characteristic equation)으로 구한다.

$$\det[\mathbf{A} - \lambda\mathbf{I}] = 0$$

(4) 만약 $\mathbf{A}$가 3×3의 행렬일 경우, 특성방정식은 다음과 같다.

$$\lambda^3 - 2\alpha_1\lambda^2 + \alpha_2\lambda - \alpha_3 = 0$$

여기서 α_2은 $\mathbf{A}$의 principal minor들의 합이고, α_3는 $\mathbf{A}$의 determinant이다. 이 특성방정식의 해인 eigenvalue $\lambda_1, \lambda_2, \lambda_3$를 사용하여, $\mathbf{A}$의 spectral radius($\rho(\mathbf{A})$)를 다음과 같이 정의한다.

$$\rho(\mathbf{A}) = \max\{|\lambda_1|, |\lambda_2|, |\lambda_3|\}$$

참고로 이 경우, α_i와 λ_i간의 관계는 다음과 같다.

$$\alpha_1 = \frac{\lambda_1+\lambda_2+\lambda_3}{2}, \quad \alpha_2 = \lambda_1\lambda_2 + \lambda_2\lambda_3 + \lambda_3\lambda_1, \quad \alpha_3 = \lambda_1\lambda_2\lambda_3$$

외력이 없을 경우(즉, 자유진동일 경우), 대부분의 직접적분법을 사용하여 $(n+1)\Delta t$에서의 응답 ${}^{(n+1)\Delta t}\mathbf{r}$을 t에서의 응답 ${}^{n\Delta t}\mathbf{r}$으로 나타내면

$$^{(n+1)\Delta t}\mathbf{r} = \mathbf{A}\ {}^{n\Delta t}\mathbf{r}$$

이고, 여기서 ${}^{n\Delta t}\mathbf{r} = <\ {}^{n\Delta t}u \quad \Delta t\ {}^{n\Delta t}\dot{u} \quad (\Delta t)^2\ {}^{n\Delta t}\ddot{u} >^T$ 이고, $\mathbf{A}$ 는 '증폭행렬(amplification matrix)'이다. 이 식을 사용하여, 이전 두 시간간격을 사용할 경우에도 나타낼 수 있다.

$$^{n\Delta t}\mathbf{r} = \mathbf{A}\ {}^{(n-1)\Delta t}\mathbf{r}$$

$$^{(n-1)\Delta t}\mathbf{r} = \mathbf{A}\ {}^{(n-2)\Delta t}\mathbf{r}$$

이러한 응답간의 관계식을 사용하여, 가속도와 속도를 제거하여 변위만의 관계식인 '차분방정식(difference equation)'으로 나타내면 다음과 같다.

$$^{(n+1)\Delta t}u \ - \ 2\,\alpha_1\ {}^{n\Delta t}u \ + \ \alpha_2\ {}^{(n-1)\Delta t}u \ - \ \alpha_3\ {}^{(n-2)\Delta t}u = 0$$

여기서 $\alpha_1, \alpha_2, \alpha_3$는 전술한 바와 같이, α_1은 $\mathbf{A}$의 trace의 $\frac{1}{2}$; α_2은 $\mathbf{A}$의 principal minor들의 합; α_3는 $\mathbf{A}$의 determinant이다. 이 방정식의 해의 형태는

$$^{n\Delta t}u \ = c\,\rho^n$$

이며, 이 해를 차분방정식에 대입하면 차분방정식은 다음과 같다. 여기서 c는 상수이다.

$$\rho^3 - 2\alpha_1\rho^2 + \alpha_2\rho - \alpha_3 = 0$$

이 식을 앞서 언급한 특성방정식과 비교하면, 동일한 식이므로, 이 식의 해(ρ_1, ρ_2, ρ_3)는 행렬 $\mathbf{A}$의 eigenvalue($\lambda_1, \lambda_2, \lambda_3$)와 같다. 따라서 차분방정식의 일반해는 다음과 같다.

$$^{n\Delta t}u \ = \textstyle\sum_{i=1}^{3} c_i\rho_i^n$$

여기서 c_i는 초기조건으로 구하는 임의 상수이다. 즉, 3개의 ρ_i 중에 어느 하나라도 1보다 크다면, 시간이 증가함에 따라, ${}^{n\Delta t}u$는 발산하게 되어 불안정하게 된다. 따라서 안정하기 위한 조건은 3개의 ρ_i가(또는 행렬 $\mathbf{A}$의 spectral radius가) 1보다 작거나 같아야 한다.

다음과 같은 비감쇠 자유진동 운동방정식을 고려해 보자. 참고로 비감쇠의 경우가 감쇠의 경우보다 안정성 평가에 보수적이며, 자유진동의 경우에 불안정하다면 강제진동의 경우에도 발생할 가능성이 크므로 비감쇠 자유진동 운동방정식으로 안정성 여부를 판단한다.

$$\ddot{u}(t) \ + \ \omega^2\,u(t) = 0$$

여기서 $u(0) = 1, \ \dot{u}(0) = 0, \ \ \ddot{u}(0) = -\omega^2$

이 방정식의 정확해는 다음과 같다.

$$u(t) = \cos\omega t$$

이 미분방정식은 2개의 근(root)을 갖지만, 이 방정식을 차분방정식으로 변환할 경우, 3개의 근을 가지며, 추가로 발생하는 세 번째 근을 '거짓근(spurious root)'이라 하고, 나머지 2개의 근을 '주요근(principal roots)'이라 한다. 만약 거짓근의 기여가 작다면, 이 근은 1보다 작은 실수여야 한다. 또한 미분방정식의 해는 진동하는 응답을 나타내므로, 차분방정식의 주요근은 공액복소수여야 한다.

• 직접적분법의 안정성 비교

직접적분법들의 spectral radius($\rho(\mathbf{A})$)를 비교하면 다음과 같다. 여기서 앞서 언급한 바와 같이 안정하기 위한 조건은 $\rho(\mathbf{A}) \le \mathbf{1}$이어야 한다. 따라서 중앙차분법과 뉴마크방법(선형 가속도법)은 조건 안정(conditionally stable)이며, Houbolt방법과 윌슨방법 그리고 뉴마크방법(평균 가속도법)은 무조건 안정(unconditionally stable)임을 알 수 있다.

중앙차분법, Houbolt방법, 윌슨방법 및 뉴마크방법의 안정성에 관한 수식 유도는 연습문제와 풀이를 참고할 수 있다.

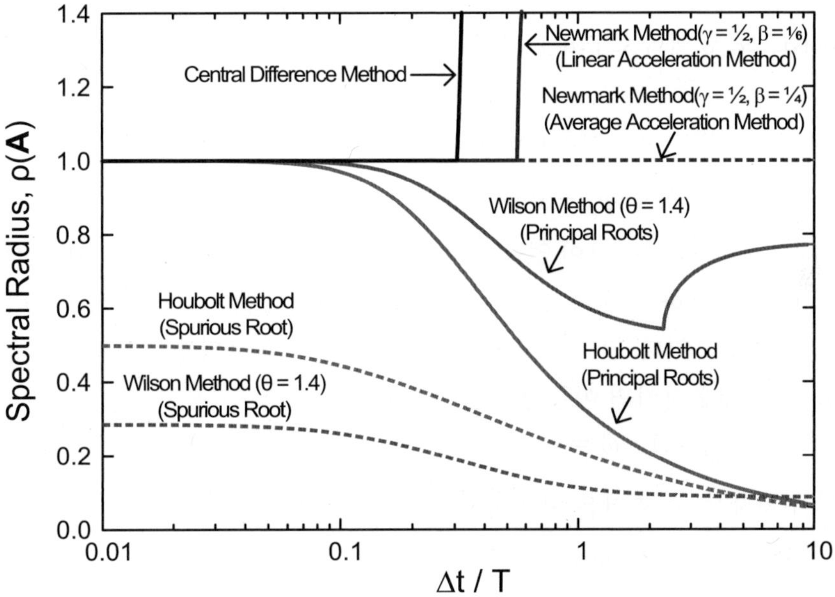

그림 2.4.7 직접적분법의 spectral radius, $\rho(\mathbf{A})$

2.4.9 직접적분법의 정확도

지금까지 설명한 직접적분법들은(뉴마크방법 중의 하나인) 일정 가속도법(constant acceleration method)을 제외하면, (1) $\frac{\Delta t}{T}$ (또는 $\omega\,\Delta t$)의 크기에 무관한 무조건 안정(unconditionally stable) 또는 (2) $\frac{\Delta t}{T}$ (또는 $\omega\,\Delta t$)의 크기가 어떤 값보다 작을 경우 안정한 조건 안정(conditionally stable)이였다. 조건 안정의 경우에도 (중앙차분법의 경우에) $\frac{\Delta t}{T} < 0.318$라면, 직접적분법의 종류에 관계없이 안정하였다. 그러나 적절한 정확도를 갖기 위해서는 $\frac{\Delta t}{T}$를 1보다 훨씬 작은 값으로 선정하여야 하였다. 즉, 단자유도계에서 $\frac{\Delta t}{T}$를 작게 선정해야 하는 이유는 안정성을 확보하기 위해서라기 보다는 적절한 정확도를 갖기 위함이다. 참고로 다자유도계는 단자유도계와 달리 안정성이 중요한 기준이 될 수 있다.

다음과 같은 비감쇠 자유진동 운동방정식을 고려해 보자.

$$\ddot{u}(t) + \omega^2 u(t) = 0$$

$$u(0) = 1, \;\; \dot{u}(0) = 0, \;\; \ddot{u}(0) = -\omega^2$$

이 방정식의 정확해는 다음과 같다.

$$u(t) = \cos \omega t$$

이 미분방정식을 차분방정식으로 변환하여 직접적분법을 적용할 경우, 다음과 같은 형태의 해를 갖는다.

$$^{n\Delta t}u = \sum_{i=1}^{3} c_i \rho_i^n$$

여기서 c_i는 초기조건으로 구하는 임의 상수이다; ρ_3는 거짓근(spurious root); ρ_1과 ρ_2는 주요근(principal roots)으로 공액복소수($a \pm b\, i$)이다. 이 해는 조화함수를 사용하여 다음과 같이 나타낼 수도 있다.

$$^{n\Delta t}u = \rho_p^n(\bar{c}_1 \cos \bar{\omega} n\Delta t + \bar{c}_2 \sin \bar{\omega} n\Delta t) + c_3\, \rho_3^n$$

여기서 $\bar{c}_1, \bar{c}_2$는 임의의 상수; $\rho_p = \sqrt{a^2 + b^2}$; $\bar{\omega} = \frac{\phi}{\Delta t}$; $\tan\phi = \frac{b}{a}$이다.

직접적분법에 따라 거짓근이 없는 경우도 있으며, 있다고 할지라도 1보다 작은 실수여서 시간에 따라 급속히 감소하여 해에 미치는 영향이 작으므로, 여기서는 직접적분법의 주요근에 대해서만 서로 비교를 하였다. 단자유도계 비감쇠 자유진동 운동방정식의 해와 직접적분법으로 구한 수치해를 서로 대응시키면 이론상 다음과 같다.

$$\rho_p = 1, \;\; \bar{\omega} = \omega$$

실제로 수치해는 이 조건을 만족하지 못하며, 직접적분법을 사용함으로 발생하는 이 오차를 '주기연장(PE: period elongation)'과 '진폭감소(AD: amplitude decay)'로 나타낸다.

$$\mathrm{PE} = \frac{\bar{T} - T}{T} = \frac{\omega\Delta t - \phi}{\phi}$$

$$\mathrm{AD} = \frac{\rho_p^n - \rho_p^{n+\frac{\bar{T}}{\Delta t}}}{\rho_p^n} = 1 - \rho_p^{\frac{\bar{T}}{\Delta t}} = 1 - \rho_p^{\frac{2\pi}{\phi}}$$

여기서 $\bar{T} = \frac{2\pi}{\bar{\omega}}$이다. 또한, 등가점성감쇠계수(equivalent viscous damping coefficient, $\bar{\xi}$)를 정의하여 진폭감소를 나타낼 수도 있다.

$$\rho_p^n = e^{-\bar{\xi}\bar{\omega} n\Delta t} = e^{-\bar{\xi}\phi n} \rightarrow \bar{\xi} = -\frac{\ln \rho_p}{\phi}$$

정확해와 비교한 주기연장을 $\frac{\Delta t}{T}$의 함수로 나타내면 다음과 같다. 각 방법들은 $\frac{\Delta t}{T} \leq \mathbf{0.01}$일 때는 주기연장과 진폭감소가 거의 없는 정확한 값을 나타내지만, $\frac{\Delta t}{T}$가 커짐에 따라 주기연장과 진폭감소가 증가한다. 묵시적 방법인 뉴마크방법은 진폭감소가 없는 것을 알 수 있다. 즉, 단자유도계에 대해서 뉴마크방법(특히, 선형 가속도법)이 진폭감소가 없으며 주기연장도 가장 작았다. 참고로 모드별로 직접적분법을 적용하는 경우, 주기가 작은 고차 모드로 갈수록, 수치적 오차인 주기연장과 진폭감소가 점차 크게 발생하게 된다.

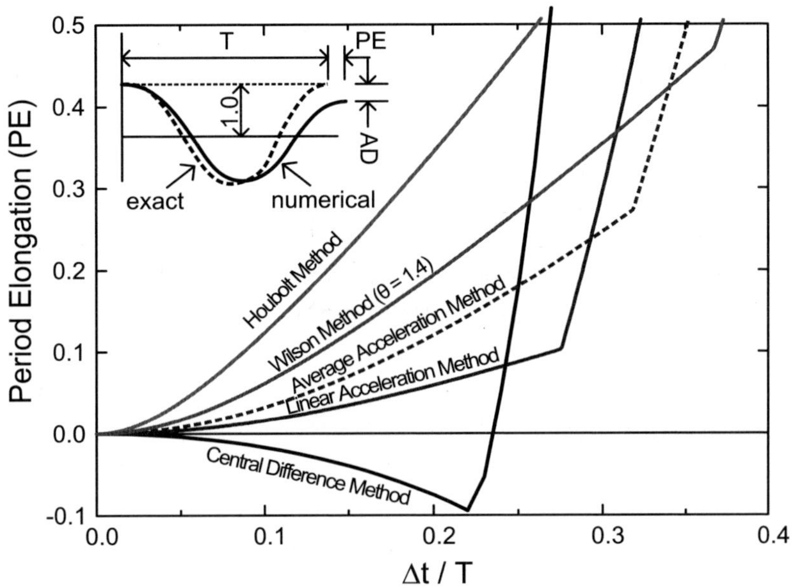

(a) Period elongation (PE)

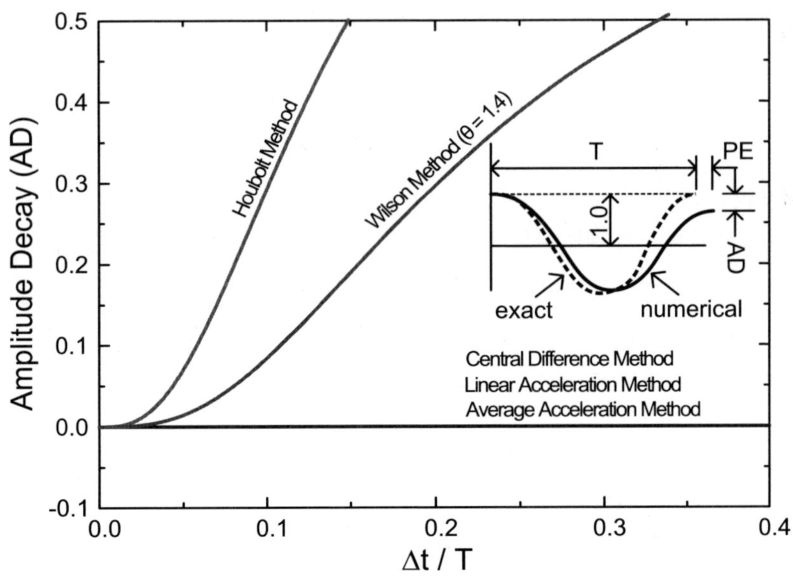

(b) Amplitude decay (AD)

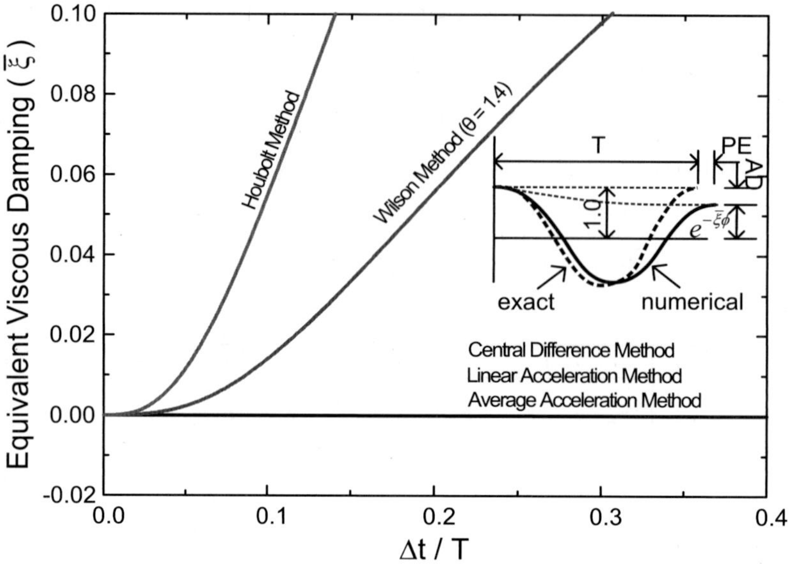

(c) Equivalent viscous damping coefficient ($\bar{\xi}$)

그림 2.4.8 직접적분법의 정확도

[예제] 2.4.2 선형하중법과 Δt

조화하중 $f(t) = 20\pi^2 \sin \omega_e t$ (N)가 작용되는 단자유도 구조물이 있을 때, 하중의 가진진동수(ω_e)와 구조물의 고유진동수(ω_n)가 일치하여 공진이 발생하였다 (즉, $\omega_e = \omega_n$ 또는 $\beta = \frac{\omega_e}{\omega_n} = 1$). 선형하중법(piecewise exact method)을 사용하여 $\Delta t = \frac{T_n}{4}, \frac{T_n}{8}, \frac{T_n}{16}$일 때, 구조물의 변위응답을 구하라. 여기서 $u(0) = 0$, $\dot{u}(0) = 0$, $m = 1{,}000$ kg, $k = 4{,}000\pi^2 \frac{\mathrm{N}}{\mathrm{m}}$, $\omega_n = \sqrt{\frac{k}{m}} = 2\pi \frac{rad}{\sec}$, $\xi = 0.05$이다.

(참조 예제: 2.2.1 조화하중에 의한 공진응답)

[풀이]

(1) 감쇠비가 5%인 경우: $\xi = 0.05$

$\xi = 0.05$ 와 $\omega_d \approx \omega_n = \omega_e$로 구한 해는 다음과 같다.

$$\frac{u_h(t)}{\frac{A_f}{k}} = e^{-\xi\omega_n t}\left[\frac{1}{2\xi}\cos\omega_d t + \frac{1}{2\sqrt{1-\xi^2}}\sin\omega_d t\right]$$

$$= e^{-0.05\omega_n t}\left[\frac{1}{2\times 0.05}\cos\omega_d t + \frac{1}{2\sqrt{1-0.05^2}}\sin\omega_d t\right]$$

$$= 10e^{-0.05\omega_n t}[\cos\omega_d t + 0.05\sin\omega_d t]$$

$$\frac{u_p(t)}{\frac{A_f}{k}} = -\frac{1}{2\xi}\cos\omega_e t = -\frac{1}{2\times 0.05}\cos\omega_e t = -10\cos\omega_e t$$

$$u(t) = \frac{A_f}{k}\{u_h(t) + u_p(t)\}$$

(2) $\Delta t = \frac{T_n}{4}, \frac{T_n}{8}, \frac{T_n}{16}$인 경우, 선형하중법에 의한 응답

$\Delta t < \frac{T_n}{10}$일 경우, 정확해와 잘 일치한다.

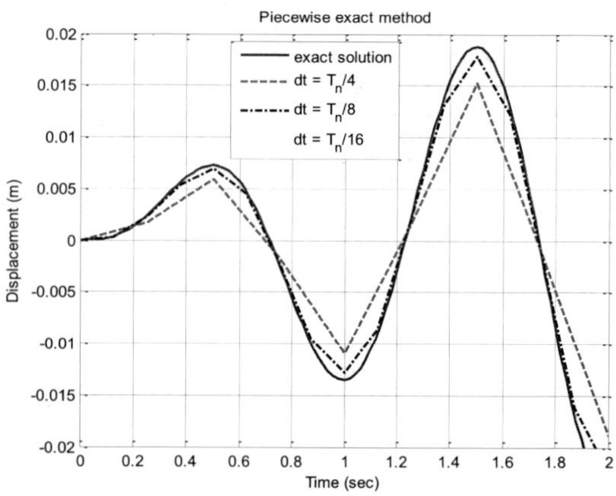

[예제] 2.4.2 삼각형 충격하중과 수조의 응답

수조구조물에 다음과 같은 충격하중이 작용하였다. 1) 뒤아멜적분방법, 2) 윌슨방법, 3) 뉴마크방법을 사용하여, 수조의 최대변위를 구한 후, 앞서 순수충격하중으로 근사하여 구한 최대응답과 비교하라. 여기서 시간간격은 0.02 sec를, 면적적분을 구하기 위해 사다리꼴방법을 각각 사용하고, 수조구조물의 횡방향 진동 주기(T_n)는 2.5 sec이고, 횡방향 강성(k)은 150.4$\frac{\text{kN}}{\text{m}}$로 가정하여라.

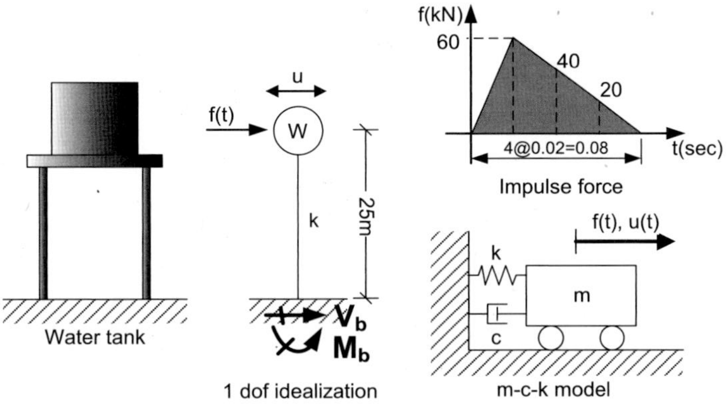

[풀이]

- 뒤아멜적분방법

(1) 만수 수조의 고유진동수, ω_F

$$\omega_F = \frac{2\pi}{T_F} = \frac{2\pi}{2.5\ \text{sec}} = 2.513\,\frac{\text{rad}}{\text{sec}}$$

(2) $\xi = 0 \rightarrow \omega_d \approx \omega_n$

$$m = 20{,}000 + 3{,}809 = 23{,}809\ \text{kg}$$

(3) 사다리꼴 면적적분

$$\int_0^t f(\tau)d\tau = \frac{\Delta\tau}{2}(f_0 + 2f_1 + 2f_2 + \cdots + 2f_{n-1} + f_n)$$

(4) 비감쇠 자유진동 변위응답, $u(t)$

$$u(t) = \text{C}_1 \sin\omega_n t + \text{C}_2 \cos\omega_n t$$

여기서

$$\text{C}_1 = \frac{1}{m\omega_n}\int_0^t f(\tau)\cos\omega_n\tau\, d\tau\,,\ \ \text{C}_2 = -\frac{1}{m\omega_n}\int_0^t f(\tau)\sin\omega_n\tau\, d\tau$$

(6) 최대 변위응답, u_{max}

$$u_{max} = 0.04\ \text{m} = 4\ \text{cm}$$

즉, 앞서 순수충격하중으로 근사하여 구한 최대응답과 동일함을 알 수 있다.

τ (sec)	$f(\tau)$ (N)	$f(\tau)\cos\omega_n\tau$ (N)	$f(\tau)\sin\omega_n\tau$ (N)	C_1 (m)	C_2 (m)	$u(t)$ (m)
0.00	0	0	0	0.0000	0.0000	0.0000
0.02	60000	59924	3015	0.0100	0.0005	0.0000
0.04	40000	39798	4014	0.0267	0.0017	0.0010
0.06	20000	19773	3005	0.0366	0.0029	0.0027
0.08	0	0	0	0.0399	0.0034	0.0047
0.10	0	0	0	0.0399	0.0034	0.0067
0.12	0	0	0	0.0399	0.0034	0.0087
0.14	0	0	0	0.0399	0.0034	0.0106
0.16	0	0	0	0.0399	0.0034	0.0125
0.18	0	0	0	0.0399	0.0034	0.0144
0.20	0	0	0	0.0399	0.0034	0.0163
⋮	⋮	⋮	⋮	⋮	⋮	⋮

• 윌슨방법 및 뉴마크방법

이 경우에도 앞서 순수충격하중으로 근사하여 구한 최대응답과 동일함을 알 수 있다.

```
dt= 0.02;
N = 4/dt+1;
%
M = [23809];
C = [0.00];
K = [150.4e3];
F = 1e3*[0 60 40 20 0 zeros(N-5,1)']';
[N,nd] = size(F);
```

```
(1) 윌슨방법
[X,Xv,Xa]=wilson(nd,N,dt,M,C,K,F);

(2) 뉴마크방법
[X,Xv,Xa]=newmark(nd,N,dt,M,C,K,F);

resp = [(0.0:dt:dt*(N-1))', X, Xv, Xa];
save resp.dat resp -ascii
```

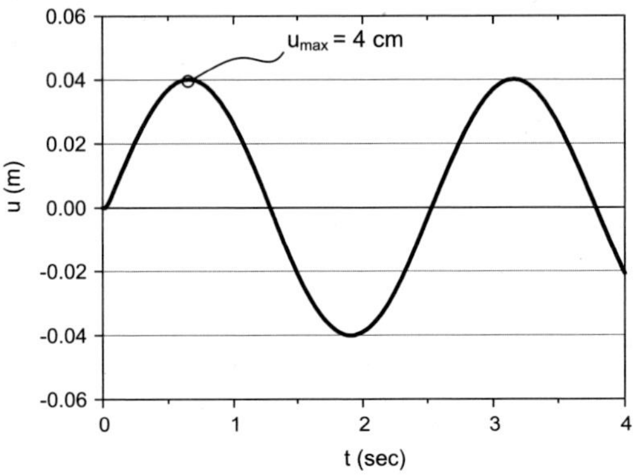

(a) 뒤아멜적분방법

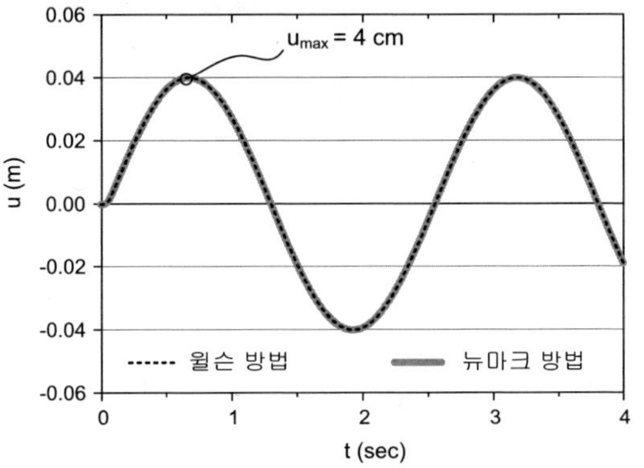

(b) 윌슨방법 및 뉴마크방법

[예제] 2.4.3 명시적 방법: 중앙차분법 유도

(1) 속도 근사

$$ {}^{n\Delta t}\dot{u} = \frac{{}^{(n+1)\Delta t}u - {}^{(n-1)\Delta t}u}{2\Delta t} + R $$

여기서 R은 truncation error이며, 이 식에 $u = 1, t, t^2, t^3, \cdots, t^m$을 차례로 대입하면 다음과 같다.

$u = 1$인 경우: $\dot{u} = 0$

$$ {}^{n\Delta t}\dot{u} = R \rightarrow \therefore R = 0 $$

$u = t$인 경우: $\dot{u} = 1$

$$ {}^{n\Delta t}\dot{u} = \frac{(n\Delta t + \Delta t) - (n\Delta t - \Delta t)}{2\Delta t} + R = 1 + R \rightarrow \therefore R = 0 $$

$u = t^2$인 경우: $\dot{u} = 2t$

$$ {}^{n\Delta t}\dot{u} = \frac{(n\Delta t + \Delta t)^2 - (n\Delta t - \Delta t)^2}{2\Delta t} + R = 2(n\Delta t) + R \rightarrow \therefore R = 0 $$

$u = t^3$인 경우: $\dot{u} = 3t^2$

$$ {}^{n\Delta t}\dot{u} = \frac{(n\Delta t + \Delta t)^3 - (n\Delta t - \Delta t)^3}{2\Delta t} + R = 3(n\Delta t)^2 + (\Delta t)^2 + R \rightarrow \therefore R = -(\Delta t)^2 $$

$u = t^m$인 경우: $\dot{u} = mt^{m-1}$

$R = \frac{E_m}{m!} u^{(m)}$로 일반화 할 수 있고, $m = 3$일 경우, $E_3 = -(\Delta t)^2$이다.

(2) 가속도 근사

$$ {}^{n\Delta t}\ddot{u} = \frac{{}^{(n+1)\Delta t}u - 2\,{}^{n\Delta t}u + {}^{(n-1)\Delta t}u}{(\Delta t)^2} + R $$

여기서 R은 truncation error이며, 이 식에 $u = 1, t, t^2, t^3, t^4, \cdots, t^m$을 차례로 대입하면 다음과 같다.

$u=1$인 경우: $\ddot{u}=0$

$$^{n\Delta t}\ddot{u}=R \rightarrow \therefore R=0$$

$u=t$인 경우: $\ddot{u}=0$

$$^{n\Delta t}\ddot{u}=\frac{(n\Delta t+\Delta t)-2n\Delta t+(n\Delta t-\Delta t)}{(\Delta t)^2}+R=R \rightarrow \therefore R=0$$

$u=t^2$인 경우: $\ddot{u}=2$

$$^{n\Delta t}\ddot{u}=\frac{(n\Delta t+\Delta t)^2-2(n\Delta t)^2+(n\Delta t-\Delta t)^2}{(\Delta t)^2}+R=2+R \rightarrow \therefore R=0$$

$u=t^3$인 경우: $\ddot{u}=6t$

$$^{n\Delta t}\ddot{u}=\frac{(n\Delta t+\Delta t)^3-2(n\Delta t)^3+(n\Delta t-\Delta t)^3}{(\Delta t)^2}+R=6(n\Delta t)+R \rightarrow \therefore R=0$$

$u=t^4$인 경우: $\ddot{u}=12t^2$

$$^{n\Delta t}\ddot{u}=\frac{(n\Delta t+\Delta t)^4-2(n\Delta t)^4+(n\Delta t-\Delta t)^4}{(\Delta t)^2}+R=12(n\Delta t)^2+2(\Delta t)^2+R \rightarrow \therefore R=-2(\Delta t)^2$$

$u=t^m$인 경우: $\ddot{u}=m(m-1)t^{m-2}$

$R=\frac{E_m}{m!}u^{(m)}$로 일반화 할 수 있고, $m=4$일 경우, $E_4=-2(\Delta t)^2$이다.

[예제] 2.4.4 묵시적 방법: Houbolt방법 유도

(1) 속도 근사

$$^{(n+1)\Delta t}\dot{u}=a_1\,{}^{(n-2)\Delta t}u + a_2\,{}^{(n-1)\Delta t}u + a_3\,{}^{n\Delta t}u + a_4\,{}^{(n+1)\Delta t}u$$

4개의 임의의 상수(a_i)가 있으므로, 이 식에 $u=1,t,t^2,t^3$를 차례로 대입하여 상수를 구하면 다음과 같다.

$u=1$인 경우: $\dot{u}=0$

$$0=a_1+a_2+a_3+a_4$$

$u=t$인 경우: $\dot{u}=1$

$$1=(-2a_1-a_2+a_4)\Delta t$$

$u=t^2$인 경우: $\dot{u}=2t$

$$2\Delta t=(4a_1+a_2+a_4)(\Delta t)^2$$

$u=t^3$인 경우: $\dot{u}=3t^2$

$$3(\Delta t)^2=(-8a_1-a_2+a_4)(\Delta t)^3$$

4개 상수에 관한 4개 연립방정식의 해를 구하면 다음과 같다.

$$a_1=-\frac{1}{3\Delta t}, a_2=\frac{3}{2\Delta t}, a_3=-\frac{3}{\Delta t}, a_4=\frac{11}{6\Delta t} \rightarrow \therefore\ ^{(n+1)\Delta t}\dot{u}=\frac{-2\,{}^{(n-2)\Delta t}u+9\,{}^{(n-1)\Delta t}u-18\,{}^{n\Delta t}u+11\,{}^{(n+1)\Delta t}u}{6\Delta t}$$

(2) 가속도 근사

$$^{(n+1)\Delta t}\ddot{u}=b_1\,{}^{(n-2)\Delta t}u + b_2\,{}^{(n-1)\Delta t}u + b_3\,{}^{n\Delta t}u + b_4\,{}^{(n+1)\Delta t}u$$

4개의 임의의 상수(b_i)가 있으므로, 이 식에 $u=1,t,t^2,t^3$를 차례로 대입하여 상수를 구하면 다음과 같다.

$u=1$인 경우: $\ddot{u}=0$

$$0=b_1+b_2+b_3+b_4$$

$u=t$인 경우: $\ddot{u}=0$

$$0=(-2b_1-b_2+b_4)\Delta t$$

$u=t^2$인 경우: $\ddot{u}=2$

$$2=(4b_1+b_2+b_4)(\Delta t)^2$$

$u=t^3$인 경우: $\ddot{u}=6t$

$$6\Delta t=(-8b_1-b_2+b_4)(\Delta t)^3$$

4개 상수에 관한 4개 연립방정식의 해를 구하면 다음과 같다.

$$b_1=-\frac{1}{(\Delta t)^2}, b_2=\frac{4}{(\Delta t)^2}, b_3=-\frac{5}{(\Delta t)^2}, b_4=\frac{2}{(\Delta t)^2} \rightarrow \therefore\ ^{(n+1)\Delta t}\ddot{u}=\frac{-\,{}^{(n-2)\Delta t}u+4\,{}^{(n-1)\Delta t}u-5\,{}^{n\Delta t}u+2\,{}^{(n+1)\Delta t}u}{(\Delta t)^2}$$

[예제] 2.4.6 묵시적 방법: 뉴마크방법 유도

(1) 속도 근사

$$^{(n+1)\Delta t}\dot{u} = a_1\ {}^{n\Delta t}\dot{u}\ +\ a_2\ {}^{n\Delta t}\ddot{u}\ +\ a_3\ {}^{(n+1)\Delta t}\ddot{u}$$

3개의 임의의 상수(a_i)가 있으므로, 이 식에 $u = 1, t, t^2$를 차례로 대입하여 상수를 구하면 다음과 같다.

$u = 1$인 경우: $\dot{u} = \ddot{u} = 0$

$$0 = 0$$

$u = t$인 경우: $\dot{u} = 1, \ddot{u} = 0$

$$1 = a_1$$

$u = t^2$인 경우: $\dot{u} = 2t, \ddot{u} = 2$

$$\Delta t = a_2 + a_3$$

3개의 a_i중에서 $a_1 = 1$로 결정되었으므로, a_2와 a_3에 관한 1개의 방정식과 2개의 미지 상수(a_2와 a_3)가 남는다. 따라서 $a_3 = \gamma\Delta t$로 가정하여(여기서 γ는 임의의 상수), $a_2 = (1-\gamma)\Delta t$를 구한다.

$$a_1 = 1, a_2 = (1-\gamma)\Delta t, a_3 = \gamma\Delta t$$

이 식을 속도에 관한 근사식에 대입한 후, truncation error(R)를 도입하면 다음과 같다.

$$^{(n+1)\Delta t}\dot{u} = {}^{n\Delta t}\dot{u}\ +\ \left[(1-\gamma)\ {}^{n\Delta t}\ddot{u} + \gamma\ {}^{(n+1)\Delta t}\ddot{u}\right]\Delta t\ +\ R$$

$u = t^3$인 경우: $\dot{u} = 3t^2, \ddot{u} = 6t$

$$3[(n+1)\Delta t]^2 = 3(n\Delta t)^2\ +\ [(1-\gamma)\times 6n + \gamma\times 6(n+1)](\Delta t)^2\ +\ R \rightarrow \therefore R = (3-6\gamma)(\Delta t)^2$$

$u = t^m$인 경우: $\dot{u} = mt^{m-1}, \ddot{u} = m(m-1)t^{m-2}$

$R = \frac{E_m}{m!}u^{(m)}$로 일반화 할 수 있고, $m = 3$일 경우, $E_3 = (3-6\gamma)(\Delta t)^2$이다.

일반적으로 $\gamma = \frac{1}{2}$를 사용하며, 이 경우 근사 속도는 다음과 같다.

$$^{(n+1)\Delta t}\dot{u} = {}^{n\Delta t}\dot{u}\ +\ \left[{}^{n\Delta t}\ddot{u} + {}^{(n+1)\Delta t}\ddot{u}\right]\frac{\Delta t}{2}\ +\ R \rightarrow \therefore\ R = E_3 = 0$$

$u = t^4$인 경우 R은 다음과 같다.

$R = -\frac{(\Delta t)^3}{12}u^{(4)}$이며, $R = \frac{E_m}{m!}u^{(m)}$에서 $m = 4$일 경우, $E_4 = -2(\Delta t)^3$이다.

(2) 변위 근사

$$^{(n+1)\Delta t}u = b_1\ {}^{n\Delta t}u\ +\ b_2\ {}^{n\Delta t}\dot{u}\ +\ b_3\ {}^{n\Delta t}\ddot{u}\ +\ b_4\ {}^{(n+1)\Delta t}\ddot{u}$$

4개의 임의의 상수(b_i)가 있으므로, 이 식에 $u = 1, t, t^2$를 차례로 대입하여 상수를 구하면 다음과 같다.

$u = 1$인 경우: $\dot{u} = \ddot{u} = 0$

$$1 = b_1$$

$u = t$인 경우: $\dot{u} = 1, \ddot{u} = 0$

$$\Delta t = b_2$$

$u = t^2$인 경우: $\dot{u} = 2t, \ddot{u} = 2$

$$(\Delta t)^2 = 2b_3 + 2b_4$$

4개의 상수(b_i)중에서 $b_1 = 1$과 $b_2 = \Delta t$를 결정하였으므로, b_3와 b_4에 관한 1개의 방정식과 2개의 미지 상수(b_3와 b_4)가 남는다. 따라서 $b_4 = \beta(\Delta t)^2$로 가정하여 $b_3 = (\Delta t)^2\left(\frac{1}{2}-\beta\right)$를 구한다(여기서 β는 임의의 상수).

$$b_1 = 1, b_2 = \Delta t, b_3 = (\Delta t)^2\left(\frac{1}{2}-\beta\right), b_4 = \beta(\Delta t)^2$$

이 식을 변위에 관한 근사식에 대입한 후, truncation error(R)를 도입하면 다음과 같다.

$$^{(n+1)\Delta t}u = {}^{n\Delta t}u\ +\ {}^{n\Delta t}\dot{u}\,\Delta t\ +\left[\left(\frac{1}{2}-\beta\right)\ {}^{n\Delta t}\ddot{u}\ +\ \beta\ {}^{(n+1)\Delta t}\ddot{u}\right](\Delta t)^2\ +\ R$$

$u = t^3$인 경우: $\dot{u} = 3t^2, \ddot{u} = 6t$

$$R = (\Delta t)^3(1-6\beta)$$

$u = t^m$인 경우: $\dot{u} = mt^{m-1}, \ddot{u} = m(m-1)t^{m-2}$

$R = \frac{E_m}{m!}u^{(m)}$로 일반화 할 수 있고, $m = 3$일 경우, $E_3 = (\Delta t)^3(1-6\beta)$이다.

MATLAB/PYTHON: 2.4.4 명시적 방법: 룬게-쿠타방법 (ch244_runge)

다음 단자유도 운동방정식의 구조물의 동적 응답을 룬게-쿠타방법으로 구하라.

$$m\ddot{u}(t) + c\dot{u}(t) + ku(t) = \mathrm{A}_f\left(1 - \sin\frac{\pi t}{2t_0}\right)$$

여기서 $\mathrm{A}_f = 1, t_0 = \pi, m = 1, c = 0.2, k = 1$이고, 초기조건으로 $u(0) = \dot{u}(0) = 0$을 가정하여라.

[풀이]

(1) 2계 미분방정식 → 연립 1계 미분방정식

$$\dot{U}(t) = F(t) \rightarrow \begin{Bmatrix}\dot{u}_1(t)\\ \dot{u}_2(t)\end{Bmatrix} = \begin{Bmatrix}\dot{u}(t)\\ f_{eq}(u_1, u_2; t)\end{Bmatrix} = \begin{Bmatrix}u_2(t)\\ \frac{1}{m}\left[\mathrm{A}_f\left(1 - \sin\frac{\pi t}{2t_0}\right) - cu_2(t) - ku_1(t)\right]\end{Bmatrix}$$

(2) 초기조건과 시간간격

$$U(0) = \begin{Bmatrix}u_1(0)\\ u_2(0)\end{Bmatrix} = \begin{Bmatrix}u(0)\\ \dot{u}(0)\end{Bmatrix} = \begin{Bmatrix}0\\ 0\end{Bmatrix},\quad \Delta t = \frac{\pi}{10}$$

(3) 코딩

(4) 결과

step	time	$u_1(t) = u(t)$	$u_2(t) = \dot{u}(t) = \dot{u}_1(t)$
0	0	0	0
1	0.3142	0.0454	0.2756
2	0.6283	0.1637	0.4615
3	0.9425	0.3249	0.5472
...	...	...	...
19	5.9690	0.0852	0.7649
20	6.2832	0.1909	0.9844

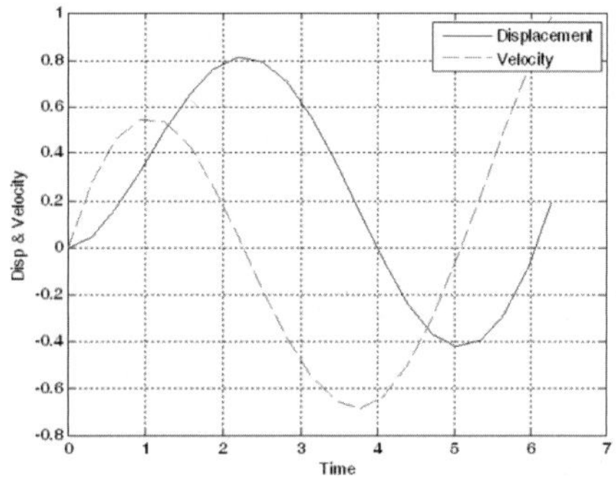

MATLAB/PYTHON: 2.4.5 묵시적 방법: 윌슨/뉴마크방법 (ch02_wilson, ch02_newmark)

다음 단자유도 구조물의 동적 응답을 (1) 윌슨방법 및 (2) 뉴마크방법을 사용하여 구하라. 여기서 초기조건으로 정지상태를 가정하고, 입력 하중은 1940년 엘센트로(El Centro)에서 남북방향으로 계측된 지진을 사용하여라. (단위: 길이(m), 질량(kg), 하중(N))

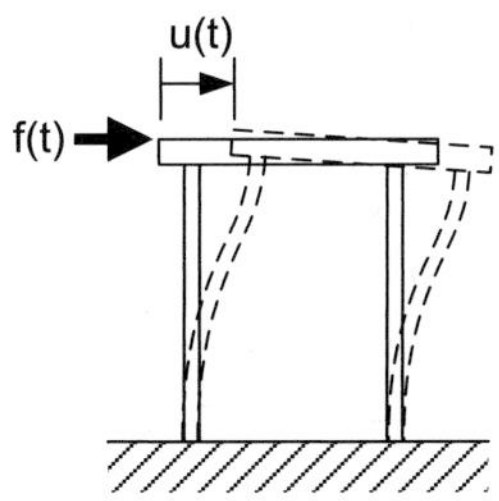

m = 1 kg
c = 0.04 N/(m/sec)
k = 1 N/m

f = m $\ddot{u}_g$ N
$\ddot{u}_g$ = El Centro 지진(m/sec^2)

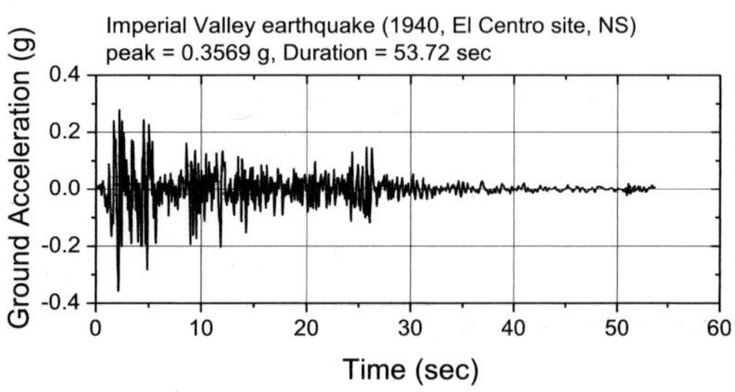

[풀이]

(1) 운동방정식

$$\ddot{u}(t) + 0.04\,\dot{u}(t) + u(t) = f(t)$$

(2) 결과

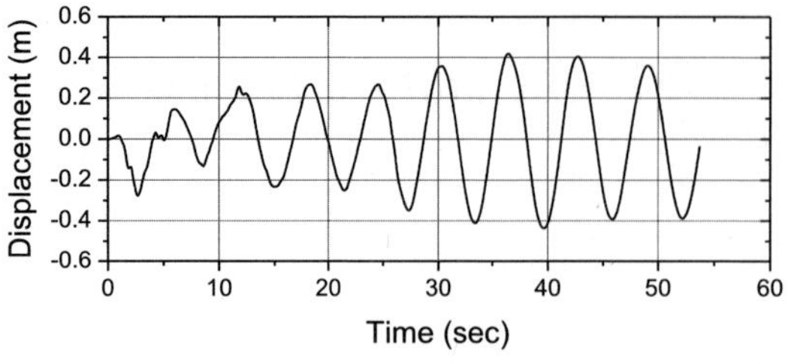

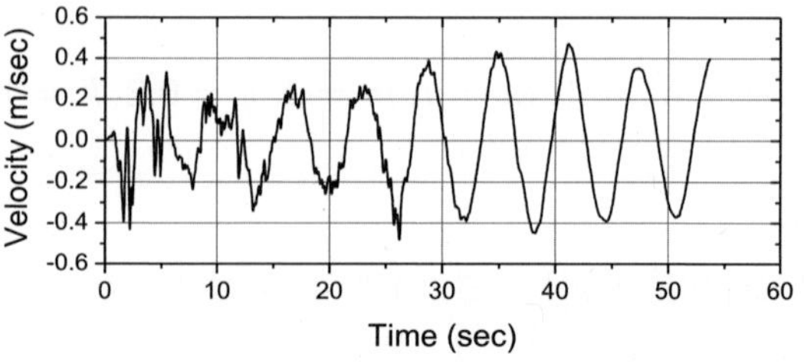

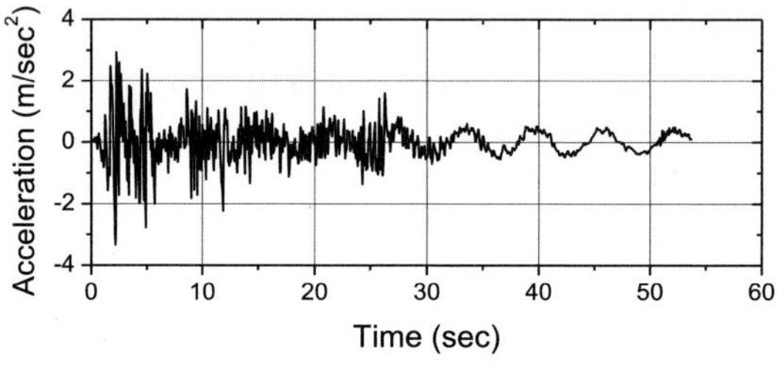

(3) 윌슨방법

function [X,Xv,Xa] = wilson(nd,N,dt,M,C,K,F)

[입력 변수]

nd = 자유도수 (예: 1, 2, 3)
N = 입력시계열 데이터 수 (예: 512, 1024, 2048)
dt = 시간간격 (예: 0.02, 0.01, 0.005)
M = 질량행렬 (nd × nd)
C = 감쇠행렬 (nd × nd)
K = 강성행렬 (nd × nd)
F = 하중벡터 (nd × 1)

[출력 변수]

X = 변위벡터 (nd × 1)
Xv = 속도벡터 (nd × 1)
Xa = 가속도벡터 (nd × 1)

(4) 뉴마크방법

function [X,Xv,Xa] = newmark(nd,N,dt,M,C,K,F)

[입력 변수]

nd = 자유도수 (예: 1, 2, 3)
N = 입력시계열 데이터 수 (예: 512, 1024, 2048)
dt = 시간간격 (예: 0.02, 0.01, 0.005)
M = 질량행렬 (nd × nd)
C = 감쇠행렬 (nd × nd)
K = 강성행렬 (nd × nd)
F = 하중벡터 (nd × 1)

[출력 변수]

X = 변위벡터 (nd × 1)
Xv = 속도벡터 (nd × 1)
Xa = 가속도벡터 (nd × 1)

MATLAB/PYTHON: 2.4.8 묵시적 방법: 뉴마크방법 안정성 (ch02_stability_nmk)

본문의 뉴마크방법의 안정성 평가 결과인 spectral radius($\rho(\mathbf{A})$)를 참조한다.

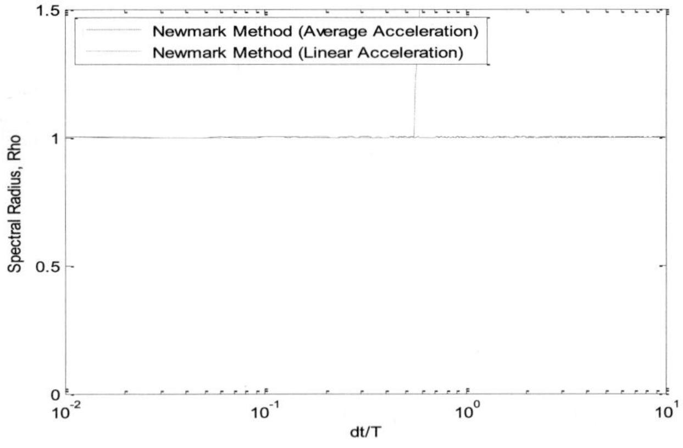

MATLAB/PYTHON: 2.4.9 묵시적 방법: 뉴마크방법 정확도 (ch02_PE_AD_nmk)

본문의 뉴마크방법의 정확도 평가 결과인 주기연장(PE)과 진폭감소(AD)를 참조한다.

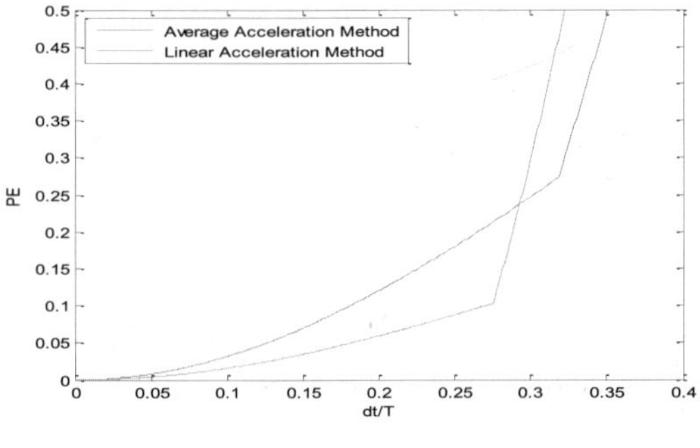

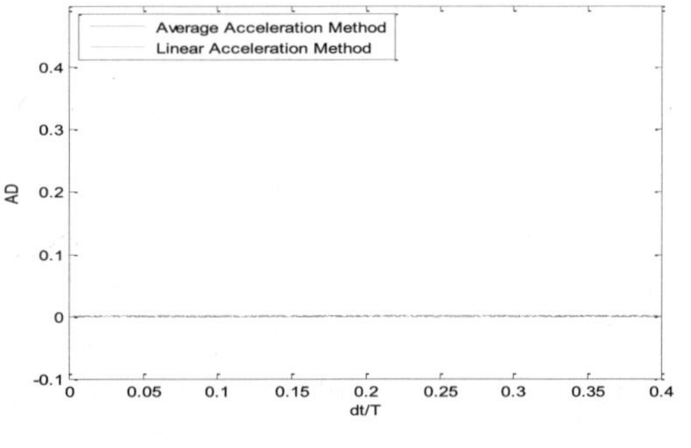

인물: 뉴마크(Newmark)

• 뉴마크 [Nathan Mortimore Newmark, 1910.09.22 ~ 1981.01.25]

국적: 미국

활동분야: 구조공학/토목공학

출생지: 미국 뉴저지주

주요수상: National Medal of Science for Engineering

초창기

뉴마크는 뉴저지주 플레인필드에서 태어나,노스캐롤라이나주와 뉴저지주에서 초기 교육을 받은 후, 러트거스대학(Rutgers University)에 진학했고, 1930년 러트거스대학 토목공학과를 최우등으로 졸업하였다.

일리노이대학

뉴마크는 일리노이대학(UIUC, Univ. of Illinois at Urbana-Champaign) 토목공학과에서 1932년 및 1934년 각각 석박사학위를 받았으며, UIUC를 졸업한 후, 토목공학과의 요직을 두루 거쳤다. 그의 지도하에 UIUC 토목공학 프로그램은 새로운 수준으로 성장하였다. 현재 UIUC 캠퍼스에는 그의 이름을 딴 토목공학연구실이 있다.

업적

제2차 세계 대전동안 뉴마크는 국방연구위원회 및 과학연구개발연구소을 위해 자문하였고, 이에 대한 공로로 1948년 대통령 공로인증을 받았다.

1959년 뉴마크는 미분방정식을 풀기 위해 사용되는 유명한 수치적분법인 뉴마크베타법을 소개하였다. 나중에 초창기 트랜지스터 컴퓨터 중에 하나였으며, 최초의 디지털 컴퓨터인 ILLIAC II를 개발하는데 기여를 했다. 이 컴퓨터는 그 당시 발명되지조차 못한 트랜지스터를 사용하도록 설계되었으며, 결국 이 컴퓨터는 공학 컴퓨터 소프트웨어를 발전시켰다.

뉴마크의 또 다른 업적은 의 멕시코시티에 위치한, 1984년까지 멕시코시티에서 가장 높은 건물이었던 Torre Latinoamericana (라틴 아메리카 타워)이다. 그는 이 프로젝트의 컨설팅 엔지니어였으며, 구조물을 연약지반 상에서 지진에 견딜 수 있도록 설계하였다. 1957년 지진과 1985년 이전보다 더 큰 지진이 도시를 강타했을 때, 그의 설계는 검증되었다. 이 타워는 지진을 견디었고, 오늘날까지 지진공학 진전의 증인으로 서있다. 또한, 그는 다른 큰 프로젝트들(베이 지역 철도시스템, 알래스카 횡단 파이프라인 시스템, 알래스카 천연가스 파이프라인, 그리고 약 70 개의 원자력발전소 등)에서 내진설계기준을 개발하였다.

뉴마크는 그의 경력 동안, 다양한 하중조건과 복잡한 구조부재들과 조합을 해석하기 위한, 그리고 기초 아래 놓인 지반의 응력과 변형을 계산하기 위한, 간단하면서도 강력하고 널리 사용되는 방법을 개발했다. 또한, 그는 알래스카 횡단 파이프라인 건설의 엔지니어였다. 1970년대 석유 및 에너지 부족, 높은 실업률과 높은 인플레이션 때문에, 국가는 국내 가용한 천연자원을 보존하고 사용하는 일을 해야만 했다. 알래스카에서 석유가 발견되었을 때, 정유공장으로 석유를 신속하고 효율적으로 이동하기 위한 설계가 필요하였다. 알래스카 지역은 정상 지하 파이프파인에 대해 많은 다양한 문제를 제시했으므로, 뉴마크는 단층 근방의 파이프라인 구역을 설계하는데 자문하였다. 그는 구조물에 미치는 지진의 영향에 관한 많은 연구를 수행했으므로, 이러한 대변혁적인 문제를 다루는데 이상적인 배경을 갖고 있었다.

1968년 그는 공학분야 국민과학훈장을 받았으며 다른 여러 상들을 받았다. 그 후 미국토목학회는 구조공학분야에서 그의 공로를 인정하여 메달을 수여하였다.

스승

뉴마크는 UIUC에서 모멘트분배법을 개발한 하디 크로스(Hardy Cross) 문하에서 일했다. 설계자들은 이 방법을 사용하여 부정정 철근콘크리트구조물을 해석할 수 있었다. <출처: Wikipedia 백과사전>

2.5 수치해석기법: 진동수영역방법

2.5.1 시간영역방법과 진동수영역방법

시간영역 수치해석기법은 운동방정식의 해를 시간영역에서 직접 구하므로 '시간영역방법(time domain method)'이라 한다. 이에 반해 '진동수영역방법(frequency domain method; 주파수영역방법)'은시간영역에서의 미분 운동방정식을 진동수영역의 선형 운동방정식으로 변환한 후 해를 구한다. 일반적으로 푸리에 변환(Fourier transform)을 사용하여 운동방정식을 진동수영역으로 변환하면, 시간영역에서 해를 구하는 것보다 더 효율적으로 해를 구할 수 있다. 더욱이 푸리에 변환으로 FFT(fast Fourier transform, 고속 푸리에 변환) 알고리즘을 이용하여, DFT(discrete Fourier transform, 이산 푸리에 변환)를 적용하면, 푸리에 변환에 사용되는 적분을 쉽고 빠르게 처리할 수 있다.

1) 푸리에 변환 및 역변환(FT)

$$U(f) = \mathcal{F}\{u(t)\} = \int_{-\infty}^{\infty} u(t)\, e^{-i\,2\pi f\,t} dt$$

$$\Leftrightarrow \quad u(t) = \mathcal{F}^{-1}\{U(f)\} = \int_{-\infty}^{\infty} U(f)\, e^{i\,2\pi f\,t} df$$

2) 이산 푸리에 변환 및 역변환(DFT)

$$U(f_k) = \frac{1}{N}\sum_{n=0}^{N-1} u(t_n)\, e^{-i\frac{2\pi nk}{N}}$$

$$\Leftrightarrow \quad u(t_n) = \sum_{k=0}^{N-1} U(f_k)\, e^{i\frac{2\pi nk}{N}}$$

진동수영역방법의 핵심은, 시간영역에서 '중첩적분(*)'을 사용하여 구하는 구조물의 응답 $u(t)$을, 진동수영역에서는 단순한 곱으로 구조물의 응답 $U(\omega)$을 구할 수 있다는 것이다.

$$u(t) = \int_0^t f(\tau)h(t-\tau)d\tau = (f * h)(t) = f(t) \otimes h(t)$$

$$\Leftrightarrow \quad U(\omega) = H(\omega)F(\omega)$$

여기서 $h(t-\tau)$는 충격응답함수이고, $H(\omega)$는 다음과 같이 $h(t-\tau)$를 진동수영역으로 변환한 것으로 '복소진동수응답함수(complex frequency response function; 컴플라이언스; compliance)'라고 하며, '동적강성(dynamic stiffness) $S(\omega)$의 역수이다.

$$S(\omega) = -\omega^2 m + i\omega c + k$$

$$H(\omega) = S^{-1}(\omega) = \mathcal{F}\{h(t)\} = \frac{1}{-\omega^2 m + i\omega c + k}$$

일반적으로 시간영역방법은 시스템의 비선형성과 시간 의존성을 고려하기가 용이하나, 해석시간이 진동수영역방법에 비해 상대적으로 오래 소요되고, 시스템의 진동수 의존성을 고려하기 어렵다. 이에 비해 진동수영역방법은 시스템의 진동수 의존성을 고려하기 쉽고, 해석시간이 시간영역방법에 비해 상대적으로 짧게 소요되나, 시스템의 시간 의존성을 고려하기 어려우며, 중첩원리에 근거하므로 시스템의 비선형성을 고려하기가 어렵다. 참고로 지반과 같은 (반)무한영역에서의 진동전파 특성은 진동수 의존특성을 갖고 있으므로, 이를 고려하기 위해서 시간영역방법보다는 진동수영역방법이 효과적이다.

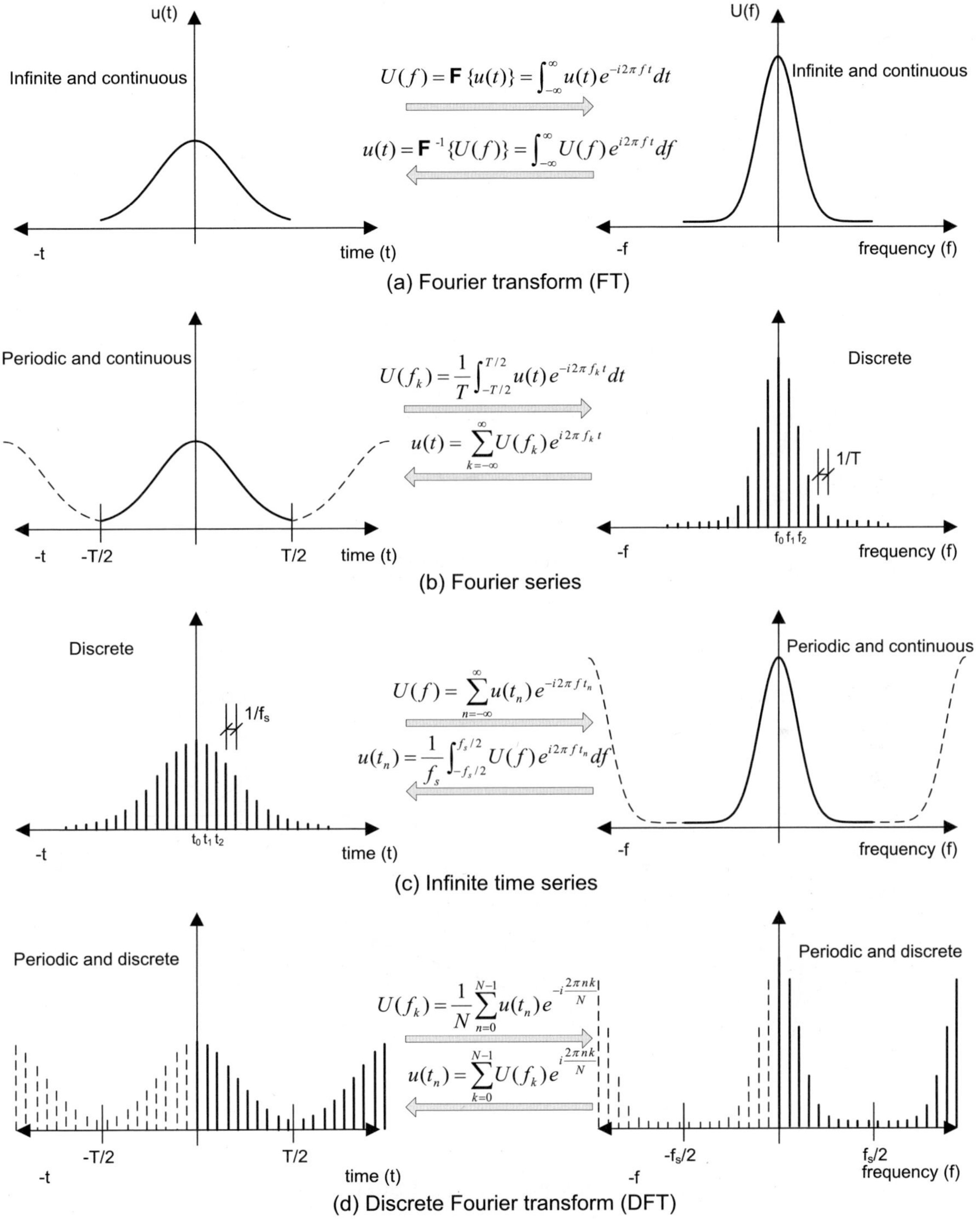

그림 2.5.1 푸리에 변환 및 역변환

2.5.2 진동수영역방법의 절차

진동수영역방법은 시간영역에서의 운동방정식의 해를 구하기 위해,
1) 푸리에 변환을 사용하여 운동방정식을 진동수영역으로 변환한 후,
2) 진동수영역에서 운동방정식의 해를 구하며,
3) 이 해를 푸리에 역변환을 사용하여 다시 시간영역으로 변환한다.

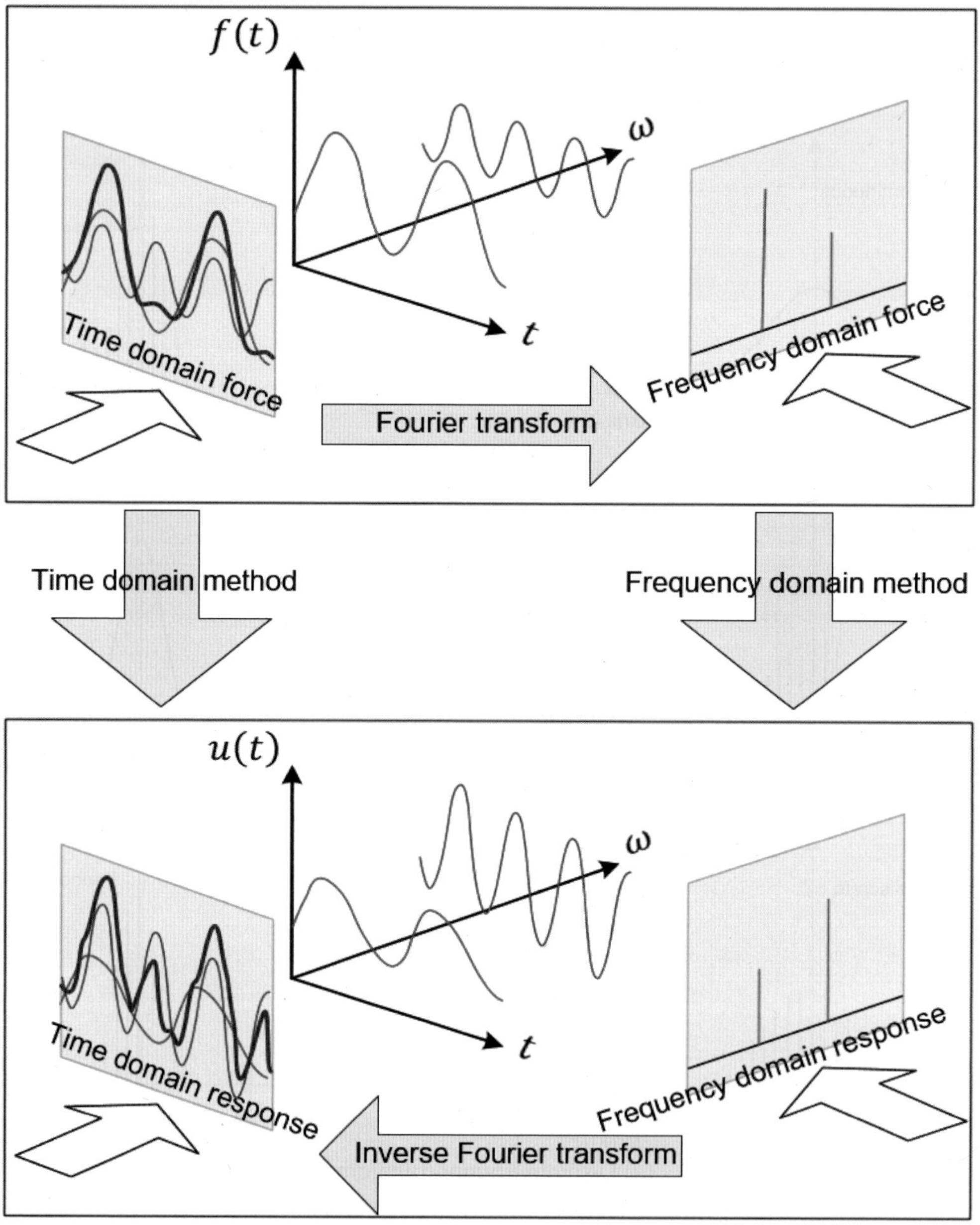

그림 2.5.2a 진동수영역방법의 개념도

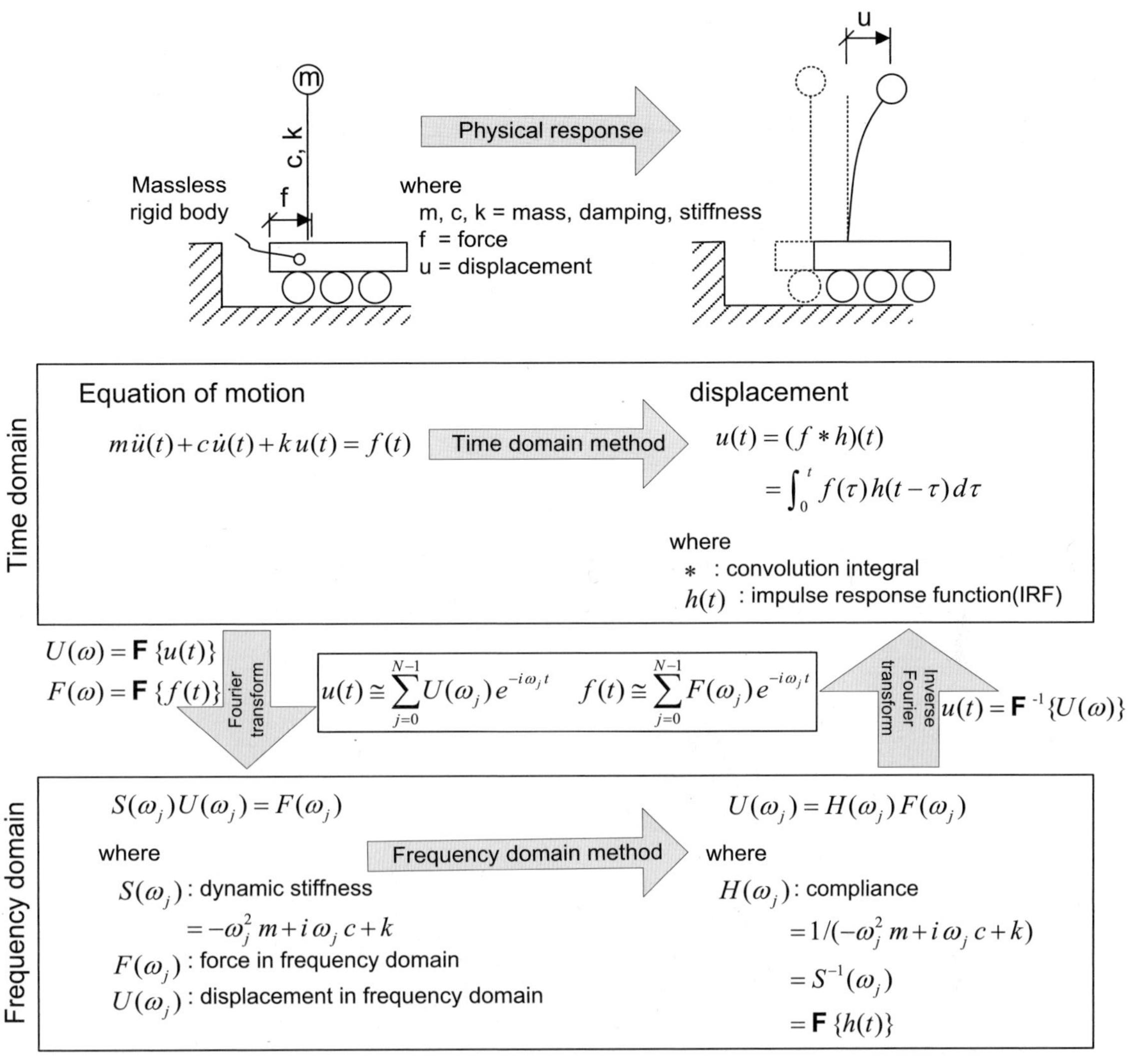

그림 2.5.2b 진동수영역방법의 절차

MATLAB/PYTHON: 2.5.2 삼각형 충격하중과 수조의 응답 (ch02_freq, ch02_time)

이산 푸리에 변환을 사용한 진동수영역방법(주파수영역 방법)을 적용하여, 수조의 변위를 구한 후, 0.02 sec 시간간격을 사용하여 시간영역방법(뉴마크 방법)으로 구한 변위와 비교해 보자. 여기서 수조구조물의 횡방향 진동주기(T_n)는 2.5 sec이고, 횡방향 강성(k)은 150.4 $\frac{\text{kN}}{\text{m}}$이며, 감쇠비($\xi$)는 10%로 가정한다.

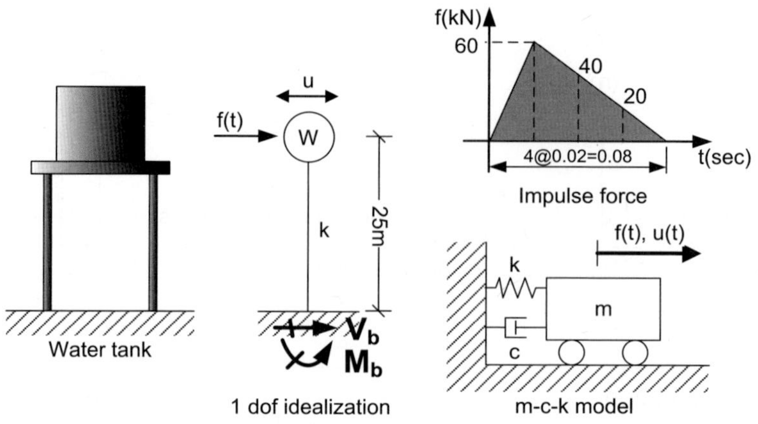

[단계 1] 가진 하중의 이산화

구조물의 최대응답은 가진 하중이 종료된 후에도 발생할 수 있으므로, 해석시간(T_0)은 가진 하중의 지속시간(t_d)보다 길게 선정되어야 한다. 가진이 종료된 후에 응답의 최대값이 발생한다면, 최대값이 발생한 후의 운동의 크기는 감쇠에 의해 감소할 것이므로, 구조물 고유주기(T_n)의 처음 반 cycle이내에서 최대값에 도달할 것이다. 이를 고려하여 해석시간(T_0)을 다음과 같이 선택한다.

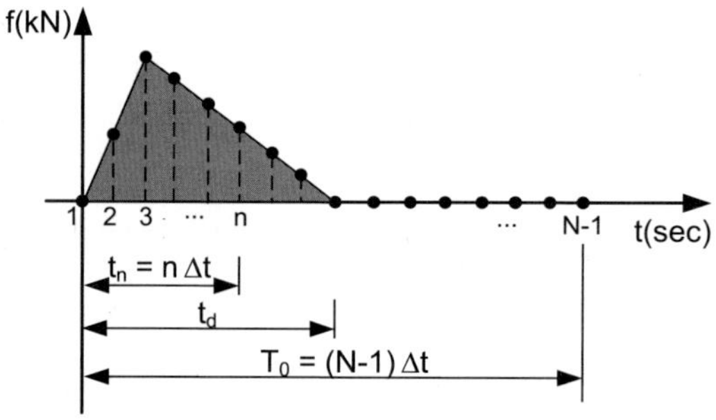

그림 E1a. 가진 하중의 이산화

$$T_0 = N\Delta t \geq t_d + \frac{T_n}{2}$$

여기서 샘플링 간격(Δt)은 가진 하중과 가진 응답의 진동수 성분을 정확하게 나타내기 위해 가진 하중의 중요한 주기보다 충분히 짧아야 하며, 구조물의 자유진동응답에 관한 진동수성분을 정확하게 나타내기 위해 구조물의 고유주기에 비해서도 충분히 짧아야 한다. 또한, 진동수영역방법은 하중과 응답의 주기적인 특성을 기본 가정으로 갖고 있으므로, 해석시간(T_0)은 응답이 충분히 감소될 때까지로 가정하여 선정한다. 이러한 제약 사항들을 고려하여, 이 예제에 대해 Δt, N, T_0를 다음과 같이 가정한다.

$$\Delta t = 0.02\text{sec}, N = 1024 \quad \Rightarrow \quad T_0 = (1024-1) \times 0.02\text{sec} = 20.46\text{sec}$$

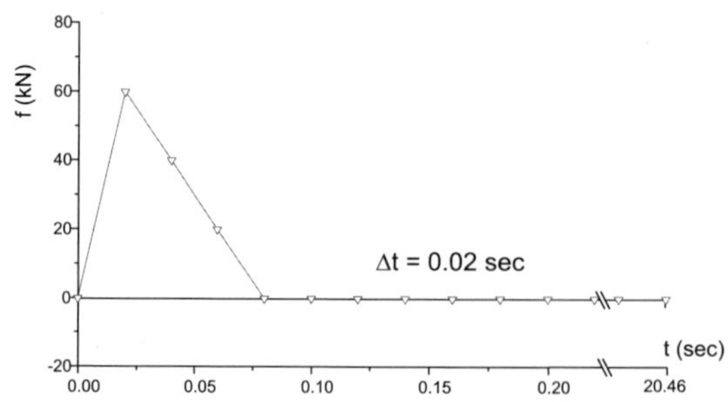

그림 E1b. 이산화된 가진 하중

[단계 2] 가진 하중의 이산 푸리에 변환

이산 푸리에 변환(DFT)을 사용하여 시간영역에서의 가진 하중을 진동수영역으로 변환한다. 여기서 샘플링 진동수(f_s), 최대진동수(f_{max})와 진동수간격(Δf)은 각각 다음과 같으며, 진동수간격을 진동수 분해능(frequency resolution)라고도 한다. 참고로 진동수영역으로 변환한 하중은 f_{max}에 대하여, 좌우측이 서로 대칭형 공액복소수 형태(즉, 실수부는 대칭형이며, 허수부는 역대칭형)인 것을 주목하라.

$$f_s = \frac{1}{dt} = 50\text{Hz},\quad f_{max} = \frac{f_s}{2} = 25\text{Hz},\quad \Delta f = \frac{1}{T_0} = 0.0489\text{Hz}$$

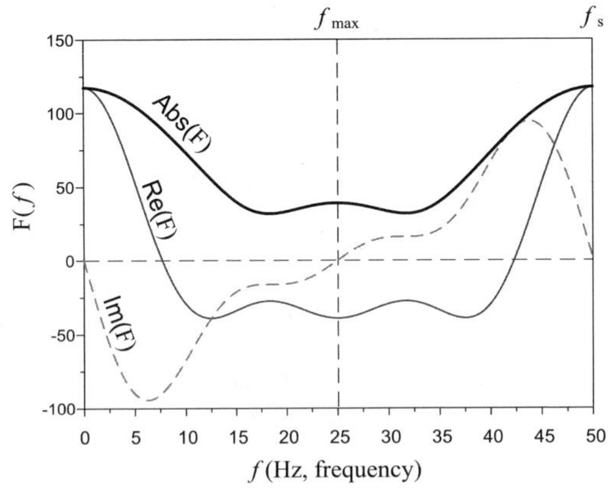

그림 E2. 이산화된 가진 하중의 푸리에 변환

나이퀴스트 샘플링 법칙(Nyquist sampling law)이란 신호간의 간섭을 없애기 위해서는 샘플링 진동수(f_s)는 신호의 최대 진동수(f_{max})의 최소한 2배 이상이 되어야 한다는 정리이다. 즉, 한정된 대역의 진동수를 갖는 함수의 경우, 적절한 샘플링 간격을 취하면 샘플링 과정에서 아무런 정보의 유실도 없이 완전하게 재생될 수 있다는 이론이다. 이것은 $\frac{1}{2}f_s$이상의 진동수 성분에서는 중첩(folding) 현상이 발생하여 앨리어싱(aliasing) 현상이 발생하기 때문이며, 이때 $\frac{1}{2}f_s$를 나이퀴스트 진동수(Nyquist frequency, f_0) 또는 중첩진동수(folding frequency)라고 한다. 즉, N개의 이산화된 값으로 기록된 신호의 경우에 기본적인 관계식은 다음과 같다.

$$f_0 = \frac{1}{2}f_s,\quad \Delta f = \frac{f_s}{N}$$

[단계 3] 복소진동수응답함수(또는 컴플라이언스)

여기서 구조물의 이론적인 횡방향 진동주기는 $f_n = \frac{1}{2.5\text{sec}} = 0.4\text{Hz}$이나, 실제로는 진동수간격을 고려하여 $\Delta f \cdot n = 0.0489\text{Hz} \times 8 = 0.391\text{Hz}$에서 최대값이 발생하였다.

$$H(\omega_j) = S^{-1}(\omega_j) = \frac{1}{-\omega_j^2 m + i\omega_j c + k}$$

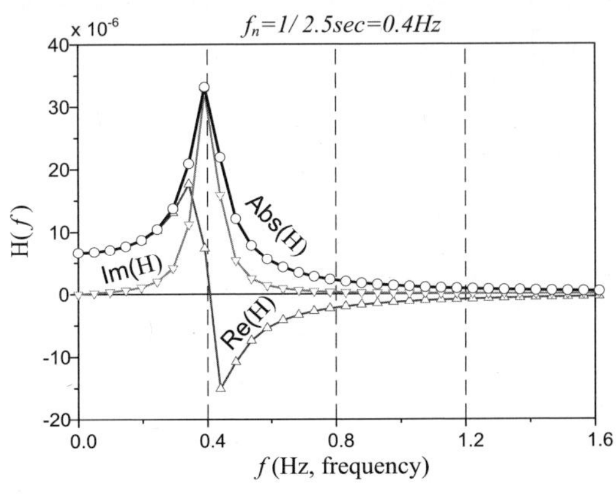

그림 E3. 복소진동수응답함수(또는 컴플라이언스)

[단계 4] 진동수영역 응답

진동수영역에서 복소진동수응답함수와 하중을 서로 곱하여, 진동수영역에서의 변위(U_d), 속도(U_v), 가속도(U_a) 응답을 구할 수 있다.

$$U_d(\omega_j) = H(\omega_j)F(\omega_j),\quad U_v(\omega_j) = i\omega_j U_d(\omega_j),\quad U_a(\omega_j) = -\omega_j^2 U_d(\omega_j)$$

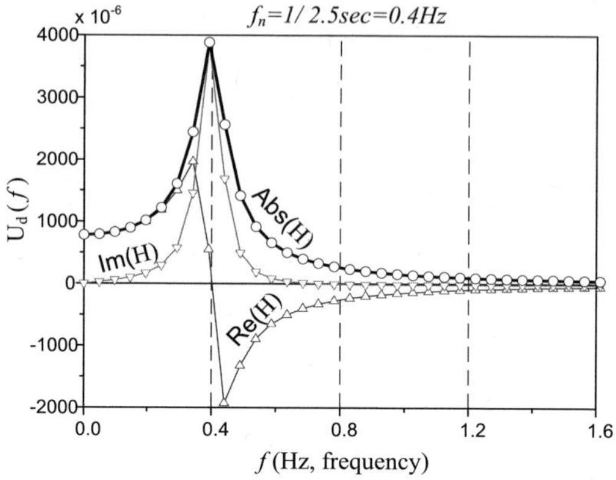

그림 E4. 진동수영역 변위응답

[단계 5] 응답의 이산 푸리에 역변환

진동수영역에서 구한 변위(U_d), 속도(U_v), 가속도(U_a) 응답을 이산 푸리에 역변환을 사용하여 시간영역에서의 변위(u), 속도($\dot{u}$), 가속도($\ddot{u}$) 응답을 구할 수 있다. 참고로 하중의 이산 푸리에 변환에서 언급하였듯이 이산 푸리에 역변환을 하기 전에, 진동수영역에서의 응답을 f_{max}에 대하여, 좌우측이 서로 대칭형 공액복소수 형태로 만들어야 한다. 다음에 시간영역에서의 변위응답을 나타냈으며, 선형시스템이고 동일한 시간간격($\Delta t = 0.02\text{sec}$)을 사용하였으므로, 진동수영역방법을 사용하여 구한 변위응답은 시간영역방법(뉴마크 방법)으로 구한 변위응답과 비교하여 일치하였다.

$$u(t) = \mathcal{F}^{-1}\{U_d(f)\},\quad \dot{u}(t) = \mathcal{F}^{-1}\{U_v(f)\},\quad \ddot{u}(t) = \mathcal{F}^{-1}\{U_a(f)\}$$

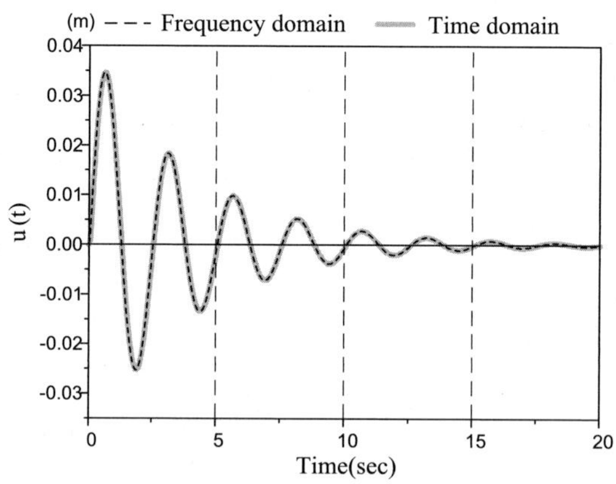

그림 E5. 시간영역 변위응답의 비교

MATLAB/PYTHON/ABAQUS: 2.5.2 지진하중과 응답 (ch02_freq_eq, ch02_time_eq)

이산 푸리에 변환을 사용한 진동수영역방법(주파수영역 방법)을 적용하여 구조물의 응답을 구한 후, 0.02 sec 시간간격을 사용하여 시간영역방법(뉴마크방법)으로 구한 변위와 비교해 보자. 여기서 초기조건으로 정지상태를 가정하고, 구조물의 감쇠비(ξ)는 10%로 가정하며, 입력 하중은 1940년 엘센트로(El Centro)에서 남북방향으로 계측된 지진을 사용하여라. (단위: 길이 m, 질량 kg, 하중 N)

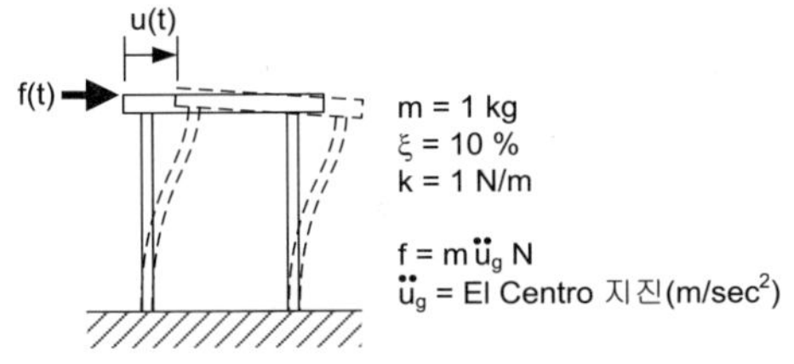

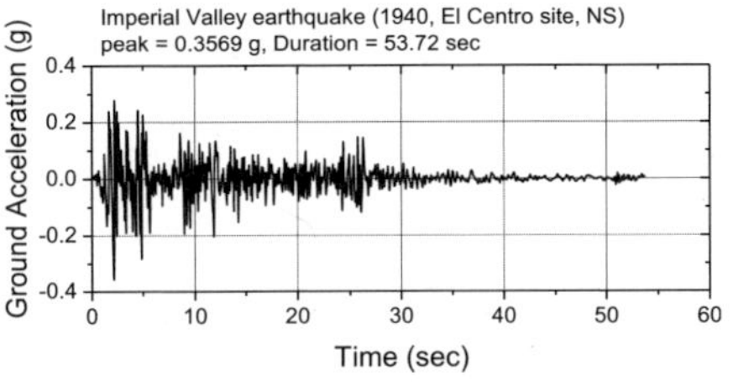

[단계 1] 가진 하중의 이산화

계측된 가진 하중은 지속시간(t_d)이 53.72초이며, 시간간격(Δt)은 0.02초인 총 2687개의 데이터 수를 가졌다. 따라서 FFT를 적용하고, 가진 하중보다 큰 지속시간으로 응답과 가진하중의 주기성분을 고려하여 해석시간(T_0)을 선정한다.

$$\Delta t = 0.02\text{sec}, N = 4096 \quad \Rightarrow \quad T_0 = (4096 - 1) \times 0.02\text{sec} = 81.90\text{sec}$$

여기서 첫 번째 하중의 크기와, 계측 하중이 끝난 시점 이후의 하중 크기는 0으로 가정하였다(영채움, zero padding).

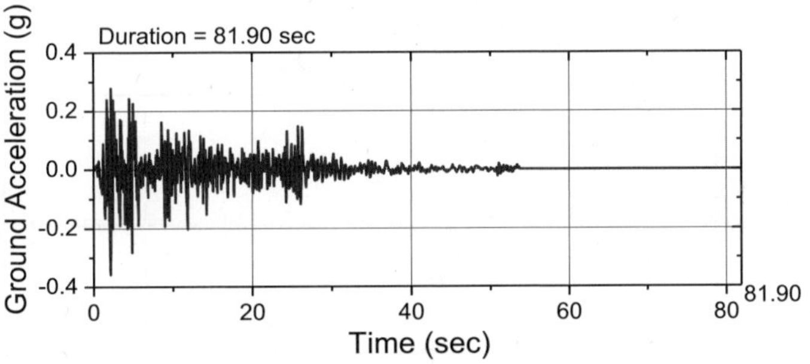

그림 E1. 가진 하중의 이산화

[단계 2] 가진 하중의 이산 푸리에 변환

이산 푸리에 변환(DFT)을 사용하여 시간영역에서의 가진 하중을 진동수영역으로 변환하면, 샘플링 진동수(f_s), 최대 진동수(f_{max})와 진동수간격(Δf)은 다음과 같다.

$$f_s = \frac{1}{dt} = 50\text{Hz}, \quad f_{max} = \frac{f_s}{2} = 25\text{Hz}, \quad \Delta f = \frac{1}{T_0} = 0.0122\text{Hz}$$

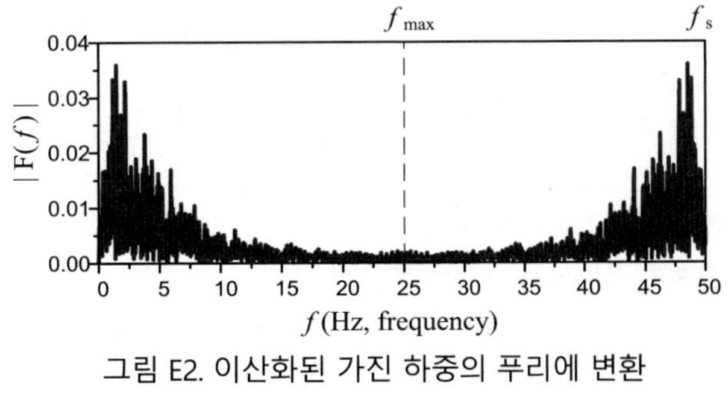

그림 E2. 이산화된 가진 하중의 푸리에 변환

[단계 3] 복소진동수응답함수(또는 컴플라이언스)

복소진동수응답함수(또는 컴플라이언스)는 다음과 같다. 여기서 구조물의 이론적인 횡방향 진동주기는 $f_{\mathrm{n}} = \frac{1}{2\pi}\sqrt{\frac{1}{1}} = 0.1592\mathrm{Hz}$이나, 실제로는 진동수간격을 고려하여 $\Delta f \cdot n = 0.0122\mathrm{Hz} \times 13 = 0.1587\mathrm{Hz}$에서 최대값이 발생하였다.

$$H(\omega_j) = S^{-1}(\omega_j) = \frac{1}{-\omega_j^2 m + i\omega_j c + k}$$

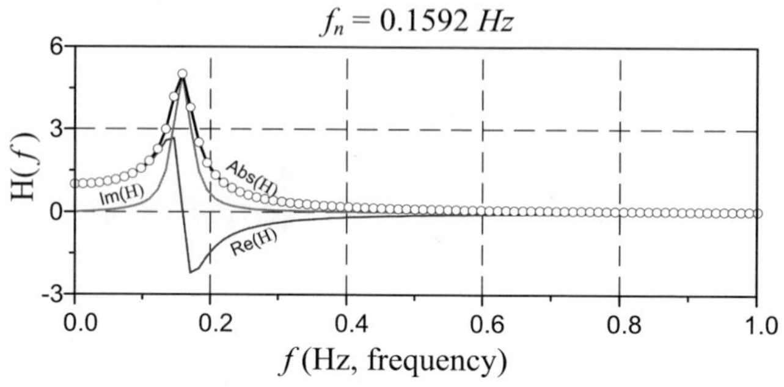

그림 E3. 복소진동수응답함수(또는 컴플라이언스)

[단계 4] 진동수영역 응답

진동수영역에서 복소진동수응답함수와 하중을 서로 곱하여, 진동수영역에서의 변위(U_d), 속도(U_v), 가속도(U_a) 응답을 구할 수 있다.

$$U_d(\omega_j) = H(\omega_j)F(\omega_j), \quad U_v(\omega_j) = i\omega_j U_d(\omega_j), \quad U_a(\omega_j) = -\omega_j^2 U_d(\omega_j)$$

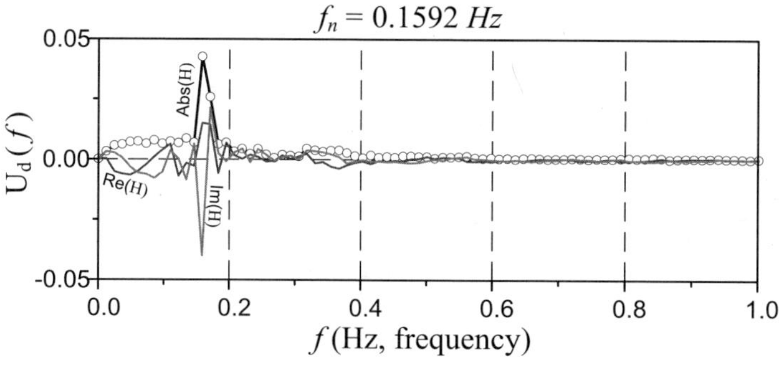

그림 E4. 진동수영역 변위응답

[단계 5] 응답의 이산 푸리에 역변환

진동수영역에서 구한 변위(U_d), 속도(U_v), 가속도(U_a) 응답을 이산 푸리에 역변환을 사용하여 시간영역에서의 변위(u), 속도($\dot{u}$), 가속도($\ddot{u}$) 응답을구할 수 있다. 참고로 하중의 이산 푸리에 변환에서 언급하였듯이 이산 푸리에 역변환을 하기 전에, 진동수영역에서의 응답을 $f_{\max}$에 대하여, 좌우측이 서로 대칭형 공액복소수 형태로 만들어야 한다. 다음에 시간영역에서의 변위 응답을 나타냈으며, 이 경우에 선형시스템이고 동일한 시간간격($\Delta t = 0.02\mathrm{sec}$)을 적용하였으므로, 진동수영역방법을 사용하여 구한 변위응답은 시간영역방법(뉴마크방법)으로 구한 변위응답과 비교하여 일치하였다. 또한, 이 경우에 진동수영역방법은 하중뿐만 아니라 응답에서의 주기적인 특성도 반영을 하므로, 해석시간(T_0)을 선정할 경우에 응답이 감쇠되어 0으로 근사할 수 있을 때까지의 해석시간을 선정한다.

$$u(t) = \mathcal{F}^{-1}\{U_d(f)\}, \quad \dot{u}(t) = \mathcal{F}^{-1}\{U_v(f)\}, \quad \ddot{u}(t) = \mathcal{F}^{-1}\{U_a(f)\}$$

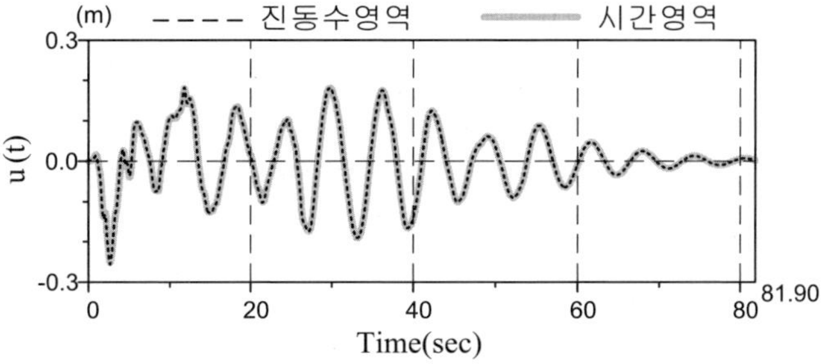

그림 E5. 시간영역 변위응답의 비교

인물: 나이퀴스트(Nyquist)

• 나이퀴스트 [Harry Nyquist, 1889.02.07 ~ 1976.04.04]

국적: 미국 활동분야: 과학

출생지: 스웨덴 소속: 벨연구소(구 AT&T연구소)

스웨덴 출생의 미국 전기통신 공학자로서, 1907년 미국으로 건너가 노스다코타대학교를 졸업하고 1917년 예일대학에서 물리학 박사학위를 취득하였다. 미국 전신전화회사(AT&T)에 입사하였으나 연구부문이 벨연구소로 옮겨지자 그 연구소로 이적하여 1954년에 은퇴하였다. 고속도전신을 연구하여 1928년 채널 대역폭(帶域幅)과 전신의 속도에 관하여 '나이퀴스트 간격(Nyquist interval)'의 개념을 창안하였다.

이 개념은 부호화(符號化)·복호화(復號化)에서의 샘플링 정리에 관련되는 것이다. 그는 변조방식에 관해서도 연구하여 잔류측파대변조(殘留側波帶變調)를 발명하였다. 또 열잡음(熱雜音)을 연구하여 그 평균제곱이 저항값과 진동수대역폭에 비례한다는 사실을 밝혀냈다. 피드백 증폭기의 안전성을 판단하기 위하여 1932년 '나이퀴스트의 판정조건(Nyquist stability criterion)'이라는 이론을 완성하였다.

트랜지스터 개발와 C언어 개발 등으로 유명한 벨연구소가 전성기를 구가할 때 경영진은 우수한 연구진 중에서도 특히 우수한 10명의 연구자에 대해 공통되는 특성을 찾고자 하였다. 전문성? 학업 배경? 가정 환경? 그런데 놀랍게도 이러한 요인과는 다른 이상한 공통 습관 하나를 발견했다. 이들은 벨연구소 카페테리아에서 나이퀴스트와 점심을 자주한다는 사실이었다. 나이퀴스트는 대화와 소통을 통해 연구진들이 탁월한 성과를 낼 수 있도록 그들에게 지적 자극과 의욕을 북돋아 주었다. 이러한 효과를 인문학적으로 '나이퀴스트 효과'라고 한다.

이야기: 푸리에 변환에 의한 단위 변화

$u(t)$의 푸리에 변환인 U(f)는 $\mathrm{U(f)} = \mathcal{F}\{\mathrm{u(t)}\} = \int_{-\infty}^{\infty} \mathrm{u(t)}\, \mathrm{e}^{-\mathrm{i}\,2\pi \mathrm{f}\,\mathrm{t}} \mathrm{dt}$로 나타낼 수 있다. 여기서 $u(t)$의 단위는 변위, 속도 또는 가속도 단위이며, $\mathrm{e}^{-\mathrm{i}\,2\pi \mathrm{f}\,\mathrm{t}}$는 진동수별 변환계수로 무차원 단위이고, dt 는 시간단위(sec)이고, $\int$ 는 합을 나타내므로 단위에 영향을 주지 않으므로, U(f)의 단위는 $u(t)$의 단위에 sec를 곱한 단위이다.

2.6 수치해석기법: 비선형시스템

2.6.1 비선형시스템

선형시스템을 사용하여 자연계(실제 물리계)의 진동에 대한 많은 것들을 설명할 수 있지만, 다른 한편으로는 선형시스템 이론만으로는 예측하거나 설명할 수 없는 많은 자연계의 진동현상들이 있다.

일반적인 선형시스템의 운동방정식은 다음과 같다.

$$m\ddot{u} + c\dot{u} + ku = f(t)$$

여기서 질량(m), 감쇠(c) 및 강성(k)은 시스템의 특성을 나타내며, 선형시스템의 경우에 질량, 감쇠 및 강성은 시간에 따라 변하지 않는 상수이다. 그러나 질량, 감쇠 및 강성 중에 어느 하나라도 시간에 따라 변한다면, 이 시스템은 비선형 특성을 갖게 되며, 해를 구하기 위해 선형시스템과는 다른 방법을 사용하여야 한다.

시간에 따른 질량의 변화는 무시한(즉, 시간에 따른 감쇠 또는 강성의 변화만을 고려한), 일반적인 비선형시스템의 운동방정식은 다음과 같다.

$$\ddot{u} + g(u, \dot{u}; t) = f(t)$$

여기서 $g(u, \dot{u}, t)$는 감쇠력과 복원력을 $u, \dot{u}, t$에 관한 함수로 나타낸 것이다.

최근 다양한 구조동역학 응용분야에서 시스템의 비선형성을 고려할 필요성이 점차 증가함에 따라, 비선형시스템에 관해 효율적으로 해를 구하려는 많은 시도가 행해지고 있다. 그러나 정확하고 효율적으로 풀 수 있는 비선형 동적 문제는 상대적으로 일부일 뿐, 대부분의 비선형 동적 문제들의 해법은 매우 어렵거나 효율적이지 못하며, 경우에 따라서는 해법이 없을 수도 있다. 따라서 대부분의 비선형시스템의 동적 해석은 해석적 방법(analytical method)으로는 매우 어렵거나 불가능하므로, 수치적 방법(numerical method)을 주로 사용한다.

2.6.2 비선형시스템의 동적 응답 특성

비선형성은 자연계에 항상 존재하며, 그 영향이 선형성에 비하여 미비하면 선형성에 묻혀 나타나지 않으나, 비선형성의 영향이 어느 정도 이상이 되면 전체 시스템 응답에 큰 영향을 미치게 되어, 시스템 전체의 특성을 지배할 수도 있다.

선형 및 비선형시스템의 몇 가지 중요한 동적 특성을 비교하면 다음과 같다.

• 중첩의 원리

선형시스템은 중첩의 원리가 성립하지만, 비선형시스템은 중첩의 원리가 성립하지 않는다. 예를 들어, 하중의 크기가 2배가 될 경우, 선형시스템의 경우 응답도 2배로 되지만, 비선형시스템의 경우 응답이 반드시 2배가 되는 것은 아니다.

• 공진진동수

선형시스템은 가진 진동수가 고유진동수와 일치하면 공진이 발생하지만, 비선형시스템은 선형시스템의 고유진동수로 가진 하여도 공진이 발생하지 않는다. 이것은 시스템 응답의 크기에 따라 시스템의 고유진동수도 변하기 때문이다. 따라서 선형시스템의 고유진동수와는 다른 진동수에서 공진현상이 발생할 수도 있다.

• 평형점

선형시스템은 1개의 힘의 평형점을 갖는데 반하여, 비선형시스템은 조건에 따라 여러 개의 힘의 평형점을 가질 수도 있다.

• 정상해

선형시스템은 조화하중이 작용할 때 정상해(steady-state solution)를 갖지만, 비선형시스템은 정상해를 갖지 않을 수도 있다. 비선형시스템의 응답은 카오스하게(chaotic; 겉보기에는 불규칙하나 나름대로 질서와 규칙을 갖게) 발생할 수 있다.

• 초기조건

선형시스템의 응답 주기는 초기 조건의 영향을 받지 않지만, 비선형시스템의 응답 주기는 초기 조건에 영향을 받을 수도 있다.

2.6.3 비선형시스템의 종류

선형시스템의 경우 일반적으로 다음 가정을 사용한다.

1) 시스템의 변위가 미소하다.

2) 재료의 거동은 선형 탄성영역에 속한다.

3) 진동하는 동안 경계조건은 변하지 않는다.

이러한 선형시스템의 가정과 대비하여, 시스템의 비선형성을 다음과 같이 구분할 수 있다.

• 재료 비선형성(material nonlinearity)

비선형시스템의 동적 해석에 가장 많이 사용되는 비선형성으로 응력과 변형률의 비선형 관계로 인해 발생한다.

• 기하학적 비선형성(geometric nonlinearity)

변형될 미지의 시스템의 형상에 대해서 평형방정식을 재구성하여야 하는 특징을 갖고 있다.

• 경계 비선형성(boundary nonlinearity)

접촉 문제(contact problem)와 같이 구조물이 진동하는 동안 접촉과 비접촉을 반복함으로써 경계 조건이 변하는 특징을 갖고 있다.

(1) 연화(軟化, softening)

연화에 의한 기하학적 비선형시스템의 예로써 다음과 같이 점 O에 대해 회전하는 단진자의 운동방정식을 유도하여 보자.

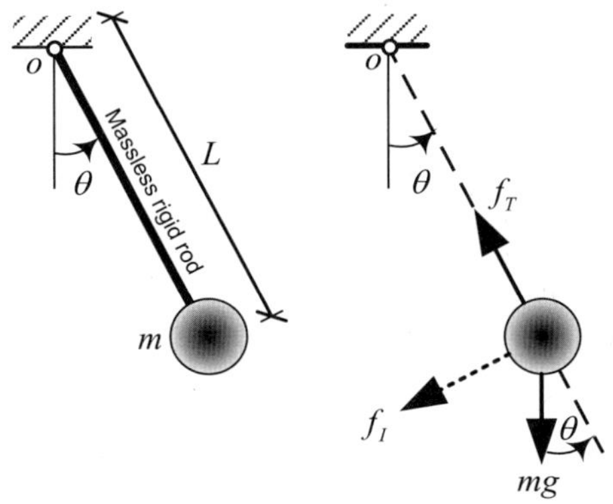

그림 2.6.3a 단진자의 회전운동

여기서 O점에 대한 모멘트 평형은 다음과 같다.

$$f_I = mL^2\ddot{\theta} \rightarrow mL^2\ddot{\theta} + mgL\sin\theta = 0$$

미소 회전각에 대해

$$\sin\theta = \theta - \frac{\theta^3}{3!} + \frac{\theta^5}{5!} - \frac{\theta^7}{7!} + \cdots \rightarrow \sin\theta \approx \theta$$

이므로, 선형화된(linearized) 운동방정식은 다음과 같다.

$$\ddot{\theta} + \frac{g}{L}\theta = 0$$

고차항을 사용하여 $\sin\theta$를 보다 정밀하게 근사하면

$$\sin\theta = \theta - \frac{\theta^3}{3!} + \frac{\theta^5}{5!} - \frac{\theta^7}{7!} + \cdots \rightarrow \sin\theta \approx \theta - \frac{\theta^3}{3!}$$

이므로, 이에 해당하는 근사화한 비선형 운동방정식은 다음과 같다.

$$\ddot{\theta} + \frac{g}{L}\left(\theta - \frac{\theta^3}{6}\right) = 0$$

선형화된 운동방정식의 경우, 복원력은 θ에 비례하므로, 시스템의 고유진동수는 θ에는 무관하게 일정하다. 그러나 비선형 운동방정식의 경우, $\left(\theta - \frac{\theta^3}{6}\right)$에 비례하는 복원력은 θ가 증가함에 따라 점차 감소하므로, 고유진동수도 θ가 증가함에 따라 점차 감소한다.

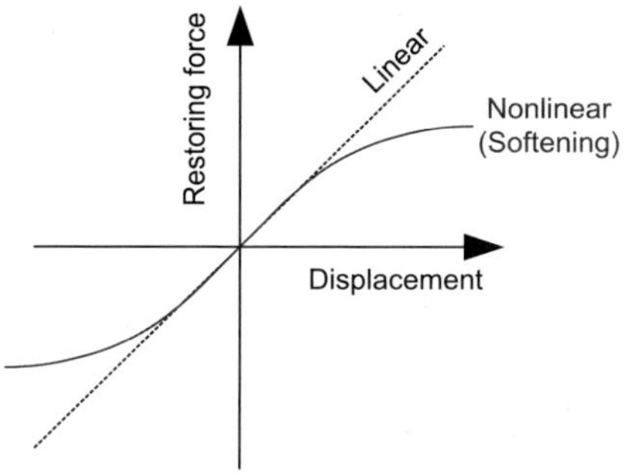

그림 2.6.3b 연화(softening)

단진자의 비선형 운동방정식을 다음과 같은 일반적인 2계 비선형 운동방정식으로 나타낼 수 있으며, 이 방정식을 Duffing 방정식†이라 한다. 여기서 c, ω_o, α는 상수이다.

$$\ddot{u} + c\dot{u} + \omega_o^2\, u + \alpha u^3 = \mathrm{A}_F \cos \omega t$$

일반적으로 이 방정식의 정확해를 구할 수는 없으나, 근사해를 구하기 위해 1) 운동방정식의 푸리에 전개, 2) u^3을 작다고 가정하여 일반 운동방정식으로 변환, 3) Frobenius 방법의 사용, 4) Runge-Kutta와 같은 수치해법 등과 같은 방법들을 사용할 수 있다.

예를 들어 Duffing 방정식의 해를 다음과 같이 1차 근사로 가정하고,

$$u = \mathrm{A}_u \cos(\omega t - \phi)$$

이것을 방정식에 대입하여 구한 근사 해는 다음과 같다 [유도 과정은 Wikipedia 참조할 것].

$$\left[\left(\omega^2 - \omega_o^2 - \frac{3}{4}\alpha \mathrm{A}_u^2\right)^2 + (c\omega)^2\right] \mathrm{A}_u^2 = \mathrm{A}_F^2$$

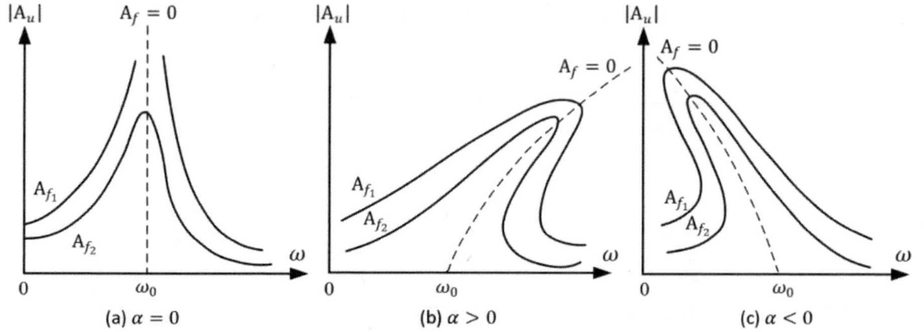

그림 2.6.3c Duffing 방정식의 응답 곡선

† Georg Duffing (1861 – 1944): 독일 엔지니어이자 발명가. 1918년에 두핑 방정식으로 진동과 그 공명들을 묘사

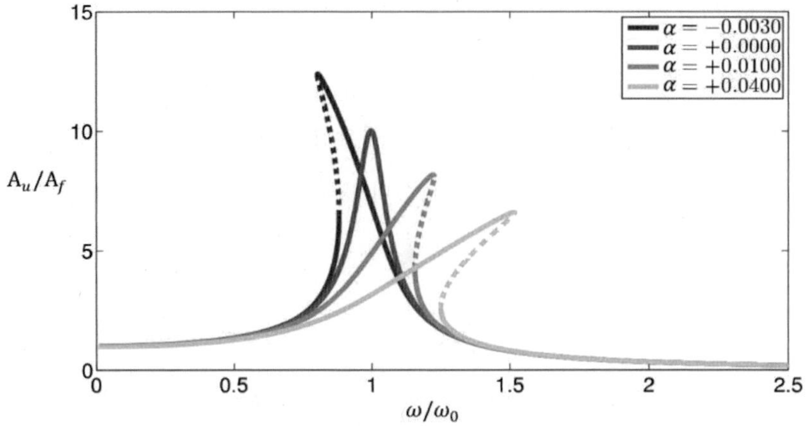

그림 2.6.3d Duffing 방정식의 응답 곡선 (출처: Wikipedia)

For a constant magnitude of $|A_F|$,
when ω slowly increases, $|A_u|$ varies along 1 → 2 → 3 → 4 → 5.
when ω slowly decreases, $|A_u|$ varies along 5 → 4 → 6 → 7 → 2 → 1.

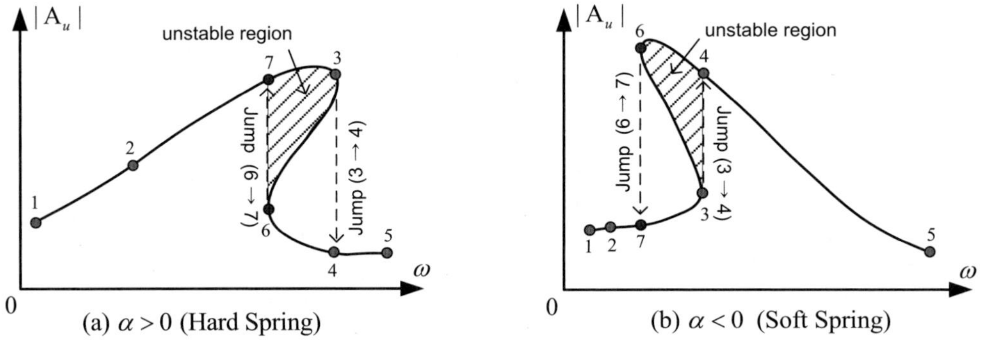

그림 2.6.3e 점프 현상(jump phenomenon)‡과 불안정(unstable) 영역

(2) 경화(硬化, hardening)

경화에 의한 기하학적 비선형시스템의 예로써 다음과 같이 프리텐션(pre-tension) 케이블의 가운데 지점에 매달린 집중질량의 연직방향 운동방정식을 유도하여 보자.

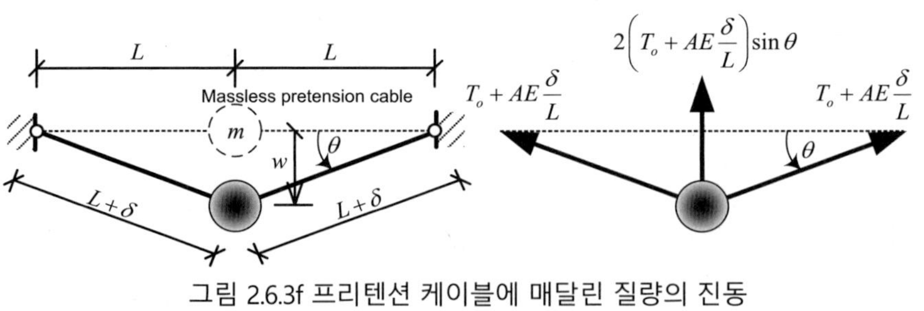

그림 2.6.3f 프리텐션 케이블에 매달린 질량의 진동

‡ 비선형시스템에서는 가진진동수(ω)가 증가하거나 감소함에 따라 선형시스템에서는 볼 수 없는 진폭의 갑작스런 증가 또는 감소가 발생할 수 있다.

$$f_I + f_D = 0 \rightarrow m\ddot{w} + 2\left(T_o + AE\frac{\delta}{L}\right)\sin\theta = 0$$

여기서 T_o는 케이블의 초기 장력이고, A와 E는 케이블의 단면적과 탄성계수이며, δ는 케이블의 늘어난 길이로써 집중질량의 연직 변위(w)를 사용하여 다음과 같이 근사할 수 있다.

$$L + \delta = \sqrt{L^2 + w^2} \rightarrow \frac{\delta}{L} = \sqrt{1 + \left(\frac{w}{L}\right)^2} - 1 \approx \frac{w^2}{2L^2}$$

$\sin\theta$는 다음과 같이 근사할 수 있으므로,

$$\sin\theta = \frac{w}{\sqrt{L^2+w^2}} \approx \frac{w}{L}$$

근사 값들을 운동방정식에 대입하여 구한 기하학적 비선형 운동방정식은 다음과 같다.

$$m\ddot{w} + \frac{2T_o}{L}w + \frac{AE}{L^3}w^3 = 0$$

여기서 복원력은 w가 증가함에 따라 점차 증가하므로, 고유진동수도 w가 증가함에 따라 점차 증가한다. 미소 진동에 대해, w^3항을 무시하면, 다음과 같은 선형화된 운동방정식으로 근사할 수 있으며, 이 경우 시스템의 고유진동수는 w의 크기와는 무관하게 일정한 값을 갖는다.

$$m\ddot{w} + \frac{2T_o}{L}w = 0$$

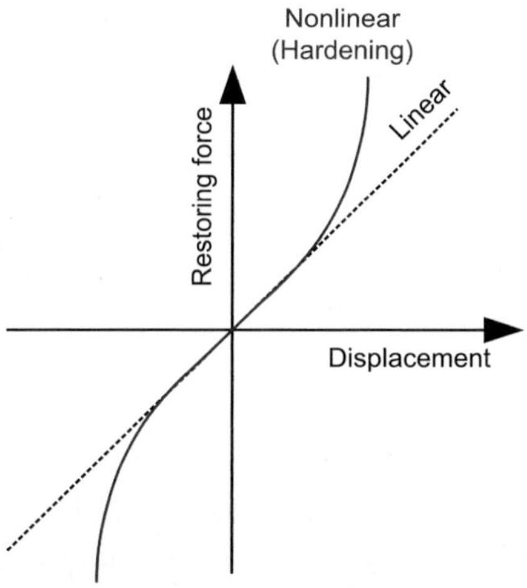

그림 2.6.3g 경화(hardening)

참고로 경화(hardening) 또는 연화(softening)되는 복원력을 갖는 일반적인 비선형시스템의 운동방정식은 다음과 같이 나타낼 수 있다.

$$m\ddot{w} + k(w \pm \mu w^3) = 0$$

여기서 μ는 시스템의 비선형 특성을 나타내는 상수이다.

(3) 접촉(contact)

접촉에 의한 경계 비선형시스템의 예로써, 다음과 같이 선형 스프링들로 묶여 있는 질량의 운동방정식을 유도하여 보자.

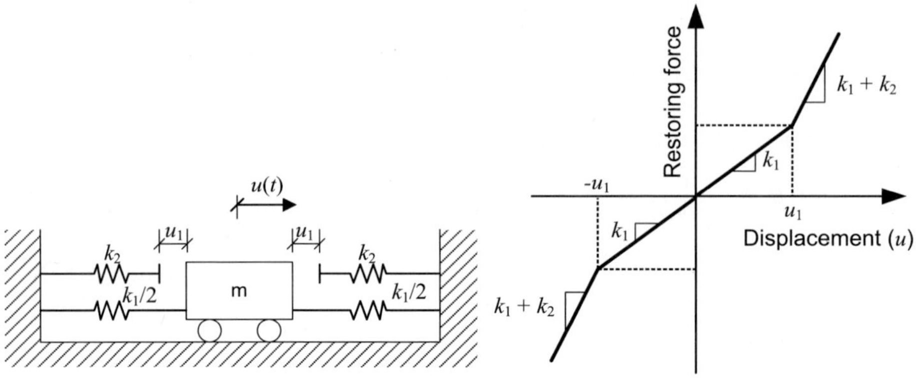

그림 2.6.3h 경계 비선형시스템의 진동

$-u_1 \le u \le u_1$ 영역에서의 운동방정식은

$$m\ddot{u} + k_1 u = 0$$

이며, $u < -u_1$ 또는 $u > u_1$ 영역에서의 운동방정식은 다음과 같다.

$$m\ddot{u} + k_1 u + k_2(u - u_1) = 0$$

따라서 이와 같은 구분적 선형(piecewise-linear) 특성을 갖는 비선형시스템의 응답은 각 선형구간에서의 선형응답을 구한 후, 이들을 조합하여 구한다. 구분적 선형 특성을 갖게 하는 것으로써 쿨롱감쇠(또는 마찰감쇠) 또는 재료의 탄소성(elastoplasticity) 등을 들 수 있다.

2.6.4 명시적 방법: 중앙차분법

시점 $n\Delta t$에서 비탄성시스템(inelastic system)의 일반적인 운동방정식은 다음과 같다.

$$m\,{}^{n\Delta t}\ddot{u} \;+\; c\,{}^{n\Delta t}\dot{u} \;+\; {}^{n\Delta t}f_S(u, {}^{n\Delta t}\dot{u}) \;=\; {}^{n\Delta t}f$$

여기서 ${}^{n\Delta t}f_S(u, {}^{n\Delta t}\dot{u})$는 시점 $n\Delta t$에서 비탄성 복원력을 나타내며, 경과한 시간까지의 변위 이력(u)과 $n\Delta t$ 시점에서의 속도(${}^{n\Delta t}\dot{u}$)에 관한 함수이다. 참고로 선형 탄성 시스템의 경우 ${}^{n\Delta t}f_S = k\,{}^{n\Delta t}u$이다.

비탄성 시스템의 운동방정식에 선형시스템에서 사용한 ${}^{n\Delta t}\dot{u}$와 ${}^{n\Delta t}\ddot{u}$에 관한 중앙차분근사를 대입하면, 다음 표와 같이 $k\,{}^{n\Delta t}u$를 ${}^{n\Delta t}f_S$로 치환한 것 이외에는 선형시스템에서 사용한 중앙차분법과 동일한 절차를 사용하여 비탄성 시스템의 동적 응답을 구할 수 있다. 참고로 중앙차분법은 비선형시스템을 해석하기 위한 가장 간단한 방법이긴 하지만, 더욱 효율적인 뉴마크방법 등이 있으므로, 일반적으로 널리 사용되지는 않는다.

표 2.6.4 비선형 동적 응답 해석: 중앙차분법의 계산절차

예비계산(단계 1)

1.1 질량(m), 감쇠(c), 강성(k)을 구한다.

1.2 초기조건 ${}^{0}u,\ {}^{0}\dot{u},\ {}^{0}\ddot{u}$을 할당한다.

$$m\,{}^{0}\ddot{u} + c\,{}^{0}\dot{u} + k\,{}^{0}u = {}^{0}f$$
$$\rightarrow\ {}^{0}\ddot{u} = m^{-1}\left({}^{0}f - c\,{}^{0}\dot{u} - k\,{}^{0}u\right).$$

1.3 Δt를 결정한다. 여기서 $\Delta t \le \Delta t_{cr}\left(= \frac{T_n}{\pi}\right)$.

1.4 시간 $-\Delta t$에서 변위를 구한다.

$${}^{-\Delta t}u = {}^{0}u - \Delta t\ {}^{0}\dot{u} + \frac{(\Delta t)^2}{2}\ {}^{0}\ddot{u}$$

1.5 유효강성(k_{eff})을 계산한다.

$$k_{eff} = \frac{m}{(\Delta t)^2} + \frac{c}{2\Delta t}$$

매 시간구간마다 계산(단계 2)

2.1 시간 $n\Delta t$에서 유효하중을 계산한다.

$${}^{n\Delta t}f_{eff} = {}^{n\Delta t}f - {}^{n\Delta t}f_S + \frac{2m}{(\Delta t)^2}\,{}^{n\Delta t}u - \left\{\frac{m}{(\Delta t)^2} - \frac{c}{2\Delta t}\right\}\,{}^{(n-1)\Delta t}u$$

2.2 시간 $(n+1)\Delta t$에서 변위를 구한다.

$$k_{eff}\,{}^{(n+1)\Delta t}u = {}^{n\Delta t}f_{eff}$$

2.3 시간 $n\Delta t$에서 속도와 변위를 구한다.

$${}^{n\Delta t}\dot{u} = \frac{{}^{(n+1)\Delta t}u - {}^{(n-1)\Delta t}u}{2\Delta t}$$
$${}^{n\Delta t}\ddot{u} = \frac{{}^{(n+1)\Delta t}u - 2\,{}^{n\Delta t}u + {}^{(n-1)\Delta t}u}{(\Delta t)^2}$$

2.6.5 묵시적 방법: 뉴마크방법

비록 중앙차분법만큼 간단하지는 않지만, 지진응답해석에서는 가장 널리 사용되는 방법 중에 하나이다. 선형시스템에 대해 설명한 뉴마크방법을 복원력과 변위의 관계가 비선형인 시스템으로 확장하면, $n\Delta t$시점에서 증분평형방정식(incremental equilibrium equation)은 다음과 같다.

$$m\,{}^{n\Delta t}\ddot{u} + c\,{}^{n\Delta t}\dot{u} + {}^{n\Delta t}\Delta f_S = {}^{n\Delta t}\Delta f$$

여기서 ${}^{n\Delta t}\Delta f_S$는 복원력의 증분량으로, 선형시스템의 경우 일정한 강성 k를 사용하여 나타내면 ${}^{n\Delta t}\Delta f_S = k\,{}^{n\Delta t}\Delta u$이며, 비선형시스템의 경우

$${}^{n\Delta t}\Delta f_S = {}^{n\Delta t}k_S\,{}^{n\Delta t}\Delta u$$

이다. 여기서 ${}^{n\Delta t}k_S$는 $n\Delta t$시점에서 구한 할선강성(secant stiffness)으로, $(n+1)\Delta t$에서의 변위 ${}^{(n+1)\Delta t}u$를 아직 모르기 때문에 구할 수 없다. 따라서 시간간격 Δt가 작다고 가정하여, 할선강성 ${}^{n\Delta t}k_S$를 접선강성(tangent stiffness) ${}^{n\Delta t}k_T$로 근사하여 복원력의 증분량을 다음과 같이 근사한다.

$${}^{n\Delta t}\Delta f_S \approx {}^{n\Delta t}k_T\,{}^{n\Delta t}\Delta u$$

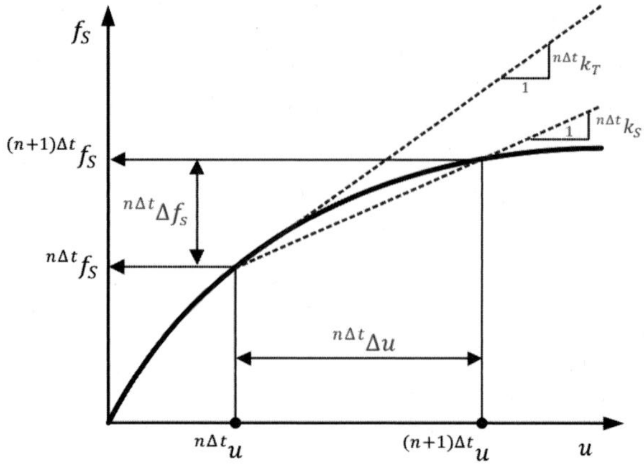

그림 2.6.5a 할선강성과 접선강성

근사한 복원력을 사용하여 증분평형방정식을 구하면 다음과 같다.

$$m\ {}^{n\Delta t}\ddot{u}\ +\ c\ {}^{n\Delta t}\dot{u}\ +\ {}^{n\Delta t}k_T\ {}^{n\Delta t}\Delta u\ =\ {}^{n\Delta t}\Delta f$$

매 시간구간 내에서 선형시스템으로 가정하여, 뉴마크방법을 다음과 같이 적용할 수 있다. 여기서 가속도 증분량을 사용하는 대신에 시간단계의 끝에서 동적 평형을 만족하도록 가속도를 결정하였다.

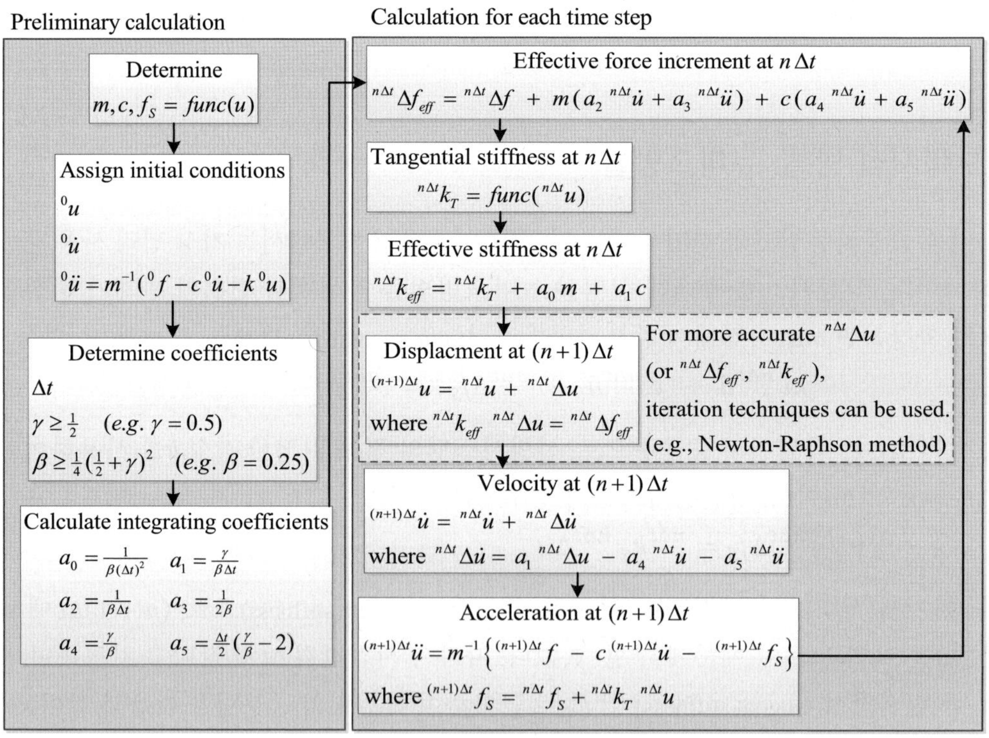

그림 2.6.5b 비선형시스템에 대한 뉴마크방법의 계산절차 (매 시간구간 내에서 비반복)

이 절차는 매 시점마다 접선강성을 새로 구해야 하는 것을 제외하고는, 선형시스템의 절차와 매우 유사하다. 매 시간구간 내에서 선형시스템을 가정하여 매 시간구간 내에서 비선형성을 고려하기 위한 반복계산을 하지 않는다. 그러나 이와 같이 일정한 시간간격(Δt)을 사용하지만, 매 시간구간 내에서반복계산을 하지 않을 경우, (1) 할선강성대신 접선강성을 사용하므로 (2) 힘-변형곡선의 전이점(transition point)의 감지를 지연시키기 때문에 수치상 큰 누적 오차가 유발될 수 있다. 이러한 오차는 (1) 매 시간구간 내에서 반복 절차를 사용하거나 (2) 시간간격을 줄여 최소화할 수 있다.

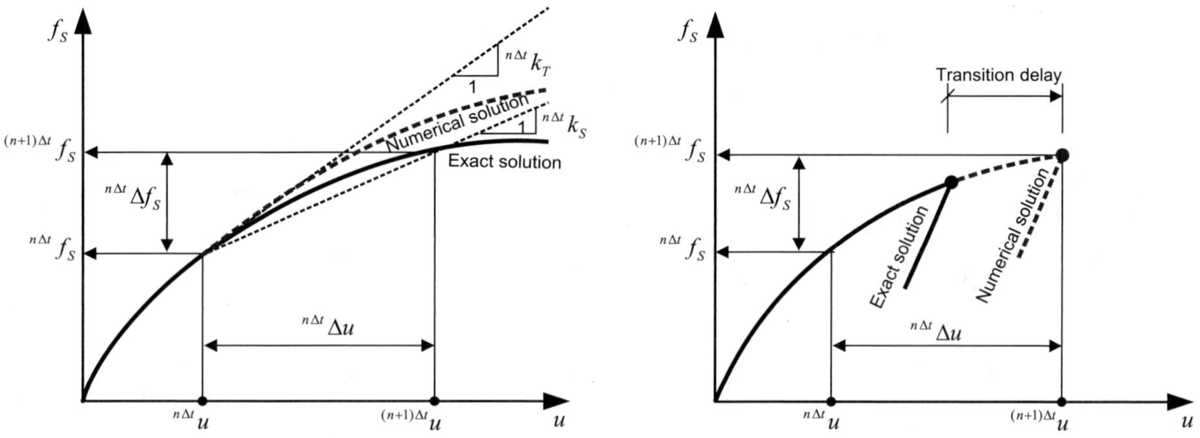

그림 2.6.5c 비선형시스템의 동적 해석 오차

- 뉴턴-랩슨법(Newton-Raphson method)

매 시간구간 내에서 비선형시스템에 적합하도록 유효강성을 반복 계산하며, 대표적 방법으로 뉴턴-랩슨법(Newton-Raphson method) 또는 수정된 뉴턴-랩슨법(modified Newton-Raphson method)을 사용할 수 있다.

뉴턴-랩슨법은 비선형 방정식의 수치해를 찾기 위한 방법이다. 이 방법을 사용하려면 비선형 함수의 형태나 모델이 필요하고, 없는 경우에는 실험데이터 등을 기반으로 함수형태를 추정한 후에 적용할 수 있다. 예를 들어 하중과 변위의 관계를 다음의 함수관계라고 하자.

$$f = f[u]$$

구조물에 하중 f_{n+1}이 작용할 때, 이에 상응하는 변위 u_{n+1}을 구해보자. 현재 하중 f_n과 변위 u_n을 알고 있다면, 하중 증가량 $\Delta R_n = f_{n+1} - f_n$에 의한 변위 증가량 $\Delta u_n = u_{n+1} - u_n$은 다음과 같다.

$$\Delta R_n = k_S\, \Delta u_n$$

여기서 k_S는 u_{n+1}과 u_n 사이에서 구한 할선강성(secant stiffness)으로, 아직 u_{n+1}을 모르기 때문에 구할 수 없다. 따라서 u_n에서 할선강성 k_S를 접선강성(tangent stiffness) k_T로 근사하여 u_{n+1}을 구한다.

$$\Delta R_n = k_T\,\Delta u_n$$
$$\rightarrow u_{n+1} = u_n + \frac{\Delta R_n}{k_T}$$

여기서 구한 u_{n+1}은 할선강성 대신 접선강성을 사용하였으므로 정확해가 아니다. 따라서 근사적으로 구한 u_{n+1}에서 다시 접선강성을 사용하여 정확해에 좀더 근사한 u_{n+1}을 구할 수 있다. 이러한 반복적인 절차를 통해 정확해에 근사한 수치해를 구하는 방법을 뉴턴-랩슨법이라고 한다.

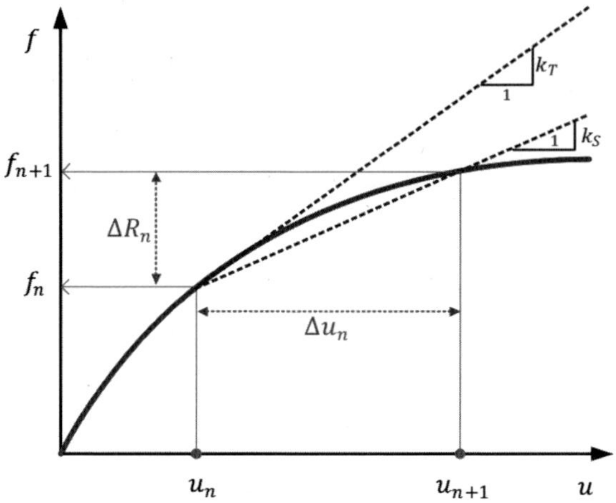

그림 2.6.5d 할선강성과 접선강성

표 2.6.5a 뉴턴-랩슨법 vs 수정된 뉴턴-랩슨법

구분	뉴턴-랩슨법 (Newton-Raphson method)	수정된 뉴턴-랩슨법 (modified Newton-Raphson method)
기본식	$u_{n+1} = u_n - \frac{f[u_n]}{f'[u_n]} = u_n - \frac{\Delta R_n}{k_T}$ 여기서 도함수 $f'[u_n]$인 강성 k_T를 매번 구한다.	$u_{n+1} = u_n - \frac{f[u_n]}{f'\left[u_n^{(1)}\right]} = u_n - \frac{\Delta R_n}{k_T^{(1)}}$ 여기서 도함수 $f'\left[u_n^{(1)}\right]$인 강성 $k_T^{(1)}$를 반복하여 사용한다.
개념도	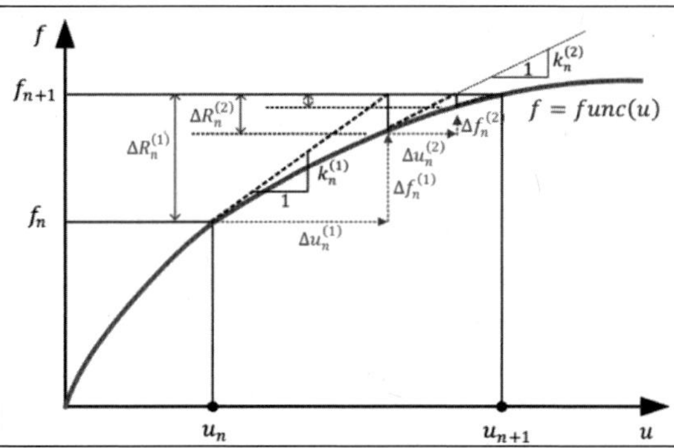	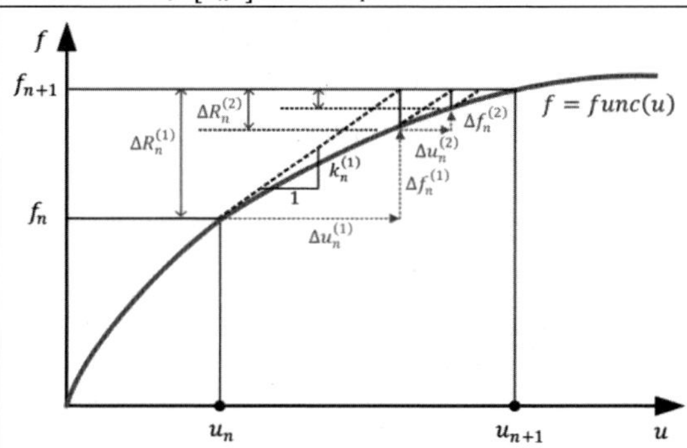
장점	수렴 속도가 매우 빠르다.	도함수가 근 근처에서 변하지 않아서 수렴이 안정적이다.
단점	도함수의 계산 비용이 높고, 초기 추정치에 민감하다.	수렴 속도가 상대적으로 느리다.

표 2.6.5b 수정된 뉴턴-랩슨법의 계산절차

초기값(단계 1)	
1.1 $f = f[u_n]$	: 하중 f과 변위 u의 관계 규정
1.2 f_{n+1}	: 다음 변위 u_{n+1}에서의 하중 f_{n+1} 규정
매 시간구간 내에서 반복 계산(단계 2)	
2.1 $u_{n+1}^{(1)} = u_n$	: 현재 변위 u_n를 다음 변위 $u_{n+1}^{(1)}$ 가정
2.2 $k_T^{(1)}$	: 현재 변위 u_n에서 접선강성 $k_T^{(1)}$ 산정
2.3 $f_n = f[u_n]$	: 현재 변위 u_n에서 하중 f_n 산정
2.4 $\Delta R_n^{(1)} = f_{n+1} - f_n$	: 잔차(residual) 하중 $\Delta R_n^{(1)}$ 가정
2.5 $\Delta u_n^{(1)} = \Delta R_n^{(1)}/k_T^{(1)}$	: $\Delta R_n^{(1)}$에 의한 변위 증가량 $\Delta u_n^{(1)}$ 산정
2.6 $u_{n+1}^{(2)} = u_{n+1}^{(1)} + \Delta u_n^{(1)}$	: 개선된 다음 변위 $u_{n+1}^{(2)}$ 산정
2.7 u_n을 $u_{n+1}^{(1)}$로 치환	: 단계 2 반복

• 뉴턴-랩슨법을 사용한 뉴마크방법

표 2.6.5c 비선형시스템에 대한 뉴마크방법의 계산절차 (매 시간구간 내에서 반복)

예비계산:

1. 질량(m), 감쇠(c), 복원력(f_S)과 변위(u) 관계를 구한다.
2. 초기조건 ${}^0u,\ {}^0\dot{u},\ {}^0\ddot{u}$을 할당한다. 여기서 $m\,{}^0\ddot{u} + c\,{}^0\dot{u} + k\,{}^0u = {}^0f \rightarrow {}^0\ddot{u} = m^{-1}({}^0f - c\,{}^0\dot{u} - k\,{}^0u)$.
3. Δt와 γ, β를 결정한다. 여기서 $\gamma \geq \frac{1}{2}, \beta \geq \frac{1}{4}\left(\frac{1}{2}+\gamma\right)^2$.
4. 적분상수$(a_0, a_1, a_2, a_3, a_4, a_5)$를 계산한다.
   $a_0 = \frac{1}{\beta(\Delta t)^2},\ a_1 = \frac{\gamma}{\beta\,\Delta t},\ a_2 = \frac{1}{\beta\,\Delta t},\ a_3 = \frac{1}{2\beta},\ a_4 = \frac{\gamma}{\beta},\ a_5 = \frac{\Delta t}{2}\left(\frac{\gamma}{\beta} - 2\right)$

매 시간구간마다 계산:

1. 유효하중 증분량을 계산한다.
   ${}^{n\Delta t}\Delta f_{eff} = {}^{n\Delta t}\Delta f + m\{a_2\,{}^{n\Delta t}\dot{u} + a_3\,{}^{n\Delta t}\ddot{u}\} + c\{a_4\,{}^{n\Delta t}\dot{u} + a_5\,{}^{n\Delta t}\ddot{u}\}$
2. 접선강성 ${}^{n\Delta t}k_T$를 계산한다.
3. 유효강성 ${}^{n\Delta t}k_{eff}$를 계산한다.
   ${}^{n\Delta t}k_{eff} = {}^{n\Delta t}k_T + a_0\,m + a_1\,c$
4. 동적효과를 반영한 **수정된 뉴턴-랩슨법 등 반복절차를 사용하여**, 변위 증분량 ${}^{n\Delta t}\Delta u$를 구한다.
   ${}^{n\Delta t}k_{eff}\,{}^{n\Delta t}\Delta u = {}^{n\Delta t}\Delta f_{eff}^{(j)}$
3. 속도와 가속도의 증분량을 구한다.
   ${}^{n\Delta t}\Delta\dot{u} = a_1\,{}^{n\Delta t}\Delta u - a_4\,{}^{n\Delta t}\dot{u} - a_5\,{}^{n\Delta t}\ddot{u}$
   ${}^{n\Delta t}\Delta\ddot{u} = a_0\,{}^{n\Delta t}\Delta u - a_2\,{}^{n\Delta t}\dot{u} - a_3\,{}^{n\Delta t}\ddot{u}$
4. 시간 $(n+1)\Delta t$에서 변위, 속도, 가속도를 구한다.
   ${}^{(n+1)\Delta t}u = {}^{n\Delta t}u + {}^{n\Delta t}\Delta u$
   ${}^{(n+1)\Delta t}\dot{u} = {}^{n\Delta t}\dot{u} + {}^{n\Delta t}\Delta\dot{u}$
   ${}^{(n+1)\Delta t}\ddot{u} = {}^{n\Delta t}\ddot{u} + {}^{n\Delta t}\Delta\ddot{u}$

2.6.6 묵시적 방법: 비선형 모드중첩법 (FNA)

비선형 구조시스템에서는 선형 구조시스템에서 사용할 수 있는 중첩의 원리를 적용할 수 없으므로, 모드중첩법을 사용하여 효율적으로 시간이력해석을 할 수 없으며, 원칙적으로 직접적분법을 사용한 시간이력해석을 수행하여야 한다.

1990년경 Wilson 등은 효율적인 비선형 시간이력해석을 위해 비선형성이 전반적으로 크지 않거나 비선형성이 국부적으로 정의된 경우에 비선형 구조시스템의 경우에 적용할 수 있는 수정된 모드중첩법을 사용한 시간이력해석법을 제시하였다(Ibrahimbegovic and Wilson; 1989; Wilson, 1993; CSI, 2011).

FNA(Fast Nonlinear Analysis) 또는 비선형 모드중첩법(Nonlinear Modal Time History Analysis)라 하는 이 방법은 일반적으로 직접적분법을 사용한 시간이력해석보다 더 효율적이다. 직접적분법이 시간간격을 어떻게 정하느냐에 따라 해석결과의 정확도가 달라지듯이, FNA의 정확도는 적절한 모드 형상을 충분히 사용하여 비선형 형상을 합리적으로 나타냈는지 여부에 따라 다르다.

임의 하중을 받는 국부적으로 비선형 링크요소(link element) 또는 비선형 경계요소(support element)로 모델링된 선형 탄성구조물의 동적 평형방정식은 다음과 같다.

$$\boldsymbol{M}\ddot{\boldsymbol{u}}(t) + \boldsymbol{C}\dot{\boldsymbol{u}}(t) + \boldsymbol{K}_L\boldsymbol{u}(t) + \boldsymbol{r}_N(t) = \boldsymbol{r}(t)$$

여기서 $\boldsymbol{M}$은 대각질량행렬; $\boldsymbol{C}$은 비례감쇠행렬; $\boldsymbol{K}_L$은 비선형 요소를 제외한 모든 선형 탄성요소들의 강성행렬; $\boldsymbol{r}_N$은 비선형 요소의 비선형 자유도에서 발생하는 복원력; $\boldsymbol{r}$은 외력; 그리고 $\boldsymbol{u}$, $\dot{\boldsymbol{u}}$ 및 $\ddot{\boldsymbol{u}}$은 구조물의 상대 변위, 속도 및 가속도 벡터를 나타낸다.

해석을 목적으로 비선형 요소의 비선형 자유도에서 선형 유효강성(linear effective stiffness, $\boldsymbol{K}_N$)을 정의한다. $\boldsymbol{K}_N$은 임의 값으로, 일반적으로 0에서 그 자유도에서의 최대 비선형 강성 범위 내에서 변한다.

선형 요소의 강성과 비선형 요소의 선형 자유도에서의 강성을 $\boldsymbol{K}_L$로 나타내고, 비선형 요소의 비선형 자유도에서의 유효강성 $\boldsymbol{K}_N$을 조합하여 구조시스템의 전체 강성($\boldsymbol{K}$)을 나타내면 다음과 같다.

$$\boldsymbol{K} = \boldsymbol{K}_L + \boldsymbol{K}_N$$

즉, 선형 요소의 선형 강성과 비선형 요소의 선형 강성을 $\boldsymbol{K}_L$로 나타내고, 비선형 요소의 비선형 강성을 유효강성 $\boldsymbol{K}_N$으로 나타냈다.

이 식을 평형방정식에 대입하여 정리하면 다음과 같다.

$$\boldsymbol{M}\ddot{\boldsymbol{u}}(t) + \boldsymbol{C}\dot{\boldsymbol{u}}(t) + \boldsymbol{K}\boldsymbol{u}(t) = \boldsymbol{r}(t) - [\boldsymbol{r}_N(t) - \boldsymbol{K}_N\boldsymbol{u}(t)]$$

전체 강성행렬 $\boldsymbol{K}$와 질량행렬 $\boldsymbol{M}$을 사용하여 모드해석을 수행한다. 여기서 모드해석을 수행하기 위해 일반 고유치벡터(eigen vector) 대신에 리츠벡터(Ritz vector)를 모드벡터(Φ)로 사용할 것을 강권한다.

모드방정식으로 나타낸 평형방정식은 다음과 같다.

$$\boldsymbol{I}\ddot{\boldsymbol{a}}(t) + \Lambda\dot{\boldsymbol{a}}(t) + \Omega^2\boldsymbol{a}(t) = \boldsymbol{q}(t) - \boldsymbol{q}_N(t)$$

여기서 $\boldsymbol{I}$은 단위행렬; Λ은 대각으로 가정된 모드감쇠행렬; Ω^2은 대각고유진동수의 제곱인 대각행렬; $\boldsymbol{q}$은 모드하중벡터; $\boldsymbol{q}_N$은 비선형 요소에서 발생되는 모드하중벡터; 그리고 $\boldsymbol{a}$, $\dot{\boldsymbol{a}}$ 및 $\ddot{\boldsymbol{a}}$은 구조물의 모드변위, 모드속도 및 모드가속도를 나타낸다.

$$\boldsymbol{I} = \Phi^T\,\boldsymbol{M}\,\Phi$$

$$\Lambda = \Phi^T\,\boldsymbol{C}\,\Phi$$

$$\Omega^2 = \Phi^T\,\boldsymbol{K}\,\Phi$$

$$\boldsymbol{q}(t) = \Phi^T\,\boldsymbol{r}(t)$$

$$\boldsymbol{q}_N(t) = \Phi^T\,[\boldsymbol{r}_N(t) - \boldsymbol{K}_N\Phi\,\boldsymbol{a}(t)]$$

$$\boldsymbol{u}(t) = \Phi\,\boldsymbol{a}(t)$$

선형 동적 해석과는 달리 비선형 모드방정식은 모드 연계(coupling)가 들어 있다는 점에 유의해야 한다. 즉, 모드방정식 우측의 비선형 모드하중 $\boldsymbol{q}_N(t)$은 모드변위 $\boldsymbol{a}(t)$의 함수이므로 모드방정식의 좌측과 우측 모두에 모드변위 $\boldsymbol{a}(t)$가 있다.

이 모드방정식을 풀기 위해 모드하중 $\boldsymbol{q}_N(t)$에 의한 비선형 하중을 적절하게 나타내는 것이 중요하다. 이를 위해 다음과 같은 사항을 주의할 필요가 있다.

1) 모든 비선형 자유도에 관성의 질량 및/또는 질량 모멘트가 존재해야 한다.
2) 모든 고유벡터를 사용하지 않는다면 리츠벡터를 모드벡터로 사용해야 한다.
3) 초기 리츠하중벡터는 비선형 자유도의 비선형 변형 하중을 포함해야 한다.
4) 비선형 요소의 변형을 나타내기 위해 충분한 수의 리츠벡터를 사용한다.

비선형 모드방정식은 각 시간 단계별로 반복 계산을 통해 수렴한 해를 구한다. 프로그램에서는 모드방정식의 우측 하중이 시간에 선형적으로 변화한다고 가정하여 산정된 정확해를 매 반복계산에서 사용하여 계산시간을 단축한다. 수렴을 찾을 수 없을 경우에 더 작은 시간간격으로 다시 시도를 한다.

2.6.7 비선형시스템의 에너지 소산

이 절에서는 비선형시스템에 입력되는 지진에너지의 대부분은 점성감쇠와 항복에 의해 소산됨을 보였다. 관성력, 감쇠력, 복원력 및 입력하중의 항으로 나타낸 비선형시스템의 운동방정식을 변위에 관하여 적분하여 다음과 같이 에너지 항으로 구성된 운동방정식으로 나타낼 수 있다.

$$\int_0^u m\ddot{u}(t)du + \int_0^u c\dot{u}(t)du + \int_0^u f_S(u)du = -\int_0^u m\ddot{u}_g(t)du$$

즉,
$$E_K(t) + E_D(t) + E_{f_S}(t) = E_I(t)$$

여기서 $E_K(t)$는 운동에너지(kinetic energy), $E_D(t)$는 점성감쇠에너지(viscous damping energy), $E_{f_S}(t)$는 복원에너지(restoring energy), 그리고 $E_I(t)$는 지진입력에너지(earthquake input energy)로 다음과 같다.

$$E_K(t) = \int_0^u m\ddot{u}(t)du = \int_0^{\dot{u}} m\dot{u}(t)d\dot{u} = \frac{1}{2}m\dot{u}^2$$

$$E_D(t) = \int_0^u f_D(t)du = \int_0^u c\dot{u}(t)du$$

$$E_{f_S}(t) = \int_0^u f_S(u)du$$

$$E_I(t) = -\int_0^u m\ddot{u}_g(t)du$$

복원에너지 $E_{f_S}(t)$는 다음과 같이 복원이 가능한 변형에너지($E_S(t)$)와 항복으로 소산되는 에너지($E_Y(t)$)의 합으로 구분하여 나타낼 수 있다.

$$E_{f_S}(t) = E_S(t) + E_Y(t)$$

여기서
$$E_S(t) = \frac{[f_S(t)]^2}{2k}$$

$$E_Y(t) = \int_0^u f_S(u)du - E_S(t)$$

여기서 k는 비선형시스템의 초기강성이며, $E_{f_S}(t)$를 $E_S(t)$와 $E_Y(t)$로 나타낸 에너지 운동방정식은 다음과 같다.

$$E_K(t) + E_D(t) + E_S(t) + E_Y(t) = E_I(t)$$

다음 그림에 엘센트로 지진을 받는 선형 및 비선형 단자유도계의 에너지 소산을 예시로 나타냈다. 지진입력에너지($E_I(t)$)는 선형시스템의 경우에 $E_D(t)$로, 비선형시스템의 경우에 $E_D(t)$와 $E_Y(t)$로 대부분 소산되는 것을 알 수 있다.

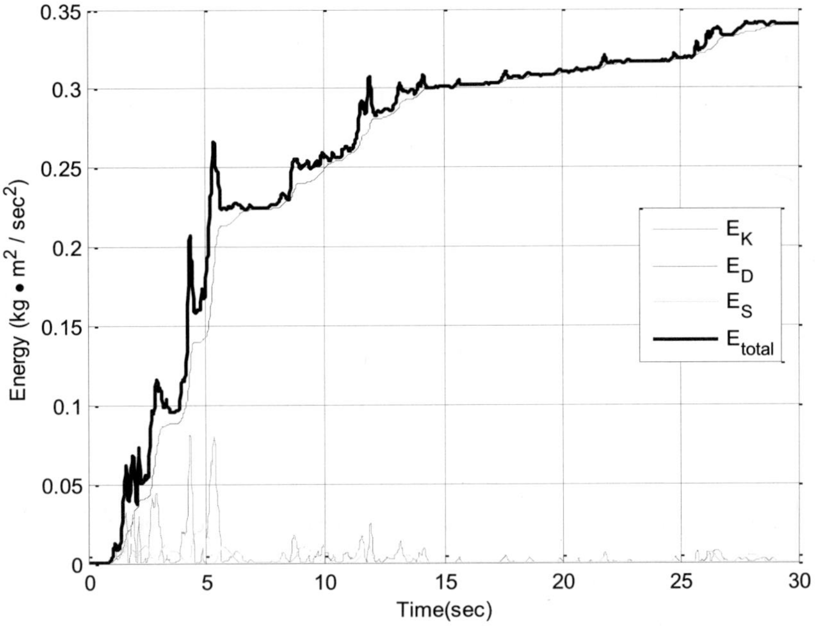

(a) 선형시스템 ($T_n = 0.5$ sec, $\xi = 0.05$)

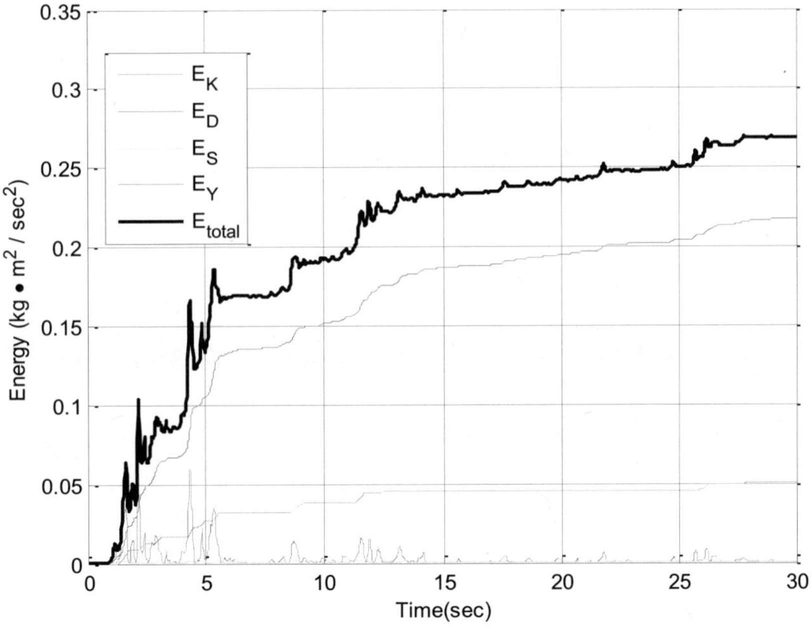

(b) 탄소성시스템 ($T_n = 0.5$ sec, $\xi = 0.05, f_y = 0.25 f_{max,elastic}$)

그림 2.6.7a 엘센트로 지진을 받는 단자유도계의 시간에 따른 에너지 소산

MATLAB/PYTHON: 2.6.3 비선형 동적 응답: 단진자 회전 (ch263a_runge)

(a) 선형 운동방정식: $\ddot{\theta} + \omega_o^2\theta = 0$

(b) 비선형 운동방정식: $\ddot{\theta} + \omega_o^2\left(\theta - \frac{1}{6}\theta^3\right) = 0$

(c) 비선형 운동방정식: $\ddot{\theta} + \omega_o^2 \sin\theta = 0$

여기서 $\omega_o = \sqrt{\frac{g}{L}} = 0.09, \Delta t = 1$이고, 초기조건은 다음과 같다.

(a) $\theta(0) = 0.1, \dot{\theta}(0) = 0$ (b) $\theta(0) = \frac{\pi}{4}, \dot{\theta}(0) = 0$ (c) $\theta(0) = \frac{\pi}{2}, \dot{\theta}(0) = 0$

[풀이]

(1) 2계 미분방정식 → 연립 1계 미분방정식

(a) $\begin{Bmatrix}\dot{\theta}_1\\ \dot{\theta}_2\end{Bmatrix} = \begin{Bmatrix}\theta_2\\ -\omega_o^2\,\theta_1\end{Bmatrix}$, (b) $\begin{Bmatrix}\dot{\theta}_1\\ \dot{\theta}_2\end{Bmatrix} = \begin{Bmatrix}\theta_2\\ -\omega_o^2\left(\theta_1 - \frac{1}{6}\theta_1^3\right)\end{Bmatrix}$, (c) $\begin{Bmatrix}\dot{\theta}_1\\ \dot{\theta}_2\end{Bmatrix} = \begin{Bmatrix}\theta_2\\ -\omega_o^2\sin\theta_1\end{Bmatrix}$

(2) 코딩(ch263a_runge, dfunc263a)

• MATLAB [ch263a_runge.m]	• PYTHON [ch263a_runge.py]
`[time,Theta1] = ode23('dfunc263a1',time,Theta01);` `function F = dfunc263a1(time,Theta)`	`Theta1_1 = odeint(dfunc263a1, Theta01, time)` `def dfunc263a1(Theta, time, omega0=0.09):`

(3) 결과

초기 조건 θ가 증가할수록(즉, $\theta = 0, \frac{\pi}{4}, \frac{\pi}{2}$로 증가할수록) 선형 및 비선형 운동방정식에 의한 응답의 차이가 커짐.

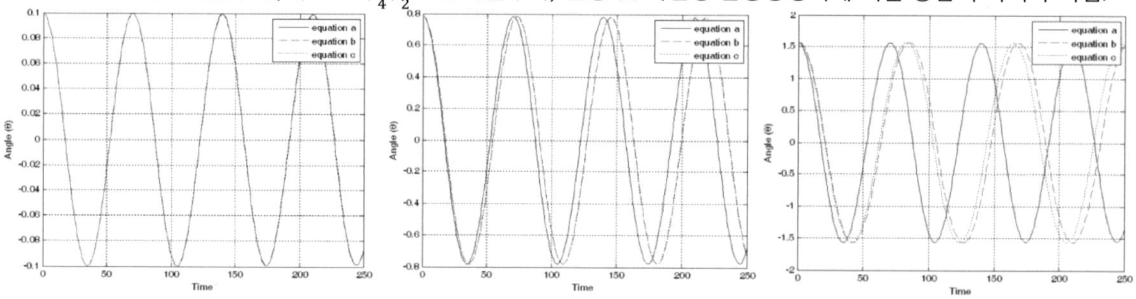

(a) $\theta(0) = 0.1, \dot{\theta}(0) = 0$ (b) $\theta(0) = \frac{\pi}{4}, \dot{\theta}(0) = 0$ (c) $\theta(0) = \frac{\pi}{2}, \dot{\theta}(0) = 0$

MATLAB/PYTHON: 2.6.3 비선형 동적 응답: 비선형 감쇠 (ch263b_runge)

(a) 선형 운동방정식: $m\ddot{u} + c_{eq}\dot{u} + ku = \mathrm{A}_f \sin\omega_d t$

(b) 비선형 운동방정식: $m\ddot{u} + c\dot{u}^2\mathrm{sign}(\dot{u}) + ku = \mathrm{A}_f \sin\omega_d t$

여기서 $c_{eq} = \frac{8}{3\pi}c\omega_d\frac{\mathrm{A}_f}{k}$이고, $\mathrm{A}_f = 200, m = 10, c = 0.01, k = 4000$이며, 초기조건은 $u(0) = 0.5$와 $\dot{u}(0) = 1$이며, 가진진동수는 다음 두 가지 경우에 대해 고려하여라.

(a) $\omega_d = 10$ (b) $\omega_d = 20$

[풀이]

(1) 2계 미분방정식 → 연립 1계 미분방정식

(a) $\begin{Bmatrix}\dot{u}_1\\ \dot{u}_2\end{Bmatrix} = \begin{Bmatrix}u_2\\ \frac{1}{m}\left(\mathrm{A}_f\sin\omega_d t - c_{eq}u_2 - ku_1\right)\end{Bmatrix}$, (b) $\begin{Bmatrix}\dot{u}_1\\ \dot{u}_2\end{Bmatrix} = \begin{Bmatrix}u_2\\ \frac{1}{m}\left(\mathrm{A}_f\sin\omega_d t - cu_2^2\mathrm{sign}(u_2) - ku_1\right)\end{Bmatrix}$

(2) 코딩 (ch263b_runge, dfunc263b)

(3) 결과

공진 조건에 가까울수록(즉, $\omega_d = 10, 20$으로 증가하여 응답이 커질수록) 선형 및 비선형 운동방정식에 의한 응답의 차이가 커지는 것을 알 수 있다. 이 문제의 경우에 등가선형 운동방정식의 결과는 비선형 운동방정식의 결과보다 크게 (즉, 보수적으로) 산정되었다.

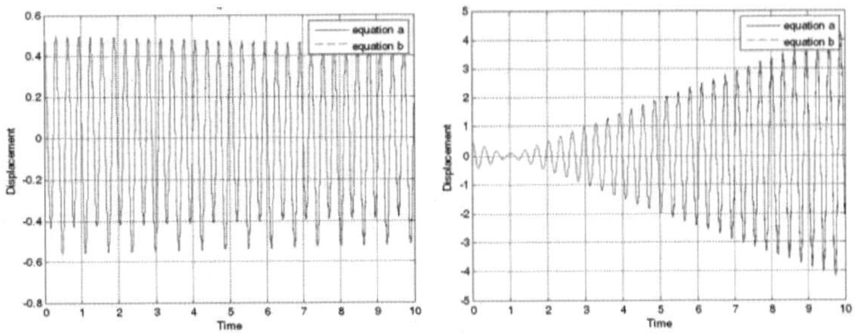

(a) $\omega_d = 10$ (b) $\omega_d = 20$

MATLAB/PYTHON: 2.6.3 비선형 동적 응답: 경화 (ch263c_unge)

(a) 선형 운동방정식: $m\ddot{u} + k_1 u = f(f)$

(b) 비선형 운동방정식: $m\ddot{u} + k_1 u + k_2 u^3 = f(f)$

여기서 $f(f)$는 $0 \le t \le 1$ 구간에 크기가 1000인 직사각형 충격하중이고, $m = 10$, $k_1 = 4000$, $k_2 = 500$이며, 초기조건은 $u(0) = 0.05$와 $\dot{u}(0) = 5$이다.

[풀이]

(1) 2계 미분방정식 → 연립 1계 미분방정식

(a) $\begin{Bmatrix} \dot{u}_1 \\ \dot{u}_2 \end{Bmatrix} = \begin{Bmatrix} u_2 \\ \frac{1}{m}(f - k_1 u_1) \end{Bmatrix}$, (b) $\begin{Bmatrix} \dot{u}_1 \\ \dot{u}_2 \end{Bmatrix} = \begin{Bmatrix} u_2 \\ \frac{1}{m}(f - k_1 u_1 - k_2 u_1^3) \end{Bmatrix}$

(2) 코딩 (ch263c_runge, dfunc263c)

(3) 결과

경화현상을 고려한 비선형 운동방정식의 응답은 선형 운동방정식의 응답에 비해 고유주기가 짧아지고(즉, 고유진동수는 커지고), 응답도 증가하는 것을 볼 수 있다.

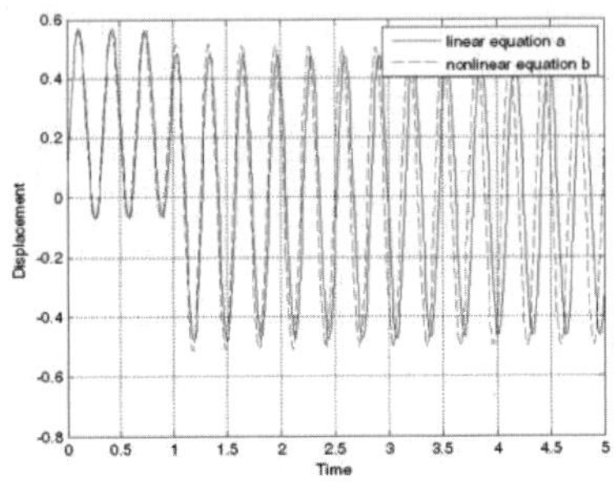

PYTHON: 2.6.4 명시적 방법: 중앙차분법 (ch264_CDM_NL)

단자유도 구조물의 복원력과 변위의 관계가 다음과 같이 탄소성 형태이다. 명시적 방법인 중앙차분법(central difference method; CDM)을 사용하여 비선형 구조물의 동적 응답을 구한 후, 선형 해석 결과와 차이를 검토하여라.

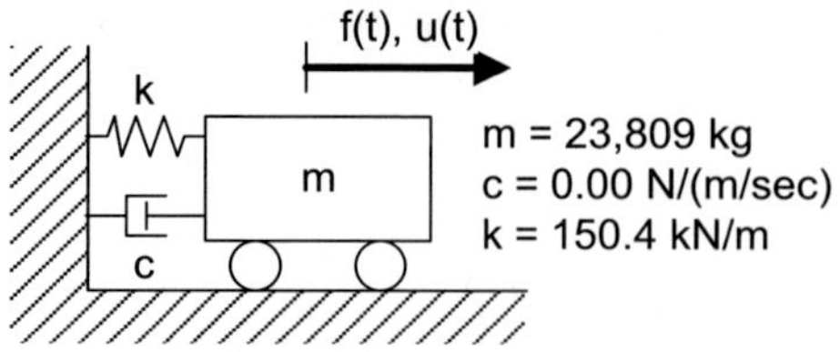

m-c-k model

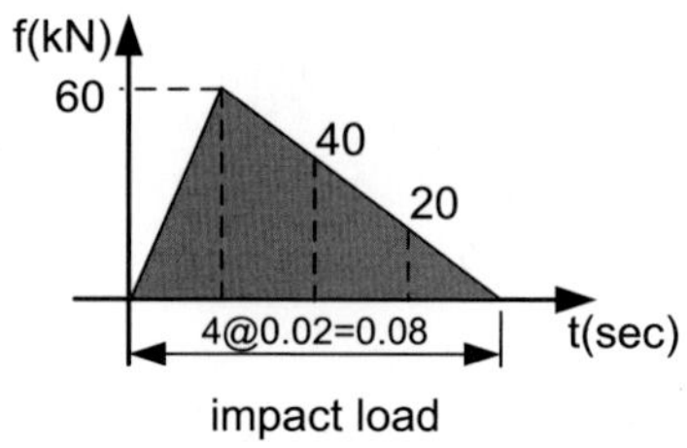

impact load

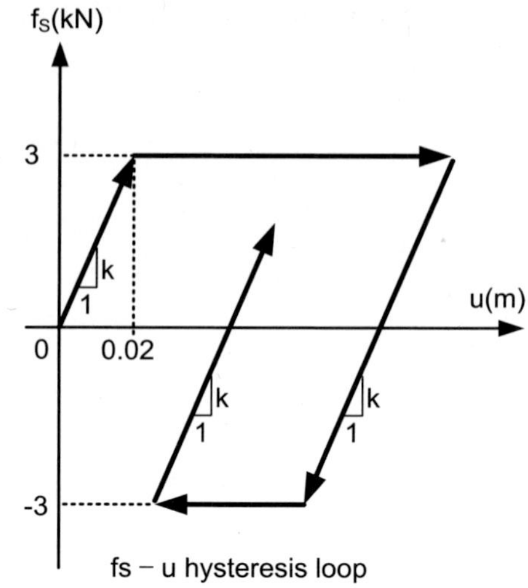

fs – u hysteresis loop

[풀이]

(a) "표 2.6.4 비선형 동적 응답 해석: 중앙차분법의 계산절차"를 따라 코딩하면 다음과 같다.

초기값(단계 1)		코딩
1.1 m, c, k	: 질량(m), 감쇠(c), 강성(k) 정의	1.1 GM, GC, GK
1.2 ${}^0u, {}^0\dot{u}, {}^0\ddot{u}$	: 초기조건${}^0u, {}^0\dot{u}, {}^0\ddot{u}$을 할당	1.2 GUt[:, 0] = 0
1.3 Δt	: $\Delta t \leq \Delta t_{cr}(= T_n/\pi)$	1.3 dt = 0.02
1.4 ${}^{-\Delta t}u$	: 시간 $-\Delta t$에서 변위 산정	1.4 GUt[:, -1] = GUt[:, 0] ...
1.5 k_{eff}	: 유효강성(k_{eff}) 계산	1.5 Keff
매 시간구간 내에서 반복 계산(단계 2)		
2.1 ${}^{n\Delta t}f_{eff} = func({}^{n\Delta t}f_S)$	: 시간 $n\Delta t$에서 유효하중 계산	2.1 Feff = Fs ...; Fs = fsGU() ...
2.2 ${}^{(n+1)\Delta t}u = {}^{n\Delta t}f_{eff} \,/\, k_{eff}$	: 시간 $(n+1)\Delta t$에서 변위 산정	2.2 GUt[:, itime+1] = ...
2.3 ${}^{n\Delta t}\dot{u}$, ${}^{n\Delta t}\ddot{u}$	: 시간 $n\Delta t$에서 속도와 변위 산정	2.3 GVt[:, itime], GAt[:, itime]

(b) 이 코딩을 엑셀로 나타내면 다음과 같다.

[1.1] m	23,809	dt	0.02	[1.5] k_{eff}	59,522,500
c	0	k_d	0		
k	150,400	f_y	3,008		

	${}^{n\Delta t}u$	${}^{n\Delta t}\dot{u}$	${}^{n\Delta t}\ddot{u}$	${}^{n\Delta t}f$	${}^{n\Delta t}f_S$	${}^{n\Delta t}f_{eff}$
iteration	u	$\dot{u}$	$\ddot{u}$	f	f_S	f_{eff}
i	(m)	(m/s)	(m/s²)	(N)	(N)	(N)
−1	[1.4] 0					
0	[1.2] 0	[2.3a] 0	[2.3b] 0	0	0	[2.1] 0
1	[2.2] 0	0	0	60,000	0	60,000
2	0.0010	0.0252	2.5201	40,000	151.607	159,848
3	0.0027	0.0671	1.6737	20,000	403.901	279,293
4	0.0047	0.0921	0.8231	0	705.71	398,032
⋮	⋮	⋮	⋮	⋮	⋮	⋮
96	0.0143	−0.0327	0.0959	0	−2379.38	818,321
97	0.0137	−0.0308	0.0999	0	−2468.90	785,362
98	0.0132	−0.0287	0.1037	0	−2552.18	754,955
99	0.0127	−0.0266	0.1072	0	−2629.01	727,178
100	0.0122	−0.0244	0.1104	0	−2699.19	702,099

(c) 앞의 계산 절차와 결과를 그래프로 나타내면 다음과 같다.

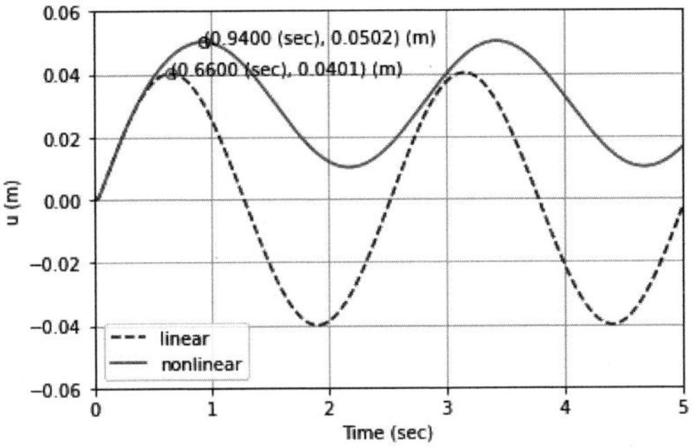

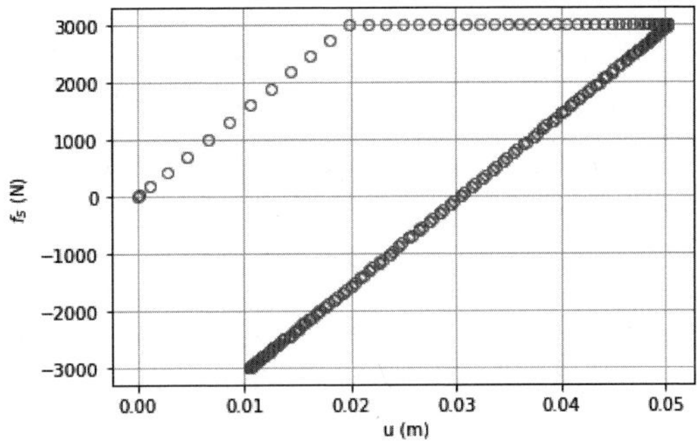

- 선형해석 모델과 결과 분석은 “[예제] 2.3.2 삼각형 충격하중과 수조의 응답”을 참조한다.
- 선형해석결과의 주기는 대략 2.5 sec(= 5 sec / 2 cycles)이다.

$$T = \frac{1}{f} = 2\pi\sqrt{\frac{m}{k}} = 2\pi\sqrt{\frac{23{,}809}{150{,}400}} = 2.5\ \mathrm{sec}$$

- 선형해석결과의 최댓값은 0.04 m이며, 이를 충격량에 의한 최대변위로 검토하면 다음과 같다.

  충격량: $I = \int_0^{0.08} f(t)dt = 0.5 \times 0.08 \times 60 = 2.4\ \mathrm{kN \cdot sec}$

  최대변위(u_{max}): $u_{max} = \frac{I\omega}{k} = \frac{(2.4\ \mathrm{kN{\cdot}sec})\left(\frac{2\pi\ 1}{2.5\mathrm{sec}}\right)}{150.4\frac{\mathrm{kN}}{\mathrm{m}}} = 0.04\ \mathrm{m} = 4\ \mathrm{cm}$

- 선형 해석과 비선형 해석으로 구한 결과를 비교하였다.

  변위가 2 cm이하인 선형구간 내에서는 두 해석 방법은 동일한 결과를 나타내었다.

  변위가 2 cm이상인 경우, 비선형 해석에서 구한 구조물의 변위는 강성의 감소로 인해 선형 해석으로 구한 변위보다 크게 산정되며, 장주기로 되는 것을 알 수 있다.

  선형응답은 평균이 0 cm인 것에 비해, 비선형 응답은 3cm로 영구변형이 발생하였다.

PYTHON: 2.6.5 묵시적 방법: 수정된 뉴턴-랩슨법 (ch265_NewtonRaphson)

다음과 같이 비선형 하중-변위의 관계를 갖는 구조물이 있다. 하중제어(force-controlled) 수치해석을 통해 하중을 0 N에서 60 N으로 증가시킬 때, 이에 대응되는 구조물의 변위를 수정된 뉴턴-랩슨법을 사용하여 산정하라. 여기서 동적 효과는 무시하고 정적 효과만을 고려한다.

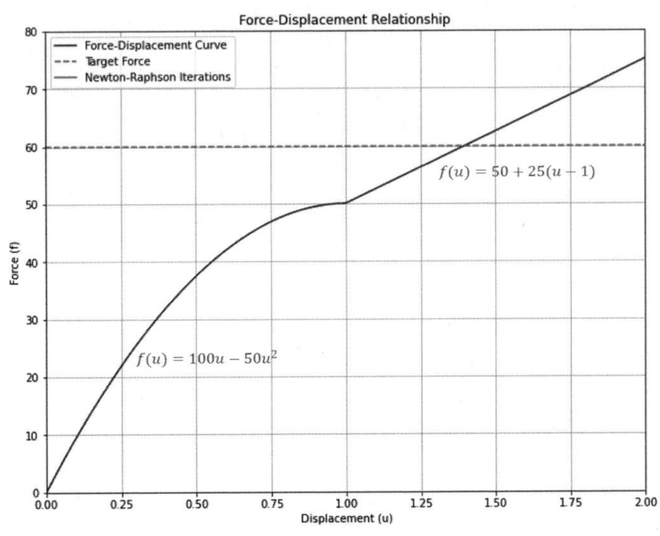

[풀이]

(a) “표 2.6.5b 수정된 뉴턴-랩슨법의 계산절차”를 따라 코딩하면 다음과 같다.

초기값(단계 1)		코딩
1.1 $f = func(u)$	: 하중 f과 변위 u의 관계 규정	1.1 def f_func(u):
1.2 f_{n+1}	: 다음 변위 u_{n+1}에서의 하중 f_{n+1} 규정	1.2 f_targ = 60
매 시간구간 내에서 반복 계산(단계 2)		
2.1 $u_{n+1}^{(1)} = u_n$	: 현재 변위 u_n를 다음 변위 $u_{n+1}^{(1)}$ 가정	2.1 u = u_init
2.2 $k_T^{(1)}$	: 현재 변위 u_n에서 접선강성 $k_T^{(1)}$ 산정	2.2 k_t = k_tangent(u)
2.3 $f_n = func(u_n)$	: 현재 변위 u_n에서 하중 f_n 산정	2.3 f = f_func(u)
2.4 $\Delta R_n^{(1)} = f_{n+1} - f_n$	: 잔차(residual) 하중 $\Delta R_n^{(1)}$ 가정	2.4 R = f_targ - f
2.5 $\Delta u_n^{(1)} = \Delta R_n^{(1)} / k_T^{(1)}$	: $\Delta R_n^{(1)}$에 의한 변위 증가량 $\Delta u_n^{(1)}$ 산정	2.5 del_u = R / k_t
2.6 $u_{n+1}^{(2)} = u_{n+1}^{(1)} + \Delta u_n^{(1)}$	: 개선된 다음 변위 $u_{n+1}^{(2)}$ 산정	2.6 u += del_u
2.7 u_n을 $u_{n+1}^{(1)}$로 치환	: 단계 2 반복	2.7 for i in range(max_iter):

(b) 이 코딩을 엑셀로 나타내면 다음과 같다. 60번 반복 계산 후 수렴된 변위는 1.4m이다.

		$iter_{max}$	100		tol	1.00×10^{-6}
		f_{targ}	60.000		u_{init}	0.000
	$u_{n+1}^{(1)} = u_n$	$k_T^{(1)} = f'[u_n]$	$f_n = f[u_n]$	$\Delta R_n^{(1)} = f_{n+1} - f_n$	$\Delta u_n^{(1)} = \Delta R_n^{(1)} / k_T^{(1)}$	$u_{n+1}^{(2)} = u_{n+1}^{(1)} + \Delta u_n^{(1)}$
$iteration$	u	k_T	f	R	Δu	u
i	(m)	(N/m)	(N)	(N)	(m)	(m)
0	[2.1] 0.000	[2.2] 100.000	[2.3] 0.000	[2.4] 60.000	[2.5] 0.600	[2.6] 0.600
1	0.600	100.000	42.000	18.000	0.180	0.780
2	0.780	100.000	47.580	12.420	0.124	0.904
3	0.904	100.000	49.541	10.459	0.105	1.009
4	1.009	100.000	50.220	9.780	0.098	1.107
5	1.107	100.000	52.665	7.335	0.073	1.180
⋮	⋮	⋮	⋮	⋮	⋮	⋮
56	1.400	100.000	60.000	0.000	0.000	1.400
57	1.400	100.000	60.000	0.000	0.000	1.400
58	1.400	100.000	60.000	0.000	0.000	1.400
59	1.400	100.000	60.000	0.000	0.000	1.400
60	1.400	100.000	60.000	0.000		

(c) 앞의 계산 절차와 결과를 그래프로 나타내면 다음과 같다.

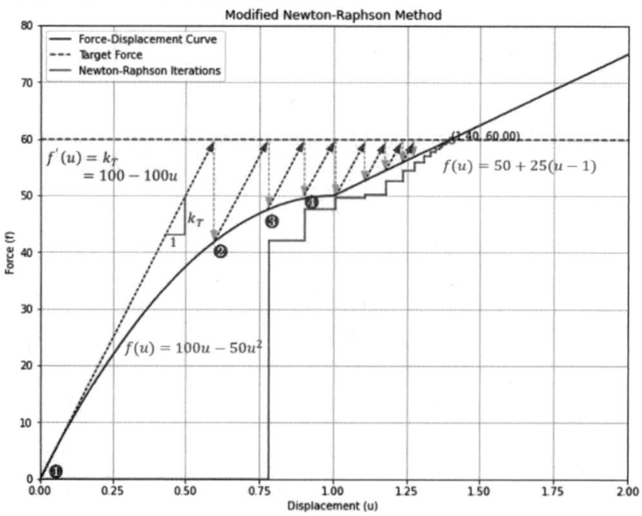

PYTHON: 2.6.5 묵시적 방법: 뉴마크방법 (ch265_newmark_NL)

단자유도 구조물의 복원력과 변위의 관계가 다음과 같이 탄소성 형태이다. 묵시적 방법인 뉴마크방법을 사용하여 비선형 구조물의 동적 응답을 구한 후, 선형 해석 결과와 차이를 검토하여라.

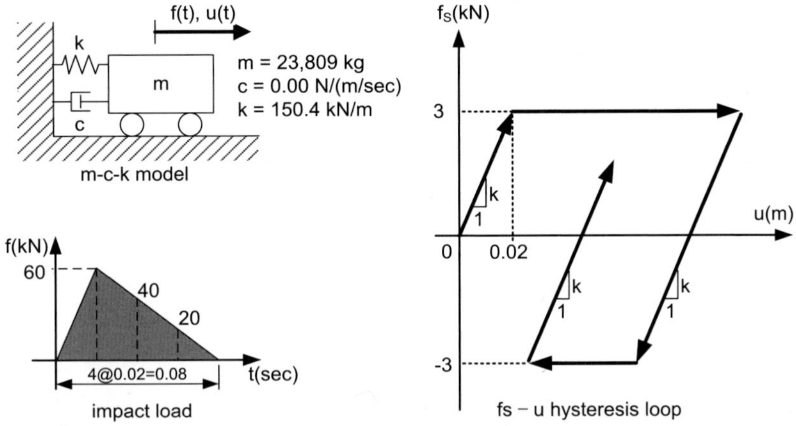

[풀이]

(a) "그림 2.6.5b 비선형시스템에 대한 뉴마크방법의 계산절차"를 따라 코딩하면 다음과 같다.

초기값(단계 1)		코딩
1.1 m, c, k	: 질량(m), 감쇠(c), 강성(k) 정의	1.1 GM, GC, GK
1.2 ${}^{0}u, {}^{0}\dot{u}, {}^{0}\ddot{u}$	: 초기조건${}^{0}u, {}^{0}\dot{u}, {}^{0}\ddot{u}$을 할당	1.2 GUt[:, 0] = 0
1.3 $\Delta t, \gamma, \alpha, a_0, \cdots, a_5$	: 상수 지정	1.3 gamma = 0.5
매 시간구간 내에서 반복 계산(단계 2)		
2.1 ${}^{n\Delta t}\Delta f_{eff} = {}^{n\Delta t}\Delta f + \cdots$	: 시간 $n\Delta t$에서 유효하중 증분 계산	2.1 delFeff = delGFt + ...
2.2 ${}^{n\Delta t}k_T = func({}^{n\Delta t}u)$	: 시간 $n\Delta t$에서 접선강성 산정	2.2 Ktan[] = fsGU(Ku, Kd, ...)
2.3 ${}^{n\Delta t}k_{eff} = {}^{n\Delta t}k_T + \cdots$	: 시간 $n\Delta t$에서 유효강성 산정	2.3 Keff = GK + Ktan + ...
2.4 ${}^{n\Delta t}\Delta u = {}^{n\Delta t}\Delta f_{eff} \,/\, k_{eff}$	: 시간 $n\Delta t$에서 변위 증분 계산	2.4 delGUt = Keff/delFeff
2.5 ${}^{(n+1)\Delta t}u, {}^{(n+1)\Delta t}\dot{u}, {}^{(n+1)\Delta t}\ddot{u}$	: 시간 $(n+1)\Delta t$ 변위, 속도, 가속도 계산	2.5 GUt[:,itime+1], ...

(b) 이 코딩을 엑셀로 나타내면 다음과 같다.

[1.1] m	23,809	dt	0.02			
c	0	k_d	0			
k	150,400	f_y	3,008			
	${}^{n\Delta t}u$	${}^{n\Delta t}\dot{u}$	${}^{n\Delta t}\ddot{u}$	${}^{n\Delta t}\Delta f$	${}^{n\Delta t}\Delta f_{eff}$	${}^{n\Delta t}k_{eff}$
$iteration$	u	$\dot{u}$	$\ddot{u}$	Δf	Δf_{eff}	k_{eff}
i	(m)	(m/s)	(m/s²)	(N)	(N)	(N/m)
0	[1.2] 0	0	0	60,000	[2.1] 60,000	[2.3] 238,240,400
1	[2.5] 0.0003	0.0252	2.5185	−20,000	219,848	238,240,400
2	0.0012	0.0671	1.6726	−20,000	379,142	238,240,400
3	0.0028	0.0920	0.8225	−20,000	457,478	238,240,400
4	0.0047	0.1000	−0.0296	0	474,658	238,240,400
⋮	⋮	⋮	⋮	⋮	⋮	⋮
96	0.0142	−0.0307	0.1001	0	818,321	238,240,400
97	0.0136	−0.0286	0.1039	0	785,362	238,240,400
98	0.0130	−0.0265	0.1073	0	754,955	238,240,400
99	0.0125	−0.0244	0.1106	0	727,178	238,240,400
100	0.0121	−0.0221	0.1135	0	702,099	238,240,400

(c) 앞의 계산 절차와 결과를 그래프로 나타내면 다음과 같다.

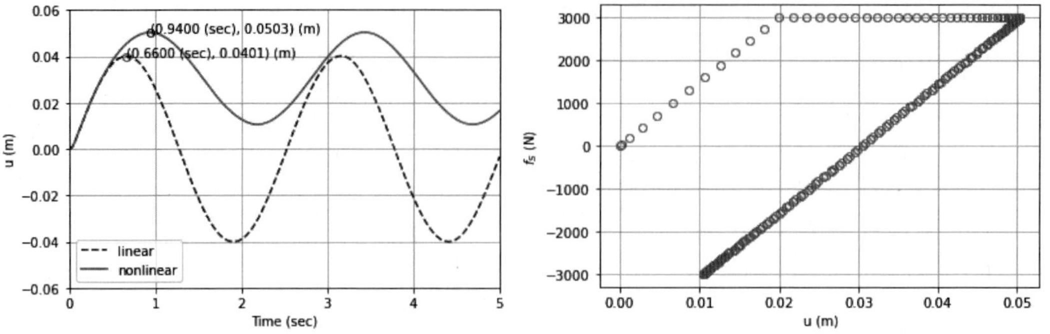

- 결과 분석은 "PYTHON: 2.6.4 명시적 방법: 중앙차분법"과 동일하다.

이야기: 공진과 에너지 보존

공진현상을 에너지 보존법칙으로 어떻게 설명이 되는지?

조화하중에 의한 구조물의 응답으로 공진을 설명하면 다음과 같다. 조화하중에 의해 지속적으로 구조물에 유입되는 에너지(E_{input})는 감쇠에너지($E_{damping}$)로 지속적으로 소산되고, 남는 에너지가 구조물의 진동($E_{vibration}$)에 사용된다 (에너지 보존법칙).

$$E_{input} = E_{damping} + E_{vibration}$$

구조물이 공진에 도달했을 때, 감쇠에 의한 에너지 소산은 거의 없어지고(즉, $E_{damping} = 0$), 지속적으로 유입되는 에너지(E_{input})는 구조물을 진동시키는 것($E_{vibration}$)에만 사용된다.

$$E_{input} = E_{vibration} \quad \because E_{damping} = 0$$

지속적으로 증가하는 E_{input}와 에너지 평형을 이루기 위해서는 $E_{vibration}$도 시간에 따라 지속적으로 증가하여야 한다.

선형 단자유도계의 경우, $E_{vibration}$는 운동에너지(E_K)와 변형에너지(E_S)의 합으로 나타낼 수 있다.

$$E_{vibration} = E_K(t) + E_S(t) = \frac{1}{2}m\dot{u}^2 + \frac{1}{2}ku^2$$

m과 k는 일정하므로, $E_{vibration}$이 시간에 따라 지속적으로 증가하기 위해서는 시간에 따라 u와 $\dot{u}$가 지속적으로 증가하여야 한다.

연습문제: 제2장 단자유도계

2.1 자유진동과 구조물의 동적 특성?

• [YouTube] 2.1.1 자유도: 이상화

다음 그림과 같은 높이 h, 폭 $L = 2h$인 모멘트골조 구조물이 있다. 구조부재의 탄성계수는 E이고, 기둥과 보의 단면2차모멘트는 각각 I_c와 I_b이며, 보 위에 놓인 지붕슬래브의 질량은 m이다.

구조부재의 축변형은 무시하고, 휨변형만을 고려할 때, 구조물의 자유도는 u_1, u_2 및 u_3이다. 이 구조물을 다음과 같이 횡방향 운동을 하는 단자유도계로 이상화하였다.

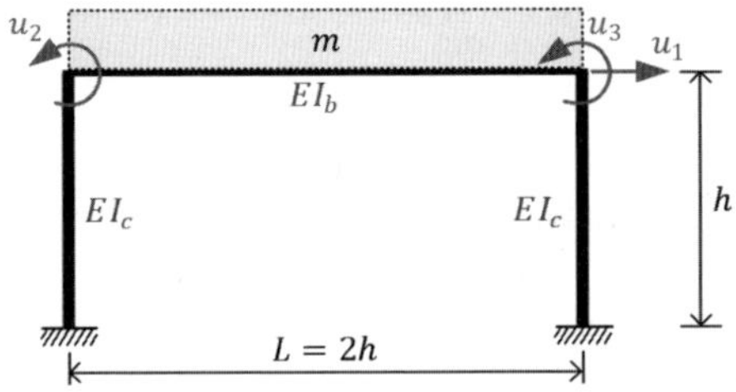

1) 보 위에 놓인 지붕슬래브를 강체 격막으로 고려하여, 보의 휨강성을 무한강성으로 가정한 경우(즉, $EI_b = \infty$인 경우), 구조물의 횡방향 강성 k를 산정하라.

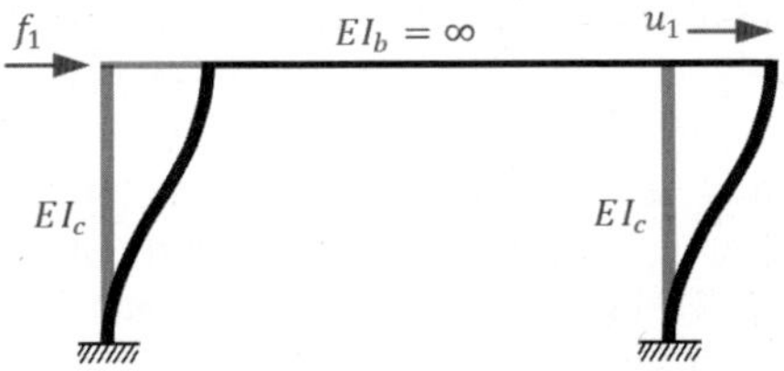

2) 보의 휨강성을 무시하여, 기둥과 보를 힌지접합으로 가정한 경우(즉, $EI_b = 0$인 경우), 구조물의 횡방향 강성 k를 산정하라.

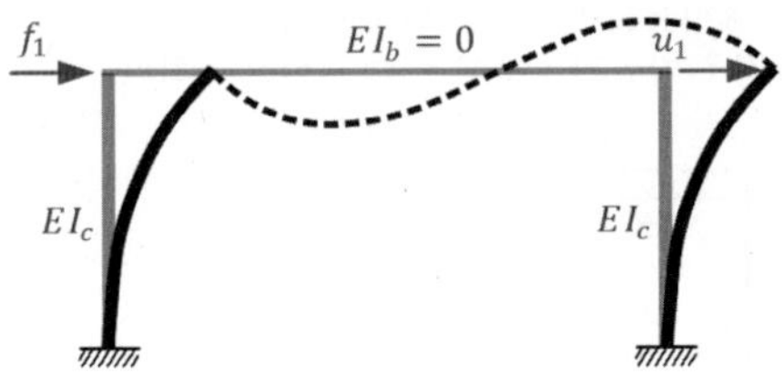

3) 보와 기둥의 휨강성이 서로 같을 경우(즉, $EI_b = EI_c$), 구조물의 횡방향 강성 k를 산정하라. 즉, 기둥과 보를 모멘트골조로 가정한다.

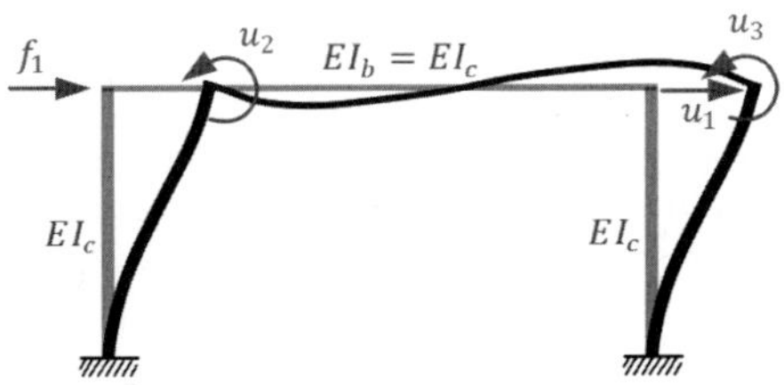

4) 보-기둥의 휨강성비 ρ와 횡강성 k_1의 관계를 그래프로 나타내라. 여기서 보-기둥의 휨강성비의 정의는 다음과 같고, $L = 2h$이며, E가 동일한 단경간 골조이므로 휨강성비는 다음과 같다.

$$\rho = \frac{\sum_{beam} EI_b/L}{\sum_{column} EI_c/h} = \frac{I_b}{4I_c}$$

• [YouTube] 2.1.2 자유진동: 외팔보

다음과 같은 길이 3m의 다이빙 보드(diving board)의 끝에 몸무게 640N인 다이버가 서 있다. 이 다이버는 1Hz로 진동하고 있다. 다이빙 보드의 휨강성(EI)을 구하라. 여기서 다이빙 보드는 질량을 무시한 외팔보로 가정하고, 중력가속도 g와 π는 각각 10m/s^{2}와 3으로 가정한다.

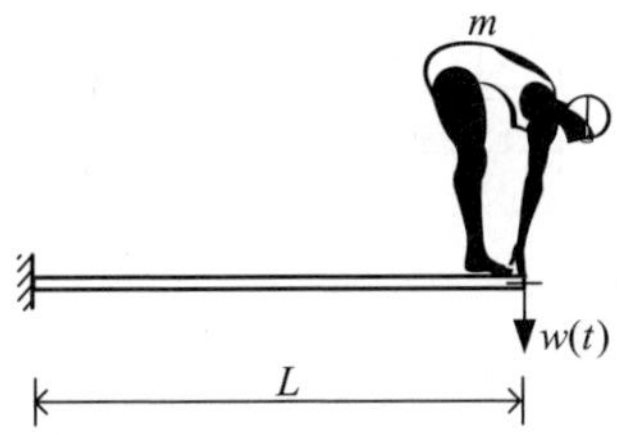

• 2.1.2 자유진동 (건축구조기술사, 2010)

다음 구조물의 고유주기를 산정하라. (단, 구조물 자중: $W = 100\text{kN}$, 기둥 자중: 무시, $g = 9.81\frac{\text{m}}{\text{sec}^2}$, $E = 205{,}000\frac{\text{N}}{\text{mm}^2}$, $I = 1.17 \times 10^9\ \text{mm}^4$)

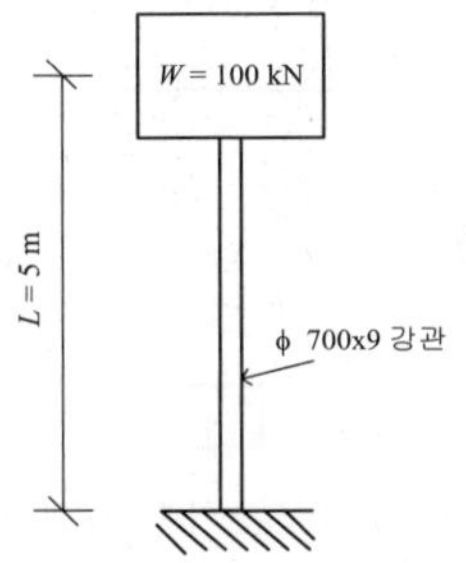

• [YouTube] 2.1.2 자유진동: 타워형 물탱크

다음은 철근콘크리트 타워형 물탱크이다.

물탱크 무게	$W = 2.7$ MN
기둥 높이	$l = 90$ m
기둥의 외경과 내경	$d_o = 3$ m, $d_i = 2.4$ m
콘크리트 설계강도	$f_{ck} = 24$ MPa
중력가속도	$g = 10\ \text{m/sec}^2$
콘크리트 탄성계수식	$E_c = 8{,}500\sqrt[3]{f_{ck} + \Delta f}$
철근콘크리트 단위중량	$\gamma_c = 23\ \text{kN/m}^3$

기둥의 자중을 무시한 경우와 무시하지 않은 경우에 대해 구조물의 고유주기(T_n)를 산정하라.

그림 E2.1.2 Johnson Space Center - Water Tower(출처: https://www.flickr.com/)

• 2.1.2 자유진동 (건축구조기술사, 2013)
그림과 같은 2가지 지지조건으로 트러스가 지지되고 있다. 각각의 고유진동수를 산정하여 사용성 조건($f_n \geq$ **15Hz**)에 만족하는지 확인하고 불만족시 필요한 강성(I)을 산정하라. (단, 상, 하현재는 수직재 및 경사재로 인해 일체로 거동한다고 가정함, 단면 강성은 상, 하현재만 이용해 계산)

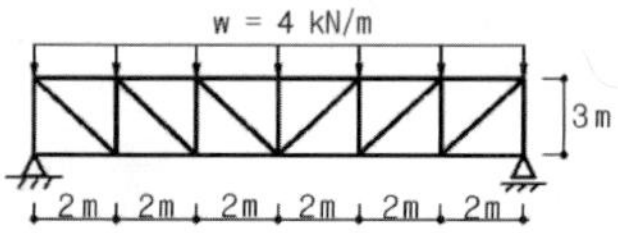

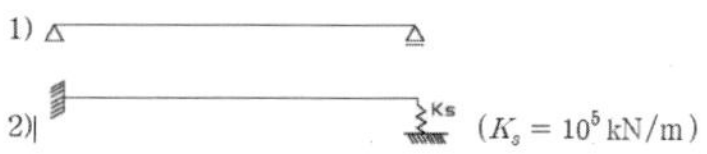

상,하현재 : $H-300\times300\times10\times15$
$(A = 11{,}980\,\mathrm{mm}^2,\ I = 20{,}400\times10^4\,\mathrm{mm}^4,\ E_s = 200{,}000\,\mathrm{MPa})$

• 2.1.2 자유진동 (소음진동기술사, 2013)
한쪽 끝 단이 고정된 스프링(스프링 상수 k)의 다른 끝에 질량 m이 부착된 진동계의 공진진동수를 f_o라고 할 경우, 다음 진동계의 등가스프링 상수와 공진진동수를 구하라.

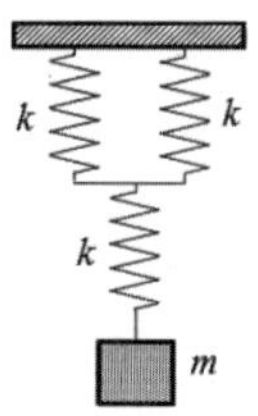

• 2.1.2 자유진동 (토목구조기술사/행정고시, 2005/16)
다음 구조물의 고유진동수를 구하고 설계시 공진효과를 고려하는 이유에 대해 기술하라. (봉 AC는 강체이다)

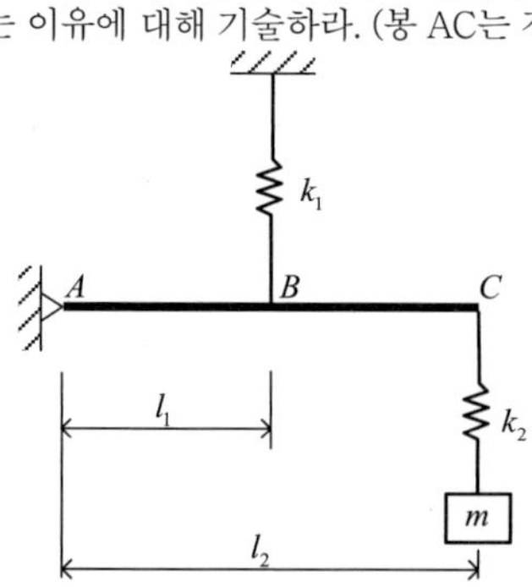

• 2.1.2 자유진동 (토목구조기술사, 2010)
다음 그림과 같이 질량 m이 매달린 보와 탄성 스프링으로 구성된 구조의 고유진동수를 구하라. (단, 보 AB는 무질량 강체이며 수평방향으로 설치되어 있다.)

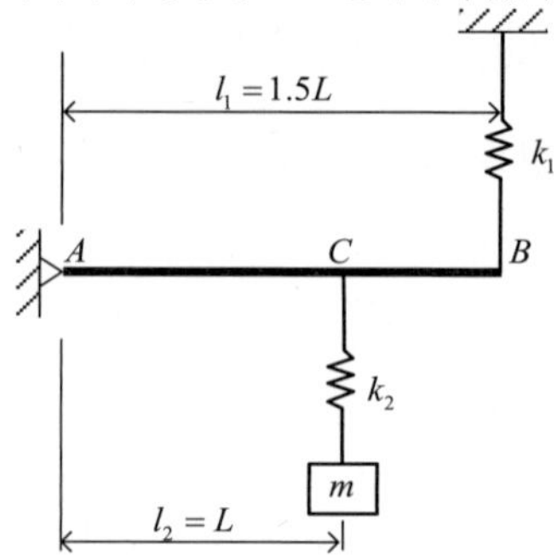

• 2.1.2 자유진동
다음 두 가지 경우의 구조시스템에 대해 운동방정식과 고유진동수를 산정 하라.
1) 질량 m인 균일 강체보로 가정한 경우
2) 무질량 균일 탄성보로 가정한 경우

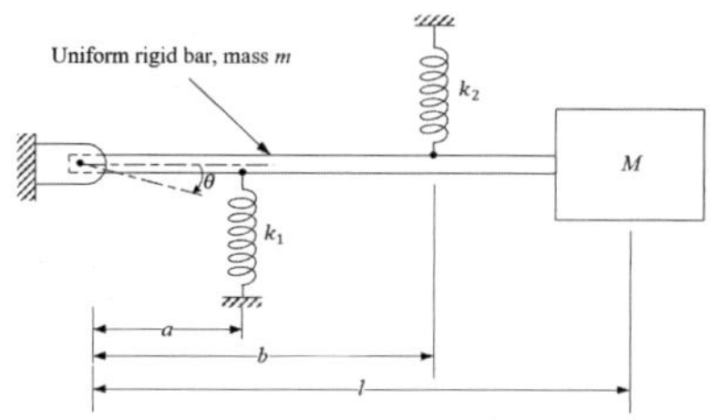

• 2.1.3 비감쇠 자유진동 (건축구조기술사, 2011)
다음 구조물의 수평진동에 대한 아래 물음에 답하라. (단, 기둥의 단면2차모멘트 $I_c = 51{,}840\ \mathrm{cm}^4$, 탄성계수 $E = 21{,}000\,\frac{\mathrm{kN}}{\mathrm{cm}^2}$, $W = 196$ kN (보, 바닥, 기둥의 절반 무게를 합산한 것임), 보 및 바닥은 무한강성체로 가정할 것)
1) 1질점계 치환모델에 대한 강성 k, 질량 m을 구하고 자유진동에 대한 평형 미분방정식을 세우시오. (단, 감쇠는 없는 것으로 하고, 중력가속도 $g = 9.8\,\frac{\mathrm{m}}{\mathrm{sec}^2}$으로 할 것)
2) 고유주기 T를 구하라.
3) $P = 67$ kN을 서서히 가력 했다가 순간적으로 제거했을 경우 자유진동에 대한 해 $y(t)$를 구하라.

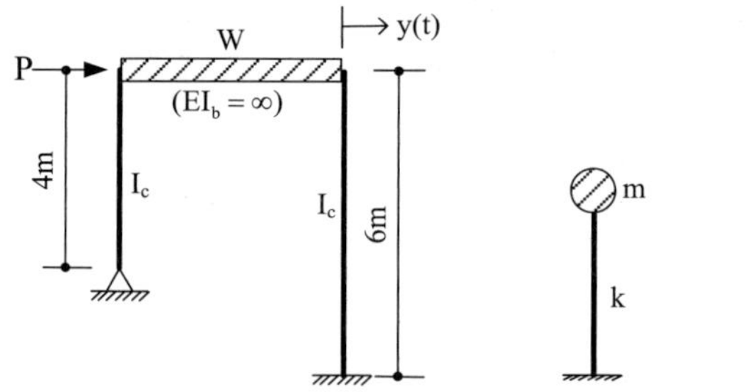

그림 1. 구조도 그림 2. 질점계 치환모델

• 2.1.3 비감쇠 자유진동 (토목구조기술사, 2009)
그림과 같이 힌지 지점 및 고정 지점을 갖는 구조계의 고유진동수를 구하라. (단, 기둥부재의 자중은 무시하고, $E_1 = E_2 = 300$ Pa , $I_1 = 2I_2 = 2\times10^7\ \mathrm{mm}^4$ 이다. 또한 수평부재는 강체이며, 자중은 $W = 2\,\frac{\mathrm{kN}}{\mathrm{m}}$이다.)

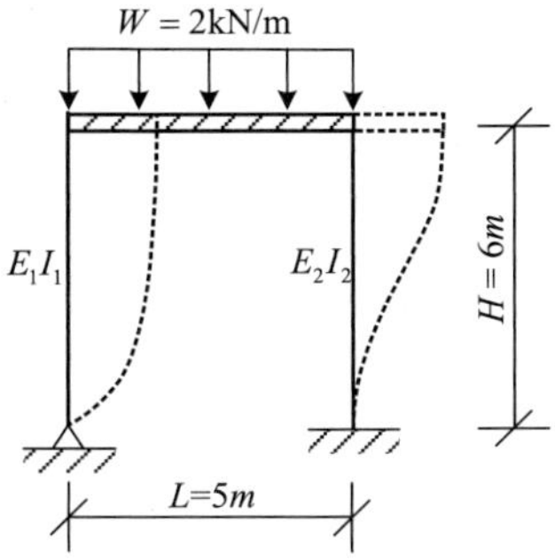

• 2.1.3 비감쇠 자유진동 (토목구조기술사, 2011)
다음 그림과 같은 구조물의 강성계수 및 고유진동수를 구하라. (단, W는 판의 중량이다.)

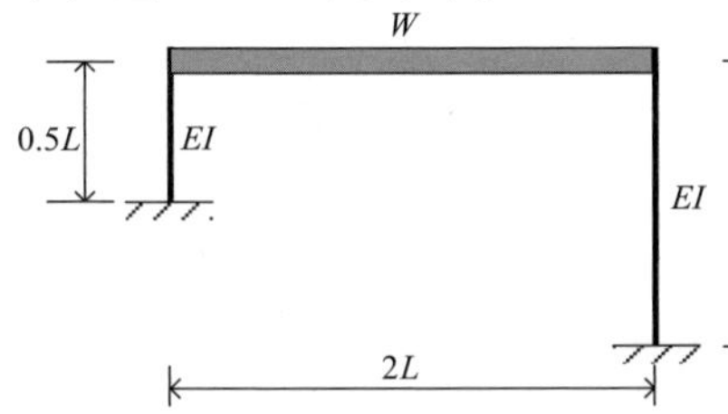

• 2.1.3 비감쇠 자유진동 (행정고시, 구조역학, 2003)
다음 그림과 같은 단층구조물의 고유진동수 및 고유주기를 구하라. (단, 감쇠는 무시하며, 보의 강성은 기둥에 비하여 매우 커서 강체거동을 한다고 가정한다. m =질량, k_1, k_2=기둥의 휨강성)

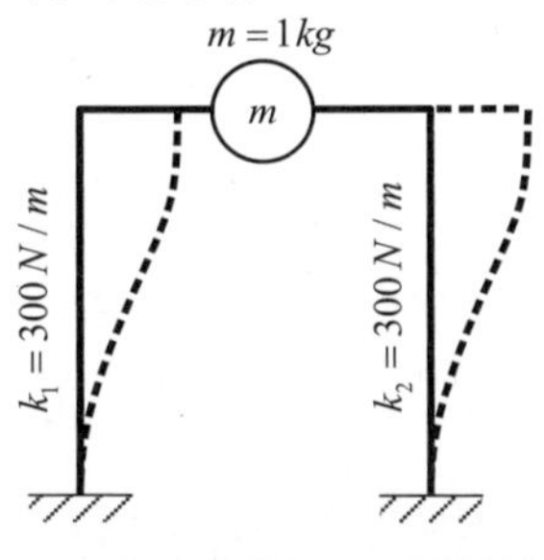

• 2.1.3 비감쇠 자유진동(건축구조기술사, 2011)
그림에서 같은 크기의 기둥 부재가 강접합과 PIN접합으로 보에 연결되어 있다. 고유주기가 동일하게 하기 위한 W값을 구하라. (단, 기둥질량과 보 기둥의 자중은 무시하고 보의 휨강성은 매우 큰 것으로 가정하며, 그림의 단위는 mm임. 또한, 사용부재: $\mathrm{H}-300\times150\times6.5\times9$, $A=4{,}678\times10^3\mathrm{mm}^2$, $I_x=7.21\times10^7\mathrm{mm}^4$, $E=2.1\times10^5\mathrm{N/mm}^2$)

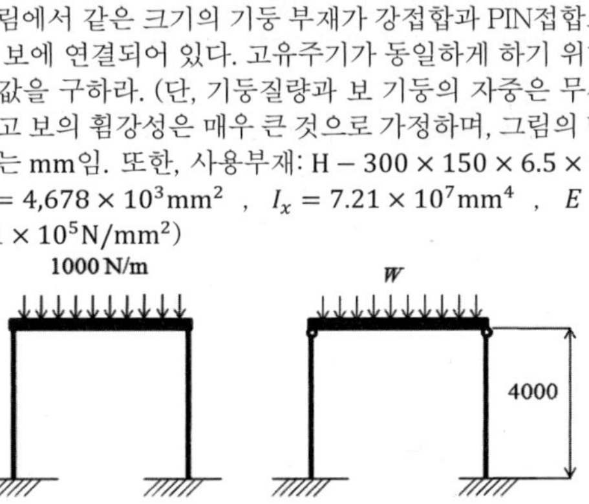

• 2.1.3 비감쇠 자유진동(건축구조기술사, 2013)
그림을 보고 다음 물음에 답하라.

1) 구조물의 강성 및 고유주기를 산정하라.
2) 기둥의 높이가 절반으로 줄어들 경우 1)번 구조물의 고유주기와 동일하게 되기 위한 W 값을 구하라.

(단, 중력가속도 $g=9.8\frac{\mathrm{m}}{\mathrm{sec}^2}$, $E=205{,}000$ MPa , $I=7.21\times10^7$ mm^4, 골조자중 무시, 무한강성보로 가정)

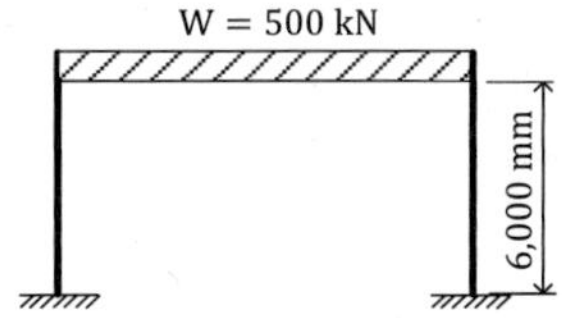

• 2.1.3 비감쇠 자유진동(행정고시, 구조역학, 2017)

다음 그림과 같이 강재로 만든 지붕과 기둥으로 구성된 구조물을 유압잭에 연결된 강선을 이용하여 강제변위를 가하는 실험을 수행하였다. 기둥은 지붕과 바닥에 강접합으로 용접되어 있고, 기둥의 질량은 무시하며, 지붕은 강체라고 가정할 때, 물음에 답하라. (단, 강재의 탄성계수 E = 200 Pa , 단위중량 γ = 77.0 kN/m^3, 중력가속도 g = 9.81m/sec^{2}이다)

1) 천천히 작용시킨 유압잭의 힘이 200 N일 때, 지붕의 수평변위가 20 mm였다. 기둥의 두께를 구하라.
2) 1)의 상황에서 유압잭과 연결된 강선을 갑자기 끊어 구조물이 좌우로 자유진동할 때, 수평변위를 측정하였더니 다음과 같았다. 지붕의 두께를 구하라. (단, x는 수평변위이다)

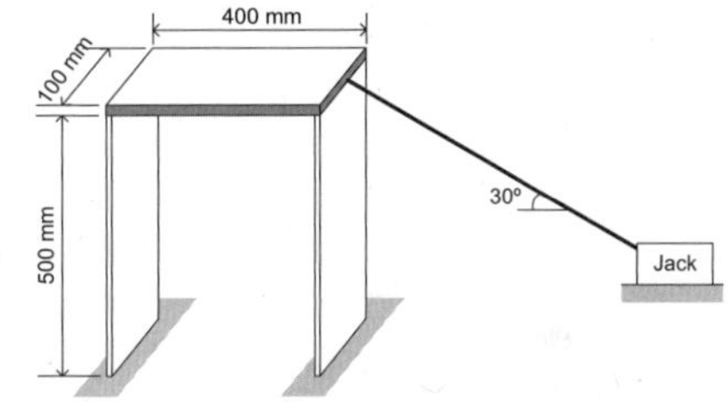

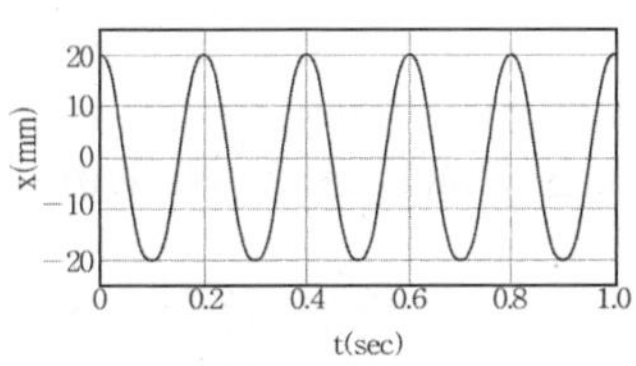

• [YouTube] 2.1.3 비감쇠 자유진동: 비틀림
질량이 m인 지붕슬래브를 4개의 기둥으로 지지하고 있다. 기둥은 지붕슬래브와 기초슬래브에 강결되어 있으며, 지붕슬래브와 기초슬래브는 강체로 가정한다. 기둥의 x축 방향과 y축 방향 휨강성은 각각 k_x^e와 k_y^e이다. 그림을 보고 다음 물음에 답하라.

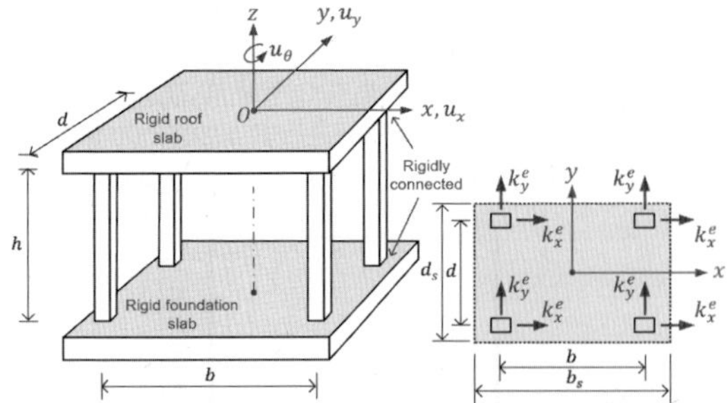

(a) Perspective (b) Column stiffness

1) x축 방향의 운동방정식과 고유주기를 산정하라.
2) y축 방향의 운동방정식과 고유주기를 산정하라.
3) 비틀림 운동방정식과 고유주기를 산정하라.

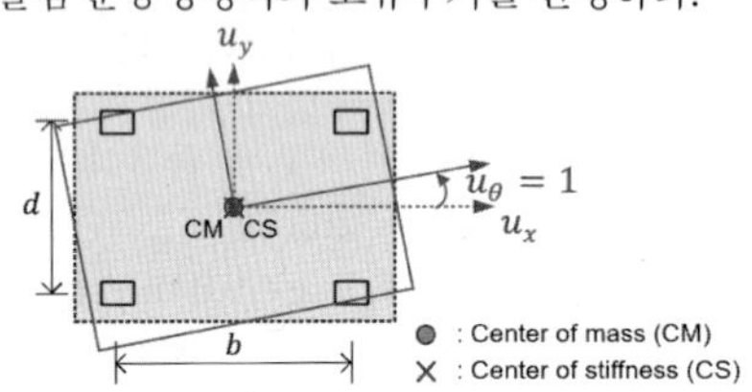

(c) Plan: CM = CS

4) 지붕슬래브의 폭이 b_s에서 $2b_s$로 증가하였다. 질량은 m으로 동일하며, 질량중심(CM)과 강성중심(CS)이 일치하지 않는다. 비틀림 운동방정식과 고유주기를 산정하라.

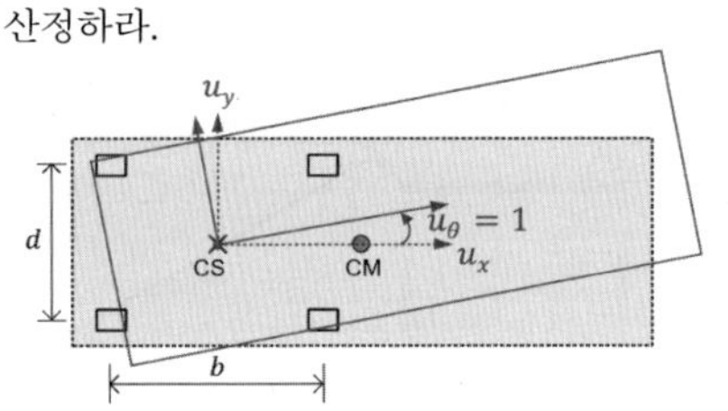
(d) Plan: CM ≠ CS

• 2.1.3 비감쇠 자유진동(소음진동기술사, 2012)
아래 그림의 시스템 질량(m)은 20kg, 스프링의 강성(k)은$8\frac{\text{kN}}{\text{m}}$이고, 감쇠($c$)는 $130\text{N}\cdot\frac{\text{sec}}{\text{m}}$이다. 이 시스템의 진동 변위($w(t)$)를 구하라. (초기상태: $w(0) = 0$, $\dot{w}(0) = 80\frac{mm}{\text{sec}}$)

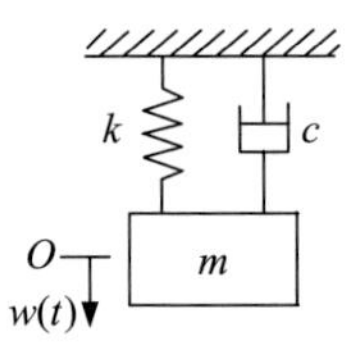

• 2.1.4 감쇠 자유진동(건축구조기술사, 2018)
감쇠장치(Damper)와 부속장치로 보강된 구조물을 그림과 같이 모델링하였다. 구조물의 기둥은 상향부 모두 강절로 강체보와 기초에 연결되어 있다. 감쇠계수(Damping Coefficient)가 300 kN·sec/m일 때, 구조물의 주기를 산정하라. (단, 보강 전 지진력 저항시스템의 감쇠와 감쇠시스템의 수평강성은 고려하지 않는다)

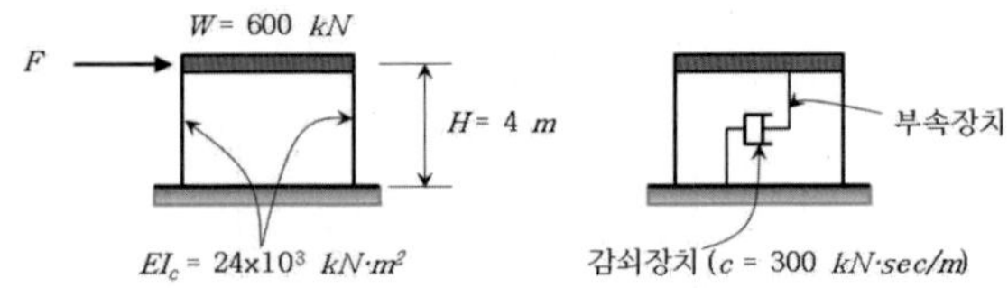

• 2.1.4 감쇠비 추정
단자유도계로 가정한 저감쇠 구조물의 응답이 대수감소한다고 가정하였다. 이 구조물의 자유진동을 할 때, 5번째 피크의 진폭이 초기 진폭의 30%이하로 감소하였을 때 이 구조물의 감쇠비의 최솟값을 추정하여라.

• 2.1.4 감쇠 자유진동 (토목구조기술사, 2002)
다음과 같이 무게가 없는 탄성기둥과 강체보(rigid beam)로 모델링 하였다. 이 구조물의 동적 특성을 검토하기 위하여 수평방향으로 하중을 가한 후 자유진동이 발생하도록 하여 다음과 같은 변위 응답곡선을 구하였다. 최초로 가한 수평방향의 힘은 4 MN이었고 측정된 변위는 4 cm, 고유주기는 0.5 sec였다. 이 구조물의 고유진동수(ω_d), 유효질량(m), 감소계수(c)를 구하라.

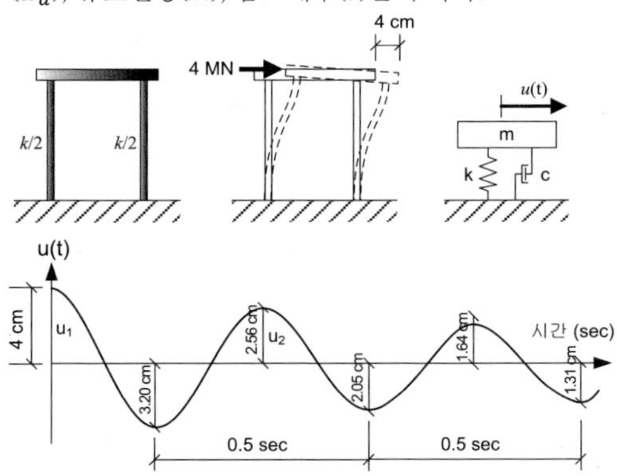

• 2.1.4 감쇠 자유진동 (토목구조기술사, 2002)
그림과 같이 1층 건물을 무게가 없는 기둥에 지지된 강체 거더로 이상화 하였다. 무게가 5 MN인 강체 거더에 횡방향 힘을 가한 후 놓아주는 자유진동 실험을 하였다. 이때 2 MN의 횡방향 힘을 가했을 때 2 cm의 초기 수평변위가 발생하였다. 초기 변위가 발생한 직후 되돌아온 첫 번째 진동에 대한 변위와 건물의 강성 및 고유진동수를 구하라. 이 건물의 감쇠비는 5 %이다.

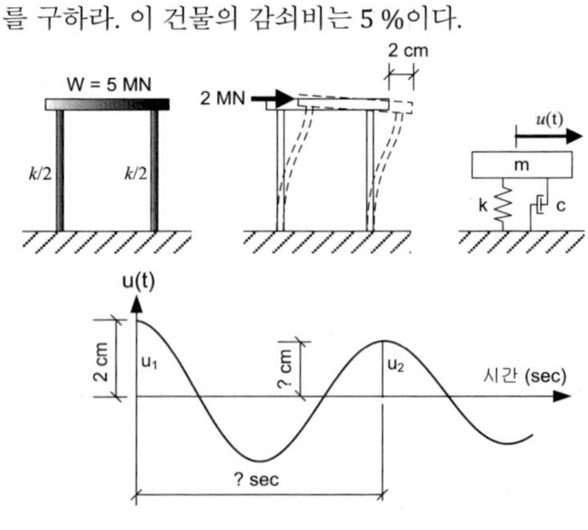

• 2.1.4 감쇠비 추정 (토목구조기술사, 2019)
구조물을 그림과 같이 무게가 없는 탄성기둥과 무게가 있는 강체거더로 모델링하였다. 이 구조물의 동특성을 산정하기 위하여 강체거더에 유압잭을 이용하여 수평방향으로 변위를 가한 후 놓아서 자유진동이 발생하도록 하였다. 이때 유압잭으로 발생시킨 변위(u_1)는 20mm이고 3 cycle 후 최대변위(u_4)는 16mm이였다. 다음을 구하라. (단, 지점 B는 힌지단, 지점 A 및 C는 고정단이며, 내부힌지는 마찰이 없고, 강체거더와 기둥은 강결로 이루어져 있고, 강체거더의 무게(W)는 500kN, 모든 기둥의 단면2차모멘트(I)는 25.8×10^6 mm^4, 탄성계수(E)는 200GPa로 한다.)
(1) 구조물의 강성
(2) 감쇠비
(3) 고유진동수 및 감쇠고유진동수
(4) 임계감쇠 및 감쇠계수
(5) 10 cycle 후 최대변위(u_{11})

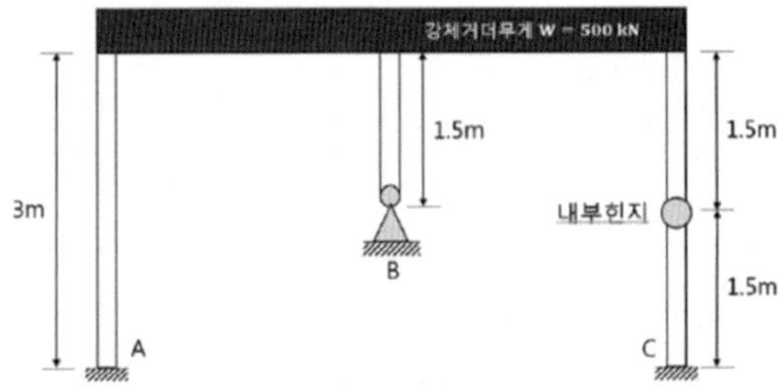

• 2.1.4 감쇠비 추정 (행정고시, 소음진동학, 2015)
방진장치에 사용되는 충격흡수기는 스프링과 감쇠기로 이루어져 있다. 다음 물음에 답하라.
1) 충격흡수기에 질량 25 kg의 추를 매달고 측정한 정적 처짐이 19.6 mm일 때, 충격흡수기의 강성 k를 구하라. (단, $g = 9.8$ m/s^{2}이다)
2) 충격흡수기에 질량 25 kg의 추를 매달고 초기변위를 가한 후 관찰한 응답변위는 저감쇠응답이었다. 응답변위의 극댓값이 처음에 37 mm, 그 다음에 13 mm로 측정되었다. 충격흡수기의 감쇠비 ξ를 구하라. (단, 대수감소율 δ와 감쇠비 ξ의 관계는 $\xi = \frac{\delta}{\sqrt{4\pi^2+\delta^2}}$이다)
3) 2)의 실험에서 응답변위의 처음 극댓값과 그 다음 극댓값 사이의 시간 간격(초)을 구하라.

• 2.1.4 감쇠비 추정: 대수감소
가동 중인 터빈의 베어링(받침, bearing)에서 진동 속도를 다음 그림과 같이 계측하였다. 이 터빈 시스템의 등가점성감쇠를 구하라.

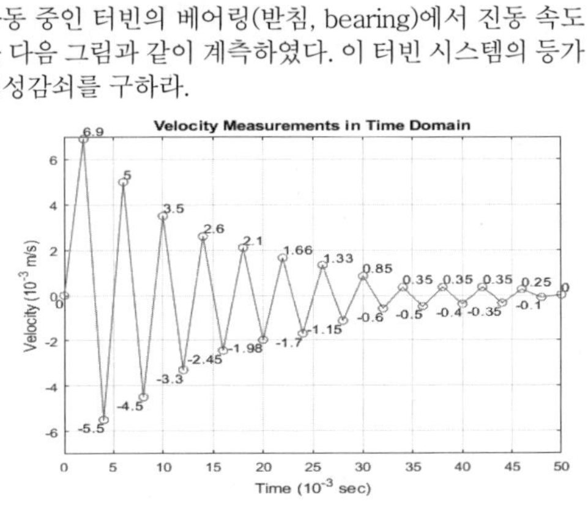

• 2.1.5 기타 감쇠 (소음진동기술사, 2014)
그림과 같이 기초가진상태에 있고, 점성감쇠인 경우와 이력감쇠인 단자유도계에 대해 다음을 구하라.
1) 지배방정식, 2) 변위 전달률 ($\text{TR}_d = \frac{u}{u_0}$), 3) 한 주기당 에너지 소산량 ($E_D$)

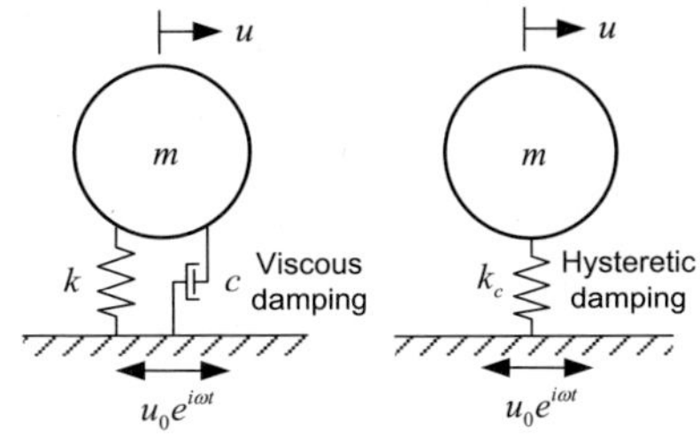

2.2 조화진동과 응용

• 2.2.1 조화하중 공진응답 (행정고시, 응용역학, 2004)
구조물을 단자유도계(그림의 u)로 이상화하여 동적해석을 하려고 한다. 양쪽 기둥의 휨강성 $EI = 2 \times 10^4\ N \cdot m^2$이고 보의 휨강성은 무한대로 가정한다. 보의 질량 $M = 2{,}000\ kg$이고, 양쪽 기둥의 질량은 무시하며, 감쇠는 없는 것으로 가정한다.
1) 단자유도계로 이상화했을 때 스프링계수(k)를 구하라.
2) 이상화한 단자유도계의 운동방정식을 유도하라.
3) 정상상태응답과 공진시 가진진동수(ω_e)를 구하라.

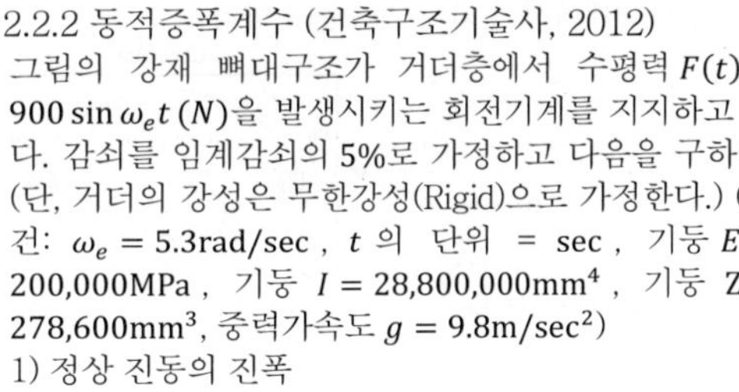

• 2.2.2 동적증폭계수 (건축구조기술사, 2012)
그림의 강재 뼈대구조가 거더층에서 수평력 $F(t) = 900\sin\omega_e t\ (N)$을 발생시키는 회전기계를 지지하고 있다. 감쇠를 임계감쇠의 5%로 가정하고 다음을 구하라. (단, 거더의 강성은 무한강성(Rigid)으로 가정한다.) (조건: $\omega_e = 5.3$rad/sec, t 의 단위 = sec, 기둥 $E =$ 200,000MPa, 기둥 $I =$ 28,800,000mm^4, 기둥 Z = 278,600mm^3, 중력가속도 $g = 9.8$m/sec^2)
1) 정상 진동의 진폭
2) 기둥의 최대 동적 응력

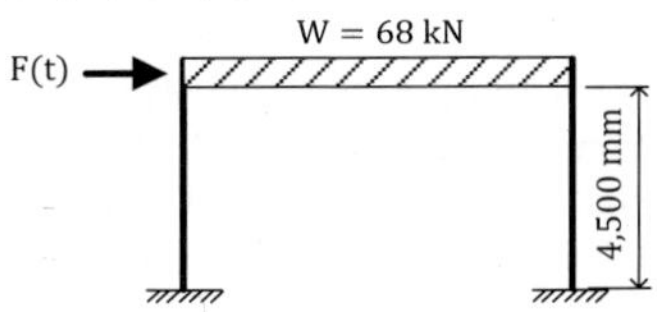

• 2.2.2동적증폭계수 (행정고시, 구조역학, 2014)
아래 그림과 같이 길이 $L = 8m$이고, 단면이차모멘트 $I = 2.5 \times 10^8$ mm^{4}로 동일한 두 단순보의 중간에 회전모터가 고정되어 있다. 회전모터의 질량은 3 ton이고, 500 rpm으로 작동하며, 최대 70 kN의 하중을 발생시킨다. 단순보의 중앙에 회전모터 질량이 집중되어 있고, 회전모터에 의한 하중은 두 단순보에 동일하게 작용하는 것으로 가정할 때, 다음 물음에 답하라. (단, 단순보의 탄성계수 $E = 200$ Pa 이며, 회전모터에 의한 편심 발생과 단순보의 질량은 무시한다)

1) 단순보의 감쇠비가 2 %인 경우, 회전모터로 인하여 단순보에 발생하는 정상상태 최대진폭을 구하라.
2) 위에서 구한 정상상태 최대진폭을 $\frac{1}{2}$로 줄이기 위하여 필요한 감쇠비를 구하라.

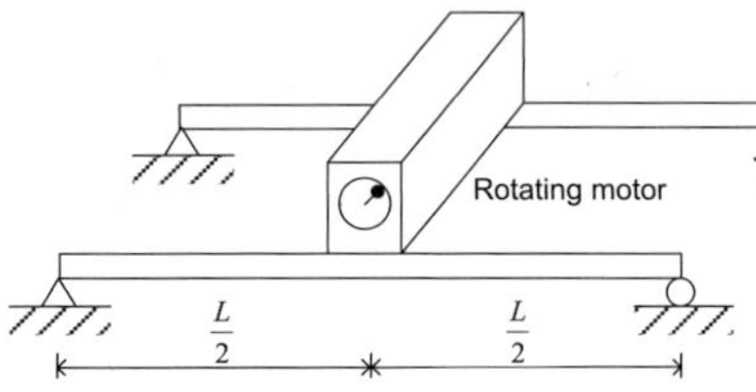

• 2.2.4 진동수영역 응답 (소음진동기술사, 2013)
질량 m, 강성 k, 감쇠 c로 구성된 단자유도계 시스템에 가진력 $F(t)$를 가하였을 때 다음과 같은 변위에 대한 힘의 전달함수 $H(\omega)$를 구하였다. 이 시스템의 질량과 강성 값을 각각 구하라. (단, 고유진동수는 무시하고, 감쇠 값 c는 구할 필요는 없음)

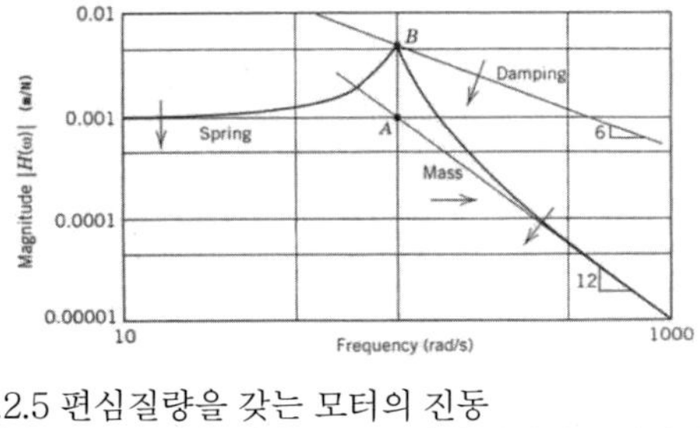

• 2.2.5 편심질량을 갖는 모터의 진동
다음 그림과 같이 외팔보 끝단 위에 회전하는 편심질량을 갖는 모터가 설치되어 있다. 이 시스템의 고유진동수와 정상상태에서의 최대 진폭을 구하라.

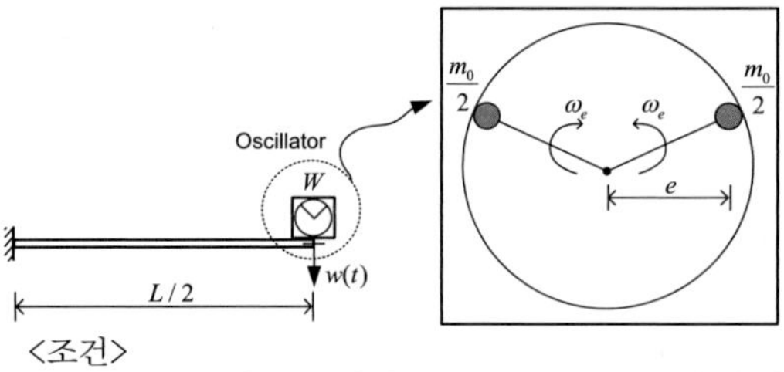

<조건>
편심질량을 포함한 모터의 중량(W): 70 kN, 모터의 가진진동수(ω_e): 100rpm, 편심중량(W_0): 200 N, 축차 편심(e): 0.25 m, 단자유도계 등가점성감쇠비(ξ): 0.1, 단순보 질량(m_b): 무시, 단순보 길이(L): 3.6 m, 단순보 단면 2차 모멘트(I): 0.0000535 m^4, 단순보 탄성계수(E): 200,000 MPa

• 2.2.6 기계진동 (소음진동기술사, 2011)
콘크리트 부가하중이 1,200 kN이고, 프레스 자체의 하중이 800 kN인 하부에 방진고무를 사용하여 진동방지를 하고자 한다. 방진고무는 300 × 300 × 19 (mm)의 규격을 가지며, 1개당 정적 하중은 50kN이다. 방진효율의 여유율은 20 %로 하고, 방진고무의 정적 처짐은 10 mm, 방진고무의 동적 배율은 1.3일 때 다음 물음에 답하라.

1) 프레스 하중과 부가하중을 비교하여 적합 여부를 판단
2) 정적 변위
3) 고유진동수

• 2.2.6 기계진동 (소음진동기술사, 2011)
감쇠비가 0.2이고 총 강성은 25,000$\frac{\text{N}}{\text{m}}$인 절연기를 통해 질량이 60 kg인 기계가 지면에 설치되어 있는 경우, 정상상태에서 이 기계는 주파수가 13$\frac{\text{rad}}{\text{sec}}$인 450 N의 조화력을 발생시킨다. 다음 물음에 답하라.

1) 기계의 운동 진폭
2) 전달률
3) 바닥에 전달되는 최대 동적 힘
4) 기계의 최대 속도

• 2.2.6 기계진동 (소음진동기술사, 2011)
1,440 rpm으로 구동되는 발전기의 중량은 180 kN이다. 발전기는 1.8 × 4.5 × 0.9 (m)의 콘크리트 블록 상부에 위치하고 있다. 콘크리트 블록 하부에 두께 50 mm의 방진패드가 설치되었을 경우, 발전기의 방진효율을 계산하라. (단, 50mm 방진패드의 고유진동수는 9.5 Hz, 처짐량은 3.2 mm, 감쇠비는 0.1이고, 콘크리트의 밀도는 $2.4 \times 10^3 \frac{\text{kg}}{\text{m}^3}$이다.)

• 2.2.6 기계진동 (소음진동기술사, 2011)
전동기로 구동되는 Fan이 600 rpm으로 회전하며, 전동기와 동일한 구조대 위에 설치되어 있다. 이 구조대를 4개의 스프링으로 지지하여 Fan 진동의 외부 전달을 차단시키고자 한다. 전동기 밑의 2개 스프링에 걸리는 하중은 각각 200 N이고 Fan 밑의 2개 스프링에 걸리는 하중은 100N이다. 이 시스템의 진동을 85 % 차단시킬 수 있는 스프링 장치를 설계하고자 할 때 다음 물음에 답하라.

1) 차단 대상이 되는 진동수를 결정하라.
2) 스프링의 감쇠를 무시하고 1)에서 결정한 진동수의 진동을 90 % 차단시킬 수 있는 장치의 고유진동수를 결정하라.
3) 4개의 스프링은 모두 동일한 기계의 정적 처짐을 가져야 한다. 위에서 결정한 고유진동수에 해당하는 정적 처짐을 계산하라.
4) 각각의 스프링에 주어진 하중에 대하여 위에서 구한 정적 처짐을 갖게 되는 스프링상수를 결정하라.

• 2.2.6 기계진동 (소음진동기술사, 2012)
가진력이 상하로 작용하는 단자유도 진동계를 탄성지지하였다. 감쇠비 ξ를 0으로 설계한 대로 운전할 때 진동전달률은 0.6이었다. 이 탄성재료를 그대로 사용하여 진동전달률을 0.3으로 개선하고자 한다면 질량을 몇 배 증가시켜야 하는지 구하라.

- 2.2.6 기계진동 (행정고시, 소음진동학, 2015)
  가속도계 내부를 아래의 그림과 같이 질량 m, 스프링상수 k, 감쇠계수 c를 갖는 시스템으로 가정하였다. 조화진동하고 있는 물체의 표면에 이 가속도계를 부착할 경우, $\omega_e, \omega_n, Y, \xi$ 등을 이용하여 $x(t)$를 수식으로 표현하라. (15점)
  여기서 $y(t)$: 가속도계가 부착되는 물체 표면의 진동 변위, Y : $y(t)$의 최대 변위, $x(t)$: $y(t)$에 대한 가속도계 내부 질량의 상대 변위, ω_e : 물체의 조화진동수, ω_n : 가속도계의 고유진동수, ξ : 감쇠비

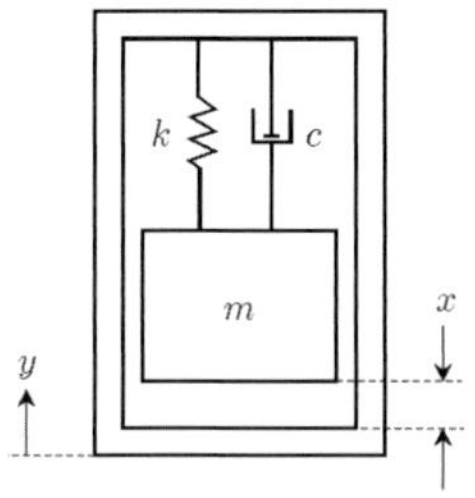

- 2.2.6 기계진동 (계측기와 전달률)
  10 Hz에서 수직가속도가 0.1g인 곳에 무게가 444.8 N인 민감한 계측기가 설치되어 있다. 이 계측기는 감쇠비가 10%이고 강성이 14010.15 N/m인 고무패드 위에 올려져 있다.
  (a) 계측기에 전달되는 수직가속도는 얼마인가?
  (b) 이 계측기에 허용되는 가속도가 0.005g라고 하고, 동일한 고무패드를 사용하여 진동을 저감하는 방법을 제시하여라.

- 2.2.6 기계진동 (행정고시, 소음진동학, 2018)
  질량이 100 kg인 기계를 15 Hz 주파수로 수직 진동하는 바닥구조위에 설치하려고 한다. 바닥으로부터 기계로 전달되는 수직진동을 절연하기 위해 기계와 바닥 사이에 그림과 같은 방진마운트(스프링계수 k_t)를 설계하려 한다. 다음 물음에 답하라.
  1) 변위전달률(X/Y)이 20% 이하가 되기 위하여 방진마운트의 스프링계수 k_t에 대해 요구되는 조건과 기계의 정적 처짐량의 범위를 구하라.
  2) 스프링계수가 20 kN/m인 스프링만을 병렬로 사용하여 방진마운트를 구성하려 한다. 변위전달률(X/Y)이 20% 이하가 되는 조건을 만족하면서 정적 처짐량을 최소화하기 위해 필요한 스프링 개수를 구하라.
  3) 2)에서 구한 방진마운트를 설치했을 때 변위전달률(X/Y) 및 정적 처짐량을 구하고, 1)에서 구한 최대 정적 처짐량과 비교하여 어떻게 달라지는지 설명하라.
  $$\left|\frac{X}{Y}\right| = \sqrt{\frac{1}{(1-r^2)^2}} \left(\text{단}, r = \frac{\omega_b}{\omega_n}, \omega_n = \text{고유주파수} = \sqrt{\frac{k_t}{m}}\right)$$

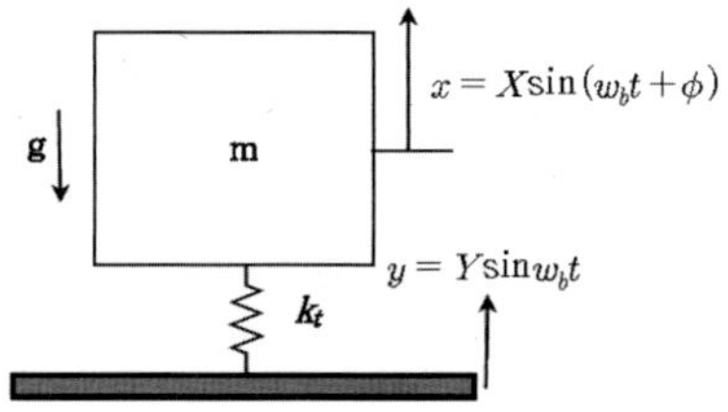

- 2.2.6 기계진동: 계측기와 변위 전달률
  진동하는 구조물의 상단에 진동 계측기(pickup)를 설치하였다. 구조물과 계측기의 총 변위 진폭은 각각 4 mm와 12 mm였다. 구조물의 가진진동수를 구하라. 여기서 계측기의 질량과 강성은 각각 $m_p = 0.5$ kg 과 $k_p =$ 10,000 N/m이며, 감쇠는 $c_p \approx 0$ N · sec/m로 무시한다.

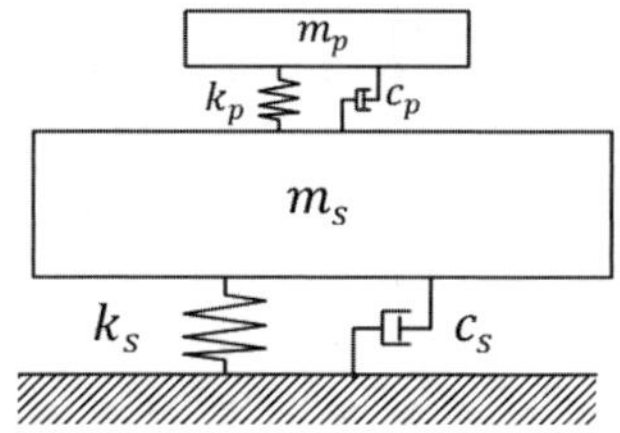

- 2.2.7 진동 기초 (토목구조기술사, 2014)
  아래의 그림과 같은 철근콘크리트 기초가 기초저면의 도심 O에 회전스프링 강성 $k = 2 \times 10^6\ \mathrm{N\frac{m}{rad}}$을 가진다. 저면도심 O를 관통하는 Z축의 로킹 모션(rocking motion)에 대한 고유진동수를 구하라. (단, 구조계는 비감쇠이며, 기초 전체의 중심은 C 이다. 또한 콘크리트의 단위체적질량은 $w_c = 2500\frac{\mathrm{kg}}{\mathrm{m^3}}$이고, 기초의 제원은 폭 $B = 1200$ mm, 길이 $L = 1800$ mm, 높이 $H = 500$ mm이며, 중력가속도 $g = 9.8\frac{\mathrm{m}}{\mathrm{sec^2}}$이다.)

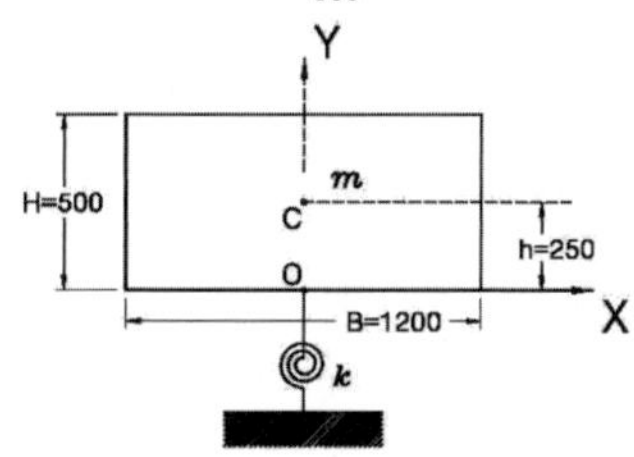

2.3 충격하중과 응용

- 2.3.1 라플라스변환 (소음진동기술사, 2012)
  진동해석에서 라플라스(Laplace) 변환과 역변환을 사용하는 이유는?

- 2.3.1 라플라스 변환 (운동방정식 해법)
  라플라스 변환을 사용하여 다음 운동방정식의 해를 구하고, s영역에서 해의 형상을 검토하여라. 여기서 초기조건은 $u(0) = 4, \dot{u}(0) = 0$으로 가정한다.
  (1) 비감쇠: $\ddot{u} + 4u = 0$
  (2) 임계감쇠: $\ddot{u} + 4\dot{u} + 4u = 0$
  (3) 저감쇠($\xi = 0.25$): $\ddot{u} + \dot{u} + 4u = 0$

- 2.3.1 충격하중(토목구조기술사, 2014)
  몸무게 600 N인 사람이 절벽에 설치된 수면에서 높이(H)가 45.0 m에 있는 번지 점프대에서 발목에 번지 끈을 묶고 번지 점프를 한다. (단, 번지 끈의 길이(L)가 25.0 m이고 번지 끈의 스프링 계수가 $160\frac{\mathrm{N}}{\mathrm{m}}$ 이며, 중력가속도(g)는 $10\frac{\mathrm{m}}{\mathrm{sec^2}}$이다.)
  1) 번지 끈이 가장 길게 늘어났을 때, 수면에서 발목까지의 거리를 구하라.
  2) 최저점까지 낙하했을 때, 사람의 발목에 작용하는 힘

을 구하라.

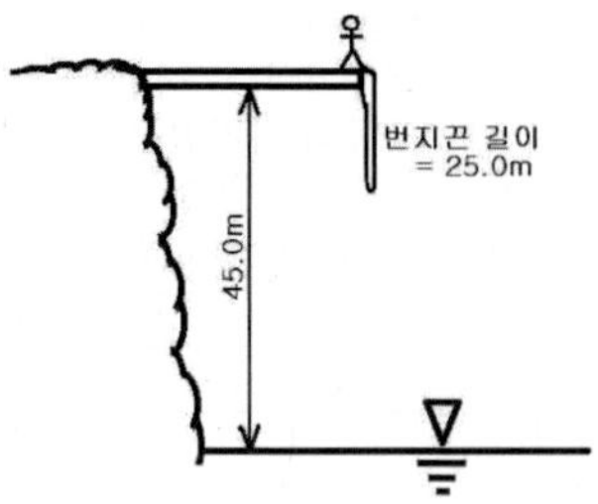

- 2.3.1 계단하중(소음진동기술사, 2011)
  표준 2차 시스템($\frac{Y(s)}{R(s)} = \frac{\omega_n^2}{s^2+2\xi\omega_n s+\omega_n^2}$)에 단위계단입력이 가해질 경우 감쇠계수 ξ의 크기가 각각 다음의 경우 시간에 대한 출력을 도시하라. (단, $R(s)$: 단위계단입력, $Y(s)$: 출력, ω_n: 고유진동수)
  1) $0 < \xi < 1$, 2) $\xi > 1$, 3) $-1 < \xi < 0$

- 2.3.1 계단하중(소음진동기술사, 2011)
  다음 그림은 표준 2차 시스템($\frac{Y(s)}{R(s)} = \frac{\omega_n^2}{s^2+2\xi\omega_n s+\omega_n^2}$)에 단위계단입력이 가해졌을 때 시스템의 주파수 응답이다. 이 시스템의 최대 오버슈트(overshoot) 및 첨두시간(peak hour)을 구하라. (단, $R(s)$: 단위계단입력, $Y(s)$: 출력, ω_n: 고유진동수)

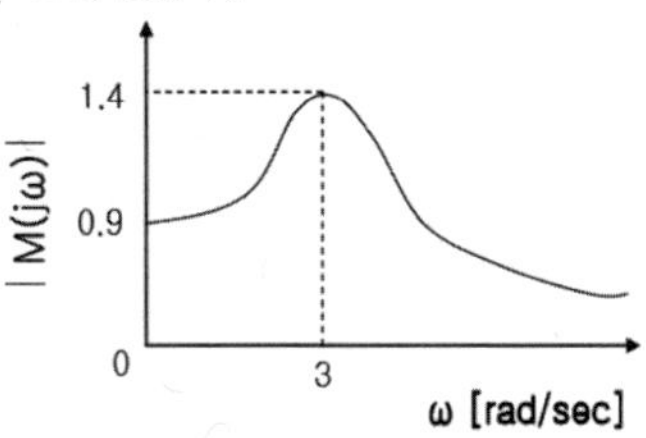

- 2.3.1 충격하중 (소음진동기술사, 2012)
  그림 (a)는 기계진동시스템을 나타낸다. 2N의 힘(계단입력)을 그림 (a)의 시스템에 가하였을 때, 질량은 그림 (b)와 같이 진동한다. 이 응답곡선으로부터 시스템의 질량(m), 감쇠계수(c), 스프링 상수(k)를 각각 구하라. (단, 변위 $w(t)$는 평형위치로부터 측정된다.)

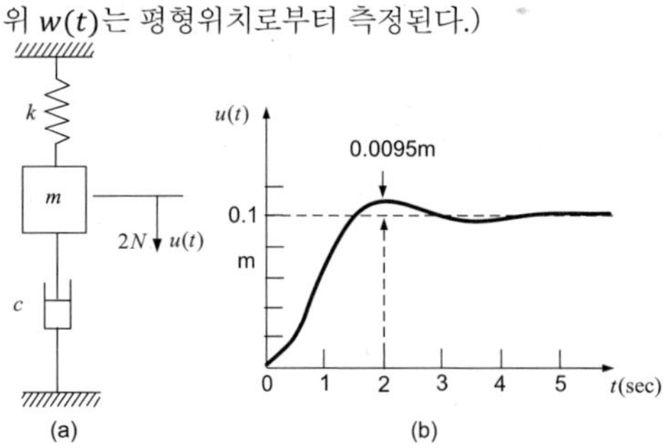

- 2.3.1 충격하중(토목구조기술사, 2011)
  다음 그림과 같이 강재기둥의 하단을 해저에 고정하고, 강재기둥의 유연성을 이용하여 선박의 접안에너지를 흡수하려고 한다. 선박의 접안에너지 $W = 5\ \mathrm{kN \cdot m}$이며, 접점은 고정점으로부터 9m 위에 있는 자유단일 때 다음을 구하라. (단, 강재기둥의 자중은 무시하고, 강재기둥의 탄성계수 $E_s = 2.0 \times 10^5\ \mathrm{MPa}$, 단면2차모멘트 $I_s = 1.215 \times 10^9\ \mathrm{mm}^4$, 단면계수$Z_s = 4.5 \times 10^6\ \mathrm{mm}^3$이다.)
  1) 자유단에서의 수평변위(δ)
  2) 강재기둥에 발생하는 최대 휨응력($f_{\max}$)

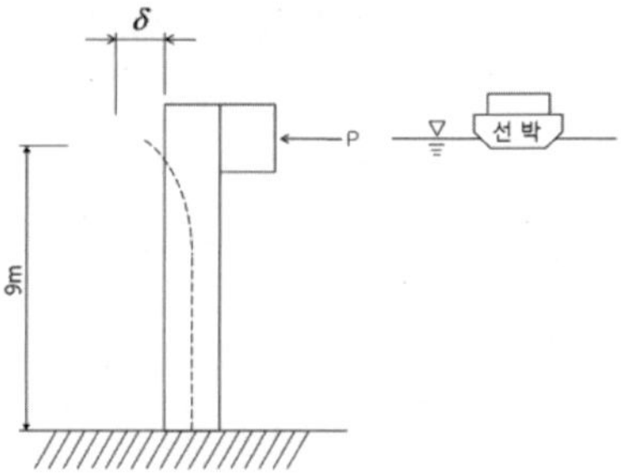

- 2.3.1 충격하중(행정고시, 구조역학, 2011)
  무게가 $180\ \mathrm{N}$인 물체가 $0.1\ \mathrm{m}$높이에서 길이가 $1.2\ \mathrm{m}$인 보의 중앙에 떨어졌다. 보의 단면은 가로×높이($25 \times 75\ \mathrm{mm}$)인 직사각형이며, 재료의 탄성계수 $E = 200\ \mathrm{Pa}$ 이다. 다음 각각의 경우에 대하여 보의 중앙에서 순간적인 최대 변위와 최대응력을 구하라.
  1) 단순지지된 보의 경우
  2) 보의 양단이 선형스프링($k = 180\frac{\mathrm{kN}}{\mathrm{m}}$)으로 지지된 경우
  3) 보의 한단은 힌지, 다른 한단은 선형스프링($k = 180\frac{\mathrm{kN}}{\mathrm{m}}$)으로 지지된 경우

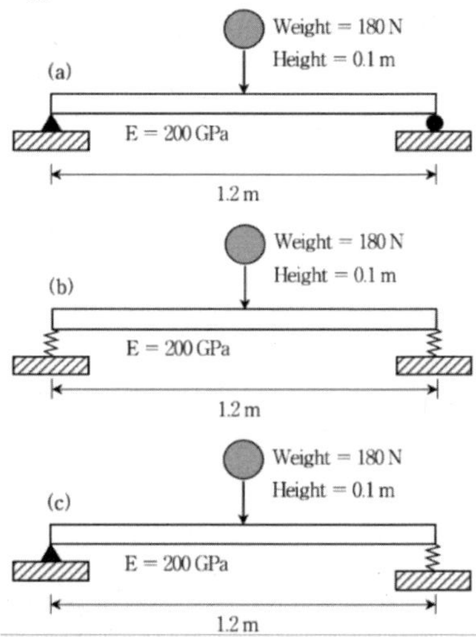

- 2.3.1 충격하중(행정고시, 재료역학, 2011)
  질량이 M인 자동차가 일정한 속도 V의 크기로 강체벽에 수평으로 설치된 안전봉(safety rod)과 충돌하는 경우를 고려하자. 충분히 가벼운 안전봉의 단면적(넓이 A)은 길이방향으로 일정하며, 길이는 L, 탄성계수는 E이다. (단, 자동차는 강체(rigid body)로 가정하고 안전봉과 충돌할 때 충돌하중이 안전봉의 단면 중심에 축방향으로 작용하는 것으로 한다)
  1) 안전봉의 재료가 완전선형탄성($\sigma_y \to \infty$)이라고 가정할 때 충돌과정에서 안전봉 에 발생하는 최대 압축응력($\sigma_{\max}$)을 계산하라.
  2) 안전봉이 완전탄소성재료라고 할 때 1)과 같이 탄성상태로 계산하면 최대 압축응력이 항복응력(σ_y) 보다

큰 경우($\sigma_{\max} > \sigma_y$), 충돌 후 소성에 의하여 흡수된 에너지의 크기(U_P)와 안전봉의 최대 압축변형량(δ)를 계산하라.

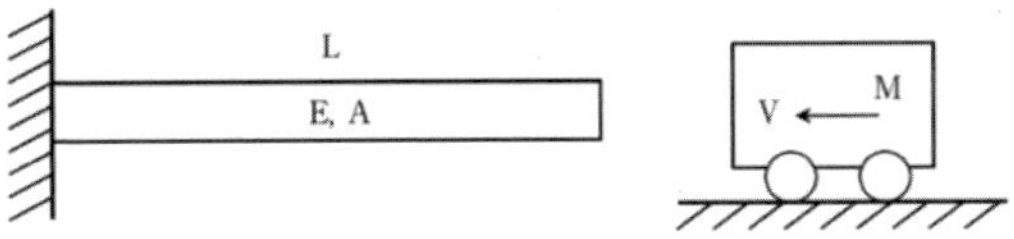

• 2.3.1 충격하중
무게가 50 kN인 물체를 0.4 m 높이에서 보에 떨어뜨렸다.보의 C점에서 최대변위를 구하라. (단, 보의 질량은 무시하고, $k = 1{,}000\,\frac{\text{kN}}{\text{m}}$, $EI = 2 \times 10^3\ \text{kN}\cdot\text{m}^2$이다)

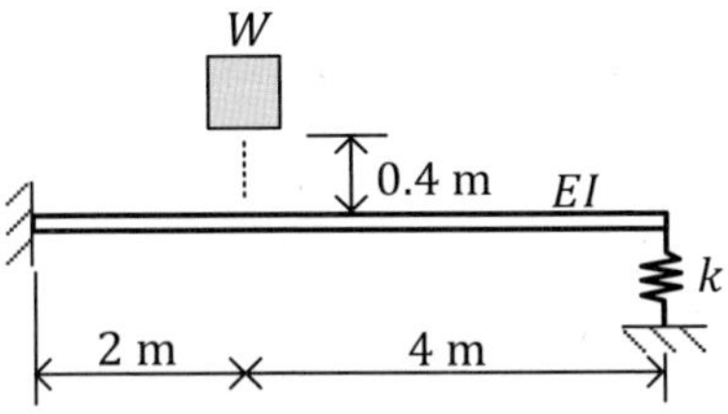

• 2.3.2 응답스펙트럼: 정현파 하중
다음 그림과 같은 반주기 정현파 하중을 받고 있는 비감쇠 단자유도계의 변위 응답스펙트럼을 구하라.

$$m\ddot{u}(t) + ku(t) = f(t) = \begin{cases} f_o \sin\omega t & 0 \le t \le t_d \\ 0 & t_d < t \end{cases}$$

$$u(0) = 0,\ \dot{u}(0) = 0,\ \ \omega = \frac{\pi}{t_d}$$

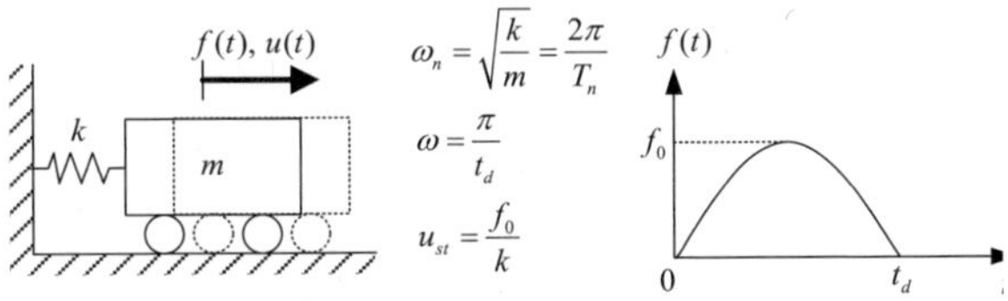

• 2.3.2 응답스펙트럼: 기초 가진
다음 그림과 같은 수조구조물이 지진에 의해 기초가 가진 될 때, 변위 응답스펙트럼을 구하라. 여기서 구조물의 감쇠는 무시할 것.

$$m\ddot{u}(t) + ku(t) = \begin{cases} -m\ddot{u}_{g,max}\left(1 - \frac{t}{t_d}\right) & 0 \le t \le 2t_d \\ 0 & 2t_d < t \end{cases}$$

$$u(0) = 0,\ \dot{u}(0) = 0,\ \ u_{st} = \frac{f_o}{k}$$

$$\omega = \frac{\pi}{t_d},\ \ \omega_n = \sqrt{\frac{k}{m}}$$

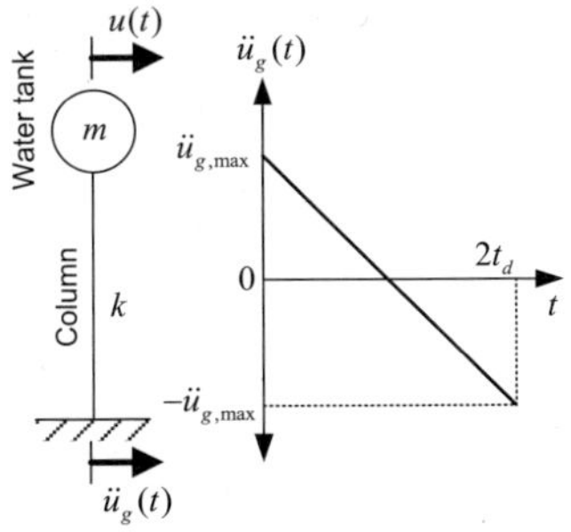

• 2.3.2 충격하중 응답 (건축구조기술사, 2011)
그림의 철근콘크리트 방폭구조물의 시스템 항복강도는 $F_y = 180$ kN이다. 이러한 시스템에 아래 그림과 같은 폭발하중(F)이 작용할 경우 예상되는 최대 수평변위를 산정하라. (단, 감쇠는 무시, 구조물 횡강성 $k = 9{,}000\,\frac{\text{kN}}{\text{m}}$, 중력가속도 $g = 9.8\,\frac{\text{m}}{\text{sec}^2}$)

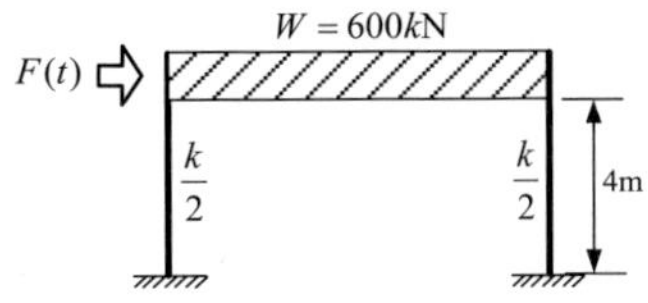

그림 1. 방폭구조물

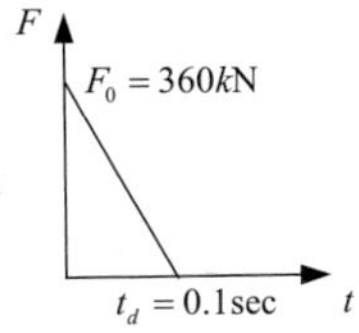

그림 2. 폭발하중

• 2.3.2 충격하중 응답 (행정고시, 건축구조학, 2012)
다음 단층 골조는 기둥에 비해서 보의 강성이 매우 크기 때문에 $u(t)$의 방향으로 하나의 자유도만을 가지고 있다고 가정할 수 있다. 기둥의 무게는 무시할 수 있으며 보에 집중된 골조 전체의 무게는 5,000 kN이다. 횡변위 $u(t)$에 대한 골조의 전체 강성은 $1{,}000\,\frac{\text{kN}}{\text{mm}}$이다. 그림과 같은 직사각형 함수의 충격하중($F_o = 500$ kN)이 횡방향으로 0.02 sec 동안 가해질 때, 운동방정식의 풀이를 통해 최대 횡변위와 골조의 밑면에 가해지는 최대 전단력을 계산하라. (단, 횡방향 충격하중이 가해지기 전 초기 변위와 초기 속도는 모두 0이고, 감쇠는 무시하며 중력가속도 $g = 9{,}807\,\frac{\text{mm}}{\text{sec}^2}$로 한다)

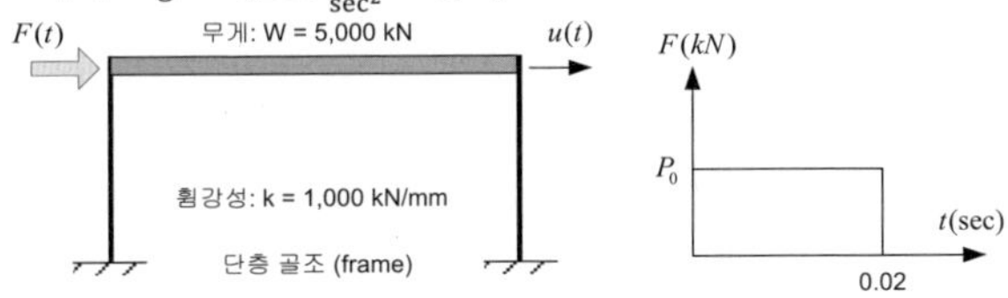

• 2.3.2 충격하중 응답: 운동량 보존
다음 그림과 같이 총탄이 일정한 속도로 단자유도계에 박혔다. 그 결과 발생하는 단자유도계의 운동을 결정하라.

(가) 비감쇠 자유진동

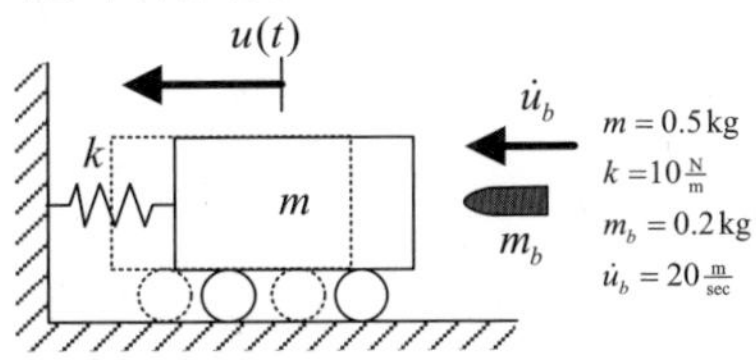

(나) 저감쇠 자유진동

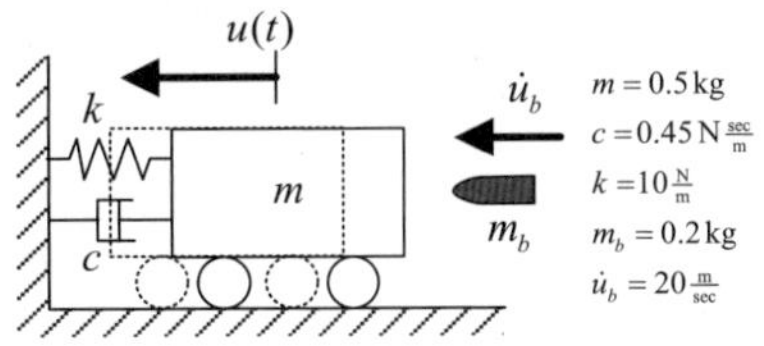

2.4 수치해석기법: 시간영역

• 2.4.8 직접적분법의 안정성 유도
(1) 중앙차분법, (2) Houbolt방법, (3) 윌슨방법 및 (4) 뉴마크방법의 안정성에 관한 수식을 유도하라.

제3장 다자유도계

제3장

다자유도계

3.1 자유진동과 고유치해석

3.1.1 자유도의 선정과 운동방정식

동적해석을 위해 구조물의 중요한 하나의 변위 형상을 선정한 후, 이를 사용하여, 복잡한 구조물을 단자유도계로 근사할 수 있다. 그러나 실제 구조물은 하나 이상의 중요한 변위형상을 갖고 있을 수 있으며, 이 경우 다양한 변위 형상을 고려하기 위해서 구조물을 단자유도계가 아닌 다자유도계로 근사해야 한다.

실제 구조물을 다자유도계로 모델링할 경우에 보통 많은 자유도를 사용하게 된다. 자유도수가 증가함에 따라 동적해석에 소요되는 시간은 기하급수적으로 증가하므로, 효율적인 동적해석을 수행하기 위해, 적절한 자유도를 선정하여 해석모델을 작성하는 것이 필요하다.

다음 그림의 단순한 2차원 5층 격자구조물의 경우, 구조해석모델에서 매 층과 층당 5개 기둥의 교점에 대해서만 절점을 부여하면 25(= 5절점 × 5층)개의 절점을 갖는다. 따라서 각 절점에 3개의 자유도(수평, 수직, 회전)를 부여할 경우, 75(= 5절점 × 5층 × 3자유도)개의 자유도를 갖게 되며, 동적해석을 위하여, 75개의 미지수를 가지는 연립미분방정식을 풀어야 한다. 이 경우 효율적인 동적해석을 위해 지진 하중에 대한 각 층의 수평변위에 관심이 있고, 각 층 슬래브의 큰 수평강성을 가정한다면, 각 층에 부여된 5개의 절점의 수평변위가 거의 같으므로, 이들을 하나의 자유도(수평)로 고려하여 자유도수를 5(= 1절점 × 5층 × 1자유도)개로 줄일 수 있다.

효율적인 동적해석을 위해 동적 해석 과정에서 자유도를 줄이는 효과적 방법 중에 하나는 구조물의 중요한 자유진동모드 벡터들을 이용하는 모드중첩법(mode superposition method)이다. 이 방법은 구조해석모델 작성시에 많은 자유도를 부여하여 구조계의 강성행렬($[K]$)을 좀 더 정확히 모델링하는 반면, 동적해석시에는 동역학적으로 주요한 영향을 미치는 제한된 수(즉, 자유도의 수)의 자유진동 모드 벡터 또는 리츠벡터 만을 해석에 포함시켜, 동적해석의 효율성을 증대시킨다. 이 경우 동적해석 과정에서 자유도의 수는 구조모델의 자유도가 아니고, 동적해석에 포함시킨 자유진동 모드벡터의 수이다.

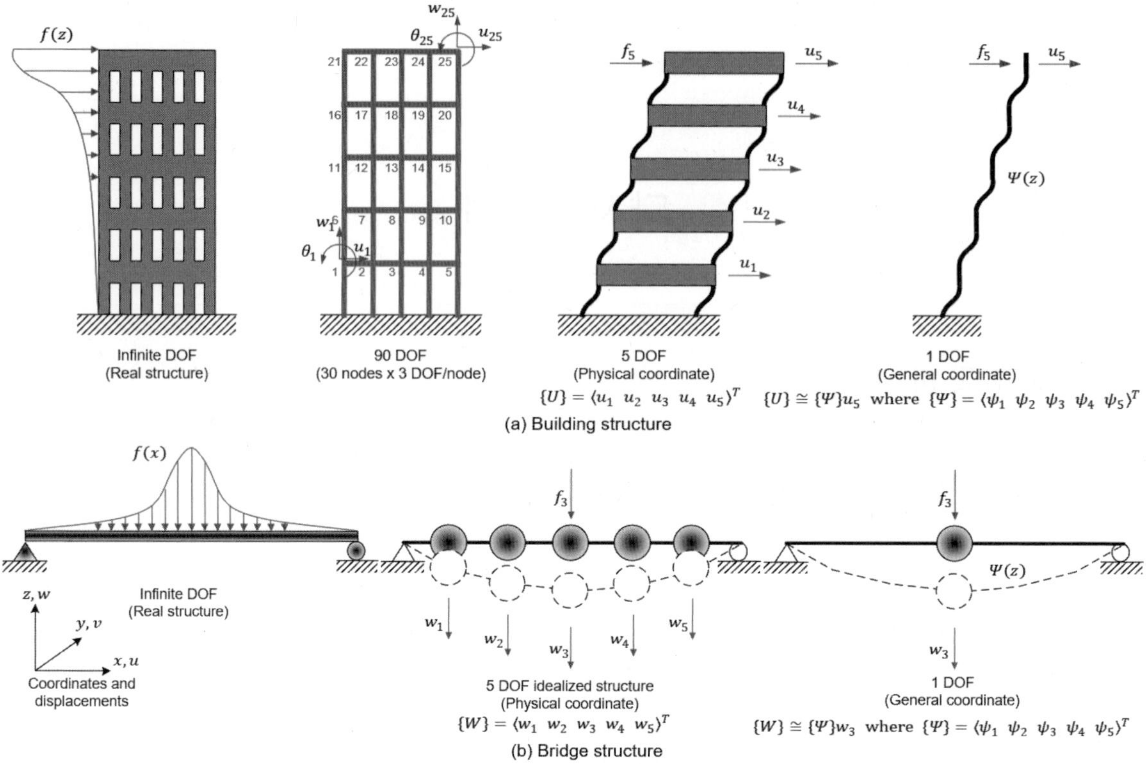

그림 3.1.1a 자유도의 선정 [animation]*

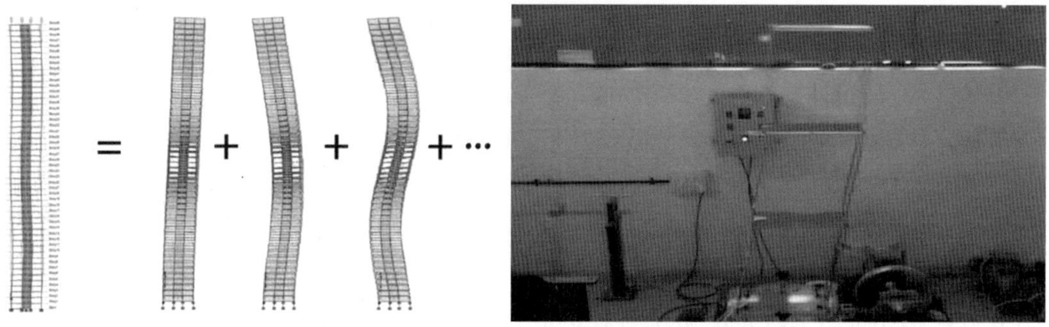

(a) 고층건물의 진동모드와 조합 [animation] (b) 전단건물의 진동모드 [animation]

그림 3.1.1b 다자유도계의 진동모드 (출처: YouTube)

단자유도계에서 설명한 방법으로 유도한 다자유도계(n 자유도계)의 운동방정식은 다음과 같다.

$$[M]\{\ddot{U}\} + [C]\{\dot{U}\} + [K]\{U\} = \{F\}$$

여기서 $[M], [C], [K]$는 $(n \times n)$크기의 구조물의 질량행렬, 감쇠행렬 및 강성행렬이며, $\{U\}$와

* [YouTube] 줄의 일반 진동모드 (Vibrating String - Normal Modes)

$\{F\}$는 $(n \times 1)$크기의 변위와 하중 벡터로 다음과 같다.

$$[M] = \begin{bmatrix} m_{11} & m_{12} & \cdots & m_{1n} \\ m_{21} & m_{22} & \cdots & m_{2n} \\ \vdots & \vdots & \ddots & \vdots \\ m_{n1} & m_{n2} & \cdots & m_{nn} \end{bmatrix}, \quad [C] = \begin{bmatrix} c_{11} & c_{12} & \cdots & c_{1n} \\ c_{21} & c_{22} & \cdots & c_{2n} \\ \vdots & \vdots & \ddots & \vdots \\ c_{n1} & c_{n2} & \cdots & c_{nn} \end{bmatrix},$$

$$[K] = \begin{bmatrix} k_{11} & k_{12} & \cdots & k_{1n} \\ k_{21} & k_{22} & \cdots & k_{2n} \\ \vdots & \vdots & \ddots & \vdots \\ k_{n1} & k_{n2} & \cdots & k_{nn} \end{bmatrix}$$

$$\{U\} = \begin{Bmatrix} u_1 \\ u_2 \\ \vdots \\ u_n \end{Bmatrix} = \langle u_1 \quad u_2 \quad \cdots \quad u_n \rangle^T, \ \{F\} = \begin{Bmatrix} f_1 \\ f_2 \\ \vdots \\ f_n \end{Bmatrix} = \langle f_1 \quad f_2 \quad \cdots \quad f_n \rangle^T$$

3.1.2 비감쇠 자유진동: 고유진동수와 자유진동모드

비감쇠 자유진동에 관한 n 자유도계의 운동방정식은

$$[M]\{\ddot{U}\} + [K]\{U\} = \{0\}$$

이며, 행렬을 각 행으로 분리하여 전개하면 다음과 같다.

$$\textstyle\sum_{j=1}^{n} m_{ij}\ddot{u}_j + \sum_{j=1}^{n} k_{ij}u_j = 0 \qquad (i = 1,2,\cdots,n)$$

여기서 변위벡터 $\{U(z;t)\}$는 위치(z)와 시간(t)의 함수이고, 위치와 시간을 서로 독립변수로 간주한다. 변위벡터 $\{U\}$는 다음과 같이 위치의 함수인 변위 형상함수 $\{\Psi(z)\}$와 시간의 함수인 $q(t)$의 곱으로 나타낼 수 있다고 가정하자.

$$\{U(z;t)\} = \{\Psi(z)\}\, q(t)$$

여기서 $\{\Psi\} = \begin{Bmatrix} \psi_1 \\ \psi_2 \\ \vdots \\ \psi_n \end{Bmatrix} = \langle \psi_1 \quad \psi_2 \quad \cdots \quad \psi_n \rangle^T$이고, ψ_k에서 아래 첨자 k는 k번째 자유도의 위치를 나타낸다. $\{U(z;t)\}$를 운동방정식에 대입하여 정리하면

$$\textstyle\sum_{j=1}^{n} m_{ij}\psi_j\ddot{q}(t) + \sum_{j=1}^{n} k_{ij}\psi_j q(t) = 0 \qquad (i = 1,2,\cdots,n)$$

이고, 이 식을 $q(t)\sum_{j=1}^{n} k_{ij}\psi_j$로 나누어 정리하면 다음과 같다.

$$\frac{\ddot{q}(t)}{q(t)} = -\frac{\sum_{j=1}^{n} k_{ij}\psi_j}{\sum_{j=1}^{n} m_{ij}\psi_j} = -\omega_i^2 \qquad (i = 1,2,\cdots,n)$$

여기서 ω_i^2은 양의 상수이다. 이 식을 $q(t)$에 관한 미분방정식으로 전개한 후 구한 일반해는 다음과 같다.

$$\ddot{q}(t) + \omega_i^2 q(t) = 0 \qquad (i = 1,2,\cdots,n)$$

$$q(t) = A_i\cos(\omega_i t - \phi_i) \qquad (i = 1,2,\cdots,n)$$

또한, 이 식을 $\{\Psi\}$에 관한 식으로 전개하면

$$\sum_{j=1}^{n} k_{ij}\psi_j - \omega_i^2 \sum_{j=1}^{n} m_{ij}\psi_j = 0 \qquad (i = 1,2,\cdots,n)$$

이며, 행렬과 벡터로 나타내면 다음과 같다.

$$([K] - \omega_i^2[M])\{\Psi^{(i)}\} = \{0\} \qquad (i = 1,2,\cdots,n)$$

여기서 변위 형상함수 $\{\Psi^{(i)}\}$가 $\{0\}$이 아니라면(즉, 특정한 변위 형상을 갖는다면), 위 식이 성립하기 위해서는 다음 행렬식 조건을 만족해야 한다.

$$\det([K] - \omega_i^2[M]) = 0 \qquad (i = 1,2,\cdots,n)$$

앞 행렬식(determinant)이 중근을 갖지 않는다면 다음과 같이 n개의 해(ω_i^2)를 가지며, ω_i^2을 크기가 작은 것부터(즉, $\omega_1^2 < \omega_2^2 < \cdots < \omega_n^2$) 나열하면 다음과 같다.

$$[\backslash\Omega^2\backslash] = \begin{bmatrix} \omega_1^2 & & & \\ & \omega_2^2 & & \\ & & \ddots & \\ & & & \omega_n^2 \end{bmatrix} = \text{diag}(\omega_1^2, \omega_2^2, \cdots, \omega_n^2)$$

이 때 ω_i^2 를 고유치(eigenvalue; 고윳값; λ) 라고 하고, ω_i를 고유진동수(natural frequency) 라고 한다. 여기서 ω_i 값이 가장 작은 ω_1을 구조물의 기본 고유진동수(fundamental natural frequency) 라고 하여, 구조물의 동적 특성을 나타내는 중요한 척도로 사용된다. 이러한 고유치를 구하는 문제를 고유치문제(eigenvalue problem)라고 한다.

마찬가지로 각각의 고유진동수에 대하여도 다음 식이 성립한다.

$$([K] - \omega_i^2[M])\{\Psi^{(i)}\} = \{0\} \qquad (i = 1,2,\cdots,n)$$

여기서 $\{\Psi^{(i)}\}$는 i번째 고유진동수 ω_i 에 대응하는 고유벡터이며, i번째 자유진동모드(free vibration mode), 진동모드(vibration mode), 모드형상(mode shape), 또는 모드(mode) 라고 부른다. 이렇게 구한 n개의 자유진동모드들($\{\Psi^{(1)}\}, \{\Psi^{(2)}\}, \cdots, \{\Psi^{(n)}\}$)은 서로 독립이며, 이들을 조합하여 행렬로 나타내면 다음과 같다.

$$[\Phi] = [\{\Psi^{(1)}\} \quad \{\Psi^{(2)}\} \quad \cdots \quad \{\Psi^{(n)}\}]$$

여기서 $[\Phi]$를 자유진동모드행렬, 진동모드행렬 또는 모드행렬 이라 한다.

변위 벡터 $\{U\}$는 자유진동모드행렬 $[\Phi]$과 각각의 모드 $\{\Psi^{(i)}\}$에 대응되는 시간변화 함수 $q_i(t)$를 사용하여 다음과 같이 나타낼 수 있다.

$$\{U(z;t)\} = \sum_{i=1}^{n}\{\Psi^{(i)}(z)\}q_i(t) = [\Phi(z)]\{Q(t)\}$$

또는

$$\{U(z;t)\} = \sum_{i=1}^{n}\{\Psi^{(i)}(z)\}\,\mathrm{A}_i\cos(\omega_i t - \phi_i)$$

여기서 $\{Q(t)\}$는 다음과 같고,

$$\{Q\} = \begin{Bmatrix} q_1 \\ q_2 \\ \vdots \\ q_n \end{Bmatrix} = \langle q_1 \quad q_2 \quad \cdots \quad q_n\rangle^T$$

진폭과 위상각에 관한 $2n$개의 미지수 A_i와 ϕ_i는 다음의 변위와 속도에 관한 초기조건으로 구할 수 있다.

$$u_j(0),\ \dot{u}_j(0) \qquad (j = 1,2,\cdots,n)$$

자유진동모드행렬 $[\Phi]$는 질량행렬 $[M]$과 강성행렬 $[K]$에 대해 서로 직교(orthogonal)한다.

$$\left\{\Psi^{(i)}\right\}^T [M] \left\{\Psi^{(j)}\right\} = \mu_{ii}\delta_{ij}$$

$$\left\{\Psi^{(i)}\right\}^T [K] \left\{\Psi^{(j)}\right\} = \kappa_{ii}\delta_{ij}$$

여기서 μ_{ii}는 i번째 모드에 대응하는 일반화된 질량(generalized mass)이며, κ_{ii}는 i번째 모드에 대응하는 일반화된 강성(generalized stiffness)이라고 하고, δ_{ij}는 크로넥커 델타(Kroneck delta)로 다음과 같이 행렬의 대각성분에 대해서만 1이며 비대각 성분은 0이다.

$$\delta_{ij} = \begin{cases} 1 & (i = j) \\ 0 & (i \neq j) \end{cases}$$

자유진동모드행렬 $[\Phi]$의 직교성(orthogonality)을 이용하여, 다음과 같이 대각행렬(diagonal matrix)인 일반화된 질량행렬(generalized mass matrix, $[\backslash\mu\backslash]$)과 일반화된 강성행렬(generalized stiffness matrix, $[\backslash\kappa\backslash]$)을 구할 수 있다.

$$[\Phi]^T\ [M]\ [\Phi] = [\backslash\mu\backslash]$$

$$[\Phi]^T\ [K]\ [\Phi] = [\backslash\kappa\backslash]$$

여기서 $[\backslash\mu\backslash] = \mathrm{diag}(\mu_{11}, \mu_{22}, \cdots, \mu_{nn})$이고 $[\backslash\kappa\backslash] = \mathrm{diag}(\kappa_{11}, \kappa_{22}, \cdots, \kappa_{nn})$이다.

또한 일반화된 질량과 일반화된 강성 사이는 다음 식이 성립한다.

$$\omega_i^2 = \frac{\kappa_{ii}}{\mu_{ii}} \qquad (i = 1,2,\cdots,n)$$

앞서 구한 고유치문제의 해인 자유진동모드 $\left\{\Psi^{(i)}\right\}$는 상대적인 값들의 조합으로 그 형상만을 나타내며, 절대적인 크기를 임의의 값으로 가정한다. 따라서 모드의 진폭을 임의의 값으로 가정하여 사용하는 것은 수치해석에서 불편하므로, 어떤 규정된 기준에 의하여 모드형상의 진폭을 정하는 것을 모드형상의 정규화(normalization)라고 하며, 이렇게 구한 모드를 정규모드(normal mode, $\left\{\overline{\Psi}^{(i)}\right\}$)라고 한다. MATLAB의 경우 다음과 같이 일반화된 모드 질량이 1이 되도록 정규모드를 정하고, PYTHON의 경우 각 모드의 성분을 SRSS한 값이 1이 되도록 정규모드를 정한다.

$$\left\{\overline{\Psi}^{(i)}\right\}^T [M] \left\{\overline{\Psi}^{(i)}\right\} = \mu_{ii} = 1$$

따라서 정규모드 $\left\{\overline{\Psi}^{(i)}\right\}$는 자유진동모드 $\left\{\Psi^{(i)}\right\}$를 사용하여 다음과 같이 구할 수 있다.*

* 자유진동모드에서 정규모드로의 전환은 스칼라($\sqrt{\{\Psi^{(i)}\}^T[M]\{\Psi^{(i)}\}}$)를 곱하여 가능한데, 정규모드에서 자유진동모드로 전환은 반복계산이 아닌 한 번의 단순한 계산으로는 불가능하다. 이것은 모드 정규화를 하면서, 원래의 벡터정보($\{\Psi^{(i)}\}$, $[M]$)가 스칼라정보($\sqrt{\{\Psi^{(i)}\}^T[M]\{\Psi^{(i)}\}}$)로 정보가 축소되어 기본 정보를 상실하였기 때문이다.

$$\{\overline{\Psi}^{(i)}\} = \frac{\{\Psi^{(i)}\}}{\sqrt{\{\Psi^{(i)}\}^T[M]\{\Psi^{(i)}\}}}$$

3.1.3 레일리-리츠방법과 리츠벡터

■ 레일리-리츠방법 (Rayleigh-Ritz method)

• 레일리 방법 (Rayleigh method)

이 방법은 어떤 조건 하에 연결된 강체, 분포질량 또는 이산질량을 갖는 다자유도계를 단자유도계로 근사하여 모델링할 수 있는 방법 중에 하나이다. 1873년에 레일리(Lord Rayleigh, 1842.11 - 1919.06, 영국)에 의해 처음 발표된 레일리방법은 최대운동에너지($T_{\max}$)와 최대위치에너지($V_{\max}$)를 같다($T_{\max} = V_{\max}$)고 하여 구조물의 고유진동수를 구하는 방법으로 에너지보존법칙에 기반한다.

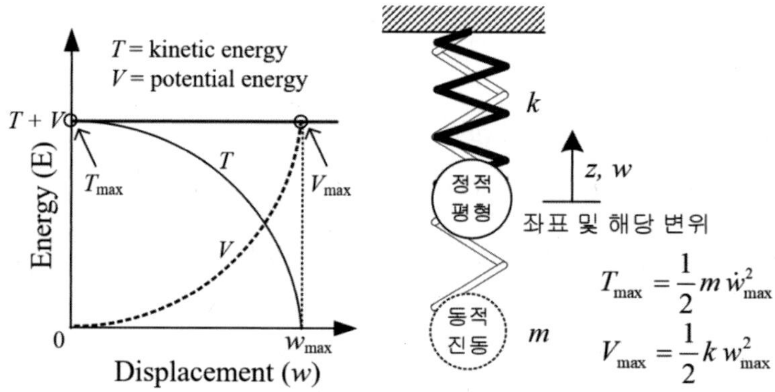

그림 3.1.3a 에너지보존계 (energy conservative system)

예를 들어 스프링-질량 시스템의 고유진동수를 구해보자. 감쇠가 없으므로 에너지보존계로 가정하여 레일리방법을 적용할 수 있다. $w = w_0 \sin \omega_n t$라고 가정하면, 최대운동에너지와 최대위치에너지는 각각 다음과 같다.

$$T_{max} = \frac{1}{2} m \dot{w}_{max}^2 = \frac{1}{2} m (\omega_n w_0)^2$$

$$V_{max} = \frac{1}{2} k w_{max}^2 = \frac{1}{2} k w_0^2$$

여기에 레일리방법을 적용하면 고유진동수(ω_n)는 다음과 같다.

$$T_{max} = V_{max}$$

$$\rightarrow \frac{1}{2} m (\omega_n w_0)^2 = \frac{1}{2} k w_0^2$$

$$\rightarrow \therefore \omega_n = \sqrt{\frac{k}{m}}$$

레일리방법을 사용하면 내진설계기준에서 구조해석의 대안으로 제시된 ‘건물외구조물(nonbuilding structure; 공작물)’의 ‘기본주기(fundamental period)’ 산정식을 유도할 수 있다. 변형 후 구조물에 저장된 최대위치에너지와 운동에너지는 각각 다음과 같다.

$$V_{max} = \frac{1}{2} f_1 \delta_1 + \frac{1}{2} f_2 \delta_2 + \cdots + \frac{1}{2} f_n \delta_n = \sum_{i=1}^{n} \frac{1}{2} f_i \delta_i$$

$$T_{max} = \frac{1}{2} m_1 \dot{\delta}_1^2 + \frac{1}{2} m_2 \dot{\delta}_2^2 + \cdots + \frac{1}{2} m_n \dot{\delta}_n^2$$

$$= \frac{1}{2} \frac{f_1}{g} (\omega \delta_1)^2 + \frac{1}{2} \frac{f_2}{g} (\omega \delta_2)^2 + \cdots + \frac{1}{2} \frac{f_n}{g} (\omega \delta_n)^2 = \sum_{i=1}^{n} \frac{1}{2} \frac{f_i}{g} (\omega \delta_i)^2$$

여기서 레일리방법을 적용하면 기본주기(T)는 다음과 같다(ASCE-7, 2016)*.

$$T_{max} = V_{max} \rightarrow \sum_{i=1}^{n} \frac{1}{2} \frac{f_i}{g} (\omega \delta_i)^2 = \sum_{i=1}^{n} \frac{1}{2} f_i \delta_i$$

$$\rightarrow \therefore T = \frac{2\pi}{\omega} = 2\pi \sqrt{\frac{\sum_{i=1}^{n} \frac{1}{2} \frac{f_i}{g} {\delta_i}^2}{\sum_{i=1}^{n} \frac{1}{2} f_i \delta_i}} = 2\pi \sqrt{\frac{\sum_{i=1}^{n} f_i {\delta_i}^2}{g \sum_{i=1}^{n} f_i \delta_i}}$$

• 개선된 레일리 방법 (improved Rayleigh method)

이 방법은 관성력을 정적하중으로 가하여 결정된 구조물의 변형 형상을 사용하여 레일리방법으로 구한 구조물의 초기 고유진동수를 반복적으로 개선한다 [예제 참조].

• 레일리-리츠방법 (Rayleigh-Ritz method)

레일리방법를 사용하면 단자유도계로 근사한 구조계의 기본진동수와 기본모드형상만을 구할 수 있지만, 1907년 리츠(Walther Ritz, 1878.02 - 1909.07, 스위스)에 의해 개발된 레일리-리츠방법을 사용하면 레일리방법 보다 정확한 여러 개의 고유진동수와 고유모드형상을 구할 수 있다. 이 방법은 레일리방법과 마찬가지로 구조물의 변위를 어떤 형상으로 근사할 수 있다고 가정하지만, 변위를 하나의 형상이 아닌, 여러 개의 리츠벡터(Ritz vector) $[\Phi_R(z)]$로 근사한다.

비감쇠 자유진동에 관한 n 자유도계 운동방정식에서 n 보다 작은 m 개(즉, $m \le n$)의 리츠벡터 $[\Phi(z)]$를 사용하여 변위 $\{U(z;t)\}$를 근사하면 다음과 같다.

$$[M]\{\ddot{U}\} + [K]\{U\} = \{0\}, \quad \{U(z;t)\} = [\Phi(z)]\{Q(t)\}$$

여기서 $[\Phi] = \left[\{\Psi^{(1)}\} \quad \{\Psi^{(2)}\} \quad \cdots \quad \{\Psi^{(m)}\}\right], \{Q\} = \langle q_1 \quad q_2 \quad \cdots \quad q_m \rangle^T$이다.

레일리-리츠방법에서 레일리지수(Rayleigh's quotient, R)는 다음과 같으며, 이 값은 가정된 리츠벡터에 따라 다르다.

$$R = \frac{V_{max}}{T^*_{max}} = \frac{[\Phi]^T\,[K]\,[\Phi]}{[\Phi]^T\,[M]\,[\Phi]} = \frac{\{Q\}^T\,[\Phi]^T\,[K]\,[\Phi]\,\{Q\}}{\{Q\}^T\,[\Phi]^T\,[M]\,[\Phi]\,\{Q\}} = \frac{\{Q\}^T\,[\bar{K}]\,\{Q\}}{\{Q\}^T\,[\bar{M}]\,\{Q\}}$$

---

* ASCE-7(2016)에서 제안된 식은 $T = 2\pi \sqrt{\frac{\sum_{i=1}^{n} w_i \delta_i^2}{g \sum_{i=1}^{n} f_i \delta_i}}$이다. 여기서 w_i는 위치 i에 할당되는 구조물의 유효중량이다. 참고로 구조물의 총 유효중량(effective seismic weight, 유효지진중량)은 $W = \sum_{i=1}^{n} w_i$이다.

여기서 $T_{max} = \omega_i^2 T^*_{max}$, $[\bar{K}] = [\Phi]^T [K] [\Phi]$, $[\bar{M}] = [\Phi]^T [M] [\Phi]$이다.

레일리지수(R)는 다음과 같이 각 모드별 고유진동수 근방에서 일정한 값(즉, 기울기가 0)을 가진다.

$$\frac{\partial R}{\partial q_i} = 0 \ \ (i = 1,2,\cdots,m)$$

즉,
$$\frac{\partial R}{\partial q_i} = \frac{\partial}{\partial q_i}\left(\frac{V_{max}}{T^*_{max}}\right) = \frac{1}{T^*_{max}}\frac{\partial V_{max}}{\partial q_i} - \frac{V_{max}}{(T^*_{max})^2}\frac{\partial T^*_{max}}{\partial q_i} = 0$$

이 식에 리츠벡터를 대입한 후 정리하면 다음과 같다.

$$R = \frac{V_{max}}{T^*_{max}} = \frac{\{Q\}^T [\bar{K}] \{Q\}}{\{Q\}^T [\bar{M}] \{Q\}} = \omega^2$$

또는
$$[\bar{K}]\{Q\} = \omega^2 [\bar{M}] \{Q\}$$

이 식으로 구한 축소된 m자유도계의 고유진동수는 n자유도계의 고유진동수와 거의 동일하지만, 축소된 m자유도계의 모드형상($[\bar{\Phi}]$)은 리츠벡터 $[\Phi]$를 사용하여 n자유도계의 개선된 모드형상($[^{(0)}\Phi]$)으로 변환하여야 한다.

$$[^{(0)}\Phi] = [\Phi(z)][\bar{\Phi}]$$

레일리-리츠방법으로 구한 m개의 고유진동수와 모드형상은 n자유도계 구조물의 고유진동수와 모드형상에 대한 근사값으로 리츠벡터를 원래 모드형상과 근사하게 가정할수록 정확한 m개의 고유진동수와 모드형상을 구할 수 있다. 따라서 레일리-리츠방법을 성공적으로 적용하기 위해서는 여러 개 리츠벡터의 선형조합이 구조물의 고유모드형상을 얼마나 근사적으로 잘 나타낼 수 있는지에 달렸다. 따라서 리츠벡터의 선정이 중요하다.

■ 리츠벡터 (Ritz Vector)

• 구조해석에서 리츠벡터를 중요하게 사용하는 이유?

리츠벡터는 직접적인 계산이 어렵거나 불가능한 큰 규모의 구조해석을 더 효율적이고 정확하게 수행할 수 있도록 한다. 그 이유는 다음과 같다.

1. 고유진동수와 고유진동모드를 효율적으로 근사한다.
   큰 구조물의 경우 고유진동수와 고유진동모드를 모두 구하는 것은 계산 비용이 많이 들 수 있다. 리츠 벡터는 이러한 큰 규모의 문제를 작은 규모의 문제로 변환하여 해결하는 효율적인 방법을 제공한다.
2. 대규모 구조해석 문제의 계산 비용을 절감한다.
   원래 문제를 축소된 행렬의 고유치해석 문제로 변환할 수 있다. 축소된 문제는 원래 문제에 비해 훨씬 작은 크기를 가지므로 복잡한 구조물의 해석에 특히 유리하다.
3. 수치적 안정성을 향상시킨다.
   해석 과정의 수치적 안정성을 향상시킬 수 있다. 리츠벡터는 물리적으로 의미 있는 기저

(basis)에서 유도되기 때문에 임의의 기저 벡터를 사용할 때보다 수치 오류에 대해 더 안정적(robust)이다. 이는 해석 결과의 신뢰성과 정확성을 높이는 데 기여한다.

4. 리츠벡터의 다양한 구조 문제에 유연하게 적용할 수 있다.
   - 정적 해석: 하중에 의한 변위를 산정할 경우
   - 동적 해석: 고유진동수와 고유진동모드를 산정할 경우
   - 안정성 해석: 좌굴하중과 좌굴모드를 산정할 경우
5. 반복 방법에서 수렴을 향상시킨다.
   고유치 문제를 해결하기 위한 반복법에서 리츠벡터는 수렴 속도를 높이는 데 사용된다. 리츠벡터는 고유벡터에 대한 좋은 초기 추정치를 제공하여 반복 과정의 수렴속도를 높일 수 있다.
6. 모드중첩법의 신뢰할 수 있는 기저(basis) 역할을 한다.
   리츠벡터는 모드중첩법에서 모드형상을 나타내는 적절한 기저로 사용할 수 있으므로, 기존 모드중첩에서 사용되는 제한된 모드의 사용이 정확성을 크게 저하시키지 않도록 보장한다.

• 고유진동수와 고유진동모드를 근사하기 위한 리츠벡터를 가정하는 방법

리츠벡터를 가정하는 방법은 다음과 같이 크게 2가지로 구분할 수 있다.

[방법 1] 일반적인 고유진동모드형상을 리츠벡터로 가정

구조물의 처음 몇 개의 고유진동모드 $[\Phi(z)]$를 근사적으로 알 수 있다면, 이것들을 리츠벡터 $[\Phi_R(z)]$로 사용할 수 있다. 이 방법은 구조형상이 복잡하지 않은 구조물에 적용할 수 있다. 하지만 구조형상이 복잡하거나 2차원 또는 3차원 거동을 하는 구조물의 경우, 고유진동모드를 근사적으로 알기 어려울 수 있다.

[방법 2] 외력에 의한 정적 변형형상을 리츠벡터로 가정

구조물의 근사화에 의하지 않고, 구조물의 정적 변형형상을 1번째 리츠벡터로 사용하여, 순차적으로 고차 리츠벡터를 구할 수 있다. 이 방법은 경험에 의존하여 리츠벡터를 구하지 않고, 체계적인 절차로 리츠벡터를 구할 수 있으므로 컴퓨터를 이용하는 데 적합하다.

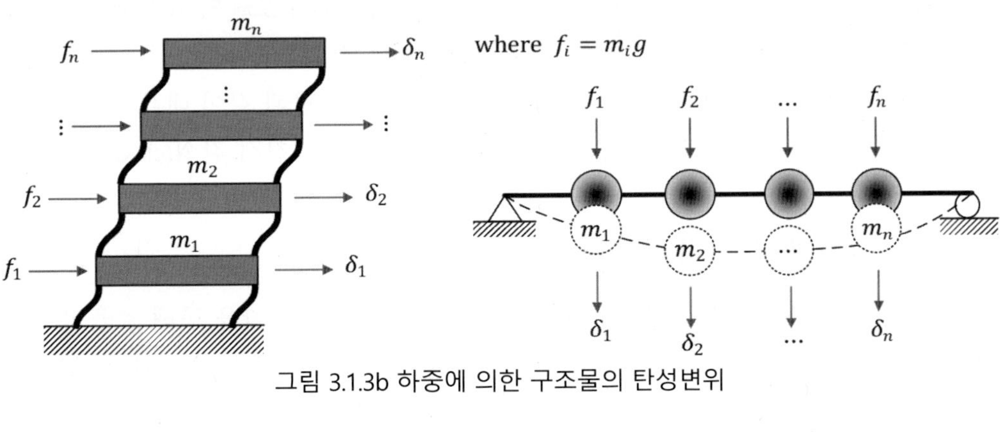

그림 3.1.3b 하중에 의한 구조물의 탄성변위

• 리츠벡터의 개선

여러 개의 리츠벡터를 선정하는 것이 어려운 복잡한 다자유도계의 경우, 개선된 레일리방법과 같이 관성력을 사용한 반복계산과정을 거쳐 개선된 리츠벡터를 구할 수 있다. 이 개선과정을 초기 가정한 리츠벡터 $[{}^{(0)}\Phi_R]$에서 개선된 리츠벡터 $[{}^{(1)}\Phi_R]$을 구하는 절차를 요약하면 다음과 같다 [예제 참조].

(1) 초기 리츠벡터 $[{}^{(0)}\Phi_R]$을 가정

(2) 축소된 질량행렬과 강성행렬을 산정

$$[{}^{(0)}\bar{M}_R] = [{}^{(0)}\Phi_R]^T\,[M]\,[{}^{(0)}\Phi_R], \quad [{}^{(0)}\bar{K}_R] = [{}^{(0)}\Phi_R]^T\,[K]\,[{}^{(0)}\Phi_R]$$

(3) 축소된 m자유도계의 고유진동수와 모드형상을 계산

$$\left|[{}^{(0)}\bar{K}] - \left({}^{(1)}\omega\right)^2[{}^{(0)}\bar{M}]\right| = 0 \rightarrow {}^{(1)}\omega_R,\ [{}^{(1)}\bar{\Phi}_R]$$

(4) n자유도계의 모드형상으로 변환

$$[{}^{(1)}\Phi] = [{}^{(0)}\Phi_R]\,[{}^{(1)}\bar{\Phi}_R]$$

(5) 개선된 레일리방법에서와 같이 질량행렬 $[M]$과 초기 리츠벡터 $[{}^{(0)}\Phi_R]$와 리츠벡터로 구한 고유진동수 ${}^{(1)}\omega_R^2$를 사용하여 관성력을 산정

$$[{}^{(1)}F] = [M][{}^{(0)}\Phi_R]\,[\backslash{}^{(1)}\omega_R^2\backslash]$$

(6) 관성력 $[{}^{(1)}F]$로 인한 정적 변위 $[{}^{(1)}\Phi_R]$를 새로운 리츠벡터로 가정

$$[{}^{(1)}\Phi_R] = [K]^{-1}[{}^{(1)}F]$$

(7) (2) ~ (4) 절차를 반복

3.1.4 감쇠 자유진동: 비례감쇠

구조물에서는 마찰과 균열 등 복잡하고 다양한 에너지 소산이 발생하므로, 부재의 요소강성행렬을 조합하여 구하는 구조물의 강성행렬과 같이, 단순히 요소감쇠행렬을 조합하여 구조물의 감쇠행렬을 구하는 것은 실제적이지 않다. 따라서 일반적으로 구조물의 감쇠행렬은 실제 자료를 근거로 각 모드별로 감쇠비를 추정한 후, 이들을 조합하여 결정한다.

자유진동모드행렬을 감쇠행렬에 양 변에 곱하였을 때 다음과 같이 대각성분만을 갖는 행렬을 구할 수 있을 경우, '비례감쇠(proportional damping)' 또는 '고전적 감쇠(classical damping)'라고 한다.

$$\left\{\Psi^{(i)}\right\}^T[C]\left\{\Psi^{(i)}\right\} = c_{ij}\delta_{ij}$$

비례감쇠를 사용할 경우, 모드별 해석과 모드별 응답의 선형합을 통해 효율적 계산이 가능하다. 비례감쇠는 해석 대상 시스템이 유사한 재료와 유사한 구조형식으로 되어 있을 경우에 (즉, 구조물 전체의 에너지 소산이 유사한 형태로 발생하는 경우에) 적합하다.

• 레일리 감쇠(Rayleigh damping)

레일리(Rayleigh)는 감쇠행렬이 다음과 같이 구조물의 질량행렬과 강성행렬의 선형합(linear superposition)으로 구성될 수 있다고 가정하였다.

$$[C] = \alpha[M] + \beta[K]$$

이 때 α와 β는 임의의 비례상수이며, k번째 모드에 대한 고유진동수와 감쇠비의 관계는 다음과 같다.

$$\xi_k = \frac{1}{2}\left(\alpha\frac{1}{\omega_k} + \beta\omega_k\right)$$

즉, 주요한 2개의 모드인 i번째 모드와 j번째의 모드에 대한 감쇠비를 ξ_i와 ξ_j라고 할 때, α와 β는 다음 연립방정식을 사용해 구할 수 있다. 참고로 감쇠가 작은 구조물의 경우 보통 α와 β는 0.1보다 작은 값으로 구해진다.

$$\begin{Bmatrix}\xi_i\\ \xi_j\end{Bmatrix} = \frac{1}{2}\begin{bmatrix}\frac{1}{\omega_i} & \omega_i\\ \frac{1}{\omega_j} & \omega_j\end{bmatrix}\begin{Bmatrix}\alpha\\ \beta\end{Bmatrix} \rightarrow \begin{Bmatrix}\alpha\\ \beta\end{Bmatrix} = \frac{2\omega_i\omega_j}{\omega_j^2-\omega_i^2}\begin{bmatrix}\omega_j & -\omega_i\\ -\frac{1}{\omega_j} & \frac{1}{\omega_i}\end{bmatrix}\begin{Bmatrix}\xi_i\\ \xi_j\end{Bmatrix}$$

이와 같은 감쇠를 레일리 감쇠(Rayleigh damping)라고 하며, 이 때의 감쇠행렬을 '레일리 감쇠행렬(Rayleigh damping matrix)' 또는 '비례감쇠행렬(proportional damping matrix)'이라 한다.

참고로 $\alpha = 0$일 때(즉, $[C] = \beta[K]$일 때)의 감쇠인 강성비례감쇠는 고유진동수에 선형적으로 비례하여 증가하며, $\beta = 0$일 때(즉, $[C] = \alpha[M]$일 때)의 감쇠인 질량비례감쇠는 고유진동수에 반비례하여 감소한다. 그러나 실험자료에 의하면 구조물의 주된 진동모드들에 대해 감쇠비가 대략적으로 일정하므로, 고유진동수에 따라 비례하는 강성비례감쇠와 고유진동수에 따라 감소하는 질량비례감쇠는 실험자료와 일관성이 없으므로 실제 적용에 적합하지 않다. 따라서 실험자료와 일관성을 갖도록 강성비례감쇠와 질량비례감쇠를 조합한 레일리 감쇠를 일반적으로 사용한다.

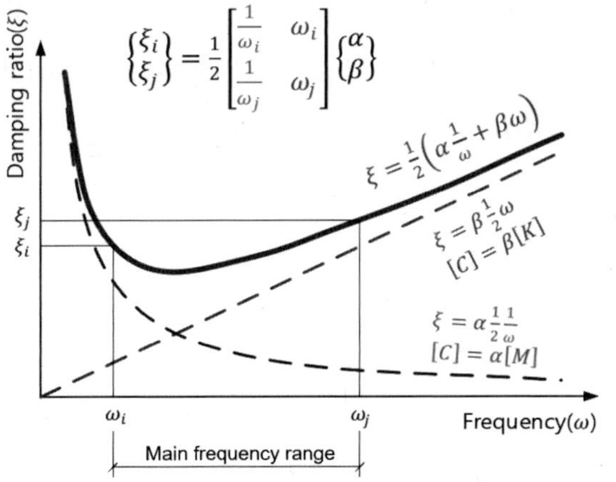

그림 3.1.4a 레일리 감쇠

레일리 감쇠를 적용함에 있어서 주의할 점은 응답에 기여하는 모든 진동모드들에 대해 합리적인 감쇠비가 보장되도록 2개 모드(즉, i번째 모드와 j번째 모드)를 적절하게 선정해야 한다는 것이다. 앞의 그림에서 알 수 있듯이 만약 i번째 모드와 j번째 모드에 대해 동일한 감쇠비(ξ)를 적용한다면, i번째 모드와 j번째 모드 사이에 있는 모드들은 ξ보다 약간 작은 감쇠비를 갖게 되며, i번째 모드와 j번째 바깥에 있는 모드들은 ξ보다 큰 감쇠비를 갖는다. 특히, 감쇠비는 진동수에 비례하여 증가하므로, 고차 모드의 응답은 큰 감쇠로 인해 전체 응답에서 제거될 수 있다.

레일리 감쇠를 갖는 구조물에서 구한 자유진동 모드행렬은 질량행렬과 강성행렬뿐만 아니라, 감쇠행렬에 대해서도 직교성을 만족한다. 레일리 감쇠행렬을 사용할 경우 일반화된 감쇠행렬(generalized damping matrix, $[\backslash c \backslash]$)은 다음과 같다.

$$[\Phi]^T\,[C]\,[\Phi] = [\backslash c \backslash]$$

이 경우 감쇠가 있는 일반 모드좌표계에서 운동방정식은 다음과 같이 m개의 비연계된(uncoupled) 단자유도계 운동방정식으로 구분할 수 있다.

$$\mu_{ii}\ddot{q}_i(t) + c_{ii}\dot{q}_i(t) + \kappa_{ii}q_i(t) = p_i(t) \qquad (i = 1,2,\cdots,m)$$

이 식을 일반화된 감쇠 c_{ii}를 i번째 모드의 감쇠비 ξ_i를 도입하여 표현하면

$$\mu_{ii}\ddot{q}_i(t) + 2\xi_i\omega_i\mu_{ii}\dot{q}_i(t) + \kappa_{ii}q_i(t) = p_i(t) \quad (i = 1,2,\cdots,m)$$

이고, 다시 일반화된 질량 μ_{ii}로 나누면 다음과 같다.

$$\ddot{q}_i(t) + 2\xi_i\omega_i\dot{q}_i(t) + \omega_i^2 q_i(t) = \frac{p_i(t)}{\mu_{ii}} \qquad (i = 1,2,\cdots,m)$$

앞 식의 해는 다음과 같다.

$$q_i(t) = e^{-\xi_i\omega_i t}\left[q_i(0)\cos\omega_{d,i}t + \frac{\dot{q}_i(0)+q_i(0)\xi_i\omega_i}{\omega_{d,i}}\sin\omega_{d,i}t\right] + \frac{1}{\mu_{ii}\omega_{d,i}}\int_0^t p_i(\tau)e^{-\xi_i\omega_i(t-\tau)}\sin\omega_{d,i}(t-\tau)\,d\tau$$

여기서 i번째 모드의 감쇠 고유진동수는 $\omega_{d,i} = \omega_i\sqrt{1-\xi_i^2}$이며, $q_i(0)$와 $\dot{q}_i(0)$는 주어진 초기조건으로부터 구할 수 있다. 참고로 i번째 모드의 '모드 감쇠비(modal damping ratio)' ξ_i는 i번째 모드에 해당하는 일반화된 질량(μ_{ii})과 일반화된 감쇠(c_{ii}) 그리고 고유진동수(ω_i)를 사용하여 다음과 같이 구할 수 있다.

$$c_{ii} = 2\xi_i\omega_i\mu_{ii} \rightarrow \xi_i = \frac{c_{ii}}{2\omega_i\mu_{ii}} \qquad (i = 1,2,\cdots,m)$$

'비례감쇠(proportional damping)'를 사용할 경우, (감쇠가 작은 일반 구조물의 경우) 감쇠 구조물의 모드 특성은 비감쇠 구조물의 모드 특성과 거의 유사하다. 특히, 감쇠 구조물과 비감쇠 구조물은 동일한 모드형상을 갖고 있으며, 고유진동수도 매우 비슷하다. 따라서 비례감쇠를 사용할 경우, 감쇠 구조물의 모드 분석을 하기 위해, 비감쇠 구조물의 해석을 직접 또는 간접적으로 이용할 수 있다는 장점을 갖고 있다.

시간이력해석을 위한 레일리 감쇠를 선정하기 위해, 2개의 진동수값과 각각의 감쇠비값을 선정하여야 한다. 이 값을 합리적으로 선정하기 위한 절차 예를 다음에 설명하였다.

[단계 1] 모드해석을 통해 각 모드와 각 모드별 감쇠를 구한다. 여기서 모드별 감쇠에는 구조형식과 재료 그리고 엔지니어의 판단이 포함된다.

[단계 2] 모드질량기여도가 높은 모드를 선별하여, 진동수-감쇠비 그래프에 그린다. 예를 들어 모드질량기여도가 5% 이상인 것들을 선별하여 그린다.

[단계 3] 선별된 주요 모드들이 포함되도록 보수적인 레일리 감쇠 계수를 선정하여 진동수-감쇠비 그래프에 나타낸 후, 주요 모드들을 보수적으로 나타낼 수 있는지 확인한다.

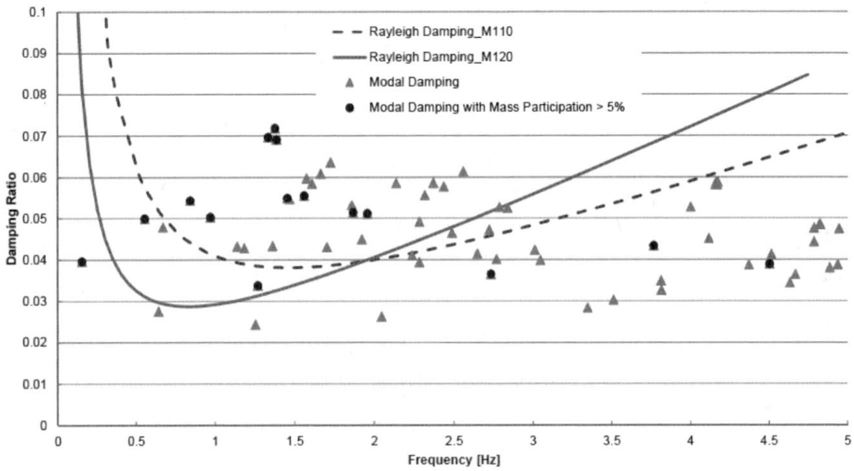

그림 3.1.4b 레일리 감쇠 산정 예 (자료: (주)평화엔지니어링)

• 코이 감쇠(Caughey damping)

3개 이상의 모드 감쇠비를 지정하고자 할 경우, 코이 감쇠(Caughey damping)를 사용할 수있다. 비감쇠 운동방정식의 고유치 문제는 다음과 같으며,

$$[K]\{\Psi^{(i)}\} = \omega_i^2[M]\{\Psi^{(i)}\} \qquad (i = 1,2,\cdots,n)$$

앞 식의 양변에 $\{\Psi^{(j)}\}^T[K][M]^{-1}$을 곱하면

$$\{\Psi^{(j)}\}^T[K][M]^{-1}[K]\{\Psi^{(i)}\} = \omega_i^2\{\Psi^{(j)}\}^T[K][M]^{-1}[M]\{\Psi^{(i)}\}$$
$$= 0 \quad \text{in case } i \neq j$$

이고, 다시 양변에 $\{\Psi^{(j)}\}^T([K][M]^{-1})^2$을 곱하면 다음과 같다.

$$\{\Psi^{(j)}\}^T([K][M]^{-1})^2[K]\{\Psi^{(i)}\} = \omega_i^2\{\Psi^{(j)}\}^T[K][M]^{-1}[K]\{\Psi^{(i)}\}$$
$$= 0 \quad \text{in case } i \neq j$$

이러한 절차를 반복하여 얻은 결과를 감쇠행렬에 대입하여 다음과 같은 식을 얻을 수 있다.

$$\{\Psi^{(j)}\}^T[C^{(k)}]\{\Psi^{(i)}\} = 0 \quad \text{in case } i \neq j$$

여기서

$$[C^{(k)}] = ([K][M]^{-1})^k[K]$$
$$= [M]([M]^{-1}[K])^k \qquad (k = 0,1,\cdots,n-1)$$

앞서 n개의 $[C^{(k)}]$를 조합하여 구성한 $[C]$는 다음과 같다.

$$[C] = \sum_{k=0}^{n-1} a_k[C^{(k)}] = \sum_{k=0}^{n-1} a_k[M]([M]^{-1}[K])^k$$

여기서 a_k는 상수이다. 다음과 같이 2개 항만을 사용하여 $[C]$를 구성하면 레일리 감쇠와 동일하다.

$$[C] = \sum_{k=0}^{1} a_k[M]([M]^{-1}[K])^k = a_0[M] + a_1[K]$$

참고로 3개 항을 사용하여 $[C]$를 구성하면 다음과 같다.

$$[C] = \sum_{k=0}^{2} a_k[M]([M]^{-1}[K])^k = a_0[M] + a_1[K] + a_2[K][M]^{-1}[K]$$

n자유도계에서 m개의 모드 감쇠비를 지정할 경우, 모드 감쇠비와 고유진동수와의관계를 다음과 같이 정리하여 나타낼 수 있다.

$$\xi_i = \frac{1}{2}\sum_{k=0}^{m-1} a_k\omega_i^{2k-1}$$

다음 그림에 각각 3개(홀수 개수)와 4개(짝수 개수)의 모드 감쇠비들을 지정하여 구한 코이 감쇠를 진동수영역에서 나타냈다. 4개(즉, 짝수 개수)의 모드 감쇠비들을 사용할 경우, 4번째 모드 이상의 진동수에서 감쇠비가 급격하게 증가하여 고차 모드의 영향이 배제될 수 있다. 3개(즉, 홀수 개수)의 모드 감쇠비들을 사용할 경우, 3번째 모드 이상의 진동수에서 감쇠비가 급격하게 감소하여 감쇠가 음수로 되어 해당 고차 모드의 영향이 비현실적으로 증폭될 수 있다. 따라서 코이 감쇠를 사용할 경우는 해석에 필요한 모든 모드들에 대해 감쇠비를 지정할 필요가 있다.

모드의 개수에 상관 없이 코이 감쇠행렬을 구할 수 있으나, 1) 멱급수(power series) 형태의 코이 감쇠행렬을 구하는 과정이 수치적으로 불안정하며, 2) 3개 이상의 모드들에 대해 감쇠비를 지정할 경우 띠행렬(banded matrix)인 강성행렬과 띠 또는 대각행렬(diagonal matrix)인 질량행렬과는 달리 코이 감쇠행렬은 가득 찬 행렬(full matrix)이 되어 큰 시스템의 경우에 계산비용이 크게 증가한다. 따라서 실제 구조물의 구조해석에는 수치적 안정성과 계산 비용을 고려하여 코이 감쇠보다는 레일리 감쇠를 주로 사용한다.

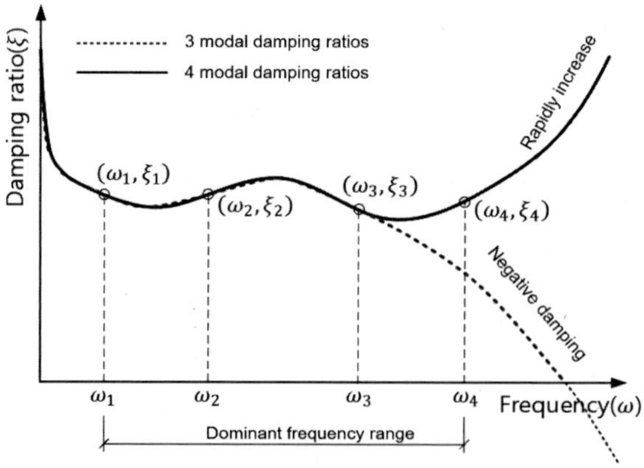

그림 3.1.4c 코이 감쇠(Caughey damping)

• 모드중첩 감쇠(mode superposed damping) 또는 모드감쇠(modal damping)

각 모드별 감쇠비에 진동모드를 곱한 후 이들을 조합하여 모드중첩 감쇠행렬(mode superposed damping matrix)을 구성할 수 있다. 비례감쇠행렬과 일반화된 감쇠행렬의 관계는

$$[\Phi]^T\,[C]\,[\Phi] = [\backslash c\backslash]$$

이며, 이 식을 감쇠행렬로 다시 나타내면 다음과 같다.

$$[C] = ([\Phi]^T)^{-1}[\backslash c\backslash][\Phi]^{-1}$$

여기서 $[\backslash c\backslash]$, $[\Phi]^{-1}$ 및$([\Phi]^T)^{-1}$는 각각 다음과 같다.

$$c_{ii} = 2\xi_i\omega_i\mu_{ii}$$

$$[\Phi]^T\,[M]\,[\Phi] = [\backslash\mu\backslash] \rightarrow [\Phi]^{-1} = [\backslash\mu\backslash]^{-1}[\Phi]^T\,[M]$$

$$[\Phi]^T\,[M]\,[\Phi] = [\backslash\mu\backslash] \rightarrow ([\Phi]^T)^{-1} = [M]\,[\Phi][\backslash\mu\backslash]^{-1}$$

이 식들을 감쇠행렬에 대입하여 감쇠행렬을 다시 나타내면 다음과 같다.

$$[C] = ([M]\,[\Phi][\backslash\mu\backslash]^{-1})[\backslash c\backslash]([\backslash\mu\backslash]^{-1}[\Phi]^T\,[M])$$

여기서 $[\backslash\mu\backslash]$와 $[\backslash c\backslash]$는 대각행렬이며, $[\backslash\mu\backslash]^{-1}$는 성분이 $\frac{1}{\mu_{ii}}$이므로, 최종적으로 모드중첩 감쇠행렬을 다음과 같이 간단히 나타낼 수 있다.

$$[C] = [M]\left(\sum_{i=1}^{n}\frac{2\xi_i\omega_i}{\mu_{ii}}\{\Psi^{(i)}\}\{\Psi^{(i)}\}^T\right)[M]$$

여기서 i번째 항은 i번째 모드의 모드중첩 감쇠행렬에 기여하는 성분이다. 만약 i번째 항을 제외한다면, i번째 모드의 감쇠는 0(영)으로 간주되어 감쇠행렬을 구성하게 된다. 여기서 감쇠행렬의 구성에 제외된 모드의 감쇠가 비록 0(영)일지라도 수치적으로 안정한 적분을 사용한다면 발산 등과 같은 수치적 문제를 발생시키지 않는다.

• 모드중첩 감쇠와 레일리 감쇠의 조합

모드중첩 감쇠를 사용할 경우, 구조물의 자유도는 많은데 비해 선별된 소수의 저차 모드에 대해서만 감쇠를 적용하여야 한다. 따라서 선별되지 않은 많은 수의 고차 모드에 대해서도 감쇠를 적용할 필요가 있다.

이 경우 선별된 저차 모드에 대해서는 모드중첩 감쇠를 적용하고, 선별되지 않은 고차 모드에 대해서는 $\alpha = 0$인 강성비례 레일리 감쇠 $\beta[K]$를 사용할 수 있다. 즉, 저차 모드에서는 모드중첩 감쇠를, 고차 모드에서는 강성비례 레일리 감쇠를 적용한다.

참고로 공동주택 성능기반 내진설계지침(대한건축학회, 2019)에서는 철근콘크리트 구조물 비선형 해석모델의 초기 감쇠율을 2.5%이하로 규정하고 있다. 조합 감쇠의 경우에 큰 강성비례 레일리 감쇠를 사용하면 고차모드의 감쇠를 과대평가할 수 있으므로 일반적으로 0.2% 정도의 작은 값을 권고한다(Perform 3D 사용자 설명서, 2018).

예를 들어 큰 강성비례 레일리 감쇠의 사용은 고차 모드의 영향이 중요한 고층 건물에서 응답을 과소평가 할 수 있으며, 큰 모드중첩 감쇠의 사용은 저차 모드의 영향이 중요한 중저층 건물

에서 응답을 과소평가 할 수 있다.

3.1.5 감쇠 자유진동: 비비례감쇠

비례감쇠는 매우 실용적이나, 일반적으로 실제 감쇠는 재료의 이력감쇠 등으로 인해 구조물의 강성과 비례하지 않으며, 마찰감쇠 등으로 인해 구조물의 질량과도 비례하지 않는다. 일반적으로 다음과 같이 모드의 감쇠행렬에 대한 직교성은 성립하지 않으며, 이 경우 감쇠를 '비비례감쇠(non-proportional damping)' 또는 '비고전적 감쇠(non-classical damping)'라고 한다.

$$\{\Psi^{(i)}\}^T[C]\{\Psi^{(i)}\} \neq c_{ij}\delta_{ij}$$

• 구조감쇠 또는 이력감쇠

비비례감쇠로 구조감쇠(structural damping) 또는 이력감쇠(hysteretic damping)를 들 수 있다. 비비례감쇠인 구조감쇠를 갖는 다자유도계 구조물의 운동방정식은 다음과 같다.

$$[M]\{\ddot{U}\} + ([K] + i[C])\{U\} = \{0\}$$

이 운동방정식의 해는 다음과 같다고 가정할 수 있다.

$$\{U\} = \{A_U\}e^{i\omega t}$$

여기서 $\{A_U\}$는 변위벡터 $\{U\}$의 크기를 나타내는 벡터로 다음과 같다.

$$\{U\} = \begin{Bmatrix} u_1 \\ u_2 \\ \vdots \\ u_n \end{Bmatrix} = \begin{Bmatrix} A_{u1} \\ A_{u2} \\ \vdots \\ A_{un} \end{Bmatrix} e^{i\omega t}$$

$\{U\}$를 운동방정식에 대입하면, 복소 모드형상(complex mode shape)과 복소 감쇠 고유진동수(complex damped natural frequency)를 구할 수 있다. 여기서 i번째 모드의 복소 고유진동수($\omega_{d,i}$)는 다음과 같이 나타낼 수 있다.

$$\omega_{d,i} = \omega_i^o\sqrt{1 + i\eta_i}$$

여기서 ω_i^o는 i번째 모드의 고유진동수(natural frequency)로 비감쇠 구조물의 고유진동수(ω_i)와 유사하지만 다른 값을 가지며, η_i는 i번째 모드의 감쇠손실계수(damping loss factor)이다. 참고로 비감쇠 구조물과 동일한 모드 형상을 갖는 감쇠 구조물을 모델링하기 위해, 다음과 같은 비례이력감쇠(proportional hysteretic damping)를 사용하기도 한다.

$$[M]\{\ddot{U}\} + ([K] + i[C])\{U\} = \{F\}$$

여기서 이력감쇠행렬 $[C]$는 다음과 같이 비례감쇠행렬이다.

$$[C] = \alpha[M] + \beta[K]$$

이 경우 감쇠 구조물의 모드형상($[\Phi]$)은 비감쇠 구조물의 모드형상($[\Phi]$)과 동일하며, i번째 모드의 복소 감쇠 고유진동수($\omega_{d,i}$)는 다음과 같이 복소수 형태이다.

$$\omega_{d,i} = \omega_i\sqrt{1 + i\eta_i}\,, \qquad \eta_i = \alpha\frac{1}{\omega_i^2} + \beta$$

여기서 ω_i는 비감쇠 구조물의 i번째 모드의 고유진동수로 다음과 같이 구하고, η_i는 i번째 모드의 감쇠손실계수(damping loss factor)이다.

$$[\Phi]^T\,[M]\,[\Phi] = [\backslash\mu\backslash],\;\; [\Phi]^T\,[K]\,[\Phi] = [\backslash\kappa\backslash] \rightarrow \omega_i^2 = \frac{\kappa_{ii}}{\mu_{ii}}$$

일반모드(normal mode)는 크기(실수)만을 갖지만, 복소모드(complex mode)는 크기와 다양한 위상차(복소수)를 갖고 있다. 즉, 일반모드는 구조물의 모든 부분들이 0°(양수) 또는 180°(음수)의 위상차 만을 가지므로, 실수만을 사용하여 나타낼 수 있다. 그러나 복소모드는 구조감쇠효과에 의해 구조물의 서로 다른 점들 사이에 각각 다른 위상차를 갖는다. 위상차 효과에 의해 일반모드형상은 변위가 0인 절점이 고정된 고정 절점(fixed node)을 갖는 정지파(standing wave)로 생각할 수 있으나, 복소모드형상은 변위가 0인 절점이 진행하는 진행파(propagating wave; traveling wave)로 생각할 수 있다.

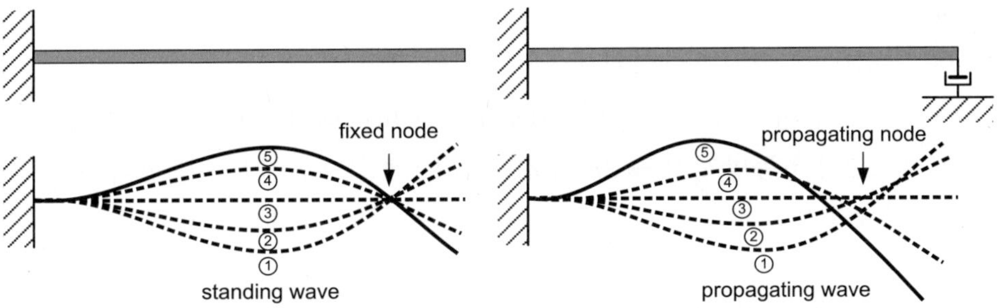

(a) Normal mode (b) Complex mode

그림 3.1.5 일반모드와 복소모드

• 상호작용시스템과 면제진 구조물

다음 예와 같이 해석 대상 시스템이 유사한 재료와 유사한 구조형식으로 되어 있지 않을 경우, 비례감쇠 가정은 적합하지 않다.

(1) 지반-구조물 상호작용 시스템

많은 구조물의 해석에서 지반을 강체로 가정하여 해석할 수 있으나, 원자력 격납구조물*과 같이

---

* 주요 구조물의 기본고유진동수

구조물의 종류		고유진동수(Hz)
한국표준원전 (OPR 1000)	원자로건물	4.5
	보조건물	7.5
	핵연료건물	10.3
일반 구조물	20층 RC건물	0.5 ~ 1.0
	지간 100m 교량	0.5 ~ 1.0

(출처: 조성국, 이상훈. 원자력발전소 안전관련 콘크리트 구조물의 내진설계, 콘크리트학회지, 23(4), 22-27, 2007.11.)

강성이 매우 큰 구조물의 경우에는 지반-구조물의 상호작용을 고려하여야 한다. 이 경우에 일반적으로 구조물의 모드감쇠비는 2 ~ 5%인데 비해, 지반의 모드감쇠비는 10 ~ 20%이므로, 구조물과 지반 각각에 대해 비례감쇠가정은 타당할 수 있을지 모르지만, 모드감쇠비의 차이가 큰 두 개의 연계된 시스템에서의 비례감쇠는 타당하지 않을 수 있다.

(2) 유체-구조물 상호작용 시스템

일반적으로 유체의 감쇠는 구조물의 감쇠에 비하여 무시할 수 있을 정도로 작으므로, 유체와 구조물이 연계된 시스템에서의 비례감쇠는 타당하지 않을 수 있다.

(3) 면진 및 제진시스템이 설치된 구조물

비록 구조물 자체는 비례감쇠를 나타낸다고 할 지라도, 구조물에 면진 및 제진장치와 같이 구조물의 감쇠에 비해 상대적으로 감쇠가 매우 큰 에너지 소산장치가 설치되었을 경우에 일반적인 비례감쇠는 타당하지 않을 수 있다.

• 상태공간방정식을 사용한 비비례감쇠 구조물의 고유치해석

다음과 같이 상태공간방정식으로 비례감쇠구조물과 비비례감쇠 구조물을 해석할 수 있다.

(1) n 자유도계의 2계 운동방정식 → $2n$ 자유도계의 1계 상태공간운동방정식

n개의 2계 미분방정식인 운동방정식에1개 식을 추가하여 $2n$개의 1계 미분방정식인 상태공간방정방정식으로 변환하면 다음과 같다.

$$\begin{matrix}\mathbf{M\ddot{u}} + \mathbf{C\dot{u}} + \mathbf{Ku} = \mathbf{f_u} \\ \mathbf{M\dot{u}} - \mathbf{M\dot{u}} = \mathbf{0}\end{matrix} \quad \rightarrow \quad \mathbf{A\dot{z}} + \mathbf{Bz} = \mathbf{f}$$

여기서 $\mathbf{z}$는 상태공간방정식의 변수이며, 계수들은 각각 다음과 같다.

$$\mathbf{z} = \begin{Bmatrix}\mathbf{\dot{u}} \\ \mathbf{u}\end{Bmatrix}, \quad \mathbf{f} = \begin{Bmatrix}\mathbf{f_u} \\ \mathbf{0}\end{Bmatrix}, \quad \mathbf{A} = \begin{bmatrix}\mathbf{M} & \mathbf{C} \\ \mathbf{0} & \mathbf{M}\end{bmatrix}, \quad \mathbf{B} = \begin{bmatrix}\mathbf{0} & \mathbf{K} \\ -\mathbf{M} & \mathbf{0}\end{bmatrix}$$

(2) 고유치해석: $\mathbf{f} = \mathbf{0}$

$$\mathbf{A\dot{z}} + \mathbf{Bz} = \mathbf{0} \quad \rightarrow \quad \begin{matrix}\mathbf{Bz} = -\mathbf{A\dot{z}} \\ \mathbf{B\hat{\Phi}} = -\mathbf{A\hat{\Phi}}[\backslash\hat{\Omega}\backslash]\end{matrix}$$

여기서 $\mathbf{\hat{\Phi}}$는 다음과 같은 복소 진동모드이며,

$$\mathbf{\hat{\Phi}} = \left[\{\hat{\varphi}^{(1)}\} \quad \{\hat{\varphi}^{(2)}\} \quad \cdots \quad \{\hat{\varphi}^{(n)}\}\right] = [\mathbf{\hat{\Psi}}^{(1)} \quad \mathbf{\hat{\Psi}}^{(2)} \quad \cdots \quad \mathbf{\hat{\Psi}}^{(n)}]$$

$[\backslash\hat{\Omega}\backslash]$는 다음과 같은 상태공간방정식의 복소 고유진동수($\hat{\omega}_k$) 행렬이다.

$$[\backslash\hat{\Omega}\backslash] = \begin{bmatrix}\hat{\omega}_1 & & & \\ & \hat{\omega}_2 & & \\ & & \ddots & \\ & & & \hat{\omega}_n\end{bmatrix} = \mathrm{diag}(\hat{\omega}_1, \hat{\omega}_2, \cdots, \hat{\omega}_n)$$

(3) 운동방정식의 k번째 고유진동수(ω_k)

$\widehat{\omega}_k$와 ω_k는 다음과 같은 관계가 있다.

$$\widehat{\omega}_k, \widehat{\omega}_k^* = -\xi_k \omega_k \pm i\omega_{d,k} \quad \rightarrow \quad \begin{aligned} \omega_{d,k} &= \omega_k \sqrt{1-\xi_k^2} \\ \omega_k &= |\widehat{\omega}_k| \\ \xi_k &= -\frac{Re(\widehat{\omega}_k)}{|\widehat{\omega}_k|} \end{aligned}$$

여기서 *(asterisk)는 공액복소수를, $\omega_{d,k}$는 k번째 진동모드의 감쇠고유진동수를 의미한다. 참고로 비비례감쇠 시스템의 ω_k는 k번째 진동모드의 고유진동수이며, 비례감쇠 시스템의 k번째 진동모드의 고유진동수 ω_k (또는 비비례감쇠 시스템의 ω_k와 구분하기 위해 ω_k^o라고 명기하기도 함)와 비슷하지만 동일하지는 않다.

(4) 운동방정식의 k번째 진동모드($\mathbf{\Psi}^{(k)}$)

$$\widehat{\mathbf{\Psi}}^{(k)} = \begin{Bmatrix} \widehat{\omega}_k \mathbf{\Psi}^{(k)} \\ \mathbf{\Psi}^{(k)} \end{Bmatrix}$$

(5) 상태공간방정식의 k번째 복소 진동모드($\widehat{\mathbf{\Psi}}^{(k)}$)에 대한 제차해(homogenous solution)

$$\mathbf{z}^{(k)} = \widehat{\mathbf{\Psi}}^{(k)} e^{\widehat{\omega}_k t}$$

(6) 모드의 직교성

$$\widehat{\mathbf{\Psi}}^{(i)^T} \mathbf{A}\, \widehat{\mathbf{\Psi}}^{(j)} = 0 \quad \text{in case } i \neq j$$

$$\rightarrow \begin{Bmatrix} \widehat{\omega}_i \mathbf{\Psi}^{(i)} \\ \mathbf{\Psi}^{(i)} \end{Bmatrix}^T \begin{bmatrix} \mathbf{M} & \mathbf{C} \\ \mathbf{0} & \mathbf{M} \end{bmatrix} \begin{Bmatrix} \widehat{\omega}_j \mathbf{\Psi}^{(j)} \\ \mathbf{\Psi}^{(j)} \end{Bmatrix} = 0$$

$$\rightarrow \left(\widehat{\omega}_i \widehat{\omega}_j + 1\right) \mathbf{\Psi}^{(i)^T} \mathbf{M}\, \mathbf{\Psi}^{(j)} + \widehat{\omega}_i \mathbf{\Psi}^{(i)^T} \mathbf{C}\, \mathbf{\Psi}^{(j)} = 0$$

$$\widehat{\mathbf{\Psi}}^{(i)^T} \mathbf{B}\, \widehat{\mathbf{\Psi}}^{(j)} = 0 \quad \text{in case } i \neq j$$

$$\rightarrow \begin{Bmatrix} \widehat{\omega}_i \mathbf{\Psi}^{(i)} \\ \mathbf{\Psi}^{(i)} \end{Bmatrix}^T \begin{bmatrix} \mathbf{0} & \mathbf{K} \\ -\mathbf{M} & \mathbf{0} \end{bmatrix} \begin{Bmatrix} \widehat{\omega}_j \mathbf{\Psi}^{(j)} \\ \mathbf{\Psi}^{(j)} \end{Bmatrix} = 0$$

$$\rightarrow -\widehat{\omega}_j \mathbf{\Psi}^{(i)^T} \mathbf{M}\, \mathbf{\Psi}^{(j)} + \widehat{\omega}_i \mathbf{\Psi}^{(i)^T} \mathbf{K}\, \mathbf{\Psi}^{(j)} = 0$$

[예제] 3.1.1 2층 전단건물의 운동방정식

다음 구조물의 운동방정식을 힘의 평형(뉴턴의 운동방정식)을 사용하여 유도하시오.

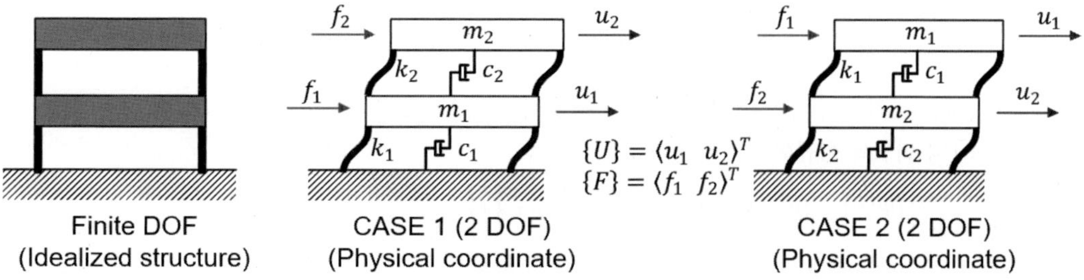

[풀이]

[CASE 1]

(1) 자유도 1에서 힘의 평형

$$m_1\ddot{u}_1 + c_1\dot{u}_1 + c_2(\dot{u}_1 - \dot{u}_2) + k_1u_1 + k_2(u_1 - u_2) = f_1$$

(2) 자유도 2에서 힘의 평형

$$m_2\ddot{u}_2 + c_2(\dot{u}_2 - \dot{u}_1) + k_2(u_2 - u_1) = f_2$$

(3) 두 식을 행렬식 형태로 나타낸 운동방정식

$$\begin{bmatrix} m_1 & 0 \\ 0 & m_2 \end{bmatrix}\begin{Bmatrix} \ddot{u}_1 \\ \ddot{u}_2 \end{Bmatrix} + \begin{bmatrix} c_1 + c_2 & -c_2 \\ -c_2 & c_2 \end{bmatrix}\begin{Bmatrix} \dot{u}_1 \\ \dot{u}_2 \end{Bmatrix} + \begin{bmatrix} k_1 + k_2 & -k_2 \\ -k_2 & k_2 \end{bmatrix}\begin{Bmatrix} u_1 \\ u_2 \end{Bmatrix} = \begin{Bmatrix} f_1 \\ f_2 \end{Bmatrix}$$

(Note) 감쇠행렬과 강성행렬의 1행(첫 번째 행)이 무겁다.

[CASE 2]

(1) 자유도 1에서 힘의 평형

$$m_1\ddot{u}_1 + c_1(\dot{u}_1 - \dot{u}_2) + k_1(u_1 - u_2) = f_1$$

(2) 자유도 2에서 힘의 평형

$$m_2\ddot{u}_2 + c_1(\dot{u}_2 - \dot{u}_1) + c_2\dot{u}_2 + k_1(u_2 - u_1) + k_2u_2 = f_2$$

(3) 두 식을 행렬식 형태로 나타낸 운동방정식

$$\begin{bmatrix} m_1 & 0 \\ 0 & m_2 \end{bmatrix}\begin{Bmatrix} \ddot{u}_1 \\ \ddot{u}_2 \end{Bmatrix} + \begin{bmatrix} c_1 & -c_1 \\ -c_1 & c_1 + c_2 \end{bmatrix}\begin{Bmatrix} \dot{u}_1 \\ \dot{u}_2 \end{Bmatrix} + \begin{bmatrix} k_1 & -k_1 \\ -k_1 & k_1 + k_2 \end{bmatrix}\begin{Bmatrix} u_1 \\ u_2 \end{Bmatrix} = \begin{Bmatrix} f_1 \\ f_2 \end{Bmatrix}$$

(Note) 감쇠행렬과 강성행렬의 2행(마지막 행)이 무겁다.

[예제] 3.1.2 다자유도계 비감쇠 자유진동

다음 2-자유도계로 가정한 구조물에 대해 다음을 구하라. 여기서 변위와 속도에 관한 초기조건은 다음과 같다.

$$\begin{Bmatrix} u_1(0) \\ u_2(0) \end{Bmatrix} = \begin{Bmatrix} 2 \\ 2 \end{Bmatrix},\ \begin{Bmatrix} \dot{u}_1(0) \\ \dot{u}_2(0) \end{Bmatrix} = \begin{Bmatrix} 0 \\ 0 \end{Bmatrix}$$

(1) 질량행렬($[M]$)과 강성행렬($[K]$) (2) 고유진동수(ω_i)

(3) 자유진동모드행렬($[\Phi]$) (4) 자유진동 응답($\{U\}$)

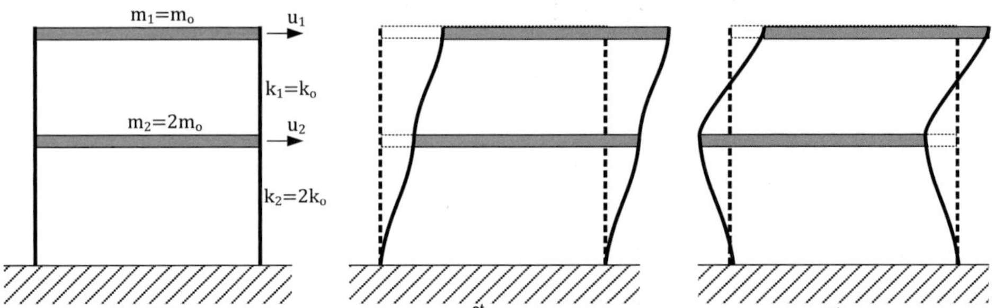

그림 E1. 2-자유도계와 모드

[풀이]

(1) 질량행렬과 강성행렬: $[M] = m_o\begin{bmatrix} 1 & 0 \\ 0 & 2 \end{bmatrix}, [K] = k_o\begin{bmatrix} 1 & -1 \\ -1 & 3 \end{bmatrix}$

(2) 고유진동수

$$([K] - \omega^2[M])\{\Psi\} = \{0\} \quad \rightarrow \quad \det([K] - \omega^2[M]) = 0$$

$$\begin{vmatrix} k_o - \omega^2 m_o & -k_o \\ -k_o & 3k_o - 2\omega^2 m_o \end{vmatrix} = 0 \quad \rightarrow \quad \omega_1^2 = \frac{k_o}{2m_o},\ \omega_2^2 = \frac{2k_o}{m_o}$$

(3) 자유진동모드행렬

ω_1^2을 $([K] - \omega^2[M])\{\Psi\} = \{0\}$에 대입하여 첫 번째 자유진동모드 $\{\Psi^{(1)}\}$을 구한 후, $\psi_1^{(1)} = 1$이 되도록 정규화하면 다음과 같다.

$$\begin{bmatrix} \frac{k_o}{2} & -k_o \\ -k_o & 2k_o \end{bmatrix}\{\Psi^{(1)}\} = \{0\} \quad \rightarrow \quad \{\Psi^{(1)}\} = \begin{Bmatrix} \psi_1^{(1)} \\ \psi_2^{(1)} \end{Bmatrix} = \begin{Bmatrix} 1 \\ \frac{1}{2} \end{Bmatrix}$$

ω_2^2을 $([K] - \omega^2[M])\{\Psi\} = \{0\}$에 대입하여두 번째 자유진동모드 $\{\Psi^{(2)}\}$을 구한 후,

$\psi_1^{(2)} = 1$이 되도록 정규화하면 다음과 같다.

$$\begin{bmatrix} -k_o & -k_o \\ -k_o & -k_o \end{bmatrix} \{\Psi^{(2)}\} = \{0\} \quad \rightarrow \quad \{\Psi^{(2)}\} = \begin{Bmatrix} \psi_1^{(2)} \\ \psi_2^{(2)} \end{Bmatrix} = \begin{Bmatrix} 1 \\ -1 \end{Bmatrix}$$

첫 번째와 두 번째 모드를 조합하면, 자유진동모드행렬은 다음과 같다.

$$[\Phi] = [\{\Psi^{(1)}\} \quad \{\Psi^{(2)}\}] = \begin{bmatrix} 1 & 1 \\ \frac{1}{2} & -1 \end{bmatrix}$$

(4) 자유진동 응답

구조물에 초기 변위를 일으킨 후 자유진동을 유발하였을 때, 구조물의 동적 변위는 다음과 같다.

$$\begin{Bmatrix} u_1 \\ u_2 \end{Bmatrix} = \mathrm{A}_1\{\Psi^{(1)}\}\sin(\omega_1 t - \phi_1) + \mathrm{A}_2\{\Psi^{(2)}\}\sin(\omega_2 t - \phi_2)$$

또는 위 식을 전개하여 나타내면 다음과 같다.

$$\begin{aligned} \begin{Bmatrix} u_1 \\ u_2 \end{Bmatrix} &= \mathrm{A}_1\{\Psi^{(1)}\}(\sin\omega_1 t\cos\phi_1 - \cos\omega_1 t\sin\phi_1) + \mathrm{A}_2\{\Psi^{(2)}\}(\sin\omega_2 t\cos\phi_2 - \cos\omega_2 t\sin\phi_2) \\ &= \{\Psi^{(1)}\}(\mathrm{C}_1\sin\omega_1 t + \mathrm{D}_1\cos\omega_1 t) + \{\Psi^{(2)}\}(\mathrm{C}_2\sin\omega_2 t + \mathrm{D}_2\cos\omega_2 t) \end{aligned}$$

여기서 $\mathrm{A}_1, \mathrm{A}_2, \mathrm{C}_1, \mathrm{C}_2, \mathrm{D}_1, \mathrm{D}_2$는 진폭에 해당하는 임의의 상수이다.

• 첫 번째 모드의 자유진동

첫 번째 모드에 해당하는 자유진동을 구하기 위해, 정지상태의 구조물에 초기조건으로 다음과 같이 $\{\Psi^{(1)}\}$에 비례하는 정적변위를 일으킨 후 자유진동을 시켰다.

$$\begin{Bmatrix} u_1(0) \\ u_2(0) \end{Bmatrix} = \begin{Bmatrix} 1 \\ \frac{1}{2} \end{Bmatrix}, \quad \begin{Bmatrix} \dot{u}_1(0) \\ \dot{u}_2(0) \end{Bmatrix} = \begin{Bmatrix} 0 \\ 0 \end{Bmatrix}$$

위 초기조건을 $\begin{Bmatrix} u_1 \\ u_2 \end{Bmatrix}$에 대입하여 미지의 계수를 구하면 다음과 같다.

$$\begin{Bmatrix} u_1(0) \\ u_2(0) \end{Bmatrix} = \mathrm{D}_1\{\Psi^{(1)}\} + \mathrm{D}_2\{\Psi^{(2)}\} = \mathrm{D}_1\begin{Bmatrix} 1 \\ \frac{1}{2} \end{Bmatrix} + \mathrm{D}_2\begin{Bmatrix} 1 \\ -1 \end{Bmatrix} = \begin{Bmatrix} 1 \\ \frac{1}{2} \end{Bmatrix} \quad \rightarrow \quad \mathrm{D}_1 = 1, \ \mathrm{D}_2 = 0$$

$$\begin{Bmatrix} \dot{u}_1(0) \\ \dot{u}_2(0) \end{Bmatrix} = \omega_1\mathrm{C}_1\{\Psi^{(1)}\} + \omega_2\mathrm{C}_2\{\Psi^{(2)}\} = \omega_1\mathrm{C}_1\begin{Bmatrix} 1 \\ \frac{1}{2} \end{Bmatrix} + \omega_2\mathrm{C}_2\begin{Bmatrix} 1 \\ -1 \end{Bmatrix} = \begin{Bmatrix} 0 \\ 0 \end{Bmatrix} \quad \rightarrow \quad \mathrm{C}_1 = 0, \ \mathrm{C}_2 = 0$$

따라서 구조물의 동적 변위는 다음과 같다.

$$\begin{Bmatrix} u_1 \\ u_2 \end{Bmatrix} = \begin{Bmatrix} 1 \\ \frac{1}{2} \end{Bmatrix}\cos\omega_1 t$$

위 식을 근간으로 시간에 따른 첫 번째 모드의 자유진동을 나타내면 다음과 같다.

여기서 첫 번째 모드에 따라 자유진동을 할 때 2층에서 최대변위는 1이고, 이것은 1층에서의 최대변위 $\frac{1}{2}$의 2배이며, 각 층에서 변위는 동일한 위상각을 가지면서 $T_1 = \frac{1}{\omega_1} = \frac{2\pi}{\sqrt{\frac{k_o}{2m_o}}}$ (sec)의 주기를 갖고 진동한다.

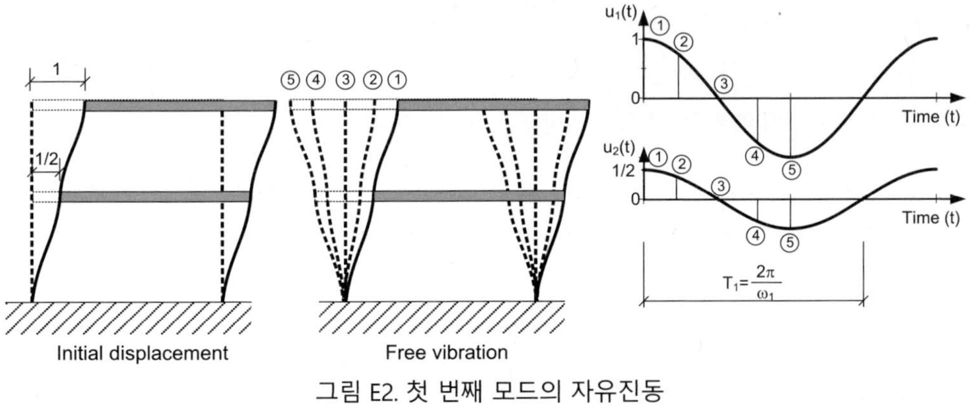

그림 E2. 첫 번째 모드의 자유진동

• 두 번째 모드의 자유진동

두 번째 모드에 해당하는 자유진동을 구하기 위해, 정지상태의 구조물에 초기조건으로 다음과 같이 $\{\Psi^{(2)}\}$에 비례하는 정적변위를 일으킨 후 자유진동을 시켰다.

$$\begin{Bmatrix} u_1(0) \\ u_2(0) \end{Bmatrix} = \begin{Bmatrix} 1 \\ -1 \end{Bmatrix}, \begin{Bmatrix} \dot{u}_1(0) \\ \dot{u}_2(0) \end{Bmatrix} = \begin{Bmatrix} 0 \\ 0 \end{Bmatrix}$$

위 초기조건을 $\begin{Bmatrix} u_1 \\ u_2 \end{Bmatrix}$에 대입하여 미지의 계수를 구하면 다음과 같다.

$$\begin{Bmatrix} u_1(0) \\ u_2(0) \end{Bmatrix} = \mathrm{D}_1\{\Psi^{(1)}\} + \mathrm{D}_2\{\Psi^{(2)}\} = \mathrm{D}_1 \begin{Bmatrix} 1 \\ \frac{1}{2} \end{Bmatrix} + \mathrm{D}_2 \begin{Bmatrix} 1 \\ -1 \end{Bmatrix} = \begin{Bmatrix} 1 \\ -1 \end{Bmatrix} \quad \rightarrow \quad \mathrm{D}_1 = 0,\ \ \mathrm{D}_2 = 1$$

$$\begin{Bmatrix} \dot{u}_1(0) \\ \dot{u}_2(0) \end{Bmatrix} = \omega_1 \mathrm{C}_1\{\Psi^{(1)}\} + \omega_2 \mathrm{C}_2\{\Psi^{(2)}\} = \omega_1 \mathrm{C}_1 \begin{Bmatrix} 1 \\ \frac{1}{2} \end{Bmatrix} + \omega_2 \mathrm{C}_2 \begin{Bmatrix} 1 \\ -1 \end{Bmatrix} = \begin{Bmatrix} 0 \\ 0 \end{Bmatrix} \quad \rightarrow \quad \mathrm{C}_1 = 0,\ \ \mathrm{C}_2 = 0$$

따라서 구조물의 동적 변위는 다음과 같다.

$$\begin{Bmatrix} u_1 \\ u_2 \end{Bmatrix} = \begin{Bmatrix} 1 \\ -1 \end{Bmatrix} \cos \omega_2 t$$

위 식을 근간으로 시간에 따른 두 번째 모드의 자유진동을 나타내면 다음과 같다.

여기서 두 번째 모드에 따라 자유진동을 할 때 2층에서 최대변위는 1이고, 이것은 1층에서의 최대변위와 같으며, 방향은 반대이고, 각 층에서 변위는 진폭은 같으나 위상각은 서로 180°차이가 난다.

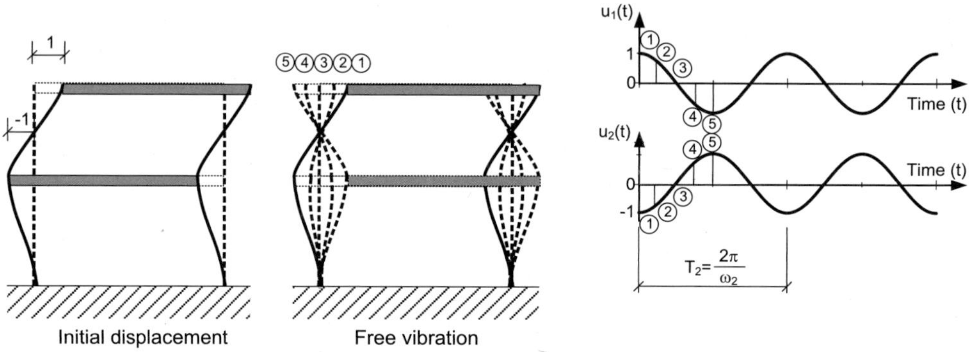

그림 E3. 두 번째 모드의 자유진동

- 임의의 초기조건에 의한 자유진동

첫 번째 모드 및 두 번째 모드의 초기변형이 아닌, 다음과 같은 일반적인 초기 변형을 사용하여 자유진동을 시켰다.

$$\begin{Bmatrix} u_1(0) \\ u_2(0) \end{Bmatrix} = \begin{Bmatrix} 2 \\ 2 \end{Bmatrix}, \begin{Bmatrix} \dot{u}_1(0) \\ \dot{u}_2(0) \end{Bmatrix} = \begin{Bmatrix} 0 \\ 0 \end{Bmatrix}$$

위 초기조건을 $\begin{Bmatrix} u_1 \\ u_2 \end{Bmatrix}$에 대입하여 미지의 계수를 구하면 다음과 같다.

$$\begin{Bmatrix} u_1(0) \\ u_2(0) \end{Bmatrix} = \mathrm{D}_1\{\Psi^{(1)}\} + \mathrm{D}_2\{\Psi^{(2)}\} = \mathrm{D}_1 \begin{Bmatrix} 1 \\ \frac{1}{2} \end{Bmatrix} + \mathrm{D}_2 \begin{Bmatrix} 1 \\ -1 \end{Bmatrix} = \begin{Bmatrix} 2 \\ 2 \end{Bmatrix} \quad \rightarrow \quad \mathrm{D}_1 = \frac{8}{3},\ \ \mathrm{D}_2 = -\frac{2}{3}$$

$$\begin{Bmatrix} \dot{u}_1(0) \\ \dot{u}_2(0) \end{Bmatrix} = \omega_1 \mathrm{C}_1\{\Psi^{(1)}\} + \omega_2 \mathrm{C}_2\{\Psi^{(2)}\} = \omega_1 \mathrm{C}_1 \begin{Bmatrix} 1 \\ \frac{1}{2} \end{Bmatrix} + \omega_2 \mathrm{C}_2 \begin{Bmatrix} 1 \\ -1 \end{Bmatrix} = \begin{Bmatrix} 0 \\ 0 \end{Bmatrix} \quad \rightarrow \quad \mathrm{C}_1 = 0,\ \ \mathrm{C}_2 = 0$$

따라서 구조물의 동적 변위는 다음과 같다.

$$\begin{Bmatrix} u_1 \\ u_2 \end{Bmatrix} = \frac{8}{3} \begin{Bmatrix} 1 \\ \frac{1}{2} \end{Bmatrix} \cos \omega_1 t - \frac{2}{3} \begin{Bmatrix} 1 \\ -1 \end{Bmatrix} \cos \omega_2 t$$

위 식을 근간으로 시간에 따른 자유진동을 나타내면 다음과 같다.

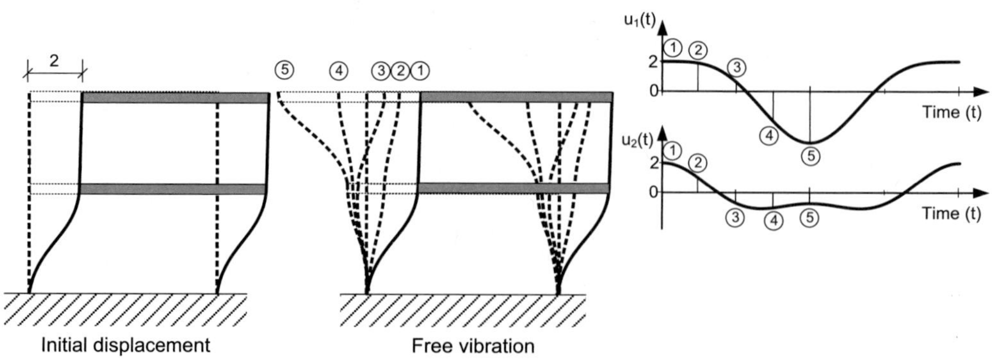

그림 E4. 자유진동

[예제] 3.1.2 자유진동모드행렬의 직교성

자유진동모드행렬 $[\Phi]$가 질량행렬 $[M]$과 강성행렬 $[K]$에 대해 직교하는 것을 증명하여라.

[풀이]

i번째 모드는 다음 식을 만족한다.

$$([K]-\omega_i^2[M])\{\Psi^{(i)}\}=\{0\} \quad \rightarrow \quad [K]\{\Psi^{(i)}\}=\omega_i^2[M]\{\Psi^{(i)}\}$$

위 식의 양 변에 $\{\Psi^{(j)}\}^T$를 선승(pre-multiply)하면 다음과 같다.

$$\{\Psi^{(j)}\}^T[K]\{\Psi^{(i)}\}=\omega_i^2\{\Psi^{(j)}\}^T[M]\{\Psi^{(i)}\}$$

질량과 강성행렬의 대칭성을 이용하여, 질량과 강성행렬의 양 변을 전치(transpose, $i \leftrightarrow j$)하면 다음과 같다.

$$\{\Psi^{(i)}\}^T[K]\{\Psi^{(j)}\}=\omega_i^2\{\Psi^{(i)}\}^T[M]\{\Psi^{(j)}\}$$

이 식에 i번째 모드에 대해 유도하여 $\{\Psi^{(i)}\}^T$를 선승한 다음 식

$$\{\Psi^{(i)}\}^T[K]\{\Psi^{(j)}\}=\omega_j^2\{\Psi^{(i)}\}^T[M]\{\Psi^{(j)}\}$$

을 빼면 다음과 같다.

$$(\omega_i^2-\omega_j^2)\{\Psi^{(i)}\}^T[M]\{\Psi^{(j)}\}=0$$

위 식에서 $\omega_i \neq \omega_j$이면 $\{\Psi^{(i)}\}^T[M]\{\Psi^{(j)}\}=0$이어야 하고, 강성행렬에 대해서도 동일한 절차를 적용하여 유도하면 $\omega_i \neq \omega_j$이면 $\{\Psi^{(i)}\}^T[K]\{\Psi^{(j)}\}=0$이다. 따라서 자유진동모드행렬 $[\Phi]$는 질량과 강성행렬에 대하여 직교한다.

[예제] 3.1.2 정규화된 자유진동모드행렬

다음 구조물의 질량행렬, 강성행렬, 자유진동모드행렬이 다음과 같을 때, 다음을 구하라.

(1) 일반화된 질량행렬, $[\backslash\mu\backslash]$ (2) 일반화된 강성행렬, $[\backslash\kappa\backslash]$ (3) 고유진동수, $[\backslash\Omega^2\backslash]$

(4) 일반화된 질량행렬이 단위행렬이 되도록 정규화된 자유진동모드행렬, $[\bar{\Phi}]$

$$[M]=m_o\begin{bmatrix}1&0\\0&2\end{bmatrix},\quad [K]=k_o\begin{bmatrix}1&-1\\-1&3\end{bmatrix},\quad [\bar{\Phi}]=\left[\{\Psi^{(1)}\}\quad\{\Psi^{(2)}\}\right]=\begin{bmatrix}1&1\\\frac{1}{2}&-1\end{bmatrix}$$

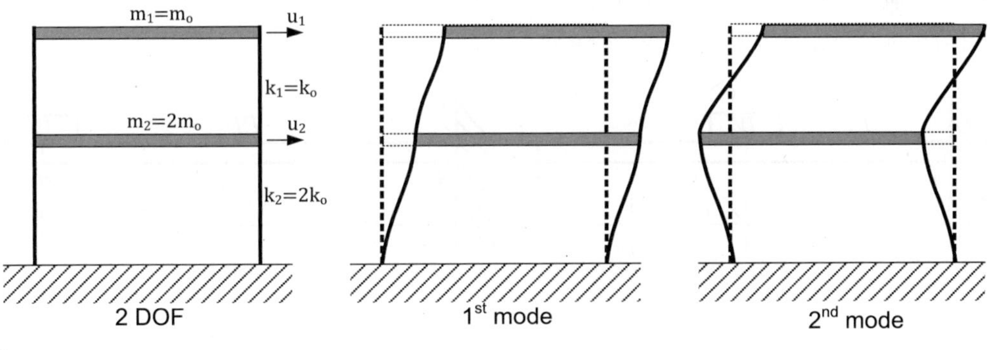

[풀이]

(1) 일반화된 질량 행렬: $[\Phi]^T\,[M]\,[\Phi]=m_o\begin{bmatrix}1&1\\\frac{1}{2}&-1\end{bmatrix}^T\begin{bmatrix}1&0\\0&2\end{bmatrix}\begin{bmatrix}1&1\\\frac{1}{2}&-1\end{bmatrix}=m_o\begin{bmatrix}\frac{3}{2}&0\\0&3\end{bmatrix}$

(2) 일반화된 강성 행렬: $[\Phi]^T\,[K]\,[\Phi]=k_o\begin{bmatrix}1&1\\\frac{1}{2}&-1\end{bmatrix}^T\begin{bmatrix}1&-1\\-1&3\end{bmatrix}\begin{bmatrix}1&1\\\frac{1}{2}&-1\end{bmatrix}=k_o\begin{bmatrix}\frac{3}{4}&0\\0&6\end{bmatrix}$

(3) 고유진동수: $[\backslash\Omega^2\backslash]=\begin{bmatrix}\omega_1^2&0\\0&\omega_2^2\end{bmatrix}=\begin{bmatrix}\frac{\kappa_{11}}{\mu_{11}}&0\\0&\frac{\kappa_{22}}{\mu_{22}}\end{bmatrix}=\frac{k_o}{m_o}\begin{bmatrix}\frac{1}{2}&0\\0&2\end{bmatrix}$

(4) 일반화된 질량행렬이 단위행렬이 되도록 정규화한 자유진동모드행렬

$$[\bar{\Phi}]^T\,[M]\,[\bar{\Phi}]=[I] \quad \rightarrow \quad \{\bar{\Psi}^{(k)}\}^T[M]\{\bar{\Psi}^{(k)}\}=\mu_{kk}=1$$

$$\{\overline{\Psi}^{(1)}\} = \frac{\{\psi^{(1)}\}}{\sqrt{\{\psi^{(1)}\}^T[M]\{\psi^{(1)}\}}} = \frac{\{\psi^{(1)}\}}{\sqrt{\mu_{11}}},\ \ \{\overline{\Psi}^{(2)}\} = \frac{\{\psi^{(2)}\}}{\sqrt{\{\psi^{(2)}\}^T[M]\{\psi^{(2)}\}}} = \frac{\{\psi^{(2)}\}}{\sqrt{\mu_{22}}}$$

$$[\overline{\Phi}] = [\{\overline{\Psi}^{(1)}\}\ \ \{\overline{\Psi}^{(2)}\}] = \left[\frac{\{\psi^{(1)}\}}{\sqrt{\mu_{11}}}\ \ \frac{\{\psi^{(2)}\}}{\sqrt{\mu_{22}}}\right] = \frac{1}{\sqrt{m_o}}\begin{bmatrix} \frac{\sqrt{2}}{\sqrt{3}} & \frac{1}{\sqrt{3}} \\ \frac{1}{2}\frac{\sqrt{2}}{\sqrt{3}} & -\frac{1}{\sqrt{3}} \end{bmatrix}$$

[예제] 3.1.2 진동대 시험: 질량과 강성 추정

다음 동영상을 본 후,
다자유도계의 질량과 강성을
추정하라.

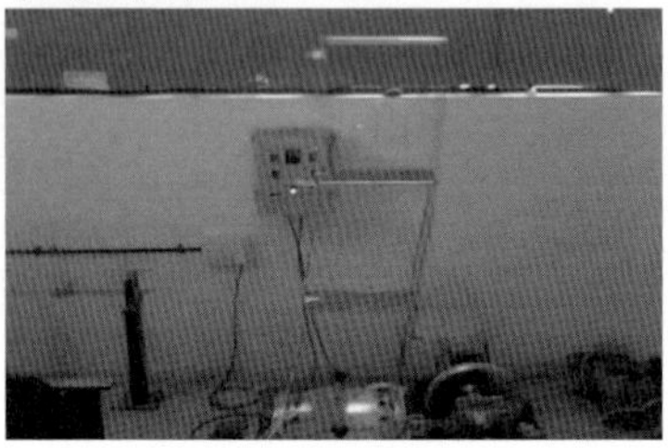

[YouTube]

[가정]
1a. 1층, 2층, 3층 질량은 같음
$m = m_1 = m_2 = m_3$
1b. 1층, 2층, 3층 강성은 같음
$k = k_1 = k_2 = k_3$
[풀이]
1a. $f_1^{(1)}$, $f_2^{(1)}$, $f_3^{(1)}$ 시험 계측
1b. $[M]_{(3\times3)}$, $[K]_{(3\times3)}$ 산정
1c. $m = 1$ kg, $k =$ 임의값 가정
1d. $f_1^{(2)}$, $f_2^{(2)}$, $f_3^{(2)}$ 수치 계산
1e. $f_1^{(1)} \approx f_1^{(2)}$인 k 산정

[검토]
Q1) 왜 고차모드의 진동수 계측값은 추정값보다 큰가?
Q2) 왜 고차모드의 최대진폭은 저차모드보다 작은가?

[참조]
연습문제 풀이집
공학공식집

[예제] 3.1.3 레일리방법

다음 그림에서 일정한 휨강성(EI)과 단위 길이 당 질량(m)으로 분포된 캔틸레버 보에 집중 무게 W(집중질량은 $m_B = \frac{W}{g}$이며 g는 중력가속도)가 중앙부에 위치할 경우와 끝단에 위치할 경우에 Rayleigh 방법을 이용하여 각각의 고유진동수를 구하시오. (단부 조건을 만족하는 처짐곡선을 적용하라.) (기술사, 건축구조, 85회, 2008년)

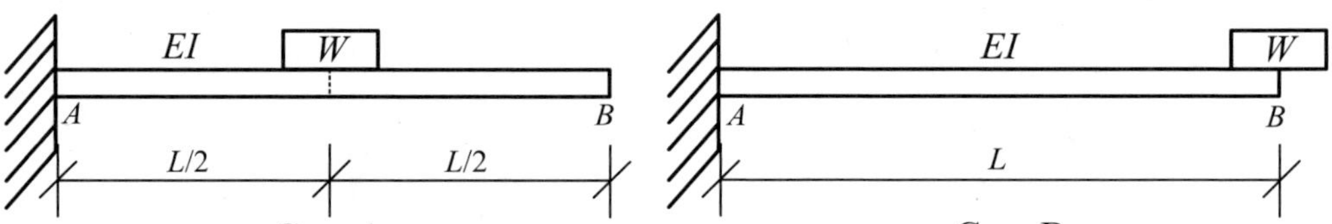

Case A   Case B

[풀이] (경우 A의 변형에너지 산정을 위해 구조물의 전구간에서 변형이 발생한다고 가정함)

(A1) 처짐형상 가정

$\psi(x) = 1 - \cos\left(\frac{\pi}{2}\frac{x}{L}\right)$

$u(x;t) = u_B\psi(x)\sin\omega t$

$\rightarrow u(x;t) = u_o(x)\sin\omega t,\ \ u_o(x) = u_B\psi(x)$

$\dot{u}(x;t) = u_B\psi(x)\omega\sin\omega t$

$\rightarrow \dot{u}(x;t) = \dot{u}_o(x)\sin\omega t,\ \ \dot{u}_o(x) = u_B\psi(x)\omega$

(A2) 최대위치에너지(=최대변형에너지)

$V_{max} = \int_0^L \frac{1}{2}EI\{u_o''(x)\}^2 dx = \frac{u_B^2}{2}EI\int_0^L\{\psi''(x)\}^2 dx$

(B1) 처짐형상 가정

$\psi(x) = 1 - \cos\left(\frac{\pi}{2}\frac{x}{L}\right)$

$u(x;t) = u_B\psi(x)\sin\omega t$

$\rightarrow u(x;t) = u_o(x)\sin\omega t,\ \ u_o(x) = u_B\psi(x)$

$\dot{u}(x;t) = u_B\psi(x)\omega\sin\omega t$

$\rightarrow \dot{u}(x;t) = \dot{u}_o(x)\sin\omega t,\ \ \dot{u}_o(x) = u_B\psi(x)\omega$

(B2) 최대위치에너지(=최대변형에너지)

$V_{max} = \int_0^L \frac{1}{2}EI\{u_o''(x)\}^2 dx = \frac{u_B^2}{2}EI\int_0^L\{\psi''(x)\}^2 dx$

$$= \frac{u_B^2}{2} EI \left(\frac{\pi}{2L}\right)^4 \int_0^L \cos^2\left(\frac{\pi}{2}\frac{x}{L}\right) dx$$
$$= \frac{u_B^2}{2} EI \left(\frac{\pi}{2L}\right)^4 \left(\frac{L}{2}\right) = \frac{\pi^4 EI}{64L^3} u_B^2$$

(A3) 최대운동에너지

$$T_{max} = \int_0^L \frac{1}{2} m\{\dot{u}_o(x)\}^2 dx + \frac{1}{2} m_B \left\{\dot{u}_o\left(\frac{L}{2}\right)\right\}^2$$
$$= \frac{1}{2} m\omega^2 u_B^2 \int_0^L \{\psi(x)\}^2 dx + \frac{1}{2} m_B \omega^2 u_B^2 \left\{\psi\left(\frac{L}{2}\right)\right\}^2$$
$$= \frac{1}{2}\omega^2 u_B^2 \left\{m \frac{L}{2}\frac{3\pi-8}{\pi} + m_B \frac{3-2\sqrt{2}}{2}\right\}$$

(A4) $V_{max} = T_{max}$

$$\omega = \sqrt{\frac{\pi^4 EI}{32L^3}\frac{1}{m\frac{L}{2}\frac{3\pi-8}{\pi} + m_B\frac{3-2\sqrt{2}}{2}}} \approx \sqrt{\frac{\pi^4 EI}{32L^3}\frac{1}{0.226mL+0.085m_B}}$$

$$= \frac{u_B^2}{2} EI \left(\frac{\pi}{2L}\right)^4 \int_0^L \cos^2\left(\frac{\pi}{2}\frac{x}{L}\right) dx$$
$$= \frac{u_B^2}{2} EI \left(\frac{\pi}{2L}\right)^4 \left(\frac{L}{2}\right) = \frac{\pi^4 EI}{64L^3} u_B^2$$

(B3) 최대운동에너지

$$T_{max} = \int_0^L \frac{1}{2} m\{\dot{u}_o(x)\}^2 dx + \frac{1}{2} m_B \{\dot{u}_o(L)\}^2$$
$$= \frac{1}{2} m\omega^2 u_B^2 \int_0^L \{\psi(x)\}^2 dx + \frac{1}{2} m_B \omega^2 u_B^2 \{\psi(L)\}^2$$
$$= \frac{1}{2}\omega^2 u_B^2 \left\{m \frac{L}{2}\frac{3\pi-8}{\pi} + m_B\right\}$$

(A4) $V_{max} = T_{max}$

$$\omega = \sqrt{\frac{\pi^4 EI}{32L^3}\frac{1}{m\frac{L}{2}\frac{3\pi-8}{\pi} + m_B}} \approx \sqrt{\frac{\pi^4 EI}{32L^3}\frac{1}{0.226mL+m_B}}$$

검토: 1) 경우 A가 경우 B보다 고유진동수가 큼. 2) 경우 A에서는 m이, 경우 B에서는 m_B의 영향이 큼.

Q) 레일리방법에서 보의 최대 위치에너지를 구할 때, $\int_0^L \frac{1}{2} EI\{u_o''(x)\}^2 dx$을 사용하였는데, 왜 $u_o(x)$가 아닌 $u_o''(x)$를 사용했는지?

A) $U = \int \frac{M^2}{2EI} dx = \int \frac{(EIu_o'')^2}{2EI} dx = \int \frac{1}{2} EI(u_o'')^2 dx$ 여기서 $EIu_o'' = -M$

[예제] 3.1.3 개선된 레일리방법

다음 2층 전단구조물에 대해 관성력을 정적하중으로 가하여 결정된 구조물의 변위형상을 사용하여 레일리방법으로 구한 고유진동수를 개선하라.

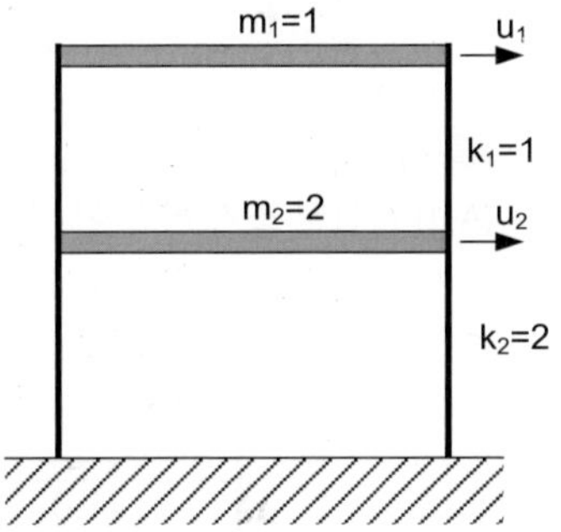

[풀이] [초기 계산] 레일리 방법

변형형상을 다음과 같이 가정하자.

$$\begin{Bmatrix} u_1 \\ u_2 \end{Bmatrix} = \begin{Bmatrix} 3 \\ 2 \end{Bmatrix} \sin \omega t$$

이 경우 최대운동에너지와 최대위치에너지를 구한 후, 같다고 놓은 후 고유진동수를 구하면 다음과 같다.

$$T_{max} = \frac{1}{2} m_1 \dot{u}_1^2 + \frac{1}{2} m_2 \dot{u}_2^2$$
$$= \frac{1}{2} 1 \cdot (3\omega)^2 + \frac{1}{2} 2 \cdot (2\omega)^2 = 8.5\omega^2$$
$$V_{max} = \frac{1}{2} k_1 (u_1 - u_2)^2 + \frac{1}{2} k_2 u_2^2$$
$$= \frac{1}{2} 1 \cdot (3-2)^2 + \frac{1}{2} 2 \cdot 2^2 = 4.5$$
$$T_{max} = V_{max}$$
$$\rightarrow 8.5\omega^2 = 4.5$$
$$\rightarrow \therefore \omega^2 = 0.529$$

여기서 구한 ω는 가정된 변형형상에서 구한 값이므로 근삿값이다. 이 값을 개선하기 위해 관성력을 계산한 후, 관성력에 의한 변형형상을 레일리방법에 사용하자 (개선된 레일리 방법).

[반복 계산 1] 개선된 레일리 방법

앞에서 가정한 변위 $\begin{Bmatrix} u_1 \\ u_2 \end{Bmatrix}$와 레일리 방법으로 구한 ω를 사용하여 구한 관성력은 다음과 같다.

$$\begin{Bmatrix} p_1 \\ p_2 \end{Bmatrix} = \begin{Bmatrix} m_1 u_1 \\ m_2 u_2 \end{Bmatrix} \omega^2 = \begin{Bmatrix} 1 \cdot 3 \\ 2 \cdot 2 \end{Bmatrix} \cdot 0.529 = \begin{Bmatrix} 1.588 \\ 2.117 \end{Bmatrix}$$

이 관성력에 의한 변형형상은 다음과 같다.

$$\begin{bmatrix} 1 & -1 \\ -1 & 3 \end{bmatrix} \begin{Bmatrix} u_1 \\ u_2 \end{Bmatrix} = \begin{Bmatrix} 1.588 \\ 2.117 \end{Bmatrix}$$
$$\rightarrow \begin{Bmatrix} u_1 \\ u_2 \end{Bmatrix} = \begin{Bmatrix} 3.440 \\ 1.852 \end{Bmatrix}$$

이 변위형상으로 레일리 방법을 적용하면 다음과 같다.

$$T_{max} = \frac{1}{2} m_1 \dot{u}_1^2 + \frac{1}{2} m_2 \dot{u}_2^2$$
$$= \frac{1}{2} 1 \cdot (3.440\omega)^2 + \frac{1}{2} 2 \cdot (1.852\omega)^2 = 9.352\omega^2$$
$$V_{max} = \frac{1}{2} k_1 (u_1 - u_2)^2 + \frac{1}{2} k_2 u_2^2$$
$$= \frac{1}{2} 1 \cdot (3.440 - 1.852)^2 + \frac{1}{2} 2 \cdot 1.852^2 = 4.693$$
$$T_{max} = V_{max}$$
$$\rightarrow 9.352\omega^2 = 4.693$$
$$\rightarrow \therefore \omega^2 = 0.501$$

이 값은 반복계산을 통해 정확해 $\omega^2 = 0.5$에 근접해 감을 알 수 있다.

[예제] 3.1.3 리츠벡터 방법 1: 일반적인 고유진동모드 형상

다음 5층 전단구조물에 대해 다음을 구하라.

1) 일반적인 고유진동모드형상을 리츠벡터로 가정하여 3개의 고유진동수와 고유진동모드형상을 구하라.

2) 앞서 가정한 리츠벡터를 개선하여 구한 3개의 고유진동수와 모드형상을 구하라.

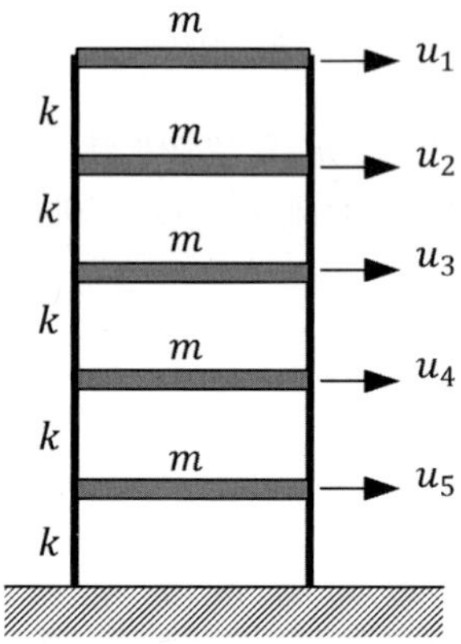

$$[M]=m\begin{bmatrix}1&&&&\\&1&&&\\&&1&&\\&&&1&\\&&&&1\end{bmatrix}$$

$$[K]=k\begin{bmatrix}1&-1&&&\\-1&2&-1&&\\&-1&2&-1&\\&&-1&2&-1\\&&&-1&2\end{bmatrix}$$

$m=1, k=120$

[풀이]

(A-1) 가정된 초기 리츠벡터 $[{}^{(0)}\Phi]$

1) 초기 리츠벡터 $[{}^{(0)}\Phi]$를 다음과 같이 일반적인 3개의 고유진동모드 형상으로 가정한다.

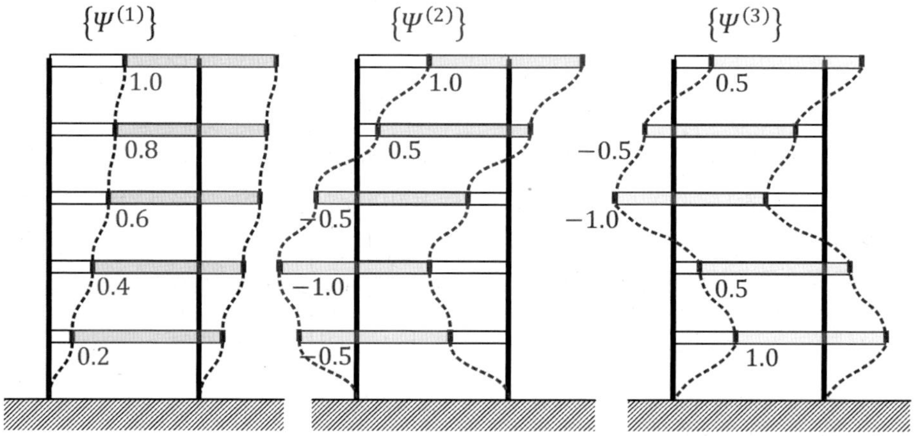

$$[{}^{(0)}\Phi]=\left[\{{}^{(0)}\Psi^{(1)}\}\quad\{{}^{(0)}\Psi^{(2)}\}\quad\{{}^{(0)}\Psi^{(3)}\}\right]=\begin{bmatrix}\begin{Bmatrix}1.0\\0.8\\0.6\\0.4\\0.2\end{Bmatrix}&\begin{Bmatrix}1.0\\0.5\\-0.5\\-1.0\\-0.5\end{Bmatrix}&\begin{Bmatrix}0.5\\-0.5\\-1.0\\0.5\\1.0\end{Bmatrix}\end{bmatrix}$$

2) 일반화된 모드 질량이 1로 정규화된(normalized) 리츠벡터 $[{}^{(0)}\overline{\Phi}]$

$$\{\overline{\Psi}^{(i)}\}=\frac{\{\Psi^{(i)}\}}{\sqrt{\{\Psi^{(i)}\}^T[M]\{\Psi^{(i)}\}}}$$

$$\rightarrow \ \left[{}^{(0)}\bar{\Phi}\right] = \left[\left\{{}^{(0)}\bar{\Psi}^{(1)}\right\} \quad \left\{{}^{(0)}\bar{\Psi}^{(2)}\right\} \quad \left\{{}^{(0)}\bar{\Psi}^{(3)}\right\}\right] = \left[\begin{Bmatrix} 0.6742 \\ 0.5394 \\ 0.4045 \\ 0.2697 \\ 0.1348 \end{Bmatrix} \quad \begin{Bmatrix} 0.6030 \\ 0.3015 \\ -0.3015 \\ -0.6030 \\ -0.3015 \end{Bmatrix} \quad \begin{Bmatrix} 0.3015 \\ -0.3015 \\ -0.6030 \\ 0.3015 \\ 0.6030 \end{Bmatrix}\right]$$

(A-2) 고유진동수

1) 3개의 자유도로 축소된(reduced) 질량행렬 $[\bar{M}]$과 강성행렬 $[\bar{K}]$

$$[\bar{M}] = \left[{}^{(0)}\bar{\Phi}\right]^T [M] \left[{}^{(0)}\bar{\Phi}\right] = \begin{bmatrix} 1 & 0.2439 & -0.0407 \\ 0.2439 & 1 & -0.0909 \\ -0.0407 & -0.0909 & 1 \end{bmatrix}$$

$$[\bar{K}] = \left[{}^{(0)}\bar{\Phi}\right]^T [K] \left[{}^{(0)}\bar{\Phi}\right] = \begin{bmatrix} 10.9091 & 9.7574 & 4.8787 \\ 9.7574 & 87.2727 & 0 \\ 4.8787 & 0 & 207.2727 \end{bmatrix}$$

2) 고유치해석 → 고유진동수 $\{\omega_r\}$

$$([\bar{K}] - \omega_r^2[\bar{M}])\{\Psi_r\} = \{0\} \quad \rightarrow \quad \det([\bar{K}] - \omega_r^2[\bar{M}]) = 0$$

$$\rightarrow \quad \begin{Bmatrix} \omega_{r1} \\ \omega_{r2} \\ \omega_{r3} \end{Bmatrix} = \begin{Bmatrix} 3.1752 \\ 9.4183 \\ 14.5089 \end{Bmatrix}, \left[\left\{\Psi_r^{(1)}\right\} \quad \left\{\Psi_r^{(2)}\right\} \quad \left\{\Psi_r^{(3)}\right\}\right] = \left[\begin{Bmatrix} -1.0000 \\ 0.0942 \\ 0.0264 \end{Bmatrix} \quad \begin{Bmatrix} -0.1589 \\ 1.0000 \\ -0.0566 \end{Bmatrix} \quad \begin{Bmatrix} -0.0373 \\ -0.1462 \\ -1.0000 \end{Bmatrix}\right]$$

(A-3) 자유진동해석과 비교

1) 자유진동 고유진동수(ω) vs 리츠벡터로 근사한 고유진동수(ω_r)

$$\begin{Bmatrix} \omega_1 \\ \omega_2 \\ \omega_3 \end{Bmatrix} = \begin{Bmatrix} 3.1180 \\ 9.1013 \\ 14.3473 \end{Bmatrix} \quad \text{vs} \quad \begin{Bmatrix} \omega_{r1} \\ \omega_{r2} \\ \omega_{r3} \end{Bmatrix} = \begin{Bmatrix} 3.1180 \\ 9.1068 \\ 15.2318 \end{Bmatrix} \ \rightarrow \ \begin{Bmatrix} \frac{(\omega_{r1}-\omega_1)}{\omega_1} \times 100 \\ \frac{\omega_{r2}-\omega_2}{\omega_2} \times 100 \\ \frac{\omega_{r3}-\omega_3}{\omega_3} \times 100 \end{Bmatrix} = \begin{Bmatrix} 1.8355 \\ 3.4828 \\ 1.1262 \end{Bmatrix} \%$$

2) 자유진동모드행렬($[\Phi]$) vs 리츠벡터로 근사한 자유진동모드행렬($[\Phi_R]$)

$$[\Phi] = \left[\left\{\Psi^{(1)}\right\} \quad \left\{\Psi^{(2)}\right\} \quad \left\{\Psi^{(3)}\right\}\right] = \left[\begin{Bmatrix} 0.5969 \\ 0.5485 \\ 0.4557 \\ 0.3260 \\ 0.1699 \end{Bmatrix} \quad \begin{Bmatrix} 0.5485 \\ 0.1699 \\ -0.3260 \\ -0.5969 \\ -0.4557 \end{Bmatrix} \quad \begin{Bmatrix} 0.4557 \\ -0.3260 \\ -0.5485 \\ 0.1699 \\ 0.5969 \end{Bmatrix}\right]$$

$$[\Phi_R] = \left[\left\{\Psi_R^{(1)}\right\} \quad \left\{\Psi_R^{(2)}\right\} \quad \left\{\Psi_R^{(3)}\right\}\right] = \left[\left\{\bar{\Psi}^{(1)}\right\} \quad \left\{\bar{\Psi}^{(2)}\right\} \quad \left\{\bar{\Psi}^{(3)}\right\}\right]\left[\left\{\Psi_r^{(1)}\right\} \quad \left\{\Psi_r^{(2)}\right\} \quad \left\{\Psi_r^{(3)}\right\}\right]$$

$$= \left[\begin{Bmatrix} 0.6742 \\ 0.5394 \\ 0.4045 \\ 0.2697 \\ 0.1348 \end{Bmatrix} \quad \begin{Bmatrix} 0.6030 \\ 0.3015 \\ -0.3015 \\ -0.6030 \\ -0.3015 \end{Bmatrix} \quad \begin{Bmatrix} 0.3015 \\ -0.3015 \\ -0.6030 \\ 0.3015 \\ 0.6030 \end{Bmatrix}\right]\left[\begin{Bmatrix} -1.0000 \\ 0.0942 \\ 0.0264 \end{Bmatrix} \quad \begin{Bmatrix} -0.1589 \\ 1.0000 \\ -0.0566 \end{Bmatrix} \quad \begin{Bmatrix} -0.0373 \\ -0.1462 \\ -1.0000 \end{Bmatrix}\right]$$

$$= \left[\begin{Bmatrix} 0.6094 \\ 0.5189 \\ 0.4488 \\ 0.3185 \\ 0.1473 \end{Bmatrix} \quad \begin{Bmatrix} 0.4788 \\ 0.2329 \\ -0.3316 \\ -0.6630 \\ -0.3571 \end{Bmatrix} \quad \begin{Bmatrix} 0.4129 \\ -0.2382 \\ -0.6308 \\ 0.2257 \\ 0.5651 \end{Bmatrix}\right]$$

$$\left\{\bar{\Psi}_R^{(i)}\right\} = \frac{\left\{\Psi_R^{(i)}\right\}}{\sqrt{\left\{\Psi_R^{(i)}\right\}^T [M] \left\{\Psi_R^{(i)}\right\}}}$$

$$\rightarrow \ [\bar{\Phi}_R] = \left[\left\{\bar{\Psi}_R^{(1)}\right\} \quad \left\{\bar{\Psi}_R^{(2)}\right\} \quad \left\{\bar{\Psi}_R^{(3)}\right\}\right] = \left[\begin{Bmatrix} 0.6203 \\ 0.5281 \\ 0.4568 \\ 0.3242 \\ 0.1500 \end{Bmatrix} \quad \begin{Bmatrix} 0.4886 \\ 0.2376 \\ -0.3384 \\ -0.6764 \\ -0.3644 \end{Bmatrix} \quad \begin{Bmatrix} 0.4138 \\ -0.2388 \\ -0.6323 \\ 0.2262 \\ 0.5664 \end{Bmatrix}\right]$$

(A-4) 정확해와 비교

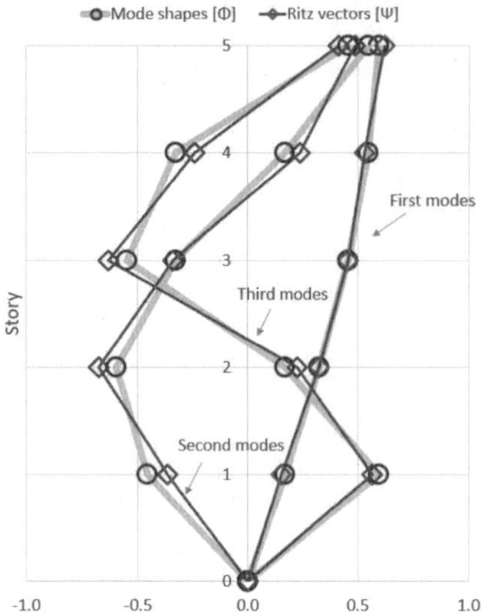

모드 차수	자유진동 고유진동수 (ω)	리츠벡터로 근사한 고유진동수(ω_r)	오차(%) $\frac{\omega_r-\omega}{\omega}\times 100$
1	3.1180	3.1752	1.8355
2	9.1013	9.4183	3.4828
3	14.3473	14.5089	1.1262
4	18.4309		
5	21.0214		

1. 자유진동 고유진동수(정확해)와 근사 고유진동수와의 오차는 1차, 2차 및 3차 진동모드에서 각각 1.8%, 3.4% 및 1.1% 였다. 일반적으로 내진성능평가에서는 10%를 허용기준으로 하지만, 주요 저차 모드이므로 이를 개선할 필요가 있다.
2. 모드형상은 고차 모드로 갈수록 자유진동 모드형상(정확해)과 차이가 발생하였다.

(B-1) 개선된 리츠벡터 $[{}^{(1)}\Phi]$

1) 개선된 레일리방법에서와 같이 질량행렬 $[M]$과 초기 리츠벡터 $[{}^{(0)}\Phi_R]$ 와 리츠벡터로 구한 고유진동수 ${}^{(1)}\omega_R^2$ 을 사용하여 관성력을 산정

$$[{}^{(1)}F]=[M][{}^{(0)}\Phi_R]\,[\backslash{}^{(1)}\omega_R^2\backslash]$$

관성력 $[{}^{(1)}F]$로 인한 정적 변위 $[{}^{(1)}\Phi_R]$를 새로운 리츠벡터로 가정

$$[{}^{(1)}\Phi_R]=[K]^{-1}[{}^{(1)}F]=\left[\begin{Bmatrix}0.9242\\0.8402\\0.6889\\0.4873\\0.2520\end{Bmatrix}\quad\begin{Bmatrix}2.2176\\1.4784\\0.3696\\-0.3696\\-0.3696\end{Bmatrix}\quad\begin{Bmatrix}-0.8771\\-1.7542\\-1.7542\\0.0000\\0.8771\end{Bmatrix}\right]$$

2) 일반화된 모드 질량이 1로 정규화된(normalized) 리츠벡터 $[{}^{(0)}\bar{\Phi}]$

$$\{\bar{\Psi}^{(i)}\}=\frac{\{\Psi^{(i)}\}}{\sqrt{\{\Psi^{(i)}\}^T[M]\{\Psi^{(i)}\}}}$$

$$\rightarrow\ [{}^{(1)}\bar{\Phi}]=[\{{}^{(1)}\bar{\Psi}^{(1)}\}\quad\{{}^{(1)}\bar{\Psi}^{(2)}\}\quad\{{}^{(1)}\bar{\Psi}^{(3)}\}]=\left[\begin{Bmatrix}0.6047\\0.5497\\0.4508\\0.3189\\0.1649\end{Bmatrix}\quad\begin{Bmatrix}0.8090\\0.5394\\0.1348\\-0.1348\\-0.1348\end{Bmatrix}\quad\begin{Bmatrix}-0.3162\\-0.6325\\-0.6325\\0.0000\\0.3162\end{Bmatrix}\right]$$

(B-2) 고유진동수

1) 3개의 자유도로 축소된(reduced) 질량행렬 $[\bar{M}]$과 강성행렬 $[\bar{K}]$

$$[\bar{M}]=[{}^{(0)}\bar{\Phi}]^T[M][{}^{(0)}\bar{\Phi}]=\begin{bmatrix}1&0.7813&-0.7719\\0.7813&1&-0.7249\\-0.7719&-0.7249&1\end{bmatrix}$$

$$[\bar{K}]=[{}^{(0)}\bar{\Phi}]^T[K][{}^{(0)}\bar{\Phi}]=\begin{bmatrix}9.7340&8.1838&-7.5101\\8.1838&39.2727&-15.3505\\-7.5101&-15.3505&84.0000\end{bmatrix}$$

2) 고유치해석 → 고유진동수 $\{\omega_r\}$

$$([\bar{K}]-\omega_r^2[\bar{M}])\{\Psi_r\}=\{0\}\quad\rightarrow\quad\det([\bar{K}]-\omega_r^2[\bar{M}])=0$$

$$\rightarrow\quad\begin{Bmatrix}\omega_{r1}\\\omega_{r2}\\\omega_{r3}\end{Bmatrix}=\begin{Bmatrix}3.1180\\9.1205\\14.3841\end{Bmatrix},\left[\{\Psi_r^{(1)}\}\quad\{\Psi_r^{(2)}\}\quad\{\Psi_r^{(3)}\}\right]=\left[\begin{Bmatrix}-1.0000\\0.0205\\0.0022\end{Bmatrix}\quad\begin{Bmatrix}0.7924\\-1.0000\\0.0246\end{Bmatrix}\quad\begin{Bmatrix}0.5107\\0.3356\\1.0000\end{Bmatrix}\right]$$

(B-3) 자유진동해석과 비교

1) 자유진동 고유진동수(ω) vs 리츠벡터로 근사한 고유진동수(ω_r)

$$\begin{Bmatrix}\omega_1\\\omega_2\\\omega_3\end{Bmatrix}=\begin{Bmatrix}3.1180\\9.1013\\14.3473\end{Bmatrix}\quad \text{vs}\quad \begin{Bmatrix}\omega_{r1}\\\omega_{r2}\\\omega_{r3}\end{Bmatrix}=\begin{Bmatrix}3.1180\\9.1205\\14.3841\end{Bmatrix}\ \rightarrow\ \begin{Bmatrix}\frac{(\omega_{r1}-\omega_1)}{\omega_1}\times 100\\\frac{\omega_{r2}-\omega_2}{\omega_2}\times 100\\\frac{\omega_{r3}-\omega_3}{\omega_3}\times 100\end{Bmatrix}=\begin{Bmatrix}0.0016\\0.2110\\0.2563\end{Bmatrix}\%$$

2) 자유진동모드행렬($[\Phi]$) vs 리츠벡터로 근사한 자유진동모드행렬($[\Phi_R]$)

$$[\Phi]=\left[\{\Psi^{(1)}\}\ \ \{\Psi^{(2)}\}\ \ \{\Psi^{(3)}\}\right]=\begin{bmatrix}\begin{Bmatrix}0.5969\\0.5485\\0.4557\\0.3260\\0.1699\end{Bmatrix}&\begin{Bmatrix}0.5485\\0.1699\\-0.3260\\-0.5969\\-0.4557\end{Bmatrix}&\begin{Bmatrix}0.4557\\-0.3260\\-0.5485\\0.1699\\0.5969\end{Bmatrix}\end{bmatrix}$$

$$[\Phi_R]=\left[\{\Psi_R^{(1)}\}\ \ \{\Psi_R^{(2)}\}\ \ \{\Psi_R^{(3)}\}\right]=\left[\{\overline{\Psi}^{(1)}\}\ \ \{\overline{\Psi}^{(2)}\}\ \ \{\overline{\Psi}^{(3)}\}\right]\left[\{\Psi_r^{(1)}\}\ \ \{\Psi_r^{(2)}\}\ \ \{\Psi_r^{(3)}\}\right]$$

$$=\begin{bmatrix}\begin{Bmatrix}0.6047\\0.5497\\0.4508\\0.3189\\0.1649\end{Bmatrix}&\begin{Bmatrix}0.8090\\0.5394\\0.1348\\-0.1348\\-0.1348\end{Bmatrix}&\begin{Bmatrix}-0.3162\\-0.6325\\-0.6325\\0.0000\\0.3162\end{Bmatrix}\end{bmatrix}\begin{bmatrix}\begin{Bmatrix}-1.0000\\0.0205\\0.0022\end{Bmatrix}&\begin{Bmatrix}0.7924\\-1.0000\\0.0246\end{Bmatrix}&\begin{Bmatrix}0.5107\\0.3356\\1.0000\end{Bmatrix}\end{bmatrix}$$

$$=\begin{bmatrix}\begin{Bmatrix}0.5888\\0.5401\\0.4494\\0.3216\\0.1670\end{Bmatrix}&\begin{Bmatrix}0.3376\\0.1193\\-0.2068\\-0.3875\\-0.2733\end{Bmatrix}&\begin{Bmatrix}0.2641\\-0.1707\\-0.3570\\0.1176\\0.3552\end{Bmatrix}\end{bmatrix}$$

$$\{\overline{\Psi}_R^{(i)}\}=\frac{\{\Psi_R^{(i)}\}}{\sqrt{\{\Psi_R^{(i)}\}^T[M]\{\Psi_R^{(i)}\}}}$$

$$\rightarrow\ [\overline{\Phi}_R]=\left[\{\overline{\Psi}_R^{(1)}\}\ \ \{\overline{\Psi}_R^{(2)}\}\ \ \{\overline{\Psi}_R^{(3)}\}\right]=\begin{bmatrix}\begin{Bmatrix}0.5973\\0.5479\\0.4559\\0.3263\\0.1694\end{Bmatrix}&\begin{Bmatrix}0.5366\\0.1896\\-0.3287\\-0.6159\\-0.4344\end{Bmatrix}&\begin{Bmatrix}0.4363\\-0.2820\\-0.5898\\0.1943\\0.5869\end{Bmatrix}\end{bmatrix}$$

(B-4) 정확해와 비교

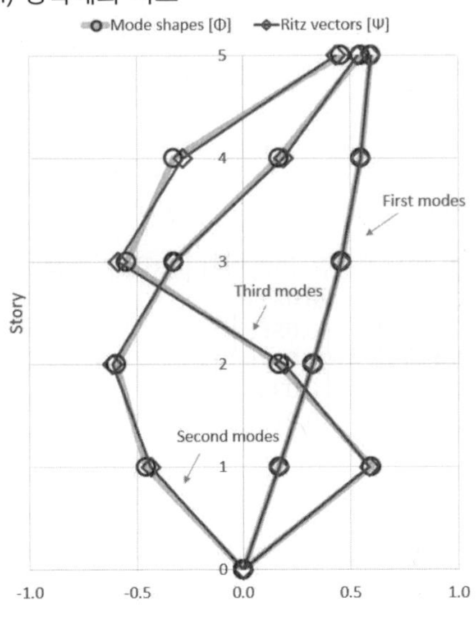

모드 차수	자유진동 고유진동수 (ω)	리츠벡터로 근사한 고유진동수(ω_r)	오차(%) $\frac{\omega_r-\omega}{\omega}\times 100$
1	3.1180	3.1180	0.0016
2	9.1013	9.1205	0.2110
3	14.3473	14.3841	0.2563
4	18.4309		
5	21.0214		

1. 자유진동 고유진동수(정확해)와 근사 고유진동수와의 오차는 1차, 2차 및 3차 진동모드에서 각각 1.8% → 0.0%, 3.4% → 0.2% 및 1.1% → 0.2%로 감소하였다.
2. 모드형상도 고차 모드에서 자유진동 모드형상(정확해)과 차이가 감소하였다.

[예제] 3.1.3 리츠벡터 방법 2: 외력에 의한 정적 변형 형상

외력을 받는 구조물의 동적 해석을 위해 적합한 리츠벡터를 결정하고자 한다. 다음 5층 전단구조물에 대해 질량하중분포를 이용하여 3개의 저차 모드에 해당하는 리츠벡터와 고유진동수를 산정하라.

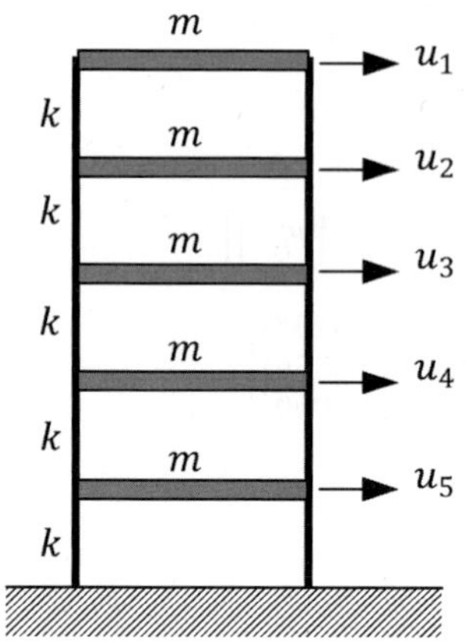

$$[M]=m\begin{bmatrix}1&&&&\\&1&&&\\&&1&&\\&&&1&\\&&&&1\end{bmatrix}$$

$$[K]=k\begin{bmatrix}1&-1&&&\\-1&2&-1&&\\&-1&2&-1&\\&&-1&2&-1\\&&&-1&2\end{bmatrix}$$

$m=1, k=120$

[풀이]

(1a) 1번째 리츠벡터 계산, $\{\overline{\Psi}^{(1)}\}$

1) 질량행렬에 모든 성분이 1인 벡터 $\{1\}$을 곱한 하중분포 $[M]\{1\}$에 의한 변위형상을 리츠벡터 $\{\Psi^{(1)}\}$로 가정

$$[K]\{\Psi^{(1)}\}=[M]\{1\}=\begin{Bmatrix}m\\m\\m\\m\\m\end{Bmatrix} \rightarrow \{\Psi^{(1)}\}=[K]^{-1}\begin{Bmatrix}m\\m\\m\\m\\m\end{Bmatrix}=\begin{Bmatrix}0.1250\\0.1167\\0.1000\\0.0750\\0.0417\end{Bmatrix}$$

2) 일반화된 모드 질량이 1로 정규화된(normalized) 리츠벡터 $\{\overline{\Psi}^{(1)}\}$

$$\{\overline{\Psi}^{(1)}\}=\frac{\{\Psi^{(1)}\}}{\sqrt{\{\Psi^{(1)}\}^T[M]\{\Psi^{(1)}\}}}=\begin{Bmatrix}0.5791\\0.5405\\0.4633\\0.3474\\0.1930\end{Bmatrix}$$

(1b) 2번째 리츠벡터 계산, $\{\overline{\Psi}^{(2)}\}$

1) 질량행렬에 1번째 리츠벡터를 곱한 하중분포 $[M]\{\overline{\Psi}^{(1)}\}$에 의한 변위형상을 리츠벡터 $\{\Psi^{(2)}\}$로 가정

$$[K]\{\Psi^{(2)}\}=[M]\{\overline{\Psi}^{(1)}\} \rightarrow \{\Psi^{(2)}\}=[K]^{-1}[M]\begin{Bmatrix}0.5791\\0.5405\\0.4633\\0.3474\\0.1930\end{Bmatrix}=\begin{Bmatrix}0.0611\\0.0563\\0.0470\\0.0338\\0.0177\end{Bmatrix}$$

2) 일반화된 모드 질량이 1로 정규화된(normalized) 리츠벡터 $\{\overline{\Psi}^{(2)}\}$

리츠벡터 $\{\Psi^{(2)}\}$는 $\{\overline{\Psi}^{(1)}\}$의 성분을 포함하고 있으므로, $\{\overline{\Psi}^{(1)}\}$ 성분을 다음과 같이 제거한다.

$$\boxed{\{\hat{\Psi}^{(n)}\}=\{\Psi^{(n)}\}-\sum_{i=1}^{n-1}a_{in}\{\overline{\Psi}^{(i)}\} \quad \text{여기서 } a_{in}=\{\overline{\Psi}^{(i)}\}^T[M]\{\Psi^{(n)}\}}$$

$$a_{12}=\{\overline{\Psi}^{(1)}\}^T[M]\{\Psi^{(2)}\}=0.1027$$

$$\{\hat{\Psi}^{(2)}\}=\{\Psi^{(2)}\}-a_{12}\{\overline{\Psi}^{(1)}\}=\begin{Bmatrix}0.0016\\0.0008\\-0.0006\\-0.0019\\-0.0021\end{Bmatrix} \rightarrow \{\overline{\Psi}^{(2)}\}=\frac{\{\hat{\Psi}^{(2)}\}}{\sqrt{\{\hat{\Psi}^{(2)}\}^T[M]\{\hat{\Psi}^{(2)}\}}}=\begin{Bmatrix}0.4742\\0.2248\\-0.1805\\-0.5552\\-0.6195\end{Bmatrix}$$

(1c) 3번째 리츠벡터 계산, $\{\overline{\Psi}^{(3)}\}$

1) 질량행렬에 2번째 리츠벡터를 곱한 하중분포 $[M]\{\overline{\Psi}^{(2)}\}$에 의한 변위형상을 리츠벡터 $\{\Psi^{(3)}\}$로 가정

$$[K]\{\Psi^{(3)}\}=[M]\{\overline{\Psi}^{(2)}\} \quad \rightarrow \quad \{\Psi^{(3)}\}=[K]^{-1}[M]\begin{Bmatrix}0.4742\\0.2248\\-0.1805\\-0.5552\\-0.6195\end{Bmatrix}=\begin{Bmatrix}0.0083\\0.0044\\-0.0015\\-0.0058\\-0.0055\end{Bmatrix}$$

2) 일반화된 모드 질량이 1로 정규화된(normalized) 리츠벡터 $\{\overline{\Psi}^{(3)}\}$

리츠벡터 $\{\Psi^{(3)}\}$는 $\{\overline{\Psi}^{(1)}\}$과 $\{\overline{\Psi}^{(2)}\}$의 성분을 포함하고 있으므로, 이 성분들을 다음과 같이 제거한다.

$$\boxed{\{\hat{\Psi}^{(n)}\}=\{\Psi^{(n)}\}-\textstyle\sum_{i=1}^{n-1}a_{in}\{\overline{\Psi}^{(i)}\} \quad \text{여기서 } a_{in}=\{\overline{\Psi}^{(i)}\}^T[M]\{\Psi^{(n)}\}}$$

$$a_{13}=\{\overline{\Psi}^{(1)}\}^T[M]\{\Psi^{(3)}\}=0.0034$$
$$a_{23}=\{\overline{\Psi}^{(2)}\}^T[M]\{\Psi^{(3)}\}=0.0118$$

$$\{\hat{\Psi}^{(3)}\}=\{\Psi^{(3)}\}-a_{13}\{\overline{\Psi}^{(1)}\}-a_{23}\{\overline{\Psi}^{(2)}\}=\begin{Bmatrix}0.0007\\-0.0001\\-0.0009\\-0.0004\\0.0012\end{Bmatrix} \rightarrow \{\overline{\Psi}^{(3)}\}=\frac{\{\hat{\Psi}^{(3)}\}}{\sqrt{\{\hat{\Psi}^{(3)}\}^T[M]\{\hat{\Psi}^{(3)}\}}}=\begin{Bmatrix}0.4291\\-0.0821\\-0.5363\\-0.2489\\0.6779\end{Bmatrix}$$

(2) 고유진동수

1) 3개의 자유도로 축소된(reduced) 질량행렬 $[\overline{M}]$과 강성행렬 $[\overline{K}]$

$$[\overline{M}]=\left[\{\overline{\Psi}^{(1)}\}\ \{\overline{\Psi}^{(2)}\}\ \{\overline{\Psi}^{(3)}\}\right]^T[M]\left[\{\overline{\Psi}^{(1)}\}\ \{\overline{\Psi}^{(2)}\}\ \{\overline{\Psi}^{(3)}\}\right]=\begin{bmatrix}1&0&0\\0&1&0\\0&0&1\end{bmatrix}$$

$$[\overline{K}]=\left[\{\overline{\Psi}^{(1)}\}\ \{\overline{\Psi}^{(2)}\}\ \{\overline{\Psi}^{(3)}\}\right]^T[K]\left[\{\overline{\Psi}^{(1)}\}\ \{\overline{\Psi}^{(2)}\}\ \{\overline{\Psi}^{(3)}\}\right]=\begin{bmatrix}9.8361&-3.0398&1.1103\\-3.0398&90.5721&-33.0806\\1.1103&-33.0806&224.2550\end{bmatrix}$$

2) 고유치해석 → 고유진동수 $\{\omega_r\}$

$$([\overline{K}]-\omega_r^2[\overline{M}])\{\Psi_r\}=\{0\} \quad \rightarrow \quad \det([\overline{K}]-\omega_r^2[\overline{M}])=0$$

$$\rightarrow \begin{Bmatrix}\omega_{r1}\\\omega_{r2}\\\omega_{r3}\end{Bmatrix}=\begin{Bmatrix}3.1180\\9.1068\\15.2318\end{Bmatrix},\left[\{\Psi_r^{(1)}\}\ \{\Psi_r^{(2)}\}\ \{\Psi_r^{(3)}\}\right]=\left[\begin{Bmatrix}-1.0000\\-0.0379\\-0.0007\end{Bmatrix}\ \begin{Bmatrix}0.0380\\-1.0000\\-0.2344\end{Bmatrix}\ \begin{Bmatrix}0.0082\\-0.2341\\1.0000\end{Bmatrix}\right]$$

(3) 자유진동해석과 비교

1) 자유진동 고유진동수(ω) vs 리츠벡터로 근사한 고유진동수(ω_r)

$$\begin{Bmatrix}\omega_1\\\omega_2\\\omega_3\end{Bmatrix}=\begin{Bmatrix}3.1180\\9.1013\\14.3473\end{Bmatrix} \quad \text{vs} \quad \begin{Bmatrix}\omega_{r1}\\\omega_{r2}\\\omega_{r3}\end{Bmatrix}=\begin{Bmatrix}3.1180\\9.1068\\15.2318\end{Bmatrix}$$

2) 자유진동모드행렬($[\Phi]$) vs 리츠벡터로 근사한 자유진동모드행렬($[\Phi_R]$)

$$[\Phi]=\left[\{\Psi^{(1)}\}\ \{\Psi^{(2)}\}\ \{\Psi^{(3)}\}\right]=\left[\begin{Bmatrix}0.5969\\0.5485\\0.4557\\0.3260\\0.1699\end{Bmatrix}\ \begin{Bmatrix}0.5485\\0.1699\\-0.3260\\-0.5969\\-0.4557\end{Bmatrix}\ \begin{Bmatrix}0.4557\\-0.3260\\-0.5485\\0.1699\\0.5969\end{Bmatrix}\right]$$

$$[\Phi_R]=\left[\{\Psi_R^{(1)}\}\ \{\Psi_R^{(2)}\}\ \{\Psi_R^{(3)}\}\right]=\left[\{\overline{\Psi}^{(1)}\}\ \{\overline{\Psi}^{(2)}\}\ \{\overline{\Psi}^{(3)}\}\right]\left[\{\Psi_r^{(1)}\}\ \{\Psi_r^{(2)}\}\ \{\Psi_r^{(3)}\}\right]$$

$$=\left[\begin{Bmatrix}0.5791\\0.5405\\0.4633\\0.3474\\0.1930\end{Bmatrix}\ \begin{Bmatrix}0.4742\\0.2248\\-0.1805\\-0.5552\\-0.6195\end{Bmatrix}\ \begin{Bmatrix}0.4291\\-0.0821\\-0.5363\\-0.2489\\0.6779\end{Bmatrix}\right]\left[\begin{Bmatrix}-1.0000\\-0.0379\\-0.0007\end{Bmatrix}\ \begin{Bmatrix}0.0380\\-1.0000\\-0.2344\end{Bmatrix}\ \begin{Bmatrix}0.0082\\-0.2341\\1.0000\end{Bmatrix}\right]$$

$$=\left[\begin{Bmatrix}0.5973\\0.5489\\0.4561\\0.3262\\0.1700\end{Bmatrix}\ \begin{Bmatrix}0.5527\\0.1850\\-0.3238\\-0.6268\\-0.4679\end{Bmatrix}\ \begin{Bmatrix}0.3228\\-0.1303\\-0.4903\\-0.1161\\0.8245\end{Bmatrix}\right]$$

$$\{\overline{\Psi}_R^{(i)}\}=\frac{\{\Psi_R^{(i)}\}}{\sqrt{\{\Psi_R^{(i)}\}^T[M]\{\Psi_R^{(i)}\}}}$$

$$\rightarrow\ [\bar{\Phi}_R] = \left[\left\{\bar{\Psi}_R^{(1)}\right\}\ \left\{\bar{\Psi}_R^{(2)}\right\}\ \left\{\bar{\Psi}_R^{(3)}\right\}\right] = \begin{bmatrix} \begin{Bmatrix} 0.5969 \\ 0.5485 \\ 0.4557 \\ 0.3260 \\ 0.1699 \end{Bmatrix} & \begin{Bmatrix} 0.5378 \\ 0.1800 \\ -0.3150 \\ -0.6098 \\ -0.4553 \end{Bmatrix} & \begin{Bmatrix} 0.3143 \\ -0.1269 \\ -0.4774 \\ -0.1130 \\ 0.8028 \end{Bmatrix} \end{bmatrix}$$

(4) 정확해와 비교

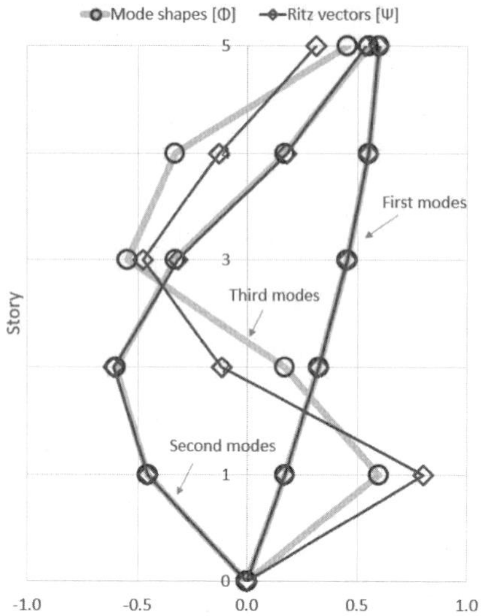

모드 차수	자유진동 고유진동수 (ω)	리츠벡터로 근사한 고유진동수(ω_r)	오차(%) $\frac{\omega_r - \omega}{\omega} \times 100$
1	3.1180	3.1180	0.0000
2	9.1013	9.1068	0.0608
3	14.3473	15.2318	6.1650
4	18.4309		
5	21.0214		

1. 하중분포를 사용하여 리츠벡터의 형상을 가정하여 구한 고유치해석 결과(즉, 고유진동수와 고유진동모드)는
   전체 자유도를 사용하여 자유진동해석에서 구한 고유치해석 결과 ((즉, 고유진동수와 고유진동모드))가 잘 일치하는 것을 알 수 있다.
2. 모드 차수가 증가할수록 근사오차가 커지는 것을 알 수 있다.

[예제] 3.1.4 감쇠행렬: 레일리 감쇠

다음과 같이 2자유도계 구조물의 질량행렬 $[M]$과 강성행렬 $[K]$가 주어졌다. 첫 번째와 두 번째 모드의 감쇠비가 각각 3%와 5%일 때, 레일리 감쇠행렬 $[C]$를 구하라.

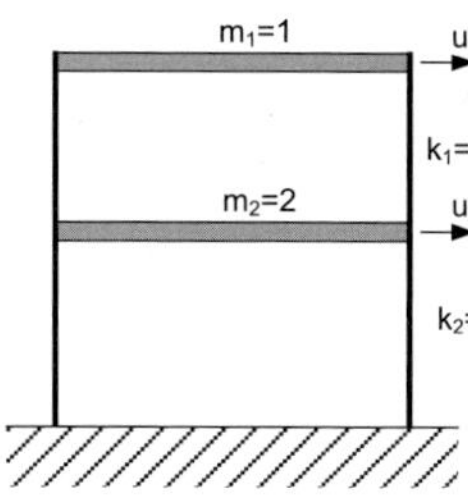

$$[M] = \begin{bmatrix} 1 & 0 \\ 0 & 2 \end{bmatrix}$$
$$[K] = \begin{bmatrix} 1 & -1 \\ -1 & 3 \end{bmatrix}$$

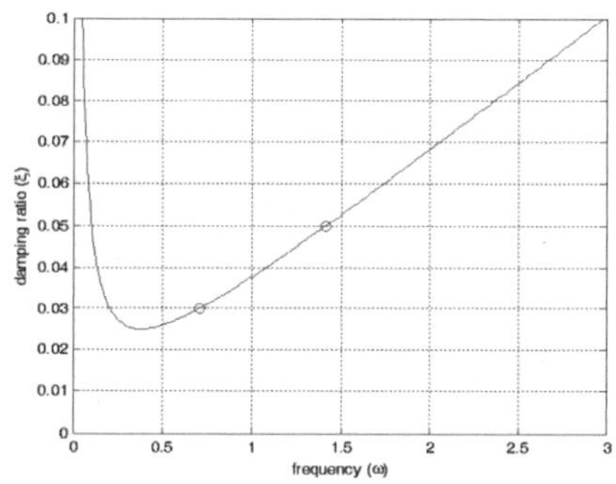

[풀이]

(1) 앞서 설명한 (정규)모드행렬과 고유진동수행렬

$$[\bar{\Phi}] = \left[\{\bar{\Psi}^{(1)}\}\ \ \{\bar{\Psi}^{(2)}\}\right] = \begin{bmatrix} \begin{Bmatrix} \frac{\sqrt{2}}{\sqrt{3}} \\ \frac{1}{2}\frac{\sqrt{2}}{\sqrt{3}} \end{Bmatrix} & \begin{Bmatrix} \frac{1}{\sqrt{3}} \\ -\frac{1}{\sqrt{3}} \end{Bmatrix} \end{bmatrix} = \begin{bmatrix} \begin{Bmatrix} \frac{\sqrt{2}}{\sqrt{3}}(0^\circ) \\ \frac{1}{2}\frac{\sqrt{2}}{\sqrt{3}}(0^\circ) \end{Bmatrix} & \begin{Bmatrix} \frac{1}{\sqrt{3}}(0^\circ) \\ \frac{1}{\sqrt{3}}(180^\circ) \end{Bmatrix} \end{bmatrix}$$

$$[\backslash\Omega^2\backslash] = \begin{bmatrix} \omega_1^2 & 0 \\ 0 & \omega_2^2 \end{bmatrix} = \begin{bmatrix} \frac{1}{2} & 0 \\ 0 & 2 \end{bmatrix}$$

(2) α와 β의 결정

$$\begin{Bmatrix} \xi_i \\ \xi_j \end{Bmatrix} = \frac{1}{2}\begin{bmatrix} \frac{1}{\omega_i} & \omega_i \\ \frac{1}{\omega_j} & \omega_j \end{bmatrix}\begin{Bmatrix} \alpha \\ \beta \end{Bmatrix} \ \rightarrow\ \begin{Bmatrix} 0.03 \\ 0.05 \end{Bmatrix} = \frac{1}{2}\begin{bmatrix} \sqrt{2} & \frac{1}{\sqrt{2}} \\ \frac{1}{\sqrt{2}} & \sqrt{2} \end{bmatrix}\begin{Bmatrix} \alpha \\ \beta \end{Bmatrix} \ \rightarrow\ \begin{Bmatrix} \alpha \\ \beta \end{Bmatrix} = \frac{4}{3}\begin{bmatrix} \sqrt{2} & -\frac{1}{\sqrt{2}} \\ -\frac{1}{\sqrt{2}} & \sqrt{2} \end{bmatrix}\begin{Bmatrix} 0.03 \\ 0.05 \end{Bmatrix} = \begin{Bmatrix} 0.0094 \\ 0.0660 \end{Bmatrix}$$

(3) 레일리 감쇠행렬

$$[C] = \alpha[M] + \beta[K] = 0.0094\begin{bmatrix}1 & 0\\ 0 & 2\end{bmatrix} + 0.0660\begin{bmatrix}1 & -1\\ -1 & 3\end{bmatrix} = \begin{bmatrix}0.0754 & -0.0660\\ -0.0660 & 0.2168\end{bmatrix}$$

(4) 검토: 직교성

$$[\Phi]^T\,[M]\,[\Phi] = [\backslash\mu\backslash] = \begin{bmatrix}1 & 0\\ 0 & 1\end{bmatrix} \qquad [\Phi]^T\,[K]\,[\Phi] = [\backslash\kappa\backslash] = \begin{bmatrix}\frac{1}{2} & 0\\ 0 & 2\end{bmatrix} \qquad [\Phi]^T\,[C]\,[\Phi] = [\backslash c\backslash] = \begin{bmatrix}0.0424 & 0\\ 0 & 0.1414\end{bmatrix}$$

[예제] 3.1.4 감쇠행렬: 코이 감쇠

3자유도계 구조물의 질량행렬 $[M]$과 강성행렬 $[K]$가 주어졌다. $\xi_1 = 0.03, \xi_2 = 0.04, \xi_3 = 0.04$일 때, 코이 감쇠행렬 $[C]$를 구하라.

$$[M] = \begin{bmatrix}1 & 0 & 0\\ 0 & 1.5 & 0\\ 0 & 0 & 2\end{bmatrix}, \quad [K] = 60\begin{bmatrix}1 & -1 & 0\\ -1 & 3 & -2\\ 0 & -2 & 5\end{bmatrix}$$

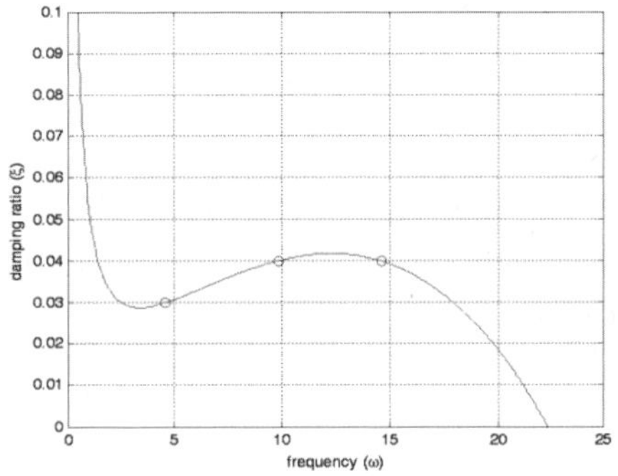

[풀이]

(1) 3개의 모드 감쇠비 지정에 대한 코이 감쇠행렬

$$[C] = \textstyle\sum_{k=0}^{2} a_k[M]([M]^{-1}[K])^k = a_0[M] + a_1[K] + a_2[K][M]^{-1}[K]$$

(2) 3개 모드의 고유진동수 (참조: MATLAB 고유치해석)

$$\omega_1 = 4.5922,\ \omega_2 = 9.8181,\ \omega_3 = 14.5779$$

(3) 모드 감쇠비와 고유진동수: $\xi_i = \frac{1}{2}\sum_{k=0}^{2} a_k\omega_i^{2k-1} = \frac{1}{2}\left(\frac{a_0}{\omega_i} + a_1\omega_i + a_2\omega_i^3\right)$

$$\begin{Bmatrix}\xi_1\\ \xi_2\\ \xi_3\end{Bmatrix} = \frac{1}{2}\begin{bmatrix}\frac{1}{\omega_1} & \omega_1 & \omega_1^3\\ \frac{1}{\omega_2} & \omega_2 & \omega_2^3\\ \frac{1}{\omega_3} & \omega_3 & \omega_3^3\end{bmatrix}\begin{Bmatrix}a_0\\ a_1\\ a_2\end{Bmatrix} \rightarrow \begin{Bmatrix}a_0\\ a_1\\ a_2\end{Bmatrix} = 2\begin{bmatrix}\frac{1}{\omega_1} & \omega_1 & \omega_1^3\\ \frac{1}{\omega_2} & \omega_2 & \omega_2^3\\ \frac{1}{\omega_3} & \omega_3 & \omega_3^3\end{bmatrix}^{-1}\begin{Bmatrix}\xi_1\\ \xi_2\\ \xi_3\end{Bmatrix} = \begin{Bmatrix}0.0957\\ 0.0089\\ \approx 0\end{Bmatrix}$$

(4) 코이 감쇠행렬 ← 가득 찬 행렬

$$[C] = \textstyle\sum_{k=0}^{2} a_k[M]([M]^{-1}[K])^k = a_0[M] + a_1[K] + a_2[K][M]^{-1}[K] = \begin{bmatrix}0.5211 & -0.3378 & -0.0876\\ -0.3378 & 1.1570 & -0.4787\\ -0.0876 & -0.4787 & 1.8696\end{bmatrix}$$

(5) 검토: 직교성

$$[\Phi]^T\,[M]\,[\Phi] = [\backslash\mu\backslash] = \begin{bmatrix}1 & 0 & 0\\ 0 & 1 & 0\\ 0 & 0 & 1\end{bmatrix} \qquad [\Phi]^T\,[K]\,[\Phi] = [\backslash\kappa\backslash] = \begin{bmatrix}21.087 & 0 & 0\\ 0 & 96.395 & 0\\ 0 & 0 & 212.516\end{bmatrix} \qquad [\Phi]^T\,[C]\,[\Phi] = [\backslash c\backslash] = \begin{bmatrix}0.2755 & 0 & 0\\ 0 & 0.7855 & 0\\ 0 & 0 & 1.1662\end{bmatrix}$$

[예제] 3.1.4 감쇠행렬: 모드중첩 감쇠

3자유도계 구조물의 질량행렬 $[M]$과 강성행렬 $[K]$가 주어졌다. $\xi_1 = 0.03, \xi_2 = 0.04, \xi_3 = 0.04$일 때, 모드중첩 감쇠행렬 $[C]$를 구하라.

$$[M]=\begin{bmatrix}1&0&0\\0&1.5&0\\0&0&2\end{bmatrix},\quad [K]=60\begin{bmatrix}1&-1&0\\-1&3&-2\\0&-2&5\end{bmatrix}$$

[풀이]

(1) 3개 모드의 고유진동수와 진동모드 (참조: MATLAB 고유치해석)

$\omega_1 = 4.5922,\ \omega_2 = 9.8181,\ \omega_3 = 14.5779$

(2) 모드중첩 감쇠행렬

$$[C]=[M]\left(\sum_{i=1}^{n}\frac{2\xi_i\omega_i}{\mu_{ii}}\{\Psi^{(i)}\}\{\Psi^{(i)}\}^T\right)[M]=\begin{bmatrix}0.5211&-0.3378&-0.0876\\-0.3378&1.1570&-0.4787\\-0.0876&-0.4787&1.8696\end{bmatrix}$$

(3) 검토: 직교성

$$[\Phi]^T\,[M]\,[\Phi]=[\backslash\mu\backslash]=\begin{bmatrix}1&0&0\\0&1&0\\0&0&1\end{bmatrix}$$

$$[\Phi]^T\,[K]\,[\Phi]=[\backslash\kappa\backslash]=\begin{bmatrix}21.087&0&0\\0&96.395&0\\0&0&212.516\end{bmatrix}$$

$$[\Phi]^T\,[C]\,[\Phi]=[\backslash c\backslash]=\begin{bmatrix}0.2755&0&0\\0&0.7855&0\\0&0&1.1662\end{bmatrix}$$

모든 모드를 사용하여 구성한 모드중첩 감쇠행렬은 모든 모드를 사용하여 구성한 코이 감쇠행렬과 동일하다.

[예제] 3.1.5 상태공간방정식을 사용한 고유치해석: 레일리 감쇠

(1) MATLAB 명령어

[V, D] = eigs(B, -A, m, 'SI')

여기서

V = $[\bar{\Phi}]$: 정규모드 D = $[\backslash\hat{\Omega}\backslash]$

B = $[B]$ A = $[A]$

m = 구할 고유치 개수($< n$) 'SI' = 허수부 크기가 작은 고유치부터 출력

(2) 예제

앞서 비례감쇠 예제로 설명한 $\xi_1 = 0.03$과 $\xi_2 = 0.05$인 레일리 비례감쇠를 갖는 구조물

$$[M]=\begin{bmatrix}1&0\\0&2\end{bmatrix},\ [K]=\begin{bmatrix}1&-1\\-1&3\end{bmatrix}\ \rightarrow\ [C]=0.0094\begin{bmatrix}1&0\\0&2\end{bmatrix}+0.0660\begin{bmatrix}1&-1\\-1&3\end{bmatrix}=\begin{bmatrix}0.0754&-0.0660\\-0.0660&0.2168\end{bmatrix}$$

(3) 예제(코딩)

```
clc; clear;
% equation of motion
m=1; k=1;
TM = [  m  0.0;    0.0  2*m];
TK = [  k   -k;      -k  3*k];
% Eigen value analysis (I)
[v,d] = eigs(TK, TM, 2,'SA');
omega = diag(sqrt(d));
% Rayleigh Damping
xi(1) = 0.03;
xi(2) = 0.05;
coef = 2*omega(1)*omega(2)/(omega(2)^2 - omega(1)^2);
alpha = coef*(omega(2)*xi(1) - omega(1)*xi(2));
beta  = coef*(-1/omega(2)*xi(1) + 1/omega(1)*xi(2));
```

```
TC = alpha*TM + beta*TK;
% State Space Equation
T0 = zeros(2,2);
MAT_A = [ TM TC;  T0 TM]
MAT_B = [ T0 TK; -TM T0]
% Eigen value analysis (II)
[V,D] = eigs(MAT_B, -MAT_A, 4,'SI')
OMEGA_h = D
OMEGA_k = abs(D)
XI_k = -real(D)./abs(D)
OMEGA_d = imag(D)
% normalized mode
VN = [V(:,1)./V(4,1),V(:,2)./V(4,2),V(:,3)./V(4,3),V(:,4)./V(4,4)]
```

(4) 예제(출력)

복소 고유진동수($\hat{\omega}_k$)
```
D = -0.0212 ± 0.7068i
    -0.0707 ± 1.4124i
```

고유진동수(ω_k)
```
OMEGA_k = 0.7071
          1.4142
```

감쇠비(ξ_k)
```
XI_k = 0.03
       0.05
```

감쇠 고유진동수($\omega_{d,k}$)
```
OMEGA_d = 0.7068
          1.4124
```

첫 번째 진동모드($\{\Psi^{(1)}\}$)
```
VN(3:4,1) = 1.0
            0.5
```

두 번째 진동모드($\{\Psi^{(2)}\}$)
```
VN(3:4,2) = -1.0
             1.0
```

(5) 검토

a) 감쇠 고유진동수(ω) < 고유진동수(ω_d)

b) 비례감쇠 진동모드는 실수이며, 감쇠가 작은 일반 구조물의 경우에 자유진동모드와 거의 동일함

[예제] 3.1.5 상태공간방정식을 사용한 고유치해석: 면진구조물

(참조: 예제 9.1.2절 면진구조물의 면진효과 해석)

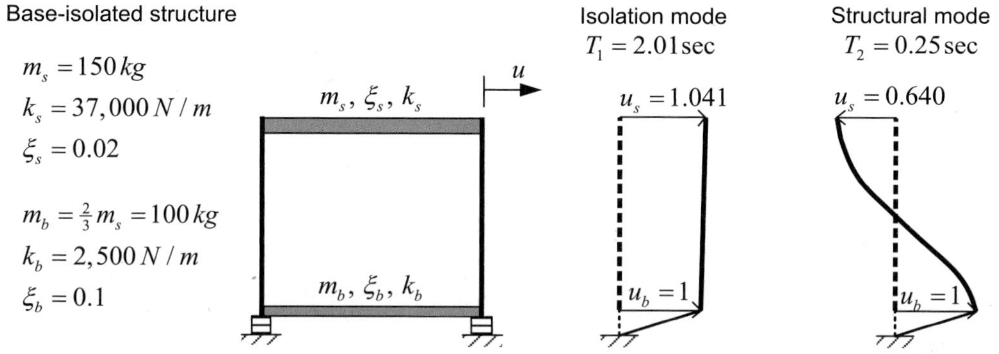

(1) 다자유도계 이론을 사용한 면진기초구조물의 운동방정식

$$\begin{bmatrix} m_s & 0 \\ 0 & m_b \end{bmatrix}\begin{Bmatrix} \ddot{u}_s \\ \ddot{u}_b \end{Bmatrix} + \begin{bmatrix} c_s & -c_s \\ -c_s & c_s + c_b \end{bmatrix}\begin{Bmatrix} \dot{u}_s \\ \dot{u}_b \end{Bmatrix} + \begin{bmatrix} k_s & -k_s \\ -k_s & k_s + k_b \end{bmatrix}\begin{Bmatrix} u_s \\ u_b \end{Bmatrix} = -\begin{bmatrix} m_s & 0 \\ 0 & m_b \end{bmatrix}\begin{Bmatrix} 1 \\ 1 \end{Bmatrix}\ddot{u}_g$$

(2) 비감쇠 자유진동: 고유진동수와 자유진동모드

$$\det([K] - \omega^2[M]) = 0$$

$$\rightarrow \omega_1 = 3.1239\,\frac{\text{rad}}{\text{sec}},\quad \omega_2 = 25.1378\,\frac{\text{rad}}{\text{sec}} \quad \text{or} \quad T_1 = 2.01\ \text{sec},\ T_2 = 0.25\ \text{sec}$$

$$\rightarrow [\Phi] = \left[\{\Psi^{(1)}\}\quad \{\Psi^{(2)}\}\right] = \left[\begin{Bmatrix} -0.0643 \\ -0.0617 \end{Bmatrix}\quad \begin{Bmatrix} -0.0504 \\ 0.0787 \end{Bmatrix}\right] = \left[\begin{Bmatrix} 1.0412 \\ 1 \end{Bmatrix}\quad \begin{Bmatrix} -0.6403 \\ 1 \end{Bmatrix}\right]$$

여기서 $c_s = 2\xi_s\omega_s m_s,\ c_b = 2\xi_b\omega_b(m_s + m_b) = 2\xi_b\sqrt{k_b(m_s + m_b)}$이다.

자유진동모드를 사용하여 감쇠행렬의 직교성을 검토하면 $[\Phi]^T\begin{bmatrix} c_s & -c_s \\ -c_s & c_s + c_b \end{bmatrix}[\Phi] = \begin{bmatrix} 158.2 & 151.7 \\ 151.7 & 411.6 \end{bmatrix} \neq [\backslash\ c\ \backslash]$이므로,

면진구조물의 감쇠는 비례감쇠가 아닌 비비례감쇠인 것을 알 수 있다.

(3) 감쇠 자유진동: 상태공간방정식을 사용한 고유치해석

$$\mathbf{A} = \begin{bmatrix} \mathbf{M} & \mathbf{C} \\ \mathbf{0} & \mathbf{M} \end{bmatrix},\quad \mathbf{B} = \begin{bmatrix} \mathbf{0} & \mathbf{K} \\ -\mathbf{M} & \mathbf{0} \end{bmatrix}$$

복소 고유진동수($\hat{\omega}_k$)	고유진동수(ω_k)	감쇠비(ξ_k)	감쇠 고유진동수($\omega_{d,k}$)
`DD = -0.3016 ± 3.1107i`	`OMEGA_k = 3.1253`	`XI_k = 0.0965`	`OMEGA_d = 3.1107`
`-1.2743 ± 25.0945i`	`25.1268`	`0.0507`	`25.0945`

첫 번째 진동모드($\{\Psi^{(1)}\}$)

```
VVN(3:4,1) = 1.0405 ± 0.0079i
             1.0
```

두 번째 진동모드($\{\Psi^{(2)}\}$)

```
VVN(3:4,3) = -0.6383 ± 0.0392i
              1.0
```

(4) 검토

a) 첫 번째 고유진동수 (rad/sec)

감쇠 고유진동수($\omega_{d,1} = 3.110$) < 자유진동 고유진동수($\omega_1^o = 3.123$) < 고유진동수($\omega_1 = 3.125$)

b) 두 번째 고유진동수 (rad/sec)

감쇠 고유진동수($\omega_{d,2} = 25.094$) < 고유진동수($\omega_2 = 25.126$) < 자유진동 고유진동수($\omega_2^o = 25.137$)

c) 비비례감쇠 복소수 모드형상의 실수부는 비례감쇠 모드형상과 거의 일치

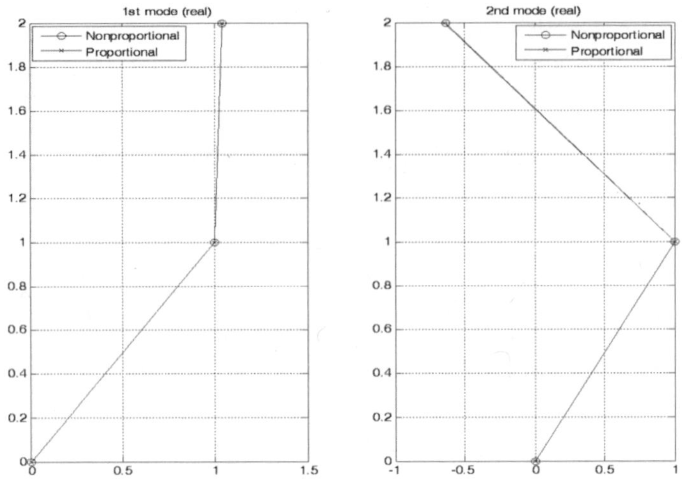

d) 모드의 직교성

$$\widehat{\mathbf{\Phi}}^T \mathbf{A}\,\widehat{\mathbf{\Phi}} = \begin{bmatrix} -15.4 \pm 1630.9i & 0 \\ 0 & 377.8 \pm 8081.4i \end{bmatrix},\quad \widehat{\mathbf{\Phi}}^T \mathbf{B}\,\widehat{\mathbf{\Phi}} = \begin{bmatrix} 5070 \pm 540i & 0 \\ 0 & 203280 \pm 820i \end{bmatrix}$$

(5) 예제(코딩)

```
clc; clear;
% conventional struTCure
m_s   = 150;                 % (kg)
k_s   = 37000;               % (N/m)
%
om_s  = sqrt(k_s/m_s);       % (rad/sec)
T_s   = 1/om_s*(2*pi);       % (sec)
XI_k_s  = 0.02;              % (%)
c_s   = 2*XI_k_s*om_s*m_s;   % (N.sec/m)
% base-isolated struTCure
m_b   = 100;             % (kg)
k_b   = 2500;            % (N/m)
XI_k_b  = 0.1;                          % (%)
c_b   = 2*XI_k_b*sqrt(k_b*(m_s+m_b));   % (N.sec/m)
%
m_t   = m_s + m_b;
gam   = m_s/m_t;
%
TM     = [m_s   0;
           0 m_b];
TK     = [ k_s -k_s;
          -k_s  k_b+k_s];
TC     = [ c_s -c_s;
          -c_s  c_b+c_s];
% Eigen value analysis (I)
[V,D] = eigs(TK, TM, 2,'SA');
omega = diag(sqrt(D));  % (rad/sec)
T     = 2*pi./sqrt(D)   % (sec)
for idx=1:2
  VN(:,idx)=V(:,idx)/V(2,idx);
end
VN
% modal damping
m_gen= VN'*TM*VN;
k_gen= VN'*TK*VN;
c_gen= VN'*TC*VN;
```

```
% State Space Equation
T0 = zeros(2,2);
MAT_A = [ T0 TM; TM TC]
MAT_B = [-TM T0; T0 TK]
% Eigen value analysis (II)
[W,DD] = eigs(MAT_B, -MAT_A, 4,'SI')
OMEGA_k = abs(DD)
XI_k    = -real(DD)./abs(DD)
OMEGA_d = imag(DD)
% normalized mode
for idx=1:4
    WN(:,idx) = W(:,idx)./W(4,idx);
end
% Orthogonality
WN'*MAT_A*WN
% plot mode shapes
VN_plot = [0,0,0;
        VN(2,1),VN(2,2),1;
        VN(1,1),VN(1,2),2]

WN_plot = [0,0,0;
        real(WN(4,1)),real(WN(4,3)),1;
        real(WN(3,1)),real(WN(3,3)),2]
subplot(1,2,1)
plot(WN_plot(:,1),WN_plot(:,3),'ro-'); hold on
plot(VN_plot(:,1),VN_plot(:,3),'bx-'); hold off
title('1st mode (real)')
legend('Nonproportional','Proportional',2)
grid
%
subplot(1,2,2)
plot(WN_plot(:,2),WN_plot(:,3),'ro-'); hold on
plot(VN_plot(:,2),VN_plot(:,3),'bx-'); hold off
title('2nd mode (real)')
legend('Nonproportional','Proportional',2)
grid
```

[예제] 3.1.5 감쇠행렬: 비례이력감쇠

2자유도계 구조물의 질량행렬 $[M]$과 강성행렬 $[K]$가 주어졌다. 첫 번째와 두 번째 모드의 감쇠비가 각각 3%와 5%인 레일리 감쇠행렬 $[C]$를 비례이력감쇠로 사용할 경우, 모드행렬과 복소감쇠고유진동수를 구하라.

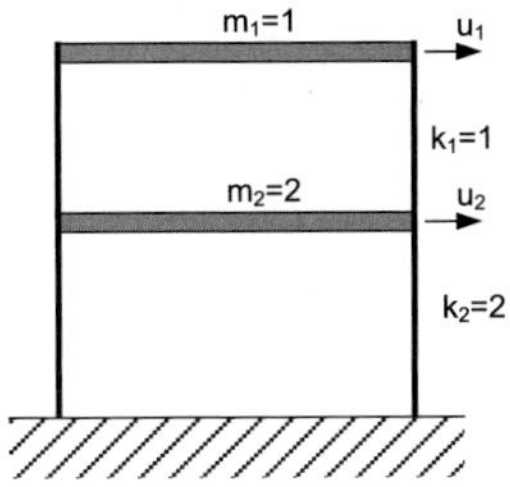

$$[M] = \begin{bmatrix} 1 & 0 \\ 0 & 2 \end{bmatrix}, \quad [K] = \begin{bmatrix} 1 & -1 \\ -1 & 3 \end{bmatrix}$$

[풀이]

(1) 레일리 감쇠행렬($[C]$)

$$[\Phi] = [\{\Psi^{(1)}\} \quad \{\Psi^{(2)}\}] = \begin{bmatrix} \begin{Bmatrix} \frac{\sqrt{2}}{\sqrt{3}} \\ \frac{1}{2}\frac{\sqrt{2}}{\sqrt{3}} \end{Bmatrix} & \begin{Bmatrix} \frac{1}{\sqrt{3}} \\ -\frac{1}{\sqrt{3}} \end{Bmatrix} \end{bmatrix} = \begin{bmatrix} \begin{Bmatrix} \frac{\sqrt{2}}{\sqrt{3}}(0°) \\ \frac{1}{2}\frac{\sqrt{2}}{\sqrt{3}}(0°) \end{Bmatrix} & \begin{Bmatrix} \frac{1}{\sqrt{3}}(0°) \\ \frac{1}{\sqrt{3}}(180°) \end{Bmatrix} \end{bmatrix}$$

$$[\backslash \Omega^2 \backslash] = \begin{bmatrix} \omega_1^2 & 0 \\ 0 & \omega_2^2 \end{bmatrix} = \begin{bmatrix} \frac{1}{2} & 0 \\ 0 & 2 \end{bmatrix}$$

$$[C] = \alpha[M] + \beta[K] = 0.0094 \begin{bmatrix} 1 & 0 \\ 0 & 2 \end{bmatrix} + 0.0660 \begin{bmatrix} 1 & -1 \\ -1 & 3 \end{bmatrix} = \begin{bmatrix} 0.0754 & -0.0660 \\ -0.0660 & 0.2168 \end{bmatrix}$$

(2) 모드행렬과 복소 감쇠고유진동수

비례이력감쇠: $[K^*] = [K] + i[C] = \begin{bmatrix} 1 & -1 \\ -1 & 3 \end{bmatrix} + i \begin{bmatrix} 0.0754 & -0.0660 \\ -0.0660 & 0.2168 \end{bmatrix}$

모드행렬과 복소 감쇠고유진동수:

$$[\Phi] = [\{\Psi^{(1)}\} \quad \{\Psi^{(2)}\}] = \begin{bmatrix} \begin{Bmatrix} \frac{\sqrt{2}}{\sqrt{3}} \\ \frac{1}{2}\frac{\sqrt{2}}{\sqrt{3}} \end{Bmatrix} & \begin{Bmatrix} \frac{1}{\sqrt{3}} \\ -\frac{1}{\sqrt{3}} \end{Bmatrix} \end{bmatrix} = \begin{bmatrix} \begin{Bmatrix} \frac{\sqrt{2}}{\sqrt{3}}(0°) \\ \frac{1}{2}\frac{\sqrt{2}}{\sqrt{3}}(0°) \end{Bmatrix} & \begin{Bmatrix} \frac{1}{\sqrt{3}}(0°) \\ \frac{1}{\sqrt{3}}(180°) \end{Bmatrix} \end{bmatrix}$$: 자유진동모드와 동일

$$[\backslash \Omega_d^2 \backslash] = \begin{bmatrix} \omega_{d,1}^2 & 0 \\ 0 & \omega_{d,2}^2 \end{bmatrix} = \begin{bmatrix} 0.5 + 0.0424i & 0 \\ 0 & 2 + 0.1414i \end{bmatrix}$$

수학: 3.1.1 행렬의 종류 및 연산

- $(m \times n)$ 행렬: $[A] = \begin{bmatrix} a_{11} & a_{12} & \cdots & a_{1n} \\ a_{21} & a_{22} & \cdots & a_{2n} \\ \vdots & \vdots & \ddots & \vdots \\ a_{m1} & a_{m2} & \cdots & a_{mn} \end{bmatrix}$
- 전치행렬(transpose matrix):

$$[A]^T = \begin{bmatrix} a_{11} & a_{21} & \cdots & a_{m1} \\ a_{12} & a_{22} & \cdots & a_{m2} \\ \vdots & \vdots & \ddots & \vdots \\ a_{1n} & a_{2n} & \cdots & a_{mn} \end{bmatrix}, \quad ([A][B])^T = [B]^T[A]^T$$

- 단위행렬(unit matrix) 또는 항등행렬(identity matrix): $[I] = \begin{bmatrix} 1 & 0 & \cdots & 0 \\ 0 & 1 & \cdots & 0 \\ \vdots & \vdots & \ddots & \vdots \\ 0 & 0 & \cdots & 1 \end{bmatrix}$

• 대각행렬(diagonal matrix):

$$[\backslash a\backslash] = \begin{bmatrix} a_{11} & 0 & \cdots & 0 \\ 0 & a_{22} & \cdots & 0 \\ \vdots & \vdots & \ddots & \vdots \\ 0 & 0 & \cdots & a_{nn} \end{bmatrix} = diag(a_{11}, a_{22}, \cdots, a_{nn})$$

• 행렬식(determinant): $\det[A] = |\mathbf{A}| = \begin{vmatrix} a_{11} & a_{12} & \cdots & a_{1n} \\ a_{21} & a_{22} & \cdots & a_{2n} \\ \vdots & \vdots & \ddots & \vdots \\ a_{n1} & a_{n2} & \cdots & a_{nn} \end{vmatrix}$

$$\det([A][B]) = \det[A]\det[B], \quad \det([A]+[B]) = \det[A]+\det[B]$$

$$\begin{vmatrix} a_{11} & a_{12} \\ a_{21} & a_{22} \end{vmatrix} = a_{11}a_{22} - a_{12}a_{21},$$

$$\begin{vmatrix} a_{11} & a_{12} & a_{13} \\ a_{21} & a_{22} & a_{23} \\ a_{31} & a_{32} & a_{33} \end{vmatrix} = \begin{matrix} a_{11}a_{22}a_{33} + a_{12}a_{23}a_{31} + a_{13}a_{21}a_{32} \\ -a_{11}a_{23}a_{32} - a_{12}a_{21}a_{33} - a_{13}a_{22}a_{31} \end{matrix}$$

• 역행렬(inverse matrix): $[A][A]^{-1} = [A]^{-1}[A] = [I]$

수학: 3.1.2 고유치(eigenvalue)와 고유벡터(eigenvector)

$$[A]\{x\} = \lambda\{x\}$$

여기서 $[A]$는 구조시스템 행렬($= [M]^{-1}[K]$)이고, $\{x\}$은 $[A]$의 고유벡터(eigenvector)이며, λ는 $[A]$의 고유치(eigenvalue)이다.

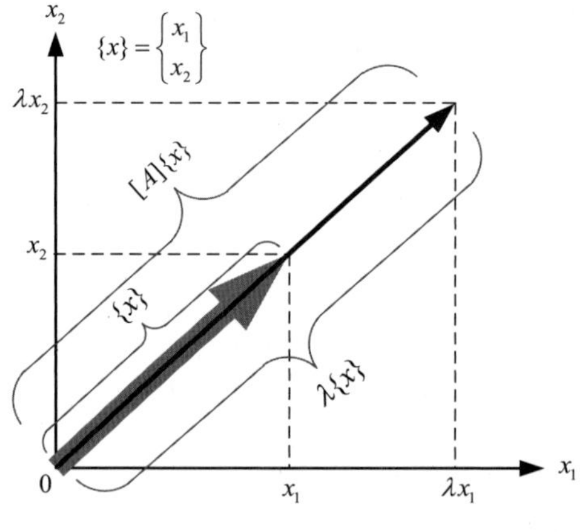

행렬 $[A]$는 벡터 $\{x\}$를 늘리거나 줄이는 역할을 할 뿐, 방향을 변화시키지는 못한다. 즉, 벡터 $\{x\}$와 벡터$[A]\{x\}$는 서로 동일한 방향을 갖는다. 따라서 λ는 $\{x\}$를 $[A]\{x\}$와 동일하게 만드는 유일한 양수 값(eigenvalue)이다.

• 예제

$$\begin{bmatrix} 2 & 1 \\ 1 & 2 \end{bmatrix}\begin{Bmatrix} 1 \\ 1 \end{Bmatrix} = \begin{Bmatrix} 3 \\ 3 \end{Bmatrix} = 3\begin{Bmatrix} 1 \\ 1 \end{Bmatrix}$$

여기서 $\begin{Bmatrix}1\\1\end{Bmatrix}$은 $\begin{bmatrix}2 & 1\\1 & 2\end{bmatrix}$의 고유벡터(eigenvector)이고, 3은 $\begin{bmatrix}2 & 1\\1 & 2\end{bmatrix}$의 고유치(eigenvalue)이다.

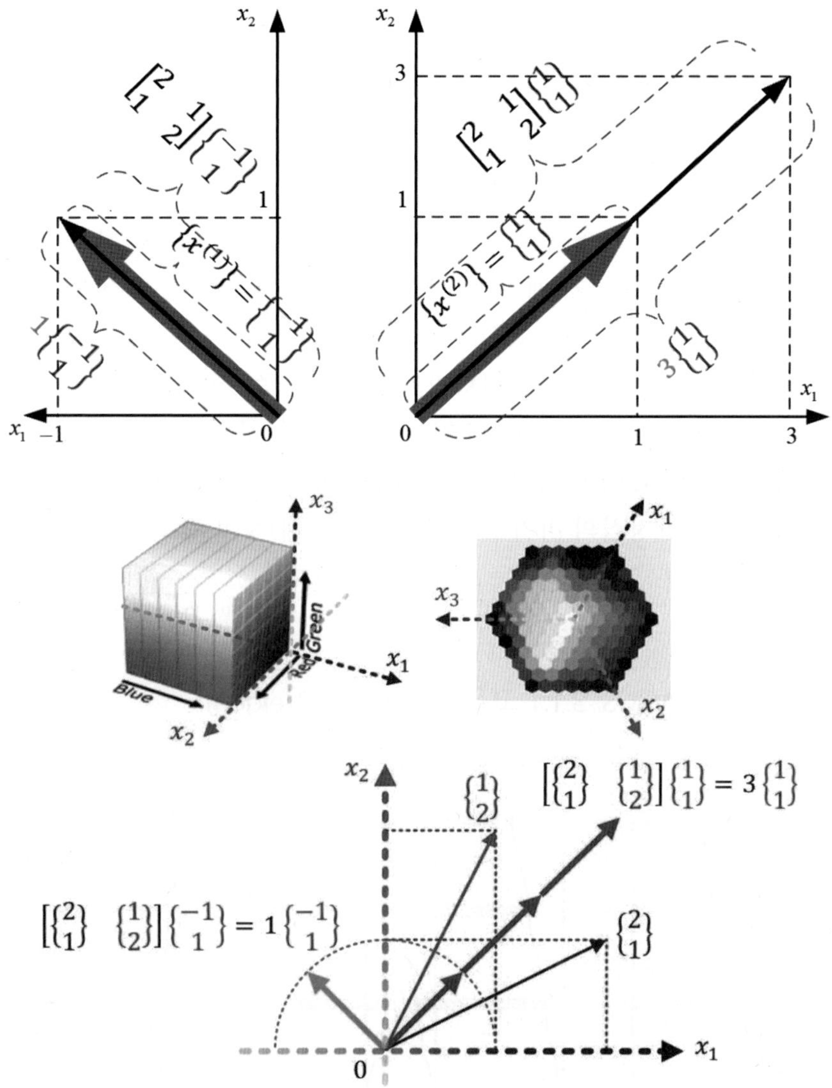

• 고유치와 고유벡터를 구하는 방법

$$\det\left(\begin{bmatrix}2 & 1\\1 & 2\end{bmatrix}-\lambda\begin{bmatrix}1 & 0\\0 & 1\end{bmatrix}\right)=\det\begin{bmatrix}2-\lambda & 1\\1 & 2-\lambda\end{bmatrix}=0$$

$$\lambda^2-4\lambda+3=0$$

$$\therefore \lambda_1=1,\{x_1\}=\begin{Bmatrix}-1\\1\end{Bmatrix}\quad \text{and}\quad \lambda_2=3,\{x_2\}=\begin{Bmatrix}1\\1\end{Bmatrix}$$

여기서 고유벡터 $\{x_1\}$과 $\{x_2\}$는 서로 선형독립(linearly independent)이다.

• 고유치분해(eigen decomposition)

모든 고유치와 고유벡터를 사용하여 원래의 정방행렬 $[A]$를 재생할 수 있다.

$$
\begin{aligned}
[A] &= [X][\backslash\lambda\backslash][X]^{-1} \\
&= [\{x_1\}\ \{x_2\}]\begin{bmatrix}\lambda_1 & 0\\ 0 & \lambda_2\end{bmatrix}[\{x_1\}\ \{x_2\}]^{-1} \\
&= \left[\begin{Bmatrix}-1\\1\end{Bmatrix}\ \begin{Bmatrix}1\\1\end{Bmatrix}\right]\begin{bmatrix}1 & 0\\ 0 & 3\end{bmatrix}\left[\begin{Bmatrix}-1\\1\end{Bmatrix}\ \begin{Bmatrix}1\\1\end{Bmatrix}\right]^{-1} = \begin{bmatrix}2 & 1\\ 1 & 1\end{bmatrix}
\end{aligned}
$$

• Note:

다자유도계의 해를 구하는 과정에서 고유치와 고유벡터라는 용어가 자주 등장한다. 고유치해석이란 다원(多元, 미지수가 여러 개인) 연립방정식의 해를 구하는 과정과 동일하다. 예를 들어 $[K]\{u\} = \{f\}$ (여기서 $\{u\}$를 3개의 미지수 u_1, u_2, u_3로 가정)와 같이 연립방정식으로 변환된 다자유도계 운동방정식을 검토해 보자. 연립방정식의 오른쪽 항이 $\{0\}$이 아니라면, 연립방정식의 해인 $\{u\}$도 $u_1 = 1.5, u_2 = 3.0, u_3 = 4.5$와 같이 $\{0\}$이 아닌 값으로 구할 수 있다. 오른쪽 항이 $\{0\}$이라면, $\{u\}$도$\{0\}$이 되지만, 이 방정식의 일반 해는$u_1 : u_2 : u_3 = 1 : 2 : 3$과 같이 비율로 구할 수 있다. 이러한 비율은 연립방정식의 미지수 개수만큼 존재하며(이 경우는 3개), 이러한 비율의 크기가 구조물의 흔들리는 형상을 나타내는 고유모드가 된다.

MATLAB/PYTHON/ABAQUS: 3.1.1 고유치해석 (ch03_eigen)

참조: MATLAB: 6.4.3 모드중첩법을 사용한 시간이력해석

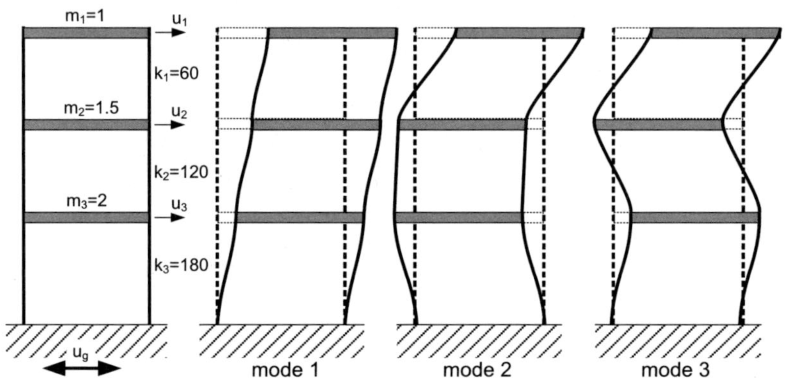

고유치문제

$$
[K][\Phi] = [M][\Phi][\backslash\Omega^2\backslash] \quad \text{또는} \quad [M]^{-1}[K][\Phi] = [\Phi][\backslash\Omega^2\backslash]
$$

$$
\rightarrow [M] = \begin{bmatrix}1.0 & 0 & 0\\ 0 & 1.5 & 0\\ 0 & 0 & 2.0\end{bmatrix},\quad [K] = 60\begin{bmatrix}1 & -1 & 0\\ -1 & 3 & -2\\ 0 & -2 & 5\end{bmatrix}
$$

$$
\rightarrow [A] = [M]^{-1}[K] = \frac{1}{60}\begin{bmatrix}1 & -1 & 0\\ -1 & 3 & -2\\ 0 & -2 & 5\end{bmatrix}^{-1}\begin{bmatrix}1.0 & 0 & 0\\ 0 & 1.5 & 0\\ 0 & 0 & 2.0\end{bmatrix} = 60\begin{bmatrix}1 & -1 & 0\\ -2/3 & 2 & -4/3\\ 0 & -1 & 5/2\end{bmatrix}
$$

$$
\rightarrow [\backslash\Omega^2\backslash] = \begin{bmatrix}21.09 & 0 & 0\\ 0 & 96.40 & 0\\ 0 & 0 & 212.52\end{bmatrix},\quad [\bar{\Phi}] = \begin{bmatrix}-0.743 & -0.636 & 0.210\\ -0.482 & 0.386 & -0.535\\ -0.224 & 0.432 & 0.513\end{bmatrix}
$$

여기서 $[\bar{\Phi}]$는 다음과 같은 일반화된 질량이 1인 정규모드이다.
즉, $[\backslash\mu\backslash] = [\bar{\Phi}]^T[M][\bar{\Phi}] = [I]$.

MATLAB 명령어

[V, D] = eigs(K, M, m, 'SA')

여기서

V = $[\bar{\Phi}]$: 일반질량이 1인 정규모드 D = $[\backslash\Omega^2\backslash]$

K = $[K]$ M = $[M]$

m = 구할 고유치 개수($< n$) 'SA' = 크기가 작은 고유치부터 출력

[ch03_eigen.m]

```
M=[1.0  0.0  0.0;   0.0  1.5  0.0;   0.0  0.0  2.0];
K=60*  [1   -1   0;    -1    3  -2;    0   -2   5];
[V, D] = eigs(K, M, 3, 'SA');
```

예제(출력)

```
D =                                    V =                              V'*M*V =
21.0879         0          0           -0.7427   -0.6358    0.2104      1.0   0.0   0.0
      0   96.3959          0           -0.4816    0.3857   -0.5348      0.0   1.0   0.0
      0         0   212.5162           -0.2242    0.4317    0.5132      0.0   0.0   1.0
```

PYTHON 명령어

import numpy as np	from scipy.sparse.linalg import eigs	from scipy.linalg import eig
[D, V] = np.linalg.eig(np.linalg.inv(M)@K)	[D, V] = eigs(K, m, M, which='SM')	[D, V] = eig(np.linalg.inv(M)@K)

여기서

V = $[\bar{\Phi}]$: SRSS가 1인 정규모드 D = $\{\Omega^2\}$ K = $[K]$ M = $[M]$

m = 구할 고유치 개수($< n$) 'SM' = 크기가 작은 고유치부터 출력

[Note]

1. eig 함수는 작은 행렬의 고유치 전부를 구할 때, eigs 함수는 큰 행렬의 고유치 일부를 구할 때 사용
2. MATLAB에서 D = $[\backslash\Omega^2\backslash]$이고, PYTHON에서 D = $\{\Omega^2\}$

[ch03_eigen.py]

```
import numpy as np
M = np.array( [[1.0,  0.0,  0.0],[ 0.0,  1.5,  0.0],[0.0,  0.0,  2.0]] )
K = np.array( [[1.0, -1.0,  0.0],[-1.0,  3.0, -2.0],[0.0, -2.0,  5.0]] )*60.0
[D,V] = np.linalg.eig(np.linalg.inv(M)@K)   # D = eigenvalues, V = eigen vectors
```

예제(출력)

```
D =          V =                                   NV = np.array([]) # check SRSS of V
21.0879      0.813328  -0.739429   0.273045        for idx in range(len(V)):
96.3959      0.527472   0.448537  -0.694062            NV1 = np.sqrt(np.sum(V[:,idx].T*V[:,idx]))
212.516      0.245503   0.502056   0.666127            NV = np.append(NV,NV1)

                                                   NV = [1., 1., 1.]
```

ABAQUS 출력

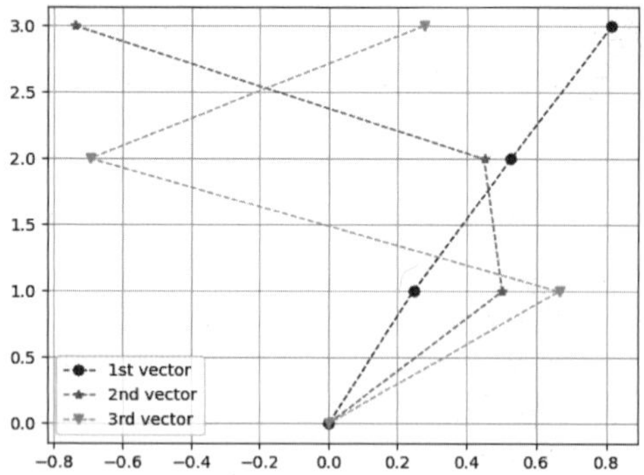

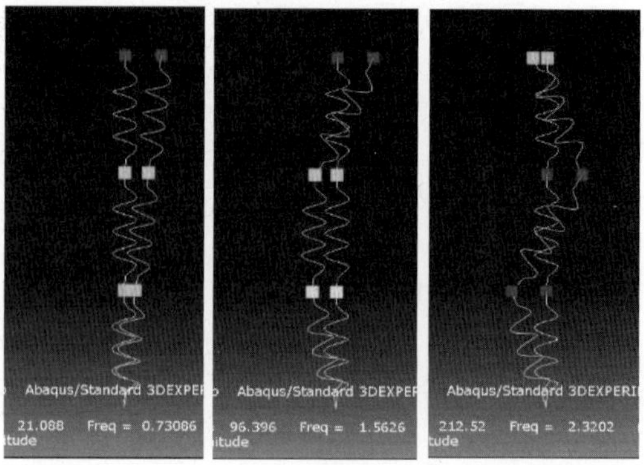

3.2 수치해석기법

3.2.1 모드중첩법

• 모드중첩법

다자유도계의 응답을 구하기 위해 동적 운동방정식을 직접 풀어야 하지만, 질량, 감쇠, 강성에 관한 계수행렬이 대각행렬이 아니므로, 연립 미분방정식을 직접 푸는 것은 그 과정이 복잡하고 경제적이지 못하다. 따라서 일반좌표계로 나타낸 모드를 사용하여 계수행렬을 대각행렬로 만든 후, 각 모드별로 해석을 수행하여 응답을 더하는 방법인 모드중첩법(mode superposition method)을 사용하는 것이 효율적이다.

모드중첩법은 n개의 자유도의 2계 연립미분방정식을, 자유진동모드행렬을 사용하여 물리좌표계(physical coordinate system)에서 일반좌표계(general coordinate system)로 좌표변환한다. 일반좌표계의 각 모드에 대한 독립적인 단자유도계 운동방정식을 유도하여 해를 구한 후, 이를 조합하는 편리한 방법이다. 또한 보통의 경우 제한된 수($m \ll n$)의 자유진동모드 만을 사용하여도 정확한 해를 구할 수 있으므로 효율적이다.

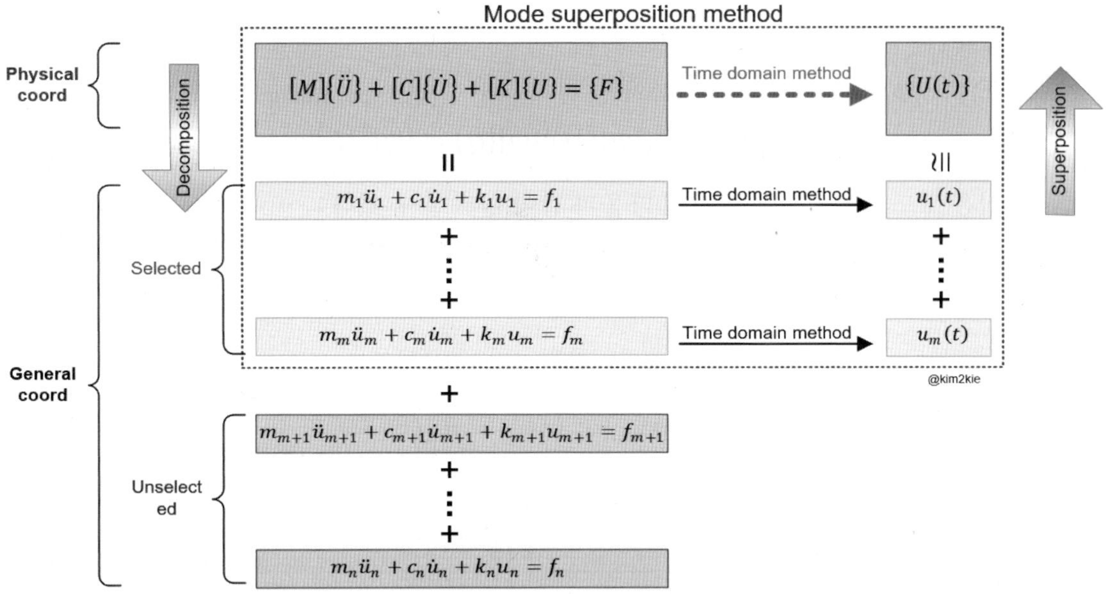

그림 3.2.1a 모드중첩법의 개념

• 응답

모드중첩법은 $(n \times n)$크기의 $[M]$과 $[K]$에 대해 직교성을 갖는 m개의 변위형상 모드 를 구한 후, 이들 m개의 모드들에 대한 각각의 응답을 선형 조합하여 변위를 구한다$(m \le n)$.

$$\{U(z;t)\} = \sum_{i=1}^{m}\{\Psi^{(i)}(z)\}\, q_i(t) = [\Phi(z)]\{Q(t)\}$$

여기서 $\{\Psi^{(i)}(z)\}$는 가정한 i번째 변위형상 모드로써 위치의 함수이고, $q_i(t)$는 i번째 모드와 관련된 일반좌표로써 시간의 함수이다.

$[\Phi(z)]$와 $\{Q(t)\}$의 정의는 다음과 같다.

$$[\Phi(z)] = \left[\{\Psi^{(1)}(z)\} \quad \{\Psi^{(2)}(z)\} \quad \cdots \quad \{\Psi^{(m)}(z)\}\right]$$

$$\{Q\} = \begin{Bmatrix} q_1 \\ q_2 \\ \vdots \\ q_m \end{Bmatrix} = \langle q_1 \quad q_2 \quad \cdots \quad q_m \rangle^T$$

• 직교모드

모드의 질량행렬과 강성행렬에 대한 직교성(orthogonality)의 정의는 다음과 같다.

$$\{\Psi^{(i)}\}^T [M]\, \{\Psi^{(j)}\} = \mu_{ii}\delta_{ij}$$

$$\{\Psi^{(i)}\}^T [K]\, \{\Psi^{(j)}\} = \kappa_{ii}\delta_{ij}$$

모드를 선택할 때 서로 직교인 형상을 취하는 가장 큰 이유는 직교모드를 사용하면 다음과 같이 감쇠가 없는 n차의 연계된(coupled) 운동방정식을 m개의 비연계(uncoupled) 단자유도 운동방정식으로 변환할 수 있기 때문이다$(m \le n)$.

$$[M]\{\ddot{U}\} + [K]\{U\} = \{F\}$$

$\{U(t)\} = [\Phi]\{Q(t)\}$로 하여 위 식의 양 변에 $[\Phi]^T$를 선승(pre-multiply)하면 다음과 같다.

$$[\Phi]^T[M][\Phi]\{\ddot{Q}\} + [\Phi]^T[K][\Phi]\{Q\} = [\Phi]^T\{F\}$$

이 식은 모드간 직교성에 의하여 다음과 같이 나타낼 수 있다.

$$[\backslash\mu\backslash]\{\ddot{Q}\} + [\backslash\kappa\backslash]\{Q\} = \{P\}$$

또는

$$\begin{array}{lcll} \mu_{11}\ddot{q}_1(t) & + & \kappa_{11}q_1(t) & = p_1(t) \\ & \vdots & & \\ \mu_{mm}\ddot{q}_m(t) & + & \kappa_{mm}q_m(t) & = p_m(t) \end{array}$$

여기서 $[\backslash\mu\backslash] = \mathrm{diag}(\mu_{11}, \mu_{22}, \cdots, \mu_{mm})$, $[\backslash\kappa\backslash] = \mathrm{diag}(\kappa_{11}, \kappa_{22}, \cdots, \kappa_{mm})$이며, $\{P\}$는 유효모드하중(effective modal load) 또는 모드참여하중(modal participation load)이라 하며 다음과 같이 정의한다.

$$\{P\} \equiv [\Phi]^T\{F\} = \begin{Bmatrix} p_1 \\ p_2 \\ \vdots \\ p_m \end{Bmatrix} = \langle p_1 \quad p_2 \quad \cdots \quad p_m \rangle^T$$

일반적으로 모드중첩법에 사용하는 모드의 개수는 m개로서 $m < n$이다.

• 모드 선정: 자유진동모드 vs. 리츠벡터

질량행렬 $[M]$과 강성행렬 $[K]$로 부터 구한 자유진동모드행렬은 질량과 강성행렬에 대해 직교하므로 모드해석에 적합하다. 그러나 자유진동모드행렬은 구조물에 작용하는 하중의 분포형태와는 무관하므로, 많은 모드를 사용하여야 정확한 해를 구할 수 있는 경우도 있으며, 자유진동모드행렬을 구하기 위해 비교적 큰 차수의 고유치해석을 해야 하는 부담도 있다.

자유진동모드의 이런 단점을 극복하기 위하여 ,리츠벡터(Ritz vector)를 사용하는 방법이 윌슨(E.L. Wilson) 등에 의하여 제시되었다. 리츠벡터는 고유치문제를 풀 필요가 없고, 정해에 수렴하는 속도가 자유진동모드행렬보다 훨씬 빨라서 효율적인 해석을 할 수 있다. 그러나 리츠벡터를 구할 때 질량 및 강성행렬 이외에 하중항을 참조해야 하므로, 동일한 구조물일지라도 하중이 많이 바뀌는 문제를 푸는 데는 적합하지 않다. 지진해석의 경우에는 유효지진하중이 구조물 질량의 분포와 밀접한 관련이 있어 하중의 형태를 가정하기 용이하므로, 이 성질을 고려한 리츠벡터를 사용하는 것은 매우 효율적이다 (예제 참조).

• 부재력

m개의 비연계된 모드별 단자유도계 방정식 각각에 대해 응답 $q_i(t)$를 구한 후, 여기에 모드를 곱하여 선형조합을 하여 다자유도계 응답을 다음과 같이 구한다.

$$\{U(z;t)\} = \sum_{i=1}^{m}\{\Psi^{(i)}(z)\}\, q_i(t) = [\Phi(z)]\{Q(t)\}$$
$$\{\dot{U}(z;t)\} = \sum_{i=1}^{m}\{\Psi^{(i)}(z)\}\, \dot{q}_i(t) = [\Phi(z)]\{\dot{Q}(t)\}$$
$$\{\ddot{U}(z;t)\} = \sum_{i=1}^{m}\{\Psi^{(i)}(z)\}\, \ddot{q}_i(t) = [\Phi(z)]\{\ddot{Q}(t)\}$$

이 응답으로 구조부재(element)에 발생하는 부재력(restoring force)을 구하면 다음과 같다.

$$\left\{F_S^{(e)}(t)\right\} = \left[K^{(e)}\right]\left\{U^{(e)}(t)\right\}$$

여기서 $\left\{U^{(e)}(t)\right\}$는 부재의 변위, $\left\{F_S^{(e)}(t)\right\}$는 부재력, 그리고 $\left[K^{(e)}\right]$는 부재의 강성행렬이다.

• $m(\ll n)$개의 저차 모드

(1) 통상 하중의 주된 진동수 성분이 구조물의 저차 고유진동수 범위 내에 있으며, (2) 고차 모드에 대한 고유치 문제의 수치 결과가 정확하지 않다. 따라서 보통 모드중첩법을 사용하여 구조물의 동적해석을 수행할 경우에 계산의 효율성을 증대시키기 위하여, 구조계의 자유도수(n개) 보다 작은 수의 m개의 저차 모드만을 사용한다. 여기서 해석에 포함시켜야 할 모드의 개수를 정하는 적절한 기준이 필요하며, 유효모드질량(effective modal mass)의 개념을 이용한다. 일반적으로 유효모드질량의 합이 전체 구조계의 전체질량에 90% 이상이 되도록 모드의 개수를 정한다.

표 3.2.1 모드중첩법 절차

1. n개의 2계 연립 운동방정식을 세운다.

$$[M]\{\ddot{U}\} + [C]\{\dot{U}\} + [K]\{U\} = \{F\}$$

2. m개의 고유진동수와 자유진동모드를 구한다. (보통 $m \le n$)

$$([K] - \omega^2[M])\{\Psi\} = \{0\} \rightarrow \det([K] - \omega^2[M]) = 0,\ \{U(t)\} = [\Phi]\{Q(t)\}$$
$$\therefore [\backslash\Omega^2\backslash] = \text{diag}(\omega_1^2, \omega_2^2, \cdots, \omega_m^2),\quad [\Phi] = \left[\{\Psi^{(1)}\}\quad \{\Psi^{(2)}\}\quad \cdots\quad \{\Psi^{(m)}\}\right]$$

3. 일반 모드좌표계에서의 질량과 하중을 구한다.

$$[\Phi]^T\,[M]\,[\Phi] = [\backslash\mu\backslash],\quad \{P\} \equiv [\Phi]^T\{F\}$$

4. 일반 모드좌표계에서의 모드별 단자유도계 운동방정식을 세운다.

$$\ddot{q}_i(t) + 2\xi_i\omega_i\dot{q}_i(t) + \omega_i^2 q_i(t) = \frac{p_i(t)}{\mu_{ii}} \qquad (i = 1,2,\cdots,m)$$

5. 일반 모드좌표계에서의 모드별 응답을 구한다.

$$q_i(t) = e^{-\xi_i\omega_i t}\left[q_i(0)\cos\omega_{d,i}t + \frac{\dot{q}_i(0)+q_i(0)\xi_i\omega_i}{\omega_{d,i}}\sin\omega_{d,i}t\right] + \frac{1}{\mu_{ii}\omega_{d,i}}\int_0^t p_i(\tau)e^{-\xi_i\omega_i(t-\tau)}\sin\omega_{d,i}(t-\tau)\,d\tau$$

여기서 초기조건은 다음과 같다.

$$\{Q\} = \frac{[\Phi]^T[M]}{[\Phi]^T[M][\Phi]}\{U\} \quad\rightarrow\quad q_i(0) = \frac{\{\Psi^{(i)}\}^T[M]}{\{\Psi^{(i)}\}^T[M]\{\Psi^{(i)}\}}\{U(0)\},\quad \dot{q}_i(0) = \frac{\{\Psi^{(i)}\}^T[M]}{\{\Psi^{(i)}\}^T[M]\{\Psi^{(i)}\}}\{\dot{U}(0)\}$$

6. 모드별 응답을 조합하여 물리좌표계에서 구조물의 응답을 구한다..

$$\{U(t)\} = [\Phi]\{Q(t)\}$$

7. 구조물의 응답과 강성으로부터 구조물의 부재력을 구한다.

$$\{F_S^{(e)}(t)\} = \left[K^{(e)}\right]\{U^{(e)}(t)\} = \left[K^{(e)}\right][\Phi]\{Q^{(e)}(t)\} = \left[M^{(e)}\right][\backslash\Omega^2\backslash][\Phi]\{Q^{(e)}(t)\}$$

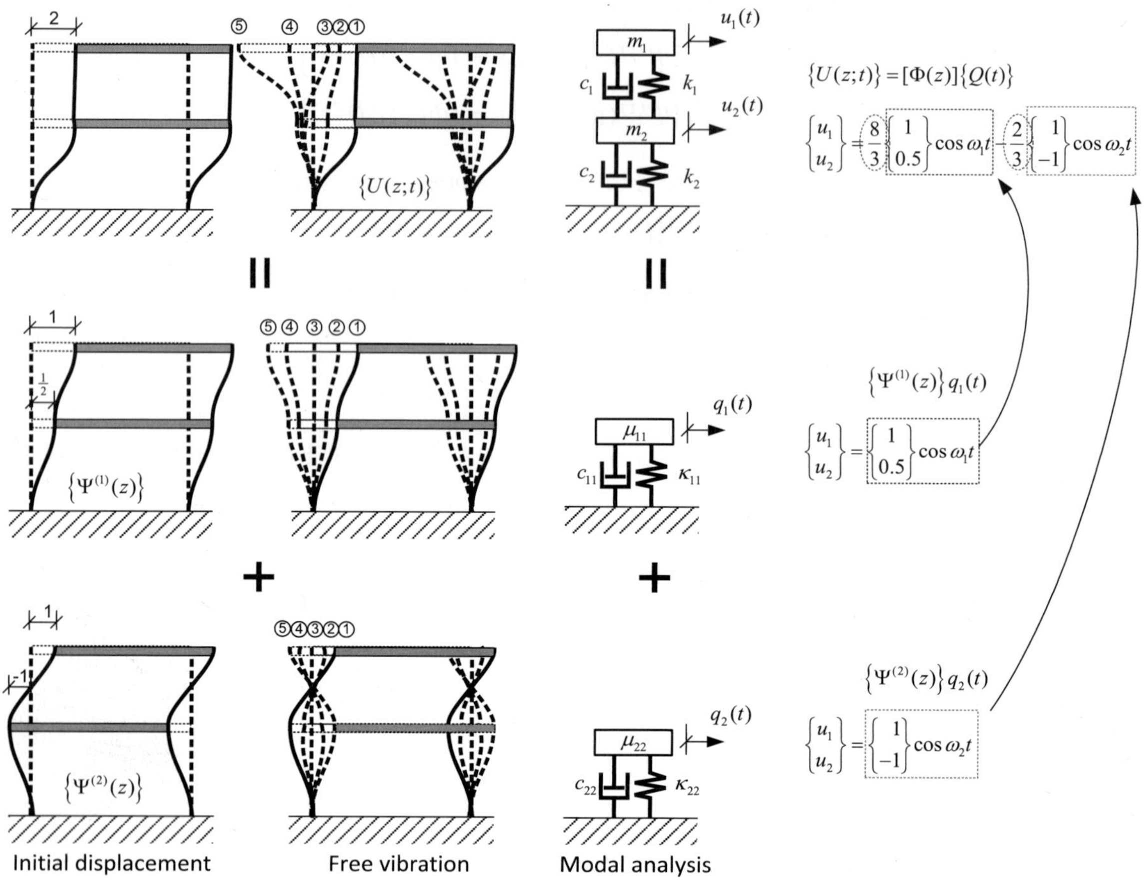

그림 3.2.1b 모드별 응답의 선형 조합

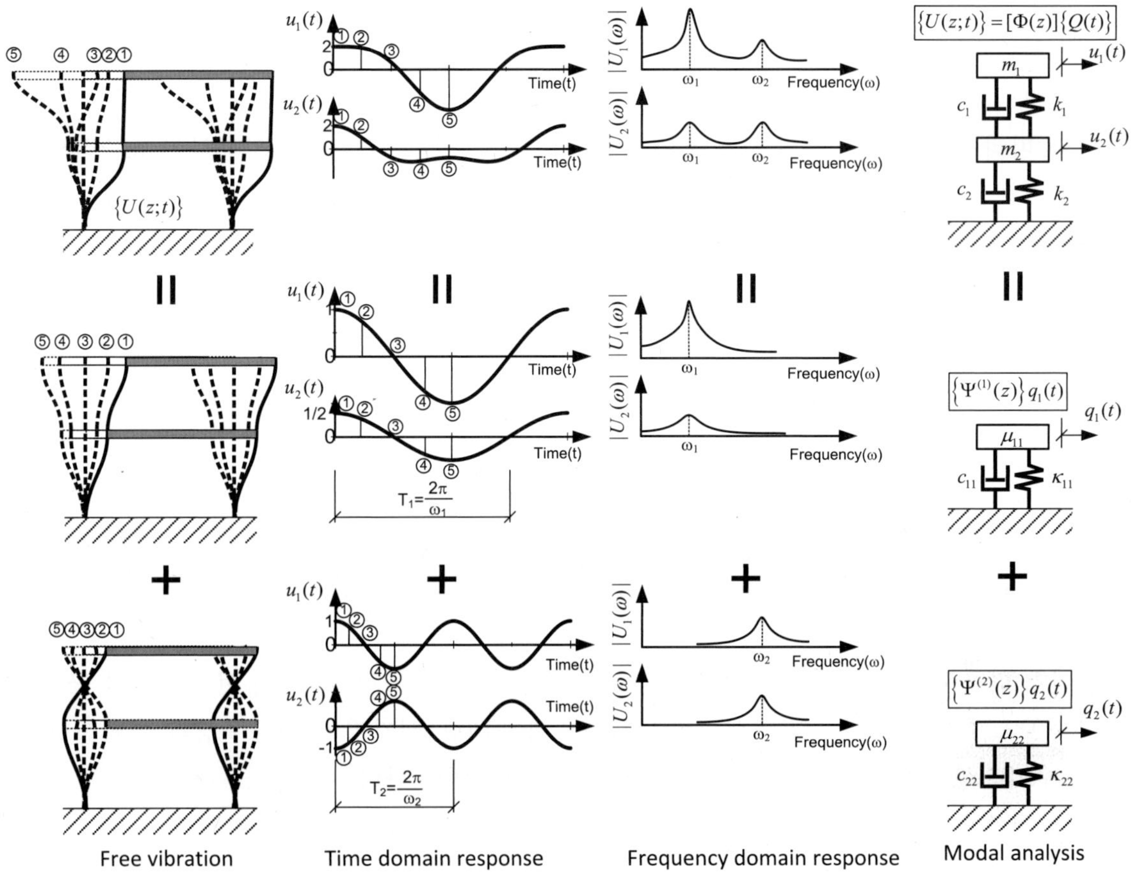

그림 3.2.1c 모드별 응답의 개념 [animation]*

3.2.2 모드중첩법: 유의사항

• 제한된 수의 모드

모드중첩법의 경우, 고유치해석(즉, 고유진동수와 모드 해석)에 많은 해석시간이 소요되므로, 모드중첩법은 제한된 자유진동모드만을 사용하여, 대형 구조물의 동적 거동을 정확하게 나타낼 수 있을 때 효과적으로 사용할 수 있다. 예를 들어, 충격하중과 같은 특수한 하중을 받는 복잡한 구조물의 동적 거동을 정확히 나타내기 위해, (전체 모드수의 2/3 이상의) 많은 수의 자유진동모드가 필요하다면, 이와 관련된 고유치해석에 많은 시간이 소요되므로, 모드중첩법을 효과적으로 적용할 수 없다.

* [YouTube] 고층 건물의 진동모드와 조합 (Vibration Mode Shapes of a Tall Building)

• 비선형 시스템

비선형 구조시스템에서는 선형 구조시스템에서 사용할 수 있는 응답의 중첩 원리를 적용할 수 없다. 따라서 모드별 응답의 선형 조합을 근간으로 하는 모드중첩법을 사용하여 효율적으로 시간이력해석을 할 수 없으며, 원칙적으로 직접적분법을 사용한 시간이력해석을 수행하여야 한다. 다만 비선형 모드중첩법(FNA; 2.6절 참조)과 같이 n개 자유도로 구성된 비선형 시스템을 m개로 축소된 자유도로 구성된 비선형 시스템으로 나타내기 위해 리츠벡터 등을 사용한 모드중첩법을 근사적으로 적용할 수 있다(자유도 축소; model reduction).

• 비비례감쇠

비비례감쇠(즉, 모드와 직교하지 않거나 비연계되지 않는 감쇠)를 갖는 다자유도계 구조물의 경우, 모드중첩법을 사용하여 다자유도계 구조물의 운동방정식을 비연계된 단자유도계 운동방정식으로 변환하기 어려우므로, 모드중첩법을 효율적으로 적용할 수 없다.

따라서 다음의 경우에 대해 구조물의 응답을 구하기 위해 모드별 응답의 선형 조합을 근간으로 하는 모드중첩법보다는, 앞서 설명한 단자유도계에 대한 (시간영역, 진동수영역 및 비선형 시스템) 수치해석기법들을 다자유도계로 확장하여 적용하여야 한다.

(1) 구조물과 작용하중이 복잡한 다자유도계

(2) 비선형 다자유도계

(3) 비비례감쇠(즉, 모드와 직교하지 않거나 비연계 되지 않은 감쇠)를 갖는 다자유도계

[예제] 3.2.1 모드중첩법

다음과 같은 2개의 수평변위 자유도를 갖는 2층 건물의 자유진동 응답을, 모드중첩법을 사용하여 구하여라. 여기서 변위와 속도에 관한 초기조건은 다음과 같으며, 감쇠는 무시하여라.

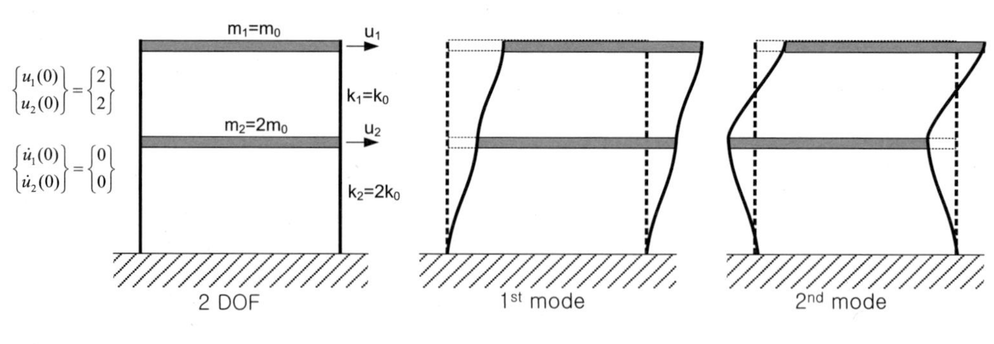

[풀이]

(1) $[\bar{\Phi}]^T\ [M]\ [\bar{\Phi}] = [I]$이 되도록 앞서 구한 정규 모드

$$[\bar{\Phi}] = \left[\{\bar{\Psi}^{(1)}\} \quad \{\bar{\Psi}^{(2)}\}\right] = \left[\frac{\{\psi^{(1)}\}}{\sqrt{\mu_{11}}} \quad \frac{\{\psi^{(2)}\}}{\sqrt{\mu_{22}}}\right] = \frac{1}{\sqrt{m_o}}\begin{bmatrix} \frac{\sqrt{2}}{\sqrt{3}} & \frac{1}{\sqrt{3}} \\ \frac{1}{2}\frac{\sqrt{2}}{\sqrt{3}} & -\frac{1}{\sqrt{3}} \end{bmatrix}$$

(2) 물리좌표계에서 일반 모드좌표계로 변위의 변환

$$\{U(t)\} = [\Phi]\{Q(t)\} \rightarrow \begin{Bmatrix} u_1(t) \\ u_2(t) \end{Bmatrix} = \frac{1}{\sqrt{m_o}}\begin{bmatrix} \frac{\sqrt{2}}{\sqrt{3}} & \frac{1}{\sqrt{3}} \\ \frac{1}{2}\frac{\sqrt{2}}{\sqrt{3}} & -\frac{1}{\sqrt{3}} \end{bmatrix}\begin{Bmatrix} q_1(t) \\ q_2(t) \end{Bmatrix}$$

(3) 비연계된 2개의 단자유도계 운동방정식

$$[\backslash\Omega^2\backslash] = \begin{bmatrix} \omega_1^2 & 0 \\ 0 & \omega_2^2 \end{bmatrix} = \begin{bmatrix} \frac{1}{2} & 0 \\ 0 & 2 \end{bmatrix}$$

$$\ddot{q}_i(t) + 2\xi_i\omega_i\dot{q}_i(t) + \omega_i^2 q_i(t) = \frac{p_i(t)}{\mu_{ii}} \qquad (i = 1,2)$$

$$\rightarrow \begin{matrix} \ddot{q}_1(t) & + & 2\xi_1\omega_1\dot{q}_1(t) & + & \omega_1^2 q_1(t) & = & \frac{p_1(t)}{\mu_{11}} \\ \ddot{q}_2(t) & + & 2\xi_2\omega_2\dot{q}_2(t) & + & \omega_2^2 q_2(t) & = & \frac{p_2(t)}{\mu_{22}} \end{matrix}$$

(4) 일반 모드좌표계에서의 응답 ($\xi_i = 0,\ p_i = 0$):

$$q_i(t) = q_i(0)\cos\omega_i t + \frac{\dot{q}_i(0)}{\omega_i}\sin\omega_i t$$

$$\rightarrow \begin{matrix} q_1(t) = q_1(0)\cos\omega_1 t + \frac{\dot{q}_1(0)}{\omega_1}\sin\omega_1 t \\ q_2(t) = q_2(0)\cos\omega_2 t + \frac{\dot{q}_2(0)}{\omega_2}\sin\omega_2 t \end{matrix}$$

(5) 일반 모드좌표계에서의 초기조건($\{\Psi^{(i)}\}$ 대신 정규 모드 $\{\overline{\Psi}^{(i)}\}$를 사용)

$$q_i(0) = \frac{\{\Psi^{(i)}\}^T[M]}{\{\Psi^{(i)}\}^T[M]\{\Psi^{(i)}\}}\{U(0)\} \rightarrow q_i(0) = \{\overline{\Psi}^{(i)}\}^T[M]\{U(0)\}$$

$$\dot{q}_i(0) = \frac{\{\Psi^{(i)}\}^T[M]}{\{\Psi^{(i)}\}^T[M]\{\Psi^{(i)}\}}\{\dot{U}(0)\} \rightarrow \dot{q}_i(0) = \{\overline{\Psi}^{(i)}\}^T[M]\{\dot{U}(0)\}$$

$$\rightarrow \begin{Bmatrix} q_1(0) \\ q_2(0) \end{Bmatrix} = [\overline{\Phi}]^T[M]\begin{Bmatrix} u_1(0) \\ u_2(0) \end{Bmatrix}, \quad \begin{Bmatrix} \dot{q}_1(0) \\ \dot{q}_2(0) \end{Bmatrix} = [\overline{\Phi}]^T[M]\begin{Bmatrix} \dot{u}_1(0) \\ \dot{u}_2(0) \end{Bmatrix}$$

$$\rightarrow \begin{Bmatrix} q_1(0) \\ q_2(0) \end{Bmatrix} = \left(\frac{1}{\sqrt{m_o}}\begin{bmatrix} \frac{\sqrt{2}}{\sqrt{3}} & \frac{1}{\sqrt{3}} \\ \frac{1}{2}\frac{\sqrt{2}}{\sqrt{3}} & -\frac{1}{\sqrt{3}} \end{bmatrix}\right)\left(m_o\begin{bmatrix} 1 & 0 \\ 0 & 2 \end{bmatrix}\right)\begin{Bmatrix} 2 \\ 2 \end{Bmatrix} = \sqrt{m_o}\begin{Bmatrix} \frac{8}{\sqrt{6}} \\ -\frac{2}{\sqrt{3}} \end{Bmatrix}$$

$$\rightarrow \begin{Bmatrix} \dot{q}_1(0) \\ \dot{q}_2(0) \end{Bmatrix} = \left(\frac{1}{\sqrt{m_o}}\begin{bmatrix} \frac{\sqrt{2}}{\sqrt{3}} & \frac{1}{\sqrt{3}} \\ \frac{1}{2}\frac{\sqrt{2}}{\sqrt{3}} & -\frac{1}{\sqrt{3}} \end{bmatrix}\right)\left(m_o\begin{bmatrix} 1 & 0 \\ 0 & 2 \end{bmatrix}\right)\begin{Bmatrix} 0 \\ 0 \end{Bmatrix} = \begin{Bmatrix} 0 \\ 0 \end{Bmatrix}$$

(6) 초기조건을 대입하여 구한 일반 모드좌표계에서의 응답

$$q_1(t) = \frac{8}{\sqrt{6}}\sqrt{m_o}\cos\omega_1 t$$

$$q_2(t) = -\frac{2}{\sqrt{3}}\sqrt{m_o}\cos\omega_2 t$$

(7) 물리 좌표계에서의 변위

$$\begin{Bmatrix} u_1(t) \\ u_2(t) \end{Bmatrix} = [\{\overline{\Psi}^{(1)}\} \quad \{\overline{\Psi}^{(2)}\}]\begin{Bmatrix} q_1(t) \\ q_2(t) \end{Bmatrix} = \frac{1}{\sqrt{m_o}}\begin{bmatrix} \frac{\sqrt{2}}{\sqrt{3}} & \frac{1}{\sqrt{3}} \\ \frac{1}{2}\frac{\sqrt{2}}{\sqrt{3}} & -\frac{1}{\sqrt{3}} \end{bmatrix}\begin{Bmatrix} \frac{8}{\sqrt{6}}\sqrt{m_o}\cos\omega_1 t \\ -\frac{2}{\sqrt{3}}\sqrt{m_o}\cos\omega_2 t \end{Bmatrix} = \begin{bmatrix} \frac{8}{3} & -\frac{2}{3} \\ \frac{4}{3} & \frac{2}{3} \end{bmatrix}\begin{Bmatrix} \cos\omega_1 t \\ \cos\omega_2 t \end{Bmatrix}$$

위의 해는 앞서 [예제] 3.1.2절 다자유도계 비감쇠 자유진동에서 구한 결과와 동일하다.

3.3 유한요소법 (FEM)

3.3.1 소개

• 필요성

구조물의 동적 응답을 해석하기 위해, 일반적으로 구조물의 질량행렬, 감쇠행렬 및 강성행렬을 이미 알고 있다고 가정하며, 반드시 '유한요소법(FEM; finite element method)'을 사용하여 동적 해석에 필요한 행렬들을 구할 필요는 없다. 그러나 오늘날 유한요소법은 단순하거나 복잡한 구조물의 거동을 모델링 하기에 가장 강력한 도구로써 이미 일반화되었으며, 더욱이 유한요소법을 사용하면 구조물의 복잡한 형상, 실제의 지지조건 및 다양한 비선형성과 붕괴현상 등을 매우 쉽고 직접적으로 고려할 수 있다는 장점을 갖고 있다.

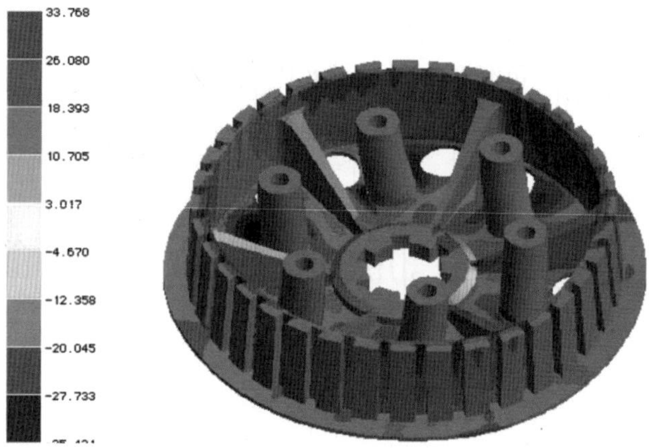

그림 3.3.1a 유한요소법의 개요(출처: YouTube, www.visualfea.com) [animation]

• 절차

유한요소법은 자연에서 발생하는 여러 종류의 자연 현상(또는 물리 현상)을 근사적으로 모델링 하는 방법이다. 이러한 여러 가지 물리 현상은 주어진 영역을 지배하는 지배방정식(governing equation)과 경계조건(boundary condition)으로 표현되며, 이러한 형태로 나타낼 수 있는 문제를 경계치문제(boundary value problem)라고 하고, 유한요소법은 이러한 경계치문제를 푸는 수치 해법 중에 하나이다.

$$\boldsymbol{\mathcal{L}}(\phi) + f = 0\text{: governing equationg,}$$

$$\boldsymbol{\mathcal{B}}(\psi) + g = 0\text{: boundary condition}$$

일반적으로 유한요소법은 편미분방정식으로 나타나는 지배방정식을 직접 풀지 않고, 선형대수방정식(linear algebraic equation)으로 근사화하여 푼다. 방정식의 변수는 작용하중과 응답이며, 이들 변수는 해석 영역의 내부와 그 경계에 인위적으로 설정한 점들인 절점(node)에서의 값들로 한정되어 있다.

$$\mathcal{L}(\phi) + f = 0\text{: governing equationg}$$

$$\rightarrow [K]\{U\} = \{F\}\text{: linear algebraic equation}$$

해석하려는 영역 전체에 대한 지배방정식을 한 번에 세우는 것은 거의 불가능하므로, 영역을 여러 개의 단순하고 작은 영역으로 분할한다. 이렇게 분할하는 것을 세분화(discretization)라고 하며, 분할된 작은 영역을 요소(element)라고 한다. 여기서 개개의 요소는 몇 개의 절점으로 이루어져 있으며, 인접한 요소들은 절점에서 서로 연결되어 있으며, 절점을 서로 공유한다.

요소 내에서의 지배방정식은 전체 영역에서의 지배방정식과 동일하고, 한 요소에 대해서는 매우 단순화된 근사화에 의해 지배방정식을 선형대수방정식으로 쉽게 근사화할 수 있으며, 이러한 하나의 요소에 대한 선형대수방정식을 요소방정식(element equation)이라 한다.

$$[K^{(e)}]\{U^{(e)}\} = \{F^{(e)}\}\text{: element equation}$$

모든 요소들에 대해 요소방정식을 구성하고, 요소를 구성하고 있는 절점의 연결성에 따라 요소방정식을 조합(조립; assembly)하면, 전체 영역에 대한 선형대수방정식이 완성되며, 이 방정식을 전체방정식(global equation)이라 한다. 이와 같이 전체방정식을 세우고 풀어서 미지의 변수를 구하고, 부차적인 계산을 실행하여 필요한 결과를 얻는 방법을 유한요소법(finite element method; FEM)이라 한다.

$$[K]\{U\} = \{F\}\text{: global equation}$$

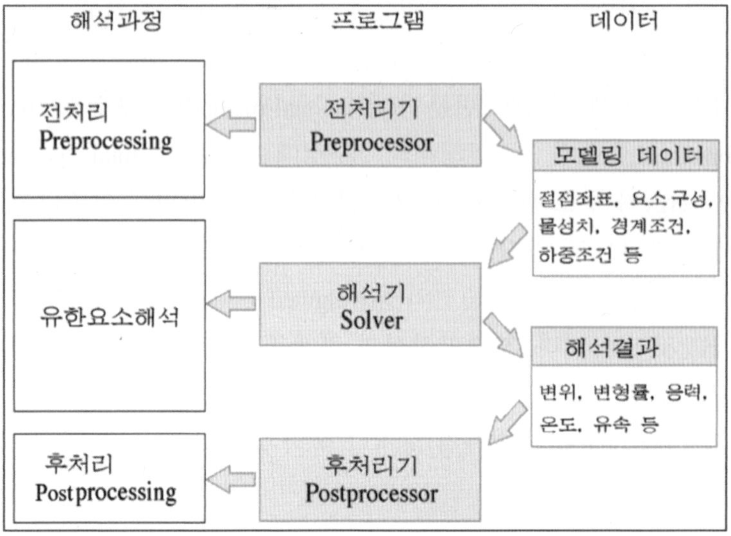

그림 3.3.1b 전처리(preprocessing)와 후처리(postprocessing) (출처: YouTube) [animation]

• 형상함수

절점이 아닌 요소 내 임의의 점에서 발생하는 거동을 모델링하는 함수를 형상함수(shape function) 라고 한다. 형상함수는 요소 내 임의점에서의 값을 절점에서의 값을 사용하여 보간하는 형식으로 구하므로, 보간함수(interpolation function) 와 동일한 의미를 갖는다. 형상함수는 요소의 형상, 절점수, 요소간의 연속성 등에 따라서 다르다.

요소의 거동을 기하학적 형태로 근사적으로 표현하기 위해 주로 사용되는 함수들로는 (1) 다항급수(polynomial series), (2) Lagrangian 함수, (3) Hermitian 함수, (4) Spline 함수, (5) Legendre 함수 등을 들 수 있다.

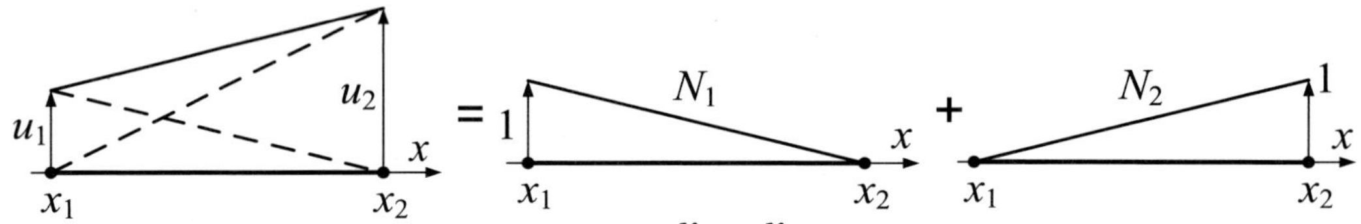

$$u = N_1 u_1 + N_2 u_2 \qquad N_1 = \frac{x_2 - x}{x_2 - x_1} \qquad N_2 = \frac{x - x_1}{x_2 - x_1}$$

그림 3.3.1c 1차원 형상함수의 예

• 요소방정식의 정식화

요소방정식을 유도하는 방법은 크게 (1) 직접법, (2) 변분법 및 (3) 가중잔차법으로 나눌 수 있다. 직접법(direct method) 은 힘의 평형방정식으로부터 직접적으로 요소방정식을 유도하는 방법으로, 가장 간단하고 직관적인 방법으로 요소방정식의 유도과정을 실체적으로 파악할 수 있다는 장점을 갖지만, 요소의 기하학적 형태가 복잡하거나, 요소 내 절점수 또는 절점당 자유도가 많거나, 하중 및 경계조건이 복잡한 경우에는 이 방법을 적용하기가 불가능하거나 현실적으로 어렵다. 이에 비하여 변분법(variational method) 은 변분원리(variational principle) 과 범함수(functional, 유한요소방정식의 구성에는 주로 total potential energy 또는 complementary energy가 주로 사용됨)의 극한값을 구하는 방법에 의존하고, 경계조건의 일부가 범함수 내에 포함되므로, 간단한 요소는 물론 복잡한 요소의 강성행렬구성에도 개념적인 제한없이 널리 사용될 수 있다. 가중잔차법(weighted residual method; WRM) 은 변분법과 달리 범함수를 구하는 것이 아니라, 지배방정식과 경계조건으로부터 직접 그에 대응되는 방정식을 유도하여 요소방정식을 유도하므로, 범함수를 구할 수 없거나 구하기 어려운 문제(예를 들어, 물리적으로 potential이 존재하지 않거나 구하기 어려운 문제) 등에 광범위하고 효율적으로 적용할 수 있다.

3.3.2 시스템 행렬: 질량, 감쇠, 강성 및 하중

• 운동방정식

다자유도계(n 자유도계)에서 유도한 운동방정식은 다음과 같다.

$$[M]\{\ddot{U}\}+[C]\{\dot{U}\}+[K]\{U\}=\{F\}$$

여기서 $[M], [C], [K]$는 $(n\times n)$크기의 구조물의 질량행렬, 감쇠행렬 및 강성행렬이며, $\{U\}$와 $\{F\}$는 $(n\times 1)$크기의 변위와 하중 벡터이다.

$$[M]=\sum_e\left[M^{(e)}\right],\ [C]=\sum_e\left[C^{(e)}\right],\ [K]=\sum_e\left[K^{(e)}\right],\ \{F\}=\sum_e\left\{F^{(e)}\right\}$$

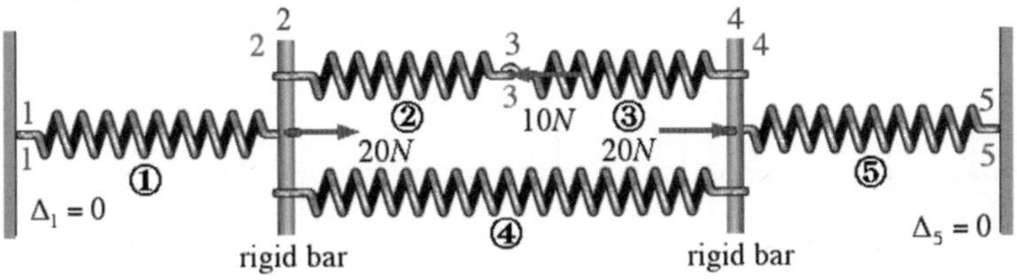

$$\left[\begin{array}{ccc|cc} 45 & -12 & -18 & -15 & 0 \\ -12 & 22 & -10 & 0 & 0 \\ -18 & -10 & 48 & 0 & -20 \\ \hline -15 & 0 & 0 & 15 & 0 \\ 0 & 0 & -20 & 0 & 20 \end{array}\right]\begin{Bmatrix}\Delta_2\\ \Delta_3\\ \Delta_4\\ 0\\ 0\end{Bmatrix}=\begin{Bmatrix}20\\ -10\\ 20\\ F_1\\ F_5\end{Bmatrix}$$

최종 방정식

$$\begin{bmatrix}45 & -12 & -18\\ -12 & 22 & -10\\ -18 & -10 & 48\end{bmatrix}\begin{Bmatrix}\Delta_2\\ \Delta_3\\ \Delta_4\end{Bmatrix}=\begin{Bmatrix}20\\ -10\\ 20\end{Bmatrix}$$

절점의 변위

$$\begin{Bmatrix}\Delta_2\\ \Delta_3\\ \Delta_4\end{Bmatrix}=\begin{Bmatrix}0.8873\\ 0.4088\\ 0.8345\end{Bmatrix}\ (cm)$$

지지점의 반력

$$\begin{Bmatrix}F_1\\ F_5\end{Bmatrix}=\begin{Bmatrix}-13.31\\ -16.69\end{Bmatrix}\ (N)$$

그림 3.3.2a 스프링 시스템의 정적 해석 예시 (출처: YouTube) [animation]

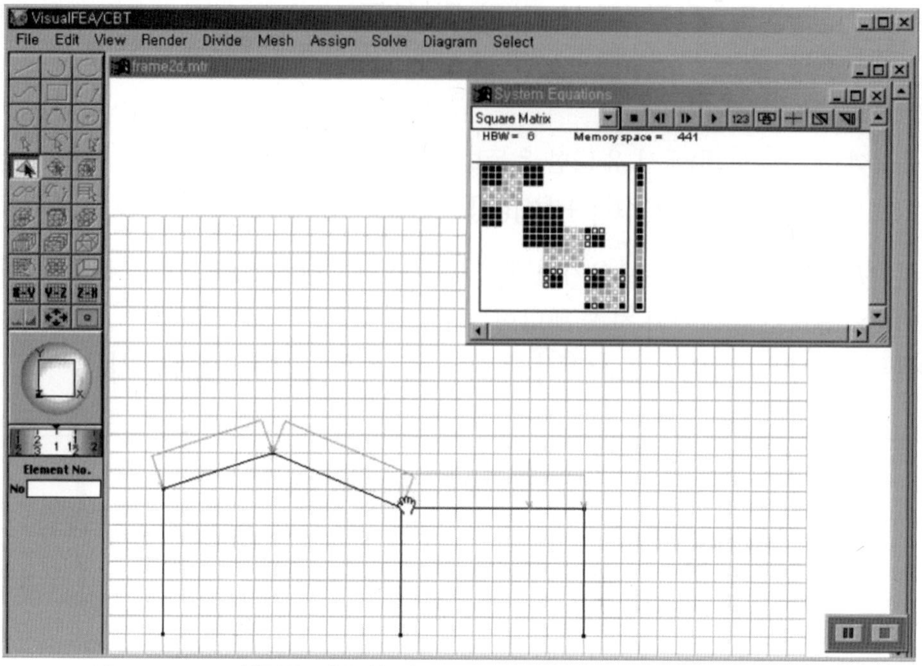

그림 3.3.2b 요소행렬을 사용한 전체행렬의 조합(출처: YouTube) [animation]

• 요소질량행렬

질량행렬은 연속된 질량의 분포를 이산화하여 나타내는 것이며, 크게 (1) 일관질량행렬과 (2) 집중질량행렬로 구분할 수 있다.

일관질량행렬(consistent mass matrix)는 질량밀도(ρ)와 형상함수($[N]$)를 사용하여 구하고, 강성행렬을 구성할 때와 일관성을 갖도록 강성행렬에서 사용한 형상함수를 동일하게 사용한다.

$$\left[M^{(e)}\right] = \int \rho[N]^T[N]dV$$

집중질량행렬(lumped mass matrix)는 요소 내의 전체 질량을 해당 자유도별로 나누어 할당함으로써, 보다 간단하고 직접적으로 질량행렬을 유도한다. 이렇게 구한 집중질량행렬은 일관질량행렬과는 달리 대각행렬(diagonal matrix)이며, 상대적으로 경제적이며 효율적인 계산을 수행할 수 있다.

일관질량행렬과 집중질량행렬의 정확도는 경우에 따라 다르다. 보(beam), 판(plate) 등과 같이 유연한 구조물의 경우에는 일관질량행렬이 보다 정확하며, 파동전파와 같은 경우에는 집중질량행렬이 보다 정확하다. 일반적으로 일관질량행렬의 경우 고유진동수를 과대평가하는 경향이 있는데 반해, 집중질량행렬은 고유진동수를 과소평가하는 경향이 있다.

집중질량행렬은 상대적으로 계산이 간편하고 효율적이며, 절점이 많아질 경우, 일관질량행렬을 사용한 결과와 거의 비슷한 결과를 보여주므로, 실제 (시간영역) 동적 해석에 널리 사용된다.

• 요소감쇠행렬

일관감쇠행렬(consistent damping matrix)는 요소 내 감쇠 관련 변수(c)를 사용하여, 강성행렬을 구성할 때와 일관성을 갖도록 강성행렬에서 사용한 형상함수를 동일하게 적용하여 구할 수 있다. 실제로 감쇠행렬을 구하는 다양한 방법들이 있으므로, 사용자가 문제에 따라 적절히 선택하여 적용하여야 한다.

$$\left[C^{(e)}\right] = \int c[N]^T[N]dV$$

• 요소강성행렬

일반적인 강성행렬의 형태는 다음과 같다.

$$\left[K^{(e)}\right] = \int [B]^T[E][B]dV$$

여기서 $[B]$는 변형률-변위 행렬(strain-displacement matrix)이며, $[E]$는 재료탄성행렬(material elasticity matrix)로 다음과 같다.

$$\{\varepsilon\} = [B]\{u\}, \quad \{\sigma\} = [E]\{\varepsilon\}$$

• 요소하중벡터

구조물에 작용하는 모든 하중($\{P\}$)을 절점 하중으로 변환하여야 하며, 일관강성벡터(consistent load vector)는 강성행렬을 구성할 때와 일관성을 갖도록 강성행렬에서 사용한 형상함수를 동일하게 사용하여 구한다.

$$\left\{F^{(e)}\right\} = \int [N]^T\{P\}\,dV$$

3.3.3 분포질량을 갖는 보의 이론해

유한요소해석은 무한 개의 자유도를 갖는 연속 구조물을 유한 개의 자유도를 갖는 이산 구조물(discrete structure)로 근사하기 때문에, 구조물의 실제 거동에 대한 근사해 만을 제공한다. 따라서 유한요소해석으로 구한 근사해를 연속적인 분포성질을 갖는 구조물의 이론해와 비교하여 결과를 검증할 필요가 있다.

분포질량과 분포하중을 갖는 보의 운동방정식을 구할 수 있다.

$$m\frac{\partial^2 w}{\partial t^2} + \frac{\partial^2}{\partial t^2}\left(EI\frac{\partial^2 w}{\partial x^2}\right) = p$$

여기서 $w(x)$는 휨에 의한 처짐, $m(x)$은 단위길이당 질량(즉, ρA), $p(x,t)$는 단위길이당 하중, $EI(x)$는 단위길이당 휨강성이다.

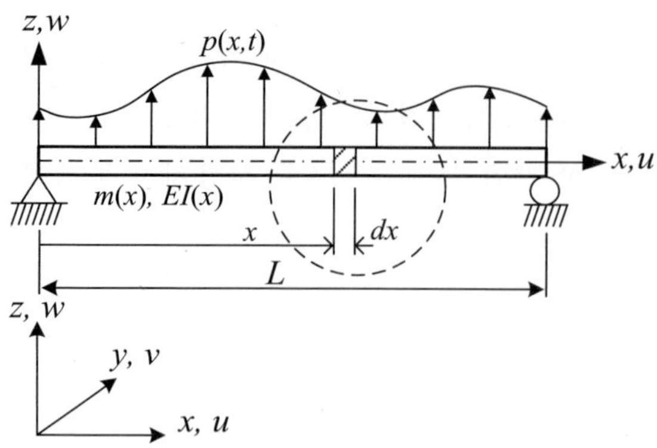

Coordinates and displacements

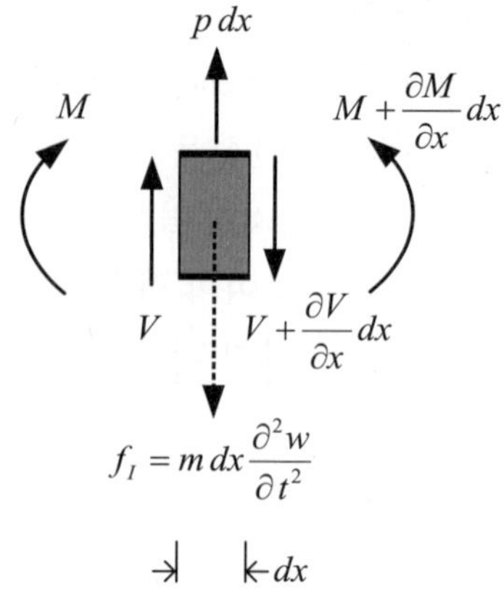

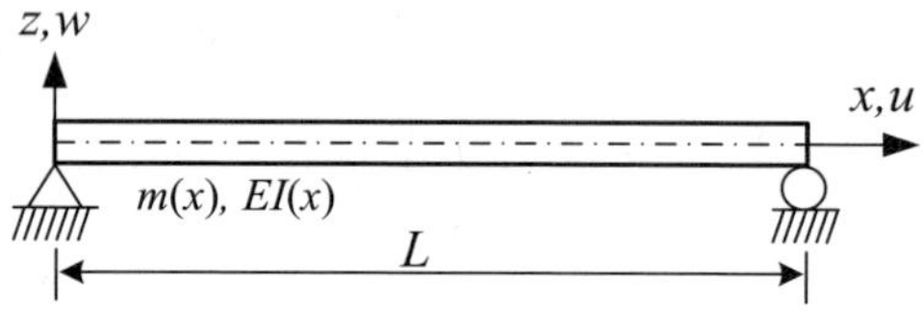

$$\omega_n = \left(\frac{n\pi}{L}\right)^2 \sqrt{\frac{EI}{m}}$$

$$\psi_n(x) = C_1 \sin\frac{n\pi}{L}x,\ \ (n = 1, 2, \cdots)$$

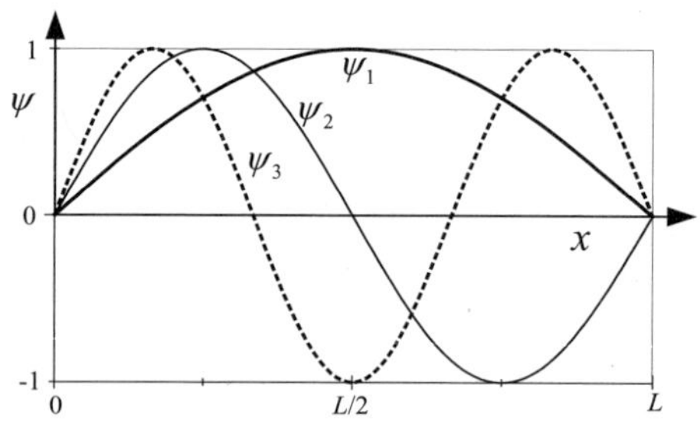

$$\psi_1(x) = \sin\frac{\pi}{L}x \qquad \omega_1 = \left(\frac{\pi}{L}\right)^2 \sqrt{\frac{EI}{m}}$$

$$\psi_2(x) = \sin\frac{2\pi}{L}x \qquad \omega_2 = \left(\frac{2\pi}{L}\right)^2 \sqrt{\frac{EI}{m}}$$

$$\psi_3(x) = \sin\frac{3\pi}{L}x \qquad \omega_3 = \left(\frac{3\pi}{L}\right)^2 \sqrt{\frac{EI}{m}}$$

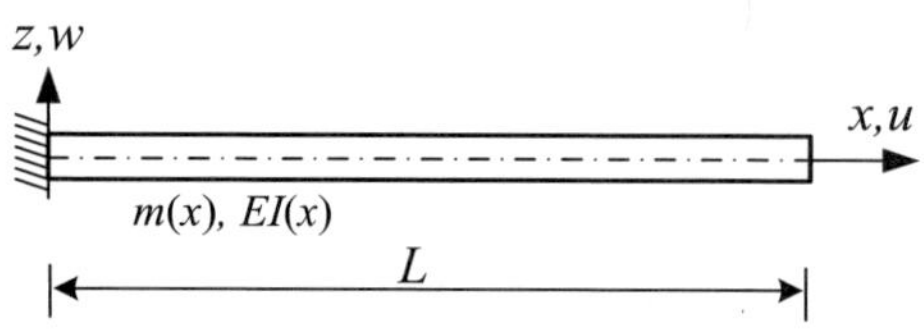

$$\omega_n \approx \begin{cases} \left(\dfrac{1.8751}{L}\right)^2 \sqrt{\dfrac{EI}{m}} & n = 1 \qquad \left(\dfrac{10.996}{L}\right)^2 \sqrt{\dfrac{EI}{m}} \quad n = 4 \\ \left(\dfrac{4.6941}{L}\right)^2 \sqrt{\dfrac{EI}{m}} & n = 2 \qquad \left(\dfrac{(2n-1)\pi}{2L}\right)^2 \sqrt{\dfrac{EI}{m}} \quad n \ge 5 \\ \left(\dfrac{7.8548}{L}\right)^2 \sqrt{\dfrac{EI}{m}} & n = 3 \end{cases}$$

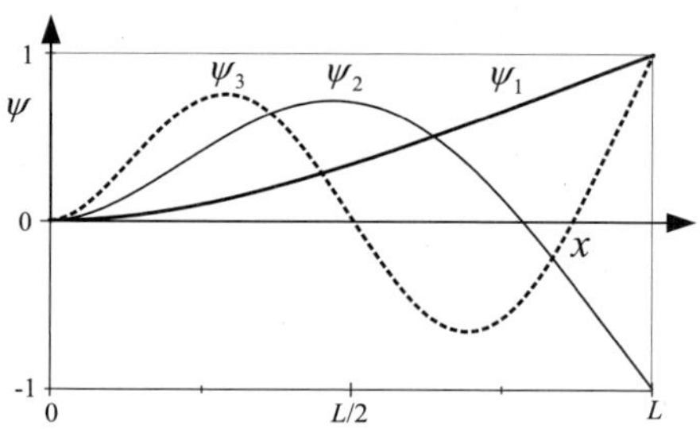

$$\psi_n(x) = C_1 \left[\frac{\cosh\beta_n x - \cos\beta_n x}{\cosh\beta_n L + \cos\beta_n L} - \frac{\sinh\beta_n x - \sin\beta_n x}{\sinh\beta_n L + \sin\beta_n L} \right]$$

where $1 + \cos\beta_n L \cosh\beta_n L = 0$

$$\rightarrow \beta_n L \approx \begin{cases} 1.8751 & n = 1 \qquad 10.996 \quad n = 4 \\ 4.6941 & n = 2 \qquad \dfrac{(2n-1)\pi}{2} \quad n \ge 5 \\ 7.8548 & n = 3 \end{cases}$$

[예제] 3.3.2 외팔보의 고유진동수

절점당 2개 자유도를 갖는 외팔보의 고유진동수를 (1) 일관질량행렬과 (2) 집중질량행렬을 사용하여 구하여라. 여기서 감쇠는 무시하며, 단위길이당 질량은 m이다.

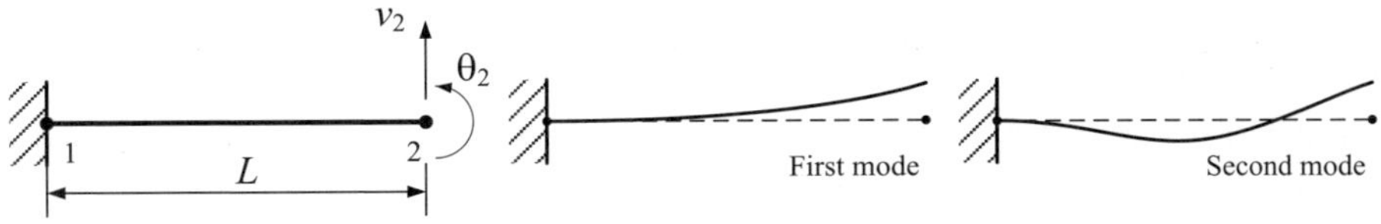

[풀이]

(1) 형상함수

$$[N] = \langle N_1 \quad N_2 \quad N_3 \quad N_4 \rangle = \langle 1 - \frac{3x^2}{L^2} + \frac{2x^3}{L^3} \quad x - \frac{2x^2}{L} + \frac{x^3}{L^2} \quad \frac{3x^2}{L^2} - \frac{2x^3}{L^3} \quad -\frac{x^2}{L} + \frac{x^3}{L^2} \rangle$$

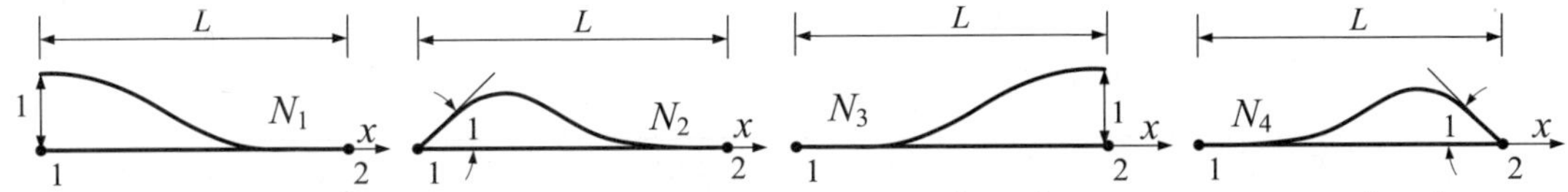

$N_1 = 1 - \frac{3x^2}{L^2} + \frac{2x^3}{L^3}$ $\quad N_2 = x - \frac{2x^2}{L} + \frac{x^3}{L^2}$ $\quad N_3 = \frac{3x^2}{L^2} - \frac{2x^3}{L^3}$ $\quad N_4 = -\frac{x^2}{L} + \frac{x^3}{L^2}$

(2) 요소강성행렬

$$[B] = \frac{d^2}{dx^2}[N] = \langle \frac{d^2N_1}{dx^2} \quad \frac{d^2N_2}{dx^2} \quad \frac{d^2N_3}{dx^2} \quad \frac{d^2N_4}{dx^2} \rangle = \langle -\frac{6}{L^2} + \frac{12x}{L^3} \quad -\frac{4}{L} + \frac{6x}{L^2} \quad \frac{6}{L^2} - \frac{12x}{L^3} \quad -\frac{2}{L} + \frac{6x}{L^2} \rangle$$

$$[E] = EI$$

$$\left[K^{(e)}\right] = \int [B]^T[E][B]\,dV = \int_0^L [B]^T EI[B]dx = \frac{EI}{L^3}\begin{bmatrix} 12 & 6L & -12 & 6L \\ 6L & 4L^2 & -6L & 2L^2 \\ -12 & -6L & 12 & -6L \\ 6L & 2L^2 & -6L & 4L^2 \end{bmatrix}$$

(3a) 요소질량행렬: 일관질량행렬

$$\left[M^{(e)}_{consistent}\right] = \int \rho[N]^T[N]\,dV = \int_0^L \rho A[N]^T[N]dx = \frac{mL}{420}\begin{bmatrix} 156 & 22L & 54 & -13L \\ 22L & 4L^2 & 13L & -3L^2 \\ 54 & 13L & 156 & -22L \\ -13L & -3L^2 & -22L & 4L^2 \end{bmatrix}$$

(3b) 요소질량행렬: 집중질량행렬

$$\left[M^{(e)}_{lumped}\right] = \begin{bmatrix} \frac{mL}{2} & 0 & 0 & 0 \\ 0 & \frac{mL^3}{24} & 0 & 0 \\ 0 & 0 & \frac{mL}{2} & 0 \\ 0 & 0 & 0 & \frac{mL^3}{24} \end{bmatrix} = mL\begin{bmatrix} \frac{1}{2} & 0 & 0 & 0 \\ 0 & \frac{L^2}{24} & 0 & 0 \\ 0 & 0 & \frac{1}{2} & 0 \\ 0 & 0 & 0 & \frac{L^2}{24} \end{bmatrix} \quad \text{in case } I = \frac{1}{3}\left(\frac{mL}{2}\right)\left(\frac{L}{2}\right)^2 = \frac{mL^3}{24}$$

(4a) 고유진동수: 일관질량행렬

1번 절점에 해당하는 자유도를 구속하여 구한 질량과 강성행렬을 사용하면 다음과 같다.

$$([K] - \omega^2[M])\{\Psi\} = \{0\} \quad \rightarrow \quad \det([K] - \omega^2[M]) = 0$$

$$\left(\frac{EI}{L^3}\begin{bmatrix} 12 & -6L \\ -6L & 4L^2 \end{bmatrix} - \omega^2 \frac{mL}{420}\begin{bmatrix} 156 & -22L \\ -22L & 4L^2 \end{bmatrix}\right)\begin{Bmatrix} v_2 \\ \theta_2 \end{Bmatrix} = \begin{Bmatrix} 0 \\ 0 \end{Bmatrix} \rightarrow \omega_1 = 3.533\sqrt{\frac{EI}{mL^4}}, \quad \omega_2 = 34.81\sqrt{\frac{EI}{mL^4}}$$

(4b) 고유진동수: 집중질량행렬

1번 절점에 해당하는 자유도를 구속하여 구한 질량과 강성행렬을 사용하면 다음과 같다.

$$([K] - \omega^2[M])\{\Psi\} = \{0\} \quad \rightarrow \quad \det([K] - \omega^2[M]) = 0$$

$$\left(\frac{EI}{L^3}\begin{bmatrix} 12 & -6L \\ -6L & 4L^2 \end{bmatrix} - \omega^2 mL\begin{bmatrix} \frac{1}{2} & 0 \\ 0 & \frac{L^2}{24} \end{bmatrix}\right)\begin{Bmatrix} v_2 \\ \theta_2 \end{Bmatrix} = \begin{Bmatrix} 0 \\ 0 \end{Bmatrix} \rightarrow \omega_1 = 2.238\sqrt{\frac{EI}{mL^4}}, \quad \omega_2 = 10.72\sqrt{\frac{EI}{mL^4}}$$

회전자유도에 관한 관성질량을 무시할 경우는 다음과 같다.

$$([K]-\omega^2[M])\{\Psi\}=\{0\} \quad \rightarrow \quad \det([K]-\omega^2[M])=0$$

$$\left(\frac{EI}{L^3}\begin{bmatrix}12 & -6L\\ -6L & 4L^2\end{bmatrix}-\omega^2 mL\begin{bmatrix}\frac{1}{2} & 0\\ 0 & 0\end{bmatrix}\right)\begin{Bmatrix}v_2\\ \theta_2\end{Bmatrix}=\begin{Bmatrix}0\\ 0\end{Bmatrix} \rightarrow \omega_1=2.450\sqrt{\frac{EI}{mL^4}},\quad \omega_2=\infty$$

(7) 이론해와 비교

균일 외팔보의 이론적인 고유진동수는 다음과 같다.

$$\omega_1=3.516\sqrt{\frac{EI}{mL^4}},\quad \omega_2=22.03\sqrt{\frac{EI}{mL^4}}$$

균일 외팔보에 대해 이론적으로 구한 고유진동수와 일관질량행렬과 집중질량행렬(회전자유도에 관한 관성질량은 무시함)을 사용하여 구한 유한요소 수치해의 결과를 요소수에 따라 비교하였다. 이 결과로부터 고유진동수의 정확성은 (1) 유한요소의 수를 증가시켜갈 때 정확성이 향상되었으며, (2) 고차모드보다는 저차모드가 상대적으로 정확하며, (3) 유연한 보의 경우, 일관질량행렬을 사용한 결과가 집중질량을 사용한 결과보다 정확하며, (4) 일관질량행렬의 결과는 이론해보다 큰 값을 나타내는데 비해, 집중질량행렬의 결과는 이론해보다 작은 값을 나타냈다.

표 3.3.1 이론해와 수치해 비교(단위: $\sqrt{\frac{EI}{mL^4}}$)

구분	모드	요수의 수(개)					이론해
		1	2	3	4	5	
일관질량행렬	1	3.533	3.518	3.516	3.516	3.516	3.516
	2	34.807	22.222	22.107	22.060	22.046	22.034
	3		75.157	62.466	62.175	61.919	61.697
	4		218.138	140.671	122.657	122.320	120.902
	5			264.743	366.390	203.020	199.860
집중질량행렬	1	2.449	3.156	3.346	3.418	3.453	3.516
	2		16.258	18.886	20.090	20.734	22.034
	3			47.028	53.202	55.953	61.697
	4				92.730	104.436	120.902
	5					153.017	199.860

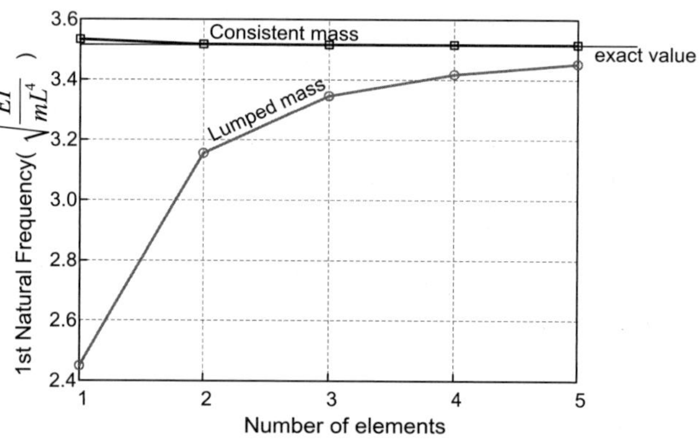

그림 E1. 요소질량행렬과 고유진동수

PYTHON/OPENSEES: 3.3.2 트러스의 고유진동수 (ch332_truss.py)

다음 트러스의 고유진동수를 구하라. 여기서 탄성계수 $E = 200\ \text{Pa}$ 이고, 단면적 $A = 0.04\ \text{m}^2$, 그리고 밀도 $\rho = 5 \times 10^3\ \frac{\text{kg}}{\text{m}^3}$이다. (행정고등고시, 구조역학, 2009년)

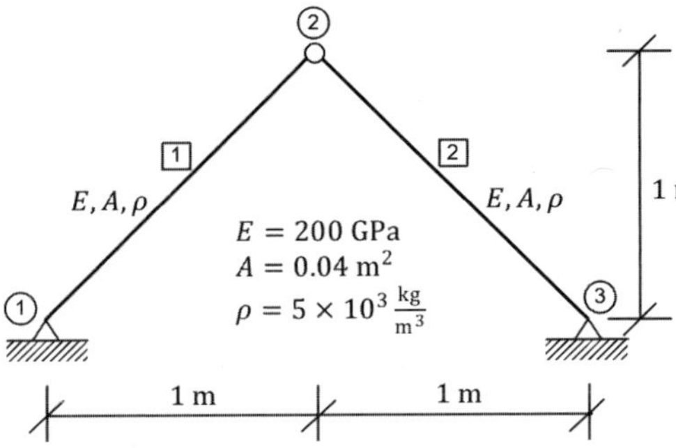

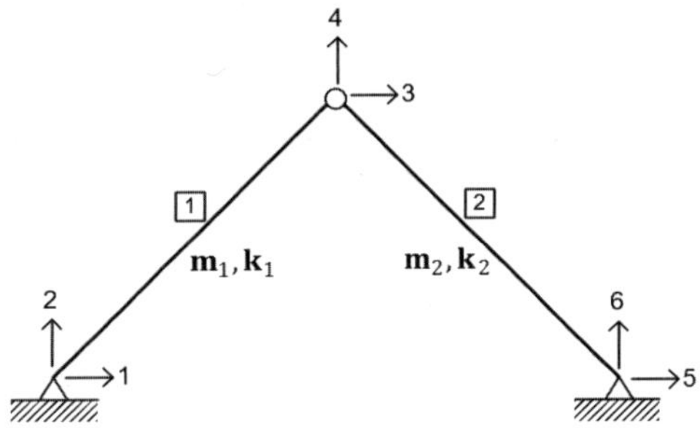

[풀이]

(1) 요소강성행렬

$$\mathbf{k} = \frac{EA}{L}\begin{bmatrix} c^2 & cs & -c^2 & -cs \\ cs & s^2 & -cs & -s^2 \\ -c^2 & -cs & c^2 & cs \\ -cs & -s^2 & cs & s^2 \end{bmatrix}$$

여기서 $c = \cos\theta$, $s = \sin\theta$

$$\mathbf{k}_1 = \frac{EA}{2\sqrt{2}}\begin{bmatrix} 1 & 1 & -1 & -1 \\ 1 & 1 & -1 & -1 \\ -1 & -1 & 1 & 1 \\ -1 & -1 & 1 & 1 \end{bmatrix}, \mathbf{k}_2 = \frac{EA}{2\sqrt{2}}\begin{bmatrix} 1 & -1 & -1 & 1 \\ -1 & 1 & 1 & -1 \\ -1 & 1 & 1 & -1 \\ 1 & -1 & -1 & 1 \end{bmatrix}$$

(2) 요소질량행렬(집중질량 가정)

$$\mathbf{m} = \frac{\rho AL}{2}\begin{bmatrix} 1 & 0 & 0 & 0 \\ 0 & 1 & 0 & 0 \\ 0 & 0 & 1 & 0 \\ 0 & 0 & 0 & 1 \end{bmatrix} \rightarrow \mathbf{m}_1 = \mathbf{m}_2 = \frac{\rho A}{\sqrt{2}}\begin{bmatrix} 1 & 0 & 0 & 0 \\ 0 & 1 & 0 & 0 \\ 0 & 0 & 1 & 0 \\ 0 & 0 & 0 & 1 \end{bmatrix}$$

(3) 전체강성행렬과 전체질량행렬

1번 요소행렬을 해당 자유도(1, 2, 3, 4번)에, 2번 요소행렬을 해당 자유도(3, 4, 5, 6번)에 할당하여 전체행렬을 구성한다.

$$\mathbf{K} = \sum_{i=1}^{2}\mathbf{k}_i = \frac{EA}{2\sqrt{2}}\begin{bmatrix} 1 & 1 & -1 & -1 & 0 & 0 \\ 1 & 1 & -1 & -1 & 0 & 0 \\ -1 & -1 & 1+1 & 0 & -1 & 1 \\ -1 & -1 & 0 & 1+1 & 1 & -1 \\ 0 & 0 & -1 & 1 & 1 & -1 \\ 0 & 0 & 1 & -1 & -1 & 1 \end{bmatrix}$$

$$\mathbf{M} = \sum_{i=1}^{2}\mathbf{m}_i = \frac{\rho A}{\sqrt{2}}\begin{bmatrix} 1 & 0 & 0 & 0 & 0 & 0 \\ 0 & 1 & 0 & 0 & 0 & 0 \\ 0 & 0 & 1+1 & 0 & 0 & 0 \\ 0 & 0 & 0 & 1+1 & 0 & 0 \\ 0 & 0 & 0 & 0 & 1 & 0 \\ 0 & 0 & 0 & 0 & 0 & 1 \end{bmatrix}$$

(4) 경계조건 적용

경계조건인 고정된 자유도(1, 2, 5, 6번)를 제거한다.

$$\mathbf{K} = \frac{EA}{2\sqrt{2}}\begin{bmatrix} 1 & 1 & -1 & -1 & 0 & 0 \\ 1 & 1 & -1 & -1 & 0 & 0 \\ -1 & -1 & 2 & 0 & -1 & 1 \\ -1 & -1 & 0 & 2 & 1 & -1 \\ 0 & 0 & -1 & 1 & 1 & -1 \\ 0 & 0 & 1 & -1 & -1 & 1 \end{bmatrix} = \frac{EA}{\sqrt{2}}\begin{bmatrix} 1 & 0 \\ 0 & 1 \end{bmatrix}$$

$$\mathbf{M} = \frac{\rho A}{\sqrt{2}}\begin{bmatrix} 1 & 0 & 0 & 0 & 0 & 0 \\ 0 & 1 & 0 & 0 & 0 & 0 \\ 0 & 0 & 2 & 0 & 0 & 0 \\ 0 & 0 & 0 & 2 & 0 & 0 \\ 0 & 0 & 0 & 0 & 1 & 0 \\ 0 & 0 & 0 & 0 & 0 & 1 \end{bmatrix} = \sqrt{2}\rho A\begin{bmatrix} 1 & 0 \\ 0 & 1 \end{bmatrix}$$

(5) 고유진동수

$$\det(\mathbf{K} - \omega^2\mathbf{M}) = 0$$

$$\rightarrow \begin{vmatrix} \frac{EA}{\sqrt{2}} - \omega^2\sqrt{2}\rho A & 0 \\ 0 & \frac{EA}{\sqrt{2}} - \omega^2\sqrt{2}\rho A \end{vmatrix} = 0$$

$$\rightarrow \omega = \sqrt{\frac{E}{2\rho}} = \sqrt{\frac{200\times10^9}{2\times5\times10^3}} = 4.472\times10^3\ \frac{\text{rad}}{\text{sec}} = 711.8\ \text{Hz}$$

중근을 가지므로 수직 및 수평방향으로 동일한 고유진동수를 갖는다.

MATLAB/PYTHON: 3.3.2 외팔보의 고유진동수 해석 (ch03_beam)

절점당 2개 자유도를 갖는 외팔보의 고유진동수를 (1) 일관질량행렬과 (2) 집중질량행렬을 사용하여 구하여라. 여기서 감쇠는 무시하고, 단위길이당 질량은 m이며, 문제를 단순화하기 위해 다음과 같이 변수값들을 가정하였다.

$$E = 1\ \mathrm{Pa},\ I = 1\ \mathrm{m}^4,\ m = 1\frac{\mathrm{kg}}{\mathrm{m}},\ L = 1\ \mathrm{m} \rightarrow \sqrt{\frac{EI}{mL^4}} = 1\frac{\mathrm{rad}}{\mathrm{sec}}$$

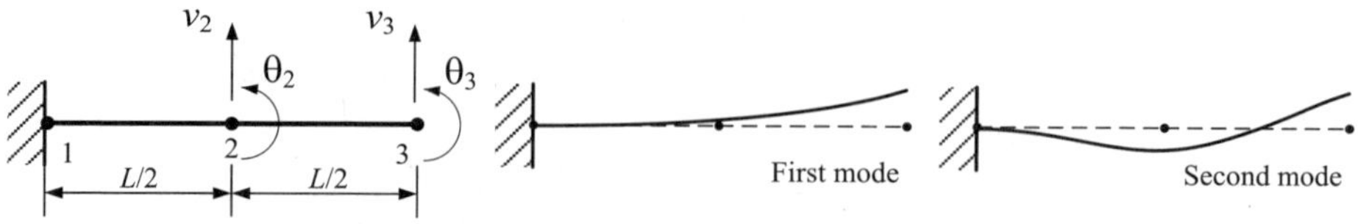

3.4 동적 실험과 모드변수 추정

3.4.1 동적 실험

• 개요

일반적으로 동적 실험을 수행하는 이유는 크게 다음과 같다.

1) 대상 구조시스템의 동적 특성을 파악한다.
2) 검증된 해석 모델을 얻는다. 여기서 검증된 해석 모델은 대상 구조시스템에 다른 임의의 하중이 주어졌을 때 신뢰성 있는 응답을 구하여 그 결과를 설계에 이용할 수도 있다.
3) 구조물의 내구성 검증을 한다.
4) 구조물의 건전성을 진단하고 유지 보수하기 위한 목적으로도 사용된다.

구조물의 진동 특성의 변화는 흔히 그 구조물의 구조적 건전성에 문제가 생겼음을 의미한다. 예를 들어 구조물이 하중을 받아 파괴에 이르게 되면 균열이 발생하게 되는데, 이 경우 고유진동수는 균열이 없는 경우와 현격히 달라지게 된다. 따라서 고유진동수의 현격한 변화가 발생하면 이는 구조물의 안전성에 문제가 생겼을 가능성이 높다고 예측할 수 있는 것이다. 이와 같이 구조물의 거동 계측을 통해 건전성을 모니터링 하는 것을 '구조물의 건전성 모니터링(structural health monitoring; SHM)'이라 한다.

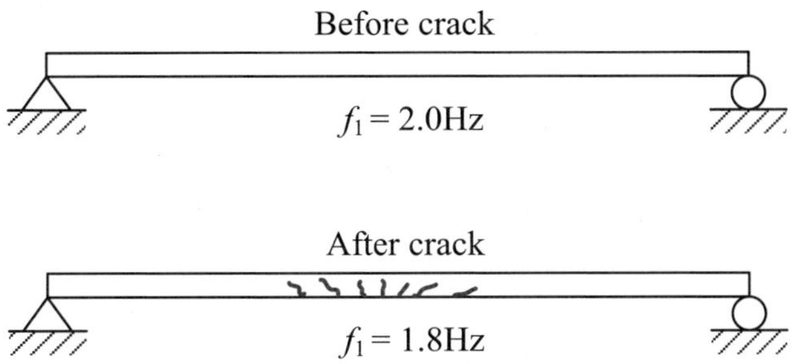

그림 3.4.1a 구조물의 손상 전후 구조물의 동적 특성 변화

• 실험계획

계측 대상에 따라 (1) 응답만을 계측하는 경우와 (2) 하중과 응답을 함께 계측하는 경우로 선택할 수 있으며, 일반적으로 두 번째 경우를 사용하면 첫 번째 경우보다 용이하게 시스템의 특성을 추정할 수 있다.

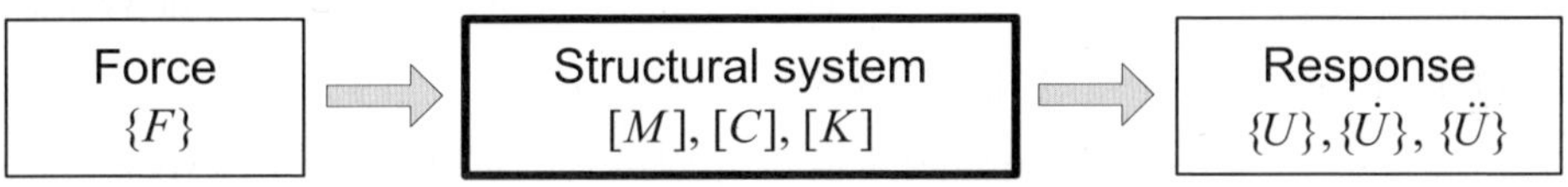

그림 3.4.1b 하중-시스템-응답 상관관계

시스템의 특성을 효율적으로 추정하기 위해 실험을 수행하기 전에 다음을 선정한다.

(1) 외부 영향을 최소화하는 지지점(support points)

(2) 관심 있는 동적 모드를 효과적으로 가진할 수 있는 가진점(excitation points)

(3) 시스템의 동적 특성을 명확하게 나타낼 수 있는 응답계측 지점(response points)

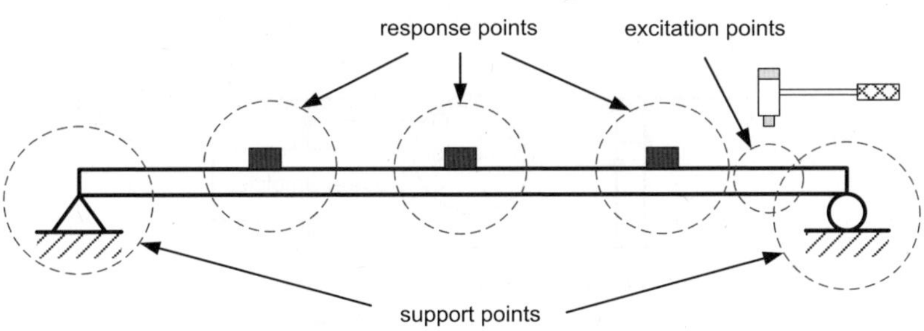

그림 3.4.1c 위치 선정

신뢰성 있고 정확한 계측자료를 확보하기 위해, 계측자료의 질(quality)을 검토하여야 하며, 이를 위해 다음 사항들을 검토하여야 한다.

(1) 계측된 신호가 noise(잡음)에 영향을 적게 받으며, 강도가 충분하고, 명확한 지를 나타내는 신호의 질(signal quality)

(2) 계측된 신호가 계측하고자 하는 신호와 적합한 지를 나타내는 신호의 충실도(signal fidelity),

(3) 실험도중 시스템의 변동성을 점검하기 위한 계측의 반복성(measurement repeatability),

(4) 계측 절차나 방법을 바꿔 가면서 동일한 자료가 계측되는 지를 점검하는 계측의 신뢰성 (measurement reliability)
(5) 동일한 구조물에 대해 계측된 자료가 일관성을 갖는 지를 나타내는 계측 자료의 일관성 (measured data consistency)

• 계측시스템

일반적인 계측시스템의 구성은 다음과 같다.

(1) 조화하중, 주기하중, 랜덤하중, 충격하중 등으로 구성된 가진 신호 발생기(excitation signal generator)
(2) 가진 장치를 구동하기 위한 파워 증폭기(power amplifier)
(3) 구조물에 실제로 진동을 가하는 가진 장치(exciter). 여기서 일반적으로 가진기(shaker)와 충격망치(impact hammer)가 사용되며, 경우에 따라 단계 이완(step relaxation 또는 step release)과 상시 진동(ambient vibration) 등을 적절하게 사용할 수 있다.
(4) 신호를 계측하는 계측센서(transducer). 여기서 일반적으로 압전센서(piezoelectric transducer)가 사용된다.
(5) 센서를 통해 계측된 신호를 신호분석기에 적당한 신호로 증폭시키기 위한 신호조절 증폭기 (conditioning amplifiers)
(6) 센서에서 계측된 신호의 크기와 성분을 분석하는 신호 분석기(analyzer)

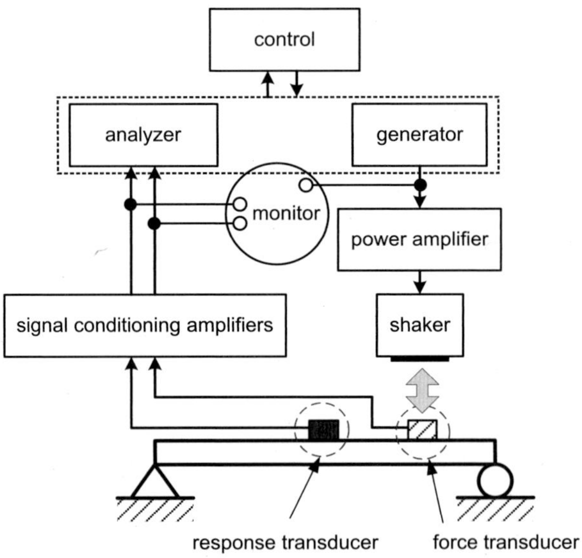

그림 3.4.1d 구조물의 동적 특성 계측시스템의 구성

• 지지점

실제로 이상적인 지지점을 구현하는 것은 매우 어려우므로, 실험체의 지지 조건으로 인한 계측 자료의 왜곡을 최소화 하도록 실험체를 설치하며, 경우에 따라 지지조건의 영향을 계측자료의

분석에 반영한다.

• 가진

구조물을 가진하기 위한 다양한 장치를 사용할 수 있으며, 대표적인 가진장치와 가진방법은 다음과 같다.

(1) 회전하는 편심 질량을 사용하는 기계적 가진장치(mechanical exciters)
(2) 전기 신호를 자력으로 전환하여 가진하는 전자석 가진장치(electromagnetic exciters 또는 electrodynamic exciters)
(3) 유압을 사용하는 유압식 가진장치(electrohydraulic exciters 또는 hydraulic exciters)
(4) 충격하중을 가할 수 있는 충격망치(impact hammer 또는 impactor)
(5) 대형구조물에 충격하중을 줄 수 있는 단계 이완(step relaxation 또는 step release)
(6) 전자석을 사용한 비부착 자력 가진(non-contact magnetic excitation)
(7) 가진 테이블(shaking table) 등에 의한 바닥면 가진(base-excitation)
(8) 회전체의 가진(excitation of rotating structures)

가진 장치는 실험하는 동안 실험체에 가진 장치를 부착하는지에 따라 (1) 부착식(contacting)과 (2) 비부착비부착식(non-contacting)으로도 구분할 수 있다.

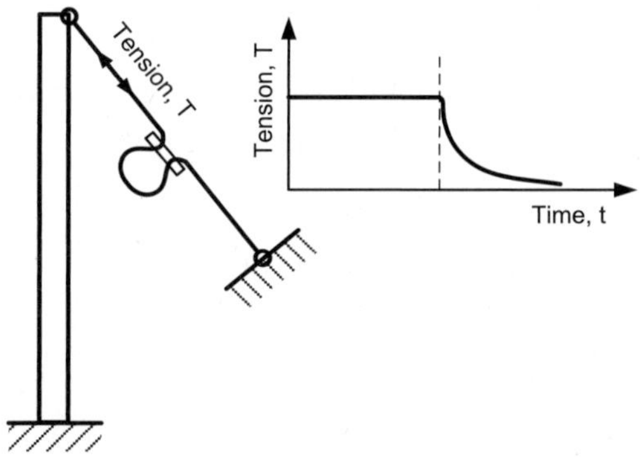

그림 3.4.1e 단계 이완(step relaxation)에 의한 가진

• 계측센서와 증폭기

양질의 계측을 위해 계측센서의 설치 방법과 위치는 매우 중요하다. 계측센서의 대표적인 표면부착방법으로는 다음과 같으며, 부착방법에 따라 계측자료의 동적 특성도 영향을 받는다.

(1) 매입형 볼트인 스터드(stud)
(2) 자석(magnet)
(3) 밀랍(wax)
(4) 손에 의한 부착(hand held)

계측 센서의 위치는 관심 진동모드를 측정하기 어려운 해당 모드의 절점이나 절점 부위를 피하여야 하며, 이러한 계측 위치의 선정을 계측을 하기 전에 수치 해석이나 사전 실험을 통해 미리 선정하여야 한다.

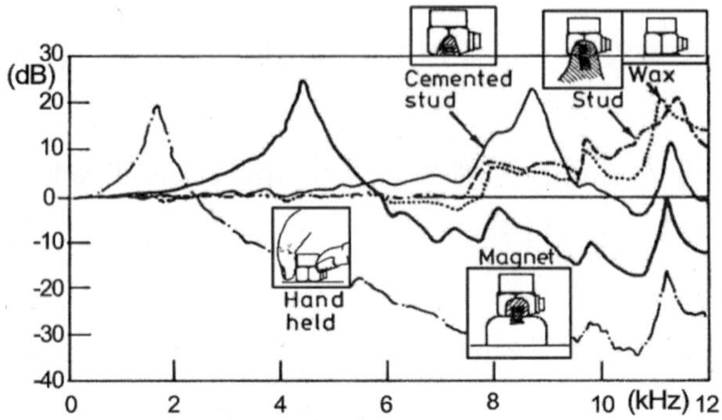

그림 3.4.1f 부착방법에 따른 진동수응답특성(출처: D.J. Ewins, Modal Testing, RSP, 2000)

• 신호분석기

계측된 신호에서 필요한 정보를 뽑아내기 위해 복잡한 신호처리(signal processing)를 해야 하지만, 일반적으로 계측된 신호는 아날로그(analogue) 형태이며, 신호분석기내에서 A/D 변환기(analogue/digital converter)를 통해 디지털 형태로 변환되므로, 기본적으로 신호분석기(analyzer)는 전압계(voltmeter)의 일종이라 할 수 있다. 일반적으로 사용되는 신호분석기로는 (1) 진동수응답분석기(FRA, frequency response analyzers)와 (2) 스펙트럼분석기(spectrum analyzers)가 있으며, 다양한 진동수 성분을 일시에 볼 수 있는 스펙트럼분석기가 주로 선호되고 있다.

오실로스코프(oscilloscope)는 시간에 따른 입력전압의 변화를 화면에 출력하는 장치이며, 계측 신호의 시간적 변화를 관찰하기 위해 사용된다.

3.4.2 신호처리(signal processing)

DFT(이산 푸리에 변환)을 통해 계측된 신호를 처리할 경우, 계측 자료의 왜곡(distortion)을 방지하기 위해 주의해야 하거나 필요한 주요 사항들에 대해 설명하였다.

• Aliasing(앨리어싱)

아날로그 신호의 샘플링 과정에서 샘플링 진동수를 너무 적게 하면, 원래 신호의 고차 진동수 성분이 왜곡될 수 있으며, 이러한 현상을 aliasing(앨리어싱)이라 한다. 예를 들어, 영화에서 빠르게 도는 마차바퀴나 선풍기의 날개가 천천히 돌아가거나 반대로 돌아가는 것처럼 보이는 현상도 샘플링 진동수가 부적절하기 때문에 발생하는 것이다.

이러한 현상을 피하기 위해서는 샘플링 진동수(f_s)를 최대 분석 진동수($f_{\max}$)의 2배 이상으로 하고, 또한 샘플링 하기 전에 저역통과필터를 사용하여, 최대 분석 진동수 이상의 신호를 소거할 필요가 있다. 참고로 샘플링 진동수의 $\frac{1}{2}f_s$를 '나이퀴스트 진동수(Nyquist frequency, f_o)' 또는 '중첩진동수(folding frequency)'라 한다.

$$f_s \geq 2f_{max}, \quad f_0 = \frac{1}{2}f_s$$

샘플링에 의해 나타나는 aliasing을 방지하기 하거나 줄이기 위해, 아날로그 필터를 사용할 수 있으며, 이러한 필터를 '앨리어싱 방지필터(anti-aliasing filter)'라 한다.

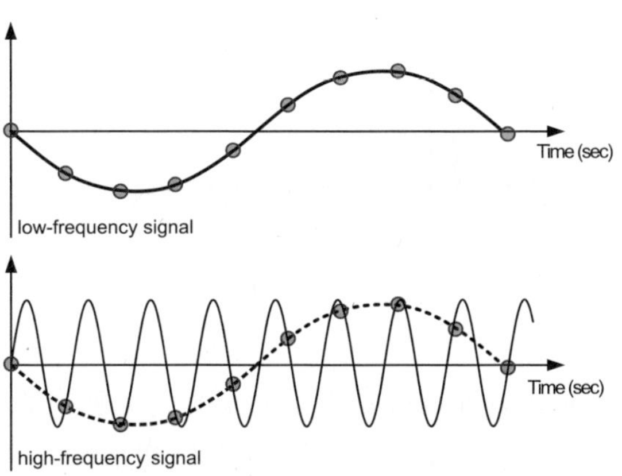

그림 3.4.2a Aliasing(앨리어싱) 현상

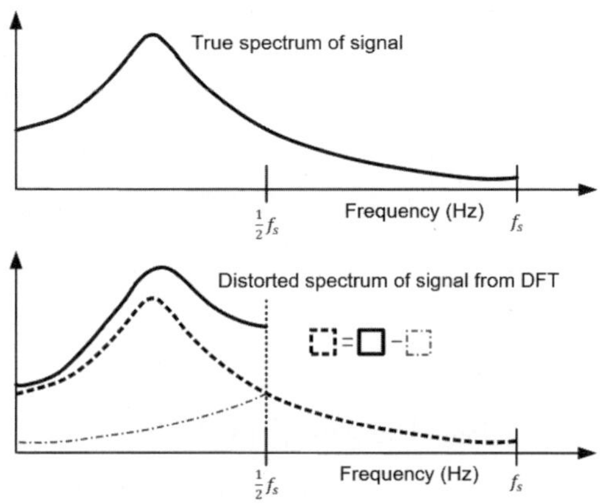

그림 3.4.2b DFT를 사용할 경우 앨리어싱 왜곡

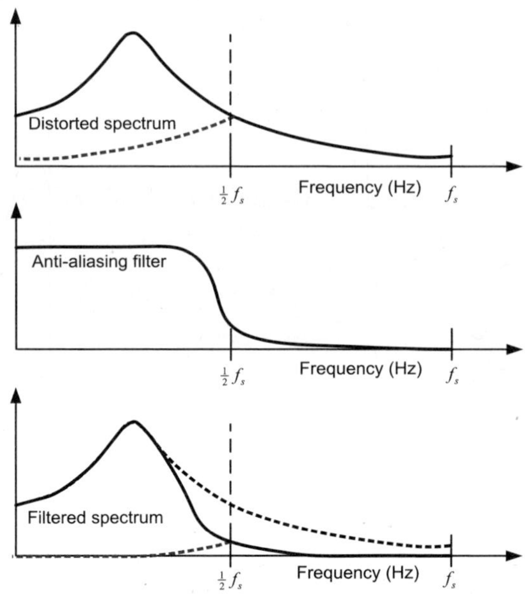

그림 3.4.2c 앨리어싱 방지필터(anti-aliasing filter) 개념

• Leakage(누설)

어떤 진동수 성분의 파워(power)가 그와 인접한 진동수 성분으로 누출되는 현상을 leakage(누설)

라 한다. 이론상으로 하나의 진동수 성분은 진동수영역에서 하나의 막대기 형상으로만 나타나야 하지만, leakage현상으로 인해 산등성이처럼 나타난다.

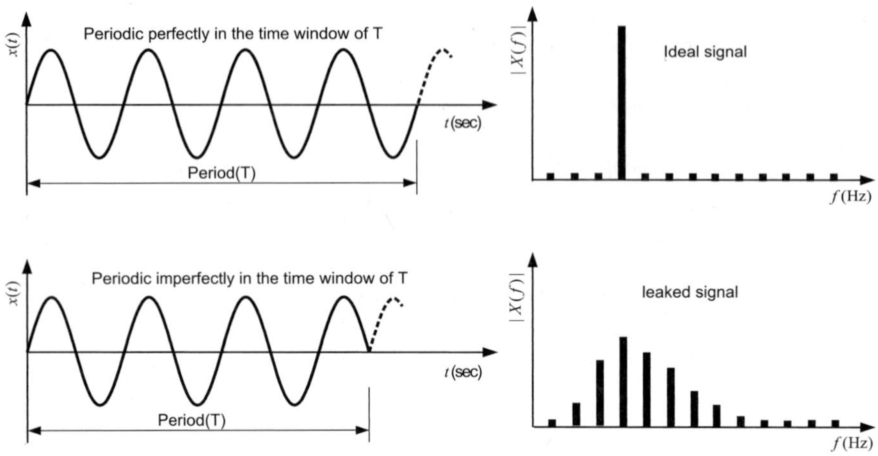

그림 3.4.2d 누설(leakage) 현상

• Windowing(윈도잉)

Windowing(윈도잉)이란 FFT 등의 신호처리를 수행하기 전의 계측된 신호 $x(t)$에 적절한 가중치 함수인 윈도함수(window function) $w(t)$를 부가하여 신호의 leakage를 최소화하는 방법이다. 즉, 제한된 시간구간 내에 신호를 계측함으로써 진동수영역에서 비주기 신호처럼 나타나는 계측 신호를, windowing을 적용함으로써 계측 신호를 주기 신호처럼 만들어, leakage를 줄인다.

$$x_w(t) = x(t)\,w(t)$$

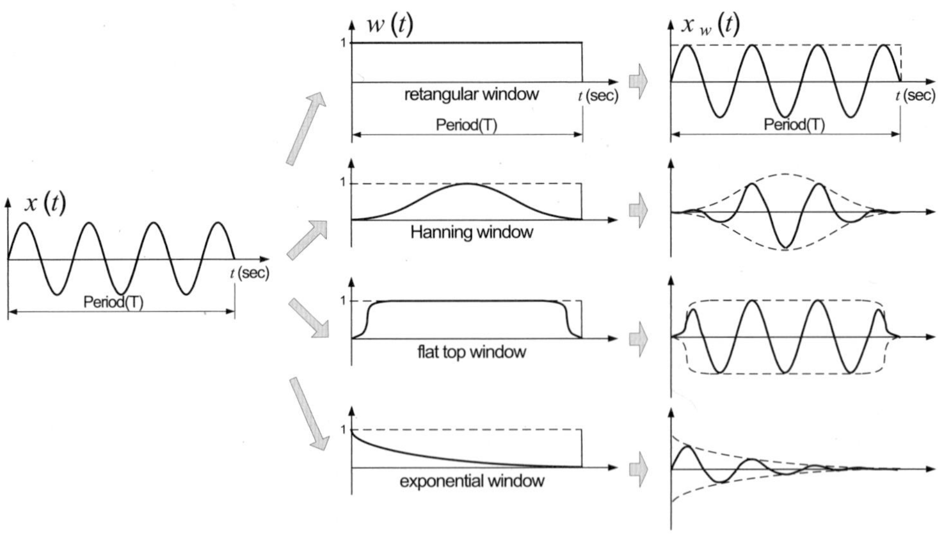

그림 3.4.2e 윈도함수(window function)

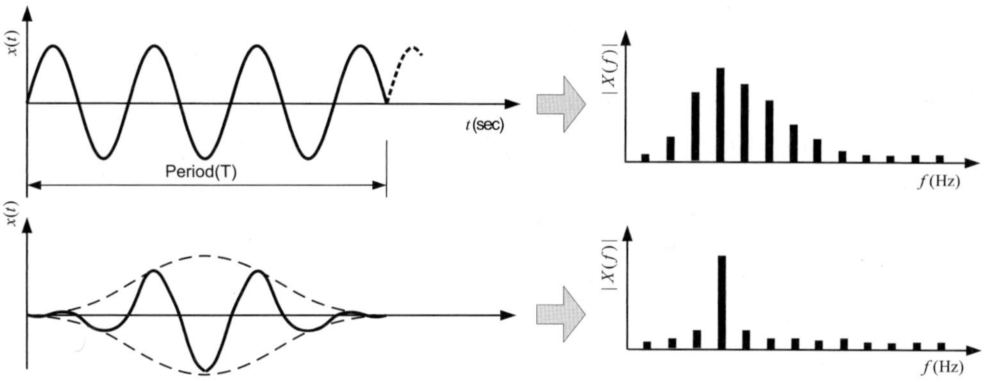

그림 3.4.2f DFT에 대한 Hanning 윈도효과

• Filtering(필터링)

Windowing(윈도잉)이 시간영역에 적용되는데 비해, filtering(필터링)은 진동수영역에 적용되는 신호처리방법이다. 일반적으로 필터링의 목적은 다음과 같다.

(1) noise의 제거 또는 감소를 통해 입력 신호의 질을 향상한다.

(2) 신호로부터 필요한 정보를 알아 내거나, 또는 여러 성분이 합쳐진 신호를 개개의 신호로 분리한다.

필터의 특성은 진동수영역에서 중심진동수(center frequency), 진동수대역폭(bandwidth), 리플(ripple) 등으로 정의된다. 이상 필터(ideal filter)는 특정 진동수 대역성분만을 통과시키고, 그 외의 진동수 성분은 완전히 제거하지만, 실제 필터(practical filter)는 다음 그림과 같은 특성을 가지며, 필터의 차수(order)가 클수록 이상적인 필터에 가까워 진다.

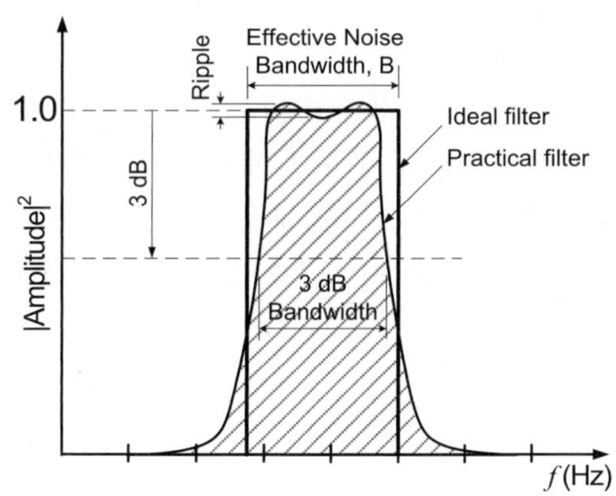

그림 3.4.2g 이상 필터와 실제 필터의 비교

필터에 입력되는 신호의 형태에 따라(즉, 아날로그 입력 또는 디지털 입력에 따라), 아날로그 필터(analogue filter)와 디지털 필터(digital filter)로 구분할 수 있다*. 디지털 필터는 DSP(digital signal processor; 디지털 신호처리기)에서 널리 사용되며, 아날로그 필터에 비해 다음과 같은 다양한 장점을 갖고 있다.

(1) 선형 위상의 응답
(2) 온도 등 주변 환경에 의한 성능변화가 없음
(3) 프로그래밍 만으로 성능 조절이 가능
(4) filtered 와 unfiltered 신호를 모두 저장가능
(5) 여러 개의 신호에 대해 하나의 디지털 필터를 사용할 수 있음

디지털 필터는 충격응답(impulse response)의 길이에 따라 IIR 필터(infinite impulse response filter; 무한 충격응답 필터)와 FIR 필터(finite impulse response filter; 유한 충격응답 필터)로 구분할 수 있다. IIR 필터는 순환필터이고 FIR 필터는 비순환필터이다. FIR 필터는 IIR 필터에 비해 다음과 같은 장점을 갖고 있다.

(1) 구조가 간단하다.
(2) 안정성이 보장된다.
(3) 위상이 선형이다.

IIR 필터는 FIR 필터에 비해 다음과 같은 장점을 갖는다.

(1) 필터를 각지게 설계하기 쉽다.
(2) 아날로그 필터로 전환이 쉽다.

• **분해능(resolution)을 향상시키는 방법**

DFT를 사용할 경우, 분해능(resolution) 을 향상시키는 대표적인 방법은 다음과 같다.

(1) 변환크기의 변경: 보다 긴 시간 동안 계측된 신호를 입력으로 사용하여 변환을 하는 것
(2) 영채움(zero padding): 입력 신호의 뒷 부분에 새로이 0을 채우는 것으로 새로운 입력 진동수 성분이 추가되는 것이 아닌, 기존 진동수 성분을 조밀하게 보간하는 것
(3) 확대(zoom): 진동수 영역에서의 데이터 개수가 고정될 경우에 관심 진동수영역을 선정한 후, 확대하여, 이 구간에서만 데이터 개수를 사용하는 것

---

* 아날로그 필터(analog filter)는 m, c, k(또는 L, R, C) 개념으로 구성되며, 디지털 필터(digital filter)는 디지털 신호를 직접 연산처리한다. 디지털 필터는 입력(x)에만 의존하는 비순환필터(nonrecursive filter)와 입력(x)과 이전 출력(y)에도 의존하는 순환필터(recursive filter)로 구분할 수 있다. 대표적인 비순환필터와 순환필터로 각각 FIR 필터와 IIR 필터를 들 수 있으며, 그 충격응답은 다음과 같다.

$y_n = \sum_{k=0}^{n-1} h_k x_{n-k}$: nonrecursive filter

$\sum_{m=0}^{M-1} a_m y_n = \sum_{k=0}^{n-1} b_k x_{n-k}$: recursive filter

• Averaging(평균화)

동일한 실험으로 N개의 데이터를 갖는 몇 개의 신호 시간이력을 구했을 경우, 각 시간이력에 대한 진동수 성분을 나타내는 스펙트럼은 조금씩 다르다. 따라서 이 몇 개의 시간이력들에 대해 averaging(평균화)을 함으로써, 신호처리의 신뢰성을 높이고 노이즈(noise)의 영향을 줄일 수 있다. 이러한 averaging은 신호의 특성에 따라 시간영역에서 또는 진동수영역에서 행한다.

통계적 관점에서 몇 번 정도의 averaging이 적당한 것인가를 다음 식으로 제시할 수 있다.

$$\kappa = 2BT_t$$

여기서 κ는 통계적 자유도(statistical degrees of freedom), B는 진동수 대역(frequency bandwidth), T_t은 계측된 시간이력의 총 시간길이로써, 지속시간 T인 m개의 시간이력에 대해, mT로 나타낼 수 있다.

예를 들어, 계측된 값이 참값의 18% 이내의 신뢰도를 가질 확률이 80%인 경우, κ는 100정도이다. 따라서 $0 - 1$ kHz 사이의 진동수 성분을 알고 싶을 때(B=1 kHz), 20 kHz의 샘플링 진동수를 사용하여, 매 회 256개의 데이터를 샘플링 한다면($T_r = \frac{256}{2000}$ sec), 측정할 평균회수(m)는 다음과 같다.

$$m = \frac{\kappa}{2BT} = \frac{100}{2\times1000\times\frac{256}{2000}} = 3.9 \approx 4$$

실제 실험에서는 위의 확률방법보다는 더 용이한 방법으로 평균회수를 정한다. 실험을 하다 보면 평균을 계속 취하여도 스펙트럼의 형상이 거의 변하지 않는 순간을 알게 된다. 평균과정은 스펙트럼 상에서 리플(ripple)과 같은 고주파 성분을 제거하는 마치 저역통과필터(low pass filter)와 같은 역할을 하여 부드러운 스펙트럼 형상을 얻을 수 있다.

일반적으로 랜덤신호(random signal)를 시간 영역에서 임의로 구간을 나누어 평균하면 무의미한 신호와 같이 된다. 왜냐하면 시작 순간이 무작위 선정이 되면 의미 없는 결과가 되기 때문이다. 따라서 시간영역에서 Random Decrement 방법과 같이 시작 순간을 조절하여 구간을 선정할 수도 있지만, 일반적으로 진동수영역에서 각각의 각각 계측된 신호구간에 대해 스펙트럼을 구한 후, 이들을 같은 진동수영역에서 평균값을 취하는 것이 통례이다. 여기서 랜덤(random)이란 어떤 특정하거나 분명한 패턴을 알 수 없는 불규칙하거나 무작위의 특성을 나타낸다.

충격 가진 시험 시에 발생되는 과도 응답의 경우에는 충격 가진에 의해 trigger(동기)되어 응답이 발생되므로, 시간영역에서 평균값을 취하면 noise가 없는 깨끗한 파형을 얻을 수 있다. 일반적으로 시간영역에서 평균하는 경우는 진동수영역에 비해 반복적인 실험이 힘들어서 데이터가 부족하거나 매우 정확한 분석을 사용하는 방법으로 보통은 잘 이용되지 않는다.

정상(stationary; 통계적인 성질이 기준 시각에 따라 변화하지 않고, 오직 시간차에만 관련되는 경우를 말함) 신호의 처리시, 구간별 신호를 순차적으로(sequentially) 사용하여 averaging을 한 경우보다, 각 구간의 일정 부분을 겹쳐서 averaging을 취하면 윈도함수의 영향을 최소화할 수 있다. 이 방법을 overlap averaging(겹침 평균화)이라 하며, 이 방법을 사용하여 좀더 부드러운 스펙트럼을 구할 수 있다. 참고로 Hanning 윈도함수를 사용할 경우, 일반적으로 50%의 overlapping(겹침화)을 권장한다.

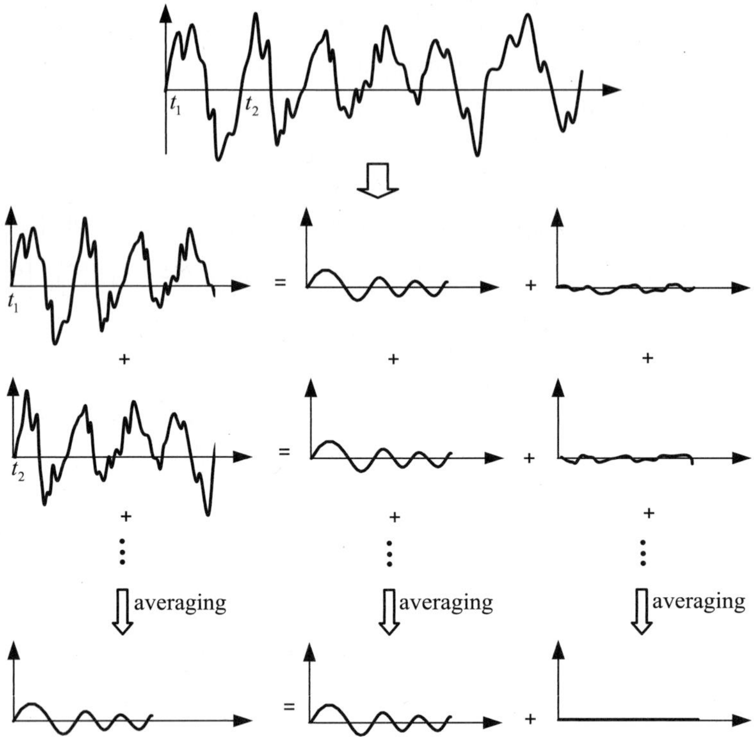

그림 3.4.2h 시간영역에서의 averaging(Random Decrement 방법) (이종원, 2003)

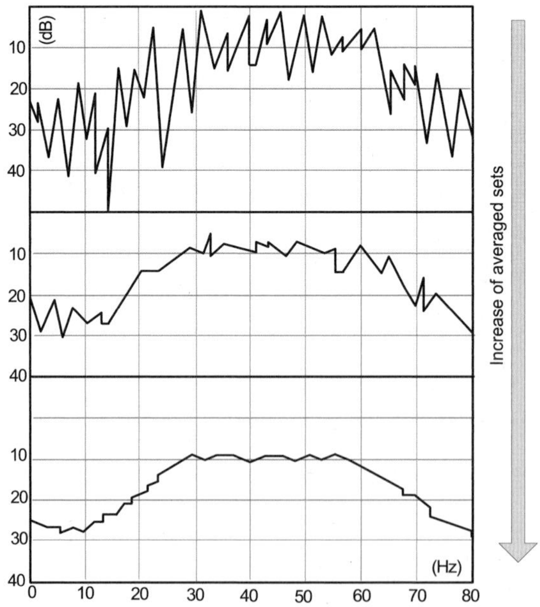

그림 3.4.2i 진동수영역에서의 averaging

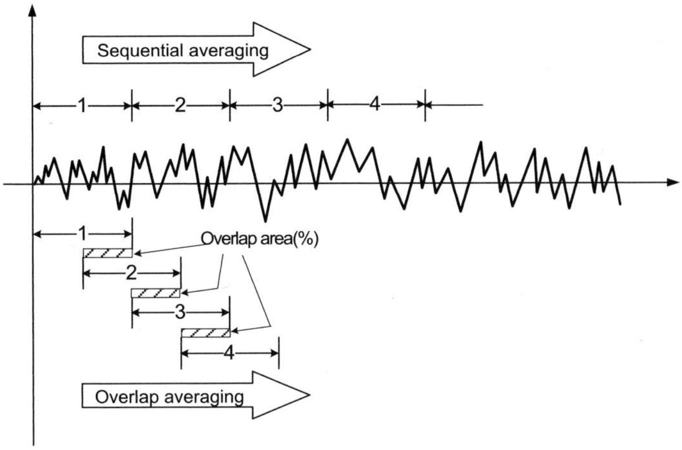

그림 3.4.2j 순차적 및 겹침 averaging

3.4.3 모드변수 추정

• 개요

각 모드별 구조물의 동적 특성인 1) 고유진동수, 2) 감쇠, 3) 모드형상을 모드변수(modal parameter)라 한다. 각 모드변수는 수치해석에 의해 또는 실험에 의해 구할 수 있다. 모드변수는 유한요소모델로 구조물의 모델링한 후, (복소)모드해석으로도 구할 수도 있고, 동적실험으로 구한 계측자료를 시간영역 또는 진동수영역에서 분석하여 구할 수도 있다.

모드변수 추정(modal parameter extraction)은 모드해석(modal analysis)라고도 하며 다음과 같이 구분할 수 있다.

(1) 추정을 수행하는 영역에 따른 구분할 수 있다.

1) FRF(진동수응답함수, frequency response function)을 사용한 진동수영역방법

2) IRF(충격응답함수, impulse response function)을 사용한 시간영역방법

여기서 FRF는 진동수영역에서 가진 하중에 대한 응답(예: 변위, 속도, 가속도 등)의 비이며, 모드변수 추정에 일반적으로 사용된다.

(2) 한 번에 하나의 모드에 관한 변수 만을 추정하는지 또는 여러 개의 모드들에 관한 변수들을 추정하는지에 따라 구분할 수 있다.

1) SDOF(단자유도계, single-degree-of-freedom system) 방법

2) MDOF(다자유도계, multi-degree-of-freedom system) 방법

(3) 데이터를 측정하는 방법에 따라 구분할 수 있다.

1) SISO(single-input, single-output)

2) SIMO(single-input, multi-output)

3) MIMO(multi-input, multi-output)

실제로 모드변수 추정하는데 있어서 어려운 문제 중에 하나는 감쇠효과를 적절히 고려할 수 있느냐이다. 실제로 감쇠를 가정하여, 반복 추정을 한다고 할지라도 가정한 감쇠와 실제 감쇠와는 실질적인 차이가 있을 수 있으므로, 모드변수 추정에 큰 오차를 유발할 수 있다. 또한 실제로 감쇠로 인해 복소 모드가 발생하며, 경우에 따라 복소 모드의 영향을 모드변수 추정에 반영하여야 한다.

계측된 신호를 사용하여 많은 수의 모드를 추정할 수는 있지만, 실험 환경 등을 고려하여 신뢰할 수 있는 모드를 적절히 판단하여야 한다.

• FRF 데이터의 사전 검토

계측된 FRF 데이터를 사용하여 모드변수를 추정하기에 앞서, 우선 계측된 데이터를 사전 검토하여, 양질의 데이터를 골라내야 한다.

첫 번째 고유진동수 이하의 낮은 진동수영역을 검토하며, 이 영역에서 지지조건에 따라 계측 데이터는 다음과 같은 특성을 나타낸다.

(1) 지지조건이 고정일 경우, 유사강성 특성(stiffness dominated characteristics)

(2) 지지조건이 자유일 경우, 유사질량 특성(mass dominated characteristics)

예를 들어, 지지되지 않은 자유 물체(freely-supported structure)의 경우, 매우 낮은 진동수에서 강체 모드(rigid body modes)를 가지며, 이것도 질량에 비례하는 특성의 일종으로 볼 수 있다.

높은 진동수영역의 경우에도 계측 데이터는 유사강성 또는 유사질량 특성을 나타낼 수 있으며, 이러한 경향은 가진 위치 등에 따른 국부 모드의 영향에 의해 발생할 수 있으며, 이 경우 가진 위치의 변경이나 다중 지점 계측 등을 통해 영향을 줄일 수 있다. 양질의 자료인 경우, 로그-로그로 나타낸 FRF의 고유진동수 구간의 형상과 고유진동수들 사이의 골이 분명하고 뾰족하게 나타나야 한다. 또한, 유사강성 특성을 갖는 FRF의 경우, R(resonance frequency)와 A(anti-resonance frequency)가 서로 인접하여 순서대로 나타나고 점차 증가하는 경향을 나타내며, 유사질량 특성을 갖는 FRF의 경우, A(anti-resonance frequency)와 R(resonance frequency)와 서로 인접하여 순서대로 나타나며 점차 감소하는 경향을 나타낸다. 양질의 자료가 아닌 경우, 고유진동수와 고유진동수 간의 골에 해당하는 진동수들이 서로 많이 벌어져 있으며, 골격(skeleton)이 FRF의 중간을 통과하지도 않는다. 고유진동수 영역에서 FRF 계측자료를 나이퀴스트(Nyquist) 도표를 사용하여 나타내면, 인접 고유진동수와의 간섭 정도에 따라 다를지라도, 양질의 계측자료의 경우 원호 형상의 나이퀴스트 도표로 나타난다. 그림을 사용하여, 육안으로 FRF 데이터를 검토하는 것 이외에도, SVD(singular value decomposition, 특이값 분해) 및 MIF(mode indicator function, 모드지표함수)를 사용하여 여러 개의 FRF를 평가할 수도 있다.

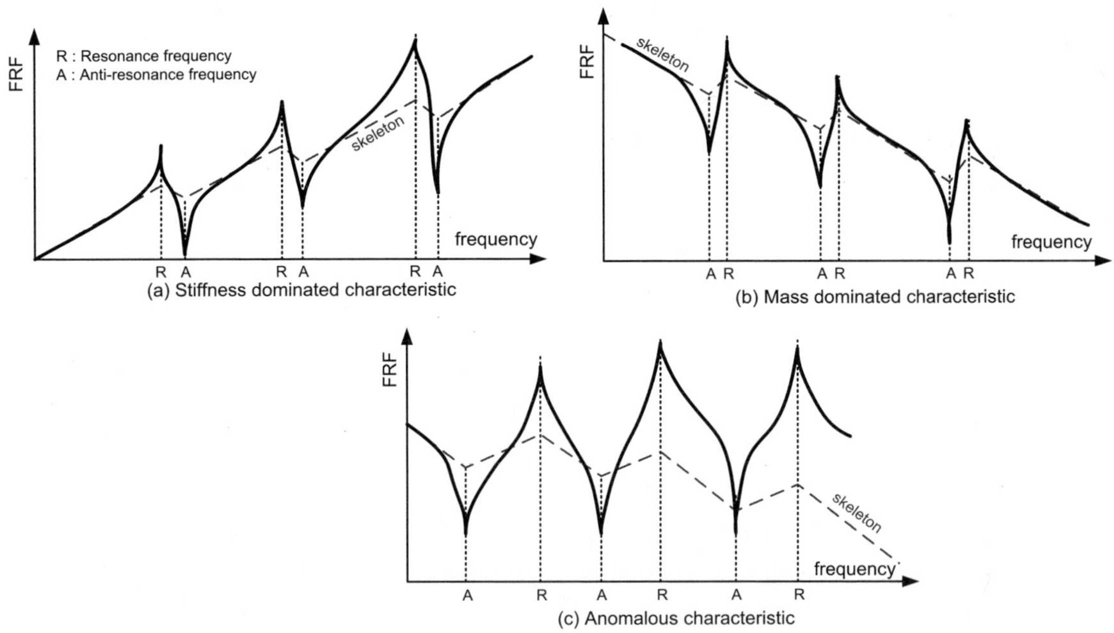

그림 3.4.3a 낮은 진동수 영역에서의 지지조건에 따른 정상응답과 비정상 응답

• SDOF 모드분석

가장 초기에 개발된 모드추정 개념으로, 일시에 모든 모드들의 변수를 추정하는 것이 아니고, 각 모드를 SDOF(단자유도)로 취급하여 서로 영향을 주지 않는다고 가정하여 순차적으로 (sequentially) 모드변수들을 추정한다. 이 개념은 근접한 모드의 경우(즉, SDOF로 분리하기가 힘든 경우) 적용하기가 어렵다. 이 개념을 적용하는 방법으로는 PP법, CF법, LF법(inverse FRF법 또는 line-fit method), 최소자승법 등이 있다. 이 개념을 적용하기 위해 상대적으로 많은 시간이 소요됨에도 불구하고, 개념의 단순성(simplicity)과 가시성(visibility)으로 인해 현재에도 많이 이용되고 있다.

(1) PP법(peak-picking method)

1) FRF에서 각각의 고유진동수(ω_r 또는 ω_d)를 정하고,

2) 파워반감대역폭을 이용하여 파워반감진동수(half-power points 또는 3 dB down points)를 구한 후, 다음 식을 사용하여 각 모드의 감쇠비를 추정한다.

$$\xi = \frac{\omega_b^2 - \omega_a^2}{4\omega_r^2} \approx \frac{\omega_b - \omega_a}{2\omega_r} \quad \text{in case of light damping}$$

PP법의 경우 인근 모드들의 영향으로 감쇠를 과대하게 추정할 수 있다. 이에 대한 대안으로 CF법을 적용할 수 있다.

(2) CF법(circle-fit method)

1) 고유진동수 근방의 계측자료를 선정하고,

2) 최소자승법 등을 사용하여 복소 평면에서 근사 원을 구한 후(circle-fit),

3) 근사 원으로부터 고유진동수와 감쇠비를 추정한다.

여기서 FRF를 복소수 평면에 그린 그림을 나이퀴스트 도표(Nyquist plot; polar plot) 라 하고, 고유진동수 근방에서는 원의 형태를 이루는데 이를 나이퀴스트 원(Nyquist circle) 이라 한다. 일반적으로 실험자료를 이용하여 전달함수(transfer function)를 계산하고 이로부터 나이퀴스트 도표를 그리면, 신호의 불완전성으로 인해 (즉, 신호 중에는 시스템의 진동특성과 상관이 없는 잡음이 섞이게 되어) 나이퀴스트 원은 완전한 원이 되지 않는다. 이때 최소자승법(least square method) 등을 이용해 이상적인 원을 구하고, 이 원과 관련된 모드 매개변수들을 구하게 되는데, 이를 circle fitting(곡선 맞춤) 이라 한다. circle fitting으로 구한 원에서 먼저 진동수가 0이 되는 점으로부터 가장 멀리 떨어진 점을 구하여(혹은 보다 일반적으로 사용되는 방법은 원호가 변하는 비율이 가장 빠른 점을 구하여) 고유진동수를 구한 후, 파워반감진동수들을 구해 감쇠비를 구한다.

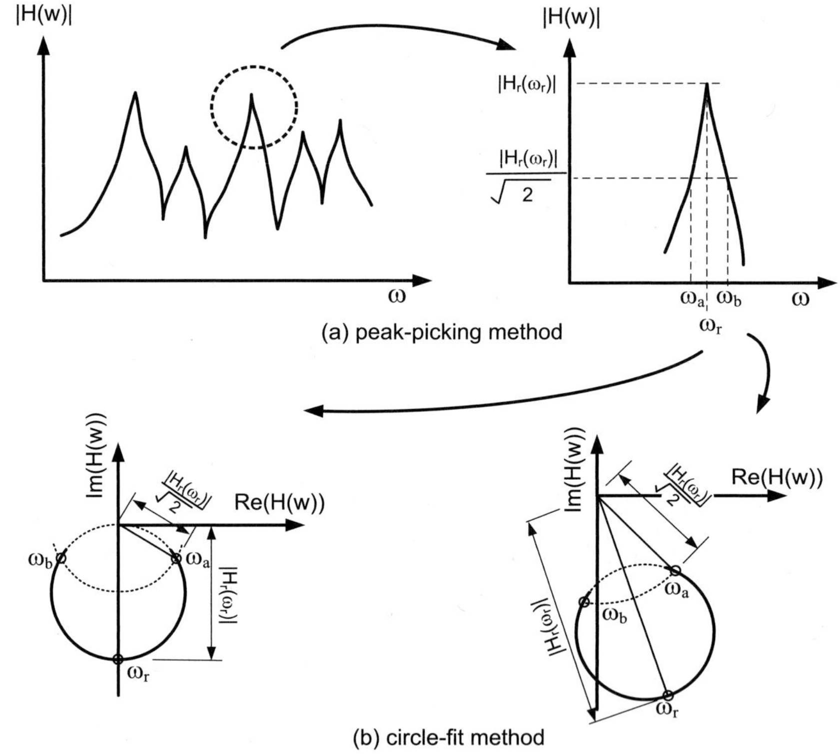

그림 3.4.3b PP법과 CF법

• 모드형상(mode shape)

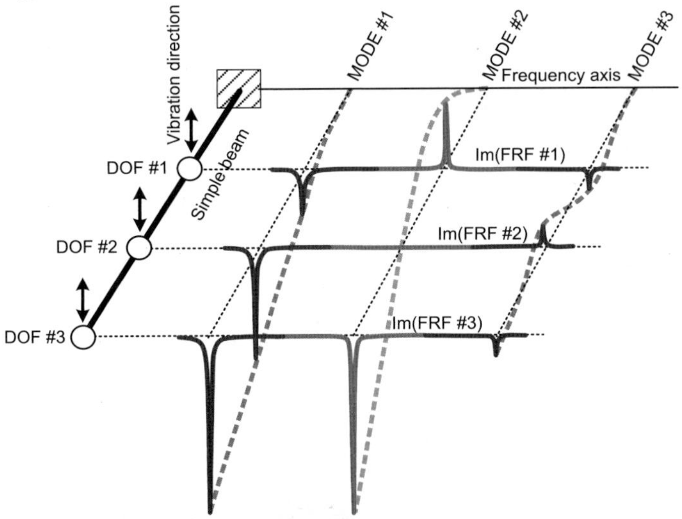

그림 3.4.3c 모드형상과 FRF의 관계

• MAC(Modal Assurance Criterion)

실험자료에서 모드변수를 추출할 경우, 일반적으로 저차 모드에 대해서는 공학적으로 적절한 모드인지를 쉽게 판단할 수 있으나, 근접한 모드나 부족한 계측 지점을 갖는 모드, 또는 노이즈가 많이 섞여 판단이 어려운 모드에 대해 현장에서는 해석적 모드와 실험적 모드를 비교하고, 모드들간의 독립성을 검토할 수 있다.

1980년 Allemang이후 많은 연구자들에 의해 해석모드와 실험모드를 정량적으로 비교하기 위한 수식이 개발되어 왔다. 주로 사용되는 수식으로 MSF(modal scale factor)와 MAC(modal assurance criterion)* 을 들 수 있다.

$$\mathrm{MSF}_{XA} = \frac{\sum_{i=1}^{n}\left\{\Psi_X^{(i)}\right\}^T\left\{\Psi_A^{*(i)}\right\}}{\sum_{i=1}^{n}\left\{\Psi_A^{(i)}\right\}^T\left\{\Psi_A^{*(i)}\right\}}$$

$$\mathrm{MAC}_{XA}^{(ij)} = \frac{\left|\left\{\Psi_X^{(i)}\right\}^T\left\{\Psi_A^{(j)}\right\}\right|^2}{\left(\left\{\Psi_X^{(i)}\right\}^T\left\{\Psi_X^{(i)}\right\}\right)\left(\left\{\Psi_A^{(j)}\right\}^T\left\{\Psi_A^{(j)}\right\}\right)}$$

---

* MAC은 두 벡터 사이의 방향코사인의 성질을 이용한다.

$$\left\{\Psi_X^{(i)}\right\}\cdot\left\{\Psi_A^{(j)}\right\} = \left\{\Psi_X^{(i)}\right\}^T\left\{\Psi_A^{(j)}\right\} = \left|\left\{\Psi_X^{(i)}\right\}\right|\left|\left\{\Psi_A^{(j)}\right\}\right|\cos\theta_{XA}^{(ij)}$$

$$\rightarrow \cos\theta_{XA}^{(ij)} = \frac{\left\{\Psi_X^{(i)}\right\}\cdot\left\{\Psi_A^{(j)}\right\}}{\left|\left\{\Psi_X^{(i)}\right\}\right|\left|\left\{\Psi_A^{(j)}\right\}\right|} = \frac{\left\{\Psi_X^{(i)}\right\}^T\left\{\Psi_A^{(j)}\right\}}{\left|\left\{\Psi_X^{(i)}\right\}\right|\left|\left\{\Psi_A^{(j)}\right\}\right|}$$

방향코사인은 두 벡터의 방향성을 나타내며, 음의 값을 가질 수 있으므로, 방향코사인을 제곱하여 이것을 MAC으로 정의한다.

$$\mathrm{MAC}_{XA}^{(ij)} = \left\{\cos\theta_{XA}^{(ij)}\right\}^2 = \frac{\left|\left\{\Psi_X^{(i)}\right\}^T\left\{\Psi_A^{(j)}\right\}\right|^2}{\left(\left|\left\{\Psi_X^{(i)}\right\}\right|\left|\left\{\Psi_A^{(j)}\right\}\right|\right)^2} = \frac{\left|\left\{\Psi_X^{(i)}\right\}^T\left\{\Psi_A^{(j)}\right\}\right|^2}{\left|\left\{\Psi_X^{(i)}\right\}\right|^2\left|\left\{\Psi_A^{(j)}\right\}\right|^2} = \frac{\left|\left\{\Psi_X^{(i)}\right\}^T\left\{\Psi_A^{(j)}\right\}\right|^2}{\left|\left\{\Psi_X^{(i)}\right\}^T\left\{\Psi_X^{(i)}\right\}\right|\left|\left\{\Psi_A^{(j)}\right\}^T\left\{\Psi_A^{(j)}\right\}\right|}$$

여기서 $\left\{\Psi_A^{(i)}\right\}$와 $\left\{\Psi_X^{(i)}\right\}$는 각각 해석과 실험으로 구한 i번째 모드형상이고, n과 *는 각각 모드의 수와 공액복소수를 의미한다. MSF_{XA}는 $\{\Psi_A\}$와 $\{\Psi_X\}$를 가로축과 세로축으로 나타낸 평면에서 최적의 직선 기울기를 나타내며, $\mathrm{MAC}_{XA}^{(ij)}$는 i번째 모드와 j번째 모드 사이의 상관관계를 나타낸다. 만약 $\left\{\Psi_X^{(i)}\right\}$와 $\left\{\Psi_A^{(j)}\right\}$가 평행하면 $\mathrm{MAC}_{XA}^{(ij)}=1$이고, $\left\{\Psi_X^{(i)}\right\}$와 $\left\{\Psi_A^{(j)}\right\}$가 서로 직교하면 $\mathrm{MAC}_{XA}^{(ij)}=0$이다. 실험모드해석과 유한요소해석으로 얻어진 모드들로 계산된 MAC 행렬은 이론상으론 대각항이 1이 되고, 비대각항은 0이 되어야 하지만, 대부분의 경우 유한요소모델의 갖는 모델링, 경계조건 등의 오차와 실험모드해석 상의 오차 등으로 인하여 MAC 행렬의 요소들은 0과 1사이의 값을 갖는 것이 보편적이다. 예를 들어 MAC이 0.8이상인 경우는 두 모드가 서로 유사하다고 할 수 있으며, 0.1이하이면 서로 다른 모드라 할 수 있다.

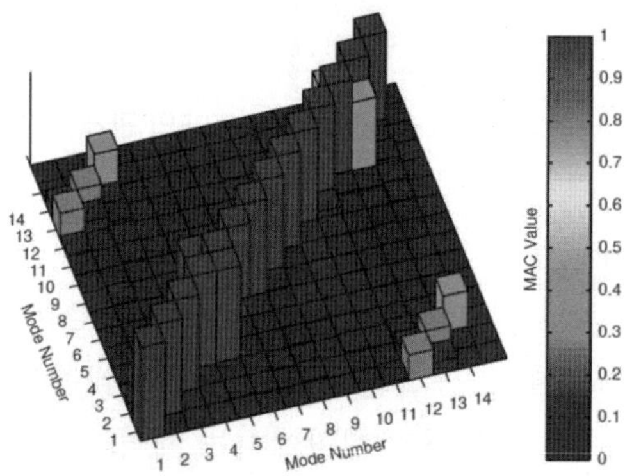

그림 3.4.3d MAC의 예(Allemang, 2003)

3.4.4 운전변형형상(ODS)과 선도(diagram)

• 운전변형형상(operating deflection shape; ODS)

모드형상과 운전변형형상은 서로 연관되어 있지만, 여러 가지 면에서 매우 다르다.

(1) 모드형상(mode shape)

구조물의 고유진동수에서 나타나는 구조물의 고유한 특성으로 구조물의 질량, 감쇠, 강성 및 경계조건에 의해 결정되며, 구조물에 작용하는 하중과는 무관하다. 모드형상은 고유한 크기를 갖고 있지는 않으나 형상은 고유하다. 즉, 모드형상은 고유진동수에서 어떤 지점에 대한 다른 지점의 상대 운동이 고유함을 나타낸다.

(2) 운전변형형상(operating deflection shape; ODS)

모드형상과는 매우 다르다. 운전변형형상은 특정 진동수 또는 특정 시간에서의 구조물의 강제진동응답으로, 구조물에 작용하는 하중에 따라 다르다. 즉, 하중에 따라 운전변형형상은 변한다. 운전변형형상은 변위, 속도, 가속도 또는 단위하중에 대한 변위 등 고유한 단위를 갖고 있다.

따라서 운전변형형상을 통해 특정 시간 또는 특정 진동수에서 구조물의 실제 운동을 알 수 있다. 모드형상은 구조물의 선형(linear)이며 정상상태(stationary)의 운동에 대해서만 정의될 수 있는데 반해, 운전변형형상은 비선형과 비정상상태의 운동에 대해서도 정의될 수 있다. 또한, 모드형상이 고유진동수에 대해서만 정의되는데 비해, 운전변형형상은 일반 진동수에서도 정의될 수 있다.

모드형상은 수학적인 개념으로 고유진동수에서 구조물의 운동을 나타내는 매우 편리한 방법이다. 모드형상은 수치적으로 또는 실험으로 구할 수 있다. 수치적으로 모드형상은 선형 정상상태의 운동을 나타내는 운동방정식의 해이다. 실험적으로 구하는 방법은 모드시험을 통해 운전변형형상을 계측하고, 이를 특정 방법으로 분석하여 모드형상을 구한다.

• 보드 선도(Bode diagram)*

진동수응답을 도표로 표현하는 방법 중에 하나로서, 진동수에 따른 응답 크기 및 위상을 직교좌표계 상에 나타낸 선도이다.

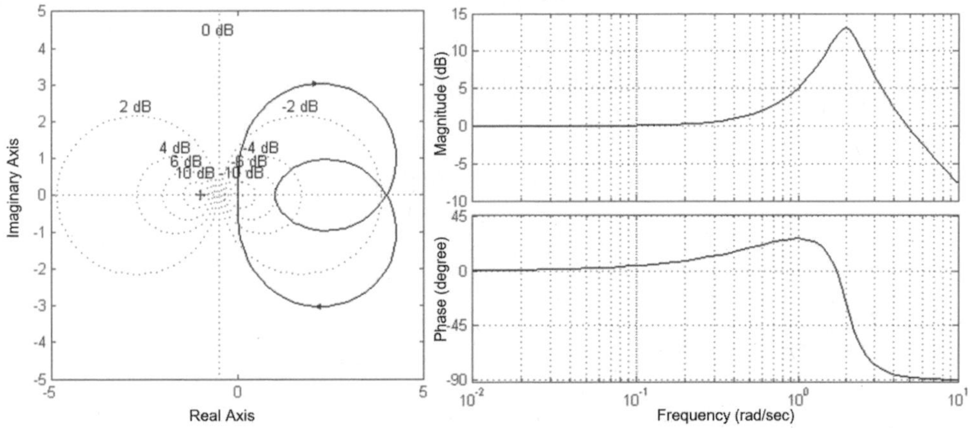

(a) Nyquist diagram (b) Bode diagram

그림 3.4.4a 나이퀴스트 선도와 보드 선드의 비교

• 캠벨 선도(Campbell diagram)†

운전 중인 풍력발전기는 로터의 회전속도에 따라 고유진동수가 따르다. 캠벨 선도는 풍력발전기 로터(rotor) 등의 회전축(shaft) 회전속도(whirl speed; 휘둘림 속도; 단위: rpm)를 가로축으로 하고, 구조물의 진동수(Hz)를 세로축으로 사용하여, 회전축의 회전속도에 따른 구조물 특정 진동모드의 고유진동수 변화를 나타낸다. 여기서 풍력날개를 회전속도의 배율로 가진하는 엔진배

* 보드(Hendrik W. Bode,1905~1982) : Bell 연구소 전기기술자,1930~40년대 벨 연구소에서 보드선도 활용

† Campbell, Wilfred (1924). "Protection of Steam Turbine Disk Wheels from Axial Vibration". Transactions of the ASME: 31–160.

율(Engine Order, EO) 가진을 엔진배율선(Engine Order lines)*으로 캠벨 선도에 함께 나타내어, 구조물의 고유진동수 선과의 접점을 검토하여 가동 회전속도 구간에서 구조물과의 공진여부를 검토할 수 있다.

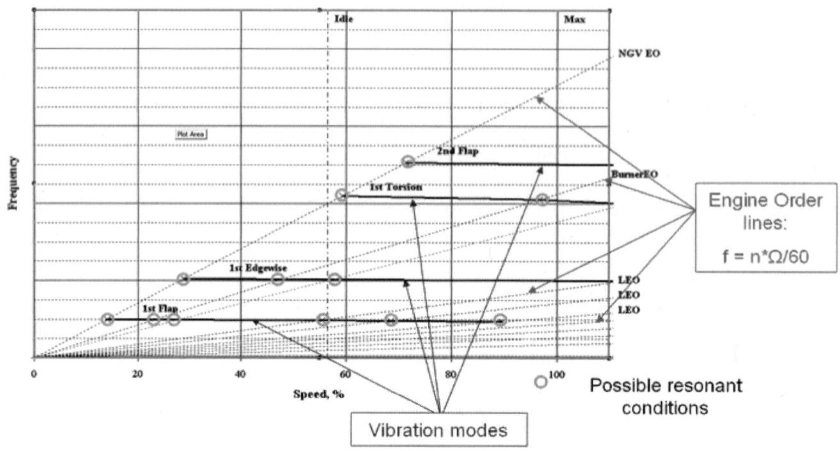

그림 3.4.4b 캠벨 선도의 예

캠벨 선도에 600 kW 3-블레이드 터빈의 첫 10개 구조모드에 대한 고정조건 고유진동수를 비대칭 정지 모드형상과 함께 나타냈다. 추정되는 진동수선을 함께 나타냈으며, 로터 회전모드의 중앙진동수는 지반고정 고유진동수에 $\pm\Omega$를 더한 값이다.

---

* EO선(Engine Order lines, 엔진배율선)

엔진배율 가진은 회전속도에 비례하는 주기 하중이다.

$$f_i = \frac{n\Omega}{60}$$

여기서 Ω = 회전속도(rpm), n = 엔진배율(Engine Order)이다. 회전속도가 변함에 따라, n번째 EO선의 각 값들을 그릴 수 있다. 블레이드 디스크 조합체(bladed-disk assemblies)의 경우, 다음처럼 특정 엔진배율로만 가진된다.

$$n_{\alpha,ND,p} = \alpha N \pm ND$$

여기서 $\alpha = 0,1,2,\cdots,N$, p는 + 또는 –이며, ND는 절점직경들의 개수이다. 예를 들어,

$$n_{5,4,-} = 5 \times N - 4$$

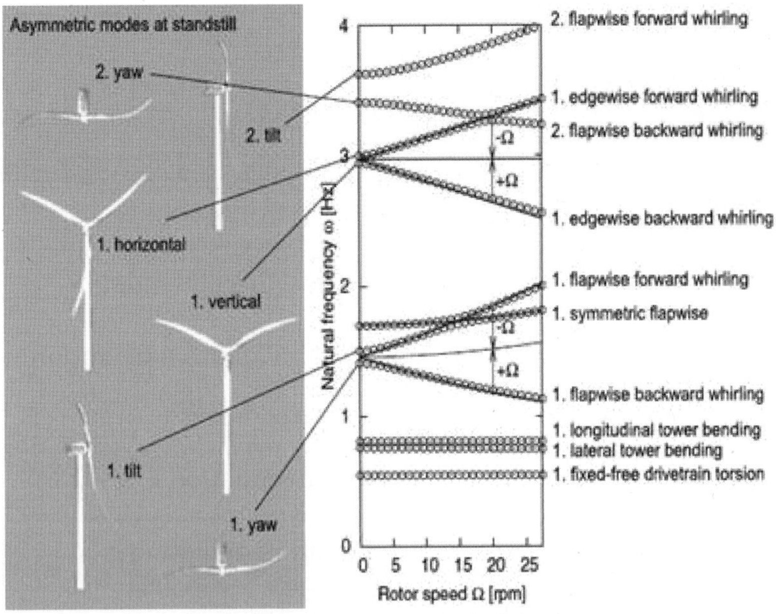

그림 3.4.4c 풍력터빈에 대한 캠벨 선도의 적용 예 (Hansen, 2007*)

3.4.5 진동 센서

• RLC 회로방정식(circuit equation)과 임피던스(impedance)

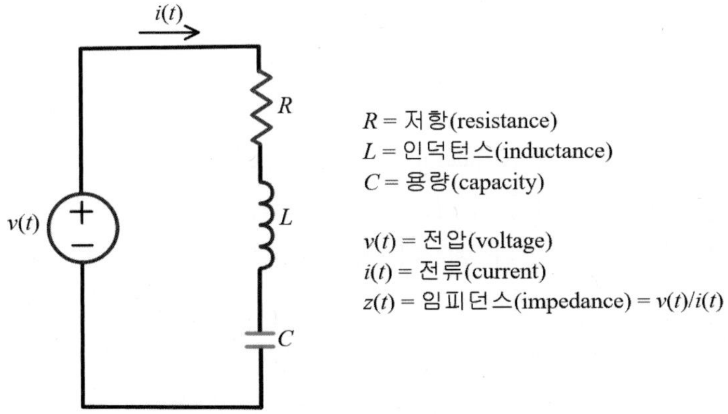

그림 3.4.5a RLC 직렬회로

RLC 직렬회로의 전압에 관한 지배미분방정식은 다음과 같다 (키르히호프의 법칙; Kirchhoff's voltage law; KVL).

$$v_L + v_R + v_C = v(t)$$

여기서 v_L, v_R, v_C는 각각 R, L, C를 통과하는 전압이고, $v(t)$ 는 전원에서 송출되는 전압으로 시간

---

* M. H. Hansen (2007.09). "Aeroelastic instability problems for wind turbines", Wiley Interscience.

의 함수이다. 이 식을 구성방정식에 대입하면 다음과 같다.

$$L\frac{di(t)}{dt}+Ri(t)+\frac{1}{C}\int_{-\infty}^{\tau=t}i(\tau)d\tau=v(t)$$

여기서 $i(t)$는 시간에 따라 변하는 전류이다. 구성방정식의 양변을 시간으로 미분하면 구조물의 운동방식과 유사한 RLC 회로방정식을 구할 수 있다.

$$L\frac{d^2i(t)}{dt^2}+R\frac{di(t)}{dt}+\frac{1}{C}i(t)=\frac{dv(t)}{dt} \quad \text{: Circuit equation}$$

$$m\frac{d^2u(t)}{dt^2}+c\frac{du(t)}{dt}+ku(t)=f(t) \text{ : Equation of motion}$$

전기회로와 구조동역학에서 임피던스(impedance)의 정의는 각각 다음과 같다.

$$z(t)=\frac{v(t)}{i(t)} \qquad \text{: Circuit equation}$$

$$\kappa(t)=\frac{f(t)}{u(t)} \qquad \text{: Equation of motion}$$

참고로 지반-구조물 상호작용해석에서 임피던스를 동적강성(dynamic stiffness)과 같은 의미로 사용한다. 지반의 동적 특성은 진동수 의존적이며, 이러한 특성은 매 진동수 별로 지반의 동적강성을 구하는 진동수영역방법을 통해 효과적으로 해석에 반영할 수 있다. 진동수영역방법에서 일반적인 동적강성의 형태는 다음과 같다.

$$S_b^g(\omega)=K+i\omega C-\omega^2 M$$

• 센서와 트랜스듀서의 차이

외부자극(stimulus)을 받아 이것을 전기신호로 변환하는 장치를 ‘센서(sensor)’라고 한다. 여기서 외부자극이란 계측하고자 하는 양(quantity), 특성(property), 상태(condition) 등을 의미하며, 변환에 이용하는 현상으로는 물리적 현상(광, 온도, 습도, 속도, 자기 등), 화학적 현상(pH, 가스, 수질 등), 생물학적 현상 등을 들 수 있다. 예를 들어 인간은 오감(五感; 즉, 시각, 청각, 후각, 미각, 촉각) 센서를 가지고 있다고 할 수 있다.

‘트랜스듀서(transducer; 변환기)’는 한 에너지 형태(신호)를 다른 에너지 형태(신호)로 변환하는 소자를 총칭하는 용어로 센서의 개념을 포괄한다. 즉, 센서는 비전기적 양을 전기신호로 변환하는 입력 트랜스듀서(input transducer)이며, 액추에이터(actuator)는 전기신호를 다른 에너지로 변환하는 출력 트랜스듀서(output transducer)로 볼 수 있다. 굳이 센서와 트랜스듀서를 구분한다면 출력이 전기적 신호 또는 에너지인가 아닌가로 센서와 트랜스듀서로 구분할 수 있지만, 실제로는 두 용어가 자주 동일한 의미로 사용되고 있다.

그림 3.4.5b 트랜스듀서의 구성

• 가변저항센서(variable-resistance sensor)

진동 계측에 일반적으로 사용되는 센서는 '가변저항센서(variable-resistance sensor)'와 '압전센서(piezoelectric sensor)'로 나눌 수 있다.

진동은 변형률 게이지(strain gauge)의 전기 저항의 변화를 발생시키며, 이는 다시 출력 전압이나 전류의 변화를 일으킨다. 전기저항 변형률 게이지는 기계적 변형을 받을 때 저항이 변하는 미세한 와이어 저항선으로 구성된다. 변형률 게이지를 구조물에 접합하면 구조물과 동일한 변형이 발생하므로 저항 변화로 인해 구조물에 가해지는 변형률이 발생한다. 저항선은 두 장의 얇은 막 사이에 끼어 있다. 표면이 정상적인 변형을 겪을 때 변형률 게이지도 같은 변형을 겪으며, 그 결과로 나타나는 저항의 변화를 신호로 나타낸다.

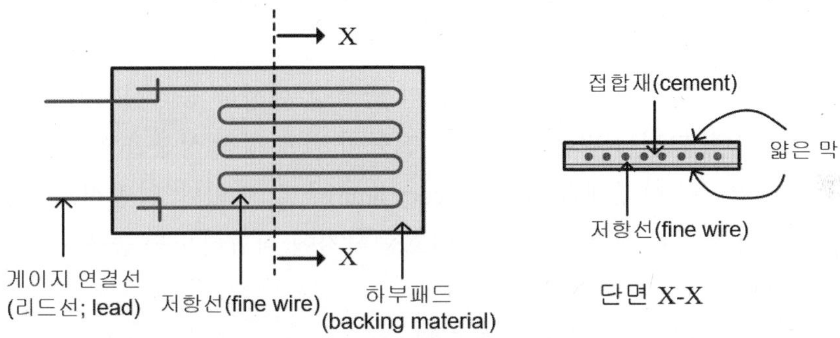

그림 3.4.5c 전기 저항 변형률 게이지 개략도

$$K = \frac{\Delta R/R}{\Delta L/L} = 1 + 2\nu + \frac{\Delta r}{r}\frac{L}{\Delta L} \approx 1 + 2\nu$$

여기서 K는 저항선의 게이지계수(gauge factor); R과 ΔR은 초기 저항과 저항의 변화량; L과 ΔL은 저항선의 초기 길이와 길이의 변화량; ν는 저항선의 포아송비; 그리고 r과 Δr은 저항선의 저항력과 저항력의 변화량(≈ 0)이다.

일반적으로 K는 변형률 게이지 제조사에서 제공되는 값이므로, R과 ΔR을 계측하면 ε은 다음과 같이 결정할 수 있다.

$$\varepsilon = \frac{\Delta L}{L} = \frac{\Delta R}{RK}$$

변형률 게이지가 탄성 외팔보에 부착된 스프링-질량 시스템인 진동 측정시스템(pickup)을 살펴보자. 외팔보의 모든 지점에서의 변형률은 측정할 질량의 변위 $x(t)$에 비례하므로 변형률 게이지에서 계측된 변형률을 사용하여 질량의 변위 $x(t)$를 찾을 수 있다.

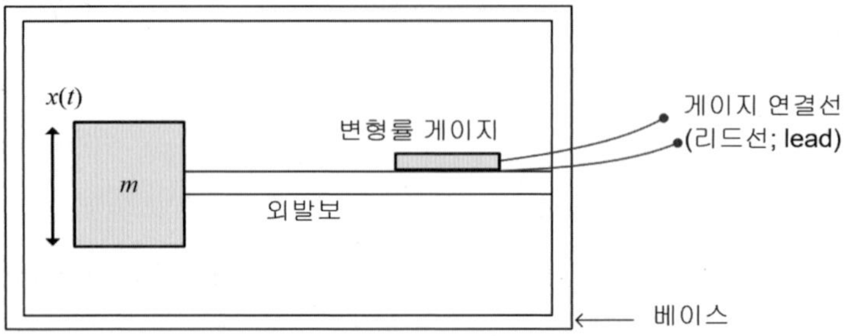

그림 3.4.5d 변형률 게이지를 사용한 진동 측정시스템(픽업; pickup)

• 압전센서(piezoelectric sensor)

동적 계측을 위한 레이저 센서(laser transducers) 등 다양한 센서가 있지만, 압전 형태의 압적 센서(piezoelectric transducers)가 동적 계측에 가장 널리 사용된다. 특정 재료는 변형 또는 응력을 받을 때 전하를 발생시키고, 하중이 제거되면 전하는 사라진다. 이러한 물질을 압전 물질이라고 하며 압전 효과를 이용하는 센서를 압전센서라고 한다. 압전 재료는 물리적인 압력을 받을 경우 전하(electric charge)를 발생시키는 특성을 갖고 있으며, 센서 내부의 압전 재료가 하중 또는 가속도 등에 비례하는 압력을 받도록 압전센서를 설계한다.

압전센서의 장점 중에 하나는 압전 재료의 특성상 센서를 동작시키기 위해 전력을 공급할 필요가 없다는 것이다. 그러나 다른 의미로는 진동이 적은 정적 성분을 계측하기 어려우므로, 계측 진동수 성분에 있어서 하한계값(low frequency limit)을 갖고 있다. 일반적으로 압전센서의 하한계값은 센서 자체의 특성과 작은 전하량을 신호분석기에 적합하도록 증폭시키는 증폭기의 특성에 따라 결정된다.

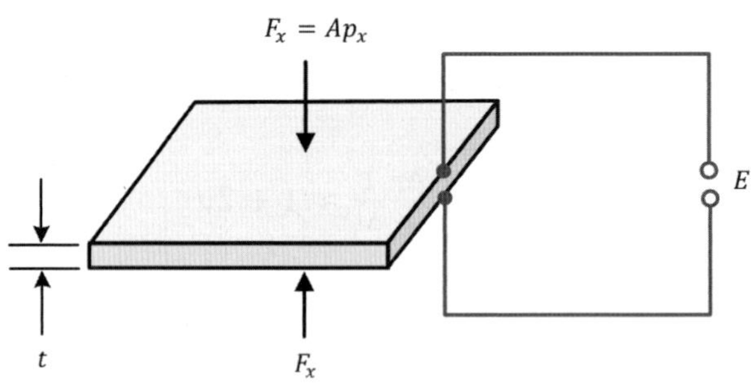

그림 3.4.5e 압전센서의 개념도

힘 F_x에 의해 발생하는 전하는 다음과 같다.

$$Q_x = kF_x = kAp_x$$

여기서 k는 전압 민감도; 압전 상수; A는 힘 F_x가 작용하는 면적; 그리고 p_x는 힘 F_x에 의해 발생하는 응력이다. 압전 재료의 출력 전압은 다음과 같다.

$$E = \nu t p_x$$

여기서 ν는 압전 상수; 그리고 t는 압전 재료의 두께이다.

일반적인 압전 가속도 센서를 다음 그림에 나타냈다. 여기서 스프링에 매달린 작은 질량은 압전 재료 위에 올려져 있다. 베이스가 진동할 때, 질량에 의해 압전 재료에 가해지는 하중은 가속도에 따라 변화하므로 압전 재료에서 발생하는 출력 전압은 가속도에 비례한다.

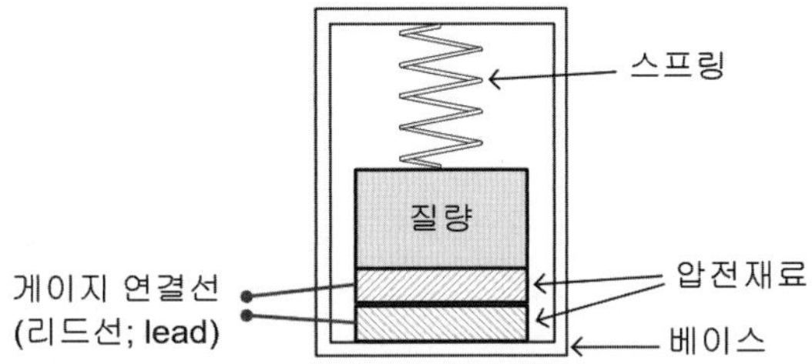

그림 3.4.5f 압전 가속도 센서의 개략도

• 멤스 센서(MEMS sensor)

MEMS(Micro Electro-Mechanical Systems)는 '초소형 전자-기계 시스템'을 뜻한다. MEMS는 작게는 마이크로미터(μm)에서 크게는 밀리미터(mm) 정도의 크기를 갖는다. MEMS 기술을 이용해서 만든 장치는 크기가 매우 작기 때문에 일반적인 크기의 기계 기기와는 다른 물리적 특성을 보인다. 예를 들면, 질량이나 관성 등의 중요성은 줄어드는 대신 표면장력이나 마찰력 등이 핵심 변수가 된다.

MEMS 센서는 실리콘 기판 위에 얇게 제작되는 폴리실리콘 구조이다. 두 개의 고정 플레이트 사이에 가동식 플레이트가 있는 셀을 기반으로 한다. 가속으로 인해 가동식 플레이트가 고정 플레이트에 비해 변형이 되면 가속에 비례한 센서 출력을 생성하여 차동 정전 용량(differential capacitance)이 변경된다. 작은 변형에도 큰 가속도 범위를 지원하는 MEMS 진동센서는 일반 진동센서의 범위보다 큰 수백 g의 가속도에도 도달할 수 있다.

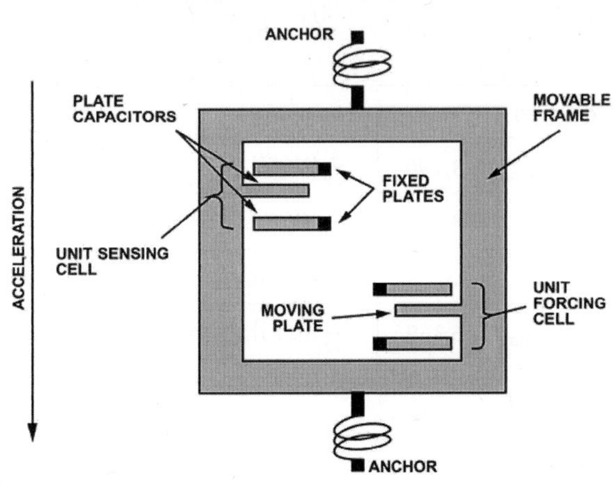

그림 3.4.5f MEMS 센서의 개념도 (출처: Analog Devices)

[예제] 3.4.3 공진진동수와 감쇠비 추정: 진동수영역

다음 그림과 같이 가속도 전달함수를 시험에서 계측하였다. 공진진동수와 감쇠비를 구하라.

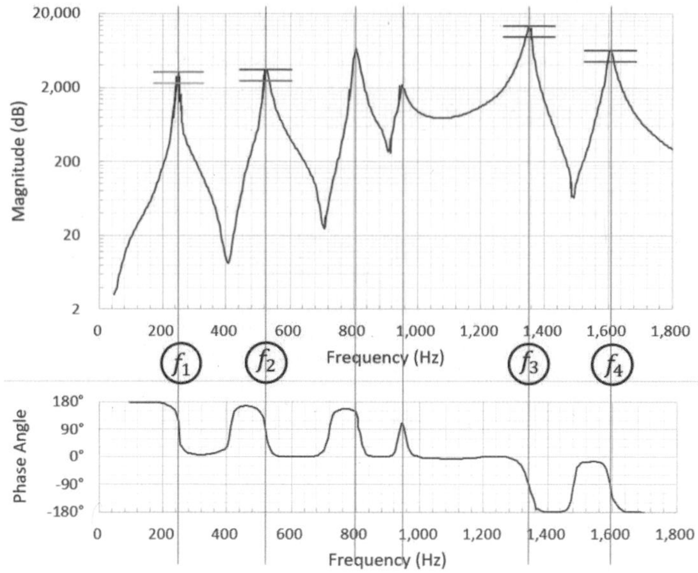

[풀이]

(1) 공진진동수의 선정

- 공진진동수에서 진폭의 크기가 첨둣값(peak)이다.
- 공진진동수에서 위상각은 $90°$ 또는 $-90°$이며, 전후로 $180°$ 변화한다.
- 이러한 공진진동수의 특성을 고려하여, 4개의 공진진동수를 선정한다.

(2) 감쇠비 산정

- 파워반감대역폭(2.2장 참조)
- 최대 진폭의 파워반감 크기인 $\frac{1}{\sqrt{2}} \approx 0.707$배인 진폭에서의 진동수 f_1과 f_2를 구한다.
- 다음 공식으로 감쇠비를 산정한다.

$$\xi = \frac{f_2 - f_1}{2f_n} \times 100(\%)$$

차수	고유진동수(Hz)	감쇠비(%)
1	$f_1 = 250.77$ Hz , $\lvert U(f)\rvert_{max} = 3{,}190$	$\frac{1}{\sqrt{2}}\lvert U(f)\rvert_{max} = 2{,}255$에서 $\xi_1 = \frac{254.00-241.09}{2\times250.77} \times 100 = 0.28$ %
2	$f_2 = 524.93$ Hz , $\lvert U(f)\rvert_{max} = 3{,}505$	$\frac{1}{\sqrt{2}}\lvert U(f)\rvert_{max} = 2{,}479$에서 $\xi_2 = \frac{534.61-515.26}{2\times524.93} \times 100 = 0.39$ %
3	$f_3 = 1350.6$ Hz , $\lvert U(f)\rvert_{max} = 13{,}756$	$\frac{1}{\sqrt{2}}\lvert U(f)\rvert_{max} = 9{,}727$에서 $\xi_3 = \frac{1357{,}1-1340.9}{2\times1350.6} \times 100 = 0.10$ %
4	$f_4 = 1605.4$ Hz , $\lvert U(f)\rvert_{max} = 6{,}369$	$\frac{1}{\sqrt{2}}\lvert U(f)\rvert_{max} = 4{,}504$에서 $\xi_4 = \frac{1618.3-1595.7}{2\times1605.4} \times 100 = 0.25$ %

[예제] 3.4.3 공진진동수와 감쇠비 추정: 나이퀴스트 선도

진동 실험을 통해 다음과 같은 나이퀴스트 선도를 구하였다.
이 나이퀴스트 원에 해당하는 감쇠비(ξ)를 추정하여라.

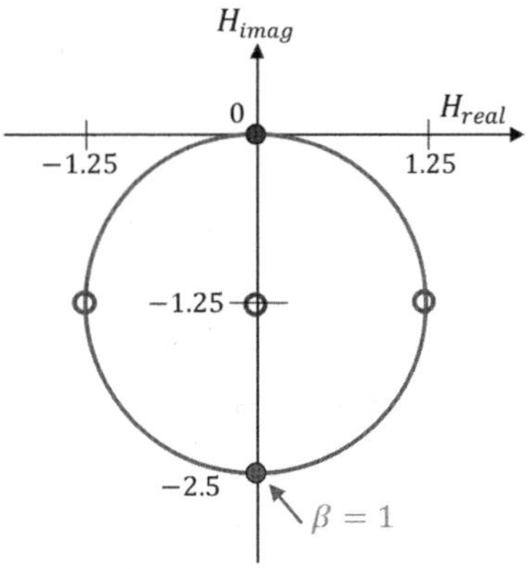

[풀이]
"수학: 3.4.3 나이퀴스트 선도"를 참조한다.
나이퀴스트 원의 반경 $\frac{1}{4\xi}$이다. 따라서

$$1.25 = \frac{1}{4\xi}$$

$$\therefore \xi = \frac{1}{4\times1.25} = 0.2$$

PYTHON: 3.4.1 손상된 구조물의 고유진동수와 모드형상 (SHM Beam.py)

다음과 같은 높이가 30 m인 10층 구조물이 있다. 구조적 손상으로 인해 건물의 3층과 5층의 휨강성(EI)이 각각 30% 감소하였다. 구조물의 고유주기와 고유진동모드의 변화를 검토하여라.

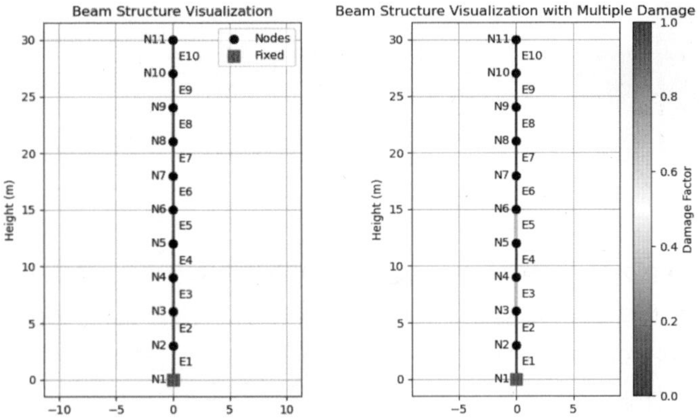

사용된 10개의 보요소의 물성값
- 탄성계수 $E = 200$ Pa
- 단면2차모멘트 $I = 1\times10^{-3}$ m^4
- 질량밀도 $\rho = 7{,}800$ kg/m^3
- 단면적 $A = 0.01$ m^2
- 길이 $L = 3$ m

[풀이]
앞 절에서 설명한 유한요소법을 사용하여 구하는 절차는 다음과 같다.

(1) 요소강성행렬과 요소질량행렬(일관질량행렬) 생성

$$\left[K^{(e)}\right] = \frac{EI}{L^3}\begin{bmatrix} 12 & 6L & -12 & 6L \\ 6L & 4L^2 & -6L & 2L^2 \\ -12 & -6L & 12 & -6L \\ 6L & 2L^2 & -6L & 4L^2 \end{bmatrix} \quad \left[M^{(e)}_{consistent}\right] = \frac{mL}{420}\begin{bmatrix} 156 & 22L & 54 & -13L \\ 22L & 4L^2 & 13L & -3L^2 \\ 54 & 13L & 156 & -22L \\ -13L & -3L^2 & -22L & 4L^2 \end{bmatrix}$$

(2) 손상 구조물의 요소강성의 30% 감소

$$\left[K^{(e)}_{damaged}\right] = 0.7\times\left[K^{(e)}\right]$$

(3) 고유주기와 모드형상

고유치해석을 통해 고유주기와 모드형상을 산정한다.

모드형상은 최댓값을 1로 정규화한다.

(4) 손상된 구조물의 고유진동수와 모드형상은 다음과 같다.

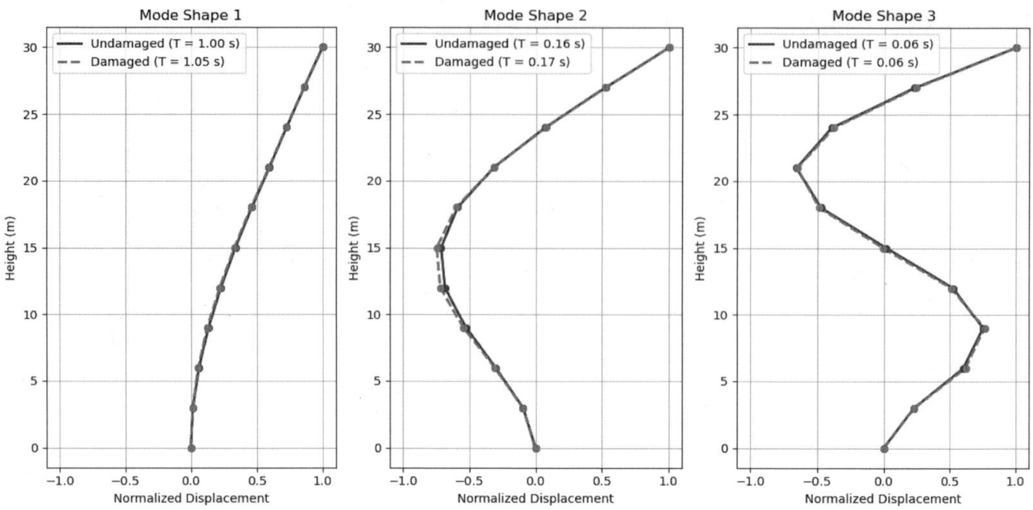

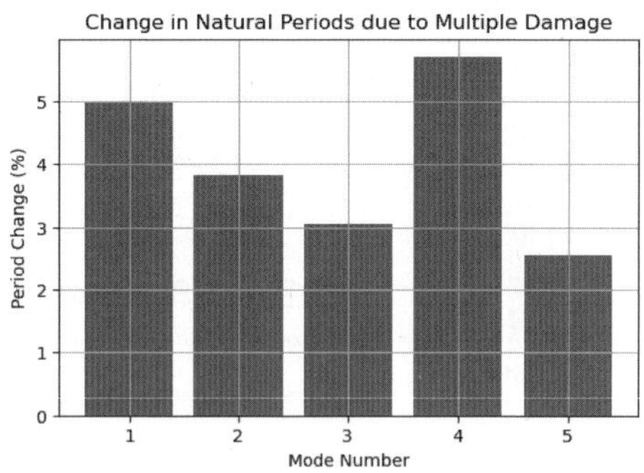

손상전과 후의 고유주기의 변화

고유모드(초)	1차	2차	3차	4차	5차
손상전	1.004	0.160	0.057	0.029	0.017
손상후	1.054	0.166	0.058	0.030	0.018
변화율(%)	4.98	3.83	3.05	5.70	2.53

여기서 변화율 $= \frac{T_{after}-T_{before}}{T_{before}} \times 100(\%)$

(5) 검토 의견

3층과 5층의 강성이 30% 감소하였다고 가정하였을 지라도, 모드형상의 변화를 확인하기가 어렵다.횡방향 3개의 변위 모드중에서 손상이 발생한 위치를 나타내는 2차 모드가 상대적으로 큰 변화가 있다. 고유주기의 변화는 3개의 저차 변위모드에서 1차 모드에서 변화량이 컸다. 실제 구조물의 고유진동수와 모드형상에는 계측자료의 변동성을 고려하여야 동적 특성을 활용하여야 한다.

수학: 3.4.3 나이퀴스트 선도

일반적으로 진동수영역에서 $H(\omega)$의 피크값을 찾아서 진동시스템의 공진진동수와 감쇠비를 경험적으로 찾는다. 대신에 피크값 근방의 $H(\omega)$를 복소평면에 나타내어 나이퀴스트 원을 그린 후에 합리적으로 진동시스템의 공진진동수와 감쇠비를 구할 수 있다.

진동시스템의 진동수 응답함수 $H(\omega)$에서 고유진동수 근방에는 단일 모드가 우세하다고 가정한다. 단자유도계의 $H(\omega)$를 실수부와 허수부를 구분하여 복소평면의 수평축과 수직축에 나타내면, 그래프는 원의 형태를 갖는다. 이것을 "나이퀴스트 선도(Nyquist plot)" 또는 "나이퀴스트 원(Nyquist circle)"이라고 한다.

$H(\omega)$는 다음과 같이 실수부(H_{real})와 허수부(H_{imag})로 구분하여 표현할 수 있다.

$$S(\omega) = k - \omega^2 m + i\omega c$$

$$\Longrightarrow H(\omega) = \frac{1}{S(\omega)} = \frac{1}{k-\omega^2 m+i\omega c}$$

또는 $$\Longrightarrow H(\beta) = \frac{1}{1-\beta^2+i2\xi\beta} = H_{real} + iH_{imag}$$

여기서

$\beta = \omega/\omega_n$: 진동수비

$H_{real}(\beta) = \frac{1-\beta^2}{(1-\beta^2)^2+4\xi^2\beta^2}$: 실수부

$H_{imag}(\beta) = \frac{-2\xi\beta}{(1-\beta^2)^2+4\xi^2\beta^2}$: 허수부

진동시험에서 가진진동수(β)를 증가시켜 가며, $H(\beta)$를 복소평면에 나타내면, 감쇠비에 따라 다른 형상을 나타낸다. 큰 감쇠에서는 찌그러진 원의 형상이지만, 감쇠가 작아질수록 온전한 원의 형상이 된다.

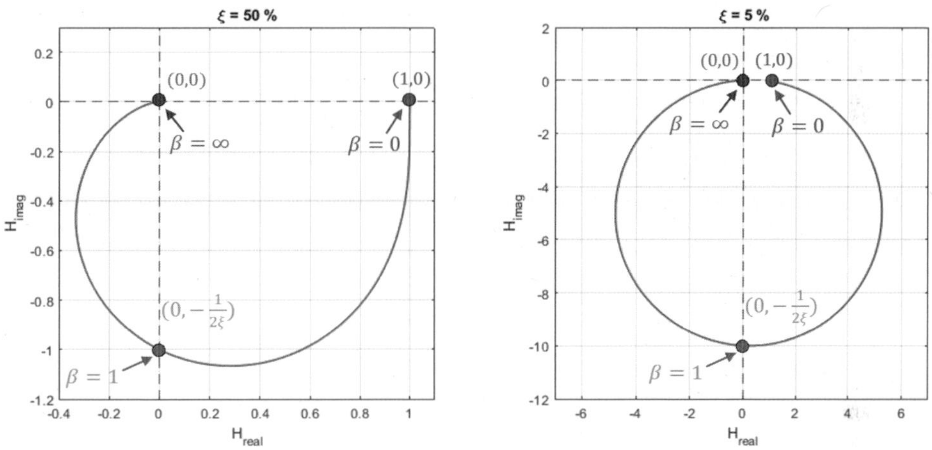

공진($\beta\ =\ 1$) 근방에서 다음과 같이 근사할 수 있으므로,

$$1-\beta^2 = (1+\beta)(1-\beta) \approx 2(1-\beta)$$
$$-2\xi\beta \approx 2\xi$$

$H(\omega)$의 실수부(H_{real})와 허수부(H_{imag})는 다음과 같이 근사할 수 있다.

$H_{real}(\beta) = \frac{1-\beta^2}{(1-\beta^2)^2+4\xi^2\beta^2} \approx \frac{1-\beta}{2[(1-\beta)^2+\xi^2]}$: 실수부

$H_{imag}(\beta) = \frac{-2\xi\beta}{(1-\beta^2)^2+4\xi^2\beta^2} \approx \frac{-\xi}{2[(1-\beta)^2+\xi^2]}$: 허수부

따라서 $H(\omega)$의 실수부(H_{real})와 허수부(H_{imag})에 관한 다음과 같은 관계를 유도할 수 있다.

$$H_{real}^2 + \left(H_{imag} + \frac{1}{4\xi}\right)^2 = \left(\frac{1}{4\xi}\right)^2$$

이것은 복소평면 상의 중심이 $\left(0, -\frac{1}{4\xi}\right)$이고 반지름이 $\frac{1}{4\xi}$인 원의 방정식이다.

파워반감대역폭인 $\beta = 1 \pm \xi$에 해당하는 $H(\omega)$의 실수부(H_{real})와 허수부(H_{imag})는 다음과 같다.

$H_{real}(\beta) = H_{real}(1 \pm \xi) \approx \pm\frac{1}{4\xi}$: 실수부

$H_{imag}(\beta) = H_{imag}(1 \pm \xi) \approx -\frac{1}{4\xi}$: 허수부

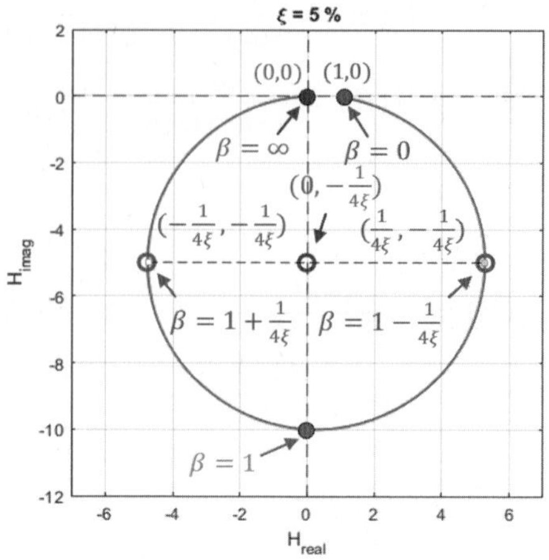

이 특성을 사용하여 다음과 같이 고유진동수 ω_n(즉, $\beta = 1$)과 감쇠비 ξ를 구할 수 있다.

1. 진동수영역에서 $H(\omega)$의 피크값을 찾는 대신, 피크값 근방의 $H(\omega)$를 복소평면에 나타내어 나이퀴스트 원을 그린다.
2. 최소자승법을 사용하여 원을 피팅(fitting)한다. 이 과정을 통해 실험오류를 평균화한다.
3. 피팅된 원의 허수축과의 교차점이 $\beta = 1$인 경우이므로 ω_n을 구한다.
4. 대역폭은 원의 중심에서 수평 양 끝에 위치한 진동수들(즉, ω_1과 ω_2)의 차이이므로 ξ는 다음과 같다.

$$\xi = \frac{\omega_2 - \omega_1}{2\omega_n}$$

연습문제: 제3장 다자유도계

3.1 자유진동과 고유치해석

• 3.1.2 고유치해석 (건축구조기술사, 2019)
$[A]\{x\} = \lambda\{x\}$ 식을 이용한 고유치 문제에 답하라.
(1) 고유치 λ 및 고유벡터 $\{x\}$의 개념
(2) $[A] = \begin{bmatrix} -5 & 2 \\ 2 & -2 \end{bmatrix}$의 고유값과 고유벡터의 산정

• 3.1.2 운동방정식
기초가 병진 및 회전 운동을 하는 2층 건물의 단순화된 모형을 나타낸다. 운동에너지(T)와 변형에너지(U)를 사용하여 운동방정식을 구하라.

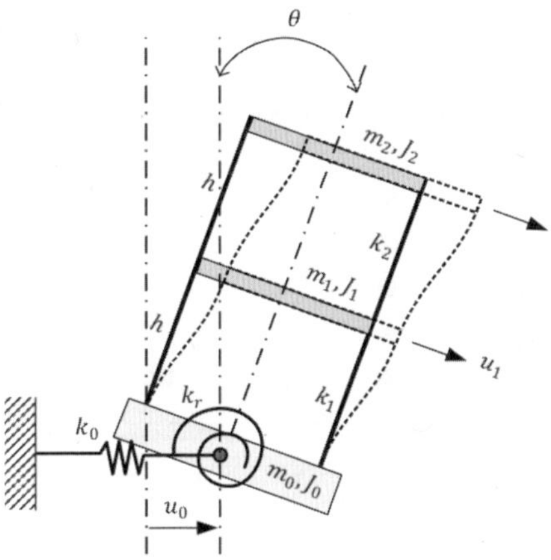

• 3.1.2 비감쇠 자유진동 (건축구조기술사, 2014)
다음 질량과 강성이 연결된 시스템의 1차와 2차 고유진동수를 산정하라.

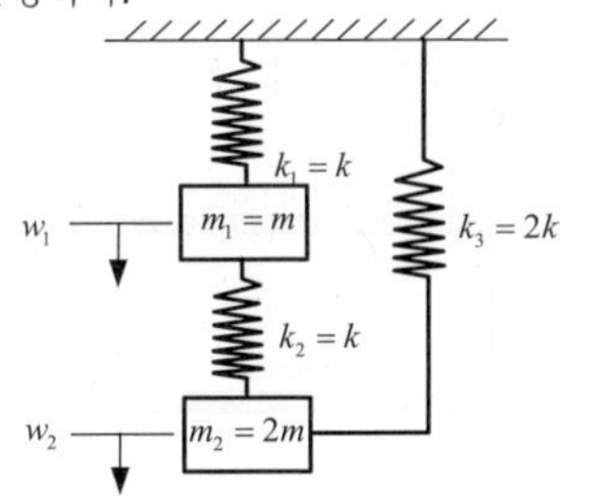

• 3.1.2 비감쇠 자유진동 (건축구조기술사, 2010)
다음 구조물의 고유진동수를 구하라. (단, 기둥단면의 휨강성은 그림과 같고, 축하중에 의한 2차 효과는 무시. 각 층에서의 기둥은 강접합, 최하층은 핀접합으로 연결)

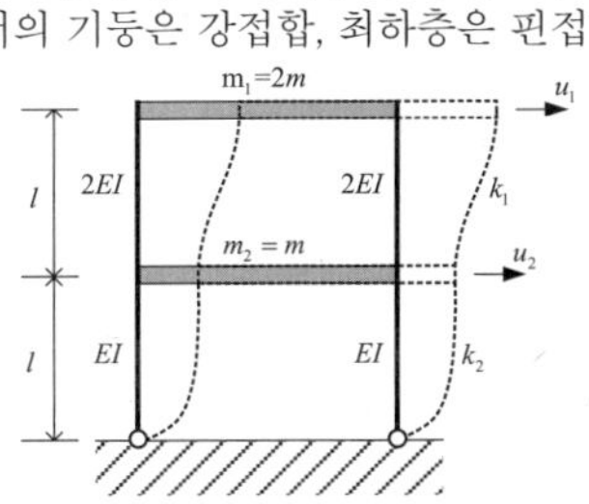

• 3.1.2 비감쇠 자유진동 (건축구조기술사, 2008)
다음 그림과 같이 각 층의 질량과 횡강성의 합이 주어진 2 자유도계의 고유진동수와 모드 형상을 산정하라. 단, 질량단위는 kN · $\frac{\text{sec}^2}{\text{m}}$, 강성단위는 $\frac{\text{kN}}{\text{m}}$

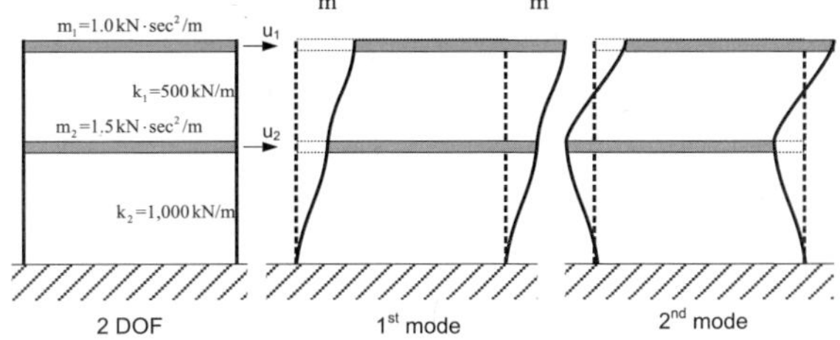

• 3.1.2 비감쇠 자유진동 (고유진동수와 모드형상)
다음 그림과 같이 3개의 프레임이 강체 지붕을 지지하고 있는 1층 건물의 고유진동수와 모드형상을 구하라. 여기서 지붕 무게 4.788 kN/m², 프레임 A의 횡강성 $k_y = 1094.57$ kN/m, 프레임 B와 C의 횡강성 $k_x = 583.77$ kN/m, $b = 9.14$ m, $d = 6.098$ m, 편심 $e = 1.5$ m, 건물 높이 $h = 3.66$ m이다.

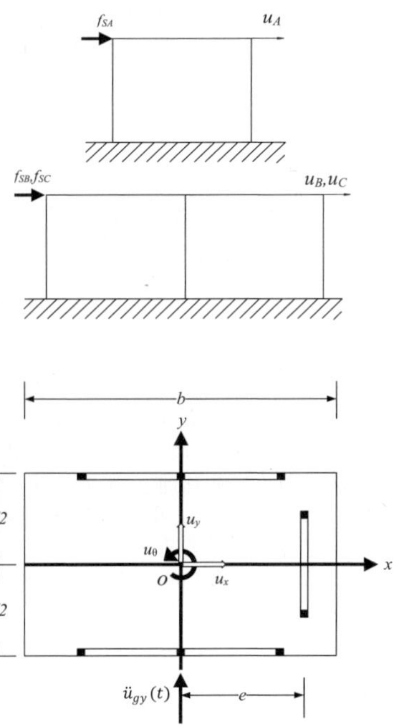

• 3.1.2 비감쇠 자유진동 (행정고시, 구조역학, 2018)
그림 (가)는 그림 (나)의 내부골조(interior frame: A−A열)를 해석하기 위해 사용된 2층전단골조를 나타낸다. 골조는 4.5 m 간격으로 배치되어 있고, 길이방향으로 구조적인 특성은 균일하다고 가정한다.
<조건>
구조물의 주요 특성은 다음과 같으며, 벽체의 강성은 없고 각 층 벽체의 무게는 상하부 바닥으로 절반씩 배

분된다고 가정한다.

- 1층 기둥: H−250×250×9×14 (I_x =1.08 × 10^8 mm^4)
- 2층 기둥: H−250×125×6×9 (I_x =4.05 × 10^7 mm^4)
- 기둥 탄성계수: E =200GPa, 벽체 표면적당 자중: 1.0 kN/m^2
- 1층 상부바닥 자중: 5.0 kN/m^2, 2층 상부바닥 자중: 2.5 kN/m^2

1) 구조물의 질량행렬과 강성행렬을 구하라.
2) 고유진동수(ω)와 고유주기(T)를 구하라.
3) 모드형상 벡터를 구하라.

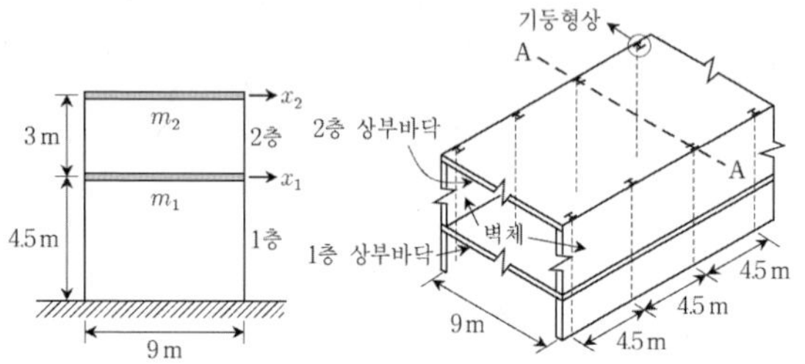

(가) (나)

• 3.1.2 비감쇠 자유진동

그림과 같은 시스템에 대해 u_1과 θ를 자유도로 하는 운동방정식을 유도하라. 중력가속도는 g이다.

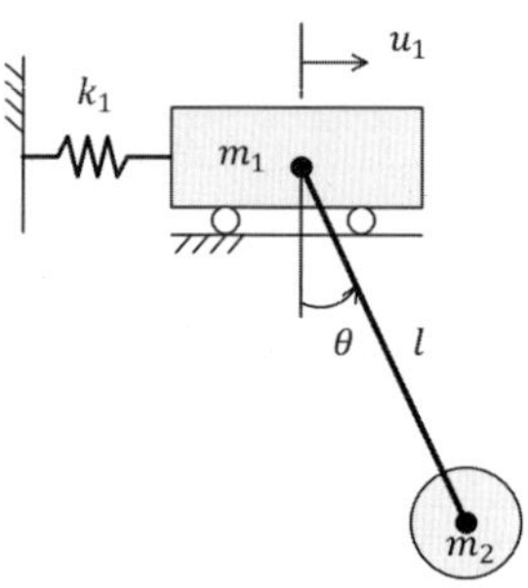

• 3.1.2 비감쇠 자유진동 (건축구조기술사, 2019)

그림과 같은 시스템에 대해 u_1과 θ를 자유도로 하는 운동방정식, 고유진동수 및 이에 해당하는 모드형상을 구하라. (단, 단위와 자중은 무시하며, 단진자의 길이 L = 3 이다. 또한, $m_1 = 2$, $m_2 = 1$, $k_1 = 6$, $k_2 = 2$ 이며, $\sin\theta \approx \theta$인 선형시스템으로 가정한다.)

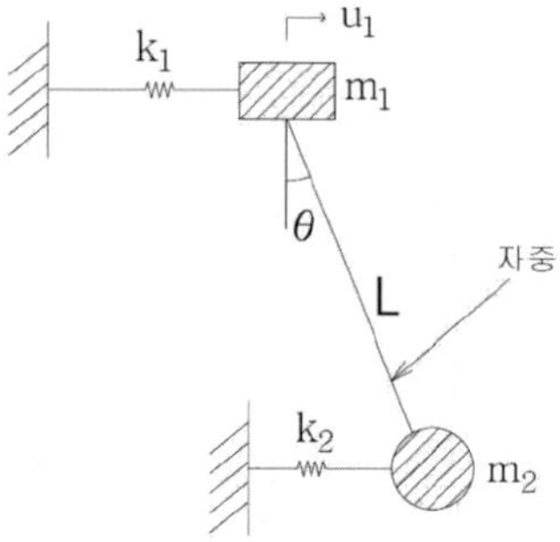

• 3.1.3 레일리-리츠방법 (건축구조기술사, 2008)

다음그림에서 일정한 휨강성(EI)과 단위 길이 당 질량(m)으로 분포된 캔틸레버 보에 집중 무게 W (집중질량은 $m_b = \frac{W}{g}$로 표현해야 하며 g는 중력가속도)가 중앙부에 위치할 경우와 끝단에 위치할 경우에 Rayleigh 방법을 이용하여 각각의 고유진동수를 구하라. (단부 조건을 만족하는 처짐곡선을 적용하라.)

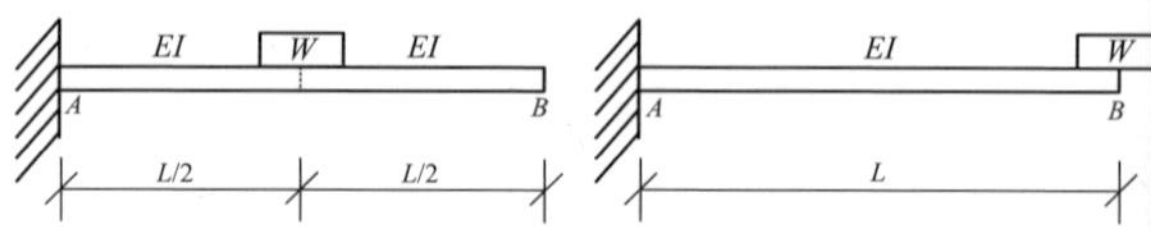

• 3.1.3 레일리-리츠방법 (건축구조기술사, 2018)

그림과 같은 강체보를 가진 5층 건물이 $\ddot{u}_g(t)$의 지반가속도를 받고 있다. 모든 층의 질량은 m이며, 모든 층은 동일한 높이 h와 동일한 강성 k를 갖는다. 변위가 밑면에서부터 높이에 따라 선형적으로 증가한다고 가정하고, 시스템의 운동방정식을 유도한 후 고유진동수를 구하라.

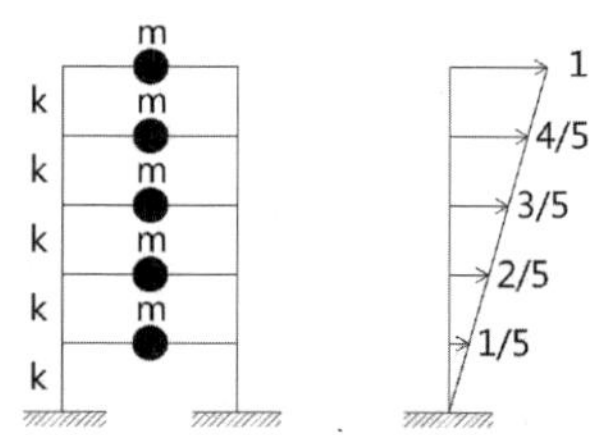

(a) (b)

• 3.1.3 개선된 레일리-리츠방법

다음 2층 전단구조물에 대해 다음을 구하라.
1) 레일리-리츠방법을 사용한 고유진동수와 모드형상
2) 레일리-리츠모드를 개선한 후 구한 고유진동수와 모드형상

초기 리츠벡터는 $\left[\{^{(0)}\Psi^{(1)}\} \quad \{^{(0)}\Psi^{(2)}\}\right] = \begin{bmatrix} 3 & 1 \\ 2 & -0.5 \end{bmatrix}$ 으로 가정하라.

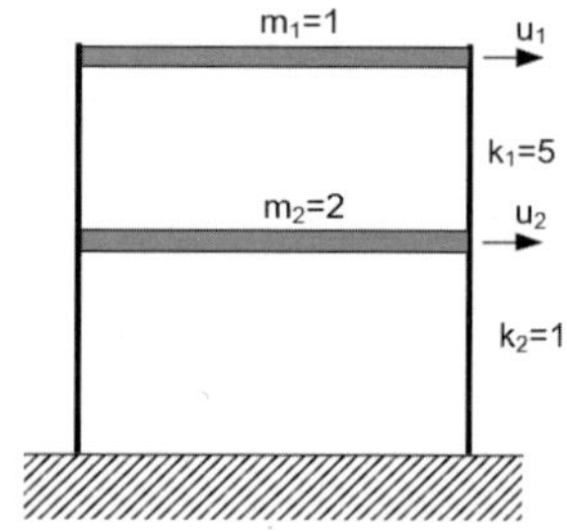

• 3.1.4 레일리 감쇠 (건축구조기술사, 2019)

레일리 감쇠모델(Rayleigh damping model)을 구조물 해석모델에 사용하였다. 2.0초와 1.0초 주기의 감쇠비를 5%로 가정할 때, 0.5초 주기의 감쇠비를 구하라.

3.2 수치해석기법

- 3.2.2 모드중첩법 (행정고등고시, 건축구조학, 2015)
  그림과 같은 구조물의 동적특성과 관련하여 다음 물음에 답하라. (단, 기둥과 바닥판의 축방향 변형은 무시하고, 바닥판의 휨강성은 기둥의 휨강성에 비하여 무한히 큰 것으로 가정한다)
  1) 층별 횡변위 u_1과 u_2에 대하여, 질량행렬 $[M]$ 및 강성행렬 $[K]$를 구하라.
  2) 감쇠를 고려하지 않은 고유진동수(ω_1, ω_2)와 모드형상 벡터$(\{\psi_1\}, \{\psi_2\})$를 구하라. (단, 모드형상 벡터는 최상층의 값을 1.0으로 한다)
  3) 최상층에 가한 횡력 F_o에 의한 변위벡터 $\{u\}$를 2)에서 구한 모드형상 벡터의 합$(q_1\{\psi_1\} + q_2\{\psi_2\})$으로 나타내고자 한다. 이때 q_1과 q_2의 비율(q_2/q_1)을 구하라.

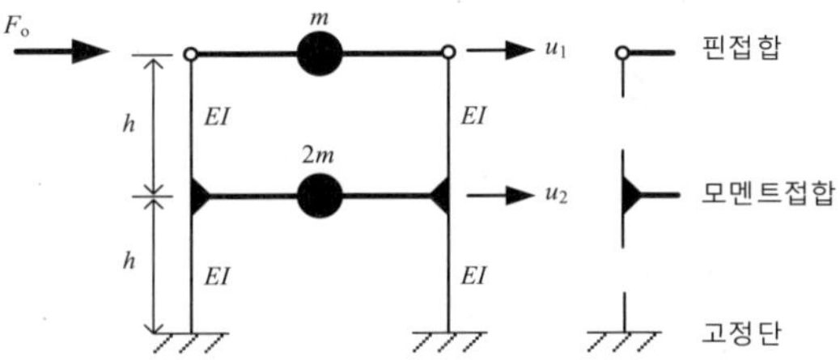

3.3 유한요소법

- [MATLAB] 3.3.2 유한요소해석: 트러스
  다음 강재 트러스 구조물의 고유진동수와 모드형상을 구하라.

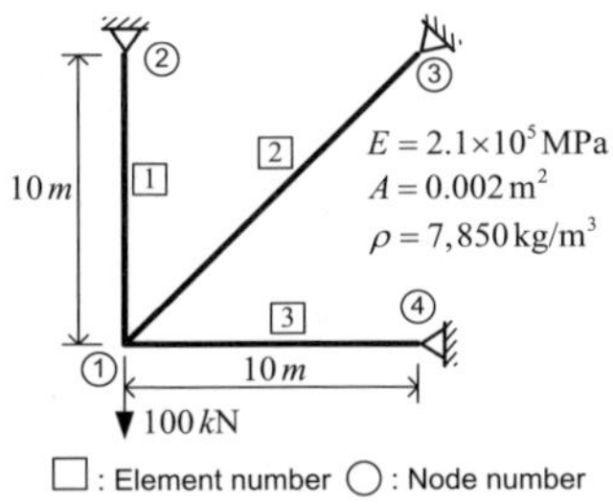

- [MATLAB] 3.3.2 유한요소해석: 보
  다음 강재 외팔보 구조물의 고유진동수와 모드형상을 구하라.

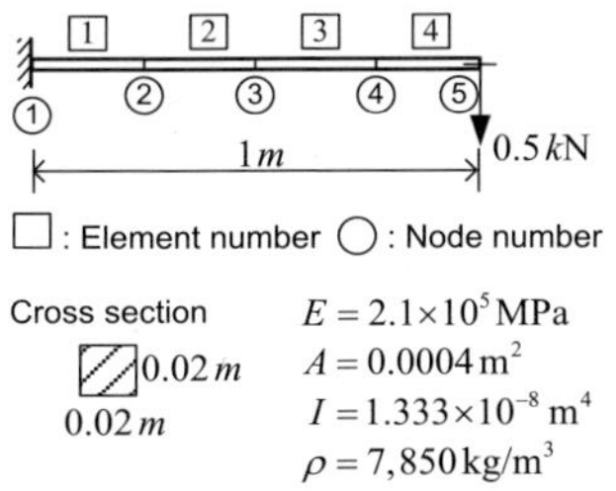

- [MATLAB] 3.3.2 유한요소해석: 프레임
  다음 강재 프레임 구조물의 고유진동수와 모드형상을 구하라.

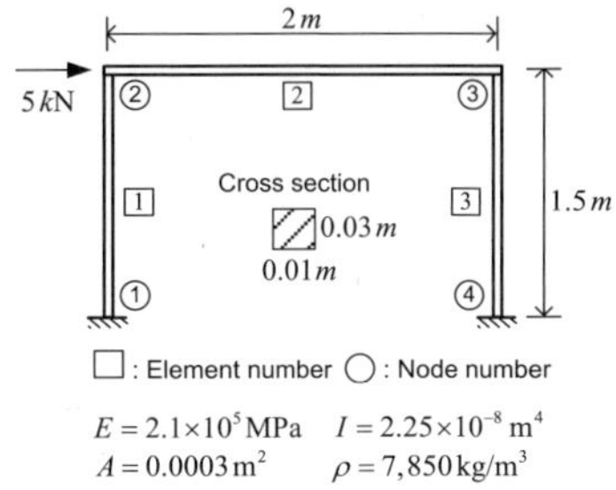

3.4 동적 실험과 모드변수 추정

- 3.4.1 동적 실험 (소음진동기술사, 2011)
  Modal Testing(모드시험)에 대해 설명하라.
- 3.4.2 신호처리 (소음진동기술사, 2011)
  앨리어싱(aliasing)에 대하여 설명하라.
- 3.4.3 모드변수 추정 (소음진동기술사, 2011)
  나이퀴스트 선도(Nyquist plot), 보드 선도(Bode plot) 및 근궤적 선도(root locus plot) 방법에 대해 설명하고 진동방지대책에서 어떻게 응용될 수 있는지에 대해 설명하라.
- 3.4.3절 모드변수 추정 (소음진동기술사, 2013)
  다음 그림과 같이 실수부(real part)와 허수부(imaginary part)로 표현된 전달함수를 복소평면인 Nyquist plot으로 그리고, 고유진동수 위치를 나타내라.

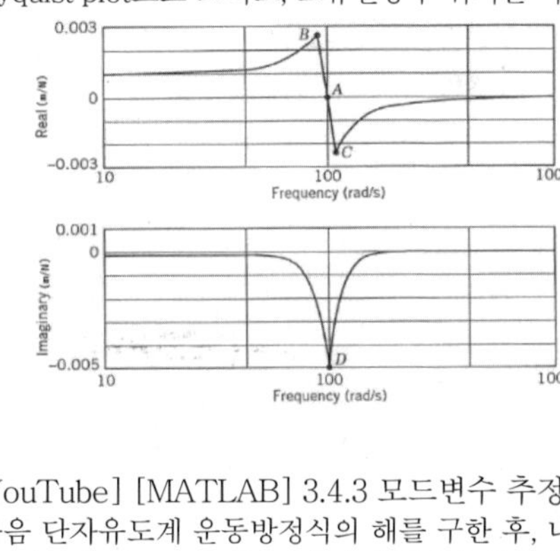

- [YouTube] [MATLAB] 3.4.3 모드변수 추정
  다음 단자유도계 운동방정식의 해를 구한 후, 나이퀴스트 선도와 보드 선도를 사용하여 복소수영역에서 검토하라.

시스템: 질량 $m = 1$, 강성 $k = 4$ 응답: 변위 u 초기조건: 초기변위 $u(0) = 4$, 초기속도 $\dot{u}(0) = 0$

(1) 비감쇠: $\ddot{u} + 4u = 0$
(2) 임계감쇠: $\ddot{u} + 4\dot{u} + 4u = 0$
(3) 저감쇠: $\ddot{u} + 0.2\dot{u} + 4u = 0$
  여기서 $\xi = 0.05 \rightarrow c = \xi \times 2\sqrt{mc} = 0.2$

• 3.4.3 모드변수 추정

터빈의 타행시험(惰行試驗, coast-down test)동안 얻은 터빈의 축(shaft)의 회전진동수(rpm)에 대한 peak-to-peak 변위(10^{-6} m)를 Bode 선도로 나타냈다. 축의 정적 변위가 1.25×10^{-6} m일 때, 이 터빈시스템의 감쇠비(ξ)를 결정하라.

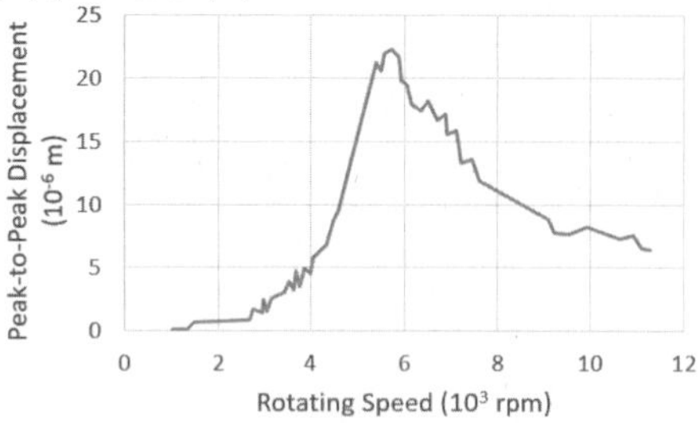

제4장 랜덤진동

제4장
랜덤진동

4.1 확률이론

4.1.1 기초확률이론

• 모집단(population)과 표본(sample)

'모집단(population)'이란 조사 또는 연구의 대상이 되는 전체를 말한다. 그러나 전체에 대해 데이터를 수집하는 것은 실제로 불가능하므로, 모집단에서 무작위로 추출(sampling)한 '표본(sample)'을 기초로 하여 모집단에 관한 추측을 한다. 통계학에서는 모집단의 특성을 나타내는 수치를 '모수(母數, parameter, θ)'라 하고, 이에 비해 표본의 특성을 나타내는 수치를 '통계량(statistic, $\hat{\theta}$, 모수에 대한 점추정량)'이라 한다. 일반적으로 모수 중에서 모집단의 평균과 분산인 모평균과 모분산을 각각 μ와 σ^2으로 나타내고, 통계량 중에서 표본의 평균과 분산인 표본평균과 표본분산을 각각 $\bar{X}$와 S^2으로 나타내기도 하지만, 이 책에서는 모평균과 모분산을 각각 μ와 σ^2으로 나타내고, 표본평균과 표본분산을 각각 $\hat{\mu}$와 $\hat{\sigma}^2$으로 ^(hat) 기호를 사용하여 나타내었다.

• 평균*(average; mean)과 표준편차(standard deviation)

통계학에서 평균에는 두 가지 서로 연관된 뜻이 있다.

(1) 모평균(μ): 확률변수의 '기댓값(expectation)'으로, '모평균(population mean)'이라고도 한다. 실수값을 갖는 확률변수에 대해서, 평균은 확률변수의 기댓값이 된다.

(2) 표본평균($\hat{\mu}$): 일상에서 평균이라고 부르는 것으로 '산술평균(arithmetic mean)'이라 하며, 이

---

* 평균은 통계학뿐만 아니라 기하학이나 해석학에서도 쓰이며, 이러한 목적으로 통계학에서는 그다지 많이 쓰이지 않는 기하평균이나 조화평균 등을 포함한 다양한 평균이 고안되었다.

1) 산술평균 (arithmetic mean): $\frac{x_1+x_2+\cdots+x_n}{n}$ 예) $\frac{a+b}{2}$

2) 기하평균 (geometric mean; Geomean): $\sqrt[n]{x_1 \times x_2 \times \cdots \times x_n}$ 예) $\sqrt{a \times b}$

3) 조화평균 (harmonic mean): $\frac{n}{\frac{1}{x_1}+\frac{1}{x_2}+\cdots+\frac{1}{x_n}}$ 예) $\frac{2}{\frac{1}{a}+\frac{1}{b}} = \frac{2ab}{a+b}$

Note: 산술평균 ≥ 기하평균 ≥ 조화평균

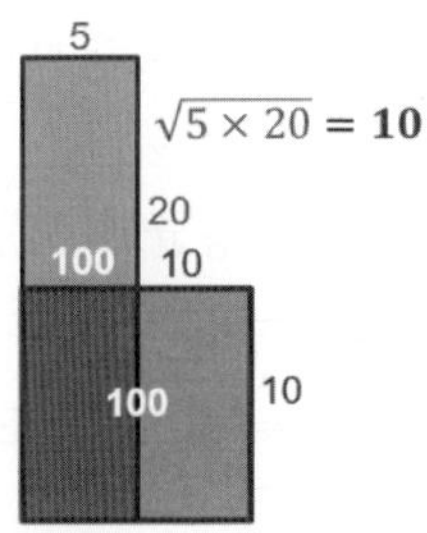

평균을 '표본평균(sample mean, 시료평균)'이라고도 한다. 표본평균은 모평균 같은 중심 성향에 대한 추정량으로 자주 쓰인다. 여기서 표본의 계측값을 $x_i(i = 1, \cdots, n)$이라 할 때, 표본평균은 $\hat{\mu}_x = \frac{\sum_{i=1}^{n} x_i}{n}$이다.

자료 집합에 대한 평균은 단순히 모든 계측값을 더해서 계측값의 개수로 나눈 것이다. 일단 자료 집합의 공통성을 이렇게 설명하기로 하면, 계측값이 어떻게 다른지 설명하는 데는 보통 표준편차를 쓴다. '표준편차(standard deviation)'는 (평균에 대한) 편차 제곱을 평균한 값(즉, 분산)의 제곱근이며, 평균은 편차 제곱의 합이 최소가 되는 유일한 값이다. 즉, '분산(variance)'은 각 데이터에 대해 평균값과의 차를 계산하고, 이를 각각 제곱해서 합한 다음에 데이터의 개수로 나누어서 구한다. 한편, 표준편차는 분산을 제곱근한 값으로, 분산을 구할 때 제곱한 것을, 제곱근을 취함으로써 원래의 단위로 되돌린 값이다. 여기서 표본의 계측값을 $x_i(i = 1, \cdots, n)$ 이라 할 때, 표본의 표준편차(standard deviation of the sample)는 $\hat{\sigma}_x = \sqrt{\frac{\sum_{i=1}^{n}(x_i - \hat{\mu}_x)^2}{n}}$이다. 표본의 수($n$)가 작을수록, 이 값은 작아지는 경향을 나타내므로, '편의추정량(偏倚推定量, biased estimator)'이다. 따라서 n대신에 $n-1$을 사용하여 보정한 표본표준편차(sample standard deviation)인 $\hat{\sigma}_x = \sqrt{\frac{\sum_{i=1}^{n}(x_i - \hat{\mu}_x)^2}{n-1}}$를 가장 널리 사용한다.

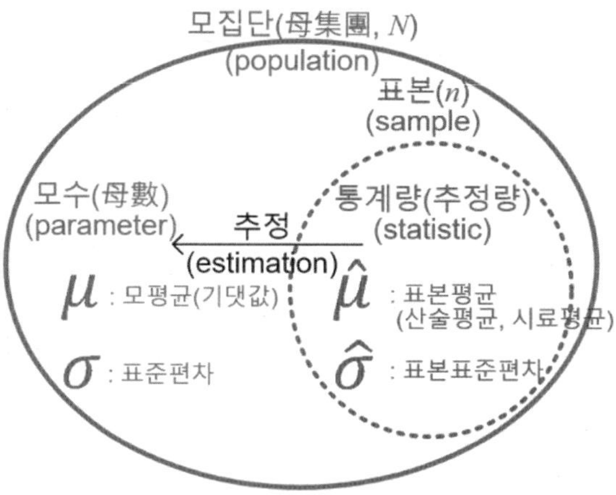

그림 4.1.1a 모집단과 표본

• 신뢰구간(confidence interval)

세상의 많은 것들이 정규분포를 따른다. 즉, 많은 자료들이 대부분 평균 주변에 몰려있고, 정규분포의 평균(μ_x)과 분산(σ_x^2)을 안다면 그 '몰려있는 정도'인 '신뢰도'를 계산하여 구할 수 있다.

평균과 표준편차가 각각 μ_x와 σ_x인 정규분포를 따르는 자료가(즉, $N(\mu_x, \sigma_x^2)$인 자료가) $\mu_x - \sigma_x$와 $\mu_x + \sigma_x$ 사이에 나타날 확률은 약 68% 정도(68.26%)이고, 이 구간을 벗어날 확률은 약 32% 정도(31.74%)가 된다. 평균을 중심으로 한 구간이 크면 클수록 자료가 이 구간에 나타날 확률은 더욱 커지며, 이 구간을 벗어날 확률은 급격히 작아진다.

랜덤변수 x를 n번 계측하였고, 계측된 랜덤변수들$(x_1, x_2, \cdots, x_n)$의 표본평균을 $\hat{\mu}_x$라고 하자. n번씩 계측할 때마다 얻어지는 표본평균$(\hat{\mu}_x)$은 참값인 모평균(μ_x)에 가까운 값이며, n이 커질수록 표본평균$(\hat{\mu}_x)$은 참값인 모평균(μ_x)에 가까워진다. 즉, n이 커질수록 표본평균$(\hat{\mu}_x)$의 참값인 모평균(μ_x)에 대한 표준편차가 작아진다는 뜻이다. 여기서 랜덤변수 x의 분포가 정규분포 $N(\mu_x, \sigma_x^2)$를 따른다면, 표본평균$(\hat{\mu}_x)$은 $N\left(\mu_x, \left(\frac{\sigma_x}{\sqrt{n}}\right)^2\right)$을 따른다.

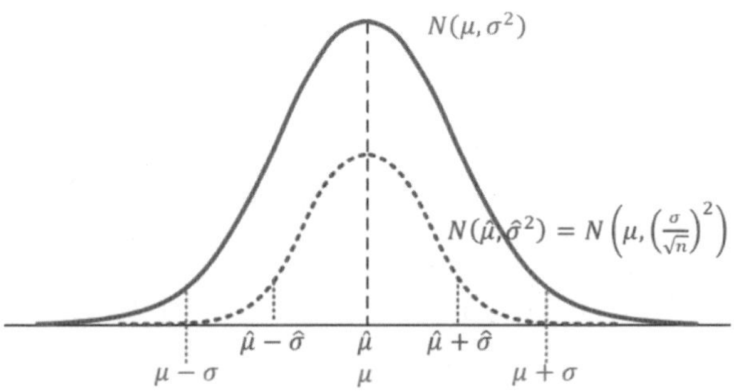

그림 4.1.1b 모집단과 표본의 정규분포

표본평균$(\hat{\mu}_x)$이 $\mu_x - \frac{\sigma_x}{\sqrt{n}}$와 $\mu_x + \frac{\sigma_x}{\sqrt{n}}$ 사이에 나타날 확률은 약 68%정도(68.26%)이다. 즉,

$$P\left[\mu_x - \frac{\sigma_x}{\sqrt{n}} < \hat{\mu}_x < \mu_x + \frac{\sigma_x}{\sqrt{n}}\right] = 68.26\%$$

이 식에서 양변의 $\frac{\sigma_x}{\sqrt{n}}$을 이항하면 다음과 같이 나타낼 수도 있다.

$$P\left[\hat{\mu}_x - \frac{\sigma_x}{\sqrt{n}} < \mu_x < \hat{\mu}_x + \frac{\sigma_x}{\sqrt{n}}\right] = 68.26\%$$

즉, 참값이 모평균(μ_x)이 랜덤변수 x를 n번 계측하여 구한 표본평균$(\hat{\mu}_x)$의 근처에 있을 확률을 나타낸다. 이와 같이 추정하고자 하는 참값(여기서는 모평균 μ_x)이 있을 것으로 추정되는 구간을 '신뢰구간(confidence interval)'이라 한다.

한편 위의 예에서는 확률 68.26%를 신뢰도(reliability)라 하며, 100%에서 이 신뢰도를 뺀 값 31.74%를 '유의수준(significant level)'이라 한다. 유의수준이란 뭔가 결과가 나오기는 했지만, 잘못될 가능성에 유의해야 하는 정도라는 뜻이다. 잘못된 가능성이 31.74%라는 것은 너무 큰 값이므로, 일반적으로 다음과 같이 신뢰도 90% (유의수준 10%), 신뢰도 95% (유의수준 5%), 또는 신뢰도 99% (유의수준 1%)를 기준으로 생각한다.

$$P\left[\hat{\mu}_x - 1.645\frac{\sigma_x}{\sqrt{n}} < \mu_x < \hat{\mu}_x + 1.645\frac{\sigma_x}{\sqrt{n}}\right] = 90\%$$

$$P\left[\hat{\mu}_x - 1.96\frac{\sigma_x}{\sqrt{n}} < \mu_x < \hat{\mu}_x + 1.96\frac{\sigma_x}{\sqrt{n}}\right] = 95\%$$

$$P\left[\hat{\mu}_x - 2.58\frac{\sigma_x}{\sqrt{n}} < \mu_x < \hat{\mu}_x + 2.58\frac{\sigma_x}{\sqrt{n}}\right] = 99\%$$

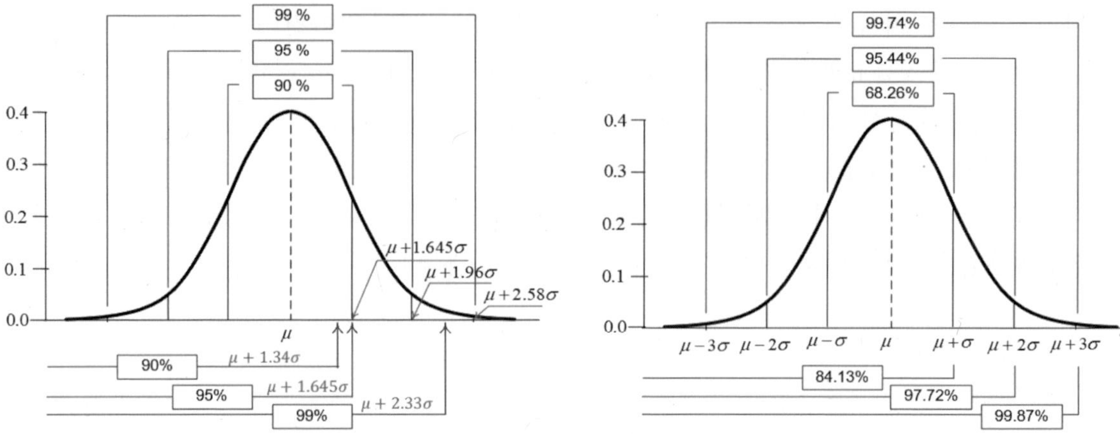

(a) 신뢰구간(90, 95, 99% 신뢰도) (b) σ 구간

그림 4.1.1c 정규분포

다음에 일정한 크기의 용기에 250g의 액체를 담는 기계를 예로 들어 신뢰구간을 설명하였다. 이 기계가 담는 액체의 양은 분산을 갖는 랜덤변수 x이며, 기계가 성능 목표로 하는 랜덤변수 x의 분포는 $N(250,2.5^2)$이다.

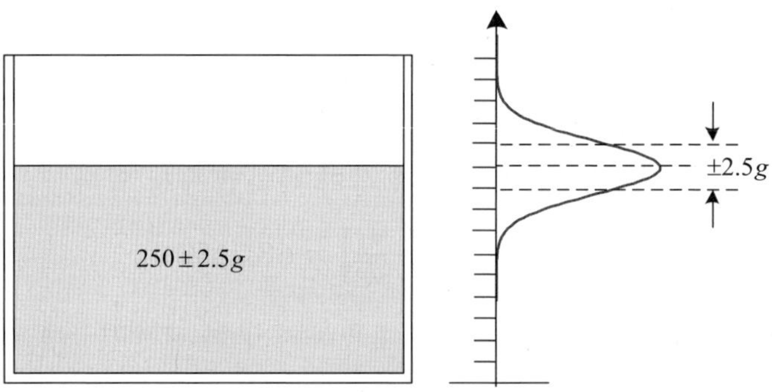

그림 4.1.1d 250g의 액체를 담은 용기

이 기계가 제대로 보정이 되었는지를 판단하기 위해, 무작위로 25개(즉, $n = 25$)의 용기를 선택하여 계량한 결과 각각 $x_1, x_2, \cdots, x_{25}$로 계측되었고, 계측자료의 표본평균($\hat{\mu}_x$)은 다음과 같았다.

$$\hat{\mu}_x = \frac{1}{25}\sum_{i=1}^{25} x_i = 250.2\text{g}$$

표본평균($\hat{\mu}_x$)의 표준편차($\frac{\sigma_x}{\sqrt{n}}$)는 0.5(즉, $\frac{\sigma_x}{\sqrt{n}} = \frac{2.5}{\sqrt{25}} = 0.5$)이다. 따라서 모평균이 있을 확률이 95%인 신뢰구간은 다음과 같다.

$$P\left[\hat{\mu}_x - 1.96\frac{\sigma_x}{\sqrt{n}} < \mu_x < \hat{\mu}_x + 1.96\frac{\sigma_x}{\sqrt{n}}\right] = 95\%$$

$$\rightarrow P[250.2 - 1.96 \times 0.5 < \mu_x < 250.2 + 1.96 \times 0.5] = 95\%$$

$$\rightarrow P[249.22 < \mu_x < 251.18] = 95\%$$

95% 신뢰구간이 기계의 목표 성능인 모평균 $\mu_x = 250$g을 포함하고 있으므로, 신뢰도 95% (유의수준 5%)에서 기계의 목표 성능을 만족한다고 할 수 있다.

• 중앙값(median, 중간값) *

통계집단의 변량을 크기의 순서로 배열할 경우, 중앙에 위치하는 값이다. 통계변량들이 홀수 개 있을 경우에는, 크기 순서로 가장 가운데 변량을 골라내면 되지만, 짝수 개 있을 경우에는 가운데 변량이 없으므로, 가장 가운데 2개 변량을 선택한 후, 그 변량의 산술평균을 중앙값으로 한다. 평균은 극단적인 값에 영향을 받지만 중앙값은 그렇지 않다. 예를 들어 어떤 초등학교에, 거인 1명이 입학하면 학생들 평균신장이 변하겠지만, 중앙값은 사실상 변하지 않는다.

1, 3, 3, **6**, 7, 8, 9

Median = **6**

1, 2, 3, **4**, **5**, 6, 8, 9

Median = (**4**+**5**)/2 = **4.5**

그림 4.1.1e 중앙값(중간값)의 개념

• 최빈값(mode; 最頻값)

통계집단의 변량들 중에서 가장 많이 관측되는 값이다. 즉, 주어진 값들 중에서발생 빈도가 가장 높은 값이다. 예를 들어, {1, 3, **6**, **6**, **6**, 7, 7, 12, 12, 17}의 최빈값은 6이다. 참고로 기성복의 표준 치수 또는 유니폼의 표준치수는 평균이나 중앙값 보다는 오히려 최빈값을 표준값으로 잡는 것이 보통이다. 최빈값은 산술평균과 달리 여러 개 존재할 수도 있다. 특히, 주어진 자료에서 평균이나 중앙값을 구하기 어려운 경우에 유용하다. 예를 들어, {사과, 사과, 바나나, **오렌지**, **오렌지**, **오렌지**, 배}의 최빈값은 오렌지이다.

• 비대칭도(非對稱度, skewness; 왜도; 歪度)와 n차 모멘트(n-th moment)

발생 빈도수에 대한 분포가 대칭일 경우에는 산술평균, 중앙값 및 최빈값은 모두 일치하지만, 비대칭일 때의 발생 빈도수는 최빈값의 좌우에 균등히 분포하지 않는다. 비대칭도(非對稱度, skewness; 왜도; 歪度)는 분포의 비대칭성의 정도를 나타내는 척도이다. 만약 분포의 왼쪽 꼬리가 오른쪽 꼬리보다 두드러진다면 비대칭도는 음수이고, 반대로 분포의 오른쪽 꼬리가 왼

* 중앙값은 어떤 분포의 최적추정값(최정추정치, best-estimate)로도 많이 사용된다. 여기서 최적추정값이란 최소의 분산을 갖는 불편추정값(unbiased estimate)로 정의된다.

쪽 꼬리보다 두드러진다면 비대칭도는 양수이며, 두 꼬리가 같다면 비대칭도는 0이다.

비대칭도를 정의하기 위한 다양한 수식이 있으며, 확률변수 u의 분포에 대해 일반적으로 사용되는 비대칭도(γ_1)의 정의는 다음과 같다.

$$\gamma_1 = \mu_3/\mu_2^{\frac{3}{2}}$$

여기서 μ_n는 평균(μ_u)에 대한 n차 모멘트로 확률변수 u의 확률밀도함수 $f(u)$를 사용하여 다음과 같이 정의한다. 예를 들어, $\mu_2^{\frac{3}{2}}$는 평균에 대한 2차 모멘트의 $\frac{3}{2}$승으로, 표준 편차를 사용하면, $\mu_2^{\frac{1}{2}} = \sigma_u$이므로, $\mu_2^{\frac{3}{2}} = \sigma_u^3$이다.

$$\mu_n = \int_{-\infty}^{\infty}(u-\mu_u)^n f(u)du$$

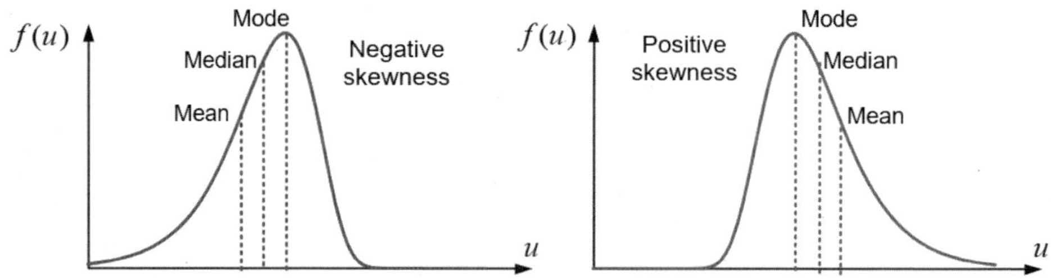

그림 4.1.1f 양과 음의 비대칭도에 대한 최빈값(mode), 중앙값(median) 및 평균(mean)

• 결정계수(coefficient of determination; r^2)

회귀분석(regression analysis)에서 r^2값이 1에 가까울수록, 회귀모델(추정모델; regression model)이 데이터를 잘 추정한다는 의미이다.

결정계수(r^2)는 다음과 같이 계산한다.

$$r^2 = \frac{SSR}{SST} = 1 - \frac{SSE}{SST}$$

여기서

1) SST(총 제곱합; Total Sum of Squares)

$$SST = \sum(y_i - \bar{y})^2$$

여기서 y_i는 실제 값, $\bar{y}$는 실제 값의 평균이다. SST는 실제 값의 총 (실제) 변동량이다.

2) SSR(회귀 제곱합; Regression Sum of Squares):

$$SSR = \sum(\hat{y}_i - \bar{y})^2$$

여기서 $\hat{y}_i$는 회귀모델로 추정한 값이다. SSR은 추정 값의 (실제 값 평균에 대한) 총 변동량이다. 즉, 회귀모델로 추정할 수 있는 (추정) 변동량이다.

3) SSE(잔차 제곱합; Sum of Squared Errors):

$$SSE = \sum(y_i - \hat{y}_i)^2$$

SSE는 (실제 값과 추정 값의) 오차 총량으로 회귀모델로 추정할 수 없는 (미추정) 변동량

을 나타낸다.

예) 실제 값과 예측값이 다음과 같을 때, 결정계수(r^2)를 구하라.

실제 값(y) : [2, 3, 5, 7, 9]

예측 값($\hat{y}$) : [2.1, 2.9, 5.1, 6.9, 9.2]

풀이)

1. 실제 값의 평균($\bar{y}$)

$$\bar{y} = \frac{2+3+5+7+9}{5} = 5.2$$

2. (실제) 변동량

$$SST = (2-\bar{y})^2 + (3-\bar{y})^2 + (5-\bar{y})^2 + (7-\bar{y})^2 + (9-\bar{y})^2 = 32.8$$

3. (미추정) 변동량

$$SSE = (2-2.1)^2 + (3-2.9)^2 + (5-5.1)^2 + (7-6.9)^2 + (9-9.2)^2 = 0.08$$

4. (추정) 변동량 비

$$r^2 = 1 - \frac{SSE}{SST} = 1 - \frac{0.08}{32.8} = 0.99756 = 99.76\%$$

실제 변동량 중에서 추정모델로 추정이 가능한 변동량은 약 99.76%이다.

• **확률밀도함수(probability density function; PDF)**

확률밀도함수는 확률변수의 분포를 나타내는 함수로, 그 함수를 특정 구간에 대해 적분한 값이 확률변수값이 구간에 포함될 확률값을 나타낸다. 즉, 확률밀도함수 $f(u)$를 사용하여 확률변수 u가 구간 $(a, b]$에 포함될 확률은 다음과 같다.

$$P[a < u \leq b] = \int_a^b f(u)du$$

확률밀도함수는 다음 두 조건을 만족해야 한다.

(1) 모든 실수값 u에 대해 $f(u) \geq 0$

(2) $\int_{-\infty}^{\infty} f(u)du = 1$

확률밀도함수 $f(u)$와 누적분포함수 $F(u)$의 관계는 다음과 같다.

$$F(u) = \int_{-\infty}^{u} f(u)du, \quad f(u) = \frac{d}{du}F(u)$$

연속 확률분포에 대한 확률밀도함수를 $f(u)$라는 기호를 사용하고, 이산확률분포에 대한 확률밀도함수를 '확률질량함수(probability mass function; PMF)'라 하고 $p(u)$라는 기호를 사용하여 나타내기도 하지만, 일반적으로 구별하지 않고 확률밀도함수로 통용하여 사용한다.

• **누적분포함수(cumulative distribution function; CDF)**

누적분포함수는 어떤 확률분포에 대해서, 확률변수(u)가 특정값($\bar{u}$)보다 작거나 같은 확률을 나타내며, 수식으로 나타내면 다음과 같다.

$$F(\bar{u}) = P[u \leq \bar{u}]$$

확률변수의 종류를 나타내기 위해 아래 첨자를 삽입하여 $F(\bar{u})$ 대신에 $F_u(\bar{u})$로 표기하기도 한다.

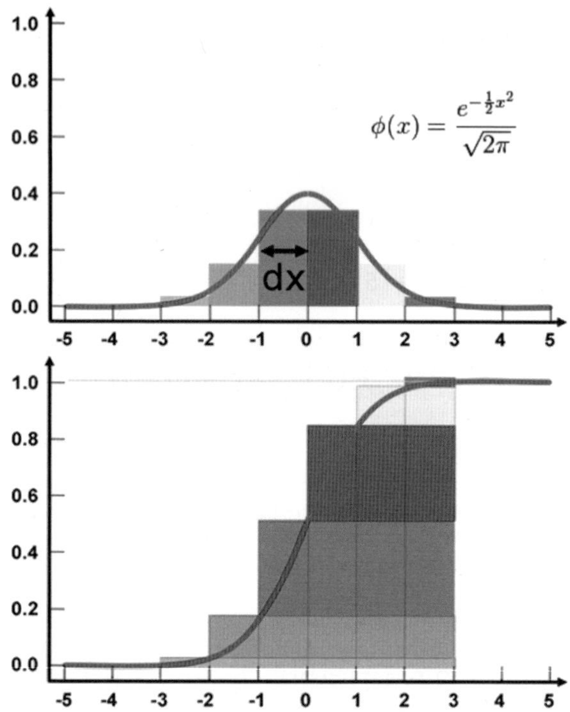

그림 4.1.1g 확률밀도함수(PDF)와 누적분포함수(CDF) (출처: www.scratchapixel.com)

• 통계적 독립(statistically independent)

확률변수 u와 v가 다음 조건을 만족할 경우, 확률변수 u와 v는 서로 통계적 독립이라 한다.

$$f(u, v) = f(u) \cdot f(v)$$

여기서 $f(u)$와 $f(v)$는 확률변수 u와 v의 확률밀도함수고, $f(u, v)$는 확률변수 u와 v의 '결합 확률밀도함수(joint PDF)'이다.

• 퍼센트(percent, %)와 퍼센타일(percentile, %ile)

(1) 퍼센타일(백분위수)의 정의

퍼센타일(percentile, 백분위수, 百分位數)은 전체를 100개로 나누어 크기 순으로 늘어 놓았을 때, 작은 쪽에서부터 몇 번 째 위치(차례 또는 순위)인가를 나타낸다.

예) 어떤 사람의 성적이 85퍼센타일(85%ile)이라 하면, 이 성적보다 낮은 사람이 85% 있으며, 높은 사람이 15% 있다는 것을 뜻한다. 측정 단위가 다른 것을 상호 비교하는 데 사용되며, 표본의 분포형태와는 무관하게 결정할 수 있다.

예) 10%ile, 50%ile, 90%ile값은 작은 쪽으로부터 세어 각각 10%째, 50%째, 90% 째 값에 대응한다. 50%ile값은 중앙값이라도 하며, 이 값보다도 작은 것이 50%, 큰 것이 50% 존재하는 것을 나타낸다.

(2) 페센타일이 퍼센트와 다른 점

퍼센트(%)가 양(quantity)을 나타내는 개념이라면, 퍼센타일(%ile)은 percentile rank의 줄임말로 순위(rank)의 개념이 더 들어간다.

예) 10개의 공들 중에서 4개는 빨간색, 다른 6개는 하얀색이라면, 60%의 공이 하얀색이고, 40%의 공이 빨간색이다.

예) 100명의 학생들이 시험을 봐서, 그 중에서 A가 1등을, B가 23등을 했다면, A는 99th percentile에 rank되었고, B는 77th percentile에 rank되었다.

예) '70%이하다'라고 하면, 단순히 100중에서 70이하(1~70까지 전부)를 나타내지만, '70%ile이다'라고 하면 작은 쪽에서 (100중) 70번째(순위)라는 말이다.

(3) 표준편차와 퍼센타일

정규분포의 경우에 표준편차(σ)와 퍼센타일의 관계는 다음과 같다.

$$\mu = 50\%\text{ile (median)}$$

$$\mu - \sigma = 15.87\%\text{ile} \ (\approx 16\%\text{ile}), \quad \mu + \sigma = 84.13\%\text{ile} \ (\approx 84\%\text{ile})$$

$$\mu - 2\sigma = 2.28\%\text{ile} \ (\approx 2\%\text{ile}), \quad \mu + 2\sigma = 97.72\%\text{ile} \ (\approx 98\%\text{ile})$$

(4) 내진설계기준에서 사용된 퍼센타일

설계기준에서 "지진에 대한 구조물 변위의 80%ile 변위"란 100개의 지진을 받는 구조물의 최대 변위를 작은 것부터 차례로 나열 했을 때, 80번째 위치에 해당하는 변위를 말한다.

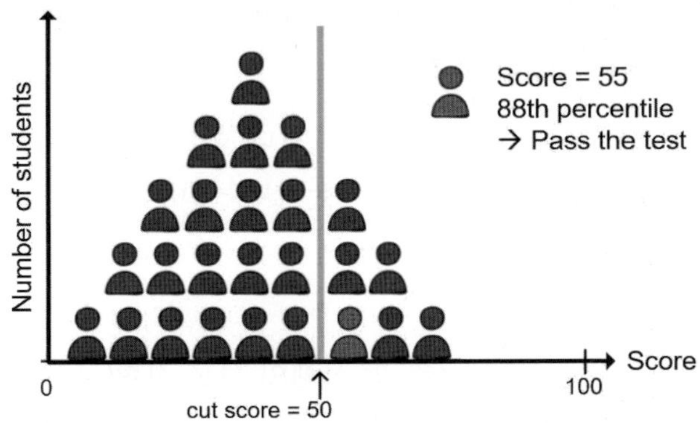

그림 4.1.1h 퍼센타일(백분위)의 예

4.1.2 이산분포

주사위를 한번 던질 때 나온 눈의 수를 u라고 하자. u를 '이산확률변수(discrete probability variable)'라 하고, u의 분포를 '이산확률분포(discrete probability distribution)'라고 한다. 즉, u는 1, 2, 3, 4, 5, 6로써, 실수처럼 연속적인 수가 아니고 띄엄띄엄 떨어져 있는 수이므로 '이산(discrete, 離散)'이라는 용어를 사용한다. 참고로 1시에서 3시까지의 시간이나 0도에서 10도까지의 온도 등은 연속적으로 이어진 값이므로 연속확률변수(continuous probability variable)라 하며, 이 변수들의 분포를 '연속확률분포(continuous probability distribution)'라 한다. 참고로 구조해석에 주로 이용되는 확률분포는 연속확률분포이다.

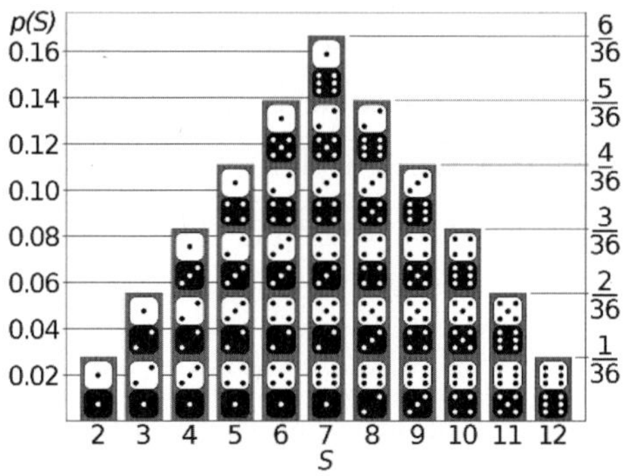

그림 4.1.2a 주사위 두 개를 던졌을 때 두 눈의 합 S에 대한 이산확률분포 (출처: Wikipedia)

• 베르누이분포(Bernoulli distribution; 이항시행, binomial trial)

한 번의 실험에 의한 사건의 결과가 성공(success)과 실패(failure)의 두 가지 만이 있고, 성공의 결과가 나올 확률인 p인 경우를 생각해 보자. 이 때의 확률밀도함수(PDF)는 다음과 같으며,

$$f(u) = \begin{cases} p & \text{if } u = 1 \text{ (success)} \\ 1-p & \text{if } u = 0 \text{ (failure)} \end{cases}$$

이러한 실험을 '베르누이 시행(Bernoulli trial; 이항시행, binomial trial)'이라 하고, 이 때의 u의 확률분포를 베르누이분포라 하며, 이 분포의 평균과 분산은 다음과 같다.

$$\mu_u = p,\ \ \sigma_u^2 = p \cdot (1-p)$$

베르누이분포의 분산은 $p = 0.5$일 때 가장 크다. 이것은 성공과 실패의 나올 확률이 동일한 경우, 결과에 대한 예측이 가장 불확실하다는 것을 의미한다.

• 이항분포(binomial distribution)

매 시행이 완전히 통계적으로 독립인(즉, 매 시행이 서로 전혀 영향을 미치지 않는) 베르누이 시행을 n회 반복 시행하였을 때, '성공한 결과가 나온 횟수'를 u라고 하면, u의 확률분포를 이항분포라고 하며, 이항분포의 확률밀도함수는 다음과 같다.

$$f(u) = {}_nC_u\, p^u(1-p)^{n-u} = \frac{n!}{u!(n-u)!}p^u(1-p)^{n-u}$$

여기서 ${}_nC_u$를 '이항계수(binominal coefficient)'라 하고, $\binom{n}{u}$로 표현하기도 한다. 이항분포의 평균과 분산은 베르누이 분포의 평균과 분산에 베르누이 시행횟수 n을 곱한 형태로 다음과 같다.

$$\mu_u = n \cdot p,\ \ \sigma_u^2 = n \cdot p \cdot (1-p)$$

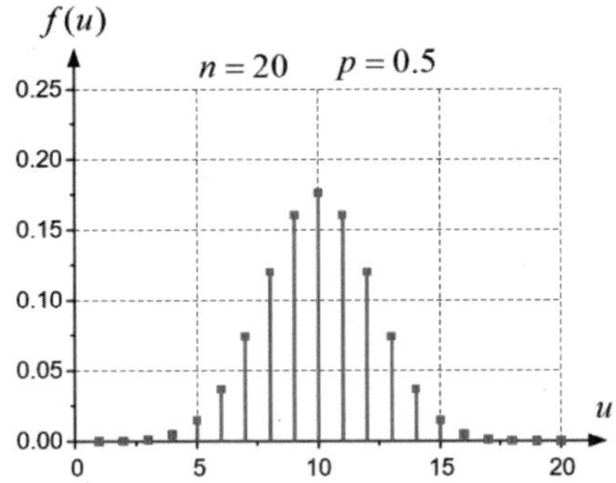

그림 4.1.2b 이항분포의 PDF

(예: 동전을 20번 던질 때, 앞면이 10번 나올 확률이 17.5%로 가장 높다)

• 기하분포(geometric distribution)

매 시행이 완전히 통계적으로 독립인 베르누이 시행을 반복 시행하였을 때, '최초로 성공한 결과가 나오는 때까지의 횟수'를 u라고 하면, u의 확률분포를 기하분포라고 하며, 기하분포의 확률밀도함수와 누적분포함수는 다음과 같다.

$$f(u) = P\big[(u-1)\text{회까지 실패}\big] \cap P\big[u\text{회째 성공}\big]$$

$$= (1-p)^{u-1}p$$

$$F(u) = \textstyle\sum_{n=1}^{u} f(n) = 1-(1-p)^u$$

기하분포의 평균과 분산은 다음과 같다.

$$\mu_u = \textstyle\sum_{n=1}^{\infty} n \cdot (1-p)^{n-1} \cdot p = \frac{1}{p}, \qquad \sigma_u^2 = \frac{1-p}{p^2}$$

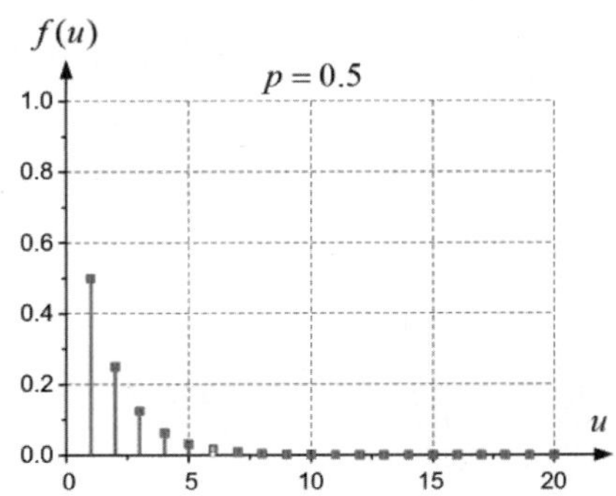

그림 4.1.2c 기하분포의 PDF

(예: 동전을 20번 던질 때, 첫 번째 시행에서 앞면으로 나와 성공할 확률이 50%로 가장 높다)

• 음이항분포(negative binomial distribution)

매 시행이 완전히 통계적으로 독립인 베르누이 시행을 반복 시행하였을 때, 'k번째 성공한 결과가 나오는 때까지의 횟수'를 u라고 하면, u의 확률분포를 음이항분포라고 하며, $NB(k, p)$로 표현한다. 음이항분포의 확률밀도함수는 다음과 같다.

$$f(u) = P\big[(u-1)\text{회까지 } (k-1)\text{회 성공}\big] \cap P\big[u\text{회째 성공}\big]$$

$$= \frac{(u-1)!}{(k-1)!\,(u-k)!}(1-p)^{u-k}p^k$$

여기서 $u \geq k$이며 음이항분포의 평균과 분산은 기하분포의 평균과 분산에 k배를 한 값으로 다음과 같다.

$$\mu_u = k\frac{1}{p}, \quad \sigma_u^2 = k\frac{1-p}{p^2}$$

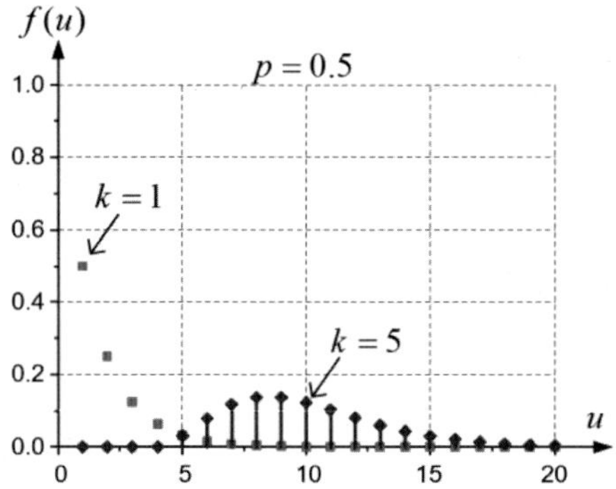

그림 4.1.2d 음이항분포의 PDF

(예: 동전을 5번 던질 때 5번 째까지 모두 앞면으로 나올 확률은 약 3%이다)

$$\frac{(u-1)!}{(k-1)!\,(u-k)!}(1-p)^{u-k}p^k = \frac{(5-1)!}{(5-1)!\,(5-5)!}(1-0.5)^{5-5}0.5^5 = 0.0312$$

• 포아송분포(Poisson distribution)

'어떤 특정 시간대에 걸쳐 알려진 어떤 사건의 발생률의 분포를 표현하기 위한 이산형 확률분포'로서, 거리, 면적, 체적 등 다른 값의 특정 범위 안에서 발생하는 사건들의 확률을 다루는 데도 쓰일 수 있다. 주로 시간, 거리 또는 공간상에서 무작위로 드물게 발생하는 사건의 수를 묘사하는데 사용된다.

어떤 주어진 시간내(또는 공간내)의 발생빈도 λ로 어떤 독립적인 베르누이 사건이 일어날 기댓값을 u라고 할 때, u는 양의 정수로 다음과 같은 확률밀도함수(PDF)와 누적분포함수(CDF)로 나타낼 수 있다.

$$f(u) = \frac{\lambda^u e^{-\lambda}}{u!}, \qquad F(u) = \sum_{i=0}^{u}\frac{\lambda^u e^{-\lambda}}{i!}$$

포아송분포의 평균과 분산은 동일한 값으로 다음과 같다.

$$\mu_u = \sigma_u^2 = \lambda$$

포아송분포는 기본적으로 서로 독립인 베르누이 사건이 시간 구간 등 어떤 구간에서 연속하여 발생하는 경우에 대한 분포이므로, 지진이나 폭풍우의 발생, 교차로에 도착하는 자동차의 수와 같이 연속하여 발생하는 사건의 결과가 그 이전에 발생한 사건들의 결과와 전혀 무관할 경우에(즉, 독립일 경우에), 분포로 이용할 수 있다.

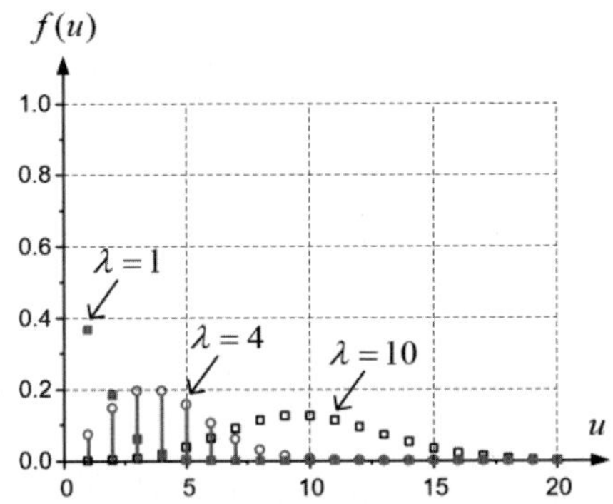

그림 4.1.2e 포아송분포의 PDF
(예: 동전을 20번 던질 때 앞면이 나올 발생빈도가 4번(즉, $\lambda = 4$)이면,
실제로 동전을 20번 던질 경우 앞면이 5번 나올 확률은 약 15.6%이다)

$$\frac{\lambda^u e^{-\lambda}}{u!} = \frac{4^5 e^{-4}}{5!} = 0.156$$

4.1.3 연속분포

• 정규분포(normal distribution) 또는 가우스분포(Gaussian distribution)

확률변수 u의 확률밀도함수와 누적분포함수가 다음과 같이 표현될 때, 정규분포(여기서 정규(正規)는 '올바르다'는 의미가 아니며, '흔히 보이는'이라는 의미로 이해해야 함) 또는 가우스분포(수학자인 가우스가 정규분포의 연구에 공헌을 했기 때문임)를 따른다고 하며, $N(\mu_u, \sigma_u^2)$로 나타낸다.

$$f(u) = \frac{1}{\sqrt{2\pi\sigma_u^2}} \exp\left[-\frac{1}{2}\left(\frac{u-\mu_u}{\sigma_u}\right)^2\right] \qquad (-\infty < u < \infty)$$

$$F(u) = \int_{-\infty}^{u} \frac{1}{\sqrt{2\pi\sigma_u^2}} \exp\left[-\frac{1}{2}\left(\frac{u-\mu_u}{\sigma_u}\right)^2\right] du = \frac{1}{2}\left[1 + \operatorname{erf}\left(\frac{u-\mu_u}{\sqrt{2\sigma_u^2}}\right)\right] \quad (-\infty < u < \infty)$$

여기서 μ_u와 σ_u는 각각 u의 평균과 표준편차이고, erf는 오차함수(error function, $\operatorname{erf}(u) = \frac{1}{\sqrt{\pi}}\int_0^u e^{-t^2} dt$)이다. 특히, $\mu_u = 0$이고, $\sigma_u = 1$인 정규분포를 '표준정규분포(standard normal distribution)'라 하며, $N(0,1^2)$로 나타내고, 다음과 같은 확률밀도함수와 누적분포함수를 갖는다.

$$f(u)=\frac{1}{\sqrt{2\pi}}\exp\left[-\frac{1}{2}u^2\right]\equiv\phi(u)\qquad(-\infty<u<\infty)$$

$$F(u)=\int_{-\infty}^{u}\frac{1}{\sqrt{2\pi}}\exp\left[-\frac{1}{2}u^2\right]du=\frac{1}{2}\left[1+\mathrm{erf}\left(\frac{u}{\sqrt{2}}\right)\right]\equiv\Phi(u)\qquad(-\infty<u<\infty)$$

한편 모든 정규분포는 다음과 같은 변수 변환을 통해, 표준정규분포로 변환할 수 있다.

$$\bar{u}=\frac{u-\mu_u}{\sigma_u}$$

정규분포는 가장 많이 이용되는 확률분포로, 확률변수의 평균과 표준편차에 의해 모든 분포특성을 알 수 있으며, 통계적으로 서로 독립인 정규분포의 확률변수들의 선형합(linear superposition)으로 정의되는 새로운 확률변수의 확률분포도 정규분포가 되는 성질이 있다. 또한, "충분히 많은 비정규분포 확률변수들의 선형합으로 정의되는 확률변수는 근사적으로 정규분포가 된다."는 '중심극한정리(central limit theorem)'*'에 의해 확률분포가 정확하게 알려지지 않은 확률변수에 대해서도 일반적으로 정규분포를 가정할 수 있다.

상관계수가 $\rho_{u_1u_2}$인 두 정규분포 확률변수 u_1과 u_2의 결합확률밀도함수는 다음과 같다.

$$f(u_1,u_2)=\frac{1}{2\pi\sigma_{u_1}\sigma_{u_2}\sqrt{1-\rho_{u_1u_2}^2}}\exp\left[-\frac{1}{2(1-\rho_{u_1u_2}^2)}\left\{\left(\frac{u_1-\mu_{u_1}}{\sigma_{u_1}}\right)^2-\frac{2\rho_{u_1u_2}(u_1-\mu_{u_1})(u_2-\mu_{u_2})}{\sigma_{u_1}\sigma_{u_2}}+\left(\frac{u_2-\mu_{u_2}}{\sigma_{u_2}}\right)^2\right\}\right]$$

좀더 일반적인 경우, 평균 벡터와 공분산 행렬이 각각 $\boldsymbol{\mu}_\mathbf{u}$와 $\mathbf{Cov_u}$로 주어진 n개의 정규분포 확률변수들에 대한 결합확률밀도함수는 다음과 같다.

$$f(\mathbf{u})=\frac{1}{(2\pi)^{\frac{n}{2}}|\mathbf{Cov_u}|}\exp\left[-\frac{1}{2}(\mathbf{u}-\boldsymbol{\mu}_\mathbf{u})^T\mathbf{Cov}_\mathbf{u}^{-1}(\mathbf{u}-\boldsymbol{\mu}_\mathbf{u})\right]$$

* 모집단의 분포를 알지 못하는 경우에도 서로 독립인 표본의 수가 충분히 크다면 중심극한정리에 의해 추출한 표본의 평균은 정규분포가 된다고 가정할 수 있다.
예) 주머니에 1번, 2번, 9번이 적힌 공이 각각 1개씩 총 3개의 공이 들어 있다. 이를 무작위로 여러 번(예: 100번) 복원추출(공을 1개 꺼내어 숫자를 기록한 다음 공을 도로 주머니에 넣고 다시 공을 1개 꺼냄)하여 (50개, 100개, 1000개의) 표본을 구성한 후 표본평균을 구했을 때, 표본의 개수가 증가함에 따라 평균들의 분포는 정규분포로 점근하였다.

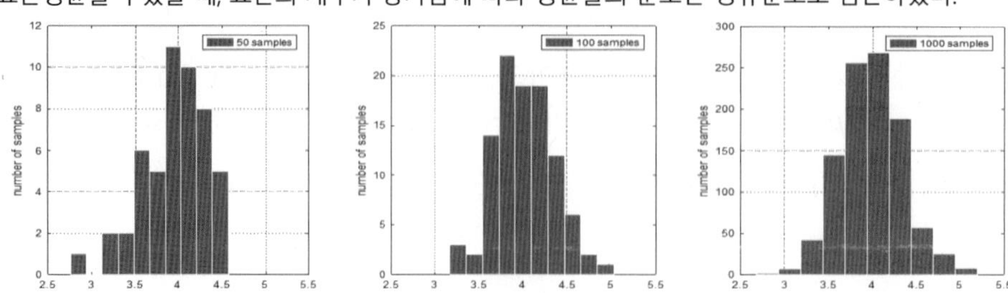

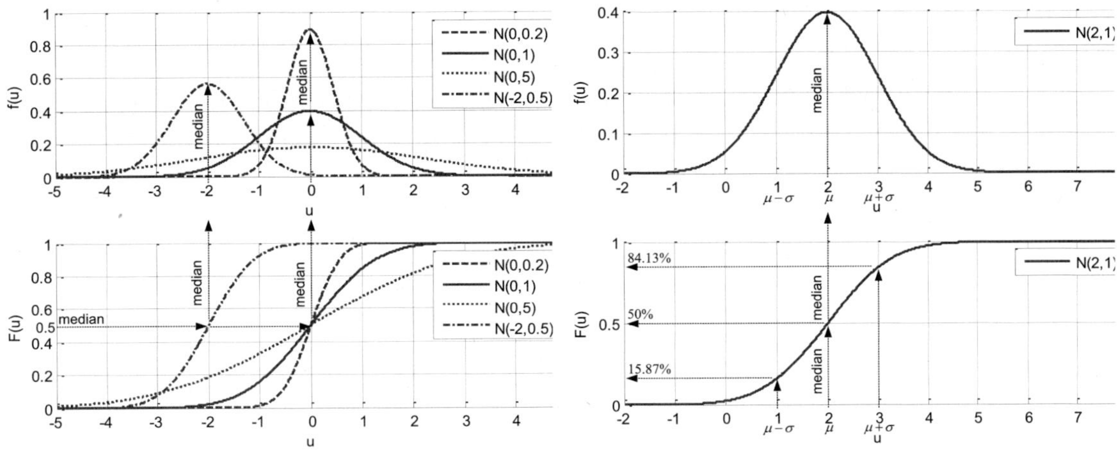

(a) mean과 median (b) μ와 $\mu \pm \sigma$

그림 4.1.3a 정규분포(가우스분포)의 PDF와 CDF (평균과 중앙값이 동일하다)

• 대수정규분포(log-normal distribution)

확률변수 u의 자연대수 $\ln u$가 정규분포를 따른다고 할 때, u의 확률분포를 대수정규분포를 따른다고 하며, $\ln N\left(\mu_{\ln u}, \sigma_{\ln u}^2\right)$로 나타낸다.

$$f(u) = \frac{1}{u\sqrt{2\pi\sigma_{\ln u}^2}} \exp\left[-\frac{1}{2}\left(\frac{\ln u - \mu_{\ln u}}{\sigma_{\ln u}}\right)^2\right] \qquad (0 < u < \infty)$$

$$F(u) = \int_{-\infty}^{u} \frac{1}{u\sqrt{2\pi\sigma_{\ln u}^2}} \exp\left[-\frac{1}{2}\left(\frac{\ln u - \mu_{\ln u}}{\sigma_{\ln u}}\right)^2\right] du$$

$$= \frac{1}{2}\left[1 + \mathrm{erf}\left(\frac{\ln u - \mu_{\ln u}}{\sqrt{2\sigma_{\ln u}^2}}\right)\right] \qquad (0 < u < \infty)$$

여기서 $\lambda_u = \mu_{\ln u}, \zeta_u = \sigma_{\ln u}$라고도 표기한다. 대수정규분포 확률변수 u와 정규분포 확률변수 $\ln u$의 평균과 표준편차 사이의 관계는 다음과 같다.

$$\mu_u = \exp\left(\mu_{\ln u} + \frac{1}{2}\sigma_{\ln u}^2\right)$$

$$\sigma_u^2 = \mu_u^2 \cdot \left\{\exp\left(\sigma_{\ln u}^2\right) - 1\right\}$$

또는 다음과 같이 정규분포의 평균과 표준편차로 나타낼 수도 있다.

$$\mu_{\ln u} = \ln \mu_u - \frac{1}{2}\sigma_{\ln u}^2$$

$$\sigma_{\ln u}^2 = \ln\left(\frac{\sigma_u^2}{\mu_u^2} + 1\right)$$

표준정규분포의 확률도표를 활용하기 위해, 대수정규분포를 다음과 같이 변환할 수 있다.

$$\ln \bar{u} = \frac{\ln u - \mu_{\ln u}}{\sigma_{\ln u}}$$

대수정규분포는 확률변수의 영역이 양수로 제한되어 있으므로, 일반적으로 음수가 될 수 없는 물리량의 확률분포로 많이 이용되며, 정규분포의 경우와 유사하게 대수정규분포 확률변수 u_i의 곱($\prod$)에 의해 정의되는 새로운 확률변수 ν의 확률분포도 대수정규분포가 되며, ν의 중앙값(median) ν_{median}은 u_i의 중앙값$u_{i,median}$에서 구할 수 있다.

$$\nu = \prod_{i=1}^{n} u_i^{a_i}$$

$$\nu_{median} = \prod_{i=1}^{n} u_{i,median}^{a_i}$$

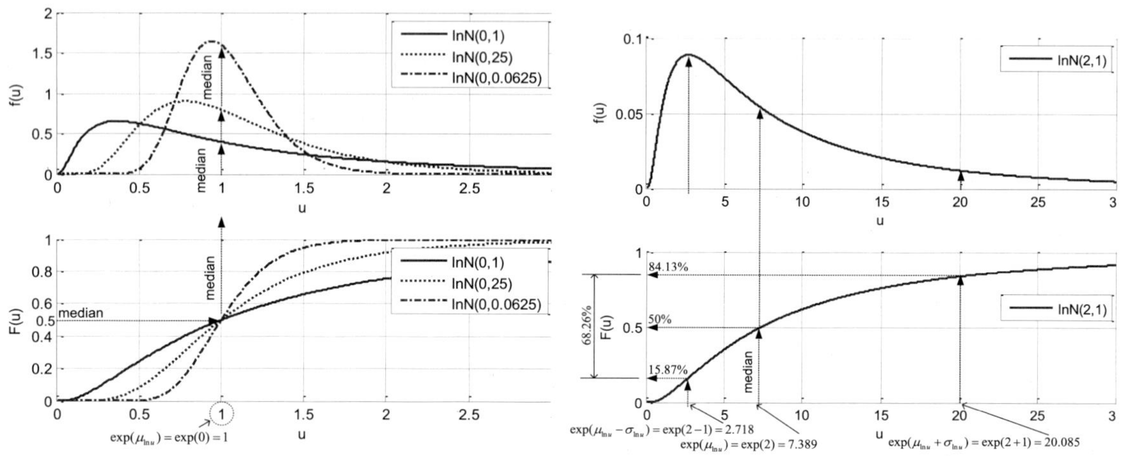

(a) mean과 median (b) $\mu_{\ln u}$와 $\mu_{\ln u} \pm \sigma_{\ln u}$

그림 4.1.3b 대수정규분포의 PDF와 CDF

• 감마분포(gamma distribution)

확률변수 u의 확률밀도함수와 누적분포함수가 다음과 같이 표현될 때, 감마분포를 따른다고 한다.

$$f(u) = \frac{1}{\beta^\alpha \Gamma(\alpha)} u^{\alpha-1} e^{-\frac{u}{\beta}}$$

$$F(u) = \frac{\gamma\left(\alpha, \frac{u}{\beta}\right)}{\Gamma(\alpha)}$$

여기서 α와 β는 각각 형상 매개변수(shape parameter)와 비례 매개변수(scale parameter)이고, Γ와 γ는 각각 감마함수(gamma function)와 불완전 감마함수(incomplete gamma function)이며, $u \geq 0, \alpha > 0, \beta > 0$이다. 감마분포의 평균과 분산은 다음과 같다.

$$\mu_u = \alpha\beta$$

$$\sigma_u^2 = \alpha\beta^2$$

특히, $\beta = 1$일 경우를 '표준감마분포(standard gamma distribution)'라 하며 이에 대응하는 확률밀도함수와 누적분포함수는 다음과 같다.

$$f(u) = \frac{1}{\Gamma(\alpha)} u^{\alpha-1} e^{-u}$$

$$F(u) = \frac{\gamma(\alpha,u)}{\Gamma(\alpha)}$$

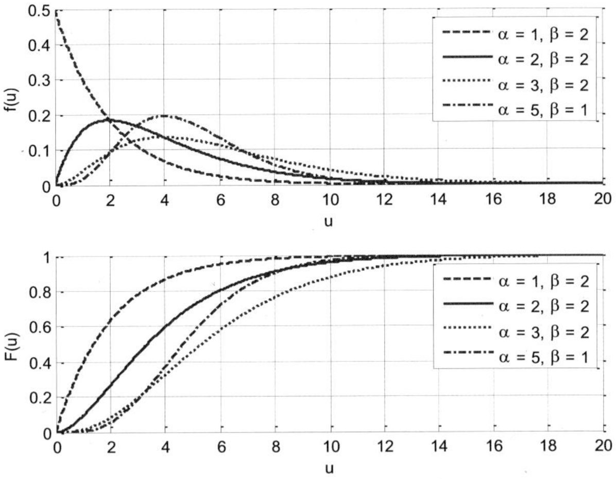

그림 4.1.3c 감마분포의 PDF와 CDF

• 지수분포(exponential distribution)

확률변수 u의 확률밀도함수와 누적분포함수가 다음과 같이 표현될 때, 지수분포를 따른다고 한다. 여기서 $u \geq 0, \lambda > 0$이며, 지수분포의 평균과 표준 편차는 다음과 같다. 지수분포는 포아송(Poisson) 프로세스에서 각 도착 사건이 발생하는 시각 사이의 시간 간격의 분포함수로 이용된다. 참고로 내진공학에서 진도(예를 들어, 수정 머칼리 진도)의 PDF를 종종 지수분포로 모델링하며, λ는 관심 지역의 지진활동을 고려하여 결정한다.

$$f(u) = \lambda e^{-\lambda u}$$

$$F(u) = 1 - e^{-\lambda u}$$

$$\mu_u = \sigma_u = \frac{1}{\lambda}$$

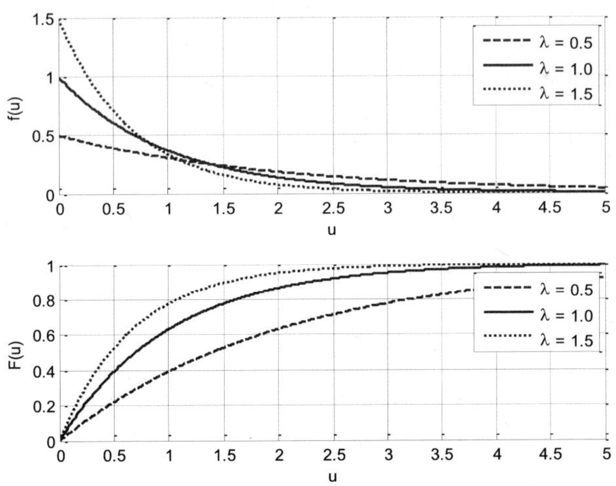

그림 4.1.3d 지수분포의 PDF와 CDF

• 레일리분포(Rayleigh distribution)

확률변수 u의 확률밀도함수와 누적분포함수가 다음과 같이 표현될 때, 레일리분포를 따른다고 한다.

$$f(u) = \frac{1}{\theta^2}\exp\left[-\frac{1}{2}\left(\frac{u}{\theta}\right)^2\right]$$

$$F(u) = 1 - \exp\left[-\frac{1}{2}\left(\frac{u}{\theta}\right)^2\right]$$

여기서 $u \geq 0$이며, 레일리분포의 평균과 표준편차는 다음과 같다.

$$\mu_u = \theta \cdot \sqrt{\frac{\pi}{2}} \approx 1.25\theta$$

$$\sigma_u^2 = \frac{4-\pi}{2} \cdot \theta^2 \approx 0.43\theta^2$$

참고로 확률 프로세스에서 레일리분포는 평균이 0인 협대역 정상 가우스 프로세스인 경우, 피크값들(peaks)의 분포에 해당한다.

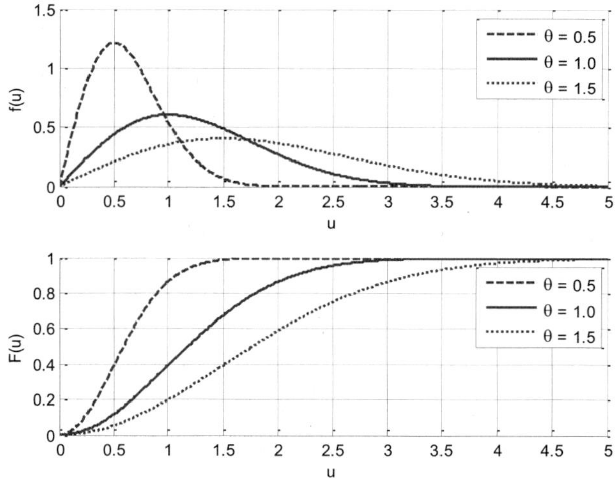

그림 4.1.3e 레일리분포의 PDF와 CDF

• 와이불분포(Weibull distribution)

확률변수 u의 확률밀도함수와 누적분포함수가 다음과 같이 표현될 때, 와이불분포를 따른다고 한다.

$$f(u) = \frac{\alpha}{\beta}\left(\frac{u}{\beta}\right)^{\alpha-1}\exp\left[-\left(\frac{u}{\beta}\right)^{\alpha}\right]$$

$$F(u) = 1 - \exp\left[-\left(\frac{u}{\beta}\right)^{\alpha}\right]$$

여기서 α와 β는 각각 형상 매개변수(shape parameter)와 비례 매개변수(scale parameter)이고, $u \geq 0, \alpha > 0, \beta > 0$이며, 와이불분포의 평균과 표준편차는 다음과 같다.

$$\mu_u = \beta \cdot \Gamma\left(1 + \frac{1}{\alpha}\right)$$

$$\sigma_u^2 = \beta^2 \cdot \Gamma\left(1 + \frac{2}{\alpha}\right) - \mu_u^2$$

여기서 Γ는 감마함수(gamma function)이다.

와이불분포는 유연하기 때문에 수명 데이터 분석에 자주 쓰이는데, 지수분포($\alpha = 1, \beta = \frac{1}{\lambda}$) 및 레일리분포($\alpha = 2, \beta = \sqrt{2}\,\theta$)와 같은 다른 통계적인 분포를 나타낼 수 도 있다. 주로 산업현장에서 부품의 수명을 추정하는 데 사용되며, 고장날 확률이 시간이 지나면서 높아지는 경우와 줄어드는 경우와 일정한 경우 모두 추정 할 수 있다. 일반적으로 장기 해상상태(long-term sea state)에서 '유의파고(significant wave height)'와 선체를 이루는 강판의 부식 진행률은 와이불분포를 갖는 것으로 알려져 있다.

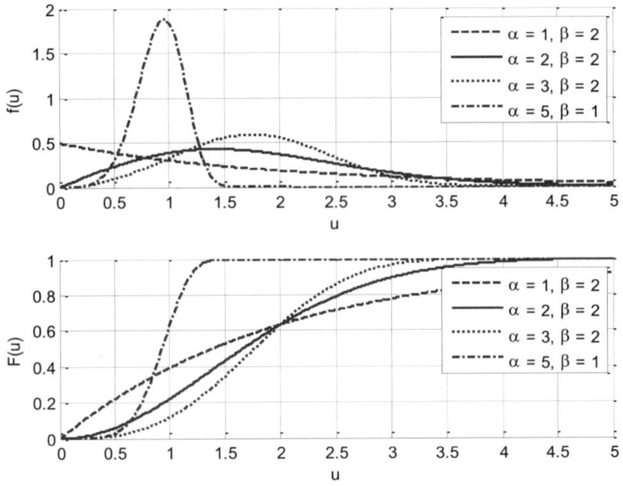

그림 4.1.3f 와이불(Weibull) 분포의 PDF와 CDF

- 카이-제곱분포(chi-square distribution 또는 χ^2 distribution)

확률변수 u의 확률밀도함수가 다음과 같이 표현될 때, 카이-제곱분포를 따른다고 한다.

$$f(u) = \frac{1}{2^{\frac{\nu}{2}}\Gamma\left(\frac{\nu}{2}\right)} u^{\frac{\nu}{2}-1} e^{-\frac{u}{2}}$$

$$F(u) = \frac{\gamma\left(\frac{\nu}{2}, \frac{u}{2}\right)}{\Gamma\left(\frac{\nu}{2}\right)}$$

여기서 $u \geq 0$이고, Γ는 감마함수(gamma function)이며, ν는 자유도수(number of degrees of freedom, 즉, 확률변수들의 개수)이다.

카이-제곱분포의 평균과 표준편차는 다음과 같다.

$$\mu_u = \nu$$

$$\sigma_u^2 = 2\nu$$

참고로 자유도수 ν는 데이터 구간의 개수(k)와 데이터에서 추정된 매개변수의 개수(r)를 사용하여 다음과 같이 결정한다.

$$\nu = k - r - 1$$

카이-제곱분포는 가정된 확률분포의 검증 등을 포함한 추론적 통계(inferential statistics)에 가장 널리 사용되는 분포이다. 서로 통계적으로 독립인 정규분포 확률변수의 제곱의 합으로 정의되는 새로운 확률변수는 카이-제곱분포를 따르며, 자유도의 수가 큰 값으로 증가함에 따라 카이-제곱분포는 정규분포로 점근한다.

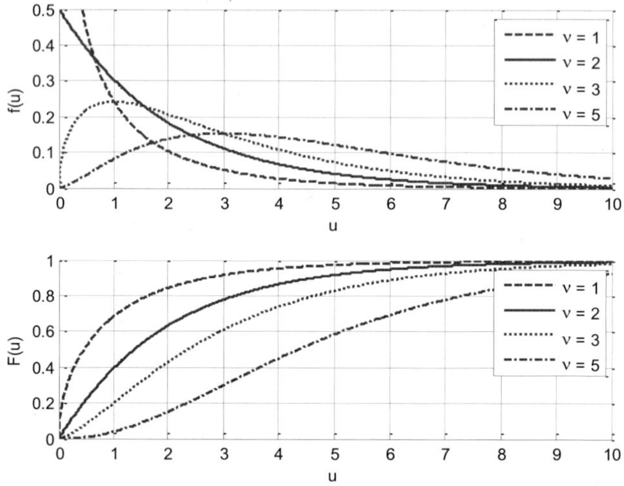

그림 4.1.3g 카이-제곱(chi-square) 분포의 PDF와 CDF

4.1.4 극치분포

동일한 확률변량으로 구성된 '모집단(population)'에서 n개의 표본집단(sample)을 추출하여 각각 $u_1, u_2, \cdots, u_i, \cdots, u_n$이라 할 경우, 각각의 표본집단에서 최댓값 혹은 최솟값 만을 뽑아 새로이 만든 분포를 '극치분포(extreme value distribution; EVD)' 또는 '극한분포(limit distribution)'라 한다.

예를 들어 어떤 대상 해역에서 단기 해상상태(short-term sea-state)에서 계측된 파고의 n개 표본집단에서 최대파고 만을 뽑아낸 최대파고의 분포는 극한분포라고 할 수 있으며, 장기 해상상태(long-term sea-state)에서 파고의 최댓값 분포로 이용한다. 다른 예로, 구조물의 안전성을 평가하기 위해서 구조물이 각 단기간에 겪는 개별적인 하중보다는 구조물의 전체 사용기간인 장기간에 겪는 하중의 최댓값에 관심이 있으므로, 이를 나타내기 위해 극치분포를 많이 사용한다.

• 최댓값 및 최솟값의 누적분포함수와 확률밀도함수

n개의 표본집단 $u_1, u_2, \cdots, u_i, \cdots, u_n$에서 추출한 최댓값들과 최솟값들의 분포를 나타내는 확

률변수를 각각 $u_{i,max}$ 및 $u_{i,min}$라 하자. 각각의 표본집단이 서로 독립이고, 동일한 누적분포함수 $F_u(\bar{u})$를 갖는다면, 최댓값 $u_{i,max}$의 누적분포함수와 확률밀도함수는 다음과 같고,

$$F_{u_{i,max}}(\bar{u}) = P\left[u_{i,max} \le \bar{u}\right] = P[\text{all } u_i \le \bar{u}] = \{F_u(\bar{u})\}^n$$

$$f_{u_{i,max}}(\bar{u}) = \frac{dF_{u_{i,max}}(\bar{u})}{d\bar{u}} = \frac{d\{F_u(\bar{u})\}^n}{d\bar{u}} = n\{F_u(\bar{u})\}^{n-1} f_u(\bar{u})$$

최솟값 $u_{i,min}$의 누적분포함수와 확률밀도함수는 다음과 같다.

$$F_{u_{i,min}}(\bar{u}) = 1 - P\left[u_{i,min} > \bar{u}\right] = 1 - P[\text{all } u_i > \bar{u}] = 1 - \{1 - F_u(\bar{u})\}^n$$

$$f_{u_{i,min}}(\bar{u}) = \frac{dF_{u_{i,min}}(\bar{u})}{d\bar{u}} = \frac{d[1-\{1-F_u(\bar{u})\}^n]}{d\bar{u}} = n\{1 - F_u(\bar{u})\}^{n-1} f_u(\bar{u})$$

• 점근극치분포

'점근극치분포(asymptotic EVD)는' 모집단 누적분포함수의 꼬리 부분의 모양에 의해 결정된다. 즉, 최댓값 분포함수는 모집단 누적분포함수의 오른쪽 꼬리 부분에 의해, 최솟값 분포함수는 모집단 누적분포함수의 왼쪽 꼬리 부분에 의해 결정된다.

Gumbel은 이러한 점을 착안하여, 모집단 누적분포함수의 꼬리 모양에 따라 점근극치분포를 다음과 같이 3가지로 구분하였다(E.J. Gumbel, 1958).

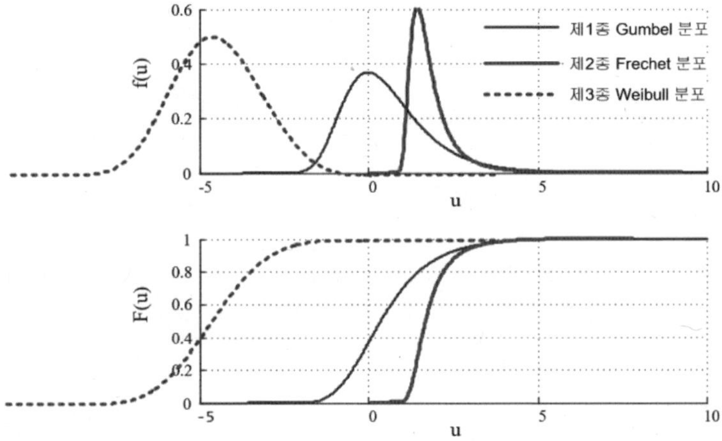

그림 4.1.4a 점근극치분포(EVD)의 종류 (최댓값 분포)
(제1종 Gumbel 분포, 제2종 Frechet 분포, 제3종 Weibull 분포)

(1) 제1종 점근극치분포 (Type I asymptotic EVD; Gumbel 분포)

모집단 누적분포함수가 다음과 같이 '지수형의 꼬리 부분'을 갖는 경우, 극치분포는 지수함수가 다시 지수함수를 내포하는 형태(double exponential form)인 제1종 점근극치분포를 갖는다. 예를 들어, 정규분포는 지수함수 형태의 꼬리 모양을 갖는 누적분포함수를 가지므로, 모집단이 정규분포인 확률변수에서 추출한 표본집단의 극치분포는 제1종 점근극치분포다.

$$F(u) = 1 - e^{-g(u)}$$

제1종 점근극치분포의 확률밀도함수와 누적분포함수의 일반적인 형태는 최댓값 분포와 최솟값 분포에 대해 다음과 같다.

$$f_{u_{i,max}}(u) = \alpha_{max}\, e^{-\alpha_{max}(u-\beta_{max})}\, e^{-e^{-\alpha_{max}(u-\beta_{max})}}, \quad F_{u_{i,max}}(u) = e^{-e^{-\alpha_{max}(u-\beta_{max})}}$$

$$f_{u_{i,min}}(u) = \alpha_{min}\, e^{\alpha_{max}(u-\beta_{min})}\, e^{-e^{\alpha_{min}(u-\beta_{min})}}, \qquad F_{u_{i,min}}(u) = 1 - e^{-e^{\alpha_{min}(u-\beta_{min})}}$$

여기서 α_{max}와 α_{min}는 '비례 매개변수(scale parameter)'이며, β_{max}와 β_{min}는 '위치 매개변수(location parameter)'로 극치분포의 평균 및 표준편차와는 다음과 같은 관계가 있다.

$$\mu_{u_{i,max}} = \beta_{max} + \frac{0.5772}{\alpha_{max}}, \qquad \sigma_{u_{i,max}} = \frac{\pi}{\sqrt{6}}\frac{1}{\alpha_{max}}$$

$$\mu_{u_{i,min}} = \beta_{min} - \frac{0.5772}{\alpha_{min}}, \qquad \sigma_{u_{i,min}} = \frac{\pi}{\sqrt{6}}\frac{1}{\alpha_{min}}$$

만약 충분한 개수의 극치(최댓값 또는 최솟값)를 알고 있다면, 정밀도가 높은 극치분포의 평균과 표준편차를 구할 수 있으며, 앞의 식을 사용하여 α와 β를 구할 수 있다. 그러나 극치의 개수가 충분하지 않다면, Gumbel 보정(Gumbel's correction)을 사용하여 앞의 식을 사용하여 구한 α와 β를 보정하여야 한다. 참고로 $\alpha_{max} = \alpha_{min} = 1$이고, $\beta_{max} = \beta_{min} = 0$인 경우의 분포를 '표준 제1종 극치분포(standard Type I EVD)'라고 한다.

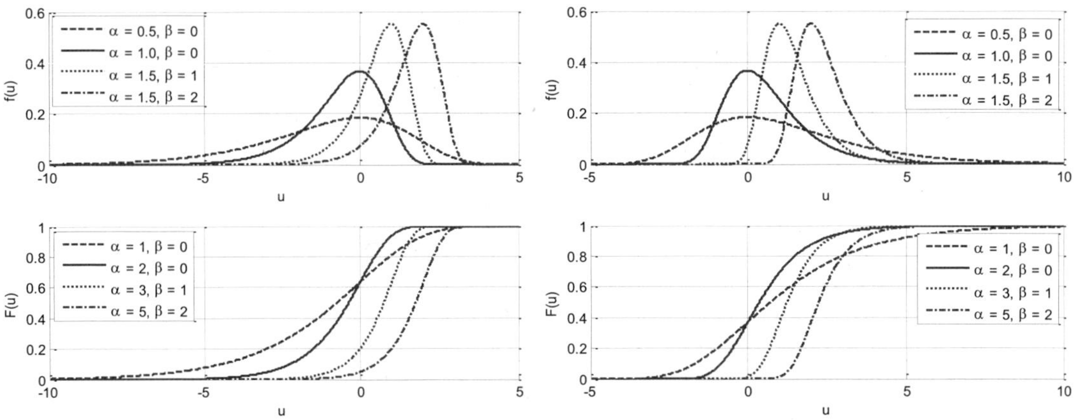

(a) 최솟값 분포 (b) 최댓값 분포

그림 4.1.4a 제1종 점근극치분포(Gumbel 분포)의 PDF와 CDF

(2) 제2종 점근극치분포 (Type II asymptotic EVD; Frechet 분포)

모집단 누적분포함수가 다음과 같이 '다항식의 꼬리 부분'을 갖는 경우, 극치분포는 지수 함수의 형태인 제2종 점근극치분포를 갖는다.

$$F(u) = 1 - c \cdot e^{-k}$$

제2종 점근극치분포의 확률밀도함수와 누적분포함수의 일반적인 형태는 최댓값 분포와 최솟값 분포에 대해 다음과 같다.

$$f_{u_{i,max}}(u) = \frac{k}{\gamma_{max}}\left(\frac{\gamma_{max}}{u}\right)^{k+1} e^{-\left(\frac{\gamma_{max}}{u}\right)^{k}}, \quad F_{u_{i,max}}(u) = e^{-\left(\frac{\gamma_{max}}{u}\right)^{k}}, \quad u > 0$$

$$f_{u_{i,min}}(u) = \frac{k}{\gamma_{min}}\left(\frac{\gamma_{min}}{u}\right)^{k+1} e^{-\left(\frac{\gamma_{min}}{u}\right)^{k}}, \quad F_{u_{i,min}}(u) = 1 - e^{-\left(\frac{\gamma_{min}}{u}\right)^{k}}, \quad u < 0$$

여기서 γ_{max}와 γ_{min}는 '특성 최댓값과 최솟값(characteristic largest and smallest values)'이며, k는 '형상 매개변수(shape parameter)'로 극치분포의 평균 및 표준편차와는 다음과 같은 관계가 있다.

$$\mu_{u_{i,max}} = \gamma_{max}\Gamma\left(1-\frac{1}{k}\right), \qquad \mu_{u_{i,min}} = \gamma_{min}\Gamma\left(1-\frac{1}{k}\right)$$

$$\sigma^2_{u_{i,max}} = \gamma^2_{max}\left\{\Gamma\left(1-\frac{2}{k}\right) - \Gamma^2\left(1-\frac{1}{k}\right)\right\}, \qquad \sigma^2_{u_{i,min}} = \gamma^2_{min}\left\{\Gamma\left(1-\frac{2}{k}\right) - \Gamma^2\left(1-\frac{1}{k}\right)\right\}$$

$$1 + \left(\frac{\sigma_{u_{i,max}}}{\mu_{u_{i,max}}}\right)^2 = \frac{\Gamma\left(1-\frac{2}{k}\right)}{\Gamma^2\left(1-\frac{1}{k}\right)} \qquad 1 + \left(\frac{\sigma_{u_{i,min}}}{\mu_{u_{i,min}}}\right)^2 = \frac{\Gamma\left(1-\frac{2}{k}\right)}{\Gamma^2\left(1-\frac{1}{k}\right)}$$

만약 확률변수 u가 형상 매개변수와 특성값이 각각 k와 γ인 제2종 점근극치분포를 갖는다면, $\ln u$는 $\beta = \ln\gamma$이고, $\alpha = k$인 제1종 점근극치분포를 따른다.

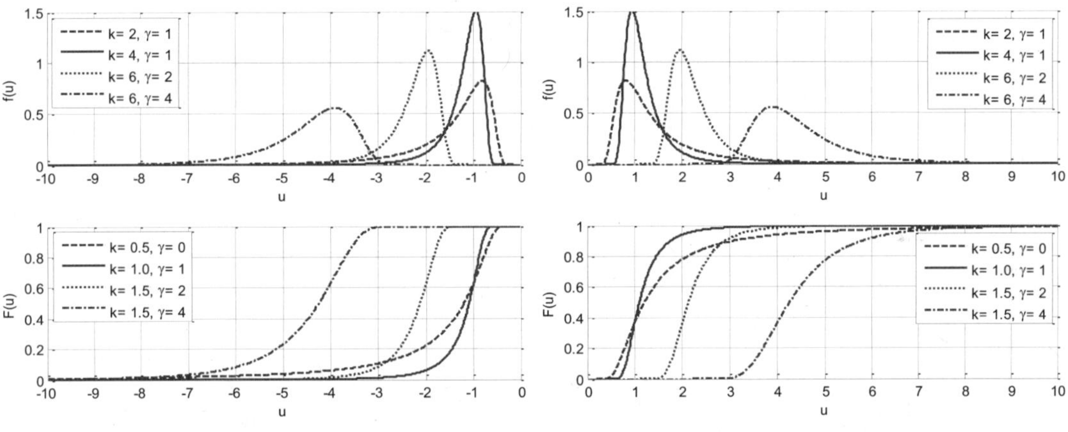

(a) 최솟값 분포 (b) 최댓값 분포

그림 4.1.4b 제2종 점근극치분포(Frechet 분포)의 PDF와 CDF

(3) 제3종 점근극치분포 (Type III asymptotic EVD; 와이불분포)

모집단 누적분포함수가 제2종 점근극치분포와 같이 '다항식의 꼬리 부분을 가지나 상한값 또는 하한값에 의해 변하는 범위가 제한을 받는 경우', 극치분포도 역시 상한값 또는 하한값에 의해 제한된 영역을 갖는 지수함수의 형태인 제3종 점근극치분포를 갖는다. 제3종 점근극치분포의 확률밀도함수와 누적분포함수의 일반적인 형태는 상한값 b_u에 의해 제한되는 최댓값 분포에 대해 다음과 같다.

$$f_{u_{i,max}}(u) = \frac{k}{b_u-\gamma_{max}}\left(\frac{b_u-u}{b_u-\gamma_{max}}\right)^{k-1} e^{-\left(\frac{b_u-u}{b_u-\gamma_{max}}\right)^{k}}, \quad F_{u_{i,max}}(u) = e^{-\left(\frac{b_u-u}{b_u-\gamma_{max}}\right)^{k}}$$

또한, 하한값 b_l에 의해 제한되는 최솟값 분포에 대해 다음과 같으며, 이 분포는 하한값을 갖는 와이불분포(Weibull distribution)로도 잘 알려져 있다. 통상 구조물의 설계에서는 상한값을 두는 것보다는 하한값을 갖는 분포를 주로 사용한다.

$$f_{u_{i,min}}(u) = -\frac{k}{\gamma_{min}-b_l}\left(\frac{u-b_l}{\gamma_{min}-b_l}\right)^{k-1} e^{-\left(\frac{u-b_l}{\gamma_{min}-b_l}\right)^k}, \quad F_{u_{i,min}}(u) = 1 - e^{-\left(\frac{u-b_l}{\gamma_{min}-b_l}\right)^k}$$

여기서 γ_{max}와 γ_{min}는 '특성 최댓값과 최솟값(characteristic largest and smallest values)'이며, k는 '형상 매개변수(shape parameter)'로 극치분포의 평균 및 표준편차와는 다음과 같은 관계가 있다.

$$\mu_{u_{i,max}} = b_u - (b_u - \gamma_{max})\Gamma\left(1+\frac{1}{k}\right), \qquad \mu_{u_{i,min}} = b_l + (\gamma_{min} - b_l)\Gamma\left(1+\frac{1}{k}\right)$$

$$\sigma^2_{u_{i,max}} = (b_u - \gamma_{max})^2\begin{Bmatrix}\Gamma\left(1+\frac{2}{k}\right) \\ -\Gamma^2\left(1+\frac{1}{k}\right)\end{Bmatrix}, \quad \sigma^2_{u_{i,min}} = (\gamma_{min} - b_l)^2\begin{Bmatrix}\Gamma\left(1+\frac{2}{k}\right) \\ -\Gamma^2\left(1+\frac{1}{k}\right)\end{Bmatrix}$$

$$1+\left(\frac{\sigma_{u_{i,max}}}{b_u-\mu_{u_{i,max}}}\right)^2 = \frac{\Gamma\left(1+\frac{2}{k}\right)}{\Gamma^2\left(1+\frac{1}{k}\right)} \qquad 1+\left(\frac{\sigma_{u_{i,min}}}{\mu_{u_{i,min}}-b_l}\right)^2 = \frac{\Gamma\left(1+\frac{2}{k}\right)}{\Gamma^2\left(1+\frac{1}{k}\right)}$$

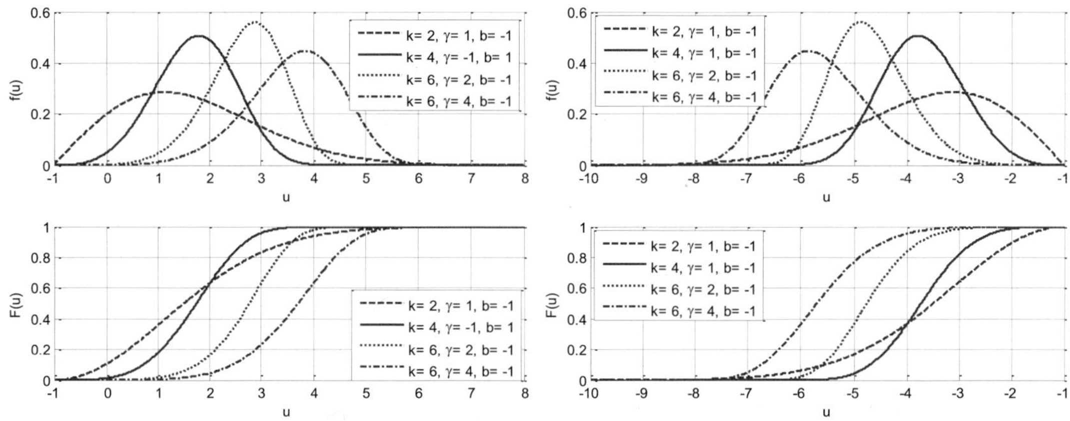

(a) 최솟값 분포 (b) 최댓값 분포

그림 4.1.4c 제3종 점근극치분포(와이불분포)의 PDF와 CDF

4.1.5 확률분포 추정

• 확률지(probability paper)

확률분포의 종류는 앞에서 보인 여러 가지의 수학적인 표현들이 있으나, 축적된 자료의 부족으로 인해 실제로 알려진 확률분포를 갖는 확률변수는 아직까지 그리 많지 않은 실정이다. 확률지(probability paper)는 각 확률분포마다 적절한 축적으로 작성된 그래프이며, 수집된 자료의 누적 확률분포의 값을 다양한 확률분포를 나타내는 확률지에 기록한 후, 선형성을 비교하여 가장 적절한 확률분포의 종류를 결정할 수 있다.

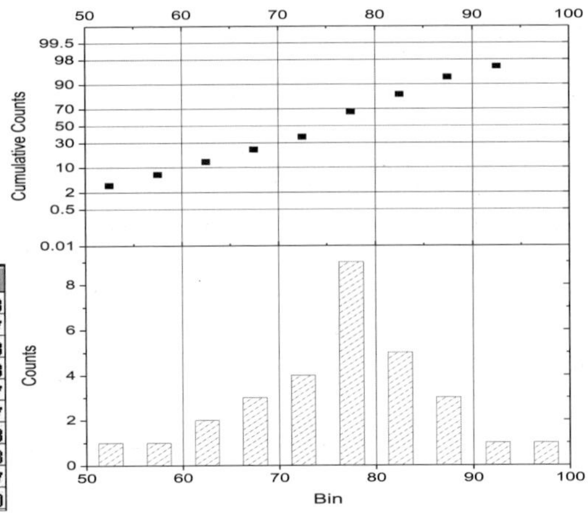

	A(X)	Counts1(Y)	Sum1(Y)	Perc1(Y)
1	52.5	1	1	3.33333
2	57.5	1	2	6.66667
3	62.5	2	4	13.33333
4	67.5	3	7	23.33333
5	72.5	4	11	36.66667
6	77.5	9	20	66.66667
7	82.5	5	25	83.33333
8	87.5	3	28	93.33333
9	92.5	1	29	96.66667
10	97.5	1	30	100

그림 4.1.5a 정규분포 확률지를 이용한 확률분포 추정

• **점추정법: 모멘트법(적률법, 積率法; method of moment)**

모집단(population) 확률분포 변수, 즉, 모수(parameter, θ)를 추정하는 방법이다 (점추정법). 모집단에서 추출한 표본(sample)의 'm차 모멘트(또는 m차 평균)'의 정의는 다음과 같다.

$$E[u^m] = \int_{-\infty}^{\infty} u^m f(u) du$$

표본의 표본평균(sample mean, $\bar{u}$)과 표본분산(sample variance, s^2)은 표본의 1차 모멘트와 2차 모멘트 정의를 사용하여 다음과 같이 구할 수 있다.

$$\bar{u} = \int_{-\infty}^{\infty} u\, f(u) du = \frac{1}{n} \sum_{i=1}^{n} u_i$$

$$s^2 = \int_{-\infty}^{\infty} (u - \bar{u})^2 f(u) du = \frac{1}{n-1} \sum_{i=1}^{n} (u_i - \bar{u})^2$$

표본평균($\bar{u}$)과 표본분산(s^2)를 먼저 구한 후, 구한 표본평균과 표본분산과 모수와의 관계식(Ang & Tang, 2007)을 이용하여, 모수를 추정한다.

• **점추정법: 최우도법(最尤度法; maximum likelihood method; maximum likelihood estimation, MLE)**

모집단(population) 확률분포 변수, 즉, 모수(parameter, θ)를 추정하는 방법이다 (점추정법). 모집단에서 추출한 표본(sample)으로 가장 가능성이 큰 (즉, 가장 그럴 듯한) 모수(θ)를 구하는 방법이다.

확률변수 X의 확률밀도함수를 $f_X(x;\theta)$라 하자. 모집단에서 무작위로 n개 추출한 표본값들($x_1, x_2, \dots, x_n$)을 서로 독립으로 가정하자. 표본($x_1, x_2, \dots, x_n$)을 얻을 가능성(즉, 우도함수, L)은 표본값들의 결합밀도함수($f_{x_1,\cdots,x_n}$)로 표현되며, 이 결합밀도함수는 표본값들이 서로 독립이므로 각 표본값 확률밀도함수($f_{x_1}, \cdots, f_{x_n}$)의 곱으로 나타낼 수 있다.

$$L_{x_1,\cdots,x_n}(\theta) = f_{x_1,\cdots,x_n}(\theta) = f_{x_1}(\theta) f_{x_2}(\theta) \cdots f_{x_n}(\theta)$$

여기서 우도함수를 미분가능하다고 할 경우에 이 함수의 최댓값은 다음 관계를 사용하여 구할 수 있다.

$$\frac{\partial L_{x_1,\cdots,x_n}(\theta)}{\partial \theta} = 0$$

이 식을 풀어 모수 θ를 추정할 수 있다 (점추정값 $\hat{\theta}$). 참고로 우도함수가 확률밀도함수의 곱으로 표현되므로, 우도함수의 최댓값을 구하는 대신에 다음과 같이 우도함수에 대수를 취한 후 최댓값을 구하는 것이 편리하다.

$$\frac{\partial \log L_{x_1,\cdots,x_n}(\theta)}{\partial \theta} = 0$$

앞 두 식에서 구한 점추정값 $\hat{\theta}$는 동일하다. m개의 모수(즉, $\theta_1, \dots, \theta_m$)를 갖도록 정의된 확률밀도함수에 대한 우도함수는 다음과 같다.

$$\begin{aligned} L_{x_1,\cdots,x_n}(\theta_1,\cdots,\theta_m) &= f_{x_1,\cdots,x_n}(\theta_1,\cdots,\theta_m) \\ &= f_{x_1}(\theta_1,\cdots,\theta_m) f_{x_2}(\theta_1,\cdots,\theta_m) \cdots f_{x_n}(\theta_1,\cdots,\theta_m) \\ &= \prod_{i=1}^{n} f_{x_i}(\theta_1,\cdots,\theta_m) \end{aligned}$$

이 경우 이들 모수의 점추정값은 다음 연립방정식으로 구할 수 있다. 여기서 표본크기 n이 클수록 최우도법으로 구한 점추정값의 분산은 최소가 된다.

$$\frac{\partial L_{x_1,\cdots,x_n}(\theta_1,\cdots,\theta_m)}{\partial \theta_j} = 0, \qquad j = 1,\cdots,m$$

참고로 최우도법은 통계학에서 가장 널리 사용되어온 방법으로, 취약도곡선 산정 등 동역학 분야에도 널리 적용되고 있다.

4.1.6 확률분포 검정

가정된 확률분포의 '적합성 검정(goodness-of-fit test)'을 위해, 카이-제곱 검정, Kolmogorov-Smirnov 검정 등을 사용할 수 있다.

• 카이-제곱 검정(chi-square test)

이 검정은 '영가설(귀무가설; null hypothesis)'를 기초로 기대빈도를 계산하고, 2개 이상의 데이터 세트에 대한 관찰 빈도가 확률적으로 의미를 갖는지를 측정하는 기법으로, 누적분포함수를 계산할 수 있는 모든 단일 변수분포에 적용할 수 있다.

수집된 자료를 k개의 구간으로 구분하고, i번째 구간에 속한 자료들의 개수를 n_i라고 하고, 가정된 확률분포의 i번째 구간에서 구한 자료의 개수를 e_i라고 할 경우,

$$\chi^2 = \sum_{i=1}^{k} \frac{(n_i - e_i)^2}{e_i} = \sum_{\text{all intervals}} \frac{(\text{observed}-\text{expected})^2}{\text{expected}} < \chi^2_{\alpha,\nu}$$

가 만족될 때, 가정된 확률분포는 '유의수준(significance level)' α에서 유용한 확률분포라고 받아들일 수 있다. 여기서 $\chi^2_{1-\alpha,\nu}$는 확률분포 함수값이 $1-\alpha$일 때, 자유도가 ν인 카이-제

곱분포의 확률변수값이다. 여기서 자유도는 근사적으로 $\nu = k - 1$이다.

참고로 자료의 전체 개수가 N인 경우, 구간의 개수(k)는 다음과 같이 결정하며(Charles, 1977),

$$k = 1 + 3.3 \log N$$

카이-제곱 검정을 이용하여 만족할 만한 결과를 얻기 위해서는 다음 조건을 만족해야 한다(Ang 등, 1985).

$$k \geq 5,\ \ e_i \geq 5$$

[예제] 4.1.2 포아송분포: 지진발생횟수

어떤 지역의 1주 평균 지진발생횟수는 2번이다(즉, 1주 지진발생빈도 $\lambda = 2\frac{\text{times}}{\text{week}}$). 지진발생횟수를 포아송랜덤변수 u라고 할 경우, 2주 동안 3회이상의 지진이 발생할 확률을 구하라.

[풀이]

(1) 2주 지진발생빈도, $\lambda = 2\frac{\text{times}}{\text{week}} \times 2\text{ weeks} = 4\text{ times}$

(2) 확률밀도함수, $f(u) = \frac{\lambda^u e^{-\lambda}}{u!} = \frac{4^u e^{-4}}{u!}$

(3) 누적분포함수, $F(u \geq 3) = 1 - F(u < 3)$

$$\begin{aligned}
&= 1 - [f(u=0) + f(u=1) + f(u=2)] \\
&= 1 - \left[\frac{4^0 e^{-4}}{0!} + \frac{4^1 e^{-4}}{1!} + \frac{4^2 e^{-4}}{2!}\right] \\
&= 1 - [e^{-4} + 4e^{-4} + 8e^{-4}] \\
&= 1 - 13e^{-4} \approx 0.7619
\end{aligned}$$

[예제] 4.1.2 지진에 의한 파괴확률(I)

어떤 구조물의 설계수명은 50년이며, 이 구조물이 지진에 의해 파괴될 확률은 연간 10^{-5}으로 매년 일정하다.

(1) 이 구조물의 설계수명 동안 지진에 의해 파괴될 확률을 구하라.

(2) 이 구조물이 10년째 지진에 의해 파괴될 확률을 구하라.

[풀이]

(1) 연간 지진에 의해 구조물에 파괴가 발생할 확률은 매년 통계적으로 독립이므로, n년 동안 구조물의 파괴가 u년 발생하였다면, u의 확률분포를 이항분포로 나타낼 수 있다. 즉, 50년 동안 지진에 의해 파괴가 한 해도 발생하지 않을 확률을(즉, 비파괴확률은)

$f(n,u) = {}_nC_u\, p^u (1-p)^{n-u}$에서 $p = 10^{-5}$, $n = 50$, $u = 0$을 대입하여 구하면

$P[u=0] = f(n=50, u=0) = {}_{50}C_0\,(10^{-5})^0(1-10^{-5})^{50-0} = \frac{50!}{0!(50-0)!}(10^{-5})^0(1-10^{-5})^{50-0} = 0.99950$

이므로, 50년 동안 지진에 의해 파괴가 최소한 한 해라도 발생할 확률은 다음과 같다.

$P[u>0] = 1 - P[u=0] = 1 - 0.99950 = 0.00050$

(2) 매년 통계적으로 독립인 파괴확률이 10년 만에 최초로 발생할 확률은 기하분포로 나타낼 수 있다.

$$\begin{aligned}
P[u=10] = f(u=10) &= P\Big[(u-1)\text{년까지 비파괴}\Big] \cap P\Big[u\text{년째 파괴}\Big] \\
&= (1-p)^{u-1}p = (1-10^{-5})^{10-1}10^{-5} = 9.999 \times 10^{-6}
\end{aligned}$$

[예제] 4.1.2 지진에 의한 파괴확률(II)

지난 100년간 4번의 강진을 겪은 지진다발 지역에 구조물을 건설할 예정이다. 과거 자료를 분석한 결과 강진에 발생할 경우, 이 지역의 구조물이 손상을 입을 확률은 0.1이었다. 각 지진들의 발생이 통계적으로 독립이라고 가정할 경우 다음을 구하라.

(1) 이 구조물의 설계수명 50년 동안 강진이 발생하지 않을 확률
(2) 이 구조물의 설계수명 50년 동안 강진이 2번만 발생할 확률
(3) 이 구조물의 설계수명 50년 동안 강진에 의해 이 구조물에 손상이 발생할 확률

[풀이]

(1) 어떤 특정 시간대에 걸쳐 알려진 어떤 사건의 발생분포를 나타내기 위해 포아송분포로 가정할 수 있다. 즉, 주어진 시간 50년 내의 강진 발생빈도는 $\lambda = \frac{4}{100} \times 50 = 2$로 강진이 $u = 0$회 발생할 확률은 다음과 같다.

$$P[u = 0] = f(\lambda = 2, u = 0) = \frac{\lambda^u e^{-\lambda}}{u!} = \frac{2^0 e^{-2}}{0!} = 0.13533$$

(2) $\lambda = \frac{4}{100} \times 50 = 2,\ u = 2$

$$P[u = 2] = f(\lambda = 2, u = 0) = \frac{\lambda^u e^{-\lambda}}{u!} = \frac{2^2 e^{-2}}{2!} = 0.27067$$

(3) 50년 내의 강진이 u회 발생했을 때(조건), 구조물이 손상을 입지 않을 비파괴확률

$$P[\bar{D}|u] = P[\bar{D}]P[u] = P[\bar{D}]\frac{\lambda^u e^{-\lambda}}{u!} = (1 - 0.1)^u \frac{2^u e^{-2}}{u!}$$

따라서 50년 내의 강진이 임의로 미만 발생했을 때(조건), 구조물의 비파괴확률

$$P[\bar{D}|0 \le u < \infty] = P[\bar{D}]P[0 \le u < \infty] = \sum_{u=0}^{\infty} P[\bar{D}]\frac{\lambda^u e^{-\lambda}}{u!}$$
$$= \sum_{u=0}^{\infty}(1 - 0.1)^u \frac{2^u e^{-2}}{u!} = e^{-2}\sum_{u=0}^{\infty}\frac{(0.9\times 2)^u}{u!} = e^{-2}e^{1.8} = 0.81873$$

따라서 50년 내의 강진이 임의로 미만 발생했을 때(조건), 구조물의 파괴확률

$$P[D|0 \le u < \infty] = 1 - P[\bar{D}]P[0 \le u < \infty] = 1 - 0.81873 = 0.18126$$

[예제] 4.1.3 탄성계수에 관한 시험자료 분석

금문교(Golden Gate Bridge) 강재의 탄성계수(E)를 샘플링 하였을 때 다음을 구하라.

(1) 평균(μ_E) (2) 분산(σ_E^2) (3) 표준편차(σ_E) (4) 변동계수(δ_E)

(5) 탄성계수의 분포가 정규분포를 따른다고 가정하자. 설계에 사용되는 강재의 탄성계수가 200 GPa일 때, 이보다 작은 값의 탄성계수가 나타날 확률 ($P[E \le 200]$)

(6) 탄성계수의 분포가 대수정규분포를 따른다고 가정하자. 설계에 사용되는 강재의 탄성계수가 200 GPa일 때, 이보다 작은 값의 탄성계수가 나타날 확률 ($P[E \le 200]$)

Test No.	E (GPa)	Test No.	E (GPa)	Test No.	E (GPa)	Test No.	E (GPa)	Test No.	E (GPa)
1	200	11	195	21	204	31	203	41	203
2	202	12	202	22	179	32	195		
3	189	13	202	23	221	33	211		
4	198	14	194	24	231	34	215		
5	196	15	208	25	211	35	202		
6	206	16	208	26	226	36	189		
7	208	17	209	27	216	37	202		
8	204	18	215	28	211	38	202		
9	204	19	199	29	216	39	216		
10	196	20	191	30	200	40	190		

[풀이]

(1) 평균: $\mu_E = \frac{1}{n}\sum_{i=1}^{n} E_i = \frac{1}{41} \times 8349 = 204.122$ GPa

(2) 분산: $\sigma_E^2 = \frac{1}{n-1}\sum_{i=1}^{n}(E_i - \mu_E)^2 = \frac{1}{41-1} \times 4348.39 = 108.71\ (\text{GPa})^2$

(3) 표준편차: $\sigma_E = \sqrt{\sigma_E^2} = \sqrt{108.71} = 10.4264$ GPa

(4) 변동계수: $\delta_E = \frac{\sigma_E}{\mu_E} = \frac{10.4264}{204.122} = 0.051$ (상대적으로 불확실성이 작은 랜덤변수임)

(5) $P[E \le 200] = \Phi\left(\frac{200-\mu_E}{\sigma_E}\right) = \Phi\left(\frac{200-204.122}{10.4264}\right) = \Phi(-0.39) = 1 - \Phi(0.39) = 1 - 0.65173 = 0.34827$

(설계탄성계수는 주어진 시험자료에서 약 35 백분위(percentile rank)에 속함)

(6) $\sigma_{ln\,E}^2 = ln\left(\frac{\sigma_E^2}{\mu_E^2} + 1\right) = ln\left(\frac{10.4264^2}{204.122^2} + 1\right) = 0.002605 \rightarrow \sigma_{\ln E} = 0.051$

$$\mu_{\ln E} = \ln \mu_E - \frac{1}{2}\sigma_{\ln E}^2 = \ln 204.122 - \frac{1}{2} \times 0.002605 = 5.3174$$

$P[E \le 200] = \Phi\left(\frac{\ln 200-\mu_{\ln E}}{\sigma_{\ln E}}\right) = \Phi\left(\frac{\ln 200-5.3174}{0.051}\right) = \Phi(-0.37) = 1 - \Phi(0.37) = 1 - 0.64430 = 0.35570$

(설계탄성계수는 주어진 시험자료에서 약 36 백분위(percentile rank)에 속함)

[예제] 4.1.4 극치분포: 설계풍속

어떤 지역에서 n년간 계측된 연간 최대 풍속(V_n)의 평균과 표준편차는 각각 $102.2\,\frac{\text{m}}{\text{sec}}$와 $12.53\,\frac{\text{m}}{\text{sec}}$이었다. V_n이 제1종 점근극치분포(즉, Gumbel분포)를 따른다고 가정할 때, 다음을 구하라.

(1) 어떤 주어진 해에 대해 연간 최대 풍속이 구조물의 설계풍속 $166.7\,\frac{\text{m}}{\text{sec}}$를 초과할 확률(즉, 연초과확률, annual probability)

(2) 재현주기 100년에 해당하는 설계풍속(V_d)

[풀이]

(1) 제1종 점근극치분포에서 최댓값 분포에 대한 누적분포함수를 이용하기 위해 먼저 매개변수 α_{max}와 β_{max}를 구한다.

$\sigma_{u_{i,max}} = \frac{\pi}{\sqrt{6}}\frac{1}{\alpha_{max}} \quad \rightarrow \quad \alpha_{max} = \frac{\pi}{\sqrt{6}}\frac{1}{\sigma_{u_{i,max}}} = \frac{\pi}{\sqrt{6}}\frac{1}{12.53} = 0.1024$

$\mu_{u_{i,max}} = \beta_{max} + \frac{0.5772}{\alpha_{max}} \quad \rightarrow \quad \beta_{max} = \mu_{u_{i,max}} - \frac{0.5772}{\alpha_{max}} = 102.2 - \frac{0.5772}{0.1024} = 96.5610$

따라서 연간 최대 풍속이 설계풍속을 초과할 확률(즉, 연초과확률)은 다음과 같다.

$P[V_n > 166.7] = 1 - P[V_n \le 166.7] = 1 - F_{u_{i,max}}(u = 166.7)$

$= 1 - e^{-e^{-\alpha_{max}(u-\beta_{max})}} = 1 - e^{-e^{-0.1024(V_d-96.5610)}} = 0.0007619$

(2) 재현주기가 100년이란 연초과확률 $\frac{1}{100} = 0.01$을 의미하므로, 연초과확률을 사용하여 설계풍속을 구한다.

$P[V_n > V_d] = 1 - P[V_n \le V_d] = 1 - F_{u_{i,max}}(u = V_d)$

$= 1 - e^{-e^{-\alpha_{max}(u-\beta_{max})}} = 1 - e^{-e^{-0.1024(V_d-96.5610)}} = 0.01$

즉, $V_d = \beta_{max} - \frac{\ln(-\ln(1-0.01))}{\alpha_{max}} = 96.5610 - \frac{\ln(-\ln(1-0.01))}{0.1024} = 141.5026\,\frac{\text{m}}{\text{sec}}$

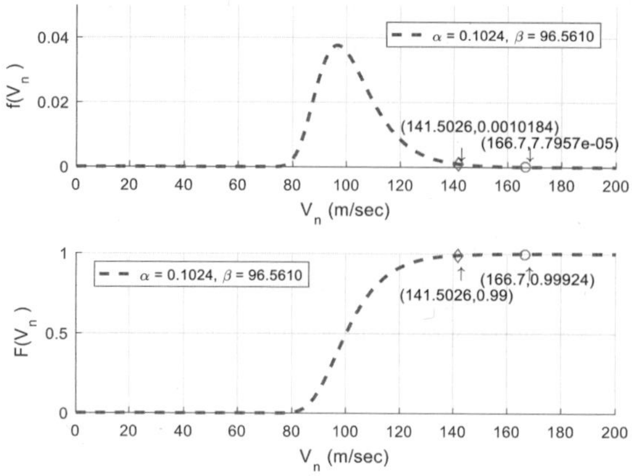

[예제] 4.1.6 카이-제곱 검정

어느 도시에서 66년간 폭풍우의 발생을 관측하여 기록한 결과, 20년은 일년 동안 단 한 번의 폭풍우도 발생하지 않았고, 23년, 15년, 6년, 2년은 각각 폭풍우가 일년 동안 1번, 2번, 3번, 4번씩 발생하였다. 폭풍의 발생은 랜덤하며, 막대그래프(histogram)로 나타낸 관측 결과의 형상에 근거하여, 이 도시의 연간 폭풍우 발생횟수를 포아송분포(Poisson distribution)를 따른다고 가정하였다. 카이-제곱 검정(chi-square test)을 사용하여 유의수준 5%에서 가정된 포아송분포의 유용성을 검정하라.

[풀이]

(1) 연평균 발생횟수: $\nu = \frac{20\times0+23\times1+15\times2+6\times3+2\times4}{66} = 1.2$

(2) 예측된(expected) 포아송분포값은 연간 발생횟수(u)와 포아송 확률질량함수($f(u)$)를 사용하면 $f(u)\times 66$와 같다.

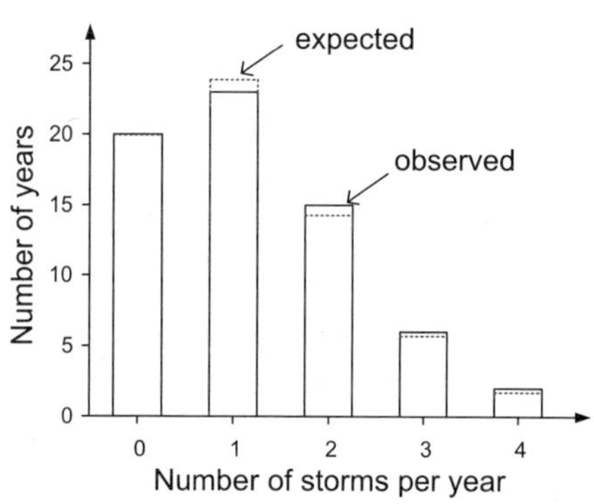

No. of Storms per year	Observed n_i	Expected e_i	$\frac{(n_i - e_i)^2}{e_i}$
0	20	19.94	0.0002
1	23	23.87	0.0315
2	15	14.28	0.0359
3	6	5.70	0.0159
≥4	2	2.21	0.0202
sum	66	66	0.1037

(3) 구간수($k = 5$)와 자유도수($\nu \approx k-1 = 4$)를 가정하여, 검정기준 $\chi^2_{\alpha,\nu} = \chi^2_{0.05,4} = 9.488$(카이-제곱분포의 도표를 참조)를 구한 후, 결과와 비교하면, 0.1037 < 9.488이므로, 가정한 포아송분포는 유의수준 5%에서 유용하다.

MATLAB/PYTHON/EXCEL: 4.1.1 퍼센타일 명령어 (pct)

• MATLAB

```
clear; clc
X1=[ 0 1 2 3 4 5 6 7 8 9 10];
Y1=prctile(X1,[0:10:100]);
plot(X1,'x'); hold on
plot(Y1,'-o'); hold off
xlabel('N'); ylabel('X (or percentile/10)');
legend('data','percentile',2);

clear; clc
X2=[ 10 9 8 7 6 5 4 3 2 1 0];
Y2=prctile(X2,[0:10:100]);
plot(X2,'x'); hold on
plot(Y2,'-o'); hold off
xlabel('N'); ylabel('X (or percentile/10)');
legend('data','percentile',0);

clear; clc
X3=[ 10 9 8 5 5 5 4 3 1 1 1];
Y3=prctile(X3,[0:10:100]);
plot(X3,'x'); hold on
plot(Y3,'-o'); hold off
xlabel('N'); ylabel('X (or percentile/10)');
legend('data','percentile',0);
```

• PYTHON

```
import numpy as np
import matplotlib.pyplot as plt

X1 = np.array([0, 1, 2, 3, 4, 5, 6, 7, 8, 9, 10]
Y1 = np.percentile(X1, np.arange(0, 101, 10))

plt.plot(X1, 'x');plt.plot(Y1, '-o')
plt.xlabel('N');plt.ylabel('X (or percentile/10)
plt.legend(['data', 'percentile'], loc=2)
plt.show()
----------------
X2 = np.array([10, 9, 8, 7, 6, 5, 4, 3, 2, 1, 0]
Y2 = np.percentile(X2, range(0, 101, 10))

plt.plot(X2, 'x'); plt.plot(Y2, '-o')
plt.xlabel('N');plt.ylabel('X (or percentile/10)
plt.legend(['data', 'percentile'])
plt.show()
----------------
X3 = np.array([10, 9, 8, 5, 5, 5, 4, 3, 1, 1, 1]
Y3 = np.percentile(X3, range(0, 101, 10))

plt.plot(X3, 'x');plt.plot(Y3, '-o')
plt.xlabel('N');plt.ylabel('X (or percentile/10)
plt.legend(['data', 'percentile'])
plt.show()
```

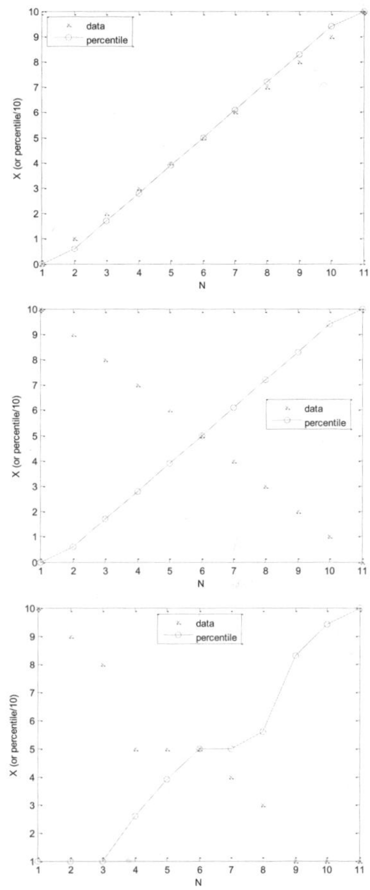

[참조]
MATLAB의 경우, n개의 요소를 사용할 경우,
다음과 같이 선형보간을 사용한다.
For an n-element vector X, prctile computes percentiles as follows:

1. The sorted values in X are taken to be the 100(0.5/n), 100(1.5/n), ..., 100([n-0.5]/n) percentiles.
2. Linear interpolation is used to compute percentiles for percent values between 100(0.5/n) and 100([n-0.5]/n).
3. The minimum or maximum values in X are assigned to percentiles for percent values outside that range.

	A	B	C	D	E	F	G	H	I	J
1	**Data**	**Formula (Excel)**	**Description**	**Result**		**Data**	**Result**		**Data**	**Result**
2	0	=PERCENTILE(A2:A12,0.0)	0th percentile	0		10	0		10	1
3	1	=PERCENTILE(A2:A12,0.1)	10th percentile	1		9	1		9	1
4	2	=PERCENTILE(A2:A12,0.2)	20th percentile	2		8	2		8	1
5	3	=PERCENTILE(A2:A12,0.3)	30th percentile	3		7	3		5	3
6	4	=PERCENTILE(A2:A12,0.4)	40th percentile	4		6	4		5	4
7	5	=PERCENTILE(A2:A12,0.5)	50th percentile	5		5	5		5	5
8	6	=PERCENTILE(A2:A12,0.6)	60th percentile	6		4	6		4	5
9	7	=PERCENTILE(A2:A12,0.7)	70th percentile	7		3	7		3	5
10	8	=PERCENTILE(A2:A12,0.8)	80th percentile	8		2	8		1	8
11	9	=PERCENTILE(A2:A12,0.9)	90th percentile	9		1	9		1	9
12	10	=PERCENTILE(A2:A12,1.0)	100th percentile	10		0	10		1	10

MATLAB/PYTHON: 4.1.3 랜덤변수 및 분포 생성: 정규분포 (dstr_norm)

다음 정규분포를 따르는 랜덤변수 X를 1,000개 생성하고, 생성된 변수들의 평균(μ_X)과 표준편차(σ_X)를 주어진 조건의 값과 비교하여라. 또한 생성된 변수들의 확률밀도함수(PDF)와 이론적인 확률밀도함수를 비교하여라.

분포형태	정규분포(모집단)	정규분포(추정된 표본 결과)
생성할 변수들의 수, N		$N = 1{,}000$
평균, μ_X	1,920	$\hat{\mu}_X = 1{,}920.3$
변동계수, $\delta_X \rightarrow \sigma_X = \delta_X \mu_X$	$0.025 \rightarrow 1{,}920 \times 0.025 = 48$	$\hat{\sigma}_X = 48.96$

[풀이]

(1) 정규분포를 따르는 랜덤변수(X)를 생성한다.

(2) 생성된 랜덤변수의 μ_X과 σ_X를 구한다.

$$\mu_X = \frac{\sum_{i=1}^{N} x_i}{N},\ \sigma_X = \sqrt{\frac{\sum_{i=1}^{N}(x_i - \mu_X)^2}{N-1}}$$

(3) 생성된 랜덤변수의 PDF를 구한다.

- 랜덤변수를 오름차순으로 정렬
- 최댓값과 최솟값을 등분한 후, 빈도수를 측정
- 빈도수를 N으로 나눔 = 빈도 확률
- 빈도 확률을 등분의 크기($\frac{\sigma_X}{2}$)로 나눔 = 확률밀도

(4) 코딩 후 결과

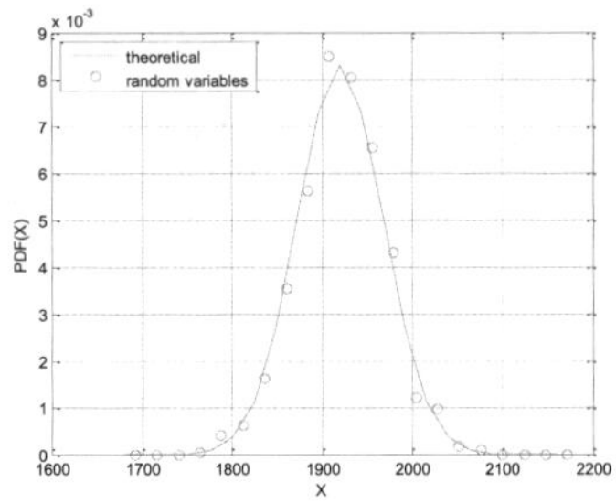

MATLAB/PYTHON: 4.1.3 랜덤변수 및 분포 생성: 대수정규분포 (dstr_lognorm)

대수정규분포를 따르는 랜덤변수 X를 1,000개 생성하고, 생성된 변수들의 평균(μ_X)과 표준편차(σ_X)를 조건의 값과 비교하여라. 또한 생성된 변수들의 확률밀도함수(PDF)와 이론으로 구한 확률밀도함수를 비교하여라.

분포형태	정규분포(모집단)	정규분포(추정된 표본 결과)
생성할 변수들의 수, N		$N = 1{,}000$
평균, μ_X	30	$\hat{\mu}_X = 30.04$
변동계수, $\delta_X \rightarrow \sigma_X = \delta_X \mu_X$	$0.1 \rightarrow 30 \times 0.1 = 3$	$\hat{\sigma}_X = 2.93$

[풀이]

[Note] MATLAB함수 lognrnd와 lognpdf를 사용할 경우, $\mu_{\ln X}$과 $\sigma_{\ln X}$을 입력으로 사용한다.

(1) 대수정규분포를 따르는 랜덤변수(X를 생성한다.

(2) 생성된 랜덤변수의 $\mu_{\ln X}$과 $\sigma_{\ln X}$를 구한다.

(3) 생성된 랜덤변수의 PDF를 구한다.

(정규분포의 PDF와 동일한 방법)

(4) 코딩 후 결과

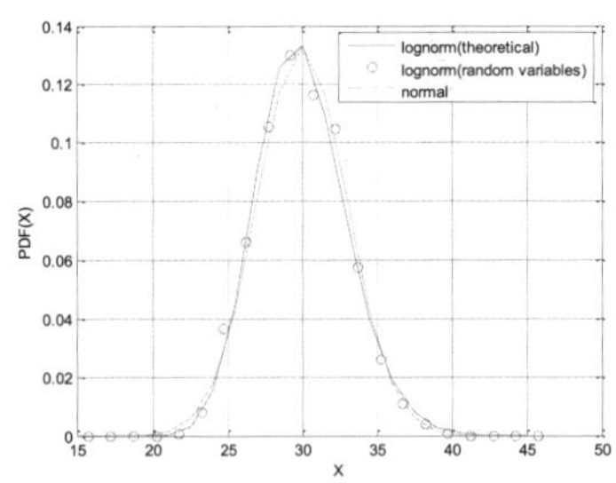

4.2 랜덤진동의 특성

4.2.1 랜덤진동이란?

확률을 배운 구조 엔지니어들은 어떤 구조물이 의도한 기능을 제공할 가능성을 추정할 수 있다. 한편 상호보완적인 의미로 엔지니어들은 어떤 구조물이 의도한 기능을 만족하지 않을 가능성(또는 파괴 확률)도 추정할 수 있다. 따라서 엔지니어에게 확률은 어떤 구조물이 절대적으로 파괴되지 않는다는 것은 불가능(또는 비현실적)하다는 생각을 받아들일 수 있도록 한다. 우리가 살고 있는 불확실성(uncertainty)의 세계에서 이 사실을 솔직하게 받아들이고, 이에 따른 사건의 발생 가능성(또는 불확실성)을 정량화하고, 이를 설계의 적절히 반영하고 평가하여야 한다.

어떤 진동의 시간이력에 대해 명백한 패턴을 알 수 없을 경우, 이러한 진동을 '랜덤진동(random vibration; 불규칙 진동)'이라 한다. 도로 위를 달리는 자동차의 진동, 운행중인 선박의 파도에 의한 진동, 비행중인 비행기의 바람에 의한 날개의 진동, 추진중인 로켓의 진동 등을 랜덤진동의 예로 들 수 있다.

랜덤진동 중인 구조물의 변위를 다음 그림과 같이 계측하였다고 하자. 변위는 랜덤진동이므로, 어떤 특정 시간 $t = t_1$에서 변위 $u(t_1)$을 정확하게 예측할 수는 없다. 따라서 이러한 랜덤진동의 경우, $t = t_1$에서 변위 $u(t_1)$이 어떤 범위 내에 있을 '확률(probability)'을 찾는 것이 최선의 대안이 될 수 있다.

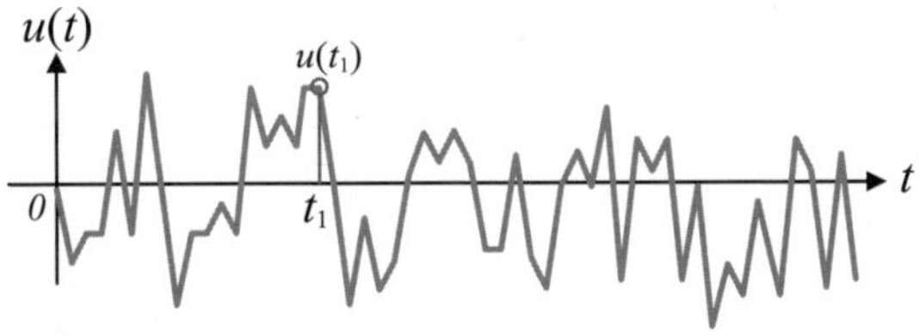

그림 4.2.1a 랜덤진동의 예

어떤 동일한 계측을 여러 번 수행하였고, 그 계측 결과가 항상 동일하다면, 이러한 프로세스(process)를 '결정론적 프로세스(deterministic process)'라 한다. 그러나 실제는 아무리 동일환 환경에서 동일한 계측을 수행한다고 할지라도, 동일한 결과를 얻지 못하고 매 계측마다 서로 다른 결과를 얻으며, 이러한 프로세스를 '랜덤 프로세스(random process)', '확률론적 프로세스(probabilistic process)' 또는 '추계론적 프로세스(stochastic process)'라 한다. 이러한 랜덤 프로세스의 경우, 한 번의 계측만으로 충분히 통계적으로 의미 있는 변수들을 구하기는 어려우므로, 일반적으로 계측을 반복하여 수행하여야 한다.

랜덤 프로세스는 연속된 랜덤변수들의 조합이다. 즉, '랜덤변수(random variable)'는 랜덤

진동에서 발생하는 변수 하나하나를 의미하지만, 랜덤 프로세스는 시간에 따라 변하는 랜덤 변수들의 총괄적이며 전체적인 의미이다.

참고로 대문자(capital letter)를 사용하여 랜덤변수를 대표하여 나타내고, 발생한 랜덤변수 각각에 대해 소문자(small letter)를 사용해서 나타내기도 하지만, 이 책에서는 랜덤변수에 대해 대문자와 소문자를 구분하여 사용하지는 않았다.

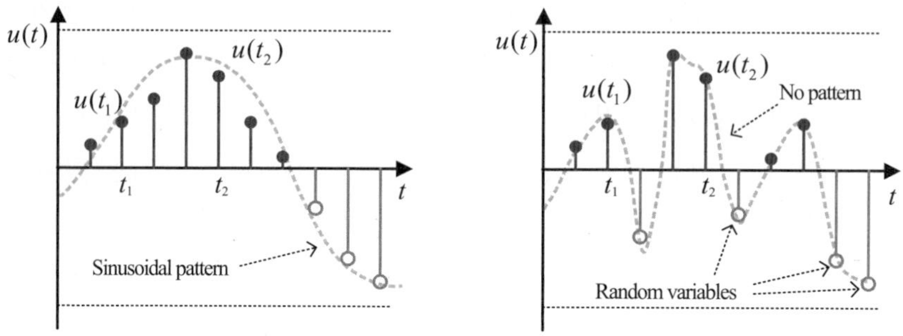

그림 4.2.1b 동일한 랜덤변수들도 있지만, 다른 랜덤 프로세스

4.2.2 랜덤 프로세스

랜덤 프로세스는 하나의 시간이력 만을 나타내는 개념이 아닌, 동일한 조건에서 발생할 수 있는 여러 개의 시간이력들의 집합(family, 群)인 '앙상블(ensemble; 모듬)'을 나타내는 개념이다. 여기서 각각의 시간이력을 '샘플함수(sample function)'라 한다.

다음 그림과 같이 동일한 계측 조건에서 k번째 변위 샘플 $u^{(k)}(t)$를 계측했을지라도, 실제로 계측의 불확실성으로 인해 동일한 변위 샘플을 계측할 수는 없다. 여기서 (1) 시간평균(temporal average)은 시간축을 따라 계측된 어떤 특정 샘플의 평균이며, (2) 앙상블평균(ensemble average)이란 모든 샘플(또는 앙상블)에서 어떤 특정시간 $t = t_1$에서 계측된 변위 $u(t_1)$들에 대한 평균이다.

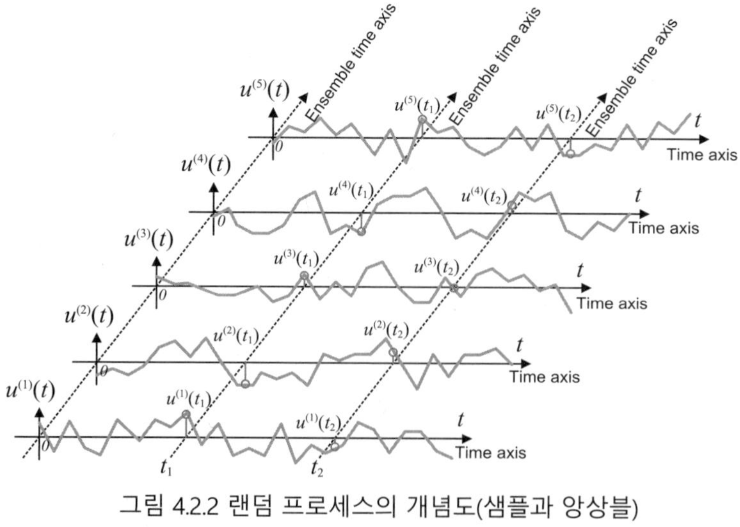

그림 4.2.2 랜덤 프로세스의 개념도(샘플과 앙상블)

4.2.3 확률밀도함수

랜덤 프로세스에서 샘플함수의 개수가 충분히 많다고 가정한 후, 랜덤변수의 확률적 특성을 확률밀도함수(PDF)를 사용하여 나타낼 수 있다. PDF(probability density function; 확률밀도함수) $f(u)$는 랜덤변수의 확률적 분포를 나타내는 함수로, 랜덤변수가 어떤 특정 구간에 포함될 확률 PDF를 그 특정구간에 대해 적분한 값과 같다. 예를 들어 랜덤변수 $u(t_1)$이 $a < u(t_1) < b$에 포함될 확률은 다음과 같이 구한다.

$$P[a < u(t_1) < b] = \int_a^b f(u)du$$

여기서 $f(u)$는 랜덤변수 $u(t_1)$의 PDF이고, $f(u) \geq 0$이며, $\int_{-\infty}^{\infty} f(u)du = 1$이다. 참고로 랜덤변수는 '연속(continuous) 랜덤변수'와 '이산(discrete) 랜덤변수'로 구분할 수 있고, 이산 랜덤변수에 대한 PDF를 연속 랜덤변수에 대한 PDF와 구분하여 PMF(probability mass function; 확률질량함수, $p(u)$)라고도 하며, $f(u)$ 대신에 $p(u)$로 구분하여 표현하기도 한다. 또한, 여러 랜덤변수들 $u(t_1)$과 $v(t_1)$의 확률밀도를 동시에 나타내기 위해, '결합 PDF(joint probability density function; 결합확률밀도함수)' $f(u, v)$를 사용하며, 어떤 랜덤변수 $u(t_1)$이 주어진 조건하에서 나타낸 다른 랜덤변수 $v(t_1)$의 PDF를 '조건부 PDF(conditional probability density function; 조건부확률밀도함수)' $f(v|u)$라 한다.

CDF(cumulative distribution function; 누적분포함수) $F(\bar{u})$는 랜덤변수가 어떤 값보다 작거나 같은 확률을 나타낸다. 예를 들어, 랜덤변수 $u(t_1)$이 $u(t_1) \leq \bar{u}$일 확률을 CDF를 사용하여 나타내면 다음과 같다.

$$F(\bar{u}) = P[u(t_1) \leq \bar{u}] = \int_{-\infty}^{\bar{u}} f(u)du$$

여기서 $f(u)$는 랜덤변수 $u(t_1)$의 PDF이다.

PDF와 CDF 사이에는 다음과 같은 관계가 성립한다.

$$F(u) = \int_{-\infty}^{u} f(u)du, \quad f(u) = \frac{d}{du}F(u)$$

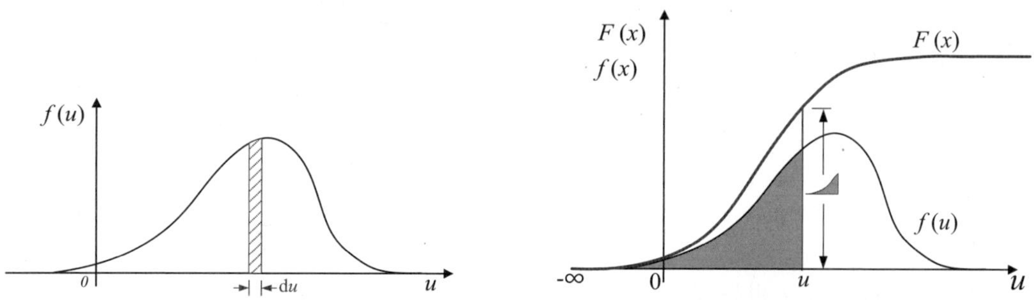

(a) PDF(확률밀도함수, 1st-order PDF) (b) PDF와 CDF 사이의 관계

그림 4.2.3a PDF(확률밀도함수)와 CDF(누적분포함수)

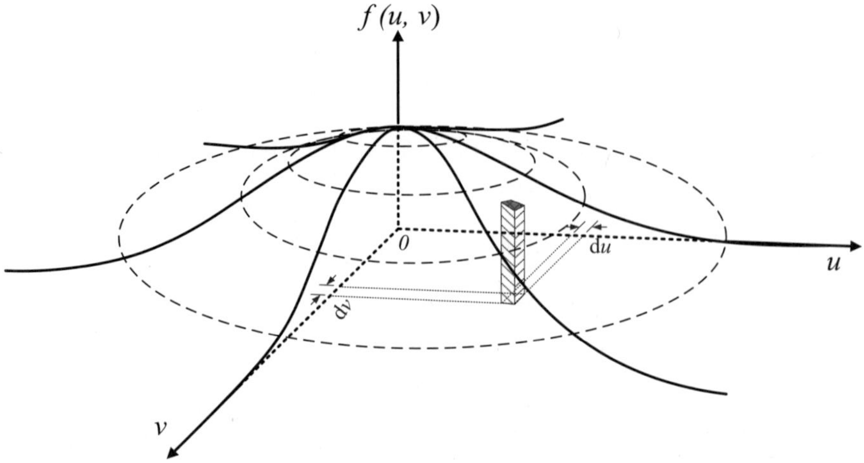

그림 4.2.3b joint PDF(결합확률밀도함수, 2nd-order PDF)

4.2.4 평균과 상관관계

$g(u)$는 랜덤변수 $u(t_1)$의 함수이고, $f(u)$는 랜덤변수 $u(t_1)$의 PDF라고 하자. $g(u)$의 '앙상블평균(ensemble average)'은 '기댓값(expectation)'라고도 하며, 다음과 같이 계산한다.

$$E[g(u)] = \int_{-\infty}^{\infty} g(u)f(u)du$$

여기서 $g(u)$를 $u^m(t_1)$라고 할 경우, $u^m(t_1)$에 대한 기댓값을 랜덤변수 $u(t_1)$의 'm차 모멘트(m-th moment)' 또는 'm차 평균(m-th average)'이라 하며, 다음과 같다.

$$E[u^m(t_1)] = \int_{-\infty}^{\infty} u^m f(u)du$$

랜덤변수 $u(t_1)$의 (1차) '평균(mean)'은 $u(t_1)$의 1차 모멘트로 다음과 같다.

$$E[u(t_1)] = \mu_u = \int_{-\infty}^{\infty} uf(u)du$$

'분산(variance)'과 '표준편차(standard deviation)'은 평균(μ_u)에 대한 2차 모멘트를 사용하여 다음과 같이 정의한다.

$$Var[u(t_1)] = \sigma_u^2 = \int_{-\infty}^{\infty} (u-\mu_u)^2 f(u)du$$

$$= E[(u-\mu_u)^2] = E[u^2] - \mu_u^2$$

$$\sigma_u = \sqrt{Var[u(t_1)]}$$

여기서 $\mu_u = 0$인 경우, $\sigma_u = \sqrt{E[u^2]}$이며, 이것을 $u(t_1)$에 대한 'RMS값(root mean square value; 실횻값)'라 한다.

랜덤변수 $u(t_1)$의 변동성을 '변동계수(coefficient of variation; COV_u, δ_u)'로 정의한다. 결정론적 변수의 변동계수는 0이며, 작은 변동계수는 랜덤변수의 작은 불확실성을 나타내고, 큰 변동계수는 랜덤변수의 큰 불확실성을 의미한다. 많은 공학문제에서 랜덤변수는 통상 0.1 ~ 0.3의 값을 갖는다.

$$\mathrm{COV}_u = \delta_u = \frac{\sigma_u}{\mu_u}$$

2개의 랜덤변수 $u(t_1)$과 $v(t_1)$가 각각의 평균값을 기준으로 얼마나 변동하는지를 나타내기 위해 '공분산(covariance)' $\mathrm{Cov}[u, v]$을 다음과 같이 정의한다.

$$\mathrm{Cov}[u, v] = \mathrm{E}[(u - \mu_u)(v - \mu_v)] = \mathrm{E}[uv] - \mu_u\mu_v$$

예를 들어, 어떤 랜덤변수가 평균값보다 클 때, 다른 랜덤변수도 평균값보다 큰 경향을 나타내면, 이 두 랜덤변수에 관한 공분산은 양수(positive)이며, 어떤 랜덤변수가 평균값보다 클 때, 다른 랜덤변수는 평균값보다 작은 경향을 나타내면, 이 두 랜덤변수에 관한 공분산은 음수(negative)이다. 참고로 2개의 랜덤변수가 동일한 경우, 공분산은 분산이 된다.

공분산을 이용하여, '상관계수(correlation coefficient)' ρ_{uv}를 다음과 같이 정의하며, 이를 이용하여 2개의 랜덤변수 $u(t_1)$과 $v(t_1)$ 사이의 선형적 상관 관계의 정도와 방향성을 나타낼 수 있다.

$$\rho_{uv} = \frac{\mathrm{Cov}[u,v]}{\sigma_u\sigma_v}$$

여기서 상관계수가 0이면, 2개의 랜덤변수 사이에는 선형적 상관 관계가 없다는 것을 나타낼 뿐(즉, 비상관 되었을 뿐), 2개의 랜덤변수가 통계적 독립이라는 것을 의미하지는 않는다. 참고로 2가지 랜덤변수 $u(t_1)$과 $v(t_1)$의 PDF와 joint PDF가 다음 조건을 만족할 경우, 통계적 독립이라고 하며, '통계적 독립(statistically independent)'일 경우, 상관계수는 0이지만, 상관계수가 0이라고 해서 반드시 통계적 독립인 것은 아니다.

$$f(u, v) = f(u)f(v)$$

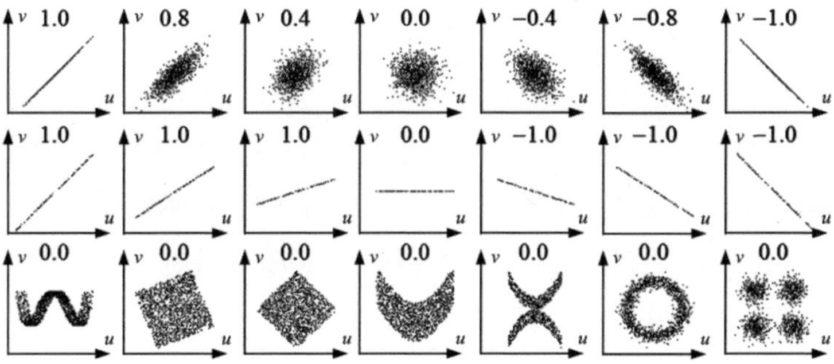

그림 4.2.4a 선형적 상관관계와 상관계수의 관계

'자기상관함수(autocorrelation function)' $R_{uu}(\tau)$는 어떤 하나의 샘플함수에 대해, 어떤 시간 t_1에서의 신호와 τ만큼 떨어진 다른 시간 t_2에서의 신호와의 상관성을 나타내는 함수로 다음과 같이 정의한다. 여기서 자기(auto-)라는 접두사의 의미는 동일한(same) 샘플함수를 뜻하며, $R_{uu}(\tau)$는 '2차 평균(2nd order average)'에 해당한다.

$$R_{uu}(\tau) = E[u(t_1)u(t_1 + \tau)] = E[u(t_2 - \tau)u(t_2)] = R_{uu}(-\tau)$$

또한, 서로 다른 샘플함수에 대해 상관성을 나타내는 함수를 '상호상관함수(cross-correlation function)' $R_{uv}(\tau)$라 한다.

$$R_{uv}(\tau) = E[u(t_1)v(t_1+\tau)] = E[u(t_2-\tau)v(t_2)] = R_{vu}(-\tau)$$

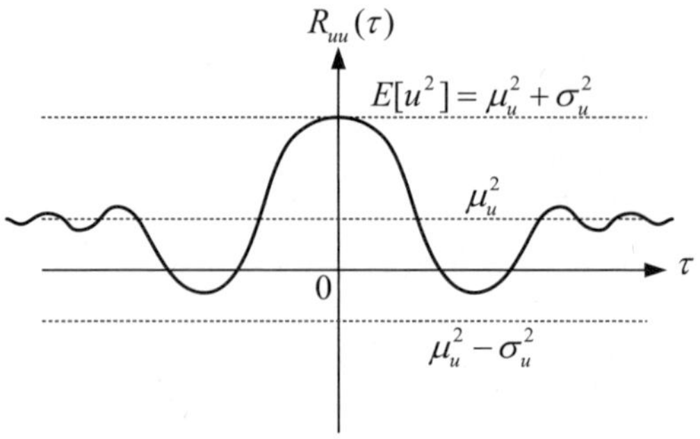

그림 4.2.4b 자기상관함수의 특성*

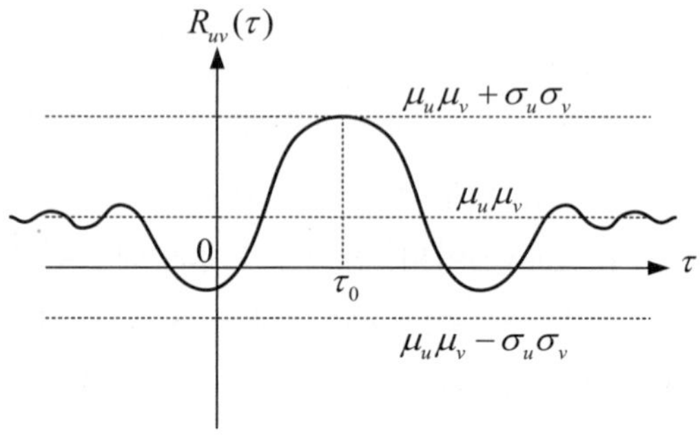

그림 4.2.4c 상호상관함수의 특성

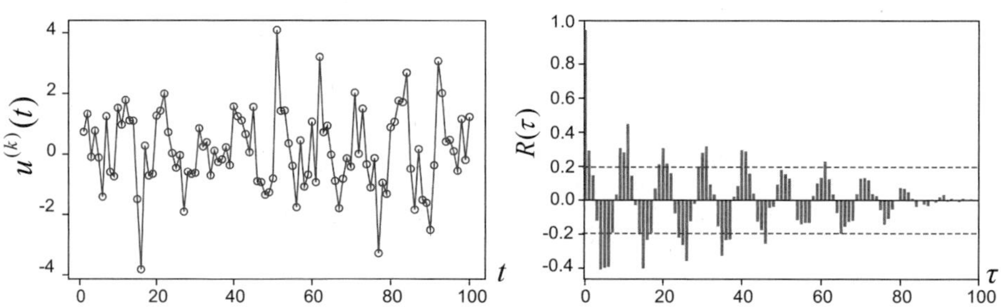

그림 4.2.4d 자기상관함수의 예

4.2.5 정상 및 에르고딕 프로세스

랜덤 프로세스의 앙상블 시간축을 t_1에서 $t_2 = t_1 + \tau$로 이동하여도 통계적 특성이 변하지 않는 랜덤 프로세스를 '정상 프로세스(stationary process)'라 하고, 그 반대의 경우를 '비정상 프로세스(non-stationary process)'라 한다. 랜덤 프로세스의 통계적 특성은 PDF로 대표될 수 있으며, 앙상블 시간축의 변화(τ)에도 1차 PDF가 동일하다면 '1차 정상 프로세스(1st-order stationary process)'라고 하여 다음과 같이 나타낸다.

$$f\big(u(t_1)\big) = f\big(u(t_1+\tau)\big)$$

이 프로세스의 경우, 앙상블 시간축의 변화(τ)에 무관하게 평균이 일정하다.

$$\mu_u = \text{constant}$$

만약 앙상블 시간축의 변화(τ)에도 2차 PDF가 동일하다면 '2차 정상 프로세스(2nd-order

---

* $R_{uu}(\tau)$는 $\tau = 0$축을 근간으로 좌우 대칭이며, $\tau \to \infty$에 따라 $R_{uu}(\tau) \to \mu_u^2$한다. $u(t_1)$과 $u(t_1+\tau)$의 위상각이 서로일치할 때(즉, in-phase일 때), $R_{uu}(\tau)$는 최댓값을 갖고, $u(t_1)$과 $u(t_1+\tau)$의 위상각이 서로 반대일 때(즉, anti-phase일 때) 최솟값을 갖는다. 따라서 $R_{uu}(\tau)$의 진동수 특성은 $u(t)$의 진동수 특성을 간접적으로 나타낸다고 볼 수 있다.

stationary process)'라고 하여 다음과 같이 나타낸다.

$$f\big(u(t_1), u(t_2)\big) = f\big(u(t_1+\tau), u(t_2+\tau)\big)$$

이 경우 시간 차이(τ) 만의 함수이므로 자기상관함수로 특성을 나타낼 수 있다.

$$R_{uu}(t_1, t_1+\tau) = R_{uu}(\tau)$$

만약 어떤 랜덤 프로세스의 모든 결합 PDF가 앙상블 시간축의 변화에도 동일하다면, 이를 '엄밀 정상 프로세스(strict-sense stationary process; SSS process)'라 하지만, 엄밀 정상 프로세스는 실제 적용하기가 너무 어려우므로, 일반적으로 다음 2가지를 만족하는 정상 프로세스인 '광의 정상 프로세스(wide/weak sense stationary process; WSS process)'를 많이 사용한다.

$$\mu_u = \text{constant}$$

$$R_{uu}(t_1, t_1+\tau) = R_{uu}(\tau)$$

참고로 2차 정상 프로세스는 항상 광의 정상 프로세스이지만, 광의 정상 프로세스는 항상 2차 정상 프로세스인 것은 아니다.

모든 샘플에 대한 시간평균(temporal average)과 모든 앙상블 시간축에 대한 앙상블평균(ensemble average)이 같은 정상 프로세스를 '에르고딕 프로세스(ergodic process)'라 한다. 실제로 많은 정상 프로세스들은 다음과 같은 이유로 에르고딕 프로세스 가정을 많이 사용된다.

(1) 평균(1차 평균)이나 자기상관함수(2차 평균)까지는 에르고딕 하다.
(2) 앙상블평균을 계산하기에 충분한 샘플함수들을 실제로는 가질 수 없다.
(3) 어떤 랜덤 프로세스가 에르고딕 하다고 가정하면, 앙상블평균을 구하기 위하여 단순히 하나의 샘플함수만 있으면 된다.
(4) 선형 시스템과 연계하여 정상 프로세스를 다룰 때 평균 또는 자기상관함수만 알면 되므로 대부분의 경우에 하나의 샘플함수만 있으면 된다.

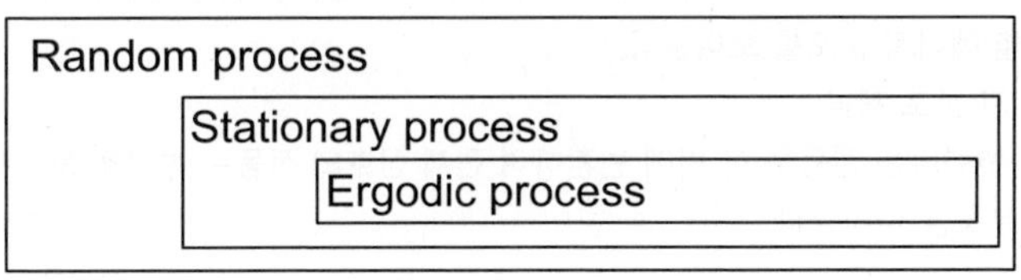

그림 4.2.5 정상 프로세스의 범위

4.2.6 스펙트럼밀도함수(PSD 함수)

진동수영역해석의 개념은 주기함수는 조화성분들로 분해될 수 있으며, 이 분해된 조화성분들을 다시 합쳐서 주기함수를 만들 수 있다는 것이다.

$$U(\omega) = \mathcal{F}\{u(t)\} = \int_{-\infty}^{\infty} u(t) e^{-i\omega t} dt$$

$$u(t) = \mathcal{F}^{-1}\{U(\omega)\} = \frac{1}{2\pi}\int_{-\infty}^{\infty} U(\omega) e^{i\omega t} d\omega$$

진동수영역해석에서 사용한 푸리에 분해(Fourier decomposition)는 랜덤진동의 선형해석을 위해서도 아주 유용하게 사용될 수 있다*. 일반적으로 랜덤진동 $u(t)$는 주기함수도 아니며(즉, 푸리에 변환을 적용할 수 없으며), 정상 프로세스이다(즉, 무한시간 동안 발생하여 $\int_{-\infty}^{\infty}|u(t)|dt < \infty$이 성립하지도 않는다). 따라서 랜덤진동 $u(t)$를 직접적으로 분석하기 보다는, $u(t)$의 진동수 특성을 간접적으로 나타내는 자기상관함수 $R_{uu}(\tau)$를 푸리에 변환하여 간접적으로 $u(t)$의 진동수 특성을 분석한다. 자기상관함수(autocorrelation function) $R_{uu}(\tau)$에 대해 다음과 같이 푸리에 변환 형식을 취한 것을 '스펙트럼밀도함수(spectral density function)' $S_{uu}(\omega)$ 또는 '파워 스펙트럼밀도함수(power spectral density function; PSD function)' $S_{uu}(\omega)$라 한다. 여기서 일반 푸리에 변환관 비교하여, 계수 2π가 서로 다른 것을 알 수 있으며, $R_{uu}(\tau)$와 $S_{uu}(\omega)$의 관계를 일반 푸리에 변환과 구분하여, '위너-킨친 관계(Wiener-Khintchine relation)'라 한다†.

$$S_{uu}(\omega) = \frac{1}{2\pi}\mathcal{F}\{R_{uu}(\tau)\} = \frac{1}{2\pi}\int_{-\infty}^{\infty} R_{uu}(\tau)e^{-i\omega\tau}d\tau$$

$$R_{uu}(\tau) = 2\pi\,\mathcal{F}^{-1}\{S_{uu}(\omega)\} = \int_{-\infty}^{\infty} S_{uu}(\omega)e^{i\omega\tau}d\omega$$

여기서 $\int_{-\infty}^{\infty}|R_{uu}(\tau)|d\tau < \infty$을 만족하기 위해, $R_{uu}(\tau \to \infty) = 0$이어야 한다. 따라서 $R_{uu}(\tau \to \infty) = \mu_u^2$이므로, $R_{uu}(\tau)$를 $S_{uu}(\omega)$로 변환하기 전에, $\mu_u = 0$이 되도록 $u(t)$를 전처리 하여야 한다.

$S_{uu}(\omega)$의 대표적 특성 가운데 하나는 다음과 같이 $\tau = 0$일 경우이다.

$$R_{uu}(\tau = 0) = \int_{-\infty}^{\infty} S_{uu}(\omega)d\omega = E[u^2]$$

---

* 랜덤진동에서 푸리에 변환보다 PSD 함수를 사용하는 이유?

1) 랜덤진동 분석에 적합
   일반적으로 구조물의 동적 응답은 랜덤진동으로 나타난다. 이때 푸리에 변환은 진동의 전반적인 진동수성분을 보여주지만, PSD 함수는 진동의 진동수별 에너지 분포를 보여준다.
2) 신뢰성 높은 평균화된 에너지 분포 제공
   푸리에 변환은 시간에 따라 변화하는 진동을 한 번에 변환하여 전체 신호의 진동수 성분을 보여주지만, PSD 함수는 진동의 진동수별 평균화된 에너지 분포를 나타낸다.
3) 노이즈에 강함
   푸리에 변환은 특정 시간구간에서의 진동을 분석하는 반면, PSD 함수는 넓은 시간구간에서 진동 특성을 분석하므로 노이즈에 강하다.
4) 진동수 영역에서의 정량적 해석
   PSD 함수는 진동수 영역에서 진동의 세기를 정량적으로 나타내며, 구조물의 동적 특성인 고유진동수나 모드형상을 파악하는데 효과적이다.

† PSD 함수를 구하기 위해 "위너-킨친 관계"를 사용하는 이유?

1) 변수의 자승을 평균한 값이 0이 아니면, 변수의 푸리에 변환을 구할 수 없으므로 무한 시간대역에서 변수 자승의 적분으로 정의한 PSD를 특정한 값으로 구할 수 없다.
2) 이 경우에 대안으로 랜덤 변수를 정상 프로세스라고 가정할 수 있다면 자기상관함수를 구할 수 있으며, "위너-킨친 관계"를 사용하여 자기상관함수를 푸리에 변환하여 PSD를 구할 수 있다.

참고로 평균이 0인 경우(즉, $\mu_u = 0$), $\sigma_u^2 = E[(u-\mu_u)^2] = E[u^2]$이다.

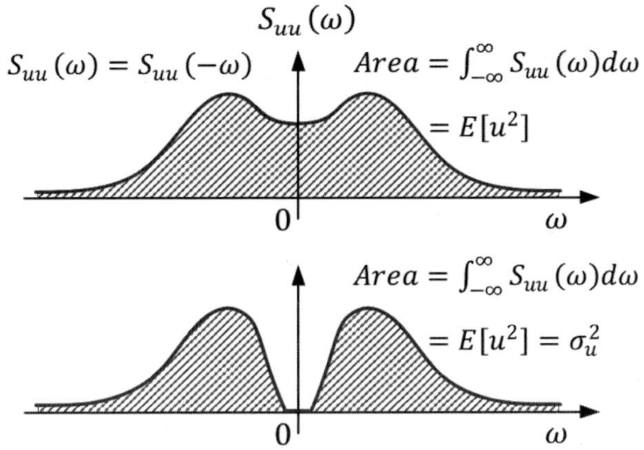

그림 4.2.6a 스펙트럼밀도함수의 특성

$S_{uu}(\omega)$를 $R_{uu}(\tau)$의 푸리에 변환(또는 위너-킨친 관계)으로 정의한다면, $u(t)$에서 $R_{uu}(\tau)$를 구한 후 $S_{uu}(\omega)$를 다시 구해야 한다. 따라서 $u(t)$의 푸리에 변환인 $U(\omega)$를 사용하여 $S_{uu}(\omega)$를 직접 구하는 절차가 필요하며, 이것에 관해 다음에 설명하였다.

$U(\omega)$는 $u(t)$의 푸리에 변환으로 다음과 같다.

$$U(\omega) = \mathcal{F}\{u(t)\} = \int_{-\infty}^{\infty} u(t)e^{-i\omega t}dt$$

정상 프로세스로 가정한 $u(t)$는 무한 시간대에서 연속이고 $\int_{-\infty}^{\infty}|u(t)|dt < \infty$이지도 않으므로, 이 식을 사용하여 $u(t)$의 푸리에 변환 $U(\omega)$를 구할 수는 없다. 따라서 무한 시간구간을 유한 시간구간 $(0,T)$로 분할하고, 시간구간 $(0,T)$에서 $u(t)$를 $u(t;T)$라 정의한 후, $u(t;T)$의 푸리에 변환인 $U(\omega;T)$를 먼저 구한다.

$$U(\omega;T) = \mathcal{F}\{u(t;T)\} = \int_0^T u(t;T)e^{-i\omega t}dt$$

나중에 이 값을 $T \to \infty$로 연장하여 $U(\omega)$를 간접적으로 구할 수 있다.

$U(\omega;T)$의 기댓값(앙상블평균)과 분산은 각각

$$E[U(\omega;T)] = 0, \quad \sigma_{u,T}^2 = E[|U(\omega;T)|^2]$$

이므로, $S_{uu}(\omega)$는 다음과 같이 구할 수 있다.

$$S_{uu}(\omega) = \frac{1}{2\pi}\int_{-\infty}^{\infty} R_{uu}(\tau)e^{-i\omega\tau}d\tau$$

$$= \lim_{T\to\infty}\frac{\sigma_{u,T}^2}{2\pi T} = \lim_{T\to\infty}\frac{E\left[|U(\omega;T)|^2\right]}{2\pi T}$$

이 식을 시간구간 $(0,T)$를 갖는 n개의 $u(t;T)$에 대해 적용하면, S_{uu}를 다음과 같이 구할 수 있다(Welch, 1967).

$$S_{uu}(\omega;T,n) = \frac{1}{2\pi T}\frac{1}{n}\sum_{k=1}^{n}|U_k(\omega;T)|^2$$

여기서 n과 T의 크기는 이 식이 성립할 수 있도록 어느 일정한 크기 이상이어야 한다. 수학적으로 유도한 스펙트럼밀도함수를 실제 적용하기 위해서는 크게 2가지를 고려하여야 한다.

(1) 진동수의 단위를 $\omega\left(\frac{\text{rad}}{\text{sec}}\right)$에서 $f(\text{Hz})$로 변환하여야 한다.

(2) 0보다 작은 진동수를 제거하여야 한다.

이를 반영하기 위해 스펙트럼밀도함수를 각각 '양면 스펙트럼밀도함수(two-sided or double-sided spectral density function)' $S(\omega)$와 '일면 스펙트럼밀도함수(one-sided or single-sided spectral density function)' $G(\omega)$로 구분하여 나타내기도 한다. 참고로 스펙트럼밀도함수의 형태는 다를지라도, 면적은 모두 $E[u^2]$로 동일하다.

$$S_{uu}(f) = 2\pi S_{uu}(\omega)$$

$$G_{uu}(\omega) = \begin{cases} 2\pi S_{uu}(\omega) & \omega \geq 0 \\ 0 & \omega < 0 \end{cases}$$

$$G_{uu}(f) \;\; \text{or} \;\; W_{uu}(f) = \begin{cases} 4\pi S_{uu}(\omega) & \omega, f \geq 0 \\ 0 & \omega, f < 0 \end{cases}$$

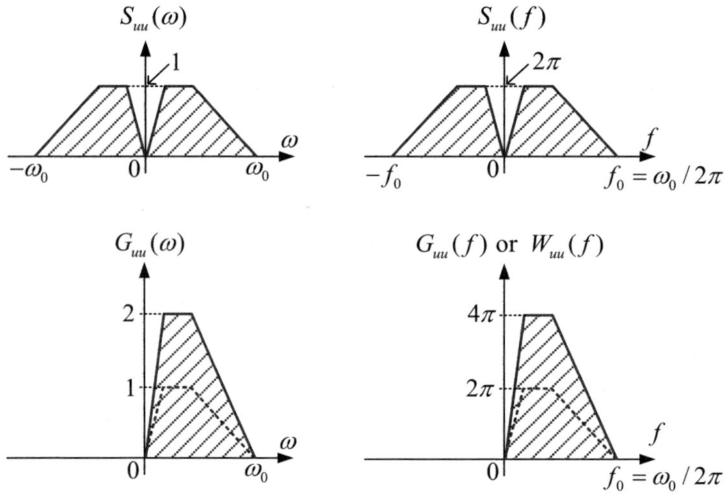

그림 4.2.6b 스펙트럼밀도함수의 4가지 형태

4.2.7 정규 랜덤 프로세스

랜덤변수 $u(t_1), u(t_2), \cdots, u(t_n)$의 앙상블 확률 분포가 정규 분포인 랜덤 프로세스를 '정규 랜덤 프로세스(normal random process)' 또는 '가우스 랜덤 프로세스(Gaussian random process)'라 한다. 참고로 선형시스템에 대해 입력 하중이 정규 프로세스이면, 응답도 정규 프로세스인 것은 정규 랜덤 프로세스의 가장 중요한 특성 중에 하나이다.

정규 랜덤 프로세스의 1차 확률 분포를 다음과 같은 정규 분포로 정의한다.

$$f(u) = \frac{1}{\sqrt{2\pi}\,\sigma_u} \exp\left[-\frac{1}{2}\left(\frac{u-\mu_u}{\sigma_u}\right)^2\right]$$

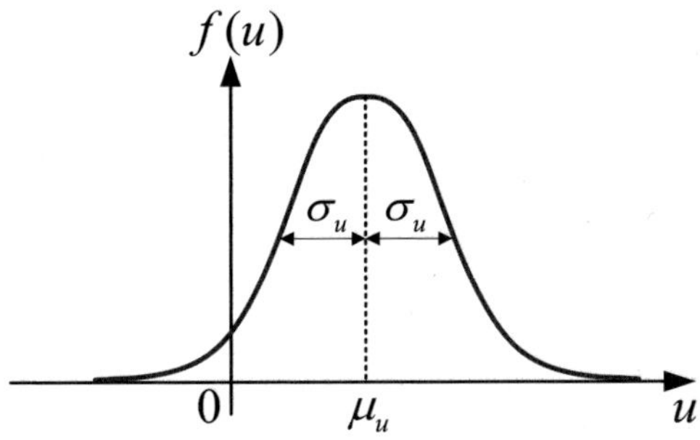

그림 4.2.7 정규분포(가우스분포)의 PDF

정규 랜덤 프로세스의 2차 확률분포를 다음과 같은 정규분포로 정의한다.

$$f(u_1, u_2) = \frac{1}{2\pi\,\sigma_{u_1}\sigma_{u_2}\sqrt{1-\rho^2_{u_1u_2}}}$$

$$\exp\left[-2\left(1-\rho^2_{u_1u_2}\right)\left\{\left(\frac{u_1-\mu_{u_1}}{\sigma_{u_1}}\right)^2 - \frac{2\rho_{u_1u_2}(u_1-\mu_{u_1})(u_2-\mu_{u_2})}{\sigma_{u_1}\sigma_{u_2}} + \left(\frac{u_2-\mu_{u_2}}{\sigma_{u_2}}\right)^2\right\}\right]$$

여기서 $u_1 = u(t_1)$이고, $u_2 = u(t_2)$이며, $\rho_{u_1u_2}$는 상관계수이다.

4.2.8 광대역 및 협대역 랜덤 프로세스

광대역(wide-band)과 협대역(narrow-band)은 정성적이며 상대적인 개념이다. '광대역 랜덤 프로세스(wide-band random process)'란 스펙트럼밀도함수의 진동수 성분이 넓은 진동수 대역에 걸쳐 있는 것을 말하며, 일반적으로 중심 진동수 크기의 대역폭 이상을 갖는 경우를 말한다. 일정한 크기의 스펙트럼 밀도(S_o)를 갖고 모든 진동수 대역을 포함하는 광대역 프로세스를 'white noise(백색잡음)'이라 하고, 'ideal white noise(이상 백색 잡음)'와 'band-limited white noise(일정대역 백색 잡음)'으로 구분할 수 있다. 여기서 백색이란 모든 진동수 성분을 포함하고 있는 빛을 의미한다.

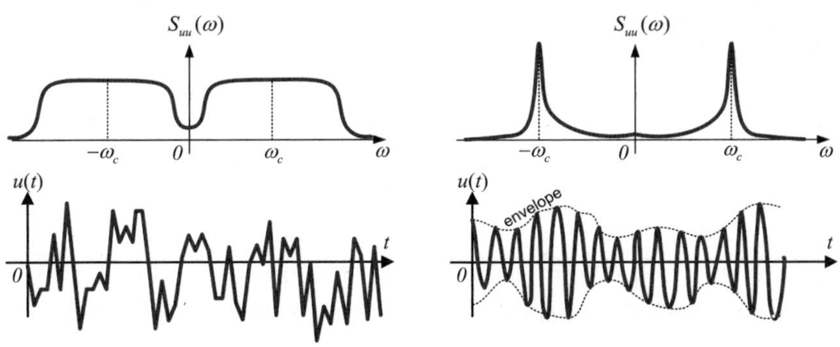

(a) Wide-band stationary random process (b) Narrow-band stationary random process

그림 4.2.8a 광대역 및 협대역 정상 프로세스

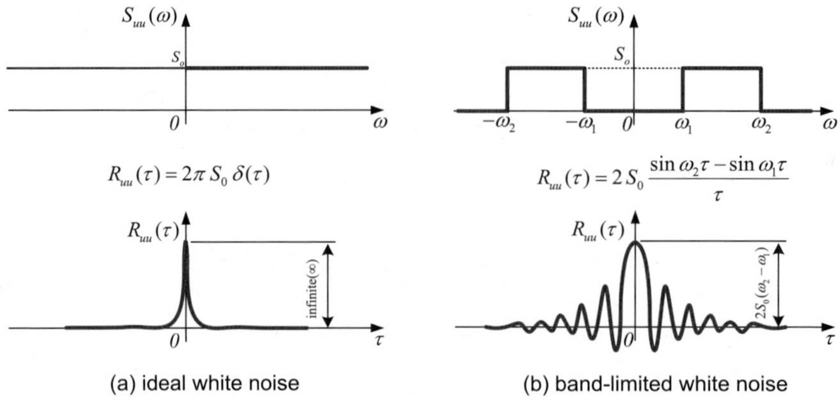

그림 4.2.8b White noise의 $S_{uu}(\omega)$와 $R_{uu}(\tau)$

[예제] 4.2.4 PDF를 사용한 평균과 표준편차 산정

랜덤변수 $u(t)$의 확률밀도함수 $f(u)$가 다음과 같다.
$f(u)$를 사용하여 $u(t)$의 (1) 평균(μ_u)과 (2) 표준편차(σ_u)를 구하라.

$$f(u) = \frac{1}{\sqrt{2\pi}}\exp\left(-\frac{1}{2}u^2\right)$$

[풀이]

(1) μ_u

$f(u)$는 좌우 대칭인 우함수(even function)이며,
$uf(u)$는 좌우 역대칭인 기함수(odd function)이다.
따라서

$$\mu_u = E[u(t)] = \int_{-\infty}^{\infty} uf(u)du = 0$$

(2) σ_u

$$E[u^2(t)] = \int_{-\infty}^{\infty} u^2 f(u)du = \int_{-\infty}^{\infty} u^2\left\{\frac{1}{\sqrt{2\pi}}exp\left(-\frac{1}{2}u^2\right)\right\}du = 1$$

$$\therefore \sigma_u = \sqrt{E[u^2] - \mu_u^2} = \sqrt{E[u^2(t)]} = 1 \quad \leftarrow \because \mu_u = 0$$

여기서 다음과 같은 확률밀도함수의 기본 성질과 부분적분법을 사용하였다.

$$\begin{aligned} 1 &= \int_{-\infty}^{\infty} f(u)du \\ &= \int_{-\infty}^{\infty} \frac{1}{\sqrt{2\pi}}\exp\left(-\frac{1}{2}u^2\right)du \\ &= \left[\frac{1}{\sqrt{2\pi}}u\exp\left(-\frac{1}{2}u^2\right)\right]_{-\infty}^{\infty} + \int_{-\infty}^{\infty}\frac{u^2}{\sqrt{2\pi}}\exp\left(-\frac{1}{2}u^2\right)du \\ &= \int_{-\infty}^{\infty}\frac{u^2}{\sqrt{2\pi}}\exp\left(-\frac{1}{2}u^2\right)du \quad \leftarrow \because \left[\frac{1}{\sqrt{2\pi}}u\exp\left(-\frac{1}{2}u^2\right)\right]_{-\infty}^{\infty} = 0 \end{aligned}$$

[예제] 4.2.6 $S_{HH}(\omega)$에서 $H(t)$의 평균과 RMS값 산정

해상의 어떤 지점에서 파고 $H(t)$의 스펙트럼밀도함수 $S_{HH}(\omega)$가 다음과 같다.
$S_{HH}(\omega)$를 사용하여 $H(t)$에 관한 (1) 평균 $E[H(t)]$와 (2) RMS값을 구하라.

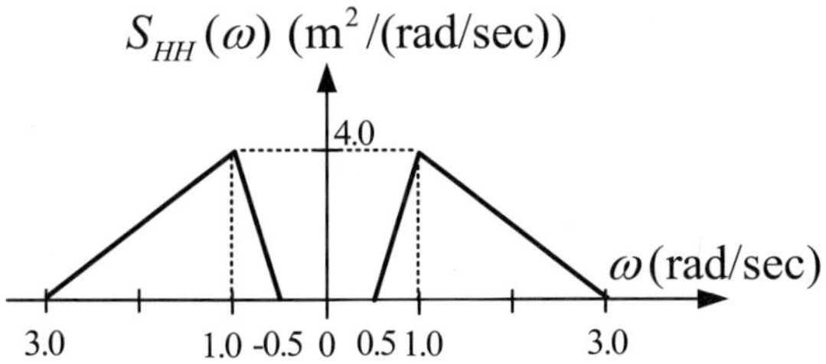

[풀이]

(1) $E[H(t)]$

평균을 나타내는 진동수 성분인 0 rad/sec에서 피크값 또는 특잇값 등의 특정한 값을 갖지 않으므로,

평균값은 0이다.

즉, $\mu_H = E[H(t)] = 0$.

(2) RMS값

$$E[H^2(t)] = \int_{-\infty}^{\infty} S_{uu}(\omega)d\omega = \frac{2.5\times4}{2} + \frac{2.5\times4}{2} = 10 \text{ m}^2$$

$$\begin{aligned}\text{RMS}[H(t)] &= \sigma_H \\ &= \sqrt{E[H^2] - \mu_H^2} \\ &= \sqrt{E[H^2]} \quad \leftarrow \because \mu_H = 0 \\ &= \sqrt{10} = 3.162 \text{ m}\end{aligned}$$

[예제] 4.2.6 랜덤변수의 $S_{uu}(\omega)$ 산정

코사인 함수로 나타낼 수 있는 랜덤변수 $u(t)$를 계측하였다. 코사인 함수에서 진폭 A와 진동수 ω_o는 상수이며, 위상각 ϕ의 PDF $f(\phi)$는 다음과 같은 '균등분포(uniform distribution)'를 갖는다. 다음을 구하라.

$$u(t) = A\cos(\omega_o t + \phi)$$

(1) 누적분포함수(CDF) $F(u)$

(2) 확률밀도함수(PDF) $f(u)$

(3) 평균 $E[u(t)]$

(4) 자기상관함수 $R_{uu}(\tau)$

(5) 스펙트럼밀도함수 $S_{uu}(\omega)$

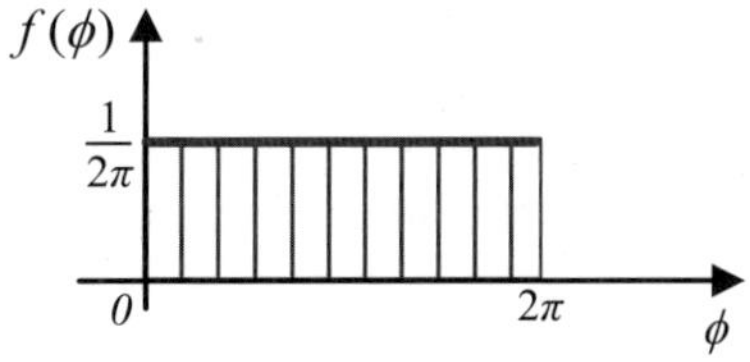

[풀이]

(1) 누적분포함수(CDF) $F(u)$

$$\begin{aligned}F(\bar{u}) &= P[u(t) \le \bar{u}] \\ &= P[A\cos(\omega_o t + \phi) \le \bar{u}] \\ &= P\left[\cos^{-1}\frac{\bar{u}}{A} \le \omega_o t + \phi \le 2\pi - \cos^{-1}\frac{\bar{u}}{A}\right] \\ &= \frac{1}{2\pi}\left\{\left(2\pi - \cos^{-1}\frac{\bar{u}}{A}\right) - \cos^{-1}\frac{\bar{u}}{A}\right\} \\ &= 1 - \frac{1}{\pi}\cos^{-1}\frac{\bar{u}}{A}\end{aligned}$$

즉, $F(u) = 1 - \frac{1}{\pi}\cos^{-1}\frac{u}{A}$이며,

시간 t의 함수가 아님을 알 수 있다.

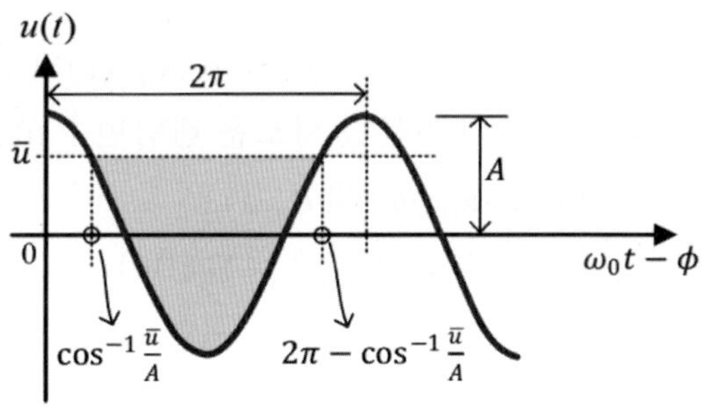

(2) 확률밀도함수(PDF) $f(u)$

$$\begin{aligned}f(u) &= \frac{d}{du}F(u) \\ &= \frac{d}{du}\left(1 - \frac{1}{\pi}\cos^{-1}\frac{u}{A}\right) \\ &= \frac{1}{\pi}\frac{1}{\sqrt{A^2-u^2}}\end{aligned}$$

(3) 평균 $E[u(t)]$

$$E[u(t)] = \int_{-\infty}^{\infty} uf(u)du$$

$$= \int_{-A}^{A} u \frac{1}{\pi} \frac{1}{\sqrt{A^2-u^2}} du$$
$$= \int_{-A}^{A} (\text{odd function})(\text{even function}) du$$
$$= \int_{-A}^{A} (\text{odd function}) du = 0$$

또는 $f(u)$ 대신에 $f(\phi)$를 사용하면,

$$E[u(t)] = \int_{-\infty}^{\infty} u f(\phi) d\phi$$
$$= \int_{0}^{2\pi} \{A\cos(\omega_o t + \phi)\} \left\{\frac{1}{2\pi}\right\} d\phi = 0$$

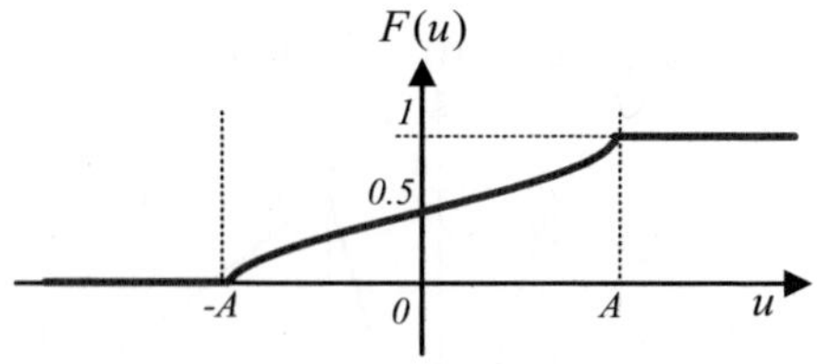

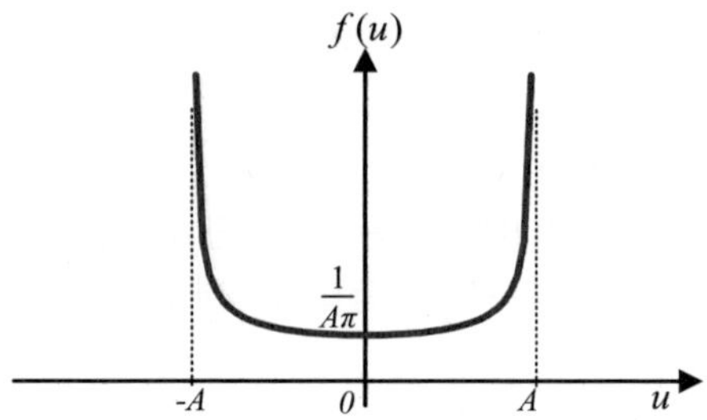

(4) 자기상관함수 $R_{uu}(\tau)$

$$R_{uu}(\tau) = E[u(t)u(t+\tau)]$$
$$= \int_{-\infty}^{\infty} u(t)u(t+\tau) f(\phi) d\phi$$
$$= \int_{0}^{2\pi} [A\cos(\omega_o t + \phi)][A\cos\{\omega_o(t+\tau)+\phi\}] \left\{\frac{1}{2\pi}\right\} d\phi$$
$$= \frac{A^2}{2\pi} \int_{0}^{2\pi} \frac{\cos(2\omega_o t + \omega_o\tau + 2\phi) + \cos(\omega_o \tau)}{2} d\phi$$
$$= \frac{A^2}{2} \cos(\omega_o \tau)$$

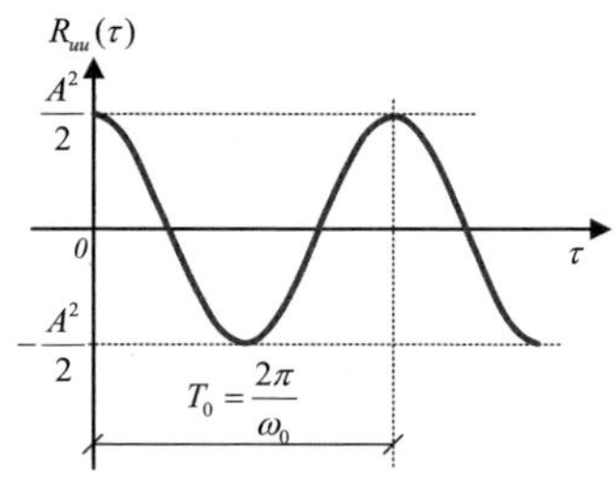

(5) 스펙트럼밀도함수 $S_{uu}(\omega)$

$$S_{uu}(\tau) = \frac{1}{2\pi} \int_{-\infty}^{\infty} R_{uu}(\tau) e^{-i\omega\tau} d\tau$$
$$= \frac{1}{2\pi} \int_{-\infty}^{\infty} \frac{A^2}{2} \cos(\omega_o \tau) e^{-i\omega\tau} d\tau$$
$$= \frac{A^2}{4\pi} \int_{-\infty}^{\infty} \frac{e^{i\omega_o\tau} + e^{-i\omega_o\tau}}{2} e^{-i\omega\tau} d\tau$$
$$= \frac{A^2}{8\pi} \int_{-\infty}^{\infty} \{e^{-i(\omega-\omega_o)\tau} + e^{-i(\omega+\omega_o)\tau}\} d\tau$$
$$= \frac{A^2}{4} \{\delta(\omega-\omega_o) + \delta(\omega+\omega_o)\}$$

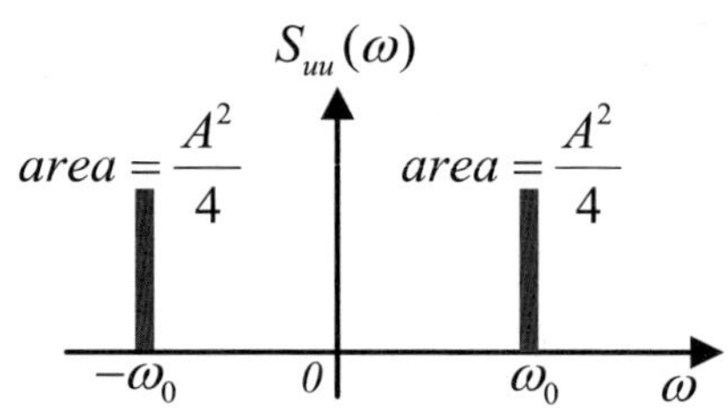

[예제] 4.2.6 도함수의 $R_{uu}(\tau)$ 및 $S_{uu}(\omega)$ 산정

랜덤변수 $u(t)$에 대한 자기상관함수 $R_{uu}(\tau)$와 스펙트럼밀도함수 $S_{uu}(\omega)$를 알고 있을 때, 이 변수를 시간에 대해 미분한 새로운 랜덤변수 $\dot{u}(t)$와 $\ddot{u}(t)$에 대한 다음을 구하라.

(1) 자기상관함수, $R_{\dot{u}\dot{u}}(\tau)$ 및 $R_{\ddot{u}\ddot{u}}(\tau)$

(2) 스펙트럼밀도함수, $S_{\dot{u}\dot{u}}(\omega)$ 및 $S_{\ddot{u}\ddot{u}}(\omega)$

[풀이]

(1) 자기상관함수 $R_{\dot{u}\dot{u}}(\tau)$ 및 $R_{\ddot{u}\ddot{u}}(\tau)$

1) $u(t)$에 대한 자기상관함수 $R_{uu}(\tau)$

$$R_{uu}(\tau) = E[u(t)u(t+\tau)]$$

2) $\dot{u}(t)$에 대한 자기상관함수 $R_{\dot{u}\dot{u}}(\tau)$

$R_{uu}(\tau)$를 τ에 관해 미분하면,

$$R'_{uu}(\tau) = \frac{dR_{uu}(\tau)}{d\tau} = E[u(t)\dot{u}(t+\tau)]$$

이고, 정상상태이므로 이 식은 다음과 같이 나타낼 수도 있다.

$$R'_{uu}(\tau) = E[u(t-\tau)\dot{u}(t)]$$

이 식을 τ에 관해 한번 더 미분하면,

$\dot{u}(t)$의 자기상관함수와의 관계를 구할 수 있다.

$R''_{uu}(\tau) = \frac{dR'_{uu}(\tau)}{d\tau} = -E[\dot{u}(t-\tau)\dot{u}(t)] = -E[\dot{u}(t)\dot{u}(t+\tau)] = -R_{\dot{u}\dot{u}}(\tau)$

즉, $R_{\dot{u}\dot{u}}(\tau) = -R''_{uu}(\tau)$

3) $\ddot{u}(t)$에 대한 자기상관함수 $R_{\ddot{u}\ddot{u}}(\tau)$

동일한 방법으로 $\dot{u}(t)$의 자기상관함수를 τ에 관해 두 번 더 미분하면,

다음과 같은 $\ddot{u}(t)$의 자기상관함수와의 관계를 구할 수 있다.

$R_{\ddot{u}\ddot{u}}(\tau) = -R''_{\dot{u}\dot{u}}(\tau) = R^{(iv)}_{uu}(\tau)$

(2) 스펙트럼밀도함수 $S_{\dot{u}\dot{u}}(\omega)$ 및 $S_{\ddot{u}\ddot{u}}(\omega)$

$R_{uu}(\tau)$와 $S_{uu}(\omega)$의 관계(즉, 위너-킨친 관계)는 다음과 같다.

$R_{uu}(\tau) = \int_{-\infty}^{\infty} S_{uu}(\omega)e^{i\omega\tau}d\omega$

$R_{\dot{u}\dot{u}}(\tau) = \int_{-\infty}^{\infty} S_{\dot{u}\dot{u}}(\omega)e^{i\omega\tau}d\omega$

$R_{\ddot{u}\ddot{u}}(\tau) = \int_{-\infty}^{\infty} S_{\ddot{u}\ddot{u}}(\omega)e^{i\omega\tau}d\omega$

첫 번째 $R_{uu}(\tau)$에 관한 식을 앞서 (1)에서 구한 $R_{\dot{u}\dot{u}}(\tau)$ 및 $R_{\ddot{u}\ddot{u}}(\tau)$에 대입을 하면

$R_{\dot{u}\dot{u}}(\tau) = \int_{-\infty}^{\infty} \omega^2 S_{uu}(\omega)e^{i\omega\tau}d\omega$

$R_{\ddot{u}\ddot{u}}(\tau) = \int_{-\infty}^{\infty} \omega^4 S_{uu}(\omega)e^{i\omega\tau}d\omega$

이고, 이 식들을 위너-킨친 관계로 구한 $R_{\dot{u}\dot{u}}(\tau)$ 및 $R_{\ddot{u}\ddot{u}}(\tau)$과 비교하면 다음과 같다.

$S_{\dot{u}\dot{u}}(\omega) = \omega^2 S_{uu}(\omega)$

$S_{\ddot{u}\ddot{u}}(\omega) = \omega^4 S_{uu}(\omega)$

PYTHON: 4.2.6 Welch 방법을 사용한 PSD 함수 생성 (psd_welch)

Welch 방법은 다음과 같다.

$$S_{uu}(\omega; T, n) = \frac{1}{2\pi T}\frac{1}{n}\sum_{k=1}^{n}|U_k(\omega; T)|^2$$

1. 신호 분할

   전체 신호를 n개의 신호로 분할한다. 각 신호간 중첩(overlap) 비율은 일반적으로 50%를 사용한다.

2. 윈도잉(windowing)

   분할된 신호에 대해 윈도잉을 적용한다. 윈도우 함수로는 Hamming, Hanning, Bartlett, Blackman 등이 있으며, 이 과정을 통해 스펙트럼의 누출(leakage)를 줄일 수 있다.

3. FFT 계산

   윈도잉을 한 신에 대해 FFT(fast Fourier transform)를 계산하여 스펙트럼을 구한다.

4. PSD 계산

   각 FFT한 값을 절댓값의 제곱하여 PSD 함수를 구하며, PSD 함수의 평균을 구하여 최종 PSD 함수를 구한다.

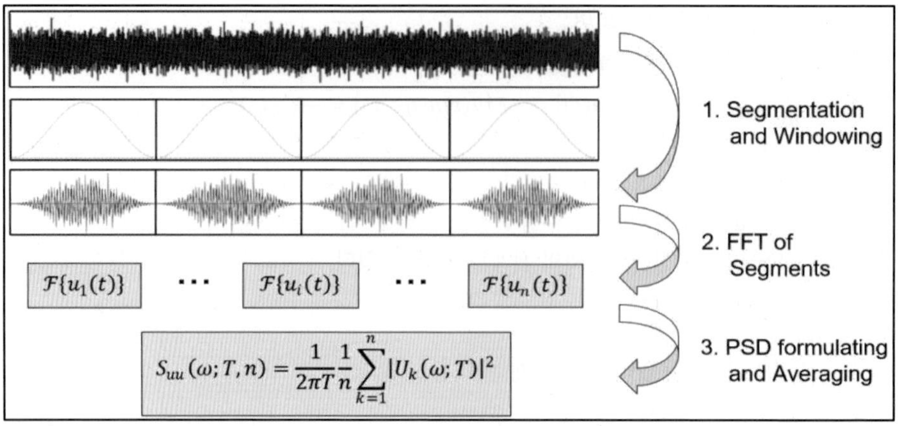

그림 E4.2.6 Welch 방법을 사용한 PSD 함수 생성

[풀이]

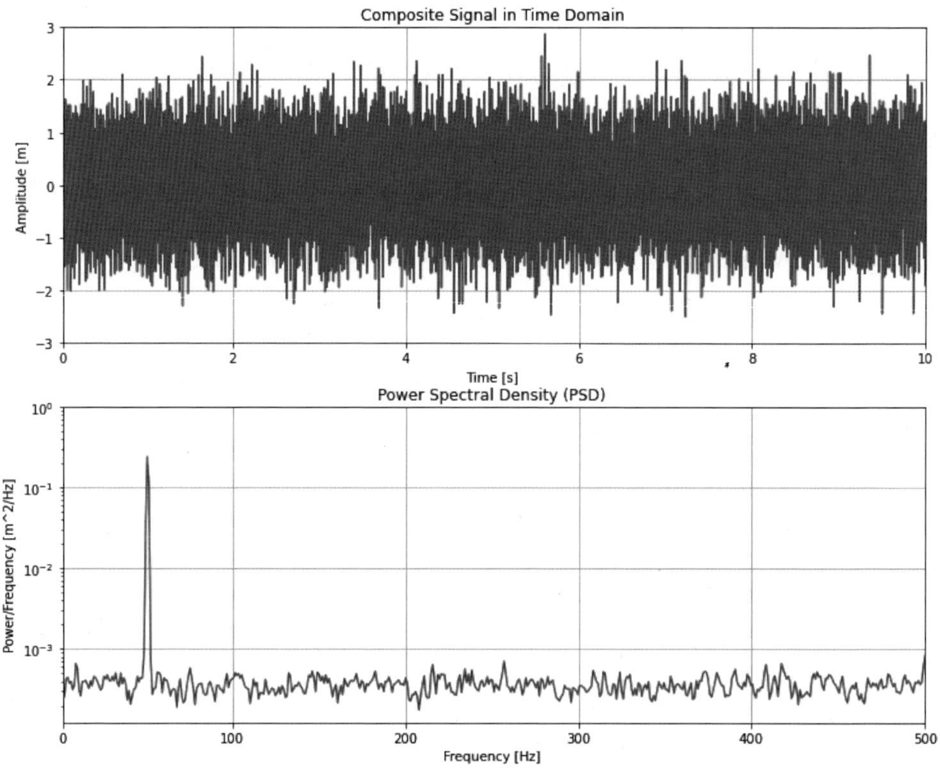

[Note]

1. Sampling rate와 overlap의 관계
   - 직접적으로 관련되어 있지는 않다.
   - 하지만 sampling rate는 전체 데이터의 양과 주파수 해상도에 영향을 미친다.
   - 따라서 간접적으로 overlap 선택에 영향을 줄 수 있다.
2. Overlap과 지진동 특성
   - 일반적으로 overlap이 클수록 더 많은 세그먼트를 분석에 사용하므로, 추정의 통계적 안정성이 향상된다.
   - 지진동의 경우, 높은 overlap은 더 많은 세그먼트를 사용할 수 있으므로 다음과 같은 이점을 제공한다.
     a) 일시적인(transient) 지진동 특성을 더 (부드럽게) 잘 포착

b) 스펙트럼 추정의 분산을 (부드럽게) 줄임
c) 주파수 해상도를 (부드럽게) 개선

3. 주의사항
- 큰 overlap은 계산 시간을 증가시키고, 인접 세그먼트 간의 상관관계로 인해 독립성 가정을 위반할 수 있다.
- 일반적으로 50% 또는 75% overlap이 많이 사용되지만, 최적의 값은 신호의 특성과 분석 목적에 따라 다르다.

4. 지진동 분석을 위한 제안
- 지진동 신호의 비정상성(non-stationarity)을 고려하여, 적절한 window 함수와 overlap을 선택하여 사용한다.
- 다양한 overlap 비율로 시험한 후, 결과의 안정성과 해석 가능성을 비교하여 ovelap 비율을 결정할 수 있다.

이야기: PSD 함수 $S_{uu}(\omega)$의 단위

스펙트럼밀도함수(PSD 함수) $S_{uu}(\omega)$는 u^2/ω의 단위를 갖는 반면, 상호 스펙트럼밀도함수 $S_{uv}(\omega)$는 uv/ω의 단위를 갖는다. 그러나 다음과 같이 형태가 바뀐 스펙트럼밀도함수의 경우에 대해, 스펙트럼밀도함수의 단위를 나타내기 어려울 수 있다.

(1) 진동수영역이 $-\infty < \omega < \infty$일 경우
(2) 진동수영역이 $0 < \omega < \infty$일 경우
(3) 진동수가 ω의 단위인 $\frac{\text{rad}}{\text{sec}}$가 아닌 f의 단위인 Hz 즉, $\frac{\text{cycle}}{\text{sec}}$일 경우

이러한 어려움을 해결하기 위해 다음 기본 식을 고려하자.

$$E[u^2] = \int_{-\infty}^{\infty} S_{uu}(\omega)\, d\omega$$

이 식을 실무에서는 일면 스펙트럼밀도함수와 진동수로 나타내기도 한다.

$$E[u^2] = \int_{0}^{\infty} G_{uu}(f)\, df$$

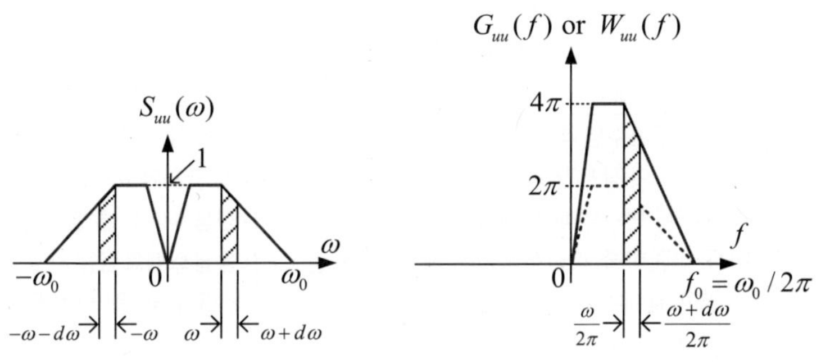

이 두 스펙트럼밀도함수의 경우, 형태는 다를지라도 진동수대역에서의 빗금 친 영역의 면적은 서로 동일하다. 따라서

$$2S_{uu}(\omega)d\omega = G_{uu}\left(f = \frac{\omega}{2\pi}\right)\frac{d\omega}{2\pi}$$

즉, $$G_{uu}\left(f = \frac{\omega}{2\pi}\right) = 4\pi S_{uu}(\omega)$$

또는 $$G_{uu}(f) = 4\pi S_{uu}(\omega = 2\pi f)$$

동일한 방법을 상호 스펙트럼밀도함수의 단위 산정에 대해서도 적용할 수 있다.

이야기: PSD 함수 $S_{uu}(\omega)$와 응답스펙트럼 $R_u(\omega)$의 비교

스펙트럼밀도함수(PSD 함수) $S_{uu}(\omega)$와 응답스펙트럼(RS) $R_u(\omega)$는 구조동역학과 내진공학에서 구조시스템에 작용하는 동적 하중을 나타내기 위한 방법들이다. 이 두가지 방법을 비교하면 다음과 같다.

표 A4.2 스펙트럼밀도함수(PSD 함수) vs 응답스펙트럼(RS)

구분	스펙트럼밀도함수(PSD 함수)	응답스펙트럼(RS)
정의 (물리적)	• 어떤 시간영역 변수의 자승(square; power; 파워)을 진동수 영역에서 나타낸 것으로, 진동수 성분 별 변수의 파워 분포를 나타낸다. 만약 변수가 변위 $u(t)$일 경우, 파워는 에너지와 동일한 개념으로 볼 수 있으므로, 변위에 관한 PSD 함수는 진동수 성분 별 변위의 에너지 분포라고 할 수 있다.	• 특정한 밑면 가진(예: 지반운동 또는 지반가속도)에 대한 고유진동수(또는 고유주기)와 감쇠비가 다른 단자유도계들의 최대응답을 나타낸다.
계산	• 변수의 자승을 평균한 값이 0이 아니면, 변수의 푸리에 변환을 구할 수 없으므로 무한 시간대역에서 변수 자승의 적분으로 정의한 PSD 함수를 특정한 값으로 구할 수 없다. 이 경우에 대안으로 랜덤 변수를 정상 프로세스라고 가정할 수 있다면 자기상관함수 $R_{uu}(\tau)$를 구할 수 있으며, 위너-킨친 관계(Wiener-Khintchine relation)를 사용하여 자기상관함수를 푸리에 변환하여 PSD 함수를 구할 수 있다. $S_{uu}(\omega) = \frac{1}{2\pi}\mathcal{F}\lbrace R_{uu}(\tau)\rbrace = \frac{1}{2\pi}\int_{-\infty}^{\infty} R_{uu}(\tau)e^{-i\omega\tau}d\tau = \lim_{T\to\infty}\frac{\sigma_{u,T}^2}{2\pi T} = \lim_{T\to\infty}\frac{E[\lvert U(\omega;T)\rvert^2]}{2\pi T}$ • Welch 방법을 사용하여 PSD 함수 산정 • 스펙트럼밀도함수의 형태는 다를지라도, 면적은 모두 $E[u^2]$로 동일하다.	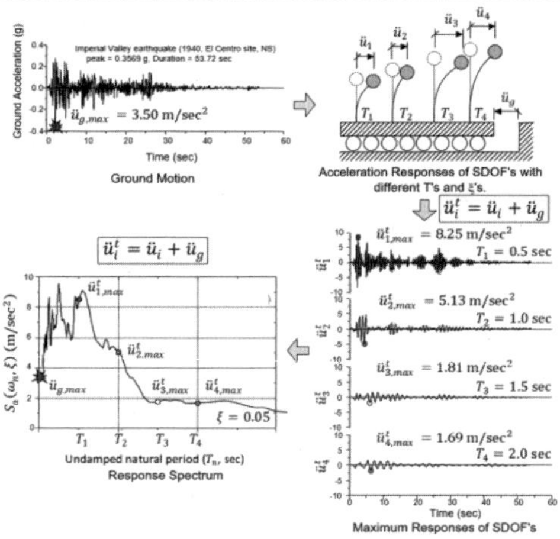 그림 6.5.1b 응답스펙트럼 작성절차의 개념도
영역	• 진동수영역/주파수영역	• 시간영역 (진동수 영역에서 최댓값을 표시)
데이터	• 랜덤 프로세스의 장시간/광대역/통계적 데이터	• 각 단자유도계의 단시간 시간영역 데이터
출력	• 진동수에 따른 변수의 파워 분포	• 진동수에 따른 단자유도계의 최대 응답
응용	• 진동하중, 바람하중, 파랑하중의 스펙트럼밀도함수	• 응답스펙트럼을 사용한 내진설계 및 응답 분석
단위	• 진동수 별 파워/에너지 단위 (예: g^2/Hz)	• 진동수 별 응답 단위 (예: g)
해석 방법	• 푸리에 변환, 통계적 방법	• 단자유도계의 시간영역 해석
해석 결과	• 진동수영역/주파수영역에서 에너지 분포	• 지진사건에 대한 시스템의 최대 응답
예시	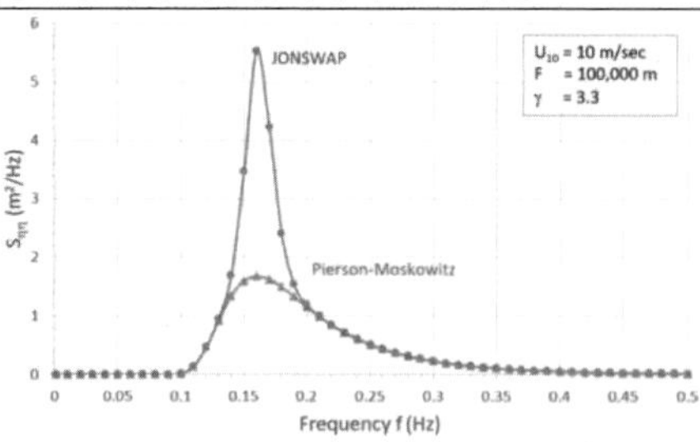 그림 8.1.6c Pierson-Moskowitz (PM) 및 JONSWAP 스펙트럼의 비교	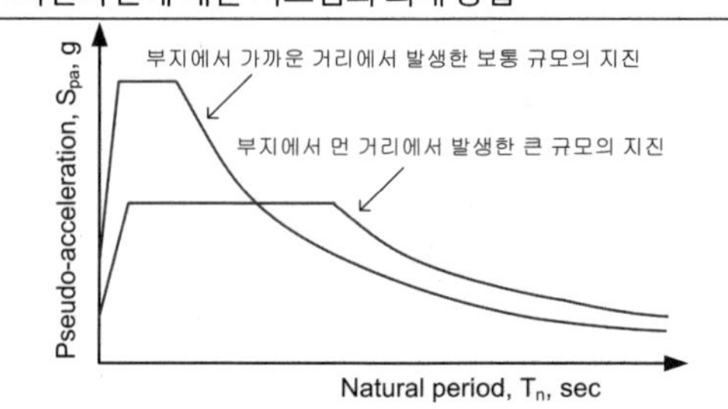 그림 6.5.2b 단층과의 거리를 고려한 설계응답스펙트럼

4.3 구조물의 응답

4.3.1 단자유도계 응답

어떤 시스템의 운동방정식이 상수인 계수를 갖는 선형 미분방정식이면, '선형 시불변 시스템(linear time-invariant system; LTI)'이라 한다. 이 시스템에서 특정한 하중시간이력 $f(t)$에 대응되는 특정한 응답 $u(t)$를 구할 수 있으며, 대표적인 방법으로 (1) 진동수영역방법과 (2) 충격응답함수를 사용한 시간영역방법이 있다. 실제로 이 두 방법은 서로 푸리에 변환을 통해 서로 매우 밀접한 관계를 갖고 있다.

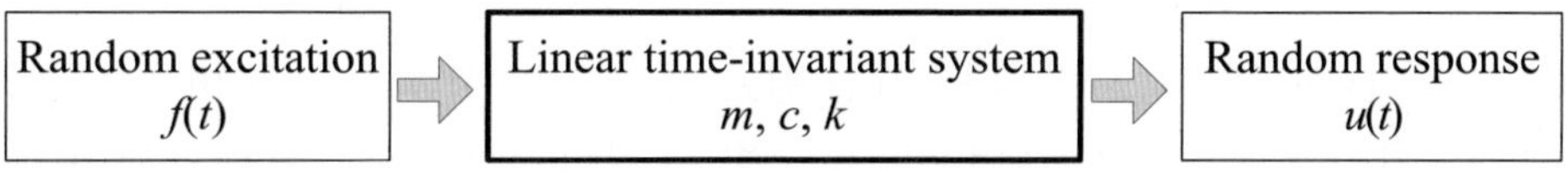

그림 4.3.1 선형 시간불변 시스템

(1) 진동수영역방법

진동수영역방법의 절차를 정리하면 다음과 같다. 여기서 $H(\omega)$는 복소진동수응답함수이다.

[단계 1] 가진 하중의 푸리에 변환: $F(\omega) = \mathcal{F}\{f(t)\}$

[단계 2] 진동수영역에서의 응답: $U(\omega) = H(\omega)F(\omega)$

[단계 3] 응답의 역푸리에 변환: $u(t) = \mathcal{F}^{-1}\{U(\omega)\}$

(2) 시간영역방법

충격응답함수를 사용한 시간영역방법으로 구한 응답은 다음과 같다.

$$u(t) = \sum_{\tau=0}^{t}[f(\tau)d\tau \cdot h(t-\tau)] = \int_0^t f(\tau)h(t-\tau)d\tau = (f * h)(t)$$

여기서 $h(t-\tau)$는 충격응답함수이며, *는 중첩적분을 의미한다. 참고로 복소진동수응답함수는 충격응답함수의 푸리에 변환이다.

$$H(\omega) = \mathcal{F}\{h(t)\} = \int_{-\infty}^{\infty} h(t)e^{-i\omega t}dt$$

$$h(t) = \mathcal{F}^{-1}\{H(\omega)\} = \frac{1}{2\pi}\int_{-\infty}^{\infty} H(\omega)e^{i\omega t}d\omega$$

4.3.2 정상 랜덤가진에 의한 응답

(1) 응답의 평균, $E[u(t_1)]$

선형 시간불변 시스템의 경우 구조물에 작용하는 가진(excitation)이 랜덤 프로세스인 경우, 응답(response)도 랜덤 프로세스가 될 것이다. 정상 랜덤가진 $f(t_1)$에 대응되는 랜덤응답 $u(t_1)$의 평균은 다음과 같다.

$$E[u(t_1)] = E\left[\int_{-\infty}^{\infty} f(\tau)h(t_1-\tau)d\tau\right] = \int_{-\infty}^{\infty} E[f(\tau)]h(t_1-\tau)d\tau$$
$$= \int_{-\infty}^{\infty} \mu_f h(t_1-\tau)d\tau = \mu_f \int_{-\infty}^{\infty} h(t_1-\tau)d\tau = \mu_f H(0)$$

여기서 앙상블평균 연산자($E[\,]$)와 적분 연산자($\int d\tau$)는 모두 선형연산자(linear operator)이므로, 상호 교환이 가능하며, $f(t_1)$는 정상 랜덤 프로세스이므로, $E[f(t_1)]$는 상수로 일정하고 (즉, $E[f(t_1)] = \mu_f = \text{constant}$), $H(\omega) = \mathcal{F}\{h(t)\}$이다.

참고로 단자유도계의 경우, $H(\omega) = \frac{1}{-\omega^2 m + i\omega c + k}$이므로, $H(0) = \frac{1}{k}$이며, 응답의 평균 μ_u는 하중의 평균 μ_f을 강성 k로 나눈 값으로 다음과 같다.

$$E[u(t_1)] = \frac{\mu_f}{k} = \mu_u = \text{constant}$$

즉, $h(t)$ 또는 $H(\omega)$를 알고 있을 경우, 가진 평균 μ_f와 응답 평균 μ_u간의 비율을 구할 수 있으며, 정상 랜덤가진에 대해 정상 랜덤응답을 구할 수 있다. 예를 들어, 정상 랜덤가진의 평균이 $\mu_f = 0$이면, 정상 랜덤응답의 평균도 $\mu_u = 0$이 된다.

(2) 응답의 자기상관함수, $R_{uu}(\tau)$

정상 랜덤가진 $f(t_1)$에 대응되는 랜덤응답 $u(t_1)$의 자기상관함수는 다음과 같다. 즉, $R_{uu}(\tau)$도 $R_{ff}(\tau)$와 마찬가지로 앙상블 시간축 t_1의 위치와는 무관하므로, 정상 랜덤가진에 대해 정상 랜덤응답을 구할 수 있다.

$$R_{uu}(\tau) = E[u(t_1)u(t_1+\tau)]$$
$$= E\left[\left\{\int_{-\infty}^{\infty} f(\tau_1)h(t_1-\tau_1)d\tau_1\right\}\left\{\int_{-\infty}^{\infty} f(\tau_2)h(t_1+\tau-\tau_2)d\tau_2\right\}\right]$$
$$= \int_{-\infty}^{\infty}\int_{-\infty}^{\infty} E[f(\tau_1)f(\tau_2)]h(t_1-\tau_1)h(t_1+\tau-\tau_2)d\tau_1 d\tau_2$$
$$= \int_{-\infty}^{\infty}\int_{-\infty}^{\infty} R_{ff}(\tau_2-\tau_1)h(t_1-\tau_1)h(t_1+\tau-\tau_2)d\tau_1 d\tau_2$$

또는

$$= \int_{-\infty}^{\infty}\int_{-\infty}^{\infty} R_{ff}(\tau+\tau_1-\tau_2)h(\tau_1)h(\tau_2)d\tau_1 d\tau_2$$

(3) 응답의 (파워) 스펙트럼밀도함수, $S_{uu}(\omega)$

정상 랜덤가진 $f(t_1)$에 대응되는 랜덤응답 $u(t_1)$의 (파워) 스펙트럼밀도함수는 다음과 같다.

$$S_{uu}(\omega) = \frac{1}{2\pi}\int_{-\infty}^{\infty} R_{uu}(\tau)e^{-i\omega\tau}d\tau$$
$$= \frac{1}{2\pi}\int_{-\infty}^{\infty}\int_{-\infty}^{\infty}\int_{-\infty}^{\infty} R_{ff}(\tau+\tau_1-\tau_2)h(\tau_1)h(\tau_2)e^{-i\omega\tau}d\tau_1 d\tau_2\, d\tau$$
$$= \frac{1}{2\pi}\int_{-\infty}^{\infty}\int_{-\infty}^{\infty}\int_{-\infty}^{\infty} \begin{matrix} R_{ff}(\tau+\tau_1-\tau_2)\left\{h(\tau_1)e^{i\omega\tau_1}\right\} \\ \{h(\tau_2)e^{-i\omega\tau_2}\}e^{-i\omega(\tau+\tau_1-\tau_2)} \end{matrix} d\tau_1 d\tau_2 d\tau$$

$$= \left\{\int_{-\infty}^{\infty} h(\tau_1) e^{i\omega\tau_1} d\tau_1\right\}\left\{\int_{-\infty}^{\infty} h(\tau_2) e^{-i\omega\tau_2} d\tau_2\right\}\left\{\frac{1}{2\pi}\int_{-\infty}^{\infty} \begin{matrix} R_{ff}(\tau+\tau_1-\tau_2) \\ e^{-i\omega(\tau+\tau_1-\tau_2)} \end{matrix} d\tau\right\}$$

$$= H^*(\omega) \cdot H(\omega) \cdot S_{ff}(\omega) = |H(\omega)|^2 S_{ff}(\omega)$$

즉, 위너-킨친 관계를 사용하여 $S_{uu}(\omega) = |H(\omega)|^2 S_{ff}(\omega)$ 관계를 구할 수 있으며, $U(\omega) = H(\omega)F(\omega)$와 비교해, $S_{uu}(\omega) = |H(\omega)|^2 S_{ff}(\omega)$는 $H(\omega)$의 위상차와는 무관한 크기만의 함수이며, 평균과 파워(power, 자승)의 개념이 들어가 있다.

(4) 응답의 $E[u^2]$ → 응답의 표준편차, σ_u

$S_{uu}(\omega)$의 대표적 특성 가운데 하나는 다음과 같이 $\tau = 0$일 경우이다.

$$R_{uu}(\tau = 0) = \int_{-\infty}^{\infty} S_{uu}(\omega) d\omega = E[u^2]$$

즉, $$E[u^2] = R_{uu}(\tau = 0) = \int_{-\infty}^{\infty}\int_{-\infty}^{\infty} R_{ff}(\tau_1 - \tau_2) h(\tau_1) h(\tau_2) d\tau_1 d\tau_2$$

또는 $$E[u^2] = \int_{-\infty}^{\infty} S_{uu}(\omega) d\omega = \int_{-\infty}^{\infty} |H(\omega)|^2 S_{ff}(\omega) d\omega$$

여기서 $\mu_u = 0$이면, $\sigma_u^2 = E[(u-\mu_u)^2] = E[u^2]$이다.*

4.3.3 다자유도계 응답

비례감쇠를 갖는 n 자유도계 운동방정식을, m개 정규모드를 사용하여 단자유도계의 운동방정식으로 나타낼 수 있다.

$$[M]\{\ddot{U}\} + [C]\{\dot{U}\} + [K]\{U\} = \{F\}$$

$$\ddot{q}_i(t) + 2\xi_i\omega_i\dot{q}_i(t) + \omega_i^2 q_i(t) = \hat{p}_i(t) \qquad (i = 1,2,\cdots,m)$$

여기서

$$\{U(z;t)\} = \{\Psi(z)\}\, q(t)$$

$$\hat{p}_i(z;t) = \frac{1}{\mu_{ii}} p_i(z;t) = \frac{1}{\mu_{ii}} \sum_{j=1}^{n} \Psi_j^{(i)} f_j(t)$$

$f_j(t) = A_{f_j} e^{i\omega t}$로 가정하면 다음과 같다.

$$\hat{p}_i(z;t) = \left(\frac{1}{\mu_{ii}} \sum_{j=1}^{n} \Psi_j^{(i)} A_{f_j}\right) e^{i\omega t} = \widehat{\Psi}^{(i)} e^{i\omega t}$$

여기서 $\widehat{\Psi}^{(i)} = \frac{1}{\mu_{ii}} \sum_{j=1}^{n} \Psi_j^{(i)} A_{f_j}$이다.

i번째 모드의 단자유도계의 (일반 좌표계) 응답은 다음과 같다.

$$q_i(z;t) = H_i(\omega)\, \hat{p}_i(z;t) = H_i(\omega)\, \widehat{\Psi}^{(i)} e^{i\omega t}$$

---

* $H(\omega) = \frac{i\omega B_1 + B_0}{-\omega^2 A_2 + i\omega A_1 + A_0} \rightarrow \int_{-\infty}^{\infty} |H(\omega)|^2 d\omega = \pi \left\{\frac{\frac{B_0^2}{A_0} A_2 + B_1^2}{A_1 A_2}\right\}$

예: $H_k(\omega) = \frac{1}{\omega_k^2 - \omega^2 + i2\xi_k\omega_k\omega} \rightarrow \int_{-\infty}^{\infty} |H_k(\omega)|^2 d\omega = \pi \left\{\frac{\frac{1}{\omega_k^2}\cdot 1 + 0^2}{2\xi_k\omega_k \cdot 1}\right\} = \frac{\pi}{2\xi_k\omega_k^3}$

여기서

$$H_i(\omega) = \frac{1}{\omega_i^2 - \omega^2 + i2\xi_i\omega_i\omega}$$

i번째 모드에 대응하는 (물리좌표계) 실제 응답의 제곱평균(mean square)은

$$E\left[u_i^2\right] = \int_{-\infty}^{\infty} S_{u_iu_i}(\omega)d\omega = \sum_{k=1}^{m}\left\{\left(\Psi_i^{(k)}\right)^2 \left(\widehat{\Psi}^{(k)}\right)^2 \int_{-\infty}^{\infty}|H_i(\omega)|^2 e^{i2\omega t}d\omega\right\}$$

$$= \sum_{k=1}^{m}\left\{\left(\Psi_i^{(k)}\right)^2 \left(\widehat{\Psi}^{(k)}\right)^2 \int_{-\infty}^{\infty}|H_i(\omega)|^2 S_{ff}(\omega)d\omega\right\}$$

이고, 저감쇠 구조물의 경우, k번째 고유진동수에서 $S_{ff}(\omega) \approx S_{ff}(\omega_k) = \text{constant}$로 가정하여 다음과 같이 근사할 수 있다.

$$E\left[u_i^2\right] \approx \sum_{k=1}^{m}\left\{\left(\Psi_i^{(k)}\right)^2 \left(\widehat{\Psi}^{(k)}\right)^2 S_{ff}(\omega_k)\int_{-\infty}^{\infty}|H_i(\omega)|^2 d\omega\right\}$$

$$\approx \sum_{k=1}^{m}\left\{\left(\Psi_i^{(k)}\right)^2 \left(\widehat{\Psi}^{(k)}\right)^2 \frac{\pi S_{ff}(\omega_k)}{2\xi_k\omega_k^3}\right\}$$

4.3.4 결정론적 해석과 랜덤진동 해석의 비교

구조물의 지진해석을 예로, 랜덤진동 구조해석을 다른 결정론적 해석과 비교하였다.

표 4.3.1 지진입력에 따른 구조해석법의 비교

방법	시간이력해석	응답스펙트럼해석	랜덤진동해석
지진 입력	▪ 계측지진 또는 인공지진 ▪ $\ddot{u}_g(t)$ 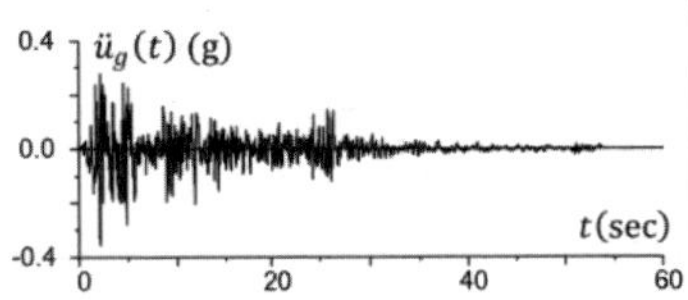	▪ 지진가속도 응답스펙트럼 ▪ $S_a(\omega,\xi)$ 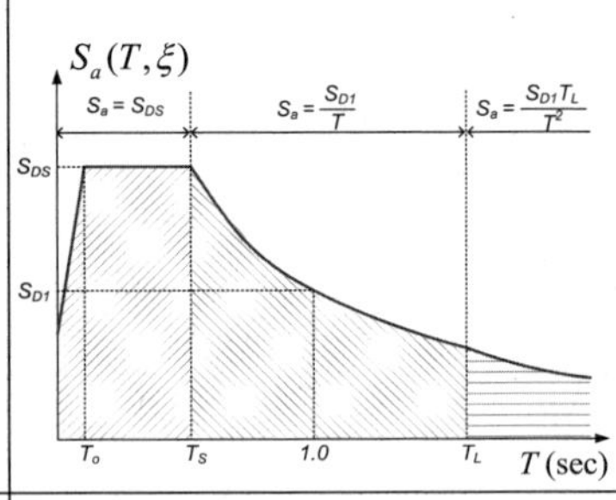	▪ 지진가속도 스펙트럼밀도함수 ▪ $S_{\ddot{u}_g\ddot{u}_g}(\omega,\xi)$ 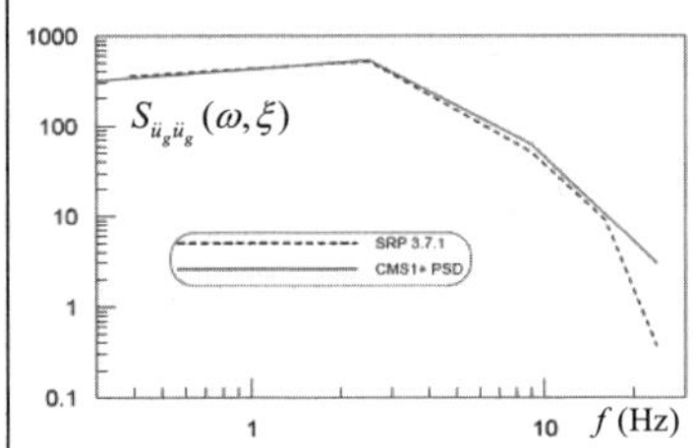
구조물 응답	▪ 응답시간이력: $u(t)$ ▪ 예: 단자유도 선형구조물 응답 $u(t) = \int_0^t h(t-\tau)\,\ddot{u}_g(\tau)d\tau$	$\lvert u(t)\rvert_{max} = S_d(\omega_n,\xi)$ 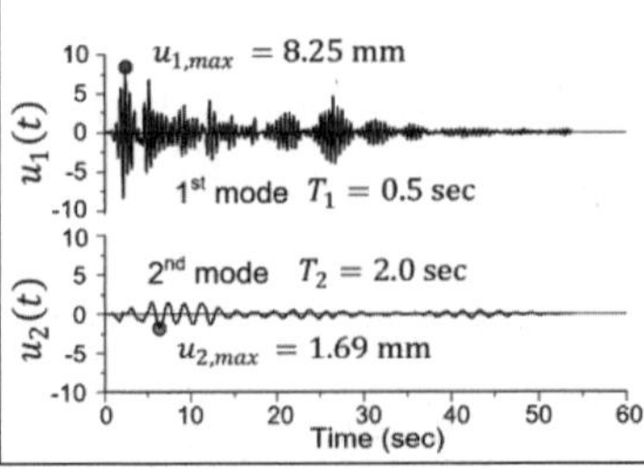	▪ 응답 스펙트럼밀도함수 ▪ 예: 단자유도계 선형구조물의 응답 $S_{uu}(\omega) = \lvert H(\omega)\rvert^2\, S_{\ddot{u}_g\ddot{u}_g}(\omega)$

최대 응답	▪ 응답시간이력에서 최댓값 산정 $u_{max} = \lvert u(t) \rvert_{max}$ 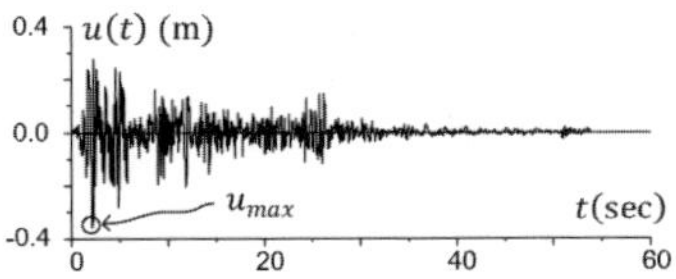 	▪ 모든 모드의 응답이 동시에 최대로 발생할 가능성은 확률적으로 매우 낮다. 따라서 최대변위응답을 구하기 위해 모드별 최대응답을 조합하는 SRSS 또는 CQC 방법을 사용한다. ▪ 예: SRSS 방법 $u_{max} \approx \sqrt{u_{1,max}^2 + u_{2,max}^2}$	$E[\lvert u(t) \rvert_{max}] = \gamma_p \sigma_u$ 여기서 $\sigma_u = \sqrt{E[u^2(t)]} = \sqrt{\int_{-\infty}^{\infty} S_{uu}(\omega) d\omega}$ γ_p= 피크계수(peak factor) 또는 파고율(crest factor)
비고	▪ 선형/비선형 구조물의 거동해석 용이 ▪ 입력의 확률적 특성 고려가 어려움	▪ 내진설계기준으로 사용 ▪ 다자유도계 거동해석에 부정확	▪ 입력의 확률적 특성을 고려하기 용이 ▪ 비정상 특성을 고려하기 어려움

랜덤진동해석은 '랜덤진동이론(random vibration theory; RVT)'라고도 하며 다음에 부지응답해석에 활용한 예를 나타냈다.

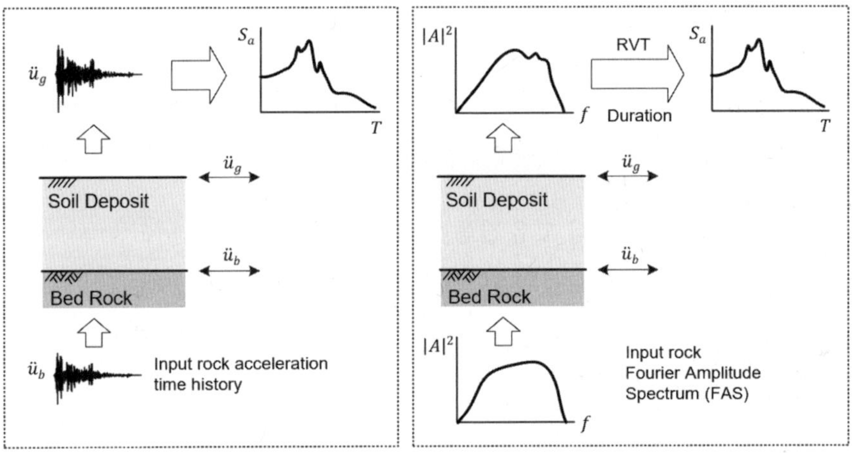

(a) Time History Site Response Analysis (b) RVT Based History Site Response Analysis

그림 4.3.2 시간이력과 RVT를 사용한 부지응답해석 절차 비교

'파시발의 정리(Parseval's theorem)'*를 사용하여 시간영역변수와 진동수영역변수를 상호 변환할 수 있다. 예를 들어 주어진 시간(T_{rms})동안 시간이력 $x(t)$의 RMS값 x_{rms}는 다음과 같다.

$$x_{rms} = \sqrt{\frac{1}{T_{rms}} \int_0^{T_{rms}} [x(t)]^2 dt}$$

이 정리를 사용하면, x_{rms}를 푸리에진폭스펙트럼(Fourier amplitude spectrum; FAS)으로 나타낼

---

* 파시발의 정리(Parseval's theorem)

비주기 시간함수 $x(t)$가 유한한 에너지 E를 갖는다면, 다음과 같이 표현된다.

$$E = \int_{-\infty}^{\infty} |x(t)|^2 dt = \frac{1}{2\pi} \int_{-\infty}^{\infty} S(\omega) d\omega = \frac{1}{2\pi} \int_{-\infty}^{\infty} |X(\omega)|^2 d\omega$$

여기서 $S(\omega)$는 에너지 스펙트럼 밀도함수이고, $S(\omega) = X(\omega)X^*(\omega) = |X(\omega)|^2$이며, $X(\omega)$는 $x(t)$의 Fourier 변환이다.

수 있다.

$$x_{rms} = \sqrt{\frac{2}{T_{rms}}\int_0^{\infty}|X(f)|^2 df} = \sqrt{\frac{m_0}{T_{rms}}}$$

여기서 FAS의 n차 모멘트(n-th moment)는 다음과 같이 정의 한다.

$$m_n = 2\int_0^{\infty}(2\pi f)^n |X(f)|^2 df$$

따라서 x_{rms}와 피크계수(peak factor; PF; γ_p)를 알고 있다면, 최댓값 x_{max}은 다음과 같이 계산할 수 있다.

$$x_{max} = PF \cdot x_{rms}$$

[예제] 4.3.2 단자유도계 응답: ideal white noise 가진

백색잡음 가속도로 가진되는 단자유도계에 대해 다음을 구하라.

- 질량 $m = 100$ kg
- 감쇠비 $\xi = 0.05$
- 고유진동수 $f_n = 5$ Hz
- 백색잡음 가속도, $S_0 = 0.02\,\frac{(\mathrm{m/s^2})^2}{\mathrm{Hz}}$

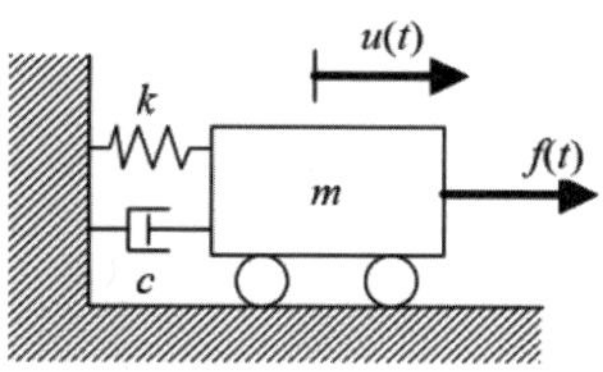

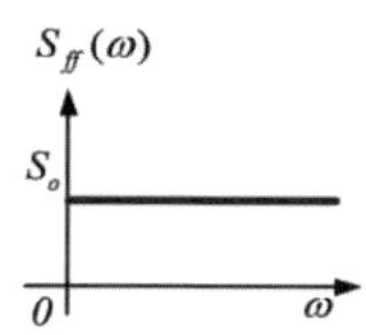

(a) 고유진동수 ω_n(rad/s)와 감쇠 고유진동수 ω_d (rad/s)

(b) 변위 스펙트럼밀도함수 $S_{uu}(\omega)$의 최댓값, $S_{uu}^{\max}(\omega)$

(c) 변위의 분산, σ_u^2

(d) 변위의 RMS값

[풀이]

(a) ω_n, ω_d

$$\omega_n = 2\pi f_n = 2\pi \times 5 = 10\pi \approx 31.42 \text{ rad/s}$$

$$\omega_d = \omega_n\sqrt{1-\xi^2} \approx 31.42\sqrt{1-0.05^2} \approx 31.37 \text{ rad/s}$$

(b) $E[u^2]$

$S_{ff}(\omega) = m^2 S_0$ (가속도 입력을 하중 입력으로 전환)

$$S_{uu}(\omega) = |H(\omega)|^2 S_{ff}(\omega) = \left|\frac{1}{-\omega^2 m + i\omega c + k}\right|^2 S_{ff}(\omega) = \frac{1}{(k-\omega^2 m)^2 + (c\omega)^2} \times m^2 S_0$$

여기서 $k = \omega_n^2 m$이고, $c = 2\xi\omega_n m$이므로, 최댓값은 $\omega = \omega_n$일 때 발생한다. 따라서

$$S_{uu}^{\max}(\omega) = \frac{m^2 S_0}{(2\xi\omega_n^2 m)^2} = \frac{S_0}{4\xi^2\omega_n^4} = \frac{0.02}{4\times 0.05^2 \times 31.42^4} \approx 2.05 \times 10^{-6}\,\frac{\mathrm{m}^2}{\mathrm{Hz}}$$

(c) σ_u^2

$\mu_u = 0$이므로, $\sigma_u^2 = E[(u-\mu_u)^2] = E[u^2]$이다. 즉, 표준 적분을 적용하면,

$$\sigma_u^2 = \int_0^{\infty} S_{uu}(\omega) d\omega = \int_0^{\infty} \frac{m^2 S_0}{(k-\omega^2 m)^2 + (c\omega)^2} d\omega = m^2 \int_0^{\infty} \frac{S_0}{(k-\omega^2 m)^2 + (c\omega)^2} d\omega$$

$$= m^2 \times \frac{1}{2}\frac{\pi S_0}{kc} = m^2 \times \frac{1}{2}\frac{\pi S_0}{(\omega_n^2 m)(2\xi\omega_n m)} = \frac{\pi S_0}{4\xi\omega_n^3} = \frac{\pi \times 0.02}{4\times 0.05 \times 31.42^3} = 1.013 \times 10^{-5}\ \mathrm{m}^2$$

(d) RMS 변위

$$\text{RMS 변위} = \sqrt{\sigma_u^2} \approx \sqrt{1.013\times 10^{-5}} \approx 0.0032 \text{ m}$$

[예제] 4.3.2 단자유도계 응답: white noise 가진 비교

(1) ideal white noise(이상 백색잡음) 하중과

(2) band-limited white noise(일정대역 백색잡음) 하중으로

단자유도계를 가진할 경우 응답 $u(t)$에 관한 다음을 구하라.

(a) $S_{uu}(\omega)$

(b) $E[u^2]$

[풀이]

(1) ideal white noise로 가진할 경우

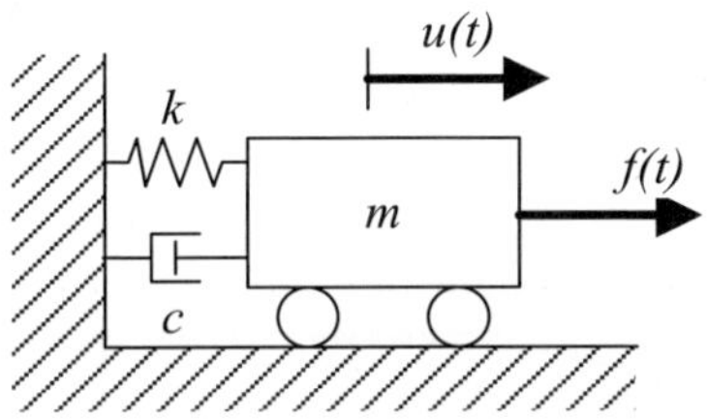

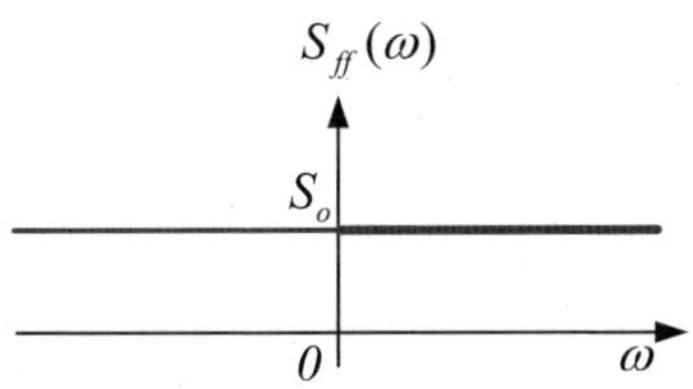

(a) $S_{uu}(\omega)$

$$S_{uu}(\omega) = |H(\omega)|^2 S_{ff}(\omega) = \left|\frac{1}{-\omega^2 m + i\omega c + k}\right|^2 S_{ff}(\omega) = \frac{S_o}{(k-\omega^2 m)^2 + (c\omega)^2}$$

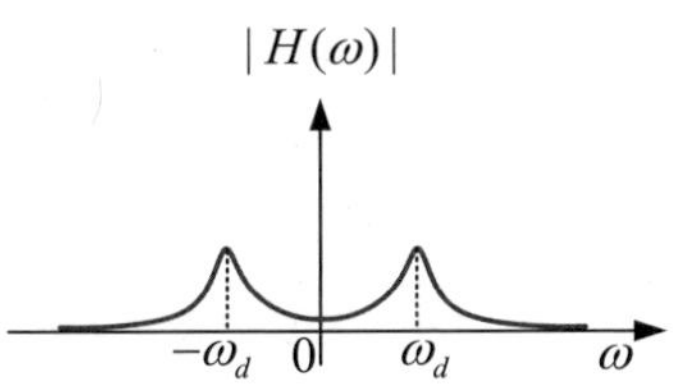

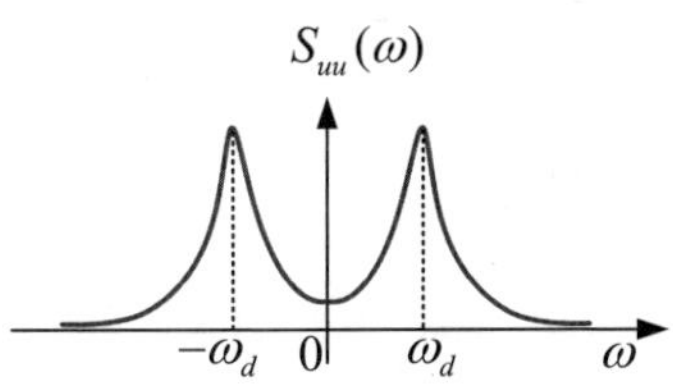

여기서 $S_{uu}(\omega)$의 최댓값은 감쇠가 작을 경우, $\omega_d = \omega_n\sqrt{1-\xi^2} \approx \omega_n = \sqrt{\frac{k}{m}}$이므로,

$k - \omega^2 m \approx 0$이며, 다음과 같이 근사적으로 m과 비례하는 것을 알 수 있다.

$$S_{uu}(\omega_n) = \frac{S_o}{c^2\omega_n^2} = \frac{S_o m}{c^2 k}$$

즉, m이 증가할수록, $S_{uu}(\omega)$의 최댓값은 증가하나,

$S_{uu}(\omega)$의 면적은 일정하므로, 최댓값의 폭은 감소한다.

(b) $E[u^2]$

표준 적분을 적용하면,

$$E[u^2] = \int_{-\infty}^{\infty} S_{uu}(\omega)d\omega = \int_{-\infty}^{\infty} \frac{S_o}{(k-\omega^2 m)^2 + (c\omega)^2} d\omega = \frac{\pi S_o}{kc}$$

여기서 $E[u^2]$는 m과는 무관한 값임을 알 수 있다.

(2) band-limited white noise로 가진할 경우

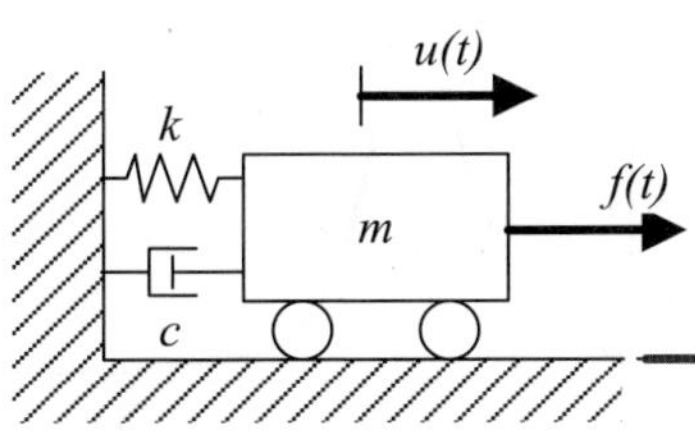

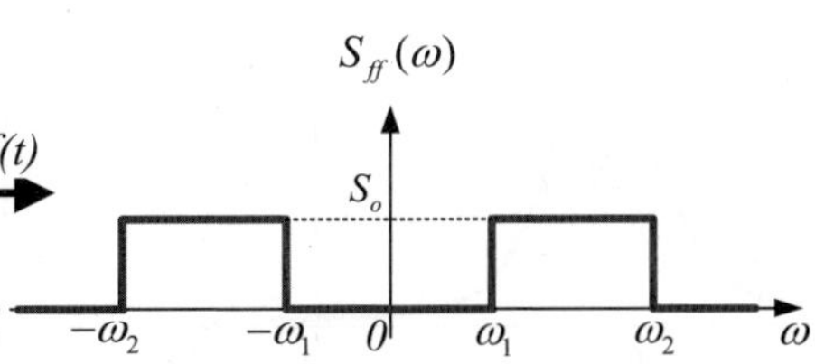

(a) $S_{uu}(\omega)$

$$S_{uu}(\omega)=\begin{cases}\frac{S_o}{(k-\omega^2m)^2+(c\omega)^2} & \omega_1<|\omega|<\omega_2\\ 0 & \text{otherwise}\end{cases}$$

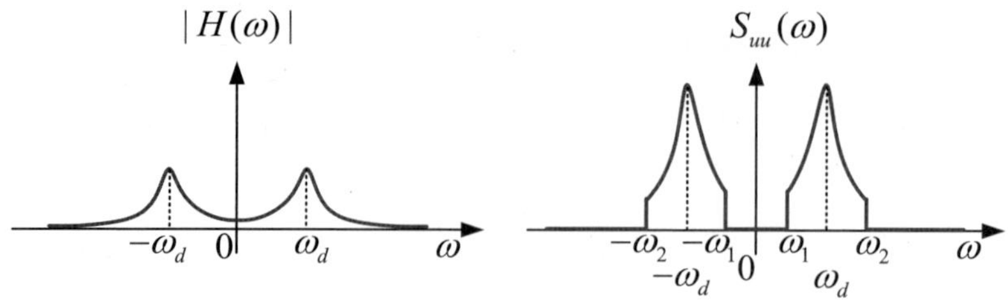

(b) $E[u^2]$

$$E[u^2]=\int_{-\infty}^{\infty}S_{uu}(\omega)d\omega=2\int_{\omega_1}^{\omega_2}\frac{S_o}{(k-\omega^2m)^2+(c\omega)^2}d\omega=\frac{\pi S_o}{kc}[I(\omega_2)-I(\omega_1)]$$

여기서 $I(\omega)=\frac{1}{\pi}\tan^{-1}\frac{2\xi\omega_n\omega}{\omega_n^2-\omega^2}+\frac{\xi}{2\pi\sqrt{1-\xi^2}}\ln\left\{\frac{\omega_n^2+2\sqrt{1-\xi^2}\omega_n\omega+\omega^2}{\omega_n^2-2\sqrt{1-\xi^2}\omega_n\omega+\omega^2}\right\}$

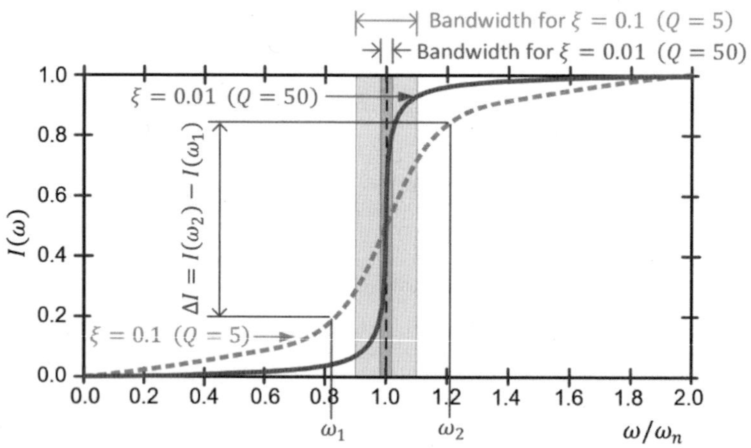

$\Delta I=I(\omega_2)-I(\omega_1)$은 ideal white noise의 경우, $I(\infty)-I(0)=1$이며, band-limited white noise의 경우, 항상 $\Delta I<1$이다. 특히,

- 시스템의 감쇠가 작고, 즉, $H(\omega)$가 날카로운 형상이고,
- 대역폭$(\omega_2-\omega_1)$이 공진진동수를 포함하며(즉, 가진하중과 시스템의 공진을 고려할 수 있으며),
- 대역폭이 파워반감대역폭(half-power bandwidth 또는 bandwidth, $\Delta\omega=2\xi\omega_n=\frac{\omega_n}{Q}$, 여기서 $Q=\frac{1}{2\xi}$)에 비해 상대적으로 넓을 경우(대부분의 진동에너지를 고려할 수 있을 경우),

  $\Delta I\approx 1$로 근사할 수 있다. 즉, 다음 그림과 같이 공학적인 측면에서 band-limited white noise를 ideal white noise로 가정하여 유용하게 사용할 수 있다.

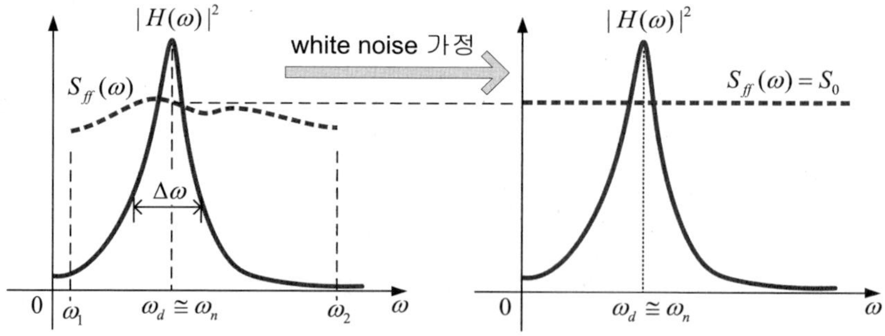

[예제] 4.3.2 스펙트럼밀도함수: Kanai-Tajimi 모델

Kanai(1957)과 Tajimi(1960)은 기저암(bed rock)에서 지진가속도($\ddot{u}_b$)에 대한 스펙트럼밀도함수를 ideal white noise로 가정한 후(즉, $S_{\ddot{u}_b\ddot{u}_b}(\omega) = S_o$로 가정한 후), 지표면에서의 절대 지진가속도($\ddot{u}_g^t$)에 대한 스펙트럼밀도함수($S_{\ddot{u}_g^t\ddot{u}_g^t}(\omega)$)를 다음과 같이 구하였으며, 이것을 'Kanai-Tajimi 스펙트럼밀도함수'라 한다. Kanai-Tajimi 스펙트럼밀도함수를 유도하여라.

$$S_{\ddot{u}_g^t\ddot{u}_g^t}(\omega) = \frac{\omega_g^4+4\xi_g^2\omega_g^2\omega^2}{\left(\omega_g^2-\omega^2\right)^2+4\xi_g^2\omega_g^2\omega^2} S_o$$

[풀이]

지반을 단자유도계로 가정하여 구한 운동방정식은 다음과 같다.

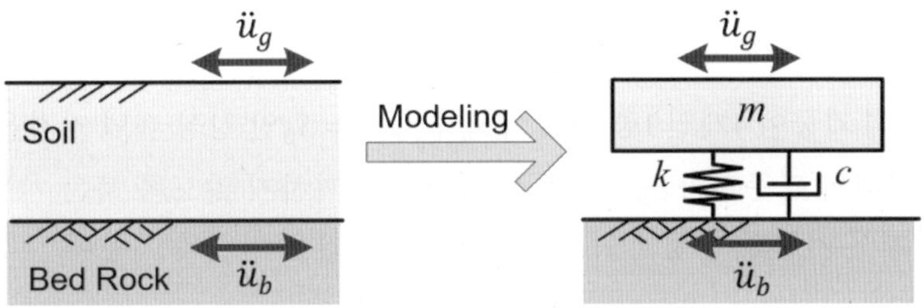

$$m\ddot{u}_g + c\dot{u}_g + ku_g = -m\ddot{u}_b$$

또는 $\ddot{u}_g + 2\xi\omega_g\dot{u}_g + \omega_g^2 u_g = -\ddot{u}_b$

여기서 $\omega_g = \sqrt{\frac{k}{m}}$ 및 $\xi_g = \frac{c}{2\sqrt{mk}}$는 각각 지반의 고유진동수와 감쇠비이다.

진동수영역에서 기저암과 지표면에서 지진 가속도의 관계는 다음과 같다.

$$U_g^r(\omega) = -H(\omega)\ddot{U}_b(\omega)$$
$$\ddot{U}_g^r(\omega) = (i\omega)^2 U_g^r(\omega) = \omega^2 H(\omega)\ddot{U}_b(\omega)$$
$$\ddot{U}_g^t(\omega) = \ddot{U}_b(\omega) + \ddot{U}_g^r(\omega) = \{1+\omega^2 H(\omega)\}\ddot{U}_b(\omega) = H_1(\omega)\ddot{U}_b(\omega)$$

여기서 $\ddot{U}_b(\omega)$는 기저암의 지진 가속도이며, $U_g^r(\omega)$, $\ddot{U}_g^r(\omega)$ 및 $\ddot{U}_g^t(\omega)$는 지표면에서의 상대 지반변위, 상대 지반가속도 및 절대 지반가속도 이다.

또한, $H_1(\omega)$를 Kanai-Tajimi 필터라 하며, 지반의 복소진동수응답함수 $H(\omega)$를 사용하면

$$H(\omega) = \frac{1}{\omega_g^2-\omega^2+i2\xi_g\omega_g\omega} \rightarrow H_1(\omega) = 1+\omega^2 H(\omega)$$

이므로, 지표면에서 절대 지반가속도($\ddot{u}_g^t = \ddot{u}_b + \ddot{u}_g$)에 대한 스펙트럼 밀도함수는 다음과 같다.

$$S_{\ddot{u}_g^t\ddot{u}_g^t}(\omega) = |H_1(\omega)|^2 S_{\ddot{u}_b\ddot{u}_b}(\omega) = \frac{\omega_g^4+4\xi_g^2\omega_g^2\omega^2}{\left(\omega_g^2-\omega^2\right)^2+4\xi_g^2\omega_g^2\omega^2} S_o$$

Kanai-Tajimi 스펙트럼 밀도함수는 $\omega \rightarrow 0$함에 따라 Kanai-Tajimi 스펙트럼밀도함수는 0으로 수렴하지 않는다는 단점이 있다. 따라서 $\omega \rightarrow 0$함에 따라 0으로 수렴하는 필터(Clough-Penzien filter) $H_2(\omega)$를 곱하여 구한 수정된 Kanai-Tajimi 스펙트럼밀도함수를 사용하기도 한다.

$$H_2(\omega) = \frac{\omega^2}{\omega_2^2-\omega^2+i2\xi_2\omega_2\omega} \rightarrow H_3(\omega) = H_1(\omega)H_2(\omega)$$

여기서 $\omega_2 = 0.4\frac{\text{rad}}{\text{sec}}$이며, $\xi_2 = 0.9$이다. 즉,

$$S_{\ddot{u}_g^t\ddot{u}_g^t}^{\text{modified}}(\omega) = |H_3(\omega)|^2 S_{\ddot{u}_b\ddot{u}_b}(\omega) = |H_1(\omega)|^2|H_2(\omega)|^2 S_{\ddot{u}_b\ddot{u}_b}(\omega)$$

$$= \left[\frac{\omega_g^4+4\xi_g^2\omega_g^2\omega^2}{(\omega_g^2-\omega^2)^2+4\xi_g^2\omega_g^2\omega^2}\right]\left[\frac{\omega^4}{(\omega_2^2-\omega^2)^2+4\xi_2^2\omega_2^2\omega^2}\right]S_o$$

참고로 단단한 지반조건에 대해 Kanai(1957)는 $\omega_g = 15.6\frac{\text{rad}}{\text{sec}}$와 $\xi_g = 0.6$으로 가정하였으며, Shinozuka 등(1967)은 $S_o = 1{,}140\frac{\text{m}^2}{\text{sec}^3}$, $\omega_g = 10.66\frac{\text{rad}}{\text{sec}}$, $\xi_g = 0.69793$으로 가정하였다.

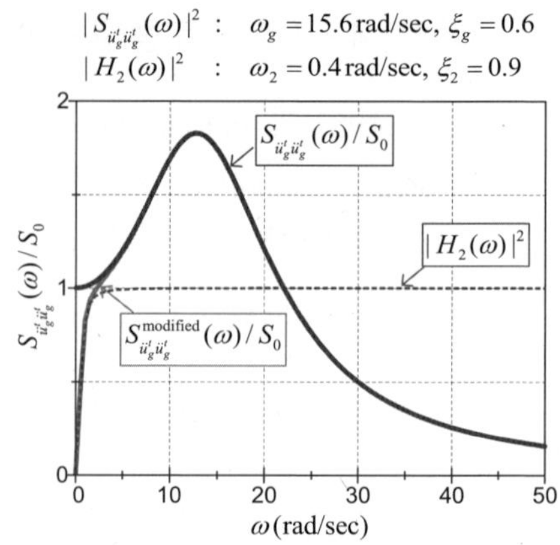

[예제] 4.3.2 단자유도계 응답: 정상 랜덤 지진

중공 원형단면의 기둥이 4개인 1층 건물이 $S_{\ddot{u}_g\ddot{u}_g}(\omega) = S_0$인 정상 랜덤 지진을 받았다. 지진시 구조물 지붕 변위의 표준편차 σ_u가 특정한 값 δ를 초과하지 않도록 하는 기둥의 평균 직경 d을 구하라. 여기서 기둥의 탄성계수는 E이고, 경계조건은 지반과 지붕에 각각 고정과 힌지로 연결되었다.

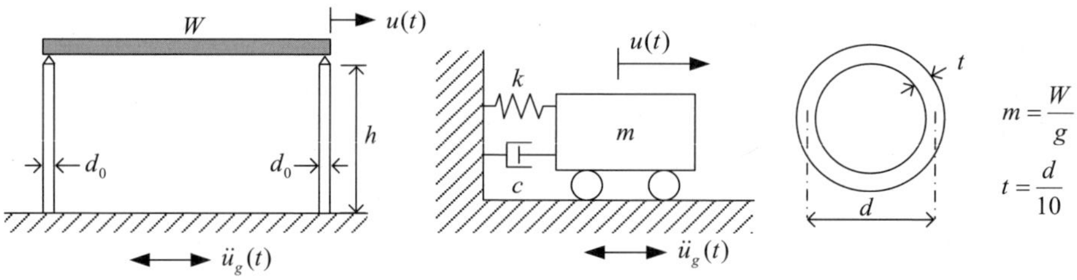

[풀이]

(1) 단자유도계 모델

$$I = \frac{\pi}{64}(d_o^4 - d_i^4) = \frac{\pi}{64}(d_o^2 + d_i^2)(d_o + d_i)(d_o - d_i) = \frac{\pi}{8}dt(d^2 + t^2)$$
$$= \frac{\pi}{8}d\frac{d}{10}\left(d^2 + \frac{d^2}{10^2}\right) = \frac{101}{8000}\pi d^4 = 0.03966d^4$$
$$k = 4\left(\frac{3EI}{h^3}\right) = 4\left(\frac{3E\cdot 0.03966d^4}{h^3}\right) = \frac{0.47592Ed^4}{h^3}$$

(2) 지진시 운동방정식

$$m\ddot{u} + c\dot{u} + ku = -m\ddot{u}_g$$

(3) 변위응답의 제곱평균

응답의 제곱평균(mean square)은 다음과 같다.

$$E[u^2] = \int_{-\infty}^{\infty} S_{uu}(\omega)d\omega = \int_{-\infty}^{\infty}|H(\omega)|^2 S_{ff}(\omega)d\omega = \int_{-\infty}^{\infty}\left|\frac{1}{\omega_i^2-\omega^2+i2\xi\omega_i\omega}\right|^2 m^2S_o d\omega$$
$$= \frac{\pi}{2\xi_i\omega_i^3}m^2S_o = \frac{\pi}{ck}m^2S_o = \frac{\pi}{c\left(\frac{0.47592Ed^4}{h^3}\right)}\left(\frac{W}{g}\right)^2 S_o$$
$$= \frac{\pi h^3W^2}{0.47592cEg^2d^4}S_o$$

(4) 변위응답의 표준편차

응답의 평균을 0이라고 가정할 경우, 응답의 표준편차는 다음과 같다.

$$\sigma_u = \sqrt{E[u^2]} = \sqrt{\frac{\pi h^3W^2}{0.47592cEg^2d^4}S_o} \le \delta \quad \rightarrow \therefore d \ge \left(\frac{\pi h^3W^2}{0.47592cEg^2\delta^2}S_o\right)^{\frac{1}{4}}$$

[예제] 4.3.3 다자유도계 응답: 정상 랜덤 지진

지진하중을 받는 다음 3층 전단구조물이 있다. 층응답의 표준편차 σ_u를 구하라. 여기서 층응답의 평균 μ_u는 0이고, 지진은 $S_{\ddot{u}_g\ddot{u}_g}(\omega) = 0.05\,\frac{\mathrm{m}^2}{\mathrm{sec}^4}\frac{\mathrm{sec}}{\mathrm{rad}}$인 정상 랜덤가진이며, 구조물의 모든 모드감쇠비는 0.02로 가정한다.

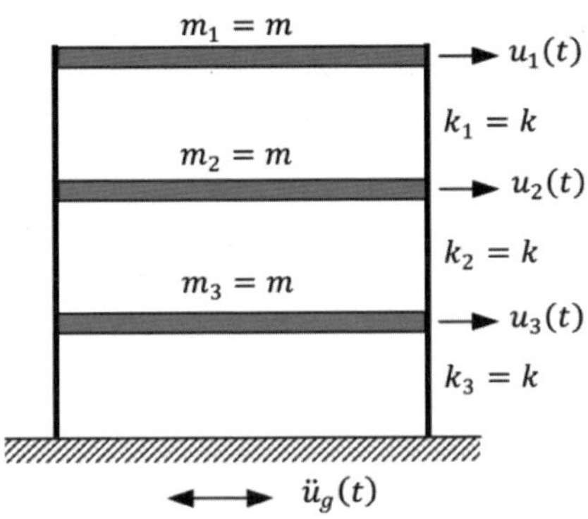

$m = 1{,}000\text{ kg},\ k = 10^6\text{ N/m}$

$$[M] = m\begin{bmatrix}1 & 0 & 0\\ 0 & 1 & 0\\ 0 & 0 & 1\end{bmatrix}$$

$$[K] = k\begin{bmatrix}2 & -1 & 0\\ -1 & 2 & -1\\ 0 & -1 & 2\end{bmatrix}$$

[풀이]

(1) 고유진동수와 진동모드

$$\omega_1 = 0.44504\sqrt{\frac{k}{m}} = 14.0734\,\frac{\mathrm{rad}}{\mathrm{sec}},\qquad \{\Psi^{(1)}\} = \frac{0.3280}{\sqrt{m}}\begin{Bmatrix}2.2470\\1.8019\\1.0000\end{Bmatrix} = \begin{Bmatrix}0.02330\\0.01869\\0.01037\end{Bmatrix}$$

$$\omega_2 = 1.2471\sqrt{\frac{k}{m}} = 39.4368\,\frac{\mathrm{rad}}{\mathrm{sec}},\qquad \{\Psi^{(2)}\} = \frac{0.7370}{\sqrt{m}}\begin{Bmatrix}-0.8020\\0.4450\\1.0000\end{Bmatrix} = \begin{Bmatrix}-0.01869\\0.01037\\0.02331\end{Bmatrix}$$

$$\omega_3 = 1.8025\sqrt{\frac{k}{m}} = 57.0001\,\frac{\mathrm{rad}}{\mathrm{sec}},\qquad \{\Psi^{(3)}\} = \frac{0.5911}{\sqrt{m}}\begin{Bmatrix}0.5544\\-1.2468\\1.0000\end{Bmatrix} = \begin{Bmatrix}0.01036\\-0.02330\\0.01869\end{Bmatrix}$$

(2) 지진시 운동방정식

$$[M]\{\ddot{U}\} + [C]\{\dot{U}\} + [K]\{U\} = -[M]\ddot{u}_g$$

여기서 $\{U(z;t)\} = \{\Psi(z)\}q(t)$로 가정하면, 각 모드별 단자유도계의 운동방정식으로 나타낼 수 있다.

$$\ddot{q}_i(t) + 2\xi_i\omega_i\dot{q}_i(t) + \omega_i^2 q_i(t) = \hat{p}_i(t)\qquad (i = 1,2,3)$$

여기서

$$\hat{p}_i(z;t) = \frac{1}{\mu_{ii}}\sum_{j=1}^{3}\Psi_j^{(i)} f_j(t)$$

$$f_j(t) = -m_j\ddot{u}_g(t) = -m\ddot{u}_g(t)$$

(3) 변위응답의 제곱평균

층응답의 제곱평균(mean square)은 다음과 같다.

$$E[u_i^2] = \sum_{k=1}^{m}\left[\left(\Psi_i^{(k)}\right)^2\left(\hat{\varPhi}^{(k)}\right)^2\left(\frac{\pi S_{ff}(\omega_k)}{2\xi_k\omega_k^3}\right)\right]$$

여기서

$$\hat{\varPhi}^{(k)} = \frac{1}{\mu_{kk}}\sum_{j=1}^{n}\left[\Psi_j^{(k)}A_{f_j}\right]$$

즉,

$$\hat{\varPhi}^{(1)} = \frac{1}{\mu_{11}}\sum_{j=1}^{3}\left[\Psi_j^{(1)}A_{f_j}\right] = -\frac{m}{\mu_{11}}\sum_{j=1}^{3}\Psi_j^{(1)} = -\frac{1000}{1}(0.02330 + 0.01869 + 0.01037) = -52.36$$

$$\hat{\varPhi}^{(2)} = \frac{1}{\mu_{22}}\sum_{j=1}^{3}\left[\Psi_j^{(2)}A_{f_j}\right] = -\frac{m}{\mu_{22}}\sum_{j=1}^{3}\Psi_j^{(2)} = -\frac{1000}{1}(-0.01869 + 0.01037 + 0.02331) = 14.99$$

$$\hat{\varPhi}^{(3)} = \frac{1}{\mu_{33}}\sum_{j=1}^{3}\left[\Psi_j^{(3)}A_{f_j}\right] = -\frac{m}{\mu_{33}}\sum_{j=1}^{3}\Psi_j^{(3)} = -\frac{1000}{1}(0.01036 - 0.02330 + 0.01869) = -5.75$$

따라서 응답의 제곱평균은 다음과 같다.

$$E[u_1^2] = \sum_{k=1}^{3}\left[\left(\Psi_1^{(k)}\right)^2 (\widehat{\varPhi}^{(k)})^2 \left(\frac{\pi S_{ff}(\omega_k)}{2\xi_k \omega_k^3}\right)\right]$$
$$= \left(\Psi_1^{(1)}\right)^2 (\widehat{\varPhi}^{(1)})^2 \left(\frac{\pi S_{ff}(\omega_1)}{2\xi_1 \omega_1^3}\right) + \left(\Psi_1^{(2)}\right)^2 (\widehat{\varPhi}^{(2)})^2 \left(\frac{\pi S_{ff}(\omega_2)}{2\xi_2 \omega_2^3}\right) + \left(\Psi_1^{(3)}\right)^2 (\widehat{\varPhi}^{(3)})^2 \left(\frac{\pi S_{ff}(\omega_3)}{2\xi_3 \omega_3^3}\right)$$
$$= (0.02330)^2(-52.36)^2\left(\frac{\pi\times 0.05}{2\times 0.02\times 14.0734^3}\right) + (-0.01869)^2(14.99)^2\left(\frac{\pi\times 0.05}{2\times 0.02\times 39.4368^3}\right)$$
$$+(0.01036)^2(-5.75)^2\left(\frac{\pi\times 0.05}{2\times 0.02\times 57.0001^3}\right) = 0.002101\ \mathrm{m}^2$$

$$E[u_2^2] = \sum_{k=1}^{3}\left[\left(\Psi_2^{(k)}\right)^2 (\widehat{\varPhi}^{(k)})^2 \left(\frac{\pi S_{ff}(\omega_k)}{2\xi_k \omega_k^3}\right)\right]$$
$$= \left(\Psi_2^{(1)}\right)^2 (\widehat{\varPhi}^{(1)})^2 \left(\frac{\pi S_{ff}(\omega_1)}{2\xi_1 \omega_1^3}\right) + \left(\Psi_2^{(2)}\right)^2 (\widehat{\varPhi}^{(2)})^2 \left(\frac{\pi S_{ff}(\omega_2)}{2\xi_2 \omega_2^3}\right) + \left(\Psi_2^{(3)}\right)^2 (\widehat{\varPhi}^{(3)})^2 \left(\frac{\pi S_{ff}(\omega_3)}{2\xi_3 \omega_3^3}\right)$$
$$= (-0.01869)^2(-52.36)^2\left(\frac{\pi\times 0.05}{2\times 0.02\times 14.0734^3}\right) + (0.01037)^2(14.99)^2\left(\frac{\pi\times 0.05}{2\times 0.02\times 39.4368^3}\right)$$
$$+(0.02331)^2(-5.75)^2\left(\frac{\pi\times 0.05}{2\times 0.02\times 57.0001^3}\right) = 0.001351\ \mathrm{m}^2$$

$$E[u_3^2] = \sum_{k=1}^{3}\left[\left(\Psi_3^{(k)}\right)^2 (\widehat{\varPhi}^{(k)})^2 \left(\frac{\pi S_{ff}(\omega_k)}{2\xi_k \omega_k^3}\right)\right]$$
$$= \left(\Psi_3^{(1)}\right)^2 (\widehat{\varPhi}^{(1)})^2 \left(\frac{\pi S_{ff}(\omega_1)}{2\xi_1 \omega_1^3}\right) + \left(\Psi_3^{(2)}\right)^2 (\widehat{\varPhi}^{(2)})^2 \left(\frac{\pi S_{ff}(\omega_2)}{2\xi_2 \omega_2^3}\right) + \left(\Psi_3^{(3)}\right)^2 (\widehat{\varPhi}^{(3)})^2 \left(\frac{\pi S_{ff}(\omega_3)}{2\xi_3 \omega_3^3}\right)$$
$$= (0.01036)^2(-52.36)^2\left(\frac{\pi\times 0.05}{2\times 0.02\times 14.0734^3}\right) + (-0.02330)^2(14.99)^2\left(\frac{\pi\times 0.05}{2\times 0.02\times 39.4368^3}\right)$$
$$+(0.01869)^2(-5.75)^2\left(\frac{\pi\times 0.05}{2\times 0.02\times 57.0001^3}\right) = 0.000423\ \mathrm{m}^2$$

(4) 변위응답의 표준편차

응답의 평균을 0이라고 가정할 경우, 응답의 표준편차는 다음과 같다.

$$\sigma_{u_1} = \sqrt{E[u_1^2]} = \sqrt{0.002101\ \mathrm{m}^2} = 0.0458\ \mathrm{m}$$
$$\sigma_{u_2} = \sqrt{E[u_2^2]} = \sqrt{0.001351\ \mathrm{m}^2} = 0.0368\ \mathrm{m}$$
$$\sigma_{u_3} = \sqrt{E[u_3^2]} = \sqrt{0.000423\ \mathrm{m}^2} = 0.0206\ \mathrm{m}$$

이야기: 피크계수(파고율, peak factor, crest factor)

(1) 피크계수를 사용하는 이유?

(2) 랜덤응답의 PSD를 구해서 최댓값을 구하는 것과 진동수영역방법으로 구한 응답을 푸리에 역변환 하는 것의 차이?

피크계수의 정의는 다음과 같다.

$$\gamma_p = \frac{\text{peak value}}{\text{RMS value}} = \frac{|u(t)|_{max}}{u_{rms}}$$

피크계수는 파형에서 어느 정도의 피크가 발생하는지를 나타낸다.

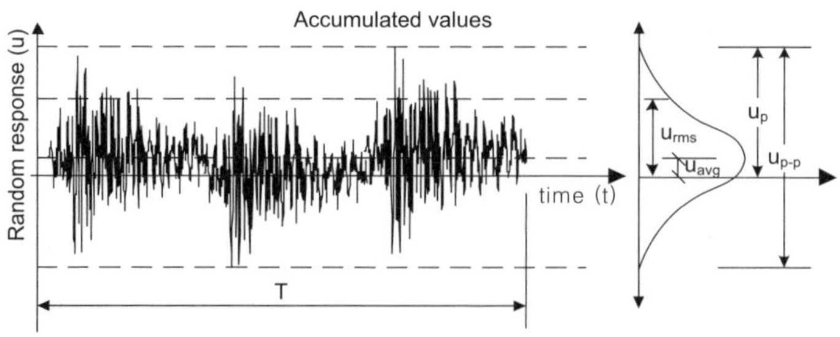

진폭이 1인 Sine 정현파의 경우에, RMS값은 0.707이므로, 피크계수는 1.414 ($=\frac{1}{0.707}$)이다. 따라서 이 파의 경우 1.414를 초과하는 피크계수가 관측된다면 이것은 온전한 Sine 정현

파의 진폭보다 큰 피크가 발생했다는 것을 의미한다.

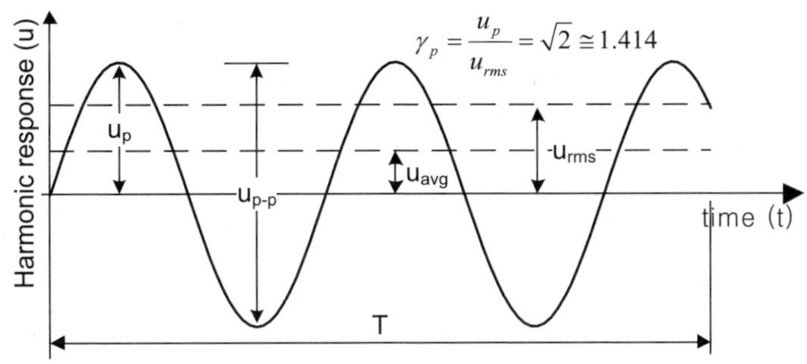

다음 2개의 그림은 진동수영역에서 동일한 스펙트럼을 갖는 충격신호와 랜덤신호를 나타낸다. 이 경우에 피크계수를 사용하면 진동수영역에서 나타낼 수 없는 시간영역에서 두 신호의 차이를 나타낼 수 있다.

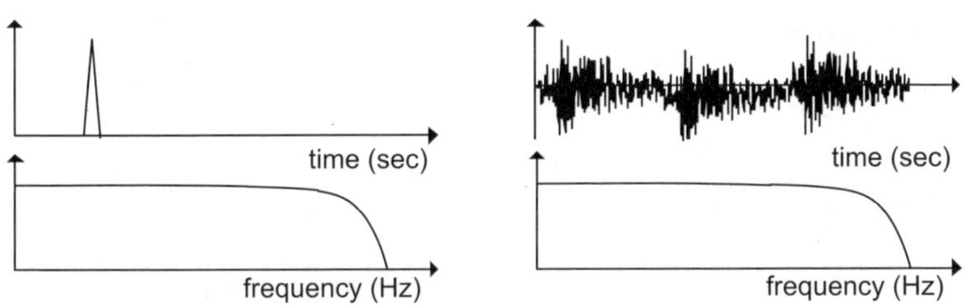

하중 $f(t)$를 알고 있다면, 이에 대응되는 응답 $u(t)$를 진동수영역방법 또는 시간영역방법 등으로 구할 수 있다(4.3.1절). 그러나 하중의 확률적 특성만을 알고 있다면, 이에 대응되는 응답의 확률적 특성만을 구할 수 있다(4.3.2절, 4.3.3절). 이 경우에 피크계수를 사용하여 진동수영역에서의 응답에서 시간영역에서의 최댓값을 근사적으로 추론할 수 있다(4.3.4절).

4.4 구조물의 파괴

4.4.1 파괴와 설계

랜덤하중을 받고 있는 어떤 구조물이 원래 의도된 기능을 만족하지 못할 경우, 이 구조물은 파괴되었다고 할 수 있다. 구조물(특히, 구조 부재) 관련 파괴 모드를 예로 들면 다음과 같다.

(1) 항복 (yielding)

(2) 과도한 변형 (excessive deformation)

(3) 취성파괴 (brittle fracture)

(4) 연성파괴 (ductile fracture)

(5) 좌굴 (buckling)

(6) 피로파괴 (fatigue fracture)

따라서 랜덤진동을 고려한 구조물의 설계목표는 구조물의 사용기간 중 구조물의 파괴확률이 허용값 이내가 되도록 안전하게 설계하는 것이다.

예를 들어, 구조물의 사용기간 중 다음과 같은 랜덤응력 $s(t)$를 받고 있는 구조물의 경우, 최대응력에 의해 항복, 파괴, 좌굴 등이 발생할 수 있으며, 반복된 응력으로 인해 구조부재에 피로파괴가 발생할 수 있다.

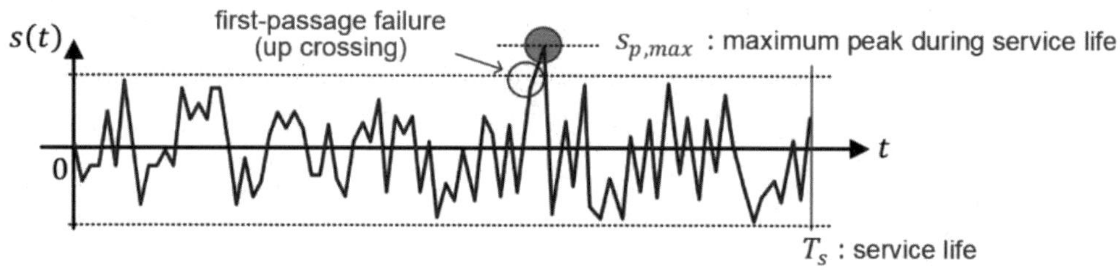

그림 4.4.1 랜덤응력 $s(t)$

랜덤하중을 받는 구조물의 대표적인 파괴경로(failure mechanics)는 다음과 같다.

(1) 첫 번째 한계초과파괴 (first-passage failure)

(2) 한계시간 초과파괴

(3) 피로파괴

동적 응답을 랜덤응력 $s(t)$라고 하여 각각의 파괴경로에 대해 다음에 설명하였다.

(1) 파괴 경로 1: 첫 번째 한계초과파괴

$s(t)$가 어떤 한계값 s_F을 첫 번째로 초과할 경우에 파괴가 발생한다.

(2) 파괴 경로 2: 한계시간 초과파괴

$s(t)$가 어떤 한계값 s_F을 어떤 시간 이상으로 초과할 경우에 파괴가 발생한다.

(3) 파괴 경로 3: 피로파괴

어떤 작은 손상들이 누적되어 피로파괴가 발생한다.

4.4.2 3-σ 설계

'3-σ 설계(three-sigma design)' 기준은 통상 구조물의 사용기간 중에 피로파괴 등이 발생가능성이 적은 구조물에 적용된다. '3-σ 법칙(three-sigma rule)' 또는 '68-95-99.7 법칙(68-95-99.7 rule)'이란 경험적인 법칙으로 정규분포를 갖는 값들 대부분은 $\mu \pm 3\sigma$이내에 놓여 있다는 법칙이다(여기서 μ와 σ는 각각 평균과 표준편차). 즉, 정규분포를 갖는 값들 가운데 약 68%가 $\mu \pm \sigma$ 이내에 놓여 있으며, 약 95%가 $\mu \pm 2\sigma$ 이내에 놓여 있고, 대부분의 값들(실제로는 99.7%의 값들)이 $\mu \pm 3\sigma$이내에 놓여 있다. 이 법칙은 정규분포를 갖는 값들에 대해 신속한 확률 추정을 위해 자주 사용된다.

예를 들어, 다음과 같이 랜덤하중을 받고 있는 일축부재를 3-σ 설계기준을 사용하여 단면적 A를 구하는 경우를 고려해 보자. 단면에 작용하는 응력 $s(t)$는 정상 정규 랜덤 프로세스(stationary normal random process)이며, 한계응력 r은 상수라고 하자. 이 경우, 3-σ 설계기준의 기본 형태는 다음과 같다.

$$r \geq 3\sigma_s$$

여기서 μ_s와 σ_s는 각각 $s(t)$의 평균과 표준편차이며, $\mu_s = 0$이다.

이 경우, $s(t)$는 정규분포를 가지므로

$$P[|s(t)| > 3\sigma_s] = 0.26\% \approx 0.3\%$$

이다. 따라서 $r = 3\sigma_s$라고 가정하면, 응력(s)이 한계값(r)을 초과할 확률은 대략 0.3%에 지나지 않는다. 더욱이 r 도 랜덤변수로 간주하여, 안전측으로 선정한다면, 실제 초과할 확률은 0.3%보다도 훨씬 적을 것이다.

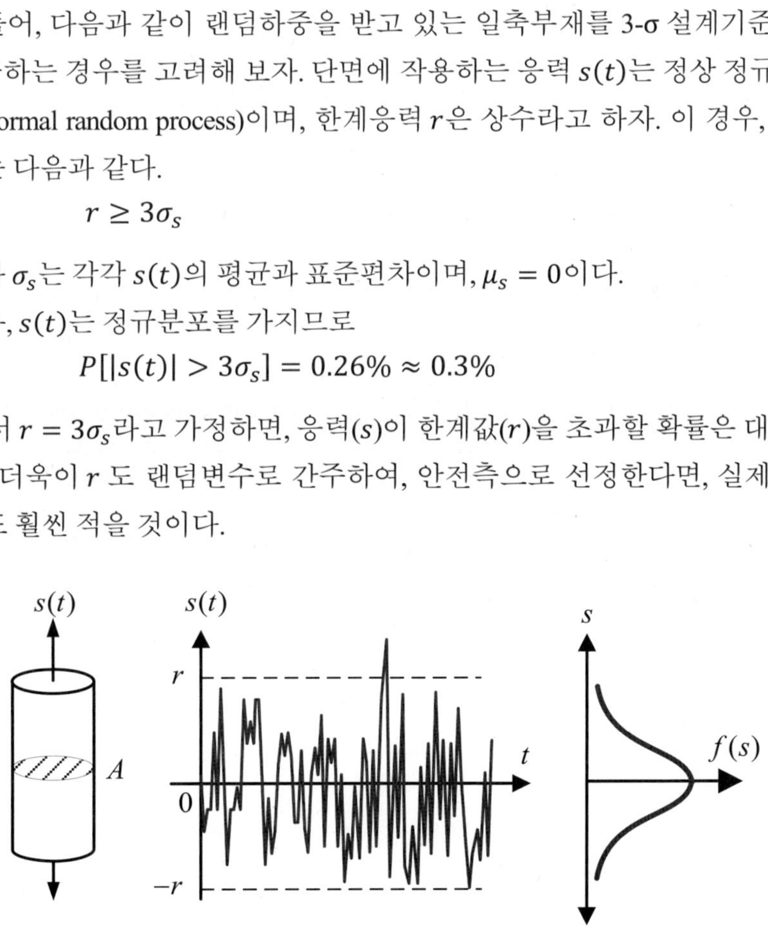

그림 4.4.2a 정상 정규 랜덤하중을 받는 일축부재

3-σ 설계를 좀더 일반화 하기 위해, (1) $\mu_s \neq 0$이며, (2) r은 평균과 표준편차가 각각 μ_r과 σ_r인 정규분포를 갖는 랜덤변수라고 하자. 이 경우, 3-σ 설계기준의 일반 형태는 다음과 같다.

$$\mu_r \geq \xi \sigma_s$$

여기서 ξ는 s의 변동계수(coefficient of variation)인 $\delta_s = \frac{\sigma_s}{\mu_s}$와 r의 변동계수인 $\delta_r = \frac{\sigma_r}{\mu_r}$의 함수이며, 통상 도표에서 설계기준에 적합한 값을 선정한다.

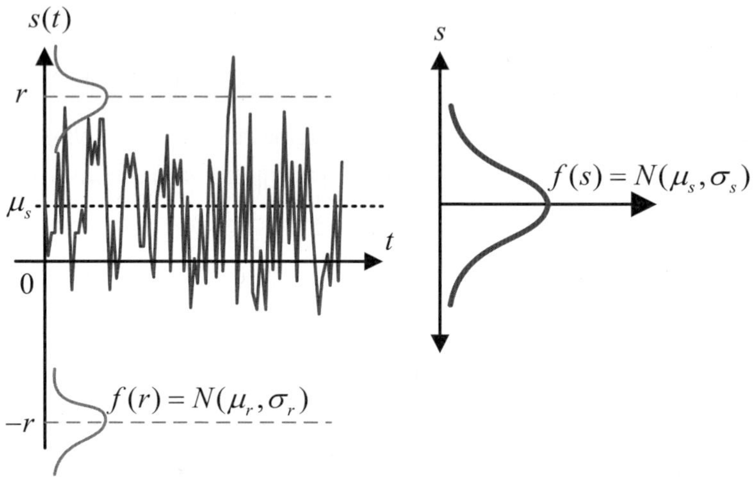

그림 4.4.2b 응력 및 한계값에 대한 정상 랜덤 프로세스

4.4.3 첫 번째 한계초과파괴(first-passage failure)

첫 번째로 $|s(t)| > r$가 발생하는 경우를 '첫 번째 한계초과파괴(first-passage failure)'라고 정의한다.

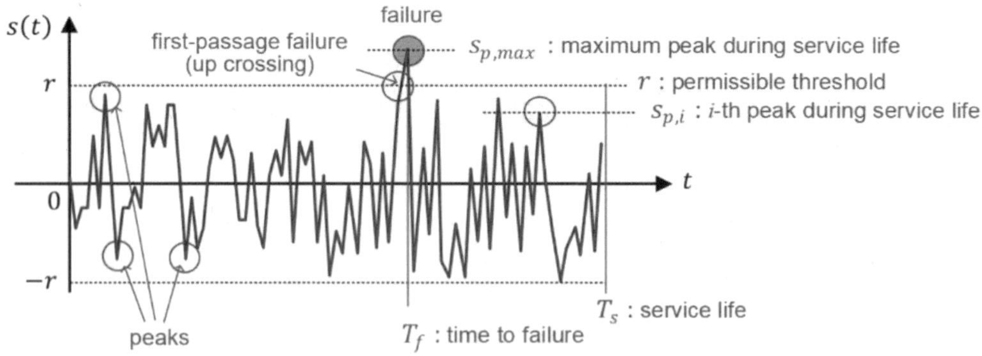

그림 4.4.3a 첫 번째 한계초과파괴(first-passage failure)

정상 랜덤 프로세스 $s(t)$에 대해, 사용기간(T_s) 이내에 파괴가 발생할 확률은

$$P_f = P[T_f < T_s]$$

이며, 만약 r이 시간의 함수가 아닌 상수라면 파괴가 발생할 확률은 다음과 같다.

$$P_f = P[s_{p,max} > r] = 1 - F_{s_{p,max}}(r)$$

여기서

$s_{p,max} = s(t)$의 최대 피크값

$F_{s_{p,max}}(r) = P[s_{p,max} \le r]$

일반적으로 $s(t)$는 광대역, 비정규 및 비정상 분포 특성을 가지므로, P_f를 산정하는 것은 매우 어려운 문제이다. 따라서 P_f를 실제 문제에 적용하기 위해 특수한 경우로 가정한다.

• 포아송 프로세스를 사용한 기본 정식화

$s(t)$가 $r(t)$보다 상대적으로 작기 때문에, $s(t)$가 $r(t)$를 초과할(crossing) 확률은 매우 낮다고 가정하자. 또한, $s(t)$가 $r(t)$를 상향 초과할(up crossing) 기대 횟수는 '포아송 프로세스(Poisson process)'를 따른다고 가정하자. 참고로 '포아송분포(Poisson distribution)'는 어떤 특정 시간구간 (λ)에서 어떤 사건이 독립적으로 발생하는 횟수를 나타내는 분포이며, 이 횟수를 n이라고 하면, n이 발생할 확률분포는 다음과 같다.

$$f(n) = \frac{\lambda^n e^{-\lambda}}{n!}$$

시간구간 Δt에서 $s(t) = r$을 상향 초과하지 않을 확률(즉, 파괴가 발생하지 않을 확률)은 다음과 같다.

$$1 - P_f = e^{-\nu_r^+ \Delta t}$$

여기서 P_f = 시간구간 Δt에서 첫 번째 한계초과파괴가 발생할 확률

$\nu_r^+ = t$시점에서 r을 상향 초과할 확률

이 식을 시간구간 Δt 대신에 사용기간(T_s)으로 확장하기 위해, 사용기간(T_s)을 Δt의 시간간격으로 분할하여 k개의 시간구간을 만들고, 각 구간별로 상향 초과한 사건들을 서로 독립이라고 가정하면, 사용기간(T_s)동안 상향 초과하지 않을 확률은 다음과 같다*.

$$1 - P_f = \prod_{i=1}^{k} e^{-\nu_r^+ \Delta t} = e^{-\sum_{i=1}^{k} \nu_r^+ \Delta t} \approx e^{-\int_0^{T_s} \nu_r^+ dt} \text{ as } \Delta t \to 0$$

따라서 최종적으로 사용기간(T_s)동안 첫 번째 한계초과파괴가 발생할 확률(P_f)은 다음과 같다.

$$P_f = 1 - e^{-\int_0^{T_s} \nu_r^+ dt}$$

여기서 P_f = 사용기간(T_s)동안 첫 번째 한계초과파괴가 발생할 확률

만약 $s(t)$가 정규 프로세스라면, ν_r^+는 다음과 같다.

---

* 합(sum): $\sum_{i=1}^{n} a_i = a_1 + a_2 + \cdots + a_n$

곱(product): $\prod_{i=1}^{n} a_i = a_1 \cdot a_2 \cdots a_n$

$$\nu_r^+ = \nu_o^+ e^{-\frac{1}{2}\left\{\frac{r(t)-\mu_S}{\sigma_S}\right\}^2}$$

여기서 ν_o^+는 $s(t)$가 0을 상향 초과할 확률이다.

이러한 ν_r^+는 피로로 인하여 균열의 성장하는 문제에 적용할 수 있다. 즉, 피로에 의해 균열이 성장함에 따라, 파괴기준 $r(t)$는 감소하고, $s(t)$가 감소된 한계 $r(t)$를 첫 번째로 초과할 때 파괴가 발생한다. 특별한 경우로 r이 시간과 무관한 상수라면, ν_r^+도 상수이므로, 테일러 급수(Taylor series)를 사용하여 근사한 파괴확률은 다음과 같다.

$$P_f = 1 - e^{-\nu_r^+ T_s} \approx \nu_r^+ T_s$$

• n개의 독립된 피크를 갖는 샘플에서 최댓값의 분포

첫 번째 한계초과파괴를 구하는 다른 방법으로 다음과 같이 '피크(peak; 첨두)'를 사용하는 방법이 있다. $s(t)$는 평균이 0인 정상 프로세스이고, r은 상수라고 하자. $s(t)$의 i번째 피크를 $s_{p,i}$라 하고, 피크들은 서로 독립이다. $s_{p,i}$는 랜덤 프로세스를 따르고, $s_{p,i}$의 분포함수는 $F_{s_{p,i}}(r)$이다.

$$F_{s_{p,i}}(r) = P\left[s_{p,i} < r\right] = s_{p,i}\text{가 } r\text{보다 작을 확률}$$

$s_{p,i}$가 r보다 작은 '경우(event; 사건)'를 $b_{p,i}$라 하고, n개의 피크를 갖는 샘플에서 $s_{p,max}$가 r보다 작은 경우를 $b_{p,max}$라고 하자. $s_{p,max}$가 r보다 작은 경우($b_{p,max}$)는 모든 $s_{p,i}$가 r보다 작은 경우($b_{p,i}$)와 동일하므로 다음과 같다*.

$$b_{p,max} = b_{p,1} \cap b_{p,2} \cap \cdots \cap b_{p,n} = \cap_{i=1}^{n} b_{p,i}$$

따라서 모든 $b_{p,i}$는 서로 독립이므로, $s_{p,max}$가 r보다 작은 확률은 다음과 같다.

$$P\left[b_{p,max} < r\right] = \prod_{i=1}^{n} P\left[b_{p,i} < r\right] = \left\{P\left[b_{p,i} < r\right]\right\}^n = \left\{P\left[s_{p,i} < r\right]\right\}^n = \left[F_{s_{p,i}}(r)\right]^n$$

또는 $P\left[b_{p,max} < r\right] = P\left[s_{p,max} < r\right] = F_{s_{p,max}}(r)$

마지막으로 첫 번째 한계초과파괴가 발생할 확률(즉, 적어도 하나의 피크가 r을 초과할 확률)은 다음과 같다.

$$P_f = 1 - P[\text{no peak exceeds } r] = 1 - P\left[b_{p,max} < r\right] = 1 - \left[F_{s_{p,i}}(r)\right]^n$$

또는 $P_f = 1 - F_{s_{p,max}}(r)$

• 극치분포를 사용한 최대 피크들의 분포 근사

샘플의 최댓값 또는 최솟값 만을 뽑아 만든 분포를 '(제1종 점근)극치분포(extreme value

---

* 교집합(intersection of two sets; cap): ∩
합집합(union of two sets; cup): ∪

distribution, EVD)'라 한다. 극치분포의 CDF(누적 분포 함수)는 다음과 같다.

$$F_{s_{p,max}}(r) = P[s_{p,max} < r] = e^{-e^{-\alpha(r-\beta)}}$$

여기서 극치분포의 평균과 표준편차는 다음과 같다.

$$\mu_{s_{p,max}}(r) = \beta + \frac{0.5772}{\alpha}, \qquad \sigma_{s_{p,max}} = \frac{\pi}{\sqrt{6}}\frac{1}{\alpha}$$

여기서 매개변수 α와 β는 n개 피크들의 분포로부터 다음과 같이 구할 수 있다.

$$\alpha = n\, f_{s_{p,max}}(\beta), \qquad \beta = F^{-1}_{s_{p,max}}\left(1 - \frac{1}{n}\right)$$

특별한 경우로, $s(t)$가 협대역 가우스 프로세스(narrow-band Gaussian process) 인 경우, 피크는 '레일리분포(Rayleigh distribution)'로 근사할 수 있다. 이 경우 극치분포의 평균과 표준편차는 $s(t)$의 표준편차 $\sigma_{s_{p,i}}$를 사용하여 근사적으로 나타내면 다음과 같다.

$$\mu_{s_{p,max}} = \left(\sqrt{2\ln n} + \frac{0.5772}{\sqrt{2\ln n}}\right)\sigma_{s_{p,i}}, \qquad \sigma_{s_{p,max}} = \frac{\pi}{\sqrt{6}}\frac{1}{\sqrt{2\ln n}}\sigma_{s_{p,i}}$$

여기서 $\alpha = \frac{\sqrt{2\ln n}}{\sigma_{s_{p,i}}}$이고, $\beta = \sqrt{2\ln n}\,\sigma_{s_{p,i}}$이다.

• 재현주기 개념을 사용한 설계값의 결정

재현주기를 사용하여, 안전계수를 사용하는 결정론적 설계에서 사용할 설계 피크($s_{p,design}$)를 구해 보자. 피크($s_{p,i}$)의 누적분포함수(CDF) $F_{s_{p,i}}(r)$은

$$F_{s_{p,i}}(r) = P[s_{p,i} \le r]$$

인 정상 프로세스이며, 구조물의 설계기간 T_s 동안에(또는 사용기간 동안에) n개의 피크를 갖는다고 하자. 설계피크($s_{p,design}$)를 초과확률이 $\frac{1}{n}$인 설계하중이라고 하자.

$$P[s_{p,i} > s_{p,design}] = 1 - F_{s_{p,i}}(s_{p,design}) = \frac{1}{n}$$

따라서 $s_{p,design}$의 '재현주기(return period)'는 $T_r = n$이다. 여기서 $s_{p,design}$는 평균적으로 매 n번 마다 한 번 초과할 피크($s_{p,i}$)이다.

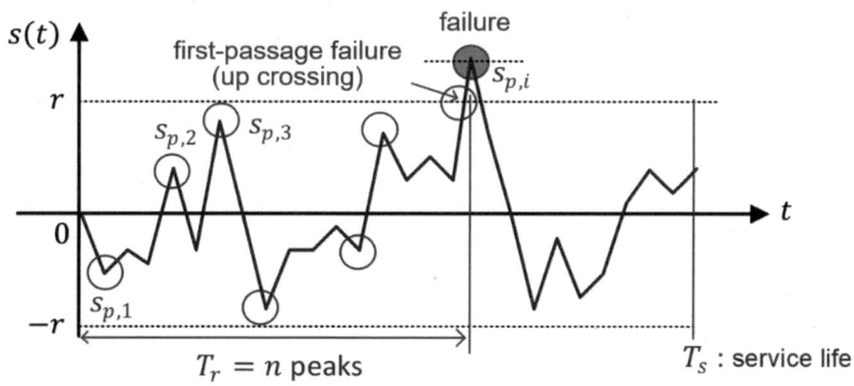

그림 4.4.3b 재현주기($T_r = n$번)와 첫 번째 한계초과파괴 확률($P = 1/n$)

4.4.4 피로파괴

• 피로 프로세스

응력집중이 발생하는 지점에서 작은 크기의 반복응력에도 '피로(fatigue)'에 의한 균열이 발생할 수 있다는 것을 나타낸다. 대략적인 경험법칙(rule of thumb)에 의하면 금속재료의 경우 이러한 균열이 발생하기 위해서는 응력집중이 발생하는 곳에서의 응력이 항복응력의 50%이상이 되어야 하지만, 사전 균열이나 결함이 있는 경우, 작은 크기의 응력에도 균열이 발생하여 성장할 수도 있다.

일단 균열이 발생하면, 주로 하중이 작용하는 방향과 직교하는 방향으로 균열은 성장하며, 이에 따라 유효단면은 감소하며, 결국 부재는 취성(brittle) 또는 연성(ductile) 파괴에 이른다. 피로설계에서 매우 중요한 설계 중에 하나이며, 일반적으로 금속재료와 관련이 있지만, 복합섬유 또는 콘크리트와 같은 금속 외의 다른 재료에서도 고려되기도 한다. 참고로 구조물의 공용기간 중에 관측된 금속재료파괴의 80~90%는 피로와 연관이 있는 것으로 알려져 있으며, 이러한 피로파괴는 주로 사전 예고 없이 갑작스럽게 발생하므로 치명적일 수도 있다.

피로파괴 모드가 발생하는 주요 이유와 이를 피하기 어려운 점은 다음과 같다.

(1) 피로 프로세스는 (피로시험 결과에서 알 수 있듯이) 분산 정도가 크므로 예측하기 어렵다.
(2) 피로시험 결과를 사용하여 현장에서 피로를 예측하기가 어렵다.
(3) 구조물의 사용기간 동안 작용하는 하중을 정확하게 모델링 하기가 어렵다.
(4) 구조물의 피로에 민감한 지점은 여러 복합적인 영향으로 인해 복잡한 응력 상태이다.

결론적으로 실제 구조물의 재료 피로는 여러 가지 다양한 프로세스의 매우 복잡한 상호작용과 관련되어 있어 파괴를 예측하기가 어렵다.

• S-N 선도 (S-N curve)

재료의 피로거동에 관한 공학적인 설명은 고전적인 '피로시험(fatigue test)'으로 확보할 수 있다. 시편은 피로파괴될 때까지 일정한 크기의(또는 일정한 범위의) 응력 S를 N회 반복하여 받는다. S와 N을 log-log 도표에 나타낸 것을 'S-N 선도(S-N curve)'라고 하며, 이 선도는 재료와 응력평균 등에 따라 영향을 받는다. 참고로 S-N 선도는 피로시험에서 구한 결과의 중앙값을 사용하기 보다 안전성을 고려하여 작은 값을 사용한다.

S-N 선도를 사용하여 피로강도를 다음과 같이 나타낸다.

$$N = N(S; \boldsymbol{A})$$

여기서 N은 피로파괴가 발생할 때까지의 반복횟수(cycles)이고, S는 응력크기 또는 응력범위이며, $\boldsymbol{A}$는 S-N 선도에 사용되는 매개변수 벡터이다. 참고로 데이터의 분산 등을 고려하기 위해 신뢰성 방법을 적용할 수도 있다.

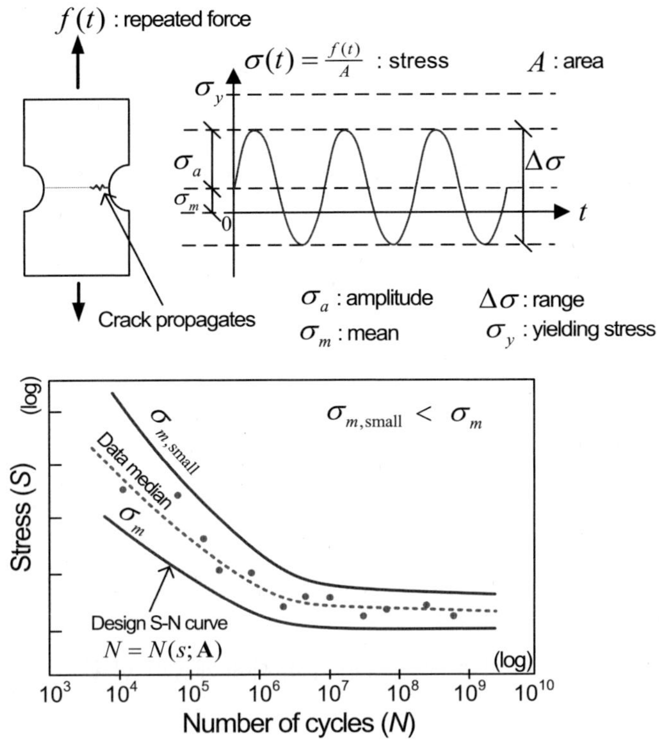

그림 4.4.4a 피로 프로세스 및 피로시험

• 피로강도 모델

피로강도를 나타내기 위해 세 가지 모델을 주로 사용한다.

(1) 응력기반 모델 (stress-based model)

반복응력을 받는 재료는 탄성영역에 있으며, 응력집중이 발생하는 지점에서의 응력(S)을 피로강도(N)와 함께 S-N선도로 나타낸다. 일반적으로 이 경우 N은 10^5을 초과하며, 이러한 파괴를 '고 사이클 피로(high cycle fatigue)'라 한다.

(2) 변형률기반 모델 (strain-based model)

피로파괴가 일어날 것 같은 지점에서의 응력과 변형률을 추정하고, 이 지점에서 국부 항복이 발생한다고 가정한다. 이 모델은 국부 항복과 재료의 응력-변형률 이력 관계도 고려하므로, 이 방법을 '국부 변형률 해석(local strain analysis)'라고도 한다. 랜덤응력을 부재에 가하였을 때, 고려된 지점은 랜덤이력 프로세스를 거쳐, N회 사이클 후에 균열이 생성된다. 균열이 발생하는데 필요한 사이클 수는 통상 10^5 미만이므로, 이러한 파괴를 '저 사이클 피로(low cycle fatigue)'라 한다.

(3) 파괴역학 모델 (fracture mechanics model)

용접결함 등을 포함한 부재에 존재하는 사전 균열이나 결함으로 인해 피로균열이 발생한다고 가정한다. 파괴역학 피로해석을 위한 중요한 매개변수는 다음과 같은 '응력강도계수(stress intensity factor, ΔK)'이다.

$$\Delta K = Y(a)\, S\, \sqrt{\pi a}$$

여기서 S는 응력크기(또는 응력범위)이고, a는 표면결함의 균열깊이(또는 깊은 결함 폭의 $\frac{1}{2}$이며, $Y(a)$는 형상계수(geometry factor)이며 균열크기, 구조형상, 원역응력(far-field stress)의 함수이다.

시험 데이터를 근거로 균열성장률(crack growth rate, $\frac{da}{dn}$)을 정의하며, 가장 널리 사용되는 균열성장률에 관한 '파리법칙(Paris law)'은 다음과 같다.

$$\frac{da}{dn} = C(\Delta K)^m$$

여기서 n은 사이클 수이며, C와 m은 경험 상수들이다.

파괴가 발생하는 사이클 수 N을 구하기 위해, 앞 식을 초기 균열길이(a_o)에서 한계 균열길이(a_f)까지 적분하면, 다음과 같다.

$$N = \frac{1}{S^m\, C\, \pi^{m/2}} \int_{a_o}^{a_f} \frac{1}{Y^m(a)\, a^{m/2}}\, da$$

여기서 N은 앞서 언급한 응력기반 모델에서와 유사하게 S의 함수인 것을 알 수 있다.

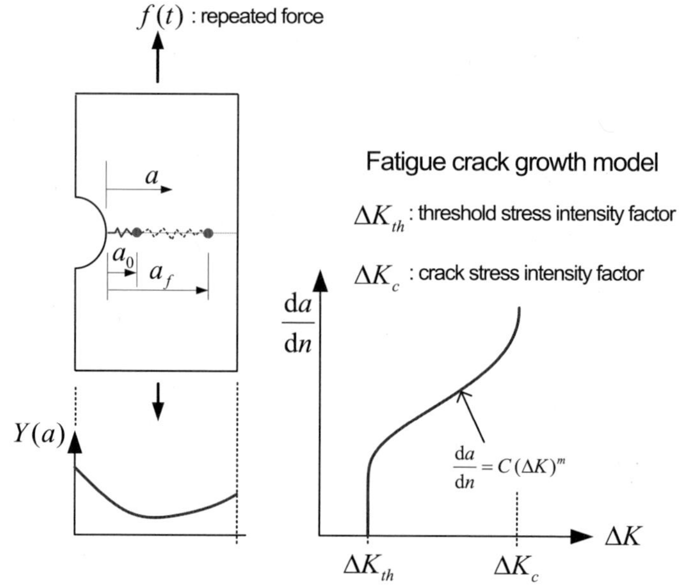

그림 4.4.4b 파괴역학 피로모델

• Miner 법칙

피로설계를 목적으로 이용 가능한 대부분의 자료들은 일정 진폭을 갖는 응력을 사용한 피로시험에 근거한다. 그러나 실제로 바람하중, 차량하중 등에 의한 피로응력은 하중에 따라 서로 특성들도 다를 뿐 아니라, 변하는 진폭과 랜덤특성을 갖는다. 요점은 일정 진폭의 응력을 사용하여 구한 피로시험 결과를 어떻게 실제 구조부재의 피로를 예측하는데 이용하는 방법을 찾는 것이다.

Collins(1981)는 피로시험의 일정 진폭 시험자료를 사용하여, 변하는 진폭의 응력을 받는 구조 부재의 피로수명을 예측하는 모델을 소개하였다. 그러나 선형손상법칙은 Palmgren(1924)에 의해 처음 제안되었고, Miner(1945)에 의해 발전되고 일반화 되었으며, 여전히 'Miner 법칙(Miner's rule)'은 세계적으로 모든 설계기준에서 사용되고 있다.

Miner 법칙은 '피로손상 선형축적(linear damage accumulation)의 개념'으로, 응력 프로세스를 이산 사건들(discrete events 또는 응력 사이클)로 나타낼 수 있고, 응력 사이클의 진폭에 대한 스펙트럼을 정의할 수 있다고 가정한다. 이러한 스펙트럼은 하중의 적용 순서 등과 같은 위상차에 관한 정보를 손실한다. 또한, 부재에 작용하는 응력을 나타낼 수 있는 S-N 선도가 있다고 가정한다.

다음에 응력 스펙트럼을 일렬의 일정 진폭 블록들(blocks)로 나타냈다. 여기서 각 블록들은 각각 S_i의 응력 크기와 N_i회의 사이클 수를 갖는다. S_1의 응력진폭을 갖는 첫 번째 블록의 경우, S-N 선도에서 알 수 있듯이 파괴가 발생하는 사이클 수는 N_1이다. 만약 $n_1 < N_1$이라면, 피로파괴가 발생할 만큼의 손상은 발생하지 않으며, 이 경우 피로손상은 선형적으로 축적된다고 가정하면, '부분손상(fractional damage)'인 $\frac{n_i}{N_i}$로 나타낼 수 있다. 참고로 만약 부분손상이 1이 되면(즉, $n_i = N_i$이면), 피로파괴가 발생한다.

k개의 일정진폭 응력블록들이 있다면, 누적손상(cumulative damage; cumulative fatigue damage; 누적피로손상도)은 각 블록들에서 구한 부분 손상들의 총합으로

$$D = \sum_{i=1}^{k} \frac{n_i}{N_i}$$

이며, 파괴가 발생하는 경우는 다음과 같다.

$$D \geq 1.0$$

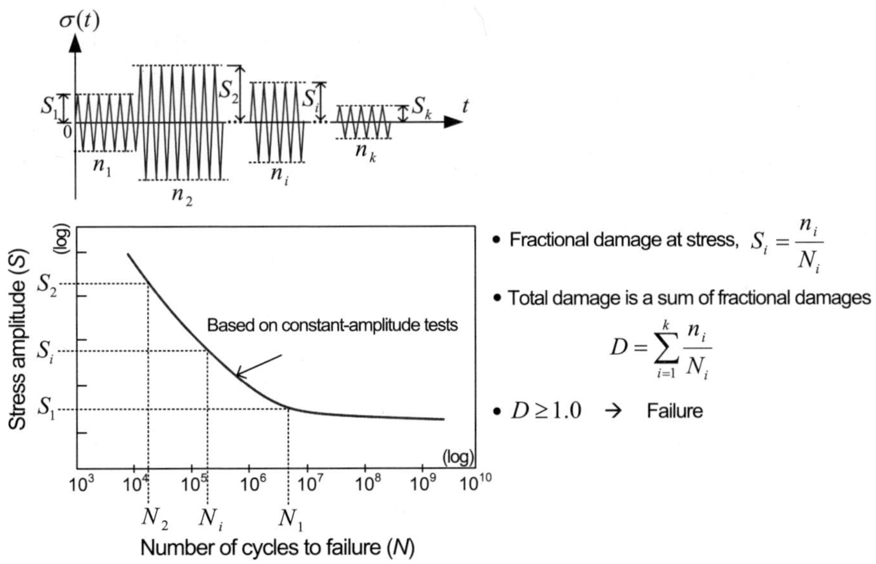

그림 4.4.4c Miner 법칙

• 피로해석

일반적인 피로해석방법은 주파수영역에서 표현된 하중을 푸리에 역변환을 사용하여 시간영역으로 변환한 후, 시간영역에서 하중을 다룬다. 시간영역에서 하중의 사이클을 계산하여 Range-Mean 행열을 구성하며, 각 사이클 별로 피로손상을 계산하여 피로수명을 계산한다. 이 방법은 실측한 피로시험 결과인 무한개의 변형률-시간 선도를 유한개의 사이클로 분리하여 일정한 시간마다 변형률의 크기를 조사하거나, 변형률의 최댓값과 최솟값을 파악하고, 변형률의 한계 범위를 설정한 후, 그 주기성을 탐지하여 평균 변형률을 계산하고 이를 토대로 하여 선형적인 S-N 선도에 적용한다.

그러나 주파수영역에서 표현되는 하중들은 대부분 위상각의 정보가 없는 스펙트럼밀도함수(또는 PSD 함수)형식으로 주어지기 때문에 시간영역으로 정확히 표현될 수가 없다. 따라서 랜덤이론을 사용하여 하중을 에르고딕 정상 가우스 랜덤파형으로 가정을 한 후, 랜덤위상각으로 변환한다. 이 방법은 간단히 주파수 영역의 하중데이터를 시간영역으로 변화하여 기존 피로해석방법을 사용하기 때문에 간편한 점이 있지만, 생성된 시간영역에서 하중데이터의 양이 많아지기 때문에 복잡해지고 피로해석시간도 많이 소요된다. 따라서 한편으로 주파수영역에서 표현되는 하중을 시간영역으로 변환함이 없이, 주파수 영역의 응력 스펙트럼밀도함수로부터 단품의 피로손상을 계산해 내고자 하는 연구가 진행되고 있다.

요약하면 일반적으로 임의로 구조물에 가해지는 모든 하중에 의한 구조물의 피로수명을 예측하기 위해, 하중의 전체에너지가 포함되어 있는 스펙트럼밀도함수를 적용하여 그 결과를 주파수영역에서 관찰하고 응력의 분포를 파악한 후, 시간영역으로 환산한다. 시간영역에서 진폭-시간 선도가 주파수영역에서 스펙트럼밀도함수-주파수로 대응하듯이, S-N선도에서 응력-사이클 수가 확률밀도함수(또는 PDF)-응력범위로 표현되는 것과 같다. 따라서 주파수영역에서의 진동하중에 의한 피로해석은 응력이력을 알 수 있는 유한요소해석 모델을 개발하고, 진동 하중에 관한 스펙트럼밀도함수를 생성하는 방법으로 이루어진다.

[예제] 4.4.3 극치분포: 설계파고

해양구조물의 설계에 사용되는 '설계폭풍(design storm)'은 지속시간이 3시간이며, 1,000개의 파(wave)를 갖는다. 이러한 해양폭풍의 파고는 레일리분포를 가지며, 파고의 RMS 값은 2.5m이다(즉, 유의파고는 $\mathrm{H}_{1/3} = 4\sigma = 4 \times \mathrm{RMS} = 10\mathrm{m}$이다). 설계파고를 극치분포(EVD)의 상위 95%로 정의를 할 때, 설계파고(design wave height, H_d)를 구하여라.

[풀이]

정수면(SWL, still water level) 기준으로 파의 평균높이는 0이라고 할 경우, $\sigma_{H_{p,i}} = 2.5\mathrm{m}$이다. 또한, 최댓값들은 레일리분포로 근사할 수 있는 (제1종 점근)극치분포(asymptotic extreme value distribution)를 따른다고 가정할 경우, $n = 1000$에 대해 평균과 표준편차는 다음과 같다.

$$\mu_{H_{p,max}} = \left(\sqrt{2\ln n} + \frac{0.5772}{\sqrt{2\ln n}}\right)\sigma_{H_{p,i}} = \left(\sqrt{2\ln 1000} + \frac{0.5772}{\sqrt{2\ln 1000}}\right) \times 2.5 = 3.8722 \times 2.5 = 9.6805\ \mathrm{m}$$

$$\sigma_{H_{p,max}} = \frac{\pi}{\sqrt{6}}\frac{1}{\sqrt{2\ln n}}\sigma_{H_{p,i}} = \frac{\pi}{\sqrt{6}}\frac{1}{\sqrt{2\ln 1000}} \times 2.5 = 0.3451 \times 2.5 = 0.8626\ \mathrm{m}$$

따라서 극치분포의 계수인 α와 β를 구하면 다음과 같다.

$$\alpha = \frac{\pi}{\sqrt{6}}\frac{1}{\sigma_{H_{p,max}}} = \frac{\pi}{\sqrt{6}}\frac{1}{0.8626} = 1.4868$$

$$\beta = \mu_{H_{p,max}} - \frac{0.5772}{\alpha} = 9.6805 - \frac{0.5772}{1.4868} = 9.2923$$

설계파고는 극치분포의 상위 95%에 해당되는 값이므로 다음과 같다.

$$F_{H_{p,max}}(H_d) = P\left[H_{p,max} < H_d\right] = e^{-e^{-\alpha(H_d-\beta)}} = e^{-e^{-1.4868(H_d-9.2923)}} = 0.95$$

$$\rightarrow \therefore H_d = \beta - \frac{\ln\left\{-\ln F_{H_{p,max}}\right\}}{\alpha} = 9.2923 - \frac{\ln\{-\ln 0.95\}}{1.4868} = 9.2923 + 1.9978 = 11.2901\ \mathrm{m}$$

[참조]

지속시간이 3시간이며, 그 동안 1,000개의 파를 발생하는 설계폭풍의 1개 파는 평균적으로 대략 10초의 주기를 갖는다.

$$\frac{3\ \mathrm{hr}}{1000\ \mathrm{waves}} \times \frac{3600\ \mathrm{sec}}{1\ \mathrm{hr}} = 10.8\frac{\mathrm{sec}}{\mathrm{wave}}$$

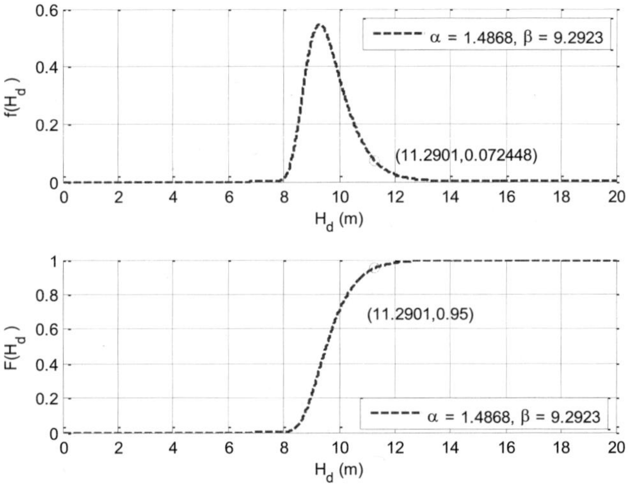

[예제] 4.4.3 와이불분포: 재현주기와 설계하중

구조물에 작용하는 하중의 피크값들은 평균이 10이며, 표준편차가 4인 와이불분포(Weibull distribution)를 갖는다. 이 하중이 구조물에 20,000 사이클(cycles)만큼 작용하는 기간을 구조물의 사용기간(service life)이라 정의할 경우, 구조물의 사용기간의 2배를 재현주기(return period)로 하기 위한 설계하중($s_{p,design}$)을 산정하여라.

[풀이]

재현주기, $T_r = n = 2 \times 20{,}000 = 40{,}000$이므로,

$$P\left[s_{p,i} > s_{p,design}\right] = 1 - F_{s_{p,i}}\left(s_{p,design}\right) = \frac{1}{n} = \frac{1}{40000} = 2.5 \times 10^{-5}$$

이다. 또한, 평균과 표준편차를 사용하여 와이불분포의 매개변수를 구하면 다음과 같다.

$$\alpha = \delta_p^{-1.08} = \left(\frac{\sigma_p}{\mu_p}\right)^{-1.08} = \left(\frac{4}{10}\right)^{-1.08} = 2.69$$

$$\beta = \frac{\mu_p}{\Gamma\left(1+\frac{1}{\alpha}\right)} = \frac{10}{\Gamma\left(1+\frac{1}{2.69}\right)} = 11.25$$

따라서 피크($s_{p,i}$)의 누적분포함수(CDF) $F_{s_{p,i}}(s_{p,i})$는

$$F_{s_{p,i}}\left(s_{p,design}\right) = P\left[s_{p,i} < s_{p,design}\right] = 1 - e^{-\left(\frac{s_{p,design}}{\beta}\right)^{\alpha}} = 1 - e^{-\left(\frac{s_{p,design}}{11.25}\right)^{2.69}} = 1 - \frac{1}{40000}$$

이므로, 설계하중은 다음과 같다.

$s_{p,design} = 27.1$

즉, 하중은 평균적으로 매 40,000사이클 마다 한 번 27.1을 초과한다.

참고로 사용기간 동안 설계값을 초과할 확률은

$$F_{s_{p,max}}(s_{p,design}) = P[s_{p,max} \le s_{p,design}] = P[\text{all } s_{p,i} \le s_{p,design}] = \prod_{i=1}^{n} P[s_{p,i} \le s_{p,design}]$$
$$= \{P[s_{p,i} \le s_{p,design}]\}^n = \{F_{s_{p,i}}(s_{p,design})\}^n = \{1 - \tfrac{1}{n}\}^n$$

이므로, $n = 40{,}000$일 경우, $F_{s_{p,max}}(27.1) = 0.368$이다.

[예제] 4.4.4 피로파괴: 누적피로손상도

무근콘크리트 부재가 그림 (a)와 같이 5년에 걸쳐 압축응력을 반복해서 받고 있다. 이 부재의 누적피로손상도를 구하시오. (단, 콘크리트의 압축강도는 30MPa, 그림 (b)는 압축강도 피로시험결과 S-N곡선) (기술사, 토목구조, 92회, 2010년)

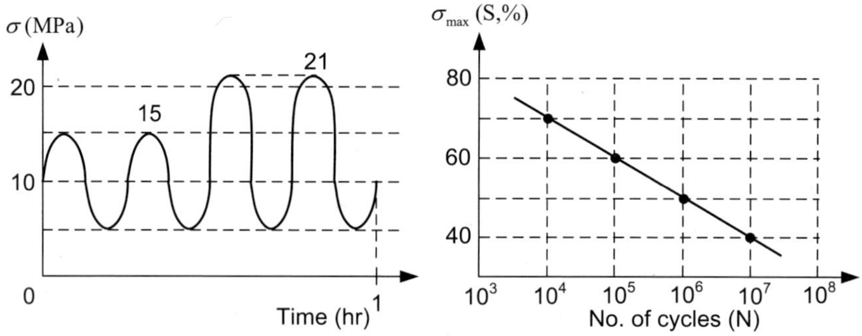

(a) repeated compressive stress (b) S-N curve of concrete

[풀이]

(1) 15 및 21MPa에 대응하는 최대응력도(%)와 최대 사이클 수

$S_{15} = \frac{15}{30} \times 100 = 50\% \rightarrow N_{15} = 10^6$

$S_{21} = \frac{21}{30} \times 100 = 70\% \rightarrow N_{21} = 10^4$

(2) 5년 동안 15 및 21MPa를 받는 사이클 수

$n_{15} = 5 \text{ yrs} \times \frac{365 \text{ days}}{1 \text{ yr}} \times \frac{24 \text{ hrs}}{1 \text{ day}} \times \frac{2 \text{ cycles}}{1 \text{ hr}} = 87{,}600 \text{ cycles}$

$n_{21} = 5 \text{ yrs} \times \frac{365 \text{ days}}{1 \text{ yr}} \times \frac{24 \text{ hrs}}{1 \text{ day}} \times \frac{2 \text{ cycles}}{1 \text{ hr}} = 87{,}600 \text{ cycles}$

(3) 5년 동안 15 및 21MPa에 의해 축적된 누적피로손상도

$D = \sum_{i=1}^{k} \frac{n_i}{N_i} = \frac{n_{15}}{N_{15}} + \frac{n_{21}}{N_{21}} = \frac{87600}{10^6} + \frac{87600}{10^4} = 0.0876 + 8.76 = 8.8476 > 1 \text{ (Failure)}$

4.5 신뢰성 해석 (신뢰도 해석)

4.5.1 개요

구조물은 불확실성이 큰 환경에 장기간 노출되므로, 구조물의 성능평가를 위해서는 이에 영향을 미치는 다양한 인자들의 '불확실성(uncertainty)'을 고려해야 한다. 여기서 불확실성이란 '확실하지 않은 값을 갖고 있다'는 것으로, 구조계의 불확실성은 크게 다음과 같이 구분한다.

(1) 재료의 불확실성

(2) 기하학적 불확실성

(3) 외력의 불확실성

구조물 성능평가를 위해서는 구조계에 존재하는 여러 가지 불확실성을 합리적으로 고려하고, 그에 따른 영향을 정량적으로 산정하기 위한 해석을 '신뢰성 해석(reliability analysis)'이라 한다. 신뢰성 해석은 구조물의 파괴 가능성을 '정량적인 파괴확률'로 산정한다는 점에서 기존의 정성적인 입장에서 '안전계수'를 이용하는 해석보다 합리적일 수 있다(양영순 등, 1999).

'한계상태(limit state)'란 구조물의 요구되는 성능을 상실했을 때의 상태를 말하며, 구조물의 신뢰성 해석에서 한계상태는 크게 다음과 같이 구분한다.

(1) 극한한계상태 (ultimate limit state)

(2) 사용한계상태 (serviceability limit state)

(3) 피로한계상태 (fatigue limit state)

하나 혹은 여러 개의 파괴모드와 관련된 변수들의 불확실성을 고려하여 각 파괴모드에 대해 허용 파괴확률(acceptable probability)을 결정하거나, 허용 파괴확률을 기준으로 하여구조물의 '사용년수(내용년수, 耐用年數, expected life)'를 결정할 수도 있다.

신뢰성 해석에서 구조물의 안전과 파괴를 판단할 수 있는 기준을 '한계상태함수(g, limit state function, LSF)'라 한다. 한계상태함수는 구조물에 가해지는 하중(S)과 그에 대한 저항(R)으로 나타낸다. 여기서 한계상태는 안전 상태($g > 0$)와 파괴 상태(불안전 상태, $g < 0$)의 경계에 상응하는 $g = 0$을 의미한다.

$$g(R, S) = R - S$$

구조물은 저항(R)이 하중(S)보다 클 때 안전하며(즉, $g > 0$), 구조물의 파괴확률(probability of failure, P_f)은 한계상태함수(g)가 영(0)보다 작을 확률(즉, $g < 0$)을 나타낸다.

$$P_f = P[R - S < 0] = P[g < 0]$$

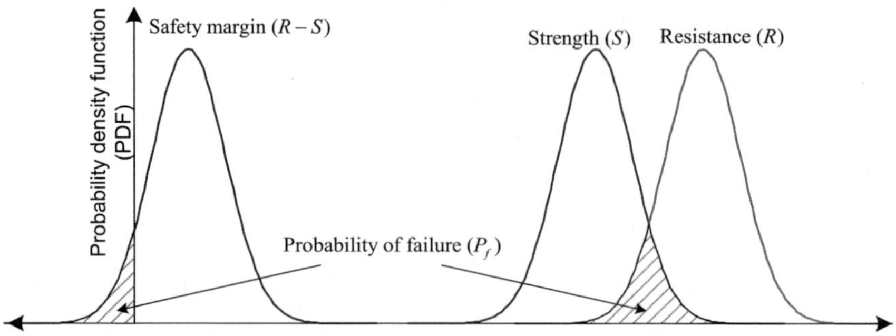

그림 4.5.1a 하중(S), 저항(R), 안전여유($S-R$)의 확률밀도함수(PDF)

신뢰성 지수(reliability index, 신뢰도 지수, β)는 변동계수(coefficient of variation, COV, $\delta=\frac{\sigma}{\mu}$)의 역수이며, 표준화변수(reduced variable) 공간에서 원점에서부터 한계상태 $g(R,S)=0$가 나타내는 직선까지의 가장 짧은 직선거리이다.

$$\beta=\frac{\mu_R-\mu_S}{\sqrt{\sigma_R^2+\sigma_S^2}}$$

여기서 μ와 σ는 각 확률변수의 평균과 표준편차이고, '표준화변수'란 무차원의 표준화된 형식, 즉, $N(0,1^2)$인 분포로 변환시킨 확률변수이다. 예를 들어, 하중(S)과 저항(R)을 표준화변수 S'과 R'로 변환하면 다음과 같다.

$$R'=\frac{R-\mu_R}{\sigma_R},\quad S'=\frac{S-\mu_S}{\sigma_S}$$

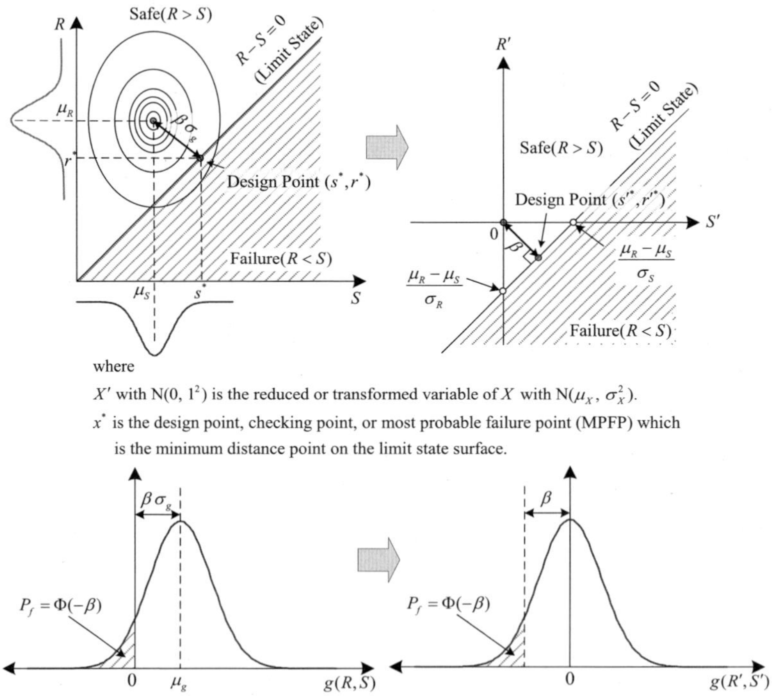

그림 4.5.1b 2차원 변수 공간과 표준화변수 공간

구조물의 안전성을 확률론적으로 평가하는 신뢰성 해석방법은 크게 Level I, II 및 III 방법으로 구분한다.

(1) Level I 방법 (하중저항계수설계법, LRFD법)

'목표 신뢰성 지수(target reliability index, 목표 신뢰도 지수)'로 표현된 구조물의 안전성을 보장하기 위해 하중성분(S)과 저항성분(R)의 각 확률변수에 대해 '부분안전계수(partial safety factor)'를 적용하여 설계단계에서 이 계수를 이용할 수 있도록 개발된 방법이다.

(2) Level II 방법 (FOSM 방법: 1계2차모멘트법; SOSM 방법: 2계2차모멘트법)

각 확률변수의 평균과 분산, 그리고 분포를 이용하여, 구조물의 파괴확률을 나타내는 지표인 신뢰성 지수를 근사적으로 산정하는 방법으로 '모멘트 방법(moment method)'이라고도 한다.

(3) Level III 방법 (Monte Carlo simulation 방법, MCS 방법)

구조물의 파괴에 관련된 모든 확률변수들의 평균, 분산 및 결합확률밀도함수를 이용하여 한계상태함수가 0보다 작을 확률(즉, 파괴확률)을 상대적으로 정확하게 산정하는 방법이다. 이 방법은 구조물의 파괴확률을 직접 계산하는 가장 기본적인 방법으로, 충분한 회수의 시뮬레이션을 반복하여 파괴확률을 근사적으로 산정하므로 '시뮬레이션 방법(추출법)'이라고도 한다.

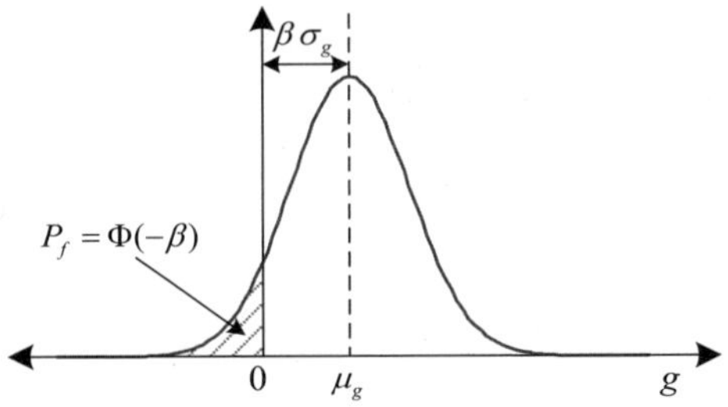

(a) Probability concept

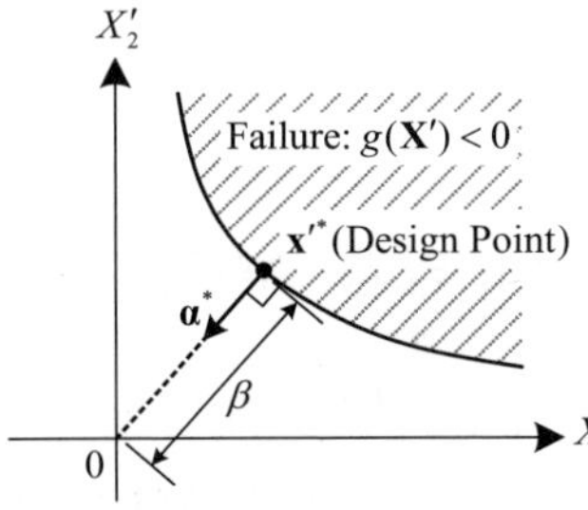

(b) Nonlinear limit state function on the space of reduced variables

그림 4.5.1c Level II 방법에서의 신뢰성 지수

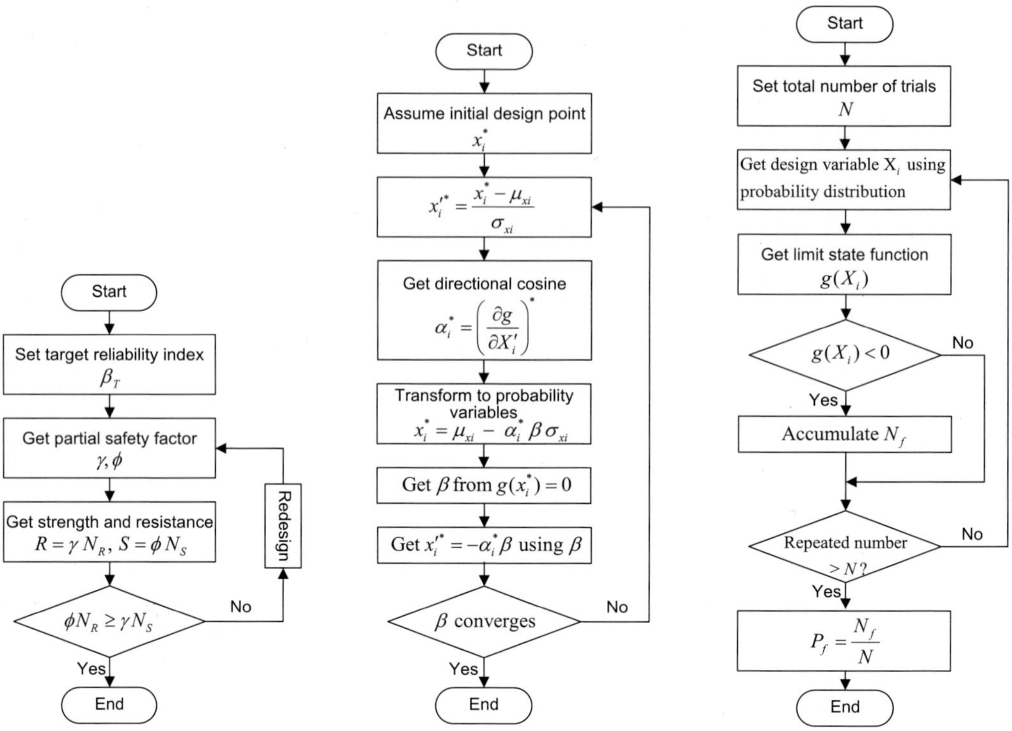

(a) Level I (b) Level II (c) Level III

그림 4.5.1d 방법에 따른 신뢰성 설계 순서도

4.5.2 Level II 방법: AFOSM 방법

구조물의 신뢰성 설계 및 성능평가를 위하여, 실제 복잡한 구조물에 실용적으로 적용할 수 있는 Level II 방법 중에 하나인 AFOSM 방법(Advanced FOSM 방법)을 위주로 신뢰성 해석 절차에 대한 예제를 기술하였다 [상세 해설은 연습문제 참조].

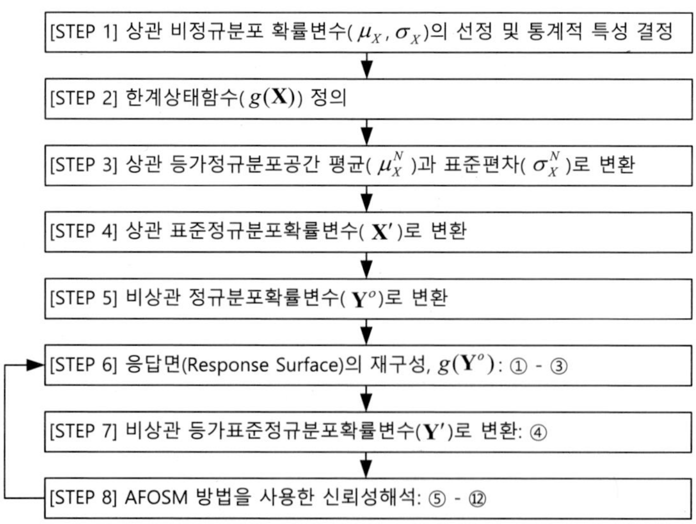

그림 4.5.2 Level II 방법: AFOSM 방법

• [STEP 1] 상관 비정규분포 확률변수(X_i)의 선정 및 통계적 특성 결정

서로 상관되어 있고 비정규분포 특성을 갖는 확률변수($X_i, i = 1, \cdots, 4$)를 가정한다.

• [STEP 2] 한계상태함수, $g(\boldsymbol{X})$ 정의

구조물의 수치해석으로 구조물의 응답(Δ_{allow})을 얻은 후, 사용성 측면에서 한계상태함수(Limit State Function: LSF)를 정의한다.

• [STEP 3] 상관 등가정규분포공간 평균(μ_X^N)과 표준편차(σ_X^N)로 변환

대부분의 모멘트방법은 표준정규분포 확률변수의 공간상에서 기하학적으로 정의되는 신뢰도지수(β)를 계산하여 간접적으로 파괴확률을 산정하므로, 엄밀한 의미에서 한계상태함수를 정의하는 모든 확률변수가 정규분포일 경우에만 이러한 모멘트방법을 사용할 수 있다. 따라서 비정규분포 확률변수를 적용하기 위해서는 이러한 변수들을 적절한 변환 방법을 사용하여 등가정규분포확률변수로 변환하여야 하며, 일반적으로 이를 위해 Rackwitz-Fiesseler 변환 방법과 Rosenblatt 변환 방법이 사용된다.

상관 비정규분포확률변수의 평균(μ_X)과 표준편차(σ_X)를 상관 등가정규분포확률변수의 평균(μ_X^N)과 표준편차(σ_X^N)로 변환한다. 대수정규분포, Weibull 분포, TYPE I 극치분포에 대하여 Rackwitz-Fiesseler 변환 방법을 사용하여 평균(μ_X^N)과 표준편차(σ_X^N)를 구할 수 있다.

• [STEP 4] 상관 정규분포확률변수($\boldsymbol{X}$)에서 상관 표준정규분포확률변수($\boldsymbol{X}'$)로 변환

상관된 정규분포확률변수($\boldsymbol{X}$)를 상관 표준정규분포확률변수($\boldsymbol{X}'$)로 변환한다.

• [STEP 5] 상관 표준정규분포확률변수($\boldsymbol{X}'$)에서 비상관 정규분포확률변수($\boldsymbol{Y}^o$)로 변환

상관 확률변수들(X)의 상관관계가 공분산 행렬(Covariance matrix)로 정의될 경우에 비상관 확률변수들(Y)로 변환한다.

• [STEP 6] 응답면(Response Surface)의 재구성, $g(\boldsymbol{Y}^o)$

적은 횟수의 구조해석의 결과를 이용하여, 회귀분석 등의 방법으로 관심 있는 응답을 확률변수의 함수로 명시적(explicit)으로 근사한 후, 근사 한계상태함수를 이용하여 신뢰성 해석을 수행한다.

• [STEP 7] 비상관 정규분포확률변수($\boldsymbol{Y}^o$)에서 비상관 등가표준정규분포확률변수($\boldsymbol{Y}'$)로 변환

등가정규분포로의 확률변수의 변환의 목적은 FORM, 즉 MV FOSM, Hasofer -Lind의 개선된 일계이차모멘트법(AFOSM 1 Method) 또는 AFOSM 2 Method 적용을 위해서는 (비)정규분포 공간에서의 모든 확률변수가 등가표준정규분포공간에서의 확률변수로 변환되어 정의되어

야 하기 때문이다.

- [STEP 8] AFOSM 방법을 사용한 신뢰성해석
  - (1) 민감도(Sensitivity: α) 계산
  - (2) 신뢰성지수 (Probability Index: β) 계산
  - (3) 파괴확률(P_f) 계산

4.5.3 Level III 방법: MCS 방법

구조물의 파괴를 정의하는 한계상태식이 $g(\boldsymbol{X})$로 주어지고, 확률변수들의 PDF가 $f_{\boldsymbol{X}}(\boldsymbol{X})$와 같을 때, 파괴확률 P_f는 다음과 같이 정의할 수 있다.

$$P_f = \int_{g(\boldsymbol{X})} f_{\boldsymbol{X}}(\boldsymbol{X}) d\boldsymbol{X}$$

그러나 한계상태식의 비선형성이 심한 경우 적분경로와 PDF를 파악하기가 거의 불가능할 뿐만 아니라 해석적인 방법으로 정확해를 구하는 것은 매우 어렵다.

'MCS 방법(Monte Carlo Simulation 방법)'은 앞 식과 같이 정의되는 파괴확률을 근사적으로 추정하는 가장 보편적인 방법 중에 하나이다. 즉, 확률변수들의 결합 PDF를 이용하여 각 확률변수의 분포특성이 반영된 난수(random number)를 추출하여 충분한 수의 확률변수의 표본집단(set)을 생성한 다음, 생성된 각 확률변수의 값을 차례로 한계상태식에 대입하여 그 값이 0보다 큰지 작은지, 즉, 구조물이 안전한지 파괴가 되는지를 판단한다. 그 결과로 모두 N개의 확률변수 set를 추출하였을 때, 한계상태식이 0보다 작은 경우가 N_f번 관측되었다면, 파괴확률 P_f는 다음과 같이 근사할 수 있다.

$$P_f = \frac{N_f}{N}$$

이와 같이 MCS 방법은 기본 개념이 단순할 뿐 아니라, 한계상태식에 대해 어떠한 변형도 가하지 않고 원래의 형태를 보존하여 파괴확률을 구할 수 있다는 장점이 있다. 특히, 한계상태식이 명시적인 형태로 주어지지 않은 경우에도 파괴여부에 대한 판단을 내릴 수만 있다면 쉽게 이용할 수 있다. 그러나 앞 식으로 추정한 파괴확률의 정확성을 보장하기 위해서는 N값이 충분히 커야 하며, 특히, P_f가 작을수록 동일한 수준의 정확성을 위해 N값이 더 커져야 한다. 일반적으로 MCS 방법에서 추정된 파괴확률이 적절한 신뢰도를 갖기 위한 전체 추출횟수 N값은 다음과 같다.

$$N \geq \frac{10}{P_f} \text{ or } \frac{100}{P_f}$$

MCS 방법을 사용한 구조 신뢰성 해석은 확률변수의 전체 영역에서 난수를 추출하므로, 특히, 파괴확률이 작은 경우에는 추출횟수를 충분히 크게 하여야 오차를 줄일 수 있다. 즉, 대

부분 구조물은 $P_f \leq \frac{1}{10,000}$로 설계되므로, MCS 방법으로 구조물의 안전성을 검토하기 위해서는 매우 많은 횟수(100,000 ~ 1,000,000)의 추출이 필요하다.

적은 추출횟수로도 구조물의 파괴확률을 추정할 수 있는 방법의 개발되어 왔으며, 다음에 그 방법 중에 하나로 'Latin Hypercube 추출법(Latin Hypercube sampling method, LHS 방법)'을 CDF를 사용하여 비교·설명하였다.

• CDF(누적분포함수)와 추출(sampling)

CDF를 사용하여 추출법을 비교·검토할 수 있다. 모든 PDF(확률밀도함수)는 다음과 같이 CDF로 나타낼 수 있다. CDF에서 세로축은 추출 과정에서 생성된 난수(random number)의 범위를 나타낸다. MCS 추출의 경우에 일반적으로 0과 1 사이의 등분포 난수를 생성하며, 생성된 난수에 해당하는 CDF 값을 추출한다. 다음 그림에 나타낸 CDF에서 만약 난수 0.5를 생성하였다면, 이에 해당하는 추출값은 u_{median}이다. CDF의 형상은 입력확률분포의 형상에 근거하므로, 입력확률분포에서 가장 확률이 큰 값이 추출될 가능성도 가장 클 것이다. 즉, 가장 많이 추출되는 값은 CDF의 기울기가 가장 급한 부분이다.

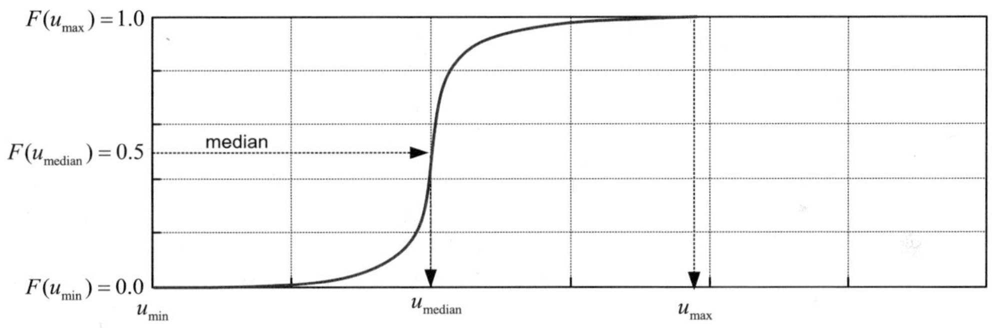

그림 4.5.3a CDF와 추출

• Monte Carlo 추출

Monte Carlo* 추출은 난수를 사용하여 확률분포에 맞는 값을 추출하는 고전적 방법이다. CDF에서 Monte Carlo 추출은 매번 0과 1 사이의 새로운 난수를 사용한다. 충분한 난수를 생성한다면 Monte Carlo 추출은 입력분포를 재생성하지만, 생성된 난수가 충분하지 않을 경우에 '클러스터링(clustering, 군집화)' 문제가 발생한다. 다음에 추출을 5번 수행한 후 발생한 클러스터링을 예시하였다. 추출된 5개 표본은 분포의 중앙에만 분포하므로, 분포의 바깥 영역 값들을 추출된 표본으로 나타낼 수가 없고 시뮬레이션 결과에도 반영할 수가 없다. 클러스터링 효과는 어떤 분포에서 작은 파괴확률을 구하고자 할 때 두드러진다. 예를 들어, 매우 작은 파괴확률을 Monte Carlo 추출로 나타내고자 할 때, 추출 횟수가 충분하지 않다면 (클러스터링의 바깥

* Monte Carlo는 세계 2차 대전 와중에 원자폭탄 개발과 관련된 문제를 시뮬레이션 하기 위한 코드 이름이다.

영역에 존재하는) 이러한 작은 파괴확률을 정확하게 나타낼 수가 없을 것이다.

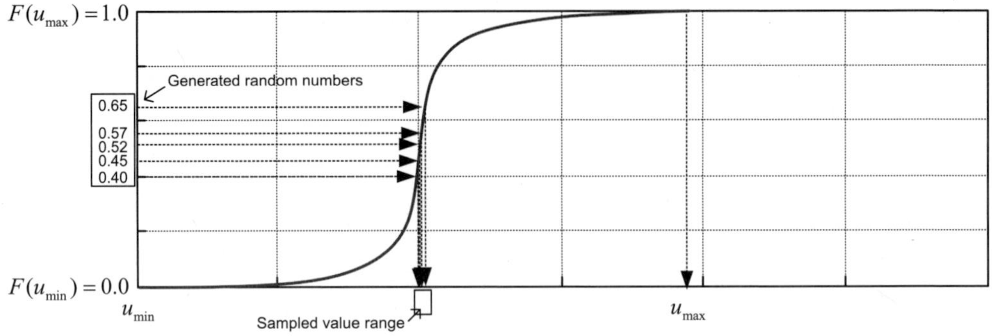

그림 4.5.3b Monte Carlo 추출과 클러스터링(clustering, 군집화)

• Latin Hypercube 추출

Latin Hypercube 추출법은 Monte Carlo 추출법에 비해 적은 추출로도 보다 정확하게 입력확률분포를 재생성하도록 고안된 방법이다. Latin Hypercube 추출의 핵심은 입력 확률분포의 '층화(stratification)'이다. 0에서 1까지 변하는 누적확률구간을 등간격으로 분할하고(즉, 층화하고), 입력분포의 각 층에서 무작위로 표본을 추출한다. 각 층에서 추출된 표본은 각 층의 대푯값이므로, 이 값들을 사용하면 입력확률분포를 재생성할 수 있다. 다음에 보인 그림은 5개의 구간으로 층화한 CDF를 나타낸다. 각 구간별로 표본을 추출한다. 앞서 군집화된 5개 표본을 추출한 Monte Carlo 추출법과 비교할 때, Latin Hypercube 추출법은 입력확률분포에서의 분포값을 더 정확하게 나타낼 수 있다. Latin Hypercube 추출은 각 층에 대해 1번씩만 추출을 수행하는 '비복원 추출(sampling without replacement)'이다. 즉, 층화된 층의 개수와 추출횟수는 서로 동일하다. 다음 그림의 경우 5개의 층이 있고, 모든 층에 대해 1번씩 추출이 수행되므로 총 5번의 추출이 수행된다.

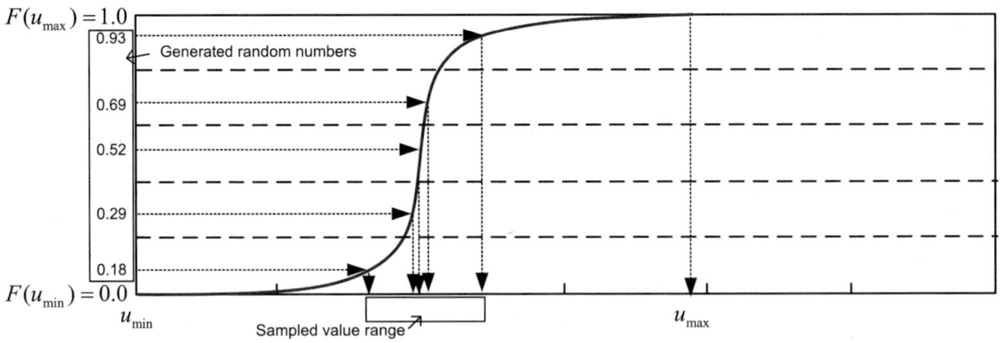

그림 4.5.3c Latin Hypercube 추출과 층화(stratification)

• Latin Hypercube와 작은 파괴확률

여러 개의 변수들에서 Latin Hypercube 추출을 수행할 때, 변수들간의 독립성을 유지하는 것이 중요하다. 즉, (변수들간의 상관관계를 명시적으로 도입하지 않는다면) 어떤 변수에 대해 추출된 값들은 다른 변수들에 대해 추출된 값들에 대해 독립일 필요가 있다. 이러한 독립성은 각 변수에 대해 무작위로 추출 구간을 선정함으로써 구현될 수 있다. 예를 들어, 어떤 추출에서 1번 변수는 4번 층에서 추출될 수 있고, 2번 변수는 22번 층에서 추출될 수 있다. 이러한 무작위와 독립성은 변수들간의 원하지 않는 상관관계를 피할 수 있다. Latin Hypercube 추출을 추출 횟수를 줄임으로써 추출의 효율성과 빠른 실행속도를 얻을 수 있다. 특히, Latin Hypercube 추출은 작은 파괴확률을 모사하고자 할 경우에 효율적이다. 작은 파괴확률값이 매우 중요할 경우, 작은 파괴확률 사건에 주로 기여하는 표본을 위주로 추출할 수도 있다.

[예제] 4.5.1선형 한계상태함수: 신뢰성 지수

균일 분포된 고정하중(w_D), 활하중(w_L), 풍하중(w_W)을 받는 지간(L) 4m의 단순보가 있다.
지지할 수 있는 평균 모멘트강도(μ_M)는 100kN · m이고, 변동계수($\delta_M = \frac{\sigma_M}{\mu_M}$)는 0.13이다.
한계상태함수(g)는 저항(R)과 하중(S)의 차($g = R - S$)로 나타내며,
모든 변수는 정규분포이고, 변수간의 상관관계가 없다고 가정한다. 또한,
고정하중(w_D)의 평균(μ_D)과 표준편차(σ_D)는 각각 $10\,\frac{\text{kN}}{\text{m}}$와 $1.05\,\frac{\text{kN}}{\text{m}}$이며,
활하중(w_L)의 평균(μ_L)과 표준편차(σ_L)는 각각$15\,\frac{\text{kN}}{\text{m}}$와 $2.00\,\frac{\text{kN}}{\text{m}}$이고,
풍하중(w_W)의 평균(μ_W)과 표준편차(σ_W)는 각각 $6\,\frac{\text{kN}}{\text{m}}$와 $1.20\,\frac{\text{kN}}{\text{m}}$이다.
다음 경우에 모멘트에 의한 파괴확률을 나타내는 신뢰성 지수(β)와 파괴확률(P_f)을 구하라.

(1) 고정하중만 작용할 때

(2) 고정하중, 활하중, 풍하중이 함께 작용할 때

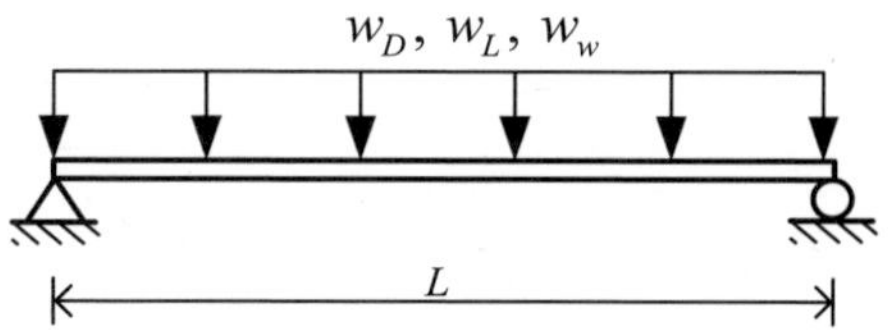

[풀이]

(1) 고정하중만 작용할 때

a) 한계상태방정식

$g = R - S = R - M_D$

여기서

$M_D = \frac{w_D L^2}{8} = \frac{w_D \times 4^2}{8} = 2w_D$이므로$g = R - 2w_D$

b) 신뢰성 지수

$$\beta = \frac{\mu_g}{\sigma_g} = \frac{\mu_R - \mu_S}{\sqrt{\sigma_R^2 + \sigma_S^2}} = \frac{\mu_R - \mu_D}{\sqrt{\sigma_R^2 + \sigma_D^2}}$$

$$= \frac{\mu_M - \mu_{M_D}}{\sqrt{\sigma_M^2 + \sigma_{M_D}^2}} = \frac{\mu_M - 2\mu_{w_D}}{\sqrt{\sigma_M^2 + (2\sigma_{w_D})^2}}$$

$$= \frac{100 - 2 \times 10}{\sqrt{(100 \times 0.13)^2 + (2 \times 1.05)^2}}$$

(2) w_D, w_L, w_W이 함께 작용할 때

a) 한계상태방정식

$g = R - S = R - (M_D + M_L + M_W)$

여기서

$$M_D = \frac{w_D L^2}{8} = \frac{w_D \times 4^2}{8} = 2w_D$$

$$M_L = \frac{w_L L^2}{8} = \frac{w_L \times 4^2}{8} = 2w_L$$

$$M_W = \frac{w_W L^2}{8} = \frac{w_W \times 4^2}{8} = 2w_W$$

이므로$g = R - 2(w_D + w_L + w_W)$

b) 신뢰성 지수

$$= \frac{80}{13.1685} = 6.075$$

$$P_f = \Phi(-\beta) = \Phi(-6.075) = 6.199 \times 10^{-10}$$

$$\beta = \frac{\mu_g}{\sigma_g} = \frac{\mu_R - \mu_S}{\sqrt{\sigma_R^2 + \sigma_S^2}} = \frac{\mu_R - (\mu_D + \mu_L + \mu_W)}{\sqrt{\sigma_R^2 + (\sigma_D^2 + \sigma_L^2 + \sigma_W^2)}}$$

$$= \frac{\mu_M - \left(\mu_{M_D} + \mu_{M_L} + \mu_{M_W}\right)}{\sqrt{\sigma_M^2 + \left(\sigma_{M_D}^2 + \sigma_{M_L}^2 + \sigma_{M_W}^2\right)}} = \frac{\mu_M - 2\left(\mu_{w_D} + \mu_{w_L} + \mu_{w_W}\right)}{\sqrt{\sigma_M^2 + \left(2\sigma_{w_D} + 2\sigma_{w_L} + 2\sigma_{w_W}\right)^2}}$$

$$= \frac{100 - 2 \times (10 + 15 + 6)}{\sqrt{(100 \times 0.13)^2 + (2 \times 1.05)^2 + (2 \times 2.00)^2 + (2 \times 1.20)^2}}$$

$$= \frac{38}{13.9703} = 2.720$$

$$P_f = \Phi(-\beta) = \Phi(-2.720) = 3.264 \times 10^{-3}$$

[관련 MATLAB 명령어]

$P_f = \Phi(-\beta)$ → **cdf('Normal', -β, 0, 1)**

[β와 P_f의 관계]

β	$P_f=\Phi(-\beta)$
0	0.5
0.5	3.09E-01
1	1.59E-01
1.5	6.68E-02
2	2.28E-02
2.5	6.21E-03
3	1.35E-03
3.5	2.33E-04
4	3.17E-05
4.5	3.40E-06
5	2.87E-07
5.5	1.90E-08
6	9.87E-10
6.5	4.02E-11
7	1.28E-12
7.5	3.19E-14
8	6.22E-16
8.5	9.48E-18
9	1.13E-19
9.5	1.05E-21
10	7.62E-24

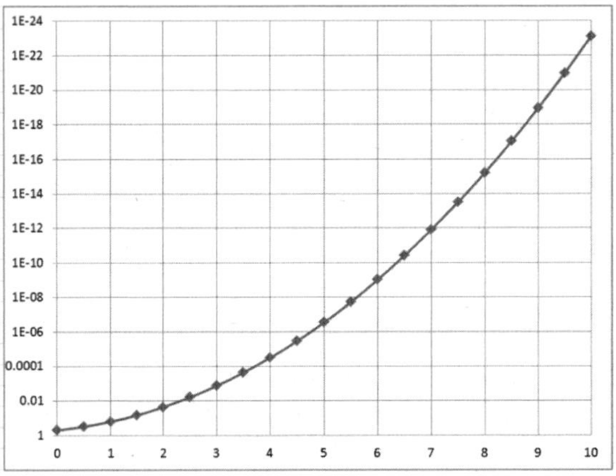

연습문제: 제4장 랜덤진동

4.1 확률이론

• 4.1.2 지진에 의한 파괴확률

지난 50년간 규모 6이상의 강진을 2번 겪은 지진다발 지역에 구조물을 건설할 예정이다. 이러한 지진들의 발생이 통계적으로 독립이라고 가정할 경우 다음을 구하라.

1) 향후 15년 내에 이러한 강진이 발생할 확률
2) 이러한 강진이 발생하였을 때 내진역량이 $0.3g$인 구조물이 손상을 입을 확률. 여기서 이 지역에서 지진세기는 $\ln N(\mu_{\ln u}, \sigma_{\ln u}^2) = \ln N(0.2g, 0.25^2)$인 대수정규분포를 따른다.

• 4.1.5 확률분포추정: 모멘트법과 최우도법

5개 계측지진의 최대지반가속도(PGA)를 증가시켜가면서 어떤 구조물의 지진해석에 입력운동으로 사용하였다. 5개 지진의 지반가속도가 각각 다음 PGA에 도달했을 때 구조물의 파괴가 발생하였다.

$$0.25, 0.20, 0.28, 0.33, 0.26\ \text{(g)}$$

파괴 PGA를 대수정규분포라고 가정할 때, 점추정법(모멘트법과 최우도법)을 사용하여 모수(λ와 ζ)를 추정하라.

4.4 구조물의 파괴

• 4.4.4 피로파괴 (토목구조기술사, 2010)

폭 $b = 500\text{mm}$, 유효깊이 $d = 540\text{mm}$, 인장철근 $A_s = 5 - \text{D25} = 2{,}533\text{mm}^2$인 단철근 직사각형 단면의 단순보가 사용 고정하중모멘트 $90\text{kN}\cdot\text{m}$, 충격을 포함한 사용 활하중모멘트$150\text{kN}\cdot\text{m}$를 받고 있다. 피로에 대하여 검토하라. (단, $f_{ck} = 24\text{MPa}$, $f_y = 400\text{MPa}$, $n = \frac{E_s}{E_c} = 7$이다.)

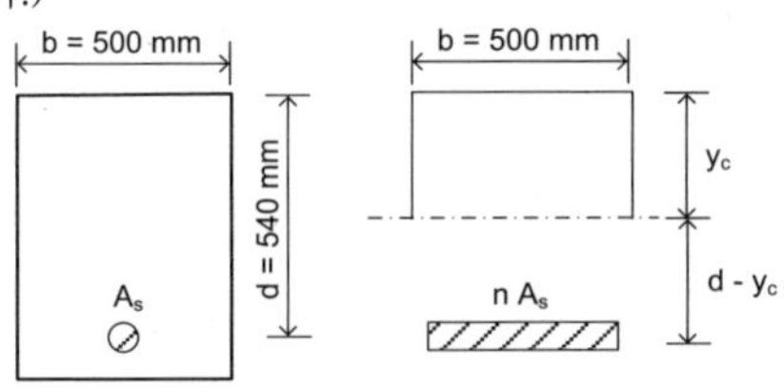

• 4.4.4 피로파괴(토목구조기술사, 2011)

다음 그림과 같은 단철근 직사각형 단면을 갖는 단순보의 피로에 대하여 검토하라. (단, 사용 $M_d = 50kN\cdot m$, $f_{ck} = 24\text{MPa}$, 충격계수$I = 1.2$, 사용$M_l = 75kN\cdot m$, $f_y = 400\text{MPa}$, $n = \frac{E_s}{E_c} = 7$)

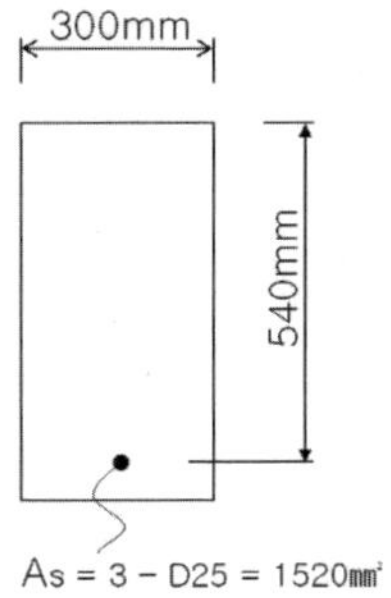

4.5 신뢰성 해석 (신뢰도 해석)

• 4.5.2 Level II 방법: AFOSM 방법

Level II 방법 중에 하나인 AFOSM 방법(Advanced FOSM 방법)을 사용하여 서로 상관되어 있고 비정규분포 특성을 갖는 4개의 입력 확률변수에 대한 응답의 파괴확률을 구하는 절차를 설명하라.

제5장 환경진동

제5장

환경진동

5.1 환경소음 및 진동

5.1.1 관련 용어

국민생활수준의 향상에 따라 정온한 환경에 대한 욕구가 증가하고 있는 반면, 교통소음 및 진동, 공장소음 및 진동, 생활소음 및 진동 등 소음 및 진동 발생원들이 해마다 증가하고 있는 실정이며, 이에 따른 소음 및 진동에 대한 민원 건수도 급증하고 있다.

환경소음 및 진동과 관련된 환경영향평가는 다음과 같은 순서로 수행된다.

1) 현황 조사
2) 영향 예측
3) 저감 방안

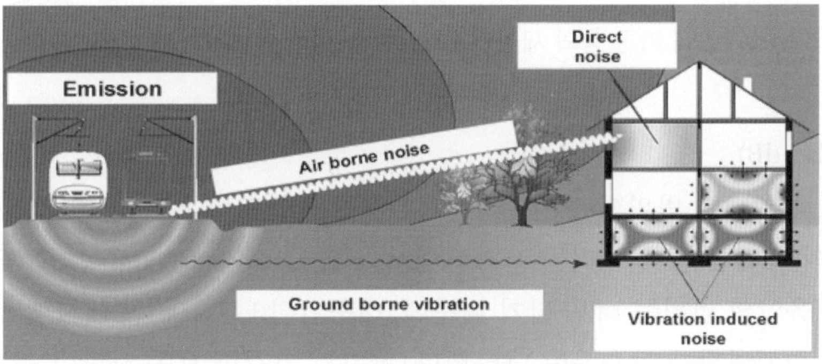

그림 5.1.1a 구조진동으로 유발되는 환경소음과 환경진동 (출처: http://www.rivas-project.eu)

• 암소음(暗騷音, background noise)과 암진동(暗振動, background vibration)

어떤 소리와 진동을 대상으로 하고 있을 때, 그 대상 소리와 진동이 없을 경우의 소리와 진동

• 음압(sound pressure, P)

음에너지에 의해 매질에서 발생된 미세한 압력 변화. 표시는 P로 하며, 단위는 $\mathrm{N/m^2}$ (= Pa)이다. 음압은 일반적으로 실횻값(RMS값)으로 나타낸다.

• 음향파워(acoustic power, W)

음원으로부터 단위 시간당 방출되는 전체 음에너지. 표시는 W로 하며, 단위는 w (watt)이다.

• 음의 세기(sound intensity, I)

음의 전파는 매질의 진동 에너지가 전달되는 것이므로, 음의 진행방향에 수직하는 단위면적을 통과하는 음에너지. 표시는 I로 하고, 단위는 w/m^2을 사용한다. 음압의 실횻값(P)과 음의 세기(I)와의 관계를 매질의 밀도(ρ)와 음의 전파속도(c)를 사용하여 나타내면 다음과 같다.

$$I = \frac{P^2}{\rho c}$$

음향파워(W)를 방향성이 없는 음원으로 가정할 경우, 음원에서 r (m)만큼 떨어진 점에서의 음의 세기를 I라 하면, 음향출력은 표면적 S (m^2)를 사용하여 다음처럼 나타낼 수 있다.

$$W = I \cdot S$$

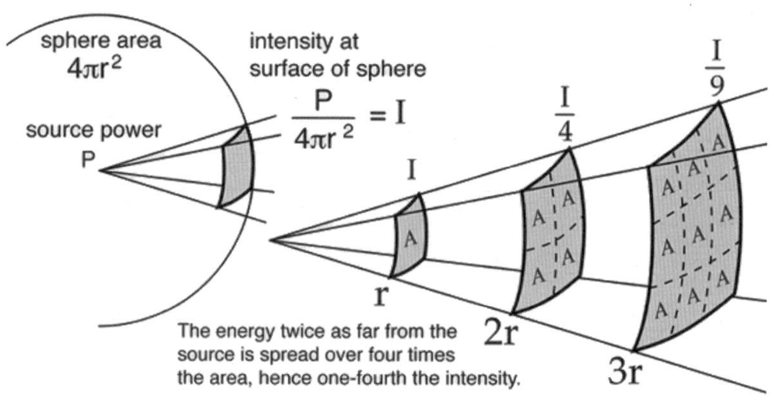

그림 5.1.1b 거리에 따른 음의 세기의 감소 (출처: http://hyperphysics.phy-astr.gsu.edu)

• 데시벨(deciBel, dB)

인간의 귀는 매우 넓은 범위의 압력에 반응할 수 있는 능력이 있다. 음에 의해 고통을 느끼는 시작점에서의 음압은 음이 들리는 시작점에서의 음압의 1,000,000배이다. 즉, 소음측정에서 대상이 되는 음압의 범위는 너무 넓기 때문에, 대수단위(log scale)인 데시벨(dB) 단위를 사용하여 음압의 수치범위를 압축하여 나타낸다. 참고로 건강한 보통 사람이 들을 수 있는 소리의 최소세기는 0dB이며, 소음의 기준은 사람마다 다르다.

데시벨(dB)은 기준값에 대한 어떤 값의 비율이므로 무차원량이다. 따라서 소음 및 진동의 데시벨 값을 알기 위해선 기준값이 언급되어야 한다. 예를 들어 소음에 관한 민원이 발생한 공사장에서 소음을 측정한 후, 아무런 설명없이 소음값이 10dB 증가했다고 말할 수는 있지만, 소음값이 85dB이라고 말하고자 한다면, 기준값에 대한 언급이 있어야 한다.

• 음의 세기수준(sound intensity level, SIL; 단위: dB)

음의 세기수준(SIL)을 데시벨(dB)로 나타내면 다음과 같다. 여기서 I는 대상이 되는 음의 세기이며, I_o는 정상 청력의 사람이 들을 수 있는 최소 음의 세기($I_o = 1 \times 10^{-12}\ \mathrm{w/m^2}$)이고, K는 비례상수이다.

$$SIL = K \log\left(\frac{I}{I_o}\right)$$

참고로 정상 청력의 사람이 들을 수 있는 최소 음의 세기 $1 \times 10^{-12}\ \mathrm{w/m^2}$에서 최대 음의 세기 $10\ \mathrm{w/m^2}$까지를 $K = 10$으로 한 dB 단위로 나타내면 $0 \sim 130$까지 140단계로 표시할 수 있다.

• 음압수준(sound pressure level, SPL; 단위: dB)

음압수준(SPL)을 데시벨(dB)로 나타내면 다음과 같다. 여기서 P는 대상이 되는 음압의 실횻값이며, P_o는 정상 청력의 사람이 들을 수 있는 최소 음압의 실횻값($P_o = 2 \times 10^{-5}\ \mathrm{N/m^2}$)이다. 참고로 가청 최대 한계값은 대략 $60\ \mathrm{N/m^2}$으로, 130 dB정도이다.

$$SPL = 10 \log\left(\frac{P^2}{P_o^2}\right) = 20 \log\left(\frac{P}{P_o}\right)$$

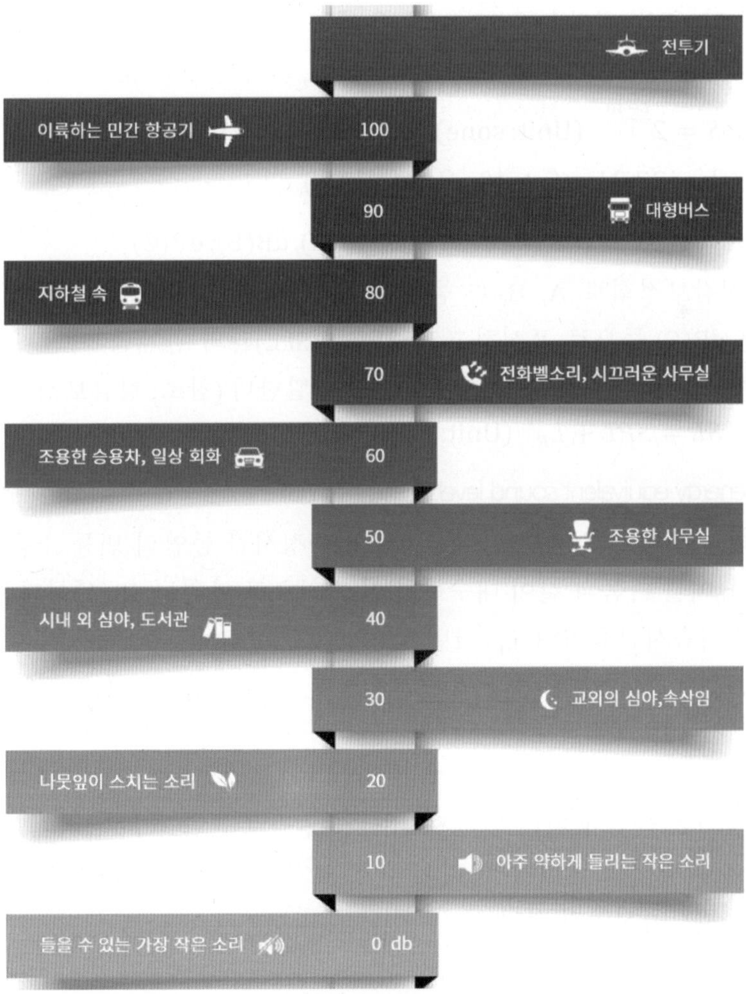

그림 5.1.1c 소음수준(SL)으로 나타낸 환경소음의 크기 (출처: https://www.airportnoise.kr)

• 음향파워수준(sound power level, PWL; 단위: dB)

음향파워수준(SPL)을 데시벨(dB)로 나타내면 다음과 같다. 여기서 W는 대상이 되는 음향파워이며, W_o는 기준 음향파워 ($W_o = 1 \times 10^{-12}\ w$)이다.

$$PWL = 10\log\left(\frac{W}{W_o}\right)$$

• 음의 크기수준(loudness level, L; 단위: phon 또는 dB)

감각적인 음의 크기를 나타내는 양으로, 같은 음압 수준이라도 주파수가 다르면 같은 크기로 감각되지 않는다. 따라서, 임의의 음에 대해 그 음을 귀로 들어, 주파수가 1,000 Hz인 단순음파(pure tone, 순음)의 크기와 평균적으로 같은 크기로 느껴질 때, 그 음의 크기를 1,000 Hz 단순음파의 음의 세기수준(intensity level)으로 나타낸 것이 음의 크기수준(L ; phon)이다. 1,000 Hz 순음의 음의 세기수준은 일반적인 상태에서 음압수준(SPL; dB)과 동일하고, 표시는 L로 하고, 단위는 '폰(phon)'이다 (참조: 등청감곡선 그림).

• 음의 크기(loudness, S; 단위: sone)

1,000 Hz 순음의 음의 세기수준 40 dB의 음의 크기를 1 sone이라 한다. 즉, 1,000 Hz 순음 40 phon을 1 sone으로 정의하며, 표시는 S로 하고, 단위는 '손(sone)'이다.

$$S = 2^{\frac{L-40}{10}} \quad \text{(Unit: sone)}$$

$$L = 33.3\log S + 40 \quad \text{(Unit: phon)}$$

• 소음수준(소음레벨, SL: Sound Level; 단위: dB): dB(A), dB(B), dB(C)

소음레벨의 청감보정회로 A, B, C 등을 통해 측정한 지시값(RMS값)을 말하며, 단위는 dB(A), dB(B), dB(C) 등으로 표시하고, 음압수준(SPL)과의 관계는 다음과 같다. 여기서 L_R은 청감보정회로에 의한 주파수 대역별 보정값을 말한다 (참조: 청감보정회로 그림).

$$SL = SPL + L_R \quad \text{(Unit: dB(A))}$$

• 등가소음도(energy equivalent sound level: L_{eq}; 단위: dB)

시간적으로 변동이 심한 소음의 평가방법으로 측정시간 동안의 변동 소음에너지를 시간적으로 평균하여, 이를 다음과 같이 대수변환 시킨 것으로 단위는 dB(A)이다. 여기서 f_i는 일정 소음수준 L_i의 지속시간율이며, L_i는 i번째의 소음수준(dB)이다.

$$L_{eq} = 10\log\left\{\frac{1}{t_2-t_1}\int_{t_1}^{t_2}\frac{P^2}{P_o^2}dt\right\} \quad \text{or} \quad L_{eq} = 10\log\left\{\sum_{i=1}^{n}\left(f_i \times 10^{\frac{L_i}{10}}\right)\right\}$$

• 등청감곡선(equal loudness contours)

음의 물리적 강약은 음압에 따라 변하지만, 사람이 귀로 듣는 음의 감각적 강약은 음압 뿐 아니라, 주파수에 따라서도 변한다. 따라서 같은 크기로 느끼는 순음을 주파수별로 구분하여 작성한 것을 등청감곡선이라 한다.

- 청감보정회로(weighting network)

사람이 들을 수 있는 소리의 주파수 범위와 음압수준을 반영한 보정회로이다. 소음·진동공정시험방법에 의하면 국내 환경기준에서 소음계측기의 청감보정회로는 A 특성을 갖춘 것이어야 하며, 자동차 소음측정에 사용되는 C 특성도 함께 갖추어야 한다.

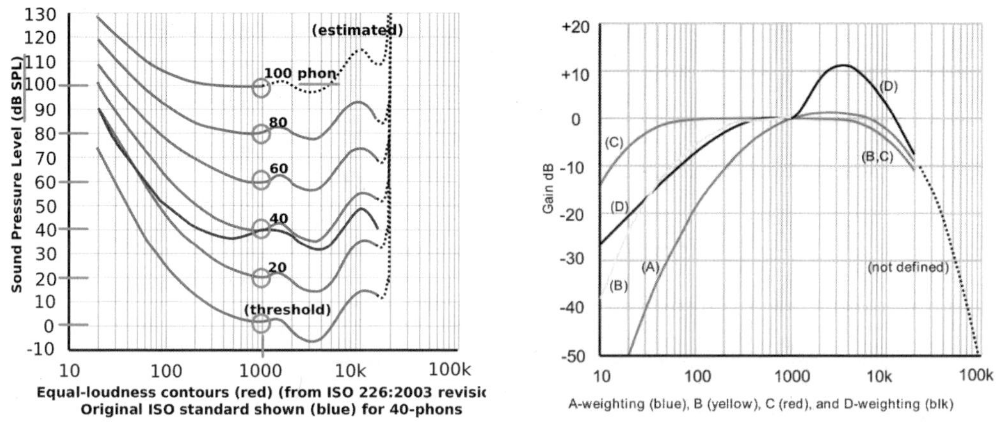

그림 5.1.1d (a) 등청감곡선과 (b) 청감보정회로(출처: Wikipedia)

- 진동수준(vibration level: dB(V))

1 ~ 90Hz 범위의 주파수대역별 진동가속도수준에 인체의 감각보정회로(수직)를 사용하여 보정한 후의 값들을 dB로 합산한 값으로, 지시값(RMS값)을 말하며, 단위는 dB(V)로 표시한다.

- 등감감곡선(equal perceived acceleration contours)

소음에 대한 우리 귀의 청감이 주파수에 따라 다르듯이, 인체의 진동에 대한 감각도 진동수에 따라 다르다. ISO에 규정된 진동수에 따른 등감각곡선에서 알 수 있듯이 수직진동은 수직진동은 4 ~ 8Hz 범위에서, 수평진동은 1 ~ 2Hz 범위에서 가장 민감하다. 소음계에서 등청감곡선에 기초하여 정해진 청감보정회로를 통과한 값을 소음수준이라 하듯이, 진동계에서도 등감각곡선에 기초하여 정해진 보정회로를 통과한 값을 진동수준이라 한다. 일반적으로 수직 보정된 진동수준을 많이 사용하는데, 이를 수직진동수준이라 하고, dB(V)를 단위로 표시한다.

표 5.1.1a 데시벨(dB) 기준값

구분		정의	선호되는 기준량
음압수준 (SPL; 단위: dB)		$SPL = 20\log(P/P_o)$	$P_o = 2 \times 10^{-5}$ N/m^2 여기서 P_o는 정상청력의 사람이 1,000 Hz에서 들을 수 있는 최소 음의 음압 실횻값
음의 세기수준 (SIL; 단위: dB)		$SIL = 10\log(I/I_o)$	$I_o = 1 \times 10^{-12}$w/m^2 여기서 I_o는 정상청력의 사람이 들을 수 있는 최소 음의 세기
음향파워수준		$PWL = 10\log(W/W_o)$	$W_o = 1 \times 10^{-12}$ w
진동 수준	가속도	$L_a = 20\log(a/a_o)$	$a_o = 10^{-5}$, 10^{-6} (ISO), 9.81 m/sec^2
	속도	$L_v = 20\log(v/v_o)$	$v_o = 10^{-8}$, 10^{-9} (ISO), 5×10^{-8} m/sec, 10^{-6} in/sec
	변위	$L_d = 20\log(d/d_o)$	$d_o = 10^{-11}$ m, 10^{-10} in
	힘	$L_F = 20\log(F/F_o)$	$F_o = 10^{-6}$ N

표 5.1.1b 데시벨(dB, $L = 10\log\frac{I}{I_0}$) 연산

구분	개념	연산
더하기	$L_1 + L_2$	$L_{sum} = 10\log(10^{L_1/10} + 10^{L_2/10})$
빼기	$L_1 - L_2$	$L_{minus} = 10\log(10^{L_1/10} - 10^{L_2/10})$
평균	$\frac{L_1 + L_2}{2}$	$L_{mean} = 10\log\left\{\frac{1}{2}(10^{L_1/10} + 10^{L_2/10})\right\}$

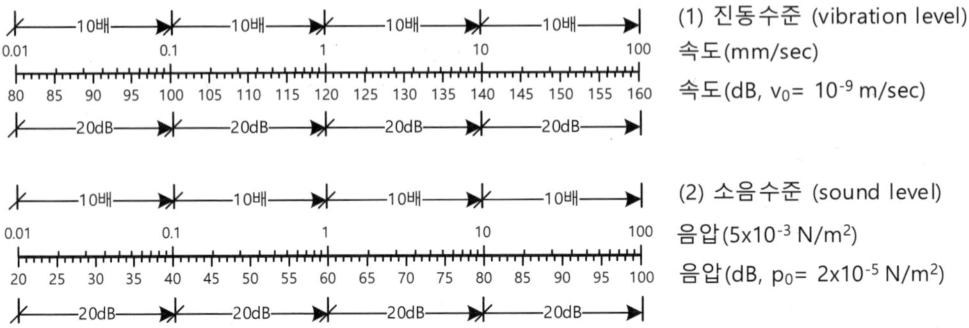

그림 5.1.1e 데시벨(dB)

- 음의 반사: 반사율 (α_r)

입사음 세기에 대한 반사음 세기의 비

$$\alpha_r = \frac{I_r}{I_i}$$

- 음의 흡수: 흡음률 (흡수율, α_r)

입사음 세기에 대한 입사음 세기와 반사음 세기의 차의 비

$$\alpha_a = \frac{I_i - I_r}{I_r} = 1 - \alpha_r$$

- 음의 투과: 투과율(τ)과 투과손실(TL)

입사음 세기에 대한 투과음 세기의 비

$$\tau = \frac{I_t}{I_i}$$

$$TL = 10\log\frac{1}{\tau} \quad \text{(dB)}$$

5.1.2 동적 특성

- 주파수 분석 (진동수 분석)

일반적으로 소음 및 진동에는 많은 주파수 성분이 포함되어 있고, 이들을 단일 주파수 성분별로 나누는 것을 주파수 분석(또는 진동수 분석)이라 한다. 주파수 분석에는 octave-band 분석과 narrow-band 분석이 있으며, 소음과 진동의 평가를 위해서는 octave-band 분석을 주로 사

용한다. 또한 octave-band 분석은 대역폭(band)의 상/하위 주파수 사이의 폭에 따라 $\frac{1}{3}$ octave-band 분석과 $\frac{1}{1}$ octave-band 분석이 일반적으로 사용된다(참조: 1.4절 참조).

• 거리감쇠(geometry damping)

소음 또는 진동이 발생원으로부터 전파되어 가면서 단위면적당의 에너지 크기가 작아지는 현상을 거리감쇠라고 하며, 음원의 기하학적인 형태에 따라 점음원과 선음원으로 구분하여 각각 다음과 같이 구한다.

(1) 점음원: $L_g = 10\log(r_B^2/r_A^2) = 20\log(r_B/r_A)$

(2) 선음원: $L_g = 10\log(r_B/r_A)$

여기서 L_A는 음원으로부터 r_A (m) 떨어진 지점에서의 소음수준; L_B는 음원으로부터 r_B (m) 떨어진 지점에서의 소음수준; $r_B > r_A$이며, L_g는 두 지점 사이의 거리에 따른 소음의 감소치 (dB(A))이다.

점음원 거리감쇠식을 사용하면, 음원에서 r (m)만큼 떨어진 지점의 음압 SPL(dB(A))을, 다음과 같이 음원에서 r_o (m)만큼 떨어진 지점의 음압 SPL_o(dB(A))으로 구할 수 있다.

$$SPL = SPL_o - 20\log(r/r_o)$$

참고로 국립환경연구원 등에서는 r_o가 7.5m와 15m인 경우에 대한 건설장비 발생소음도 SPL_o(dB(A))를 제공하고 있다.

• 합성소음도

n개의 소음($L_1, L_2, \cdots, L_n$)을 합성한 소음도는 음압(P)과 음압수준(L)의 관계

$$L = 10\log(P/P_o)^2 \rightarrow (P/P_o)^2 = 10^{L/10}$$

를 사용하면 다음과 같이 나타낼 수 있다.

$$L_{sum} = 10\log\left(10^{L_1/10} + 10^{L_2/10} + \cdots + 10^{L_n/10}\right)$$

여기서 L_{sum}는 합성소음도(dB(A))이고, L_i는 i번째 발생소음도(dB(A))이다.

• 방음벽

방음벽은 음의 회절감쇠치(diffraction attenuation, ΔL_d)와 투과감쇠치(transmittance loss, ΔL_I)를 이용하며, 고주파일수록 저감효과가 좋다. 방음벽에 의한 소음저감효과는 다음과 같다.

1) 회절감쇠치 (ΔL_d, 단위: dB)

$$\Delta L_d = -10\log\left(10^{-L_d/10} + 10^{-L_{d'}/10}\right)$$

2) 삽입감쇠치 (ΔL_I, 단위: dB)

$$\Delta L_I = -10\log\left(10^{-\Delta L_d/10} + 10^{-TL/10}\right)$$

여기서

L_d = 직접음 회절감쇠치(dB)

$L_{d'}$ = 반사음 회절감쇠치(dB)

$$L_d \text{ or } L_{d'} = \begin{cases} 7.5 + 0.6\log N & (0 < N \le 0.1) \\ 10 + 3\log N & (0.1 < N \le 0.8) \\ 11 + 7\log N & (0.8 < N \le 30) \\ 12 + 6\log N & (30 < N \le 60) \\ 22 & (60 < N) \end{cases}$$

N = Fresnel수

$$N = \frac{\delta \cdot f}{170}$$

δ = 경로차

= 회절경로 – 직접경로

예: 직접음 경로차 = $(A + B) - d$

반사음 경로차 = $(A + B') - d'$

f = 벽체에 입사되는 소음 주파수(예: 500Hz)

TL = 투과손실(dB)

$$TL = 20\log(m \cdot f) - 48$$

m = 벽체 면밀도(kg/m^2) = 벽체 밀도(kg/m^3) × 벽체 두께(m)

f = 벽체에 입사되는 소음 주파수(예: 500Hz)

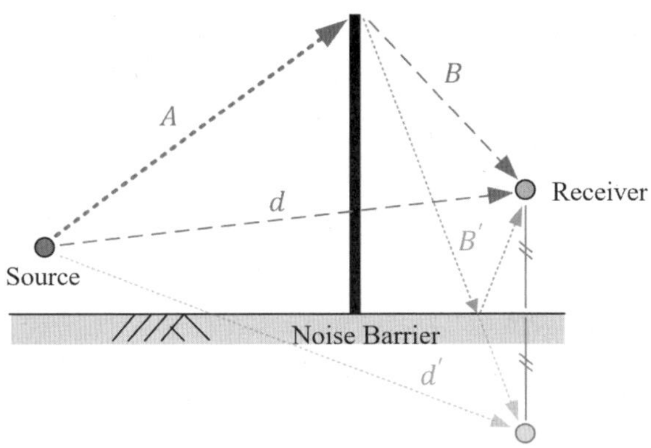

그림 5.1.2a 방음벽, 소음원, 수음점, 회절경로, 직접경로

• 진동과 인체

인체에 피해를 줄 수 있는 진동은 크게 다음과 같이 구분할 수 있다.

(1) 인체를 지지하는 표면으로부터 진동. 예: 차량 탑승, 공장 또는 건설현장 부근 등에 의해 유발되는 전신진동

(2) 인체의 일부분에 작용하는 국소 진동. 예: 손잡이 있는 공구의 진동 등에 의해 유발되는 국부진동으로 white finger(백랍병) 증후군을 유발하기도 함

(3) 인체 주위의 매체 진동. 예: 사람이 진동 중인 공기나 수중에 있을 경우 저차 진동수 성분에 의한 진동의 영향을 받음

진동에 의해 인체가 감지하는 감각특성은 주로 다음 4가지 인자에 의해 좌우된다.

1) 진동의 강도(intensity)
2) 진동수 성분(frequency)
3) 인체에 가해지는 부위와 전달 방향(direction)
4) 진동에 노출되는 지속시간(duration) 또는 폭로시간(exposure time)

• Meister 진동감각곡선(Meister curve; Meister scale)

진동이 인체에 미치는 영향에 관한 연구는 1930년대에 Reiher & Meister에 의해 시작되었다. Reiher & Meister(1931)는 사람이 지각하는 정상상태 수직진동은 5-100Hz 진동수 구간에서 0.004-0.4 in의 변위 진폭임을 실험을 통해 밝히고, 다음에 보인 6개 구간으로 나타낸 '진동감각곡선'으로 제시하였다.

1. 느끼지 못함 (not perceptible)
2. 겨우 느낌 (slightly perceptible)
3. 분명하게 느낌 (distinctly perceptible)
4. 강하게 느낌 (strongly perceptible)
5. 불쾌함 (disturbing)
6. 매우 불쾌함 (very disturbing)

이후 Lenzen(1966)은 "사람은 정상상태 진동보다 천이상태 진동에 덜 민감하고, 대부분이 감쇠진동은 약 5번의 사이클이 지나면 무시할 정도로 감쇠하므로, 사람은 초기 충격에 제일 민감하다"는 사실에 근거하여, 'Reiher & Meister의 진동감각곡선'을 수정하여, 감쇠비가 낮은(5% 이하) 구조물의 (천이상태) 수직진동수준을 평가하는데 적용 가능한 '수정 Reiher & Meister 진동감각곡선(또는 Meister 진동감각곡선)'을 제안하였다. 이 진동감각곡선은 1931년 제시된 진동감각곡선의 변위진폭에 10을 곱하였다.

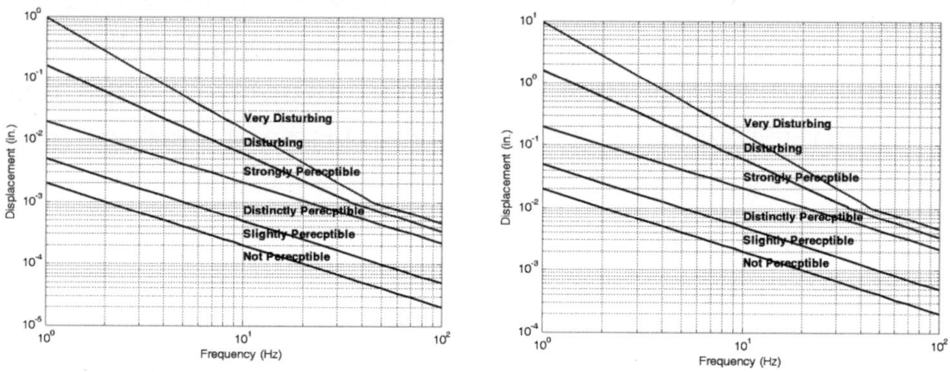

그림 5.1.2b Meister 진동감각곡선(1931, 1966) (regenerated by EnVibration_M) *

* [link] 저자의 홈페이지 S/W인 EnVibration_M에 Meister 진동감각곡선을 참조할 수 있다.

• ISO 기준

'ISO(international organization for standardization, 국제표준화기구)'에서 규정하는 인체에 미치는 전신 진동의 방향은 크게 다음과 같다. 여기서 심장위치를 중심으로 앞 방향이 x축, 머리 위 방향이 z축인 직교 좌표계이다.

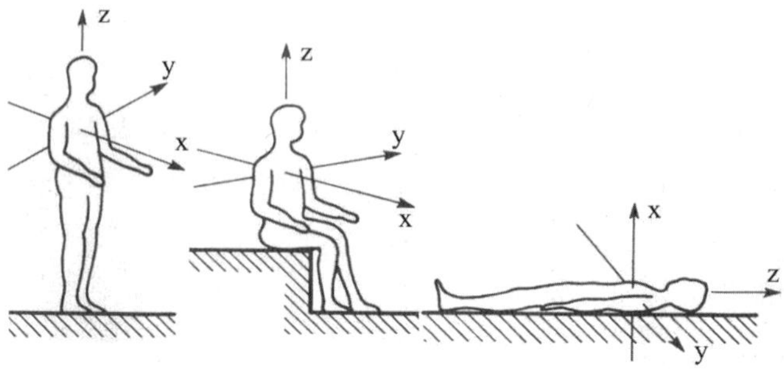

그림 5.1.2c ISO에 규정된 전신 진동의 방향

진동과 인체의 관계에 관하여 처음 발표된 국제 권고 사항인 ISO 2631-1978은 인체에 가장 민감한 진동수 성분인 1 ~ 80Hz에 걸쳐 1분에서 12시간 사이의 노출시간에 대해 한계곡선을 설정하였다. 이 권고 사항은 전신 진동에 대해 규정하고 있으며, 세가지 심한 정도의 기준을 인용하면 다음과 같다.

1) 쾌감감퇴영역(reduced comfort boundary): 차량 승객, 교량 보행자 등에 적용

2) 피로·능률감퇴영역(fatigue-decreased proficiency boundary): 차량·기계 운전자 등과 관련

3) 폭로영역(exposure boundary): 건강에 위험을 줄 수 있는 진동 노출

여기서 인체는 z축 방향으로 4 ~ 8Hz 진동수 성분 범위에서 가장 민감하나, x축과 y축 방향으로는 1 ~ 2Hz진동수 성분 범위에서 가장 민감하다.

ISO는 지금까지 축적된 수많은 연구결과를 기초로 하여 1974년 전신진동 평가에 관한 지침을 규정해 ISO2631로 등록했다. 1985년 이후 개정된 ISO2631은 제1부에서 일반적인 필요조건, 제2부에서 건물의 진동평가, 제3부에서 0.1 ~ 0.63Hz이 전신 수직 진동 평가, 제4부에서 운송 수단의 진동에 따른 탑승자 평가, 제5부에서 다중충격에 대한 평가를 규정하고 있다. 이 평가는 항공용·육상용·수상용의 수하물과 공업·농업용의 기계류에 대한 진동이 인간의 쾌적성이나 작업능률에 미치는 악영향을 평가하는데 그 한계로 규정되었으며, 주로 전신 진동을 대상으로 하고 있다.

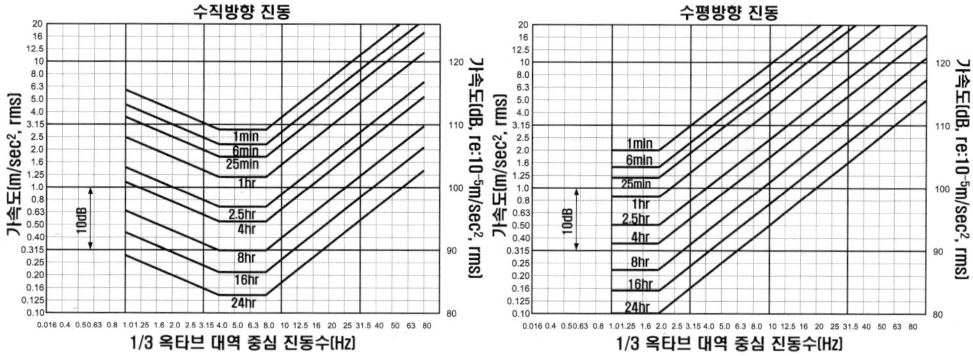

(a) 수직방향 (vertical direction) (b) 수평방향 (horizontal direction)

그림 5.1.2d ISO에 규정된 피로·능률감퇴한계

[예제] 5.1.1 등가소음도

소음이 50 dB(A)로 2시간, 60 dB(A)로 3시간 배출될 때의 등가소음도는?

[풀이]

$$L_{eq} = 10\log\{\textstyle\sum_{i=1}^{n}(f_i \times 10^{L_i/10})\}$$

$$= 10\log\left(\frac{2}{5} \times 10^{50/10} + \frac{3}{5} \times 10^{60/10}\right) = 58.06\ \text{dB(A)}$$

[예제] 5.1.2 합성소음도

어떤 지역의 주된 소음은 교통과 건설공사에 의해 발생한다. 소음원 A(교통)만에 의한 소음수준은 68 dB(A)로 측정되었고, 소음원 B(건설공사)만에 의한 소음수준은 65 dB(A)로 측정되었다. 두 개의 소음원이 작용할 때 소음수준(SL)은 얼마인가?

[풀이]

$$L_{sum} = 10\log(10^{L_1/10} + 10^{L_2/10})$$

$$= 10\log(10^{68/10} + 10^{65/10}) = 69.76\ \text{dB(A)}$$

[예제] 5.1.2 방음벽 소음저감효과

다음과 같이 반사율이 1인 지면 위에 500 Hz 음원에 의해 투과손실(TL)이 15 dB인 반무한 방음벽이 설치되어 있다. 이 주파수 음원에 대한 회절감쇠치와 삽입손실치를 구하라. 단, Fresnel수 N에 따른 회절감쇠치 $L_d = 11 + 7\log N$으로 하고 반사음 회절은 수음측만 고려한다.

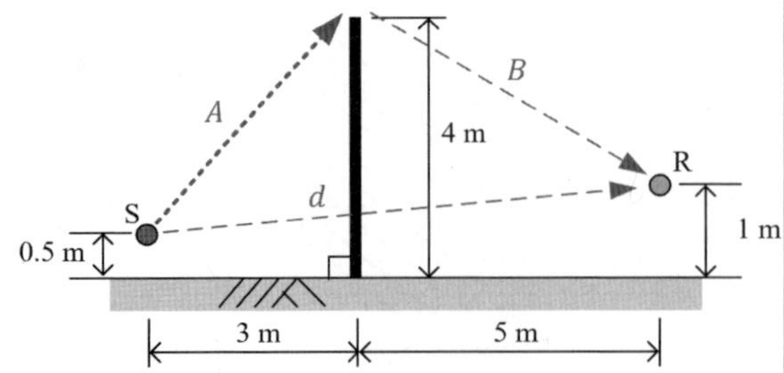

[풀이] 단위: m, dB

1) 직접음 회절감쇠치 (L_d)

$$\delta = A + B - d = 4.6 + 5.83 - 8.02 = 2.41$$
$$A = \sqrt{3^2 + (4-0.5)^2} = 4.6$$
$$B = \sqrt{5^2 + (4-1)^2} = 5.83$$
$$d = \sqrt{8^2 + (1-0.5)^2} = 8.02$$
$$N = \frac{\delta \cdot f}{170} = \frac{2.41 \times 500}{170} = 7.09$$
$$L_d = 11 + 7\log N = 11 + 7\log 7.09 = 16.95$$

2) 반사음 회절감쇠치 ($L_{d'}$)

$$\delta = A + B' - d' = 4.6 + 7.07 - 8.14 = 3.53$$
$$A = \sqrt{3^2 + (4-0.5)^2} = 4.6$$
$$B' = \sqrt{5^2 + (4+1)^2} = 7.07$$
$$d' = \sqrt{8^2 + (1+0.5)^2} = 8.14$$
$$N = \frac{\delta \cdot f}{170} = \frac{3.53 \times 500}{170} = 10.38$$
$$L_{d'} = 11 + 7\log N = 11 + 7\log 10.38 = 18.11$$

3) 회절감쇠치 (ΔL_d)

$$\Delta L_d = -10\log\left(10^{-L_d/10} + 10^{-L_{d'}/10}\right)$$
$$= -10\log\left(10^{-\frac{16.95}{10}} + 10^{-\frac{18.11}{10}}\right) = 14.48 \text{ dB}$$

4) 삽입손실치 (ΔL_I)

$$\Delta L_I = -10\log\left(10^{-\Delta L_d/10} + 10^{-TL/10}\right)$$
$$= -10\log\left(10^{-\frac{14.48}{10}} + 10^{-\frac{15}{10}}\right) = 11.72 \text{ dB}$$

따라서 방음벽에 의한 소음저감 효과는 다음과 같다.

$$\Delta L = \Delta L_d + \Delta L_I = 14.48 + 11.72 = 26.2 \text{ dB}$$

이야기: 자동차 소음이 낮보다 밤에 심각한 이유

[풀이]

물론 낮보다 밤에 주위가 조용하므로, 밤에 상대적으로 소리가 더 크게 들리지만, 그 직접적인 이유는 공기의 밀도 차이 때문이다. 소리는 보통 공기온도가 높고 밀도가 낮은 곳일수록 더 빠른 속도로 전파한다. 지표면 근처에서 발생한 소음은 사방으로 퍼져 나가다가 공기의 밀도가 다른 경계면을 통과하면서 굴절(refraction)하게 되는데, 속도가 빠른 물질에서 늦은 물질로, 즉 밀도가 작은 곳에서 큰 곳으로 굴절하게 된다.

밤에는 지표면이 빨리 식지만 대기는 서서히 식어서 지표면 근처의 온도가 더 낮으므로, 지표면 근처의 공기 밀도가 크고 위로 올라갈수록 감소한다. 밤에는 자동차에서 발생한 소리는 공기 속으로 퍼져나가면서 지표면 쪽으로 굴절하여 소리가 크게 들리고, 반대로 낮에는 소리가 지표면에서 상공으로 굴절하여 퍼지므로 지상에 있는 사람에게는 소리가 잘 전달되지 않는다.

5.2 환경기준

소음·진동기준은 생활환경보전과 국민의 건강을 보호하기 위하여 환경정책의 목표치로서 ISO(국제표준화기구)의 권고안을 참고로 하여 설정한 환경기준이다*. 이 기준은 사전환경성검토, 환경영향평가 등에 검토기준으로 활용되며, 소음·진동기준의 달성정도를 파악하기 위하여 환경소음측정망을 설치운영하도록 한다. 참고로 규제기준은 환경기준의 유지와 행정목표 달성을 위한 규제수단의 하나로 검토기준으로 분류되는 환경기준과는 다르다.

5.2.1 환경정책기본법

이 법은 환경보전에 관한 국민의 권리·의무와 국가의 책무를 명확히 하고 환경정책의 기본이 되는 사항을 정하여 환경오염과 환경훼손을 예방하고 환경을 적정하고 지속가능하게 관리·보전함으로써 모든 국민이 건강하고 쾌적한 삶을 누릴 수 있도록 함을 목적으로 한다.

소음기준은 일반지역과 도로변지역으로 구분하며, 이를 다시 소음으로부터 보호를 받아야 할 시설을 기준으로 "가" ~ "라"지역으로 구분하고, 각 대상 지역별로 낮과 밤으로 구분하여 정하고 있는데 기준치는 다음과 같다.

2. 소음 (출처: 환경정책기본법 시행령 [별표 1]) [단위: L_{eq}, dB(A)]

구분	적용대상지역	환경기준		적용대상지역의 예 (근거: 국토의 계획 및 이용에 관한 법률 및 시행령)
		낮 (06:00~22:00)	밤 (22:00~06:00)	
일반지역 (도로변지역의 배후지역)	"가"	50	40	• "가" 지역: 보전관리지역, 자연환경보전지역, 녹지지역, 전용주거지역, 종합병원, 학교, 공공도서관 • "나" 지역: 생산관리지역, 일반주거지역, 준주거지역 • "다" 지역: 상업지역, 계획관리지역, 준공업지역 • "라" 지역: 일반공업지역, 전용공업지역
	"나"	55	45	
	"다"	65	55	
	"라"	70	65	
도로변지역 (도로단에서 왕복 차선수 10m 이내의 지역. 고속도로 및 자동차전용도로는 도로단에서 150m 이내의 지역)	"가"	65	55	
	"나"	65	55	
	"다"	70	60	
	"라"	75	70	

주)
1. 철도, 항공기, 건설 소음은 이 기준의 적용을 받지 않음
2. 측정지점은 일반지역은 그 지역의 소음을 대표할 수가 있는 곳으로 하고,
   도로변 지역의 소음으로 인하여 문제가 발생할 우려가 있는 곳으로 함

* 소음·진동에 관한 최신 법은 법제처 홈페이지(http://www.moleg.go.kr)를 통해 공고되고 있다.
전국 소음측정망 운영현황 및 데이터는 국가소음정보시스템(http://www.noiseinfo.or.kr)을 통해 알 수 있다.

5.2.2 소음·진동관리법

▪ 소음·진동관리법

1990년 8월 소음·진동규제법이란 명칭으로 제정된 법률로, 2009년 6월 소음·진동관리법으로 명칭이 변경되었다. 이 법은 공장·건설공사장·도로·철도 등으로부터 발생하는 소음·진동으로 인한 피해를 방지하고 소음·진동을 적정하게 관리하여 모든 국민이 정온(靜穩)한 환경에서 생활할 수 있게 함을 목적으로 한다. 이 법의 구성은 다음과 같다.

제1장 총칙
제2장 공장 소음·진동의 관리
제3장 생활 소음·진동의 관리
제4장 교통 소음·진동의 관리
제5장 항공기 소음의 관리
제6장 방음시설의 설치 기준 등
제7장 확인검사대행자
제8장 보칙
제9장 벌칙

하위법령에 소음·진동관리법 시행령 과 소음·진동관리법 시행규칙 이 있다.

▪ 소음·진동관리법 시행령

이 영은 "소음·진동관리법"에서 위임된 사항과 그 시행에 필요한 사항을 규정함을 목적으로 한다. 이 법의 구성은 다음과 같다.

제1조 목적
제2조 배출시설의 설치허가 등
제3조 층간소음 관리 등
제4조 제작차 소음허용기준
제5조 인증의 면제·생략 자동차
제6조 제작차 소음허용기준 검사의 종류 등
제7조 제작차 소음허용기준 검사의 생략
제8조 운행차 소음허용기준
제9조 항공기 소음의 한도 등
제10조 소음도 검사기관의 지정기준
제11조 관계 기관의 협조
제12조 권한의 위임
제13조 보고
제14조 업무의 위탁 등
제15조 과태료 부과기준

▪ 소음·진동관리법 시행규칙 [LINK]

이 규칙은 "소음·진동관리법" 및 "같은 법 시행령"에서 위임된 사항과 그 시행에 필요한 사항을 규정함을 목적으로 한다. 이 규칙의 환경소음 및 진동에 관련된 주요 기준을 정리하였다.

(1) [별표 5] 공장소음·진동 배출허용기준 (제8조 관련)
공장에서 배출하는 소음·진동을 규제하여 쾌적하고 조용한 생활환경을 조성하고 소음환경 기준을 달성하는 수단으로서 의미를 갖는다. 소음·진동 배출 허용기준은 배출시설이 속하는 지역의 지역 구분, 소음 발생 시간별로 보정치를 각각 설정하여 적용하고 있다.

1. 공장소음 배출허용기준 [단위: dB(A)]

대상지역	시간대별		
	낮 06:00 ~ 18:00	저녁 18:00 ~ 24:00	밤 24:00 ~ 06:00
가. 도시지역 중 전용주거지역 및 녹지지역(취락지구·주거개발진흥지구 및 관광·휴양개발진흥지구만 해당한다), 관리지역 중 취락지구·주거개발진흥지구 및 관광·휴양개발진흥지구, 자연환경보전지역 중 수산자원보호구역 외의 지역	50 이하	45 이하	40 이하
나. 도시지역 중 일반주거지역 및 준주거지역, 도시지역 중 녹지지역(취락지구·주거개발진흥지구 및 관광·휴양개발진흥지구는 제외한다)	55 이하	50 이하	45 이하
다. 농림지역, 자연환경보전지역 중 수산자원보호구역, 관리지역 중 가목과 라목을 제외한 그 밖의 지역	60 이하	55 이하	50 이하
라. 도시지역 중 상업지역·준공업지역, 관리지역 중 산업개발진흥지구	65 이하	60 이하	55 이하
마. 도시지역 중 일반공업지역 및 전용공업지역	70 이하	65 이하	60 이하

2. 공장진동 배출허용기준 [단위: dB(V)]

대상지역	시간대별	
	낮 06:00 ~ 22:00	밤 22:00 ~ 06:00
가. 도시지역 중 전용주거지역·녹지지역, 관리지역 중 취락지구·주거개발진흥지구 및 관광·휴양개발진흥지구, 자연환경보전지역 중 수산자원보호구역 외의 지역	60 이하	55 이하
나. 도시지역 중 일반주거지역·준주거지역, 농림지역, 자연환경보전지역 중 수산자원보호구역, 관리지역 중 가목과 다목을 제외한 그 밖의 지역	65 이하	60 이하
다. 도시지역 중 상업지역·준공업지역, 관리지역 중 산업개발진흥지구	70 이하	65 이하
라. 도시지역 중 일반공업지역 및 전용공업지역	75 이하	70 이하

(2) [별표 8] 생활소음·진동의 규제기준 (제20조 제3항 관련)

생활수준 향상으로 쾌적하고 조용한 환경에서 생활하고자 하는 욕구는 증대되고 있으나, 산업 및 경제발전에 따라 각종 건설공사가 증가하고 있다. 주거지역 주변에는 소규모 공장, 사업장, 확성기 등 소음·진동발생원이 산재되어 있으며, 이러한 것들을 규제하여 조용하고 쾌적한 생활환경을 유지하고자 생활 소음·진동 규제기준을 정하여 놓고 있다. 생활소음·진동의 규제기준은 시·도지사가 주민들에게 정온한 생활환경을 유지시켜줄 목적으로 지정한다. 이 기준은 생활소음·진동 규제지역 내에서, 주민의 민원이 있을 때에 민원인의 부지경계선에서 측정하여 행정조치하는 사후관리 성격의 기준으로 다음과 같다.

1. 생활소음 규제기준 [단위: dB(A)]

대상 지역	소음원 \ 시간대별		아침, 저녁 (05:00 ~ 07:00, 18:00 ~ 22:00)	주간 (07:00 ~ 18:00)	야간 (22:00 ~ 05:00)
가. 주거지역, 녹지지역, 관리지역 중 취락지구·주거개발진흥지구 및 관광·휴양개발진흥지구, 자연환경보전지역, 그 밖의 지역에 있는 학교·종합병원·공공도서관	확성기	옥외설치	60이하	65 이하	60 이하
		옥내에서 옥외로 소음방출	50 이하	55 이하	45 이하
	공장		50 이하	55 이하	45 이하
	사업장	동일 건물	45 이하	50 이하	40 이하
		기타	50 이하	55 이하	45 이하
	공사장		60 이하	65 이하	50 이하
나. 그 밖의 지역	확성기	옥외설치	65 이하	70 이하	60 이하
		옥내에서 옥외로 소음방출	60 이하	65 이하	55 이하
	공장		60 이하	65 이하	55 이하
	사업장	동일 건물	50 이하	55 이하	45 이하
		기타	60 이하	65 이하	55 이하
	공사장		65 이하	70 이하	50 이하

비고:

4. 공사장 소음규제기준은 주간의 경우 특정공사 사전신고 대상 기계·장비를 사용하는 작업시간이 1일 3시간 이하일 때는 +10dB을, 3시간 초과 6시간 이하일 때는 +5dB을 규제기준치에 보정한다.
5. 발파소음의 경우 주간에만 규제기준치(광산의 경우 사업장 규제기준)에 +10dB을 보정한다.
7. 공사장의 규제기준 중 다음 지역은 공휴일에만 -5dB을 규제기준치에 보정한다.

가. 주거지역

나. 「의료법」에 따른 종합병원, 「초·중등교육법」 및 「고등교육법」에 따른 학교, 「도서관법」에 따른 공공도서관의 부지 경계로부터 직선거리 50m 이내의 지역

8. "동일 건물"이란 「건축법」 제2조에 따른 건축물로서 지붕과 기둥 또는 벽이 일체로 되어 있는 건물을 말하며, 동일 건물에 대한 생활소음 규제기준은 다음 각 목에 해당하는 영업을 행하는 사업장에만 적용한다.

가. 「체육시설의 설치·이용에 관한 법률」 제10조제1항제2호에 따른 체력단련장업, 체육도장업, 무도학원업, 무도장업, 골프연습장업 및 야구장업

나. 「학원의 설립·운영 및 과외교습에 관한 법률」 제2조에 따른 학원 및 교습소 중 음악교습을 위한 학원 및 교습소

다. 「식품위생법 시행령」 제21조제8호다목 및 라목에 따른 단란주점영업 및 유흥주점영업

라. 「음악산업진흥에 관한 법률」 제2조제13호에 따른 노래연습장업

마.「다중이용업소 안전관리에 관한 특별법 시행규칙」제2조제4호에 따른 콜라텍업

2. 생활진동규제기준 [단위: dB(V)]

대상지역(단위: dB(V)) \ 시간별	주 간 06:00~22:00	심 야 22:00~06:00
가. 주거지역, 녹지지역, 관리지역 중 취락지구 · 주거개발진흥지구 및 관광 · 휴양개발진흥지구, 자연환경보전지역, 그 밖의 지역에 소재한 학교 · 종합병원 · 공공도서관	65이하	60이하
나. 그 밖의 지역	70이하	65이하

비고:

4. 공사장의 진동 규제기준은 주간의 경우 특정공사 사전신고 대상 기계·장비를 사용하는 작업시간이 1일 2시간 이하일 때는 +10dB을, 2시간 초과 4시간 이하일 때는 +5dB을 규제기준치에 보정한다.
5. 발파진동의 경우 주간에만 규제기준치에 +10dB을 보정한다.

(3) [별표 11] 교통소음·진동의 관리기준 (제25조 관련)

1960년대 이후 산업화, 도시화와 도로의 확장 등으로 자동차, 철도 교통량은 급격하게 증가되어 왔고 교통소음·진동문제가 날로 심각해짐에 따라 이를 효율적으로 구제하기 위한 여러 방안이 강구되었다. 1993년 12월 소음·진동규제법의 개정으로 교통소음·진동의 관리기준이 마련되었다. 이 관리기준은 규제기준과 다소 성격이 다르다. 이는 도로와 철도 등의 소음·진동으로 피해를 받는 자에게 대책이 필요하다고 판단되는 수준을 정한 것이다. 한도초과 시에는 방음시설을 설치하게 하거나 시·도지사가 원인자에게 대책수립을 요청할 수 있다. 도로의 경우 한도가 현재 적용되고 있으며 철도의 경우는 2000년 이후부터 적용토록 하고 있다. 또한 자동차를 제작하는 단계부터 저소음자동차를 제작하고 운행하는 자동차에 대하여는 자주 정비를 하여 저소음상태로 운행토록 하기 위해 자동차의 소음허용기준을 정하고 있다.

1. 도로

대 상 지 역	구 분	주간 06:00~22:00	야간 22:00~06:00
가. 주거·녹지·보전관리지역·관리지역 중 취락지구 및 관광·휴양개발진흥지구, 자연환경보전지역, 학교·병원·공공도서관 및 입소규모 100명이상의 노인의료복지시설·영유아보육시설의 부지경계선으로부터 50미터 이내 지역	소 음(L_{eq}, dB(A))	68	58
	진 동(dB(V))	65	60
나. 상업·공업·농림·생산관리·관리지역중 산업·유통개발진흥지구 및 관리지역 중 가목에 포함되지 않는 그 밖의 지역, 미고시 지역	소 음(L_{eq}, dB(A))	73	63
	진 동(dB(V))	70	65

2. 철도

대상지역	구분	한도	
		주간 06:00 ~ 22:00	야간 22:00 ~ 06:00
가. 주거지역, 녹지지역, 관리지역 중 취락지구 ·주거개발진흥지구 및 관광·휴양개발진흥지구, 자연환경보전지역, 학교·병원·공공도서관 및 입소규모 100명 이상의 노인의료복지시설·영유아보육시설의 부지 경계선으로부터 50미터 이내 지역	소음 (L_{eq}dB(A))	70	60
	진동 (dB(V))	65	60
나. 상업지역, 공업지역, 농림지역, 생산관리지역 및 관리지역 중 산업·유통개발진흥지구, 미고시지역	소음 (L_{eq}dB(A))	75	65
	진동 (dB(V))	70	65

5.2.3 소음·진동공정시험기준

"환경분야 시험·검사 등에 관한 법률" 제6조에 따른 "소음·진동공정시험기준"은 소음·진동을 측정함에 있어서 측정의 정확 및 통일을 유지하기 위하여 필요한 제반사항에 대하여 규정함을 목적으로 하며, 구성은 다음과 같다.

소음편	진동편
ES 03300.b 총칙(소음)	ES 03400.a 총칙(진동)
ES 03301.1c 환경기준 중 소음측정방법	ES 03401.1a 배출허용기준 중 진동측정방법
ES 03302.1b 배출허용기준 중 소음측정방법	ES 03402.1a 규제기준 중 생활진동 측정방법
ES 03303.1c 규제기준 중 생활소음 측정방법	ES 03402.2a 규제기준 중 발파진동 측정방법
ES 03303.2b 규제기준 중 발파소음 측정방법	ES 03403.1b 도로교통진동관리기준 측정방법
ES 03303.3b 규제기준 중 동일건물 내 사업장소음 측정방법	ES 03403.2b 철도진동관리기준 측정방법
ES 03304.1c 도로교통소음관리기준 측정방법	
ES 03304.2c 철도소음관리기준 측정방법	
ES 03304.3a 항공기소음관리기준 측정방법	
ES 03304.4 항공기소음관리기준 측정방법	

5.2.4 환경분쟁 관련 기준 조정 및 보완

환경부 중앙환경조정위원회(이하 중앙환조) *에서의 공사장, 도로, 철도 등에서 발생하는소음과 진동피해는 다음과 같다.

1) 소음·진동으로 인한 사람의 정신상·건강상 피해

2) 소음·진동으로 인한 가축, 양봉, 어패류 등 재산 피해

3) 진동으로 인한 건물균열 피해

* 환경부 중앙환경분쟁조정위원회(중앙환조, https://ecc.me.go.kr)

2008년 1월 1일부터 접수되는 환경분쟁피해 사건의 경우, 중앙환경분쟁조정위원회에서 조정하고 보완한 기준을 적용한다.

- 소음의 경우 건설공사장 발파소음(80dB(A))과 공장·사업장소음(65dB(A)/주간, 55dB(A)/야간) 및 항공기소음 피해인정기준(80WECPNL) 신설
- 소음·진동규제기준이 2009년부터 강화됨에 따라 건설공사장 기계소음 피해인정기준을 70dB(A) → 65dB(A)로, 건설공사장 발파소음은 80dB(A) → 75dB(A)로 강화하고, 철도소음에 대해서 2010년부터 65dB(A) → 60dB(A)(야간)로 강화
- 진동의 경우 건설 기계진동은 주간 65dB(V) 및 야간 60dB(V) 신설
- 건설공사장 발파진동은 주간 75dB(V) 및 야간 60dB(V)로 신설
- 교통진동(도로/철도)은 65dB(V)로 피해인정기준을 신설
  - 종전에는 연속진동과 충격진동으로 구분하여 주간 73dB(V) ~ 86dB(V), 야간 67dB(V)로 설정 운영
- 생활 소음·진동의 경우 소음, 진동, 먼지 등 둘 이상의 원인이 복합된 경우와 아침(05:00 ~ 08:00)과 저녁(18:00 ~ 22:00)시간대 공사로 인한 소음, 진동 피해에 대해서는 10 ~ 30% 범위내에서 피해배상액을 가산
- 소음·진동에 의한 가축 피해인정기준도 소음의 경우 70dB(A) → 60dB(A)로 강화하고, 진동은 57dB(V)로 피해기준을 신설
  - 소음·진동이 중복하여 피해인정기준을 초과하는 경우 주된 피해 인정기준의 피해발생률에 최대 25%까지 가산할 수 있도록 하였으며, 가축의 생산품(알, 우유 등) 및 육질저하로 인한 피해도 배상 받을 수 있도록 함

5.2.5 각종 진동 기준값

• 인체 진동 기준값

제안자/단체별 진동레벨			
제안자/제안단체	진동레벨(dB,v = mm/s)		
	노출시간	인식 시점	불쾌감을 느끼는 시점
Reiher & Meister	-	90 (v_p = 0.3mm/s)	112 (v = 3.5mm/s)
Dieckmann	-	82 (v_p = 0.125mm/s)	122
DIN 4150	-	82 (v_r = 0.125mm/s)	102
Bachmann & Ammann	-	60 (a_p = 40mm/s^2 : v_p = 0.64mm/s)	100
Steffens	-	82	105
ANSI 53.18	8시간 이상 지속	73	99
Draft ANSI	낮(밤)	82(86)	–

※ v_r: 실횻값(RMS 값), v_p: Peak 값, a_p: Peak 값

Reiher & Meister			
Description	Remarks		
선 자세에서는 수직진동이 더 잘 감지되며, 수직진동의 지각시점은 5~70Hz에서 속도 0.3mm/s (peak value, 90dB)	속 도	$\mathrm{dB} = 20\log(v/v_o)$	$v_o = 10^{-5}$mm/s
	가속도	$\mathrm{dB} = 20\log(a/a_0)$	$a_o = 10^{-5}$m/s^2

Dieckmann	
Description	Remarks
5 ~ 40Hz에서 진동감지 하한선 값 K = 0.1 $K = 0.1 = 0.005Af$, $Af = 0.1/0.005 = 20 = A \times 2\pi f/(2\pi) = v/(2\pi)$ 이때의 속도 $v = 20 \times 2\pi = 125$[μm/s]이며, 진동수준은 0.125[mm/s](82dB)	A: peak변위[μm] f: 진동수

Dieckmann			
수직진동		수평진동	
진동수(Hz)	K 값	진동수(Hz)	K 값
5Hz 이하	0.001 Af^2	2Hz 이하	0.002 Af^2
5 ~ 40Hz	0.005Af	2 ~ 25Hz	0.004Af
40Hz 이상	0.2A	25Hz 이상	0.1A

Dieckmann	
K 값	진동의 영향정도
0.1 (v_p = 0.125mm/s)	진동감지 하한선
1 (v_p = 1.25mm/s)	산업현장에서의 허용치
10 (v_p = 12.5mm/s)	짧은 시간동안만 허용가능
100 (v_p = 125mm/s)	일반인의 인내 한계

Bachmann & Ammann		
지각 정도	가속도[mm/s²]	속도[mm/s]
	1 ~ 10Hz	10 ~ 100Hz
지각하지 못함	10 (60 dB)	0.16 (82 dB)
약간 지각	40 (72 dB)	0.64 (96 dB)
확실히 지각	125 (81 dB)	2.0 (106 dB)
짜증을 일으킴	400 (92 dB)	6.4 (116 dB)
불쾌하고 지속되면 고통스러움	1000 (100 dB)	16.0 (124 dB)
해를 끼침	1000 이상	16.0 이상

- 건물 진동 기준값

ISO 기준			
지역	시간	연속진동(dB)	충격진동(dB)
병원의 수술실, 정숙을 요하는 지역	-	51 (3.5 mm/s²)	54 (5.0 mm/s²)
주거지	낮 밤	57 (7.0 mm/s²) 54 (5.0 mm/s²)	60 (10.0 mm/s²)
사무실	-	63 (14.1 mm/s²)	66 (19.9 mm/s²)
공장, 작업장	-	69 (28.2 mm/s²)	72 (39.8 mm/s²)
※ 건물 피해시점의 상한으로 6[mm/s](충격에는 5 ~ 30[mm/s])를 제시. 진동기준치는 RMS가속도(mm/s²)를 dB로 환산.			

미국(USBM/OSM)	
Description	Remarks
건물의 진동기준은 발파진동과 관련 2 ips(in/s)가 안전치 기준	-

충격진동(short-term vibration)에 의한 건물피해 기준 (DIN 4150: 1986)					
Line	Type of structure	Vibration velocity, v_i, in mm/s			
		m.p: foundation			m.p: Plane of floor of upper most full storey
		< 10Hz	10 ~ 50Hz	50 ~ 100Hz	Frequency mixture
1	상업용, 산업용 건물 및 이와 유사한 건물	20	20 to 40	40 to 50	40
2	주거용 및 이와 유사한 건물	5	5 to 15	15 to 20	15
3	진동에 취약한 건물 (문화재 및 기타 중요건물)	3	3 to 8	8 to 10	8

1. v_i: 건물기초 3방향 진동 속도 중 최대치(amplitude), 진동속도(3 to 8Hz)는 비례적으로 변화하는 값.
2. 측정방법: 진동원과 직면하는 건물의 가장 낮은 층의 기초내벽 또는 외벽, 지하실이 없는 경우는 지반 상부의 0.5m 이하
   구조의 3방향에 대하여 동시에 측정, 건물 최상층 슬라브의 중앙 z-방향.
3. 피로 파괴를 고려하지 않은 수준의 충격 진동(impulse), 연속 충격과 구조물의 공진을 야기하는 진동은 정상진동 취급.
4. Damage Type: line 2, 3은 미소한 손상에 해당(crack formation in the wall plaster, enlargement of crack, separation of partitions or intermediate walls from load bearing wall)
5. 100Hz 이상의 주파수에 대해서는 50 to 100Hz의 주파수 범위의 규제치를 사용.
6. 동적 허용응력이 정적 허용응력의 10% 미만일 경우는 fatigue factor 3을 곱하지 않음.

7. 슬라브(floor) 진동허용규제치는 수직방향 최대 진동속도 20mm/s 이하.
8. m.p: measurement point

정상진동(steady-state vibration)에 의한 건물피해 기준 (DIN 4150: 1986)			
건물등급	I	II	III
건물의 형식	상업, 산업용 건물	주거용 건물	진동예민 구조물
	사무실, 공장건물	연립주택, 단독주택, 아파트	취약건물, 문화재 등 주요구조물
건물의 허용진동속도 [진폭]	5[mm/s] 이하	5[mm/s] 이하	-

1. 측정위치: 최상층의 수평 진동, 진동 형상 평가 위하여 최소 1개 층 이상 동시 측정.
2. 적용 범위: 기계적인 정상진동이 대부분.
3. 5층 이상의 건물의 1차 고유진동수 $f_1 = 10/n$ [Hz, n: 총 층수]
4. 경험적으로 $10\mathrm{mm/s}$ 상태에서도 구조적인 손상은 발생하지 않지만, 미소 손상 발생 (minor damage, crack formation in the wall plaster, enlargement of crack, separation of partitions or intermediate walls from load bearing wall)

스위스 허용 기준					
종별	구조물의 종류	발파 진동		교통/기계 진동	
		주파수 범위 [Hz]	입자속도 [mm/s]	주파수 범위 [Hz]	입자속도 [mm/s]
1종	강구조 및 철근 콘크리트 구조물: => 공장건물/교량/철탑/지하터널	10 - 60 60 - 90	30 30 - 40	10 - 30 30 - 60	12 12 - 18
2종	기초벽과 콘크리트 슬래브가 있는 건물: =>지하터널 및 지하공동중 석조재 라이닝 처리한 것	10 - 60 60 - 90	18 18 - 25	10 - 30 30 - 60	8 8 - 12
3종	석조재 벽체와 함께 목재 천장을 갖고 있는 건물	10 - 60 60 - 90	12 12 - 18	10 - 30 30 - 60	5 5 - 8
4종	역사적 가치가 있는 문화재 및 기타 진동예민 구조물	10 - 60 60 - 90	8 8 - 12	10 - 30 30 - 60	3 3 - 5

- 콘크리트 양생 진동 기준값

미국 양회학회(ASCE) 제안한 Portland Cement 양생 시간별 과도진동 규제치 (1970)		
콘크리트 타설 후 시간	Max. Peak Velocity	
	in/sec	mm/s
0~12시간	0.1	2.54
12 ~ 24시간	0.5	12.7
24시간 ~ 5일	0.5~2	12.7 ~ 50.8
	타설 후 시간과 비례적으로 증가	
5일 이상	2.0	50.8

미국 교통국의 양생콘크리트에 대한 허용 진동수준 지침(1991)		
타설 후 경과시간	허용 진동치(in/s)	허용 진동치(cm/s, kine)
0 - 4 시간	2.00	5.08
4 - 24 시간	0.25	0.63
1 - 3 일	1.00	2.54

3 - 7 일	2.00	5.08
7 - 10 일	5.00	12.70
> 10 일	10.00	25.40

스웨덴 기준			
경화온도	경화시간(일)	허용 진동치(cm/s)	비 고
+5℃	2 3 7 28 90	0.8 1.1 3.5 80 10.0	형틀에 넣은 후, 10시간 이내라면 최대 10(cm/s)의 지반진동까지 견딜 수 있다. 형틀에 넣은 후, 10~70시간 이라면 30m 이내에서 발파해서는 안 된다.
+15℃	1 2 3 7 28 90	1.4 3.0 4.0 6.0 8.5 10.0	형틀에 넣은 후, 5시간 이내라면 최대 10(cm/s)의 지반진동까지 견딜 수 있다. 형틀에 넣을 후 5~24시간 이라면 30m 이내에서 발파해서는 안 된다.

Hulshizer & Desal(1984)	
타설 후 경과시간(hr)	허용 진동치(cm/s)
0 - 3	10.16
3 - 11	3.81
11 - 24	5.08
24 - 48	10.16
> 48	17.78

[예제] 5.1.1 중앙환경조정위원회 소음·진동 분쟁 조정 사례

1. 신청인 주장

16.12 월부터 신청인의 돼지농장 인근 0000일반산업단지 부지조성 공사장에서 발생하는 소음.진동으로 인해 사육중인 돼지의 유산, 사산, 폐사 등의 피해와 신청인 모친의 경도난청 청각 피해를 받았다.

2. 사실조사

신청인 돼지사육 농장과 피신청인 산업단지 부지조성 현장과는 약 106~160m 정도 이격되어 있으며, 신청인이 입지한 지역은 계획관리지역으로 목장용지이고, 피신청인이 입지한 지역은 일반공업지역이다.

3. 피신청인 공사현황 조사

1) 공종과 사용장비: 가. 발파 및 토공사, 나. 구조물 공사
2) 방음·방진시설 설치
3) 환경영향평가 협의 사항 검토

4. 관할 행정기관 지도·점검 결과

1) 신청인 농장 주변에서 소음을 2회 측정한 결과, 55dB(A)로 규제기준치 65dB(A) 이내

5. 피해주장 요인별 전문가 평가

1) 소음·진동도

- 피신청인이 제출한 장비투입내역, 작업일지 등 자료에 근거

공종	공사기간 (실제작업일수)	주요 사용장비	이격거리 (m)	소음도 [dB(A)]	진동도 [dB(V)]	진동속도 (cm/s)
토공사	367일	굴삭기, 덤프트럭, 드릴, 브레이커 등	106 ~ 596	29 ~ 64 [평균 46]	45이하	0.001 ~ 0.005 [평균 0.001]
피해 인과관계 검토기준	가축	성장지연, 수태율 저하, 산자수 감소 등	평균	60	-	0.02
		폐사, 유산, 사산, 압사, 부상 등	최대	70	-	0.05
	생활 소음	공사장(장비)	-	65	65	-

- 장비운용으로 인한 최대 소음도(L_{max})는 64dB(A)[평균 소음도(L_{eq}) 46dB(A)], 최대 진동도는 45dB(V), 최대 진동속도(V_{peak})는 0.005cm/s[평균 진동속도(V_{mean}) 0.001cm/s]로 평가됨

- 피신청인이 제출한 시험발파보고서, 발파작업내역의 이격거리, 지발당장약량 등을 근거

공종	공사기간 (실제작업일수)	지발당 장약량 (kg)	이격거리 (m)	소음도 [dB(A)]	진동도 [dB(V)]	진동속도 (cm/s)
발파공사	126일	0.5 ~ 11.5	186 ~ 596	47 ~ 59 [평균 53]	30 ~ 58	0.002 ~ 0.049 [평균 0.018]
피해 인과관계 검토기준	가축	성장지연, 수태율 저하, 산자수 감소 등	평균	60	-	0.02
		폐사, 유산, 사산, 압사, 부상 등	최대	70	-	0.05
	생활 소음	공사장(발파)	-	75	75	-

- 발파작업으로 인해 유발된 최대 소음도(L_{max})는 59dB(A)[평균 소음도(L_{eq}) 53dB(A)], 최대 진동도는 58dB(V), 최대 진동속도(V_{peak})는 0.049cm/s[평균 진동속도(V_{mean}) 0.018cm/s]로 평가되었으며, 발파작업 기간 중 4개월간 월평균 진동속도가 인과관계 검토기준을 초과함

6. 인과관계 검토

1) 정신적 피해

- 65dB(A) 및 65dB(V)를 적용할 때 사회통념상 개연성이 인정되지 않음

2) 가축 등 피해

- 소음으로 인한 피해는 개연성이 인정되지 않음
- 진동으로 인한 피해를 입었을 개연성이 인정됨

7. 배상수준 검토

- 가축피해에 따른 배상액 산정

연습문제: 제5장 환경진동

5.1 환경소음 및 진동

• 5.1.1 관련 용어 (소음진동기술사, 2012)
음향 및 진동 계측량을 나타낼 때 사용되는 dB는 계측량을 기준값으로 나눈 후, 상용대수를 취하여 10(또는 20)을 곱한다. 이때 기준값으로 사용되는 양은 측정대상에 따라 다르다. 다음의 측정량을 dB로 나타내고자 할때 국제표준화기구(ISO)에서 권고하고 있는 기준값과 그 단위를 각각 쓰시오.
1) 음압레벨(Sound Pressure Level)
2) 음향세기레벨(Sound Intensity Level)
3) 음향파워레벨(Sound Power Level)
4) 진동가속도레벨(Vibratory Acceleration Level)₩

• 5.1.1 관련 용어 (행정고시, 소음진동학, 2015)
환경소음 측정에서 많이 사용되는 등가소음레벨에 대하여 다음 물음에 답하라.
1) 등가소음레벨을 설명하라.
2) 공단지역에서 30분 동안 연속해서 소음을 측정하였을 때 다음 표와 같았다. 이 경우 등가소음레벨을 구하라.

dB(A)	65	70	75	80
지속시간(분)	14	10	4	2

DYNAMICS OF STRUCTURES

제6장 지진진동

제6장

지진진동

6.1 파동전파

6.1.1 파동의 종류

탄성파(彈性波; elastic wave)란 탄성 매질(medium) 내에서 매질의 교란 상태 변화로 인해 에너지가 전달되는 파동으로, 매질을 필요로 하는 파동은 횡파(transverse wave)이든 종파(longitudinal wave)이든 간에 상관없이 모두 탄성파에 속한다. 탄성파의 예로는 공기를 주로 매질로 하는 음파(sound wave), 물을 매질로 하는 수면파(water wave), 지구 내부 물질을 매질로 하는 지진파(seismic wave) 등이 있다. 탄성파는 파동 에너지가 운동에너지와 위치에너지의 형태로 존재하므로 역학적 파동(mechanical wave)이라고도 하며, 이에 반해 전자기파(electromagnetic wave; 전기파 + 자기파)는 매질 없이도 전달되므로 비탄성파이다.

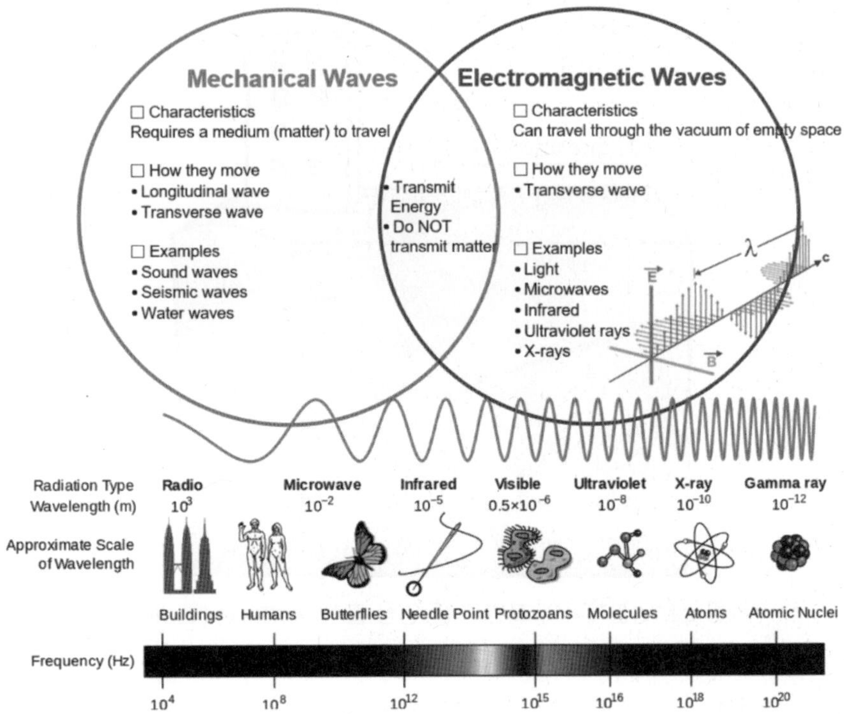

그림 6.1.1a 탄성파(역학적 파동)와 전자기파 (출처: Wikiversity 등의 자료를 재구성) [animation]

파동의 전파 특성(특히, 지반 진동의 전파 특성)은 매질의 특성인 매질의 밀도, 강성, 감쇠 등에 영향을 받는다. 매질과 파동을 각각 탄성체 지반과 지진으로 가정할 경우, 일반적으로 지진 파동은 실체파와 표면파로 구분할 수 있으며, 실체파(body wave)는 진원(hypocenter)으로부터 지구 내부를 통과하여 전파하며, 표면파(surface wave)는 경사진 실체파와 매질의 자유표면(free surface)인 지표면과의 상호작용으로 인해 생성된 파동으로, 지표층에서 지표면을 따라 전파한다.

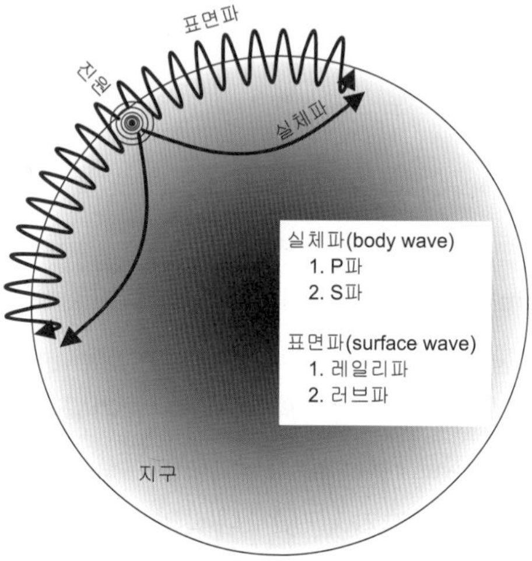

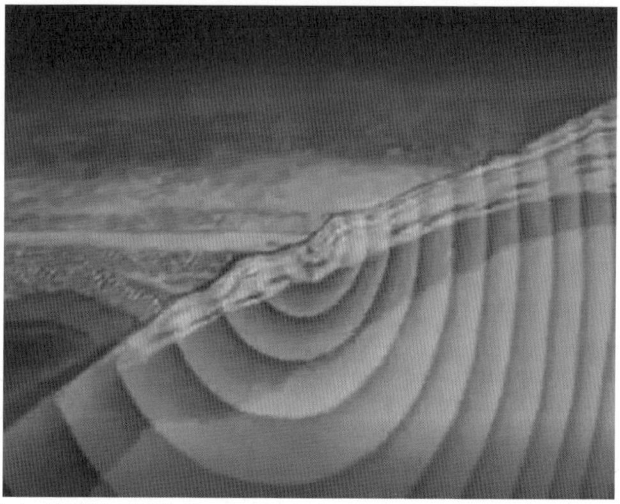

그림 6.1.1b 실체파와 표면파 (동영상 출처: YouTube) [animation]

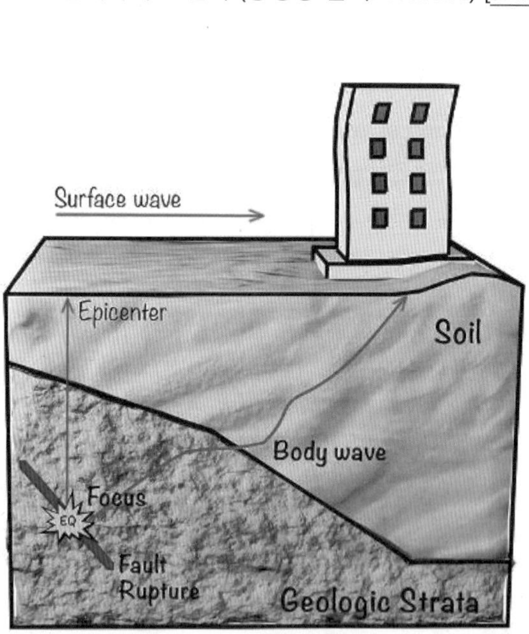

그림 6.1.1c 실체파와 표면파 (동영상 출처: YouTube) [YouTube]

왜 경사암반을 고려하는 것이 중요한가?

실체파가 통과하는 매질은 두 가지 유형의 탄성 변형을 받으며, 그 중 하나는 부피의 변화이고, 다른 하나는 형태의 변화이다. 부피의 변화를 일으키는 실체파를 P파, 형태의 변화를 일으키는 실체파를 S파라고 한다. P파(primary wave; push wave; 종파)는 진행방향과 같은 방향으로 반복해서 매질을 압축·팽창시키는데, 음파와 같은 소밀파(疏密波, 성길 소 + 빽빽할 밀)로서 기체·액체·고체 등 모든 매질을 통과할 수 있다. 지각(地殼)에서의 평균 전파속도는 6 km/sec로, 모든 지진파들 중에서 속도가 가장 빨라 지진이 일어난 후 지진계에 가장 먼저 기록된다. S파(secondary wave; shear wave; 횡파)는 진행방향에 수직방향으로 매질의 입자를 진동시키면서 이동하므로 액체와 기체는 통과할 수 없고, 고체만 통과할 수 있다. 지각에서의 평균 전파속도는 대략 3 km/sec 정도이며 P파보다 늦게 지진계에 기록된다. 실체파는 빛과 같이 매질을 통과할 뿐만 아니라, 반사(reflection)하거나 굴절하기도 한다. 실체파의 굴절(refraction)은 통과하는 매질이 바뀌면 파의 속도가 변화하고 그에 따라 파의 진행경로가 바뀌는 것을 말한다. 참고로 회절(diffraction)은 파동이 장애물 뒤쪽으로 돌아 들어가는 현상을 말하며, 입자가 아닌 파동에서만 나타나는 성질이다.

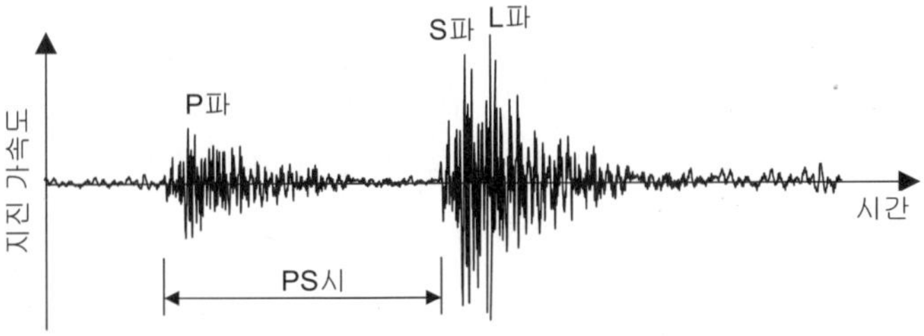

참조: 3곳 이상에서 계측된 PS시를 사용하여 진원과 진앙의 위치를 산정

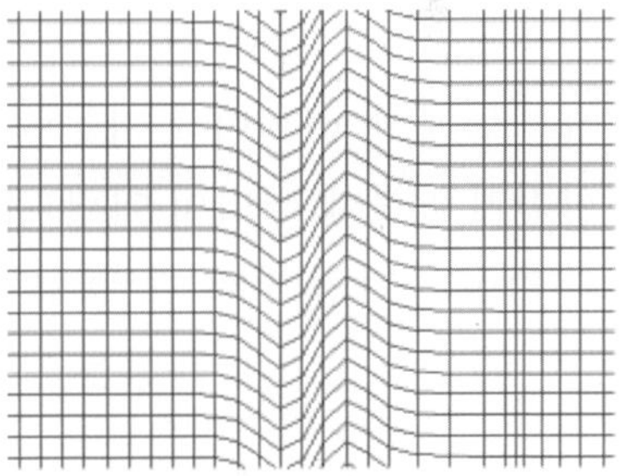

그림 6.1.1d P파와 S파의 지진계 기록과 전파속도 (동영상 출처: YouTube) [animation]

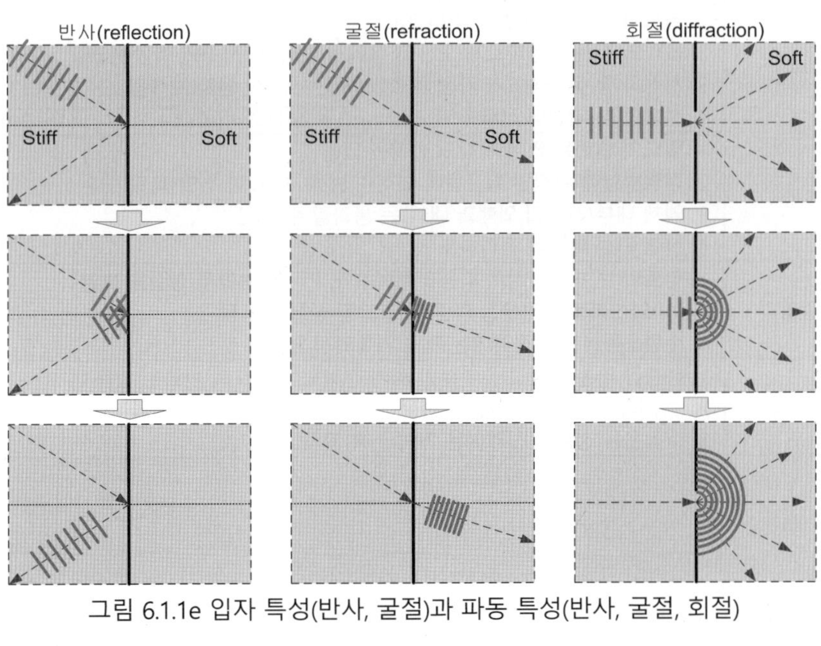

그림 6.1.1e 입자 특성(반사, 굴절)과 파동 특성(반사, 굴절, 회절)

표면파는 진원이 가까운 곳에서는 S파와 뒤섞여서 잘 구별되지 않으나, 멀수록 분명히 기록된다. 표면파는 다시 레일리파와 러브파 등으로 분류된다. 일반적으로 진원이 수백 km 이상 떨어진 곳에서 실체파(P파, S파) 다음에 전파되는 주기가 큰 파동이다. 표면파의 경우, 진동수 별로 파동전파속도가 다르므로 분산 특성(dispersive characteristics)을 나타내며, 일반적으로 군속도(群速度, group velocity)로 나타낸다. 일반적으로 지진파 계측시 레일리파의 군속도는 러브파보다 느리므로, 레일리파는 러브파 뒤에 도착한다. 러브파의 파동속도는 위층의 S파 속도와 아래층의 S파 속도의 중간이고, 위층의 두께와 파장과의 비로 정해지는 것인데, 파장이 길수록 빨리 전파되므로 지각 두께 연구에 이용된다. 레일리파(Rayleigh wave)는 1885년 J. 레일리가 처음 이론적으로 유도하였으며, 진동은 진행방향을 포함한 연직면 내의 타원진동이다. 전파속도는 주로 지구 내부의 횡파의 속도에 따라 좌우되므로, 레일리파의 관측으로부터 횡파의 속도분포를 구할 수 있다. 러브파(Love wave)는 A.E.H. 러브에 의해서 1911년경 처음으로 탄성론을 근간으로 유도되었다. 지표를 따라 그 아래보다 부드러운 지층이 있을 경우, 주로 그 속에 에너지가 모여 수평방향으로 진행한다. 한 점의 진동을 살펴보면, 수평면 내에서 진동하며, 진동방향은 파동이 진행하는 방향에 직각이다.

표면파는 얕은 진원의 지진에서 효과적으로 발생한다. 지표를 따라 2차원적으로 전파하므로 실체파에 비해 파동에너지의 감소비율이 작다. 진앙 부근에서는 실체파와 표면파가 섞이기 때문에 구별이 어렵다. 일반적으로 표면파는 지진파 가운데에서 가장 속도가 느리지만 진폭은 가장 커서 대부분의 큰 지진피해는 표면파에 의하여 발생한다.

파동의 종류와 특성을 정리하면 다음 표와 같다.

표 6.1.1 파동의 종류

구분		특성
실체파	P파	1. 밀도의 소·밀에 의한 지각 변화파 2. 음파와 같은 소밀파로서 모든 매질에서 전파됨 (지구의 핵을 통과) 3. 지진파 중 전파속도가 가장 빠르고, 지진시 가장 먼저 계측됨 4. 선형 탄성 매질내 전파속도: $v_P = \sqrt{(\lambda + 2\mu)/\rho} = \sqrt{G(2-2\nu)}/\sqrt{\rho(1-2\nu)}$
	S파	1. 밀도의 변화는 없이 지각의 변형만 있음 2. 진행방향에 수직인 횡운동에 의하며 발생 → SV파와 SH파로 구분 3. 액체 내부(지구의 외핵과 내핵)는 통과할 수 없음 4. 선형 탄성 매질내 전파속도: $v_S = \sqrt{\mu/\rho} = \sqrt{G/\rho}$
표면파	레일리파	1. 밀도의 변화가 심하며 파동형식의 S파, P파의 복합적 성질을 보임 2. P파와 S파의 수직운동 SV파가 조합된 성질을 가짐 3. 수평운동성분 지진계에는 거의 기록되지 않음
	러브파	1. 하층은 파동이 없고 윗부분만 파가 전달되며 밀도의 변화는 없음 2. Love파는 S파의 수평운동 성분인 SH파의 일종 3. 수직운동 성분 지진계에는 거의 기록 되지 않음

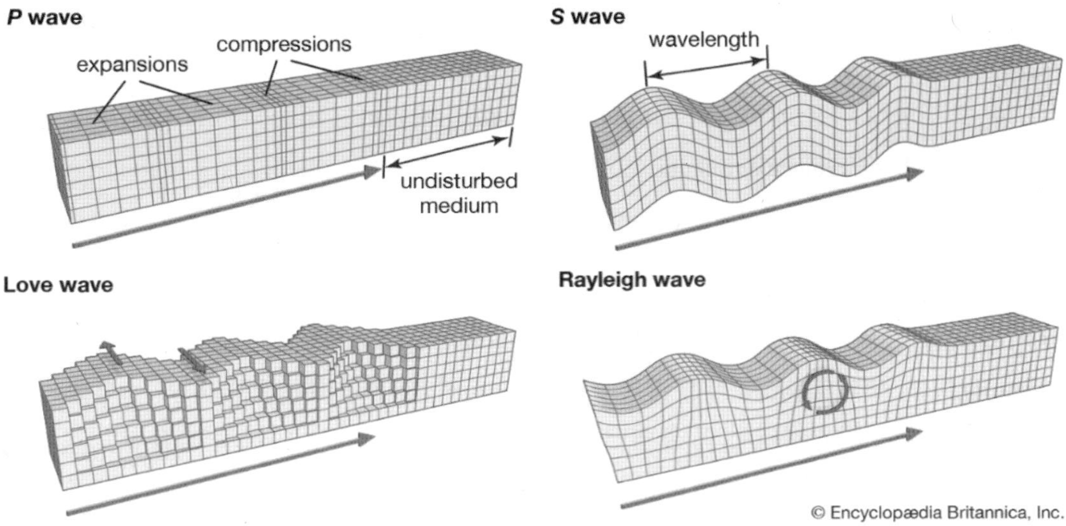

그림 6.1.1f 파동의 유형 (출처: 그림, www.britannica.com; 동영상, YouTube) [animation]

6.1.2 파동방정식

파동이 전파되는 매질 속에서 같은 위상을 가진 점을 연결하면, 일반적으로 연속된 면이 나타나는데, 이것을 파면(波面; wave front)이라 하며, 파면과 파동의 진행방향은 서로 수직이다. 파면이 구 모양이면 구면파(球面波; spherical wave), 평면이면 평면파(平面波; plane wave)라고 한다. 긴 막대로 물결파를 만들면 평면파가 만들어지며, 구면파도 멀리 퍼져 나가면 평면파에 가까워진다. 구면파는 멀리 퍼져 나감에 따라 파동에너지가 보존되어야 하므로 진폭이 줄어들지만, 평면파는 멀리 퍼져 나가도 진폭에 거의 변함이 없다.

그림 6.1.2a 구면파와 평면파

매질이 지반인 경우, 공학적 관점에서 일반적으로 지반을 반무한 층상지반(layered half-space)으로 가정한다. 즉, 수평으로는 균질하고 연직방향으로는 여러 이질층으로 가정한다.

각 층은 등방성 탄성체이고, 파면은 평면이며, 매질내의 각 종류의 파동들은 서로 독립(independent)하다고 가정하여, 평면파 문제로 단순화 한다.

균질 등방성 탄성 매질내의 임의의 지점에 대한 직교좌표계로 나타낸 텐서(tensor) 방정식은 다음과 같다(Eringen & Suhubi, 1975; Graff, 1975).

$$\sigma_{ij,j} + \rho f_i = \rho \ddot{u}_i, \quad \sigma_{ij} = \lambda \varepsilon_{kk} \delta_{ij} + 2\mu \varepsilon_{ij}$$

$$\varepsilon_{ij} = \frac{1}{2}(u_{i,j} + u_{j,i}), \quad \omega_{ij} = \frac{1}{2}(u_{i,j} - u_{j,i})$$

여기서 첫째 식은 운동방정식이며, 둘째 식은 응력-변형률 관계식인 구성방정식(constitutive equation)이고, 셋째 및 넷째 식은 각각 변형률과 회전을 나타낸다. 또한 σ_{ij}은 응력텐서(stress tensor)이며, u_i은 변위벡터이고, 응력텐서는 대칭이므로 $\sigma_{ij} = \sigma_{ji}$이다. ρ는 질량밀도, f_i는 단위질량에 작용하는 체적력(body force), ε_{ij}과 ω_{ij}는 각각 변형률 텐서(strain tensor)와 회전텐서(rotation tensors), λ와 μ는 탄성재료에 대한 램상수(Lamb's constant)이며, 탄성계수와는 다음과 같은 관계를 갖는다.

$$\lambda = \frac{\nu E}{(1+\nu)(1-2\nu)}, \quad \mu = G = \frac{E}{2(1+\nu)}$$

여기서 E는 탄성계수; G는 전단탄성계수; ν는 포아송비(Poisson's ratio)이다.

구성방정식과 운동방정식을 조합하면, 다음과 같은 나비에 방정식(Navier's equation)을 구할 수 있다.

$$(\lambda + \mu)u_{j,ji} + \mu u_{i,jj} + \rho f_i = \rho \ddot{u}_i$$

이 식을 벡터 방정식의 형태로 나타내면 다음과 같다.

$$(\lambda + \mu)\nabla(\nabla \cdot \mathbf{u}) + \mu \nabla^2 \mathbf{u} + \rho \mathbf{f} = \rho \ddot{\mathbf{u}}$$

다음과 같은 벡터 항등식(vector identity) 인

$$\nabla^2 \mathbf{u} = \nabla(\nabla \cdot \mathbf{u}) - \nabla \times \nabla \times \mathbf{u}$$

을 $\nabla^2 \mathbf{u}$에 대입하면 다음과 같은 다른 형태의 나비에 방정식을 구할 수 있다.

$$(\lambda + 2\mu)(\nabla \cdot \mathbf{u}) - \mu \nabla \times \nabla \times \mathbf{u} + \rho \mathbf{f} = \rho \ddot{\mathbf{u}}$$

이 식의 장점 중에 하나는 팽창(dilation, dilatation)을 나타내는 항 $(\nabla \cdot \mathbf{u})$과 회전(rotation)을 나타내는 항$(\nabla \times \mathbf{u})$을 명시적 형태로 나타낼 수 있다. 참고로 이 식은 직교 좌표계뿐만 아니라 곡선형 좌표계에서도 유용하다.

변형으로 나타낸 운동방정식이 복잡하므로, 다음과 같은 스칼라 포텐셜(scalar potential, Φ)과 벡터 포텐셜(vector potential, $\mathbf{H}$)을 사용하여 간단하게 나타낼 수 있다.

$$\mathbf{u} = \nabla \Phi + \nabla \times \mathbf{H}, \quad \nabla \cdot \mathbf{H} = 0$$

여기서 헬름홀츠 정리(Helmholz's theorem)를 사용하여 스칼라 함수의 기울기(gradient, $\nabla\Phi$)와 벡터 함수의 발산(divergence, $\nabla \cdot \mathrm{H}$)를 유도하였다(Morse & Feshbach, 1953). 조건 $\nabla \cdot \mathrm{H} = 0$는 Φ와 H의 4가지 성분으로부터 u의 유일한 3가지 성분을 구하기 위한 필요조건이다. 스칼

라 포텐셜(f)과 벡터 포텐셜(B)을 사용하여 체적력(f)을 다음과 같이 나타낼 수 있다.

$$\mathbf{f} = \nabla f + \nabla \times \mathbf{B}, \quad \nabla \cdot \mathbf{B} = 0$$

나비에 방정식을 포텐셜을 사용하여 나타내면

$$\nabla\left\{(\lambda + 2\mu)\nabla^2\Phi + \rho f - \rho\ddot{\Phi}\right\} + \nabla \times \left(\mu\nabla^2\mathbf{H} + \rho\mathbf{B} - \rho\ddot{\mathbf{H}}\right) = \mathbf{0}$$

이고, 이 방정식은 각각의 괄호 안의 항목들이 다음과 같이 0이 되면 항상 만족된다.

$$(\lambda + 2\mu)\nabla^2\Phi + \rho f = \rho\ddot{\Phi}, \quad \mu\nabla^2\mathbf{H} + \rho\mathbf{B} = \rho\ddot{\mathbf{H}}$$

체적력을 고려하지 않는다면 앞 식은 다음과 같다.

$$\nabla^2\Phi = \frac{1}{v_P^2}\ddot{\Phi}, \quad \nabla^2\mathbf{H} = \frac{1}{v_S^2}\ddot{\mathbf{H}}$$

여기서 v_P와 v_S는 각각 P파와 S파의 파동속도이고, 재료성질에 의해 다음과 같다.

$$v_P = \sqrt{(\lambda + 2\mu)/\rho}, \quad v_S = \sqrt{\mu/\rho}$$

$x - z$ 평면상의 평면내 파동전파인 2차원 문제의 경우에, y 방향으로의 변위인 평면외 변위는 변하지 않는 것으로 가정한다. 따라서 파동의 전파(propagation), 반사(reflection), 굴절(refraction)은 모두 $x - z$ 평면내로 국한되며, $x - z$ 평면내 파동방정식은 다음과 같이 변형된다. 여기서 Φ와 H_y는 스칼라 포텐셜과 벡터포텐셜의 y 방향 성분이다.

$$\nabla^2\Phi = \frac{1}{v_P^2}\ddot{\Phi}, \quad \nabla^2\mathrm{H}_y = \frac{1}{v_S^2}\ddot{\mathrm{H}}_y$$

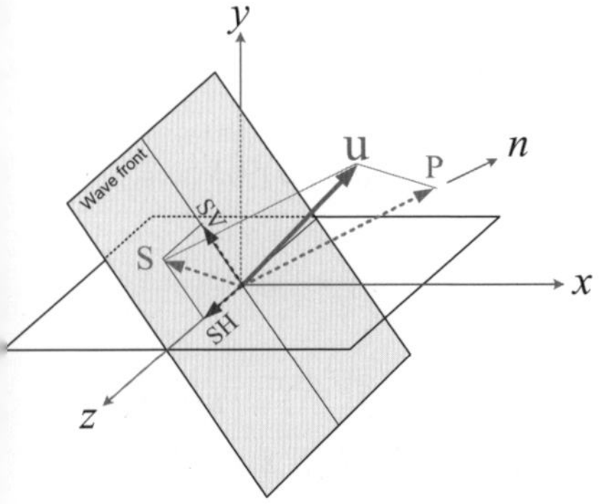

그림 6.1.2b 평면파(P파, SV파, SH파)의 전파

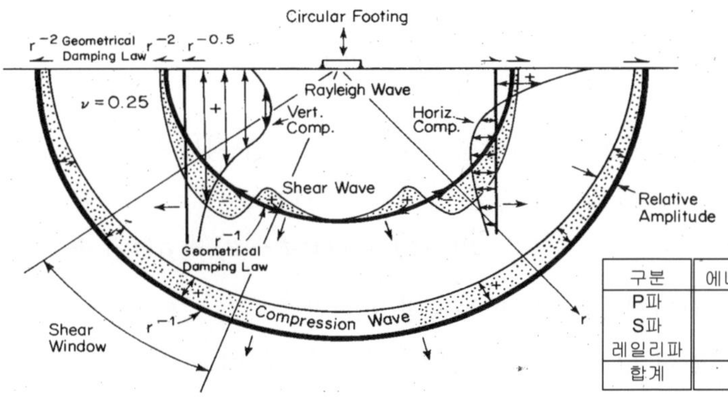

구분	에너지(%)
P파	7
S파	26
레일리파	67
합계	100

그림 6.1.2c 균질 반무한 탄성지반에 놓인 원형기초와 파동전파 (Richart 등, 1970)

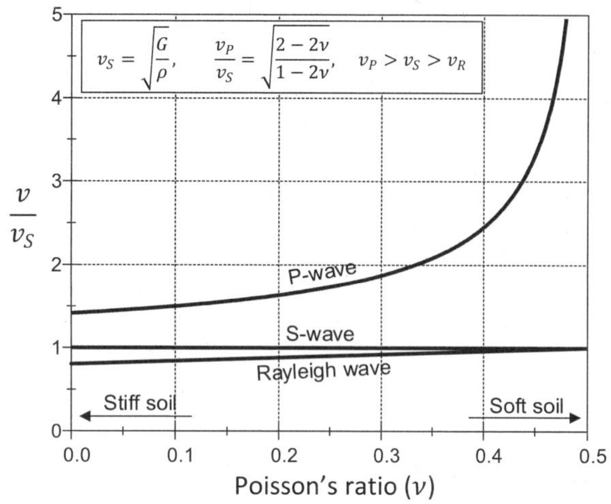

그림 6.1.2d 균질 반무한 탄성지반의 포아송비와 파동전파속도

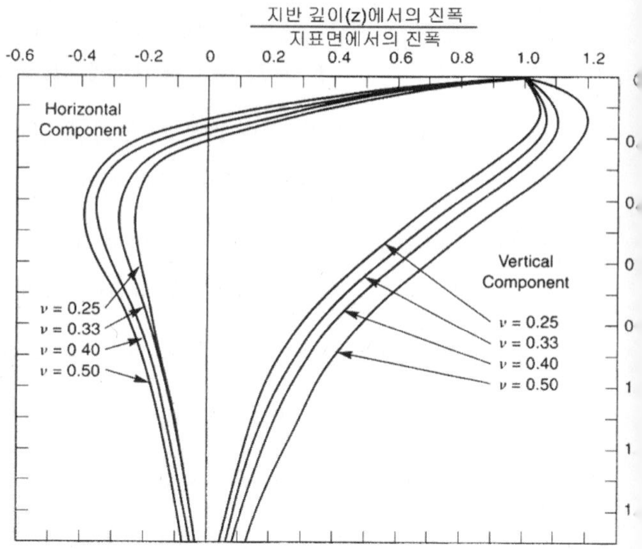

그림 6.1.2e 균질 반무한 탄성지반의 지반깊이와 레일리파 진폭

6.1.3 파동수

인공지진생성에 사용되는 1차원 전단파에 대한 파동방정식은 다음과 같다(Kramer, 1996).

$$\frac{\partial^2 u}{\partial t^2} = v_S^2 \frac{\partial^2 u}{\partial z^2}$$

여기서 z는 연직방향 좌표이고, u는 수평변위이며, v_S는 전단파 속도($v_S = \sqrt{G/\rho}$)이다. 위 식의 해는 다음과 같은 형태를 갖는다.

$$u(z,t) = f(v_S t - z) + g(v_S t + z)$$

여기서 f와 g는 파동방정식을 만족하는 임의의 함수이다. 여기서 z가 일정한 속도 v_S로 증가한다면(즉, $z = v_S t$라면), f는 일정하며, z가 일정한 속도 v_S로 감소한다면(즉, $z = -v_S t$라면), g는 일정하다. 따라서 위 식은 z방향으로 속도 v_S로 전파하는 변위성분(f)과 $-z$방향으로 속도 v_S로 전파하는 변위성분(g)을 나타낸다. 또한 파의 형상은 시간과 공간에 따라 변하지 않고 유지되는 것을 알 수 있다.

예를 들어 막대기 끝 단에 다음과 같은 정상상태의 조화하중을 가한다고 하자.

$$f = \mathrm{A}_f \cos \omega_e t$$

이로 인한 막대기에서 발생하는 변위 응답은 다음과 같다.

$$u(z,t) = \mathrm{A}_u^p \cos(\omega_e t - kz) + \mathrm{A}_u^n \cos(\omega_e t + kz)$$

$$\text{or} \quad u(z,t) = \mathrm{A}_u^p e^{i(\omega_e t - kz)} + \mathrm{A}_u^n e^{i(\omega_e t + kz)}$$

여기서 첫 번째 항과 두 번째 항은 각각 양(positive)의 방향과 음(negative)의 방향으로 전파하는 변위 성분들을 각각 나타낸다. 변위 응답에서 양의 방향으로 전파하는 변위성분만을 고려할 때(즉, $A_u^n = 0$일 때), 변위 응답에 관한 식을 파동 방정식에 대입하여 정리하면 다음과 같다.

$$k = \omega / v_S$$

여기서 k를 파동수(wave number)라고 하며, 그림으로 나타내면 다음과 같다.

참고로 ω는 시간영역해석에 있어서 최대 시간간격 dt의 결정에 필요하며, k는 기하학적 형상을 결정하는데 필요한 유한요소의 최대 크기를 결정하는데 있어서 중요하다.

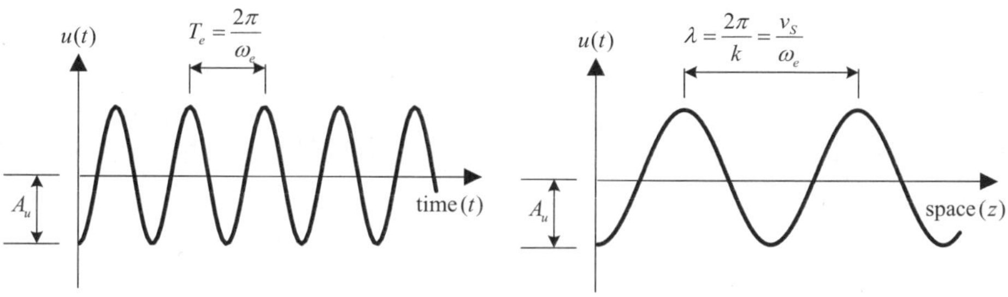

그림 6.1.3 주기(period)와 파장(wave length)

6.1.4 1차원 파동전파: 막대

막대에서는 3가지 독립적인 파동인 축방향(longitudinal), 비틀림(torsional) 및 휨(flexural) 파동전파를 고려할 수 있다. 축방향 및 비틀림 파동전파는 일반적인 파동방정식으로 구할 수 있으나, 휨 파동전파는 분산(dispersive, 가진 진동수에 따라 다른 파동전파 속도를 갖는) 파동 방정식으로 구해야 한다.

• 축방향 응력파동전파

1차원 무한 막대에 축방향 파동전파에 의해 발생하는 동적 평형은 다음과 같다. 여기서 ρ와 E는 각각 질량밀도와 탄성계수, A는 단면적, 그리고 u는 축방향 변위이다.

$$\left(\sigma_x + \frac{\partial \sigma_x}{\partial x} dx\right) A - \sigma_x A = \rho A dx \frac{\partial^2 u}{\partial t^2} \quad \rightarrow \quad \frac{\partial \sigma_x}{\partial x} = \rho \frac{\partial^2 u}{\partial t^2}$$

이 운동방정식을 풀기 위해 응력과 변형률의 관계($\sigma_x = E\frac{\partial u}{\partial x}$)를 사용하여 응력을 변위의 항으로 치환하면 다음과 같다. 여기서 $v_c = \sqrt{E/\rho}$는 파동의 축방향 전파속도이다.

$$\frac{\partial^2 u}{\partial t^2} = v_c^2 \frac{\partial^2 u}{\partial x^2}$$

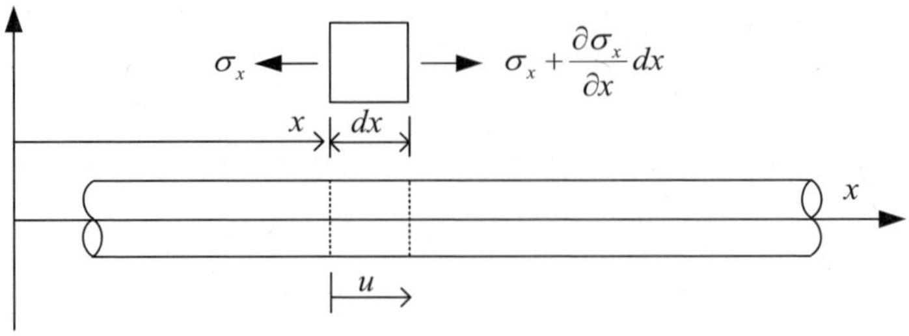

그림 6.1.4a 무한 막대에서의 축방향 응력파동전파

v_c는 파동의 전파속도로써, 응력파(stress wave)의 전파속도(예: 막대에 압축응력을 가했을 때, 막대를 따라 압축응력구간이 전파하는 속도)를 나타낸다. 시간 간격 dt동안, 막대를 따라 응력파가 전파한 거리(dx)는 전파속도(v_c)를 사용하여 다음과 같이 나타낼 수 있다.

$$dx = v_c dt$$

파동이 막대 내의 어떤 한 지점을 통과할 때 그 지점에서 어떤 입자의 속도를 입자 속도(particle velocity, $\dot{u}$)라고 하며, 파동의 전파속도(v_c)와는 다르다. 변형률과 변위의 관계($\varepsilon_x = \partial u/\partial x$)를 사용하여, 입자 속도와 파동의 전파속도 사이의 관계를 나타내면 다음과 같다.

$$\dot{u} = \frac{\partial u}{\partial t} = \frac{\partial u}{\partial x}\frac{\partial x}{\partial t} = \varepsilon_x \frac{\partial x}{\partial t} = \frac{\sigma_x}{E}\frac{\partial x}{\partial t} = \varepsilon_x v_c$$

참고로 막대에 압축응력이 가해질 경우, 입자속도는 파동의 전파속도와 같은 방향이지만, 인장응력이 가해질 경우, 입자속도는 파동의 전파속도와 반대 방향이다. 또한, 입자 속도는 응력의 크기에 따라서도 변하지만, 파동의 전파속도는 재료 물성값 만의 함수이다.

• 비틀림 응력파동전파

1차원 무한 막대에서의 비틀림 파동전파도 축방향 파동전파와 동일한 방법으로 다음과 같이 유도할 수 있다. 여기서 J와 G는 각각 극관성 모멘트와 전단탄성계수, 그리고 T와 θ는 각각 토크와 비틂 회전각이다.

$$\left(T_x + \frac{\partial T_x}{\partial x} dx\right) - T_x = \rho J dx \frac{\partial^2 \theta}{\partial t^2} \quad \rightarrow \quad \frac{\partial T_x}{\partial x} = \rho J \frac{\partial^2 \theta}{\partial t^2}$$

이 운동방정식을 풀기 위해 토크과 비틂 회전각의 관계($T_x = GJ\frac{\partial \theta}{\partial x}$)를 사용하여 토크를 비틂 회전각의 항으로 치환하면 다음과 같다. 여기서 $v_S = \sqrt{G/\rho}$이고 파동의 비틂 전파속도이다.

$$\frac{\partial^2 \theta}{\partial t^2} = v_S^2 \frac{\partial^2 \theta}{\partial x^2}$$

• 경계조건: 자유단, 고정단

막대에서 전파하는 1차원 축방향 압축 응력파동이 이 막대의 끝 단인 자유단에 도달했을 때, 이 파동은 반사되어 인장 응력파동으로 변하여 역방향으로 진행한다. 만약 끝 단이 고정단일 경우, 그대로 압축 응력파동으로 반사된다. 여기서 자유단에서 응력은 0(즉, $\sigma = 0$)이고 입자 속도는 2배(즉, $u = 2u_0$)인데 반해, 고정단에서는 응력은 2배(즉, $\sigma = 2\sigma_0$)이고 입자 속도는 0(즉, $u = 0$)이 됨을 알 수 있다. 휨 파동의 경우도 동일한 개념이 적용된다. 이 개념을 유도과정 중에 하나인 파동의 중첩 원리를 사용하여 그림으로 나타내면 다음과 같다.

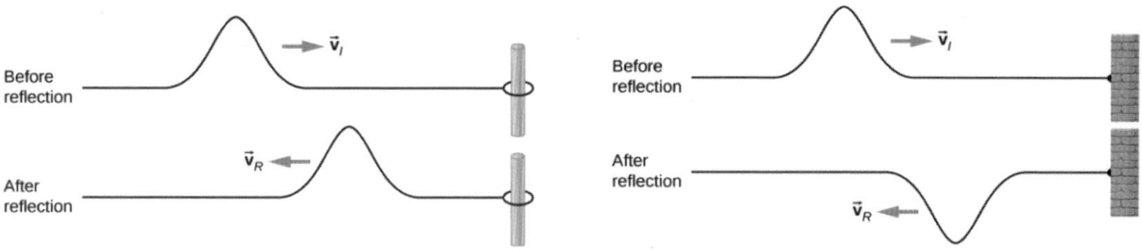

(a) 자유단 반사　　　　(b) 고정단 반사

그림 6.1.4b 휨 파동의 반사(출처: 그림, courses.lumenlearning.com; 동영상, YouTube) [animation]

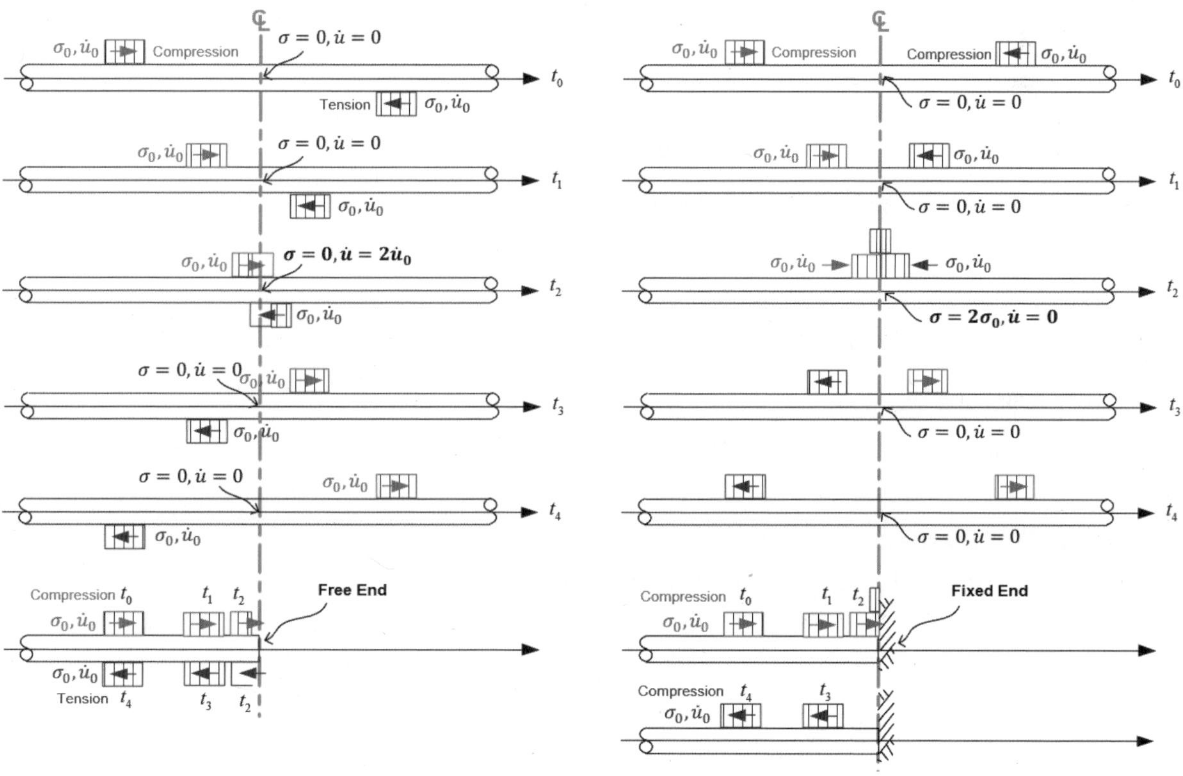

(a) 자유단 반사　　　　(b) 고정단 반사

그림 6.1.4c 축방향 응력파동의 반사

[예제] 6.1.2 강재와 콘크리트의 파동 전파속도와 파장

강재와 콘크리트에 대해 무한탄성매질(unbounded elastic media)로 가정하였다. P파 및 S파 전파속도를 구하고, 10 Hz의 조화하중을 가할 때 P파 및 S파의 파장(wave length)을 구하여라.

재료 (material)	질량밀도(ρ, kg/m^3)	탄성계수(E, Pa)	포아송비(ν)
강재 (steel)	7,850	190	0.27
		210	0.3
콘크리트 (concrete)	2,300	18	0.1
	2,400	30	0.2

[풀이]

(1) 램상수 λ와 μ: $\lambda = \frac{\nu E}{(1+\nu)(1-2\nu)}, \nu = G = \frac{E}{2(1+\nu)}$

(2) 파동속도 v_P와 v_S: $v_P = \sqrt{(\lambda + 2\mu)/\rho}, v_S = \sqrt{\mu/\rho}$

(3) 10 Hz의 조화하중에 대한 v_P와 v_S의 파장을 구한다.

여기서 파장(λ_P, λ_S)은 파동속도(v_P, v_S)에 비례하며, 가진 진동수(f)에 반비례하는 것을 알 수 있다.

$\lambda_P = 2\pi/k_P = 2\pi/(\frac{\omega}{v_P}) = v_P/f, \quad \lambda_S = 2\pi/k_S = 2\pi/(\frac{\omega}{v_S}) = v_S/f$

재료 (material)	램상수		파동속도		파장	
	λ (Pa)	μ (= G, Pa)	v_P (m/sec)	v_S (m/sec)	λ_P (m)	λ_S (m)
강재 (steel)	88	75	5,499	3,087	550	309
	121	81	6,001	3,208	600	321
콘크리트(concrete)	2	8	2,829	1,886	283	189
	8	13	3,727	2,282	373	228

수학: 6.1.2 3차원 공간에서 ∇(델, Del) 연산

• ∇(델, Del)

$$\nabla = \mathbf{i}\frac{\partial}{\partial x} + \mathbf{j}\frac{\partial}{\partial y} + \mathbf{k}\frac{\partial}{\partial z}$$

• ∇f (그래디언트, Gradient)

$$\text{grad } f = \nabla f = \left(\mathbf{i}\frac{\partial}{\partial x} + \mathbf{j}\frac{\partial}{\partial y} + \mathbf{k}\frac{\partial}{\partial z}\right) f = \mathbf{i}\frac{\partial f}{\partial x} + \mathbf{j}\frac{\partial f}{\partial y} + \mathbf{k}\frac{\partial f}{\partial z}$$

• $\nabla \cdot \mathbf{F}$ (발산, Divergence)

$$\text{div } \mathbf{F} = \nabla \cdot \mathbf{F} = \left(\mathbf{i}\frac{\partial}{\partial x} + \mathbf{j}\frac{\partial}{\partial y} + \mathbf{k}\frac{\partial}{\partial z}\right) \cdot (F_1\mathbf{i} + F_2\mathbf{j} + F_3\mathbf{k}) = \frac{\partial F_1}{\partial x} + \frac{\partial F_2}{\partial y} + \frac{\partial F_3}{\partial z}$$

• $\nabla \times \mathbf{F}$ (회전, Curl)

$$\text{curl } \mathbf{F} = \nabla \times \mathbf{F} = \begin{vmatrix} \mathbf{i} & \mathbf{j} & \mathbf{k} \\ \frac{\partial}{\partial x} & \frac{\partial}{\partial y} & \frac{\partial}{\partial z} \\ F_1 & F_2 & F_3 \end{vmatrix}$$

• $\nabla^2 f$ (라플라시안, Laplacian, Δf)

$$\Delta f = \nabla^2 f = \nabla \cdot (\nabla f) = \frac{\partial^2 f}{\partial x^2} + \frac{\partial^2 f}{\partial y^2} + \frac{\partial^2 f}{\partial z^2}$$

• $\mathbf{a} \cdot \text{grad } f$ (방향미분, Directional derivative)

$$\mathbf{a} \cdot \text{grad } f = \mathbf{a} \cdot \nabla f = \nabla \cdot (\nabla f) = a_x \frac{\partial f}{\partial x} + a_y \frac{\partial f}{\partial y} + a_z \frac{\partial f}{\partial z}$$

인물: 레일리(Rayleigh), 나비에(Navier), 헬름홀츠(Helmholtz)

• 레일리 [Rayleigh, John William Strutt, 1842.11.12 ~ 1919.06.30]

물리학자. 국적: 영국
활동분야 : 물리학
출생지 : 영국 에식스의 맬던
주요수상 : 노벨물리학상(1904)

에식스의 맬던 출생. 1861년 케임브리지대학 트리니티칼리지에 입학, 1865년 졸업했다. 1870년 논문 〈공명(共鳴)의 이론에 대하여〉를 발표했는데, 이것은 음향학에 대한 연구의 시초가 되었다. 1871년 색의 연구에서 하늘이 파랗게 보이는 것으로부터 레일리산란(散亂)의 법칙을 도출해냈으며, 이것이 계기가 되어 광학 연구를 하게 되었다. 1871년 이집트여행 중 고전적인 명저 《음의 이론 Theory of Sound》을 쓰기 시작했고, 귀국한 뒤에는 유체역학(流體力學) 실험을 하여 그에 관한 논문을 발표했으며, 1877년 《음의 이론》 2권을 펴냈다. 1879년 맥스웰의 후임으로 캐번디시연구소장, 실험물리학 교수가 되었으나, 5년 후 고향으로 돌아가 실험·연구에 몰두했다. 1887년 J.틴들의 후임으로 왕립과학연구소장, 1905~1908년 왕립학회장을 거쳐, 1908년 케임브리지대학 명예총장이 되었다. 초기 연구는 광학 및 진동계(振動系)에 관한 수리적인 것이었으나, 후에는 물리학 거의 전반에 걸친 이론적·실험적 연구로 나아가, 음향학·파동론·색채론·전기역학·전자기학·빛의 산란·유체역학·기체의 밀도와 점성, 모세관현상·탄성·사진술 등을 연구했다. 또한, 전기저항·전류·기전력(起電力)에 대한 표준측정을 하였다. 또 물의 성분을 정밀하게 측정하는 문제에서 출발하여 수소·산소에 이어서 질소의 질량을 측정하는 과정 중 1894년 W.램지와 함께 아르곤을 발견, 그 공로로 1904년 노벨물리학상을 받았다. 후년에는 전자기(電磁氣)에 관한 여러 문제를 다루어 복사(輻射)에 관한 레일리진스의 공식을 유도했다. <출처: 네이버 백과사전>

• 나비에 [Navier, Louis Marie Henri, 1785~1836]

공학자·물리학자.
국적 : 프랑스
활동분야 : 과학

1808년 파리의 에콜 폴리테크니크(이공과대학)를 졸업, 토목기사가 되어 센강의 가교(架橋) 공사에 참여하였으며, 그 후 모교에서 해석학과 역학을 강의하였다. 1823년 비압축성인 점성유체(粘性流體)에 대한 운동의 방정식(나비에－스토크스 방정식)을 제출, 점성유체 취급의 기초를 세워 유체역학에 크게 이바지하였다. 한편 탄성역학면에서도 힘과 변위(變位)로부터 작업의 식을 구하고, 변분법을 사용하여 평형방정식과 경계조건(境界條件)을 동시에 구하는

방법을 발견하는 등의 성과를 올려 유체역학 ·탄성역학에 중요한 업적을 남겼다. < 출처: 네이버 백과사전>

• 헬름홀츠 [Helmholtz, Hermann Ludwig Ferdinand von, 1821.8.31~1894.9.8]

생리학자 ·물리학자.
활동분야 : 생리학, 물리학
출생지 : 독일 포츠담

포츠담 출생. 프리드리히 빌헬름 의학연구소를 졸업한 후 베를린의 자선병원 외과의사로 근무하고(1842), 포츠담에서 군의(軍醫)가 되었다(1843~1848). 그 동안에 부패와 발효에 관한 논문을 썼으며, 1847년 베를린의 물리학회에서 '힘의 보존에 대하여'라는 주제로 강연하였다. 이것은 마이어와는 독립적으로 보다 정리된 형식의 에너지보존 원리를 보편적 법칙으로서 확립한 것이다. 1848년 군의로서의 의무를 끝내고, 베를린의 미술학교 해부학 강사, 쾨니히스베르크대학 생리학 교수가 되어 신경 자극의 전파에 관한 연구를 하였으며, 미소시간(微小時間)측정법을 연구하는 한편 전기학 연구를 시작하였다. 1851년 검안경(檢眼鏡)을 발명하고, 1855년 본대학으로 옮겨, 해부학 ·생리학 교수로서 생리광학(生理光學)과 생리음향학을 연구, 독자적인 분야를 개척하였다. 입체망원경을 발명하였고, 유체역학(流體力學)을 연구하여 유명한 소용돌이의 정리를 제출하였다. 그 후 곧 G.R.키르히호프의 초빙을 받아 하이델베르크대학으로 옮겨, 청각 및 음향학 연구를 계속하는 한편, 기하학의 공리문제에 몰두하였다.

1869년부터 물리학으로 연구주제를 옮겼고, 1871년 베를린대학 물리학 교수가 되어 전기역학(電氣力學) ·유체역학 ·광학 ·기상학 ·인식론 등에 공헌하였다. 열역학(熱力學) 이론의 열화학 및 전기화학에 대한 적용의 업적이 있다. 또한 빛의 분산이론, 지각(知覺)에 관한 삼원색설(三原色說) 등도 유명하며, 철학자로서는 초기의 신칸트파에 속해 있다. <출처: 네이버 백과사전>

이야기: 구조물의 상대변위를 가장 많이 일으키는 파

구조물의 대부분은 지구의 관점에서 보면, 지표면에 위치하고, 지표면을 경계로 흐르는 표면파인 레일리파가 에너지도 크고, 감쇠도 적다. 구조물에 입사하는 지진운동을 고려할 경우는, 수직방향으로 입사하는 수평방향으로 운동을 하는 S파가 중요하다. S파는 P파와 마찬가지로, 표면을 통하지 않고(즉, 표면파가 아니고) 지중에서 구조물로 입사한다(즉, 실체파이다). S파는 P파보다 전파속도가 느리지만, P파보다 기하학적 감쇠가 작아, 먼거리를 전파하는 동안에 P파는 거의 소멸하지만, S파는 살아남아 구조물에 진동을 일으킨다.

지진해석시 구조물에 작용하는 하중으로는 지중에서 구조물로 입사하는 S파가 가장 중요하고, 이후 지상구조물의 진동으로 발생한 파가 지표면을 따라 다시 외부지반으로 방사되는 경우에는 레일리파가 중요하다. 예를 들면 지진생성과 입력에는 S파가 중요하고, 동적상호작용을 고려할 경우에는 레일리파가 중요하다.

이야기: 진앙거리에 따라 내진설계에서 고려해야 할 지진파

지진동(ground shaking)은 지진시 지반의 진동을 나타내기 위한 용어이다. 지진동은 실체파와 표면파에 의해 발생한다. 일반적으로 규모가 증가하면 지진동도 증가하고, 지진이 발생한 단층과의 거리가 멀어질수록 지진동도 감소한다. 지진파의 거동이 복잡할지라도, 지진동을 지진파인 실체파(즉, P파와 S파)와 표면파(즉, 레일리파와 로브파)를 사용하여 설명할 수 있다.

P파는 6 $\frac{\text{km}}{\text{sec}}$의 평균전파속도로 지진파 중에서 가장 빨리 전파하여 구조물에 가장 먼저 도착한다. 다음으로 구조물에 도착하는 3 $\frac{\text{km}}{\text{sec}}$의 평균전파속도를 갖는 S파는 구조물의 횡방향 진동을 유발한다. 일반적으로 구조물은 수직방향 진동보다 횡방향 진동에 취약하므로 S파는 구조물의 가장 큰 손상을 줄 수 있으므로 내진설계에 가장 중요하게 고려된다. 실체파는 주로 고차진동수(또는 고주파수) 영역의 진동을 유발하는 반면에, 구조물에 뒤늦게 도착하는 표면파는 상대적으로 저차진동수(또는 저주파수) 영역의 진동을 유발한다. 실체파와 표면파는 지진동을 유발하고 이로 인해 복잡한 구조물의 진동을 유발한다. 내진설계의 목적은 이러한 실체파와 표면파에 의한 지진동을 견딜 수 있는 구조물을 설계하는 것이다.

단층이 활동할 때, 지진파는 약 $0.1 - 30$ Hz의 진동수 성분으로 모든 방향으로 전파된다. 실체파는 저층 구조물에 영향을 주는 주로 (1 Hz이상의) 고차진동수의 진동을 유발하고, 표면파는 고층 구조물에 영향을 주는 저차진동수의 진동을 유발한다. 저차진동수 성분은 고차진동수 성분에 비해 거리에 따른 감쇠가 작으므로 단층과의 거리가 증가해도 살아남는다. 예를 들어 단층과의 거리가 100 km 떨어진 고층구조물의 경우에 저차진동수성분에 의해 손상을 받을 수도 있다. (참조: Hays, W.W., et., 1981, Facing Geologic and Hydrologic Hazards -- Earth Science Considerations: U.S. Geological Survey Professional Paper 1240B, p. 108.)

지반운동기록은 지진의 규모, 진원거리, 단층 메커니즘, 지반조건 등의 영향을 받고, 같은 지진에서 측정된 지진기록일지라도 관측소에 따라서 크기와 진동수 성분, 지속시간에 차이가 있다. 국내 지진재해도의 근간이 된 내진기준연구(II)를 참조 시 규모 5.0~7.0 사이의 판내부 지진기록 중 진원까지의 거리가 5 km와 60 km 사이의 원거리 지반운동기록 가운데 관측소의 지반조건이 부합하는 자유장(free-field) 기록을 선택할 것을 권장한다. 또한 동일한 지진에서 계측된 (서로 다른 관측소의) 지반운동기록은 2개 데이터를 초과하여 선택하지 않도록 한다. 그러나 최종적으로 계측파의 선정은 관련전문가와의 협의를 통해 결정하는 것이 바람직하다. (출처: 기존 시설물(건축물) 내진성능 평가요령, 4.4.3절 평가용 지진파, 해설, 2019. 11)

6.2 지진현상

6.2.1 지진 현상

지진(earthquake; 地震)을 지구 내부의 움직임에 의해 지각이 급격하게 요동하는 현상이다. 지구의 관점에서 지진을 본다면 일종의 오랫동안 축적된 스트레스(응력)를 푸는 자연스러운 현상으로 정의될 수 있겠지만, 인간의 관점으로는 커다란 재난으로 인식된다. 지각에 존재하는 단층(fault; 斷層)은 지각이 과거의 지각 변동에 의해 양쪽이 서로 엇갈린 면을 말한다. 전 세계에서 방출되는 지진에너지의 거의 98% 정도가 판경계(interplate) 지진 활동이고, 나머지 2% 정도가 판내부(intraplate) 지진 활동에 의하여 방출된다. 다음 그림에 1963년부터 1998년까지 발생한 358,214회 지진의 진앙 위치를 나타내는 지진활동도를 나타냈다. 여기서 지진활동도(seismicity)란 특정한 기간동안 어떤 지역에서 발생한 지진의 공간 분포를 의미하며, 대부분의 큰 지진들은 판경계에서 발생하는 것을 알 수 있다.

그림 6.2.1a 안세이 에도지진(安政江戸地震, 1855, M6.9) 이후 목각 판화
(당시 일본 사람들은 메기(なまず, 鯰)가 지진을 일으킨다고 믿었던 것 같다)

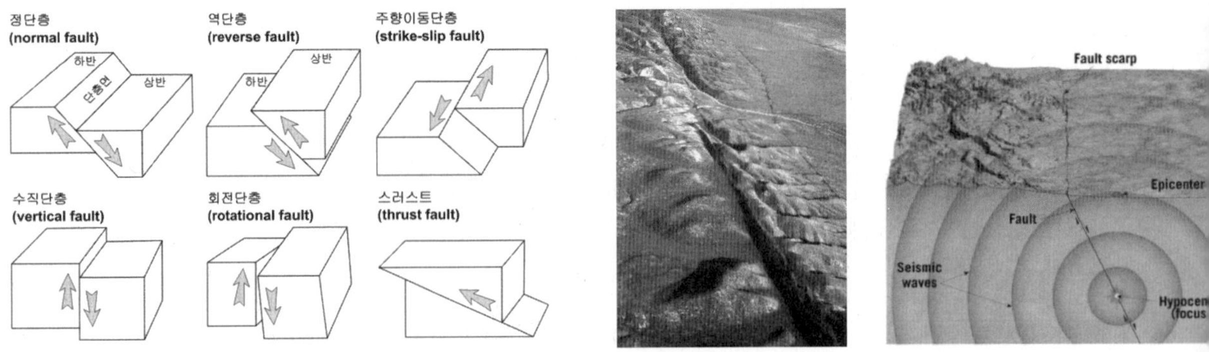

(a) 단층의 유형 (b)북미 San Andreas 단층 (b) 지진과 단층

그림 6.2.1b 단층 유형과 지진 발생 (사진 출처: 중앙, www.britannica.com; 우측, Pearson Education, Inc)

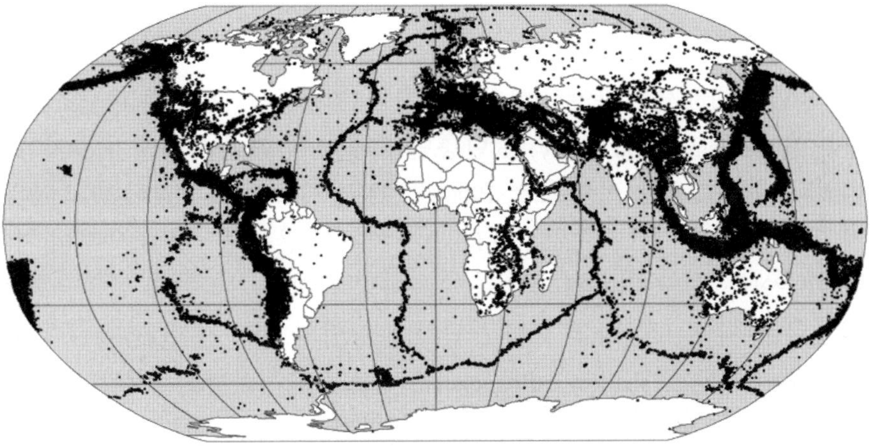

그림 6.2.1c 단층과 지진활동도(1963-1998, seismicity)
(출처: P.D. Lowman, Jr.와 B.C. Montgomery이 작성한 1963년부터1998년까지 발생한 358,214회 지진의 진앙 위치)

지구는 크게 4개 층(지각, 맨틀, 외핵, 내핵)으로 이루어져 있다.

(1) 지각(crust)은 흙과 암석으로 되어 있는 지구의 가장 바깥쪽 부분으로 평균 두께는 35 km 가량이고, 가볍고 단단한 암석층이다.

(2) 맨틀(mantle)은 지각 아래부터 대략 지하 2,900 km까지를 말하며, 지각보다 무거운 고체 상태의 물질로 이루어져 있으며, 지구 내부 부피의 약 80%를 차지한다.

(3) 외핵(outer core)은 지하 2,900 km에서 5,100 km까지를 말하며, 지구 내부 구조에서 맨틀과 내핵 사이에 액체로 추정되는 핵 부분을 말한다.

(4) 내핵(inner core)은 지하 5,100 km에서 지구중심까지를 말하며, 고체상태로 추정되고 있다. 지구는 내부로 들어갈수록 온도와 압력이 높아지며, 내핵은 외핵보다 온도가 높지만 큰 압력을 받고 있어 고체이다.

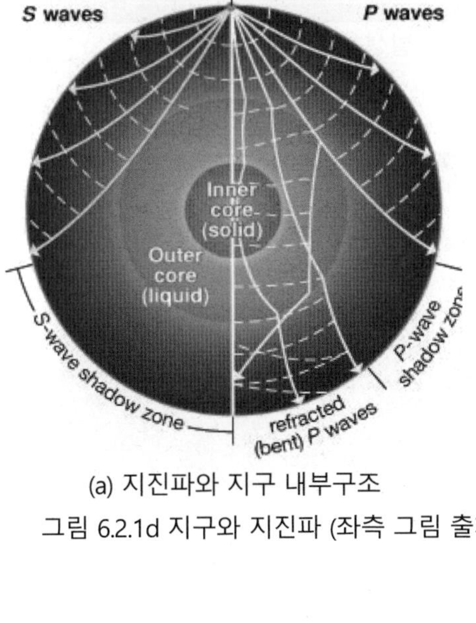

(a) 지진파와 지구 내부구조

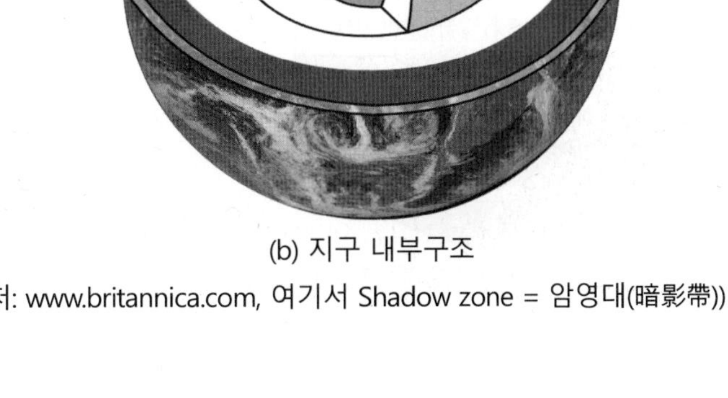

(b) 지구 내부구조

그림 6.2.1d 지구와 지진파 (좌측 그림 출처: www.britannica.com, 여기서 Shadow zone = 암영대(暗影帶))

6.2.2 지진 원인

지진의 원인에 대해서는 다양한 학설이 있지만 크게 탄성반발설과 판구조론으로 나뉜다.

(1) 탄성반발설(elastic rebound theory)은 단층면 내에 갇혀 있던 에너지가 갑자기 방출되면서 지진이 발생한다고 보는 이론으로, 1906년 샌프란시스코 대지진이 발생했을 때 미국 지진학자 해리 필딩 리드(Harry Fielding Reid)가 지각의 단층구조를 조사하여 지진의 원인을 규명한 이론이다. 지구 내부로 갈수록 온도와 압력이 증가하므로 단층운동에 의한 탄성반발설은 주로 지구 표면에 분포하는 암석에 한정되므로, 진원(震源)이 지하 70km 이내인 천발지진(淺發地震, shallow earthauqke)은 대부분 탄성반발설이 적용된다.

(2) 판구조론(plate tectonics)은 1912년 독일 지질학자 알프레드 베게너(Alfred L. Wegener)가 제시한 것으로, 지각은 여러 개의 판으로 구성되어 지구 표면을 덮고 있고, 지구 내부 암석권에 있는 판이 이리저리 움직이면서 서로 충돌을 일으켜 지진이 일어난다는 이론이다. 지구 표층인 지각은 대륙지각에서는 35 km, 해양지각에서는 5~10km의 평균 두께를 갖는다. 이들은 6개의 큰 판 (유라시아판, 아프리카판, 인도판, 태평양판, 아메리카판, 남극판)과 몇 개의 작은 판 (필리핀판, 카리브판, 코코스판, 나스카판 등)으로 구성되어 있으며, 이들이 지구 내부에서 작용하는 힘에 의하여 연간 수 cm 정도의 속도로 서로 움직이고, 이에 따라 화산작용, 지진현상, 마그마의 형성, 습곡산맥 형성 등 각종 지각변동을 일으킨다는 학설이 판구조론이다.

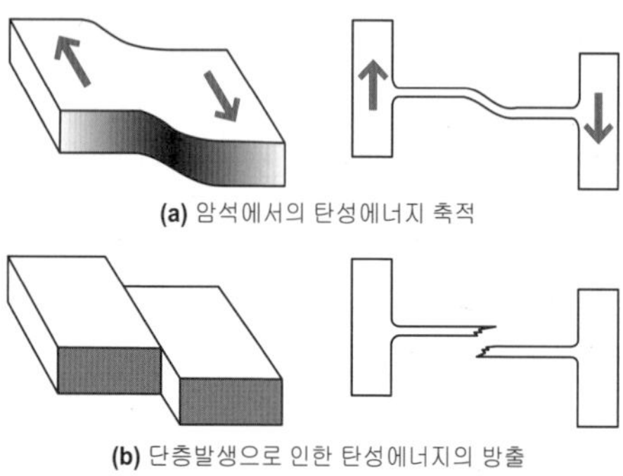

그림 6.2.2a 탄성반발설

그림 6.2.2b 지진, 어떻게 발생하나 (출처: YTN 사이언스) [YouTube]

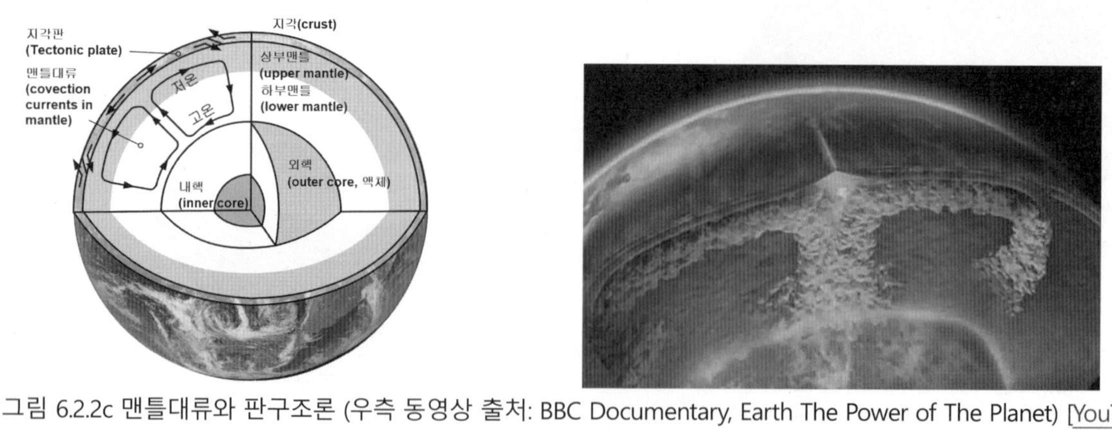

그림 6.2.2c 맨틀대류와 판구조론 (우측 동영상 출처: BBC Documentary, Earth The Power of The Planet) [YouTube]

일본의 지진은 대부분 태평양쪽에서 발생하고 있는데, 이것은 판경계지진으로 태평양판과 필리핀판이 유라시아판 밑으로 충돌, 침강하고 있기 때문이다.

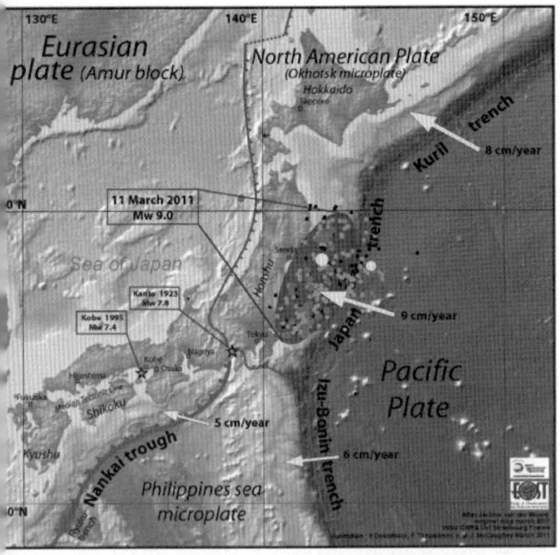

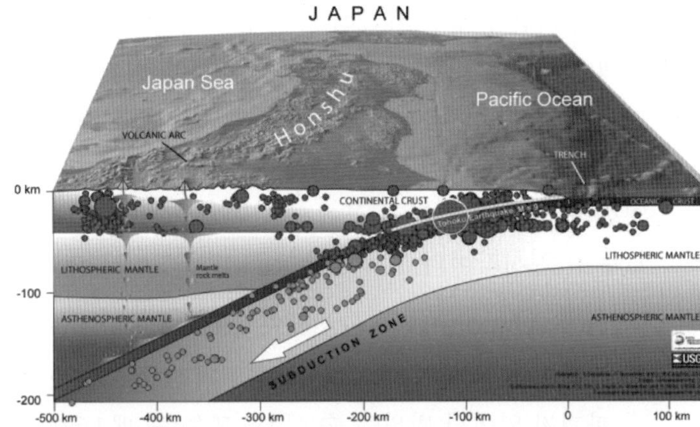

(a) 2011년 동일본대지진을 포함한 일본에서 발생한 주요 지진들 (출처: Earth Observatory of Singapore)

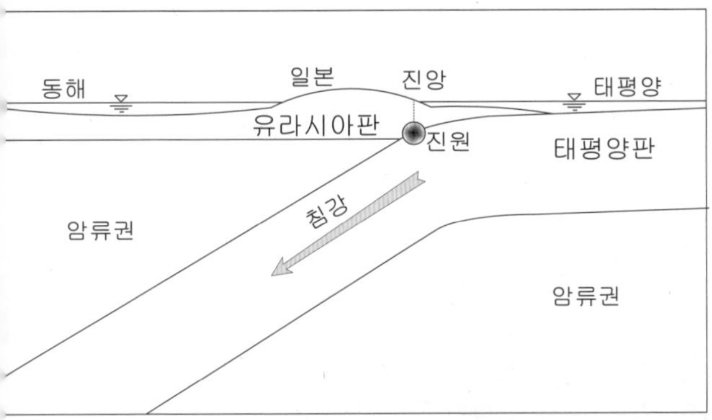

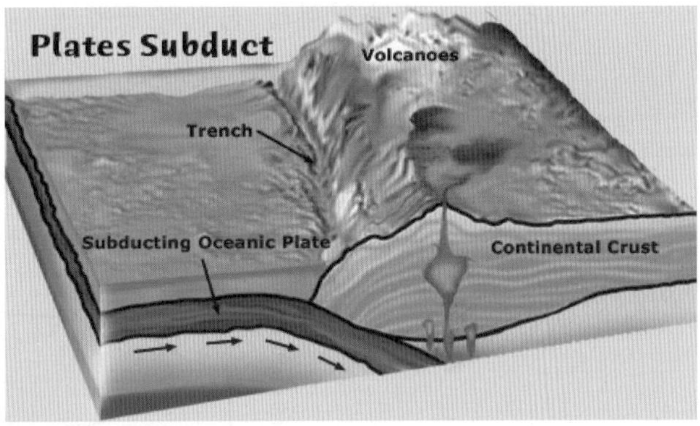

(b) 판의 충돌(collision)과 침강(섭입, subduction) (출처: Dive and Discover)

(c) 판구조 (출처: 우측, 두산백과사전)

그림 6.2.2d 지진과 판 운동

6.2.3 관련 용어

• 진원시(震源時, origin time)

어떤 지점에서 지진동을 느꼈다면 이 지진동이 전파하기 시작한 시각이 있을 것이다. 즉, 지진파가 처음 발생한 시각이 바로 진원시이다. 이것은 어떤 지점에서 진동이 감지되거나 지진계에 기록된 시각보다 지진파가 전파해온 시간만큼 빠를 것이다. 지진파는 일정한 속도를 가지고 있기 때문에 거리에 비례하여 도착하게 된다. 즉 우리가 진동을 느끼거나 지진계에 기록되는 시각은 지진의 발생지점으로부터 거리에 따라 각각 차이를 두고 나타난다. 따라서 동일한 지진에 대해 여러 곳에서 시간차를 두고 기록되었다 해도 결국 진원시를 계산해 보면 모두 같은 시각이다.

• 진원(震源, hypocenter)과 진앙(震央, epicenter)

(1) 진원이란 암석의 파괴가 일어난 지점으로 깊이의 개념이 포함되어 있다. 실제로 암석의 파괴가 일어난 범위는 수 십 km 또는 수 백 km에 달하므로 지진파의 전부가 한 점에서 발생한 것이라고 할 수 없으므로, 지진은 일정한 넓이를 가진 영역에서 발생한 것으로 생각하여 그 발생 영역을 진원역(震源域)이라 한다. 진원은 진원역 중에서 최초로 지진파가 발생된 점, 즉 지진이 시작된 점으로 반드시 진원역의 중심에 해당하는 것은 아니다.

(2) 진앙은 진원의 바로 위 지표면의 지점이다. 진원지(震源地)라고 하는 것은 진앙의 지명이다. 진원은 진앙의 위도, 경도와 진원 깊이로 나타낸다. 이밖에 공간적 요소로서 진원거리와 진앙거리가 있으며 각각 임의의 관측소에서 진원과 진앙까지의 거리를 말한다.

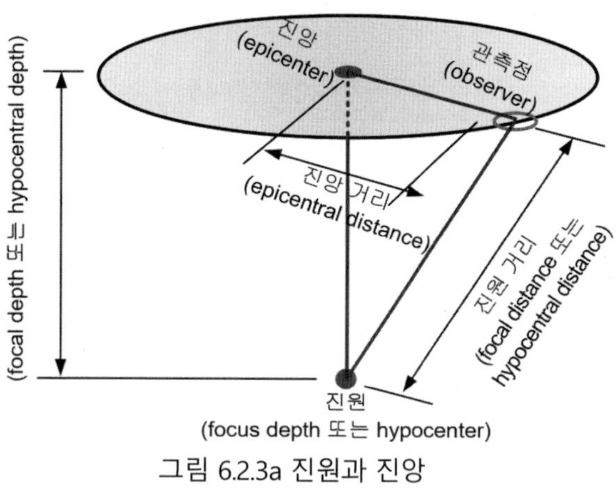

그림 6.2.3a 진원과 진앙

실체파인 P파와 S파의 전파 속도는 서로 차이가 나며, 전파속도의 차이에 의해 P파가 먼저 계측된 이후, S파가 계측되며, S파가 계측된 이후의 진동을 주진동(主震動)이라 하며, 계측시간의 차이를 PS시 라고 한다.

$$t_{PS} = \frac{R}{v_S} - \frac{R}{v_P}, \quad R = t_{PS}\frac{v_P v_S}{v_P - v_S}$$

여기서 t_{PS}는 PS시, R은 진원거리, v_P와 v_S는 각각 P파와 S파의 전파속도이다.

관측지점이 진원지와 멀어질수록 PS시가 커지는 경향을 이용하여, 진앙의 위치를 다음과 같이 근사적으로 추정할 수 있다. 이 그림에서 원으로 표시되지만, 실제 진원은 지중에 존재하므로 구로 생각하여야 한다.

이론상으로 세 개의 구가 동시에 만나는 지점은 진원이며, 진원은 대부분 지중에 있으므로, 지표상에 세 개의 원이 동시에 만나는 지점은 존재하지 않지만, 지중에 세 개의 구가 동시에 만나는 점은 존재한다. 그러나 실제로 지진파의 전파 경향은 지형과 지질에 따라 매우 복잡한 구조를 가지므로, 실제 자료를 사용하여 진원이나 진앙의 위치를 추정하는 것은 매우 어려운 일이며, 추정 오차를 줄이기 위해서는 많은 계측 자료가 필요하다.

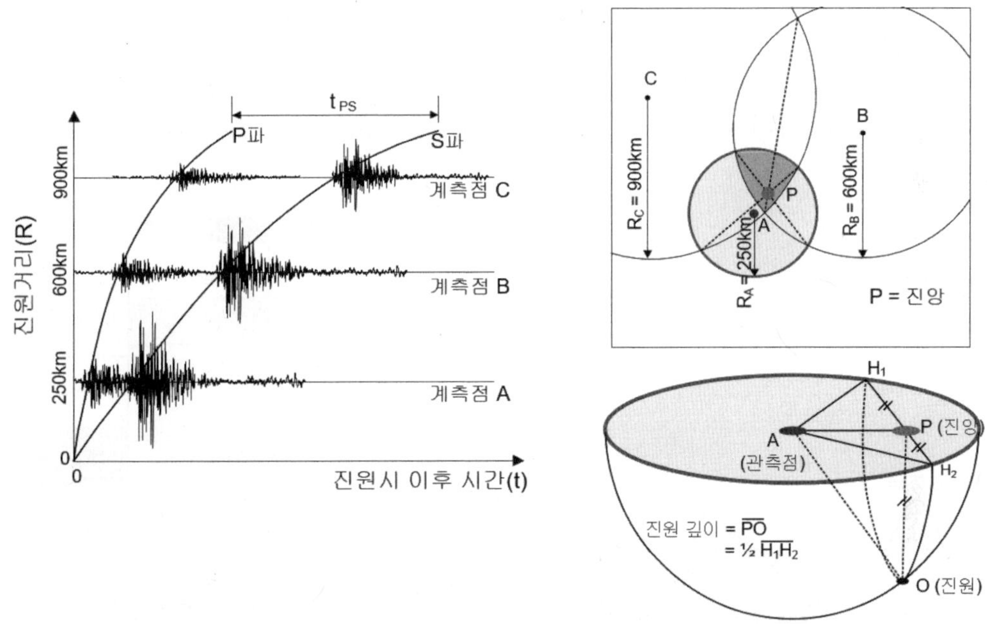

그림 6.2.3b 진앙의 위치 추정

• 규모(規模, magnitude)

지진의 크기를 대표하는 기준으로 절대적 개념(또는 정량적 개념)의 규모와 상대적 개념(또는 정성적 개념)의 진도라는 용어가 사용되고 있다. 규모는 지진이 발생했을 때 지진파의 파동으로 방출된 총 에너지를 기준으로 하며, 지진에너지 E_S와 규모 M과의 관계는 다음과 같이 나타내는 것이 보통이다(Gutenberg와 Richter). 여기서 M은 단위가 없으며, E_S는 erg($=10^{-7}\mathrm{N}\cdot\mathrm{m}$) 단위를 갖는다. 이 식에 의하면 규모가 1만큼 증가하면 에너지는 30배로 커지게 된다*.

$$\log E_S = 11.8 + 1.5M$$

* $E_s(M) = 10^{1.5M+11.8} \rightarrow \frac{E_s(M=2)}{E_s(M=1)} = \frac{10^{1.5\times2+11.8}}{10^{1.5\times1+11.8}} = \frac{10^{1.5\times2}}{10^{1.5\times1}} = 10^{1.5\times(2-1)} \approx 31.62$배

• 진도(震度, intensity)

진도는 어떤 장소에 나타난 지진동의 세기를 사람의 느낌이나 주변의 물체 또는 구조물의 흔들림 정도를 수치로 표현한 것으로 정해진 설문을 기준으로 계급화한 척도이다 이다. 진도는 지진에 의한 지표면 진동의 효과에 의해 구분되는데, 8단계의 진도의 진도 계급을 사용하는 일본 기상청 진도 계급(Japan Meteorological Agency Scale: JMA scale)와 미국에서 시작된 12단계의 진도 계급을 사용하는 수정 머칼리 (진도) 계급(Modified Mercalli (Intensity) scale, MM scale, MMI scale, MM 계급, MMI 계급) 등이 있다. 진도는 지표면의 진동효과를 기준으로 하므로, 진앙지 근처에서 가장 큰 값을 갖고 진앙에서 멀어질수록 그 값이 감소한다.

진도는 계급값을 쓰는 대신 가속도단위($\frac{cm}{sec^2}$)로 나타내기도 하고, 중력가속도 g(=981 $\frac{cm}{sec^2}$) 또는 %g(=9.81 $\frac{cm}{sec^2}$)를 사용하기도 한다. 또한, $\frac{cm}{sec^2}$는 gal로 표시하기도 하며, 1g를 981gal이라고도 쓴다. 진도계급은 세계적으로 통일되어 있지 않으며 나라마다 실정에 맞는 척도를 채택하고 있다. 우리나라 기상청은 과거 일본 기상청계급(JMA Scale: 1949)을 사용하여 왔으나, 2001년 1월 1일부터는 MM scale (Modified Mercalli scale: 1931, 1956)을 사용하고 있다.

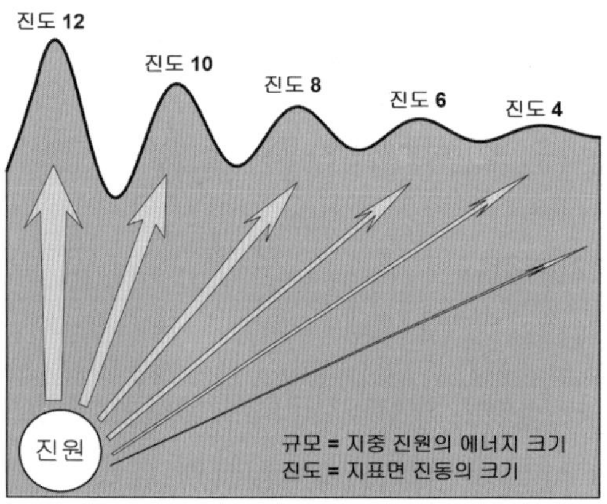

그림 6.2.3c 진도

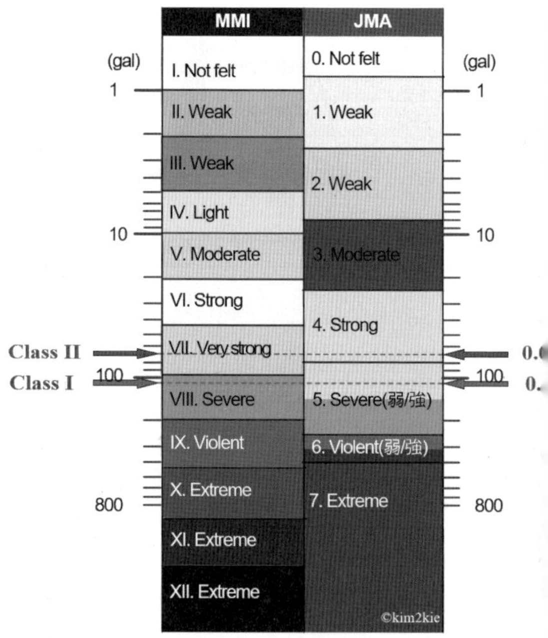

그림 6.2.3d MMI 및 JMA 진도 계급

• 국지규모(局地規模, local magnitude, M_L)

지진규모의 개념을 처음으로 도입한 사람은 미국의 지진학자 리히터(C.F. Richter)이다. 그는 미국 남부 캘리포니아지역에서 발생한 국지 지진(local earthquake)의 크기를 정량화하면서 규모의 개념을 도입하였다. 그 후로 그의 이름을 따라 국지규모(M_L)를 리히터 규모(Richter scale)라고도 하며, 지진계에 기록된 지진파의 진폭과 발생지점까지의 진앙거리를 이용하여 다음과 같이 계산한다.

$$M_L = \log A - \log A_0$$

여기서 A는 Wood-Anderson 지진계에 기록된 최대진폭(μm), A_o는 진앙거리 Δ(km)에서 나타나는 기준지진(standard earthquake)의 최대진폭를 각각 나타낸다. 위의 식에서 $\log A_o$항은 진앙거리에 따라 지진파의 진폭(amplitude)이 감쇠하는 것을 고려하는 항으로, 지진파가 전파되는 매질의 특성을 나타내며 지진이 발생한 지역에 따라 그 값이 달라진다.

일반적으로 리히터 규모가 9가 되는 지진은 거의 희귀하며, 매년 전 세계적으로 리히터 규모 8이상의 지진은 약 2회, 7이상의 지진은 약 20회가 발생하고 있다. 예를 들어 지진규모 *M* 5.0 이라고 표현할 때 *M*은 Magnitude를 의미하고 수치는 보통 소수 1자리까지 나타낸다.

Bullen and Bolt(1985)는 Wood-Anderson 지진계에 기록된 지진자료를 이용하여 지진의 규모를 다음 식으로부터 결정하였다.

$$M = \log A_H + 2.56 \log \Delta - 1.67$$

여기서 M은 지진의 규모, A_H는 수평성분의 최대변위(μm), Δ는 진앙거리(km)를 나타낸다. 이 식에서 사용된 감쇠항($2.56 \log \Delta$)은 미국 캘리포니아주 남부에서 지진파가 전파할 때 진앙거리에 따라 진폭이 감쇠되는 정도를 설명하는 값으로 생각할 수 있다. 따라서 특정지역에 적절한 지진의 규모식을 개발하기 위해서 감쇠항을 정확하게 추정하는 것은 매우 중요하다.

국지규모는 600 km 이내의 진앙거리를 갖는 천발지진에 대해 현재까지도 사용되고 있다. 그러나 규모 8이상의 초대형지진에 대해 국지규모는 규모를 실제보다 과소평가하는 경향이 있다. 규모를 산정하는 방법에 따라 수치적인 최댓값을 가지며 이 한계를 규모의 포화수준(飽和水準, saturation level)이라 한다. 다음 그림에 규모의 유형에 따른 포화수준을 나타냈다.

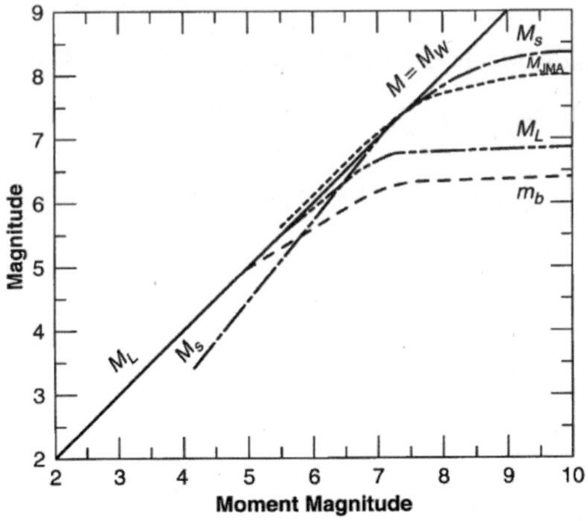

그림 6.2.3e 규모와 포화수준(saturation level)
(출처: Idriss, 1985; Kramer, 1996)
여기서
M_w = 모멘트 규모(moment magnitude)
M_L = 리히터 규모(Richter local magnitude)
M_s = 표면파 규모(surface wave magnitude)
m_b = 실체파 규모(short-period body wave magnitude)
M_{JMA} 또는 M_j = JMA 규모(Japanese Meteorological Agency magnitude)

• 표면파 규모(surface wave magnitude, M_s)와 실체파 규모(body wave magnitude, m_b)

근래에는 표면파 규모(M_s)와 실체파 규모(m_b)가 더 보편적으로 사용되고 있다. 이들을 구분하는 이유는 에너지의 총 방출량이 유사한 경우라도 천발지진과 심발지진의 지진기록이 매우 상이한 모양을 나타내기 때문에 천발지진(shallow earthquake; 淺發地震)은 표면파를 이용하고, 심발지진(deep focus earthquake; 深發地震)은 실체파를 이용하여 규모를 구하기 위함이다. Gutenberg와 Richter(1936)는 M_L의 개념을 진앙거리가 먼 천발지진에 적용하여 20초 주기의 레일리파의 최대 진폭으로부터 규모를 결정하였다. 참고로 표면파 규모에 대한 여러 관계식이 제안되었으며, 일반적인 형태는 다음과 같다. 여기서 A는 최대진폭, T는 주기, Δ는 진앙거리, h는 진원 깊이이고, a와 b는 실험적으로 구해지는 상수이다.

$$M_s = \log\frac{A}{T} + af(\Delta, h) + b$$

예를 들어 천발지진에 대한 Bath의 관계식은 다음과 같다.

$$M_s = \log\frac{A}{T} + 1.66f(\Delta, h) + 3.3$$

심발지진의 경우 표면파를 발생시키는 데는 비효과적이므로, Gutenberg(1945)는 실체파의 최대 진폭으로부터 규모를 결정하는 방법을 제안하였다. 참고로 실체파 규모를 나타내는 실험식도 천발지진과 동일한 형으로서 다음과 같다. 여기서 f는 앞에서와 같이 지진 에너지의 구형발산효과와 감쇠를 고려한 진앙거리 및 진원의 깊이에 대한 함수이다.

$$m_b = \log\frac{A}{T} + af(\Delta, h) + b$$

천발지진의 경우 M_S와 m_b사이에는 다음과 같은 실험적 관계가 성립한다.

$$m_b = 0.56M_S + 2.9$$

• 지진모멘트(seismic moment, M_0)와 모멘트 규모(moment magnitude, M_w)

일반적으로 큰 지진에 대해 지진에 의한 모멘트인 지진모멘트(seismic moment, M_0)를 사용하여 정의한 지진 규모를 모멘트 규모(moment magnitude, M_W)라고 하며, 다음과 같이 정의한다.

$$M_w = \frac{2}{3}\log M_0 - 10.7 \quad \text{where } M_0 = \mu Ad$$

여기서 μ는 단층면 재료의 파괴강도(rupture strength, 강성률, 일반적으로 $3 \times 10^{11}\,\frac{\text{dyne}}{\text{cm}^2}$ or $3 \times 10^{10}\,\frac{\text{N}}{\text{m}^2}$), A는 단층면의 면적, d는 단층면의 평균변위이다.

한반도에서 발생한 지진의 규모를 결정할 때에는, 지진기록의 지속시간을 이용하거나 최대 수평 성분을 이용한다. 현재 우리나라 기상청(Korea Meteorological Administration: KMA)에서는 최대 수평 성분을 이용하여 규모를 결정하는 방법으로 다음 식을 사용한다. 여기서 Δ는 진앙거리(km)이며, A는 지진계에 기록된 진폭(μm)으로서 NS와 EW를 각각 남북 및 동서 방향의 최대 속도 성분이라고 할 때, 그 두 성분의 벡터합이다.

$$M_L = 1.73\log\Delta + \log A - 0.83$$

1970년대 이후 세계적으로 리히터 규모는 모멘트 규모로 대치되었으며, 현재 모멘트 규모는 지진의 규모를 나타내는 일반적인 척도로 가장 널리 사용되고 있다. 그 배경과 이유를 설명하면 다음과 같다.

(1) 지진계의 발전으로 규모에 대한 정의도 리히터 규모(M_L)에서 근대 지진 규모로 발전
(2) 근대 지진 규모는 리히터 규모(M_L)보다 저차진동수성분을 많이 포함
(3) 리히터 규모(M_L)는 수백 km의 진앙거리에서 계측한 지진파를 사용하지만, 근대 지진 규모는 수천 km의 진앙거리에서 계측한 지진파를 사용
(4) 근대 지진 규모는 표면파 규모(M_s), 실체파 규모(m_b), 모멘트 규모(M_w 또는 M)가 있으며, 일반적으로 모멘트 규모(M_W 또는 M)를 사용하는 이유는 다음과 같다.
- 지진의 전체 크기를 하나의 값으로 나타낼 수 있는 최적값임
- 다른 지진 규모와 달리 한계치인 포화수준을 갖지 않음
- 지질학적(geological) 관측으로 추정한 값임
- 고지진학(paleoseismology) 연구로 추정한 값임
- 판운동과 재현주기 관계와 연관지을 수 있음

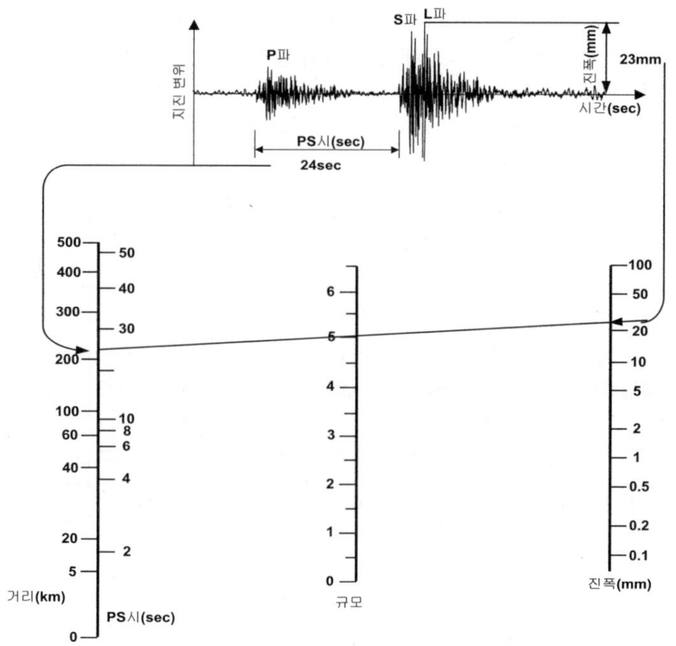

그림 6.2.3f 리히터 규모의 결정방법

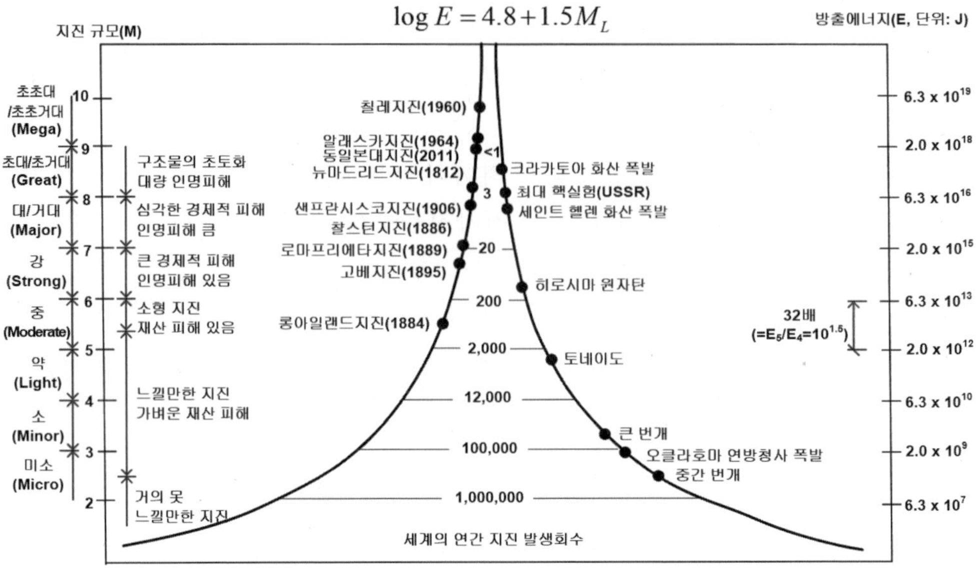

그림 6.2.3g 세계의 연간 지진 발생회수와 에너지

표 6.2.3a 규모에 따른 지진 분류

구분	규모(M_w)	설명	예시
미소지진 (Micro EQ)	M_w 3.0 미만	대부분 사람이 감지하지 못함	일상적 자연 지진, 인공지진 등
소지진 (Minor EQ)	M_w 3.0 ~ 3.9	일부만 감지 가능, 피해 없음	국내 일상적 통보 지진
약지진 (Light EQ)	M_w 4.0 ~ 4.9	대부분 사람이 느낌, 피해 거의 없음	2024 전북 부안 지진 (M_w 4.8)
중지진 (Moderate EQ)	M_w 5.0 ~ 5.9	건물 손상 가능, 경미한 피해 발생	2016 경주 지진 (M_w 5.8) 2017 포항 지진 (M_w 5.4)
강지진 (Strong EQ)	M_w 6.0 ~ 6.9	구조물 심각 손상, 인명 피해 가능	1940 엘센트로 지진 (M_w 6.9) 1995 고베 지진 (M_w 6.8)
거대지진 (Major EQ)	M_w 7.0 ~ 7.9	광범위 피해, 지반 변형, 쓰나미 동반 가능	1999 치치 지진 (M_w 7.3) 2010 아이티 지진 (M_w 7.0)
초거대지진 (Great EQ)	M_w 8.0 이상	초광역 파괴력, 초대형 쓰나미 발생 가능	2008 쓰촨 지진 (M_w 8.0)
초초거대지진 (Megaquake)	M_w 9.0 이상 (비공식 용어)	수 세기마다 발생, 대륙판 섭입대에서 발생, 전 지구적 영향 가능	2011 동일본대지진 (M_w 9.0)

표 6.2.3b MM scale(수정 머칼리 진도계급)

규모	진도	최대지반가속도(%g) [최대지반속도 (cm/sec)]	설명
1.0~3.0	I Instrumental	%g < 0.07 [V < 0.03]	특별히 좋은 상태에서 극소수의 사람을 제외하고는 전혀 느낄 수 없다. 지진계에만 감지되는 경우가 많다.
3.0~3.9	II Weak	0.07 ≤ %g < 0.23 [0.03 ≤ V < 0.07]	소수의 사람들, 특히 건물의 위층에 있는 소수의 사람들에 의해서만 느낀다. 매달린 물체가 약하게 흔들린다.
	III Slight	0.23 ≤ %g < 0.76 [0.07 ≤ V < 0.19]	실내에서 현저하게 느끼게 되는데 특히 건물의 위층에 있는 사람에게 더욱 그렇다. 그러나 많은 사람들은 그것이 지진이라고 인식하지 못한다. 정지하고 있는 차는 약간 흔들린다. 트럭이 지나가는 것과 같은 진동, 지속시간이 산출된다.

4.0~4.9	IV Moderate	0.76 ≤ %g < 2.56 [0.19 ≤ V < 0.54]	지진동안 실내에 서있는 많은 사람들이 느낄 수 있으나 옥외에서는 거의 느낄 수 없다. 밤에는 잠을 깨운다. 그릇, 창문, 문 등이 소란하며 벽이 갈라지는 소리를 낸다. 대형트럭이 벽을 받는 느낌을 준다. 정지하고 있는 자동차가 뚜렷하게 움직인다.
	V Rather Strong	2.56 ≤ %g < 6.86 [0.54 ≤ V < 1.46]	거의 모든 사람들에 의해 느낀다. 많은 사람들이 잠을 깬다. 약간의 그릇과 창문 등이 깨지고 어떤 곳에서는 벽의 석회에 금이 간다. 불안정한 물체는 뒤집어 진다. 나무, 전선주 등 높은 물체가 심하게 흔들린다. 추시계가 멈추기도 한다.
5.0~5.9	VI Strong	6.86 ≤ %g < 14.73 [1.46 ≤ V < 3.7]	모든 사람들에 의해서 느낀다. 많은 사람들이 놀라서 밖으로 뛰어 나간다. 어떤 무거운 가구가 움직인다. 벽의 석회가 떨어지기도 하며, 피해를 입은 굴뚝이 일부 있다.
	VII Very Strong	14.73 ≤ %g < 31.66 [3.7 ≤ V < 9.39]	모든 사람들이 밖으로 뛰어 나온다. 아주 잘 설계되었거나 건축된 건물에서는 피해가 무시될 수 있고, 보통 건축물에서는 약간의 피해가 있으며, 설계 및 건축이 잘못된 건축물에서는 상당한 피해가 발생한다. 굴뚝이 무너지고 운전하고 있는 사람들이 느낄 수 있다.
6.0~6.9	VIII Destructive	31.66 ≤ %g < 68.01 [9.39 ≤ V < 23.58]	특별히 설계된 구조물에는 약간 피해가 있고, 보통 건축물에는 부분적인 붕괴와 더불어 상당한 피해를 일으키며, 부실 건축물에서는 아주 심하게 피해를 준다. 창틀로부터 창문이 떨어져 나간다. 굴뚝, 공장 재고품, 기둥, 기념비, 벽들이 무너진다. 무거운 가구가 뒤집어 진다. 모래와 진흙이 약간 분출된다. 우물수면의 변화가 있고 차량운행하기 어렵다.
	IX Violent	68.01 ≤ %g < 146.14 [23.58 ≤ V < 60.61]	특별히 설계된 구조물에 상당한 피해를 준다. 잘 설계된 구조물의 골조가 기울어진다. 구조물에는 큰 피해를 주며, 부분적으로 붕괴를 한다. 건물은 기초에서 벗어난다. 지표면에 선명한 금이 생긴다. 지하송수관도 파괴된다.
7.0이상	X Intense	146.14 ≤ %g < 314 [60.61 ≤ V < 154]	잘 지어진 목조구조물이 파괴되기도 하며, 대부분의 석조건물과 그 구조물이 기초와 함께 부서진다. 지표면이 심하게 갈라진다. 철도의 선로가 휘어진다. 산사태가 강둑이나 경사면에서 생기며, 모래와 진흙이 이동된다. 물이 튀며, 둑을 넘어 흘러 내린다.
	XI Extreme	314 ≤ %g [154 ≤ V]	남아있는 석조구조물은 거의 없다. 다리가 부서지고 지표면에 넓은 균열이 간다. 지하송수관이 완전히 파괴된다. 연약한 땅은 푹 꺼지고 지층이 어긋난다. 기차선로가 심하게 휘어진다
	XII Catastrophic		전면적인 피해가 발생한다. 지표면에 파동이 보인다. 시야와 수평면이 뒤틀린다. 물체가 공중으로 튀어 나간다.

[Note] MMI 낮은 등급은 주로 지진동에 의한 사람의 느낌을 위주로, 높은 등급은 구조물의 손상을 위주로 구분한다.

참조 1: 잘못 사용되는 용어(기상청 자료 참조)

1. 국제적으로 규모는 소수 1위의 아라비아 숫자로 표기하고 진도는 정수단위의 로마 숫자로 표기하는 것이 관례이다. (예: 규모 5.6, 진도 IV)
2. 리히터지진계로 진도 5.6의 지진은 틀린 표현이며 리히터스케일 혹은 리히터 규모 5.6의 지진 또는 단순히 규모 5.6의 지진라 표현해야 한다.
   (※ 리히터지진계라는 기계는 존재하지 않는다.)
3. 진도 5.6은 틀린 표현이며 규모 5.6이라 표현하는 것이 옳은 표기법이다.
4. 강도라는 표현은 지진학에서 사용하지 않는 용어이다.

참조 2: 진도에 따른 최대지반속도와 가속도는 2018년 11월 기상청 자료 참조

MM(Modified Mercalli)진도는 1902년 이탈리아 지진학자 메르칼리 (Mercalli)에 의해 처음 만들어졌으며, 1931년 미국의 우드(H. O. Wood)와 노이만(Frank Neumann)에 의해 수정된 후 1956년 미국의 지진학자 리히터(Richter)에 의해 재 수정된 바 있음.

참조 3: Scale based on Worden et al.(2012)

Shaking	Not felt	Weak	Light	Moderate	Strong	Very strong	Severe	Violent	Extreme
DAMAGE	None	None	None	Very light	Light	Moderate	Moderate/heavy	Heavy	Very heavy
PGA(%g)	<0.0464	0.297	2.76	6.2	11.5	21.5	40.1	74.7	>139
PGV(cm/s)	<0.0215	0.135	1.41	4.65	9.64	20	41.4	85.8	>178
INTENSITY	**I**	**II-III**	**IV**	**V**	**VI**	**VII**	**VIII**	**IX**	**X+**

Ref) Worden, C. B. et al., Probabilistic Relationships between Ground-Motion Parameters and Modified Mercalli Intensity in California, Bulletin of the Seismological Society of America (2012),102(1): 204

• 해구, 해곡 및 해령

해구(海溝, trench)는 두 판이 충돌하면서 한 판이 다른 판 밑으로 섭입(subduction)될 때 생기는 깊고 좁은 해저 지형이다. 해곡(海谷, submarine valley or trough)는 해저에 존재하는 비교적

좁고 얕은 골짜기나 협곡 같은 구조로, 반드시 판의 경계에만 형성되는 것은 아니다. 해령(海嶺, ridge 또는 oceanic ridge)은 판이 서로 벌어지는 발산형 경계에서 맨틀 마그마가 올라와 굳으며 생긴 융기된 해저 산맥이다.

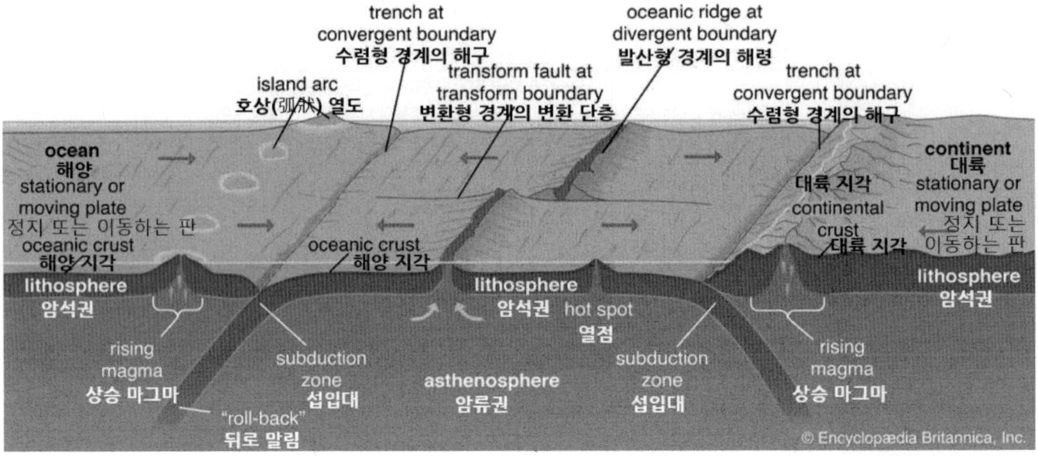

그림 6.2.3h 판구조론에 따른 지각의 생성과 파괴: 수렴형, 발산형 및 변환형 판경계
(원출처: Britannica 백과사전)

6.2.4 주요 지진

주요 국외 및 국내 지진의 목록은 다음과 같다.

• 국외지진

Time	지진; 지진명	Mag
1940년 5월 18일 21시 35분	엘센트로 지진 (El Centro earthquake); Imperial Valley earthquake – El Centro	M
1952년 7월 21일 4시 52분	태프트 지진 (Taft earthquake); Kern County earthquake – Bakersfield	M
1960년 5월 22일	칠레 발디비아	M
1964년 3월 27일 17시 36분	알래스카 지진 (1964 Alaskan earthquake, the Great Alaskan Earthquake)	M
1968년 5월 16일 0시 48분	하치노헤 지진 (Hachinohe earthquake, 十勝沖 地震); Tokachi-oki earthquake	M
1978년 6월 12일	오후나토 지진 (Ofunato earthquake, 大船渡 地震); Miyagi-oki Earthquake	M
1985년 9월 19일 7시 17분	멕시코 지진; 멕시코시티 지진 (Mexico earthquake); Mexico City earthquake – Mexico city	M
1994년 1월 17일 4시 31분	노스리지 지진 (Northridge earthquake)	M
1995년 1월 17일 5시 46분	고베 지진 (Kobe earthquake, 神戸大地震); 한신 대지진(Great Hanshin earthquake)	M
1999년 8월 17일 3시 2분	1999 İzmit earthquake; the Kocaeli or Gölcük earthquake	M
1999년 11월 12일 18시 57분	1999 Düzce earthquake; Düzce earthquake of 1999	M

1999년 9월 21일 1시 47분	921 지진(九二一地震); 921 대지진, 지지지진(Jiji) 치치지진(Chichi), 대만 대지진	M_L 7.3
2004년 10월 23일 5시 56분	니가타 현 지진 (2004 Chūetsu earthquake, 神戸大地震; 平成16年新潟県中越地震)	M_L 6.8
2004년 12월 24일 0시 58분	수마트라 지진 (2004 Indian Ocean earthquake and tsunami)	M_W 9.3
2005년 3월 20일 10시 53분	후쿠오카 지진(2005 Fukuoka earthquake; 福岡県西方沖地震)	M_W 6.6
2007년 7월 15일 10시 13분	The Niigataken Chuetsu-oki Earthquake in 2007 (新潟県中越沖地震)	M_W 6.6
2008년 5월 12일 14시 28분	쓰촨 지진 (2008 Sichuan earthquake, Great Sichuan Earthquake)	M_L 8.0
2008년 6월 14일 8시 43분	이와테지진 (2008 Iwate-Miyagi Nairiku earthquake)	M_W 6.9
2010년 1월 12일 6시 53분	아이티지진 (2010 Haiti earthquake)	M_W 7.0
2010년 2월 27일 ?	칠레 마울레	M_W 8.8
2011년 2월 22일 12시 51분	크라이스트처치 지진 (2011 Christchurch earthquake)	M_L 6.3
2011년 3월 11일 14시 46분	동일본대지진(후쿠시마대지진, 東北地方太平洋沖地震, Tohoku earthquake and tsunami, Miyagi, Japan)	M_W 9.0
2016년 4월 16일 1시 25분	2016년 구마모토 지진 (平成28年 熊本地震, 2016 Kumamoto earthquakes, Kyushu, Japan)	M_W 7.3
2024년 8월 8일 16시 42분	2024년 휴가나다 지진 (2024年日向灘地震, 2024 Hyūga-nada earthquake, Kyushu, Japan)	M_W 7.1

• 국내지진 (내륙지진)

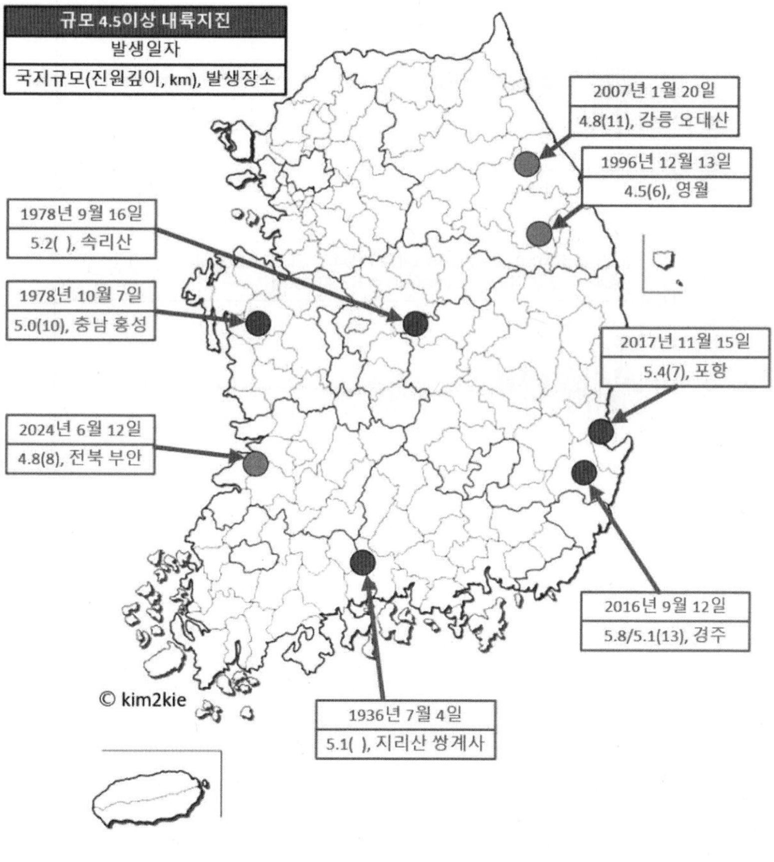

다음에 내진설계를 위한 주요 지진에 대해 설명하였으며, 해당 지진자료는 구조시스템 연구실 홈페이지에서 다운로딩 받을 수 있다 [Link].

- 1940 엘센트로 지진 (El Centro earthquake)
  - 지진명: Imperial Valley earthquake − El Centro
  - 진원시: 1940년 5월 18일 21시 35분, PST (Pacific Standard Time)
  - 진앙지: El Centro, Imperial Valley County, California, USA
  - 규모: 리히터 규모 7.1 (M_L 7.1)
  - 특징: 1940년 이전의 지진계는 대지진이 발생을 하면 지진계의 바늘이 튀어버려 제대로 기록을 할 수 없었다. 대지진을 계측할 수 있도록 고안된 강진계가 미국에서 1930년대 초반부터 주로 캘리포니아 주의 여러 곳에 설치되어, 1940년경에는 진동가속도가 0.3g가 넘는 진동도 완전히 기록할 수 있는 지진계가 설치되었다. 1940년 5월18일 캘리포니아주 임페리얼 밸리 카운티(Imperial Valley county) 남단 엘센트로(El Centro)의 한 변전소 지하실에 설치된 강진계로부터 진동가속도가 약 0.36g의 대지진에 의한 진동이 인류 역사상 처음으로 제대로 계측되었다.

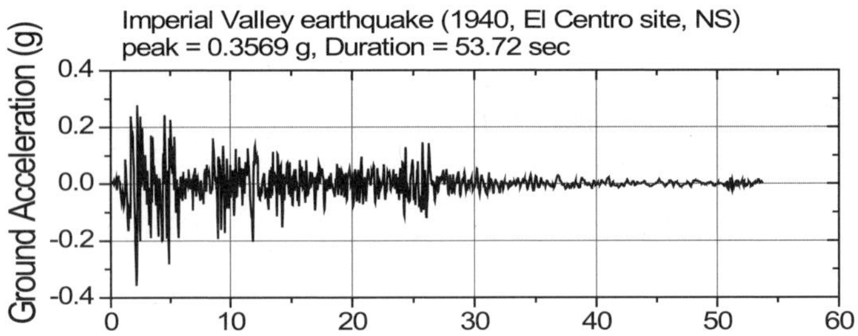

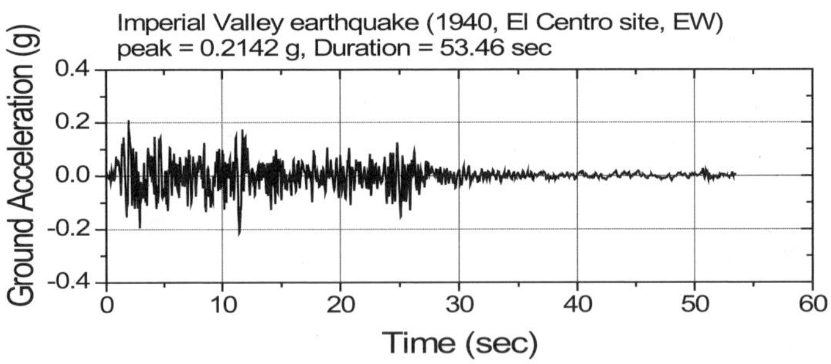

- 1952 태프트 지진 (Taft earthquake)
  - 지진명: Kern County earthquake − Bakersfield
  - 진원시: 1952년 7월 21일 04시 52분
  - 진앙지: Bakersfield 남쪽 37 km (23 miles)
  - 규모: 모멘트 규모 7.5 (M_w 7.5)
  - 특징: Kern County 지진은 Garlock 와 San Andreas 단층이 만나는 북쪽의 White Wolf 역단층에서 발생하였다. White Wolf 단층은 이전부터 큰 위협이라고 판단되지 않았을 뿐만 아니라, 지진 크기가 단층 크기(약 48 km)에 비해 매우 컸기에, Kern County 지진은 지질학자

와 지진학자에게는 큰 충격이었다. 단층의 대부분이 묻혀 있었기 때문에, 방출된 에너지에 비해 지표면에서의 변위도 상대적으로 매우 작았다. 즉, 큰 미끄러짐은 지표의 아래 부분에서 대부분 이루어졌으므로, 지표면에서는 단지 1 m정도의 움직임이나 미끄러짐이 있었다. 지표면의 수직변위는 거의 없었지만, 단층은 지하 깊은 곳까지 갈라졌으므로 큰 에너지 방출이 있었음을 알 수 있었다.

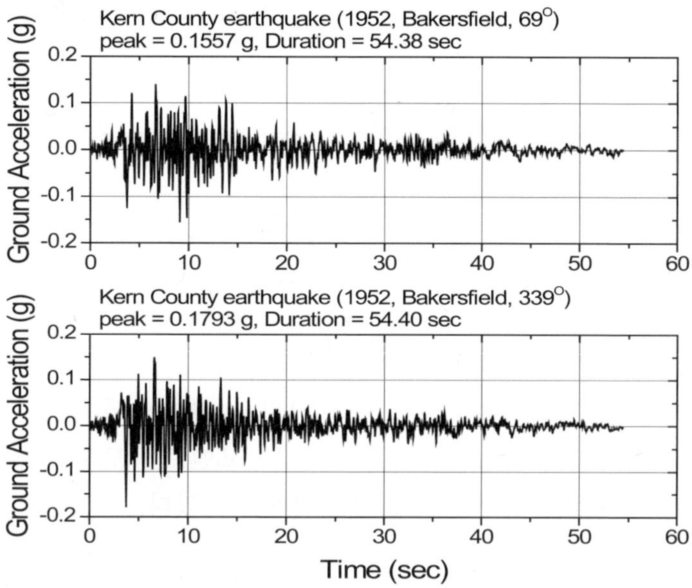

• 1968 하치노헤 지진 (Hachinohe earthquake, 十勝沖 地震)

- 지진명: Tokachi-oki (Hachinohe) earthquake
- 진원시: 1968년 5월 16일 00시 48분
- 진앙지: 일본 Hachinohe시 부근
- 규모: 리히터 규모 7.9 (M_L 7.9)
- 특징: 일본 아오모리현 동쪽 바다에서 발생하였다. 사망자 52명, 부상자 330명 발생하였으며, 쿠릴 해구를 따라 태평양판이 대륙판 밑으로 삽입되면서 발생한 판경계 지진이었다. 해일이 발생하였고, 연약 지반에 많은 피해를 일으켰다. 단주기 진동수성분이 지속적으로 반복되어 단주기(즉, 저층) 철근콘크리트 구조물의 피해가 많이 발생하였고, 철근콘크리트 구조물의 소성설계 등 관련 내진설계기준의 강화를 가져왔다.

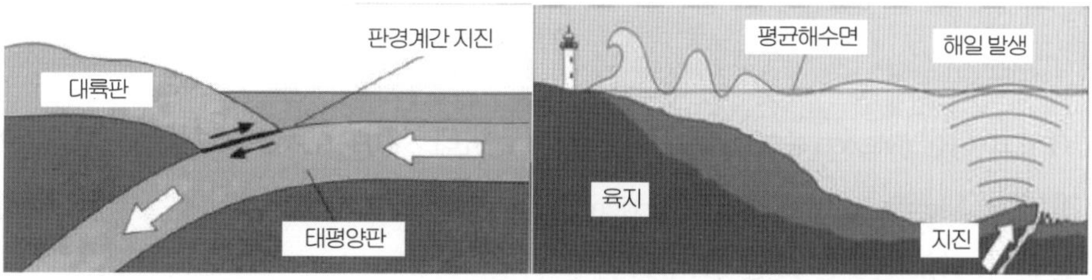

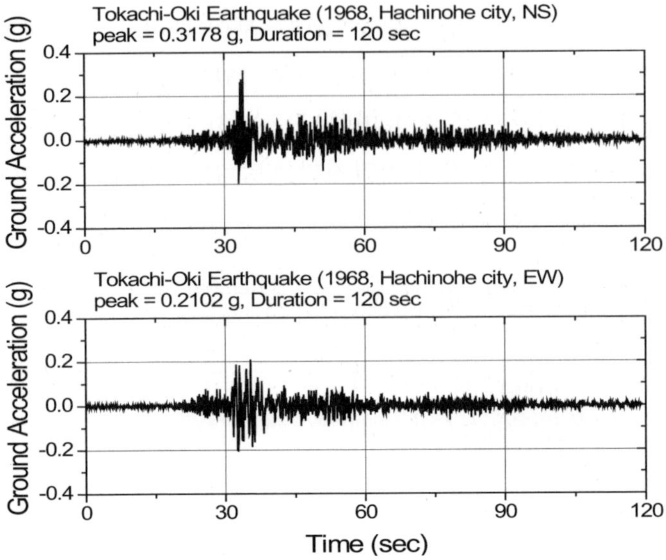

• 1978 오후나토 지진 (Ofunato earthquake, 大船渡 地震)

- 지진명: Miyagi-oki Earthquake - 진원시: 1978년 6월 12일
- 진앙지: Ofunato Bochi site Record - 규모: 모멘트 규모 7.4 (M_w 7.4)
- 특징: 장주기 특성을 갖는 지진으로, 해일이 발생하였다.

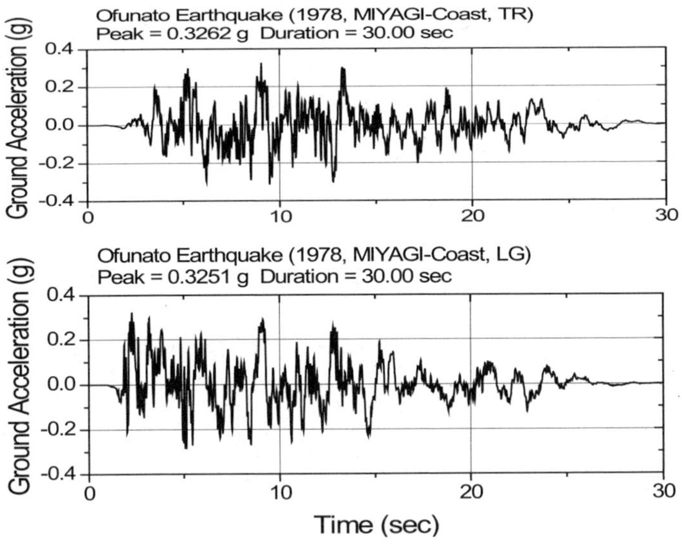

• 1985 멕시코 지진 (Mexico earthquake; 1985 멕시코시티 지진; Mexico City earthquake)

- 지진명: Mexico earthquake – Mexico city
- 진원시: 1985년 9월 19일 07시 17분
- 진앙지: Mexico city 동쪽 약 350 km 지점 미초아칸(Michoacan) 지방 해안 산맥
- 규모: 리히터 규모 8.0 (M_L 8.0)

- 특징: 지진 발생지역은 판구조론에 의하면 북중미 코코스판이 북아메리카 판의 밑으로 파고 들어가는 지역으로 지진 다발 지역으로 지진이 어느 정도 예측되었다. 문제는 멕시코시티의 지형학적 특성으로 인해 큰 피해가 발생하였다. 멕시코의 수도인 멕시코시티는 약 3천만년 전에 단층의 활동으로 인하여 형성되었으며, 이후에 분출된 용암이 이 지역을 에워싸서 텍스코코(Texcoco)라 불리는 커다란 호수를 형성하였다. 아즈텍(Aztec) 시대의 사람들은 호수에 둘러싸인 이 지역이 외부의 침략을 쉽게 방어할 수 있으므로 수도로 사용하였다. 오랜 시간이 흐른 뒤에 도시는 더욱 넓게 확장되었고, 도시를 둘러싸고 있던 호수는 서서히 말라가면서 두꺼운 퇴적층을 이루게 되었다. 이러한 두껍고 연약한 지반에 지진파가 왔을 때, 지진파의 장주기 성분이 크게 증폭되어 오랫동안 지속되었으며, 이로 인해 중층 및 고층 구조물과 공진현상이 발생하였다.

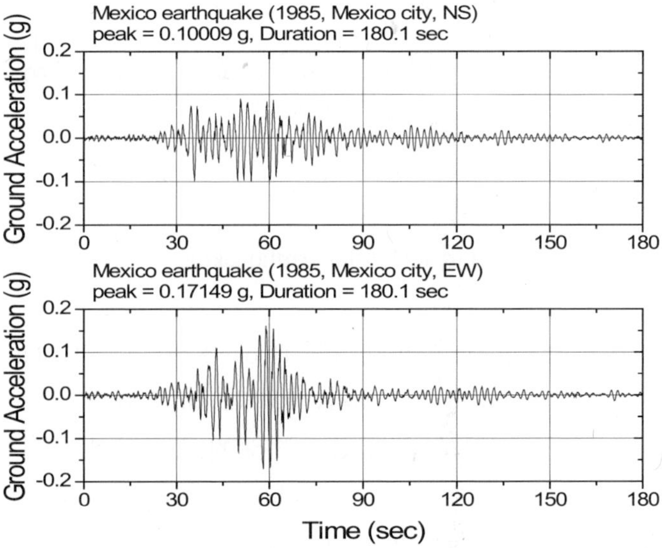

• 1994 노스리지 지진 (Northridge earthquake)

- 지진명: Northridge earthquake　　- 진원시: 1994년 1월 17일 4시 31분
- 진앙지: 캘리포니아 Northridge 지역　　- 규모: 모멘트 규모 6.7 (M_w 6.7)

- 특징: 규모는 6.7로 큰 지진이었지만, 계측된 지반가속도는 당시 북미에서 계측된 지진가속도 중에서 최대였다. 72명이 사망했으며, 12,000명 이상이 부상을 당하였다. 더욱이 추정 피해액은 125억 달러로 당시 미국 역사상 최대 재난 중에 하나였으며, 인명보호만을 목적으로 하는 종래의 내진설계 철학의 근본 개념에 대해 재고하는 계기가 되었으며, 오늘날 세계적으로 진행되고 있는 "성능에 기초한 설계(PBD, Performance Based Design)" 개발의 직접적인 배경이 되었다.

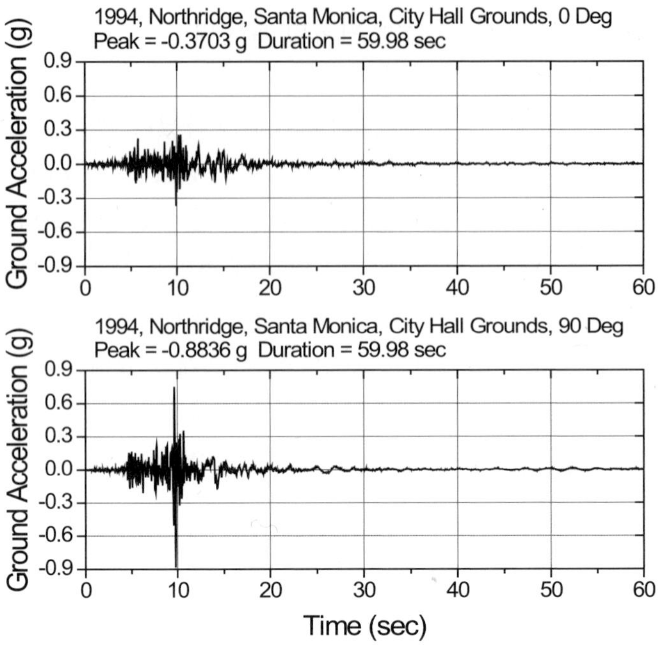

• 1995 고베 지진 (Kobe earthquake, 神戸大地震)

- 지진명: 한신(阪神) 대지진(Great Hanshin earthquake)
- 진원시: 1995년 1월 17일 5시 46분
- 진앙지: 간사이(關西) 지방 효고현(兵庫縣, Hyogo-Ken) 남부(Nanbu)의 고베시
- 규모: 모멘트 규모 6.8 (M_w 6.8) 또는 JMA 규모 7.3 (M_j 7.3)
- 특징: 일본의 지진관측사상 최대의 파괴력을 지닌 대지진으로, 남북으로 초당 최고 89.3cm, 동서로 74.4cm, 상하로 39.6cm의 진동폭을 기록하였다. 피해는 고베시 반경 100km 안에서 집중적으로 발생하였으며, 20초 가량 강진이 지속되었으며, 진원은 진앙의 16km 아래에 위치하였고, 고베시에서 20km 지점에서 발생하였다. 약 6,434명이 사망했으며, 이 중 약 4,600여명이 인구 1.5백만명의 고베시에 있었다. 피해액은 대략 2,000억 달러 추정되었으며, 고베 지진후 기존의 구조물이 전혀 훼손되지 않도록 하는 설계개념에서 통제가 불가능한 지진의 경우, 피해를 최소화하는 설계개념으로 전환하는 계기가 되었다. 이후 지진방재의 개념이 확산되었고, 면진장치의 도입이 활발해 졌으며, 내진설계에서 상하 지진동에 대한 고려가 도입되었다.

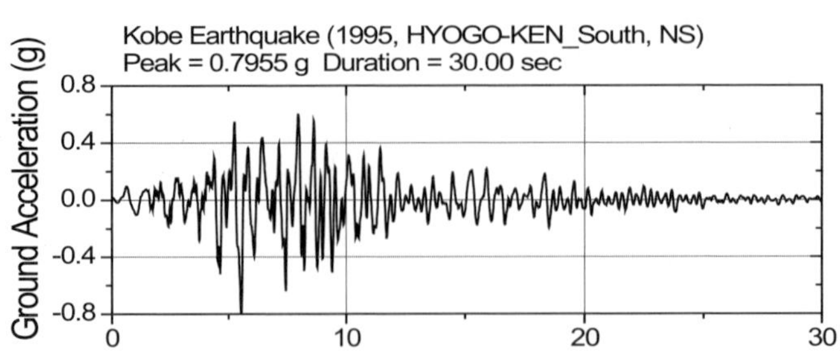

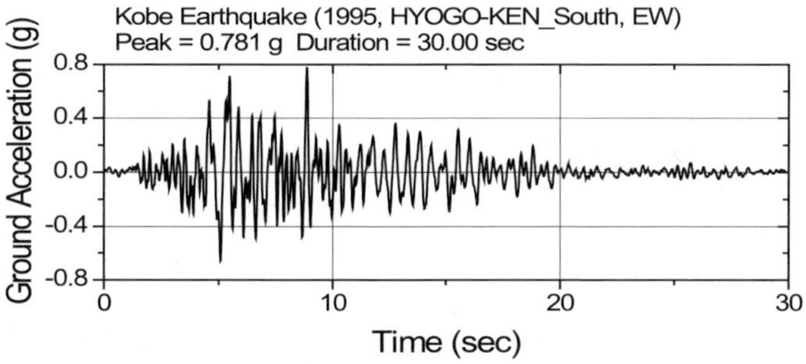

• 2011 동일본대지진 (東北地方太平洋沖地震, Tohoku earthquake and tsunami)

- 지진명: 2011 earthquake off the Pacific coast of Tohoku (東北地方太平洋沖地震), the Great East Japan Earthquake (東日本大震災), 2011 Tohoku earthquake, 3.11 Earthquake
- 진원시: 2011년 3월 11일 14시 46분
- 진앙지: 70 km east of the Oshika Peninsula of Tohoku
- 진원: the hypocenter at an underwater depth of 32 km
- 규모: 모멘트 규모 9.0 (M_w 9.0)
- 특징: 2011년 3월 11일 14시 46분 일본 도호쿠(東北) 지방에서 발생한 일본 관측 사상 최대인 리히터 규모 9.0의 지진. 이 날 발생한 지진은 1995년 6000여 명이 희생된 한신(阪神) 대지진(규모 7.3)의 180배 위력이자 1960년 발생했던 규모 9.5의 칠레 대지진, 1964년 9.2의 알래스카 지진, 2004년 인도네시아 수마트라 지진(9.1) 등에 이어 1900년 이후 세계에서 네 번째로 강력한 지진으로 기록됐다. 강진 발생 이후 초대형 쓰나미가 센다이시 등 해변 도시들을 덮쳤고, 도쿄(東京)를 비롯한 수도권 일대까지 건물 붕괴와 대형화재가 잇따르며 피해가 속출했다. 특히 지상으로 밀려든 대규모 쓰나미로 인해 전원 공급이 중단되면서 후쿠시마현에 위치한 원전의 가동이 중지되면서 방사능 누출 사고가 발생했다. 한편 3·11 대지진의 진원은 일본 미야기(宮城)현 오시카(牡鹿)반도 동남쪽 130km 해저 약 24km 지점으로, 태평양판의 암반이 유라시아판과의 사이에 끼어 있는 북미판의 암반 밑으로 파고들면서 태평양판과 북아메리카판의 경계지점(섭입대)에서 발생한 역단층형 지진이다. 2011년 12월 현재까지 사망자와 실종자가 2만여 명, 피난 주민이 33만 명에 이르는 것으로 집계됐다. <네이버 지식백과>

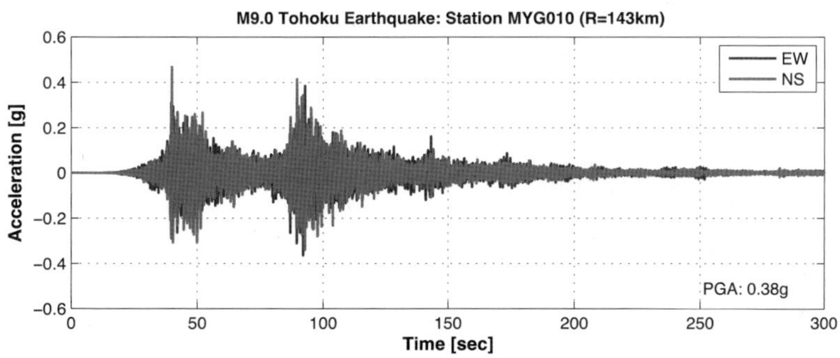

- 2016 경주 지진 (2016 Gyeongju earthquake, 慶州 地震, 912 지진)
  - 진원시: 2016년 9월 12일 오후 8시 32분(한국시간)
  - 진앙지: 경주시 남남서쪽 8km지점 (깊이 13km)
  - 규모 및 단층운동: M_L 5.8 (M_W 5.4), 주향이동단층
  - 최대 진도: MMI 계급 VI
  - 지진파 특징: 10Hz이상의 고진동수 진동특성 포함
  - 특징: 1978년 지진 관측을 시작한 후에 한반도에서 발생한 역대 최대 규모의 지진이다. 9월 14일 국민안전처는 경주 지진으로 인한 부상자가 23명, 재산상 피해는 1,118건이라고 발표했다. 9월 15일 집계된 재산상 피해는 5,120건으로 증가했고 경주시와 울산시에 피해가 집중된 것으로 밝혀졌다. 피해 유형은 지붕·담장·차량 파손과 건물 균열, 수도배관 파열 등이다.

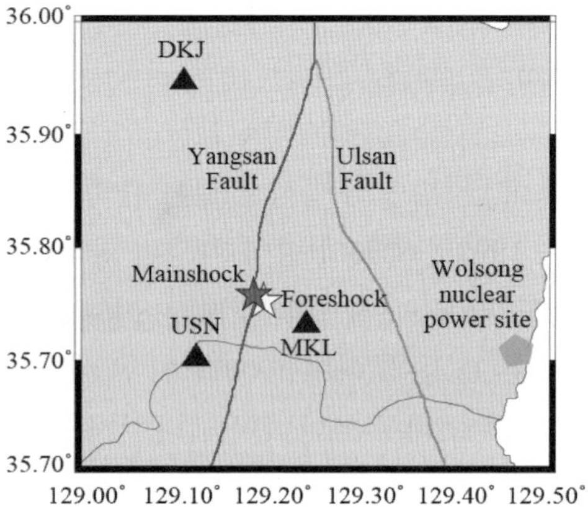

관측소 (지명)	지반 종류	진앙거리 (km)	최대지반가속도(g)	
			EW(동서)	NS(남북)
MKL(명계리)	S_B	5.86	0.285	0.257
USN(울산)	S_C	8.23	0.404	0.351
DKJ(덕정리)	S_B	22.15	0.078	0.092

[Note] 설계지반가속도
재현주기 1,000년 지진의 S_B(보통암)지반 = 는 0.154g
재현주기 1,000년 지진의 S_C(조밀한 토사, 연암) = 0.182g

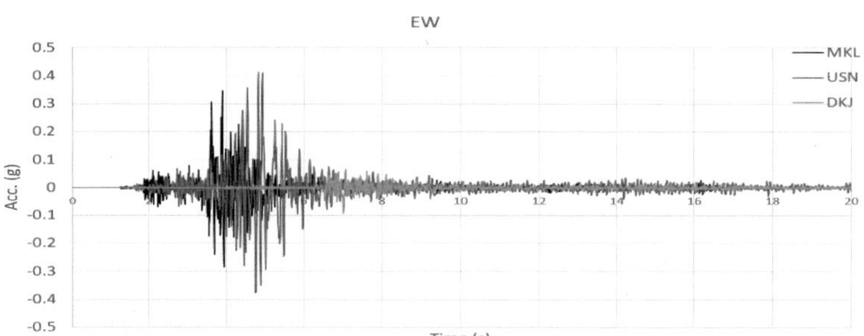

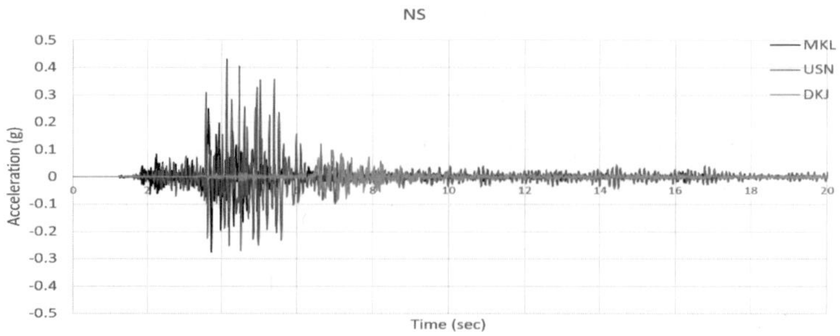

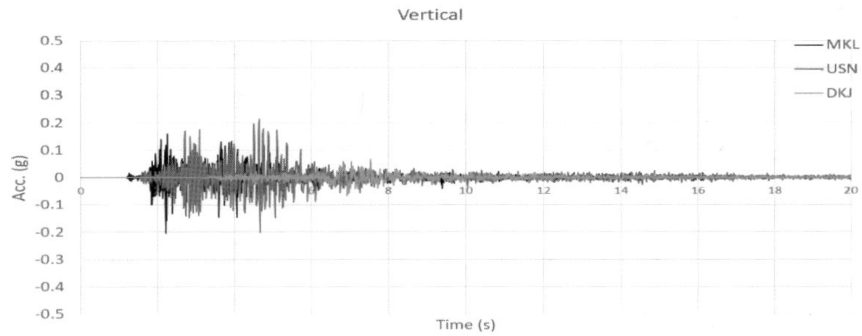

• 2017 포항 지진 (2017 Pohang earthquake, 浦港 地震)

- 진원시: 2017년 11월 15일 오후 2시 29분 31초 (한국시간)
- 진앙지: 포항시 북구 북쪽 약 8 km 지역 (깊이 3.5 ~ 4.5 km)
- 규모 및 단층운동: M_L 5.4 (M_W 5.4), 주향이동단층
- 최대 진도: MMI 계급 VI
- 특징: 2016년 경주 지진에 이어 관측 사상 2번째로 최대 진도 VI을 기록한 지진이다. 역대 가장 많은 피해가 발생한 지진이다. 2016년 경주 지진 이후 긴급재난문자 발송이 크게 개선되었기에, 포항 지진에서는 문자 발송이 매우 신속하였다. 포항 일대의 고사장이 파손되는 등, 지진으로 인해 대학수학능력시험의 정상적인 진행이 어려울 것으로 판단되어, 원래 일정이었던 2017년 11월 16일에서 일주일 뒤로 연기되었다. 산림청에서 11월 15일 오후 2시 22분부터 3시 22분까지 5분 간격으로 측정한 결과, 산지에서 6.5cm의 땅밀림 현상이 관찰되었다. 11월 19일에는 국내 지진 관측 사상 처음으로 진앙 주변에서 액상화 흔적까지 발견됐다. 조적, 마감재 등 비구조요소와 5층 이하 필로티 건물의 기둥 손상이 컸으며, 조적채움벽의 지진력 저항효과를 확인하였다.

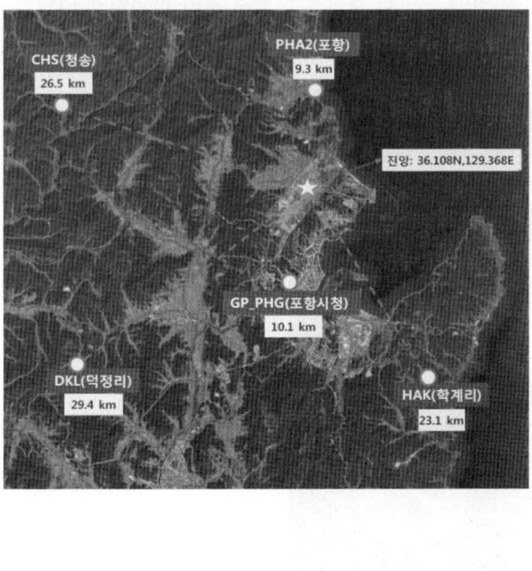

Station		100sps Gal(max)	20sps Gal(max)
CHS	E-W	20.81	10.92
CHS	N-S	27.26	11.88
CHS	U-D	16.98	16.08
HAK	E-W	26.24	22.02
HAK	N-S	35.58	33.89
HAK	U-D	29.77	23.84
PHA2	E-W	149.79	73.27
PHA2	N-S	266.05	185.24
PHA2	U-D	123.49	58.51
DKJ	E-W	24.50	16.79
DKJ	N-S	47.42	35.05
DKJ	U-D	41.95	26.59

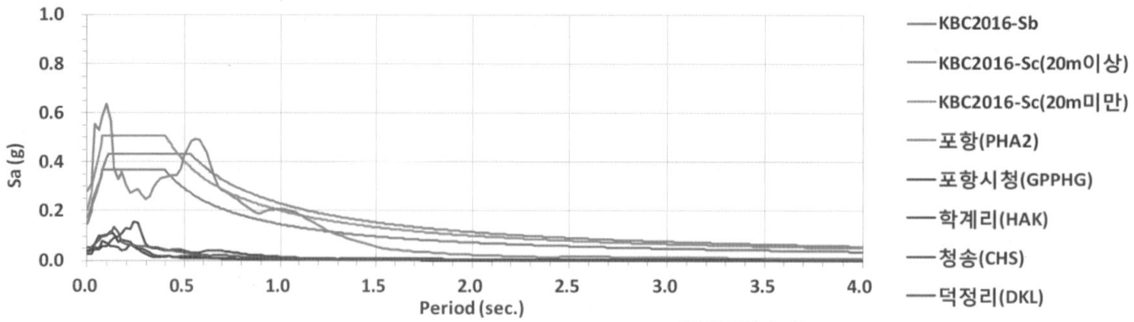

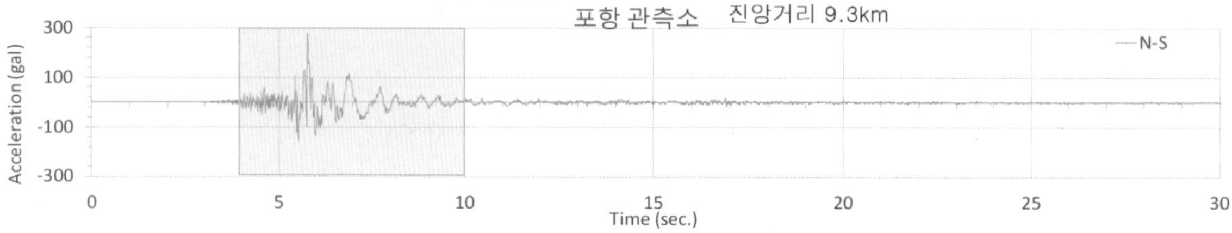

(출처: 정성훈, 포항 지진의 개요, 한국지진공학회 "포항지진과 건축물 피해" 포럼, 2017.11.27)

[예제] 6.2.3 진앙위치(I)

다음 지진에 대한 진앙의 위치를 추정하여라.

원자폭탄 수십 발 폭발 위력, 해저지각 타고 한반도 상륙 [중앙일보 2005년 3월 21일]

일본 후쿠오카에서 일어난 지진이 한국에 영향을 미친 것은 지진이 대형인데다 우리나라와 가깝기 때문이다. 후쿠오카와 부산까지는 173㎞, 서울까지는 약 600㎞ 떨어져 있다. 리히터 규모 7.0인 후쿠오카 지진의 폭발력은 제2차 세계대전 당시 히로시마에 투하된 원자폭탄 수십 발이 한꺼번에 터진 것과 맞먹는다.

[풀이]

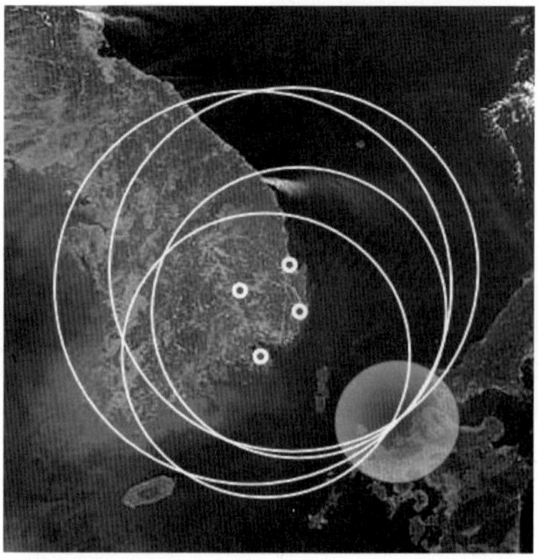

[예제] 6.2.3 진앙위치(II)

지각을 통과하는 P파와 S파의 전파속도는 각각 6 km/sec와 3 km/sec라고 가정할 때, 다음과 같이 계측된 지진에 대한 진앙의 위치(위도와 경도)를 추정하여라.

지점	지진계(seismograph)		지진파 도달시간(arrival time)	
	위도(latitude)	경도(longitude)	P파	S파
A	37°22′30″	121°52′30″	06:11:18.93	06:11:26.90
B	37°45′00″	122°20′00″	06:11:14.84	06:11:18.71
C	37°52′33″	121°43′38″	06:11:17.26	06:11:23.53

[풀이]

(1) PS시(sec)

$t_{PS(A)} = 7.97,\quad t_{PS(B)} = 3.87,\quad t_{PS(C)} = 6.27$

(2) 진원거리(km)

$R_{(A)} = 7.97\frac{6\times3}{6-3} = 47.82,\quad R_{(B)} = 3.87\frac{6\times3}{6-3} = 23.22,\quad R_{(C)} = 6.27\frac{6\times3}{6-3} = 37.62$

(3) 진앙위치(CAD 활용)

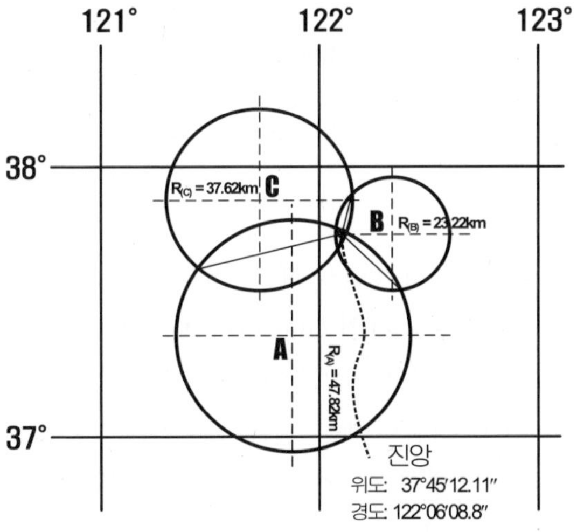

[예제] 6.2.3 지진규모

지진이 발생한 후 다음과 같은 단층(faulting)이 발생하였을 때, 지진의 지진모멘트(seismic moment, M_O)와 모멘트 규모(moment magnitude, M_W)를 추정하여라.

단층 형태	길이(km)	깊이(km)	변형(m)	암반의 평균 파괴강도(kPa)
주향이동단층(strike−slip faulting)	80	23	2.5	175

[풀이]

(1) 지진모멘트(M_O)

$M_O = \mu Sd = (175\text{kPa})(80{,}000\text{m} \times 23{,}000\text{m})(2.5\text{m}) = 8.05 \times 10^4\text{N} \cdot \text{m} = 8.05 \times 10^{21}\text{dyne} \cdot \text{cm}$

(2) 모멘트규모(M_W)

$M_W = \frac{2}{3}\log M_O - 10.7 = \frac{2}{3}\log(8.05 \times 10^{21}) - 10.7 = 3.9$

인물: 리히터(Richter)

• 리히터 [Charles Francis Richter, 1900.04.30 ~ 1985.09.30]

국적: 미국
활동분야: 지진학
출생지: 미국 오하이오주
주요업적: 리히터 규모(Richter magnitude scale)

리히터는 리히터 규모를 만든 사람으로 유명하다. 리히터 규모는 1979년 모멘트 규모가 개발되기 전까지 지진의 크기를 정량화하기 위해 사용되었다. 리히터는 1928년 일본 지진학자인 Kiyoo Wadati (和達清夫, 1902-1995) 교수가 발표한 천발지진과 심발지진에 관한 논문에 영감을 얻어, 캘리포니아공과대학(Caltech)에서 함께 연구하였던 독일계 미국인 지진학자인 Beno Gutenberg (1889.06.04 ~ 1960.01.25)와 리히터 규모를 개발하였으며, 1935년 처음으로 리히터 규모를 사용하였다. 또한, 리히터는 1976년 발간한 그의 책 Earthquake Light in Focus에서 사용한 "로그 도표는 악마의 도구이다(logarithmic plots are a device of the devil)"라는 말로 유명하다.

리히터 규모

리히터가 Gutenberg와 공동연구를 시작했을 때, 지진에 의한 충격을 나타내는 유일한 척도는 1902년 이탈리아의 신부이자 지질학자인 Giuseppe Mercalli가 제안한 진도계급이 전부였다. Mercalli는 진동에 건물과 사람이 반응하는 정도에 따라 진동을 12개 계급으로 분류하였다. Mercalli 계급은 건물과 사람에 따라 변하는 주관적인 척도라는 문제점과, 이 계급을 사용하면 인구밀도가 낮은 원거리 지역에서 발생한 지진을 평가하는 것이 어렵다는 문제점을 갖고 있었다. 이에 비해 리히터와 Gutenberg에 의해 제시된 리히터 규모는 지진의 강도를 절댓값으로 평가하였다. 리히터 규모는 1935년 발표되자 마자, 지진의 크기를 측정하는 기준이 되었다. <출처: Wikipedia 백과사전>

이야기: 진도(IM)-규모(M)-지반가속도(PGA) 관계

▷ 내진설계기준의 지반최대가속도 0.154g에 해당하는 MM 진도 계급과 리히터 규모는?

- 진도–규모–지반가속도의 관계

MMI 계급	규모(M_L) 미국 동부	규모(M_L) 미국 서부	PGA(g)	EPA(g)	비율
I. Instrumental	2.25	1.67	0.002	0.001	0.01
II. Weak	2.75	2.33	0.004	0.002	0.02
III. Slight	3.25	3.00	0.008	0.003	0.03
IV. Moderate	3.75	3.67	0.017	0.007	0.06
V. Rather Strong	4.25	4.33	0.033	0.013	0.13
VI. Strong	4.75	5.00	0.066	0.026	0.25
VII. Very Strong	5.25	5.67	0.131	0.053	0.50
VIII. Destructive	5.75	6.33	0.262	0.105	1.00
IX. Violent	6.25	7.00	0.523	0.209	2.00
X.Intense	6.75	7.67	1.043	0.417	3.98
XI. Extreme	7.25	8.33	2.081	0.833	7.94
XII. Catastrophic	7.75	9.00	4.153	1.661	15.85

※ S_B 지반을 기준으로 함

※ MMI 계급 (Modified Mercalli Intensity scale, 수정 머칼리 진도 계급)

※ M_L (Richter magnitude scale, 리히터 규모)

※ MMI 계급과 M_L의 관계

$M = \frac{1}{2}MMI + 1.75$ (미국 동부지역 경험식, Nuttli & Herrmann, 1978)

$M = \frac{2}{3}MMI + 1.00$ (미국 서부지역 경험식, Gutenberg & Richter, 1956)

$M = 0.56 \times MMI + 1.73$ (기상청, 2006)

※ MMI 계급과 PGA(gal, cm/sec²)의 관계

$\log_{10} \mathrm{PA} = 0.3 \times MMI + 0.014$ (Trifunac and Brady, 1975)

$\log_{10} \mathrm{PA} = 0.33 \times MMI - 0.5$ (Gutenberg and Richter, 1956)

※ PGA와 EPA의 관계: $\mathrm{EPA} \approx \mathrm{PA}\ /2.5$로 가정

[Note] 리히터 규모(M)와 최대지반가속도(PA)의 관계(Gutenberg and Richter, 1956)

$M = \frac{2}{3}MMI + 1.00$과 $\log_{10} \mathrm{PA} = 0.33 \times MMI - 0.5$을 조합하면 근사적 관계를 다음과 같이 구할 수 있다.

$M = 2\log_{10} \mathrm{PA} + 2.00$ 또는 $\mathrm{PA} = 10^{0.5M}/10$

- 예제: 내진설계기준연구 (II) (건교부, 1997)

구역계수(Z) × 위험도계수(I)	EPA = Z × I (cm/sec²)	PA ≈ 2.5EPA (cm/sec²)	MMI 계급	규모(M_L) 미국 동부	규모(M_L) 미국 서부
0.154	151	377	8.5	6.02	6.69
0.098	96	240	7.9	5.69	6.26

- 참조: KDS 24 17 00 교량설계기준(국토교통부, 2016) (구 도로교설계기준, 국토부, 2014)
  2.2 해석 및 설계
    (9) 지반의 액상화 평가
      ② 액상화 평가기준
        나. 설계 지진 규모는 지진구역 I, II 모두 리히터규모 6.5를 적용한다.

▷ 진도(MMI)-규모(M)-지반가속도(PGA)의 관계

• 진도(MMI)-규모(M)

- Gutenberg & Richter, 1956 (미국 서부) $M = \frac{2}{3}MMI + 1.00$
- Nuttli & Herrmann, 1978 (미국 중동부) $M = \frac{1}{2}MMI + 1.75$
- KMA(기상청), 2006 $M = 0.56 \times MMI + 1.73$
- K. Lee & J. Lee, 2003 $M = 0.58 \times MMI + 1.75$
- H. Kim & J.B. Kyung, 2015 $M = 0.57 \times MMI + 1.7$

• 진도(MMI)-지반가속도(PGA)

- Gutenberg and Richter, 1956 $\log_{10} \mathrm{PA} = 0.33 \times MMI - 0.5$
- Trifunac and Brady, 1975 $\log_{10} \mathrm{PA} = 0.3 \times MMI + 0.014$

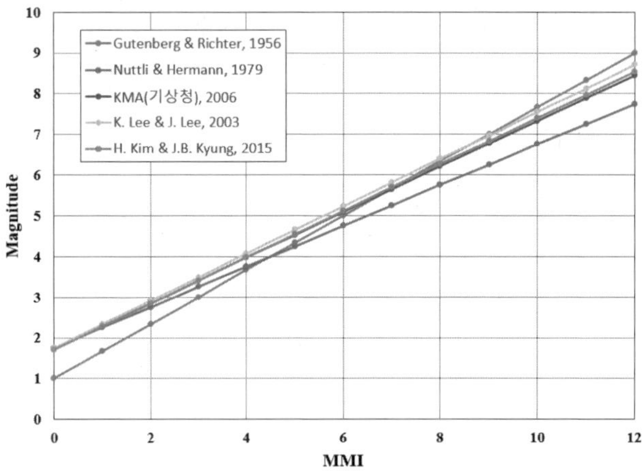

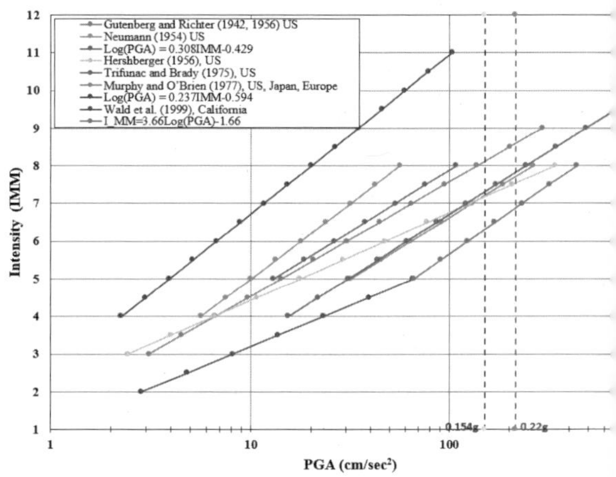

• 규모(MMI)-지반가속도(PGA)

- $M = \frac{2}{3}MMI + 1.00$ (Gutenberg et al., 1956) + $\log_{10} \mathrm{PA} = 0.33 \times MMI - 0.5$ (Gutenberg et al., 1956)
  → $M = 2\log_{10} \mathrm{PA} + 2.00$ 여기서 PGA의 단위는 gal(즉, $\mathrm{cm/sec^2}$)이다.
- $M = \frac{2}{3}MMI + 1.00$ (Gutenberg et al., 1956) + $\log_{10} \mathrm{PA} = 0.3 \times MMI + 0.014$ (Trifunac et al., 1975)
  → $M = 2.222\log_{10} \mathrm{PA} + 1.031$ 여기서 PGA의 단위는 gal(즉, $\mathrm{cm/sec^2}$)이다.

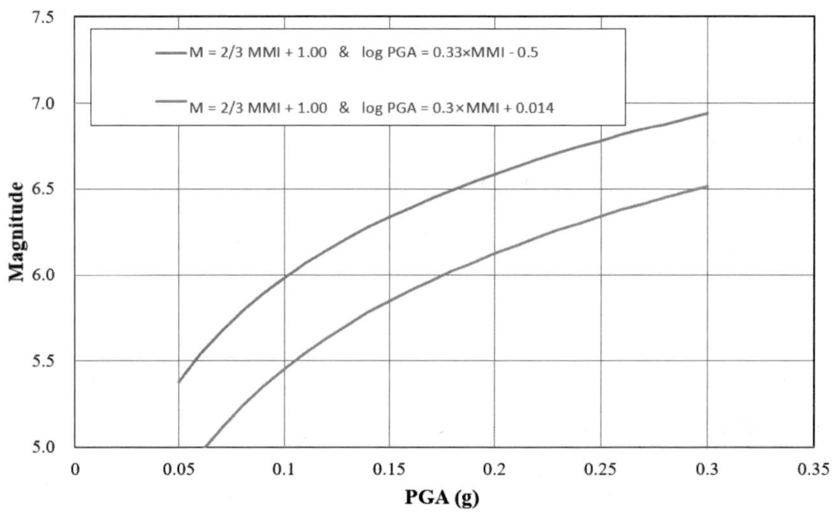

이야기: 멕시코시티 지진(1985)과 공진

1985년 멕시코시티 대지진(1985 Mexico City earthquake)은 1985년 9월 19일 현지시각으로 오전 7시 17분경 발생한 수도를 직격한 직하지진이다. 사망자는 약 9,500명, 부상자는 약 30,000여 명으로 큰 피해가 발생했으며, 6층 ~ 15층 사이의 중간 높이 건물들이 대부분 무너졌다.

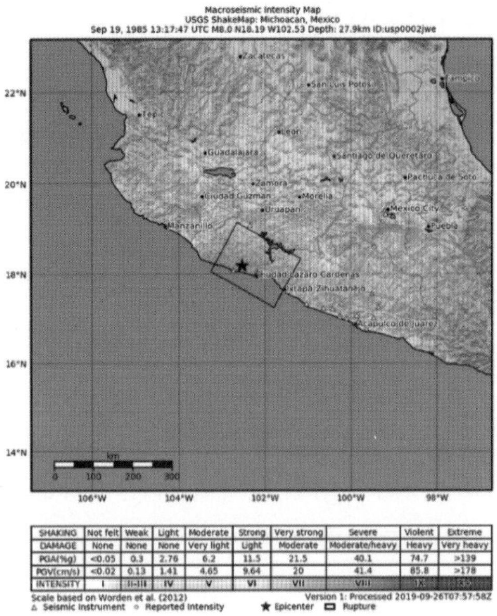

- 규모: M_L 8.1
- 진원지: 멕시코 남부 해안 해저
- 진원깊이: 약 15 km
- 진원거리: 멕시코시티에서 약 350 km

피해가 컸던 원인을 다음과 같이 분석할 수 있다.

① 지반 특성 (연약한 호수 지반)

멕시코시티는 과거 호수였던 지역에 건설된 도시로, 지반은 연약한 점토층과 침적된 퇴적물로 이루어져 있다. 이 연약지반은 지진의 장주기 성분을 증폭시켰고, 증폭된 지진은 도시를 강하게 흔들었다.

② 건물의 고유 진동수와 공진

멕시코시티에 많이 존재했던 많은 건물은 10층~15층의 중층 건물이었다. 이 건물들의 고유주기는 약 0.5~1초였으며, 증폭된 지진파의 탁월주기대역도 비슷하여 공진현상이 발생하면서 건물의 흔들림이 증폭되어, 많은 건물들이 붕괴되었고 인명 피해가 커졌다.

③ 건축물의 내진설계 미흡

당시 멕시코시티의 건물들은 내진 설계가 제대로 적용되지 않은 경우가 많았다. 특히 오래된 건물과 콘크리트 구조물들은 강한 지진에 취약하여 붕괴되었다.

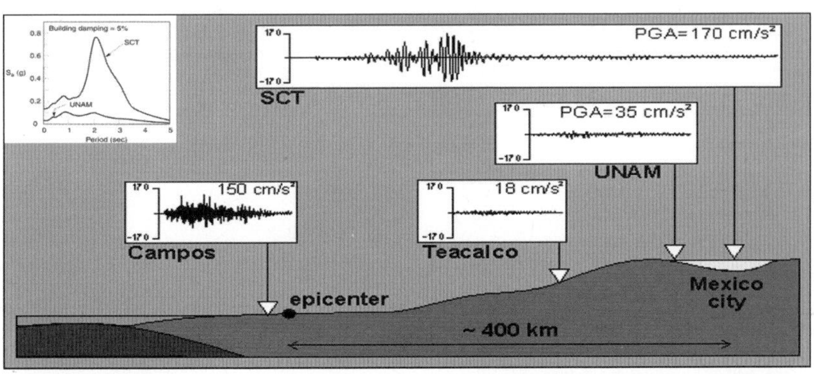

1985년 멕시코 지진 시 멕시코시티 부지응답 증폭효과 (출처: 위키피디아)

6.3 입력지진

6.3.1 자유장 해석 (부지응답 해석)

• 통제 운동(control motion)

'자유장 해석(free field analysis)'은 '부지응답 해석(site response analysis)'이라고도 하며, 구조물이 건설될 위치가 정해진 경우, 구조물이 건설되기 전의 굴착되지 않은 지반상태에서 주어진 지진 입력에 대한 지반내 응답을 구하는 방법 및 과정을 말한다(Wolf, 1985). 일반적으로 이 경우 지진 입력은 보통 지표면 또는 지반내 어떤 위치에서 계측되거나 규정된 가속도이다. 여기서 지진 입력의 기준이 되는 위치를 '통제점(control point)'이라 하고, 지진 입력을 '통제 운동'이라 한다.

지진 입력 위치인 통제점은 지진기록을 계측하기 쉬운 지표상의 점(A점)이 가장 많이 사용되며, 기반암(bed rock)상의 점(B점)이 다음으로 많이 사용된다. 지진 해석시 지표면상의 점(A점)은 실제 계측된 지진기록이 많으므로, 실제 발생할 지진과 유사하게 통제 운동을 정의할 수 있으나, 지반층에 따라 지진 거동이 많이 바뀌기 때문에 한정된 지역에 대해서만 통제 운동을 정의하여야 한다. 반면에 기반암(bed rock)상의 점(B점)은 지표층의 구조와 무관하게 정의할 수 있으므로, 광범위한 지역에 대하여 지진입력을 정의할 수 있다. 참고로 국내 설계지진운동을 규정하고 있는 '내진설계 기준연구(건교부, 1997)'에서는 설계지진운동을 부지 정지 작업이 완료된 지표면에서의 자유장 운동으로 정의한다.

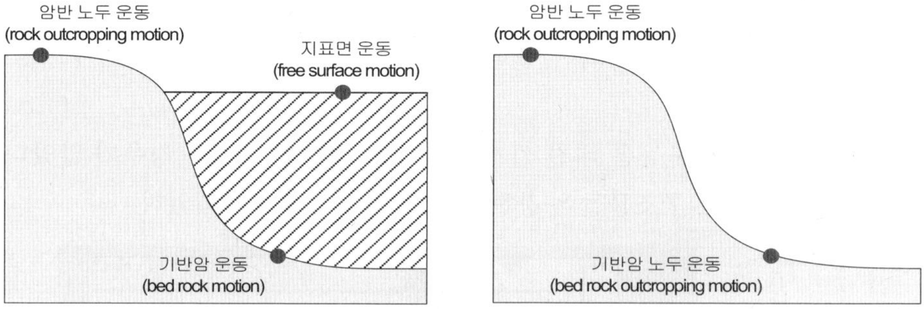

그림 6.3.1a 기반암과 노두(露頭, outcrop)

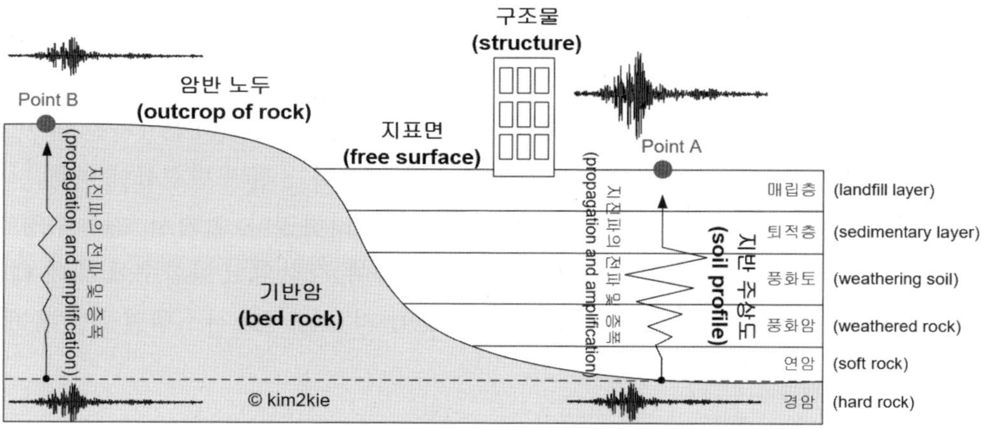

그림 6.3.1b 통제점과 통제운동으로 사용되는 지진파

통제점과 통제 운동이 정해지면, 주어진 통제 운동에 대응하는 지반내 다른 점에서의 운동을 구해야 한다. 다른 점의 운동은 주어진 통제 운동이 미지의 지진입력에 의한 응답이 되는 운동방정식을 세운 다음 이를 풀어서 구할 수 있다. 이와 같은 자유장 해석 문제는 미지수가 너무 많아서 수학적으로 부정(不定, indefinite, indeterminate) 문제이므로, 이를 극복하기 위해 입력지진의 크기만을 미지수로 하여 방정식을 푼다. 즉, 입력파동의 형태를 정의하고 입력지진과 임의의 점에서의 운동간의 관계를 구한 다음, 주어진 점에서 입력운동을 대입하여 입력운동의 크기를 구한 후, 이로부터 원하는 위치의 거동을 구한다. 일반적으로 입력파는 실체파와 표면파로 가정하며, 평면파 가정을 사용한다.

• 1차원 파동 전파 가정

지진 발생시 실체파는 진원으로부터 여러 방향으로 발산된다. 실체파는 지반내에서 전파하는 도중 서로 다른 지층을 만나게 되면, 경계면에서 반사(reflection) 또는 굴절(refraction)을 한다. 일반적으로 지층에서 파동의 전파속도는 단단한 하부층이 상대적으로 연약한 상부층에 비하여 빠르므로, '스넬의 법칙(Snell's law)'에 의하면 경계면을 지나면서 전파경로의 굴절이 발생하여 차츰 지면에 연직한 방향으로 전파경로를 갖는다.

자유장 해석의 경우 초기에는 지반을 1차원 전단보로 가정하여 해석을 수행하였다(Idriss 등, 1968). 그러나 이 방법은 가정상에 많은 제한이 있고, 해석결과도 좋지 않아 1차원 파동 전파 이론에 근거한 방법이 개발되었으며(Schnabel 등, 1972), 그 이후 자유장 해석과 관련된 다양한 이론과 해석방법이 개발되었다.

일반적으로 사용되는 지진의 1차원 파동 전파이론은 모든 지층의 경계가 수평하여 지반의 응답은 기반암으로부터 수직 전파하는 전단파(SH파)에 의해 주로 영향을 받는다고 가정 한다(Kramer, 1996). 1차원 전단파의 전파는 다음 세 가지 방법으로 산정되며, 각 방법은 각기 다른 장단점을 갖는다(NUREG/CR-6728, 2001; RG 1.208, 2007).

(1) 시간이력 입력운동을 사용한 등가선형(equivalent-linear analysis, EQL) 해석

(2) 랜덤진동이론(random vibration theory, RVT) 입력운동을 사용한 등가선형해석(EQL)

(3) 완전 비선형(fully nonlinear) 해석

참고로 'SHAKE 계열 프로그램(SHAKE, SHAKE91, ProShake 등)'은 1차원 파동 전파 이론과 진동수영역 방법을 사용하여, 지반진동에 의해 발생하는 전단 변형률에 따른 전단 강성 및 감쇠비에 대한 지반의 비선형성을 등가선형으로 고려하였다. 여기서 '진동수영역 방법'의 개념은 입력지진파를 조화함수의 조합으로 가정하여, 각각의 조화함수에 대해 해석을 수행한 후, 결과를 조합하는 방법을 말한다. SHAKE91 자료는 구조시스템연구실 홈페이지에서 다운로딩 받을 수 있다 [Link].

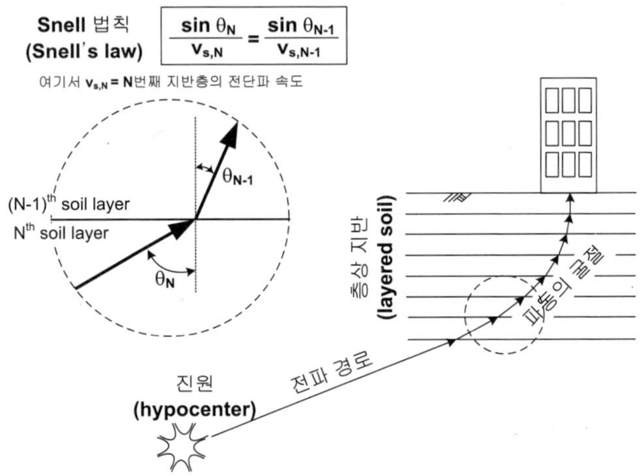

그림 6.3.1c 지진파의 굴절

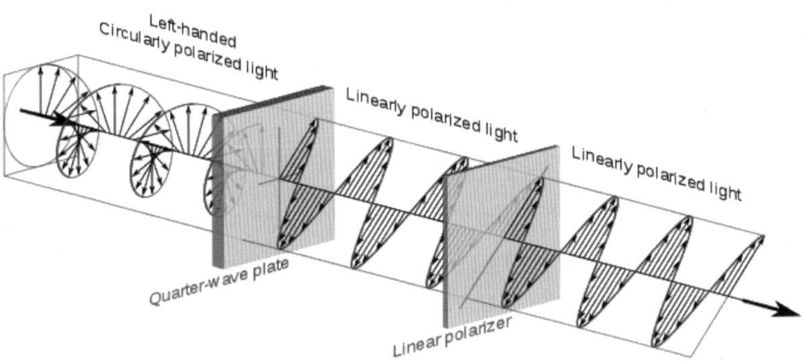

그림 6.3.1d 1차원(또는 일방향) 파동전파 (출처: Wikipedia)

1차원 선형탄성 파동방정식을 특정 진동수(ω)에 대해 풀어 파동 운동을 구하면 다음과 같다(Kramer, 1996; 그림 (a)). 여기서 지반은 탄성스프링과 점성감쇠로만 모델링되었다('Voigt 모델').

$$u(z,t) = A\exp[i\ (\omega t + k^* z)] + B\exp[i\ (\omega t - k^* z)]$$

여기서 A와 B는 각각 상방향($-z$)과 하방향($+z$) 파동 운동의 진폭을 나타내고, 복소파동수(k^*)는 전단계수(G), 감쇠비(ξ)와 질량밀도 (ρ)의 함수이다.

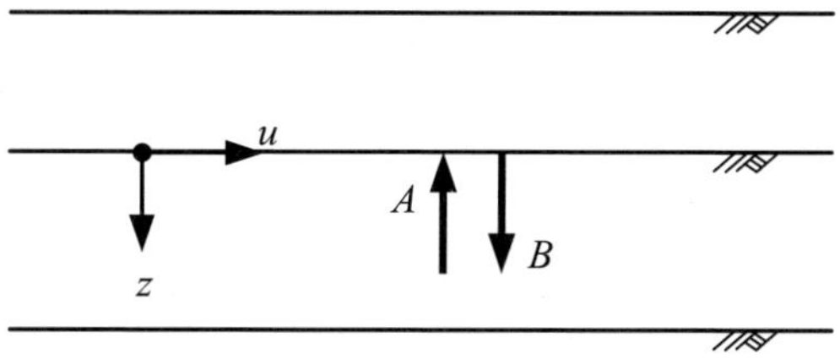

그림 6.3.1e 파동방정식의 부호규약

$(n-1)$개의 층(즉, n개의 층경계면)으로 구성된 층상지반에서 n번째 층경계면(즉, 기저면 또는 기저암)에서 지진입력운동을 가정하자(기반암 입력운동). 이 경우 구하고자 하는 m 번째 층경계면에서의 응답(U_m)을 n번째 층경계면에서 지진입력운동(U_n)으로 나눈 것을 전달함수($T_{f(m/n)}$)로 정의하면 다음과 같다.

$$T_{f(m/n)}(\omega) = \frac{U_m(\omega)}{U_n(\omega)} = \frac{A_m+B_m}{A_n+B_n}$$: Within to layer n (층경계 계측지진 입력)

따라서 m번째 층경계면에서 응답은 n번째 층경계면에서의 입력운동과 두 경계면사이의 관계인 전달함수의 곱으로 계산된다.

$$U_m(\omega) = T_{f(m/n)}(\omega)\, U_n(\omega)$$

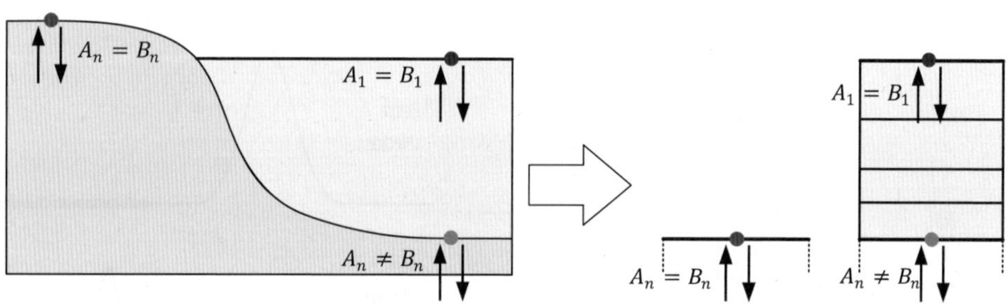

그림 6.3.1f 노두운동 입력과 기반면(지중 경계면) 운동 입력

일반적으로 계측 지진은 지중의 기반면(즉, n번째 층경계면) 운동(Within to layer n)으로 계측되기 보다는(즉, $A_n \neq B_n$) '노두운동(outcropping motion)'으로 계측된다(즉, $A_1 = B_1$). 따라서 앞서 구한 전달함수 $T_{f(m/n)}$를 사용하기 위해서 먼저 노두운동을 기반면(즉, n번째 층경계면)에서의 입력운동으로 사용하기 위한 경계조건을 변경하여야 한다.

$$T_{f(m/n)}(\omega) = \frac{U_m(\omega)}{U_n(\omega)} = \frac{A_n+B_n}{2A_n} \cdot \frac{A_m+B_m}{A_n+B_n} = \frac{A_m+B_m}{2A_n}$$: Outcrop to layer n (노두운동 입력)

기반암 입력운동을 (1) 암반 노두운동(outcropping motion)으로 가정한 경우(Outcrop to layer n)와 (2) 기반면(즉, 지중 경계면) 계측운동으로 가정한 경우(Within to layer n)는 전달함수가 서로 다르며, 노두운동 입력으로 구한 응답이 지중 경계면 운동 입력으로 구한 응답보다 모든 진동수대역에서 작다.

$$\frac{U_m(\omega)\ \text{Outcrop to layer}\ n}{U_m(\omega)\ \text{Within to layer}\ n} = \frac{T_{f(m/n)}(\omega)\ \text{Outcrop to layer}\ n}{T_{f(m/n)}(\omega)\ \text{Within to layer}\ n} = \frac{A_n+B_n}{2A_n} \leq 1$$

원자력 내진설계에서는 계측된 노두운동($2A_n$)을 반(1/2)으로 나눈 값(A_n)을 사용하는 대신, 보수적인 설계를 위해 A_n 대신 2배로 증폭시킨 $2A_n$을 기반암 입력운동으로 사용한다.

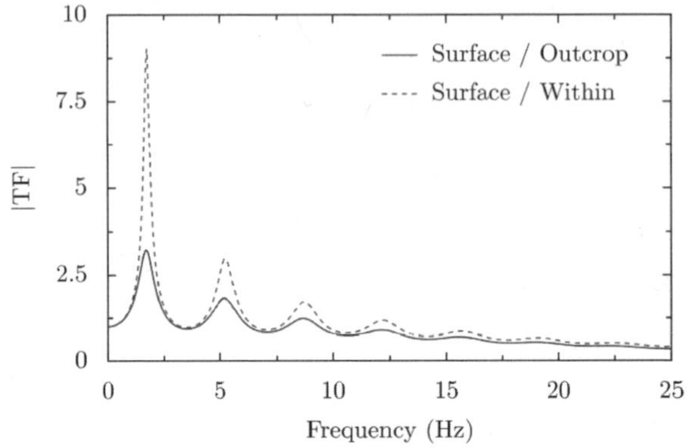

그림 6.3.1g 입력운동의 위치에 따른 전달함수의 비교 (Kottke & Rathje, 2009)

• 1차원 층상 막대에서의 파동 전파

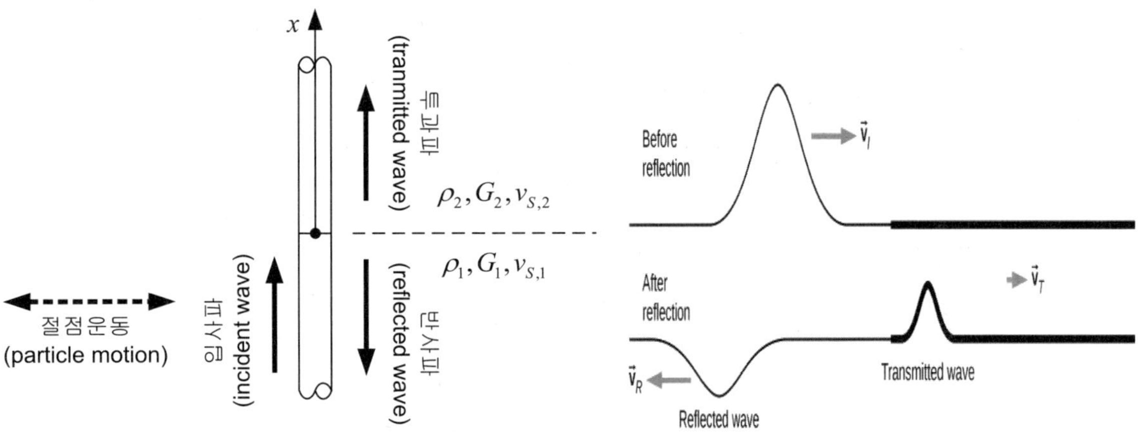

그림 6.3.1h 1차원 층상 막대

(출처: 우측 그림, phys.libretexts.org, 고속 전파 → 저속 전파; 동영상: www.acs.psu.edu) [animation]

막대를 따라 진행하는 정현파 형태의 응력파를 고려하자. 이 응력파는 그림과 같이 다른 물질의 경계를 통과한다. 응력파의 형태로 경계면에 입사하는 입사파(σ_1^i)가 경계면에 도달했을 때, 에너지의 일부는 투과파(σ_2^t)의 형태로 경계면을 투과하고, 나머지는 반사파(σ_1^r)의 형태로 반사될 것이다.

$$\sigma_1^i(x,t) = A_{\sigma,1}^i\ e^{i(\omega t - k_1 x)},\ \sigma_2^t(x,t) = A_{\sigma,2}^t\ e^{i(\omega t - k_2 x)},\ \sigma_1^r(x,t) = A_{\sigma,1}^r\ e^{i(\omega t + k_1 x)}$$

이들 응력파에 대응하는 변위파는 각각 다음과 같다.

$$u_1^i(x,t) = A_{u,1}^i\ e^{i(\omega t - k_1 x)},\ u_2^t(x,t) = A_{u,2}^t\ e^{i(\omega t - k_2 x)},\ u_1^r(x,t) = A_{u,1}^r\ e^{i(\omega t + k_1 x)}$$

응력-변형률의 관계, 변형률-변위의 관계를 사용하여, 응력파의 진폭과 변위파의 진폭간의 관계를 다음과 같이 유도할 수 있다.

$$\sigma_1^i(x,t) = G_1 \frac{\partial u_1^i(x,t)}{\partial x} = -ik_1 A_{u,1}^i \, e^{i(\omega t - k_1 x)} \;\rightarrow\; A_{\sigma,1}^i = -ik_1 G_1 A_{u,1}^i$$

$$\sigma_2^t(x,t) = G_2 \frac{\partial u_2^t(x,t)}{\partial x} = -ik_2 A_{u,2}^t \, e^{i(\omega t - k_2 x)} \;\rightarrow\; A_{\sigma,2}^t = -ik_2 G_2 A_{u,2}^t$$

$$\sigma_1^r(x,t) = G_1 \frac{\partial u_1^r(x,t)}{\partial x} = +ik_1 A_{u,1}^r \, e^{i(\omega t + k_1 x)} \;\rightarrow\; A_{\sigma,1}^r = +ik_1 G_1 A_{u,1}^r$$

경계면에서 변위에 관한 적합조건과 응력의 연속성을 만족하여야 하므로 다음과 같다.

$$u_1^i(0,t) + u_1^r(0,t) = u_2^t(0,t) \rightarrow A_{u,1}^i + A_{u,1}^r = A_{u,2}^t$$

$$\sigma_1^i(0,t) + \sigma_1^r(0,t) = \sigma_2^t(0,t) \rightarrow A_{\sigma,1}^i + A_{\sigma,1}^r = A_{\sigma,2}^t$$

다음 파동수에 관한 식과

$$k = \omega / v_S = \omega \frac{\rho}{G} v_S \;\rightarrow\; kG = \omega \rho v_S$$

변위파와 응력파의 진폭에 관한 식들을 연립하여 풀면, 변위 및 응력에 관한 입사파의 진폭에 대한 투과파와 반사파의 진폭비를 다음과 같이 구할 수 있다.

$$A_{u,2}^t = \frac{2}{1+\alpha} A_{u,1}^i, \; A_{u,1}^r = \frac{1-\alpha}{1+\alpha} A_{u,1}^i$$

$$A_{\sigma,2}^t = \frac{2\alpha}{1+\alpha} A_{\sigma,1}^i, \; A_{\sigma,1}^r = \frac{\alpha-1}{1+\alpha} A_{\sigma,1}^i$$

여기서 '임피던스 비(impedance ratio)' $\alpha = \frac{G_2 k_2}{G_1 k_1} = \frac{\rho_2 v_{S,2}}{\rho_1 v_{S,1}}$이다.

• 단층 지반(single soil layer)에서 1차원 파동 전파

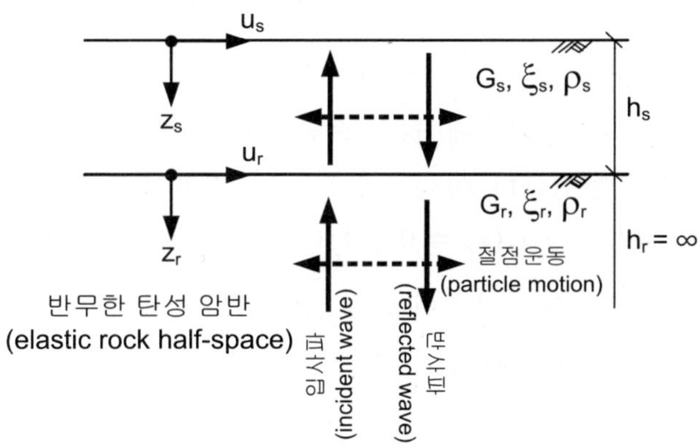

그림 6.3.1i 단층 지반 1차원 파동 전파

반무한 탄성암반 위에 수평으로 놓인 단층 탄성 지반에 대해 지반수직으로 전단파가 입사할 경우를 고려하자. 여기서 아래 첨자 s와 r은 각각 단층 지반(single soil layer)과 반무한 암반(rock)을 의미한다.

입사하는 조화함수 형태의 전단파에 의한 조화함수 응답인 수평방향 변위는

$$u_s(z_s, t) = \left(A_s^i\, e^{ik_s^* z_s} + A_s^r\, e^{-ik_s^* z_s}\right)e^{-i\omega t}, \quad u_r(z_r, t) = \left(A_r^i\, e^{ik_r^* z_r} + A_r^r\, e^{-ik_r^* z_r}\right)e^{-i\omega t}$$

이다. 여기서 ω는 조화함수의 각진동수; A^i과 A^r은 각각 입사파(incident wave)와 반파사(reflected wave)에 의한 변위응답의 진폭; k^*는 '복소 파동수(complex wave number)'로써 다음과 같다.

$$k^* = \omega / v_S^* = \frac{\omega}{v_S(1+i\xi)} = \frac{\omega}{v_S}(1 - i\xi) = k(1 - i\xi)$$

여기서 v_S^*는 지반의 '복소 전단파 속도(complex shear wave velocity)'로

$$v_S^* = \sqrt{G^*/\rho} = \sqrt{G(1 + 2i\xi)/\rho} \approx \sqrt{G/\rho}(1 + i\xi) = v_S(1 + i\xi)$$

이며, G_S^*는 '복소 전단탄성계수(complex shear modulus)'로 전단탄성계수(G)와 감쇠비(ξ)를 사용하여 나타내면 다음과 같다.

$$G^* = G\left(1 - 2\xi^2 + 2i\xi\sqrt{1 - \xi^2}\right)$$

$$\approx G(1 + 2i\xi) \quad \text{for } \xi \text{ is small } (< 10 - 20\%).$$

전단응력의 정의는 다음과 같다.

$$\tau_s(z_s, t) = G_s^* \gamma_s(z_s, t) = G_s^* \frac{\partial u_s(z_s, t)}{\partial z_s}, \quad \tau_r(z_r, t) = G_r^* \gamma_r(z_r, t) = G_r^* \frac{\partial u_r(z_r, t)}{\partial z_r}$$

지표면($z_s = 0$)에서 전단응력은 존재하지 않으므로

$$\tau_s(0, t) = G_s^* \gamma_s(0, t) = G_s^* \frac{\partial u_s(0, t)}{\partial z_s} = 0$$

이다. 조화함수로 가정한 $u_s(z_s, t)$를 전단응력이 0인 지표면 조건에 대입하면

$$G_s^* i \gamma_s^* \left[A_s^i - A_s^r\right] e^{-i\omega t} = 0$$

이므로, 이 식을 풀면 다음과 같다.

$$A_s^i = A_s^r$$

단층 지반과 암반의 경계면에서는 변위와 응력에 관한 다음과 같은 적합조건(compatibility condition)이 성립한다. 여기서 h_s는 단층 지반의 두께이다.

$$u_s(z_s = h_s) = u_r(z_r = 0), \quad \tau_s(z_s = h_s) = \tau_r(z_r = 0)$$

$A_s^i = A_s^r$를 앞서 조화함수로 가정한 $u_s(z_s, t)$ 및 $u_r(z_r, t)$에 대입한 후, 지반과 암반의 경계면 적합조건에 대입하여 정리하면 각각 다음과 같다.

$$A_s^i\left(e^{ik_s^* h_s} + e^{-ik_s^* h_s}\right) = A_r^i + A_r^r, \quad \frac{G_s^* k_s^*}{G_r^* k_r^*}\left(e^{ik_s^* h_s} - e^{-ik_s^* h_s}\right) = A_r^i - A_r^r$$

이 식들을 연립하여 풀면 다음과 같다.

$$A_r^i = \frac{A_s^i}{2}\left[(1 + \alpha_s^*)e^{ik_s^* h_s} + (1 - \alpha_s^*)e^{-ik_s^* h_s}\right], \quad A_r^r = \frac{A_s^i}{2}\left[(1 - \alpha_s^*)e^{ik_s^* h_s} + (1 + \alpha_s^*)e^{-ik_s^* h_s}\right]$$

여기서 α_s^*는 '복소 임피던스 비(complex impedance ratio, α_s^*)'로

$$\alpha_s^* = \frac{G_s^* k_s^*}{G_r^* k_r^*} \quad \text{or} \quad \alpha_s^* = \frac{\rho_s v_{S,s}(1+i\xi_s)}{\rho_r v_{S,r}(1+i\xi_r)}$$

이다. 여기서 ρ, v_s, ξ는 각각 질량밀도, 전단파 속도, 감쇠비를 나타낸다.

(1) 만약 암반에서 상향으로 입사하는 지진파의 진폭이 A_r^i이고, 단층 지반이 존재하지 않는다면, 즉, 위 식에 $h_s = 0$을 대입하면,

$$A_r^i = A_r^r$$

이므로, 암반 노두 지표면은 진폭이 $2A_r^i$인 기반암 노두운동을 할 것이다.

$$u_r(z_r = 0, h_s = 0) = A_r^i + A_r^r = 2A_r^i$$

(2) 만약 단층 지반이 존재한다면(즉, $h_s \neq 0$이면), 지표면 변위응답 진폭은 다음과 같다.

$$u_s(z_s = 0) = 2A_s^i = \frac{4A_r^i}{(1+\alpha_s^*)e^{ik_s^* h_s} + (1-\alpha_s^*)e^{-ik_s^* h_s}}$$

암반 노두운동 $u_r(z_r = 0, h_s = 0)$를 지표면 운동 $u_s(z_s = 0, h_s \neq 0)$의 증폭비로 복소 전달함수(complex transfer function, $H(\omega)$)를 정의하면

$$H(\omega) = \frac{u_s(z_s=0, h_s\neq 0)}{u_r(z_r=0, h_s=0)} = \frac{4}{(1+\alpha_s^*)e^{ik_s^* h_s} + (1-\alpha_s^*)e^{-ik_s^* h_s}}$$

이며, 오일러(Euler) 공식($e^{\pm i\theta} = \cos\theta \pm i\sin\theta$)을 사용하여 이 식을 정리하면 다음과 같다.

$$H(\omega) = \frac{2}{\cos k_s^* h_s + i\alpha_s^* \sin k_s^* h_s}$$

• 다층 지반(multiple soil layers)에서 1차원 파동 전파

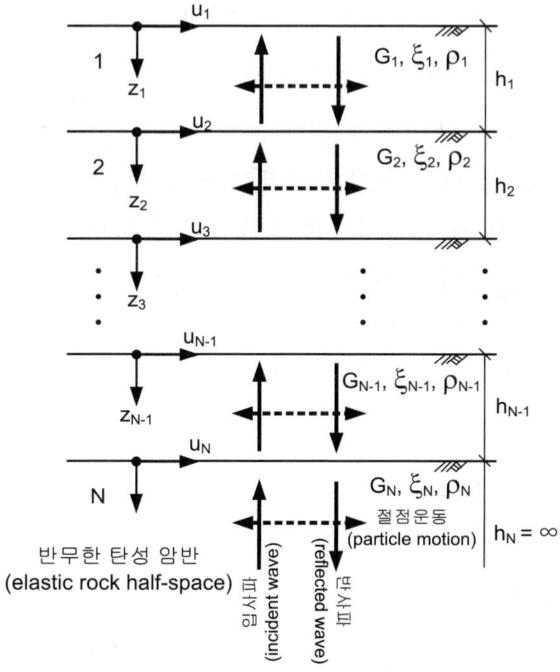

그림 6.3.1j 다층지반 1차원 파동 전파

다층 지반에 관한 기본 이론은 단층 지반의 경우와 동일하다. 다만 다층 지반의 경우 층마다 복소 전달함수가 존재한다.

j번째 층 상단에서의 수평 변위는 다음과 같다.

$$u_j(z_j,t) = \left(A_j^i\, e^{ik_j^* z_j} + A_j^r\, e^{-ik_j^* z_j}\right) e^{-i\omega t}$$

j번째 층과 $j+1$번째 층 경계면상에서의 변위와 응력에 관한 적합조건은

$$u_j(z_j = h_j) = u_{j+1}(z_{j+1} = 0),\;\; \tau_j(z_j = h_j) = \tau_{j+1}(z_{j+1} = 0)$$

이고, 여기에 가정한 수평 변위를 적용하면 다음과 같다.

$$A_j^i\, e^{ik_j^* h_j} + A_j^r\, e^{-ik_j^* h_j} = A_{j+1}^i + A_{j+1}^r,\;\; \frac{G_j^* k_j^*}{G_{j+1}^* k_{j+1}^*}\left(A_j^i\, e^{ik_j^* h_j} - A_j^r\, e^{-ik_j^* h_j}\right) = A_{j+1}^i - A_{j+1}^r$$

이 두 식을 연립하여 풀면 다음과 같다.

$$A_{j+1}^i = \frac{A_j^i}{2}(1+\alpha_j^*)e^{ik_j^* h_j} + \frac{A_j^r}{2}(1-\alpha_j^*)e^{-ik_j^* h_j}$$

$$A_{j+1}^r = \frac{A_j^i}{2}(1-\alpha_j^*)e^{ik_j^* h_j} + \frac{A_j^r}{2}(1+\alpha_j^*)e^{-ik_j^* h_j}$$

여기서 α_j^*는 '복소 임피던스 비'로써 다음과 같이 정의한다.

$$\alpha_j^* = \frac{G_j^* k_j^*}{G_{j+1}^* k_{j+1}^*}$$

지표면($z_1 = 0$)에서 전단응력은 존재하지 않으므로,

$$A_1^i = A_1^r$$

이며, A_{j+1}^i와 A_{j+1}^r에 대해 구한 식을 $j = 1,2,\cdots,N-1$로 변화시키면서 반복 적용을 하면,

$$A_j^i = a_j^i(\omega)A_1^i,\;\; A_j^r = a_j^r(\omega)A_1^r$$

이다. 여기서 $a_j^i(\omega)$와 $a_j^r(\omega)$는 j번째 층 위에 존재하는 모든 층들 경계에서 발생하는 상호작용효과를 나타낸다. 이 식을 사용하면, 임의의 i번째 층과 j번째 층의 상단에서 발생하는 변위 응답의 비를 전달함수($H_{ij}(\omega)$)로 다음과 같이 구할 수 있다.

$$H_{ij}(\omega) = \frac{a_i^i(\omega)+a_i^r(\omega)}{a_j^i(\omega)+a_j^r(\omega)}$$

일반적으로 다층지반의 경우 위의 전달함수를 직접 구하는 것은 매우 복잡하므로, 단층지반에서 구한 간단한 전달함수를 순차적으로 적용하여, 다층지반에서의 응답을 구한다.

• 강체 기반암(rigid bed rock)상에 놓인 단층 지반에서 1차원 파동 전파

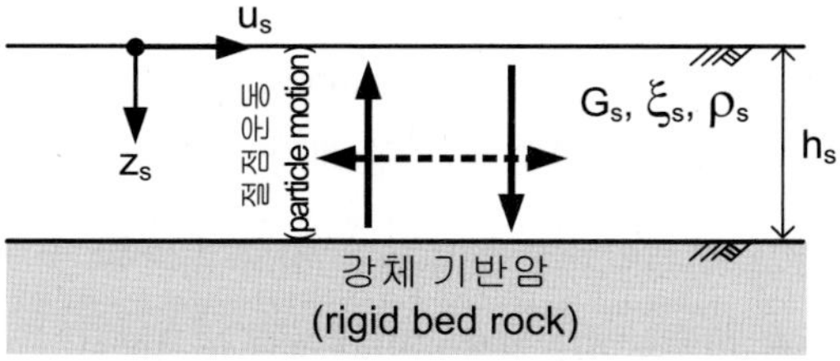

그림 6.3.7 강체 기반암상에 놓인 단층 지반

앞서 단층 지반에서 1차원 파동 전파를 통해 유도한 복소 전달함수는

$$H(\omega) = \frac{u_s(z_s=0, h_s\neq 0)}{u_r(z_r=0, h_s=0)} = \frac{1}{\cos k_s^* h_s + i\alpha_s^* \sin k_s^* h_s}$$

이고, 강체 기반암($\alpha_s^* = 0$)이므로

$$H(\omega) = \frac{u_s(z_s=0, h_s\neq 0)}{u_r(z_r=0, h_s=0)} = \frac{1}{\cos k_s^* h_s}$$

이다. 만약 지반의 감쇠를 $\xi = 0$으로 가정하면, $k_s^* = k = \frac{\omega}{v_S}$이므로, 복소 전달함수는 다음과 같으며, $|H(\omega)|$의 개념을 그래프로 나타내면 다음과 같다.

$$H(\omega) = \frac{u_s(z_s=0, h_s\neq 0)}{u_r(z_r=0, h_s=0)} = \frac{1}{\cos\frac{\omega h_s}{v_s}}$$

즉, 지반의 고유진동수는

$$\omega_n \approx \frac{v_s}{h_s}\left(\frac{\pi}{2} + n\pi\right) \quad \text{where } n = 0,1,2,\cdots,\infty$$

이며, $n = 0$인 첫 번째 고유진동수(즉, $|H(\omega)|$의 크기가 가장 큰 고유진동수)를 지반의 '기본 진동수(fundamental frequency)'라고 하며, 이에 해당하는 지반의 고유 주기를 '특성 부지 주기(characteristic site period)'라 한다.

$$\omega_0 \approx \frac{v_s}{h_s}, \quad T_0 = \frac{2\pi}{\omega_0} \approx 4\frac{h_s}{v_s}$$

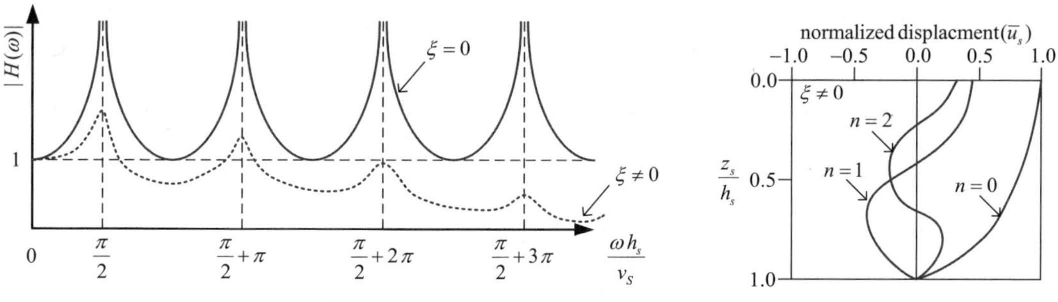

그림 6.3.1k 강체 기반암상에 놓인 단층 지반의 복소 전달함수 및 모드 형상

6.3.2 등가선형해석

지반공학 분야에서는 지반의 비선형성(nonlinear) 및 비탄성(inelastic) 거동에 대한 연구가 많이 수행되었다. 지반의 응력과 변형률의 관계가 비선형성이란 것은 지반의 전단탄성계수(shear modulus)가 지진하중을 받는 동안 변형률에 따라 계속 변한다는 것을 의미한다.

표 6.3.2 전단탄성계수에 영향을 미치는 최소 8개의 인자 (Richart, 1975)

1. (동적) 전단 변형률의 진폭 (amplitude of dynamic strain)	5. 과거의 응력 이력 (stress history)
2. 평균 유효응력(mean effective stress)	6. 가진 진동수
3. 간극비(void ratio)	7. 포화도 (degree of saturation)
4. 지반의 입자 특성과 구조	8. 온도

여기서
1번 항목(변형률)은 정적 성분을 제외한 동적 성분 만을 의미하며,
1~5번 항목은 전단 변형률을 구하는 시험에서 1차적으로 고려되며,
6~8번 항목은 2차적으로 혹은 간접적으로 고려한다.

또한 지반의 비탄성 거동이란 재하(loading)시와 제하(unloading)시의 지반의 거동이 서로 다르고, 이로 인해 에너지가 소산되는 것을 의미한다. 엄밀하게 지반의 비선형성과 비탄성을 고려하기 위해서는 비선형 동적 해석을 수행하여야 하지만, 일반적으로 푸리에 변환을 사용하는 자유장 해석에서는 등가선형해석을 통해 지반의 비선형성과 비탄성을 근사적으로 고려한다. 참고로 푸리에 변환은 선형합(linear superposition)이론을 사용한 선형이론으로 지반의 비선형성을 정밀하게 고려할 수 없다. 즉, 등가선형해석은 지반의 비선형성과 비탄성을 선형해석을 사용하여 근사적으로 고려하기 위한 방법으로, 지반의 비선형 변형률에 상응하는 등가선형 물성값을 구하기 위해 선형해석을 반복한다.

다음 그림과 같이 전단탄성계수(G, secant shear modulus)를 각 사이클마다 구할 수 있으며, 전단 변형률이 증가함에 따라 전단탄성계수는 감소하는 경향을 나타낸다. 일반적으로 전단 변형률에 따른 전단탄성계수와 등가감쇠비를 다음과 같은 형태로 최대 전단탄성계수(G_{max})로 정규화(normalized)하여 나타낸다. 지반의 비선형 동적특성곡선을 구하기 위해, 지반의 작은 변형률에 대해서는 현장시험을 사용하고, 중간 및 큰 변형률에 대해서는 실내시험을 사용한다. 현장시험에는 표면파 시험(예: SASW)과 시추공 탐사시험(예: Crosshole, Dowhole, Uphole 시험) 등이 있으며, 실내시험에는 공진주비틂전단(RCTS)시험 등이 있다.

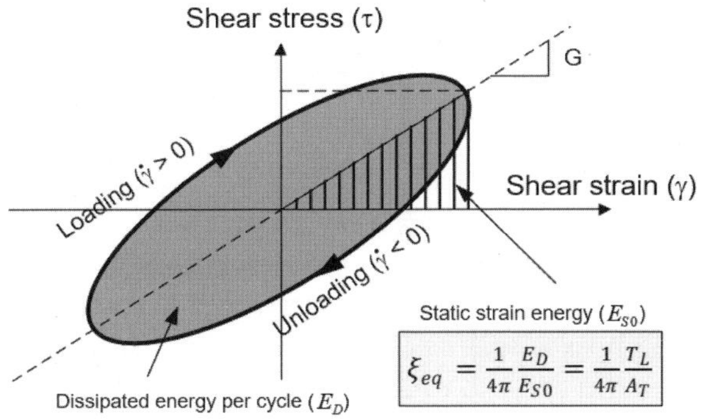

그림 6.3.2a 전단탄성계수, G

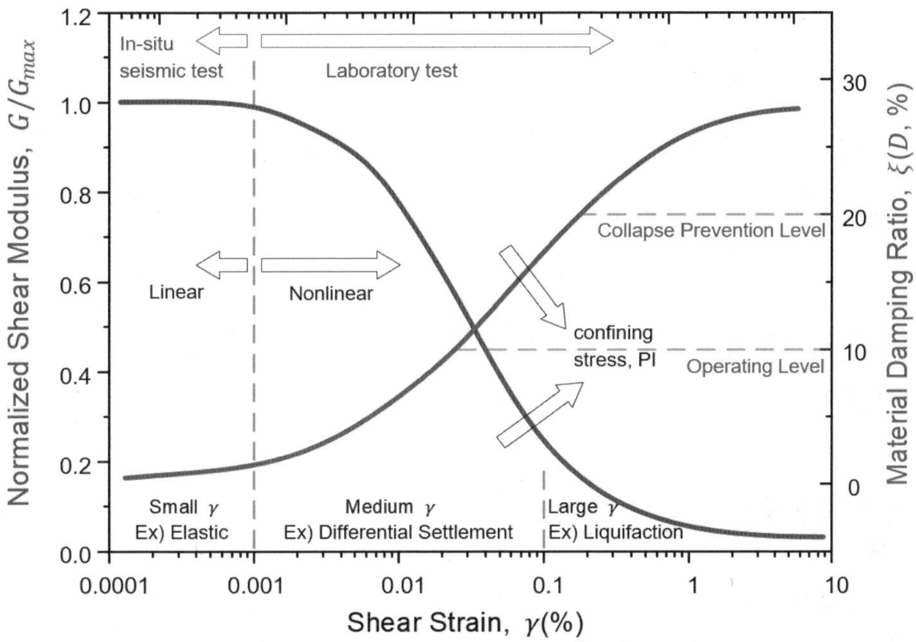

그림 6.3.2b 지반의 비선형 동적 특성 곡선: 전단 변형률, 전단탄성계수 및 감쇠비 관계

등가선형해석을 위한 반복해석 절차를 순서도와 개념도로 나타내면 다음 그림과 같다. 여기서 매 반복단계마다 유효전단변형률(γ_{eff})을 산정하며, 일반적으로 이 값은 최대전단변형률(γ_{max})의 65%를 사용한다(Kramer, 1996).

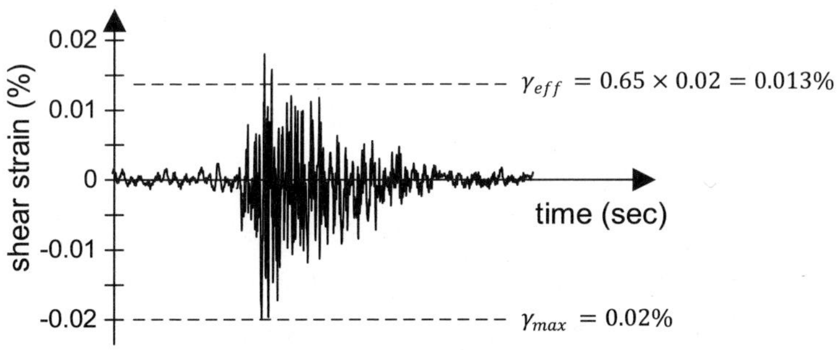

그림 6.3.2c 유효전단변형률

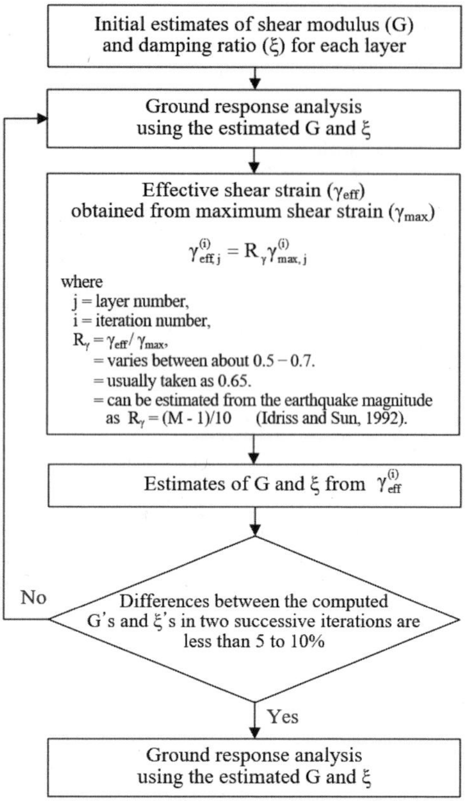

그림 6.3.2d 등가선형해석 순서도(Kramer, 1996)

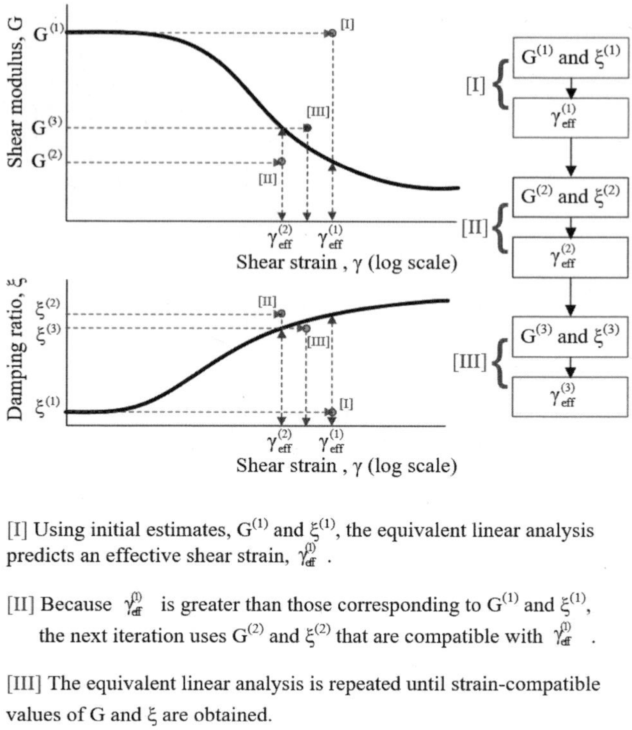

그림 6.3.2e 등가선형해석 절차(Kramer, 1996)

6.3.3 인공지진

• 인공지진의 작성 방법

설계조건을 만족하는 인공지진가속도를 만들기 위해서, 먼저 초기 인공지진가속도를 정의하여야 하며, 초기 인공지진가속도는 실제 지진 또는 인공지진을 작성함으로써 정의할 수 있다. 랜덤이론으로 '인공지진(artificial earthquake)'을 작성하는 방법은 크게 (1) 응답스펙트럼에 부합하는 지진파를 랜덤 진동 이론에 따라 작성하는 방법과 (2) 진원, 전달경로 및 부지특성을 종합적으로 고려하여 랜덤 진동 이론을 이용하는 확률론적 방법으로 대별할 수 있다. 방법 (1)은 구조공학자들이 보편적으로 사용하여온 방법으로 입력 변수가 단순한 반면, 방법 (2)는 지진학자들이 주로 사용하여 온 방법으로 다양한 지진학적 입력 변수가 필요하다. 방법 (1)을 사용한 인공지진 작성 프로그램으로 SIMQKE가 있다.

실제 지진을 목표 응답스펙트럼과 부합하게 방법으로는 '스펙트럼부합(spectral matching, 주파수성분 조정)'과 '스케일링(scaling, 진폭조정)'이 있다. 여기서 스펙트럼부합은 목표 응답스펙트럼에 부합하도록 생성된 시간이력의 진동수 성분을 조정하는데 비해, 스케일링은 시간이력들에 스케일계수를 곱하여 구한 시간이력들의 응답스펙트럼이 목표 응답스펙트럼에 부합하도록 하는 것이다. 스펙트럼부합을 사용하여 실제 지진을 부합시키는 프로그램으로 RSPMATCH가 있으며*, 설계 및 평가기준에는 계측지진을 설계 및 평가에 사용할 수 있도록 관련 요건을 규정하고 있다†.

실측지진의 응답스펙트럼은 관심 진동수영역 전반에 걸쳐 목표 응답스펙트럼과 유사하여야 하고, 근간에 제시된 기준은 실측시간이력의 위상특성이 스펙트럼부합절차를 거친 후에도 보존되어야 함을 규정하고 있다. 스펙트럼부합 방법은 크게 진동수영역방법, 랜덤이론방법, 그리고 시간영역방법으로 구분할 수 있다. 다음 표에 진동수영역방법과 시간영역방법을 비교하여 설명하였다.

표 6.3.3 진동수영역 방법과 시간영역 방법의 비교

방법	응답스펙트럼 특성 조정 방법	특징
진동수영역 방법	시간이력의 푸리에진폭 조정 정현파를 시간이력에 추가	목표스펙트럼에 정교한 부합이 어려움 시간이력의 변형이 큼 단순한 이론
시간영역 방법	특정 진동수 성분만 포함한 보정함수를 시간이력에 추가	목표스펙트럼에 정교한 부합이 가능 시간이력의 변형이 적음 상대적으로 복잡한 이론

- **응답스펙트럼을 만족하는 시간이력**

랜덤 진동 이론에 의해 인공지진을 생성하는 방법 (1) 중 가장 널리 알려진 방법은 Gasparini and Vanmarche(1976)의 방법으로, SIMQKE(1976, 1999)의 기본 이론이기도 하다. 이 방법은 인공지진을 임의의 주기함수의 합으로 나타낼 수 있다고 가정한다.

$$\ddot{u}_g(t) = I(t)\ddot{u}_s(t) \quad \text{where} \quad \ddot{u}_s(t) = \textstyle\sum_{i=1}^{N} A_i \sin(\omega_i t - \phi_i)$$

여기서 $I(t)$는 중첩된 조화함수의 외형을 실제 지진과 유사한 형태로 크기를 조절해 주는

---

* 구조시스템연구실 홈페이지에서 RspMatch [Link], Quake [Link, Link], Spectra [Link], Shake [Link, Link], pShake [Link] 등을 다운로딩하여 설계응답스펙트럼생성, 지진생성 및 부지응답해석을 할 수 있다.

† 참조: 기존 시설물(건축물) 내진성능 평가요령, 4.4.3절 평가용 지진파, 2019. 11

4.4.3 평가용 지진파

… 지반운동은 평면상에서 서로 직교하는 2성분의 쌍으로 구성된다. 개별 지반운동의 성분별로 5% 감쇠비의 응답스펙트럼을 작성하고, 주기별로 제곱합제곱근(SRSS)으로 산정한 스펙트럼들의 평균값이 대상 구조물 기본진동주기의 0.2배부터 1.5배 사이에 해당되는 주기에 대해서 최소응답스펙트럼 가속도 이상 되어야 한다. 지반운동의 크기를 조정하는 경우에는 직교하는 2성분에 대해서 동일한 배율을 적용하여야 한다.

(1) … 진폭을 조정하여 사용하는 경우에 평가지진 가속도응답스펙트럼의 1.3배의 90%로 …

(2) … 주파수 성분을 조정한 경우에 평가지진 가속도응답스펙트럼의 1.3배의 110%로 …

(3) … 부지응답해석을 통해 지진동을 산정할 경우 평가지진 가속도응답스펙트럼의 1.3배의 80%로 … 다만, … 지진파의 평균스펙트럼의 최댓값이 구조물 기본진동주기의 0.2배부터 1.5배 사이에 해당되는 구간 밖에 위치할 경우 평가지진 가속도응답스펙트럼의 1.3배의 90%로 … 부지응답해석을 위한 입력 지진파는 S1 지반조건에서 계측된 지반운동기록을 사용하되 그 제곱합제곱근 스펙트럼들의 평균값은 S1 지반의 평가지진 가속도응답스펙트럼의 1.3배와 비교하여 가속도 일정구간에서는 80% 이상, 그 외 구간에서는 100% 이상이어야 한다.

'포락함수(envelope function 또는 deterministic intensity function)'; A_i, ω_i, ϕ_i는 각각 i번째 성분파 진폭, 각진동수(rad/sec) 및 위상각; 위상각은 [0,2π]에서 균일한 발생확률을 갖는 랜덤 변수; 진폭은 스펙트럼밀도함수($G(\omega)$)으로부터 계산하거나 응답스펙트럼으로부터 계산할 수 있다.

$$\frac{A_i^2}{2} = G(\omega_i) \cdot \Delta\omega$$

이와 같이 작성된 인공지진을 최대 지반가속도 및 응답스펙트럼의 목표값과 부합하도록 조정하고 '기저선(base line)'을 보정한다.

• 푸리에 변환을 사용한 응답스펙트럼의 보정

작성된 인공지진의 응답스펙트럼이 목표 응답스펙트럼과 부합하도록 조정하기 위해 가장 많이 사용되는 방법이지만, 이론적으로 수렴성을 증명할 수는 없고, 다중 감쇠(multiple damping)를 고려하기 어렵다(Tsai, 1972; Scanlan 등, 1974).

일차적으로 구한 인공지진가속도 $\ddot{u}_g^{(1)}(t)$의 가속도 응답스펙트럼 $S_a^{(1)}(\omega,\xi)$이 목표 가속도 응답스펙트럼$S_a^T(\omega,\xi)$와 차이가 있다고 하자. 이 때 $\ddot{u}_g^{(1)}(t)$의 푸리에 변환 $\ddot{U}_g^{(1)}(\omega)$를 다음과 같이 보정한 후, 푸리에 역변환을 취하여 수정된 인공지진가속도 $\ddot{u}_g^{(2)}(t)$를 구한다.

$$\ddot{U}_g^{(1)}(\omega) = \mathcal{F}\{\ddot{u}_g^{(1)}(t)\} \qquad \leftrightarrows \qquad \ddot{u}_g^{(2)}(t) = \mathcal{F}^{-1}\left\{\ddot{U}_g^{(1)}(\omega)\frac{S_a^T(\omega,\xi)}{S_a^{(1)}(\omega,\xi)}\right\}$$

위 식을 사용하여 수정된 인공지진가속도 $\ddot{u}_g^{(2)}(t)$가 목표 $S_a^T(\omega,\xi)$를 만족하지 못하면, 앞서 언급한 과정을 반복한다.

• 웨이브릿(wavelet) 보정함수를 사용한 응답스펙트럼의 보정

1) 충격응답함수 웨이브릿

다중 감쇠의 경우에도 사용할 수 있으며 수렴성이 보장되는 방법이다(Kaul, 1978; Preumont, 1984; BSIMQKE, 1985; Choi 등, 2003).

일차적으로 구한 인공지진가속도 $\ddot{u}_g^{(1)}(t)$는 목표 인공지진가속도 $\ddot{u}_g^T(t)$와 $\delta\ddot{u}_g(t)$만큼 차이가 있으며, $\ddot{u}_g^{(1)}(t)$의 가속도 응답스펙트럼 $S_a^{(1)}(\omega,\xi)$과 $\ddot{u}_g^T(t)$의 가속도 응답스펙트럼 $S_a^T(\omega,\xi)$와 $\delta S_a(\omega,\xi)$만큼 차이가 있다고 하자.

$$\delta\ddot{u}_g(t) = \ddot{u}_g^T(t) - \ddot{u}_g^{(1)}(t)$$

$$\delta S_a(\omega_i,\xi_j) = S_a^T(\omega_i,\xi_j) - S_a^{(1)}(\omega_i,\xi_j)$$

이 때 $\delta\ddot{u}_g(t)$와 $\delta S_a(\omega_i,\xi_j)$의 관계는 일반적으로 충격응답함수와 중첩적분을 사용하여 다음과 같이 나타낼 수 있다.

$$\delta\ddot{u}_g(\tau) \cong \sum_{i=1}^{N}\sum_{j=1}^{M}\delta\ddot{u}_{g,ij}(\tau;\omega_i,\xi_j)$$

$$\delta S_a(\omega_i, \xi_j) = \int_0^{t_{i,max}} \delta \ddot{u}_{g,ij}(\tau; \omega_i, \xi_j)\, h_{ij}(t_{i,max} - \tau; \omega_i, \xi_j)\, d\tau$$

여기서 $\delta \ddot{u}_{g,ij}(\tau; \omega_i, \xi_j)$는 $\delta \ddot{u}_g(\tau)$의 진동수 ω_i와 감쇠비 ξ_j에 대응하는 성분이고, $t_{i,max}$는 최대 응답이 나타나는 시점이다. $h_{ij}(t_{i,max} - \tau; \omega_i, \xi_j)$는 진동수$\omega_i$와 감쇠비 ξ_j에 대응하는 역방향 충격응답함수로 다음과 같다.

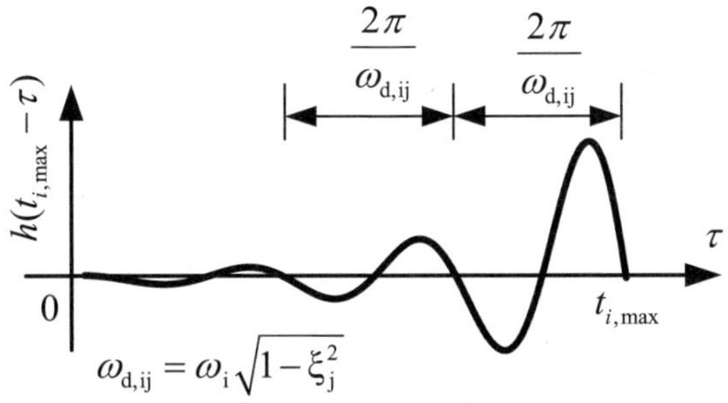

그림 6.3.3a 역방향 충격응답함수, $h_{ij}(t_{i,max} - \tau; \omega_i, \xi_j)$

$\delta S_a(\omega_i, \xi_j)$가 자신과 동일한 진동수를 갖는 조화운동에 의해서만 영향을 받는다고 가정하면, $\delta \ddot{u}_{g,ij}(\tau; \omega_i, \xi_j)$는 다음 형태로 간단히 나타낼 수 있다.

$$\delta \ddot{u}_{g,ij}(\tau; \omega_i, \xi_j) = b_{ij}\, h_{ij}(t_{i,max} - \tau; \omega_i, \xi_j)$$

여기서 b_{ij}는 미지계수이다. 즉, 이 식을 사용하여, $\delta \ddot{u}_g(\tau)$와 $\delta S_a(\omega_i, \xi_j)$에 관한 앞 식에 대입하여 다시 정리하면 다음과 같다.

$$\delta \ddot{u}_g(\tau) \cong \sum_{i=1}^{N} \sum_{j=1}^{M} b_{ij}\, h_{ij}(t_{i,max} - \tau; \omega_i, \xi_j)$$

$$\delta S_a(\omega_i, \xi_j) = b_{ij} \int_0^{t_{i,max}} h_{ij}^2(t_{i,max} - \tau; \omega_i, \xi_j)\, d\tau$$

다음과 같이 두 번째 식에서 구한 b_{ij}를 첫 번째 식에 대입하면, 다중 감쇠를 고려한 가속도 응답스펙트럼에 안정적으로 부합하는 인공지진가속도를 구할 수 있다.

$$b_{ij} \rightarrow \delta \ddot{u}_g(\tau) \rightarrow \ddot{u}_g^T(t)$$

여기서 수렴성을 향상시키기 위하여, 앞서 언급한 방법으로 계산한 $\delta \ddot{u}_g(\tau)$를 단계별로 일부씩(예를 들어 50%씩) 보정할 수도 있다.

2) 개선된 웨이브릿

역방향 가속도 충격응답(reverse acceleration impulse response) 또는 테이퍼 코사인(tapered cosine wavelet; Lilhanand 등, 1987)을 웨이브릿 보정함수로 사용할 경우, 이를 적분하여 구한 속도와 변위 시간이력은 편향(bias)되거나 이탈(drift)된다. 따라서 이 보정함수를 사용하여 지진시간이력을 보정하면 가속도 시간이력을 적분한 속도와 변위 시간이력도 편향되거나 이탈될 수 있다. 이러한 현상을 방지하기 위해 Linda 등(2010)은 개선된 테이퍼 코사인(improved tapered cosine) 웨이브릿을 제시하였고, RspMatch에는 이 개선된 웨이브릿을 보정함수로 사용하여 응답스펙트럼을 보정할 수 있다.

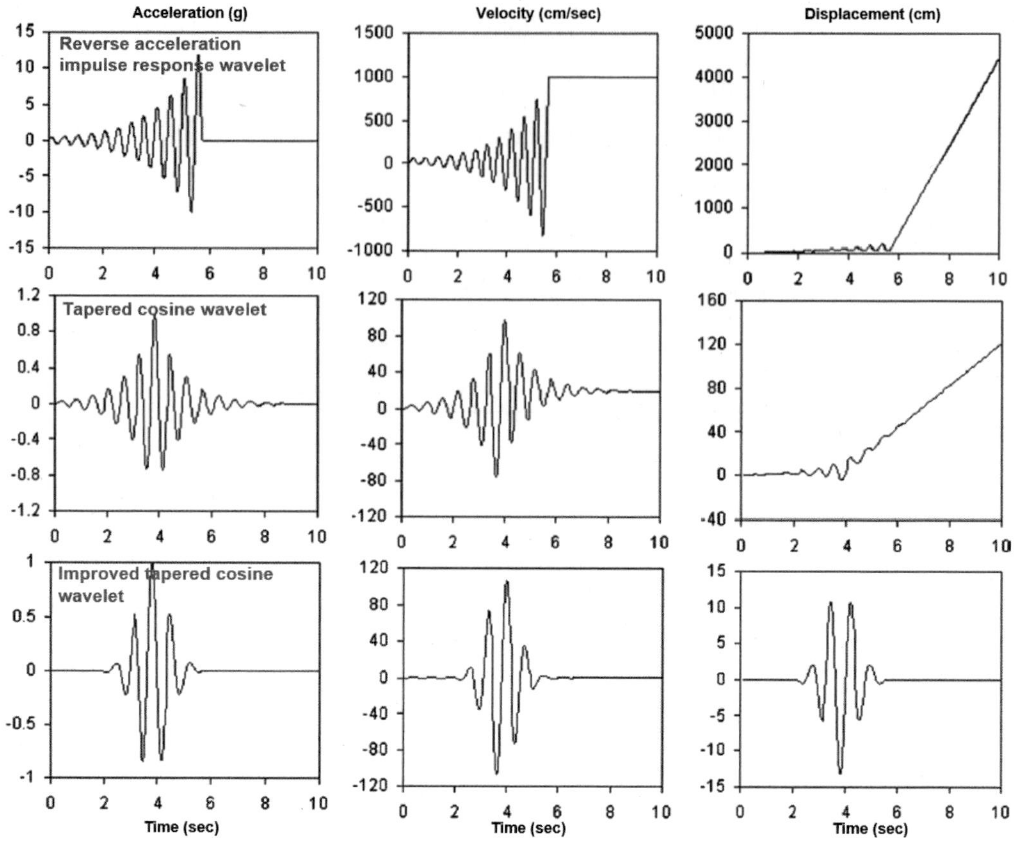

그림 6.3.3b 웨이브릿 가속도 보정함수와 이를 적분한 속도 및 변위 시간이력 (Linda and Abrahamson, 2010)

• (파워) 스펙트럼밀도함수를 만족하는 시간이력

다음 방법으로 가속도 응답스펙트럼($S_a^T(\omega,\xi)$)와 (파워) 스펙트럼밀도함수(PSD function, $G_{\ddot{u}_g\ddot{u}_g}^T(\omega)$)를 동시에 만족시키는 $\ddot{u}_g(t)$를 구할 수 있다.

(1) 최대가속도가 규정 값으로 조정된 임의의 지진이력 $\ddot{u}_g^{(1)}(t)$를 선택한다.

(2) $\ddot{u}_g^{(1)}(t)$를 사용하여 앞서 설명한 목표 응답스펙트럼 $S_a^T(\omega,\xi)$를 만족하는 $\ddot{u}_g^{(2)}(t)$를 구한다.

(3) $\ddot{u}_g^{(2)}(t)$의 푸리에 변환 $\ddot{U}_g^{(2)}(\omega)$를 구하고, $\ddot{u}_g^{(2)}(t)$의 PSD 함수 $G_{\ddot{u}_g\ddot{u}_g}^{(2)}$를 구한다.

$$\ddot{U}_g^{(2)}(\omega) = \mathcal{F}\{\ddot{u}_g^{(2)}(t)\} \implies G_{\ddot{u}_g\ddot{u}_g}^{(2)}(\omega) = E\left\{\frac{\left|\ddot{U}_g^{(2)}(\omega)\right|^2}{2\pi T_D}\right\} = E\left\{\frac{\left|\int_0^\infty \ddot{u}_g^{(2)}(t)e^{-i\omega t}dt\right|^2}{2\pi T_D}\right\}$$

(4) $G_{\ddot{u}_g\ddot{u}_g}^{(2)}(\omega)$의 값들 가운데, 목표 PSD 함수인 $G_{\ddot{u}_g\ddot{u}_g}^T(\omega)$의 80%이하가 되는 진동수 값에 대하여(즉, $G_{\ddot{u}_g\ddot{u}_g}^{(2)}(\omega) < 0.8G_{\ddot{u}_g\ddot{u}_g}^T(\omega)$인 경우), $\ddot{U}_g^{(2)}(\omega)$를 다음과 같이 보정한다. 여기서 수렴 과정의 안정성을 증진시키기 위하여, 보정계수 $\sqrt{\frac{0.8G_{\ddot{u}_g\ddot{u}_g}^T(\omega)}{G_{\ddot{u}_g\ddot{u}_g}^{(2)}(\omega)}}$의 전체를 적용하지 않고, 10~50%의 값만을 단계적으로 적용할 수도 있다.

$$\ddot{U}_g^{(3)}(\omega) = \ddot{U}_g^{(2)}(\omega)\sqrt{\frac{0.8G_{\ddot{u}_g\ddot{u}_g}^{T}(\omega)}{G_{\ddot{u}_g\ddot{u}_g}^{(2)}(\omega)}}$$

(5) $\ddot{U}_g^{(3)}(\omega)$을 푸리에 역변환하여, $\ddot{u}_g^{(3)}(t)$을 구한다.

(6) $\ddot{u}_g^{(3)}(t)$의 최대 지반가속도(PGA)를 규정 값이 되도록 보정한 후, 이를 새로운 $\ddot{u}_g^{(1)}(t)$으로 사용하여 (1)단계부터 과정을 반복한다.

• 최대 지반가속도(PGA) 보정

인공 $\ddot{u}_g(t)$의 값이 어떤 시간구간 $[t_1, t_2]$에서 규정된 최대 지반가속도(PGA)보다 크거나 작을 때, 그 시간구간에서 $\ddot{u}_g(t)$을 다음 그림과 같이 보정하는 것이 효과적이다(Preumont, 1984).

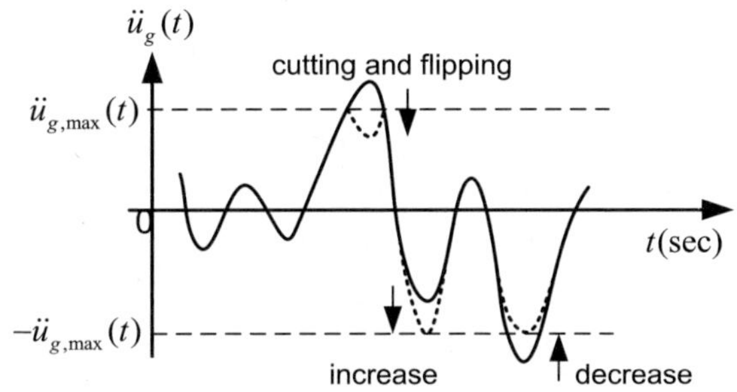

그림 6.3.3c 최대지반가속도(PGA)의 보정

• 시간간격(Δt)의 조정

응답스펙트럼은 다른 자유진동수 ω를 가지는 여러 개의 단자유도계에 대하여 계산하므로, 최대응답을 수치적으로 구할 때, 적분구간 Δt을 ω값에 따라서 변화시키는 것이 필요하다.

$$\Delta t < (0.05\text{~}0.1)\frac{2\pi}{\omega} \quad \text{i.e.,} \quad \Delta t < (0.05\text{~}0.1)T$$

• 저역통과필터의 적용

고차 진동수영역의 응답스펙트럼은 정적 응답에 의해 결정되므로, 구한 $\ddot{u}_g(t)$에 다음 그림과 같은 저역통과필터(low pass filter)를 사용하여, 33Hz이상*의 불필요한 고차 진동수 성분을 제거하는 것이 합리적이다.

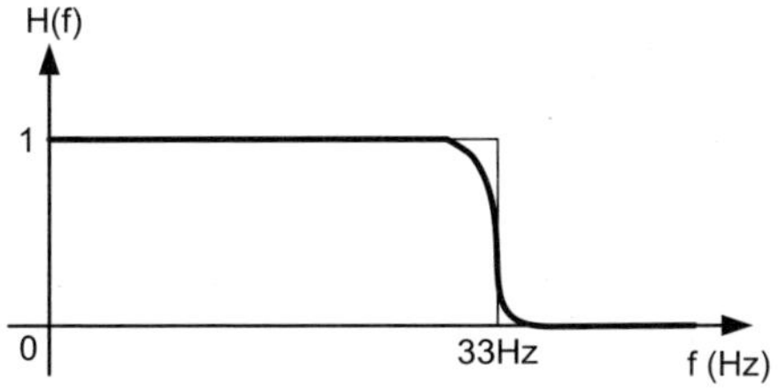

그림 6.3.3d 저역통과필터

* RG 1.60(Design Response spectrum for Seismic Design of Nuclear Power Plants, US NRC, 1973)에서 33Hz를 최대 고차 진동수로 규정하였다.

• 수렴의 안정성 증대

목표 응답스펙트럼을 만족시키도록 인공지진가속도를 보정할 때, 보정값 $\delta\ddot{u}_g(t)$이 너무 크면 여러 번으로 나누어서 조금씩(예를 들어 50%씩) 보정하는 것이 수렴의 안정성을 증대시킬 수 있다. 이 때 다음과 같은 가중 평균(weighted average)으로 택하는 것이 효과적이다.

$$\ddot{u}_g^{(n)}(t) = \ddot{u}_g^{(0)}(t) + \alpha_1 \delta\ddot{u}_g^{(1)}(t) + \alpha_2 \delta\ddot{u}_g^{(2)}(t) + \cdots + \alpha_n \delta\ddot{u}_g^{(n)}(t)$$

여기서 $\delta\ddot{u}_g^{(n)}(t)$는 n번째 보정함수이고, $0 < \alpha_1 < \alpha_2 < \cdots < \alpha_n \le 1.0$이다.

• SIMQKE*

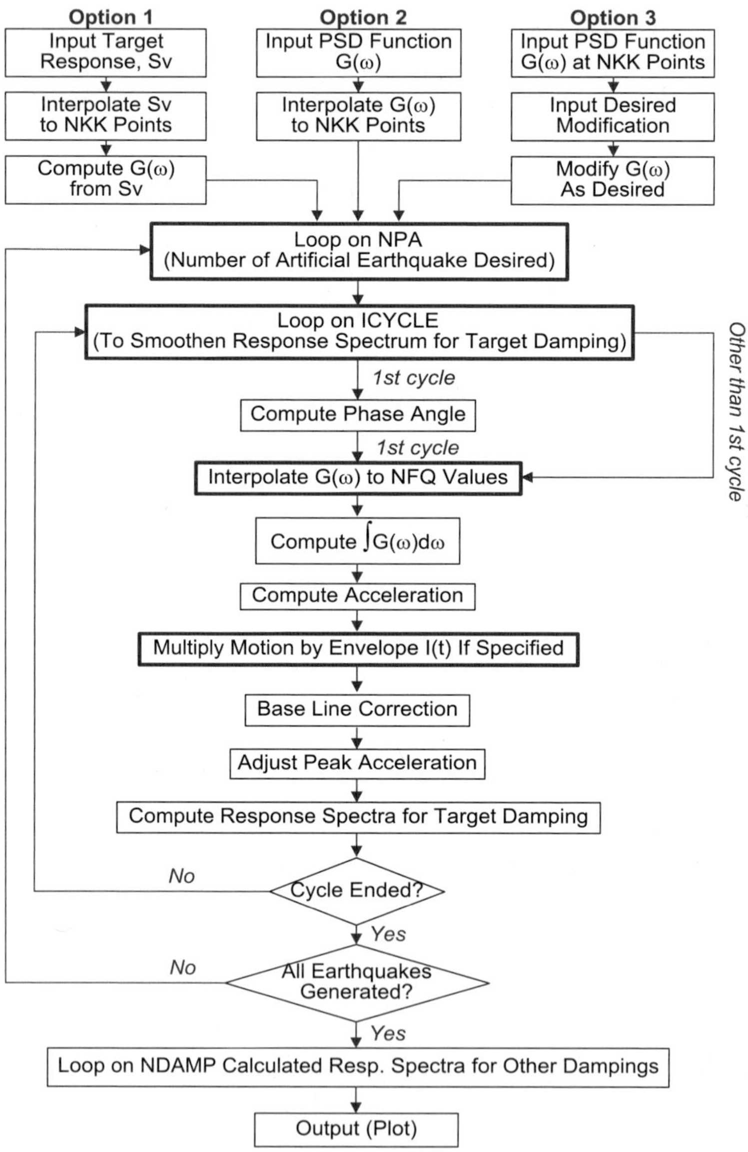

그림 6.3.3e SIMQKE 순서도(1976, 1999)

* 구조시스템연구실 홈페이지 S/W에서 SIMQKE-II (1999)와 관련한 코드와 매뉴얼을 다운로딩 받을 수 있다.

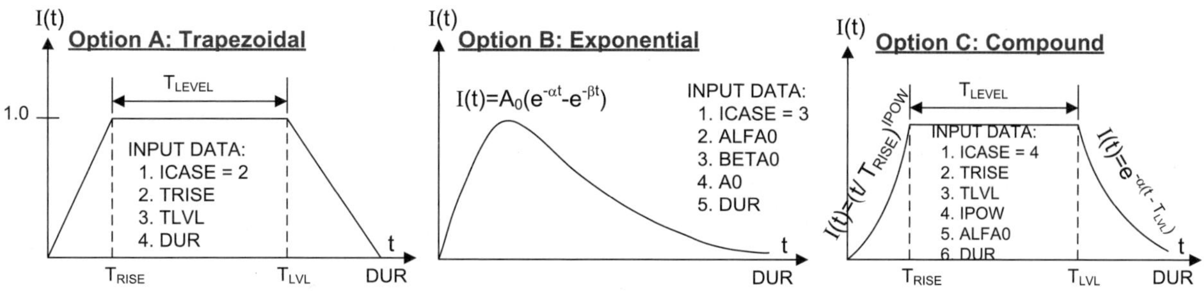

그림 6.3.3f SIMQKE 포락함수(1976, 1999)

6.3.4 다지지점 입력지진

지지점이 상대적으로 멀리 떨어진 구조물의 경우, 진원에서 구조물이 건설될 부지까지 전달경로와 지반조건이 지점별로 서로 다르고, 지점별 전달되는 지반운동도 서로 다르므로, 이는 구조물의 지진응답에 영향을 미칠 수 있다. 다지지점 지진입력의 영향은 크게 다음과 같이 나타난다.

(1) 지지점간 지반운동의 시간차(time delay)

(2) 지지점간 지반운동의 상관성 저하(loss of coherency)

(3) 지지점별 지반조건 차이에 의한 상이한 부지 증폭(local site amplification)

다지지점 지진입력에 의한 구조물의 절대응답(total response; absolute response)을 준정적응답(quasi-static response)과 동적응답(dynamic response)의 합으로 나타낼 수 있다고 하자. 여기서 준정적응답을 구하기 위해서는 지지점의 지진변위가 필요하며, 동적응답을 구하기 위해서는 지지점의 지진가속도가 필요하다. 이론적으로 지지점에서 지진가속도의 시간이력을 작성하고 이를 시간에 대해 두 번 적분하여 변위를 쉽게 구할 수 있지만, 실제로는 이 적분과정에서 큰 오차가 발생할 수 있다. 이와는 반대는 지반변위의 시간이력을 작성하고 이를 이용하여 상응하는 가속도를 구하는 방법은 오차가 작다.

상용 구조해석 프로그램을 사용하여, 다지지점 지진입력을 근사적으로 고려할 수 있다. SAP2000 또는 ANSYS와 같이 다지지점 지진입력으로 지반의 변위를 사용하여 동적해석을 수행할 수도 있으며, MIDAS와 같이 다지지점 지진입력으로 지반의 가속도를 사용하여 동적해석을 수행할 수도 있다. 또한, 일반 구조해석 프로그램에서는 지점별 지반스프링과 감쇠장치를 모델링한 후, 다지지점 지진입력으로 지진하중을 사용하여 동적해석을 수행할 수 있다.

가속도 설계응답스펙트럼에 상응하는 지반변위의 시간이력을 작성하는 방법을 여러 가지가 있으나, 일반적으로 결합 스펙트럼밀도함수(Cross Spectral density function)와 푸리에 변환을 이용한 스펙트럼 방법을 사용한다. 이 방법은 지진파의 도달 시간차와 지지점간 운동의 상관성 저하를 지지점 운동에 대한 결합 스펙트럼밀도함수로 고려하여 지진입력을 생성한다(Deodatis, 1996).

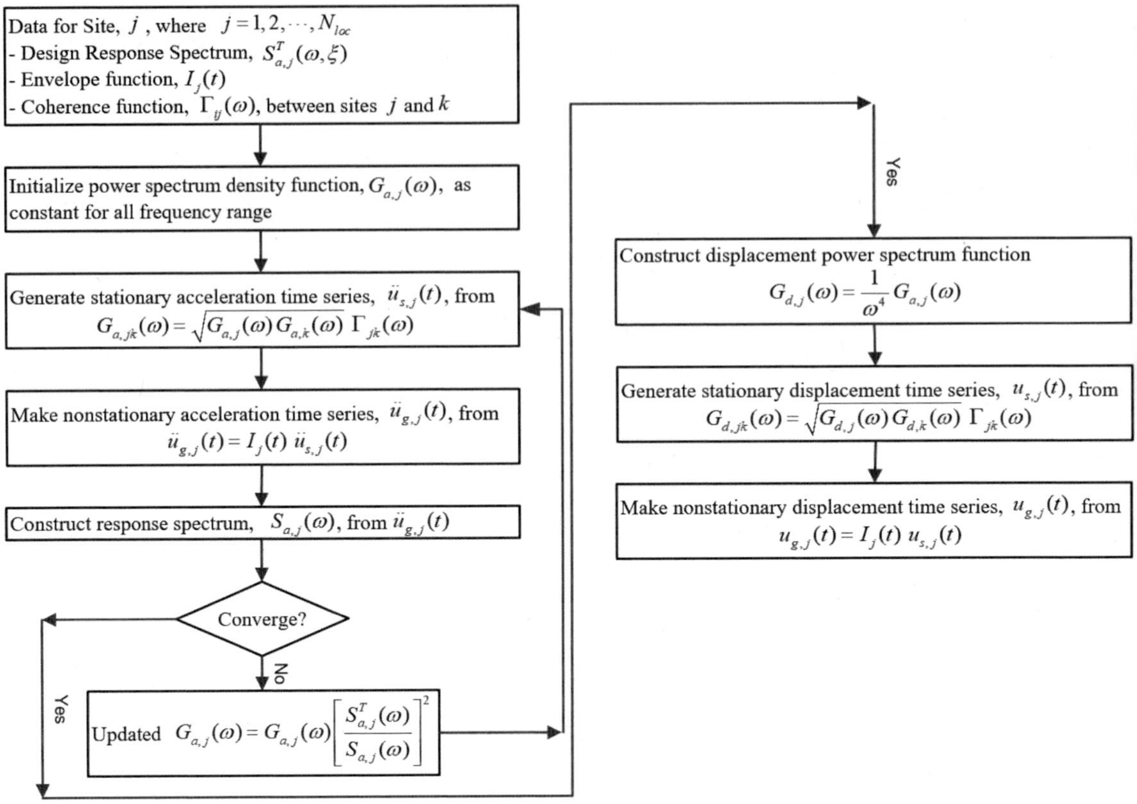

그림 6.3.4 다지지점 인공지진 작성 순서도(Deodatis, 1996)

[예제] 6.3.1 1차원 전단파의 반사와 투과

다음과 같은 단층 지반에 연직 방향으로 전단파가 입사한다. 이 전단파가 지반의 경계면에 도달할 때, 반사 및 투과하는 전단파의 진폭을 구하라. 여기서 입사파의 응력 진폭은 100kPa고, 진동수는 2Hz이다.

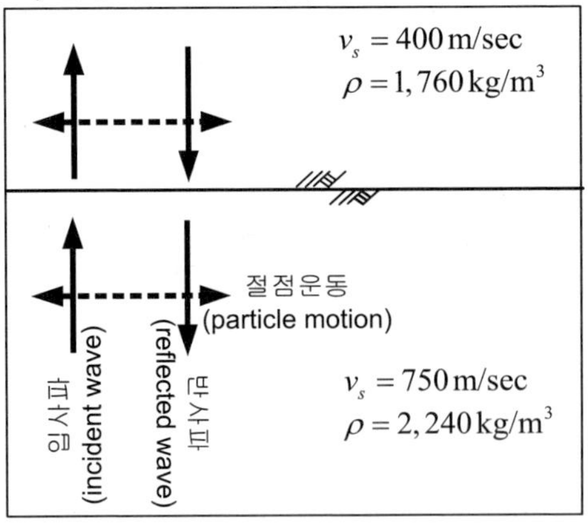

[풀이]

(1) 임피던스 비: $\alpha = \frac{G_2k_2}{G_1k_1} = \frac{\rho_2 v_{S,2}}{\rho_1 v_{S,1}} = \frac{\left(1{,}760\frac{\text{kg}}{\text{m}^3}\right)\left(400\frac{\text{m}}{\text{sec}}\right)}{\left(2{,}240\frac{\text{kg}}{\text{m}^3}\right)\left(750\frac{\text{m}}{\text{sec}}\right)} = 0.419$

(2) 응력에 관한 진폭비:

$$A^t_{\sigma,2} = \frac{2\alpha}{1+\alpha}A^i_{\sigma,1} = \frac{2\times 0.419}{1+0.419}\times 100\text{ kPa} = 59.1\text{ kPa}$$

$$A^r_{\sigma,1} = \frac{\alpha-1}{1+\alpha}A^i_{\sigma,1} = \frac{0.419-1}{1+0.419}\times 100\text{ kPa} = -40.9\text{ kPa}$$

(3) 입사파의 변위 진폭:

$$A^i_{\sigma,1} = -ik_1G_1A^i_{u,1}$$

$$A^i_{u,1} = -\frac{A^i_{\sigma,1}}{ik_1G_1} = -\frac{A^i_{\sigma,1}}{\omega\rho_1 v_{S,1}} = -\frac{\left(100\times 10^3\frac{\text{N}}{\text{m}^2}\right)\left(\frac{\text{kg}\cdot\frac{\text{m}}{\text{sec}^2}}{\text{N}}\right)}{\left(2\pi\cdot 2\frac{1}{\text{sec}}\right)\left(2{,}240\frac{\text{kg}}{\text{m}^3}\right)\left(750\frac{\text{m}}{\text{sec}}\right)}$$

$$= -0.00474\text{ m} = -4.74\text{ mm}$$

(4) 변위에 관한 진폭비:

$$A^t_{u,2} = \frac{2}{1+\alpha}A^i_{u,1} = \frac{2}{1+0.419}\times 4.74\text{ mm} = 6.68\text{ mm}$$

$$A^r_{u,1} = \frac{1-\alpha}{1+\alpha}A^i_{u,1} = \frac{1-0.419}{1+0.419}\times 4.74\text{ mm} = 1.94\text{ mm}$$

MATLAB/PYTHON: 6.3.1 1차원 파동 전파 자유장 해석 (ch06_wave)

1940년 엘센트로(El Centro) 남북방향 지진을 입력지진으로 하였을 때 지반응답을 구하라.

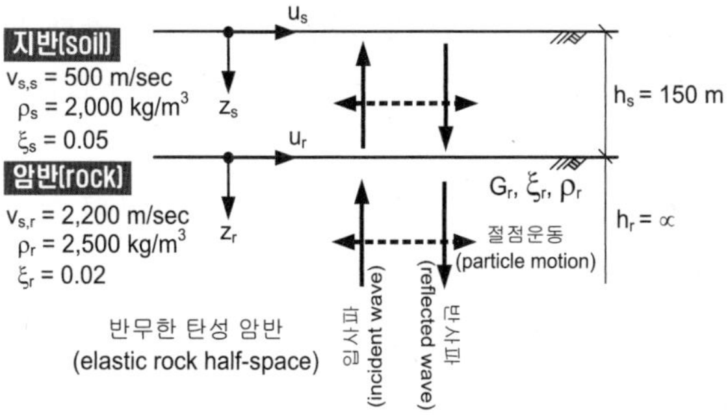

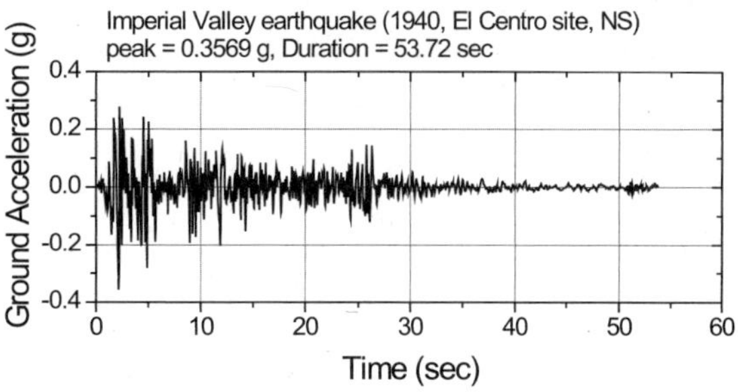

[풀이]

▷ 해석 절차

1. 입력운동(bed rock motion, $u_2(t)$)을 준비한다.
2. 입력운동의 푸리에 변환 $U_2(\omega) = \mathcal{F}\{u_2(t)\}$을 구한다
3. 반무한 탄성 암반 입력과 지표면 응답간의 전달함수 $H_{12}(\omega) = \frac{U_1(\omega)}{U_2(\omega)}$를 구한다.
4. 지표면 응답의 푸리에 변환($U_1(\omega) = H_{12}(\omega) \times U_2(\omega)$)을 구한다. 여기서 $H_{12}(\omega) = 2 \times \frac{1}{\cos k_s^* h_s + i\alpha_s^* \sin k_s^* h_s}$
5. 푸리에 역변환으로 지표면 응답($u_1(t) = \mathcal{F}^{-1}\{U_1(\omega)\}$)을 구한다.

(1) 입력지진: $u_2(t)$

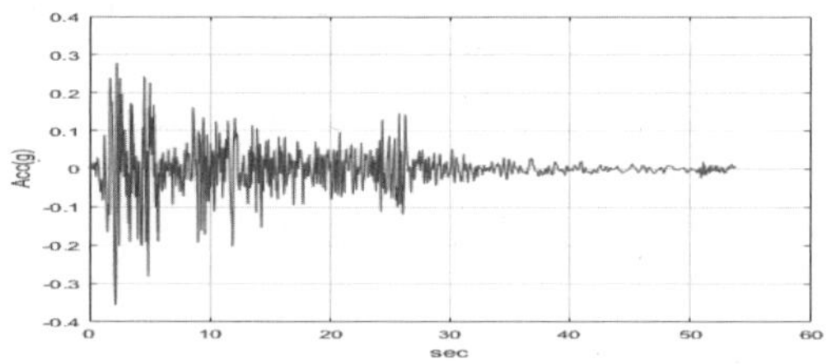

(2) 입력지진의 푸리에 변환: $U_2(\omega) = \mathcal{F}\{u_2(t)\}$

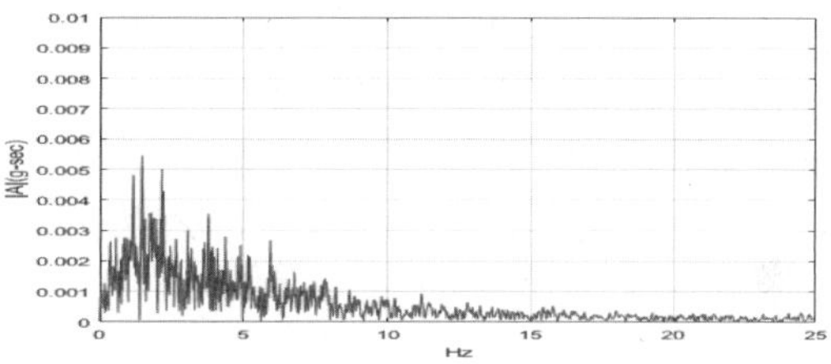

(3) 복소 전달함수, $|H_{12}(\omega)|$

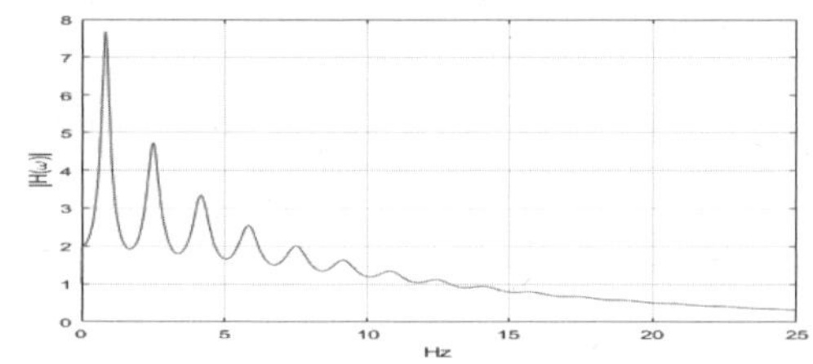

(4) 지표면 응답의 푸리에 변환: $U_1(\omega) = H_{12}(\omega) \times U_2(\omega)$

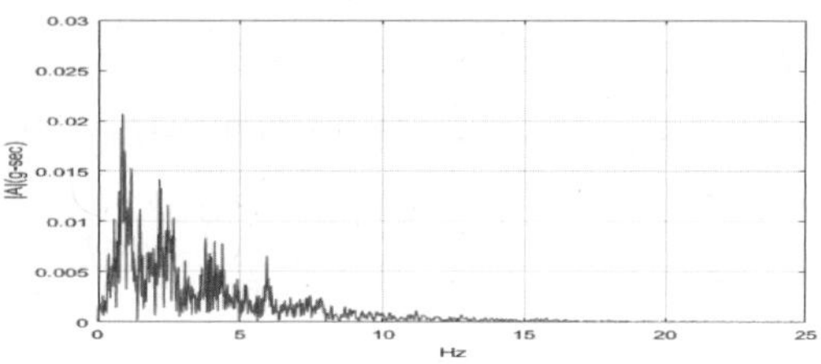

(5) 지표면 응답: $u_1(t) = \mathcal{F}^{-1}\{U_1(\omega)\}$

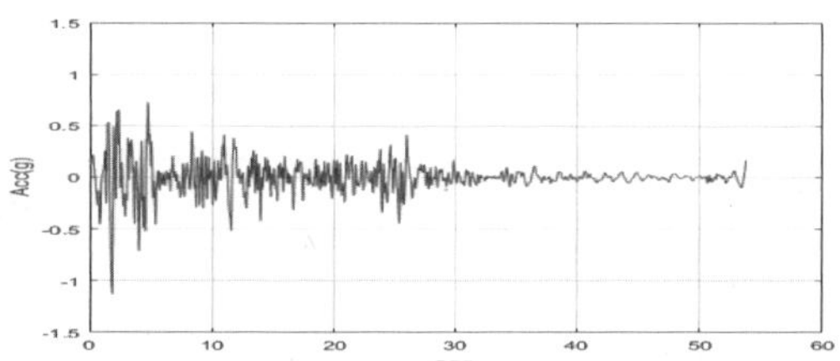

MATLAB: 6.3.1 SHAKE 자유장 해석 (mshake)

다음 예제(Kramer, 1996)는 동일한 암반 노두 운동(rock outcrop motion)을 사용할 때에도, 기반암(bed rock)을 각각 강체(rigid)와 경암(hard rock)으로 달리 가정하면, 자유장 해석을 통해 산정한 지표면 운동은 차이가 날 수 있음을 보여준다. 따라서 강체 기반암 가정은 지반조건에 따라 실제 계측된 지진과는 큰 차이를 나타낼 수 있음을 알 수 있다.

가장 널리 사용되는 자유장 해석 프로그램인 SHAKE 시리즈는 앞서 설명한 1차원 파동 전파이론을 사용하였다. 이 이론을 MATLAB 코드를 이용하여 구현할 수 있다. 이 예제에서는 MATLAB 코드인 Shake_M([Link])을 사용하였으며, 1989년 캘리포니아 로마 프리에타(Loma Prieta) 지진(Giroy No. 2)을 암반 노두 운동으로 사용하였다(자료: Center for Engineering Strong Motion Data: http://strongmotioncenter.org).

- 예제 1: 강체 기반암에서의 지진 입력에 대한 지표면에서의 지진 응답

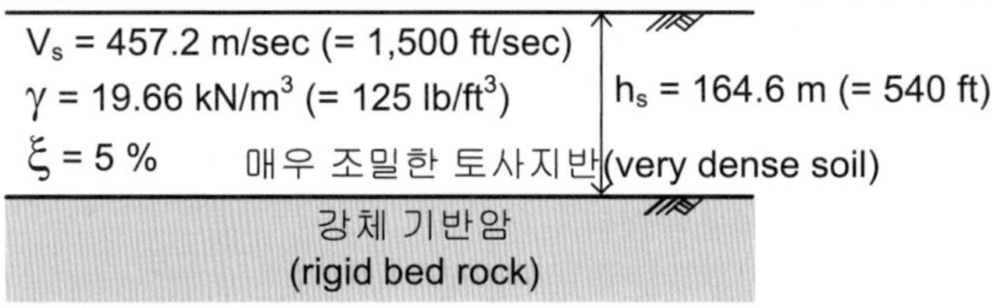

▷ 해석 절차

1. 입력운동(bed rock motion, $u_2(t)$)을 준비한다.
2. 입력운동의 푸리에 변환($U_2(\omega) = \mathcal{F}\{u_2(t)\}$)을 구한다
3. 강체 기반암 입력과 지표면 응답간의 전달함수($H_{12}(\omega) = \frac{U_1(\omega)}{U_2(\omega)}$)를 구한다.
4. 지표면 응답의 푸리에 변환($U_1(\omega) = H_{12}(\omega) \times U_2(\omega)$)을 구한다.
5. 푸리에 역변환으로 지표면 응답($u_1(t) = \mathcal{F}^{-1}\{U_1(\omega)\}$)을 구한다.

▷ 결과 1: 암반 노두(rock outcrop) 운동($3.4417\mathrm{m/sec^2}$) = 강체 기반암(bed rock) 운동($3.4417\mathrm{m/sec^2}$)

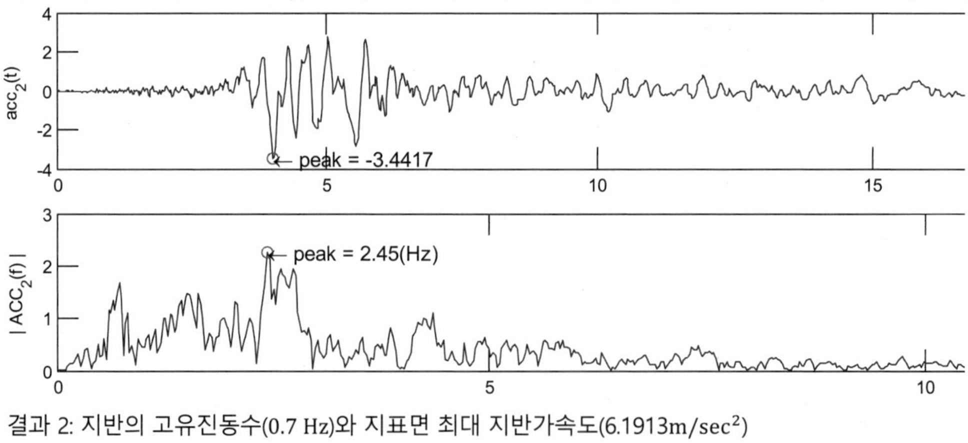

▷ 결과 2: 지반의 고유진동수(0.7 Hz)와 지표면 최대 지반가속도($6.1913\mathrm{m/sec^2}$)

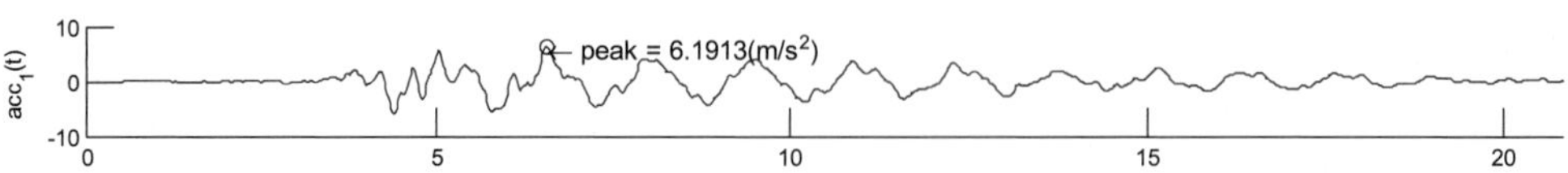

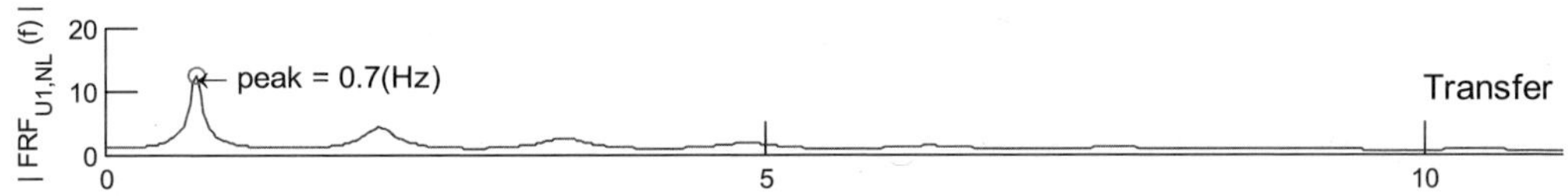

- 예제 2: 경암에서의 지진 입력에 대한 지표면에서의 지진 응답

V_s = 457.2 m/sec (= 1,500 ft/sec)
γ = 19.66 kN/m^3 (= 125 lb/ft^3) h_s = 164.6 m (= 540 ft)
ξ = 5 % 매우 조밀한 토사지반(very dense soil)

경암(hard rock)
V_s = 1524 m/sec (= 5,000 ft/sec) $h_r = \infty$
γ = 25.16 kN/m^3 (= 160 lb/ft^3)
ξ = 2 %

▷ 해석 절차

1. 입력운동(bed rock motion, $u_2(t)$)을 준비한다.
2. 입력운동의 푸리에 변환($U_2(\omega) = \mathcal{F}\{u_2(t)\}$)을 구한다
3. 반무한 탄성 암반 입력과 지표면 응답간의 전달함수($H_{12}(\omega) = \frac{U_1(\omega)}{U_2(\omega)}$)를 구한다.
4. 지표면 응답의 푸리에 변환($U_1(\omega) = H_{12}(\omega) \times U_2(\omega)$)을 구한다.
5. 푸리에 역변환으로 지표면 응답($u_1(t) = \mathcal{F}^{-1}\{U_1(\omega)\}$)을 구한다.

▷ 결과 1: 암반 노두(rock outcrop) 운동($3.4417\mathrm{m/sec^2}$) > 경암 기반암(bed rock) 운동($2.7098\ \mathrm{m/sec^2}$)

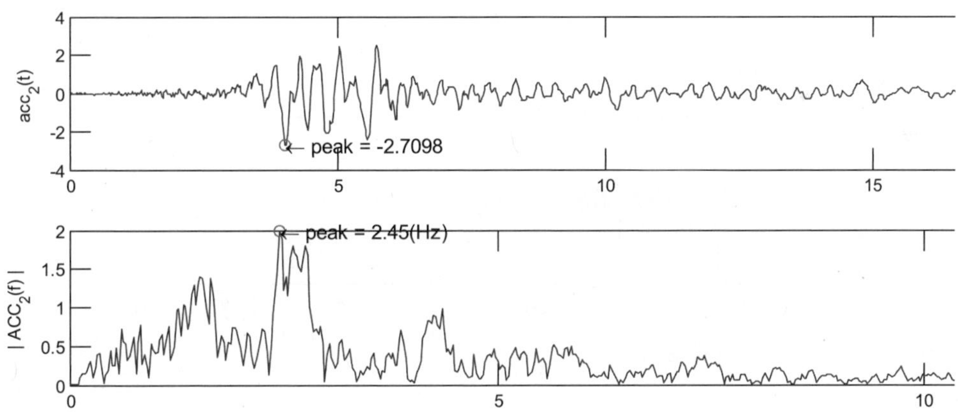

▷ 결과 2: 지반의 고유진동수(0.675 Hz)와 지표면 최대 지반가속도($4.5627\mathrm{m/sec^2}$)

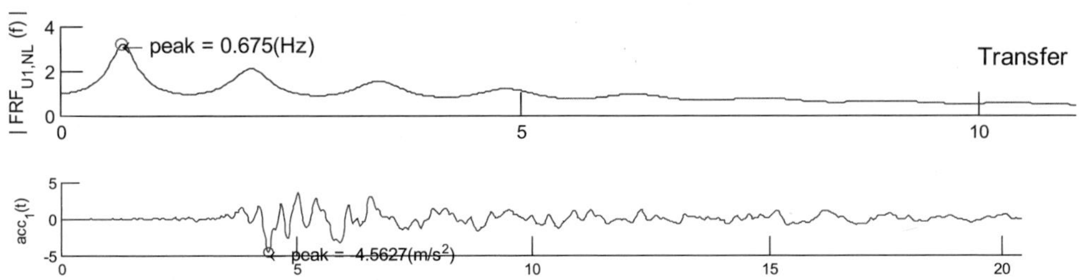

MATLAB: 6.3.3 위상각을 고려한 인공지진 생성 (ch06_artearth)

SIMQKE 알고리즘의 단점은 향상되는 인공지진의 파형을 예측할 수가 없어서 인공지진의 파형을 제어할 수 없다는 데에 있다. 즉, 가정된 초기 인공지진의 파형이 반복 향상 과정을 거치면서 임의로 변하여 초기의 파형을 상실하게 된다. SIMQKE에서는 이러한 단점을 보완하기 위해 실제 지진파의 파형을 모사할 수 있는 포락함수를 이용하였다. 그러나 포락함수의 종류가 사다리꼴함수, 지수함수, 복합함수 등 3가지로 제한되어 있으며, 각 함수의 변곡점에 해당하는 시간값에 대한 규정이 모호하다. 따라서 기존의 SIMQKE 알고리즘 일부를 다음과 같이 수정하면, 반복 향상 과정을 거치더라도, 가정된 초기지진의 개략적인 파형을 그대로 유지할 수 있다(KAIST, 2000.03.).

ALGORITHM

STEP 1 : Assume initial $\ddot{u}(t)$

Define $S^{T}_{\ddot{u}\ddot{u}}(\omega)$

STEP 2 : Calculate $S_{\ddot{u}\ddot{u}}(\omega)$ and $\ddot{U}(\omega) = \mathbf{F}\{\ddot{u}(t)\}$

STEP 3 : $\ddot{U}_{new}(\omega) = \dfrac{S^{T}_{\ddot{u}\ddot{u}}(\omega)}{S_{\ddot{u}\ddot{u}}(\omega)} \cdot \ddot{U}(\omega)$

STEP 4 : $\ddot{u}_{new}(t) = \mathbf{F}^{-1}\{\ddot{U}_{new}(\omega)\}$

$\ddot{u}(t) = \ddot{u}_{new}(t)$

STEP 5 : Repeat STEP 2 - STEP 4 until $S_{\ddot{u}\ddot{u}}(\omega) \cong S^{T}_{\ddot{u}\ddot{u}}(\omega)$

NOTATIONS

$\ddot{u}(t)$ = acceleration components of the artificial earthquake

$S^{T}_{\ddot{u}\ddot{u}}(\omega)$ = targeted response spectrum

$S_{\ddot{u}\ddot{u}}(\omega)$ = elastic response spectrum for the artificial earthquake

$\ddot{U}(\omega)$ = Fourier transform of $\ddot{u}(t)$

$\ddot{U}_{new}(\omega)$ = modified $\ddot{U}(\omega)$

$\ddot{u}_{new}(t)$ = upgraded $\ddot{u}(t)$

$\mathbf{F}$ = FFT operator

$\mathbf{F}^{-1}$ = inverse FFT operator

[풀이]

(1) 입력지진: 남북방향 엘센트로 지진을 초기값으로 사용하였다.

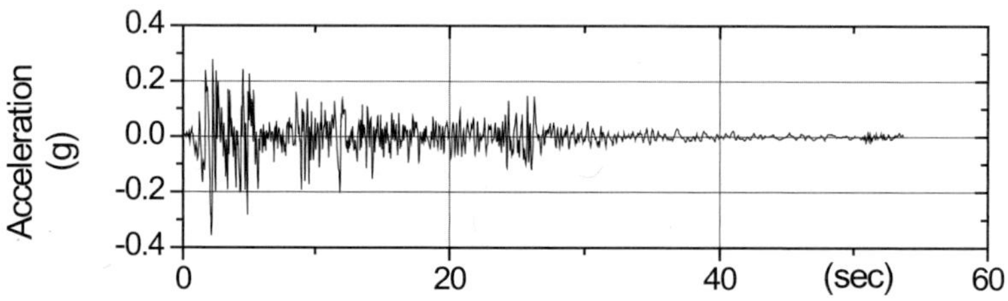

(2) 5번 반복계산 후, 결과는 다음과 같다.

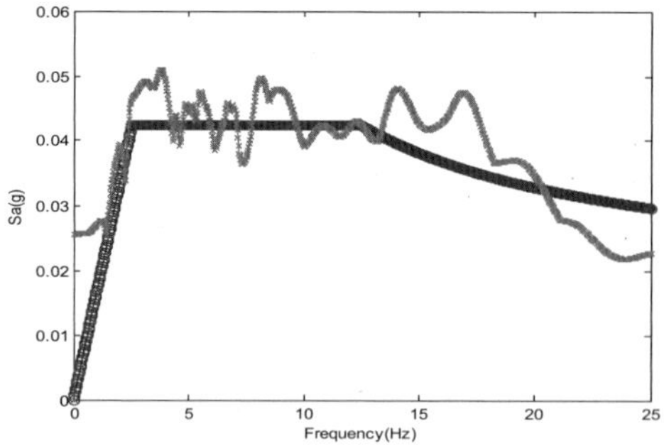

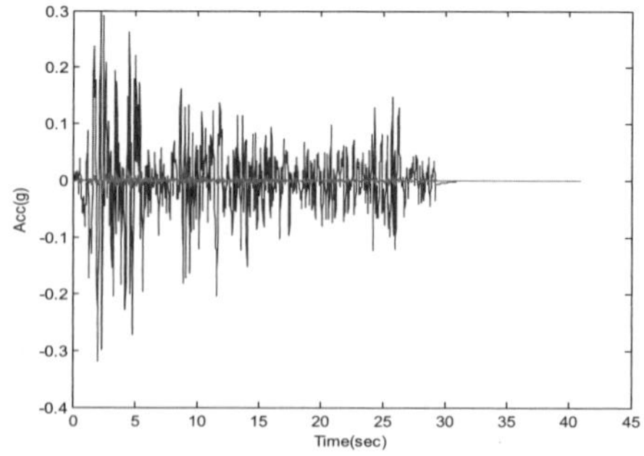

이야기: PGA(최대지반가속도) vs. EPA(유효최대가속도)

• 최대지반가속도(peak ground acceleration, PGA)와 유효최대가속도(effective peak acceleration, EPA, Aa)의 관계(최대지반속도(peak ground velocity, PGV)와 유효최대속도(effective peak velocity, EPV, Av)의 관계)

PGA란 계측된 지진가속도 시간이력에서 최대크기를 의미한다. 좀더 정확하게 말하자면 PGA는 지표면의 자유장운동(free field motion, 부지응답운동)에서 계측된 지진가속도 시간이력 중에서 최대절댓값을 말한다. 즉, PGA는 부지만의 운동이며, 부지에 건설될 구조물의 응답과는 상관이 없다. 응답스펙트럼을 사용하여 PGA를 설명하면, PGA는 무한강성을 갖는 (즉, 고유주기가 0초인) 단자유도계의 지진시 가속도응답 중 최대절댓값이다*. 따라서 PGA는 주기가 0이 아닌 실제 구조물의 지진에 의한 손상가능성을 제대로 나타낸다고 할 수 없다. 그러므로 실제 구조물에 지진에 의한 손상가능성을 나타낼 수 있는 지진가속도를 정량화하기 위한 대안으로 내진설계기준에서는 EPA를 사용한다.

EPA는 가공된 가속도 값으로, 다양한 정의와 해석이 있다. ATC-3(1978)에서는 가속도응답스펙트럼상에서 일반적으로 가장 크기가 큰 영역인 0.1-0.5초 주기구간에서 일반적인 구조물의 주기에 대응하는 지반가속도를 나타내기 위해 EPA를 도입하였다. Newmark and Hall(1982)은 EPA를 구조물의 응답 및 지진에 의한 구조물의 손상가능성과 가장 밀접하게 관련된 가속도값으로 특성을 지었다. 즉, EPA는 PGA에 의해 정확하게 반영될 수 없었던 (고유주기가 0.1 ~ 0.5초인) 실제 구조물의 지진에 의한 손상가능성을 나타내기 위한 의도로 제안되었다. 따라서 EPA에 대한 정의는 지진의 크기뿐만 아니라, 지진의 진동수성분과 대상 구조물의 고유주기 특성을 함께 반영하여야 한다. 그러므로 PGA가 크다는 것은 지진의 규모가 크다고 할 수는 있지만, 꼭 지진에 의한 구조물의 피해가 크다고 할 수는 없다. 그러나 EPA가 크다는 것은 곧 지진에 의한 구조물의 피해와 직접적인 연관성을 가질 수 있다.

EPA와 EPV에 관한 분명하고 확실한 물리적인 정의는 없다. ATC-3(1978)에서 도입된 EPA와 EPV에 관한 개념을 내진기준에 채택하고 있다. ATC-3에서는 EPA와 EPV를 다음과 같이 설명하였다 [pp. 297-302].

"현재 지반운동을 나타낼 수 있는 가장 일반적인 방법은 단자유도계에 대해 구한 선형탄성응답스펙트럼(smoothed elastic response spectrum)이다 [p. 297]."

"설계기준에서 설계지반운동을 나타내기 위해 2가지 매개변수인 EPA와 EPV를 사용하였다. 현재 이 변수들은 정확한 물리적인 정의를 갖고 있지는 않지만, 다음과 같이 그 의미에 대한 이해가 중요하다 [p. 298]."

"EPA와 EPV의 의미를 잘 이해하기 위해, 일반적인 지속시간을 갖는 지반운동에 대한 선형 탄성응답스펙트럼을 작성하기 위해 사용하는 표준화 계수(normalizing factors)로써 EPA

---

* ZPA (Zero Period Acceleration, 영주기가속도)

$T \to 0$ (or $\omega \to \infty$)일 경우, $S_a(\omega_n, \xi)$는 어떤 일정한 가속도(즉, ZPA)에 도달한다. 일반적으로 지진의 경우 33Hz부터 $S_a(\omega_n, \xi)$는 일정한 ZPA값에 도달한다. 따라서 ZPA는 PGA와 동일하다고 할 수 있다.

와 EPV를 생각할 수 있다. EPA는 0.1-0.5초 주기구간의 스펙트럼값에 비례하는데 반해, EPV는 약 1초 주기에 해당하는 스펙트럼값에 비례한다. … 두 경우에 대해 (5% 감쇠 스펙트럼에 대한) 비례상수를 표준값 2.5로 정한다."

"… 따라서 구해진 EPA와 EPV가 PGA와 PGV와 연관이 있다고는 하지만, 반드시 같거나 비례할 필요는 없다. 매우 높은 진동수성분을 갖는 지반운동일 경우, EPA는 PGA보다 매우 작으며, 이것은 이러한 지반운동으로 산정한 스펙트럼을 분석해 볼 경우, 일반 구조물의 설계에서 중요한 주기보다 훨씬 작은 주기들을 제외하면, 이러한 운동이 구조물의 응답에 미치는 영향은 거의 없다는 것과 의미가 일치한다. … 한편 큰 지진으로부터 멀리 떨어진 곳에서는 일반적으로 EPV는 PGV보다 크다. …"

"따라서 일반적으로 EPA는 PGA보다 작고, EPV는 PGV보다 크지만, 지반운동에 따라 EPA와 EPV는 PGA와 PGV보다 크거나 작을 수도 있다 **[p. 299]**."

"… 설계기준의 횡력계수(lateral force coefficients)를 구하기 위해 EPA와 EPV를 무차원 계수인 Aa와 Av로 각각 전환한다. EPA를 중력가속도의 소수점(decimal fraction) 형태로 나타낼 경우, Aa는 EPA와 수치적으로 동일하다."

1940 El Centro지진에 대한 응답스펙트럼을 검토해 보면, 0.1-0.5초 주기구간에서 5% 감쇠 응답스펙트럼 평균값을 2-3 사이의 값(약 2.5)으로 나누면 근사적인 PGA를 구할 수 있다. 따라서 이 주기구간에서의 EPA는 수치적으로 PGA와 거의 같다고 할 수 있다. 그러나 가속도 응답스펙트럼은 매우 작은 주기(ZPA 근방)에 한하여 PGA를 점근하므로, EPA를 PGA의 참값보다도 작은 2.5로 나눈 값으로 가정하기도 한다. 이것은 0.1초보다 훨씬 작은 주기에 대한 응답가속도를 2.5로 나눌 경우에 맞지만, 실제 EPA는 0.1보다 긴 주기에서 정의되기 때문이다.

피크가속도들이 작은 주기들에서 발생하는 지진에 대해 EPA는 PGA보다 작을 수 있으며, 이것이 EPA의 정확한 의도이기도 하다. 한편, ATC-3에서는 PGA가 1.0g 또는 그 이상이 될 수도 있는 곳일 지라도, EPA의 최대값을 0.4g로 제한하였다. 따라서 PGA가 1.0g 근방인 곳에서 PGA보다도 작은 2.5를 사용하여 구한 EPA를 쓸 수 있다.

참고로 실제 Aa와 Av에 관한 지도는 응답스펙트럼에 계수 2.5를 적용하여 구한 것이 아니고, PGA 지도에서 구해졌다는 것이다. 또한, USGS(1976) 지도에서 각각의 지역에 대해 PGA에 대한 SA(0.2)의 비율을 구해보면 이 값은 일반적으로 2.5보다 작은 것을 알 수 있다.

• 설계스펙트럼에서 PGA와 EPA

내진설계에서 PGA(peak ground acceleration)가 아닌 EPA(effective peak acceleration)개념을 사용하지만, 실제로 PGA와 EPA의 차이를 이해하기는 쉽지 않다. PGA가 실제 계측된 지반운동의 최댓값인데 반해, EPA는 구조물의 변형에 영향을 주는 0.1초이상 성분만으로 구성된 가상(假想) 지반운동의 최댓값이다. 즉, EPA는 PGA에 비하여 0.1초 미만의 성분(즉, peak 성분)이 부족하므로, 일반적으로 EPA는 PGA에 비해 1/2.5배(=40%) 정도로 작다.

EPA는 개념상 0.1초 미만의 주기 성분이 없으나, 만약 EPA에도 0.1초 미만의 주기 성분이 있다고 가정하면, EPA와 PGA는 동일하다. 이 가정을 사용한다면, 0초 주기를 갖는 구조물(즉, 강체 구조물)의 응답은 지반운동과 동일하고, 응답의 최댓값은 PGA와 같고, EPA와도 같다. 따라서 구조물 응답을 나타내는 설계응답스펙트럼에서, 0초에서의 가속도 값인 영주기 가속도 ZPA(zero period acceleration)는 가상의 EPA 대신 (실제 계측된) PGA를 사용한다.

참고로 '기존 시설물(건축물) 내진성능 평가요령(KALIS, 2011)'에서는 최대유효지반가속도(EPA)를 '특정지진의 5% 감쇠를 가지는 단자유도 구조물에 대한 가속도 응답스펙트럼 값에서 0.1초-0.4초의 단주기 범위의 값을 평균한 후 이를 2.5로 나누어 구한 값'으로 정의하였다.

표 A6.3 최대지반가속도(PGA) vs 유효지반가속도(EPA)

구분	최대지반가속도(PGA)	유효지반가속도(EPA)
정의 (KDS 설계기준)	지진에 의한 진동으로 특정위치에서의 지반이 수평 2방향 또는 수직방향으로 움직인 가속도의 절댓값의 최댓값이다.	지진하중을 산정하기 위한 기반암의 지반운동 수준으로 유효수평지반가속도와 유효수직지반가속도로 구분한다.
정의 (물리적)	지진 시 지반의 특정 위치에서의 최대가속도로서, 특정한 위치에서 지반이 흔들리는 강도(즉, 진도)를 직접 측정한 값(Intensity Measure; IM)이다.	지반운동의 다양한 주기에 대한 구조물의 응답을 고려한 PGA의 변형 버전이다. 지진 시 지반운동의 주기 범위에서 구조물의 응답을 고려할 때, 구조물이 실제 겪을 것으로 예상되는 지반가속도이다.
계산	계측된 가속도시간이력에서 직접 구한 가속도의 절댓값의 최댓값이다.	PGA가 지반운동기록에서 직접 측정한 값인데 비해, EPA는 지반운동의 가속도응답스펙트럼에서 계산하여 도출한다. EPA는 일반적으로 가속도일정구간(일반적으로 건물의 경우 0.1 ~ 0.5 sec 주기구간)에서 스펙트럼 가속도의 가중 평균으로 계산한다. 예를 들어, 가속도스펙트럼에서 가속도일정 주기구간의 일정한 스펙트럼 가속도 값이 $S_{DS}(g)$이고, 가속도일정 주기구간이 0.1 ~ 0.5 sec라고 할 경우에, EPA는 다음과 같이 계산할 수 있다. $EPA = S_{DS} \times \frac{(0.5-0.1)\text{ sec}}{1\text{ sec}} = \frac{1}{2.5} S_{DS}$
단위	중력가속도(g)로 측정된다. 여기서 $1\text{g} = 9.81\text{m/s}^2$	
응용 1	다양한 지진의 크기(즉, 진도)를 비교하는 데 사용한다. 지진의 지속시간이나 주기성분을 나타내지는 못하지만, 구조적 손상 가능성을 평가하는 핵심 '진도측정값(Intensity Measure; IM)'이다. 내진설계기준에서 지진의 크기를 나타내는데 사용한다.	PGA 보다 구조물의 손상 가능성을 포괄적으로 나타내므로 내진설계 및 평가에 사용된다. PGA가 지반운동의 절대 최댓값에만 초점을 맞춘데 비해, EPA는 구조물마다 고유주기가 다르므로 동일한 지반운동에 다르게 응답한다는 점을 고려하여 가속도일정 주기구간에서의 구조물의 응답에 초점을 맞춘다.
응용 2	지진재해도 초기 평가를 위한 지진의 강도(즉, 진도)를 나타내는 기본 지표로 사용된다.	내진설계와 구조해석에서 지진 시 지반운동이 구조물의 응답에 미치는 영향을 파악하기 위한 입력하중으로 사용된다.

요약	PGA가 지반 흔들림의 강도(즉, 진도)를 측정하는 간단한 방법을 제공하는 반면 EPA는 다양한 구조물이 지반운동에 어떻게 응답할 것인지를 고려하는 보다 내진공학적 지표이므로, 내진설계에서는 일반적으로 PGA 대신에 EPA를 채택한다.

이야기: 원전의 내진설계에 사용되는 SSE와 OBE

설계응답스펙트럼에서 OBE와 SSE를 구하는 방법

원자력발전소의 내진설계에 사용되는 설계기준지진은 PGA값을 사용하여 2가지로 구분한다.

(1) SSE(safe shutdown earthquake, 안전정지지진): 안정정지지진 발생시 원전은 가동이 정지되며, 우리나라 원전의 경우 SSE 0.2g이며, APR1400의 경우는 SSE 0.3g이다.

(2) OBE(operating basis earthquake, 운전기준지진): 원전의 안전에 중요한 시설물은 이러한 지진이 발생하더라도 공중의 안전과 건강에 영향 없이 정상적인 가동이 가능하도록 설계, 건설되어야 하며, 최소한 SSE의 0.5배 이상이어야 한다.

RG 1.208(a performance-based approach to define the site-specific earthquake ground motion, 2007)에 의하면 "… Safe Shutdown Earthquake Ground Motion (SSE)(안전정지 지진동): 특정한 구조, 계통, 기기가 기능을 계속 하도록 설계되는 수준의 지진동이며, 10 CFR Part 50의 부록S에 준하여 측정한다. 부지의 SSE의 특성은 자유 지표면에서의 수평 및 수직 자유장 지진동 응답스펙트럼으로 파악한다. … "내진설계기준에서 응답스펙트럼에서 SSE를 구체적으로 구하는 방법에 대한 설명(또는 그림)이 없으므로, RG 1.208에 근거하여, 스펙트럼의 초단주기(즉, 강체운동, 6.5절 응답스펙트럼해석 참조)에서의 값으로 간주하여야 할 것으로 판단된다.

RG 1.166(Pre-Earthquake Planning and Immdiate Nuclear Power Plant Operator Postearthquake Actions, 1997)에 명기된 OBE 초과판정기준은 계측된 자유장 지반운동의 1) 2 – 10 Hz 진동수구간에서 가속도설계응답스펙트럼의 초과여부, 2) 1 – 2 Hz 진동수구간에서 속도설계응답스펙트럼의 초과여부, 그리고 3) CAV(누적절대속도, cumulative absolute velocity)의 초과여부이다. 2016년 9월 12일 규모 5.8 경주지진 발생 후, 월성 원전을 수동정지하였다. 이후 개정된국내 규제지침 KINS/RG-N04.18(지진발생 전 계획 및 지진발생 직후 원자력발전소 운전원 조치사항, 2017)에서는 OBE 초과 판정시간을 4시간에서 2시간으로 단축하였고, CAV 대신 PGA를 사용하고 있다.

이야기: 내진설계 시 수직 방향 가진이 꼭 필요한가?

1. 내진설계기준의 공통적용사항에서는 지반운동을 수평 2축운동과 수직운동으로 구분하여 정의한다. 그 이유는 다음과 같다.
 - 실제 지진은 3차원으로 구조물을 가진한다.
 - 수평 가진과 수직 가진이 구조물에 미치는 영향이 구조물과 부재에 따라 서로 다르다.
 - 3차원 (비선형) 해석 모델에서 3차원 가진이 필요하다.
 - 근거리 지진, 비정형 구조물 등의 경우에 수직 방향 가진의 영향이 크다.

KDS 17 10 00 **내진설계 일반**

> 4.2.1 지반운동
> …
> 4.2.1.3 설계지반운동의 정의와 고려 사항
> …
> (4) 설계지반운동은 통계학적으로 독립인 수평 2축운동과 수직운동으로 정의한다.
> (5) 수직운동은 수평 2축운동과 별도로 정의한다.

2. 대부분의 건축 구조물(예: 주거용 건물, 사무실 등)의 내진설계에서는 수평 가진만 고려한다. 그 이유는 다음과 같다.
 - 지진에너지의 대부분이 S파에 의해 수평방향으로 전달되며, P파에 의해 수직 방향으로 전달되는 지진에너지는 수평방향에 비해 상대적으로 영향이 작다.
 - 일반적으로 구조물은 중력하중을 지지해야 하므로 수직강성이 횡강성에 비해 충분이 크므로, 수직 방향으로 지진에 의한 공진으로 구조물의 응답이 증폭될 가능성이 작다.
 - 국내외 설계기준(예: KDS, ASCE 7 등)에서도 일반적으로 수평 가진 2방향만 고려하도록 규정한다.

KDS 41 17 00 **건축물 내진설계기준**

> 7.3.4 시간이력해석
> 7.3.4.1 설계지진파
> …
> (2) 3차원해석을 수행하는 경우 각 지반운동은 평면상에서 서로 직교하는 2방향의 쌍으로 구성되며, 2방향의 성분이 대상 구조물의 평면상에 교대로 2회 해석되어야 한다. …

3. 내진설계 시 수직 가진이 필요한 경우를 나열하면 다음과 같다.

1) 장경간 구조물과 지지점이 넓은 구조물
 - 교량 등 장견간 구조물과 지지점이 넓은 구조물은 지지점에 따라 지반조건과 지지조건이 다르므로 수직 가진이 구조물의 거동에 큰 영향을 미칠 수 있다.

2) 비정형 구조물 혹은 불균형한 질량 분포
 - 수직 가진에 의한 예상치 못한 응답이 발생할 수 있다.

3) 진동에 민감한 설비를 탑재한 구조물
- 수직 가진이 설비의 성능에 영향을 줄 수 있다.

4) 강진 지역 또는 근거리 지진
- 단층과 근접한 지역에서 발생한 근거리 지진은 수직 성분이 크다.

KDS 24 17 11 **교량 내진설계기준(한계상태설계법)**

4.2.4 탄성지진력 및 탄성변위의 조합
(1) 부재의 각각의 주축에 대하여 4.2.3에 규정한 방법으로 구한 탄성지진력 및 탄성변위를 다음과 같이 조합하여 사용한다.
① 하중경우 1
종방향축의 해석으로부터 구한 종방향 탄성지진력 및 탄성변위(절댓값)에 횡방향 축 및 수직방향축의 해석으로부터 구한 종방향 탄성지진력 및 탄성변위(절댓값)의 30%를 합한 경우
② 하중경우 2
횡방향축의 해석으로부터 구한 횡방향 탄성지진력 및 탄성변위(절댓값)에 종방향 축 및 수직방향축의 해석으로부터 구한 횡방향 탄성지진력 및 탄성변위(절댓값)의 30%를 합한 경우
③ 하중경우 3
수직방향축의 해석으로부터 구한 수직방향 탄성지진력 및 탄성변위(절댓값)에 횡 방향축 및 종방향축의 해석으로부터 구한 수직방향 탄성지진력 및 탄성변위(절댓값)의 30% 를 합한 경우

4. 실제 해석에서의 적용
- 중첩원리가 적용되는 일반적인 선형해석에서는 지진의 각 성분별로 독립적으로 고려한다.
- 비선형 시간이력해석과 같은 정밀해석에서는 3차원 지진을 동시에 고려해야 한다.

5. 요약

상황	수직 가진 필요 여부
일반 건물	필요 없음 (수평만 고려)
장경간 구조물과 지지점이 넓은 구조물	필요함
근거리 지진, 특이한 비정형 구조	필요할 수 있음
시간이력해석	구조 및 목적에 따라 다름

6.4 [해석] 시간이력해석

6.4.1 단자유도계 운동방정식

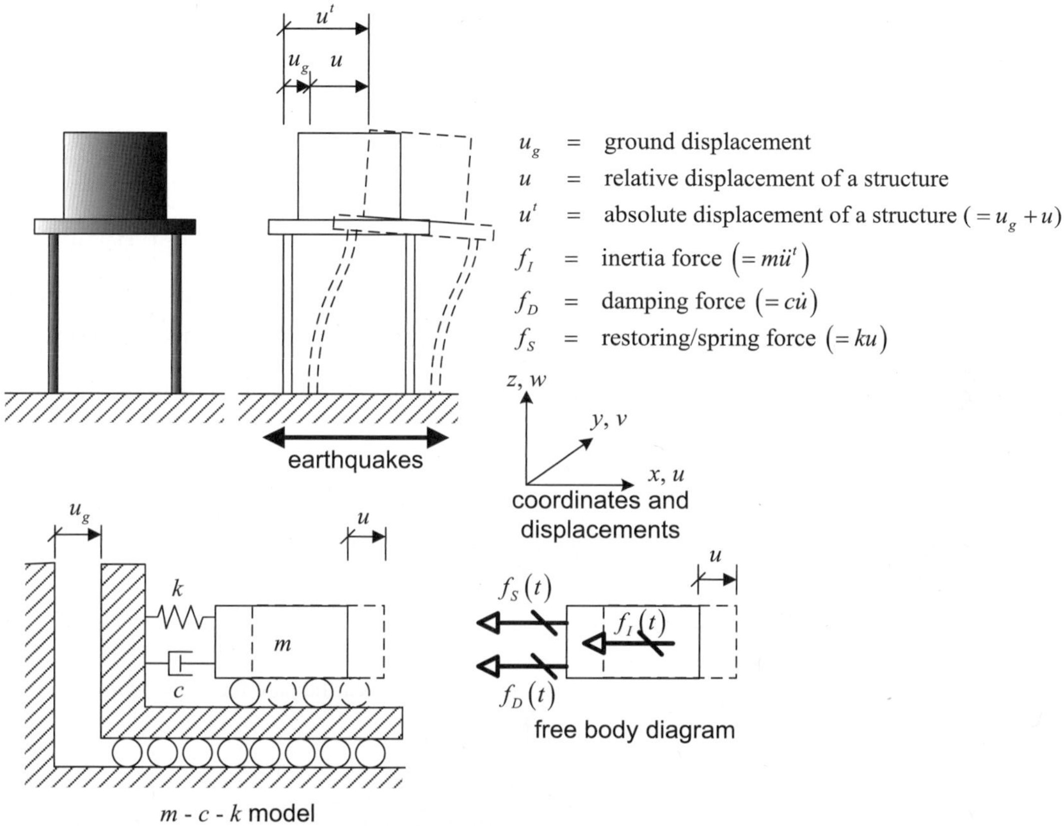

그림 6.4.1a 지반운동에 의한 단자유도계 운동

지진으로 유발된 지반의 수평운동 $u_g(t)$에 의한 단자유도계 운동방정식을 지반에 대한 구조물의 '상대변위(relative displacement)' $u(t)$의 항으로 나타내면 다음과 같다. 여기서 m, c, k는 각각 단자유도계의 질량, 감쇠 및 강성을 나타낸다.

$$m\{\ddot{u}(t) + \ddot{u}_g(t)\} + c\dot{u}(t) + ku(t) = 0$$

(1) 첫째 항은 지진에 의해 구조물의 운동이 발생할 때, 구조물의 질량으로 인한 관성력 $f_I(t)$로, 지반운동의 영향을 포함한 질량의 '절대가속도(absolute acceleration; total acceleration)' $\ddot{u}^t(t)$에 비례하고

$$f_I(t) = m\ddot{u}^t(t) = m\{\ddot{u}(t) + \ddot{u}_g(t)\}$$

(2) 둘째 항은 구조물이 운동을 함으로 유발되는 마찰 등에 의한 에너지소산효과를 나타내는 감쇠력 $f_D(t)$로 구조물의 지반에 대한 '상대속도(relative velocity)' $\dot{u}(t)$에 비례하며

$$f_D(t) = c\dot{u}(t)$$

(3) 셋째 항은 구조물이 지반에 대한 상대적인 변형을 함에 따라 구조물이 스프링 작용을 하여 그 상대변위를 줄이는 방향으로 작용되는 복원력 $f_S(t)$로, 구조물의 지반에 대한 '상대변위(relative displacement)' $u(t)$에 비례한다.

$$f_S(t) = ku(t)$$

운동방정식을 질량에 작용하는 관성력, 감쇠력 및 복원력으로 정리하면 다음과 같다.

$$f_I(t) + f_D(t) + f_S(t) = 0$$

여기서 지진가속도와 관련된 항을 우변으로 이항하면 다음과 같다.

$$m\ddot{u}(t) + c\dot{u}(t) + ku(t) = -m\ddot{u}_g(t)$$

이 식을 살펴보면 지진에 의한 구조물의 운동방정식을 지반에 대한 구조물의 상대변위 $u(t)$로 나타내면, 지진하중은 크기가 구조물의 질량과 지진가속도를 곱한 것과 같고, 그 방향은 지진가속도의 반대 방향임을 알 수 있다. 즉, 지진의 효과는 지반이 움직이는 대신에 구조물의 자체 질량과 지진가속도에 의한 관성력이 구조물에 지진의 방향과 반대 방향으로 작용하는 경우와 동일하다.

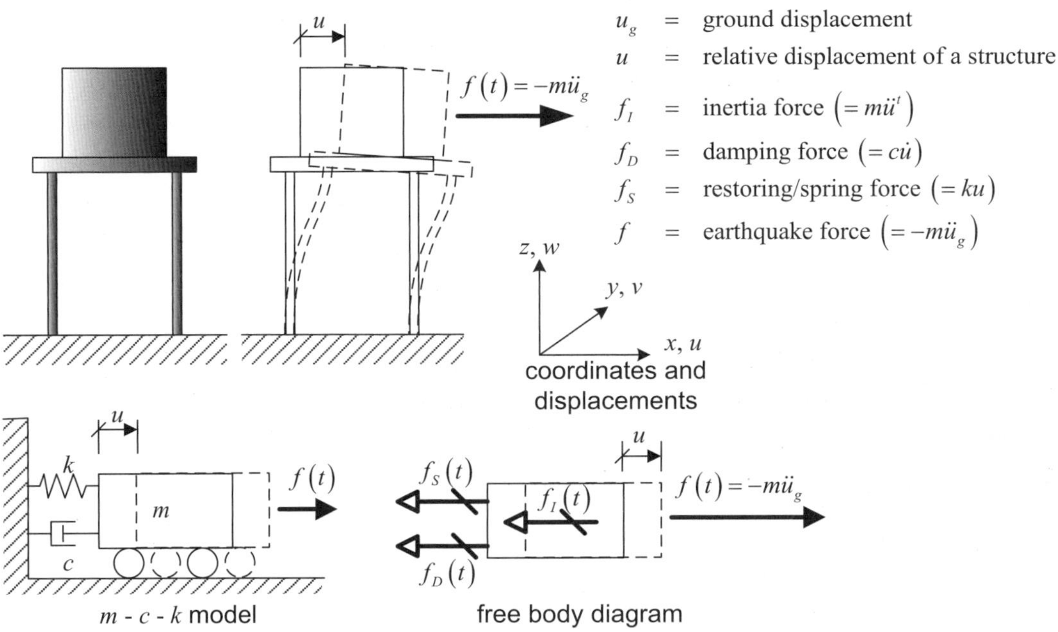

그림 6.4.1b 지반운동에 의한 단자유도계의 상대변위

수직방향 지반운동에 의한 운동방정식도 수평방향과 마찬가지 방법으로 지반에 대한 구조물의 상대수직변위 $v(t)$의 항으로 다음과 같이 얻을 수 있다.

$$m\ddot{v}(t) + c\dot{v}(t) + kv(t) = -m\ddot{v}_g(t)$$

여기서 $\ddot{v}_g(t)$는 수직방향 지반가속도이고, m, c, k는 각각 구조물의 수직방향 운동에 대한 단자유도계의 질량, 감쇠 및 강성을 나타낸다.

6.4.2 다자유도계 운동방정식

수평방향의 지진하중을 받는 n자유도계의 운동방정식은 다음과 같다.

$$[M]\{\ddot{U}^t(t)\} + [C]\{\dot{U}(t)\} + [K]\{U(t)\} = \{0\}$$

여기서 $\{\ddot{U}^t(t)\}$는 지반운동의 영향을 포함한 구조물의 절대가속도로 다음과 같다.

$$\{\ddot{U}^t(t)\} = \{\ddot{U}(t)\} + \{1\}\ddot{u}_g(t)$$

여기서 $\{1\}$ 은 '지진영향벡터(earthquake influence vector)' 또는 '지진방향벡터(earthquake direction vector)'로 지진이 가해지는 자유도에 대하여는 1이고, 그 이외에 대하여는 0인 상수 벡터이다.

두 식을 연립한 후, 지진가속도에 관련된 항을 우변으로 이항하면 다음과 같다.

$$[M]\{\ddot{U}(t)\} + [C]\{\dot{U}(t)\} + [K]\{U(t)\} = \{F_{eff}(t)\}$$

여기서 $\{F_{eff}(t)\}$는 '유효지진하중(effective earthquake force)'으로 다음과 같다.

$$\{F_{eff}(t)\} = -[M]\{1\}\ddot{u}_g(t)$$

6.4.3 모드중첩법

다자유도계 운동방정식의 해를 효율적으로 구하기 위해 모드중첩법을 사용할 수 있다.

$$\{U(t)\} = [\Phi]\{Q(t)\}$$

여기서 $[\Phi]$는 자유진동해석으로 구한 자유진동모드행렬로 상수행렬이며, $\{Q(t)\}$는 일반 모드좌표계로서 미지의 시간 함수이다. 위 식을 운동방정식에 대입한 후, 양변에 $[\Phi]^T$를 선승하면, 자유진동모드의 질량행렬과 강성행렬에서 직교성(orthogonality) 때문에 다음과 같이 모드좌표계에 대하여 비연계된(uncoupled) 방정식들을 얻을 수 있다.

$$\mu_{ii}\ddot{q}_i(t) + 2\xi_i\omega_i\mu_{ii}\dot{q}_i(t) + \kappa_{ii}q_i(t) = -L_i\ddot{u}_g(t)$$

여기서

$$\mu_{ii} = \{\Psi^{(i)}\}^T[M]\{\Psi^{(i)}\}, \quad 2\xi_i\omega_i\mu_{ii} = \{\Psi^{(i)}\}^T[C]\{\Psi^{(i)}\}$$

$$\kappa_{ii} = \{\Psi^{(i)}\}^T[K]\{\Psi^{(i)}\}, \quad L_i = \{\Psi^{(i)}\}^T[M]\{1\}$$

여기서 $\{\Psi^{(i)}\}$는 i번째 자유진동모드이며, μ_{ii}, $2\xi_i\omega_i\mu_{ii}$와 $\kappa_{ii}(=\omega_i^2\mu_{ii})$은 i번째 모드에 대한 일반질량, 일반감쇠, 일반강성계수라고 하며, L_i 는 '모드지진입력계수(modal earthquake excitation factor)' 또는 '모드지진하중계수(modal earthquake load factor)'라고 한다. 이 식은 i번째 일반모드좌표 $q_i(t)$만에 대한 단자유도계 운동방정식이므로, 단자유도계에서 기술한 수치 해석 방법으로 해를 쉽게 구할 수 있다.

비연계된 운동방정식의 양변을 일반질량으로 나누면 다음과 같다.

$$\ddot{q}_i(t) + 2\xi_i\omega_i\dot{q}_i(t) + \omega_i^2 q_i(t) = -\Gamma_i\ddot{u}_g(t)$$

여기서 Γ_i는 '모드참여계수(modal participation factor)'라고 하며, i번째 모드가 응답에 참여하는 정도를 나타내며, 다음과 같이 정의한다.

$$\Gamma_i = \frac{L_i}{\mu_{ii}} = \frac{\{\Psi^{(i)}\}^T[M]\{1\}}{\{\Psi^{(i)}\}^T[M]\{\Psi^{(i)}\}}$$

여기서 모드참여계수는 전체 모드에 대한 합이 1이지만, 각 모드별 모드참여계수는 모드의 정규화 방법에 따라 다르므로, i번째 모드의 응답에 기여하는 척도로 유용하게 사용할 수 없다. 따라서 모드의 정규화 방법에 영향을 받지 않고, 전체 모드에 대한 합이 1인 무차원량의 '모드기여계수(modal contribution factor)'를 정의하여 사용하기도 한다(Chopra, 2001).

참고로 유효지진하중의 공간적 분포는 다음과 같이 나타낼 수 있다.

$$[M]\{1\} = \sum_{i=1}^{n}\{S^{(i)}\} = \sum_{i=1}^{n}\Gamma_i[M]\{\Psi^{(i)}\}$$

여기서 $\{S^{(i)}\} = \Gamma_i[M]\{\Psi^{(i)}\}$는 i번째 모드의 기여를 나타낸다.

비연계된 운동방정식에서 $q_i(t), i = 1,2,\cdots,m\ (m \le n)$을 구한 후, 모드를 사용하여 구조물의 변위벡터 $\{U(t)\}$를 구할 수 있으며, 이로부터 각 구조부재에 발생하는 부재력을 다음과 같이 구할 수 있다.

$$\{F_S(t)\} = [K]\{U(t)\} = [K][\Phi]\{Q(t)\}$$

또한 $[K][\Phi] = [M][\Phi][\backslash\Omega^2\backslash]$이므로 위 식은 다음과 같다.

$$\{F_S(t)\} = [M][\Phi][\backslash\Omega^2\backslash]\{Q(t)\}$$

여기서 $\{F_S(t)\}$는 다음과 같다.

$$\{F_S(t)\} = \begin{Bmatrix} f_{S,1}(t) \\ f_{S,2}(t) \\ \vdots \\ f_{S,n}(t) \end{Bmatrix} = \langle f_{S,1}(t) \quad f_{S,2}(t) \quad \cdots \quad f_{S,n}(t)\rangle^T$$

앞서 언급한 바와 같이 모드중첩법을 사용할 경우, 계산의 효율성을 증대시키기 위하여 구조계의 자유도수(n개)보다 작은 수(m개)의 모드 만을 사용하므로, 해석에 포함시켜야 할 모드수를 정하는 적절한 기준이 필요하다.

일반적으로 이를 위하여 다음과 같은 '유효모드질량(effective modal mass, μ_{ii}^*)' 또는 '모드참여질량 (modal participation mass, μ_{ii}^*)'을 사용한다.

$$\mu_{ii}^* = \frac{L_i^2}{\mu_{ii}} = L_i\Gamma_i$$

구조계의 전체질량(m^t)에 대한 모드참여질량의 비를 '질량참여계수(mass participation factor, α_i)'라 한다.

$$\alpha_i = \frac{\mu_{ii}^*}{m_t} = \frac{1}{m_t}\frac{L_i^2}{\mu_{ii}}$$

여기서 전체모드에 대해 유효모드질량을 합하면 구조계의 전체질량(m_t)이 된다.

$$\sum_{i=1}^{n}\mu_{ii}^{*}=\sum_{i=1}^{n}\frac{L_i^2}{\mu_{ii}}=\{L\}^T[\mu]^{-1}\{L\}$$
$$=([\Phi]^T[M]\{1\})^T([\Phi]^T[M][\Phi])^{-1}([\Phi]^T[M]\{1\})$$
$$=\{1\}^T[M]\{1\}=\sum_{i=1}^{n}\sum_{j=1}^{n}m_{ij}=m^t$$

통상 구조해석시 해석에 포함된 유효모드질량의 합이 전체질량의 90%이상이 되도록 모드의 수(m 개)를 정하는 것이 요망되며, 이러한 참여 비율을 '모드참여질량비(modal participation mass ratio, R_m)' 또는 '유효모드질량비 (effective modal mass ratio)'를 사용하면 다음과 같다.

$$R_m=\frac{\sum_{i=1}^{m}\mu_{ii}^{*}}{m_t}=\frac{\sum_{i=1}^{m}\frac{L_i^2}{\mu_{ii}}}{\sum_{i=1}^{n}\sum_{j=1}^{n}m_{ij}}>0.9$$

많은 상용 프로그램의 경우 $\mu_{ii}=1$이 되도록 모드벡터 $\{\Psi^{(i)}\}$를 정하였으므로, 이러한 경우에는 전체 질량은 다음과 같이 산정된다.

$$\sum_{i=1}^{n}\mu_{ii}^{*}=\sum_{i=1}^{n}L_i^2=\sum_{i=1}^{n}\sum_{j=1}^{n}m_{ij}=m^t$$

두 개의 수평방향과 한 개의 수직방향의 지진운동을 고려하기 위하여, 구조물을 3차원으로 모델링 할 경우, 지진시 다자유도계 운동방정식의 상수벡터 {1}은 크기가 $(n\times 3)$인 계수행렬 [1]이 된다. 따라서 이 경우 각 방향별로 유효모드질량의 구조물 전체질량의 90%이상이 되도록 해석에 포함 될 모드의 개수를 정할 필요가 있다.

6.4.4 직접적분법

직접적분법을 사용한 지진시 다자유도계 구조물의 시간이력해석 방법은 앞서 3장 다자유도계 수치해석기법에서 설명한 시간이력해석 방법과 동일하다.

6.4.5 다지지점 지진입력

• 운동방정식

장대교량 등과 같이 중요 구조물의 지점들이 공간적으로 서로 멀리 떨어져 있을 경우, (1) 지진입력의 '시간지연효과(time lag effects)', (2) 지반 특성의 공간적 변화, (3) 지점별 구조물의 특성 등을 반영하여, '다지지점 지진입력(multiple support excitation)'을 사용한 정밀지진해석을 수행할 수 있다.

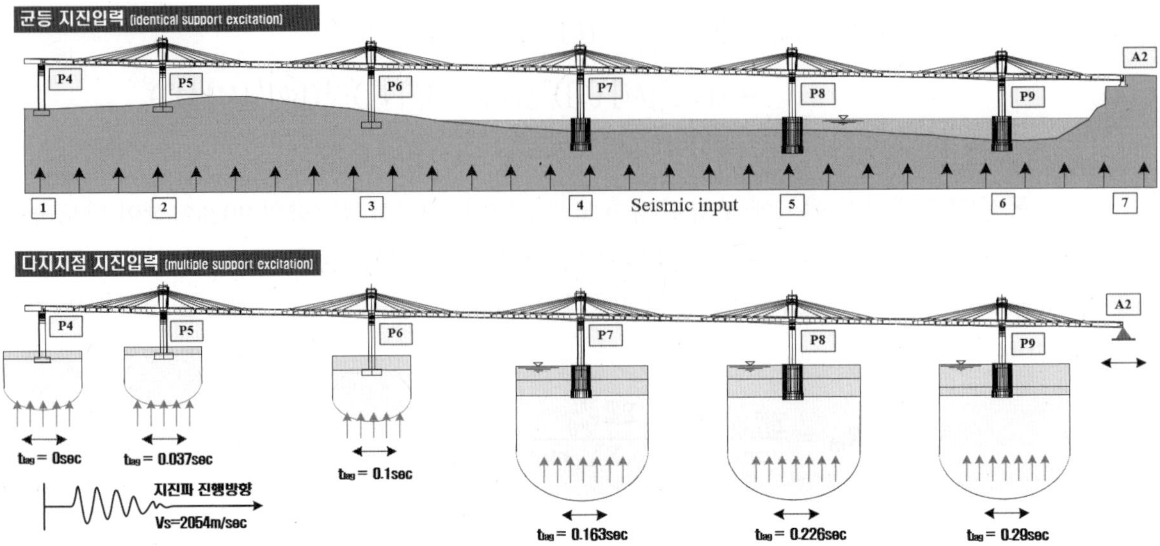

그림 6.4.5a 균등 지진입력과 다지지점 지진입력의 비교

다지지점 지진입력을 받는 지반-구조물 운동방정식은 다음과 같다.

$$\begin{bmatrix} M_{ss} & M_{sg} \\ M_{sg}^T & M_{gg} \end{bmatrix} \begin{Bmatrix} \ddot{U}_s^t(t) \\ \ddot{U}_g(t) \end{Bmatrix} + \begin{bmatrix} C_{ss} & C_{sg} \\ C_{sg}^T & C_{gg} \end{bmatrix} \begin{Bmatrix} \dot{U}_s^t(t) \\ \dot{U}_g(t) \end{Bmatrix} + \begin{bmatrix} K_{ss} & K_{sg} \\ K_{sg}^T & K_{gg} \end{bmatrix} \begin{Bmatrix} U_s^t(t) \\ U_g(t) \end{Bmatrix} = \begin{Bmatrix} 0 \\ F_g(t) \end{Bmatrix} \quad \text{(식 4.5-1)}$$

여기서 아래 첨자 s와 g는 각각 상부구조물(superstructure)과 지점 지반(support ground)을 의미하고, 위 첨자 t는 절대변위(total displacement, absolute displacement)를 나타낸다. 또한, $[M]$, $[C]$, $[K]$는 구조물의 질량행렬, 감쇠행렬, 강성행렬, $\{U(t)\}$와 $\{F(t)\}$는 구조물의 변위벡터와 하중벡터이다. 참고로 위 식에서 외부 하중이 직접 상부구조물의 자유도에 작용하지는 않으며, 지점 지반운동($\{U_g(t)\}$, $\{\dot{U}_g(t)\}$, $\{\ddot{U}_g(t)\}$)은 지지점 별로 따로 정의되어야 한다.

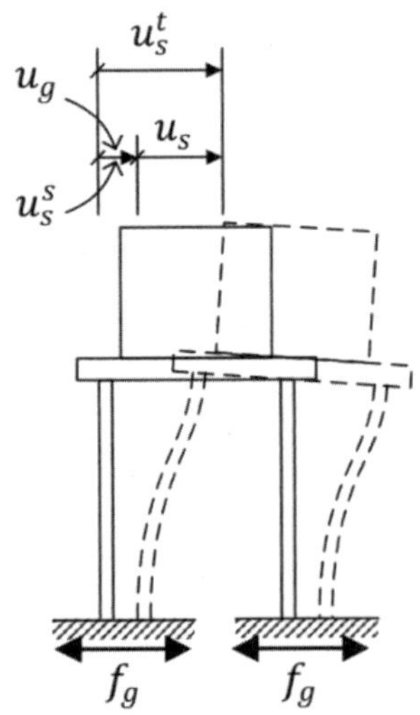

u_g = Displacement of the ground
u_s = (Dynamic) Displacement of the structure
u_s^t = Total displacement of the structure
= $u_s^s + u_s$ in case of multiple support excitation
= $u_g + u_s$ in case of uniform support excitation
f_g = Exciting force of the ground
f_g^s = Quasi-Static exciting force of the ground
u_s^s = Quasi-Static displacement of the structure
= $I_f\ u_g$ in case of multiple support excitation
= u_g in case of uniform support excitation

그림 6.4.5b 다지지점 지진입력 자유도

상부구조물의 변위 $\{U_s^t(t)\}$와 지점 지진하중 $\{F_g(t)\}$을 구해보자. 절대변위를 균등 지진입력에서와 유사한 형태로 다음과 같이 나타낼 수 있다. 즉, $\{U_s^t(t)\} = \{U_s^s(t)\} + \{U_s(t)\}$이다.

$$\begin{Bmatrix} U_s^t(t) \\ U_g(t) \end{Bmatrix} = \begin{Bmatrix} U_s^s(t) \\ U_g(t) \end{Bmatrix} + \begin{Bmatrix} U_s(t) \\ 0 \end{Bmatrix} \qquad \text{(식 4.5-2)}$$

여기서 $\{U_s^s(t)\}$는 매 순간마다 지점 지반변위 $\{U_g(t)\}$를 정적으로 구조물의 지점에 가할 때 발생하는 상부구조물의 변위(참고로 균등 지진입력일 경우, $\{U_s^s(t)\} = \{U_g(t)\}$)로, '유사정적변위(quasi-static displacement)'라 하며, 다음과 같은 관계를 갖는다.

$$\begin{bmatrix} K_{ss} & K_{sg} \\ K_{sg}^T & K_{gg} \end{bmatrix} \begin{Bmatrix} U_s^s(t) \\ U_g(t) \end{Bmatrix} = \begin{Bmatrix} 0 \\ F_g^s(t) \end{Bmatrix}$$

여기서 $\{F_g^s(t)\}$는 매 순간 변하는 지점 지반변위 $\{U_g(t)\}$를 정적으로 구조물에 가하기 위해 필요한 '유사정적 지점하중(quasi-static support force)'이다. 만약 구조물이 외적 정정(determinate)이거나, 모든 지점에 균등 지진입력을 한다면, $\{F_g^s(t)\} = \{0\}$이다. 유사정적변위를 제외한 나머지 변위인 $\{U_s(t)\}$를 '동적변위(dynamic displacement)'라고 하며, 이를 구하기 위해서는 동적해석을 수행하여야 한다.

다지지점 지진입력을 받는 운동방정식의 첫 번째 행을 전개하면 다음과 같다.

$$[M_{ss}]\{\ddot{U}_s^t(t)\} + [M_{sg}]\{\ddot{U}_g(t)\} + [C_{ss}]\{\dot{U}_s^t(t)\} + [C_{sg}]\{\dot{U}_g(t)\} \\ +[K_{ss}]\{U_s^t(t)\} + [K_{sg}]\{U_g(t)\} = \{0\}$$

이 식에서 절대변위 $\{U_s^t(t)\}$를 유사정적변위 $\{U_s^s(t)\}$와 동적변위 $\{U_s(t)\}$로 구분하여 나타내면(즉, $\{U_s^t(t)\} = \{U_s^s(t)\} + \{U_s(t)\}$로 나타내면) 다음과 같다.

$$[M_{ss}](\{\ddot{U}_s^s(t)\} + \{\ddot{U}_s(t)\}) + [M_{sg}]\{\ddot{U}_g(t)\} + [C_{ss}](\{\dot{U}_s^s(t)\} + \{\dot{U}_s(t)\}) + [C_{sg}]\{\dot{U}_g(t)\} \\ +[K_{ss}](\{U_s^s(t)\} + \{U_s(t)\}) + [K_{sg}]\{U_g(t)\} = \{0\}$$

즉,

$$[M_{ss}]\{\ddot{U}_s(t)\} + [C_{ss}]\{\dot{U}_s(t)\} + [K_{ss}]\{U_s(t)\} = \{F_{eff}(t)\} \qquad \text{(식 4.5-3)}$$

여기서 $\{F_{eff}(t)\}$는 '유효지진하중(effective earthquake force)'으로 다음과 같다.

$$\{F_{eff}(t)\} = -[M_{ss}]\{\ddot{U}_s^s(t)\} - [M_{sg}]\{\ddot{U}_g(t)\} \\ -[C_{ss}]\{\dot{U}_s^s(t)\} - [C_{sg}]\{\dot{U}_g(t)\} \\ -[K_{ss}]\{U_s^s(t)\} - [K_{sg}]\{U_g(t)\}$$

유사정적변위와 유사정적 지점하중에 관한 관계식의 첫 번째 행을 전개하면 다음과 같다.

$$[K_{ss}]\{U_s^s(t)\} + [K_{sg}]\{U_g(t)\} = \{0\}$$

또는 $$\{U_s^s(t)\} = [I_f]\{U_g(t)\} \qquad \text{(식 4.5-4)}$$

여기서 $$[I_f] = -[K_{ss}]^{-1}[K_{sg}] \qquad \text{(식 4.5-5)}$$

$[I_f]$를 '영향행렬(influence matrix)'이라 하며, 지점 지반변위 $\{U_g(t)\}$가 유사정적변위 $\{U_s^s(t)\}$

에 미치는 영향을 나타낸다. 균등지진입력일 경우, $\{U_s^s(t)\} = \{U_g(t)\}$이므로, $[I_f] = [I]$이다.

이 식들을 유효지진하중에 관한 식에 대입하여 정리하면 다음과 같다. 여기서 지점 가속도를 지진입력으로 하는 경우에 구조물에 작용하는 유효지진하중은 지점 지반가속도에 비례하는 관성력과 지점 지반속도에 비례하는 감쇠력의 합으로 나타난다.

$$\{F_{eff}(t)\} = -([M_{ss}][I_f] + [M_{sg}])\{\ddot{U}_g(t)\} - ([C_{ss}][I_f] + [C_{sg}])\{\dot{U}_g(t)\} \quad \text{(식 4.5-6a)}$$

일반적으로 지점 지반가속도만을 사용하므로, 지점 지반가속도만을 사용하여 유효지진하중을 근사적으로 나타내는 과정을 유도하면 다음과 같다. 유효지진하중에서 질량에 대한 지반-구조물 상호작용을 고려하지 않는다면(즉, $[M_{sg}] = [0]$이면), 유효지진하중은

$$\{F_{eff}(t)\} = -[M_{ss}][I_f]\{\ddot{U}_g(t)\} - ([C_{ss}][I_f] + [C_{sg}])\{\dot{U}_g(t)\}$$

이고, 감쇠행렬을 다음과 같이 강성비례감쇠행렬로 가정하거나 (레일리 감쇠: $[C] = \alpha[M] + \beta[K]$),

$$([C_{ss}][I_f] + [C_{sg}])\{\dot{U}_g(t)\} = \beta([K_{ss}][I_f] + [K_{sg}])\{\dot{U}_g(t)\} = \{0\}$$

또는 다음과 같이 감쇠력항을 관성력항에 비해 무시할 수 있다고 가정하면,

$$([M_{ss}][I_f] + [M_{sg}])\{\ddot{U}_g(t)\} \gg ([C_{ss}][I_f] + [C_{sg}])\{\dot{U}_g(t)\}$$

유효지진하중을 다음과 같이 감쇠력 항을 무시하고 지점 지반가속도만의 함수로 근사 시킬 수 있다.

$$\{F_{eff}(t)\} \approx -[M_{ss}][I_f]\{\ddot{U}_g(t)\} \quad \text{(식 4.5-6b)}$$

참고로 균등 지진입력일 경우(즉, $[I_f] = [I]$일 경우), 유효지진하중은 다음과 같다.

$$\{F_{eff}(t)\} \approx -[M_{ss}][I]\{\ddot{U}_g(t)\} = -[M]\{1\}\ddot{u}_g(t) \quad \text{(식 4.5-6c)}$$

여기서 다지점 지진입력과 균등 지진입력을 비교해 보면, 다지지점 지진입력에서 구한 유효지진하중은 균일 지진입력에서 구한 유효지진하중의 일반화된 형태인 것을 알 수 있다.

• 지진해석

동적해석에 의해 동적변위가 산정되면, 구조설계에 필요한 요소력과 응력은 매 순간마다 구조물의 정적해석으로 산정할 수 있다. 즉, 구조물의 부재력은

$$\{F_S(t)\} = [K_{ss}]\{U_s^t(t)\} + [K_{sg}]\{U_g(t)\} \quad \text{(식 4.5-7)}$$

또는 $$\{F_S(t)\} = [K_{ss}]\{U_s(t)\}$$

이며, 지점반력은

$$\{F_{Sg}(t)\} = [K_{sg}]^T\{U_s^t(t)\} + [K_{gg}]\{U_g(t)\} \quad \text{(식 4.5-8)}$$

또는 $$\{F_{Sg}(t)\} = [K_{sg}]^T\{U_s^t(t)\} + [K_{gg}]\{U_g(t)\}$$
$$= \left([K_{sg}]^T\{U_s^s(t)\} + [K_{sg}]^T\{U_s(t)\}\right) + [K_{gg}]\{U_g(t)\}$$

$$= [K_{sg}]^T\{U_s(t)\} + \left([K_{sg}]^T\{U_s^s(t)\} + [K_{gg}]\{U_g(t)\}\right)$$

$$= [K_{sg}]^T\{U_s(t)\} + \{F_g^s(t)\}$$

여기서 균등 지진입력의 경우 지점반력 $\{F_{sg}(t)\}$은 구조물의 변위에만 의존 하므로, 부재력과 지점반력에 대한 정역학적 힘의 평형으로부터 쉽게 구할 수 있었다. 그러나 다지지점 지진입력의 경우, 지점반력은 구조물의 변위뿐만이 아니라 지점변위 $\{U_g(t)\}$에도 영향을 받으므로, 단순히 부재력에 대한 힘의 평형으로부터 구할 수 없음을 알 수 있다.

• 해석절차

다지지점 지진입력을 사용한 지진해석을 절차를 요약하면 다음과 같다.

(1) 지점 지반가속도 $\{\ddot{U}_g(t)\}$, 지반속도 $\{\dot{U}_g(t)\}$ 및 지반변위 $\{U_g(t)\}$를 규정 (식 4.5-1)
(2) 구조물의 질량행렬 $[M]$, 감쇠행렬 $[C]$, 강성행렬 $[K]$를 산정 (식 4.5-1)
(3) 영향행렬 $[I_f]$를 산정 (식 4.5-5)
(4) 유효지진하중 $\{F_{eff}(t)\}$를 산정 (식 4.5-6)
(5) 상부구조물의 동적변위 $\{U_s(t)\}$를 산정 (식 4.5-3)
(6) 상부구조물의 유사정적변위 $\{U_s^s(t)\}$를 산정 (식 4.5-4)
(7) 상부구조물의 절대변위 $\{U_s^t(t)\}$를 산정 (식 4.5-2)
(8) 부재력과 지점반력을 산정 (식 4.5-7) (식 4.5-8)

[예제] 6.4.5 다지지점 구조물의 운동방정식

다음과 같은 2자유도계 구조물이 서로 다른 지점 변위 하중을 받고 있다. 이 구조물의 운동방정식을 구하라.

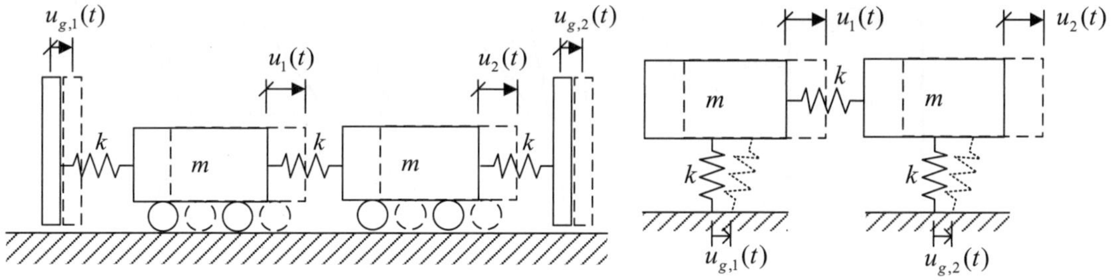

[풀이]

(1) 구조물의 강성행렬

위치에너지는 $V = \frac{1}{2}k(u_1 - u_{g,1})^2 + \frac{1}{2}k(u_2 - u_1)^2 + \frac{1}{2}k(u_2 - u_{g,2})^2$이므로, 라그랑주의 방정식을 적용하여 $\begin{bmatrix} K_{ss} & K_{sg} \\ K_{sg}^T & K_{gg} \end{bmatrix}$를 구하면 다음과 같다.

$$\begin{Bmatrix} \frac{\partial V}{\partial u_1} \\ \frac{\partial V}{\partial u_2} \\ \frac{\partial V}{\partial u_{g,1}} \\ \frac{\partial V}{\partial u_{g,2}} \end{Bmatrix} = \begin{Bmatrix} k(u_1 - u_{g,1}) - k(u_2 - u_1) \\ k(u_2 - u_1) + k(u_2 - u_{g,2}) \\ -k(u_1 - u_{g,1}) \\ -k(u_2 - u_{g,2}) \end{Bmatrix} = k \begin{Bmatrix} 2u_1 - u_2 - u_{g,1} \\ -u_1 + 2u_2 + -u_{g,2} \\ -u_1 + u_{g,1} \\ -u_2 + u_{g,2} \end{Bmatrix} = k \begin{bmatrix} 2 & -1 & -1 & 0 \\ -1 & 2 & 0 & -1 \\ -1 & 0 & 1 & 0 \\ 0 & -1 & 0 & 1 \end{bmatrix} \begin{Bmatrix} u_1 \\ u_2 \\ u_{g,1} \\ u_{g,2} \end{Bmatrix}$$

(2) 구조물의 질량행렬

운동에너지는 $T = \frac{1}{2}mu_1^2 + \frac{1}{2}mu_2^2$이므로, 라그랑주의 방정식으로 $\begin{bmatrix} M_{ss} & M_{sg} \\ M_{sg}^T & M_{gg} \end{bmatrix}$를 구하면 다음과 같다.

$$\begin{Bmatrix} \frac{\partial T}{\partial u_1} \\ \frac{\partial T}{\partial u_2} \\ \frac{\partial T}{\partial u_{g,1}} \\ \frac{\partial T}{\partial u_{g,2}} \end{Bmatrix} = \begin{Bmatrix} mu_1 \\ mu_2 \\ 0 \\ 0 \end{Bmatrix} = m \begin{Bmatrix} u_1 \\ u_2 \\ 0 \\ 0 \end{Bmatrix} = m \begin{bmatrix} 1 & 0 & 0 & 0 \\ 0 & 1 & 0 & 0 \\ 0 & 0 & 0 & 0 \\ 0 & 0 & 0 & 0 \end{bmatrix} \begin{Bmatrix} u_1 \\ u_2 \\ u_{g,1} \\ u_{g,2} \end{Bmatrix}$$

(3) 영향행렬

$$[I_f] = -[K_{ss}]^{-1}[K_{sg}] = -\left(\frac{1}{k}\begin{bmatrix} 2 & -1 \\ -1 & 2 \end{bmatrix}^{-1}\right)\left(k\begin{bmatrix} -1 & 0 \\ 0 & -1 \end{bmatrix}\right) = \frac{1}{3}\begin{bmatrix} 2 & 1 \\ 1 & 2 \end{bmatrix}$$

(4) 유효지진하중

$$\begin{aligned} \{F_{eff}(t)\} &= -([M_{ss}][I_f] + [M_{sg}])\{\ddot{U}_g(t)\} \\ &= -\left(m\begin{bmatrix} 1 & 0 \\ 0 & 1 \end{bmatrix}\frac{1}{3}\begin{bmatrix} 2 & 1 \\ 1 & 2 \end{bmatrix}\right)\{\ddot{U}_g(t)\} = -\frac{m}{3}\begin{bmatrix} 2 & 1 \\ 1 & 2 \end{bmatrix}\{\ddot{U}_g(t)\} \end{aligned}$$

(5) 운동방정식

$$\begin{bmatrix} 1 & 0 \\ 0 & 1 \end{bmatrix}\begin{Bmatrix} \ddot{u}_1(t) \\ \ddot{u}_2(t) \end{Bmatrix} + k\begin{bmatrix} 2 & -1 \\ -1 & 2 \end{bmatrix}\begin{Bmatrix} u_1(t) \\ u_2(t) \end{Bmatrix} = -\frac{m}{3}\begin{bmatrix} 2 & 1 \\ 1 & 2 \end{bmatrix}\begin{Bmatrix} \ddot{u}_{g,1}(t) \\ \ddot{u}_{g,2}(t) \end{Bmatrix}$$

MATLAB/PYTHON: 6.4.3 모드중첩법 시간이력해석(ch06_modesuper, newmark)

다음과 같은 3자유도 구조물에 대해 모드중첩법을 사용한 시간이력해석을 수행하여라. 여기서 초기조건으로 정지상태를 가정하고, 모든 모드에 대해 $\xi = 0.05$를 사용하며, 입력 지진은 1940년 엘센트로(El Centro)에서 남북방향으로 계측된 지진을 사용하여라. (단위: 길이(m), 질량(kg), 하중(N))

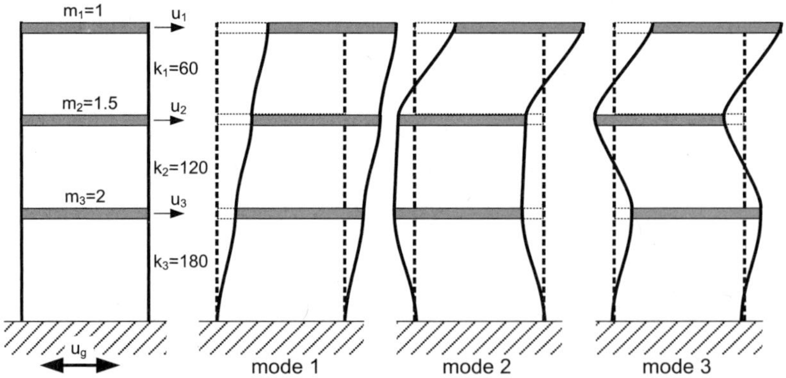

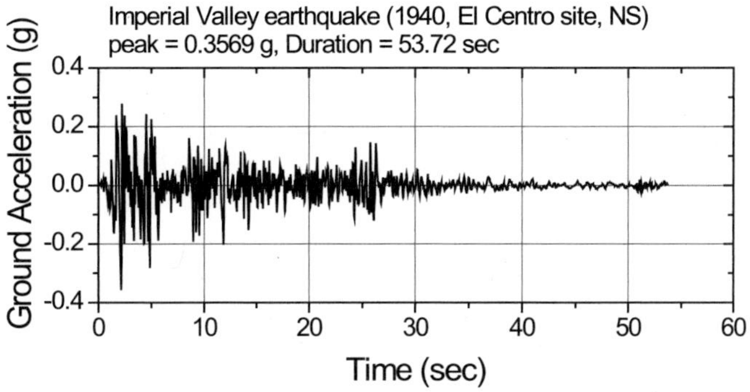

[풀이]

(1) 운동방정식

$$[M]\{\ddot{U}(t)\} + [C]\{\dot{U}(t)\} + [K]\{U(t)\} = \{F_{eff}(t)\}$$

여기서

$$\{F_{eff}(t)\} = -[M]\{1\}\ddot{u}_g(t)$$

$$\{U\} = \begin{Bmatrix} u_1 \\ u_2 \\ u_3 \end{Bmatrix} = \langle u_1 \quad u_2 \quad u_3 \rangle^T, \quad \{1\} = \begin{Bmatrix} 1 \\ 1 \\ 1 \end{Bmatrix} = \langle 1 \quad 1 \quad 1 \rangle^T$$

(2) 구조물의 질량행렬 및 강성행렬

$$[M] = \begin{bmatrix} 1.0 & 0 & 0 \\ 0 & 1.5 & 0 \\ 0 & 0 & 2.0 \end{bmatrix}, \quad [K] = 60\begin{bmatrix} 1 & -1 & 0 \\ -1 & 3 & -2 \\ 0 & -2 & 5 \end{bmatrix}$$

(3) 고유진동수와 자유진동모드

$$([K] - \omega^2[M])\{\Psi\} = \{0\}$$

$$\to \det([K] - \omega^2[M]) = 0$$

$$\to [\backslash\Omega^2\backslash] = \mathrm{diag}(\omega_1^2, \omega_2^2, \cdots, \omega_m^2)$$

$$\to [\Phi] = [\{\Psi^{(1)}\} \quad \{\Psi^{(2)}\} \quad \cdots \quad \{\Psi^{(m)}\}]$$

$$\therefore [\backslash\Omega^2\backslash] = \begin{bmatrix} 21.09 & 0 & 0 \\ 0 & 96.40 & 0 \\ 0 & 0 & 212.52 \end{bmatrix} \left(\frac{\mathrm{rad}^2}{\mathrm{sec}^2}\right), \quad [\bar{\Phi}] = \begin{bmatrix} -0.743 & -0.636 & 0.210 \\ -0.482 & 0.386 & -0.535 \\ -0.224 & 0.432 & 0.513 \end{bmatrix}$$

(4) 일반화된 질량

$$[\backslash\mu\backslash] = [\bar{\Phi}]^T[M][\bar{\Phi}] = [I] = \begin{bmatrix} 1 & 0 & 0 \\ 0 & 1 & 0 \\ 0 & 0 & 1 \end{bmatrix}$$

(5) 모드지진입력계수(또는 모드지진하중계수)

$$\{L\} = [\bar{\Phi}]^T[M]\{1\} = \begin{Bmatrix} -1.913 \\ 0.806 \\ 0.435 \end{Bmatrix}$$

(6) 모드참여질량

$$\mu_{ii}^* = \frac{L_i^2}{\mu_{ii}} = \begin{Bmatrix} 3.661 \\ 0.650 \\ 0.189 \end{Bmatrix}(\mathrm{kg}) \qquad \text{or} \qquad \alpha_i = \frac{L_i^2}{\mu_{ii}} \times \frac{100}{m^t} = \begin{Bmatrix} 3.661 \\ 0.650 \\ 0.189 \end{Bmatrix} \times \frac{100}{4.5} = \begin{Bmatrix} 81.4 \\ 14.4 \\ 4.2 \end{Bmatrix} (\%)$$

∴ 계산결과 두 번째 모드까지 사용할 경우 전체 질량($m^t = 4.5$ kg)의 95.8% (= 81.4 + 14.4)정도의 모드질량기여도(mass participation ratio)

→ 두 번째 모드까지만 사용 ($m = 2 < n = 3$)

(7) 모드별 모드좌표계 응답

$$\mu_{ii}\ddot{q}_i(t) + 2\xi_i\omega_i\mu_{ii}\dot{q}_i(t) + \omega_i^2\mu_{ii}q_i(t) = -L_i\ddot{u}_g(t) \qquad (i = 1,2)$$

$$\to \begin{bmatrix} \mu_{11} & 0 \\ 0 & \mu_{22} \end{bmatrix}\begin{Bmatrix} \ddot{q}_1(t) \\ \ddot{q}_2(t) \end{Bmatrix} + \begin{bmatrix} 2\xi_1\omega_1\mu_{11} & 0 \\ 0 & 2\xi_2\omega_2\mu_{22} \end{bmatrix}\begin{Bmatrix} \dot{q}_1(t) \\ \dot{q}_2(t) \end{Bmatrix} + \begin{bmatrix} \omega_1^2\mu_{11} & 0 \\ 0 & \omega_2^2\mu_{22} \end{bmatrix}\begin{Bmatrix} q_1(t) \\ q_2(t) \end{Bmatrix} = -\begin{Bmatrix} L_1\ddot{u}_g(t) \\ L_2\ddot{u}_g(t) \end{Bmatrix}$$

$$\to \begin{bmatrix} 1 & 0 \\ 0 & 1 \end{bmatrix}\begin{Bmatrix} \ddot{q}_1(t) \\ \ddot{q}_2(t) \end{Bmatrix} + \begin{bmatrix} 0.459 & 0 \\ 0 & 0.982 \end{bmatrix}\begin{Bmatrix} \dot{q}_1(t) \\ \dot{q}_2(t) \end{Bmatrix} + \begin{bmatrix} 21.088 & 0 \\ 0 & 96.396 \end{bmatrix}\begin{Bmatrix} q_1(t) \\ q_2(t) \end{Bmatrix} = \begin{Bmatrix} 1.913\ddot{u}_g(t) \\ -0.806\ddot{u}_g(t) \end{Bmatrix}$$

직접적분법을 사용하여, 각 모드별 응답인 $q_1(t)$와 $q_2(t)$를 구하면 다음과 같다.

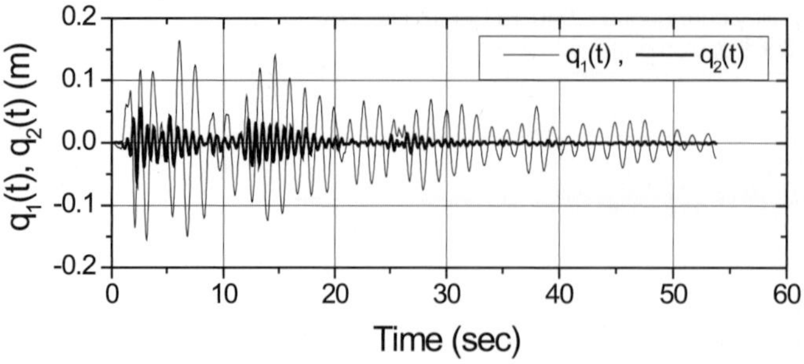

(8) 물리좌표계 응답

$$\{U(t)\} = [\Phi]\{Q(t)\} \rightarrow \begin{Bmatrix} u_1(t) \\ u_2(t) \\ u_3(t) \end{Bmatrix} = \left[\{\Psi^{(1)}\} \quad \{\Psi^{(2)}\}\right] \begin{Bmatrix} q_1(t) \\ q_2(t) \end{Bmatrix}$$

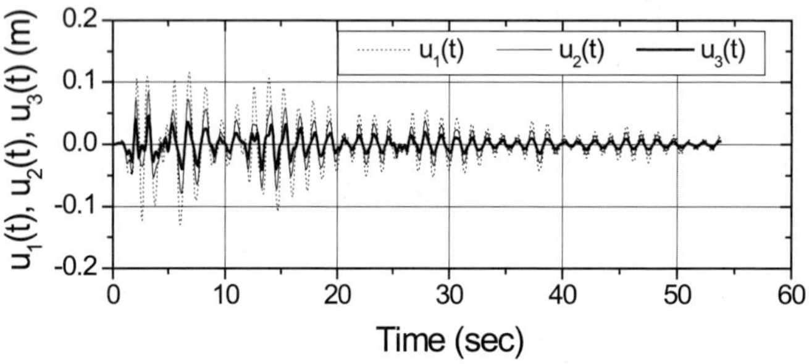

(9) 부재력

$$\{F_S(t)\} = [K]\{U(t)\} = [K][\Phi]\{Q(t)\} \rightarrow \begin{Bmatrix} f_{S,1}(t) \\ f_{S,2}(t) \\ f_{S,3}(t) \end{Bmatrix} = [K] \begin{Bmatrix} u_1(t) \\ u_2(t) \\ u_3(t) \end{Bmatrix}$$

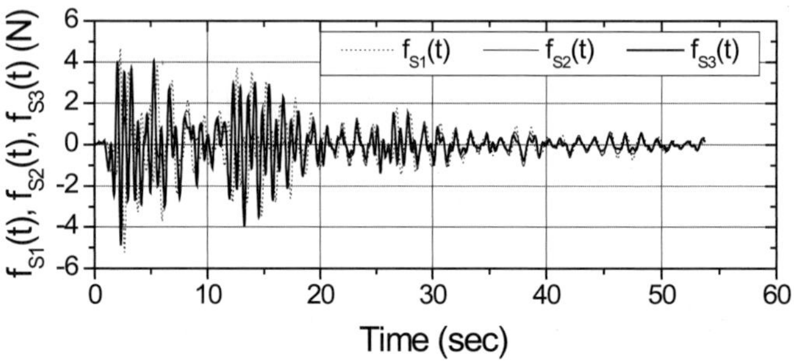

(10) 밑면전단력

$V(t) = \sum_{i=1}^{3} f_i(t) = f_{S,1}(t) + f_{S,2}(t) + f_{S,3}(t)$

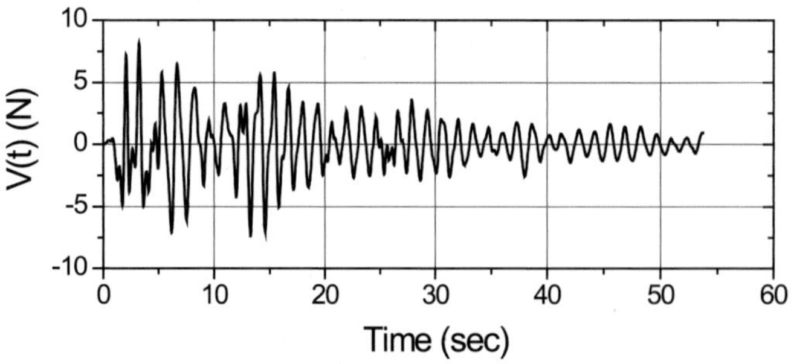

(11) 비교

		1개 모드 사용 $(m=1)<(n=3)$	2개 모드 사용 $(m=2)<(n=3)$	3개 모드 사용 $(m=n=3)$
모드참여질량비 $(R_m,\%)$	$\frac{\sum_{i=1}^{m}\mu_{ii}^*}{m^t}=\frac{\sum_{i=1}^{m}\frac{L_i^2}{\mu_{ii}}}{\sum_{i=1}^{n}\sum_{j=1}^{n}m_{ij}}$	81.4	95.8	100
최대 변위 (m)	$\begin{Bmatrix}u_{1,max}(t)\\u_{2,max}(t)\\u_{3,max}(t)\end{Bmatrix}$	$\begin{Bmatrix}0.1220\\0.0791\\0.0368\end{Bmatrix}$	$\begin{Bmatrix}0.1291\\0.0835\\0.0453\end{Bmatrix}$	$\begin{Bmatrix}0.1290\\0.0801\\0.0487\end{Bmatrix}$
최대 부재력 (N)	$\begin{Bmatrix}f_{S,1,max}(t)\\f_{S,2,max}(t)\\f_{S,3,max}(t)\end{Bmatrix}$	$\begin{Bmatrix}2.5733\\2.5034\\1.5535\end{Bmatrix}$	$\begin{Bmatrix}5.2163\\3.7807\\4.8924\end{Bmatrix}$	$\begin{Bmatrix}5.6504\\4.8857\\5.4156\end{Bmatrix}$
최대 밑면 전단력 (N)	V_{max}	6.6302	8.1571	8.7662

MATLAB/PYTHON: 6.4.4 직접적분법 시간이력해석 (ch06_directint, newmark)

다음과 같은 3자유도 구조물에 대해 직접적분법을 사용한 시간이력해석을 수행하여라. 여기서 초기조건으로 정지상태를 가정하고, 첫 번째 모드와 세 번째 모드에 대해 $\xi=0.05$인 레일리 감쇠행렬을 사용하며, 입력 지진은 1940년 엘센트로(El Centro)에서 남북방향으로 계측된 지진을 사용하여라. (단위: 길이(m), 질량(kg), 하중(N))

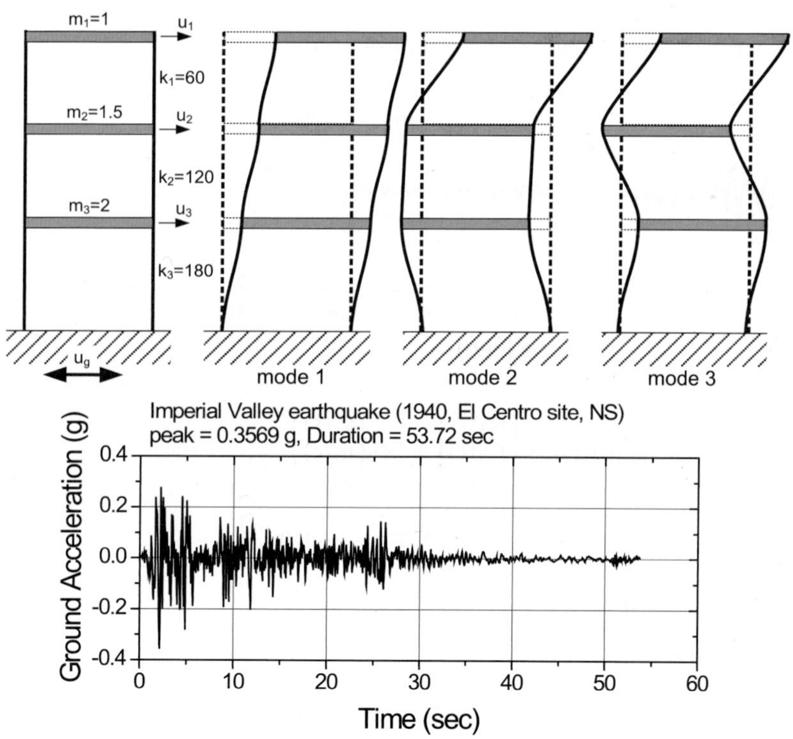

[풀이]

(1) 운동방정식

$$[M]\{\ddot{U}(t)\}+[C]\{\dot{U}(t)\}+[K]\{U(t)\}=\{F_{eff}(t)\}$$

여기서

$$\{F_{eff}(t)\}=-[M]\{1\}\ddot{u}_g(t)$$

$$\{U\} = \begin{Bmatrix} u_1 \\ u_2 \\ u_3 \end{Bmatrix} = \langle u_1 \quad u_2 \quad u_3 \rangle^T, \quad \{1\} = \begin{Bmatrix} 1 \\ 1 \\ 1 \end{Bmatrix} = \langle 1 \quad 1 \quad 1 \rangle^T$$

(2) 구조물의 질량행렬 및 강성행렬

$$[M] = \begin{bmatrix} 1.0 & 0 & 0 \\ 0 & 1.5 & 0 \\ 0 & 0 & 2.0 \end{bmatrix}, \quad [K] = 60 \begin{bmatrix} 1 & -1 & 0 \\ -1 & 3 & -2 \\ 0 & -2 & 5 \end{bmatrix}$$

(3) 고유진동수와 자유진동모드

$$([K] - \omega^2[M])\{\Psi\} = \{0\}$$
$$\rightarrow \det([K] - \omega^2[M]) = 0$$
$$\rightarrow [\backslash \Omega^2 \backslash] = \mathrm{diag}(\omega_1^2, \omega_2^2, \cdots, \omega_m^2)$$
$$\rightarrow [\Phi] = [\{\Psi^{(1)}\} \quad \{\Psi^{(2)}\} \quad \cdots \quad \{\Psi^{(m)}\}]$$
$$\therefore [\backslash \Omega^2 \backslash] = \begin{bmatrix} 21.09 & 0 & 0 \\ 0 & 96.40 & 0 \\ 0 & 0 & 212.52 \end{bmatrix} \left(\frac{\mathrm{rad}^2}{\mathrm{sec}^2}\right), \quad [\bar{\Phi}] = \begin{bmatrix} -0.743 & -0.636 & 0.210 \\ -0.482 & 0.386 & -0.535 \\ -0.224 & 0.432 & 0.513 \end{bmatrix}$$

(4) 일반화된 질량

$$[\backslash \mu \backslash] = [\bar{\Phi}]^T[M][\bar{\Phi}] = [I] = \begin{bmatrix} 1 & 0 & 0 \\ 0 & 1 & 0 \\ 0 & 0 & 1 \end{bmatrix}$$

(5) 감쇠행렬

$$\begin{Bmatrix} \xi_i \\ \xi_j \end{Bmatrix} = \frac{1}{2} \begin{bmatrix} \frac{1}{\omega_i} & \omega_i \\ \frac{1}{\omega_j} & \omega_j \end{bmatrix} \begin{Bmatrix} \alpha \\ \beta \end{Bmatrix} \rightarrow \begin{Bmatrix} 0.05 \\ 0.05 \end{Bmatrix} = \frac{1}{2} \begin{bmatrix} \frac{1}{\sqrt{21.09}} & \sqrt{21.09} \\ \frac{1}{\sqrt{212.52}} & \sqrt{212.52} \end{bmatrix} \begin{Bmatrix} \alpha \\ \beta \end{Bmatrix} \rightarrow \begin{Bmatrix} \alpha \\ \beta \end{Bmatrix} = \begin{Bmatrix} 0.3492 \\ 0.0052 \end{Bmatrix}$$

$$[C] = \alpha[M] + \beta[K] = 0.3492 \begin{bmatrix} 1.0 & 0 & 0 \\ 0 & 1.5 & 0 \\ 0 & 0 & 2.0 \end{bmatrix} + 0.0052 \left(60 \begin{bmatrix} 1 & -1 & 0 \\ -1 & 3 & -2 \\ 0 & -2 & 5 \end{bmatrix} \right) = \begin{bmatrix} 0.662 & -0.313 & 0 \\ -0.313 & 1.463 & -0.626 \\ 0 & -0.626 & 2.263 \end{bmatrix}$$

(6) 물리좌표계 응답

직접적분법을 사용하여 구한 운동방정식의 해는 다음과 같다.

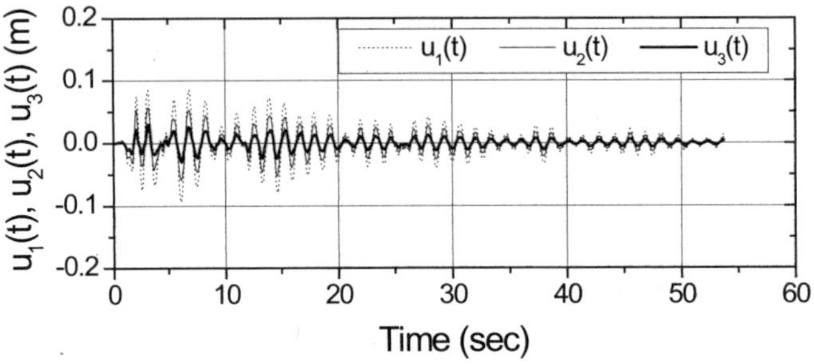

(7) 부재력

$$\{F_S(t)\} = [K]\{U(t)\} = [K][\Phi]\{Q(t)\} \rightarrow \begin{Bmatrix} f_{S,1}(t) \\ f_{S,2}(t) \\ f_{S,3}(t) \end{Bmatrix} = [K] \begin{Bmatrix} u_1(t) \\ u_2(t) \\ u_3(t) \end{Bmatrix}$$

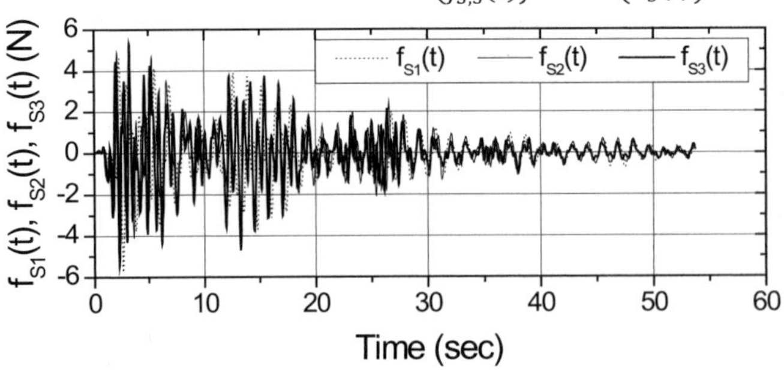

(8) 밑면전단력

$$V(t) = \sum_{i=1}^{3} f_i(t) = f_{S,1}(t) + f_{S,2}(t) + f_{S,3}(t)$$

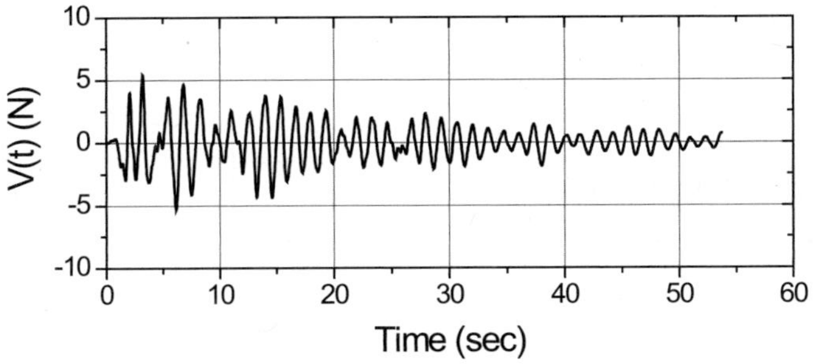

(9) 비교

		2개 모드 사용 $(m = 2) < (n = 3)$	3개 모드 사용 $(m = n = 3)$	직접적분법 뉴마크 방법
모드참여질량비 $(R_m, \%)$	$\frac{\sum_{i=1}^{m} \mu_{ii}^*}{m^t} = \frac{\sum_{i=1}^{m} \frac{L_i^2}{\mu_{ii}}}{\sum_{i=1}^{n} \sum_{j=1}^{n} m_{ij}}$	95.8	100	
최대 변위 (m)	$\begin{Bmatrix} u_{1,max}(t) \\ u_{2,max}(t) \\ u_{3,max}(t) \end{Bmatrix}$	$\begin{Bmatrix} 0.1291 \\ 0.0835 \\ 0.0453 \end{Bmatrix}$	$\begin{Bmatrix} 0.1290 \\ 0.0801 \\ 0.0487 \end{Bmatrix}$	$\begin{Bmatrix} 0.1283 \\ 0.0811 \\ 0.0500 \end{Bmatrix}$
최대 부재력 (N)	$\begin{Bmatrix} f_{S,1,max}(t) \\ f_{S,2,max}(t) \\ f_{S,3,max}(t) \end{Bmatrix}$	$\begin{Bmatrix} 5.2163 \\ 3.7807 \\ 4.8924 \end{Bmatrix}$	$\begin{Bmatrix} 5.6504 \\ 4.8857 \\ 5.4156 \end{Bmatrix}$	$\begin{Bmatrix} 5.7561 \\ 4.9333 \\ 5.3269 \end{Bmatrix}$
최대 밑면 전단력 (N)	V_{max}	8.1571	8.7662	9.0025

MATLAB/PYTHON: 6.4.5 다지지점 지진입력 (ch06_multiinput, newmark)

다음과 같은 3자유도 구조물이 있다. 다지지점 입력지진을 고려한 시간이력해석을 직접적분법을 사용하여 수행하여라. 여기서 해석에 필요한 기본 가정과 조건은 다음과 같다.

(1) 초기조건으로 정지상태를 가정

(2) 첫 번째 모드와 세 번째 모드에 대해 $\xi = 0.05$인 레일리 감쇠행렬

(3) 다지지점 입력지진으로 지지점 별로 동일한 엘센트로 지진을 사용

(4) 단위: 길이(m), 질량(kg), 하중(N)

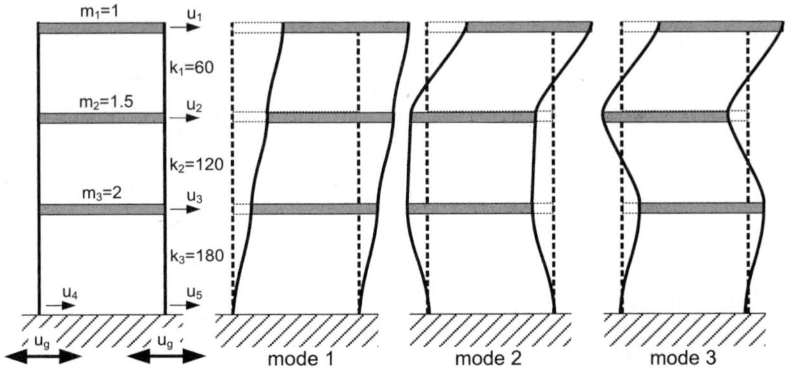

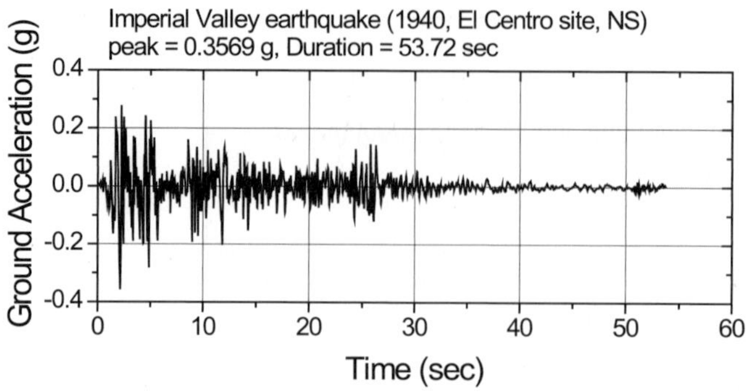

[풀이]

(1) 운동방정식

$$[M_{ss}]\{\ddot{U}_s(t)\}+[C_{ss}]\{\dot{U}_s(t)\}+[K_{ss}]\{U_s(t)\}=\{F_{eff}(t)\}$$

여기서

$$\{F_{eff}(t)\}=-[M_{ss}][I_f]\{\ddot{U}_g(t)\}$$

$$\{U_s\}=\begin{Bmatrix}u_1\\u_2\\u_3\end{Bmatrix}=\langle u_1 \quad u_2 \quad u_3\rangle^T,\quad [I_f]=-[K_{ss}]^{-1}[K_{sg}]$$

(2) 구조물의 질량행렬, 감쇠행렬, 강성행렬

$$[K]=\begin{bmatrix}k_1 & -k_1 & \square & \square & \square\\ -k_1 & k_1+k_2 & -k_2 & \square & \square\\ \square & -k_2 & k_2+k_3 & -\frac{1}{2}k_3 & -\frac{1}{2}k_3\\ \square & \square & -\frac{1}{2}k_3 & \frac{1}{2}k_3 & \square\\ \square & \square & -\frac{1}{2}k_3 & \square & \frac{1}{2}k_3\end{bmatrix}=60\begin{bmatrix}1 & -1 & \square & \square & \square\\ -1 & 3 & -2 & \square & \square\\ \square & -2 & 5 & -\frac{3}{2} & -\frac{3}{2}\\ \square & \square & -\frac{3}{2} & \frac{3}{2} & \square\\ \square & \square & -\frac{3}{2} & \square & \frac{3}{2}\end{bmatrix}$$

$$\rightarrow [K_{ss}]=60\begin{bmatrix}1 & -1 & 0\\ -1 & 3 & -2\\ 0 & -2 & 5\end{bmatrix},\quad [K_{sg}]=60\begin{bmatrix}0 & 0\\ 0 & 0\\ -\frac{3}{2} & -\frac{3}{2}\end{bmatrix}$$

$$[M_{ss}]=\begin{bmatrix}1.0 & 0 & 0\\ 0 & 1.5 & 0\\ 0 & 0 & 2.0\end{bmatrix}$$

$$[C]=\alpha[M]+\beta[K]=0.3492\begin{bmatrix}1.0 & 0 & 0\\ 0 & 1.5 & 0\\ 0 & 0 & 2.0\end{bmatrix}+0.0052\left(60\begin{bmatrix}1 & -1 & 0\\ -1 & 3 & -2\\ 0 & -2 & 5\end{bmatrix}\right)=\begin{bmatrix}0.662 & -0.313 & 0\\ -0.313 & 1.463 & -0.626\\ 0 & -0.626 & 2.263\end{bmatrix}$$

(3) 영향행렬

$$[I_f]=-[K_{ss}]^{-1}[K_{sg}]=\begin{bmatrix}0.5 & 0.5\\ 0.5 & 0.5\\ 0.5 & 0.5\end{bmatrix}$$

(4) 유효지진하중

$$\{F_{eff}(t)\}=-[M_{ss}][I_f]\{\ddot{U}_g(t)\}$$

(5) 동적변위 산정

다지점 지진입력에 관한 운동방정식을 풀어서 구한, 3층에서의 변위 $u_1(t)$는 다음과 같다. 여기서 다지지점 입력지진으로 동일한 지진을 사용하였으므로, 균등 지진입력 지진해석 결과와 거의 동일한 결과인 것을 알 수 있다.

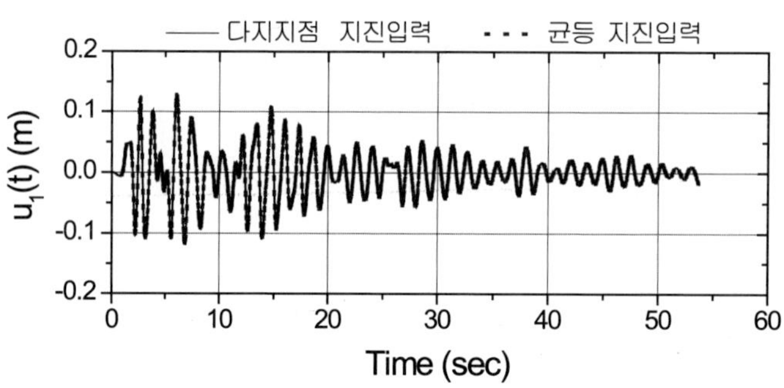

(6) 부재력

$$\{F_S(t)\} = [K_{ss}]\{U_s(t)\} \rightarrow \begin{Bmatrix} f_{S,1}(t) \\ f_{S,2}(t) \\ f_{S,3}(t) \end{Bmatrix} = [K_{ss}] \begin{Bmatrix} u_{s,1}(t) \\ u_{s,2}(t) \\ u_{s,3}(t) \end{Bmatrix}$$

3층에서의 부재력 $f_{S,1}(t)$는 다음과 같다. 다지지점 입력지진으로 동일한 지진을 사용하였으므로, 균등 지진입력 지진해석결과와 거의 동일한 결과인 것을 알 수 있다.

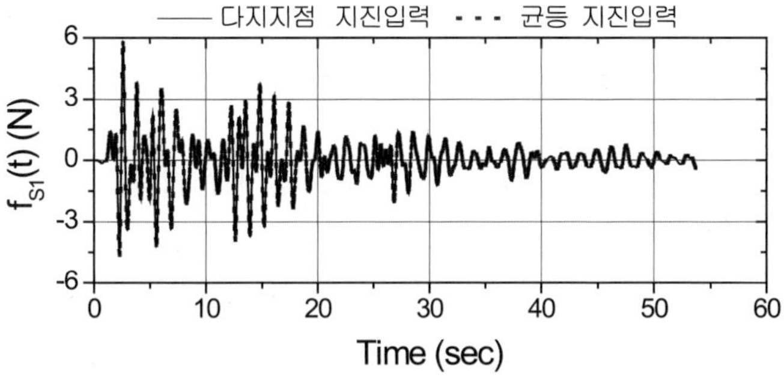

(7) 지점반력(또는 밑면전단력)

$$\{F_{Sg}(t)\} = [K_{sg}]^T\{U_s(t)\} + \{F_g^s(t)\}$$

여기서 $u_g(t) = u_{g,1}(t) = u_{g,2}(t)$이므로(즉, 동일한 지진을 다지지점 입력지진으로 사용하였으므로),

$$\begin{aligned}\{F_S^g(t)\} &= [K_{sg}]^T\{U_s^s(t)\} + [K_{gg}]\{U_g(t)\} \\ &= \left([K_{sg}]^T[I_f] + [K_{gg}]\right)\{U_g(t)\} \\ &= \begin{bmatrix} 45 & -45 \\ -45 & 45 \end{bmatrix} \begin{Bmatrix} u_{g,1}(t) \\ u_{g,2}(t) \end{Bmatrix} \\ &= \begin{Bmatrix} 0 \\ 0 \end{Bmatrix}\end{aligned}$$

따라서

$$\{F_{Sg}(t)\} = \begin{Bmatrix} f_{Sg,1}(t) \\ f_{Sg,2}(t) \end{Bmatrix} = [K_{sg}]^T\{U_s(t)\}$$

이므로, 총밑면전단력은 다음과 같이 지점반력들의 합으로, 균등 입력지진을 사용한 결과와 거의 동일하다.

$$V(t) = -\sum_{i=1}^{2} f_{Sg,i}(t) = -f_{Sg,1}(t) - f_{Sg,2}(t)$$

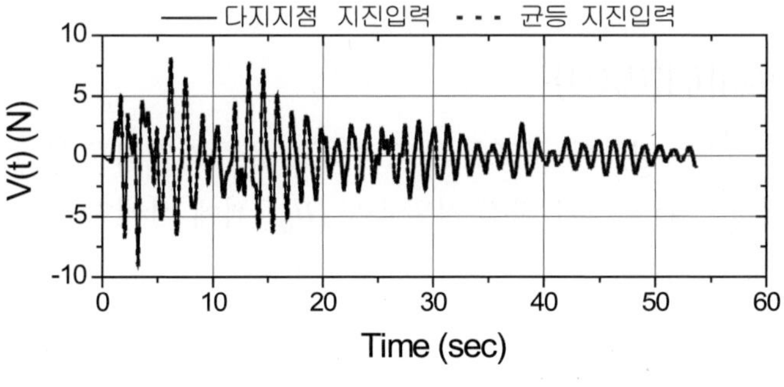

이야기: 다지지점 지반변위입력을 사용하는 이유

다지지점 지진입력의 경우, 지점 지반변위를 입력하는 것이 지점 지반가속도를 입력하는 것보다 정확한 이유는?

(1) 단자유도계 운동방정식 (참조: 1.3.5절 운동방정식의 유도)

$$m\ddot{u}^t + c(\dot{u}^t - \dot{u}_g) + k(u^t - u_g) = 0 \quad \text{여기서 } u^t = u_g + u$$

→ 상대변위 운동방정식: $m\ddot{u} + c\dot{u} + ku = -m\ddot{u}_g$

→ 절대변위 운동방정식: $m\ddot{u}^t + c\dot{u}^t + ku^t = c\dot{u}_g + ku_g$

여기서 상대변위 운동방정식의 경우에는 지반가속도를 입력으로 사용하고, 절대변위 운동방정식의 경우에는 지반속도와 지반변위를 입력으로 사용한다. 즉, 지점 지반가속도($\ddot{u}_g$)를 지진입력으로 하는 경우에 구조물의 응답은 상대변위(u)이며, 지점 지반변위(u_g)를 지진입력으로 하는 경우에 구조물의 응답은 절대변위(u^t)이다.

(2) 다지지점 지진입력의 다자유도계 운동방정식 (참조: 6.4.5절 다지지점 지진입력)

$$\begin{bmatrix} M_{ss} & M_{sg} \\ M_{sg}^T & M_{gg} \end{bmatrix} \begin{Bmatrix} \ddot{U}_s^t(t) \\ \ddot{U}_g(t) \end{Bmatrix} + \begin{bmatrix} C_{ss} & C_{sg} \\ C_{sg}^T & C_{gg} \end{bmatrix} \begin{Bmatrix} \dot{U}_s^t(t) \\ \dot{U}_g(t) \end{Bmatrix} + \begin{bmatrix} K_{ss} & K_{sg} \\ K_{sg}^T & K_{gg} \end{bmatrix} \begin{Bmatrix} U_s^t(t) \\ U_g(t) \end{Bmatrix} = \begin{Bmatrix} 0 \\ F_g(t) \end{Bmatrix}$$

(2.1) 상대변위 운동방정식

운동방정식의 첫 번째 행을 전개한 후, 절대변위($\{U_s^t(t)\}$)를 유사정적변위($\{U_s^s(t)\}$)와 (상대) 동적변위($\{U_s(t)\}$)의 합으로 구분하여 나타내면(즉, $\{U_s^t(t)\} = \{U_s^s(t)\} + \{U_s(t)\}$로 나타내면) 다음과 같다.

$$[M_{ss}]\{\ddot{U}_s(t)\} + [C_{ss}]\{\dot{U}_s(t)\} + [K_{ss}]\{U_s(t)\} = \{F_{eff}(t)\}$$

여기서

$$\{F_{eff}(t)\} = -([M_{ss}][I_f] + [M_{sg}])\{\ddot{U}_g(t)\} - ([C_{ss}][I_f] + [C_{sg}])\{\dot{U}_g(t)\}$$

질량에 대한 지반-구조물 상호작용을 고려하지 않으며(즉, $[M_{sg}] = [0]$), 감쇠행렬을 강성비례 감쇠행렬로 가정하거나 감쇠력항을 관성력항에 비해 무시할 수 있다고 가정하면, 다음과 같다.

$$\{F_{eff}(t)\} \approx -[M_{ss}][I_f]\{\ddot{U}_g(t)\}$$

지점 지반가속도를 지진입력으로 하는 경우에 구조물에 작용하는 유효지진하중 $\{F_{eff}(t)\}$는 지점 지반가속도 $\{\ddot{U}_g(t)\}$에 비례하는 관성력과 지점 지반속도 $\{\dot{U}_g(t)\}$에 비례하는 감쇠력의 합으로 나타난다. 질량에 대한 지반-구조물 상호작용을 고려하지 않고(즉, $[M_{sg}] = [0]$이고), 감쇠력항을 관성력항에 비해 무시할 수 있다고 가정하면, 유효지진하중을 지점 지반가속도만을 사용하여 간략하게 나타낼 수 있다.

(2.2) 절대변위 운동방정식

운동방정식의 첫 번째 행을 전개한 후, 절대변위에 대해 나타내면 다음과 같다.

$$[M_{ss}]\{\ddot{U}_s^t(t)\} + [C_{ss}]\{\dot{U}_s^t(t)\} + [K_{ss}]\{U_s^t(t)\} = \{F_{eff}(t)\}$$

여기서

$$\{F_{eff}(t)\} = -[M_{sg}]\{\ddot{U}_g(t)\} - [C_{sg}]\{\dot{U}_g(t)\} - [K_{sg}]\{U_g(t)\}$$

질량에 대한 지반-구조물 상호작용을 고려하지 않으면(즉, $[M_{sg}] = [0]$이면), 다음과 같다.

$$\{F_{eff}(t)\} = -[C_{sg}]\{\dot{U}_g(t)\} - [K_{sg}]\{U_g(t)\}$$

지점 지반가속도 대신에 지점 지반변위를 지진입력으로 하는 경우에 유효지진하중 $\{F_{eff}(t)\}$는 질량에 대한 지반-구조물 상호작용을 고려하지 않으면(즉, $[M_{sg}] = [0]$이면), 지점 지반속도 $\{\dot{U}_g(t)\}$에 비례하는 감쇠력과 지점 지반변위 $\{U_g(t)\}$에 비례하는 복원력의 합으로 나타난다. 따라서 절대변위 운동방정식에서는 지반변위로 복원력을 구하고, 지반변위를 미분한 지반속도로 감쇠력를 구하면, 감쇠력항을 무시한 상대변위 운동방정식의 유효지진하중보다 정확한 유효지진하중을 구할 수 있다.

이야기: 입력 지진의 상관계수와 통계적 독립

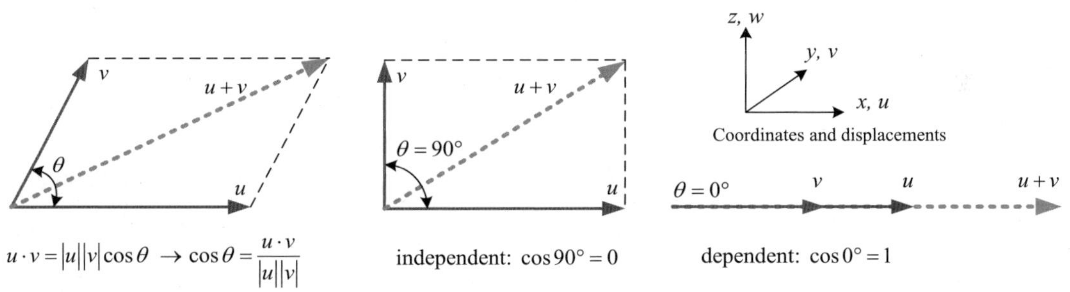

그림 C6.4.1 독립과 종속

실제 강진의 각 성분들에 관한 상관계수는 일반적으로 0.16미만이다*†. 따라서 내진설계기준에서 상관계수가 0.16미만인 지진을 서로 통계적으로 독립인 것으로 간주한다‡§. 두 지진성분의 상관계수가 1에 가까우면 서로 종속이므로, 평면 대칭형 구조물의 경우에 각 방향에 대

* U.S. Nuclear Regulatory Commission (2007.03). RG 1.208: A Performance-Based Approach to Define the Site-Specific Earthquake Ground Motion 에서 정의한 상관계수는 다음과 같다.

$\rho_{xy} = \left[\frac{1}{n}\sum_{i=1}^{n}(X_i - \bar{x})(Y_i - \bar{y})\right] / [\sigma_x \sigma_y]$

여기서 n은 가속도 시간이력 데이터의 개수, X와 Y는 가속도 시간이력, $\bar{x}$와 $\bar{y}$는 평균값, 그리고 σ_x와 σ_y는 X와 Y의 표준편차이다.

† Chang Chen (1975.02). Definition of Statistically Independent Time Histories, 1(2), 449-451, Journal of the Structural Division, ASCE.
U.S. Nuclear Regulatory Commission (2007). Standard Review Plan: 3.7.1 Seismic Design Parameters.

‡ KDS 17 10 00: 2024, 내진설계 일반, 국토교통부
4.2.1 지반운동
4.2.1.3 설계지반운동의 정의와 고려 사항
(4) 설계지반운동은 통계학적으로 독립인 수평 2축운동과 수직운동으로 정의한다.
(해설)... 지반운동 시간이력에서 통계적으로 독립인 조건은 상관계수가 일정 값 이하인 것으로 표현하며, 일반적으로 0.16 이하가 되도록 한다....

§ ASCE 4 (Seismic Analysis of Safety-Related Nuclear Structures and Commentary, 2016) 및 KEPIC STB (지진해석 및 내진성능 평가, 2015)에서는 면진구조물에 대해 부지고유의 특성을 가진 실제 지진 또는 유사한 지진을 사용하도록 규정하고 있으므로, 상관계수가 0.16보다 작은 값을 사용하여야 한다.

해 거의 유사한 응답이 나올 수 있다. 물론 입력지진의 상관계수에 따라 응답이 커질 수도 작아질 수도 있지만, 실제 강지진의 성분들은 서로 독립이므로 이를 설계에 반영하는 것이 실제 현상에 부합할 것이다. 더욱이 각 방향별 입력 지진을 독립으로 가정하면, 각 응답도 독립으로 가정할 수 있으므로, 각 방향별로 독립적으로 해석하여 응답을 구한 후, SRSS 등을 사용하여 편리하게 응답을 조합할 수도 있을 것이다. 다만 비선형해석에서 각 성분별 조합으로 SRSS 등을 사용하는 것은 이론상 무리가 있다. 따라서 비선형해석에 대해서는 상관계수가 작은(즉, 통계적으로 독립인) 지진입력을 구한 후 각 성분으로 동시에 구조물을 가진하여 SRSS 등의 조합을 사용하지 않은 최대응답을 구할 필요가 있다.

6.5 [해석] 응답스펙트럼해석

6.5.1 응답스펙트럼

'응답스펙트럼(response spectrum, RS)'이란 특정한 밑면 가진(예: 지반운동 또는 지반가속도)에 대한 고유진동수(또는 고유주기)와 감쇠비가 다른 단자유도계들의 최대응답을 나타낸다. 여기서 스펙트럼이란 진동수(또는 주기)의 크기에 따른 가로축 배열을 의미하고, 세로축에 나타낸 단자유도계의 최대 변위 응답, 최대 속도 응답 및 최대 가속도 응답을 각각 '스펙트럼 변위(spectral displacement)', '스펙트럼 속도(spectral velocity)' 및 '스펙트럼 가속도(spectral acceleration)'라 한다. 응답스펙트럼은 1941년 M.A. Biot(1905-1985)와 G.W. Housner(1910-2008)에 의해 처음 소개되었다(B. Mohraz, 1976). 특정 지진에 대해 단자유도 구조물이 갖는 응답(변위, 속도, 가속도)은 감쇠비가 일정한 경우에 고유진동수에 따라 변한다. 서로 다른 고유진동수를 갖는 단자유도 구조물의 최대 응답을 크기로 하고, 고유진동수(또는 고유주기)를 가로축으로 하여 그린 그림을 응답스펙트럼이라 한다. 따라서 특정 지진에 대해 응답스펙트럼을 구하면, 이 응답스펙트럼을 이용하여 단자유도 구조물이 아닌 다자유도 구조물의 각 모드별 최대 응답도 구할 수 있다. 각 모드별 최대 응답을 적당한 방법에 의해 조합하면 구조물의 최대 거동을 쉽게 예측할 수 있으며, 이러한 해석법을 '응답스펙트럼해석법(response spectrum analysis method)'이라 한다.

다음에 El Centro(1940) 지진을 지반가속도로 가속도 응답스펙트럼을 구하는 개념적인 절차를 나타냈다. 여기서 응답스펙트럼의 크기는 고유진동수 ω_n 또는 고유주기 T_n 과 감쇠비 ξ 만의 함수이다. 따라서 질량 m 또는 강성 k의 절대적인 크기와는 무관하며, 단자유도계의 질량 m과 강성 k의 비율(즉, $\sqrt{k/m}$)이 중요하다.

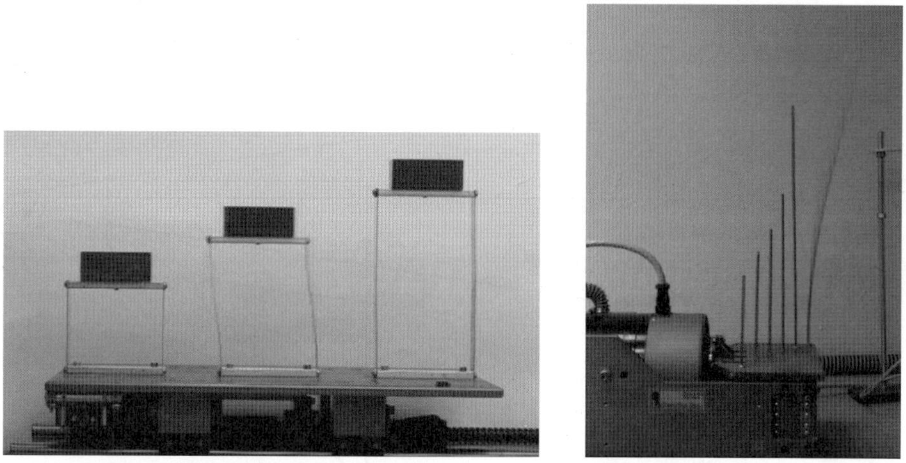

(a) 단자유도계 Sweep 진동대 시험 [animation]　　(b) 빌딩 Sweep 진동대 시험 [animation]

그림 6.5.1a 특정 가진에 공진하는 단자유도계 진동대 시험

(출처: YouTube; 좌측: SDOF Resonance Vibration Test; 우측: Building Resonant Frequency Model)

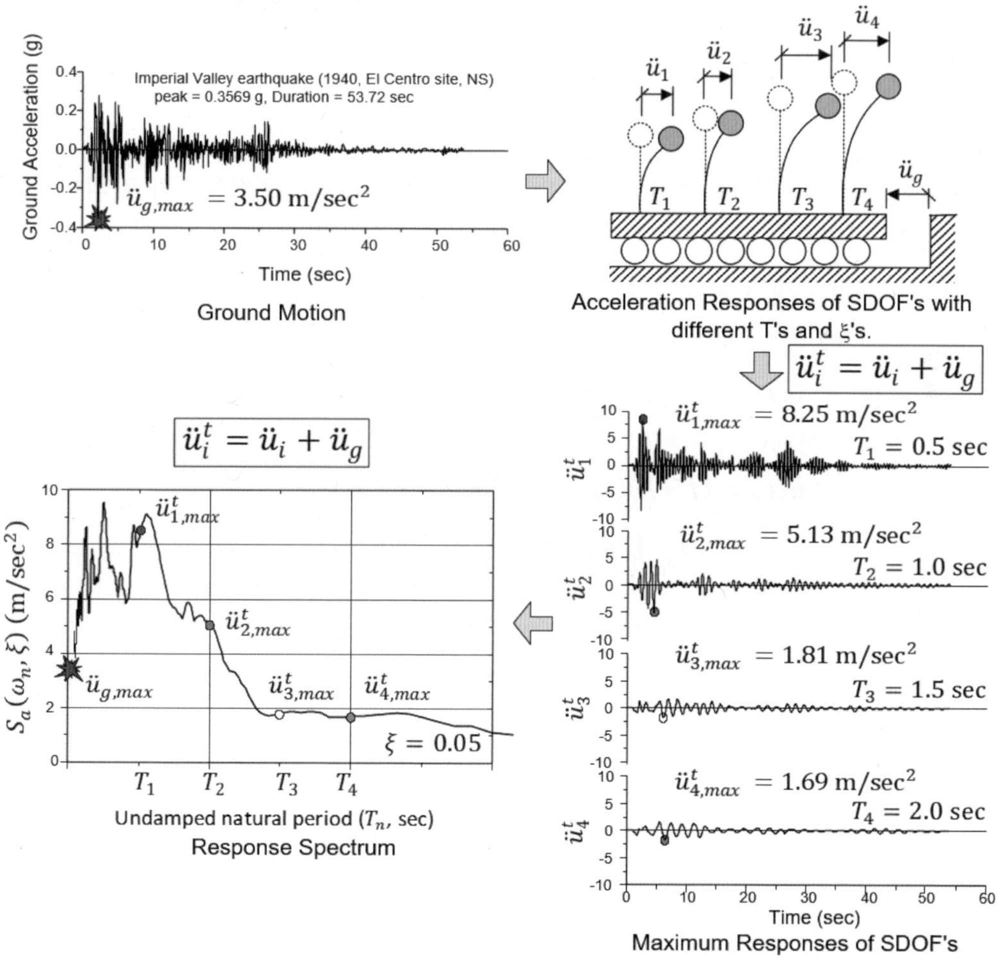

그림 6.5.1b 응답스펙트럼 작성절차의 개념도

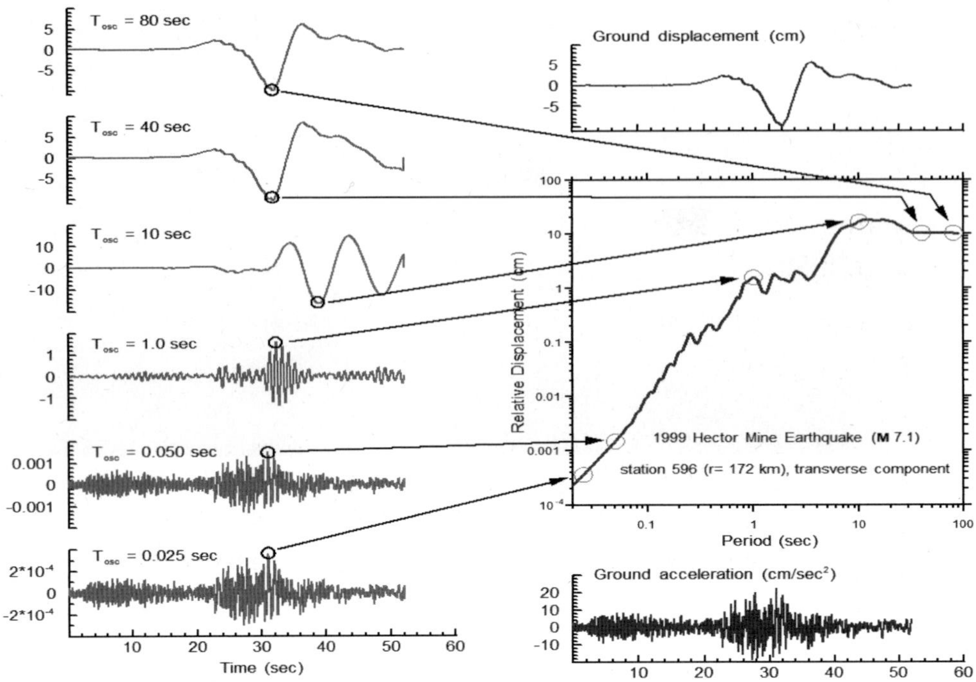

그림 6.5.1c 응답스펙트럼 작성 예

특정한 지진 가속도에 대한 구조물의 응답은 구조물의 고유진동수와 감쇠비가 주어지면, 수치해석 기법으로 구할 수 있으며, 이로부터 구조물의 최대 응답도 구할 수 있다. 지반운동에 대한 단자유도계의 운동방정식은 다음과 같다.

$$m\ddot{u}(t) + c\dot{u}(t) + ku(t) = -m\ddot{u}_g(t)$$

또는 $$\ddot{u}(t) + 2\xi\omega_n\dot{u}(t) + \omega_n^2 u(t) = -\ddot{u}_g(t)$$

구조계가 정지된 상태에서 지진이 발생했다면, 이 방정식의 해(상대변위)는 다음과 같으며,

$$u(t) = (f * h)(t) = f(t) \otimes h(t)$$
$$= -\frac{1}{\omega_d}\int_0^t \ddot{u}_g(\tau)e^{-\xi\omega_n(t-\tau)}\sin\omega_d(t-\tau)d\tau$$

이를 미분한 상대속도는 다음과 같다.

$$\dot{u}(t) = -\frac{\omega_n}{\omega_d}\int_0^t \ddot{u}_g(\tau)e^{-\xi\omega_n(t-\tau)}\cos\{\omega_d(t-\tau) - \phi\}d\tau \quad \text{여기서 } \phi = \tan^{-1}\frac{\xi}{\sqrt{1-\xi^2}}$$

여기서 $*$는 합성(convolution, 중첩적분); $h(t)$는 충격응답함수; ω_n는 구조물의 고유진동수; ξ는 감쇠비; ω_d는 감쇠고유진동수이다.

지진가속도의 형태로 지반운동이 주어졌을 때, 주어진 지진에 의한 단자유도계의 최대 응답(즉, 최대 상대변위, 최대 상대속도, 최대 절대가속도)에 대해 다음 세 가지 형태 ($S_d(\omega_n,\xi), S_v(\omega_n,\xi), S_a(\omega_n,\xi)$)의 응답스펙트럼으로 정의할 수 있다.

(1) 변위 응답스펙트럼(displacement response spectrum): $S_d(\omega_n, \xi)$ = 최대 상대변위

$$S_d(\omega_n, \xi) = \max_t |u(t)| = \max_t \left| -\frac{1}{\omega_d} \int_0^t \ddot{u}_g(\tau) e^{-\xi\omega_n(t-\tau)} \sin \omega_d(t-\tau) d\tau \right|$$

(2) 속도 응답스펙트럼(velocity response spectrum): $S_v(\omega_n, \xi)$ = 최대 상대속도

$$S_v(\omega_n, \xi) = \max_t |\dot{u}(t)| = \max_t \left| -\frac{\omega_n}{\omega_d} \int_0^t \ddot{u}_g(\tau) e^{-\xi\omega_n(t-\tau)} \cos\{\omega_d(t-\tau) - \phi\} d\tau \right|$$

(3) 가속도 응답스펙트럼(acceleration response spectrum): $S_a(\omega_n, \xi)$ = 최대 절대가속도

$$S_a(\omega_n, \xi) = \max_t |\ddot{u}^t(t)| = \max_t |\ddot{u}(t) + \ddot{u}_g(t)| = \max_t |-2\xi\omega_n \dot{u}(t) - \omega_n^2 u(t)|$$

여기서 변위와 속도에 대한 응답스펙트럼에서는 최대 상대변위와 최대 상대속도를 사용하는 반면에, 가속도에 대한 응답스펙트럼에서는 최대 절대가속도를 사용한다. 이것은 지진이 구조물에 작용할 때, 구조물의 상대변위와 상대속도가 구조물에 복원력과 감쇠력을 발생시키는 데 반해, 가속도의 경우 구조물의 절대가속도가 관성력을 유발하기 때문이다.

일반적으로 건설 및 기계 구조물들은 감쇠비(ξ)가 0.2보다 작으며, 이 경우에 다음과 같이 $\omega_d \approx \omega_n$으로 근사할 수 있다.

$$(\omega_d)_{\xi=0.2} = \left(\omega_n \sqrt{1-\xi^2}\right)_{\xi=0.2} = 0.9798\omega_n \approx \omega_n$$

변위와 속도 응답스펙트럼에서 ξ가 작다고 가정하여 $\omega_d \approx \omega_n$로 근사하고, 위상각 ϕ의 영향을 무시하며, 가속도 응답스펙트럼에서 $-2\xi\omega_n\dot{u}(t)$항을 무시하면 다음 세 가지 형태($S_{pd}(\omega_n, \xi), S_{pv}(\omega_n, \xi), S_{pa}(\omega_n, \xi)$)의 유사 응답스펙트럼을 정의할 수 있다.

(1) 유사변위 응답스펙트럼(pseudo-displacement response spectrum): $S_{pd}(\omega_n, \xi)$

$$S_{pd}(\omega_n, \xi) = \max_t \left| -\frac{1}{\omega_n} \int_0^t \ddot{u}_g(\tau) e^{-\xi\omega_n(t-\tau)} \sin \omega_n(t-\tau) d\tau \right|$$

(2) 유사속도 응답스펙트럼(pseudo-velocity response spectrum): $S_{pv}(\omega_n, \xi)$

$$S_{pv}(\omega_n, \xi) = \max_t \left| -\int_0^t \ddot{u}_g(\tau) e^{-\xi\omega_n(t-\tau)} \cos \omega_n(t-\tau) d\tau \right|$$

(3) 유사가속도 응답스펙트럼(pseudo-acceleration response spectrum): $S_{pa}(\omega_n, \xi)$

$$S_{pa}(\omega_n, \xi) = \max_t |-\omega_n^2 u(t)|$$

여기서 유사변위, 유사속도 및 유사가속도에서 유사(pseudo)라는 접두어를 사용한 이유는, 지진과 같은 가진 하중에 대해 일반적인 진동수와 감쇠 범위 내에서 유사변위, 유사속도 및 유사가속도는 각각 최대 상대변위, 최대 상대속도 및 최대 절대가속도라고 가정할 수는 있지만, 엄밀한 의미에서 동일하지는 않기 때문이다(Hudson, 1979).

만약 $\xi = 0$이라면 응답스펙트럼과 유사 응답스펙트럼은 서로 일치한다.

$$S_d(\omega_n, \xi) = S_{pd}(\omega_n, \xi)$$
$$S_v(\omega_n, \xi) = S_{pv}(\omega_n, \xi)$$
$$S_a(\omega_n, \xi) = S_{pa}(\omega_n, \xi)$$

이러한 유사 응답스펙트럼은 감쇠가 0일 경우 응답스펙트럼과 일치하며, 감쇠가 작은 구조물의 경우 응답스펙트럼과 차이가 크지 않으므로 널리 사용된다. 유사 응답스펙트럼의 개념은 설계응답스펙트럼을 작성하기 위해서도 사용되고 있지만, 정확한 응답해석이 필요한 경우에는 유사 응답스펙트럼보다는 응답스펙트럼을 직접 계산하여 사용하는 것이 바람직하다.

$S_d(\omega_n,\xi)$ (즉, 최대 상대변위)는 $\omega \rightarrow 0$일 경우(즉, $T \rightarrow \infty$이며, 정적 응답인 경우), 최대 지반변위에 점근하며, $S_a(\omega_n,\xi)$ (즉, 최대 가속도)는 $\omega \rightarrow \infty$일 경우(즉, $T \rightarrow 0$이며, 동적 응답이 지배적인 경우), 최대 지반가속도에 점근한다.

$$\lim_{\omega\rightarrow 0} S_d(\omega_n,\xi) \approx \max_t |u_g(t)|$$

$$\lim_{\omega\rightarrow \infty} S_a(\omega_n,\xi) \approx \max_t |\ddot{u}_g(t)|$$

특정 지진에 대하여 고유진동수가 ω_n이고 감쇠비가 ξ인 구조물의 지반에 대한 최대 상대변위는 변위 응답스펙트럼 $S_d(\omega_n,\xi)$으로부터 구할 수 있고, 다음 식을 사용하여 구조물에 발생하는 최대 부재력을 구할 수 있다.

$$f_S(t) = ku(t)$$

구조물의 최대 가속도는 유사가속도 응답스펙트럼 $S_a(\omega_n,\xi)$으로부터 구할 수 있으며, 다음 식을 이용하면 구조물에 발생하는 최대 관성력을 구할 수 있다.

$$f_I(t) = m\ddot{u}^t(t) = m\{\ddot{u}(t) + \ddot{u}_g(t)\}$$

유사변위, 유속속도 및 유사가속도 응답스펙트럼들 사이의 관계는 다음과 같다.

$$S_{pa}(\omega_n,\xi)/\omega_n = S_{pv}(\omega_n,\xi) = \omega_n S_{pd}(\omega_n,\xi)$$

또는

$$\frac{T_n}{2\pi} S_{pa}(\omega_n,\xi) = S_{pv}(\omega_n,\xi) = \frac{2\pi}{T_n} S_{pd}(\omega_n,\xi)$$

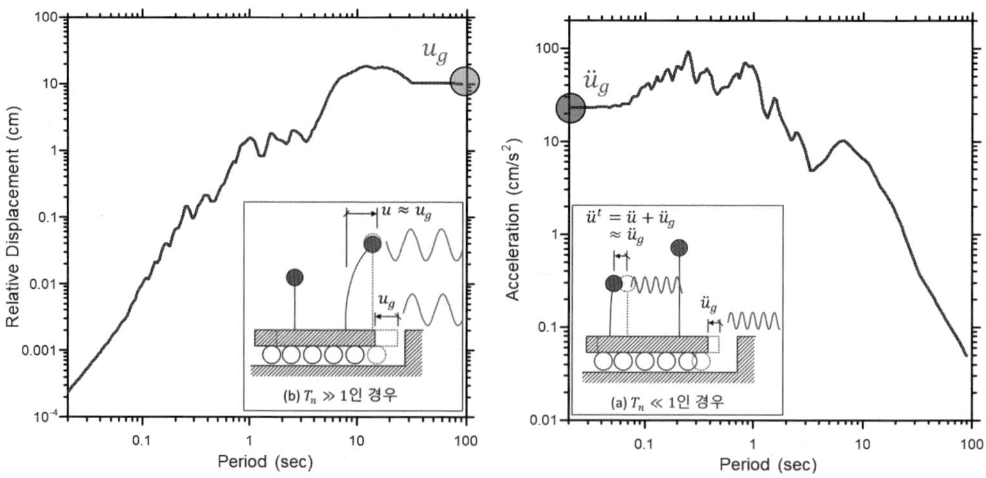

그림 6.5.1d 유사변위 응답스펙트럼과 유사가속도 응답스펙트럼의 예

1. 최대변위응답은 주기에 따라 선형으로 증가하다가 일정한 값(즉, 최대지반변위)으로 수렴

2. 최대가속도응답은 진동수(=1/주기)에 따라 선형으로 증가하다가 일정한 값(즉, 최대지반가속도, 영주기가속도(ZPA))으로 수렴

뉴마크와 홀(Newmark and Hall, 1982)은 이 관계식을 사용하여, 유사 응답스펙트럼 $(S_{pd}(\omega_n,\xi), S_{pv}(\omega_n,\xi), S_{pa}(\omega_n,\xi))$을 삼분도표(tripartite plot) 또는 4방향 로그도표(four-way log plot)라고 하는 도표를 사용하여 동시에 표현하였으며, 이 도표를 사용하면, 특정 주기에 대응하는 세 가지 유사 스펙트럼값을 한 번에 쉽게 알아 볼 수가 있다.

내진설계에서는 구조물에 작용하는 지진하중을 산정하는 것이 가장 중요한 일이므로 가속도 응답스펙트럼을 주로 사용하는데, 경우에 따라서는 속도 응답스펙트럼이나 변위 응답스펙트럼을 사용할 수도 있다. 그러므로 이 세 가지 응답스펙트럼을 하나의 그림으로 표시하면 매우 효과적일 수 있다. 이러한 목적으로 삼분도표를 많이 사용하며, 가로축은 고유진동수(또는 고유주기)를 나타내며, 유사속도, 유사변위 및 유사가속도를 서로 45°가 되도록 배열함으로써 이들을 하나의 그래프로 나타낼 수 있다.

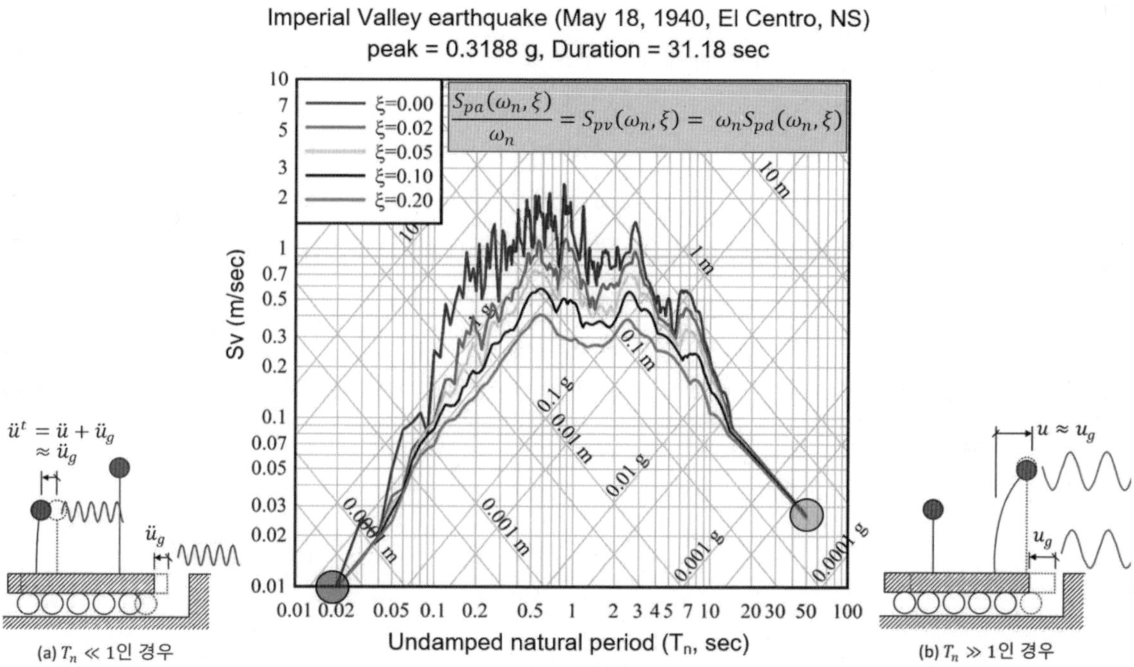

그림 6.5.1e 삼분도표로 나타낸 엘센트로 지진에 대한 응답스펙트럼
(유사속도 응답스펙트럼을 구한 후, 이를 dplot을 사용하여 삼분도표로 나타냄)

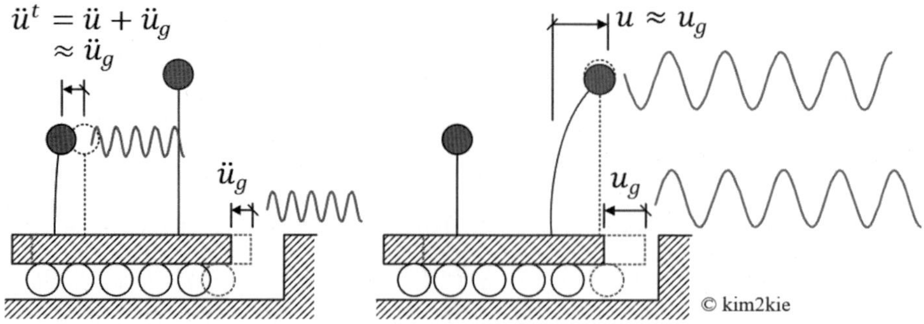

(a) $T_n \ll 1$인 경우　　　(b) $T_n \gg 1$인 경우

그림 6.5.1f 단주기 단자유도계의 가속도 응답과 장주기 단자유도계의 변위 응답 특성

다음에 El Centro지진에 대해 응답스펙트럼과 유사 응답스펙트럼을 비교하였다. 변위 및 가속도 응답스펙트럼은 대응하는 유사 응답스펙트럼과 매우 유사하였다. 그러나 속도 응답스펙트럼의 경우에 장주기 구조물에 대해 구조물의 고유주기가 클수록 유사속도 응답스펙트럼의 크기는 줄어들고, 속도 응답스펙트럼과의 차이는 커지는 것을 알 수 있다. 이것은 구조물의 고유주기가 매우 길어지면(즉, $T \rightarrow \infty$이면), 지반이 움직일 때 구조물의 질량이 움직이지 않는 것으로 이해할 수 있다. 즉, $T \rightarrow \infty$일 경우, 구조물의 변위와 속도는 지반변위와 지반속도에 동일하게 되어(즉, $u(t) = u_g(t)$ 및 $\dot{u}(t) = \dot{u}_g(t)$으로 되어), 속도 응답스펙트럼은 일정한 값으로 수렴한다. 그러나 $T \rightarrow \infty$일 경우, 유사속도 응답스펙트럼은 일정한 유사변위 응답스펙트럼을 고유주기로 나눈 값이므로, $S_{pv}(\omega_n, \xi) \rightarrow 0$이다. 한편, 단주기의 경우, 유사속도 응답스펙트럼이 속도 응답스펙트럼보다 크고, 고유주기가 짧아질수록 그 차이는 증가함을 알 수 있다.

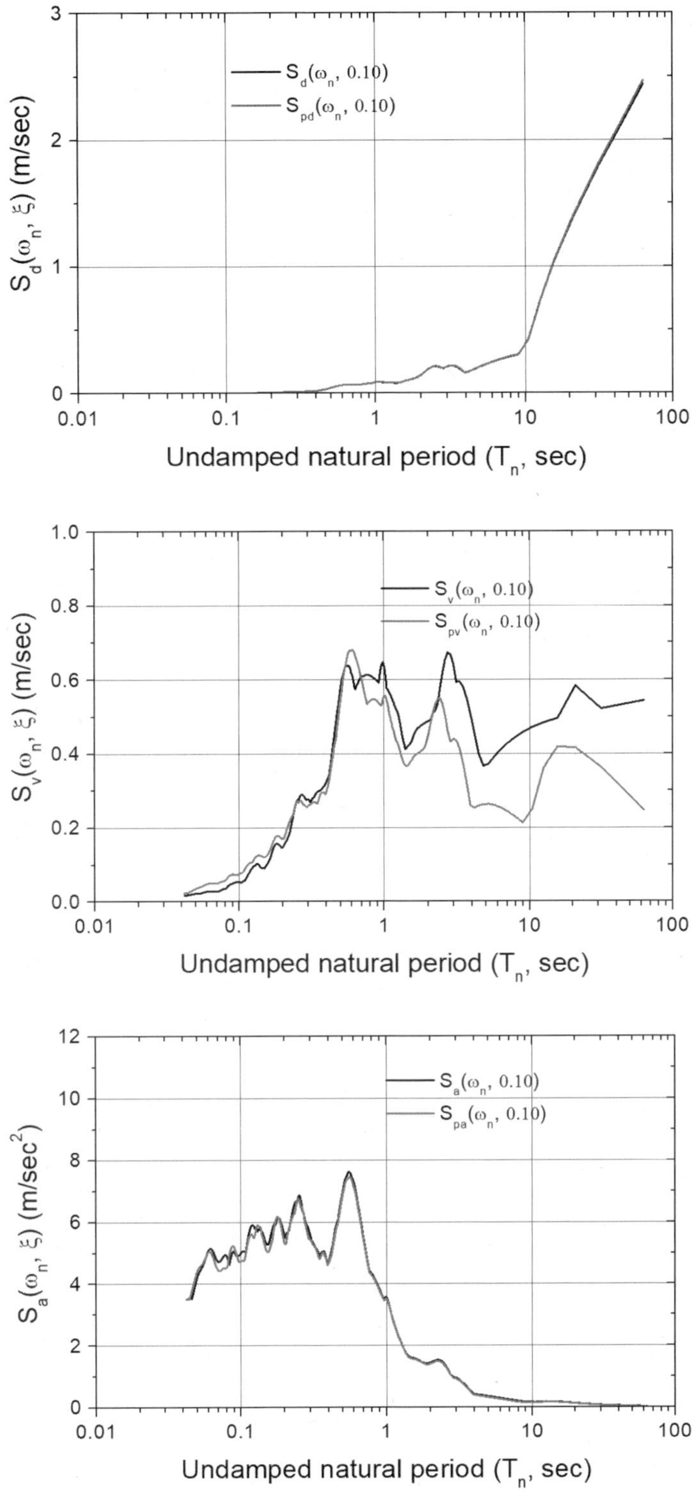

그림 6.5.1g 변위, 속도 및 가속도 응답스펙트럼과 유사 응답스펙트럼의 비교

6.5.2 설계응답스펙트럼

• 설계응답스펙트럼

응답스펙트럼은 특정 지진에 대한 구조물의 최대거동을 구하는데 편리하게 사용할 수 있다. 보통 특정한 지진기록에 대한 응답 스펙트럼을 작성하면, 구조물의 고유진동수(ω_n) 또는 고유진동주기(T_n)에 매우 민감하게 변한다. 그러나 어떤 구조물이 설치될 특정 지점에서 발생할 지진의 불확실성을 고려할 경우, 그 지점에서의 내진설계기준(seismic design code)에 규정된 응답스펙트럼이 구조물의 고유진동수의 미소변화에 지나치게 민감히 변하는 것은 합리적이지 못하다. 따라서 실제의 내진설계기준은 해당 지역에서 발생이 가능하다고 판단되는 여러 가지의 강진 기록에 대하여 구한 응답스펙트럼을 통계적인 방법으로 처리하여 구조물의 고유진동수 변화에 민감하지 않은 설계응답스펙트럼(design response spectrum, DRS)을 사용한다. 특히, 감쇠비를 5%로 가정하여 작성한 설계응답스펙트럼을 표준설계응답스펙트럼(standard design response spectrum)이라 한다. 5%이외의 감쇠에 대해 일부 설계기준에서는 감쇠보정계수(damping correction factor; damping modification factor, DMF)* 를 사용하여 보정한다.

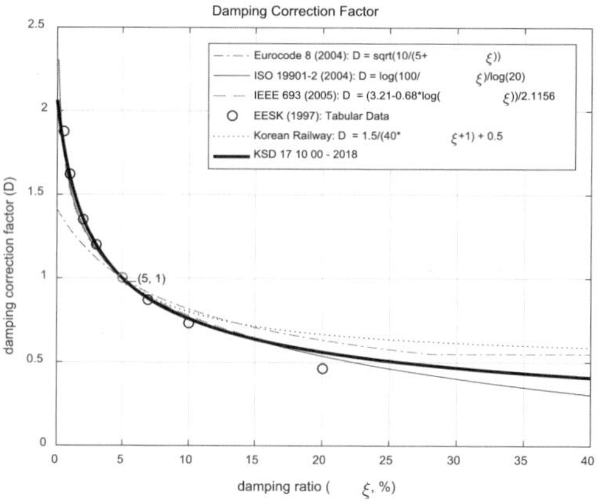

그림 6.5.2a 감쇠보정계수

* KDS 17 10 00 내진설계 일반 (국토부, 2018)

가속도표준설계응답스펙트럼의 감쇠비(ξ, %단위)에 따른 스펙트럼 형상은 감쇠보정계수 C_D를 표준설계응답스펙트럼에 곱해서 구할 수 있다. 단, 감쇠비가 0.5%보다 작은 경우에는 적용하지 않으며 해당 구조물의 경우 시간이력해석을 권장한다.

표 4.2-7 감쇠보정계수(C_D)

주기(T, sec)	$T=0$	$0 \le T \le T_0$	$T_0 \le T$
C_D	모든 감쇠비에 대해서 1.0	$T=0$일 때, 1.0 $T=T_0$일 때, $\left(\frac{6.42}{1.42+\xi}\right)^{0.48}$ 그 사이는 직선보간	$\left(\frac{6.42}{1.42+\xi}\right)^{0.48}$

Eurocode 8 (2004): $D=\sqrt{\frac{10}{5+\xi}} \ge 0.55$, ISO 19901-2 (2004): $D=\frac{\ln\frac{100}{\xi}}{\ln 20}$

IEEE 693 (2005): $D=\frac{3.21-0.68\ln\xi}{2.1156}\ for\ \xi \le 20\%$, EESK (1997): Tabular Data, 도시철도 외: $D=\frac{1.5}{40\times\xi+1}+0.5$

Newmark and Hall (1973,1982): $D=\begin{cases}1.514-0.321\ln\xi(\%) & \text{: constant velocity region (ASCE 7)}\\ 1.400-0.248\ln\xi(\%) & \text{: constant acceleration region (SAP2000)}\\ 1.309-0.194\ln\xi(\%) & \text{: constant displacement region}\end{cases}$

일반적으로 설계응답스펙트럼에서는 해당지역과 구조물의 특성을 반영하기 위해 다음과 같은 4가지 종류의 수정계수를 사용한다.

(1) 지진 구역에 따른 구역계수(Z)

(2) 지반 종류에 따른 지진계수(C_a, C_v 또는 F_a, F_v)

(3) 구조물 등급에 따른 위험도 계수(또는 중요도 계수, I)

(4) 구조물의 비탄성 거동에 따른 응답수정계수(또는 반응수정계수, R)

지진규모와 단층과의 거리가 지반운동의 진폭에 미치는 영향에 대해서는 잘 알려져 있으나, 지진규모와 단층과의 거리가 지진운동의 상대 진동수성분에 미치는 영향(즉, 응답스펙트럼의 형상에 미치는 영향)에 관해서는 잘 알려져 있지는 않다. 여기서 지진규모가 커질수록, 그리고 단층과의 거리가 짧을수록 지진운동의 진폭은 증가하는 경향이 있다.

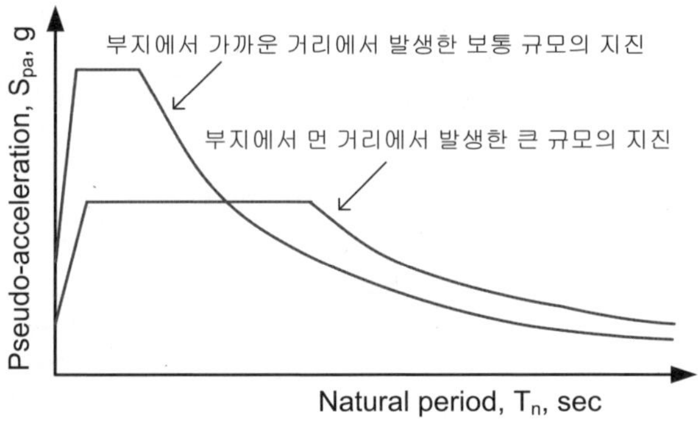

그림 6.5.2b 단층과의 거리를 고려한 설계응답스펙트럼
(응답스펙트럼의 단주기 부분(고차진동수 성분)은 부지에서 가까운 거리에서 발생한 지진에 의해 지배되고, 장주기 부분(저차진동수 성분)은 부지에서 먼 거리에서 발생한 지진에 의해 결정된다)

Seed 등(1976, 1983)은 지반조건에 따른 응답스펙트럼의 형상을 지반운동 자료를 통계처리를 하여 다음 그림과 같이 나타냈으며, 현재 국내외 내진설계기준에서는 이 스펙트럼의 기본 형상과 개념을 널리 채택하고 있다.

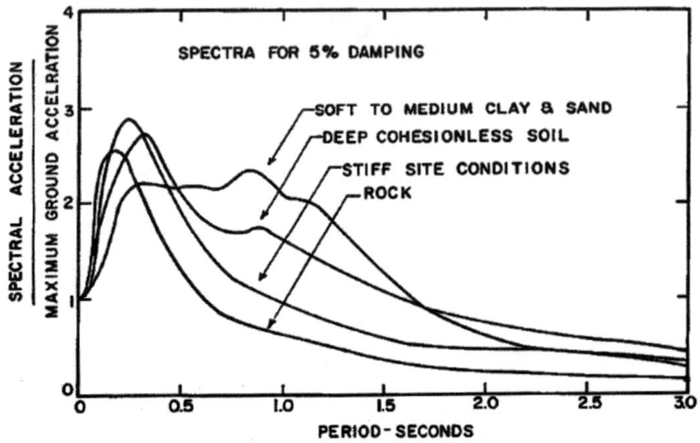

그림 6.5.2c 지반조건에 따른 평균가속도스펙트럼 (Seed 등, 1976)

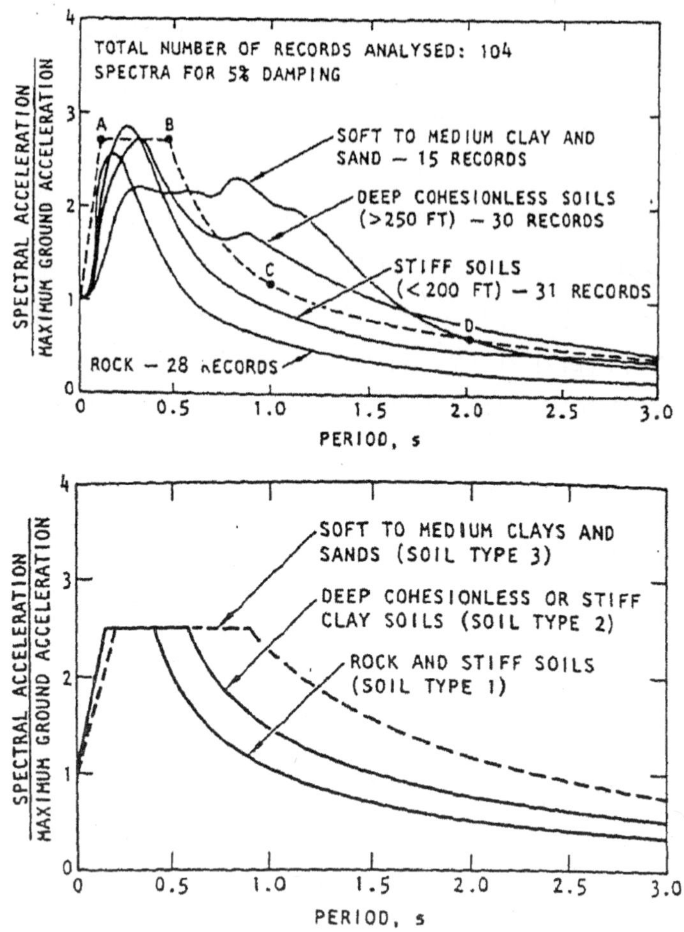

그림 6.5.2d 지반조건에 따른 설계응답스펙트럼 (Seed 등, 1983)

일반적으로 내진설계기준에서는 뉴마크와 홀(Newmark and Hall, 1982)에 의해 제시된 유사가속도 설계응답스펙트럼을 많이 사용하며, 일반적인 형태는 다음 그림과 같다(IBC, 2006).

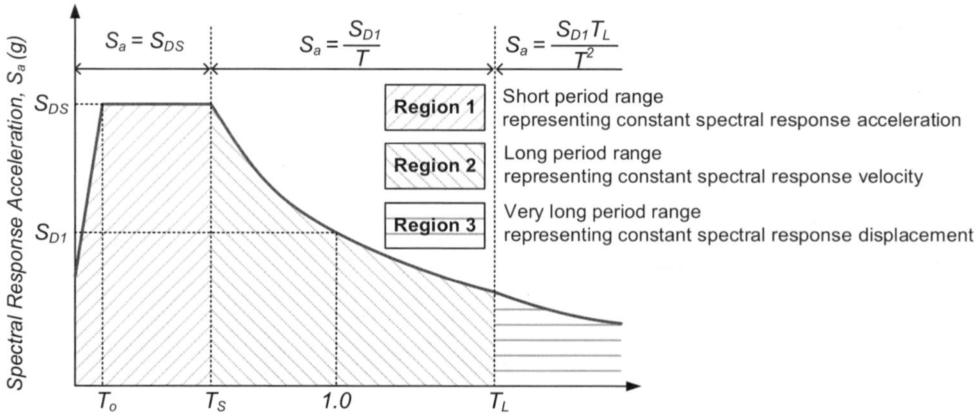

(a) 유사가속도 설계응답스펙트럼(IBC, 2006)

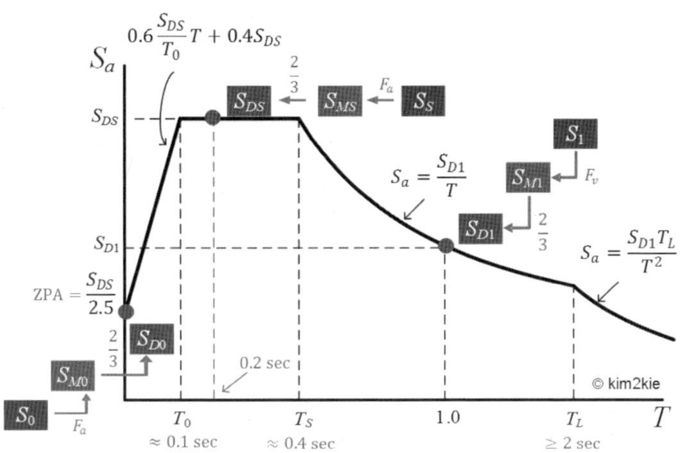

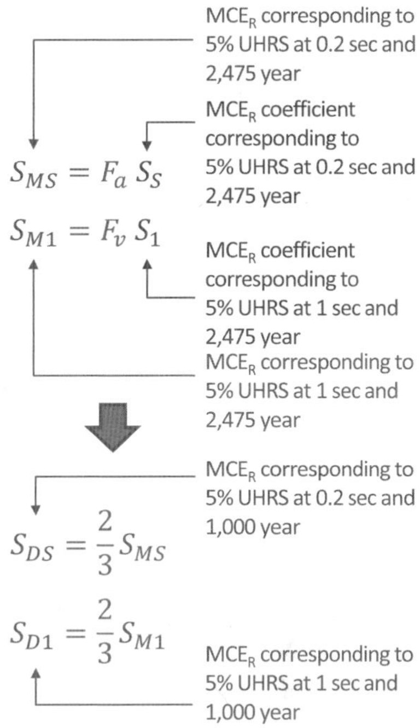

Commentary to ASCE/SEI 7- 10 (Extended):
The design earthquake ground motion was obtained by multiplying the MCE ground motion by a factor of 2/3 to account for a margin in capacity in most buildings. Various calibration studies at the time of code development concluded that for the design earthquake most buildings had a reserve capacity of over 1.5 relative to collapse. This reserve capacity allowed the spectral accelerations for the MCE to be reduced using a factor of 2/3, while still achieving safety from collapse.

(b) 설계응답스펙트럼(ASCE 7, 2016; 김두기, 2017)

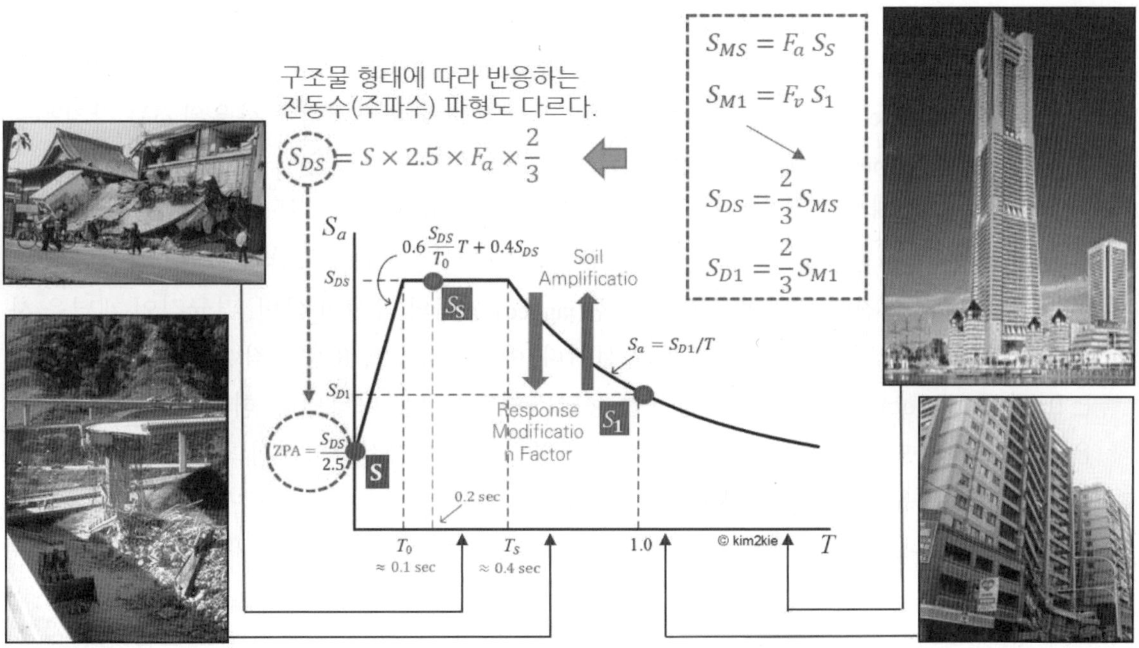

(c) 지진 진동수(주파수) 파형에 대한 반응이 다른 구조물 형태

그림 6.5.2e 설계응답스펙트럼

• 층응답스펙트럼

원자력발전소의 격납 구조물이나 보조건물에 설치된 원자로, 증기발생기, 터빈, 배관시설 등 중요한 구조설비는 주구조물 내에서 각기 다른 층에 설치된다. 이 설비들의 내진설계에서는 설계지진에 의한 각 층의 동적 거동특성을 나타내는 '층응답스펙트럼(floor response spectrum, FRS)'이 구해지면, 이를 이용하여 설비구조물을 주구조물과 독립시켜 간편히 해석할 수 있다.

일반적으로 층응답스펙트럼은 설비가 포함되지 않은 주구조물에 대해 지진해석을 수행한 후, 각 층의 동적응답을 구한 후 이를 바탕으로 작성하며, 설비의 지지점이 위치하는 높이마다 각기 다른 층응답스펙트럼을 구한다.

• 설계응답스펙트럼 작성법(Newmark-Hall Approach, 1982)

뉴마크와 홀(Newmark and Hall, 1982)은 최대 지반운동과 관련된 매개변수들(즉, 최대 지반가속도(PA , peak ground acceleration), 최대 지반속도(PV , peak ground velocity), 최대 지반변위(PD , peak ground displacement))에 적절한 스펙트럼 증폭계수들을 곱하여 설계응답스펙트럼을 작성하는 방법을 제시하였다.

다음에 뉴마크와 홀이 개발한 증폭계수와 이를 사용한 탄성응답스펙트럼 작성을 예시를 통해 설명하였다. 다음 그림과 같이 지진운동에 대한 감쇠를 갖는 단자유도계의 최대 응답을 삼분도표 위에 응답스펙트럼으로 나타낼 수 있다. 여기서 D는 최대 변위(maximum relative displacement), V는 최대 유사속도(ωD, maximum pseudo-relative velocity), A는 최대 유사가속도($\omega^2 D$, maximum pseudo-acceleration)를 나타낸다. D, V, A간의 관계식에 사용된 ω는 각진동수($2\pi f$, angular frequency)이고, f는 진동수(Hz, frequency)이다.

삼분도표에 예시한 응답스펙트럼에서 $\mathrm{PD} \quad = 10\,\mathrm{in}$, $\mathrm{PV} \quad = 15\frac{\mathrm{in}}{\mathrm{sec}}$, $\mathrm{PA} \quad = 0.3\,\mathrm{g}$임을 알 수 있다. 여기서 g는 중력가속도이다. 이 응답스펙트럼은 5% 감쇠비에 대해 작성한 것으로, 어떤 하나의 지진에 대하여 구한 뾰족한(jagged) 형태의 곡선이 아닌, 평균적인 개념을 사용하여 구한 부드러운(smooth) 형태의 곡선이다. 여기서 ①, ②, ③은 각각 20, 2.5, 0.25 Hz (또는 0.05, 0.4, 4 sec)의 진동수에 해당하는 응답스펙트럼값을 나타낸다. 허드슨(Hudson, 1979)은 지진과 같은 가진 하중에 대해 일반적인 진동수영역과 감쇠영역에서 최대 유사속도는 최대 상대속도로, 유사가속도는 최대 가속도로 근사할 수 있으며, 가속도 근사가 속도 근사보다 정확함을 보였다.

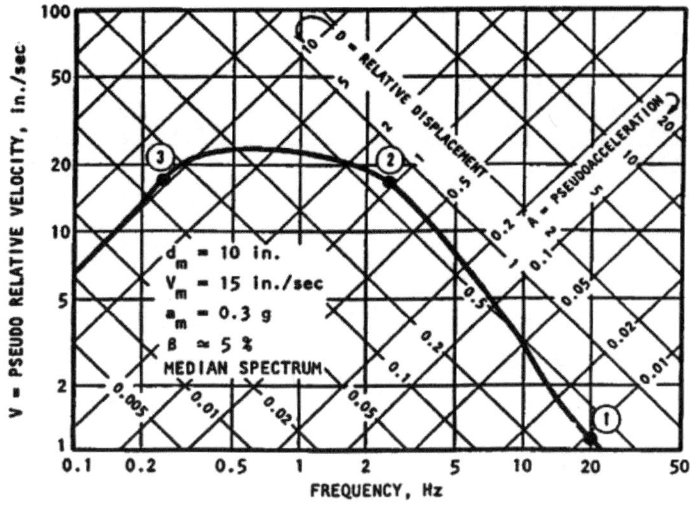

그림 6.5.2f 삼분도표 위에 나타낸 응답스펙트럼 (PA = 0.3g, ξ = 5%, 50% 백분위; Newmark and Hall, 1982)

진동수 영역을 분할한 후, 곡선을 직선으로 단순화한 탄성설계응답스펙트럼을 로그-로그도표 위에 예시하였다. 점선은 최대 지반운동 수준(PGD, PGV, PGA)을 나타내므로, 설계응답스펙트럼은 진동수 영역별로 최대 지반운동의 증폭을 나타낸다고 볼 수 있다.

뉴마크와 홀의 방법을 적용하기 위해서는 설계응답스펙트럼을 작성하기 이전에, 최대 지반운동과 관련된 매개변수들(PGD, PGV, PGA)을 알고 있어야 한다. 적절한 지반운동자료 및 관계식들을 이용하여, 지진규모, 진원까지의 거리, 지반조건 등을 알고 있는 지점에서 이러한 매개변수들을 추정할 수 있다. 뉴마크와 홀(Newmark and Hall, 1982)는 자료가 부족한 경우에 대해, $\frac{V}{A} = 122\frac{\frac{\text{cm}}{\text{sec}}}{\text{g}}$ (양호한 지반) 또는 $91\frac{\frac{\text{cm}}{\text{sec}}}{\text{g}}$ (암반)를 추천하였으며, 진동수 영역의 적절한 대역폭(band width)을 확보하기 위해, $\frac{AD}{V^2} \approx 6$을 추천하였다. 여기서 A, V, D는 각각 PGA, PGV, PGD를 나타낸다. $\frac{V}{A}$와 $\frac{AD}{V^2}$를 사용할 경우, $\frac{D}{A} = 90\frac{\text{cm}}{\text{g}}$ (양호한 지반) 또는 $51\frac{\text{cm}}{\text{g}}$ (암반)이다.

다음 탄성 설계응답스펙트럼은 84.1% 백분위(85th percentile) 스펙트럼으로, PA = 0.5g인 양호한 지반($V = 122\frac{\frac{\text{cm}}{\text{sec}}}{\text{g}} \times 0.5\text{g} = 61\frac{\text{cm}}{\text{sec}}$, $D = 90\frac{\text{cm}}{\text{g}} \times 0.5\text{g} = 45\text{cm}$)에 대해 작성한 것이다. 이 경우, PA = 0.5g에 대응하는 PGV와 PGD는 각각 $61\frac{\text{cm}}{\text{sec}}$와 45cm이다.

뉴마크와 홀이 제시한 스펙트럼증폭계수는 다음과 같다. 여기서 이들은 대수정규분포(log-normal distribution)로 가정하여, 84.1% 및 50% 백분위 스펙트럼을 구하였으며, 8 Hz에서 증폭된 가속도를 33 Hz의 PGA에 연결시켰으나, 증폭된 변위를 PGD에 연결하는 진동수에 대해서는 언급하지 않았다.

표 6.5.2 탄성 설계스펙트럼 증폭계수(α_A, α_V, α_D) (Newmark and Hall, 1982)

Damping Ratio (%)	One Sigma (84.1% 백분위)			Median (50% 백분위)		
	A	V	D	A	V	D
0.5	5.10	3.84	3.04	3.68	2.59	2.01
1	4.38	3.38	2.73	3.21	2.31	1.82
2	3.66	2.92	2.42	2.74	2.03	1.63
3	3.24	2.64	2.24	2.46	1.86	1.52
5	2.71	2.30	2.01	2.12	1.65	1.39
7	2.36	2.08	1.85	1.89	1.51	1.29
10	1.99	1.84	1.69	1.64	1.37	1.20
20	1.26	1.37	1.38	1.17	1.08	1.01

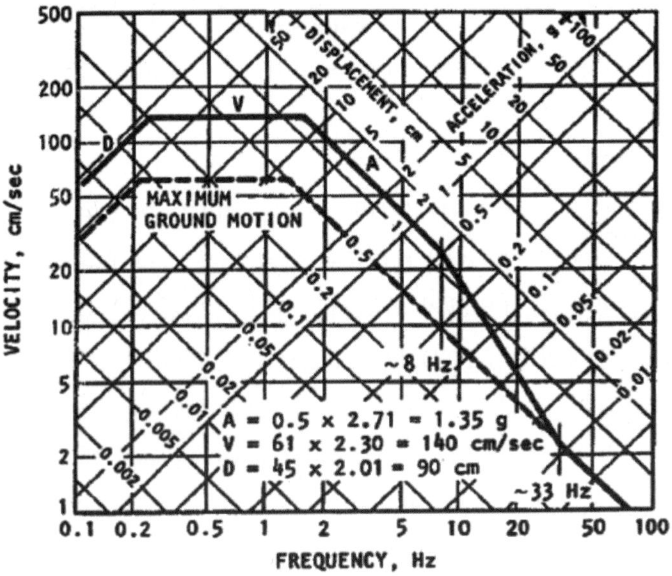

그림 6.5.2g 탄성설계스펙트럼 (PA = 0.5g, ξ = 5%, 84.1% 백분위; Newmark and Hall, 1982)

6.5.3 비탄성응답스펙트럼

• 연성도, 정규화된 항복강도 및 항복강도 저감계수: $R_y - \mu$ 관계

'연성도(연성비; 연성계수; ductility ratio; ductility factor)'에는 변위 연성도와 곡률 연성도가 있다. 콘크리트 구조물 및 부재의 연성은 일반적으로 소성변형 능력의 크기로 표현되며, 부재의 소성을 논의할 때는 '① 변위 연성도' 또는 '② 회전각 연성도'가 많이 사용된다. 한편, 단면 그 자체의 소성의 경우에는 '③ 곡률 연성도'가 많이 사용된다.

변위 연성도(μ)는 주어진 최대응답변위와 항복변위의 비로 정의하며, 비교적 간단하게 계산 가능하기 때문에 내진설계에 널리 사용된다. 예를 들어 교각 하단의 전단력-변위의 관계를 이선형(bi-linear) 곡선으로 이상화하였을 때, 항복변위를 u_y라 하고, 상대변위의 절대 최댓

값을 $u_m = \max|u|$라 하면, 변위 연성도는 다음과 같다.

$$\mu = \frac{u_m}{u_y} > 1$$

하중과 변위의 관계를 탄소성 모델로 가정할 경우, 정규화된 항복강도(normalized yield strength, $\bar{f}_y$)를 다음과 같이 정의한다.

$$\bar{f}_y = \frac{f_y}{f_o} = \frac{u_y}{u_o} < 1$$

여기서 f_o와 u_o는 선형 모델의 경우, 지진에 의해 발생하는 저항력과 상대변위의 절대 최댓값이다. 또한 $\bar{f}_y$의 역수인 '항복강도저감계수(yield strength reduction factor, R_y)'를 사용하여 f_o와 f_y를 서로 연관시킬 수 있다.

$$R_y = \frac{1}{\bar{f}_y} = \frac{f_o}{f_y} = \frac{u_o}{u_y} > 1$$

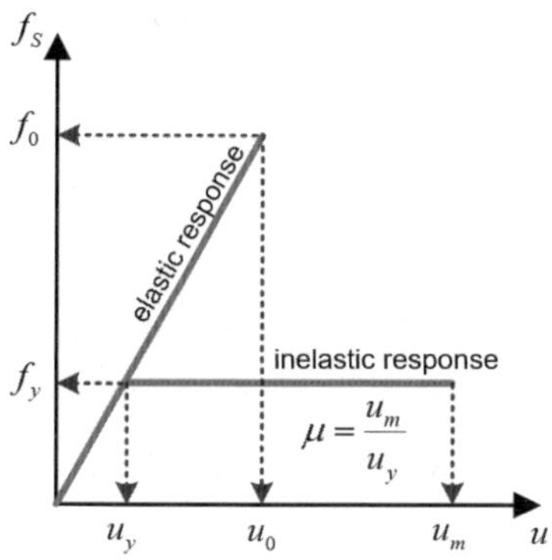

- yield displacement: $u_y = \left(\frac{T_n}{2\pi}\right)^2 \ddot{u}_y$
- peak displacement: $u = \mu\left(\frac{T_n}{2\pi}\right)^2 \ddot{u}$
- yield strength reduction factor: $R_y = \frac{f_0}{f_y} = \frac{\ddot{u}_0}{\ddot{u}_y}$
- ductility ratio: $\mu = \frac{u_m}{u_y}$
- **peak displacement:** $u_m = \mu\frac{1}{R_y}\left(\frac{T_n}{2\pi}\right)^2 \ddot{u}_0$

그림 6.5.3a 완전탄소성 모델

• 비탄성응답스펙트럼

구조물이 비탄성 영역에서 거동하면 구조물은 탄성영역 거동을 가정하여 구한 탄성응답스펙트럼과는 다른 양상을 나타낸다. 이 경우 탄성응답스펙트럼을 사용하는 대신에 비탄성응답스펙트럼을 이용하여 구조물의 응답을 나타낸다. 여기서 '비탄성응답스펙트럼(inelastic response spectrum, IRS)'은 특정한 지진가속도에 대하여 고유진동수, 감쇠비 및 연성(ductility)에 따른 비탄성 단자유도계의 최대응답을 나타낸다. 여기서 최대응답은 비탄성 시간이력해석을 통해 구한다. 특정한 연성도에 대한 비탄성응답스펙트럼도 탄성응답스펙트럼과 같이 특정한 지진에 대해 매우 불규칙한 스펙트럼 형상을 나타낸다. 이 불규칙한 형상의 스펙트럼을 설계에서 사용하기 위해 평탄화(smoothing)한 스펙트럼을 '비탄성설계스펙트럼(inelastic design spectrum, IDS)'이라 한다. 비탄성설계스펙트럼을 만드는 방법은 다양하고 제안한 사람마다 조금씩 차이가 있다. 대표적인 방법으로 Newmark 등(1982)이 제안한 방법이 있다. 이 방법은 각 주기(또는 진동수) 범위에서 연성도에 따른 탄성응답스펙트럼의 저감을 파악하기 위해 완전탄소성(perfectly elastoplastic) 모델을 이용하였다. 이 방법을 적용하기 위해서는 특정 지진이 필요하기 보다는, 지진의 최대변위(u_{g0}), 최대속도($\dot{u}_{g0}$), 최대가속도($\ddot{u}_{g0}$)가 필요하다.

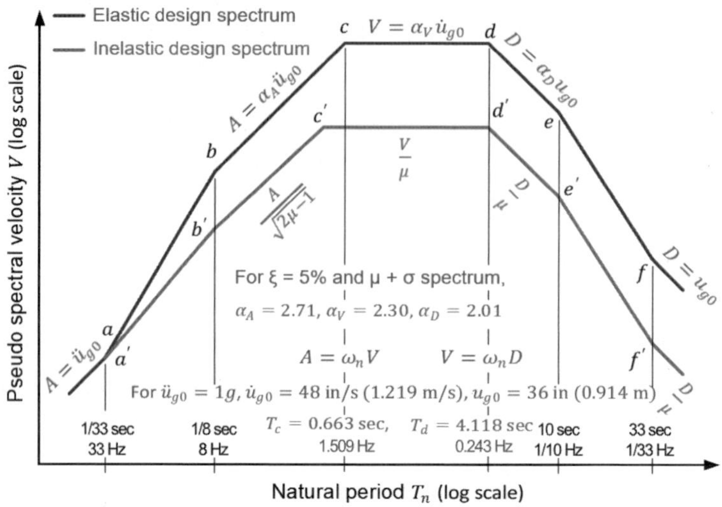

그림 6.5.3b 비탄성설계스펙트럼(Newmark-Hall, 1982)

6.5.4 응답스펙트럼해석

응답스펙트럼해석은 구조 시스템의 동적거동의 최대 응답을 구하기 위하여 사용된다. 지진하중에 대한 내진설계에는 지진하중에 의해서 구조물에 발생하는 최대 상대변위 및 최대 부재력이 필요하기 때문에 구조물의 내진설계에서 많이 사용되는 동적해석 방법이다.

• 해석절차

응답스펙트럼해석을 사용한 다자유도계의 최대 응답을 구하는 과정을 정리하면 다음과 같다.

(1) 모드의 직교성을 이용하여 지진하중(지반가속도)을 받는 다자유도계의 운동방정식을 서로 독립된 단자유도계의 운동방정식으로 분리한다.

(2) i번째 모드와 동일한 진동수와 감쇠비를 가지는 등가의 단자유계를 설정한다.

(3) 등가의 단자유도계 운동방정식으로부터 모드참여계수를 구한다. 주의할 점은 모드참여계수가 클수록 해당모드의 영향이 반드시 큰 것은 아니다. 이것은 모드형상은 임의로 정규화할 수 있으며, 모드참여계수는 모드형상을 어떻게 정규화 하는지에 따라 달라질 수 있다.

(4) 구조물의 모드별 최대응답을 구한다. 변위 응답스펙트럼을 사용하면 모드별 최대 상대변위를 직접 구할 수 있지만, 일반적으로 가속도 응답스펙트럼을 주로 많이 사용하므로, 각 모드의 고유주기에 해당하는 최대 절대가속도를 가속도 응답스펙트럼으로부터 구한 후, $S_{pd}(\omega_i, \xi) = \frac{S_{pa}(\omega_i,\xi)}{\omega_i^2}$를 사용하여 최대 변위를 구한다. 응답스펙트럼을 통해 구한 최대 응답에 모드참여계수를 곱하면, 구조물의 각 모드별 기여도를 고려한 모드별 최대응답을 구할 수 있다.

(5) 모든 모드의 응답이 동시에 최대에 도달하는 경우, 각 모드별 구한 절대최대변위를 더하면 구조 시스템의 최대변위응답을 구할 수 있지만, 실제 모든 모드의 응답이 동시에 최대로 발생할 가능성은 확률적으로 매우 낮다. 따라서 최대변위응답을 구하기 위해 모드별 최대응답을 조합하는 방법을 사용한다. 가장 많이 사용하는 조합법으로 SRSS(제곱합제곱근) 방법과 CQC(완전 2차 조합) 방법이 있다. 이 방법 중에서 일반적으로 SRSS 조합법이 보편적으로 많이 사용되지만, 2 개 이상의 인접한 모드에 대한 진동주기가 서로 비슷한 경우에는 응답을 과소평가할 수 있다.

• 모드별 응답

i번째 모드에 대한 운동방정식과 변위 응답스펙트럼의 정의를 이용하여 일반모드좌표의 최댓값 $q_{i,max}$을 구하면 다음과 같다.

$$\ddot{q}_i(t) + 2\xi_i\omega_i\dot{q}_i(t) + \omega_i^2 q_i(t) = -\Gamma_i\ddot{u}_g(t) \quad \text{여기서} \ \Gamma_i = L_i/\mu_{ii}$$

$$\ddot{u}(t) + 2\xi\omega_n\dot{u}(t) + \omega_n^2 u(t) = -\ddot{u}_g(t)$$

$$S_d(\omega_i, \xi_i) = \max_t |u(t)|$$

$$q_{i,max} = \max_t |q_i(t)| = \frac{L_i}{\mu_{ii}} S_d(\omega_i, \xi_i) = \Gamma_i S_d(\omega_i, \xi_i)$$

여기서 ω_i와 ξ_i는 i번째 고유진동수와 모드 감쇠비이다. 또한, i번째 모드와 관련된 구조물의 최대 변위는

$$\left\{U_{max}^{(i)}\right\} = \{\Psi^{(i)}\}q_{i,max} = \{\Psi^{(i)}\}\frac{L_i}{\mu_{ii}} S_d(\omega_i, \xi_i)$$

이고, 최대 부재력은

$$\left\{F_{S,max}^{(i)}\right\} = [K]\left\{U_{max}^{(i)}\right\} = [K]\{\Psi^{(i)}\}\frac{L_i}{\mu_{ii}} S_d(\omega_i, \xi_i)$$

이거나, 또는 다음과 같다.

$$\left\{F_{S,max}^{(i)}\right\} = [M]\{\Psi^{(i)}\}\frac{L_i}{\mu_{ii}} S_a(\omega_i, \xi_i)$$

여기서 $\{\Psi^{(i)}\}$는 i번째 모드이다. 이 식을 사용하여 지진 발생시 각 모드에서 발생하는 최대 변위와 최대 부재력을 산정할 수 있으며, 각 모드별 최대응답은 다음에 기술하는 방법으로 조합하여, 최종적인 구조물의 응답을 구한다.

• 모드별 응답의 조합

모드별 최대응답은 그 최댓값이 발생하는 시점이 각각 다르므로, 모드별 응답을 조합한 구조물의 응답을 구하기 위해, 일반적으로 다음과 같은 세 가지 근사 방법을 사용하며, 이 방법들을 사용하여 구한 j번째 자유도의 최대 변위와 최대 부재력은 다음과 같다.

(1) ABS 방법(절대합산법; absolute sum method)

각 모드별 응답에 대하여 절댓값을 취하고 모두 더하는 방법이다. 모드별 응답들의 방향과 상관성을 무시하므로 실제 응답보다 과대평가되며 가장 보수적인 방법이다.

$$\{U_{j,max}\} \approx \left|\left\{U_{j,max}^{(1)}\right\}\right| + \left|\left\{U_{j,max}^{(2)}\right\}\right| + \cdots + \left|\left\{U_{j,max}^{(m)}\right\}\right| = \sum_{i=1}^{m} \left|\left\{U_{j,max}^{(i)}\right\}\right|$$

$$\{F_{S,j,max}\} \approx \left|\left\{F_{S,j,max}^{(1)}\right\}\right| + \left|\left\{F_{S,j,max}^{(2)}\right\}\right| + \cdots + \left|\left\{F_{S,j,max}^{(m)}\right\}\right| = \sum_{i=1}^{m} \left|\left\{F_{S,j,max}^{(i)}\right\}\right|$$

(2) SRSS 방법(제곱합제곱근 방법; square root of sum of squares method)

각 모드별 응답을 제곱합하여 제곱근을 취하는 방법이다. 구조물의 특성에 따라 응답을 과대 또는 과소평가할 수 있으나, 대부분 합리적인 결과를 주고 사용하기 편리하므로 내진공학에서 가장 널리 사용되는 방법이다. 모드별 응답이 서로 상관성이 적을 때(즉, 독립일 때) 합리적이다 (참조: 6.4절 이야기: 통계적 독립).

$$\{U_{j,max}\} \approx \sqrt{\left\{U_{j,max}^{(1)}\right\}^2 + \left\{U_{j,max}^{(2)}\right\}^2 + \cdots + \left\{U_{j,max}^{(m)}\right\}^2} = \sqrt{\sum_{i=1}^{m} \left\{U_{j,max}^{(i)}\right\}^2}$$

$$\{F_{S,j,max}\} \approx \sqrt{\left\{F_{S,j,max}^{(1)}\right\}^2 + \left\{F_{S,j,max}^{(2)}\right\}^2 + \cdots + \left\{F_{S,j,max}^{(m)}\right\}^2} = \sqrt{\sum_{i=1}^{m} \left\{F_{S,j,max}^{(i)}\right\}^2}$$

(3) CQC 방법(완전 2차 조합법; complete quadratic combination method)

설계에서는 통상 대부분의 경우에 합리적인 결과를 나타내는 SRSS 방법을 ABS 방법보다 많이 사용한다. 그러나, SRSS 방법은 모드들이 서로 매우 인접한 경우(예를 들어 중요한 2개 인접 모드의 고유진동수의 차가 가장 작은 모드의 10%이내에 속할 경우)에 과대한 혹은 과소한 결과를 나타낼 수 있다. 특히 SRSS 방법은 비틂 효과(torsional effect)가 중요한 3차원 해석에서 큰 오차를 나타낸다. 이와 같은 SRSS 방법의 단점을 보완하기 위해 제안된 CQC방법은 모드 간의 확률적인 상관도를 고려하기 위한 방법 중의 하나이다.

$$\{U_{j,max}\} \approx \sqrt{\sum_{p=1}^{m} \sum_{q=1}^{m} \left\{U_{j,max}^{(p)}\right\} \rho_{pq} \left\{U_{j,max}^{(q)}\right\}}$$

$$\{F_{S,j,max}\} \approx \sqrt{\sum_{p=1}^{m} \sum_{q=1}^{m} \left\{F_{S,j,max}^{(p)}\right\} \rho_{pq} \left\{F_{S,j,max}^{(q)}\right\}}$$

여기서 ρ_{pq}는 p번째 모드와 q번째 모드의 상관관계를 나타내는 '모드 상관계수(cross-modal coefficient)'로 다음과 같다.

$$\begin{aligned} &0 \le \rho_{pq} < 1 && \text{if } p \ne q \\ &\rho_{pq} = 1 && \text{if } p = q \end{aligned}$$

ρ_{pq}를 추정하는데 많이 사용되는 근사식은 다음과 같다(Kiureghian, 1980).

$$\rho_{pq} = \frac{8\sqrt{\xi_p \xi_q}\left(\xi_p + \beta_{pq}\xi_q\right)\beta_{pq}^{\frac{3}{2}}}{\left(1-\beta_{pq}^2\right)^2 + 4\xi_p\xi_q\left(1+\beta_{pq}^2\right)\beta_{pq} + 4\left(\xi_p^2+\xi_q^2\right)\beta_{pq}^2}$$

여기서 $\beta_{pq} = \frac{\omega_q}{\omega_p}$, ξ_p와 ξ_q는 p번째 모드와 q번째 모드의 감쇠비이다. 모든 모드에 대하여 균일한 감쇠비($\xi = \xi_p = \xi_q$)를 사용할 경우 위 식은 다음과 같다.

$$\rho_{pq} = \frac{8\xi^2(1+\beta_{pq})\beta_{pq}^{\frac{3}{2}}}{(1-\beta_{pq}^2)^2+4\xi^2(1+\beta_{pq})^2\beta_{pq}}$$

만약 $\xi = \xi_p = \xi_q = 0$이면 ρ_{pq}는 다음과 같으므로, CQC 방법은 SRSS방법과 동일하다.

$$\rho_{pq} = 0 \quad \text{if } p \neq q$$
$$\rho_{pq} = 1 \quad \text{if } p = q$$

• 다른 방향 지진에 대한 응답의 조합

지반운동의 수평 및 수직성분에 대한 구조물의 응답은 각 방향에 대하여 독립적으로 구한 후, 그 결과를 SRSS 방법, ABS방법 등을 사용하여 조합할 수 있다. 또한 각종 내진설계기준에서는 종방향(교축방향, X방향)과 횡방향(교축직각방향, Y방향)에 대해 독립적으로 지진응답해석을 수행한 후, 방향별 지진하중을 조합하기 위해 다음과 같은 30% 조합방법을 제시하고 있다 (30% rule).

$$\pm(X \pm 0.3Y) \qquad \text{또는} \qquad \pm(Y \pm 0.3X)$$

참고로 '원자력 구조물의 내진설계'에서는 SRSS방법의 대체방법으로 40% 조합방법을 사용하도록 하고 있다. 한 방향성분에 대하여 최대 응답이 발생할 때 다른 두 방향성분에 대한 응답은 최댓값의 40 %가 된다고 가정을 하여 직접 조합한다. 세 방향성분에 대한 R_1, R_2 및 R_3의 모든 가능한 조합들을 고려하여야 하며, 지진운동의 서로 다른 성분에 대한 동일한 방향의 응답계산에 적용한다(ASCE-4, 2016; KEPIC STB, 2015) (40% rule).

$$R = \pm[|R_1| + 0.4|R_2| + 0.4|R_3|]$$
$$R = \pm[0.4|R_1| + |R_2| + 0.4|R_3|]$$
$$R = \pm[0.4|R_1| + 0.4|R_2| + |R_3|]$$

참고로 '건축물의 내진성능평가를 위한 모드응답의 조합(KALIS, 2019)'에서는 "… 다방향 효과를 고려하기 위해 SRSS를 사용하여 두 직각 방향의 반응을 조합할 수 있다. 하지만 이때 CQC는 사용할 수 없다. (4.2.2.1 모드응답의 조합)"라고 규정하고 있다. 이 이유는 CQC를 사용하여 두 모드성분을 조합하기 위해서는 두 모드성분의 상관계수(ρ_{pq})를 구해야 하는데, 상관계수 산정에 들어가는 진동수비(β_{pq})는 같은 방향의 두 모드성분에 대해서는 구할 수 있으나, 방향이 다른 두 모드성분에 대해 구할 수 없기 때문이다.

6.5.5 응답스펙트럼과 스펙트럼밀도함수

지진가속도 $\ddot{u}_g(t)$의 PSD 함수(power spectral density function, (파워) 스펙트럼밀도함수)는 다음과 같다.

$$G_{\ddot{u}_g}(\omega) = E\left\{\frac{1}{2\pi T_D}\left|\ddot{U}_g(\omega)\right|^2\right\} = E\left\{\frac{1}{2\pi T_D}\left|\int_0^\infty \ddot{u}_g(t)e^{-i\omega t}dt\right|^2\right\}$$

여기서 $\ddot{U}_g(\omega)$는 $\ddot{u}_g(t)$의 푸리에 변환이며, T_D는 강진의 지속시간이다. 또한 $E\{\cdot\}$는 확률적 기대치로, 이론적으로 여러 개의 지진가속도이력에 대한 통계 평균(ensemble average)을 의미한다. 그러나 일반적으로 이렇게 구한 PSD 함수는 변동이 크므로 원자력발전소 내진설계 규정에서는 각각의 인공지진가속도를 푸리에 변환하여 구한 PSD 함수인 $G_{\ddot{u}_g}(\omega)$를 각 진동수 값에 대하여 $\pm 20\%$ 진동수 범위(즉, $\omega_i \pm 0.2\omega_i$) 내에서 평균하는 평활화(smoothing) 개념을 사용한다(NRC SRP 3.7.1, 2014; ASCE 4, 2016). 이 규정에서는 이렇게 구한 평균 PSD 함수 $G_{\ddot{u}_g}(\omega)$가 0.3 ~ 24 Hz 진동수 구간에서 목표 PSD 함수 $G^*_{\ddot{u}_g}(\omega)$의 80% 수준이상이 되도록 요구한다.

지진의 응답스펙트럼 $S(\omega,\xi)$와 PSD함수 $G^*_{\ddot{u}_g}(\omega)$의 관계를 이론적으로 유도할 수는 없으나, 감쇠가 작고($\xi < 0.1 \rightarrow \omega_d \approx \omega_n$), 구조물의 고유진동주기($T_n = 2\pi/\omega_n$)에 비하여 강진 지속시간($T_D$)이 충분히 긴 경우(즉, $T_D \gg T_n$인 경우)에 다음과 같은 관계가 있다.

$$\begin{aligned} S_{pv}(\omega_n,\xi) &= \max_t\left|-\int_0^t \ddot{u}_g(\tau)e^{-\xi\omega_n(t-\tau)}\cos\omega_n(t-\tau)d\tau\right| \\ &\approx \max_t\left|\int_0^\infty \ddot{u}_g(\tau)e^{-\xi\omega_n(t-\tau)}\cos\omega_n(t-\tau)d\tau\right| \\ &\approx \max_t\left|\int_0^\infty \ddot{u}_g(\tau)e^{-i\omega_n t}d\tau\right| = \left|\ddot{U}_g(\omega_n)\right| \end{aligned}$$

즉, 감쇠비가 작고 강진지속시간이 긴 경우, 유사속도 응답스펙트럼의 제곱 $S^2_{pv}(\omega,\xi)$은 PSD 함수와 형상이 유사한 것을 알 수 있다.

6.5.6 밑면응답스펙트럼과 층응답스펙트럼*

응답스펙트럼(S)과 PSD함수(G)와의 상관관계를 이용하여, 다음 구조물에 밑면응답스펙트럼(base RS)이 주어졌을 경우, k번째 자유도에서의 층응답스펙트럼(floor RS)을 구해보자. 이를 위해 시간영역해석방법과 진동수영역해석방법을 사용할 수 있다. 직접생성방법(direct generation method)으로 알려진 진동수영역해석방법은 사용하기가 쉽고 시간영역해석방법에 비해 좀더 일관성 있는 결과를 얻을 수 있기에 널리 사용되고 있다. 이에 비해 시간영역해석방법을 사용하여 구한 결과는 지반운동의 시간이력에 민감하다. 이러한 시간영역해석방법의 불확실성을 보완하기 위해 다중 시간이력을 사용하여 해석결과를 통계처리 할 수 있으나, 계산이 복잡하고 추가 비용이 필요하다.

* EPRI NP-7146 (1995) Guidelines for Development of In-Cabinet Seismic Demand for Devices Mounted in Electrical Cabinets

그림 6.5.6a 밑면과 k번째 자유도

진동수영역해석방법을 사용한 해석단계는 다음과 같다(Vanmakrche, 1976; Kaul, 1978; Pfaffinger, 2003).

[단계 1] 밑면응답스펙트럼을 밑면 PSD함수로 전환

[단계 2] 밑면 PSD함수를 k번째 자유도에 대한 PSD함수로 전환

[단계 3] k번째 자유도에 대한 PSD함수를 k번째 자유도에 대한 응답스펙트럼으로 전환

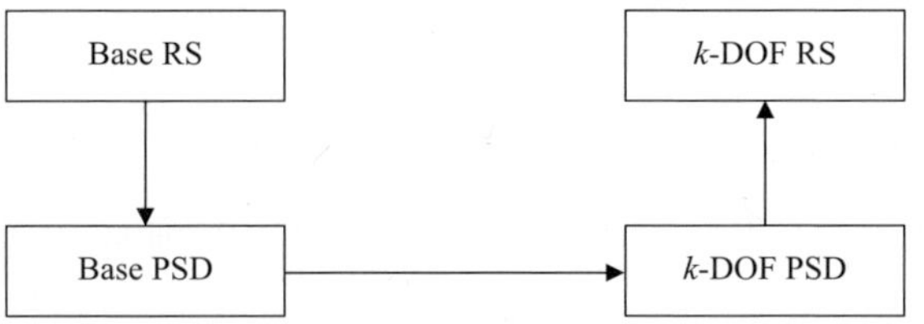

그림 6.5.6b 층응답스펙트럼을 구하기 위한 진동수영역해석방법

• [단계 1] 밑면 응답스펙트럼(S) → 밑면 PSD함수(G)

응답스펙트럼과 PSD함수의 관계는 랜덤프로세스 이론에 기초를 두고 유도할 수 있다. 어떤 특정 진동수성분에서 응답스펙트럼 값은 해당 진동수 성분을 갖는 단자유도계(SDOF)의 최대절댓값이다. 또한 이 최댓값들의 분포는 랜덤프로세스와 초과확률에 근거한 에너지분포(즉, PSD)를 알아야 구할 수 있다. 즉, 응답스펙트럼과 PSD함수의 관계는 응답스펙트럼에 초과확률(r)을 추가함으로써 구할 수 있다. 여기서 초과확률이란 어떤 지진의 지속시간(T)동안 응답스펙트럼 값을 초과할 확률을 의미한다. 지진을 Gaussian 프로세스로 가정하여, (최대응답을 나타내는) 응답스펙트럼과 (운동의 통계적인 표현인) PSD함수 사이의 관계를 유도할 수 있다.

(가속도)응답스펙트럼으로부터 초기(0)단계에서의 (가속도) PSD함수를 다음과 같이 산정할 수 있다.

$$G^{(0)}(\omega) = \frac{2\xi_e}{\pi\omega}\frac{\{S(\omega,\xi)\}^2}{-2\ln\left\{-\frac{\pi}{\omega T}\ln(1-r)\right\}}$$

여기서 $\xi_e = \xi + \frac{2}{\omega T}$는 유효감쇠비(effective damping ratio)이고, 초과확률(r)과 지속시간(T)는 0.15와 15를 사용할 수 있다(Kaul, 1978).

다음과 같이 반복계산에 의해 PSD함수를 순차적으로 계산할 수 있다.

$$G^{(i+1)}(\omega) = G^{(i)}(\omega)\left\{\frac{S(\omega,\xi)}{S^{(i)}(\omega,\xi)}\right\}^2$$

여기서 $S^{(i)}(\omega,\xi)$는 [단계 3]에서 설명한 방법을 사용하여 반복계산 i번째 단계 $G^{(i)}(\omega)$로부터 구한 응답스펙트럼이다.

i번째 단계에서의 수렴오차($\varepsilon^{(i)}$)는 다음과 같이 계산할 수 있다.

$$\varepsilon^{(i)} = \sqrt{\frac{\sum_{j=1}^{N_f}\{S(\omega_j,\xi)-S^{(i)}(\omega_j,\xi)\}^2}{\sum_{j=1}^{N_{rs}}\{S(\omega_j,\xi)\}^2}}\left\{\frac{S(\omega,\xi)}{S^{(i)}(\omega,\xi)}\right\}^2$$

여기서 N_f는 응답스펙트럼을 나타내기 위해 사용한 진동수값들의 개수이다. 수렴오차가 어떤 기준값(예를 들어 1%)을 만족할 때까지 계산을 반복하여 밑면 PSD 함수 $G_{\ddot{u},b}(\omega)$를 구한다.

• [단계 2] 밑면 PSD함수(G_b) → 층 PSD함수(G_k)

밑면 가속도운동을 받는 구조물의 운동방정식은 다음과 같이 비연계 모드좌표계로 나타낼 수 있다. 이 식에 대한 자세한 설명은 다자유도계의 모드중첩법을 참조할 수 있다.

$$\ddot{q}_i(t) + 2\xi_i\omega_i\dot{q}_i(t) + \omega_i^2 q_i(t) = -\Gamma_i\ddot{u}_b(t)$$

여기서 $\ddot{u}_b(t)$는 밑면 가속도운동이다. 또한, k번째 자유도에서 밑면에 대한 상대변위 $u_k(t)$는 다음과 같다.

$$u_k(t) = \sum_i \Psi_k^{(i)} q_i$$

여기서 $\Psi_k^{(i)}$는 k번째 자유도에서의 i번째 자유진동모드이다.

다음과 같은 (가속도) 진동수응답함수의 정의를 사용하여,

$$\ddot{H}^{(i)}(\omega) = \frac{-\omega^2}{(\omega_i^2-\omega^2)+2j\xi_i\omega_i\omega} \qquad \text{where } j = \sqrt{-1}$$

이며, 진동수영역에서 상대가속도응답을 다음과 같다.

$$\ddot{U}_k(\omega) = -\sum_i \Psi_k^{(i)}\ddot{H}^{(i)}(\omega)\Gamma_i\ddot{U}_b(\omega)$$

여기서 $\ddot{U}_k(\omega)$와 $\ddot{U}_b(\omega)$는 각각 k번째 자유도의 가속도응답($\ddot{u}_k(t)$)과 밑면 가속도운동($\ddot{u}_b(t)$)을 푸리에 변환한 값들이다.

밑면 가속도운동을 평균이 0인 정상 Gaussian 랜덤프로세스라고 가정할 경우, 가속도 PSD함수만으로 밑면과 k번째 자유도 사이의 관계를 나타낼 수 있다. 즉, 앙상블평균을 사용하여 PSD함수를 나타내고, 여기에 진동수영역에서 상대가속도에 관한 식을 대입하면 다음과 같다.

$$
\begin{aligned}
G_{\ddot{u},k}(\omega) &= 2E\left[\ddot{U}_k(\omega)\ddot{U}_k^*(\omega)\right] \\
&= \sum_i \sum_j \Psi_k^{(i)}\Psi_k^{(j)}\ddot{H}^{(i)}(\omega)\ddot{H}^{*(j)}(\omega)\Gamma_i\Gamma_j 2E\left[\ddot{U}_b(\omega)\ddot{U}_b^*(\omega)\right] \\
&= \sum_i \sum_j \Psi_k^{(i)}\Psi_k^{(j)}\ddot{H}^{(i)}(\omega)\ddot{H}^{*(j)}(\omega)\Gamma_i\Gamma_j G_{\ddot{u},b}(\omega)
\end{aligned}
$$

여기서 $*$는 공액복소수; $E[\cdot]$는 앙상블평균(ensemble average); $G_{\ddot{u},k}(\omega)$와 $G_{\ddot{u},b}(\omega)$는 각각 k번째 자유도와 밑면에서의 가속도 PSD함수를 나타낸다. 따라서 절대가속도 PSD함수는 다음과 같다.

$$
G_{\ddot{u}(abs),k}(\omega) = G_{\ddot{u},k}(\omega) + \left[1 + 2\sum_i \Gamma_i\Psi_k^{(i)} Re\left\{\ddot{H}^{(i)}(\omega)\right\}\right] G_{\ddot{u},b}(\omega)
$$

• [단계 3] 층 PSD함수(G) → 층응답스펙트럼(S)

$$
S(\omega,\xi) = \sqrt{-2m_0(\omega)\ln\left\{-\frac{\pi}{T}\sqrt{\frac{m_0(\omega)}{m_2(\omega)}}\ln(1-r)\right\}}
$$

여기서

$$
m_n(\omega) = \int_{-\infty}^{\infty} \bar{\omega}^n |H_o(\omega,\bar{\omega})|^2 G(\bar{\omega})d\bar{\omega}, \qquad n = 0,2,4,\cdots
$$

$$
|H_o(\omega,\bar{\omega})|^2 = \frac{\omega^4 + 4\xi_e^2\omega^2\bar{\omega}^2}{(\omega^2-\bar{\omega}^2)^2 + 4\xi_e^2\omega^2\bar{\omega}^2}
$$

[예제] 6.5.1 응답스펙트럼

삼분도표로 나타낸 1940년 엘센트로 (El Centro)에서 남북방향으로 계측된 지진에 대한 응답스펙트럼을 사용하여 $f_n = 4$ Hz, $\xi = 0.05$, $m = 10$ kg인 단자유도계의 다음을 구하라. (참조: 응답스펙트럼에 관한 MATLAB 예제)

[풀이]

(1) 최대 상대변위 $S_{pd}(T_n,\xi)$ → 최대 절대가속도 $S_{pa}(T_n,\xi)$

$T_n = \frac{1}{f_n} = \frac{1}{4\text{ Hz}} = 0.25\text{ sec} \rightarrow S_{pd}(T_n,\xi) = S_{pd}(0.25\text{ sec}, 0.05) = 1.4\text{ cm}$

$S_{pa}(T_n,\xi) = \omega_n^2 S_{pd}(T_n,\xi) = (2\pi f_n)^2 S_{pd}(T_n,\xi) = (2\pi \times 4\text{ Hz})^2(1.4\text{ cm}) = 8.8\frac{\text{m}}{\text{sec}^2}$

(2) 최대 절대가속도 $S_{pa}(T_n,\xi)$ → 최대 상대변위 $S_{pd}(T_n,\xi)$

$S_{pa}(T_n,\xi) = S_{pa}(0.25\text{ sec}, 0.05) = 9.1\frac{\text{m}}{\text{sec}^2}$

$S_{pd}(T_n,\xi) = \frac{1}{\omega_n^2}S_{pa}(T_n,\xi) = \left(\frac{T_n}{2\pi}\right)^2 S_{pa}(T_n,\xi) = \left(\frac{0.25\text{ sec}}{2\pi}\right)^2\left(9.1\frac{\text{m}}{\text{sec}^2}\right) = 1.4\text{ cm}$

(3) 최대 관성력($f_{I,max}$)

$f_{I,max} = mS_{pa}(T_n,\xi) = (10\text{ kg})\left(9.1\frac{\text{m}}{\text{sec}^2}\right) = 91\text{ N}$

[예제] 6.5.4 응답스펙트럼해석(I)

최대지반가속도가 0.154g인 지진의 가속도 응답스펙트럼과 단자유계의 동적 특성이 다음과 같을 때, 구조물의 최대응답을 응답스펙트럼을 사용하여 구하라.

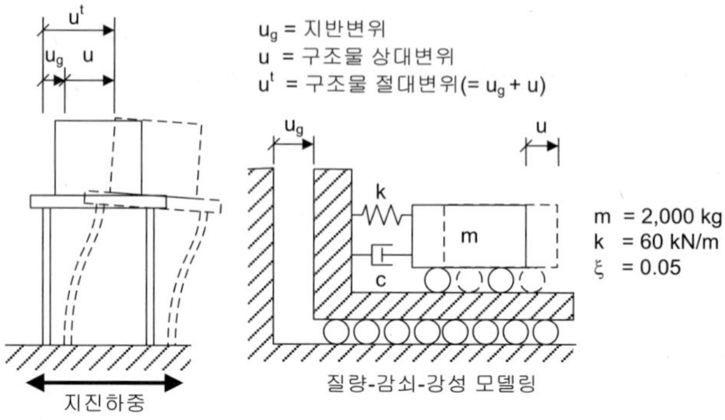

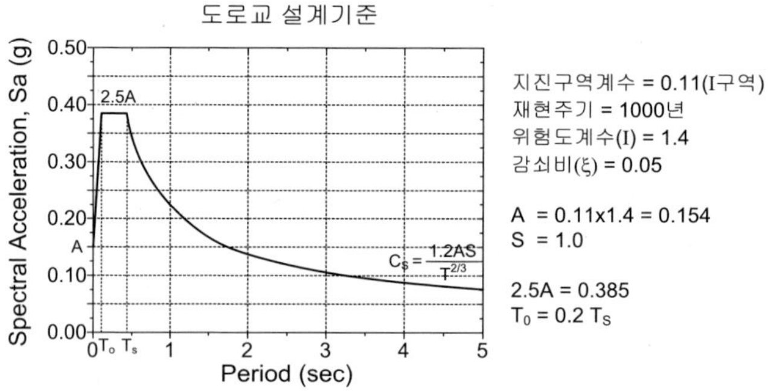

[풀이]

(1) 고유진동주기

$$\omega_n = \sqrt{\frac{k}{m}} = \sqrt{\frac{60{,}000\,\frac{\mathrm{N}}{\mathrm{m}}}{2{,}000\ \mathrm{kg}}} = 5.48\ \frac{\mathrm{rad}}{\mathrm{sec}} \rightarrow T_n = \frac{2\pi}{\omega_n} = \frac{2\pi}{5.48\,\frac{\mathrm{rad}}{\mathrm{sec}}} = 1.15\ \mathrm{sec}$$

(2) $S_{pa}(T_n, \xi)$, $S_{pd}(T_n, \xi)$

$$S_{pa}(T_n, \xi) = S_{pa}(1.15\ \mathrm{sec}, 0.05) = 1.65\,\frac{\mathrm{m}}{\mathrm{sec}^2}$$

$$S_{pd}(T_n, \xi) = \frac{1}{\omega_n^2} S_{pa}(T_n, \xi) = \left(\frac{T_n}{2\pi}\right)^2 S_{pa}(T_n, \xi) = \left(\frac{1.15\ \mathrm{sec}}{2\pi}\right)^2 \left(1.65\,\frac{\mathrm{m}}{\mathrm{sec}^2}\right) = 0.055\ \mathrm{m}$$

(3) 최대 복원력 $f_{S,max}$와 최대 관성력 $f_{I,max}$

$$f_{S,max} = kS_{pd}(T_n, \xi) = \left(60{,}000\,\frac{\mathrm{N}}{\mathrm{sec}^2}\right)(0.055\ \mathrm{m}) = 3.3\ \mathrm{kN}$$

$$f_{I,max} = mS_{pa}(T_n, \xi) = (2{,}000\ \mathrm{kg})\left(1.65\ \frac{\mathrm{m}}{\mathrm{sec}^2}\right) = 3.3\ \mathrm{kN}$$

MATLAB/PYTHON: 6.5.4 응답스펙트럼해석(II) (ch06_respspec2)

최대지반가속도가 $0.13g$인 지진의 가속도 응답스펙트럼이 다음과 같을 때, 다자유도계 최대 응답을 응답스펙트럼을 사용하여 구하라.

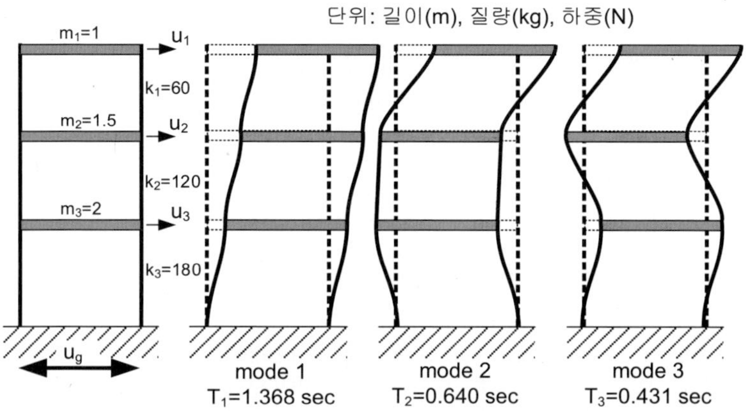

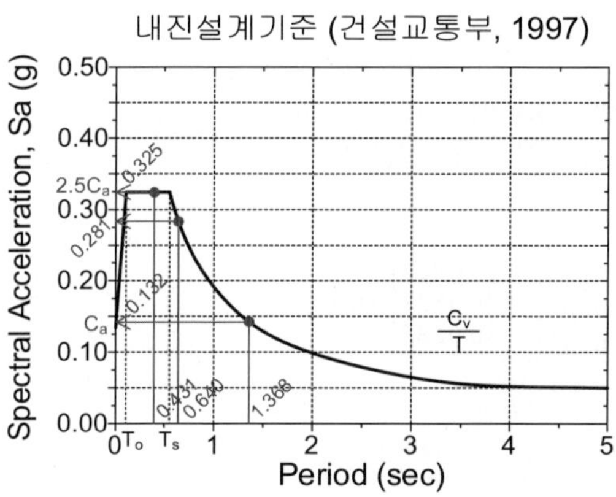

내진등급 = I등급
성능수준 = 붕괴방지수준
재현주기 = 1000년

지진구역계수(Z) = 0.11
위험도계수(I) = 1.4
감쇠비(ξ) = 0.05

지반종류 = S_C

지진계수 C_a = 0.13
지진계수 C_v = 0.18

$2.5\,C_a = 0.325$
$T_S = C_v / 2.5C_a = 0.554$
$T_0 = 0.2\,T_S = 0.111$

[풀이]

(1) 고유진동주기와 자유진동모드: 유도과정은 6.4절 예제를 참조할 것.

$$[\backslash \Omega^2 \backslash] = \begin{bmatrix} 21.09 & 0 & 0 \\ 0 & 96.40 & 0 \\ 0 & 0 & 212.52 \end{bmatrix} \left(\frac{\text{rad}^2}{\text{sec}^2}\right), \quad [\bar{\Phi}] = \begin{bmatrix} -0.743 & -0.636 & 0.210 \\ -0.482 & 0.386 & -0.535 \\ -0.224 & 0.432 & 0.513 \end{bmatrix}$$

$$T_n = \frac{2\pi}{\omega_n} \quad \rightarrow \quad [\backslash T \backslash] = \begin{bmatrix} 1.368 & 0 & 0 \\ 0 & 0.640 & 0 \\ 0 & 0 & 0.431 \end{bmatrix} \text{ (sec)}$$

(2) 일반좌표계에서의 모드별 최대응답: $S_{pa}(T_n, \xi), S_{pd}(T_n, \xi)$

$$\{S_{pa}\} = \begin{Bmatrix} \max_t |\ddot{q}_1(t)| \\ \max_t |\ddot{q}_2(t)| \\ \max_t |\ddot{q}_3(t)| \end{Bmatrix} = \begin{Bmatrix} 0.132 \\ 0.281 \\ 0.325 \end{Bmatrix} (\text{g}) = \begin{Bmatrix} 1.291 \\ 2.759 \\ 3.188 \end{Bmatrix} \left(\frac{\text{m}}{\text{sec}^2}\right), \quad \{S_{pd}\} = \begin{Bmatrix} \max_t |q_1(t)| \\ \max_t |q_2(t)| \\ \max_t |q_3(t)| \end{Bmatrix} = \left\{\frac{S_{pa}}{\omega_n^2}\right\} = \begin{Bmatrix} 61.20 \\ 28.62 \\ 15.00 \end{Bmatrix} \times 10^{-3} \text{ (m)}$$

Note: $T_3(= 0.431 \text{ sec})$는$T_o(= 0.111 \text{ sec})$와 $T_s(= 0.554 \text{ sec})$의 사이에 위치하므로, 응답스펙트럼에서 제시된 S_a의 최댓값인 $0.325g = 0.325 \times 9.81 = 3.188 \frac{\text{m}}{\text{sec}}$를 초과할 수 없다. 따라서 $\frac{C_v}{T_3} = \frac{0.18}{0.431} = 0.417g = 0.417 \times 9.81 = 4.097 \frac{\text{m}}{\text{sec}}$를 $3.188 \frac{\text{m}}{\text{sec}}$로 대치하였다.

(3) 물리좌표계에서의 모드별 최대응답: $\left\{U_{max}^{(i)}\right\}$, $\left\{F_{S,max}^{(i)}\right\}$

$$\left\{U_{max}^{(i)}\right\} = \{\Psi^{(i)}\}q_{i,max} = \{\Psi^{(i)}\}\frac{L_i}{\mu_{ii}}S_{pd}(\omega_i,\xi_i)$$

$$\rightarrow \left\{U_{max}^{(1)}\right\} = \begin{Bmatrix}-0.743\\-0.482\\-0.224\end{Bmatrix} \times \left(\frac{-0.913}{1}\right) \times 0.06120 = \begin{Bmatrix}0.0870\\0.0564\\0.0263\end{Bmatrix}\ (\mathrm{m})$$

$$\rightarrow \left\{U_{max}^{(2)}\right\} = \begin{Bmatrix}-0.636\\0.386\\0.432\end{Bmatrix} \times \left(\frac{0.806}{1}\right) \times 0.02862 = \begin{Bmatrix}-0.0147\\0.0089\\0.0100\end{Bmatrix}\ (\mathrm{m})$$

$$\rightarrow \left\{U_{max}^{(3)}\right\} = \begin{Bmatrix}0.210\\-0.535\\0.513\end{Bmatrix} \times \left(\frac{0.435}{1}\right) \times 0.01500 = \begin{Bmatrix}0.0014\\-0.0035\\0.0033\end{Bmatrix}\ (\mathrm{m})$$

$$\left\{F_{S,max}^{(i)}\right\} = [K]\left\{U_{max}^{(i)}\right\} = [K]\{\Psi^{(i)}\}\frac{L_i}{\mu_{ii}}S_{pd}(\omega_i,\xi_i)$$

$$\rightarrow \left[\left\{F_{S,max}^{(1)}\right\}\ \left\{F_{S,max}^{(2)}\right\}\ \left\{F_{S,max}^{(3)}\right\}\right] = [K]\left[\left\{U_{max}^{(1)}\right\}\ \left\{U_{max}^{(2)}\right\}\ \left\{U_{max}^{(3)}\right\}\right]$$

$$= 60\begin{bmatrix}1&-1&0\\-1&3&-2\\0&-2&5\end{bmatrix}\begin{bmatrix}0.0870&-0.0147&0.0014\\0.0564&0.0089&-0.0035\\0.0263&0.0100&0.0033\end{bmatrix} = \begin{bmatrix}1.8345&-1.4139&0.2915\\1.7847&1.2865&-1.1116\\1.1075&1.9201&1.4225\end{bmatrix}\ (\mathrm{N})$$

(4) ABS방법에 의한 모드별 최대응답의 조합과 최대 밑면전단력

$$\{U_{j,max}\} \approx \left|\left\{U_{j,max}^{(1)}\right\}\right| + \left|\left\{U_{j,max}^{(2)}\right\}\right| + \cdots + \left|\left\{U_{j,max}^{(m)}\right\}\right|$$

$$\rightarrow \{U_{max}\} \approx \begin{Bmatrix}|0.0870| + |-0.0147| + |0.0014|\\|0.0564| + |0.0089| + |-0.0035|\\|0.0263| + |0.0100| + |0.0033|\end{Bmatrix} = \begin{Bmatrix}0.1030\\0.0688\\0.0396\end{Bmatrix}\ (\mathrm{m})$$

$$\{F_{S,j,max}\} \approx \left|\left\{F_{S,j,max}^{(1)}\right\}\right| + \left|\left\{F_{S,j,max}^{(2)}\right\}\right| + \cdots + \left|\left\{F_{S,j,max}^{(m)}\right\}\right|$$

$$\rightarrow \{F_{S,max}\} \approx \begin{Bmatrix}|1.8345| + |-1.4139| + |0.2915|\\|1.7847| + |1.2865| + |-1.1116|\\|1.1075| + |1.9201| + |1.4225|\end{Bmatrix} = \begin{Bmatrix}3.5400\\4.1828\\4.4501\end{Bmatrix}\ (\mathrm{N})$$

$$\rightarrow V_{max} = \textstyle\sum_{j=1}^{3} F_{S,j,max} = 3.5400 + 4.1828 + 4.4501 = 12.1729\ (\mathrm{N})$$

(5) SRSS방법에 의한 모드별 최대응답의 조합과 최대 밑면전단력

$$\{U_{j,max}\} \approx \sqrt{\left\{U_{j,max}^{(1)}\right\}^2 + \left\{U_{j,max}^{(2)}\right\}^2 + \cdots + \left\{U_{j,max}^{(m)}\right\}^2}$$

$$\rightarrow \{U_{max}\} \approx \begin{Bmatrix}\sqrt{0.0870^2 + 0.0147^2 + 0.0014^2}\\\sqrt{0.0564^2 + 0.0089^2 + 0.0035^2}\\\sqrt{0.0263^2 + 0.0100^2 + 0.0033^2}\end{Bmatrix} = \begin{Bmatrix}0.0882\\0.0572\\0.0283\end{Bmatrix}\ (\mathrm{m})$$

$$\{F_{S,j,max}\} \approx \sqrt{\left\{F_{S,j,max}^{(1)}\right\}^2 + \left\{F_{S,j,max}^{(2)}\right\}^2 + \cdots + \left\{F_{S,j,max}^{(m)}\right\}^2}$$

$$\rightarrow \{F_{S,max}\} \approx \begin{Bmatrix}\sqrt{1.8345^2 + 1.4139^2 + 0.2915^2}\\\sqrt{1.7847^2 + 1.2865^2 + 1.1116^2}\\\sqrt{1.1075^2 + 1.9201^2 + 1.4225^2}\end{Bmatrix} = \begin{Bmatrix}2.3345\\2.4649\\2.6338\end{Bmatrix}\ (\mathrm{N})$$

$$\rightarrow V_{max} = \textstyle\sum_{j=1}^{3} F_{S,j,max} = 2.3345 + 2.4649 + 2.6338 = 7.4331\ (\mathrm{N})$$

(6) CQC방법에 의한 모드별 최대응답의 조합과 최대 밑면전단력

$$[\beta_{pq}] = \left[\frac{\omega_q}{\omega_p}\right] = \begin{bmatrix}1.000&2.138&3.175\\0.468&1.000&1.485\\0.315&0.674&1.000\end{bmatrix},\quad \xi = \xi_p = \xi_q = 0.05$$

$$\rho_{pq} = \frac{8\xi^2(1+\beta_{pq})\beta_{pq}^{\frac{3}{2}}}{\left(1-\beta_{pq}^2\right)^2 + 4\xi^2\left(1+\beta_{pq}\right)^2\beta_{pq}} \quad\rightarrow\quad \rho = \begin{bmatrix}1.000&0.015&0.006\\0.015&1.000&0.0058\\0.006&0.0058&1.000\end{bmatrix}$$

$$\{U_{j,max}\} \approx \sqrt{\textstyle\sum_{p=1}^{m}\sum_{q=1}^{m}\left\{U_{j,max}^{(p)}\right\}\rho_{pq}\left\{U_{j,max}^{(q)}\right\}}$$

$$\rightarrow \{U_{max}\} \approx \sqrt{\begin{bmatrix}\langle u_{1,max}^{(1)} & u_{1,max}^{(2)} & u_{1,max}^{(3)}\rangle\\\langle u_{2,max}^{(1)} & u_{2,max}^{(2)} & u_{2,max}^{(3)}\rangle\\\langle u_{3,max}^{(1)} & u_{3,max}^{(2)} & u_{3,max}^{(3)}\rangle\end{bmatrix}[\rho]\left[\begin{Bmatrix}u_{1,max}^{(1)}\\u_{1,max}^{(2)}\\u_{1,max}^{(3)}\end{Bmatrix}\ \begin{Bmatrix}u_{2,max}^{(1)}\\u_{2,max}^{(2)}\\u_{2,max}^{(3)}\end{Bmatrix}\ \begin{Bmatrix}u_{3,max}^{(1)}\\u_{3,max}^{(2)}\\u_{3,max}^{(3)}\end{Bmatrix}\right]}$$

$$= \sqrt{\begin{bmatrix}<0.0870 & -0.0147 & 0.0014>\\<0.0564 & 0.0089 & -0.0035>\\<0.0263 & 0.0100 & 0.0033>\end{bmatrix}\begin{bmatrix}1.000&0.015&0.006\\0.015&1.000&0.0058\\0.006&0.0058&1.000\end{bmatrix}\left[\begin{Bmatrix}0.0870\\-0.0147\\0.0014\end{Bmatrix}\ \begin{Bmatrix}0.0564\\0.0089\\-0.0035\end{Bmatrix}\ \begin{Bmatrix}0.0263\\0.0100\\0.0033\end{Bmatrix}\right]}$$

$$= \begin{Bmatrix}0.0880\\0.0573\\0.0285\end{Bmatrix}\ (\mathrm{m})$$

$$\{F_{S,j,max}\} \approx \sqrt{\sum_{p=1}^{m}\sum_{q=1}^{m}\left\{F_{S,j,max}^{(p)}\right\}\rho_{pq}\left\{F_{S,j,max}^{(q)}\right\}}$$

$$\rightarrow \{F_{S,max}\} \approx \sqrt{\begin{bmatrix} \langle f_{S,1,max}^{(1)} & f_{S,1,max}^{(2)} & f_{S,1,max}^{(3)}\rangle \\ \langle f_{S,2,max}^{(1)} & f_{S,2,max}^{(2)} & f_{S,2,max}^{(3)}\rangle \\ \langle f_{S,3,max}^{(1)} & f_{S,3,max}^{(2)} & f_{S,3,max}^{(3)}\rangle \end{bmatrix}[\rho]\left[\begin{Bmatrix} f_{S,1,max}^{(1)} \\ f_{S,1,max}^{(2)} \\ f_{S,1,max}^{(3)} \end{Bmatrix} \begin{Bmatrix} f_{S,2,max}^{(1)} \\ f_{S,2,max}^{(2)} \\ f_{S,2,max}^{(3)} \end{Bmatrix} \begin{Bmatrix} f_{S,3,max}^{(1)} \\ f_{S,3,max}^{(2)} \\ f_{S,3,max}^{(3)} \end{Bmatrix}\right]}$$

$$= \sqrt{\begin{bmatrix} <1.8345 & -1.4139 & 0.2915> \\ <1.7847 & 1.2865 & -1.1116> \\ <1.1075 & 1.9201 & 1.4225> \end{bmatrix}\begin{bmatrix} 1.000 & 0.015 & 0.006 \\ 0.015 & 1.000 & 0.0058 \\ 0.006 & 0.0058 & 1.000 \end{bmatrix}\left[\begin{Bmatrix} 1.8345 \\ -1.4139 \\ 0.2915 \end{Bmatrix} \begin{Bmatrix} 1.7847 \\ 1.2865 \\ -1.1116 \end{Bmatrix} \begin{Bmatrix} 1.1075 \\ 1.9201 \\ 1.4225 \end{Bmatrix}\right]}$$

$$= \begin{Bmatrix} 2.3085 \\ 2.4405 \\ 2.7088 \end{Bmatrix} \text{(N)}$$

$$\rightarrow V_{max} = \sum_{j=1}^{3} F_{S,j,max} = 2.3085 + 2.4405 + 2.7088 = 7.4578 \text{ (N)}$$

(7) 비교

구분		ABS방법	SRSS방법	CQC방법
최대 변위 (m)	$\begin{Bmatrix} u_{1,max} \\ u_{2,max} \\ u_{3,max} \end{Bmatrix}$	$\begin{Bmatrix} 0.1030 \\ 0.0688 \\ 0.0396 \end{Bmatrix}$	$\begin{Bmatrix} 0.0882 \\ 0.0572 \\ 0.0283 \end{Bmatrix}$	$\begin{Bmatrix} 0.0880 \\ 0.0573 \\ 0.0285 \end{Bmatrix}$
최대 부재력 (N)	$\begin{Bmatrix} f_{S,1,max} \\ f_{S,2,max} \\ f_{S,3,max} \end{Bmatrix}$	$\begin{Bmatrix} 3.5400 \\ 4.1828 \\ 4.4501 \end{Bmatrix}$	$\begin{Bmatrix} 2.3345 \\ 2.4649 \\ 2.6338 \end{Bmatrix}$	$\begin{Bmatrix} 2.3085 \\ 2.4405 \\ 2.7088 \end{Bmatrix}$
최대 밑면전단력 (N)	V_{max}	12.1729	7.4331	7.4578

ABS방법, SRSS방법, CQC방법 중에서 ABS방법이 가장 큰 조합 결과를 나타내며, SRSS방법과 CQC방법은 유사한 결과를 나타냈다. 이것은 예제 구조물의 경우 고유진동수가 서로 충분히 분산되어 있어서 모드 상관계수 행렬($[\rho]$)이 단위 행렬($[I]$)에 가깝기 때문인 것으로 판단된다. 통상 CQC방법이 가장 합리적인 방법으로 알려져 있으나, 설계에서는 CQC방법보다는 SRSS 방법을 많이 사용한다.

MATLAB/PYTHON: 6.5.4 응답스펙트럼 (ch06_respspec, piece1)

1940년 엘센트로(El Centro)에서 남북방향으로 계측된 지진에 대한 응답스펙트럼을 $\xi = 0.00, 0.05, 0.1, 0.2$에 대하여 구하여라.

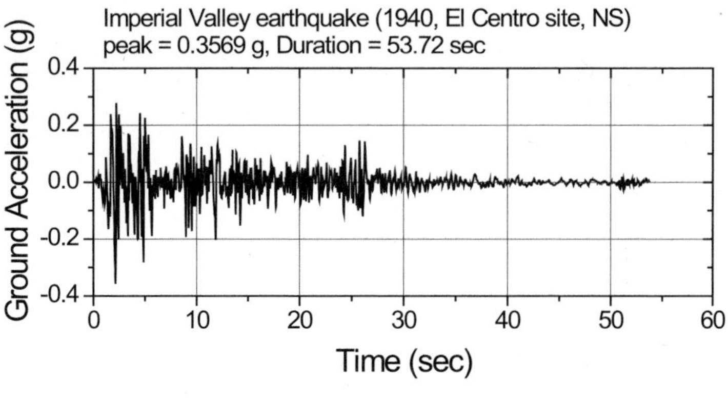

[풀이]

(1) $S_d(T_n, \xi)$, $S_v(T_n, \xi)$, $S_a(T_n, \xi)$

$$\ddot{u}(t) + 2\xi\omega_n\dot{u}(t) + \omega_n^2 u(t) = -\ddot{u}_g(t)$$

위 식에서 ω_n과 ξ값을 점차 증가시키며 최대 상대변위, 최대 상대속도, 최대 절대가속도를 구하면 다음 그림과 같다. 여기서 $S_a(T_n, \xi)$는 고유진동주기(T_n)가 $0.2 \sim 1.0\ \mathrm{sec}$인 경우에 대체로 큰 값을 가지며, 이 구간에 많은 지진 입력에너지가 존재한다는 것을 의미한다. 감쇠비(ξ)가 작아질수록 구조물의 거동이 커지며, 구조물의 고유진동주기가 아주 작아지면($T_n \to 0$) 가속도 응답스펙트럼 $S_a(T_n, \xi)$는 지반의 최대가속도 값(PGA)에 가까워지며, 고유진동주기가 아주 커지면 변위 응답스펙트럼 $S_d(T_n, \xi)$는 지반의 최대변위와 가까운 값이 되는 경향이 있다.

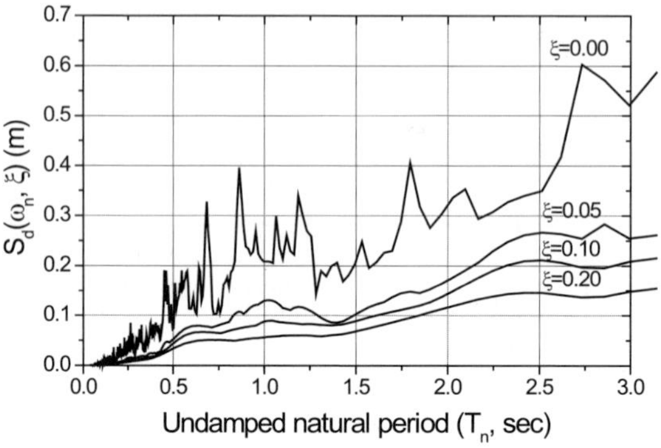

그림 E.1 변위 응답스펙트럼

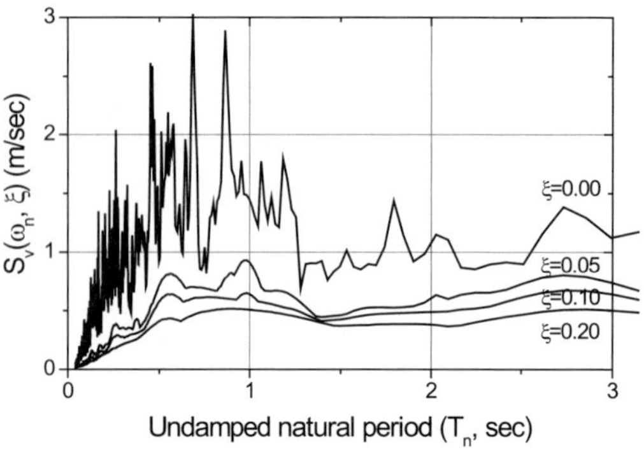

그림 E.2 속도 응답스펙트럼

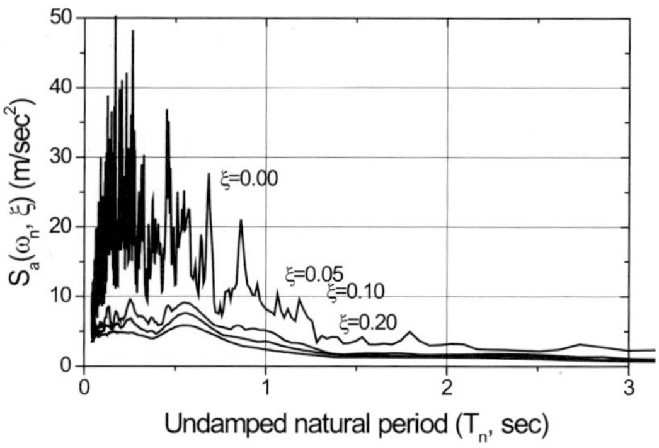

그림 E.3 가속도 응답스펙트럼

이야기: 설계응답스펙트럼 vs. 공진

설계응답스펙트럼은 지진하중을 산정하는 것이다. 지진하중은 지반조건에 따라 증폭 또는 감소될 수 있다. 즉, 설계응답스펙트럼은 지반조건에 따라 근사적으로(그리고 보수적으로) 지진하중을 산정한 값이므로, 구조물에 (스펙트럼으로 구한) 지진하중을 입력한 후, 구조물에 이러한 지진하중에 대해 공진이 발생하는지를 검토하여야 한다.

설계응답스펙트럼(즉, 지진하중)에는 설계개념에 따라 특정 진동수성분만이 있는 것이 아니라, 다양한 진동수 성분이 포함되어 있다. 따라서 스펙트럼 지진하중을 사용하여, 구조물의 응답을 구하면, 일반적으로 다양한 진동수 성분의 지진하중에 대해 근사적으로 구조물의 증폭된 응답을 고려하는 것이 된다.

구조동역학 이론과 같이, 특정한 공진 진동수 성분을 갖는 지진하중에 대해 공진으로 과도한 구조물 응답의 증폭을 설계에 일반적으로 반영하기가 일반적이지 못하고 실제로 실무자가 적용하기가 어렵다고 판단된다. 따라서 만약 실무자가 좀더 엄밀하게 지진에 의한 구조물의 증폭을 고려하기 위해서는 설계기준에서 제시한 기저 암반에서 스펙트럼 지진하중을 사용하여, (Shake등의 SW를 사용하여) 지표면(구조부지)에서 특정진동수 성분으로 증폭된 스펙트럼 지진하중을 구한 후, 이를 구조물에 하중으로 가하면, 좀더 엄밀하게 지진과 구조물의 공진을 고려할 수 있다.

결론적으로 설계응답스펙트럼은 다양한 지진하중의 특성을 일반 설계자가 용이하게 고려하기 위해 경험적으로 제시한 것으로, 공진보다는 지반증폭에 초점을 두고 있다. 즉, 설계응답스펙트럼도 보수적인 값이지만, 단주기 구조물에 대해 너무 큰 지진하중을 사용하여 비경제적인 설계를 하는 것을 제한하기 위해, 스펙트럼의 최댓값을 제한하는 경우가 있다.

이야기: 밑면전단력이 고유주기와 반비례하는 이유

밑면전단력을 등가정적방법으로 구하면 관성력의 개념으로 질량과 가속도의 곱으로 나타낼 수 있다. 여기서 구조물의 질량(중량과 동일한 개념)은 일정하고, 가속도는 지반가속도로 구한 설계응답스펙트럼의 값으로 나타낼 수 있다. 설계응답스펙트럼은 지진의 특성으로 주기에 반비례하는 특성을 나타내므로, 밑면전단력 = 질량(일정) × 가속도(주기에 반비례) 이다.

이야기: 응답스펙트럼해석과 시간이력해석으로 구한 구조물의 응답이 다른 이유

동적 선형해석을 가정할 때, 두 방법으로 구한 단자유도계의 최대 응답은 같다. 하지만 다자유도계의 경우에는 응답스펙트럼해석법이 시간이력해석법보다 일반적으로 크게 산정이 된다. 그 이유는 응답스펙트럼해석법은 SRSS, CQC 등 다소 보수적인 방법으로 각 모드별 응답을 조합하기 때문이다.

응답스펙트럼해석은 모드중첩법의 일종이지만, 진폭만으로 대표되는 설계응답스펙트럼을 입력하중으로 하기에 입력하중의 모드간 위상차를 고려하지 못한다. 따라서 응답스펙트럼해석법은 모드간 위상차의 영향을 고려하기 위해 경험적이고 보수적인 방법을 사용하여 모드별 응답을 조합한다.

이야기: ASCE 7의 기하평균 설계응답스펙트럼과 최대방향 설계응답스펙트럼

ASCE 7-05는 MCE(최대예상지진, maximum considered earthquake)를, ASCE 7-10는 MCE_R(위험도 기반 최대예상지진, risk-targeted MCE)을 사용한다. 이러한 차이로 인해 ASCE 7-05와 ASCE 7-10의 설계응답스펙트럼은 각각 기하평균(geomean) 설계응답스펙트럼과 최대방향 설계응답스펙트럼에 대응된다.

다음에 기하평균 스펙트럼값과 최대방향 스펙트럼값을 El Centro 지진(1940)을 사용하여 1초 주기에 대해 비교하였다. 여기서 구한 스펙트럼값은 다음과 같으며, 이 경우 최대방향 스펙트럼값이 기하평균 스펙트럼값보다 1.37배가 큰 것을 알 수 있다.

+ NS방향: $S_{NS} = 0.524g$
+ EW방향: $S_{EW} = 0.279g$
+ 기하평균: $S_{geomean} = \sqrt{0.524 \times 0.279} = 0.382g$
+ 최대방향: $S_{max} = 0.524g$
+ 최대방향/기하평균: $\frac{S_{max}}{S_{geomean}} = \frac{0.524g}{0.382g} = 1.37$

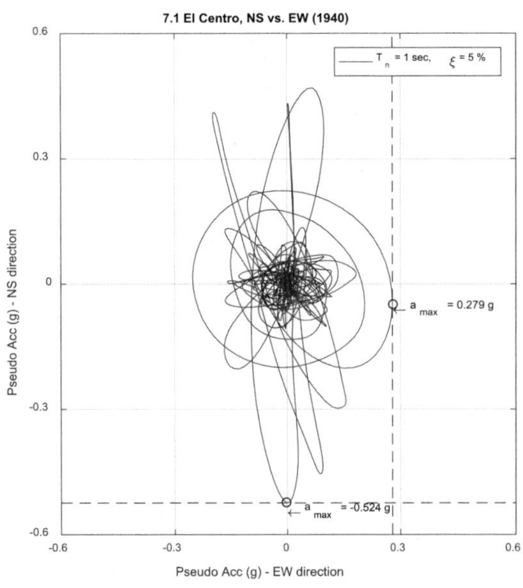

(a) 조합된 지반가속도 호도그래프(hodograph)

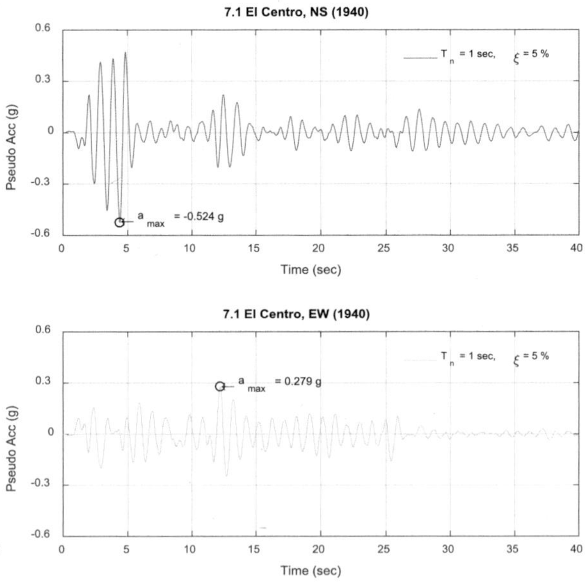

(b) NS, EW 방향 지반가속도

그림 C6.5.1 기하평균 및 최대방향 스펙트럼값의 비교

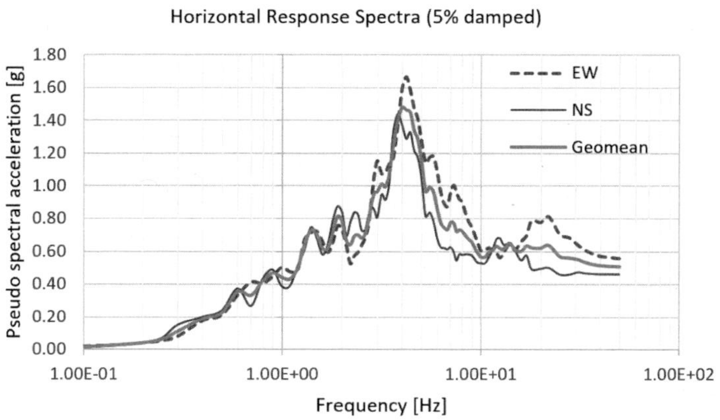

그림 C6.5.2 기하평균을 사용한 지반운동의 조합 (동일본대지진, 2011)

[Note] 참조: 기존 시설물(건축물) 내진성능 평가요령, 4.4.3절 평가용 지진파, 2019. 11

… 지반운동은 평면상에서 서로 직교하는 2성분의 쌍으로 구성된다. 개별 지반운동의 성분별로 5% 감쇠비의 응답스펙트럼을 작성하고, 주기별로 제곱합제곱근(SRSS)으로 산정한 스펙트럼들의 평균값이 대상 구조물 기본진동주기의 0.2배부터 1.5배 사이에 해당되는 주기에 대해서 최소응답스펙트럼 가속도 이상 되어야 한다. …

이야기: 하중조합 및 다축가진효과

1. 다축가진효과(multi-directional seismic effect)란?

   지진 발생 시 여러 방향에서 동시에 작용하는 지진하중에 의해 구조물의 응답이 영향을 받는 현상이다. 실제 지진은 X축(동서), Y축(남북), Z축(상하) 등 다축 방향으로 동시에 발생하므로, 구조물 또한 이러한 다방향의 하중을 동시에 받게 된다.

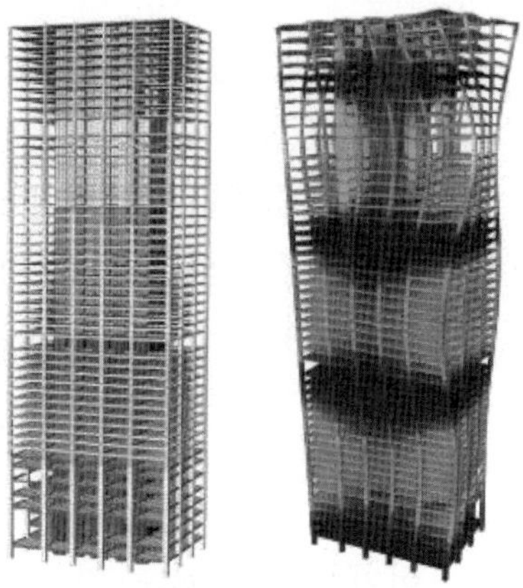

구조물의 3차원 거동
(출처: https://dianafea.com/)

2. 다축가진효과**의 중요성**

   다축가진효과는 구조물의 변형, 부재력 등에 영향을 미친다. 특히 비대칭 구조물이나 비정형 건축물, 교량이나 타워와 같은 수직 구조물은 다축 가진에 민감하게 응답할 수 있다. 따라서 다축 효과를 고려하지 않을 경우, 실제 구조물의 거동을 과소평가할 수 있다.

3. 설계 시 다축가진효과 고려 방법

   내진설계기준에서 제시하는 조합방법은 다음과 같다.

1) SRSS 조합　2) 100%-30% 조합 (Z방향의 가진을 무시한 경우임)

[Q] 여기서 조합이란 하중의 조합인가? 응답(예: 변위, 부재력)의 조합인가?

4. 해석방법에 따른 고려 방법

(1) 선형해석 및 비선형 정적해석

예) 응답스펙트럼해석

구조설계 기준에서는 다축 효과를 근사적으로 고려하기 위하여 일반적으로 다음과 같은 하중조합을 적용하도록 규정하고 있다.

$$\pm 1.0E_X \pm 0.3E_Y$$
$$\pm 1.0E_Y \pm 0.3E_X$$

이것은 서로 다른 방향의 지진하중이 동시에 작용하는 경우를 보수적으로 근사한 방식으로, 두 축 모두에 최대 응답이 나타날 가능성을 반영한 설계 방법이다.

(2) 비선형 동적해석

예) 시간이력해석

시간이력해석에서는 실제 지진파 기록을 그대로 구조물에 입력한다. 이때 X, Y, Z 방향의 지진파를 동시에 입력함으로써 다축가진효과를 가장 현실적으로 반영할 수 있다.

5. 규정

국토안전관리원, 내진성능평가 세부지침 해설서(건축물), 2024.12

제3장 내진성능평가 기술사항

3.5 선형절차

3.5.3 하중조합 및 다축가진효과

지진하중에 의한 부재력 Q_E는 다축가진효과를 고려하여 한 방향 지진하중과 직각방향 지진하중의 30%에 의한 부재력을 조합하여 식 (3.5.5)로 산정한다.

$$\begin{aligned} Q_E &= \pm 1.0E_X \pm 0.3E_Y \\ Q_E &= \pm 1.0E_Y \pm 0.3E_X \end{aligned} \quad (3.5.5)$$

여기서, E_X와 E_Y는 각각 x축과 y축 방향의 지진하중이다.

[해설]

2. 선형동적절차에서 지진하중의 산정절차

(8) 다축가진효과는 3.5.3에 따라서 고려한다. 혹은 다축효과를 고려하기 위해 SRSS를 사용하여 두 직각 방향의 응답을 조합할 수 있다.

3.6 비선형 정적절차

3.6.3 하중조합 및 다축가진효과

다축가진효과는 각각의 방향에 대하여 독립적으로 해석한 뒤 하중효과에 한하여 주방향의 성능점에서의 하중효과에 직교방향 성능점 변위의 30 % 변위에서 발생하는 하중 효과를 조합하여 평가함으로써 고려한다. 단, 어떠한 한 방향의 하중이 최대 변형과 부재력을 발생시킬 경우 직교방향의 하중은 고려하지 않아도 된다.

평면 비정형이 있는 경우 정방향과 부방향으로 가력하는 경우 모두를 고려한다.

[해설]

1. 완전한 대칭구조물이 아닐 경우 최대효과를 발생시키는 하중의 방향은 일반적으로 파악하기 힘들다. 다축효과는 불규칙성을 갖는 서로 다른 지반운동이 직교하는 두 방향으로 동시에 작용할 때 발생하는 효과를 고려하기 위한 것으로 비정형 평면일 경우 혹은 직교하는 지진력저항시스템이 공유하는 부재에서 부재력이 현저히 증가하는 경우를 고려하여야 하며 100:30의 규칙이 적용된다.
2. 실무적으로 다축가진효과를 고려하기 위해 대상건물의 +X, −X, +Y, −Y 방향의 푸시오버를 각각 수행한 후 각방향 성능점의 100%와 30%에 해당하는 각 조합에 대해 힘지배거동을 조합하고 그 결과를 (해설 식 3.6.6)에 따라 평가할 수 있다. 예를 들어 비틀림비정형성을 갖는 건물에서 강성 중심에서 멀리 위치한 기둥의 전단력(예를 들어 X방향으로 가력시 성능점에서의 X방향 전단력과 Y 방향으로 가력시 성능점의 30% 수준에서 X방향 전단력의 조합)이 검토대상이 될 수 있다.
3. m 계수를 1.33배 증가시킨 선형동적절차를 통해서 다축가진효과를 고려하는 평가를 병행하는 경우 비선형정적절차에서는 다축가진효과를 제외하고 평가할 수 있다. 두 가지 평가 결과 중 불리한 쪽으로 내진성능을 판정한다.

3.7 비선형 동적절차

3.7.3 하중조합 및 다축가진효과

비선형 동적해석시 중력하중은 비선형 정적절차와 동일하게 고려되어야 하며 비틀림 비정형에 따른 다축가진 효과를 고려하기 위하여 3차원 해석 및 각 지반운동기록 세트를 직교하는 두방향의 수평성분으로 구성하여 대상 구조물의 두 직교축에 대하여 상호 교대하여 2회 해석한다.

[해설]

1. 비선형동적절차를 사용하는 경우, 중력하중은 3.6.3과 동일한 방법으로 결정한다.
2. 구조물에 비틀림 비정형성이 있을 경우 반드시 다축가진효과를 고려하여 3차원 해석을 수행하여야 한다.
3. 3차원 비선형동적해석은 직교하는 두 방향의 지반운동기록을 동시에 구조물에 작용시켜서 수행하며, 각 방향별로 독립적으로 해석하여 조합하지 않는다.

6.6 [해석] 근사지진해석

내진설계 기준에서 제시하고 있는 정적해석법(또는 근사지진해석법)*은 실제 구조물의 응답에 기여하는 여러 가지 진동 모드들 중에서 기본 진동모드(fundamental vibration mode)의 응답특성에 바탕을 둔 것으로, 구조물의 동적 특성을 근사적으로 고려하는 방법이다. 구조물의 평면형상이나 수직형상이 정형인 경우 등 구조물의 형상이 단순한 경우에는 정적해석법이 실제 응답과 유사한 결과를 나타내어 합리적이며 경제적인 방법이라 할 수 있다. 그러나 평면형상 또는 수직형상이 비정형인 구조물이나 고층 건물 또는 장대 교량 등과 같이 복잡한 형상의 구조물의 경우에는 고차 진동모드들의 비중을 무시할 수 없다. 따라서 이러한 구조물에 대해서는 근사 해석법인 정적해석법을 사용하기보다는 고차 모드들을 적절히 고려할 수 있는 동적해석법을 사용하는 것이 바람직하다.

내진설계기준에서는 구조물의 정형성 여부, 높이, 규모, 용도, 중요도, 지진 발생 후의 역할 등에 따라 합리적인 해석방법을 제시하고 있으며, 일반적으로 사용되는 대표적인 동적해석법으로는 ① 응답스펙트럼해석법과 ② 시간이력해석법이 있다†. 참고로 내진설계기준에서는 등가정적해석법을 정밀 해석법으로 구한 결과의 검증을 위해서도 사용한다‡.

---

* 주요 내진설계기준에서 사용되는 관련 용어는 다음과 같다.

- KDS 41 17 00 : 2019 건축물 내진설계기준: 등가정적해석
- 도로교설계기준 (2011): 단일모드스펙트럼해석
- ASCE 7 (2016): Equivalent Lateral Force (ELF) Procedure
- Eurocode 8 (2004): Lateral Force Method
- AASHTO (2017): Single-Mode Methods (1. Single-Mode Spectral Method; 2. Uniform Load Method)

† KDS 41 17 00 : 2019 건축물 내진설계기준 및 해설, 국토교통부

7.1 해석법의 적용

등가정적해석법 또는 비선형정적해석법은 지진하중분포를 가정하는 방법으로써
구조물의 평면 또는 수직적 분포가 비정형인 경우나 건물이 높은 경우에 나타나는 고차모드의 영향을 고려할 수 없다.
따라서 내진설계범주 C 또는 D에 속하면서 이와 같은 조건에 해당하는 건물의 해석은
보다 정밀한 방법인 동적해석방법을 사용하도록 규정하고 있다.
기준에서 동적해석법은 ① 응답스펙트럼해석법, ② 선형 시간이력해석법, ③ 비선형시간이력해석법을 의미한다.
하지만 기술적인 어려움이나 시간적인 제약으로 인하여 시간이력해석에서 비탄성거동을 고려하기 어렵기 때문에
실무에서는 모드해석을 이용하는 응답스펙트럼해석법을 주로 사용한다.

[Note] 내진설계범주

성능에 기초한 내진설계 개념에 따라 ① 내진등급(특, I, II)과 ② 지진위험도(S_{DS}, S_{D1})에 따라 내진설계범주를 결정한다.
건축물은 내진설계범주에 따라 허용되는 지진력저항시스템의 종류, 구조해석방법, 설계 및 상세규정 등이 다르다.
이는 내진설계범주가 높아질수록 높은 수준의 내진성능을 보장하기 위함이다.

‡ KDS 41 17 00 : 2019 건축물 내진설계기준 및 해설, 국토교통부

7.3 동적해석법

응답스펙트럼해석으로 구한 밑면전단력 V_t가 등가정적해석법으로 산정한 밑면전단력 V의 85%보다 작은 경우
설계 값에 보정계수 C_m을 곱하여 사용한다. 단, 층간변위에는 보정계수 C_m을 곱하지 않는다.

$$C_m = 0.85\frac{V}{V_t} \geq 1.0$$

15.6 최소강도규정 (해설)

성능설계법을 사용하여 구조체를 설계할 때의 지진력을 등가정적해석법에 의한 지진력의 75%이상으로 제한하였다. 이때, 등가정적해석법에 의한 지진력은 R계수를 고려한 것이다.

6.6.1 등가정적해석법(진도법)

구조해석을 하는 중요한 목적 중에 하나는 구조부재에 작용하는 부재력을 산정하는 것이며, 이것은 지반에 대한 구조물의 상대변위 $u(t)$를 사용하여 구할 수 있다. 따라서 지진시 지진하중의 시간에 따른 변화를 고려하지 않고, 구조물에 작용하는 최대 관성력을 구조물에 작용하는 등가 정적 하중으로 환산하여 정적 해석을 수행하는 것을 '등가정적해석(equivalent static analysis)'라고 한다. 이 해석은 '유사정적해석(quasi-static analysis)' 또는 '진도법(震度法)'이라고도 하며, 다음과 같이 수행할 수 있다.

$$ku_{max} = -m\ddot{u}_{g,max}$$

이 식에서 $\ddot{u}_{g,max}$는 '최대 지반가속도(peak ground acceleration; PGA)'이며, 지진하중에 관한 가장 중요한 지표 중에 하나이다.

지표면 위에 정지된 구조물은 지진시 지표면과 함께 움직인다. 이 때 구조물의 질량을 m, 최대지반가속도를 a라고 하면, 구조물에 작용하는 지진력에 의해 구조물의 변형이 발생한다. 구조물에 작용하는 지진력은 구조물에 작용하는 관성력으로 나타낼 수 있으며, 그 크기는 ma이다. 최대지반가속도(a)를 중력가속도(g)로 나눈 값을 진도(震度, C_s)라 하며 다음과 같다.

$$k = \frac{a}{g}$$

여기서 구조물의 자중(W)은 mg이므로, 구조물에 작용하는 지진력(V)은 다음과 같다.

$$f = ma = kW$$

여기서 건축구조기준의 등가정적해석법에서는 지진력(V)를 '밑면전단력(base shear)'라고 하고, C_s를 '지진응답계수(seismic response coefficient)'라고 한다.

진도는 일본의 佐野(さの)가 처음으로 지진계산에 도입했으므로 佐野진도라고도 하며(가옥내진구조론, 佐野利器, 1916), 진도를 사용하여 구조물을 등가정적으로 지진 해석하는 방법을 진도법(震度法)이라고 한다. 현재 진도법은 일본에서 구조물의 내진설계규정에 도입되어 사용되고 있다.

진도법을 정의하는데 사용한 "지표면 위에 정지된 구조물은 지진시 지표면과 함께 움직인다"라는 가정을 사용하기 위해서는 구조물의 고유주기가 작용하는 지진동의 주요한 가진주기보다 작아야 한다. 예를 들어, 구조물의 고유주기가 지진의 주요한 가진 주기보다 작아, 지진시 구조물이 단단하고 강체에 가까운 거동을 할 경우, 구조물의 가속도 응답은 지반가속도와 거의 동일하다. 따라서 구조물에 작용하는 지진력은 구조물의 질량에 구조물의 응답가속도 대신에 지반가속도를 곱하여 구할 수 있다. 진도법은 최대 지반가속도 만을 고려하여 구조물에 작용하는 최대지진력을 구한 후, 지반이 고정된 구조물의 각 부분에 최대지진력을 정적으로 작용시킨다. 즉, 진도법에서는 시간에 따라 복잡하게 변동하는 지진력을 일정한 정적 외력으로 바꾸므로, 내진설계를 정역학적으로 간편하게 수행할 수 있다는 장점이 있다.

진도법을 적용하여 내진설계를 하기 위해서는 구조물의 강성이 매우 크거나, 고유주기가 지진의 주요 가진 주기보다 매우 작아, 지반가속도가 구조물의 가속도 응답과 거의 동일하여야 한다. 만약 구조물의 고유주기가 지진의 주요 가진 주기와 유사하다면, 공진 등으로 인해 구조물의 가속도 응답은 지반가속도와는 차이가 크게 발생하며, 이 경우 진도법을 그대로 적용할 수 없으므로 동적 해석을 수행하거나 수정진도법 을 사용하여야 한다.

지진시 변형하기 쉬운 구조물의 경우(즉, 구조물의 고유주기가 지진의 주요 주기보다 매우 작지 않은 경우), 일반적으로 구조물의 응답 가속도는 지반가속도보다 크다. 따라서 진도법을 적용하고자 할 경우 설계 진도를 큰 값으로 수정하여 사용하는 것이 합리적이며, 이와 같이 진도법의 간편함에 구조물의 응답 특성을 반영한 방법이 수정진도법 이다. 수정진도법은 지진력을 정적으로 고려하는 진도법과 동일하므로 진도법이라고도 한다. 일본에서 수정진도법의 개념은 1971년의 일본의 도로교 내진설계지침에 포함되어 일반적으로 적용되고 있다.

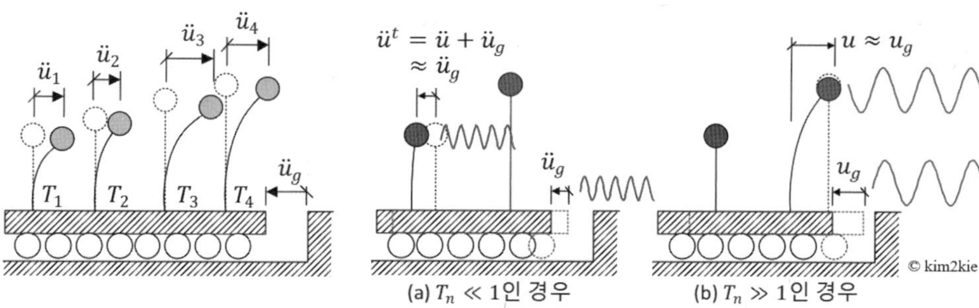

그림 6.6.1a 구조물의 고유주기에 따른 단자유도계의 응답

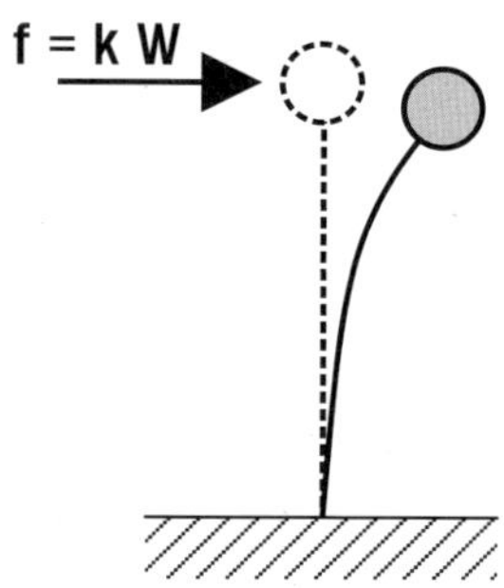

그림 6.6.1b 진도법

6.6.2 부가질량법(동적유체질량법)

댐, 항만, 수중 교각 등과 같은 구조물은 많은 경우 유체의 영향을 고려한 지진해석을 수행하여야 한다. 유체의 영향을 고려한 구조물의 지진해석은 크게 다음과 같이 구분할 수 있다.

(1) 유사정적법(psudo-static analysis): 지진시 유체의 동수압을 등가정적 하중으로 변환한 등가정적 지진해석. 여기서 동수압(hydrodynamic pressure)이란 지진의 영향으로 유체의 움직이며, 이에 따라 정수압(hydrostatic pressure) 이외에 추가적으로 발생하는 수압을 말한다.

(2) 부가질량법(added mass analysis): 지진시 유체의 동수압을 구조물에 부가된 유체질량으로 고려한 동적 해석

(3) 유체-구조물 상호작용 해석법(fluid-structure interaction analysis, FSI analysis): 유체와 구조물의 상호작용을 고려한 정밀해석

• Westergaard 식

댐과 방파제의 면에 수직한 방향으로 작용하는 지진시 동수압은 다음과 같은 Westergaard 식을 사용하여 산정할 수 있다(Okamoto, 1984).

$$p_d = \frac{7}{8}\gamma_w k_h \sqrt{Hh}$$

여기서 p_d는 수면으로부터의 수심 h에 작용하는 동수압; γ_w는 물의 단위중량; k_h는 설계수평진도; H는 수위; h는 수면으로부터 동수압 작용 위치까지의 수심이다.

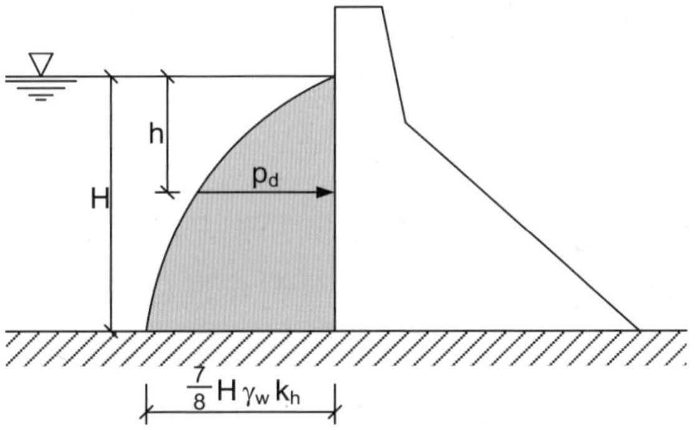

그림 6.6.2a Westergaard식에 의한 동수압

Westergaard식에 사용된 기본가정은 다음과 같다.

(1) 구조물은 강체이고, 구조물과 지반간의 상대변위는 무시

(2) 구조물과 유체의 경계면의 방향은 수직

(3) 저면은 수평이며, 2차원 반무한체

(4) 유체의 점성은 무시

(5) 유체와 구조물의 수평변위는 동일

(6) 수면에는 응력이 작용하지 않음. 즉, 표면파의 파고 영향은 무시

(7) 바닥면에서 유체의 연직변위는 0

등가정적해석법인 유사정적법으로 방파제의 지진거동을 충분히 고려할 수 없을 경우, 동적 지진해석을 수행하여야 한다. 부가질량법에 의한 동적 지진해석의 경우, 동수압을 구조물에 부가된 질량으로 고려하여 해석을 수행한다(일본건설성, 1991). Westergaard 식을 사용할 경우, 단위 면적당 작용하는 부가질량의 밀도는 다음과 같다.

$$m_w = \frac{7}{8}\rho_w \sqrt{Hh}$$

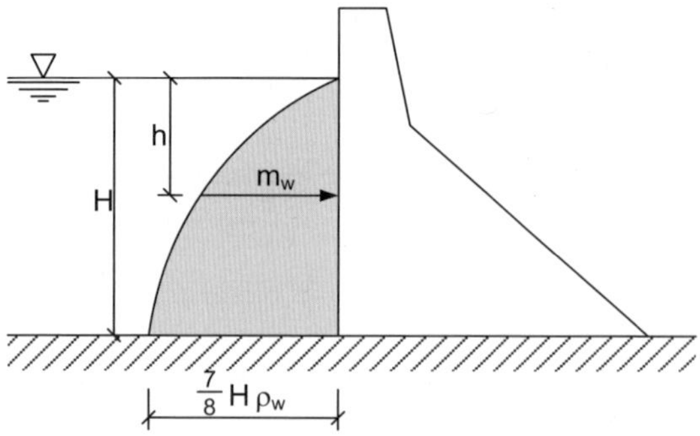

그림 6.6.2b Westergaard식에 의한 부가질량밀도

앞서 구한 지진시 유체의 동수압과 부가질량 밀도를, 수심 h_1과 h_2 사이에 위치하는 유한요소 절점에 작용하는 하중과 부가질량으로 전환하면 다음과 같다.

$$p_d^e = \int_{h_1}^{h_2} \left(\frac{7}{8}\gamma_w k_h \sqrt{Hh}\right) dh,$$

$$m_w^e = \int_{h_1}^{h_2} \left(\frac{7}{8}\rho_w \sqrt{Hh}\right) dh$$

• Goyal & Chopra 방법

실린더형 기둥 구조물의 내부 및 외부의 유체를 각각 부가질량(added mass) 또는 동적유체질량(hydrodynamic mass)으로 근사하여 동적 해석을 수행할 수 있다(Goyal & Chopra, 1989; US Army Corps of Engineers, 1999). Goyal & Chopra(1989)는 유체의 부가질량을 산정하기 위해 수평방향으로의 지진, 구조물의 강체 거동, 그리고 비압축성 유체를 가정하였으며, 비등방성(non-uniform) 단면에서 적용이 가능한 절차를 다음과 같이 제안하였다.

(1) 원형 단면을 갖는 무한 높이의 기둥의 경우, 단위 길이당 부가질량은 다음과 같다.

$$m_\infty^o = \rho_w \pi r_o^2$$

여기서 ρ_w는 유체의 질량밀도; r_o는 원형단면의 외부 반경이며, 이 식은 단위길이당 기둥이 차지하는 부피에 해당하는 유체의 질량이다.

(2) 정규부가질량(normalized added mass, $m_a^o(z)/m_\infty^o$)은 세장비(H_o/a_o), 단면비(a_o/b_o), 단면적(A_o), 단면 형상에 영향을 받는다.

(3) 무한 높이의 기둥의 단위 길이당 부가질량은 수평방향으로 부가되고, 반해석적(semi-analytical) 방법으로 구할 수 있으며, 비등방성 단면을 갖는 무한 높이의 기둥에 대해서도 구할 수 있다.

(4) 임의의 등방성 단면에 대한 정규부가질량은 등가 타원형 단면의 부가질량과 동일하다. 세장비와 단면비가 각각 $H_o/\tilde{a}_o$와 $\tilde{a}_o/\tilde{b}_o$인 등가 타원형 단면을 갖는 기둥은 단면비(a_o/b_o), 단면적(A_o), 높이(H_o)인 실제 기둥과는 다음과 같은 관계가 있다.

$$H_o/\tilde{a}_o = H_o\sqrt{\pi/A_o}\sqrt{b_o/a_o}, \qquad \tilde{a}_o/\tilde{b}_o = a_o/b_o$$

(5) 타원형 단면의 부가질량을 계산하기 위해서는 다양한 변수에 대한 그래프 등이 필요하므

로, 등방성 타원형 단면을 등가 원형 단면으로 변환하여 부가질량을 산정한다.

(6) 비등방성 기둥에 대해 적용하기 위해, 기둥을 높이 방향으로 분할하여 각 분할된 기둥에 대해 등방 단면의 기둥으로 가정할 수 있다.

기둥 외부의 유체(surrounding water)에 대한 부가질량을 구하기 위한 절차는 다음과 같다.

(1) 절점당 유체의 부가질량($m_a^o(z)$)을 구하기 위해, 높이에 따라 기둥을 분할한 후, 각각의 절점에 대해 높이(z_o), 단면비(a_o/b_o), 세장비(a_o/H_o) 및 단면적(A_o)을 계산한다.

(2) 등가 타원형 단면의 단면비($\tilde{a}_o/\tilde{b}_o$)와 세장비($\tilde{a}_o/H_o$)를 구하기 위해, 절차 (1)에서 구한 변수를 사용한다.

(3) 등가 타원형 단면 성질과 그래프를 사용하여 등가 원형단면의 세장비($\tilde{r}_o/H_o$)를 산정한다.

(4) 원형 단면에 대한 정규부가질량($m_a^o(z)/m_\infty^o$)을 구하기 위해 절차 (3)에서 구한 단면 성질과 다음 그래프를 사용한다.

(5) $m_\infty^o(z) = \rho_w A_o$으로, 무한 높이 기둥에 대한 부가질량($m_\infty^o(z)$)을 산정한다.

(6) 절차 (4)와 (5)에서 구한 값을 사용하여 부가질량($m_a^o(z)$)를 산정한다.

(7) 각각의 절점에 대해 절차 (1) – (6)을 반복 수행한다.

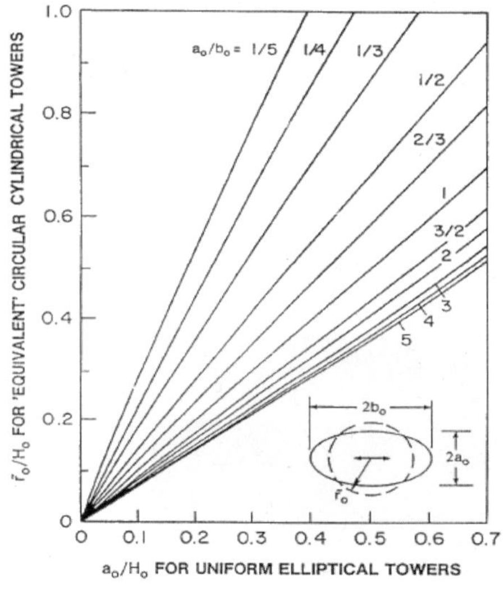

그림 6.6.2c 외부유체 타원형 등방 단면에 대한 등가 원형 단면 성질(Goyal & Chopra, 1989)

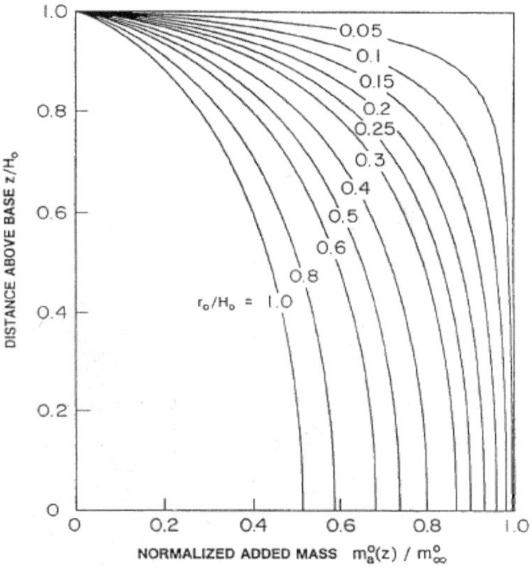

그림 6.6.2d 외부유체에 대한 원형 단면의 정규부가질량(Goyal & Chopra, 1989)

기둥 내부유체(inside water)의 부가질량을 구하기 위한 절차는 다음과 같다.

(1) 절점당 유체의 부가질량($m_a^i(z)$)을 구하기 위해, 높이에 따라 기둥을 분할한 후, 각각의 절점에 대해 높이(z_i), 단면비(a_i/b_i), 세장비(a_i/H_i) 및 단면적(A_i)을 계산한다.

(2) 등가 타원형 단면의 단면비($\tilde{a}_i/\tilde{b}_i$)와 세장비($\tilde{a}_i/H_i$)를 구하기 위해, 절차 (1)에서 구한 변수를 사용한다.

(3) 등가 타원형 단면 성질과 그래프를 사용하여 등가 원형단면의 세장비($\tilde{r}_i/H_i$)를 산정한다.

(4) 원형 단면에 대한 정규부가질량($m_a^i(z)/m_\infty^i$)을 구하기 위해 절차 (3)에서 구한 단면 성질과 다음 그래프를 사용한다.

(5) $m_\infty^i(z) = \rho_w A_i$으로, 무한 높이 기둥에 대한 부가질량($m_\infty^i(z)$)을 산정한다.

(6) 절차 (4)와 (5)에서 구한 값을 사용하여 부가질량($m_a^i(z)$)를 산정한다.

(7) 각각의 절점에 대해 절차 (1)–(6)을 반복 수행한다.

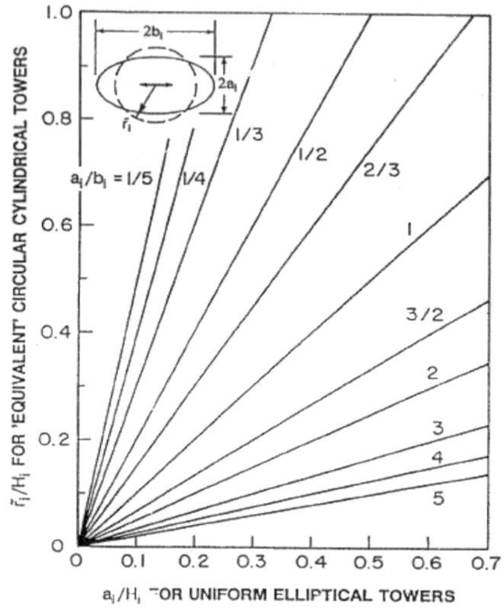

그림 6.6.2e 내부유체 타원형 등방 단면에 대한 등가 원형 단면 성질(Goyal & Chopra, 1989)

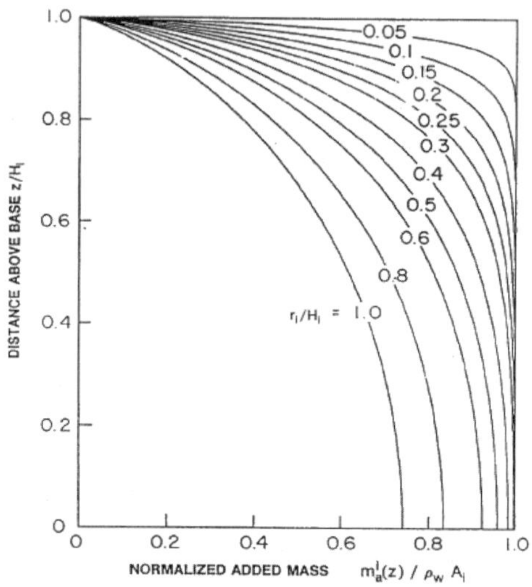

그림 6.6.2f 외부유체에 대한 원형 단면의 정규부가질량(Goyal & Chopra, 1989)

6.6.3 액체저장구조물(액체의 관성력과 슬로싱 하중)

그림 6.6.3a 2019년 Davao del Sur 지진(M_w 6.9) 진앙에서 50 km 떨어진 General Santos시 수영장의 슬로싱 ([YouTube] Earthquake Pool Sloshing in General Santos City, Philippines December 15, 2019)

내진설계기준에서는 자유 수면을 가진 액체를 저장하는 구조물에 대해 규정하고 있다. 이 경우 지진 시 액체의 관성력과 슬로싱(sloshing) 하중(출렁거림 효과)를 모두 검토하여야 한다.

[KDS 41 17 00] 건축물 내진설계기준

19. 건물외구조물

19.5 건물과 유사하지 않은 건물외구조물에 대한 요구 사항

19.5.4 하수처리시설

하수처리시설은 유체를 담고 있는 구조물로 평상 시의 경우 이 구조물의 양측 벽에는 동일한 높이의 유체에 의한 압력이 작용하나, 지진 시에는 양측 벽에 서로 다른 유체력이 지진과 위상차를 가지고 작용한다. 하수처리시설에는 분리벽, 저수조벽, 둑 및 기타 유사 구조물이 포함된다.

19.5.4.1 설계 고려사항

하수처리시설은 구조물과 유체의 관성력 및 유체의 슬로싱에 의해 발생하는 힘 모두를 고려하여 설계하여야 한다. 유체의 슬로싱에 의한 불균형력은 양측벽에 동시에 적용하여야 하며 지진과의 위상차를 고려하여야 한다. 예측된 슬로성의 높이와 구조물의 여유 높이를 비교하여야 한다. 정류장치 또는 지붕 지지대와 같은 내부요소 또한 불균형력과 슬로싱 효과에 대해 설계되어야 한다.

19.6 탱크 및 저장용기

19.6.6 지표면에 지지되는 액체저장탱크

내진설계 시 유체-구조물 상호작용을 정밀하게 고려하기가 어려우므로, 설계기준에서는 탱크 및 저장용기에 대한 기존 연구에 기초하여 액체를 질량, 감쇠, 강성으로 단순화한 등가모델을 제시하고 있다.

지진 시 액체는 저장구조물의 벽과 바닥에 정수압 외에도 동수압을 가한다. 저장구조물의 하부에 위치한 액체는 구조물의 벽과 강하게 연결된 질량처럼 거동하며, 이와 관련된 질량을 충격성(impulsive) 질량이라 하고, 벽과 함께 가속되어 벽과 바닥에 충격성 동수압을 가한다. 반면, 저장구조물의 상부에 위치한 액체는 슬로싱(sloshing, 출렁거림) 운동을 하며, 이와 관련된 질량을 대류성(convective) 질량이라 하고, 탱크 벽과 바닥에 대류성 동수압을 가한다. 따라서 전체 액체 질량은 충격성 질량과 대류성 질량으로 나눌 수 있으며, 두 액체 질량을 적절하게 모델링해야 한다.

충격성 및 대류성 동수압 분포에 대한 개념적 설명을 다음 그림에 제시하였다.

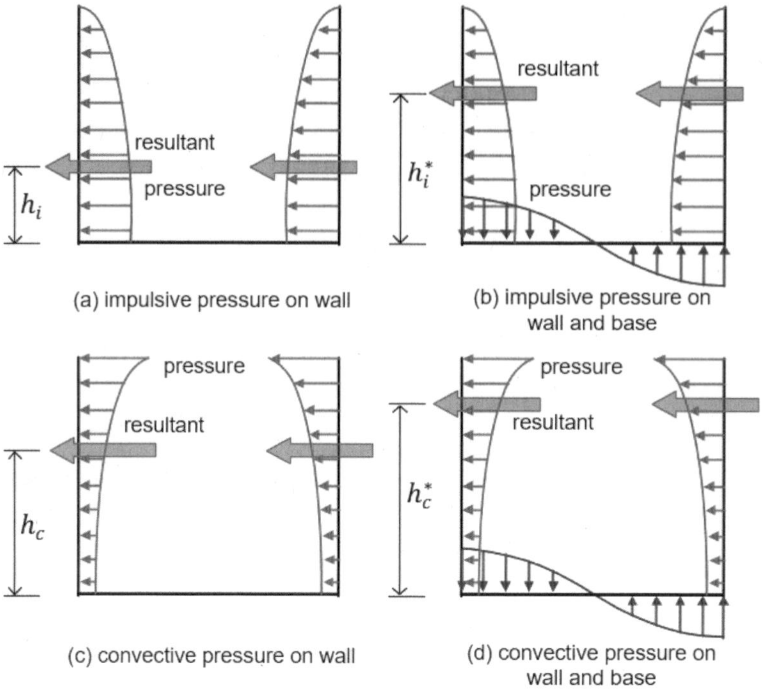

그림 6.6.3b 저장구조물의 벽체와 바닥변에 작용하는 동수압 분포 형상

• 지표면에 지지되는 탱크 (Ground Supported Tank)

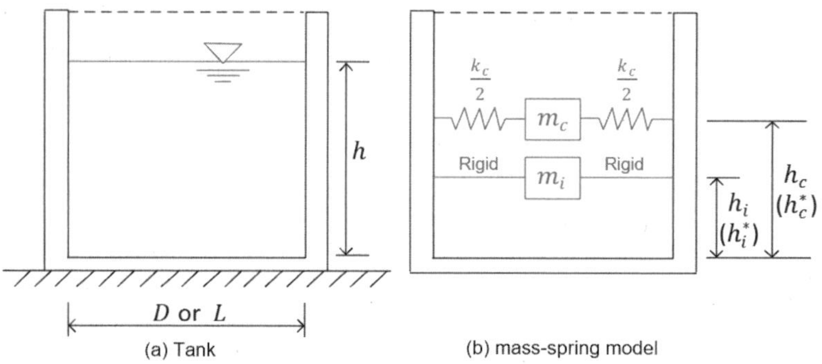

그림 6.6.3c 지반 위에 설치된 원통형 또는 직육면체 액체저장구조물의 질량-스프링 모델

지표면에 지지되는 탱크는 그림처럼 질량-스프링 모델로 이상화할 수 있다(Housner, 1963a). 액체의 충격성 질량 m_i는 탱크 벽에 높이 h_i 또는 h_i^*에서 강체로 연결된다. 마찬가지로, 대류성 질량 m_c는 탱크 벽에 높이 h_c 또는 h_c^*에서 강성 k_c를 가지는 스프링으로 연결된다.

h_i는 탱크 벽의 충격성 동수압의 합력이 탱크 벽 바닥으로부터 위치하는 높이를 의미한다. 한편, h_i^*는 탱크 벽과 바닥에 작용하는 충격성 압력의 합력이 탱크 벽 바닥으로부터 위치하는 높이를 나타낸다. 따라서, 바닥 압력의 영향을 고려하지 않는 경우, 충격성 질량 m_i는 높이 h_i에서 작용하고, 바닥 압력을 고려하는 경우에는 m_i가 높이 h_i^*에서 작용한다. 마찬가지로, h_c 대류성 압력의 합력이 탱크 벽 바닥으로부터 위치하는 높이이며, h_c^*는 대류성 압력의

합력이 탱크 벽과 바닥에 걸쳐 위치하는 높이이다.

h_i와 h_c는 탱크 벽에 작용하는 동수압을 고려한 높이이며, h_i^*와 h_c^*는 탱크 벽과 바닥 모두에 작용하는 동수압을 고려한 높이이다. 따라서, h_i와 h_c는 탱크 벽 바닥에서 발생하는 유체역학적 압력에 의한 모멘트를 계산하는 데 사용되며, h_i^*와 h_c^*는 탱크 바닥에서 발생하는 전도모멘트를 계산하는 데 사용된다.

질량-스프링 모델의 매개변수는 탱크의 형상(geometry)에 따라 결정된다(ACI 350.3, 2020). 기준에서 제시된 수식은 강체 벽(rigid wall)을 갖는 탱크를 기준으로 한 값이다. 참조 문헌에서는 유연한 벽(flexible wall)을 갖는 탱크에 대한 스프링-질량 모델도 제시되어 있다(Haroun과 Housner, 1981; Veletsos, 1984).

일반적으로 콘크리트 탱크는 강체 벽으로 간주되며, 강철 탱크는 유연한 벽으로 간주된다. 유연한 벽을 가진 탱크의 스프링-질량 모델은 적용이 복잡하지만, 강체 탱크 모델과 유연 탱크 모델 사이에서 $m_i, m_c, h_i, h_i^*, h_c, h_c^*, k_c$ 값의 차이는 크지 않다(Jaiswal et al., 2004). 따라서 기준에서는 강체 벽을 가진 탱크의 매개변수를 모든 유형의 탱크에 적용하는 것을 권장한다. 또한, 지반의 유연성이나 탱크 벽과 바닥 사이의 탄성 패드(elastic pad)는 이 매개변수들에 큰 영향을 미치지 않는다.

특정 h/D 비율에서 충격성 질량 m_i와 대류성 질량 m_c의 합이 전체 액체 질량 m과 정확히 일치하지 않는 경우가 있을 수 있으나, 이 차이는 보통 2~3% 이내이며, 이 차이는 매개변수 도출 과정의 가정 및 근사에 기인한다. 또한, 얕은 탱크의 경우에는 탱크 바닥에서의 동수압이 지배적일 수 있으며, 이 경우 h_i^* 및 h_c^* 값이 전체 탱크 높이 h보다 클 수 있다.

저장구조물 내부에 있는 수직 기둥, 샤프트(shaft) 등은 액체의 슬로싱 운동을 방해하며, 액체의 충격성 압력은 증가하고 대류성 압력은 감소한다. 장애물이 있는 탱크에 대해 보다 상세한 해석이 어려운 경우, 동등한 원통형 탱크(같은 높이와 동일한 액체 질량)를 사용하여 충격성 및 대류성 질량을 근사적으로 산정할 수 있다.

• 고가 탱크 (Elevated Tank)

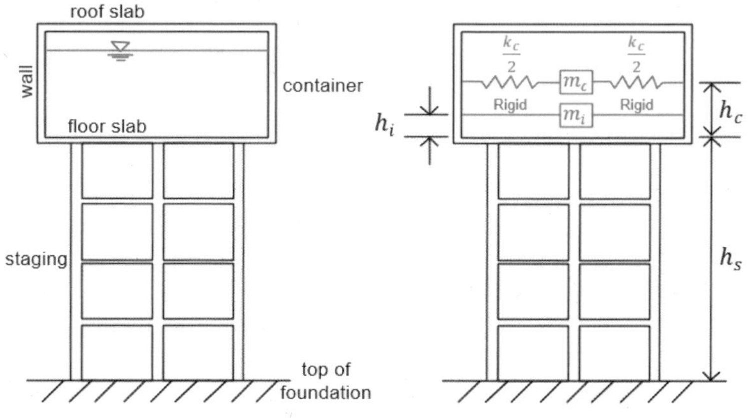

(a) elevated tank (b) mass-spring model

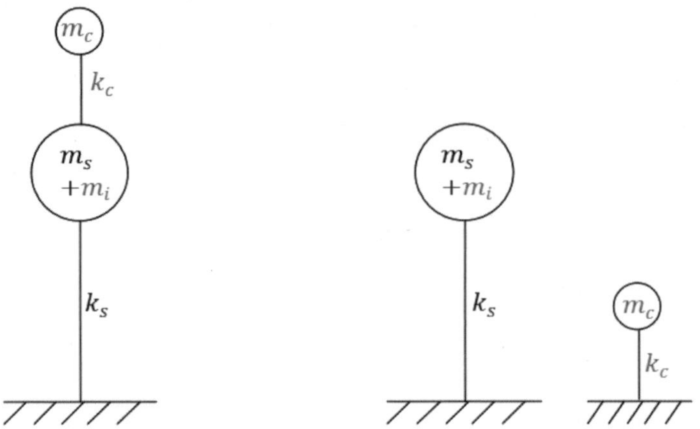

(c) two mass idealization (d) equivalent uncoupled system

그림 6.6.3d 고가 탱크의 질량-스프링 모델

고가 탱크(elevated tank)는 다음 그림과 같이 2-질량 모델(two-mass model)로 이상화할 수 있다. 대부분의 고가 탱크는 액체로 완전히 채워지는 경우가 드물기 때문에 일반적으로 1-질량 모델(one-mass idealization)보다 2-질량 모델(two-mass idealization)로 이상화된다(Housner, 1963b).

m_s는 구조물의 질량이며, 이는 탱크 용기의 질량과 지지 구조물(staging) 질량의 1/3을 포함한다. 지지 구조물(staging)은 횡방향 강성으로 작용하며, 지지 구조물 질량의 1/3을 사용하는 것은 단자유도계의 고유진동수에 미치는 질량의 영향을 이론적으로 반영한 것이다.

2자유도계로 해석할 수 있으나, 대부분의 고가 탱크에서는 두 진동 주기가 충분히 분리되어 있으므로, 서로 비연계된 단자유도계로 이상화할 수 있다. 설계 목적상 두 시스템의 주기 비율이 2.5를 초과하는 경우 이러한 이상화가 적절하다(Priestley et al., 1986).

만약 충격성 질량과 대류성 질량의 주기가 충분히 분리되지 않은 경우에는, 2자유도계로 고려하여 지진해석을 수행해야 한다. 이 경우 충격성 및 대류성 자유도의 감쇠 특성이 다르므로, 비례 감쇠가 적용되지 않을 수도 있다. 참고로 건축물 내진설계기준에서는 공인된 전문기술표준에서 다르게 정의하지 않는 한 출렁거리는 액체의 경우 슬로싱의 감쇠비는 0.5 로 규정하고 있다.

• 기타 형상의 탱크

내진설계기준에서는 질량-스프링 모델의 매개변수는 원통형 및 직육면체 탱크에 대해서만 제공된다. 따라서 그 외의 형태를 가진 탱크에 대해서는 등가 원통형 탱크(equivalent circular tank)로 변환하여, 앞서 기술한 방법을 적용할 수 있다.

[예제] 6.6.1 등가정적해석법

다음 그림과 같이 기둥배열방향으로 0.2g의 수평가속도를 받는 폭 5m의 슬래브 형태의 주차장에 200kN의 트럭이 일정한 속도로 통과하고 있다. A, E점의 지지조건은 롤러(roller), B, C, D점의 지지조건은 힌지(hinge)이며, 기둥하부는 암반에 고정되어 있다. 콘크리트 슬래브의 두께가 20cm이고, 강재기둥의 자중과 수직처짐을 무시할 때, 허용응력설계법에 의한 기둥의 휨 안전성을 검토하시오. (단, 트럭과 주차장 사이의 마찰계수는 1.0으로 가정하시오) (기술사, 토목구조, 95회, 2011년)

- 콘크리트 슬래브: $m_c = 2{,}500\,\frac{\text{kg}}{\text{m}^3}$, $E_c = 2.1 \times 10^4$ MPa
- 강재기둥 ①, ②, ③: $E_s = 2.0 \times 10^5$ MPa, $I_s = 1.0 \times 10^5\ \text{cm}^4$, $y = \pm 30$ cm, $f_{sa} = 150$ MPa

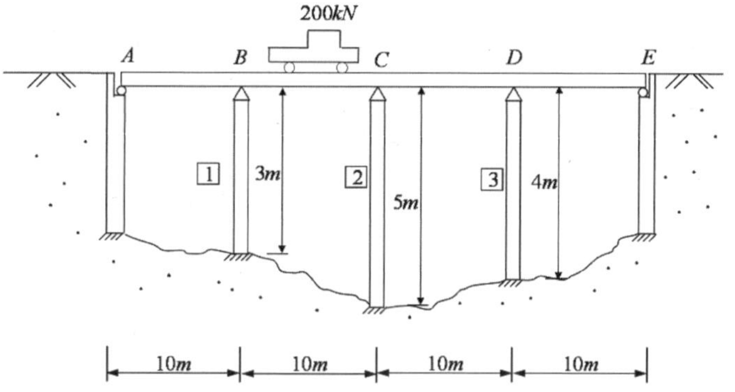

[풀이]

(1) 슬래브 자중

$$W_{slab} = mg = 5 \times 0.2 \times 40 \times 2{,}500 \times 9.81 = 981\ \text{kN}$$

(2) 지진에 의한 수평력 (트럭 중량 포함)

$$F = ma = (981 + 1.0 \times 200) \times 0.2 = 236.2\ \text{kN}$$

마찰계수가 1.0인 것은 수평하중에 의해 트럭과 교량이 수평방향으로 함께 거동하는 것을 의미함

(3) 기둥별 수평강성

$$k_1 = \frac{3EI}{L_1^3} = \frac{EI}{9},\ k_2 = \frac{3EI}{L_2^3} = \frac{3EI}{125},\ k_3 = \frac{3EI}{L_3^3} = \frac{3EI}{64}$$

$$k_e = k_1 + k_2 + k_3 = 0.18199EI$$

(4) 기둥별 수평력 및 모멘트

$$F_1 = F\frac{k_1}{k_e} = 144.21\ \text{kN} \rightarrow M_1 = F_1L_1 = 432.63\ \text{kN}\cdot\text{m}$$

$$F_2 = F\frac{k_2}{k_e} = 31.15\ \text{kN} \rightarrow M_2 = F_2L_2 = 155.75\ \text{kN}\cdot\text{m}$$

$$F_3 = F\frac{k_3}{k_e} = 60.84\ \text{kN} \rightarrow M_3 = F_3L_3 = 243.36\ \text{kN}\cdot\text{m}$$

$$\therefore F_{max} = \max(F_1, F_2, F_3) = F_1$$

$$M_{max} = \max(M_1, M_2, M_3) = M_1$$

(5) 최대 휨응력 (축응력 무시)

$$f_{max} = \frac{M_{max}y}{I_s} = \frac{(432.63\ \text{kN}\cdot\text{m})(0.3\ \text{m})}{(1.0 \times 10^{-3}\ \text{m}^4)} = 129.8\ \text{MPa} < f_{sa} = 150\ \text{MPa (O.K)}$$

(6) 안전계수

$$FS = \frac{f_{sa}}{f_{max}} = \frac{150}{129.8} = 1.156$$

[예제] 6.6.1 등가정적해석법

다음 그림과 같이 4개의 철골 튜브기둥이 15 cm 두께의 정사각형 강체슬래브(4.8m × 4.8m)를 지지하고 있다. 기둥의 하부는 콘크리트 기초에 고정되어 있고, 상부는 슬래브에 핀접합되어 있다. 이 구조물에 0.3g의 지진가속도가 작용할 때, 기둥에 발생하는 최대 휨응력을 구하시

오. (단, 기둥의 자중은 무시하며, 철골튜브기둥의 탄성계수는 2.1×10^5 MPa, 콘크리트의 단위중량은 $24\frac{\text{kN}}{\text{m}^3}$, 중력가속도 $g = 9.81\frac{\text{m}}{\text{s}^2}$이다). (행정고등고시, 구조역학, 2012년)

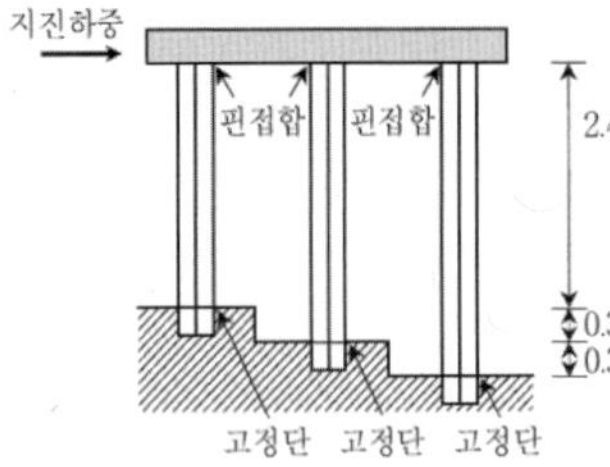

<구조물 입면>

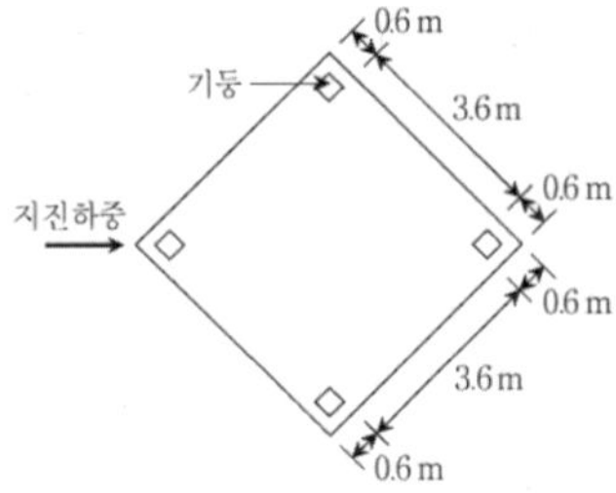

<구조물 평면>

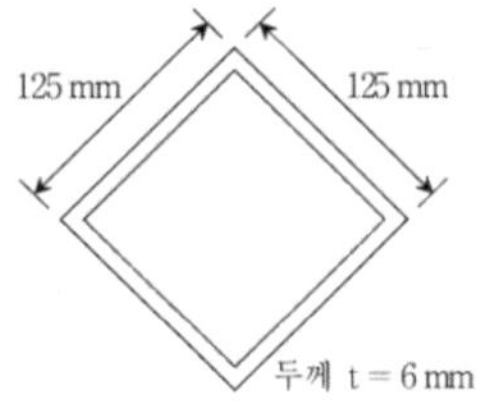

<기둥 단면>

[풀이]

(1) 슬래브 자중

$$m = \frac{W}{g} = \frac{V \times \gamma}{g}$$

$$= \frac{(0.15 \times 4.8 \times 4.8\ \text{m}^3)\left(24\frac{\text{kN}}{\text{m}^3}\right)}{9.81\frac{\text{m}}{\text{sec}^2}} = 8.455\ \text{kN}\frac{\text{sec}^2}{\text{m}}$$

(2) 지진에 의한 수평력

$$F = ma = 8.455 \times 0.3 \times 9.81 = 24.88\ \text{kN}$$

(3) 기둥별 수평강성

$$I = \frac{0.125^4}{12} - \frac{(0.125 - 0.006 \times 2)^4}{12} = 6.757 \times 10^{-6}\ \text{m}^4$$

$$k_1 = \frac{3EI}{L_1^3},\ k_2 = \frac{3EI}{L_2^3},\ k_3 = \frac{3EI}{L_3^3}$$

$$k_e = k_1 + 2k_2 + k_3 = 3EI\left(\frac{1}{L_1^3} + \frac{2}{L_2^3} + \frac{1}{L_3^3}\right)$$

$$= 3\left(2.1 \times 10^{11}\frac{\text{N}}{\text{m}^2}\right)(6.757 \times 10^{-6}\text{m}^4) \times \left(\frac{1}{(2.4\text{m})^3} + \frac{2}{(2.7\text{m})^3} + \frac{1}{(3\text{m})^3}\right) = 898.25\frac{\text{kN}}{\text{m}}$$

(4) 기둥별 수평력 및 모멘트

$$F_1 = F\frac{k_1}{k_e} = 8.531\ \text{kN} \rightarrow M_1 = F_1L_1 = 20.475\ \text{kN}\cdot\text{m}$$

$$F_2 = F\frac{k_2}{k_e} = 5.991\ \text{kN} \rightarrow M_2 = F_2L_2 = 16.175\ \text{kN}\cdot\text{m}$$

$$F_3 = F\frac{k_3}{k_e} = 4.368\ \text{kN} \rightarrow M_3 = F_3L_3 = 13.104\ \text{kN}\cdot\text{m}$$

$$\therefore F_{max} = \max(F_1, F_2, F_3) = F_1$$

$$M_{max} = \max(M_1, M_2, M_3) = M_1$$

(5) 최대 휨응력 (축응력 무시)

$$f_{max} = \frac{M_{max}y}{I_s} = \frac{M_1 y}{I_s}$$

$$= \frac{(20.475\ \text{kN}\cdot\text{m})\left(\frac{0.125}{\sqrt{2}}\text{m}\right)}{(6.757 \times 10^{-6}\ \text{m}^4)}$$

$$= 267.8\ \text{MPa}$$

[예제] 6.6.2 유체의 부가질량

비등방성 수중 단면 교각에 대해, Goyal & Chopra(1989) 방법으로 부가질량을 산정하여라.

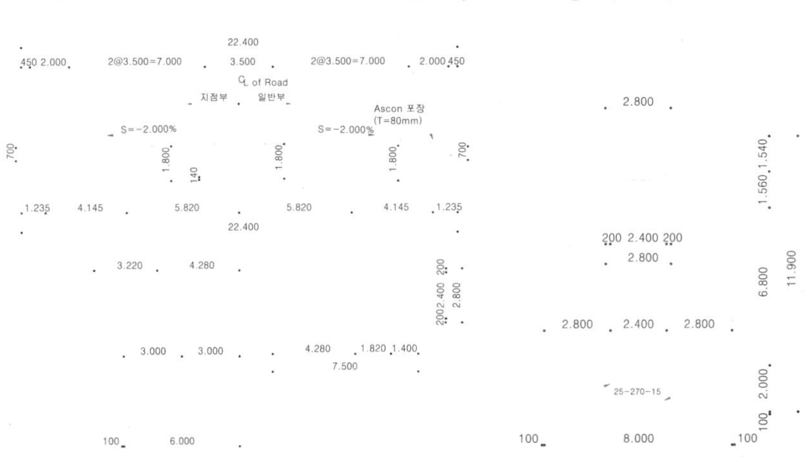

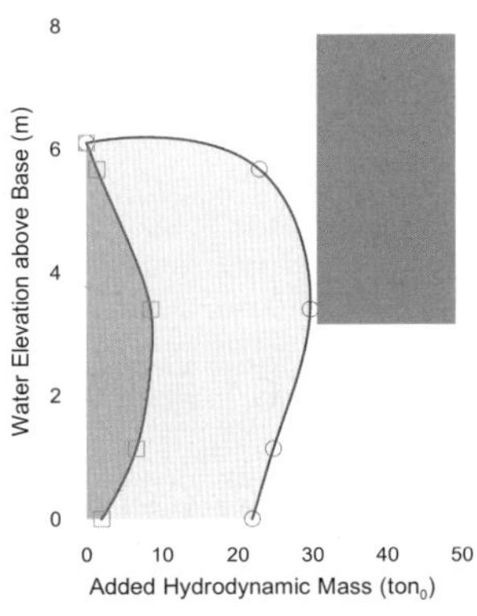

[풀이]

Computation of Added Mass for the Outside Water due to Ground Motion Along Transverse Direction (X-axis)

Node	z_0	Outside Geometry			Equivalent Ellipse		Equivalent Cylinder			Infinite Long Tower				
Node	z_0	a_0/b_0	a_0/H_0	A_0	$\tilde{a}_0/\tilde{b}_0$	$\tilde{a}_0/H_0$	$\tilde{r}_0/H_0$	z_0/H_0	$m_a^0(z)/m_\infty^0$	$\rho_w A_0$	$m_\infty^0/(\rho_w A_0)$	m_∞^0	$m_a^0(z)$	
No.	m			m^2						$MN\text{-}s^2/m^2$		$MN\text{-}s^2/m$	$MN\text{-}s^2/m$	ton_0
1	2	3	4	5	6	7	8	9	10	11	12	13	14A	14B
1	0,00	3,567	0,702	19,3	3,567	0,768	0,5	0,000	0,75	0,01931	1,514	0,029	0,022	12,421
2	1,13	3,567	0,702	21,5	3,567	0,810	0,55	0,186	0,7	0,02149	1,645	0,035	0,025	42,081
3	3,40	3,567	0,702	23,7	3,567	0,850	0,65	0,557	0,6	0,02368	2,086	0,049	0,030	67,169
4	5,67	3,567	0,702	28	3,567	0,925	0,7	0,929	0,4	0,02804	2,043	0,057	0,023	30,874
5	6,10	3,567	0,702	34,8	3,567	1,030	0,75	0,999	0	0,03476	1,891	0,066	0,000	0,000

Note: $\frac{\tilde{a}_0}{H_0}=\frac{1}{H_0}\sqrt{\frac{A_0}{\pi}\left(\frac{a_0}{b_0}\right)}$ Fig H-5 Fig H-6

$a_0=$ 4,28 m $H_0=$ 6,1 m

$b_0=$ 1,2 m $\rho_w=$ 0,001 $MN\text{-}s^2/m^2$

Computation of Added Mass for the Outside Water due to Ground Motion Along Transverse Direction (Y-axis)

Node	z_0	Outside Geometry			Equivalent Ellipse		Equivalent Cylinder			Infinite Long Tower				
Node	z_0	a_0/b_0	a_0/H_0	A_0	$\tilde{a}_0/\tilde{b}_0$	$\tilde{a}_0/H_0$	$\tilde{r}_0/H_0$	z_0/H_0	$m_a^0(z)/m_\infty^0$	$\rho_w A_0$	$m_\infty^0/(\rho_w A_0)$	m_∞^0	$m_a^0(z)$	
No.	m			m^2						$MN\text{-}s^2/m^2$		$MN\text{-}s^2/m$	$MN\text{-}s^2/m$	ton_0
1	2	3	4	5	6	7	8	9	10	11	12	13	14A	14B
1	0,00	0,28	0,197	19,3	0,28	0,215	0,18	0,000	0,92	0,01931	0,196	0,004	0,003	1,975
2	1,13	0,28	0,197	21,5	0,28	0,227	0,19	0,186	0,915	0,02149	0,196	0,004	0,004	6,564
3	3,40	0,28	0,197	23,7	0,28	0,238	0,2	0,557	0,8	0,02368	0,197	0,005	0,004	8,479
4	5,67	0,28	0,197	28	0,28	0,259	0,21	0,929	0,2	0,02804	0,184	0,005	0,001	1,389
5	6,10	0,28	0,197	34,8	0,28	0,289	0,22	0,999	0	0,03476	0,163	0,006	0,000	0,000

Note: $\frac{\tilde{a}_0}{H_0}=\frac{1}{H_0}\sqrt{\frac{A_0}{\pi}\left(\frac{a_0}{b_0}\right)}$ Fig H-5 Fig H-6

$a_0=$ 1,2 m $H_0=$ 6,1 m

$b_0=$ 4,28 m $\rho_w=$ 0,001 $MN\text{-}s^2/m^2$

이야기: 진도법의 최대지반가속도 산정 위치

사면 혹은 댐의 내진설계시 일반적으로 진도법을 사용함. 이때, 수평지진계수를 지반응답해석을 통해 구하고 있음. 문제는 최대가속도를 산정하는 위치가 궁금. 사면상부를 지표면으로 보는 것인지 아니면 사면의 하부 지반을 지표면으로 보는 것인지? 하부지반을 기준으로 한다면, 지진계수산정에는 큰 어려움이 없음. 상부지반을 기준으로 한다면, 상부면에서 구한 지반계수값의 50%의 값을 사용한다고 해도 지반응답해석시 지반조건이 맞지 않아 근거가 미약함

진도법을 정의하는데 사용한 "지표면 위에 정지된 구조물은 지진시 지표면과 함께 움직인다."라는 가정을 사용하기 위해서는 구조물의 고유주기가 작용하는 지진동의 주요한 가진주기보다 작아야 한다. 예를 들어, 구조물의 고유주기가 지진의 주요한 가진 주기보다 작아, 지진시 구조물이 단단하고 강체에 가까운 거동을 할 경우, 구조물의 가속도 응답은 지반가속도와 거의 동일하다. 따라서 구조물에 작용하는 지진력은 구조물의 질량에 구조물의 응답가속도 대신에 지반가속도를 곱하여 구할 수 있다.

진도법의 기본 가정은 구조물의 강성이 매우 크거나, 고유주기가 지진의 주요 가진 주기보다 매우 작아, 지반가속도가 구조물의 가속도 응답과 거의 동일하여야 한다. 이러한 가정을 만족시키지 못할 경우, 동적해석을 수행하거나 수정진도법을 사용하여야 한다. 참고로 수정

진도법은 설계진도를 큰 값으로 수정하여 사용한다.

진도법은 구조물 밑면(지표면)에서의 진도(또는 수평지진계수)를 사용하여야 한다. 그러나 사면 또는 댐의 고유진동수가 충분이 커서(즉, 거의 강체 거동을 하여), 진도법의 기본 가정을 충족하는지를 먼저 판단하여야 한다. 만약 그렇지 않을 경우(즉, 지반의 고유주기와 구조물의 고유주기가 크게 떨어져 있지 않다면), 동적해석법 또는 수정진도법을 사용하는 것이 좋다.

내진설계의 지진은 지진현상에 많은 가정과 간략화를 도입하였으므로, 실제 현상과 비교할 때, 다른 점들이 많다. 따라서 문제에 따라 설계자의 판단이 중요할 경우가 많다. 즉, 기본 배경을 이해한 후, 세부사항들은 설계자가 근거를 갖고 판단하여야 한다.

이야기: (Scale Up Factor) 유효중량과 반응수정계수를 사용한 밑면전단력 보정

(1) 밑면전단력과 유효중량

등가정적해석법은 지진응답계수 C_s와 건물의 유효중량 W로 밑면전단력을 구한다. 지진응답계수 C_s는 건물의 고유주기 T, 가속도계수 S, 반응수정계수 R 및 중요도계수 I_E를 사용하여 구한다. 여기서 S, R 및 I는 기준을 보고 선택할 수 있지만, T와 W는 복잡한 구조물의 형상으로 인해 구조해석 프로그램을 사용하여 구한다.

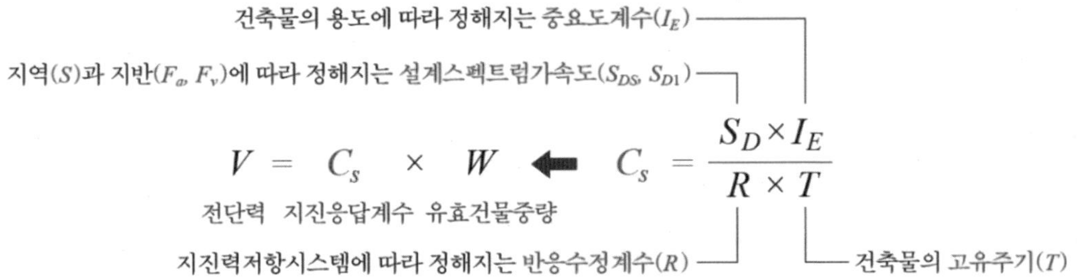

그림. 건축구조기준 등가정적해석법의 밑면전단력

건물의 유효중량(effective seismic weight, 유효지진중량, 유효건물중량)은 기초 위의 고정하중과 다음과 같은 기초 위의 기타 하중을 포함한다.

KDS 41 17 00 건축물 내진설계기준

7.2 등가정적해석법 7.2.1 밑면전단력 (1) 밑면전단력 는 식 (7.2-1)에 따라 구한다. $V = C_s W$ (7.2-1)

여기서, C_s : 식 (7.2-2)에 따라 산정한 지진응답계수

W : 고정하중과 아래에 기술한 하중을 포함한 유효 건물 중량

① 창고로 쓰이는 공간에서는 활하중의 최소 25% (공용차고와 개방된 주차장 건물의 경우에 활하중은 포함시킬 필요가 없음.)

② 바닥하중에 칸막이벽 하중이 포함될 경우에 칸막이의 실제중량과 0.5kN/m^2 중 큰 값

③ 영구설비의 총 하중

④ 적설하중이 1.5kN/m^2을 넘는 평지붕의 경우에는 평지붕 적설하중의 20%.

⑤ 옥상정원이나 이와 유사한 곳에서 조경과 이에 관련된 재료의 무게

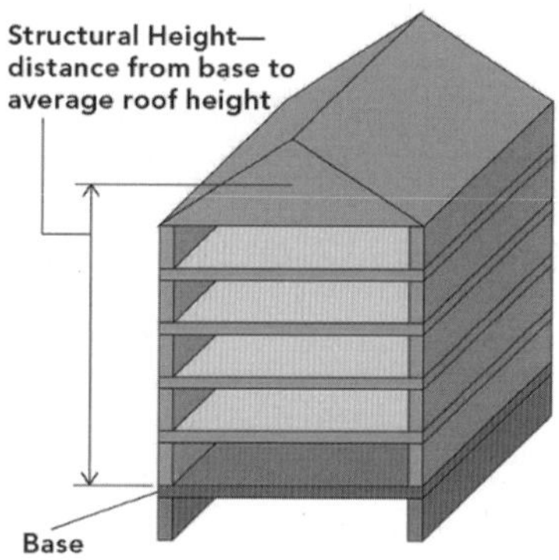

그림. 건물의 유효중량과 높이 (출처: Engineering News-Record, 2014.07)

구조설계에서 건물의 전중량(total building weight)과 내진설계에서 건물의 유효중량(effective seismic weight)은 비슷해 보이지만, 실제로는 정의와 용도가 다르다. 실무에서는 종종 유효중량을 중력하중과 동일한 값 또는 고정하중만을 사용하는 오류를 범한다. 하지만 유효중량에서 고정하중은 하중과 질량 모두 중력하중과 동일하게 적용되나 그 외 하중은 동일하지 않다.

표. 전중량과 유효중량

항목	전중량	유효중량
정의	전체 구조물의 하중 합	지진해석 시 실제 응답에 기여하는 하중
포함 하중	고정하중 + 기타 하중의 전부	고정하중 + 기타 하중의 일부
용도	일반 구조해석용	지진력 산정 등 지진해석용 ($V = C_s \times W$)
비고		일반적으로 전중량의 70~80% 수준

(2) 밑면전단력 보정계수 (Scale Up Factor)

응답스펙트럼해석에 의한 밑면전단력 V_t이 상대적으로 너무 작게 나오는 경우, 구조물의 거

동이 비현실적으로 과소평가될 수 있기 때문에, 밑면전단력 보정계수(Scale Up Factor) C_m을 곱하여 지진하중을 증가시킨다.

KDS 41 17 00 건축물 내진설계기준

7.3 동적해석법

7.3.3 응답스펙트럼해석법

7.3.3.5 설곗값의 산정

(1) 밑면전단력 , 층전단력, 층간변위, 층변위, 부재력 등의 설계값은 각 모드의 영향을 제곱합 제곱근법(Square Root of Sum of Square : SRSS) 또는 완전2차조합법(Complete Quadratic Combination : CQC)으로 조합하여 구한다. 단, 일련된 각 모드의 주기 차이가 25퍼센트 이내일 때에는 CQC를 사용하여야 한다.

(2) 응답스펙트럼해석에 의한 밑면전단력 V_t가 7.2.3에 따라 구한 고유주기를 사용하여 등가정적해석법으로 산정한 밑면전단력 V의 85%보다 작은 경우에는 7.3.3.5(1)에서 구한 설곗값에 다음의 보정계수 C_m을 곱하여 사용한다. 단, 층간변위에는 보정계수 C_m을 곱하지 않는다.

$$C_m = 0.85\frac{V}{V_t} \geq 1.0$$

15. 성능기반설계

15.6 최소강도규정

구조체의 설계에 사용되는 밑면전단력의 크기는 등가정적해석법에 의한 밑면전단력의 75% 이상이어야 한다.

(3) 복합구조시스템의 반응수정계수

구조물의 반응수정계수가 클수록 응답스펙트럼해석으로 구한 밑면전단력 V_t은 작다. 따라서 반응수정계수가 다른 구조물이 조합된 경우 주의하여 밑면전단력을 산정할 필요가 있다.

해그림 6.4-1과 같이 두 개 이상의 고층건물이 저층부에서 익스팬션조인트(expansion joint)가 없는 상태로 연결될 경우 각각의 고층건물은 저층부 구조시스템의 반응수정계수와 비교하여 작은 값을 사용하고 저층부의 반응수정계수도 고층건물의 반응수정계수와 비교하여 작은값을 사용한다.

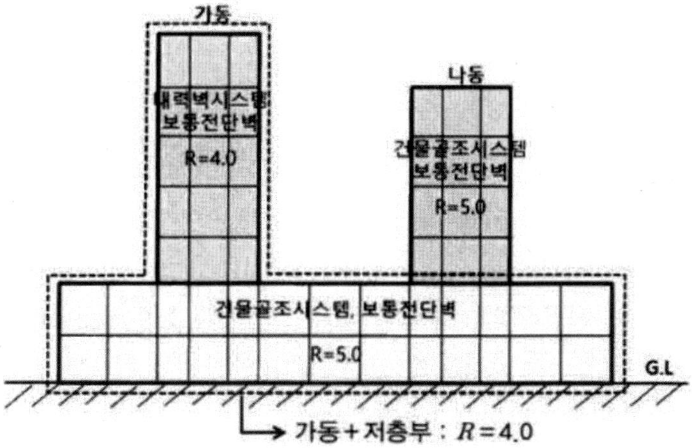

해그림 6.4-1 조합골조의 계수
(출처: KDS 41 17 00 건축물 내진설계기준 및 해설)

지하구조물의 내진설계는 지상층과 지하층이 함께 모델링되고 지상층의 보정계수가 적용된 상태에서 지상층반응수정계수/3(지하층반응수정계수)배만큼 증가시켜 부재를 설계할 수 있다.

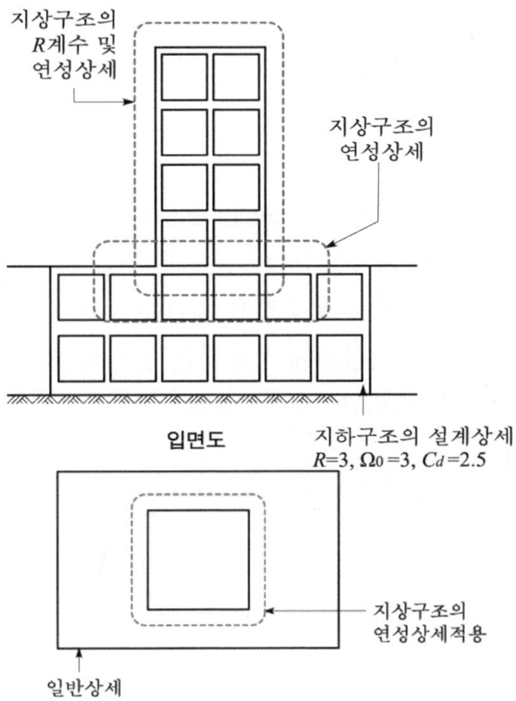

해그림 14.3-1 지진력저항시스템 및 연성상세의 적용
(출처: KDS 41 17 00 건축물 내진설계기준 및 해설)

6.7 [해석] 정밀 지진해석: 지반-구조물 상호작용해석

6.7.1 기본 개념

'암반노두(outcrop of rock)'에서 지진파 특성은 '기저암반(bedrock)'에서 지진파 특성과 거의 유사하다고 할 수 있지만, 연약지반이나 깊은 지반의 지표면(free surface)에서의 지진파 특성은 지반의 특성에 따라 크게 달라질 수 있다. 특히, 연약지반 위에 구조물이 놓이는 경우, 기초에 인접한 근역지반(near field soil)의 특성과 입력 지진파의 특성이 기초의 형상과 구조물의 동적 특성에 따라 달라지기 때문에, 지진시 연약 지반 위에 건설된 구조물의 거동은 암반 위에 놓인 구조물의 거동과는 큰 거동의 차이를 나타낼 수 있다. 이와 같이 지반과 구조물이 서로 영향을 미치는 현상을 '지반-구조물 상호작용(soil-structure interaction, SSI)'이라 한다. 지반-구조물 상호작용을 고려한 내진설계는 1960년대 미국 '원자력규제위원회(nuclear regulatory commission, NRC)'에서 원자력 발전소의 설계를 수행하면서 시작되었고, 그 이후 지반 및 구조분야에서 체계적인 연구를 통해 중요 구조물의 내진설계시 고려해야 할 중요한 분야가 되었다.

지진응답해석에서 제일 먼저 결정하여야 할 사항 중에 하나는 '지반-구조물 상호작용 효과'의 포함여부이다. 보통 암반 상에 건설된 구조물은 지반-구조물 상호작용 효과가 거의 없기 때문에 이 효과를 무시할 수 있다. 여기서 보통 암반이란 일반적으로 전단 변형률이 10^{-6} 이하로 작은 경우, 전단파 속도가 $1{,}100\mathrm{m/sec}\ (= 3{,}500\mathrm{ft/sec})$이상인 지반을 말한다. 그러나 최근 원전과 같은 중요 구조물의 경우, 지반의 전단파 속도가 $2{,}439\mathrm{m/sec}\ (= 8{,}000\mathrm{ft/sec})$이상인 경우를 제외하고는 지반-구조물 상호작용 효과를 내진설계에 고려하도록 규준을 강화하였다. 참고로 일반 구조물의 내진설계에 적용되는 공통적용사항(2017)에서는 전단파 속도가 $760\mathrm{m/sec}$인 경우를 암반지반(S_1)으로 간주한다.

표 6.7.1 원전 구조물의 내진설계시 지반-구조물 상호작용 해석 여부에 대한 국내외 기준 비교

국가/기관	기 준
한국	• KINS 안전심사지침 3.7, KEPIC (STB) 및 USNRC SRP 3.7.2를 설계 또는 규제 기준으로 사용 - KEPIC (2005) 및 SRP 3.7.2 (Rev. 2, 1989): 지반의 전단파속도가 $1{,}100\ \mathrm{m/s}(= 3{,}500\ \mathrm{ft/s})$ 이상이면 SSI 효과를 무시할 수 있음 - KEPIC (2010) 및 SRP 3.7.2 (Rev. 2, 2007) 이후: 지반의 전단파속도가 $2{,}439\ \mathrm{m/s}\ (= 8{,}000\ \mathrm{ft/s})$ 이상이면 SSI 효과를 무시할 수 있음
미 국	• USNRC의 SRP 3.7.2 기준 • ASCE 4-16 (2016) 기준 - Rev. 2 (1989): 지반의 전단파속도가 3,500 ft/s (=1,100 m/s) 이상이면 SSI 효과를 무시할 수 있음 - Rev. 3 (2007): 지반의 전단파속도가 8,000 ft/s (=2,439 m/s) 이상이면 SSI 효과를 무시할 수 있음
캐나다	• [CSA/CAN3-N289.3-M81 (R2003)]을 기준으로 사용 • 수치기준이 없음 • 구조물 지지 지반의 내진성능 및 안정성 분석 요구 • SSI 효과가 극미하고 들림 또는 미끄러짐이 발생할 가능성이 없음을 보일 수 있는 암반 지반인 경우 SSI 해석을 무시

일 본	• [JEAG 4601]을 기준으로 사용 • 수치기준 없음 • 기반암 노두 표면에 구조물이 설치되는 경우를 제외하고 일반적으로 SSI 해석 수행
IAEA	• [NS-G-1.6]을 기준으로 사용 • 수치 기준 없음. • 원칙적으로 항상 SSI 효과 고려 • 전단파속도가 1,100 m/s 이상이면 SSI 효과 무시할 것을 제안 • [Safety Report Series No. 28 (가동 원전의 내진재평가)]

지반-구조물 상호작용 효과는 크게 3가지로 정리할 수 있다.

(1) (운동 상호작용에 의해) 구조물에 작용되는 기초의 지진운동이 변한다.

(2) (관성 상호작용에 의해) 구조물의 동특성이 변한다(통상 구조물보다 강성이 작은 지반의 영향으로 구조계의 강성과 고유 진동수가 작아짐).

(3) (관성 상호작용에 의한) '방사감쇠(radiation damping)'의 추가로 구조계의 감쇠증가이다.

이런 효과는 지반의 적층 형상, 물성, 입력지진과 구조물의 진동수 특성에 따라 다르므로, 지반-구조물 상호작용을 고려할 경우 해석 결과는 고정지반 가정에 의한 일반 지진 해석 결과에 비해 응답이 크거나 혹은 작게 산정된다. 즉, 지반-구조물 상호작용의 영향을 획일적으로 예측하기 어렵고, 지반과 구조물 그리고 지진의 동적 특성에 따라 다르다.

고정 지반이나 암반 상에 놓인 구조물의 지진 해석에 비해, 지반을 고려한 지진 해석은 통상 다음 두 가지를 추가적으로 고려한다.

(1) 구조물이 건설되기 전의 굴착되지 않은 지반상태에서 주어진 지진 입력에 대한 지반내 응답인 자유장 해석(free field analysis, 부지응답해석)이다. 자유장 해석을 통해 지반 특성에 따른 지진파의 증폭을 고려할 수 있다. 6.3절 자유장 해석(부지응답 해석)을 참조할 수 있다.

(2) 지반으로 인한 구조물의 동특성이 변하고, 이것을 고려한 구조물의 응답 해석을 '지반-구조물 상호작용 해석(soil-structure interaction analysis)'이라 한다. 참고로 지반-구조물 상호작용 해석은 지진해석 외에도 교통하중 및 발파하중에 의한 지반 진동, 지반을 고려한 기계 진동 해석 등에 사용할 수 있다.

지진시 지반-구조물 상호작용은 다음 그림과 같이 크게 1) 운동 상호작용과 2) 관성 상호작용으로 구분할 수 있다.

(1) 운동 상호작용 (kinematic interaction)

운동 상호작용은 지진시 '무질량 구조물 (massless structure)'이 놓인 지반의 거동은 구조물이 없는 경우의 지반 거동(즉, 자유장 거동)과 다르게 나타나는 현상을 말한다. 고차 진동수 성분을 갖는 입사파(incident wave)는 파장이 짧아 기초 강성에 의해 흡수, 반사되지만, 저차 진동수 성분을 갖는 입사파는 파장이 길어, 구조물을 통과하여 구조물의 운동을 유발시키며, 수직 입사하는 전단파의 경우 주로 구조물의 '회전운동(rocking motion)'을 유발시킨다. 여기서 운동 상호작용에 의해 발생하는 지반 운동을 '산란운동(scattering motion)'이라 한다. 운동 상호작용은 입사파의 형태와 기초의 형상에 주로 영향을 받는다. 운동 상호작용은 구조물이 지표면 상에 놓이거나, 기초의 묻힌 깊이가 얕으면, 표면파(surface wave)를 고려하지 않을 경우, 영향이 크지 않으므로 지진 해석시 그 영향을 무시할 수도 있다.

(2) 관성 상호작용 (inertial interaction)

관성 상호작용은 지진 입력파가 구조물을 진동시켰을 때 구조물의 질량에 의해 관성력이 발생하고, 관성력에 의한 구조물의 운동 에너지는 다시 '원역지반(far field soil)'으로 방사되면서 지반의 '방사운동(radiation motion)'을 유발시킨다. 관성 상호작용은 구조물과 근역지반간의 (동적) 강성차가 클수록 커지므로, 높이가 낮고 강성이 강한 구조물이 연약한 지반 상에 놓였을 경우 그 영향이 더 크게 나타난다.

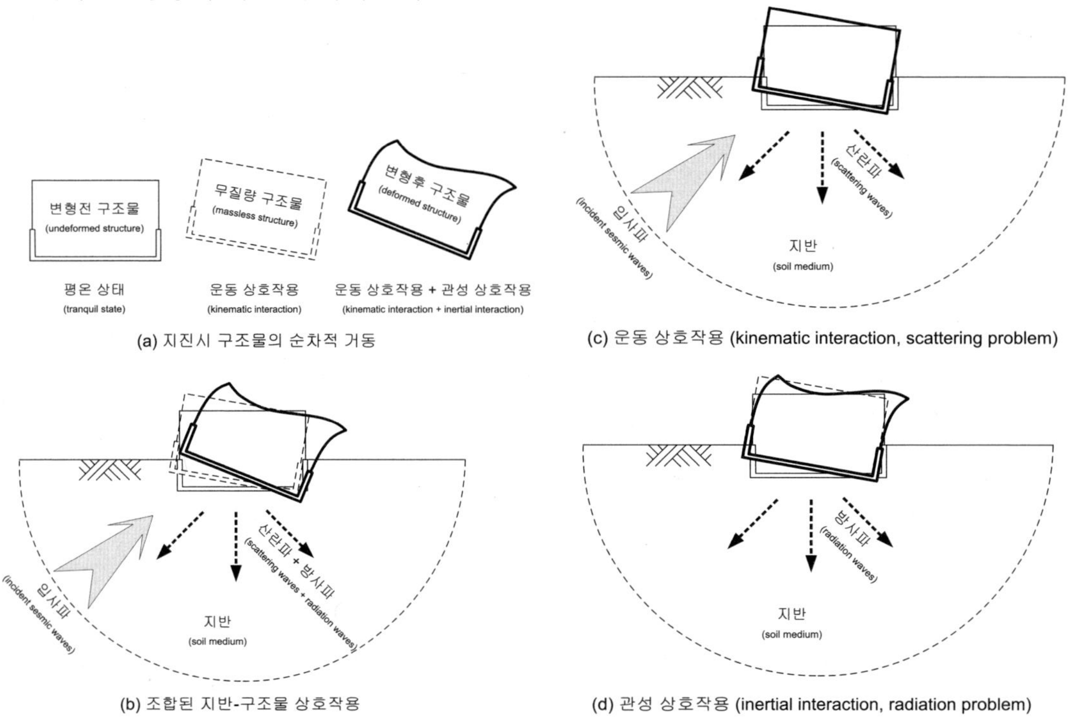

그림 6.7.1 지진시 강성 기초(rigid base) 구조물의 지반-구조물 상호작용

6.7.2 직접법과 부분구조법

지반-구조물 상호작용해석방법은 크게 1) 부분구조법과 2) 직접법으로 나눈다.

(1) 부분구조법 (substructure method)

부분구조법은 전체의 해석과정을 다음과 같은 일련의 단계별로 분리 수행하고, 그 결과를 종합하여 최종응답을 구하는 방법이다. 운동 상호작용과 관성 상호작용의 개념을 사용하여 지반-구조물 상호작용을 고려한 부분구조법에 의한 지진해석 절차를 나타내면 다음과 같다.

STEP 1. 운동 상호작용 개념에 근거한 구조물의 무질량 기초를 가정하여 지진시 구조물 기초의 산란운동을 구한다. 즉, 자유장에서 정의된 통제운동으로부터 지반의 특성과 기초의 영향을 고려하여 지반-구조물의 접촉면에서의 입력 운동을 결정한다.

STEP 2. 운동 상호작용 개념에 근거한 구조물의 무질량 기초를 가정하여 지반의 동적강성(임피던스)을 산정한다. 즉, 지반-구조물 접촉면에서 반무한 지반의 동적 강성을 결정한다.

STEP 3. 관성 상호작용 개념에 근거하여 지반의 영향을 임피던스(STEP 2)로 모델링한 구조물에 산란운동(STEP 1)을 입력운동으로 하여 지진시 구조물의 응답을 구한다. 즉, STEP 2에서 구한 지반의 동적 강성을 구조물과 조합하여 지반-구조물 시스템을 모델링 한 후, STEP 1에서 구한 입력 운동을 강성과 곱하여 구한 하중으로 가진하여 구조물의 응답을 계산한다.

부분구조법은 지반의 비선형 특성을 자세히 고려하긴 힘들지만 다음과 같은 장점이 있다.

(1) 각 단계별로 가장 적합한 해석방법을 선택하여 해석할 수 있다. 즉, 각 단계별로 유한요소법, 경계요소법, 해석적 방법 등 적합하거나 용이한 방법을 선택적으로 사용할 수 있다.

(2) 각 단계별로 결과에 대한 평가와 민감도 분석 등이 가능하고, 직접법에 비해 경제적인 해석을 수행할 수 있다.

(2) 직접법 (direct method)

직접법은 구조물과 일정한 범위의 근역지반을 유한요소법(FEM), 유한차분법(FDM) 등을 사용하여 모델링 하는 방법으로, 지반-구조물 상호작용해석을 한 번에 수행한다. 직접법은 지반-구조물 경계면의 비선형 적합조건, 지반의 비선형성 등을 고려할 수 있는 장점이 있지만, 일반적으로 부분구조법에 비해 복잡하고 비경제적이다.

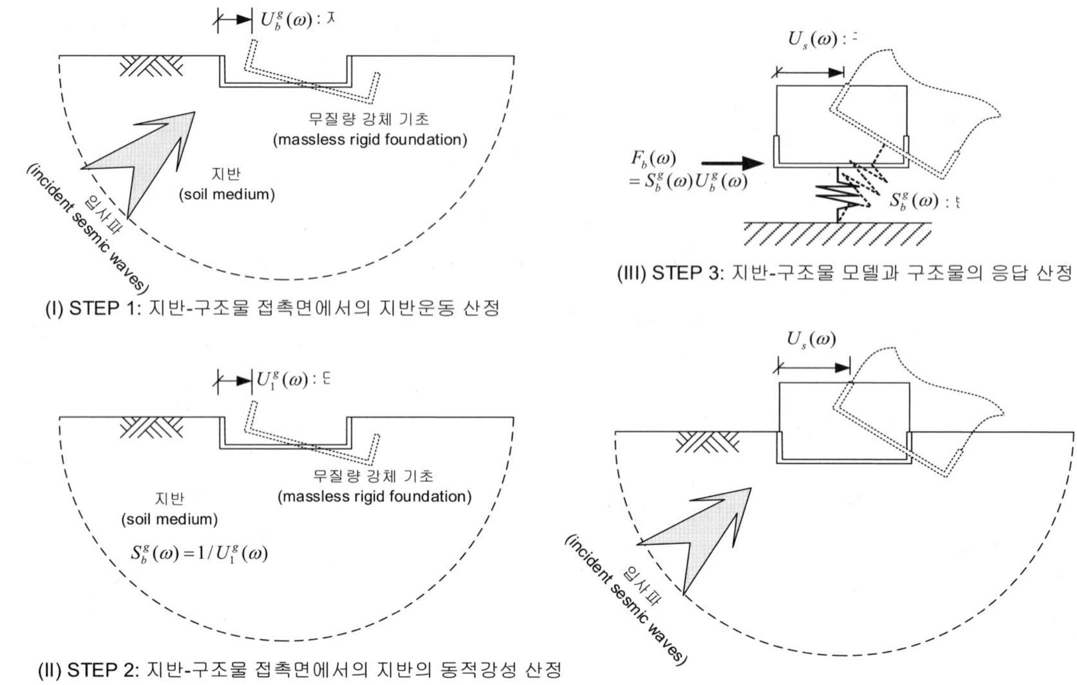

(a) Substructure method (b) Direct method

그림 6.7.2a 부분구조법과 직접법

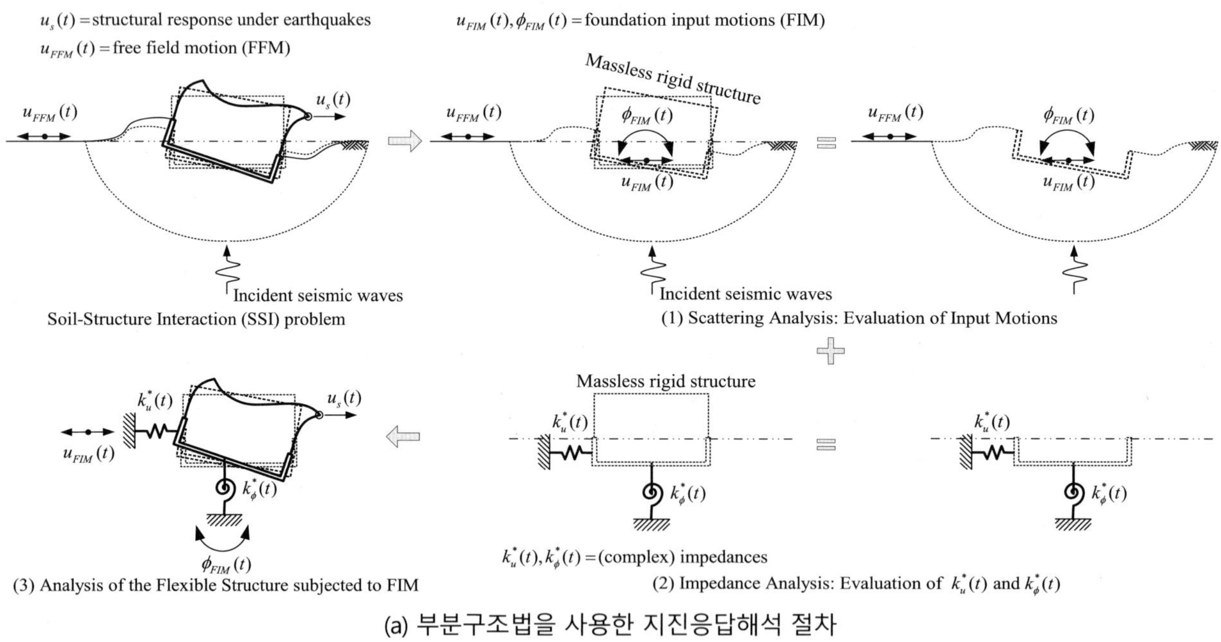

(a) 부분구조법을 사용한 지진응답해석 절차

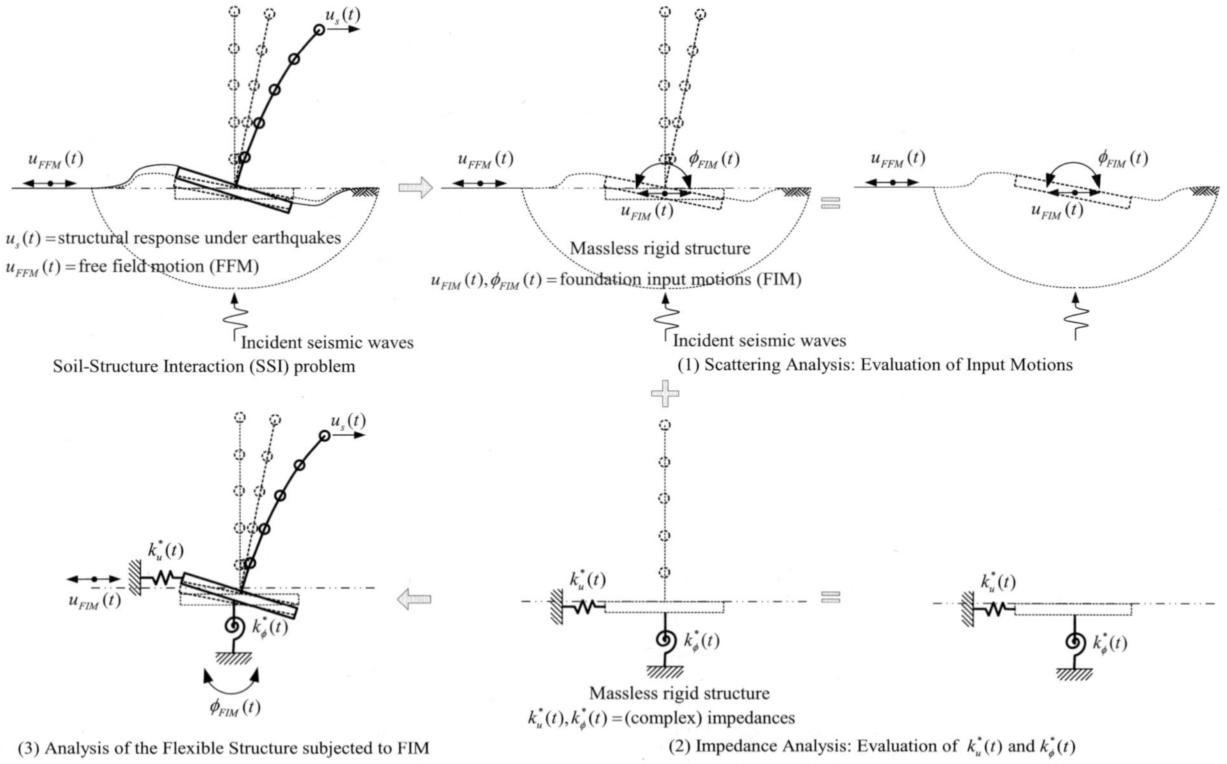

(b) 부분구조법을 사용한 Beam-Stick 구조모델의 지진응답해석예

그림 6.7.2b 부분구조법의 절차와 예

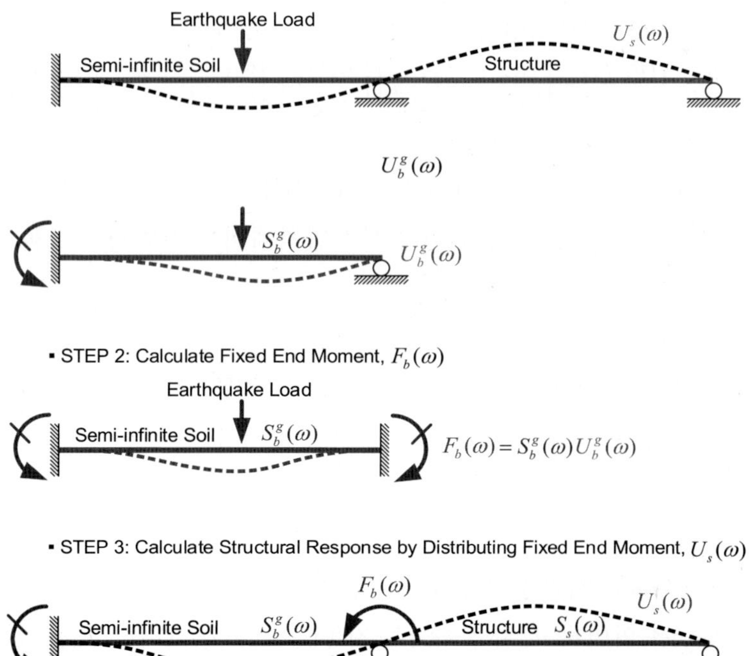

그림 6.7.2c 진동수영역에서의 부분구조법 개념과 모멘트분배법 개념의 비교

6.7.3 시간영역방법, 진동수영역방법 및 다중단계방법

지반-구조물 상호작용 해석 방법은 크게 1) 시간영역방법과 2) 진동수영역방법으로 구분할 수 있다. 시간영역방법은 진동수영역방법에 비해 지반-구조물 시스템에서 발생할 수 있는 비선형 특성을 고려하기 쉽다. 반면에 반무한 지반으로의 파동 전파는 진동수 의존적인 특성을 나타내므로, 진동수영역방법을 사용할 경우 시간영역방법에 비해, 반무한 지반으로의 파동 전파를 고려하기가 상대적으로 용이하다. 이론적으로 진동수영역방법은 선형 해석에 국한되므로, 진동수영역방법은 지반의 비선형 특성을 근사하기 위해 등가선형 해석 방법을 사용한다.

표 6.7.3 등가선형 해석방법과 비선형 해석방법의 비교

구분	등가선형 해석방법 (진동수영역방법)	비선형 해석방법 (시간영역방법)
장점	• 해석에 사용되는 변수들의 개수가 작고 간단하다. • 단단하거나 양호한 지반조건에 적합하다. • 중약진 지역($a_{max} \leq 0.5\text{g}$)의 지반운동에 적합하다. • 심도가 얕은 지반($< 100\text{m}$)에 적합하다.	• 지반운동의 형태와 관계 없이 지반의 비선형성을 고려할 수 있다. • 간극수압의 생성과 소산을 고려할 수 있다.
단점	• 유효 전단변형률(effective shear strain)을 사용한 해석은 잘못된 결과를 줄 수도 있다. • 비선형 거동특성을 제대로 반영할 수 없다. • 간극수압의 생성과 소산을 나타낼 수 없다.	• 상대적으로 계산이 복잡하고 비용이 크다. • 해석에 사용되는 변수 개수가 많고 복잡하다.

(1) 시간영역방법 (time domain method)

시간영역에서 지반-구조물 시스템의 운동방정식은 다음과 같다.

$$\begin{bmatrix} M_{ss} & M_{sb} \\ M_{bs} & M_{bb}+M_{bb}^{g} \end{bmatrix}\begin{Bmatrix} \ddot{u}_s(t) \\ \ddot{u}_b(t) \end{Bmatrix}+\begin{bmatrix} C_{ss} & C_{sb} \\ C_{bs} & C_{bb}+C_{bb}^{g} \end{bmatrix}\begin{Bmatrix} \dot{u}_s(t) \\ \dot{u}_b(t) \end{Bmatrix}+\begin{bmatrix} K_{ss} & K_{sb} \\ K_{bs} & K_{bb}+K_{bb}^{g} \end{bmatrix}\begin{Bmatrix} u_s(t) \\ u_b(t) \end{Bmatrix}=\begin{Bmatrix} 0 \\ f_b(t) \end{Bmatrix}$$

여기서 아래 첨자 s와 b는 각각 구조물(structure)과 구조물-지반의 경계면(boundary)을 의미하고, 위 첨자 g는 지반(ground)을 의미한다. $[M]$, $[C]$, $[K]$는 지반과 구조물의 질량행렬, 감쇠행렬, 강성행렬을 나타내고, $\{u(t)\}$와 $\{f(t)\}$는 시간영역에서의 지반과 구조물의 변위벡터와 하중벡터를 나타낸다.

(2) 진동수영역방법 (frequency domain method, 주파수영역방법)

진동수영역에서 지반-구조물 시스템의 운동방정식은 다음과 같다.

$$\begin{bmatrix} S_{ss}(\omega) & S_{sb}(\omega) \\ S_{bs}(\omega) & S_{bb}(\omega)+S_{bb}^{g}(\omega) \end{bmatrix}\begin{Bmatrix} U_s(\omega) \\ U_b(\omega) \end{Bmatrix}=\begin{Bmatrix} 0 \\ F_b(\omega) \end{Bmatrix}$$

여기서 아래 첨자 s와 b는 시간영역에서와 마찬가지로 각각 구조물(structure)과 구조물-지반의 경계면(boundary)을 의미하고, 위 첨자 g는 지반(ground)을 의미한다. 동적 강성행렬($[S(\omega)]$)은 지반과 구조물의 질량행렬 $[M]$, 감쇠행렬 $[C]$, 강성행렬 $[K]$를 사용하여 나타낼 수 있다.

$$[S(\omega)]=[K]+i\omega[C]-\omega^2[M]$$

또한 $\{U(\omega)\}$와 $\{F(\omega)\}$는 진동수영역에서의 변위벡터와 하중벡터이며, 다음과 같이 시간영역에서의 변위벡터($\{u(t)\}$)와 하중벡터($\{f(t)\}$)와는 푸리에 변환 관계를 갖는다.

$$[U(\omega)] = \mathcal{F}[u(t)], \quad [F(\omega)] = \mathcal{F}[f(t)]$$

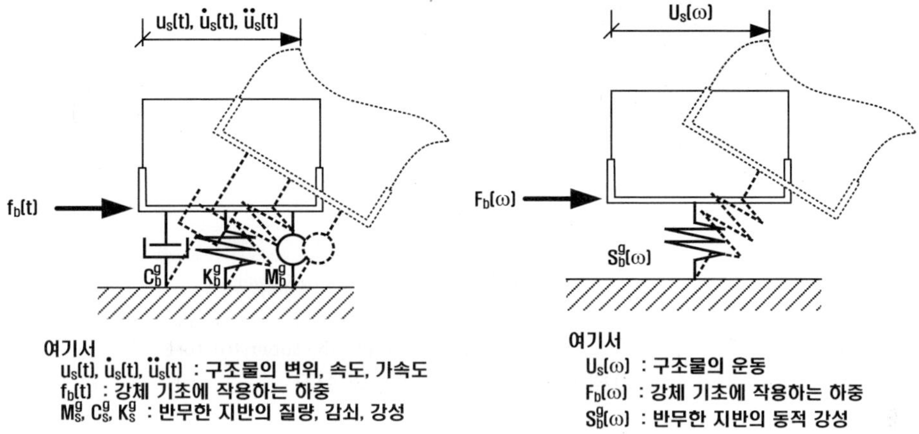

(a) Time domain method　　(b) Frequency domain method

그림 6.7.3a 시간영역방법과 진동수영역방법

(3) 다중단계방법 (multi-step method)

진동수영역 SSI 해석 S/W (예: SASSI)와 구조해석 S/W (예: SAP2000)을 조합 사용하는 다중단계방법을 사용하여, 지진시 비선형성이 큰 면진장치(9.1절)를 갖는 면진구조물의 지반-구조물 상호작용해석을 시간영역에서 수행할 수 있다. 여기서 비선형거동으로 인해 지진시 다중단계방법은 다음과 같은 반복 절차를 사용한다.

STEP 1: 진동수영역해석 방법으로 구조물과 지반의 경계면에서 절대변위응답 $u_b^T(t)$ 산정

STEP 2.1: STEP 1에서 구한 $u_b^T(t)$를 구조물에 하중으로 가하여 경계면 반력 $f_b^T(t)$ 산정

STEP 2.2: 앞서 구한 $f_b^T(t)$을 하부구조물과 지반에 가하여, 경계면 상대변위응답 $u_b^r(t)$ 산정

STEP 3. 상부구조물이 없는 경우 구조물-지반의 경계면에서 지진시 산란변위응답$u_b^f(t)$ 산정

STEP 4. $u_b^T(t)(\approx u_b^r(t) + u_b^f(t))$의 수렴을 검토한 후, 수렴할 때까지 STEP 2와 STEP 3을 반복

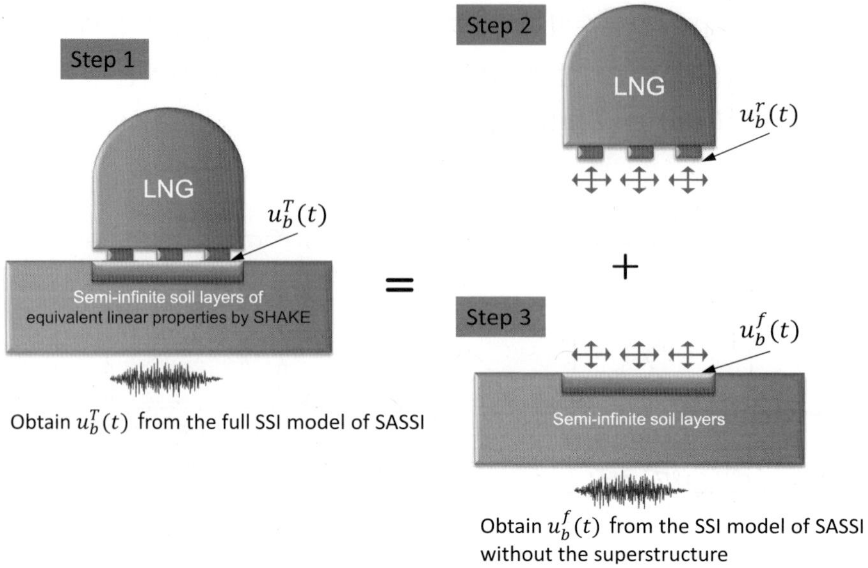

그림 6.7.3b 다중단계방법의 절차

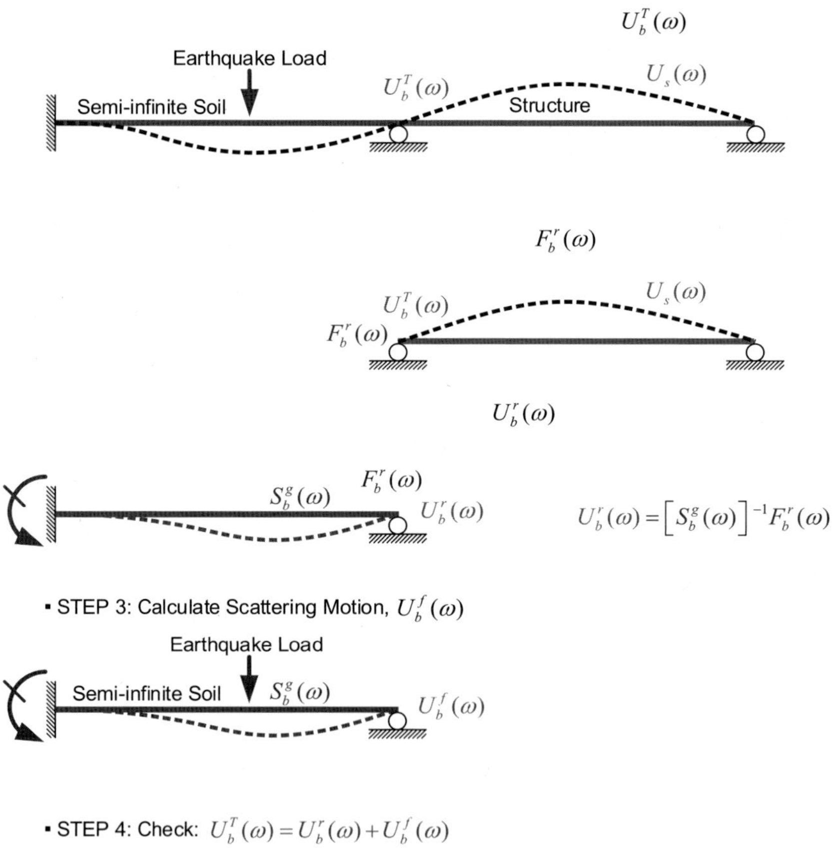

그림 6.7.3c 진동수영역에서의 다중단계방법 개념과 모멘트분배법 개념의 비교

6.7.4 원역지반

지반-구조물 시스템은 구조물, 근역지반, 원역지반으로 구분할 수 있으며, 근역지반과 원역지반의 경계면을 '가상경계면(artificial boundary surface; artificial boundary conditio; ABC)'이라 한다. 지반-구조물 상호작용으로 인해 발생한 산란운동과 방사운동은 파동의 형태로 반무한 지반으로 전파되어 소멸되어 간다. 참고로 어떤 임의의 진원(source)이 방사할 때 진원에서 거리가 무한히 떨어진 곳에서는 운동이 발생하지 않는다는 조건을 '조머펠트 방사조건(Sommerfeld's radiation condition)'이라 하며, 무한 영역 문제의 유일해를 구하기 위해 사용한다.

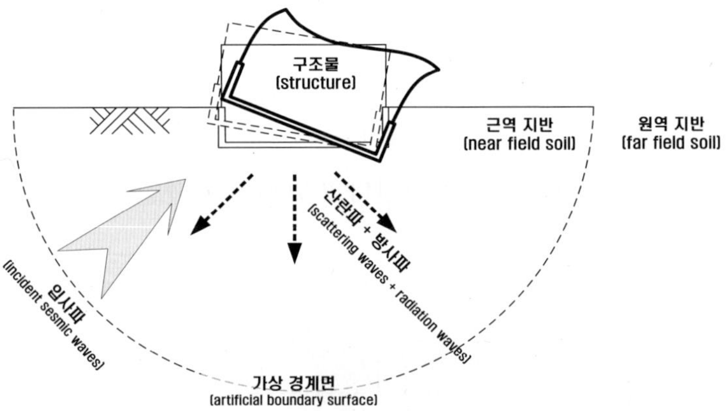

그림 6.7.4a 지반-구조물 시스템

지반-구조물 상호작용 해석에서 주된 관심 영역은 구조물과 인접 지반인 근역지반이며, 반무한영역으로 가정한 지반의 상대적으로 작은 일부분이다. 근역지반의 경우 유한요소법, 유한차분법 등을 사용하여 모델링할 수 있지만, 반무한 지반을 모델링 하기에는 한계가 있다. 또한 가상경계면을 롤러, 힌지, 고정단, 스프링 등 일반 경계조건을 사용하여 고려할 경우, 반무한 지반으로 전파하면서 소멸되어야 할 반사파는 가상경계면에서 다시 반사되어 지반-구조물 시스템의 거동에 영향을 주게 된다. 반무한 지반의 영향을 고려하기 위해 다양한 방법들이 개발되어 왔으며, 대표적 방법들은 다음과 같다.

• 점성경계(viscous boundary)

유한요소 정식화와 비선형 해석 등에 적합한 점성경계는 가상 경계를 고려하는 가장 일반적 방법 중에 하나이다. 일반적으로 널리 사용되는 Kuhlemeyer 등(1969, 1973)이 제시한 '표준 점성경계(standard viscous damper)'에 의하면 가상경계면에서 방사파에 의해 발생하는 지반 입자 운동(particle motion)과 응력은 다음과 같다.

$$\sigma(t) = \rho v_P \dot{w}(t), \;\; \tau(t) = \rho v_S \dot{u}(t)$$

여기서 σ와 τ는 각각 가상경계면의 수직 응력(normal stress)과 전단 응력(shear stress); ρ는 지반의 질량밀도; v_P와 v_S는 각각 지반의 P파와 S파 속도; $\dot{w}$와 $\dot{u}$는 각각 가상경계면에 수직방향과 접선방향으로 운동하는 지반입자의 속도이다.

가상경계면의 응력을 감쇠계수의 형태로 변환하면 다음과 같다.

$$c_P(t) = \rho v_P A, \quad c_S(t) = \rho v_S A$$

여기서 c_P와 c_S는 각각 지반의 P파와 S파에 대응하는 가상경계면의 감쇠계수; A는 응력을 하중으로 전환하기 위한 면적이다.

일반적으로 가상경계면에 입사하는 P파와 S파는 지반 특성에 따른 파동의 반사와 굴절 등에 의해 가상경계면에 수직으로 입사하지는 않으므로, 통상 가상경계면에 입사하는 파동의 경사를 고려하여 다음과 같이 나타낸다.

$$c_P(t) = \alpha_P \rho v_P A, \quad c_S(t) = \alpha_S \rho v_S A$$

여기서 이론상 가상경계면에 수직하는 P파에 대해 $\alpha_P = 1$이고, 가상경계면에 수직하는 S파에 대해 $\alpha_S = 1$이지만, 경험적으로 $\alpha_P = 1$과 $\alpha_S = \frac{1}{4}$을 사용한다. 참고로 점성경계는 가상경계면을 통과하는 S파에 대해 효과가 떨어진다고 알려져 있다.

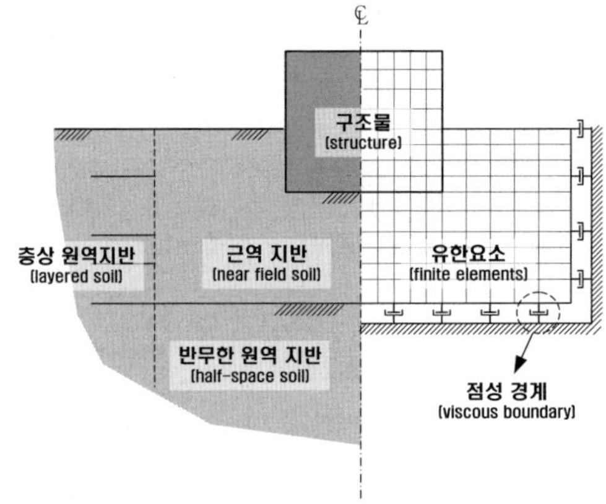

(a) 점성경계의 개념

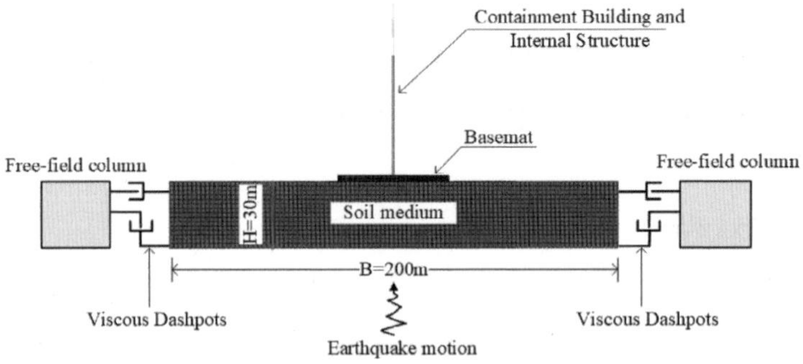

(b) 점성경계와 자유장 기둥(free-field column)을 사용한 지진해석 예(Dong Van Nguyen 등, 2020)

그림 6.7.4b 점성경계

• 전달경계(transmitting boundary)

전달경계는 지반-구조물 상호작용 프로그램인 FLUSH(1975)와 SASSI(1981)에 적용되었으며, 수평방향으로 전파하는 표면파를 반해석적(semi-analytical) 방법으로 고려한다. 강체 암반 위에 놓인 층상지반에 연직 방향으로 가상경계면을 설정하고, 원역지반으로 전파하는 표면파를 고려한다. 반무한 지층을 근사하기 위해 수평 층상 지반의 깊이를 충분히 깊게 가정하여야 하고, 실체파를 고려하기 위해 점성경계 등을 추가적으로 사용하여야 한다.

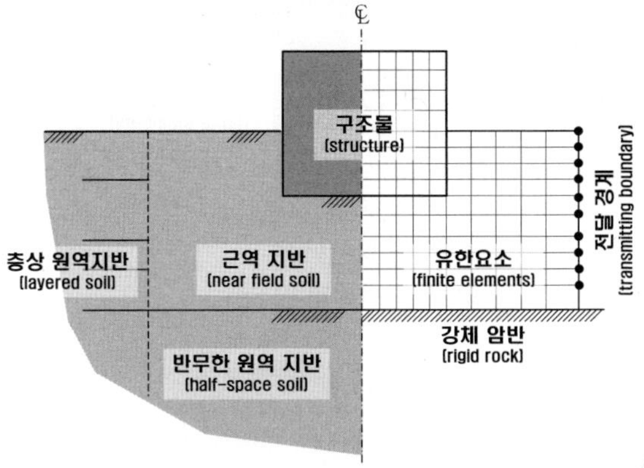

그림 6.7.4c 전달경계

• 혼용경계(hybrid boundary)

혼용경계는 지반-구조물 상호작용 프로그램인 LASSI와 HASSI에 적용되었으며, 원역지반의 임피던스를 해석적 방법으로 구한 후, 가상 경계에 설치하여 원역지반으로의 파동 전파를 근사한다(Penzien *et al.*, 1983). 이 방법은 층상 지반의 임피던스를 구하기 어렵고, 가상 경계를 반원(2차원 해석) 또는 반구(3차원 해석)로 가정하여야 한다.

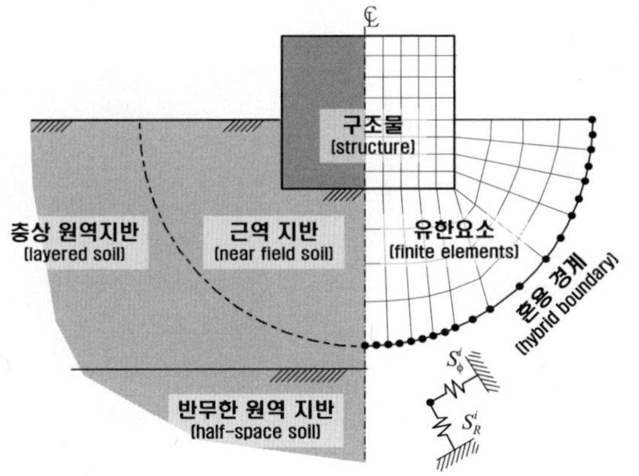

그림 6.7.4d 혼용경계

• 경계요소(boundary element)

'경계요소법(boundary element method, BEM)'을 사용하여 원역지반을 모델링할 경우, 반무한 지반의 모델링이 용이하고, 가상 경계에서 이론적인 정확해를 구할 수 있다. 그러나 비선형 또는 층상 지반의 '기본해(fundamental solution)'를 구하기 어렵고, 경계요소법으로 유도한 원역지반의 시스템 행렬은 비대칭이므로, 유한요소법으로 유도한 근역지반의 대칭인 시스템

행렬과 조합이 어렵다.

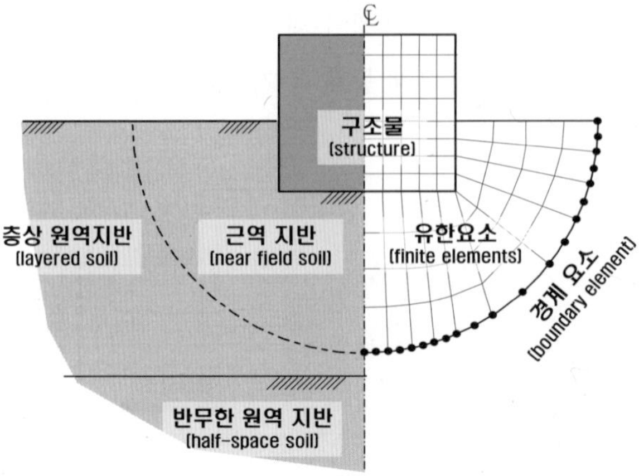

그림 6.7.4e 경계요소

• 무한요소(infinite element)

무한좌표계에서 정의한 '형상함수(shape function)'를 사용하여 유한요소의 정식화와 동일한 절차로 무한요소를 유도한다. 무한요소는 유한요소와 연계가 용이하지만, 해석 대상의 종류와 모델링 방법에 따라 형상 함수를 달리 정의하여야 한다(김재민 등, 2000). ABAQUS 등 상용 S/W에서 해석 사양으로 포함되어 있다.

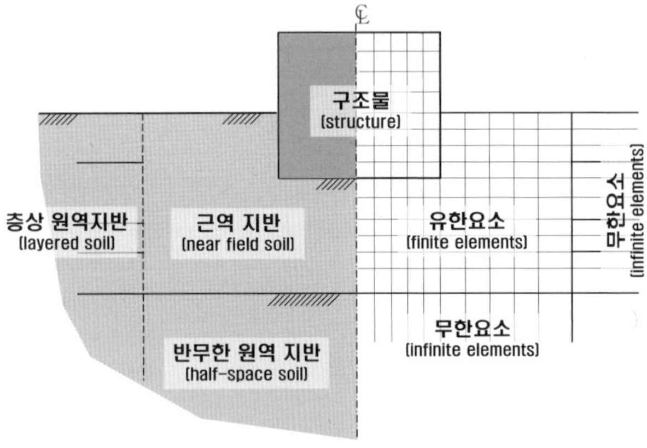

(a) 무한요소의 개념

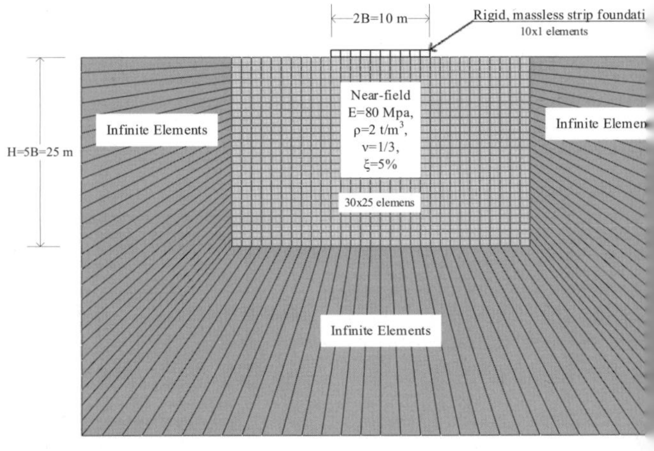

(b) 무한요소를 사용한 모델 예(Dong Van Nguyen & Dookie Kim, 2018)

그림 6.7.4f 무한요소

• PML(Perfectly Matched Layer)과 PMDL(perfectly matched discrete layer)

ASCE 4 (2016)에서 비선형 시간영역 지반-구조물 상호작용 해석을 위해 인정하는 방법 중에 하나이다. 근역지반에서 원역지반으로 전파하는 파동을 파동 특성을 고려한 경계층을 생성하여 모델링한다. ANSYS, DIANA 등 상용 구조해석 S/W에도 해석 사양으로 포함되어 있다. PML의 확장된 방법으로 PMDL이 있다.

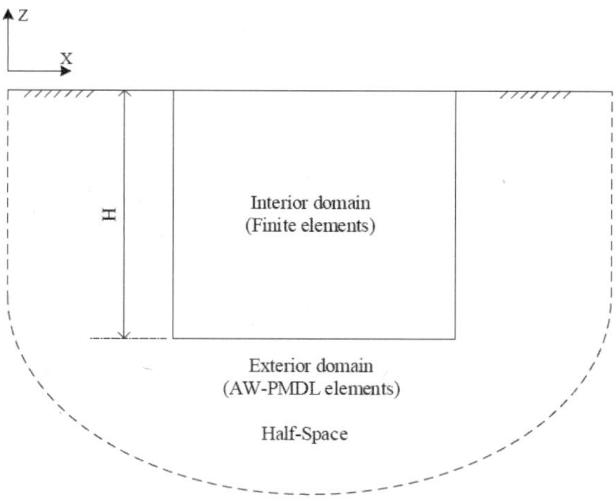

(a) Original half-space problem

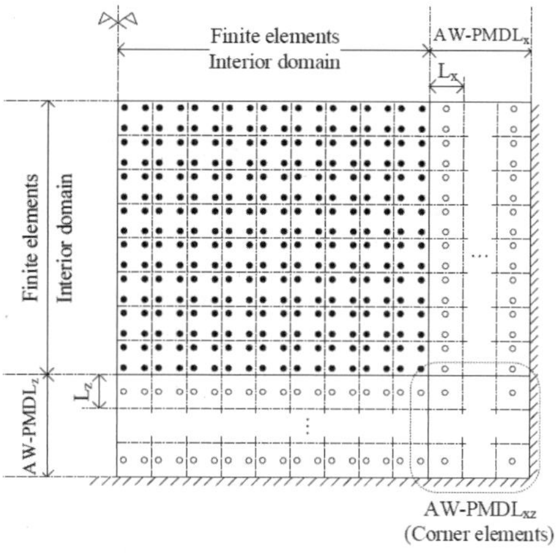

(b) Model with AW-PMDL elements

그림 6.7.4g PMDL를 사용한 반무한 지반 모델링 예 (Dong Van Nguyen & Dookie Kim, 2020)

6.7.5 기초의 등가강성

부분구조법을 사용할 경우 복잡한 형태를 갖는 층상 지반에 대해서는 수치해석을 통해 지반의 등가강성을 구해야 하지만, 전반적으로 단순한 균질 지반에 대해서는 효율적인 지반-구조물 상호작용해석을 위해 등가강성을 해석적 또는 경험적으로 구하여 사용할 수 있다.

반무한 균질지반에 놓인 원형 강체기초의 정적 탄성을 가정하여 등가 스프링 상수를 산정할 수 있다. 반무한 균질지반 상에 놓이거나 묻힌 원형 및 사각형 강체기초의 등가 스프링 상수와 등가 감쇠비를 다음 표에 나타냈다. 표에 보인 바와 같이 사각형 직접기초의 경우 등가 원형기초로 변환하여, 원형기초의 등가강성을 사용할 수 있다.

참고로 진동기초 설계의 중요한 목적은 경제적으로 기하감쇠(geometric damping)를 크게 하는 것이다. 제시한 표에서 알 수 있듯이 등가 감쇠비를 크게 하기 위해서는 기초의 반경(R)을 늘리고 중량(W) 또는 관성질량(I, mass moment of inertia)을 크게 하여야 한다. 따라서 지지해야할 중량이 일정하다면, 이론적으로 기초는 최대한 넓고 얇은 것이 좋다.

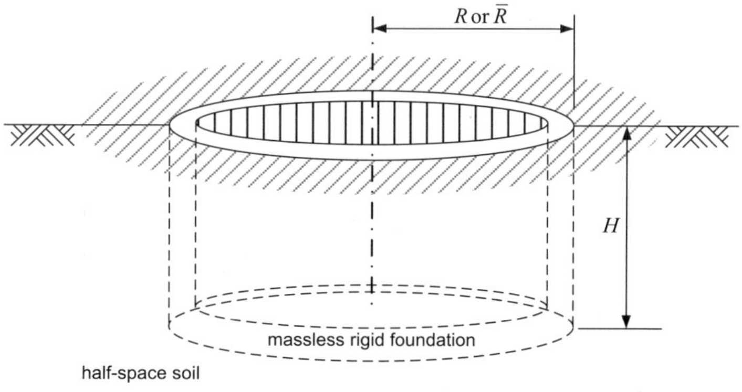

그림 6.7.5a 묻힌 원형기초

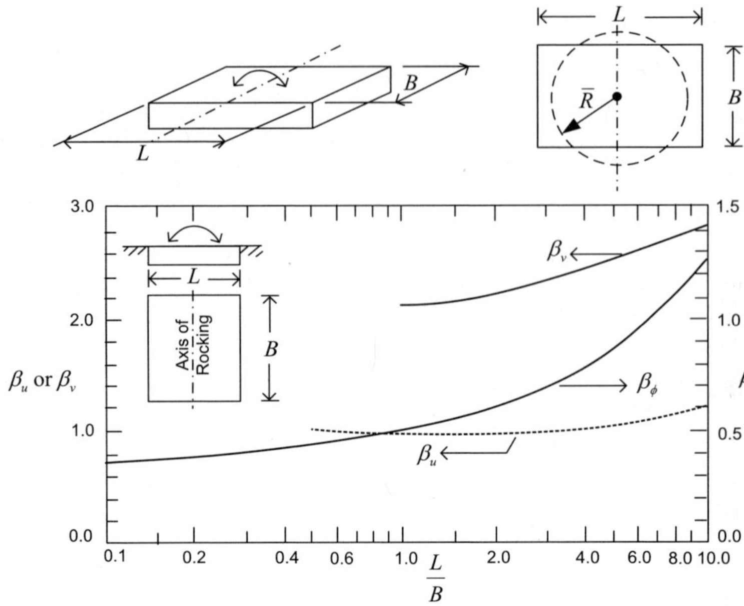

그림 6.7.5b 사각형 기초에 대한 상수값($\beta_u, \beta_v, \beta_\phi$) (Whitman et al., 1967)

표 6.7.5a 원형 및 사각형 강체기초의 등가 스프링상수 (Whitman et al., 1967; Whitman, 1972)

Mode of Vibration	Circular Footing	Rectangular Footing	$\bar{R}$ for Rectangular Foundation	Embedment Coefficients
Horizontal	$k_u = \frac{32(1-\nu)GR}{7-8\nu}\eta_u$	$k_u = 2(1+\nu)G\beta_u\sqrt{BL}\,\eta_u$	$\bar{R} = \sqrt{\frac{BL}{\pi}}$	$\eta_u = 1+0.55(2-\nu)\frac{H}{R}$
Vertical	$k_v = \frac{4GR}{1-\nu}\eta_v$	$k_v = \frac{G}{1-\nu}\beta_v\sqrt{BL}\,\eta_v$	$\bar{R} = \sqrt{\frac{BL}{\pi}}$	$\eta_v = 1+0.6(1-\nu)\frac{H}{R}$
Rocking	$k_\phi = \frac{8GR}{3(1-\nu)}\eta_\phi$	$k_\phi = \frac{G}{1-\nu}\beta_\phi BL^2\,\eta_\phi$	$\bar{R} = \sqrt[4]{\frac{BL^3}{3\pi}}$	$\eta_\phi = 1+1.2(1-\nu)\frac{H}{R}+0.2(2-\nu)\left(\frac{H}{R}\right)^3$
Torsional	$k_\theta = \frac{16GR^3}{3}$	No solution available Use $R = \bar{R}$	$\bar{R} = \sqrt[4]{\frac{BL(B^2+L^2)}{6\pi}}$	None available

where

H is the depth of foundation embedment below grade.

L is horizontal dimension perpendicular to axis of rocking.

B is remaning horizontal dimension.

G is the low-amplitude shear modulus of the soil.

ν is the Poisson's ratio of the soil.

η_u, η_v and η_ϕ are embedment coefficients.

β_u, β_v and β_ϕ are geometry factors defined in the Figure.

표 6.7.5b 원형 및 사각형 강체기초의 등가 감쇠비 (Richart et al., 1970; Whitman, 1972)

Mode of Vibration	Mass (or Inertia) Ratio	Damping Ratio, ξ	Embedmend Factors
Horizontal	$B_u = \dfrac{7-8\nu}{32(1-\nu)}\dfrac{W}{\gamma R^3}$	$\xi_u = \dfrac{0.288}{\sqrt{B_u}}\alpha_u$	$\alpha_u = \dfrac{1+1.9(2-\nu)}{\sqrt{\eta_u}}\dfrac{H}{R}$
Vertical	$B_v = \dfrac{1-\nu}{4}\dfrac{W}{\gamma R^3}$	$\xi_v = \dfrac{0.425}{\sqrt{B_v}}\alpha_v$	$\alpha_v = \dfrac{1+1.9(1-\nu)}{\sqrt{\eta_v}}\dfrac{H}{R}$
Rocking	$B_\phi = \dfrac{3(1-\nu)}{8}\dfrac{I_\phi}{\rho R^5}$	$\xi_\phi = \dfrac{0.15}{(1+n_\phi B_\phi)\sqrt{n_\phi B_\phi}}\alpha_v$	$\alpha_\phi = \dfrac{1+0.7(1-\nu)\dfrac{H}{R}+0.6(2-\nu)\left(\dfrac{H}{R}\right)^3}{\sqrt{\eta_\phi}}$
Torsional	$B_\theta = \dfrac{I_\theta}{\rho R^5}$	$\xi_\theta = \dfrac{0.50}{1+2B_\theta}$	

where

W is the total weights of the footing plus the load supported by the footing vibrating in phase with it, including machineary.

γ and ρ are the total unit weight and mass density of the soil.

g is the gravitational constant.

I_ϕ and I_θ are the rocking and twisting mass moments of inertia about the axis of rotation.

α_u, α_v and α_ϕ are damping ratio coefficients to account for the increased geometric damping that occurs due to effective embedment.

n_ϕ is an inertia ratio correction factor given in the following Table.

B_ϕ	5	3	2	1	0.8	0.5	0.2
n_ϕ	1.079	1.110	1.143	1.219	1.251	1.378	1.600

6.7.6 기초의 모델링과 임피던스 해석

• 말뚝기초의 모델링

말뚝기초의 강성을 고려하기 위해 주로 사용되는 모델링 방법으로 1) 6-스프링 모델과 2) p-y 스프링 모델이 있다.

(1) 6-스프링 모델(6 spring model)

이 모델은 지반면에서의 기초부의 강성을 6개의 스프링(3개의 이동 스프링, 3개의 회전 스프링)으로 치환한다. 단말뚝의 강성과 군말뚝의 배열을 고려하여 3개의 이동 스프링과 3개의 회전 스프링의 강성을 산정하며, 말뚝 기초부의 거동은 관찰할 수 없다. 지층 구조가 상대적으로 단순할 경우 말뚝기초에 대하여 말뚝의 휨강성과 지반 반력계수를 매개로 하여 단말뚝의 강성을 간단히 구할 수 있으며, 지층 구조가 복잡한 경우 기초 구조물에 작용하는 최대 하중 수준을 파악하고 군말뚝해석 프로그램을 이용하여 계산된 최대 하중이 작용할 때 말뚝 기초의 변위 거동을 통하여 기초부의 강성을 6-스프링 모델의 등가 스프링상수로 치환할 수 있다.

(2) p-y 스프링 모델(p-y spring model)

이 모델은 임의의 깊이에서 지반반력(p)과 말뚝의 수평변위(y) 관계를 비선형 p-y곡선을 이용하여 나타내며, 지반의 비선형성과 연속성을 고려할 수 있다. 말뚝을 선형 탄성보로 가정하면 수평하중을 받는 말뚝의 미분방정식은 다음과 같다.

$$EI\frac{d^4y}{dx^4}+Q\frac{d^2y}{dx^2}-p=0$$

여기서 EI는 말뚝의 휨강성, Q는 축방향 작용하중, p는 단위길이당 지반반력($p=K_h y$), 그리고 K_h는 수평방향 지반반력계수이다. Reese 등 여러 연구자에 의해 제시된 경험적 p-y 곡선이 있으며, p-y곡선이 적용된 상용 S/W를 사용하여 말뚝의 수평변위 및 응력을 검토할 수 있다.

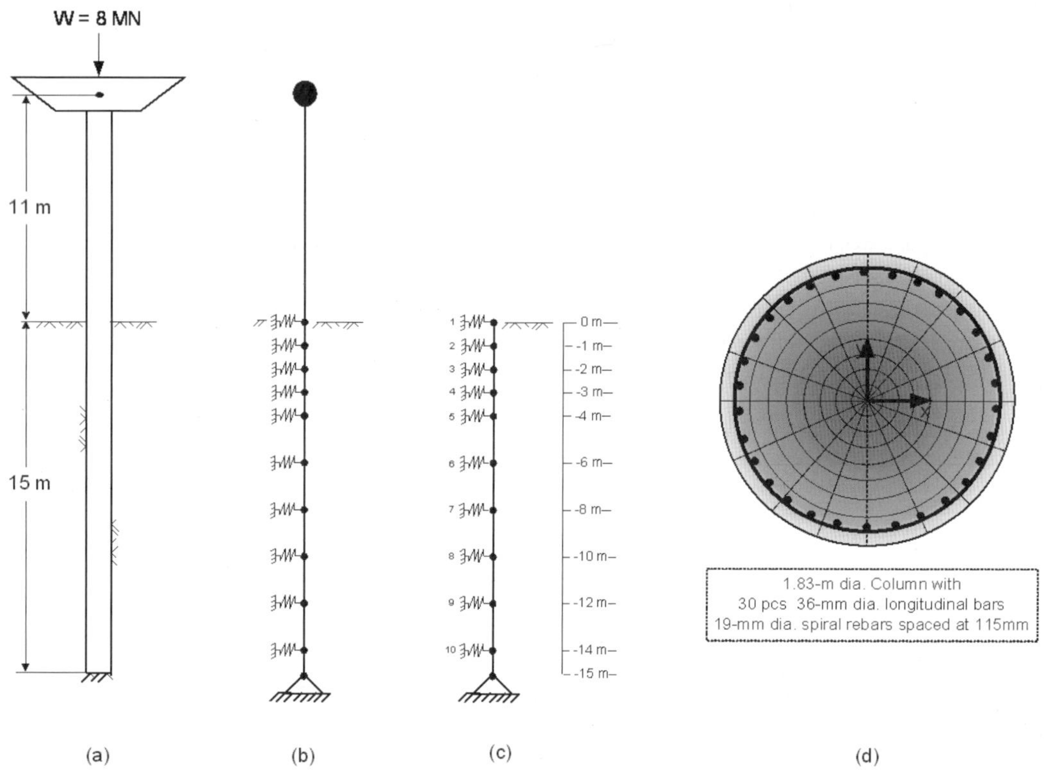

그림 6.7.6a 기둥의 비선형 정적해석을 위한 p-y 스프링 모델 예 (Priestley 등, 1996; Dookie Kim 등, 2011)

• 점탄성 콘모델링 (viscoelastic cone model)

이 모델은 반무한 지반을 정의하기 위한 1차원 파동전파이론에 근거하고 있다 (Wolf, 1994). 기초는 지반의 물성에 따른 등가의 강성, 점성 감쇠 및 부가질량으로 모델링된다.

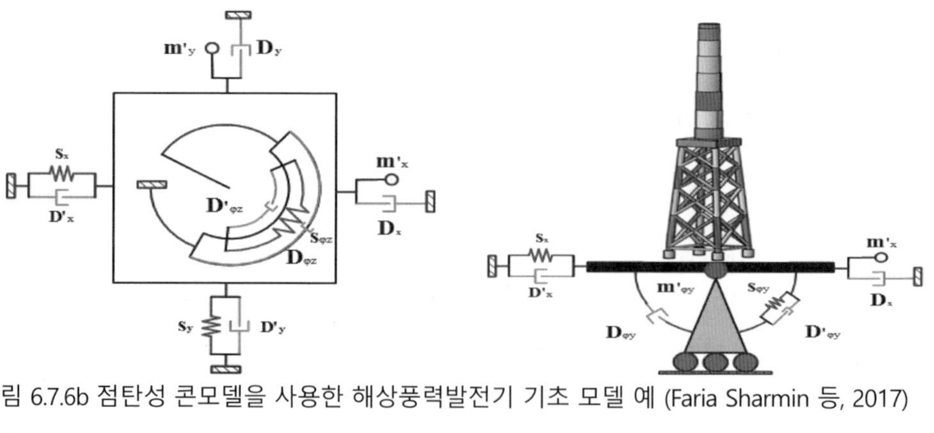

그림 6.7.6b 점탄성 콘모델을 사용한 해상풍력발전기 기초 모델 예 (Faria Sharmin 등, 2017)

• 기초의 임피던스 해석

복잡한 형태의 기초와 지반에 대해 정적 및 동적 등가강성을 구하고자 할 경우 해석적인 방법보다는 앞서 언급한 수치 해석을 사용하여 구한 기초의 임피던스(impedance, $S_b^g(\omega)$) 또는 동적 강성(dynamic stiffness)를 구한 후, 기초 또는 지반의 등가강성을 유도할 수 있다.

층상 지반에 놓인 말뚝기초의 임피던스를 지반-구조물 상호작용 해석 프로그램인 SASSI를 사용하여 구한 예를 나타내면 다음과 같다. 기초의 임피던스는 복소함수이며, 진동수에 의존적인 성질을 나타낸다. 따라서 구조물의 주된 진동수 성분을 선택한 후, 다음과 같은 임피던스의 정의를 사용하여, 기초의 등가 동적 강성, 감쇠, 질량을 근사할 수 있다.

$$S_b^g(\omega) = K + i\omega C - \omega^2 M$$

여기서 M, C, K는 각각 기초의 등가 동적 질량, 감쇠, 강성이다.

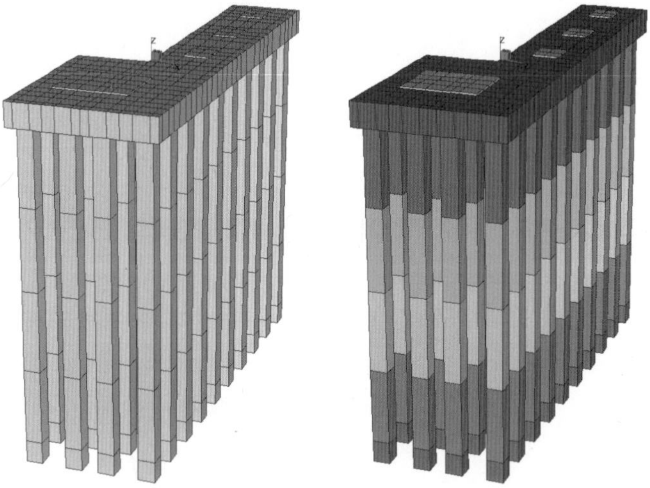

그림 6.7.6c 층상지반에 묻힌 말뚝 기초의 모델링

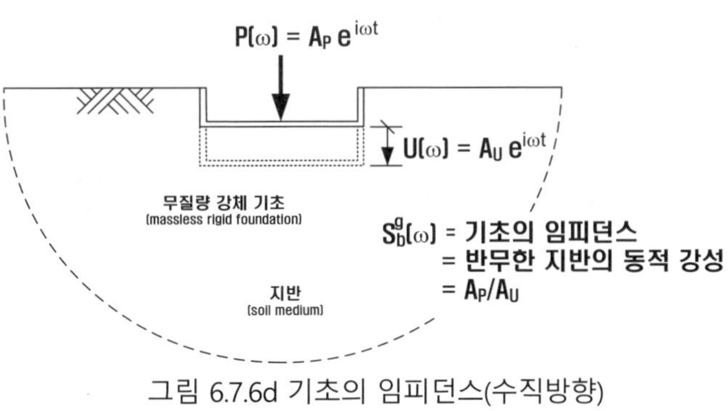

그림 6.7.6d 기초의 임피던스(수직방향)

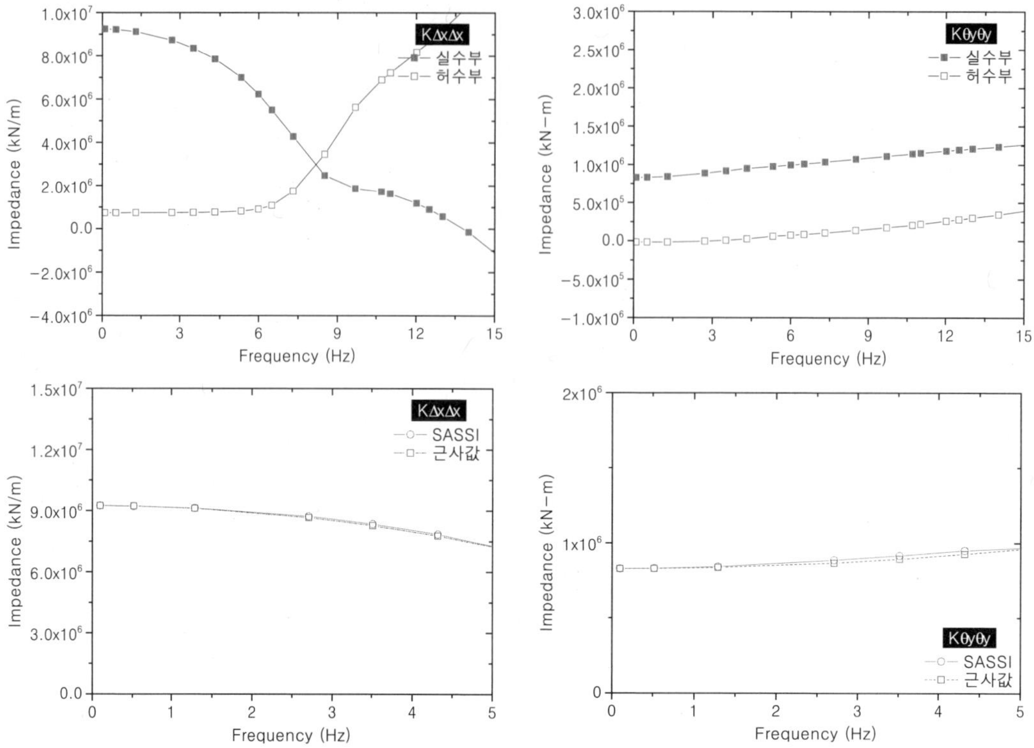

그림 6.7.6e 구조물의 주요 진동수 구간에서 등가 동적 강성으로 근사한 기초의 임피던스

해석으로 구한 기초의 임피던스에서 특정 진동수에 대해 지반의 단자유도계 근사모델을 만들 수 있다.

1) m-c-k 근사모델

$m\ddot{u} + c\dot{u} + ku = f$

여기서

$f = Fe^{i\omega_e t}$

$u = Ue^{i\omega_e t}$

$[(k - \omega_e^2 m) + i\omega_e c]U = F$

$K = (k - \omega_e^2 m) + i\omega_e c$

$K = K^R + iK^I$

$K^R = k - \omega_e^2 m, \quad K^I = \omega_e c$

2) c-k 근사모델(Voigt 모델)

$c\dot{u} + ku = f$

여기서

$f = Fe^{i\omega_e t}$

$u = Ue^{i\omega_e t}$

$[k + i\omega_e c]U = F$

$K = k + i\omega_e c$

$K = K^R + iK^I$

$K^R = k, \quad K^I = \omega_e c$

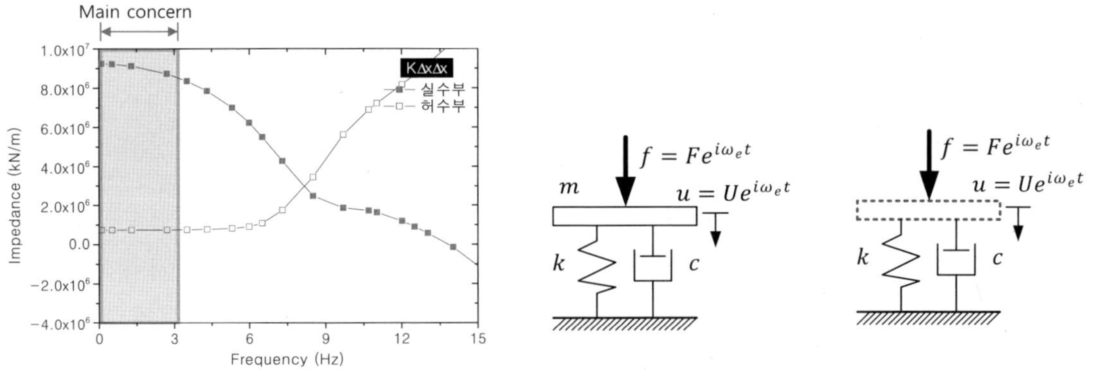

(a) 기초의 임피던스와 구조물의 주요 진동수 구간 (b) 단자유도계 지반의 근사모델

그림 6.7.6f 기초의 임피던스(수직방향)

이야기: FEM 프로그램을 사용한 SSI 해석

• 유한요소 체눈 세분화(finite element mesh refinement)

- 응력집중이 발생할 수 있는 곳. 예: 지반 형상 또는 물성값의 급격한 변화가 발생하는 곳, 예: 지반과 구조물의 경계 부근
- 연약한 지반. 예: 지반이 연약할수록 길이가 작은 파장이며, 국부적인 응력 증폭이 발생
- 고차 진동수 성분이 필요한 곳. 유한요소의 크기(H)를 결정하기 위해 전단파 속도(v_S)를 사용할 수 있으며, 유한요소의 경우, $4H/v_S$보다 큰 진동수성분을 나타내기 어렵다.

• 원역지반 경계

- 고정경계(fixed boundary)는 사용하지 않아야 함. 고정경계를 사용할 경우, 원역으로 방사되는 파동은 방사되지 못하고 경계에서 반사되어 근역에 갇히게 되므로, 근역 응답은 인위적으로 증가하게 된다. 즉, 원역지반 경계는 경계로 입사하는 파동이 무한 원역지반으로 방사되어 에너지가 소산되도록 모델링 되어야 한다.
- 해석대상 지역과 원역경계와의 수평거리를 증가시킴으로써 원역경계로 인한 오차를 줄일 수 있다.

• 지반의 심도가 너무 깊은 곳

- 일반적으로 유한요소를 사용하여 암반까지 모델링을 하는 것이 바람직하다.
- 지반 심도가 너무 깊어, 암반까지 유한요소 모델링이 어려운 경우, 적절한 심도의 중간 지반층을 선택한 후, 이 곳에서의 지반운동을 산정하여 입력할 수 있다.

6.8 [설계] 내진설계

6.8.1 구조설계와 내진설계

이 절은 일반적으로 널리 알려진 구조물과 설비의 설계인 구조설계를 개념적으로 설명한 후, 구조설계의 연장선상에서 내진설계의 철학과 원리를 소개하였다(김두기, 2018).

(1) 구조설계

1) 구조설계의 원리

구조물을 공격하는 외부하중의 크기를 D(demand, 요구, 소요, 요구성능)라 하고, 이러한 공격을 방어하는 구조물의 능력의 크기 C(capacity, 능력, 역량, 성능)라 한다. 구조설계의 기본 원리는 공격크기(D) 보다 방어능력(C)을 크게 하여, 외부 공격에 구조물이 안전하게 방어하도록 설계하는 것이다. 즉, 구조설계의 기본원리는 D와 C를 사용한 다음과 같은 안전부등식(safety inequality)으로 나타낼 수 있다.

$$\mathrm{D(DEMAND)} < \mathrm{C(CAPACITY)}$$

여기서 외부하중의 공격으로 표현된 D는 바람, 파랑, 지진 등을 나타내며, 구조물의 방어능력으로 표현된 C는 구조물의 최대 하중지지능력, 변위지지능력 등을 나타낸다. 참고로 안전부등식은 구조물의 설계 외에도 유지관리, 리모델링 등 구조물의 사용수명기간동안에도 성립되어야 구조물의 안전을 보장할 수 있다.

만약 외부 공격(D)이 구조물의 방어능력(C)보다 크게 들어올 경우, 구조물은 파괴될 수 있다. 구조물의 공격 양상에 따른 구조물 부재의 파괴의 예를 다음 그림에 나타냈다.

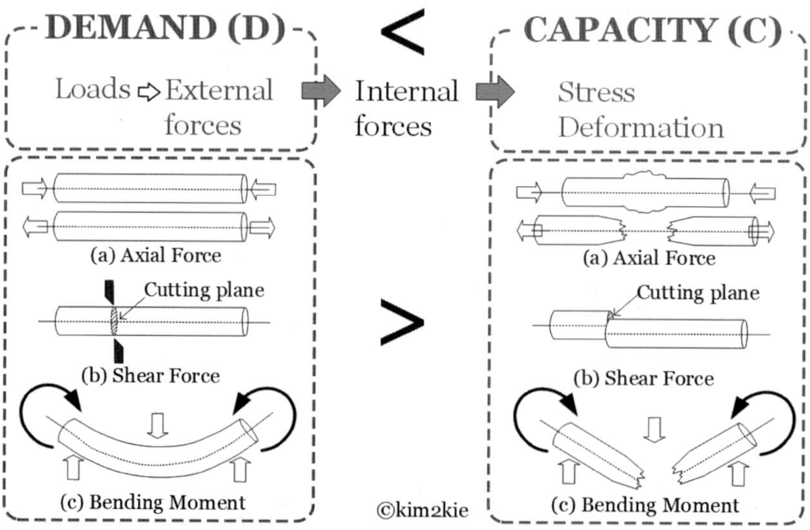

그림 6.8.1a D와 C의 개념

즉, 축방향 저항능력이 부족한 구조부재인 경우에 압축 또는 인장파괴가 발생하고, 전단능력이 부족한 경우에 전단파괴가 발생하며, 휨능력이 부족한 경우에 휨파괴가 발생한다. 여기서 파괴(failure)란 요구가 능력보다 큰 경우(즉, D > C인 경우)를 나타내며, 바라보는 관점에 따라 과대 변위, 과대 진동, 균열 발생 등이 될 수 있다. 이러한 파괴를 방지하기 위해 구조설계에서는 CDR(CD비, C/D, 전력분야에서 많이 사용)를 1보다 크게 해야 하거나 DCR(DC비, D/C, 건축물분야에서 많이 사용)를 1보다 작게 하여야 한다.

그림 6.8.1b 포항 지진(M_L 5.4, 2017)으로 인한 필로티 구조물 기둥의 전단파괴(사진: 정석재)

2) 좋은 구조물의 형상

좋은 구조물의 형상은 구조물의 안전성과 경제성 모두를 확보하여야 한다. 안전성 관점에서 좋은 구조물의 형상은 구조물로 입력된 외부 하중의 공격이 구조물 내부로 전달되어 지반 혹은 지지점으로 자연스럽게 흘러 내려가는 구조물을 말한다. 다음 그림은 구조물 내부로 전달된 하중(즉, 응력)이 흘러나가는 데 있어 부재의 구멍으로 인해 하중흐름(또는 응력흐름)의 병목현상(즉, 빨강색으로 표시된 응력집중)이 발생하는 것을 나타낸다. 그 부담이 구조부재가 허용할 수 있는 한계를 초과할 경우, 균열 등과 같은 파괴가 발생할 수 있다.

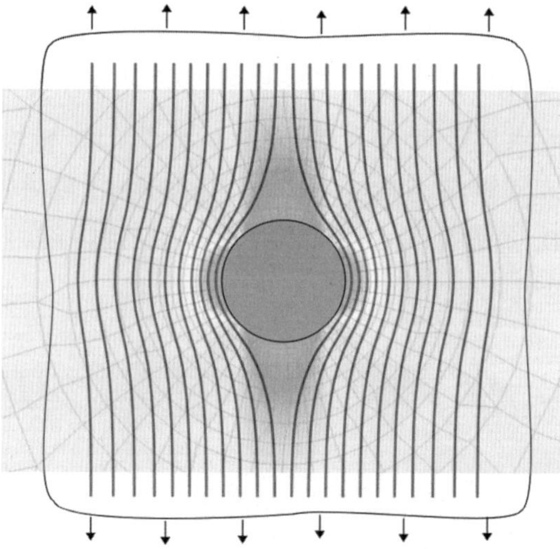

그림 6.8.1c 부재내부의 응력흐름과 구멍으로 인한 응력집중

구조물이 좋은 성능을 나타내기 위한 기본적으로 구조물이 갖춰야 할 사항을 열거하면 다음과 같다(FEMA P-749, 2010)

- 안정한 기초 (stable foundations)
- 방해 받지 않는 하중의 흐름 (continuous load path)
- 적절한 강성과 강도 (adequate stiffness and strength)
- 바른 형상 (정형성, regularity)
- 여유도 (여용력, redundancy)
- 연성과 인성 (ductility and toughness)
- 견고함 (ruggedness)

'강성(剛性, stiffness)'은 하중에 따라 발생하는 변형을 억제하는 구조물 또는 재료의 저항 능력이다. 응력-변형률선도에서 탄성영역의 기울기로 표시된다. 강성은 변위, 균열 및 진동과 같은 구조물의 사용성과 가장 관련이 있다. 일반적으로, 더 강성이 큰 구조물은 (변형이 작으므로) 더 좋은 편안함을 제공하므로 사용성 측면에서 더 바람직하다. 내진설계의 관점에서, 빈번한 작은 규모의 지진의 경우, 큰 강성은 구조물의 큰 변위와 불편함을 방지하고, 칸막이 벽(partition), 장비, 벽체패널(파사드, façade) 등과 비구조요소의 손상을 줄인다.

'강도(強度, strength)'는 구조물 또는 재료가 영구적인 변형(즉, 소성변형)을 겪지 않고 저항할 수 있는 정도의 최댓값이다. 응력-변형률선도에서 이것은 부재력 또는 응력의 최댓값으로 표시된다. 내진설계에서 드물게 발생하는 큰 규모의 지진의 경우, 구조물은 일반적으로 복구 가능한(즉, 제어 가능한) 손상상태(damage limit state)를 유지할 것으로 예상된다. 해석적 관점에서 볼 때, 구조물의 부재에 부재력이 설계강도를 초과하여 소성힌지가 형성될 수 있지만, 구조물이 붕괴되어서는 안된다. 지진 시 소성힌지가 더 많이 형성될수록 구조물에 더 많은 손상이 가해진다고 볼 수 있다. 강도가 큰 구조물은 소성힌지를 적게 생성되며, 구조물에서 소성힌지가 형성되기 위해서는 구조물과 재료가 충분한 연성을 갖고 있어야 한다.

'연성(延性, ductility ≠ 柔軟性)'은 재앙적인 충돌(예를 들어, 중량의 트럭, 선박, 비행기의 충돌), 매우 드문 규모가 큰 지진과 같은 재앙적인 사건에서 구조물에 복구할 수 없는 손상이 발생하는 것을 허용하지만, 구조물이 붕괴되지 않고 재해에 견딜 수 있도록 하는 (붕괴방지수준) 설계와 관련이 깊다. 붕괴되지 않은 구조물 안에 있는 사람들이 적시에 대피할 수 있어 생명을 구할 수 있다. 해석적 관점에서 연성은 구조물이 과대한 하중을 받으면 소성변형이 발생되고, 이 과정에서 구조물에 입사된 에너지를 흡수하고 소산한다. 이 작용을 '감쇠(減衰, damping)'라고 한다. 대표적인 예로 자동차가 강체벽에 충돌할 때, 자동차의 앞부분을 작은 강성과 큰 연성을 갖도록 설계되어 충격 에너지를 흡수하고, 운전자와 승객을 보호한다. 응력-변형률선도에서 연성은 항복 후 거동의 길이로 표시하며, 이 길이가 길수록 구조물의 연성은 크다.

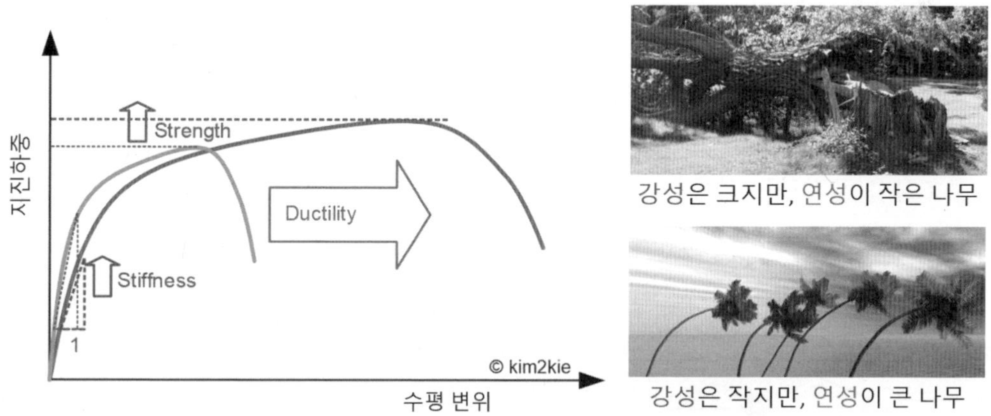

그림 6.8.1d 강성(stiffness), 강도(strength) 및 연성(ductility)의 구분

그림 6.8.1e 네팔 지진(M_w 7.8, 2015)으로 손상된 연성이 작은 조적건물(출처: Gita Dhoj Karki)

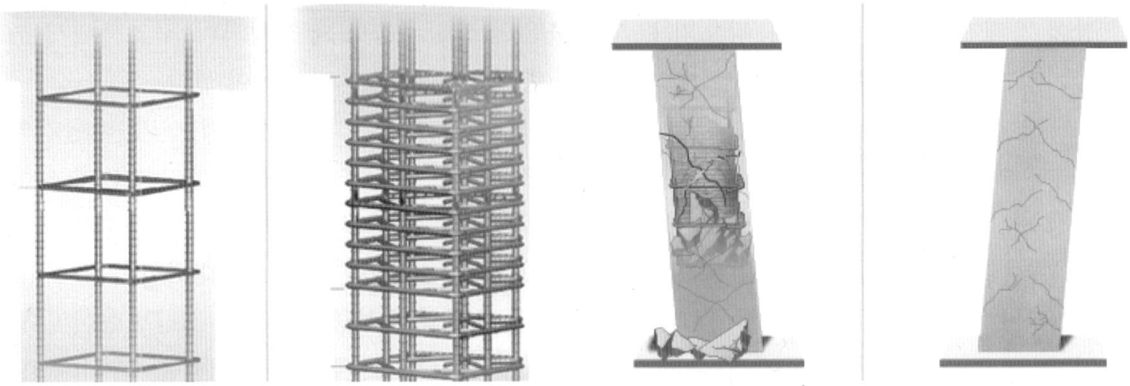

그림 6.8.1f 강성은 같지만, 연성이 다른 기둥[animation]
(출처: How concrete buildings fail in earthquakes, Los Angeles Times, 2013)

(2) D와 C

1) 외부하중의 공격: D

구조물을 공격하는 외부하중의 크기를 D(demand, 요구, 소요, 요구성능)라 한다. D에 속하는 외부하중으로는 중력, 바람, 지진, 눈, 운전 시 작동하중 등이 있다. 이러한 외부하중은 구조물 내부로 전달되어 구조물 내부에 응력(stress)을 발생시키고, 구조물의 형상을 변형시킨다.

구조물을 공격하는 하중을 구조물 설계에 사용할 경우 설계하중(design load)이라 한다.

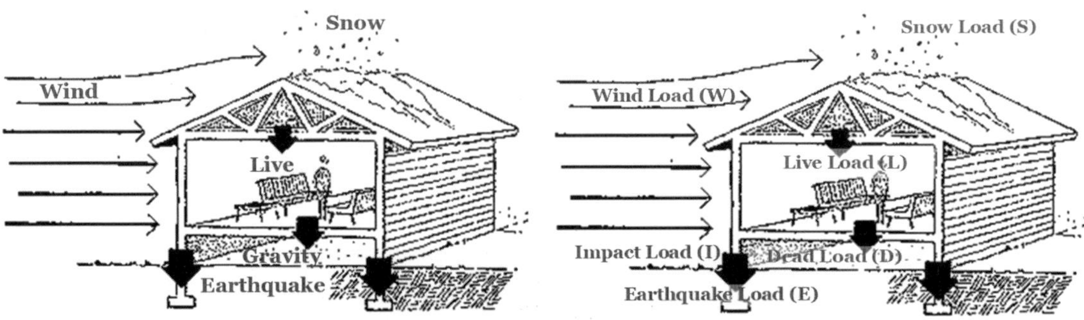

(a) 구조물을 공격하는 하중(D)　　(b) 구조물의 설계하중

그림 6.8.1g 구조물에 작용하는 하중

대표적인 설계하중을 예로 들면 다음 표와 같다. 이중 고정하중(dead load), 활하중(live load), 설하중(snow load)은 하중이 가해지는 동안 크기의 변동성이 작으므로 주로 (시간에 따라 변동하지 않는) 정적 하중으로 구조설계에 반영한다. 이에 반해, 풍하중(wind load), 지진하중(earthquake), 충격하중(impact load)은 하중이 가해지는 동안 크기의 변동성이 크므로 (시간에 따라 변동하는) 동적 하중으로 구조설계에 정밀하게 반영하여야 한다. 동적 하중으로 구조설계에 정밀하게 반영하기가 어려울 경우, 정적 하중을 동적증폭계수 등으로 증폭하여 동적 하중 효과를 근사적이며 보수적으로 고려할 수 있다.

표 6.8.1 구조물의 대표적인 설계하중과 특성

Type	Design	Magnitude	Time-Dependency	Uncertainty
Dead Load (D)	Preliminary or Basic	↑	Independent → Static	Certain
Live Load (L)				
Snow Load (S)				
Wind Load (W)	Wind-Resistant	↓	Dependent → Dynamic	Uncertain
Earthquake Load (E)	Earthquake-Resistant (= Seismic)			
Impact Load (I)	Vibration-Resistant			

풍하중, 지진하중, 충격하중은 늘 존재하는 고정하중, 활하중, 설하중과 달리 가끔 발생하는 이벤트성 하중(event load)이므로, 하중의 크기와 발생시기를 가늠하기 어려워 구조설계에 반영하기가 매우 어렵다. 따라서 정부와 같이 공공의 책임이 있는 기관에서 관련 설계기준(design standard; design code)을 제시하고 최소한의 하중의 크기를 제시한다.

태풍과 중대형지진 등의 하중 크기는 최근의 이론과 지금까지 축적된 자료를 근간으로 확률론적으로 정해지며, 이를 재현주기(return period; recurrence interval)로 나타낸다. 여기서 재현주기란 연발생확률(즉, 1년에 한 번이상 발생할 확률)의 역수를 나타낸다. 예를 들어, 1년에 한 번이상 발생할 확률이 2%(즉, 1/50)와 10%(즉, 1/10)인 경우에 재현주기는 각각 50년(즉, 1/0.02)와 10년(즉, 1/0.1)이라 한다.

큰 지진이 발생할 확률은 큰 바람이 불 확률보다 훨씬 작다. 따라서 지진의 재현주기는 바람의 재현주기보다 훨씬 길다. 다음 그림은 우리나라 정부에서 제시한 2,400년 재현주기를 갖는 지진의 크기를 지도로 나타낸 지진위험지도(행정안전부, 2013)이다. 만약 이 지도상의 특정 위치에서 크기가 18이라면, 이 지역에서 크기가 18을 초과하는 지진이 1년에 1번이상 발생할 확률은 1/2,400년(즉, ≈ 0.000417)라는 것을 의미한다. 다르게 설명하면 이 지역에서 크기가 18을 초과하는 지진은 확률적으로 2,400년에 한 번 발생한다.

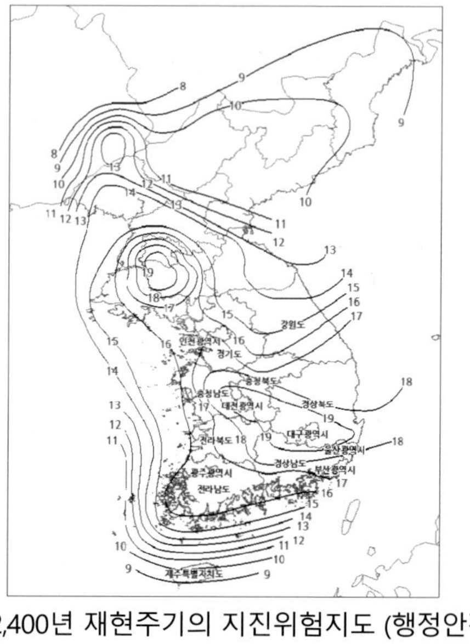

그림 6.8.1h 2,400년 재현주기의 지진위험지도 (행정안전부, 2013)

하중의 크기를 아무리 정확히 측정하고 예측한다고 할 지라도 실제 하중의 크기는 예측보다 클 수 있다. 이러한 하중 크기의 불확실성(uncertainty)을 설계에 반영하기 위해 설계기준에서는 하중계수(load factor)를 사용하여 실제 예측된 지진의 하중보다 크도록 하중을 증폭시켜 구조물의 설계에 반영한다.

$$계수하중(\text{Factored Load}) = 하중계수(\text{Load Factor}) \times 공칭하중(\text{Nominal Load})$$

하중의 크기를 비교적 정확하게 예측할 수 있는 경우(즉, 예측 불확실성이 작은 경우), 작은 하중계수를 사용하고, 이와 반대인 경우 큰 하중계수를 사용한다. 다음에 7가지 기본 하중조합에 사용되는 하중계수의 예를 들었다(ASCE 7, 2016).

1. 1.4D
2. 1.2D + 1.6L + 0.5(L_r or S or R)
3. 1.2D + 1.6(L_r or S or R) + (L or 0.5W)
4. 1.2D + 1.0W + L + 0.5(L_r or S or R)
5. 1.2D + 1.0E + L + 0.2S
6. 0.9D + 1.0W
7. 0.9D + 1.0E

여기서 불확실성이 작은 고정하중(D)의 경우 하중계수는 1.2인데 반해, 불확실성이 큰 활하중(L)의 경우 이 보다 큰 1.6을 사용하였다. 여기서 주목할 것은 지진하중의 경우 하중계수를 사용하지 않았다(즉, 하중계수는 1.0). 그 이유는 지진하중은 하중계수를 증가하여 사용하기 보다는 하중계수를 1.0으로 고정하고 재현주기를 증가시켜 하중의 크기를 증가시키기 때문이다. 예를 들어, 하중계수를 1.0에서 1.4로 증가시키는 대신에 재현주기를 500년에서 1,000년으로 증가시킨다. 참고로 우리나라 설계기준(KDS 17 10 00 내진설계 일반)에서 제시하는 재현주기 500년과 1,000년에 해당하는 지반운동의 위험도계수(I)는 각각 1.0과 1.4이다.

2) 구조물의 저항: C

하중의 공격을 방어하는 구조물의 능력 크기를 C(capacity, 능력, 역량, 성능)라 한다. 다음 실험 사진은 휨하중의 공격을 받는 보(Beam)의 저항을 나타낸다. 공격의 크기(D)가 구조물의 저항 한계(C)를 초과할 경우에 구조물에서는 휨균열이 발생한다.

그림 6.8.1i 보에 작용하는 하중의 공격(D)과 보의 저항(C)

구조물의 저항 능력(C)을 페인트 통이라는 구조물을 사용하여 개념적으로 설명할 수 있다. 2리터 용량의 페인트 통을 공장에서 설계하여 제작하였다. 즉, 페이트 통의 요구(D)는 2리터이다. 이 통에 2리터의 페인트를 부었을 때 페인트는 넘치지 않을 것이다. 일반적으로 공장에서는 페인트 통을 설계할 때 약간의 여유를 두어 설계하므로 실제 들어갈 수 있는 페인트의 양은 2리터이상일 것이다. 즉, 이 페이트 통의 능력(C)은 2리터이상이다. 만약 설계를 잘못하여 2리터의 페인트를 넣었을 경우, 페인트 통의 능력(역량)이 부족하여 넘칠 수 있을 것이다. 이 경우를 페이트 통의 파괴(failure) 라고 한다.

그림 6.8.1j 페인트 통을 사용한 D와 C의 개념

비록 페인트 통을 공장에서 2리터로 설계를 하였다 할지라도 제작시 각종 불확실성에 따라 이보다 작은 용량으로 제작이 될 수도 있다. 이 경우 2리터의 페인트를 붓는 경우, 페인트가 넘칠 수 있다. 즉, 파괴가 발생할 수 있다. 이러한 파괴를 구조설계에서 미연에 방지하기 위해, 제작된 페인트 통이 실제 담을 수 있는 페인트의 양이 2리터이지만 1보다 작은 저항계수(resistance factor) 또는 강도감소계수(strength reduction factor) 를 곱하여(예를 들어, 0.5), 페인트 통의 용량을 1리터(즉, 2 × 0.5)라고 명기하여, 페인트 통에 1리터의 페인트를 넣어 넘치지 않도록 한다.

설계강도(Design Strength) = 저항계수(Resistance Factor) × 공칭강도(Norminal Stre

그림 6.8.1k 같은 시대에 건축되었지만 지역에 따라 다르게 설계된 성벽

(3) 내진설계

내진설계(seismic design)란 큰 지진이 구조물에 공격해 들어왔을 때, 균열이 발생하지 않도록 설계하는 것이 아니다. 원자로 건물(RCB; reactor containment building)과 같은 경우에는 구조물의 균열에 의해 방사능이 유출될 수도 있으므로, 고비용이지만 균열이 발생하지 않도록 매우 안전하게 설계할 수도 있다. 말하자면, 경제성에 비해 안전성이 훨씬 더 중요하다. 그러나 대부분 구조물은 경제성을 고려하여 구조물에 균열이 발생할 수 있지만, 붕괴는 발생하지 않도록 하여 거주자의 인명안전을 보장하고 동시에 경제성을 확보하도록 구조설계한다.

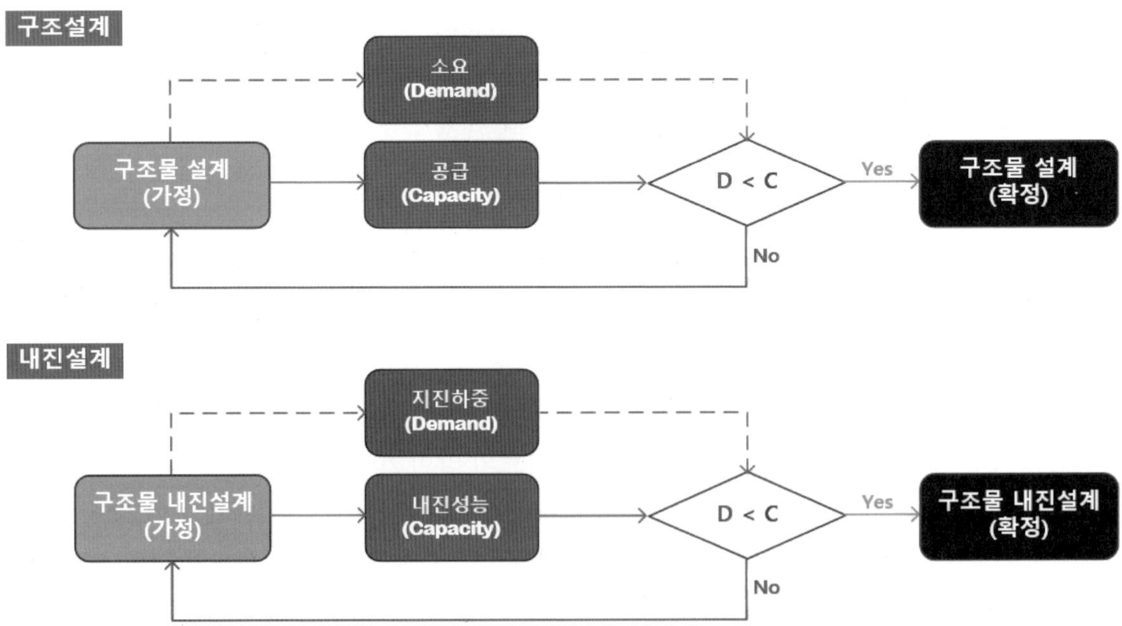

그림 6.8.1l 구조설계 절차와 내진설계 절차의 비교

6.8.2 내진성능목표

내진설계에 주요 고려사항은 과거 십 수년 동안 발전되어 왔다. 인명안전(LS; life safety)만을 주요 고려사항으로 설계하였던 과거의 내진설계와는 달리, 근래의 내진설계는 인명안전 외에도 즉시거주(IO; immediate occupancy), 붕괴방지(CP; collapse prevention) 등과 같이 다양한 고려사항을 설계에 반영하고 있다. 발전시설 등과 같이 구조물의 종류에 따라 인명안전(LS) 외에도 내부 기기의 장애가 발생하지 않도록 하는 기능성(functionality)도 중요한 고려사항이 될 수 있다. 이러한 주요 고려사항을 구조물의 한계상태(LS; limit state) 또는 성능한계(PL; performance limit) 라 한다.

일반적으로 건축물의 내진성능은 다음과 같은 4단계 분류를 따른다(FEMA-273, 1997).

[1단계] 기능수행(Operational Level, OP): 대상 지진 발생 후에도 이전과 동일하게 정상적으로 건물을 사용할 수 있다.

[2단계] 즉시거주(Immediate Occupancy Level, IO): 대상 지진 발생 후에도 건물에 계속 거주할 수 있으며, 정상적으로 사용하기 위해 경미한 보수가 필요할 수 있다.

[3단계] 인명안전(Life Safety Level, LS): 대상 지진에 의해 건물 및 설비에 상당한 손상이 발생하여 재사용을 위해서는 상당한 복구 비용이 소요된다.

[4단계] 붕괴방지(Collapse Prevention Level, CP): 대상 지진에 의해 건물이 붕괴되지는 않으나 여진 발생 시 붕괴 가능성이 크고 보수에 의한 건물의 재사용은 거의 불가능하다.

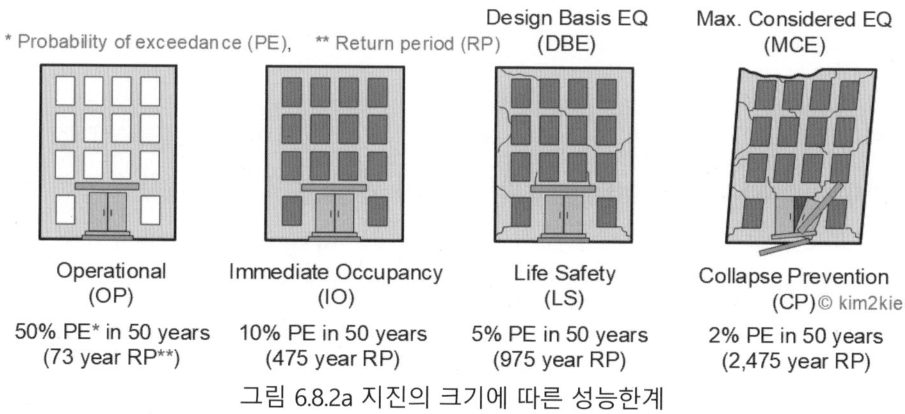

그림 6.8.2a 지진의 크기에 따른 성능한계

내진설계에는 지진의 발생빈도와 발생한 지진에 대한 구조물의 파괴확률의 개념이 들어가 있다. 유사한 확률의 예를 들면 "우리나라 국민이 평생 교통사고가 날 확률은 35.2%, 사망 확률은 1.02%로 나타났습니다(출처: YTN, 2010.02.09)."라는 기사가 있다. 이 경우를 내진설계와 굳이 비유한다면 교통사고가 날 확률을 지진이 발생할 확률에 해당하고 발생한 교통사고에 대해 사망할 확률이 구조물이 파괴될 확률에 해당한다고 볼 수 있다.

근래 구조물의 내진설계에서는 지진의 크기에 따라 다른 성능한계 또는 성능목표(PO; performance objective)를 사용한다. 예를 들어,

(1) 자주 발생할 수 있는 작은 규모의 지진에 대해서는 주요 부재가 전혀 손상을 입지 않아 지진 후 즉시거주(IO)할 수 있도록 하며,
(2) 가끔 발생하는 중간 규모의 지진에 대해서는 주요 부재가 큰 손상을 입지는 않아 지진후 손상을 복구하여 구조물을 사용할 수 있으며,
(3) 아주 가끔 발생할 수 있는 희귀하게 큰 규모의 지진에 대해서는 주요 부재가 큰 손상을 입어 복구하여 재사용을 할 수는 없지만, 구조물의 붕괴가 발생하지 않아 인명피해가 발생하지 않도록 설계하는 것이다.

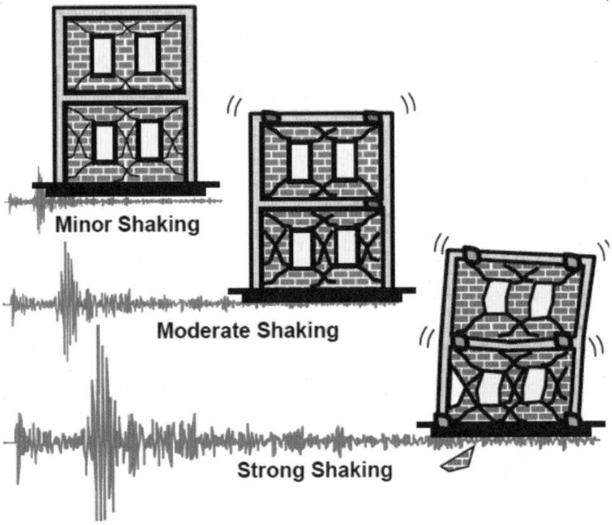

그림 6.8.2b 지진의 크기에 따른 구조물의 거동과 성능목표 (출처: www.nicee.org)

이와 같이 지진의 규모별로 구조물의 성능한계를 정하여, 구조물을 설계하는 것을 성능기반설계(performance based design)라 한다. 이에 반해 설계 세부요건(즉, 사양 또는 규정)을 세세하게 규정하는 과거의 내진설계기법을 '사양설계(prescriptive design; 규정중심설계; code prescriptive design)'라고 한다. 개념상으로 환자가 의사에게 진찰 후 받은 처방전(prescription; 사양)을 약사에게 갖다 주면, 약사는 처방전에 나와 있는 약을 그대로 제조하여 환자에게 제공한다. 약사의 환자에 관한 경험과 약의 선별과 제조에 관한 기술이 전혀 반영되지 않는다. 과거의 사양기반설계와는 달리 근래의 성능기반설계는 성능목표(즉, 각 지진의 크기에 따라 다중 성능한계)를 규정하고, 구조물이 성능목표(즉, 다중 성능한계)를 만족할 수 있도록 설계자가 각자의 기술과 취향을 반영하여 구조물을 설계하는 것이다. 즉, 의사(즉, 설계기준)는 병명(즉, 성능목표)을 진단하고, 이에 대한 세세한 조치는 약사(즉, 설계자)가 경험과 기술에 따라 약을 제조하는(즉, 설계를 하는) 것이다.

Prescriptive Design (사양설계) : Force-Based Design (하중기반설계) : Linear Elastic Design (선형탄성설계)

⇩

Performance Based Design (성능기반설계) : Displacement-Based Design (변위기반설계) : Nonlinear Inelastic Design (비선형비탄성설계)

그림 6.8.2c 사양설계(규정중심설계)와 성능기반설계*

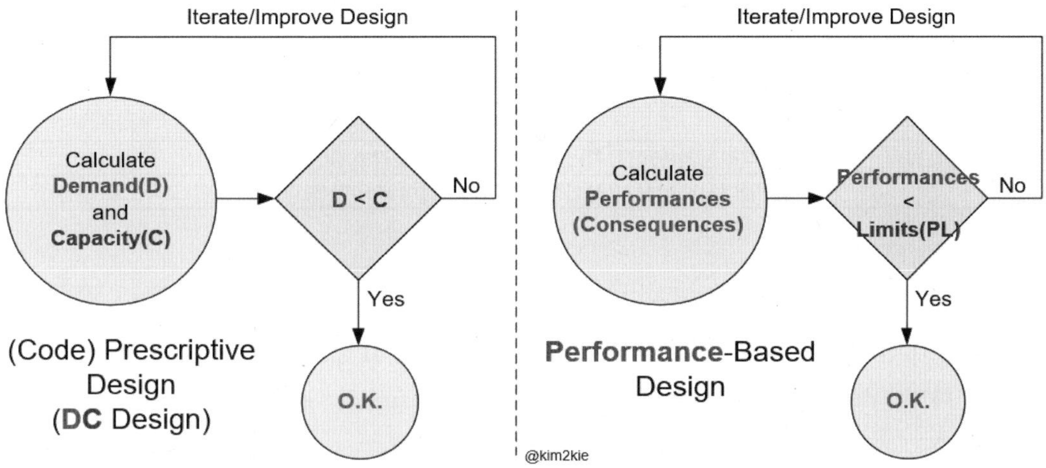

그림 6.8.2c 사양설계와 성능기반설계

한국지진공학회와 한국건설기술연구원에서 연구하고 건설교통부에서 1997년 12월에 편찬한 "내진설계기준연구(II)"를 근간으로 설명하였으며, 2017년 7월부터 시행된 "내진설계기준 공통적용사항(이하 공통적용사항)"에서 변경된 사항도 함께 정리하였다.

참고로 내진성능(교각, 받침장치, 받침지지길이 등)이 부족한 교량에 대한 대표적인 보강방안을 정리하면 다음과 같다.

---

* 건축구조기준(KBC; 국토부, 2016)

• 0104.2 구조설계법
구조설계는 강도설계법, 한계상태설계법, 허용응력설계법, 허용강도설계법에 따르거나 국토교통부장관이 이와 동등 이상의 성능을 확보할 수 있다고 인정하는 구조설계법(성능설계법 등)에 따른다.

• 0102 용어의 정의: 성능설계법
이 기준에서 규정한 목표성능을 만족하면서 건축구조물을 건축주가 선택한 성능지표(안전성능, 사용성능, 내구성능 및 친환경성능 등)에 만족하도록 설계하는 방법

그림 6.8.2 교량의 내진성능 보강방안 예

구분	보강방안	보강효과
일반적인 방안	1) 받침장치의 교체	받침 저항력 증대 및 지진력 분산 도모
	2) 낙교방지 보강	교량 상부의 탈락 및 낙교 방지 – 받침지지길이 확대(브라켓 설치) – 상부구조 케이블 구속장치 사용 – 이동제한장치(전단키) 사용
	3) 교각단면의 확대 및 보강	교각의 강도 및 변형 능력 증대 – 섬유피복 보강 – 강판보강 – 콘크리트 단면확대 보강
	4) 기초 보강 및 지반 보강	기초단면확대 지반보강
	5) 다점고정방안	다점고정 LUD(Lock up device) 설치
지진력감소방안	6) 지진격리장치(면진장치)	지진력 감쇠 및 지진력 분산
	7) 지진에너지소산장치(감쇠장치)	지진력에 의한 충격을 가동단 교각으로 분산

• 내진등급

구조물의 내진등급은 중요도에 따라서 3가지 등급(내진 II등급, 내진 I등급, 내진 특등급)으로 분류하며, 구조물별 구체적인 분류기준은 해당 구조물의 내진설계 성능기준에서 규정한다.

• 내진성능수준

구조물은 기능수행수준과 붕괴방지수준의 두 가지 내진성능수준을 만족하도록 설계되어야 한다. 기능수행수준 이란 설계지진 작용시 구조물이나 구조물에 발생한 변형이나 손상은 그 구조물이나 구조물의 기능을 차질 없이 수행할 수 있는 범위 내로 제한되는 성능수준을 의미한다. 붕괴방지수준 이란 설계지진 작용시 구조물이나 구조물에 상당한 변형이나 손상이 발생할 수는 있지만, 그 수준과 범위는 구조물이나 구조물이 붕괴되거나 또는 구조물이나 구조물의 손상으로 인하여 대규모 피해가 초래되는 것을 방지될 수 있는 성능수준을 의미한다. 각 성능수준의 구체적인 정의는 해당 구조물의 내진설계 성능기준에서 규정한다.

공통적용사항(2017)에서는 기존의 2단계(기능수행수준, 붕괴방지수준)에서 다음과 같이 4단계(기능수행, 즉시복구, 장기복구/인명보호, 붕괴방지)로 세분화하였다.

[1단계] 기능수행수준

지진발생시 손상이 경미하여, 시설물의 기능이 유지될 수 있는 성능수준

[2단계] 즉시복구수준

지진발생시 손상이 크지 않아, 단기간 내에 즉시복구되어 회복될 수 있는 수준

[3단계] 장기복구/인명보호수준

설계지진하중 작용 시 구조물이나 시설물에 큰 손상이 발생할 수 있지만 장기간의 복구를

통하여 기능 회복이 가능하거나, 시설물에 상주하는 인원 또는 시설물을 이용하는 인원에 인명손실이 발생하지 않는 성능수준이다.

[4단계] 붕괴방지수준

지진발생시 큰 손상이 발생할 수는 있으나, 붕괴 피해는 방지하고 인명피해를 최소화하는 성능수준

6.8.3 설계지반운동

• 설계지반운동 수준, 내진성능목표, 위험도 계수(I)

설계지반운동의 수준은 평균재현주기(mean return period)를 사용하여 분류하고, 등급별 구조물은 규정된 평균재현주기를 갖는 설계지반운동에 대하여 기능수행수준, 즉시복구수준, 장기복구/인명보호수준, 붕괴방지수준을 만족할 수 있도록 설계되어야 한다. 또한 평균재현주기별 최대유효지반가속도의 비를 의미하는 위험도 계수(I)는 평균재현주기 500년 지진의 가속도를 근간으로 작성된다.

표 6.8.3a 내진성능목표와 설계지반운동 수준(출처: KDS 17 10 00 내진설계 일반, 2024)

내진성능수준[(1)]				설계지반운동 수준[(2)]		위험도 계수(I)[(3)]	지진구역 계수(Z) I(II)구역[(4)]
기능수행	즉시복구	장기복구/인명보호	붕괴방지	재현주기(년)	초과발생확률/기간		
II 등급				50	10% / 5년	0.40	
I 등급	II 등급			100	10% / 10년	0.57	
특등급	I 등급	II 등급		200	10% / 20년	0.73	
	특등급	I 등급	II 등급	500	10% / 50년	1	0.11(0.07)
		특등급	I 등급	1,000	10% / 100년	1.4	0.154(0.098)
			특등급	2,400	10% / 250년	2.0	0.22(0.14)
			특등급	4,800	10% / 500년	2.6	

(1) 표 4.1-1 최소 내진성능목표
(2) 4.1.3 설계지반운동 수준
(3) 표 4.2-3 위험도계수
(4) 표 4.2-2 지진구역계수(평균재현주기 500년에 해당)

• 설계지반운동을 정의할 경우 고려 사항

지진발생시 구조물의 거동에 영향을 미치는 지반 거동의 주요 요소는 다음 그림과 같이 지진의 강도, 진동수 특성, 그리고 지속시간 등이다. 관측점에서 이러한 지진의 특징은 단층의 발생 메커니즘, 지진파의 진행경로, 국부적인 지반상태 등에 따라 달라진다.

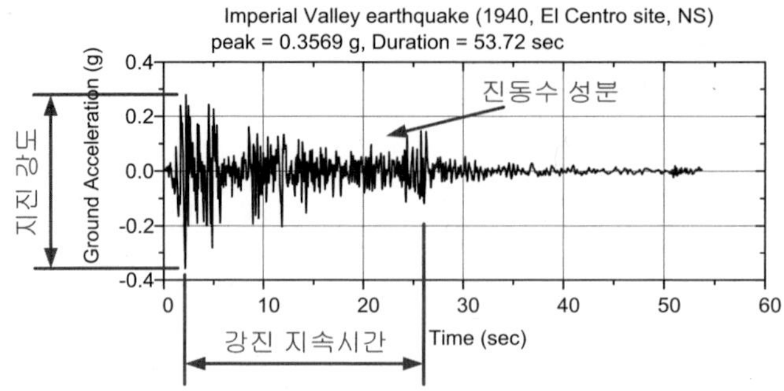

그림 6.8.2a 구조물에 영향을 미치는 지반진동의 주요 요소

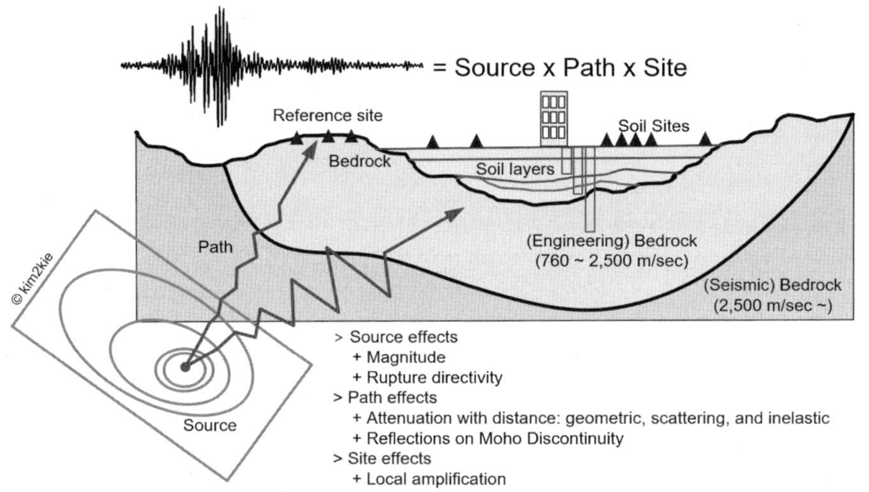

그림 6.8.3b 진원, 경로, 지반이 지반운동에 미치는 영향

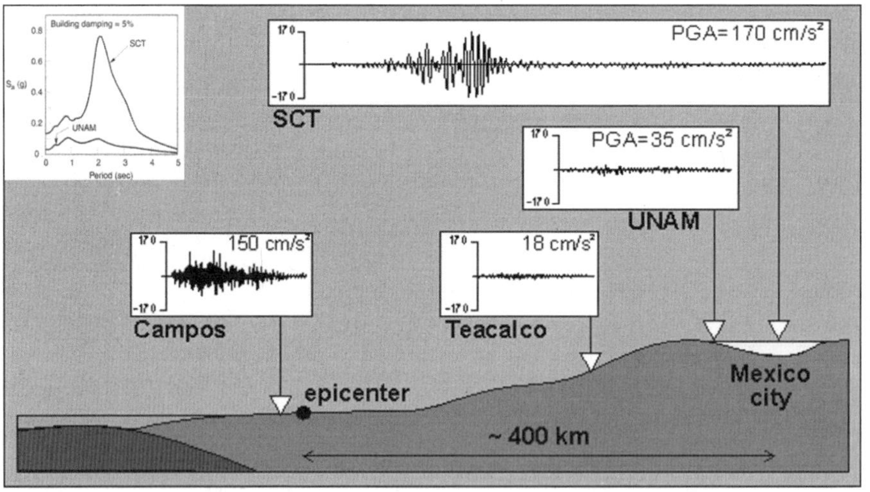

그림 6.8.3c 1985년 멕시코지진 시 멕시코시티 부지응답 증폭효과 (출처: 위키피디아)

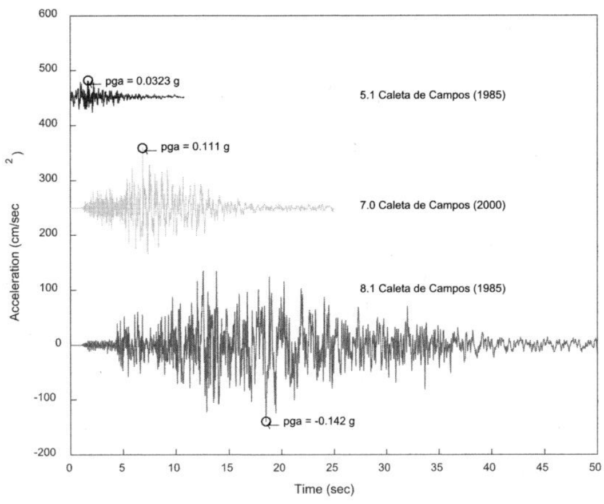

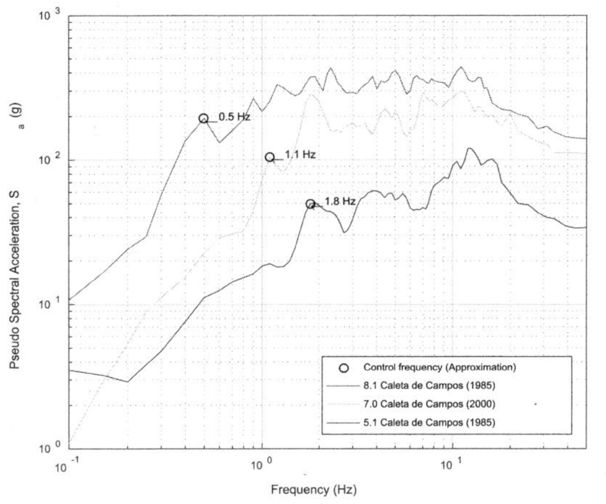

(a) 규모가 클수록 세기와 지속시간의 증가 (b) 규모가 클수록 진폭과 저진동수성분의 증가

그림 6.8.3d 지진규모가 설계지반운동에 미치는 영향

내진설계기준연구(II)에서는 이러한 지반운동의 특징을 반영하여 설계지반운동을 정의하기 위해 다음 고려 사항을 언급하였다.

(1) 설계지반운동은 부지 정지작업이 완료된 지표면에서의 자유장 운동으로 정의
(2) 국지 조건인 토질조건, 지질조건과 지표 및 지하 지형이 지반운동에 미치는 영향을 고려
(3) 기본적인 지진재해도는 보통암 지반을 기준으로 평가
(4) 설계지반운동은 진폭, 진동수 성분 및 지속시간의 세 가지 측면에서 특성을 제대로 정의
(5) 설계지반운동은 수평 2축 방향과, 수직방향 성분
(6) 설계지반운동의 수평 2축 방향 성분은 세기와 특성이 동일하다는 가정이 가능
(7) 설계지반운동의 수직 방향 성분의 세기는 수평 방향 성분의 3분의 2로 가정할 수 있고, 진동수 내용과 지속시간은 수평방향 성분과 동일하다는 가정이 가능

공통적용사항(2017)에서는 수직방향 가속도의 세기(V)는 수평방향 가속도의 세기(H)의 0.77로 가정할 수 있도록 하였다. 즉, V/H비는 0.77이다.

• 지진구역계수(Z)

표 6.8.3b 지진구역계수(Z) (공통적용사항 2017)

지진구역	행정구역	구역계수, Z(g값)
I	지진구역 II를 제외한 남한 지역	0.11
II	강원도 북부, 제주도	0.07

여기서 구역계수(Z)는 평균재현주기 500년 지진지반운동에 해당한다. 참고로 '전라남도 남서부'는 내진설계기준연구(II)에서 지진구역 II 이었으나, 공통적용사항(2017)에서는 지진구역 I로 변경되었다.

- 유효지반가속도(S)*

(1) "유효지반가속도(S)"란 지진하중을 산정하기 위하여 국가지진위험지도나 행정구역을 기준으로 제시된 암반지반의 지반운동수준을 말한다.

(2) 유효지반가속도(S)는 국가지진위험지도를 우선하여 결정하고, 행정구역에 따라 결정할 수 있다.

(3) 행정구역에 의한 방법으로 재현주기에 따른 유효지반가속도(S)는 지진구역계수(Z)에 각 재현주기의 위험도계수(I)를 곱하여 결정한다.

$$S = Z \times I$$

(4) 재현주기 500년에 대한 지진구역 및 지진구역계수(Z)와 위험도계수(I)는 앞서 표로 언급한 바와 같다.

(5) 국가지진위험지도를 이용하여 결정한 유효지반가속도(S)는 행정구역에 의한 방법으로 결정된 유효지반가속도(S) 값의 80%보다 작지 않아야 한다.

- 설계지반운동의 특성 표현 (내진설계기준연구(II) 1997)

(1) 설계지반운동의 특성은 기본적으로 응답스펙트럼으로 표현한다.

(2) 5% 감쇠비에 대한 표준설계응답스펙트럼은 다음과 같다. 여기서 C_a와 C_v는 지반종류와 지진구역별로 각각 다르다.

(3) 필요시 구조물의 구조 특성과 설계법을 고려하여 작성된 설계응답스펙트럼으로 표준설계응답스펙트럼을 대신할 수 있다. 이때 설계응답스펙트럼은 표준설계응답스펙트럼보다 안전측이어야 하나, 대안으로 제시된 설계응답스펙트럼이 표준설계응답스펙트럼보다도 더 우수하고 합리적임을 입증할 수 있다면, 표준설계응답스펙트럼보다도 비안전측인 설계응답스펙트럼도 사용될 수 있다.

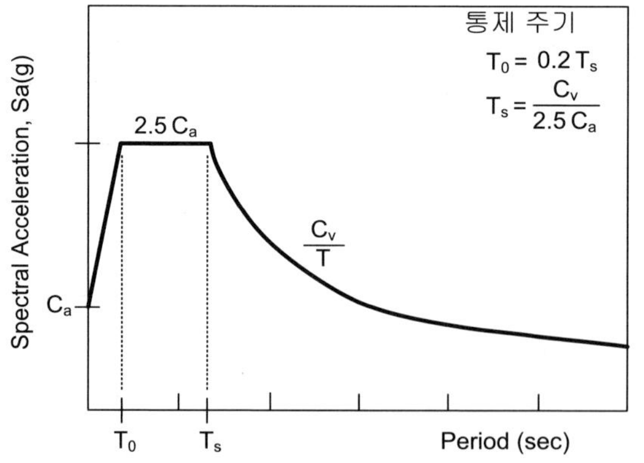

그림 6.8.3e 표준 설계응답스펙트럼

* [link] 구조시스템연구실 홈페이지 S/W인 'KS_MAP'을 다운로드하여 각 지역의 최대지반가속도를 구할 수 있다.

표 6.8.3c 지진계수 (C_a, C_v)

지반 종류	지진구역 I		지진구역 II	
	C_a	C_v	C_a	C_v
S_A	0.09	0.09	0.05	0.05
S_B	0.11	0.11	0.07	0.07
S_C	0.13	0.18	0.08	0.11
S_D	0.16	0.23	0.11	0.16
S_F	0.22	0.37	0.17	0.23

• 설계지반운동의 특성 표현 (공통적용사항 2017)*

설계지반운동의 특성은 기본적으로 응답스펙트럼으로 표현한다.

(1) 수평가속도 표준설계스펙트럼은 다음과 같다.

1) 0.01초에서 1.0g로 정규화된 5% 감쇠비에 대한 수평가속도 표준설계스펙트럼은 다음 그림과 같다.

2) 스펙트럼의 형상을 결정하는 전이주기는 다음 표와 같다.

	α_A	전이주기 (sec)		
		T_0	T_S	T_L
수평	2.8	0.06	0.3	3

3) 감쇠비에 대한 스펙트럼 형상은 다음에 제시한 감쇠보정계수 C_D를 표준설계스펙트럼에 곱해서 구할 수 있다. 단, 이 식들에서 ξ는 %단위이고, 이 식들은 $\xi = 0.5\%$에서 $\xi = 50\%$까지 범위에서 유효하다.

a) $T = 0.01$초, 모든 감쇠비에 대해서 $C_D = 1.0$

b) $0.01 \le T \le T_0, T = 0.01$초에서 $C_D = 1.0, T = T_0$에서 $C_D = \left(\frac{5.5}{0.5+\xi}\right)^{0.43}$

c) $T_0 \le T \le T_S, C_D = \left(\frac{5.5}{0.5+\xi}\right)^{0.43}$

d) $T_S \le T, C_D = \left(\frac{8.45}{3.45+\xi}\right)^{0.56}$

* [link] 저자의 홈페이지 S/W인 'Spectra_M'을 다운로드하여 각 기준별 설계응답스펙트럼을 비교할 수 있다.

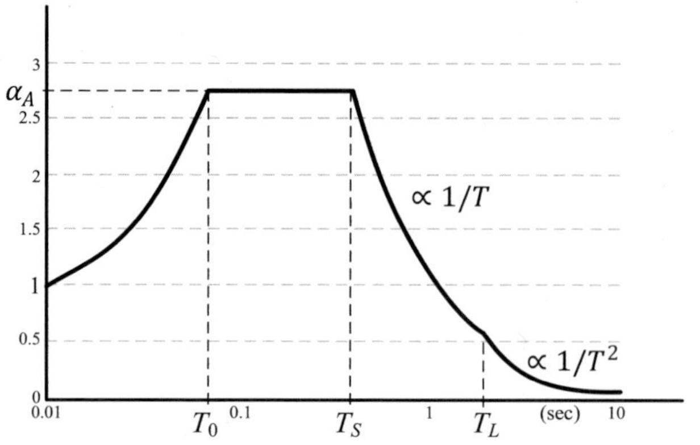

그림 6.8.3f 수평가속도 표준설계응답스펙트럼

(2) 수직가속도 표준설계스펙트럼은 다음과 같다.

1) 최대 수평가속도에 대한 최대 수직가속도의 비는 0.77이다. 여기서 최대 수평가속도는 $T = 0.01$초에서 수평스펙트럼 가속도이고, 최대 수직가속도는 $T = 0.01$초에서 수직스펙트럼가속도로 정의된다. 최대 유효 수평지반가속도에 대한 최대 유효 수직지반속도의 비를 0.77로 하여도 된다.

2) 0.01초에서 1.0g로 정규화된 5% 감쇠비에 대한 수직가속도 표준설계스펙트럼은 앞서 언급한 수평가속도 표준설계스펙트럼과 같다.

3) 스펙트럼의 형상을 결정하는 전이주기는 앞서 언급한 수평가속도 표준설계스펙트럼의 전이주기와 같다.

4) 감쇠비에 대한 수직가속도 스펙트럼 형상은 다음에 제시한 감쇠보정계수 C_D를 수직가속도 표준설계스펙트럼에 곱해서 구할 수 있다. 이 때 이 감쇠보정계수는 앞서 언급한 수평가속도 표준설계스펙트럼의 값과 같다. 단, 이 식들에서 ξ는 %단위이고, 이 식들은 $\xi = 0.5\%$에서 $\xi = 50\%$까지 범위에서 유효하다.

(3) 표준설계스펙트럼에 대응하는 비탄성스펙트럼의 기준에 대해서도 언급하였다. 비탄성스펙트럼의 형상은 설계변위연성도(μ)와 감쇠비(ξ)의 함수로 정의되며, 자세한 내용은 내진설계기준 공통적용사항을 참고할 수 있다.

(4) 암반지반의 설계스펙트럼 가속도(S_a) 결정

1) 암반지반에 해당하는 S_1 지반의 설계스펙트럼 가속도(S_a)는 유효지반가속도(S)에 따라 다음 그림과 같이결정한다.

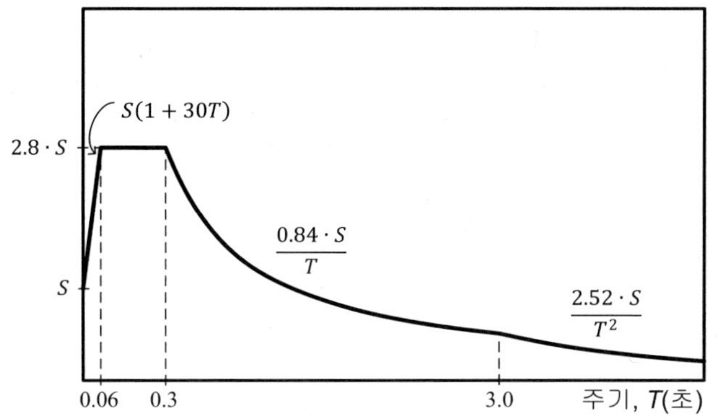

그림 6.8.3g 암반지반의 설계스펙트럼 가속도(S_a) 결정

(5) 토사지반의 설계스펙트럼 가속도(S_a) 결정

1) 토사지반인 S_2, S_3, S_4, S_5 지반의 설계스펙트럼 가속도(S_a)는 기반암의 스펙트럼 가속도와 지표면의 스펙트럼 가속도의 증폭비율을 의미하는 "지반증폭계수(F_a, F_v)"로부터 구할 수 있다.

2) 유효지반가속도(S)에 따라 단주기 지반증폭계수(F_a)와 장주기 지반증폭계수(F_v)는 다음 표를 이용하여 결정한다. 유효지반가속도(S)의 값이 중간 값에 해당할 경우 직선보간하여 결정한다.

표 6.8.3d 지반증폭계수 (F_a, F_v)

지반 종류	단주기 증폭계수, F_a			장주기 증폭계수, F_v		
	$S \le 0.1$	$S = 0.2$	$S = 0.3$	$S \le 0.1$	$S = 0.2$	$S = 0.3$
$S2$	1.4	1.4	1.3	1.5	1.4	1.3
$S3$	1.7	1.5	1.3	1.7	1.6	1.5
$S4$	1.6	1.4	1.2	2.2	2.0	1.8
$S5$	1.8	1.3	1.3	3.0	2.7	2.4

3) 토사지반의 설계스펙트럼 가속도(S_a)는 유효지반가속도(S)에 따라 다음 그림과 같이 결정한다.

4) 다음 그림에 주어진 설계스펙트럼보다 우수하고 합리적임을 입증한다면, 부지고유의 지반응답해석을 이용하여 결정된 설계스펙트럼이 사용될 수 있다.

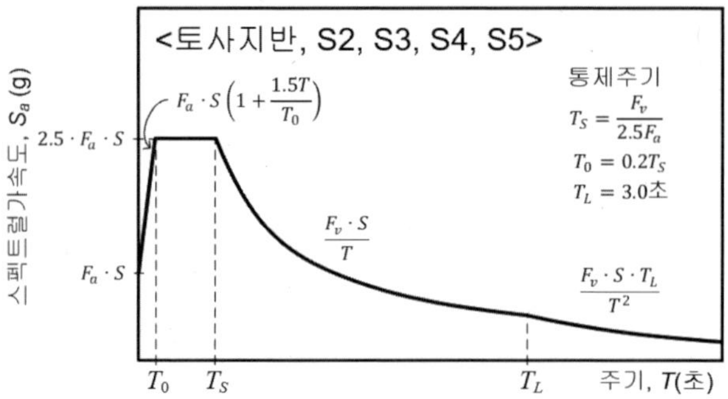

그림 6.8.3h 토사지반의 설계스펙트럼 가속도(S_a) 결정

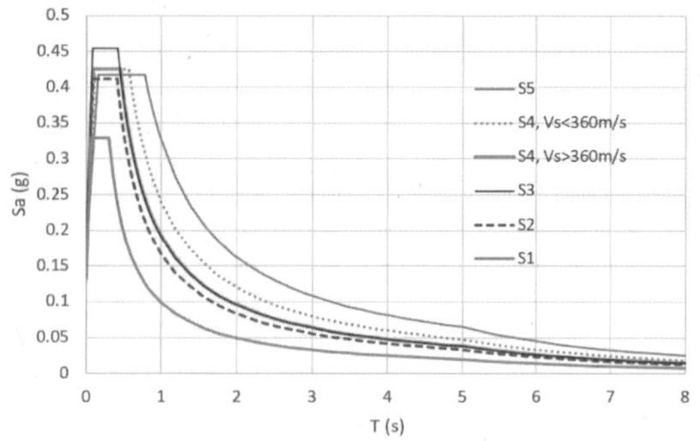

그림 6.8.3j 지반 종류에 따른 가속도 설계스펙트럼 (PGA = 0.176g)

(4) 파워스펙트럼

표준설계스펙트럼에 대응하는 파워스펙트럼 기준은 다음과 같다.

1) 수평·수직 지반가속도의 목표 한쪽 파워스펙트럼은 수정 Kanai-Tajimi 모델에 의해서 다음과 같이 정의된다. (이 파워스펙트럼은 $S1$ 지반에 해당한다.)

$$S_g^{1-sided}(\omega) = S_o^{1-sided}(\omega)\frac{1+4\xi_g^2\left(\frac{\omega}{\omega_g}\right)^2}{\left[1-\left(\frac{\omega}{\omega_g}\right)^2\right]^2+4\xi_g^2\left(\frac{\omega}{\omega_g}\right)^2} \times \frac{\left(\frac{\omega}{\omega_{cp}}\right)^4}{\left[1-\left(\frac{\omega}{\omega_{cp}}\right)^2\right]^2+4\xi_{cp}^2\left(\frac{\omega}{\omega_{cp}}\right)^2}$$

2) 파워스펙트럼의 형상을 결정하는 수정 Kanai-Tajimi 모델 파라미터와 모델은 다음과 같이 주어진다.

구분	S_o	ω_g	ξ_g	ω_{cp}	ξ_{cp}
Modified K-T	0.35	25.02	1.00	5.63	0.64

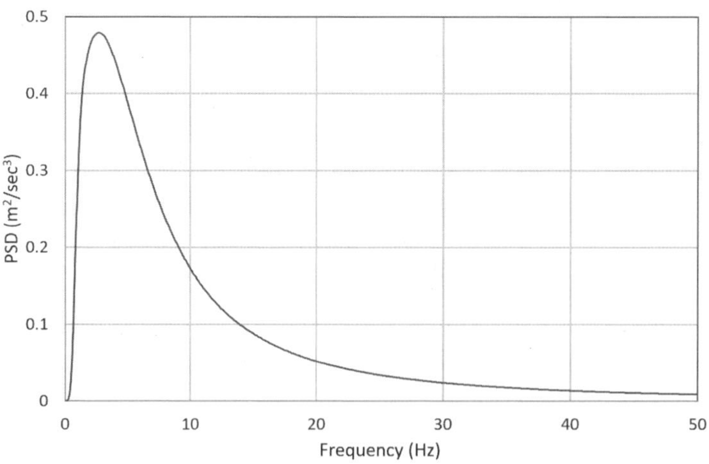

그림 6.8.3i PSD 함수 기준 (수평·수직 지반운동 공용) (RMS 가속도 0.5g)

(5) 가속도 시간이력

1) 지반운동은 지반가속도, 지반속도 및 지반변위로 표현할 수 있다.

2) 공간적 모델이 필요할 때 지반운동은 동시에 작용하는 3개의 가속도 성분으로 구성되어야 한다.

3) 부지에서 계측된 시간이력을 사용하는 것이 원칙이나, 필요시 대상 부지에서 기대되는 시간이력과 유사하다고 판단되는 다른 지역에서 계측된 가속도 시간이력 또는 후술할 인공가속도 시간이력을 사용할 수 있다.

(6) 인공 가속도 시간이력

1) 인공가속도 시간이력은 응답스펙트럼과 잘 부합되도록 생성되어야 하며, 구체적인 요구조건은 기술기준에서 규정한다.

2) 지반운동의 장주기 성분이 구조물의 거동에 미치는 영향이 중요하다고 판단될 경우에는 지진원의 발진기구 특성과 국지적인 영향을 고려하여 시간이력을 생성하여야 한다.

3) 인공가속도의 지속시간은 지진의 규모와 발진기구특성 전파경로 및 부지의 국지적인 조건이 미치는 영향을 고려하여 합리적으로 결정되어야 한다.

4) 가속도 시간이력의 조각적 선형 포락함수의 형상은 다음 그림과 같고 그 파라미터는 다음과 같다.

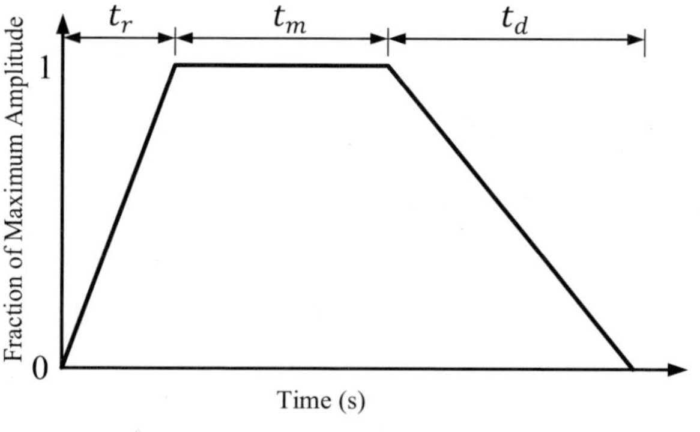

그림 6.8.3j 조각적 선형 포락함수 (ASCE 4-98)

Magnitude	Rise Time (t_r)	Duration of Strong Motion (t_m)	Decay Time (t_d)
7.0 – 7.5	2	12.5	13.5
6.5 – 7.0	1.5	9	10.5
6.0 – 6.5	1	7	9
5.5 – 6.0	1	5.5	8.0
5.0 – 5.5	1	5	7.5

4) 표준설계스펙트럼에 대응하는 가속도시간이력 작성 기준 (공통적용사항 2017, 붙임 2)

a) 합성가속도시간이력의 포락함수에 대한 최소 요구조건은 다음과 같다.

b) 시간이력의 절단(cut off) 진동수는 최소 50Hz 이상이어야 한다.

c) 규모에 대한 정보가 없을 때는 규모 6.5 – 7.0 영역의 포락함수를 사용한다. 강진동 지속구간의 한쪽 PSD는 다음과 같이 구할 수 있다.

$$S(f) = \frac{2|F(f)|^2}{2\pi t_m}$$

여기서 $F(f)$는 강진동 지속구간의 푸리에 변환이다.

d) 만약 실제 지진기록에서 PSD를 구할 경우에는 t_m은 가속도시간이력의 '누적에너지(accumulated energy)'가 5%에서 75%에 도달하는 구간으로 정의된다(Arias 진도). 누적에너지는 다음과 같이 정의된다.

$$E(t) = \int_0^t a^2(\tau)d\tau$$

여기서 $a(\tau)$는 지반가속도 시간이력이다.

e) 다수의 합성가속도시간이력으로부터 계산된 5% 응답스펙트럼의 평균은 전체 주기영역에서 설계 응답스펙의 10%보다 작아서는 안 된다.

f) 다수의 합성가속도시간이력으로부터 계산된 5% 응답스펙트럼의 평균은 0.04초와 10초 주기 영역에서 설계응답스펙트럼의 30%를 초과해서는 안 된다.

g) 어떤 두 개의 가속도 시간이력 간의 상관계수는 0.16을 초과할 수 없다.

h) RMS 지반가속도가 0.5g가 아닌 경우에는 목표 PSD를 RMS 지반가속도의 제곱으로 눈금을 바꾸어야 한다.

(7) 지반운동의 공간적 변화 특성 고려 방법

모든 점에서의 똑같이 가진하는 것이 합리적일 수 없는 특징을 갖는 구조물에 대해서는 지반운동의 공간적 변화모델을 사용해야 하며, 구체적인 내용은 기술기준에서 규정한다.

장대교량 등과 같이 중요 구조물의 지점들이 공간적으로 서로 멀리 떨어져 있을 경우에 각 교각별 지반운동의 공간적 변화는 다음을 포함한다.

1) 상관도 불일치 효과(incoherence effect): 지진파 산란(scattering)으로 인한 지반운동의 공간적 변화

2) 파동전파효과(wave passage effect): 지진파의 도달시점의 차이로 인한 시간지연효과(time lag effects)

3) 지반응답효과(site response effect): 다른 지반조건에 따른 다른 지반운동

상관도 불일치효과는 저진동수대역보다는 고진동수대역에 영향이 크므로 장대교량 등 저진동수 구조물에 미치는 영향은 파동전달효과 및 지반응답효과에 비해 상대적으로 작다. 다음에 상관도함수(coherence function, $\gamma_{ij}(f)$)를 예시하였다. 고진동수 대역으로 갈수록 진동수성분의 상관성은 작아짐을 알 수 있다.

$$\gamma_{ij}(f) = \frac{G_{ij}(f)}{\sqrt{G_{ii}(f)\cdot G_{jj}(f)}} \rightarrow \therefore G_{ij}(f) = \gamma_{ij}(f)\sqrt{G_{ii}(f)\cdot G_{jj}(f)}$$

Ambrahamson(1993)은 상관도 불일치효과와 파동전파효과를 함께 고려할 수 있는 식을 제안하였다.

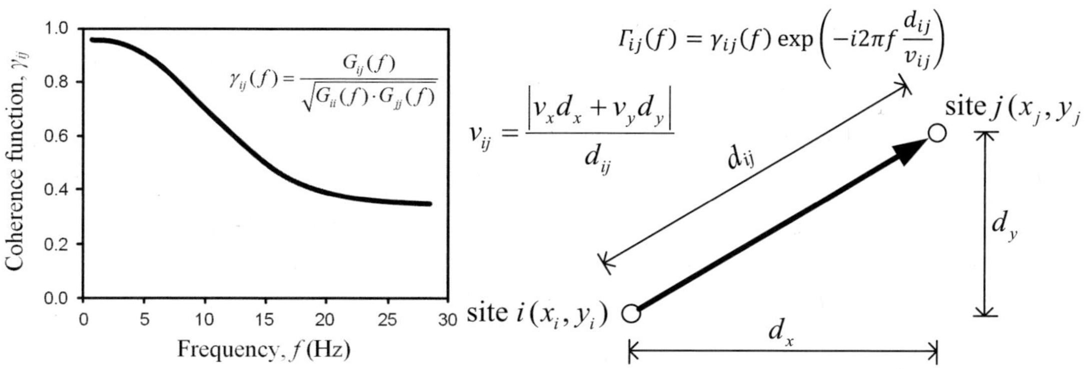

(a) 상관도 함수의 형상 (b) 파동전파효과를 고려한 상관도 함수(Ambrahamson, 199:

그림 6.8.3k 상관도 함수

6.8.4 지반의 분류

국지적인 토질조건, 지질조건과 지표 및 지하 지형이 지반운동에 미치는 영향이 고려하기 위하여 원칙적으로 지반을 다음 표와 같이 6 종류로 분류한다. 여기서 지반종류 S_F는 부지의 특성 조사가 요구되는 지반으로 다음 경우에 속하는 지반이다.

(가) 액상화가 일어날 수 있는 흙, Quick Clay와 매우 민감한 점토, 붕괴될 정도로 결합력이 약한 붕괴성 흙과 같이 지진하중 작용시 잠재적인 파괴나 붕괴에 취약한 지반

(나) 이탄 또는 유기성이 매우 높은 점토지반 [지층의 두께, $H > 3.048\ m$]

(다) 매우 높은 소성을 갖은 점토지반 [$H > 7.620\ m$ 이고 $PI > 75$]

(라) 층이 매우 두꺼우며 연약하거나 중간 정도로 단단한 점토 [$H > 36.580\ m$]

일반적으로 다층지반에 설계 기준에 사용한 지반의 분류를 적용하기 위해, 상부 토층 30 m의 평균 전단파 속도($\bar{v}_S$)를 다음과 같이 구한다.

$$\frac{d_1+d_2+\cdots}{\bar{v}_s} = \frac{d_1}{v_{s1}} + \frac{d_2}{v_{s2}} + \cdots \rightarrow \bar{v}_s = \frac{\sum_{i=1}^{n} d_i}{\sum_{i=1}^{n} \frac{d_i}{v_{si}}}$$

여기서 n은 토층의 개수; d_i는 i번째 층의 두께(m); v_{si}는 i번째 토층의 전단파 속도(m/sec)이다. 참고로$\sum_{i=1}^{n} d_i = 30$ m이다.

기반암까지 지반의 깊이를 고려하여 구한 지반의 특성 부지 주기(T_C, characteristic site period)는 다음과 같다.

$$T_C = 4\sum_{i=1}^{n} \frac{d_i}{v_{si}}$$

여기서 d_i는 i번째 층의 두께(m)이며, 기반암의 깊이에 따라 지반의 고유주기가 변하는 것을 알 수 있다. 만약 기반암까지 단일층으로 구성된 지반으로 가정하면, 지반의 깊이와 평균 전단파속도가 각각 H와 v_s인 지반의 특성 부지 주기는 다음과 같이 정확하게 구할 수 있다.

$$T_C = 4\frac{H}{v_s}$$

공통적용사항(2017)에서는 기존 지반분류는 단주기 영역에 대하여 과소 평가하고 장주기 영역에 대하여 과대 평가 경향이 있다고 판단하였다. 이에 따라 기존의 기반암의 기준 깊이를 국내실정에 맞춰 30m에서 20m로 변경하였고, 지반의 명칭도 "$S_A, S_B, S_C, S_D, S_E, S_F$"에서 "$S_1, S_2, S_3, S_4, S_5, S_6$"로 변경하였다.

1989년 규모 6.9의 Loma Prieta 지진에 의한 북서부 캘리포니아 지역의 손상분포는 $\bar{v}_{s30}$과의 연관성을 잘 보여준다. 이 지역의 연암지반과 연약지반의 $\bar{v}_{s30}$은 각각 620 m/sec와 150 m/sec였다. 진앙에서 약 100 km나 떨어진 지역에 위치한 고속도로 교량의 상판 붕괴는 연약지반조건에 의한 지반운동의 증폭 때문이다.

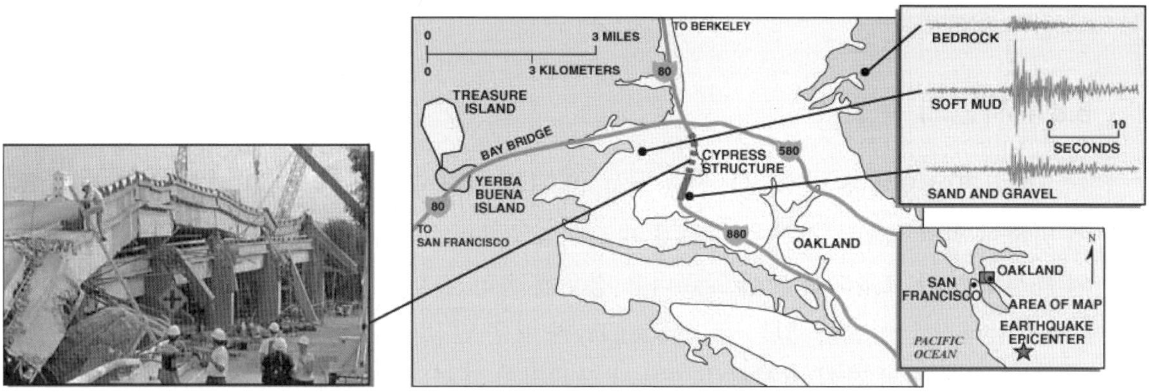

그림 6.8.4a 지반에 의한 지반운동의 증폭(Brocher et al., 2014)*
(빨강색 실선: 연암지반에 놓인 붕괴되지 않은 교량, 빨강색 점선: 연약지반에 놓인 붕괴된 교량)

다음 표에 나타낸 바와 같이 공통적용사항을 따르는 내진설계일반(KDS 17 10 00)과 건축물 내진설계기준(KDS 41 17 00)의 지반 분류가 다소 차이가 있음을 알 수 있다.

표 6.8.4a 지반의 분류(내진설계기준연구(II) 1997; KBC 2016)

지반종류	지반종류의 호칭	상부 30.480 m에 대한 평균 지반 특성		
		전단파 속도(m/s)	표준관입시험 ($\bar{N}$)	비배수전단강도(kPa) $\bar{S}_u$
S_A	경암지반 (hard rock)	> 1500	-	-
S_B	보통암지반 (rock)	760 - 1500		
S_C	매우 조밀한 토사지반 또는 연암지반 (very dense soil and soft rock)	360 - 760	> 50	> 100
S_D	단단한 토사지반 (stiff soil)	180 - 360	15 - 50	50 - 100
S_E	연약한 토사지반 (soft clay soil)	< 180	< 15	< 50
S_F	부지 고유의 특성평가가 요구되는 지반 (soil requiring site response analysis)			

* Brocher, T.M., Page, R.A., Stauffer, P.H., and Hendley, J.W., II, 2014, Progress toward a safer future since the 1989 Loma Prieta earthquake: U.S. Geological Survey Fact Sheet 2014-3092, 4 p., https://dx.doi.org/10.3133/fs20143092.

표 6.8.4b 지반 분류(내진설계일반 KDS 17 10 00 표 4.2-4; 건축물 내진설계기준 KDS 41 17 00 해표 4.1-1)

지반종류	지반종류의 호칭	분류기준: 내진설계일반 vs 건축물 내진설계기준(괄호 내용)	
		기반암* 깊이, H(m)	토층 평균 전단파속도, $V_{s,soil}$ (m/s)
S_1	암반지반	1 미만(3 미만)	-
S_2	얕고 단단한 지반	1 ~ 20 이하 (3 ~ 20 이하)	260 이상
S_3	얕고 연약한 지반		260 미만
S_4	깊고 단단한 지반	20 초과 (20 초과 50 미만)	180 이상
S_5	깊고 연약한 지반		180 미만(120 초과 180 미만)
	(매우 깊고 연약한 지반)	(3 이상)	(120 이하)
S_6	부지 고유의 특성평가가 요구되는 지반		

* 전단파속도 760 m/s 이상을 나타내는 지층이다.

기반암 깊이와 무관하게 토층 평균 전단파속도가 120 m/s 이하인 지반은 S_5 지반으로 분류하였다.

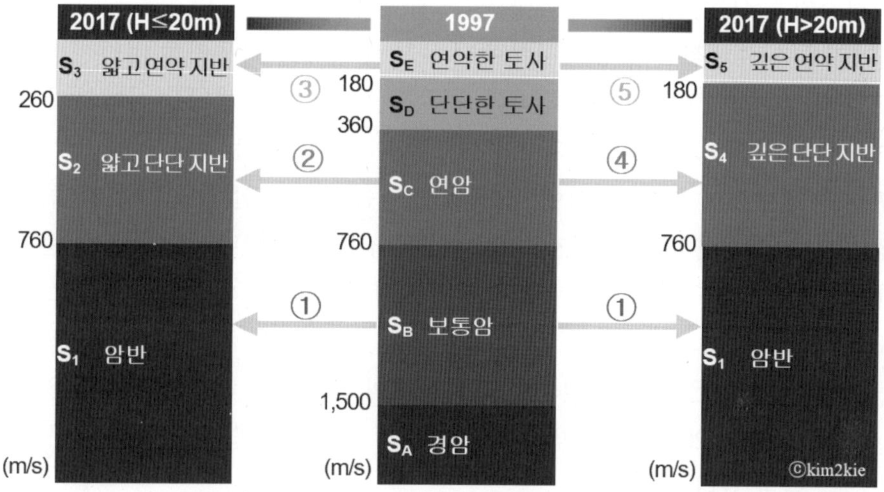

그림 6.8.4b 내진설계기준연구(II)(1997)와 공통적용사항(2017)의 지반 분류

6.8.5 응답수정계수(반응수정계수), 초과강도계수, 연성도, 변위증폭계수

일반적으로 내진설계된 구조물이라 하면, 일반인들뿐만 아니라 설계자들 조차도 지진에 대비하여 충분이 안전하게 설계된 것으로 오해하는 경향이 있다. 그러나 경제성을 고려할 경우, 실제로 내진설계란 주어진 설계지진에 대하여 구조물을 절대적으로 안전하게 설계하자는 것이 아니다. 따라서 도로교설계기준 등에서 언급된 내진설계기준의 기본개념은

(1) 인명피해를 최소화하고,

(2) 지진 시 구조물 부재들의 부분적인 피해는 허용하나 전체적으로 붕괴는 방지하며,

(3) 지진 시 가능한 구조물의 기본 기능은 발휘할 수 있게 하는 것이다.

다시 말하면, 설계지진력보다 작은 크기의 지진발생 시에는 구조부재들이 탄성 영역 내에서 저항하여 심각한 손상을 받지 않아야 하나(기능수행수준), 설계지진력보다 큰 규모의 지진에

대해서는 구조물의 전부 또는 일부가 붕괴되지 않는 것으로 정의하고 있다(붕괴방지수준). 이러한 내진설계의 기본 개념을 유도하기 위해서 구조물의 연성거동을 유도하거나, 면진설계 등을 도입할 필요성도 있다.

현행 내진설계기준에는 설계자들이 이러한 두 가지 내진성능수준의 설계개념을 수용하기 위한 구체적인 절차가 명확하게 기술되어 있지 않으며, 단지 부재의 형식 및 위치에 따른 응답수정계수(반응수정계수, response modification factor) 라는 일정한 값으로 탄성지진력을 나누도록 되어 있을 뿐이다. 즉, 설계자들은 별다른 의문 없이 설계기준에 주어진 설계지진 및 (탄성) 응답스펙트럼에 따라 구조물을 탄성이라고 가정하여 탄성지진력을 계산하고, 이 탄성지진력을 응답수정계수로 나눈 수정된 지진력을 사용하여, 구조물의 저항모멘트를 계산하고 단면에 따른 상세배근을 결정하는 등의 구조물의 내진설계를 수행한다. 말하자면 응답수정계수의 도입 배경에는 발생확률이 작은 지진에 대해 경제성을 도모하기 위하여 부분적인 파괴는 인정하자는 사회적인 합의가 깔려있는 것이다.

설계자들은 설계절차의 어느 부분에서 부분적 피해를 허용하는 내진성능수준에 관한 개념이 도입 되었는지를 알 수가 없다. 따라서 내진설계의 기본 개념을 이해하기 위해서 응답수정계수를 좀더 명확히 이해할 필요가 있다. 응답수정계수에는 전문가들의 개념적이며 공학적인 판단이 포함되어 있으며, 이에 대한 기술적 근거가 확실하지는 않다. 즉, 응답수정계수는 탄성 설계에 익숙한 일반 설계자들이 지진 시 구조물의 비탄성 거동을 기존의 탄성설계에 간단히 반영할 수 있도록 미국 내진설계기준에서 처음으로 제시된 개념으로 현재 우리나라에서 도입하여 사용하고 있다.

등가정적해석법은 매우 오랫동안 내진설계의 기초적인 해석법으로 사용되어 왔다(ATC 1995b, 건축구조기준 2016). 이 방법으로 구조물의 비선형 응답을 구하지는 못하지만, 다음과 같은 장점을 갖고 있다.

(1) 구조동역학에 대한 충분한 이해 없이도 실무자가 사용할 수 있다.

(2) 저층의 정형구조물에 충분히 정확하게 적용할 수 있다.

(3) 동적 해석과 같은 정밀해석을 위한 예비해석으로 사용할 수 있다.

등가정적해석법은 구조물의 비선형응답을 반영하기 위해, 응답수정계수(R)를 도입한다. R은 1970년대 후반에 처음 소개되었고(ATC 1978), 5% 감쇠 가속도 응답스펙트럼($S_{a,5}$)으로 구한 탄성 밑면전단력(V_e)를 감소시켜 설계 밑면전단력(V_d)을 구하기 위해 사용한다.

NEHRP에서는 응답수정계수를 “구조시스템의 극한변위가 발생할 경우, 구조시스템 고유의 감쇠와 연성을 설명하기 위한 경험적(empirical) 응답수정(감소)계수”라 설명하였다. 여기서 경험적이란 의미는 기술적 근간이 없음을 의미하므로, ATC(1995a)에서 설명된 바와 같이, R값은 1959년 SEAOC Blue Book에 채택된 경험적 수평하중(감소)계수까지 거슬러 올라갈 수 있다.

기존 구조물의 내진성능평가를 위하여 성능기반(performance-based) 또는 변위기반(displacement-based)의 새로운 내진설계방법이 제시되었지만(FEMA 1997a), 신규 구조물에 대한 내진설계 실무에서는 여전히 하중기반(force-based) 방법과 응답수정계수를 채택하고 있으므로 이에 대한 이론적 이해가 필요하다.

응답수정계수의 개념을 이해하기 위해, 다음에 비선형 정적해석(pushover 해석)으로 구한 단조증가변위하중(monotonically increasing displacement)을 받는 구조물의 하중-변위 관계를 나타냈다. 이 관계식을 이용하면 간단하면서도 다자유도계 구조물을 단자유도계로 이상화할 수 있는 장점을 갖고 있으나, 구조물의 높이에 따른 변위의 분포를 알 수 없다는 단점이 있다.

1980년대 중반 UC Berkeley에서는 응답수정계수의 근거를 찾기 위해 강구조 빌딩에 대한 실험을 수행하였고, 실험결과를 근거로 응답수정계수(R)를 초과강도계수(overstrength factor, R_s 또는 Ω_o), 연성도(ductility factor, R_μ) 및 부가점성감쇠(added viscous damping, R_ξ)의 곱으로 나타냈다(Uang and Bertero, 1986; Whittaker et al., 1987).

$$R = R_s R_\mu R_\xi$$

이후 1990년대 응답수정계수는 다음과 같이 보완되었다(ATC 1995a, b).

$$R = \left(R_s R_\mu\right) R_R$$

여기서 R_s와 R_μ는 주기의 함수인 초과강도계수와 연성도계수이고, R_R은 구조물의 여용력계수(redundancy factor)이다.

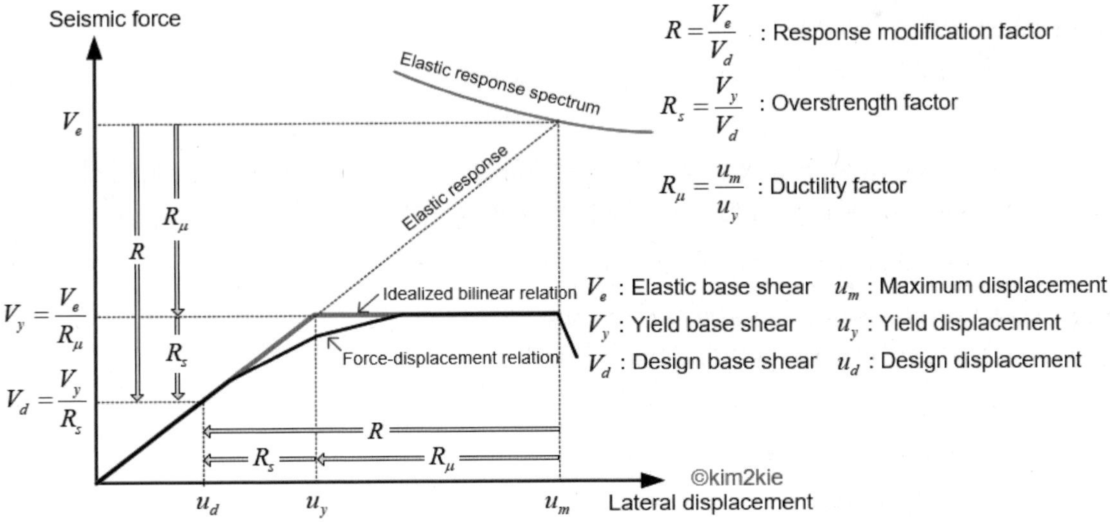

그림 6.8.5a 수평하중을 받는 구조물의 하중-변위 관계 (장주기 동일변위 가정)

다음에 제시된 응답수정계수에 관한 식을 설명하였다(Whittaker 외, 1999).

• 초과강도(overstrength, 여유강도)

구조물의 보수적이며 안전적인 설계를 위해, 일반적으로 구조 부재들은 다음과 같은 보수성을 갖고 있다.

(1) 설계하중보다 큰 역량(능력, capacity)를 갖고 있다.

(2) 재료강도는 공칭강도를 초과한다.

(3) 허용변위와 세부 요구조건들도 순수하게 필요한 강도를 가정하여 구한 값들보다 큰 여유(margin)를 갖고 있다.

이러한 구조물 또는 부재의 강도 초과분을 초과강도(overstrength, 여유강도)라 한다.

복잡한 설계과정에서 다양한 이유로 발생하는 여유강도를 정량적으로 결정하는 것은 쉽지 않다. 참고로 일부 연구자들은 구조물의 설계강도에 대한 구조물의 실제강도의 비율을 초과강도계수(overstrength factor, Ω_0, 시스템초과강도계수)*†라 정의하고, 지진구역과 구조물의 고유주기에 따라 초과강도계수는 약 2.0이상의 값이 되는 것을 보였다‡.

초과강도계수(Ω_0)는 지진하중경로 상의 부재들에 작용하는 지진력에 곱하는 지진력 증폭계수이다. Ω_0는 중요한 지진력저항시스템이 에너지 소산과 연성능력을 발휘하기 전에 취약부재가 파괴되지 않도록 하기 위함이다. 예를 들어, 가새강재골조에서 가새가 소성거동을 할 수 있도록 가새와 관련된 주변 부재들(예: 접합 및 이음부)은 가새에 작용하는 최대 지진력보다도 큰 하중을 견딜 수 있도록 설계되어야 하며, 이를 위해 Ω_0를 사용할 수 있다.

• 연성(ductility)§과 인성(toughness)

앞서 응답스펙트럼 해석에서 언급한 연성도(ductility factor, μ)는 구조물 부재에 관한 비탄성 응답이 아닌 전체 구조물의 비탄성 응답을 나타내는 척도이다.

지진은 구조물의 수명 동안에 빈번히 발생하는 자연현상이 아니기 때문에, 경제적인 부담을 무릅쓰고 완전하게 대비하는 것보다, 부재의 인성(引性, 잡아당기는 힘에 견디는 성질;

---

* C12.4.3 Seismic Load Effect Including Overstrength Factor (ASCE-7, 2016)
비선형 거동을 고려하여 내진설계를 할 수 없는 부재들(즉, 취성부재와 같이 탄성거동으로 내진설계를 해야하는 부재들)에 대해, 충분한 강도까지 탄성거동을 하도록 설계를 해야 한다. Ω_o는 일반 구조물들이 갖고 있는 고유의 초과강도를 근사적으로 나타내며, Ω_o를 곱하여 나타낸 특별지진하중은 부재가 경험할 수 있는 최대 하중을 근사한 값이다.

† 0306.6 지진력저항시스템 (KBC, 2016, 해설편)
시스템초과강도계수 Ω_o는 변형능력이 취약하거나 과도한 비탄성변형능력이 요구되는 부재의 내진안전성을 보장하기 위하여 구조물의 초과강도에 의하여 발생할 수 있는 특별지진하중에 대하여 해당 부재의 강도성능를 증가시키기 위해 사용한다.

‡ "공동주택 성능기반 내진설계지침(대한건축학회, 2019)"의 '5.3.2 최소강도기준'
비선형 정적해석에 의한 구조물의 성능 검토 시, 초과강도계수(Over Strength Factor, Ω)가 1.5이상을 만족하도록 제시하고 있다.

§ KDS 24 17 00 : 2016 교량 내진설계기준(국토해양부) .부록. 철근콘크리트 기둥의 연성도 내진설계(1. 일반사항)"
1) 곡률연성도(μ_θ): 단면의 항복곡률에 대한 극한곡률의 비율
2) 변위연성도(μ_Δ): 기둥의 항복변위에 대한 극한변위의 비율

항복강도의 증가 없이 변위만 증가하는 성질; 에너지 흡수능력)이 충분히 확보되어 완전붕괴를 방지할 수만 있다면, 부재의 단면을 경제적으로 설계할 수 있다는 내진설계의 개념에 관한 사회적인 합의 하에서 출발하고 있는 항목이 연성이다. 철근콘크리트 부재의 경우, 인성은 단면크기와 주철근의 양만 증가한다고 하여 증가하지 않으며, 띠철근 및 나선철근과 같은 심부구속철근에 크게 의존하는 값이다. 즉, 인성이란 콘크리트가 모멘트에 의해 파괴 되었지만, 띠철근 및 나선철근에 둘러싸인 심부콘크리트의 조각들이 못 빠져나가게 구속되어 붕괴까지 얼마나 버틸 수 있는가를 결정하는 변수이다. 따라서 철근콘크리트 부재에 대한 내진설계란 부재는 항복을 하더라도 인성을 확보할 수 있도록 띠철근 및 나선철근을 어떻게 배근하느냐가 가장 중요한 관건 중에 하나이다.

Newmark 등(1973)은 주기가 짧은 단주기 영역에서는 다음 그림과 같이 구조물이 탄성이라는 조건에서 해석된 결과와 항복강도를 줄여서 소성영역까지 수행된 해석결과에는 구조물에 입력된 에너지가 서로 유사하다는 동일 에너지 개념(equal energy principle, 에너지 일정의 법칙)을 제안하였다. 여기서, 동일 에너지 개념이란, 물리법칙에는 말하는 절대적인 자연법칙을 말하는 것이 아니라, 구조물의 고유주기가 0.5초 전후의 단주기 구조물을 대상으로 항복강도를 낮추어 가면서 수많은 지진파에 대하여 비선형해석을 수행하였더니, 항복강도가 낮으면 낮을수록 변위가 크게 된다는 것을 의미한다. 즉, 항복강도가 낮을수록 변위는 커진다는 비선형 해석의 결과는 지진파의 포락(envelope) 특성에 따라서도 달라지며, 비선형 모델에 따라서도 달라지므로, 정확한 해석결과의 예상은 불가능하지만, 대체적으로 단주기 구조물의 경우에 입력된 에너지가 일정하다고 근사할 수 있다.

구조물의 고유주기가 1.0초 보다 긴 구조물을 대상으로 내진해석을 수행하면 에너지가 일정하기 보다는 항복강도의 변화에 따라 응답변위가 일정한 경향을 보이는 동일 변위 개념(equal displacement principle, 변위일정의 법칙)도 제안되었다. 동일 변위 개념 또한 물리적인 법칙이라기보다는 구조물의 주기가 긴 경우에는 주어진 지진 지속시간 동안에 진동하는 횟수가 적기 때문에 단주기 구조물에 비하여 항복강도가 낮더라도 소성변형이 별로 진행되지 않는다는 것을 의미한다.

잘 설계된 RC 부재들의 인성을 실험으로 평가하면, 연성도(항복변위에 대한 파괴변위의 비, $\mu = u_m/u_y$)은 $\mu = 4\sim5$정도의 값을 갖는다. 따라서 에너지일정의 법칙에서 구한 연성도와 항복강도와의 근사관계 $R = f_o/f_y = \sqrt{2\mu - 1}$을 적용하면, 부재들의 연성도를 $\mu = 4$로 가정할 경우, 항복강도(f_y)는 선형강도(f_o)보다 약 2.6배로 낮게(즉, $f_y = f_o/R = f_o/2.6$) 설계할지라도 붕괴는 방지할 수 있다.

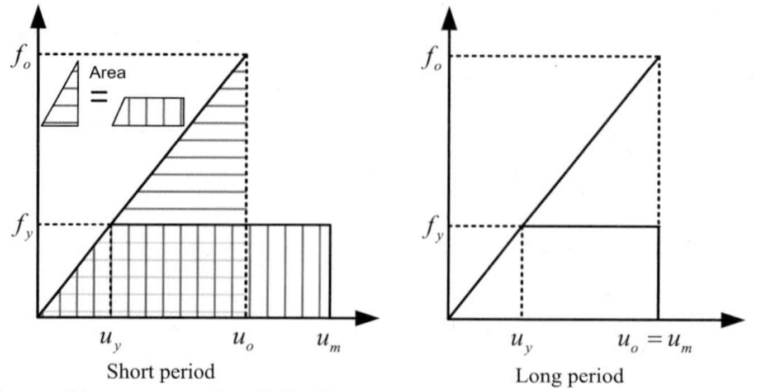

f_o, u_o = Linear strength and displacement

f_y, u_y = Yield strength and displacement $\quad u_m$ = Maximum displacement

$R = \dfrac{u_o}{u_y}$ = Response modification factor $\quad \mu = \dfrac{u_m}{u_y}$ = Ductility factor

$= \dfrac{f_o}{f_y}$ = Force modification factor

(a) Equal energy concept

$E = U$: Equal energy

$$\tfrac{1}{2} f_o u_o = \tfrac{1}{2} f_y u_y + f_y (u_m - u_y)$$

$$= \tfrac{1}{2} f_y u_y + f_y u_y (\mu - 1)$$

$$\frac{f_o}{f_y}\frac{u_o}{u_y} = 1 + 2(\mu - 1) = 2\mu - 1$$

$$R^2 = 2\mu - 1$$

$$\therefore R = \sqrt{2\mu - 1}$$

(b) Equal displacement concept

$u_o = u_m$: Equal displacement

$$\frac{u_y}{f_y} = \frac{u_o}{f_o} = \frac{u_m}{f_o}$$

$$\frac{f_o}{f_y} = \frac{u_m}{u_y}$$

$$\therefore R = \mu$$

(a) Equal energy concept (b) Equal displacement concept

그림 6.8.5b 동일 에너지 개념과 동일 변위 개념으로 나타낸 R과 μ의 관계

$$R = \begin{cases} \sqrt{2\mu - 1} & \text{Short Period (Equal Energy Principle)} \\ \mu & \text{Long Period (Equal Displacement Principle)} \end{cases}$$

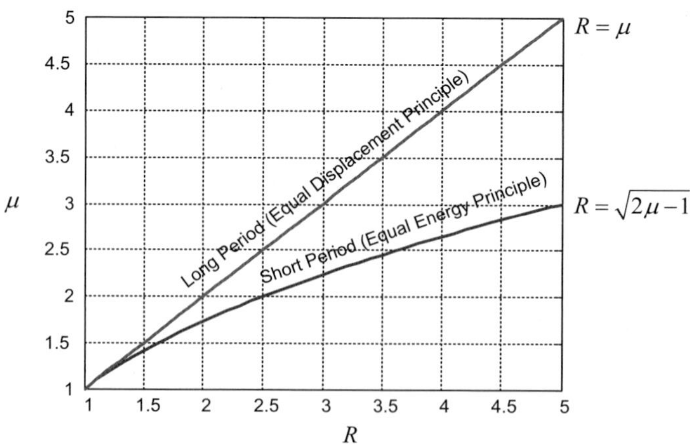

그림 6.8.5c 동일 에너지 개념과 동일 변위 개념으로 나타낸 R과 μ의 관계

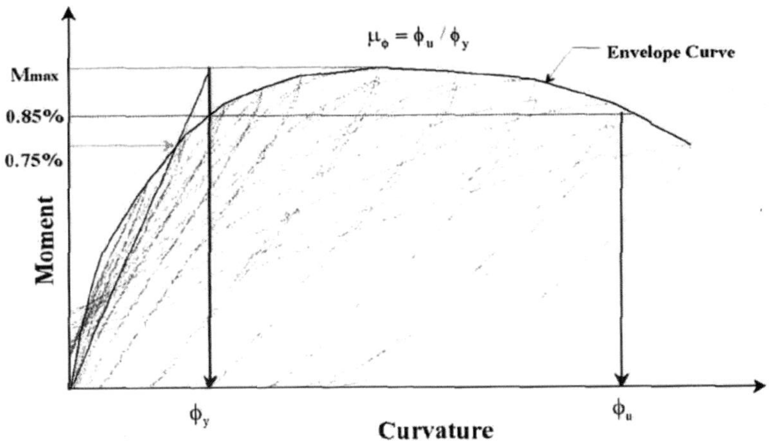

그림 6.8.5d RC 교각의 내진 곡률연성도(정영수 외, 2004)

• 구조적인 여용력 (Structural Redundancy)

실제 구조물의 경우, 어떤 부재에 설계하중을 초과하는 하중이 작용할 경우, 이 부재는 소성힌지 상태에 도달하여 더 이상 하중을 부담하지 못하고, 다른 부재들이 초과하중을 부담하게 된다. 붕괴메커니즘을 고려할 경우, 일반적으로 하중을 분담할 부재가 많을수록(즉, 부재의 중복성이 클수록) 구조물은 더 큰 하중을 받을 수 있다. 이를 반영하여 교량 내진설계기준은 단일 기둥에서 응답수정계수 3을 사용하는데 비해, 다주 가구에서 응답수정계수 5를 적용하고 있다. 참고로 내진설계의 경우에 고정하중과는 달리 설계하중이 구조물과 연동하여 변하기 때문에, 내진설계에 구조물의 붕괴메커니즘을 엄밀하게 적용하기에는 어려움이 있다.

내진설계에서는 부재의 중복성을 고려하기 위해 지진하중에 '잉여도계수(중복성계수, redundancy factor, ρ)'를 곱하여 설계지진하중을 산정한다. 보통은 ρ값은 1이상이며, 잉여도(즉, 중복성)가 부족한 구조물일수록 더 큰 값을 설정한다. 이것은 ρ값이 클수록 구조물의 여용도가 부족하여 손상에 더 취약할 가능성이 크기 때문이다.

• 전단파괴에 대한 응답수정계수

설계기준에서 전단력을 제외하고 모멘트에 대해서만 응답수정계수를 적용하도록 정의되어 있는 이유는 모멘트파괴와는 달리 전단파괴는 급격한 취성파괴를 가져오기 때문에 안전을 고려하여 응답수정계수를 적용하지 않도록 하고 있다.

마찬가지 개념으로 1보다 큰 값을 갖는 응답수정계수는 연성부재에 대해서만 적용한다. 또한 연성부재의 연성파괴를 보장하기 위해 연성부재를 연결하는 연결부분은 연성부재보다 큰 강성을 가져야 하므로, 연결부분에 대해 1.0 또는 이보다 작은 응답수정계수를 적용한다.

교량 내진설계기준에서는 연결부분에 대해 1.0 또는 이보다 작은 응답수정계수를 적용하도록 규정하고 있다. 여기서 연결부분은 전단력과 압축력을 전달하는 기구(device)를 의미하며, 교량받침과 전단키 등이 이에 포함된다. 이 때, 응답수정계수는 교량의 거동이 구속된 방향으로 작용하는 탄성지진력에 대해서만 적용된다. 이 규정은 구조물의 낙교와 붕괴 등을 방지하여 교량의 원래 형태(integrity)를 유지하기 위한 포괄적인 취지로 해석된다.

참고로 확대기초, 말뚝머리 및 말뚝을 포함하는 기초에 대한 설계지진력은 기둥의 설계지진력의 2배를 취하도록 하고 있는데, 이는 기둥을 기초보다 먼저 소성힌지영역으로 유도하기 위함이다.

• 변위증폭계수(deflection amplification coefficient)

실제 지진 시 비선형거동을 하는 구조물의 응답을 보다 정확하게 예측하기 위해서 IBC(2000)부터 기존의 응답수정계수(R) 1개에서 초과강도계수(Ω_o, overstrength factor) 와 변위증폭계수(C_d)*가 추가되었다. 다음 그림에 보인 것 같이 초과강도계수는 하중과 관련된 강도계수이고, 변위증폭계수는 변위와 관련된 변위계수이다.

앞서 설명한 응답수정계수는 초과강도, 연성(변위증폭), 감쇠, 여용력, 기술수준 등을 고려하여 정해진 계수이다. 응답수정계수를 사용하면 복잡한 비선형해석을 통해 실제 지진거동을 파악하지 않더라도, 실제 지진하중을 응답수정계수로 나누어 감소시켜 설계지진하중을 구한 후, 선형해석으로 설계부재력을 평가하여 간편하게 내진설계를 수행할 수 있다. 그러나 실제 지진피해를 발생시키는 중요한 원인인 변위(예: 층간변위) 등은 사용성 개념으로 실제 발생할 수 있는 비선형변위를 검토해야 한다.

변위증폭계수를 도입하기 이전에는 선형해석으로 구한 변위에 응답수정계수를 곱하여 비선형변위를 예측했지만, 변위를 과대평가하므로 내진설계에서는 응답수정계수를 70 ~ 80% 감소시켜 사용하였다(예: UBC-1997의 $\Delta_M = 0.7R\Delta_S$). 그러나 비선형변위를 보다 정확하게 예측하기 위해 IBC-2000 이후 응답수정계수와는 별도로 구조시스템별로 변위증폭계수를 제시하였으며, 선형변위에 변위증폭계수를 곱하여 비선형변위를 예측할 수 있다(예: ASCE-7-2010의 $\delta_x = \frac{C_d \delta_{xe}}{I_e}$).

---

*0306.6 지진력저항시스템 (KBC, 2009, 해설편)

변위증폭계수 C_d는 반응수정계수에 의하여 저감된 지진하중에 대한 해석결과 산출된 탄성변형(항복변형)으로부터 지진발생시 실제 발생하는 비탄성변형을 산정하기 위하여 사용한다.

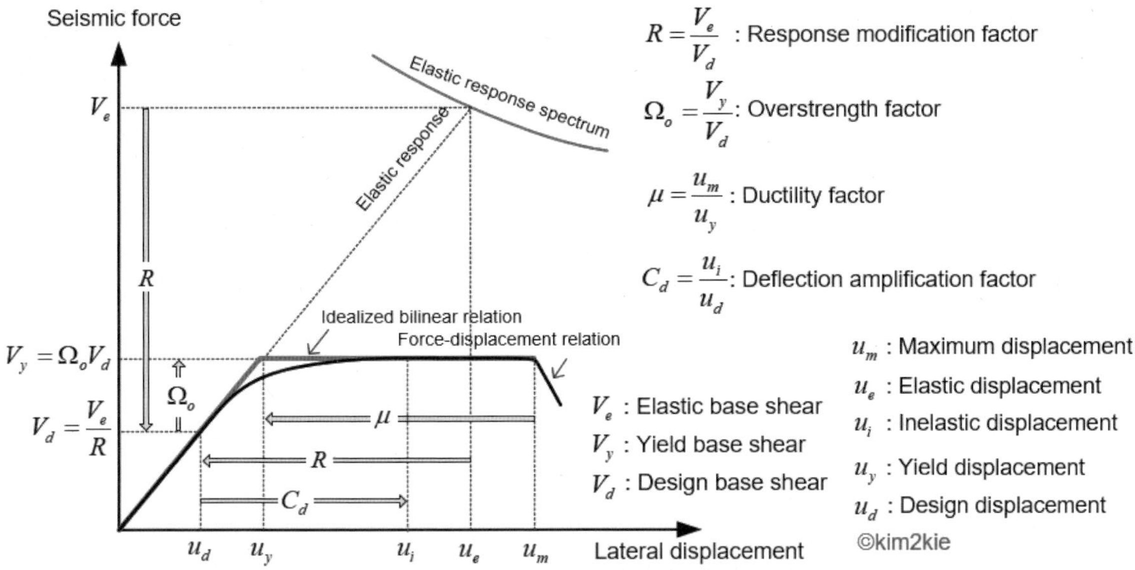

그림 6.8.5e 응답수정계수, 초과강도계수, 연성도 및 변위증폭계수

[예제] 6.8.3 설계기준별 평균재현주기와 초과확률

내진설계에서 "50년 이내에 초과할 확률이 10%인 지진운동"과 "500년 재현주기를 갖는 지진운동"은 서로 같은 의미인가?

[풀이]

일반적으로 그렇다고 할 수 있다. 이에 대한 설명을 위해서, 몇 가지 용어에 대한 확률론적 정의가 필요하다.

1. 재현주기(return period, T_r): 어떤 특정한 크기의 자연적 혹은 물리적 현상이, 다시 발생할 것으로 예상되는 평균적인 기간
2. 초과확률(exceedance probability, P_e): 어떤 특정한 크기 이상의 자연적 혹은 물리적 현상이 해당기간 이내에 발생할 확률.
3. 비초과확률(non-exceedance probability, P_n): 어떤 특정한 크기 이상의 자연적 혹은 물리적 현상이 해당기간 이내에 발생하지 않을 확률.

각 용어들간의 관계는 다음과 같다.

1. 재현주기(return period, T_r): 어떤 특정한 크기의 자연적 혹은 물리적 현상이, 다시 발생할 것으로 예상되는 평균적인 기간.

   재현주기(T_r)와 1년간 초과확률($P_{e,1}$)의 관계: $T_r = \frac{1}{P_{e,1}}$
2. 초과확률(P_e)과 비초과확률(P_n)의 관계: $P_e = 1 - P_n$

   N년간 비초과확률($P_{n,N}$)과 1년간 비초과확률($P_{n,1}$)의 관계: $P_{n,N} = \left(P_{n,1}\right)^N$

위 관계식들을 적용하여, "50년 이내에 초과할 확률이 10%인 지진운동"의 재현주기를 구하면 다음과 같다.

1. 50년간 비초과확률($P_{n,50}$): $P_{n,50} = 1 - P_{e,50} = 1 - 0.1 = 0.9$
2. 1년간 비초과확률($P_{n,1}$): $P_{n,1} = \left(P_{n,50}\right)^{\frac{1}{50}} = (0.9)^{\frac{1}{50}} = 0.997895$
3. 1년간 초과확률($P_{e,1}$): $P_{e,1} = 1 - P_{n,1} = 1 - 0.997895 = 0.002102\ (0.2105\%)$
4. 재현주기(T_r): $T_r = \frac{1}{P_{e,1}} = \frac{1}{0.002105} = 475\text{ years}$

결론적으로 말하면, "50년 이내에 초과할 확률이 10%인 지진운동"의 재현주기는 정확하게 475년이며, 근사적으로 500년이라 할 수 있다. 또한 동일한 방법으로 "50년 이내에 초과할 확률이 2%인 지진운동"의 재현주기를 구하면 정확하게 2,475년이며, 근사적으로 2,500년이라 할 수 있다.

USGS(United States Geological Survey, 미국지질조사국)는 웹사이트를 통해 전세계의 지진재해지도(seismic hazard map)을 제공하고 있다. 이 지진재해지도는 50년 이내에 초과할 확률이 10% (10%-in-50-year; 즉, 475년 재현주기)인 지진의 PGA값인 GSHAP(Global Seismic Hazard Assessment Program)값을 제공한다. 이 GSHAP값을 2배하여 50년 이내에 초과할 확률이 2% (2%-in-50-year; 즉, 2,475년 재현주기)인 지진의 PGA값을 근사할 수 있다. 이 값을 각각 1배와 2.5배하여 해당 재현주기의 S_1 (또는 1초주기 지역계수, S)와 S_S(또는 단주기 지역계수)를 구할 수 있다.

참고로 몇몇 중요한 내진설계기준에서 규정하고 있는 재현주기에 관해 요약하면 다음과 같다.

1. 내진설계기준연구(II)(건설교통부, 1997)에서는 설계지반운동 수준으로 평균재현주기가 50년, 100년, 500년, 1000년인 지진지반운동들로 분류하고, 각각의 지진지반운동들은 5년내, 10년내, 50년내, 100년내 초과확률이 10%인 지진지반운동들과 동등한 것으로 간주하고 있다. 여기서 2500년 재현주기 지진의 크기는 500년 재현주기 지진의 크기에 비해 2배가 크다.
2. 교량 내진설계기준(건설교통부, 2010)의 내진I등급교와 내진II등급교에 해당하는 설계지진의 평균재현주기는 1,000년과 500년이다.
3. 건축구조기준(2009)*의 지역계수(S)는 재현주기 2,400년에 해당하는 지진에 근거하여 지진구역 1과 2에 대해 각각 0.22와 0.14로 제시되고 있으며, 설계스펙트럼 가속도의 경우 재현주기 2400년 지진(최대예상지진, MCE)에 대한 $\frac{2}{3}$배† 수준의 극한하중 개념을 도입하고 있다.
4. AASHTO LRFD(2012)에서 설계지진(design earthquake)은 75년 이내에 초과확률(probability of exceedance)이 7%(즉, 재현주기가 965년)인 지진이다.
5. ASCE 7(2010)‡은 ASCE 7(2005)의 MCE (maximum considered earthquake) 지반운동 대신에 MCE_R (risk-targeted MCE) PGA 와 MCE_G (MCE geometric mean) PGA를 사용하였다. MCE_R은 50년 이내에 붕괴확률(probability of collapse)이 1%인(즉, 성능기초설계를 위해 재현주기 2,475년 대신에 붕괴확률 4,975년을 사용함) 지진이며, MCE_G는 50년 이내에 초과확률(probability of exceedance)이 2%(즉, 재현주기가 2,475년)인 지진이다. 이 기준에서는 MCE_R 지반운동의 $\frac{2}{3}$배§를 설계지진 지반운동(design earthquake ground motion, DM)으로 정의하여 구조물의 설계스펙트럼가속도(S_{DS}와 S_{D1})를 산정하고, 액상화 등 지반 관련 재해도와 조사에 관해서는 MCE_R 지반운동 대신에 MCE_G 지반운동을 사용한다. 여기서 설계지진 지반운동이란 강도설계에서 하중계수 1을 사용하는 일종의 극한하중의 개념이다.

---

* 건축구조설계기준(2005, 건설교통부)에서는 재현주기 500년에 해당하는 지역계수(A)로 지진지역 1과 2에 대해 각각 0.11과 0.07을 사용하였다.

† 내진설계의 성능목표를 50년 이내에 초과확률이 2%인 최대예상지진(MCE)에 대해 구조물이 붕괴되지 않도록 정하고, 설계지진(DM)으로 설계한 구조물은 설계지진보다 1.5배까지 큰 하중에 붕괴되지 않고 견딜 수 있다고 가정하였다. 즉, $1.5 \times \text{DM} = \text{MCE}$이므로, $\text{DM} = \frac{2}{3}MCE$이다.

‡ IBC(2006)에서는 MCE(maximum considered earthquake)라는 개념으로 50년 이내에 초과확률이 2%인 지진(즉, 재현주기가 2,475년인 지진)을 내진설계의 기본 입력으로 사용하였다.

§ 내진설계의 성능목표를 50년 이내에 붕괴확률이 1%인 최대예상지진(MCE_R)에 대해 구조물이 붕괴되지 않도록 정하고, 설계지진(DM)으로 설계한 구조물은 설계지진보다 1.5배 큰 하중까지 붕괴되지 않고 견딜 수 있다고 가정하였다. 즉, $1.5 \times \text{DM} = \text{MCE}_\text{R}$이므로, $\text{DM} = \frac{2}{3}\text{MCE}_\text{R}$이다.

다음 표에 주요 기준별 재현주기와 PGA(g)를 정리하였다.

Seismic Design Codes	Return Period (Years)	
	Operational	Collapse Prevention
	(Domestic PGA(g))	
General (EESK-97)	100 $(0.11 \times 1.4 = 0.063)$	1,000 $(0.11 \times 1.4 = 0.154)$
Buildings and Others (KBC-09, ASCE-7-10)		1,000 $(0.22 \times \frac{2}{3} = 0.147)$
Bridges (KBDC-10, AASHTO-12)		1,000 $(0.11 \times 1.4 = 0.154)$
Nuclear Power Plants (RG 1.60-73, RG 1.208-07, ASCE-43-05)	$(0.3/2 = 0.15)$	10,000 (0.3)
Electrical Power Station (IEEE 693-05, IEC 62271-300-06)		(0.3 or 0.25)
Offshore Wind Structures (ISO 19901-2-04)		1,000
Wind Turbine Structures (JSCE, 2007)	50	500

Note: 1. Important Structure, 2. S_B Site

[예제] 6.8.4 다층지반의 평균 전단파 속도와 고유주기

다음 층상 지반에 대해 상부 토층 30m 평균 전단파 속도($\bar{v}_S$)와 지반의 고유주기(T_G)를 구하라.

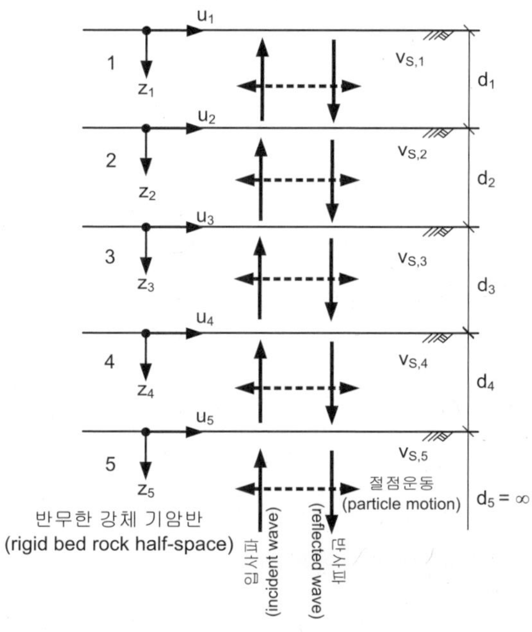

[풀이]

토층(i)	지반종류	토층 두께	전단파 속도			평균 전단파 속도	지반의 고유주기*
		d_i (m)	$v_{S,i}$ (m/sec)	d_i (m)	$d_i / v_{S,i}$ (sec)	v_S (m/sec)	$4\sum(D_i / v_{S,i})$ (sec)
1	연약한 토사	7	180	7	0.0389		
2	단단한 토사	7	360	7	0.0194		
3	연암	8	760	8	0.0105		
4	보통암	8	1500	8	0.0053		
5	∞	∞	∞				
Σ				30	0.0742	404.4	0.2968

* 지반의 고유주기를 산정할 때, 기반암의 깊이를 30m로 가정하였다. 즉, $D_i = d_i$이다.

$$\bar{v}_s = \frac{\sum_{i=1}^{n} d_i}{\sum_{i=1}^{n} \frac{d_i}{v_{si}}} = \frac{30\ \text{m}}{0.0742\ \text{sec}} = 404.4\ \text{m/ sec}$$

$$T_C = 4\sum_{i=1}^{n} \frac{d_i}{v_{si}} = 4 \times 0.0742\ \text{sec} = 0.2968\ \text{sec}$$

이 층상지반은 $\bar{v}_s = 404.4\ \text{m/ sec}$이므로, 지반 분류 S_C (매우 조밀한 토사지반 또는 연암지반)에 속한다.

이야기: Arias 진도와 강진지속시간

Arias 진도(Arias Intensity, I_A)는 지반운동의 강도를 나타내는 방법이다. 이 진도는 1970년 칠레 엔지니어 Arturo Arias에 의해 제안되었으며, 지진파의 가속도를 측정하여 흔들리는 정도를 산정한다. 이 진도는 산사태를 일으키기 시작하는 지진의 진도를 나타내는데 믿을만한 지표로 널리 사용되며, 강진지속시간의 산정하거나, 시간구간에서 지진에너지가 균일하게 분포되어 있는지를 검토하기 위해서도 사용한다.

Arias 진도는 지반가속도의 제곱을 시간적분하여 구하며, 지진의 강진지속시간(t_{strong})은 5% 시간지점과 75% 시간지점 사이의 시간으로 정의한다.

$$I_A = \frac{\pi}{2g}\int_0^{T_d}\{a(t)\}^2 dt \quad (\frac{\text{m}}{\text{sec}})$$

$$t_{strong} = t_{75\%} - t_{5\%}$$

여기서 g는 중력가속도이고, T_d는 지진의 지속시간이다. 일반적으로 설계기준에서는 지진가속도의 지속시간은 20 sec이상(또는 10 − 25 sec이상)으로 지속시간은 6 sec이상(또는 6 − 10 sec이상)으로 규정한다.

다음은 El Centro 지진가속도를 사용하여 Arias 진도를 예시하였다.

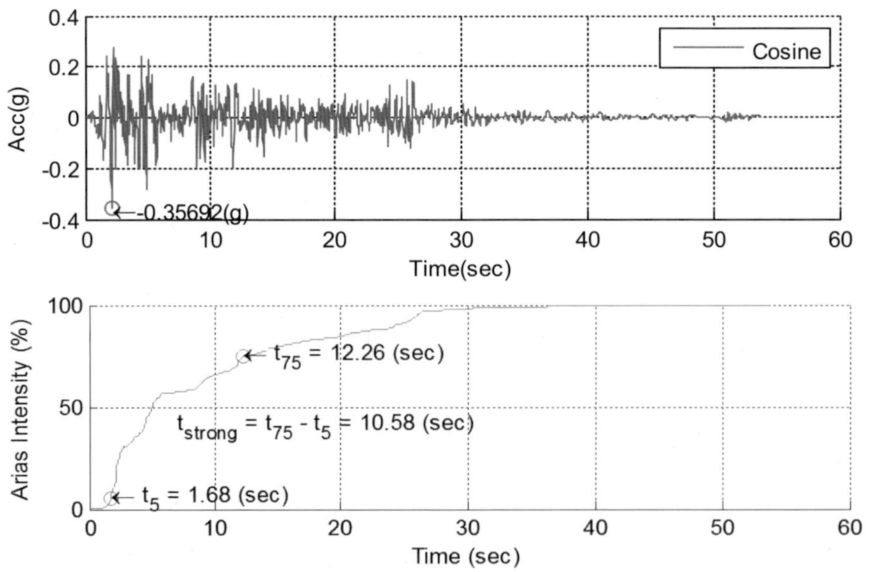

[Note] [공학공식집]을 통해 가속도 시계열의 변환과 Arias 진도를 검토할 수 있다.

이야기: 내진설계에서 최대지반가속도(PGA)를 주로 사용하는 이유

- 최대지반가속도(peak ground acceleration, PGA)
  - 대부분의 지진계측기는 가속도계로 지반가속도를 계측한다.
  - 단주기 구조물에 작용하는 지진력은 최대지반가속도와 비례하므로 내진설계에 적용하기 쉽다.
  - 그러나 최대지반가속도는 대부분 구조물에 작용하는 지진력을 나타내지는 않는다.
  - 주요 지진기록을 하나의 값으로 근사적으로 나타낼 수 있으므로 편리하다.
  - 지반운동의 주요 진동수 대역폭보다는 고진동수 성분에 영향을 받는다.
  - 공학적으로 의미가 작은 특정 시간구간의 특이 피크값에 영향을 받는다.
  - P파는 S파보다 먼저 도착하고, 고진동수 성분을 많이 포함하며, 수직방향 운동에 큰 영향을 미친다.

- 최대지반속도(peak ground velocity, PGV)
  - 최대지반속도는 일반적으로 구조물의 손상과 상관 관계가 있다고 알려져 있다.
  - 최대지반가속도보다 저진동수성분(즉, 장주기성분)에 더 민감하다.
  - 지진가속도를 적분하여 구한다.

- 최대지반변위(peak ground displacement, PGD)
  - 지반변위는 변위기반설계를 위한 최적의 계측값이다.
  - 저진동수 성분에 매우 민감하므로 신호처리에 의해 일관된 값을 구하기 어렵다.
  - 따라서 일반적으로 최대지반변위를 사용하지 않는다.

- 스펙트럼 가속도(spectral acceleration, S_a), 스펙트럼 속도(spectral velocity, S_v), 스펙트럼 변위(spectral displacement, S_d)
  - 공학적으로 관심이 있는 (즉, 구조물의 고유진동수와 관련된) 진동수성분에서 응답의 최댓값

이야기: 왜 우리나라는 5,000년이 아닌 4,800년 재현주기 지진을 사용하는지?

우리나라는 특정 기간 내에 초과할 확률을 10%로 고정한 후, 재현주기를 산정한다. 이에 비해 외국의 경우 일반적으로 구조물의 사용년한을 고정한 후, 초과확률을 변화시키면서 재현주기를 산정한다. 예를 들어, 미국 건물설계기준인 ASCE-7의 경우 건물의 사용년한을 50년으로, 미국 교량설계기준인 AASHTO의 경우 교량의 사용년한을 75년으로, 유럽내진설계기준인 EUROCODE-8의 경우 구조물의 사용년한을 100년으로 하여 재현주기를 산정한다.

• 공통적용사항 (행안부, 2017)

기간 (년)	5	10	20	50	100	250	500
초과발생확률 (%)	10	10	10	10	10	10	10
이론상 재현주기(년)	48	95	190	475	950	2,373	4,746
설계상 재현주기(년)	50	100	200	500	1,000	2,400	4,800

• ASCE-7 (2016)

사용년한 (년)				50	50	50	50
초과발생확률 (%)				10	5	2	1
이론상 재현주기(년)				475	975	2,475	4,975
설계상 재현주기(년)				500	1,000	2,500	5,000

• AASHTO (2017)

사용년한 (년)				75	75	75	75
초과발생확률 (%)				14	7	3	1.5
이론상 재현주기(년)				498	1,034	2,463	4,963
설계상 재현주기(년)				500	1,000	2,500	5,000

• EUROCODE 8 (2004)

사용년한 (년)		100		100	100	100	
초과발생확률 (%)		63.5		19	9.5	4	
이론상 재현주기(년)		100		475	1,002	2,450	
설계상 재현주기(년)		100		500	1,000	2,500	

이야기: 소성 내진설계와 연성도 내진설계

KDS 24 17 11 교량 내진설계기준(한계상태설계법)에서는 철근콘크리트 기둥에 대해 다음 두 가지 내진설계방법을 제시하고 있다.

(1) 기준에 제시된 응답수정계수를 적용하는 내진설계 (참조: KDS 4.1.5절)

(2) 소요 응답수정계수를 산정하여 적용하는 내진설계 (참조: KDS 4.6.6절)

첫 번째 방법을 소성 내진설계라고 하고, 두 번째 방법을 연성도 내진설계라고 한다. 두 방법의 개념을 비교하여 다음 그림에 나타냈다. 소요 연성도만을 확보하는 연성도 내진설계는 완전연성도를 확보해야 하는 소성 내진설계보다 정밀하고 경제적이다.

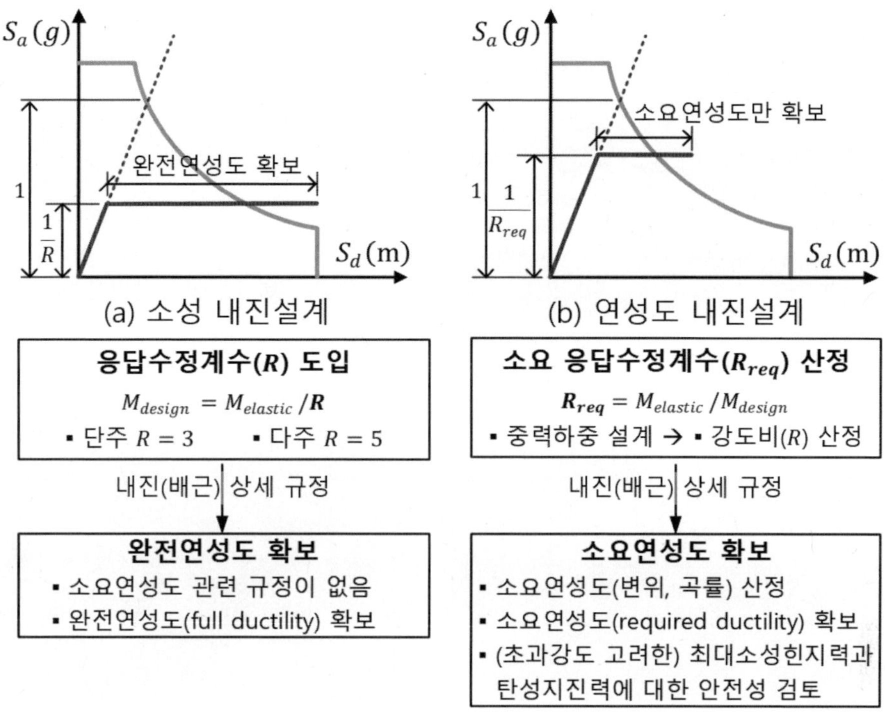

6.9 [설계] 지중 및 지하구조물의 지진해석

6.9.1 개요

근래 지중구조물의 내진설계에 대한 관심이 고조되었으며, 이를 위해 지중구조물의 지진 시 동적거동을 예측하는 합리적이며 실용적인 해석방법에 대한 필요성이 증대되었다. 이 장에서는 지중구조물의 종류와 특성에 따라 제정된 국내 내진설계기준들에서 제시된 다음 방법들에 대해 설명하였으며, 예제해석과 사례를 통해 지진해석기술자가 지진해석법을 선택하는데 유용한 정보를 제공하고자 하였다.

1) 응답변위법(response displacement method)
2) 응답진도법(seismic coefficient method)
3) 동적해석법(dynamic analysis method)

그림 6.9.1a 지하철(자료: (주)청석엔지니어링)

그림 6.9.1b 1995년 고베지진에 의한 다카이(大開)역사의 붕괴

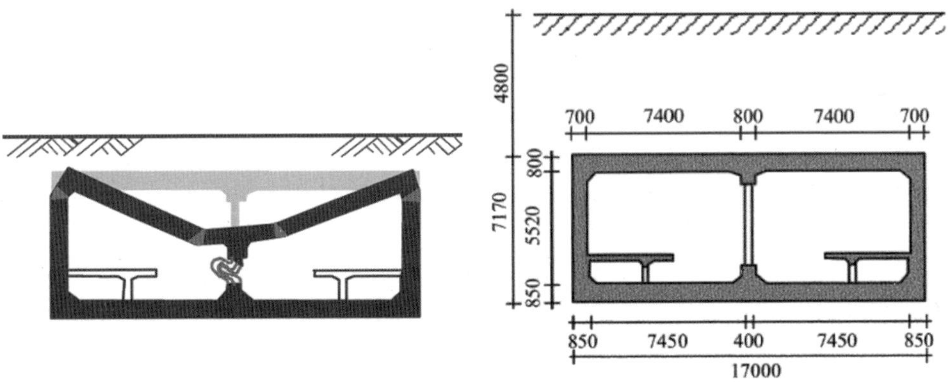

그림 6.9.1c 1995년 고베지진에 의한 다카이(大開)역사의 붕괴

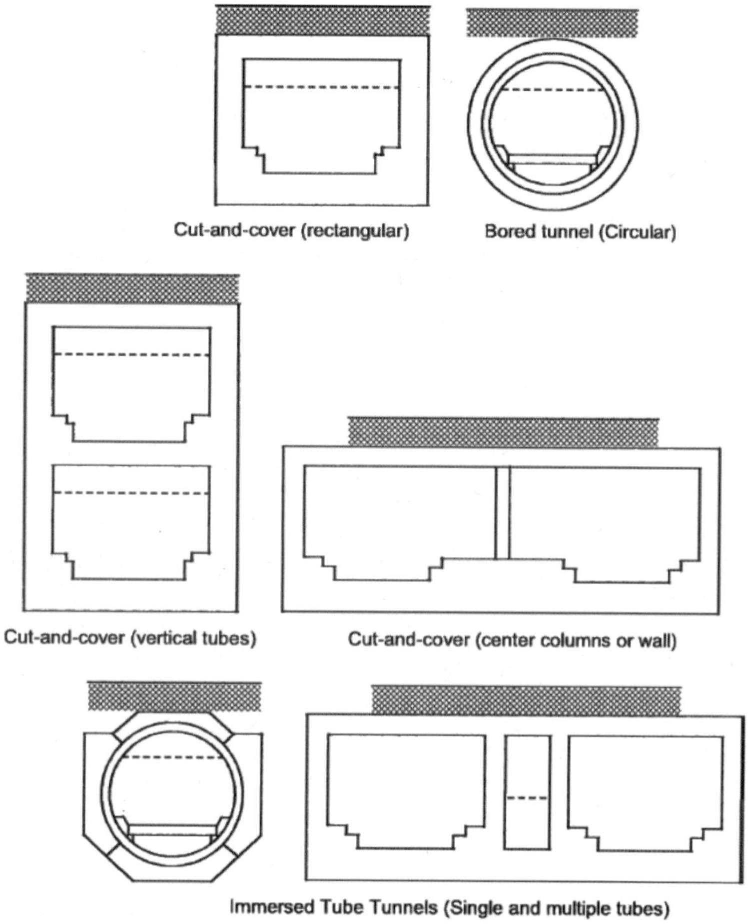

그림 6.9.1d 다양한 터널단면(Hashash 등, 2001)

• 서론

대도시화가 진행되어감에 따라서 대도시에서는 개발방향을 도시내부로 전환하고 도시의 입체적인 개발을 계획하고 추진하게 되었다. 이러한 도시의 입체적인 개발로 인해 대중교통수단 및 주거환경이 변화를 가져옴과 동시에 인간생활의 기반이 되는 전력, 통신, 상·하수도, 가스 등의 공익시설물이 지중에 설치되게 되었다. 근래에 들어 터널이나 도시철도, 매설관로, 전력구, 통신구 및 공동구와 같은 지중구조물에 대한 내진해석 및 설계에 대한 관심이 고조되었으며, 지중구조물에 대한 내진설계기준은 지중구조물의 종류와 특성에 따라 별도로 제정되었다.

• 기본개념

지중구조물은 지반운동에 순응하여 구조물이 진동하는 연유로 큰 증폭현상이 나타나지 않는다. 큰 증폭현상이 일어나지 않는 원인을 요약하면 다음과 같다 (한국지반공학회, 2006).

1) 대부분의 지반운동의 크기는 지반깊이에 따라 전반적으로 감소한다.

2) 지중구조물의 겉보기 단위중량은 주변지반의 단위중량보다 거의 같거나 작다. 즉, 주변지반보다 거의 같거나 작은 관성력을 갖는 지중구조물은 주변지반에 비해 새로운 거동을 하기보다는 주변지반과 거의 동일한 거동을 나타낸다. 이러한 현상은 응답변위법 개발의 근거가 되었다.
3) 주변지반으로 인해 지중구조물은 큰 발산감쇠를 가지므로, 지중구조물의 주변지반에 대한 상대적인 거동도 빨리 감소된다.

• 내진등급 및 목표

지중구조물을 시설기능, 내진등급 그리고 설계성능목표에 따라 분류한다(건교부, 1997).
1) 시설기능에 따라 주거・문화시설, 교통・수송시설, 산업시설, 에너지・저장시설 그리고 방어시설로 분류한다.
2) 내진등급은 구조물의 중요도, 인명피해 여부 및 피해규모 정도를 기준으로 하여, 내진 특등급, 내진 1등급, 내진 2등급으로 구분한다.
3) 성능수준은 기능수행수준과 붕괴방지수준으로 구분한다.

• 설계지반운동

설계지반운동은 내진설계의 일반(KDS 17 10 00 : 2018)을 따른다.

• 내진해석법

구조물의 내진해석을 위한 계산법은 크게 1) 응답변위법, 2) 응답진도법 및 3) 동적해석법으로 나눈다(도시철도 내진설계기준, 2018).

(1) 응답변위법(response displacement method)

응답변위법은 지중구조물에 발생하는 응력은 관성력에 의한 영향보다도 구조물 주변지반의 상대적인 변위에 의해 크게 영향을 받는 사실에 근거하여, 지진 시에 발생하는 지반의 변위를 구조물에 작용시켜서 지중구조물에 발생하는 응력을 정적으로 구하는 방법이다(이병로 외, 2009). 구조물과 지반의 구조해석모형(일반적으로 구조물은 프레임요소, 지반은 스프링요소로 모델링)에 구조물이 없는 자유장지반에서의 수평상대변위, 가속도, 응력을 입력으로 작용하여 구조해석을 수행한다. 이 방법은 특별히 지중구조물의 내진계산을 위하여 고안된 방법으로서 동적인 지반운동을 정적으로 전환하여 지진해석을 한다는 점은 진도법과 같으나, 관성력을 구하는 것이 아니라 지진운동으로 인한 주변지반의 변위를 먼저 구하고 주변지반의 변위에 의해 지하구조물에도 거의 같은 변위가 발생한다고 가정하여 이 변위에 의한 구조물의 응력 등을 구하는 방법으로서 (응답)진도법과는 근본적인 차이가 있다.

(2) 응답진도법(seismic coefficient method)

진도법은 교량 등의 일반적으로 지상에 존재하는 구조물의 경우에 간단히 사용되는 방법으로, 동적인 지반운동을 정적 하중으로 변환하여 해석하는 방법이다. 지상구조물의 중량에 설계진도를 곱한 힘을 관성력으로 작용시켜 지진에 의해 구조물에 발생되는 응력 등을 구하는 방법이다. 지중구조물의 경우, 주변지반에 의한 발산감쇠가 크고 주변지반에 비해 겉보기 질량이 거의 같거나 작으므로, 주변지반에 대한 지중구조물의 관성력을 구할 수가 없으므로, 지중구조물에 대해 지상구조물과 같은 방법으로 진도법을 사용하는 것은 거의 불가능하다. 이 방법은 기준에 따라 '등가정적해석법'으로 언급되기도 한다.

응답진도법은 지진에 의해 발생되는 구조물(또는 지반)의 각 위치에서 최대가속도가 주어질 때, 각 질점의 질량에 주어진 가속도를 곱한 값을 지진방향의 정적하중으로 작용하여 지진응답해석을 수행하는 방법이다. 지중구조물시스템에 대해 구조물과 구조물 주변의 지반을 모두 모형화한 다음 깊이에 따라 부지응답해석을 통해 구한 최대지반가속도(절대가속도)를 지진방향으로 작용하여 적용한다.

(3) 동적해석법(dynamic analysis method)

동적해석법은 시간에 따른 구조물(또는 지반)의 응답을 구하는 구조해석방법으로, 구조물에 작용되는 모든 힘(관성력, 감쇠력, 복원력, 외력)이 평형을 이룬다는 조건과 구조물이 진동을 하기 시작하는 시점에서의 초기조건을 이용하여 구조물의 시간에 따른 응답을 구한다. 이 방법은 구조물 및 주변지반을 적절히 모델링하고, 해석대상의 내부 또는 경계면에 시간이력 지진운동을 입력하여, 지반 및 구조물의 거동 그리고 지보재에 발생하는 단면력 등을 동적으로 구한다.

동적해석법의 경우 주로 구조물의 형상과 지반조건이 복잡한 경우에 대하여 응답변위법과 응답진도법에 의한 계산 결과를 확인하거나, 다층지반인 경우, 응답변위법의 적용에 필요한 지반의 자유장운동을 파악하기 위해서 사용되기도 한다. 동적해석법으로는 시간영역해석법과 진동수영역해석법(주파수영역해석법)이 있으며, 구조물 및 주변 지반을 동역학 모델로 바꿔놓고 이것에 지진동을 입력하여 구조물의 응력 등을 동적으로 구하는 것이므로, 상대적으로 해석이 어렵고, 많은 시간이 소요된다.

• 관련 연구 및 기준

우리나라의 지중구조물과 관련된 주요 내진설계기준들은 다음과 같다.

(1) 내진설계기준연구(II)(건교부 1997)

이 연구는 기존의 국내 내진설계기준과는 달리, 내진설계성능기준 체계를 다단계 성능목표 및 이를 구성하는 다중 성능수준과 다중 설계지반운동수준으로 제시하였다. 이 연구는 내진설계기준 공통적용사항(행안부, 2017) 와 KDS 17 10 00 내진설계 일반(국토부, 2018)

의 근간이 되었다.

(2) KDS 11 50 25 : 2018 기초 내진 설계기준

- 지중 벽체 구조물과 같이 지반변위가 지배적인 기초 구조물에 대해서는 응답변위 해석방법을 적용한다.

(3) KDS 27 17 00 : 2018 터널 내진설계

- 지진발생시 지중구조물인 터널은 지반운동에 순응하여 거동하기 때문에 지상구조물과는 상이한 내진설계를 실시하여야 한다.

(4) KDS 61 15 00 : 2019 하수도 내진설계; KDS 57 17 00 : 2019 상수도 내진설계

- 설계지반운동은 지상구조물의 경우, 구조물이 건설되기 전에 부지 정지작업이 완료된 지면에서의 자유장운동으로 정의하고, 지중구조물의 경우는 기반암에서의 자유장운동으로부터 산정된 대상 구조물 위치에서의 지반운동으로 정의된다.
- 설계지반운동의 특성은 표준설계응답스펙트럼으로 표현하며, 지상구조물은 가속도응답스펙트럼을, 지중구조물은 속도응답스펙트럼을 적용한다.

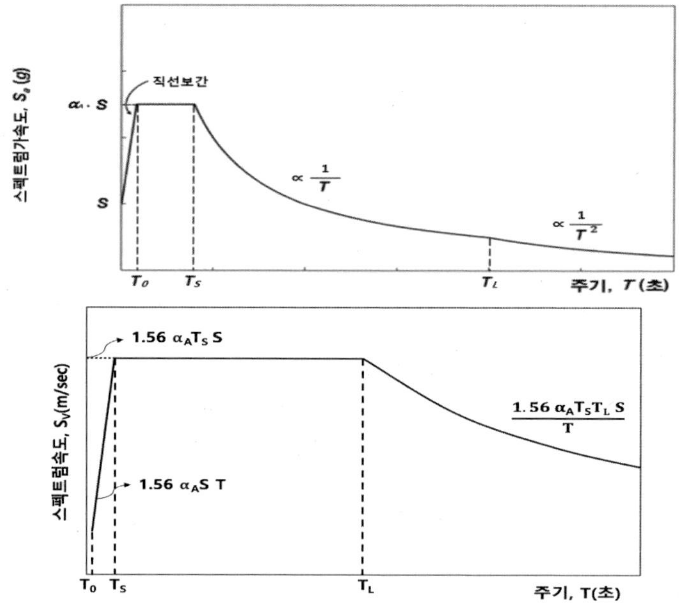

(a) 가속도 (b) 속도

그림 6.9.1e 수평방향 지반운동의 암반지반(기반암) 표준설계응답스펙트럼 (하수도 내진설계, 2019)

(5) KDS 11 44 00 : 2018 공동구 설계기준

1) 설계지반운동

- 지중구조물인 공동구의 설계지반운동은 기반면에서의 지반운동으로 정의한다.
- 지진해석 방법으로 응답변위법을 사용하는 경우, 지반응답해석을 수행하지 않고 지반변위 및 주면전단력을 산정하기 위하여 기반면에서의 설계속도응답스펙트럼을 사용한다.

- 기반면에서의 설계속도응답스펙트럼은 기반암 운동에 대한 표층지반(지표면으로부터 기반면 사이의 지반)의 응답을 표층지반의 고유주기에 따라 기반면에서 설정한 속도응답스펙트럼이다.
- 내진성능수준별 감쇠비(ξ, %단위)는 아래와 같이 설정한다. 단, 별도의 합리적인 해석에 의하여 감쇠비를 산정하는 경우 이를 적용할 수 있다.
    - · 기능수행수준 : $\xi = 10$
    - · 붕괴수행수준 : $\xi = 20$
- 기반면에서의 설계속도응답스펙트럼은 앞에서 제시한 감쇠비를 적용하고 내진설계 일반(KDS 17 10 00)에 따라 구한 암반지반(S_1) 설계지반운동의 가속도 설계응답스펙트럼을 직접 적분하여 구할 수 있다. 이때 환산식은 다음 식을 이용한다.

$$S_v = \frac{T}{2\pi} S_a$$

여기서

S_v = 스펙트럼속도 (m/s)

S_a = 스펙트럼가속도 (m/s^2)

T = 고유주기(s)

- 유효수평지반가속도(S)를 행정구역에 따라 결정하는 경우 앞서 설명한 절차에 따라 S_1 지반에 대해 구한 기반면에서의 설계속도응답스펙트럼을 도시하면 다음 그림과 같다.

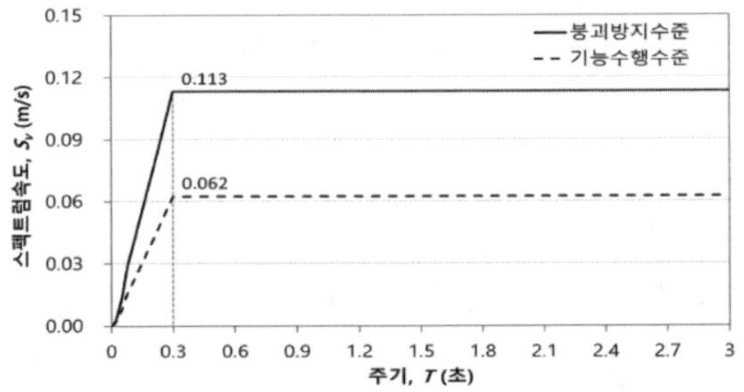

(a) 지진구역 I

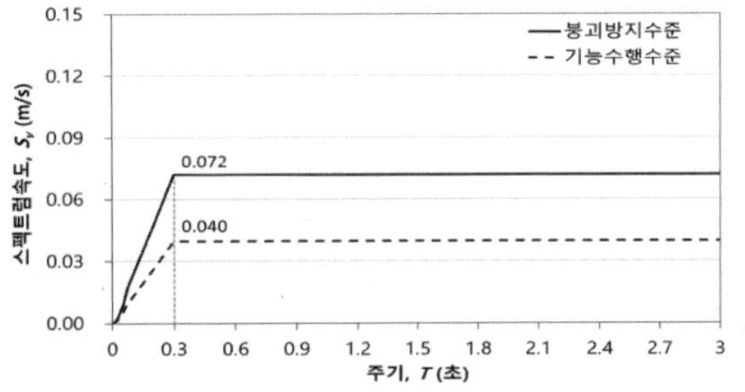

(b) 지진구역 II

그림 6.9.1f 기반면에서의 설계속도응답스펙트럼(공동구, 2018)

2) 지진해석 및 내진설계

- 지하공동구 구조물의 지진해석은 지반 조건, 구조 조건 등을 고려하여 응답변위법 혹은 시간이력해석법을 사용하여 수행할 수 있다.
- 응답변위법은 지하공동구 구조물의 지진해석을 위한 표준해석법으로 사용하고, 시간이력해석법은 상세한 검토를 필요로 하는 경우나 구조 조건, 지반 조건이 복잡한 경우, 지반과 구조물의 상호작용을 고려하는 경우에 사용한다.
- 지하공동구 구조물의 지진해석은 2차원 횡단면해석을 원칙으로 하며, 종방향 지반상태가

급격히 변화하는 구간 등의 경우에는 종방향에 대한 내진구조해석을 추가로 수행한다.

표 6.9.1 지하공동구의 지진응답해석법(도시철도 내진설계기준, 2018)

지진응답해석 단면	지진응답해석법	지진입력 성분
횡단방향	응답변위법	수평성분
	응답진도법	
	동적해석법	
종단방향	응답변위법	수평 및 수직성분
	동적해석법	

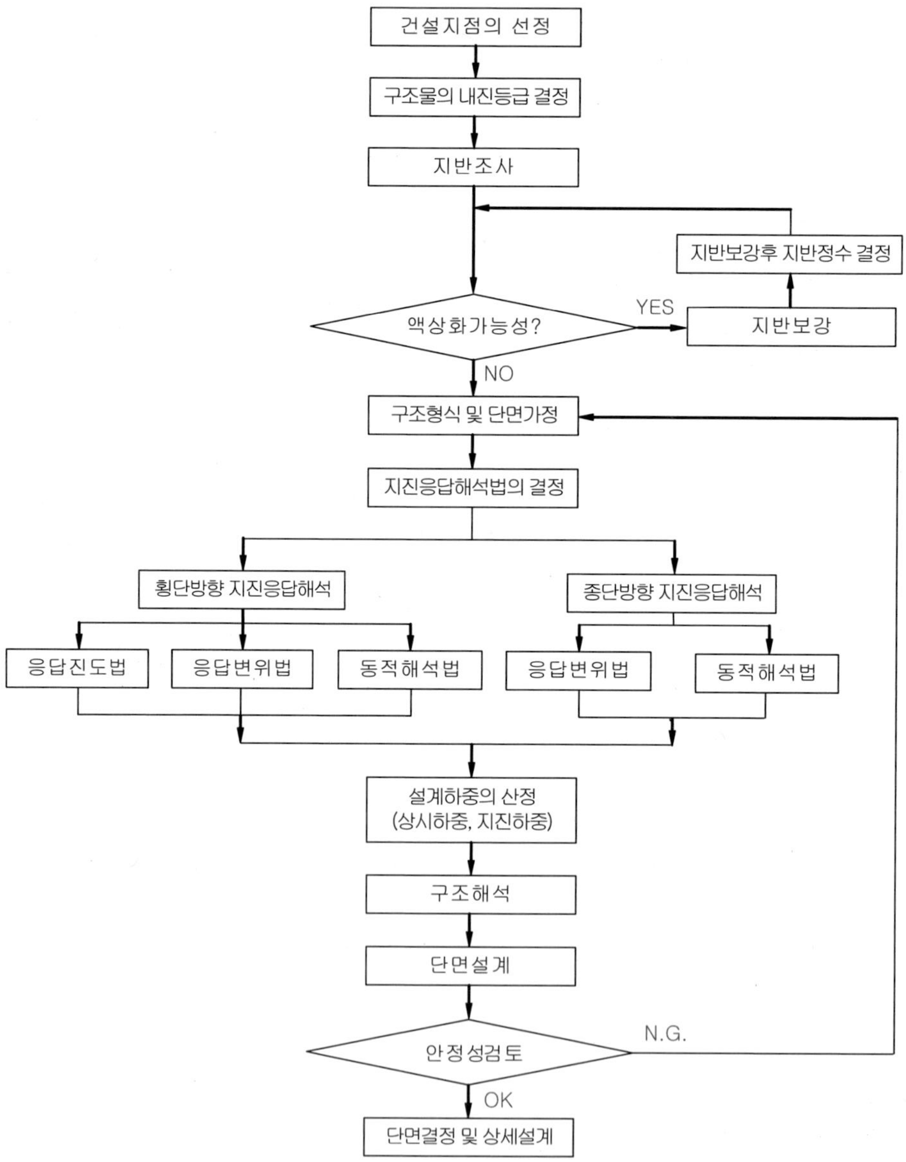

그림 6.9.1g 지하공동구의 내진설계 절차(도시철도 내진설계기준, 2018)

6.9.2 응답변위법

우리나라 지중구조물의 내진설계는 '내진설계기준연구(II)(1997)'을 기반으로 '터널설계기준(1999)', '도시철도 내진설계기준(2005)', '지하공동구 내진설계기준(2004)' 등에서 시작되었다. 이들 기준에 채택된 응답변위법은 1974년 일본도로협회에서 제안된 석유 파이프라인 기술기준에서 소개되어 일본과 국내에서 지중구조물의 일반적인 지진해석법으로 사용된다.

이 절은 도시철도 내진설계기준(국토부, 2018), 공동구 설계기준(KDS 11 44 00 : 2018), 기존 시설물(공동구) 내진성능 평가요령(KALIS, 2020), 한국전산구조공학회지 "응답변위법을 사용한 지중구조물의 지진해석(이병로 등, 2009)" 및 한국지반공학회지 "응답변위법을 이용한 지하구조물 내진해석(추연욱, 2021)"을 참조하였다.

• 서론

지중관, 침매터널, 지하철 등의 지중구조물은 지반과 접해 있으므로, 지진 시 지중구조물 응답은 지상구조물의 고유주기에 주로 영향을 받는 지상구조물의 응답과는 상이한 경향을 나타낸다. 지상 구조물의 경우 주변 매개체인 공기보다 상대적으로 구조물의 중량이 매우 크므로, 지진 시 구조물의 관성력이 지상구조물의 응답에 큰 영향을 미친다. 그러나 지상구조물과는 달리 대부분의 지중구조물의 내부는 비어있는 상태(즉, 중공인 상태)이므로, 지중구조물의 겉보기 단위체적당 중량은 주변 매개체인 지반의 단위 체적당 중량에 비해 같거나 작다. 또한, 지중구조물은 주변 지반으로 인해 자유롭게 진동하지 못하므로, 지상구조물에 비해 감쇠가 매우 크게 발생하며, 변위 거동도 지반 진동과 유사하다. 즉, 지진 시 지중구조물 응답은 구조물의 질량에 의한 관성력보다는 주변 지반에서 발생하는 지반의 상대변위에 영향을 받는다.

응답변위법은 구조물의 단위체적당 중량이 구조물을 둘러싼 주변 매개체의 단위체적당 중량보다 작거나 같을 경우에 사용하는 내진설계방법이다. 응답변위법은 지진 시 발생하는 지반의 변위를 구조물에 작용시켜서 지중구조물에 발생하는 응력을 정적으로 구한다. 구조물과 지반의 구조해석모형(일반적으로 구조물은 프레임요소, 지반은 스프링요소로 모델링)에 구조물이 없는 자유장 지반에서의 수평상대변위, 가속도, 응력을 입력으로 작용하여 구조해석을 수행한다. 이 방법은 동적인 지반운동을 정적으로 전환하여 지진해석을 한다는 점은 진도법과 같으나, 관성력을 구하는 것이 아니라 지진운동으로 인한 주변지반의 변위를 먼저 구하고 주변지반의 변위에 의해 지하구조물에도 거의 같은 변위가 발생한다고 가정하여 이 변위에 의한 구조물의 응력 등을 구하는 방법으로 진도법과는 근본적인 차이가 있다.

다음에 응답변위법과 관련된 지진해석 및 내진설계절차를 설명하였다(이병로 외, 2009).

• 자유장 해석을 사용한 응답변위법의 개념

(1) 자유장지반응답(δ_f)

지중구조물이 없는 자유장지반(free field soil)의 지진에 의한 지반응답은 δ_f와 같다. 여기서 지진 후 지중구조물의 위치에서 지중구조물의 변형된 형상을 가상경계면으로 가정하면, 가상경계면의 내부와 외부에서의 전단응력(τ)은 서로 평형상태를 유지한다.

(2) 공동지반응답(δ_c)

지중구조물의 들어설 지반을 제거한 공동지반(cavity soil)의 지진에 의한 전단변형은 δ_c와 같다. 여기서 자유장지반응답(δ_f)에서 가상경계면의 내부에 발생했던 전단응력(τ)이 없어지므로, 평형상태가 무너져 추가변형(δ_a)이 발생하며, 경계면에서의 응력은 영(0)이 된다. 즉, $\delta_c \neq \delta_f$이며, 다음과 같다.

$$\delta_c = \delta_f + \delta_a$$

여기서 추가변형(δ_a)은 자유장지반응답(δ_f) 상태에서 가상경계면의 외부에 작용하는 전단응력을 작용시킬 때 발생하는 지반의 추가응답이다.

(3) 지중구조물 지반응답(δ_s)

지중구조물의 응답(δ_s)은 자유장지반응답 효과(δ_f)와 공동지반응답 효과(δ_a)를 포함하여야 하며, 다음과 같은 절차로 구한다.

1) 지중구조물과 지반을 함께 모델링한다. 일반적으로 지중구조물은 프레임 요소로, 지반은 스프링 요소로 모델링한다.
2) 자유장지반응답(δ_f)을 작용시킨다.
3) δ_f를 작용시킨 상태에서 가상경계면의 외부에 작용하는 전단응력(τ)을 지중구조물의 주변에 작용시킨다.
4) 지중구조물의 응답(δ_s)을 구한다.

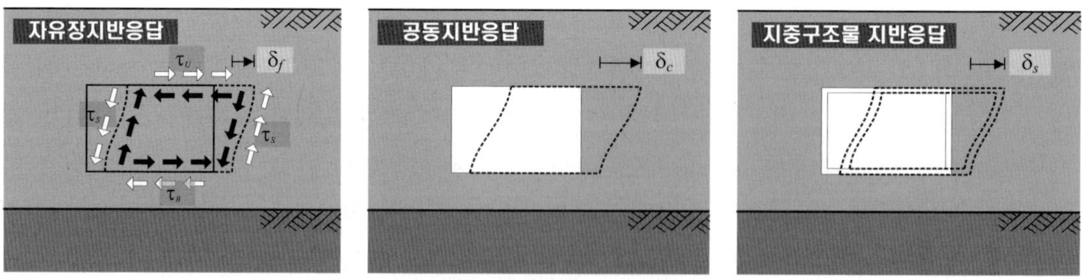

그림 6.9.2a 응답변위법의 개념과 절차
(참조: 6.7.2절의 부분구조법을 모멘트분배법으로 설명한 것도 개념이 동일)

5) 지중구조물의 자체 질량 효과를 고려한다면 관성력을 사용하여 고려한다. 응답변위법은 정적하중으로 변환된 지진하중을 지중구조물에 작용시키는 정적해석법이므로, 구조체의 강성과 하중의 관계만으로 해석을 수행한다.

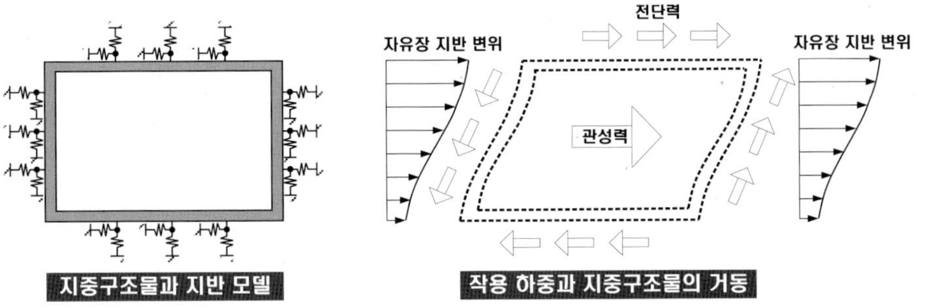

그림 6.9.2b 지중구조물 모델과 하중

• 응답변위법을 사용한 내진설계절차

응답변위법의 절차를 '도시철도 내진설계기준(국토부, 2018)'와 '기존 시설물(공동구) 내진성능 평가요령(KALIS, 2020)'을 위주로 설명하였다.

(1) 단면을 설정한 후 지반조건에 따른 지진계수를 산정한다.

(2) 지반의 최대 변위진폭을 결정한다. 여기서 지반의 변위진폭 산정시 이용되는 기반면에서의 설계응답속도는 기존의 가속도 응답스펙트럼을 속도 응답스펙트럼으로 변환시켜 사용하며, 이 경우 각 성능수준별 속도 응답스펙트럼 산정에 유의해야 한다.

(3) 지반조건에 따라 지반반력계수를 산정한다.

(4) 설정된 단면의 상시하중과 지진 시 하중에 의한 단면력을 계산한다. 여기서 지진하중은 지중구조물에 가장 불리한 응력, 변위 또는 그 밖의 영향이 발생되도록 작용시킨다.

(5) 계산된 단면력과 상시하중에 의한 설계 단면력의 비교를 반복하여 최적 단면을 산정한다.

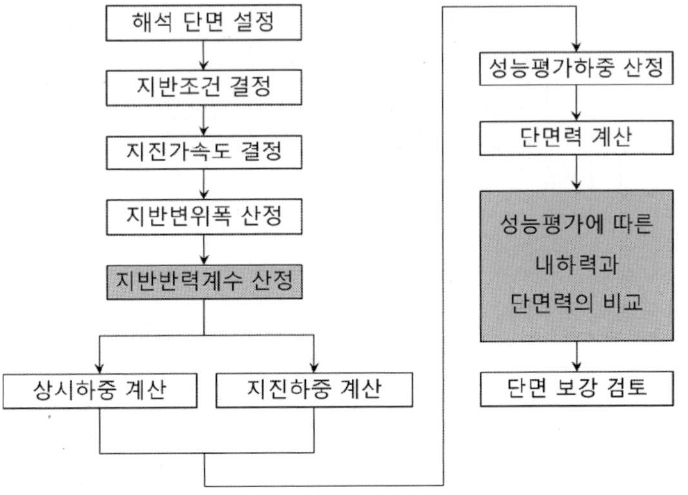

그림 6.9.2c 응답변위법의 해석절차 (KALIS, 2020)

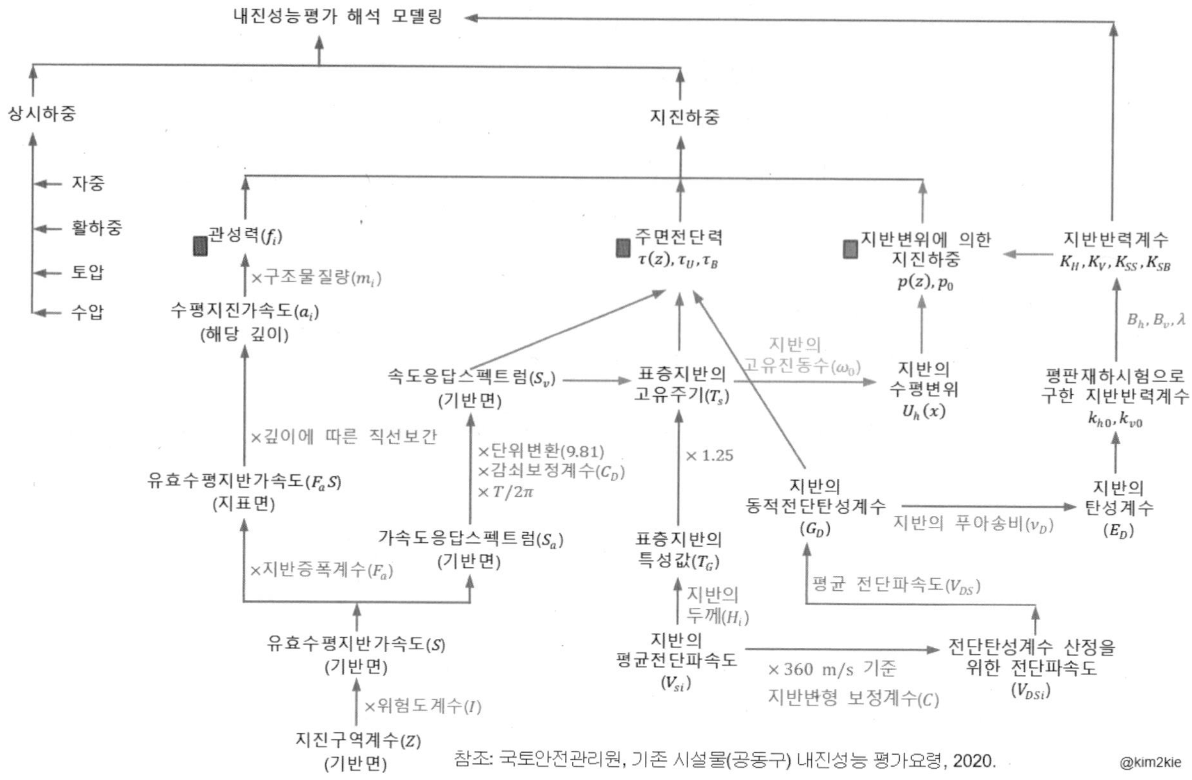

그림 6.9.2d 응답변위법의 해석 절차 예시 (참조: KALIS, 2020)

[단계 1] 지반-구조물 전체시스템 모델링

응답변위법에 의한 모델링과 해석은 2차원 횡단면 모델링과 해석을 원칙으로 하되, 지반변화가 급변하는 경우에는 종방향에 대해서도 검토할 필요가 있다. 다음 그림은 응답변위법의 개념을 보여 주는 것으로, 응답변위법에서 고려해야 하는 하중은 자연지반 변위에 의한 하중, 자연상태에서 구조물 주변 지반에 발생하는 전단력 및 구체의 관성력이 있다.

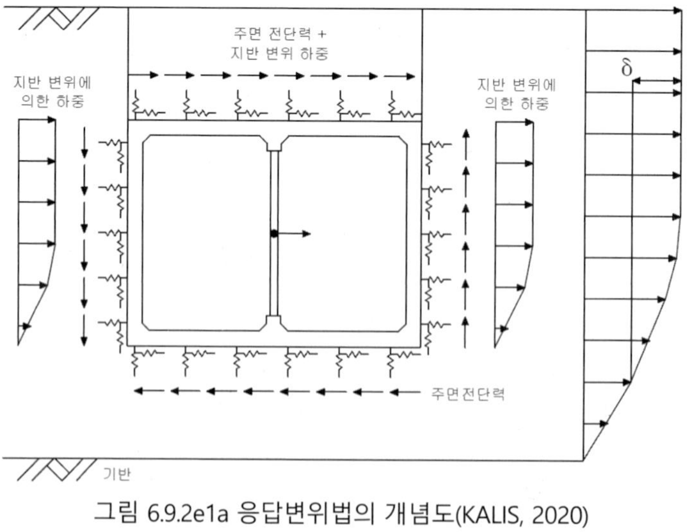

그림 6.9.2e1a 응답변위법의 개념도(KALIS, 2020)

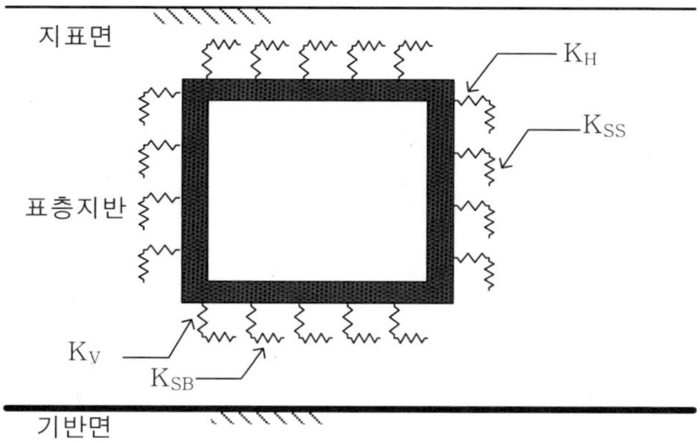

그림 6.9.2e1b 지반반력계수 스프링 요소와 프레임 요소를 사용한 지중구조물 모델링(건교부, 2005)

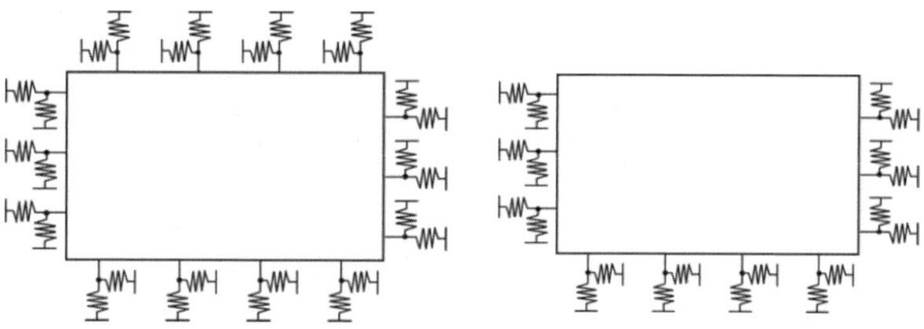

그림 6.9.2e1c 지반반력계수를 적용하는 방법에 따른 구조해석 모델링(KALIS, 2021)

[단계 2] 기반면 결정

응답변위법을 적용하기 위해서는 자연지반의 변위를 산정해야 할 필요가 있다. 이를 위하여 기반암 위의 표층지반을 단자유도계로 치환하여 자연지반의 변위를 산정하게 된다. 따라서 내진설계상의 기반면 결정은 지중구조물의 응답해석에 있어서의 정도를 높이는데 있어서 중요한 문제가 된다.

응답변위법을 사용한 내진 해석에서 사용되는 기반면이란, 그 이상 깊이의 지반에서의 물성변화가 적고, 해석 대상구조물의 하부에 걸쳐 넓게 존재하는 지반으로 강성이 충분히 높은 암반을 의미한다. 이에 대한 판정 기준은 다소 모호하여 여러 가지 견해가 있을 수 있으나, 우리나라의 지역 특성을 고려하여 '내진설계기준 공통적용사항(2017)'에서는 S_1에 해당되는 전단파속도 760m/s 이상인 지반으로 정한다. 그러나 지중구조물, 특히 도시철도 구조물의 구체는 대부분 이와 같은 지반 중에 위치하므로 물성변화가 적고 해석대상 구조물의 아래 면에 걸쳐 넓게 존재하는 지반으로 충분히 강성이 큰 암반과의 경계면을 기반면으로 간주하는 것이 바람직하다. 여기서는 지반조사 결과를 고려하여 경암 경계면, 또는 주상도에 경암이 나타나지 않을 경우, 구조물 저면의 10~15m 이하인 30~35m 정도를 기반면으로 간주한다.

[단계 3] 설계지진계수

설계지진계수는 지진에 의한 지반진동의 강도를 나타낸 설계 가속도를 의미한다. 설계지진계수는 내진성능 목표와 지진구역에 따라 결정한다.

$$설계지진계수(S) = 지진구역계수(Z) \times 지반증폭계수(F_a) \times 위험도계수(I)$$

여기서 지진구역계수(Z), 지반증폭계수(F_a), 위험도계수(I)는 기준에서 제시된 표를 따른다.

도시철도 구조물의 경우 내진 I등급의 구조물로 규정하므로 지진구역 I 및 기반암에서 기능수행수준(100년 재현주기)으로는 0.063(= 0.11 × 0.57)을 사용하며, 붕괴방지수준(1,000년 재현주기)으로는 0.154(= 0.11 × 1.4)의 값을 사용한다.

[단계 4] 지반반력계수 산정

응답변위법에 의한 지진해석에는 지진 시 지반반력계수를 정확히 산출할 필요가 있다. 지진 시 지반반력계수를 작게 산정하여 사용할 경우에는 지진의 영향을 과소평가하게 되는 결과가 얻어지기 때문이다. 지진 시 지반반력계수의 산출 방법은 여러가지가 있으며, 지중구조물의 경우 "교량 하부구조 설계기준(KDS 24 14 50 : 2018)" 또는 "철도설계기준(KDS 47 00 00 : 2018)"의 하부구조 편의 평판재하시험에 관한 식을 이용하여 구하는 방법과 2차원 유한요소 모델을 작성하여 단위하중을 작용시켜 구하는 방법이 있다. 어느 경우이든 지반의 동역학적 성질이 지진의 세기에 의한 영향을 받으므로 기능수행수준과 붕괴방지 수준의 각 지반특성에 적합한 지반반력계수를 적용하는 것이 바람직하다.

(1) 재하폭 산정 방법

지반반력계수는 각종 조사, 시험 결과에 의해 얻어진 탄성계수를 이용하여 기초 재하폭 등의 영향을 고려하여 정하는 것을 원칙으로 한다. 상시 상태에 대한 계수 값은 관련 문헌자료를 참조한다.

$$K_H = k_{h0} \cdot \left(\frac{B_h}{0.3}\right)^{-3/4}$$

$$K_V = k_{v0} \cdot \left(\frac{B_v}{0.3}\right)^{-3/4}$$

$$K_{SS} = \lambda \cdot K_H$$

$$K_{SB} = \lambda \cdot K_V$$

여기서

K_H = 구체 측벽의 수평 지반반력계수(kN/m^3)

K_V = 구체 저판의 연직 지반반력계수(kN/m^3)

K_{SS} = 구체 측벽의 전단 지반반력계수(kN/m^3)

K_{SB} = 구체 저판 및 상판의 전단 지반반력계수(kN/m^3)

k_{h0} = 지름 0.3m 강체원판에 의한 평판재하시험 값에 상응하는 수평 지반반력계수(kN/m^3)

$=\frac{1}{0.3}\cdot E_D$

k_{v0} = 지름 0.3m 강체원판에 의한 평판재하시험 값에 상응하는 연직 지반반력계수(kN/m^3)

$=\frac{1}{0.3}\cdot E_D$

B_h = 구조물 높이(m)

B_v = 구조물 저판 폭(m)

$\lambda = 1/3 \sim 1/4$

E_D = 지진 시 지반변형을 고려한 지반의 탄성계수

$= 2(1+\nu_D)\cdot G_D$

(2) 유한요소법에 의한 방법

2차원 유한요소법을 이용하는 경우는 단위하중을 작용시켜 정적인 해석을 하는 것으로, 일반적으로 2차원 유한요소법(FEM)을 이용한다. 이 방법을 이용할 경우 "도로 또는 철도 설계기준"에 의한 방법 보다 지반의 조건을 효율적으로 고려할 수 있는 장점이 있으나, 유한요소화를 위한 시간이 소요되는 단점이 있다.

지진 시 지반반력계수(K_H, K_V, K_{SS}, K_{SB})를 구하기 위하여 다음과 같이 공동지반의 2차원 유한요소 모델을 작성하고, 구하고자 하는 지반반력계수의 방향으로 단위하중 "1"을 작용시켜 그 방향의 하중과 변위의 관계에서 지반반력계수 값을 산출한다(일본운수성, 1999). 이때 지중구조물의 상판 및 저판의 강성을 고려하거나 혹은 강체로 간주한다.

K_H = 구체 측벽의 수평 지반반력계수(kN/m^3) = $P_H \,/\, \delta_H$

K_V = 구체 저판의 연직 지반반력계수(kN/m^3) = $P_V \,/\, \delta_V$

K_{SS} = 구체 측벽의 전단 지반반력계수(kN/m^3) = $P_{SS} \,/\, \delta_{SS}$

K_{SB} = 구체 저판 및 상판의 전단 지반반력계수(kN/m^3) = $P_{SB} \,/\, \delta_{SB}$

주의할 점은 측방의 경계와 구조물 측벽과의 거리를 충분히 확보하지 않으면 지반반력계수를 구할 때 경계의 영향을 받게 되므로, 유한요소 모델의 경계는 구조물 측별에서 다음 식에서 지정한 거리 이상을 고려해야 한다. 또한 지진 시 지반에 동적 하중에 가해지고 이에 따라 지반이 동적 거동을 하므로 지반의 동적탄성계수 E_D 또는 동적 전단탄성계수 G_D와 동적 포아송비 ν_D를 적용한다.

$$L \geq 3H$$

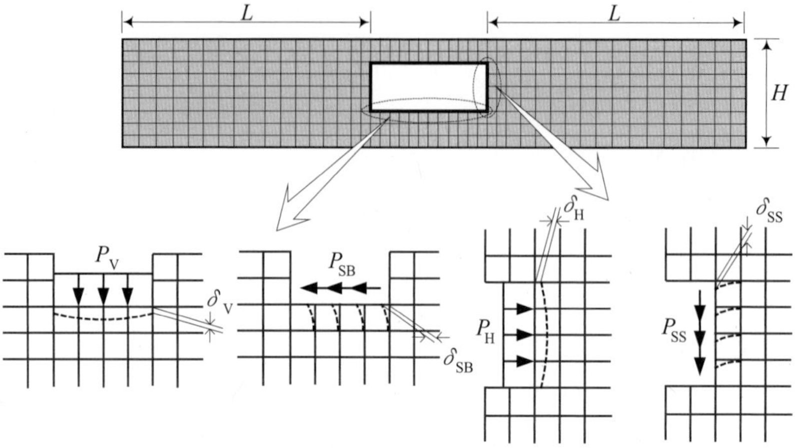

그림 6.9.2e4 지반반력계수 산정을 위한 유한요소 모델

[단계 5] 지중구조물에 작용하는 지진하중

지진 시 지중구조물에 작용하는 지진하중은 다음과 같다.

(1) 지반변위(δ_f)에 의한 하중으로 구조물 상판에 작용하는 하중 p_o

(2) 측벽토압 $p(z)$, 상하판 슬래브의 주면전단력 τ_U와 τ_B, 측벽의 주면전단력 τ_S

(3) 지중구조물의 관성력 f_i

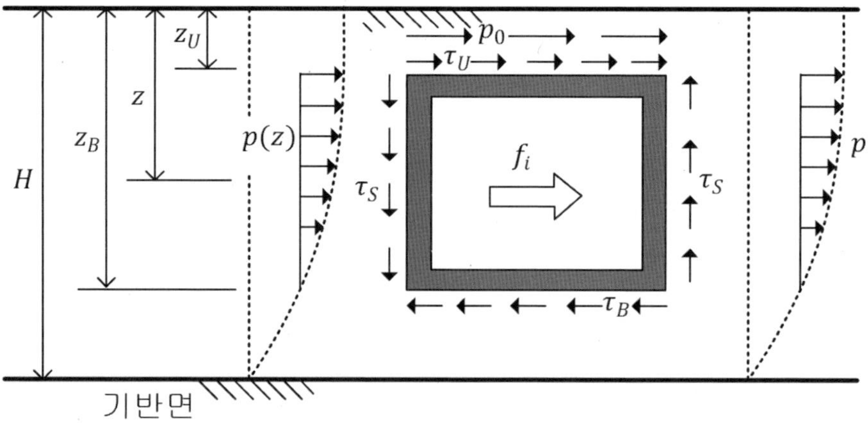

그림 6.9.2e5 구조물에 작용하는 하중들

각 지진하중의 산정방법은 다음과 같다.

(1) 측벽토압 $p(z)$과 상판에 작용하는 하중 p_o

$$p(z) = K_H \cdot \{U_h(z) - U_h(z_B)\}$$

여기서

$p(z)$ = 지표로부터 깊이 z 지점에 작용하는 수평방향 하중(kN/m^2)

K_H = 수평방향 지반반력계수(kN/m^3)

$U_h(z)$ = 지표로부터 깊이 z 지점의 수평방향 변위(kN/m²)

$U_h(z_B)$ = 지표로부터 깊이 z_B 지점의 수평방향 변위(kN/m²)

z_B = 지표로부터 구조물 저면까지의 깊이(m)

또한 4면 지지된 지중구조물의 경우에 상판 위 표층지반의 변위에 의한 상판변위하중 p_0를 추가로 재하한다.

$$p_0 = K_{SB} \cdot \{U_h(z_U) - U_h(z_B)\}$$

여기서

p_0 = 상판의 상면에 작용하는 지반변위하중(kN/m²)

z_U = 지표로부터 구조물 상판의 상면까지의 깊이(m)

K_{SB} = 상판의 전단지반반력계수(kN/m³)

(2) 주면전단력 τ_U, τ_B 및 τ_S

주면전단력 $\tau = G \cdot \gamma = G \cdot \frac{dU}{dz}$이므로, 가정한 지반변위 U를 미분하여 상판, 저판 및 측벽에서의 주면전단력인 τ_U, τ_B 및 τ_S를 구할 수 있다.

1) 지반변위를 단일코사인으로 산정할 경우

$$\tau(z) = \frac{G_D}{\pi H} \cdot S_v \cdot T_S \cdot \sin\left(\frac{\pi}{2H} z\right)$$

따라서

$$\tau_U = \frac{G_D}{\pi H} \cdot S_v \cdot T_S \cdot \sin\left(\frac{\pi}{2H} z_U\right)$$

$$\tau_B = \frac{G_D}{\pi H} \cdot S_v \cdot T_S \cdot \sin\left(\frac{\pi}{2H} z_B\right)$$

$$\tau_S = \frac{\tau_U + \tau_B}{2}$$

여기서

H = 지표로부터 기반암 상면까지의 깊이(m)

2) 지반변위를 이중코사인으로 산정할 경우

$$\tau_1(z) = \frac{2G_D}{\pi^2} \cdot S_v \cdot T_S \cdot \frac{\omega_0}{V_{s1}} \cdot \sin\left(\frac{\omega_0}{V_{s1}} z_1\right)$$

$$\tau_2(z) = \frac{2G_D}{\pi^2} \cdot S_v \cdot T_S \cdot \cos\left(\frac{\omega_0}{V_{s1}} H_1\right) \cdot \frac{\omega_0}{V_{s0d2}} \cdot \left\{\sin\left(\frac{\omega_0}{V_{s2}} z_2\right) + \frac{\cos\left(\frac{\omega_0}{V_{s2}} z_2\right)}{\tan\left(\frac{\omega_0}{V_{s2}} H_2\right)}\right\}$$

구조물의 상판과 저면의 위치가 이중코사인의 제1층 또는 제2층의 어디인지에 따라 다음과 같이 적용한다.

· 구조물 상판은 제1층에, 구조물 저면은 제2층에 위치: $\tau_U = \tau_1(z), \tau_B = \tau_2(z)$

· 구조물 상판은 제1층에, 구조물 저면은 제1층에 위치: $\tau_U = \tau_1(z), \tau_B = \tau_1(z)$
· 구조물 상판은 제2층에, 구조물 저면은 제2층에 위치: $\tau_U = \tau_2(z), \tau_B = \tau_2(z)$

(3) 관성력 f_i

$$f_i = m_i \cdot a_i = \left(\frac{w_i}{g}\right) \cdot a_i$$

여기서

f_i = i번째 구조물의 관성력 하중(kN/m)
w_i = i번째 구조물의 중량 (kN/m)
m_i = i번째 구조물의 질량 (t/m)
a_i = 해당 깊이에 대해 보정한 수평지진가속도(m/sec^2). 기반면 유효수평지반가속도 S와
지표면에서 $F_a \cdot S$를 적용하여 깊이에 따라 수평가속도를 직선 보간하여 산정

지반 상태가 종단방향으로 급변하는 경우 종단방향에 대한 단면력을 검토해야 하며, 관련 수식은 관련 문헌(KALIS, 2020)을 참조할 수 있다.

[단계 6] 지반변위 산정

응답변위법에서 사용되는 지반의 깊이별 수평변위는 기반면에서의 속도응답스펙트럼을 이용하여 토층의 고유주기 T_s에서 지표면의 최대 변위 U_h를 구하고, 지반의 변형 모드를 가정하여 깊이별 지반 수평변위 $U_h(z)$를 구한다.

기반면 속도응답스펙트럼을 이용하여 지중 수평변위를 구하는 방법은 다음과 같다.

1) 지반을 단일층으로 가정하는 단일코사인 방법
2) 지반을 두 층으로 가정하는 이중코사인 방법

기반면 위의 지층의 깊이별 전단파속도가 유사한 경우 단일층으로 가정하여 단일코사인 방법을 사용할 수 있다. 그러나 기반면 위의 지층내부에 풍화암 또는 연암이 출현하여 표층지반의 전단파속도가 2개의 층으로 확연히 구분되는 경우 지반을 2개의 층으로 구분하여 이중코사인 방법을 적용한다.

(1) 단일코사인 방법

$$U_h(z) = \frac{2}{\pi^2} \cdot S_v \cdot T_S \cdot \cos\left(\frac{\pi}{2H_S} z\right)$$

여기서

S_v = 표층지반의 고유주기에 해당되는 기반암 속도응답스펙트럼(m/sec)
T_G = 표층지반의 특성값(sec) = $\sum(4H_i/V_{si})$

T_S = 표층지반의 고유주기(sec) = $1.25T_G$
V_{si} = i층 지반의 평균 전단파속도(m/sec)
H_i = i층 지반의 두께(m)
H_S = 표층지반의 두께(m)

(2) 이중코사인 방법

$$U_{h1}(z) = \frac{2}{\pi^2} \cdot S_v \cdot T_S \cdot \cos\left(\frac{\omega_0}{V_{s1}} z_1\right)$$

$$U_{h2}(z) = \frac{2}{\pi^2} \cdot S_v \cdot T_S \cdot \cos\left(\frac{\omega_0}{V_{s1}} H_1\right) \cdot \left\{\cos\left(\frac{\omega_0}{V_{s2}} z_2\right) - \frac{\sin\left(\frac{\omega_0}{V_{S2}} z_2\right)}{\tan\left(\frac{\omega_0}{V_{S2}} H_2\right)}\right\}$$

여기서

H_S = 전체 표층지반의 두께(m)
H_1, H_2 = 제1층 및 제2층 지반의 두께(m)
V_{s1}, V_{s2} = 제1층 및 제2층 지반의 평균 전단파속도(m/sec)
ω_0 = 지반의 고유진동수. 다음 식에서 시행착오법으로 구함

$$(1+\alpha)\cos\left\{\omega_0\left(\frac{H_1}{V_{s1}} + \frac{H_2}{V_{s2}}\right)\right\} + (1-\alpha)\cos\left\{\omega_0\left(\frac{H_1}{V_{s1}} - \frac{H_2}{V_{s2}}\right)\right\} = 0$$

α = 제1층과 제2층의 임피던스비 = $\frac{\gamma_1 V_{s1}}{\gamma_2 V_{s2}}$

기반면의 속도 응답스펙트럼을 산정할 경우, 해석대상 지반의 공진주기가 0.4초보다 작은 대부분의 국내지반에서는 S_1지반의 지표면 가속도 응답스펙트럼을 적분하여 기반면 속도 응답스펙트럼으로 사용하는 방법이 적절하다. 그러나 공진주기가 0.4초 이상인 장주기 지반에서는 지진응답해석을 수행하여 결정하는 것이 바람직하다.

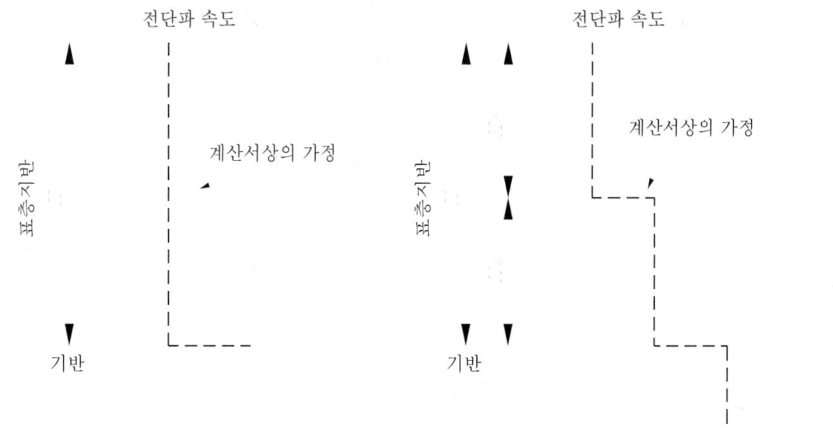

그림 6.9.2e6a 전단파속도에 따른 지층의 분할 및 평균전단파속도 산정(KALIS, 2020)

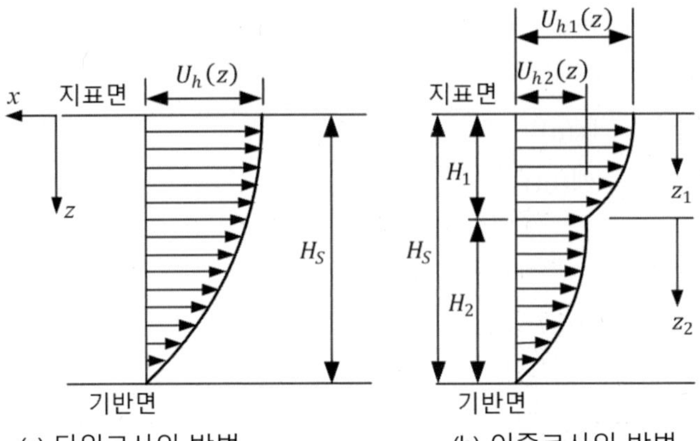

그림 6.9.2e6b 지중 변위형상(모드) 산정법(KALIS, 2020)

[단계 7] 설계 지진 응답스펙트럼

기반면 속도응답스펙트럼을 산정하는 경우, 암반지반(S_1) 지반운동의 가속도 표준응답스펙트럼을 직접 적분한 후 감쇠비 보정을 실시하여 구할 수 있다. 또는 기준에 따라 주어진 기반면 속도응답스펙트럼을 사용할 수 있다.

표 6.9.2a 표층지반의 고유주기(T)에 따른 스펙트럼 속도값 계산식(KALIS, 2020)

주기(T, sec)	지표면 가속도	기반면 속도	비고
	스펙트럼 가속도	스펙트럼 속도	
$0 \le T \le T_0$ $(0 \le T \le 0.06)$	$(1+30T) \times S$	$(1+30T) \times S \times 9.81 \times C_D \times \frac{T}{2\pi}$	감쇠보정계수 C_D는 KDS 17 10 00 참조
$T_0 \le T \le T_S$ $(0.06 \le T \le 0.3)$	$2.8S$	$2.8S \times 9.81 \times C_D \times \frac{T}{2\pi}$	감쇠보정계수 $C_D =$ $0.758/0.561$ (기능수행수준/붕괴방지수준)
$T_S \le T \le T_L$ $(0.3 \le T \le 3)$	$\frac{0.84}{T} \times S$	$\frac{0.84}{T} \times S \times 9.81 \times C_D \times \frac{T}{2\pi}$ $= 1.312 \times S \times C_D$	

지반의 응력-변형률 관계는 변형률의 크기에 따라 탄성계수가 변하는 비선형 거동을 보인다. 따라서 실내시험과 현장시험을 통해 지반의 전단탄성계수 감소 현상을 평가하고 이를 해석에 이용해야 한다. 지반의 비선형성을 반영하기 위해 적합한 구성모델을 선정하여 비선형 해석을 수행하거나, 기준에서 제시하는 비선형성에 대한 경험식을 준용할 수 있다. 선형해석 시에는 하중수준에 따른 비선형 특성을 감안하기 위해 지반의 전단탄성계수를 보정하여 사용한다(KALIS, 2020).

$$G_D = \frac{\gamma_t}{g} \cdot V_{Ds}^2$$

여기서

G_D = 지반의 동적 전단탄성계수(kPa)

γ_t = 지반의 단위중량(kN/m^3)

g = 중력가속도(m/sec^2)

V_{Ds} = 해당 구조물을 포함하는 지층의 평균 전단파속도(m/sec)

$$V_{Dsi} = C \cdot V_{si}$$

여기서

V_{si} = i번째 지층의 현장에서 측정된 평균 전단파속도(m/sec)

V_{Dsi} = i번째 지층의 V_{Ds}(m/sec)

C = 지반변형에 대한 보정계수 $C = \begin{cases} 0.8 & (V_{si} < 360\ \text{m/sec}) \\ 1.0 & (V_{si} \ge 360\ \text{m/sec}) \end{cases}$

특히 해당 지반의 평균 전단파속도가 360 m/sec이상인 단단한 지반(풍화암, 연암, 경암 등)의 경우 지진하중으로 인한 전단변형이 상부지반에 비해 작기 때문에 전단탄성계수의 비선형성이 최소화되므로 이를 고려한다.

표 6.9.2b 국내외 응답변위법 기준 비교(추연욱, 2021)

지역	기준 및 지침	T_S, T_G	전단탄성계수 산정	공학적 기반면
일본	공동구설계지침 (일본도로협회, 1986)	$T_S = 1.25T_G$ $T_G = \sum 4\frac{H_i}{V_{si}}$	$G_D = \frac{\gamma_t}{g}V_{Ds}^2$ $V_{Ds} = 4\frac{H}{T_S} = 4\frac{H}{1.25T_G} = 0.64 \times \frac{H}{T_G}$	$V_s \ge 300$ m/s
	주차장설계·시공지침 해설서(일본도로협회, 1993)	$T_S = 1.25T_G$ $T_G = \sum 4\frac{H_i}{V_{si}}$	$G_D = \frac{\gamma_t}{g}V_{Ds}^2$ $V_{Dsi} = c_V \times V_{si}$ $c_V = \begin{cases} 0.8 & (V_{si} < 300\ \text{m/sec}) \\ 1.0 & (V_{si} \ge 300\ \text{m/sec}) \end{cases}$**	
	일본수도시설내진공법지침(일본수도협회, 2009)	Level 1 $T_S = 1.25T_G$ Level 2 $T_S = 2.00T_G$ $T_G = \sum 4\frac{H_i}{V_{si}}$	$G_D = \frac{\gamma_t}{g}V_{Ds}^2$ V_s 산정 시, 지반의 비선형성을 고려하여 10^{-3}에 해당하는 N값 경험식 활용	
	토지개량공사설계지침 '내진설계' (농림수산성, 농림진흥국, 2015)	$T_G = \sum 4\frac{H_i}{V_{si}}$	$G_D = \frac{\gamma_t}{g}V_{Ds}^2$ $V_{Dsi} = c_V \times V_{si}$ $c_V = \begin{cases} 0.8 & (V_{si} < 300\ \text{m/sec}) \\ 1.0 & (V_{si} \ge 300\ \text{m/sec}) \end{cases}$	
국내	도시철도 내진설계기준(2015)*	$T_S = 1.25T_G$ $T_G = \sum 4\frac{H_i}{V_{si}}$	$G_D = \frac{\gamma_t}{g}V_{Ds}^2$ $V_s = C \times V_{si}$ $C = \begin{cases} 0.8 & (OLE) \\ 1.0 & (CLE) \end{cases}$**	$V_s \ge 760$ m/s
	공동구 설계기준(2018)	$T_S = 1.25T_G$ $T_G = \sum 4\frac{H_i}{V_{si}}$	해당 부분 없음	
	기존시설물(공동구) 내진성능평가요령(2020)	$T_S = 1.25T_G$ $T_G = \sum 4\frac{H_i}{V_{si}}$	$G_D = \frac{\gamma_t}{g}V_{Ds}^2$ $V_{Dsi} = C \times V_{si}$ $C = \begin{cases} 0.8 & (V_{si} < 360\ \text{m/sec}) \\ 1.0 & (V_{si} \ge 360\ \text{m/sec}) \end{cases}$**	

Note) * 개정된 도시철도 내진설계기준(2018)에서 해당 부분 삭제됨

** 국내에서는 C로, 일본에서는 c_V로 표기

[단계 8] 안정성 평가기준

도시철도의 구조물의 내진설계에 있어서 시공 중 또는 완성 후에 구조물에 작용하는 고정하중, 활하중, 토압, 그리고 지진하중 등 각종하중 및 외적작용의 영향을 고려하여야 한다. 도시철도 구조물의 모든 구조 요소는 서로 다른 하중조건하에서 균일한 안전율을 유지할 수 있도록 설계되어야 한다. 이는 각 구조 부재의 강도가 하중계수를 고려한 예상하중을 지지하는데 충분하고 사용하중수준에서 구조의 사용성이 보장되는 것을 요구하고 있다.

기능수행 수준의 지진은 대상구조물에 발생하는 변형을 탄성한도 내에서 거동하도록 규정하지만, 붕괴방지 수준의 지진은 구조물에서 발생하는 소성변형을 허용한다. 구조물이 비탄성 거동을 하게 되면 탄성거동을 하는 경우보다 부재력이 작아진다. 일반 구조물의 경우 이를 고려하기 위하여 부재설계시 탄성해석으로 구한 탄성부재력을 반응수정계수(R, 연성계수)를 사용하여 수정하게 된다. 즉, 지진에 의한 탄성부재력을 반응수정계수로 나눈 값이 지진에 대한 설계부재력이 되며 설계자는 이 설계 부재력을 다른 하중에 의한 부재력과 조합하여 부재의 안전성을 검토하면 된다. 연성계수는 두 가지 측면에서 고려할 수 있는데 하나는 구조물 부재의 최대 곡률과 항복 응력 상태의 곡률의 비이고, 또 다른 하나는 구조물 부재의 최대 변위와 항복응력 상태의 변위의 비이다. 이를 각각 '곡률연성계수(u_{Ψ})'와 '변위연성계수(u_{Δ})'로 정의할 수 있으며 다음과 같은 식으로 나타낸다.

$$u_{\Psi} = \frac{\Psi_{max}}{\Psi_y},\ u_{\Delta} = \frac{\Delta_{max}}{\Delta_y}$$

여기서 Ψ_{max}는 최대소성변형에 대한 곡률; Ψ_y는 항복상태의 곡률; Δ_{max}는 소성변형과 탄성변형의 합; Δ_y는 탄성변형이다.

6.9.3 응답진도법

• 서론

응답변위법은 일본에서 개발된 방법으로 오랜 기간의 연구를 통하여 해석결과의 합리성이 검증되었다고 할 수 있다(Kawashima, 2006; Luo et al., 2002). 그러나 이 방법은 지반스프링상수 등을 포함하여 이 방법을 유도하기 위해 가정된 사항들로 인해, 직사각형 박스형상이 아닌 지중구조물의 경우 해석자의 이해 정도에 따라 해석결과가 일관적이지 못할 수 있으며, 정밀해석 결과와 비교했을 때 종종 지중구조물의 지진응답을 과대 또는 과소평가하기도 한다(Katayama, 1990). 응답변위법의 이러한 불규칙하거나 일관성이 부족한 결과는 인접지반의 전단변형을 관련 지중구조물의 응답으로 전환하는 과정에서 발생한다고 할 수 있다. 더욱이 지중구조물 인접지반의 비선형성 또는 굴착 후 되메워진 지반의 동특성이 지중구조물의 지진성능에 큰 영향을 미치는 경우가 있으므로, 지중구조물과 인접지반을 함께 모형화한 해석방법의 사용이 점차 증가하고 있다(Airman et al., 2006).

'응답진도법'은 지진에 의해 발생되는 구조물(또는 지반)의 각 위치에서 최대가속도가 주어질 때, 각 질점의 질량에 주어진 가속도를 곱한 값을 지진방향의 정적하중으로 작용하여 지진응답해석을 수행하는 방법이다. 지중구조물인 경우에는 구조물과 구조물 주변의 지반을 모두 모형화한 다음 깊이에 따라 부지응답해석을 통해 구한 최대지반가속도(절대가속도)를 지진방향으로 작용하여 적용한다(건교부, 2004). 응답진도법은 설계실무자를 위한 실용적이고 일관성이 있는 결과를 제공하며, 형상과 물성의 변화가 큰 지반과 지중구조물에 대해서도 신뢰성이 높은 결과를 나타낸다(Katayama, 1990). 이 방법은 또한 지반조건이 급격하게 변하는 구간을 지나는 터널의 내진성능을 향상시키기 위한 지진격리설계 등에도 효과적으로 적용될 수 있다(Airman et al., 2006).

응답진도법은 구조물뿐만 아니라 구조물 주변 지반도 유한요소를 이용하여 모델링해야 하므로 국내에서 많이 사용하고 있는 응답변위법에 비해 해석비용이 다소 증가할 수 있다. 그러나 유한요소법에 익숙한 엔지니어라면 직사각형 단면뿐만 아니라 임의 단면에 대한 지진응답해석에도 응답진도법을 사용하여 일관성 있는 해석정확도를 얻을 수 있다. 더욱이 응답진도법을 사용하면 구조물 및 구조물 주변 지반 또는 경계조건의 비선형성을 효과적으로 표현할 수 있으므로, 향후 비정형 단면인 지중구조물의 내진설계 및 성능기반내진설계에 응답진도법이 활발하게 적용될 수 있을 것으로 기대한다.

이 절에서는 응답진도법의 기초이론과 지중구조물의 지진해석을 통한 타당성 검증에 대한 해외자료를 요약하여 정리하였다(Katayama, 1990; 김재민 등, 2009).

• 이론적 배경

대부분의 지중구조물은 인접지반과 독립적으로 거동할 수 없으며, 구조물에 작용하는 주요 외력은 인접지반의 유효동적응답에 의해 발생한다. 이러한 지중구조물의 동적 문제를 지중구조물과 인접지반으로 구성된 시스템의 준정적상호작용(quasi-static interaction) 문제로 모형화할 수 있다.

응답진도법의 이론을 쉽게 설명하기 위하여, 먼저 다음 그림과 같은 종방향 단위길이의 콘크리트 암거와 단위 폭의 균등 인접지반층으로 구성된 평면변형률상태의 2차원 시스템을 고려하자. 이 지반-구조물 시스템의 동적거동은 전단변형이 지배적이라고 가정할 수 있다. 해석모델 바닥의 수평운동 $\ddot{z}(t)$를 입력으로 한 지반-구조계의 운동방정식은 다음과 같다.

$$[M]\{\ddot{\Delta}(t)\} + [C]\{\dot{\Delta}(t)\} + [K]\{\Delta(t)\} = -[M]\{1_z\}\ddot{z}(t)$$

여기서 $[M]$, $[C]$, $[K]$는 각각 시스템의 질량, 감쇠 및 강성행렬이고, $\{\Delta(t)\}$는 시스템의 바닥 지반운동 $\ddot{z}(t)$에 대한 지반-구조계의 상대변위벡터이며, $\{1_z\}$는 지진입력방향과 해석모델 자유도 사이의 관계를 나타내는 상수벡터로서 계숫값은 1 또는 0이다.

이 시스템에서 지중구조물이 차지하는 전체 면적에 대해 무게와 강성을 균등하게 재분배하여 구한 구조물의 감소된 비중과 강성은 일반적으로 인접지반의 비중 및 강성과 비슷하다. 따라서 이 시스템을 실제의 암거를 무시하고 지반층으로만 구성되어 있다고 가정하면, 이 문제는 균등지반의 자유장응답을 구하는 문제와 동일하다.

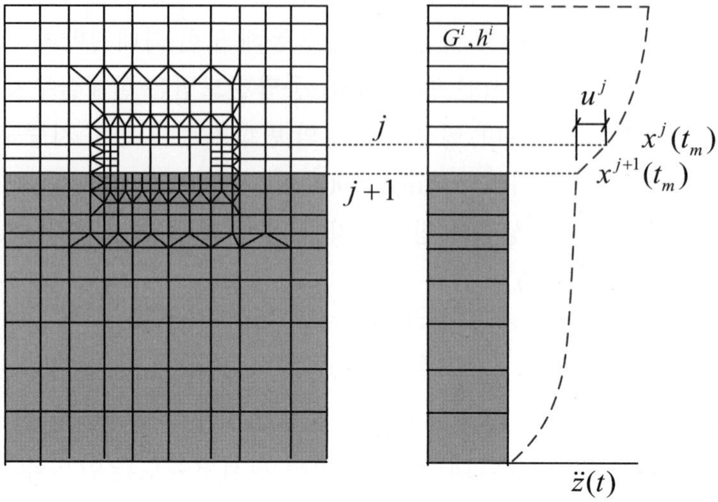

(a) 2차원 정적 유한요소모델 (b) 1차원 파동전파해석에 사용된 연속 자유장모델

그림 6.9.3a 응답변위법의 수치모델 개요(Katayama, 1990)

암거 상단(깊이 j)에서 하단(깊이 $j+1$)까지 평균전단응력(τ^j)은 두 점 사이의 상대변위 u^j에 비례할 것이다. 즉,

$$\tau^j = \bar{G}Bu^j$$

여기서 $\bar{G}$는 평균전단탄성계수이며 B는 상대변위와 전단변형률 사이의 관계를 나타내는 계수이다. 이 식에서 정의한 전단응력 τ^j가 최곳값(peak value)이 될 때의 시점을 t_m이라 하면, 구조물 주변지반의 전단변형에 비례하는 구조물의 응력도 시점 t_m에서 최곳값을 가진다고 가정할 수 있다. 따라서 이 시점에서 시스템의 운동방정식을 다음과 같이 다시 쓸 수 있다.

$$[K]\{\Delta(t_m)\} = -[M]\left(\{\ddot{\Delta}(t_m)\} + \{1_z\}\ddot{z}(t_m)\right) - [C]\{\dot{\Delta}(t_m)\}$$

여기서 우변은 시점 t_m일 때 전체 시스템에 작용하는 동적하중이고, 시점은 t_m으로 고정되었으므로, 이 식은 정적문제가 된다. 또한, 지반의 감쇠가 작아 무시할 수 있다면, 이 식을 다음과 같이 근사할 수 있다.

$$[K]\{\Delta(t_m)\} \approx -[M]\left(\{\ddot{\Delta}(t_m)\} + \{1_z\}\ddot{z}(t_m)\right)$$

이 식의 우변에 있는 $\{\ddot{\Delta}(t_m)\}$은 자유장해석(free field analysis) 또는 부지응답해석(site response analysis)에 의한 상대가속도(그림에서 x)로 근사할 수 있다. 즉,

$$\{\ddot{\Delta}(t_m)\} + \{1_z\}\ddot{z}(t_m) \approx \{\ddot{\Delta}_f^t(t_m)\}$$

여기서 $\{\ddot{\Delta}_f^t(t_m)\}$는 자유장해석을 통해 구한 시각 t_m에서 절대가속도벡터이다. 이를 사용하여 근사한 운동방정식을 다음과 같이 정리할 수 있다.

$$[K]\{\Delta(t_m)\} \approx -[M]\{\ddot{\Delta}_f^t(t_m)\}$$

이 식을 사용하여 시점 t_m에서 새로운 근사 상대변위벡터 $\{\Delta(t_m)\}$과 이에 대응하는 응력벡터를 구할 수 있다. 여기서 시점 t_m에서 지반의 변형률이 비선형영역에 도달한다면, 그 시간에서 변형률 의존적인 지반특성을 추가적인 절차를 사용하여 반영할 수 있다. 이 방정식의 해를 구하는 작업은 지정된 체적력(body force)을 받는 정적 응력문제를 푸는 것과 동일하고, 무시한 감쇠력이 충분히 작다면 원래 해와 매우 근사하다.

만약 (원래는 암거와 공동으로 구성되었지만 등가지반으로 치환된) 지반의 일부를 다시 암거와 공동으로 치환한다면, u^j는 암거의 상단면과 하단면 사이의 최대상대변위와 동일하다. 만약 이 새롭게 치환된 자유장 지반시스템을 푼다면, 암거로 치환된 부분이 최대응력에 도달했을 때 이 시스템의 응력상태를 구해야 하며, 이 방법은 지반에 둘러싸인 암거의 최대응력상태를 근사적으로 예측한다.

앞서 1층 암거와 암거를 둘러싼 균일지반 모델을 고려했지만, 동적 응답문제에 대한 앞의 근사를 다층 암거와 다층 지반 시스템에 확장할 수도 있다. 지중구조물에 의해 치환된 지반의 일부분이 암거의 상단면과 하단면사이의 최대 상대변위를 나타낼 때의 시점인 t_m을 정의하기 위한 조건을 1층 암거와 층상지반에 대해 유도해 보자. $G_i(t), e_i(t)$ 및 h_i를 전단계수, 전단변형률 및 i번째 지반층의 두께라고 할 때, 깊이 j에서 $j+1$사이 지반의 전단변형률에너지 $U^j(t)$는 다음과 같다.

$$U^j(t) = \sum_{i=j}^{j+1} \frac{1}{2} G_i(t) e_i^2(t) h_i$$

여기서 인접지반에 의한 최대에너지가 관심 영역에 최대변형 또는 응력을 발생한다고 가정한다. 만약 암거가 균등지반으로 둘러싸여 있다면, $G_i(t) = G(t), e_i(t) = e(t)$ 및 $h_i = h$이므로, $U^j(t)$는 $u^j = e(t)h$일 때, 즉, 깊이j에서 $j+1$사이의 상대변위가 최고가 될 때 최고가 된다. 조금 더 일반적인 다층암거 또는 다층 지반에 대해, 지반의 전단변형률에너지가 최대가 될 때, 지반에서 최대응력상태가 발생될 것이다. 따라서 암거와 지반의 일반적인 합성 시스템의 경우는 (즉, 암거는 1층 또는 다층이고, 지반은 균등 또는 층상인 경우는) 앞서 1층암거와 균일지반의 경우에 대해 설명한 해석적 절차를 따라 전단변형률에너지를 최대화하여 풀 수 있다.

응답진도법에 의한 지진응답해석절차를 요약하면 다음과 같다.

[단계 1] 지반-구조물 전체시스템 모델링

지중구조물과 주변 지반을 표준 유한요소절차를 따라 2차원 모델로 이상화한다. 수평층으로 된 체눈(mesh)의 최대 높이는 SSI해석 SW와 같은 코드에서 사용하는 해석과 유사하게 결정하고, 지반영역의 수평 및 수직 크기는 지중구조물을 둘러싼 응력의 재분배에 의해 영향을 받는 산란 파동전파를 고려하여 결정한다. 지반영역의 수평 크기(L)는 일반적으로 구조물 측벽으로부터 구조물 높이(H)의 3배 이상 되도록 한다. 그리고 지반영역의 수직 크기는 기반암까지 모델링하며 기반암의 모델링 깊이는 구조물 반폭(B, 구조물의 전체 폭 $= 2B$)의 2배 이상 되도록 한다. 지반영역의 측면경계조건은 수평롤러조건으로 하며 바닥면은 고정한다.

[단계 2] 지반변위와 지반물성값 산정

지중구조물을 무시하고, 2차원 모델과 같은 동일한 층 패턴을 갖는 1차원 지반기둥을 SHAKE에서 사용되는 등가선형방법에 의해 자유장 지반응답을 수행한다. 각 층의 시간 의존적인 변위와 가속도 응답을 수렴된 지반특성값과 함께 저장한다.

[단계 3] 응답진도(지진계수) 산정

시간의존적인 전단변형률에너지 $U^j(t)$를 지중구조물의 상단면과 하단면 내에 놓인 시간의존적인 변위, 수렴된 전단계수 및 각 층의 두께를 사용하여 계산하고, 이 에너지가 최대가 되는 시간 t_m을 구한다. 해석의 편의를 위하여 구조물 상단과 하단 사이의 상대변위가 최고가 되는 시점을 t_m으로 정할 수도 있다. 시점 t_m에서의 응답가속도분포를 지반기둥의 전체 깊이에 대해 선택하고, 정적해석에서 체적력에 대한 입력자료로 사용하기 위해 각 층의 지반응답진도(ground response seismic coefficient)로 변환한다.

[단계 4]

[단계 1]에서 준비한 2차원 정적 유한요소모델에서, [단계 2]에서 구한 수렴된 지반계수, [단계 3]에서 유도한 질량과 지진계수를 사용하여, 정적 유한요소해석에 의해 체적력이 작용하는 응력해석문제를 푼다. 시간 t_m에서의 지중구조물의 응력상태를 근사적인 최대응력상태로 간주한다.

6.9.4 동적해석법*

지중구조물은 지상구조물과는 달리 입력되는 지반운동에 비해 동적응답이 크게 증폭되지 않는 것으로 알려져 있다. 따라서 지중구조물의 내진설계를 위한 구조해석법으로는 등가정적해석방법인 응답변위법 또는 응답진도법이 널리 사용되며, 엄밀한 기법인 동적해석법은 설계의 최종단계에서 설계단면의 타당성을 확인하기 위해 사용된다. 그러나 최근 들어서 성능기반설계법이 활발하게 연구됨에 따라, 설계단계부터 지중구조물 또는 주변 지반의 재료비선형성, 구조물과 지반이 접하는 경계면의 일시적인 분리 등과 같은 경계조건 비선형성을 고려한 지진응답해석의 필요성이 증가하고 있다(Sweet, 1997; Amberg et al., 2001). 이에 따라 지중구조물의 설계단계부터 동적해석을 수행하는 사례가 늘고 있다.

지중구조물의 동적해석을 정확하게 수행하려면 구조물의 동적 특성뿐만 아니라 구조물 주변 지반의 특성도 정확하게 모델링하여 지반-구조물 상호작용(soil-structure interaction, SSI) 효과를 잘 고려하여야 한다. 일반적으로 SSI 효과는 원자력발전소 격납구조물, 고층빌딩, 장

* 한국전산구조공학회지 2009년 5월호 특집(지중구조물의 지진해석) 지중구조물의 동적해석법(김재민 등, 2009)을 발췌하였다.

대교량, 댐 등과 같은 질량이 큰 대형 구조물의 지진응답에 큰 영향을 미칠 수 있으며, 상대적으로 강성이 작은 지반에 구조물이 위치한 경우 그 영향이 크게 나타난다. 지진응답해석시 SSI 효과를 고려할 경우 고려하지 않는 재래의 동적해석법에 비해 구조물의 응답이 증폭되기도 하고 감소되기도 하므로, 최근에는 지중구조물의 보다 안전한 설계 또는 보다 경제적인 설계를 위해서 SSI를 고려하여 동적해석을 수행하는 사례가 늘고 있다.

지중구조물은 크게 다음과 같은 세 가지로 구분할 수 있다(Kawashima, 2006).

1) 수평방향으로 긴 지중구조물: 파이프라인, 지하철, 공동구, 상하수도관 등
2) 수직방향으로 긴 지중구조물: 지하철 환기시설, 수직구, 지하사일로 등
3) 수평방향으로 넓은 지중구조물: 지하주차장, 대형 지하공간 등

지중구조물의 내진설계를 위한 지진응답해석은 구조물의 해석단면에 따라 횡방향해석과 종방향해석으로 구분할 수 있다. 이 절에서는 동적 지진해석이 가장 많이 수행되는 터널 또는 도시철도와 같은 지중구조물의 횡방향해석을 중심으로 다루었다.

지중구조물과 같은 지반-구조계의 동적해석을 위한 방법은 다음과 같다.

1) 설계실무자가 쉽게 활용할 수 있는 범용유한요소해석 SW를 사용하는 방법
2) SSI해석용으로 개발된 전용 SW를 이용하는 방법

이 절은 범용 SW를 이용하는 동적해석의 표준적인 절차와 전용 SW를 이용한 해석절차에 대해 소개하고, 간단한 2층 역사구조물에 대한 예제해석을 통하여 설계기술자가 해석법을 선택하는데 도움이 될 수 있는 정보를 제공한다. 예제해석에 사용된 유한요소해석 범용 SW로 SAP2000을 사용하였으며 전용 SW로 KIESSI-2D를 이용하였다.

[1] 범용 SW를 이용한 동적해석법

(1) 지중구조물 횡단면 유한요소 모델링

지중구조물의 유한요소해석모델을 작성할 때 고려해야 할 주요사항은 다음과 같다.

1) 경계조건 및 지반의 모델링 범위

통상 다음 그림과 같이 해석모델의 좌우측 경계에서 수직변위를 구속할 경우 지반의 모델링 범위(X)는 지하공동구 좌측과 우측으로 각각 구조물 높이(H)의 10배 이상(즉, $X \geq 10H$)이다. 그리고 구조물 아래에 위치한 기반암(전단파속도 1,500 m/sec 이상)의 모델링 깊이(Z)는 구조물 반폭(B)의 3배 이상(즉, $Z \geq 3B$)이 되도록 하는 것이 바람직하다. 해석모델의 수평경계와 수직경계에 점성감쇠요소(viscous damper element)와 같은 흡수경계요소(absorbing boundary condition, ABC)를 설치하여 모델링 범위를 축소할 수 있다.

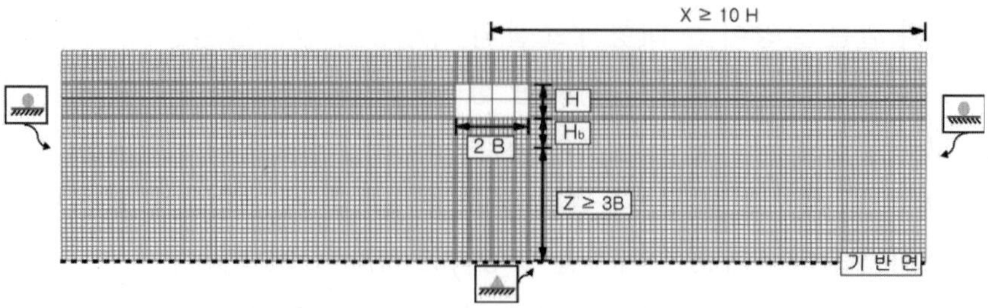

그림 6.9.4a 유한요소해석법에 의한 지중구조물 모델링 범위 및 경계조건(김재민 등, 2009)

2) 해석진동수의 최대 범위

진동수영역해석법을 사용할 경우 구조물의 지진 거동에 영향을 미치는 주요 진동수성분을 포함해야 한다. 통상 지진의 주요 진동수 성분인 0~20Hz 범위를 해석에 포함시켜야 한다.

3) 유한요소의 크기

유한요소법을 사용하여 지반에서 파동전달을 합리적으로 묘사하기 위해서는 유한요소의 크기가 충분히 작아야 한다. 해석모델 작성시 기준이 되는 최대 유한요소의 크기는 다음과 같이 지반의 전단파속도, 해석에서 고려하는 최대진동수 및 유한요소의 종류에 따른 다음의 조건을 만족하여야 한다(KINS, 1995).

① 1차 형상함수 요소의 경우: $h \leq \frac{1}{8}\frac{V_{S,min}}{f_{max}}$

② 2차 형상함수 요소의 경우: $h \leq \frac{1}{3}\frac{V_{S,min}}{f_{max}}$

여기서, h는 유한요소의 최대 크기(m), $V_{S,min}$는 표층지반의 전단파속도 중에서 최솟값(m/sec), f_{max}는 동적해석에서 고려하는 최대진동수(Hz)이다.

최근에는 컴퓨터의 성능이 향상되고 특히 병렬처리기법이 많이 개발됨에 따라 원역지반(far-field soil)까지 직접 모델링하는 방법이 사용되기도 한다. 이 경우 유한요소를 이용하여 구조물과 지반의 일부를 모델링하고 유한요소로 모델링한 지반의 외부경계에 점성감쇠요소, 질량-감쇠-스프링 요소, 또는 무한요소 등을 설치한다.

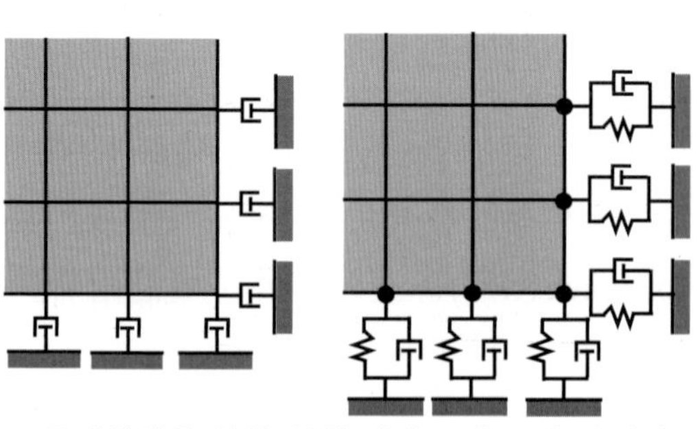

그림 6.9.4b 근사해석을 위한 원역 경계조건 모델(김재민 등, 2009)

(2) 지진입력 및 자유장해석

구조물이 건설되기 전의 지반을 자유장지반(free-field soil)이라고 한다. 자유장지반에서 지진응답은 지반 내부에서 지진응답의 공간적인 분포를 잘 표현하므로 SSI해석에서는 자유장응답을 지진입력으로 많이 사용한다. 따라서 지반-구조물의 임의 점에서 응답(u_{ssi})은 자유장응답(u_{ff})과 자유장응답에 상대적인 상호작용응답(u_i)의 합으로 나타낼 수 있다. 즉,

$$u_{ssi} = u_{ff} + u_i$$

이때 상호작용응답은 구조물로부터 거리(R)가 멀어짐에 따라 그 크기가 감소한다. 즉,

$$\lim_{R \to \infty} u_{ssi} = u_{ff}$$

지중에서 수직방향 원역으로 전파되는 탄성파는 대부분 물체파(body waves)를 통해 전달되므로 거리의 3승에 역비례하여 응답이 감소한다. 따라서 다음 그림에서 지반-구조물 기반면(D점)이 구조물로부터 일정한 거리 이상 떨어져 있다면, 지반-구조물 기반면응답은 자유장지반의 기반면응답(B점)과 같다고 가정할 수 있다.

실무에서는 해석의 편의를 위하여 자유장 기반면응답을 계산하기 위한 자유장해석을 수행하지 않고, 기반암 노두에서 정의된 설계지진가속도를 자유장 기반면응답으로 입력하여 동적해석을 수행하는 경우가 많다. 그러나 일반적으로 지중구조물의 지진응답해석을 위한 기반면은 지상구조물에 비해 깊게 설정될 수 있으므로, 기반암 노두(A점)에 입력한 설계지진가속도와 자유장 기반면(B점)에서 응답은 차이가 클 수 있다. 통상 자유장 기반면응답 $U_B(f)$은 기반암 노두입력 $U_A(f)$에 비해 지반의 고유진동수 부근에서 전달함수의 진폭이 작게 나타난다.

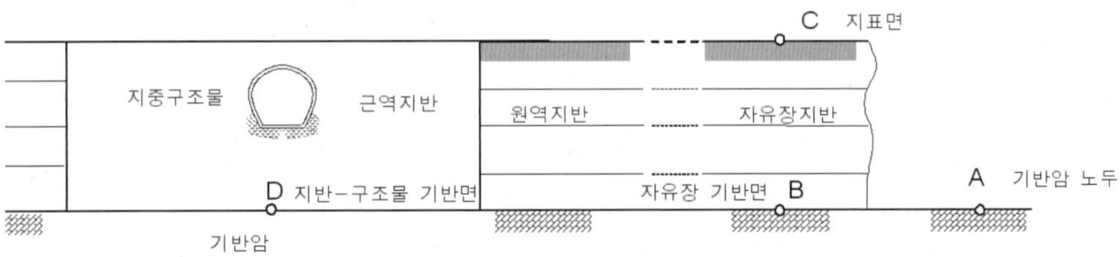

그림 6.9.4c 지반-구조물 상호작용계의 영역 구분(김재민 등, 2009)

[2] SSI 해석용 SW를 이용한 동적해석법

지반-구조물 상호작용의 영향은 상호작용력의 역학적 특성에 따라 일반적으로 관성상호작용 과 운동상호작용 으로 구분한다. 전자는 관성력과 관련된 동적 상호작용이라고 할 수 있으며 후자는 준정적 상호작용이라고 할 수 있으며, 일반적으로 지반-구조물 상호작용에 의하여 구조물의 고유진동수는 감소하고 감쇠능력은 증가하게 된다. 지중구조물은 지상구조물에 비해 주변지반에 의하여 구속되는 효과가 크고, 지중구조물의 등가단위중량이 약 1.0 $\frac{\text{tonf}}{\text{m}^3}$으로 1.4~2.0 $\frac{\text{tonf}}{\text{m}^3}$인 주변 지반의 단위중량에 비해 작아 관성력의 영향이 작다. 따라서 지중구조물에서는 관성상호작용 보다 운동상호작용의 영향이 크게 나타난다.

정밀한 동적상호작용 해석을 위해서는 지반의 반무한성, 지반을 통해 구조물로 전달되는 하중의 복잡성, 비선형성 (구조물과 지반의 접면에서 경계조건, 구조물 및 지반의 비선형성) 등을 동시에 고려해야 한다. 이를 위해서는 구조동역학, 파동전파이론, 지반동역학, 유한요소해석, 비선형해석 등 다양한 방면의 복합적 지식이 요구되므로, 실무에서는 지반-구조물 상호작용해석을 무시하는 경우가 많다.

(1) 지반-구조물 상호작용의 영향
지반-구조물 상호작용의 효과에 대한 이해를 위하여 다음 그림과 같은 단자유도 지반-구조물 집중모델의 동적거동에 대해 설명하였다.

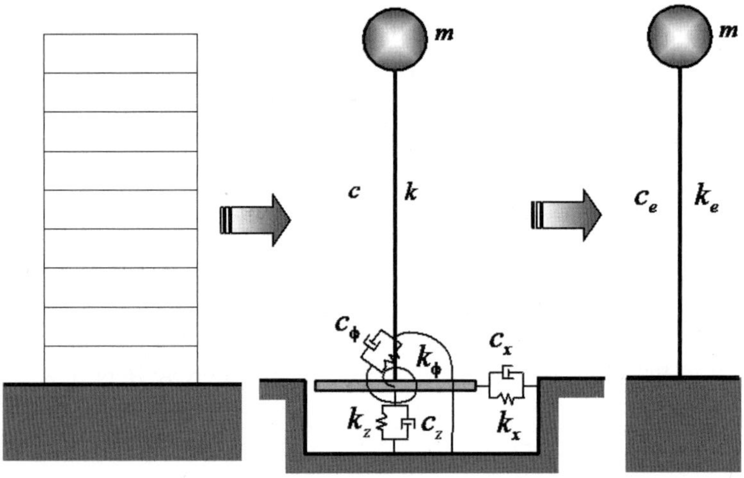

그림 6.9.4d 지반-구조물 상호작용 집중모델(김재민 등, 2009)

이 그림에서 구조물 자체의 동특성이 m(질량), c(감쇠), k(강성)이고 지반-구조물 상호작용을 고려한 SSI 모델의 동특성을 m, c_e, k_e로 나타낼 때, 지반의 부가질량을 무시하면 수평진동의 고유진동수(ω_e)와 감쇠비(ξ_e)는 다음과 같다.

$$\frac{1}{\omega_e} = \sqrt{\frac{1}{\omega_o^2} + \frac{1}{\omega_x^2} + \frac{1}{\omega_\phi^2}}$$

$$\xi_e \approx \left(\frac{\omega_e}{\omega_o}\right)^2 \xi_o + \left(\frac{\omega_x}{\omega_o}\right)^2 \xi_x + \left(\frac{\omega_\phi}{\omega_o}\right)^2 \xi_\phi + \left\{1 - \left(\frac{\omega_e}{\omega_o}\right)^2\right\} \xi_g$$

여기서 ω_o는 바닥이 고정된 구조물의 고유진동수($= \sqrt{\frac{k}{m}}$); ω_x는 수평강체운동의 고유진동수 ($= \sqrt{\frac{k_x}{m}}$); ω_ϕ는 회전강체운동(rocking)의 고유진동수($= \sqrt{\frac{k_\phi}{mh^2}}$); ξ_g는 지반 자체의 재료감쇠비; $\xi_o = \frac{1}{2}\frac{c\omega_o}{k}$; $\xi_x = \frac{1}{2}\frac{c_x\omega_x}{k_x}$; $\xi_\phi = \frac{1}{2}\frac{c_\phi\omega_\phi}{k_\phi}$이다.

앞 식에서 알 수 있듯이 SSI 모델의 고유진동수는 SSI를 고려하지 않은 경우에 비해 감소하며 감쇠비는 증가한다. 이 같은 고유진동수 변화는 작용되는 하중의 진동수성분에 따라 구조응답을 크게 할 수도 있고 작게 할 수도 있으며, 감쇠비 증가는 구조응답을 작게 한다. 따라서 SSI를 고려한 응답은 그렇지 않은 경우에 비해 항상 크거나 항상 작다고 할 수 없으며, 지반-구조물의 특성과 작용되는 하중의 진동수특성에 따라 다르게 나타난다.

(2) 지반-구조물 상호작용 해석 방법 및 SW

지반을 통한 탄성파전달의 분산(dispersion) 특성과 같은 진동수 종속성을 엄밀하게 고려하기 위하여 개발된 대표적인 방법은 다음과 같다.

1) 임피던스방법: CLASSI, HASSI

2) 전달경계요소법/박층요소법: FLUSH, SASSI

3) 동적무한요소법: KIESSI-2D, KIESSI-AXI, KIESSI-3D

4) 경계요소법: LASSI

이와 같은 해석법에서는 지반의 영향을 대부분 진동수종속인 강성으로 표현하므로 지반-구조물 상호작용해석은 대부분 FFT 기법을 이용한 진동수영역에서 수행한다.

진동수영역해법은 비선형성을 직접적으로 고려할 수 없으므로, 지반-구조물계의 비선형해석을 수행하기 위하여 여러 가지 시간영역해법이 개발되었다. 대표적인 기법으로는 구조물과 구조물 주변에 있는 근역지반만을 유한요소로 모델링하는 PML/PMDL방법, 진동수종속 동적강성을 이용한 방법, 시간영역 경계요소법, 진동수영역-시간영역 복합법 등이 있다.

지반-구조물 상호작용해석을 위하여 지난 50여년간 개발된 지반-구조물 상호작용해석용 프로그램은 매우 다양하다. 이들 프로그램을 개발된 국가별로 간단히 소개하면 다음과 같다.

1) 미국의 경우를 살펴보면, 1970년대 중반에 구조물과 근역지반(near-field soil)을 유한요소로 모델링하고 원역지반을 2차원 전달경계요소와 점성경계를 사용하여 표현하는 Super FLUSH 프로그램이 있으며, 축대칭 전달경계요소를 이용하여 3차원 매입지반에 대한 임피던스를 구성하고 구조물과 지반을 입체요소로 모델링하는 SASSI 프로그램이 있다. FLUSH와 SASSI는 국내・외에서 내진설계에 가장 많이 이용되는 SSI해석 프로그램이다. 이 외에도 경계요소법과 유사한 이론에 따라 기초의 임피던스를 구하고 이를 구조물 모델과 결합하여 해석을 수행하는 CLASSI 프로그램도 있다.

2) 일본의 경우, 지반의 원역을 근사적인 임피던스로 모델링하는 축대칭해석 프로그램 HASSI가 있다.

3) 국내에서도 1990년대 초반부터 개발되기 시작한 프로그램 KIESSI가 사용되고 있다.

이 프로그램들의 경우 대부분 원시프로그램(source program)이 공개되어 있기 때문에 사용자의 필요에 따라 다양하게 수정하여 사용할 수 있다.

다양한 해석 프로그램이 있다는 것은 사용자 입장에서 보면 선택의 폭이 넓다는 장점도 되지만, 수학적인 배경이 상이한 해석기술들이 동시에 사용되기 때문에 선택의 어려움과 함께 해석결과의 일관성에 대한 의구심을 일으킬 소지가 있다. 이 같은 문제인식에서 1980년대 후반과 1990년대에 걸쳐 한국, 일본, 대만, 미국, 프랑스 5개국에서 20개 이상의 기관이 참여하여 대만의 Lotung과 Hualien에 원자력발전소 격납구보물의 $\frac{1}{4}$ 축소모형을 건설하고 강제진동 시험과 지진계측을 실시한 다음, 각 참여기관에서 사용하는 지반-구조물 상호작용해석 프로그램을 검증하고 서로 비교하여 각 프로그램의 적용기준을 마련하는 국제공동연구가 수행된 바 있다. 다음 그림은 Hualien 시험모델의 사진과 KIESSI 해석모델 및 해석결과와 시험결과의 비교와 KIESSI-2D와 ANSYS를 사용한 복합법에 의하여 1995년 발생한 일본 고베지진에 의한 지하철 역사구조물의 실제 피해를 비선형성을 고려하여 수치적으로 모사한 사례이다.

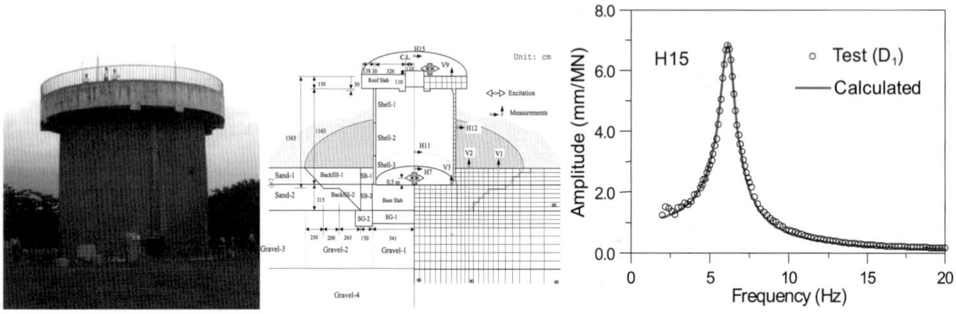

그림 6.9.4e KIESSI의 검증사례: 대만 Hualien의 대형내진시험(Yun et al., 1999)

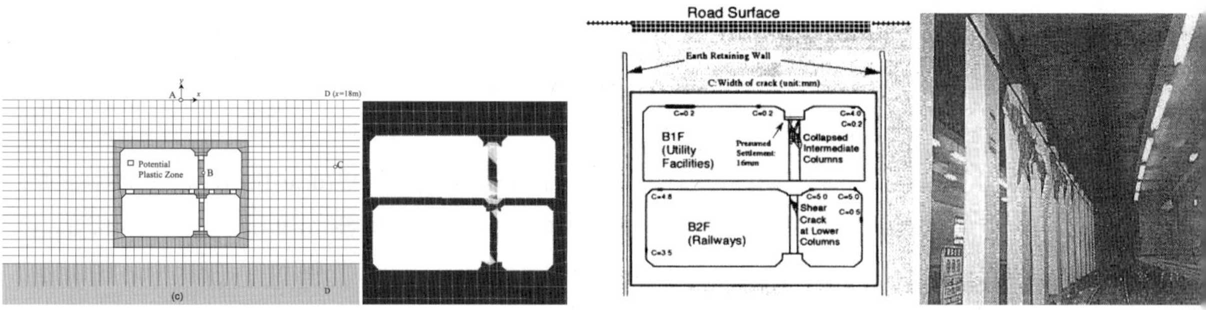

그림 6.9.4f 1995년 고베지진 시 지하철 역사의 피해상황(Matsuda 등, 1996)을 모사하기 위한 비선형 SSI 해석 사례(김재민 등, 2003)

[예제] 6.9.2 응답변위법

응답변위법은 구조물과 지반을 지반스프링으로 분리하여 모델링한 후, 지진 시 주변 지반의 자유장 거동에서 발생하는 지반변위가 구조물에 미치는 거동을 해석하는 정적인 해석방법으로 지진 시 지반의 변위를 산정하는 것이 응답변위법에서 가장 중요하다. 이 예제에서는 정거장 4련 BOX에 대하여 응답변위법을 이용한 해석과정(구조물 모델링→지반스프링 산정→지진 시 하중산정→지진 시 단면력 산정)을 기술하였다(이병로 외, 2009).

• 지반과 구조물의 제원

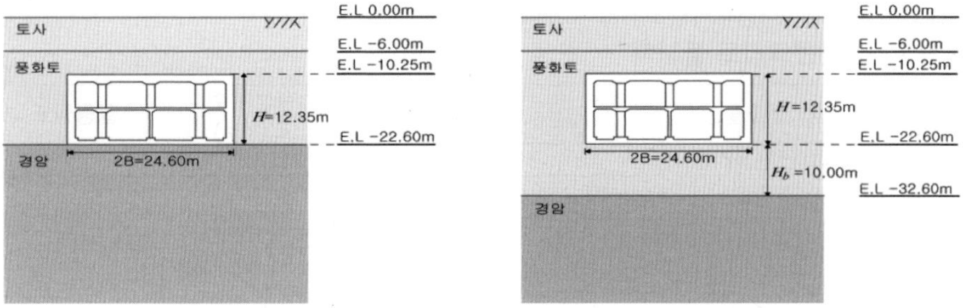

(a) 예제 Ⅰ (b) 예제 Ⅱ

그림 E1. 지반조건 및 구조물의 위치

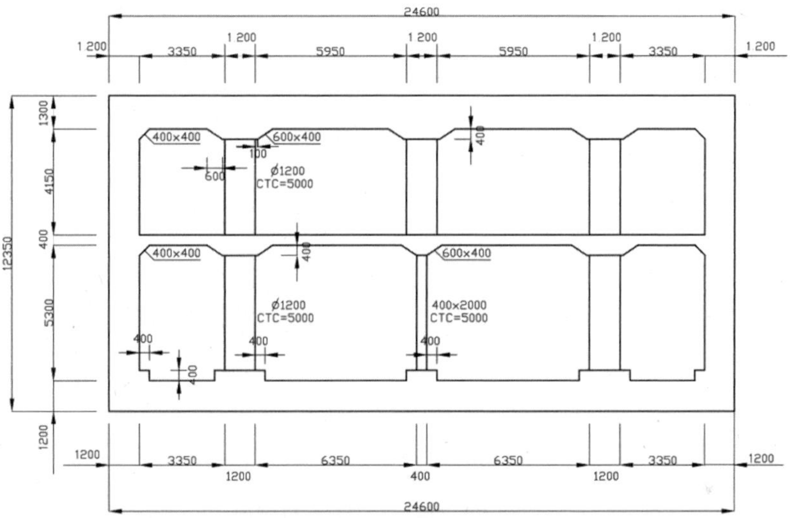

그림 E2. 구조물의 치수

표 E1. 지반 물성치

지반층	전단파속도 $V_s\left(\frac{m}{s}\right)$	질량밀도 $\rho\left(\frac{kN}{m^3}\right)$	탄성계수* $E(kPa)$	포아송비	감쇠비
토사	275	18	367,538	0.35	0.05
풍화토	500	20	1,350,000	0.35	0.05
경암	1,500	23	12,937,500	0.25	0.05

* 탄성계수: $E = 2(1+\nu)\rho V_s^2$

표 E2. 구조물 단면제원

부재구분	종방향 유효폭 b(m)	두께 h(m) 또는 직경 d(m)	단면적 A = bh (m^2)	단면 2차 모멘트 I(m^4)
상부 슬래브	1	1.3	1.3	0.183083
중앙 슬래브	1	0.4	0.4	0.005333
하부 슬래브	1	1.2	1.2	0.14400
1층벽체	1	1.2	1.2	0.14400
2층벽체	1	1.2	1.2	0.14400
기둥 (0.4×2, CTC = 5m)	0.4	0.4	0.160	0.002133
기둥 (1.2m, CTC = 5m)	-	1.2	0.2262*	0.020358*

* 원기둥: $A = \frac{1}{\text{CTC}}\frac{\pi d^2}{4}, I = \frac{1}{\text{CTC}}\frac{\pi d^4}{64}$

표 E3. 철근콘크리트 물성치

구조물	포아송비	탄성계수, E_c(kPa)	질량밀도, $\rho(\frac{\text{t}}{\text{m}^3})$	감쇠비
철근콘크리트	0.17	31,232,574	2.45	0.03

- 콘크리트 압축강도: $f_{ck} = 300\frac{\text{kg}_\text{f}}{\text{cm}^2}$ (29.42 MPa)
- 탄성계수: $E_c\ (\text{MPa}) = 0.077\ W_c^{1.5}\sqrt[3]{f_{cu}} = (0.077)(2{,}450^{1.5})\sqrt[3]{29.42 + 8} = 31{,}233\ (\text{MPa})$

• 모델링

측벽의 수평/전단 스프링은 1m간격으로, 상부 및 하부슬래브의 연직/전단 스프링은 약 0.9m 간격으로 설치하여 모델링하였다.

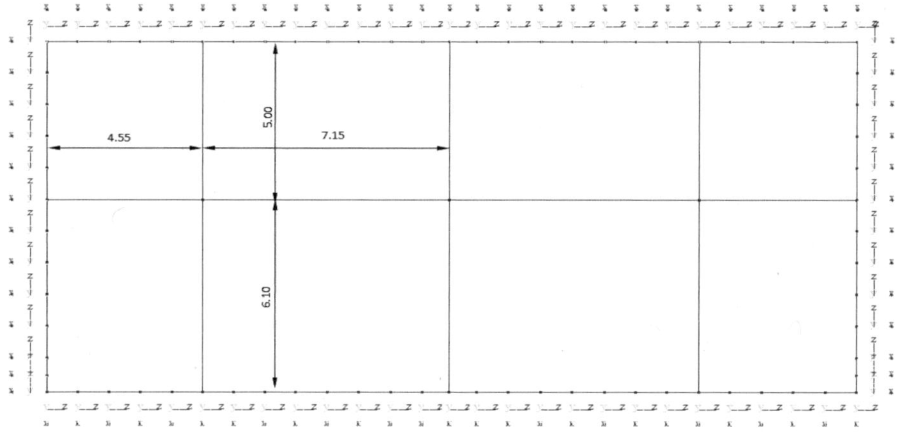

그림 E3. 지중구조물의 모델링

• 지반반력계수(지반 스프링)

지반반력계수는 평판재하공식을 이용하는 방법과 2차원 유한요소법을 이용하는 방법이 있으나, 여기서는 평판재하공식을 사용하여 지반반력계수를 구하였다.

$$K_H = k_{h_o}\left(\frac{B_h}{30}\right)^{-\frac{3}{4}} \quad \text{where} \quad k_{h_o} = \frac{1}{30}E_D, \qquad K_V = k_{v_o}\left(\frac{B_v}{30}\right)^{-\frac{3}{4}} \quad \text{where} \quad k_{v_o} = \frac{1}{30}E_D$$

표 E4. 지반반력계수($\frac{\text{kN}}{\text{m}^2}$)

위 치	예제1의 지반반력계수		예제2의 지반반력계수	
	K_V or K_H	K_{SB} or K_{SS}	K_V or K_H	K_{SB} or K_{SS}
상부바닥판 하면	82,570	27,523	82,570	27,523
하부바닥판 하면	69,221	23,073	69,221	23,073
측 벽	791,296	263,764	82,570	27,523

• 기반면 속도응답스펙트럼

(1) 일반적인 속도응답스펙트럼 산정

- 지진구역: 1 → 구역계수, Z = 0.11
- 기반면의 지반종류: S_A (경암지반, $V_S = 1{,}500\ \mathrm{m/s}$ 초과)
- 지진계수(지진구역 I, 지반종류 S_A): $C_a = 0.09$, $C_v = 0.09$
- 위험도계수(I): 기능수행수준: 0.57 (100년 재현주기), 붕괴방지수준: 1.40 (1,000년 재현주기)
- 최대지반가속도 (PGA): 기능수행수준: $0.09 \times 0.57 = 0.0513\mathrm{g}$, 붕괴방지수준: $0.09 \times 1.40 = 0.1260\mathrm{g}$
- 가속도 설계응답스펙트럼(기반면 노두)

$$T_o = 0.2T_S = 0.2 \times 0.4 = 0.08\ \mathrm{sec},\ \ T_S = \frac{C_v}{2.5C_a} = 0.4\ \mathrm{sec}$$

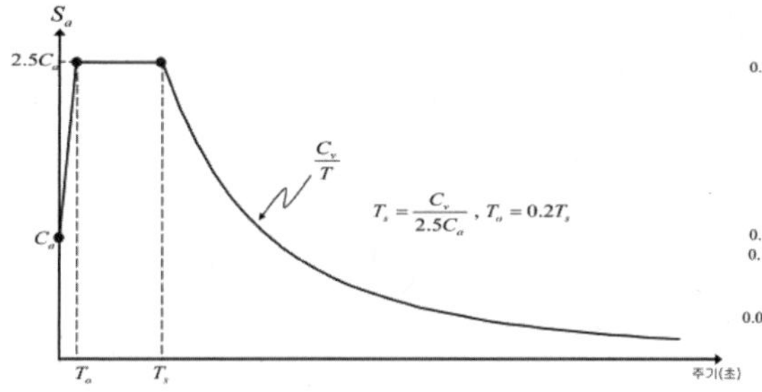

그림 E4. 가속도 설계응답스펙트럼

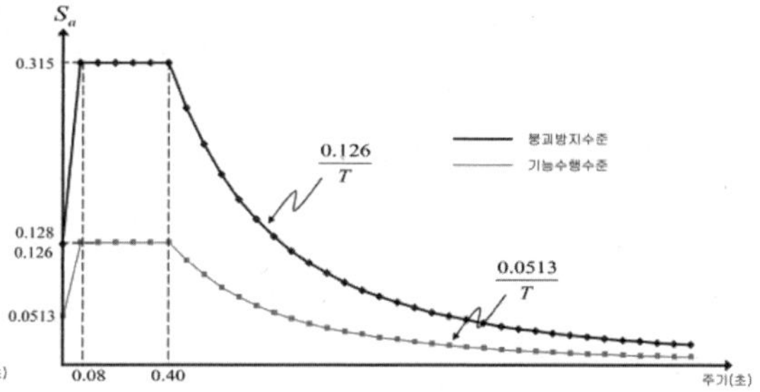

그림 E5. 기반암 응답스펙트럼

(2) 지진응답해석에 의한 속도응답스펙트럼산정

해석대상지반이 S_C지반 또는 그보다 연약한 층이 깊게 발달되어 있어 공진주기가 0.4sec 이상이므로 지진응답해석을 이용하여 기반면의 속도응답스펙트럼을 구하였다. 여기서 1차원 지진응답해석에 널리 쓰이는 등가선형해석프로그램인 Proshake를 이용하였다. 지진해석에 필요한 지반의 동적물성치인 변형률에 따른 전단탄성계수 감소곡선과 감쇠비곡선은 문헌자료와 국내지반을 사용하여 실내실험에서 구한 데이터베이스를 이용하여 결정하였다. 설계지반운동수준은 지진구역 I 구역과 위험도계수는 재현주기 1,000년에 해당하는 1.4을 적용하여 보통암 노두기준으로 0.154g을 설계지반운동수준으로 결정하였다. 인공지진파를 기반암 노두에 수평으로 입력하여 구한 응답스펙트럼은 다음 그림과 같다.

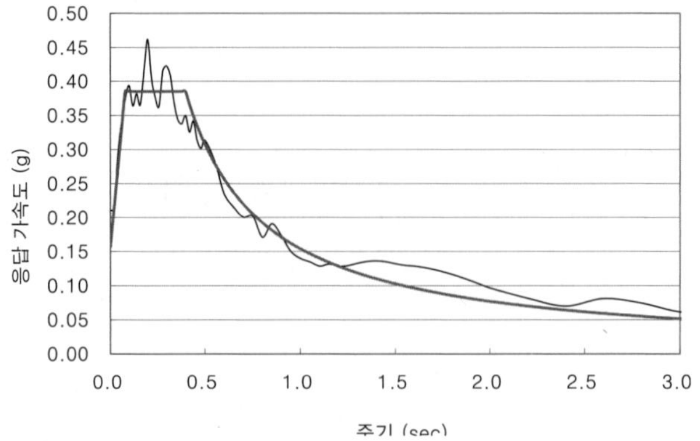

그림 E6. 응답스펙트럼 (감쇠비 5%)

• 지진하중 산정

(1) 상부슬래브 지진토압

$$p_o = K_{SB} \cdot \{U_h(z_U) - U_h(z_B)\}$$

여기서 K_{SB}는 상부슬래브에 대한 수평지반반력계수, z_U와 z_B는 지표면에서 구조물 상판의 상면과 저판의 저면까지의 깊이이다.

(2) 측벽토압

$$p(z) = K_H \cdot \{U_h(z) - U_h(z_B)\}$$

$$U_h(z) = \frac{2}{\pi^2} \cdot S_v \cdot T_S \cdot \cos\left(\frac{\pi}{2H_S} z\right)$$

여기서, S_v = 기반면에서의 속도응답스펙트럼(m/s); T_S = 표층지반의 고유주기; K_H = 측벽에 대한 수평지반 반력계수; $U_h(z)$ = 지표면으로부터의 깊이 z에서의 지반변위; z = 지표면으로부터 깊이; H_S = 표층지반의 두께이다.

(3) 주면전단력

$$\tau_T = \frac{G_D}{\pi H} \cdot S_v \cdot T_S \cdot \sin\left(\frac{\pi}{2H} z_U\right) \qquad \text{(상부슬래브)}$$

$$\tau_B = \frac{G_D}{\pi H} \cdot S_v \cdot T_S \cdot \sin\left(\frac{\pi}{2H} z_B\right) \qquad \text{(하부슬래브)}$$

$$\tau_S = \frac{\tau_T + \tau_B}{2} \qquad \text{(하부슬래브)}$$

여기서, G_D는 지반의 동적전단탄성계수이다.

(4) 관성력

$$f_i = m_i \cdot a_i$$

여기서 a_i = 해당 깊이에 대한 보정한 수평지진계수$(\frac{\text{m}}{\text{sec}^2})$; m_i = 구조물의 질량이다.

지반변위를 구하는 방법으로는 단일코사인 또는 이중코사인 방법을 사용하여 구하는 방법과 지진응답해석을 이용하여 구하는 방법이 있다. 구조물이 풍화토에서만 위치하고 있는 점을 감안하여 표층지반을 단일층으로 가정한 단일코사인이론 및 지진응답해석에서 구한 깊이별 변위는 다음 그림과 같다.

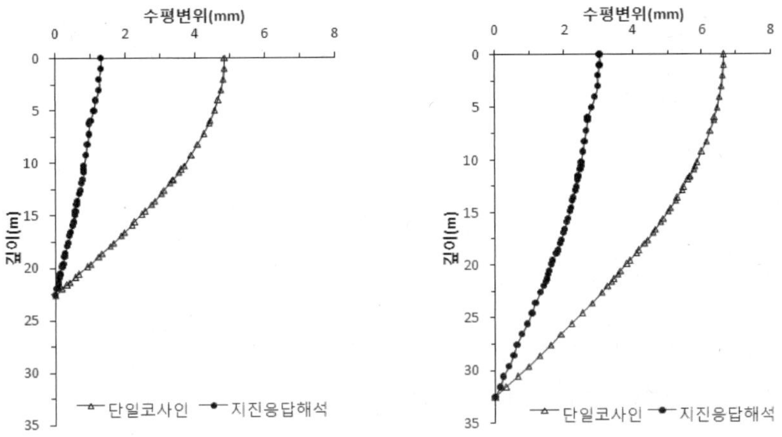

(a) 예제 I (b) 예제 II

그림 E7. 깊이별 변위

일반적으로 풍화토의 경우 표층지반보다 전단파의 속도와 구속압이 크고 지진 시 지반변위가 크게 발생하지 않는다. 단일코사인 경우 기반암 바로 위에서부터 지반변위가 급격히 증가하는 모드형상을 가지고 있어 풍화토에서의 지반특성을 효과적으로 반영하지 않음을 알 수 있다.

국내 도시철도의 역사나 지상에서 지하로 진입하는 본선구간의 경우, 지표면 근처의 표층에 건설되며, 연약층이 존재하는 지중 얕은 곳에 설치되는 매설관로 등을 포함한 지중구조물의 경우에는 SHAKE 등을 사용한 자유장해석(또는 부지응답해석)을 수행하거나, 그렇지 못할 경우 단일코사인 방법 보다는 이중코사인 방법을 적용하는 것이 바람직하다(윤종구, 2007).

• 최대 부재력 산정

구조물에 상부슬래브 지진토압, 측벽토압, 주면전단력, 관성력을 작용시켜 얻은 최대부재력은 다음과 같으며, 구조물이 풍화토에 위치할 경우 단일코사인이론에 의해 구한 변위로 구조해석을 수행하면 지진응답해석에 비해 부재력이 크게 나타나고 있어 과다 설계될 우려가 있다.

표 E5. 응답변위법을 이용한 구조물의 주요 휨모멘트 (예제 I)

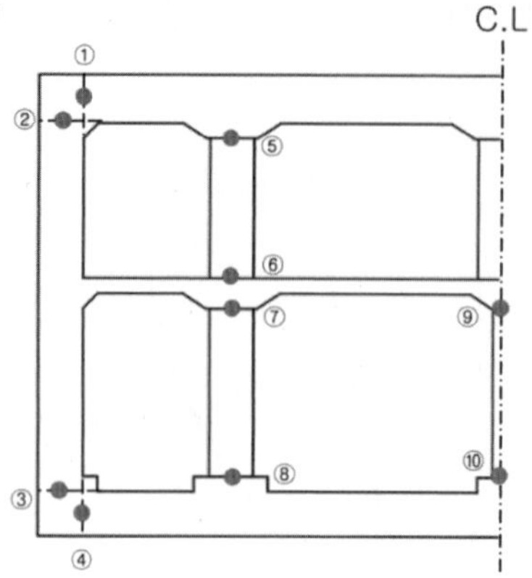

위치	휨모멘트 (kN · m)	
	단일코사인 이론	지진(부지)응답해석
①	2201.60	1034.13
②	2216.68	972.33
③	3379.13	1705.45
④	3035.90	1473.50
⑤	996.11	447.83
⑥	311.10	234.52
⑦	403.80	163.81
⑧	897.89	429.10
⑨	67.49	26.16
⑩	73.38	61.14

표 E6. 응답변위법을 이용한 구조물의 주요 휨모멘트 (예제 II)

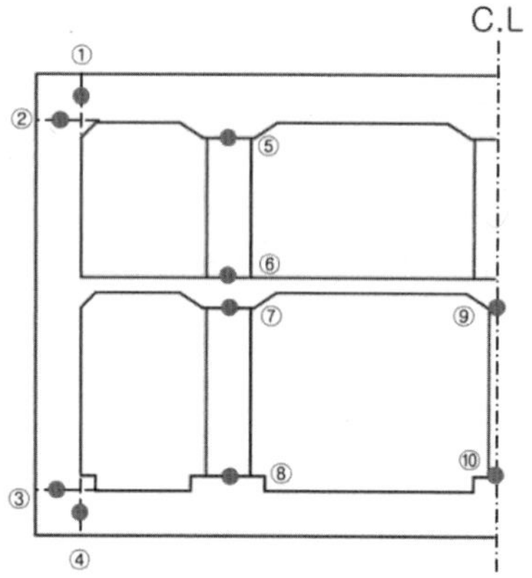

위치	휨모멘트 (kN · m)	
	단일코사인 이론	지진(부지)응답해석
①	1584.29	912.83
②	1407.16	910.85
③	2007.65	1092.36
④	2145.08	1159.23
⑤	608.36	581.04
⑥	239.80	186.99
⑦	370.22	248.32
⑧	604.92	499.70
⑨	67.30	43.78
⑩	82.72	65.68

[예제] 6.9.3 응답진도법

이 예제는 응답진도법의 기초이론과 지중구조물의 지진해석을 통한 타당성 검증에 대한 해외자료를 요약하여 정리하였다(Katayama, 1990; 김재민 등, 2009).

• 1층 암거

1층 다련(multi-cell) 콘크리트 암거를 인접지반에 상대적인 다양한 설치조건하에서 응답진도법을 사용하여 지진해석 하였고, 그 결과를 FLUSH-VB로 구한 정밀지진해석 결과와 비교하였다(그림 E1 ~ E3, 표 E1). 실험과 (FLUSH-VB에 의한) 수치해석으로 구한 동적거동은 서로 거의 일치한다는 Tohma 등(1985)에 의한 비교 연구의 결과를 참조할 때, 응답진도법의 타당성을 검증할 수 있었으며, 응답진도법의 결과와 비교함으로써 응답진도법의 효율성과 신뢰성을 검증할 수 있었다.

• 대규모 지중구조물

응답진도법을 사용하여 대규모 지중구조물에 대해 강지에 대한 지진해석을 수행한 후, 그 결과를 정밀지진해석인 FLUSH-VB를 사용하여 구한 결과와 비교하였다. 응답진도법을 사용하여 구한 콘크리트 라이닝 벽체의 응력분포는 정밀해석결과와 1% 미만의 오차를 나타냈다(그림 E4 ~ E6).

표 E1. 암거의 해석모델과 설치조건에 따른 해석 경우

(Unit : m)

		L_d = 2.75	L_d = 15.0	L_d = 27.75	L_d = 40.0
L_s	L_s/L	L_d/L = .069	L_d/L = .375	L_d/L = .694	L_d/L = 1.00
40.0	1.00	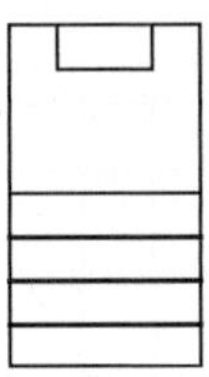 MODEL−1	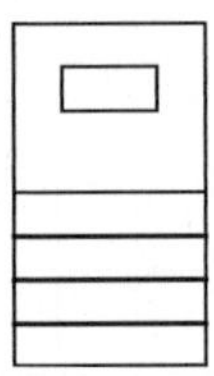 MODEL−2	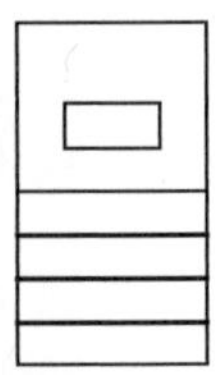 MODEL−3	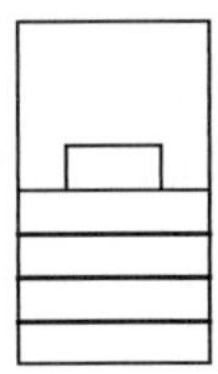 MODEL−4
27.8	.694	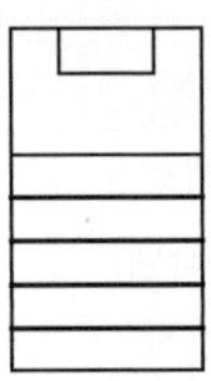 MODEL−5	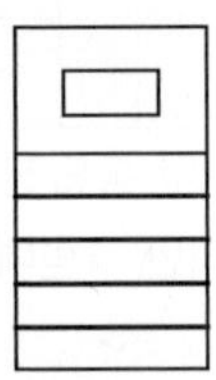 MODEL−6	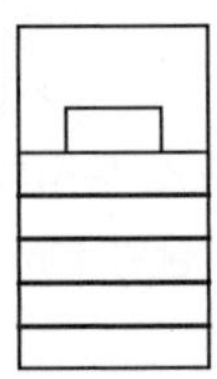 MODEL−7	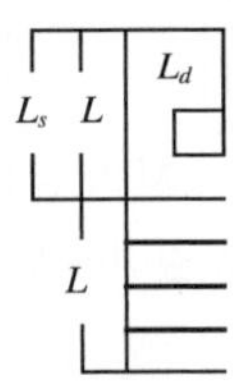 Regend
15.0		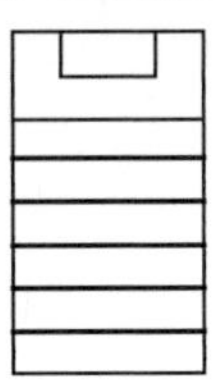 MODEL−8	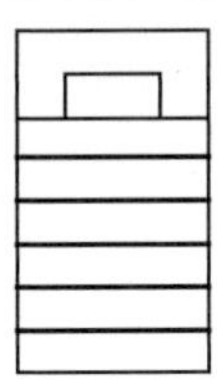 MODEL−9		

Notes : L : Total depth of model
L_d : Embedment depth of duct
L_s : Depth of surface soil
—— denotes soft rock layer

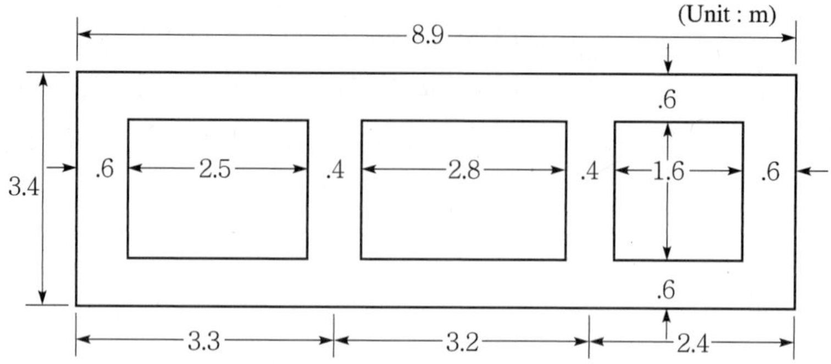

그림 E1. 1층 다련 콘크리트 암거 모델

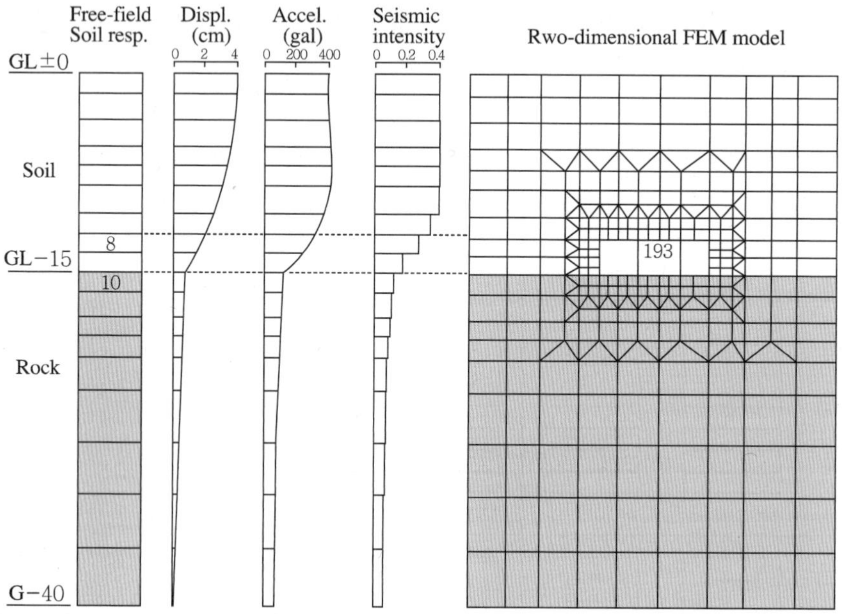

그림 E2. 자유장 지반응답해석, 2차원 유한요소 동적해석 및 응답진도해석을 위한 수치모델
(하부경계는 80m 깊이에 있고, 상위 40m 깊이만 그림에 나타냄)

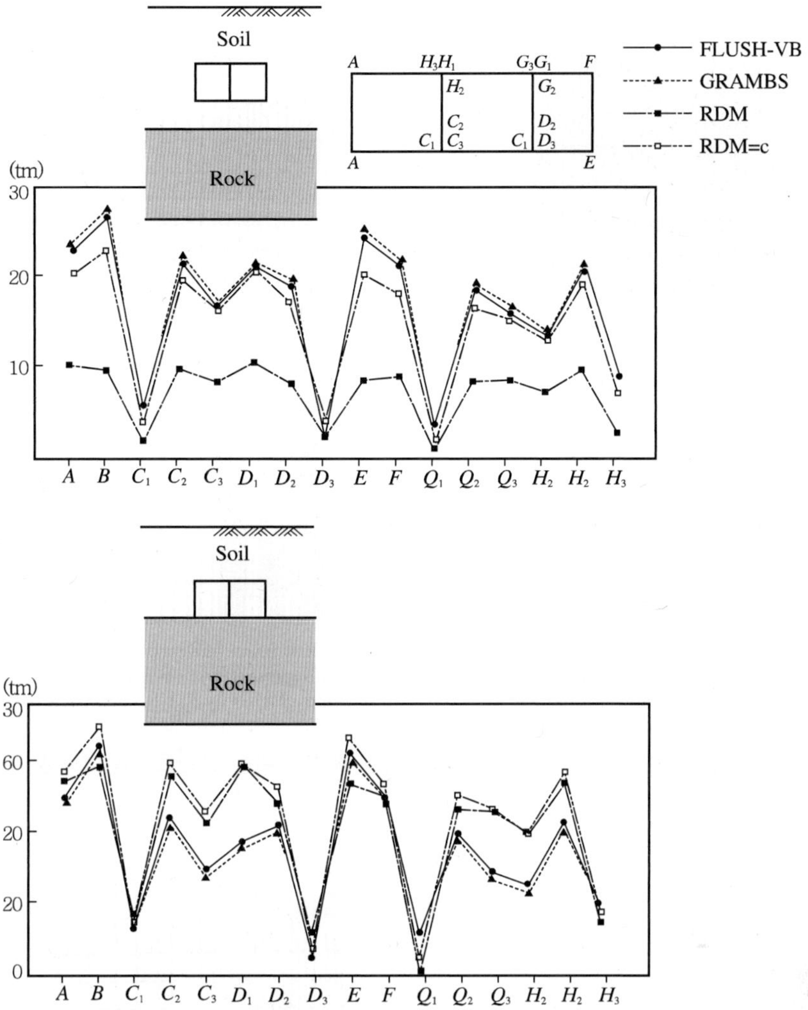

그림 E3. 다양한 해석방법에 따른 Model-2와 Model-9의 단모멘트 분포의 비교
(정밀해석=FLUSH-VB, 응답진도법=GRAMBS, 응답변위법=RDM, RDM-C; 국내 시방서에서 사용하고 있는 응답변위법은 RDM-C와 유사함)

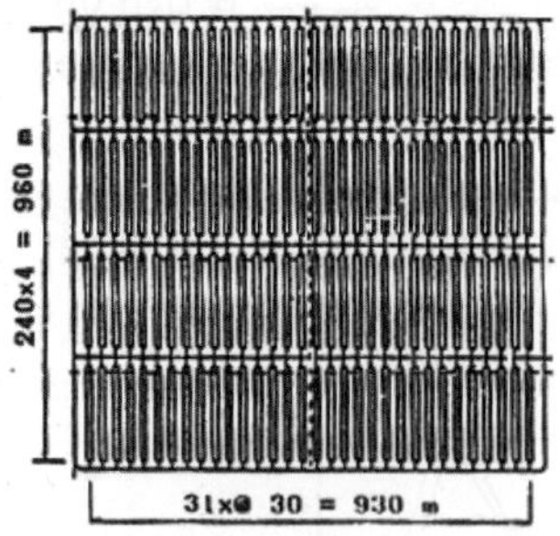

(a) Plan of cavern
assembly assumed

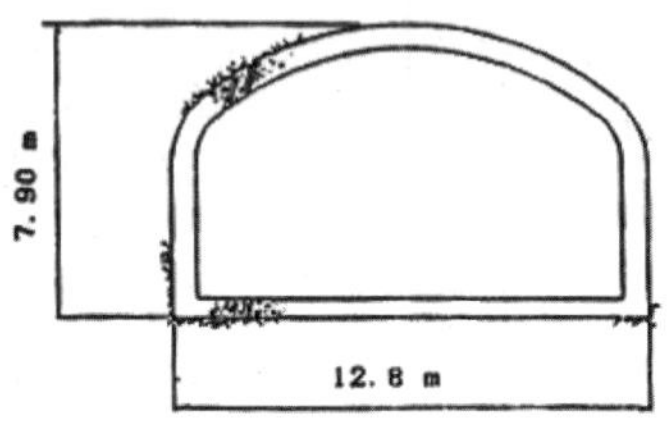

(b) Cross-section of cavern
with concrete lining wall
of 50 to 70cm thickness

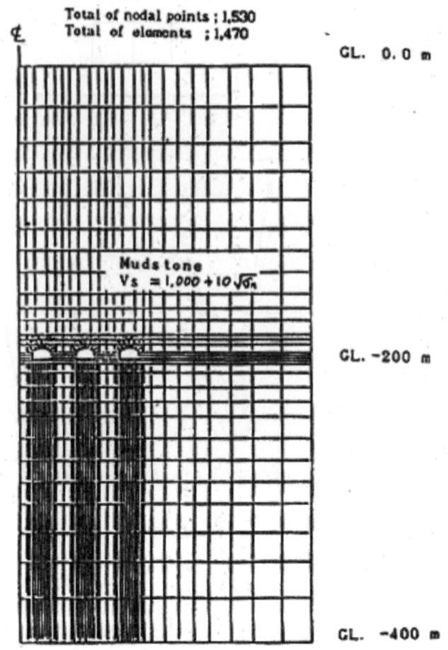

(c) plane strain finite modeling
of representative caverns for
the analysis by FLUSH and GRAMBS

그림 E4. FLUSH 및 응답변위법에 의한 해석을 위한 유한요소해석모델

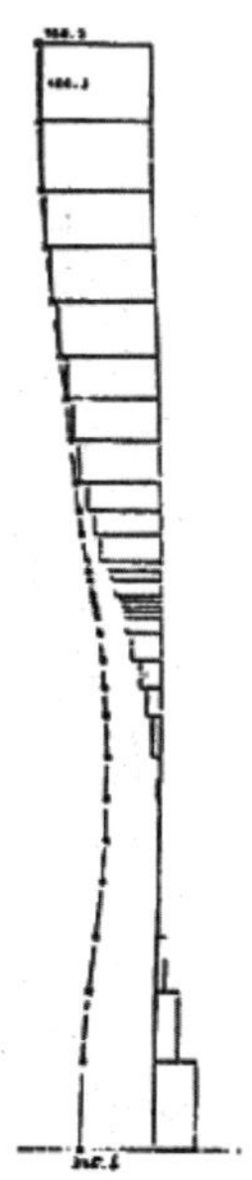

(a) Sismic intensity
at t_m = 4.98 sec
- the maximum accelerations

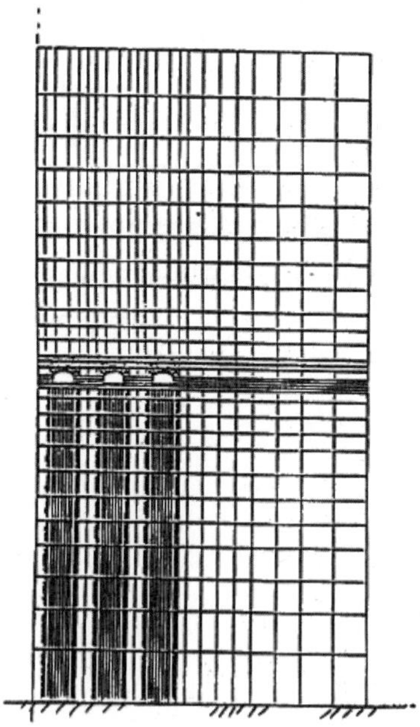

(b) Model for quasi-static analysis
by GRAMBS

그림 E5. 진도와 응답진도법의 준정적해석 모델

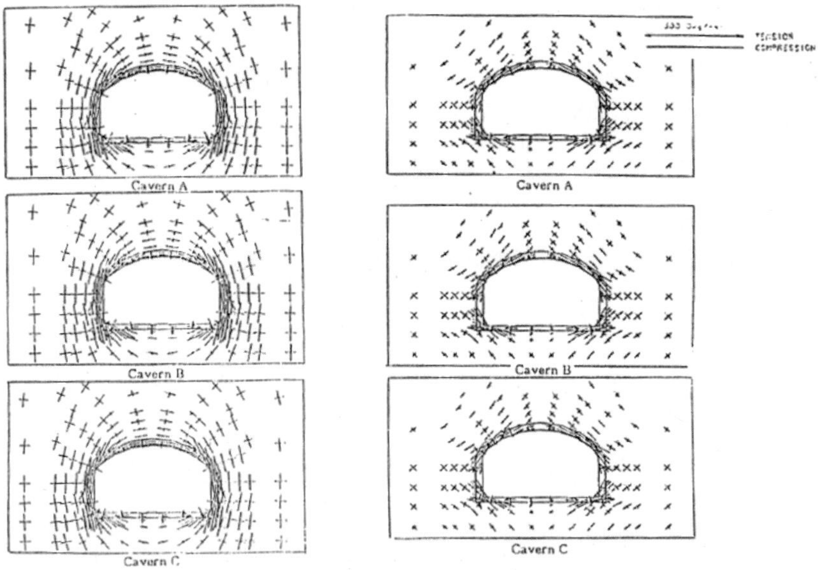

(a) 응답진도법

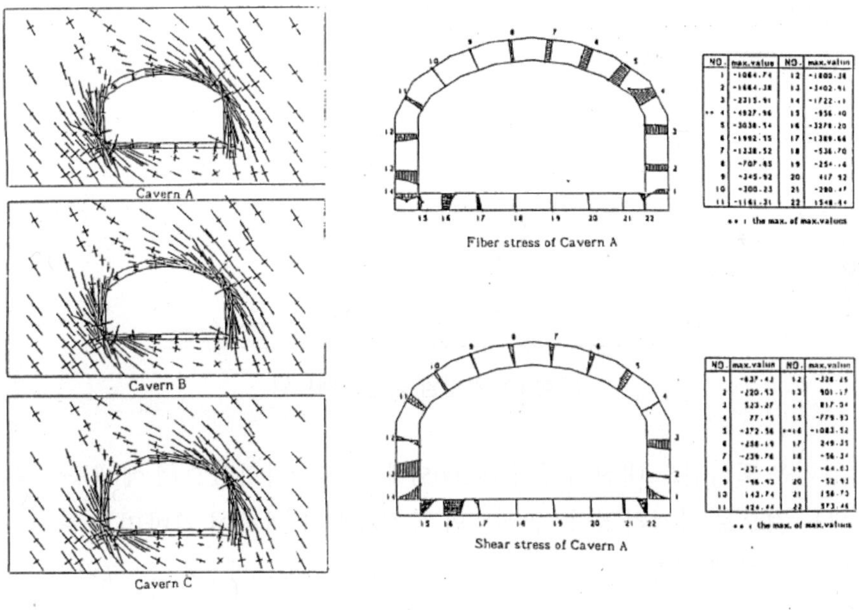

(b) 정밀해석법 (FLUSH-VB)

그림 E6. 지반과 지중구조물의 주응력 분포

[예제] 6.9.4 동적해석법

이 절은 한국전산구조공학회지 2009년 5월호 특집(지중구조물의 지진해석)에서 “지중구조물의 동적해석법(김재민 등, 2009)”를 발췌하여 정리하였다.

- 지반과 구조물의 제원

지반과 구조물의 제원은 응답변위법의 예제와 동일하다.

- 지진입력

▪ 기반면의 지반종류: S_A (경암지반, $V_S = 1{,}500\ \mathrm{m/s}$ 초과)
▪ 지진계수(지진구역 I, 지반종류 S_A): $C_a = 0.09$, $C_v = 0.09$
▪ 위험도계수(I): 기능수행수준: 0.57 (100년 재현주기), 붕괴방지수준: 1.40 (1,000년 재현주기)
▪ 최대지반가속도 (PGA): 기능수행수준: $0.09 \times 0.57 = 0.0513\mathrm{g}$, 붕괴방지수준: $0.09 \times 1.40 = 0.1260\mathrm{g}$
▪ 가속도 설계응답스펙트럼(기반면 노두)

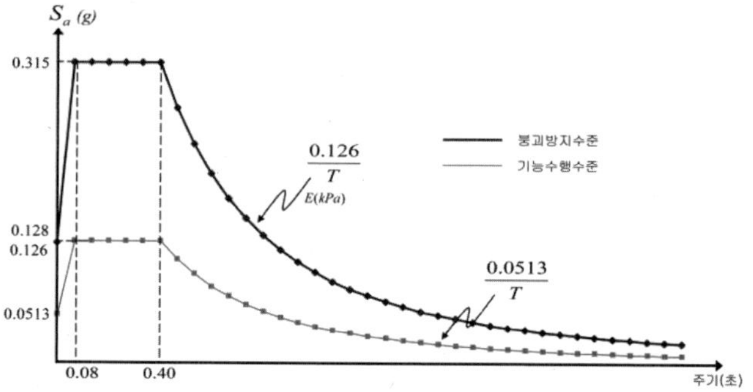

그림 E1. 기반암 응답스펙트럼

지진입력은 도시철도 내진설계기준(2005)에 따라 정의하였으며 예제구조물은 지진구역 1에 건설되는 것으로 가정하였다. 구조물의 동적해석을 위하여 기반면 노두에 대한 앞서 언급한 붕괴방지수준에 설계응답스펙트럼으로부터 인공지진파를 다음 그림과 같이 작성하였다. 인공지진파의 총 지속시간은 20 sec로 가정하였으며 강진지속시간은 10 sec로 하였다. 인공지진파는 지진파를 생성하는 기법에 따라 목표 응답스펙트럼을 만족하는 정도가 다를 수 있으며 지중시설물 별로 세부기준이 제시되어 있다. 일반적으로 목표 응답스펙트럼을 만족하는 인공지진파를 여러 개 생성하고 각 지진파 입력에 의한 구조응답을 평균하여 설계에 사용한다. 이때 사용되는 인공지지파의 개수는 일반적으로 4개 이상이며 7개 정도가 적당하다. 이 예제해석에서는 다음 그림에 나타낸 3개의 인공지진파를 기반암 노두에 수평방향으로 입력하여 동적해석을 수행하였다.

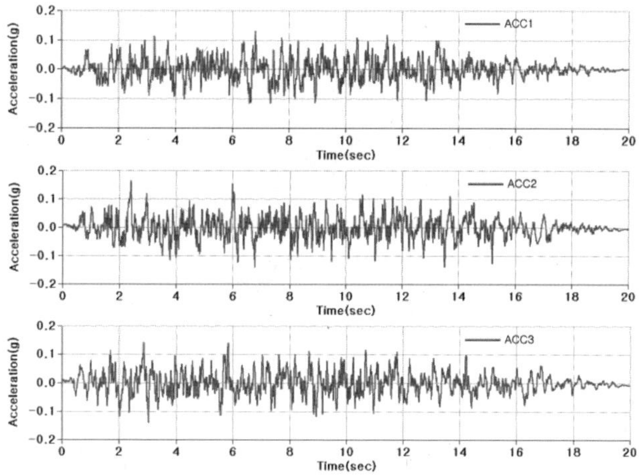

(a) 인공지진파의 시간이력곡선 (강진지속시간 10초, 총 지속시간 20초)

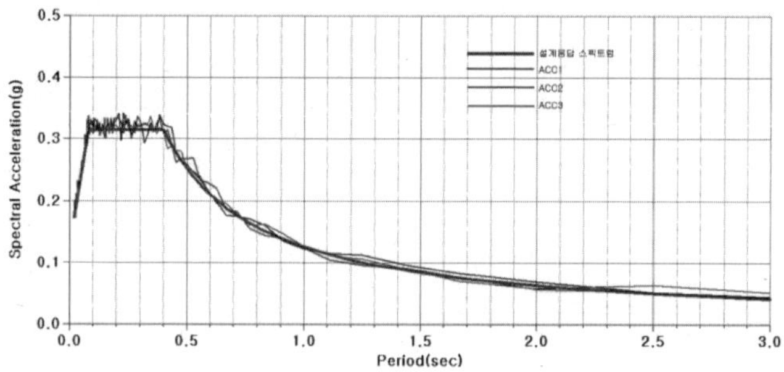

(b) 응답스펙트럼 (감쇠비 5%)

그림 E2. 기반암 노두에서 정의되는 설계지진의 인공지진파(붕괴방지수준, PA = 0.126g)

• 범용 SW를 이용한 SSI 해석

(1) 유한요소해석모델 작성

시간이력해석법에 의한 동적해석을 수행하기 위하여, 다음 그림과 같은 유한요소해석모델을 작성하였다. 이때 지반과 구조물을 모델링하기 위하여 각각 9절점 평면요소와 2절점 프레임 요소를 사용하였다. 해석모델의 양측 경계는 다음 그림과 같은 롤러조건을 적용하였으며 해석모델의 바닥경계는 모두 구속하였다. 유한요소해석모델을 작성할 때 지반영역의 수평방향 모델링 범위는 구조물 중심으로부터 롤러조건을 적용한 모델 좌우 수직경계까지 거리를 각각 구조물 높이(H = 12.35m)의 10배 이상이 되도록 하였다. 그리고 구조물 아래 기반암의 수직방향 모델링 범위는 구조물 바닥으로부터 구조물 반폭(B = 12.30m)의 3배 이상이 되도록 하였다. 이 같은 방향별 모델링 범위는 일반적으로 사용될 수 있는 기준이지만, 국내 시방서에서 구체적으로 제시하고 있지 않으므로 추후 연구를 통하여 유한요소모델작성지침이 개발되어야 할 것이다.

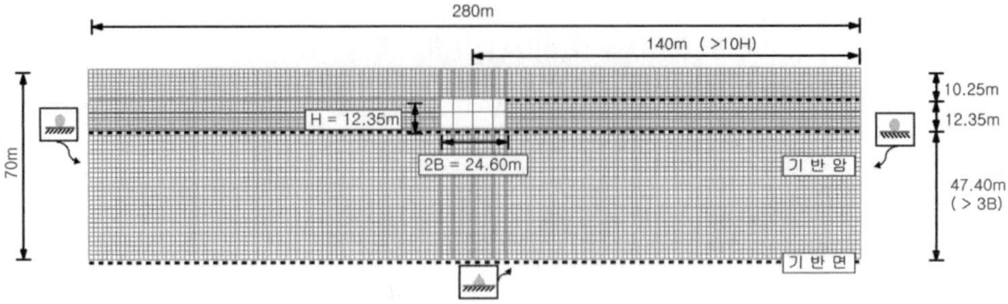

(a) 예제 I

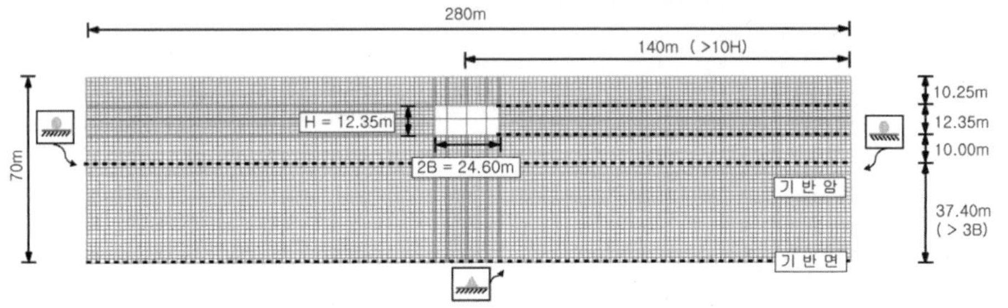

(b) 예제 II

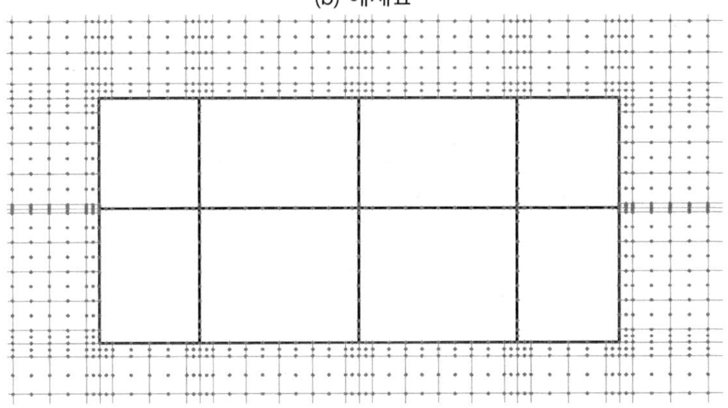

(c) 구조물 모델링

그림 E3. 예제 구조물의 유한요소해석에 사용된 해석모델

(2) 자유장해석에 의한 기반면응답 산정

유한요소해석모델의 바닥면에 입력할 지진운동을 결정하기 위하여, SHAKE와 동일한 1차원 파동전달이론을 사용하였다. 예제 I 및 예제 II 자유장지반에 대한 지진응답해석 결과, 기반암 노두운동($U_A(f)$)에 대한 자유장 기반면응답($U_B(f)$)의 전달함수($H_{BA}(f) = \frac{U_B(f)}{U_A(f)}$)는 다음 그림과 같다.

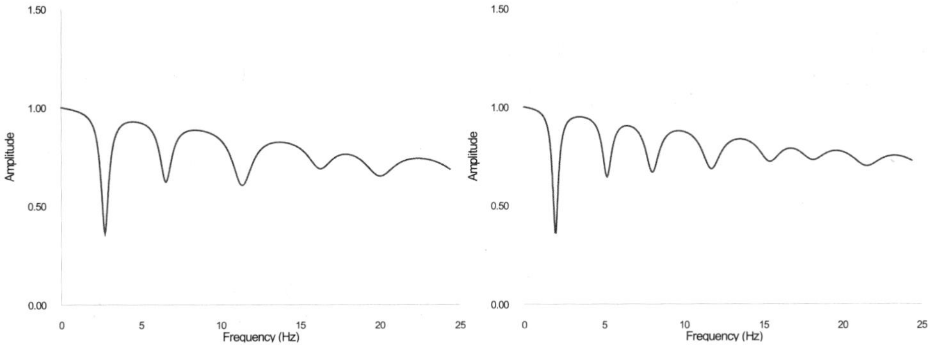

(a) 예제 I (b) 예제 II

그림 E4. 기반암 노두입력에 대한 자유장 기반면응답의 전달함수($H_{BA}(f)$)

그리고 예제 I과 II의 기반면응답 가속도시간이력 및 응답스펙트럼을 각각 다음 그림에 나타냈다. 이들 해석결과에서 알 수 있듯이 자유장지반의 고유진동수 부근 진동수영역에서 기반면응답이 노두입력에 비해 현저하게 작게 된다는 것을 알 수 있다.

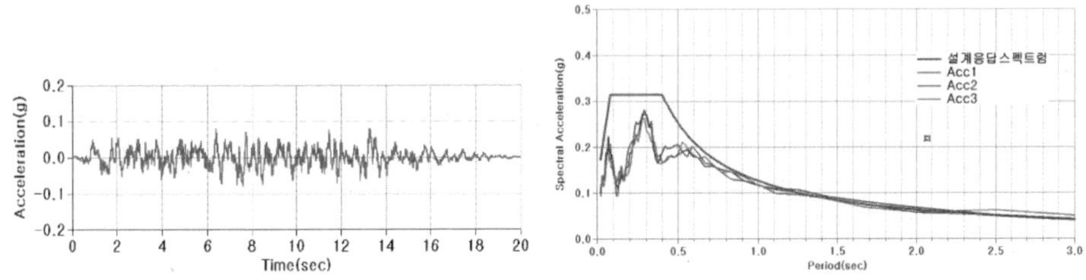

(a) 예제 I

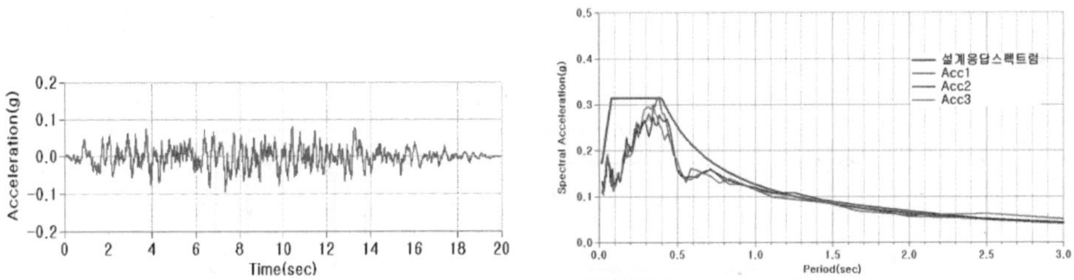

(b) 예제 II

그림 E5. 자유장 기반면응답 (붕괴방지수준)

(3) 지반-구조계의 시간이력해석

유한요소해석모델을 사용한 시간이력해석을 위하여 모드중첩법을 사용하였다. 예제 I 및 II 예제에 대한 기본자유진동모드는 다음 그림과 같으며, 1차모드의 고유진동수는 각각 2.57Hz와 1.87Hz이다. 사용한 총 모드의 누적참여질량비가 전체질량의 90% 이상 되도록 하기 위하여, 예제 I 구조물의 시간이력해석을 위하여 총 88개 모드를 사용하였으며, 예제 II에 대해서는 120개 모드를 사용하였다.

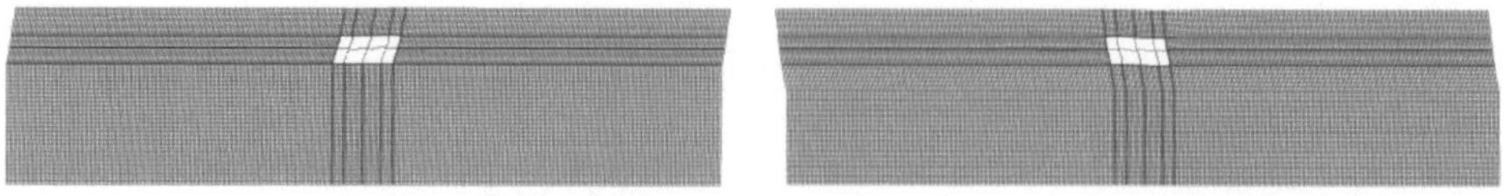

(a) 예제 I (f = 2.57Hz) (b) 예제 II (f = 1.87Hz)

그림 E6. 주요 자유진동모드 (1차 모드)

표 E1. 지반-구조계의 자유진동해석 결과

예제 I				예제 II			
모드	고유진동수 (Hz)	수평방향 참여 질량비 (%)	수평방향 누적참여질량비(%)	모드	고유진동수 (Hz)	수평방향 참여 질량비 (%)	수평방향 누적참여질량비 (%)
1	2.57	29.92	29.92	1	1.87	37.73	37.73
24	6.16	16.99	46.91	21	5.05	7.28	45.01
44	7.86	7.91	54.82	47	7.77	5.64	50.65
46	8.04	29.08	83.91	84	9.92	31.89	82.54

시간이력해석을 통하여 구조물 주요 단면에 대한 휨모멘트의 최곳값을 계산하였다. 이때 지진입력은 해석모델의 바닥운동으로 입력하였다. 그리고 지진입력운동의 영향은 자유장해석을 통해 구한 자유장 기반면응답을 사용하는 표준적인 경우와 설계지진파를 직접 입력하는 실용적인 경우에 대해 검토하였다.

해석결과는 다음 표로 정리하였다. 자유장 기반면응답을 입력한 경우에 비해 설계지진의 인공지진파를 직접 입력한 경우의 지진부재력이 훨씬 크게 산정된다는 것을 알 수 있다. 이 같은 결과는 자유장 기반면응답에 대한 응답스펙트럼에서 자유장응답이 지반-구조물의 주요 진동수에서 설계지진입력에 비해 작게 나타나는 현상으로부터 쉽게 유추할 수 있다.

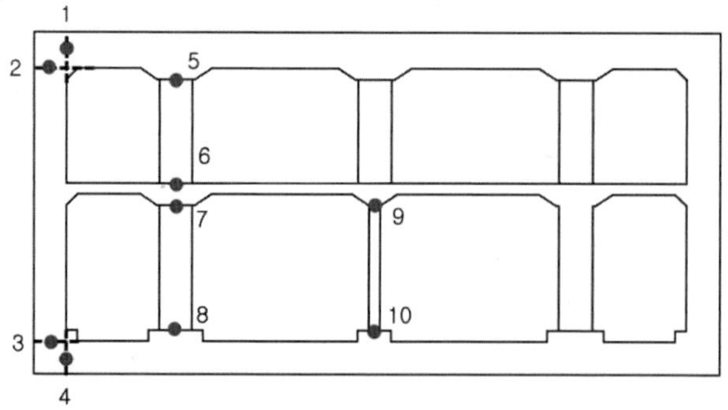

그림 E7. 구조물의 주요 단면 위치

표 E2. 예제 I & II의 붕괴방지수준 지진에 대한 휨모멘트 (단위: kN · m)

	위치	FEM1 = 자유장지반 기반면응답 1)				FEM2 = 설계지진의 인공지진파 2)				FEM3 = 설계지진의 인공지진파 3)			
		지진파 1	지진파 2	지진파 3	평균	지진파 1	지진파 2	지진파 3	평균	지진파 1	지진파 2	지진파 3	평균
예제 I	①	1095.90	1021.87	1024.23	1029.85	1811.73	1734.94	1709.60	1743.90	2127.26	2233.13	1970.43	2110.27
	②	1094.00	1020.07	1022.40	1028.78	1824.87	1746.96	1718.43	1757.47	2137.81	2222.00	1968.35	2104.82
	③	1667.88	1567.69	1557.46	1571.60	2944.47	2825.86	2765.67	2834.03	3252.53	3344.69	2930.93	3133.67
	④	1357.87	1276.82	1267.86	1279.63	2286.24	2194.33	2144.08	2201.99	2653.59	2667.95	2400.56	2549.43
	⑤	448.27	417.97	418.94	421.55	740.57	709.60	698.09	712.72	871.81	913.64	800.16	860.99
	⑥	146.14	136.63	136.63	137.13	261.17	250.50	246.99	251.60	290.56	305.21	281.00	292.10
	⑦	169.44	159.96	158.11	159.82	249.58	239.82	233.51	240.44	335.95	333.90	308.51	320.09
	⑧	421.76	396.22	393.88	397.37	644.31	618.50	598.57	620.45	824.66	733.97	738.99	793.15
	⑨	28.08	26.51	26.20	26.49	40.57	38.84	37.92	39.03	56.23	55.23	51.18	53.14
	⑩	51.72	48.61	48.30	48.73	77.60	74.47	72.81	74.74	101.19	102.32	91.58	97.13
	위치	FEM1 = 자유장지반 기반면응답 1)				FEM2 = 설계지진의 인공지진파 2)				FEM3 = 설계지진의 인공지진파 3)			
		지진파 1	지진파 2	지진파 3	평균	지진파 1	지진파 2	지진파 3	평균	지진파 1	지진파 2	지진파 3	평균
예제 II	①	883.27	859.02	814.19	830.71	1409.67	1375.85	1474.60	1395.15	1509.96	1430.99	1570.34	1480.00
	②	837.52	817.58	776.32	773.07	1336.78	1304.27	1389.60	1320.96	1432.53	1358.80	1485.64	1401.48
	③	1106.03	1137.67	1056.96	1091.13	1874.24	1805.69	1706.77	1791.81	1880.45	1838.80	1975.36	1884.96
	④	1115.45	1154.68	1070.17	1105.31	1900.19	1824.55	1879.39	1807.65	1902.67	1857.13	2003.26	1909.13
	⑤	427.70	419.13	397.55	405.74	687.78	669.84	717.49	678.08	726.49	695.21	767.20	718.13
	⑥	166.68	158.78	151.34	153.18	255.96	252.05	276.71	259.17	287.55	265.10	297.16	280.40
	⑦	254.25	264.11	244.61	252.41	432.20	415.13	428.80	411.73	432.60	423.28	459.04	435.07
	⑧	476.30	488.72	455.72	469.21	803.52	774.03	804.76	770.19	806.44	791.42	856.19	808.00
	⑨	43.04	44.68	41.52	42.65	72.46	69.71	72.45	69.41	72.71	71.56	77.99	73.56
	⑩	68.40	70.39	65.39	67.56	115.56	111.37	115.63	110.65	115.72	113.84	123.32	116.30

1) 지진입력 가속도는 자유장지반 기반면응답임

2) 지진입력 가속도는 설계지진 인공지진파이며,
기반암(예제 I: GL−22.6m 이하; 예제 II: GL−32.6m 이하) 모든 절점을 구속한 경우.

3) 지진입력 가속도는 설계지진의 인공지진파임

• 전용 SW를 이용한 SSI 해석

(1) KIESSI-2D 해석방법

SSI해석을 위하여 KIESSI-2D(김재민 등, 2000) 프로그램을 이용하였다. 이 SW는 다음 그림과 같이 구조물과 근역지반은 유한요소로 나타내고 원역지반은 동적 무한요소를 이용하여 모델링한다. 그리고 동적해석은 복소응답해석법을 이용한 진동수영역해석법을 이용한다.

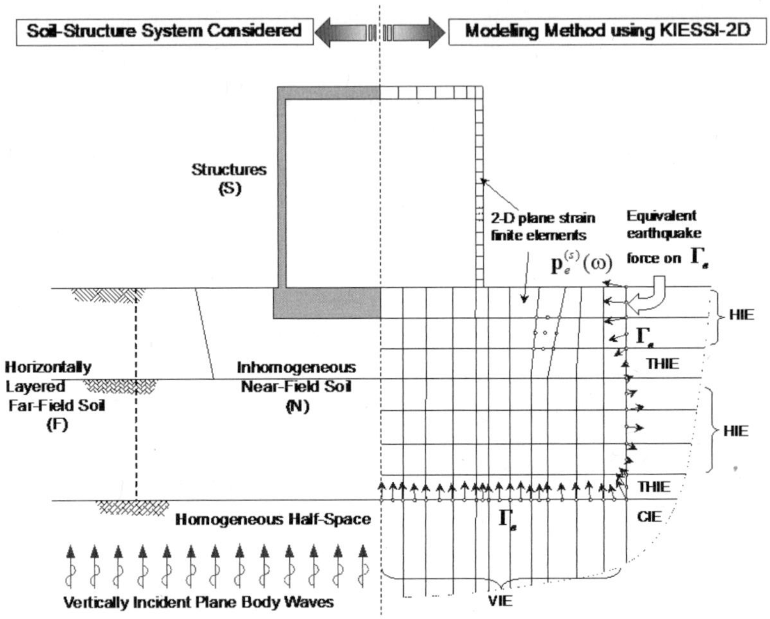

그림 E8. KIESSI-2D의 SSI 모델링 방법(김재민 등, 2000)

(2) KIESSI-2D 해석모델 및 지진입력

다음 그림과 같은 유한-무한요소해석모델을 작성하였다. 이때 지반과 구조물을 모델하기 위하여 각각 9절점 평면요소와 2절점 프래임요소를 사용하였다. 그리고 해석모델의 양측 수평지반층은 3절점 수평무한요소를 이용하고 반무한 기반암은 3절점 수직무한요소와 1절점 모서리무한요소를 이용하여 모델링하였다.

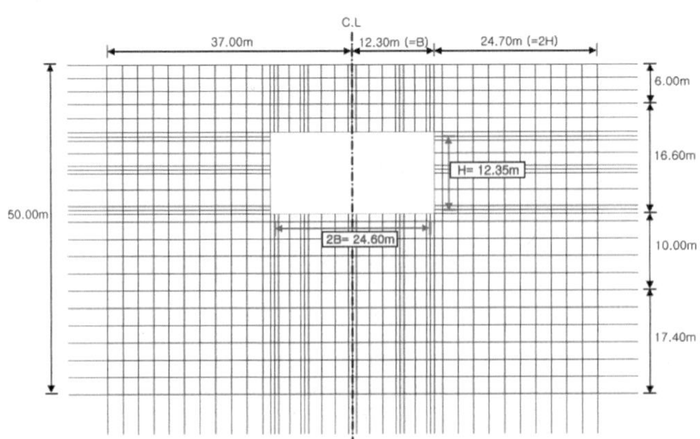

그림 E9. KIESSI-2D 해석 모델 (예제 I & II)

근역지반의 유한요소해석모델을 작성할 때 지반영역의 수평방향 모델링범위는 구조물 중심으로 부터 동적 무한요소를 적용한 모델 좌우 측면경계까지 거리를 각각 구조물 높이(H = 12.35m)의 2배가 되도록 하였다. 그리고 구조물 아래의 수직방향 모델링범위는 구조물 바닥으로부터 구조물 반폭(B = 12.30m)의 2배 이상이 되도록 하였다. 해석모델의 반무한 기반암(GL-50m 이하 암반) 노두에 수평설계 지진가속도의 시간이력을 입력하여 지진응답해석을 실시하였으며 해석결과는 다음과 같다.

표 E4. 구조물의 붕괴방지수준 지진입력에 대한 구조물의 휨모멘트 (단위: kN · m)

위치	예제 I				예제 II			
	지진파 1	지진파 2	지진파 3	평균	지진파 1	지진파 2	지진파 3	평균
①	1157.94	983.21	993.95	1045.03	968.00	933.83	889.09	930.31
②	1075.64	1052.05	891.42	1006.37	863.45	816.50	826.79	835.58
③	1765.60	1543.44	1535.75	1614.93	1167.58	1155.23	1076.47	1133.09
④	1448.55	1390.86	1236.89	1358.77	1220.61	1199.27	1159.02	1192.97
⑤	489.19	435.93	427.67	450.93	438.21	421.03	406.57	421.94
⑥	230.02	210.41	194.15	211.53	178.37	196.84	209.64	194.95
⑦	244.47	220.23	208.44	224.38	278.34	297.05	323.08	299.49
⑧	478.40	425.81	423.46	442.56	490.59	492.28	459.50	480.79
⑨	34.57	30.05	27.75	30.79	47.46	46.17	45.51	46.38
⑩	57.12	51.52	50.19	52.94	70.10	70.79	66.21	69.03

- 해석결과 비교 및 토의

지중에 매입된 그림 10과 같은 전형적인 2층 도시철도 역사구조물에 대한 지진응답해석결과를 다음 표에 비교하여 정리하였다. 이 표에서 FEM2로 표기한 해석결과는 유한요소해석모델(그림 E3)에서 기반암영역(GL-22.6m 이하)의 모든 절점을 구속하고 기반암 노두에서 정의된 설계 지진파를 지진입력으로 작용하여 구한 것이다. 이 방법은 앞서 설명한 실용적인 지진입력법에 의한 유한요소해석방법(FEM3으로 표기)의 변형이라고 할 수 있다.

표의 비교결과로부터 알 수 있듯이 이 기사(김재민 등, 2009)에서 제시한 표준적인 유한요소해석방법(FEM1)은 엄밀한 지반-구조물 상호작용해석법(SSI)과 비교할 때 정확하고 일관된 방법이지만, 보수적인 방법은 아니라고 할 수 있다. 해석의 편의를 위하여 자유장해석을 수행하지 않을 때는 「도시철도내진설계기준」에 정의된 기반면(기반암의 상단)까지 유한요소모델링을 수행하고, 이 기반면에 기반암 노두에서 정의된 설계지진파를 직접 입력하여 해석하는 방법(FEM2)도 보수적인 해석결과를 얻을 수 있다. 그리고 기반암의 일부를 모델링하고 바닥면에 기반암 노두에서 정의된 설계지진파를 직접 입력하여 해석하는 방법(FEM3)은 지나치게 보수적인 것으로 나타났다.

이상과 같은 결론은 이 기사에서 다룬 현재의 예제구조물에만 적용되는 것으로, 모든 지중구조물에 대해 일반화시키기에는 무리가 있다. 추후 다양한 구조단면과 지반조건에 대한 해석 사례로부터 설계자가 쉽게 적용할 수 있는 동적해석이론이 정립될 필요가 있다.

표 E5. 해석방법별 붕괴방지수준 지진입력에 대한 최고 휨모멘트 (단위: kN · m)

	위치	응답변위법		동적해석법(유한요소법)			SSI 해석법 (SSI)	RDM1/SSI	RDM2/SSI	FEM1/SSI	FEM2/SSI	FEM3/SSI
		RDM1†	RDM2‡	FEM1[1]	FEM2[2]	FEM3[3]						
예제 I	①	1034.13	2201.60	1029.85	1743.90	2110.27	1045.03	0.99	2.11	0.99	1.67	2.02
예제 I	②	972.33	2216.68	1028.78	1757.47	2104.82	1006.37	0.97	2.20	1.02	1.75	2.09
예제 I	③	1705.45	3379.13	1571.60	2834.03	3133.67	1614.93	1.06	2.09	0.97	1.75	1.94
예제 I	④	1473.50	3035.90	1279.63	2201.99	2549.43	1358.77	1.08	2.23	0.94	1.62	1.88
예제 I	⑤	447.83	996.11	421.55	712.72	860.99	450.93	0.99	2.21	0.93	1.58	1.91
예제 I	⑥	234.52	311.10	137.13	251.60	292.10	211.53	1.11	1.47	0.65	1.19	1.38
예제 I	⑦	163.81	403.80	159.82	240.44	320.09	224.38	0.73	1.80	0.71	1.07	1.43
예제 I	⑧	429.10	897.89	397.37	620.45	793.15	442.56	0.97	2.03	0.90	1.40	1.79
예제 I	⑨	26.16	67.49	26.49	39.03	53.14	30.79	0.85	2.19	0.86	1.27	1.73
예제 I	⑩	61.14	73.38	48.73	74.74	97.13	52.94	1.15	1.39	0.92	1.41	1.83
	위치	응답변위법		동적해석법(유한요소법)			SSI 해석법 (SSI)	RDM1/SSI	RDM2/SSI	FEM1/SSI	FEM2/SSI	FEM3/SSI
		RDM1†	RDM2‡	FEM1[1]	FEM2[2]	FEM3[3]						
예제 II	①	912.83	1584.29	830.71	1395.15	1480.00	930.31	0.98	1.70	0.89	1.5	1.59
예제 II	②	910.85	1407.16	773.07	1320.96	1401.48	835.58	1.09	1.68	0.93	1.58	1.68
예제 II	③	1092.36	2007.65	1091.13	1791.81	1884.96	1133.09	0.96	1.77	0.96	1.58	1.66
예제 II	④	1159.23	2145.08	1105.31	1807.65	1909.13	1192.97	0.97	1.80	0.93	1.52	1.6
예제 II	⑤	581.04	608.36	405.74	678.08	718.13	421.94	1.38	1.44	0.96	1.61	1.7
예제 II	⑥	186.99	239.80	153.18	259.17	280.40	194.95	0.96	1.23	0.79	1.33	1.44
예제 II	⑦	248.32	370.22	252.41	411.73	435.07	299.49	0.83	1.24	0.84	1.37	1.45
예제 II	⑧	499.70	604.92	469.21	770.19	808.00	480.79	1.04	1.26	0.98	1.6	1.68
예제 II	⑨	43.78	67.30	42.65	69.41	73.56	46.38	0.94	1.45	0.92	1.5	1.59
예제 II	⑩	65.68	82.72	67.56	110.65	116.30	69.03	0.95	1.20	0.98	1.6	1.68

SSI(지반-구조물 상호작용해석; soil-structure interaction analysis)

† 자유장해석에 의한 지반변위 사용

‡ 단일코사인이론에 의한 지반변위 사용

1) 지진입력 가속도는 자유장지반 기반면응답 사용

2) 지진입력 가속도는 설계지진 인공지진파 사용

기반암(예제 I: GL-22.6m 이하; 예제 II: GL-32.6m 이하) 모든 절점을 구속한 경우

3) 지진입력 가속도는 설계지진의 인공지진파 사용

이야기: 응답변위법을 사용할 경우 하중조합에서 수평토압의 고려

- 응답변위법으로 추가되는 하중은 지진 시 지중구조물 상단과 하단의 상대변위차로 구조물에 발생되는 추가 단면력을 고려하는 것이다. 따라서 하중조합시 기존 토압(즉, 상시토압, H)에 추가되는 하중(즉, 지진 시 토압, E)으로 지진을 고려하는 것이 타당하다.
- $D + H + L + E$로 하중을 조합하는데, H는 상시 토압, E는 응답변위법으로 계산된 구조물에 작용하는 하중으로 고려한다.
- 상시 하중조합에서 하중계수가 지진 시 하중조합에서의 하중계수보다 크므로, 일반적으로 암거의 단면은 지진 시 하중조합 보다는 상시 하중조합으로 결정이 된다. 참고로 수직구 등과 같이 매우 세장한 지중구조물이 지진 시 하중조합에 영향을 크게 받게 될 것으로 판단된다.
- 하중 고려방법은 Shake 또는 지중변위분포 제안식을 이용하여 구조물 상단 및 하단의 상대변위를 가정하고 이렇게 가정된 상대변위를 발생시키기 위한 등가의 추가 하중을 계산하기 위하여, 유한요소 프로그램(FLAC, PLAXIS, MIDAS GTS)을 사용하여 단위변위를 발생시키기 위한 하중을 구한 후 구조해석프로그램에 지진하중으로 재하하는 방법을 사용한다.
- 옹벽의 경우, H는 정적토압, E는 지진 시 토압(일반적으로 Mononbe-Okabe토압)과 옹벽 자중에 의한 관성력이다. 참고로 많은 설계기준에서 지진 시 하중계수는 H와 E에 대한 하중계수가 동일하거나 유사하다.
- 최근 연구에서는 지진 시 토압은 작용점(Point of application)에 있어서 여러 논의가 진행되고 있다. 실례로 최신 ASSHTO기준의 경우 동토압의 작용점을 기준의 $\frac{1}{2}H$(직사각형 분포)가 아닌 $\frac{1}{3}H$(삼각형 분포)로 작용토록 하고 있다.
- 지중구조물의 경우 구조물 좌측 및 우측 상대변위가 발생하지 않고, 지중구조물의 Mass가 매우 작아 관성력이 없다고 가정하므로 지진 시 토압을 고려하지 않고, 구조물 상단 및 하단의 상대수평변위를 사용하여 응답변위법으로 구한 하중만을 추가한다.

6.10 [평가] 내진성능평가

6.10.1 성능기반설계 vs 내진성능평가

• 성능기반설계(performance-based design, PBD)

사회적으로 중요한 구조물의 경우 지진하중에 대한 구조적 안전성을 확보하는 문제는 경제, 사회적으로 중요한 문제이다. 따라서 지진하중에 의한 구조물의 파괴 메커니즘을 역학적으로 분석하고 모델링 하여, 피해를 방지하거나 최소화 할 수 있는 설계 기준이 개발되었다.

최근 세계 각국은 구조물이 충분한 강도 이외에도 적절한 '연성(ductility)'에 의한 '에너지 흡수능력(energy absorption capacity)'과 '에너지 소산능력(energy dissipation capacity)'을 갖게 설계하도록 하고 있다. 이를 통해 규모가 작은 지진에 대해서는 구조물이 손상을 입지 않고(기능수행수준 개념, serviceability level), 규모가 큰 지진에 대해서는 붕괴가 유발되지 않도록(붕괴방지수준 개념, safety level) 구조물이 다중성능을 충족하도록 내진설계를 강화하고 있다.

지진 발생시 구조물이 손상은 입지만 붕괴는 허용하지 않는 설계개념은 구조물이 강한 지진하중을 받을 경우 구조물에 작용하는 대부분의 변형에너지가 구조물에 형성되는 '소성힌지(plastic hinge)'를 통해 소산되도록 유도한다. 즉, 구조물에 갑작스러운 강도의 저하 없이 소성변형이 진행되도록 충분한 연성능력을 확보하여 전체 구조물의 붕괴를 방지하도록 한다.

실무자들이 많이 사용하는 일반 내진설계인 '응답스펙트럼해석(response spectrum analysis)'은 구조물을 선형 탄성체로 가정하여, 5%의 감쇠비를 갖는 탄성응답스펙트럼으로부터 설계지진력과 설계변위를 구하며, '응답수정계수 (R, 반응수정계수, response modification factor)'를 사용하여 구조물의 설계 지진력을 저감시킨 후, 구조물이 감소된 설계 지진력 이상의 강도를 갖도록 설계한다. 여기서 응답수정계수를 사용하는 중요한 이유는 지진하중에 대하여 비탄성 영역에서 발생할 수 있는 구조물의 에너지 흡수능력을 간접적으로 고려하기 위한 것이다. 응답스펙트럼해석을 사용한 일반 내진설계는 지진하중에 의한 설계지진력을 주요변수로 고려하므로 '하중기반설계(force-based design)'라고 하며, 해석절차가 비선형 동적해석에 비해 상대적으로 간편하다(ATC, 1995).

'성능기반설계(performance-based design, PBD)'는 예상되는 지진하중에 대하여 구조물이 주어진 여건에서 허용할 수 있는 적절한 피해정도 혹은 에너지의 흡수 정도를 미리 설정하고, 이를 달성할 수 있도록 구조물을 설계하는 것이다. 여기서 지진에너지의 흡수 정도에 따라 구조물의 거동이 다르므로 구조물이 파괴에 이를 때까지 주로 구조물의 변형성능을 예측한다. 따라서 구조물의 손상과 직접적인 연관성이 있는 변위를 구조물의 성능평가 대상으로 사용하므로 '변위기반설계(displacement-based design)'라고도 한다.

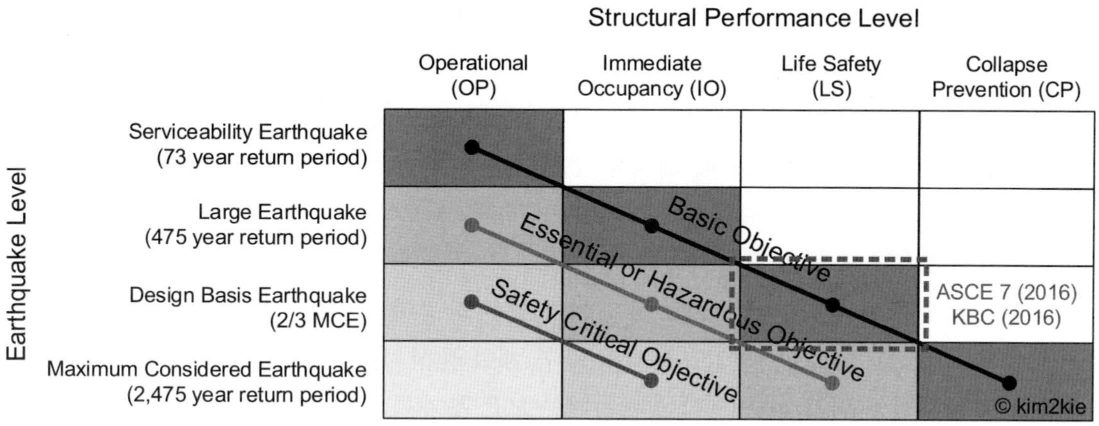

그림 6.10.1a 지반운동수준과 구조물의 성능수준 관계

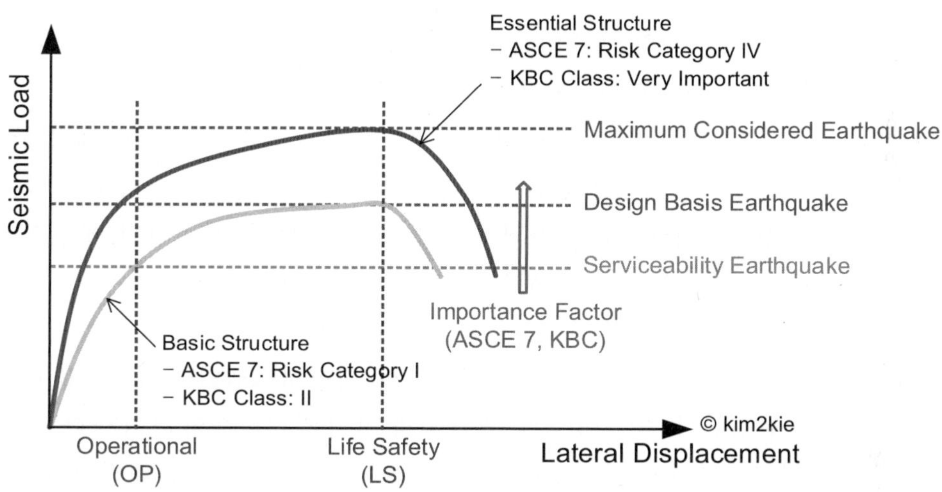

그림 6.10.1b 지진의 크기에 따른 구조물이 성능곡선

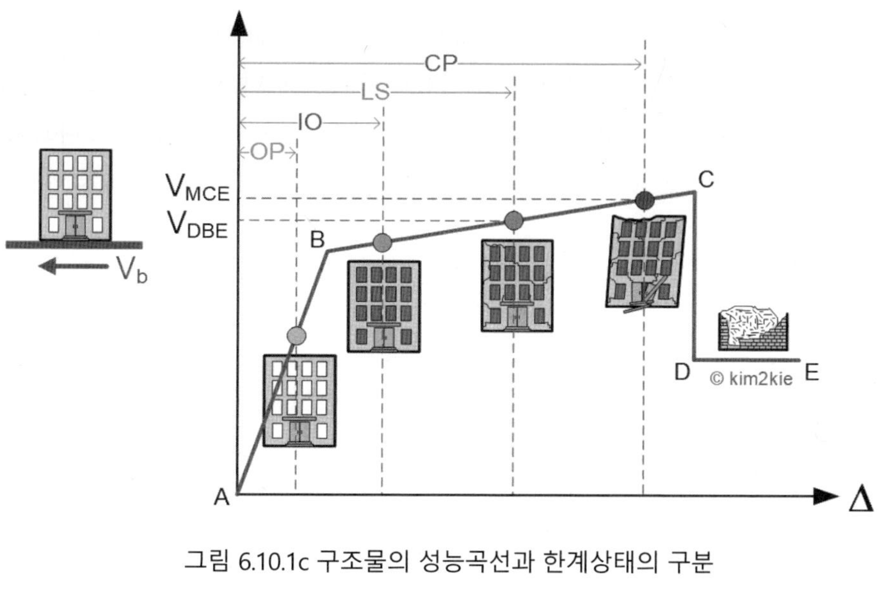

그림 6.10.1c 구조물의 성능곡선과 한계상태의 구분

• 구조설계 vs 성능평가

기존 구조물의 성능평가와 일반적인 신축 구조물의 구조설계는 개념적으로 다르다.

1) 구조설계는 아직 존재하지 않는 구조물을 대상으로 하기 때문에 주요 구조 부재만을 대상으로 구조해석을 한다. 이 때 해석에 포함되는 하중과 재료의 불확실성을 극복하고 구조적 안정성을 확보하기 위해, 하중은 하중계수를 통해 증가시키고 부재의 능력(역량)은 강도감소계수를 통해 감소시켜 보수적인 결과를 구한다.
2) 구조설계가 설계 도면에 근거하여 해석 모델을 작성하는 반면, 성능평가는 실제 구조물을 대상으로 하므로 도면 외에도 실제의 치수, 재료 물성치, 하중 등을 사용한다. 또한 주요 구조 부재뿐만 아니라 하중 저항에 관여하는 모든 부재를 해석 모델에 포함시켜 구조물의 실제 거동을 근사할 수 있도록 해야 하고, 하중계수와 강도감소계수를 사용하지 않는다.

성능기반 내진성능평가와 일반 내진설계의 기본적인 차이점은 비선형 거동과 이에 따른 에너지소산능력을 어떻게 고려하는가에 있다.

1) 일반 내진설계에서는 구조형식별로 에너지소산능력을 미리 가정하며, 해당 구조시스템의 반응수정계수를 사용하여 지진하중을 감소시킨 다음 탄성해석을 통해 설계한다.
2) 성능기반 내진성능평가에서는 감소되지 않은 실제 지진력을 사용하며, 에너지 소산 능력과 하중 재분재효과를 비선형 구조해석을 통해 직접 반영한다.

1) 일반 내진설계에서는 설계자가 선택한 주 지진력저항시스템의 변형능력을 바탕으로 설계지진하중을 산정한다. 즉, 어떤 시스템에 따라 설계 지진하중의 크기가 다르다.
2) 성능기반 내진성능평가에서는 적용하는 지진하중이 동일하다. 즉, 내진설계에서 선택한 지진력저항시스템의 종류에 관계없이 해당 구조물이 저항해야 할 지진하중은 동일하다.

또한 성능기반 내진성능평가는 구조해석을 통해 구해진 부재력 및 변형량을 부담할 수 있는지 판정하기 위해 부재의 상태에 따라 허용기준이 다르다. 또는 파괴모드에 따라 1) 변형지배 또는 2) 힘지배로 구분한 다음 부재강도도 기대강도 혹은 공칭강도로 다르게 적용한다. 따라서 기존 구조물 내진성능평가와 일반 신축 내진설계는 절차와 방법이 서로 다르다(KALIS, 2024).

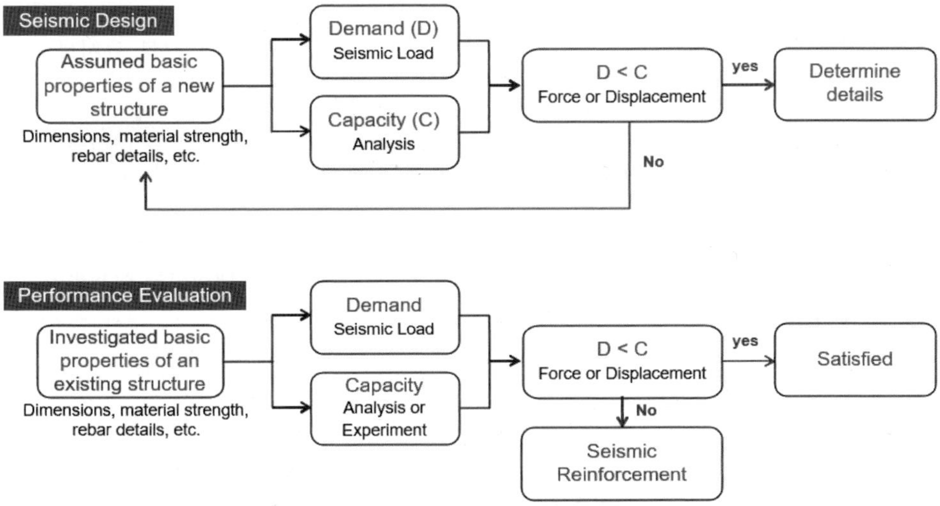

그림 6.10.1d 구조설계와 내진성능평가 절차의 비교

• 내진성능평가 절차

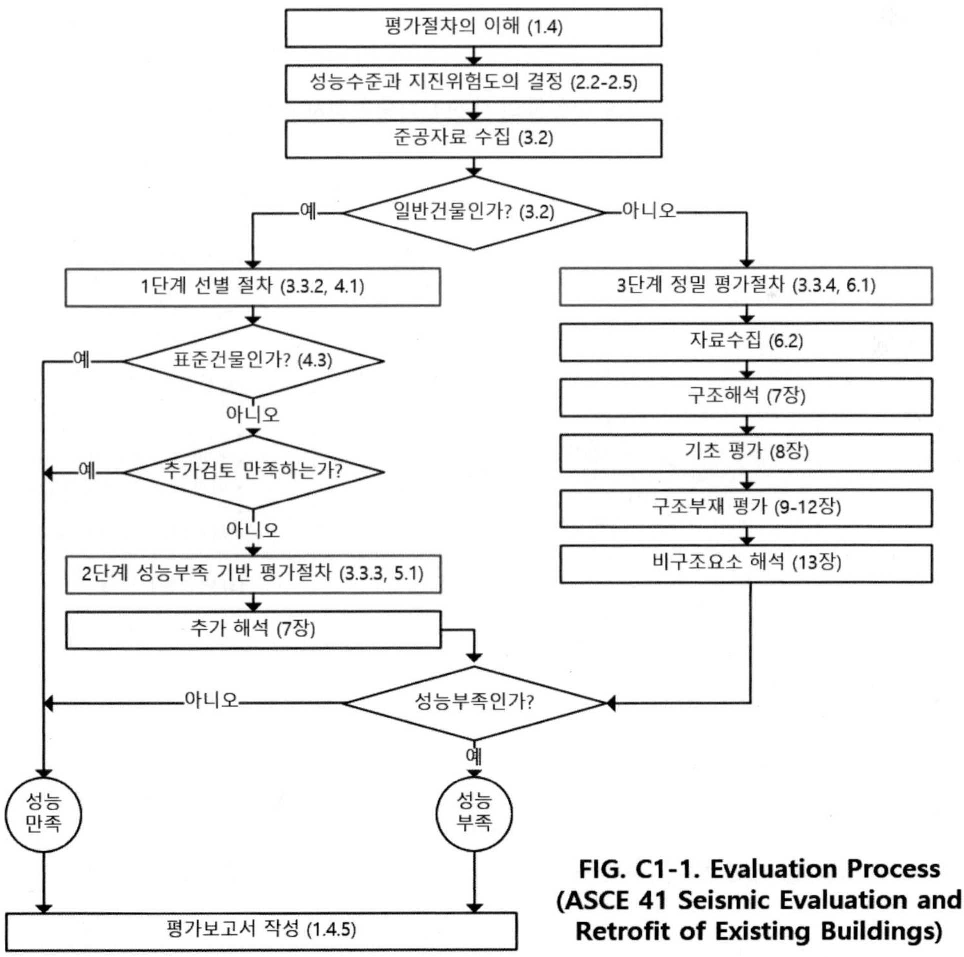

그림 6.10.1e 내진성능평가절차 (ASCE 41, 2017)

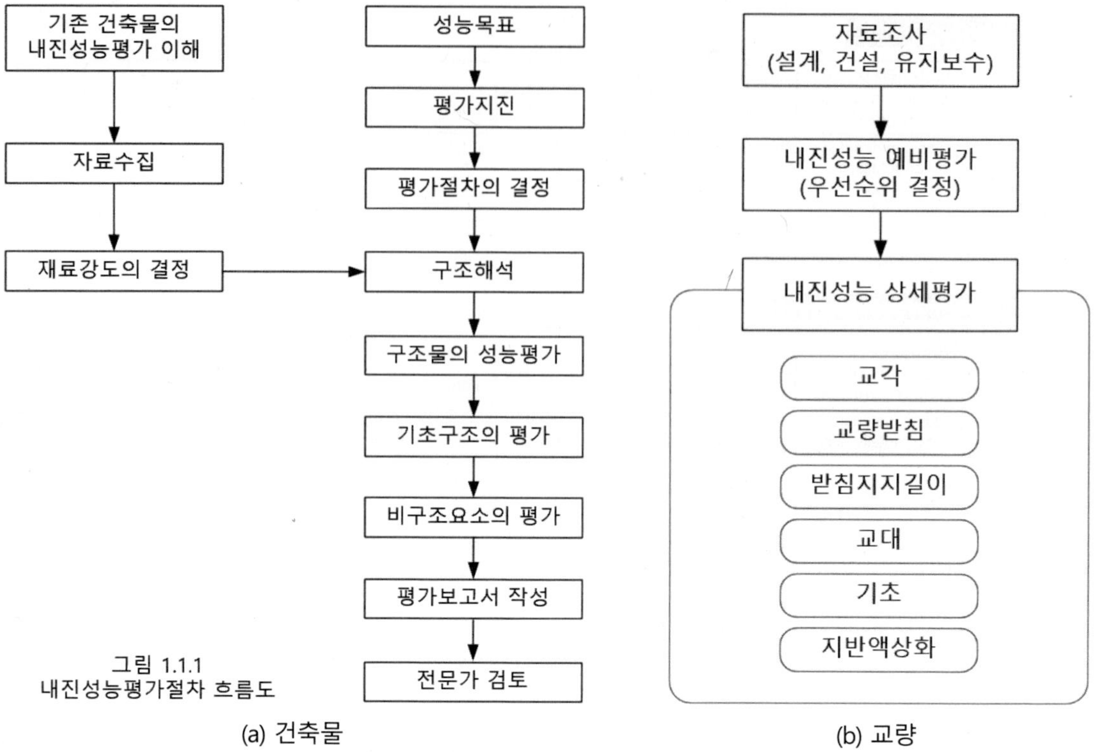

그림 6.10.1f 기존 시설물의 내진성능평가절차 (KALIS, 2024)

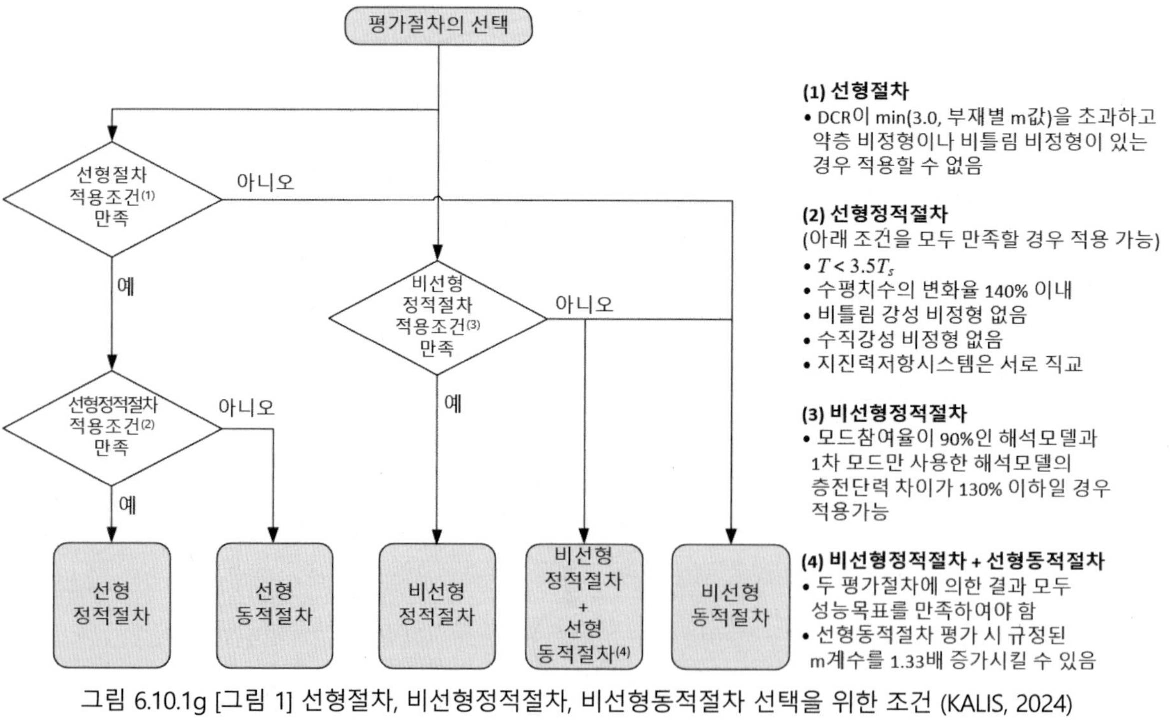

그림 6.10.1g [그림 1] 선형절차, 비선형정적절차, 비선형동적절차 선택을 위한 조건 (KALIS, 2024)

6.10.2 Pushover 해석

지진하중에 의한 구조물의 비선형 변위응답을 보다 정확하게 예측하기 위해서는 축력을 받는 구조물의 거동을 효과적으로 모델링하여 비선형 동적 해석을 수행해야 한다. '비선형 동적 해석(nonlinear dynamic analysis)'을 사용하여 구조물의 내진 성능을 평가할 경우, 다음과 같은 이유로 실무자들이 사용하기에 해석 모델과 절차가 복잡하다.

1) 해석에 많은 시간이 소요된다.
2) 설계 스펙트럼에 부합하는 인공지진을 생성해야 한다.
3) 입력지진 운동은 세기, 지속시간, 주기특성, 시공간적 변화와 같이 불확실성이 많아 복수의 입력지진을 사용해야 한다.

Pushover(푸시오버) 해석법 은 개별 부재의 재료 비선형성을 고려하여, 시스템의 횡변위를 점차적으로 단조 증가시키면서 부재의 강도와 비선형 변형의 관계를 구하는 기법이다. 이 방법은 '소성힌지법(plastic hinge method)'라고도 하며, 구조물의 항복 이후에 구조물의 거동과 한계상태를 파악할 수 있는 효과적인 비선형 정적 해석법이다. 성능기반 내진설계의 경우 구조물의 목표성능을 명확히 설정한 후, Pushover 해석을 사용하여 대상 구조물이 내진역량(또는 내진능력)과 지진 시 목표성능에 도달했는지를 평가할 수 있다.

부정정 구조물의 Pushover해석에서는 부재의 어느 한 부분의 응력이 항복점에 도달하면, 그 절점은 항복함으로써 하중을 더 증가시켜도 항복점 응력이 거의 일정한 응력상태에 있다. 그러나 항복점에 도달하지 않은 다른 절점은 탄성범위 내에 존재하게 되므로, 응력 재분배에 의하여 불안정 상태에 도달할 때까지 하중을 지지할 여력을 가지며, 하중이 증가함에 따라 구조물은 비선형 거동을 나타낸다.

Pushover 해석에서는 미리 설정한 정적 하중을 구조물의 최대 성능점까지 점진적으로 가하여 대상 구조물의 '역량곡선(능력곡선, capacity curve)'을 산정한다. 즉, 다자유도계의 하중-변위 관계인 역량곡선을 단자유도계의 하중-변위 관계인 '역량스펙트럼(능력스펙트럼, capacity spectrum)'으로 전환한다. 그리고 지진하중에 대한 구조물의 요구성능은 '가속도-변위 응답스펙트럼(Acceleration-Displacement Response Spectrum, ADRS)'의 형태인 '요구스펙트럼(소요스펙트럼, demand spectrum)'으로 나타낸다. 역량스펙트럼과 요구스펙트럼을 비교함으로써 구조물의 비선형 상태에서의 최대 요구내력과 변형능력을 평가하고, 요구성능과 비교하여 구조물이 목표성능을 발휘할 수 있는지에 관한 성능수준을 검토할 수 있다. 따라서 Pushover 해석은 1차 해석이 완료된 구조물에 대해, 2차 해석을 통하여 구조물의 성능을 검증하는 방법이다.

Pushover 해석은 비선형 정적 해석이므로, 비선형 동적 해석에 비해 구조물의 재료 및 기하학적 비선형 거동을 고려하기 용이하지만, 구조물의 고차모드와 공진에 의한 응답의 증폭, 반복하중에 의한 성능저하현상 등의 동적 특성을 고려하기 어렵다. 따라서 이러한 동적 영향이 작은 구조물에 주로 사용할 수 있다.

6.10.3 역량스펙트럼법 (능력스펙트럼법, capacity spectrum method, CSM)

FEMA(federal emergency management agency, 연방재난관리청)와 ATC(applied technology council)에서 제시하고 있는 구조물의 내진성능을 평가하는 가장 일반적인 방법인 역량스펙트럼법(능력스펙트럼법, capacity spectrum method, CSM)은 사용이 간편하고, 기존의 하중기반 설계개념을 대체할 성능기반 설계개념(performance-based design concept) 또는 변위기반 설계개념(displacement-based design)을 바탕으로 한 내진성능 평가 방법이다(ATC-40, 1996; FEMA 273/274, 1997).

역량스펙트럼법은 1970년대 Freeman 등(1975)에 의해 구조물의 내진성능평가절차로 처음 제시되었다. 1980년대 지진 시 지반운동과 구조물의 거동의 상관관계를 파악하기 위한 절차로 사용되었으며(ATC, 1982), 중요 구조물의 내진설계 검증을 위해서도 사용되었다(Army, 1986).

역량스펙트럼법의 절차는 다음과 같다.

[단계 1] 구조물이 지진에 대하여 견딜 수 있는 정도를 나타내는 역량스펙트럼(capacity spectrum; pushover 곡선을 사용하여 구함; 공급역량)을 산정한다.

[단계 2] 지반운동에 관련된 요구스펙트럼(demand spectrum; 응답스펙트럼을 사용하여 구함; 소요역량)을 산정한다.

[단계 3] 이 두 스펙트럼이 교차하는 지점인 구조물의 성능점(performance point)을 예측한다. 여기서 구조물의 성능점은 구조물의 최대 응답을 근사한다.

구조물의 비선형 비탄성 응답을 고려하기 위해, 비탄성 응답스펙트럼을 구하는 방법과 유사하게 선형 탄성응답스펙트럼에 유효 점성 감쇠값을 적용하였다(WJE, 1996). 설계 시 초기에 사용되는 요구스펙트럼은 5%의 감쇠비를 가지는 선형 탄성 설계응답스펙트럼이므로 구조물의 비선형거동의 정도에 따라 유효감쇠비를 구하여 이를 적절히 수정하여야 한다. 따라서 [단계 2]와 [단계 3]에서 여러 번의 반복계산을 통해 성능점을 구한다. 성능점의 예측 및 반복과정은 ATC-40(1996)의 방법 혹은 이 방법의 문제점을 개선 제안한 FEMA 440(2005)의 방법을 사용할 수 있다.

역량스펙트럼법에 의한 기본 절차와 개념도는 다음과 같다.

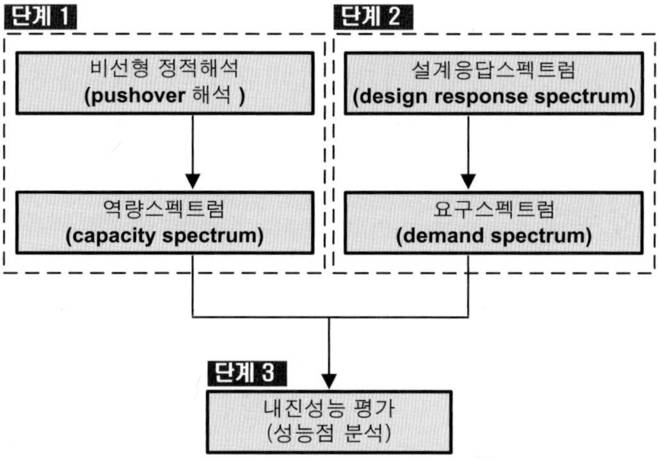

그림 6.10.3a 역량스펙트럼법에 의한 내진성능 평가절차

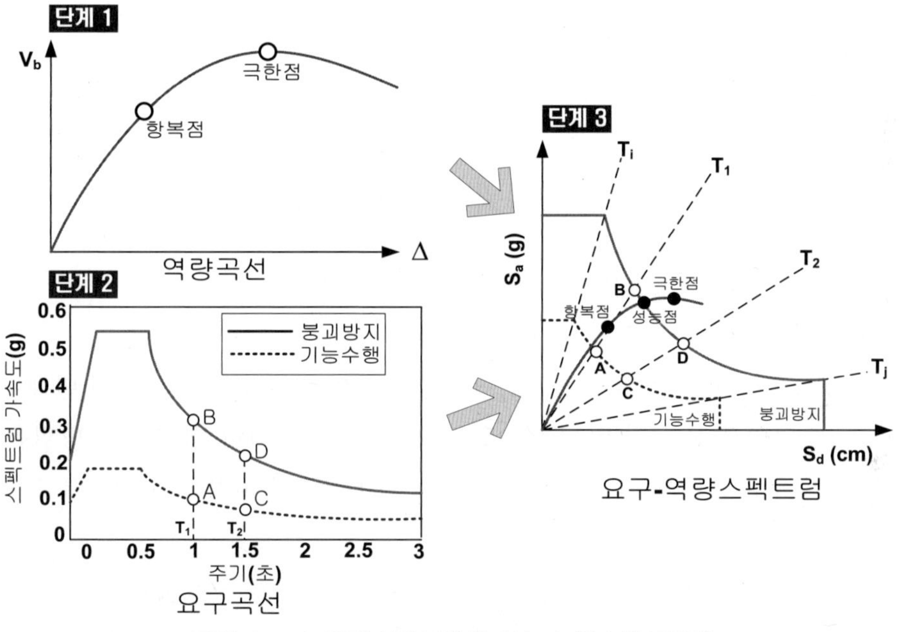

그림 6.10.3b 역량스펙트럼법(또는 능력스펙트럼법)

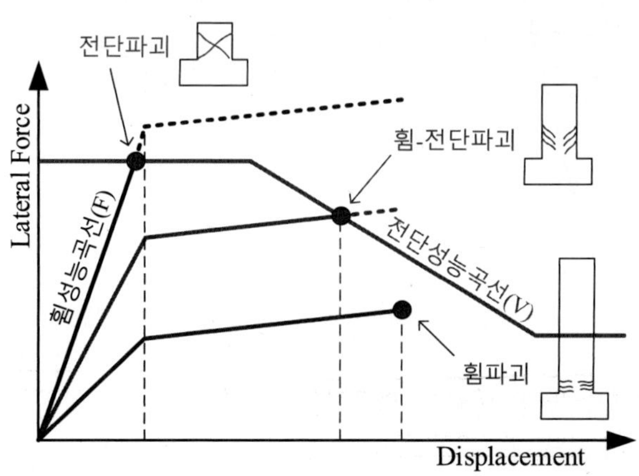

그림 6.10.3c 일반적인 RC 교각의 파괴모드와 공급역량의 결정

• 단계 1: 역량스펙트럼(능력스펙트럼; 공급역량)

구조물에 횡하중을 점진적으로 증가시켜가면서 비탄성 정적 해석을 수행한다. 이때 횡하중은 구조물의 극한상태에 도달할 때까지 단조증가 시킨다. 일반적으로 이러한 해석방법에 의하여 얻어진 구조물의 횡변위와 밑면전단력의 관계 곡선을 '역량곡선(능력곡석; pushover 곡선; capacity curve)'이라 한다.

역량곡선을 얻기 위해서 구조물에 횡하중을 작용시켜야 하며, 이 횡하중을 구하기 위해 통상 다음 3가지 방법을 주로 사용한다(FEMA 273/274, 1997).

(1) 각 층의 질량에 비례하는 등분포 하중

(2) 등가 정적하중

$$F_x = \frac{w_x h_x}{\sum_{i=1}^{N} w_i h_i} V_b$$

여기서 F_x = x층에 작용하는 횡력; w_x, w_i = x층과 i층의 무게; h_x, h_i = x층과 i층의 높이; V_b = 밑면전단력; N = 구조물의 층 수이다.

(3) (첫 번째) 모드형상 하중

첫 번째 모드가 지배적인 구조물에 대해 밑면전단력을 다음과 같이 건물의 높이에 따라 첫 번째 모드의 형상으로 분포할 수 있다.

$$F_x = \frac{w_x \psi_x^{(1)}}{\sum_{i=1}^{N} w_i \psi_i^{(1)}} V_b$$

여기서 F_x = x층에 작용하는 횡력; w_x, w_i = x층과 i층의 질량; $\psi_x^{(1)}, \psi_i^{(1)}$= 첫 번째 모드 $\{\Psi^{(1)}\}$에서 x층과 i층의성분; V_b = 밑면전단력; N = 구조물의 층 수이다. 참고로 이 방법은 고차 모드를 고려하지 못하므로, Freeman, Valles 등의 여러 연구자들은 고차모드를 고려한 하중분배 방법을 제안하였다.

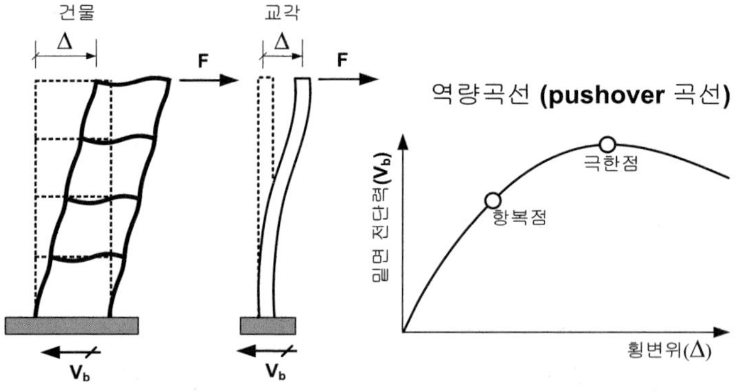

그림 6.10.3d 역량곡선(pushover 곡선)

비선형 정적해석을 통해 산정한 역량곡선을 요구스펙트럼과 직접 비교하기 위하여, 구조물의 동적 특성을 사용하여, V_b와 Δ로 표현되는 역량곡선을 스펙트럼 가속도(S_a)와 스펙트럼 변위(S_d)로 표현되는 가속도-변위 응답스펙트럼(역량스펙트럼, Acceleration-Displacement

Response Spectrum, ADRS)으로 변환한다.

첫 번째 모드 형상을 이용한 역량스펙트럼의 변환 식은 다음과 같다.

$$S_a = \frac{V_b}{\mu_{11}^*},\quad S_d = \frac{\Delta}{\psi_{top}^{(1)}\Gamma_i}$$

여기서 μ_{11}^*, L_1 및 Γ_1는 각각 첫 번째 모드의 유효모드질량, 모드지진입력계수 및 모드참여계수로 다음 식과 같으며, $\psi_{top}^{(1)}$과 Δ는 역량스펙트럼을 구하고자 하는 절점(즉, 상단부)에서의 첫 번째 모드 형상값과 변위이다.

$$\mu_{11}^* = \frac{L_1^2}{\mu_{11}} = L_1\Gamma_1 \quad \text{where } L_1 = \left\{\Psi^{(1)}\right\}^T[M]\{1\},\ \Gamma_1 = \frac{L_1}{\mu_{11}} = \frac{\left\{\Psi^{(1)}\right\}^T[M]\{1\}}{\left\{\Psi^{(1)}\right\}^T[M]\left\{\Psi^{(1)}\right\}}$$

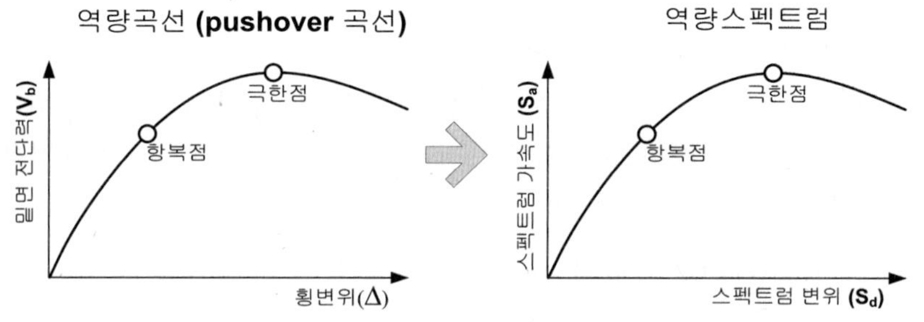

그림 6.10.3e 역량스펙트럼

• 단계 2: 요구스펙트럼(소요스펙트럼; 소요역량)

지진자료로부터 구한 응답스펙트럼 또는 설계 응답스펙트럼은 주기에 대한 스펙트럼 변위, 스펙트럼 속도 및 스펙트럼 가속도의 관계로 표현된다. 이 관계를 역량스펙트럼과 동일한 그래프 상에 나타내기 위해 다음 식을 사용하여 ADRS 형식으로 변환한다.

$$S_d = \frac{T^2}{4\pi^2}S_a$$

ADRS 형식에서 구조물의 주기(T)는 다음과 같이 S_a와 S_d의 관계로부터 구할 수 있으며, ADRS 형식에서 방사의 형태로 나타난다.

$$T = 2\pi\sqrt{\frac{S_d}{S_a}}$$

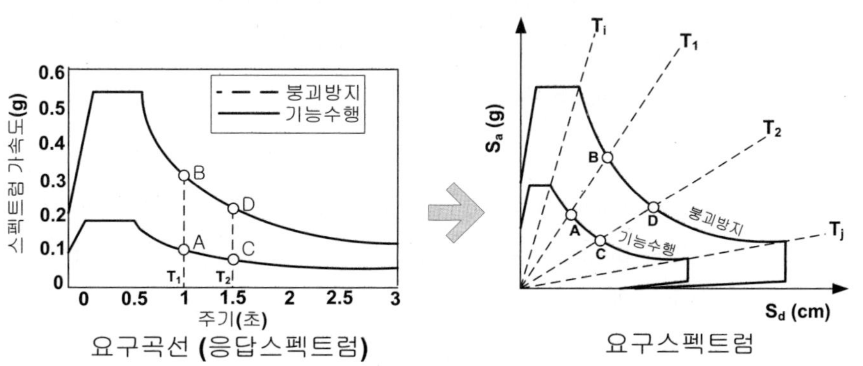

그림 6.10.3f 요구스펙트럼

• 단계 3: 내진성능평가

역량스펙트럼과 요구스펙트럼이 교차하는 점을 구조물의 성능점(performance point)이라 하며, 이를 구하는 절차는 다음과 같다.

(1) 비선형 정적 해석을 사용하여 역량곡선을 구하고, 5% 감쇠비를 갖는 탄성 설계응답스펙트럼을 작성한다.
(2) 변환식을 사용하여 역량곡선과 설계응답스펙트럼을 ADRS 형식인 역량스펙트럼과 요구스펙트럼으로 변환한다.
(3) 변환된 역량스펙트럼과 요구스펙트럼을 하나의 그래프에 그린다.
(4) 역량스펙트럼과 5% 감쇠비의 탄성 요구스펙트럼의 교차점에서의 (S_{di}, S_{ai})를 구한 후, 유효감쇠비를 산정한다.
(5) 산정된 유효감쇠비를 갖는 요구스펙트럼을 다시 작성한 후, 역량스펙트럼과의 교차점에서의 (S_{dj}, S_{aj})를 다시 구한다. (S_{dj}, S_{aj})를 (S_{di}, S_{ai})와 비교하여 허용오차 범위에 들면, (S_{dj}, S_{aj})를 비탄성응답으로 정하고, 허용오차범위에 들지 않는다면 (5)의 과정을 반복한다.
(6) 다음 그림과 같이 성능점에서의 (S_{dp}, S_{ap})를 변환식을 사용하여 다자유도계의 최대변위(Δ_p)와 밑면전단력(V_{bp})을 산정한다.

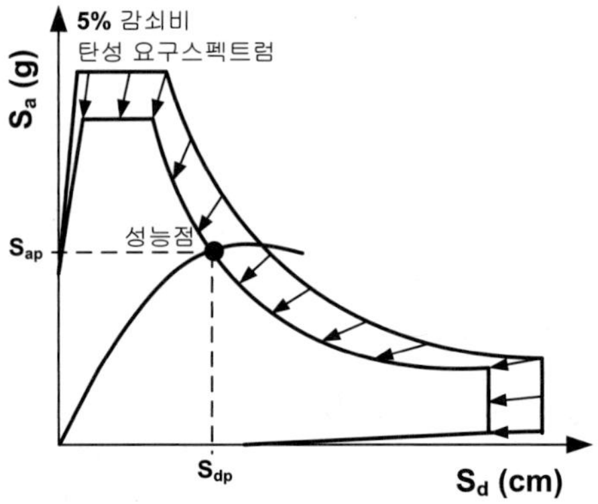

그림 6.10.3g 성능점 산정

5% 감쇠비의 탄성 요구스펙트럼을 감쇠비가 큰 비탄성 요구스펙트럼으로 나타내기 위해, 구조물의 유효감쇠비(effective damping ratio, ξ_{eff})를 다음과 같이 정의한다.

$$\xi_{eff} = \xi + \kappa\xi_{eq} \leq 0.5$$

여기서 ξ_{eq} = 구조물의 이력거동에 의한 등가 감쇠비이고, ξ = 구조물의 고유 감쇠비이며, κ는 감쇠조정계수(damping modification factor)이다. 이력 거동에 의한 등가 감쇠비 ξ_{eq}는 다음과 같이 역량스펙트럼을 이선형(bi-linear) 곡선으로 나타낸 후, 이선형 곡선의 이력거동에 의해 소산된 에너지를 이용하여 구한다.

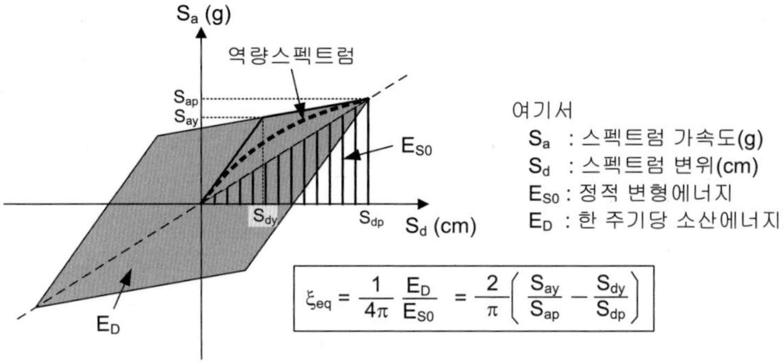

그림 6.10.3h 등가 감쇠비

지진하중을 받는 구조물의 이력특성은 강도 및 강성의저하, 핀칭 등 여러 가지 효과들에 의하여 이상화된 이력 특성을 나타내지 못하므로, ATC-40에서는 이러한 구조물의 이력 특성을 반영하기 위해 다음과 같은 감쇠조정계수(damping modification factor, κ)를 사용하여 유효감쇠비를 조정하도록 하고 있다. 여기서 Type A는 횡하중에 대한 저항시스템이 설치된 구조물로 이선형 곡선형태의 이력특성을 나타내는 경우이고, Type C는 횡하중에 저항하는 시스템이 없거나 이력거동을 신뢰할 수 없는 경우이며, Type B는 Type A와 Type C의 중간 형태이다.

표 6.10.3a 감쇠조정계수(κ)

구조물의 유형	ξ_{eq} (%)	감쇠조정계수(κ)
Type A	≤ 16.25	1.0
	> 16.25	$1.13 - 0.51\left(\frac{S_{a,y}}{S_{a,p}} - \frac{S_{d,y}}{S_{d,p}}\right)$
Type B	≤ 25	0.67
	> 25	$0.845 - 0.446\left(\frac{S_{a,y}}{S_{a,p}} - \frac{S_{d,y}}{S_{d,p}}\right)$
Type C	모든 감쇠비	0.33

특정한 지진에 의한 응답스펙트럼이 아닌 설계응답스펙트럼을 사용할 경우, 유효감쇠비에 따라 스펙트럼을 조정할 수 있는 방법이 필요하다. ATC-40에서는 산정한 유효감쇠비를 이용하여 스펙트럼 감소계수(spectrum reduction factor) SR_A와 SR_V를 다음 식에 의해 구한 후, 다음 그림과 같이 비탄성 응답스펙트럼을 작성한다. 여기서 SR_A와 SR_V는 이력거동 유형별 최솟값보다 커야 한다.

$$SR_A = \frac{1}{B_S} \approx \frac{3.21 - 0.68 \ln \beta_{eff}}{2.12}, \qquad SR_V = \frac{1}{B_1} \approx \frac{2.31 - 0.41 \ln \beta_{eff}}{1.65}$$

표 6.10.3b SR_A와 SR_V의 최솟값

구조물의 유형	SR_A	SR_V
Type A	0.33	0.50
Type B	0.44	0.56
Type C	0.56	0.67

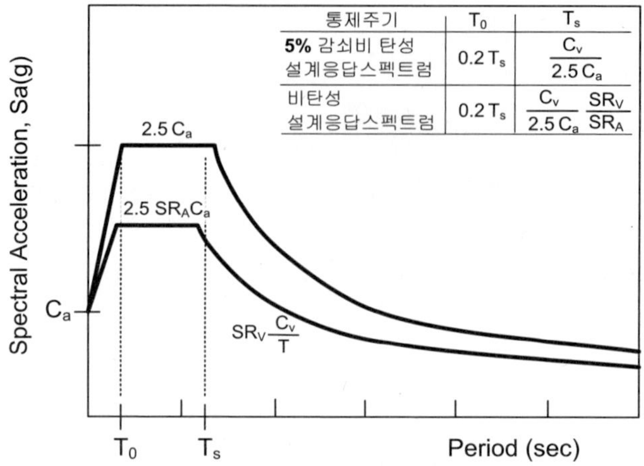

그림 6.10.3i 비탄성 응답스펙트럼

FEMA 273에서도 ATC-40과 같은 감쇠계수 B_S와 B_1을 제시하고 있다. B_S와 B_1는 각각 SR_A와 SR_V에 서로 반비례하며, 다음 표와 같이 유효감쇠비에 따라 제시된 값을 사용하며, 표에 제시되지 않은 유효감쇠비에 대한 감쇠계수는 직선보간에 의해 구한다.

표 6.10.3c 유효감쇠비에 따른 감쇠계수 B_S와 B_1

β_{eff} (%)	B_S	B_1
<2	0.8	0.8
5	1.0	1.0
10	1.3	1.2
20	1.8	1.5
30	2.3	1.7
40	2.7	1.9
>50	3.0	2.0

성능점을 보다 정확하게 예측하기 위해 ATC-40(1996) 방법의 문제점을 개선 제안한 FEMA 440(2005)의 방법을 사용할 수도 있다.

6.10.4 변위계수법 (displacement coefficient method, DCM)

변수계수법은 주어진 규모의 지진력 작용 시 구조물의 최대요구변위를 예측하는 방법이다. 등가로 나타낸 탄성 단자유도시스템의 최대예상요구변위에 구조물의 항복, 다자유도 효과 등을 고려하는 여러 계수를 곱하여 다자유도 구조물의 최대 비탄성 요구변위응답을 예측한다(FEMA 356, 2000).

변위계수법에서는 지진동을 받는 단자유도모델의 응답에 관한 기존 자료들의 통계치에 근거한 경험적인 수식을 사용하여 지진하중을 받는 구조물의 최상층의 최대 변위를 예측한다. 따라서 역량스펙트럼법과 달리 변위계수법에서는 비선형정적해석 후에 구조물의 밑면전단력과 최상층 변위 관계를 스펙트럼 형식으로 변화시키지 않고 비탄성변위를 반복 계산 없이 직접적으로 구할 수 있다. 변위계수법에서 산정되는 목표변위(target displacement)는 역량스펙트럼법에서의 성능점과 같은 의미를 가진다.

목표변위를 산정하는 절차는 다음과 같다(KALIS, 2019).

[단계 1] 역량곡선의 이선형화

비선형 정적해석에 의해 산정된 밑면전단력과 최상층 변위 관계를 2개 직선으로 이루어진 변형-응력관계 형태로 이상화시킨다. 탄성구간 이후의 강성(K_s), 유효강성(K_e), 초기강성(K_i)을 산정한 후에 이상화된 2개 직선으로 이루어진 변형-응력관계에서 구조물의 항복변위를 평가한다. K_e와 K_s의 교차점이 항복강도(V_y)로 정의되며 항복강도의 60% 지점에서 유효강성(K_e)이 결정된다. 이 과정은 다소의 시행착오를 거쳐야 한다.

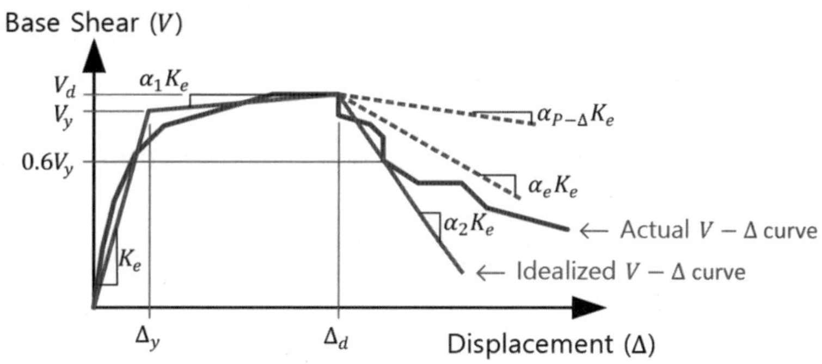

그림 6.10.4 유효강성의 결정

[단계 2] 유효주기의 산정

유효주기(T_e)는 탄성해석모델에서 고유치해석으로 구한 기본주기(T_i)와 역량곡선의 이선형화를 통해 구한 유효강성(K_e)으로부터 다음과 같이 산정한다.

$$T_e = T_i\sqrt{\frac{K_i}{K_e}}$$

여기서

T_i : 탄성해석으로 구한 기본진동주기

K_i : 구조시스템의 유효강성 및 구조물의 탄성 횡강성

K_e : 이선형화를 통해 결정된 유효강성

[단계 3] 역량곡선의 이선형화(bi-linearization)

목표변위는 FEMA 440(2005) 혹은 ASCE 41(2017) 등의 참고문헌에 제시된 수식을 통해 산정할 수 있다. 다음 식은 FEMA 440에 제시된 수식으로 C_0 ~C_3의 여러 계수들은 단자유도와 다자유도시스템에서 최대 변위의 차이, 탄성변위와 비탄성변위의 차이, 강도 저하 및 강성 저하의 효과 등을 고려한 계수이다.

$$\delta_t = C_0 C_1 C_2 C_3 S_a \frac{T_e^2}{4\pi^2} g$$

여기서

δ_t = 건물의 각 층별 목표변위

C_0 = 등가 단자유도계 스펙트럼 변위와 건물의 지붕 변위 사이의 보정계수

C_1 = 선형 탄성 응답과 최대 비탄성 변위 사이의 보정계수

C_2 = 핀칭효과, 강성 및 강도저감 등이 최대 변위응답에 미치는 영향을 보정하는 계수

C_3 = 동적 $P-\Delta$효과로 인한 변위증가를 보정하는 계수

S_a = 건물의 유효 기본주기와 감쇠비에 대한 응답스펙트럼가속도

T_e = 건물의 유효 기본주기

g = 중력가속도

6.10.5 선형해석평가방법와 m 계수법

다음은 학교시설 내진성능평가 및 보강 매뉴얼(교육부, 2019)에 수록된 선형해석평가방법과 m 계수법의 절차에 관해 기술하였다.

• 선형해석평가방법

이 방법은 선형해석기반의 설계기준과 해석소프트웨어를 사용하여 기존 구조 또는 보강된 구조를 평가하는 방법으로서, 시간과 비용 등을 절약할 수 있고, 평가 결과에 대한 검증이 용이한 장점을 기대할 수 있다.

평균강도비를 사용하여 평가하는 방법의 절차는 다음과 같다. 강도비의 정의와 평가에 대한 자세한 사항은 상기 매뉴얼을 따른다.

1) 구조기준에 따라 산정되는 지진하중에 대하여 선형해석을 실시한다.
2) 각 층에서 각 부재의 강도비를 계산한다. 부재 강도비는 보유강도(C)를 요구강도(D)로 나눈 값(capacity-to-demand ratio, CDR)으로 정의한다.
3) 각 층에서 각 부재 종류별로 평균강도비를 계산한다. 모멘트골조에서는 기둥과 큰 보의 평균강도비를 각각 계산하며, 이 중 최솟값으로 모멘트골조의 층강도비를 정한다. 큰 보의 평균강도비 계산 시, 하중방향과 평행한 방향의 큰보들만 고려한다.
4) 벽체에서는 평균강도비 계산 시, 하중방향과 평행한 주요 벽체들만 고려한다. 주요 벽체들의 강도비의 평균값으로 벽체의 층강도비를 정한다.
5) 가새골조에서는 골조를 구성하는 단부기둥과 대각가새들의 평균강도비를 각각 계산하며, 그 값들 중에서 최솟값으로 골조의 층강도비를 정한다. 평균강도비계산 시, 하중방향과 평행한 가새들만 고려한다.
6) 모멘트골조, 벽구조, 가새골조, 채움벽골조 등의 혼합구조에서는 안전측으로 각 골조의

층강도비의 최솟값으로 층강도비를 정할 수 있다.

7) 혼합구조에서 각 골조의 기여도를 고려하여 층강도비를 계산할 수 있다.

8) 트러스 구조 등 하중이 재분배되기 어려운 골조는 주요 부재의 강도비 중 가장 낮은 값으로 강도비를 결정한다. 슬래브 등 강체격막으로 연결되지 않거나 개구부등으로 인해 유연한 격막으로 연결되는 골조는 각각 분리하여 강도비를 결정한다. 층강도비는 분리된 골조 중 가장 낮은 값으로 정한다.

9) 건물강도비는 층강도비 중에서 최솟값으로 정한다.

10) 목표지진에 대한 건물전체의 보유성능지수는 건물강도비로 정의하고 보고한다.

11) 보유성능지수가 1.0을 초과하는 경우에는 매뉴얼에 따라서 층간변위를 검토한다.

• m 계수법

1) 선형해석평가법의 일종으로서 구조물에 비정형성이 없고 비탄성 거동이 크지 않으며 비교적 균등히 발생하는 경우에만 사용할 수 있다. 비선형구조해석평가가 적합하지 않을 경우의 대안방법으로서 사용할 수 있다.

2) 비탄성거동의 크기와 분포는 m 계수법에 따른 해석을 수행한 후 부재별로 다음과 같이 DCR을 산정하여 판단한다.

$$DCR = \frac{Q_{UD}}{Q_{CE}}$$

여기서

DCR은 부재별로 축력, 휨모멘트, 전단력 등 모든 작용력에 대해 각각 산정한다.

Q_{UD} : m 계수법의 하중조합에 의해 발생하는 부재력

Q_{CE} : 부재의 평균강도

3) 지진하중의 산정 및 해석절차

a) m 계수 정적절차

매뉴얼에 따른 의사지진력을 사용한다.

b) m 계수 동적절차

매뉴얼에 따른 응답스펙트럼해석과 유사하게 각 모드의 응답을 조합하여 구한다.

4) 부재별 허용기준

a) 변형지배거동을 하는 1차부재와 2차부재의 만족 여부는 다음 식에 따라서 판정한다.

$$Q_{CE} \geq \frac{Q_{UD}}{m}$$

여기서

Q_{CE} : 부재의 평균강도

Q_{UD} : 중력하중과 지진하중의 조합에 의한 거동

m : 부재의 예상 연성능력을 고려한 계수(m 계수)

b) 힘지배거동을 하는 1차부재와 2차부재의 만족 여부는 다음 식에 따라 판정한다.

$$Q_{CN} \geq Q_{UF}$$

여기서

Q_{CN} : 부재의 공칭강도

Q_{UF} : 중력하중과 지진하중의 조합에 의한 거동

표 6.10.5 신축 구조물의 구조설계와 1단계 내진성능평가의 비교

신축 구조물의 구조설계	1단계 내진성능평가
1. 탄성해석 (등가정적 또는 응답스펙트럼해석)	1. 탄성해석 (등가정적 또는 응답스펙트럼해석)
2. 지진하중을 저감 (즉, 지진하중 / R) 실제지진하중/R vs. 부재강도	2. 부재강도의 증대 (즉, 부재강도 × m) 실제지진하중 vs. 부재강도 × m
3. 구조시스템에 대해 선택한 R → 개별부재마다 동일한 안전율 적용	3. 개별부재마다 다른 안전율 적용

이야기: 내진설계와 내진성능평가에서 지진하중이 다른 이유

내진설계와 내진성능평가에서 적용하는 지진은 재현주기는 같지만, 지진하중의 크기는 다르다. 즉, 구조안전성 평가의 철학, 평가 대상, 설계 접근 방식의 차이에 의해 지진하중을 서로 다르게 적용한다. 다음에 건축물의 내진설계와 내진성능평가에 사용되는 지진하중에 대해 비교하여 설명하였다.

구분	내진설계 (Seismic Design)	내진성능평가 (Seismic Performance Evaluation)
목적	**신축 건축물**에 대해, 설계기준에 따라 **미래** 상태에서의 **최소한**의 내진성능을 확보한다.	**기존 건축물**에 대한 **현재** 상태에서의 내진성능을 평가하여 구조안전성과 내진보강의 필요성을 **정밀하게** 판단한다.
지진하중	• **기준지진**은 최대고려지진에 의한 값의 2/3 수준에 해당하는 지진이다. • 여기서 **최대고려지진**(maximum considered earthquake; MCE)이란 내진설계에서 고려하는 가장 큰 지진으로서 국가지진위험지도의 2,400년 재현주기를 갖는 지진이다. • 기준지진에 중요도계수 및 위험도계수를 곱한 지진을 **설계지진**(design earthquake; DE; design basis earthquake; DBE)이라 한다.	• **기준지진**은 최대고려지진에 해당하는 지진이다. 즉, 2,400년 재현주기의 최대고려지진에 2/3을 곱하지 않고 그대로 적용한다. • 기준지진에 중요도계수 및 위험도계수를 곱한 지진을 **평가지진**이라 한다.

	Q) 기준지진의 2/3를 사용하는 이유	Q) 기준지진을 그대로 사용하는 이유
근거	• 내진설계기준은 보수적 안전율을 이미 고려하고 있다. 구조설계에서 "보수적"이라는 것은 실제보다 더 큰 하중을 가정하거나(예: 하중계수), 재료강도를 실제보다 작게 가정하는 방식(예: 강도감소계수)으로 안전 여유를 확보하는 설계 접근을 말한다. • 대부분의 내진설계는 선형해석으로 수행된다. 지진 시 실제 구조물은 비탄성 거동(항복 이후의 연성 변형)을 하며 에너지를 흡수한다. 하지만 선형해석은 이런 비탄성 능력을 직접 고려하지 않기 때문에, 하중을 감소(2/3)시켜 적용하는 것이 오히려 현실을 잘 반영한다. 따라서 선형해석 기반 설계에서는 하중을 낮춰도 전체 구조 성능을 확보할 수 있다. • 2,400년 재현주기 지진은 발생 확률이 아주 낮은 매우 큰 지진이므로, 설계 자체가 매우 불확실성이 크고 보수적이다. • 이러한 큰 지진으로 붕괴방지수준에 만족하도록 설계할 경우, 구조시스템의 다중 방어성능(예: 부정정구조물의 여용력)을고려해 최종 설계하중을 낮춰도 전체 구조물은 안전하다.	• 구조물의 내진성능평가는 내진설계기준을 따랐는지보다 구조물이 현재 상태로 특정 규모의 지진을 견딜 수 있는가(즉, 성능)이다. 따라서 이 성능을 정밀하게 평가하려면 지진하중을 줄이지 않고, 그대로 적용해야 한다. • 내진성능평가는 주로 비선형 해석을 사용한다. 이러한 해석은 구조물의 항복, 손상, 연성, 비탄성 에너지 흡수능력까지 구조물의 실제 거동을 정밀하게 분석해야 하므로, 하중을 인위적으로 줄이지 않아야 한다. • 설계에서는 비탄성 거동을 감소계수(예: 반응수정계수)로 추정하지만, 성능평가는 이러한 감소계수로 추정하지 않고 실제 거동을 직접 해석으로 검증한다. • 내진설계는 불확실성을 고려하기 위해 사용된 보수적 안전율, 재료강도 감소계수, 하중계수 등을 적용한다. 하지만 내진성능평가는 불확실성이 없는 현재 상태의 정밀한 값을 사용한다(예: 기대강도). 즉, 내진성능평가는 정확한 하중을 주고 구조물의 성능을 그대로 보는 것이 원칙이다.

참조) 6.5.2절 설계응답스펙트럼

이야기: 유효강성 - 선형해석에서 부재의 비선형 효과를 고려할 수 있을까?

선형 지진해석은 구조시스템의 선형 거동을 가정하지만, 지진 시 실제 구조물은 비선형 거동을 보인다. 선형 지진해석에 이러한 비선형 거동을 보수적으로 반영하기 위해 구조부재의 유효강성을 사용한다.

유효강성(effective stiffness)이란 구조물이 지진이나 반복 하중에 의해 손상되거나 비선형 거동을 보일 때, 이 실제 구조물의 응답을 선형 모델로 근사하기 위해 사용하는 강성이다. 철근콘크리트 구조물의 경우, 부재의 균열 발생 후 강성이 급격히 감소하기 때문에 유효강성의 적용이 특히 중요하다.

■ 건축물

내진성능평가 세부지침 해설서(건축물, 국토안전관리원, 2024)에서는 선형절차를 사용하여 구조물의 해석모델을 작성할 경우에 유효강성을 적용하도록 규정한다.

제3장 내진성능평가 기술사항

3.4 상세평가를 위한 해석모델

3.4.3 유효강성

균열의 발생 등 지진시 구조부재의 상태를 고려하기 위하여 휨, 전단, 축하중에 대한 강성은 적절한 유효강성을 적용한다.

[해설]

(1) 철근콘크리트 부재의 휨, 전단, 축하중에 대한 강성은 작용하는 응력의 크기, 온도변화, 건조수축 등에 의하여 발생하는 균열손상의 영향이 고려된 유효강성을 사용한다.

(2) [해설 표 3.4.1]에 구조부재의 유형별 유효강성 값이 제시되어 있다.

(3) 기둥부재의 휨강성은 축력비가 0.5이상일 경우 $0.7E_cI_g$, 축력비가 0.1이하이거나 인장력이 작용할 경우 $0.3E_cI_g$, 그 사이의 축력비일 경우 선형보간하여 사용할 수 있다.

(4) (2) 및 (3)의 규정 이외에 기존 건축물에 적용 가능한 공인 지침서에 따라 유효강성을 결정할 수 있으며, 이 경우에 유효강성의 적용 근거를 평가보고서에 명시하여야 한다.

[해설 표 3.4.1] 철근콘크리트 구조부재별 유효강성 (국토안전관리원, 2024)

부재	휨강성	전단강성	축강성
보	$0.35E_cI_g$ 1)	$0.4E_cA_w$	E_cA_g
기둥	$0.7E_cI_g$	$0.4E_cA_w$	E_cA_g, E_sA_s 2)
비균열 벽체	$0.7E_cI_g$	$0.4E_cA_w$	E_cA_g
균열 벽체3)	$0.35E_cI_g$	$0.2E_cA_w$ 4)	E_sA_s 2)

1) T형보의 경우 I_g는 웨브부분의 I_g값의 2배의 해당하는 값, 또는 건축구조기준에 규정된 유효폭의 규정에 따라 산정

2) 인장력이 작용하는 경우

3) 지진하중을 포함하는 작용하중에 의해 균열이 발생하는 벽체

4) [해설 그림 3.6.3](c)와 같이 균열 현상을 구체적으로 모델링하는 경우 초기강성에는 비균열벽체의 전단강성을 적용한다.

■ 교량

기존 시설물(교량) 내진성능 평가요령(국토부, 2019)에서는 선형절차를 사용하여 교각의 해석모델을 작성할 경우에 유효강성을 적용하도록 규정한다.

제4장 내진성능 상세평가

4.3지진해석

4.3.3 지진해석모델

5. 교각의 소요성능을 결정하기 위한 지진해석에 필요한 입력자료 중 교각의 휨강성 EI은 <그림 4.2.1>의 모멘트-곡률($M-\phi$) 관계곡선으로부터 구한 항복유효강성 $EI_{y,eff}$을 사용한다.

[해설]

5. 탄성지진해석을 수행하여 소요성능 산정에 필요한 단면력과 변위를 구하고자 하는 경우에는 교각의 휨강성 EI을 항복유효강성 $EI_{y,eff}$으로 정의한다. 교각의 항복유효강성은 해설식(4.3.7)과 같이 고정하중이 작용하는 상태에서 교각기둥 단부의 단면해석을 수행하여 얻

은 모멘트-곡률($M-\phi$) 관계곡선의 원점과 초기항복점을 연결한 직선의 기울기를 말한다. 지진해석을 위한 해석프로그램에 항복유효강성을 입력할 경우에는 콘크리트의 탄성계수 E(E_c와 동일)와 항복 시의 유효단면2차 모멘트 $I_{y,eff}$를 구분하여 입력한다.

$$EI_{y,eff}=\frac{M_{yi}}{\phi_{yi}}=\frac{M_y}{\phi_y} \qquad \text{해설식 (4.3.7)}$$

내진성능평가 세부지침 해설서(교량)(국토안전관리원, 2024)에서는 선형절차를 사용하여 교각의 해석모델을 작성할 경우에 유효강성을 적용하도록 규정한다.

제3장 내진성능평가 기술사항 3.2 내진성능평가 3.2.2 지진해석 나. 구성요소 및 교량시스템 모델화 1) 구성요소의 모델화 ② 교각은 선형해석의 경우, 탄성지진력에 의한 균열 및 철근의 항복 여부를 고려한 강성(전단면강성, 유효강성, 항복유효강성)을 갖도록 모델화한다.

[해설]

내진성능평가를 위해서는 기본적으로 단면해석을 수행하기 때문에 이로부터 항복강성($EI_{y,eff}$)을 결정하지만 만약 단면해석으로부터 산정하지 않는다면 (해설 식 3.2.2-30)으로부터 항복유효단면2차모멘트($I_{y,eff}$)를 구하여 산정할 수 있다. 이는 많은 단면해석을 수행하여 도출한 경험식으로 “KDS 24 17 11 교량 내진설계기준(한계상태설계법)”에 채택되었다.

$$I_{y,eff}=\left(0.16+12\rho_l+0.3\sqrt{\frac{P_u}{f_{ck}A_g}}\right)I_g \qquad \text{(해설 식 3.2.2-30)}$$

- **유효강성(EI_e) 산정 절차**

Step 1: 특정한 유효강성(EI_e)을 가정한다.

Step 2: Step 1에서 가정한 EI_e를 적용하여 교량 시스템의 (선형) 지진해석을 수행한다.

Step 3: Step 2의 지진해석 결과로부터 해당 교각의 탄성휨모멘트(M_{el})와 곡률(ϕ_{el})을 얻는다.

Step 4: 다음 식으로 탄성 휨강성을 산정한다.

$$EI_{el}=\frac{M_{el}}{\phi_{el}}$$

Step 5: Step 1의 가정값 EI_e와 Step 4의 계산값 EI_{el}의 차이가 허용 범위 내이면, 가정값을 유효한 값으로 인정한다. 만약 허용 범위를 벗어난다면, Step 4의 EI_{el} 값을 새로운 가정값으로 하여 Step 1부터 반복 수행한다.

반복 수행 시 정확한 EI_e를 구할 수 있지만 실제 해석에 적용하기 번거로우므로, 다음과 같은 보수적 간이 접근법을 사용할 수 있다. 다만, 단면해석 결과 $M_{cr} \geq \frac{1}{2}M_y$이면 위 절차로 EI_e를 산정하거나, 보수적으로 EI_g를 적용할 수 있다.

• 유효강성의 간이 산정법

Step 1: 단면해석을 하여 항복강성($EI_{y,eff}$)을 산정한다.

Step 2: $EI_{y,eff}$를 적용하여 지진해석을 수행하고 탄성조합휨모멘트 ($[M_E]_{comb}$)를 산정한다.

Step 3: $[M_E]_{comb}$ 값에 따라 다음과 같이 적용한다.

① $[M_E]_{comb} \geq M_y \quad \rightarrow EI = EI_{y,eff}$

② $\frac{1}{2}M_y \leq [M_E]_{comb} < M_y \quad \rightarrow EI = EI_e = \frac{1}{2}(EI_g + EI_{y,eff})$

③ $[M_E]_{comb} < \frac{1}{2}M_y \quad \rightarrow EI = EI_g$

Step 4: 경우 ②, ③에 해당할 경우 산정된 EI로 다시 지진해석을 수행한다.

간이법은 [해설 그림 3.2.6]처럼 유효강성(EI_e) 구간을 나누어 적용하는 방법이며, 구간 수를 늘리면 보다 정밀한 유효강성을 적용할 수 있다.

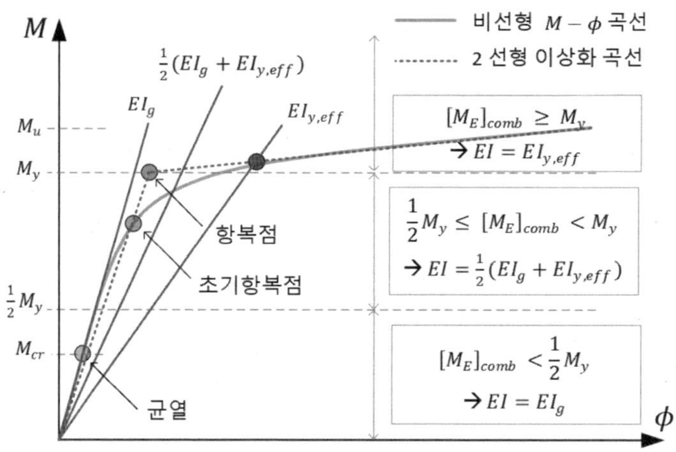

<그림 4.2.1> 모멘트-곡률 관계곡선 (원출처: 국토부, 2019)

[해설 그림 3.2.6] 휨강성 적용(간이법) (원출처: 국토안전관리원, 2024)

6.11 [평가] 지진위험도평가 (지진안전성평가)

6.11.1 개요

최근 경주, 포항 등의 지역에서 발생한 규모 5 이상의 지진을 포함하여 다수의 지진 발생으로 지진에 관한 관심과 더불어 구조물의 내진설계와 내진성능평가가 정착되었다. 구조물의 내진설계 및 내진성능검토에서는 주로 설계지진에 대하여 구조물의 변위 및 응력을 검토함으로써 지진 안전성을 평가하고 있으며, 이러한 검토는 주로 정적이거나 구조물의 모드특성을 반영한 응답스펙트럼해석 등에 의하여 수행되고 있다. 근래에는 설계응답스펙트럼을 이용하여 설계지진의 지반운동가속도를 작성하고 이로부터 비선형지진해석을 수행하여 내진성능을 검토하거나 혹은 역량스펙트럼법에 의하여 내진성능을 검토하기도 한다. 그러나 이러한 검토는 모두 결정론적(deterministic)인 접근방법에 의한 것으로 지진발생의 가장 큰 특성 중에 하나인 불확실성(uncertainty)을 제대로 반영하기 어렵다.

지진은 그 발생 특성상 예측이 불가능한 확률론적 발생특성을 가지고 있다. 따라서 임의의 위치에 설치되는 구조물이 특정한 기간 동안 지진에 의하여 기능수행수준 또는 붕괴방지수준을 초과하는 거동을 할 가능성(즉, 파괴확률, probability of failure)은

1) 어떤 수준의 지진이 발생할 확률(재해도, hazard)과
2) 그러한 수준의 지진이 발생했을 때 그 구조물의 취약성(취약도, fragility)을 합성하여 평가할 수 있다.

이러한 구조물의 파괴확률을 구조물의 '확률론적 지진위험도(probabilistic seismic risk, PSR)'라 하며,

1) 지진이 발생할 확률인 '지진재해도(seismic hazard)'와
2) 해당 지진이 발생했을 경우에 구조물의 '지진취약도(seismic fragility)'를 합성하여 구할 수 있다.

참고로 원자력발전소(이하 원전)의 내진설계에서는 지진의 잠재적 영향에 대한 안전성(safety) 또는 위험도(risk)를 확률론적으로 평가할 수 있는 방법이 개발되었으며, 이 방법을 '확률론적 지진위험도평가(seismic probabilistic risk assessment, SPRA)' 또는 '확률론적 지진안전성평가(seismic probabilistic safety assessment, SPSA)'라 한다. 구조물의 지진위험도를 확률론적으로 평가하는 방법인 SPRA(또는 SPSA)는

1) '지진재해도분석(seismic hazard analysis, SHA)',
2) '지진취약도분석(seismic fragility analysis, SFA)',
3) 사건수목(event trees) 및 고장수목(failure trees) 분석 등을 통해

최종적으로 지진 '노심손상빈도(지진에 의한 원전 노심의 손상확률, core damage frequency, CDF)'를 도출하는 방법이다(KEPIC STB, 2015; ASCE-4, 2016).

한편 SPRA는 사고 시나리오와 노심손상빈도 등을 도출하여 원전의 지진위험도를 확률론적으로 평가하는 방법이지만 평가에 많은 자료와 기술이 필요하므로, 원전의 내진여유도(seismic margin)를 직접적이고 결정론적으로 평가하기 위해 결정론적 '내진여유도평가(seismic margin assessment, SMA)' 방법이 개발되었다. SMA는 '평가지진(review level earthquake, RLE)' 선정, '파괴내력평가(conservative deterministic failure margin, CDFM)' 분석, 정량화 분석 등을 수행하여 최종적으로 구조물의 HCLPF*를 도출하는 방법이다. 여기서 평가지진은 84% 비초과확률의 지반응답스펙트럼으로 정의하며, 국내에서는 NUREG/CR-0098(NRC, 1978)의 중앙값(median) 응답스펙트럼을 사용하고 있다.

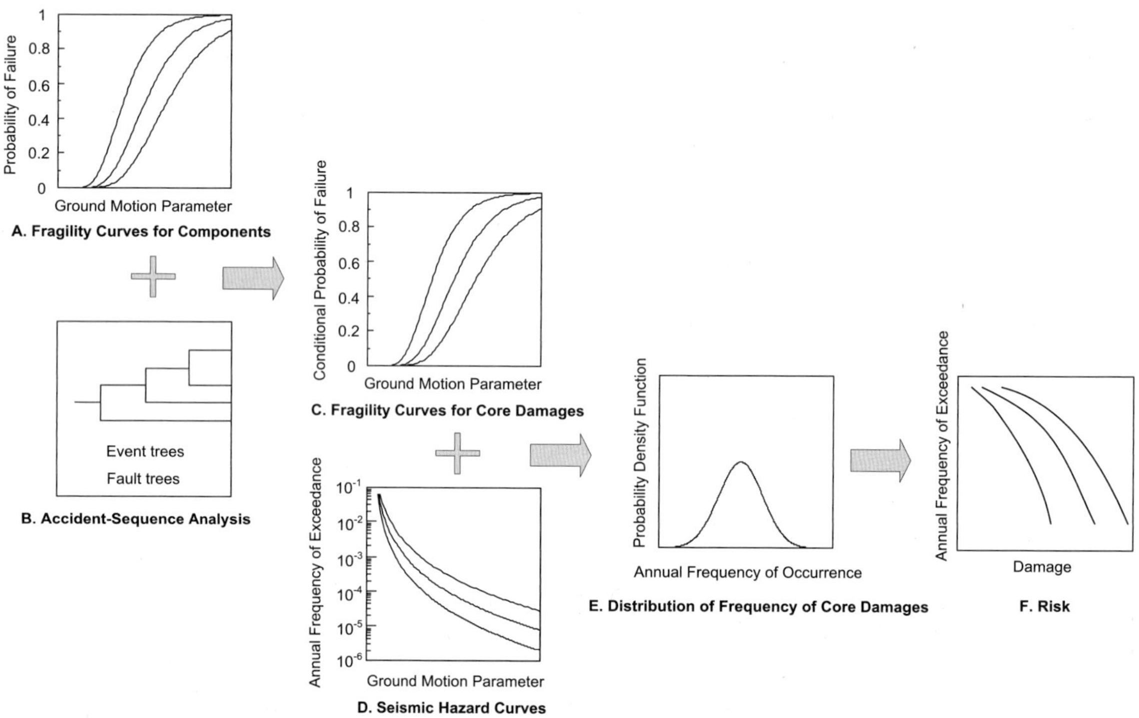

그림 6.11.1 확률론적 지진위험도평가(SPRA) 또는 확률론적 지진안전성평가(SPSA) 절차

6.11.2 지진재해도

1) 기존 지진 관측자료와 지질 조사자료 등을 근거로 발생 가능한 지진의 규모를 추정하고,
2) 발생 지진파의 특성을 예측하여 산정한 해당 부지의 지반운동수준(예: S_a)이

---

* HCLPF(high confidence low probability of failure, 고신뢰도저파괴확률)
95% 비초과확률수준(즉, 고신뢰도) 취약도곡선에서 5% 파괴확률(즉, 저파괴확률)에 해당하는 내진성능값
(A HCLPF is generally considered to be approximately 95% confidence of <5% probability of failure.)

3) 특정한 지반운동수준(예: 설계 최대지반가속도 a)을 초과하여 발생하는 횟수(연초과횟수, annual rate of earthquakes, $\lambda(S_a > a)$)*을 산정하는 것을 '지진재해도분석(seismic hazard analysis, SHA)'이라 한다.

지진재해도분석은

1) 지진의 불확실성을 통계적으로 고려하는 '확률론적 지진재해도분석(probabilistic seismic hazard analysis, PSHA)'과

2) 특정 경우의 지진 만을 고려하는 '결정론적 지진재해도분석(deterministic seismic hazard analysis, DSHA)'으로 구분할 수 있다.

어떤 하나의 지진원(i)에 대해 PSHA를 구하는 식은 다음과 같이 나타낼 수 있으며,

$$\lambda_i(S_a > a) = N_i(M_{min}) \int_{r=0}^{\infty} \int_{M_{min}}^{M_{max}} P(S_a > a|r, M)\, f(r|M)\, f(M)\, dM\, dr$$

여러 개의 지진원에 대해 PSHA를 구하면 다음과 같다.

$$\lambda(S_a > a) = \sum_{i=1}^{N_{source}} \lambda_i(S_a > a)$$

여기서

$\lambda_i(S_a > a)$: 특정 지진원(i)에 의한 지반운동수준(S_a)이 특정한 지반운동수준(a)을 초과하는 연초과확률

$N_i(M_{min})$: 특정 지진원(i)에 의해 지진규모가 M_{min}이상인 지진이 연중 발생하는 횟수(annual rate)

r : 지진원에서 부지까지의 부지까지의 거리. 예: 파열거리(rupture distance), 진원거리(epicentral distance)

M_{max}: 최대 지진규모. 예: 포화수준(Saturation level)

$f(M)$: 다른 지진들의 상대적인 발생비율을 나타내는 지진규모(M)에 따른 확률밀도함수(PDF). 예: 절단지수분포(truncated exponential distribution), 특성규모분포(characteristic magnitude distribution)

$f(r|M)$: 다른 지진들의 상대적인 발생비율을 나타내는 지진규모(M)이 발생할 경우 거리(r)에 따른 확률밀도함수(PDF).

N_{source}: 지진원의 전체 개수. 예: 단층 지진원(fault source), 부지 지진원(areal source)

---

* 연초과확률(annual probability of exceedance) 또는 연초과횟수(annual frequency of exceedance)라고도 하며, 기호로는 λ, γ, ν를 주로 사용한다. 참고로 재현주기는 $\frac{1}{\lambda}$이다.

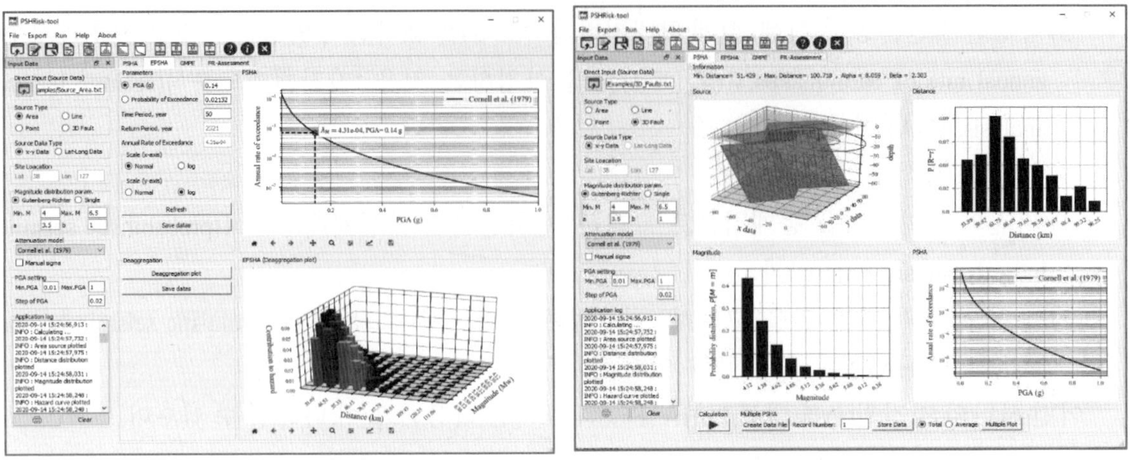

그림 6.11.2a 국내 지반에 대해 PSHA를 수행한 예*

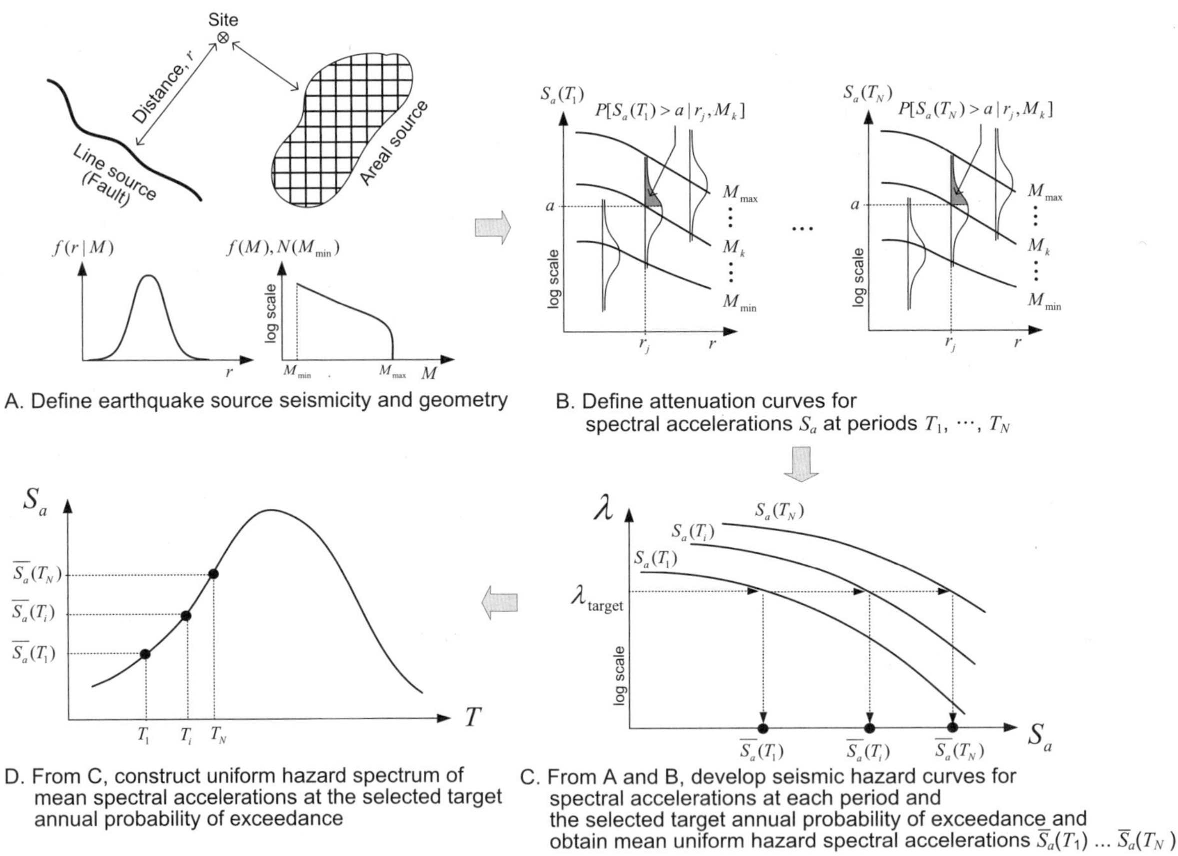

그림 6.11.2b PSHA를 이용한 등재해도 스펙트럼(uniform hazard spectrum, UHS) 생성 절차

* 구조시스템 홈페이지 S/W인 'PSHRisk-tool'을 다운로드하여 PSHA를 구할 수 있다.

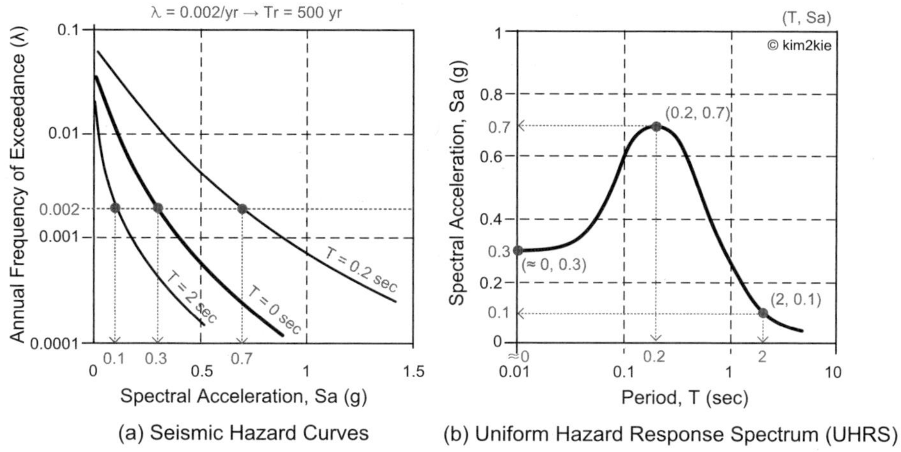

그림 6.11.2c 등재해도 스펙트럼(uniform hazard spectrum, UHS)의 개념

PSHA 과정에서 'Deaggregation(지진원 분석, 지진영향인자분석)'을 수행하여 지진파의 특성을 분석하거나 입력지진파를 선정할 수 있다. 입력지진파를 선정하는 것은 지진해석의 가장 중요한 단계 중의 하나이다. 지진파의 특성(최대지반가속도, 지속시간, 진동수 특성 등)은 발생 규모(M), 지진원으로부터의 거리(R), 지진원의 특성, 전파경로 등에 영향을 받으며, 이 중 지진파의 특성에 가장 큰 영향을 주는 것은 지진규모(M)와 거리(R)이다. 입력지진파를 선정하는 가장 합리적인 방법 중에 하나는 다음 그림과 같이 PSHA 과정에서 Deaggregation을 수행하여 가장 큰 기여를 하는 대표 지진 시나리오(대표 M과 대표 R)를 선택한 후, 이에 상응하는 계측 지진파를 선정하거나 인공지진파를 생성하는 것이다. 참고로 PSHA는 발생 가능한 모든 지진원을 고려하며, 각 지진원에서도 발생 가능한 모든 시나리오를 고려한다.

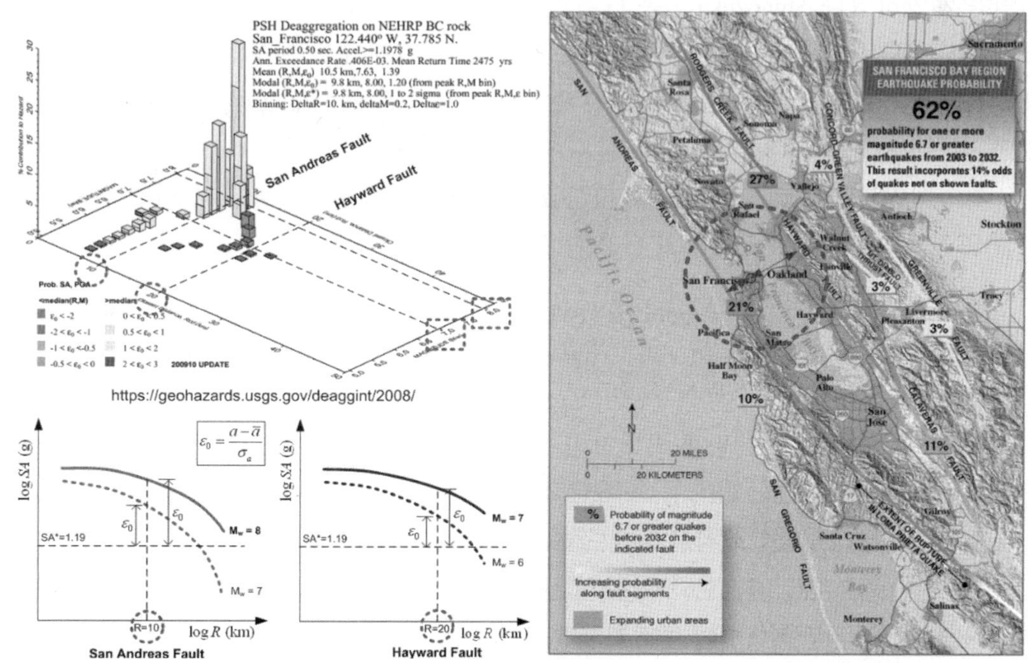

그림 6.11.2d San Francisco시 구조물 부지의 PSHA 과정에서 Deaggregation을 수행한 예

6.11.3 지진취약도

임의의 진도를 가진 지진이 발생하였을 때 구조물에 손상이 발생할 가능성을 나타내는 지진취약도 함수에 대한 연구는 1970년대 원자력발전소 격납구조물에 대하여 먼저 시작되었으며, 이를 Shinozuka 등이 교량구조물의 확률적 지진안전성 평가지수로 확장하여 적용한 이후로 교량구조물에 대해서도 연구가 활발히 진행되고 있다. 최근에는 이러한 지진취약도 함수를 활용하여 사회인프라 구조물의 지진위험도를 평가하고, 복잡한 사회인프라망에 대한 지진피해를 예측하며, 또한 지진발생 후 신속한 복구 계획 수립 등을 위한 자료로 활용되는 단계로 발전하고 있다.

지진취약도 함수는 그 목적에 따라

1) 복잡하지만 정확한 분석방법과

2) 정확하지는 않지만 빠르고 이해하기 쉬운 분석방법으로 나눌 수 있다.

전자는 특정한 구조물에 대한 많은 지진 자료를 이용하여 구조물에 대한 비선형 지진해석을 수행하여 산정하는 방법으로 복잡하지만 정량적으로 정밀하게 분석하는 방법이며, 후자의 방법은 HAZUS(1997) 등에서 제시한 바 있는 분석 방법으로 역량스펙트럼법을 기초로 하여 구조물의 다양한 거동 특성 등을 반영하여 몇 가지 계수로서 구조물의 지진취약도를 간편하게 분석할 수 있는 방법이다(한국방재학회, 2007).

• Shinozuka 등이 제안한 방법

Shinozuka 등(2002)은 수치해석결과를 이용한 '지진취약도분석(seismic fragility analysis, SFA)' 기법을 제안하였다. Shinozuka 등은 1) 취약도곡선을 대수정규분포함수(log-normal distribution function)로 표현하였으며, 2) 대수정규본포 함수의 두 가지 주요 계수인 중앙값(median, A_m)과 대수표준편차(log-standard deviation, ζ)는 '최우도추정(最尤度推定, Maximum Likelihood Estimate, MLE)'으로 구하였다.

지진취약도는 임의의 지반운동수준 a가 구조물의 내진성능 A 보다 커질 확률(즉, 구조물의 조건부 파괴확률, $P_{f|a}(a)$)로 다음과 같이 나타낼 수 있다.

$$P_{f|a}(a) = \mathrm{Prob}[a \geq A] = \Phi\left[\frac{\ln\frac{a}{A_m}}{\zeta}\right]$$

여기서

a는 임의의 지반운동수준[예: 최대지반가속도(peak ground acceleration, PA), 최대지반속도(peak ground velocity, PV), 스펙트럼가속도(spectrum acceleration, SA), 스펙트럼속도(spectrum velocity, SV), 스펙트럼진도(spectrum intensity, SI) 등];

A는 대수정규분포를 따르는 구조물의 내진성능 (랜덤변수);

$\Phi[\cdot]$는 표준 정규분포함수의 누적확률분포;

A_m와 ζ는 대수정규분포를 따르는 A의 중앙값과 대수표준편차이다.

이렇게 가정된 확률분포에 대한 계수(A_m와 ζ)를 MLE(최우도추정)를 이용하여 추정할 수 있다. 이때 같은 구조물에 여러 손상단계가 있는 경우에 손상단계별로 추정된 대수표준편차에 따라 취약도곡선의 서로 교차하는 것을 방지하기 위하여 공통 대수표준편차를 사용할 수 있다.

Likelihood 함수(우도함수)는 대수정규분포함수로 가정한 취약도 식을 각각의 지반운동수준(a_i)에 대해 적용시켜, 손상이 발생되었을 경우 파괴확률($P_{f|a}(a_i)$)을 증가시키고, 손상이 발생되지 않았을 경우 비파괴확률($1-P_{f|a}(a_i)$)을 증가시키도록 다음과 같이 정의할 수 있다.

$$L = \prod_{i=1}^{N_e} \{P_{f|a}(a_i)\}^{x_i} \{1-P_{f|a}(a_i)\}^{1-x_i}$$

여기서

$P_{f|a}(a_i)$는 취약도(또는 파괴확률);

a_i는 구조물에 가해지는 i번째 입력지진(또는 해석경우)의 지반운동수준[예: 최대지반가속도 최대지반가속도(PA)];

x_i는 구조물의 그 파괴여부를 나타내는 Bernoulli 확률변수(안전: 0, 파괴: 1);

N_e은 총 입력지진의 개수(또는 해석경우의 수)이다.

대수함수는 단조함수(monotonic function)이므로, log-likelihood를 최대화 하는 것은 likelihood를 최대화하는 것과 동일하다. 즉, 다음과 같은 최적화 문제로 고려하여 기존 민감도 방법을 사용하여 계수(A_m와 ζ)를 구할 수 있다. 각각의 지반운동수준(예: PA)에 해당하는 손상을 합한 후, 최우도추정을 사용하여 손상상태에 해당하는 구조물의 취약도곡선을 작성한다.

$$\ln L = \sum_{i=1}^{N_e} \left[x_i \ln\{P_{f|a}(a_i)\} + (1-x_i)\ln\{1-P_{f|a}(a_i)\}\right]$$

$$\frac{\partial \ln L}{\partial A_m} = \frac{\partial \ln L}{\partial \zeta} = 0$$

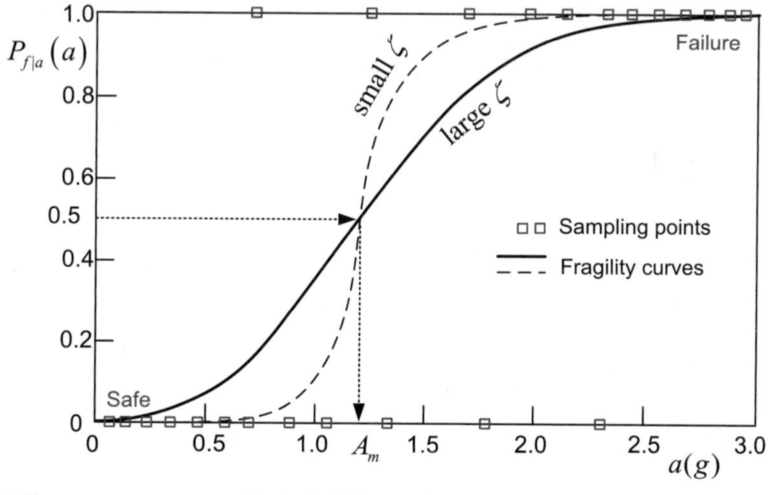

그림 6.11.3a Shinozuka 등이 제안한 방법을 사용하여 작성한 취약도곡선 예

• Kennedy 등이 제안한 방법

Reed와 Kennedy(1994)는 대수정규분포를 따르는 구조물의 내진성능 (랜덤변수) A를 가정하여 취약도곡선을 작성하였다. 가장 간단한 경우로 랜덤변수 A의 불확실성을 ε으로 나타내었다. ε은 대수정규분포를 따르고 중앙값과 대수표준편차가 각각 1과 ζ이다. ε과 A의 중앙값인 A_m을 사용하여 A를 나타내면

$$A = A_m \, \varepsilon$$

이고, A를 사용하여 나타낸 취약도곡선은

$$P_{f|a}(a) = \int_0^a \frac{1}{A\zeta\sqrt{2\pi}} \exp\left[-\frac{1}{2}\left(\frac{\ln A - \ln A_m}{\zeta}\right)^2\right] dA = \Phi\left[\frac{\ln\frac{a}{A_m}}{\zeta}\right] \quad \text{(I)}$$

이다. 여기서 $\Phi[\cdot]$는 표준 정규분포함수의 누적확률분포이다. 즉, 대수정규분포인 랜덤변수 A의 2개의 변수(A_m과 ζ) 만으로 취약도곡선을 작성할 수 있다.

이 경우를 확장하여 불확실성 ε을 ε_R과 ε_K(또는 ε_U)로 구분하였다. 여기서 ε_R은 '랜덤 불확실성(random uncertainty)' 또는 '우발적 불확실성(aleatory uncertainty)'이라 하며 명시적 모델로 나타낼 수 없는 내재된 불확실성을 말하고(not modeled inherent uncertainty), ε_K(또는 ε_U)는 '지적 불확실성(knowledge uncertainty)' 또는 '인식론적 불확실성(epistemic uncertainty)'이라 하며 좀더 정확한 모델을 사용하거나 새로운 자료를 보완함으로써 줄일 수 있는 불확실성을 말한다.

ε_R과 ε_K는 중앙값이 1이고, 대수표준편차가 각각 ζ_R과 ζ_K인 대수정규분포이다. ε_R과 ε_K와 A의 중앙값인A_m을 사용하여 A를 나타내면

$$A = (A_m \, \varepsilon_K) \, \varepsilon_R$$

이다. 여기서 ε_K는 중앙값 산정과 관련된 지적(knowledge) 불확실성을 나타내는데 반해 (즉, uncertainty in the median capacity), ε_R은 산정된 중앙값에 내재된(inherent) 랜덤(random) 불확실성을 나타낸다 (즉, randomness in capacity). A를 사용하여 나타낸 취약도곡선은

$$P_{f|a}(a) = \Phi\left[\frac{\ln\frac{a}{A_m} + \zeta_K \, \Phi^{-1}(Q)}{\zeta_R}\right] \quad \text{(II)}$$

이다. 여기서 Q는 비초과확률수준(non-exceedance probability level)이며, 식 (I)과 (II)의 관계는 다음과 같다.

$$\varepsilon_{m,C} = \varepsilon_{m,R} \cdot \varepsilon_{m,K} = 1$$

$$\zeta \equiv \zeta_C = \sqrt{\zeta_R^2 + \zeta_K^2}$$

여기서 $\varepsilon_{m,C}$, $\varepsilon_{m,R}$, $\varepsilon_{m,K}$는 ε_C, ε_R, ε_K의 중앙값이다.

식 (I)의 $P_{f|a}(a)$은 $\zeta = \zeta_C$인 경우에 '조합(composite) 취약도곡선'이라 하고 '평균(mean) 취약도곡선'에 해당한다. 반면에, 식 (II)의$P_{f|a}(a)$은 $Q = 0.5$ (또는 $\zeta_K = 0.0$)인 경우에 '중앙값(median) 취약도곡선'에 해당한다(Wakefield 등, 2003). 식 (II)를 비초과확률수준별 중앙값 취

약도곡선으로 축소하면 다음과 같다.

$$P_{f|a}(a) = \Phi\left[\frac{\ln\frac{a}{A_{m,Q}}}{\zeta_R}\right] \quad \text{(III)}$$

여기서 $A_{m,Q}$은 비초과확률수준별 랜덤변수의 중앙값으로 표준정규분포의 역변환을 하면

$$A_{m,Q} = A_m \exp[-\Phi^{-1}(Q)\cdot\zeta_K]$$

이고, 주로 사용되는 값은 다음과 같다.

표 6.11.3 비초과확률수준별 $A_{m,Q}$

Q	$\Phi^{-1}(Q)$	$A_{m,Q} = A_m \exp[-\Phi^{-1}(Q)\cdot\zeta_K]$
95 %	+1.645	$A_{m,Q} = A_m \exp[-1.645\zeta_K]$
50 %	0.0	$A_{m,Q} = A_m$
5 %	-1.645	$A_{m,Q} = A_m \exp[+1.645\zeta_K]$

지진취약도분석 수행결과는 지진취약도곡선으로 작성되고, 대상 구조물의 내진성능 지표로 'HCLPF(고신뢰도저파괴확률, high confidence low probability of failure)'값을 사용한다. 일반적으로 HCLPF는 95% 비초과확률수준(즉, 고신뢰도) 취약도곡선에서 5% 파괴확률(즉, 저파괴확률)에 해당하는 내진성능값으로 다음과 같이 유도할 수 있다(Ravindra, 1988). 참고로 지진취약도곡선은 랜덤변수의 변동성(variability)이 클수록 변동영역의 가로축 구간이 넓으며, 동일한 중앙값(A_m)에 대하여 대수표준편차(ζ)가 클수록 HCLPF값(즉, 내진성능)은 감소한다.

$$\text{HCLPF} = A_m \exp[-1.645\cdot(\zeta_R+\zeta_K)]$$

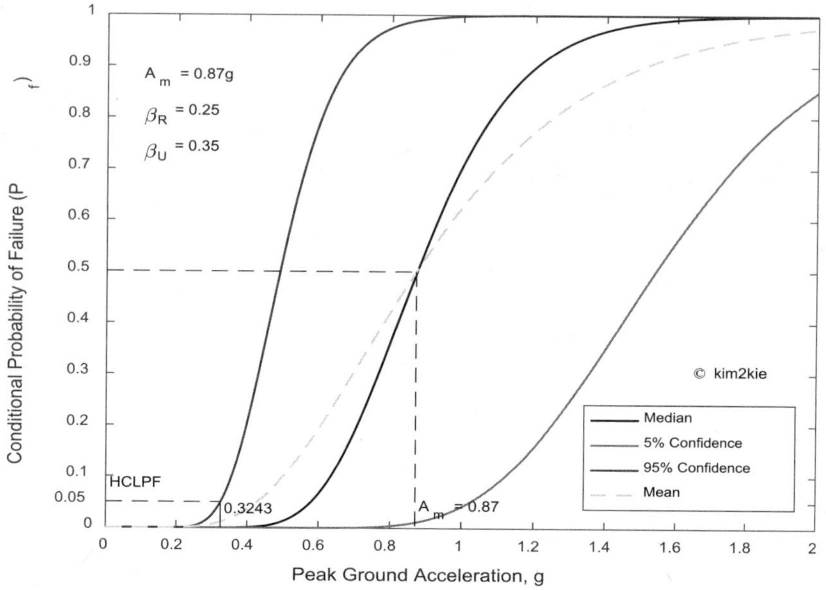

그림 6.11.3b 일반적인 취약도곡선과 HCLPF 산정 예
(그래프의 β_R과 β_U는 각각 ζ_R과 ζ_K에 해당하는 대수표준편차이다)

- 비선형 동적해석을 사용하는 방법

(1) 증분동적해석(incremental dynamic analysis; IDA)

여러 개의 지진입력운동을 선정한 후, 각 입력운동에 대해 진도(즉, 지진의 크기 또는 진폭; 예: 최대지반가속도)를 조정해가면 비선형 동적해석을 수행하여, 파괴가 발생하는 진도(intensity measure; IM)를 찾는다(Vamvatsikos and Cornell 2002; FEMA, 2009). 구조물의 탄성 단계에서부터 항복, 파단에 이르기까지 최대지반가속도의 증가 수준에 따른 구조물의 전체 거동을 파악할 수 있는 방법으로 구조물의 성능을 직접적으로 평가할 수 있다.

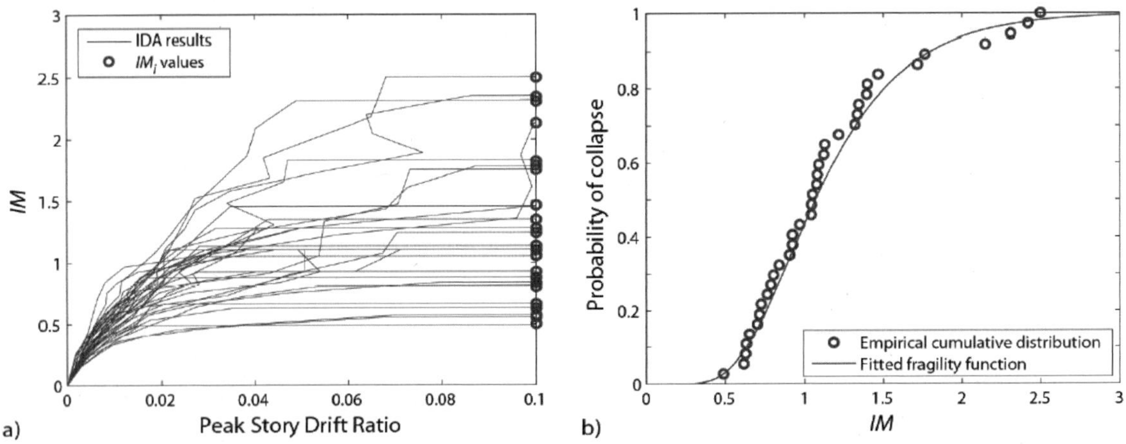

그림 6.11.3c IDA 방법을 사용한 취약도 곡선 산정(Baker, 2015)

a) 각 지진입력운동에 대해 파괴가 발생하는 IM값을 식별하는 데 사용되는 IDA 결과

b) IM의 함수로써 나타낸 파괴 비율과 추정된 취약도 함수

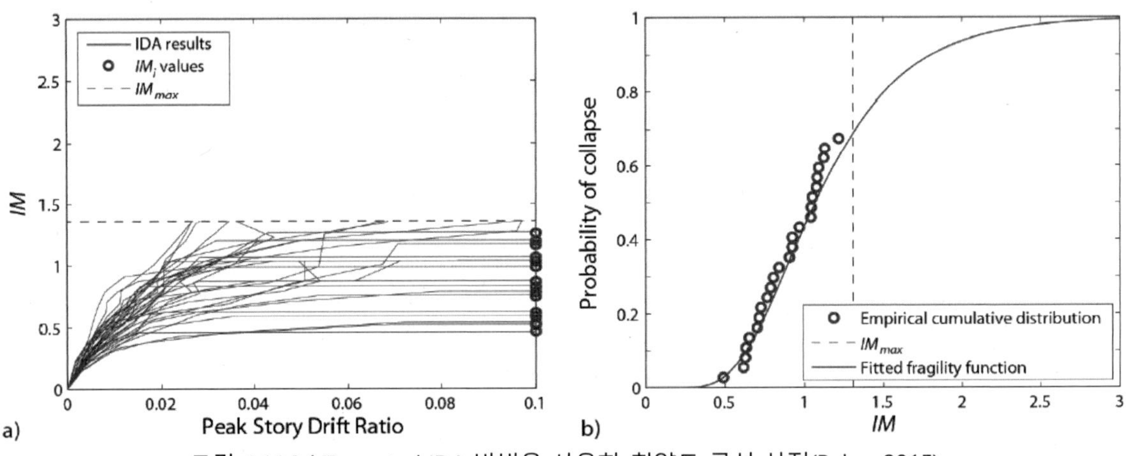

그림 6.11.3d Truncated IDA 방법을 사용한 취약도 곡선 산정(Baker, 2015)

a) 각 지진입력운동에 대해 파괴가 발생하는 IM값을 식별하는 데 사용되는 IDA 결과

b) IM의 함수로써 나타낸 파괴 비율과 추정된 취약도 함수

(2) 다중스트립해석(multiple stripe analysis; MSA)

다양한 진도(IM)를 갖는 여러 개의 지진입력운동을 선정한 후, 선정된 모든 입력운동에 대해 비선형 동적해석을 수행하여 취약도 곡선을 구한다(Jalayer 2003).

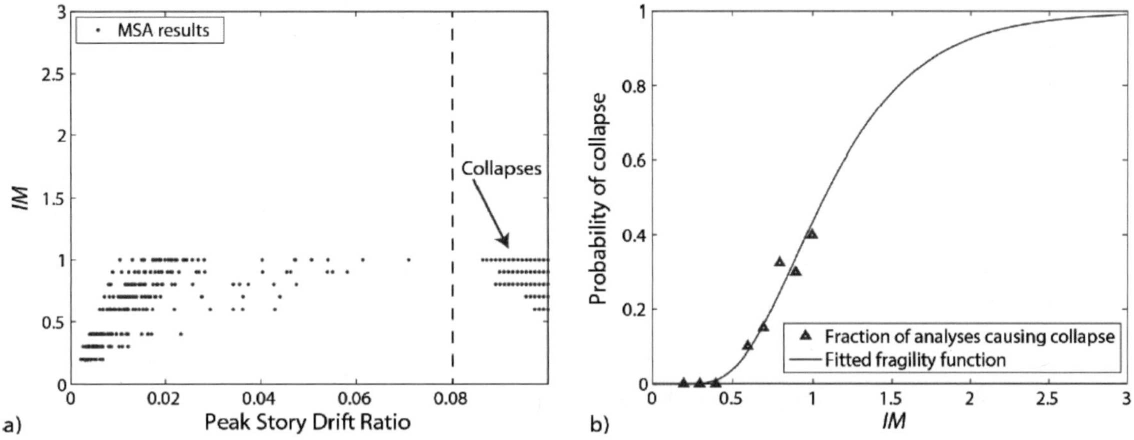

그림 6.11.3e MSA 방법을 사용한 취약도 곡선 산정(Baker, 2015)

a) MSA 결과로 층간변위비가 0.08를 넘는 것을 IM별로 우측에 정리

b) IM의 함수로써 나타낸 파괴 비율과 추정된 취약도 함수

6.11.4 지진위험도

• 재현주기별 지진재해지도를 이용하는 방법

어떤 지역에서의 설계 지반운동수준(예: PA)을 a_D라 하고, 지반운동수준(A)이 a_D를 초과하는 지진이 발생할 경우를 Poisson process로 가정하고, 연초과횟수(annual frequency of exceedance)를 $\lambda_A(a_D)$라 하자.

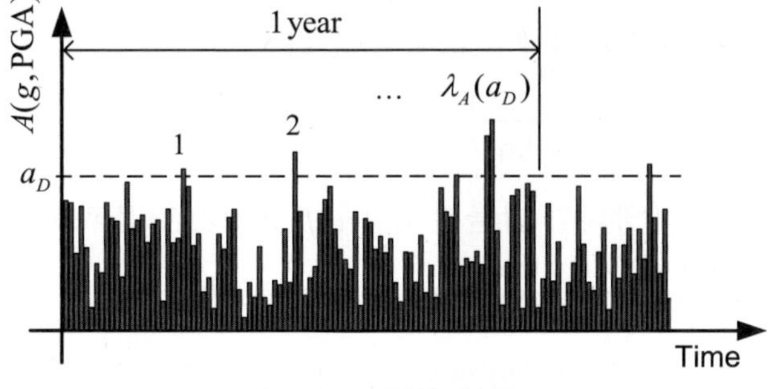

그림 6.11.4a 연초과횟수(λ)

(1) 지진위험도평가에서 사용할 지진의 지반운동수준(A_T)이 a보다 작을 확률($F_{A_T}(a)$)과

(2) 연중 발생할 지진의 지반운동수준(A)이 a보다 작을 확률($F_A(a)$)은 각각 다음과 같다.

$$F_{A_T}(a) = \text{Prob}[A_T \le a]$$
$$F_A(a) = \text{Prob}[A \le a]$$

a_D를 초과하는(즉, $A_T > a_D$인) 지진의 연발생횟수는 $\lambda_{A_T}(a_D)$라고 할 경우, $F_{A_T}(a)$와 $F_A(a)$의 관계를 $\lambda_{A_T}(a_D)$를 사용하여 나타내면 다음과 같다(Ang and Tang, 2006).

$$F_A(a) = \exp\left[-\lambda_{A_T}(a_D) \cdot \{1 - F_{A_T}(a)\}\right]$$

a_D를 구조물에 손상을 줄 수 있는 최소의 지반운동수준이며, $F_{A_T}(a_D) = 0$이고(즉, 지반운동수준이 A_T인 지진은 구조물에 반드시 손상을 줌), 지진의 발생을 Poisson process라고 가정하자. 이 식을 이용하여 $A_T > a_D$인 지진의 연중 발생횟수인 $\lambda_{A_T}(a_D)$를 다음과 같다.

$$F_{A_T}(a_D) = \exp\left[-\lambda_{A_T}(a_D) \cdot \{1 - F_{A_T}(a_D)\}\right]$$
$$\rightarrow \quad \lambda_{A_T}(a_D) = -\ln\{F_{A_T}(a_D)\}$$

여기서 $F_{A_T}(a_D)$를 제2종 점근극치분포(Type II asymptotic EVD)로 가정하면 다음과 같다.

$$F_{A_T}(a_D) = \exp\left\{-\left(\frac{a_D}{u}\right)^{-\alpha}\right\}$$

여기서 통상 '지진재해지도(seismic hazard map)'는 해당지역에서 발생할 수 있는 최대지반가속도에 대하여 여러 '재현주기(return period)' 또는 어느 일정기간 동안의 '초과확률(exceedance probability)'의 형태로 주어지므로, 이를 활용하면 α와 u를 산정할 수 있다. 참고로 앞 식의 양변에 대수를 두 번 취하여 다음과 같은 선형관계식을 만든 후, 보간을 통해 α와 u를 결정한다.

$$\ln\left[-\ln\{F_{A_T}(a_D)\}\right] = -\alpha \ln a_D + \alpha \ln u$$

$\lambda_{A_T}(a_D)$와 $F_A(a_D)$에 관한 식들을 연립하여 연평균 발생횟수 $\lambda_{A_T}(a_D)$를 구하면 다음과 같다.

$$\lambda_{A_T}(a_D) = -\ln\{F_{A_T}(a_D)\} = -\ln\left[\exp\left\{-\left(\frac{a_D}{u}\right)^{-\alpha}\right\}\right] = \left(\frac{a_D}{u}\right)^{-\alpha}$$

여기서 구한 $\lambda_{A_T}(a_D)$와 $F_A(a)$를 $F_{A_T}(a)$에 관해 정리하면 다음과 같다. 즉, Poisson process로 가정된 지진발생에 대하여 $F_A(a)$와 $F_{A_T}(a)$를 연관 짓기 위해서는 $\lambda_{A_T}(a_D)$가 필요하며, 이를 위해 지진으로 고려할 수 있는 최소 지반운동수준 a_{min}을 a_D로 정하여야 한다. 예를 들어 $a_{min} = 0.005g$와 같이 충분히 작게 고려할 수 있다.

$$F_{A_T}(a) = 1 + \frac{1}{\lambda_{A_T}(a_{min})}\ln\{F_A(a)\} = 1 - \left(\frac{a}{a_{min}}\right)^{-\alpha}$$

따라서 $\text{Prob}[A_T \le a]$에 해당하는 확률밀도함수 $f_{A_T}(a)$는 다음과 같다.

$$f_{A_T}(a) = \frac{dF_{A_T}(a)}{da} = \alpha \cdot a_{min}^{\alpha} \cdot a^{-\alpha-1}$$

지진발생 확률 $f_{A_T}(a)$와 지진발생시 구조물의 손상확률을 나타내는 지진취약도곡선 $P_{f|a}(a)$을 결합하여, 지반운동수준 $[a_{min}, a_{max}]$구간에서 발생할 지진에 대한 위험도는

$$P_{f,1\,year} = \int_{a_{min}}^{a_{max}} P_{f|a}(a)\, f_{A_T}(a)\, da$$

이다. 따라서 최종적으로 구한 구조물의 사용기간(n년) 동안의 지진위험도(즉, 구조물이 사용

기간 중에 지진에 의해 손상을 입을 확률)은 다음과 같다.

$$P_f = 1 - \exp\{-n \cdot \lambda_{A_T}(a_{min}) \cdot P_{f,1\,year}\}$$

여기서 $\lambda_{A_T}(a_{min})$: a_{min}를 초과하는 지반운동의 연평균 발생횟수

$P_{f,1\,year}$: 1년동안에 a_{min}를 초과하는 지반운동이 발생했을 경우 구조물의 손상확률

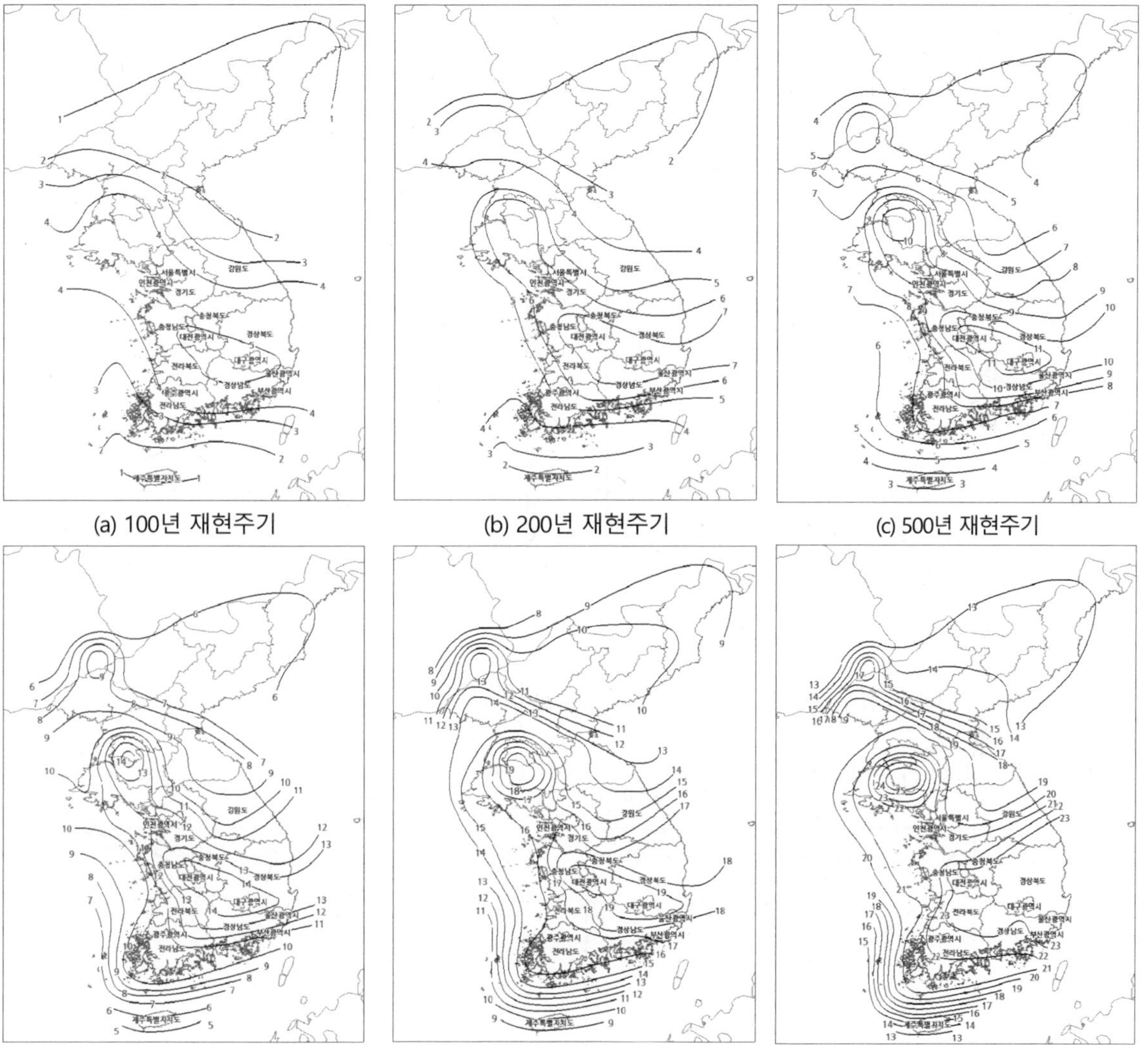

(a) 100년 재현주기 (b) 200년 재현주기 (c) 500년 재현주기

(d) 1,000년 재현주기 (e) 2,400년 재현주기 (f) 4,800년 재현주기

그림 6.11.4a 국가지진위험지도(행안부, 2013)

(구조시스템 홈페이지 S/W인 'KS_MAP'을 다운로드하여 각 지역의 최대지반가속도를 구할 수 있다)

• Zion 방법 (지진재해도곡선을 이용하는 방법)

1980년대 초반에 개발된 SPRA는 이후 USNRC에 의해 원전 IPEEE(individual plant examination of external events, 개별발전소 외부사건 분석)에 사용할 수 있도록 허용되었다. 가장 널리 사용되는 SPRA절차인 Zion방법은 1981년 Zion 발전소의 지진위험도 평가를 위해 처음 적용되었

다(Pickard et al., 1981). 이 방법은 요소(component) 취약도곡선들을 사용하여 원전의 구조 및 비구조 요소의 요구성능에 대한 파괴확률을 나타낸다. 참고로 요소의 파괴는 층가속도와 층 변위 등과 같은 구조물의 응답에 큰 영향을 받지만, Zion방법에서는 요소 취약도곡선들을 지반운동변수(예: 최대지반가속도)로 정의하였다. Zion방법은 다음 그림에 보인 두 가지 절차를 사용하여 구조물의 지진위험도를 산정할 수 있다.

$$P_f[damage > demand] = \int_a^{\square} P_{f|a}[damage > demand] \left|\frac{d\lambda(a)}{da}\right| da$$

$$\text{Ex)}\ P_f = 0.5 \times \left(\frac{0.0011}{0.1}\right)_{a=0.5g} \times 0.1 + \cdots = 0.00055 + \cdots \quad \text{for all } a$$

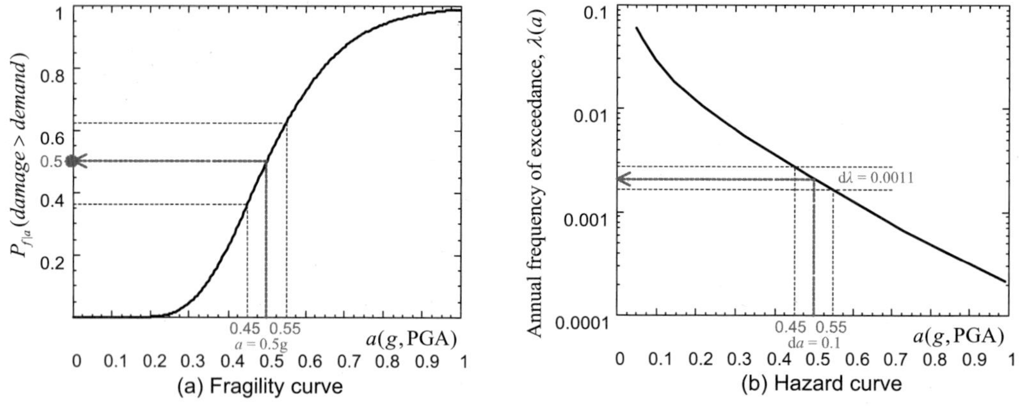

$$P_f[damage > demand] = \int_a^{\square} \lambda(a) \left|\frac{dP_{f|a}[damage > demand]}{da}\right| da$$

$$\text{Ex)}\ P_f = 0.0021 \times \left(\frac{0.26}{0.1}\right)_{a=0.5g} \times 0.1 + \cdots = 0.00055 + \cdots \quad \text{for all } a$$

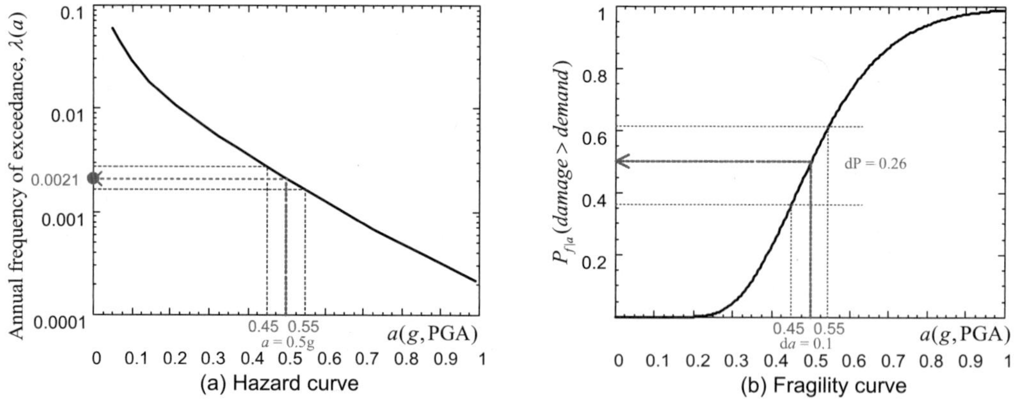

그림 6.11.4c Zion방법을 사용한 SPRA

[예제] 6.11.4 해안구조물의 지진위험도 평가

다음과 같은 해안구조물에 대한 확률론적 지진위험도를 평가하여라 (이상훈 외, 2005).

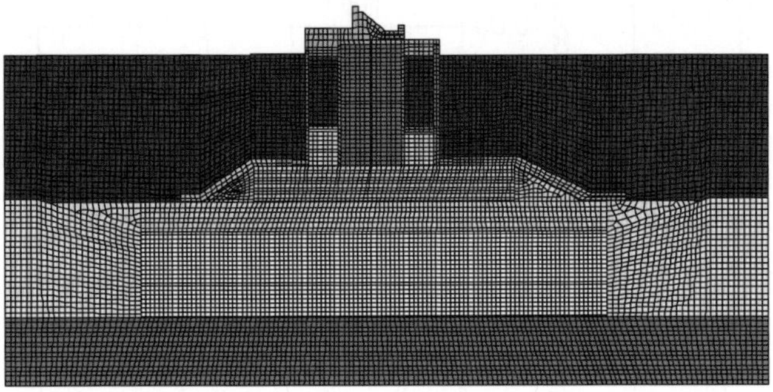

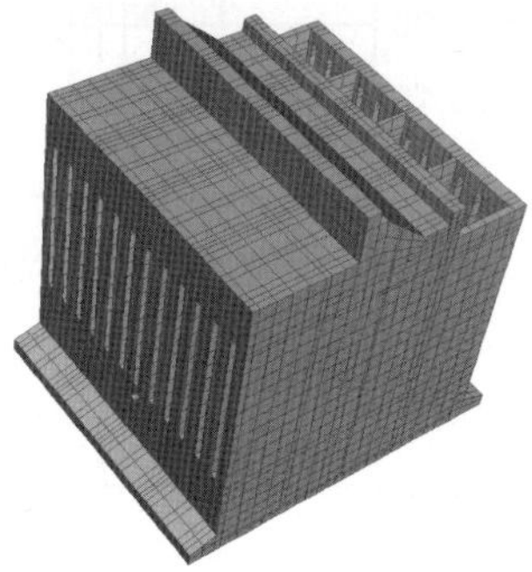

[풀이]

(1) 암반노두에서의 설계입력지진 생성: 4개 지진입력운동 선정

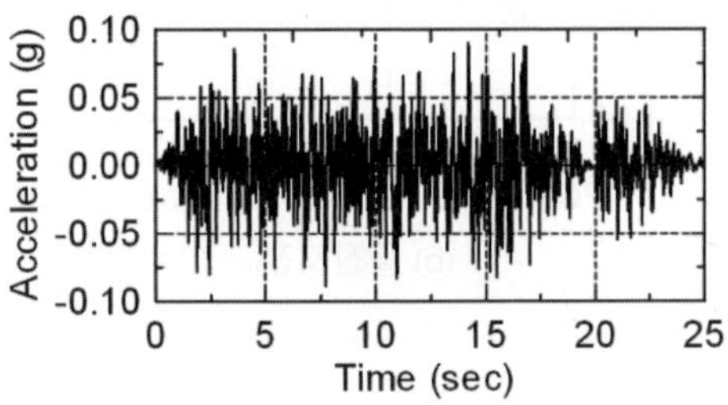

(a) KS 인공지진

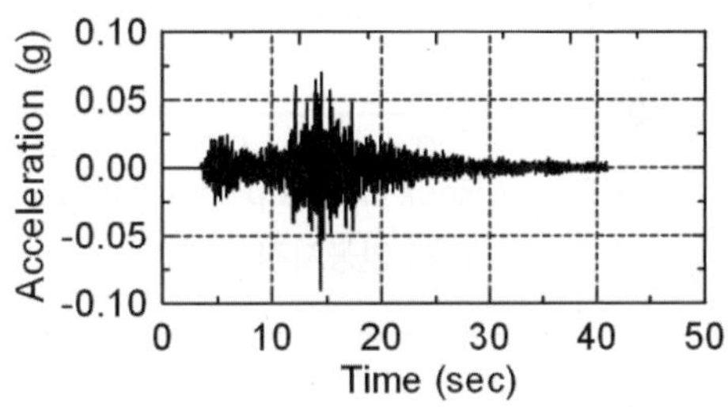

(b) 울진지진

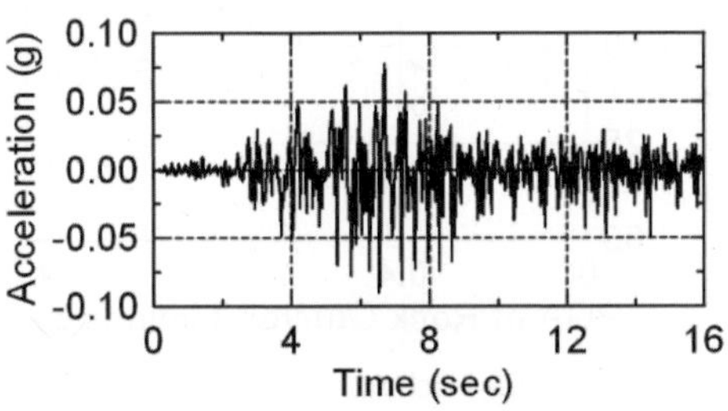

(c) Ofunato항 지진

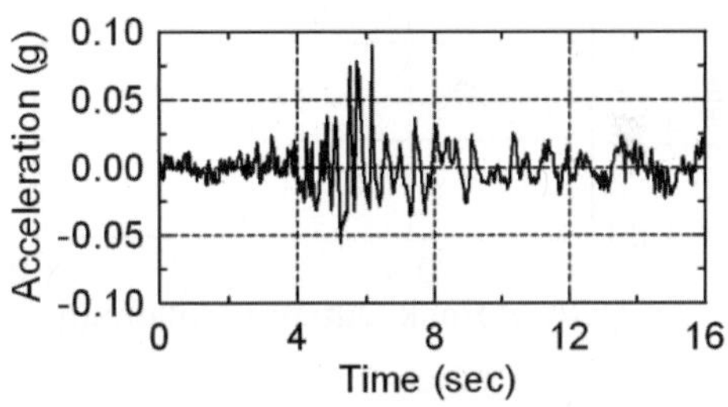

(d) Hachinohe항 지진

(2) 자유장 해석 후 증폭된 지진

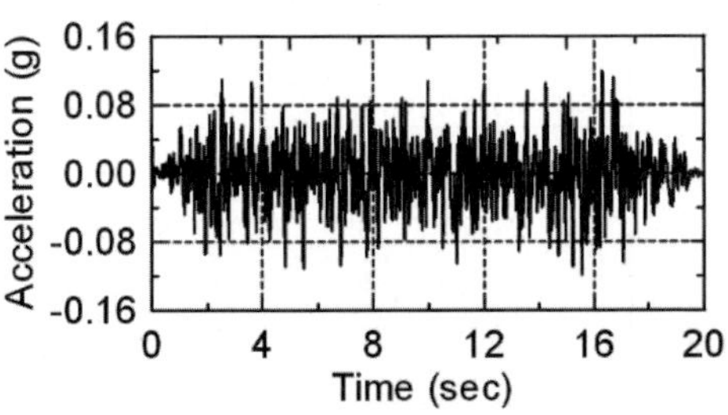

(a) KS 인공지진

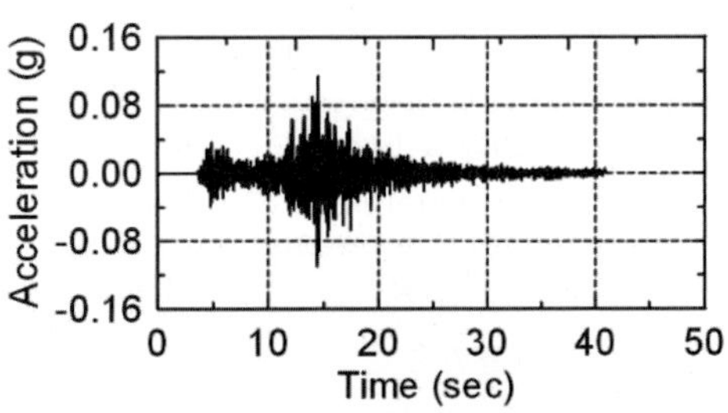

(b) 울진지진

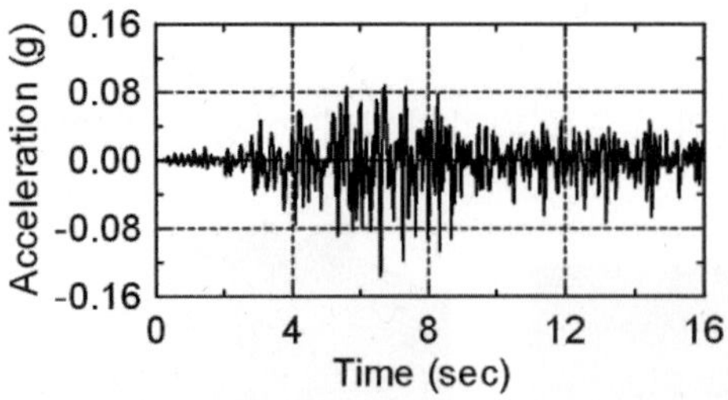

(c) Ofunato항 지진

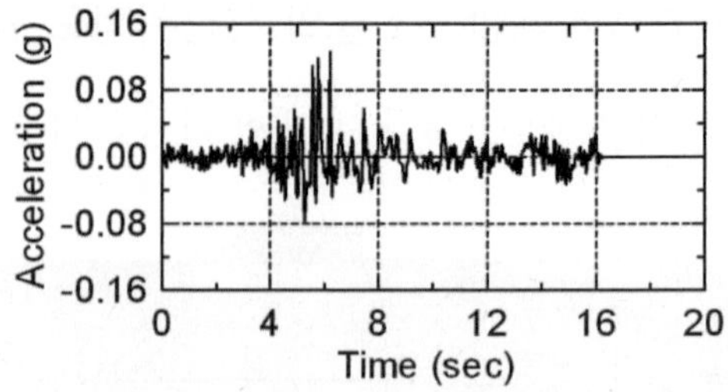

(d) Hachinohe항 지진

(3) 100개(= 4개 지진입력운동 × 25개 증폭)의 증폭된 지진

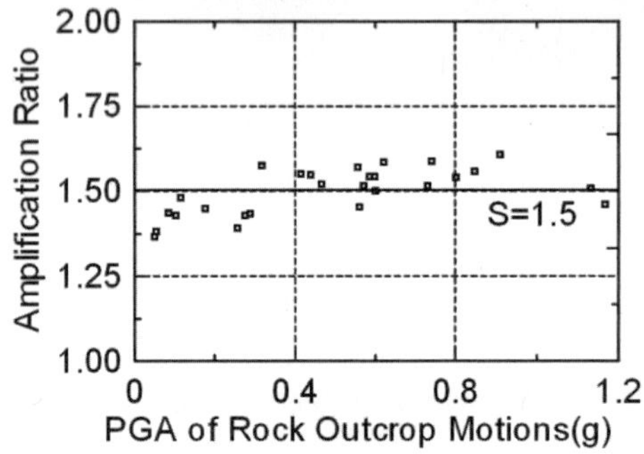

(a) KS 인공지진

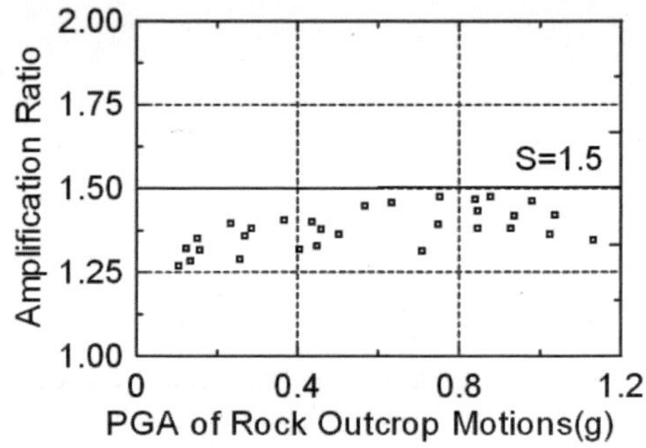

(b) 울진지진

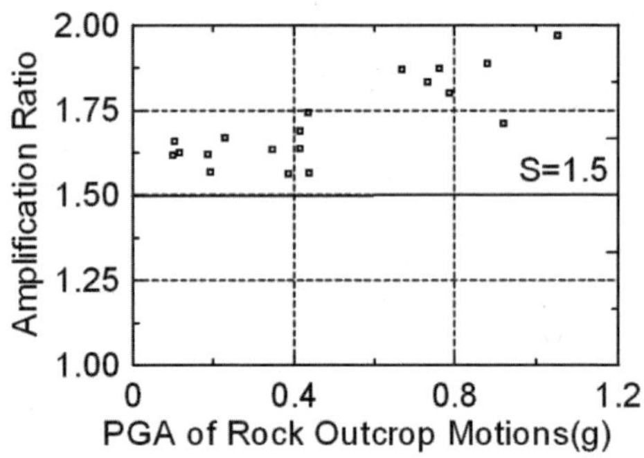

(c) Ofunato항 지진

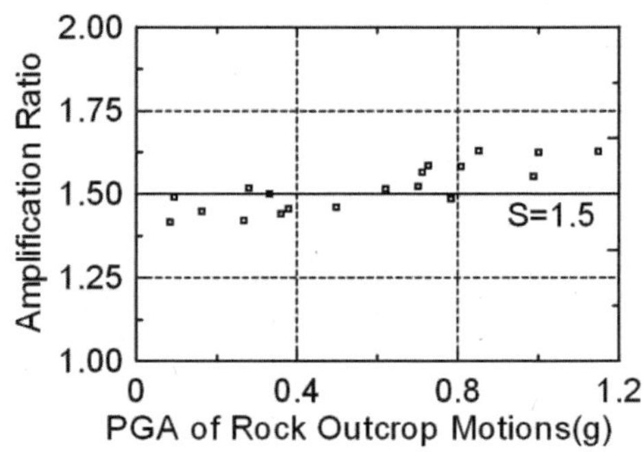

(d) Hachinohe항 지진

(4) 구조물의 모드해석결과와 100개의 증폭된 지진응답을 사용한 지진해석결과

Fundamental natural frequencies of a breakwater

모드종류	모드	고유주파수(Hz)
강체운동모드(지반영향) 모드종류	방파제 축방향	1.635
	방파제 축직각방향	1.847
	수직방향	4.469
강체운동모드(지반영향)	비틀림 모드	6.365
	전면부 국부변형모드	8.361
	전면부 국부변형모드	10.136

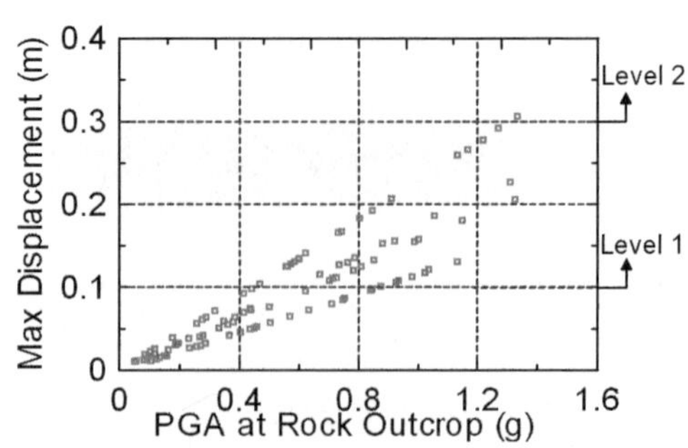

Results of capacity spectrum analyses

(5) 지진해석을 통한 지진취약도곡선 $P_{f|a}(a)$의 산정

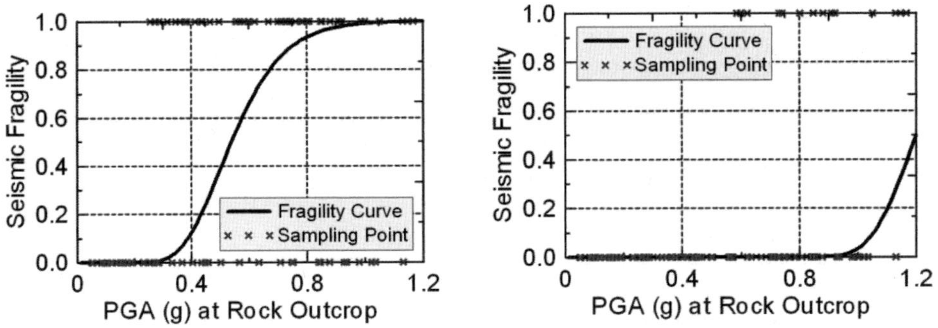

(a) 기능수행수준 (b) 붕괴방지수준

(6) 초과확률분포함수$[1-F_A(a)]$ 산정

PGA according to return period with 10% exceedance probability		
평균 재현주기	초과발생 확률/기간	PA(g)
50년	10% / 5년	0.035g
100년	10% / 10년	0.045g
200년	10% / 20년	0.065g
500년	10% / 50년	0.090g
1000년	10% / 100년	0.130g
2400년	10% / 250년	0.170g
4800년	10% / 500년	0.210g

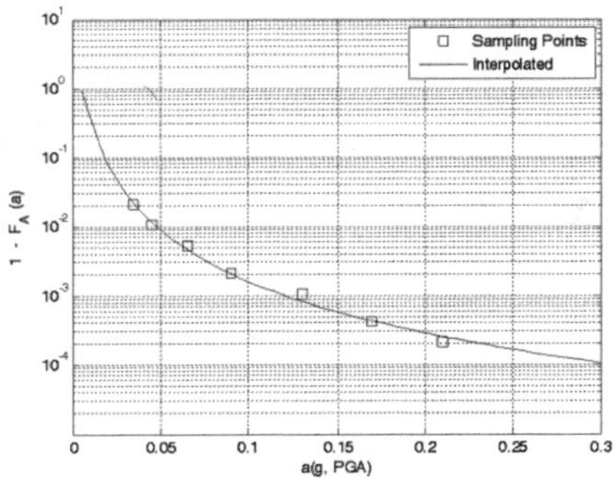

$(\alpha=2.49227, u=0.00757)$

지진재해지도에서 특정 지반운동수준을 초과하는 지진의 1년 동안의 발생확률 $\{1-F_A(a)\}$은 n년 동안의 발생확률$\{1-F_{A,n\,years}(a)\}$을 사용하여 다음과 같이 구할 수 있다.

$$F_{A,n\,years}=[F_A]^n \rightarrow F_A=\left[F_{A,n\,years}\right]^{1/n}$$

$$\therefore 1-F_A=1-\left[F_{A,n\,years}\right]^{1/n}$$

이를 이용하여 5년 동안 발생확률이 10% 지진의 1년 동안 발생확률(즉, 연발생확률)은

$$1-F_A=1-\left[F_{A,n\,years}\right]^{1/n}=1-[0.9]^{1/5}=0.0209$$

이고, 같은 방법으로 각 재현주기에 대해 연발생확률을 구하면 다음과 같다.

PGA(g)	0.035	0.045	0.065	0.090	0.130	0.170	0.210
$1-F_A(a)$	0.0209	0.0105	0.0053	0.0021	0.0011	0.00042	0.00021

(7) 지진위험도 곡선 산정

$$F_{A_T}(a_D)=\exp\left\{-\left(\frac{a_D}{u}\right)^{-\alpha}\right\}$$

$$f_{A_T}(a)=\frac{dF_{A_T}(a)}{da}=\alpha\cdot a_{min}^{\alpha}\cdot a^{-\alpha-1}$$

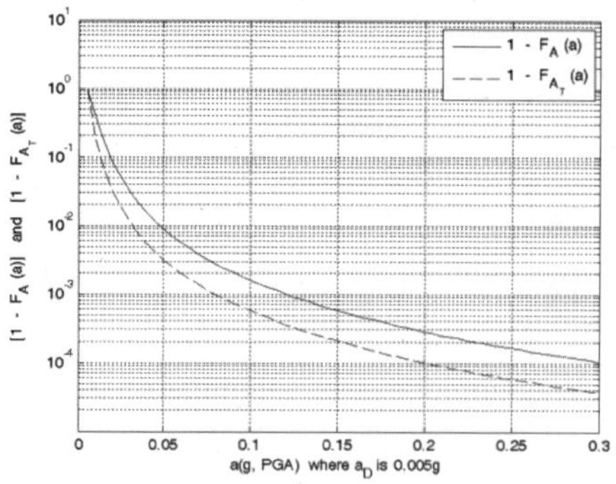

(a) $[1 - F_{A_T}(a)]$ and $[1 - F_A(a)]$

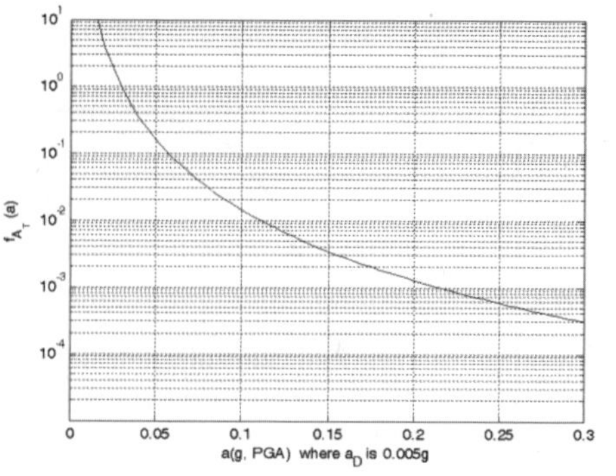

(b) $f_{A_T}(a)$

(8) 지진위험도 평가

$$P_{f,1\,year} = \int_{a_{min}}^{a_{max}} P_{f|a}(a)\, f_{A_T}(a)\, da$$

$$\lambda_{A_T}(a_D) = -\ln\{F_{A_T}(a_D)\} = -\ln\left[\exp\left\{-\left(\frac{a_D}{u}\right)^{-\alpha}\right\}\right] = \left(\frac{a_D}{u}\right)^{-\alpha}$$

$$P_f = 1 - \exp\{-n \cdot \lambda_{A_T}(a_{min}) \cdot P_{f,1\,year}\}$$

기간	기능수행수준 초과확률(%)	붕괴방지수준 초과확률(%)
1회	6.21×10^{-4}	1.60×10^{-6}
20년	0.0349	0.0001
50년	0.0871	0.0002
100년	0.1742	0.0004
200년	0.3481	0.0009
500년	0.8681	0.0022

연습문제: 제6장 지진진동

6.1 파동전파

- 6.1.1 파동의 종류 (토목구조기술사, 2012)
  지진파의 종류별 특성과 내진설계를 하고자 하는 구조물이 진앙거리에 따라(가까울 때와 멀 때) 고려해야 할 지진파에 대하여 설명하라.

6.4 [해석] 시간이력해석

- 6.4.3 모드중첩법: 모드참여계수 및 유효모드질량
  다음 그림과 같은 2자유도 시스템의 모드참여계수(modal precipitation factor)와 유효모드질량(effective modal mass)을 구하라. 시스템의 고유진동수와 모드형상은 다음과 같다.

$$\begin{Bmatrix}\omega_1\\ \omega_2\end{Bmatrix} = \begin{Bmatrix}30.03\\ 78.09\end{Bmatrix} \text{ (rad/sec)}$$

$$[\Phi] = [\{\Psi^{(1)}\} \quad \{\Psi^{(2)}\}] = \left[\begin{Bmatrix}0.6280\\ 0.4597\end{Bmatrix} \quad \begin{Bmatrix}-0.3251\\ 0.8881\end{Bmatrix}\right]$$

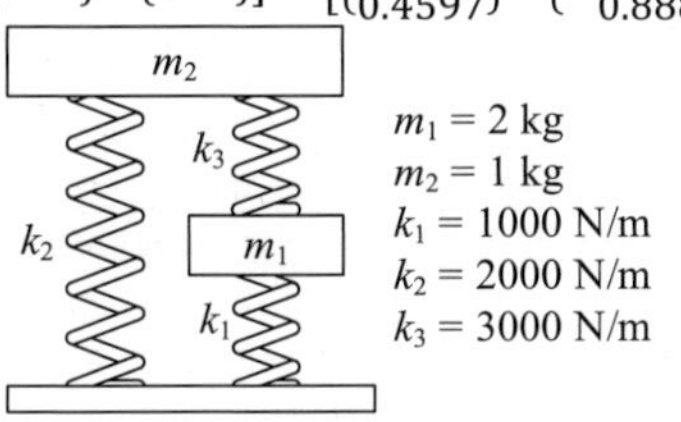

6.5 [해석] 응답스펙트럼해석

- 6.5.1 응답스펙트럼 (건축구조기술사, 2008)
  그림과 같은 골조의 수평방향 고유주기 T를 구하고 가속도-주기 관계도표를 이용하여 산정된 수평력에 의한 휨모멘트도(BMD)를 그리시오. (골조의 질량은 골조 상부 양단에 집중된 것으로 가정, $m = 5{,}000$ kg, $EI_1 = 20{,}000$ kN · m^2, $g = 10$ m/sec^2)

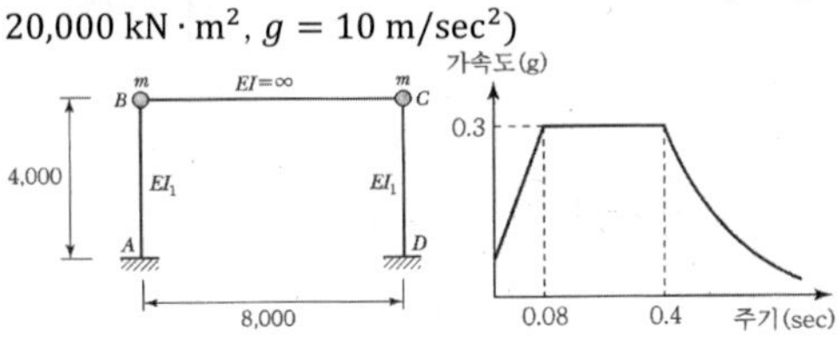

- 6.5.1 응답스펙트럼 (토목구조기술사, 2010)
  그림 (a)와 같이 집중질량을 갖는 봉 A, B, C의 고유주기가 T_A, T_B, T_C일 때, 각 봉의 기둥에 그림 (b)의 가속도 응답스펙트럼을 갖는 입력 지진이 작용할 때, 각 봉의 기둥에 발생하는 응답 전단력 V_A, V_B, V_C를 구하라. (단, T_A, T_B, T_C는 그림 (b)의T_1과T_2사이의 값이고, 응답은 수평방향이며, 탄성범위 이내에 존재)

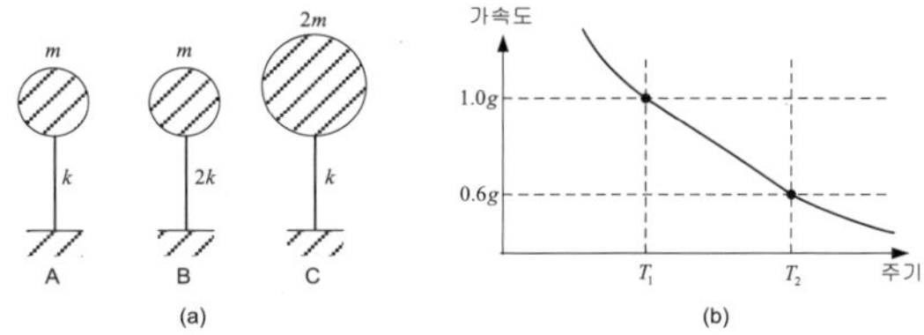

- 6.5.1 응답스펙트럼 (건축구조기술사, 2013)
  최대 탄성 횡변위가 $250mm$인 구조물에 요구되는 최소 횡강성(Lateral Stiffness) k값을 아래의 유사가속도 응답스펙트럼을 이용하여 구하라. (단, 이 구조물의 질량은 $0.175\text{kN}\cdot\text{sec}^2/mm$이다.)

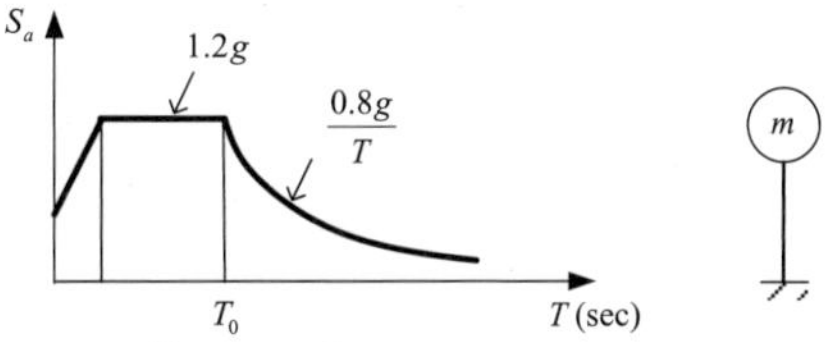

$$1.2g = \frac{0.8g}{T_0} \rightarrow T_0 = \frac{2}{3}\text{sec}$$

- 6.5.1 응답스펙트럼 (토목구조기술사, 2015)
  구조물을 단자유도 시스템으로 모델링하고, 이 구조물의 내진설계에 지반운동으로 다음 5% 감쇠 설계스펙트럼을 적용한다. 대상지역에서의 최대지반가속도가 0.2g인 경우, 설계스펙트럼의 수직축 A에 0.2를 곱하여 스케일을 축소시키고 적용하도록 한다. 이 지반운동이 작용할 때, 구조물에 발생하는 횡방향변위와 밑면전단력을 구하라.

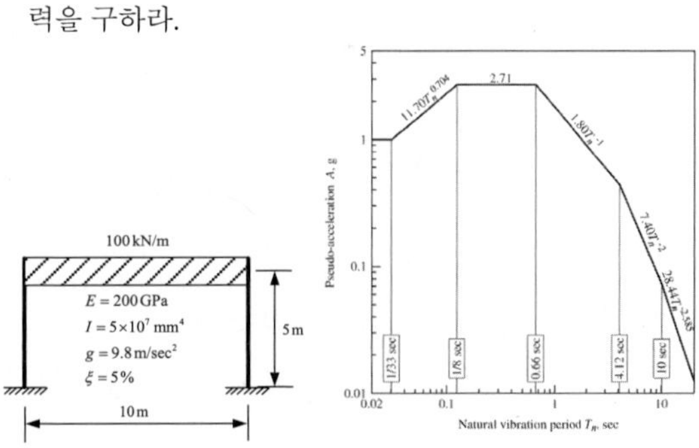

- 6.5.1 응답스펙트럼 (건축구조기술사, 2015)
  (a)와 같은 구조물의 단면이 (b)와 같을 때, (c)와 같은 가속도 스펙트럼에 대해서 기둥 AC에발생하는 1) 최대 응력과 2) C점에서의 최대변위를 구하라. (단, 기둥의 자중은 무시하고 질량의 자중은 고려한다. $E = 200 \times 10^3$ MPa).

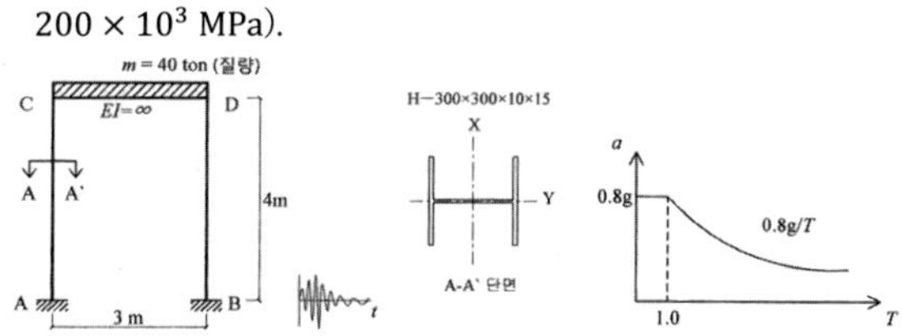

(a) 모델 (b) 단면도 (c) 가속도 스펙트럼

• 6.5.1 응답스펙트럼 (건축구조기술사, 2015)
대한민국 A지역의 2,400년 최대예상지진의 유효지반 가속도가 $S = 0.2\,\mathrm{g/s^2}$ 이고, S_B 지반의 $F_a = 1.0$, $F_v = 1.0$일 때,
1) 아래에 주어진 위험도계수를 사용하여, 이 지역에 건설되는 건축물의 설계응답가속도 스펙트럼을 작성하고 기능수행 성능수준(재현주기 50년)을 평가하기 위한 응답가속도 스펙트럼을 작성하라.
2) $T = 0.8\,\mathrm{sec}$일 때, 구조물의 설계응답가속도에 해당하는 지진과 재현주기 50년에 해당하는 지진에 대해 변위를 각각 구하라.

재현주기(년)	50	100	200	500	1,000	2,400
위험도 계수	0.4	0.57	0.73	1.0	4/3	2.0

• 6.5.1 응답스펙트럼(건축구조기술사, 2015)

그림과 같은 철골구조물에서 조건에 따른 지진력을 구하라.
+ 규모: 3층, 지역: 서울, 지반: 보통암
+ 지진력 저항시스템: 철골 보통 중심 가새구조, 내진 등급: 중요도 I
+ 설계하중: 고정하중($7.0\,\mathrm{kN/m^2}$), 활하중($2.5\,\mathrm{kN/m^2}$, 사무실), 기타자중($2.0\,\mathrm{kN/m^2}$), 해석 편의상 지붕층의 설계하중은 상기와 동일하게 가정함
+ 층고: 4.0 m
주어지지 않는 조건이나 계수들은 가정하여 적용할 것

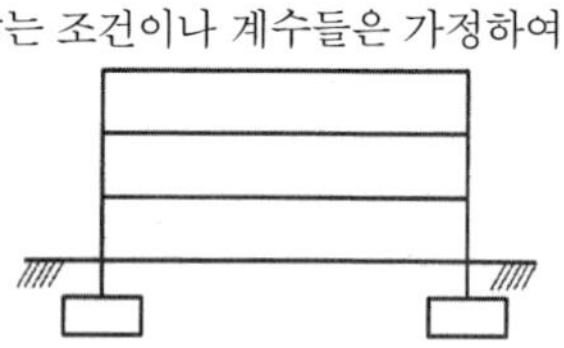

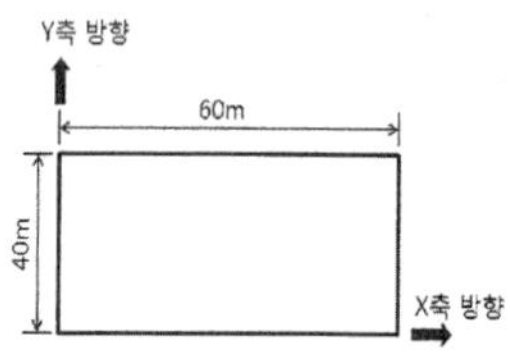

• 6.5.1 응답스펙트럼 (토목구조기술사, 2012)
변위-속도-가속도 응답스펙트럼(Triplot Response Spectrum)의 문제점에 대하여 설명하라.

• 6.5.1 응답스펙트럼 (행정고등고시, 구조역학, 2015)
가속도응답스펙트럼이 다음과 같이 주어졌을 때, 주기가 각각 0.5초와 3초인 단자유도시스템 A와 B에서 변위응답의 비(D_A/D_B)와 속도응답의 비(V_A/V_B)를 구하라. (단, 중력가속도 $1\,\mathrm{g} = 9.8\,\mathrm{m/sec^2}$이다)

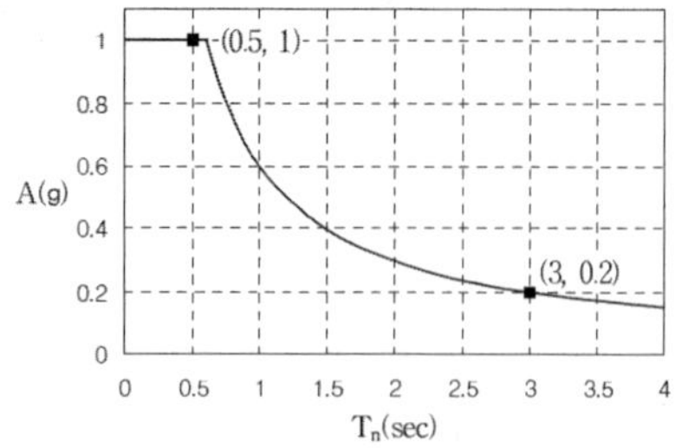

• 6.5.1 응답스펙트럼
길이가 3.658 m이고 직경이 0.1016 m인 강관 외팔보가 끝 단에 무게 $W = 23.13\,\mathrm{kN}$인 하중을 지지하고 있다. El Centro지진에 의해 이 보에서 발생하는 최대 휨변형(u_0)과 최대 휨응력(σ_{max})을 구하라. 여기서 강관의 외경 d_o= 0.114 m, 내경 d_i = 0.102 m, 두께 t = 0.006 m, 단면2차모멘트 $I = 3.01 \times 10^{-6}\,\mathrm{m^4}$, 탄성계수 $E = 1.99 \times 10^8\,\mathrm{kN/m^2}$, 단위길이당 자중 $w = 0.16\,\mathrm{kN/m}$이고, 감쇠비 $\xi = 2\%$이다.

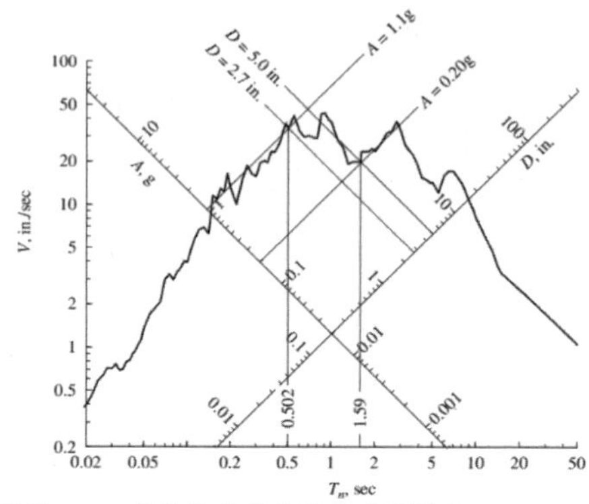

El Centro 지진의 유사응답스펙트럼 ($\xi = 2\%$)

• 6.5.1 응답스펙트럼(건축구조기술사, 2018)
경사지에 위치한 1층 철근콘크리트 골조가 지형 때문에 높이 차이가 있는 기둥으로 설계되어 있다. 지진이 발생하여 상층 수평변위가 1.5 cm로 측정되었다. 골조의 고유진동수와 각 기둥에 나타나는 전단력을 구하라.
▪ 구조물의 전체중량은 50 kN
▪ 기둥과 보는 동일한 단면으로 300 × 300 mm인 정사각형 단면이다. 즉, $I_c = I_b = \frac{0.3 \times 0.3^3}{12} = 6.75 \times 10^{-4}\,\mathrm{m^4}$

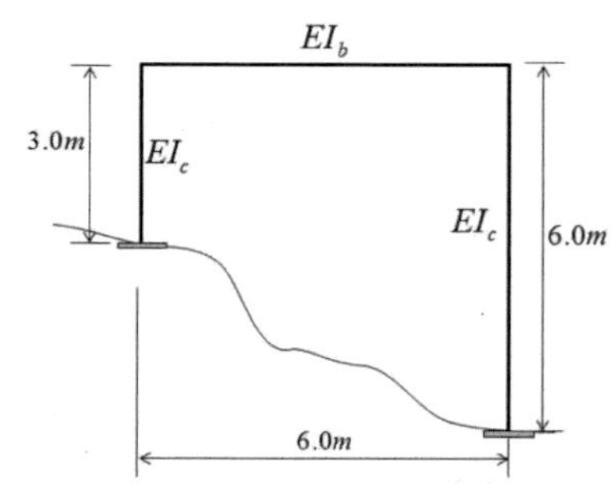

• [YouTube] 6.5.1 응답스펙트럼: 장주와 단주
경사지에 위치한 1층 철근콘크리트 골조가 지형 때문에 높이 차이가 있는 기둥으로 설계되었다. 구조부재의 탄성계수는 E이고, 기둥과 보의 단면2차모멘트는 각각 I_c와 I_b이며, 보 위에 놓인 지붕슬래브의 중량은 W이다.
구조부재의 축변형은 무시하고, 휨변형만을 고려할 때, 구조물의 자유도는 u_1, u_2 및 u_3이다. 이 구조물을 다음과 같이 횡방향 운동을 하는 단자유도계로 이상화하였다.

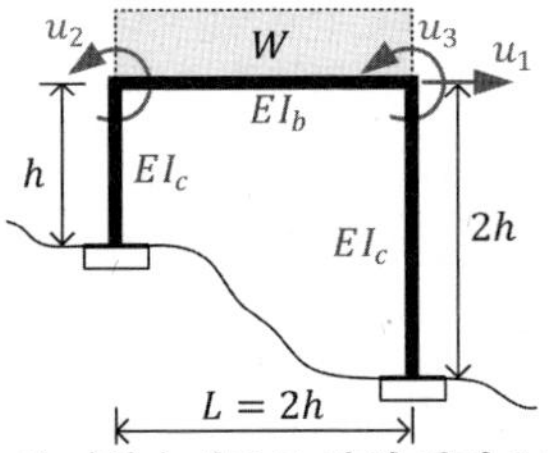

1) 보 위에 놓인 지붕슬래브를 강체 격막으로 고려하여, 보의 휨강성을 무한강성으로 가정한 경우(즉, $EI_b = \infty$인 경우), 구조물의 횡방향 강성 k를 산정하라.

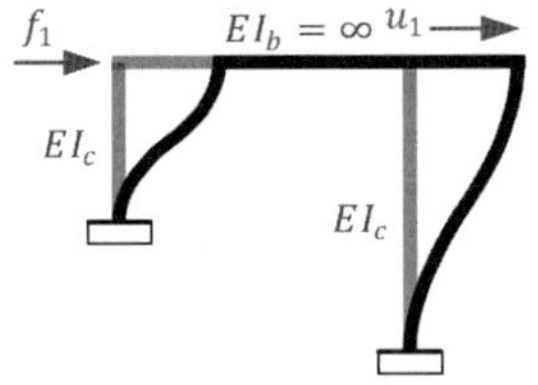

2) 보의 휨강성을 무시하여, 기둥과 보를 힌지접합으로 가정한 경우(즉, $EI_b = 0$인 경우), 구조물의 횡방향 강성 k를 산정하라.

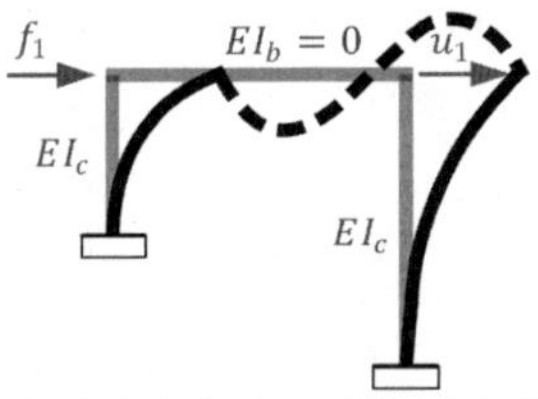

3) 보와 기둥의 휨강성이 서로 같을 경우(즉, $EI_b = EI_c$), 구조물의 횡방향 강성 k를 산정하라. 즉, 기둥과 보를 모멘트골조로 가정한다.

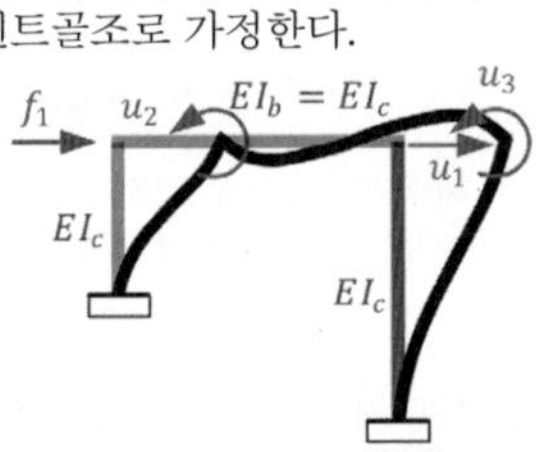

4) 구조물의 상세가 다음과 같을 때, 앞서 언급한 세가지 경우에 대해 구조물의 고유주기를 산정하라. 여기서 보와 기둥의 질량은 무시한다.

지붕슬래브 중량	$W = 44$ kN
기둥 높이(단주)	$h = 3.6$ m
기둥의 단면2차모멘트	$I_c = 3.26 \times 10^{-4}$ m^4
보의 단면2차모멘트	$I_b = 3.26 \times 10^{-4}$ m^4
콘크리트 탄성계수	$E_c = 20{,}000$ MPa
중력가속도	$g = 9.81$ m/sec^2

5) 구조물의 감쇠비를 5%로 가정할 경우, 엘센트로지진에 의해 발생하는 지붕슬래브의 최대 수평변위와 이 때 장주와 단주에서 발생하는 최대 밑면전단력을 산정하라.

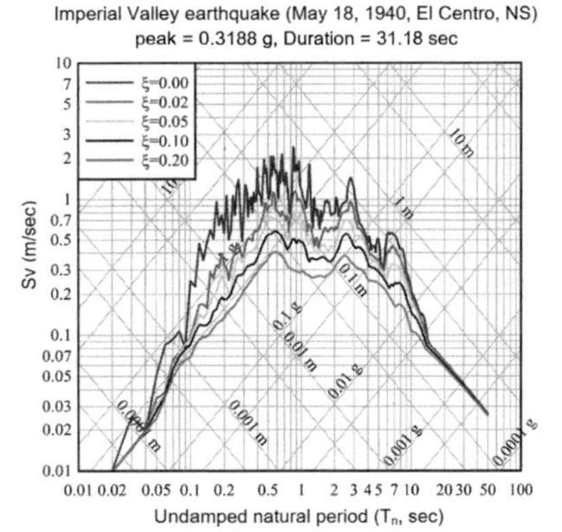

- 6.5.2 설계응답스펙트럼 (행정고시, 건축구조, 2014)
  어느 지역에 전체 질량이 m이고 전체 횡강성이 k인 건축물이 있다. 이 지역에 지진이 발생할 경우 이 건축물에 작용하는 밑면전단력을 V라고 하자. 이 건축물의 전체 질량을 2배로 증가시키고 아래 가정을 따를 경우, 건축물에 작용하는 밑면전단력을 구하라.
  1) 지진의 설계응답가속도스펙트럼에서 질량이 변하여도 스펙트럼가속도가 일정하다고 가정하는 경우
  2) 지진의 설계응답가속도스펙트럼에서 스펙트럼가속도가 건축물 고유주기에 반비례한다고 가정하는 경우

- 6.5.3 연성도 (토목구조기술사, 2011)
  개정 도로교설계기준(2011)의 연성도를 고려한 내진설계방법에 대하여 설명하라.

- [YouTube] 연성계수 (건축구조기술사, 2025)
  완전탄소성 거동을 하는 단자유도 시스템의 주기가 0.5초, 감쇠율이 5%, 그리고 연성계수가 4이다. 해당 조건에 대한 비탄성 반응스펙트럼의 유사가속도 값이 중력가속도의 20%일 때, 이 시스템의 최대 변위를 구하시오.

- [YouTube] 6.5.3 비탄성응답스펙트럼: 변위 연성도
  다음과 같은 1층 골조가 있다. 비탄성설계스펙트럼(Newmark-Hall, 1982)을 사용하여 설계지진 시 구조물의 횡변위를 구하라.

지붕슬래브 질량	m
하중(f)–변위(u) 거동	탄소성(elastoplastic) 거동
항복하중	$f_y = 0.35g \times m$
설계지진 유효지반가속도	$A = 0.22g$
고유주기	$T_n = 0.2$ sec
감쇠비	$\xi = 5$ %
중력가속도	$g = 9.81$ m/sec^2

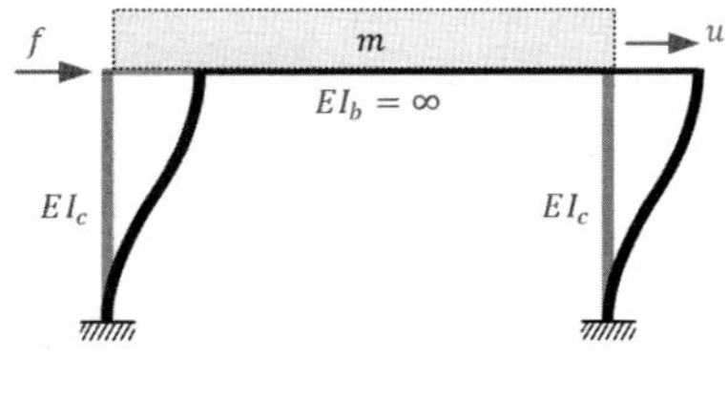

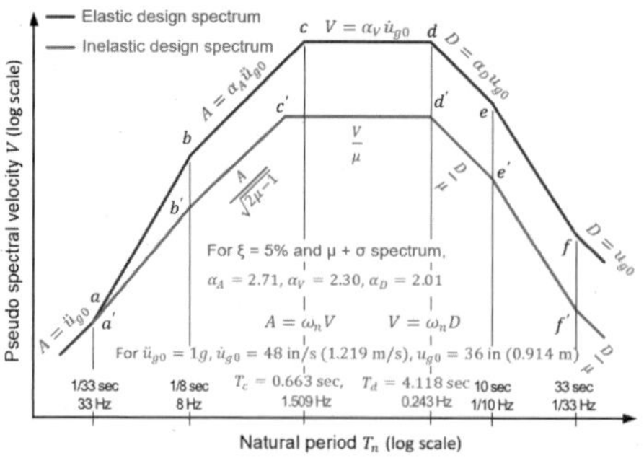

• 6.5.4 응답스펙트럼해석 (토목구조기술사, 2011)
다음 그림과 같은 3경간 강합성교의 교축방향 내진해석을 수행하여 교축방향의 수평변위를 구하라. 해석조건은 다음과 같이 상부거더 전체에서 동일하고 하부교각에서 동일하다. 교량은 내진1등급이며 지진등급은 I 구역, 가속도계수(A)는 0.154, 지반계수(S)는 1.2이다. (단, A, B, D점의 지지조건은 롤러(roller)이고, C점의 지지조건은 힌지(hinge)이다.)

상부구조 (강재)	단면적(A_s)=0.05m², 단면 2 차모멘트(I_s)=1.0m⁴ 탄성계수(E_s)=2.0 × 10⁵MPa, 단위중량(W)=180kN/m³
교각 (콘크리트)	단면2차모멘트(I_c)=0.5m⁴, 탄성계수(E_c)=2.0 × 10⁴MPa

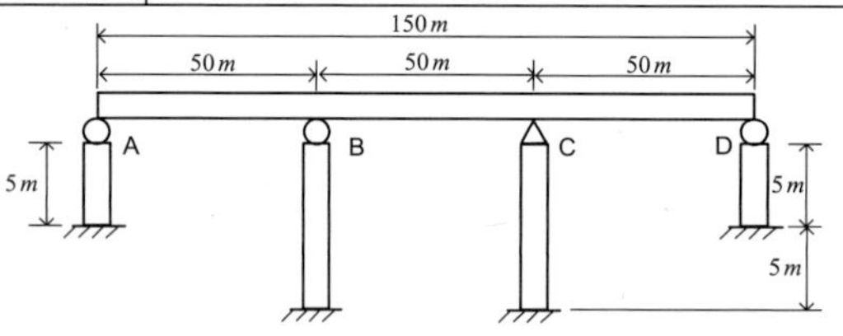

6.6 [해석] 근사지진해석

• 6.6.1 등가정적해석법(건축구조기술사, 2011)
그림과 같이 3개의 철골 기둥에 $7{,}000 \times 1{,}000 \times 400$ (mm) (길이x폭x두께)의 콘크리트 보가 핀(pin)으로 연결되어 있으며, 기둥 하부는 기초에 고정되어 있다. 이 구조물에 0.3g의 지진가속도가 작용할 때, 가장 큰 휨강성을 갖는 기둥의 휨응력을 구하라. (단, 기둥의 질량은 무시하고, $E_s = 2.1 \times 10^5$MPa, 그림의 단위는 mm임)

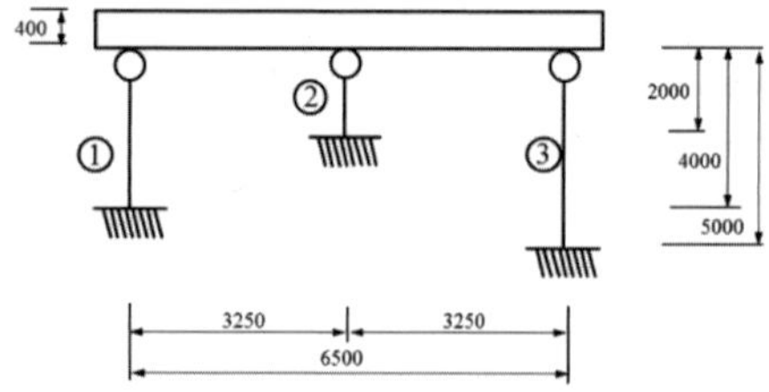

부재번호	부재	A(mm²)	I(mm⁴)
①번	□-150×150×6	3.363×10^3	1.15×10^7
②번	□-125×125×6	2.76×10^3	6.41×10^6
③번	H-200×200×8×2 (강축으로 설치)	6.353×10^3	4.72×10^7

• 6.6.1 등가정적해석법
다음 그림과 같이 강재기둥 배열방향으로 $0.15g$의 수평가속도를 받는 길이 35m, 폭 5m, 두께 0.2m인 콘크리트 슬래브가 있다. 강재기둥의 하부는 기초에 고정되어 있으며, 슬래브와 기둥의 연결조건은 A, B점은 힌지(hinge)이며, C점은 강결이다. 1) 구조물의 고유진동수, 2) 각 강재기둥에서 발생하는 최대 휨모멘트를 구하라. 여기서 강재기둥의 자중과 수직처짐을 무시하고, 콘크리트 슬래브의 단위질량과 탄성계수는 각각 $m_c = 2{,}500 kg/m^3$과 $E_c = 2 \times 10^4 MPa$이고, 강재기둥의 탄성계수와 단면2차 모멘트는 각각 $E_s = 2 \times 10^5 MPa$과 $I_s = 1 \times 10^5 \text{cm}^4$이다.

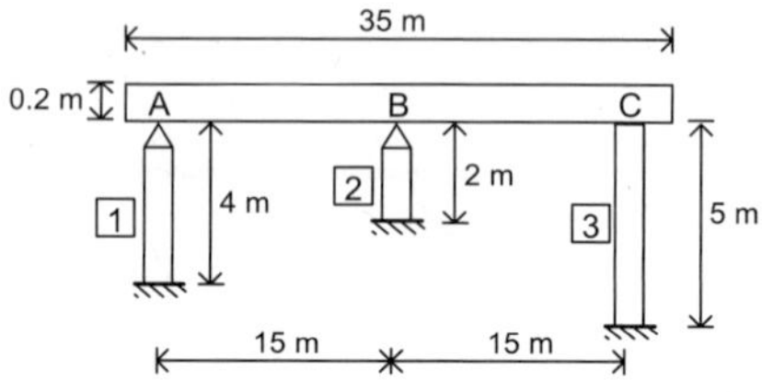

• 6.6.1 등가정적해석법(건축구조기술사, 2012)
최근 내진설계기준을 보면 비구조요소(건축, 기계, 전기)도 내진설계를 수행하게 되어있습니다. 다음의 조건을 고려하여 비구조요소의 설계지진력(등가정하중)을 산정하라. (KBC 2009)

조 건
- 단주기 설계스펙트럼 S_{DS} = 0.4327
- 비구조부재 증폭계수 a_p = 2.5
- 비구조요소 가동중량 W_p = 25kN
- 비구조요소 반응수정계수 R_p = 2.5
- 비구조요소 중요도계수 I_p = 1.5

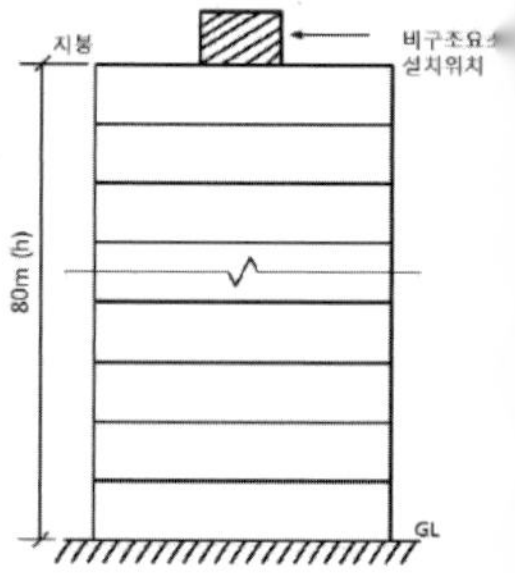

• 6.6.1 등가정적해석법(건축구조기술사, 2012)
철근콘크리트 중간모멘트 골조의 밑면전단력을 산정하라.(KBC 2009)
- 지진구역 1
- 전단파 속도: 180 에서 360 m/s 인 지반
- 지방자치단체의 청사
- 층고: 4 m - 층수: 지상 11층
- 고정하중은 11kN/m²으로 산정

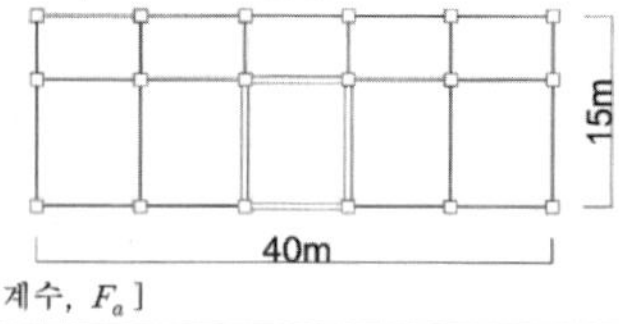

[단주기 지반증폭계수, F_a]

지반종류	지진지역		
	$S_s \le 0.25$	$S_s = 0.50$	$S_s = 0.75$
S_A	0.8	0.8	0.8
S_B	1.0	1.0	1.0
S_C	1.2	1.2	1.1
S_D	1.6	1.4	1.2
S_E	2.5	1.9	1.3

[1 초주기 지반증폭계수, F_v]

지반종류	지진지역		
	$S \le 0.1$	$S = 0.2$	$S = 0.3$
S_A	0.8	0.8	0.8
S_B	1.0	1.0	1.0
S_C	1.7	1.6	1.5
S_D	2.4	2.0	1.8
S_E	3.5	3.2	2.8

6.7 [해석] 정밀 지진해석: SSI 해석

- 6.7.5 기초의 등가강성
  '기초의 등가강성'에서 원형기초의 등가강성에 대한 근사식의 출처는?

6.8 [설계] 내진설계

- 6.8 내진설계(건축구조기술사, 2013)
  건축물 내진설계 시 층간변위를 제한하는 이유에 대해 설명하라.

- 6.8 내진설계(건축구조기술사, 2012)
  중앙아시아 지역에서 수주한 건물에 대해 IBC로 내진설계를 수행하려고 한다. 그러나 그 지역의 유일한 지반가속도 정보는 UBC97 기준에서 제시된 Zone Factor(500년 재현 주기) $0.3g$ 이다. 부지고유해석(Site-Specific Analysis)을 수행할 수 없는 경우라 가정하고, UBC Zone Factor를 이용하여 IBC(2400년 재현주기) 5% 감쇠 탄성설계 가속도 응답 스펙트럼을 작성하라.
  - 지반조건: S_B 지반 ($F_a = 1.0, F_y = 1.0$)
  - n년 재현주기지진의 최대유효지반가속도 = 500년 재현주기 최대유효지반가속도 × $\left(\frac{n}{500}\right)^{0.29}$

- 6.8 내진설계(행정고시, 건축구조학, 2011)
  건축물의 내진설계에 대하여 다음 질문에 답하라.
  1) 지진력 저항시스템 중에서 건물골조시스템 및 전단벽-골조 상호작용 시스템에 대하여 설명하라.
  2) 내진설계범주의 결정방법 및 적용범위에 대하여 설명하라.
  3) 성능에 기초한 내진설계방법에 대하여 설명하라.

- 6.8 내진설계(건축구조기술사, 2011)
  지진 저항구조시스템에서 휨변형지배 구조시스템과 전단변형지배 구조시스템의 예를 들고 구조동역학적 특성에 대하여 설명하라.

- 6.8.4 지반의 분류(건축구조기술사, 95회, 2011)
  지진 하중 산정을 위하여 지반의 전단파 속도를 측정한 결과가 아래와 같을 때, 지반종류($S_A, \cdots, S_E$)를 산출하고 결정하라.

심도 (지표면 기준)	0부터 -10m	-10부터 -20m	20m이하
전단파 속도 (m/sec)	250	800	1,500
S_A = 1,500 m/sec 초과			
S_B = 750에서 1,500 m/sec			
S_C = 360에서 750 m/sec			
S_D = 180에서 360 m/sec			
S_E = 180 m/sec미만			

- 6.8.5 반응수정계수(건축구조기술사, 2011)
  내진설계의 내진역량설계법(capacity design method)에 대하여 설명하라.

- 6.8.5 반응수정계수(건축구조기술사, 2011)
  반응수정계수의 개념을 설명하고 연성계수와의 관계를 동일변위개념(Equal displacement)와 동일에너지개념(Equal energy)의 관점에서 설명하라.

- 6.8.5 응답수정계수(토목구조기술사, 2012)
  내진설계 시 응답수정계수를 휨모멘트에만 적용하는 사유에 대하여 설명하라.

6.9 [설계] 지중/지하구조물의 지진해석

- 6.9.2 지하구조물의 지진토압(건축구조기술사, 2025)
  1. 건축물 내진설계기준(KDS 41 17 00)에 따른 지하구조물 내진설계에서 지진토압 산정에 대하여 다음 사항을 설명하시오.
  (1) 지진토압 산정의 기준면
  (2) 등가정적법에 의한 지진토압 산정

6.10 [평가] 내진성능평가

- 6.10.1 내진성능평가(건축구조기술사, 2012)
  최근에는 기존건축물의 내진 보강을 하기 위해 내진 성능 평가를 하고 있다. 내진보강 목표치를 설정하는 데는 대상 건축물의 지진 후에 어떠한 상태에 있는가가 가장 기본적인 요소인데, 미국의 FEMA-273을 기본으로 하는 손상 상태 기준을 4단계로 분리하여 설명하라.

- 6.10.1 내진성능평가(건축구조기술사, 2012)
  단순소성론(Simple Plastic Theory)에서 재료에 대한 기본 가정 및 "소성힌지(Plastic Hinge)"라는 용어의 개념을 설명하고 소성힌지와 실제 힌지의 차이점을 설명하라.

- 6.10.4 내진성능평가(건축구조기술사, 2013)
  건축물의 내진성능평가 방법 중 역량스펙트럼법, 변위계수법의 개념에 관하여 설명하라.

6.11 [평가] 지진위험도(지진안전성)평가

- 6.11.1 지진재해도: 결정론적 지진재해도분석
  결정론적 지진재해도분석(DSHA)을 사용하여, 해당 건설부지에 최대지반가속도를 산정하여라. 여기서 근방의 지진원은 3개이며, 서로 독립이다. 지진원과 건설부지의 최단거리와 발생가능한 최대규모를 그림으로 나타냈다.

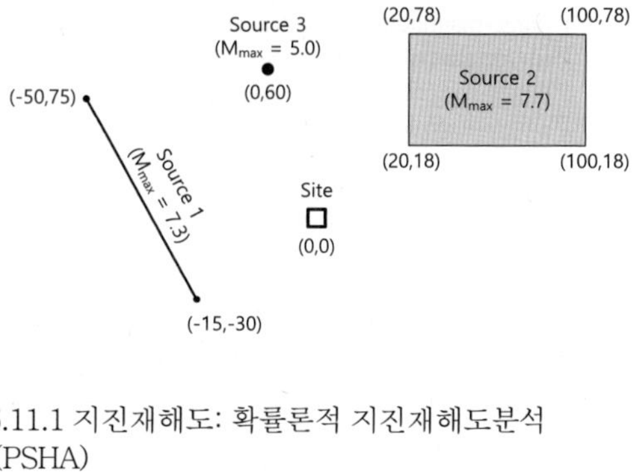

- 6.11.1 지진재해도: 확률론적 지진재해도분석(PSHA)
  (1) 재현관계식
  다음 Gutenberg-Richter 재현관계식(1944)를 사용하여,

규모가 8인 지진의 재현주기를 구하라. 여기서 a와 b는 각각 24.3와 3으로 가정하라.
$\log\lambda_m = a - b\,M$
(2) 지반운동 감쇄식
다음 Campbell-Bozonia 지반운동 감쇄식(1994)을 사용하여, 인접단층까지의 최단거리 R은 15 km인지역에서 규모가 7인 지진이 발생했을 때, 이 지진이 0.4g이상의 최대지반가속도(PGA)를 발생시킬 확률을 구하라.
$\ln PGA\,(\text{gals}) = 4.416 + 0.904\,M -$
$1.328 \ln\sqrt{R^2 + [0.149\exp(0.647M)]^2} - 0.171\ln R$
$\sigma_{\ln PGA} = 0.889 - 0.0691\,M$
(3) 앞 예제의 세가지 지진원을 사용하여 확률론적 지진재해도분석을 수행하라.

- 지진원 1
  - \+ 지진원 형태: 선 지진원(line source)
  - \+ 위치: 해당지역까지의 최단거리와 최장거리는 각각 23.72 km와 90.12 km
  - \+ 최대 규모: $M_{max} = 7.3$
  - \+ 재현관계식: $\log\lambda_m = 4.4 - 1.0M$
- 지진원 2
  - \+ 지진원 형태: 면 지진원(area source)
  - \+ 위치: 해당지역까지의 최단거리와 최장거리는 각각 25 km와 125 km
  - \+ 최대 규모: $M_{max} = 7.7$
  - \+ 재현관계식: $\log\lambda_m = 3.5 - 0.8M$
- 지진원 3
  - \+ 지진원 형태: 점 지진원(point source)
  - \+ 위치: 해당지역까지의 거리는 60 km
  - \+ 최대 규모: $M_{max} = 5.0$
  - \+ 재현관계식: $\log\lambda_m = 2.7 - 1.2M$

- 6.11.1 지진재해도분석: 손상지진 발생확률

건설부지에 영향을 주는 여러 개의 지진원을 갖고 있다. 근거리, 중거리, 장거리 지진원에 따른 지진발생확률은다음과 같다.

P (short-distance) = 0.2
P (intermediate-distance) = 0.4
P (far-distance) = 0.4

각 거리별 지진원에 따른 지진발생 확률을 규모별로 구분하여 나타내면 다음과 같다.

P (large-magnitude | short-distance) = 0.3
P (moderate-magnitude | short-distance) = 0.5
P (small-magnitude | short-distance) = 0.2
P (large-magnitude | intermediate-distance) = 0.2
P (moderate-magnitude | intermediate-distance) = 0.4
P (small-magnitude | intermediate-distance) = 0.4
P (large-magnitude | far-distance) = 0.1
P (moderate-magnitude | far-distance) = 0.3
P (small-magnitude | far-distance) = 0.6

규모별 구조물의 큰 손상이 발생할 확률은 지진원과의 최단거리와는 상관없이 대규모, 중규모, 소규모 지진에 대해 각각 다음과 같다.

P (damage | large-magnitude) = 0.6
P (damage | moderate-magnitude) = 0.3
P (damage | small-magnitude) = 0.1

지진에 의해 큰 손상이 발생할 확률을 구하라.

- 6.11.2 지진취약도: 고장수목분석(Fault Tree)

다음과 같이 2개의 요소를 갖는 직렬시스템(series system)과 병렬시스템(parallel system)이 있다. F_i는 i번 요소의 파괴를, F_{series}와 $F_{parallel}$은 각각 직렬과 병렬시스템의 파괴경우를 나타낸다. 1번과 2번 요소의 파괴확률을 모두 0.1 (즉, $P(F_1) = P(F_2) = 0.1$)이고, $P(F_2|F_1) = 0.5$이라 가정할 때, 다음을 구하라.

1) 직렬시스템의 파괴확률(F_{series})과 병렬시스템의 파괴확률($F_{parallel}$)
2) 직렬시스템이 파괴가 되었을 때, 1번 요소가 파괴되었을 확률
3) 직렬시스템이 파괴가 되었을 때, 2번 요소는 건전하고 1번 요소 만 파괴되었을 확률

제7장 바람진동

제 7 장

바람진동

7.1 바람과 풍공학

7.1.1 풍공학

우리나라는 연간 대개 2 ~ 3개 정도의 태풍이 상륙하며, 기상학자들에 따르면 기후온난화로 인한 한반도 주변 해수 온도의 증가로 2060년에는 우리나라에 매년 7개 정도의 강한 태풍이 상륙할 것이라는 예측을 하고 있다. 2000년 이후 우리나라에 극심한 피해를 준 강한 태풍은 다음과 같다. 여기서 태풍 루사는 강수량 1위(시간당 100.5mm; 일일 강수량 870.5mm)와 재산피해 1위(5조 1,479억원)로 기록되었으며, 태풍 매미는 국내 순간최대풍속 1위(제주 고산 60m/sec)로 기록되었으며, 부산항 컨테이너 크레인 11대가 무너지거나 궤도를 이탈하였고, 해안지역 침수로 인해 필로티 구조물이 유행하기도 하였다.

표 7.1.1a 국내 주요 태풍

발생년월	태풍명	최대풍속 (m/sec)		피해상황		
		1분 평균	10분 평균	사망자(명)	실종자(명)	피해액(원)
2002년 8월말	루사(누리)	59	41	213	33	5조 1,479억
2003년 9월초	매미	77	54	117	13	4조 2,225억
2012년 8월중	덴빈	62	41	2	-	6,365억
2012년 8월중	볼라벤	64	51	10	15	
2016년 9월말	차바	77	59	7	3	2,150억
2019년 9월초	링링	62	49	8	-	100억 이상
2020년 9월초	하이선	69	54	3	5	-

빌딩이 고층화 되고 교량 지간이 길어질수록, 일반적으로 구조물은 고정하중(dead load)이 증가한다. 이 고정하중을 줄이기 위해 고강도 재료를 사용하여 구조물의 단면을 줄여 경량화된 구조물로 설계한다. 결국 유연성(flexibility)이 큰 세장(細長, slender) 구조물이 된다. 세장 구조물은 유연하여 바람에 진동하기 쉬우므로 풍하중에 대한 안정성 검토가 매우 중요하다.

바람은 주변 환경 등 다양한 변수에 의해 영향을 받으므로 구조물에 작용하는 풍하중은 많은 불확실성을 포함한다. 이러한 바람과 구조물의 상관관계를 연구하는 '풍공학(wind engineering)'은 관련 분야가 매우 광범위하고, 구조물 '내풍설계(wind resistant design)'의 근간이 된다.

바람은 지진과 함께 구조물의 설계에 고려되는 주요 외력들이지만, 구조물이 고층화되고 장대화 될수록 구조물의 주기는 장주기로 되므로, 단주기 성분이 많은 지진 보다는 장주기 성분이 많은 바람에 의해 안정성이 좌우되는 경우가 많다.

내풍설계는 정적 설계와 동적 설계로 구분할 수 있다. 구조물의 구조형식과 중요도 등을 고려하여, 기준이나 지침을 따라 정적 설계만을 수행하기도 하고, 풍동실험 또는 공탄성 해석을 활용하는 동적 설계까지도 수행할 수 있다.

1) 정적 설계는 구조물에 정적 풍하중에 대해 구조물의 안정성을 확보하도록 설계하는 것이다. 풍속에 관한 구조물 건설 지역의 관측 자료 또는 인근 기상청 관측 자료를 토대로 한다. 구조물의 중요도 및 내구연한 등을 고려하여 설계 풍속을 결정하며, 이를 설계 풍하중으로 환산하여 다른 설계하중과 함께 정적 안정성을 확보한다. 여기서 설계 풍속은 내풍설계의 근간을 이루는 중요한 항목이며, 기류 변동에 따른 동적 풍하중 효과는 '가스트영향계수(gust effect factor, 돌풍영향계수)'를 사용하여 등가 정적 풍하중으로 내풍설계에 고려된다. 이러한 정적 설계는 구조물 기본설계 단계에서 단면 형상 결정을 위해 주로 사용된다.
2) 동적 설계는 바람에 의해 발생하는 구조물의 각종 동적 거동(즉, 진동)에 대해 안정성을 확보하도록 설계하는 것이다. 바람에 의한 발산진동이나 기타 공기 역학적 진동이 설계풍속 이하의 영역에서 발생하는지를 확인한다. 내풍 안정성에 문제가 있다고 판단되는 경우에는 구조물의 기하학적 형상의 변경, 제진장치의 설치 등의 내풍성 향상을 위한 대책을 강구하고 검토하여야 한다. 여기서 구조물의 공기 역학적 거동(즉, 동적거동)은 구조물의 진동수나 구조 감쇠 등의 진동 특성 외에 단면의 기하학적 형상에 의해서도 영향을 받는다.

대부분의 구조물의 단면은 뭉툭한(bluff; broad and flattened; 넓고 평평한 ↔ 유선형) 형태이다. 일반적으로 이러한 뭉툭한 단면은 앞 모서리 부분에서 '박리점(separation point)'을 가지며, 단면 배후에 생성된 '박리 버블(separation bubble)'이 발생한다. 이로 인해 구조물에 각종 진동현상이 발생하므로, 뭉툭한 단면은 공기 역학적으로 불안정한 단면형상이라 할 수 있다.

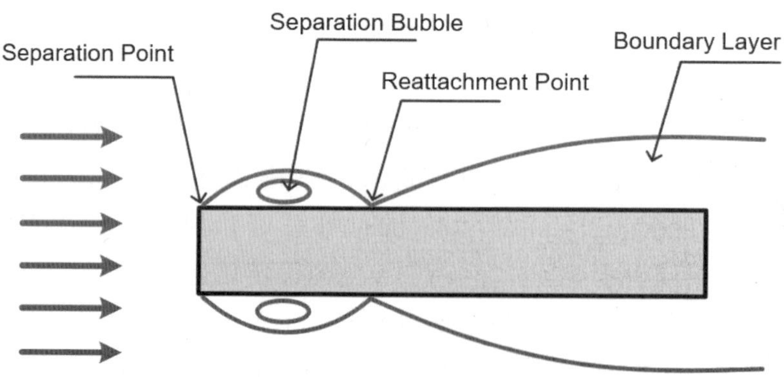

그림 7.1.1 박리점과 박리 버블

바람이 구조물에 미치는 영향을 파악하기 위해 여러 방법이 있으며, 대표적인 방법으로 '풍동실험'과 '전산유체역학(CFD, computational fluid dynamics)'을 들 수 있다. 최근 컴퓨터와 계산 기술의 발달로 고비용의 풍동실험을 대신할 수 있는 수치해석 분야에서 큰 진보를 이루었으며, CFD의 결과를 내풍설계에 활용하고 있다. 그러나 바람의 거동이 매우 복잡하여 이상화된 이론 만으로 구조물에 미치는 영향을 충분히 규명할 수 없으므로, 우리나라에서는 이론 결과를 실제에 이용하기 위한 검증을 위해서도 풍동실험을 주로 수행한다.

표 7.1.1b 풍동실험과 CFD

	풍동실험	전산유체역학(CFD) 해석
소요 시간	장시간 (수 개월)	단시간 (며칠)
비용	고비용	저비용
해상도	낮음(적은 수의 샘플링)	높음(많은 수의 샘플링 가능)
정확도	보통 또는 높음	보통 또는 높음
보고서	요약된 내용	직접적 또는 관련 내용
난류	고정밀도	보통 또는 요약된 정밀도
설계기준	매우 부합됨	점차 부합되고 있음(예: 유럽기준은 풍력 계산용 CFD을 허용)

1879년 스코틀랜드 Tay교의 강풍에 의한 붕괴로 인해 내풍설계의 중요성이 부각되었고, 풍하중을 단위면적당 풍압으로 변환하여 정적 하중의 형태로 설계에 반영하는 것이 일반화되었다. 1940년 풍속 53 $\frac{\text{m}}{\text{sec}}$(= 190 $\frac{\text{km}}{\text{hr}}$)에도 안전하도록 정적 설계를 적용한 미국의 (Old) Tacoma Narrows교가 19 $\frac{\text{m}}{\text{sec}}$ (42 mph, 70 $\frac{\text{km}}{\text{hr}}$)의 풍속에 의해 발산진동(flutter)이 발생하여 붕괴되었으며, 이를 계기로 구조물의 정적 거동 이외에도 동적 거동인 공기 역학적 거동에 관한 연구, 즉 바람-구조물의 동적 상호작용에 관한 연구가 활발히 진행되고 있다.

7.1.2 바람

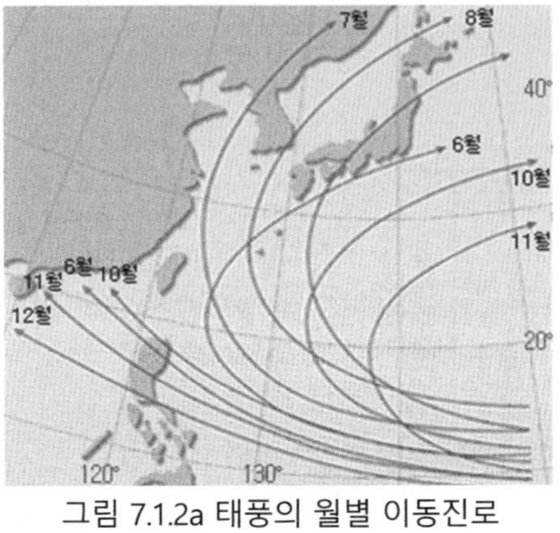

그림 7.1.2a 태풍의 월별 이동진로
(출처: 기상청 홈페이지)

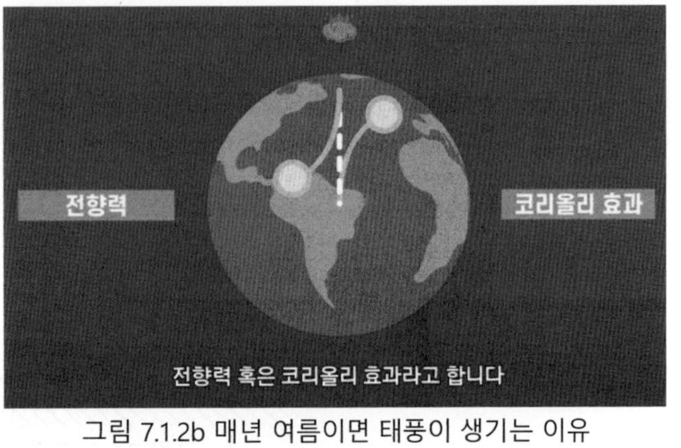

그림 7.1.2b 매년 여름이면 태풍이 생기는 이유
(출처: 은근한 잡다한 지식) [YouTube]

• 생성

지구의 표면은 태양으로부터 열에너지를 받아 온도차가 발생한다. 즉, 온도가 높은 지표면에서는 공기가 뜨거워져 팽창(상승)하여 저기압이 형성되고, 반대로 온도가 낮은 곳의 지표면에서는 고기압이 형성된다. 따라서 공기는 온도가 낮은 곳에서 높은 곳으로(즉, 기압이 높은 곳에서 낮은 곳으로) 이동하는데, 이것을 바람이라 한다. 예를 들어 해안지방의 경우 낮에는 바다에서 육지로 바람(海風)이 불고, 밤에는 육지에서 바다로 바람(陸風)이 분다.

지구는 일정한 각속도로 회전하고 있다. 회전하고 있는 공기 입자에 작용하는 하중은 공기의 관성력인 '코리올리력(Coriolis force, 전향력, 轉向力)'과 '원심력(centrifugal force, 遠心力)', 고기압과 저기압의 차에 의해 '기압경도력(pressure gradient force, 氣壓傾度力)', 지표면의 요철에 기인하여 '마찰력(friction force, 摩擦力)'으로 구분할 수 있다. 즉, 지구상에서 대기의 운동은 코리올리력, 원심력, 기압경도력, 마찰력의 4가지 힘에 의해 지배된다. 여기서 마찰력은 지표면에 가까울수록 그 영향이 커지고, 지표면의 상태에 따라 다르긴 하나, 대략 지상으로부터 500~1000m정도 이상의 대기층에는 거의 영향을 미치지 않는다. 마찰력이 영향을 미치는 대기층의 경계가 되는 이 기층을 '대기경계층(atmospheric boundary layer)'라고 한다.

지구를 덮고 있는 대기의 역학적 운동은 대기경계층을 경계로 하여 그 특성을 달리한다. 일반적으로 지표면 마찰의 영향이 거의 미치지 않는 대기경계층의 윗부분을 '자유대기(free atmosphere)'라 하며, 그 곳에서 대기의 운동은 기압경도력과 코리올리력 등에 의해 결정된다. 한편, 지표면으로부터 자유대기 저면까지의 기층을 '대기경계층' 또는 '마찰층(friction layer)'이라 부르고, 대기경계층 가운데 지표면으로부터 50 ~ 100 m 정도까지를 '지표경계층(surface boundary layer)'이라 한다. 특히, 지표경계층 중에서 밑부분을 '저층(低層)'이라 하는데, 저층의 공기흐름은 지표면의 영향을 직접 받으므로 매우 복잡하게 된다. 참고로 구조물의 내풍설계에 직접 관계되는 바람은 대기경계층 내의 바람이다.

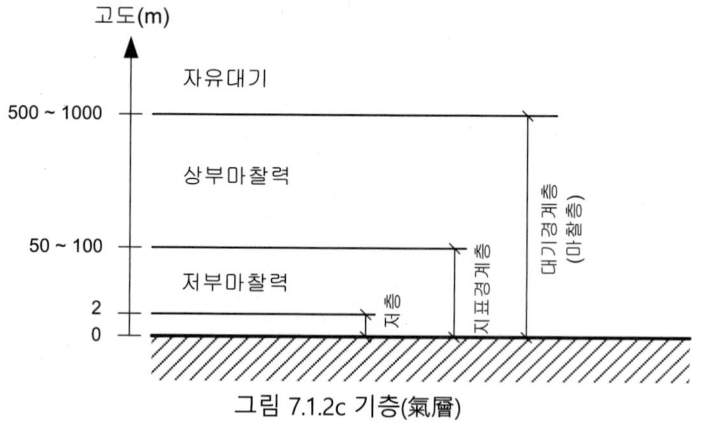

그림 7.1.2c 기층(氣層)

• 구분: 대기경계층 내·외의 바람

대기경계층보다 높은 곳의 자유대기는 거의 수평 운동을 한다. 이 운동을 지배하는 힘은 코리올리력과 기압경도력이다. 자유대기 중의 공기에 기압경도력이 작용하면, 공기는 고압부에서 저압부로 움직인다. 이 공기는 지구자전에 의한 전향력을 받아 북반부에서는 우측으로 편향하게 되고, 마침내 등압선에 평행하게 되어 평형상태에 도달한다. 이처럼 기압경도력과 전향력이 평형상태에 도달하였을 때 부는 바람을 '지구자전풍(geotrophic wind, 地球自轉風)' 또는 '지형풍(地衡風)'이라 한다.

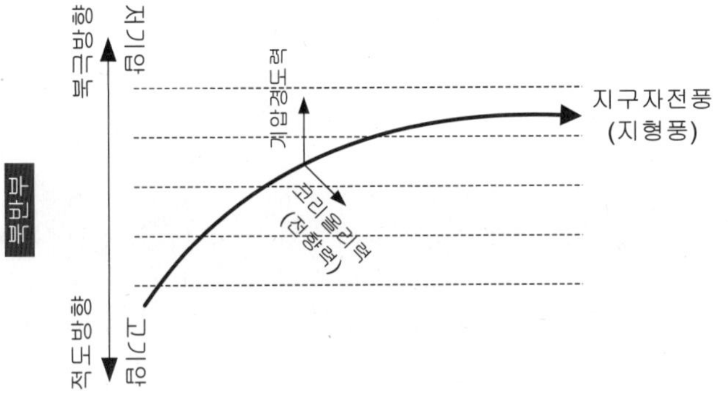

그림 7.1.2d 지구자전풍

등압선이 원형인 경우, 바람은 등압선을 가로지를 수 없으므로, 곡선형상으로 불게 된다. 수평방향의 기압경도력과 지구자전에 의한 전향력 및 곡률에 의한 원심력인이 균형을 이루었을 때, 등압선을 따라 부는 바람이 발생하며, 이를 '경도풍(gradient wind, 傾度風)'이라 한다.

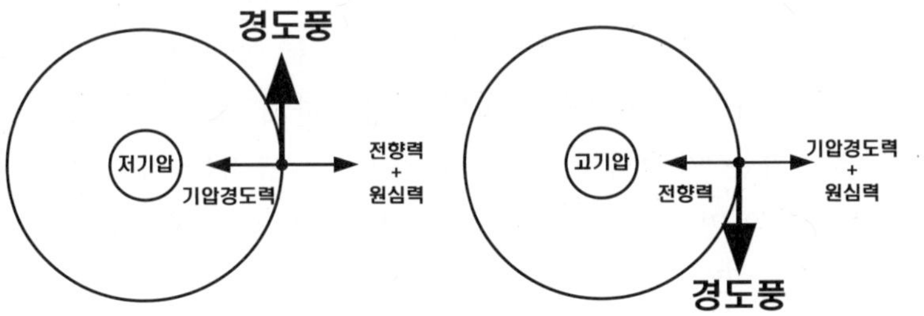

그림 7.1.2e 경도풍

태풍의 중심 부근 또는 토네이도(tornado), 선풍 등과 같이 곡률반경은 작으나 풍속이 매우 크다. 이 경우 전향력에 비해 원심력이 매우 크므로, 연직축(鉛直軸)을 중심으로 소규모의 원궤도를 따라 부는 바람이 발생하며, 이를 '선형풍(cyclostrophic wind, 旋衡風)'이라 한다. 참고로 선형풍의 중심부는 항상 저기압이며, 북반구에서의 풍향은 시계반대방향이다.

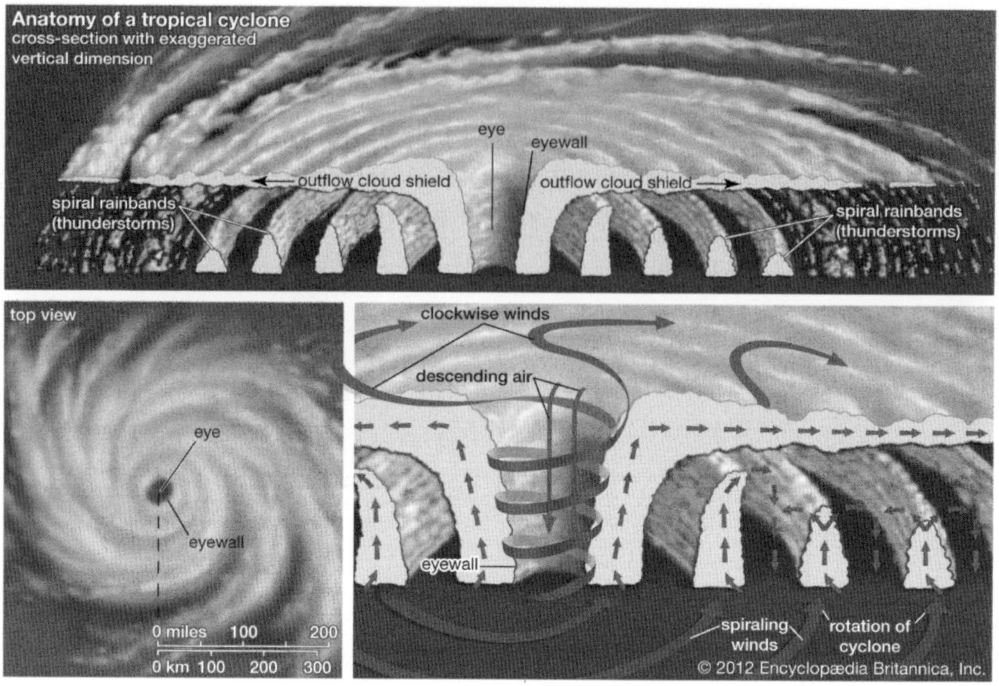

그림 7.1.2f 태풍 구조 (출처: Britannica)

지상 500 ~ 1,000 m 정도 이상의 대기경계층 밖에서는 풍속이 비교적 일정한 지구자전풍 또는 경도풍이 불지만, 대기경계층 안의 지표면 부근에서는 전향력, 기압경도력, 마찰력 등의 힘의 평형상태가, 바람이 지표면의 요철(凹凸) 위를 통과하면서 발생되는 표면마찰력에 의하여 산란되기 때문에, 대기경계층 외의 바람에 비하여 훨씬 복잡한 성질을 나타낸다.

통상 대기경계층 내에서 지표면과 멀리 떨어진 곳에서는 마찰력과 전향력 모두를 고려해야 하지만, 지표면과 인접한 곳에서는 전향력을 무시하고 마찰력 만을 고려해도 된다. 지표면 부근에 바람이 부는 경우, 지표면과 기층 사이, 또는 상이한 풍속의 기층 사이에는 마찰력이 작용한다. 여기서 마찰력은 기층간의 면에 평행하게 작용하고, 빠른 쪽의 기류는 감속시키고, 느린 쪽의 기류는 가속시키도록 작용하며, 그 크기는 기층 간의 속도구배(velocity gradient)에 비례한다. 단위면적에 작용하는 내부마찰력은 다음과 같다.

$$\tau = \mu \frac{du}{dz}$$

여기서 u는 수평 풍속; z는 수직으로 측정한 기층간의 거리; μ는 점성계수(coefficient of viscosity)이다.

초기에는 기압경도력의 방향으로 바람이 불지만, 곧 전향력이 작용하여 바람을 우측으로 휘어지게 한다. 그러나 동시에 마찰력도 풍향과는 반대방향으로 작용하므로, 바람이 등압선과 β의 각도를 이루면서 고기압에서 저기압으로 불어간다. 통상 지표면의 마찰력이 클수록, β는 큰 각도를 나타내며, 바다에 비해 육지는 큰 마찰저항을 가지므로, 큰 β값을 나타낸다.

지표면으로부터 높이가 증가할수록 마찰력은 감소하므로, 풍향은 점차 등압선에 평행하게 되고, 풍속도 점차 증가한다. 통상 지상 약 1,000 m 정도에 이르면, 바람은 지구자전풍 또는 경도풍과 일치한다.

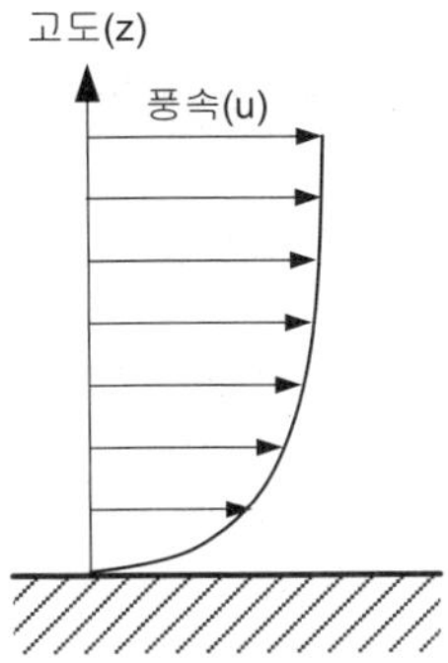

그림 7.1.2g 마찰력

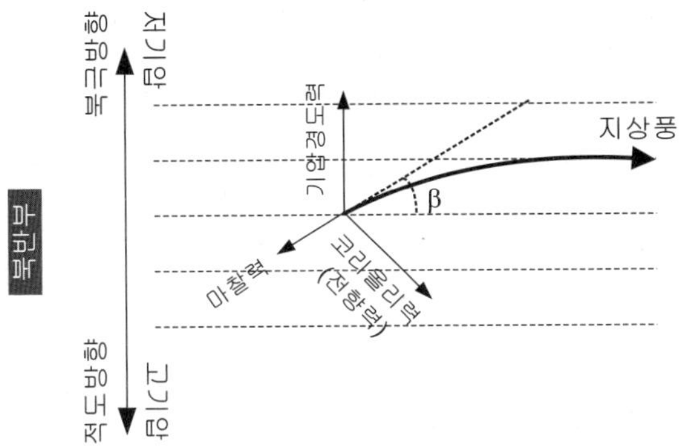

그림 7.1.2h 대기경계층 안의 힘의 평형

• 강풍의 종류: 태풍, 저기압 전선풍, 계절풍

(1) 태풍(typhoon, 颱風)

북태평양 남서부(북위 5° ~ 20°와 동경 125° ~ 155° 해역)에서 발생하여, 한국과 일본에 영향을 주는 열대성 저기압 가운데, 기상청에서는 중심 최대풍속이 $17\frac{\text{m}}{\text{sec}}$ $(= 61\frac{\text{km}}{\text{hr}})$ 이상의 것을 말한다. 세계기상기구(WMO)에서는 중심 최대 풍속이 $33\frac{\text{m}}{\text{sec}} (= 119\frac{\text{km}}{\text{hr}})$ 이상을 태풍으로 분류한다. 태풍은 7 ~ 10월에 걸쳐 가장 많이 발생하고, 연평균 약 30회 정도 발생한다. 발생한 태풍 가운데 우리 나라에 상륙하는 것은 연평균 3회 정도이고, 8월에 발생빈도가 가장 높다.

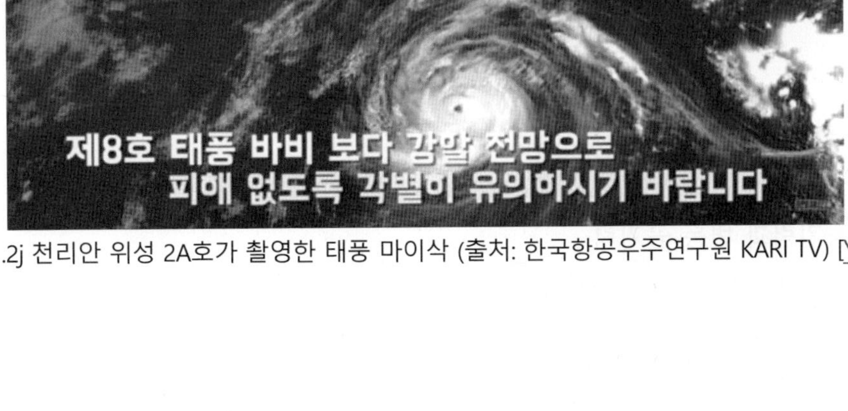

그림 7.1.2j 천리안 위성 2A호가 촬영한 태풍 마이삭 (출처: 한국항공우주연구원 KARI TV) [YouTube]

(2) 저기압 전선풍(low-pressure frontal system storm, 低氣壓 前線風)
저기압에는 온대성(溫帶性) 저기압과 열대성(熱帶性) 저기압이 있다. 열대성 저기압은 발달하여 태풍을 형성하는 것이고, 저기압 전선풍에서 저기압이라고 말하는 것은 온대성 저기압이다. 우리 나라에 강풍을 유발시키는 저기압의 경로는 대만 북부나 중국 동부에서 발생한 저기압이 발달하면서, 북동으로 나아와 동해상으로 진행하는 것이다. 이것은 주로 봄과 가을에 많이 발생하고, 태백산맥을 넘어가면서 기온이 상승하여 동해안에 '푄(Foehn) 현상'을 일으키기도 한다.

(3) 계절풍(Monsoon, 季節風)
겨울에는 대륙에서 대양(大洋)을 향해 불고, 여름에는 대양에서 대륙을 향해 불어, 약 반년 주기(週期)로 풍향이 바뀌는 바람을 말한다. 계절풍은 겨울과 여름의 대륙과 해양의 온도차로 인해서 생기며, 일반적으로 대륙과 대양의 온도차는 겨울에 현저하고 여름에는 비교적 적으므로, 겨울의 계절풍은 여름의 계절풍에 비하여 훨씬 강하다. 참고로 한국에서는 겨울에 북서풍이 불고 여름에는 남동풍이 두드러지게 부는 것이 계절풍이다.

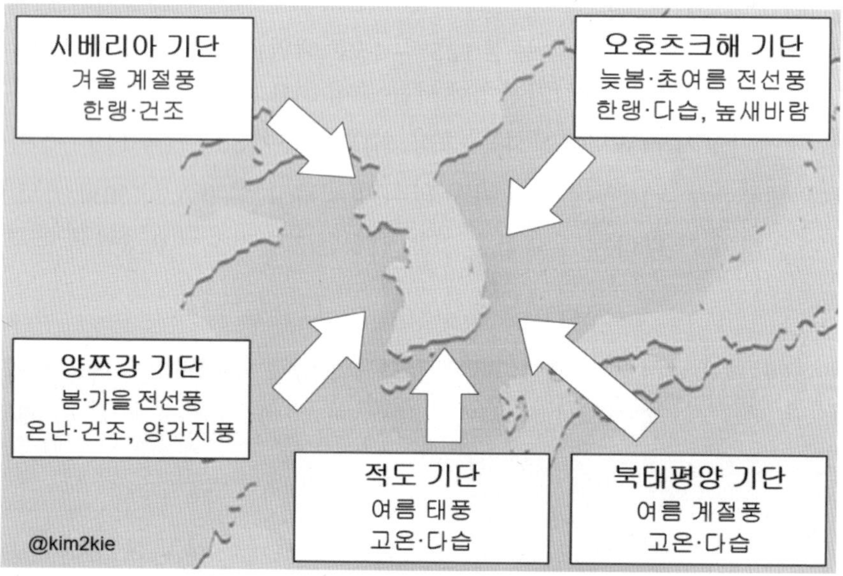

그림 7.1.2j 우리나라에 영향을 미치는 주요 강풍

7.1.3 공기력(공력, aerodynamic force)

(1) 정적 공기력과 변동 공기력

바람 속에 놓여 있는 구조물 주위에는 구조물의 단면 형상에 따라, 다양한 공기 흐름의 패턴과 풍압분포가 형성된다. 구조물에는 이러한 풍압 분포의 총합이 힘으로 작용하므로, 구조물이 받는 풍하중은 구조물의 단면 형상에 따라 다르다.

구조물에 작용하는 공기력(aerodynamic force)은 정적 공기력과 변동 공기력으로 구분할 수 있다.

1) 정적 공기력(정상 공기력)은 풍방향과 동일한 방향으로 작용하는 항력(drag force, $f_D = c_D \frac{1}{2}\rho v^2$), 연직 방향인 양력(lift force, $f_L = c_L \frac{1}{2}\rho v^2$), 구조물의 축을 회전시키려는 공기력 모멘트(aerodynamic moment, pitching moment, $f_M = c_M \frac{1}{2}\rho v^2$)가 있다. 단면의 형상 또는 바람의 경사각에 따라 이들 힘이 증폭 또는 감소되기도 하며, 정적 설계에서는 풍하중으로써 항력 만을 고려할 경우가 많다. 구조물의 정적 거동은 주로 정적 풍압에 의해 발생하는 현상으로, 정적 설계 조건을 만족시키면 발생하지 않는다.
2) 실제 구조물에는 정적 공기력 외에 시간에 따라 변동하는 변동 공기력(비정상 공기력)이 작용하며, 이로 인한 구조물의 동적 거동은 구조물의 동적 특성인 고유진동수, 감쇠 등에 영향을 받을 뿐만 아니라, 구조물의 단면 형상에 따라 응답특성이 달라진다. 변동 공기력에 의한 구조물의 동적 거동은 다음과 같이 대별할 수 있다.

- 와류진동(vortex-induced vibration)
  구조물의 배후에서 좌우 상호 규칙적으로 방출되는 와류에 의해 발생되는 구조물의 진동
- 플러터(flutter)
  공기력에 의해 구조물에 부과되는 부감쇠(negative damping) 효과에 의해 발생하는 진동
- 버펫팅(buffeting)
  시시각각 변하는 바람의 난류성분이 강제 공기력으로 작용하여 물체를 풍방향으로 불규칙하게 진동시키는 현상
- 가스트 응답(gust response)
  바람의 난류로 인해 발생되는 구조물의 동적 응답

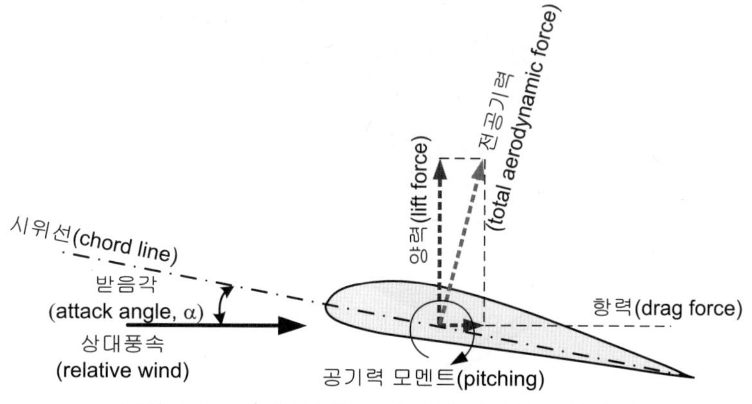

그림 7.1.3a 비행기 날개(airfoil)에 작용하는 공기력

(2) 풍방향과 풍직각방향

바람이 구조물에 작용할 때, 구조물은 바람에 의한 하중(풍압, 정적 공기력)을 받는다. 바람에 의한 하중은 바람이 부는 방향에 대해서만 작용하는 것이 아니라, 구조물의 형상에 따라 다양한 방향으로 작용한다. 바람으로부터 받는 다양한 방향의 힘을 6개 방향의 힘으로 분해하여 6분력(양력, 항력, 횡력, 요잉, 롤링, 피칭)이라 하며, 구조축 좌표계 또는 바람축 좌표계를 사용하여 나타낼 수 있다. 참고로 통상 풍공학에서는 바람축 좌표계를 주로 사용한다.

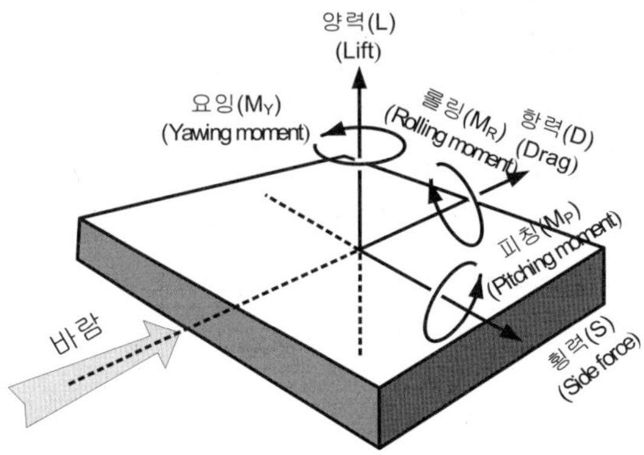

그림 7.1.3b 6분력(바람축 좌표계)

풍공학에서는 6분력이 모두 중요할지라도, 넓은 지붕을 갖는 구조물을 제외한 많은 구조물의 경우, 연직축과 관련된 하중들(양력과 요잉)은 무시하고, 바람의 흐름을 다음과 같이 2차원으로 단순화하여 고려한다.

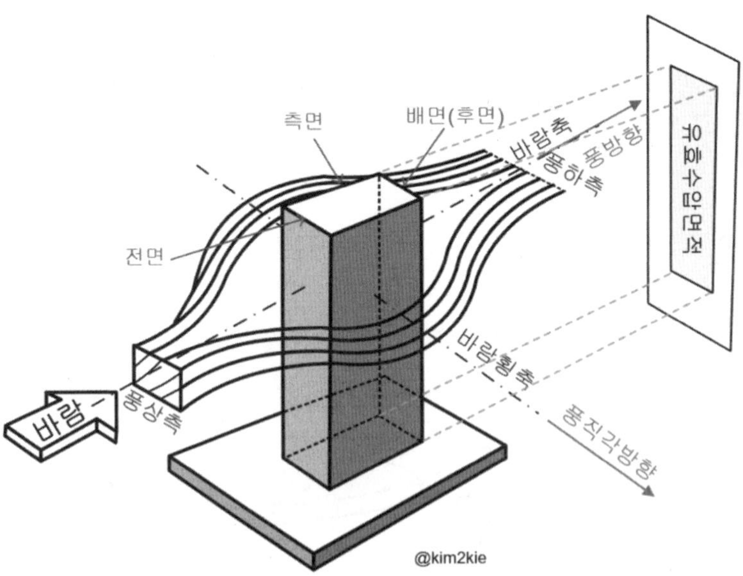

그림 7.1.3c 2차원 흐름으로 단순화된 바람

7.2 구조물의 진동

7.2.1 공탄성학

공탄성학(aeroelasticity)은 바람을 받고 있는 탄성 구조물에서 탄성력, 관성력, 공기력 사이의 동적상호작용을 연구하는 학문분야이다(Collar, 1946). 바람에 의해 발생하는 구조물의 거동이 공기력(aerodynamic force)의 변화를 가져올 경우, 공탄성 현상(aeroelastic phenomenon)이 발생한다. 즉, 구조물의 거동에 의해 추가로 발생한 공기력은 다시 구조물의 거동을 증가시킬 수 있으며, 증가된 구조물의 거동은 다시 공기력을 더 크게 발생시킬 수 있다. 이러한 공기력과 구조물 거동 사이의 동적상호작용은 줄어들어 평형조건에 도달할 수도 있지만, 증가하여 크게 발산할 수도 있다.

공탄성학은 크게 정적 공탄성학과 동적 공탄성학으로 나눌 수 있다.

1) 정적 공탄성학(static or steady aeroelasticity)은 구조물의 질량효과를 무시하고, 탄성 구조물에 작용하는 공기력과 탄성력 사이의 상호작용만을 다룬다. 대표적인 정적 공탄성 현상인 발산(divergence)은 공기력을 받는 구조물에 변형이 발생하여 공기력을 증가시키는 경우 발생한다. 증가된 공기력은 다시 구조물의 변형을 증가시키고, 결국 이러한 공기력과 구조물의 변형 사이의 반복된 동적상호작용으로 인해 구조물의 붕괴나 한계상태에 도달한다.
2) 동적 공탄성학(dynamic aeroelasticity)은 공기력, 탄성력, 관성력 사이의 상호작용을 다룬다. 대표적인 동적 공탄성 현상으로 플러터(flutter), 버펫팅(buffeting), 강제 진동(forced vibration)을 들 수 있다.

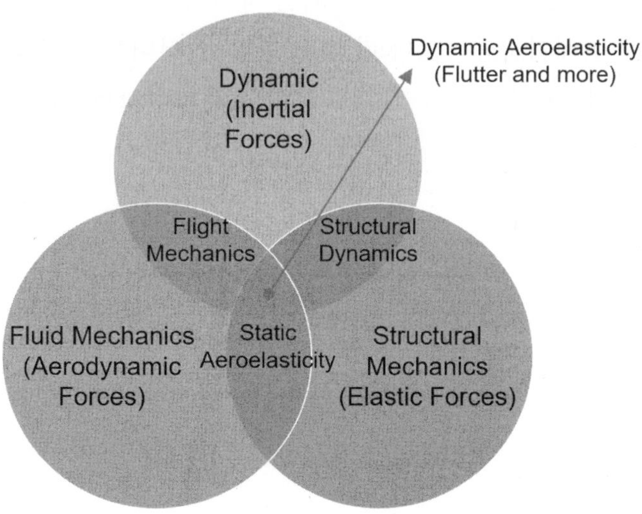

그림 7.2.1a 공탄성 현상

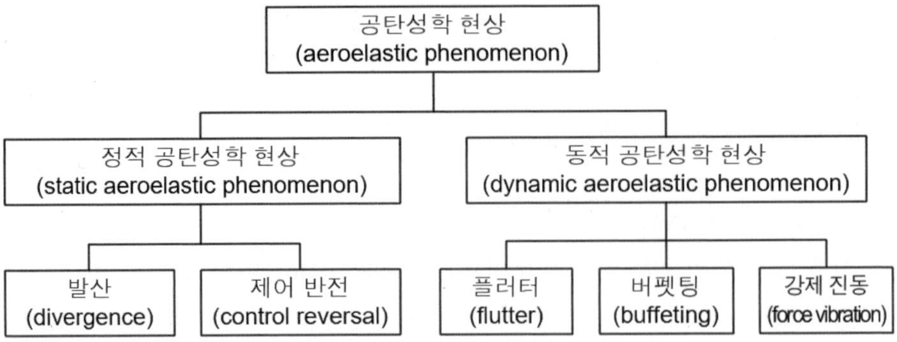

그림 7.2.1b 공탄성 현상의 예

7.2.2 플러터

플러터(flutter)는 공기력에 의해 구조물에 부과되는 부감쇠(negative damping) 효과에 의해 발생하는 진동이다. 구조물에 작용하는 공기력이 구조물의 고유진동모드와 연계되어 빠른 주기운동을 발생시키는 것으로, 일종의 자발적이며 파괴적인 진동이다. 예를 들어, 플러터는 고속으로 비행하는 비행기의 날개가 공기력을 받아 심한 진동을 일으키는 현상이다. 이 경우 플러터가 발생하면 진동이 급속하게 전파되어 비행기가 공중분해되므로, 플러터가 발생하지 않도록 비행기의 속도를 제한한다.

플러터는 풍속이 어떤 한계 값을 초과하는 경우에 발생하고, 풍속이 증가함에 따라 구조물의 응답이 급격히 증가해 가는 발산형 자발(自發, 구조물 자체의 운동결과로 발생하여 풍하중 변화에 의해 구조물의 진동이 증가하는, self-starting) 진동현상이다. 이 현상은 일반적으로 속도 의존 비정상 공기력계수의 증가에 따라, 동적 시스템의 감쇠가 음(-)으로 되는 '부감쇠 효과(negative damping effect)'에 의해 발생되는 파괴적인 진동현상이다. 따라서 플러터 발생풍속(한계풍속)은 설계기준풍속보다 더 커야 한다. 플러터는 발생 진동모드에 따라 휨·비틀림 플러터(합성 플러터), 비틀림 플러터, 휨 플러터(갤로핑, galloping)으로 구분한다.

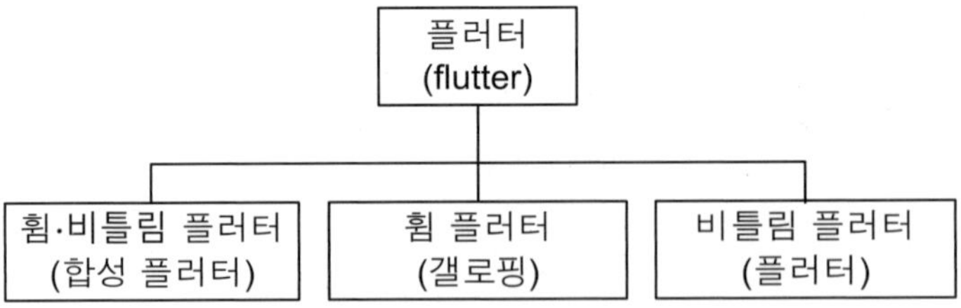

그림 7.2.2a 플러터

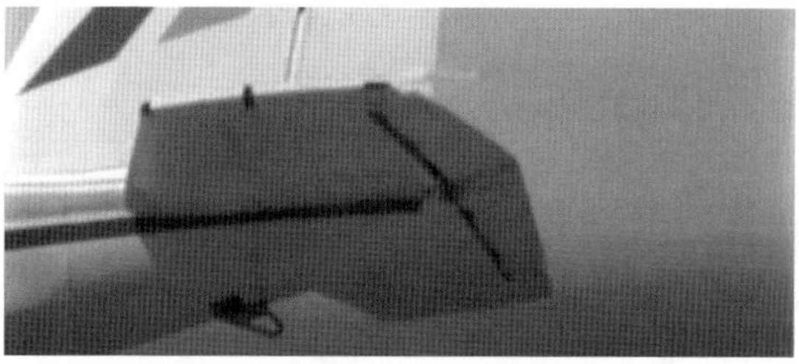

그림 7.2.2b 비행기의 플러터 예 (출처: Understanding Airplanes) [YouTube]

• 휨·비틀림 플러터(합성 플러터; bending-torsion flutter; coupled flutter)

초창기의 항공기는 일정 속도를 넘어서면 날개가 진동을 일으켜 파괴에 도달하는 사고를 자주 경험했다. 이후 이러한 진동은 박리를 동반하지 않는 유선형 날개나 평판형상의 단면에 공통적으로 발생하는 현상임이 확인되었다. 합성 플러터는 자발 공기력의 작용에 의한 발산진동 중, 휨과 비틀림이 합성된 진동이다. 합성 플러터는 진동 중에 물체에 작용하는 시간적으로 변화하는 공기력(비정상 공기력)이 휨과 비틀림으로 각각 독립된 모드만이 아니라 서로 합성된 항을 포함한 형태로 정식화 된다. 휨과 비틀림의 고유진동수들이 풍속과 함께 변화하여 합성 플러터가 발생할 때에는 양자의 값이 일치되고, 휨-비틀림 간에 어떤 위상차를 갖는다. 또한, 합성 플러터 상태에서는 단면의 앞 모서리 부분의 저압부 및 상·하면의 압력차가 중요한 역할을 한다는 연구결과도 있다. 합성플러터의 발생풍속은 휨 고유진동수(f_η)와 비틀림 고유진동수(f_θ)의 비(f_θ/f_η)에 가장 민감하게 영향을 받으며, 진동수비가 1보다 커지면 이에 따라서 발생풍속값은 낮아지며 진동수비가 약 1.1일 때에 최저가 된다. 진동수비가 1.1보다 커지게 되면 진동수비의 증가에 따라서 발생풍속도 증가한다. 지금까지 다양한 발생풍속의 평가식이 제안되고 있으며, 이 중 Selberg식(1961)*은 추정 정밀도가 비교적 좋고 간단하게 평가할 수 있어 자주 이용된다. 그러나 이 식은 $f_\theta/f_\eta = 1$에서 한계풍속 0을 나타내는 모순과, $f_\theta/f_\eta \le 1$에서는 적용할 수 없으므로, 평가식을 사용할 경우에는 적용 범위를 명확하게 할 필요가 있다.

* Selberg 공식을 사용한 플러터 시작 속도(onset speed)

$$V_s = 3.71 f_\theta B\sqrt{\frac{mr}{\rho B^3}\left\{1-\left(\frac{f_\eta}{f_\theta}\right)^2\right\}},\ r=\sqrt{\frac{I}{m}},\ V_{cr} = KV_s$$

여기서

V_s = Selberg 플러터 임계풍속($\frac{\mathrm{m}}{\mathrm{sec}}$), V_{cr} = 플러터 임계풍속($\frac{\mathrm{m}}{\mathrm{sec}}$), K = 보정계수

$\frac{f_\theta}{f_\eta} = \frac{\text{비틂 고유진동수}}{\text{휨 고유진동수}}$, $\frac{I}{m}$ = 단위 길이당 $\frac{\text{질량}}{\text{질량 관성}}$ ($\frac{1}{\mathrm{m}^2}$), B = 전체 시위길이(chord length), ρ = 공기밀도(= 1.225 $\frac{\mathrm{kg}}{\mathrm{m}^3}$)

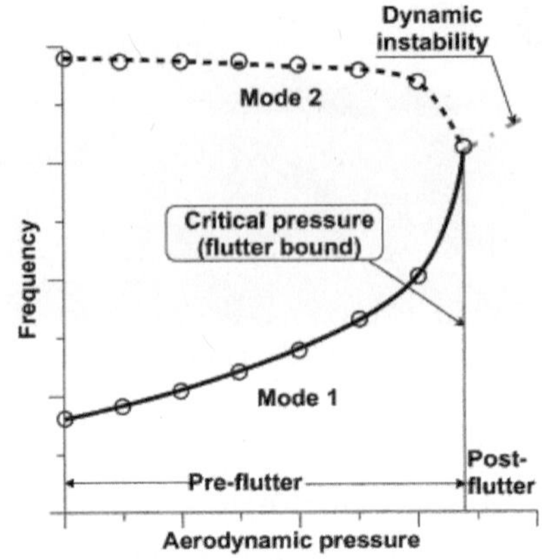

그림 7.2.2c 적층판의 진동모드와 플러터 발생 풍속 (출처: Aleksander Muc 등, 2020)

• 휨 플러터(갤로핑; bending flutter; galloping)

자발 공기력의 작용에 의한 발산 진동중, 기류의 직각 방향으로 발생하는 1자유도 휨 진동을 휨 플러터(bending) 또는 갤로핑(galloping)이라 한다. 갤로핑은 정사각형단면을 포함하여 일정한 범위내의 변장비(= 긴 변 / 짧은 변)를 갖는 사각형단면 등에 발생하며, 발생 메커니즘에 대해서는 준정상이론의 적용이 가능한 것으로 알려져 있다.

갤로핑의 발생하기 위해서는 영각(迎角; 받음각; angle of attack)에 대한 양력계수의 구배(기울기; slope)가 음(-)이 되는 것이 필요조건이다. 이 조건은 Den Hartog 조건(1956) *이라 하며, 이를 식으로 표현한 판정기준은 식의 형태가 간단하기 때문에 풍동실험에 의해 정적인 공기력 특성이 얻어지는 경우에는 갤로핑의 안정성을 평가하는데 자주 이용되고 있다. 교량 등의 구조물에 있어서 갤로핑은 합성 플러터나 비틀림 플러터 등과 같이 진동발생 자체가 구조물의 파괴에 직접 영향을 미치기 때문에, 이에 대한 충분한 안전율을 확보할 필요가 있다.

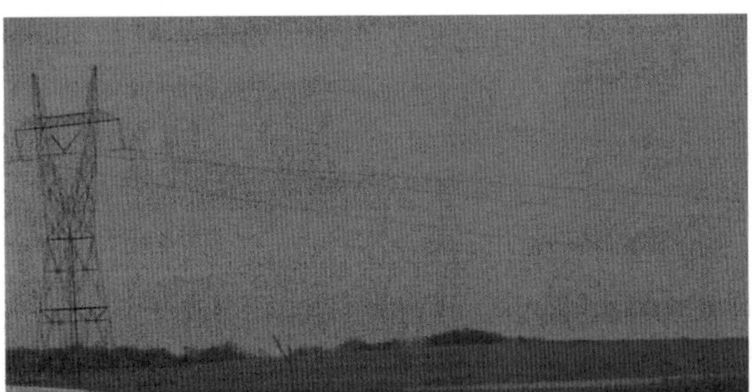
그림 7.2.2d 바람에 의한 송전선의 갤로핑 예 (출처: Basin Electric) [YouTube]

* 갤로핑에 관한 den Hartog 기준

$$H(\alpha) = \frac{dc_l}{d\alpha} + c_d < 0$$

여기서 α = 받음각(angle of attack), c_l = 양력계수(lift coefficient), c_d = 항력계수(drag coefficient)

• 비틀림 플러터(플러터; torsion flutter)

자발 공기력의 작용에 의한 발산진동 중, 비틀림 1자유도의 진동이다. 비틀림 플러터가 발생하는 비교적 변장비(side ratio, 장변길이/단변길이)가 큰 단면의 경우, 단면의 앞 모서리 부분에서 발생하는 박리 전단층은 측면에 재부착하며, 측면의 앞모서리 부근에 저압부가 형성된다. 이 저압부는 박리 전단층과 단면의 측면으로 둘러싸인 하나의 순환류(박리버블)에 의한 것이며, 단면이 비틀림 진동을 하고 있는 경우에는 이 박리버블의 강도나 크기도 변한다. 이러한 유체흐름의 비정상적인 변화에 의해 단면에는 비정상 비틀림 모멘트가 발생한다. 이 비정상 비틀림 모멘트는 단면의 비틀림 진동에 대해서 어떤 위상차를 갖는 것으로 알려져 있다.

비틀림 플러터는 Tacoma교의 붕괴사고의 직접적인 원인으로 유명하다. 현재 비틀림 플러터에 대해 현저하게 불안정한 특성을 나타내는 H형 단면을 장대교량의 주형단면으로 사용하는 일은 없다. 그러나 풍동실험에 의하면 사각형이나 역사다리꼴에서도 비틀림 플러터가 발생되는 경우가 있다. 일반적으로 비틀림 플러터는 합성 플러터보다 구조계의 스크루톤수(Scruton number)($\frac{2m\delta}{\rho D^2}, \frac{2I_p\delta}{\rho D^4}$ 여기서 m =질량, I_p = 극관성모멘트, δ = 구조감쇠, ρ = 공기밀도, D = 대표길이)에 민감하며, 그 발생풍속은 합성 플러터보다 저풍속이다.

비틀림 플러터에 대한 효과적인 제진대책은 다음과 같다.

1) 박리버블을 억제하도록 단면을 유선형으로 하는 방법

2) 주형의 중앙에 연직판(center barrier)를 세워 박리버블을 중도에 차단하는 방법

그림 7.2.2e Tacoma Narrow Bridge의 붕괴 메커니즘(Original sketch contributed by Allan Larsen)

7.2.3 가스트 응답과 버펫팅

자연의 바람은 시간에 따라 풍속과 풍향이 시시각각으로 변하는 난류이다. 이와 같은 난류성 바람을 가스트(gust, 거스트)라 하고, 이 가스트에 기인한 구조물의 불규칙한 강제진동을 가스트 응답 이라 한다.

두 개 이상의 구조물이 근접 배열되면, 풍상측(風上側)의 구조물에서 교란된 기류가 그대로 풍하측(風下側)의 구조물에 작용하여 마찬가지로 불규칙한 강제진동이 발생하며, 이와 같은 바람에 의한 구조물의 불규칙한 진동을 버펫팅(buffeting)이라 한다.

일반적으로 가스트 응답과 버펫팅을 구분하지 않고, 난류성 바람으로 인해 구조물에 불규칙적인 변동 공기력이 작용하고, 이것에 의해 발생하는 강제진동현상을 가스트 응답(gust response) 또는 버펫팅(buffeting, 버페팅, 버피팅)이라 한다. 이 진동은 자연풍과 같이 난류성을 수반하는 흐름 속에서 구조물의 형상 및 풍속영역에 관계없이 크던 작던 간에 발생한다는 점에서 다른 공기 역학적 현상과 다르다. 가스트 응답은 피로문제 또는 사용성 문제 등을 일으킬 수는 있으나, 지형의 특성상 난류강도가 큰 기류가 예상되는 특수한 경우를 제외하고는 동적 안정성에 미치는 영향이 적으므로 무시되는 경우가 많다.

자연풍의 난류성분에 의한 동적 효과를 정적 풍하중으로 환산하여 설계풍속에 반영하는 것을 '가스트영향계수(gust effect factor)' 또는 '거스트계수(gust factor)'라 하며, 이 계수는 구조물의 진동수, 지형의 형태, 구조물이 위치한 고도, 감쇠비 등에 따라 다르다. 참고로 가스트 응답은 모든 단면에서 발생하지만, 단면이 편평(偏平)해질수록 응답이 커진다.

7.2.4 와류진동

와류진동은 물체의 배후(후면)나 측면에서 좌우 상호 규칙적으로 방출(shedding)되는 와류(vortex)에 의해 발생되는 현상이며, 일반적으로는 뭉툭한(bluff ↔ 유선형) 구조 단면형상을 갖고, 구조감쇠나 질량이 작은 구조물에 발생하기 쉽다. 와류진동은 비교적 낮은 풍속 영역에서 발생하며, 어떤 한정된 풍속 영역에서 발생하기 때문에 발생빈도가 높아 구조물의 피로, 시공성 및 사용성의 관점에서 문제가 될 수 있다. 단면 배후에 좌우 상호 규칙적으로 방출되는 와류에 의해 발생하며, 일정한 풍속범위에서만 발생하는 일종의 공진현상으로, 일반적으로 발생진폭이 어떤 값 이상으로 크게 되지 않는 한정된 진폭을 갖는다.

와류진동은 다음과 같이 구별된다.

1) 카르만 와류형(Karman vortex street)
   후류(後流, wake, 바람의 박리에 의해 구조물의 배후에 풍향이 뚜렷하지 않는 크고 작은 소용돌이가 생기는 영역)에 주기적으로 방출되는 Karman와류에 의한 진동
2) 전연 박리형
   단면의 운동에 의해 단면의 전연(前緣, 앞 가장자리)에서 박리된(剝離된, 얇게 떨어져 나간) 기류가 발생하며, 이에 의하여 단면의 양측면(상·하면)에 상호 규칙적으로 방출되는 와류에 의한 진동

단면 형상 및 구조 특성에 따라 두 종류의 와류진동이 모두 나타날 수도 있고, 전혀 나타나지 않는 경우도 있다. 참고로 사장교의 주형에 자주 사용되는 뭉뚝한 구조물 단면에서 발생하는 와류 진동의 대부분은 전연 박리형 와류 진동으로 판단된다.

(1) Karman 와류형 와류진동의 특징은 다음과 같다.

1) 단면 고유의 스트로할수(Strouhal number, $St = \frac{fL}{V}$ 여기서 f = 와류의 발생진동수, L = 대표길이 또는 직경, V = 유속 또는 풍속)에 상응하는 와류의 방출진동수가 구조계의 고유진동수와 일치하는 공진풍속근방에서 발생
2) 와류진동은 강제진동이지만, 카르만 와류의 방출진동수가 구조물의 고유진동수에 가까워지면 동조화 되어 큰 진동이 발생. 이를 동조현상(lock-in 현상)이라 하며 구조물에 피로손상이 발생할 수 있음
3) 후류 안에 스플리터(splitter) 등을 설치하여 와류생성을 강제적으로 억제할 경우, 진동응답이 소멸될 수 있음

(2) 전연 박리형 와류진동의 특징은 다음과 같다.

1) 진동발생 풍속 영역이 스트로할수의 역수로 표시되는 공진 풍속 영역에 반드시 대응하지 않음(단, 단면의 유효변장비 2.8 ~ 5에서는 진동발생 풍속 영역과 스트로할수에 의한 공진 풍속 영역이 서로 근접함)
2) 단면 배후에 카르만 와류의 생성을 강제적으로 억제할지라도, 경우에 따라 진폭이 커질 수 있음

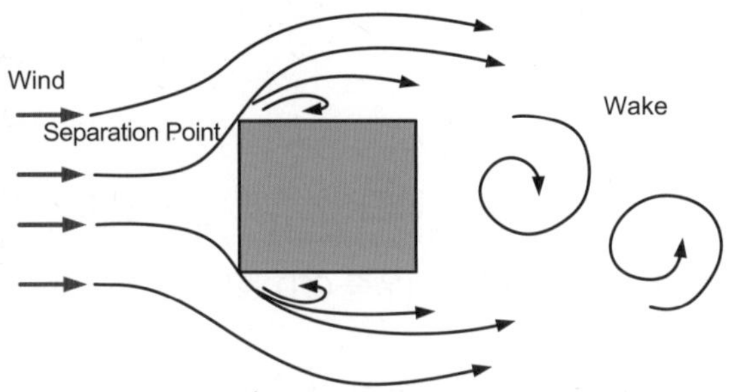

그림 7.2.4a 박리점(separation point)과 후류(wake)

그림 7.2.4b 실린더 단면에서 발생하는 카르만 와류 (우측 동영상 출처: Wikipedia) [animation]

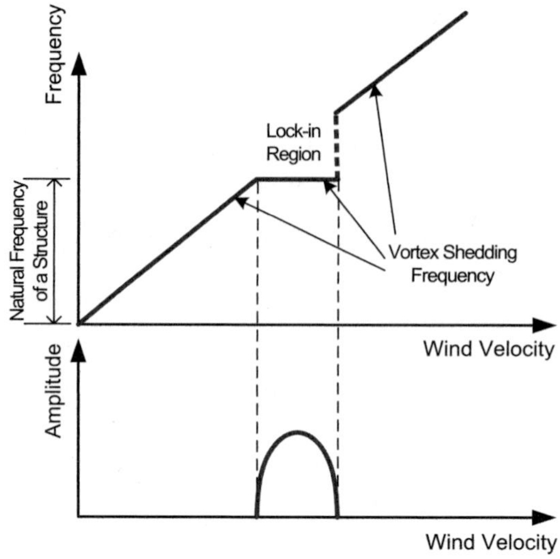

그림 7.2.4c 동조현상(lock-in)

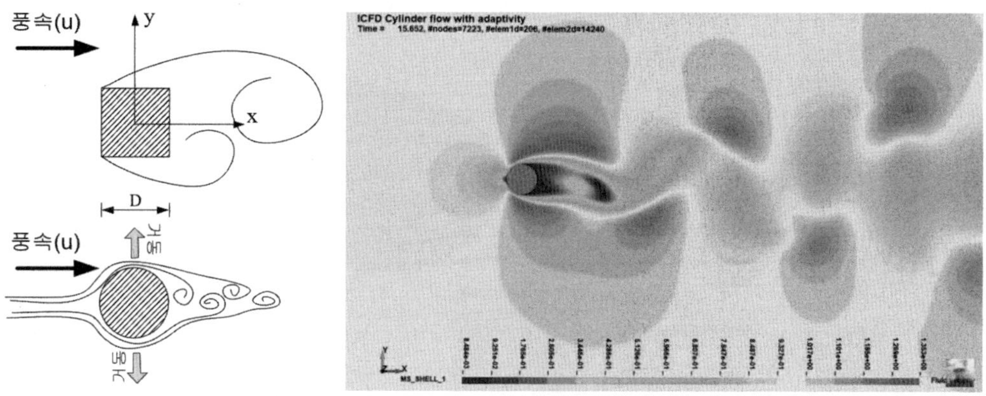

그림 7.2.4d 와류진동 (우측 CFD 동영상) [YouTube]

평행한 바람의 유선(stream line)은 구조물과 충돌하면서 박리가 되며, 구조물의 양면에 나선형 모양의 와류를 주기적으로 발생시킨다. 낮은 풍속에서는 양면에 거의 동시에 와류가 대칭형태로 발생하여, 구조물의 바람직각방향 진동만이 작게 발생한다. 풍속이 증가할수록 와류는 양면에 비대칭 형태로 발생하여, 바람방향 진동 외에도 바람직각방향 진동이 크게 발생한다. 이 경우 바람직각방향 진동수는 바람방향 진동수의 약 0.5배이며, 이러한 형태의 구조물 진동을 와류진동(vortex shedding; Karman vortex street, 와류흐름, 와류방출, 와방출)이라 한다.

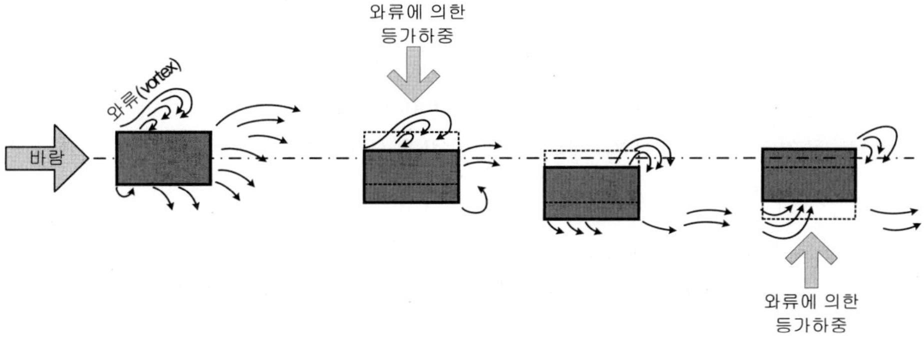

그림 7.2.4e 와류진동

동일한 단면을 갖는 빌딩 구조물의 경우, 와류진동에 의한 바람직각방향 진동수인 와류진동수는 다음 식을 사용하여 구할 수 있다.

$$f = \frac{V \times St}{D}$$

여기서

f : 와류진동수 (Hz)

V : 건축구조물 상단(즉, 기준높이)에서의 평균풍속 (m/sec)

St : 단면형상에 따라 다른 무차원수로써 스트로할수(Strouhal number)

D : 구조물의 직경 (m)

보통 스트로할수는 풍속에 따라 불규칙하게 변동한다. 매끈한 원통형 구조물의 경우, 스트로할수는 대략 23 m/sec의 풍속까지 증가하여 0.2에 도달하고, 대략 23 ~ 53 m/sec의 풍속에서는 0.2로 일정하다.

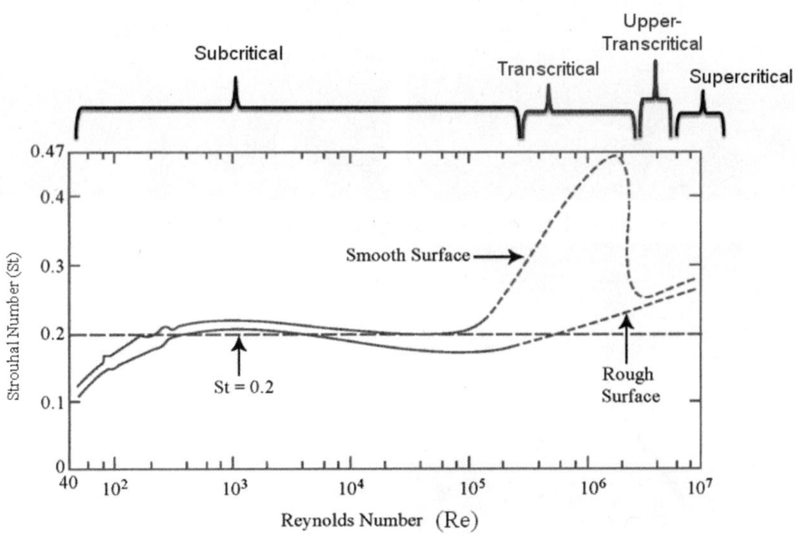

Relationship between Strouhal number and Reynolds number for circular cylinders. Data from Lienhard (1966) and Achenbach and Heinecke (1981). S~0.21 (1-21/Re) for 40<Re<200, from Roshko (1955).

그림 7.2.4f 스트로할수($St = \frac{fD}{V}$)와 레이놀즈수($Re = \frac{\rho VD}{\mu}$)의 관계

7.2.5 풍우진동

풍우진동(風雨진동, rain-wind induced vibration)은 주로 사장교 등의 케이블에서 발생하는 진동으로, 공간적으로 경사진 케이블이 빗방울을 맞으면, 물의 표면장력이나 풍압력, 중력 등에 의해 케이블의 상면과 배후면에 원주측을 따라 흐르는 수로가 형성된다. 이는 원형 단면의 수풍면적의 증가를 초래하고, 공기 역학적으로 불안정하게 되어 진동을 유발한다.

이러한 케이블의 풍우진동을 저감하기 위해 주로 사용되는 방법은 다음과 같다.

1) 케이블 댐퍼(cable damper)
2) 케이블 횡단 구속(cross-tie system)
3) 케이블 표면 처리(cable surface treatment)

(a) 풍우진동(Dubrovnik Bridge, 크로아티아) [YouTube]

(b) 케이블 댐퍼(동정호 교량, Dongting Lake Bridge)

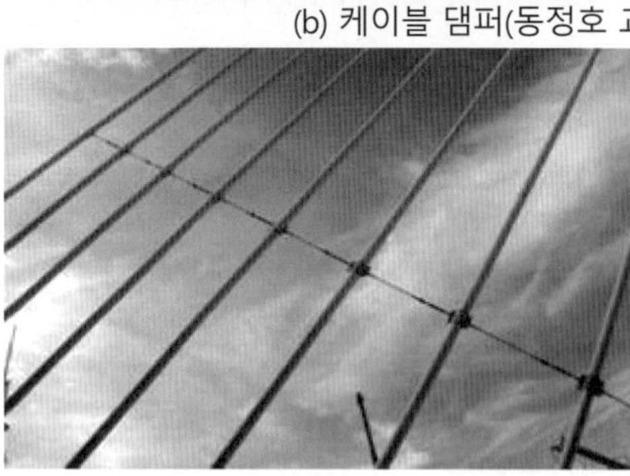

(c) 케이블 횡단 구속(cross-tie system)

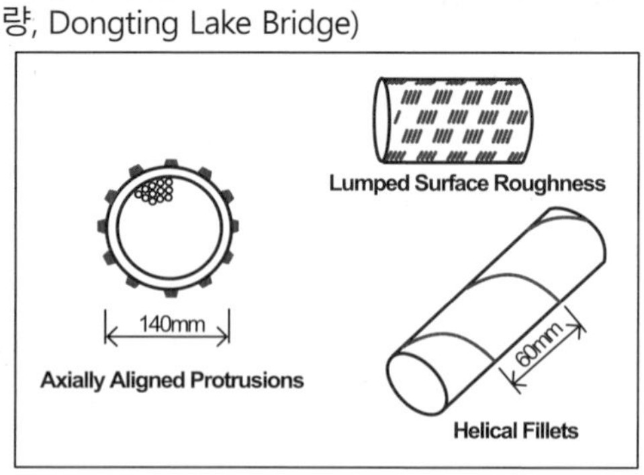

(d) 케이블 표면 처리(cable surface treatment)

그림 7.2.5 케이블의 풍우진동과 저감방법

7.2.6 사고 사례: Tay교, Tacoma Narrow교

• Tay교

1879년 12월 28일 오후 7시 15분 스코틀랜드(Scotland)의 Tay강에 놓인 Tay교는 건설된 지 19개월 만에 교량의 중앙부에 위치한 한 경간장이 75m이며, 13경간 거더형 트러스부가 강풍에 의해 붕괴되었다. 이 붕괴로 통과 중인 열차 6량과 함께 75명의 희생자가 발생하였다. Tay교는 85경간(72경간 deck형 + 13경간 거더형)의 격자 트러스(lattice truss) 형식으로 연장 약 3.2km인 당시 세계에서 최장인 철도교였다. Tay교 참사를 계기로 교량의 설계에 있어 풍속 또는 풍하중의 중요성이 부각되었고, 풍하중을 단위면적당 풍압으로 표시하는 정적 하중이 일반화되었다. 비록 Tay교 설계자인 Thomas Bouch경은 Tay교 설계시 $10\frac{lb_f}{ft^2}$ (= 0.48 MPa)의 풍압을 고려하여 내풍설계를 하였으나, 사고 당시의 풍하중(약 10 – 11 gales* 또는 약 30 m/sec의 풍속)을 견딜 수는 없는 것으로 판단되었다.

그림 7.2.6a 붕괴전·후 Tay교

• Tacoma Narrows교

1940년 11월 7일 중앙 경간 853m인 당시 세계 3위의 규모를 자랑하던 미국의 Tacoma Narrows교가 Tay교의 교훈에 따라 풍속 53 m/sec에도 안전하도록 정적 설계를 하였으나, 겨우 19m/sec의 바람에 의해 심한 수직 및 비틀림 발산진동이 발생하여 개통(1940년 7월 1일)한지 4개월 만에 붕괴되었다. 붕괴의 첫 번째 이유는 교량의 강성이 부족하였기 때문이고, 두 번째 이유는 교량의 형태가 공기역학적으로 불완전 했기 때문이다. Tacoma Narrow교의 붕괴를 계기로 교량의 공기 역학적 거동에 관한 연구와 장대교량의 보강형 강성에 관한 연구가 활발히 진행되었다.

---

* 보퍼트 풍력계급 (Beaufort wind scale)

풍속계(風速計)가 고안되기 이전에 해상 파도나 연기·나무 등의 바람에 의한 유동을 기준하여 만든 풍속 추정 계급이다. 19세기 초에 영국의 해군제독 보퍼트가 고안하여 풍속계가 일반화하기 전에 사용하였다. 연기가 똑바로 올라가는 정온 상태를 0으로 하고, 태풍에 동반된 심한 폭풍을 12로 하여 13등급으로 나누었는데, 범선시대의 군함에 사용되는 돛의 양, 얻어지는 범선의 속도, 바람 등의 관계로부터 만들어지므로 각 계급의 풍속은 일정하지 않았다. 그 후 영국 및 국제기관에서 상당 풍속을 결정하고, 육상풍에서도 사용할 수 있도록 개량되었다. 현재의 보퍼트풍력계급은 1962년 세계기상기구(WMO)가 결정한 것으로, 계급 B와 상당 풍속 V사이의 관계는 경험식 $V = 0.836\ B^{3/2}$ (m/sec)으로 나타낸다.

Tacoma Narrows교는 주경간장 853m의 현수교로 형고에 대한 경간장의 비(depth-to-span ratio)가 1:350으로 당시 건설된 장대 교량들(1:100 ~ 1:200)에 비해 획기적인 형식이었다. 또한 교폭에 대한 경간장비(width-to-span ratio)도 당시 세계 최소인 1:72로 금문교(Golden Gate bridge) 1:17에 비해 매우 작았고, 주형도 강판형(steel plate girders)을 채택하였다. Tacoma Narrows교를 설계한 Leon Moisseiff는 당시 최고의 교량설계자이었으나, 당시의 기술수준으로는 바람-구조물의 동적 상호작용에 관한 인식이 부족하였다. 이 교량에서 채택한 강판형은 비정상풍압(unsteady force)에 매우 불리한 단면이었으며, 단면설계에 있어 정상풍압(steady force)만을 고려하여 비틀림 강성이 부족하였다.

(a) 붕괴직전 중앙 경간의 비틀림 거동　　(b) 상판구조에서 본 비틀림 거동

그림 7.2.6b Tacoma Narrows교의 붕괴시 거동

[예제] 7.2.4 와류진동: 스트로할수

직사각형 단면을 갖는 세장한 건축물이 있다. 와류진동이 발생하는 공진풍속 V를 구하라. 여기서 구조물의 대표폭 $L = 30$ m, 고유진동수 $f = 0.2$ Hz, 스트로할수 $St = 0.1$이다.

[풀이]

$St = \frac{fL}{V}$이므로,

$V = \frac{fL}{St} = \frac{0.2\frac{1}{\mathrm{sec}} \times 30\ \mathrm{m}}{0.1} = 60\ \mathrm{m/sec}$

7.3 내풍설계

7.3.1 내풍설계 절차

(1) 내풍설계

복잡한 실제 풍하중을 다음 특성을 고려하여 설계풍하중으로 단순화한다.

1) 높이에 따른 풍속의 변화
2) 난류 성분
3) 통계적 확률
4) 와류진동
5) 바람-구조물의 상호작용에 의한 동적 특성
6) 벽면 풍압

구조물의 내풍설계시 고려해야할 중요 기준들은 다음과 같다.

1) 강도와 안정성
2) 변동 풍하중에 의한 구조부재 및 연결부의 피로여부
3) 구조적 손상을 줄 수 있는 과대 변위 여부
4) 사용상 문제를 일으킬 수 있는 구조물의 동적 응답여부
5) 버펫팅(또는 가스트 응답)의 발생여부
6) 지상풍에 의한 보행자의 불쾌감 유발여부
7) 불쾌감을 유발시킬 수 있는 난류의 유발여부
8) 내부 부재들과의 공진여부

내풍설계에는 정적 내풍설계와 동적 내풍설계가 있다.

1) 정적 내풍설계는 기준에 규정된 풍하중(W)으로 설계하고, 모든 구조물에 적용된다.
2) 동적 내풍설계는 바람에 의한 구조물의 진동에 대한 안정성을 확보하기 위한 것으로 특별한 경우에 수행된다.

(2) 성능기반 내풍설계

각 성능항목별 목표성능수준은 최소목표성능수준을 만족해야 한다(KDS 41 10 15 : 2021).

표 7.3.1a 표 5.19-1 성능항목별 최소목표성능수준

성능항목	수평진동 사용성	수평변위 사용성	구조 안전성
풍속 재현기간	1년	50년	500년, 900년
목표성능수준	• 탄성거동 • 거주자 불쾌감 방지	• 탄성거동 • 기능수행	• 제한적 비탄성 거동 • 지속거주 (제한적 기능장애)

주요 구조물의 내풍설계 순서는 다음 그림과 같다.

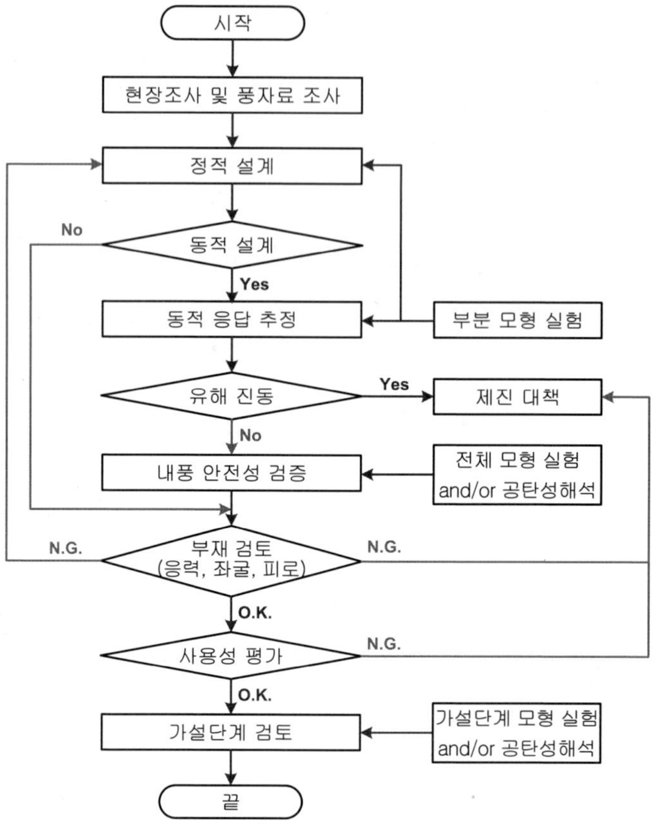

그림 7.3.1a 내풍설계 순서

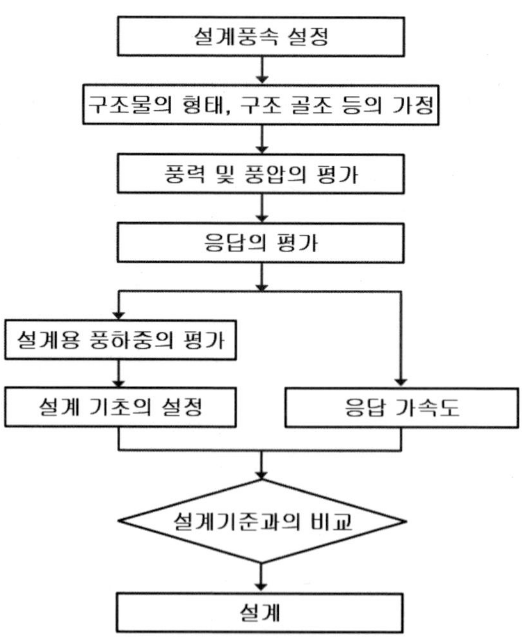

그림 7.3.1b 건축구조물의 내풍설계 순서

7.3.2 설계풍속

건축구조물의 내풍설계의 풍하중 산정에 사용되는 설계풍속 V_H (m/sec)는 다음과 같이 정의한다(참조: KDS 41 10 15 : 2021, 건축구조기준 설계하중).

1) 기본풍속에 대하여 건설지점의 지표면상태에 따른 풍속의 고도분포와 지형조건에 따른 풍속의 할증 및 건축물의 중요도에 따른 설계재현기간을 고려한 풍속으로 설계속도압 산정의 기본이 되는 풍속
2) 설계풍속은 기본풍속 V_0에 풍향계수 K_D, 풍속고도분포계수 K_{zr}, 지형계수 K_{zt} 및 건축구조물의 중요도 분류에 따라 정한 중요도계수 I_W를 곱하여 산정한다.

$$V_H = V_0\, K_D\, K_{zr}\, K_{zt}\, I_W$$

(1) 기본풍속 V_0 (m/sec)

1) 지표면조도 구분 C인 지역의 지표면으로부터 10 m 높이에서 측정한 10분간 평균풍속에 대한 재현기간 100년 기대풍속
2) 풍하중을 산정할 때의 기본풍속는 지표면조도구분 C인 경우, 지상 10m 높이에서 10분간 평균풍속의 재현기간 500년 값으로 하고, 건설대상지의 지리적 위치에 따라 다음 기본풍속 지도에 따라 정한다. 바람은 항상 수평방향에서 불어오는 것으로 가정한다.

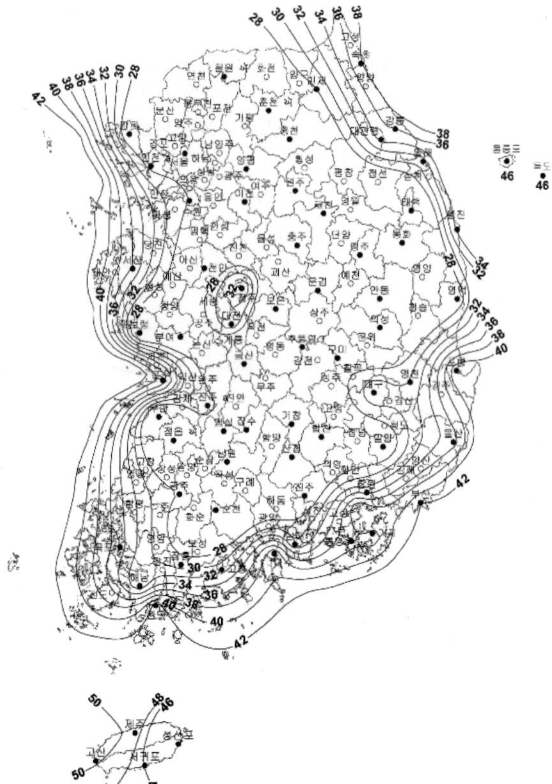

그림 7.3.2a 그림 5.5-1 기본풍속 V_0 (재현기간 500년 풍속) (m/sec)

(1-1) 지표면조도 구분 (노풍도): A, B, C, D

1) 지표면의 거칠기 상태로 일정지역의 지표면 거칠기에 해당하는 장애물이 바람에 노출된 정도의 구분

2) 지표면조도구분을 판단하기 위한 주변지역의 범위는 건설지점으로부터 건축구조물의 기준높이의 40배와 3 km 가운데 작은 값으로 한다. 지표면조도구분은 건설지점의 풍상측 45도의 범위 내에 있는 지표면 상태를 다음에 제시한 예시 그림같이 기준에서 제시한 세 종류로 구분하여 다음 표에 따라 정한다.

① 풍상측 지표면에 급격한 상태의 변화가 없는 경우에는 45°범위 내의 평균적인 상태를 그 풍향에 대한 지표면조도로 한다.

② 풍상측 지표면이 평탄한 상태에서 거친 상태로 급변하는 경우에는 급변하는 지점보다 풍상측에 위치한 평탄한 상태를 지표면조도로 한다.

③ 풍상측 지표면이 거친 상태에서 평탄한 상태로 변하는 경우에는 변화 후의 평탄한 상태를 지표면조도로 한다.

표 7.3.2a 표 5.5-1 지표면조도 구분

지표면조도 구분	상태	주변지역의 지표면 상태
A	거침	대도시 중심부에서 고층건축구조물(10층 이상)이 밀집해 있는 지역
B	↑	수목 · 높이 3.5 m 정도의 주택과 같은 건축구조물이 밀집해 있는 지역 중층건물(4~9층)이 산재해 있는 지역
C	↓	높이 1.5~10 m 정도의 장애물이 산재해 있는 지역 수목 · 저층건축구조물이 산재해 있는 지역
D	평탄	장애물이 거의 없고, 주변 장애물의 평균높이가 1.5 m 이하인 지역 해안, 초원, 비행장

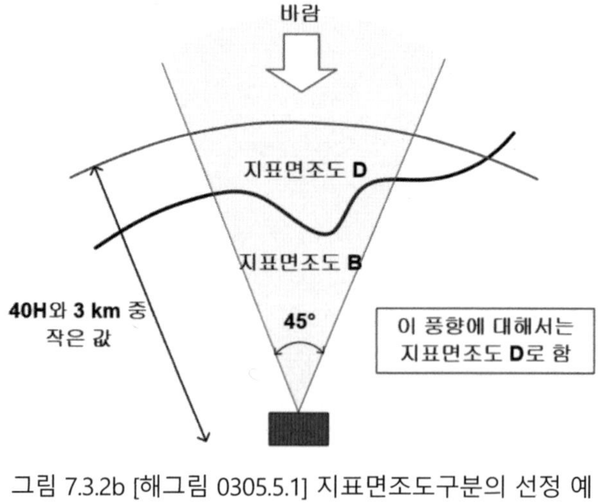

그림 7.3.2b [해그림 0305.5.1] 지표면조도구분의 선정 예

(1-2) 평균 풍속

1) 공기는 매우 낮은 점성을 가지므로 대부분의 바람의 흐름은 난류이며, 이러한 바람의 난류성을 내풍설계에서는 평균 풍속(mean wind velocity)과 난류 풍속(turbulent wind velocity, gust wind velocity; 가스트 풍속)으로 구분한다.
   · 평균 풍속과 이로 인한 풍압은 지표면으로부터 높이에 따라 증가한다.
   · 난류 풍속은 지표면으로부터의 높이와는 무관하다.
2) 국내외 설계기준에는 3초, 6초, 1분, 10분, 20분, 1시간 평균 풍속 등이 많이 사용되고 있으며, 우리나라의 구조물 설계기준에서는 주로 10분 평균 풍속을 채택하고 있다. 또한, 개활지에서의 지상 10m에서 1시간(3600초) 평균 풍속(V_{3600})에 대한 다른 시간(초) 평균 풍속(V_t)의 비($r = \frac{V_t}{V_{3600}}$) 사이의 관계는 다음 표와 같다(ASCE 7, 2005).

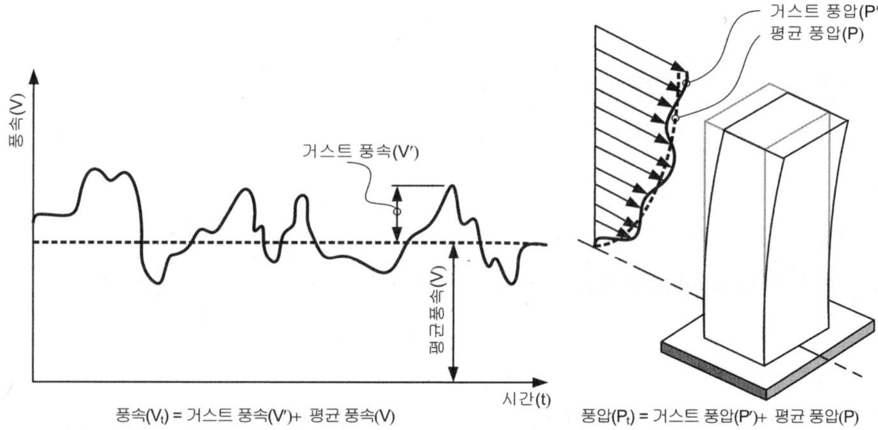

그림 7.3.2c 작용시간과 평균 풍속

표 7.3.2b 평균 풍속과 평균 시간과의 관계 (출처: ASCE 7, 2005)

t(sec)	3	5	40	60	600	3600
$r = V_t/V_{3600}$	1.52	1.49	1.29	1.25	1.1	1.0

(1-3) 재현기간

1) 내풍설계시 바람의 세기를 재현기간(return period)를 사용하여 나타낼 수 있다. 예를 들어 어떤 특정 지역의 재현기간 50년에 대한 풍속을 30 m/sec라고 할 때, 이 의미는 이 지역에서 50년 이내 평균 풍속 30 m/sec를 초과하는 바람이 불 수 있다는 것을 뜻한다. 즉, 이 지역에서 1년 이내 평균 풍속 30 m/sec를 초과하는 바람이 불 확률(즉, 연초과확률)은 $\frac{1}{50} = 0.02 = 2\%$인 것을 의미한다.
   · 바람이 1년 이내 평균 풍속 30 m/sec를 초과할 확률(연초과확률) P_{E1}는 다음과 같다. 여기서 P_{NE1}은 바람이 1년 동안 평균 풍속 30 m/sec를 초과하지 않을 확률(즉, 비초과확률)이다.

$$P_{E1} = 1 - P_{NE1} = 1 - 0.98 = 2\%$$

2) 이 지역에서 만약 설계수명(lifetime; design life; exposure period)이 100년인 구조물이 평균 풍속 30 m/sec에 대해 설계가 되었다면, 1년 이내 평균 풍속 30 m/sec를 초과하지 않는 풍하중을 받을 확률은 $\frac{49}{50}$이므로, 100년 동안 평균 풍속 30 m/sec를 초과하지 않는 풍하중을 받을 확률은 $\left(\frac{49}{50}\right)^{100}$이다. 따라서 설계된 구조물이 사용기간 100년 이내 재현기간 50년에 대한 풍속 30 m/sec를 초과하는 풍하중을 받을 확률은 다음과 같다.

$$1-\left(\frac{49}{50}\right)^{100} \approx 0.867 = 86.7\%$$

· 바람이 100년 이내 평균 풍속 30 m/sec를 초과할 확률은 다음과 같다. 여기서 P_1은 바람이 1년 동안 평균 풍속 30 m/sec를 초과하지 않을 확률이다.

$$\begin{aligned} P_{E100} &= 1 - P_{NE100} \\ &= 1 - {P_{NE1}}^{100} \\ &= 1 - 0.98^{100} = 86.7\% \end{aligned}$$

3) 구조물이 n년의 사용기간 동안 최소한 한 번이상 설계 풍속을 초과하는 풍하중을 받을 확률(P)을 수식으로 정리하면 다음과 같다.

$$P_{En} = 1 - P_{NE1}^{n} = 1 - (1 - P_{E1})^n$$

여기서 P_{E1} = 1년 이내 설계 풍속을 초과하는 풍하중을 받을 확률(즉, 재현기간의 역수이며, 연초과확률(annual probability)이라 함); P_{NE1} = 1년 이내 설계 풍속을 초과하지 않을 풍하중을 받을 확률(즉, 비초과확률); P_{NE1}^{100} = 100년 이내 설계 풍속을 초과하지 않을 풍하중을 받을 확률(즉, 비초과확률); n = 사용기간(년)이다.

4) 앞 식을 사용하여 구조물이 50년 이내 재현기간 50년인 설계 풍속 30 m/sec를 초과할 풍하중을 받을 확률을 구하면 다음과 같다.

$$P_{E50} = 1 - (1 - 0.02)^{50} = 1 - 0.364 = 0.637 = 63.7\%$$

여기서 구조물의 사용기간이 길어질수록(50년 → 100년) 설계 풍속을 초과하는 풍하중을 받을 확률(63.7% → 86.7%)이 증가하는 것을 알 수 있다.

5) KDS 24 12 21(교량설계하중, 2021)에서 정의한 기본풍속(V_{10})이란 재현기간 100년에 해당하는 개활지에서의 지상 10m의 10분간 평균 풍속이다.

또한 시공기준풍속의 정의는 태풍에 취약한 지역에 위치한 중장대 지간 교량의 시공중 검토를 위한 풍속으로, 공사기간에 대한 최대풍속의 비초과확률 80 %에 해당하는 10분 평균 풍속이다. 이때 재현기간 $T(=\frac{1}{P_{E1}}$, 년), 비초과확률 P_{NE}, 공사기간 n(년)의 관계는 다음 식을 사용하여 구할 수 있다.

$$P_{NE} = P_{NE1}^{n} = (1 - P_{E1})^n = \left(1 - \frac{1}{T}\right)^n$$

$$\rightarrow \quad \therefore\ T = \frac{1}{1-(P_{NE})^{1/n}}$$

(2) 풍향계수 K_D

1) 건설지점의 지리적 위치 및 대규모지형의 영향 등에 의한 풍향별 강풍 특성을 반영하기

위해 16풍향별 재현기대풍속을 전 풍향의 재현기대풍속으로 나눈 비율

2) 풍향계수를 사용함으로써 설계풍속을 산정할 때 해안가 등 지형변화가 없는 경우에는 풍하중이 감소하도록 하였다.

3) 주골조설계용에 대해서는 건설지점 부근의 유효한 풍관측 자료가 있는 경우에는 그것에 의하여 8풍향(N, NE, E, SE, S, SW, W, NW)에 대해 평가한 K_D를 사용할 수 있다. 이 경우의 K_D는 건축구조물의 주된 면에 직각인 4풍향을 고려하여 결정하고, K_D의 최소값은 0.85 이상으로 한다.

(3) 풍속고도분포계수 K_{zr}

1) 지표면의 고도에 따라 기준경도풍 높이까지의 풍속의 증가분포를 지수법칙에 의해 표현했을 때의 수직방향 분포계수

2) 건설지의 지표면조도구분에 상응하여 다음과 같이 정한다.

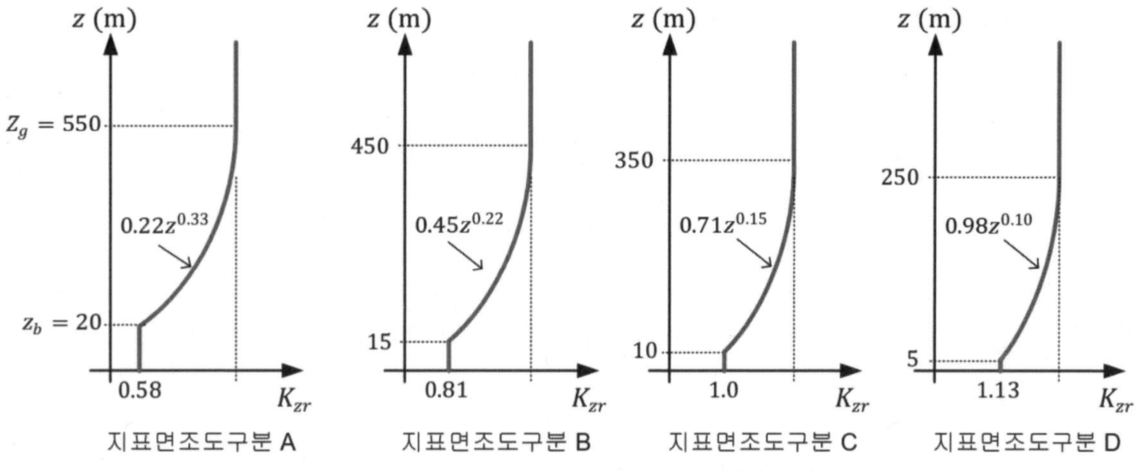

그림 7.3.2c 평탄한 지역에 대한 지표면조도구분의 따른 풍속고도분포계수 K_{zr}

3) 공기의 점성으로 인해 지표면에 인접한 영역에서 풍속은 0으로 점근한다. 즉, 높이가 증가할수록 풍속은 증가하며, 풍속이 더 이상 증가하지 않는 높이와 그 높이에서의 풍속을 '경도풍 높이(gradient wind height)'와 '경도 풍속(gradient wind velocity)'이라 한다. 통상 지형에 의해 풍속이 영향을 받는 대기경계층내의 풍속을 다음과 같이 나타낸다.

$$V_Z = V_g \left(\frac{z}{Z_g}\right)^{\alpha}$$

여기서 V_z =지표면으로부터 높이 z에서의 평균 풍속; V_g = 대기경계층이상에서 일정하다고 가정된 경계층 풍속; z = 지표면으로부터 높이; Z_g = 대기경계층의 지표면으로부터 높이; α = 풍속의 고도분포지수이다. 보통Z_g와 α는 지표면 상태와 평균 풍속을 산정하는데 사용된 시간에 따라 다르다.

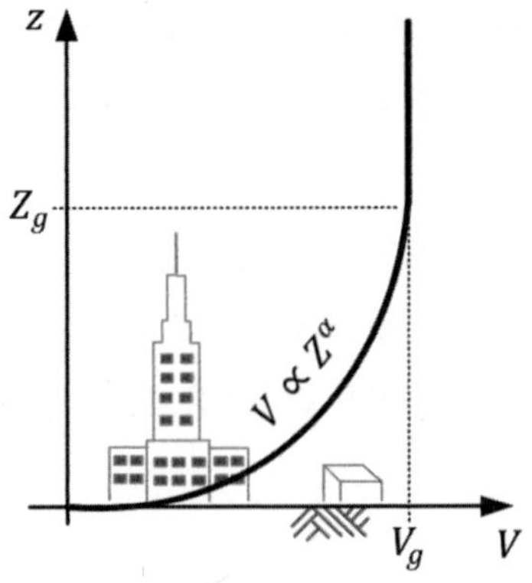

그림 7.3.2d 높이에 따른 풍속의 변화

(4) 지형계수 K_{zt}

1) 언덕 및 산 경사지의 정점 부근에서 풍속이 증가하므로 이에 따른 정점 부근의 풍속을 증가시키는 계수
2) 산, 언덕 및 경사지의 영향을 받지 않는 평탄한 지역에 대한 지형계수 K_{zt}는 1.0이다.
3) 산, 언덕 및 경사지의 정상에서는 평탄지에 비하여 풍속이 1.5 ~ 2.0배 정도 증가하는 것으로 알려져 있다.

(5) 중요도계수 I_W

1) 건축구조물의 중요도에 따라 설계풍속을 증감하는 계수
2) 건축구조기준 총칙(KDS 41 10 05)에서 정의한 건축구조물의 중요도 분류(특, 1, 2, 3)에 따라 다음 표와 같이 정한다.

표 7.3.2c 표 5.5-5 중요도계수 I_W

중요도 분류	초고층건축구조물	특	1	2	3
중요도계수 I_W	1.05	1.00		0.95	0.90
한계상태설계용 재현기간 (년)	900	500		280	125

주] 초고층건축구조물은 50 층 이상 또는 200 m 이상인 건축구조물

7.3.3 풍하중

건축구조물의 내풍설계에서 사용되는 풍하중은 다음과 같다(참조: KDS 41 10 15 : 2021, 건축구조기준 설계하중).

1) 풍하중은 주골조설계용 수평풍하중 W_D 및 지붕풍하중 W_R과 외장재설계용 풍하중 W_C으로 구분한다.
2) 주골조설계용 수평풍하중은 풍방향풍하중 W_D, 풍직각방향풍하중 W_L, 비틀림풍하중 W_T으로 구분하여 산정한다.

3) 풍하중은 10분간 평균풍속의 재현기간 500년 값에 근거하여 산정한다. 이 값은 강도설계의 극한값에 해당한다. 따라서 강도설계의 하중조합에서 풍하중계수는 1.0이다. 허용응력설계의 풍하중은 강도설계로 산정한 값에 풍하중계수 0.65를 곱한다.
4) 설계풍속 V_H은 앞서 구한 바와 같다.
5) 기준높이 H는 통상적인 건축구조물에서는 지붕의 평균높이로 하며, 이 기준높이에서의 속도압을 기준으로 풍하중을 산정한다.
6) 풍하중을 산정할 때에는 각 건축구조물 표면의 양면에 작용하는 풍압의 벡터합으로 한다.
7) 주골조설계용 풍하중은 속도압 q_H, 가스트영향계수 G_D, 주골조설계용 풍압계수 C_{pe}, 풍력계수 C_D에 풍하중의 산정 목적에 따라 적절하게 정한 수압면적 A을 곱하여 산정한다. 단, 내압계수 C_{pi}의 영향도 고려한다.
8) 외장재설계용 풍하중은 속도압 q_H과 외장재설계용 피크풍압계수 $\hat{C}$에 풍하중의 산정 목적에 따라 적절하게 정한 수압면적 A을 곱하여 산정한다. 단, 피크내압계수 $\hat{C}_{pi}$의 영향도 고려한다.
9) 특별풍하중에 해당하는 경우에는 바람으로 인하여 건축구조물에 발생하는 특수한 영향들을 고려하여 풍하중을 산정하여야 한다. 단, 평면형상이 사각형이고 높이방향으로 일정한 건축구조물인 경우에는 주골조설계용 풍직각방향풍하중 W_L 및 주골조설계용 비틀림풍하중 W_T에 따라 풍하중을 산정한다. 평면형상이 원형인 경우에는 와류진동 풍하중 W_r에 따라 풍하중을 산정한다.
10) 풍진동으로 발생하는 수평변위 및 응답가속도에 대한 사용성은 사용성 검토에 따른다. 이 때 수평변위는 재현기간 50년 설계풍속을 적용하여 산정하고, 응답가속도는 재현기간 1년 설계풍속을 적용하여 산정한다.
11) 작은 규모 건축구조물인 경우 간편법에 따른 풍하중에 따라 풍하중을 산정할 수 있다.
12) 신축 건축구조물의 건설로 빌딩풍이 발생할 경우에는 빌딩풍에 대한 풍환경의 검토에 따라 풍환경 평가를 실시하여 풍환경의 악화를 검토한다.
13) 피로손상 등의 누적적인 하중효과는 바람의 작용시간을 고려하여 검토한다.
14) 풍동실험을 수행하여 강풍으로 발생하는 건축구조물의 진동 및 변위에 대한 사용성과 풍하중에 대한 구조안전성에 대해 다양한 목표성능수준을 만족하도록 건축구조물을 설계하고자 할 때는 성능기반 내풍설계에 따른다.

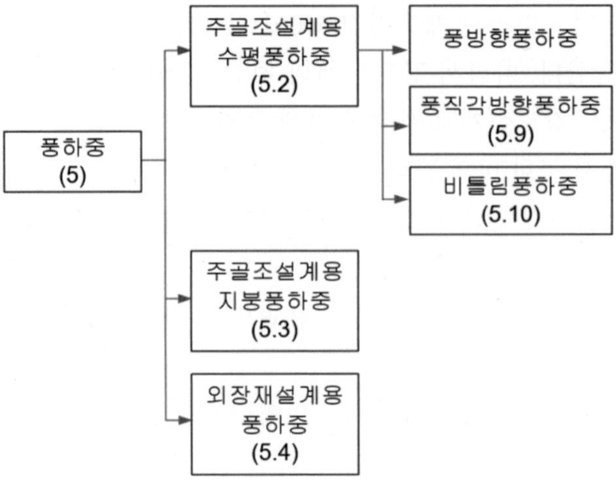

그림 7.3.2a 내풍설계에 사용되는 풍하중의 분류

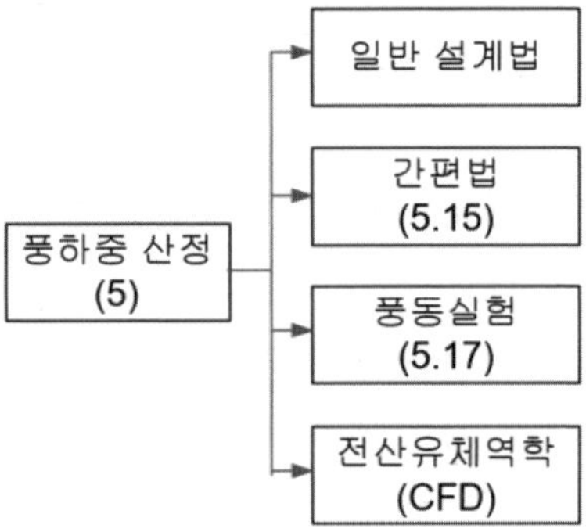

그림 7.3.2b 풍하중 산정법

(1) 특별풍하중

1) 바람의 직접적인 작용 또는 간접적인 작용을 받는 대상건축구조물 및 공작물에서 발생하는 현상이 매우 불규칙하고 복잡하여 풍하중을 평가하는 방법이 확립되어 있지 않기 때문에 풍동실험을 통하여 풍하중을 평가해야만 하는 경우

2) 다음의 각 조건에 해당하는 경우에는 바람으로 인하여 건축구조물에 발생하는 특수한 영향들을 고려하기 위해 풍동실험에 따라 주골조설계용 풍하중 및 외장재설계용 풍하중을 산정하여야 한다. 기본적으로 주골조설계용 풍하중은 풍력실험, 외장재설계용 풍하중은 풍압실험 결과를 이용하여 산정한다. 단, 신축 건축구조물과 형상, 규모 및 주변 환경이 유사하고 풍하중 효과에 대한 공인된 문헌이 있을 때에는 그것을 사용하여 풍하중을 산정할 수 있다.

· 풍진동의 영향을 고려해야 할 건축구조물
예) 풍직각방향진동과 비틀림진동: 풍형상비 $\frac{H}{\sqrt{BD}} \geq 3$ 또는 $\frac{H}{\sqrt{A_f}} \geq 3$

· 특수한 지붕골조

예) 장견간의 현수, 사장, 막 지붕 등

· 골바람효과가 발생하는 건설지점

· 인접효과가 우려되는 신축 건축구조물

· 외장재의 파손에 주의해야 할 건축구조물

· 특수한 형상의 건축구조물

(2) 주골조설계용 수평풍하중 W_D (N)

1) 밀폐형 건축구조물 및 부분개방형 건축구조물

$$W_D(z) = G_D q_H \left(C_{pe} - C_{pi}\right) A$$

2) 개방형 건축구조물

$$W_D(z) = k_z q_H G_D C_D A$$

여기서

A : 지상높이 z에서 풍향에 수직한 면에 투영된 건축구조물의 유효수압면적 (m^2)

C_D : 풍력계수

C_{pe}, C_{pi} : 풍상벽, 풍하벽 또는 측벽의 외압계수 및 내압계수

G_D : 풍방향가스트영향계수

k_z : 높이방향압력분포계수

q_H : 기준높이 H에 대한 설계속도압 (N/m^2)

$W_D(z)$: 주골조설계용 풍방향풍하중 (N)

(3) 주골조설계용 지붕풍하중 W_R (N)

1) 밀폐형 건축구조물 및 부분개방형 건축구조물

$$W_R = G_{pe} q_H \left(C_{pe} - C_{pi}\right) A_R$$

2) 독립지붕

$$W_R = q_H G_{pe} C_N A_R$$

여기서

A_R : 지붕보가 부담하는 부분의 유효수압면적 (m^2)

C_N : 독립지붕의 순압력계수

C_{pe}, C_{pi} : 외압계수 및 내압계수

G_{pe} : 지붕의 외압가스트영향계수

q_H : 기준높이 H에 대한 설계속도압 (N/m^2)

W_R : 주골조설계용 지붕풍하중 (N)

(4) 외장재설계용 풍하중 W_C (N)

1a) 기준높이 20m 이상 건축구조물: 정압인 외벽

$$W_C(z) = q_H\left(k_z\hat{C}_{pe} - \hat{C}_{pi}\right)A_C$$

1b) 기준높이 20m 이상 건축구조물: 부압인 외벽 및 지붕면

$$W_C = q_H\left(\hat{C}_{pe} - \hat{C}_{pi}\right)A_C$$

2) 기준높이 20m 미만 건축구조물

$$W_C = q_H\left(\hat{C}_{pe} - \hat{C}_{pi}\right)A_C$$

3) 독립지붕

$$W_{RC} = q_H\hat{C}_N A_C$$

여기서

A_C : 외장재 등의 유효수압면적 (m^2)

$\hat{C}_N$: 독립지붕의 피크순압력계수

$\hat{C}_{pe}, \hat{C}_{pi}$: 외장재설계용 피크외압계수 및 피크내압계수

q_H : 기준높이 H에 대한 설계속도압 (N/m^2)

W_C : 외장재설계용 풍하중 (N)

(5) 속도압 q_H (N/m^2)

기준높이 H에서의 속도압 q_H는 다음 식으로 산정한다.

$$q_H = \frac{1}{2}\rho V_H^2$$

여기서

ρ : 공기밀도로써 균일하게 1.225 kg/m^3로 한다.

q_H : 기준높이 H에 대한 설계속도압 (N/m^2)

V_H : 설계풍속 (m/sec)

(6) 가스트영향계수 G_D

1) 유연건축구조물 등의 주골조설계용

$$G_D = 1 + g_D\gamma_D\sqrt{B_D + \phi_D^2 R_D}$$

2) 강체건축구조물 등의 주골조설계용

$$G_D = 1 + 4\gamma_D\sqrt{B_D}$$

3) 래티스형 탑상건축구조물

$$G_D = 1 + g_D\frac{C_g'}{C_g}\phi_{Dt}\sqrt{1 + R_D}$$

4) 지붕의 외압가스트영향계수

$$G_{pe} = 1 + 4r_{pe}\sqrt{B_{pe}}$$

$$G_{pe} = 1 + g_{pe}r_{pe}\sqrt{B_{pe} + R_{pe}}$$

여기서

γ_D, γ_{pe} : 풍속변동계수 및 외압변동계수

B_D, B_{pe} : 비공진계수 및 지붕골조 비공진계수

g_D, g_{pe} : 풍방향피크팩터 및 지붕골조 피크팩터

R_D, R_{pe} : 공진계수 및 지붕골조 공진계수

(6-1) 강체구조물과 유연구조물

1) 강체구조물

바람과 구조물의 동적 상호작용에 의해 발생하는 부가적인 하중효과를 무시할 수 있는 안정된 구조물이다. 공진효과를 고려하지 않은 가스트영향계수를 사용하며 건축물의 형상비에 따라 구분된다.

2) 유연구조물

바람과 구조물의 동적 상호작용에 의하여 부가적인 하중이 발생하는 바람에 민감한 구조물이다. 동적 효과가 고려된 가스트영향계수를 사용해야 하며, 건축물의 형상비에 따라 구분된다.

3) 바람-구조물의 상호작용에 의한 동적 특성

정적 풍하중으로 고려할 수 있는 평균풍속과는 달리, 가스트(gust) 및 난류(turbulence)와 관련된 동적 풍하중은 급격히 또는 갑작스럽게 변하므로, 구조물에 천천히 가해지는 동일한 크기의 정적 풍하중보다 더 큰 영향을 미친다. 동적 풍하중에 의한 구조물의 동적 응답은 풍하중 및 구조물의 동적 특성에 따라 증폭되거나 감소될 수 있다. 따라서 동적 풍하중이 구조물의 동적 응답에 미치는 영향의 정도를 고려하여, 바람과 구조물의 동적상호작용을 고려해야 할 지를 판단한다.

(7) 주골조설계용 풍압계수, 풍력계수

1) 외압계수(밀폐형건축구조물, 아치지붕, 돔지붕, 필로티) C_{pe}

2) 내압계수(밀폐형건축구조물, 부분밀폐형건축구조물) C_{pi}

3) 풍력계수(원형단면을 가진 건축구조물, 독립지붕, 밀폐형독립벽체와 독립간판, 래티스형탑상건축구조물, 개방형간판과 래티스건축구조물, 굴뚝/탱크/옥상설비 및 이와 유사한 건축구조물, 지상에 설치한 펜스, 부재) C_D

(7-1) 벽면 풍압

바람에 의한 구조물 외장재(cladding)의 파손은 바람에 의한 구조물의 붕괴보다는 손실이 적을 수 있지만, 행인 등 구조물 주변 상황에 영향을 줄 수 있으므로, 건물 등의 내풍설계 시에 구조물 벽면에 작용하는 벽면 풍압(cladding wind pressure)에 주의를 기울여야 한다.

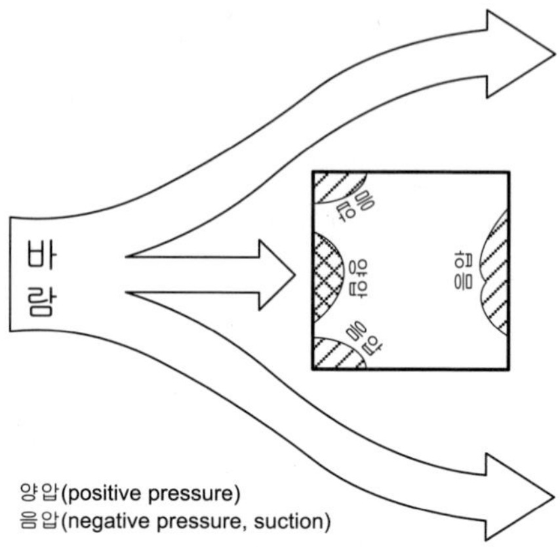

그림 7.3.2c 벽면 풍압

(8) 외장재설계용 피크풍압계수

1) 피크외압계수 $\hat{C}_{pe}$

2) 피크내압계수 $\hat{C}_{pi}$

3) 독립지붕의 피크순압력계수 $\hat{C}_N$

(9) 주골조설계용 풍직각방향풍하중 W_L (N)

$$W_L(z) = 3g_L C'_{M,L} q_H A\left(\frac{z}{H}\right)\sqrt{1+\phi_L^2 R_L}$$

여기서

ϕ_L : 풍직각방향 진동모드 보정계수

A : 지상높이 z에서 풍향에 수직한 면에 투영된 건축구조물의 유효수압면적 (m^2)

$C'_{M,L}$: 풍직각방향변동전도모멘트계수

g_L : 풍직각방향피크팩터

q_H : 기준높이 H에 대한 설계속도압 (N/m^2)

R_L : 풍직각방향변동전도모멘트의 공진계수

$W_L(z)$: 주골조설계용 풍직각방향풍하중 (N)

(10) 주골조설계용 비틀림풍하중 W_T (N)

$$W_T(z) = 1.8g_T C'_T q_H BA\left(\frac{z}{H}\right)\sqrt{1+\phi_T^2 R_T}$$

여기서

ϕ_T : 비틀림 진동모드 보정계수

A : 지상높이 z에서 풍향에 수직한 면에 투영된 건축구조물의 유효수압면적 (m^2)

C_T' : 변동비틀림모멘트계수

g_T : 비틀림모멘트피크팩터

q_H : 기준높이 H에 대한 설계속도압 (N/m^2)

R_T : 비틀림진동의 공진계수

$W_T(z)$: 주골조설계용 비틀림풍하중 (N)

(11) 와류진동 풍하중 W_r (N)

세장한 건축구조물이나 부재에 발생하는 풍직각방향의 와류진동에 의한 풍하중을 산정할 때 적용한다.

1) 원형평면인 건축구조물의 와류진동 풍하중

$$W_r(z) = 0.8V_r^2 C_r \frac{z}{H} A$$

2) 원형단면인 부재의 와류진동 풍하중

$$W_r = (2\pi n_L)^2 \sin\left(\frac{\pi x}{L}\right) \frac{M}{L} \frac{0.26V_r^*}{0.75S_C^{1.1}+0.36V_r^*} A$$

여기서

V_r : 공진풍속 (m/sec)

W_r : 와류진동 풍하중 (N)

(12) 건축구조물 부속물 및 기타 구조물의 풍하중 (N)

1) 밀폐형독립벽체 및 밀폐형독립간판

$$W_D = q_z G_D C_D A$$

2) 옥상건축구조물 및 옥상설치물

$$W_H = q_H (GC_r) A$$

$$W_V = q_H (GC_r) A_H$$

3) 부착간판

외장재설계용 풍하중 의 산정절차를 따른다.

4) 파라펫

$$W_D = q_P (GC_{pn}) A_p$$

5) 래티스형탑상건축구조물

$$W_D = q_z G_D C_D A_F$$

6) 기타건축구조물(개방형간판과 래티스건축구조물, 굴뚝, 탱크, 펜스)

$$W_D = q_h G_D C_D A$$

7) 설계용 최소풍하중

기타구조물(개방형간판, 래티스구조물, 굴뚝, 탱크)에 대한 설계용 최소풍하중은 $650\ \mathrm{N/m^2}\ \times A$ 이상이어야 한다. 여기서, A는 유효수압면적이다.

(13) 풍하중의 조합

주골조설계용 수평풍하중을 조합하여 지붕풍하중과 동시에 작용시킨다.

1) 강도설계법 또는 한계상태설계법

$$1.2D + 1.6(L_r \text{ 또는 } S \text{ 또는 } R) + (1.0L \text{ 또는 } 0.5W)$$

$$1.2D + 1.0W + 1.0L + 0.5(L_r \text{ 또는 } S \text{ 또는 } R)$$

$$0.9D + 1.0W$$

2) 허용응력설계법

$$D + F + (0.65W \text{ 또는 } 0.7E)$$

$$D + F + 0.75(0.65W \text{ 또는 } 0.7E) + 0.75L + 0.75(L_r \text{ 또는 } S \text{ 또는 } R)$$

$$0.6D + 0.65W$$

여기서 L_r: 지붕활하중, S: 적설하중, R: 강우하중, F: 유체압

(14) 사용성 검토

사용성 검토는 사용성한계상태설계를 대상으로 한다 (참조: 성능기반 내풍설계).

(15) 간편법에 따른 풍하중

작은 규모의 건축구조물을 대상으로 간편한 풍하중을 산정할 때 적용한다

7.3.4 풍환경의 검토

빌딩풍에 대하여 신축 건축구조물의 거주자, 주변 건축구조물의 이용자, 주변 도로 이용자의 안전을 확보하고 이들의 생활에 장애가 발생하지 않도록 해야 한다. 다음 조건에 해당하는 건축구조물을 신축할 경우에는 높은 건축구조물의 벽면에 부딪친 바람이 건축구조물의 하부로 급격히 하강하면서 생기는 빌딩풍에 의한 풍환경의 악화를 검토해야한다.

1) 50 층 이상 또는 200 m 이상인 신축 건축구조물을 건설할 경우

2) 16층 이상이면서 연면적 $100{,}000\ \mathrm{m^2}$ 이상(하나의 대지에 둘 이상의 건축구조물을 건축

하는 경우에는 각각 건축구조물의 연면적을 말함)인 신축 건축구조물을 건설할 경우
3) 형상비 $H/\sqrt{BD}$가 3이상인 신축 건축구조물을 6개동 이상 집단으로 건설할 경우

빌딩풍으로 인한 풍환경 악화는 다음 2가지 형태를 검토 대상으로 한다.
1) 신축 건축구조물의 택지 내 및 주변 지표 부근에서 발생하는 빌딩풍에 의한 풍환경의 악화
2) 신축 건축구조물의 통로, 발코니 등 신축 건축구조물의 거주자가 이용하는 외부공간에서 발생하는 빌딩풍에 의한 풍환경의 악화

풍환경 평가는 '풍동실험' 중 풍환경실험을 실시하여 수행한다.

7.3.5 풍동실험

(1) 개요

구조물의 내풍설계에 있어서 우선적으로 판단해야 할 것은 구조물의 동적 거동의 발생 가능성이다. 동적 내풍설계를 위한 주요 구조물의 거동 예측방법으로는 1) 수학적 모델을 사용하여 예측하는 CFD(computational fluid dynamics; 전산유체역학), 2) 기존 연구에서 제안된 추정식에 의한 방법 등이 있다. 그러나 공기력에 대한 바람-구조물의 상호작용 메커니즘에 매우 복잡하여 해석적 또는 경험적 방법으로 정량적으로 규정하기 어려운 구조물에 대해서는 3) 축소모형을 사용한 풍동실험(wind tunnel test, 風洞實驗)으로 구조물의 응답을 예측하는 방법을 사용하여야 한다.

초고층 건물, 대형 공항관제탑 등 바람에 민감한 건축구조물은 풍하중기준에 제시되어 있는 일반적인 등가정적풍하중 평가방법에 따라 풍하중을 평가하기가 어렵다. 따라서 건축구조기준(KDS 41 10 15 : 2021 설계하중)에서는 1) 세장하고 유연한 건축물, 2) 인접건축물에서 발생하는 후류버펫팅 또는 와류방출(또는 와방출) 영역에 위치하여 풍하중이 증가될 경우가 있는 건축물, 3) 비정형성이 큰 건축물 등과 같은 조건을 가진 건축물인 경우에는 풍하중기준에서 풍동실험을 실시하여 풍하중을 평가하도록 규정하고 있다.

1) 주경간 길이가 200m이상인 장대 특수교량이나 2) 주경간 길이와 폭(또는 높이)의 비율이 30을 넘는 교량이나 부재는 일반 교량에 비해 상대적으로 구조 감쇠가 작고 고유진동수가 작기 때문에 바람에 의한 진동이 발생하기 쉽다. 따라서 교량 설계하중(KDS 24 12 21 : 2021)에서는 이러한 장대 특수교량이나 세장 구조부재는 정적설계 결과에 대하여, 동적해석과 풍동실험을 통하여 가설단계를 포함한 풍하중의 동적효과에 대한 제반 공기역학적 안정성을 검토하도록 하고 있다.

풍동실험은 일반적으로 축소모형을 사용하여 구조물의 1) 풍압, 2) 풍하중 및 3) 풍응답

을 평가할 때 수행한다. 따라서 풍동실험에서는 1) 수행된 모형에 의한 실험결과가 실제 현상에 어느 정도 일치하는지, 2) 실제 현상을 재현하기 위해 모형 및 기류를 어떻게 조절해야 하는지의 문제는 매우 중요하다. 이러한 실제 현상과 풍동실험을 연관 짓는 관계를 '상사조건(similarity condition)'이라 한다.

일반적으로 실제 구조물과 모형의 상사는 기하학적 상사, 동적 특성의 상사뿐만 아니라, 실제 바람과 풍동 기류의 상사, 바람-구조물의 상호작용에 대한 상사 등도 중요하다. 그러나 난류실험뿐만 아니라 등류실험에서도 모든 상사조건을 만족시킨다는 것은 현실적으로 불가능한 경우가 많으며, 보다 정확한 공기 역학적 거동의 추정을 위해서는 모형제작방법, 실험방법 등의 개선을 통해 가능한 많은 상사조건을 일치시켜야 한다.

(a) 건축물(6개동, 높이 155.1m)

(b) 교량(3경간현수교, 주경간장: 840m, 사다리꼴 강박스 거더)

(c) 항만(대지형 풍환경, 반경 10.6km)

그림 7.3.5a 풍동실험 (자료: ㈜티이솔루션 제공)

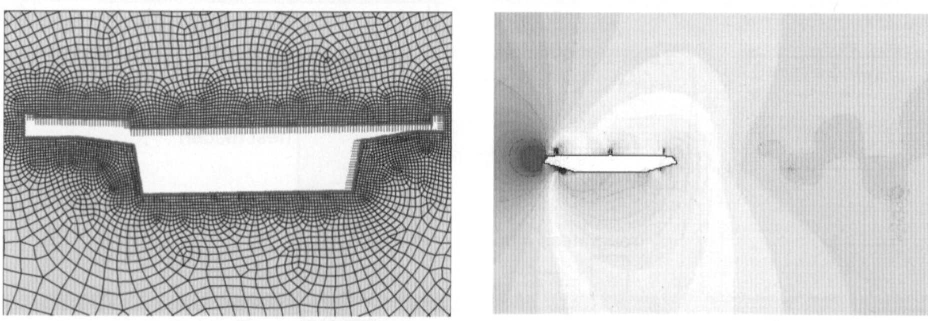

그림 7.3.5b 수치해석(CFD)

(2) 풍동실험의 종류

풍하중을 평가하기 위한 풍동실험의 종류에는 풍력실험, 풍압실험, 공기력진동실험이 있고 각각 다음의 목적을 위하여 수행한다.

1) 풍력실험은 주골조설계용 풍응답 및 풍하중을 평가할 경우
2) 풍압실험은 외장재설계용 풍하중 또는 주골조설계용 풍응답과 풍하중을 평가할 경우
3) 공기력진동실험은 주골조의 풍진동으로 인한 부가적인 공기력의 효과를 반영한 풍응답과 풍하중을 평가할 경우

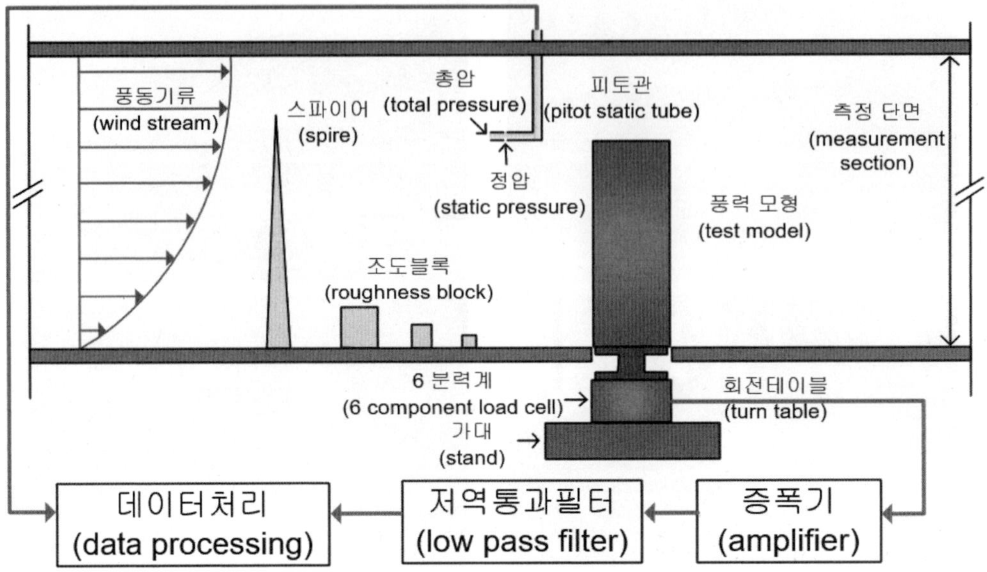

그림 7.3.5c 풍력실험 측정시스템 개념도

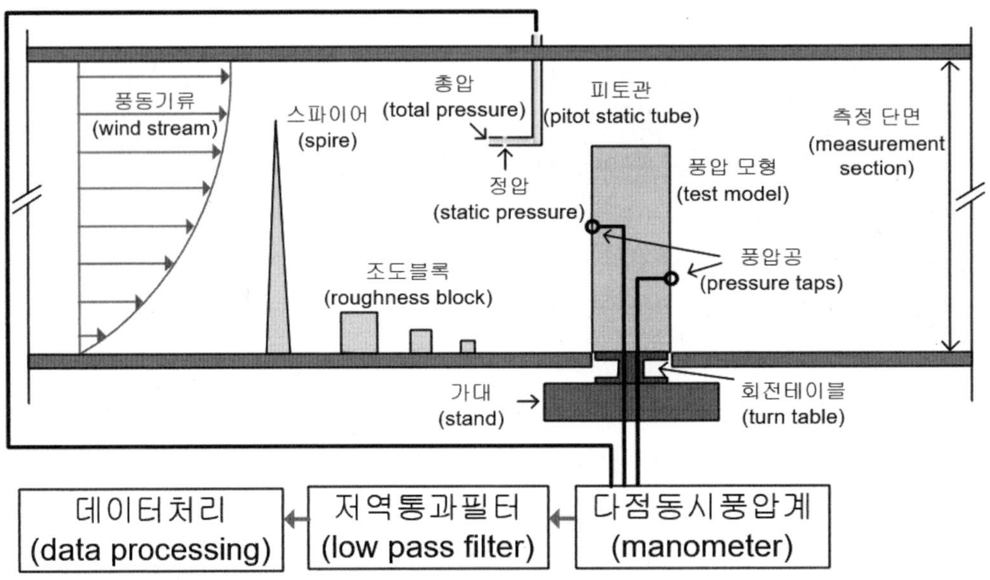

그림 7.3.5d 풍압실험 측정시스템 개념도

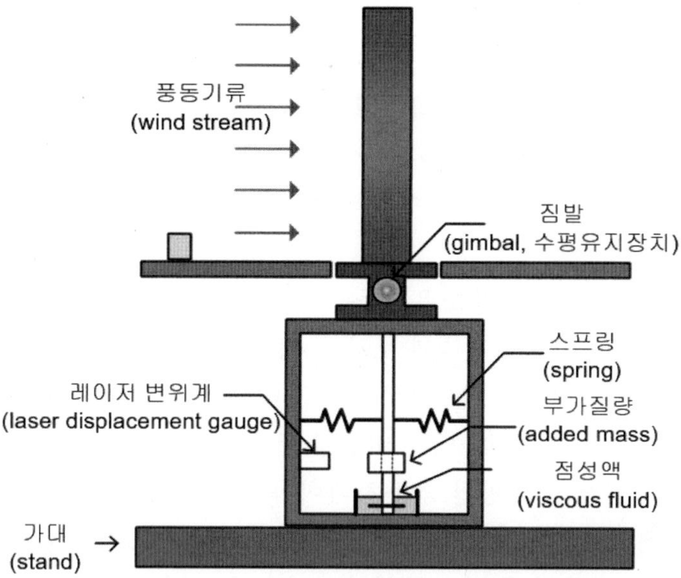

그림 7.3.5e 공기력진동실험 측정시스템 개념도

7.3.6 내풍대책

선정된 구조물의 형식이 내풍설계에 있어 문제가 발생할 수 있는 경우, 내풍안정성의 향상을 위한 내풍대책을 강구하여야 한다. 일반적으로 내풍대책이란 바람에 의해 발생하는 구조물의 진동에 대한 구조상의 검토나 부가적 장치에 의한 제진대책을 일컫는 경우가 대부분이나, 구조물에 작용하는 정적 공기력(풍하중)의 경감을 도모하는 등의 정적 거동에 대한 대책도 포함되어야 한다.

• 정적 거동에 대한 내풍대책

정적 거동에 대한 내풍대책으로는 1) 구조물의 강성을 증가시키는 방법과 2) 단면에 작용하는 풍하중을 저감시키는 방법을 들 수 있다. 풍하중을 저감시키는 방법으로는 1) 단면의 수풍면적(受風面積)을 작게 하는 방법과 2) 공기력 계수가 작은 단면을 채택하는 방법 등이 있다.

• 동적 거동에 대한 내풍대책

바람에 의한 구조물의 동적 안정성 확보를 위한 대책으로는 1) 진동발생을 억제하는 방법, 2) 진동의 진폭을 감소시키는 방법, 3) 유해 진동의 발생풍속을 설계풍속이상으로 높이는 방법으로 대별할 수 있다. 이 방법은 1) 구조역학적 방법과 2) 공기역학적 방법으로 구분할 수 있다.

(1) 구조역학적 방법 (mechanical method)

구조물의 질량, 강성, 감쇠의 증가를 들 수 있다.

1) 구조물의 질량 증가는 와류진동 등의 진폭을 감소시키며, 갤로핑의 발생풍속을 증가시킨다. 그러나 고정하중이 증가하여 구조물에 부담이 커지며, 고유진동수가 작아져 진동의 발생풍속증가에 도움을 주지 않을 수도 있으므로 관련된 다른 사항에 대한 검토가 필요하다.

2) 구조물의 강성 증가는 구조물의 고유진동수를 크게 하여, 와류진동 및 플러터의 발생풍속을 증가시킨다. 구조물의 재료변경과 보강부재를 사용하여 구조물의 강성을 증가시킬 수 있으나, 강성 증가에는 한계가 있으므로 현저한 내풍 안정성의 향상을 기대하기 어렵다.

3) 구조물의 감쇠 증가는 와류진동이나 버펫팅 진폭의 감소, 플러터의 발생풍속의 증가를 도모할 수 있는 확실한 제진 방법 중에 하나이다. 구조물에 적절한 감쇠장치를 부가하여, 기본 구조의 변경없이 제진효과를 얻을 수 있다는 점에서 구조역학적 방법으로 많이 사용되며, 제진방법으로는 수동 및 능동제어를 사용할 수 있다.

(2) 공기역학적 방법 (aerodynamic method)

구조물의 단면을 변화시켜 작용 공기력의 성질 또는 구조물 주위의 기류 흐름양상을 바꾸어 유해한 진동이 발생되지 않도록 하는 방법이다. 일반적으로 뭉뚝한(bluff ↔ 유선형) 단면이 사용되는 경우, 기류의 박리가 발생할 수 있으므로, 박리를 제어함으로써 제진을 도모하는 방법이 많이 사용된다.

1) 구조물의 단면에 보조 부재를 부착하여 박리 발생을 억제할 수 있다. 기류의 박리를 억제하기 위한 부착물로는 fairing(유선형 구조), deflector(전향장치), spoiler(방해장치), flap(덮개) 등이 사용된다. 참고로 이러한 부착물에 대한 내풍안정성 향상 효과는 단면형상에 따라 다르므로, 풍동실험 등을 통한 충분한 고찰이 필요하다.

2) 기류의 박리억제가 어렵거나, fairing 등에 의한 효과를 기대할 수 없는 경우, 단면의 중앙부에 baffle plate(차단 칸막이)라 하는 수직판을 설치하여 박리버블의 생성을 방해하여, 양면의 압력차에 의한 비틀림 진동의 발생을 억제할 수 있다.

3) 기타 방법으로는 현수교의 트러스 보강형 등에 있어서, 바닥판에 grating(격자판)과 같은 개구부를 설치하면, 양면의 압력차가 작아지게 되어, 합성플러터나 비틀림플러터에 대한 안정성을 향상시킬 수 있다.

와류 진동에 대한 제진 대책으로는 단면(또는 주형)의 양단부에 삼각형이나 원호모양의 페어링(fairing)이나 플랩(flap)을 설치하여, 단면주위의 흐름의 박리를 완만하게 하여 와류생성을 가능한 억제하는 공기력 대책과 구조감쇠나 질량, 강성 등을 부가하는 구조역학적 대책이 있다.

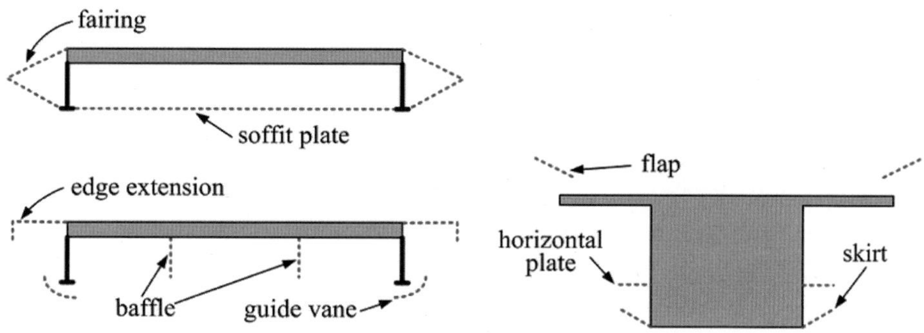

그림 7.2.4e 교량 단면의 공기역학적 대책 (출처: Lee & Kwon, 2015)

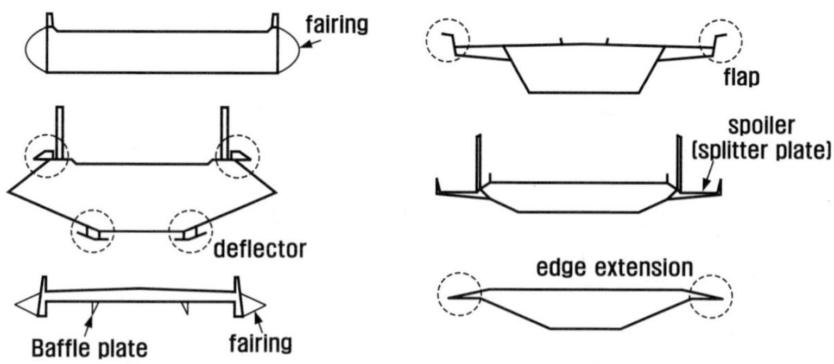

그림 7.3.3a 교량 단면의 공기역학적 내풍대책

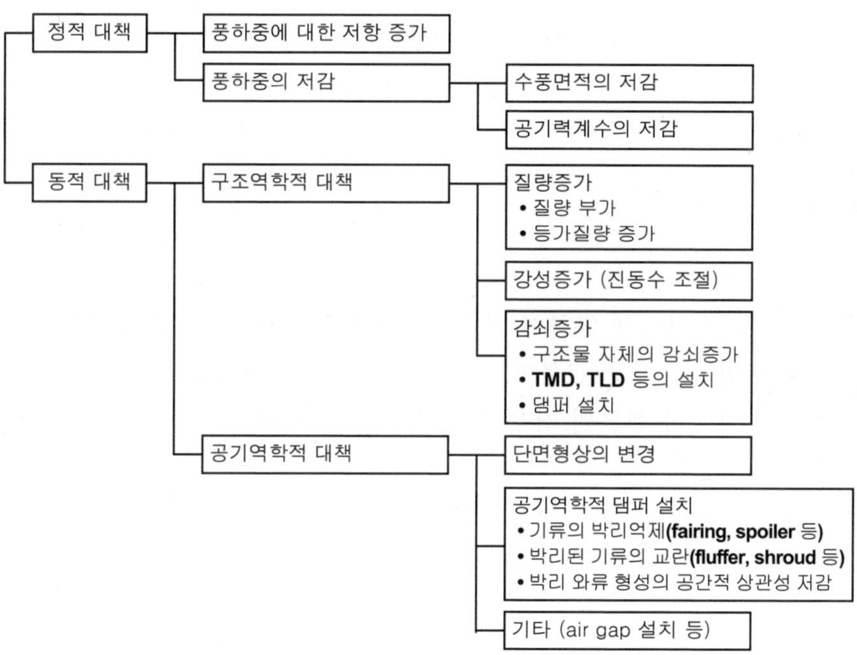

그림 7.3.3b 내풍대책의 분류

이야기: 지진응답스펙트럼과 풍속파워스펙트럼(Wind Power Spectrum)의 차이

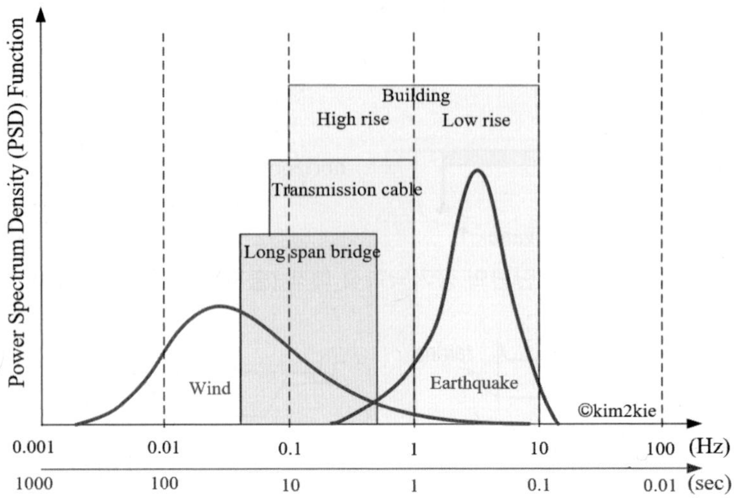

이야기: 바람에 의한 건물들간의 상호간섭

이미 지어진 건물 주위에 새로운 건물이 들어섬으로써 기존 건물이 풍공학적으로 영향을 받을 수 있다고 생각함. 이런 경우 해결책? (출처: MIDAS 전문가 칼럼 홍성일 박사의 답변 요약)

이미 주어진 건물 인근에 새로운 건물이 들어서게 되면 상호간섭효과(interference effect)에 의하여 풍향과 건물 배치상태에 따라 풍하중이 감소되기도 하고 증가되기도 한다. 실제로 새로운 건물이 들어서서 기존 건물이 피해를 입게 되는 경우가 많이 있다. 접근 기류의 속도가 빠를수록, 그리고 앞쪽 건물의 높이와 폭이 커질수록 건물 옆으로 휘감아 흘러가는 공기량이 증가하므로, 뒤쪽 건물에 끼치는 상호간섭효과는 앞쪽 건물의 규모, 접근 바람의 속도와 비례하여 커지게 된다.

새로이 들어서는 건물에 의하여 기존 건물에 영향을 줄 가능성이 있는 경우, 새로이 들어서게 될 건물은 반드시 주변 건물에 풍하중을 크게 증가시키지 않도록 공기역학적 설계를 반영하여야 한다. 그러나 건물의 경우 비행기, 자동차와 같은 특정 방향만을 고려하는 것도 아니고, 설계자의 의도와 건물의 기능 등을 생각해보면 실제로는 어려운 문제이다.

풍상측 건물의 형태와 위치, 그리고 주변 지형지물의 형상 등에 의하여 복잡하게 변하기 때문에, 상호간섭효과를 예측하기란 매우 어렵다. 최선의 방법은, 새로이 들어서게 될 건물에 의하여 주변 건물이 받게 되는 풍하중의 증감에 대하여 풍동실험을 통하여 확인한 후 기존 건물의 설계풍하중과 비교하는 것이다.

풍동실험결과 기존 건물의 설계 시 고려했던 풍하중보다 작으면 다행이지만, 만일 새로운 건물에 의하여 주변 건물에 심각한 영향을 끼치게 된다면 신축 건물의 외형을 바꾸어야 한다. 예를 들면 건물 중간에 커다란 개구부를 뚫어 접근 기류의 일부를 개구부를 통하여 흘러가도록 유도하여 주변 건물에 영향을 끼치는 기류의 양을 줄이는 방법도 생각해 볼 수 있다.

연습문제: 제7장 바람진동

7.2 구조물의 진동

- 7.2.2 플러터(토목구조기술사, 2011)
  버펫팅(Buffeting) 및 플러터(Flutter)에 대하여 설명하라.

- 7.2.3 거스트 응답(토목구조기술사, 2011)
  교량의 내풍설계에 대해 다음을 답하라.
  1) 정적설계풍하중 산정 시 거스트계수(gust factor, G)를 설명하라.
  2) 지진응답스펙트럼(Earthquake Response Spectrum)과 풍속파워스펙트럼(Wind Power Spectrum)의 차이를 설명하고, 풍속파워스펙트럼을 이용한 거스트계수(G) 산정방법을 설명하라.

- 7.2.5 풍우진동(토목구조기술사, 2010)
  사장교 케이블에서 발생하는 진동현상과 제진대책에 대해서 설명하고, 아래 교량 케이블의 풍우진동에 대한 안정성을 검토하라. (단, 그림에서 치수 단위는 m, 케이블의 구조감쇠비 $\xi = 0.24 - 6 \times 10^{-4}L(\%)$, L은 케이블 길이(m), 공기밀도 $\rho = 1.225\text{kg/m}^3$)

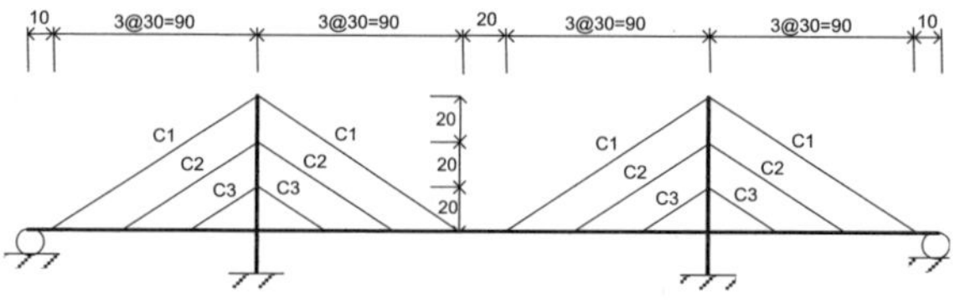

7.3 내풍설계

- 7.3.1 내풍설계(건축구조기술사, 2011)
  어떤 지역의 기본 풍속이 30m/sec일 때, 그 지역의 지면조도에 따라 풍속이 변한다. 이에 지표면조도 A, B, C, D 지역의 높이 30m에서의 풍속을 구하라. (단, 풍속고도 분포계수(K_{zr})로 구하지 말고, 풍속고도 분포지수, 기준 경도풍 높이를 이용하여 지수법칙에 의해 산출할 것)

- 7.3.1 내풍설계(건축구조기술사, 2014)
  건축구조물을 설계할 때 건축물에 작용하는 공기의 흐름 그 자체를 해석적으로 추정할 수 없기 때문에 바람의 영향을 강하게 받기 쉬운 구조물은 풍동실험을 해야 한다. 풍동실험 구조물의 대상과 특히 풍진동의 영향을 고려해야 할 건축물에 대해 설명하라.

- 7.3.3 풍하중
  다음과 같은 설계제원을 갖는 물류창고가 있다.

> - 재현기간 500년 기본풍속 V_0: 42 m/s
> - 지표면조도구분(노풍도): B
> - 지형: 평탄지
> - 구조 형식: 강구조
> - 지붕 경사: $\theta = \tan^{-1}\frac{10-9}{\frac{40}{2}} = 2.86°$
> - 지붕골조의 감쇠비: 0.02
> - 구조물의 고유진동수: 3.3 Hz (X축 및 Y축)
> - 40 m 경간 트러스보 지붕의 고유진동수: 2.85 Hz

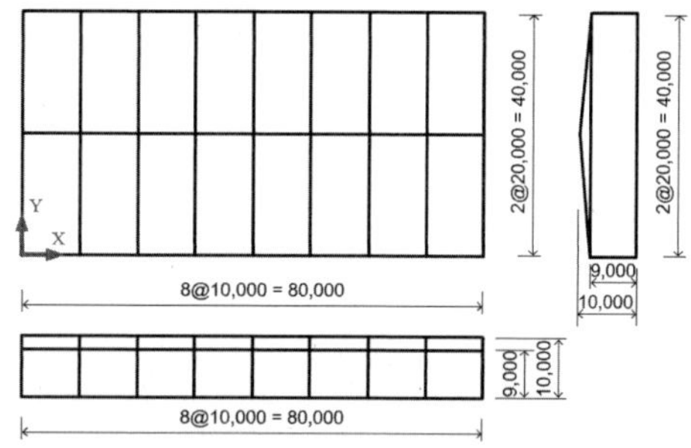

다음 사항을 검토하라.
(1) 밀폐형건축구조물로서 설계용 재현기간이 500년 일 때, 특별풍하중에 해당하는지 여부
(2) 설계풍속(V_H)
(3) 설계속도압(q_H)
(4) 주골조설계용 풍하중
  1) 풍방향 풍하중
  2) 풍직각방향 풍하중
(5) 주골조설계용 지붕풍하중
  1) 풍방향 풍하중
  2) 풍직각방향 풍하중
(6) 외장재용 풍하중

제8장 파랑진동

제8장

파랑진동

8.1 파랑하중

8.1.1 개요

파랑하중은 해양구조물의 안정성 해석에 중요하다. 에펠탑(300m, 1889), 엠파이어스테이트빌딩(381m, 1931), 시어스타워(443m, 1970), CN타워(553m, 1973) 등 많은 거대구조물이 지상(onshore)에 건설되었다. 그러나 해양(offshore)에도 거대구조물이 존재하며 이들을 '해양구조물(offshore structure)'이라 한다.

해양구조물에 작용하는 설계외력으로는 파랑하중(파력), 바람하중(풍력), 조류하중(조력), 지진하중(지진력) 등이 있다.

(1) 바람하중은 수면 위 대기에 노출된 해양구조물의 부분에 작용하므로 구조물에 작용하는 모멘트가 커지며, 특히 예인 중인 해양구조물의 안정성 해석에 중요하다. 일반적으로 운영 중인 해양구조물의 경우, 설계풍속은 (70 knots 또는 130 km/hr 이상으로) 크지만, 공기 밀도(1.2 kg/m^3)가 물 밀도(1,000 kg/m^3)에 비하여 매우 작으므로(즉, 1/850 정도이므로) 크기가 파랑하중보다 작다.

(2) 조류하중은 조류에 기인하는 항력을 말하며, 조류의 속도가 (보통 2 ~ 3 knots 또는 3.7 ~ 5.6 km/hr 정도로) 작아 자유표면 근처의 절점에 응력집중으로 인한 피로파괴 등을 제외하고는 설계외력에서 무시할 수 있다.

(3) 지진하중은 지진으로 나타나는 해저 지반의 가속운동에 의해 고정구조물의 경우에는 관성력이 외력으로 작용하고, 부유구조물에는 유체의 동압이 작용한다. 일반적으로 지진대가 아닌 지역 또는 수심이 100m이상인 해역에서는 지진하중은 파랑하중보다 작다.

(4) 따라서 보통의 해양구조물의 설계조건에서는 외력 중에서 파랑하중이 제일 크게 작용하며 이를 정확하게 추정하는 것이 해양구조물의 설계를 위한 주요 인자이다(최항순, 1981).

파랑하중을 추정하기 위해서는 우선 대상해역에 대한 장기적인 파랑자료를 측정, 수집하여 이를 통계적으로 처리하여야 한다. 이러한 자료를 근거로 파랑하중을 계산하는 방법은 다음과 같다.

(1) 설계파 방법(design wave method): 재현주기 50년 또는 100년에 해당하는 설계파고를 택하여 파랑하중이 최대치가 되는 위상에서 이를 계산하는 방법이다. 특정파고 및 특정주기를 갖는 파랑에 대해 파랑하중을 계산한다.

(2) 파에너지 스펙트럼밀도 방법(wave-energy spectral density method): 어느 일정한 해상상태(sea state)를 기준으로 파랑하중의 확률적 분포를 구하고 이를 이용하여 통계적 방법으로 설계조건을 결정하는 방법이다. 다수의 주기에 대하여 각 주기에 대해 파랑하중을 계산한다.

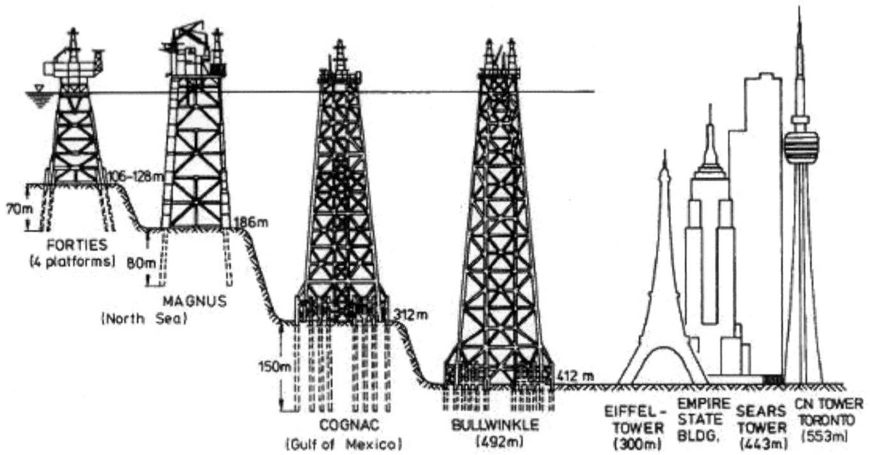

그림 8.1.1a 해양구조물과 지상구조물의 비교(출처: SynClaire)

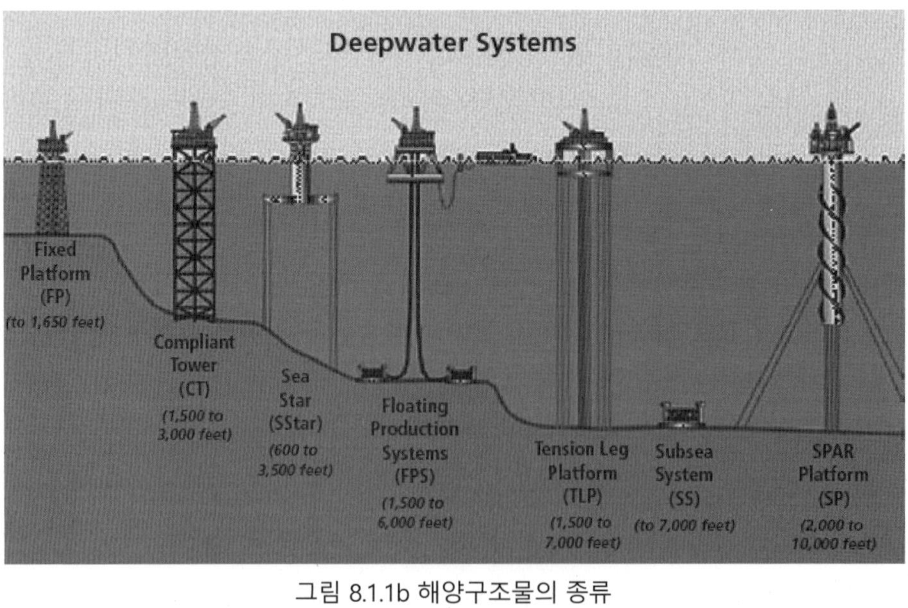

그림 8.1.1b 해양구조물의 종류

(출처: U.S. Minerals Management Service, Gulf of Mexico Region, Offshore Information, October 1999)

8.1.2 용어

• 해안, 해양, 연안

(1) 바다와 육지가 접하는 육지 부분을 해안(海岸, shore)이라 한다.

(2) 지구표면의 약 70%를 차지하는 넓고 큰 바다를 해양(海洋, ocean)이라 한다.

(3) 바다, 호수, 하천 등과 접해 있는 육지 부분을 연안(沿岸)이라 하며, 각각 구분하여 해안(海岸), 호안(湖岸), 하안(河岸)이라고도 한다.

• 파랑, 파장, 파고, 파속

일반적으로 파랑을 물입자의 이동이라고 생각하는 경우가 많다. 그러나 파랑이 치는 물 위에 떠 있는 부표(buoy)의 경우를 보면, 부표는 파랑의 진행방향과 상하방향으로 어느 한정된 범위 내에서 움직일 뿐, 파랑이 지나가도 부표는 원위치에 그대로 남아 있다. 즉, 파랑이란 물입자의 한정된 범위 내의 궤도 운동으로, 물입자가 직접 진행하는 것이 아니고, 물입자를 통한 에너지의 전파이다.

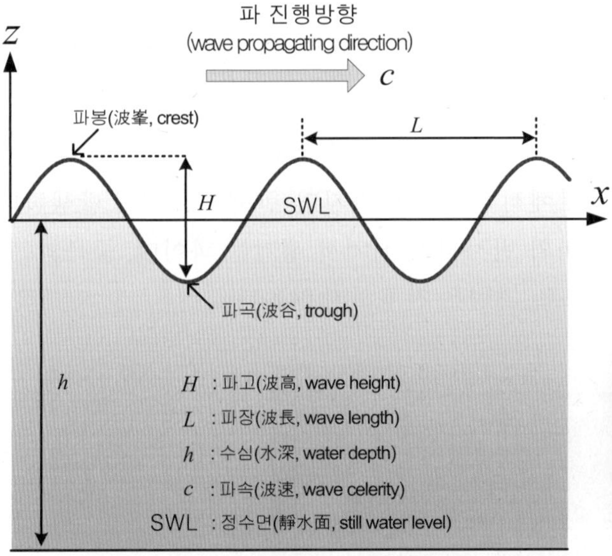

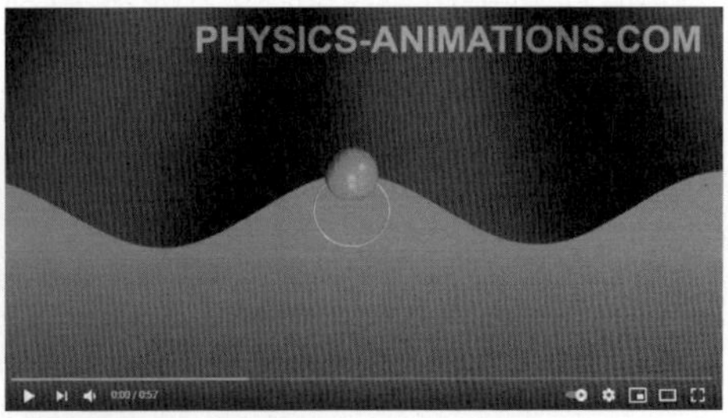

그림 8.1.2a 파랑의 정의 (우측 동영상 출처: Waves on the surface of water) [YouTube]

• 심해파 vs 천해파 vs 장파

(1) 심해파(deep water wave)는 $\frac{h}{L} \geq \frac{1}{2}$인 수심이 깊은 바다에서의 파랑을 말한다. 해면을 따라 전달되므로 표면파(surface wave)라고도 한다. 물입자는 해면에서 파고를 지름으로 원운동을 하고, 수심이 깊어질수록 점차 운동하는 원의 크기가 급감하여, 해저의 영향을 받지 않는다.

(2) 천해파(shallow water wave)는 $\frac{1}{20} \leq \frac{h}{L} < \frac{1}{2}$인 파랑을 말한다. 천해파의 물입자의 운동은 해

저 마찰의 영향을 받아 그 궤도는 타원형이며, 해면에서의 타원형 궤적은 해저로 갈수록 평평한 궤적으로 된다.

(3) 장파(극천해파, long water wave)는 $\frac{h}{L} < \frac{1}{20}$인 수심이 매우 낮은 파랑을 말한다.

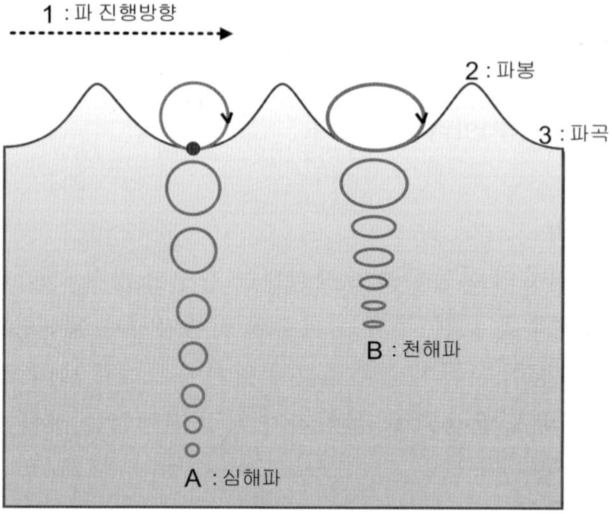

그림 8.1.2b 심해파와 천해파

• 진행파 vs 중복파(정상파)

(1) 진행파(progressive wave)는 공간 내에서 임의의 방향으로 일정하게 진행하는 파이다. 보통 해면의 파는 진행파이며, 진행하는 경로에서 매질이 달라지면, 반사와 굴절이 발생한다.

(2) 중복파(정상파, standing wave)는 진행파와 반사파가 겹쳐서 생기는 파이며, 중복파는 파봉과 파곡이 동일한 일치에서 발생하므로, 파형은 진행하지 않는다.

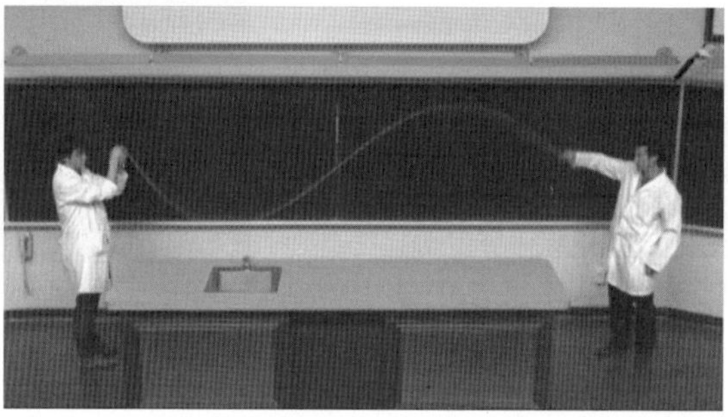

그림 8.1.2c 진행파와 정상파(출처: UCLA Physics) [YouTube]

• 불규칙파 vs 규칙파

(1) 실제 바다의 파랑은 그 파형이 일정하지 않고, 시시각각 변한다. 이처럼 파고, 주기, 진행방향이 모두 일정하지 않고, 시시각각으로 변화하는 파랑을 불규칙파(irregular wave)라 한다.

(2) 불규칙파는 그 특성을 이해하기 어렵고 이론적으로 다루기가 어려우므로, 파고와 주기가 일정하고, 일정한 방향으로 전파하는 규칙적인 파형을 취급하며 이와 같은 파랑을 규칙파(regular wave)라 한다.

• 미소진폭파(선형파이론) vs 유한진폭파(비선형파이론)

규칙파를 이론적으로 취급할 때, 파고가 수심에 비하여 매우 작거나, 파형경사(wave steepness, H/L)가 매우 작은 파랑을 미소진폭파(small amplitude wave)라 하고, 그렇지 않은 파랑을 유한진폭파(finite amplitude wave)라 한다. 미소진폭파로 취급하면 운동방정식이 선형화되므로 해석이 쉬우나, 유한진폭파에서는 비선형항이 들어가므로 해석이 복잡하다.

(1) 실제 파랑의 거동은 매우 복잡하지만, 많은 가정을 사용하여 이 거동을 단순화한 미소진폭파이론을 사용하면, 실제로 관측되는 많은 파랑 거동들을 설명할 수 있다. 미소진폭파 이론은 운동방정식과 경계조건의 선형방정식이므로, '선형파이론(linear wave theory, LWT)'이라고도 한다. 미소진폭파는 수면변동의 진폭이 수심에 비해 매우 작고, 즉, 상대파고(relative wave height) $\frac{H}{h} \ll 1$이라 가정하여 그 이론이 유도된 것으로, 수면은 전파하는 파랑 관련 이론의 기초가 된다.

(2) 해안을 향하여 파랑이 진행할 때, 수심이 얕아지고, 상대파고 $\frac{H}{h} \ll 1$의 조건이 만족되지 못하면, 미소진폭파이론에서 무시된 비선형 파고의 영향을 고려하는 것이 필요하다. 이 경우 유한진폭파이론을 사용하며 이 이론은 비선형파이론(nonlinear wave theory, NWT) 이라고도 한다. 이 이론은 조립방식에 따라 스토크스파(Stokes wave), 크노이드파(cnoidal wave), 고립파(solitary wave), 트로코이드파(trochoidal wave) 이론 등이 있다. 많은 해안구조물 설계에서 문제가 되는 파고는 비선형 범위에 있으므로, 구조물에 대한 파력의 계산은 정확한 유한진폭파이론을 필요로 한다.

중요한 매개변수는 수심(h)에 따라 달라지며, 심해에서는 파장(L) 및 파형경사(H/L)이고, 천해에서는 수심(h) 및 상대파고(H/h)이다.

8.1.3 미소진폭파이론(선형파이론)

• 라플라스방정식(Laplace equation)

비압축성(incompressible) 비회전(irrotational) 유체를 가정할 경우, 유체의 속도포텐셜(velocity potential, ϕ)은 다음 라플라스방정식을 만족한다.

$$\nabla^2\phi = 0$$

여기서 물입자의 2차원 운동을 가정할 경우, 물입자의 x, z방향 속도 u, w를 속도포텐셜을 사용하여 나타내면

$$(u, w) = \left(\frac{\partial \phi}{\partial x}, \frac{\partial \phi}{\partial z}\right)$$

이고, 이 경우 라플라스방정식은 다음과 같다.

$$\frac{\partial^2 \phi}{\partial x^2} + \frac{\partial^2 \phi}{\partial z^2} = 0$$

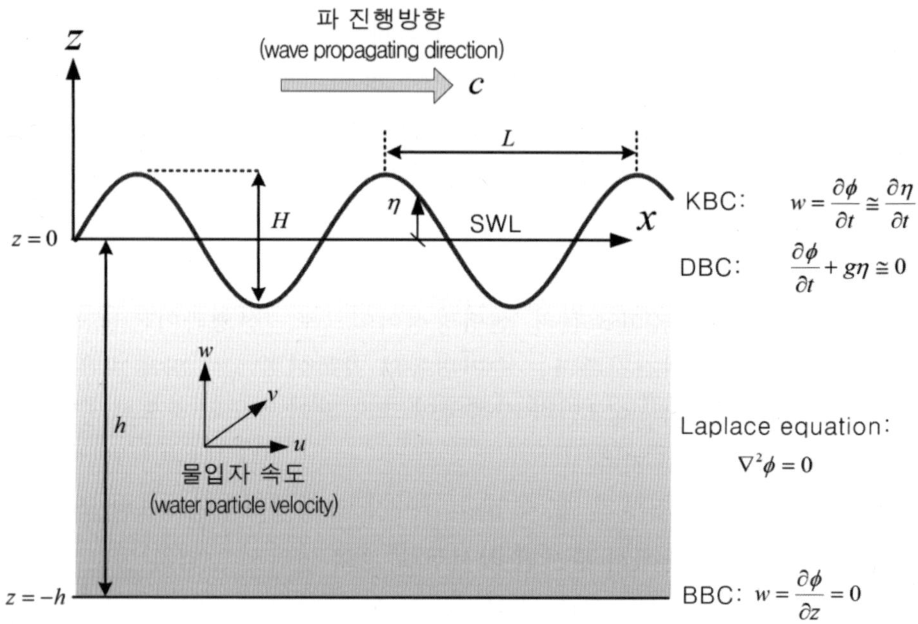

그림 8.1.3a 미소진폭파이론(선형파이론)

• 경계조건

(1) 바닥면 경계조건(bottom boundary condition, BBC)

수평 강체 바닥면을 투과하는 흐름은 없다. 즉, 바닥면에서 z방향 유속($w = \frac{\partial \phi}{\partial z}$)은 0이다.

$$\therefore \frac{\partial \phi}{\partial z} = 0$$

(2) 운동학적 경계조건 (kinematic boundary condition; KBC)

자유면($z = \eta$)에서 물입자의 법면속도($\frac{\partial \phi}{\partial t}$)는 수면의 법면속도($\frac{\partial \eta}{\partial t} + u\frac{\partial \eta}{\partial x}$)와 같다.

$$\frac{\partial \phi}{\partial t} = \frac{\partial \eta}{\partial t} + u\frac{\partial \eta}{\partial x}$$

미소진폭으로 법면경사가 매우 작고(즉, $\frac{\partial \eta}{\partial x} \ll 1$이고), 물입자의 수평방향속도가 작으므로(즉, $u \ll 1$이므로), $u\frac{\partial \eta}{\partial x} \approx 0$으로 근사한다.

$$\frac{\partial \eta}{\partial t} + u\frac{\partial \eta}{\partial x} \approx \frac{\partial \eta}{\partial t} \quad \rightarrow \therefore \frac{\partial \phi}{\partial t} \approx \frac{\partial \eta}{\partial t}$$

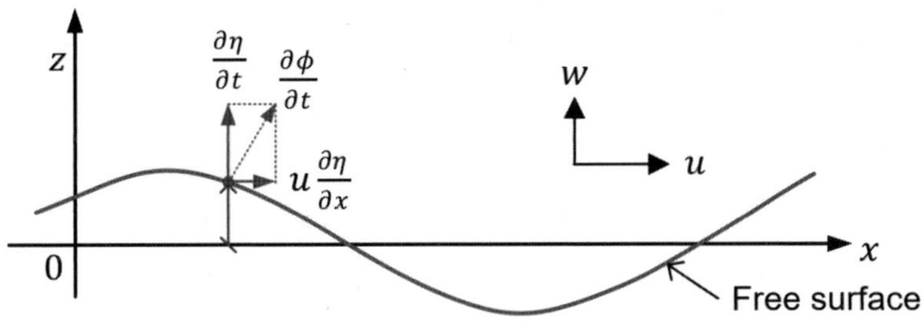

그림 8.1.3b 미소진폭파이론의 KBC(운동학적 경계조건)

(3) 동역학적 경계조건 (dynamic boundary condition; DBC)

자유면($z=\eta$)의 압력은 일정하므로(즉, $p-p_{atm}=0$이므로), 다음과 같이 베르누이 방정식(Bernoulli equation)으로 나타낸다.

$$\rho\frac{\partial\phi}{\partial t}+\frac{1}{2}\rho(u^2+w^2)+\rho g\eta=0$$

미소진폭으로 물입자의 속도가 작으므로, $\frac{1}{2}\rho(u^2+w^2)\approx 0$으로 근사한다.

$$\therefore \frac{\partial\phi}{\partial t}+g\eta\approx 0$$

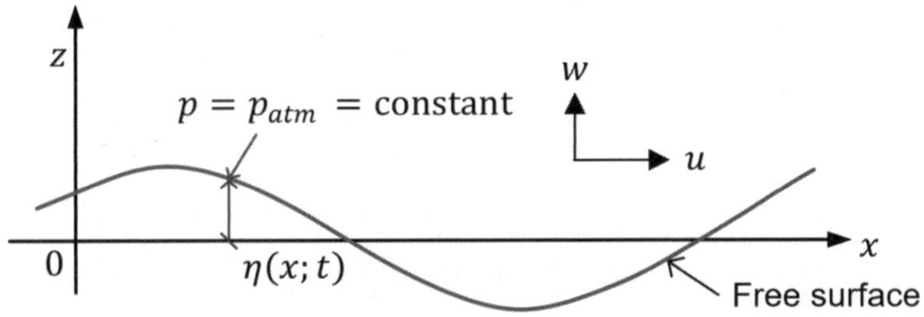

그림 8.1.3c 미소진폭파이론의 DBC(동역학적 경계조건)

• 결과 요약

자유면 진폭 (free surface amplitude)	$\eta=\frac{H}{2}\cos(kx-\omega t)$
속도 포텐셜 (velocity potential)	$\phi=f(z)\cdot\sin(kx-\omega t)$ 여기서 $f(z)=\frac{H}{2}\frac{g}{\omega}\frac{\cosh[k(h+z)]}{\cosh(kh)}$
분산방정식 (dispersion equation)	$\omega^2=gk\tanh(kh)$
파랑 진행속도 (celerity)	$c=\frac{L}{T}=\frac{\omega}{k}$
수평방향 수립자 변위 (particle displacement)	$\xi=-\frac{H}{2}\frac{\cosh[k(h+z)]}{\sinh(kh)}\sin(kx-\omega t)$
수직방향 수립자 변위 (particle displacement)	$\zeta=\frac{H}{2}\frac{\sinh[k(h+z)]}{\sinh(kh)}\cos(kx-\omega t)$

8.1.4 유한진폭파이론(비선형파이론)

파형의 경사가 급해질수록, 즉, 파형경사(H/L)가 커질수록, 파봉은 높아지고 파곡은 얕아지면서 길어지므로 파봉과 관련된 하중이 증가한다. 이러한 파랑 거동을 설명하기 위해 선형파이론인 미소진폭파이론보다는 비선형파이론인 유한진폭파이론을 사용한다.

다음에 대표적인 유한진폭파이론으로 해석적 이론인 (1) 스토크스파이론(Stokes wave theory)과 (2) 크노이드파이론(cnoidal wave theory)를 설명하고, 수치적 이론인 (3) 유동함수파이론(stream function wave theory)에 대해 설명하였다.

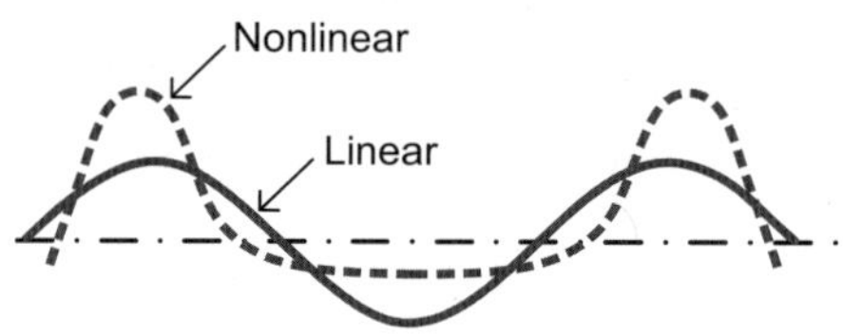

그림 8.1.4 선형파와 비선형파

(1) 스토크스파이론(Stokes wave theory)
미소진폭파이론을 유도할 때, $\frac{H}{L} \ll 1$로 가정을 하였지만, $\frac{H}{L} = O(\varepsilon)$로 제약조건을 완화한다. 여기서 ε은 작은 값을 나타낸다. 이 경우 스토크스파이론의 속도포텐셜은 다음과 같다.

$$\phi(x,z,t) = \frac{c}{k}\sum_{n=1}^{N} \varepsilon^n \lambda_n \cosh[nk(h+z)] \sin[n(kx-\omega t)]$$

여기서 N은 해의 차수, λ_n은 kh로 나타나는 상수이다. 만약 ε이 매우 작아, ε^2, ε^3 등의 ε의 고차항을 무시할 수 있다면, 이 속도포텐셜을 사용하여 구한 해는 미소진폭파이론의 해와 동일하다. 그러나 ε이 작은 값이 아니라면, 예를 들어, $N = 2$인 ε^2인 항이 필요하다면, ε^2인 항을 포함하여 구한 해를 '스토크스 2차 해(Stokes 2nd order solution)'이라 한다. 이 해는 일반적으로 미소진폭파이론으로 구한 해보다 길고 복잡하며, 섭동법(perturbation method)으로 구할 수 있다.

(2) 크노이드파이론(cnoidal wave theory)
스토크스파이론 외에도 다양한 해석적 파이론이 있다. 크노이드파이론은 그 중 대표적인 해석적 파이론으로 천해(shallow water)의 파형경사가 큰 경우에 널리 적용된다. 스토크스파이론과 마찬가지로, 고차 크노이드파이론을 적용하기 위해서는 섭동법이 필요하다.

스토크스파이론에서 섭동법에 사용된 매개변수들은 $\varepsilon = \frac{H}{L}$과 $\frac{h}{L}$ (또는 kh)였지만, 크노이드파이론에서는 $\varepsilon_c = \frac{H}{h}$와 $U_r = \frac{HL^2}{h^3}$을 사용한다. 여기서 U_r을 어셀수(Ursell number, $\frac{\varepsilon_c^2}{\varepsilon^2}$)라 한다. 어셀수가 작다면, 스토크스 항이 커지며, 어셀수가 크다면, 크노이드항이 중요하다. 일반

적으로 $U_r < 25$이면 스토크스파이론을 적용하고, $U_r > 25$이면 크노이드파이론의 적용한다. 참고로 미소진폭파이론, 스토크스파이론, 크노이드파이론은 정확도는 파랑 및 심해 조건에 따라 다르므로, 사용자가 합리적으로 판단하여 적절하게 적용하여야 한다.

(3) 유동함수파이론 (stream function wave theory)

고차항을 갖는 스토크스파이론과 크노이드파이론은 실제로 복잡한 계산이 필요하다. 따라서 쉽게 수치해를 구하기 위해, 파속(c)과 동일한 속도로 전파하는 좌표를 정의하여, 파형이 일정하도록 하여 해를 구하는 방법이 유동함수파이론이다. 이 이론의 경우, 각각의 자유면 유동함수에 대해 해를 검토한다. 2차원 유동의 경우, 유동함수는 하나의 성분만을 가지므로, 스칼라이며, 이 경우 수평 및 수직방향 속도는 다음과 같다.

$$(u, w) = \left(\frac{\partial \Psi}{\partial z}, \frac{\partial \Psi}{\partial x}\right)$$

대부분의 파이론의 경우에 운동학적 경계조건에서 가장 큰 오차를 포함하는데, 유동함수 파이론의 경우 상대적으로 다른 파이론보다 정확하게 운동학적경계조건을 나타낼 수 있다.

8.1.5 파랑변형

파랑은 해안선으로 전파함에 따라, 파랑변형이 발생한다. 이러한 파랑변형현상으로는 천수효과(shoaling), 굴절(refraction), 회절(diffraction), 소산(dissipation), 반사(reflection)와 쇄파(breaking) 등이 있다. 설계에서는 이들 파랑변형 현상들을 서로 독립으로 가정하며, 쇄파가 발생하기 전 파고를 다음과 같이 나타낸다.

$$H = K_S K_R K_D K_F H_o$$

여기서 H = 국부파고(local wave height), H_o = 심해파고, K_S = 천수효과계수, K_R = 굴절계수, K_D = 회절계수, K_F = 소산계수이다.

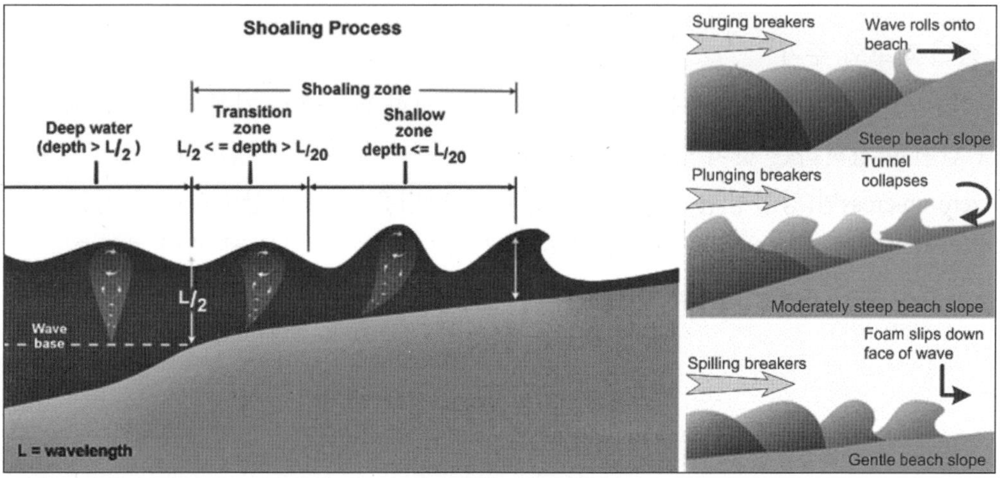

그림 8.1.5a 천수효과(shoaling)와 쇄파(breaking)

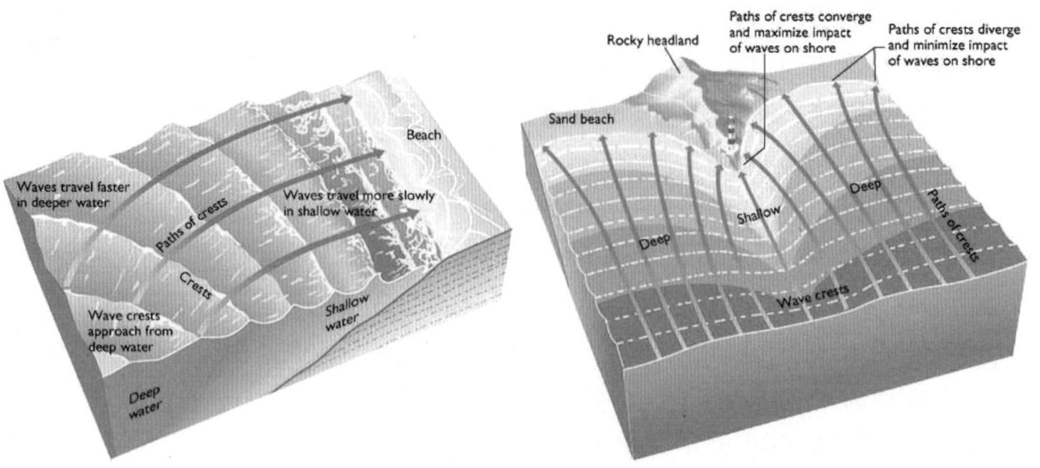

그림 8.1.5b 굴절(refraction)

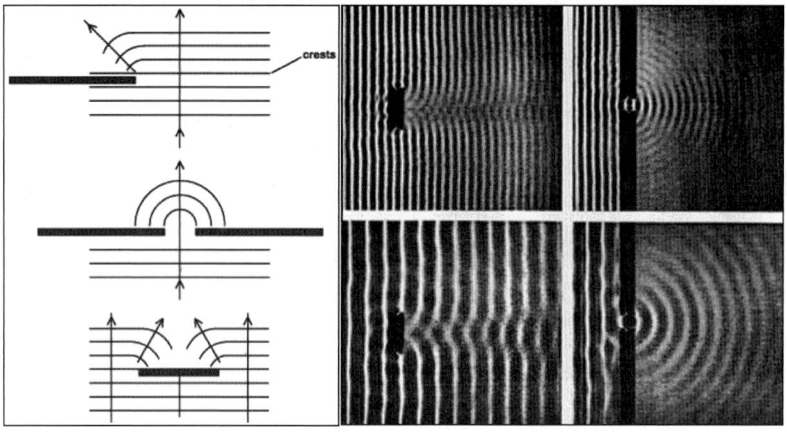

그림 8.1.5c 회절(diffraction)과 소산(dissipation)

8.1.6 파랑통계와 스펙트럼밀도(PSD)함수

• 파랑의 파고와 주기

파고계에서 관측된 실제의 파는 다음과 같이 불규칙한 파형으로 기록되기 때문에 파고나 주기를 간단히 정의하는 것이 쉽지 않다. 이와 같은 기록에서 파를 정의하는 일반적인 방법으로 'zero-up-cross법(영점상향교차법)'이 있다. 이 방법은 파형이 상승하면서 평균 수면을 가로지는 시각부터 상승하면서 평균수면을 가로지르는 시각까지를 한 개의 파랑으로 보고, 그 시간간격을 주기(T)로, 그 파의 최고점과 최저점의 높이차를 파고(H)로 한다.

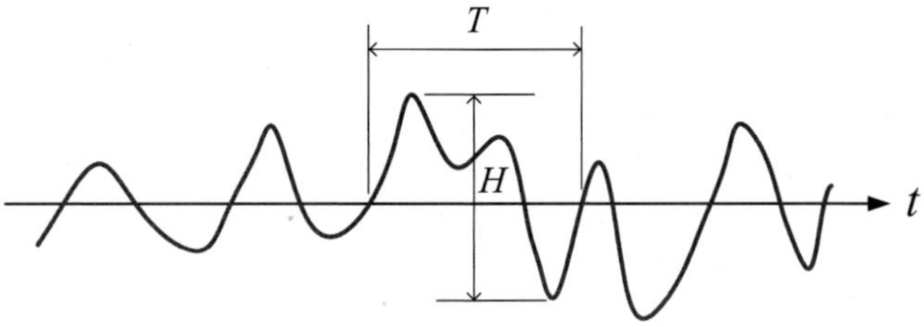

그림 8.1.6a 불규칙한 파형의 파고와 주기

• 유의파

여러 파의 집단인 파군을 대표적인 파고와 주기로 나타낼 수 있다. 이와 같은 파고와 주기로 대표되는 파를 '대표파(representative wave)'라 한다. 대표파에는 최대파, 평균파, 1/3 최대평균파, 1/10 최대평균파 등이 있다.

(1) '최대파(maximum wave)'는 1회 관측에서 얻은 파고 중에서 가장 파고가 큰 파이다. 최대파의 파고와 주기는 각각 H_{max}와 T_{max}로 표기한다.

(2) '평균파(mean wave)'는 1회 관측에서 얻은 모든 파고의 산술평균과 모든 주기의 산술평균으로 나타낸 파이다. 평균파의 파고와 주기는 각각 $\bar{H}$와 $\bar{T}$으로 표기한다.

(3) '1/3 최대평균파(one-third highest wave)'는 1회 관측에서 모든 파고를 큰 것부터 순차적으로 배열하고, 큰 쪽에서 세어서 전체 파고수의 1/3까지의 파를 선별하여(만약 99개의 파고들이 있으면, 33개의 파고를 선별하여), 이들 파의 파고 평균값과 주기 평균값을 각각 파고와 주기로 나타낸다. '유의파(significant wave)'라 하며 가장 널리 사용되는 대표파이다. 유의파의 파고와 주기는 각각 유의파고($H_{1/3}$ 또는 H_s)와 유의주기($T_{1/3}$ 또는 T_s)라 한다.

$$H_s = H_{1/3} = \frac{1}{N/3}\sum_{i=1}^{N/3} H_i$$

여기서 N은 관측된 파의 총수; H_i는 파고가 큰 순서대로 파를 배열했을 때 i번째에 위치한 파의 파고이다.

파고의 스펙트럼밀도함수의 면적과 유의파고와의 관계는 다음과 같다 (참조: 4.2절 랜덤 진동의 특성).

$$H_s = H_{1/3} = 4\sqrt{\int_{-\infty}^{\infty} S_{\eta\eta}(\omega)d\omega}$$
$$= 4\sqrt{E[\eta^2]}$$

파고의 평균이 0인 경우(즉, $\mu_\eta = 0$인 경우), $E[\eta^2] = \sigma_\eta^2$이므로 다음과 같다.

$$H_s = H_{1/3} = 4\sqrt{\sigma_\eta^2} = 4\sigma_\eta$$

파고의 RMS값과 표준편차는 (거의) 같으므로(즉, $u_{rms} = \sigma_\eta$이므로) 다음과 같다 (참조: 1.4절 동적 계측자료를 보는 방법).

$$H_s = H_{1/3} = 4u_{rms}$$

(4) '1/10 최대평균파(one-tenth highest wave)'는 1회 관측에서 모든 파고를 큰 것부터 순차적으로 배열하고, 큰 쪽에서 세어서 전체 파고수의 1/10까지의 파를 선별하여(만약 100개의 파고들이 있으면, 10개의 파고를 선별하여), 이들 파의 파고 평균값과 주기 평균값을 각각 파고와 주기로 나타낸다. 1/10 최대평균파의 파고와 주기는 각각 $H_{1/10}$와 $T_{1/10}$로 표기한다.

• 단기통계: 레일리 파고분포

파형은 랜덤특성을 갖고 있으므로, 예측을 하기가 어렵다. 일반적으로 하나의 군파 중에서 파고나 주기가 어떠한 빈도로 출현하는가를 '단기통계(short-term statistics)'를 사용하여 기술한다. η를 가우스분포(또는 정규분포)라 가정할 경우, 파고에 대해서는 '레일리 파고분포(Rayleigh wave distribution)'로 가정한다. 레일리분포는 평균이 0인 협대역 정상 가우스 프로세스의 경우(즉, 파랑주기의 분포폭이 좁아, 파곡의 부분에서 작은 산봉우리가 나타나지 않는 경우)를 취급한 것이지만, 파랑을 zero-up-cross법으로 정의하면 주기의 분포폭이 넓은 보통 풍파의 경우에도 거의 성립한다.

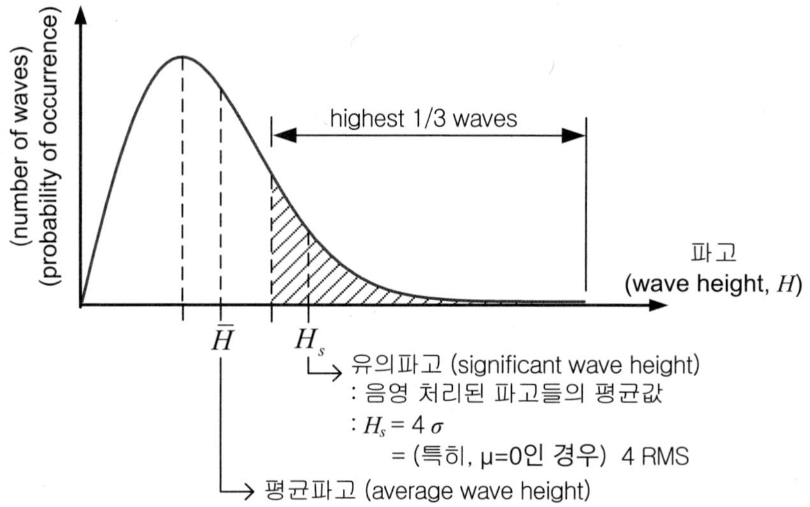

그림 8.1.6b 레일리 파고분포와 유의파고

• 파랑스펙트럼: Pierson-Moskowitz (PM) 스펙트럼, JONSWAP 스펙트럼

우선 파워스펙트럼밀도(PSD)함수와 응답스펙트럼(RS)의 차이를 알 필요가 있다. 짧은 시간 동안 작용하는 지진의 경우에 최댓값이 중요하므로, 주기별(또는 진동수별) 최댓값만을 사용하여 나타낸 것을 응답스펙트럼(RS)이라고 한다. 이와 비교하여 파워스펙트럼밀도(PSD) 함수는 구조물 모니터링 데이터, 파랑 데이터 등과 같이 지진에 비해 상대적으로 오랜 시간

동안 계측된 자료를 통계적(확률적)으로 나타낸 값이다. 대표적 PSD함수로 파랑 데이터를 나타낸 JONSWAP 스펙트럼을 들 수 있습니다.

파랑의 크기는 유의파 등의 대표파를 사용한다. 그러나 그 특성을 더욱 엄밀하게 나타내기 위해 파랑의 통계적 처리에 물리적 의미를 부여한 스펙트럼밀도함수를 사용할 수 있다. 풍파의 에너지밀도함수에 대해서 파랑관측기록 등을 근거로 여러 가지 식이 제안되었다.

(1) Pierson-Moskowitz (PM) 스펙트럼

1964년 Pierson과 Moskowitz가 제시한 대표적인 일면 스펙트럼밀도함수이다(Moskowitz, 1964). 이들은 넓은 지역에 오랫동안 바람이 불어 파랑과 바람이 서로 평형을 이룬다고 가정하였다.

$$S_{\eta\eta}(f) = S_{\eta\eta}(\omega)\frac{d\omega}{df} = 2\pi\, S_{\eta\eta}(\omega)$$
$$= \frac{\alpha g^2}{(2\pi)^4 f^5}\exp\left[-\frac{5}{4}\left(\frac{f_p}{f}\right)^4\right]$$

여기서 북대서양 지역의 계측자료를 활용하여 관련 상수를 산정하였다. α = Phillip 상수이고, f_p는 피크주파수(peak frequency; 스펙트럼의 최댓값에 해당하는 주파수; 첨두주파수)로써 수면 상의 높이 19.5m에서의 풍속 $U_{19.5}$(m/sec)를 사용하여 다음과 같이 정의한다.

$$f_p = \frac{g}{1.14\times\pi\times U_{19.5}}$$

항력계수를 1.3×10^{-3}으로 가정하면 $U_{19.5}$와 수면 상의 높이 10m에서의 풍속 U_{10}과 인 관계는 다음과 같다.

$$U_{19.5} \approx 1.026U_{10}$$

스펙트럼의 피크에 해당하는 파랑의 속도 c_p(m/sec)는 다음과 같다.

$$c_p = \frac{g}{2\pi f_p} = 1.14U_{19.5} \approx 1.17U_{10}$$

유의파고 $H_{1/3}$는 스펙트럼밀도함수의 면적을 사용하여 구하면 다음과 같다.

$$E[\eta^2] = \int_{-\infty}^{\infty} S_{\eta\eta}(\omega)d\omega = 2.74\times10^{-3}\frac{U_{19.5}^4}{g^2}$$
$$H_{1/3} = 4\sqrt{E[\eta^2]}$$
$$= 4\sigma_\eta = 4\sqrt{\int_{-\infty}^{\infty} S_{\eta\eta}(\omega)d\omega} = 0.21\frac{U_{19.5}^2}{g} \approx 0.22\frac{U_{10}^2}{g}$$

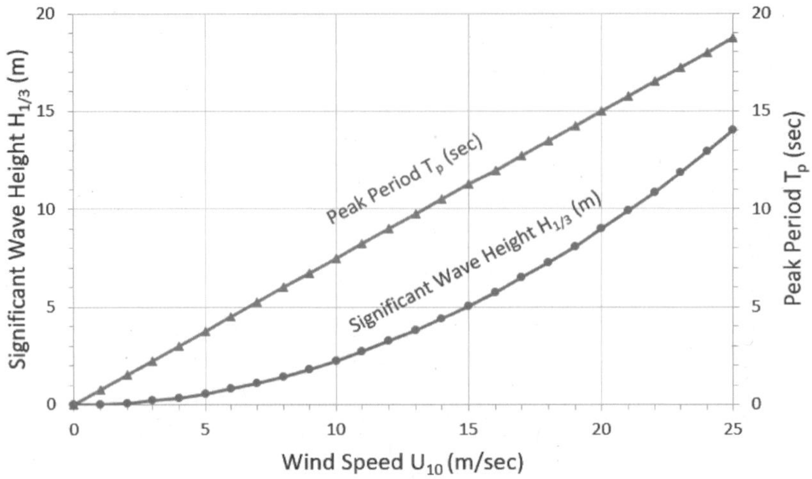

그림 8.1.6c Pierson-Moskowitz 스펙트럼으로 계산된 유의파고 $H_{1/3}$과 피크주기 T_p

(2) JONSWAP 스펙트럼

Hasselmann 등은 JONSWAP(Joint North Sea Wave Observation Project; 조인트 북해 파랑 계측 프로젝트)에서 수집된 데이터를 분석한 결과, PM 스펙트럼 개발에 사용한 완전히 발달된 파랑이라는 가정이 성립하지 않음을 확인하였다. 파랑은 매우 오랜 시간과 먼 거리에서도 비선형 파동 간 상호작용을 통해 계속 발달하였다. 따라서 측정 자료에 부합하도록 Pierson-Moskowitz 스펙트럼에 보정계수를 추가하였다. 따라서 JONSWAP 스펙트럼은 Pierson-Moskowitz 스펙트럼에 피크강화계수(peak enhancement factor, γ)를 곱하여, 피크주파수 부근에서 더 많은 에너지를 갖도록 작성한 스펙트럼이다(Hasselmann et al., 1973).

$$S_{\eta\eta}(f) = \frac{\alpha g^2}{(2\pi)^4 f^5}\gamma^{\delta}\exp\left[-\frac{5}{4}\left(\frac{f_p}{f}\right)^4\right]$$

여기서

$\alpha = 0.076\left(\frac{U_{10}^2}{gF}\right)^{0.22}$

$\gamma \in [1,7], \gamma_{mean} = 3.3, \delta = \exp\left[-\frac{1}{2\sigma^2}\left(\frac{f}{f_p}-1\right)^2\right], \sigma = \begin{cases}0.07 & f \le f_p \\ 0.09 & f > f_p\end{cases}$

$f_p = 3.5\left(\frac{g^2}{U_{10}F}\right)^{1/3}$, F = Fetch(뜻: 끌면서 이동하다) 길이이며, 바람이 일정한 방향으로 일정한 시간 동안 불어 파랑이 형성될 수 있는 거리(m)이다. 즉, Fetch가 길수록 큰 파랑이 발생한다.

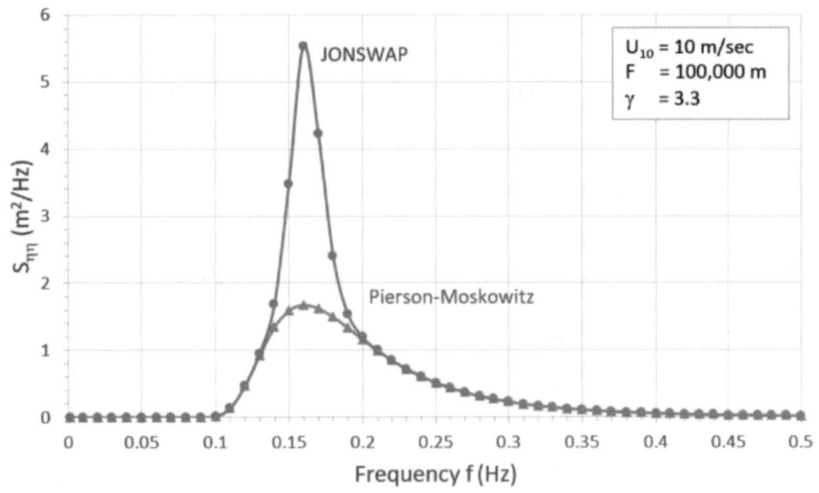

그림 8.1.6c Pierson-Moskowitz (PM) 및 JONSWAP 스펙트럼의 비교

• 장기통계: 대수정규분포와 Gumbel 분포

구조물의 설계에 중요한 설계파를 추정하기 위해서는 제한된 데이터와 통계적 분포의 근사를 사용한다. 여기서 근사에 사용되는 일반적인 극치분포는 대수정규분포(log-normal distribution)와 Gumbel 분포이다.

MATLAB: 8.1.6 JONSWAP PSD 함수의 시간이력생성 (ch08_spec2time, time2spec)

본문에 예시한 파고에 관한 JONSWAP 스펙트럼밀도함수가 있다. 이에 상응하는 파고의 3시간 시간이력을 생성하라. 여기서 공학공식집을 사용하여 문제를 풀 수도 있다.

[STEP 1] 시간이력 생성: $S_{\eta\eta}(f) \rightarrow \eta(t)$

JONSWAP PSD는 양의 주파수 성분에서 일면(one-sided 또는 single-sided) PSD로 표시한다. 따라서 시간이력을 생성할 때, 이 스펙트럼이 양면(two-sided 또는 double-sided)의 주파수 성분 모두의 기여를 포함하여야 한다.

$$|A_\eta(f)|^2 = 2\, S_{\eta\eta}(f)\, df$$

$\rightarrow$

$$\eta(t) = \sum_{k=1}^{n} A_{\eta k} \cos[2\pi f_k t + \phi_{\eta k}]$$

여기서

$$A_\eta(f) = \sqrt{2\, S_{\eta\eta}(f)\, df}$$

$$\phi_\eta(f) = \text{random in } [-\pi, \pi]$$

[STEP 2] PSD 생성: $\eta(t) \rightarrow S_{\eta\eta}(f)$

FFT로부터 얻어진 양면 PSD를 일면 PSD로 변환하여야 한다.

$$S_{\eta\eta}(f) = \frac{2|H(f)|^2}{f_s}$$

여기서

f_s = maximum sampling frequency

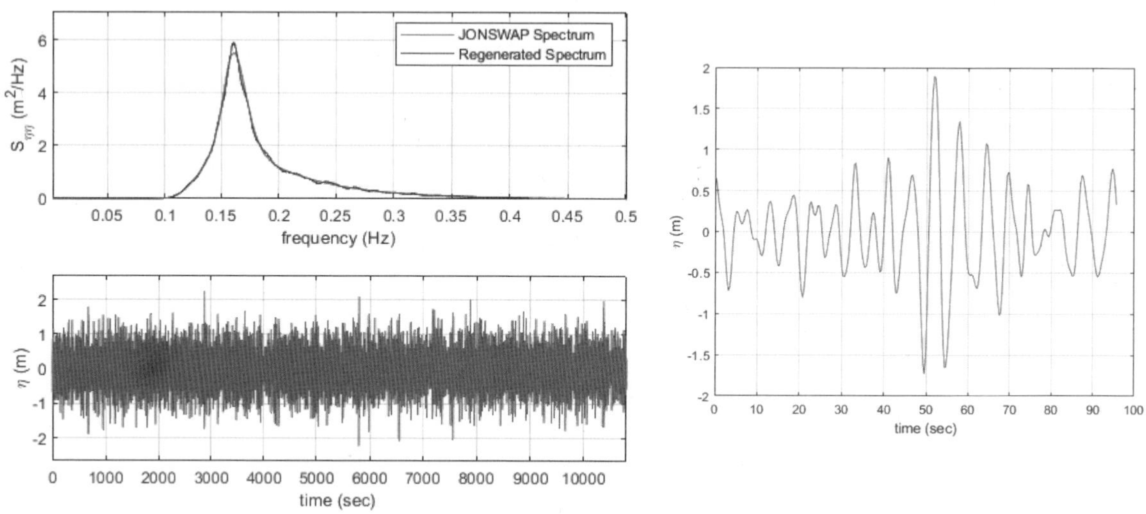

[ch08_spec2time.m]

0. 설정

$0 \le f < 0.5$ Hz

1. JONSWAP의 해석적 PSD 작성

$$S_{\eta\eta}(f) = \frac{\alpha g^2}{(2\pi)^4 f^5}\gamma^{\delta}\exp\left[-\frac{5}{4}\left(\frac{f_p}{f}\right)^4\right]$$

2. 시간이력 생성

$$\left|A_\eta(f)\right|^2 = 2\,S_{\eta\eta}(f)\,df$$

→

$$\eta(t) = \sum_{k=1}^{n} A_{\eta k}\cos\left[2\pi f_k t + \phi_{\eta k}\right]$$

여기서

$$A_\eta(f) = \sqrt{2\,S_{\eta\eta}(f)\,df}$$

$$\phi_\eta(f) = \text{random in } [-\pi, \pi]$$

[time2spec.m]

3. 시간이력으로 수치적 PSD 작성

$$S_{\eta\eta}(f) = \frac{2|H(f)|^2}{f_s}$$

여기서

f_s = maximum sampling frequency

[myHamming.m]

4. 시간이력에 Hamming 윈도잉 적용

시간이력으로 FFT(fast Fourier transform) 연산을 수행할 때, 시간이력의 앞과 끝이 일치 하지 않는 경우가 발생할 수 있다. 이 경우 발생하는 수치오차를 줄이기 위해 시간이력의 양끝에 window를 씌우는 것을 windowing이라 한다.

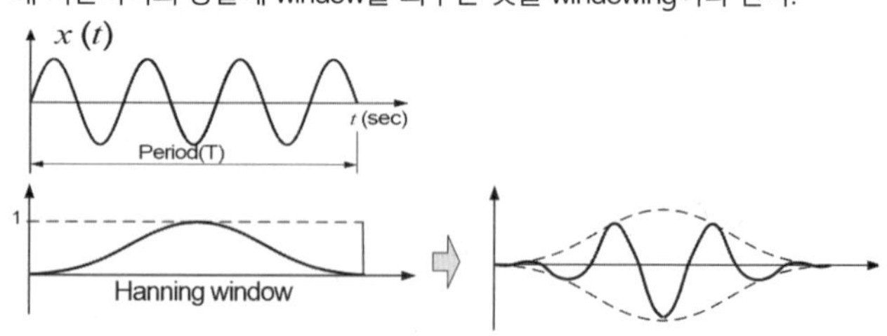

8.2 구조물의 진동

8.2.1 개요

수중구조물에 작용하는 주요한 파력은 압력과 항력에 의해 발생하며, 압력과 파력의 기여도는 파랑조건과 수중구조물의 기하학적 형상 등에 따라 다르다. 수중구조물과 파랑의 상호작용은 구조물과 파장의 상대적 크기에 큰 영향을 받는다. 예를 들어 수중구조물을 직경이 D인 원형단면이고, 파장을 λ이라 할 때, λ/D이 큰 경우(즉, 단면의 크기에 비해 파장이 긴 경우), 수중구조물에 의한 파랑의 회절과 반사 등과 같은 파랑변형을 무시할 수 있다. 그러나, λ/D이 작은 경우(즉, 단면의 크기에 비해 파장이 작은 경우), 파랑변형을 고려하여야 한다.

수중구조물의 크고 작음은 수중구조물의 파장에 대한 상대적 크기에 따라 판단한다.

(1) 단면의 크기에 비해 파장이 큰 경우 ($\lambda/D \geq 5$)

해양 파랑이 말뚝(pile)을 통과할 때, 해양 파장은 말뚝직경의 50~100배 정도이므로, 말뚝에서 한 파장만큼 떨어진 곳에서의 파장 변형은 말뚝의 영향을 전혀 받지 않는 것처럼 보인다. 이 경우 말뚝을 작은 수중구조물이라 가정하고 파랑-수중구조물의 상호작용을 무시하여 수중구조물에 작용하는 파력을 구할 수 있다. 즉, 이 경우 말뚝에 작용하는 파랑의 효과를 계산하지만, 말뚝이 파랑에 미치는 영향은 없다고 가정하므로, 파력은 말뚝이 위치한 곳에서 단순히 입사 파랑의 함수이다.

(2) 단면의 크기에 비해 파장이 작은 경우 ($\lambda/D < 5$)

작은 파장을 갖는 파랑에 떠있는 플랫폼(platform)의 경우, 일부 파랑은 플랫폼의 주위 또는 아래로 전파하지만, 많은 입사 파랑들이 플랫폼에서 반사된다. 따라서 이러한 파랑변형을 파력산정에 필수적으로 고려하여야 한다.

다음 그림은 수면 밖으로 돌출된 고정식 수직 실린더에 정규파가 입사할 경우 발생하는 파력의 주요 성분을 나타낸다. 파력의 주요 성분은 구조물과 파랑의 특성에 따라 다르다.

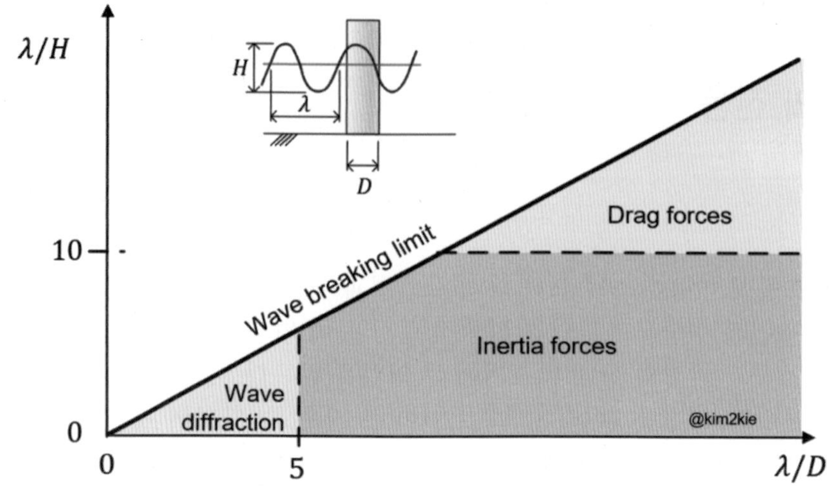

그림 8.2.1 회절, 관성력 및 항력의 상대적 중요도 (원 출처: DNVGL-ST-0437, 2016)

8.2.2 모리슨방정식

작은 수중구조물의 경우 입사 파랑의 변형을 크게 유발하지 않는다. 만약 수중구조물의 직경이 파장의 5% 미만이라면 이 가정이 유효할 것이다($\lambda/D > 20$)*. 이 가정을 만족하는 대표적인 작은 수중구조물로는 말뚝(pile), 플랫폼의 수중부재, 파이프라인(pipeline), 계류선(mooring) 등을 들 수 있다. 이러한 작은 수중구조물에 작용하는 파력을 산정하기 위해 가장 일반적으로 사용되는 반경험식인 모리슨방정식(Morison equation)이 있다(Morison *et al.*, 1950).

그림 8.2.2a 플랫폼의 강재 재킷구조물에 작용하는 파력 (출처: Ken Doerr) [YouTube]

* 경험적으로 $K_c = \frac{u_m T}{D} = \frac{2\pi\lambda}{D} > 6$일 경우(즉, $\lambda/D > 1$), 모리슨방정식을 적용하고,
회절계수 $\frac{\pi D}{\lambda} > 0.5$일 경우(즉, $\lambda/D < 6$), 회절이론을 적용한다.
(참고: Subrata K. Chakrabarti (2005). handbook of offshore engineering, Vol. 1, Elsevier)

모리슨방정식은 관성력(inertia force)과 항력(drag force)으로 구성되어 있으며, 정수압(hydrostatic force)을 포함하지 않는다. 여기서 관성력은 수중구조물에 작용하는 압력과 관련이 있고, 항력은 수중구조물과 유동의 마찰 또는 박리와 관련이 있다.

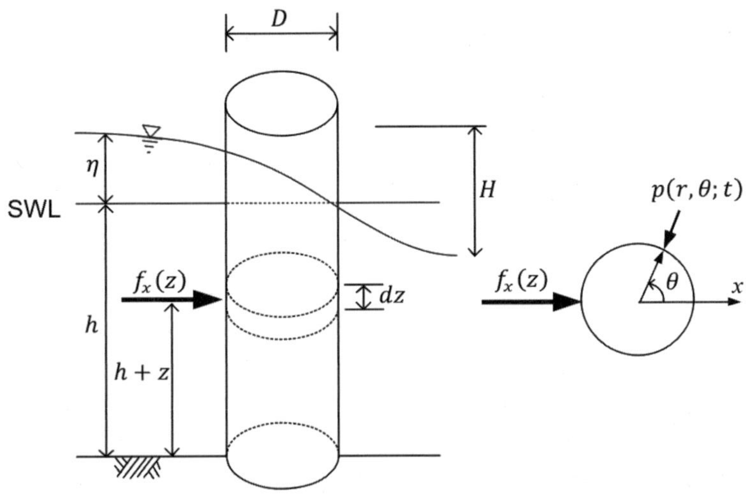

그림 8.2.2b 연직으로 수중에 놓인 원형 실린더

다음에 수중에 놓인 연직 실린더에 작용하는 파력을 산정하기 위한 모리슨방정식을 유도하였다. 무한유체에 놓인 원형실린더 주위를 흐르는 이상유동의 속도포텐셜은 다음과 같다.

$$\phi = u\left(1 + \frac{1}{4}\frac{D^2}{r^2}\right) r \cos\theta$$

여기서 u는 수립자의 속도이고, 시간만의 함수; r과 θ는 실린더의 중심을 원점으로 하는 극좌표이다. 실린더 표면에서의 수립자의 법선속도(u_r) 및 접선속도(u_θ)는 각각

$$u_r = 0, u_\theta = 2u\sin\theta$$

이고, 베르누이방정식을 사용하면, 실린더 표면에서의 유체압력은 다음과 같다.

$$p = -\rho\frac{\partial\phi}{\partial t} - \frac{\rho}{2}\left(u_r^2 + u_\theta^2\right) - \rho g z - C_B$$

여기서 C_B는 베르누이상수이다.

(1) 관성력

파력을 구하기 위해 유체압력을 원주방향으로 적분하면, 첫 번째 항을 제외한 나머지 3개 항들은 0이 되므로, 실린더의 단위 길이당 작용하는 파력의 수평성분은 다음과 같다.

$$\begin{aligned} f_{ix} &= -\int_{-\pi}^{\pi} p\left(\frac{D}{2}, \theta; t\right)\cos\theta\frac{D}{2}d\theta \\ &= -\int_{-\pi}^{\pi}\left\{-\rho\frac{\partial\phi}{\partial t} - \frac{\rho}{2}\left(u_r^2 + u_\theta^2\right) - \rho g z - C_B\right\}\cos\theta\frac{D}{2}d\theta \\ &= -\int_{-\pi}^{\pi}\left(-\rho\frac{\partial\phi}{\partial t}\right)\cos\theta\frac{D}{2}d\theta \end{aligned}$$

여기서 실린더 표면에서

$$\phi|_{r=\frac{D}{2}} = u\,D\cos\theta$$

$$\left.\frac{\partial\phi}{\partial t}\right|_{r=\frac{D}{2}} = \frac{du}{dt}D\cos\theta$$

이므로, 실린더의 단위길이당 작용하는 파력의 수평성분은 다음과 같다.

$$f_{ix} = \rho\frac{\pi D^2}{2}\frac{du}{dt}$$

유체압력과 관련이 있는 이 하중은 고정된 실린더를 통과하는 유동의 가속도(du/dt)에 비례하므로, 관성력(inertia force)이라 한다. 이 하중은 질량(즉, 실린더에 의해 배제된 유체의 질량)과 가속도의 곱으로 나타내는 일반 관성력($f = \rho\frac{\pi D^2}{4}\frac{du}{dt}$)보다 2배가 큰 것을 알 수 있다. 따라서 유동에 의한 관성력을 일반 관성력을 사용하여 다음과 같이 나타낸다.

$$f_{ix} = (1 + C_a)\rho\frac{\pi D^2}{4}\frac{du}{dt}$$

여기서 C_a는 부가질량계수(added mass coefficient)이다. 강체 동역학에서 관성력은 단순히 강체의 질량에만 관련이 있지만, 유체에서 가속된 유체질량은 단순히 실린더에 의해 배제된 유체의 질량보다 크다는 것을 알 수 있다. 참고로 추가된 유체질량을 부가질량(added mass)이라 한다. 앞서 연직의 원형실린더에 대해 $C_a = 1$임을 보였고, C_a는 간단한 기하학적 단면과 유동에 대해 해석적으로 구할 수 있다.

일반적으로 관성력계수(inertia coefficient, $C_m = 1 + C_a$)을 새로 정의하여, 유동에 의한 관성력을 다음과 같이 나타내기도 한다.

$$f_{ix} = C_m\rho\frac{\pi D^2}{4}\frac{du}{dt}$$

(2) 항력

이상유체를 가정하여 관성력(f_{ix})을 구하였지만, 실제 유체에는 항력도 존재하며, 항력은 1) 표면항력(skin drag)과 2) 형상항력(form drag)으로 구분할 수 있다. 이 두 가지 항력은 모두 속도의 제곱(u^2)과 (레이놀즈수, 기하학적 형상, 조도 등의 함수인) 경험 계수들에 비례하며, 하나의 항력으로 대표하여 수식으로 나타내면 다음과 같다.

$$f_{dx} = C_d\frac{1}{2}\rho D u|u|$$

여기서 f_{dx}는 실린더 단위길이당 작용하는 항력; C_d는 항력계수(drag force coefficient); u는 파랑 전파방향으로의 수립자 속도이다.

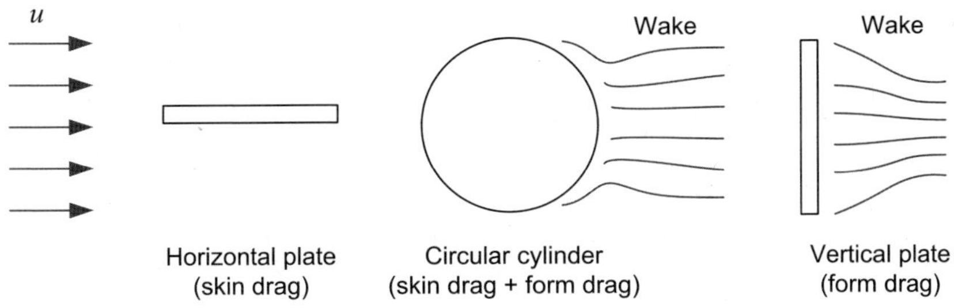

그림 8.2.2c 항력(Tedesco et al., 1999)

(3) 관성력 + 항력

최종적으로 실린더 단위길이당 작용하는 파력은 관성력 f_{ix}와 항력 f_{dx}의 합으로 다음과 같은 모리슨방정식(Morison equation)으로 나타낼 수 있다.

$$f_x = f_{ix} + f_{dx} = C_m \rho \frac{\pi D^2}{4} \frac{du}{dt} + C_d \frac{1}{2} \rho D u |u|$$

여기서 수립자의 속도와 가속도는 실린더의 중앙지점에서 실린더가 존재하지 않는다고 가정하여 계산된다.

만약 실린더가 운동을 할 경우, 유체와 구조물간의 상대속도와 상대가속도를 사용하여 구한 관성력과 항력을 사용하여, 다음과 같은 파력을 산정하며, 이 식을 상대운동 모리슨방정식(relative motion Morison equation)이라 한다.

$$f_x = C_m \rho \frac{\pi D^2}{4} (\dot{u} - \ddot{x}) + C_d \frac{1}{2} \rho D (u - \dot{x}) |u - \dot{x}|$$

여기서 x는 구조물의 수평변위이다.

모리슨방정식에서 관성력의 최댓값과 항력의 최댓값은 동시에 발생하지 않는다. 선형파이론을 사용하여 실린더 중심 $x = 0$에서 유체의 속도와 가속도를 구한다면, 이 경우 모리슨방정식은 다음과 같다.

$$f_x = C_m \frac{\pi}{8} \rho D^2 H \omega^2 \frac{\cosh[k(h+z)]}{\sinh(kh)} \sin(-\omega t)$$

$$+ C_d \frac{1}{8} \rho D H^2 \omega^2 \frac{\cosh^2[k(h+z)]}{\sinh^2(kh)} \cos(-\omega t)\, |\cos(-\omega t)|$$

이 식을 간략하게 관성력의 최댓값($f_{i,max}$)과 항력의 최댓값($f_{d,max}$)을 사용하여 나타내면

$$f_x = -f_{i,max} \sin \omega t + f_{d,max} \cos \omega t\, |\cos \omega t|$$

이다. 여기서 관성력의 최댓값은 $\omega t = \frac{\pi}{2}$에서 발생하지만 항력의 피크값은 $\omega t = 0$에서 발생한다. 관성력과 항력을 조합한 파력의 최댓값은 다음과 같이 구한다.

$$\frac{\partial f_x}{\partial t} = 0 \rightarrow \omega t|_{max}$$

다음 그림에 $f_{d,max} = f_{i,max} = 1$ N/m일 경우, 파력을 항력과 관성력으로 나타냈다.

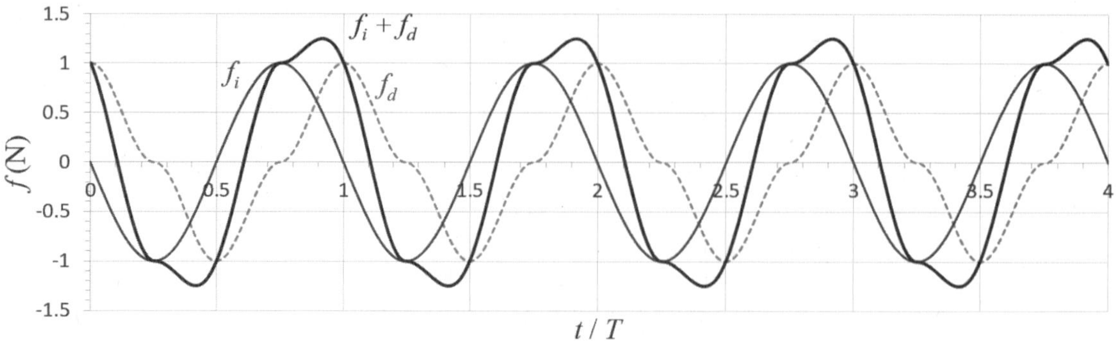

그림 8.2.2d 파력(f) = 관성력(f_i) + 관성력(f_d)

$f_{i,max} \gg f_{d,max}$일 경우 관성력성분이 파력을 지배할 것이고, $f_{i,max} \ll f_{d,max}$일 경우 항력성분이 파력을 지배할 것이다. 선형파이론으로 두 성분의 비율을 나타내면 다음과 같다.

$$\frac{f_{d,max}}{f_{i,max}} = \frac{C_d H}{C_m \pi D} \frac{\cosh[k(h+z)]}{\sinh(kh)}$$
$$= \frac{1}{\pi^2} \frac{C_d}{C_m} \frac{u_m T}{D}$$
$$= \frac{1}{\pi^2} \frac{C_d}{C_m} K_C$$

여기서 u_m은 수립자 속도이며, T는 파랑 주기이다. 이 비율을 통해 두 가지 성분의 상대적 중요성을 알 수 있다.

C_m과 C_d는 크게 변하지 않으므로, 관성력성분과 항력성분의 상대적인 중요성은 쿨리간-카펜터수(Keulegan-Carpenter number, K_C)에 주로 좌우된다.

이 수는 말뚝의 직경 D에 대해 수립자가 이동한 거리 $u_m T$를 상대적으로 나타낸 값이다.

$$K_C = \frac{u_m T}{D}$$

(1) 만약 K_C가 크다면, 실린더의 직경에 비해 수립자가 상대적으로 많이 움직인 것으로써, 정상류(steady flow)의 조건과 유사하다. 여기서 정상류란 균일하고 매끄러운 흐름으로 레이놀즈수(Raynolds number) 1,000미만의 유동을 말하며, 유체의 속도가 시간에 무관하게 일정하게 나타나고(즉, 균일하고), 유선이 연속적이며 서로 교차하지 않는다(즉, 매끄럽다). 정상류에서는 관성력이 없으므로, 전체 파력은 항력성분으로만 구성된다.

(2) 반대로 K_C가 작다면, 실린더의 직경에 비해 수립자가 상대적으로 조금 움직인 것으로써, 전체 파력에서 항력성분보다는 관성력성분이 지배한다.

8.2.3 하중계수

하중계수들(즉, 관성력계수 C_m과 항력계수 C_d)은 실험실 또는 현장계측을 통해 경험적으로 결정된다. 실험적 계수들은 정상류, 진동류, 파랑흐름 등과 같은 몇 가지 흐름들의 경우에 구할 수 있으며, 실제 흐름에 대해 이 계수들을 적용하기 위해 보정이 필요하다. 예를 들어

진동류(oscillatory flow)의 경우, 수립자는 수평방향 전후운동(back and forth motion)을 하지만, 실제 파동은 궤적운동(orbital motion)을 한다.

실험실 또는 현장계측을 통해 얻은 데이터를 분석하기 위해 적절한 파이론을 선택하여야 한다. 작은 수중물체에 대해 선형파이론을 적용할 수 있지만, 실제 필요에 따라 비선형파이론을 적용할 수도 있다.

다음 그림에 진동류에서 실린더에 대한 항력계수와 관성력계수를 레이놀즈수와 상대조도의 함수로 나타냈다. 여기서 레이놀즈수(Raynolds number)는 다음과 같이 정의한다.

$$Re = \frac{u_m D}{\nu}$$

여기서 u_m은 수립자 속도이고, ν는 동점성도(kinematic viscosity)이며, 상대조도(relative roughness)란 실린더 직경(D)에 대한 조도높이(k)의 비율(k/D)이다.

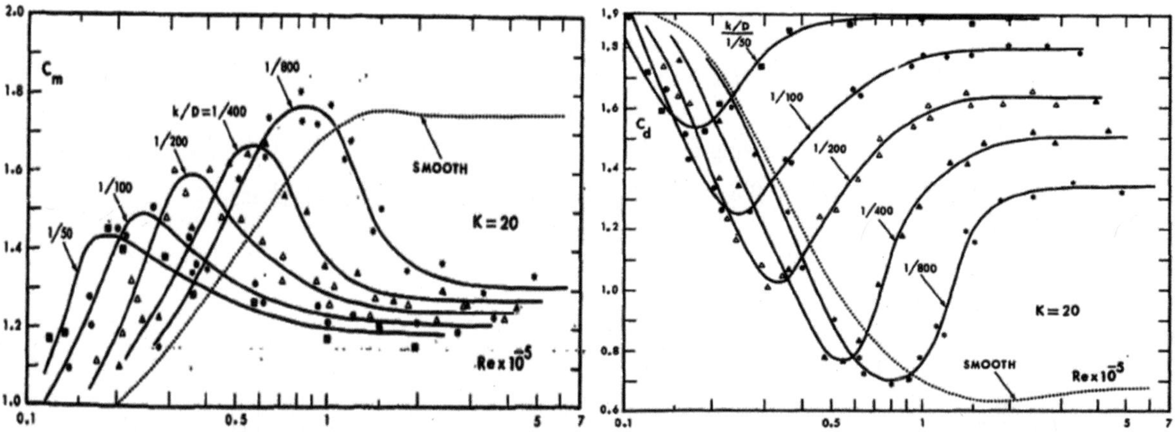

그림 8.2.3 진동류에 놓인 조도를 갖는 실린더에 대한 Re vs C_m 및 Re vs C_d (Sarpkaya, 1976)

표 8.2.3 일반 단면형상에 대한 C_m 및 C_d

단면형상	C_m	C_d
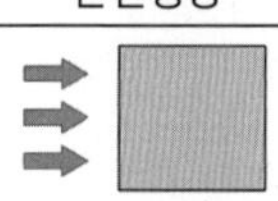	2.5	2.0
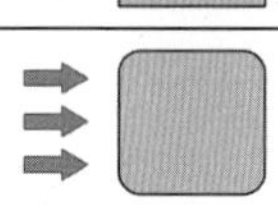	2.5	0.6
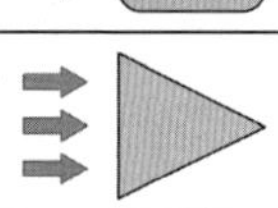	2.3	2.0
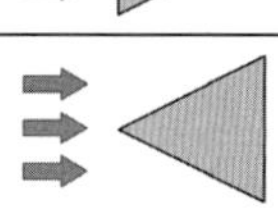	2.3	1.3
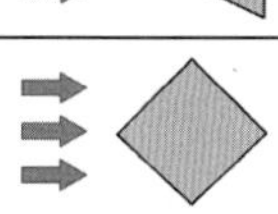	2.2	1.5

8.2.4 선형 모리슨방정식

일반적인 스펙트럼법은 선형합(linear superposition)의 원리를 사용한다. 선형파이론을 사용할지라도 모리슨방정식의 항력항은 비선형 특성을 가지므로, 이 방정식을 선형으로 변형하여 사용하는 것이 편리하다. 단위길이당 항력은

$$f_{dx} = C_d \frac{1}{2} \rho D u|u|$$

이고, 단순 조화유동에 대해, 다음과 같다.

$$f_{dx} = C_d \frac{1}{2} \rho D u_m^2 \cos \omega t \, |\cos \omega t|$$

여기서 u_m은 수립자 속도이다. 선형화하는 일반적인 방법 중에 하나는 로렌츠의 등가 일의 원리(Lorentz principle of equivalent work)를 사용하는 것이다. 이 기법은 주기당 실제일, 즉, 에너지 소산율(energy dissipation rate)을 등가의 선형항으로 만드는 것이다. 선형화된 항력은 다음과 같다.

$$f_{dL} = C_d \frac{1}{2} \rho D \alpha u = C_d \frac{1}{2} \rho D \alpha u_m \cos \omega t$$

여기서 α는 선형화계수(linearizing coefficient)이다. 일은 하중과 변위의 곱이고, 소산율은 하중과 속도의 곱이다. 한 개 파장동안 동일한 파워를 갖게 하면 다음과 같고,

$$\int_t^{t+T} u|u| \cdot u dt = \int_t^{t+T} \alpha u \cdot u dt$$

이 식을 적분하여 α를 구하면 다음과 같다.

$$\alpha = \frac{8}{3} \frac{u_m}{\pi}$$

다음에 동일한 파랑 및 구조물 조건에서 선형화된 항력과 비선형 제곱 항력을 비교하였다. 전반적으로 잘 일치하지만,

(1) 선형화된 항력의 피크값은 비선형 피크값보다 약 15%가량 감소하였고,

(2) 비선형 하중은 고차진동수 성분을 갖고 있다.

선형화된 모리슨방정식은 다음과 같다.

$$f_x = C_m \rho \frac{\pi D^2}{4} \frac{du}{dt} + C_d \frac{1}{2} \rho D \frac{8}{3} \frac{u_m}{\pi} u$$

여기서 u_m은 수립자 속도이다.

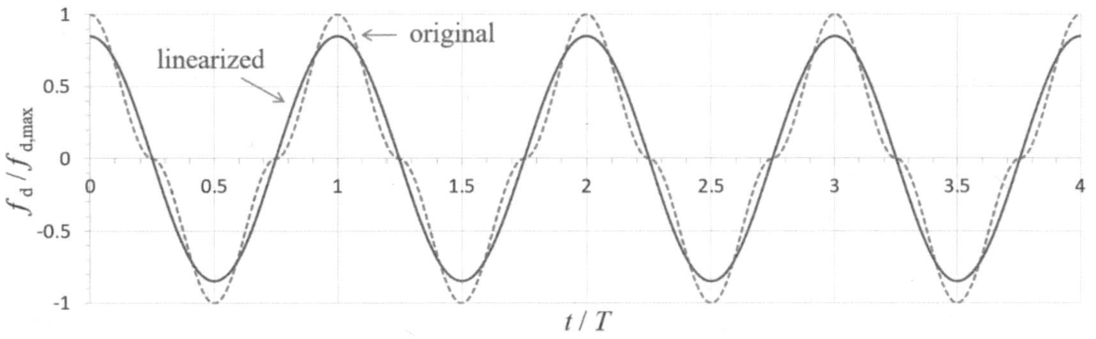

그림 8.2.4a 선형 및 비선형 항력의 비교

비선형 항력의 고차진동수 성분이 구조물의 고유진동수 근방일 경우, 선형화에 대한 근거를 잃게 되므로 고차진동수 성분을 고려하는 것이 중요하다. 고차진동수 성분을 푸리에 전개로 나타내면 다음과 같다.

$$|u|u = u_m^2 \cos\omega t\, |\cos\omega t|$$
$$= \frac{8}{3}\frac{u_m^2}{\pi}\left[\cos\omega t + \frac{1}{5}\cos 3\omega t - \frac{1}{35}\cos 5\omega t + \frac{1}{105}\cos 7\omega t + \cdots\right]$$

여기서 첫 번째 항은 로렌츠의 등가 일의 원리를 사용하여 선형화 했을 경우와 동일한 값이다.

Borgman(1967)은 랜덤파랑에 대한 선형 모리슨방정식을 제시하였으며, 이 경우 앞서 구한 선형화계수는 다음과 같이 변한다.

$$\frac{8}{3}\frac{u_m}{\pi} \to \sqrt{\frac{8}{\pi}}\, u_{rms}$$

여기서 u_{rms}는 속도의 RMS값이다.

랜덤파랑에 대해 선형화한 모리슨방정식에 중첩의 원리를 적용하여, 하중스펙트럼을 구할 수 있으며, 그 절차는 다음과 같다.

(1) 파랑스펙트럼에서 속도 및 가속도 스펙트럼을 구하고,

(2) 속도스펙트럼에서 u_{rms}를 산정하며,

(3) 모리스방정식에 이 결과를 적용한다.

이 절차를 예시하면 다음과 같다.

(1) 선형파이론으로 구한 수평방향 속도(u) 및 가속도($\dot{u}$)는 다음과 같다.

$$u = \frac{H}{2}\omega\frac{\cosh[k(h+z)]}{\sinh(kh)}\cos(kx - \omega t)$$

$$\dot{u} = -\frac{H}{2}\omega^2\frac{\cosh[k(h+z)]}{\sinh(kh)}\sin(kx - \omega t)$$

(2) 자유면 스펙트럼($S_{\eta\eta}$)에 대응하는 속도 및 가속도 스펙트럼은 다음과 같다.

$$S_{uu}(\omega) = \left\{\omega\frac{\cosh[k(h+z)]}{\sinh(kh)}\right\}^2 S_{\eta\eta}(\omega)$$

$$S_{\dot{u}\dot{u}}(\omega) = \left\{\omega^2 \frac{\cosh[k(h+z)]}{\sinh(kh)}\right\}^2 S_{\eta\eta}(\omega)$$

(3) 선형화에 필요한 u_{rms}는 다음과 같다.

$$u_{rms} = \sqrt{8\int_0^\infty S_{uu}(\omega)d\omega}$$

(4) 수중구조물의 단위길이당 작용하는 하중의 일면(one-sided) 스펙트럼밀도함수는 다음과 같다.

$$S_{ff}(\omega) = \left\{\omega \frac{\cosh[k(h+z)]}{\sinh(kh)}\right\}^2 \left[\omega^2 \left(C_m\rho \frac{\pi D^2}{4}\right)^2 + \frac{8}{\pi}\left(C_d \frac{1}{2}\rho D u_{rms}\right)^2\right] S_{\eta\eta}(\omega)$$

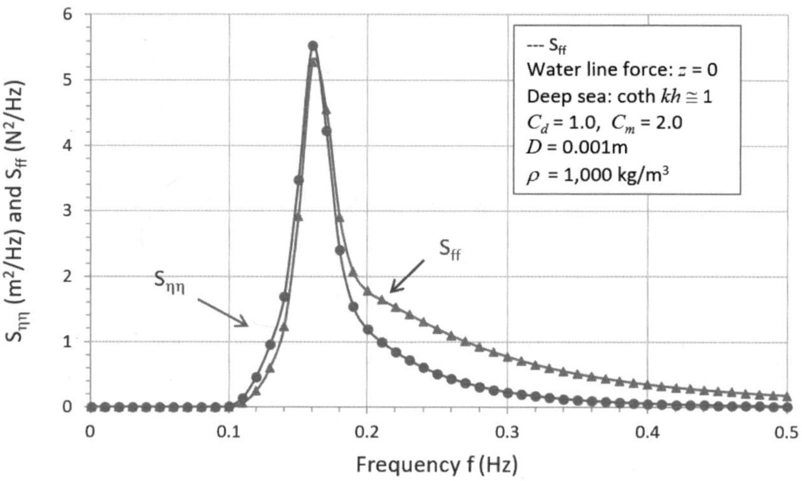

그림 8.2.4b 파랑스펙트럼 $S_{\eta\eta}(f)$와 하중스펙트럼 $S_{ff}(f)$

상대운동 모리슨방정식의 경우도 비선형성을 갖는다. 연직인 수중구조물에 작용하는 수평력은 단위길이당 작용하는 하중을 수심에 대해 적분하여 구할 수 있다. 만약 수립자의 속도와 가속도를 수심에 대해 적분을 하면,

$$U = \int_z u(z,t)dz$$

$$\frac{dU}{dt} = \int_z \dot{u}(z,t)dz$$

이며, 상대운동 모리슨방정식을 전체 합력으로 다시 나타내면 다음과 같다.

$$F_x = C_m \frac{\pi}{4}\rho D^2(\dot{U} - \ddot{x}) + C_d \frac{1}{2}\rho D(U - \dot{x})|U - \dot{x}|$$

파력을 받는 단자유도계의 운동은 다음과 같이 나타낼 수 있다.

$$m\ddot{x} + c\dot{x} + kx = C_m\rho \frac{\pi D^2}{4}(\dot{U} - \ddot{x}) + C_d \frac{1}{2}\rho D(U - \dot{x})|U - \dot{x}|$$

여기서 m, c, k는 각각 구조물의 질량, 감쇠, 강성이다. 이 구조물의 운동방정식을 선형화하기 위해, 상대속도를 다음과 같이 정의하고,

$$\dot{r} = \dot{x} - U$$

이것을 운동방정식에 대입하여 다시 정리하면 다음과 같다.

$$\left(m + C_m \rho \frac{\pi D^2}{4}\right)\ddot{r} + \left[c + C_d \frac{1}{2}\rho D|\dot{r}|\right]\dot{r} + kr = -m\dot{U} - cU - k\int_z U dt$$

[ ]에는 비선형항이 있다. 이전과 마찬가지로 로렌츠의 등가 일의 원리를 적용하여 선형 감쇠계수를 추정할 수 있다. 즉, 한 파장에 비선형 감쇠와 동일한 양의 에너지를 소산하는 선형감쇠계수 α^*을 사용하여 선형 감쇠항을 다음과 같이 정의한다.

$$\int_t^{t+T} \alpha^* \left(C_d \frac{1}{2}\rho D\right)\dot{r}dt = \int_t^{t+T}\left(C_d \frac{1}{2}\rho D\right)|\dot{r}|\dot{r}dt$$

다음으로 구조물의 운동과 파랑의 속도를 주기성을 갖는다고 가정하자.

$$x(t) = x_m \cos(\omega t - \phi)$$

$$U(t) = U_m \cos \omega t$$

여기서 x_m과 U_m은 각각 구조물의 운동과 파랑 속도의 진폭이고, ϕ는 구조물과 파랑운동의 위상차이다. 선형 시스템의 경우에, 정상상태의 진동수는 가진 하중의 진동수와 동일하다고 가정하자.

$$\alpha^* = \left(\frac{8}{3}\frac{U_m}{\pi}\right) G(S,\phi)$$

여기서 S는 파랑 속도의 진폭에 대한 구조물 운동의 진폭의 비이며,

$$S = \omega \frac{x_m}{U_m}$$

$G(S,\phi)$는 선형화함수(linearization function)로써 S와 ϕ의 함수이며 다음과 같다.

$$G(S,\phi) = \frac{S^2 - 2S\sin\phi + 1}{1 - S\sin\phi}$$

여기서 구조물의 변위가 작을 경우, $G(S,\phi) = 1$이며, 이 경우 c^*은 고정된 구조물에서 구한 값과 동일하다. S가 증가함에 따라, $G(S,\phi)$도 증가하지만, 구조물의 운동과 파랑 사이의 위상차에 따라 다르다.

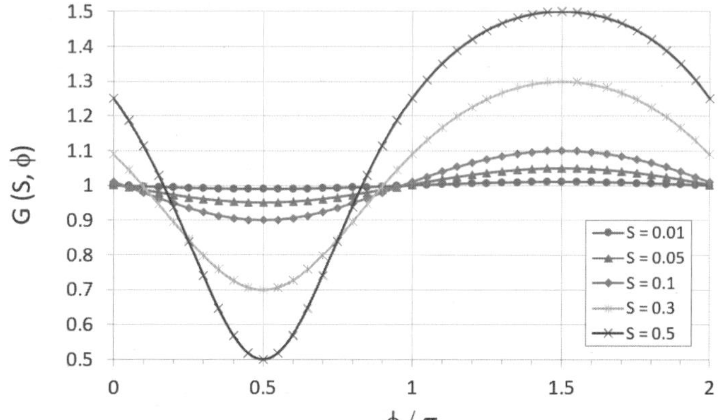

그림 8.2.4c 상대운동 모리슨방정식에 대한 선형화함수

$G(S, \phi)$에 관한 정의를 사용하여, 연직 실린더에 대한 선형화된 운동방정식을 나타내면 다음과 같다.

$$\left(m + C_m\rho\frac{\pi D^2}{4}\right)\ddot{x} + \left[c + \left(\frac{8}{3}\frac{U_m}{\pi}G\right)\left(C_d\frac{1}{2}\rho D\right)\right]\dot{x} + kx$$
$$= C_m\rho\frac{\pi D^2}{4}\frac{dU}{dt} + \left(\frac{8}{3}\frac{U_m}{\pi}G\right)\left(C_d\frac{1}{2}\rho D\right)U$$

여기서 가속도항에서 대류항을 무시함으로써 선형화하였다.

[예제] 8.2.2 모리슨방정식

다음 조건에서 구조물에 작용하는 수평방향 파랑하중을 구하라.

- 유체밀도 $\rho = 1{,}025$ kg/m^3
- 입자 속도 $u = 1.5$ m/s
- 항력계수 $C_d = 1.2$
- 구조물 지름 $D = 1.0$ m
- 입자 가속도 $\frac{du}{dt} = 0.8$ m/s^2
- 관성력계수 $C_m = 2.0$

[풀이]

해양구조물에 작용하는 파랑 하중을 예측하기 위해 사용되는 반경험적 공식인 모리슨방정식은 다음과 같다.

$$f_x = f_{ix} + f_{dx} = C_m\rho V\frac{du}{dt} + C_d\frac{1}{2}\rho Au|u|$$

여기서

V = 구조물의 체적(m^3). 예) 직경 D인 실린더의 경우, $V = \frac{\pi D^2}{4}$ (단위 길이당)

A = 투영 면적(m^2). 예) 직경 D인 실린더의 경우, $A = D$ (단위 길이당)

$V = \frac{\pi D^2}{4} \cdot 1 = \frac{\pi(1)^2}{4} \cdot 1 = 0.785$ m^3 (단위 길이당)

$A = D \cdot 1 = 1 \cdot 1 = 1.0$ m^2 (단위 길이당)

관성력과 항력을 구하면,

$$f_{ix} = C_m\rho V\frac{du}{dt} = 2.0 \times 1{,}025 \times 0.785 \times 0.8 = 1{,}288 \text{ N}$$

$$f_{dx} = C_d\frac{1}{2}\rho Au|u| = 1.2 \times \frac{1}{2} \times 1{,}025 \times 1.0 \times 1.5^2 = 1{,}383 \text{ N}$$

따라서

$$f_x = f_{ix} + f_{dx} = 1{,}288 + 1383 = 2{,}671 \text{ N}$$

연습문제: 제8장 파랑진동

8.1 파랑하중

- 8.1.6 JONSWAP PSD 함수 vs 파랑 시간이력
  본문에 예시한 파고에 관한 JONSWAP 스펙트럼밀도함수가 있다. 공학공식집을 사용하여 이에 상응하는 파고의 3시간 시간이력을 생성하라.

8.2 구조물의 진동

- 8.2.3 P-M 스펙트럼과 선형 모리슨 방정식
  $f_p = 0.125\text{Hz}$인 Pierson-Moskowitz 스펙트럼을 사용하여, 다음 말뚝(pile)에 작용하는 하중과 밑면 모멘트에 관한 RMS값을 구하라. 여기서 $C_d = 1.0, C_m = 1.7, \rho = 1{,}025.6\frac{\text{kg}}{\text{m}^3}, L = \sqrt{2\pi h L_p}\left(1 - \frac{\pi h}{3L_p}\right)$.

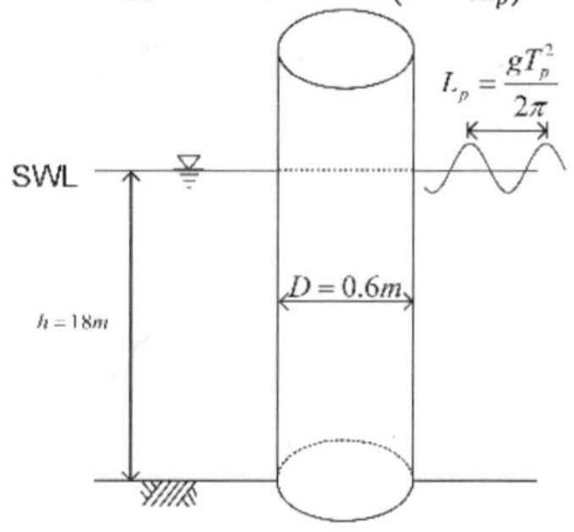

제9장 진동제어

제9장

진동제어

9.1 면진 (지진격리)

9.1.1 지진을 어떻게 피해갈까?

그림 9.1.1a 내진설계방법 비교 (출처: TheStory 더스토리) [YouTube]

(1) 광의의 내진설계 개념은 내진, 면진 및 제진을 모두 포함하지만,

(2) 협의의 개념으로 서로 구분하여 사용한다면,

1) '내진(耐震, seismic resistance)'은 구조물이 지진력에 견딜 수 있도록 튼튼하게 설계하는 것이고,

2) '면진(免震, seismic isolation, 지진격리)'은 지진력을 흡수하지 않고, 오히려 구조물의 동적 특성을 통해 지진력을 반사할 수 있도록 구조물을 설계하는 것이며,

3) '제진(制震, vibration control)'은 입사하는 지진에 대항하여 반대방향의 하중을 가하거나, 감쇠장치를 사용하여 지진에너지를 소산하는 능동적 개념의 구조물 설계이다.

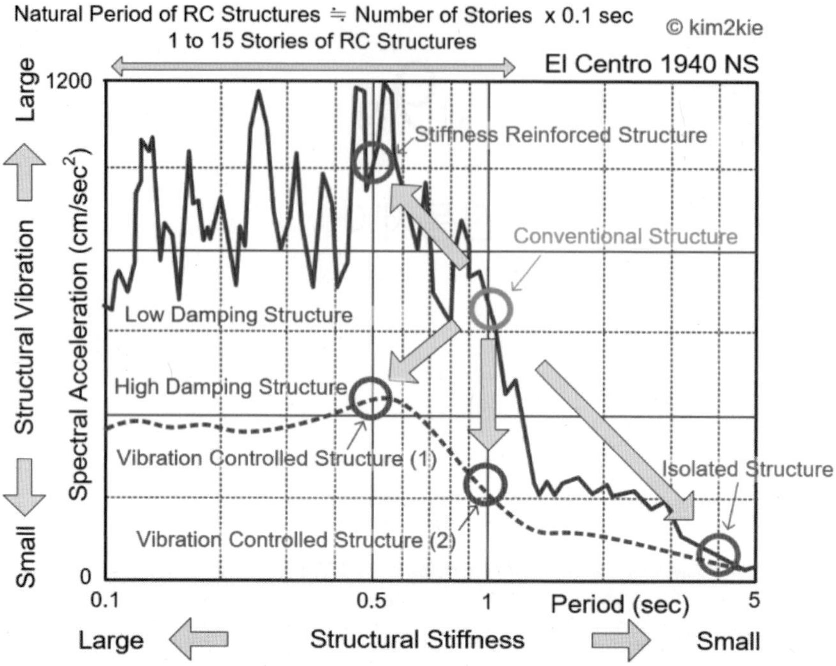

그림 9.1.1b 내진-제진-면진의 원리

(1) 내진이란 한자로는 耐震, 영어로는 earthquake resistance 혹은 내진설계의 개념에서 seismic design이라 하며, 구조물을 공학적으로 지진력에 견딜 수 있도록 설계하는 것이다. 즉, 부재의 강성 및 강도의 증가, 그리고 연성도의 증가를 통해 구조물에 작용하는 지진력에 대한 내성을 높이는 개념이다.

(2) 면진이란 면할 免, 말 그대로 지진의 강한 지진력 대역을 피해가겠다는 개념으로, 영어로는 seismic isolation이라 한다. 즉, 구조물로 입사하는 지진에너지를 대부분 반사하여, 구조물에 입사하는 에너지를 줄임으로써 구조물에 작용하는 지진력을 줄이는 개념이다.

지진은 단주기 성분이 장주기의 성분에 비해 크며, 구조물의 고유주기가 지진의 단주기 성분과 비슷한 경우에 공진현상(共振, resonance)에 의해 구조물의 응답이 증폭할 수 있다.

면진구조물이란 이러한 입력 지진의 특성을 이용하여 구조물의 고유주기를 지진의 '탁월주기(卓越週期, predominant period)' 대역과 어긋나게 하여, 지진과 구조물과의 공진을 피하고, 입력 지진에너지가 구조물에 상대적으로 적게 전달되도록 설계하는 것이다. 일반적으로 면진장치를 사용하여 구조물의 고유주기를 인위적으로 길게 하여 지진의 탁월주기 대역을 벗어나도록 설계한 구조물을 일컫는다. 예를 들어 초고층건물이나 교각이 아주 높은 교량의 경우에, 구조물 자체의 고유주기가 충분히 길기 때문에 자동으로 면진구조물의 역할을 하게 되지만, 저층건물이나 교각의 강성이 큰 교량의 경우 지반과의 연결부에 적층고무 등과 같은 면진장치를 삽입하여 구조물의 고유주기를 강제적으로 늘리기도 한다.

주기 증가에 따른 면진구조물의 응답을 각각 나타내면 다음과 같다. 즉, 면진구조물의 주기 증가로 인해 관성력은 급격히 감소하나, 구조물의 절대 변위가 증가하는 것을 알 수 있다.

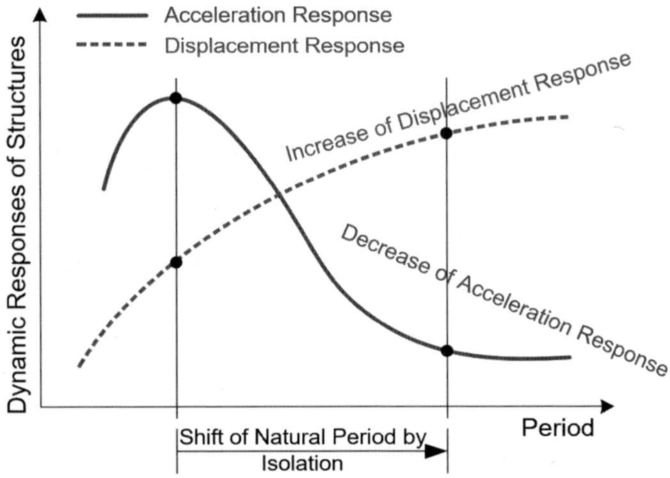

그림 9.1.1c 면진구조물의 동적 응답

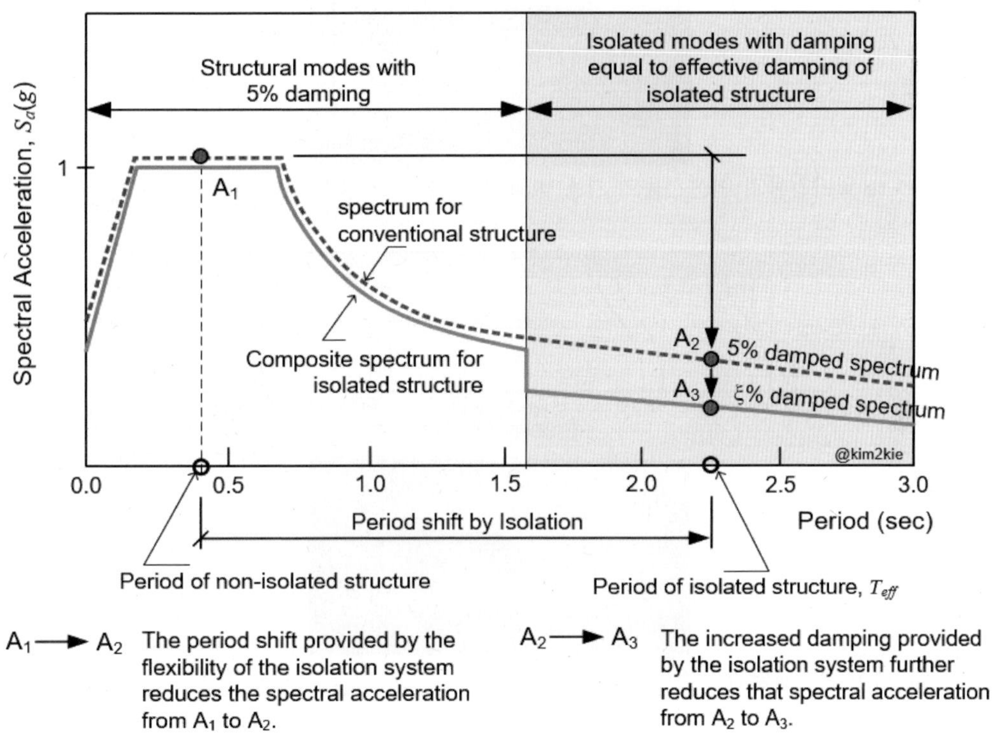

그림 9.1.1d 면진구조물의 동적 응답(참조: ISO 22762)

미국, 뉴질랜드 등 서구의 지진다발국가에서는 base isolation이란 용어를 주로 사용하는데, 지진격리, 지반분리, 기초분리, 기초면진 등으로 해석할 수 있다. 강한 지진일지라도 구조물이 지반과 떨어져 있다면 지진의 피해를 받지 않는다는 개념으로 설명할 수 있다. 즉, 지진의 피해를 면할 수 있는 가장 좋은 방법은 구조물을 지반과 분리시키는 것이다. 그러나 구조물을 지반에서 분리시키는 것은 물리적으로 불가능하므로, 수직하중은 충분히 지지하면서 수평방향으로는 강성이 아주 작거나 미끄러운 받침을 이용하여 구조물을 지반과 격리한다.

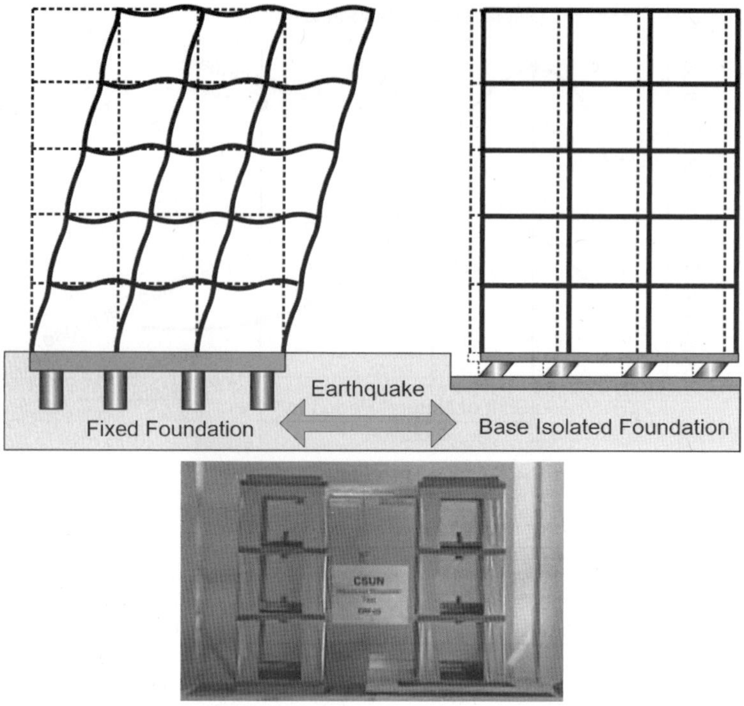

그림 9.1.1e 일반건물과 면진건물의 거동 비교 (우측 유튜브 출처: Valentin Shustov) [YouTube]

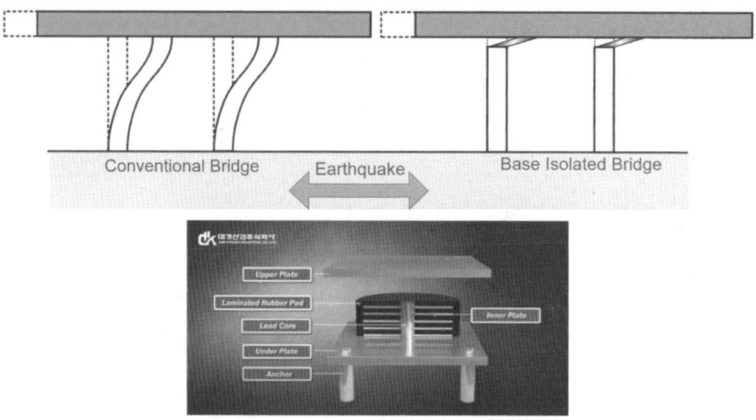

그림 9.1.1f 일반교량과 면진교량의 거동 비교 (우측 유튜브 출처: DK 대경산업) [YouTube]

일반교량은 지진 시 상부구조물의 관성력을 고정받침이 설치된 교각이 모두 지지해야 한다. 이에 반해 면진교량은 관성력을 면진받침이 설치된 교각들이 분담하여 교각 및 관련 교각의 기초를 효율적으로 설계할 수 있다.

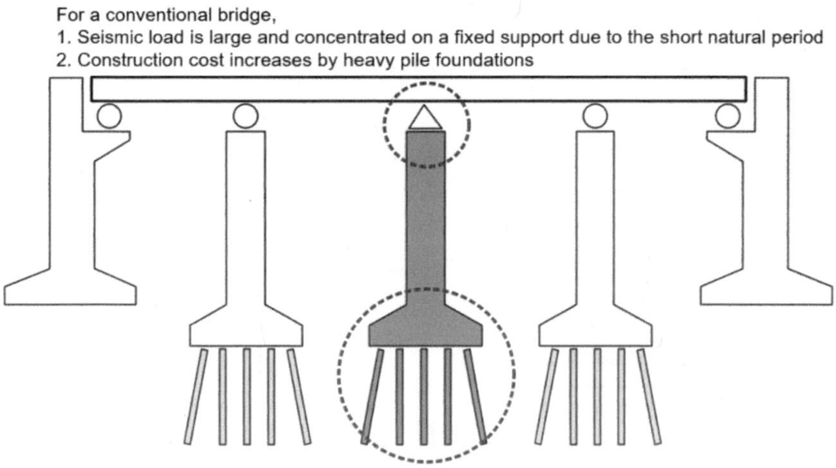

그림 9.1.1g 일반교량의 내진설계 개념

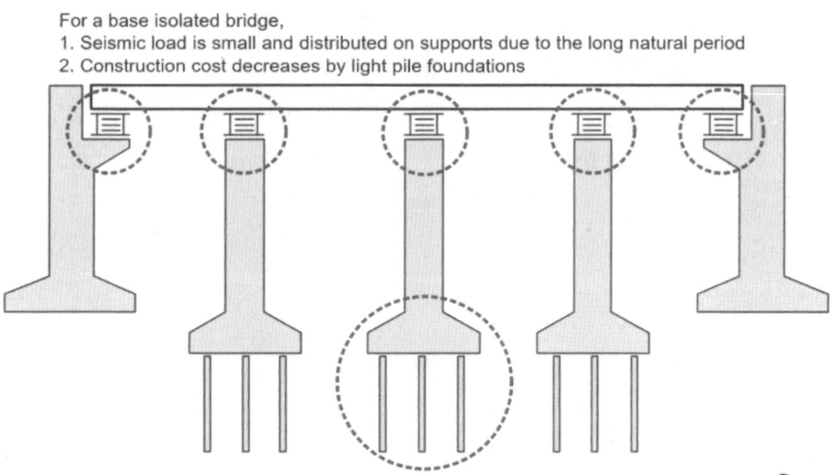

그림 9.1.1h 면진교량의 내진설계 개념

면진장치의 위치를 기준으로 두 가지 면진유형으로 구분할 수 있다. 하나는 구조물 밑면에 면진장치를 설치하는 밑면 면진(base isolation)라고 하고, 다른 하나는 상부 구조물의 중간층에 면진장치를 설치하는 중간층 면진(mid-story isolation)라고 한다.

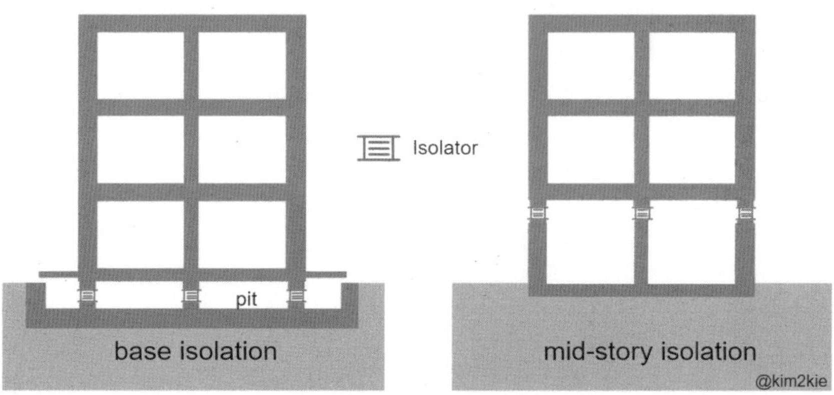

그림 7.1.1i 밑면 면진과 중간층 면진

일반적으로 면진장치에 작용하는 전단력과 변위응답의 관계를 복원강성과 감쇠력의 조합인 이선형(bi-linear) 거동으로 모델링하여 해석한다.

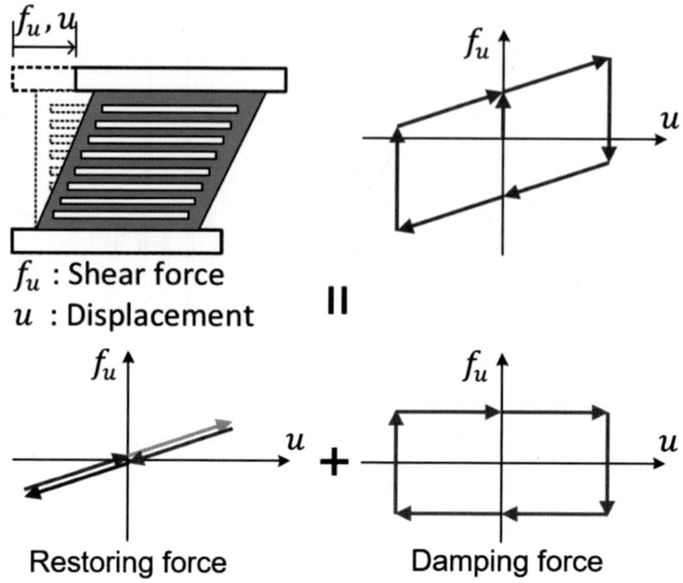

그림 9.1.1i 면진장치의 거동

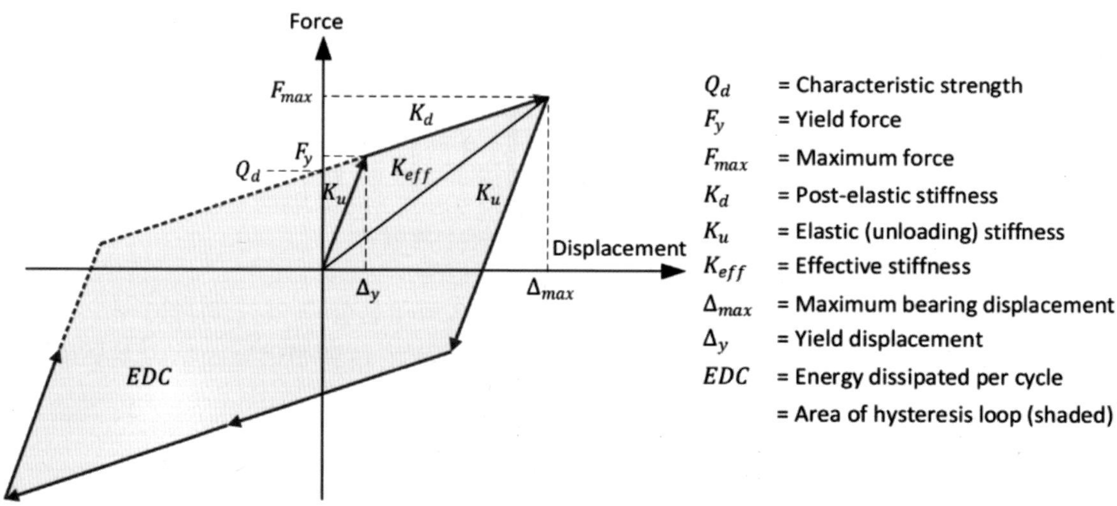

그림 9.1.1j 면진받침의 이선형 거동 모델

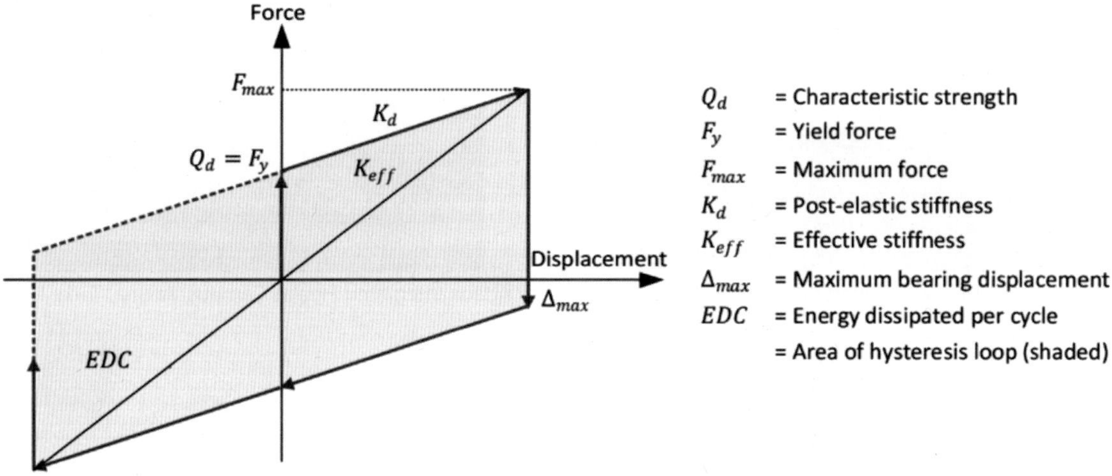

그림 9.1.1k 면진장치의 마찰 거동 모델

일반적으로 면진장치의 이력곡선은 실험실에서 동적 실험을 수행하여 구하며, 구조물의 감쇠가 선형점성감쇠가 아닌 경우 이력곡선은 타원형이 아니다. 조화하중에 의한 진동실험으로 얻은 일반 이력곡선의 면적인 한 주기당 소산에너지(E_D)가 등가점성감쇠에 의한 소산에너지를 나타내는 타원의 면적과 같다고 하여 등가점성감쇠를 구할 수 있다. 관련 식과 유도 과정은 2.1 절 자유진동과 구조물의 동적 특성 을 참조할 수 있다.

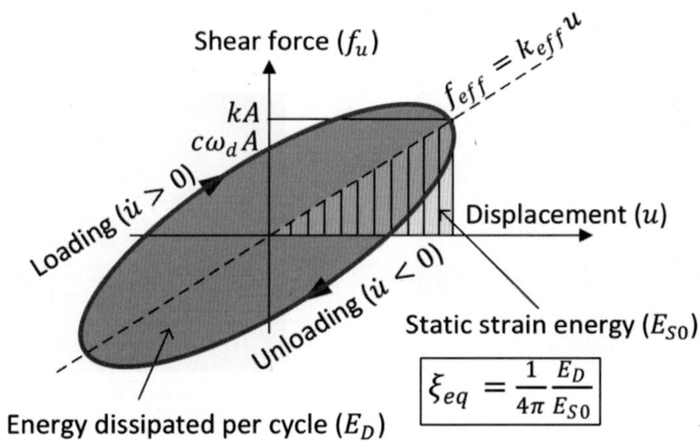

그림 9.1.1l 면진장치의 등가감쇠 거동 모델

(a) Apple Park, Cupertino, California (2017)

(b) Adana Integrated Health Campus, Adana, Turkey (2017)

(c) Tokyo Skytree East Tower, Tokyo (2012)

(d) Isparta City Hospital, Isparta, Turkey (2016)

(e) Logistics Park Hino, Tokyo (2015)

(f) Logiport Sagamihara, Sagamihara, Japan (2013)

(g) Shinagawa Season Terrace, Tokyo (2015)

(h) Sabiha Gokcen Airport International Terminal, Istanbul (2009)

(i) Erzurum Regional Training & Research Hospital, Turkey (2007)

(j) Tan Tzu Medical Center, Taiwan (2006)

그림 9.1.1m 면진장치가 설치된 세계 10대 건축구조물

(출처: Scott Lewis, The 10 Largest Base-Isolated Buildings in the World, Engineering News-Record (ENR), July 2017)

9.1.2 면진이론

면진에 관한 기본 이론은 다음과 같은 2자유도계를 사용하여 설명할 수 있다.

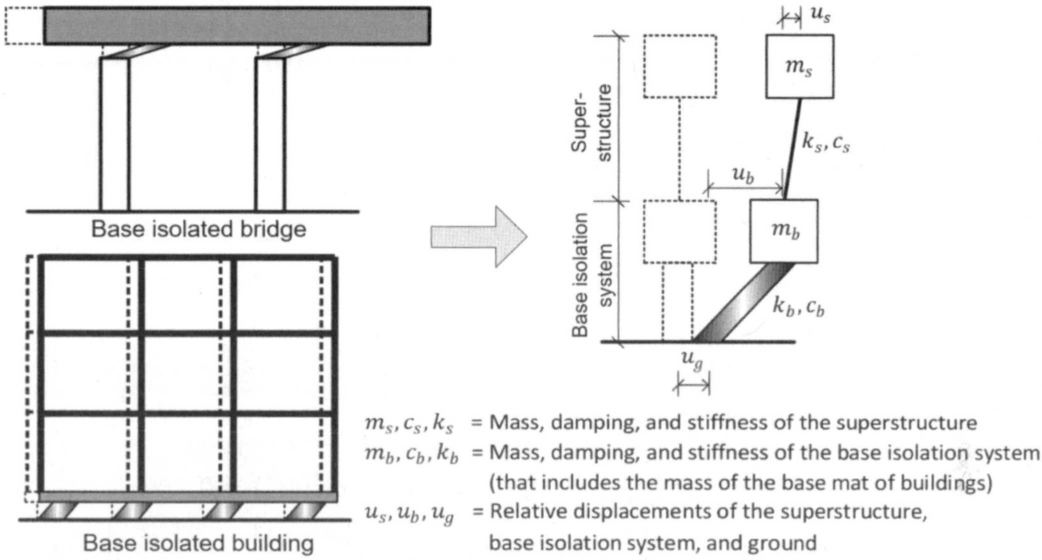

그림 9.1.2 2자유도계 면진구조물

여기서 m_s은 건물의 상부구조물(superstructure)의 질량; m_b는 면진장치 위에 놓인 질량(즉, 건물의 경우 기초층 또는 기초매트(basemat)의 질량); k_s와 c_s는 상부구조물의 강성과 감쇠; k_b와 c_b는면진시스템의 강성과 감쇠; 그리고 u_s, u_b 및 u_g는 각각 상부구조물, 면진시스템 및 지반의 층간 상대변위이다.

상대변위를 사용한 2자유도계 면진구조물의 운동방정식은 다음과 같다.

$$\begin{bmatrix} m_s & m_s \\ m_s & m_t \end{bmatrix} \begin{Bmatrix} \ddot{u}_s \\ \ddot{u}_b \end{Bmatrix} + \begin{bmatrix} c_s & 0 \\ 0 & c_b \end{bmatrix} \begin{Bmatrix} \dot{u}_s \\ \dot{u}_b \end{Bmatrix} + \begin{bmatrix} k_s & 0 \\ 0 & k_b \end{bmatrix} \begin{Bmatrix} u_s \\ u_b \end{Bmatrix} = -\begin{bmatrix} m_s & m_s \\ m_s & m_t \end{bmatrix} \begin{Bmatrix} 0 \\ 1 \end{Bmatrix} \ddot{u}_g$$

또는

$$[M]\{\ddot{U}\} + [C]\{\dot{U}\} + [K]\{U\} = -[M]\{1\}\ddot{u}_g$$

여기서

$$[M] = \begin{bmatrix} m_s & m_s \\ m_s & m_t \end{bmatrix}, [C] = \begin{bmatrix} c_s & 0 \\ 0 & c_b \end{bmatrix}, [K] = \begin{bmatrix} k_s & 0 \\ 0 & k_b \end{bmatrix}$$

$$\{U\} = \begin{Bmatrix} u_s \\ u_b \end{Bmatrix} = \langle u_s \quad u_b \rangle^T, \{1\} = \begin{Bmatrix} 0 \\ 1 \end{Bmatrix} = \langle 0 \quad 1 \rangle^T, m_t = m_s + m_b$$

질량비 γ, 공칭진동수 ω_s와 ω_b를 다음과 같이 정의하였다.

$$\gamma = \frac{m_s}{m_s + m_b} = \frac{m_s}{m_t}, \quad \omega_s^2 = \frac{k_s}{m_s}, \quad \omega_b^2 = \frac{k_b}{m_t}$$

여기서 $\varepsilon = \left(\frac{\omega_b}{\omega_s}\right)^2 = \boldsymbol{O}(10^{-2})$라고 가정하였다.

감쇠계수(damping factor) ξ_s와 ξ_b는 다음과 같이 정의하였다.

$$2\xi_s\omega_s m_s = c_s,\ 2\xi_b\omega_b m_t = c_b$$

$\gamma, \omega_s, \omega_b, \xi_s, \xi_b$를 사용하여 운동방정식을 다시 나타내면 다음과 같다.

$$\begin{bmatrix} 1 & 1 \\ \frac{m_s}{m_t} & 1 \end{bmatrix}\begin{Bmatrix} \ddot{u}_s \\ \ddot{u}_b \end{Bmatrix} + \begin{bmatrix} \frac{c_s}{m_s} & 0 \\ 0 & \frac{c_b}{m_t} \end{bmatrix}\begin{Bmatrix} \dot{u}_s \\ \dot{u}_b \end{Bmatrix} + \begin{bmatrix} \frac{k_s}{m_s} & 0 \\ 0 & \frac{k_b}{m_t} \end{bmatrix}\begin{Bmatrix} u_s \\ u_b \end{Bmatrix} = -\begin{bmatrix} 1 & 1 \\ \frac{m_s}{m_t} & 1 \end{bmatrix}\begin{Bmatrix} 0 \\ 1 \end{Bmatrix}\ddot{u}_g$$

$$\begin{bmatrix} 1 & 1 \\ \gamma & 1 \end{bmatrix}\begin{Bmatrix} \ddot{u}_s \\ \ddot{u}_b \end{Bmatrix} + \begin{bmatrix} 2\xi_s\omega_s & 0 \\ 0 & 2\xi_b\omega_b \end{bmatrix}\begin{Bmatrix} \dot{u}_s \\ \dot{u}_b \end{Bmatrix} + \begin{bmatrix} \omega_s^2 & 0 \\ 0 & \omega_b^2 \end{bmatrix}\begin{Bmatrix} u_s \\ u_b \end{Bmatrix} = -\begin{bmatrix} 1 & 1 \\ \gamma & 1 \end{bmatrix}\begin{Bmatrix} 0 \\ 1 \end{Bmatrix}\ddot{u}_g$$

면진구조물의 고유진동수 ω_1과 ω_2에 해당하는 구조물의 모드형상은 다음과 같이 $\{\Psi^{(1)}\}$과 $\{\Psi^{(2)}\}$로 표시할 수 있다.

$$\{\Psi^{(i)}\} = \begin{Bmatrix} \psi_s^{(i)} \\ \psi_b^{(i)} \end{Bmatrix}, \qquad (i = 1, 2)$$

고유진동수에 대한 특성방정식(characteristic equation)은 다음과 같다.

$$([K] - \omega^2[M])\{\Psi\} = \{0\} \rightarrow \det([K] - \omega^2[M]) = 0$$

$$\det\left(\begin{bmatrix} \omega_s^2 & 0 \\ 0 & \omega_b^2 \end{bmatrix} - \omega^2\begin{bmatrix} 1 & 1 \\ \gamma & 1 \end{bmatrix}\right) = 0 \rightarrow \begin{vmatrix} \omega_s^2 - \omega^2 & -\omega^2 \\ -\gamma\omega^2 & \omega_b^2 - \omega^2 \end{vmatrix} = 0$$

따라서

$$(1-\gamma)\omega^4 - (\omega_s^2 + \omega_b^2)\omega^2 + \omega_s^2\omega_b^2 = 0$$

이고, 이 방정식의 해는 다음과 같다.

$$\begin{Bmatrix} \omega_1^2 \\ \omega_2^2 \end{Bmatrix} = \begin{Bmatrix} \dfrac{\omega_s^2+\omega_b^2-\sqrt{(\omega_s^2-\omega_b^2)^2+4\gamma\omega_s^2\omega_b^2}}{2(1-\gamma)} \\ \dfrac{\omega_s^2+\omega_b^2+\sqrt{(\omega_s^2-\omega_b^2)^2+4\gamma\omega_s^2\omega_b^2}}{2(1-\gamma)} \end{Bmatrix}$$

ε의 1차항까지 사용하여 근사적으로 나타내면,

$$\begin{Bmatrix} \omega_1^2 \\ \omega_2^2 \end{Bmatrix} = \begin{Bmatrix} \omega_b^2(1-\gamma\varepsilon) \\ \omega_s^2\frac{1+\gamma\varepsilon}{1-\gamma} \end{Bmatrix}$$

이고, $\psi_b^{(i)} = 1\ \ (i = 1,2)$로 정규화(normalization) 시킨 모드형상은 다음과 같다.

$$\{\Psi^{(1)}\} = \begin{Bmatrix} \varepsilon \\ 1 \end{Bmatrix}, \qquad \{\Psi^{(2)}\} = \begin{Bmatrix} -\frac{(1-\gamma)\varepsilon-1}{\gamma} \\ 1 \end{Bmatrix}$$

일반 모드좌표계를 사용하여 면진구조물의 상대변위를 나타내면 다음과 같다.

$$\begin{Bmatrix} u_s \\ u_b \end{Bmatrix} = [\{\Psi^{(1)}\} \quad \{\Psi^{(2)}\}]\begin{Bmatrix} q_1 \\ q_2 \end{Bmatrix}$$

여기서 q_1과 q_2는 시간에 따라 변하는 일반 모드좌표이다.

μ_{ii}와 L_i를 다음과 같이 정의하며,

$$\mu_{ii} = \left\{\Psi^{(i)}\right\}^T [M]\left\{\Psi^{(i)}\right\}, \quad L_i = \left\{\Psi^{(i)}\right\}^T [M]\{1\}$$

이것을 ε의 1차항까지 사용하여 근사화하면 다음과 같다.

$$\mu_{11} = m_t(1+2\gamma\varepsilon), \quad \mu_{22} = m_t \frac{(1-\gamma)[1-2(1-\gamma)\varepsilon]}{\gamma}$$

$$L_1 = m_t(1+\gamma\varepsilon), \qquad L_2 = m_t(1-\gamma)\varepsilon$$

운동방정식 $\langle u_s \quad u_b\rangle^T$를 모드계수인 $\langle q_1 \quad q_2\rangle^T$의 항으로 다시 나타낼 수 있다.

$$\begin{bmatrix}1 & 0\\0 & 1\end{bmatrix}\begin{Bmatrix}\ddot{q}_1\\\ddot{q}_2\end{Bmatrix} + \begin{bmatrix}2\xi_1\omega_1 & \lambda_1\\ \lambda_2 & 2\xi_2\omega_2\end{bmatrix}\begin{Bmatrix}\dot{q}_1\\\dot{q}_2\end{Bmatrix} + \begin{bmatrix}\omega_1^2 & 0\\0 & \omega_2^2\end{bmatrix}\begin{Bmatrix}q_1\\q_2\end{Bmatrix} = -\begin{Bmatrix}\frac{L_1}{\mu_{11}}\\\frac{L_2}{\mu_{22}}\end{Bmatrix}\ddot{u}_g$$

$2\xi_1\omega_1$과 $2\xi_2\omega_2$는 다음 식으로부터 계산할 수 있다.

$$2\xi_i\omega_i\mu_{ii} = \left\{\Psi^{(i)}\right\}^T \begin{bmatrix}c_s & 0\\0 & c_b\end{bmatrix}\left\{\Psi^{(i)}\right\}$$

$$2\xi_1\omega_1 = 2\xi_b\omega_b(1-2\gamma\varepsilon), \quad 2\xi_2\omega_2 = \frac{2\xi_s\omega_s + 2\xi_b\omega_b\gamma}{1-\gamma}$$

따라서 ξ_1과 ξ_2는 각각 다음과 같다.

$$\xi_1 = \xi_b\left(1-\frac{3}{2}\gamma\varepsilon\right), \quad \xi_2 = \frac{\xi_s + \xi_b\gamma\sqrt{\varepsilon}}{\sqrt{1-\gamma}}\left(1-\frac{1}{2}\gamma\varepsilon\right)$$

연동계수(coupling coefficient) λ_1과 λ_2는 다음 식에서 계산할 수 있다.

$$\lambda_1\mu_{11} = \left\{\Psi^{(1)}\right\}^T \begin{bmatrix}c_s & 0\\0 & c_b\end{bmatrix}\left\{\Psi^{(2)}\right\}, \quad \lambda_2\mu_{22} = \left\{\Psi^{(2)}\right\}^T \begin{bmatrix}c_s & 0\\0 & c_b\end{bmatrix}\left\{\Psi^{(1)}\right\} = \lambda_1\mu_{11}$$

따라서

$$\lambda_1\mu_{11} = \langle\varepsilon \quad 1\rangle\begin{bmatrix}c_s & 0\\0 & c_b\end{bmatrix}\begin{Bmatrix}-a\\1\end{Bmatrix} = c_b - \varepsilon\, a\, c_s$$

여기서 $a = \frac{1+(\gamma-1)\varepsilon}{\gamma}$이다.

앞서 구한 μ_{11}과 μ_{22}를 사용하여 나타내면 다음과 같다.

$$\lambda_1 = \frac{2\xi_b\omega_b m_t - 2\xi_s\omega_s m_s\,\varepsilon\frac{1+(\gamma-1)\varepsilon}{\gamma}}{m_t(1+2\gamma\varepsilon)} \approx 2\omega_b(1-2\gamma\varepsilon)\left(\xi_b - \sqrt{\varepsilon}\,\xi_s\right)$$

$$\lambda_2 = \frac{2\xi_b\omega_b m_t - 2\xi_s\omega_s m_s\,\varepsilon\frac{1+(\gamma-1)\varepsilon}{\gamma}}{m_t\frac{(1-\gamma)[1-2(1-\gamma)\varepsilon]}{\gamma}} \approx 2\omega_b\left[\{1+2(1-\gamma)\varepsilon\}\beta_b - \sqrt{\varepsilon}\,\beta_s\right]\frac{\gamma}{1-\gamma}$$

대부분의 실제 구조물에서, 감쇠는 충분히 작아 비대각(off-diagonal) 항들인 λ_1과 λ_2는무시할 수 있으므로, 필요한 해를 다음과 같은 2개의 독립된 모드방정식으로부터 구할 수 있다.

$$\begin{bmatrix}1 & 0\\0 & 1\end{bmatrix}\begin{Bmatrix}\ddot{q}_1\\\ddot{q}_2\end{Bmatrix} + \begin{bmatrix}2\xi_1\omega_1 & 0\\0 & 2\xi_2\omega_2\end{bmatrix}\begin{Bmatrix}\dot{q}_1\\\dot{q}_2\end{Bmatrix} + \begin{bmatrix}\omega_1^2 & 0\\0 & \omega_2^2\end{bmatrix}\begin{Bmatrix}q_1\\q_2\end{Bmatrix} = -\begin{Bmatrix}\frac{L_1}{\mu_{11}}\\\frac{L_2}{\mu_{22}}\end{Bmatrix}\ddot{u}_g$$

지반운동인 $\ddot{u}_g(t)$를 알고 있다면, 모드성분인 $q_1(t)$와 $q_2(t)$는

$$q_1 = -\frac{L_1}{\mu_{11}}\frac{1}{\omega_{d,1}}\int_0^t \ddot{u}_g(\tau)\, e^{-\xi_1\omega_1(t-\tau)} \sin\omega_{d,1}(t-\tau)\, d\tau$$

$$q_2 = -\frac{L_2}{\mu_{22}}\frac{1}{\omega_{d,2}}\int_0^t \ddot{u}_g(\tau)\, e^{-\xi_2\omega_2(t-\tau)} \sin\omega_{d,2}(t-\tau)\, d\tau$$

이고, 참고로 통상 건설 및 기계 구조물들은 감쇠비가 0.2 보다 작으며, 이 경우에 $\omega_{d,n} = \omega_n\sqrt{1-\xi^2} \approx \omega_n$라 할 수 있다. 따라서

$$q_1 = -\frac{L_1}{\mu_{11}}\frac{1}{\omega_1}\int_0^t \ddot{u}_g(\tau)\, e^{-\xi_1\omega_1(t-\tau)} \sin\omega_1(t-\tau)\, d\tau$$

$$q_2 = -\frac{L_2}{\mu_{22}}\frac{1}{\omega_2}\int_0^t \ddot{u}_g(\tau)\, e^{-\xi_2\omega_2(t-\tau)} \sin\omega_2(t-\tau)\, d\tau$$

이고, q_1과 q_2의 최대값은 다음과 같다.

$$q_{1,max} = \max_t |q_1| = \frac{L_1}{\mu_{11}} S_d(\omega_1, \xi_1)$$

$$q_{2,max} = \max_t |q_2| = \frac{L_2}{\mu_{22}} S_d(\omega_2, \xi_2)$$

여기서 $S_d(\omega_n, \xi_n)$는 고유진동수 ω_n과 감쇠계수 ξ_n를 갖는 단자유도계의 지반운동 $\ddot{u}_g(t)$에 대한 변위 응답스펙트럼이다.

최대 스펙트럼 값들로부터 유용한 여러 가지 자료를 추정하기 위해, SRSS (square root of sum of squares) 방법을 사용할 수 있으며, 이 방법을 사용하여 구한 면진장치와 구조물의 최대변위값은 다음과 같다.

$$|u_s|_{max} = \sqrt{\left\{\psi_s^{(1)} q_{1,max}\right\}^2 + \left\{\psi_s^{(2)} q_{2,max}\right\}^2}$$

$$|u_b|_{max} = \sqrt{\left\{\psi_b^{(1)} q_{1,max}\right\}^2 + \left\{\psi_b^{(2)} q_{2,max}\right\}^2}$$

앞서 구한 결과를 위 식에 대입하면 다음과 같다.

$$|u_s|_{max} = \sqrt{\left\{\varepsilon\ \frac{L_1}{\mu_{11}} S_d(\omega_1, \xi_1)\right\}^2 + \left\{\frac{(1-\gamma)\varepsilon-1}{\gamma}\ \frac{L_2}{\mu_{22}} S_d(\omega_2, \xi_2)\right\}^2}$$

$$\approx \varepsilon\sqrt{(1-\gamma\varepsilon)^2\{S_d(\omega_1, \xi_1)\}^2 + \{S_d(\omega_2, \xi_2)\}^2}$$

$$|u_b|_{max} = \sqrt{\left\{\frac{L_1}{\mu_{11}} S_d(\omega_1, \xi_1)\right\}^2 + \left\{\frac{L_2}{\mu_{22}} S_d(\omega_2, \xi_2)\right\}^2}$$

$$\approx \sqrt{(1-\gamma\varepsilon)^2\{S_d(\omega_1, \xi_1)\}^2 + \varepsilon^2\gamma^2\{S_d(\omega_2, \xi_2)\}^2}$$

상부구조물 응답에서 ε보다 차수가 높은 모든 항들을 무시할 수 있으며, 면진시스템응답에서 $\varepsilon^2\gamma^2\{S_d(\omega_2, \xi_2)\}^2$항은 고차 진동수($\omega_2$)에서의 변위응답이 저차 진동수($\omega_1$)에서의 변위응답에 비해 매우 작은 일반적인 지진응답스펙트럼에서는 무시할 수 있으므로, 위 식은 다음과 같이 다시 근사할 수 있다.

$$|u_s|_{max} \approx \varepsilon\sqrt{\{S_d(\omega_1, \xi_1)\}^2 + \{S_d(\omega_2, \xi_2)\}^2}$$

$$|u_b|_{max} \approx (1-\gamma\varepsilon)\,\{S_d(\omega_1,\xi_1)\}$$

이 경우 구조물의 밑면전단계수(base shear coefficient) C_s를 다음과 같이 근사할 수 있다.

$$C_s = \left|\frac{k_s u_s}{m_s}\right|_{max} = \omega_s^2 |u_s|_{max} \approx \omega_s^2 \varepsilon \sqrt{\{S_d(\omega_1,\xi_1)\}^2 + \{S_d(\omega_2,\xi_2)\}^2}$$

$$\approx \sqrt{\omega_b^4\{S_d(\omega_1,\xi_1)\}^2 + \omega_s^4\varepsilon^2\{S_d(\omega_2,\xi_2)\}^2}$$

$$\approx \sqrt{\{S_a(\omega_1,\xi_1)\}^2 + \varepsilon^2\{S_a(\omega_2,\xi_2)\}^2}$$

또한 $|u_s|_{max}$와 $|u_b|_{max}$는 관련 식의 첫 번째 항만을 고려하고, $\omega_1 \approx \omega_b$라고 가정하면 다음과 같다.

$$|u_s|_{max} \approx \varepsilon \frac{S_v(\omega_b,\xi_b)}{\omega_b} \approx \varepsilon S_d(\omega_b,\xi_b)$$

$$|u_b|_{max} \approx \frac{S_v(\omega_b,\xi_b)}{\omega_b} \approx S_d(\omega_b,\xi_b)$$

이 경우 면진구조물의 밑면전단계수 $C_{s,isolated}$를 다음과 같이 근사할 수 있다.

$$C_{s,isolated} = \left|\frac{k_s u_s}{m_s}\right| = \omega_s^2 |u_s|_{max}$$

$$\approx \omega_b^2 S_d(\omega_b,\xi_b) \approx S_a(\omega_b,\xi_b)$$

위 식은 작은 $\varepsilon\left(=\frac{\omega_b^2}{\omega_s^2}\right)$과 일반적인 설계지진스펙트럼을 사용할 경우에, 면진시스템은 초기 위상각으로 상대변위 $S_d(\omega_b,\xi_b)$를 사용하여 설계할 수 있고, 면진구조물은 밑면전단계수인 $S_a(\omega_b,\xi_b)$에 대해 설계를 할 수 있다는 것을 의미한다.

고정기초(fixed-base)인 경우 밑면전단계수 $C_{s,fixed}$는 다음과 같다.

$$C_{s,fixed} = \omega_s^2 S_d(\omega_s,\xi_s) = S_a(\omega_s,\xi_s)$$

즉, 면진구조물의 밑면전단력의 감소는

$$\frac{C_{s,isolated}}{C_{s,fixed}} \approx \frac{S_a(\omega_b,\xi_b)}{S_a(\omega_s,\xi_s)}$$

이며, 등속도 스펙트럼(constant velocity spectrum)인 경우 위의 값은 대략 $\frac{\omega_b}{\omega_s}$이고, $\varepsilon^{\frac{1}{2}}$의 차수이다. 일반적으로 ξ_b가ξ_s보다 크므로 실제적으로 면진구조물의 밑면전단력의 감소는 더 클 것이다.

9.1.3 면진시스템

• 탄성받침 (RB: Rubber Bearing)

세계 최초로 탄성받침을 교량에 적용한 사례는 1955년 영국, 링컨(Lincoln)의 펠햄교(Pelham bridge)로 역시 천연고무계통의 600×400×180㎜의 적층고무받침이 32개 사용되었으며, 약 20년이 경과한 후 조사한 결과에 따르면 주변의 강재는 다소 부식이 진행되었으나 고무표면에는 오존에 의한 크랙도 전혀 발생되어 있지 않았던 것으로 보고 되었다. 1970년 이후 국내 교량에 많이 사용되고 있는 탄성받침은 유연한 수평변형능력으로 구조물의 주기를 크게 한다. 탄성받침의 구조는 적층고무와 적층보강 철판(steel shim)으로 제작되며, 고무의 압축, 전단변형으로 모든 방향으로의 신축 및 회전이 가능하다. 적층고무와 가황접착된 보강 철판은 고무의 팽출(bulging)을 방지하고, 큰 수직강성을 제공하지만, 수평강성에는 영향을 주지 않는다. 탄성받침은 100~150%까지의 전단변형도 내에서는 선형적인 특성을 보이며, 파괴 때까지 최대 600%까지의 전단변형도를 수용하고, 최대 수직하중 지지능력은 대략 150MPa이다.

그림 9.1.3a Pelham교 탄성받침 (1955)

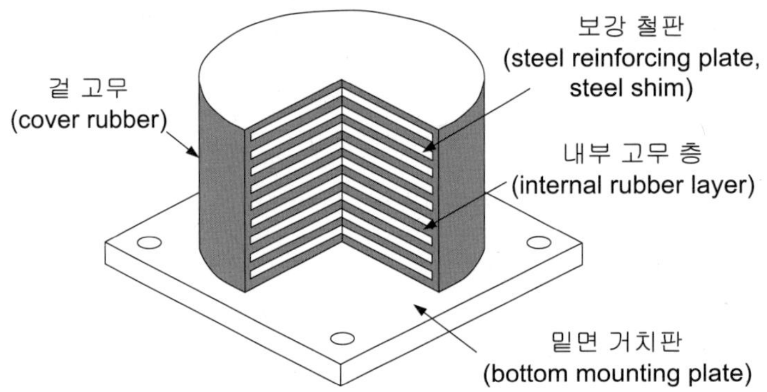

그림 9.1.3b 탄성받침의 구조

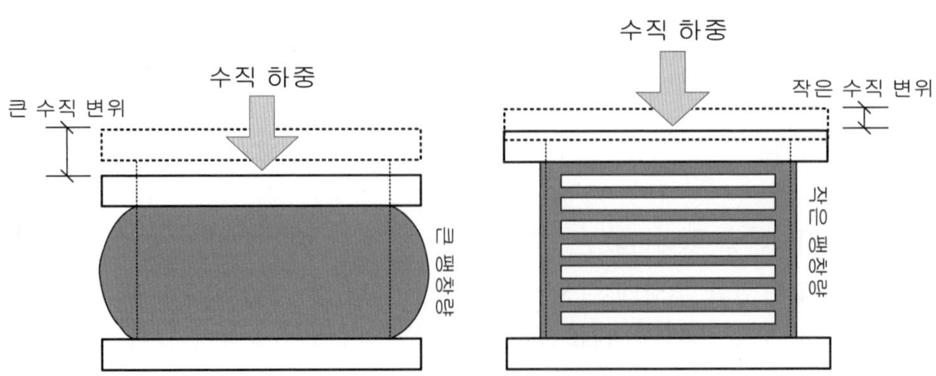

그림 9.1.3c 탄성받침의 보강 철판

그림 9.1.3d UCSD에서 수행한 일반건물(좌)와 면진건물(우)의 진동대시험 [YouTube]

• 납면진받침(LRB: Lead Rubber Bearing)

1975년 4월 뉴질랜드의 W. H. Robinson 박사에 의해 발명된 이후 전세계적으로 널리 사용되고 있다. 이 면진장치는 탄성받침의 장주기성, 납의 소성변형에 의한 변위의 감소, 납의 초기강성에 의한 안전성, 납의 감쇠 기능 등 여러 가지 장점을 포함하며, 이선형(bi-linear) 힘-변위 거동을 나타낸다. 대표적인 국내 적용사례로는 유니슨 기술연구소, 당산철교, 인천 LNG 저장구조물 등을 들 수 있다.

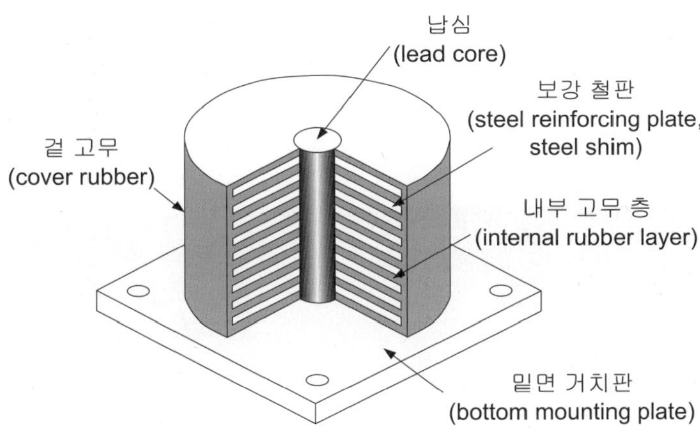

그림 9.1.3e 납면진받침의 구조

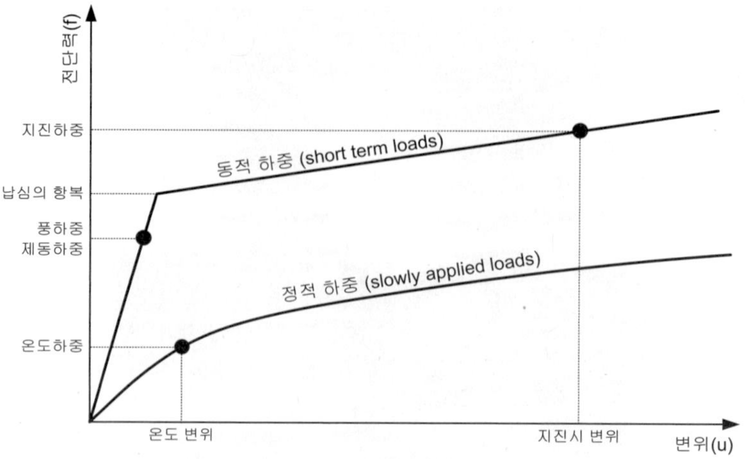

그림 9.1.3f 납면진받침의 하중-변위 곡선

샌프란시스코(San Francisco) 시청은 1906년 샌프란시스코 지진에 파괴되었던 예전 구조물을 대치하기 위해 1912년에 설계되었으며, NRHP에 역사적인 건물로 등록되어 있다. 1989년 Loma Prieta 지진으로 인해 구조물에 대한 전반적인 보수와 내진보강이 필요하였다. 보강방법의 주요한 목적은 건물의 역사적인 구조를 보존하는 것이었으며, 많은 보강 방법들 중에서 면진보강을 선택하였으며, 보강공사는 1994년에 시작되었고, 1998년에 완공되었다. 여기서 면진면을 기존 기초의 상단으로 하여, 530개의 납면진받침으로 면진되었다.

로스엔젤레스(Los Angeles) 시청은 1928년에 완공된 28층의 철골 건물로, 총 층면적은 약 83,000 m^2 이며, 1994년 Northridge 지진시에 손상을 입었는데, 가장 큰 손상은 강성이 상대적으로 약한 25층과 26층에서 발생했다. 사용된 면진보강은 475개의 고감쇠 고무받침을 60개의 미끄럼받침과 조합하여 사용하였으며, 면진층에서 52개의 기계적 점성감쇠기로 보충하였다. 또한, 12개의 점성감쇠기를 24층과 26층의 사이에 연약층에서의 층간변위를 제어하기 위해 설치하였다.

그림 9.1.3g 면진보강된 샌프란시스코 시청(좌)와 로스엔젤레스 시청(우)(출처: Wikipedia)

국내 최초의 면진시스템은 1980년대 평택 LNG 탱크에 적용된 탄성받침으로, 면진시스템의 설계는 프랑스 기술자들에 의해, 제작과 설치는 국내 회사가 담당하였다. 이후 두 번째로 1990년대 인천 LNG 탱크에 납면진받침을 사용하였으며, 면진시스템의 설계는 독일 기술자들에 의해, 제작과 설치는 국내 회사가 담당하였다.

그림 9.1.3h 납면진받침의 설치(인천 LNG 탱크)

국내에서 면진건물은 매우 드물다. 국내 최초의 면진건물은 지상 4층 지하 1층 철골구조인 유니슨 기술연구소(충남 천안; 1998년 12월 준공)이다. 면진시스템으로 납면진받침이 적용되었으며, 국내 기술자들에 의해 설계, 제작, 설치되었다.

국내 두 번째 면진건물은 지상 12층 지하 3층 주거용 아파트로 건설된, RC 전단벽 및 골조구조인 트라움하우스 III(서울 서초; 2002년 1월 준공)이다. 면진시스템으로 볼받침(SBB: steel ball bearing)과 납면진받침이 적용되었으며, 일본 SDG사에 의해 설계되었고, 일본 ADC사에 의해 제조되었다.

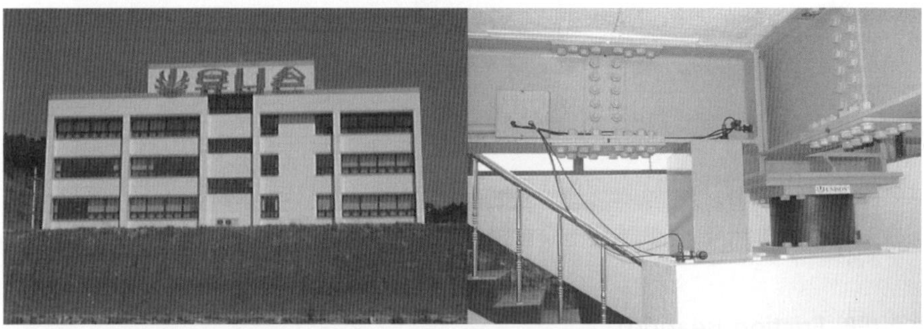

그림 9.1.3i ㈜유니슨 기술연구소의 밑면에 설치된 납면진받침

그림 9.1.3j 트라움하우스 III의 밑면에 설치된 볼받침과 납면진받침

국내 최초로 납면진받침을 시공한 면진교량은 부산시에서 발주하고 포스코건설이 시공한 부산시 광안대로(1994.12.-2002.12.) 제3공구의 와렌트러스로, 시공단계에서 설계변경하여 면진교량으로 추진되었다. 그러나 설계단계부터 면진교량으로 설계된 국내 최초의 면진교량은 당산철교(1994.10.-1999.11., 교체공사)로, 해상부의 주경간은 납면진받침으로 육상부는 탄성받침으로 설계되었으며, 철도레일의 변형이 없어야 한다는 철교도의 특성으로 교축방향으로는 면진설계의 개념이 교축직각방향에 대해서는 내진설계의 개념이 적용되었다.

그림 9.1.3k 국내 최초로 납면진받침을 시공한 광안대로(자료: 부산시 시설관리공단)

그림 9.1.3l 국내 최초의 면진교량인 지하철 2호선 당산철교(자료: ㈜유니슨)

• 마찰받침(FB: Friction Bearing)

기존의 미끄럼받침과 매우 유사한 구조로, 불소수지의 미끄럼판과의 마찰력을 이용하도록 고안되었으며, 기존의 미끄럼받침에 마찰력에 의한 감쇠기능이 추가된 장치이다. 큰 수직하중을 받을 수 있으나, 별도의 복원장치를 필요로 한다.

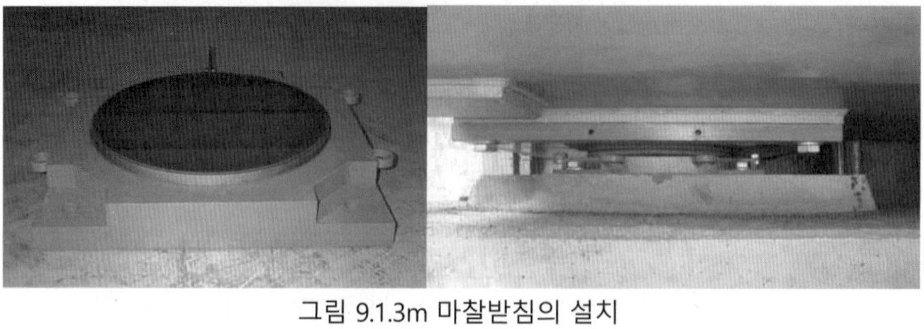

그림 9.1.3m 마찰받침의 설치

• 마찰진자받침(FPS: Friction Pendulum System)

일종의 마찰 면진시스템으로 미끄럼 작용과 형상에 의한 복원력 작용을 조합하였다. 즉, 미끄럼기구가 오목한 구형 표면상을 움직이므로 마찰력에 의한 감쇠와 형상에 의한 복원력을 제공한다. 구조물의 면진주기는 면진장치의 유효감쇠와 오목면의 곡률형상을 사용하여 제어한다.

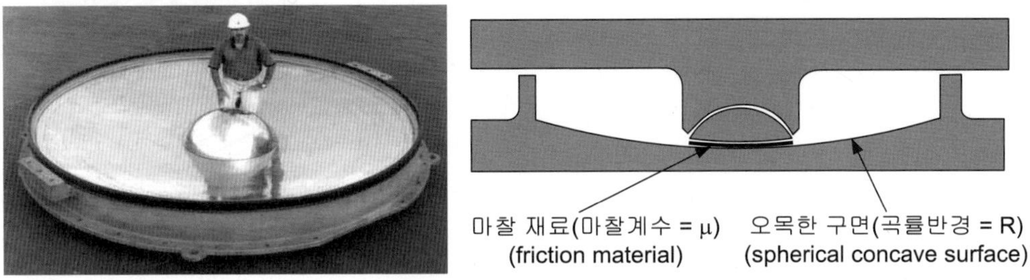

그림 9.1.3n 마찰진자받침

• 디스크받침(DB: Disc Bearing)

디스크받침은 고탄성 고압축 성질을 가진 폴리우레탄을 이용하여 대부분의 교량 및 건축물에 적합하도록 설계 개발된 받침장치로서, 상부구조물에서 발생하는 모든 수직 및 수평하중과 회전을 안정하게 수용할 수 있다. 디스크받침의 주요 구성요소는 구조물 상부하중과 바람과 지진과 같은 외부 수평하중에 의한 회전을 안전하게 수용할 수 있는 디스크(Polyurethane Disc)와 수평구속장치(Shear Restriction Mechanism)를 공통구성요소로 하고 있으며, PTFE와 스테인레스(Stainless)판을 이용하여 상부 구조물의 신축거동을 원활하게 하는 가동받침의 주요 구성요소로 하고 있다.

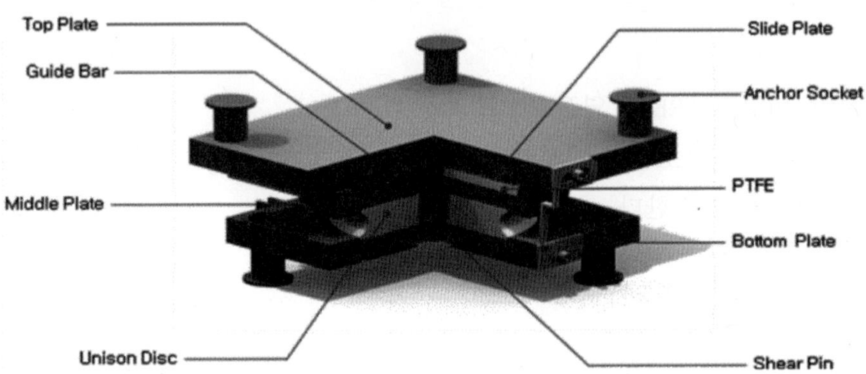

그림 9.1.3o 디스크받침 (유니슨/제일엔지니어링, 2008.08)

9.1.4 면진장치의 설계

• 적층고무받침(RB 및 LRB)의 구조와 특징

적층고무받침의 형상은 1차 및 2차 형상계수를 사용하여 다음과 같이 정의한다.

여기서 D = (원형단면) 고무층 직경; t_R = 고무 1개층 두께; n = 고무층수이다.

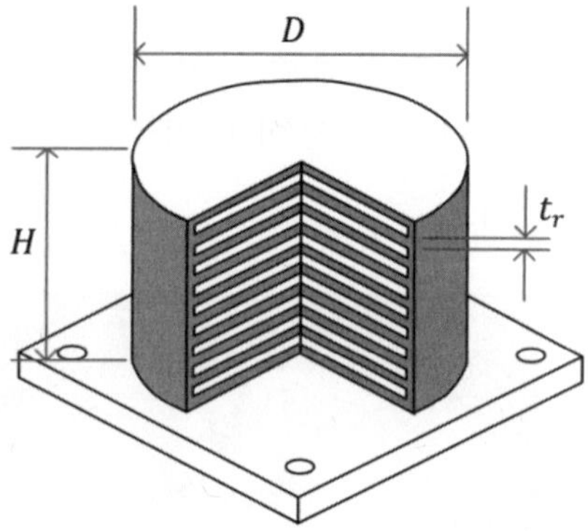

그림 9.1.4a 적층고무받침의 구조

(1) 1차 형상계수 S_1 (면적 형상계수)

$$S_1 = \frac{\text{고무층 유효면적}}{\text{고무 1개층 자유표면적}} = \frac{\text{수압면적}}{\text{측면적}}$$

$$= \frac{\pi D^2/4}{\pi D t_r} = \frac{D}{4t_r}$$

S_1은 적층고무받침의 수직강성 및 회전강성과 연관이 있다. S_1이 클수록 직경에 대한 고무층의 두께는 얇아지며 수직강성과 휨강성은 커진다. 따라서 S_1이 클수록 기준에서 허용하는 최대압축응력도 크다.

(2) 2차 형상계수 S_2

$$S_2 = \frac{\text{고무층 직경}}{\text{전 고무층 두께}} = \frac{D}{T_r} = \frac{D}{nt_r}$$

S_2은 적층고무받침의 좌굴하중 및 수평강성과 연관이 있다. S_2이 클수록 고무는 평평하게 되어 좌굴을 일으키기 어려운 형상으로 된다.

• 적층고무받침(RB 및 LRB)의 연직성능과 수평성능

적층고무받침은 상부구조물을 지지하는 연직성능과 지진 시 큰 수평변형을 수용할 수 있는 수평성능을 갖고 있어야 한다.

(1) 연직성능을 나타내는 압축강성 K_v

$$K_v = \frac{E_{cb}A}{T_r}$$

여기서 $E_{cb} = \frac{E_c E_b}{E_c + E_b}$ = 종방향 보정탄성계수; $E_c = 3G(1+\kappa S_1^2)$ = 종방향 탄성계수; E_b = 고무 체적탄성계수(bulk modulus of rubber, E_∞); κ = 경도 보정계수; $T_r = n \times t_r$ = 전 고무층 두께; A = 단면적이다.

전단변형 δ가 커지면 유효지지면적 A_e가 감소하므로 압축강성도 저하한다. 이를 반영한 전단변형 시 압축강성 하한값 K_{ve}는 다음과 같다.

$$K_{ve} = \frac{A_e}{A} K_v$$

여기서

$$A_e = \left[1 - \frac{2}{\pi}\left\{\frac{\delta}{D}\sqrt{1-\left(\frac{\delta}{D}\right)^2} + \sin^{-1}\left(\frac{\delta}{D}\right)\right\}\right] A$$

$$\approx \left[1 - 1.2\frac{\delta}{D}\right] A \qquad \left(\frac{\delta}{D} \le 0.6\right)$$

(2) 수평성능을 나타내는 수평강성 K_h

적층고무받침은 지진 시 축력 하에서도 복원력을 상실하지 않고 수평한계변형까지 안정되게 변형할 수 있어야 한다.

$$K_h = \frac{GA}{T_r}$$

이 식을 적용하기 위해 받침은 전단변형이 탁월하고 회전변형은 무시할 수 있어야 한다.

- 적층고무받침(RB 및 LRB)의 강성과 감쇠

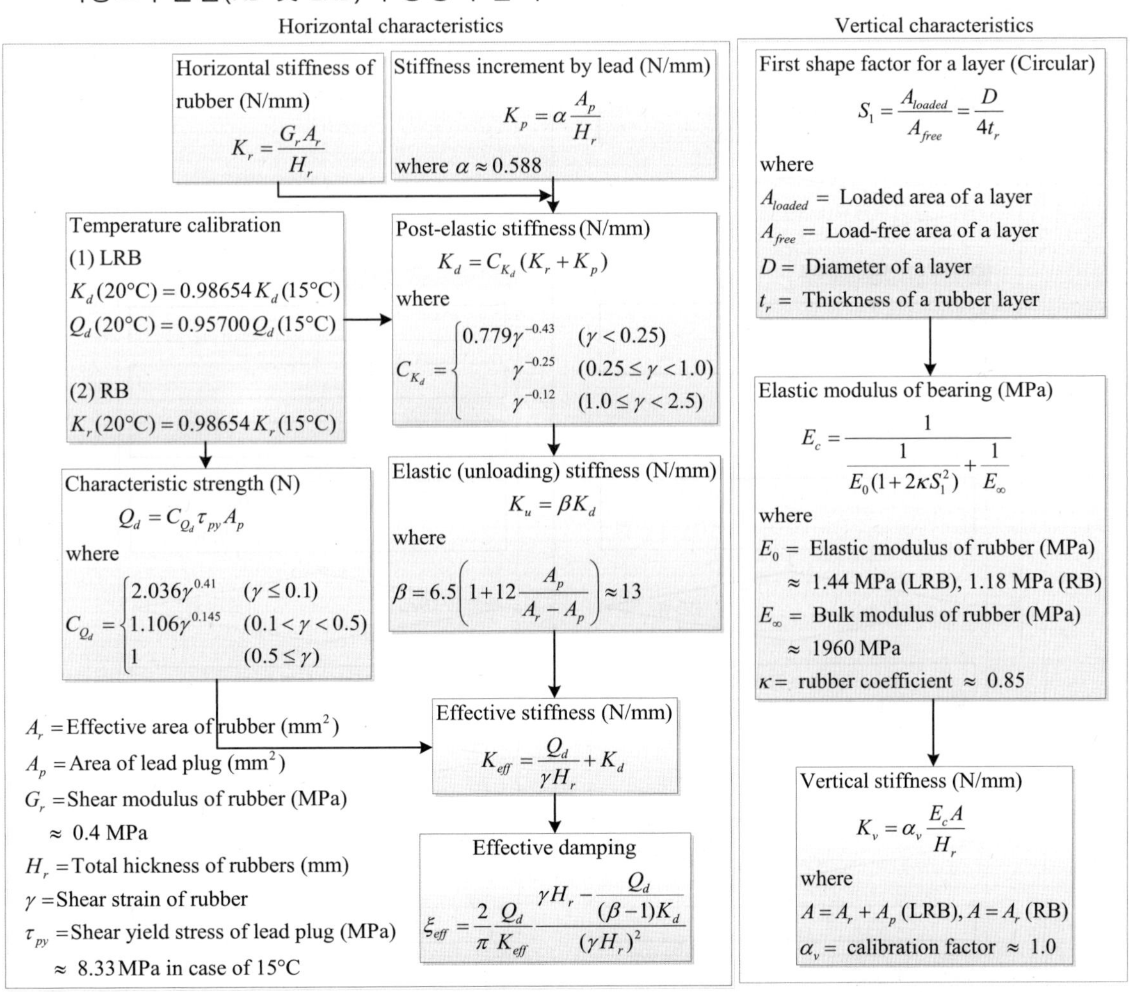

그림 9.1.4b 탄성받침과 납면진받침의 강성과 감쇠 (참고: http://www.oiles.co.jp)

9.1.5 면진구조물의 설계

• 면진구조물의 설계 절차

다음 그림에 ASCE 7-16 17장 면진구조물의 해석 절차를 기초로 한 면진설계절차를 나타냈다. 조건에 따른 해석방법으로 등가수평력해석(ELF procedure)과 동적해석을 사용할 수 있다.

1) 면진시스템의 변위(D): $D = \frac{F}{k} = \frac{\frac{S_a}{TB}W}{\frac{4\pi^2 W}{T^2 g}} = \frac{g S_a T}{4\pi^2 B}$

2) 면진구조물의 주기(T)와 면진시스템의 강성(k): $T = 2\pi\sqrt{\frac{W/g}{k}} \rightarrow k = \frac{4\pi^2 W}{T^2 g}$

3) 면진시스템의 최소수평력(V_b): $V_b = kD$

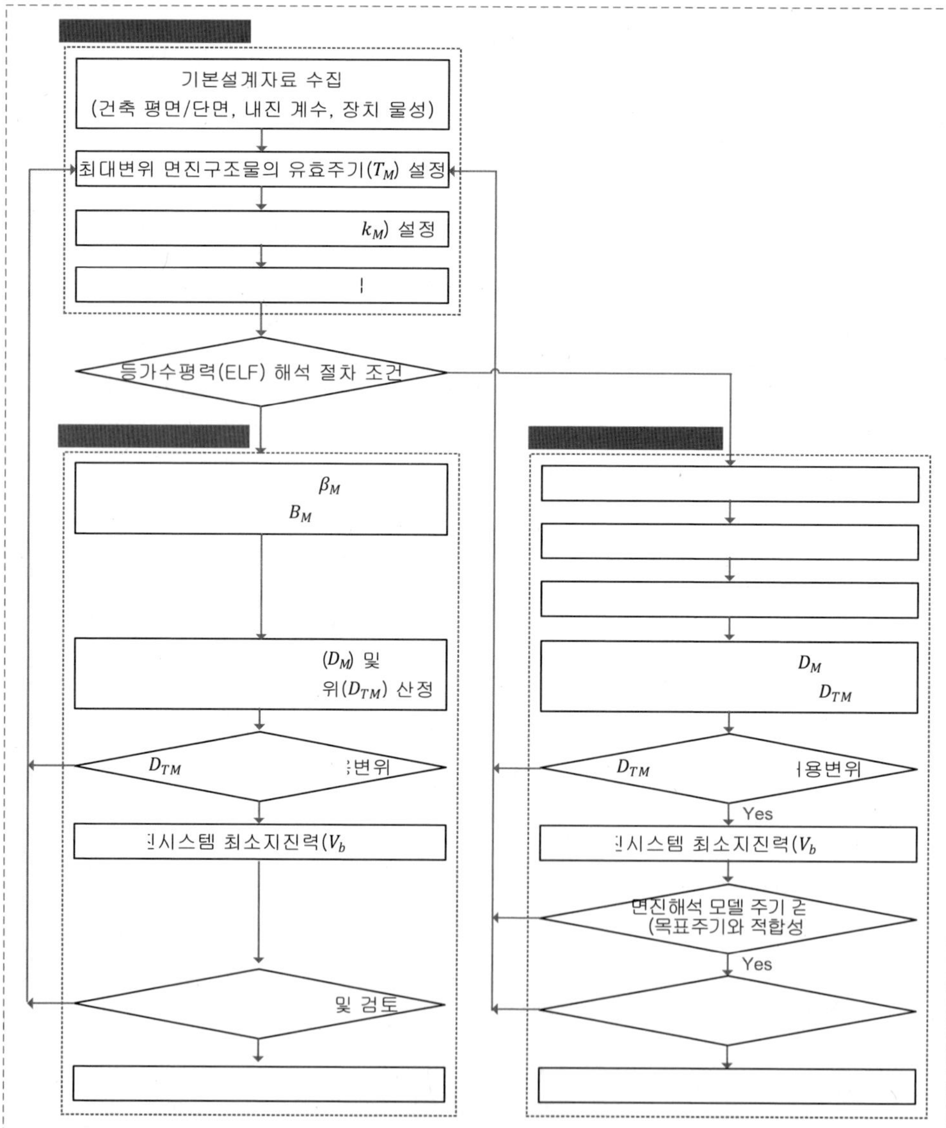

그림 9.1.4c 면진구조물의 설계 절차 (참고: ASCE 7-16 제17장 면진설계요건)

• 면진시스템과 면진구조물의 설계 절차

면진시스템과 면진구조물의 설계순서는 다음과 같이 요약할 수 있다 (한국면진제진협회, 2015).

1 단계: 대상 구조물의 제반 조건 검토
2 단계: 설계기준과 목표성능 설정
3 단계: 면진시스템의 특성값 가정
4 단계: 면진장치 설계
5 단계: 면진시스템의 특성값 확인
6 단계: 면진시스템의 예상 응답 확인
7 단계: 면진시스템 목표성능 확인
8 단계: 지진응답해석에 의한 안전성 확인

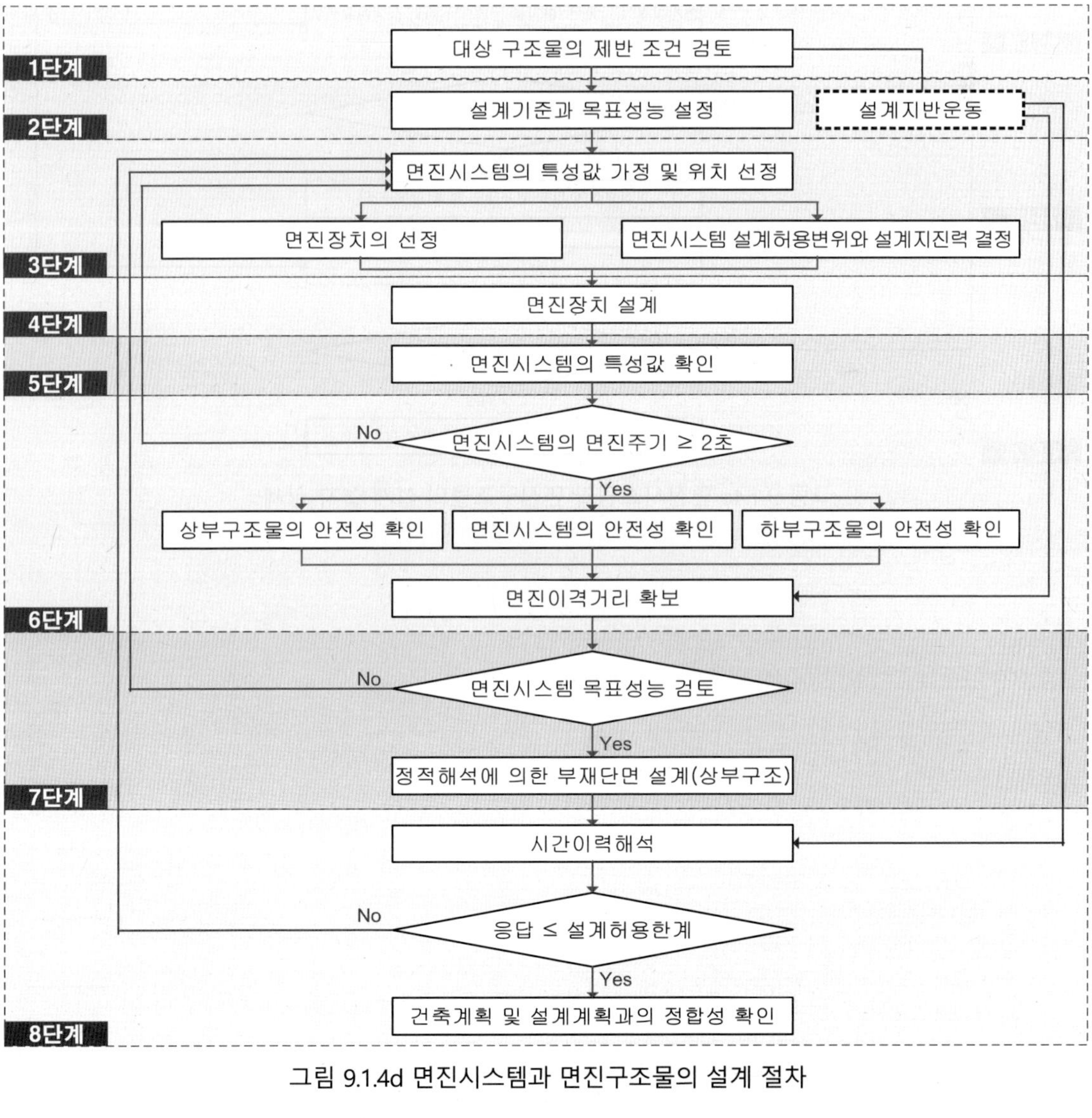

그림 9.1.4d 면진시스템과 면진구조물의 설계 절차

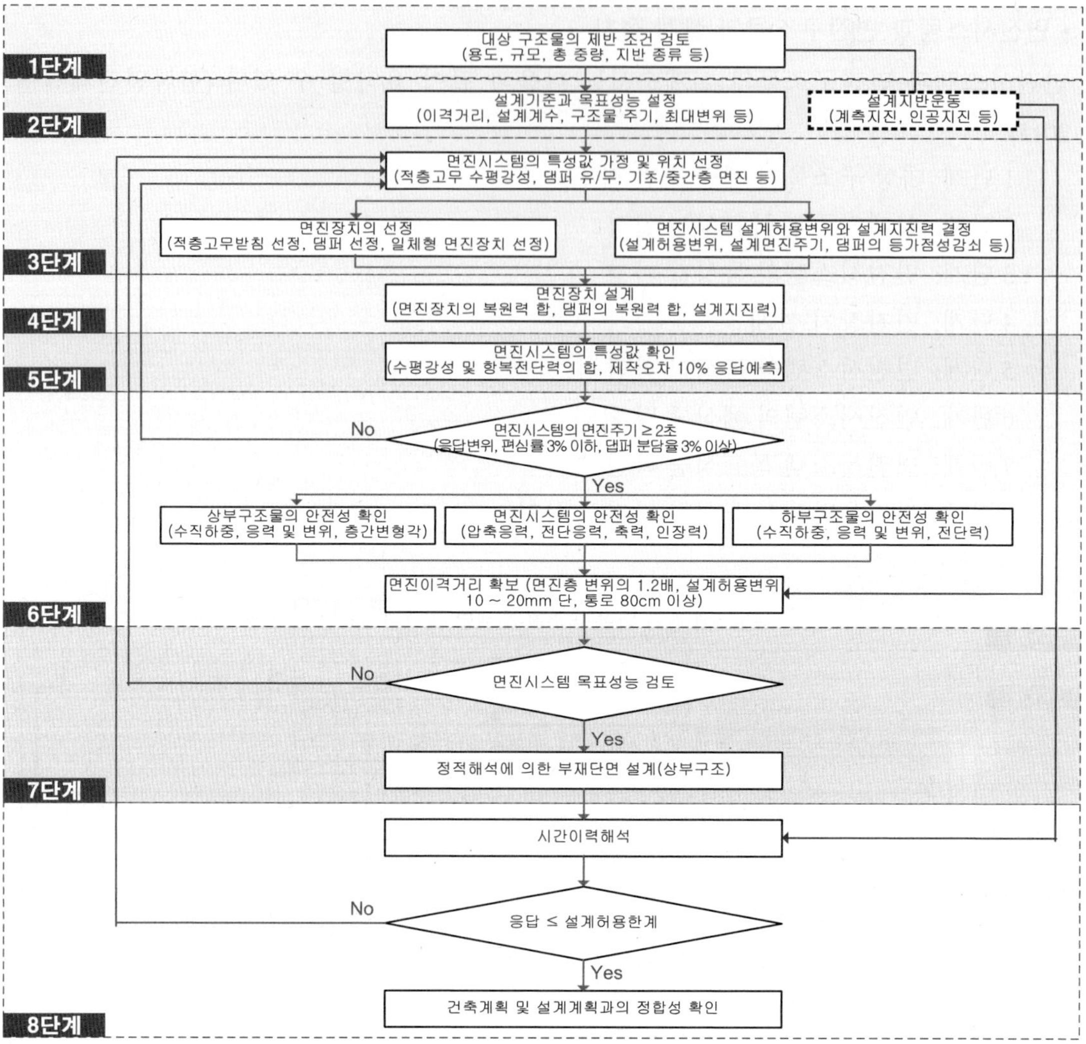

그림 9.1.4e 면진시스템과 면진구조물의 설계 절차 상세

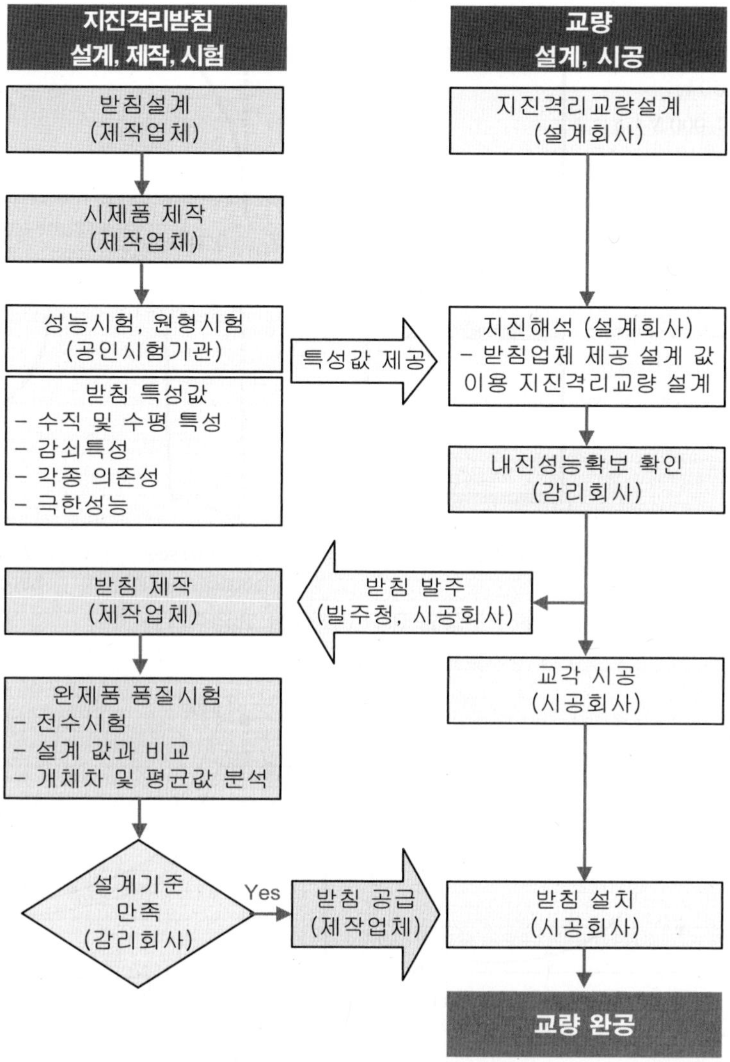

그림 9.1.4f 지진격리받침 업무 흐름도

[예제] 9.1.2 면진구조물의 면진효과 해석

다음 일반 구조물을 면진받침을 사용하여 기초 면진을 하고자 한다.

(1) 고정기초구조물의 최대변위응답과 최대밑면전단력을 구하라.

(2) 다자유도계 이론으로 면진기초구조물의 최대변위응답과 최대밑면전단력을 구하라.

(3) 단자유도계 이론으로 면진기초구조물의 최대변위응답과 최대밑면전단력을 구하라.

(4) 면진기초구조물의 면진효과에 대해 검토하고, 단자유도계 이론을 사용하여 다자유도계 이론을 합리적으로 근사할 수 있음을 설명하라.

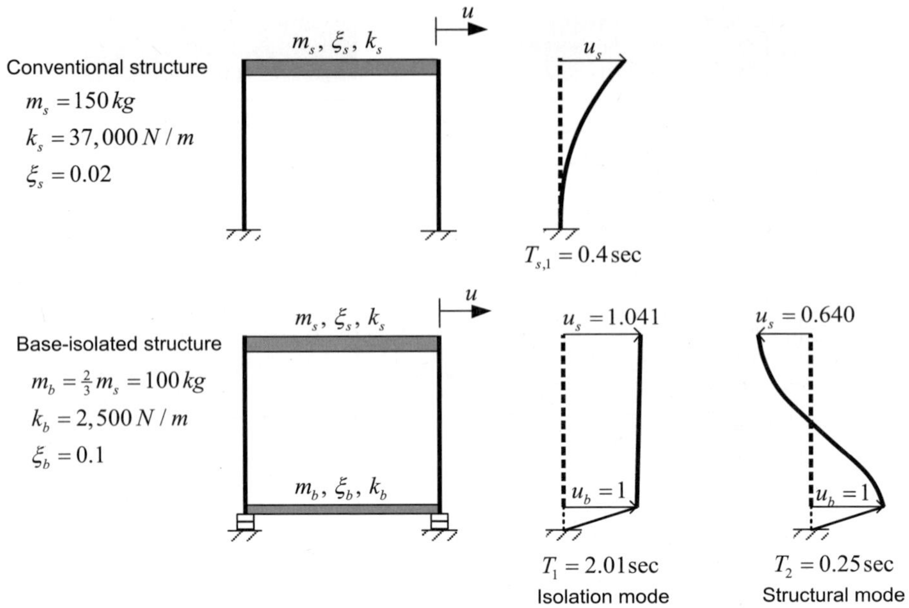

그림 E.1 일반구조물과 면진구조물의 고유주기와 모드

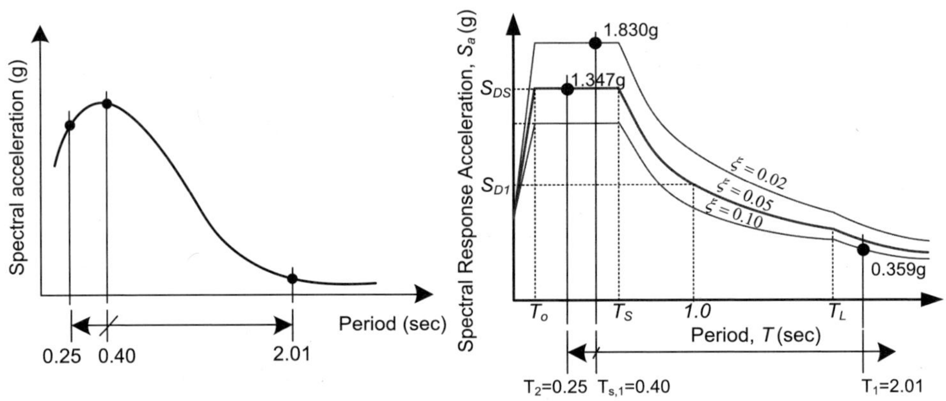

그림 E.2 일반구조물과 면진구조물의 고유주기에 따른 스펙트럼 가속도

[풀이]

(1) 고정기초구조물

$$m_s \ddot{u}_s + c_s \dot{u}_s + k_s u_s = -m_s \ddot{u}_g$$

(a) 고유주기

$$T_{s,1} = 2\pi \sqrt{\frac{m_s}{k_s}} = 2\pi \sqrt{\frac{150}{37{,}000}} = 0.4\ \text{sec}$$

(b) 최대변위응답(참조: 설계응답스펙트럼)

$$S_d = \frac{S_a}{\omega_{s,1}^2} = \frac{S_a}{\left(\frac{2\pi}{T_{s,1}}\right)^2} = \frac{1.830 \times 9.81 \frac{m}{\text{sec}^2}}{\left(\frac{2\pi}{0.4\ \text{sec}}\right)^2} = 0.0728\ \text{m} \quad \text{where } S_a = 1.830g$$

(c) 밑면전단력(참조: 설계응답스펙트럼)

$$V_b = m_b S_a = (150\ \text{kg})\left(1.830 \times 9.81 \frac{m}{\text{sec}^2}\right) = 2.69\ \text{kN} \quad \text{where } S_a = 1.830g$$

밑면전단력(2.69 kN)은 건물 중량($150\ \text{kg} \times 9.81 \frac{m}{\text{sec}^2} = 1.47\ \text{kN}$)의 대략 183%이다.

(2) 다자유도계 이론을 사용한 면진기초구조물의 해석

$$\begin{bmatrix} m_s & 0 \\ 0 & m_b \end{bmatrix}\begin{Bmatrix} \ddot{u}_s \\ \ddot{u}_b \end{Bmatrix} + \begin{bmatrix} c_s & -c_s \\ -c_s & c_s + c_b \end{bmatrix}\begin{Bmatrix} \dot{u}_s \\ \dot{u}_b \end{Bmatrix} + \begin{bmatrix} k_s & -k_s \\ -k_s & k_s + k_b \end{bmatrix}\begin{Bmatrix} u_s \\ u_b \end{Bmatrix} = -\begin{bmatrix} m_s & 0 \\ 0 & m_b \end{bmatrix}\begin{Bmatrix} 1 \\ 1 \end{Bmatrix}\ddot{u}_g$$

(a) 고유주기

$\det([K] - \omega^2[M]) = 0$

$\rightarrow T_1 = 2.01\ \text{sec},\ \ T_2 = 0.25\ \text{sec}$

$\rightarrow [\Phi] = \left[\{\Psi^{(1)}\}\ \ \{\Psi^{(2)}\}\right] = \left[\begin{Bmatrix} -0.0643 \\ -0.0617 \end{Bmatrix}\ \ \begin{Bmatrix} -0.0504 \\ 0.0787 \end{Bmatrix}\right] = \left[\begin{Bmatrix} 1.0412 \\ 1 \end{Bmatrix}\ \ \begin{Bmatrix} -0.6403 \\ 1 \end{Bmatrix}\right]$

(b) 모드참여계수

유효지진하중의 공간적 분포는 다음과 같이 나타낼 수 있다.

$\Gamma_i = \frac{L_i}{\mu_{ii}} = \frac{\{\Psi^{(i)}\}^T[M]\{1\}}{\{\Psi^{(i)}\}^T[M]\{\Psi^{(i)}\}}$

$\rightarrow \Gamma_1 = 0.976,\ \Gamma_2 = 0.024$

즉, 1번째 모드가 응답에 기여하는 정도가 약 97.6%로 대부분을 차지함을 알 수 있다.

(c) 유효지진하중

유효지진하중의 공간적 분포는 다음과 같이 나타낼 수 있다.

$[M]\{1\} = \sum_{i=1}^{n}\{S^{(i)}\} = \sum_{i=1}^{n}\Gamma_i[M]\{\Psi^{(i)}\}$

여기서 $\{S^{(i)}\}$는 i번째 모드의 기여를 나타낸다. 이 식으로 각 모드별 기여와 밑면전단력을 나타내면 다음과 같다.

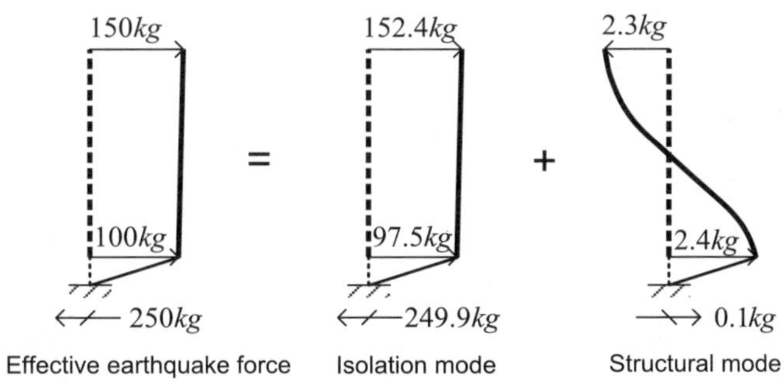

그림 E.3 모드별 밑면전단력

(d) 모드 감쇠비

$[\Phi]^T\begin{bmatrix} m_s & 0 \\ 0 & m_b \end{bmatrix}[\Phi] = \begin{bmatrix} 262.6 & 0 \\ 0 & 161.4 \end{bmatrix} = [\backslash\ \mu\ \backslash]$

$[\Phi]^T\begin{bmatrix} c_s & -c_s \\ -c_s & c_s + c_b \end{bmatrix}[\Phi] = \begin{bmatrix} 158.2 & 151.7 \\ 151.7 & 411.6 \end{bmatrix} \neq [\backslash\ c\ \backslash]$

$[\Phi]^T\begin{bmatrix} k_s & -k_s \\ -k_s & k_s + k_b \end{bmatrix}[\Phi] = \begin{bmatrix} 0.0256 \times 10^5 & 0 \\ 0 & 1.0205 \times 10^5 \end{bmatrix} = [\backslash\ \kappa\ \backslash]$

여기서

$c_s = 2\xi_s\omega_s m_s,\ \ c_b = 2\xi_b\omega_b(m_s + m_b) = 2\xi_b\sqrt{k_b(m_s + m_b)}$

즉, 면진구조물의 일반화된 감쇠행렬은 대각행렬이 아니므로, 감쇠는 비례감쇠가 아닌 비비례감쇠인 것을 알 수 있다.

따라서 근사적으로 일반화된 감쇠행렬의 대각성분만을 사용하여 모드별 감쇠비를 구하면 다음과 같다.

$c_{ii} = 2\xi_i\mu_{ii}\omega_i \rightarrow\ \xi_i = \frac{c_{ii}}{2\mu_{ii}\omega_i}$

$\rightarrow \xi_1 = 0.0965,\ \xi_2 = 0.0507$

첫 번째 모드의 감쇠비 9.65%는 면진시스템의 감쇠비 10%와 거의 비슷하다. 이것은 첫 번째 모드인 면진모드(isolation mode)에서 구조물에서는 변형은 거의 발생하지 않고, 면진시스템에서 주로 변형이 발생하기 때문에 대부분의 감쇠는 면진시스템에서 발생한다. 또한 구조물의 변형이 주로 발생하는 면진구조물의 두 번째 모드인 구조모드(structural mode)의 경우, 고정기초구조물의 감쇠비 2%에서 5.07%로 증가하였다. 이것은 구조모드의 경우 면진시스템의 변형도 함께 발생하므로 감쇠가 증가한다.

(e) 최대변위응답(참조: 설계응답스펙트럼)

$$S_d = \frac{S_a}{\omega^2} = \frac{S_a}{\left(\frac{2\pi}{T}\right)^2} \quad \text{where } S_a = 1.830\text{g}$$

$$\rightarrow S_{d,1} = \frac{0.359\times 9.81\frac{m}{\sec^2}}{\left(\frac{2\pi}{2.01\ \sec}\right)^2} = 0.3605\ \text{m}, \quad S_{d,2} = \frac{1.347\times 9.81\frac{m}{\sec^2}}{\left(\frac{2\pi}{0.25\ \sec}\right)^2} = 0.0209\ \text{m}$$

물리좌표계에서의 최대변위응답

$$\left\{U_{max}^{(i)}\right\} = \left\{\Psi^{(i)}\right\} q_{i,max} = \left\{\Psi^{(i)}\right\} \frac{L_i}{\mu_{ii}} S_{pd}(\omega_i, \xi_i)$$

$$\rightarrow \left\{U_{max}^{(1)}\right\} = \begin{Bmatrix} 1.041 \\ 1 \end{Bmatrix} \times \frac{259.178}{262.612} \times 0.360 = \begin{Bmatrix} 0.3665 \\ 0.3520 \end{Bmatrix} (\text{m})$$

$$\left\{U_{max}^{(2)}\right\} = \begin{Bmatrix} -0.640 \\ 1 \end{Bmatrix} \times \frac{3.956}{161.496} \times 0.021 = \begin{Bmatrix} -0.3580 \\ 0.5123 \end{Bmatrix} \times 10^{-3} (\text{m})$$

SRSS방법을 사용하여 조합

$$\left\{U_{j,max}\right\} = \sqrt{\left\{U_{j,max}^{(1)}\right\}^2 + \left\{U_{j,max}^{(2)}\right\}^2 + \cdots + \left\{U_{j,max}^{(m)}\right\}^2}$$

$$\rightarrow \left\{U_{j,max}\right\} = \begin{Bmatrix} \sqrt{0.3665^2 + 0.0003580^2} \\ \sqrt{0.3520^2 + 0.0005123^2} \end{Bmatrix} = \begin{Bmatrix} 0.3665 \\ 0.3520 \end{Bmatrix} (\text{m})$$

면진기초구조물의 최대변위응답은 36.65cm로 고정기초구조물의 최대변위응답 7.28cm에 비해 약 5배 가량 증가하였으며, 면진기초구조물의 두 번째 모드인 구조모드가 최대변위응답에 기여하는 바는 첫 번째 모드인 면진모드에 비해 상대적으로 무시할 만하다.

(f) 밑면전단력(참조: 설계응답스펙트럼)

부재력

$$\left\{F_{S,max}^{(i)}\right\} = [K]\left\{U_{max}^{(i)}\right\} = [K]\left\{\Psi^{(i)}\right\} \frac{L_i}{\mu_{ii}} S_{pd}(\omega_i, \xi_i)$$

$$\rightarrow \left\{F_{S,max}^{(1)}\right\} = [K]\left\{U_{max}^{(1)}\right\} = \begin{Bmatrix} 536.55 \\ 343.55 \end{Bmatrix} (\text{N}), \quad \left\{F_{S,max}^{(2)}\right\} = [K]\left\{U_{max}^{(2)}\right\} = \begin{Bmatrix} -31.09 \\ 32.37 \end{Bmatrix} (\text{N})$$

SRSS방법을 사용하여 조합

$$\left\{F_{S\ j,max}\right\} = \sqrt{\left\{F_{S\ j,max}^{(1)}\right\}^2 + \left\{F_{S\ j,max}^{(2)}\right\}^2 + \cdots + \left\{F_{S\ j,max}^{(m)}\right\}^2}$$

$$\rightarrow \left\{F_{S,max}\right\} = \begin{Bmatrix} \sqrt{536.55^2 + 31.09^2} \\ \sqrt{343.55^2 + 32.37^2} \end{Bmatrix} = \begin{Bmatrix} 537.45 \\ 345.07 \end{Bmatrix} (\text{N})$$

밑면전단력

$$V_{max} = F_{S\ 1,max} + F_{S\ 2,max} = 882.52\ \text{N}$$

면진기초구조물의 최대밑면전단력은 882.52N으로 기초매트(basemat)를 포함한 구조물 전체중량(250x9.81=2,746N)의 36%로써, 고정기초구조물의 최대밑면전단력 2,690N의 약 33%로 줄었다.

(3) 단자유도계 이론을 사용한 면진기초구조물의 해석

구조물의 변형이 응답에 기여하는 것을 무시하면, 구조물을 강체로 가정할 수 있으며, 따라서 면진기초구조물을 단자유도계로 근사하여 해석할 수 있다.

$$(m_s + m_b)\ddot{u}_b + c_b\dot{u}_b + k_b u_b = -(m_s + m_b)\ddot{u}_g$$

(a) 고유주기

$$T_{b,1} = 2\pi\sqrt{\frac{m_s + m_b}{k_b}} = 2\pi\sqrt{\frac{150+100}{2500}} = 1.99\ \sec \approx T_1 = 2.01\ \sec$$

면진기초구조물에서 첫 번째 모드인 면진모드(isolation mode)의 고유주기와 거의 같다는 것을 알 수 있다. 즉, 첫 번째 모드의 경우, 구조물의 변형이 상대적으로 작아 고유주기가 매우 조금 증가하였다. 또한, 구조물의 변형과 관련된 두 번째 모드인 구조모드(structural mode)는 고유주기는 질량기여도도 작으며, 일반적으로 지반운동에 의해 거의 활성화 되지도 않는다. 따라서 면진기초구조물의 경우 상부구조물을 강체로 가정한 후 첫 번째 모드인 면진모드 만을 고려한 근사적인 방법을 사용할 수 있다.

(b) 최대변위응답: 설계응답스펙트럼 참조

$$S_d = \frac{S_a}{\omega_{s,1}^2} = \frac{S_a}{\left(\frac{2\pi}{T_{s,1}}\right)^2} = \frac{0.359\times 9.81\frac{m}{\sec^2}}{\left(\frac{2\pi}{1.99\ \sec}\right)^2} = 0.3522\ \text{m} \quad \text{where } S_a = 1.830\text{g}$$

이 값은 다자유도계 면진기초구조물 바닥면에서의 최대변위응답과 거의 동일하다.

(c) 밑면전단력: 설계응답스펙트럼 참조

$V_b = (m_s + m_b)S_a = (150\ \text{kg} + 100\ \text{kg}) \times 0.359 \times 9.81 \frac{m}{\text{sec}^2} = 880.45\ \text{N}$ where $S_a = 1.830\text{g}$

이 값은 다자유도계 면진기초구조물의 최대 민면전단력 882.52N와 거의 동일하다.

(4) 결과를 정리하면 다음과 같다.

	Conventional Structure	Base-isolated Structure	
DOF	SDOF	MDOF	SDOF[(a)]
Natural Period (sec)[(b)]	$T_{s,1} = 0.4$	$T_1 = 2.01,\ T_2 = 0.25$	$T_{b,1} = 1.99 \approx T_1$
Damping ratio	$\xi_{s,1} = 0.02$	$\xi_1 = 0.0965 \approx 0.10, \xi_2 = 0.0507 > 0.02$	$\xi_{b,1} = 0.10$
Spectral Acceleration (g)[(c)]	$S_a = 1.830$	$S_{a,1} = 0.359, S_{a,2} = 1.347$	$S_a = 0.359$
Max. Displacement (mm)[(d)]	$S_d = 72.8$	$\{U_{max}\} = \begin{Bmatrix} 366.5 \\ 352.0 \end{Bmatrix}$	$S_d = 352.2$
Max. Base shear (kN)[(e)]	$V_b = 2.69$	$V_b = 0.882$	$V_b = 0.880$

(a) 구조물의 변형이 응답에 기여하는 것을 무시하여 구조물을 강체로 가정한 근사해법

(b) 면진모드(isolation mode; T_1; 면진시스템 변형)와 구조모드(structural mode; T_2; 구조물 변형)

(c) 첫 번째 면진모드의 감쇠비 9.65%는 구조물의 변형이 거의 없으므로 면진시스템의 감쇠비 10%와 거의 비슷하다. 그러나 두번째 면진모드의 감쇠비는 면진시스템의 변형에 의해 2%에서 5.07%로 증가

(d) 면진구조물의 최대변위응답은 366.5mm로 일반구조물의 최대변위응답 72.8mm에 비해 약 5배 가량 증가하였으며, 면진구조물의 두 번째 모드인 구조모드가 최대변위응답에 기여하는 바는 작음

(e) 면진구조물의 최대밑면전단력은 882.52N으로 기초매트(basemat)를 포함한 구조물 전체 중량(250x9.81=2,746N)의 36%로써, 일반구조물의 최대밑면전단력 2,690N의 약 33%로 감소

이야기: 당산철교를 교축방향으로만 면진설계한 이유

당산철교에서 교축방향으로는 납면진받침을 이용하여 면진설계를 하고 교축직각방향으로는 내진설계 개념을 적용하였다. 이 두 가지 개념을 동일 구조물에 어떻게 적용하였는지? 납면진받침을 한 방향으로만 작용하도록 하고 나머지 방향에 대해서는 구속을 주어 내진성능을 가지도록 하였는지, 아니면 일반적인 양방향의 납면진받침을 사용하고 여기에 교축직각방향으로 별도로 내진설계를 하였는지? 아니면 다른 방법을 사용하였는지? (출처: MIDAS 전문가 칼럼에 실린 질의와 (주)유니슨 기술팀의 답변)

당산철교에 대해 교축방향으로는 면진으로 설계하고 교축직각방향으로 내진으로 설계하는 개념이 공법상 특별히 따로 있는 것은 아니며, 다만 철도교의 과다한 교축직각방향 변위로 인한 열차의 철로이탈을 방지하기 위해, 교축직각방향 변위를 잡아줘야 한다. 따라서 교축직각방향으로는 가이드(구속장치)를 두어 변위를 구속을 하였으며, 이로 인해 하부교각의 횡방향의 강성은 면진시보다 큰 단면으로 내진설계하였다.

교축방향은 철로이탈의 우려가 없으므로, 면진의 장점을 살려 LRB면진거동을 할 수 있도록 하여 사용성과 경제성을 동시에 만족시키도록 설계했다. 교축직각방향을 구속하지 않고 양방향 모두 순수 LRB로 설계를 하였다면, 상대적으로 교축방향으로 더 큰 힘이 전달되는 설계가 되었을 것이다.

9.2 제진

9.2.1 개념

구조물은 외부 환경에 따른 지진, 바람, 교통하중 등의 여러 종류의 하중을 받고 있으며, 이를 고려하여 신뢰성 있고 안전한 설계가 수행되고 있다. 현대 구조물은 새로운 재료와 시공기술의 발달로 고층화되고 장대화되었으나, 쉽게 진동하여 사용성에 관한 문제가 대두될 수 있으며, 과다한 진동으로 구조적 안전성 문제를 발생시킬 수 있다. 이러한 문제들을 해결하기 위해 대두된 개념이 제진(vibration control)이다.

제진은 제진 대상에 따라 다음과 같이 구분할 수 있다.

1) 기계 진동 등과 같은 일반 진동을 제어하는 제진과
2) 지진, 바람, 교통하중 등에 의한 구조물의 진동을 제어하는 제진이 있다.

제진은 제어력의 유무에 따라 다음과 같이 구분할 수 있다.

1) 수동제어 방법(passive control method)
   구조물의 내부나 외부에서 강제적인 제어력을 가하지는 않으나, 구조물의 강성 등을 입력진동의 특성에 대응하도록 하여 구조물을 제어하는 방법
2) 능동제어 방법(active control method)
   외부에서 오는 진동과 이에 따른 구조물의 진동을 계측하여 구조물의 내부와 외부에서 구조물의 진동에 대응한 제어력을 가하여 구조물의 진동을 저감시키는 방법이다. 예를 들어 동적위치제어(dynamic positioning; DP)는 선박, (부유식) 해양구조물 등의 위치와 운동방향을 유지하기 위해 자체의 추진장치(propeller 또는 thruster 등)를 사용하여 제어하는 능동제어방법 중 하나이다.

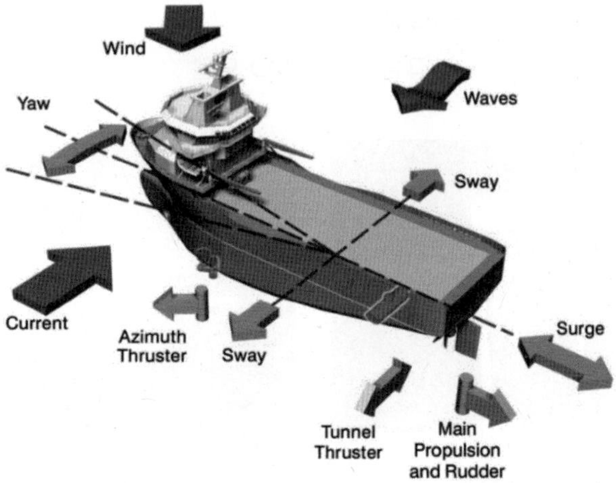

그림 9.2.1 선박의 DP시스템 개념(출처: Kongsberg)

9.2.2 수동제어

• TMD(동조질량감쇠기)

수동 진동제어 장치의 하나인 동조질량감쇠기(tuned mass damper, 이하 TMD)는 구조물에 질량, 스프링 및 감쇠기로 구성된 보조시스템을 부착함으로써, 구조물의 주된 진동을 TMD로 흡수하는 일종의 진동흡수장치(dynamic vibration absorber, 동흡진기, 진동흡진기)이다. 가진 진동의 진동수 대역이 좁은 대역에 있는 바람하중, 보도하중, 교통하중 등에 의해 발생된 진동의 제어에 효과적이고 경제적인 제어 시스템이다. 대체로 최적의 TMD는 구조물 질량의 1% 내외이고, 구조물의 고유진동수에 거의 근접한 최적의 진동수로 동조하도록 설계한다.

실제 구조물은 많은 고유진동수를 갖고 있지만, TMD의 기본 개념을 설명하기 위해 다음과 같이 2자유도계를 사용하여 구조물과 TMD를 모델링 하였다. TMD는 구조물의 응답에 큰 영향을 주는 특정한 모드를 골라 감소시키는 방법으로, TMD를 설계함에 있어, 실제 구조물의 질량이 아닌 제어하고자 하는 특정한 진동모드에 분배되는 유효모드질량을 적용해야 한다. (6.4.3절의 유효모드질량 참조).

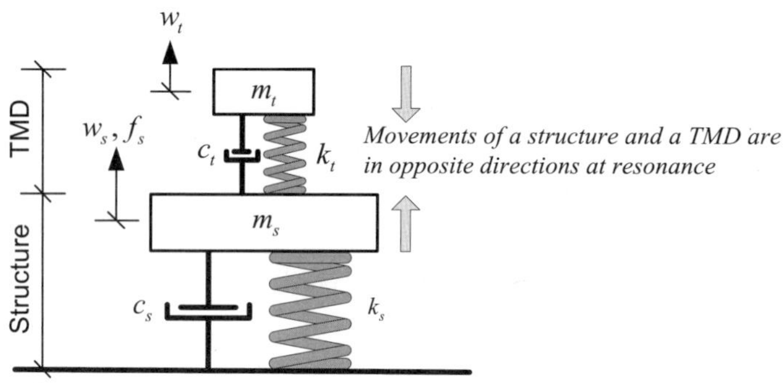

where
m_s, c_s, k_s, w_s = mass, damping, stiffness and displacement of a structure
m_t, c_t, k_t, w_t = mass, damping, stiffness and displacement of a TMD
$f_s = A_f \sin \omega_e t$ = external force acting on a structure
ω_e = exciting frequency

그림 9.2.2a TMD 모델

(a) Sliding Type [YouTube]

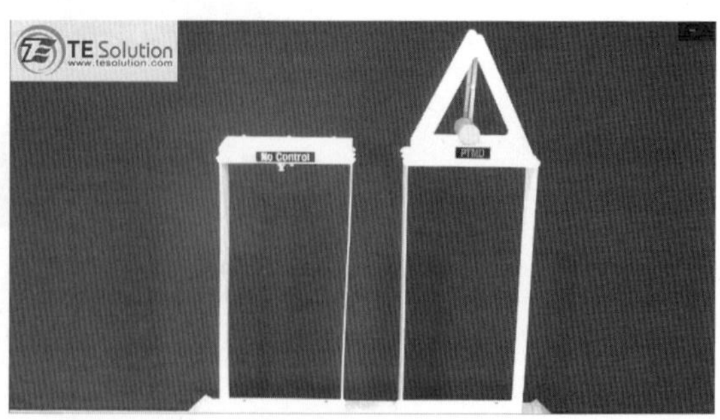

(b) Pendulum Type [YouTube]

그림 9.2.2b TMD 원리 (출처: TE Solution)

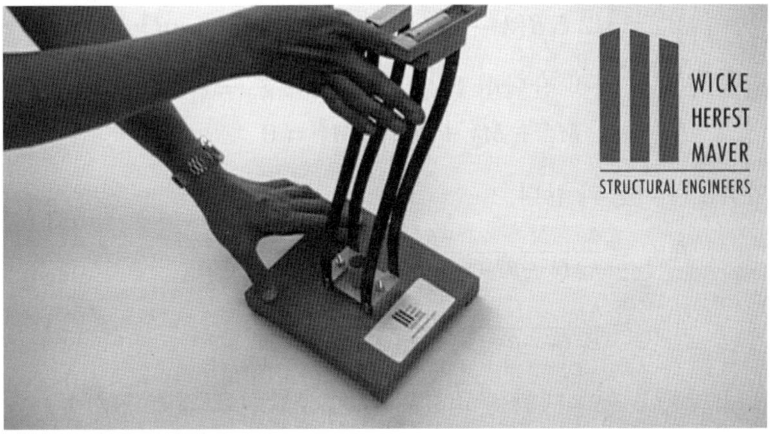

그림 9.2.2c TMD 감쇠 (출처: WHM Structural Engineers) [YouTube]

자유 진동 중인 TMD가 설치된 구조물의 운동방정식은 다음과 같다. 여기서 아래 첨자 s와 t는 각각 구조물과 TMD를 의미한다.

$$\begin{bmatrix} m_s & 0 \\ 0 & m_t \end{bmatrix} \begin{Bmatrix} \ddot{w}_s \\ \ddot{w}_t \end{Bmatrix} + \begin{bmatrix} c_s + c_t & -c_t \\ -c_t & c_t \end{bmatrix} \begin{Bmatrix} \dot{w}_s \\ \dot{w}_t \end{Bmatrix} + \begin{bmatrix} k_s + k_t & -k_t \\ -k_t & k_t \end{bmatrix} \begin{Bmatrix} w_s \\ w_t \end{Bmatrix} = \begin{Bmatrix} f_s \\ 0 \end{Bmatrix}$$

구조물과 TMD의 동적 특성은 각각 다음과 같다.

$$\omega_s = \sqrt{\frac{k_s}{m_s}},\ c_s = 2m_s\omega_s\xi_s$$

$$\omega_t = \sqrt{\frac{k_t}{m_t}},\ c_t = 2m_t\omega_t\xi_t$$

여기서 ξ_s와 ξ_t는 각각 구조물과 TMD의 감쇠비이고, $\xi_t = 0$일 경우 비연계 2자유도 자유진동모드를 나타낸다 (참조: 그림 9.2.2 TMD 동적증폭계수).

구조물과 TMD의 질량비(μ), 진동수비(λ), 가진 진동수비(β)를 다음과 같이 정의하였다.

$$\mu = \frac{m_t}{m_s},\ \lambda = \frac{\omega_t}{\omega_s},\ \beta = \frac{\omega_e}{\omega_s}$$

이들을 운동방정식에 대입하여 구한 구조물과 TMD의 정상상태 응답은 다음과 같다.

$$w_s = \mathrm{A}_{ws}\sin\omega_e t,\quad w_t = \mathrm{A}_{wt}\sin\omega_e t$$

여기서

$$\mathrm{A}_{ws} = \frac{\mathrm{A}_f}{k_s}\sqrt{\frac{(\lambda^2-\beta^2)^2+N_1^2}{\{(\lambda^2-\beta^2)(1-\beta^2)-\lambda^2\beta^2\mu\}^2+M_1^2+M_2^2+M_3^2-M_4^2}}$$

$$\mathrm{A}_{wt} = \frac{\mathrm{A}_f}{k_s}\sqrt{\frac{\lambda^4+N_1^2}{\{(\lambda^2-\beta^2)(1-\beta^2)-\lambda^2\beta^2\mu\}^2+M_1^2+M_2^2+M_3^2-M_4^2}}$$

이며, N_1, M_1, M_2, M_3, M_4는 다음과 같다.

$$N_1 = 2\xi_t\lambda\beta$$

$$M_1 = 2\xi_t\lambda\xi_s^2\{1-(1+\mu)\xi_s^2\},\qquad M_2 = 4\xi_t^2\lambda\beta^2 - \mu\beta^4$$

$$M_3 = \sqrt{2}\,\xi_t \beta\{\lambda^2 - \beta^2\}, \qquad M_4 = \mu\beta^4$$

만약 감쇠를 무시한 가장 간단한 TMD의 경우(즉, $\xi_s = \xi_t = 0$인 경우),

$$N_1 = 0,\ M_1^2 + M_2^2 + M_3^2 - M_4^2 = 0$$

이므로, A_{ws}와 A_{wt}는 다음과 같다.

$$\mathrm{A}_{ws} = \frac{\mathrm{A}_f}{k_s}\frac{\lambda^2-\beta^2}{(\lambda^2-\beta^2)(1-\beta^2) - \lambda^2\beta^2\mu}$$

$$\mathrm{A}_{wt} = \frac{\mathrm{A}_f}{k_s}\frac{\lambda^2}{(\lambda^2-\beta^2)(1-\beta^2) - \lambda^2\beta^2\mu}$$

일반적으로 조화하중에 대한 구조물의 동적 응답의 크기는 정상상태에 도달한 진폭을 정적해석으로 구한 최대 정적응답으로 나눈 비율로 나타내며, 이를 동적증폭계수(dynamic amplification factor: DAF)라 하고 다음과 같이 나타낼 수 있다.

$$\mathrm{DAF} \equiv \frac{\mathrm{A}_{ws}}{|w_{s,static}|_{max}} = \sqrt{\frac{(\lambda^2-\beta^2)^2+N_1^2}{\{(\lambda^2-\beta^2)(1-\beta^2) - \lambda^2\beta^2\mu\}^2+M_1^2+M_2^2+M_3^2-M_4^2}}$$

여기서 $|u_{s,\mathrm{static}}|_{\max} = A_f/k_s$이다.

Den Hartog(1956)는 동적증폭계수를 그래프로 나타낸 후, 그래프에서 ξ_t와는 무관하게 2개의 양 끝 고정점(P점과 Q점)을 지난다는 것에 착안하여 최적 TMD(optimum TMD)를 다음과 같이 제안하였다.

$$\lambda_{opt} = \frac{1}{1+\mu},\ \xi_{t,opt} = \sqrt{\frac{3\mu}{8(1+\mu)}}$$

이 식은 구조물의 감쇠(ξ_s)를 고려하지 않았으며, TMD의 질량이 커질수록(즉, μ가 증가할수록), 최적 진동수비(λ_{opt})는 작아지는 것을 알 수 있다.

통상 TMD의 질량(m_t)은 구조물 질량(m_s)의 1% 내외의 값을 사용하므로, 일반적인 최적 TMD의 제원은 다음과 같다.

$$\mu = 0.01$$

$$\lambda_{opt} = \frac{1}{1+\mu} = \frac{1}{1+0.01} = 0.990$$

$$\xi_{t,opt} = \sqrt{\frac{3\mu}{8(1+\mu)}} = \sqrt{\frac{3\times0.01}{8(1+0.01)}} = 0.0609$$

즉, $\lambda_{opt} \approx 1$이므로, 최적 TMD의 고유진동수(ω_t)는 구조물의 고유진동수(ω_s)에 거의 근접하는 것을 알 수 있다. 다음 그림은 $\mu = 0.01$ 및 $\lambda = 0.990$일 경우 동적증폭계수를 나타낸 것으로, TMD의 감쇠비(ξ_t)가 증가함에 따라, 동적증폭계수가 감소하는 것을 알 수 있다.

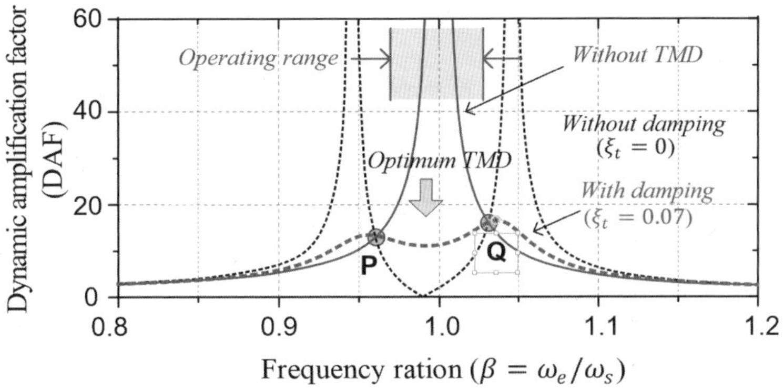

그림 9.2.2d 동조질량감쇠기 동적증폭계수 ($\mu = 0.01, \lambda = 0.990, \xi_s = 0.00$)

그림 9.2.2e 보행자 유발진동 억제를 위해 육교난간에 설치된 동조질량감쇠기(수원, 2003)

• TLD(동조액체감쇠기)

선박에서 널리 사용되는 동조액체감쇠기(tuned liquid damper, 이하 TLD)는 근래에 주로 고층 건물이나 탑 구조물 등의 진동을 제어하는데 도입되었으며, 기본 원리는 TMD와 동일하다. TLD는 건축물의 옥상에 설치된 물탱크에 간단한 부가 조치를 취함으로써 지진, 바람 등에 의한 진동을 30% 이상 줄일 수 있는 것으로 보고되고 있다.

TLD는 액체의 진동형태에 따라 다음과 같이 분류하기도 한다.

1) TSD(Tuned Sloshing Damper; 단순동조액체감쇠기)

2) TLCD(Tuned Liquid Column Damper; 동조액주감쇠기)

TLD는 TMD에 비해 다음과 같은 장점을 갖고 있다.

1) 마찰력이 작으므로, 작은 진동에 대해서도 효과적으로 적용할 수 있다.

2) 작동원리가 간단하므로, 유지관리와 설치가 경제적이다.

3) 한 개의 TLD를 사용하여 수평 두 방향에 대해 적용할 수 있다.

4) 여러 개의 TLD를 사용하여야 할 경우, 분할 등 다루기가 용이하다.

한편 TLD는 통상 강철 질량을 사용하는 TMD에 비해 상대적으로 작은 질량을 갖고 있으므로, TMD와 동일한 효과를 나타내기 위해서는 상대적으로 넓은 공간이 필요하다.

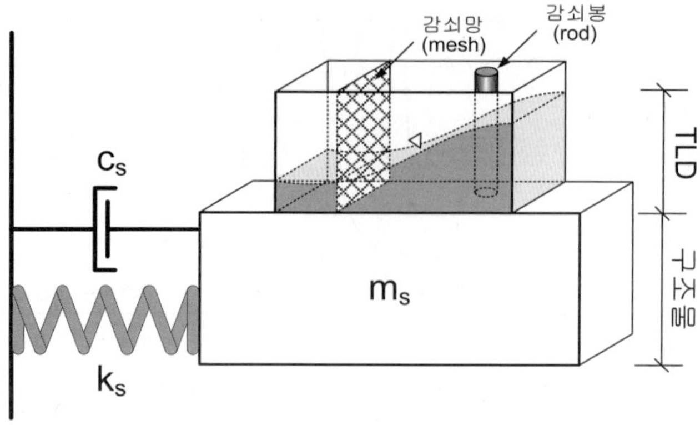

그림 9.2.2f TSD(단순동조액체감쇠기)

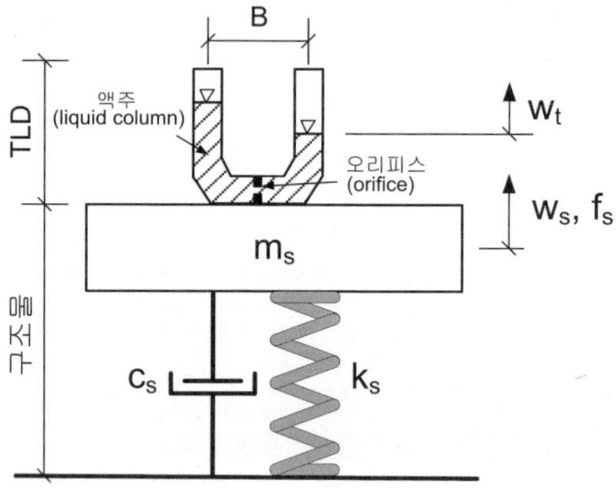

그림 9.2.2g TLCD(동조액주감쇠기)

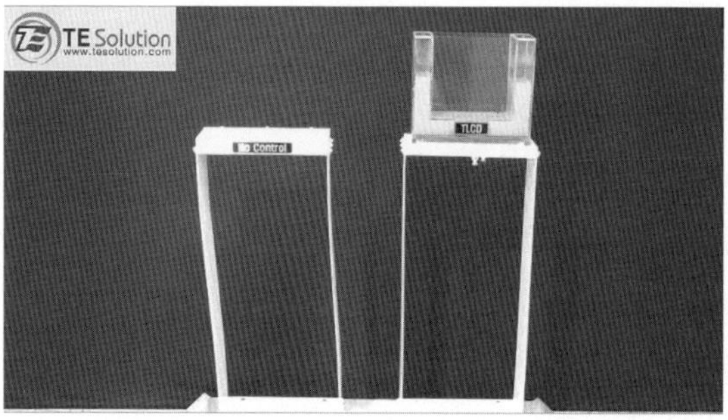

(a) TLCD(출처: TE Solution) [YouTube]

(b) 선박의 U-Tube 탱크(출처: froudedude) [YouTube]

그림 9.2.2h TMD 원리

• 점탄성감쇠기(viscoelastic damper)

재료의 감쇠특성을 사용하여 에너지를 소산하는 장치이다. 통상 점탄성감쇠기에 사용하는 재료는 균질의 등방성 중합체(homogeneous isotropic polymer)를 사용하며, 이 재료의 감쇠는 온도, 진동수, 속도에 의존성을 갖고 있다.

점탄성감쇠기는 다음 그림과 같이 구분한다.

1) 점탄성고체감쇠기(solid viscoelastic damper)

1960년대 풍하중에 의한 진동을 저감하기 위해 사용되었으며, 근래에는 지진에 의한 진동의 제어에도 적용되고 있다.

2) 점탄성액체감쇠기(fluid viscoelastic damper)

1980년대 일본에서 개발되었으며, 벽체 구조물로 사용되기도 하였다.

3) 점성액체감쇠기(fluid viscous damper)

기계장비에 주로 사용되어 왔으며, 현재 교량, 빌딩 등 주요 구조물의 내진과 내풍을 위한 제진장치로서 널리 사용되고 있다. 이 장치의 경우 피스톤의 운동에 의해 감쇠기 내부의 액체가 오리피스(orifice)를 통과하며, 이 때 운동에너지가 열에너지로 변환된다. 점성 액체 감쇠기의 기본 이론은 다음과 같다.

$$F = \left(8\pi\nu L + \frac{AV}{2C_d}\right)\frac{A^2}{a^2}\rho V$$

여기서 F는 감쇠력, V는 피스톤 속도, A는 피스톤의 단면적$(=\frac{\pi D^2}{4})$, a는 오리피스의 단면적$(=\frac{\pi d^2}{4})$, ν는 액체 점성계수, ρ는 액체 밀도, C_d는 액체 유량계수, L은 오리피스 길이이다.

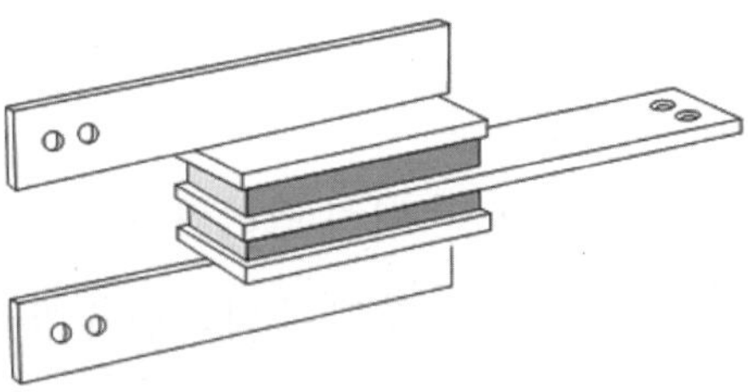

(a) 점탄성 고체 감쇠기
(solid viscoelastic damper)

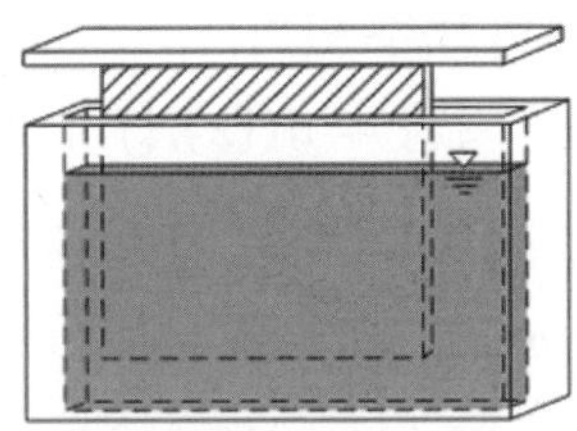

(b) 점탄성 액체 감쇠기
(fluid viscoelastic damper)

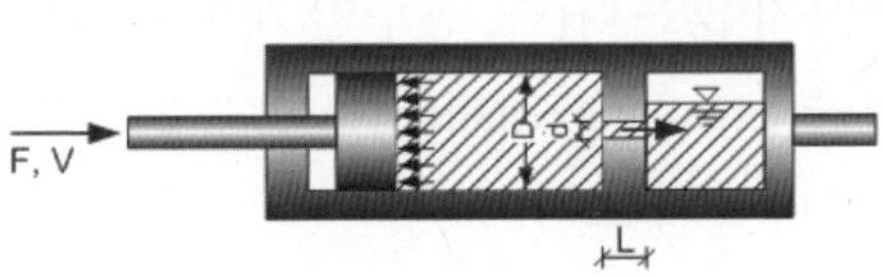

(c) 점성 액체 감쇠기
(fluid viscous damper)

그림 9.2.2i 점탄성감쇠기

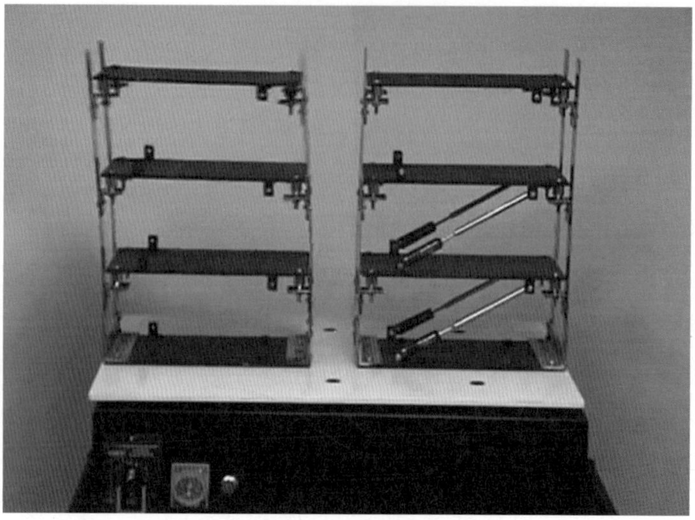

그림 9.2.2j 점탄성감쇠기 (출처: Taylor Devices) [YouTube]

9.2.3 상태공간방정식

제어문제의 지배 방정식과 해법의 기본은 '상태공간(state space)' 표기법이다. 상태공간에서 이계 미분방정식인 동적 시스템은 다음처럼 일계 미분방정식(first order differential equation)으로 표현할 수 있다.

$$\{\dot{z}\} = g(\{z\},\{f\};t)$$

여기서 t는 시간; $\{z\} = \begin{Bmatrix} \dot{u} \\ u \end{Bmatrix}$는 시스템의 상태벡터; $\{f\}$는 외력 벡터이다.

상수들로 구성된 선형 시스템의 경우, 앞 식은 다음과 같이 나타낼 수 있다.

$$\{\dot{z}\} = [A]\{z\} + [B]\{f\}$$

여기서 $[A]$와 $[B]$는 각각 '시스템행렬(system matrix)'과 '입력행렬(input matrix)'을 나타내며, 상태공간에서 시간에 따라 변하지 않는다(즉, 상수인 계수 행렬을 갖는다).

다음 그림과 같이 가진하중(external excitation)을 받는 2층 전단 건물의 수평 진동을 운동방정식과 상태공간방정식으로 나타내 보자.

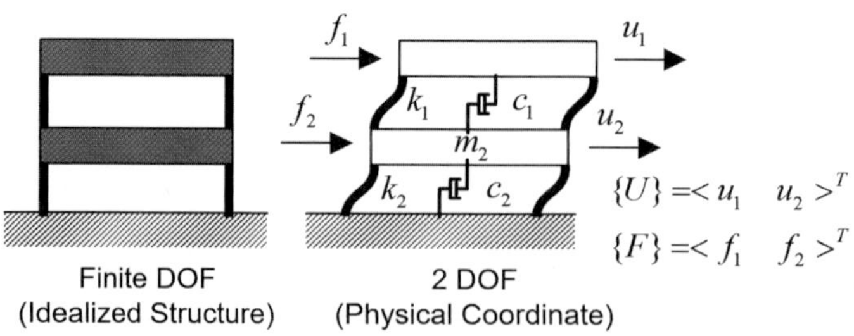

그림 9.2.3 2자유도계 전단 구조물

이 경우 2자유도계로 모델링한 구조물의 운동방정식은 다음과 같다.

$$m_1\ddot{u}_1 + c_1(\dot{u}_1 - \dot{u}_2) + k_1(u_1 - u_2) = f_1$$
$$m_2\ddot{u}_2 + c_1(\dot{u}_2 - \dot{u}_1) + k_1(u_2 - u_1) + k_2u_2 = f_2$$

위의 두 식을 행렬식의 형태로 나타낸 운동방정식은 다음과 같다.

$$\begin{bmatrix} m_1 & 0 \\ 0 & m_2 \end{bmatrix}\begin{Bmatrix} \ddot{u}_1 \\ \ddot{u}_2 \end{Bmatrix} + \begin{bmatrix} c_1 & -c_1 \\ -c_1 & c_1 + c_2 \end{bmatrix}\begin{Bmatrix} \dot{u}_1 \\ \dot{u}_2 \end{Bmatrix} + \begin{bmatrix} k_1 & -k_1 \\ -k_1 & k_1 + k_2 \end{bmatrix}\begin{Bmatrix} u_1 \\ u_2 \end{Bmatrix} = \begin{Bmatrix} f_1 \\ f_2 \end{Bmatrix}$$

즉,

$$\mathbf{M\ddot{u}} + \mathbf{C\dot{u}} + \mathbf{ku} = \mathbf{f}$$

운동방정식을 상태공간으로 변환하기 위해, 상태변수 $\{z\}$를 다음과 같이 정의한다.

$$\{z\} = \begin{Bmatrix} \{\dot{u}\} \\ \{u\} \end{Bmatrix} = \begin{Bmatrix} \dot{u}_1 \\ \dot{u}_2 \\ u_1 \\ u_2 \end{Bmatrix} = \langle \dot{u}_1 \quad \dot{u}_2 \quad u_1 \quad u_2 \rangle^{\mathrm{T}}$$

운동방정식을 다음과 같이 재정리하면

$$\begin{aligned} \mathbf{M\ddot{u}} &= -\mathbf{C\dot{u}} - \mathbf{Ku} + \mathbf{f} \\ \mathbf{\dot{u}} &= \mathbf{\dot{u}} \end{aligned}$$

이고, 첫 번째 식에서 양변에 질량행렬의 역행렬을 곱하면 다음과 같다.

$$\begin{aligned} \mathbf{\ddot{u}} &= -\mathbf{M}^{-1}\mathbf{C\dot{u}} - \mathbf{M}^{-1}\mathbf{Ku} + \mathbf{M}^{-1}\mathbf{f} \\ \mathbf{\dot{u}} &= \mathbf{\dot{u}} \end{aligned}$$

즉,

$$\begin{Bmatrix} \mathbf{\ddot{u}} \\ \mathbf{\dot{u}} \end{Bmatrix} = \begin{bmatrix} -\mathbf{M}^{-1}\mathbf{C} & -\mathbf{M}^{-1}\mathbf{K} \\ \mathbf{I} & \mathbf{0} \end{bmatrix}\begin{Bmatrix} \mathbf{\dot{u}} \\ \mathbf{u} \end{Bmatrix} + \begin{bmatrix} \mathbf{M}^{-1} \\ \mathbf{0} \end{bmatrix}\mathbf{f}$$

따라서 행렬식의 형태로 정리한 상태공간방정식(state space equation)은 다음과 같다.

$$\mathbf{\dot{z}} = \mathbf{Az} + \mathbf{Bf}$$

여기서

$$\mathbf{z}_{(4\times1)} = \begin{Bmatrix} \mathbf{\dot{u}} \\ \mathbf{u} \end{Bmatrix}, \quad \mathbf{f}_{(2\times1)}$$

$$\mathbf{A}_{(4\times4)} = \begin{bmatrix} -\mathbf{M}^{-1}\mathbf{C} & -\mathbf{M}^{-1}\mathbf{K} \\ \mathbf{I} & \mathbf{0} \end{bmatrix}, \quad \mathbf{B}_{(4\times2)} = \begin{bmatrix} \mathbf{M}^{-1} \\ \mathbf{0} \end{bmatrix}$$

9.2.4 능동제어

• 개념과 종류

구조물의 '능동제어(active control)'는 외력을 받는 구조물의 거동을 제어하여 구조물을 보호하는 것으로 Yao(1972)가 구조물의 능동제어의 근간이 되는 제어론을 제시하면서 시작되었다. 능동제어기법으로 최적제어, 극점 배치, 적응제어, 퍼지 제어, 신경회로망에 의한 제어 등이 개발 연구되고 있으며, 이러한 능동제어기법들은 컴퓨터, 계측기, 제어기기, 가진기 등의 기술적인 발달과 함께 급속하게 발전하고 있으며, 실험을 통해 그 효과를 입증할 수 있게 되었다.

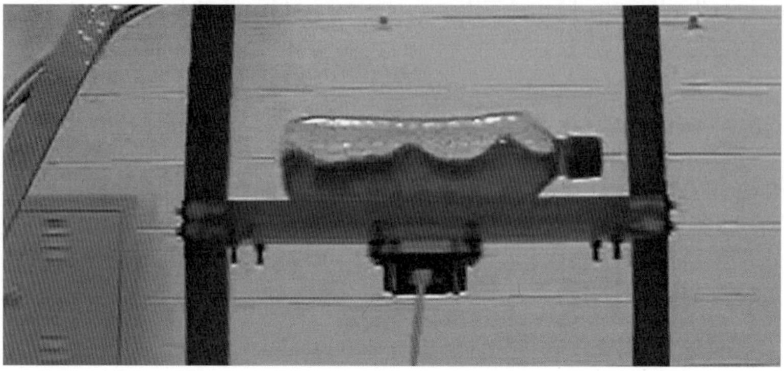

그림 9.2.4a 능동제어 시험 (출처: GMSINT Group) [YouTube]

능동제어 시스템의 일반 개념도는 다음과 같다. 여기서 센서는 구조물에 작용하는 외력(external excitation)과 구조물의 응답(structural response)을 계측하는데 사용되며, 구조물의 제어에 필요한 제어력(control force)은 가진기(actuator) 등을 통해 구조물에 가해진다. 참고로 가진기를 구동하여 원하는 출력을 내기 위해서는 외부 에너지원이 필요하다.

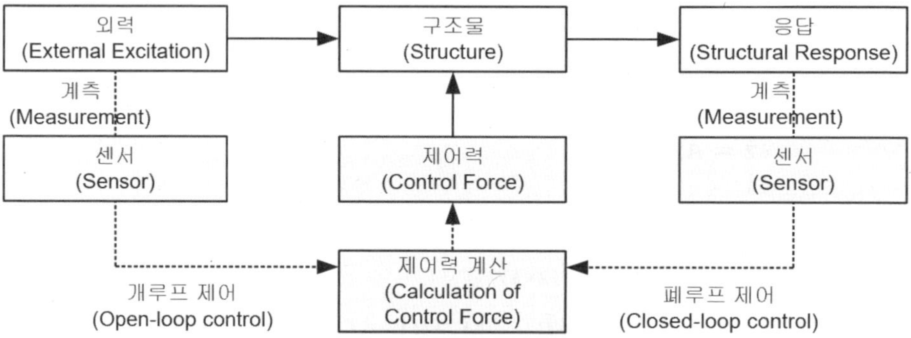

그림 9.2.4b 능동제어 개념도

1) 폐루프 제어(closed-loop control, 폐로 제어)

구조물의 응답만을 지속적으로 계측하여, 제어력을 수정하면서 제어한다.

2) 개루프 제어(open-loop control, 개로 제어)

구조물에 작용하는 외력만을 계측해 제어력을 조절한다.

3) 폐-개루프 제어(closed-open-loop control, 폐-개로 제어)

외력과 응답에 대한 두 정보를 모두를 계측하여 사용한다.

다음과 같은 n자유도 구조물의 운동방정식을 사용하여, 제어력이 n자유도 구조물의 응답에 미치는 영향에 대해 알아보자.

$$[M]\{\ddot{u}\} + [C]\{\dot{u}\} + [K]\{u\} = [L_c]\{f_c\} + [L_e]\{f_e\}$$

여기서 $[M]_{(n\times n)}$, $[C]_{(n\times n)}$ 및 $[K]_{(n\times n)}$는 각각 구조물의 질량, 감쇠 및 강성행렬; $\{u\}_{(n\times 1)}$는 변위벡터; $\{f_c\}_{(m\times 1)}$는 제어력벡터; $\{f_e\}_{(r\times 1)}$는 외력벡터를 나타낸다. 또한, $[L_c]_{(n\times m)}$ 행렬과 $[L_e]_{(n\times r)}$ 행렬은 각각 제어력과 외력의 작용 위치를 나타내는 위치 행렬(location matrix)이다.

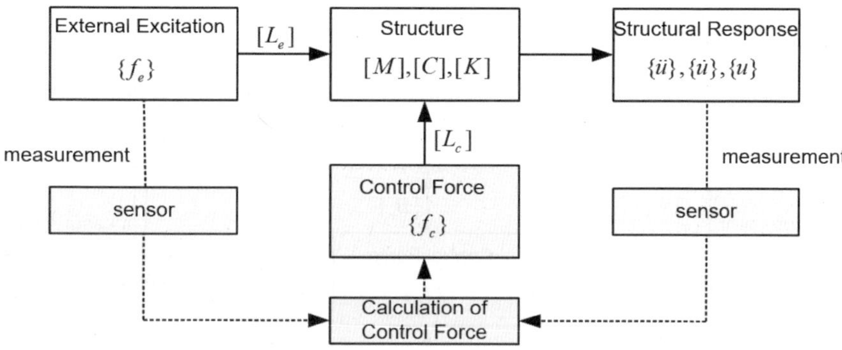

그림 9.2.4c 운동방정식을 사용한 능동제어 개념도

폐-개루프 제어를 사용하고, 제어력 $\{f_c\}$가 구조물 상태(즉, 변위 $\{u\}$, 속도 $\{\dot{u}\}$)와 외력 $\{f_e\}$에 대한 선형 함수라고 가정하여 다음과 같이 나타낼 수 있다.

$$\{f_c\} = [\Delta K]\{u\} + [\Delta C]\{\dot{u}\} + [\Delta L_e]\{f_e\}$$

위 식을 제어력을 구하는 '제어법칙(control law)'이라 하고, $[\Delta K]$, $[\Delta C]$ 및 $[\Delta L_e]$는 각각 제어 알고리즘에서 매 시간마다 구하는 '제어이득(control gain)'이라 한다. 또한, $[\Delta K]\{u\}$ 와 $[\Delta C]\{\dot{u}\}$은 구조물 상태($\{u\}$, $\{\dot{u}\}$)를 계측하여 제어하는 폐루프 제어력이며, $[\Delta L_e]\{f_e\}$은 외력을 계측하여 제어하는 개루프 제어력이다.

$\{f_c\}$를 운동방정식에 대입하면 다음과 같다.

$$[M]\{\ddot{u}\} + ([C] - [L_c][\Delta C])\{\dot{u}\} + ([K] - [L_c][\Delta K])\{u\} = ([L_e] + [L_c][\Delta L_e])\{f_e\}$$

여기서 제어이득행렬 $[\Delta K]$, $[\Delta C]$ 및 $[\Delta L_e]$은 제어 알고리즘에 따라 다르게 산정된다. 이 식을 원래 운동방정식과 비교하면, 다음과 같이 응답을 계측하여 제어하는 개-폐루프 제어의 효과를 명확하게 볼 수 있다.

1) 폐루프 제어 부분

폐루프 제어 부분($\{u\}$, $\{\dot{u}\}$)은 구조물의 강성행렬($[K] - [L_c][\Delta K]$)과 감쇠행렬($[C] - [L_c][\Delta C]$)을 변화시켜 외력에 보다 적절히 대응할 수 있도록 한다. 즉, 구조물의 상태인 강성과 감쇠 행렬을 외력에 가장 적절하게 대응시킬 수 있도록 조절한다.

2) 개루프 제어 부분

개루프 제어 부분($\{f_e\}$)은 외력($[L_e] - [L_c][\Delta L_e]$)을 변경시키는 역할을 한다. 즉, 구조물에 작용하는 외력을 직접 감소시킬 수 있다운동방정식을 상태공간방정식으로 표현하면 다음과 같다.

$$\{\dot{z}\} = [A]\{z\} + [B_c]\{f_c\} + [B_e]\{f_e\}, \quad \{z(t_0)\} = \{z_0\}$$

여기서 $\{z\}$는 상태벡터; $[A]$는 시스템행렬; $[B_c]$와 $[B_e]$는 입력행렬(또는 제어행렬)이다.

$$\mathbf{z}_{(2n\times1)} = \begin{Bmatrix}\dot{\mathbf{u}}\\ \mathbf{u}\end{Bmatrix}, \quad \mathbf{f}_{c,(m\times1)}, \quad \mathbf{f}_{e,(r\times1)}$$

$$\mathbf{A}_{(2n\times2n)} = \begin{bmatrix}-\mathbf{M}^{-1}\mathbf{C} & -\mathbf{M}^{-1}\mathbf{K}\\ \mathbf{I} & \mathbf{0}\end{bmatrix}, \quad \mathbf{B}_{c,(2n\times m)} = \begin{bmatrix}\mathbf{M}^{-1}\mathbf{L}_c\\ \mathbf{0}\end{bmatrix}, \quad \mathbf{B}_{e,(2n\times r)} = \begin{bmatrix}\mathbf{M}^{-1}\mathbf{L}_e\\ \mathbf{0}\end{bmatrix}$$

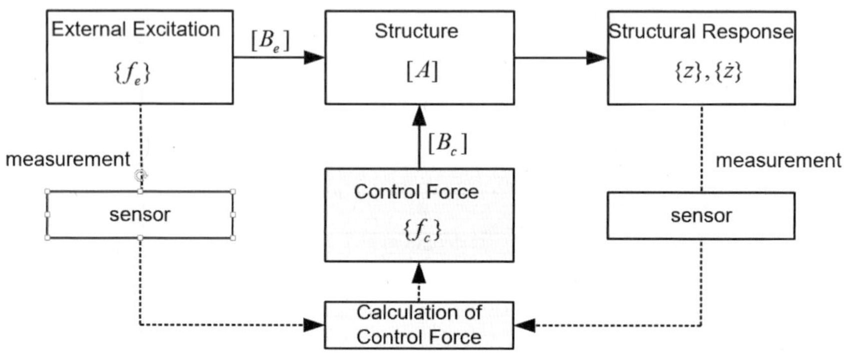

그림 9.2.4d 상태공간방정식을 사용한 능동제어 개념도

• 최적 제어 알고리즘

'고전적 선형 최적 제어(classical linear optimal control) 방법'에 의하면, 제어력 $\{f_c\}$는 다음과 같은 성능지수(performance index, J)를 최소화 시키도록 결정한다.

$$J = J_1\left[\{z(t_0)\}, \{z(t_f)\}; t_0, t_f\right] + \int_{t_0}^{t_f} J_2\left[\{z\}, \{\dot{z}\}, \{f_c\}, \{\dot{f_c}\}; t\right]dt$$

이 식에서 첫째 항 J_1은 '시종 페널티 함수(initial-terminal penalty function)'로 초기시간(t_0), 최종시간(t_f), 초기시간의 상태($\{z(t_0)\}$), 최종시간의 상태($\{z(t_f)\}$)로 구성된 함수이며, 두 번째 항 $\int J_2 dt$은 전체 제어시간 $[t_0, t_f]$에 걸쳐 적분한 항을 나타낸다.

성능지수(J)는 상태방정식을 만족하면서, 동시에 상태변수 $\{z\}$와 제어력 $\{f_c\}$에 대하여 최소화해야 할 스칼라 함수이다. 여기에 다음과 같이 허용변위 및 허용속도 등을 기타 제한조건으로 추가할 수도 있으며, 이를 '한계상태제어(bounded state control)'라 한다.

$$|z| \le \{b\}$$

일반적으로 사용되는 성능지수는 $\{z\}$와 $\{f_c\}$의 2차식으로, LQ 최적 제어(linear quadratic optimal control) 또는 LQR(linear quadratic regulator)라 하며 다음과 같은 형태이다.

$$J = \frac{1}{2}\{z(t_f)\}^T[W(t_f)]\{z(t_f)\} \; + \; \frac{1}{2}\int_{t_0}^{t_f}[\{z\}^T[Q]\{z\} + \{f_c\}^T[R]\{f_c\}]dt$$

여기서 통상 $[t_0, t_f]$는 외력보다 길게 잡고, $[W(t_f)]$, $[Q]$ 와 $[R]$을 '가중행렬(weighting matrices)'이라 하고, $[W(t_f)]$는 t_f에서의 상태벡터를 규정하며, $[Q]$ 와 $[R]$은 성능지수를 최소

화하는 과정에서 상태변수 $\{z\}$와 제어력 $\{f_c\}$ 간의 상대적 중요도에 따라 그 크기를 결정한다. 예를 들어 $[Q]$를 $[R]$ 보다 상대적으로 큰 값으로 취한다고 하면, 제어력의 크기 보다 상태변수의 응답을 줄이는데 더 비중을 둔다는 의미가 된다.

최적 제어력 $\{f_c\}$를 구하기 위해 상태방정식(즉, $\{\dot{z}\} = [A]\{z\} + [B_c]\{f_c\} + [B_e]\{f_e\}$)을 만족하며, 동시에 다음과 같은 성능지수(J)를 최소화시키는 문제를 풀 수 있다.

$$J = \frac{1}{2}\int_{t_0}^{t_f}[\{z\}^T[Q]\{z\} + \{f_c\}^T[R]\{f_c\}]dt$$

시간의 함수인 Lagrange 승수(Lagrange multiplier) $\{\lambda(t)\}$를 사용하여, 상태방정식과 성능지수(J)를 합한 다음과 같은 Lagrangian L을 고려해 보자.

$$L = \int_{t_0}^{t_f}\left[\ \frac{1}{2}\{z\}^T[Q]\{z\} + \frac{1}{2}\{f_c\}^T[R]\{f_c\} + \{\lambda\}^T(\ [A]\{z\} + [B_c]\{f_c\} + [B_e]\{f_e\} - \{\dot{z}\}\ )\right]dt$$

Hamiltoninan 함수($\mathcal{H}$)를 Lagrangian L의 적분자(integrand)로 다음과 같이 정의한 후,

$$\mathcal{H} = \frac{1}{2}\{z\}^T[Q]\{z\} \ + \ \frac{1}{2}\{f_c\}^T[R]\{f_c\} \ + \ \{\lambda\}^T(\ [A]\{z\} + [B_c]\{f_c\} + [B_e]\{f_e\}\ )$$

Lagrangian L을 $\mathcal{H}$를 사용하여 정리한 후, 부분적분을 적용하여 $\{\dot{z}\}$항을 $\{z\}$항으로 변환하면 다음과 같다.

$$\begin{aligned} L &= \int_{t_0}^{t_f}[\ \mathcal{H} - \{\lambda\}^T\{\dot{z}\}\ ]dt \\ &= \int_{t_0}^{t_f}\left[\ \mathcal{H} + \{\dot{\lambda}\}^T\{z\}\ \right]dt \ - \ [\{\lambda\}^T\{z\}]_{t_0}^{t_f} \end{aligned}$$

최소 제어력($\{f_c\}$)에 의해 상태변수 $\{z\}$와 제어력 $\{f_c\}$의 1차 변분 $\{\delta z\}$와 $\{\delta f_c\}$으로 나타낸 δL은 0이 된다.

$$\delta L = -[\{\lambda\}^T\{\delta z\}]_{t_0}^{t_f} + \int_{t_0}^{t_f}\left[\left(\frac{\partial\mathcal{H}}{\partial\{z\}} + \{\dot{\lambda}\}^T\right)\{\delta z\} + \frac{\partial\mathcal{H}}{\partial\{f_c\}}\{\delta f_c\}\ \right]dt = 0$$

따라서 임의의$\{\delta z\}$와 $\{\delta f_c\}$에 대해 $\delta L = 0$을 만족하기 위해 다음과 같은 필요 조건식들을 얻을 수 있다.

$$\frac{\partial\mathcal{H}}{\partial\{z\}} + \{\dot{\lambda}\}^T = \{0\}, \quad \frac{\partial\mathcal{H}}{\partial\{f_c\}} = \{0\}$$

$\mathcal{H}$에 관한 식을 대입하여 정리하면 다음과 같은 식들을 얻을 수 있다.

$$\frac{\partial\mathcal{H}}{\partial\{z\}} = -\{\dot{\lambda}\}^T = [A]^T\{\lambda\} + [Q]\{z\}$$

$$\frac{\partial\mathcal{H}}{\partial\{f_c\}} = \{0\} = [R]\{f_c\} + [B_c]^T\{\lambda\}$$

$$\{\lambda(t_f)\}^T = \{0\} \quad \text{: Boundary condition}$$

따라서 최종적으로 상태방정식과 앞의 세 식들을 풀면, $\{z\}$, $\{f_c\}$ 및 $\{\lambda\}$에 대한 최적해를 구할 수 있다. 이 문제는 시점에서 $\{z(t_0)\}$와 종점에서 $\{\lambda(t_f)\}$가 명시 되었으므로, 일종의 경곗값 문제(boundary value problem, BVP)이며 풀어야 할 최종식들로 정리하면 다음과 같다.

$$\{\dot{\lambda}\}^T + [A]^T\{\lambda\} + [Q]\{z\} = \{0\}$$

$$\{f_c\} = -[R]^{-1}[B_c]^T\{\lambda\}$$
$$\{\lambda(t_f)\}^T = [W]\{z(t_f)\} \quad \text{: Boundary condition}$$
$$\{\dot{z}\} = [A]\{z\} + [B_c]\{f_c\} + [B_e]\{f_e\},\ \{z(t_0)\} = \{z_0\} \quad \text{: State equation}$$

(1) 폐루프 제어

제어벡터 $\{\lambda\}$가 상태 벡터 $\{z\}$에 의해 규제된다면, 다음과 같이 표현 할 수 있다.

$$\{\lambda\} = [P]\{z\}$$

앞 식을 제어력 $\{f_c\}$에 관한 식에 대입하면, $\{f_c\}$는 $\{z\}$에 대한 일차함수로 구할 수 있다.

$$\{f_c\} = [G]\{z\} \quad \text{where } [G] = -[R]^{-1}[B_c]^T[P]$$

앞 식을 제어력을 계산하는 (선형 최적) 제어법칙(control law)이라 하고, $[G(t)]$를 '제어이득(control gain)' 또는 '피드백 이득(feedback gain)'이라 한다*. 만일 $\{z\}$가 측정 가능한 변수라면 $\{f_c\}$는 앞 식으로 구할 수 있으며, 통상 이러한 형태의 '피드백 제어(feedback control)'는 안정된 폐루프 시스템을 형성한다.

$[P(t)]$는 제어력 $\{f_c\}$와 제어벡터 $\{\lambda\}$를 상태방정식에 대입하여 구한 다음 식으로 구한다.

$$\left([\dot{P}] + [P][A] + [A]^T[P] - [P][B_c][R]^{-1}[B_c]^T[P] + [Q]\right)\{z\} + [P][B_e]\{f_e\} = \{0\}$$
$$[P(t_f)] = [W]$$

외력이 없거나 소멸된 경우(즉, $\{f_e(t)\} = \{0\}$인 경우), 앞 식은 다음과 같다.

$$[\dot{P}] + [P][A] + [A]^T[P] - [P][B_c][R]^{-1}[B_c]^T[P] + [Q] = \{0\}$$
$$[P(t_f)] = [W]$$

여기서 $[P(t)]$를 'Riccati 행렬(Riccati matrix)'이라 하고, 위 식을 'Riccati 방정식(Riccati equation)' †이라 한다. 위 식에서 $[P(t)]$는 t_f에서 정의되므로, Riccati 방정식은 시간의 역방향으로 풀 수 있다.

엄밀히 말해 앞서 구한 Riccati 행렬 $[P(t)]$는, 외력 $\{f_e\}$이 제어시간 $[t_0, t_f]$ 내에 소멸되어야 최적해가 되고, 그렇지 않으면 백색잡음(white noise)으로 처리되어야 한다. 통상 Riccati 행렬 $[P(t)]$는 제어 시간동안 일정한 값을 보이다가 t_f에 가까이 이르러 급격히 제로로 떨어지는 것을 볼 수 있으므로, 실제 계산에서는 상수로 처리할 수 있다.

$$[P(t)] = [P] = \text{constant}$$

---

* 이득행렬(gain matrix, $\mathbf{G}(t)$)과 Riccati행렬($\mathbf{P}(t)$)을 $\mathbf{K}(t)$와 $\mathbf{S}(t)$로 표기하기도 함

† Riccati(이탈리아 수학자, 1676-1754) 방정식: 다음과 같은 형태의 2차 1계 상미분방정식

$\dot{p} = c_0 + c_1 p + c_2 p^2$ 여기서 $c_0 \neq 0$, $c_2 \neq 0$

1) $c_0 = 0$이면, Riccati 방정식은 $\dot{p} + c_1 p = c_2 p^2$ 형태의 베르누이 방정식이 된다.

2) $c_2 = 0$이면, Riccati 방정식은 $\dot{p} + c_1 p = c_0$ 형태의 선형 상미분방정식이 된다.

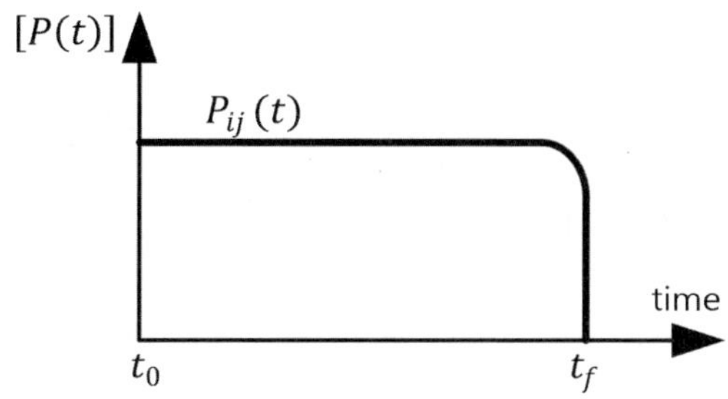

그림 9.2.4e 통상적인 Riccati 행렬, $[P(t)]$

따라서 Riccati 방정식은 다음과 같이 간단한 형태로 재정리되며,

$$[P][A] + [A]^T[P] - [P][B_c][R]^{-1}[B_c]^T[P] + [Q] = f(\mathbf{A}, \mathbf{B}_c, \mathbf{Q}, \mathbf{R}) = \{0\}$$

여기서 구한 Riccati 행렬 $[P]$를 대입하여 구한 제어이득 $[G]$는 다음과 같은 상수행렬이 된다.

$$[G] = -[R]^{-1}[B_c]^T[P]$$

그러므로

1) $[Q]$ 와 $[R]$이 주어진 구조물에 대해,
2) 제어이득 $[G]$을 미리 계산할 수 있으며,
3) 제어이득을 사용하여 제어력 $\{f_c\}$를 구한 후,
4) 상태방정식에 대입하면 최종 상태방정식을 다음과 같이 유도할 수 있다.

$$\{\dot{z}\} = (\ [A] + [B_c][G]\ )\{z\} + [B_e]\{f_e\}, \quad \{z(t_0)\} = \{z_0\}$$

여기서 페루프 제어효과는 시스템 행렬 $[A]$를 $[A] + [B_c][G]$로 변화시킨 것을 알 수 있다.

상태벡터 $\{z\}$를 계측하여 제어력을 계산하려면, 모든 자유도($2n$)에 대해 계측을 하여야 한다. 예를 들어, 제한된 자유도($p \leq 2n$)에서 절대가속도 $\{\ddot{u}_t\}$를 계측하였다면, 상태공간방정식에서 $\{z\}_{(2n\times1)}$대신 시뮬레이션으로 추정한 상태벡터 $\{\hat{z}\}_{(2n\times1)}$을 사용하고, 상태벡터 추정값을 추정하는 '상태추정기(state estimator)'를 사용하여야 한다.

계측한 $\{\ddot{u}_t\}_{(p\times1)}$와 시뮬레이션으로 추정한 $\{\hat{\ddot{u}}_t\}_{(2n\times1)}$ 사이의 관계는 다음과 같이 나타낼 수 있다.

$$\{\ddot{u}_t\}_{(p\times1)} = [T]_{(p\times2n)}\{z\}_{(2n\times1)} + \{\eta\}_{(p\times1)}$$

여기서 $[T]_{(p\times2n)}$는 '계측변환행렬(measurement transfer matrix)'; $\{\eta\}_{(p\times1)}$는 측정오차이다.

계측한 $\{\ddot{u}_t\}_{(p\times1)}$와 시뮬레이션으로 추정한 $\{\hat{\ddot{u}}_t\}_{(2n\times1)}$을 사용할 경우 최종 상태공간방정식은 다음과 같이 나타낼 수 있다.

$$\{\dot{\hat{z}}\} = (\ [A] + [B_c][G]\ )\{\hat{z}\} + [B_e]\{f_e\} + [\bar{G}] \cdot \left(\{\hat{\ddot{u}}_t\} - \{\ddot{u}_t\}\right)$$

$$\{\hat{z}(t_0)\} = \{z_0\}$$

여기서 $[\bar{G}]_{(2n\times p)}$는 '추정기 이득(estimator gain)' 또는 '상태관측기 이득(state observer gain)'라고 한다. 위 식에서 우편의 첫 번째 항은 상태 추정값 $\{\hat{z}\}$을 포함하고 있으며, 세 번째 항 $[\bar{G}] \cdot \left(\{\hat{\ddot{u}}_t\} - \{\ddot{u}_t\}\right)$은 시뮬레이션으로 추정한$\{\hat{\ddot{u}}_t\}$과 계측한 $\{\ddot{u}_t\}$사이의 차이를 보정한다.

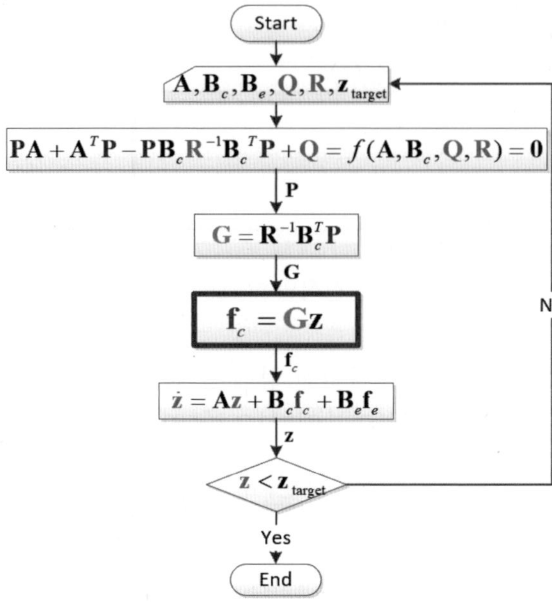

그림 9.2.4f 최적제어 순서도

(2) 폐-개루프 제어와 개루프 제어

만일 외력을 측정하여 이를 제어 설계에 사용할 수 있다면, 폐-개루프 제어를 적용하는 편이 폐루프 제어법을 사용하는 것 보다 좋다. 이 경우에는 폐루프 제어에 사용한 $\{\lambda\} = [P]\{z\}$를 다음의 식으로 대치한다.

$$\{\lambda\} = [P]\{z\} + [S]\{f_e\}$$

앞 식을 상태공간방정식에 대입하여 다음과 같은 Riccati방정식을 얻을 수 있다.

$$\begin{aligned} &\left([\dot{P}] + [P][A] + [A]^T[P] - [P][B_c][R]^{-1}[B_c]^T[P] + [Q] \right)\{z\} \\ &+ \left([\dot{S}] + [A]^T[S] - [P][B_c][R]^{-1}[B_c]^T[S] + [P][B_e] \right)\{f_e\} + [S]\{\dot{f}_e\} = \{0\} \\ &[P(t_f)] = [W], \quad [S(t_f)] = [0] \end{aligned}$$

외력이 없거나 소멸된 경우($\{f_e(t)\} = \{0\}$), 위 식의 첫 부분은 $[P(t)]$에 대한 폐루프 제어 Riccati방정식이 되고, 나머지 부분은 다음과 같다.

$$\begin{aligned} &\left([\dot{S}] + [A]^T[S] - [P][B_c][R]^{-1}[B_c]^T[S] + [P][B_e] \right)\{f_e\} + [S]\{\dot{f}_e\} = \{0\} \\ &[S(t_f)] = [0] \end{aligned}$$

여기서 문제는 통상 $[S(t)]$를 구할 수 없다는 것이다. 왜냐하면 위 식의 해는 최종시간 t_f부터 역시간 방향으로 구해야 하며, 이를 위해 먼저 전 제어시간에 걸쳐 $\{f_e(t)\}$와 $\{\dot{f}_e(t)\}$를 알아야 하는데, 대부분 구조물의 제어에서는 불가능한 상황이다.

한편 개루프 제어의 경우, $\{\lambda\} = [P]\{z\} + [S]\{f_e\}$는 다음과 같이 쓸 수 있다.

$$\{\lambda\} = [S]\{f_e\}$$

이 식을 보면 폐-개루프 제어와 같은 문제가 있음을 쉽게 알 수 있으므로, 개루프 제어도 구조물의 제어 적용에는 일반적으로 적합하지 않다.

• 기타 제어 알고리즘

(1) 극점 배치(pole assignment)

최적 제어되기 전과 후의 구조물 상태공간방정식은 다음과 같다.

$$\{\dot{z}\} = [A]\{z\} + [B_e]\{f_e\}$$

$$\{\dot{z}\} = ([A] + [B_c][G])\{z\} + [B_e]\{f_e\}$$

여기서 제어효과는 시스템 행렬 $[A]$를 $[A] + [B_c][G]$로 변화시킨 것을 알 수 있다. 즉, 구조물의 고유치(eigenvalue, η)가 변화되었으며, 제어 설계자는 적절한 고유치를 갖도록 제어이득 $[G]$를 선정하여야 하고, 고유치를 근간으로 제어이득을 설계하는 방법을 극점 배치법(pole assignment method) 이라 한다. 몇 개의 동적 모드가 구조물의 응답을 대부분 지배하는 대형 구조물 분야에서, 중요 모드만을 고려하여 시스템의 고유치를 적절히 선정할 수 있다면, 극점 배치법을 효과적으로 적용할 수 있을 것이다.

$$\eta_i = \xi_i\omega_i \pm i\omega_i\sqrt{1-\xi_i^2}$$

여기서 ω_i와 ξ_i는 각각 i번째 모드의 고유진동수와 감쇠비이다.

(2) 순간 최적 제어(instantaneous optimal control)

앞서 설명한 고전적 최적 제어는 Riccati 행렬 $[P(t)]$를 유도하는 과정에서 외력 $\{f_e\}$를 무시했으므로, 진정한 최적 제어라고 할 수 없다. 어떤 특정시간 t까지 외력의 상태를 알 수 있으므로, 이를 이용해 개선된 알고리즘을 구할 수 있다. 이러한 방법 중에 하나로 다음과 같이 성능지수 $J(t)$를 시간에 종속되는 함수로 정의할 수 있다.

$$J(t) = \{z(t)\}^T[Q]\{z(t)\} + \{f_c(t)\}^T[R]\{f_c(t)\}$$

이 경우 $t_0 \le t \le t_f$에서 매 순간 마다 성능지수 $J(t)$를 최소화하도록 최적 제어법칙을 산정할 수 있으며, 이 때 얻어지는 알고리즘을 순간 최적 제어라고 한다.

(3) 독립 모드 공간 제어 (independent modal space control, IMSC)

IMSC 제어법은 독립된 모드 공간에서 모드별로 독립적인 제어 설계를 수행하며, '모드 합성 제어(modal synthesis control)'라고도 한다.

(4) LQR (Linear Quadratic Regulator)

1) 시스템 방정식을 구성한다.

$$\dot{z} = Az + Bf_c$$

2) 성능기준(performance criteria)을 정한다.

$$J[f_c(\cdot)] = \int_0^\infty [z^T Q z + f_c^T R f_c] dt, \qquad Q \geq 0, R > 0$$

3) Riccati 방정식을 풀어 제어력을 구한다.

Calculate function $f_c: [0, \infty) \longrightarrow \mathfrak{R}^p$ such that $J[f_c]$ is minimized.

(5) LQG (Linear Quadratic Gaussian)

LQR과 Gaussian 분포를 사용하는 Kalman 필터를 합친 제어 방법이다.

1) 시스템 방정식을 구성한다.

$$\dot{z} = Az + Bf_c + n_p$$
$$u = Cz + Df_c + n_m$$
where n_p and n_m are measurement and process noise, repectively.

2) $z(t)$를 추정하는 $\hat{z}(t)$를 계산한다.

3) $z(t)$ 대신 $\hat{z}(t)$를 사용하여 LQR 방법을 적용한다.

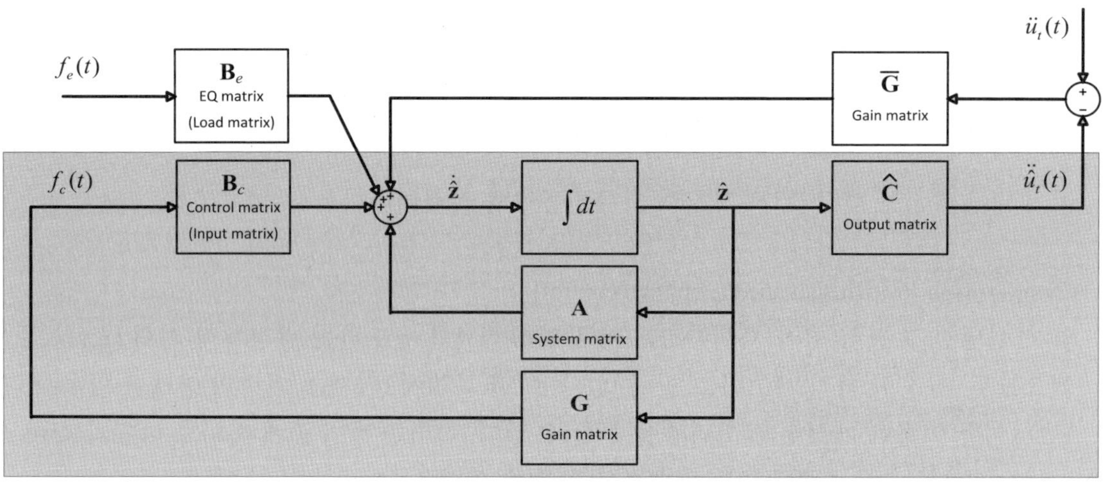

그림 9.2.4g LQ제어 개념

(6) PID 제어 (Proportional Integrated Derivative control)

P(비례)-I(적분)-D(미분) 제어(즉, PID 제어)는 실제 응용분야에서 가장 많이 사용되는 대표적인 형태의 제어기법이다. 1922년 Nicolas Minorsky가 처음으로 3개 항으로 공식화한 이후, 오늘날 산업계에서 이용되고 있는 제어방식의 80% 가량이 PID 제어로 알려져 있다.

PID 제어는 기본적으로 피드백 제어이며, 제어 대상인 출력 값(output, u)을 측정하고 이를 목표로 하는 참조 값(reference value, r) 혹은 설정 값(set point, r)과 비교하여 오차(error, $e = r - u$)를 계산하고, 이 오차 값을 이용하여 제어 값을 계산한다.

일반적인 PID 제어는 다음과 같이 세 개의 항을 더하여 제어 값(MV: manipulated variable, u)을 계산한다. 여기서 각 항들은 각각 오차 값, 오차 값의 적분, 오차 값의 미분에 비례하므로 PID 제어라 한다.

$$f_c(t) = K_p e(t) + K_i \int_0^t e(\tau)d\tau + K_d \frac{d}{dt} e(t)$$

이 식에서 K_p, K_i, K_d는 제어이득(control gain)으로, 적절한 값은 수치적/실험적/경험적 방법을 통해 계산한다.

표 9.2.4 PID 제어항 비교

항목	제어항	의미	효과
P	비례 제어	현재 오차에 비례	오차를 빠르게 줄이지만, 너무 크면 진동이나 과도 응답(overshoot)이 커질 수 있음
I	적분 제어	누적 오차에 비례	시스템을 목표값에 정확히 도달하게 하지만, 너무 크면 응답이 느려지고, 진동이 발생할 수 있음
D	미분 제어	오차 변화에 비례	급격한 변화인 오버슈트를 줄이고 응답의 안정성을 높이지만, 센서 노이즈에 민감하여 너무 크면 오히려 불안정해질 수 있음

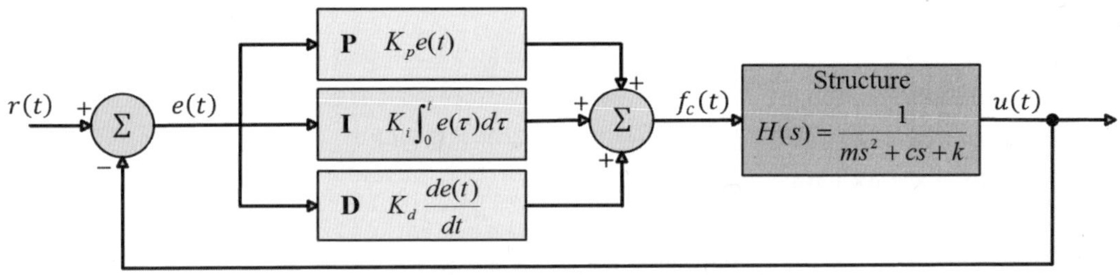

그림 9.2.4g PID 제어 개념

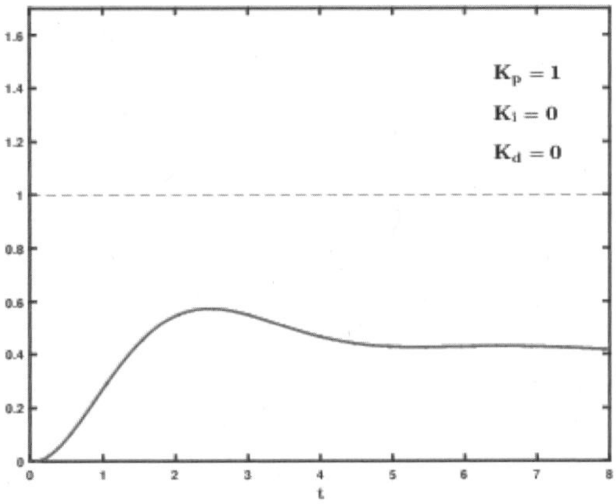

그림 9.2.4h PID 제어 변수가 시스템의 계단하중 응답에 미치는 영향 (출처: 위키피디아 Physicsch) [YouTube]

[예제] 9.2.3 능동제어를 위한 상태공간방정식

1) n 자유도 운동방정식: n개 2계 미분방정식

$$\mathbf{M\ddot{u}} + \mathbf{C\dot{u}} + \mathbf{ku} = \mathbf{f}$$

2) 상태방정식 I (State Equation I): $2n$개 1계 미분방정식

운동방정식을 가속도($\ddot{\mathbf{u}}$)에 관하여 전개한 후, 한 개의 식을 추가하여 나타내면 다음과 같다.

$$\ddot{\mathbf{u}} = -\mathbf{M}^{-1}\mathbf{C}\dot{\mathbf{u}} - \mathbf{M}^{-1}\mathbf{K}\mathbf{u} + \mathbf{M}^{-1}\mathbf{f}$$

$$\dot{\mathbf{u}} = \qquad \dot{\mathbf{u}}$$

이 두 식을 합쳐서 상태방정식으로 나타내면 다음과 같다.

$$\begin{Bmatrix} \ddot{\mathbf{u}} \\ \dot{\mathbf{u}} \end{Bmatrix} = \begin{bmatrix} -\mathbf{M}^{-1}\mathbf{C} & -\mathbf{M}^{-1}\mathbf{K} \\ \mathbf{I} & \mathbf{0} \end{bmatrix} \begin{Bmatrix} \dot{\mathbf{u}} \\ \mathbf{u} \end{Bmatrix} + \begin{bmatrix} \mathbf{M}^{-1} \\ \mathbf{0} \end{bmatrix} \mathbf{f}$$

즉,

$$\dot{\mathbf{z}} = \mathbf{Az} + \mathbf{Bf}$$

여기서

$$\mathbf{z} = \begin{Bmatrix} \dot{\mathbf{u}} \\ \mathbf{u} \end{Bmatrix}, \ \mathbf{f}, \ \mathbf{A} = \begin{bmatrix} -\mathbf{M}^{-1}\mathbf{C} & -\mathbf{M}^{-1}\mathbf{K} \\ \mathbf{I} & \mathbf{0} \end{bmatrix}, \ \mathbf{B} = \begin{bmatrix} \mathbf{M}^{-1} \\ \mathbf{0} \end{bmatrix}$$

3) 상태방정식 II (State Equation II)

만약 $\mathbf{x} \equiv \mathbf{z}, \mathbf{u} \equiv \mathbf{f}$라고 하면, 상태공간방정식 I은 다음과 같이 변형된다.

$$\dot{\mathbf{z}} = \mathbf{Az} + \mathbf{Bf} \rightarrow \dot{\mathbf{x}} = \mathbf{Ax} + \mathbf{Bu}$$

시간구간 $[t_0, t]$에서 1계 미분방정식의 해는

$$\mathbf{x}(t) = \mathbf{x}(t_0)\, e^{\mathbf{A}(t-t_0)} + \int_{t_0}^{t} e^{\mathbf{A}(t-\tau)}\, \mathbf{B}\, \mathbf{u}(\tau) d\tau$$

이며, 시간간격$[k\Delta t, (k+1)\Delta t]$에서 이 식을 다음과 같이 다시 쓸 수 있다.

$$\mathbf{x}((k+1)\Delta t) = \mathbf{x}(k\Delta t)\, e^{\mathbf{A}\Delta t} + \int_{k\Delta t}^{(k+1)\Delta t} e^{\mathbf{A}\{(k+1)\Delta t - \tau\}}\, \mathbf{B}\, \mathbf{u}(\tau) d\tau$$

이 시간구간에서 $\mathbf{u}(t) = \mathbf{u}(k\Delta t) = \text{constant}$라고 가정할 때 다음과 같다.

$$\mathbf{x}_{k+1} = \bar{\mathbf{A}}\mathbf{x}_k + \bar{\mathbf{B}}\mathbf{u}_k$$

여기서

$$\mathbf{x}_k \equiv \mathbf{x}(k\Delta t), \ \ \mathbf{u}_k \equiv \mathbf{u}(k\Delta t), \ \ \bar{\mathbf{A}} = e^{\mathbf{A}\Delta t}, \ \ \bar{\mathbf{B}} = \int_{k\Delta t}^{(k+1)\Delta t} e^{\mathbf{A}\{(k+1)\Delta t - \tau\}}\, \mathbf{B}\, d\tau$$

4) 출력방정식 (Output Equation)

$$\mathbf{y}(t) = \mathbf{Cx}(t) + \mathbf{Du}(t)$$

즉,

$$\mathbf{y}_k = \mathbf{Cx}_k + \mathbf{Du}_k$$

여기서 $t = k\Delta t$이고 $\mathbf{y}_k \equiv \mathbf{y}(k\Delta t)$이다.

MATLAB: 9.2.4 지진시 구조물의 능동제어 (CtrM.m, CONTROL.mdl, UNCONTROL.mdl)

다음 그림에 나타낸 2층 상단에 능동건(active tendon 등)과 같은 능동제어기가 설치된 구조물의 지진시 진동제어에 대해 분석하였다. 제어방법으로는 LQR(linear quadratic regulator) 방법을 사용하였고, 입력지진은 1940년 엘센트로(El Centro)에서 남북방향으로 계측된 지진파형을 사용하였으며, 계측된 시간 간격은 0.02초에서 0.004초로 변경하였다. 피드백제어(feedback control)를 사용한 제어력 산정을 위해 구조물 상태벡터(절점 변위와 절점 속도)를 계측해야 하지만, 실제 모든 절점의 속도와 변위를 측정하기가 매우 어려우므로, 측정이 용이한 구조물의 위치에서 가속도만을 측정하여 제어력을 산정한다고 가정하였다.

$$\mathbf{M} = \begin{bmatrix} m_1 & 0 \\ 0 & m_2 \end{bmatrix}, \quad \mathbf{C} = \begin{bmatrix} c_1 & -c_1 \\ -c_1 & c_1 + c_2 \end{bmatrix}, \quad \mathbf{K} = \begin{bmatrix} k_1 & -k_1 \\ -k_1 & k_1 + k_2 \end{bmatrix}$$

여기서 $m_1 = m_2 = 100\text{kg}, c_1 = c_2 = 50\text{N} \cdot \frac{\text{sec}}{\text{m}}, k_1 = k_2 = 500{,}000\frac{\text{N}}{\text{m}}$이다.

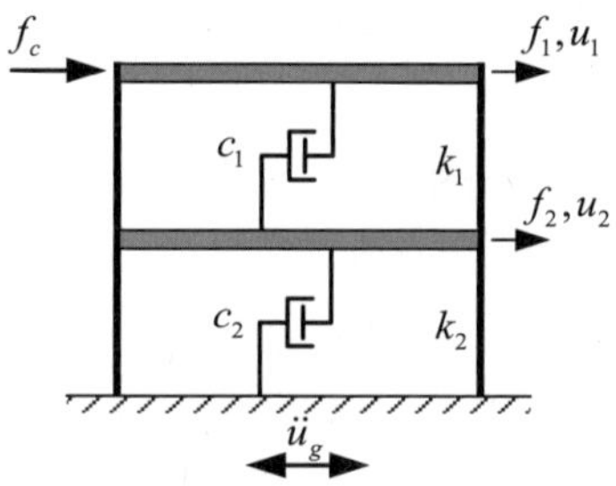

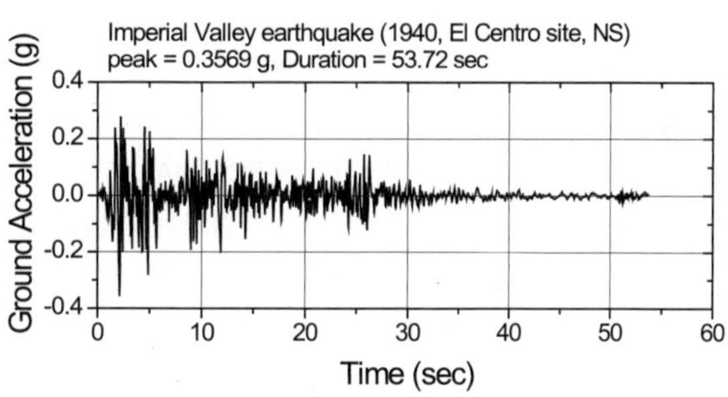

[풀이]

(1) 운동방정식 (Equation of Motion, EOM)

지진하중과 제어력을 받는 구조물의 운동방정식은 다음과 같다.

$$\mathbf{M\ddot{u}} + \mathbf{C\dot{u}} + \mathbf{Ku} = \mathbf{L}_c\mathbf{f}_c + \mathbf{L}_e\mathbf{f}_e$$

여기서 $\mathbf{M}_{(2\times2)}$, $\mathbf{C}_{(2\times2)}$ 및 $\mathbf{K}_{(2\times2)}$는 각각 구조물의 질량, 감쇠 및 강성행렬; $\mathbf{u}_{(2\times1)}$는 구조물의 상대변위; $\mathbf{f}_{c,(1\times1)}$는 제어력; $\mathbf{f}_{e,(1\times1)}$는 지진하중으로 다음과 같으며, $\mathbf{L}_{c,(2\times1)}$행렬과 $\mathbf{L}_{e,(2\times1)}$행렬은 각각 제어력과 외력의 작용 위치를 나타내고 있는 위치행렬(location matrix)로 다음과 같다.

$$\mathbf{f}_e = -\mathbf{M}\ddot{\mathbf{u}}_g, \quad \mathbf{L}_c = \begin{Bmatrix} 1 \\ 0 \end{Bmatrix}, \quad \mathbf{L}_e = \begin{Bmatrix} 1 \\ 1 \end{Bmatrix}$$

여기서 $\ddot{\mathbf{u}}_g$는 지진시 지반가속도이고, 운동방정식의 양변에 $\mathbf{M}^{-1}$을 곱하면, 다음과 같다.

$$\ddot{\mathbf{u}} + \mathbf{M}^{-1}\mathbf{C}\dot{\mathbf{u}} + \mathbf{M}^{-1}\mathbf{K}\mathbf{u} = \mathbf{M}^{-1}\mathbf{L}_c\mathbf{f}_c + \mathbf{M}^{-1}\mathbf{L}_e\mathbf{f}_e$$

(2) 상태공간방정식(State Space Equation, SSE)

운동방정식을 변환한 상태운동방정식은 다음과 같다.

$$\dot{\mathbf{z}} = \mathbf{Az} + \mathbf{B}_c\mathbf{f}_c + \mathbf{B}_e\mathbf{f}_e$$

여기서 $\mathbf{z}_{(4\times1)}$는 상태벡터; $\mathbf{A}_{(4\times4)}$는 시스템행렬; $\mathbf{B}_{c,(4\times1)}$와 $\mathbf{B}_{e,(4\times1)}$는 위치행렬로 다음과 같다.

$$\mathbf{z}_{(4\times1)} = \begin{Bmatrix} \dot{\mathbf{u}} \\ \mathbf{u} \end{Bmatrix}, \quad \mathbf{A}_{(4\times4)} = \begin{bmatrix} -\mathbf{M}^{-1}\mathbf{C} & -\mathbf{M}^{-1}\mathbf{K} \\ \mathbf{I} & \mathbf{0} \end{bmatrix}, \quad \mathbf{B}_{c,(4\times2)} = \begin{bmatrix} \mathbf{M}^{-1}\mathbf{L}_c \\ \mathbf{0} \end{bmatrix}, \quad \mathbf{B}_{e,(4\times2)} = \begin{bmatrix} \mathbf{M}^{-1}\mathbf{L}_e \\ \mathbf{0} \end{bmatrix}$$

지진시 각 층의 절대가속도(absolute acceleration, $\ddot{\mathbf{u}}_t$) 응답 만을 계측한다고 할 경우, 상태공간방정식을 가속도에 관하여 정리하면 다음과 같은 출력방정식(output equation)을 구할 수 있다.

$$\ddot{\mathbf{u}}_t = \ddot{\mathbf{u}} + \ddot{\mathbf{u}}_g = \bar{\mathbf{C}}\mathbf{z} + \bar{\mathbf{D}}\mathbf{f}_c$$

여기서

$$\bar{\mathbf{C}} = [-\mathbf{M}^{-1}\mathbf{C} \quad -\mathbf{M}^{-1}\mathbf{K}], \quad \bar{\mathbf{D}} = [\mathbf{M}^{-1}\mathbf{L}_c]$$

(3) 제어법칙 (control law)

LQR방법을 사용할 경우, 제어법칙은 다음과 같다.

$$\mathbf{f}_c = \mathbf{G}\mathbf{z}$$

(4) 상태관측기 (state observer)

계측한 절대가속도를 피드백하여 제어한다고 하면, 상태관측기의 상태공간방정식과 출력방정식, 제어법칙은

$$\dot{\hat{\mathbf{z}}} = \mathbf{A}\hat{\mathbf{z}} + \mathbf{B}_c\mathbf{f}_c + \mathbf{B}_e\mathbf{f}_e + \bar{\mathbf{G}}\cdot(\ddot{\mathbf{u}}_t - \ddot{\hat{\mathbf{u}}}_t)$$

$$\ddot{\hat{\mathbf{u}}}_t = \bar{\mathbf{C}}\hat{\mathbf{z}} + \bar{\mathbf{D}}\mathbf{f}_c$$

$$\mathbf{f}_c = \mathbf{G}\hat{\mathbf{z}}$$

이다. 여기서 $\hat{\mathbf{z}}$와 $\ddot{\hat{\mathbf{u}}}_t$는 시뮬레이션으로 추정한 상태벡터와 절대가속도; $\ddot{\mathbf{u}}_t$는 계측한 절대가속도; $\mathbf{G}$와 $\bar{\mathbf{G}}$는 각각 제어이득과 상태관측기 이득을 나타낸다. 위 식들에서 출력방정식과 제어법칙을 상태공간방정식에 대입하여 재정리하여 구한, 상태관측기의 상태공간방정식과 출력방정식은 다음과 같다.

$$\dot{\hat{\mathbf{z}}} = \hat{\mathbf{A}}\hat{\mathbf{z}} + \mathbf{B}_e\mathbf{f}_e + \bar{\mathbf{G}}\ddot{\mathbf{u}}_t \quad \text{where } \hat{\mathbf{A}} = \mathbf{A} + \mathbf{B}_c\mathbf{G} - \bar{\mathbf{G}}\bar{\mathbf{C}} - \bar{\mathbf{G}}\bar{\mathbf{D}}\mathbf{G}$$

$$\ddot{\hat{\mathbf{u}}}_t = \hat{\mathbf{C}}\hat{\mathbf{z}} \quad \text{where } \hat{\mathbf{C}} = \bar{\mathbf{C}} + \bar{\mathbf{D}}\mathbf{G}$$

$$\mathbf{f}_c = \mathbf{G}\hat{\mathbf{z}}$$

(5) 해석결과

- 검증: 자유진동 운동방정식(EOM)을 뉴마크방법을 사용하여 해석
- 검증: 자유진동 상태공간방정식(SSE)을 MALAB/Simulink를 사용하여 해석
- 능동제어: 능동제어 상태공간방정식(SSE)을 MALAB/Simulink를 사용하여 해석

제어 전·후 구조물 2층의 가속도 응답 해석결과는 다음과 같다.

(6) 고찰

상태공간방정식을 사용하면 고계(higher order) 미분방정식을 간단한 일계 미분방정식으로 나타낼 수 있다. 단순히 미분방정식을 대수방정식으로 변환하는 라플라스 변환과는 달리 상태공간방정식은 물리적 의미를 갖는 계수로 구성된다. 상태공간방정식을 사용하면 구조물 진동의 능동제어를 위한 알고리즘을 효과적으로 적용할 수 있다. 단자유도계 연습문제와 풀이를 통해, 능동제어에 사용되는 상태공간방정식과 제어이론을 이해하고 실습할 수 있도록 하였다. 이 문제의 풀이에서는 일반 제어이론의 표기규약을 따랐으며, 블록다이어그램을 통해 제어이론의 개념을 나타냈고, MATLAB/Simulink를 사용하여 블록다이어그램을 적용하였다.

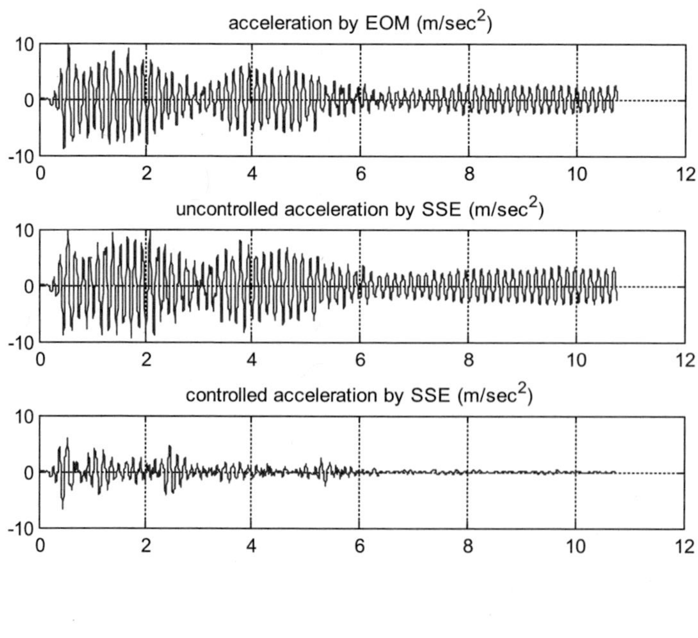

- [코딩] 응답스펙트럼 작성

(1) 자유진동(MATLAB/Simulink, UNCONTROL.mdl)

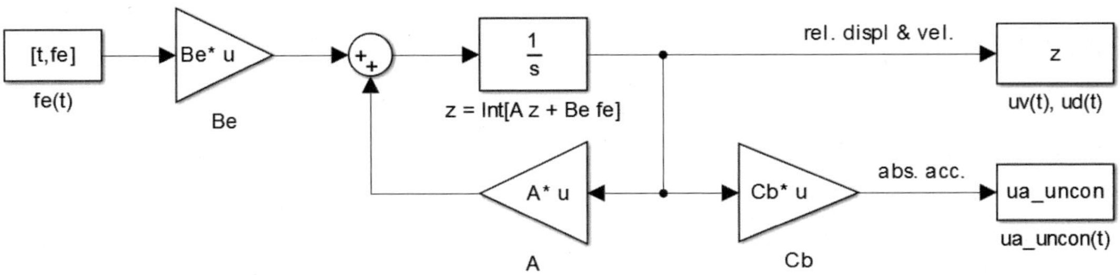

(2) 상태관측기를 사용한 피드백 제어(MATLAB/Simulink, CONTROL.mdl)

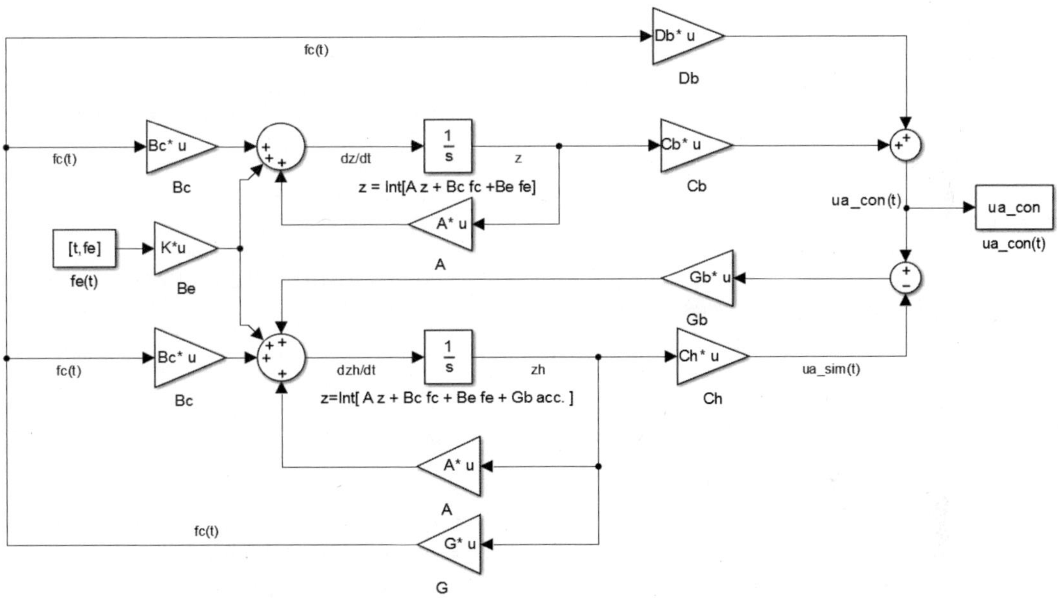

(3) 지진시 구조물의 능동제어 (CtrM.m)

연습문제: 제9장 진동제어

9.1 면진(지진격리)

- 9.1.1 지진격리(토목구조기술사, 2011)
  지진격리설계의 다음사항에 대하여 설명하라.
  1) 지진격리의 기본개념
  2) 도로교 설계기준에 정한 지진격리설계를 적용하지 않아도 되는 조건
  3) 일반내진설계 시와 지진격리설계 시의 탄성지진응답계수 C_s의 차이점

- 9.1.1 면진 (건축구조기술사, 2012)
  면진구조 및 제진구조설계 시 목표성능과 지진응답특성예측의 차이점에 대하여 설명하라.

- 9.1.2 면진주기 (건축구조기술사, 117회, 2019)
  질량이 m이고 x방향 강성이 k인 (그림 1)과 같은 단자유도 구조물(고유주기: 1.0초)이 있다. (그림 1)의 구조물을 x방향 강성이 $a \cdot k$인 면진장치와 질량 $0.1m$이 추가된 (그림 2)와 같은 면진구조물로 변경하였다. 면진구조물의 목표고유주기가 3.0초 일 때 a값을 구하라. (단, 면진장치는 탄성거동하고, x방향의 변위는 면진장치에 집중되는 것으로 가정한다.)

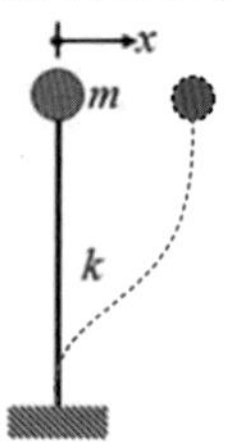

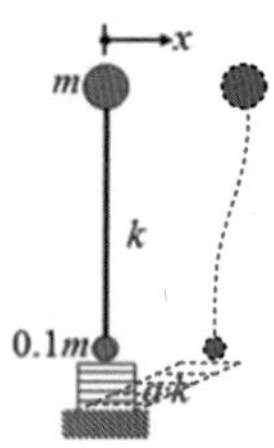

(그림 1) 고유주기: 1.0초 (그림 2) 목표고유주기: 3.0초

- 9.1.3 면진시스템 (소음진동기술사, 2011)
  방진고무의 특성과 장·단점에 대해 설명하라.

- 9.1.3 면진빌딩의 설계: FPS (마찰진자시스템)
  (참고문헌: B.S. Taranath (2005), Wind and Earthquake Resistant Buildings: Structural Analysis and Design, Marcel Dekker의 예제)
  대부분의 면진구조물은 비선형 해석을 수행하여야 한다. 그러나 다음과 같은 정적 방법을 사용한 연습문제를 통해 면진설계의 개념을 보다 잘 이해할 수 있다. 이 연습문제는 ASCE 7-10 기준을 사용하여 풀이하였다. 참고로 면진빌딩에 관한 IBC 기준은 ASCE 기준을 채택하고 있다.

  ▷ 설계 환경:
  캘리포니아주 LA외곽에 4층 병원을 신축하려 한다. 건물주는 내진성능이 탁월한 빌딩을 원하고 있으며, 면진장치의 설계와 제조 및 설치와 관련되어 발생하는 비용을 지불할 용의를 갖고 있다. 빌딩의 목표로 하는 내진성능수준은 최소한 IO(즉시거주, immediate occupancy)이상이어야 한다. 이 면진빌딩은 이에 대응하는 일반 빌딩보다 중/대지진에 대해 훨씬 우수한 성능을 나타내어야 한다. 또한 면진장치를 사용함으로써 구조물과 내부 시설의 손상을 효율적으로 감소시켜야 한다. 면진장치는 대지진에서도 구조물의 바닥면 가속도를 낮은 수준으로 제한하면서 구조물의 탄성거동을 허용한다. 참조: 내진성능수준은 IO(즉시거주, immediate occupancy), LS(인명안전, life safety), CP(붕괴방지, collapse prevention)으로 구분된다.

  ▷ 대상 빌딩:
  - 지하 1층, 지상 4층의 정형 강구조물로 수직 및 평면 비정형성(irregularity)은 없다.
  - 내진용 가새는 모멘트-비저항(nonmoment-resisting) 강재 편심가새골조이다.
  - 반응수정계수(응답수정계수) R=8 (ASCE 7-10, Table 12.2.1 Steel eccentrically braced frames)
  - 캘리포니아주 LA외곽에 위치 → 지진재해지도: S_S = 1.5g 및 S_1 = 0.6g.
  - 중요도계수 I = 1 (ASCE 7-10, 면진구조물의 경우 무조건 1.0을 사용)
  - 고정기초빌딩에 대한 주기: 0.9 sec
  - 빌딩의 평면 치수: 40x40 m
  - 질량중심(CM)과 강성중심(CR) 간의 거리: R = 1.5 m
  - 지반분류: D (ASCE 7-10, A~F의 지반분류를 사용)
  - 내진설계를 위한 빌딩 자중: 36,000 kN
  - 내진성능수준 IO를 확보하기 위해 면진시스템의 유효면진주기는 T_D = 2.5 sec와 T_M = 3.0 sec이며, 유효감쇠비는 β = 0.2이다.
  - 면진장치 강성의 허용 변동폭은 15%이다.

  ▷ 설계조건:
  - 설계기준: ASCE 7 (2010, 17장 면진구조물 설계)
  - 면진장치: FPS(마찰진자시스템)

  ▷ 예비설계:
  - DBE(design basis earthquake, 설계기준지진)와 MCE (maximum considered earthquake, 최대지진)에 대한 최소설계변위 D_D와 D_M을 구하라.
  - 비틂효과를 반영한 전체 변위인 D_{TD}와 D_{TM}을 구하라.
  - 면진면(isolation surface) 아래의 구조물을 설계하는데 필요한 밑면전단력 V_b를 구하라.
  - 면진면(isolation surface) 위의 구조물을 설계하는데 필요한 밑면전단력 V_s를 구하라.
  - 면진장치의 최대치수를 구하라.

9.2 제진

- 9.2.2 수동제어(건축구조기술사, 2011)
  동조액체 감쇠기(TLD: tuned liquid damper)에 대해 설명하라.

- 9.2.2 수동제어: TMD
  다음 단자유도계에 설치할 동조질량감쇠기

(TMD)의 특성값(m_d, k_d, c_d)을 구하라. 여기서 단자유도계의 질량 $m = 200\,\text{kg}$, 강성 $k = 50{,}000\,\text{N/m}$, 감쇠비 $\xi = 5\%$이고, 구조물과 동조질량감쇠기의 질량비 $\mu = 2\%$이다.

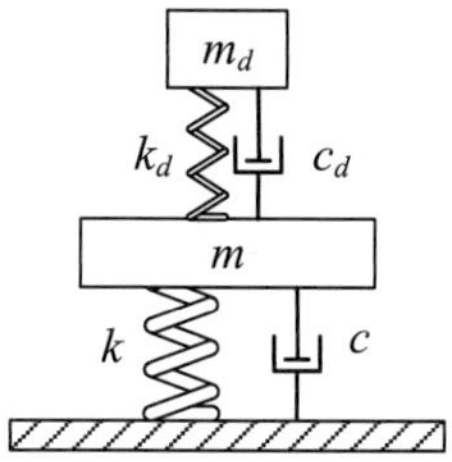

• 9.2.4 능동제어

As a demonstration of the closed-loop control principles, let us study active control applied to a simple single DOF structural system. Consider the horizontal motion of a one-story structure subject to a base acceleration, $\ddot{u}_g(t)$. As shown in the figure, the control force is applied to the structure to the structure though a set of tendons connected to an actuator placed at the base. The objective of control is to reduce the horizontal dis-placement of the first floor relative to the base for safety reasons, and to reduce its absolute acceleration for comfort reasons.

1) Explain the matrices and vectors of the equation of motion of the controlled structure.

$$[M]\{\ddot{u}\} + [C]\{\dot{u}\} + [K]\{u\} = [L_c]\{f_c\} + [L_e]\{f_e\}$$

2) The equation of motion of the example can be derived as follows. Find the matrices and vectors corre-sponding (a).

$$m\ddot{u} + 2\xi\sqrt{mk}\dot{u} + ku = -4k_c\cos\alpha u_c - m\ddot{u}_g$$

3) Derive the state-space equation from the equation of motion of (a).

4) Derive the state-space equation from (b) corre-sponding to (c).

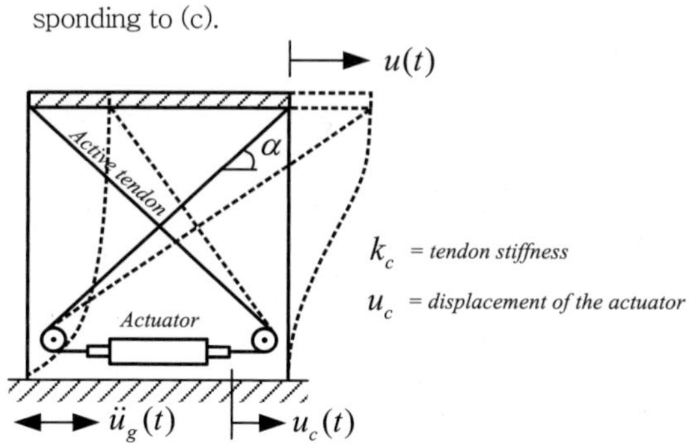

• 9.2.4 능동제어

Explain the following control algorithms conceptually using examples.

1) control law and Riccati equation in control theory
2) closed-loop control vs. open-loop control
3) Linear quadratic regulator (LQR)
4) proportional-integral-derivative controller (PID controller)

• 9.2.4 능동제어

Make up the Simulink of the MATLAB for the following:

1) Equation of motion: Free vibration
$[M]\{\ddot{u}\} + [C]\{\dot{u}\} + [K]\{u\} = \{0\}$
2) Sate-space equation: Free vibration
$\{\dot{z}\} = [A]\{z\}$
3) Equation of motion: Forced vibration
$[M]\{\ddot{u}\} + [C]\{\dot{u}\} + [K]\{u\} = [L_c]\{f_c\} + [L_e]\{f_e\}$
4) Sate-space equation: Forced vibration
$\{\dot{z}\} = [A]\{z\} + [B_c]\{f_c\} + [B_e]\{f_e\}$

• 9.2.4 상태공간방정식(ExRsp.m, unCtrl.dll)

1) y에 관한 2계 미분방정식을 $\mathbf{x} = \begin{Bmatrix} x_1 \\ x_2 \end{Bmatrix} = \begin{Bmatrix} \dot{y} \\ y \end{Bmatrix}$에 관한 1계 상태공간방정식으로 변환하고, 상태공간방정식을 블록다이어그램(block diagram)으로 도시하여라.

$$m\ddot{y}(t) + c\dot{y}(t) + ky(t) = u(t)$$

2) $m = 1, c = 1, k = 4$인 저감쇠 구조물(즉, $\xi = 0.25$)의 다음 각 하중에 대한 응답(y)을 MATLAB/Simulink를 사용하여 구하라. 여기서 초기조건은 $y(0) = 0, \dot{y}(0) = 0$이고, $dt = 0.02$로 가정하여라.

2a) 단위충격하중: $u(t) = \delta(t)$
2b) 지진하중: $u(t) = -m\ddot{u}_g(t)$, 여기서$\ddot{u}_g(t)$ = El Centro 지진가속도

• 9.2.4 상태공간방정식과 진동제어 (ExCtrl.m, Ctrl.dll)

1) y에 관한 2계 미분방정식을 $\mathbf{x} = \begin{Bmatrix} x_1 \\ x_2 \end{Bmatrix} = \begin{Bmatrix} \dot{y} \\ y \end{Bmatrix}$에 관한 1계 상태공간방정식으로 변환하고, 상태공간방정식을 블록다이어그램(block diagram)으로 도시하여라.

$$m\ddot{y}(t) + c\dot{y}(t) + ky(t) = u_c(t) + u_e(t)$$

2) LQR방법을 사용하여 동적 응답을 제어할 경우, 상태공간방정식을 블록다이어그램(block diagram)으로 도시하여라.

3) $m = 1{,}000\text{kg}, c = 500\text{N}\cdot\frac{\text{sec}}{m}, k = 10{,}000\frac{\text{N}}{\text{m}}$인 구조물이 다음과 같은 지진하중을 받고 있다. LQR방법을 사용하여 동적 응답을 제어하여라. 지진하중: $u_e(t) = -m\ddot{y}_g(t)$, 여기서$\ddot{y}_g(t)$ = El Centro 지진가속도

• 9.2.4 능동제어: PID 제어 (ExPid.mdl)

다음 단자유도계 응답(y)을 PID 제어를 사용하여 제어하여라. 여기서 $m = 1$, $c = 1$, $k = 0.1$, $u_e(t) =$ 10초 이후에 시작하는 단위계단하중(Heaviside step function, $H(t-10)$), 응답은 하중에 비해 5초 시간지연(time delay)가 있다고 가정하여라.

$$m\ddot{y}(t) + c\dot{y}(t) + ky(t) = u_e(t)$$

DYNAMICS OF STRUCTURES

제 10 장 유지관리

제 10 장

유지관리

10.1 동특성 추정 - 진동수영역

10.1.1 스펙트럼방법 (EMA, OMA, ODS)

실험으로 구조물의 동특성을 구하는 일반적인 방법은 응답자료의 스펙트럼밀도함수(power spectral density function; PSD 함수) 또는 진동수응답함수(frequency response function, FRF)를 이용한다. 이들 함수의 피크가 발생하는 진동수에서의 값을 비교함으로써 고유진동수와 모드형상을 구한다. 이 방법은 상대적으로 많은 시간이 소요됨에도 불구하고, 개념의 단순성(simplicity)과 가시성(visibility)으로 인해 널리 이용된다.

피크가 발생하는 진동수 값을 찾기 위해 다음 방법을 사용할 수 있다 (참조: 3.4절 동적 실험과 모드변수 추정).

1) PP법(peak-picking method)
2) CF법(circle-fit method)
3) LF법(inverse FRF법 또는 line-fit method)
4) 최소자승법

그림 10.1.1a 다자유도계의 동특성 (출처: Dan Russell) [YouTube]

(1) 진동수응답함수(FRF) $H(\omega)$를 이용하는 방법: EMA

진동수영역에서 입력 하중과 응답 간의 비율을 나타내는 진동수응답함수(FRF) $H(\omega)$를 활용하는 방법으로, 실험모드해석(experimental modal analysis; 이하 EMA) 라고 한다.

$$X(\omega) = H(\omega)F(\omega)$$

또는

$$\begin{Bmatrix} X_1(\omega) \\ X_2(\omega) \\ \vdots \end{Bmatrix} = \begin{bmatrix} \cdots & h_{17}(\omega) & \cdots \\ \cdots & h_{27}(\omega) & \cdots \\ \therefore & \vdots & \ddots \end{bmatrix} \begin{Bmatrix} \vdots \\ F_7(\omega) \\ \vdots \end{Bmatrix}$$

여기서 $F(\omega)$와 $X(\omega)$는 각각 입력 하중 $f(t)$와 응답 $x(t)$의 푸리에 변환이다.

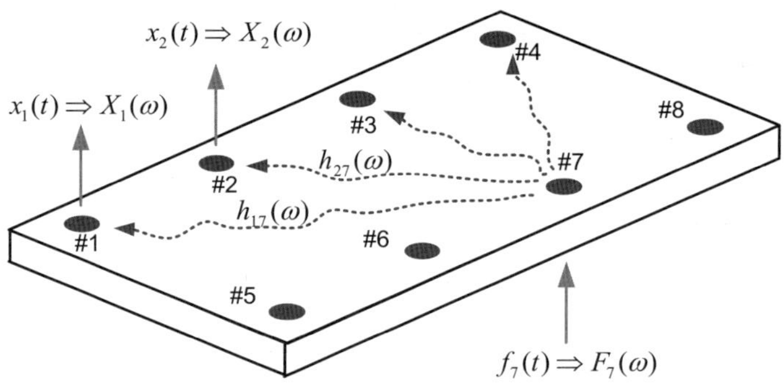

그림 10.1.1b FRF의 정의

일반적으로 FRF는 스펙트럼밀도함수를 사용하여 계산한다.

$$H_{xf}(\omega) = \frac{S_{xf}(\omega)}{S_{ff}(\omega)}$$

여기서 $S_{xf}(\omega)$는 입력 하중과 응답간의 상관스펙트럼밀도함수; $S_{ff}(\omega)$는 입력 하중간의 자기스펙트럼밀도함수이다.

구조물의 모드형상을 구하기 위해, 최소한 필요한 FRF의 개수(또는 계측지점의 개수)는 다음과 같다.

1) 하나의 고정된 입력지점에서 계측된 입력 하중에 대해, 모드형상 구성에 필요한 다중 지점에서 계측된 응답 또는
2) 하나의 고정된 응답지점에서 계측된 응답에 대해, 모드형상 구성에 필요한 다중 지점에서 계측된 입력 하중

FRF를 사용한 모드계수추정 절차를 요약하면 다음과 같다.

1) FRF의 피크를 선택하여 공진진동수를 선정
2) 공진진동수에 해당하는 FRF 피크의 폭을 사용하여 대응하는 감쇠값 결정
3) FRF의 허수부 피크값을 사용하여 모드형상을 결정

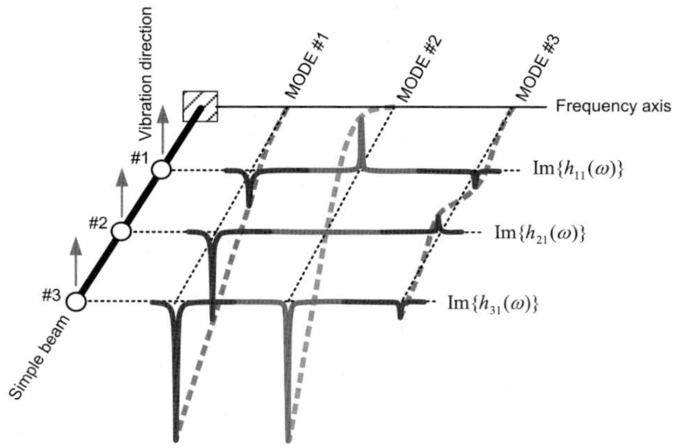

그림 10.1.1c 모드계수 추정

(2) 스펙트럼밀도함수(PSD함수) $S(\omega)$를 이용하는 방법: OMA

구조물의 응답자료에 대한 PSD함수의 피크에 해당하는 진동수를 읽음으로써 고유진동수를 결정한다. 이 방법은 운전 중인 구조물의 응답만을 사용하므로 운전모드해석(operational modal analysis; 이하 OMA) 또는 상시진동해석(ambient vibration analysis)이라 한다.

이 방법에서는 k번째 모드형상의 계측자유도 a에서의 크기 $\phi_a^{(k)}$는 다음과 같이 해당 고유진동수에서 PSD함수값의 비를 이용하여 모드형상을 구할 수 있다.

$$\phi_a^{(k)} = \frac{S_{y_a y_b}(\omega_k)}{S_{y_b y_b}(\omega_k)}$$

$$\{\Psi^{(k)}\} = \langle \phi_1^{(k)} \quad \phi_2^{(k)} \quad \cdots \quad \phi_{N_m}^{(k)} \rangle^T$$

여기서 ω_k는 k번째 모드의 고유진동수; $S_{y_a y_b}$는 기준이 되는 계측지점 b에서의 응답에 대한 계측지점 a에서의 응답 사이의 상관스펙트럼밀도함수(cross power spectral density function, CSD함수); $S_{y_b y_b}$는 기준이 되는 계측지점 b에서의 응답에 대한 계측지점 b에서의 응답 사이의 자기스펙트럼밀도함수(auto power spectral density function; PSD함수); N_m은 계측된 자유도의 수이다.

OMA에서 입력 하중은 모르거나 계측하기가 매우 어려우며, 백색잡음(white noise) 진동수 특성을 갖는 공간적으로 랜덤분포된 하중으로 가정한다. 따라서 이 가정을 사용하여 구조물의 응답만으로도 구조물의 동적 특성을 구할 수 있다.

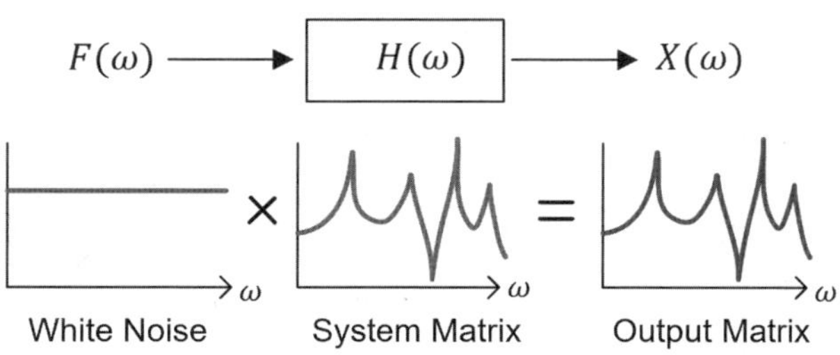

그림 10.1.1d OMA에서 사용된 가정

OMA는 입력 하중이 없으므로 EMA에서 사용한 FRF를 구하는 방법을 사용할 수 없다. EMA 방법의 대안으로 제시된 OMA 절차는 다음과 같다.

1) 랜덤응답처럼 보이는 구조물의 응답을 통계적으로 처리하여 자기상관함수와 상호상관함수를 생성한다(참조: 4.2.4절 평균과 상관관계).
2) 이를 푸리에변환하여 자기스펙트럼밀도함수와 상관스펙트럼밀도함수를 생성한다.
3) 스펙트럼밀도함수 간의 비율을 이용하여 진폭이 조정되지 않은 FRF를 구한다.

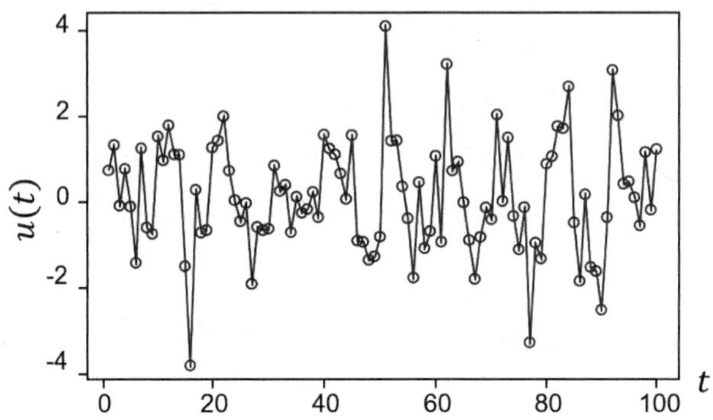

(a) $u(t) = N(0,1^2) + \sin\left(2\pi \times \frac{t}{10}\right)$ (즉, Sine 함수가 숨겨져 있는 랜덤신호)

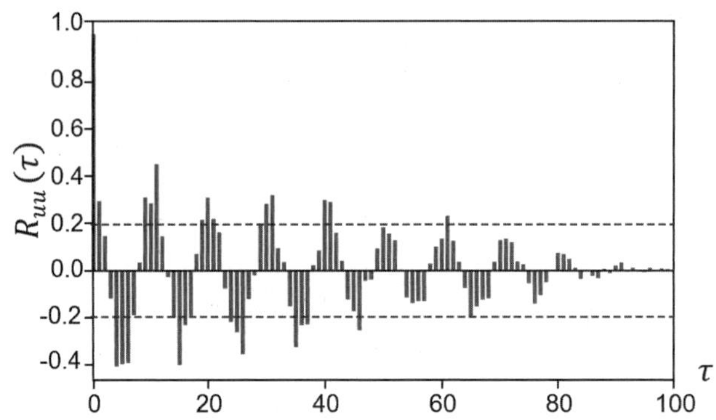

(b) (a)의 자기상관함수

그림 10.1.1e 자기상관함수를 통해 Noise가 제거된 구조물의 특성을 구함*

---

* MATLAB

```
nr=100;  % Number of random numbers
x1 = normrnd(0,1,1,nr); % mu = 0, sigma = 1
ns = 10;    % Number of cycles
x2 = sin(2*pi*(1:nr)/ns);
x = x1 + x2;
autocorr(x,nr-1); % Estimate its autocorrelation
```

EMA와 OMA 모두 구조물의 다양한 위치에서 상관 관계를 나타낸다. 즉, EMA의 경우 입력과 출력 간의 관계를 FRF를 사용하여 나타내고, OMA의 경우 응답과 응답 간의 관계를 스펙트럼밀도함수를 사용하여 나타낸다. EMA와 OMA는 모두 구조시스템의 동적 특성(예: 고유진동수, 모드형상, 감쇠)을 구한다는 점에서 유사하지만, 다음 그림에 보인 바와 같이 동일한 구조시스템의 동적 특성을 구하는 절차와 방법 그리고 결과가 서로 다르다.

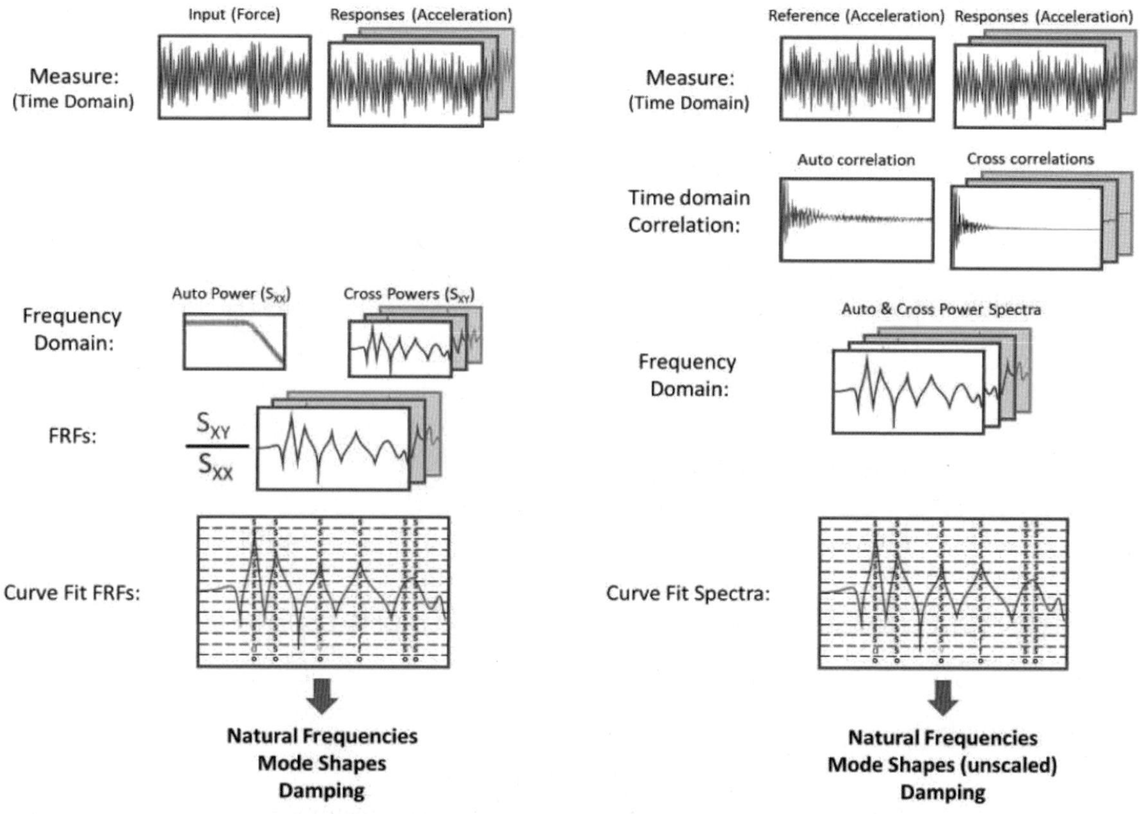

(a) EMA (b) OMA

그림 10.1.1e EMA와 OMA의 비교

(출처: https://community.sw.siemens.com/s/article/OMG-What-is-OMA-Operating-Modal-Analysis)

(3) 스펙트럼밀도함수(PSD함수) $S(\omega)$를 이용하는 방법 2: ODS

ODS(운전변형형상; operational deformed shape; 이하 ODS)는 OMA와 동일한 계측 자료를 사용한다. OMA의 목적은 구조물의 동적 특성을 추정하는 것이지만, ODS의 주된 목적은 특정 하중이 작용할 때 구조물의 변형을 추정하는 것이므로, 단순한 변형 형상 외에 진동 증폭 등 영향인자 분석을 위해서는 OMA를 수행하여야 한다(참조: 3.4절 동적 실험과 모드변수 추정).

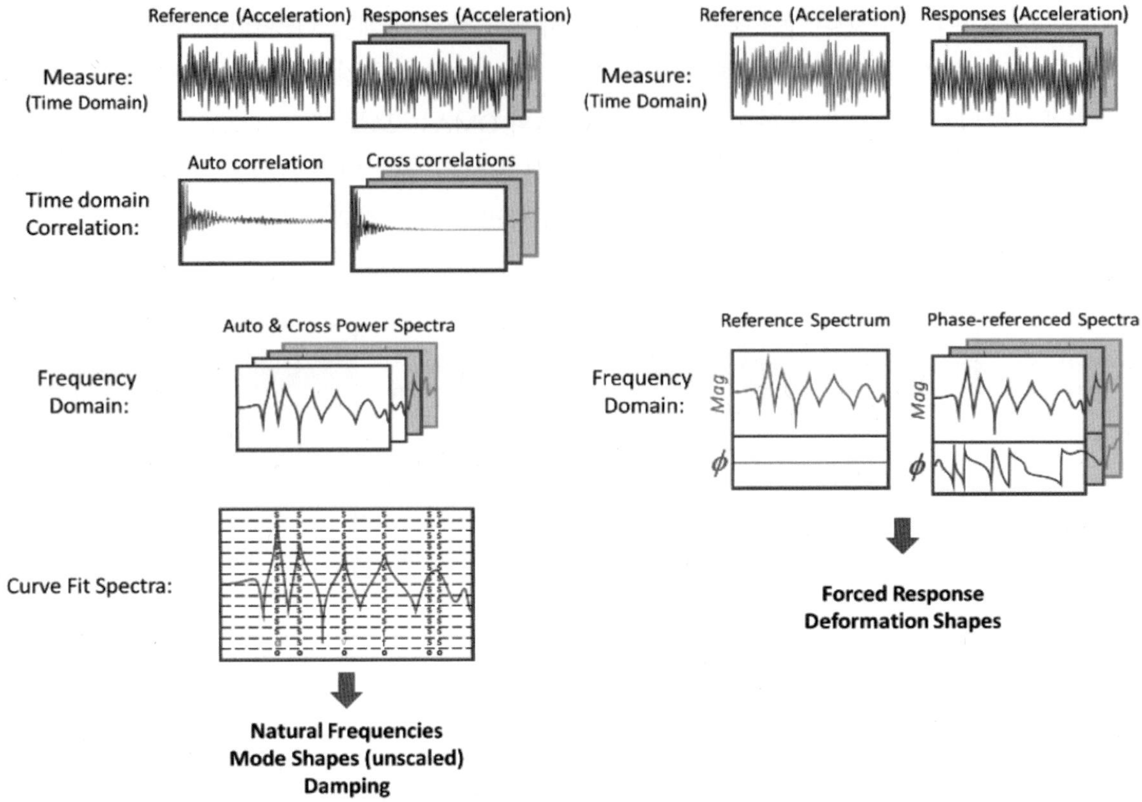

(a) OMA (b) ODS

그림 10.1.1f OMA와 ODS의 비교

(출처: https://community.sw.siemens.com/s/article/OMG-What-is-OMA-Operating-Modal-Analysis)

10.1.2 FDD법

근래에 구조물 응답의 PSD행렬(power spectral density matrix)을 특이치 분해 (singular value decomposition, SVD)하여, 고유진동수와 모드형상을 구하는 FDD법(Frequency Domain Decomposition)이 개발되었다(Brinker 등, 2000). FDD법에서는 구조물 응답 $\mathbf{y}$ $(\in \mathbf{R}^{m\times1})$의 PSD행렬 $\mathbf{S}_{yy}(\omega)$ $(\in \mathbf{R}^{m\times m})$을 다음과 같이 SVD하여 $\mathbf{U}(\omega), \mathbf{\Sigma}(\omega), \mathbf{V}(\omega)$행렬로 분해한다.

$$\mathbf{S}_{yy}(\omega) = \mathbf{U}(\omega)^T\, \mathbf{\Sigma}(\omega)\, \mathbf{V}(\omega)$$

여기서 $\mathbf{U}(\omega), \mathbf{\Sigma}(\omega), \mathbf{V}(\omega) \in \mathbf{R}^{m\times m}$; $\mathbf{\Sigma} = \mathrm{diag}(\sigma_1, \sigma_2, \cdots, \sigma_N)$; $\mathbf{U}$와$\mathbf{V}$는 각각$\mathbf{U}^T\,\mathbf{U} = \mathbf{U}\,\mathbf{U}^T = \mathbf{I}$와 $\mathbf{V}^T\,\mathbf{V} = \mathbf{V}\,\mathbf{V}^T = \mathbf{I}$를 만족하는 유니터리 행렬(unitary matrix)이다. 참고로 $\mathbf{S}_{yy}(\omega)$행렬이 대칭행렬이면 $\mathbf{U} = \mathbf{V}$가 된다. 한편, $\mathbf{\Sigma}$는 특이치로 구성된 대각행렬이며, 각각의 특이치들 $\sigma_i(\omega)$의 피크값에 대응하는 진동수가 구조물의 고유진동수들이며, 이 고유진동수들에 대응하는 $\mathbf{U}(\omega)$의 열벡터들이 구조물의 모드형상들이다. 일반적으로 여러 특이치 $\sigma_i(\omega)$ 중에 첫 번째 요소인 $\sigma_1(\omega)$을 사용한다(Otte 등 1990, Brinker 등 2000).

필자의 경험에 의하면 스펙트럼방법(EMA, OMA, ODS)은 사용자가 기준점(reference

node)을 어떻게 설정하느냐에 따라 모드분석결과가 크게 영향을 받는데 비해, FDD법은 기준점을 설정할 필요가 없고, 오차의 영향도 상대적으로 적어 결과도 안정적이었다.

수학: 10.1.2 특이치 분해(SVD)와 응용

- 특이치 분해(SVD)

특이치 분해(Singular Value Decomposition, SVD)는 고유치 분해(EVD)처럼 행렬을 대각화하는 한 방법이지만, 정방행렬(square matrix)에 대해서만 적용 가능한 고유치 분해(EVD)와는 달리, 모든 $m \times n$ 행렬에 대해 적용 가능하다.

실수공간에서 임의의 $m \times n$ 행렬에 대한 특이치 분해(SVD)는 다음과 같이 정의된다.

$$\mathrm{A} = \mathrm{U\Sigma V^T}$$

여기서 U는 $m \times m$ 직교행렬 ($\mathrm{AA^T = U(\Sigma\Sigma^T)U^T}$), V는 $n \times n$ 직교행렬 ($\mathrm{A^TA = V(\Sigma^T\Sigma)V^T}$), Σ는 $m \times n$ 직사각 대각행렬이다†.

U는 $\mathrm{AA^T}$를 고유치 분해하여 구한 직교행렬(orthogonal matrix)로 U의 열벡터들(즉, $\mathrm{AA^T}$의 고유벡터)을 A의 좌특이벡터(left singular vector)라 한다. V는 $\mathrm{A^TA}$를 고유치 분해하여 구한 직교행렬로 V 의 열벡터들(즉, $\mathrm{A^TA}$의 고유벡터)을 A의 우특이벡터(right singular vector)라 한다. 마지막으로, Σ는 $\mathrm{AA^T}$ 또는 $\mathrm{A^TA}$를 고유치 분해하여 구한 고유치들의 제곱근(square root)을 대각원소로 하는 $m \times n$ 대각행렬로 그 대각원소들을 A의 특이치(singular value)라 한다.

대칭행렬(symmetric matrix)은 항상 고유치 분해가 가능하며 직교행렬로 대각화할 수 있으므로, 대칭행렬인 $\mathrm{AA^T}$와 $\mathrm{A^TA}$는 항상 고유치 분해가 가능하다. 여기서 $\mathrm{AA^T}$와 $\mathrm{A^TA}$의 고유치들은 모두 0이상이며‡, 0이 아닌 $\mathrm{AA^T}$의 고유치들과 $\mathrm{A^TA}$의 고유치들은 서로 동일하다§. 즉, 고유치들이 0이상이어야 제곱근을 구할 수 있고, 서로 동일해야만 하나의 Σ로 표현할 수 있을 것이다. 이와 같이, $\mathrm{AA^T}$ 와 $\mathrm{A^TA}$ 의 공통의 고유치($\sigma_1^2 \geq \sigma_2^2 \geq \cdots \geq \sigma_s^2 \geq 0, s = \min(m, n)$)를 구한 후 고유치의 제곱근($\sigma_1 \geq \sigma_2 \geq \cdots \geq \sigma_s \geq 0$)이 A의 특이치이고, 이들을 대각원소로 하는 $m \times n$ 직사각 대각행렬이 Σ이다.

---

† U가 직교행렬이면, $\mathrm{UU^T = I}$와 $\mathrm{U^{-1} = U^T}$이 성립한다.

‡ [증명 1]
$\mathrm{A^TA}$의 고유치를 λ, 고유벡터를 v ($\mathrm{v} \neq 0$)라 했을 때, $\mathrm{A^TAv = \lambda v}$ 이다.
양변에 $\mathrm{v^T}$를 곱하면, $\mathrm{v^TA^TAv = \lambda v^Tv}$ 에서 $\mathrm{(Av)^TAv = \lambda v^Tv}$ 즉, $\| \mathrm{Av} \|^2 = \lambda \| \mathrm{v} \|^2$ 이므로 $\lambda \geq 0$ 이다.

§ [증명 2]
$\mathrm{A^TA}$의 0이 아닌 고유치를 λ, 고유벡터를 v ($\mathrm{v} \neq 0$)라 했을 때, 정의에 의해 $\mathrm{A^TAv = \lambda v}$이다.
양변에 A를 곱해보면 $\mathrm{A(A^TA)v = \lambda Av}$ 즉, $\mathrm{AA^T(Av) = \lambda(Av)}$이므로 $\mathrm{Av} \neq 0$라면 λ는 또한 $\mathrm{AA^T}$의 고유치임을 알 수 있다. 만일 $\mathrm{Av} = 0$라 하면 $\mathrm{(A^TA)v = \lambda v}$에서 $\lambda = 0$이어야 하므로 $\mathrm{Av} \neq 0$이다. 동일한 방식으로 $\mathrm{AA^T}$의 0이 아닌 모든 고유치도 또한 $\mathrm{A^TA}$의 고유치가 됨을 보일 수 있다.

$$\Sigma = \begin{bmatrix} \sigma_1 & & \\ & \ddots & \\ & & \sigma_s \\ & & 0 \end{bmatrix} \quad (m > n) \qquad \text{or} \qquad \Sigma = \begin{bmatrix} \sigma_1 & & & \\ & \ddots & & \\ & & \sigma_s & 0 \end{bmatrix} \quad (m < n)$$

참고로 행렬 A의 특이치를 σ_i, 좌특이벡터를 u_i, 우특이벡터를 v_i라 할 때 다음 식이 성립한다.

$$Av_i = \sigma_i u_i, \quad 1 \le i \le s \tag{3}$$

특이행렬과 특이치 분해는 서로 다른 의미이다. 행렬 A가 특이하다는 말은 정방행렬(square matrix) A의 역행렬이 존재하지 않는다는 말이다. 즉, $\det(A) = 0$인 정방행렬을 특이행렬(singular matrix)이라 한다. 단, 정방행렬에 대해서도 특이치 분해를 하면 그 행렬이 singular한지 안 한지를 바로 알 수 있다. 정방행렬 A의 특이치들이 모두 0이 아니면 이 행렬은 비특이하여(nonsingular) 역행렬이 존재하고, 특이치 중에 0이 포함되면 특이하여(singular) 역행렬이 존재하지 않는다.

• 특이치 분해의 기하학적 의미

행렬을 $x' = Ax$와 같이 좌표공간에서의 선형변환으로 봤을 때 직교행렬(orthogonal matrix)의 기하학적 의미는 회전 변환(rotation transformation) 또는 뒤집은(reflected) 회전변환이고, 대각행렬(diagonal matrix)의 기하학적 의미는 각 좌표성분으로의 스케일 변환(scale transformation)이다.

행렬 R 이 직교행렬(orthogonal matrix)이면 $RR^T = I$ 이다. 따라서 $\det(RR^T) = \det(R)\det(R^T) = \det(R^2) = 1$이므로 $\det(R)$는 항상 $+1$, 또는 -1이다. 만약 $\det(R) = 1$이면 직교행렬 R은 회전변환을 나타내고, $\det(R) = -1$이면 직교행렬 R은 뒤집은(reflected) 회전변환을 나타낸다. 따라서 앞서 언급한 $A = U\Sigma V^T$에서 U와 V는 직교행렬이고, Σ는 대각행렬이므로, Ax는 x를 먼저 V^T에 의해 회전시킨 후 Σ로 스케일을 변화시키고 다시 U로 회전시키는 것임을 알 수 있다. 즉, 행렬의 특이치란 회전변환시킨 값을 스케일 변환하는 값으로 이해할 수 있다.

고유치와 특이치를 비교하면 고유치는 변환에 의해 불변인 방향벡터(즉, 고유벡터)에 대한 스케일 값이고, 특이치는 변환 자체의 스케일 값으로 볼 수 있다.

$m \times n$ 행렬 A는 n차원 공간에서 m 차원 공간으로의 선형변환이다. n차원 공간에 있는 원, 구 등과 같이 원형으로 된 도형을 A에 의해 변환시키면

1) 먼저 V^T에 의해서는 회전만 일어나므로 도형의 형태는 변하지 않으며,
2) Σ에 의해 특이치의 크기에 따라서 원이 타원이 되는 것과 같은 식의 형태변환이 일어난다. (n이 2차원 원이면 첫 번째 특이치 σ_1은 변환된 타원의 주축 길이, 두 번째 특이치 σ_2는 단축 길이에 대응)
3) 이후 U에 의한 변환도 회전변환이므로 도형의 형태에는 영향을 미치지 못한다. 따라서 선형변환 A에 의한 도형의 변환결과를 형태만 보면 오직 A의 특이치들에 의해서만 결정된다.

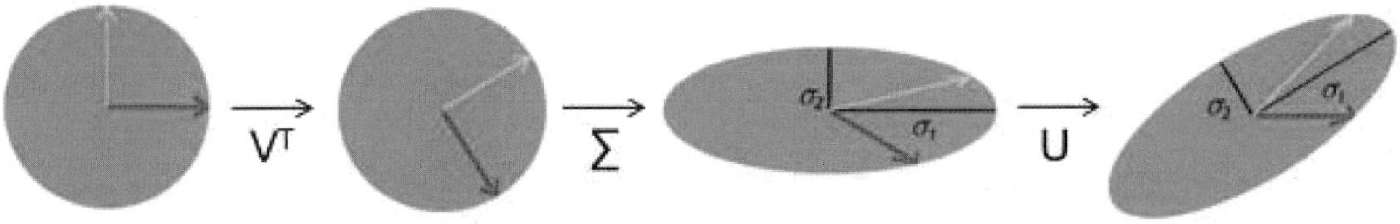

그림1 특이치 분해의 기하학적 의미(출처: Wikipedia)

• 특이치 분해와 의사 역행렬

선형시스템 $Ax = b$가 있을 때, 만일 A의 역행렬이 존재한다면 이 시스템의 해는 $x = A^{-1}b$로 쉽게 구할 수 있다. 그러나 역행렬이 존재하지 않는 많은 실제 문제의 경우는 이 방법을 적용할 수 없으며, 의사 역행렬(pseudo inverse)을 사용할 수 있다. A의 의사 역행렬을 A^{+}라고 하면 A의 역행렬이 없는 경우 $Ax = b$의 해를 $x = A^{+}b$로 계산하고 이렇게 구한 x는 $\|Ax - b\|$를 최소화하는 해가 된다. 즉, 의사 역행렬로 해를 구하는 것은 최소자승법(least square method)을 적용하는 것과 동일한 의미이다.

역행렬은 정방행렬(square matrix)에 대해 정의되지만, 의사 역행렬은 임의의 $m \times n$ 행렬에 대해 정의될 수 있고, 특이치 분해는 의사 역행렬을 계산하는 가장 효율적인 방법 중 하나이다. A의 특이치 분해는 $A = U\Sigma V^{T}$이고, A의 의사 역행렬은 $A^{+} = V\Sigma^{+}U^{T}$이다. 여기서 Σ^{+}는 Σ에서 0이 아닌 특이치들의 역수를 취한 후 전치(transpose)를 시킨 행렬이다. U와 V의 순서가 바뀌고 Σ도 $m \times n$에서 $n \times m$ 행렬로 바뀐다. 만일 특이치들 중 0이 포함된 경우에는 0이 아닌 특이치들만 역수를 취하고 원래의 0은 Σ^{+}에 그대로 0으로 둔다 (즉, 0이 아닌 경우만 역수를 취한다).

$$A = U\Sigma V^{T} \;\rightarrow\; A^{+} = V\Sigma^{+}U^{T}$$

$$A = U\begin{bmatrix} \sigma_1 & \square & \square \\ \square & \ddots & \square \\ \square & \square & \sigma_s \\ \square & \square & 0 \end{bmatrix} V^{T} \;\rightarrow\; \text{or} \quad A^{+} = V\begin{bmatrix} \sigma_1 & \square & \square & \square \\ \square & \ddots & \square & \square \\ \square & \square & \sigma_s & 0 \end{bmatrix} U^{T}$$

• Reduced SVD와 행렬의 근사

아래와 같이 행렬 $m \times n$ 행렬 A를 SVD로 분해하는 것을 full SVD라 부른다 (단, $m > n$). 그러나 실제로 이와 같이 full SVD를 하는 경우는 드물며 아래 그림들과 같이 reduced SVD를 하는 것이 일반적이다 ($s = n$개의 특이치들 중 0이 아닌 것들의 개수가 r개, $t < r$라고 가정). Σ에서 대각부분이 아닌 0으로 구성된 부분을 없애고 U에서는 이에 대응되는 열벡터들을 제거한 형태를 thin SVD라 한다. 비대각부분뿐만 아니라 0인 특이치들까지 모두 제거한 형태를 compact SVD라 한다. 이렇게 계산된 A가 원래의 A와 동일한 행렬이 나오는 것을 확인할 수 있다. 0이 아닌 특이치들까지 제거한 형태를 truncated SVD라 하며, 이 경우는 원래의 A가 보존되지 않고 A에 대한 근사행렬 A′이 나온다. Truncated SVD로 근사한 행렬 A′은 데이터의 압

축, 노이즈의 제거 등에 활용될 수 있다.

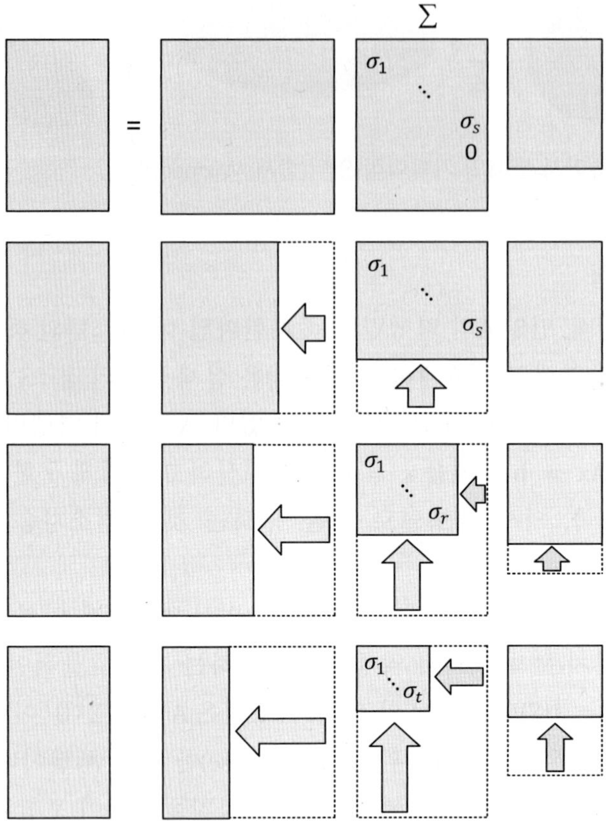

MATLAB/PYTHON: 10.1.1 스펙트럼방법(FRF) (frf_main, frf_plot)

모드실험을 통해 강재 바닥면 위에 놓인 3층 전단프레임 구조물의 동특성을 추정하려 한다. 충격망치(impact hammer)를 사용하여, 3층에 5회의 충격을 가하였고, 이에 대응하는 가속도 응답을 각 층과 바닥면에서 계측하였다.

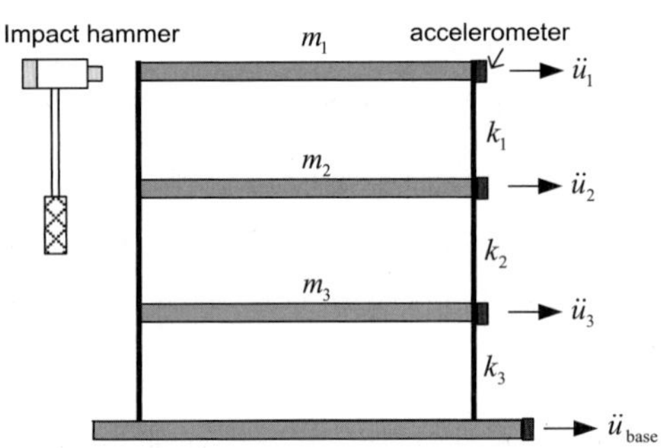

(a) 3층 전단프레임 모형구조물

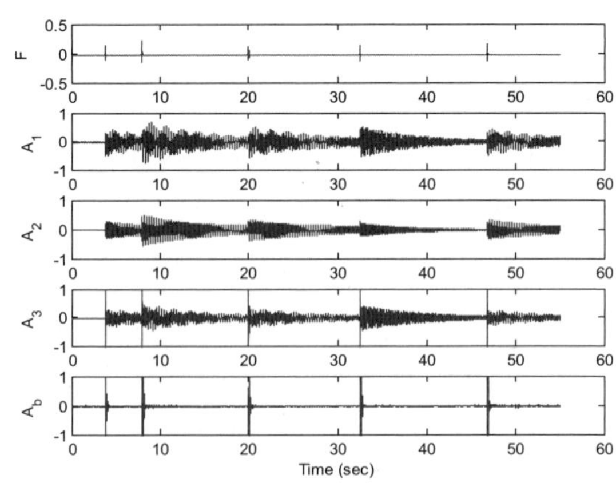

(b) 충격하중과 층별 가속도응답

- 분석결과

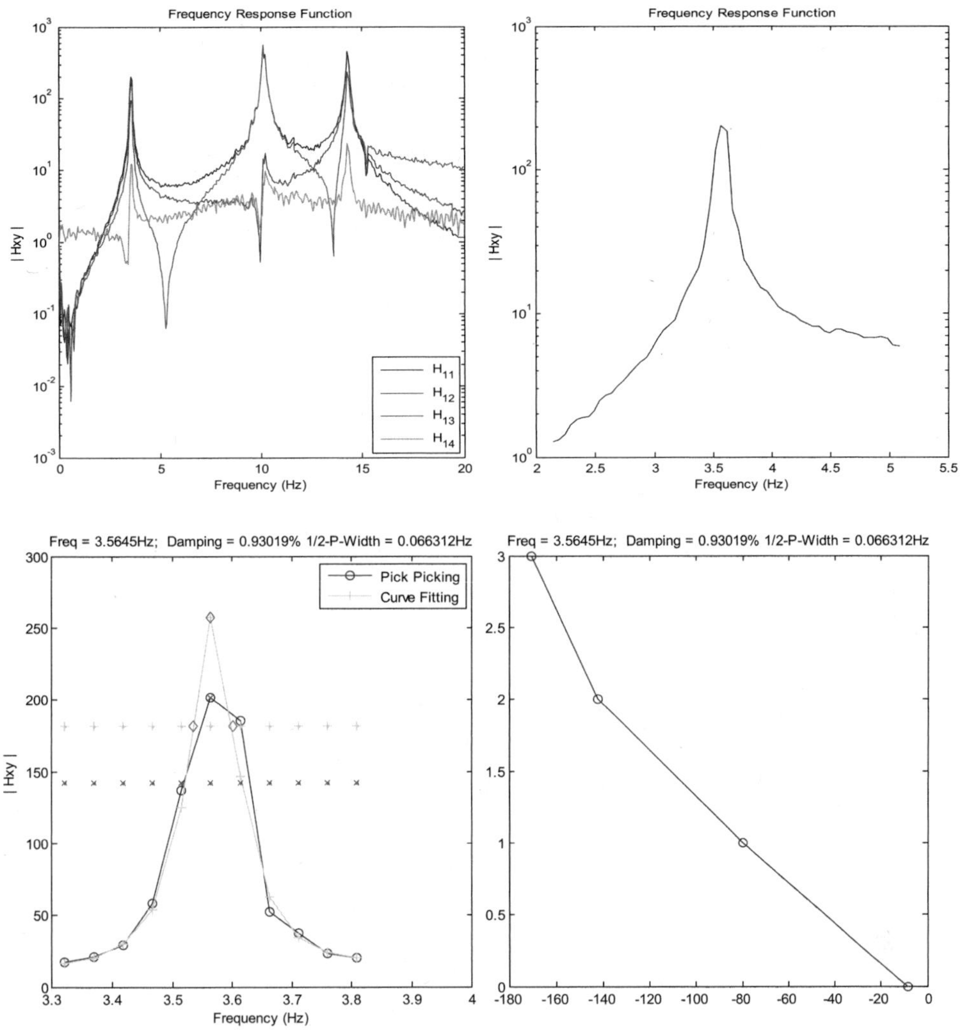

- [코딩 1] frf_main.m
- [코딩 2] frf_plot.m

MATLAB/PYTHON: 10.1.1 스펙트럼방법(PSD함수) (psd_main, frf_plot)

모드실험을 통해 강재 바닥면 위에 놓인 3층 전단프레임 구조물의 동특성을 추정하려 한다. 충격망치(impact hammer)를 사용하여, 모든 층에 각각 5회의 충격을 가하였고, 각 경우에 대해 각 층과 바닥면에서 가속도 응답을 계측하였다.

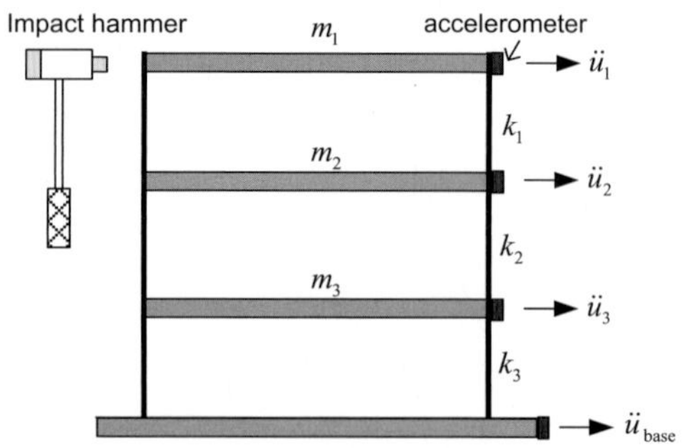

(a) 3층 전단프레임 모형구조물

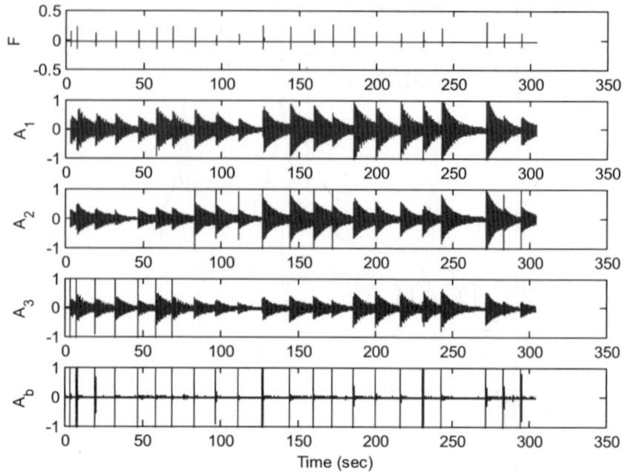

(b) 충격하중과 층별 가속도응답

- 분석결과

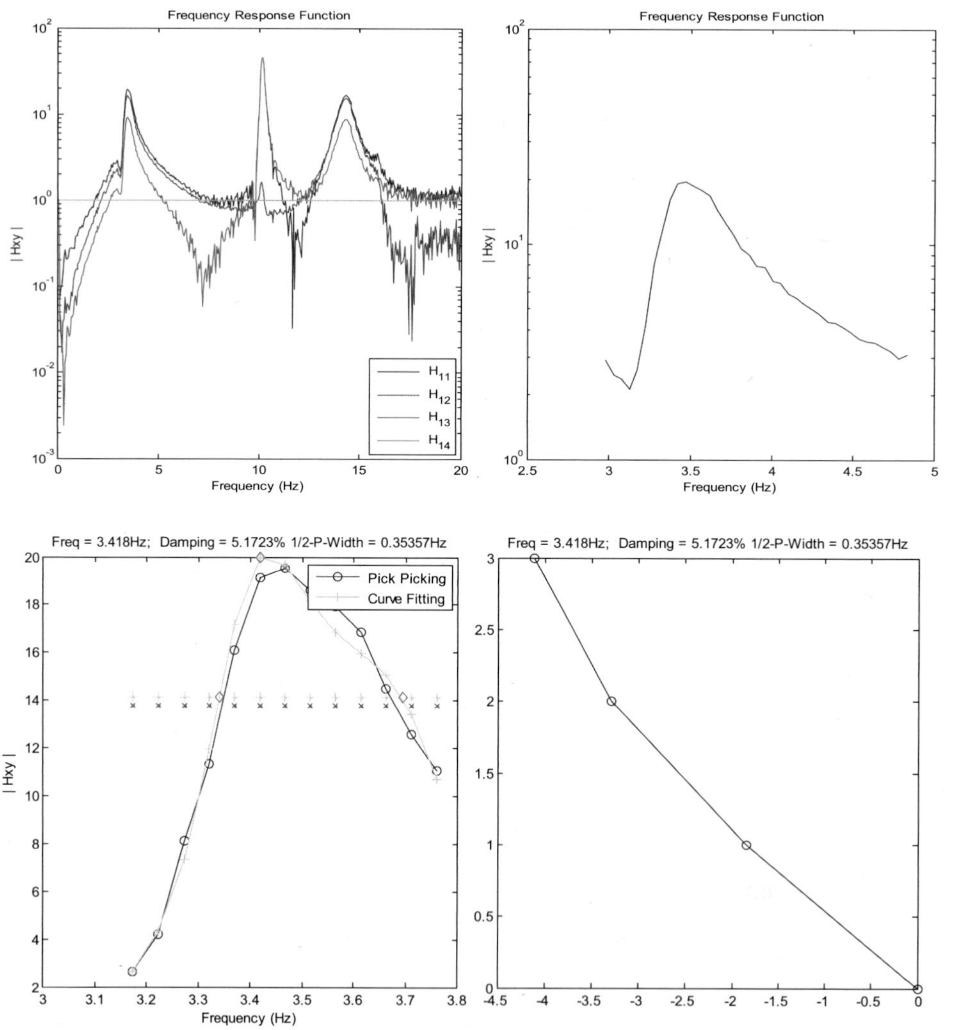

- [코딩 1] psd_main.m
- [코딩 2] frf_plot.m

MATLAB/PYTHON: 10.1.2 FDD법 (fdd_main, fdd_plot)

모드실험은 [MATLAB: 10.1.1절] 스펙트럼방법(PSD함수)에서 설명한 것과 동일하다.

- 분석결과

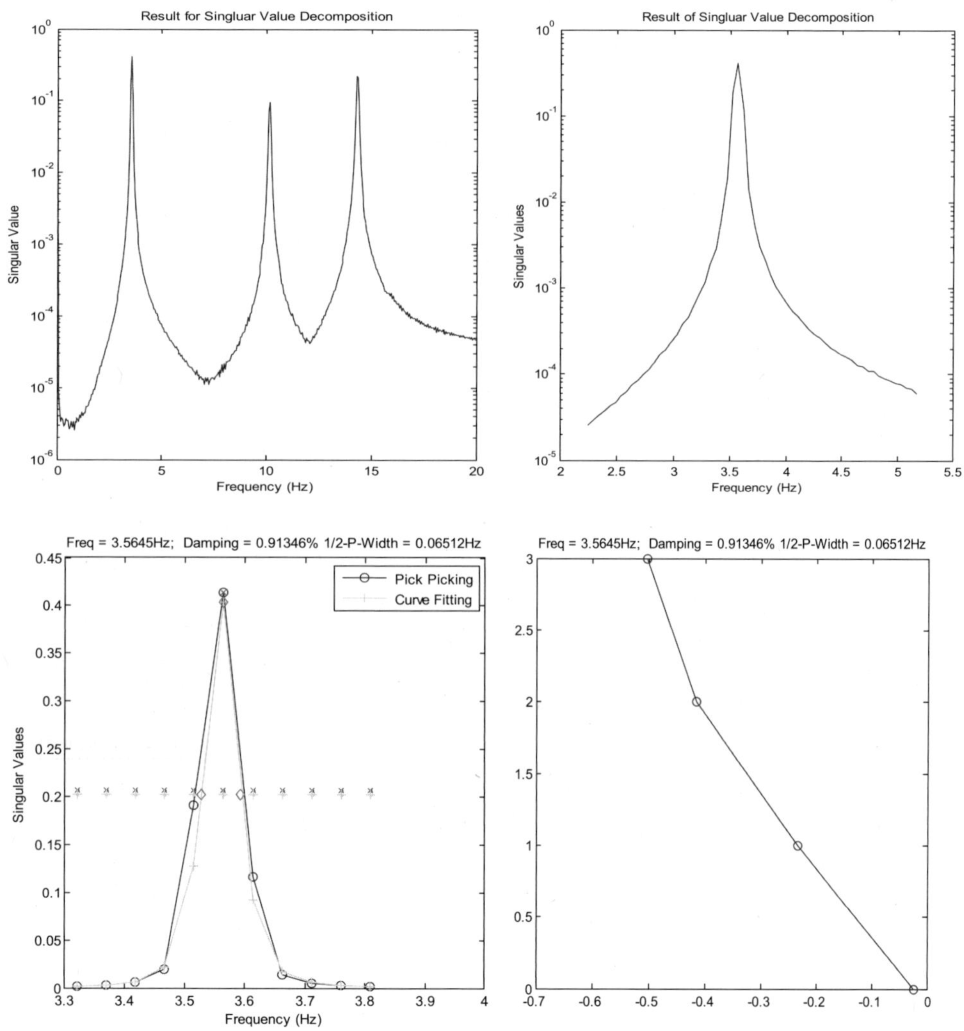

- [코딩 1] fdd_main.m
- [코딩 2] fdd_plot.m

10.2 동특성 추정 - 시간영역

10.2.1 ITD법

ITD법(Ibrahim Time Domain Method; Ibrahim, 1977), ERA법(2.2절) 및 SSI법(2.3절)은 자유진동응답을 가정하여 개발된 시간영역방법들이다. 따라서 랜덤하중이 작용하는 경우 다음과 같은 방법들을 사용하여 구조물의 동적 특성이 포함된 자유진동응답을 구하여 사용한다.

1) Random Decrement 방법 (Ibrahim, 1977; Yang 등, 1984; 3.4.2절 동적 실험과 모드변수 추정)
2) 상호상관함수 (James III 등, 1996; Yam 등 1997; 10.1.1절 스펙트럼방법 그림 예시)

시간 t에서의 계측된 구조물의 응답 $\mathbf{y}(t)(\in \mathbf{R}^{N_m\times 1})$는 N_m개의 계측 자유도에서 구한 모드형상 $\{\Psi^{(k)}\}(\in \mathbf{R}^{N_m\times 1})$와 N개의 고유치(λ_k)를 사용하여 다음과 같이 나타낼 수 있다.

$$\mathbf{y}(t) = \sum_{k=1}^{N}\left[\{\Psi^{(k)}\}e^{\lambda_k t}\right]$$

여기서 k는 정수이고, Δt는 계측 시간간격이다.

이 식을 사용하여 ITD법을 유도할 수 있다. 시간 차이 $n\Delta t$ 간격으로 계측된 행렬 $\mathbf{Y}(\in \mathbf{R}^{N_m\times N_t})$와 $\hat{\mathbf{Y}}(\in \mathbf{R}^{N_m\times N_t})$를 다음과 같이 가정하자. 여기서 계측자료의 크기는 N_t개이다.

$$\begin{aligned}\mathbf{Y} &= \left[\mathbf{y}(0) \quad \cdots \quad \mathbf{y}\big((N_t-n)\Delta t\big)\right] \\ &= \left[\{\Psi^{(1)}\} \quad \cdots \quad \{\Psi^{(N)}\}\right]\begin{bmatrix}0 & \cdots & e^{\lambda_1(N_t-n)\Delta t} \\ \vdots & \cdots & \vdots \\ 0 & \cdots & e^{\lambda_N(N_t-n)\Delta t}\end{bmatrix} \\ &= [\Phi]\begin{bmatrix}0 & \text{⬚} & e^{\lambda_1(N_t-n)\Delta t} \\ \vdots & \cdots & \vdots \\ 0 & \text{⬚} & e^{\lambda_N(N_t-n)\Delta t}\end{bmatrix}\end{aligned} \tag{1.2.1a}$$

$$\begin{aligned}\hat{\mathbf{Y}} &= \left[\mathbf{y}(n\Delta t) \quad \cdots \quad \mathbf{y}(N_t\Delta t)\right] \\ &= \left[\{\Psi^{(1)}\} \quad \cdots \quad \{\Psi^{(N)}\}\right]\begin{bmatrix}e^{\lambda_1 n\Delta t} & \cdots & e^{\lambda_1 N_t\Delta t} \\ \vdots & \cdots & \vdots \\ e^{\lambda_N n\Delta t} & \cdots & e^{\lambda_N N_t\Delta t}\end{bmatrix} \\ &= \begin{bmatrix}e^{\lambda_1 n\Delta t} & \cdots & 0 \\ \vdots & \ddots & \vdots \\ 0 & \cdots & e^{\lambda_N n\Delta t}\end{bmatrix}\left[\{\Psi^{(1)}\} \quad \cdots \quad \{\Psi^{(N)}\}\right]\begin{bmatrix}0 & \cdots & e^{\lambda_1(N_t-n)\Delta t} \\ \vdots & \cdots & \vdots \\ 0 & \cdots & e^{\lambda_N(N_t-n)\Delta t}\end{bmatrix} \\ &= \operatorname{diag}\left(e^{\lambda_1 n\Delta t}, \cdots, e^{\lambda_N n\Delta t}\right)[\Phi]\begin{bmatrix}0 & \cdots & e^{\lambda_1(N_t-n)\Delta t} \\ \vdots & \cdots & \vdots \\ 0 & \cdots & e^{\lambda_N(N_t-n)\Delta t}\end{bmatrix}\end{aligned} \tag{1.2.1b}$$

여기서 $[\Phi] = \left[\{\Psi^{(1)}\} \quad \cdots \quad \{\Psi^{(N)}\}\right]$이다.

$\mathbf{Y}$와 $\hat{\mathbf{Y}}$의 관계를 나타내는 행렬 $\mathbf{A}\ (\in \mathbf{R}^{N_m\times N_m})$를 다음과 같이 정의한다.

$$\hat{\mathbf{Y}} = \mathbf{A}\mathbf{Y} \tag{1.2.1c}$$

$$\therefore \mathbf{A} = \left(\hat{\mathbf{Y}}\mathbf{Y}^T\right)\left(\mathbf{Y}\mathbf{Y}^T\right)^{-1} \tag{1.2.1d}$$

$\mathbf{Y}$와 $\hat{\mathbf{Y}}$에 관한 앞의 식 (1.2.1a) ~ (1.2.1c)를 비교하여 다음 관계식을 유추할 수 있다.

$$\mathbf{A\Phi} = \mathbf{\Phi\mu}$$

여기서

$$\begin{aligned}\boldsymbol{\mu} &= \mathrm{diag}(\mu_1, \mu_2, \cdots, \mu_N) \\ &= \mathrm{diag}\left(e^{\lambda_1 n\Delta t}, e^{\lambda_2 n\Delta t}, \cdots, e^{\lambda_N n\Delta t}\right) \in \mathbf{R}^{N\times N}\end{aligned}$$

$$\mathbf{\Phi} = \left[\left\{\Psi^{(1)}\right\} \quad \left\{\Psi^{(2)}\right\} \quad \cdots \quad \left\{\Psi^{(N)}\right\}\right] \in \mathbf{R}^{N\times N}$$

이 식은 모드행렬 $[\Phi]$와 고유치 $\mu_k\left(= e^{\lambda_k n\Delta t}\right)$를 $\mathbf{A}$에 관한 고유치 해석으로 구할 수 있음을 나타낸다. 따라서 k번째 고유치 μ_k에서 시스템의 고유치 λ_k, 고유진동수 ω_k, 모드감쇠비 ξ_k를 추정하면 다음과 같다.

$$\lambda_k = \frac{\ln \mu_k}{n\Delta t}$$

$$\xi_k = -\frac{\mathrm{Re}(\lambda_k)}{|\lambda_k|}$$

$$\omega_k = -\frac{\mathrm{Im}(\lambda_k)}{\sqrt{1-\xi_k^2}}$$

10.2.2 ERA법

ERA법(Eigensystem Realization Algorithm Method; Juang and Pappa, 1985)은 이산상태방정식으로부터 유도할 수 있다.

$$\mathbf{z}(k+1) = \mathbf{A}\mathbf{z}(k) + \mathbf{B}\mathbf{u}(k)$$

$$\mathbf{y}(k+1) = \mathbf{C}\mathbf{z}(k)$$

여기서

$\mathbf{z}(k), \mathbf{z}(k+1) \in \mathbf{R}^{N\times 1}$는 상태벡터;

$\mathbf{u}_k \in \mathbf{R}^{N_u\times 1}$는 하중벡터;

$\mathbf{y}(k) \in \mathbf{R}^{N_m\times 1}$는 관측벡터;

$\mathbf{A} \in \mathbf{R}^{N\times N}, \mathbf{B} \in \mathbf{R}^{N\times N_u}, \mathbf{C} \in \mathbf{R}^{N_m\times N}$는 시스템행렬들;

k는 시간단계;

N은 구조물 자유도 수의 2배;

N_m은 계측된 자유도의 수;

N_u는 외부하중이 작용하는 자유도의 수

외부 하중이 $k = 0$인 경우에만 단위하중으로 작용하고(즉, $\mathbf{u}(0) = 1$), $k = 1,2,\cdots$에 대해서는 $\mathbf{u}(k) = 0$인 경우, k번째 시점에서 구조계의 관측벡터 $\mathbf{y}(k)$는 다음과 같다.

$$\mathbf{y}(k) = \mathbf{CA}^{k-1}\mathbf{B}$$

관측벡터 $\mathbf{y}(k)$를 이용하여, 다음과 같이 $\mathbf{y}(k)$를 블록으로 취하는 블록 Hankel 행렬 $\mathbf{H}_{n_1,n_2}^{ERA}(\in \mathbf{R}^{N_m n_1 \times n_2})$을 구성하면, 블록 Hankel 행렬을 $\mathbf{O}_{n_1}$, $\mathbf{A}$ 및 $\mathbf{T}_{n_1}$로 분해할 수 있다.

$$\begin{aligned}
\mathbf{H}_{n_1,n_2}^{ERA}(k-1) &= \begin{bmatrix} \mathbf{y}(k) & \mathbf{y}(k+j_1) & \cdots & \mathbf{y}(k+j_{n_2-1}) \\ \mathbf{y}(k+i_1) & \mathbf{y}(k+i_1+j_1) & \cdots & \mathbf{y}(k+i_1+j_{n_2-1}) \\ \vdots & \vdots & \ddots & \vdots \\ \mathbf{y}(k+i_{n_1-1}) & \mathbf{y}(k+i_{n_1-1}+j_1) & \cdots & \mathbf{y}(k+i_{n_1-1}+j_{n_2-1}) \end{bmatrix} \\
&= \begin{bmatrix} \mathbf{CA}^{k-1}\mathbf{B} & \mathbf{CA}^{k-1}\mathbf{B} & \cdots & \mathbf{CA}^{k-1}\mathbf{B} \\ \mathbf{CA}^{k-1+i_1}\mathbf{B} & \mathbf{CA}^{k-1+i_1+j_1}\mathbf{B} & \cdots & \mathbf{CA}^{k-1+i_1+j_{n_2-1}}\mathbf{B} \\ \vdots & \vdots & \ddots & \vdots \\ \mathbf{CA}^{k-1+i_{n_1-1}}\mathbf{B} & \mathbf{CA}^{k-1+i_{n_1-1}+j_1}\mathbf{B} & \cdots & \mathbf{CA}^{k-1+i_{n_1-1}+j_{n_2-1}}\mathbf{B} \end{bmatrix} \\
&= \begin{bmatrix} \mathbf{C} \\ \mathbf{CA}^{i_1} \\ \vdots \\ \mathbf{CA}^{i_{n_1-1}} \end{bmatrix} \mathbf{A}^{k-1} [\mathbf{B} \quad \mathbf{A}^{j_1}\mathbf{B} \quad \cdots \quad \mathbf{A}^{j_{n_2-1}}\mathbf{B}] \\
&= \mathbf{O}_{n_1}\mathbf{A}^{k-1}\mathbf{T}_{n_2}
\end{aligned}$$

여기서

$\mathbf{O}_{n_1} \in \mathbf{R}^{N_m n_1 \times N}$는 가관측성 행렬(observability matrix);

$$\mathbf{O}_{n_1} \equiv \begin{bmatrix} \mathbf{C} \\ \mathbf{CA}^{i_1} \\ \vdots \\ \mathbf{CA}^{i_{n_1-1}} \end{bmatrix}$$

$\mathbf{T}_{n_2} \in \mathbf{R}^{N_m \times n_2}$는 가제어성 행렬(controllability matrix);

$$\mathbf{T}_{n_2} \equiv [\mathbf{B} \quad \mathbf{A}^{j_1}\mathbf{B} \quad \cdots \quad \mathbf{A}^{j_{n_2}-1}\mathbf{B}]$$

n_1과 n_2는 $\mathbf{H}_{n_1,n_2}^{ERA}$의 행과 열의 블록 수;

참고로 $i_m(m = 1, \cdots, n_1 - 1)$와 $j_m(m = 1, \cdots, n_2 - 1)$는 각각 임의의 정수인데, 이를 순차적으로 사용하게 되면 ERA방법은 Ho-Kalman 방법과 동일하다(Ho 등 1966).

ERA방법에서는 우선 $k = 1$일 때의 Hankel 행렬 $\mathbf{H}_{n_1,n_2}^{ERA}(0)$을 SVD하여 아래와 같이 $\mathbf{U}_1$, $\mathbf{S}_1$, $\mathbf{V}_1$을 구한다.

$$\begin{aligned}
\mathbf{H}_{n_1,n_2}^{ERA}(0) &= \mathbf{USV}^T \\
&= [\mathbf{U}_1 \quad \mathbf{U}_2] \begin{bmatrix} \mathbf{S}_1 & \mathbf{0} \\ \mathbf{0} & \mathbf{S}_2 \end{bmatrix} \begin{bmatrix} \mathbf{V}_1^T \\ \mathbf{V}_2^T \end{bmatrix} \\
&= \mathbf{U}_1\mathbf{S}_1\mathbf{V}_1^T + \mathbf{U}_2\mathbf{S}_2\mathbf{V}_2^T \approx \mathbf{U}_1\mathbf{S}_1\mathbf{V}_1^T
\end{aligned}$$

여기서 $\mathbf{S} = \mathrm{diag}[\sigma_1 \quad \sigma_2 \quad \cdots \quad \sigma_n \quad \sigma_{n+1} \quad \cdots]$는 특이치 행렬; σ_i는 i번째 특이치;

이상적인 시스템과 관련 계측을 가정할 경우,

$$\sigma_1 > \sigma_2 > \cdots > \sigma_n \gg \sigma_{n+1} = \cdots = \sigma_{n_1} \text{ or } \sigma_{n_2} = 0$$

이므로, $\mathbf{S}_2 = 0$이다. 일반적인 경우, 시스템의 차수는 특이치 행렬 $\mathbf{S}_1$의 특이치 크기가 0에 가까워지는 차수를 선택하거나, 안정화 도표(stabilization chart)를 이용하여 결정할 수 있다.

앞 근사식으로부터 $\mathbf{H}^{ERA}_{n_1,n_2}(k)$는 다음과 같이 나타낼 수 있다.

$$\mathbf{H}^{ERA}_{n_1,n_2}(k) = \mathbf{U}_1\mathbf{S}_1^{\frac{1}{2}}\left[\mathbf{S}_1^{-\frac{1}{2}}\mathbf{U}_1^T\mathbf{H}^{ERA}_{n_1,n_2}(1)\mathbf{V}_1\mathbf{S}_1^{-\frac{1}{2}}\right]\mathbf{S}_1^{\frac{1}{2}}\mathbf{V}_1^T$$

$\mathbf{y}(k+1)$는 $\mathbf{H}^{ERA}_{n_1,n_2}(k)$의 행과 열이 첫 번째인 블록을 취함으로써 얻을 수 있으므로, 다음과 같이 나타낼 수 있다.

$$\begin{aligned}\mathbf{y}(k+1) &= \mathbf{E}^T_{n_1}\mathbf{H}^{ERA}_{n_1,n_2}(k)\mathbf{E}_{n_2}\\ &= \mathbf{E}^T_{n_1}\left(\mathbf{U}_1\mathbf{S}_1^{\frac{1}{2}}\left[\mathbf{S}_1^{-\frac{1}{2}}\mathbf{U}_1^T\mathbf{H}^{ERA}_{n_1,n_2}(1)\mathbf{V}_1\mathbf{S}_1^{-\frac{1}{2}}\right]\mathbf{S}_1^{\frac{1}{2}}\mathbf{V}_1^T\right)\mathbf{E}_{n_2}\\ &\leftrightarrow \mathbf{C}\mathbf{A}^k\mathbf{B}\end{aligned}$$

여기서 $\mathbf{E}^T_{n_1} = [\mathbf{I}_1 \quad \mathbf{0}_2 \quad \cdots \quad \mathbf{0}_{n_1}]$, $\mathbf{E}^T_{n_2} = [\mathbf{I}_1 \quad \mathbf{0}_2 \quad \cdots \quad \mathbf{0}_{n_2}]$이다. 따라서 시스템 행렬 **A**, **B**, **C**는 $\mathbf{H}^{ERA}_{n_1,n_2}(0)$의 SVD결과와 $\mathbf{H}^{ERA}_{n_1,n_2}(1)$을 이용하여 구하면 다음과 같다.

$$\mathbf{A} = \mathbf{S}_1^{-\frac{1}{2}}\mathbf{U}_1^T\mathbf{H}^{ERA}_{n_1,n_2}(1)\mathbf{V}_1\mathbf{S}_1^{-\frac{1}{2}}$$

$$\mathbf{B} = \mathbf{S}_1^{\frac{1}{2}}\mathbf{V}_1^T\mathbf{E}_{n_2} \text{ : 가관측성 행렬}$$

$$\mathbf{C} = \mathbf{E}^T_{n_1}\mathbf{U}_1\mathbf{S}_1^{\frac{1}{2}} \text{ : 가제어성 행렬}$$

따라서 이산상태방정식에 대한 고유주파수, 모드감쇠비, 모드형상 등의 모드계수는 시스템행렬 **A**로부터 다음과 같이 구할 수 있다.

$$\mathbf{A\Phi} = \mathbf{\Phi\mu}$$

여기서

$$\boldsymbol{\mu} = \mathbf{diag}(\mu_1, \mu_2, \cdots, \mu_N) = \mathbf{diag}\left(e^{\lambda_1\Delta t}, e^{\lambda_2\Delta t}, \cdots, e^{\lambda_N\Delta t}\right) \in \mathbf{R}^{N\times N}$$

$$\mathbf{\Phi} = \left[\{\Psi^{(1)}\} \quad \{\Psi^{(2)}\} \quad \cdots \quad \{\Psi^{(N)}\}\right] \in \mathbf{R}^{N\times N}$$

따라서 연속상태방정식의 고유치 λ_k, 고유진동수 ω_k와 모드감쇠비 ξ_k 및 계측자유도에서의 실제 모드벡터 $\{\phi^{(k)}\}$는 다음과 같다.

$$\lambda_k = \frac{\ln \mu_k}{\Delta t}$$

$$\xi_k = -\frac{\mathrm{Re}(\lambda_k)}{|\lambda_k|}$$

$$\omega_k = -\frac{\mathrm{Im}(\lambda_k)}{\sqrt{1-\xi_k^2}}$$

$$\{\phi^{(k)}\} = \mathbf{C}\{\Psi^{(k)}\}$$

Juang과 Pappa(1985)는 노이즈 모드와 시스템 모드를 정량적으로 구분하기 위해 MAC(Modal Amplitude Coherence, γ_j)를 제시하였으며, 이 값을 사용하여 모드의 가관측성을 평가할 수 있다. MAC를 계측으로 구한 MA(Modal Amplitude)인 $\bar{q}_j$와 초기 MA인 $\hat{b}_j$를 고유치에 외삽하여 구한 이상적인(ideal) MA인 $\hat{q}_j$간의 상관관계로 정의한다.

Hankel행렬을 SVD한(즉, 계측자료로부터 구한) MA인 $\bar{q}_j$는 다음과 같고

$$[\bar{q}_1 \quad \bar{q}_2 \quad \cdots \quad \bar{q}_n]^* = \mathbf{\Phi}^{-1}\mathbf{S}^{-\frac{1}{2}}\mathbf{V}^T$$

초기 MA인 $\hat{b}_j$를 고유치에 외삽하여 구한 이상적인 MA인 $\hat{q}_j$는 다음과 같다.

$$\hat{q}_j^* = \left[\hat{b}_j^* \quad \hat{b}_j^* e^{\lambda_j \Delta t\, t_1} \quad \cdots \quad \hat{b}_j^* e^{\lambda_j \Delta t\, t_{n_2 - 1}}\right]$$

여기서 $*$는 공액복소수를 의미하고, 초기 MA인 $\hat{b}_j$는 다음과 같다.

$$[\hat{b}_1 \quad \hat{b}_2 \quad \cdots \quad \hat{b}_n] = \mathbf{\Phi}^{-1}\mathbf{S}^{-\frac{1}{2}}\mathbf{V}^T\mathbf{E}_{n_2}$$

따라서 j번째 모드에 대한 MAC인 γ_j는 다음과 같다.

$$\gamma_j = \frac{\left|\hat{q}_j^* \bar{q}_j\right|}{\sqrt{\left|\hat{q}_j^* \hat{q}_j\right|\left|\bar{q}_j^* \bar{q}_j\right|}}$$

γ_j은 0과 1사이의 값을 가지며, $\hat{q}_j \to \bar{q}_j$하면서 $\gamma_j \to 1$이 의미하는 바는 j번째 모드의 경우 고유치 λ_j와 초기 MA인 $\hat{b}_j$가 참값에 매우 근사하다는 것을 의미한다. 반대로 γ_j가 1에서 멀리 떨어진 값이면 노이즈 모드인 것을 알 수 있다. 즉, γ_j는 어떤 특정 입력에 대해 가진되는 모드의 가제어성을 정량적으로 나타낸다.

10.2.3 SSI법

SSI법(Stochastic Subspace Identification Method)은 응답값의 상관행렬을 요소로 가지는 블록 Hankel 행렬을 SVD함으로써 모드계수를 추정하는 방법이다. Hankel 행렬을 구성하는 방법에 따라 SSI-BR (Balanced Realization)과 SSI-CVA (Canonical Variate Analysis)로 나눌 수 있다.

우선 추계론적 이산상태방적식은 다음과 같이 하중을 랜덤정규분포하중으로 고려한 경우를 표현한 방정식이며,

$$\mathbf{z}(k+1) = \mathbf{A}\mathbf{z}(k) + \mathbf{w}(k)$$

$$\mathbf{y}(k) = \mathbf{C}\mathbf{z}(k) + \mathbf{v}(k)$$

이로부터 상호상관행렬($\mathbf{R}_k$)을 구하면 다음과 같다.

$$\begin{aligned}\mathbf{R}_k &= E[\mathbf{y}(k+m)\mathbf{y}(m)^T] \\ &= \mathbf{C}\mathbf{A}^{k-1}E[\mathbf{z}(m+1)\mathbf{y}(m)^T] \\ &= \mathbf{C}\mathbf{A}^{k-1}\mathbf{G}\end{aligned}$$

여기서 $\mathbf{w}(k)$와 $\mathbf{v}(k)$는 각각 서로 상관관계가 없는 랜덤 정규분포 하중벡터와 관측변수에

대한 백색 노이즈 벡터이고, $\mathbf{G} = E[\mathbf{z}(m+1)\mathbf{y}(m)^T]$이다.

상호상관행렬을 요소로 갖는 블록 Hankel 행렬을 구성하면, 다음 식의 마지막 등호관계와 같이 가관측성 행렬과 확장 가제어성 행렬(extended controllability matrix)로 분해할 수 있으며, 이는 Hankel 행렬을 Q-R 분해함으로써 구현할 수 있다.

$$
\begin{aligned}
\mathbf{H}_{n_1,n_2}^{SSI} &= \begin{bmatrix} \mathbf{R}_1 & \mathbf{R}_{1+1} & \cdots & \mathbf{R}_{n_2} \\ \mathbf{R}_2 & \mathbf{R}_{2+1} & \cdots & \mathbf{R}_{n_2+1} \\ \vdots & \vdots & \ddots & \vdots \\ \mathbf{R}_{n_1} & \mathbf{R}_{n_1+1} & \cdots & \mathbf{R}_{n_1+n_2-1} \end{bmatrix} \\
&= \begin{bmatrix} \mathbf{CG} & \mathbf{CG} & \cdots & \mathbf{CA}^{n_2-1}\mathbf{G} \\ \mathbf{CAG} & \mathbf{CA}^1\mathbf{G} & \cdots & \mathbf{CA}^{n_2}\mathbf{G} \\ \vdots & \vdots & \ddots & \vdots \\ \mathbf{CA}^{n_1-1}\mathbf{G} & \mathbf{CA}^{n_1}\mathbf{G} & \cdots & \mathbf{CA}^{n_1+n_2-2}\mathbf{G} \end{bmatrix} \\
&= \begin{bmatrix} \mathbf{C} \\ \mathbf{CA} \\ \vdots \\ \mathbf{CA}^{n_1-1} \end{bmatrix} \begin{bmatrix} \mathbf{G} & \mathbf{AG} & \cdots & \mathbf{A}^{n_2-1}\mathbf{G} \end{bmatrix} \\
&= \mathbf{O}_{n_1}\mathbf{T}_{n_2}^{ext}
\end{aligned}
$$

여기서

$\mathbf{O}_{n_1}(\in \mathbf{R}^{N_m n_1 \times N})$ 는 가관측성 행렬(observability matrix);

$$
\mathbf{O}_{n_1} \equiv \begin{bmatrix} \mathbf{C} \\ \mathbf{CA} \\ \vdots \\ \mathbf{CA}^{n_1-1} \end{bmatrix}
$$

$\mathbf{T}_{n_2}^{ext}(\in \mathbf{R}^{N_m \times n_2})$ 는 확장 가제어성 행렬(extended controllability matrix);

$$
\mathbf{T}_{n_2}^{ext} \equiv \begin{bmatrix} \mathbf{G} & \mathbf{AG} & \cdots & \mathbf{A}^{n_2-1}\mathbf{G} \end{bmatrix}
$$

n_1과 n_2는 $\mathbf{H}_{n_1,n_2}^{SSI}$의 행과 열의 블록 수;

역변환이 가능한 가중치 행렬 $\mathbf{W}_1$과 $\mathbf{W}_2$를 블록 Hankel 행렬의 전후에 곱한 후, 이를 SVD 하면 아래와 같다.

$$
\begin{aligned}
\mathbf{W}_1\mathbf{H}_{n_1,n_2}^{SSI}\mathbf{W}_2 &= \begin{bmatrix} \mathbf{U}_1 & \mathbf{U}_2 \end{bmatrix} \begin{bmatrix} \mathbf{S}_1 & \mathbf{0} \\ \mathbf{0} & \mathbf{S}_2 \end{bmatrix} \begin{bmatrix} \mathbf{V}_1^T \\ \mathbf{V}_2^T \end{bmatrix} \\
&\approx \mathbf{U}_1\mathbf{S}_1\mathbf{V}_1^T \leftrightarrow \mathbf{W}_1\mathbf{O}_{n_1}\mathbf{T}_{n_2}^{ext}\mathbf{W}_2
\end{aligned}
$$

$$
\therefore \mathbf{O}_{n_1} = \mathbf{W}_1^{-1}\mathbf{U}_1\mathbf{S}_1^{\frac{1}{2}}
$$

최종적으로, $\mathbf{O}_{n_1}$ 행렬에서 각각 위와 아래로 한 블록을 뺀 나머지 행렬 $\mathbf{O}_{n_1-1}^{\uparrow}$와 $\mathbf{O}_{n_1-1}$로부터 시스템 행렬 $\mathbf{A}$를 아래와 같이 구할 수 있고, 그 결과로부터 고유진동수, 모드감쇠비 및 모드벡터를 ERA에서와 같이 구할 수 있다.

$$\mathbf{O}_{n_1-1}^{\uparrow} = \mathbf{O}_{n_1-1}\mathbf{A}$$

여기서

$$\mathbf{O}_{n_1-1}^{\uparrow} \equiv \begin{bmatrix} \mathbf{CA} \\ \mathbf{CA}^2 \\ \vdots \\ \mathbf{CA}^{n_1-1} \end{bmatrix}, \quad \mathbf{O}_{n_1-1} \equiv \begin{bmatrix} \mathbf{C} \\ \mathbf{CA} \\ \vdots \\ \mathbf{CA}^{n_1-2} \end{bmatrix}$$

이때, 가중치 행렬을 고려하는 방법에 따라 SSI-BR방법과 SSI-CVA방법으로 나눌 수 있다. SSI-BR방법의 경우, 단위행렬(identity matrix)을 가중치행렬로 이용하는 반면, SSI-CVA방법에서는 각 시계열의 상관관계가 최대가 되도록 다음과 같은 가중치 행렬을 이용하여 블록 Hankel 행렬의 전후에 곱한 후 모드계수를 추정한다(Hermans 등, 1999).

$$\mathbf{W}_1 = (\mathbf{L}^+)^{-1}, \quad \mathbf{W}_2 = (\mathbf{L}^-)^{-1}$$

여기서

$$\mathbf{R}^+ = \begin{bmatrix} \mathbf{R}_0 & \cdots & \mathbf{R}_{n_1-1}^T \\ \vdots & \ddots & \vdots \\ \mathbf{R}_{n_1-1} & \cdots & \mathbf{R}_0 \end{bmatrix} = \mathbf{L}^+\mathbf{L}^{+T}, \quad \mathbf{R}^- = \begin{bmatrix} \mathbf{R}_0 & \cdots & \mathbf{R}_{n_2-1}^T \\ \vdots & \ddots & \vdots \\ \mathbf{R}_{n_2-1} & \cdots & \mathbf{R}_0 \end{bmatrix} = \mathbf{L}^-\mathbf{L}^{-T}$$

10.2.4 안정화 도표

ERA법, SSI법 등과 같은 시간영역 방법의 경우, 시스템의 최소실현(Minimum Order Realization)을 위하여 시스템의 적절한 차수(System Order)를 결정하여야 한다. 만약, 자유도가 n인 전단빌딩의 경우라면, 시스템 행렬 $\mathbf{A}$의 크기는 $2n$이 된다. 그러나 일반적인 실제 구조물의 경우 무한 개의 자유도를 가지고 있으므로, 실측자료에 근거하여 공학적으로 의미있는 시스템의 차수를 찾기 위해서는 적절한 절차가 필요하다. 자유도가 정확히 n이고, 계측자료에 노이즈가 포함되지 않은 경우에는, Hankel 행렬에 대하여 SVD(특이치 분해)을 하였을 때, 구조물의 시스템 차수 $2n$보다 큰 특이치는 모두 0이 된다.

$$\sigma_1 \geq \sigma_2 \geq \cdots \geq \sigma_{2n} > 0$$

$$\sigma_{2n+1} = \sigma_{2n+2} = \cdots = 0$$

그러나 계측자료에 노이즈가 포함되어 있는 경우, σ_{2n+1}이상의 특이치는 정확히 0은 아니지만, σ_{2n}에 비하여 아주 작은 값을 가지게 된다.

$$\sigma_1 \geq \sigma_2 \geq \cdots \geq \sigma_{2n} \gg \sigma_{2n+1}$$

$$\sigma_{2n+1} \geq \sigma_{2n+2} \geq \cdots > 0$$

따라서 위와 같은 판단근거로 시스템의 적절한 차수를 구하는 것이 가능하다.

실제 구조물의 실험모드해석에서는 전술한 방법을 사용하더라도 특이치의 급격한 차이를 보이는 시스템의 차수를 구분하기 힘든 경우가 많다. 따라서 이러한 경우에는 시스템의 차수(SVD에서 $\mathbf{S}_1$의 차수)를 증가시켜가면서, 해당되는 모드들을 추출한 후 이들이 시스템 차수의 증가에 따라 일관적인지를 도표로 살펴보는 것이 매우 유용하며, 이 도표를 안정화 도표(Stabilization Chart)라 한다.

안정모드, 불안정모드, 노이즈모드를 판단하는데 안정화 도표를 사용할 수 있다.

(1) 노이즈모드 판정

다음 식과 같이 감쇠비가 어느 정도 이상일 경우 노이즈모드로 판단한다.

$$\xi_j^{(p)} > \xi_{noise,cr}$$

여기서

$\xi_j^{(p)}$는 시스템 차수를 p로 고려했을 때, j번째 모드의 감쇠비

$\xi_{noise,cr}$은 노이즈모드로 판단하기 위한 임곗값

(2) 안정모드 판정

노이즈모드가 아닌 모드들에 대하여 1) 시스템 차수를 p로 고려하였을 때의 모드계수와 2) 시스템 차수를 $p+1$로 고려하였을 때의 모드계수를 비교한다. 고유주파수, 감쇠비, 모드형상이 모두 조건에 만족할 경우 안정모드로 간주할 수 있다.

$$\frac{f_j^{(p)} - f_j^{(p+1)}}{f_j^{(p)}} < \Delta f_{stable,cr}$$

$$\frac{\xi_j^{(p)} - \xi_j^{(p+1)}}{\xi_j^{(p)}} < \Delta \xi_{stable,cr}$$

$$1 - \mathrm{MAC}\left(\boldsymbol{\Psi}_j^{(p)}, \boldsymbol{\Psi}_j^{(p+1)}\right) < \Delta \phi_{stable,cr}$$

여기서

$\Delta f_{stable,cr}$ = 고유진동수에 대한 임곗값

$\Delta \xi_{stable,cr}$ = 감쇠비에 대한 임곗값

$\Delta \phi_{stable,cr}$ = 모드형상에 대한 임곗값

$\boldsymbol{\Psi}_j^{(p)}$ = 시스템 차수 p에서 j번째 모드형상

$$\mathrm{MAC}\left(\boldsymbol{\Psi}_j^{(p)}, \boldsymbol{\Psi}_j^{(p+1)}\right) = \frac{\left\|\boldsymbol{\Psi}_j^{(p)} \cdot \boldsymbol{\Psi}_j^{(p+1)}\right\|^2}{\left\|\boldsymbol{\Psi}_j^{(p)}\right\|^2 \left\|\boldsymbol{\Psi}_j^{(p+1)}\right\|^2}$$

이러한 임곗값은 사용자에 의하여 결정되며, 구조물의 형태 및 계측자료의 신뢰도 등을 고려하여 결정함으로써 만족스러운 결과를 얻을 수 있다.

MATLAB/PYTHON: 10.2.2 ERA법 (era_main)

모드실험을 통해 강재 바닥면 위에 놓인 3층 전단프레임 구조물의 동특성을 추정하려 한다. 충격망치(impact hammer)를 사용하여, 모든 층에 각각 5회의 충격을 가하였고, 각 경우에 대해 각 층과 바닥면에서 가속도 응답을 계측하였다.

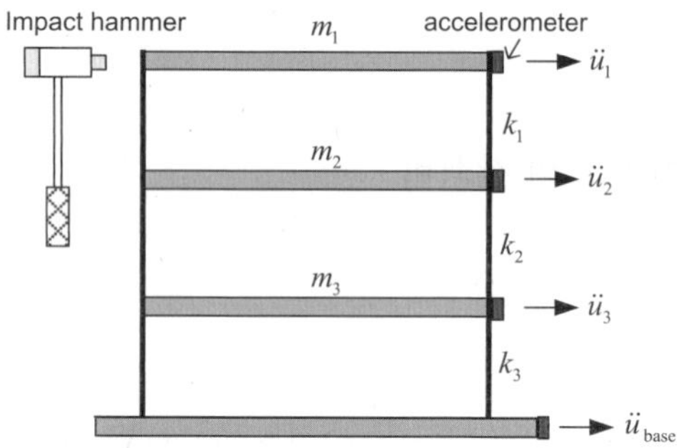

(a) 3층 전단프레임 모형구조물

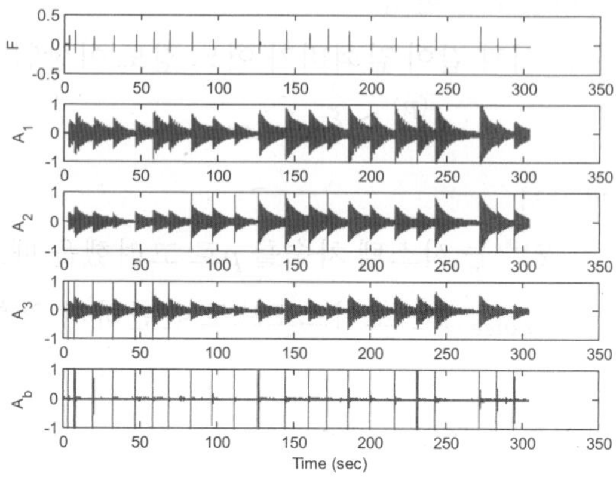

(b) 충격하중과 층별 가속도응답

• 분석결과

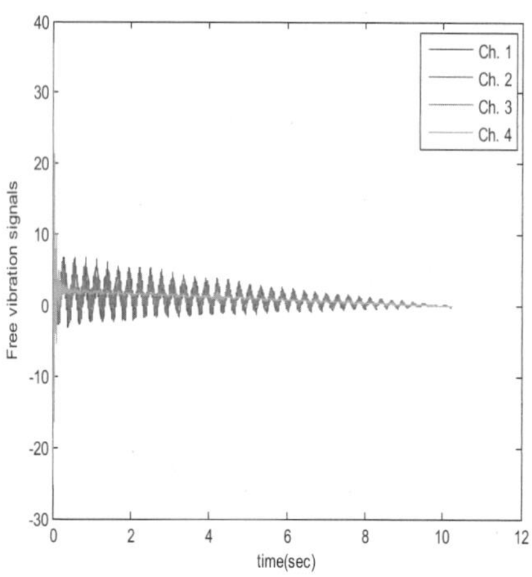

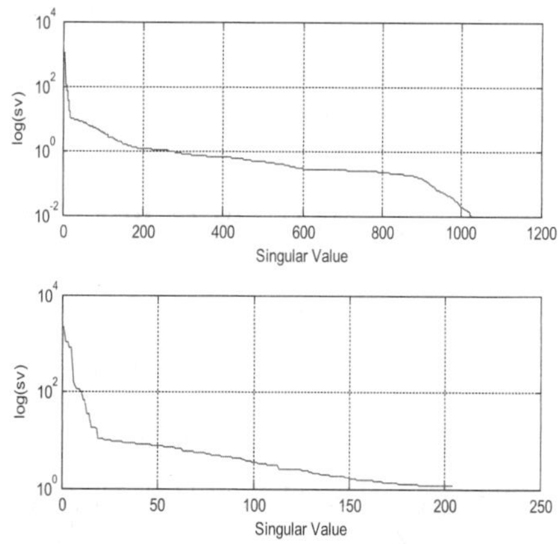

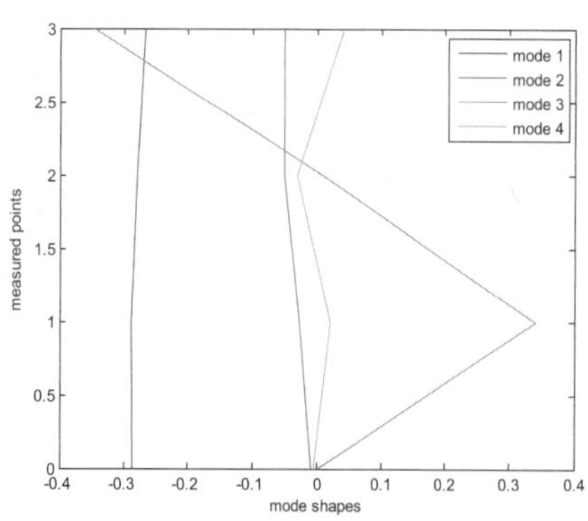

Estimate the Singular Value Cutoff: 10

fd1	xi1	EMAC1
0.0106	0.1418	99.9932
3.5602	**0.0075**	**99.9523**
10.1445	**0.0031**	**99.9864**
14.2848	**0.0027**	**99.9782**
89.8074	0.0313	98.5128

• 예제: era_main.m

MATLAB: 10.2.3 SSI법 (ssi_main)

모드실험은 [MATLAB: 10.2.2절] ERA법에서 설명한 것과 동일하다.

• 분석결과

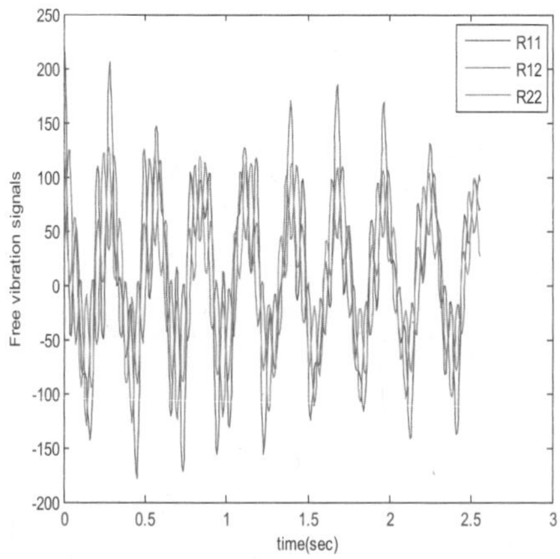

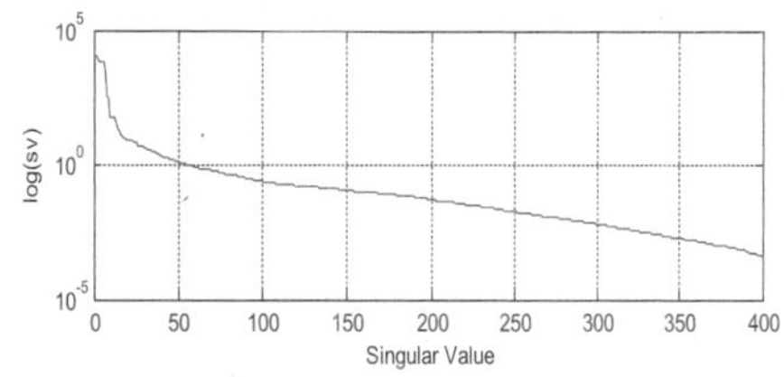

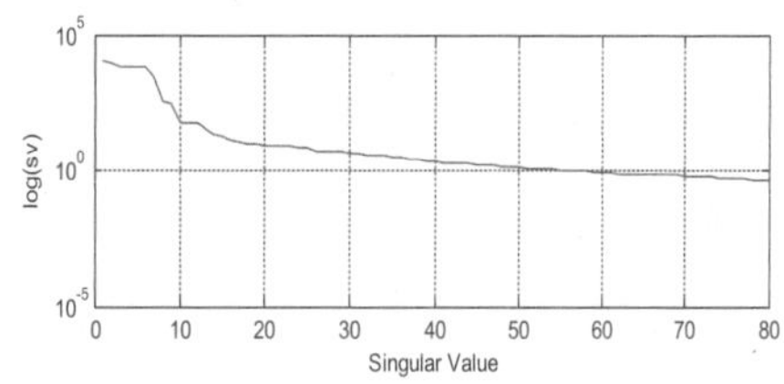

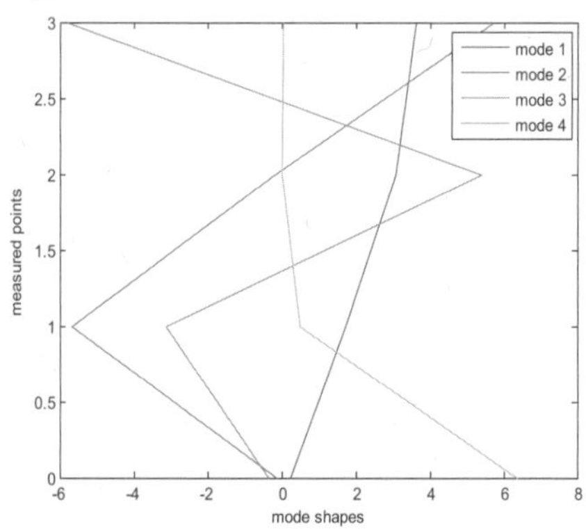

Estimate the Singular Value Cutoff: 10

fd1	xi1
3.5630	0.0016
10.1405	0.0037
14.2939	0.0024
90.6212	0.0249

• 예제: ssi_main.m

MATLAB: 10.2.4 안정화 도표 (ssi_schart)

모드실험은 [MATLAB: 10.2.3절] SSI법에서 구한 결과를 안정화 도표로 나타낸다. 실행절차는 다음과 같다.

(1) ssi_main.m SSI법을 사용한 모드계수추정을 수행

(2) ssi_schart.m 안정화 도표에 필요한 데이터 구축

(3) ssi_schart_plot.m 안정화 도표 작성

• 분석결과

좌측 그래프에서 3개 모드의 고유진동수를 알 수 있다. 시스템 차수가 최소 6차 이상이 되어야지, 2차 및 3차 모드에 대해 안정모드로 간주할 수 있음을 알 수 있다.

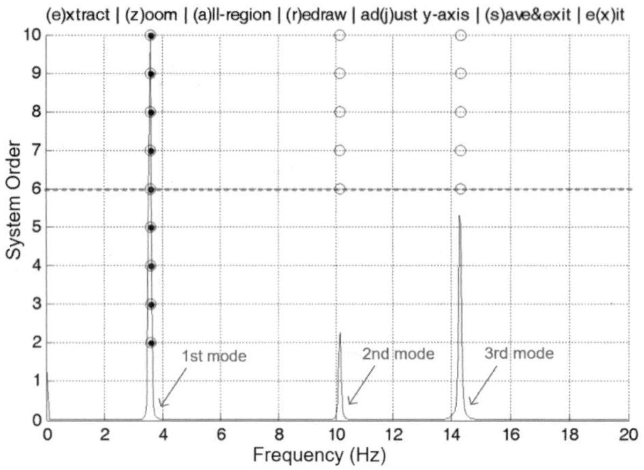

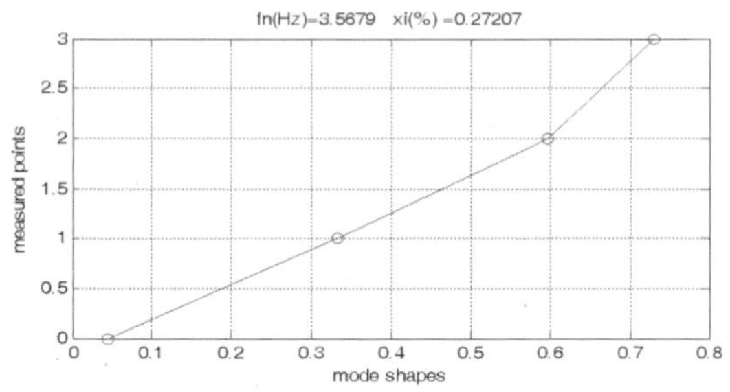


```
>> ssi_schart_plot
Input the lower model order :1
Input the higher model order:10
Number of considering modes:1
fn(Hz)=3.5679  std_fn=0
xi(%) =0.27207  std_xi=0
(s)tore, (n)eglect : s
```

• [코드 1] ssi_schart.m

10.3 구조 건전성 모니터링

10.3.1 SHM이란?

SHM(structural health monitoring, 구조 건전성 모니터링; 이하 SHM)이란 여러 가지 계측 장비를 이용하여 구조물의 특성을 (상시 또는 시공 중에) 계측하고 분석하여, 구조 건전성을 (또는 구조 상태를) 평가하고, 지속적으로 유지하고 관리하는 과정을 말한다.

SHM을 통해 가능한 것들을 열거하면 다음과 같다.

(1) 가속도계, 변위계, 변형률계, 풍압계 등을 이용하여 구조물의 특성을 측정하고,

(2) 초기 계측값 및 구조해석 결괏값을 비교하고 분석하여 구조 건전성을 판단하고,

(3) 그에 따른 조치를 취하여 예상치 못한 자연재해로부터 손실을 미연에 방지하고,

(4) 구조물의 손상 평가와 보수 및 보강에 관한 정량적인 구조데이터를 제공하여 합리적이고 경제적인 유지관리와 시공을 할 수 있다.

• 구조물의 손상이란?

구조물의 손상(damage)이란 구조물의 거동에 부정적인 영향을 주는 구조물의 재료적 또는 기하학적 특성의 변화이며, 경계조건과 연결조건의 변화 등을 예로 들 수 있다. 변화(changes)를 정의하기 위해서는 구조물의 손상전·후 또는 초기·현재 구조물의 상태 비교가 필요하다.

구조물의 손상추정(damage identification)은 다음 분야와 연관된다.

1) SHM (structural health monitoring, 구조 건전성 모니터링)

2) CM (condition monitoring, 상태 모니터링)

3) NDE (nondestructive evaluation, 비파괴평가)

4) SPC (statistical data process, 데이터 통계처리)

5) DP (damage prognosis, 손상예측)

• SHM 목적

SHM의 목적은 계측의 형태에 따라 구분할 수 있다.

(1) 상시계측

1) 구조물의 노후화 정도 및 붕괴위험을 미리 방지하고,

2) 지진 등 파괴하중 작용을 받은 구조물의 손상정도를 파악하여,

3) 구조물의 효과적인 보수 및 보강방안을 제시함으로써,

4) 구조물의 구조안전관리비용을 절감할 수 있다.

(2) 시공중계측

1) 시공 중 시공오차를 보정할 수 있고,
2) 완공 후 초깃값 획득을 위한 건전도 시험 및 향후 유지관리 가능하며,
3) 보수·보강 시 정량적인 구조거동 데이터를 제공하여
4) 합리적이고 경제적으로 시공할 수 있다.

• SHM 역사

구조물의 동적 응답의 변화로 손상을 추정하는 방법은 (망치의 충격음으로 기차 바퀴의 손상감지와 같이) 주로 정성적인(qualitative) 방법으로 실무에 적용되어 왔으며, 최근 전산기술과 센서기술의 급격한 발달로 정량적인(quantifiable) SHM기술도 진보하였다.

다음에 SHM기술발달을 분야별로 요약하였다(Farrar et al., 2007).

(1) 기계분야

회전기계(rotating machinery)에 대한 'CM(condition monitoring, 상태 모니터링)'의 적용은 지금까지도 가장 성공적인 SHM기술로 간주된다. 이 방법은 일반적으로 특정 모델에 근거하지 않고 구조물의 응답만을 사용하여 구조물의 손상을 추정한다.

손상추정과정은 다음과 같다.

1) 기계의 운영 중 또는 작동전·후 기계의 특정 위치에서 구조응답을 계측한 후,
2) 이 계측된 신호를 패턴인식에 기반하여 평가하여 구조손상을 추정한다.
3) 또한, 다른 시점에서 계측된 구조물 응답을 진동수영역으로 변환하여 시각적인 방법으로 (즉, 정성적인 방법으로) 구조물의 동특성 변화를 감지하는 패턴인식을 사용할 수도 있다.
4) 한편, 해당 기계의 특정 손상에 대응하는 특정 진동신호에 관한 데이터베이스를 구축함으로써, 기계의 CM을 수행할 수도 있다.

회전기계에 성공적으로 CM을 적용할 수 있었던 이유는 다음과 같다.

1) 모니터링에 영향을 주는 운영 및 환경조건의 변동성이 작다.
2) 주로 발생하는 손상의 위치와 형태를 이미 알고 있다.
3) 손상 구조물에 대한 데이터베이스 구축되어 있다.
4) 구조물의 손상과 계측된 데이터에서 추출한 특징 간에 상관관계를 확립하기 용이하다.
5) 해당 기술을 경제적으로 적용할 수 있다.

그림 10.3.1a 회전기계의 CM

(2) 해양구조물분야

1970년대와 80년대 사이에 많은 석유시추회사들은 해양구조물의 진동기반 손상추정방법에 대해 연구하였다. 해양구조물의 손상추정은 일반적인 손상의 위치를 알 수 없으며, 접근이 가능한 해양구조물의 일부분에서만 계측할 수 있다. 이러한 난점들을 고려하기 위해 손상 전·후 수치모델로 구한 구조물 동특성의 변화를 실제 계측된 구조물 동특성의 변화와 연관시키려 하였다. 이 과정에서 많은 문제들(운영 중인 플랫폼의 잡음에 의한 계측의 어려움, 극한 환경에서 센서 설치의 어려움, 시설 증대에 따른 구조물 질량의 변화, 석유 저장량의 변동, 시간에 따른 기초 조건의 변동과 고차 진동모드를 발생시키는 파랑하중 등)이 발생하였으며, 이로 인해 1980년대 초반 해양구조물에 대한 SHM기술의 적용은 대부분 중단되었다.

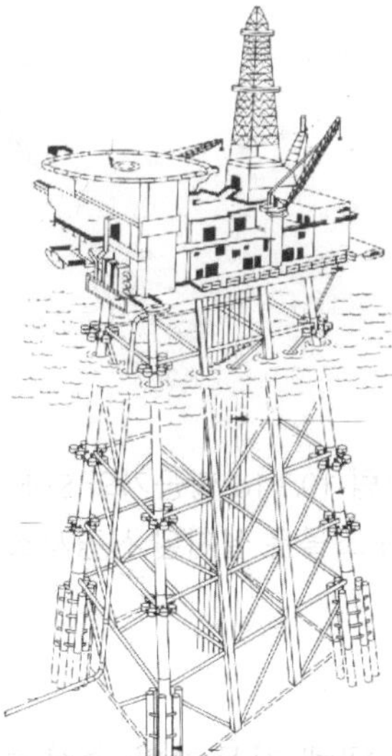

그림 10.3.2b 고정형 해양구조물
(심도 100m로 삽입된 1-2m직경의 강말뚝 기초를 갖는 강재 재킷형 고정식 해양구조물)

(3) 항공우주분야

1970년대 후반 이후 항공우주분야에서 진동기반 손상추정 연구가 시작되었으며, 1988년 Aloha항공 비행기 사고 후 체계화되었다. 현재 항공기의 피로손상, 우주정거장 트러스 부재의 손상 등을 추정하는 SHM은 기존의 NDE방법을 적용할 수 없거나 적용하기 어려운 부분에 손상을 찾기 위해 적용되고 있다.

그림 10.3.1c Aloha항공 비행기 사고
(1988년 4월 28일 금속피로로 비행중 기체의 상면이 바람에 날아감; 1명 사망, 65명 부상)

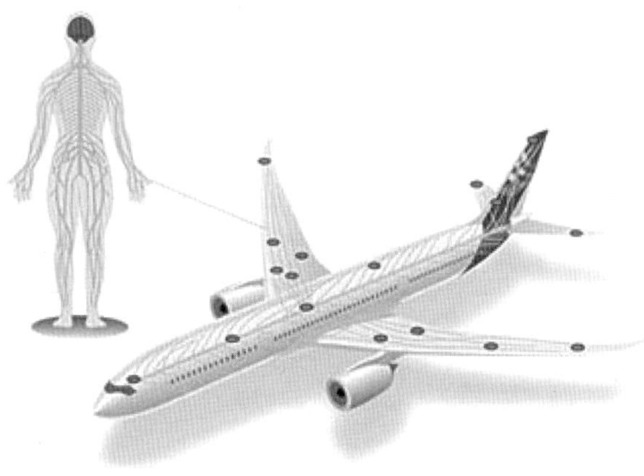

그림 10.3.1d 항공기와 SHM
(SHM 시스템은 구조물은 설치된 신경시스템, 출처: EADS)

(4) 건설분야

1980년도 초반부터 건물과 교량에 대해 진동기반 손상평가를 연구하였다. 구조물의 동적 응답특성(예: 모드형상 및 고유진동수)을 사용하여 구조물을 손상을 추정하고자 하였다. 대형 구조물의 경우에, 환경조건 및 운영조건의 변동성, 구조물의 크기 등으로 인해 SHM을 적용하기가 어렵지만, 정기적인 의무점검에 대한 법적 규제 등으로 인해 대형구조물의 SHM이 장려되고 있다.

그림 10.3.1e 성수대교붕괴사건
(1994년 10월 21일 아침 7시 40분 서울시 성수대교의 상판 48m가 붕괴; 32명 사망, 17명 부상)

그림 10.3.1f 삼풍백화점붕괴사건
(1995년 6월 29일 오후 6시경 서울시 삼풍백화점 한 동 붕괴; 사망 501명, 실종 6명, 부상 937명)

• SHM 시스템

SHM시스템의 구성요소들은 다음과 같다.

1) 구조물 (structures)
2) 센서 (sensors)
3) 데이터 수집장치 (data acquisition system)
4) 데이터 전송 및 저장장치 (data transfer and storage mechanism)
5) 데이터 관리 (data management)
6) 데이터 분석 및 진단 (data interpretation and diagnosis)
   a) 시스템 추정 (system identification, SI)
   b) 구조 모델 개선 (structural model update)
   c) 구조 상태 평가 (structural condition assessment)
   d) 잔존 사용수명 예측 (prediction of remaining service life)

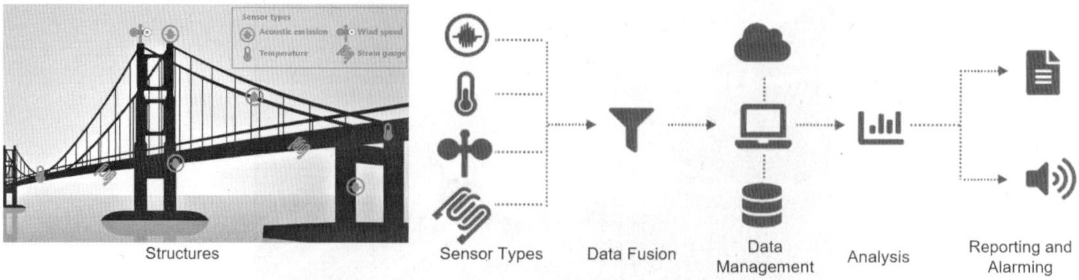

그림 10.3.1g 구조 건전성 모니터링 흐름도
(원그림 출처: https://www.vallen.de/applications/structural-health-monitoring-shm/)

SHM의 일반 원리를 정리하면 다음과 같다(Worden 등, 2007).

1) 모든 재료는 고유의 손상과 결점을 갖고 있다.
2) 손상 평가를 위해서는 2개 시스템 상태 간의 비교가 필요하다.
3) 손상의 정도와 위치에 관한 추정은 비지도학습 모드로 수행될 수 있지만, 손상의 형태와 정도를 추정하는 것은 주로 지도학습 모드에서 수행된다.
4) 센서는 손상을 측정할 수는 없으므로, 센서 데이터를 손상 정보로 변환하기 위해서는 신호처리와 통계분류를 통한 특징 추출이 필요하다.
5) 지능형 특징 추출이 없다면, 손상에 민감한 측정일수록 운영과 환경조건 변화에 민감하다.
6) 손상 관련 길이스케일과 시간스케일에 따라 SHM 센서시스템이 다르다.
7) 알고리즘의 손상에 대한 민감도가 클수록 알고리즘의 잡음 제거능력은 작다.
8) 가진진동수의 범위가 클수록 구조물 동적 특성의 변화로 탐지될 수 있는 손상 크기는 작다.

SHM의 향후 해결해야 할 과제는 다음과 같다.

1) SHM 특징 선별은 구조물의 손상은 구조물의 강성, 질량 또는 감쇠 특성을 크게 변화시켜, 구조물의 동적 응답을 변화시키는 것이다. 일반적 손상은 국부적 손상으로 구조물의 (보통 운영 중에 계측되는) 저차진동수의 변화에 큰 영향을 주지 않는다.
2) 손상 전 구조물에 대한 자료가 없으므로 많은 경우에 특징 선별과 손상추정은 비지도학습 모드로 수행되어야 한다.
3) 손상은 장시간에 걸쳐 누적될 수 있으므로, 오랜 기간 정확하고 반복적인 계측이 필요하다.
3) 센서시스템은 오랜 기간 성능과 내구성 그리고 손상추정기능을 유지하여야 한다.

10.3.2 SHM 사례

토목분야의 경우, 1990년대 이후 국내의 교량 모니터링에 관한 기술개발 및 적용이 활발해졌다. 이는 1970년대 초고속 경제성장기에 건설된 사회기반시설이 노후화되면서, 사회기반시설의 자연재해나 인위재해에 대한 경각심이 증가하였기 때문이다. 특히 1994년 성수대교 붕괴사고 이후 정부는 교량관리와 운영 요건을 강화하여, 체계적인 육안조사, 계측기의 설치, 내하력 평가, 현장 측정 및 장기성능 감시와 평가를 유지관리 요건에 포함시켰다.

건축분야의 경우, 건물의 손상 발생 부위에 대해 안전진단이 필요할 때 국부적으로 단발성 계측이 이루어진 경우가 많다. 그러나 체계적으로 건물 공사 시작에서부터 붕괴까지 지속적으로 상시계측 및 유지관리하는 SHM 시스템이 구축된 사례는 토목분야에 비해 상대적으로 드문 실정이다. 적용 예는 다음과 같다(대우건설, 2008).

(1) 2001년 12월 완공된 제주도월드컵경기장은 현수식 철골 트러스 지붕구조물이며, 태풍에 의한 피해를 복구한 후, 2004년부터 가속도, 케이블 장력 및 풍향-풍속 계측을 통해 구조 건전성을 상시 모니터링하고 있다.

(2) 2014년 준공된 68층 205m 높이의 포스코타워(구 동북아무역센터)는 RC코어, 합성기둥 및 Outrigger 트러스 구조형식으로, 가속도, 기둥 및 Outrigger 변형률, 최상층의 풍향-풍속을 측정하여 건물의 구조적 안전성을 상시 모니터링 하고 있다.

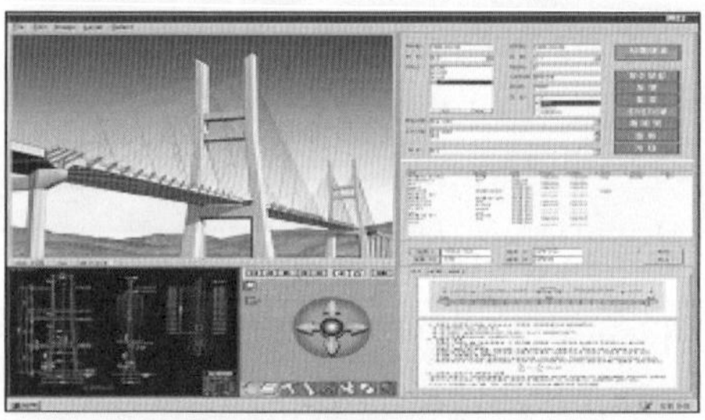

(a) 서해대교 SHM 시스템(국내)

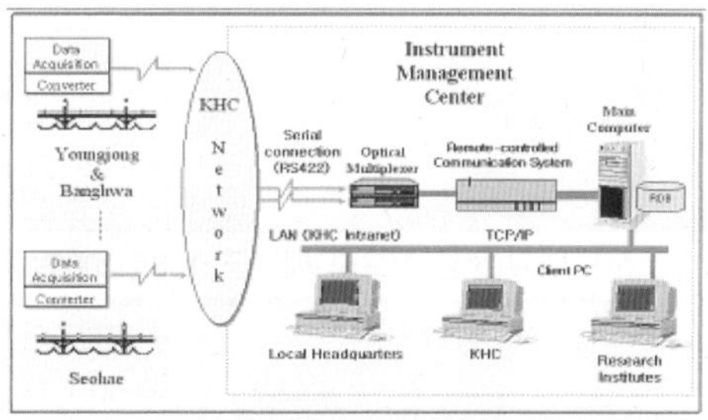

(b) 교량 모니터링 네트워크(국내)

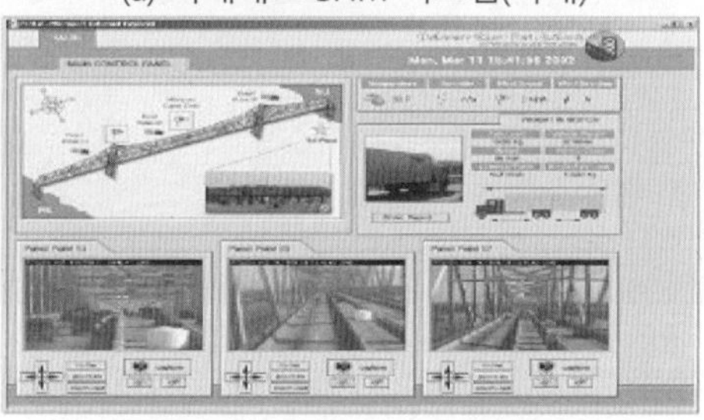

(c) Drexel Univ.의 RISCS(국외)

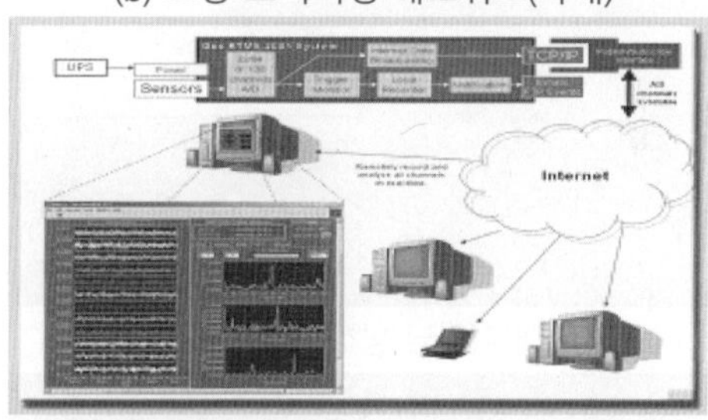

(d) Digitexx사의 SHM 시스템(국외)

그림 10.3.2a 국내외 대표적인 SHM 시스템(자료제공: SISTeC)
(주로 계측모니터링에 집중되어 있으며, 구조 건전성 평가에 관한 기술이 부족한 실정)

(a) 제주월드컵경기장(제주 서귀포시, 2001) (b) 포스코타워(인천 송도, 2014)

그림 10.3.2b SHM 시스템이 설치된 국내 건축구조물들(준공연도)

(a) 진도대교(전남 진도군-해남군, 1985, 2005) (b) 돌산대교(전남 여수시, 1984)

(c) 남해대교(경남 남해군-하동군, 1973) (d) 서해대교(경기 평택시-충남 당진군, 2000)

(e) 방화대교(서울 강서구-경기 고양시, 2000) (f) 영종대교(인천 장도-인천 영종도, 2000)

그림 10.3.2c SHM 시스템이 설치된 국내 장대교량들(준공연도)

10.3.3 SHM 기술

일반적으로 SHM을 적용하기 위해 필요한 기술들은 다음과 같다.

1) 최적의 센서 개수와 위치를 결정
2) 작은 수준의 손상에도 민감한 구조물의 특징들 추정
3) 환경·실험조건에 의한 특징변화와 구조 손상에 의한 특징변화의 구분
4) 손상 전·후 구조물의 특징 변화를 구분하기 위한 통계처리
5) 동일한 데이터베이스에 대해 다양한 손상추정 방법들의 성능 비교

• 센서 기술

SHM에 사용되는 센서는 다음과 같다.

(1) 무선센서 (wireless sensor)

MEMS 센서 등 전력소모가 작고, Data Processing 이 On-Board 상태에서 가능하며, RF 모듈을 이용하여 무선 송신 및 수신이 가능한 센서이다. 일부 MEMS 센서들은 전력 소모를 최소화하여 자가발전 (Energy Harvesting) 시스템의 응용이 가능하다.

(2) 광섬유센서 (fiber optic sensor)

구조물에 쉽게 매설되거나 부착될 수 있고, 전자기적 외란에 영향을 받지 않으며, 센서크기(μm-km)가 가변적이며 해상도가 높다. FBG(fiber Bragg grating) 센서와 OTDR(optical time domain reflectometry) 센서를 포함한 다양한 형태의 SHM 광섬유센서가 개발되었으며, 광섬유센서의 신호처리와 다중송신 및 패키징(packaging)* 기술에서도 많은 발전이 있었다.

(3) 압전센서 (piezoelectric sensor) (참조: 3.4절 동적 실험과 모드변수 추정)

기계적 신호에 의하여 전기적 신호를 발생시키고(압전효과), 전기적 신호에 의하여 기계적 신호를 발생시키는(역압전효과) 재료로써, 이러한 특성을 이용하여 센서와 가진기의 역할을 동시에 수행할 수 있는 장점이 있다. 특히, 사회기반시설물과 같은 대형구조물의 경우, 국부적으로 탄성파를 생성시키고, 센싱하는 방법을 통하여 구조물의 균열 등을 원격에서 탐색할 수 있는 가능성에 많은 연구가 수행되고 있다.

(4) 전자기파 센서(electro-magnetic sensor; EM sensor)

전자기파의 특성을 이용한 센서로 케이블 내의 응력 측정에 많이 사용된다.

---

* 외부로부터 센서 회로를 보호하기 위해 적절한 물질로 감싸는 것

(a) WiMMS (Straser et al., 1998)

(b) WiMMS (Lynch et al., 2001)

(c) WiMMS (Wang et al., 2005)

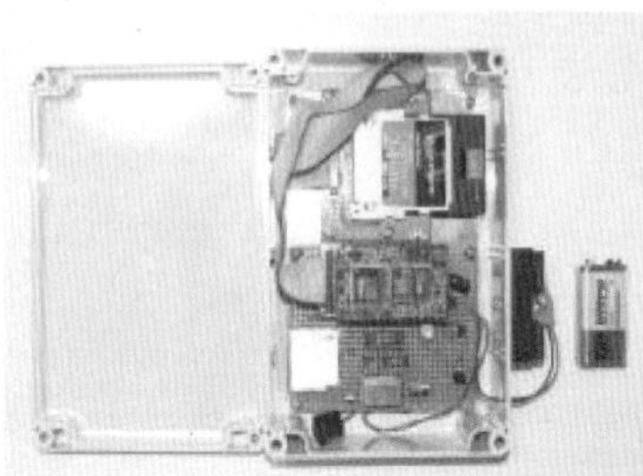

(d) RIMS (Aoki et al., 2003)

(e) Husky (Farrar et al., 2005)

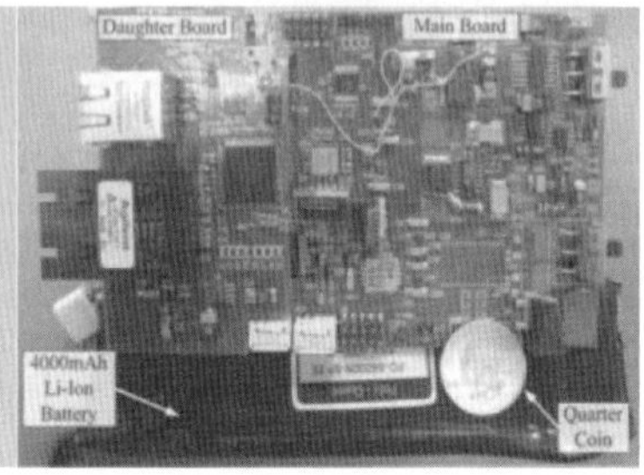

(f) DuraNode (Chung et al., 2004)

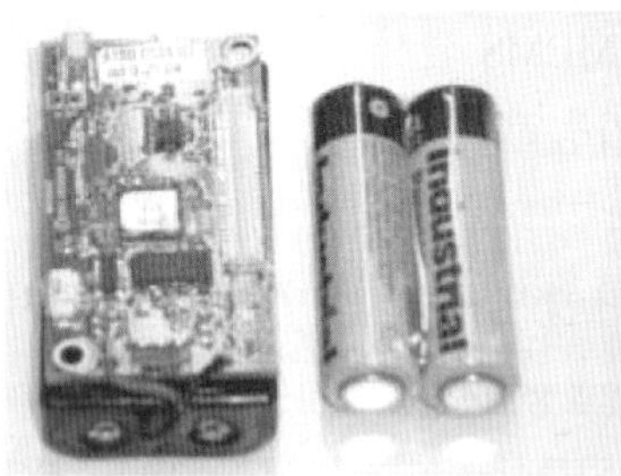

(g) MICA2 Mote (Crossbow)

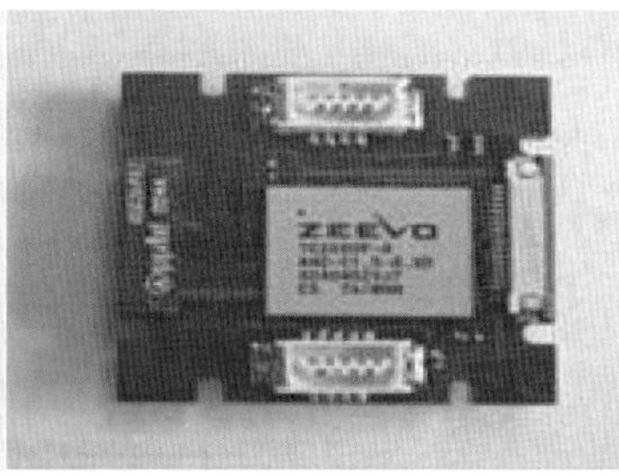

(h) Imote (Intel)

(i) Imote2 (Intel)

그림 10.3.3a 다양한 무선센서 플랫폼(출처: Soojin Cho et al., 2008)

그림 10.3.3b 광섬유센서를 사용한 SHM(자료제공: SISTeC)

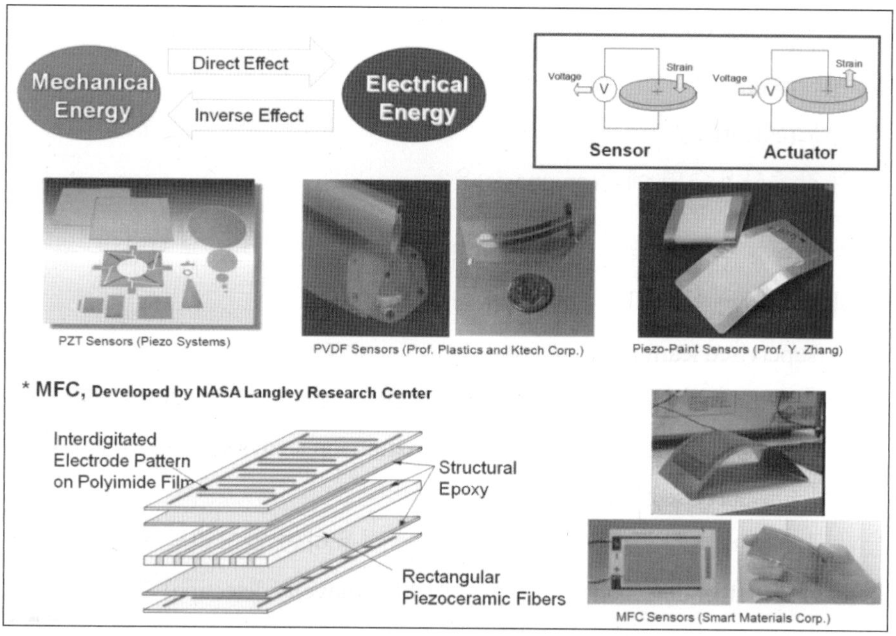

그림 10.3.3c 압전센서(자료제공: SISTeC)

• 구조 건전성 평가기술

구조 상태 평가를 위한 방법은 다음과 같다.

(1) 모델기반기법(model based approach)

계측 결과를 이용하여 구조물에 대한 수치해석모델을 개선함으로써 현재의 상태를 평가하는 방법이다. 이 방법은 1 년 이상의 장기 계측자료가 축적되어 있는 경우 활용이 가능하며, 복잡한 시설물의 수치해석모델을 작성하지 않아도 되는 장점이 있으나, 정량적인 상태평가가 어렵다는 단점이 있다.

(2) 신호기반기법(signal based approach)

장기간의 계측을 통하여 임의의 구조물 응답에 관한 데이터베이스를 축적한 후, 일정기간 동안의 응답을 기존 자료와 비교함으로써 이상상태를 감시하는 방법을 의미한다. 단지 시설물의 이상유무를 감시하는 시스템을 계획한다면, 신호기반기법을 통하여 모니터링 시스템을 구축하는 것이 좋다. 신호기반에 의한 모니터링 시스템 구축을 위해서는 여러 조건에 따른 기준치 마련이 가장 중요한 단계이다. 시설물의 거동 특성은 온도, 습도 등의 환경조건과 통행차량의 속도 및 자중 등의 교통조건에 의하여 지배되는 경향이 많기 때문에, 이들의 영향을 고려한 기준치 확보 방안이 중요하다.

• 손상추정

일반적으로 구조물의 손상추정과정은 다음 5단계 질문에 대한 답하는 과정이다.

1) 손상이 존재(existence)하는가?

2) 손상의 위치(location)는?

3) 손상의 형태(type)는?

4) 손상의 정도(extent)는?

5) 구조물의 잔존사용수명 예측(prognosis)은?

구조물의 손상 추정 성능을 높이기 위해 특징을 통계적으로 분석한다. 구조물의 손상상태를 정량화하기 위한 알고리즘은 다음과 같다.

(1) 지도학습(supervised learning)

- 손상 전·후 구조물에 대한 데이터가 가용할 경우 적용하는 알고리즘이다.
- 그룹분류(group classification)와 회귀분석(regression analysis)이 여기에 속한다.

(2) 비지도학습(unsupervised learning)

- 손상된 구조물에 대한 정보가 없는 데이터에 적용하는 알고리즘이다.
- 이상값 탐사(outlier detection) 또는 신규성 탐사(novelty detection)가 이 분류에 속한다.

구조응답자료로부터 구조물의 손상을 검출하는 대표적인 방법은 다음과 같다.

(1) 최소자승법에 의한 방법

수치해석 응답과 계측 응답의 차이를 최소자승법에 의해 구조물의 손상을 검출한다.

(2) 소프트컴퓨팅기법에 의한 방법

신경망, 퍼지, 유전자 알고리즘 등과 같이 인공지능 기반 계산기술을 '소프트컴퓨팅(soft computing)'이라 한다. 이 방법 중 패턴인식기술은 손상추정을 위해 많이 사용되며, 신경망기법은 구조물의 건전도를 평가하는데 매우 짧은 시간이 소요되므로 온라인 건전도 모니터링 시스템에 유리하다.

(3) 변형에너지에 의한 방법

변형에너지(modal strain energy)의 변화를 이용하여 손상의 위치와 정도를 예측한다. 이 방법은 소수의 고유진동수와 모드만이 사용 가능할 때 비파괴검사의 일종으로 손상의 위치와 정도를 추정하는 방법으로 제안되었다.

10.3.4 이상 탐지

• 이상 탐지란?

이상 탐지(anomaly detection; AD)는 정상적인 패턴에서 벗어난 비정상적인 데이터나 행동을 식별하는 기술이다. 이는 금융 사기, 네트워크 보안, 센서 오작동 탐지 등 다양한 분야에서 필수적인 역할을 하며, SHM에서도 중요성이 부각되고 있다.

다음 그림에 이상 탐지를 예시하였다. 데이터 분포에서 일반적인 패턴을 벗어난 점들이 이상치(Anomaly; Outlier)로 탐지하였다.

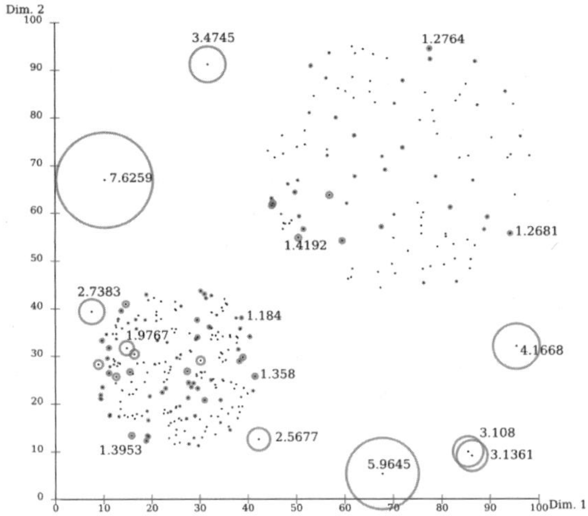

그림 10.3.4a LOF를 사용한 이상 탐지 예시 (출처: Wikimedia Commons)

여기서 사용된 LOF(Local Outlier Factor)는 데이터의 국지적 밀도(local density)를 기준으로 이상 여부를 판별하는 알고리즘이다. 주변 데이터들에 비해 밀도가 낮은 포인트일수록 이상치일 가능성이 높다고 본다. 단순 거리 기반 방법에 비해 데이터가 밀집된 지역과 희박한 지역을 구분할 수 있어, 복잡한 분포의 데이터셋에서 효과적이다.

• 이상 유형

이상은 형태에 따라 다음과 같이 구분된다.

1) 점 이상(Point anomaly)

단일 데이터 포인트가 다른 데이터들과 확연히 다른 경우

2) 맥락 이상(Contextual anomaly)

특정 조건(예: 시간, 위치 등)에서는 비정상적인 경우

3) 집합 이상(Collective anomaly)

여러 개의 데이터가 함께 있을 때만 비정상으로 간주되는 경우

• 탐지 방법

이상 탐지는 다양한 접근 방식으로 수행된다.

1) 통계 기반

평균, 분산, 확률 분포 등 통계적 기준 활용

2) 기계학습 기반

군집화(K-means), 분류(SVM, 의사결정트리), 밀도 추정 등

3) 딥러닝 기반

Autoencoder, GAN, LSTM 등 비선형 구조 기반의 고차원 탐지

PYTHON: 10.3.4 PCA(주성분분석)를 사용한 이상 탐지 (pca)

• PCA(주성분분석, Principal Component Analysis)

1) 정의

다변량(multivariate; 多變量; 많은 변수의 양; 여러 개의 변수를 동시에 다루는) 데이터를 분석하여 서로 상관된 변수들을 직교(orthogonal)인 주성분들로 변환하는 기법이다. 여기서 주성분(principal components; 主成分; 주요 성분)이란 고차원 데이터의 분산(정보)을 잘 설명하는 방향이다. 가장 큰 분산을 가진 방향부터 순차적으로 주성분을 추출하며, 차원을 줄이거나 주요 거동 패턴을 파악하는 데 사용된다.

2)절차

공분산 행렬(covariance matrix; 여러 변수들 간의 관계와 분산을 동시에 나타내는 행렬) $\mathbf{C} = \frac{1}{n}\mathbf{X}^T\mathbf{X}$을 구성한 후, 고유치분석(또는 특이치분석)을 수행

3) 의미

- 고윳값(또는 특이값): 데이터가 해당 주성분 방향으로 퍼진 정도 (분산)
- 고유벡터(또는 특이벡터): 주성분 방향(데이터의 주된 방향성)

4) 구조동역학에서 활용

- 계측된 고차원 진동 응답 데이터의 차원 축소(modal identification) 및 잡음 제거
- 복잡한 수치해석 모델의 차원 축소 모델(reduced-order model; ROM) 생성
- 이상 탐지(anomaly detection)및 손상 탐지(damage detection)

• 계측 데이터 분석

1) 주성분분석(코드: pca1.py)

구조물에 설치된 2개의 센서에서 얻은 가속도 데이터를 사용하여 주성분분석을 수행하라.

[풀이]

PCA 절차는 다음과 같다.

1. $\mathbf{X} = [\mathbf{X}_1 \quad \mathbf{X}_2]$: 계측 데이터, (1,000 × 2). 여기서 $\mathbf{X}_1$과 $\mathbf{X}_2$는 센서 1과 2의 시계열 데이터
2. $\mathbf{X}_{center} = \mathbf{X} - \text{mean}(\mathbf{X})$: 데이터 평균 중심화 (mean centering), (1,000 × 2)
3. $\mathbf{C} = \text{Cov}(\mathbf{X}) = \frac{1}{n-1}\mathbf{X}_{center}^T\mathbf{X}_{center}$: 공분산 행렬 계산, (2 × 2). 즉, $\text{Cov}(\mathbf{X}) = \begin{bmatrix} \text{Var}(\mathbf{X}_1) & \text{Cov}(\mathbf{X}_1, \mathbf{X}_2) \\ \text{Cov}(\mathbf{X}_2, \mathbf{X}_1) & \text{Var}(\mathbf{X}_2) \end{bmatrix}$
4. $\text{eigen}(\mathbf{C})$ 또는 $\text{singular}(\mathbf{C})$: 고유치해석을 통해 구한 주성분 방향(벡터)와 분산(고윳값) 추출

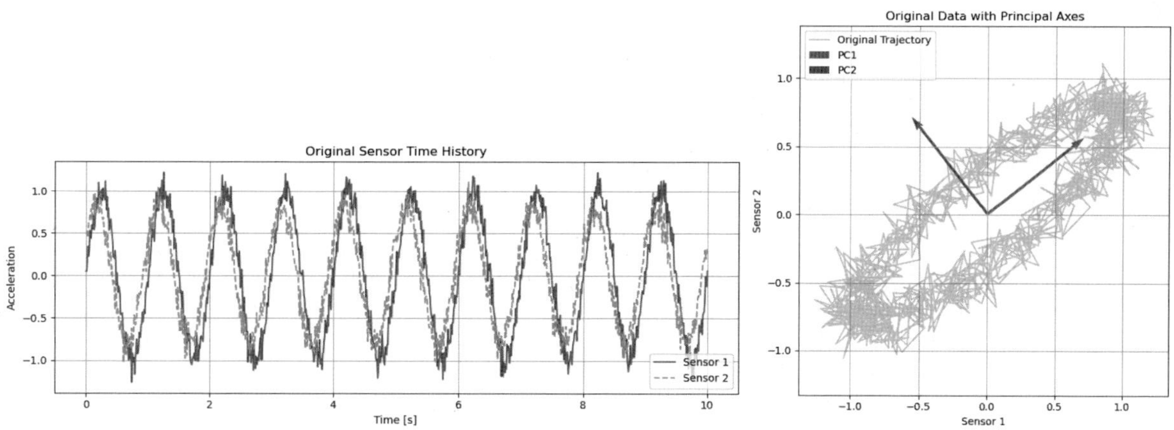

그림 1a 2개의 가속도 센서에서 획득한 계측 데이터 (Sensor 1, Sensor 2)

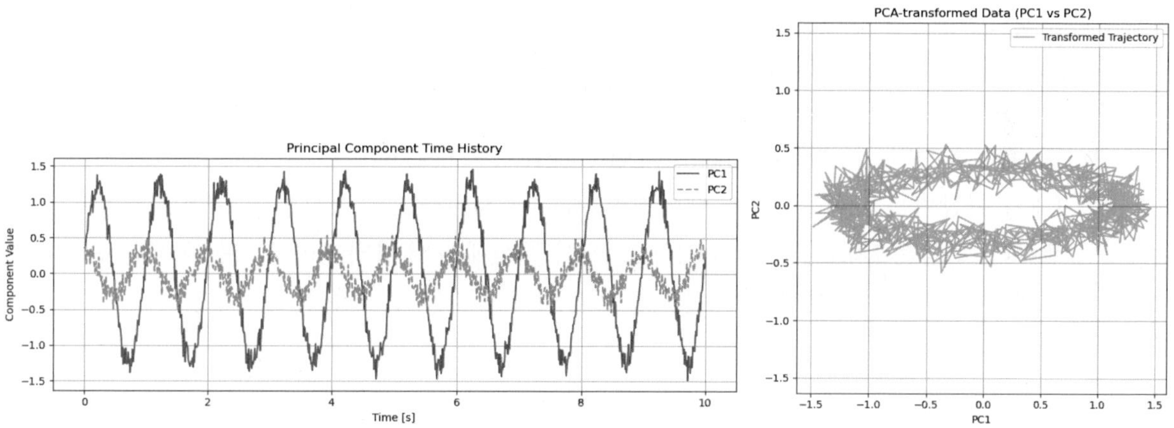

그림 1b 계측 데이터의 주성분분석을 수행한 주성분 데이터 (PC1, PC2)

2) 1단계: 차원 축소 후 복원 (Inverse Transform) (코드: pca2.py)

2차원 데이터(Sensor 1과 Sensor 2)를 1차원 데이터(PC1)로 차원 축소를 한 뒤, 다시 2차원 데이터(Sensor 1과 Sensor 2)으로 복원하라.

[풀이]

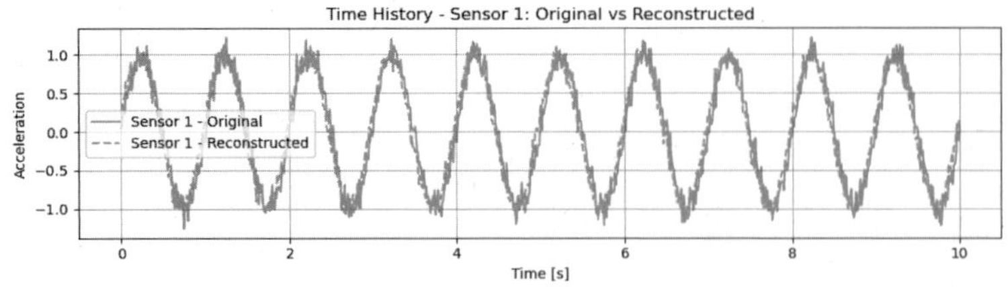

(a) 복원 전과 후의 Sensor 1 시간이력 데이터

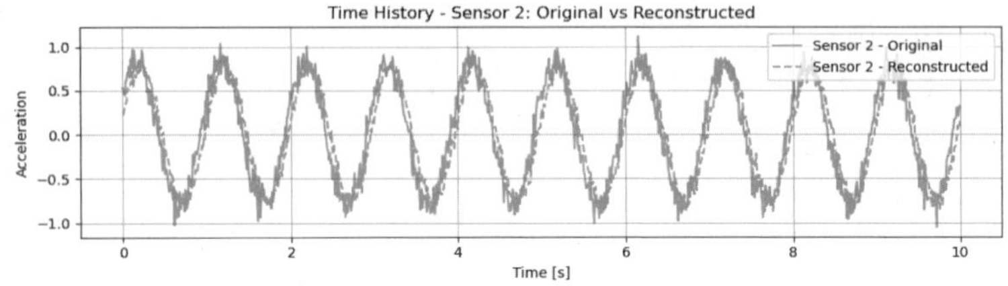

(b) 복원 전과 후의 Sensor 2 시간이력 데이터

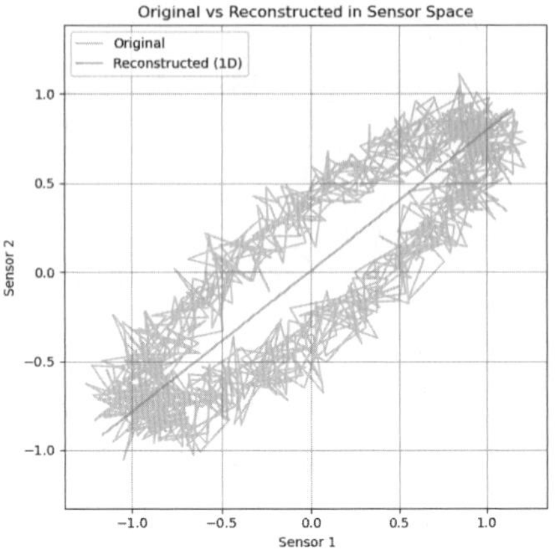

그림 2 1차원 데이터(PC1)으로 축소된 후 복원된 2차원 데이터(Sensor 1, Sensor 2)

3) 2단계: PCA 기반 이상 탐지 (Anomaly Detection) (코드: pca3.py)

3개의 이상치를 포함한 2차원 데이터(Sensor 1과 Sensor 2)를 생성한 후, 주성분분석을 수행하라. 주성분 2차원 데이터(PC1, PC2)에서 중심에서 데이터간의 거리를 확률분포로 나타낸 후, 2σ(즉, 약 98% 신뢰도)를 기준으로 이상 탐지를 수행하라.

[풀이]

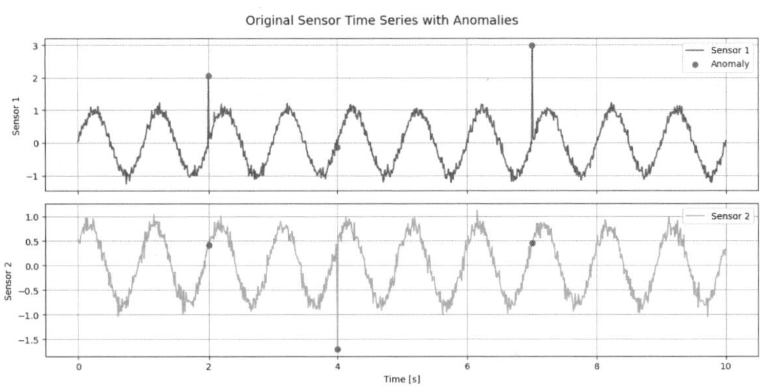

(a) 이상치를 포함한 Sensor 1과 Sensor 2 시간이력 데이터

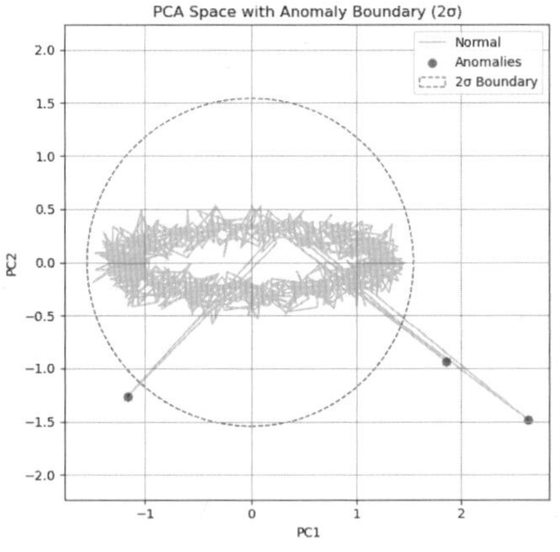

(c) 2차원 평면으로 나타낸 시간이력 데이터

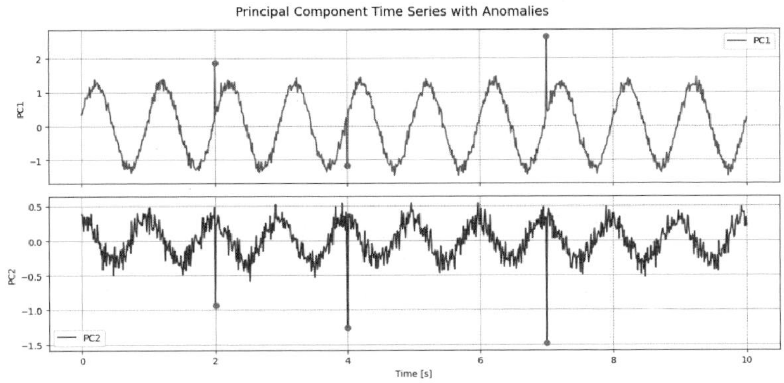

(b) 이상치를 포함한 PC 1과 PC 2 시간이력 데이터

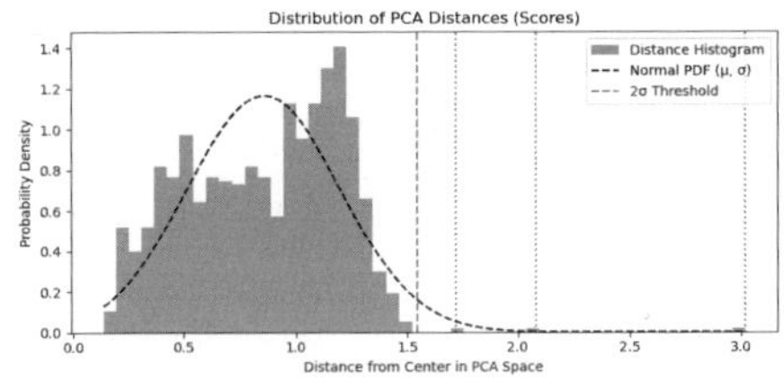

(d) 정규분포로 나타낸 시간이력 데이터

그림 3 2σ(즉, 약 98% 신뢰도)를 기준으로 수행된 이상 탐지

4) 3단계: PCA 회전 과정 애니메이션 (시각화) (코드: pca4.py)

좌표계를 회전하면서, 빨강색 축에 투영된 데이터의 분산을 구한다. 좌표계가 주성분 방향(PC1)과 일치할 때(즉, 회전각이 0°와 180°일 때), 분산이 최대가 됨을 알 수 있다.

[풀이]

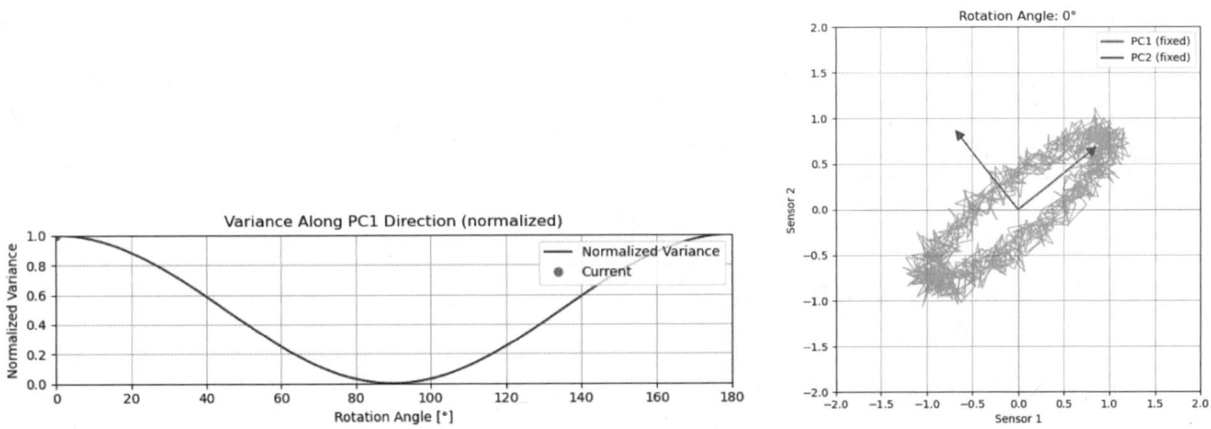

그림 4 회전하는 좌표계의 방향이 주성분(PC1) 방향과 일치할 때 분산이 최대가 됨

10.4 수치모델 개선

10.4.1 개요

• 필요성

구조물의 형상과 구조물에 작용하는 외력의 변화에 따라 구조물의 응답을 정확하게 예측하기 위해 정밀한 수치해석모델을 개발해 왔다. 이러한 시도는 근래 컴퓨터와 관련 알고리즘의 발달로 정밀한 수치모델의 작성과 신속한 계측자료의 디지털 프로세싱으로 더욱 가능해졌다.

다양한 원인으로 수치예측과 계측결과가 허용한도 이상으로 다를 수 있다. 이 경우 정확한 수치예측을 위해 계측결과를 사용하여 관련 수치모델을 개선할 필요가 있다. 이 개선작업은 수치모델과 계측결과의 부정확성과 불완전성으로 인해 복잡한 과정일 수도 있다.

• 절차

'수치모델 개선(numerical model updating)'이란 계측자료를 반영하여 수치모델을 개선하는 것을 말하며, 이 개선작업을 시스템 추정(system identification; SI; 시스템 식별)이라 한다.

이 개선작업은 수치모델의 검증을 위한 하나의 과정으로도, 또는 구조 건전성 평가를 위한 '기저모델(baseline model)'을 구축하기 위해서도 사용할 수 있다.

이 과정을 요약하면 다음과 같다.

(1) 사용할 데이터의 영역(domain)을 결정하는 것으로 시작한다. 여기서 영역이란 시간영역, 진동수영역, 모드영역 및 시간-진동수영역을 말한다.
(2) 개선이 필요하다고 판단되는 수치모델을 결정한다.
(3) 개선될 설계변수를 포함한 목적함수를 구성한다. 이 함수는 계측자료와 수치해석결과와의 차이를 포함한다.
(4) 이 함수를 최소화하는 변수를 찾기 위해 최적화 방법 등의 기법을 적용한다. 많은 경우 함수의 기울기에 근거한 최적화 방법을 사용하지만 유전자 알고리즘 등을 사용할 수도 있다.

이 과정을 세부항목별로 설명하면 다음과 같다.

• 수치모델링

대표적인 수치모델로 유한요소모델을 들 수 있다. 개선될 유한요소모델에는 일반적인 모델 작성에서 고려되지 않은 것들을 고려하여야 한다. 이중에서 개선할 변수를 선정하는 것이 가장 중요하다. 이 과정에서 작업자는 모델링 과정의 신뢰성을 평가하여야 한다. 예를 들어, 단순보를 모델링할 경우, 지점부의 모델링은 보 자체의 모델링에 비해 상대적으로 작은 신뢰성을 가지므로, 지점부에 대한 모델 개선이 보 자체에 대한 모델 개선보다 더 필요하다.

모델의 부정확한 부분을 변수로 나타내는 것도 매우 중요하다. 예를 들어, 고유진동수와 모드형상과 같은 구조물의 동적 특성은 개선할 변수들의 변화에 민감하여야 한다. 동일한 시험체에 대해서 경계조건의 작은 차이에도 고유진동수는 크게 변하는 것을 실험을 통해 알 수 있다. 그러나 수치예측결과에 민감한 관련 변수를 선정하는 것은 매우 어렵다. 선정한 변수가 관련 수치예측결과에 둔감하다면, 개선된 관련 변수도 부정확할 것이다.

• 동적실험

개선된 수치모델의 정확도는 계측자료에 포함된 구조물의 정보에 따라 다르다. 일반적으로 계측은 부정확하고 불완전하며, 부정확성은 랜덤오차(random noise; 랜덤 불확실성)와 시스템오차(system noise; 지적 불확실성) 양상을 나타낸다.

(1) 랜덤오차는 고성능 계측장비를 사용하여 계측기기와 관련된 노이즈를 크게 개선할 수 있고, 고급 필터링 기술을 적용하여 신호처리와 관련된 오차를 줄일 수 있으나,
(2) 시스템오차는 정확하지 못한 경계조건 등과 같은 실험체 자체의 부정확성과 연관이 있다. 예를 들어, 실제 실험에서 엄밀한 고정단 조건을 나타내는 것은 매우 어려우므로, 후속 절차에 영향을 주는 시스템오차를 제거하거나 알아내기 위해 매우 주위를 기울여야 한다.

계측오차를 나타내는 이유는 다음과 같다.

(1) 일반적으로 계측한 진동수구간은 수치모델의 진동수구간에 비해 일부 구간으로 제한되어 있으므로 불완전하다.
(2) 입출력을 계측하는 센서가 구조응답이 작은 진동모드의 절점 근방에 위치한 경우 계측자료는 더욱 불완전하다.
(3) 계측자료는 유한요소모델의 자유도에 비해 상대적으로 작은 제한된 지점에서 계측되므로 불완전하다. 일반적으로 회전자유도는 계측되지 않으며 일부 자유도는 계측할 수 없다. 이러한 계측된 모드자료의 공간적인 불완전성을 고려하기 위해 모드확장 또는 유한요소모델 축소를 사용할 필요가 있다.

• 개선방법

수치모델의 개선에 사용되는 방법은 SI(System Identification; 시스템 추정; 시스템 식별)과 다른 분야의 변수추정(parameter estimation)에 사용되는 방법들과 연관이 있다.

(1) SI는 계측자료로부터 수치모델의 차수와 형태를 결정하는 문제를 설명한다.
(2) 불완전한 계측자료는 계측노이즈를 포함하며 계수(階數, rank)가 부족한 민감도행렬을 만든다. 부족한 계측자료를 보완하기 위해 경계조건을 변화해가면서 또는 기지(旣知)의 질량을 부가하면서 더 많은 계측을 수행할 수 있다.

(3) 구조물의 수치모델을 결정하면, 관련 계수들을 변수추정을 사용하여 결정한다.

1) 제어문제(control problem)에서 수치모델개선은 계측과 동시에 현장에서 이루어지지만 (on-line construction),

2) 구조동역학에서 수치모델개선은 일반적으로 계측자료를 일괄작업을 통해 처리함으로써 이루어진다(off-line construction). 구조동역학에서 수치모델개선의 목적은 개선된 모델을 사용하여 새로운 하중 조건과 환경에 대해 정확한 구조거동 예측을 하기 위함이다.

10.4.2 대표적 방법들

• 하드컴퓨팅과 소프트컴퓨팅

최근에 소프트컴퓨팅에 대한 개념이 구체화되고, 응용되기 시작하면서 수치모델개선에 소프트컴퓨팅기법이 응용되기 시작하였다.

(1) 하드컴퓨팅

1) 확장형 칼만필터법(extended Kalman filter method), 모드섭동법(modal perturbation method), 민감도법(sensitivity method) 등의 수학적 이론에 기초를 둔 계산기술을 '하드컴퓨팅(hard computing; calculus-based algorithm)'이라 한다.

2) 일반적으로 수치모델개선은 순환적 최소자승법, 확장형 칼만 필터, 모우드 섭동법, 및 민감도 방법과 같이 반복적인 최적화 과정을 통하여 미지의 변수를 추정해가는 복작한 탐색알고리즘을 이용한다. 이러한 방법들은 각각 나름대로의 장점들을 내포하고 있지만, 실제 복잡한 구조물에 적용하는 데는 현실적인 제약을 갖고 있다. 대부분의 하드컴퓨팅 알고리즘들은 구조물의 자유도나 변수의 수가 증가함에 따라 많은 계산시간이 필요하고, 알고리즘 자체가 수치적으로 불안정하여 발산하는 경향이 있다.

(2) 소프트컴퓨팅

1) 퍼지이론(fuzzy theory), 신경망기법(neural network method), 유전자알고리즘(genetic algorithm), 전문가시스템(expert system) 등과 같이 인공지능 기반 계산기술을 '소프트컴퓨팅(soft computing; non-calculus-based algorithm)'이라 한다.

2) 사용자의 입장에서 보다 편리한 컴퓨팅 환경을 제공한다는 장점이 있다. 이 기법은 전자, 기계, 경영, 전산 등의 타 공학분야에서 실제 문제에 대한 적용성이 우수하다는 것이 입증되면서 근래에 구조공학분야에서도 많은 연구가 진행되고 있다.

3) 근래에 복잡한 탐색을 이용한 기존 방법(예: 하드컴퓨팅) 대신에 신경망의 학습기능을 이용하는 연구가 관심을 끌고 있다. 신경망은 구조물의 여러 상태에 대한 구조물의 응답과 구조계수 사이의 관계를 각각의 패턴으로 구성한 후, 이 패턴집합을 사용하여 구성된 관계를 학습할 수 있는 특성을 지니고 있다. 그러므로 다른 알고리즘과 같이, 복잡한 구조물의 수학식으로부터 알고리즘을 유도할 필요가 없으며, 이러한 신경망의 패턴매칭 특성으

로 많은 자유도와 변수를 포함한 구조물의 수치모델개선이 가능하게 되었다.

• 부분구조법

수치모델개선에 관한 여러 기법을 실제 구조물에 적용하기 전에 해결해야 할 여러 문제들이 있다. 실제로 구조물의 경우는 수백 수천 단위의 유한요소로 모델링 된다. 그런 경우 수치모델개선뿐만 아니라, 계측 자체도 어려운 문제이다. 이때 구조물을 몇 개의 부분구조로 나누어 고려하면(예: 부분구조법), 계측과 관련 계수추정 측면에서 모두 효율적이다. 이러한 개념은 구조물의 취약부분에 대해 집중적으로 조사할 수 있다는 점에서도 의미 있다.

• 모델링오차와 계측오차

수치모델개선에서 오차와 관련된 것으로 모델링오차와 계측오차가 있다.

(1) 모델링오차

1) 모델링오차를 줄이기 위해 실제 유한요소모델을 구성할 때, 지반 및 지점조건 등의 구속조건과, 사용할 유한요소의 선택, 체눈(mesh)의 정밀도 등을 합리적으로 결정하여야 한다. 계산 상의 효율성을 고려하여 적절한 개수의 유한요소를 사용하고, 지점조건은 지반-구조물의 상호작용을 고려한 간단한 스프링으로 지반을 모델링하면 효과적이다.

2) 신경망 기법은 유한요소법을 그대로 사용하여 자유진동해석으로 고려할 강성계수를 바꾸어가며 모드계수를 구하여 훈련패턴으로 사용한다. 따라서 개발된 모든 유한요소모델을 그대로 이용할 수 있기 때문에 유한요소 친화적 기법이라 말할 수 있다.

3) 하드컴퓨팅 방법들은 유한요소모델의 수학식으로부터 따로 알고리즘을 유도해야 한다. 따라서 모델링 오차를 무시할 만큼 정교하게 모델링하면 수학식이 너무 복잡하여 현실적으로 계산이 불가능하다. 하드컴퓨팅 알고리즘은 모든 유한요소 자유도에 대한 계측치를 요구하므로, 모델링오차를 무시할 수 있을 만큼 자세히 모델링할 수 없다.

4) 신경망 기법은 실제 문제에서 훈련패턴을 구할 때에 많은 시간이 소요될 수 있다.

(2) 계측오차

1) 모드 변수들에 대한 계측오차를 고려하여야 한다.

2) 신경망의 학습알고리즘인 역전파 알고리즘의 부가적인 기법인 노이즈첨가 학습을 적용하면, 계측오차의 영향을 어느 정도 상쇄시킬 수 있다(이진학과 윤정방, 1999).

10.4.3 디지털 트윈

• 정의

컴퓨터에 현실 속 사물(예: 구조물)의 복제품(Replica)을 만들고, 현실에서 발생할 수 있는 상황(예: 하중)을 컴퓨터로 시뮬레이션함으로써 결과(예: 구조물 응답)를 예측하는 기술

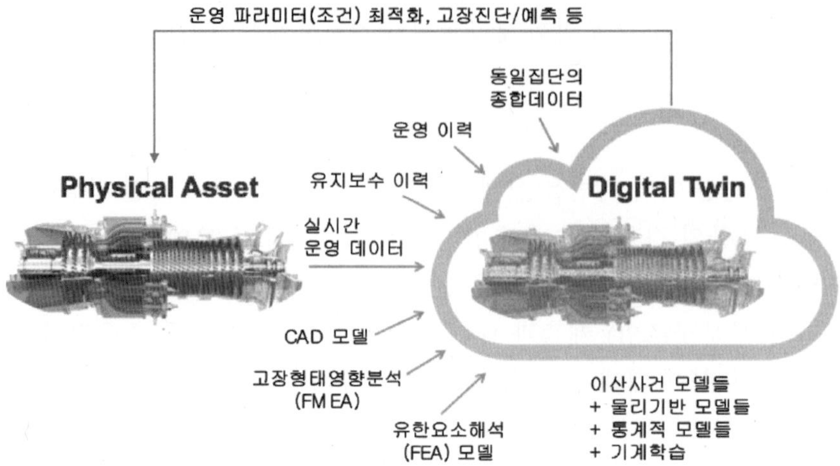

그림 10.4.3a 물리적 자산과 디지털 트윈의 관계

(출처: 출처: 이광기 등, 디지털 트윈 기술 발전방향, KEIT PD Issue Report, 18(9), 75-97, 2018.09)

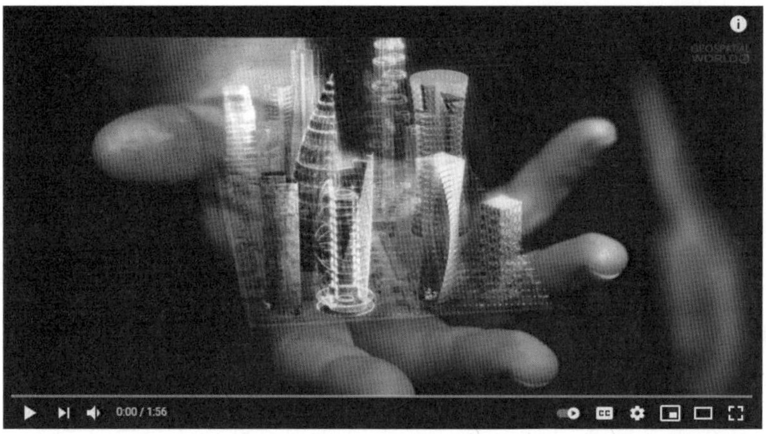

그림 10.4.3b 디지털 트윈이란? (출처: Geospatial World) [YouTube]

• 용도

1) 현실 세계를 가상 공간에 동일하게 구현함으로써 가치를 제공하는 기술이다.

2) 현실 세계의 디지털 복제본이다.

3) 구조물의 디지털 복제본으로 사용할 수 있다.

4) 사물인터넷(IoT)이 작동하는 구조물의 상태를 나타낸다.

• 유사 개념

(1) 디지털 트윈 vs 시뮬레이션

1) 디지털 트윈 환경 속에서 시뮬레이션, 분석, 모니터링 등이 가능하다.

2) 시뮬레이션은 디지털 트윈을 통해서 고도화할 수 있는 세부 분야 중 하나이다.

3) 기존 시뮬레이션 환경 + 빅데이터 및 인공지능 신기술 도입 → 디지털 트윈

(2) 디지털 트윈 vs 사이버물리시스템(cyber-physical system, 이하 CPS)

1) 디지털 트윈은 사이버물리시스템 실현을 위한 기반 기술이다.

2) CPS란 가상세계(cyber world)와 실제 물리세계(physical world)가 연동된 시스템을 말하며, 가상세계에 속하는 컴퓨팅, 통신, 제어를 실제 물리세계와 통합한다.

3) '스마트팩토리(smart factory)'는 사이버물리시스템(CPS) 기술이 전면적으로 도입된 미래의 공장으로 사이버물리시스템이 없는 공장은 스마트팩토리라 할 수 없다.

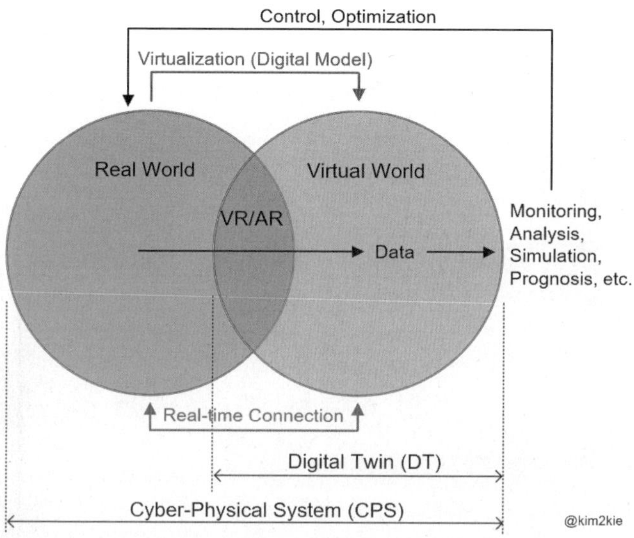

그림 10.4.3c 디지털 트윈과 사이버물리시스템

Note: VR(가상현실, Virtual Reality)은 AR(증강현실, Augmented Reality)을 시작하는 계기를 만들었다.

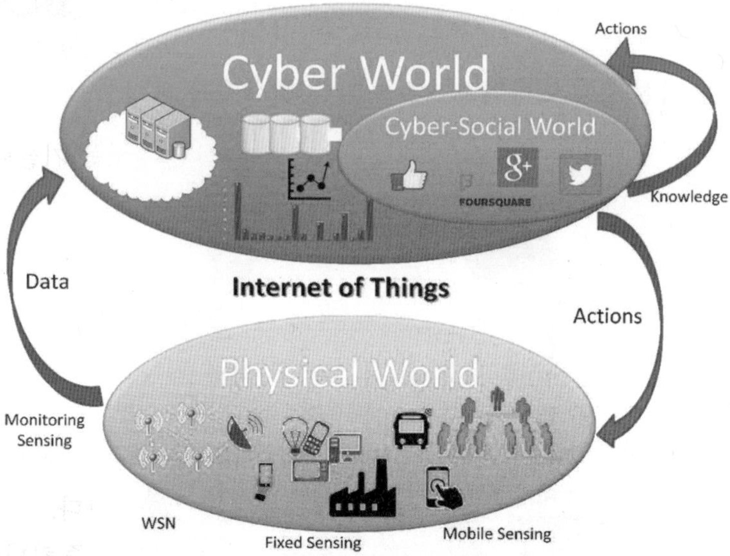

그림 10.4.3d Cyber-Physical-Social 시스템

출처: S. De, Y. Zhou, et al., Cyber–Physical–Social Frameworks for Urban Big Data Systems: A Survey, Appl. Sci. 2017, 7, 1017)

• 시뮬레이션 기반 디지털 트윈

1) 자산(Asset)의 수명과 경험을 반영하는 통합 다중 도메인 시스템 시뮬레이션의 형태로 서비스 중인 물리적 자산(Real Asset)과 연결된 가상의 복제품(Replica)이다.
2) 실제 자산 또는 시스템의 현재 상태와 생산성 및 동작 시나리오 등에 대한 정확한 정보 습득 가능하다.
3) 보다 상세한 3D 및 실시간 시뮬레이션 가능하다.
4) Design, Test, Operating의 일원화가 가능하다.

그림 10.4.3e 시뮬레이션 기반 디지털 트윈
(출처: 안영규, 해석 기반 디지털 트윈과 ANSYS Twin Builder, 한국소음진동공학회 학회지, 2021.01)

• 응용

자율주행자동차, 시설 성능 모니터링, 3-D 모델링, 헬스케어, 해상풍력발전기 등

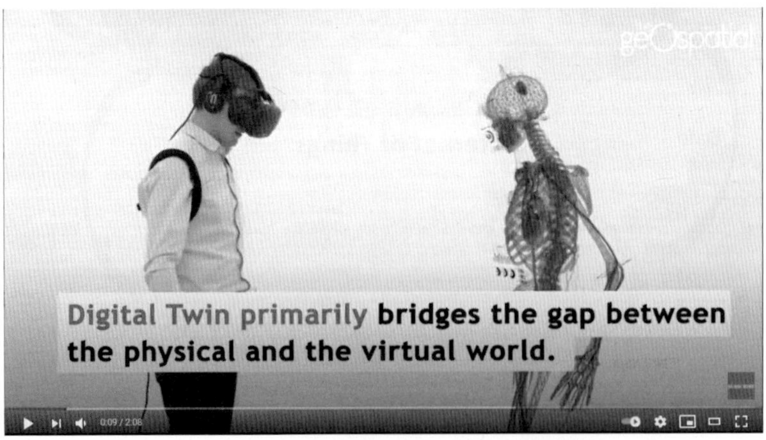

그림 10.4.3f Five Amazing Examples of Digital Twin Technology in Practice
(출처: The Geospatial News) [YouTube]

10.5 인공지능

10.5.1 개요

인공지능(AI; artificial intelligence)는 인간이 지닌 지능을 컴퓨터에 구현하는 기술로 인간의 사고, 학습, 행동과 같은 기능을 컴퓨터가 수행하게 만드는 것을 목표로 한다. 다양한 인공지능 기술 중 대표적인 것이 머신러닝(ML; machine learning)이다. 머신러닝은 컴퓨터가 데이터를 학습하여 스스로 문제를 해결하는 기술을 의미한다. 머신러닝을 가능하게 하는 다양한 방법 중 평균적으로 좋은 결과를 나타내는 기술이 바로 딥러닝(DL; deep learning)이다. 딥러닝은 컴퓨터가 인간의 뇌 신경망과 유사한 구조인 인공 신경망을 사용하여 학습하는 기술이다. 다음 그림과 같이 인공지능, 머신러닝, 딥러닝의 관계는 인공지능 안에 머신러닝이 속하고, 머신러닝 안에 딥러닝이 속하는 모습으로, 인공지능을 포괄적이고 종합적인 개념으로 이해해야 한다.

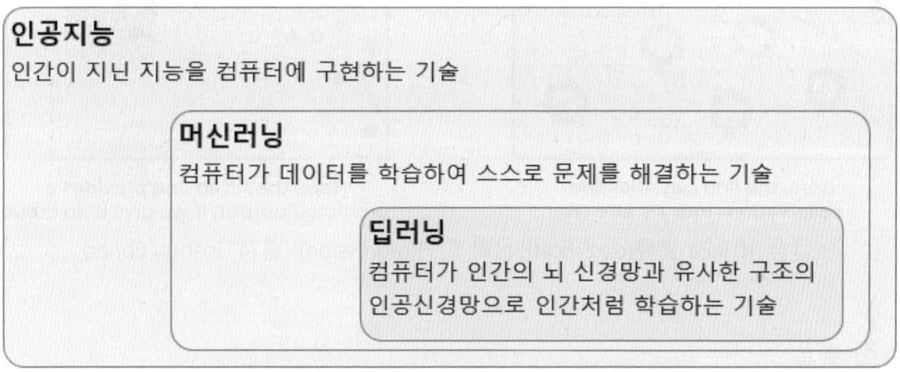

그림 10.5.1 인공지능, 머신러닝, 딥러닝의 관계

인공지능(AI; artificial intelligence)과 머신러닝(ML; machine learning)의 급속한 발전은 구조공학분야를 크게 변화시키고 있다. 신경망(neural network)과 딥러닝(deep learning)을 포함한 AI 기술은 ML 기술과 결합하여 복잡한 작업을 자동화하고, 설계를 최적화하며, 의사 결정 프로세스를 개선하고 있다.

최근 구조물 유지관리 분야에서도 AI 기술이 빠르게 도입되고 있다. 특히 AI 기술은 비정형 데이터의 분석과 패턴 인식, 예측 모델링에 강점을 가지고 있어, 전통적인 유지관리 기법을 보완하거나 대체할 수 있는 가능성을 보여주고 있다.

10.5.2 머신러닝

머신러닝(ML; machine learning)은 인공지능의 핵심 분야 중 하나로, 컴퓨터가 명시적인 프로그래밍 없이도 데이터로부터 학습하고 스스로 판단하거나 예측하는 기능을 의미한다. 머신러닝은 대규모 데이터를 분석하여 숨겨진 패턴을 파악하고, 이를 통해 새로운 데이터에 대한 결과를 예측하는 데 활용된다. 이는 구조물의 유지관리와 같이 방대한 센서 데이터 및 시계열 데이터를 다루는 분야에서 매우 효과적인 도구로 자리 잡고 있다.

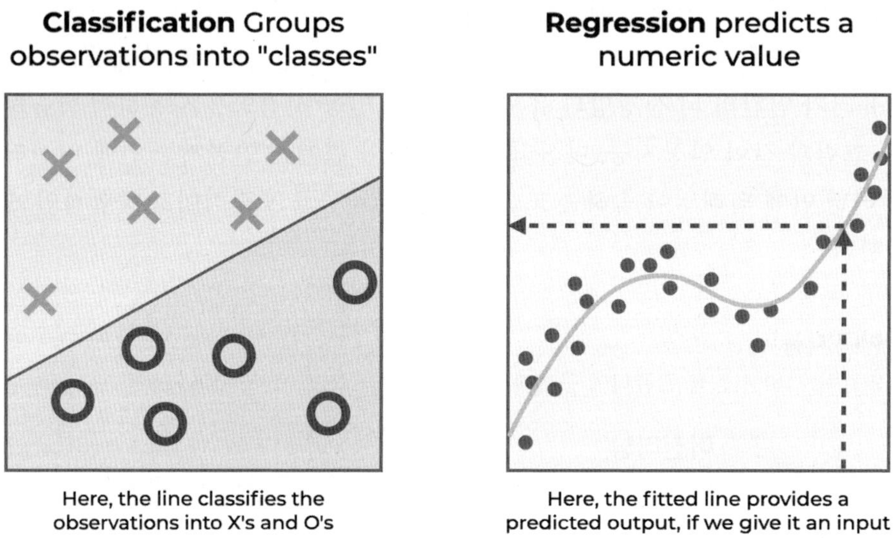

그림 10.5.2a 분류(classification)와 회귀(regression) (출처: Joshua Ebner)

(1) 학습의 종류

- 지도 학습(supervised learning)
  - 기계가 데이터를 어떻게 해석하는 지 파악할 수 있도록 정답을 전달하며 학습
  - 입력 데이터와 정답(label)을 기반으로 학습하여 새로운 데이터를 예측함
  - 예: 선형 회귀, 의사결정나무, 랜덤 포레스트 등
- 비지도 학습(unsupervised learning)
  - 정답 없이 입력한 데이터를 사용하여 패턴이나 특성을 발견해 내는 학습
  - 정답이 없는 데이터에서 패턴이나 구조를 찾아내는 방법
  - 예: K-평균(K-Means), 주성분 분석(PCA), DBSCAN 등
- 강화 학습(reinforcement learning)

  보상 체계를 기반으로 최적의 행동을 학습하는 방식

  예: AlphaGo, 로봇 제어 시스템 등

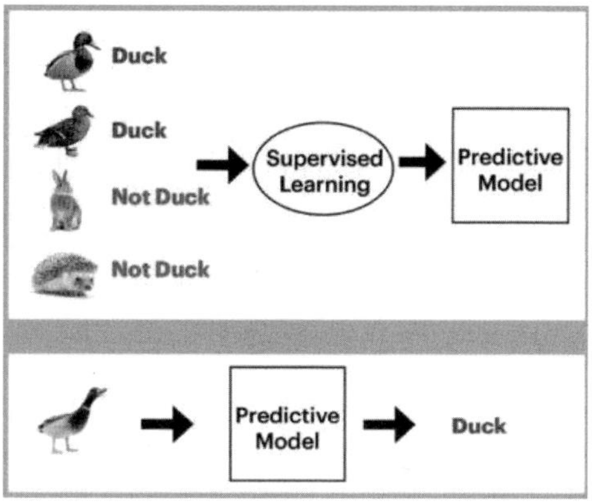

(a) Supervised Learning (Classification Algorithm)

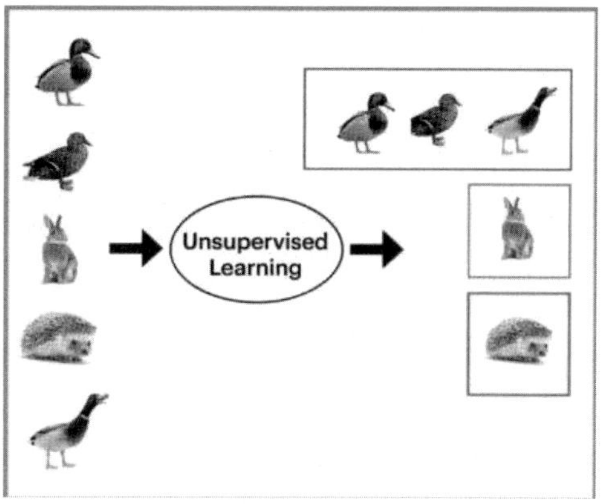

(b) Unsupervised Learning (Clustering Algorithm)

그림 10.5.2b 지도학습과 비지도학습 (출처: https://blog.westerndigital.com/)

(2) 머신러닝의 학습 과정

1) 데이터 수집 및 전처리

다양한 원천에서 데이터를 수집하고 정제, 정규화하는 과정

2) 특성 엔지니어링(feature engineering)

모델의 성능을 향상시키기 위해 의미 있는 변수(특성)를 선택하거나 생성

3) 모델 학습(training)

수집된 데이터를 기반으로 적절한 학습 방법(지도/비지도 학습)을 통해 학습 수행

4) 모델 평가(evaluation)

학습된 모델의 성능을 정확도, 정밀도, 재현율 등의 지표로 평가

5) 모델 배포 및 최적화

실제 환경에서 모델을 적용하고 지속적으로 개선.

(3) 머신러닝의 활용 사례

- 의료

질병 예측, 유전자 분석을 통한 맞춤형 치료 제안

- 금융

신용 점수 예측, 금융 사기 탐지

- 자율 주행

객체 인식, 도로 상황 예측, 주행 경로 최적화

- 추천 시스템

사용자 선호 기반 영화, 상품 추천.

- 음성 및 이미지 인식

스마트 AI 비서, 얼굴 인식 시스템

구조동역학 및 유지관리 분야에서 머신러닝은 구조물의 상태 모니터링, 손상 탐지, 수명 예측 등 다양한 응용에 사용된다. 예를 들어, 센서 데이터를 통해 얻은 진동 응답을 기반으로 손상의 위치나 정도를 추정하거나, 구조물의 장기적인 거동을 예측하는 예측 유지관리 시스템에 머신러닝 기법이 효과적으로 활용되고 있다.

10.5.3 딥러닝

신경망(neural network, NN)은 인간의 뇌에서 영감을 받아 개발된 머신러닝의 하위분야 모델로, 뉴런(neuron)과 그 연결 구조를 모방하여 데이터를 처리한다. 딥러닝(DL; deep learning) 인공신경망(artificial neural network, ANN)을 기반으로 다층신경망(deep neural network, DNN)을 활용하여 데이터를 학습하는 알고리즘의 집합이다. 딥러닝 모델은 입력층(input layer), 여러 개의 은닉층(hidden layers), 출력층(output layer)으로 구성되며, 복잡한 패턴을 학습하고 비정형 데이터를 효과적으로 처리하는 데 강점을 보인다.

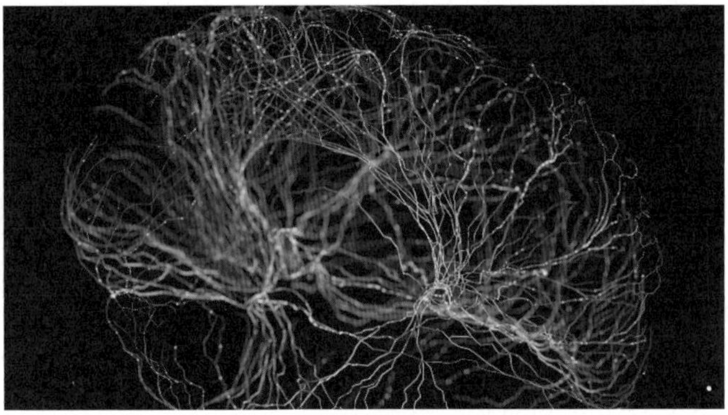

그림 10.5.3a 뇌의 신경망
(출처: https://www.livescience.com)

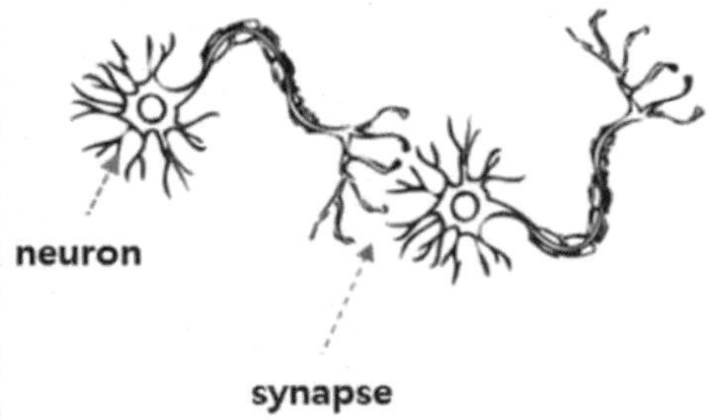

그림 10.5.3b 뉴런과 시냅스

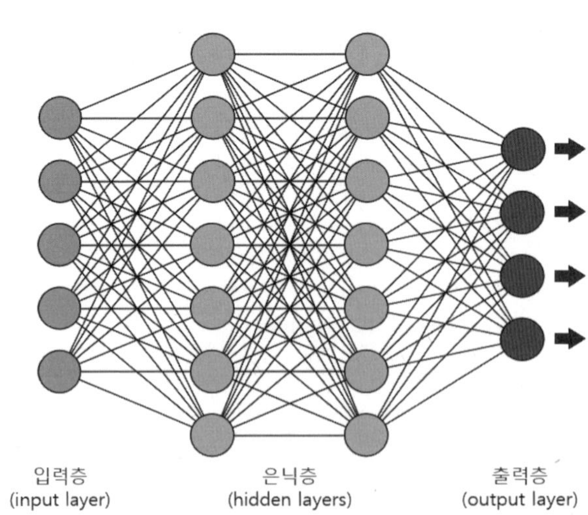

그림 10.5.3c 다층구조 신경망

(1) 딥러닝의 구조

딥러닝 모델에서는 각 노드를 뉴런(neuron)이라 하고, 이들 간의 연결은 에지(edge)라 한다. 각 뉴런은 입력 값을 받아 가중치(weight)를 적용하고 편향(bias)을 더한 후, 활성화 함수를 통해 출력을 생성한다. 이러한 계산 과정을 통해 신경망은 입력 데이터의 특징을 추출하고 계층적으로 표현할 수 있다.

(2) 기울기 소실 문제

딥러닝 모델의 층이 깊어질수록 역전파(backpropagation) 과정에서 기울기(gradient)가 소실되는 문제가 발생할 수 있다. 이는 오차 역전파 시 매개변수의 기울기가 점점 작아져 최종적으로는 가중치가 거의 갱신되지 않는 현상이다. 이러한 문제는 특히 sigmoid 함수나 tanh 함수에서 발생하며, 모델의 학습을 어렵게 만든다.

(3) ReLU 활성화 함수

ReLU(rectified linear unit)는 기울기 소실 문제를 해결하기 위해 널리 사용되는 활성화 함수이다. 수식으로는 $f(x) = \max(0, x)$로 정의되며, 0 이하의 입력은 0으로, 0보다 큰 입력은 그대로 출력한다. ReLU 함수는 학습 속도 향상과 깊은 네트워크에서도 효과적인 학습을 가능하게 한다.

(4) 딥러닝과 인간 뇌의 유사점

딥러닝의 기본 아이디어는 인간의 뇌에서 영감을 받은 것으로, 뉴런의 작동 방식과 유사한 연산 구조를 따른다. 뇌 속 뉴런은 일정한 자극이 주어졌을 때만 활성화되어 신호를 전달하며, 딥러닝 모델에서도 비슷한 방식으로 뉴런이 활성화된다. 예를 들어 ReLU 함수는 일정 임곗값(threshold)을 기준으로 뉴런의 활성 여부를 결정한다는 점에서 생물학적 뉴런의 특성과 유사하다.

PYTHON: 10.5.2 [머신러닝] 붓꽃 품종 분류 (iris_knn)

• 문제 정의

머신러닝의 대표적인 분류 문제인 붓꽃(Iris) 품종 분류를 수행한다. 붓꽃의 특성인 꽃받침과 꽃잎의 길이와 너비를 바탕으로 해당 꽃의 품종을 예측한다.

그림 E10.5.2 붓꽃의 품종 (베르시컬러, 세토사, 버지니카)

• 머신러닝 개념

- 다중 클래스 분류(multiclass classification) 문제로, 세 가지 품종 중 하나를 예측한다.
- 머신러닝 방법으로 지도학습(supervised learning)을 사용한다. 즉, 입력과 타깃이 함께 제공되어, 모델이 입력을 통해 타깃을 예측하는 방법을 학습하는 방식이다.

• 머신러닝 파이프라인

1) [문제 정의]

2) [데이터 로딩] 사이킷런과 붓꽃 데이터셋

사이킷런은 머신러닝을 위한 대표적인 파이썬 라이브러리이다. `load_iris()`를 통해 불러온 iris 데이터셋은 특성 데이터와 품종 정보가 포함된 Bunch 객체이다. 주요 키는 data, target, feature_names, target_names 등이다.

3) [탐색] 데이터 탐색 (EDA; exploratory data analysis)

iris[data] 를 통해 붓꽃의 특성값을 확인할 수 있으며, iris[target] 은 각 샘플에 대한 품종 정보를 나타낸다. 데이터를 shape 속성으로 확인하면 총 150개의 샘플과 각 샘플당 4개의 특성이 있음을 알 수 있다.

4) [전처리] 데이터 전처리

train_test_split 함수를 통해 데이터를 학습용과 테스트용으로 분리한다. random_state를 설정하면 분할 결과가 고정되어 동일한 결과를 재현할 수 있다.

5) [모델 선택] K-최근접 이웃(KNN; K-nearest neighbors) 알고리즘

KNN 알고리즘은 새로운 데이터가 주어졌을 때, 가장 가까운 K개의 데이터를 참고하여 다수결로 결과를 예측한다. 여기서는 K = 3으로 설정하였다.

6) [모델 학습]

fit 메서드를 사용하여 학습 데이터를 기반으로 KNN 모델을 학습시킨다. KNN은 별도의

학습 과정이 거의 없이 데이터를 저장하여 예측 시 활용한다.

7) [예측] 새로운 데이터 예측

np.array를 이용해 새로운 입력값을 생성한 후, predict 메서드를 통해 예측한다. 예측된 값은 0, 1, 2 중 하나이며, target_names를 통해 품종 이름으로 변환할 수 있다.

8) [평가] 모델 평가 및 정확도 분석

예측값과 실제값을 비교하여 모델 성능을 확인할 수 있다. score 메서드를 사용하면 정확도를 확인할 수 있으며, 과적합 여부도 평가할 수 있다.

9) [튜닝] 하이퍼파라미터 튜닝(hyperparameter tuning)

하이퍼파라미터란 모델이 학습되기 전에 직접 설정해주는 파라미터이다. 모델 내부에서 자동으로 학습되는 파라미터와는 달리, 사용자가 실험적으로 조정해야 한다. KNN의 대표적인 하이퍼파라미터는 n_neighbors (K값)이다. K 값이 너무 작으면, 모델이 과적합(overfitting)될 수 있고 노이즈에 민감하다. 반면에 K 값이 너무 크면, 모델이 과소적합(underfitting)될 수 있고 예측이 너무 보수적으로 바뀐다.

10) [배포] 배포 및 예측 서비스

훈련된 모델을 실제 서비스 환경에 배포하여, 사용자가 새로운 데이터를 입력했을 때 즉시 예측 결과를 받아볼 수 있도록 만든다.

• 실행 결과

```
iris 키: dict_keys(['data', 'target', 'frame', 'target_names', 'DESCR', 'feature_names', 'filename', 'data_module'])
데이터:
 [[5.1 3.5 1.4 0.2]
 [4.9 3.  1.4 0.2]
 [4.7 3.2 1.3 0.2]
 [4.6 3.1 1.5 0.2]
 [5.  3.6 1.4 0.2]]
특성 이름: ['sepal length (cm)', 'sepal width (cm)', 'petal length (cm)', 'petal width (cm)']
타깃:
 [0 0 0 0 0]
타깃 이름: ['setosa' 'versicolor' 'virginica']
데이터 크기: (150, 4)
타깃 크기: (150,)
(112, 4) (112,)
(38, 4) (38,)
[1]
['versicolor']
테스트 세트 예측 값:
 [2 1 0 2 0 2 0 1 1 1 2 1 1 1 1 0 1 1 0 0 2 1 0 0 2 0 0 1 1 0 2 1 0 2 2 1 0 2]
```

```
테스트 세트 실제 타깃:
 [2 1 0 2 0 2 0 1 1 1 2 1 1 1 1 0 1 1 0 0 2 1 0 0 2 0 0 1 1 0 2 1 0 2 2 1 0 1]
훈련 세트 정확도: 0.964
테스트 세트 정확도: 0.974
```

PYTHON: 10.5.3 [딥러닝] 손글씨 숫자 분류 (mnist_nn)

- 문제 정의

딥러닝을 활용하여 손글씨 숫자 이미지(MNIST 데이터셋)를 분류하는 모델을 구축한다. MNIST는 0부터 9까지의 손글씨 숫자 이미지(28x28 픽셀)로 구성된 대표적인 이미지 분류 데이터셋이다. 이 문제는 10개의 클래스를 분류하는 다중 클래스 분류 문제이다.

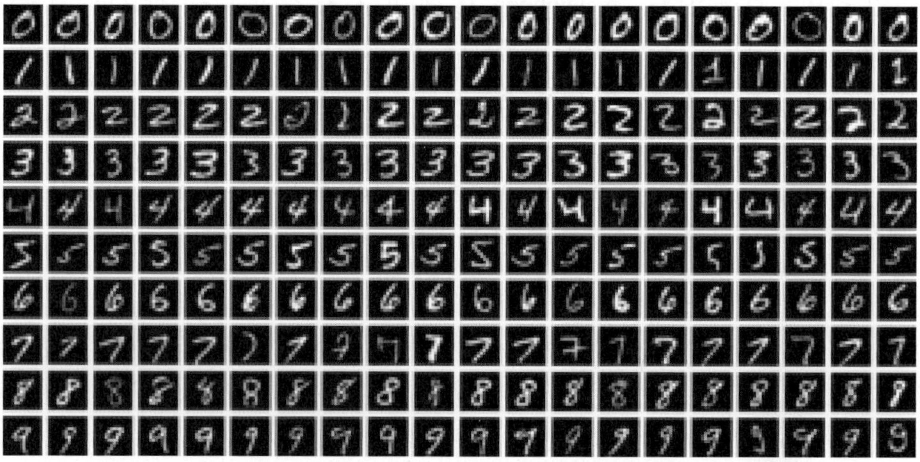

그림 E10.5.3a MNIST 테스트 데이터셋의 샘플 데이터 (출처: Wikipedia)

- 머신러닝 파이프라인

1) 문제 정의

2) 데이터 로딩

TensorFlow의 keras.datasets 모듈을 통해 MNIST 데이터를 로딩한다. 학습 데이터 60,000개와 테스트 데이터 10,000개로 구성되어 있으며, 각 데이터는 28x28 크기의 흑백 이미지이다. 이미지를 시각화하여 각 숫자의 라벨이 잘 매칭되는지 확인한다.

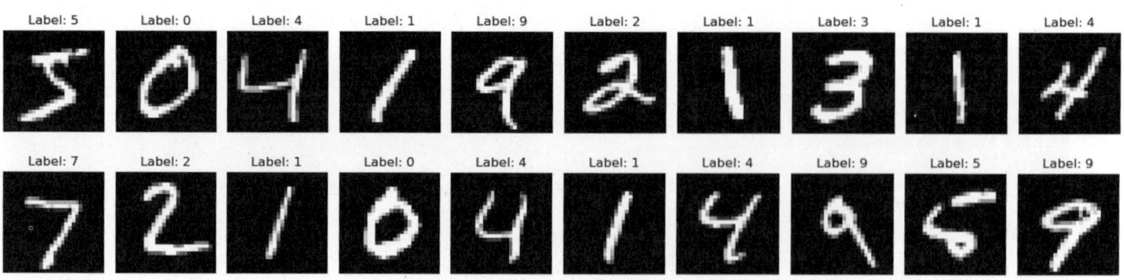

그림 E10.5.3b 데이터와 라벨 샘플

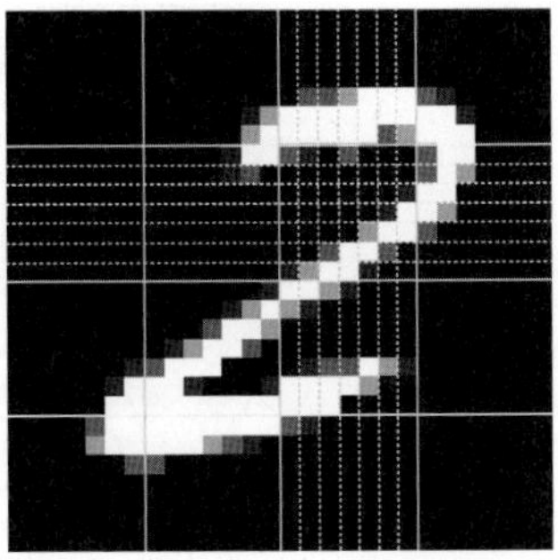

그림 E10.5.3c 28 × 28 픽셀로 구성된 MNIST 숫자 데이터

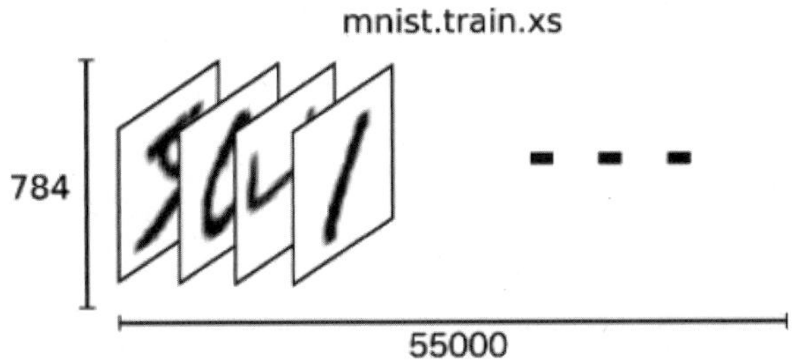

그림 E10.5.3d MNIST 이미지 데이터 세트 (출처: 한곳에서 끝내는 파이썬 & 머신러닝 & 딥러닝) [LINK]

3) 데이터 전처리

이미지 데이터를 정규화하기 위해 0 ~ 255의 픽셀 값을 0 ~ 1 사이로 스케일링한다. 또한 모델 입력 형식에 맞게 데이터를 reshape 하며, 라벨은 원-핫 인코딩 처리한다. CNN 모델에서는 이미지 차원을 (28, 28, 1)로 변경한다.

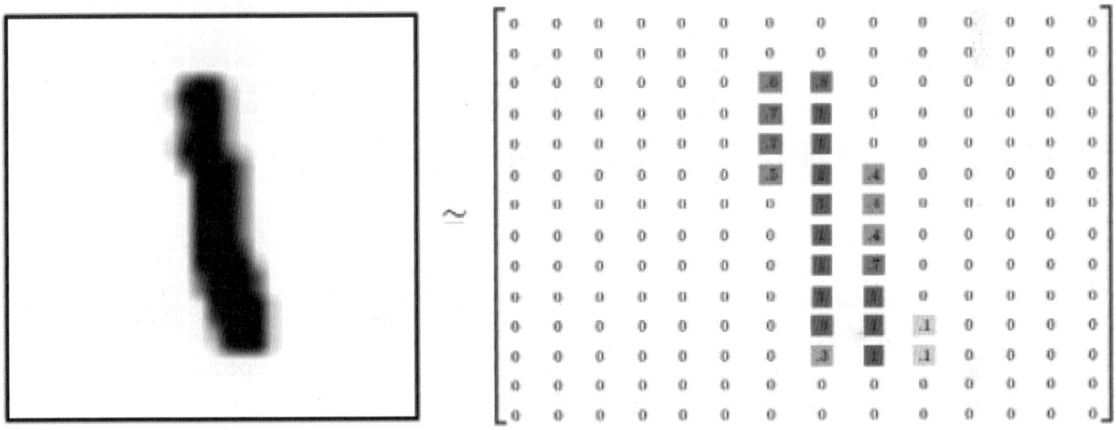

그림 E10.5.3e 스케일링된 MNIST 이미지 (출처: 한곳에서 끝내는 파이썬 & 머신러닝 & 딥러닝) [LINK]

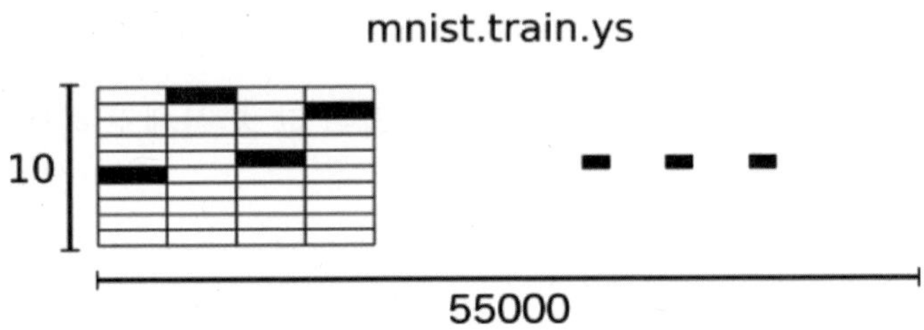

그림 E10.5.3f MNIST 레이블 데이터 세트 (출처: 한곳에서 끝내는 파이썬 & 머신러닝 & 딥러닝) [LINK]

4) 모델 구성 및 학습

딥러닝 모델로는 두 가지 방식을 사용한다.

- 간단한 완전연결 신경망(Dense Layer)을 구성한 모델
- CNN(합성곱 신경망) 구조를 이용한 모델

CNN 모델은 Conv2D, MaxPooling2D, Flatten, Dense 계층으로 구성하고, Adam 옵티마이저와 categorical_crossentropy 손실 함수를 사용하여 학습한다.

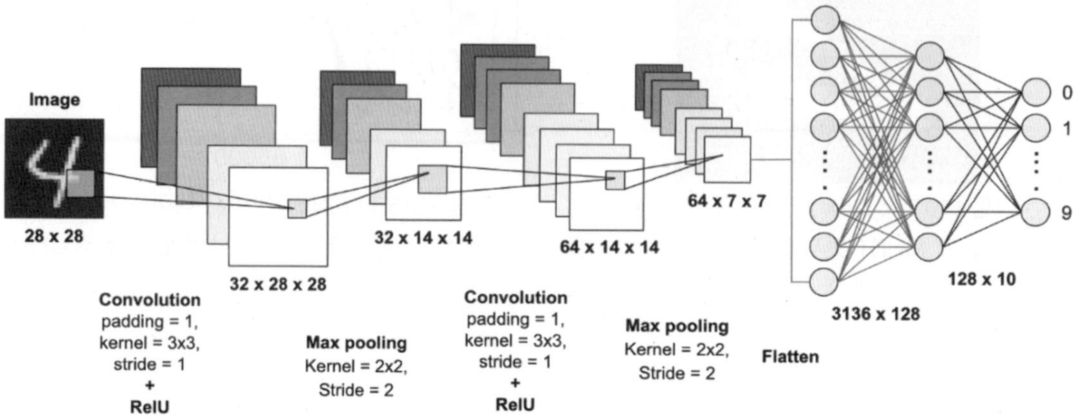

그림 E10.5.3g 모델 구성 (출처: 위키독스) [LINK]

5) 예측 및 결과

테스트 데이터 중 하나를 선택하여 예측을 수행하고, 예측 결과를 이미지와 함께 시각화한다. 또한, 테스트 데이터 일부를 이용해 전체 정확도를 평가한다.

6) 성능 평가

학습된 CNN 모델의 정확도는 테스트 데이터에서 약 98% 이상임을 확인한다. Confusion Matrix와 Classification Report를 통해 클래스 별 정밀도와 재현율도 분석한다. 이로써 모델이 손글씨 숫자를 잘 분류함을 확인한다.

• 실행 결과

1) classification_report (분류 보고서)

주요 메트릭(metric)

Precision = 정확도. 특정 클래스로 예측된 값 중 실제로 해당 클래스인 비율

$= \frac{TP}{TP+FP}$

Recall = 재현율. 실제 해당 클래스 중 모델이 정확히 예측한 비율.

$= \frac{TP}{TP+FN}$

F1-Score = Precision과 Recall의 조화 평균

$= 2 \times \frac{Precision \times Recall}{Precision + Recall}$

Support = 각 클래스의 실제 데이터 개수

```
Classification Report:
              precision    recall  f1-score   support
           0       0.98      1.00      0.99        42
           1       1.00      1.00      1.00        67
           2       0.98      0.98      0.98        55
           3       0.98      1.00      0.99        45
           4       1.00      1.00      1.00        55
           5       1.00      0.98      0.99        50
           6       1.00      0.98      0.99        43
           7       0.98      1.00      0.99        49
           8       1.00      0.97      0.99        40
           9       1.00      1.00      1.00        54
    accuracy                           0.99       500
   macro avg       0.99      0.99      0.99       500
weighted avg       0.99      0.99      0.99       500
```

- confusion_matrix (혼동 행렬)

  대각선 요소 (TP) = 모델이 옳게 예측한 개수

  비대각선 요소 (FP, FN) = 모델이 잘못 예측한 개수

  행은 실제 클래스, 열은 예측 클래스

  True Positive (TP) : 실제로 긍정이고 모델도 긍정으로 예측한 경우

  True Negative (TN): 실제로 부정이고 모델도 부정으로 예측한 경우

  False Positive (FP) : 실제로 부정인데 모델이 긍정으로 잘못 예측한 경우. (Type I Error)

  False Negative(FN): 실제로 긍정인데 모델이 부정으로 잘못 예측한 경우. (Type II Error)

```
Confusion Matrix:
 [[42  0  0  0  0  0  0  0  0  0]
 [ 0 67  0  0  0  0  0  0  0  0]
 [ 0  0 54  0  0  0  0  1  0  0]
 [ 0  0  0 45  0  0  0  0  0  0]
 [ 0  0  0  0 55  0  0  0  0  0]
 [ 0  0  0  1  0 49  0  0  0  0]
 [ 1  0  0  0  0  0 42  0  0  0]
 [ 0  0  0  0  0  0  0 49  0  0]
 [ 0  0  1  0  0  0  0  0 39  0]
 [ 0  0  0  0  0  0  0  0  0 54]]
```

연습문제: 제10장 유지관리

10.1 동특성 추정 - 진동수영역

- [YouTube] 10.1.1 [MATLAB] 모드형상 추정
  다음 3층 전단건물의 동특성을 추정하려고 각 층의 바닥면에서 가속도 응답을 계측하였다. 구조물의 상시진동을 자유진동이라고 가정하고, 진동수영역에서 가속도응답을 사용하여 고유진동수와 모드형상을 추정하라.

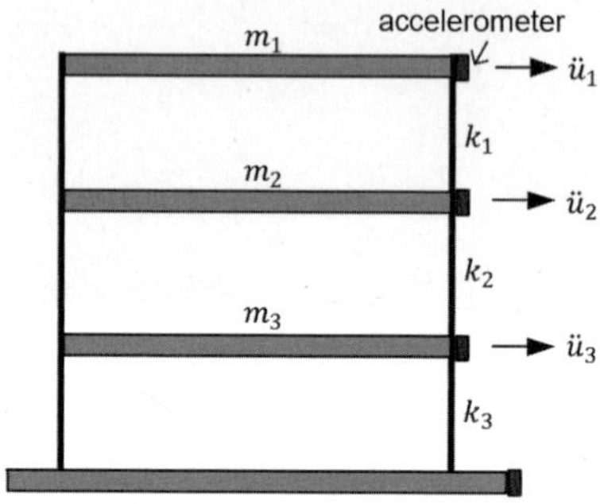

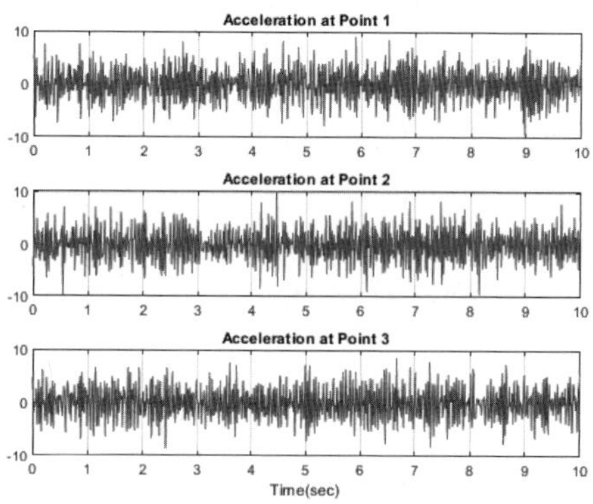

부록

A1. 공학공식집

A2. 코드(MATLAB/Python/Abaqus/Opensees)

A3. SW

A1. 공학공식집

제1장 개론

- [공식] 푸리에 변환: FFT 분석 [YouTube][Formula]
- [이야기] 1.4.2 지진가속도를 지진속도와 지진변위로 [YouTube][Formula]

제2장 단자유도계

- [공식] 2.1.2 고유진동수, 고유주기 [YouTube][Formula]
- [공식] 2.1.2 건물의 근사고유주기 [YouTube][Formula]
- [공식] 2.2.1 조화하중 동적 응답 [YouTube][Formula]
- [공식] 2.2.2 동적증폭계수 [YouTube][Formula]
- [공식] 2.3.2 충격응답스펙트럼 [YouTube][Formula]

제3장 다자유도계

- [예제] 3.1.1 빌딩의 모드형상 [YouTube][Formula]

제4장 랜덤진동

- [공식] 4.1.3 확률분포 추정 [YouTube][Formula]
- [공식] 4.2.6 파워스펙트럼밀도함수 [YouTube][Formula]

제5장 환경진동

제6장 지진진동

- [공식] 6.1.3 파동수 [YouTube][Formula]
- [공식] 6.5.1 응답스펙트럼 [Formula]
- [공식] 6.5.2 설계응답스펙트럼 [YouTube][Formula]
- [공식] 6.8.1 내진설계기준과 내진성능 평가지침 [Formula]
- [공식] 6.8.1 국가지진위험지도 [YouTube][Formula]
- [공식] 하중조합 [Formula]
- [공식] 6.8.1 중요도와 내진등급 [YouTube][Formula]
- [공식] 6.8.1 내진설계범주 [YouTube][Formula]
- [공식] 6.8.3 강진지속시간과 CAV [YouTube][Formula]
- [공식] 6.8.4 지반의 분류 [YouTube][Formula]
- [공식] 6.8.4 표준관입시험 N값을 전단파속도(Vs)로 [YouTube][Formula]
- [공식] 6.8.5 반응수정계수 [YouTube]
  - 지진력저항시스템 [Formula]
  - 비구조요소 [Formula]
  - 건물외구조물 [Formula]
- [공식] 6.10 기둥의 유효강성 [YouTube] [Formula]
- [공식] 6.10.1 내진능력 표기 [YouTube][Formula]

제7장 바람진동

제8장 파랑진동

- [공식] 8.1.6 JONSWAP PSD 함수 vs 파랑 시간이력 [YouTube][Formula]

제9장 진동제어

제10장 유지관리

A2. 코드(MATLAB/Python/Abaqus/Opensees)

제1장 개론

Matlab_01_04.zip	Python_01_04.zip
matlab_01_exer.zip	python_01_fft.zip
matlab_01_fft.zip	python_01_oct3.zip
matlab_01_filter.zip	python_01_filter.zip
matlab_01_oct3.zip	python_01_exer.zip

제2장 단자유도계

Abaqus_02_05.zip	
abaqus_02_earthquake/	
abaqus_02_earthquake/elcen_NS.dat	
abaqus_02_earthquake/Job-SDOFeq.inp	
abaqus_02_earthquake/SDOFeq.cae	
Matlab_02_01.zip	Python_02_01.zip
ch213_dsolve.m	ch213_dsolve.py
ch213_ode.m	ch213_ode.py
dfunc213.m	dfunc213.py
Matlab_02_02.zip	
ch02_couple.m	
ch02_rotAph.m	
ch02_rotAu.m	
Matlab_02_04.zip	Python_02_04.zip
matlab_02_newmark.zip	python_02_newmark.zip
matlab_02_PE_AD.zip	python_02_wilson.zip
matlab_02_stability.zip	python_02_runge.zip
matlab_02_wilson.zip	python_02_stability.zip
matlab_02_runge.zip	python_02_PE_AD.zip
Matlab_02_05.zip	Python_02_05.zip
matlab_02_earthquake.zip	python_02_earthquake.zip
matlab_02_impulse.zip	python_02_impulse.zip
matlab_02_runge.zip	python_02_newmark_NL.zip
matlab_02_newmark_NL.zip	python_02_runge.zip

제3장 다자유도계

Abaqus_03_01.zip	
abaqus_03_eigen.zip	
Matlab_03_01.zip	Python_03_01.zip
matlab_03_eigen.zip	python_03_eigen.zip
matlab_03_beam.zip	ch03_rayleigh.zip
Opensees_03_03.zip	
ch332_truss.py	
	Python_03_03.zip
	python_03_beam.zip
	Python_03_04.zip
	SHM Beam.py

제4장 랜덤진동

matlab_04_01.zip	python_04_01.zip
matlab_lognormal/dstr_lognorm.m	python_lognormal/dstr_lognorm.py
matlab_normal/dstr_norm.m	python_normal/dstr_norm.py
matlab_percentile/pct.m	python_percentile/pct.py

제5장 환경진동

제6장 지진진동

Matlab_06_03.zip	Python_06_03.zip
matlab_06_artearth.zip	
matlab_06_wave.zip	python_06_wave.zip
mshake_exe.zip	
Matlab_06_04.zip	Python_06_04.zip
matlab_06_directint.zip	python_06_directint.zip
matlab_06_modesuper.zip	python_06_modesuper.zip
matlab_06_multiinput.zip	python_06_multiinput.zip
Matlab_06_05.zip	Python_06_05.zip
matlab_06_respspec.zip	python_06_respspec.zip
matlab_06_respspec2.zip	python_06_respspec2.zip

제7장 바람진동

제8장 파랑진동

Matlab_08_01.zip	
matlab_08_spec2time.zip	

제9장 진동제어

Matlab_09_02.zip	Python_09_02.zip
matlab_09_actcontrol.zip	python_09_actcontrol.zip

제10장 유지관리

Matlab_10_01.zip	Python_10_01.zip
matlab_10_fdd.zip	python_10_fdd.zip
matlab_10_frf.zip	python_10_frf.zip
matlab_10_psd.zip	python_10_psd.zip
Matlab_10_02.zip	Python_10_02.zip
matlab_10_era.zip	python_10_era.zip
matlab_10_ssi.zip	
	Python_10_03.zip
	python_10_pca.zip

참고문헌

R1. 국외서적 (저자명 알파벳순)

주위 분들과 독자들로부터 좋은 구조동역학 책을 추천해 달라는 난감한 문의를 종종 받는다. 필자의 경우 학문이 깊지도 않을 뿐만 아니라, 우둔한 답변으로 질문하신 분들의 시야를 흐리지나 않을까 조심스러워 대답을 마냥 미루기만 하다가 때로는 괜한 오해를 사기도 한다. 다음은 구조동역학을 함께하는 분들과 느낌을 서로 나눌 수 있기를 바라는 마음에서 구조동역학 관련 주요 국외서적을 접했을 때의 필자의 느낌을 두서없이 적었다. 순전히 필자의 사견이므로, 이 글로 인한 논란과 오해가 없기를 진심으로 소망하는 바이다.

• Boswell, L.F. and D'Mello, C. (1993). Dynamics of Structural Systems, Blackwell Science Inc.
필자가 이 책을 접한 것은 국내 번역서 (홍갑표, 1998, 기문당)를 통해서였다. 2003년부터 대학에서 구조동역학 강의를 시작하면서 구조동역학 입문서의 필요성을 느꼈고, 이 책의 구성과 내용을 통해 이 책과 같은 우리 책을 만들고 싶다는 욕심을 가졌던 것으로 기억한다. 이 책은 구조동역학을 처음 접하거나 체계적으로 배우지 못한 사람들에게 좋은 입문서이다. 분량이 작고, 설명도 쉽고 간단하여, 전문적인 역학 지식이 없는 독자들도 쉽게 짧은 기간에 구조동역학 전반을 간략히 이해하는데 적합하다. 개론, 동적 하중의 평가와 효과, 단자유도계, 다자유도계, 비선형 동적 해석, 진동 계측과 분석으로 구성되어 있으며, 배경과 이론 위주의 내용이므로, 연습문제를 포함하고 있지는 않다.

• Chopra, A.K. (2011). Dynamics of Structures: Theory and Applications to Earthquake Engineering, 4th Ed., Upper Saddle River, NJ, Prentice-Hall.
필자가 이 책의 1판 (1995, Prentice-Hall)을 처음 접하였을 때, 매우 쉽고 실용적인 구조동역학의 설명에 놀랐다. 이후 2판 (2000), 3판 (2006)과 4판(2011)이 Prentice-Hall에서 출간되었고, 단자유도계, 다자유도계, 지진공학으로 구분되어 있으며, 많은 그림과 사진, 자세한 풀이과정, 다양한 연습문제 등으로 지진공학분야의 맞춤형 구조동역학 서적이라 할 수 있다. 국내에서 2판에 대한 번역서 (김재관, 이동근 공역, 2004, 피어슨 에듀케이션 코리아)가 발간되었다. 4판(2011)에서는 3판(2006)에 비해 (부가 감쇠, 면진, SSI 및 FSI효과를 반영하기 위해) 비고전적 감쇠가 새로운 장(14장)으로 취합되었다. 또한, 복잡한 하중입력을 고려하기 위한 가속도 모드중첩법(12.14절), 수평 지진의 입사각의 영향을 고려하기 위한 최대응답 포락선(13.10절, 13.11절), IBC-2009 등 최신 내진설계기준(22장, 23장)이 추가되거나 보완되었다. 참고로 이 책은 일부 연습문제에 대한 해답을 부록으로 함께 실었다.

• Clough, R.W. and Penzien, J. (2010). Dynamics of Structures, 2nd Ed. (Revised), Computers and Struc-tures, Inc.
필자의 경우 이 책의 1판 (1975, McGraw-Hill)으로 구조동역학을 처음 시작하였다. 단자유도계, 다자유도계, 연속계, 랜덤진동, 지진공학으로 구분되어 설명되어 있다. 관련 내용이 깊고 방대하고 설명이 자세하다는 장점이 있으나, 처음 시작하는 사람으로 수식과 영어가 이해하기 어려웠던 책으로 기억한다. 국내에서 1판에 대한 번역서 (박연수 역, 1990, 구미서관)가 발간된 적이 있으며, 초창기 국내 구조동역학 기술강좌의 가장 근간이 되었던 책이다. 저자 중에 한 분인 Penzien교수(1924.11.27-2011.09.19)는 한국에 학문적으로 기술적으로 영향을 많이 준 분이었다. 참고로 2판(2010, 개정판, CSI)과 2판(1993, McGraw-Hill)은 동일한 내용에 출판사 만 바뀌었다.

• Humar, J.L. (2012). Dynamics of Structures, 3rd Ed., CRC Press/Balkema, London, UK.
이 책은 기본 개념, 단자유도계, 다자유도계, 연속계를 다루었으며, 응용분야보다는 기본 이론의 이론적 정식화와 물리적 이해에 중점을 두어 설명하였다. 필자의 경우 시간영역 수치해석법의 유도와 검증을 위해 이 책을 주로 참조하였다. 3판(2012)에서는 2판(2002)에 비해 3개의 새로운

장(18, 19, 20장)이 추가되었다. 18장(유한요소법)은 2판의 3장(다자유도계 운동방정식)에서 간략히 소개되었으나, 3판에서는 새로운 장으로 신설되어 설명이 보강되었다. 19장(부분구조합성법, CMS)으로 유한요소법 모델의 자유도를 효율적인 줄이는 것을 설명하였고, 20장(비선형응답해석)에서는 2판에서 8장에서 13장에 걸쳐 조금씩 설명되었던 비선형응답해석을 한 곳에 정리하였다. 참고로 이 책은 일부 연습문제에 대한 해답을 부록으로 함께 실었다.

• Maymon, G. (2008). Structural Dynamics and Probabilistic Analysis for Engineers, Butterworth-Heine-mann, Elsevier Inc.
불확실성을 고려한 확률론적 구조동역학을 실무자들이 상용 구조해석 S/W(ANSYS, MABLAB, TK Solver 등)을 사용하여 실무적으로 접근할 수 있도록 하였다(CD 포함). 일종의 랜덤진동 이론의 응용이라고 판단된다.

• Tedesco, J.W., McDougal, W.G., Ross, C.A. (1999). St-ructural Dynamics: Theory and Applications, Addison-Wesley, Menlo Park, CA.
이 책은 기본 개념, 단자유도계, 다자유도계, 연속계, 비선형응답, 응용분야로 구분되어 있다. 수치해석을 통한 적용을 강조하여, 관련 프로그램 코드 (FORTRAN77 또는 BASIC)를 책과 저자 홈페이지를 통해 공개하였다. 참고로 응용분야에서는 탄성파 전달, 지진과 지반운동, 지진응답, 폭파하중, 파랑 및 파랑에 의한 구조물의 응답을 다루었으며, 필자의 경우 파랑진동에 관한 주요 참조자료로써 이 책을 사용하였다.

• Paz, M. and Leigh, W. (2004). Structural Dynamics: Theory and Computation, 5th Ed., Kluwer Academic Publishers, Boston.
필자는 이 책의 3판 (1991, Van Nostrand Reinhold)을 처음 접하였으며, 이론을 간단하면서도 쉽게 설명하였고, 실무를 강조했던 책으로 기억한다. 3판에서는 관련 프로그램 코드 (BASIC)를 별도로 판매하였고, 전반부에 단자유도계, 다자유도계, 랜덤진동의 기본 이론을 간략하게 설명한 후, 마지막으로 지진공학에서 UBC (1985, 1988)의 내진설계를 해설하였다. 이후 4판 (1997, Chapman & Hall)과 5판 (2004, Kluwer Academic Publishers)이 출간되었고, 기존 3판에 비해 내용이 좀더 추가되었지만, 구성은 그대로 유지되었다. 4판에서는 UBC (1994)를, 5판에서는 UBC (1997)과 IBC (2000)의 내진설계를 해설하였다. 4판에서는 관련 프로그램 코드 (BASIC) 이외에도 COSMOS 전용해석 프로그램을 예제해석에 사용하였으며, 5판에서는 COSMOS 대신에 SAP2000을 사용하였고, 관련 프로그램 코드 (BASIC)과 교육용 SAP2000을 포함한 CD-ROM을 부록으로 포함하였다. 설계실무에 종사하는 사람들이 내진설계를 위한 구조동역학을 공부하는데 가장 기본적인 교재 중에 하나라고 판단되며, 국내에서 4판에 대한 번역서 (최진성 역, 2001, 예문사)가 발간되었다. 참고로 이 책은 일부 연습문제에 대한 해답을 부록으로 함께 실었다.

• Rao, Singiresu S. (2010). Mechanical Vibrations, 5th edition, Pearson Prentice Hall, NJ.
1104페이지 분량의 방대한 내용을 담은 책이다. 5판까지 나왔다는 것은 그 만큼 다듬고 다듬어졌다는 것을 의미한다. 4판(2004)를 비선형 동역학 내용 저술에, 소중하게 참조하였다. 초반부 기초 이론을 위한 일반 독자들에게는 상대적으로 어렵게 느껴질 수도 있으나, 어느 정도 초급 동역학을 마무리한 (기계진동을 다루는) 사람들에게 좋은 서적이 될 수 있을 것 같다.

R2. 국내서적 (출간일순)

• 한국전산구조공학회 (1990.02.-). 기술강습회 책자.
한국전산구조공학회는 기술강습회를 통해 구조동역학을 포함한 전산관련 이론과 기술을 일반에게 보급해 왔다. 초창기 강습을 맡으신 분들을 보면, 현재 학회의 원로분들이 다수 포함되어 있음을 알 수 있다. 이 자료는 학회 사무국을 통해 직접 구입할 수 있다.

• 박연수 역 (1990). 구조동역학, 구미서관.
(원저: Clough, R.W. and Penzien, J. (1975). Dynamics of Structures, McGraw-Hill, New York.)

• 홍갑표 역 (1997). 구조동역학개론, 기문당.
(원저: Boswell, L.F. and D'Mello, C. (1993). Dynamics of Structural Systems, Blackwell Science Inc.)

• 한국지진공학회 (1998.01.-). 기술강습회 책자.
한국지진공학회는 기술강습회를 통해, 일반에게 내진설계 관련 기술을 보급해왔다. 기술강습회의 자료를 통해 내진설계에 필요한 구조동역학을 포함한 관련 이론들의 요약된 자료를 경험할 수 있다. 이 자료는 학회의 홈페이지에서 다운로딩 받거나 학회 사무국을 통해 직접 구입할 수도 있다.
1회: 도로교의 내진설계, 1998.01.
2회: 건축물의 내진설계, 1998.07.
3회: 지중구조물의 내진설계, 1999.01.
4회: 구조물의 지진해석, 1999.07.
5회: 지진응답계측 시스템운영 및 진동계측, 2000. 01.
6회: 도로교의 내진설계, 2000.07.
7회: 유체-구조물-지반상호작용 내진설계, 2001. 01.
8회: 건축물의 내진설계, 2001.07.
9회: 도시철도의 내진설계, 2002.02.
10회: 철근콘크리트 교각의 내진설계, 2002.07.
11회: 구조해석프로그램 이용 도로교 내진설계, 2003.01.
12회: 기존교량의 내진성능평가 및 향상, 2003.07, 서울대.
13회: 지반구조물 내진설계, 2004.01.
14회: 건축물의 내진설계 (공동주택), 2004.07.
15회: 항만시설물의 내진 및 동적설계, 2005.01.
16회: 건축물의 내진설계 (공동주택), 2005.01.
17회: 교량의 내진과 면진의 실무, 2005.07.
18회: 건축물의 내진설계 (KBC 2005), 2006.02.
19회: 구조물의 내진성능평가, 2006.07, 한국과학기술회관.
20회: 건축구조물 유지관리 및 모니터링 기술, 2007.01.
21회: 특수교량의 내진설계, 2007.07.
22회: 건축물의 최신 내진설계기술의 흐름, 2008.01.
23회: 장대교량과 고층건물의 내진·내풍설계, 2008.07.
24회: 차기 KBC 건축구조설계기준 내진개정방향, 2009.02.
25회: 지하구조물의 내진설계, 2009.06.
26회: 지진일반 및 내진대책, 내진보강 실무, 2010.02.
27회: KBC2009 건축구조설계기준 내진설계기준, 2010.07.
28회: 원전 구조물의 내진기술, 2011.01.
29회: 비선형 동적해석 건축물 내진설계, 2011.07.

30회: 지반구조물의 내진설계, 2012.02.
31회: 초고층 건축물 응답제어 위한 구조시스템, 2012.07.
32회: 기존교량의 내진성능평가 및 내진성능향상, 2013.01.
33회: 기존 건축물 내진성능평가 및 보강, 2013.07.
34회: 교량의 내진설계 기술, 2014.01.
35회: 성능기반 내진설계와 비선형 구조해석, 2014.07.
36회: 교량의 내진설계 및 내진보강 기술의 미래, 2015.02.
37회: 국내 고층 아파트의 성능기반 내진설계, 2015.08.
38회: 교량의 지진해석 이론과 방법, 2016.02.
39회: KBC2016에 의한 건축구조물의 내진설계, 2016.08.
40회: 경주지진과 시설물의 내진설계와 보강, 2017.02.
41회: 최신 기법 건축물 성능기반 내진보강, 2017.08.
42회: 성능기반 내진설계 및 내진성능 평가, 2018.02.
43회: 포항지진이후 건축물 내진기준 개정, 2018.08.
44회: 국내 내진설계기준 개정의 배경 및 내용, 2019.02.
45회: 내진실무관련 최신 연구성과 및 적용기술, 2019.08.
46회: ETABS를 활용한 성능기반 내진설계, 2020.08.
47회: 교량의 손상수준제어 내진설계, 2021.02.

- 최진성 역 (2001). 구조동력학, 예문사.
  (원저: Paz, M. (1997). Structural Dynamics: Theory and Computation, 4th Ed., Chapman & Hall, New York.)

- 김재관, 이동근 공역 (2004). 구조동역학, 피어슨 에듀케이션 코리아.
  (원저: Chopra, A.K. (2000). Dynamics of Structures: Theory and Applications to Earthquake Engineering, 2nd Ed., Upper Saddle River, NJ, Prentice-Hall.)

- 김상대, 김명한, 김도현 (2011). 구조동역학, 대가.

- 이동근, 조소훈 (2007). 내진설계를 위한 구조동력학, 구미서관.

R3. 참고문헌 (장별)

제1장 개론

- 1.1 구조동역학을 배우는 이유?
  Council on Tall Buildings and Urban Habitat 사이트, www.ctbuh.org/
  Honshu-Shikoku Bridge Expressway Company Limited 사이트, http://www.jb-honshi.co.jp.
  Wikipedia 백과사전 사이트, http://en.wikipedia.org.

- 1.2 동적 해석이 정적 해석과 다른 점?
  두산백과사전 사이트, http://www.encyber.com.
  한국지진공학회, 기술강습회 자료집.

- 1.3 운동방정식의 근간은 하나!
  두산백과사전 사이트, http://www.encyber.com.
  Wikipedia 백과사전 사이트, http://en.wikipedia.org.

- 1.4 동적 계측자료를 보는 방법?
  두산백과사전 사이트, http://www.encyber.com.
  정슬 (2004). 공학도를 위한 MATLAB 및 SIMULINK의 기초와 활용, 청문각.
  Gao, Robert & Yan, Ruqiang. (2006). Non-stationary signal processing for bearing health monitoring. IJMR. 1. 18-40. 10.1504/IJMR.2006.010701.
  Wikipedia 백과사전 사이트, http://en.wikipedia.org.
  Zhang, L.; Cai, B.H.; Xiong, G.L.; Zhou, J.M.; Tu, W.B.; Yu, Y.Q. Multistage fault feature extraction of consistent optimization for rolling bearings based on correlated kurtosis. Shock Vib. 2020, 2020, 8846156.

제2장 단자유도계

- 2.1 자유진동과 구조물의 동적 특성?
  Chopra, A.K. (2011). Dynamics of Structures: Theory and Applications to Earthquake Engineering, 4th Ed., Upper Saddle River, NJ, Prentice-Hall.
  Clough, R.W. and Penzien, J. (2010). Dynamics of Struc-tures, 2nd Ed.(Revised), Computers and Structures, Inc.
  Jeffrey, A. (2002). Advanced Engineering Mathematics, Burlington, MA, Harcourt/Academic Press.
  Newmark , N.M., and Hall, W.J. (1978.03). Development of Criteria for Seismic Review of Selected Nuclear Power Plants, Nuclear Regulatory Commission Report NUREG /CR-0098.
  U.S. Nuclear Regulatory Commission (2007.03). Damping Values for Seismic Design of Nuclear Power Plants, Regulatory Guide 1.61.

- 2.2 조화진동과 응용
  Chopra, A.K. (2011). Dynamics of Structures: Theory and Applications to Earthquake Engineering, 4th Ed., Upper Saddle River, NJ, Prentice-Hall.
  Clough, R.W. and Penzien, J. (2010). Dynamics of Structures, 2nd Ed.(Revised), Computers and Structures.
  Arya, S., O'Neill, M. and Pincus, G. (1979). Design of Structures and Foundations for Vibrating Machines, Gulf Publishing Company.

- 2.3 충격하중과 응용
  Chopra, A.K. (2011). Dynamics of Structures: Theory and Applications to Earthquake Engineering, 4th Ed., Upper Saddle River, NJ, Prentice-Hall.
  Clough, R.W. and Penzien, J. (2010). Dynamics of Structures, 2nd Ed.(Revised), Computers and Structures.

- 2.4 수치해석기법: 시간영역
  Bathe, K.J. (1996). Finite Element Procedures, Prentice-Hall.
  Humar, J.L. (2012). Dynamics of Structures, 3rd Ed., CRC Press/Balkema, London, UK.
  Newmark, N.M. (1959). A Method of Computation for Structural Dynamics, Journal of Engineering Mechanics Division, Vol. 85, 67-84, ASCE.
  Wilson, E.L., Farhoomand, I., and Bathe, K.J. (1973). Nonlinear Dynamic Analysis of Complex Structures, Earthquake Engineering and Structural Dynamics, Vol. 1, 241-252.

• 2.5 수치해석기법: 진동수영역

Ewins, D.J. (2000). Modal Testing: Theory, Practice, and Application, 2nd Ed., Research Studies Press Ltd., Hertfordshire, England.

Randall, R.B. (1987). Frequency Analysis, Bruel & Kjaer.

• 2.6 수치해석기법: 비선형시스템

Chopra, A.K. (2011). Dynamics of Structures: Theory and Applications to Earthquake Engineering, 4th Ed., Upper Saddle River, NJ, Prentice-Hall.

Rao Singiresu S. (2004). Mechanical Vibrations, 4th edition, Pearson Prentice Hall, NJ.

Tedesco, J.W., McDougal, W.G., Ross, C.A. (1999). Structural Dynamics: Theory and Applications, Addison-Wesley, Menlo Park, CA.

CSI Analysis Reference Manual (For SAP2000, ETABS, SAFE and CSiBridge), 2011.

A. Ibrahimbegovic and E. L. Wilson, 1989. "Simple Numerical Algorithms for the Mode Superposition Analysis of Linear Structural Systems with Non-Proportional Damping," Computers and Structures, Vol. 33, No. 2, pp. 523-531.

E. L. Wilson, 1993. "An Efficient Computational Method for the Base Isolation and Energy Dissipation Analysis of Structural Systems," ATC17-1, Proceedings of the Seminar on Seismic Isolation, Passive Energy Dissipation, and Active Control, Applied Technology Council, Redwood City, Calif.

제3장 다자유도계

• 3.1 자유진동과 고유치 해석

Caughey, T.K. (1960). Classical Normal Modes in Damped Linear Dynamic Systems, Journal of Applied Mechanics, ASME, 27, 269-271.

Caughey, T.K. and O'Kelly, M.E.J. (1965). Classical Normal Modes in Damped Linear Dynamic Systems, Journal of Applied Mechanics, ASME, 32, 583-588.

Chopra, A.K. (2011). Dynamics of Structures: Theory and Applications to Earthquake Engineering, 4th Ed., Upper Saddle River, NJ, Prentice-Hall.

Clough, R.W. and Penzien, J. (2010). Dynamics of Structures, 2nd Ed.(Revised), Computers and Structures.

Rayleigh, J.W. (1894). Theory of Sound, 2nd ed., Vol. 1, Macmillan, London, Sec. 88 (reprinted by Dover, New York, 1945)

• 3.2 수치해석 기법

Chopra, A.K. (2011). Dynamics of Structures: Theory and Applications to Earthquake Engineering, 4th Ed., Upper Saddle River, NJ, Prentice-Hall.

Clough, R.W. and Penzien, J. (2010). Dynamics of Structures, 2nd Ed.(Revised), Computers and Structures.

• 3.3 유한요소법

이재영 (2003). 멀티미디어 강의 유한요소법, 문운당.

최창근 (2002). 유한요소법, 테크노 프레스.

Cook, R.D., Malkus, D.S., Plesha, M.E., and Witt, R.J. (2001). Concepts and Applications of Finite Element Analysis, 4th Ed., John Wiley & Sons.

Kattan, P.I. (2007). MATLAB Guide to Finite Elements: An Interactive Approach, Springer.

• 3.4 동적 실험과 모드계수 추정

이종원 (2003). 신경망기법을 사용한 대형구조물의 건전성 감시 기술, 박사학위논문, 한국과학기술원(KAIST).

Randall J. Allemang, The Modal Assurance Criterion - Twenty Years of Use and Abuse, Sound and Vibration, 14-21, August 2003.

Avitabile, P. (2001). Experimental modal analysis - a simple non-mathematical presentation, Sound & vibration, v.35 no.1, pp.20-31.

Ewins, D.J. (2000). Modal Testing: Theory, Practice, and Application, 2nd Ed., Research Studies Press Ltd., Hertfordshire, England.

Hermans, L. and Van Der Auweraer H. (1999). Modal Testing and Analysis of Structures under Operational Conditions: Industrial Applications, Mechanical Systems and Signal Processing, Vol.13, No.2, pp. 193-216.

McConnell, K.G. and Varoto, P.S. (2008). Vibration Testing: Theory and Practice, John Wiley & Sons.

Maia, N.M.M. and Silva, J.M.M. (1997). Theoretical and Experimental Modal Analysis, Research Studies Press, England.

Randall, R.B. (1987). Frequency Analysis, Bruel & Kjaer.

Richardson, Mark H. (1997.03). "Is It a Mode Shape, or an Operating Deflection Shape?," Sound & Vibration Magazine 30th Anniversary Issue.

제4장 랜덤진동

• 4.1 확률이론

Ang, A.H-S. and Tang, W.H. (2006). Probability Concepts in Engineering: Emphasis on Applications to Civil and Environmental Engineering, John Wiley & Sons.

Devore J.L. (2008). Probability and Statistics for Engineering and the Sciences, 7th ed., Duxbury Press.

Gumbel, E.J. (1958). Statistics of Extremes, Columbia University Press.

• 4.2 랜덤진동의 특성

Ang, A.H-S. and Tang, W.H. (2006). Probability Concepts in Engineering: Emphasis on Applications to Civil and Environmental Engineering, John Wiley & Sons.

Crandall, S.H. and Mark, W.D. (1973). Random Vibration in Mechanical Systems, Academic Press, New York.

Lutes, L.D. and Sarkani, S. (2003). Random Vibrations:

Analysis of Structural and Mechanical Systems, Elsevier.
Solnes, Julius (1997). Stochastic Process and Random Vibration: Theory and Practice, John Wiley & Sons.
Welch, P. D., "The Use of Fast Fourier Transform for the Estimation of Power Spectra: A Method Based on Time Averaging Over Short, Modified Periodograms," IEEE Transactions on Audio and Electroacoustics, Vol. AU-15, No. 2, June 1967.

• 4.3 구조물의 응답
Kanai, K. (1957). Semi-empirical Formula for the Seismic Characteristics of the Ground, University of Tokyo, Bull., Earthquake Research Institute, Vol. 35, pp. 309-325.
Newland, D.E. (2005). An Introduction to Random Vibrations, Spectral & Wavelet Analysis, 3rd Edition, Dover Publications.
Crandall, S.H. and Mark, W.D. (1973). Random Vibration in Mechanical Systems, Academic Press, New York.
Shinozuka, M. and Sato, Y. (1967). Simulation of Nonstationary Random Process, ASCE, Journal of Engineering Mechanic Division, Vol. 93, p.11.
Tajimi, H. (1960.06). A Statistical Method of Determining the Maximum Response of a Building Structure during an Earthquake, Proc. 2nd World Conference on Earthquake Engineering, Tokyo and Kyoto, Vol. II, pp. 781-798.

• 4.4 구조물의 파괴
양영순, 서용석, 이재옥 (1999). 구조 신뢰성 공학, 서울대학교 출판부.
Collins, J.A. (1981). Failure of Materials in Mechanical Design, McGraw-Hill, New York.
Crandall, S.H. and Mark, W.D. (1973). Random Vibration in Mechanical Systems, Academic Press, New York.
Maymon, G. (2008). Structural Dynamics and Probabilistic Analysis for Engineers, Butterworth-Heinemann, Elsevier Inc.
Miner, M.A. (1945). Cumulative Damage in Fatigue, ASME Trans., 67, A159-164.
Wirsching, P.H., Paez, T.L. and Ortiz, K. (1995). Random Vibrations: theory and practice, John Wiley & Sons, Inc..

• 4.5 신뢰성 방법
양영순, 서용석, 이재옥 (1999). 구조 신뢰성 공학, 서울대학교 출판부.
김동현 (2008). 중력식안벽의 신뢰성설계, 제2회 항만구조물 신뢰성 설계법 기술교육 Workshop, 항만구조물 신뢰성 설계 연구단.
황희승, 백인열 (2006). 신뢰도기반 설계기준의 기본이론 및 설계일반, KBRC TRS 001 교량설계핵심기술연구단.
Cornell, C.A. (1967). Bounds on the reliability of structural systems, Journal of Structural Division, ASCE, Vol.93, No.ST1, February.
Hasofer, A.M. and Lind, L.C. (1974). Exact and invariant second moment code format, Journal of the engineering mechanics division, ASCE, 100(1), 111-121.
Rackwitz, R. and Fiessler, B. (1978). Structural Reliability under Combined Random Load Sequences, Computers and Structures, 9, 489-4974..

제5장 환경진동

• 5.1 환경소음 및 진동
은희준 등 (1995.03). 고속철도 환경소음기준 및 진동기준에 대한 연구, 한국고속철도건설공단.
정일록, 김재용, 윤세철, 이태호 (2006.01). 소음·진동-이론과 실무, 신광문화사.
홍성목 등 (1995). 소음·진동편람, 한국소음진동공학회.
Reiher, H. and Meister, F.J., "The Effect of Vibration on People," Published in German in 1931, English Translation in Report No. F-TS-616-R.E.H.Q. Air Material Command, Wright Field, Ohio, 1949.
Lenzen, K.H., "Vibration of steel joist-Concrete slab Floors," Engineering Journal, AISC, 3(3), 133-136, 1966.

• 5.2 환경기준
소음·진동관리법 (2016.1.)
소음·진동공정시험기준(2016.12.)
환경정책 기본법 (2016.12.)

제6장 지진진동

• 6.1 파동전파
Bolt, B.A. (1976). Nuclear Explosions and Earthquakes: The Parted Veil, San Francisco: W.H. Freeman and Company.
Eringen, A.C. and Suhubi, E.S. (1975). Elastodynamics: II. Linear Theory, Academic Press.
Graff, K.F. (1975). Wave Motion in Elastic Solids, Dover Publications.
Kramer, S.L. (1996). Geotechnical Earthquake Engineering, Prentice-Hall, Upper Saddle River, NJ.
Richart, F.E., Woods, R.D. and Hall, J.R. (1970). Vibrations of Soils and Foundations, Prentice-Hall.

• 6.2 지진현상
기상청, http://www.kma.go.kr.
조봉곤 (1998.07). 건물의 내진설계:제1편 지진발생과 전파, 제2회 한국지진공학회 기술강습회, 한국지진공학회.
I. M Idriss, Evaluating Seismic Risk in Engineering Practice. Conference Proceeding, 11th International Conference on Soil Mechanics and Foundation Engineering, 1985.
S. L Kramer, Geotechnical Earthquake Engineering, Prentice-Hall, Englewood Cliffs, N. J., 653; 1996.

• 6.3 입력지진
김남식, 김재민, 이계희 (2004.12). 지진격리교량의 시간이력해석을 위한 인공지진파 작성 연구, 한국도로공사(부산대).

김재민 (2009.06). 지하구조물의 내진설계: 제4장 지하구조물이 지진응답해석법, 제25회 한국지진공학회 기술강습회.
건설교통부 (1997.12). 내진설계기준연구 (II).
한국과학기술원(KAIST) (2000.3). LRB 예비설계 프로그램 개발, ㈜유니슨.
Algermissen, S.T., and Perkins, David M. (1976). A probabilistic estimate of maximum acceleration in rock in the contiguous United States, U.S. Geological Survey Open-File Report OF 76-416, 45 p.
Applied Technology Council (1978). Tentative provisions for the development of seismic regulations for buildings, ATC-3-06 (NBS SP-510) U.S Government Printing Office, Washington, 505 p.
BSIMQKE (1985.3). Bechtel Power Corporation.
Choi, D.H. and Lee, S.H. (2003). Multi-damping earthquake design spectra-compatible motion histories, Nuclear Engineering and Design, 226, 221-230.
Deodatis, G. (1996). "Non-stationary stochastic vector process: seismic ground motion applications, " Probabilistic Engineering Mechanics, 11, 149-168.
Gasparini, D. and Vanmarcke, E.H. (1976.11). SIMQKE: A Program for Artificial Motion Generation, MIT.
Idriss, I.M. and Seed, H.B. (1968). Seismic Response of Horizontal Soil Layers, Journal of Soil Mechanics and Foundations Division, ASCE, 94(4), 1003-1031.
Idriss, I.M. and Sun, J.I. (1992). SHAKE91: A Computer Program for Conducting Equivalent Linear Seismic Response Analyses of Horizontally Layered Soil Deposits, User"s Guide, University of California, Davis, California.
Kaul, M.K. (1978). Stochastic Characterization of Earthquakes through Their Response Spectrum, Earthquake Engineering and Structural Dynamics, Vol.6, pp.497-509.
Kaul, M.K. (1978.8). Spectrum - Consistant Time-History Generation, Journal of Engineering Mechanics, ASCE.
Kottke, A.R. and Rathje, E.M.(2009/02). Technical Manual for STRATA, PEER Report 2008/10.
Kramer, S.L. (1996). Geotechnical Earthquake Engineering, Prentice-Hall, Upper Saddle River, NJ.
Lilhanand, K. and Tseng, W.S. (2004). Generation of Synthetic Time Histories Compatible with Multiple-Damping Design Response Spectra, SMiRT-9, Paper K2/10, Lausanne, Switzerland, 1987.
Linda Al Atik and Norman Abrahamson (2010.08). An Improved Method for Nonstationary Spectral Matching, Earthquake Spectra, 26(3), 601-617.
NUREG/CR-6728 (2001) Hazard- and Risk-consistent Ground Motion Spectra Guidelines
Preumont, A. (1984.7). The Generation of Spectrum Compatible Accelerograms for the Design of Nuclear Power Plants, Earthquake Engineering and Structural Dynamics, 12 (4), 481-497.
ProShake, Ground Response Analysis Program version 1.1, ProShake's User's Manual, EduPro Civil Systems, Inc., Sammanish, Washington.
RG 1.208 (2007) a performance-based approach to define the site-specific earthquake ground motion
Richart, F.E. (1975.12). Some Effects of Dynamic Soil Properties on Soil-Structure Interaction, J. of the Geotechnical Engineering Division, ASCE, 101(GT12).
Schnabel, P.B., Lysmer, J., and Seed, H.B. (1972). SHAKE - A Computer Program for Earthquake Response Analysis of Horizontally Layered Sites, Report No. EERC 72-12, Earthquake Engineering Research Center, University of California, Berkeley, California.
Scanlan, R.H. and Sachs, K. (1974.08). Earthquake Time Histories and Response Spectra, Journal of Engineering Mechanics, ASCE.
Tsai, N.C. (1972). Spectrum - Compatible Motions for Design Purposes, Journal of Engineering Mechanics, ASCE, April.

• 6.4 [해석] 시간이력해석

Chopra, A.K. (2011). Dynamics of Structures: Theory and Applications to Earthquake Engineering, 4th Ed., Upper Saddle River, NJ, Prentice-Hall.
Clough, R.W. and Penzien, J. (2010). Dynamics of Structures, 2nd Ed.(Revised), Computers and Structures.

• 6.5 [해석] 응답스펙트럼해석

김두기(2017/05). 장대교량의 지반-구조물 상호작용해석 절차와 방법, 제12회 해상교량 합동 기술세미나, 서울.
대한전기협회 (2015). 전력산업기술기준(KEPIC): 구조총칙(ST)-지진해석 및 내진성능평가(STB).
한국국토안전관리원, 기존 시설물(건축물) 내진성능 평가 요령, RD-13-R3-058, 국토부, 2019.10.
ASCE (2016). ASCE 4-16: Seismic Analysis of Safety-Related Nuclear Structures and Commentary.
Chopra, A.K. (2011). Dynamics of Structures: Theory and Applications to Earthquake Engineering, 4th Ed., Upper Saddle River, NJ, Prentice-Hall.
EPRI NP-7146 (1995) Guidelines for Development of In-Cabinet Seismic Demand for Devices Mounted in Electrical Cabinets.
Hudson, D.E. (1979). Reading and Interpreting Strong-Motion Accelerograms, Earthquake Engineering Research Institute Monographs, Library of Congress No: 79-53973.
International Code Council (2003/2006). International Building Code (IBC).
Mohraz, B. (1976). “A Study of Earthquake Response Spectra for Different Geological Conditions,” Bulletin of the Seismological Society of America, 66(3), 915-935, June 1976.
Newmark, N.M. and Hall, W.J. (1982). “Earthquake Spectra and Design,” Engineering Monographs on Earthquake Criteria, Structural Design, and Strong Motion Records, Vol. 3, Earthquake Engineering Research Institute, Oakland, CA.
Pfaffinger, D.D.(1983). Calculation of Power Spectra from Response Spectra, Journal of Engineering

Mechanics, Vol. 109, No. 1, pp. 357-372.
Seed, H.B., Ugas, C., and Lysmer, J. (1976). Site-dependent spectra for earthquake-resistant design, Bull. Seism. Soc. Am. 66, 221-243.
Seed, H.B. and Idriss, I.M. (1983). Ground Motions and Soil Liquefaction During Earthquakes. Earthquake Engineering Research Institute.
United State Nuclear Regulatory Commission, Seismic Design Parameters, US NRC Standard Review Plan, 3.7.1, 2012.

• 6.6 [해석] 근사지진해석

ACI 350.3 (2020). Code Requirements for Seismic Analysis and Design of Liquid-Containing Concrete Structures and Commentary, American Concrete Institute, Farmington Hill, MI, USA.
Goyal, A. and Chopra, A.K. (1989). Earthquake Analysis and Response of Intake-outlet Towers, Report No. UCB/EERC-89/04, Earthquake Engineering Research Center, University of California, Berkeley, CA.
Haroun, M. A. and Housner, G. W. (1984). Seismic design of liquid storage tanks, Journal of Technical Councils of ASCE, Vol. 107, TC1, 191-207.
Housner, G. W. (1963a). Dynamic analysis of fluids in containers subjected to acceleration, Nuclear Reactors and Earthquakes, Report No. TID 7024, U. S. Atomic Energy Commission, Washington D.C.
Housner, G. W. (1963b). The dynamic behavior water tanks, Bulletin of Seismological Society of America, Vol. 53, No. 2, 381-387.
IITK-GSDMA (2007), Guidelines for Seismic Design of Liquid Storage Tanks, Provisions with Commentary and Explanatory Examples.
Jaiswal, O. R. Rai, D. C. and Jain, S.K. (2004). Codal provisions on design seismic forces for liquid storage tanks: a review, Report No. IITK-GSDMA-EQ-01-V1.0, Indian Institute of Technology Kanpur, Kanpur.
Okamoto, S. (1984). Introduction to Earthquake Engineering, 2nd Ed., University of Tokyo Press.
Priestley, M. J. N., et al. (1986). Seismic design of storage tanks, Recommendations of a study group of the New Zealand National Society for Earthquake Engineering.
US Army Corps of Engineers (1999). Response Spectra and Seismic Analysis for Concrete Hydraulic Structures, EM 1110-2-6050.
Veletsos, A.. S. (1984). Seismic response and design of liquid storage tanks, Guidelines for the seismic design of oil and gas pipeline systems, Technical Council on Lifeline Earthquake Engineering, ASCE, N.Y., 255-370, 443-461.

• 6.7 [해석] 정밀 지진해석: 지반-구조물 상호작용해석

김두기(2017/05). 장대교량의 지반-구조물 상호작용해석 절차와 방법, 제12회 해상교량 합동 기술세미나, 서울.
김문겸, 임윤묵, 김민규, 이종우 (2001). 다층반무한 기본해를 이용한 자유장응답해석, 한국지진공학회논문집, 제5권.
김용석 (2002). 지반의 비선형성을 고려한 암반지반에 의한 구조물의 수평방향 탄성거동, 한국지진공학회논문집, 제6권.
김용석 (2005). 구조물-지반 상호작용과 지진해석, 한국지진공학회, 구미서관.
김재민 (2002). 지반-구조물의 동적상호작용, 한국소음진동공학회지, 제12권 5호, 316-321.
김재민, 윤정방, 김두기 (2000). "유한요소와 무한요소를 사용한 2차원 선형 지반-구조물계의 지진응답해석법," 한국전산구조공학회 논문집, Vol. 13, No. 2.
박형기 등 (1993). 부분구조법에 의한 지반-구조물 시스템 내진해석 모델링방법 연구, 한국원자력안전기술원.
박형기, 조양희 (2001). 교량의 지진응답해석을 위한 말뚝기초의 등가 선형 강도행렬, 한국지진공학회논문집, 제5권.
윤정방 등 (1994). 직접법에 의한 지반-구조물 시스템 내진해석 모델링방법 연구(II), 한국원자력안전기술원.
윤정방, 김재민, 박경래, 최준성 (1998). 유한요소 및 무한요소를 사용한 수직입사 지진파에 의한 축대칭 지반-구조물계의 진동해석, 대한토목학회논문집.
이종세, 임정진 (2002). 말뚝항타시 발생하는 응력파의 전파특성에 관한 수치해석적 연구, 2002년 추계 한국지진공학회 학술발표회 논문집.
한국원자력안전기술원 (1995). 원전 지반-구조물 시스템 내진안전성 평가기술 개발, 연구보고서 KINS/GR-099.
Apsil, T. J. and Luco, J. E. (1987). Impedance Functions for Foundations Embedded in a Layered Medium: an Integral Equation Approach, Earthq. Eng. and Struct. Dyn., v.15.
ASCE (2016). ASCE 4-16: Seismic Analysis of Safety-Related Nuclear Structures and Commentary.
Bernal, D. and Youssef, A. (1998). A Hybrid Time Frequency Domain Formulation for Non-linear Soil-structure Interaction, Earthq. Eng. & Struct, Dyn., v.27.
Bettess, P. (1977), Infinite elements, Int. J. Num. Meth. Eng., 11, 54-64.
Choi, J.S. Lee, J.S. and Yun, C.B. (2003), Input and system identification of the Hualien soilstructure interaction system using earthquake response data, Earthq. Eng. & Str. Dyn., 32, 1955-1975.
Choi, J.S., Lee, J.S. and Yun, C.B. (2004), Identification of the soil-structure interaction system using earthquake response data, J. Engrg. Mech., ASCE, 130, 753-761.
Choi, J.S., Yun, C.B. and Kim, J.M. (2001), Earthquake response analysis of the Hualien large scale seismic test structure using updated soil-structure properties based on vibration test data, Earthq. Eng. & Str. Dyn., 30, 1-26.
Dookie Kim, Sandeep Chaudhary, Charito Fe Nocete, Feng Wang and Do Hyung Lee, A probabilistic capacity spectrum strategy for the reliability analysis of bridge pile shafts considering soil structure interaction, Latin American Journal of Solids and Structures, 8(3), 291-303, 2011.09.
Dong Van Nguyen and Dookie Kim, Perfectly Matched Discrete Layers with Analytical Wavelengths for

Soil-Structure Interaction Analysis, International Journal of Structural Stability and Dynamics, World Scientific Publ Co, 18(9), 1-23, 2018.09.

Dong Van Nguyen, Dookie Kim, Dynamic soil-structure interaction analysis in time domain based on a modified version of perfectly matched discrete layers, Journal of Rock Mechanics and Geotechnical Engineering, 12, 168-179, 2020.02.

Dong Van Nguyen, Dookie Kim, Duan Duy Nguyen. Nonlinear seismic soil-structure interaction analysis of nuclear reactor building considering the effect of earthquake frequency content, Structures, 26, 901-914, 2020.08.

Faria Sharmin, Mosaruf Hussan, Dookie Kim, Effect of structural nonlinearity on probabilistic risk assessment of offshore wind turbine including inelastic soil medium, Civil Engineering and Environmental Systems, Taylor & Francis, 34(3-4), 231-237, 2017.12.

Karabalis, D. L. and Beskos, D. E. (1984). Dynamic Response of 3-D Rigid Surface Foundations by Time-domain Boundary Element Method, Earthq. Eng. & Struct. Dyn., v.12.

Kim, D.K. and Yun, C.B. (2000), Time domain soil-structure interaction in two-dimensional medium based on analytical frequency-dependent infinite elements, Int. J. Num. Meth. Eng., 47, 1241-1261.

Kim, D.K. and Yun, C.B. (2003), Earthquake response analysis in time domain for 2-D soilstructure systems using analytical frequency-dependent infinite elements, Str. Eng. Mechanics, 15, 717-733.

Kim, J. K., Koh, H. M., Kwon, K. J. and Yi, J.S. (2000). A Three-dimensional Transmitting Boundary Formulated in Cartesian Co-ordinate System for the Dynamics of Non-axisymmetric Foundations, Earthq. Eng. & Struct. Dyn. v.29.

Kim, J.M., Chang, S.H. and Yun, C.B. (2002), Fluid-structure-soil interaction analysis of cylindrical liquid storage tanks subjected to horizontal earthquake loading, Str. Eng. Mechanics, 13, 615-638.

Kim, M. K., Lim, Y. M. and Rhee, J. W. (2000). Dynamic Analysis of Layered Half Planes by Coupled Finite and Boundary Elements, Eng. Struct. v.22.

Lysmer, J. and Kuhlemeyer, R.L. (1969). Finite Dynamic Model for Infinite Media, J. Eng. Mech. Div., ASCE, 95, 859-877.

Lysmer, J., et al. (1975). FLUSH - A computer program for approximate 3-D analysis of soil-structure interaction problems, Rep. No. EERC 75-30, University of California, Berkeley, California.

Lysmer, J., et al. (1981). SASSI - A System for Analysis of Soil-Structure Interaction, Rep. No. UBC/GT/81-02.

M.J.N. Priestley, F. Seible, and G.M. Calvi. Seismic design and retrofit of bridges. John Wiley and Sons, Inc., 1996.

Park, K.L., Watanabe, E. and Utsunomiya, T. (2004), Development of 3D elastodynamic infinite elements for soil-structure interaction problem, Int. J. of Struct. Stability & Dyn., 4, 423-441.

Richart, F.E., Woods, R.D. and Hall, J.R. (1970). Vibrations of Soils and Foundations, Prentice-Hall.

Seo, C.G., Yun, C.B. and Kim, J.M. (2007), Three-dimensional frequency-dependent infinite elements for soil-structure interaction , Eng. Struct., 29(11), 3106-3120.

Tzong, T.J. and Penzien, J. (1983). Hybrid Modelling of Soil-Structure Interaction in Layered Media, Rep. No. UCB/EERC-83/22, EERC, University of California, Berkeley, CA.

United State Nuclear Regulatory Commission (1981). Seismic Design Parameters, US NRC Standard Review Plan, 3.7.1.

Urlich, C.M. and Kuhlemeyer, R.L. (1973). Coupled Rocking and Lateral Vibrations of Embedded Footings, Canadian Geotechnical Journal, 10 (2), 145-160.

Whitman, R.V. (1972.04). Analysis of Soil-Structure Interaction - A State-of-the-Art Review, Soil Publication, No. 300, MIT.

Whitman, R.V. and Richart, R.E. Jr. (1967). Design Procedures for Dynamically Loaded Foundation, J. of the Soil Mechanics and Foundations Division, ASCE, 93(6).

Wolf. J. P. (1985). Dynamic Soil-structure Interaction Analysis, Prentice-Hall.

Yang, S.C. and Yun, C.B. (1992), Axisymmetric infinite elements for soil-structure interaction analysis, Eng. Structures, 14, 361-370.

Yun, C.B., Chang, S.H., Seo, C.G. and Kim, J.M. (2007), Dynamic infinite elements for soilstructure interaction analysis in a layered medium, Int. J. of Struct. Stability & Dyn., 7(4), 693-713.

Yun, C.B., Choi, J.S. and Kim, J.M. (1999), Identification of the Hualien soil-structure interaction system, Soil Dyn. & Earthq. Eng., 18, 395-408.

Yun, C.B., Kim, D.K. and Kim, J.M. (2000), Analytical frequency-dependent infinite elements for soil-structure interaction analysis in two-dimensional medium, Eng. Struct., 22, 258-271.

Yun, C.B., Kim, J.M. and Hyun, C.H. (1995), Axisymmetric elastodynamic infinite elements for multi-layered half-space, Int. J. Numer. Meth. Eng., 38, 3723-3743.

• 6.8 [설계] 내진설계

건설교통부 (1997.12). 내진설계기준연구 (II).

국민안전처 (2017). 내진설계기준 공통적용사항.

김두기, "구조설계와 내진설계," 대한설비공학회, 제47권 제5호, 26-32, 2018.05.

대한건축학회 (2016). 건축구조기준, 국토해양부.

정영수, 박창규, 이은희 (2004.6). 형상비 2.5 RC 교각의 내진 곡률연성도, 한국지진공학회 논문집, 8 (3), 1-11.

한국도로교통협회 (2005). 도로교설계기준, 건설교통부.

ATC (1978). Tentative provisions for the development of seismic regulations for buildings, Rep. No. ATC-3-06, Redwood City, Calif.

ATC (1995a). "Structural Response Modification Factors," Report ATC-19, Applied Technology Council, Redwood City, California, U.S.A.

ATC (1995b). A critical review of current approaches to earthquake-resistant design, Rep. No. ATC-34, Redwood City, California, U.S.A.

FEMA (1997a). NEHRP provisions for the seismic rehabilitation of buildings, Rep. FEMA 273 (Guidelines) and 274 (Commentary), Washington, D.C.

Uang, C.-M., and Bertero, V. V. (1986). Earthquake simulation tests and associated studies of a 0.3-scale model of a six-story concentrically braced steel structure, Rep. No. UCB/EERC-86/10, University of California, Berkeley, Calif.

Whittaker, A. S., Uang, C.-M., and Bertero, V. V. (1987). Earthquake simulation tests and associated studies of a 0.3-scale model of a sixstory eccentrically braced steel structure, Rep. No. UCB/EERC-87/02, University of California, Berkeley, Calif.

Whittaker, A., Hart, G., and Rojahn, C. (1999). Seismic response modification factors, ASCE, Journal of structural engineering, 125 (4), 438-444.

• 6.9 [설계] 지중구조물의 지진해석

건설교통부 (1997.12). 내진설계기준연구 (II): 제6절 (지중구조물), 제8절 (터널).

건설교통부 (2004). "철도설계기준".

건설교통부 (2004.05). 기존 터널의 내진성능 평가 요령.

건설교통부 (2004.06). 지하공동구 내진설계기준.

건설교통부 (2005.06). 도시철도 내진설계 기준.

건설교통부 (2008). "도로교 설계기준해설".

김대상 (2002.02). 도시철도의 내진설계: 제5편 응답변위법에 의한 내진설계방법, 한국지진공학회 제9회 기술강습회.

김두기, 이병로 (2009.05). "지중구조물의 지진해석을 위한 국내자료," 한국전산구조공학회지, 23 (3), 17-21.

김재민, 김두기 (2009.05). "응답진도법을 사용한 지중구조물의 지진해석 소개," 한국전산구조공학회지, 23 (3), 35-40.

김재민, 윤정방, 김두기 (2000). "유한요소와 무한요소를 사용한 2차원 선형 지반-구조물계의 지진응답해석법," 한국전산구조공학회 논문집, 13 (2), 231-244.

김재민, 정우정, 김진원, 김동아 (2009.05). "지중구조물의 동적해석법," 한국전산구조공학회지, 23 (3), 41-53.

김재민, 최준성, 이종세 (2003). "비선형 지반-구조물 상호작용해석을 위한 새로운 복합법, " 한국지진공학회논문집, 7 (6), 1-7.

대한주택공사 (1999.02). 대한주택공사 토목구조물 내진설계지침.

윤종구 (2007.09). "지하 시설물의 내진성능 평가 방법," 콘크리트학회지, 19 (5), 35-38.

이병로, 김두기 (2009.05). "응답변위법을 사용한 지중구조물의 내진해석," 한국전산구조공학회지, 23 (3), 21-34.

일본운수성 (1999). "철도구조물 등 설계기준・동해설 내진설계".

지하 구조물의 내진설계 (1996). 건설도서.

추연욱(2021.03). "응답변위법을 이용한 지하구조물 내진해석," 한국지반공학회지, 37(2), 52-58.

한국수자원공사 (2006.09). 토목공사 설계기준: 제7편 제1장 상수도시설 내진설계.

한국원자력안전기술원 (1995). 원전 지반-구조물 시스템 내진안전성 평가기술 개발, 연구보고서 KINS/GR-099.

한국전력연구원 (2001.09). 송・변전설비 내진설계기준 설정 연구.

한국지반공학회 (2006.02). 지반구조물의 내진설계: 제7장 지하구조물의 내진설계, 구미서관.

환경부 (1999.08). 상수도시설 내진 설계기준 마련을 위한 연구.

Amberg, W. and Russo, M. (2001). "Seismic Design of Underground Structures -- The Bolu Tunnel, Report No. 102.2-R-133/12.37, Lombardi SA Engineering Limited, Switzerland.

Ariman, T. and Muleski, G.E. (2006). "A review of the response of buried pipelines under seismic excitations," Earthquake Engineering & Structural Dynamics, Vol. 9, No. 2, pp. 133-152.

Hashash, Y.M.A., Hook, J.J., Schmidt, B. and Yae, J. I-C. (2001). "Seismic design and analysis of underground structures," Tunnelling and Underground Space Technology, Vol. 16.

Katayama, Ikuo (1990). Studies on Fundamental Problems in Seismic Design Analyses of Critical Structures and Facilities.

Kawashima, K. (2006). "Seismic analysis of underground structures," Journal of Disaster Research, Vol. 1, No.3.

Luo, X., Muronoa, Y. and Nishimura, A. (2002). "Verifying adequacy of the seismic deformation method by using real examples of earthquake damage," Soil Dynamics and Earthquake Engineering, Vol. 22, No. 1, pp. 17-28.

Matsuda, T. and Tanaka, N. (1996). "Seismic response analysis of a collapsed underground subway structure with intermediate columns," Proc. of the 11th World Conf. Earthquake Eng., Paper No. 1452, Acapulco.

Sweet, J., (1997). Los Angeles Metro Red Line project : seismic analysis of the Little Tokyo Subway Station, Report No. CAI-097-100, Engineering Management Consultants.

Tohma, J. et al. (1985.07). Model experiment of sea water intake duct of nuclear power plant, Denryoku doboku, No. 197, pp. 36-44 (in Japanese).

Yun, C-B., Choi, J-S. and Kim, J-M. (1999). "Identification of the Hualien soil-structure interaction system," Soil Dyn. & Earthq. Eng., Vol. 18.

• 6.10 [평가] 내진성능평가

국토안전관리원, 기존 시설물(건축물) 내진성능 평가 및 향상요령, 국토교통부, 2019.10.

국토안전관리원, 내진성능평가 세부지침 해설서(건축물), 2024.12

국토안전관리원, 내진성능평가 세부지침 해설서(교량), 2024.12

교육부, 학교시설 내진성능평가 및 보강 매뉴얼, 2019.

한국시설안전공단, 기존 시설물(교량) 내진성능 평가요령•해설 및 예제집, 국토교통부, 2015.12.
Army (1986). "Seismic Design Guidelines for Essential Buildings," Departments of the Army (TM 5-809-10-1), Navy (NAVFAC P355.1), and the Air Force (AFM 88-3, Chapter 13, Section A), Washington, D.C., U.S.A.
ATC (1982). "An Investigation of the Correlation between Earthquake Ground Motion and Building Performance," Report ATC-10, Applied Technology Council, Redwood City, California, U.S.A.
ATC (1996). "Seismic Evaluation and Retrofit of Concrete Buildings (Report SSC 96-01 of California Seismic Safety Commission)," Report ATC-40, Applied Technology Council, Redwood City, California, U.S.A.
FEMA (1997a). NEHRP provisions for the seismic rehabilitation of buildings, Rep. FEMA 273 (Guidelines) and 274 (Commentary), Washington, D.C.
FEMA (1997b). NEHRP recommended provisions for seismic regulations for new buildings, Rep. FEMA 302, Washington, D.C
FEMA (2000). ASCE prestandard and commentary for the seismic rehabilitation of buildings, FEMA 356.
FEMA (2005.06). NEHRP Improvement of Nonlinear Static Analysis Procedures, Rep. FEMA 440, Washington, D.C.
Freeman, S.A., Nicoletti, J.P. and Tyrell, J.V. (1975). "Evaluations of Existing Buildings for Seismic Risk - A Case Study of Puget Sound Naval Shipyard, Bremerton, Washington," Proceedings of U.S. National Conference on Earthquake Engineering, Berkeley, U.S.A., pp. 113-122.
WJE (1996). "Seismic Dynamic Analysis for Buildings," Report Prepared for U.S. Army Engineering Division, Wiss, Janney, Elstner Associates, Inc., Emeryville, California, U.S.A.

• 6.11 [평가] 지진위험도평가(지진안전성평가)
건설교통부 (1997.12). 내진설계기준연구 (II).
대한전기협회 (2010). 전력산업기술기준(KEPIC): 구조총칙(ST)-지진해석 및 내진성능평가(STB).
소방방재청 (2013.12). 국가지진위험지도.
김상훈, 이진학, 김두기 (2005.03). "방파제 구조물의 확률론적 지진위험도 분석," 한국해안·해양공학회지, 17(1), 32-40.
Ang, A.H-S. and Tang, W.H. (2006). Probability Concepts in Engineering: Emphasis on Applications to Civil and Environmental Engineering, John Wiley & Sons.
ASCE (1998). ASCE 4-98: Seismic Analysis of Safety-Related Nuclear Structures and Commentary.
Baker, J. W. (2015). "Efficient analytical fragility function fitting using dynamic structural analysis." Earthquake Spectra, 31(1), 579-599.
Pickard, Lowe, and Garrick, Inc., and Westinghouse Electric Corporation, Fauske & Associates, Inc. (1981). "Zion probabilistic safety study." Prepared for Commonwealth Edison Company, Chicago, IL.
Ravindra,M.K. (1988). Seismic Probability Assessment and Its Impact on Margin Studies. Nuclear Engineering and Design, 107, 51-99.
Reed, J.W. & Kennedy, R.P. (1994). Methodology for Developing Seismic Fragilities. Final Report TR-103959, EPRI.
United State Nuclear Regulatory Commission (1978). NUREG-CR-0098: Development of Criteria for Seismic Review of Selected Nuclear Power Plants.
Shinozuka, M., Feng, M.Q., Kim, H.K., and Ueda, T. (2002). Statistical Analysis of Fragility Curves. Technical Report at Multidisciplinary Center for Earthquake Engineering Research, NY, USA.
Wakefield, D., Ravindra, M., Merz, K. & Hardy, G. (2003). Seismic Probabilistic Risk Assessment Implementation Guide. Final Report 1002989, EPRI.

제7장 바람진동

• 7.1 바람과 풍공학
한국풍공학회, 교량과 바람.
하영철 (1998). 바람의 발생 원인과 강풍의 종류, 한국풍공학회지, 한국풍공학회, 2 (1), 4-12.
Collar, A.R. (1946.08). The Expanding Domain of Aeroelasticity, Journal of the Royal Aeronautical Society, Vol. L, pp. 613-636.
Simiu, E. and Scanlan, R.H. (1996). Wind Effects on Structures: Fundamentals and Applications to Design, John Wiley & Sons, INC., New York.

• 7.2 구조물의 진동
김호경 (2008.07.08). 장대교량의 내풍설계, 제23회 한국지진공학회 기술강습회-장대교량과 고층건물의 내진 및 내풍 설계.
한국풍공학회, 교량과 바람, 1998.10.
하영철 (2021). 건축물 내풍설계, 구미서관.
ASCE (2010). ASCE Standard 7: Minimum Design Loads for Buildings and Other Structures, American Society of Civil Engineers, Reston, VA.
Den Hartog, J.P. (1956). Mechanical Vibrations, 4th ed., McGraw-Hill, New York.
Seungho Lee and Soon-Duck Kwon, Improvement of Aerodynamic Performance and Energy Supply of Bridges Using Small Wind Turbines, Journal of Bridge Engineering, 20(10), October 2015.
Selberg, A. (1961). "Oscillation and aerodynamic stability of suspension bridge." Acta Polytechnica Scandinavica, Civil Eng. and Construction Series, 13.
Simiu, E. and Scanlan, R.H. (1996). Wind Effects on Structures: Fundamentals and Applications to Design, John Wiley & Sons, INC., New York.
Taranath, B.S. (2005). Wind and Earthquake Resistant Buildings: Structural Analysis and Design, Marcel Dekker, New York.

• 7.3 내풍설계
김상효 (1991). 사장교의 내풍설계, 한국강구조학회, 3(2),

31-41.

김호경 (2008). 장대교량의 내풍설계, 제23회 한국지진공학회 기술강습회-장대교량과 고층건물의 내진 및 내풍 설계.

김희덕 (2000). 장대교량의 내풍설계와 풍동실험, 한국강구조학회지, 한국강구조공학회, 12(4), 207-219.

조강표, 홍성일 (2005). 다양한 변장비를 가진 주변건물에 의한 풍하중 상호간섭효과, 한국풍공학회지, 제9권, 제1호, 71-77.

조강표, 홍성일 (2005). 고층건물의 풍하중에 대한 인접건물의 영향에 관한 연구 - 변장비가 2인 인접건물을 중심으로, 대한건축학회논문집, 구조계, 제21권, 제1호.

하영철 (1998). 바람의 발생 원인과 강풍의 종류, 한국풍공학회지, 한국풍공학회, 2(1), 4-12.

하영철 (2020). 건축물 내진설계, 구미서관.

하영철 (2022). 풍하중 실무가이드, 구미서관.

한국풍공학회, 교량과 바람.

Aleksander Muc, Justyna Flis, Free vibrations and supersonic flutter of multilayered laminated cylindrical panels, Composite Structures, Volume 246, 15 August 2020.

Simiu, E. and Scanlan, R.H. (1996). Wind Effects on Structures: Fundamentals and Applications to Design, John Wiley & Sons, INC., New York.

Simiu, E., Miyata, T. (2006). Design of Buildings and Bridges for Wind - A Practical Guide for ASCE-7 Standard Users and Designers of Special Structures, John Wiley and Sons.

Taranath, B.S. (2005). Wind and Earthquake Resistant Buildings: Structural Analysis and Design, Marcel Dekker, New York.

제8장 파랑진동

• 8.1 파랑하중

최항순 (1981.6). 해양구조물에 작용하는 파랑하중에 대한 고찰, 대한조선학회지, 18 (2), 49-55.

Bai, Y. (2003). Marine Structural Design, Elsevier Science Ltd., Oxford, UK.

Hasselmann, K., et al. (1973). Measurement of Wind-Wave Growth and Swell Decay During the Joit North Sea Wave Project (JONSWAP), Deutsche Hydrographische Zeitschrift.

Moskowitz, L. (1964). A Proposed Spectral Form for Fully Developed Wind Seas Based on the Similarity Laws of S.A. Kitaigorodskii, Journal of Geophysical Research, Vol. 69, pp. 5181-5190.

Shore Protection Manual (1984), U.S. Army Coastal Engineering Research Center, Vicksburg, MS.

SynClaire, http://synclaire.net.

Tedesco, J.W., McDougal, W.G., Ross, C.A. (1999). Structural Dynamics: Theory and Applications, Addison-Wesley, Menlo Park, CA.

Wikipedia 백과사전 사이트, http://en.wikipedia.org.

Wikiwaves, https://wikiwaves.org/Ocean-Wave_Spectra

• 8.2 구조물의 진동

최항순 (1981.6). 해양구조물에 작용하는 파랑하중에 대한 고찰, 대한조선학회지, 18 (2), 49-55.

Borgman, L.E. (1967). Spectral Analysis of Ocean Wave Forces on Piling, Journal of Waterways and Harbors Division, ASCE, Vol. 93, pp. 129-156.

DNVGL-ST-0437, Loads and site conditions for wind turbines, November 2016.

Moskowitz, L. (1964). A Proposed Spectral Form for Fully Developed Wind Seas Based on the Similarity Laws of S.A. Kitaigorodskii, Journal of Geophysical Research, Vol. 69, pp. 5181-5190.

Morison, J.R., O'Brien, M.P., Johnson, J.W., Schaaf, S.A. (1950). The force exerted by surface wave on piles, Petroleum Transactions, American Institute of Mining Engineers, 189: 149-154.

Sarpkaya, T. (1976). In-Line and Transverse Forces on Smooth and Sand-Roughened Cylinders in Oscillatory Flow at High Raynolds Numbers, Report No. NDS-69SL76062, Naval Post Graduates School, Monterey, CA.

Tedesco, J.W., McDougal, W.G., Ross, C.A. (1999). Structural Dynamics: Theory and Applications, Addison-Wesley, Menlo Park, CA.

제9장 진동제어

• 9.1 면진(지진격리)

김영석, 김두기 (2002.10). 교량의 제진과 내진, 한국소음진동공학회지, 제12권 5호, 304-310.

김종인, 이종헌, 김두기 (2003.08). 면진구조물의 설계: 이론과 실무, 구미서관.

오주(2011.08). 교량용 적층고무받침의 물리적 특성 및 내진성능평가, 박사학위논문, 서울시립대.

유니슨/제일엔지니어링 (2008.08). 폴리우레탄 디스크를 이용한 교량 받침 기술, 신기술 제0257호, 지식경제부.

이동근, 김태호 (2006.12). 우리나라의 면진 및 진동제어, 한국지진공학회 논문집, 10 (6), 66-77.

전규식의 Natural Disaster-Free with Human Technology, http://blog.naver.com/isolators.

최원호의 내진설계이야기, http://eqstory.skku.ac.kr.

한국면진제진협회: 이원호, 안태상, 김영주 (2015). 면진구조 설계기법 및 국내 적용사례, 기문당.

AASHTO (2010). Guide Specifications for Seismic Isolation Design.

Hartog, J.D. (1985). Mechanical Vibrations, 4th ed., McGraw-Hall, New York.

ISO 22762 (2010). Elastomeric seismic-protection isolators.

Soong, T.T., Dargush, G.F. (1997.04). Passive Energy Dissipation Systems in Structural Engineering, John Wiley & Sons.

Wikipedia 백과사전 사이트, http://en.wikipedia.org.

• 9.2 제진

변증남 (1999). 선형시스템 이론, 교보문고.

Den Hartog, J.P. (1956). Mechanical Vibrations, McGraw-Hill.

Soong, T.T. and Constantinou, M.C. (1994). Passive and Active Structural Vibration Control in Civil

Engineering, Springer Verlag Wien, New York.

Soong, T.T. (1990). Active Structural Control: Theory and Practice, Longman Scientific & Technical, New York.

Yao, J.T. (1972). Concept of Structural Control, Journal of Structural Division, ASCE, 98, 15667-1574.

제10장 유지관리

• 10.1 동특성 추정 - 진동수영역

이진학, 윤정방 (2003). "구조물의 응답자료만을 이용한 모드계수 추정법에 관한 비교연구." 대한토목학회논문집. 23 (2A) 187-201.

Avitabile, P. (2001). Experimental modal analysis - a simple non-mathematical presentation, Sound & vibration, v.35 no.1, pp.20-31.

Brinker, R., Zhang, L. and Andersen, P. (2000). Modal Identification from Ambient Response Using Frequency Domain Decomposition, Proceedings of 16th International Modal Analysis Conference, San Antonio, Texas, USA, pp. 625-630.

Otte, D., Van de Ponseele, P., and Leuridan, J. (1990). Operational Shapes Estimation as a Function of Dynamic Loads, Proceedinsg of the 8th International Modal Analysis Conference, pp.413-421.

Richardson, M.H. (1997.03). Is It a Mode Shape, or an Operating Deflection Shape?, Sound & Vibration Magazine 30th Anniversary Issue.

• 10.2 동특성 추정 - 시간영역

이진학, 윤정방 (2003). "구조물의 응답자료만을 이용한 모드계수 추정법에 관한 비교연구." 대한토목학회논문집. 23 (2A) 187-201.

Ho, B.L., and Kalman, R.E. (1966). Effective construction of linear state-variable models from input/output data. Regelungstechnik, Vol.14, pp. 545-548.

Ibrahim, S.R. (1977). Random Decremental Technique for Modal Identification of Structures, Journal of Spacecraft and Rockets, Vol. 14, No.11, pp. 696-700.

James III, G.H. Carne, T.G., and Lauffer, J.P. (1996). The Natural Excitation Technique (NExT) for Modal Parameter Extraction from Operating Structures, the International Journal of Analytical and Experimental Modal Analysis, Vol.10, No.4, pp.260-277.

Juang, J.N, and Pappa, R.S. (1985). An Eigensystem Realization Algorithm for Modal Parameter Identification and Model Reduction, Journal of Guidance, Control and Dynamics, AIAA, Vol.8, No.5, pp.620-627.

Katayama, Tohru (2005). Subspace Methods for System Identification, Springer.

Yam, L.H., Leung, T.P., Li, D.B., and Xue, K.Z. (1997). Use of Ambient Response Measurements to Determine Dynamic Characteristics of Slender Structures, Engineering Structures, Vol. 19, No.2, pp.145-150.

Yang, J.C.S., Chen, J. and Dagalakis, N.G. (1984). Damage Detection in Offshore Structures by the Random Decremental Technique, Journal of Energy Resources Technology, Transaction of ASME, Vol.106, pp.38-42.

• 10.3 구조물의 건전성 모니터링

건설교통부 (2001.11). 고층건축물 구조안전성 및 사용성 장기계측시스템을 이용한 상시 안전진단기술 개발.

김정태, 이진학, 윤정방 (2003). 교량 건전성 평가를 위한 스마트 계측 및 모니터링 시스템, 2003년도 대한토목학회 정기학술대회, 5504-5509.

대우건설기술매거진 (2008.12.17). 건축물의 SHM (Structural Health Monitoring) System, 제649호, 대우건설.

대우건설기술매거진 (2008.03.26). SHM (Structural Health Monitoring) System의 해외 적용사례, 제731호, 대우건설.

대우건설기술매거진 (2008.12.19). STRUCTURAL HEALTH MONITORING (SHM), 제686호, 대우건설.

스마트사회기반시설연구센터 (SISTeC)

윤정방, 이종재 (2002). 교량 모니터링 기술, 한국소음진동공학회지, 12 (5), 322-328.

윤정방, 이종재, 구기영 (2003.03). 교량 건전성 모니터링 및 손상추정기술, 전산구조공학, 16 (1), 7-14.

윤정방, 이진학, 김정태 (2004.06). "대형 사회기반시설물의 스마트 건전성 평가기술," 대한기계학회지, 44 (6), 59-67.

윤정방 (2003). 토목구조물 건전성 모니터링 기술의 현황, 한국소음진동공학회 2003년도 추계학술대회논문집, 21-32.

한국도로공사 (2005.12). 스마트 내하력 평가를 위한 통합 시스템의 구축 최종보고서.

Farrar, C. R. and Worden, K. (2007.02.). An Introduction to Structural Health Monitoring," Philosophical Tran- sactions of the Royal Society A, 365, pp. 303-315. (LA-UR-04-8385)

Soojin Cho, Chung-Bang Yun, Jerome P. Lynch, Andrew T. Zimmerman, Billie F. Spencer Jr, and Tomonori Nagayama (2008.12). "Smart Wireless Sensor Tech-nology for Structural Health Monitoring of Civil Structures," International Journal of Steel Structures, 8 (4), 267-275.

Worden, Keith; Charles R. Farrar, Graeme Manson and Gyuhae Park (2007). "The Fundamental Axioms of Structural Health Monitoring". Philosophical Trans-actions of the Royal Society: Mathematical, Physical & Engineering Sciences 463: 1639-1664.

• 10.4 수치모델 개선

이진학, 윤정방. (2002). "구조계규명기법을 이용한 프레임 구조물의 수치해석모델 개선 및 접합부의 손상도평가." 대한토목학회논문집, 22(6-A), 1271-1283.

Friswell, M.I. and Mottershead, J.E. (1995). Finite Element Model Updating in Structural Dynamics, Kluwer Academic Publishers.

R4. 동영상 (장별)

제1장 개론

- 런던 밀레니엄 교량과 공진
  https://www.youtube.com/watch?v=gQK21572oSU
- 공진과 공탄성 플러터에 의한 교량 붕괴
  https://www.youtube.com/watch?v=lXyG68_caV4
- 진동대 시험을 통한 단자유도계의 공진 현상
  https://www.youtube.com/watch?v=LV_UuzEznHs
- 교량의 공탄성 플러터 현상 모의
  https://www.youtube.com/watch?v=pcLg6C_WIHg
- 뉴턴의 운동 제1법칙
  https://www.youtube.com/watch?v=erghLWXDScI
- 정적과 동적 운동
  http://mscnastrannovice.blogspot.com/2013/06/when-to-use-implicit-or-explicit.html
- 질량-스프링 시스템의 진동
  https://www.youtube.com/watch?v=FJBPNJR2QJU
- 질량-스프링 시스템의 복원력
  https://www.youtube.com/watch?v=iN7iH5yk-qU
- 뉴턴의 제1법칙
  https://www.youtube.com/watch?v=erghLWXDScI
- 뉴턴의 제2법칙
  https://www.youtube.com/watch?v=QyeF-_QPSbk
- 뉴턴의 제3법칙
  https://www.youtube.com/watch?v=DNbjL8gr1iM
- 지진의 수직진동 계측
  https://www.youtube.com/watch?v=DX5VXGmdnAg
- 지진의 수평운동 계측
  https://www.youtube.com/watch?v=eE54rBak8vA
- 시간과 진동수영역의 관계
  https://commons.wikimedia.org/wiki/File:Fourier_transform_time_and_frequency_domains.gif

제2장 단자유도계

- 진동대 실험을 통한 Sweep 진동
  https://www.youtube.com/watch?v=LV_UuzEznHs
- Impulse 진동
  https://www.youtube.com/watch?v=tnS0SYF4pYE
- 고유주기(= 1/고유진동수)
  https://www.youtube.com/watch?v=FJBPNJR2QJU
- 정적 응답과 동적 응답
  https://www.youtube.com/watch?v=iN7iH5yk-qU
- 감쇠 조화진동
  https://www.youtube.com/watch?v=HRcjtVa1LfM
- 쿨롱감쇠에 의한 응답의 선형감소
  https://www.youtube.com/watch?v=HRcjtVa1LfM
- 교량 교각의 보강 전과 후의 이력거동
  https://www.youtube.com/watch?v=gyu0WEDdWM0
- 공진 진동수와 구조물의 동적 거동
  https://www.youtube.com/watch?v=6IJ99phNArM
- 선박용 수직 가진기 (출처: ANCO)
  https://www.youtube.com/watch?v=cu4QwRDPeHU
- 운동량(momentum) 보존과 에너지 보존
  https://commons.wikimedia.org/wiki/File:Collision_carts_inelastic.gif
- 질량 중심의 운동 궤적 예(출처: Cincinati Children's Hospital - Human Performance Lab)
  https://youtu.be/HSW8gXmOazs?si=R2ABD1qPIK-YVZou
- 수중 감쇠비 산정(출처: PHY245: Damped Mass On A Spring, Mar 29, 2013)
  https://youtu.be/ZqedDWEAUN4?si=y4-Bh-b9ywzMW_ED

제3장 다자유도계

- 줄의 일반 진동모드 (Vibrating String - Normal Modes)
  https://www.youtube.com/watch?v=BSIw5SgUirg
- 고층건물의 진동모드와 조합
  https://www.youtube.com/watch?v=na232qbOsAg
- 전단건물의 진동모드
  https://www.youtube.com/watch?v=diHuLKYfTXM
- 유한요소법의 개요
  https://www.youtube.com/channel/UCI_N1_sJzPLt0K-tz6tWe1A
- 전처리(preprocessing)와 후처리(postprocessing)
  https://www.youtube.com/channel/UCI_N1_sJzPLt0K-tz6tWe1A
- 스프링 시스템의 정적 해석 예시
  https://www.youtube.com/channel/UCI_N1_sJzPLt0K-tz6tWe1A
- 요소행렬을 사용한 전체행렬의 조합
  https://www.youtube.com/channel/UCI_N1_sJzPLt0K-tz6tWe1A

제4장 랜덤진동

제5장 환경진동

제6장 지진진동

- 탄성파(역학적 파동)와 전자기파
  https://www.pinterest.pt/pin/456552480957905786/?amp_client_id=CLIENT_ID(_)&mweb_unauth_id=&simplified=true
- 실체파와 표면파
  https://www.youtube.com/watch?v=yOGoKCK17a4
- 실체파와 표면파(Shorts)
  https://www.youtube.com/shorts/0gpvfi22rRc
- P파와 S파의 지진계 기록과 전파속도
  https://en.wikipedia.org/wiki/Seismic_wave#/media/File:Ondes_P_et_S_1d_30_petit.gif
- 파동의 유형
  https://www.britannica.com/video/181934/rock-vibrations-Earth-earthquake-waves-P-surface
- 휨 파동의 반사
  https://www.youtube.com/watch?v=1GyiHMj67JE
- 지진, 어떻게 발생하나

https://www.youtube.com/watch?v=IsQoZyhzB_Q
- 맨틀대류와 판구조론
  https://www.youtube.com/watch?v=ryrXAGY1dmE
- 1차원 충상 막대
  https://www.acs.psu.edu/drussell/Demos/reflect/reflect.html
- 단자유도계 Sweep 진동대 시험
  https://www.youtube.com/watch?v=LV_UuzEznHs
- 빌딩 Sweep 진동대 시험
  https://www.youtube.com/watch?v=M5o8blX1Lt0
- 수영장에서 발생한 슬로싱
  https://youtu.be/stoLnGrwsWk?si=TdUyRKDAKm64wtjz

제7장 바람진동

- 천리안 위성 2A호가 촬영한 태풍 마이삭
  https://www.youtube.com/watch?v=p4ouyD0Dq0o
- 비행기의 플러터 예
  https://www.youtube.com/watch?v=egDWh7jnNic
- 실린더 단면에서 발생하는 카르만 와류
  https://en.wikipedia.org/wiki/File:Vortex-street-animation.gif
- 와류진동
  https://www.youtube.com/channel/UC4hdzhp5Pk3uLunO6uTymkw
- 풍우진동
  https://www.youtube.com/watch?v=SsfQN1ilcGU

제8장 파랑진동

- Waves on the surface of water
  https://www.youtube.com/watch?v=7yPTa8qi5X8
- 진행파와 정상파
  https://www.youtube.com/watch?v=-n1d1rycvj4
- Wave loading on the steel jacket structure
  https://www.flickr.com/photos/kendoerr/6573232415

제9장 진동제어

- 내진설계방법 비교, TheStory, 2016
  https://www.youtube.com/watch?v=xaCQ3TYfn5A
- 일반건물과 면진건물의 거동 비교
  https://www.youtube.com/watch?v=ZqlXp3czrrM
- 일반교량과 면진교량의 거동 비교
  https://www.youtube.com/watch?v=ON8RAXpMNVc
- UCSD shakeing table test
  https://www.youtube.com/watch?v=kzVvd4Dk6sw&t=0s
- Principle of Tuned Mass Damper(TMD)
  https://www.youtube.com/watch?v=lhNjfNUOUo8
- Principle of Tuned Mass Damper(TMD) -Pendulum
  https://www.youtube.com/watch?v=GzMuF-LMGaM
- Damping System
  https://youtu.be/kApmX-OqWNY?si=Ilj0mrGfslK-l0FB
- TLCD
  https://www.youtube.com/watch?v=JaldGw2lQ7g
- Roll damping of a ship model
  https://www.youtube.com/watch?v=aI4keInZx-U
- Fluid Viscous Damper Test
  https://youtu.be/UrS6Et712Zc?si=nfLEgf7W6RbwbyE6
- Active Vibration Control in Flexible Structures
  https://www.youtube.com/watch?v=-VxDpuAJhDk
- PID 제어
  https://en.wikipedia.org/wiki/PID_controller#/media/File:PID_Compensation_Animated.gif

제10장 유지관리

- Mode Shapes for MDOF Oscillators
  https://www.youtube.com/watch?v=kvG7OrjBirI
- What is Digital Twin? How does it work?
  https://www.youtube.com/watch?v=iVS-AuSjpOQ
- Five Amazing Examples of Digital Twin Technology
  https://www.youtube.com/watch?v=AfxLs6TUtLc

찾아보기

[N]

[T]

저자 소개

김두기 (金斗基)

고려대학교 건축사회환경공학과(공학사)
KAIST 건설 및 환경공학과(공학석사 및 공학박사)
현재 : 국립공주대학교 천안공과대학
스마트인프라공학과 교수
자격 : 건축구조기술사 및 토목구조기술사

자료 : www.kim2kie.com 및 공학공식집
강의 : youtube.com/@kim2kie

(제6판) 구조동역학 **정가 42,000원**

저자 : 김두기

발행인 : 임해진
발행처 : 도서출판 구미서관

발행 : 2005년 8월 25일 제1판
2009년 8월 28일 제2판
2013년 11월 25일 제3판
2017년 8월 30일 제4판
2021년 8월 10일 제5판
2025년 8월 15일 제6판

등록 : 1979년 6월 29일 No.9-6호
주소 : 서울시 마포구 신촌로 2길 5-15 구미빌딩
전화 : 02-333-1101
팩스 : 02-335-2201
http://www.goomibook.com
ISBN 979-11-6257-318-1 (93530)